1682 J.B.METZLER

DER NEUE PAULY
Supplemente

Herausgeber:

Hubert Cancik
Manfred Landfester
Helmuth Schneider

DER NEUE PAULY
Supplemente Band 6

Geschichte der Altertumswissenschaften

Biographisches Lexikon

herausgegeben von
Peter Kuhlmann und Helmuth Schneider

Verlag J.B. Metzler
Stuttgart · Weimar

Bibliografische Information der Deutschen Nationalbibliothek:
Die Deutsche Nationalbibliothek verzeichnet diese Publikation in der Deutschen Nationalbibliografie; detaillierte bibliografische Daten sind im Internet über http://dnb.d-nb.de abrufbar.

MIX
Papier aus verantwortungsvollen Quellen
FSC® C006701

Gedruckt auf chlorfrei gebleichtem, säurefreiem und alterungsbeständigem Papier

ISBN 978-3-476-02033-8

www.metzlerverlag.de
info@metzlerverlag.de

Einbandgestaltung: Willy Löffelhardt
Satz: Dörr + Schiller GmbH, Stuttgart
Druck und Bindung: CPI – Ebner & Spiegel, Ulm
Printed in Germany
November 2012

Verlag J.B. Metzler Stuttgart · Weimar

Fachgebietsherausgeber:

Humanismus:	Prof. Dr. Dorothee **Gall** (Bonn)
Antiquarismus:	Prof. Dr. Dietrich **Boschung** (Köln)
Philologie (17.–18. Jh.):	Prof. Dr. Jürgen **Leonhardt** (Tübingen)
Philologie (19.–20. Jh.):	Prof. Dr. Stefan **Kipf** (Berlin)
Archäologie:	PD Dr. Daniel **Graepler** (Göttingen)
Alte Geschichte:	Prof. Dr. Heinrich **Schlange-Schöningen** (Saarbrücken)
Orientalistik:	Prof. Dr. Johannes **Renger** (Berlin)

Inhalt

Verfasserinnen und Verfasser

Irène **Aghion** (Paris): Pellerin, Joseph
Hartwig **Altenmüller** (Hamburg): Helck, Wolfgang
Béatrice **André-Salvini** (Paris): Parrot, André
Ernst **Baltrusch** (Berlin): Altheim, Franz; Bickermann, Elias Joseph; Bleicken, Jochen; Curtius, Ernst; Gelzer, Matthias; Heuß, Alfred; Kahrstedt, Ulrich; Kornemann, Ernst; Kunkel, Wolfgang; Smith, Morton; Weber, Wilhelm; Wieacker, Franz
Hansgeorg **Bankel** (München): Haller von Hallerstein, Carl
Marcello **Barbanera** (Rom): Anti, Carlo; Bianchi Bandinelli, Ranuccio; Della Seta, Alessandro; Löwy, Emanuel; Quatremère de Quincy, Antoine-Chrysostôme
Matthias **Barth** (München): Frank, Tenney; Ziebarth, Erich
Manuel **Baumbach** (Zürich): Bernays, Jacob; Rohde, Erwin
Roland **Baumgarten** (Berlin): Dodds, Eric Robertson; Jacoby, Felix; Meuli, Karl; Nilsson, Martin Persson; Schwartz, Eduard; Ziegler, Konrat
Marcus **Beck** (Halle): Cellarius, Christophorus; Forcellini, Egidio
Martin **Bentz** (Bonn): Hugues d'Hancarville, Pierre-François; Körte, Gustav; Passeri, Giovanni Battista; Venuti, Ridolfino
Marianne **Bergmann** (Göttingen): Delbrueck, Richard; Lehmann-Hartleben, Karl
Hans-Ulrich **Berner** (Hannover): Arnim, Hans von; Blass, Friedrich; Cobet, Carel Gabriel; Dittenberger, Wilhelm; Lesky, Albin; Schaefer, Arnold
Christof **Berns** (Berlin): Addison, Joseph; Payne Knight, Richard; Spence, Joseph
Gregor **Bitto** (Rostock): Bowra, Cecil Maurice; Gildersleeve, Basil Lanneau; Merkelbach, Reinhold
Horst **Blanck** † (Rom/Cerveteri): Henzen, Wilhelm; Hülsen, Christian; Panofka, Theodor; Petersen, Eugen; Stackelberg, Otto Magnus von
Dietrich **Boschung** (Köln): Bernoulli, Johann Jacob; Clarac, Charles Othon Frédéric Jean Baptiste, Comte de; Rubens, Peter Paul
Kai **Brodersen** (Erfurt): Bury, John Bagnell; Grote, George
Stephanie-Gerrit **Bruer** (Stendal): Bracci, Domenico Augusto
Friederike **Bubenheimer-Erhart** (Wien): Braun, Emil
Marco **Buonocore** (Rom): De Rossi, Giovanni Battista
Günter **Burkard** (München): Posener, Georges
Hans-Ulrich **Cain** (Leipzig): Overbeck, Johannes; Studniczka, Franz
William M. **Calder III** (Urbana, Illinois): Jaeger, Werner; Oldfather, William Abbott; Wilamowitz-Moellendorff, Ulrich von
Camilla **Campedelli** (Berlin): Muratori, Ludovico Antonio
Eva **Cancik-Kirschbaum** (Berlin): Grotefend, Georg Friedrich; Jensen, Peter; Rawlinson, George; Rawlinson, Henry; Schrader, Eberhard
Annette **Clamor** (Osnabrück): Marouzeau, Jules
Justus **Cobet** (Essen): Wiegand, Theodor
Jan **Cölln** (Rostock): Wieland, Christoph Martin
Giovanni **Colonna** (Rom): Pallottino, Massimo
Lisa Sophie **Cordes** (Berlin): Frazer, James George
John **Curtis** (London): Woolley, Leonard
Anna Lucia **D'Agata** (Rom): Halbherr, Federico; Levi, Doro
Margarita **Díaz-Andreu** (Barcelona): Bonsor Saint-Martin, George Edward; Bosch Gimpera, Pedro (Pere); García y Bellido, Antonio
Jean-Marie **Dentzer** (Paris): Seyrig, Henri
Marcus **Deufert** (Leipzig): Camerarius, Ioachimus
Oliver **Dickinson** (Durham): Wace, Alan
Jens-Arne **Dickmann** (Heidelberg): Mau, August
Sylvia **Diebner** (Rom): Amelung, Walther; Curtius, Ludwig
Siegmar **Döpp** (Göttingen): Bolland, Jean; Salmasius, Claudius
Rachele **Dubbini** (Heidelberg/Rom): Rizzo, Giulio Emanuele
Hervé **Duchêne** (Dijon): Reinach, Salomon
Stephen L. **Dyson** (Buffalo, New York): Ashby, Thomas; Dinsmoor, William Bell; Hanfmann, George; Newton, Charles Thomas; Richter, Gisela; Thompson, Homer Armstrong
Rudolf **Echt** (Saarbrücken): Fol, Alexander
Werner **Eck** (Köln): Alföldy, Géza
Kay **Ehling** (München): Bosch, Clemens; Heichelheim, Fritz Moritz; Kraft, Konrad; Laqueur, Richard; Liegle, Josef Theodor; Rosenberg, Arthur; Schenk von Stauffenberg, Alexander Graf; Schwabacher, Willy; Stein, Ernst; Uxkull-Gyllenband, Woldemar Graf von
Karl A.E. **Enenkel** (Münster): Petrarca, Francesco; Piccolomini, Enea Silvio
Roland **Etienne** (Paris): Homolle, Théophile

Lucia **Faedo** (Pisa): Fea, Carlo; Gori, Anton Francesco; Visconti, Ennio Quirino; Zoëga, Georg
Frederick Mario **Fales** (Udine): Layard, Austen Henry
Fabrizio **Federici** (Pisa): Dal Pozzo, Cassiano
Thomas **Finkenauer** (Tübingen): Conring, Hermann
Klaus **Fittschen** (Göttingen): Schweitzer, Bernhard
Sotera **Fornaro** (Berlin): Bachofen, Johann Jakob; Buttmann, Philipp Karl; Cornford, Francis Macdonald; Gernet, Louis-Jules; Hermann, Gottfried; Humboldt, Wilhelm von; Kerényi, Karl; Lehrs, Karl; Marchesi, Concetto; Müller, Karl Otfried; Pasquali, Giorgio; Usener, Hermann; Welcker, Friedrich Gottlieb; Wolf, Friedrich August
Benjamin Read **Foster** (New Haven, Connecticut): Gelb, Ignace Jay (Jerzy); Goetze, Albrecht; Jacobsen, Thorkild; Kramer, Samuel Noah
Elke **Freier** (Panitzsch): Lepsius, Karl Richard
Christian **Freigang** (Berlin): Riegl, Alois; Warburg, Aby; Wickhoff, Franz
Otto-Herman **Frey** (Marburg): Jacobsthal, Paul
Andreas **Fritsch** (Berlin): Fuhrmann, Manfred; Kühner, Raphael; Menge, Hermann
Thomas **Fröhlich** (Rom): Gerkan, Armin von
Dorothee **Gall** (Bonn): Aesticampianus, Johannes Rhagius; Alciatus, Andreas; Aleander, Hieronymus; Barbaro, Ermolao; Barzizza, Gasparino; Boccaccio, Giovanni; Ceporinus, Jacobus; Cola di Rienzo; Cusanus, Nicolaus; Cyriacus von Ancona; Enoch von Ascoli; Giphanius, Obertus; Guarino da Verona; Leoniceno, Niccolò; Linacre, Thomas; Loschi, Antonio; Pighius, Stephanus Vinandus; Pilato, Leonzio; Poliziano, Angelo; Sylburg, Friedrich; Valla, Giorgio; Vettori, Piero; Vittorino da Feltre; Xylander, Guilielmus
Pierluigi Leone **Gatti** (Berlin): Ernout, Alfred; Rostagni, Augusto
Thomas **Gerhardt** (Berlin): Dessau, Hermann; Mai, Angelo
Thomas **Gertzen** (Berlin): Carter, Howard; Petrie, Flinders; Steindorff, Georg
Johannes **Göbel** (Marburg): Dacier, Anne und André; Mabillon, Jean; Montesquieu, Charles-Louis de Secondat
Daniel **Graepler** (Göttingen): Ashmole, Bernard; Brunn, Heinrich; Curtius, Ludwig; De Rossi, Giovanni Battista; Elgin, Thomas Bruce, Earl of; Gardner, Percy; Lenormant, Charles; Matz, Friedrich; Payne, Humfry; Reinach, Salomon; Richter, Gisela; Thompson, Homer Armstrong; Ward-Perkins, John Bryan
Ève **Gran-Aymerich** (Paris): Collignon, Maxime; Picard, Charles
Michel **Gras** (Rom): Vallet, Georges
Dagmar **Grassinger** (Köln): Cavaceppi, Bartolomeo
Reinhard **Grieshammer** (Heidelberg): Buck, Adriaan de; Crum, Walter Ewing; Golenischeff, Wladimir; Kircher, Athanasius; Morenz, Siegfried; Till, Walter
Sepp-Gustav **Gröschel** (Berlin): Beger, Lorenz; Bellori, Giovanni Pietro
Laurent **Guichard** (Nancy): Courcelle, Pierre; Festugière, André-Jean; Renan, Ernest
Alessandro **Guidi** (Rom): Bernabò Brea, Luigi; Pigorini, Luigi
Andreas **Gutsfeld** (Nancy): Chastagnol, André; Piganiol, André
Pier Giovanni **Guzzo** (Pompeji): Fiorelli, Giuseppe
Ralph **Häfner** (Tübingen): Fabricius, Johann Albert; Pareus, Johann Philipp
Mathias **Hanses** (New York): Boeckh, August; Housman, Alfred Edward
Volker **Hartmann** (Heidelberg): Gruter, Jan
Stefan R. **Hauser** (Konstanz): Herzfeld, Ernst
Karl **Hecker** (Münster): Soden, Wolfram von
Volker **Heenes** (Berlin): Dupérac, Étienne; Gronovius, Jacobus; Maffei, Paolo Alessandro; Panvinio, Onofrio
Heinz **Heinen** (Trier): Maschkin, Nikolaj Aleksandrowitsch; Otto, Walter; Préaux, Claire; Schtaerman, Elena Michajlowna
Christian **Heitz** (Göttingen): Wheeler, Mortimer
Malte **Helfberend** (Düsseldorf): Klotz, Christian Adolph; Vossius, Isaac
Marie-Christine **Hellmann** (Nanterre): Martin, Roland
Christoph **Helmig** (Berlin): Harder, Richard; Shorey, Paul
Marcus Heinrich **Hermanns** (Köln/Madrid): Chacón, Alfonso; Chandler, Richard; Paciaudi, Paolo Maria; Rosinus, Johannes; Santi Bartoli, Pietro; Sestini, Domenico; Vettori, Francesco
Klaus **Herrmann** (München): Dörpfeld, Wilhelm
Elisabeth **Herrmann-Otto** (Trier): Münzer, Friedrich; Straub, Johannes; Temporini-Gräfin Vitzthum, Hildegard; Welskopf-Henrich, Liselotte
Henner von **Hesberg** (Rom): Drerup, Heinrich; Kähler, Heinz; Rumpf, Andreas
Peter **Hibst** (Olpe): Ijsewijn, Jozef; Langosch, Karl

Beate **Hintzen** (Bonn): Acidalius, Valens; Argyropoulos, Johannes; Aurispa, Giovanni; Bembo, Pietro; Bessarion, Basilius; Budé, Guillaume; Chrysolaras, Manuel; Laskaris, Janos (Andreas Johannes); Melanchthon, Philipp; Micyllus, Jacobus; Pico della Mirandola, Giovanni; Susenbrot, Johannes
Christoph **Höcker** (Augsburg/Zürich): Piranesi, Giambattista und Francesco; Revett, Nicholas; Stuart, James
Mathias René **Hofter** (Berlin): Buschor, Ernst; Furtwängler, Adolf; Kaschnitz von Weinberg, Guido
Mirjam H.E. **Hoijtink** (Amsterdam): Reuvens, Caspar Jacob Christiaan
Tonio **Hölscher** (Heidelberg): Hampe, Roland; Schefold, Karl; Stark, Carl Bernhard
Claudia **Horst** (Bremen): Bengtson, Hermann; Foucault, Michel; Nesselhauf, Herbert; Ruschenbusch, Eberhard; Vernant, Jean-Pierre
Marcel **Humar** (Berlin): Elmsley, Peter; Kirchhoff, Adolf; Kroll, Wilhelm; Laum, Bernhard; Reitzenstein, Richard; Traube, Ludwig
Hermann **Hunger** (Wien): Neugebauer, Otto; Oppenheim, Adolph Leo
Fahri **Işık** (Antalya): Akurgal, Ekrem
Cornelia **Isler-Kerényi** (Erlenbach): Beazley, John Davidson
Peter **Jánosi** (Wien): Junker, Hermann
Sabine **Jaubert** (Paris): Lenormant, Charles; Lenormant, François
Christian **Jessen-Klingenberg** (Hamburg): Bopp, Franz; Powell, John Enoch
Tobias **Joho** (Chicago): Burck, Erich; Curtius, Ernst Robert; Highet, Gilbert; Snell, Bruno
Andrea **Jördens** (Heidelberg): Preisigke, Friedrich
Friedrich **Junge** (Göttingen): Edel, Elmar
Hans-Markus von **Kaenel** (Frankfurt am Main): Imhoof-Blumer, Friedrich
Ronny **Kaiser** (Berlin): Bergk, Theodor; Curtius, Georg; Dornseiff, Franz; Hofmann, Johann Baptist; Nauck, August
Steffen **Kammler** (Rostock): Fritz, Kurt von; Nietzsche, Friedrich
Anna-Maria **Kanthak** (Berlin): Harrison, Jane Ellen
Stefanie **Kennell** (Athen): Schliemann, Heinrich
Wolfram **Kinzig** (Bonn): Lietzmann, Hans; Loofs, Friedrich
Stefan **Kipf** (Berlin): Drexler, Hans; Passow, Franz; Pauly, August Friedrich; Pohlenz, Max
François **Kirbihler** (Nancy): Cagnat, René; Carcopino, Jérôme; Marrou, Henri-Irénée
Jörg **Klinger** (Berlin): Alp, Sedat; Bittel, Kurt; Güterbock, Hans Gustav; Hrozný, Bedřich (Friedrich); Laroche, Emmanuel
Hans **Kloft** (Bremen): Bolkestein, Hendrik; Drumann, Wilhelm Karl August; Lauffer, Siegfried; Marx, Karl; Walser, Gerold; Wickert, Lothar
Kordelia **Knoll** (Dresden): Treu, Georg
Wolf **Koenigs** (München): Gruben, Gottfried
Frank **Kolb** (Tübingen): Alföldi, Andreas
Foteini **Kolovou** (Leipzig): Plethon, Georgios Gemistos
Natalia **Koslova** (St. Petersburg): Diakonoff, Igor
Detlev **Kreikenbom** (Mainz): Arndt, Paul Julius; Friederichs, Karl; Kekulé von Stradonitz, Reinhard; Langlotz, Ernst; Lippold, Georg; Schuchhardt, Carl; Schuchhardt, Walter-Herwig
Stefan **Krmnicek** (Tübingen): Aulock, Hans von; Mattingly, Harold; Meshorer, Yaakov; Mildenberg, Leo; Mørkholm, Otto; Newell, Edward T.; Price, Martin Jessop; Thompson, Margaret
Peter **Kuhlmann** (Göttingen): Canter, Willem; Gaza, Theodorus; Machiavelli, Niccolò; Meursius, Johannes; Nestle, Wilhelm; Ruhnken, David; Scaliger, Julius Caesar; Süß, Wilhelm; Walde, Alois
Wilhelm **Kühlmann** (Heidelberg): Bernegger, Matthias; Boeckler, Johann Heinrich; Buchner, August; Freinsheim, Johannes
Barbara **Kuhn-Chen** (Frankfurt am Main): Höschel, David; Millar, John; Savile, Henry; Scaliger, Joseph Justus; Schoppe, Kaspar; Ferguson, Adam
Max **Kunze** (Berlin): Junius, Franciscus; Stosch, Philipp von; Winckelmann, Johann Joachim
Manfred **Landfester** (Gießen): Bekker, Immanuel; Dindorf, Karl Wilhelm; Gomperz, Theodor; Hemsterhuis, Tiberius; Lachmann, Karl; Musgrave, Samuel; Reiske, Johann Jacob; Ritschl, Friedrich Wilhelm; Schleiermacher, Friedrich Daniel Ernst; Schwyzer, Eduard; Valckenaer, Lodewijk Caspar; Wyttenbach, Daniel
Jörn **Lang** (Leipzig): Agostini, Leonardo; Baudelot de Dairval, Charles César; Ficoroni, Francesco de'; Heraeus, Carl Gustav; Lippert, Philipp Daniel; Montfaucon, Bernard de; Natter, Lorenz; Orsini, Fulvio
Ralph **Lather** (Osnabrück): Erbse, Hartmut; Kakridis, Johannes; Klingner, Friedrich; Leo, Friedrich; Löfstedt, Einar; Madvig, Johan Nicolai
Marc **Laureys** (Bonn): Beatus Rhenanus; Biondo, Flavio; Cleynaerts, Nicolaes; Erasmus von Rotterdam; Trithemius, Johannes

Reinhard **Lehmann** (Mainz): Delitzsch, Friedrich
Jürgen **Leonhardt** (Tübingen): DuCange, Charles du Fresne; Gothofredus, Jacobus; Graevius, Johann Georg; Grotius, Hugo; Hardouin, Jean; Heyne, Christian Gottlob; Martinius, Matthias; Meibom, Marcus; Putschius, Helias; Ramler, Karl Wilhelm; Scheffer, Johannes; Scheller, Immanuel Johann Gerhard; Schmid, Erasmus; Taubmann, Friedrich; Tursellinus, Horatius
Hartmut **Leppin** (Frankfurt am Main): Burckhardt, Jacob; Christ, Karl; Ensslin, Wilhelm; Seeck, Otto
Valeria **Lilie** (Kiel): Bidez, Joseph; Croiset, Alfred; Delcourt, Marie; Heurgon, Jacques; Migne, Jacques-Paul
Astrid **Lindenlauf** (Bryn Mawr, Pennsylvania): Karo, Georg Heinrich
Bernhard **Linke** (Bochum): Brunt, Peter; Busolt, Georg; Vidal-Naquet, Pierre
Katharina **Lorenz** (Nottingham): Brendel, Otto Johannes
Volker **Losemann** (Marburg): Berve, Helmut; Irmscher, Johannes; Premerstein, Anton von; Stein, Arthur; Vogt, Joseph
Angelika **Lozar** (Berlin): Benoist, Eugène; Bérard, Victor; Marx, Friedrich; Norden, Eduard
Kerstin **Ludwig** (Berlin): Page, Denys Lionel; Zeller, Eduard
Veronika **Lukas** (München): Rader, Matthaeus
John **Lund** (Kopenhagen): Brøndsted, Peter Oluf
Bernhard **Maier** (Tübingen): Creuzer, Georg Friedrich
Arnaldo **Marcone** (Rom): Ciccotti, Ettore; De Sanctis, Gaetano; Ferrero, Guglielmo; Mazzarino, Santo
Hartmut **Matthäus** (Erlangen): Gjerstad, Einar
Olaf **Matthes** (Hamburg): Andrae, Walter; Koldewey, Robert
Burckhard **Meißner** (Hamburg): Günther, Rigobert; Meyer, Eduard
Jürgen **Merten** (Trier): Hettner, Felix; Massow, Wilhelm von
Cécile **Michel** (Nanterre): Botta, Paul-Émile; Oppert, Jules; Thureau-Dangin, François
Dennis **Miedek** (Osnabrück): Leumann, Manu
Gabriele **Mietke** (Berlin): Deichmann, Friedrich-Wilhelm
Peter N. **Miller** (New York): Fabri de Peiresc, Nicolas-Claude
Nina **Mindt** (Berlin): Lobeck, Christian August; Schadewaldt, Wolfgang
Ina E. **Minner** (Hattingen): Ross, Ludwig
Peter Franz **Mittag** (Köln): D'Orville, Jacques Philippe; Eckhel, Joseph Hilarius; Foy-Vaillant, Jean; Morell, Andreas; Spanheim, Ezechiel
Nicoletta **Momigliano** (Bristol): Evans, Arthur
Aliki **Moustaka** (Thessaloniki): Andronikos, Manolis; Karousos, Christos; Karousou-Papaspyridi, Semni; Orlandos, Anastasios
Carl Werner **Müller** (Saarbrücken): Dümmler, Georg Ferdinand; Jahn, Otto
Hans-Peter **Müller** (Leipzig): Christ, Johann Friedrich
Marita **Müller** (Berlin): Aldrovandi, Ulisse
Martin **Mulsow** (Erfurt): Huet, Pierre Daniel
Felix **Mundt** (Berlin): Büchner, Karl; Haupt, Moriz
Beat **Näf** (Zürich): Meyer, Ernst
Friederike **Naumann-Steckner** (Köln): Fremersdorf, Fritz
Heinz-Günther **Nesselrath** (Göttingen): Bentley, Richard; Wood, Robert
Hans **Neumann** (Münster): Koschaker, Paul
Wilfried **Nippel** (Berlin): Delbrück, Hans; Droysen, Johann Gustav; Friedländer, Ludwig; Gibbon, Edward; Momigliano, Arnaldo Dante; Niebuhr, Barthold Georg; Savigny, Friedrich Carl von
Hans Ulrich **Nuber** (Freiburg): Dragendorff, Hans
Marcel **Nuß** (Tübingen): Ernesti, Johann August; Gesner, Johann Matthias
Joachim **Oelsner** (Leipzig): Landsberger, Benno
Eckart **Olshausen** (Stuttgart): Kirsten, Ernst
Manfred **Oppermann** (Halle): Robert, Carl
Winfried **Orthmann** (Halle): Moortgat, Anton
Mayya **Pait** (Berlin): Fraenkel, Eduard; Fränkel, Hermann; Friedländer, Paul; Zielinski, Tadeusz
Bernhard **Palme** (Wien): Grenfell, Bernard Pyne; Hunt, Arthur Surridge; Mitteis, Ludwig; Oertel, Friedrich; Schubart, Wilhelm; Turner, Eric Gardner; Wilcken, Ulrich; Youtie, Herbert Chayyim
Domenico **Palombi** (Rom): Lanciani, Rodolfo
Diamantis **Panagiotopoulos** (Heidelberg): Marinatos, Spyridon; Mylonas, Georgios; Tsountas, Christos
Maurizio **Paoletti** (Cosenza): Orsi, Paolo
Jan **Papy** (Löwen): Burmann, Pieter d. Ä.; Burmann, Pieter d. J.; Gronovius, Johannes Fredericus; Heinsius, Daniel; Heinsius, Nicolaus; Lipsius, Justus
Anna Maria **Pastorino** (Düsseldorf): Maffei, Francesco Scipione
Martina **Pesditschek** (Wien): Badian, Ernst; Domaszewski, Alfred von; Egger, Rudolf; Keil, Josef; Kubitschek, Wilhelm; Schachermeyr, Fritz

Christoph **Pieper** (Leiden): Beroaldo, Filippo d.Ä.; Celtis, Konrad; Landino, Cristoforo; Tortelli, Giovanni; Valla, Lorenzo
Pierre **Pinon** (Paris): Grenier, Albert
Thomas **Poiss** (Berlin): Hölscher, Uvo
Danny **Praet** (Gent): Cumont, Franz; Sarton, George
Wolfgang **Radt** (Berlin): Hamdi Bey, Osman; Humann, Carl
Stefan **Rebenich** (Bern): Beloch, Karl Julius; Chantraine, Heinrich; Harnack, Adolf von; Hirschfeld, Otto; Jones, Arnold Hugh Martin; Mommsen, Theodor; Syme, Ronald
Matthias **Recke** (Gießen): Bieber, Margarete
François **Richard** (Nancy): Fustel de Coulanges, Numa Denis
Volker **Riedel** (Berlin): Goethe, Johann Wolfgang; Lessing, Gotthold Ephraim; Schlegel, August Wilhelm; Schlegel, Friedrich; Voß, Johann Heinrich
Thomas **Riesenweber** (Bonn): Laetus, Julius Pomponius; Salutati, Coluccio
Sebastian **Ristow** (Köln): Bosio, Antonio; Ciampini, Giovanni Giustino; Fabretti, Raffaele
Detlef **Rößler** (Berlin): Gerhard, Eduard
Philippe **Rouet** (Paris): Pottier, Edmond
Walther **Sallaberger** (München): Edzard, Dietz Otto; Falkenstein, Adam; Poebel, Arno
Giovanni **Salmeri** (Pisa): Borghesi, Bartolomeo
Jan Marco **Sawilla** (Konstanz): Perrault, Claude
Ann-Louise **Schallin** (Athen): Furumark, Arne
Egon **Schallmayer** (Bad Homburg): Nissen, Heinrich
Markus **Schauer** (Bamberg): Pöschl, Viktor; Ribbeck, Otto; Thiersch, Friedrich
Oliver **Schelske** (Tübingen): Georges, Karl Ernst; Gigon, Olof; Maas, Paul; Porson, Richard
Wolfgang **Schenkel** (Tübingen): Brugsch, Heinrich; Champollion, Jean-François; Gardiner, Alan H.; Mariette, Auguste; Maspero, Gaston; Polotsky, Hans Jakob
Claudia **Schindler** (Hamburg): Casaubonus, Isaac
Thomas **Schirren** (Salzburg): Vossius, Gerardus Johannes
Heinrich **Schlange-Schöningen** (Saarbrücken): Edelstein, Ludwig; Eder, Walter; Enmann, Alexander; Grégoire, Henri; Hadas, Moses; Hertzberg, Gustav Friedrich; Jullian, Camille; Kromayer, Johannes; Lippold, Adolf; Meiggs, Russell; Moreau, Jacques; Niese, Benedictus; Robert, Louis; Roussel, Pierre; Tarn, William Woodthorpe; Taylor, Lily Ross; Toynbee, Arnold Joseph; Wolff, Hans Julius
Danny **Schlumpf** (Zürich): Blümner, Hugo; Hasebroek, Johannes
Ernst August **Schmidt** (Tübingen): Gaiser, Konrad
Stefan **Schmidt** (München): Pfuhl, Ernst
Tassilo **Schmitt** (Bremen): Gschnitzer, Fritz; Rilinger, Rolf
Dietmar **Schmitz** (Oberhausen): Heinze, Richard; Latte, Kurt; Leopardi, Giacomo; Solmsen, Friedrich
Alain **Schnapp** (Paris): Camden, William; Perrault, Charles; Perrot, Georges; Spon, Jacques
Helmuth **Schneider** (Kassel): Büchsenschütz, Albert Bernhard; De Ste. Croix, Geoffrey; Ehrenberg, Victor; Finley, Moses I.; Hume, David; Pöhlmann, Robert von; Polanyi, Karl; Rodbertus, Karl; Rostovtzeff, Michael Iwanowitsch; Weber, Max
Sonja **Schönauer** (Bonn): Crusius, Martinus; Laskaris, Konstantinos; Leunclavius, Johannes; Wolf, Hieronymus
Anna **Schreurs** (Florenz): Ligorio, Pirro; Sandrart, Joachim von
Jan **Schröder** (Tübingen): Cujas, Jacques; Doneau, Hugues; Zasius, Ulrich
Helmut **Schubert** (Frankfurt am Main): Babelon, Ernest; Cohen, Henry; Göbl, Robert; Head, Barclay Vincent; Svoronos, Ioannes Nikolaos
Stephan **Seidlmayer** (Kairo): Erman, Adolf; Sethe, Kurt
Gabriele **Seitz** (Freiburg): Fabricius, Ernst
Doreen **Selent** (Rostock): Bücheler, Franz
Reinhard **Senff** (Athen): Kunze, Emil
Kurt **Sier** (Leipzig): Dorat, Jean; Robortello, Francesco; Stephanus, Henricus; Stephanus, Robertus; Turnebus, Adrianus
Roswitha **Simons** (Göttingen): Pirckheimer, Willibald; Sigonius, Carolus
Ulrich **Sinn** (Würzburg): Wagner, Johann Martin von
Brigitte **Sölch** (Florenz): Bianchini, Francesco
Anika **Söltenfuß** (Osnabrück): Wissowa, Georg
Holger **Sonnabend** (Stuttgart): Broughton, Thomas Robert Shannon; Graham, Alexander John; Holleaux, Maurice; Holm, Adolf; Loraux, Nicole; Pflaum, Hans-Georg
Reinhard **Sörries** (Kassel): Wilpert, Joseph
Adrian **Stähli** (Cambridge, Massachusetts): Caylus, Anne-Claude-Philippe, Comte de; Richardson, Jonathan
Markus **Stein** (Düsseldorf): Dölger, Franz Joseph
Ulrike Claudia Ariane **Stephan** (Berlin/London): Bywater, Ingram; Gaisford, Thomas; Jowett, Benjamin; Murray, Gilbert; Nettleship, Henry; Pfeiffer, Rudolf; Ventris, Michael

René **Sternke** (Berlin): Böttiger, Karl August; Millin de Grandmaison, Aubin-Louis; Raoul-Rochette, Désiré
Dirk **Steuernagel** (Regensburg): Dempster, Thomas
Jan **Stubbe Østergaard** (Kopenhagen): Poulsen, Frederik
Esther Sophia **Sünderhauf** (Berlin): Rodenwaldt, Gerhart
Hubert **Szemethy** (Wien): Benndorf, Otto; Conze, Alexander; Duhn, Friedrich von; Loeschcke, Georg; Michaelis, Adolf; Winter, Franz
Nikolaus **Thurn** (Berlin): Acciaiuoli, Donato; Buonaccorsi, Filippo; Calderini, Domizio; Della Fonte, Bartolomeo; Filelfo, Francesco; Nebrija, Elio Antonio de; Rabelais, François; Reuchlin, Johannes; Sambucus, Ioannes; Sepúlveda, Juan Ginés; Vives, Juan Luis
Ursula **Tröger** (Bonn): Enzinas, Francisco de; Lambinus, Dionysius; Lefèvre d'Étaples, Jacques; Riccoboni, Antonio; Ruel, Jean
Ioulia **Tzonou-Herbst** (Korinth): Blegen, Carl William
Alexandra **Verbovsek** (München/Oxford): Bissing, Friedrich Wilhelm von
Edzard **Visser** (Basel): Diels, Hermann; Parry, Milman; Reinhardt, Karl; Wackernagel, Jacob
Günter **Vittmann** (Würzburg): Erichsen, Wolja
Susanne **Voss** (Berlin): Borchardt, Ludwig
Axel E. **Walter** (Klaipeda/Osnabrück): Bongars, Jacques
Uwe **Walter** (Bielefeld): Grant, Michael; Hohl, Ernst; Marquardt, Karl Joachim; Strasburger, Hermann
Cornelia **Weber-Lehmann** (Bochum): Helbig, Wolfgang
Christian **Wendt** (Berlin): Gardthausen, Victor; Kaser, Max; Schmitthenner, Walter
Antonia **Wenzel** (Berlin): Grimal, Pierre; Heiberg, Johan Ludvig; Jebb, Richard Claverhouse; Vallauri, Tommaso
Hildegard **Wiegel** (Schwabach): Meyer, Johann Heinrich
Anja **Wolkenhauer** (Tübingen): Alberti, Leon Battista; Barbaro, Daniele; Glareanus, Heinrich; Manutius, Aldus; Muretus, Marcus Antonius; Musurus, Marcus; Niccoli, Niccolò; Peutinger, Conrad
Alessia **Zambon** (Paris): Boissard, Jean-Jacques; La Chausse, Michel-Ange de
Jürgen **Zimmer** (Berlin): Hirt, Aloys
Clemens **Zintzen** (Köln): Ficino, Marsilio; Poggio Bracciolini, Gian Francesco

Übersetzer:

J. A.	Jürgen **Ankele**
D. G.	Daniel **Graepler**
K. H.	Konrad **Honsel**
P. K.	Peter **Kuhlmann**
R. L. P.	Roberto **Lo Presti**
M. W.	Wolfram **Michaelis**
N. M.	Nina **Mindt**
Th. P.	Thomas **Poiss**
D. P.	Dieter **Prankel**
J. R.	Johannes **Renger**
H. Sch.	Heinrich **Schlange-Schöningen**

Vorwort

Die Konzeption der Bände des *Neuen Pauly* zur Rezeptions- und Wissenschaftsgeschichte (DNP 13–15/3) legte den Akzent auf die Institutionen, die für die Altertumsforschung von Bedeutung waren, auf die Entwicklung der einzelnen Fächer der Altertumswissenschaften, auf deren Rolle in den verschiedenen Ländern sowie auf die Rezeption antiker Kunst und Kultur; Artikel über einzelne Gelehrte und Wissenschaftler waren hingegen nicht vorgesehen. Die Supplementbände zum *Neuen Pauly* bieten nun die Möglichkeit, die Forschungsgeschichte durch ein biographisches Lexikon zur Geschichte der Altertumswissenschaften zu ergänzen.

Auch wenn heute den Institutionen der Forschung zu Recht große Beachtung zuteil wird sowie die Abhängigkeit fachlicher Entwicklungen und Trends von den politischen und kulturellen Kontexten betont wird, bleibt unbestritten, dass wiss. Fortschritt oft einzelnen Wissenschaftlern, ihren Fragestellungen, ihren Forschungsinteressen und ihrer Kreativität zu verdanken ist. In dieser evidenten Tatsache findet der biographische Ansatz des vorliegenden Bandes seine Rechtfertigung. Neben Philologen, Archäologen und Althistorikern werden auch Antiquare, Epigraphiker, Numismatiker und Papyrologen berücksichtigt. Entsprechend der Konzeption des *Neuen Pauly*, der in seinem altertumswissenschaftlichen Teil die Rolle der Kulturen Altägyptens und des Alten Orients für die Entwicklung des östlichen Mittelmeerraumes nach 1000 v. Chr. und die kulturelle Vielfalt des Mittelmeerraumes betont, sind auch Beiträge zu Ägyptologen und Altorientalisten in diesen Band aufgenommen worden.

Es ist die Überzeugung der Herausgeber und Autoren des Bandes, dass die Wissenschaften sich stets Rechenschaft darüber ablegen müssen, auf welchen älteren Arbeiten und Leistungen der gegenwärtige Stand der Forschung beruht; die Kenntnis der histor. Voraussetzungen ist notwendig für das Selbstverständnis einer Wissenschaft und für eine erfolgreiche Forschungspraxis.

In einer interdisziplinären Wissenschaftsgeschichte können heute Philosophen, Ethnologen, Sozialwissenschaftler und Kunsthistoriker, aber auch Sammler und Schriftsteller, die einen wesentlichen Beitrag zur Entwicklung der Altertumswissenschaften oder zum Verständnis der Antike geleistet haben, nicht mehr übergangen werden. Als ein Beispiel sei hier Goethe genannt, der Klass. Philologie studieren wollte, die Philologen seiner Zeit gut kannte und, wie oft erwähnt, eine Schrift über Winckelmann herausgab, mit Friedrich August Wolf korrespondierte und sich intensiv mit antiker Kunst und Literatur beschäftigte. Es ist heute ebenfalls nicht mehr vertretbar, Sozialwissenschaftler wie Max ↗Weber oder Karl ↗Polanyi, deren Arbeiten von Althistorikern in großem Umfang rezipiert worden sind, unberücksichtigt zu lassen. Dies trifft auch auf Forscher wie Michel Foucault zu, dessen Studien zur Sexualität im antiken Griechenland die Forschung eminent beeinflusst haben.

Der zeitliche Rahmen des Bandes reicht vom 14. bis zum 20. Jh. Im 19. und frühen 20. Jh. gewannen die Klass. Altertumswissenschaften an den Universitäten und Akademien an Bedeutung; gleichzeitig kam es durch die Einrichtung von Lehrstühlen für Archäologie und Alte Geschichte zu einer starken Differenzierung der Fächer. Trotz der Tatsache, dass die alten Sprachen im Verlauf des 20. Jh.s ihre dominierende Stellung im Bildungswesen verloren haben, ist die Zahl der Philologen, Archäologen und Althistoriker im Zuge der zahlreichen Neugründungen von Universitäten weltweit gestiegen. Daher behandeln mehr als die Hälfte der Artikel des Bandes Wissenschaftler des 19. und 20. Jh.s. Generell wurde darauf verzichtet, lebende Gelehrte in Form eigener Artikel zu berücksichtigen.

Es war das Bestreben der Herausgeber und der Autoren, die Altertumswissenschaften in Deutschland, in den übrigen europäischen Staaten und in den USA in gleicher Weise angemessen zu berücksichtigen und damit ein umfassendes internationales Arbeitsinstrument zur Geschichte der Altertumswissenschaften zu schaffen. Die Auswahl der Gelehrten und Wissenschaftler ist den Band- und Fachgebietsherausgebern nicht leicht gefallen. Die Beschränkung im Umfang machte es notwendig, die Zahl der Artikel zu begrenzen; in vielen Fällen konnten daher Gelehrte nicht berücksichtigt werden, die unstrittig einen wichtigen Beitrag zur altertumswissenschaftlichen Forschung geleistet haben. Eine solche Auswahl beruht natürlich auch auf subjektiven Kriterien, und es ist den Herausgebern durchaus bewusst, dass andere Entscheidungen möglich und wissenschaftlich vertretbar gewesen wären.

Da die Arbeiten einzelner Gelehrter und Wissenschaftler immer nur vor dem Hintergrund der Entwicklung der Wissenschaften verstanden werden können, da die Leistung eines einzelnen Gelehrten immer auch abhängig ist von den Arbeiten der Vorgänger, und da wissenschaftliche Forschung zudem von politischen, kulturellen und institutionellen Kontexten bedingt ist, haben die Herausgeber den Versuch unternommen, die Entwicklung der Altertumswissenschaften von ihren Anfängen im 14. Jh. bis hin zur zweiten Hälfte des 20. Jh.s in einer knappen Skizze nachzuzeichnen; sie soll zugleich die wissenschaftshistorische Einordnung der einzelnen Artikel erleichtern.

Auch bei diesem Lexikon hat sich die »dezentrale Organisation der Arbeit« (vgl. DNP 1, 1996, S. V) bewährt. Die Herausgeber danken den Fachgebietsherausgebern für ihre umsichtige Arbeit, die weit über die Organisation und Betreuung der einzelnen Gebiete hinausging, den Autoren für die Beiträge, die oft umfangreiche Recherchen erforderten, sowie der Redaktion im Metzler-Verlag und insbesondere Frau Dr. Brigitte Egger, die alle Schwierigkeiten und Probleme bei der Entstehung des Bandes souverän bewältigte und durch die immer hilfreiche und engagierte Betreuung entscheidend zum Erscheinen des Lexikons beitrug.

Stuttgart, im Frühjahr 2012
Peter Kuhlmann, Göttingen
Helmuth Schneider, Kassel

Die Altertumswissenschaften von Petrarca bis zum 20. Jh.

A. Wissenschaftsgeschichte und Altertumswissenschaften – Zur Konzeption des Bandes

In den vergangenen Jahrzehnten hat die Wissenschaftsgeschichte als Disziplin neben der Geschichte der Philosophie, der Literaturgeschichte und der Kunstgeschichte deutlich erkennbar an Bedeutung gewonnen, wobei die Aufgabe wissenschaftshistorischer (= wiss.histor.) Forschungen nicht allein in der Darstellung vergangener Erkenntnisfortschritte in den verschiedenen Wissenschaften bestand, sondern auch allgemein in der Analyse von Forschungsprozessen; es ging darum zu klären, unter welchen Voraussetzungen wiss. Fortschritt möglich ist (Karl Raimund Popper; Thomas S. Kuhn; Paul Feyerabend), welche Interdependenzen zwischen der wiss. Forschung und dem politischen, sozialen und kulturellen Umfeld bestehen und welche Faktoren auf die Forschungsinteressen und die Formulierung von Fragestellungen sowie auf die Wahl der Methoden einwirken. Das Interesse von wiss.histor. Arbeiten konzentrierte sich dabei zunächst vorrangig auf die Naturwissenschaften und die Umbrüche im naturwiss. Denken, die zu neuen Theorien und Methoden gerade in Wissenschaften wie der Mathematik, Astronomie, Physik, Chemie und Biologie führten. Im Zentrum zahlreicher wiss.histor. Publikationen standen zunächst so bedeutende Forscher wie Galilei, Newton, Darwin oder Einstein; in neueren Arbeiten werden hingegen die institutionellen Kontexte von wiss. Forschung betont, so etwa die Rolle der Universitäten und die Kommunikation zwischen den Gelehrten für die Formulierung neuer Forschungsergebnisse, die Entstehung von Forschungsinstituten und Laboren an den Universitäten im 19. Jh. oder die Gründung von Institutionen wie der Max-Planck-Gesellschaft und der Deutschen Forschungsgemeinschaft.

Obgleich vor 1970 bereits eine Reihe von bedeutenden Monographien zur Geschichte der Klass. Altertumswissenschaften erschienen waren – so die *Geschichte der Philologie* von Ulrich von ↗Wilamowitz-Moellendorff (1921) oder *Theodor Mommsen und das 19. Jahrhundert* von Alfred ↗Heuß (1956) –, kam es doch erst nach 1970 zu einem Aufschwung der wiss.histor. Forschung, der insbes. auf die Initiativen und das Engagement von Alfred Heuß, William M. Calder III, Arnaldo Momigliano, Rudolf Pfeiffer, Karl Christ, Alexander Demandt, Manfred Landfester, Wilfried Nippel, Beat Näf und zuletzt Stefan Rebenich zurückging. Die Arbeiten dieser Althistoriker und Altphilologen haben dazu beigetragen, einerseits unser Wissen über die Entwicklung der Altphilologie, der Archäologie und der Alten Geschichte entscheidend zu erweitern, andererseits die Wissenschaftsgeschichte als eine anerkannte Disziplin der Altertumswissenschaften zu etablieren.

Es gibt zwei unterschiedliche Ansätze in der wiss.histor. Forschung: Während in vielen Darstellungen Wissenschaftsgeschichte als Geschichte der Forscherpersönlichkeiten aufgefasst wird und dementsprechend der Schwerpunkt auf der Biographie einzelner Wissenschaftler liegt, wurde Forschungsgeschichte auch als Geschichte von histor. Problemen begriffen und der Versuch unternommen, die Arbeiten und Aussagen zu einem bestimmten Themenkomplex zu sichten und die Entwicklung der verschiedenen Forschungspositionen kritisch zu analysieren.

Kritisch bleibt zu konstatieren, dass in den Untersuchungen, die v.a. die Leistung einzelner Forscherpersönlichkeiten würdigten, die politischen und kulturellen Voraussetzungen und Kontexte der Forschung zunächst nur selten thematisiert worden sind. Die Präferenz für eine biographische Darstellung führte ferner dazu, dass die Leistungen einzelner Gelehrter oft sehr positiv bewertet, bisweilen sogar überschätzt, ihre Schwächen aber nur selten thematisiert wurden. In diesem Zusammenhang ist mit Nachdruck darauf hinzuweisen, dass es neben den bedeutenden Werken einzelner Wissenschaftler immer auch Fehlleistungen und problematische Positionen in der Wissenschaft gegeben hat. Viele wiss.-histor. Arbeiten konzentrierten sich zudem auf die Entwicklung in einzelnen Ländern oder sogar an einzelnen Universitäten und vernachlässigten damit die gerade für die Frühe Neuzeit und das 19. Jh. so charakteristische Zusammenarbeit von Gelehrten verschiedener Nationen. Ein weiteres Problem stellt die Beschränkung auf einzelne Disziplinen dar, was dazu führte, dass interdisziplinäre Zusammenhänge oft unbeachtet blieben.

In wiss.histor. Untersuchungen wird die Zeit um 1800 oft als scharfe Zäsur gesehen; das Interesse gilt vorrangig den modernen Altertumswissenschaften, die sich im 19. Jh. an den Universitäten herausgebildet und ihre Thematik, ihre Fragestellung und v.a. ihre Methodik entwickelt haben. Mit dieser Schwerpunktsetzung werden die Gelehrten der Frühen Neuzeit, die oft bahnbrechende Leistungen vollbrachten, nicht angemessen wahrgenommen; auch die wiss. Positionen des Humanismus und der Aufklärung sind oft in Vergessenheit geraten. Demgegenüber ist aber zu betonen, dass die Edition und Kommentierung der antiken Texte, die Identifizierung topographischer Angaben mit den Überresten und Ruinen sowie die Erfassung der antiken Kunstwerke in ihrer Zeit herausragende wiss. Leistungen waren. Die Entwicklung einer Methodik der Interpretation von Texten und Bildwerken sowie die Herausbildung eines histor. Verständnisses antiker Kunst und Literatur waren darüber hinaus für die Kultur der Frühen Neuzeit von eminenter Bedeutung. Damit können die Forschungen der frühneuzeitlichen Humanisten und Antiquare durchaus der Entstehung der modernen, auf Experiment und Annahme einer Gesetzlichkeit der Natur beruhenden Physik an die Seite gestellt werden. Die Humanisten und die bedeutenden Philologen und Antiquare der Renaissance und der Frühen Neuzeit sind Repräsentanten der europäischen Kultur und haben ihren Ort in der europäischen Kulturgeschichte.

Unter diesen Voraussetzungen muss es gegenwärtig ein wichtiges Ziel der Wissenschaftsgeschichte sein, die Gelehrten der Renaissance und der Frühen Neuzeit ihrer histor. Bedeutung entsprechend zu erfassen und an ihre Leistungen zu erinnern. In welchem Ausmaß Werke der Zeit vor 1800 davon bedroht sind, vergessen zu werden, hat kürzlich Anthony Grafton in dem Abschnitt über Friedrich August ↗Wolf seines Buches *Defenders of the Text* (1991) betont:

»To judge this account we must venture outside the orderly, well-mapped intellectual landscape found in most histories of scholarship. We must confront Wolf's ideas and results with those of his immediate predecessors and contemporaries. These are buried in hundreds of forgotten books, whose neoclassical title pages unfairly raise the hopes of the reader, soon to be discouraged by foxed paper und ugly type. Most of them are too technical to attract historians and too obsolete to interest classicists. No wonder, then, that the dusty sectors of eighteenth-century culture bounded by their covers have become a *terra* largely *incognita*« (S. 216).

Graftons Feststellung hat nicht nur Gültigkeit für das 18. Jh., sondern trifft generell für die Zeit von Petrarca bis zu F. A. Wolf zu. Tatsächlich sind für die Forschungsgeschichte selbst außerordentlich wichtige Gelehrte der Renaissance und der Frühen Neuzeit heute weitgehend unbekannt; Namen wie J. J. ↗Scaliger, Justus ↗Lipsius oder Richard ↗Bentley sind weitgehend der Vergessenheit anheim gefallen, ihre Arbeiten sind teilweise kaum mehr zugänglich. Aus diesem Grund wird in dem vorliegenden Band der Versuch unternommen, das Wirken der Humanisten seit ↗Petrarca (1304–1374) sowie die thematische Breite philologischer und antiquarischer Forschung in der Frühen Neuzeit zu dokumentieren, das Wissen der zahlreichen modernen, meist entlegen publizierten Detailstudien zur Wissenschaftsgeschichte der Frühen Neuzeit zu erschließen, neue Erkenntnisse zu präsentieren und auf diese Weise Forschungen über solche Gelehrte anzuregen, die in den vergangenen Jahrzehnten weitgehend ignoriert worden sind. Dabei darf wiss.histor. Forschung sich nicht allein an den gegenwärtigen Disziplinen orientieren, sondern muss auch solche Gebiete, die wie etwa die Gemmenkunde in der Frühen Neuzeit im Zentrum des Interesses standen, berücksichtigen.

Eine wichtige Aufgabe der gegenwärtigen wiss.-histor. Forschung ist die Untersuchung der Rolle von Altphilologen, Archäologen und Althistorikern in den totalitären Systemen des 20. Jh.s. In diesem Zusammenhang ist neben dem ital. Faschismus und dem dt. Nationalsozialismus der Kommunismus in der Sowjetunion und den Ostblockländern zu nennen. Insbes. für die Weimarer Republik und die Zeit des Faschismus sowie des Nationalsozialismus liegen Untersuchungen und Aufsatzbände vor, die deutlich zeigen, in welchem Ausmaß Altphilologen, Archäologen und Althistoriker politisch beeinflussbar waren und sich bereit zeigten, die wiss. Standards ihres Fachs aufzugeben und aus Überzeugung oder Opportunismus die Positionen der NS-Ideologie, darunter primär den Rassismus, den Militarismus und die Verherrlichung autoritärer Herrschaft, zu übernehmen und zu begründen. Gerade für diese Problematik besitzt das Postulat Ciceros Gültigkeit, die Geschichtsschreibung dürfe nichts Falsches sagen und nichts Wahres verschweigen (Cic. de orat. 2,62). Ein weiteres wichtiges Feld der Wissenschaftsgeschichte bleibt die Exilforschung; namhafte Altphilologen und Althistoriker aus Italien, Deutschland und auch Russland fanden v. a. in England und in den USA ein neues Wirkungsfeld und gaben der engl. sowie amerikan. Wissenschaft lange Zeit nachwirkende Impulse.

Die Altertumswissenschaften haben in Europa eine lange Geschichte, die mit der Geschichte der Universitäten eng verbunden ist. Die folgende Skizze soll die einzelnen Gelehrten und Wissenschaftler in die Entwicklung ihres Fachs einordnen und die wiss. sowie kulturellen Kontexte verdeutlichen.

B. Die Altertumswissenschaften bis zum 18. Jh.

B.1. Die frühen Humanisten

Der Beginn des Humanismus liegt in Italien. Ein wichtiger Vorläufer der Humanisten war bereits Dante mit seiner Abkehr von der mittelalterlichen Scholastik und der Hinwendung zu paganen Autoren wie Cicero, Livius, Vergil oder auch dem zumindest theoretischen Interesse für griech. Literatur. Motivation für die nun eintretende Entwicklung war die empfundene Überlegenheit der klass. Antike über die eigene Gegenwart in allen Lebensbereichen. Die Erforschung antiker Autoren diente somit der Ermöglichung des eigenen Fortschritts.

Als erster Humanist im eigentlichen Sinne gilt Francesco ↗Petrarca (1304–1374), der sich dezidiert auf die pagane Literatur der Antike zurückbesann und sie als Vorbild für die eigene Gegenwart empfand. Er hielt Kontakt zu dem Politiker ↗Cola di Rienzo und sympathisierte mit dessen Plänen zu einer Wiederbegründung der alten röm. *res publica*. Den scholastischen, auf Aristoteles fußenden Lehrbetrieb seiner Zeit lehnte er ab. Wie die späteren Humanisten begann Petrarca bereits damit, Handschriften antiker Autoren zu sammeln, und entdeckte dabei 1333 etwa Ciceros Rede *Pro Archia poeta* oder 1350 dessen *Epistulae ad familiares*, die er in seinen eigenen Briefen unter Übernahme dieses Titels auch sprachlich nachahmte. Überhaupt war er der erste Humanist, für den Cicero ein erklärtes sprachliches Vorbild wurde. Auch für die griech. Literatur hatte Petrarca Interesse – insbes. für Platon und Homer, wenngleich er selbst keine hinreichenden Sprachkenntnisse besaß, um diese Autoren im Original lesen zu können. Auf seinen Auftrag hin fertigte Leonzio ↗Pilato 1366 eine lat. Übersetzung der *Ilias* und von Teilen der *Odyssee* an, die allerdings noch nicht den stilistischen Ansprüchen der ersten Humanisten genügte und auf wenig Resonanz stieß. Immerhin waren so aber erste Anfänge auch der griech. Studien in Westeuropa gemacht. Petrarcas Schüler ↗Boccaccio (1313–1375) hatte durch seine vielfältigen enzyklopädischen Schriften sowie die Wiederentdeckung von Ciceros Reden gegen den korrupten Statthalter Verres (*Verrinen*), von Ovids Schmähgedicht *Ibis*, der erotischen Gedichtsammlung *Priapea* oder dem Mosel-Gedicht (*Mosella*) des spätantiken Dichters Ausonius maßgeblichen Anteil an der Weiterentwicklung der klass. Studien.

Unter dem Einfluss dieser frühen Humanisten trat in der zweiten Hälfte des 14. Jh.s eine Fülle wichtiger Persönlichkeiten hervor, die wie Petrarca nicht nur philologisch, sondern auch selbst literarisch tätig waren und für die daher Fragen der Latinität und des Stils entscheidende Bedeutung besaßen. Wichtige Merkmale dieser Epoche sind – bes. in Abgrenzung zur mittelalterlichen Scholastik – die herausgehobene Bedeutung der Rhetorik vor der Philosophie, wenngleich die Verbindung von *eloquentia* und *sapientia* (im Sinne von Moralphilosophie) in Anlehnung an Cicero durchaus ein Ideal war; weiter die zunehmende Bedeutung Ciceros als Sprachvorbild, was die Erforschung des klass.-antiken Lateins stark beförderte; schließlich die Verankerung der aufkommenden *studia humanitatis* gerade nicht in der scholastisch geprägten Universität, sondern an Fürstenhöfen einschließlich der päpstlichen Kurie, in Akademien bzw. eigenen Schulen und in den Kreisen des wohlhabenden Bürgertums.

Ein erstes Zentrum des Humanismus war die zunächst freie und später von den Medici beherrschte Stadt Florenz, deren Kanzler Coluccio ↗Salutati (1331–1406) und später Leonardo Bruni (um 1370–1444) sowohl die Cicero-Studien als auch die Wiederentdeckung der griech. Literatur förderten: So holte Salutati 1396 den byz. Philologen Manuel ↗Chrysolaras nach Florenz, um dort einen regelmäßigen Griechischunterricht einzurichten. Bruni nutzte seine hier erworbenen Kenntnisse des Griechischen, um Schriften von Aristoteles, Platon oder Aristophanes ins Lateinische zu übersetzen. In Florenz besaßen die humanistischen Studien insofern einen wichtigen Aktualitätsbezug, als sie der Erforschung der eigenen Geschichte und auch der politischen Legitimierung der eigenen bürgerlichen Freiheit dienten (sog. Bürgerhumanismus).

Seit der zweiten Hälfte des 15. Jh.s gewann neben Florenz auch Rom zunehmend an Bedeutung für altertumskundliche Forschungen: Päpste wie Nikolaus V. oder Pius II. (Enea Silvio ↗Piccolomini) waren entweder selbst humanistisch tätig oder förderten aktiv die Suche nach antiken Texten, die Übersetzung von griech. Autoren und die Auffindung antiker Kunstschätze. Entdeckt wurden u. a. der ganze Quintilian, neue Cicero-Reden, Tacitus' *Annalen*, seine *Germania* und sein *Dialogus*, Plinius' Briefe, Suetons *De viris illustribus*, Frontin und 16 Plautus-Komödien. Bes. erfolgreiche Handschriftenjäger waren Gian Francesco ↗Poggio Bracciolini (1380–1459), der als Sekretär von Papst Nikolaus V. die Teilnahme am Konstanzer Konzil (1414–1418) zu weiteren Reisen und Recherchen nutzte, oder Francesco ↗Filelfo (1398–1481) und Giovanni ↗Aurispa (1376–1459), welche in den 1440er Jahren nach Konstantinopel reisten, um dort Handschriften u. a. der griech. Tragiker oder des Apollonios Rhodios zu erwerben. In dieser Zeit kamen auch weitere byz. Philologen nach Italien: So reiste der Platoniker Georgios Gemistos ↗Plethon 1438 zum Unionskonzil nach Ferrara, was die Entwicklung der von Cosimo de' Medici in Florenz begründeten platonischen Akademie beförderte. Dort übersetzte Marsilio ↗Ficino (1433–1499) die Werke Platons ins Lateinische, um wie Plethon die wahre Lehre Platons von den Entstellungen des spätantiken Neuplatonismus zu befreien – als Produkt kam freilich ein platonischer Mystizismus in Verbindung mit christl. Elementen heraus. Einen besonderen Einschnitt in der Entwicklung der griech. Philologie bedeutete natürlich der Fall Konstantinopels 1453, der die Flucht griechischer Philologen und den Verkauf vieler Handschriften durch die Türken zur Folge hatte. Allerdings führte dies nicht mehr zu Neuentdeckungen vorher verlorener antiker Autoren oder Texte.

Wichtige Fortschritte in der Entwicklung der Philologie brachte v.a. Lorenzo ↗Valla (um 1407–1457), der sich nicht mehr als Dichter, sondern als Philologe verstand. Er erwies im Auftrag des mit dem Kirchenstaat zerstrittenen Königs von Neapel, Alfonso d'Aragón, 1440 die sog. »Konstantinische Schenkung« als Fälschung, wechselte aber dennoch 1448 als Sekretär in päpstliche Dienste. Sein Schüler, der Dichter und Philologe Angelo ↗Poliziano (1454–1494), förderte durch seine Handschriftenkollationen und die Verzeichnung von abweichenden Lesarten die Entwicklung der Textkritik; er verwendete als Erster z.B. den Begriff »Archetyp« und nutzte die Kategorie »Bindefehler« in seinen Editionen.

B.2. Die Humanisten im Zeitalter des Buchdrucks

Ab 1464 kam der Buchdruck nach Italien. Die neue Technik machte nun die Ausgaben und Handbücher der Humanisten für ein breiteres Publikum verfügbar; allerdings blieb der Besitz der teuren Bücher zunächst auf Bibliotheken und wohlhabende Kreise beschränkt, sodass im akademischen Unterricht weiterhin Texte diktiert bzw. abgeschrieben wurden. Der Buchdruck führte zur Vereinheitlichung vieler formaler Konventionen wie Schrifttypen, Orthographie, Abkürzungen oder der Gestaltung der konkreten Seiten mit Paginierung und Kapitelzählung. Wichtige Druckorte waren in Italien Rom (37 Druckereien um 1480) und v.a. Venedig, wo der Philologe Aldus ↗Manutius (1450/52–1515) neben lat. Editionen auch die ersten Drucke griechischer Autoren besorgte (sog. Aldinen). In Frankreich besaßen Lyon, im dt.-sprachigen Raum Straßburg und Basel die bedeutendsten Druckereien. Speziell in Paris gründete die Humanisten-Familie Estienne (Stephanus) 1502 eine wichtige Druckerei, die sie aufgrund ihrer calvinistischen Glaubensrichtung später nach Genf verlegte (s.u. B.3.). Die Drucktechnik führte zu einem Aufschwung bei der Erstellung von Ausgaben, sodass bis etwa 1520 praktisch alle wichtigen paganen griech. und lat. Autoren ediert waren. Von den meisten griech. Texten lagen übrigens zuerst Drucke der lat. Übersetzungen vor solchen der Originale vor. Insgesamt waren diese ersten Drucke noch recht fehlerhaft und unzuverlässig, da kompetente Korrekturleser fehlten.

Seit dem Ende des 15. Jh.s geriet Italien zunehmend ins Hintertreffen und wurde durch die Entwicklung der philologischen Studien in Frankreich und Deutschland (d.h. im Hl. Röm. Reich nördlich der Alpen) allmählich überholt. Eine Basis hierfür hatte bereits der Aufenthalt des Italieners (und späteren Papstes Pius II.) Enea Silvio ↗Piccolomini 1442–1455 am Hofe des späteren Kaisers Friedrich III. geschaffen. In der Folgezeit wurden an der Wiener Universität Vorlesungen über die lat. Klassiker Cicero, Sallust, Vergil, Horaz und Seneca angeboten. In Wien lehrte bis 1508 Konrad ↗Celtis (1459–1508), der den dt. Humanismus maßgeblich begründete. Neben Wien war Heidelberg ein wichtiges Zentrum des Humanismus: U.a. dort wirkte etwa der in Italien und Griechenland ausgebildete Peter Luder (1415–1472) und hielt Vorlesungen über antike Literatur, Rhetorik und Metrik; er wirkte aber auch in Ulm, Leipzig und Wien, wo er jeweils die Gründung humanistischer, privatrechtlich organisierter Sozietäten in Analogie zur Akademie in Florenz herbeiführte. Die Ausbildung im Griechischen und Hebräischen förderte insbes. die Tätigkeit Johannes ↗Reuchlins (1455–1522), der u.a. bei Johannes ↗Argyropoulos Griechisch gelernt hatte, sich mit Homer und Platon befasste und ein griech.-lat. Wörterbuch zumindest begann.

Überragend und ihrer Zeit voraus waren hingegen die vielfältigen Leistungen des weitgereisten (Frankreich, England) Klerikers Desiderius ↗Erasmus von Rotterdam (um 1466–1536). Er rekonstruierte in der Schrift *De recta Latini Graecique sermonis pronuntiatione* (1528) die antike Aussprache des Lateinischen und Griechischen und wandte sich gegen Reuchlins und Melanchthons Praxis, das Griechische mit zeitgenössischer Phonetik auszusprechen. Ferner erstellte er vollständige Ausgaben u.a. von Aristoteles und Livius, aber auch des Neuen Testaments, das er erstmals in der Tradition Vallas als echter Philologe bearbeitete. Schließlich nahm er Grundsätze der modernen kritischen Bibelexegese vorweg und zeigte u.a., dass sich die Trinitätslehre nicht aus dem NT ableiten lässt, was entsprechende Kritik in protestantischen Kreisen nach sich zog. Für die Verbreitung des Griechischen im dt.-sprachigen Raum waren schließlich Philipp ↗Melanchthon (1497–1560) mit seiner griech. Grammatik (zuerst 1518) und seinen kommentierten Ausgaben sowie Joachim ↗Camerarius (1500–1574) bedeutsam.

B.3. Die Philologie bis zum frühen 18. Jh.

Nach der Gründerzeit der Humanisten setzte ab etwa der Mitte des 16. Jh.s eine Etablierung und zunehmende Spezialisierung der philologischen Studien mit steigender Tendenz zum reinen Anhäufen von Wissen ein: Es begann die Zeit der Textkritik, der Kommentierung und der großen Wörterbücher. Zugleich etablierte sich das humanistische Ausbildungsprogramm fest in den entstehenden Lateinschulen, Jesuitenkollegien und Universitäten, in denen nun überall die Lektüre der lat. und – wo möglich – griech. Klassiker zentraler Lehrinhalt wurde. Grundlage des Unterrichts und auch die Unterrichtssprache war nun ein klassisches, v.a. auf Cicero fußendes

Latein. Die Frage der Latinität wurde breit diskutiert. Speziell der aufkommende Ciceronianismus mit seinen verschieden strengen Varianten wurde von scholastisch geprägten Gelehrten z.T. heftig kritisiert, weil nun der seit dem Mittelalter übliche lebendige Sprachgebrauch mit seinen v. a. lexikalischen Abweichungen vom klass. Latein nicht mehr toleriert werden sollte. Die päpstliche Kurie setzte allerdings mit Pietro ↗Bembo (1470–1547) nachdrücklich den Ciceronianismus durch. Andererseits blieb in der nichtphilologischen lat. Wissenschaftsprosa aus rein praktischen Gründen bis etwa 1800 eine eher unciceronianische Praxis mit zahlreichen unklass., aber semantisch präzisen Ausdrücken in Gebrauch; dies gilt insbes. für die Naturwissenschaften.

Die Ausweitung des humanistischen Unterrichts mit seiner klassizistischen, vom bisherigen Usus vielfach abweichenden Sprachnorm erforderte zunehmend die entsprechenden Hilfsmittel, was die Produktion von sog. »Antibarbarus«-Literatur zur Verhinderung von Verstößen gegen das klass. Latein sowie von großen Wörterbüchern zur Erschließung der antiken Texte anstieß. Geographische Zentren der altertumskundlichen Forschung wurden neben Frankreich ab dem 17. Jh. die Niederlande sowie zunehmend England.

In Frankreich orientierte sich die Philologie primär an der griech. Literatur und war eng mit der zeitgenössischen franz. Dichtung verbunden, etwa in dem der Florentiner Akademie nachempfundenen Dichter- und Philologenkreis der *Pléiade*. Der Humanist und Jurist Guillaume ↗Budé (1468–1540) publizierte lat. Übersetzungen griechischer Autoren, die zur Grundlage der nach ihm benannten *Collection Budé* wurden; auf seine Initiative ging auch die Gründung der Forschungsstätte des Collège de France in Paris zurück. Zugleich erlebte die Lexikographie mit der Verlegerfamilie Estienne (Stephanus) einen großen Aufschwung: Der erste *Thesaurus linguae Latinae* wurde zuerst 1531 von Robert Estienne (Robertus ↗Stephanus) in Paris gedruckt und blieb bis zum Erscheinen von ↗Forcellinis *Totius Latinitatis Lexicon* 1771 unersetzt: Im *Thesaurus* war das gesamte durch den Buchdruck damals zugängliche Sprachmaterial direkt aus den Quellen heraus lexikologisch ausgewertet und mit differenzierten semantischen Erläuterungen in lat. Sprache versehen. Eine Pionierleistung war weiter der von Henri (II.) Estienne (Henricus ↗Stephanus) erstellte *Thesaurus Graecae linguae* von 1572: ein griech. Wörterbuch mit lat. Erklärungen und bis heute das umfangreichste griech. Lexikon (das dann im 19. Jh. grundlegend neu bearbeitet und für die Benutzung optimiert wurde). 1678 erschien mit dem von Charles ↗DuCange (1610–1688) erstellten *Glossarium ad scriptores mediae et infimae Graecitatis* erstmals ein umfassendes Wörterbuch, das auch die nachantike griech. Literatur zu erschließen half.

Sehr breite Forschungsinteressen besaß Joseph Justus ↗Scaliger (1540–1609), der sich wie die folgenden Philologengenerationen v. a. auf dem Gebiet der Konjekturalkritik durch Athetesen und Umstellungen übte. Seine besonderen Leistungen liegen in der Begründung einer wiss. Chronologie, die kritische Editionen antiker Chronographen wie Eusebios implizierte, sowie in der Sammlung von lat. und griech. Inschriften und der Anfertigung von Indices hierzu, die wegweisend für die Entwicklung der wiss. Epigraphik wurden.

Im niederl. Raum wurde 1575 die Universität Leiden gegründet, die sich zu einem wichtigen Zentrum des Humanismus und der altertumskundlichen Forschung bes. zur röm. Antike entwickelte. Dort waren Persönlichkeiten wie der Philosoph und Humanist Justus ↗Lipsius (1547–1606), der Jurist und Texteditor Hugo ↗Grotius (1583–1645) sowie die Philologen Nicolaus ↗Heinsius (1620–1681), Johann ↗Graevius (1632–1703; Thesauri der röm. und ital. Altertümer: 1699 bzw. 1704) und Jacob ↗Gronovius (1645–1716; Thesaurus der griech. Altertümer, 1702) tätig, die im Wesentlichen Textkritik und Textkommentierung betrieben oder auch antiquarische Wissensbestände kompilierten. Ein wichtiger Vorläufer der modernen histor. Forschung war hingegen der Leidener Professor Jacob Perizonius (gest. 1715): Als Erster stellte er die Zuverlässigkeit des Livius für die frühe röm. Zeit in Frage und entwickelte Kriterien für die Auswertung von histor. Quellen zur antiken Geschichte. Für die Entwicklung der Gräzistik waren die unter Bentleys (s. u.) Einfluss stehenden Philologen Tiberius ↗Hemsterhuis (1685–1766) und Caspar ↗Valckenaer (1715–1785) mit ihren textkritischen Arbeiten und Editionen zu Lukian, Aristophanes (Hemsterhuis) und Euripides (Valckenaer) wegweisend.

In England wirkte der Textkritiker und Editor Richard ↗Bentley (1662–1742) an der neben Oxford für die Altertumskunde herausragenden Universität Cambridge. Er gestaltete 1711 eine neue Horazausgabe mit über 700 (später zumeist nicht akzeptierten) Eingriffen in den Text, sammelte die Fragmente des Kallimachos, Menander und Philemon und gab Manilius sowie Terenz neu heraus. Sein neues, später jedoch umstrittenes textkritisches Prinzip war der Vorrang der *ratio* vor der Überlieferung der Codices. Geniale Leistungen Bentleys sind zum einen die Entdeckung von Spuren älterer Laut- und Alphabetformen bei Homer (Digamma) aufgrund der im überlieferten Text auftretenden metrischen Anomalien (Hiate) sowie der Fälschungsnachweis für die Phalarisbriefe (und andere Briefsammlungen) aufgrund von sprachlich-dialektalen Kriterien: So wurde Bentley durch seine genauen linguistischen Beobachtungen zu einem Begründer der wiss. Datierungsmethode antiker Sprach- und Textzeugnisse. In der Tradition Bentleys stand auch der Gräzist Richard ↗Porson (1759–1808) mit seinen Arbeiten zur Metrik und Textkritik der Tragiker: Er entdeckte im jambischen Trimeter die nach ihm benannte sog. »Brücke«, d.h. Versstellen, die keine Wortgrenze zulassen.

In Deutschland brachte Johann Albert ↗Fabricius (1668–1736) mit der *Bibliotheca Graeca* ein wichtiges und bis heute benutztes bibliographisches Hilfsmittel heraus, das die gräzistische Forschungsliteratur von der Erfindung des Buchdrucks bis 1700 sammelte und somit ein Vorläufer späterer Bibliographien wie der *Année philologique* von Jules ↗Marouzeau wurde.

B.4. Die Forschungen der Antiquare (16.–18. Jh.)

Als in der Renaissance das Interesse an der Antike erwachte, existierten die Monumente Roms – von wenigen Ausnahmen wie dem Pantheon abgesehen – nur noch als Ruinen. Bis zur Mitte des 17. Jh.s wurden in Rom antike Bauwerke abgebrochen, um Baumaterial für Kirchen und Paläste zu gewinnen; der Marmor wanderte in die Kalkbrennereien, antike Säulen wurden in neuen Bauwerken wiederverwendet und die Obelisken an den für die Kirche signifikanten Plätzen der Stadt aufgestellt. Antike Ruinen wurden überbaut oder in Festungen integriert, sodass die ursprüngliche Architektur kaum noch erkennbar war. Von den zahllosen antiken Skulpturen und Reliefs waren nur wenige erhalten, darunter das berühmte Reiterstandbild auf dem röm. Kapitol. Dieses Denkmal war der Zerstörung entgangen, weil man den dargestellten Kaiser für Konstantin hielt, der sich als erster Princeps zum Christentum bekannt und die Kirche in vielfacher Weise begünstigt hatte.

Ungeachtet der Zerstörungen und des Verfalls war aber – insbes. in Rom – die Antike in den Monumenten immer noch sichtbar, und in der Renaissance wuchs die Einsicht, dass die röm. Ruinen Zeugnisse einer großen Vergangenheit darstellten und als solche Beachtung verdienten. Ein anderer Tatbestand war bereits im Mittelalter wahrgenommen worden: Rom war eine Stadt der Inschriften, die oft in monumentaler Größe an den Bauwerken – Tempeln, Triumphbögen, Brücken und Wasserleitungen – zu finden waren. Es ist bemerkenswert, dass die erste Sammlung von stadtröm. Inschriften sich in einem aus dem 9. Jh. stammenden Codex der Benediktinerabtei Einsiedeln findet (Codex Einsidlensis 326). Politisch instrumentalisiert wurden röm. Inschriften schließlich im 14. Jh. von ↗Cola di Rienzo (1313–1354), der die *lex de imperio Vespasiani* als Argument für seine eigenen Ambitionen heranzog.

Der große Bestand an antiken Ruinen und Kunstwerken v.a. in Rom und in Mittelitalien machte es notwendig, zunächst einen Überblick über die vorhandenen Bauwerke und Skulpturen zu gewinnen. Die Erforschung der materiellen Hinterlassenschaft der Antike in Rom und Italien setzte mit dem Werk des Humanisten Gian Francesco ↗Poggio Bracciolini (1380–1459) ein, der in seinem Werk über das Elend der Menschheit (*De miseria humanae conditionis*, 1430) auch die antiken Ruinen der Stadt Rom erfasst und beschreibt. Die röm. Bauten standen dann im Zentrum der Arbeiten von Flavio ↗Biondo (1392–1463), der in *Roma instaurata* (1446) und *Roma triumphans* (1459) den Versuch unternahm, die antike Topographie zu klären und die röm. Kultur wiederzugewinnen. Die beiden Werke standen den Gelehrten bald als gedruckte Bücher (1481 bzw. 1531) zur Verfügung und wurden Grundlage weiterer Forschungen.

Im 15. und im frühen 16. Jh. setzten schließlich die Bemühungen ein, die röm. Ruinen vor weiterem Verfall und weiterer Zerstörung zu bewahren; epochemachend war hier 1515 die Ernennung Raffaels zum Aufseher über die röm. Altertümer durch Papst Leo X. Die Architekten und Künstler der Renaissance beschäftigten sich intensiv mit der antiken Kunst und Architektur. Der röm. Kuppelbau war Vorbild für die Kirchen der Renaissance; so orientierte sich F. Brunelleschi bei der Planung der Kuppel von S. Maria del Fiore in Florenz am Pantheon. Gleichzeitig war der Triumphbogen ein wichtiges Element der Kirchenfassaden von Leon Battista ↗Alberti. Die Antike war aber nicht nur für die Architektur, sondern gerade auch für die Skulptur zu einem verbindlichen Modell geworden; selbst in der Malerei ist eine Beeinflussung durch die antike Skulptur erkennbar. Den Torso vom Belvedere feierte Michelangelo als das Werk eines Menschen, der weiser gewesen sei als die Natur. Aufgrund der zunehmenden Bautätigkeit in Rom wurden immer wieder röm. Statuen im Boden entdeckt, die die wachsende Aufmerksamkeit der Gelehrten und Künstler auf sich zogen. Der Fund der Laokoon-Gruppe im Jahr 1506 bedeutete eine Sensation. Michelangelo bezeichnete diese Statuengruppe als ein »Wunder der Kunst«; die Kenntnis der antiken Texte half dabei, sie sogleich richtig zu identifizieren.

Neben den Künstlern wandten sich auch die Gelehrten den materiellen Überresten der Antike zu, und damit trat seit dem ausgehenden 15. Jh. die Untersuchung der Ruinen, der Kunstwerke, aber auch der Inschriften und der Münzen an die Seite der Edition und der Interpretation der Texte durch die Humanisten und Philologen. Die antiquarische Forschung prägte so für fast drei Jahrhunderte, bis zu Johann Joachim ↗Winckelmann und Christian G.

↗Heyne, die wiss. Beschäftigung mit antiker Architektur, Kunst und materieller Kultur. Dabei gab es vorrangig zwei Aufgaben der Forschung: Es ging erstens darum, die vorhandenen Ruinen, Kunstwerke, Münzen und Inschriften erst einmal katalogmäßig zu erfassen, um eine zuverlässige Grundlage für weitere Untersuchungen zu schaffen, und zweitens darum, Bauwerke zu identifizieren und ihre Funktion zu klären sowie Kunstwerke ikonographisch zu bestimmen.

Für die antiquarische Forschung bestand seit dieser Zeit die Möglichkeit, Texte mit Hilfe von Holzschnitten, Kupferstichen und Radierungen zu illustrieren und die Ruinen und Artefakte der Antike bildlich darzustellen. In den Büchern der Antiquare ergänzten einander Texte und Abbildungen, wobei die Bilder – bis hin zu den Werken von Giambattista ↗Piranesi – in einer Publikation oft den Vorrang besaßen; sie sollten die antiken Bauten bzw. Artefakte dem Leser anschaulich präsentieren, während die Texte die Bilder erläuterten. Dies gilt gerade für frühe Bearbeiter der Topographie, etwa für Etienne ↗Dupérac (1535–1604), der die großen Tafeln seiner *Vestigi dell' antichità di Roma* (1575) nur kurz kommentierte. Für die moderne Kenntnis der Topographie Roms haben diese Werke eminente Bedeutung, denn hier sind noch einzelne Denkmäler und Bauwerke abgebildet, die heute nicht mehr existieren.

Schon früh ist ein enger Zusammenhang zwischen den Forschungen der Antiquare und der Tätigkeit der Sammler festzustellen, deren Ehrgeiz darauf gerichtet war, antike Statuen und Reliefs zu erwerben und durch die repräsentative Platzierung dieses Kunstbesitzes die eigene soziale Stellung und Distinktion zu betonen. Es wurde üblich, antike Statuen in den Innenhöfen oder in Galerien und Bibliotheksräumen der Palazzi aufzustellen; für den Innenhof des Palazzo Valle-Capranica in Rom ist dies sehr gut durch einen Kupferstich von Hieronymus Cock (um 1553) bezeugt. In vielen Fällen waren die Kunstwerke der Sammlungen des röm. Adels auf eigenen Grundstücken und Latifundien entdeckt worden. Neben den privaten Sammlungen ist für Rom die Aufstellung von antiken Statuen auf dem Kapitol und im Cortile del Belvedere im Vatikan zu erwähnen. Bereits im 16. Jh. wurde der Bestand antiker Kunstwerke in röm. Sammlungen katalogmäßig erfasst. Bahnbrechend waren die Arbeiten von Ulisse ↗Aldrovandi (1522–1605), der 1549 und 1550 die antiken Statuen Roms zeichnete und beschrieb (*Delle statue antiche che per tutta Roma in diversi luoghi & case si veggono*, 1558), und von G.B. De Cavallerijs (um 1525–1600), der in den *Antiquarum statuarum urbis Romae ... icones* (1561, 1585 und 1594) röm. Standbilder nach Sammlungen oder Sujets ordnete; das gesamte Werk enthält rund 200 Abbildungen, die den Zustand der Statuen im 16. Jh. dokumentieren.

Das Interesse der Antiquare galt nicht allein den Denkmälern der paganen Kultur, sondern bald auch den Zeugnissen des frühen Christentums, die mit der Entdeckung der Katakomben die Aufmerksamkeit der Gelehrten fanden. Antonio ↗Bosio (1575/76–1629) widmete sich intensiv der Erforschung der unterirdischen Begräbnisstätten der Christen; die umfassende Darstellung dieser Nekropolen (*Roma sotterranea*, 1632), welcher im Zeitalter der konfessionellen Auseinandersetzungen hohe kirchenpolitische Relevanz zukam, enthielt eine genaue Bilddokumentation der christl. Grabanlagen und v.a. der Wandgemälde.

Das Bestreben der Päpste sowie der röm. Adelsfamilien, ihre Antikensammlungen zu erweitern, hatte umfangreiche Ausgrabungen zur Folge, um antike Kunstwerke zu finden. Diese Ausgrabungstätigkeit war im Einzelfall mit einer genauen Untersuchung der antiken Ruinen verbunden. Pirro ↗Ligorio (1512/13–1583) etwa nutzte die Grabungen in der Hadriansvilla zu einer umfassenden Erforschung dieses weitläufigen Villenkomplexes. Mit Hilfe einer kurzen Erwähnung der Villa in der *Historia Augusta* (SHA Hadr. 26,5) unternahm Ligorio den Versuch, die Bezeichnung und Funktion der einzelnen Ruinen in dem Gelände präzise zu ermitteln. Seine Schrift *Descriptio Villae Hadrianae* wurde zwar erst 1723 publiziert, war aber bereits vorher den Gelehrten bekannt.

Für die antiquarische Forschung gewannen seit dem späten 16. Jh. Inschriften und Münzen zunehmend an Bedeutung; sie galten als Dokumente, die zuverlässiger waren als andere Texte der Antike. Schon früh wurde erkannt, dass weniger die einzelne Inschrift als die Gesamtheit der vorhandenen Inschriften für die Kenntnis der Antike entscheidend war. Deshalb bemühten sich Philologen und Antiquare, die bekannten Inschriften zusammenzustellen und in Sammelwerken zu publizieren. Es war wiederum Gian Francesco ↗Poggio Bracciolini, der hier wichtige Impulse gab. Aber erst mit der Sammlung des Martinus Smetius (gest. 1578) war eine Publikation entstanden, die den Anforderungen antiquarischer Forschung entsprach. Smetius war Sekretär des Kardinals Rodolfo Pio da Carpi, der eine umfangreiche Kollektion von Inschriften besaß; auch die Arbeit an der Publikation der Inschriften stand in enger Beziehung zu den bedeutenden stadtröm. Sammlungen. Smetius' erst postum 1588 von Justus Lipsius publizierter *Inscriptionum antiquarum quae passim per Europam liber* ordnet die Inschriften nach Sachgruppen (auf öffentlichen und privaten Gebäuden; aus dem Bereich der Religion; zu bedeutenden Persönlichkeiten; zu öffentlichen Ämtern sowie zu Gewerbe und Berufen). Darauf folgten die Publikationen von Jan ↗Gruter (1560–1627) und von Ludovico Antonio ↗Muratori (1672–1750). Gruters 1603 in Heidelberg publizierte *Inscriptiones antiquae totius orbis Romani* hatten die Sammlung des Smetius zur Grundlage; Gruters Werk war jedoch wesentlich umfangreicher und umfasste weit über 11000 Inschriften. Muratoris *Novus thesaurus* (1739–1742) übernahm die nicht immer zuverlässig edierten und bisweilen auch willkürlich veränderten Texte älterer Sammlungen und berücksichtigte selbst Fälschungen. Deswegen konnte er bald nicht mehr den Ansprüchen einer wiss. Epigraphik genügen.

Die Anfänge der griech. Epigraphik gehen in dieser Zeit auf die Sammlung von Thomas Howard, Earl of Arundel (1585–1646) zurück. Dieser hatte neben antiken Skulpturen zahlreiche griech. Inschriften erworben, darunter auch das *Marmor Parium*, das John Selden in den *Marmora Arundelliana* (1629) edierte.

Zu Beginn des 18. Jh.s war das Wissen über die Kunst und die materielle Kultur der Antike durch die große Zahl der von Antiquaren publizierten Bücher so angewachsen, dass ein Überblick über die antiken Monumente und Kunstwerke kaum noch zu erlangen war. In dieser Situation gab Bernhard de ↗Montfaucon (1655–1741) sein monumentales Werk *L'Antiquité expliquée et représentée en figures* (10 Bände, 1719–1724) heraus, das die Artefakte der Antike enzyklopädisch erfassen sollte. Montfaucon ließ in allen ihm bekannten Sammlungen Zeichnungen anfertigen, ordnete sie nach inhaltlichen Kriterien und fügte den Abbildungen erklärende Texte hinzu. Es war sein Ehrgeiz, »die Vergangenheit in einer Gesamtschau zu rekonstruieren« (A. Schnapp). An einer neuen Sicht und insbes. an neuen Methoden der antiquarischen Forschung war Anne Claude Philippe, Comte de ↗Caylus (1692–1765) interessiert. Ihm, der ein großes Vermögen besaß, ging es nicht um den Aufbau einer eigenen Sammlung schöner Kunstwerke, sondern um die Erkenntnisse, welche durch die Untersuchung auch unscheinbarer Überreste zu gewinnen waren. Das Studium der Objekte war für ihn wichtiger als das der Texte. Nach seiner eigenen Aussage war es sein methodisches Grundprinzip, nur solche Gegenstände, die ihm selbst gehörten oder gehört hatten, in seinen Katalog der Altertümer aufzunehmen. Dabei legte er großen Wert auf die Genauigkeit der Zeichnungen. Sein Katalog berücksichtigt neben den griech. und röm. Altertümern auch Funde aus Ägypten, Etrurien und Gallien (*Recueil d'antiquités égyptiennes, étrusques, grecques, romaines et gauloises*, 1752–1768).

Im 17. und 18. Jh. gerieten neben Architektur und Skulptur auch andere Kunstgattungen der Antike in das Blickfeld der Gelehrten. In großem Umfang wurden Gemmen gesammelt, die preisgünstiger als Skulpturen und so vom Adel und Bürgertum leicht zu erwerben waren. Sie wurden zu begehrten Objekten, die ihren Besitzern einen direkten Zugang zu antiken Originalen eröffneten. Schon früh waren Gemmen Gegenstand der gelehrten Literatur. Fulvio ↗Orsini wertete in den *Imagines et elogia virorum illustrium et eruditorum ex antiquis lapidibus* (1570) auch Gemmen für die Darstellung antiker Portraits aus; in den Katalogen der großen Sammlungen wurden auch die Gemmen aufgeführt, so in Lorenz ↗Begers *Thesaurus Brandenburgicus* (1696–1701). Berühmt war die Gemmensammlung des Barons Philipp von ↗Stosch (1691–1757), der bereits in jungen Jahren selbst ein grundlegendes Buch zum Thema (*Gemmae antiquae caelatae*, 1724) verfasst hatte. Nach seinem Tod übernahm J.J. ↗Winckelmann (1717–1768) die Aufgabe, einen Katalog der Sammlung von über 3000 Gemmen zu erstellen (*Description des pierres gravées du feu Baron de Stosch*, 1760). Auf dieser ersten antiquarischen Publikation zur antiken Kunst beruhte das Ansehen Winckelmanns in der gelehrten Öffentlichkeit.

Antike Münzen wurden seit der Renaissance ebenfalls in großem Stil gesammelt. Seit dem 16. Jh. entstanden in Europa zahlreiche Münzkabinette, die vielfach Anregungen zu einer intensiven Beschäftigung mit Münzen gaben. Unter den Schriften des 17. Jh.s zum antiken Münzwesen sind v.a. die *Dissertationes de usu et praestantia numismatum antiquorum* (Rom 1664) von Ezechiel ↗Spanheim (1629–1710) sowie die *Introduction à l'histoire par la connoissance des médailles* (Paris 1665) von Charles Patin (1633–1693) zu erwähnen. Der für die königliche Münzsammlung in Paris zuständige Jean ↗Foy-Vaillant (1632–1706) publizierte Arbeiten über die röm. Münzen der Prinzipatszeit und sah in den antiken Münzen eine wichtige Quelle der Geschichtsschreibung. Joseph Hilarius ↗Eckhel (1737–1798) gab als Direktor der kaiserlichen Münzsammlung in Wien (seit 1774) nicht nur einen Katalog der von ihm betreuten Sammlung heraus; er verfasste auch Spezialstudien zu verschiedenen Fragen der antiken Münzprägung und schuf mit seinem richtungsweisenden Hauptwerk *Doctrina numorum veterum* (8 Bände, Wien 1792–1798) die methodischen Grundlagen der modernen Numismatik. Eckhels Werk fand große Resonanz unter den Gebildeten Europas, da es die griech. Münzen einem breiteren Publikum bekannt machte und so beträchtlichen Einfluss auf das ästhetische Empfinden des ausgehenden 18. Jh.s ausübte.

Die griech. Kunst fand erst im 18. Jh. – einer Zeit der Begeisterung für die Etrusker und ihre Kunst – die Aufmerksamkeit der Antiquare; das Interesse an den Etruskern, das seit der Renaissance in der Toskana identitätsstiftende Funktion besaß, steigerte sich im 18. Jh. noch durch die Publikation von Thomas ↗Dempsters *De Etruria regali* (Florenz 1723–1724) zu einer regelrechten Modeerscheinung. Die in großer Zahl in den etruskischen Gräbern gefundenen griech. Vasen hielt man zunächst für Erzeugnisse der Etrusker; dann setzte sich jedoch die Erkenntnis durch, dass es sich bei den Grabbeigaben um griech. Gefäße, meist um attische schwarz- oder rotfigurige Keramik, handelte. J. J. ↗Winckelmann ging in seiner *Geschichte der Kunst des Alterthums* (1764) auf die »gemalten Gefäße« zwar in dem Abschnitt über die *Etrurier und ihre Nachbarn* ein, bewertete sie aber v. a. aufgrund der griech. Inschriften als Zeugnisse der griech. Kunst. Während bei den frühen Antiquaren die antiken Tonwaren als Gegenstände des Alltags eher wenig beachtet wurden, billigte er den Vasenbildern ausdrücklich die Qualität der Zeichnungen Raffaels zu.

In dieser Zeit entstanden große Vasensammlungen. Besondere Wirkung ging von der Kollektion William Hamiltons (1730–1803) aus. Hamilton, der seit 1764 engl. Gesandter in Neapel war und damit Zugang zum ital. Kunsthandel hatte, erwarb über 700 griech. Vasen durch Kauf, aber auch durch eigene Grabungen; er ließ durch den Baron Pierre-François ↗Hugues d'Hancarville (1719–1805) eine großartige, mit zahlreichen großformatigen Abbildungen versehene Publikation der Sammlung erstellen (*Antiquités étrusques, grecques et romaines tirées du Cabinet de M. Hamilton*, 1767–1776), um so den Geschmack seiner Zeit zu beeinflussen. Ein weiteres Motiv ist vielleicht darin zu sehen, dass Hamilton damit den Wert seiner Sammlung steigern wollte; tatsächlich gelang es ihm 1772, diese zum hohen Preis von 8 140 Pfund an das British Museum zu verkaufen.

Unter den Zeitgenossen Winckelmanns ist Giambattista ↗Piranesi (1720–1778) zu erwähnen, dessen Bedeutung für die Archäologie oft unterschätzt wird. Piranesi ist keineswegs nur als der Künstler der *Carceri* und der *Vedute di Roma* zu sehen; vielmehr war er auch Autor zahlreicher Publikationen zu einzelnen Denkmalskomplexen und insbes. zur röm. Architektur, zu den monumentalen Nutzbauten – den Straßen, Brücken, Wasserleitungen und Entwässerungsanlagen – und zur Bautechnik, die etwa in seinen *Antichità Romane* (1756) im Zentrum stehen. Gefördert von Papst Clemens XIII., konnte Piranesi die röm. Bauwerke in Castel Gandolfo am Albaner See untersuchen; 1762 legte er einen genauen Bericht über den Abflusskanal am Albaner See vor (*Descrizione e disegno dell'emissario del Lago Albano*); es folgten reich mit Abbildungen und Rekonstruktionen versehene Bände etwa über das Marsfeld in Rom und über Cori (*Il Campo Marzio dell'antica Roma* 1762; *Antichità di Cori*, 1764). In vielerlei Hinsicht vertrat Piranesi entschiedene Gegenpositionen zu Winckelmann: Während dieser vorrangig die griech. Kunst, die Skulptur und das Schöne zum Thema seiner *Geschichte der Kunst des Altertums* machte, konzentrierte sich Piranesi auf die etruskisch-röm. Kunst, die Architektur sowie auf das Monumentale und das Nützliche; auf diese Weise waren Winckelmann und Piranesi auch Gegner im Streit um den Vorrang der griech. oder der röm. Kunst.

Eine letzte Folge großer Veduten Piranesis galt den Tempeln im unterital. Paestum, die unter den Altertumsforschern der Zeit lebhafte Debatten auslösten. Bei diesen Tempeln war es zunächst unklar, ob sie etruskisch-italischen oder griech. Ursprungs waren. Piranesi lehnte entsprechend seiner Überzeugung von der Überlegenheit der italischen Architektur die Auffassung, die Tempel seien griech. Bauwerke, mit Bestimmtheit ab.

Ebenso wie die Tempel von Paestum prägten die Funde von Herculaneum und Pompeji in der zweiten Hälfte des 18. Jh.s das Antikenbild der europäischen Öffentlichkeit nachhaltig. Die ersten Grabungen in den beiden Versuvstädten, die nach einigen Zufallsfunden auf dem Gelände des Theaters in Herculaneum engagiert fortgesetzt wurden, hatten zunächst die Aufgabe, antike Kunstwerke für das Museum des Königs von Neapel in Portici zu bergen. 1738 begannen dann die Ausgrabungen in Pompeji, die mit Unterbrechungen bis ins 20. Jh. fortgeführt wurden. Bis zur Intervention Napoleons in Italien ergaben sich v. a. zwei Probleme: Die Ausgräber waren keine geschulten Antikenforscher und für die Aufgabe nicht kompetent, und der König von Neapel betrachtete die Kampagne sowie das Museum von Portici als eine Prestigeangelegenheit und verwehrte es Gelehrten, darunter Winckelmann, im Museum Aufzeichnungen zu machen oder Skizzen anzufertigen. Die Ausgrabungen wurden von der europäischen Öffentlichkeit mit großem Interesse verfolgt; Geschmack und Moden in Europa wurden von den Berichten über die Ausgrabungen und v. a. von den Abbildungen der Kunstgegenstände und Wandgemälde aus Herculaneum und Pompeji erheblich beeinflusst.

Immerhin ging man nach 1750 dazu über, in Pompeji gezielt Straßenzüge mit den Grabbauten und einzelne Stadtviertel im Bereich des Theaters freizulegen, sodass ↗Goethe bei seinem Besuch am 11. März 1787 einen desillusionierenden Eindruck vom Aussehen einer röm. Stadt erhielt: »Pompeji setzt jedermann wegen seiner Enge und Kleinheit in Verwunderung. Schmale Straßen, obgleich grade und an der Seite mit Schrittplatten versehen, kleine Häuser ohne Fenster, aus den Höfen und offenen Galerien die Zimmer nur durch die Türen erleuchtet« (*Italienische Reise*, 2. Band, zuerst 1817).

B.5. Die Geschichtsschreibung im Zeitalter der Aufklärung

Die Erforschung der Antike, ihrer Architektur, Kunst und Literatur war bis zur Aufklärung wesentlich Aufgabe von Philologen und Antiquaren. Neben den großen Themen, die mit den Texten und den Monumenten in Verbindung standen, spielten auch die politischen Einrichtungen der antiken Gemeinwesen eine Rolle in den Arbeiten der Philologen, standen aber nicht im Zentrum des Interesses. Auffallenderweise gab es in dieser Zeit keine Versuche, Bücher über die griech. oder röm. Geschichte zu schreiben; dies ist vielleicht darauf zurückzuführen, dass die Werke der antiken Historiker als zuverlässige Zeugnisse der antiken Geschichte galten und noch viel gelesen wurden; moderne historische Darstellungen der griech. und röm. Geschichte scheinen kein Desiderat gewesen zu sein. Das Wissen über die politische Geschichte der Antike wurde schon früh instrumentalisiert; als Exempel hierfür können etwa die *Discorsi sopra la prima deca di Tito Livio* (postum 1531) von Niccolò ↗Machiavelli (1469–1527) angeführt werden: Der Kommentar des Livius diente hier einer gegenwartsbezogenen politischen Analyse, die zur Bewältigung der Probleme der ital. Stadtrepubliken der Renaissance beitragen sollte. Im späten 16. und im 17. Jh. erschienen zahlreiche Bücher über Tacitus, in denen unter Verweis auf den Principat Fragen monarchischer Herrschaft diskutiert und aus dem antiken Geschichtswerk Lehren für die Gegenwart gezogen wurden. Auch in der Aufklärung hatten die Diskurse über die Antike die Funktion, die Positionen der politischen Philosophie histor. zu begründen; dies trifft noch auf Jean Jacques Rousseau (1712–1778) zu, der im *Contrat social* (1762) die Institutionen Spartas und Roms zum Vorbild seiner Theorie eines modernen Gemeinwesens nahm.

Im 18. Jh. wandten sich Gelehrte und Philosophen zunehmend der politischen Geschichte der Antike zu; dies geschah in vielen Fällen im Rahmen von universalhistor. Darstellungen oder philosophischen Essays, die einzelne Aspekte der griech. oder röm. Geschichte behandelten, oft im Vergleich mit modernen Verhältnissen. So wurden insbes. in den *Political Discourses* von David ↗Hume (1711–1776) grundlegende Fragen der antiken Gesellschaft kritisch erörtert. Mit dem Essay *Of the Populousness of Ancient Nations* (1752) legte Hume eine bahnbrechende Untersuchung zur Bevölkerungsentwicklung der Antike vor; die sozialen und wirtschaftlichen Unterschiede zwischen Antike und Moderne führte er auf die Sklaverei zurück, die er als grundlegendes Strukturmerkmal der antiken Gesellschaft einschätzte.

Daneben gab es aber auch Versuche, die histor. Entwicklung der Antike mittels einer bestimmten Fragestellung zu erklären. Ein klass. Beispiel hierfür ist die 1734 in Amsterdam publizierte Schrift *Considérations sur les causes de la grandeur des Romains et de leur décadence* von ↗Montesquieu (1689–1755). Dieses Werk, das einen Überblick über die röm. Geschichte von den Anfängen bis zur Eroberung Konstantinopels bietet, entsprach insofern den Anforderungen philologischer Gelehrsamkeit, als Montesquieu in zahlreichen Fußnoten die antiken Textstellen angab, denen er seine Informationen verdankte; einzelne Probleme wie etwa die Höhe des Solds der röm. Soldaten handelte er mit Hinweis auf die wichtigsten Quellen ab (Kapitel XVI). Es ging ihm aber nicht um die Vermittlung histor. Wissens oder um eine vollständige Darstellung der histor. Entwicklung, sondern um eine Diskussion der Ursachen für den Aufstieg Roms und für den Untergang des weströmischen Reiches sowie den Niedergang von Byzanz. Geschichtliche Fakten waren für Montesquieu nur dann von Belang, wenn sie zu seiner Argumentation beitrugen. Auffallend ist die geringe Beachtung des Christentums; in dem Bericht über Kaiser Konstantin wird seine Bekehrung nicht erwähnt, und die Christianisierung spielt in der Darstellung der Spätantike bis hin zu dem Kapitel über Justinianus (XX) keine Rolle; erst an dieser Stelle wird der Kampf gegen christl. Häresien als Schwächung des Reiches gewertet.

Als bedeutendstes Werk der Geschichtsschreibung der Aufklärung gilt die monumentale *History of the Decline and Fall of the Roman Empire* von Edward ↗Gibbon (1737–1794), der wie viele Antiquare des 18. Jh.s ein Privatgelehrter war; sein wichtigstes Arbeitsinstrument war die eigene umfangreiche Bibliothek. Das Werk beginnt mit einer ausführlichen Beschreibung der Situation des Imperium Romanum im 2. Jh. n. Chr.; es folgen Kapitel über die politische Entwicklung bis zum Zusammenbruch des weström. Reiches. Schließlich setzte Gibbon die Darstellung bis zur Eroberung Konstantinopels durch die Türken (1453) fort. Dem Christentum und der Christianisierung widmete er v. a. in den Kapiteln über das 4. Jh. längere Ausführungen, in denen die Auffassung, das Christentum habe entscheidend zum Untergang des röm. Reiches beigetragen, ausführlich begründet wird.

Gibbons Leistung ist insbes. darin zu sehen, dass für die Zeit von Trajan bis zum Ende des 5. Jh.s nur für kurze Zeiträume antike Geschichtswerke von hohem Niveau vorliegen. Seine Darstellung beruht auf der Auswertung umfangreichen Quellenmaterials, darunter auch der Texte der Kirchenväter. Wie die Anmerkungen, die zahlreichen Stellenbelege, Zitate und Ausführungen zur Glaubwürdigkeit einzelner

Quellentexte eindrucksvoll zeigen, hat Gibbon die antiken Quellen umfassend und umsichtig interpretiert. Damit genügt sein Werk bereits weitgehend den methodischen Ansprüchen einer wiss. Darstellung. Die Resonanz, die es in der europäischen Öffentlichkeit fand, ist in erster Linie darauf zurückzuführen, dass Gibbons Darstellung, die der Religion und den Institutionen großen Wert beimisst, auf der philosophischen Reflexion historischer Entwicklung beruht und keineswegs nur eine Ereignisgeschichte bietet. Vorbild war in dieser Hinsicht David Humes *History of England* (1754 und 1762).

Die Untersuchung der Quellen war ein zentrales Problem der Geschichtsschreibung der Aufklärung. Für die im 18. Jh. in England publizierte *Roman History* Oliver Goldsmiths (1730–1774), des Verfassers des *Vicar of Wakefield*, ist noch die unkritische Wiedergabe der antiken Historiographie kennzeichnend; so widmet Goldsmith in enger Anlehnung an Livius die ersten Kapitel der Zeit der Könige. Eine solche Sicht der röm. Frühzeit war in der Aufklärung aber keineswegs mehr verbindlich; vielmehr gab es Zweifel an der Glaubwürdigkeit der antiken Überlieferung: So konnte Rousseau im *Contrat social* (4. Buch, 4. Kapitel) die Auffassung äußern, es gebe keine wirklich gesicherten Zeugnisse für die Frühzeit Roms und die antiken Berichte über diese Zeit seien als Fabeln anzusehen. Eine solche Sicht war schon 1738 von Louis de Beaufort (1703–1795) begründet worden und im 18. Jh. weit verbreitet.

Waren wichtige Geschichtsschreiber der Aufklärung wie Gibbon oder Goldsmith Privatgelehrte, so zeichnete sich gegen Ende des 18. Jh.s die Tendenz ab, histor. Forschung in erster Linie an Universitäten zu betreiben, deren Institute und große Bibliotheken bessere Arbeitsbedingungen als das private Studierzimmer boten. In Göttingen bestand für die histor. Forschung insofern eine besondere Konstellation, als neue Fächer wie die Staatswissenschaften, die Technologie und die Ökonomie an dieser kurz vor 1750 gegründeten Universität herausragende Bedeutung besaßen und Einfluss auch auf die Forschungen in den traditionellen Fächern nahmen. Unter diesen Voraussetzungen wandte sich A.H.L. Heeren (1760–1842), Schüler von Christian G. Heyne und außerordentlicher Professor für Philologie, der antiken Wirtschaftsgeschichte zu – eine damals durchaus ungewöhnliche Entscheidung. Sein mehrbändiges Werk *Ideen über die Politik, den Verkehr und den Handel der vornehmsten Völker der alten Welt* (1. Aufl. 1793–1796) reicht weit über den traditionellen Themenbereich der Klass. Philologie hinaus; die Perser, Phoiniker, Babylonier, Karthager und Ägypter werden ebenso einer umfassenden Darstellung gewürdigt wie die Griechen. Die politischen Institutionen sind ebenso Thema der einzelnen Abschnitte wie Wirtschaft und Gesellschaft. Es ist für Heerens Auffassungen kennzeichnend, dass der Band über das antike Griechenland mit einer umfassenden Beschreibung der geographischen Voraussetzungen der griech. Wirtschaft eingeleitet wird. Die Epen Homers wertete Heeren für eine Darstellung der sozialen und wirtschaftlichen Verhältnisse im frühen Griechenland aus; im Abschnitt über die griech. Staatswirtschaft der Zeit nach den Perserkriegen werden die Sklaverei und das Geldwesen ausführlich behandelt.

Heerens Werk ist wiss.histor. auch deshalb von Bedeutung, weil es August ↗Boeckh (1785–1867) eine entscheidende Anregung zu seiner Monographie *Die Staatshaushaltung der Athener* (1817) gab; so nimmt Heerens Arbeit eine Stellung zwischen der Geschichtsschreibung der Aufklärung und einer auf Untersuchung der Quellen basierenden wiss. Erforschung der Antike ein.

C. Die Altertumswissenschaften im Zeitalter der Universitäten

C.1. Der Beginn der modernen Philologie (1750–1850)

Bis zum 18. Jh. war das Studium der lat. und griech. Sprache weitgehend Teil der theologischen Ausbildung. Zudem lag der Schwerpunkt auf dem Lateinischen und innerhalb der antiquarischen Forschung auf den röm. Altertümern. Bes. im dt.-sprachigen Raum änderte sich dies in der zweiten Hälfte des 18. Jhs: Begründet durch die Aufklärung, erfolgte eine Loslösung der Philologie von der Theologie und damit auch eine Neugründung eigenständiger Philologischer Seminare innerhalb der Universität. Einen frühen Vorläufer gab es bereits 1738 an der Göttinger Reformuniversität mit Johann Matthias ↗Gesner als Professor, doch wurde erst 1787 in Halle unter Friedrich August ↗Wolf (1759–1824) ein *Seminarium philologicum* begründet, das ausdrücklich nicht mehr der Ausbildung von Theologen, sondern von Philologen bzw. »Schulmännern« diente. Dieser Praxis folgten in den nächsten Jahren auch die übrigen Universitäten, was eine völlige Abkopplung der altertumskundlichen Forschung von der Theologie bedeutete.

Im selben Zeitraum erfolgte die Hinwendung zur griech. Literatur und Kultur. Initiatoren dieses Philhellenismus war zum einen Johann Joachim ↗Winckelmann (1717–1768) mit seiner *Geschichte der Kunst des Alterthums* (1764), einer Darstellung der Kunstgeschichte von Ägypten bis zu den Römern und der griech. Kunst als Höhepunkt, zum anderen der *Essay on the Original Genius of Homer* (1769) des engl. Antike-Liebhabers Robert ↗Wood (1716/17–1771); dieser Essay entsprang dem Geist des engl. Geniekults (der wiederum in der nachfolgenden dt. Romantik prägend wurde). In den Griechen sah man nun die Originalgenies, während man die röm. Kultur als epigonal disqualifizierte. Die Abwertung alles Römischen passte insofern gut zu der stärker werdenden antifranz. Stimmung in Deutschland, als die Franzosen als Erben der antiken Römer angesehen wurden. Im nun einsetzenden »Neuhumanismus« gelang der Gräzistik ein gewaltiger Aufschwung, hinter dem die latinistische Forschung zu verschwinden drohte. Dieses neuhumanistische Forschungsparadigma von der Höherwertigkeit der Griechen vor den Römern wirkt vielfach bis in die Gegenwart nach.

Ebenso ist die radikale Abkehr der neuhumanistischen Philologie von den christl. Autoren ein prägendes Merkmal bis in die Gegenwart geblieben: Die christl. Literatur wurde nun marginalisiert und nimmt seitdem in der Literaturgeschichte der Klass. Philologie keine zentrale Stellung mehr ein. Sie wurde teilweise zum Spezialgebiet der sich herausbildenden Patristik, die im katholischen Frankreich in Jacques-Paul ↗Migne (1800–1875) einen wichtigen Vertreter hatte: Migne begründete die als Reihe bis heute noch nicht ganz ersetzte vollständige griech. und lat. Kirchenväterausgabe, den *Patrologiae cursus completus* (1844–1858) mit über 400 Bänden. Fortsetzer dieses Projekts sind die auf christl. Literatur spezialisierten Editionsreihen *Sources Chrétiennes* (zweisprachig, lat./griech.-franz.) in Frankreich, das *Corpus Scriptorum Ecclesiasticorum Latinorum* (CSEL; seit 1864) in Wien und das *Corpus Christianorum* (*Series Latina / Graeca*) (CCSL/G; seit 1947) in Belgien.

Die erste wichtige Persönlichkeit des Neuhumanismus war der seit 1763 in Göttingen lehrende Christian Gottlob ↗Heyne (1729–1812), der noch antiquarische bzw. archäologisch-histor. und philologische Gelehrsamkeit in einer Person verkörperte. Im Gegensatz zu den Tendenzen früherer Epochen bildete nicht mehr die Textkritik den Schwerpunkt seiner Arbeiten, sondern die inhaltliche Interpretation der Texte als Beitrag zur Allgemeinbildung. Heynes Göttinger Schüler Friedrich August ↗Wolf entfaltete in Halle eine einflussreiche Tätigkeit, die bes. für die Homer-Forschung prägend wurde: In seinen noch ganz der Kritik der Aufklärung verpflichteten *Prolegomena ad Homerum* (1795) versuchte Wolf, die Mündlichkeit der homerischen Gedichte und damit die Unmöglichkeit zu erweisen, dass derart lange Werke von nur einem Autor stammen könnten, was die spätere Homer-Analyse und *oral poetry*-Forschung vorprägte und viel Widerspruch hervorrief (z.B. vonseiten Goethes). Das eigentlich neuhumanistische Programm ergibt sich aus Wolfs (später publizierten) Vorlesungen und der *Darstellung der Alterthums-Wissenschaft* (1807). Träger neuhumanistischen Gedankenguts waren überhaupt auch viele weitere Persönlichkeiten außerhalb der eigentlichen Philologie, darunter etwa ↗Lessing, ↗Wieland, Herder, ↗Goethe und Schiller.

Mit der Wende zum 19. Jh. begann in den Universitäten relativ rasch die Abkehr vom Lateinischen als Wissenschaftssprache und die Verwendung der Nationalsprachen. Die übrigen Heyne-Schüler und Neuhumanisten publizierten im Wesentlichen bereits auf Deutsch. Auch dies zeigt auf formaler Ebene deutlich den eintretenden Paradigmenwechsel an. Überhaupt begann mit dem 19. Jh. eine tiefgreifende Umgestaltung des Universitätswesen im dt.-sprachigen Raum: In Preußen wurde unter Wilhelm von ↗Humboldts (1767–1835; Schüler Heynes) maßgeblichem Einfluss das Universitäts- und höhere Schulwesen umgestaltet, was die Gründung der Friedrich-Wilhelms-Universität in Berlin (1810; heute Humboldt-Universität) als erster »moderner« Universität sowie des Humanistischen Gymnasiums mit beiden alten Sprachen als zentralen Unterrichtsfächern nach sich zog. In Bayern setzten die gräcophilen Wittelsbacher mit Friedrich Niethammer (1766–1848) etwa zeitgleich ähnliche Reformen im Bildungswesen durch. Damit war die alte, theologisch dominierte Universität in den zwei wichtigsten dt. Bundesstaaten außerhalb Habsburg-Österreichs abgeschafft und durch eine säkulare Universität nach den Grundsätzen der Freiheit von Forschung und Lehre ersetzt worden – ein Modell, das die übrigen Bundesstaaten in der Folge übernahmen und das für Europa und die USA vorbildhaft wurde. Wissenschaftsgeschichtlich relevant ist schließlich die Gründung wichtiger Zeitschriften nach 1800, darunter das *Rheinische Museum* (1827), der *Philologus* (1846) und der *Hermes* (1866).

Humboldt gelang es, die bedeutendsten Wissenschaftler seiner Zeit an die neu gegründete Berliner Universität zu berufen. So wurde für die Altertumskunde F. A. ↗Wolf mit der Zusage einer reinen Forschungsprofessur ohne Lehrverpflichtung nach Berlin geholt. 1811 kam auch Wolfs Schüler August ↗Boeckh (1785–1867) mit vielseitigen Forschungsinteressen etwa zur Alten Geschichte und Epigraphik: Er verfasste 1817 die wesentlich auf epigraphischer Basis erarbeitete *Staatshaushaltung der Athener*, welche die griech. Wirtschaftsgeschichte begründete, und er initiierte mit der Berliner Akademie der Wissenschaften das *Corpus Inscriptionum Graecarum*. Wie schon Wolf vertrat Boeckh die Einheit von »Wort-« und »Sachphilologie«, d.h. ein umfassendes Verständnis von Philologie als Altertumskunde, das er in seiner Vorlesung *Encyclopädie und Methodologie der philologischen Wissenschaften* propagierte. Ein Antipode war der Leipziger Philologe Gottfried ↗Hermann (1772–1848), der hauptsächlich als Editor und Textkritiker wirkte und die Seite der »Wortphilologie« vertrat. Die Kontroverse Boeckh-Hermann befruchtete die methodische Diskussion innerhalb der Altertumswissenschaften in der ersten Hälfte des 19. Jh.s; allerdings setzte sich in der Folgezeit zunehmend eine Spezialisierung in die Unterdisziplinen Philologie, Archäologie, Alte Geschichte und auch Sprachwissenschaft durch.

Weitere Vertreter einer eher umfassend verstandenen Altertumskunde waren Friedrich Gottlieb ↗Welcker (1784–1868) mit Arbeiten zum epischen Kyklos und zur Mythologie, der Boeckh-Schüler Karl Otfried ↗Müller (1797–1840) sowie Otto ↗Jahn (1813–1869) – beide mit histor., philologischen und archäologischen Forschungsinteressen. Typische Vertreter der Textphilologie waren hingegen etwa Immanuel ↗Bekker (1785–1871) oder der Homerforscher Karl Lehrs (1802–1878). Ein Universalist war wiederum der vom Neuhumanismus geprägte Theologe, Philosoph und Altertumswissenschaftler Friedrich Daniel ↗Schleiermacher (1768–1834), Mitbegründer der Berliner Universität, an der er 1810 Professor wurde, sowie Organisator der Berliner Akademie der Wissenschaften. Neben theologischen Arbeiten verfasste er eine bis heute benutzte dt. Gesamtübersetzung der Werke Platons und erforschte die Chronologie der platonischen Dialoge zum Nachweis einer philosophiegeschichtlichen Entwicklung in Platons Werk. Im Gegensatz zum orthodoxen Luthertum seiner Zeit öffnete er sich so auch der paganen Philosophie, was ihm entsprechende Probleme von amtskirchlicher Seite einbrachte.

Die histor. Sprachwissenschaft wurde als eigener Zweig der Altertumskunde in Berlin von Franz ↗Bopp (1791–1867) begründet, welcher sich mit der genetischen Verwandtschaft der indogermanischen Sprachen befasste. Es hatte bereits mit dem brit. Kolonialoffizier Sir William Jones und mit Friedrich ↗Schlegel (1772–1829) durch Vergleiche zwischen Altindisch (Sanskrit), Griechisch und Latein Vorläufer dieser histor.-genetischen Betrachtungsweise gegeben, in deren Folge die bislang gängige Auffassung von der Abstammung aller Sprachen vom Hebräischen widerlegt wurde. Bopps Forschungen beeinflussten auch innerhalb der Philologie die neu entstehenden Grammatiken und Wörterbücher.

Ebenfalls sprachwiss. Interessen verfolgte der heute eher als Wegbereiter der modernen Editionsphilologie bekannte Karl ↗Lachmann (1793–1851) mit seinen Arbeiten zu lat. und altgermanischen Lautgesetzen (»Lachmanns Gesetze«): Neben seinen speziell latinistischen Interessen (Textausgaben zu lat. Dichtern) gilt er durch seine Arbeiten zum Alt- und zum Mittelhochdeutschen zusammen mit den ihm freundschaftlich verbundenen Brüdern Grimm auch als einer der Begründer der Altgermanistik. Wegweisend für die Theologie wurde seine Textausgabe des NT (zuerst 1831) nach modernen textkritischen Kriterien. Wilhelm von Humboldt wiederum kann als Begründer der Allgemeinen Sprachwissenschaft gelten: Er verglich Sprachen synchron mithilfe von typologischen Kriterien und entwickelte (fußend auf Schlegel) die noch heute gültigen Kategorien der flektierenden (Griechisch, Latein), agglutinierenden (Finnisch, Türkisch) und isolierenden (Chinesisch) Sprachen. In romantischer Tradition glaubte Humboldt, im Bau einer Sprache den »Volksgeist« ihrer jeweiligen Träger erkennen zu können, wobei das flexionsreiche Griechisch ihm als besonders vorbildlich und daher auch als »bildend« galt.

C.2. Die Philologie bis zu Wilamowitz

Während die erste Hälfte des 19. Jh.s in neuhumanistischer Tradition vielfach von einer reinen Idealisierung der Griechen ausging, machte sich in der zweiten Hälfte der empirisch-positivistisch ausgerichtete Historismus bemerkbar, der eine umfassende Sammeltätigkeit möglichst aller Hinterlassenschaften der gesamten Antike zur Folge hatte. Nun entstanden zum einen die vielfältigen Fragmentsammlungen wie die griech. Komikerfragmente (1841) von August Meineke (1790–1870), die griech. Tragikerfragmente (1856, [2]1889) von August ↗Nauck, die *Doxographi Graeci* (1879) und die *Vorsokratikerfragmente* (ab 1903) von Hermann ↗Diels (1848–1922), später auch Felix ↗Jacobys (1876–1959) *Fragmente der griech. Historiker* (ab 1923); um 1900 begann die Veröffentlichung der ersten Bände des von Eduard Wölfflin (1831–1908) begründeten monumentalen und bis heute nicht abgeschlossenen *Thesaurus linguae Latinae*. Weiter erschienen in dieser Zeit zahllose Kommentare zu antiken Texten, die oft als Schulbücher intendiert waren, aber durchaus sehr spezielle philologische Fragen behandelten (z.B. der Homer-Kommentar von Ameis/Henze ab 1863). Überhaupt beschränkte sich die Forschung in dieser Epoche nicht allein auf die Universität; auch viele Gymnasiallehrer und -professoren publizierten fleißig im Rahmen von »Schulprogrammen« zu philologischen Spezialfragen.

Durch die archäologischen Ausgrabungen in Ägypten kamen immer mehr Papyri zum Vorschein, die allmählich viele Lücken speziell in der griech. Überlieferung zu schließen halfen (und helfen): Gefunden wurden so zuvor unbekannte Texte von Alkman, Alkaios, Sappho, Pindar, Bakchylides, Menander, Herondas oder verlorene Werke des Kallimachos, die nun auch die hohe Qualität der alexandrinisch-hellenistischen Dichtung erwiesen. Um die Edition der Papyri machten sich neben dt. Forschern v.a. brit. Philologen verdient wie etwa Bernard Pyne ↗Grenfell

(1869–1926) und Arthur Surridge ↗Hunt (1871–1934). 1898 wurde von der *London Egypt Exploration Society* die bis heute fortgesetzte Editions-Reihe der Oxyrhynchos-Papyri (»P. Oxy.«) begonnen, in der Tausende von griech. Papyri aus dem ägypt. Ort Oxyrhynchos mit Übersetzung und Kommentar publiziert worden sind. Die durch Papyrusfunde besser bekannt gewordene griech. Lyrik hat insbes. Denys ↗Page (1908–1978) in wichtigen Fragmentausgaben wiss. erschlossen.

Die vielen neuen Erkenntnisse wurden von einigen herausragenden Forschern mit einem Blick für das Ganze in monographischer Form umfassend zusammengeführt. So verfasste Eduard ↗Zeller (1814–1908) seine *Philosophie der Griechen* (1844–1852), in der auch die Epoche des Hellenismus eine Aufwertung gegenüber dem früheren Klassizismus des Neuhumanismus erfuhr. Der vielseitige Bonner Professor Hermann ↗Usener (1834–1905) befasste sich mit Epikur, griech. Metrik und v.a. mit antiker Religions- und Mythengeschichte, aber auch mit dem Weiterleben antiker religiöser Vorstellung in nachantiker Zeit (z.B. im *Weihnachtsfest*, 1889). Der mit Nietzsche befreundete Berliner Philologe Erwin ↗Rohde (1845–1898) erforschte den in der eher klassizistischen Philologie randständigen und als trivial geltenden griech. Roman unter der Perspektive der vergleichenden Literaturwissenschaft, arbeitete aber auch zur Geschichte des griech. Mystizismus (*Psyche*, 1890/94). Auch in der nicht-dt. Forschung erlebte die kultur- und religionsgeschichtliche Erschließung der antiken Texte einen wichtigen Aufschwung, wie etwa die vielseitigen Arbeiten des engl. Philologen Gilbert ↗Murray (1866–1957) zum histor.-kulturellen Hintergrund des griech. Dramas, zur Philosophie und Religion zeigen. Als brillantester brit. Philologe der Zeit galt Richard Claverhouse ↗Jebb (1841–1905) mit seinen Tragödienkommentaren und Arbeiten zur Wissenschaftsgeschichte, Philosophie, Homer und hellenistischen Literatur. In Belgien war der Religionshistoriker, Epigraphiker und Philologe Franz ↗Cumont (1868–1947) eine überragende Gestalt. Sein Kollege Joseph ↗Bidez (1867–1945) arbeitete (z.T. gemeinsam mit Cumont) über die Geistes- und Religionsgeschichte der Spätantike.

Die sich zunehmend von der Gräzistik trennende Latinistik entwickelte sich bes. in der sog. »Bonner Schule«, die v.a. mit Friedrich ↗Ritschl (1806–1876) und Franz ↗Bücheler (1837–1908) verbunden wird, zu einer der Gräzistik gleichrangigen Forschungsdisziplin. In Analogie zum »Griechentum« bildete sich eine »Römertums«-Forschung heraus, die mit Persönlichkeiten wie Heinze, Oppermann oder Burck (s.u.) bis in die Zeit nach dem Zweiten Weltkrieg wirksam war. Ritschl selbst forschte v.a. auf dem Gebiet der republikanischen Literatur (Varro, Plautus); seine Schüler erstellten wiederum wichtige Fragmentsammlungen: Johannes Vahlen (Ennius-Fragmente), Hermann Peter (Fragmente der röm. Historiker), Josef ↗Keil (lat. Grammatiker-Fragmente) oder der Altlatein- und Altitalisch-Experte Franz Bücheler (1837–1908) mit ebenfalls bedeutenden Schülern (u.a. Eduard ↗Norden). 1865 wechselte Ritschl nach Leipzig, wo später mit Richard ↗Heinze (1867–1929) und Friedrich ↗Klingner (s.u. D.2.) weitere bedeutende Latinisten die Entwicklung der Lat. Philologie förderten. Wichtig hierfür war auch die programmatische Rede Friedrich ↗Leos (1851–1914) über *Die Originalität der röm. Litteratur* (1899), in welcher er die Römer zwar nicht als »original«, aber doch als »originell« erwies und ihre Technik der literarischen *aemulatio* vom Odium des Epigonalen befreite. Heinze wiederum verstand sich dezidiert als Literaturwissenschaftler und interpretierte die röm. Literatur nach damals modernen Kriterien, womit er der Klass. Philologie seiner eigenen Zeit weit voraus war; bes. einflussreich war seine Studie *Virgils epische Technik* (zuerst 1903), die nach langer Zeit zum ersten Mal den neben Homer allgemein abschätzig behandelten Vergil positiv würdigte und in vielem Kategorien der modernen Erzählforschung vorwegnahm. Außerhalb Deutschlands gab der überragende polnische Philologe und Schriftsteller Tadeusz ↗Zielinski (1859–1944) mit seinen zahlreichen Arbeiten zur röm. Komödie, zu Vergil und insbes. zu Cicero und seiner Rezeption wichtige Impulse (*Cicero im Wandel der Jahrhunderte*, 1897).

Die alles überragende Foschergestalt der gesamten Epoche war unbestritten Ulrich von ↗Wilamowitz-Moellendorff (1848–1931), Mitschüler ↗Nietzsches in Schulpforta und Schwiegersohn Theodor ↗Mommsens. Er wirkte als Universitätsprofessor in Greifswald, Göttingen und schließlich Berlin (1897–1921) und vereinte noch einmal programmatisch alle Teilbereiche der Altertumskunde in seiner Forscherpersönlichkeit, um »das ganze Leben der Alten« für die Moderne zu vergegenwärtigen. Den eigentlichen Sinn der Beschäftigung mit der Antike sah er in der Herausbildung eines »historischen Bewußtseins«, d.h. trotz seiner durchaus textphilologischen Arbeitsweise war für ihn alles philologische Arbeiten letztlich einem histor. Zweck untergeordnet. Wilamowitz war entsprechend ein typischer Vertreter von Historismus und Positivismus, der alle Gegenstände vollständig, wertfrei und ohne spekulative Interpretationen im Kontext ihrer Zeit darzustellen suchte. Er war an zahllosen Projekten maßgeblich beteiligt wie etwa den *Inscriptiones Graecae*, dem *Corpus Medicorum Graecorum* und der Herausgabe der Berliner Papyri; er wirkte auch über die Universität hinaus als Popularisator der Altertumskunde – z.B. als Übersetzer, durch die Mitarbeit in preußischen Lehrplankommissionen oder durch sein vielfach nachgedrucktes *Griech. Lesebuch* für die Schule (ab 1902; mit Übersetzungen u.a. ins Englische). Er hinterließ rund 50 monographische Werke und zahllose weitere Publikationen zu allen Feldern und Epochen des Altertums, wobei der Schwerpunkt allerdings deutlich auf der griech. Antike lag.

Trotz dieser stupenden Gelehrsamkeit und breiten Produktion empfand man freilich bald eine Diskrepanz zwischen der immensen quantitativen Wissenserweiterung im Bereich der Altertumskunde und dem qualitativen Erkenntnisgewinn. So kritisierte der Basler Gräzist Friedrich ↗Nietzsche (1844–1900) schon 1875 die »Ameisenarbeit« der Philologen und fragte nach dem Bezug der griech. Partikellehre für den Sinn des Lebens. Nietzsche war innerhalb der philologischen Zunft eine erratische Gestalt, die entsprechend von Kollegen wie Wilamowitz heftig attackiert wurde. Beeinflusst war er u.a. von seinem Basler Kollegen, dem Kunst- und Kulturhistoriker Jakob ↗Burckhardt (1818–1897), der eine durchaus antiklassizistische und von Wilamowitz abgelehnte Sicht der griech. Klassik in seinen Vorlesungen zur *Griech. Culturgeschichte* (publ. postum 1898–1902) präsentierte. Zugleich versuchte Burckhardt, in bewusster Abkehr vom Historismus die vielfältigen Einzelerkenntnisse zu einer kulturgeschichtlichen Synthese zusammenzuführen, die bis heute ein wichtiger Impulsgeber für kulturwiss. Arbeiten geblieben ist. Nietzsche hob in seinen Schriften konträr speziell zur (neu)humanistischen Tradition ebenfalls die dunklen Seiten der Griechen hervor, wie etwa in der *Geburt der Tragödie aus dem Geiste der Musik* (1872), die neben der hellen apollinischen auch die pessimistisch-ekstatische dionysische Seite der Tragödie betonte. In seinen *Unzeitgemäßen Betrachtungen* (1873–1876) richtete er sich dezidiert gegen den Historismus als Wissenschaftsparadigma und war seiner Zeit damit um zwei Generationen voraus.

C.3. Die Althistorie bis zu Eduard Meyer

In der dt. Altphilologie existierten in der ersten Hälfte des 19. Jh.s zwei Richtungen mit unterschiedlichen Zielsetzungen: Während die eine Gruppe von Philologen an der Auffassung festhielt, dass die antiken Texte und die alten Sprachen zentraler Gegenstand der Philologie sind, forderten andere eine umfassende, nicht auf die Sprache beschränkte Erforschung der Antike. August ↗Boeckh, der seit 1811 an der im vorangegangenen Jahr gegründeten Friedrich-Wilhelms-Universität in Berlin lehrte, formulierte in der Einleitung zur Monographie *Die Staatshaushaltung der Athener* (1817) prägnant die Konzeption einer »Kunde der hellenischen Alterthümer« und kritisierte eine auf Textkritik reduzierte Sprachforschung. Diese methodische Position prägte die Untersuchung über das Finanzwesen Athens erkennbar. Es handelt sich nach heutigem Verständnis der altertumswiss. Disziplinen um eine althistor. Arbeit: Weit über die im Titel genannte Thematik hinausgehend bietet das Buch im ersten Abschnitt eine umfassende Beschreibung der athenischen Wirtschaft im 5. und 4. Jh. v. Chr. Charakteristisch für Boeckh ist die Ablehnung einer idealen Verklärung der griech. Antike; die Ergebnisse der wiss. Forschung ließen es nicht mehr zu, die Antike als Vorbild für die Gegenwart zu sehen. Es spricht für den Rang des Werkes, dass es bereits 1828 ins Englische übersetzt wurde und lange Jahrzehnte im engl. Buchhandel stets vorrätig war.

Ein beachtlicher methodischer Fortschritt bestand darin, dass Boeckh neben den literarischen Texten in großem Umfang die Inschriften und damit die dokumentarischen Primärquellen auswertete, womit er die spätere althistor. Forschung stark prägte. Der gesamte zweite Band der *Staatshaushaltung der Athener* ist der Edition und Interpretation der attischen Inschriften zum Finanzwesen gewidmet. Mit dieser Arbeit war klar geworden, dass für die Althistorie eine moderne Edition sämtlicher griech. Inschriften dringend notwendig war. Aufgrund dieser Einsicht stellte Boeckh in der Preußischen Akademie der Wissenschaften den Antrag, eine neue Sammlung der griech. Inschriften zu publizieren, die alle bekannten Texte erfassen sollte. Dabei war geplant, v.a. die bereits edierten oder in Museen befindlichen Inschriften zu sichten, textkritisch zu bearbeiten und zu sammeln. Unter den zeitgenössischen Bedingungen hielt Boeckh es allerdings nicht für möglich, dass für die Publikation jede Inschrift im Original von einem Wissenschaftler untersucht werde. Die Leitung der wiss. Arbeiten für das *Corpus Inscriptionum Graecarum* (*CIG*) übernahm Boeckh selbst, der noch die ersten beiden Bände (1828 und 1843) herausgab. Mit dem *CIG* begann die Zeit der großen Editionsprojekte, die im 19. und 20. Jh. einen großen Teil der Arbeitskraft der Altertumswissenschaftler in Anspruch nahmen, dafür aber die Grundlagen für die weitere Erforschung der Antike legten.

Boeckh erweist sich in vielerlei Hinsicht als ein Wissenschaftler, mit dem die moderne althistor. Forschung einsetzte. Das Werk über das athenische Finanzwesen kann in methodischer wie auch thematischer Hinsicht als bahnbrechende Leistung angesehen werden; es integriert wirtschaftshistor. Fragestellungen in die Darstellung der Antike und beruht nicht mehr entscheidend auf der historiographischen Überlieferung, sondern auf den dokumentarischen

Primärquellen. Die Großprojekte wie das *CIG* gewannen an Bedeutung, und die Vorstellung, die Antike sei als Vorbild für die Gegenwart zu sehen, wich einer nüchternen Analyse antiker Verhältnisse.

Die historiographische Überlieferung der Antike besaß bis zum 18. Jh. eine unangefochtene Autorität, und die Aufgabe neuzeitlicher Geschichtsschreibung bestand wesentlich darin, die antiken Texte wiederzugeben und allenfalls zu kommentieren. In der Aufklärung wuchs dann die Skepsis gegenüber den Quellen, doch führte diese Einstellung nicht zu einer wirklichen Diskussion über die Kriterien für eine Beurteilung der Glaubwürdigkeit der Quellen. Die 1811 und 1812 erschienene *Röm. Geschichte* von Barthold Georg ↗Niebuhr (1776–1831) verband eine histor. Darstellung der Frühgeschichte Roms mit einer Kritik der historiographischen Überlieferung; Niebuhr hielt die Berichte des Livius nicht mehr für glaubwürdig, versuchte aber gleichzeitig, durch Kombination der Fakten einen geschichtlichen Zusammenhang herzustellen. Entscheidend war seine Überzeugung, dass die Taten berühmter Männer im frühen Rom durch Lieder mündlich tradiert wurden (vgl. Cic. Tusc. 4,3), sodass historisch relevante Ereignisse in der späteren Überlieferung noch fassbar seien.

In einer weiteren Hinsicht war Niebuhrs *Röm. Geschichte* wegweisend für die histor. Forschung und Geschichtsschreibung des 19. Jh.s: Sie war stark von den politischen Überzeugungen des Verfassers beeinflusst; das Interesse an der Agrarfrage im Zeitalter der Bauernbefreiung, die Ablehnung der Franz. Revolution, die positive Bewertung der engl. Verfassung waren die Voraussetzungen für die Vergegenwärtigung des röm. Gemeinwesens und der zwischen Patriziern und Plebeiern ausgetragenen Konflikte.

Die kritische Prüfung der historiographischen Überlieferung zur Frühgeschichte Roms fand in der wiss. Öffentlichkeit starke Resonanz. Die Diskussion der Quellen galt als eine grundlegende Leistung, und seit Niebuhr beruht die histor. Forschung grundsätzlich auf Quellenkritik und Quelleninterpretation. Damit prägte Niebuhr die Methodik der modernen Geschichtswissenschaft insgesamt entscheidend. Die *Röm. Geschichte* wurde 1828–1842 ins Englische übersetzt: in England übernahm v.a. Thomas Arnold (1795–1842) seine Thesen.

Ein starkes Interesse an Geschichte und Kultur der Antike schuf im 19. Jh. ein günstiges Klima für die Entwicklung der Altertumswissenschaften insbes. an den dt. Universitäten. Nach Gibbons und Niebuhrs Werken zur röm. Geschichte wurde der griech. Geschichte größere Aufmerksamkeit zuteil. In England und Deutschland erschienen mehrere umfangreiche Darstellungen zur Geschichte Griechenlands, die sich an ein breites Publikum wandten, aber auch der Althistorie neue Einsichten und wichtige Impulse vermitteln konnten. Im Zentrum der althistor. Arbeiten von Johann Gustav ↗Droysen (1808–1884) stand nicht das klassische Griechenland, sondern die Epoche des Hellenismus; mit der *Geschichte Alexanders des Großen* (1833) setzt die Darstellung ein, die in zwei weiteren Bänden (1836 und 1843) bis in die Zeit der Diadochen (323–281 v. Chr.) und der hellenistischen Reiche (280–220 v. Chr.) fortgeführt wird. Inspiriert von der Geschichtsphilosophie Hegels, sah Droysen in Makedonien die Macht, die Griechenland vereinte und so die Voraussetzung für den »großen Nationalkrieg der Griechen gegen Persien« schuf. Welthistorisch deutete er den Hellenismus als eine Epoche, die durch die Vermischung von griech. und orientalischen Elementen die Entstehung und die Verbreitung des Christentums ermöglicht habe. Droysen kommt zweifellos das Verdienst zu, zum ersten Mal die Epoche des Hellenismus ausführlich thematisiert und auf deren Bedeutung nachdrücklich hingewiesen zu haben.

Zwei sehr unterschiedliche Darstellungen haben das Bild der griech. Geschichte im 19. Jh. entscheidend geprägt: In England verfasste der Bankier George ↗Grote (1794–1871), 1832–1841 Mitglied des Unterhauses, die schnell anerkannte *History of Greece* (1846–1856). Seine Darstellung orientierte sich hier an den Positionen der Whigs und des engl. Utilitarismus. Von diesen Prämissen ausgehend, gelangte Grote zu einer für seine Zeit außergewöhnlich positiven Bewertung der griech. Demokratie. In dieser Hinsicht war sein Werk eine Reaktion auf die *History of Greece* (1785–1810) von William Mitford (1744–1827), der die Demokratie in Athen scharf verurteilt hatte. Grotes Darstellung blieb aber einer auf die Klassik fixierten histor. Sicht insofern verhaftet, als sie mit Alexander endet und den Hellenismus nicht mehr behandelt.

Auch für Ernst ↗Curtius (1814–1896) war die griech. Geschichte wesentlich die Geschichte der Klassik; sein in seiner Zeit viel beachtetes Werk (1857–1867) endet mit dem Sieg der Makedonen bei Chaironeia im Jahr 338. Curtius entwarf ein stark idealisierendes und ästhetisierendes Bild des klass. Athen; neben der politischen Geschichte stehen hier Kunst und Literatur; sie sind für den Rang und die Bedeutung der griech. Antike bis zur Gegenwart entscheidend.

Die überragende Persönlichkeit im Fach Alte Geschichte war nach 1850 ohne Zweifel Theodor ↗Mommsen (1817–1903). Sein Ansehen beruhte v.a. auf der *Röm. Geschichte* (1854–1856), die die Entwicklung der röm. Republik bis zu Caesar behandelt. Aufgrund einer geradezu suggestiven Schilderung der Ereignisse, dezidierter Urteile über Persönlichkeiten wie Cicero oder Caesar und einer von den politischen und sozialen Problemen der Gegenwart bestimmten Bewertung des Niedergangs der Republik vermochte das Werk breite Leserkreise zu faszinieren. Ein wichtiges Forschungsgebiet Mommsens, der Jura studiert und zunächst in Zürich und Breslau Lehrstühle für Röm. Rechtsgeschichte erhalten hatte, war das röm. Staatsrecht, dem er 1871–1888 eine mehrbändige systematische Darstellung widmete. Diese gilt bis heute als ein Standardwerk, und insbes. Mommsens Sicht des Principats hat die folgende Forschung immer wieder angeregt und herausgefordert.

Mit seiner Initiative, die lat. Inschriften in einem Corpus zu edieren, trug Mommsen dazu bei, die Methoden der modernen Epigraphik zu entwickeln. Er stellte den Grundsatz auf, dass für jede Edition die Lesung der originalen Inschrift notwendig sei. Die Forderung nach einer Autopsie aller Inschriften, die publiziert werden sollten, wurde zunächst für nicht realisierbar gehalten, denn es waren Inschriften aus ganz Westeuropa und aus dem gesamten mediterranen Raum zu erfassen. Dennoch konnte Mommsen seine Vorstellung durchsetzen; die Publikation des *Corpus Inscriptionum Latinarum* (*CIL*), in dem sämtliche lat. Inschriften publiziert werden sollten, wurde 1853 als eines der größten geisteswiss. Projekte des 19. Jh.s begonnen und lange Jahrzehnte von Mommsen selbst geleitet. Althistoriker anderer Länder griffen die Anregungen auf und beteiligten sich an der Edition antiker Inschriften. In Frankreich gab René ↗Cagnat (1852–1937) die *Inscriptiones Graecae ad res Romanas pertinentes* (1911–1927) heraus. Die Epigraphik wurde zu einem Arbeitsgebiet mit enger internationaler Zusammenarbeit.

Als eine herausragende Leistung der franz. Wissenschaft dieser Zeit ist *La Cité antique* (1864) von Numa Denis ↗Fustel de Coulanges (1830–1889) zu nennen; noch heute übt dieses Werk große Faszination auf die Leser aus. Nach seiner Meinung ist das antike Gemeinwesen, die Stadt, tiefgreifend von Glaubensvorstellungen und von den Grundstrukturen der Familie geprägt. Die Stadt wird v. a. unter den Aspekten von Religion und Gesellschaft gesehen, zwischen denen ein enger Zusammenhang besteht. Hierauf beruht auch die Wirkung des Werkes auf die franz. Althistorie des 20. Jh.s, die gerade religions- und sozialhistor. Fragestellungen stets große Beachtung schenkte.

Unter den dt. Althistorikern der Generation nach Mommsen sind insbes. Robert von ↗Pöhlmann (1852–1914), Karl Julius ↗Beloch (1854–1929) und Eduard ↗Meyer (1855–1930) zu erwähnen. Sie waren Verfasser monumentaler Geschichtswerke, die in ihrer Zeit starke Wirkung auf die Wissenschaft ausübten. Belochs Karriere verlief ungewöhnlich, denn eine Krankheit zwang ihn, sich seit seiner Jugend in Italien aufzuhalten; er studierte in Palermo, Heidelberg und Rom, wo er habilitiert und Professor wurde. Durch seine Schüler, darunter Gaetano ↗De Sanctis (1870–1957), konnte er langdauernden Einfluss auf die ital. Althistorie ausüben. Für Belochs Hauptwerk, die *Griech. Geschichte* (1893–1904), waren unkonventionelle Urteile und eine entschiedene Ablehnung vieler in der dt. Althistorie dominierender Auffassungen kennzeichnend. So polemisierte er gegen eine auf die großen Männer reduzierte Geschichtsauffassung; in deutlichem Gegensatz zu ↗Droysen relativierte Beloch die histor. Bedeutung Alexanders d. Gr. Er forderte die Einbeziehung der Wirtschaftsgeschichte in die histor. Darstellung und wandte sich selbst der Demographie der Antike zu. Auf diesem Gebiet ist seine Monographie *Die Bevölkerung der griech.-röm. Welt* (1886) als herausragende innovative Leistung zu bewerten, die der Forschung wichtige Impulse gab. Der Wert des Bandes liegt einerseits auf dem Gebiet der Methodik (der umsichtigen, das Quellenmaterial kritisch auswertenden Untersuchung der antiken Zahlenangaben), andererseits auf den Ergebnissen, die zum ersten Mal eine in der Größenordnung verlässliche Schätzung der antiken Bevölkerung boten.

Für die von Eduard ↗Meyer verfasste vielbändige *Geschichte des Altertums* (1884–1902) sind die universalhistor. Perspektiven charakteristisch: Sie beginnt mit der Geschichte Altägyptens und des Alten Orients im 3. Jt.; neben Griechenland wird auch das Perserreich ausführlich behandelt. Allerdings konnte Meyer das Werk nicht vollenden, das sicherlich die Möglichkeiten und Kräfte eines einzelnen Historikers überstieg; die Darstellung reicht nur bis zum 4. Jh. Meyer hatte Forschungsinteressen weit über die griech. und röm. Geschichte hinaus; er schrieb grundlegende Untersuchungen etwa zur altägypt. Geschichte, zur Chronologie Altägyptens oder zum frühen Christentum. Von Bedeutung für die spätere althistor. Forschung waren insbes. seine Arbeiten zur antiken Wirtschaft und zur Sklaverei. In seinem Vortrag *Die wirtschaftliche Entwicklung des Altertums* (1895) kritisierte Meyer die auf Karl ↗Rodbertus (1805–1875) und Karl Bücher (1847–1930) zurückgehende These, die antike Wirtschaft sei wesentlich als Hauswirtschaft zu definieren, und betonte die Modernität der antiken Wirtschaft. So behauptet Meyer, in der archaischen und klass. Zeit Griechenlands habe es eine »für den Export arbeitende Industrie«, »reine Industriegebiete« und eine »Konkurrenz der einzelnen Fabriken« gegeben. Solche ›modernistischen‹ Vorstellungen über die antike Wirtschaft konnten sich aufgrund seiner Autorität durchsetzen und beeinflussten die wirtschaftshistor. Forschung bis hin zu William Linn Westermann und Michael I. ↗Rostovtzeff.

In den Arbeiten Robert von ↗Pöhlmanns standen sozialhistor. Interessen im Vordergrund. Veranlasst durch die sozialen Folgen der Industrialisierung und die sozialistischen Bewegungen des 19. Jh.s, thematisierte er in seiner *Geschichte des antiken Kommunismus und Sozialismus* (1893–1901) die Armut, sozialrevolutionäre Ideen und Aufstandsbewegungen der Antike, wobei er ähnlich wie Meyer deutliche Parallelen zur Moderne zog. Intention dieser Forschungen war es, davor zu warnen, dass wie in der Antike soziales Elend Bestrebungen eines politischen Umsturzes zur Folge haben könnte.

Während die Sicht Pöhlmanns von der späteren Forschung als problematisch empfunden wurde, erwies sich die relativ kurze, 1912 veröffentlichte Habilitationsschrift von Matthias ↗Gelzer (1886–1974), *Die Nobilität der röm. Republik*, als wegweisend für die sozialhistor. Forschung. In dieser Studie untersuchte Gelzer nicht das auf Gesetzen beruhende politische System der Republik, sondern die informellen sozialen und politischen Mechanismen, die der Sicherung der politischen Führungsposition einer kleinen Gruppe von *nobiles* dienten. Neben den personalen Beziehungen und Verpflichtungen werden auch die wirtschaftlichen Voraussetzungen der Stellung der Nobilität analysiert; der von Mommsen geäußerten Auffassung, eine sehr kleine Zahl von Familien sei in der Republik allein regimentsfähig gewesen, trat Gelzer mit Entschiedenheit entgegen.

Die Arbeit an der *Real-Encyclopädie der classischen Altertumswissenschaft (RE*; 1893–1980), einem Lexikon, das sich zum Ziel gesetzt hatte, das gesamte Wissen über die Antike zusammenzufassen, hatte zur Folge, dass die Prosopographie (Personenforschung) innerhalb der Alten Geschichte in der Zeit nach 1900 hohen Stellenwert gewann. So ging Gelzers spätere Biographie Ciceros (1969) aus einem Artikel in der *RE* hervor; auch Friedrich ↗Münzers (1868–1942) *Röm. Adelsparteien und Adelsfamilien* (1920) waren das Ergebnis intensiver prosopographischer Forschung für die *RE*.

Eine Außenseiterposition in den Diskussionen über die antike Wirtschaft nahm Max ↗Weber (1864–1920) ein, der Karl Büchers Position als »idealtypische Konstruktion einer Wirtschaftsverfassung« bezeichnete und gegen die Kritik von Eduard Meyer verteidigte. Der Vortrag *Die sozialen Gründe des Untergangs der antiken Kultur* (1896) erklärt die histor. Entwicklungen im Principat und in der Spätantike mit sozialen und ökonomischen Veränderungen, v. a. mit dem Niedergang der Sklaverei, der Beherrschung großer Binnenräume in Westeuropa und der Herausbildung großer Gutskomplexe, die nicht mehr auf die städtischen Märkte angewiesen waren. Die Thesen Webers gelten bis heute als einer der innovativsten Beiträge zur Sozial- und Wirtschaftsgeschichte der Principatszeit. In dem Abschnitt von *Wirtschaft und Gesellschaft* (1922) zur Soziologie der Stadt differenziert Weber zwischen Konsumenten- und Produzentenstadt; die antike Stadt wird primär als Konsumentenstadt gesehen – eine Auffassung, die in der Forschung nach 1945 eine größere Rolle spielen sollte.

Als bedeutsam für die Entwicklung der Altertumswissenschaften erwiesen sich in der Zeit um 1900 die Funde zahlreicher Papyri in Ägypten, insbes. im Fayum und in Oxyrhynchos. Bedingt durch die Aufgabe, die Papyri zu lesen, zu edieren sowie zu interpretieren, entstand mit der Papyrologie eine neue Disziplin, die entscheidend zur Kenntnis des ptolemäischen und des röm. Ägypten beitrug. Die Relevanz der Papyri ergibt sich aus der Tatsache, dass – von den literarischen Texten abgesehen – die Dokumente und Archive einen für die Antike einzigartigen Einblick in das Alltagsleben, in die Verwaltung, in die Gesellschaft und in die Wirtschaft erlauben. Neben den Engländern Bernard P. ↗Grenfell (1869–1926) und Arthur S. ↗Hunt (1871–1934) zählten in Deutschland Ulrich ↗Wilcken (1862–1944) und Friedrich ↗Preisigke (1856–1924) zu den Gelehrten, die das Fach in seinen Anfängen prägten. Gegen Ende des 19. Jh.s begann die Zeit der großen Papyruseditionen, unter denen hier nur zwei genannt seien: die *Ägyptischen Urkunden aus den Königlichen Museen zu Berlin, Griechische Urkunden* (BGU, ab 1895) und *The Oxyrhynchus Papyri* (P. Oxy., ab 1898).

In institutioneller Hinsicht war das Fach Alte Geschichte eine junge wiss. Disziplin; erst in der zweiten Hälfte des 19. Jh.s wurden an den dt. Universitäten Lehrstühle dafür eingerichtet: in Göttingen 1877, in München erst 1900. Die Althistorie war wie die Archäologie ein Fach der Altertumswissenschaften, aber auch an der Ausbildung von Geschichtslehrern beteiligt und gehörte damit zu den Geschichtswissenschaften. Auch in anderen europäischen Staaten und in den USA gab es eine ähnliche Tendenz zur Institutionalisierung des Fachs an den Universitäten. Damit waren die institutionellen Voraussetzungen für die Entwicklung der althistor. Forschung im 20. Jh. gegeben.

C.4. Die Anfänge der Klassischen Archäologie: Von Winckelmann bis zu Furtwängler

In vielerlei Hinsicht gehörte Johann Joachim ↗Winckelmann noch der Welt der Antiquare an. Er stammte aus einfachen Verhältnissen, studierte Theologie und Medizin, war dann Hauslehrer und schließlich gräflicher Bibliothekar; nach eigener Aussage besaß er schon früh eine »Liebe zur Kunst«, war aber auf dem Gebiet des Altertums keineswegs wiss. ausgebildet. In Rom fand er ab 1755 Unterstützung und

Förderung durch einflussreiche Kardinäle; die Antikensammlung von Kardinal Albani wurde zu seiner wichtigsten Wirkungsstätte. Damit blieb Winckelmann der Welt der Antiquare verhaftet, denn gerade die enge Verbindung zu einer Sammlung oder zu Sammlungen hat als ein besonderes Charakteristikum der antiquarischen Forschung zu gelten. Dennoch sind die Anfänge der wiss. Archäologie untrennbar mit seinen Arbeiten verbunden.

Seine Auffassung von den Aufgaben einer Interpretation antiker Kunstwerke sowie von der Geschichte der antiken Kunst formulierte Winckelmann in der Vorrede zur *Geschichte der Kunst des Alterthums* (1764). Es ging ihm darum, »den Ursprung, das Wachstum, die Veränderung und den Fall« der Kunst darzustellen; sein Konzept einer Geschichte der Kunst beruhte auf der von Scaliger übernommenen Idee eines Kreislaufs der histor. Entwicklung. Diese Anschauung befähigte Winckelmann dazu, die Geschichte der antiken Kunst aufgrund von Stilkriterien in Epochen einzuteilen und diese mit den politischen Entwicklungen Griechenlands und Roms zu verbinden. So wird die griech. Kunst in den politischen Kontext eingeordnet; es war demnach die in den griech. Städten herrschende Freiheit, der die Entfaltung der griech. Kunst zu verdanken ist. Auch wenn Winckelmanns Thesen zur Entwicklung der griech. Kunststile bis hin zum Verfall heute kritisch gesehen werden, so bleibt es sein Verdienst, der Betrachtung antiker Kunst eine histor. Dimension verliehen und dabei die Differenz von griech. und röm. Kunst berücksichtigt zu haben.

Mit der grundlegenden Forderung Winckelmanns, die antiken Statuen als Kunstwerke zu betrachten, sind zwei Aufgaben verbunden: Der Stil eines Kunstwerkes ist zu untersuchen und anzugeben; darüber hinaus müssen die Ursachen der Schönheit eines Kunstwerkes erörtert werden. Schönheit ist ein Leitbegriff der Ästhetik Winckelmanns; mit der Schönheit des einzelnen Kunstwerkes als Thema ist eine Fragestellung gegeben, die der Untersuchung und Beschreibung der unterschiedlichsten Werke zugrunde liegt. Bedeutsam ist ferner die Auffassung Winckelmanns, die Beschreibung antiker Kunstwerke müsse auf eigener Anschauung beruhen. Prononciert erklärte er, dass aus diesem Grund nur in Rom »etwas Gründliches von der alten Kunst und von nicht bekannten Altertümern« geschrieben werden könne. Die Antiquare, die Kunstwerke oft nur aus Büchern und Abbildungen kannten, werden kritisiert, weil sie Statuen falsch einordneten oder deren Ergänzungen in der Barockzeit übersahen. Eine zentrale Aufgabe der Archäologie, die Darstellung neuer Grabungsergebnisse und die Interpretation neuer Funde, nahm Winckelmann mit großem Engagement wahr; in den *Sendschreiben von den Herculanischen Entdeckungen* (1762 und 1764) befasste er sich intensiv mit den Ausgrabungen in Herculaneum und Pompeji. Diese Schriften dokumentieren auch die hervorragende Kenntnis der antiken Texte sowie die Fähigkeit Winckelmanns, das epigraphische Material zur Interpretation der Funde heranzuziehen.

War mit Winckelmanns Schriften ein wichtiger Schritt zur wiss. Archäologie erfolgt, so wurde der institutionelle Rahmen archäologischer Forschung von der an den Universitäten beheimateten Philologie geschaffen. Indem die materielle Kultur der Antike Gegenstand universitärer Forschung wurde, änderte sich auch der Ton, in dem über antike Kunst geschrieben wurde. Die Begeisterung, mit der Winckelmann über antike Kunstwerke geurteilt hatte, wurde nicht mehr geteilt; sein Enthusiasmus wurde kritisch eher als eine Gefahr für die wiss. Wahrheit gesehen.

Die Anfänge der Archäologie an den Universitäten gehen auf Christian Gottlob ↗Heyne (1729–1812) zurück, der zwischen 1767 und 1804 an der Universität Göttingen regelmäßig Vorlesungen zur antiken Kunst hielt; damit bestimmten nicht mehr die Sammler und ihre Aktivitäten, Publikationen, die vorrangig den Geschmack der Öffentlichkeit bilden sollten, Sammlungskataloge, die dem Prestige oder den materiellen Interessen von Sammlern oder Fürsten dienten, oder Grabungen, die darauf abzielten, antike Kunstwerke zu finden, die Praxis gelehrter Forschung zur antiken Kunst, sondern eine universitäre Forschung, die eine nüchterne Analyse der antiken Relikte bot. Neben den antiken Kunstwerken fanden auch unscheinbare Funde Heynes Beachtung, wenn sie wichtige Informationen über die antike Kultur boten. Die grundlegenden Konzeptionen Winckelmanns, etwa seine Auffassung von den Epochen der griech. Kunstgeschichte, wurden übernommen, gleichzeitig aber auch kritisch überprüft und korrigiert. Ein Schüler Heynes, der Däne Georg ↗Zoëga (1755–1809), wirkte wie Winckelmann in Rom; sein Werk *Bassirilievi antichi di Roma* (1808) folgte auch inhaltlich dessen Arbeiten.

An dt. Universitäten wurde Archäologie im 19. Jh. zunächst im Rahmen der Philologie, dann aber auch als selbständiges Fach gelehrt. Es waren Wissenschaftler wie Friedrich Gottlob ↗Welcker (1784–1868), Eduard ↗Gerhard (1795–1867), Otto ↗Jahn (1813–1869) oder Adolf ↗Furtwängler (1853–1907), die der dt. Archäologie eine klares disziplinäres Selbstverständnis gaben. Welcker wurde 1809 als Professor für Griech. Literatur und Archäologie nach Gießen berufen; seit 1819 lehrte er an der Universität Bonn, wo er die Abguss-Sammlung begründete. Archäologie hatte für ihn auch die Funktion, zum Verständnis der antiken Literatur beizutragen. Gerhard trug 1829 entscheidend zur Gründung des *Instituto di Corrispondenza Archeologica* in Rom bei, aus dem das Deutsche Archäologische Institut (DAI) hervorging. Die Verbindung von Philologie und Archäologie blieb auch für die Forschungen Jahns charakteristisch, der neben seinen Publikationen zur Archäologie eine bis heute als klassisch geltende Biographie Mozarts verfasste. Furtwängler, seit 1894 Professor für Archäologie an der Universität München, legte mit den *Meisterwerken der griech. Plastik* (1893) und der *Griech. Vasenmalerei* (1904) Standardwerke vor, die auf die Archäologie des 20. Jh.s eminenten Einfluss ausübten. Furtwängler betonte die Einzigartigkeit der klassischen Kunst und formulierte mit diesem Urteil das für die dt. Archäologie im frühen 20. Jh. verbindliche Kunstverständnis, das letztlich auf Winckelmann zurückgeht. Welche Bedeutung das von Gerhard gegründete *Instituto* für die archäologische Forschung besaß, zeigt gut die Karriere Heinrich ↗Brunns (1822–1894), der 1843–1853 dort tätig war, 1857–1865 die Position eines zweiten Sekretärs des Instituts bekleidete und 1865 auf die neu eingerichtete Professur für Archäologie an der Universität München berufen wurde. Gerade die Jahre in Rom, denen Brunn seine herausragende Kenntnis der antiken Kunst verdankte, befähigten ihn, Werke zu verfassen, die auf die spätere Forschung einen starken Einfluss nahmen. Andere Nationen nahmen das Institut zum Vorbild und gründeten in Rom eigene archäologische Einrichtungen, die neben den Universitäten zu wichtigen Forschungsstätten wurden, indem sie den Archäologen längere Aufenthalte in den Mittelmeerländern ermöglichten und damit der Forschung wie auch der Grabungstätigkeit wichtige Impulse gaben.

Eine zweite wichtige Tendenz der Archäologie des 19. Jh.s war die Verbesserung der Grabungsmethoden. Giuseppe ↗Fiorelli (1823–1896) legte bereits 1848 Vorschläge zu einer Reorganisation der Grabungen in Pompeji vor, war aber dann 1849 in der Phase der Reaktion für mehrere Monate aus politischen Gründen inhaftiert und erhielt bis 1860 keine staatliche Anstellung mehr. Er konnte in der Zeit vor der Einigung Italiens die oskischen Inschriften aus Pompeji und einen Plan der Stadt publizieren; beide Veröffentlichungen setzten neue Standards in der Publikation von Grabungen: Fiorelli teilte das Stadtgebiet in neun Regionen ein und schuf damit ein System, das die Identifikation jedes Hauses durch die Angabe von Region, Insula und des nummerierten Eingangs ermöglichte – ein bis heute angewandter Raster. Nach seiner Ernennung zum Grabungsleiter in Pompeji setzte Fiorelli zahlreiche Verbesserungen in der Ausgrabungstechnik durch. Von Bedeutung war auch die Einführung eines Grabungstagebuchs und später einer regelmäßigen Berichterstattung über die Resultate der Grabungen (*Notizie degli scavi delle antichità*). Fiorelli ging es um die Stadt Pompeji und ihre Geschichte; die Archäologie als Schatzsuche war aufgegeben.

Auch bei anderen Grabungen im Mittelmeerraum wurden neue Standards implementiert, so bei der dt. Unternehmung in Olympia unter Wilhelm ↗Dörpfeld (1853–1940), der kein Archäologe war, sondern in Berlin Architektur studiert hatte und die technische Leitung der Ausgrabung übernahm. Die Bauforschung blieb für Dörpfeld auch bei späteren Kampagnen für das Dt. Archäologische Institut das zentrale Forschungsgebiet. Größte Resonanz in der Öffentlichkeit fand Heinrich ↗Schliemann (1822–1890), dem es sein in Russland erworbenes Vermögen gestattete, Ausgrabungen an der Ägäisküste im nordwestlichen Kleinasien zu finanzieren und zu leiten. Dabei gelang es ihm, eine bedeutende bronzezeitliche Siedlung freizulegen, die als Troja Homers gedeutet wurde. Die Ausgrabung dieser befestigten Burganlage und ein Fund, der als Schatz der Priamos bezeichnet wurde, waren eine Sensation; Schliemann, der auf seine Reputation sehr bedacht war, wurde in Europa gefeiert. Es folgten später Ausgrabungen in Mykene, die zur Entdeckung von bronzezeitlichen Gräbern mit reichen Beigaben führten. Archäologen haben das Wirken Schliemanns eher distanziert oder kritisch beurteilt, da bei den Grabungen die bereits erreichten Standards nicht eingehalten und jüngere Schichten ohne Dokumentation abgetragen wurden. Ohne Zweifel hat Schliemann aber das Interesse am frühen Griechenland geweckt und so der Archäologie ein neues Forschungsfeld eröffnet. Eine ähnliche Bedeutung wie Schliemann für Mykene hatte Arthur ↗Evans (1851–1941) für Kreta, wo er 1899 mit Grabungen begann, in deren Verlauf er die große Palastanlage von Knossos entdeckte. Auch die Kenntnis der minoischen Kultur Kretas beruht wesentlich auf den Ergebnissen der archäologischen Forschung.

Seit dem späten 19. und frühen 20. Jh. wurden die archäologischen Aktivitäten international deutlich intensiviert. Die franz. Grabungen in Delphi, die amerikan. Kampagnen auf der Agora von Athen, die österr. Grabungen in Ephesos sowie die Aktivitäten in Pergamon oder Priene erweiterten das Wissen über die Urbanistik und Topographie antiker Städte und Heiligtümer entscheidend. Wichtige Funde einzelner Kunstwerke und die Freilegung von Baudenkmälern haben darüber hinaus das Verständnis der antiken Kunst und Architektur wesentlich gefördert. Die Kenntnis der antiken Welt beruht somit seit dem 19. Jh. in hohem Maße auf der Tätigkeit der Archäologen; das archäologische Material und der Grabungsbefund sind an die Seite der Texte getreten.

C.5. Ägyptologie und Altorientalistik

Die Entstehung und die Entwicklung der Ägyptologie und der Altorientalistik waren an zwei Bedingungen geknüpft: an das Verständnis von Schrift und Sprache sowie an die großen Ausgrabungen im Niltal und in Mesopotamien. Im Verlauf des 19. Jh.s wurden außerdem die Sammlungen der großen europäischen Museen für die wiss. Arbeit immer wichtiger. Aber auch das politische Geschehen beeinflusste die Entwicklung der Wissenschaften, die sich der Erforschung der ägypt. und der altorientalischen Kulturen widmeten.

Ägypten und der Alte Orient waren durch das Alte Testament im kulturellen Wissen Europas immer präsent; in der überlieferten antiken Literatur gab es zudem eine Reihe eindrucksvoller Beschreibungen Ägyptens und des Orients, und ägypt. Monumente – die Obelisken – standen seit dem frühen Principat in Rom. Unter diesen Umständen konnte ein Gelehrter wie Athanasius ↗Kircher (1602–1680) Schriften über die ägypt. Obelisken der Stadt Rom oder die Hieroglyphen verfassen. Solche Bemühungen können als Vorläufer einer wiss. Beschäftigung mit der Kultur Ägyptens gelten.

Einen entscheidenden Impuls gab die Ägyptenexpedition Napoleons, die nach dem erfolgreichen Feldzug in Oberitalien 1796/97 und dem Sieg über Habsburg die Stellung Englands in Indien schwächen sollte. Nach der franz. Eroberung Ägyptens war mit dem Sieg Lord Nelsons über die franz. Flotte bei Aboukir im August 1798 zwar das franz. Unternehmen militärisch gescheitert, doch die Entscheidung des jungen Generals Bonaparte, die militärische Expedition zu einer umfassenden wiss. Dokumentation der Monumente Ägyptens zu nutzen, war von ungeheurer Tragweite. Ein großer Stab von Gelehrten, darunter Dominique-Vivant Denon (1747–1825), begleitete Napoleon und sammelte das Material, das dann in der mehrbändigen *Description de l'Égypte* (1809–1828) publiziert wurde. Die groß angelegte, mit zahlreichen Abbildungen versehene Darstellung erweckte das Interesse der Gebildeten an Ägypten. Von fast noch größerer Bedeutung war ein Zufallsfund bei Schanzarbeiten der verzweifelt gegen die brit. Übermacht kämpfenden franz. Armee: der Stein von Rosette mit Texten in Hieroglyphenschrift, in demotischer und in griech. Schrift. Diese Inschriften – es handelte sich um denselben Text (einer Ehreninschrift der ägypt. Priesterschaft für Ptolemaios V. Epiphanes, 196 v. Chr.) in drei verschiedenen Versionen – erwiesen sich als Schlüssel zur Entzifferung der Hieroglyphen. Schließlich gelang es Jean François ↗Champollion (1790–1832), durch die Identifizierung des Königsnamens auf der Inschrift von Rosette die Hieroglyphen zu entziffern und so die Voraussetzungen für eine Ägyptologie zu schaffen, die auf der Kenntnis der altägypt. Texte beruhte. Der Stein von Rosette selbst musste bei der Kapitulation der franz. Truppen den Engländern übergeben werden und gelangte in das British Museum in London.

Ausgrabungen in Ägypten bestimmten bis ins 20. Jh. die Aktivitäten der Ägyptologen, wobei allerdings lange Zeit die Suche nach kostbaren Kunstgegenständen das Interesse dominierte. Giovanni Belzoni (1778–1823), der 1814 nach Ägypten kam, um ein Wasserschöpfgerät zu verkaufen, und der dann den Handel mit ägypt. Altertümern als Geschäft betrieb, war einer der Pioniere der Ausgrabungen, dessen Methoden später allerdings stark kritisiert wurden. Zu den erfolgreichen Ausgräbern gehörte auch Karl Richard ↗Lepsius (1810–1884), der 1842 in Ägypten tätig war und 1855 Direktor des Ägypt. Museums in Berlin wurde. Dem Engländer Flinders ↗Petrie (1853–1942) kommt das Verdienst zu, erstmals die wiss. Methoden der Archäologie bei Grabungen in Ägypten angewandt zu haben. Die Grabungsberichte von George Andrew Reisner (1867–1942), Ägyptologieprofessor in Harvard, gelten in ihrer Genauigkeit der Dokumentation als vorbildlich. Größte Aufmerksamkeit fand in der Öffentlichkeit schließlich 1922 die Entdeckung des Grabs von Tutanchamun durch Howard ↗Carter (1874–1939): Es war nicht wie so viele andere Pharaonengräber von Räubern geplündert worden und besaß daher noch eine fast unberührte, an Kostbarkeiten reiche Ausstattung.

Ein wichtiger Schritt der Institutionalisierung der Ägyptologie war die Gründung der Ägypt. Altertümerverwaltung durch den Franzosen Auguste ↗Mariette (1821–1881), dem Gaston ↗Maspero (1846–1916) nachfolgte. Beide waren erfolgreiche Ausgräber und verfassten wichtige Werke der Ägyptologie. Die ägypt. Sammlungen in London, Paris, München, Berlin, Hildesheim und Turin sind bis heute Zentren der ägyptologischen Forschung. Daneben wird die Ägyptologie als Fach an zahlreichen europäischen und amerikan. Universitäten gelehrt. Moderne Grabungen sind heute insgesamt gesehen weniger an Fundstücken von hoher Qualität als vielmehr an der Klärung von histor. Zusammenhängen interessiert.

In den Anfängen der Altorientalistik spielten Reiseberichte eine bedeutende Rolle; so vermittelte im späten 18. Jh. Carsten Niebuhrs (1733–1815) *Reisebeschreibung nach Arabien und andern umliegenden Ländern* (1774/78) erste genaue Informationen über die monumentalen Ruinen des persischen Reiches. Das Werk enthält zahlreiche Abbildungen von Reliefs und Inschriften sowie eine erste Übersicht über die Zeichen der Keilschrift. Es folgten im 19. Jh. umfangreiche Ausgrabungen in Mesopotamien, durch die

Palastanlagen, Tempel und Siedlungen freigelegt wurden. Paul-Émile ↗Botta (1802–1870), Arzt und Diplomat in franz. Diensten, grub 1843–1846 den Palast des Sargon II. bei Mossul aus, und der brit. Diplomat Austen Henry ↗Layard (1817–1894) entdeckte schließlich 1850 in den Ruinen die Bibliothek des Assyrerkönigs Assurbanipal, die aus über 25 000 Tontäfelchen bestand. Ziel der frühen Ausgrabungen in Mesopotamien war es, möglichst viele gut erhaltene, teilweise monumentale Fundstücke nach Europa zu bringen; so gelangten die Funde Bottas in den Louvre, die Funde Layards in das British Museum. Beide präsentierten der europäischen Öffentlichkeit zum ersten Mal die monumentale assyrische Kunst. Gleichzeitig hatte diese Zielsetzung die fatale Folge, dass auf dem Transport Schiffe und Flösse untergingen und so der Verlust vieler Monumente und Funde zu beklagen ist.

Für die Assyrologie, die sich in den folgenden Jahrzehnten als Wissenschaft etablierte, war die Entzifferung der Keilschrift von größter Bedeutung. Georg Friedrich ↗Grotefend (1775–1853), der in Göttingen bei Heyne und Heeren studiert hatte, konnte in Inschriften die Namen von Königen identifizieren und hatte damit einen Schlüssel in der Hand, um einzelne Zeichen bestimmten Buchstaben zuzuordnen. Ein weiterer Schritt zur vollständigen Entzifferung der Keilschrifttexte war die Kopie der monumentalen Inschrift des Dareios I. an der Felswand von Bisutun durch den brit. Offizier Henry Creswicke ↗Rawlinson (1810–1895). Die mit einem Bild des siegreichen Königs verbundene Inschrift, bei der es sich nach Auffassung J. Wiesehöfers »um eine Form königlicher Selbstdarstellung und Propaganda« handelt, weist mehrere sprachliche Versionen auf und bot so die Möglichkeit, Keilschrifttexte zu vergleichen. Die Kopie der Inschrift war ein mutiges Unterfangen, denn Rawlinson musste in einer Höhe von 60 Metern nur wenig gesichert arbeiten.

In einer Zeit, in der die europäischen Staaten auch auf kulturellem Gebiet eine Vormachtstellung zu erringen suchten, war es geradezu zwangsläufig, dass auch die USA und das Dt. Reich Archäologen nach Mesopotamien entsandten. Der amerikan. Expedition waren umfangreiche Keilschriftfunde in Nippur zu verdanken, die sich als außerordentlich wichtig für die moderne Kenntnis der altorientalischen Literatur erwiesen. In methodischer Hinsicht bahnbrechend waren die Grabungen von Eduard ↗Koldewey (1855–1925) in Babylon, deren Ziel die Erforschung der Architektur und Topographie dieser Stadt war. Die Anwendung von damals modernsten Grabungstechniken trug entscheidend zu Koldeweys Resultaten bei. Von großer Bedeutung für die Altorientalistik waren im 20. Jh. ferner die Grabungen des brit. Archäologen Leonard ↗Woolley (1880–1960), der in Ur die materiellen Überreste einer Kultur des 3. Jt.s v. Chr. entdeckte und zahlreiche Königsgräber dieser Zeit freilegte.

Mit den zahlreichen erhaltenen Keilschrifttexten befasst sich die Altorientalische Philologie als Spezialdisziplin, deren Aufgaben weit über die Edition und Übersetzung der Texte hinausgehen. Da es unter den Tontäfelchen viele Dokumente aus dem Wirtschaftsleben gibt, haben Wissenschaftler die Möglichkeit, die wirtschaftlichen Verhältnisse in Mesopotamien genauer zu untersuchen, wobei die Rezeption der Thesen von Karl ↗Polanyi (1886–1964) eine wichtige Rolle spielt.

Aufgrund der hohen sprachlichen Anforderungen in der Ägyptologie und in der Altorientalistik ist es zu einer wiss. Arbeitsteilung gekommen, die kaum noch rückgängig gemacht werden kann. Das Konzept einer die klassische Antike, Altägypten und den Alten Orient umfassenden Altertumswissenschaft ist heute nur noch interdisziplinär zu bewältigen, auch wenn einzelne Althistoriker durchaus erfolgreiche Versuche unternommen haben, Räume und Kulturen außerhalb der mediterranen Welt in ihre Arbeiten einzubeziehen.

D. Die Altertumswissenschaften im 20. Jh.

D.1. Politische Voraussetzungen: Ideologien und Wandel des Bildungssystems

Die Entwicklung von Wissenschaft und Forschung im 20. Jh. stand in Europa in hohem Maße unter dem Einfluss der politischen Ereignisse; dies trifft auch auf die Altertumswissenschaften zu. Seit der Oktoberrevolution und der Machtergreifung des Nationalsozialismus waren zunächst in Russland und in Deutschland, dann auch in anderen Staaten wie Italien und Österreich die Wissenschaften dem Diktat der jeweils herrschenden Ideologie unterworfen; damit war in diesen Ländern die Kontinuität freier wiss. Forschung unterbrochen.

In der Sowjetunion wurde nach einer anfänglichen Phase der Tolerierung von eher konservativen Wissenschaftlern die Lehre des Marxismus-Leninismus für Historiker verbindlich, also eine letztlich auf das *Manifest der kommunistischen Partei* (1848) zurückgehende Theorie, die in den Klassenkämpfen das wichtigste Element der Geschichte aller bisherigen Gesellschaften von der Antike bis zum Kapitalismus sah und die die Rolle der Revolutionen für den Fortschritt betonte. Für die Ideologie des Nationalsozialismus waren Rassismus und Antisemitismus die zentrale Doktrin, die auch in den Altertumswissenschaften nach 1933 mit zunehmender Aggressivität durchgesetzt wurde. Der Rassismus des NS-Regimes hatte aber nicht allein für Forschung und Lehre gravierende Auswirkungen, sondern auch für die Wissenschaftler selbst. Das bereits kurz nach der Ernennung Hitlers zum Reichskanzler erlassene Gesetz zur Wiederherstellung des Berufsbeamtentums vom 7. April 1933 legte fest, dass nur Deutsche arischer Abstammung Beamte sein konnten; gleichzeitig bot das Gesetz die Möglichkeit, Gegner des NS-Regimes aus dem Beamtenapparat zu entfernen. Aufgrund dieser Bestimmungen wurden noch 1933 zahlreiche an den Universitäten tätige Wissenschaftler entlassen. Von diesen Willkürmaßnahmen waren jüdische Gelehrte und solche Wissenschaftler betroffen, die sich in sozialistischen Parteien, in der Sozialdemokratie oder in den Gewerkschaften engagiert hatten. Es wird angenommen, dass etwa 3 000 Wissenschaftler – etwa ein Drittel des wiss. Personals – nach 1933 ihre Stellungen an dt. Universitäten verloren.

Viele dt. Wissenschaftler emigrierten unter diesen Bedingungen in verschiedene Länder, v. a. nach England und in die USA. Die Wissenschaftsgeschichte des 20. Jh.s ist auf diese Weise gleichfalls eine Geschichte der Emigration. Dies gilt auch für Russland. Nach 1917 verließen Gelehrte das Land, die keine Perspektive für eine freie wiss. Tätigkeit mehr sahen oder politisch motivierte Verfolgung befürchteten. Zu ihnen zählte der Althistoriker Michael I. ↗Rostovtzeff (1870–1952), der seit 1898 an der Universität St. Petersburg lehrte, ein Jahr nach der Oktoberrevolution das bolschewistische Russland verließ und zuerst nach Oxford und dann 1920 in die USA ging, wo er schließlich ab 1925 in Yale tätig war.

Viele Gelehrte, die nicht emigrierten, wurden in Deutschland Opfer der Judenverfolgung; so wurde etwa der Althistoriker Friedrich ↗Münzer (1868–1942), seit 1921 Professor an der Universität Münster, im Juli 1942 deportiert; er starb am 20. Oktober 1942 im Konzentrationslager Theresienstadt.

Nicht übersehen werden sollte ferner die Tatsache, dass die NS-Politik, die im Dozenten auch den militärischen Führer der Studenten sah, Frauen von einer wiss. Karriere an Universitäten ausschloss. Eine ganze Generation von Frauen hatte so kaum die Möglichkeit, sich akademisch zu qualifizieren. Dies hatte zur Folge, dass die dt. Universität nach 1945 eine von Männern dominierte Institution war, die in den folgenden Jahrzehnten große Schwierigkeiten hatte, Wissenschaftlerinnen zu fördern und zu integrieren. Im NS-Regime wurde erheblicher Druck ausgeübt, die ideologischen Vorgaben zu befolgen. Obgleich auch Nischen existierten, die es einzelnen Gelehrten ermöglichten, keine Zugeständnisse an NS-Positionen zu machen, gab es zahlreiche Fälle der Anpassung an die herrschenden rassistischen und antisemitischen Vorstellungen. Bei den Altertumswissenschaften mag ein Grund für ein solches Verhalten darin gelegen haben, in der Konkurrenz mit der Germanenideologie die Relevanz der Antike und der alten Sprachen für ein nationalsozialistisches Deutschland zu erweisen, aber wichtiger noch scheinen zumindest in einigen Fällen Ehrgeiz und Karrieredenken gewesen zu sein. Ferner führten autoritäre, gegen die Weimarer Republik, gegen den Parlamentarismus und gegen die franz. sowie amerikan. Zivilisation gerichtete Denkmuster zu einer Akzeptanz des NS-Regimes.

Der Ausbruch des Zweiten Weltkrieges hatte erhebliche Auswirkungen auf die Wissenschaft in Europa. In England dienten viele Altertumswissenschaftler in der Militärverwaltung, in Deutschland wurden viele jüngere Wissenschaftler an der Front eingesetzt. In Frankreich schloss sich etwa Jean-Pierre ↗Vernant der Résistance an, ebenso der Mediävist Marc Bloch, der am 16. Juni 1944 in Lyon von den Deutschen erschossen wurde. Die ohnehin schon schwierige Kommunikation mit Wissenschaftlern in Westeuropa oder in den USA brach ab, die internationale Diskussion und der Austausch von Forschungsergebnissen waren nicht mehr möglich. Das NS-Regime forderte im Krieg den Einsatz der Wissenschaften für seine militärischen und politischen Ziele, was im Bereich des Altertums zu einer Reihe von Publikationen führte, die mehr oder weniger nationalsozialistischen Vorstellungen Ausdruck verliehen.

Nach 1945 kam es in Westeuropa langsam zu einer Normalisierung der Situation, während in den sozialistischen Staaten der Primat des Marxismus-Leninismus den Wissenschaften weiterhin nur geringe Spielräume für freie Forschung ließ.

Die Entwicklung der Altertumswissenschaften in der ersten Hälfte des 20. Jh.s muss auch vor dem Hintergrund des Wandels im Bildungssystem gesehen werden. Im 19. Jh. hatte die Philologie an dt. Universitäten eine Vorrangstellung innerhalb der Wissenschaften beansprucht. Diese Position fand klaren Ausdruck in einem Vorgang an der Friedrich-Wilhelms-Universität Berlin, wo Ulrich von ↗Wilamowitz-Moellendorff als Rektor forderte, das Denkmal, das für den bedeutenden Physiker Hermann von Helmholtz aufgestellt worden war, zu versetzen; er begründete diese Intervention dem Minister gegenüber mit den Worten, es schicke sich nicht, »dass die Naturwissenschaft sich einen Herrschaftsplatz anmaßt«. Mit dem Aufstieg der naturwiss.-technischen Bildung verlor das altsprachliche Gymnasium in Deutschland seine Monopolstellung für die Zulassung zum Studium an den Universitäten; in anderen europäischen Ländern büßte der altsprachliche Unterricht ebenfalls seine Bedeutung für die Ausbildung sozialer Eliten ein. Die Umstrukturierung des Bildungssystems, die in Preußen mit der Schulkonferenz von 1890 begann, hatte eine nachhaltige Verunsicherung der Altphilologen und Althistoriker zur Folge; aus einer defensiven Einstellung heraus versuchten einzelne Vertreter der Altertumswissenschaften, die Relevanz ihrer Fächer durch eine teilweise radikale Aktualisierung der Bildungsziele zu erweisen. Außerdem wurde mit Nachdruck auf die Funktion dieser Fächer hingewiesen, das politische System Preußens und Deutschlands zu legitimieren. Altertumswissenschaftler wandten sich nun vermehrt an eine breitere Öffentlichkeit, um für Verständnis für ihre Fächer zu werben.

D.2. Die Philologie

In der Philologie brach unter dem Einfluss Friedrich ↗Nietzsches das Ende von Historismus und Positivismus in der Zeit nach dem Ersten Weltkrieg an. Anführer einer ganz neuen Ausrichtung der Philologie war ausgerechnet Wilamowitz' Schüler Werner ↗Jaeger (1888–1961), zunächst Professor in Kiel und ab 1921 Nachfolger seines Lehrers in Berlin. Ganz anders als die Vertreter des Historismus war Jaeger ein Anhänger der von Wilhelm Dilthey geprägten Geistesgeschichte und entwickelte in dieser Tradition sein klassizistisches Konzept der *Paideia*, das in dem gleichnamigen Werk in drei Bänden (ab 1934) publiziert und vielfach nachgedruckt sowie übersetzt wurde. Dabei unterstellte Jaeger den zentralen Autoren der griech. Archaik und Klassik, sie hätten ihre Werke zum Zweck der Erziehung des Menschen hin zu einer Geistesaristokratie verfasst. Die *Paideia*-Ideologie wurde dann zum Einfallstor für die Propagierung einer politischen, antiindividualistischen Erziehung im Sinne eines autoritären Staates. Die Leistung der Römer bestehe immerhin darin, die griech. *Paideia* durch Nachahmung als Erste übernommen zu haben. Mit diesem Programm ließ sich die Beschäftigung mit griech. Literatur leichter rechtfertigen: Hierdurch könne jeder am griech. Geist teilhaben und so zu »wahrem Menschentum« gelangen.

Diese wegen ihrer bewussten Anknüpfung an den Neuhumanismus auch als »Dritter Humanismus« bezeichneten Vorstellungen stießen zwar wegen der einseitig pädagogischen Ausdeutung der archaischen und klassischen griech. Literatur unter den Fachkollegen vielfach auf Widerspruch. Allerdings waren derartige Auffassungen gerade im Nationalsozialismus ein willkommenes Instrument, den altsprachlichen Unterricht zu rechtfertigen, und gelangten noch vor der sog. Machtergreifung in die dann bis bis 1937/38 gültigen Lehrpläne der Gymnasien. Einflussreich war Jaeger auch durch die Mitbegründung des Deutschen Altphilologenverbandes (1925), der seinen Humanismus komplett als Programm übernahm und sich auch in der Nachkriegszeit zunächst nicht hiervon löste. Daher blieb Jaegers problematisches *Paideia*-Konzept bis in die 1960er Jahre in gewisser Weise das pädagogische Fundament des humanistischen Gymnasiums. Zwar emigrierte Jaeger mit seiner jüdischen Ehefrau 1936 in die USA, doch blieben seine geistesgeschichtlich geprägten Vorstellungen durch seine in Deutschland verbliebenen und in der Nachkriegszeit einflussreichen Schüler Richard ↗Harder (1896–1957), Viktor ↗Pöschl (1910–1997) und Wolfgang ↗Schadewaldt (1900–1974) noch lange in der Fachwissenschaft wirksam.

Ein zentrales Merkmal von Jaegers Arbeitsweise war die erneute Hinwendung zur reinen Textphilologie, die in krassem Gegensatz sowohl zur alten Bonner Schule (und zu ↗Usener) als auch zu ↗Wilamowitz' »Totalitäts«-Anspruch stand. Dieser Rückzug auf den Text blieb lange Zeit ein Wesensmerkmal speziell der dt.-sprachigen Philologie und wurde zumindest in der Latinistik erst in den 1980er Jahren mit dem sog. *cultural turn* wieder überwunden. Doch auch außerhalb Deutschlands blieb die reine Textphilologie präsent, wie etwa die bis heute einflussreichen Arbeiten des ital. Philologen Giorgio ↗Pasquali (1885–1952) zur Verbesserung der Lachmann'schen Methodik zeigen. Auf der anderen Seite gab es mit dem international vielfach ausgezeichneten ungar. Forscher Karl ↗Kerényi (1897–1973) eine ganz unterschiedliche Ausrichtung der Altertumswissenschaft: In Anlehnung an Erwin ↗Rohdes Ansatz gelang Kerényi eine kulturwiss. Synthese von Mythologie, Religion und Philologie, die bes. mit ihrem kulturanthropologischen Zugriff bis heute in der Mythos-Forschung nachwirkt.

Für die Latinistik stellte der sog. Dritte Humanismus insofern ein Problem dar, als durch die gräcozentrische *Paideia*-Ideologie die röm. Kultur im Sinne einer epigonalen Rezeptionskultur abgewertet wurde. Die Römertumsforschung bot zwar ein gewisses Gegengewicht, allerdings war gerade Richard ↗Heinzes methodenorientierte Literaturwissenschaft gegenüber dem parareligiösen Idealismus Jaegers weniger öffentlichkeitswirksam. In der Zeit des Nationalsozialismus erlangte die Latinistik einen gewissen Vorsprung, da sie durch Emigration und Vertreibung von Hochschullehrern deutlich weniger wiss. Personal verlor als die hiervon stark betroffene Gräzistik (z.B. Felix ↗Jacoby, Werner ↗Jaeger, Hermann ↗Fränkel, Walther Kranz, Friedrich ↗Solmsen, Rudolf ↗Pfeiffer, Kurt ↗Latte, Konrat ↗Ziegler).

Unter den Latinisten gab es mit Hans Oppermann (1895–1982) und Hans ↗Drexler (1895–1984) zwei politisch aktive Nationalsozialisten, in deren Umfeld die Römertumsforschung an die herrschende

Ideologie zumindest angenähert wurde (z.B. Erich ↗Burck, 1901–1994). Drexler und Oppermann waren erklärte Anhänger der NS-Rassenideologie und lehnten auch Jaegers Humanismuskonzept wie überhaupt den Humanismus als solchen rundweg ab. Innerhalb der NSDAP wurde der Begriff »Humanismus« ohnehin schnell zum Unwort, sodass schon dessen bewusster Gebrauch im Dritten Reich eine Form geistigen Widerstandes bildete. Nach 1945 wurden zwar die eindeutig belasteten Hochschullehrer Oppermann und Drexler (auch Harder) ihrer Ämter enthoben, doch die meisten Philologen mit zumindest NS-affinen Publikationen oder Aktivitäten (Partei- oder SA-/SS-Mitgliedschaft, Organisation der NS-Dozentenlager) wie z.B. Burck und Pöschl blieben unbehelligt, sodass keine Auseinandersetzung mit der Zeit des Nationalsozialismus erfolgte. Im Gegenteil: Der Nazi-Historiker und Oppermann-Freund Ernst Anrich gründete 1949 die »Wissenschaftliche Buchgesellschaft« u. a. als Publikationsforum für belastete Altnazis, in der wiederum dann Drexler und Oppermann ausgerechnet Sammelbände zu Wertbegriffen, Individuum und Humanismus publizieren konnten.

Wie kompliziert die Verhältnisse auch unter den Opfern des Nationalsozialismus sein konnten, zeigt das Schicksal der Göttinger Philologen Kurt ↗Latte (1891–1964) und Konrat ↗Ziegler (1884–1974), die beide im Dritten Reich ihrer Ämter enthoben waren: Ziegler versteckte den Juden Latte unter Lebensgefahr; dann verhinderte Latte nach 1945 die Berufung seines fachlich renommierten Retters Ziegler auf eine Professur in Göttingen wegen dessen sozialdemokratischer Gesinnung, welche dem Juden Latte offenbar gefährlicher erschien als eine braune Vergangenheit. Dennoch übernahm Ziegler 1946 die Herausgeberschaft der *RE* und wirkte fortan als Honorarprofessor in Göttingen. Insgesamt bedeutete die Zeit des Nationalsozialismus für die dt. Philologie einen substantiellen Verlust, von dem sie sich in den folgenden Jahrzehnten nicht wirklich erholte, zumal gerade die bedeutendsten Forscher v. a. in die USA oder nach England emigriert waren und dort eine Blüte des Fachs bewirkten.

Ein Merkmal der dt. Nachkriegsphilologie war der z.T. zeitpolitisch bedingte Rückzug auf die reine Textphilologie. Zwar war auch im engl.-sprachigen Raum der textbezogene *New Criticism* mit seinen Verfahren des *close reading* präsent, doch wies die dt. Forschung einen zugespitzt geistesgeschichtlich-idealistischen Zugriff Dilthey'scher Prägung auf, der die Textbetrachtung häufig auf die Suche nach dem »Wahren, Schönen und Guten« beschränkte, gleichsam als innere Emigration vor den Wirren der Wirklichkeit. Interpretieren bedeutete für führende Philologen wie Wolfgang ↗Schadewaldt, Viktor ↗Pöschl, Friedrich ↗Klingner (1894–1968) oder dessen Schüler Karl ↗Büchner (1910–1981) ein »nachempfindendes Verstehen« v. a. der klassischen Dichtung (die Prosa war nachrangig) bzw. das »Einfühlen in den Dichter« ohne besondere Verknüpfung mit kulturellen, politischen oder sozialen Kontexten – was teilweise durch die vorherige Instrumentalisierung antiker Literatur für politische Zwecke bedingt war. Nicht nur in der Latinistik, erst recht in der Gräzistik wurden die »großen klassischen Autoren« als normgebend oder modellhaft empfunden, deren Lektüre das Individuum gleichsam gegen die Außenwelt immunisiert. Auf der anderen Seite vermittelte ↗Burck mit seinen literaturwiss. Untersuchungen zum Historiker Livius und seinen weitgespannten Forschungen von der röm. Komödie über die Liebeselegie bis zur flavischen Epik der Latinistik methodisch und thematisch nachhaltige Forschungsimpulse. Auch wurden u. a. die kulturgeschichtlich angelegten Forschungen des einflussreichen franz. Latinisten Pierre ↗Grimal (1912–1996) zu Pompeji und röm. Autoren wie Vergil, Cicero und Seneca im dt.-sprachigen Raum übersetzt und rezipiert.

Kennzeichen der dt. Nachkriegsphilologie war ferner eine lange währende methodische und konzeptionelle Abschottung gegen internationale Einflüsse von außen. So hatte etwa der Amerikaner Milman ↗Parry (1902–1935) schon 1928, auf empirisch-linguistischen Untersuchungen fußend, die vielen oralen Merkmale homerischer Poesie entdeckt, was in der dt.-sprachigen Forschung nur widerwillig und spät seit den 1960er Jahren und in der akademischen Lehre meist überhaupt nicht wahrgenommen wurde, offenbar weil es dem Bild des Originalgenies Homer nicht entsprach. In den USA hingegen entstand rasch eine *oral poetry*-Forschung, die aber im dt.-sprachigen Raum lange ignoriert wurde (Ausnahme: Albin ↗Lesky, 1896–1981). Ein weiteres typisches Beispiel ist die 1952 zuerst vorgelegte Entzifferung der mykenischen Linear-B-Tafeln durch den engl. Architekten Michael ↗Ventris (1922–1956), fortgeführt von dem Cambridger Philologen John Chadwick (1920–1998): Während die internationale Forschung umgehend an der weiteren Entzifferung partizipierte, wurden diese Ergebnisse in der dt.-sprachigen Gräzistik z.T. noch 20 Jahre später angezweifelt bzw. mit herablassender Häme bedacht (Ausnahmen: Albin Lesky und Alfred Heubeck), sodass die Mykenologie hier nur ein Teilgebiet der Indogermanistik geblieben ist. Auch dies resultierte u. a. aus der Enttäuschung von der sehr nüchternen Welt der realen mykenischen Kultur, die für humanistisch geprägte Schöngeister nicht zum romantischen Mykene-Bild der homerischen Epen passte. Ebenso wurden die von dem dän.

Archäologen Frederik ↗Poulsen schon 1912 entdeckten Einflüsse des Alten Orients auf die griech. Kultur in Deutschland sehr lange ignoriert und erst spät durch engl.-sprachige Vermittlung (Martin West) wahrgenommen.

Ein wichtiger Einschnitt für die dt. Philologie war das Wirken des Konstanzer Latinisten Manfred ↗Fuhrmann (1925–2005), der in seinen z.T. sehr öffentlichkeitswirksamen Publikationen die Philologie von dem Staub des Klassizismus zu befreien suchte und eine methodische Öffnung hin zu anderen Philologien forderte, was beides mittlerweile Früchte trägt. Eine weniger klassizistische Perspektive gab es in der Klass. Philologie freilich auch. Dies zeigt etwa das noch nicht abgeschlossene Bonner Projekt des *Reallexikons für Antike und Christentum* (ab 1950); ebenso gehört die Gründung des Franz-Joseph-Dölger-Instituts (1955) zur Erforschung der Beziehungen zwischen Antike und Christentum in diese Richtung. In der methodisch oft breiter aufgestellten internationalen Forschung spielten typisch dt. Beschränkungen ohnehin keine große Rolle. Überragende engl. Philologen waren etwa der Murray-Nachfolger in Oxford, Eric ↗Dodds (1893–1979), mit seinen Arbeiten zu Christentum und Spätantike und dem antiklassizistischen und viel diskutierten Werk *The Greeks and the Irrational* (zuerst 1951); weiter der Murray-Schüler und vielfache Ehrendoktor Cecil Maurice ↗Bowra (1898–1971) mit zahlreichen Büchern zur griech. und russ. Dichtung, zur Rezeptionsgeschichte, zur Poetologie, zur Geschichte Athens oder zum Verhältnis von Dichtung und Politik. Auch in der franz. Forschung sind kontextbezogene Zugriffe präsent, bes. die Kulturanthropologie und die Verbindung von Philologie und Religionswissenschaft, wie etwa die Arbeiten des international vielfach ausgezeichneten Jean-Pierre ↗Vernant (1914–2007) zeigen, der sich mit dem Verhältnis von Tragödie und Mythos befasste und griech. Literatur aus einer anthropologischen Perspektive betrachtete.

D.3. Die Alte Geschichte

In Deutschland kam es nach der Niederlage im Ersten Weltkrieg zu keiner thematischen oder methodischen Neuorientierung der Alten Geschichte; viele Althistoriker, die noch ausgeprägte Sympathien für das Kaiserreich besaßen und der Weimarer Republik eher distanziert gegenüberstanden, hielten an den traditionellen Positionen der Geschichtswissenschaft, am Primat der politischen Geschichte, der Ereignisgeschichte und der Geschichte der führenden Persönlichkeiten fest. Neuere Forschungsansätze jüngerer Wissenschaftler gerade auf dem Gebiet der Sozial- und Wirtschaftsgeschichte konnten sich kaum in größerem Umfang durchsetzen, denn mit der Machtübernahme der NSDAP 1933 gingen viele dieser Gelehrten wie Fritz M. ↗Heichelheim (1901–1968) ins Ausland oder verloren wie Johannes ↗Hasebroek (1893–1957) ihre Professur. Der Verlust an fähigen Wissenschaftlern nach 1933 war in der Althistorie hoch; es sind hier u.a. noch Eugen Täubler (1879–1955), Richard ↗Laqueur (1881–1959), Ernst ↗Stein (1891- 1945), Elias ↗Bickermann (1897–1981) und Hans-Georg ↗Pflaum (1902–1979) zu nennen. Victor ↗Ehrenberg (1891–1976), Professor für Alte Geschichte an der Dt. Universität in Prag, konnte die Tschechoslowakei im Februar 1939 nur wenige Tage vor dem dt. Einmarsch verlassen.

Für die Entwicklung des Fachs Alte Geschichte in Deutschland nach 1933 war von entscheidender Bedeutung, dass zwei aufgrund ihrer Arbeiten anerkannte Althistoriker der jüngeren Generation sich offen zum Nationalsozialismus bekannten: Helmut ↗Berve (1896–1979), seit 1927 Professor für Alte Geschichte an der Universität Leipzig, veröffentlichte bereits 1934 einen Aufsatz mit dem Titel *Antike und nationalsozialistischer Staat*; einerseits wurde hier das klassizistische Verständnis der Antike ebenso abgelehnt wie der Dritte Humanismus Werner ↗Jaegers, andererseits ging es Berve darum, die Bedeutung der Antike und antiker Wertvorstellungen für das NS-Regime zu betonen. Der Rassegedanke wurde dabei ausdrücklich bejaht; nach Berve hatte die Antike die Funktion, »die Bedeutung des Rasseinstinktes, die Möglichkeit und Wirkung einer Rassepolitik, das Ende einer Kultur durch Rassezersetzung beispielhaft sichtbar« zu machen. In der Monographie *Sparta* (1937) rühmte Berve die »Tugenden des Gehorsams, der Disziplin, der Ordnung«: »Hier ward Dienst zur Ehre, Hingabe zur Selbstvollendung, und der Tod verlor seine Schrecken, wurde er männlich im Kampf gefunden.« Derartige Bemerkungen standen in enger Beziehung zum Militarismus des NS-Regimes; auch der Abschnitt über die Schlacht bei den Thermopylen weist diese Tendenz auf: Berve sah das Heldentum der Spartaner darin, dass sie »fern von der Heimat, an einer Stelle, wohin der Befehl sie gestellt hatte, aushielten aus keinem anderen Grunde, als weil es so Befehl war.« Und schließlich konnte er folgendes Résumé ziehen: »Wie die Größe, so lag auch die Wirkung der Tat gerade in ihrer Nutzlosigkeit.«

Neben Berve übernahm auch Joseph ↗Vogt (1895–1986) die nationalsozialistische Terminologie. In der Schrift über die Catilinarische Verschwörung (1938) erscheinen die Römer als »nordische Eroberer«, die »zäh, unternehmend, zuchtgewohnt, allem Blendwerk innerlich feind« gewesen seien; diese röm. Eigenschaften werden als »angeborene Art« bezeichnet, und es wird konstatiert, dass die Römer »aus sicherem Instinkt für die Aufgaben der staatlichen

Führung« gehandelt hätten. In der Diktion Vogts bildete der Senat »das Führerkorps des Staates.« Die Krise der Republik wurde demnach nicht von »artfremden Menschen« verursacht, sondern von einer durch die »imperiale Herrschaftsbildung« hervorgerufenen »staatlichen Missbildung«, die »die Geschlossenheit des Herrenvolkes zerstörte« und in letzter Konsequenz zu einer »Rassenmischung« führte. Am Schluss der Schrift wird über Catilina gesagt, er sei »im letzten Kampf zum echten Führer« geworden, während der »Sieg der Regierung« deswegen fragwürdig gewesen sei, weil er »nur dem großen Apparat, nicht etwa einem Führertum und einer Gefolgschaft verdankt« gewesen sei.

Während des Krieges, in der Zeit, in der das NS-Regime längst das Verbrechen der Judenvernichtung begonnen hatte, gab Vogt den Band *Rom und Karthago* (1943) heraus, in dem der Konflikt zwischen den beiden Mächten auf einen »Rassengegensatz« zurückgeführt wird. In dem einleitenden Beitrag *Karthago in rassengeschichtlicher Betrachtung* charakterisiert Fritz ↗Schachermeyr (1895–1987) die Karthager mit folgenden Worten: »Demgegenüber Karthago! Noch Vertreter des Semitentumes, aber schon eigentlich des charakterlosen, levantinischen Randsemitentumes der syrischen Küsten. Und nicht einmal mehr ganz Vertreter dieses Randsemitentumes, sondern an Afrikas Küsten erneut durch graduelle Wandlung und lybische Beimischung verändert. Dabei aber doch der Erbe des semitschen Bruches und des damit verbundenen Schwankens zwischen wüstenländischer und armenoider Art. [...] Im Grunde ein Wechselbalg zwischen Rassen und Welten.« Dem wird im letzten Absatz Rom gegenübergestellt: »Roms Überlegenheit gründet sich daher [...] auf so manche qualitative Vorzüge der nordischen Rasse, denen andere Rassen nichts völlig Gleichwertiges entgegenzustellen haben – wir denken dabei bes. an die eherne Konsequenz des Leistungswillens.«

Vogt selbst wies in dem Beitrag über Septimius Severus darauf hin, dass »das Puniertum« nach der Zerstörung Karthagos »seine angestammte Art und seine mächtige Stellung im Land gerettet« habe. Es war nur eine Konsequenz dieser Schonung durch Rom, dass schließlich ein Punier röm. Princeps wurde; gleich zu Beginn der Abschnitte über den Princeps stellte Vogt kategorisch fest: »Diese Familie, der der Kaiser Septimius Severus entstammte, war eindeutig punischen Ursprungs.« Und über Septimius Severus selbst äußerte er sich wie folgt: »Allem nach handelt es sich bei Septimius Severus um die Verbindung des eingewanderten Phoenikertums mit dem hamitischen Element Nordafrikas, eine Verbindung, die gerade in diesem Falle nicht zu einem harmonischen Ergebnis geführt hat.« Dies zeigen nach Vogts Meinung die antiken Porträts, die »in dem Ausdruck des innerlich Leidenden und zugleich finster Bedrohlichen die Zwiespältigkeit des Mischlings« offenbaren. Solche Formulierungen, die vollkommen der NS-Rassenideologie entsprachen, verhinderten jedoch nicht, dass sowohl Berve als auch Vogt – Berve mit einer Verzögerung von wenigen Jahren – nach 1945 in Deutschland einflussreiche und angesehene Althistoriker waren, die durch die Arbeit in wiss. Kommissionen und Akademien den Fortgang der Forschung in hohem Maße zu bestimmen vermochten.

Als eine wichtige Entwicklung in der Alten Geschichte zwischen den Weltkriegen ist die Hinwendung zur antiken Sozial- und Wirtschaftsgeschichte zu erwähnen; dieses Forschungsgebiet ist v. a. mit den Namen von M. I. ↗Rostovtzeff und Tenney ↗Frank in Amerika und von J. ↗Hasebroek und Fritz Moritz ↗Heichelheim verbunden. Rostovtzeff (1870–1952), der bereits vor 1914 bedeutende Spezialstudien vorgelegt hatte, veröffentlichte zwei umfangreiche Werke zur antiken Wirtschaft: *The Social and Economic History of the Roman Empire* (1926) und *The Social and Economic History of the Hellenistic World* (1941). Beide erschlossen der internationalen althistor. Forschung neue Themen und neue Horizonte. *The Social and Economic History of the Roman Empire* ist eine noch heute imponierende Darstellung der sozialen und wirtschaftlichen Entwicklung des Imperium Romanum vom 1. bis zum 3. Jh. n.Chr.; beeindruckend ist insbes. die Berücksichtigung des umfangreichen, oft schwer zugänglichen archäologischen Materials. In *The Social and Economic History of the Hellenistic World* gibt Rostovtzeff einen souveränen Überblick über Gesellschaft und Wirtschaft in den hellenistischen Reichen. Durch seine Arbeiten gewann die wirtschaftshistor. Forschung für die internationale Althistorie erheblich an Bedeutung; das Buch über die röm. Wirtschaft wurde schnell in verschiedene Sprachen übersetzt, was zu seiner internationalen Wirkung noch beitrug. Dabei fanden gerade diejenigen Passagen Beachtung, in denen Rostovtzeff ähnlich wie Eduard ↗Meyer die röm. Wirtschaft mit moderner Begrifflichkeit zu erfassen suchte. Auf diese Weise prägte die modernisierende Sicht der antiken Wirtschaft bei Rostovtzeff die Forschungen zu antiken Wirtschaft bis zum Erscheinen von Moses I. ↗Finleys *The Ancient Economy* im Jahr 1973.

Das grundlegende Handbuch zur röm. Wirtschaft entstand in dieser Zeit ebenfalls in den USA: In Zusammenarbeit mit Althistorikern der USA, Englands und Frankreichs gab Tenney ↗Frank (1876–1939) *An Economic Survey of Ancient Rome* (5 Bände; 1933–1940) heraus und machte damit der Forschung die Quellen zur röm. Wirtschaft in einem bisher nicht bekannten

Umfang zugänglich. J. ↗Hasebroek (1893–1957), der gegen Ende der Weimarer Republik zwei Studien zur Wirtschaftsgeschichte Griechenlands in archaischer und klassischer Zeit verfasste, nahm mit Nachdruck Stellung gegen die Auffassungen Edard ↗Meyers, widersprach vehement der These von einer Industrialisierung Griechenlands in der Antike und betonte in Anlehnung an Max ↗Weber die Bedeutung der Landwirtschaft für die griech. Stadt. Hasebroeks Bücher besaßen bis zu Finleys *Ancient Economy* (1973) keine besondere Wirkung auf die Alte Geschichte, da Hasebroek unter dem NS-Regime seine Professur und damit Möglichkeiten der akademischen Wirkung verlor. Als herausragende Leistung ist die *Wirtschaftsgeschichte des Altertums* von F.M. ↗Heichelheim (1901–1968) zu bewerten; das Werk konnte in Deutschland nicht mehr publiziert werden; es erschien 1938 in Leiden, im selben Jahr wie das umfangreiche Kapitel über Syrien im vierten Band von T. ↗Franks *Economic Survey of Ancient Rome*. International gewann in dieser Zeit die Prosopographie an Einfluss; eines der am meisten beachteten Werke der Alten Geschichte in der Zeit vor 1945, Ronald ↗Symes (1903–1989) Monographie *The Roman Revolution* (1939), war nicht nur eine Antwort auf den Faschismus und stand insofern in der Tradition hochpolitischer Arbeiten der Althistorie des 19. Jh.s, sondern beruhte auch auf den Methoden prosopographischer Forschung, an denen Syme in späteren Werken festhielt, so etwa in *The Augustan Aristocracy* (1986).

Die wiss. Arbeit wurde in der internationalen Althistorie weithin von einer Reihe von Großprojekten bestimmt, die z.T. noch im 19. Jh. begonnen worden waren. Neben der *RE* ist die in England publizierte *Cambridge Ancient History* (12 Bände, 1924–1939) zu nennen, die das Ergebnis der Zusammenarbeit vieler Althistoriker war. Die Vorstellung, ein Einzelner wie Eduard ↗Meyer könne eine Geschichte der Antike schreiben, musste aufgrund der Entwicklung der althistor. Forschung und insbes. wegen des immensen Zuwachses an Wissen aufgegeben werden. Seit 1982 erscheint die zweite Auflage der *Cambridge Ancient History*, die auch die Spätantike berücksichtigt und über Griechenland und Rom hinaus weitere Kulturen des antiken Mittelmeerraums einbezieht; auch die Abschnitte zur Sozial- und Wirtschaftsgeschichte nehmen breiten Raum ein. Damit ist die *Cambridge Ancient History* heute ohne Zweifel international die wichtigste Darstellung der antiken Geschichte.

Ältere Forschungsprojekte wurden von Akademien fortgeführt, so die Edition der griech. und der lat. Inschriften (*Inscriptiones Graecae*; *Corpus Inscriptionum Latinarum*) oder die *Prosopographia Imperii Romani*, welche die Führungsschicht des röm. Reiches zu erfassen sucht. Zu den wichtigen Forschungsprojekten der Alten Geschichte sind ferner die prosopographischen Werke zu den Magistraten der röm. Republik (T.R.S. ↗Broughton, *The Magistrates of the Roman Republic*, 1951–1952) und zu den politischen Führungsschichten der Spätantike (*The Prosopography of the Later Roman Empire*, 1971 und 1980) zu zählen. Auf die Initiative von Joseph Vogt gehen die *Forschungen zur antiken Sklaverei*, eine Schriftenreihe der Mainzer Akademie der Wissenschaften, zurück (seit 1967). Relevant für die Alte Geschichte ist außerdem die von dem Gräzisten Felix ↗Jacoby (1876–1959) vorgelegte umfangreiche Sammlung der *Fragmente der griech. Historiker* (seit 1923).

Papyrologie und Epigraphik entwickelten sich im 20. Jh. zu wichtigen Spezialdisziplinen, denen die Aufgabe zufällt, die großen Corpora und Editionen fortzuführen, ferner fortlaufend Neufunde zu edieren und zu interpretieren. Hinzu kommt die Numismatik, die weit über die Fragen der Münzbilder ausgreifend zu einer Geldgeschichte der Antike geworden ist. Auch hier waren es vielmals die Initiativen einzelner Gelehrter, die den Fortschritt ihres Faches vorantrieben, so etwa Géza ↗Alföldy und Werner Eck im Bereich der Epigraphik oder Michael Crawford im Bereich der Numismatik.

Die Entwicklung der althistor. Forschung nach 1945 war sowohl durch neue thematische Schwerpunkte als auch durch neue Fragestellungen geprägt. Gerade solche Epochen, die zuvor eher wenig beachtet worden waren, standen nun im Zentrum. Dies trifft v.a. auf die Spätantike zu: Eine meisterhafte Darstellung der Spätantike bis zur frühbyz. Zeit verfasste A.H.M. ↗Jones (*The Later Roman Empire 284–602. A Social, Economic and Administrative Survey*, 1964). Ein großes Verdienst dieses Werkes ist in der Einbeziehung der Sozial- und Wirtschaftsgeschichte zu sehen; in diesen Abschnitten nahm Jones viele später von Moses ↗Finley formulierte Thesen vorweg. In Deutschland ist diesem Werk das Handbuch von Alexander Demandt (*Die Spätantike. Röm. Geschichte von Diocletian bis Justinian 284–565 n. Chr.*, 1989; 2. Aufl. 2007) an die Seite zu stellen, daneben die von Averil Cameron verfassten Darstellungen dieser Epoche (u.a. *The Mediterranean World in Late Antiquitiy, AD 395–600*, 1993). Wesentliche neue Einsichten zur Spätantike sind den Arbeiten Peter Browns (u.a. *The Making of Late Antiquity*, 1978) und Ramsay MacMullens (*Christianizing the Roman Empire, A.D. 100–400*, 1984) zu verdanken, die darauf hinwiesen, dass mit der Christianisierung ein tiefgreifender Wandel der Mentalitäten verbunden war.

Auch die Erforschung des Hellenismus gewann nach 1945 an Bedeutung; einen Anstoß hierzu gaben ↗Rostovtzeff mit *The Social and Economic History of the*

Hellenistic World und Claire ↗Préaux mit *L'économie royale des Lagides* (1939). Damit wurden Vorstellungen, die der Norm des Klassischen verpflichtet waren und in der Epoche der Perserkriege und des Perikles den Höhepunkt der griech. Geschichte sahen, durch eine differenzierte Sicht der Geschichte des östlichen Mittelmeerraumes abgelöst – eine Sicht, die gerade auch die kulturellen und zivilisatorischen Entwicklungen in den hellenistischen Königreichen und Städten hervorhebt. Neuere Untersuchungen galten ferner der späten röm. Republik und der Entstehung des Principats; in der engl. Forschung wurden die sozialen Voraussetzungen der Krise der Republik hervorgehoben: Insbes. Peter A. ↗Brunt (*The Fall of the Roman Republic and Related Essays*, 1988) und Fergus Millar (*The Crowd in Rome in the Late Republic*, 1998) haben durch eine genaue Untersuchung der von den stadtröm. Unterschichten ausgehenden Unruhen und der Rolle der Soldaten in den Bürgerkriegen neue Akzente gesetzt und die Vorstellung revidiert, die Ursache der Krise sei vornehmlich in dem Dissens der Eliten zu suchen.

In der althistor. Forschung fanden einzelne Länder und Regionen stärkere Beachtung; großes Interesse galt v. a. den Provinzen des Imperium Romanum, deren Entwicklung u. a. unter dem Aspekt der Romanisation untersucht wurde. Die Durchsetzung des röm. Rechtes, die Urbanisation, die Einbindung regionaler Wirtschaft in die Wirtschaft des Reiches, die Rezeption von röm. Architektur, der Bau von Anlagen der Infrastruktur nach röm. Vorbild sind Themen der provinzialröm. Forschung. Gerade auch das ptolemäische und röm. Ägypten war Gegenstand zahlreicher Untersuchungen. Dieses Land ist nicht mehr nur das Forschungsfeld von Papyrologen; in der Althistorie hat sich die Einsicht durchgesetzt, dass aufgrund des in der Antike einzigartigen umfangreichen dokumentarischen Quellenmaterials hier die Chance besteht, alle Bereiche der Verwaltung und des alltäglichen sozialen und wirtschaftlichen Lebens zu erfassen. In neueren Arbeiten setzt sich eine am Mittelmeerraum orientierte Sicht der Antike immer stärker durch; die naturräumlichen Voraussetzungen, das Klima und die auf den Seewegen des Mittelmeeres beruhende Einheit des mediterranen Raumes werden zunehmend thematisiert und als Herausforderung für die antiken Gesellschaften begriffen.

Zentrales Thema der neueren Forschung sind ferner die Beziehungen zwischen Griechenland und den Kulturzentren im Osten, in Ägypten und im Alten Orient. Es hat sich die Einsicht durchgesetzt, dass die Griechen der archaischen Zeit wesentliche Kulturtechniken und zivilisatorische Errungenschaften von Ägypten und Mesopotamien übernahmen und dass die griech. Kultur auf diese Weise nachhaltig geprägt wurde. Insbes. der Gräzist Walter Burkert hat die Verbindungen zwischen Griechenland und dem Orient hervorgehoben. Das achaimenidische Persien und das Partherreich im Osten sind ebenso wie Karthago im Westen durch Initiativen von Werner Huß und Josef Wiesehöfer Gegenstand der althistor. Forschung geworden.

Differenziert ist die Situation in den sozialistischen Ländern zwischen 1945 und 1990 zu betrachten; neben solchen Arbeiten, in denen wesentlich der Versuch unternommen wird, die Thesen von Marx und Engels oder zeitweise eher von Lenin und Stalin wiss. zu bestätigen, gab es auch eine Reihe von sozial- und wirtschaftshistor. Untersuchungen im Rahmen einer marxistisch orientierten Althistorie ohne Aufgabe der wiss. Standards. Im Mittelpunkt standen dabei Studien zur Sklaverei und zu den Klassenkämpfen, die nuanciert beschrieben werden; es ist das Verdienst der Mainzer Akademie der Wissenschaften, eine Reihe von russ. Monographien zur antiken Sklaverei in dt. Übersetzung leichter zugänglich gemacht zu haben. Dies gilt etwa für die Arbeit von Elena Michajlowna ↗Schtaerman zur Sklavenwirtschaft in der röm. Republik (dt. 1969). Es darf ferner nicht übersehen werden, dass es auch in Ländern wie Ungarn eine Althistorie und Althistoriker von Rang gab. Der Einfluss der marxistischen Theorie auf die Alte Geschichte in Westeuropa ist insgesamt als eher geringfügig zu bezeichnen; ein Althistoriker wie Jean-Pierre ↗Vernant, der Mitglied der KPF (bis 1970) war, folgte in seinen Arbeiten eher Claude Lévi-Strauss und dem Strukturalismus als einer marxistischen Position. Mit *The Class Struggle in the Ancient Greek World* (1981) legte G.E.M. ↗De Ste. Croix immerhin einen monumentalen Versuch vor, die marxistische Theorie auf die Antike anzuwenden.

Nach 1970 fand die Sozialgeschichte zunehmend das Interesse der jüngeren Generation von Althistorikern; bahnbrechend wirkten hier zwei sehr unterschiedliche Studien, zum einen *Roman Social Relations, 50 B.C. to A.D. 284* (1974) von Ramsay MacMullen, zum anderen die *Röm. Sozialgeschichte* (1975) von Géza Alföldy (1935–2011). Während MacMullen systematisch die Beziehungen zwischen den sozialen Gruppen der Principatszeit analysiert, bietet Alföldy einen souveränen Überblick über die Entwicklung der röm. Gesellschaft. Seit diesen Arbeiten sind relevante Bereiche der antiken Sozialgeschichte intensiv erforscht worden.

Die 1973 publizierte Vorlesung *The Ancient Economy* von Moses I. ↗Finley führte eine folgenreiche Wende in der wirtschaftshistor. Forschung herbei. Finley (1912–1986), der die theoretische Konzeption althistorischer Arbeiten zur Wirtschaft Griechenlands und Roms einer kritischen Prüfung unterzog, widersprach in Anlehnung an Max ↗Weber und Karl ↗Polanyi entschieden der modernistischen Auffassung von der antiken Wirtschaft und entwickelte eine von Kritikern später als »primitivistisch« bezeichnete Position, indem er die geringe Bedeutung der Märkte und des Handels hervorhob und die antiken Städte als Konsumentenstädte charakterisierte. Die Bedeutung seines Buches ist insbes. darin zu sehen, dass es eine über Jahrzehnte geführte Diskussion über den Charakter der antiken Wirtschaft auslöste. Engagierte Diskussionen gab es v.a. über den Handel und die Geldwirtschaft der Antike – Themenbereiche, in denen sich Modifikationen an Finleys Auffassungen als notwendig erwiesen haben.

In engem Zusammenhang mit den Studien zur Wirtschaft und Gesellschaft in der Antike sind Darstellungen der antiken Technik und Demographie zu sehen; in neueren Arbeiten wurde nachgewiesen, dass die Antike keineswegs von einer technischen Stagnation geprägt war, sondern in vielen Bereichen relevante technische Innovationen stattfanden. Für die antike Technikgeschichte liegt mit Kenneth D. Whites *Greek and Roman Technology* (1984) ein umfassendes Standardwerk vor. Eine grundlegende Voraussetzung für die röm. Herrschaft über Westeuropa und den Mittelmeerraum war der Ausbau der Infrastruktur, wie bes. Werner Eck gezeigt hat. In den Untersuchungen zur histor. Demographie wurden die Lebenserwartung der Menschen, das Heiratsalter, die Zahl der Kinder und die Wirkung der Kindesaussetzung mit verfeinertem methodischen Instrumentarium untersucht.

Nach 1970 begann in der internationalen Althistorie die Rezeption von Methoden, Fragestellungen und Resultaten der Nachbarwissenschaften, wobei die Ethnologie (engl. *anthropology*) eine wichtige Rolle spielte. Die Lebensverhältnisse, Mythen, Bräuche, sozialen Beziehungen und sozialen Rituale primitiver Völker wurden analysiert, um vergleichbare Phänomene in der Kultur der Antike zu verstehen und zu erklären. In diesem Zusammenhang fanden die Rituale, die das Heranwachsen von Kindern und Jugendlichen begleiteten, Hochzeitsrituale oder die Trennung der Gesellschaft in Altersklassen sowie die Geschlechterrollen zunehmend Beachtung. Impulse und Fortschritte auf diesem Forschungsgebiet sind bes. franz. Althistorikern, etwa Jean-Pierre ↗Vernant (1914–2007) und Pierre ↗Vidal-Naquet (1930–2006), aber auch der amerikan. Althistorikerin Sally Humphreys zu verdanken. In der dt. Althistorie gibt es ebenfalls Bestrebungen, die Anregungen der »Histor. Anthropologie« aufzugreifen.

Die Lebenssituation sowie die Handlungsspielräume von Frauen in der Antike wurden umfassend zunächst in einer feministisch geprägten Geschlechtergeschichte in den USA untersucht. Eine erste Gesamtdarstellung zur Geschichte der Frauen in der Antike verfasste Sarah Pomeroy (*Goddesses, Whores, Wives, and Slaves. Women in Classical Antiquity*, 1975). Damit wurde der Althistorie ein neues Forschungsfeld mit einem weiten Themenspektrum erschlossen, das die soziale Situation von Frauen und deren Rolle in der Familie sowie im religiösen Leben, den Einfluss der Frauen in den Herrscherfamilien oder die Sicht auf die Frau in der medizinischen Literatur umfasst. Inzwischen sind in den Gender Studies die unterschiedlichen Rollenzuweisungen an Männer und Frauen und damit auch das Rollenverständnis von Männern Gegenstand der Forschung geworden.

Gegenwärtig ist die internationale Althistorie eine Wissenschaft mit einer großen Vielfalt an Methoden, Fragestellungen sowie Themen und mit enger interdisziplinärer Zusammenarbeit mit anderen Wissenschaften, die ebenfalls vormoderne Gesellschaften untersuchen. Zugleich leistet sie einen wichtigen Beitrag zur Erforschung epochenübergreifender Phänomene, wobei sozial- und kulturwiss. Fragestellungen zunehmend an Bedeutung gewinnen. Darüber hinaus haben althistor. Arbeiten zur Geographie des mediterranen Raumes hohe Relevanz für die Erforschung von Wirtschaft und Gesellschaft in Südeuropa, im Nahen Osten und in Nordafrika, wo vormoderne Traditionen und langdauernde Kontinuitäten prägende Elemente darstellen.

D.4. Die Archäologie

In der ersten Hälfte des 20. Jh.s war die griech. Klassik ein dominierendes Thema der dt. Archäologie, wobei in der intensiv geführten Diskussion sowohl die Datierung der Klassik als auch ihre wesentlichen Merkmale strittig waren; als Epoche der Klassik galt einerseits die Zeit des 5. und 4. Jh.s, andererseits nur die Zeit des Perikles, Phidias und Sophokles. Die Sicht der klass. Kunst blieb stark von subjektiven Faktoren abhängig. Teilweise neigten Archäologen zu einer sehr pathetischen Sprache; die Beschreibung einzelner Werke ging vom unmittelbaren Erleben in der Begegnung mit der klass. Kunst aus. Auch der Künstler selbst wurde Thema der Forschung: V.a. Phidias galten die Bemühungen, die Persönlichkeit des Künstlers in seinen Werken zu erfassen.

Die Neuorientierung in der Thematik der Archäologie nach 1900 ist entscheidend auf die Arbeiten von Alois ↗Riegl (1858–1905), insbes. auf seine *Spätröm. Kunstindustrie* (1901), zurückzuführen, der auf die Vernachlässigung der spätantiken Kunst in der Archäologie hinwies und diese damit erklärte, dass die Archäologen die spätantike Kunst für unklassisch hielten. Der Auffassung, der Niedergang der antiken Kunst sei durch den Einbruch der Barbaren verursacht worden, setzte Riegl die These entgegen, die Kunst jeder Epoche sei von einem »bestimmten und zweckbewussten Kunstwollen« bedingt. Damit wurde für die Antike die Vorstellung einer Entwicklung der Kunst von einem Höhepunkt bis zum Verfall aufgegeben. Die Abwertung der spätantiken Kunst beruht nach Riegl auf einer subjektiven Sicht, welche die antiken Denkmäler am modernen Geschmack misst. Mit seinen Forschungen eröffnete sich eine neue Perspektive in der Wahrnehmung spätantiker und röm. Kunst. Es war dementsprechend ein Kennzeichen der archäologischen Forschung nach 1900, dass trotz eines geradezu emphatischen Bekenntnisses zur klassischen Kunst Griechenlands nun die röm. Kunst stärker in den Blickpunkt rückte und in ihren Eigenheiten erfasst wurde. In methodischer Hinsicht stand die Untersuchung des Stils im Zentrum der archäologischen Interpretation, wobei zwischen den Stilen verschiedener Epochen, verschiedener Regionen und verschiedener Künstler differenziert werden konnte. Das Interesse galt primär aber immer noch dem Kunstwerk von hohem Rang.

Nach dem Zweiten Weltkrieg setzten sich international neue Tendenzen durch: Die Archäologie wurde nicht mehr als Kunstgeschichte der Antike aufgefasst. Die Analyse der Kunstwerke und der Entwicklung der Kunst wurde durch eine intensive Erforschung der materiellen Kultur ergänzt. Im Bereich der Architektur stand stärker als das einzelne Bauwerk die Urbanistik, die komplexe Struktur der Städte, im Blickfeld; darüber hinaus galten Untersuchungen auch anderen Siedlungsformen. Die Nutzung des Umlandes (Landwirtschaft im Territorium der Städte, Gewinnung von Rohstoffen wie die Arbeit in den Marmorbrüchen oder der Abbau von Metallen und Ton) waren Gegenstand archäologischer Studien. Die Bedeutung der Artefakte für die archäologische Forschung bestand nicht mehr vorrangig in ihrem künstlerischen Wert; im Alltag verwendetes einfaches Tongeschirr ohne repräsentative Funktion oder einfaches Glas fanden jetzt ebenfalls Beachtung. Neben dem Artefakt selbst galt die Aufmerksamkeit auch dem Handwerker und seiner Werkstatt sowie dem Herstellungsprozess. Das archäologische Material ermöglichte es, die Entwicklung von Zivilisationen mit größerer Präzision als zuvor zu beschreiben; dies trifft ebenso auf die griech. Expansion in der archaischen Zeit wie auch auf die Romanisation v.a. der westlichen Provinzen des Imperium Romanum zu. Klassiker einer so verstandenen archäologischen Forschung sind zweifellos *The Greeks Overseas* von John Boardman ([1]1964) und *Archaic Greece. The Age of Experiment* von Anthony Snodgrass (1980).

Ein Schwerpunkt neuerer Arbeiten ist die Amphorenforschung, die nun nicht mehr allein die Festlegung von Amphorentypen, deren Herkunft und Datierung, sondern wesentlich die Rekonstruktion der überregionalen Wein- und Ölproduktion sowie der Handelswege und Absatzmärkte zum Ziel hatte. Wrackfunde in den Küstengewässern des Mittelmeers trugen zur Kenntnis des Schiffbaus, des Handels und der Handelsgüter bei. Michel Gras konnte unter diesen Voraussetzungen von einer »Archäologie des Handels« sprechen. Dieser Wandel in der Thematik stand in engem Zusammenhang mit der Einführung neuer Methoden der Archäologie. An erster Stelle ist hier der Survey zu nennen, der oft an die Stelle der Ausgrabung tritt; größere Flächen werden dabei durch Begehung von Archäologen untersucht, wobei sämtliche Bodenfunde wie auch die Überreste von Bauten oder von Eingriffen in die Landschaft – etwa bei der Terrassierung von Hängen – sorgfältig dokumentiert werden. Solche Surveys haben das Wissen über die Besiedlung und Landwirtschaft oder den Abbau von Edelmetallen in einzelnen Regionen erheblich erweitert. So konnte aufgrund von Surveys englischer Archäologen in Nordwestspanien die Goldgewinnung im röm. Tagebau präzise beschrieben werden. Die Archäometrie, die naturwiss. Untersuchung antiker Artefakte und insbes. des jeweils verwendeten Materials, gab wichtige Informationen über die Produktion von Objekten aus Metall, Ton oder Glas; die Herkunft des Materials erlaubt Aussagen über die Verbreitung und den Handel von Handwerkserzeugnissen. Die technischen Fortschritte der Unterwasserarchäologie waren Voraussetzung für die systematische Auswertung von Wrackfunden.

Aber auch auf traditionellen Feldern der Archäologie kam es zu wichtigen Innovationen; so wurden Skulptur und Architektur unter neuen Aspekten und Fragestellungen analysiert. Charakteristisch für die neuen Forschungsansätze ist das Bestreben, antike Bildwerke in ihrem sozialen und politischen Kontext zu verstehen. Während in der älteren Archäologie noch die Auffassung bestand, die Entwicklung der Kunst folge eigenen Gesetzen, weitestgehend losgelöst von äußeren Faktoren, betonen neuere Arbeiten die Funktion von Kunst und Architektur für die Legitimierung und Stabilisierung politischer Herrschaft. Mit Bildprogrammen werden politische Ziele verfolgt; unter diesem Gesichtspunkt ist es möglich, von »röm. Staatsreliefs« (Tonio Hölscher) zu sprechen. Für die Zeit des Augustus hob Paul Zanker den Zusammenhang zwischen neuen »Erscheinungsformen von Kunst und Architektur« einerseits und der Errichtung des Principats andererseits hervor (*Augustus und die Macht der Bilder*, 1987). Es besteht Konsens, dass die röm. Kunst und Architektur in ein Ensemble sozialer und politischer Vorstellungen und

Normen eingebettet war; daneben sind auch Mythos, Kult und Ritual als Kontexte zu nennen. Auch auf diesem Gebiet liegen jetzt grundlegende Arbeiten vor, so etwa das Buch *Rituals and Power. The Roman Imperial Cult in Asia Minor* von S.R.F. Price (1984).

Die franz. Archäologen legten ähnlich wie die Althistoriker nach 1945 einen Akzent auf anthropologische Fragestellungen; Bildwelten, etwa auf attischen Vasen, wurden auf Aussagen zu gesellschaftlichen Ritualen und Verhaltensweisen hin interpretiert; dabei waren die Lebenswelten von Frauen ein wichtiges Thema. Eine Zusammenfassung solcher Forschungen findet sich in dem von Claude Bérard und J.-P. Vernant herausgegebenen Band *La cité des images* (1984). Die Interpretation von griech. Vasenbildern dient dem Verständnis der griech. Kultur, wobei die Forschung Texte und Bilder in gleicher Weise berücksichtigt. Diese Arbeiten wurden auch in der engl. Archäologie rezipiert, wie exemplarisch die Monographie ›*Reading*‹ *Greek Culture. Text and Images, Rituals and Myths* von Christiane Sourvinou-Inwood (1991) deutlich macht. In der anglophonen Archäologie haben sich die neuen Ansätze zu dem Konzept einer ›*New Archaeology*‹ verdichtet. Nach Auffassung dieser Forschungsrichtung ist es Aufgabe der Archäologie, die kulturelle Entwicklung mit Hilfe anthropologischer Theorien zu erklären.

E. Siebenhundert Jahre Altertumswissenschaften – ein Résumé

Überblickt man die fast siebenhundertjährige Geschichte der Altertumswissenschaften von den Anfängen in der Zeit Petrarcas bis hin zum 20. Jh., wird ein tiefgreifender Wandel deutlich. Zunächst war die Beschäftigung mit den antiken Texten außerhalb der Theologie eine Leidenschaft von Intellektuellen, die das Interesse an der Antike weckten. Im Zeitalter des Buchdrucks konzentrierten sich die Humanisten darauf, die antiken Texte zu edieren und zu kommentieren. Damit wurde das überlieferte Wissen der Antike für die frühneuzeitliche Gesellschaft in einer Vielzahl von Bibliotheken verfügbar, und die Auseinandersetzung mit diesen Texten, die Rezeption wie auch die Kritik, haben die europäische Kultur in hohem Maße geprägt und zur Rationalität des europäischen Denkens beigetragen.

Die Rezeption antiker Kultur hatte zur Folge, dass die Antike und die alten Sprachen im europäischen Bildungswesen der Frühen Neuzeit und des 19. Jh.s eine dominierende Stellung einnahmen; nach Humboldt sollten der humanistische Unterricht und die Begegnung mit der Antike entscheidend die Persönlichkeitsbildung fördern. In Deutschland war der Zugang zur Universität an den Besuch des Gymnasiums gebunden, wo die alten Sprachen Pflichtfächer waren. Als mit dem Aufstieg der naturwiss.-technischen Fächer die humanistische Bildung ihre Monopolstellung im Schulwesen verlor, mussten die Altertumswissenschaften ihren Anspruch auf eine Vorrangstellung innerhalb der Universität aufgeben. In den totalitären Systemen des 20. Jh.s waren die Altertumswissenschaften wie auch andere Wissenschaften mit dem Machtanspruch der jeweils herrschenden Ideologie konfrontiert; die klass. Tradition überlebte aber in England und in den USA, und nach 1945 konnten die europäischen Länder wieder an die Leistungen der Zeit vor dem Ersten Weltkrieg oder vor 1933 anknüpfen.

Gegenwärtig besitzen die Methoden der neusprachlichen Philologien und der modernen Geschichtswissenschaft für die Klassische Philologie und die Alte Geschichte Gültigkeit; die interdisziplinäre Forschung gehört zum wiss. Alltag. Wenn heute von einer zentralen Rolle der Altertumswissenschaften an der Universität nicht mehr gesprochen werden kann, so sind sie doch neben den anderen Geisteswissenschaften angesehene Fächer, die ihren Beitrag zur Geschichte und Kultur Europas und damit zum Selbstverständnis der europäischen Gesellschaft leisten.

Peter Kuhlmann/Helmuth Schneider

Abkürzungsverzeichnis

1. Allgemeine Abkürzungen

Abh.	Abhandlung(en)
Abt.	Abteilung
afrikan.	afrikanisch
ägypt.	ägyptisch
ahdt.	althochdeutsch
akad.	akademisch
Akad.; Acad.; Accad.	Akademie, Academy, Académie, Accademia usw.
akkad.	akkadisch
Alt.wiss., alt.wiss.	Altertumswissenschaften, altertumswissenschaftlich
altoriental.	altorientalisch
amerikan.	amerikanisch
angelsächs.	angelsächsisch
ant.	antik
antiqu.	antiquarisch
ao.Prof.	außerordentlicher Professor
apl.Prof.	außerplanmäßiger Professor
arab.	arabisch
aram.	aramäisch
arch.	archäologisch
Arch.	Archäologie
Art.	Artikel
asiat.	asiatisch
Ass.	Association, Associazione usw.
assyr.	assyrisch
AT, at.	Altes Testament, alttestamentarisch
Aufl.	Auflage
Ausg.	Ausgabe
Ausst.	Ausstellung
Ausst.kat.	Ausstellungskatalog
austral.	australisch
babylon.	babylonisch
Bd., Bde.	Band, Bände
bearb.	bearbeitet
belg.	belgisch
bes.	besonders
Bibl.	Bibliothek, Bibliothèque, Biblioteca, Bibliotheca usw.
Bl.	Blatt
brit.	britisch
bulg.	bulgarisch
byz.	byzantinisch
chines.	chinesisch
christl.	christlich
Cod., Codd.	Codex, Codices
d. Ä.	der Ältere
d. Gr.	der/die Große
d. J.	der Jüngere
DAI	Deutsches Archäologisches Institut
dän.	dänisch
Diss.	Dissertation
dt.	deutsch
ebda.	ebenda
Einl.	Einleitung
engl.	englisch
Enz.	Enzyklopädie
epigr.	epigraphisch
Erg.	Ergänzung
erw.	erweitert
et al.	et alii, et aliae (und andere)
etrusk.	etruskisch
europ.	europäisch
evang.	evangelisch
finn.	finnisch
fläm.	flämisch
florent.	florentinisch
franz.	französisch
frühnzl.	frühneuzeitlich
FS	Festschrift
geb.	geboren
gedr.	gedruckt
german.	germanisch
ges.	gesammelt(e)
Gesch.	Geschichte
gest.	gestorben
ggf.	gegebenenfalls
griech.	griechisch
h.	heute
Habil.	Habilitation
Hdb.	Handbuch
hebr.	hebräisch
hell.	hellenistisch
heth.	hethitisch
histor.	historisch
Hl., hl.	Heilige(r), heilig
holl.	holländisch
Hon.Prof.	Honorarprofessor
Hrsg., hrsg.	Herausgeber, herausgegeben
Hs., Hss.	Handschrift, Handschriften
HWB	Handwörterbuch
i. Allg.	im Allgemeinen
iber.	iberisch
ind.	indisch
indoeurop.	indoeuropäisch
indogerman.	indogermanisch
insbes.	insbesondere
iran.	iranisch
islam.	islamisch
ital.	italienisch
japan.	japanisch
Jb., Jbb.	Jahrbuch, Jahrbücher
Jh., Jh.s	Jahrhundert, Jahrhunderts
Jt., Jt.s	Jahrtausend, Jahrtausends

jüd.	jüdisch
K.S.	Kleine Schriften
Kap.	Kapitel
Kat.	Katalog
klass.	klassisch
Klass. Phil.	Klassische Philologie
Komm., komm.	Kommentar, kommentiert
kret.	kretisch
lat.	lateinisch
Lex.	Lexikon
lit.	literarisch
M:	Memoiren, Erinnerungen
M. A.	Magister Artium
MA, ma.	Mittelalter, mittelalterlich
maked.	makedonisch
mesopot.	mesopotamisch
mex.	mexikanisch
mhdt.	mittelhochdeutsch
min.	minoisch
mod.	modern
Ms., Mss.	Manuskript, Manuskripte
muslim.	muslimisch
myk.	mykenisch
mythol.	mythologisch
N:	Nachlass
N. F.	Neue Folge
N. S.	Neue Serie, Nova Series, New Series etc.
Ndr.	Nachdruck
niederl.	niederländisch
norweg.	norwegisch
NT, nt.	Neues Testament, neutestamentarisch
Nz.	Neuzeit
nzl.	neuzeitlich
o. Ä.	oder Ähnliches
o. g.	oben genannt
o.Prof.	ordentlicher Professor
oriental.	orientalisch
Orig.	Original
orth.	orthodox
osk.	oskisch
osman.	osmanisch
österr.	österreichisch
Pap.	Papyrus
PD	Privatdozent
pers.	persisch
philol.	philologisch
philos.	philosophisch
polit.	politisch
poln.	polnisch
portug.	portugiesisch
preuß.	preußisch
Proc.	Proceedings
Prof.	Professor, Professur
Prom.	Promotion
ptolem.	ptolemäisch
Rez., rez.	Rezension, rezensiert
röm.	römisch
roman.	romanisch
russ.	russisch
s. o., s. u.	siehe oben, siehe unten
SB	Sitzungsbericht(e)
schott.	schottisch
schwed.	schwedisch
schweizer.	schweizerisch
skand.	skandinavisch
slaw.	slawisch
Slg.	Sammlung
sog.	so genannt
span.	spanisch
spartan.	spartanisch
spätant.	spätantik
sumer.	sumerisch
Suppl.	Supplement
SV:	Schriftenverzeichnis
syr.	syrisch
TH, TU	Technische Hochschule, Technische Universität
Trad.	Tradition
tschech.	tschechisch
tunes.	tunesisch
türk.	türkisch
u. a.	unter anderem/anderen
u. Ä.	und Ähnliche(s)
u. g.	unten genannt
u. ö.	und öfter
Übers., übers.	Übersetzung, übersetzt
ungar.	ungarisch
Univ.	Universität, University, Université, Universidad usw.
ursprgl.	ursprünglich
v. a.	vor allem
venez.	venezianisch
WB	Wörterbuch
Wiss., wiss.	Wissenschaft, wissenschaftlich
z. T.	zum Teil
Zs.	Zeitschrift

Weitere generell übliche Abkürzungen werden wie im Duden verwendet.

2. Bibliograpische Abkürzungen

AA	Archäologischer Anzeiger
A&A	Antike und Abendland
ADB	Allgemeine deutsche Biographie
AfO	Archiv für Orientforschung
ANRW	H. Temporini, W. Haase (Hrsg.), Aufstieg und Niedergang der römischen Welt, 1972 ff.
Athenische Mitteilungen	Mitteilungen des Deutschen Archäologischen Instituts, Athenische Abteilung
Bibl.Wolf.	Archäologie der Antike. Aus den Beständen der Herzog August Bibliothek 1500–1700, 1994
Briggs/Calder	W.W. Briggs, W.M. Calder III (Hrsg.), Classical Scholarship. A Biographical Encyclopedia, 1990
Bursian Gesch.	C. Bursian, Geschichte der classischen Philologie in Deutschland von den Anfängen bis zur Gegenwart, 2 Hälften, 1883
Burs. Jbb.	Bursians Jahresberichte
CAD	Chicago Assyrian Dictionary
Christ GGW	K. Christ, Griechische Geschichte und Wissenschaftsgeschichte, 1996
Christ Gib.	K. Christ, Von Gibbon zu Rostovtzeff, 1972
Christ Hel.	K. Christ, Hellas, Griechische Geschichte und deutsche Geschichtswissenschaft, 1999
Christ Klio	K. Christ, Klios Wandlungen. Die deutsche Althistorie vom Neuhumanismus bis zur Gegenwart, 2006
Christ Prof.	K. Christ, Neue Profile der Alten Geschichte, 1990
Christ, RömGG	K. Christ, Römische Geschichte und deutsche Geschichtswissenschaft, 1982
Christ, RömGW	K. Christ, Römische Geschichte und Wissenschaftsgeschichte, Band 3: Wissenschaftsgeschichte, 1983
Christ/Mom.	K. Christ, A. Momigliano (Hrsg.), Die Antike im 19. Jh. in Italien und Deutschland, 1988
CIG	Corpus Inscriptionum Graecarum
CIL	Corpus Inscriptionum Latinarum
Classen Gött.	C.J. Classen (Hrsg.), Die Klassische Altertumswissenschaft an der Georg-August-Universität Göttingen, 1989
CPh	Classical Philology
CQ	Classical Quarterly
CRAI	Académie des inscriptions et belles-lettres. Comptes rendus des séances
DBA	È. Gran-Aymerich, Dictionnaire biographique d'archéologie 1798–1945, 2001
DBC	R.B. Todd (Hrsg.), The Dictionary of British Classicists, 2004
DBI	Dizionario Biografico degli Italiani
DNP	Der Neue Pauly. Enzyklopädie der Antike, hrsg. von H. Cancik et al., 1996–2003
EdN	Enzyklopädie der Neuzeit, hrsg. von F. Jaeger, 16 Bde., 2005–2012
EHCA	N. Thomson de Grummond (Hrsg.), An Encyclopedia of the History of Classical Archaeology, 2 Bde., 1996
Flashar Alt.wiss.	H. Flashar (Hrsg.), Altertumswissenschaft in den 20er Jahren. Neue Fragen und Impulse, 1995
Gnomon	Gnomon. Kritische Zeitschrift für die gesamte klassische Altertumswissenschaft
Gran-Aym.	È. Gran-Aymerich, Naissance de l'archéologie moderne. 1798–1945, 1998
Gymnasium	Gymnasium. Zeitschrift für Kultur der Antike und humanistische Bildung
HZ	Historische Zeitschrift
IF	Indogermanische Forschungen
IJCT	International Journal of the Classical Tradition
IMU	Italia medievale e umanistica
Jaumann, Hdb.	H. Jaumann, Handbuch Gelehrtenkultur der frühen Neuzeit, Bd. 1: Biobibliographisches Repertorium, 2004
JHS	Journal of Hellenic Studies
JRS	Journal of Roman Studies
Kirsten AW	Die Altertumswissenschaften an der Berliner Akademie. Wahlvorschläge zur Aufnahme von Mitgliedern von F.A. Wolf bis zu G. Rodenwaldt 1799–1932, hrsg. von C. Kirsten, 1985
LMA	Lexikon des Mittelalters
Lullies/Schiering Arch.	R. Lullies, W. Schiering (Hrsg.), Archäologenbildnisse. Porträts und Kurzbiographien von Klassischen Archäologen deutscher Sprache, 1988

Mensching Nug.	E. Mensching, Nugae zur Philologie-Geschichte, 14 Bde., 1987–2004
MH	Museum Helveticum
Momigliano AS	A. Momigliano, Ausgewählte Schriften zur Geschichte und Geschichtsschreibung. Bd. 2: Spätantike bis Spätaufklärung, 1999; Bd. 3: Die moderne Geschichtsschreibung der Alten Welt, 2000
Momigliano Contr.	A. Momigliano, Contributo alla storia degli studi classici, 1955; Secondo – Ottavo Contributo, 1960–1987
Momigliano Stud.	A. Momigliano, Studies in Historiography, 1966
Näf AA	B. Näf (Hrsg.), Antike und Altertumswissenschaft in der Zeit von Faschismus und Nationalsozialismus, 2001
NDB	Neue deutsche Biographie
Nippel Stud.	W. Nippel (Hrsg.), Über das Studium der Alten Geschichte, 1993
OCT	Oxford Classical Texts
Pfeiffer KPh	R. Pfeiffer, Die Klassische Philologie von Petrarca bis Mommsen, 1982
Pökel, Lex.	W. Pökel, Philologisches Schriftsteller-Lexikon,
RE	G. Wissowa et al. (Hrsg.), Paulys Real-Encyclopädie der classischen Altertumswissenschaft, Neue Bearbeitung, 1893–1980
REL	Revue des Études Latines
RhM	Rheinisches Museum für Philologie
RLA	Reallexikon der Assyriologie und Vorderasiatischen Archäologie, hrsg. von E. Ebeling et al., 1928 ff.
Röm. Mitteilungen	Mitteilungen des Deutschen Archäologischen Instituts, Römische Abteilung
Sandys Hist.	J. E. Sandys, A History of Classical Scholarship, 3 Bde., 1903–1908
Sichtermann	H. Sichtermann, Kulturgeschichte der Klassischen Archäologie, 1996
Stark Syst.	C.B. Stark, Systematik und Geschichte der Archäologie der Kunst. Handbuch der Archäologie der Kunst, 1880
TAphA	Transactions and Proceedings of the American Philological Association
TRE	Theologische Realenzyklopädie
Voigt Wied.	G. Voigt, Die Wiederbelebung des classischen Alterthums, ^{3}1893.
Wilamowitz GPh	U. von Wilamowitz-Moellendorf, Geschichte der Philologie, ^{3}1998
WWE	Who Was Who in Egyptology, hrsg. von W. Dawson und E. P. Uphill, ^{3}1995
ZA	Zeitschrift für Assyriologie und Vorderasiatische Archäologie
Zazoff GG	P. und H. Zazoff, Gemmensammler und Gemmenforscher, 1983
ZKG	Zeitschrift für Kirchengeschichte
ZPE	Zeitschrift für Papyrologie und Epigraphik

Chronologische Aufstellung der im Band enthaltenen Artikel

Abkürzungen für die chronologische Aufstellung

A. Länder (meist heutige Zuordnung)

AUS	Australien
B	Belgien
BALT	Baltikum
BG	Bulgarien
CAN	Kanada
CH	Schweiz
D	Deutschland
DK	Dänemark
F	Frankreich
FL	Flandern
GB	Großbritannien
GR	Griechenland
I	Italien
IR	Irland
ISR	Israel
MEX	Mexiko
NL	Niederlande
NZ	Neuseeland
Ö	Österreich
POL	Polen
RU	Russland
S	Schweden
SP	Spanien
TR	Türkei
TSCH	Tschechien
US	Vereinigte Staaten von Amerika

B. Disziplinen

Ägypt.	Ägyptologe
Altor.	Altorientalist
Anthr.	Anthropologe
Antiqu.	Antiquar
Arab.	Arabist
Arch.	Archäologe
Arch.hist.	Architekturhistoriker
Assyr.	Assyrologe
Bauf.	Bauforscher
Bibl.	Bibliothekar
Bot.	Botaniker
Byz.	Byzantinist
Christl. Arch.	Christlicher Archäologe
Dr./Verl.	Drucker/Verleger
Epigr.	Epigraphiker
Etrusk.	Etruskologe
Gem.	Gemmenkundler
Geogr.	Geographiehistoriker
Germ.	Germanist
Gramm.	Grammatiker
Graph.	Graphiker
Hagiogr.	Hagiograph
Heth.	Hethitologe
Hist.	Historiker
Hum.	Humanist
Indogerm.	Indogermanist
Jur.	Jurist
Khist.	Kunsthistoriker
Kirch.hist.	Kirchenhistoriker
Kompar.	Komparatist
Kopt.	Koptologe
Kth.	Kunsttheoretiker
Kult.wiss.	Kulturwissenschaftler
Lex.	Lexikograph
Ling.	Linguist, Sprachwissenschaftler
Lit.hist.	Literatuhistoriker
Lit.theor.	Literaturtheoretiker
Mal.	Maler
Med.	Medizinhistoriker
Mediäv.	Mediävist
Mus.hist.	Musikhistoriker
Nat.wiss.	Naturwissenschaftler
Num.	Numismatiker
Ökon.	Ökonom
Paläogr.	Paläograph
Pap.	Papyrologe
Phil.	Philologe
Philos.	Philosoph, Philosophiehistoriker
Pol.	Politikhistoriker, -wissenschaftler
Polyhist.	Polyhistor
Prähist.	Prähistoriker
Rechtshist.	Rechtshistoriker
Reis.	Reisender
Rel.hist.	Religionshistoriker
Rel.wiss.	Religionswissenschaftler
Rest.	Restaurator
Rhet.	Rhetoriker
Roman.	Romanist
Sam.	Sammler
Stech.	Stecher
Sumer.	Sumerologe
Theol.	Theologe
Topogr.	Topograph
Übers.	Übersetzer
Verl.	Verleger
Vorderasiat. Arch.	Vorderasiatischer Archäologe
Wiss.hist.	Wissenschaftshistoriker
Zeich.	Zeichner

Genannt sind jeweils:
- Lebensdaten
- Name
- Länderkürzel (I; GR; D; NL), meist nach heutiger politische Zuordnung
- ein bis zwei Disziplinen/Definitionen (Hum.; Phil.; Antiqu.; Jur.), ggf. in Auswahl.

?–1366	**Pilato**, Leonzio; I; Hum., Übers.
1304–1374	**Petrarca**, Francesco; I; Hum.
1313–1354	**Cola di Rienzo**; I; Hum.
1313–1375	**Boccaccio**, Giovanni; I; Hum.
1331–1406	**Salutati**, Coluccio; I; Hum.
~1350–1415	**Chrysolaras**, Manuel; GR; Phil., Sam.
1360–1431	**Barzizza**, Gasparino; I; Rhet., Phil.
~1360–1452	**Plethon**, Georgios Gemistos; GR; Philos.
1365/68–1441	**Loschi**, Antonio; I; Hum., Phil.
~1365–1437	**Niccoli**, Niccolo; I; Hum., Sam.
1374/75–1460	**Guarino da Verona**; I; Hum.
1376–1459	**Aurispa**, Giovanni; I; Hum.
1378–1446	**Vittorino da Feltre**; I; Hum.
1380–1459	**Poggio Bracciolini**, Gian Francesco; I; Hum.
1391–1455	**Cyriacus von Ancona**; I; Hum., Epigr.
1392–1463	**Biondo**, Flavio; I; Hum., Hist.
1393/94–1487	**Argyropoulos**, Johannes; GR; Phil., Philos.
1398–1481	**Filelfo**, Francesco; I; Hum.
~1400–1457	**Enoch von Ascoli**; I; Hum.
~1400–1466	**Tortelli**, Giovanni; I; Hum.
1401–1464	**Cusanus**, Nicolaus; D; Hum.
1403–1472	**Bessarion**, Basilius; GR; Hum.
1404–1472	**Alberti**, Leon Battista; I; Hum., Khist.
1405–1464	**Piccolomini**, Enea Silvio; I; Hum.
1406–1457	**Valla**, Lorenzo; I; Hum., Rhet.
~1410–~1475	**Gaza**, Theodorus; GR; Hum.
1425–1498	**Landino**, Cristoforo; I; Hum.
1428–1498	**Laetus**, Julius Pomponius; I; Phil.
1428–1524	**Leoniceno**, Niccolò; I; Hum., Phil.
1429–1478	**Acciaiuoli**, Donato; I; Hum.
1433–1499	**Ficino**, Marsilio; I; Hum., Philos.
1434/45–1501	**Laskaris**, Konstantinos; GR; Hum.
1437–1496	**Buonaccorsi**, Filippo; I; Hum.
1441–1522	**Nebrija**, Elio Antonio de; SP; Hum.
1445–1534	**Laskaris**, Janos (Andreas Johannes); GR; Phil.
~1446–1478	**Calderini**, Domizio; I; Hum.
1446–1513	**Della Fonte**, Bartolomeo; I; Hum., Übers.
1447–1500	**Valla**, Giorgio; I; Hum.
1450/52–1515	**Manutius**, Aldus; I; Hum., Dr./Verl.
~1450–1529	**Lefèvre d'Étaples**, Jacques; F; Hum., Übers.
1453–1493	**Barbaro**, Ermolao; I; Hum., Phil.
1453–1515	**Beroaldo**, Filippo d.Ä.; I; Hum.
1454–1494	**Poliziano**, Angelo; I; Hum.
1455–1522	**Reuchlin**, Johannes; D; Hum., Philos.
1457–1520	**Aesticampianus**, Johannes Rhagius; D; Hum.
1459–1508	**Celtis**, Konrad; D; Hum.
1460–1524	**Linacre**, Thomas; GB; Phil., Übers.
1461–1535	**Zasius**, Ulrich; D; Hum., Jur.
1462–1516	**Trithemius**, Johannes; D; Hum.
1463–1494	**Pico della Mirandola**, Giovanni; I; Hum., Philos.
1465–1547	**Peutinger**, Conrad; D; Hum., Jur.
1466–1536	**Erasmus von Rotterdam**; NL; Hum., Phil.
1468–1540	**Budé**, Guillaume; F; Jur., Phil.
1469–1527	**Machiavelli**, Niccolò; I; Philos., Hist.
1470–1517	**Musurus**, Marcus; GR/I; Hum., Phil.
1470–1530	**Pirckheimer**, Willibald; D; Hum., Phil.
1470–1547	**Bembo**, Pietro; I; Hum.
1474–1537	**Ruel**, Jean; F; Hum., Med.
1480–1542	**Aleander**, Hieronymus; I; Hum., Phil.
1483/94–1553	**Rabelais**, François; F; Phil.
1484–1558	**Scaliger**, Julius Caesar; I; Hum., Lit.theor.
1485–1542	**Susenbrot**, Johannes; D; Gramm., Rhet.
1485–1547	**Beatus Rhenanus**; D; Hum., Phil.
1488–1563	**Glareanus**, Heinrich; CH; Phil., Mus.hist.
1489/90–1573	**Sepúlveda**, Juan Ginés; SP; Hum., Hist.
1492–1540	**Vives**, Juan Luis; SP; Hum.
1492–1550	**Alciatus**, Andreas; I; Hum., Jur.
1495–1542	**Cleynaerts**, Nicolaes; FL; Hum., Theol.
1497–1560	**Melanchthon**, Philipp; D; Hum., Phil.
1499–1525	**Ceporinus**, Jacobus; CH; Hum., Phil.
1499–1585	**Vettori**, Piero; I; Hum., Phil.
1500–1574	**Camerarius**, Ioachimus; D; Hum.
1503–1558	**Micyllus**, Jacobus; D; Phil.
1503–1559	**Stephanus**, Robertus; F; Dr./Verl., Lex.
1508/17–1588	**Dorat**, Jean; F; Phil.

1512/13–1583 **Ligorio**, Pirro; I; Antiqu.
1512–1565 **Turnebus**, Adrianus; F; Hum., Philos.
1514–1570 **Barbaro**, Daniele; I; Hum., Arch.hist.
1516–1567 **Robortello**, Francesco; I; Hum.
1516–1580 **Wolf**, Hieronymus; D; Hum., Phil.
1518/20–1552 **Enzinas**, Francisco de; SP; Hum., Übers.
1520/16–1572 **Lambinus**, Dionysius; F; Phil.
1520–1604 **Pighius**, Stephanus Vinandus; NL; Hum., Antiqu.
1522/24–1584 **Sigonius**, Carolus; I; Hum., Phil.
1522–1590 **Cujas**, Jacques; F; Hum., Jur.
1522–1605 **Aldrovandi**, Ulisse; I; Antiqu., Jur.
1526–1585 **Muretus**, Marcus Antonius; F; Hum.
1526–1607 **Crusius**, Martinus; D; Phil., Rhet.
1527–1591 **Doneau**, Hugues; F; Hum., Jur.
1528–1598 **Stephanus**, Henricus; F; Dr./Verl.
1528–1602 **Boissard**, Jean-Jacques; F; Antiqu.
1529–1600 **Orsini**, Fulvio; I; Antiqu.
1530/40–1599 **Chacón**, Alfonso; SP/I; Antiqu., Kirch.hist.
1530–1568 **Panvinio**, Onofrio; I; Antiqu., Kirch.hist.
1531–1584 **Sambucus**, Ioannes; U; Hum., Phil.
1532–1576 **Xylander**, Guilielmus; D; Hum., Phil.
1534–1604 **Giphanius**, Obertus; NL; Phil., Jur.
1535–1604 **Dupérac**, Étienne; F; Antiqu., Stech.
1536–1596 **Sylburg**, Friedrich; D; Phil.
1540–1609 **Scaliger**, Joseph Justus; F; Phil.
1541–1594 **Leunclavius**, Johannes; D; Phil., Hist.
1541–1599 **Riccoboni**, Antonio; I; Hum.
1542–1575 **Canter**, Willem; NL; Phil.
1545–1599 **Tursellinus**, Horatius; I; Hum.
1547–1606 **Lipsius**, Justus; FL; Phil., Hist.
1549–1622 **Savile**, Henry; GB; Math., Phil.
1551–1623 **Camden**, William; GB; Hist., Antiqu.
1551–1626 **Rosinus**, Johannes; D; Theol., Antiqu.
1554–1612 **Bongars**, Jacques; F; Hist.
1556–1617 **Höschel**, David; D; Hum., Phil.
1559–1614 **Casaubonus**, Isaac; F/GB; Hum., Phil.
1560–1627 **Gruter**, Jan; FL/D; Phil., Hist.
1561–1634 **Rader**, Matthaeus; D; Phil.
1565–1634 **Taubmann**, Friedrich; D; Phil.
1567–1595 **Acidalius**, Valens; D; Hum., Übers.
1570–1637 **Schmid**, Erasmus; D; Phil.
1572–1630 **Martinius**, Matthias; D; Phil.
1575/76–1629 **Bosio**, Antonio; I; Christl. Arch.
1576–1648 **Pareus**, Johann Philipp; D; Theol., Phil.
1576–1649 **Schoppe**, Kaspar; D; Hum., Phil.
1577–1640 **Rubens**, Peter Paul; FL; Mal., Sam.
1577–1649 **Vossius**, Gerardus Johannes; NL; Hum., Theol.
1579–1625 **Dempster**, Thomas; GB; Phil., Jur.
1579–1639 **Meursius**, Johannes; NL; Phil.
1580–1606 **Putschius**, Helias; FL; Hist., Phil.
1580–1637 **Fabri de Peiresc**, Nicolas-Claude; F; Sam., Antiqu.
1580–1655 **Heinsius**, Daniel; NL; Phil.
1582–1640 **Bernegger**, Matthias; D; Phil., Pol.
1583–1645 **Grotius**, Hugo; NL; Jur., Phil.
1587–1652 **Gothofredus**, Jacobus; CH; Phil., Jur.
1588–1653 **Salmasius**, Claudius; F; Phil.
1588–1657 **Dal Pozzo**, Cassiano; I; Polyhist., Antiqu.
1589–1677 **Junius**, Franciscus; D/NL; Kth., Phil.
1591–1661 **Buchner**, August; D; Phil.
1594–1676 **Agostini**, Leonardo; I; Antiqu., Gem.
1596–1665 **Bolland**, Jean; FL; Hagiogr.
1602–1680 **Kircher**, Athanasius; D; Polyhist., Mus.hist.
1606–1681 **Conring**, Hermann; D; Polyhist., Jur.
1606–1688 **Sandrart**, Joachim von; D; Mal., Stech.
1608–1660 **Freinsheim**, Johannes; D; Hist., Phil.
1610–1688 **DuCange**, Charles du Fresne; F; Jur., Lex.
1611–1671 **Gronovius**, Johannes Fredericus; D/NL; Jur., Phil.
1611–1672 **Boeckler**, Johann Heinrich; D; Polyhist.
1613–1688 **Perrault**, Claude; F; Nat.wiss., Übers.
1613–1696 **Bellori**, Giovanni Pietro; I; Antiqu., Khist.
1618–1689 **Vossius**, Isaac; NL; Phil.
1620–1681 **Heinsius**, Nicolaus; NL; Phil.
1620–1700 **Fabretti**, Raffaele; I; Hist., Antiqu.
1621–1679 **Scheffer**, Johannes; D; Phil., Hist.
1628–1703 **Perrault**, Charles; F; Antiqu.
1629–1710 **Spanheim**, Ezechiel; CH; Num., Phil.
1630?–1710 **Meibom**, Marcus; DK; Phil., Mus.hist.
1630–1721 **Huet**, Pierre Daniel; F; Polyhist.
1632–1703 **Graevius**, Johann Georg; D; Phil.

1632–1706	**Foy-Vaillant**, Jean; F; Antiqu., Num.
1632–1707	**Mabillon**, Jean; F; Hist.
1633–1698	**Ciampini**, Giovanni Giustino; I; Hist., Arch.
1635–1700	**Santi Bartoli**, Pietro; I; Stech., Mal.
1638–1707	**Cellarius**, Christophorus; D; Hist., Phil.
1645–1716	**Gronovius**, Jacobus; NL; Antiqu., Hist.
1646–1703	**Morell**, Andreas; CH/D; Antiqu., Num.
1646–1729	**Hardouin**, Jean; F; Theol., Phil.
1647–1685	**Spon**, Jacques; F; Antiqu., Reis.
1648–1722	**Baudelot de Dairval**, Charles César; F; Antiqu., Gem.
1651–1722	**Dacier**, André; F; Übers.
1653–1705	**Beger**, Lorenz; D; Antiqu., Num.
1653–1716	**Maffei**, Paolo Alessandro; I; Antiqu.
1654–1720	**Dacier**, Anne; F; Phil., Übers.
1655–1741	**Montfaucon**, Bernard de; F; Paläogr., Antiqu.
1660–1724	**La Chausse**, Michel-Ange de; F; Antiqu., Sam.
1662–1729	**Bianchini**, Francesco; I; Arch., Theol.
1662–1742	**Bentley**, Richard; GB; Phil., Theol.
1664–1747	**Ficoroni**, Francesco de'; I; Arch., Antiqu.
1667–1745	**Richardson**, Jonathan; GB; Kth.
1668–1736	**Fabricius**, Johann Albert; D; Phil., Theol.
1668–1741	**Burmann**, Pieter d.Ä.; NL; Phil.
1671–1725	**Heraeus**, Carl Gustav; D; Antiqu., Num.
1672–1719	**Addison**, Joseph; GB; Reis., Num.
1672–1750	**Muratori**, Ludovico Antonio; I; Hist., Jur.
1675–1755	**Maffei**, Francesco Scipione; I; Hist., Epigr.
1684–1782	**Pellerin**, Joseph; F; Num., Phil.
1685–1766	**Hemsterhuis**, Tiberius; NL; Phil., Math.
1688–1768	**Forcellini**, Egidio; I; Phil.
1689–1755	**Montesquieu**, Charles-Louis de Secondat; F; Pol., Philos.
1691–1757	**Gori**, Anton Francesco; I; Antiqu., Gem.
1691–1757	**Stosch**, Philipp von; D; Num., Gem.
1691–1761	**Gesner**, Johann Matthias; D; Phil.
1692/93–1770	**Vettori**, Francesco; I; Antiqu., Sam.
1692–1765	**Caylus**, Anne-Claude-Philippe, Comte de; I; Antiqu., Arch.
1694–1780	**Passeri**, Giovanni Battista; I; Arch.
1696–1751	**D'Orville**, Jacques Philippe; NL; Phil., Hist.
1699–1768	**Spence**, Joseph; GB; Hist.
1701–1756	**Christ**, Johann Friedrich; D; Phil., Hist.
1702–1785	**Lippert**, Philipp Daniel; D; Zeich., Gem.
1705–1763	**Natter**, Lorenz; D; Gem.
1705–1763	**Venuti**, Ridolfino; I; Arch., Antiqu.
1707–1781	**Ernesti**, Johann August; D; Phil., Theol.
1710–1785	**Paciaudi**, Paolo Maria; I; Theol., Arch.
1711–1776	**Hume**, David; GB; Philos., Hist.
1713–1778	**Burmann**, Pieter d.J.; NL; Phil., Rhet.
1713–1788	**Stuart**, James; GB; Mal., Reis.
1715/17–1799	**Cavaceppi**, Bartolomeo; I; Rest.
1715–1785	**Valckenaer**, Lodewijk Caspar; NL; Phil.
1716/17–1771	**Wood**, Robert; GB; Reis.
1716–1774	**Reiske**, Johann Jacob; D; Phil., Arab.
1717–1768	**Winckelmann**, Johann Joachim; D; Arch., Khist.
1717–1795	**Bracci**, Domenico Augusto; I; Antiqu., Gem.
1719–1805	**Hugues d'Hancarville**, Pierre-François; F; Khist., Reis.
1720–1778	**Piranesi**, Giambattista; I; Stech., Graph.
1720–1804	**Revett**, Nicholas; GB; Reis., Mal.
1723–1798	**Ruhnken**, David; D/NL; Hum.
1723–1816	**Ferguson**, Adam; GB; Hist., Philos.
1725–1798	**Ramler**, Karl Wilhelm; D; Lit.theor., Übers.
1729–1781	**Lessing**, Gotthold Ephraim; D; Lit.theor., Lit.hist.
1729–1812	**Heyne**, Christian Gottlob; D; Phil., Bibl.
1732–1780	**Musgrave**, Samuel; GB; Phil.
1733–1813	**Wieland**, Christoph Martin; D; Übers.
1735–1801	**Millar**, John; GB; Philos., Hist.
1735–1803	**Scheller**, Immanuel Johann Gerhard; D; Phil.
1737–1794	**Gibbon**, Edward; GB; Hist.
1737–1798	**Eckhel**, Joseph Hilarius; Ö; Num.
1738–1771	**Klotz**, Christian Adolph; D; Phil.
1738–1810	**Chandler**, Richard; GB; Antiqu., Theol.
1746–1820	**Wyttenbach**, Daniel; CH/NL; Phil.
1749–1832	**Goethe**, Johann Wolfgang; D; Lit.theor.

1750–1832 **Sestini**, Domenico; I; Num., Antiqu.
1751–1818 **Visconti**, Ennio Quirino; I; Arch.
1751–1824 **Payne Knight**, Richard; GB; Reis., Arch.
1751–1826 **Voß**, Johann Heinrich; D; Übers., Phil.
1753–1836 **Fea**, Carlo; I; Arch.
1755–1809 **Zoëga**, Georg; DK; Antiqu., Arch.
1755–1849 **Quatremère de Quincy**, Antoine-Chrysostôme; F; Arch.theor., Arch.
1758–1810 **Piranesi**, Francesco; I; Stech., Graph.
1759–1808 **Porson**, Richard; GB; Phil.
1759–1818 **Millin de Grandmaison**, Aubin-Louis; F; Arch., Bot.
1759–1824 **Wolf**, Friedrich August; D; Phil.
1759–1837 **Hirt**, Aloys; D; Kth., Arch.
1760–1832 **Meyer**, Johann Heinrich; CH; Mal., Khist.
1760–1835 **Böttiger**, Karl August; D; Arch., Phil.
1764–1829 **Buttmann**, Philipp Karl; D; Phil.
1766–1841 **Elgin**, Thomas Bruce, Earl of; GB; Sam.
1767–1835 **Humboldt**, Wilhelm von; D; Übers., Kulturwiss.
1767–1845 **Schlegel**, August Wilhelm; D; Lit.theor., Übers.
1768–1834 **Schleiermacher**, Friedrich Daniel Ernst; D; Philos., Theol.
1771–1858 **Creuzer**, Georg Friedrich; D; Phil., Rel.wiss.
1772–1829 **Schlegel**, Friedrich; D; Lit.theor., Phil.
1772–1848 **Hermann**, Gottfried; D; Phil.
1773–1825 **Elmsley**, Peter; GB; Phil., Kirch.hist.
1774–1817 **Haller von Hallerstein**, Carl; D; Arch., Zeich.
1775–1853 **Grotefend**, Georg Friedrich; D; Phil., Ling.
1776–1831 **Niebuhr**, Barthold Georg; D; Hist.
1777–1847 **Clarac**, Charles Othon Frédéric Jean Baptiste, Comte de; F; Zeich., Arch.
1777–1858 **Wagner**, Johann Martin von; D; Khist., Sam.
1779–1855 **Gaisford**, Thomas; GB; Phil., Theol.
1779–1861 **Savigny**, Friedrich Carl von; D; Jur., Rechtshist.
1780–1842 **Brøndsted**, Peter Oluf; DK; Arch., Phil.
1781–1860 **Borghesi**, Bartolomeo; I; Epigr.
1781–1860 **Lobeck**, Christian August; D; Phil., Ling.
1782–1854 **Mai**, Angelo; I; Phil.
1784–1860 **Thiersch**, Friedrich; D; Phil.
1784–1868 **Welcker**, Friedrich Gottlieb; D; Phil., Arch.
1785–1867 **Boeckh**, August; D; Phil.
1785–1871 **Bekker**, Immanuel; D; Phil.
1786–1837 **Stackelberg**, Otto Magnus von; D/BALT; Mal., Zeich.
1786–1861 **Drumann**, Wilhelm Karl August; D; Hist.
1786–1883 **Passow**, Franz; D; Phil.
1790–1832 **Champollion**, Jean-François; F; Ägypt.
1790–1854 **Raoul-Rochette**, Désiré; F; Arch.
1791–1867 **Bopp**, Franz; D; Ling., Indogerm.
1793–1835 **Reuvens**, Caspar Jacob Christiaan; NL; Arch., Ägypt.
1793–1851 **Lachmann**, Karl; D; Phil., Germ.
1794–1871 **Grote**, George; GB; Phil.
1795–1867 **Gerhard**, Eduard; D; Arch.
1796–1845 **Pauly**, August Friedrich; D; Lex.
1797–1840 **Müller**, Karl Otfried; D; Phil., Arch.
1798–1837 **Leopardi**, Giacomo; I; Phil.
1800–1858 **Panofka**, Theodor; D; Arch.
1800–1875 **Migne**, Jacques-Paul; F; Phil., Verl.
1802–1859 **Lenormant**, Charles; F; Arch., Ägypt.
1802–1870 **Botta**, Paul-Émile; F; Vorderasiat. Arch.
1802–1873 **Lehrs**, Karl; D; Phil.
1802–1878 **Kühner**, Raphael; D; Phil.
1802–1883 **Dindorf**, Karl Wilhelm; D; Phil.
1804–1886 **Madvig**, Johan Nicolai; DK; Phil.
1805–1875 **Rodbertus**, Karl; D; Hist., Ökon.
1805–1897 **Vallauri**, Tommaso; I; Phil.
1806–1859 **Ross**, Ludwig; D; Arch., Phil.
1806–1876 **Ritschl**, Friedrich Wilhelm; D; Phil.
1806–1880 **Cohen**, Henry; F; Num.
1806–1895 **Georges**, Karl Ernst; D; Phil., Lex.
1808–1874 **Haupt**, Moriz; D; Phil.
1808–1884 **Droysen**, Johann Gustav; D; Hist.
1809–1856 **Braun**, Emil; D; Arch.
1810–1884 **Lepsius**, Karl Richard; D; Ägypt., Ling.
1810–1895 **Rawlinson**, Henry; GB; Arch.
1812–1881 **Bergk**, Theodor; D; Phil., Arch.
1812–1882 **Marquardt**, Karl Joachim; D; Hist.
1812–1902 **Rawlinson**, George; GB; Hist.
1813–1869 **Jahn**, Otto; D; Phil., Arch.
1813–1889 **Cobet**, Carel Gabriel; NL; Phil.

1814–1896 **Curtius**, Ernst; D; Arch., Phil.
1814–1908 **Zeller**, Eduard; D; Theol., Philos.
1815–1887 **Bachofen**, Johann Jakob; CH; Rechtshist., Hist.
1816–1887 **Henzen**, Wilhelm; D; Epigr.
1816–1894 **Newton**, Charles Thomas; GB; Arch., Epigr.
1817–1893 **Jowett**, Benjamin; GB; Phil., Theol.
1817–1894 **Layard**, Austen Henry; GB; Arch.
1817–1903 **Mommsen**, Theodor; D; Hist.
1818–1883 **Marx**, Karl; D; Philos.
1818–1897 **Burckhardt**, Jacob; CH; Khist., Hist.
1819–1883 **Schaefer**, Arnold; D; Hist.
1820–1885 **Curtius**, Georg; D; Phil.
1820–1895 **Engels**, Friedrich; D; Ägypt.
1821–1881 **Mariette**, Auguste; F; Ägypt.
1822–1890 **Schliemann**, Heinrich; D; Arch.
1822–1892 **Nauck**, August; D; Phil.
1822–1894 **Brunn**, Heinrich; D; Arch.
1822–1894 **De Rossi**, Giovanni Battista; I; Christl. Arch., Epigr.
1823–1892 **Renan**, Ernest; F; Rel.wiss., Altor.
1823–1896 **Fiorelli**, Giuseppe; I; Arch., Num.
1824–1879 **Stark**, Carl Bernhard; D; Phil., Arch.
1824–1881 **Bernays**, Jacob; D; Phil., Rel.hist.
1824–1909 **Friedländer**, Ludwig; D; Phil., Kulturwiss.
1825–1905 **Oppert**, Jules; D/F; Altor.
1826–1895 **Overbeck**, Johannes; D; Arch.
1826–1907 **Hertzberg**, Gustav Friedrich; D; Hist.
1826–1908 **Kirchhoff**, Adolf; D; Phil., Ling.
1827–1894 **Brugsch**, Heinrich; D; Ägypt.
1827–1898 **Ribbeck**, Otto; D; Phil.
1828–1922 **Büchsenschütz**, Albert Bernhard; D; Hist.
1830–1889 **Fustel de Coulanges**, Numa Denis; F; Hist., Mediäv.
1830–1900 **Holm**, Adolf; D; Hist.
1831–1871 **Friederichs**, Karl; D; Arch.
1831–1887 **Benoist**, Eugène; F; Phil.
1831–1913 **Bernoulli**, Johann Jacob; CH; Arch.
1831–1914 **Conze**, Alexander; D; Arch.
1831–1924 **Gildersleeve**, Basil Lanneau; US; Phil.
1832–1912 **Gomperz**, Theodor; Ö; Phil.
1832–1914 **Perrot**, Georges; F; Arch., Hist.
1834–1905 **Usener**, Hermann; D; Phil., Rel.wiss.
1835–1910 **Michaelis**, Adolf; D; Arch., Phil.
1836–1908 **Schrader**, Eberhard; D; Theol., Assyr.
1836–1919 **Petersen**, Eugen; D; Arch., Phil.
1837–1883 **Lenormant**, François; F; Arch., Altor.
1837–1908 **Bücheler**, Franz; D; Phil.
1838–1907 **Benndorf**, Otto; D; Arch.
1838–1920 **Imhoof-Blumer**, Friedrich; CH; Num., Sam.
1839–1893 **Nettleship**, Henry; GB; Phil.
1839–1896 **Humann**, Carl; D; Arch.
1839–1911 **Kekulé von Stradonitz**, Reinhard; D; Arch.
1839–1912 **Nissen**, Heinrich; DK/D; Hist.
1839–1915 **Helbig**, Wolfgang; D; Arch.
1840–1906 **Dittenberger**, Wilhelm; D; Phil.
1840–1909 **Mau**, August; D; Arch., Phil.
1840–1914 **Bywater**, Ingram; GB; Phil.
1841–1905 **Jebb**, Richard Claverhouse; GB; Phil.
1841–1939 **Menge**, Hermann; D; Phil.
1842–1910 **Hamdi Bey**, Osman; TR; Khist.
1842–1925 **Pigorini**, Luigi; I; Prähist.
1842–1930 **Brugsch**, Emil; D; Hist.
1843–1907 **Blass**, Friedrich; D; Phil.
1843–1921 **Treu**, Georg; D; Arch.
1843–1922 **Hirschfeld**, Otto; D; Hist., Epigr.
1843–1925 **Gardthausen**, Victor; D; Hist., Paläogr.
1844–1900 **Nietzsche**, Friedrich; D; Philos., Phil.
1844–1914 **Head**, Barclay Vincent; GB; Num.
1844–1919 **Blümner**, Hugo; D; Arch., Phil.
1845–1898 **Rohde**, Erwin; D; Phil.
1845–1923 **Croiset**, Alfred; F; Phil.
1845–1929 **Lanciani**, Rodolfo; I; Arch., Topogr.
1846–1916 **Maspero**, Gaston; F; Ägypt.
1846–1937 **Gardner**, Percy; GB; Arch.
1848–1922 **Diels**, Hermann; D; Phil., Philos.
1848–1925 **Homolle**, Théophile; F; Arch., Epigr.
1848–1929 **Delbrück**, Hans; D; Hist.
1848–1931 **Wilamowitz-Moellendorff**, Ulrich von; D; Phil.
1849–1910 **Niese**, Benedictus; D; Phil.
1849–1917 **Collignon**, Maxime; F; Arch.
1850–1920 **Busolt**, Georg; D; Hist.
1850–1921 **Seeck**, Otto; D; Hist.
1850–1922 **Delitzsch**, Friedrich; D; Assyr.
1850–1922 **Robert**, Carl; D; Arch., Phil.
1850–1928 **Harrison**, Jane Ellen; GB; Phil., Rel.wiss.
1851–1902 **Hettner**, Felix; D; Arch.
1851–1914 **Leo**, Friedrich; D; Phil.
1851–1930 **Duhn**, Friedrich von; D; Arch.
1851–1930 **Harnack**, Adolf von; D; Kirch.hist.

1851–1941 **Evans**, Arthur; GB; Arch., Num.
1852–1914 **Pöhlmann**, Robert von; D; Hist.
1852–1915 **Loeschcke**, Georg; D; Arch.
1852–1917 **Körte**, Gustav; D; Arch., Etrusk.
1852–1937 **Cagnat**, René; F; Epigr.
1853–1907 **Furtwängler**, Adolf; D; Arch.
1853–1909 **Wickhoff**, Franz; Ö; Arch., Khist.
1853–1938 **Wackernagel**, Jacob; CH; Indogerm.
1853–1940 **Dörpfeld**, Wilhelm; D; Bauf., Arch.
1853–1942 **Petrie**, Flinders; GB; Ägypt., Arch.
1854–1924 **Babelon**, Ernest; F; Num., Arch.
1854–1928 **Heiberg**, Johan Ludvig; DK; Phil., Math.
1854–1929 **Beloch**, Karl Julius; D; Hist.
1854–1937 **Erman**, Adolf; D; Ägypt.
1854–1941 **Frazer**, James George; GB; Phil., Rel.wiss.
1855–1925 **Koldewey**, Robert; D; Bauf., Vorderasiat. Arch.
1855–1930 **Bonsor Saint-Martin**, George Edward; GB/SP; Arch., Mal.
1855–1930 **Meyer**, Eduard; D; Phil., Hist.
1855–1934 **Pottier**, Edmond François Paul; F; Arch.
1856–1903 **Enmann**, Alexander; D/BALT; Hist.
1856–1924 **Preisigke**, Friedrich; D; Pap.
1856–1927 **Domaszewski**, Alfred von; Ö; Hist.
1856–1931 **Dessau**, Hermann; D; Hist., Epigr.
1856–1947 **Golenischeff**, Wladimir; RU; Ägypt.
1857–1930 **Halbherr**, Federico; I; Epigr., Arch.
1857–1934 **Shorey**, Paul; US; Phil.
1857–1934 **Tsountas**, Christos; GR; Arch.
1857–1938 **Löwy**, Emanuel; Ö; Arch.
1857–1942 **Fabricius**, Ernst; D; Arch., Hist.
1857–1944 **Wilpert**, Joseph; D; Christl. Arch.
1858–1905 **Riegl**, Alois; Ö; Khist.
1858–1928 **Loofs**, Friedrich; D; Kirch.hist.
1858–1932 **Reinach**, Salomon; F; Arch., Khist.
1858–1935 **Hülsen**, Christian; D; Arch., Epigr.
1858–1936 **Kubitschek**, Wilhelm; Ö; Hist., Num.
1858–1940 **Schwartz**, Eduard; D; Phil.
1859–1896 **Dümmler**, Georg Ferdinand; D; Phil., Arch.
1859–1921 **Mitteis**, Ludwig; D; Pap., Rechtshist.
1859–1931 **Arnim**, Hans von; D; Phil.
1859–1931 **Wissowa**, Georg; D; Phil., Rel.wiss.
1859–1933 **Jullian**, Camille; F; Hist.
1859–1934 **Kromayer**, Johannes; D; Hist.
1859–1935 **Orsi**, Paolo; I; Arch., Prähist.
1859–1936 **Housman**, Alfred Edward; GB; Phil.
1859–1941 **Marx**, Friedrich; D; Phil.
1859–1943 **Schuchhardt**, Carl; D; Prähist., Arch.
1859–1944 **Zielinski**, Tadeusz; POL/RU; Phil., Kulturwiss.
1860–1929 **Studniczka**, Franz; Ö/D; Arch.
1861–1907 **Traube**, Ludwig; D; Phil., Mediäv.
1861–1927 **Bury**, John Bagnell; IR; Hist.
1861–1930 **Winter**, Franz; D; Arch.
1861–1931 **Reitzenstein**, Richard; D; Phil., Rel.hist.
1861–1932 **Holleaux**, Maurice; F; Epigr., Hist.
1861–1936 **Jensen**, Peter; D; Assyr.
1861–1951 **Steindorff**, Georg; D/US; Ägypt., Kopt.
1862–1944 **Wilcken**, Ulrich; D; Pap.
1863–1922 **Svoronos**, Ioannes Nikolaos; GR; Num., Arch.
1863–1938 **Borchardt**, Ludwig; D; Arch., Ägypt.
1863–1939 **Ciccotti**, Ettore; I; Hist.
1864–1920 **Weber**, Max; D; Jur., Ökon.
1864–1931 **Bérard**, Victor; F; Hist., Phil.
1864–1936 **Wiegand**, Theodor; D; Arch.
1865–1927 **Amelung**, Walther; D; Arch.
1865–1937 **Arndt**, Paul Julius; D; Arch.
1865–1944 **Crum**, Walter Ewing; GB; Kopt., Ägypt.
1865–1950 **Rizzo**, Giulio Emanuele; I; Arch., Khist.
1865–1959 **Nestle**, Wilhelm; D; Phil.
1866–1929 **Warburg**, Aby; D; Khist., Kulturwiss.
1866–1957 **Murray**, Gilbert; AUS/GB; Phil.
1867–1929 **Heinze**, Richard; D; Phil.
1867–1945 **Bidez**, Joseph; B; Phil.
1868–1941 **Norden**, Eduard; D; Phil.
1868–1942 **Münzer**, Friedrich; D; Hist., Phil.
1868–1944 **Ziebarth**, Erich; D; Hist.
1868–1946 **Kornemann**, Ernst; D; Hist.
1868–1947 **Cumont**, Franz; B; Arch., Phil.
1869–1924 **Walde**, Alois; Ö; Ling., Indogerm.
1869–1926 **Grenfell**, Bernard Pyne; GB; Pap.
1869–1934 **Sethe**, Kurt; D; Ägypt.
1869–1935 **Premerstein**, Anton von; Ö; Hist.
1869–1939 **Kroll**, Wilhelm; D; Phil.
1870–1941 **Dragendorff**, Hans; D; Phil., Arch.
1870–1952 **Rostovtzeff**, Michael Iwanowitsch; RU/US; Hist.
1870–1957 **De Sanctis**, Gaetano; I; Hist.
1871–1934 **Hunt**, Arthur Surridge; GB; Pap.

1871–1942	**Ferrero**, Guglielmo; I/CH; Hist., Hist.
1871–1950	**Stein**, Arthur; Ö; Hist.
1872–1944	**Thureau-Dangin**, François; F; Arch., Altor.
1872–1962	**Pohlenz**, Max; D; Phil.
1872–1963	**Karo**, Georg Heinrich; D/US; Arch.
1873–1956	**Bissing**, Friedrich Wilhelm von; D; Ägypt., Arch.
1873–1960	**Schubart**, Wilhelm; D; Pap., Phil.
1874–1931	**Ashby**, Thomas; GB; Arch., Topogr.
1874–1939	**Carter**, Howard; GB; Ägypt.
1874–1943	**Cornford**, Francis Macdonald; GB; Phil., Philos.
1874–1943	**Schwyzer**, Eduard; CH; Ling., Indogerm.
1874–1954	**Curtius**, Ludwig; D; Arch.
1874–1967	**Nilsson**, Martin; S; Phil., Rel.hist.
1875–1942	**Lietzmann**, Hans; D; Theol., Kirch.hist.
1875–1956	**Andrae**, Walter; D; Arch., Altor.
1875–1957	**Delbrueck**, Richard; D; Arch.
1876–1939	**Frank**, Tenney; US; Phil., Hist.
1876–1940	**Pfuhl**, Ernst; D; Arch.
1876–1950	**Poulsen**, Frederik; DK; Arch.
1876–1959	**Jacoby**, Felix; D; Phil.
1877–1942	**Bolkestein**, Hendrik; NL; Hist.
1877–1962	**Junker**, Hermann; D; Ägypt.
1878–1941	**Otto**, Walter; D; Hist.
1878–1957	**Marchesi**, Concetto; I; Phil.
1878–1961	**Grenier**, Albert; F; Arch.
1878–1963	**Keil**, Josef; Ö; Epigr., Arch.
1878–1964	**Marouzeau**, Jules; F; Phil.
1879–1940	**Dölger**, Franz Joseph; D; Theol., Kirch.hist.
1879–1944	**Della Seta**, Alessandro; I; Arch.
1879–1948	**Herzfeld**, Ernst; D; Arch., Altor.
1879–1951	**Koschaker**, Paul; Ö; Rechtshist.
1879–1952	**Hrozný**, Bedřich (Friedrich); TSCH; Altor., Heth.
1879–1957	**Wace**, Alan; GB; Arch.
1879–1963	**Gardiner**, Alan H.; GB; Ägypt.
1879–1973	**Ernout**, Alfred; F; Phil.
1879–1978	**Bieber**, Margarete; D/US; Arch., Khist.
1880–1945	**Oldfather**, William Abbott; US; Phil.
1880–1955	**Löfstedt**, Einar; S; Phil.
1880–1957	**Jacobsthal**, Paul; D/GB; Arch.
1880–1960	**Woolley**, Leonard; GB; Arch.
1880–1964	**Maas**, Paul; D; Phil., Byz.
1881–1945	**Roussel**, Pierre; F; Hist., Epigr.
1881–1958	**Poebel**, Arno; D/US; Altor., Sumer.
1881–1959	**Laqueur**, Richard; D; Hist., Phil.
1881–1964	**Grégoire**, Henri; B; Byz.
1881–1970	**Carcopino**, Jérôme; F; Hist.
1882–1948	**Weber**, Wilhelm; D; Hist.
1882–1962	**Gernet**, Louis-Jules; F; Phil., Anthr.
1882–1968	**Friedländer**, Paul; D; Phil.
1882–1969	**Egger**, Rudolf; Ö; Hist., Arch.
1882–1969	**Süß**, Wilhelm; D; Phil.
1882–1972	**Richter**, Gisela; GB/US; Arch.
1883–1965	**Picard**, Charles; F; Arch.
1883–1968	**Piganiol**, André; F; Hist.
1884–1956	**Sarton**, George; B/USA; Wiss.hist.
1884–1964	**Mattingly**, Harold; GB; Num.
1884–1969	**Gerkan**, Armin von; D/BALT; Arch., Bauf.
1884–1974	**Laum**, Bernhard; D; Phil., Arch.
1884–1974	**Ziegler**, Konrat; D; Phil.
1884–1975	**Oertel**, Friedrich; D; Hist.
1885–1952	**Pasquali**, Giorgio; I; Phil.
1885–1954	**Lippold**, Georg; D; Arch.
1885–1965	**Ensslin**, Wilhelm; D; Hist.
1885–1970	**Beazley**, John Davidson; GB; Arch.
1886–1941	**Newell**, Edward T.; US; Num.
1886–1945	**Rodenwaldt**, Gerhart; D; Arch.
1886–1954	**Hofmann**, Johann Baptist; D; Phil., Ling.
1886–1956	**Curtius**, Ernst Robert; D; Roman., Kompar.
1886–1957	**Hohl**, Ernst; D; Hist., Phil.
1886–1958	**Reinhardt**, Karl; D; Phil.
1886–1961	**Buschor**, Ernst; D; Arch.
1886–1964	**Polanyi**, Karl; Ö/US; Hist.
1886–1969	**Taylor**, Lily Ross; US; Hist.
1886–1973	**Dinsmoor**, William Bell; US; Arch., Epigr.
1886–1974	**Gelzer**, Matthias; CH/D; Phil., Hist.
1887–1971	**Blegen**, Carl William; US; Arch.
1887–1979	**Orlandos**, Anastasios; GR; Arch.
1888–1960	**Dornseiff**, Franz; D; Phil., Germ.
1888–1961	**Jaeger**, Werner; D/US; Phil.
1888–1962	**Kahrstedt**, Ulrich; D; Hist.
1888–1970	**Fraenkel**, Eduard; D/GB; Phil.
1888–1977	**Fränkel**, Hermann; D/US; Phil.
1889–1943	**Rosenberg**, Arthur; D; Hist.
1889–1961	**Anti**, Carlo; I; Arch.
1889–1975	**Toynbee**, Arnold Joseph; GB; Hist.
1889–1977	**Leumann**, Manu; D; Phil., Indogerm.
1889–1979	**Pfeiffer**, Rudolf; D; Phil.
1890–1958	**Kaschnitz von Weinberg**, Guido; Ö/D; Arch.
1890–1966	**Erichsen**, Wolja; DK; Ägypt., Kopt.
1890–1966	**Rumpf**, Andreas; D; Arch.

1890–1968 **Landsberger**, Benno; Ö/D; Altor., Assyr.
1890–1974 **Matz**, Friedrich; D; Arch.
1890–1976 **Wheeler**, Mortimer; GB; Arch.
1891–1945 **Stein**, Ernst; Ö; Hist.
1891–1949 **Massow**, Wilhelm von; D; Phil., Arch.
1891–1957 **Tarn**, William Woodthorpe; GB; Hist.
1891–1964 **Latte**, Kurt; D; Phil.
1891–1968 **Meuli**, Karl; CH; Phil., Rel.wiss.
1891–1976 **Ehrenberg**, Victor; D/GB; Hist.
1891–1979 **Delcourt**, Marie; B; Phil., Hist.
1892–1959 **Buck**, Adriaan de; NL; Ägypt.
1892–1961 **Rostagni**, Augusto; I; Phil.
1892–1966 **Schweitzer**, Bernhard; D; Arch.
1892–1974 **Bosch Gimpera**, Pedro (Pere); SP/MEX; Prähist., Arch.
1893–1945 **Liegle**, Josef Theodor; D; Phil., Num.
1893–1957 **Hasebroek**, Johannes; D; Hist.
1893–1979 **Dodds**, Eric Robertson; IR; Phil.
1894–1960 **Lehmann-Hartleben**, Karl; D/US; Arch.
1894–1963 **Till**, Walter; Ö; Kopt.
1894–1968 **Klingner**, Friedrich; D; Phil.
1894–1983 **Fremersdorf**, Fritz; D; Arch., Khist.
1894–1988 **Ashmole**, Bernard; GB; Arch.
1895–1973 **Seyrig**, Henri; F; Arch., Num.
1895–1978 **Langlotz**, Ernst; D; Arch.
1895–1981 **Alföldi**, Andreas; U; Hist., Arch.
1895–1984 **Drexler**, Hans; D; Phil.
1895–1986 **Vogt**, Joseph; D; Hist.
1895–1987 **Schachermeyr**, Fritz; Ö; Hist.
1896–1957 **Harder**, Richard; D; Phil.
1896–1979 **Berve**, Helmut; D; Hist.
1896–1981 **Lesky**, Albin; Ö; Phil.
1896–1986 **Snell**, Bruno; D; Phil.
1897–1971 **Goetze**, Albrecht; D/US; Altor., Heth.
1897–1972 **Schwabacher**, Willy; D; Num.
1897–1973 **Kerényi**, Karl; U/CH; Phil., Rel.wiss.
1897–1977 **Moortgat**, Anton; B/D; Vorderasiat. Arch.
1897–1981 **Bickermann**, Elias Joseph; RU/US; Hist.
1897–1988 **Gjerstad**, Einar; S; Arch., Hist.
1897–1990 **Kramer**, Samuel Noah; US; Assyr., Sumer.
1898–1939 **Uxkull-Gyllenband**, Woldemar Graf von; D; Hist.
1898–1971 **Bowra**, Cecil Maurice; GB; Phil.
1898–1975 **Meyer**, Ernst; D; Hist.
1898–1976 **Altheim**, Franz; D; Phil., Hist.
1898–1982 **Festugière**, André-Jean; F; Rel.wiss., Theol.
1898–1988 **Mylonas**, Georgios; GR; Arch.
1898–1991 **Levi**, Doro; I; Arch.
1898–1994 **Karousou**, Semni; GR; Arch.
1899–1955 **Bosch**, Clemens; D; Hist., Num.
1899–1990 **Neugebauer**, Otto; Ö/US; Math.
1900–1950 **Maschkin**, Nikolaj Aleksandrowitsch; RU; Hist.
1900–1966 **Hadas**, Moses; US; Phil.
1900–1967 **Karousos**, Christos; GR; Arch.
1900–1974 **Schadewaldt**, Wolfgang; D; Phil.
1900–1975 **Bianchi Bandinelli**, Ranuccio; I; Arch., Khist.
1900–1976 **Schuchhardt**, Walther-Herwig; D; Arch.
1900–1985 **Fritz**, Kurt von; D; Phil.
1900–1989 **Wickert**, Lothar; D; Hist.
1900–1993 **Broughton**, Thomas Robert Shannon; CAN; Hist.
1901–1968 **Heichelheim**, Fritz Moritz; D/CAN; Hist., Pap.
1901–1973 **Brendel**, Otto Johannes; D/US; Arch.
1901–1974 **Marinatos**, Spyridon; GR; Arch.
1901–1979 **Welskopf-Henrich**, Liselotte; D; Hist.
1901–1980 **Parrot**, André; F; Altor., Arch.
1901–1992 **Kakridis**, Johannes; GR; Phil.
1901–1994 **Burck**, Erich; D; Phil.
1901–1994 **Kunze**, Emil; D; Arch.
1902–1935 **Parry**, Milman; US; Phil., Kompar.
1902–1936 **Payne**, Humfry; GB; Arch.
1902–1965 **Edelstein**, Ludwig; D/US; Phil., Med.
1902–1979 **Pflaum**, Hans-Georg; D; Jur., Hist.
1902–1981 **Kunkel**, Wolfgang; D; Jur., Rechtshist.
1902–1983 **Wolff**, Hans Julius; D/US; Rechtshist., Pap.
1902–1989 **Meiggs**, Russell; GB; Hist., Epigr.
1903–1972 **García y Bellido**, Antonio; SP; Arch.
1903–1982 **Furumark**, Arne; S; Arch.
1903–1989 **Syme**, Ronald; NZ; Hist.
1903–1992 **Langosch**, Karl; D; Mediäv., Germ.
1903–1995 **Heurgon**, Jacques; F; Phil.
1904–1970 **Jones**, Arnold Hugh Martin; GB; Hist.
1904–1974 **Oppenheim**, Adolph Leo; Ö/US; Assyr.
1904–1977 **Marrou**, Henri-Irénée; F; Hist., Kirch.hist.
1904–1979 **Préaux**, Claire; B; Phil., Hist.

1904–1980 **Youtie**, Herbert Chayyim; US; Pap.
1904–1985 **Robert**, Louis; F; Hist., Epigr.
1904–1989 **Solmsen**, Friedrich; D/US; Phil.
1904–1993 **Jacobsen**, Thorkild; DK; Arch., Sumer.
1905–1964 **Schenk von Stauffenberg**, Alexander Graf; D; Hist.
1905–1974 **Kähler**, Heinz; D; Arch.
1905–1991 **Polotsky**, Hans Jakob; ISR; Ägypt., Kopt.
1905–1999 **Schefold**, Karl; D/CH; Arch., Phil.
1906–1966 **Falkenstein**, Adam; D; Altor.
1906–1978 **Highet**, Gilbert; GB/US; Phil.
1906–1980 **Aulock**, Hans von; D; Num.
1906–1988 **Posener**, Georges; F; Ägypt.
1906–1997 **Kaser**, Max; Ö; Rechtshist.
1906–2000 **Thompson**, Homer Armstrong; CAN/US; Arch.
1907–1985 **Gelb**, Ignace Jay (Jerzy); POL/US; Altor., Assyr.
1907–1991 **Bittel**, Kurt; D; Prähist., Arch.
1908–1978 **Page**, Denys Lionel; GB; Phil.
1908–1981 **Hampe**, Roland; D; Arch.
1908–1987 **Momigliano**, Arnaldo Dante; I; Hist.
1908–1994 **Wieacker**, Franz; D; Jur., Rechtshist.
1908–1995 **Drerup**, Heinrich; D; Arch.
1908–1996 **Soden**, Wolfram von; D; Assyr.
1908–2000 **Güterbock**, Hans Gustav; D; Altor., Heth.
1909–1985 **Strasburger**, Hermann; D; Hist.
1909–1989 **Bengtson**, Hermann; D; Hist.
1909–1993 **Deichmann**, Friedrich-Wilhelm; D; Christl. Arch.
1909–1995 **Heuß**, Alfred; D; Hist.
1909–1995 **Nesselhauf**, Herbert; D; Hist.
1909–1995 **Pallottino**, Massimo; I; Arch., Etrusk.
1910–1981 **Büchner**, Karl; D; Phil.
1910–1997 **Pöschl**, Viktor; Ö/D; Phil.
1910–1999 **Bernabò Brea**, Luigi; I; Prähist., Arch.
1910–2000 **De Ste. Croix**, Geoffrey; GB; Hist.
1911–1983 **Turner**, Eric Gardner; GB; Pap.
1911–1986 **Hanfmann**, George; RU/US; Arch.
1911–1986 **Lauffer**, Siegfried; D; Hist., Epigr.
1911–1987 **Kirsten**, Ernst; D; Hist., Geogr.
1911–1992 **Thompson**, Margaret; US; Num.
1911–2002 **Akurgal**, Ekrem; TR; Arch.
1912–1980 **Courcelle**, Pierre; F; Phil., Hist.
1912–1981 **Ward-Perkins**, John Bryan; GB; Arch.
1912–1986 **Finley**, Moses I.; US/GB; Hist.
1912–1996 **Grimal**, Pierre; F; Phil.
1912–1996 **Straub**, Johannes; D; Hist.
1912–1997 **Martin**, Roland; F; Arch.
1912–1998 **Gigon**, Olof; CH; Phil., Philos.
1912–1998 **Powell**, John Enoch; GB; Phil.
1913–2001 **Mildenberg**, Leo; D; Num.
1913–2006 **Alp**, Sedat; TR; Heth.
1914–1970 **Morenz**, Siegfried; D; Ägypt., Rel.hist.
1914–1991 **Laroche**, Emmanuel; F; Altor., Heth.
1914–1991 **Schtaerman**, Elena Michajlowna; RU; Hist.
1914–1993 **Helck**, Wolfgang; D; Ägypt.
1914–1996 **Hölscher**, Uvo; D; Phil.
1914–1997 **Edel**, Elmar; D; Ägypt.
1914–2004 **Grant**, Michael; GB; Hist.
1914–2007 **Vernant**, Jean-Pierre; F; Hist., Anthr.
1915–1991 **Smith**, Morton; US; Hist., Rel.wiss.
1915–1999 **Diakonoff**, Igor; RU; Altor., Assyr.
1915–2004 **Erbse**, Hartmut; D; Phil.
1916–1987 **Mazzarino**, Santo; I; Hist.
1916–1997 **Schmitthenner**, Walter; D; Hist.
1917–2000 **Walser**, Gerold; CH; Hist.
1917–2005 **Brunt**, Peter; GB; Hist.
1918–1961 **Moreau**, Jacques; B; Hist.
1918–2006 **Merkelbach**, Reinhold; D; Phil., Pap.
1919–1992 **Andronikos**, Manolis; GR; Arch.
1919–1997 **Göbl**, Robert; Ö; Num.
1920–1970 **Kraft**, Konrad; D; Hist., Num.
1920–1996 **Chastagnol**, André; F; Hist.
1920–2000 **Irmscher**, Johannes; D; Phil., Byz.
1922–1956 **Ventris**, Michael; GB; Ling.
1922–1994 **Vallet**, Georges; F; Arch.
1923–2008 **Christ**, Karl; D; Hist.
1924–2007 **Ruschenbusch**, Eberhard; D; Hist.
1925–2005 **Fuhrmann**, Manfred; D; Phil.
1925–2011 **Badian**, Ernst; Ö/US; Hist.
1926–1984 **Foucault**, Michel; F; Hist., Philos.
1926–2005 **Bleicken**, Jochen; D; Hist.
1926–2005 **Lippold**, Adolf; D; Hist.
1928–2000 **Günther**, Rigobert; D; Hist.
1929–1988 **Gaiser**, Konrad; D; Phil.
1929–2002 **Chantraine**, Heinrich; D; Hist., Num.
1929–2003 **Gruben**, Gottfried; D; Arch., Bauf.
1929–2008 **Gschnitzer**, Fritz; Ö; Hist.
1930–1983 **Mørkholm**, Otto; DK; Num.
1930–2004 **Edzard**, Dietz Otto; D; Altor.

1930–2005 **Graham**, Alexander John; GB; Hist.
1930–2006 **Vidal-Naquet**, Pierre; F; Hist.
1932–1998 **Ijsewijn**, Jozef; B; Phil.
1933–2006 **Fol**, Alexander; BG; Hist.
1935–2004 **Meshorer**, Yaakov; Isr; Arch., Num.
1935–2011 **Alföldy**, Géza; U/D; Hist., Epigr.
1939–1995 **Price**, Martin Jessop; GB; Arch., Num.
1939–2004 **Temporini-Gräfin Vitzthum**, Hildegard; D; Hist.
1941–2009 **Eder**, Walter; D; Hist.
1942–2003 **Rilinger**, Rolf; D; Hist.
1943–2003 **Loraux**, Nicole; F; Hist., Anthr.

Hinweise zur Nutzung des Bandes

Die Supplementenreihe will Inhalte der Bände 1–15 des *Neuen Pauly* ergänzen und vertiefen. Jeder der Supplementbände kann als eigenständiges Nachschlagewerk, aber auch in Verbindung mit den enzyklopädischen Bänden genutzt werden.

Die Artikel des vorliegenden biographischen Lexikons zur Geschichte der Altertumswissenschaften sind alphabetisch nach den Namen der Wissenschaftler und Gelehrten angeordnet. Bei komplizierteren und mehrteiligen Personennamen empfiehlt es sich, unter den verschiedenen Namensteilen nachzuschlagen.

Bei der Suche hilft auch das Register am Ende des Bandes weiter. Hier sind neben den Hauptformen zahlreiche alternative Namensvarianten angeführt. Einträge, die hier mit Asterisk * gekennzeichnet sind, haben einen eigenes Lemma im Artikelteil. Im Register sind auch die Namen von zahlreichen weiteren Personen aus der Zeit vom 14. bis zum 20. Jahrhundert verzeichnet, die das Altertum und seine Rezeption erforscht haben, mit Definitionen und Lebensdaten sowie den zugehörigen Fundstellen.

Der zeitlichen und inhaltlichen Einordnung sowie der Kontextualisierung dient die chronologische Aufstellung der mit eigenen Artikeln vertretenen Gelehrten auf S. LI–LXI.

Am Beginn jedes Artikels steht ein Biogramm, das die Stationen des Lebensweges knapp zusammenfasst. Darauf folgen die detailliertere Darstellung von Werdegang, Werk und Wirkung der einzelnen Gelehrten und Altertumsforscher, ein Schriftenverzeichnis (wo sehr umfänglich, in Auswahl) sowie eine aktuelle Forschungsbibliographie.

Im Artikeltext beziehen sich Ziffern in eckigen Klammern [12] auf die entsprechenden Einträge in den Literaturangaben am Ende des Beitrags; diese Ziffern können um spezielle Seitenangaben ergänzt sein [15. 227–234]. Schräg gestellte Pfeile (↗) vor Personennamen verweisen auf weitere Beiträge des Bandes.

Die allgemeinen und bibliographischen Kürzel sind im Abkürzungsverzeichnis im Vorspann aufgelöst (ab S. XLVII). Transkriptionen aus dem Altgriechischen richten sich nach den Konventionen des Neuen Pauly (vgl. die Tabelle rechts).

Transkriptionstabelle Altgriechisch

α	a	Alpha
αι	ai	
αυ	au	
β	b	Beta
γ	g	Gamma; γ vor γ, κ, ξ, χ: n
δ	d	Delta
ε	e	Epsilon
ει	ei	
ευ	eu	
ζ	z	Zeta
η	ē	Eta
ηυ	ēu	
θ	th	Theta
ι	i	Iota
κ	k	Kappa
λ	l	Lambda
μ	m	My
ν	n	Ny
ξ	x	Xi
ο	o	Omikron
οι	oi	
ου	u	
π	p	Pi
ρ	r	Rho
σ, ς	s	Sigma
τ	t	Tau
υ	y	Ypsilon
φ		Phi
χ		Chi
ψ	ps	Psi
ω	ō	Omega
῾	h	
ᾳ	ai	Iota subscriptum (analog ῃ, ῳ: ēi, ōi).

Die verschiedenen griechischen Akzente werden in der Umschrift einheitlich duch einen Betonungshinweis wiedergegeben (ʹ).

Acciaiuoli, Donato

Ital. Humanist. Geb. am 15.3.1429 in Florenz, gest. am 28.8.1478 in Mailand. Studium des Griechischen, Lateinischen und der Mathematik; polit. Aufträge und Ämter für Florenz sowie diverse Gesandtschaften (nach Mailand, Rom, Siena); 1474 Gonfaloniere di Giustizia von Florenz. Auf einer Gesandtschaftsreise nach Paris in Mailand verstorben.

Werk und Wirkung

A. wurde seit den 1450er Jahren immer wieder auf diplomatische Missionen geschickt und hatte hohe Stellungen der florent. Republik inne. Seine polit. Karriere im Dienst der Medici war insofern außergewöhnlich, als die Familien der Acciaiuoli und der Strozzi (aus der seine Mutter stammte) eigentlich einer Medici-feindlichen Parteiung angehörten. A. war Schüler von Iacopo Ammannati und Carlo Marsuppini; er war mit Giannozzo Manetti und Poggio ↗Bracciolini befreundet. Er studierte das Griechische u.a. bei Johannes ↗Argyropulos; aus dieser Kenntnis erwuchsen Kommentare zu Aristoteles' *Nikomachischer Ethik* und *Politik*. A. übersetzte ferner eine Reihe von Viten des Plutarch (zu Demetrios, Alkibiades, Hannibal, Scipio) ins Lateinische. Seine lat. Lebensbeschreibung Karls d.Gr. [3], die später häufig als Anhang zu Plutarchs Viten gedruckt wurde, sollte im Sinne des Stadtstaates Florenz die franz. Krone als Bewahrer des fränkischen Erbes legitimieren. Die *Historia Florentini populi* des Leonardo ↗Bruni übersetzte er ins Italienische (Erstdruck Venedig 1476) [1]; [10]. Als öffentlicher Redner entwickelte A. in seiner *Protestatio de iustitia* [2] (vorgetragen am 15.5. 1469) Brunis republikanische Propaganda weiter [10]. Ungeklärt ist, ob er Verfasser der *Laudatio funebris* [4] des János Hunyadi (gest. 1456) war, die sich im Cod. Magliabecchianus IX,123 (f. 83r-86r) findet.

Schriften

[1] L. Bruni Istoria fiorentina tradotta in volgare, 1861 [2] Protestatio di Iustitia, in: E. Santini (Hrsg.), La ›protestatio de justizia‹ nella Firenze medicea, 1959, 47–54 [3] La Vita Caroli di Donato Acciaiuoli, hrsg. von G. Datti, 1981 [4] Gyászbeszéd Hunyadi János felett, in: S.I. Kovács (Hrsg.), Mint sok fát gyümölccsel ..., 1997, 5–10.

Sekundärliteratur

[5] V. da Bisticci, Vita di Donato di Neri Acciaiuoli, in: V. da Bisticci, Le vite, Bd. 2, 1976, 21–40 (1 1893) [6] A. D'Addario, Art. Acciaiuoli, Donato, in: DBI 1, 1960, 80–82 [7] M. Ganz, Donato Acciaiuoli and the Medici. A Strategy for Survival in '400 Florence, in: Rinascimento 22, 1982, 33–73 [8] E. Garin, La giovinezza di Donato Acciaiuoli, in: Rinascimento 1, 1950, 43–68 [9] E. Garin, Donato Acciaiuoli cittadino fiorentino, in: E. Garin, Medioevo e Rinascimento, 1954, 211–287 [10] U. Neumahr, Die ›Protestatio de Iustitia‹ in der Florentiner Hochkultur, 2002.

Nikolaus Thurn

Acidalius, Valens

Havekenthal, Valentin; dt. neulat. Dichter und Übersetzer. Geb. 1567 in Wittstock/Ostpriegnitz, gest. am 25.5.1595 in Neisse. Sohn eines evang. Pastors. Studium der Philologie ab etwa 1584 in Rostock, ab 1587 in Greifswald, dort wohl auch Studium der Medizin; 1590–1593 Studienreise nach Italien (Padua, Bologna, Neapel und Rom); 1594–1595 Gelegenheitsdichter in Breslau.

Werk und Wirkung

A.' Bekanntheit gründet sich v.a. auf eine ihm zugeschriebene polemische *Disputatio* [4], in der nachzuweisen versucht wird, dass Frauen keine Menschen seien. Sie initiierte eine Debatte, die zunächst in protestantischen Kreisen, dann konfessionsübergreifend über etwa 200 Jahre insbes. im Horizont der *Querelle des Femmes* kontrovers geführt wurde. Tatsächlich ist A. wohl nicht als ihr Verfasser anzusehen, da sie inhaltlich und stilistisch von seinem philol. und poetischen Werk abweicht [8.8–13, 16f.]. Bei A.s Poesie handelt es sich oft um Gelegenheitsdichtung, aber auch um Horaz-Parodien und lat. Übersetzungen aus dem Griechischen. A. verwendet hauptsächlich Distichen und Hendekasyllaben, seltener den Hexameter. Sein lat. Stil ist weitgehend klass., nur leicht archaisierend. 1589 publizierte er eine erste Sammlung von lat. *Epigrammata* [1], von denen der größere Teil zunächst 1603 in eine Sammlung von *Poemata* des Janus Lernutius, Janus Gulielmus und des A. aufgenommen wurde, 1612 von Jan ↗Gruter in die umfassende Sammlung der *Delitiae poetarum Germanorum*.

Die vier philol. Arbeiten A.' zu Velleius Paterculus [2], Curtius Rufus [3], Tacitus [7] und Plautus [6] (die beiden Letztgenannten postum von seinem Bruder Christian veröffentlicht) entstanden hauptsächlich während der Studienreise; die zu Velleius wird durch ein positives Urteil des Justus ↗Lipsius abgeschlossen [9.78–80]. Postum gedruckt wurde auch eine mehr oder weniger chronologisch angeordnete Sammlung von Briefen aus A.' letztem Lebensabschnitt [5], wichtigen Quellen der Biographie und der Entwicklung seiner wiss. Arbeiten sowie des gelehrten Lebens in Italien, Deutschland und den Niederlanden, bes. für die Lipsius-Kreise. Von A.' freundschaftlichen Verbindungen mit Rostocker und Breslauer Dichtern und Gelehrten zeugen seine Gedichte [9.78f.].

SV: [9.80–83].

Schriften

[1] Epigrammata ad Danielem Rindfleisch Bucretium, Helmstedt 1589 [2] Velleianarum lectionum liber, Padua 1590 [3] In Q. Curtium animadversiones, Frankfurt a. M. 1594 [4] Disputatio nova contra mulieres qua probatur eas homines non esse, o. O. 1595 [5] Epistolarum centuria I, Hanau 1606 [6] In comoedias Plauti, quae exstant, divinationes et interpretationes, Frankfurt a. M. 1607 [7] Notae in C. Corneli Taciti opera quae exstant, Hanau 1607.

Sekundärliteratur

[8] R. G. Czapla, Einleitung, in: R. G. Czapla / G. Burkard (Hrsg.), Valens Acidalius, Disputatio nova contra mulieres, qua probatur eas homines non esse, 2006, 7–25 [9] J. IJsewijn, Acidalius, Valens, in: H.-G. Roloff (Hrsg.), Die Deutsche Literatur, Reihe 2, Abt. A., Bd. 1, 1991, 74–92.

Beate Hintzen

Addison, Joseph

Engl. Schriftsteller, Journalist und Numismatiker. Geb. am 1. 5. 1672 in Milston (Wiltshire), gest. am 17. 6. 1719 in London. 1687–1689 Studium am Queen's College, Oxford; 1689 Stipendiat (Demyship), seit 1696 Fellow des Magdalen College, Oxford; 1691 B. A. 1699–1703 Europareise, danach polit. Karriere (1708–1719 Member of Parliament, 1717–1718 Staatssekretär).

Werdegang, Werk und Wirkung

A.s Vater war der anglikanische Pfarrer Lancelot A., der als Verfasser landeskundlicher Werke über Marokko hervortrat. Aufgrund seiner Herkunft aus bescheidenen materiellen Verhältnissen war A. den größten Teil seines Lebens auf Förderer angewiesen, die er in den Kreisen der *Whigs* fand. Erst die Heirat mit der vermögenden Charlotte Middleton (1716) ermöglichte ihm zuletzt eine unabhängige Lebensführung. Bekannt ist A. insbes. aufgrund seiner umfangreichen essayistischen Tätigkeit und Gründung der Zeitschrift *The Spectator* [6. 192–245]; [4. 65–116]. Seine 1713 uraufgeführte Tragödie *Cato* über Cato d. J. (Uticensis) gehörte wegen ihrer aktuellen polit. Bezüge (u. a. Freiheit gegen Tyrannei) zu den erfolgreichsten und umstrittensten Theaterstücken der ersten Hälfte des 18. Jh.s und wirkte bis in die Nordamerikan. Revolution.

Mithilfe eines königlichen Stipendiums unternahm A. 1699–1704 eine Europareise (Grand Tour), die ihn v. a. nach Italien führte. Der dabei entstandene, zu seiner Zeit hochgeschätzte Reisebericht [1] ist durch das Beharren auf der eigenen Anschauung gekennzeichnet, die den Beschreibungen antiker Autoren (u. a. Vergil, Lucan, Silius Italicus) gegenübergestellt wird [5. 112–125]. Durch das Studium von Münzsammlungen und durch die Begegnung mit Antiquaren, darunter Francesco de' ↗Ficoroni, erwarb A. Kenntnisse in der Numismatik, die einer postum publizierten, wissenschaftsgeschichtlich bedeutenden Abhandlung zugrunde liegen [2]. In drei Dialogen sollen darin der Nutzen von Münzen als eigenständigen histor. Quellen dargelegt und die gegenseitige Abhängigkeit von bildlichen und textlichen Darstellungen sowie das Verhältnis von ant. und mod. Münzen aufgezeigt werden. Das knappe Werk mit deutlich zeithistor. Bezug [3] war ein wichtiger Schritt zur Etablierung einer kritischen Hermeneutik und inspirierte Joseph ↗Spence zu seiner Arbeit *Polymetis* (1747).

Schriften

[1] Remarks on Several Parts of Italy, London 1705 [2] Dialogues Upon the Usefulness of Ancient Medals. Especially in Relation to the Latin and Greek Poets, London 1721.

Sekundärliteratur

[3] D. Alvarez, »Poetical Cash«. Joseph Addison, Antiquarianism, and Aesthetic Value, in: Eighteenth-Century Studies 38/3, 2005, 509–531 [4] R. Otten, Joseph Addison, 1982 [5] S. Scholz, Objekte und Erzählungen. Subjektivität und kultureller Dinggebrauch im England des frühen 18. Jh.s, 2004 [6] P. Smithers, The Life of Joseph Addison, 1954.

Christof Berns

Aesticampianus, Johannes Rhagius

Rack von Sommerfeld, Johannes; dt. Theologe und Humanist. Geb. um 1457 in Sommerfeld (Niederlausitz, h. in Polen), gest. am 31. 5. 1520 in Wittenberg. Ab 1491 Studium in Krakau, u. a. bei Konrad ↗Celtis; 1499 bei Filippo ↗Beroaldo in Bologna. 1501 Prof. für Moralphilosophie und Rhetorik in Mainz; 1506 für Poetik und Rhetorik in Frankfurt/Oder; 1508 für Poetik in Leipzig. 1511 Prom. zum Doktor der Theologie in Rom. 1512–1515 Tätigkeit als Latein- und Griechischlehrer in Paris, Köln, Cottbus und Freiberg; ab 1517 Professur in Wittenberg.

Werk und Wirkung

A.' häufiger Ortswechsel entsprach dem Wunsch nach einer humanistisch orientierten Wanderschaft gemäß dem Vorbild seines Lehrers Celtis. Aber auch seine Gegnerschaft zur Scholastik hinderte ihn daran, sesshaft zu werden. Vielfach erwies er sich als streitbarer Humanist: Im Konflikt zwischen Jakob Wimpheling und Thomas Murner bezog er Partei zugunsten des Ersteren; in Frankfurt/Oder geriet er in Widerspruch zu dem Theologen und Gründungsrektor Konrad Wimpina; die Kollegen in Leipzig provozierte er mit einer Abschiedsrede, die ihm eine zehnjährige Relegation aus der Stadt einbrachte [7.415–417]; in Köln wirkte er wahrscheinlich an den Dunkelmännerbriefen mit. Nach anfänglichem Studium der Naturwissenschaft wandte sich A. der griech. und lat. Literatur zu. Seine Textausgaben waren meist die Frucht seiner Vorlesungen; er edierte die Briefe des Hieronymus (1508), Tacitus' *Germania* (1509), Martianus Capellas Rhetorik (*De Nuptiis* 5, 1509), Ciceros *De oratore* (1515) und Augustinus' *De doctrina Christiana* (1518). Auch trug er durch seine Vorlesungen maßgeblich dazu bei, die Kenntnis Lukians und der pseudo-lukianischen Cebes-Tafeln nördl. der Alpen zu verbreiten, und besorgte auch deren Erstdruck [2]. Seinen Neffen ist die kommentierte Edition von Buch 3 (Grammatik) von Martianus Capellas *De nuptiis* gewidmet, im Anhang ergänzt durch Aelius Donatus' *De figuris* [3], später erweitert durch Beispiele und Erläuterungen zu histor. und mythol. Personen [6].

Auch mit eigenen Dichtungen trat A. hervor: Vermutlich wurde er 1499/1500 durch Papst Julius II., später in Freiberg noch einmal von Kaiser Maximilian I. zum *poeta laureatus* gekrönt; davon zeugt auch ein Epitaph in der Stadtpfarrkirche zu Wittenberg. Die in den Mainzer Jahren entstandenen Epigramme [1], v.a. Neujahrsgedichte an Gönner, zeigen ihn als Mitglied einer lebhaften Gemeinschaft von Förderern der humanistischen Fächer. A. verfasste aber auch *Carmina* (Straßburg 1502) u.a. religiösen Inhalts [6]. Sein bedeutendster Schüler war der Humanist Ulrich von Hutten.

Schriften

[1] Epigrammata, Leipzig 1507 [2] Tabula Cebetis philosophi Socratici (Edition), Frankfurt/Oder 1507 [3] Commentarii in grammaticam Martiani Capellae et Donati figuras (mit Edition), Frankfurt/Oder 1508.

Sekundärliteratur

[4] G. Bauch, Aus der Geschichte des Mainzer Humanismus, in: J.R. Dieterich / K. Bader (Hrsg.), Archiv für hessische Geschichte und Altertumskunde. Beiträge zur Geschichte der Universitäten Mainz und Giessen, 1907, 3–86 [5] E. Lachmann, Johann Rhagius Aesticampianus. Eine erzählende Nachbetrachtung zur Lebensgeschichte des Humanisten, 1981 [6] C.E. Lutz, Aesticampianus' Commentary on the De Grammatica of Martianus Capella, in: Renaissance Quarterly 26/2, 1973, 157–166 [7] J.H. Overfield, Scholastic Opposition to Humanism in Pre-Reformation Germany, in: Viator 7, 1976, 391–420.

Dorothee Gall

Agostini, Leonardo

Ital. Antiquar und Gemmenforscher. Geb. 1594 in Castello di Bocheggiano (Grosseto), gest. im August 1676 in Rom. Studium in Siena; Umzug nach Florenz, dort unter der Patronage der Medici; anschließend Übersiedlung nach Rom. Ab Beginn der 1630er Jahre Belieferung des Kardinals Francesco Barberini mit ant. Statuen und Baumaterialien; 1639 nach Fürsprache des Cassiano ↗Dal Pozzo Betreuung der Münz- und Antikensammlungen des Kardinals Barberini; ab 1650 regelmäßige Berichte über arch. Entdeckungen sowie Vermittlung von Statuen, Gemmen oder Münzen an Leopoldo de' Medici. 1655 Ernennung zum päpstlichen Antiquar und Antikenkommissar für Rom und Latium durch Papst Alexander VII. [5.149–162].

Werk und Wirkung

A.s Tätigkeiten werden insbes. für die Zeit nach seiner Übersiedlung nach Rom greifbar. Dort hatte er zunächst die Inventarisierung der Barberini-Sammlung zur Aufgabe. Als Antikenkommissar des Papstes oblag ihm zudem die Oberaufsicht über die ant. Monumente Roms. So beaufsichtigte er Grabungen in Rom, führte prominente Besucher durch die Stadt oder erteilte Genehmigungen zum Verkauf von ant. Fundstücken; diese vermittelte A. wiederholt an den florent. Hof [6]. Sein wiss. Interesse galt insbes. Münzen und Gemmen und war durch ein ordnendes Verständnis geprägt, welches durch seine Tätigkeiten als Hofantiquar beeinflusst war. So besaß er ein sicheres Urteil hinsichtlich der Unterscheidung von ant. und nzl. Münzen und Gemmen sowie zu Preisen von zum Verkauf stehenden Sammlungen. Insbes. war er über Neufunde informiert, wozu u.a. seine eigenen Grabungen (z.B. 1657 auf dem röm. Caelius) beitrugen.

A.s erste Veröffentlichung war 1649 die Neuauflage der ursprgl. 1612 erschienenen Publikation zu den sizilischen Münzen von Filippo Paruta, welche A. um zahlreiche Stücke erweiterte [1]. Sein bekanntestes Werk sind die *Gemme antiche figurate*, in dem die Gemmen mit Angabe des Inhaltes der Darstellung und erstmalig auch des Materials auf Tafeln illustriert sind; zusätzlich sind sie mit ital. Erläuterungen von Giovanni Pietro ↗Bellori versehen, dessen Urteil und Deutung A. großes Vertrauen entgegenbrachte [2.4]. Der erste Band (gedr. 1657) enthielt thematisch angeordnet die Stücke aus dem Besitz Francesco Barberinis. Ein zweiter Teil (1669) enthielt ohne thematische Gliederung Funde aus Rom selbst (*auguste ruine della gran Roma* [3. Vorrede (Amico Lettore)]) nebst Erläuterungen.

Als einer der berühmtesten röm. Antiquare der Mitte des 17. Jh.s war A. insbes. bei der Erforschung der ant. Glyptik bedeutend. Auch wenn in seinem Gemmenwerk [2]; [3] Fragen der Authentizität hinter dem Interesse an den Darstellungen zurücktraten und daher Gemmen und Kameen der röm. Zeit, aber auch der Renaissance und andere nzl. Stücke aufgenommen wurden, war es über das 17. Jh. hinaus eine der wichtigsten Referenzschriften. Darauf deuten neben einer positiven Rezension im *Giornale de' letterati* (27.6.1670, 65–68) zahlreiche postume Neuauflagen und Nachdrucke wie 1686 durch Pietro Santi ↗Bartoli sowie 1702 und in einer erweiterten Version 1707–1709 durch Paolo Alessandro ↗Maffei [7] hin. Bereits 1685 erschien das Werk in Amsterdam in der lat. Übers. von Jacobus ↗Gronovius [4].

Ein spezielles Verdienst A.s lag darin, dass er die Wirkung antiker Hinterlassenschaften für seine eigene Zeit erkannte. So wies er wiederholt auf die Bedeutung der Gemmen z.B. als Vorlagen für zeitgenössische Künstler hin. Während seiner antiquarischen Tätigkeiten trug er neben einer großen Bibl. eine beachtliche Sammlung von geschnittenen Steinen, Münzen, Bronzen und Marmorbüsten zusammen, die nach seinem Tod z.T. in den Besitz des Großherzogs Cosimos III. de' Medici gelangte [8]. Einige der Gemmen befinden sich heute im Museo archeologico nazionale in Florenz.

N: Florenz, Archivio di Stato, Carte Strozziane s. III, vol. 158, 161, 163, 183, 184, 186r, 205; sowie Carteggio d'artisti 17 (Briefe); Rom, Archivio di Stato (Testament); Rom, Biblioteca Vaticana (Barb.lat. 6455; Vat. Lat. 8234); Rom, Biblioteca Angelica ms. 1628.

Schriften

[1] La Sicilia di Filippo Paruta descritta con medaglie e ristampata con aggiunta da Leonardo Agostini, Rom 1649 (Ndr. 1697, 1723) [2] Le gemme antiche figurate, Rom 1657 (Ndr. 1697, 1720) [3] Le gemme antiche figurate. All'Altezza Sereniss. di Cosimo Principe di Toscana. Parte Seconda, Rom 1669 (Ndr. 1686, 1702, 1707–1709) [4] Gemmae et sculpturae antiquae depictae ab Leonardo Augustino Senensi. Addita earum enarratione, in Latinum versa ab Jacobo Gronovio, Amsterdam 1685 (Ndr. 1694, 1699).

Sekundärliteratur

[5] R. Barabesi, L'antiquario Leonardo Agostini e la sua terra di Boccheggiano, in: Maremma 3, 1926–1927, 149–189 [6] R.T. Ridley, To Protect the Monuments: The Papal Antiquarian (1534–1870), in: Xenia 1, 1992, 130–132 [7] L. Tondo, Le gemme delle raccolte Agostini, in: T. Hackens / G. Moucharte (Hrsg.), Technology and Analysis of Ancient Gemstones (PACT 23), 1989, 243–248 [8] E. Vaiani, La collezione d'arte e antichità di Leonardo Agostini: nuovi documenti, in: Annali della Scuola Normale Superiore di Pisa, Classe di Lettere e Filosofia. Quaderni 2, 1998, 81–110 [9] Zazoff GG 37–38.

Jörn Lang

Akurgal, Ekrem

Türk. Klass. Archäologe. Geb. am 30.3.1911 in Tulkarem bei Haifa, gest. am 1.11.2002 in İzmir. 1931 Abitur in Istanbul; 1932–1940 Studium der Klass. Arch. in Berlin, dort 1940 Prom. [1]. 1941 Dozent in Ankara, 1946 Habil., 1949 o.Prof. für Klass. Arch. ebda. Nach Emeritierung 1981 wohnhaft in İzmir.

Werk und Wirkung

A., der sich bei Einführung der Familiennamen in der Türkei 1935 nach dem sumer. König *A-KUR-GAL* (»Das große Wasserland«) nannte, stammte aus einer bis 1913 im osmanischen Palästina lebenden Gutsbesitzerfamilie. Das Studium in Berlin schloss er mit einer Diss. über Stil, Bildform und Deutung der lykischen Grabreliefs archaischer Zeit ab [1]. In seinen Untersuchungen zur späthethitischen Bildkunst [2] übertrug er erstmals mit Erfolg die Methode seines Lehrers Gerhart ↗Rodenwaldt, die Bildung von Stilgruppen, auf die Bildwerke eines in seinen Kunstäußerungen bis dahin als »zeitlos« bezeichneten altanatolischen Volkes. Auch seine späteren Arbeiten, darunter Standardwerke über die Kunst der Hethiter [5] und der Urartäer [7], waren grundlegend für die anatolische Kunstgeschichte [3]; [4]. Gestützt auf die Ergebnisse seiner Grabungen in Phokaia, Pitane, Erythrai, Kyzikos, Daskyleion, Sinope und v.a. Altsmyrna [9] vertrat A. die These einer vorwiegend anatolischen Prägung der ionischen Kultur, der er durch ein in vier Sprachen erschienenes Buch [6] weltweit Gehör verschaffte.

A. gilt als ein »Gründervater« der mod. Archäologie in der Türkei. Er förderte die aufstrebende Disziplin u.a. als Mitherausgeber und Namensgeber der Zeitschrift *Anadolu/Anatolia* (ab 1956) und als Generalsekretär der Türk. Histor. Gesellschaft (bis 1983). 1973 wurde unter seinem Vorsitz der Zehnte Internationale Kongress der Klass. Archäologie in Ankara veranstaltet. Sein hohes Ansehen spiegelt sich nicht nur in der großen Zahl der ihm verliehenen Ehrendoktorwürden, Ehrenmitgliedschaften und Auszeichnungen, sondern auch im Erfolg seiner Schüler: Sie übernahmen schon zu seinen Lebzeiten die führende Rolle in bedeutenden Univ. und Antikensammlungen des Landes.

Schriften

[1] Griech. Reliefs des 6. Jh.s aus Lykien (Diss. Berlin, 1940), 1941 [2] Späthethitische Bildkunst, 1948 [3] Phrygische Kunst, 1955 [4] Die Kunst Anatoliens von Homer bis Alexander, 1961 [5] Die Kunst der Hethiter, 1961 [6] Orient und Okzident, 1966 [7] Urartäische und altiranische Kunstzentren, 1968 [8] Ancient Civilizations and Ruins of Turkey, 1969 [9] Alt-Smyrna, Bd. 1:

Wohnschichten und Athenatempel, 1983 [10] Griech. und röm. Kunst in der Türkei, 1987.

Sekundärliteratur

[11] C. Bayburtluoğlu (Hrsg.), Ekrem Akurgal'a armağan, 3 Bde. (FS), 1981–1987 [12] S. Deger-Jalkotzy, Ekrem Akurgal, in: Österreichische Akad. der Wissenschaften. Almanach 153, 2002–2003, 497–505 [13] C.H. Greenewalt, Ekrem Akurgal 1911–2002, in: American Journal of Archaeology 109, 2005, 561–563 [14] F. Işık, In memoriam Ekrem Akurgal, in: Istanbuler Mitteilungen 53, 2003, 5–8.

Fahri Işık

Alberti, Leon Battista

Ital. Humanist, Architekturtheoretiker und Mathematiker. Geb. am 14.2.1404 in Genua, gest. vermutlich am 20.4.1472 in Rom. Studium in Bologna und Padua. 1432–1464 Abbreviator Apostolicus in Rom.

Werdegang und Werk

Aus einer Florentiner Kaufmannsfamilie stammend, wurde A. unehelich im Genueser Exil geboren; seine Kindheit verbrachte er in Genua und Venedig. 1415–1418 besuchte er die Schule des Gasparino Barzizza in Padua; zu seinen Mitschülern gehörten u.a. Francesco ↗Filelfo und Antonio Beccadelli (Panormita). Während seines Studiums mit juristischem, später naturwiss. Schwerpunkt in Bologna und Padua, das er aus finanziellen wie gesundheitlichen Gründen mehrfach unterbrechen musste, entstand seine erste lat. Komödie, *Philodoxeos fabula*, die lange als antik galt. Ab etwa 1432 war er als Schreiber im Dienst der Kurie tätig. 1434 begleitete er Papst Eugen IV. ins Florentiner Exil, wo er – mit Unterbrechungen – für fast ein Jahrzehnt blieb. Aus dieser Zeit datiert vermutlich der erste Kontakt mit Florentiner Künstlern und Humanisten (Filippo Brunelleschi, Donatello, Lorenzo Ghiberti, Vespasiano da Bisticci, Leonardo Bruni, Gian Francesco ↗Poggio Bracciolini).

A.s erst lat., dann ital. Traktate über Malerei und Bildhauerei entstanden 1435/36 [3]. Zahlreiche moralphilos. Schriften sowie sein berühmtestes Werk in der Volkssprache, *Della famiglia*, gehen ebenfalls auf diese Jahre zurück. Aus den 1440er Jahren stammen mehrere satirische Schriften, so die *Intercenales*, *Musca* (um 1442) und *Momus* (vor 1450) [5]. Um 1440 erhielt A. von Prospero Colonna den Auftrag, die Schiffe Caligulas vom Grund des Nemisees zu bergen. Der Versuch scheiterte; das vermutlich darauf bezogene Werk *Navis*, das noch Leonardo da Vinci vorlag, ist verloren. Mit den mathematisch-technischen Interessen gewann die Freundschaft zu Paolo Toscanelli, später zu Luca Pacioli an Bedeutung. Vor 1452 verfasste A. nach dem Vorbild Vitruvs zehn Bücher *De re aedificatoria* (gedr. 1485) [2], parallel dazu eine *Descriptio urbis Romae* [6], die erste nzl. Vermessung der Stadt Rom.

In nicht ganz geklärtem Umfang wirkte A. auch an der Restaurierung der ant. Bauwerke in Rom mit. Nach der Amtsübernahme Papst Pauls II. (1464) verlor A. sein Amt an der Kurie; in der Folge verlagerte er seine Tätigkeit ganz auf die Architektur (Tempio Malatestiano in Rimini; Palazzo Rucellai und Santa Maria Novella in Florenz; ab ca. 1460 in Ludovico Gonzagas Auftrag San Sebastiano und Sant' Andrea in Mantua).

Würdigung und Wirkung

A. war ein paradigmatischer *uomo universale*, der als Autor, Kunsttheoretiker, Antiquar und Architekt das Bild der ital. Renaissance geprägt hat (vgl. schon das Urteil der Zeitgenossen: Angelo ↗Polizianos Vorrede zu *De re aedificatoria*). Sein umfangreiches Œuvre reicht von der Kunsttheorie über philos. Traktatliteratur und linguistische Studien bis hin zu satirischen Werken in der Nachfolge Lukians von Samosata – eine Vielseitigkeit, welche die Gesamtwürdigung oft eher erschwert hat. A. schrieb auf Latein und im Volgare, wobei er die Bindung der Sprachen an spezifische Rezipientenkreise und lit. Formen reflektierte und die Entwicklung des Volgare zur Literatursprache zu fördern suchte (*Grammatica della lingua toscana* um 1440, *Certame Coronario* 1441). Dieses Bemühen wird auch in den Kunsttraktaten deutlich, in denen er unter Nutzung der lat. rhetorischen Theorie einer eigenständigen Kunsttheorie den Weg wies und sie als *ars* in beiden Sprachen verankerte.

M: [8].

Schriften

[1] Opera, Firenze 1499 [2] L'architettura (De re aedificatoria), übers. und hrsg. von G. Orlandi, eingel. von P. Portoghesi, 1966 (lat. Orig. 1485) [3] On Painting and On Sculpture. The Latin Texts of »De pictura« and »De statua«; übers. und hrsg. von C. Grayson, 1972 (lat. Orig. 1435/36) [4] Opere volgari, hrsg. von C. Grayson, 1973 [5] Momus oder vom Fürsten. Momus seu de principe, übers., komm. und eingel. von M. Boenke, 1993 (lat. Orig. vor 1450) [6] Descriptio urbis Romae, übers., komm. und hrsg. von M. Furno und M. Carpo, 2000 (lat. Orig. vor 1452) [7] Edizione Nazionale delle opere di Leon Battista Alberti, 6 Bde., hrsg. von R. Cardini et al., 2004–2008 [8] Vita (lat./dt.), hrsg. und eingel. von Ch. Tauber, übers. und komm. von Ch. Tauber und R. Cramer, 2004.

Sekundärliteratur

[9] C. Acidini (Hrsg.), L'uomo del Rinascimento. Leon Battista Alberti e le arti a Firenze tra ragione e bellezza

(Ausst.kat.), 2006 [10] F. Borsi, Leon Battista Alberti. Das Gesamtwerk, 1982 [11] F.P. Fiore (Hrsg.), La Roma di Leon Battista Alberti. Umanisti, architetti e artisti alla scoperta dell'antico (Ausst.kat.), 2005 [12] K.W. Forster / H. Locher (Hrsg.), Theorie der Praxis. Leon Battista Alberti als Humanist und Theoretiker der bildenden Künste, 1999 [13] A. Grafton, Leon Battista Alberti. Baumeister der Renaissance, 2002 (engl. 2000) [14] C. Grayson, Art. Alberti, Leon Battista, in: DBI 1, 1960, 702–709 [15] C. Grayson, Studi su Leon Battista Alberti, 1998 [16] M. Jarzombek, On Leon Baptista Alberti. His Literary and Aesthetic Theories, 1989 [17] R. Krautheimer, Alberti and Vitruvius, in: R. Krautheimer, Studies in Early Christian, Medieval, and Renaissance Art, 1969, 323–332 [18] J. Rykwert / A. Engel (Hrsg.), Leon Battista Alberti (Ausst.kat.), 1994 [19] D.R.E. Wright, Il De pictura di Leon Battista Alberti e i suoi lettori (1435–1600), 2010 [20] H. Wulfram, Literarische Vitruvrezeption in Leon Battista Albertis »De re aedificatoria«, 2001.

Anja Wolkenhauer

Alciatus, Andreas

Alciato, Andrea; ital. Jurist und Humanist. Geb. am 8.5.1492 in Alzate Brianza bei Como, gest. am 12.1.1550 in Pavia. Studium der Jurisprudenz und alten Sprachen in Mailand, Pavia und Bologna. 1514 Prom. zum Doktor beider Rechte in Ferrara. 1514–1517 Tätigkeit als Jurist in Mailand, 1519–1521 Prof. für Zivilrecht in Avignon. Zwischen 1522 und 1550 Prof. in Mailand, Avignon, Bourges, Pavia, Bologna und Ferrara. 1546 von Papst Paul III. zum apostolischen Protonotar und von Kaiser Karl V. zum *Comes Palatinus* berufen.

Werk und Wirkung

A.' Vater, ein Kaufmann, fungierte als Gesandter Mailands in Venedig; sein Sohn erhielt eine gründliche klass. Erziehung (u.a. bei Janos ↗Laskaris und Demetrios Chalkondyles), ehe er sich dem Rechtsstudium zuwandte. In Bourges hatte A. gemeinsam mit Guillaume ↗Budé wesentlichen Anteil an der Begründung der humanistisch geprägten Rechtsschule des *mos Gallicus*, die sich an den Texten des justinianischen Rechts (statt der ma. Kommentare) orientierte; einer seiner Schüler war Antonio Agustin. Das Bemühen um das rechte Verständnis der aus der Antike überlieferten Schriften und um die genaue Interpretation der röm. Rechtstexte prägt seine 1530 publizierten Werke *De verborum significatione* [1] und *Commentarii ad rescripta principum*. Auch durch *annotationes* (zu Ausonius) und die Übersetzung von Aristophanes' *Wolken* ins Lateinische trat er hervor.

A.' Nachruhm begründete insbes. sein Emblembuch: Zu den bereits 1529 publizierten lat. Übersetzungen von Epigrammen der *Anthologia Graeca*, die er jeweils mit Titeln versehen hatte, fügte er in einer zweiten Auflage (1531) Abbildungen von der Hand des Künstlers Jörg Breu d.Ä. hinzu [2] (die Bilder dürften u.a. durch die in der Renaissance populären Erklärungen der Hieroglyphen von Horapollon beeinflusst sein). Auf diese Weise begründete er die dreiteilige Form des Emblems, bestehend aus *lemma* (Überschrift), *pictura* (Bild) sowie *subscriptio* (Epigramm). Mehrere Neuauflagen in erweiterter Form erschienen zwischen 1534 und 1550; auch Übersetzungen in die Volkssprachen belegen die gewaltige Wirkung des Buches. Eine Biographie A.' verfasste sein Freund, der Arzt und Astrologe Girolamo Cardano [5].

Schriften

[1] De verborum significatione, Leiden 1530 [2] Emblematum liber, Augsburg ^{2}1531 (^{1}1529; Ndr. 1977, 2000) [3] Opera omnia, 4 Bde., Basel 1582.

Sekundärliteratur

[4] R. Abbondanza, Jurisprudence. The Method of Andrea Alciato, in: E. Chochrane (Hrsg.), The Late Italian Renaissance, 1970, 77–90 [5] G. Cardano, Andreae Alciati vita, in: G. Cardano, Opera omnia, Bd. 9, Lyon 1663, 569–570 [6] P.M. Daly (Hrsg.), Andrea Alciato and the Emblem Tradition, 1989 [7] M. Grünberg-Dröge (Hrsg.), 500 Jahre Andreas Alciatus (1492–1550). Jurist, Humanist, Emblematiker (Ausst.kat. Bonn), 1992 [8] J. Köhler, Der »Emblematum liber« von Andreas Alciatus (1492–1550). Eine Untersuchung zur Entstehung, Formung antiker Quellen und pädagogischen Wirkung im 16. Jh. (Diss. Hildesheim), 1986.

Dorothee Gall

Aldrovandi, Ulisse

Aldrovandus, Ulysses; ital. Naturforscher, Antiquar und Mediziner. Geb. am 11.9.1522 [5.1], gest. am 4.5.1605 in Bologna. Ab 1539 Studium von Klass. Phil., Logik und Recht in Bologna, dort 1546 Doktor des Rechts. 1547–1549 Studium der Mathematik, Philos. und Medizin in Padua, dort 1553 Doktor der Medizin und Philosophie. Ab 1554 Prof. für Logik und Naturphilosophie, ab 1561 Prof. für Naturwiss. an der Univ. Bologna.

Wissenschaftliche Werdegang

Der Vater Teseo A. war Jurist und Sekretär des Senats von Bologna, die Mutter Veronica Marescalchi eine Verwandte des späteren Papstes Gregor XIII. A. studierte Philologie, Logik und Recht; dann Mathematik, Philosophie und Medizin. 1549 wurde er in einem Häresieprozess angeklagt und in Rom inhaftiert, blieb jedoch die meiste Zeit in Freiheit und widmete sich neben der Philosophie und der Medizin zunehmend der Botanik und den Naturwiss. Seine Freilassung erfolgte 1550 unter Julius III. In Bologna widmete sich A. der Botanik, Zoologie, Mineralogie und Medizin. Neben seiner Professur für Logik und Naturphilosophie richtete er 1561 den ersten Lehrstuhl für Naturwiss. an der Univ. Bologna ein und gründete 1568 den botanischen Garten. Beispielgebend war sein naturwiss. Museum. 1571 bis 1600 nahm er in Bologna zusätzlich den Lehrstuhl für Medizin ein.

Werk und Wirkung

A. ist als Autor der antiqu. Schrift *Le Statue antiche* in die Antiken-Forschung eingegangen [7]. Sie entstand während seines Romaufenthaltes 1550 und wurde zusammen mit weiteren Rombeschreibungen von Lucio Mauro zuerst 1556 herausgegeben [1]. Sie ist für die Geschichte von Skulpturensammlungen, insbes. antiker Bildwerke, in Rom in der ersten Hälfte des 16. Jh.s die wichtigste Quelle. Die *statue antiche* sind eine frühe Untersuchung von Skulpturen i. Allg., zugleich das älteste bekannte Werk aus der Reihe der frühnzl. Rom-Führer und antiqu. Schriften, das sich dieser Gattung programmatisch widmet. Es ist mit seiner Beschreibung der Skulpturen in privaten und öffentlichen Sammlungen um 1550 eine entscheidende Grundlage für die Rekonstruktion der Bestände und Präsentation einzelner Kollektionen sowie für die Provenienzforschung. Die Statuen sind hier nicht nur aufgelistet; vielmehr sind systematisch die Attribute, der histor. und der mythol. Kontext sowie die Ikonographie erfasst. Ihre Bestimmung nahm A. zudem mithilfe der lit. Überlieferung vor; mehrfach führt er etwa Plinius d. Ä. an. A.s antiqu. Interesse zeigt sich auch in seiner Beschäftigung mit Inschriften, Masken, Vasen, Münzen und weiteren Geräten. So verzeichnete er in *Le statue antiche* auch Münz- und Gemmensammlungen.

Daneben ist A. vornehmlich als Botaniker und Zoologe bekannt geworden. Seine zoologischen Arbeiten, u. a. zu Vögeln [2] und Insekten [3], gelten als seine Hauptleistung. Seine antiqu. Schrift zu den ant. Statuen, bis ins 18. Jh. aufgelegt, bleibt bis heute eine wichtiges Referenzwerk [7]. Sie war Vorläufer und wichtige Quelle für spätere systematisch erarbeitete Skulpturenkataloge; so wurde sie im 19. Jh. in Teilen von J.-B. de Clarac in sein *Musée de sculpture antique et moderne* über die Bestände von ant. Skulpturen und Reliefs im Louvre (6 Bde., 1826–1850) zur Beschreibung und histor. Einordnung der Objekte aufgenommen.

M: [5]; [6].

Schriften

[1] Le statue antiche, che per tutta Roma in diversi luoghi, e case particolari si veggono, raccolte e descritte, in: L. Mauro, Le antichità de la città di Roma. Brevissimamente raccolte da chiunque ne ha scritto ò antico ò moderno (Anhang), Venedig 1556, 115–316 (weitere Aufl. 1558, 1562) [2] Ornithologiae libri XII, 3 Bde., Bologna 1599–1603 [3] De animalibus insectis libri septem cum singuloris ad vivum expressis, Bologna 1602 [4] Memorie di varie antichità trovate in diversi luoghi della città di Roma e suo distretto, dell'anno 1556, 1594, e 1740, in: Roma antica distinta per regioni, Rom 1741, 193–369 [5] Memorie della vita di Ulisse Aldrovandi medico e filosofo bolognese, con alcune lettere ..., hrsg. von G. Fantuzzi, 1774 (elektron. Ressource) [6] La vita di Ulisse Aldrovandi scritta da lui medesimo, hrsg. von L. Frati, 1907 [7] Le statue antiche, in: L. Mauro, Le antichità della città di Roma, hrsg. und eingeleitet von M. Daly Davis (Fontes 29), 2009 (elektron. Ressource).

Sekundärliteratur

[8] E. Carrara, La nascita della descrizione antiquaria, in: E. Vaiani et al., Dell'antiquaria e dei suoi metodi, 2001, 31–50 [9] P.G. Hübner, Le statue di Roma. Grundlagen für eine Geschichte der antiken Monumente in der Renaissance, Bd. 1: Quellen und Sammlungen, 1912 [10] H. Wrede, Antikenstudium und Antikenaufstellung in der Renaissance, in: Archäologisch-antiquarische Forschung und Kulturverständnis im 16. und 17. Jh. Kolloquium des Archäologischen Instituts der Universität zu Köln, 1992 (Kölner Jahrbuch 26), 1994, 11–25.

Marita Müller

Aleander, Hieronymus

Aleandro, Girolamo/Jerôme; ital. Humanist, Philologe und Kardinal. Geb. am 13. 2. 1480 in Motta di Livenza bei Treviso, gest. am 1. 2. 1542 in Rom. Studium der Medizin, Phil. und Theologie in Padua. Ab 1501 diplomatische Tätigkeit im Dienst der Päpste; 1508 Übernahme einer Prof. für Griech., Lat., Hebr. und Chaldäisch an der Pariser Sorbonne, 1513 dort Rektor; ab 1516 erneut in Paris und Lüttich im Kirchendienst. Ab 1517 Leiter der Bibliotheca Vaticana in Rom; 1521 Mitwirkung am Reichstag zu Worms; 1524 Erzbischof von Brindisi, 1538 Kardinal.

Werk und Wirkung

Als Sohn eines adeligen Arztes nahm A. ein Medizinstudium auf, wandte sich später aber in Padua der Philologie und Theologie zu; neben dem Griechischen und Lateinischen beherrschte er auch das Hebräische und Chaldäische. In Venedig stand er in engerem Kontakt mit dem Buchdrucker und Verleger Aldus ↗Manutius [7.223]; hier lernte er auch ↗Erasmus von Rotterdam kennen – eine Beziehung, die später allerdings an A.s unversöhnlicher Feindschaft gegenüber Martin Luther scheiterte. Ab 1501 absolvierte A. im Dienst von Papst Alexander VI. verschiedene diplomatische Reisen. 1508 wurde er an die Pariser Univ. berufen, wo er die alten Sprachen lehrte und eine große Hörerschaft fand. 1513 übernahm er das Rektorat der Sorbonne. Aufgrund seiner schwachen Gesundheit verließ er 1516 die Univ. und wirkte zunächst in Paris, dann in Lüttich in der kirchlichen Verwaltung. Eine Romreise 1516 führte zu seiner Bestellung zum Bibliothekar der *Vaticana* und zu der erneuten Betrauung mit diplomatischen Aufgaben: Im Auftrag von Papst Leo X. wirkte A. auf dem Reichstag zu Worms kompromisslos gegen Luther; das Wormser Edikt der Reichsacht gegen diesen (1521) geht wesentlich auf seinen Entwurf zurück. Auch später setzte er sich mit allen Mitteln gegen die Reformation ein und schreckte auch vor der Verbrennung von Luther-Anhängern als Ketzern nicht zurück. Fruchtlos blieb sein Widerstand gegen den Nürnberger Religionsfrieden (1532).

Als Philologe war A. bes. um die Verbreitung der griech. Sprache und Literatur bemüht: Er verfasste eine griech. Grammatik [1]; [3] und ein für seine Zeit maßgebliches griech.-lat. Lexikon [2]; in Venedig und Paris edierte er Isokrates und Plutarch (1509/10). Seine Briefe und Tagebücher sind wichtige Quellen für die Geschichte von Reformation und Gegenreformation [4]; [5].

Schriften

[1] Elementale introductorium in nominum et verborum declinationes Graecas, Straßburg 1509 (zahlreiche Aufl.) [2] Lexicon Graecolatinum multis et praeclaris additionibus locupletatum, Paris 1512 [3] Elementale introductorium in Graecas literas, Straßburg 1519 [4] Journal autobiographique du Cardinal Jérôme Aléandre, 1480–1530, hrsg. von H. Omont, 1895 [5] Lettres familières de Jérôme Aleandre, 1510–1540, hrsg. von J. Paquier, 1909.

Sekundärliteratur

[6] W. Gass, Art. Aleander, Hieronymus, in: ADB 1, 1875, 329–332 [7] M. Lowry, The World of Aldus Manutius. Business and Scholarship in Renaissance Venice, 1979 [8] J. Paquier, Jérôme Aléandre de sa naissance à la fin de son séjour à Brindes, 1480–1529, 1900.

Dorothee Gall

Alföldi, Andreas

Ungar. Althistoriker und Archäologe. Geb. am 27. 8. 1895 in Pomáz bei Budapest, gest. am 12. 2. 1981 in Princeton (USA). 1912–1914, 1917–1919 Studium der Alt.wiss. in Budapest; dort 1919 Prom. 1919–1922 Angestellter am ungar. Nationalmuseum in Budapest; 1923–1930 Prof. für Alte Gesch. an der Univ. Debrecen; 1930–1947 Prof. für Alte Gesch. und Archäologie Ungarns an der Univ. Budapest. 1948–1952 Prof. für Alte Gesch. an der Univ. Bern; 1952–1956 Prof. für Alte Gesch. an der Univ. Basel; 1956–1981 Prof. am Institute for Advanced Study in Princeton.

Biographie und wissenschaftlicher Werdegang

A. war Sohn eines Landarztes und besuchte ein Gymnasium in Budapest. Während des Ersten Weltkriegs war er Soldat und Offizier. Mit 27 Jahren wurde A. der jüngste Prof. Ungarns. An der Budapester Philos. Fakultät war er neben dem von ihm geförderten Religionswissenschaftler Karl ↗Kerényi der inspirierendste Lehrer und Forscher, der mehrere später in Prof. -Stellen aufgestiegene ungar. Schüler ausbildete und zudem eine wichtige Rolle als Wiss.-Organisator (u. a. Mitbegründer der *Dissertationes Pannonicae*) spielte. Auch während des Zweiten Weltkriegs gelang es ihm, seine Forschungen und editorischen Arbeiten fortzusetzen. Er trug Verantwortung, als es galt, Univ. und Museum vor den eintreffenden Russen zu schützen.

Nach Kriegsende begann für A. eine Kette familiärer und krankheitsbedingter Schicksalsschläge. 1947 für eine Forschungs- und Vortragsreise nach Skandinavien beurlaubt, entschloss er sich, wegen der polit. Lage in Ungarn nicht dorthin zurückzukehren; der Ruf nach Bern rettete ihn und seine Familie aus wirtschaftlicher Not. Bis 1956 blieb er in der Schweiz, wo zu seinen Schülern u. a. Konrad ↗Kraft zählte und wo er die *Dissertationes Bernenses* begründete. Mit der Übersiedlung nach Princeton konnte A. sich ganz der Forschung widmen, verbrachte aber jährlich sechs Monate in Europa und oft längere Zeit in Rom, dem Zentrum seiner wiss. Interessen. Mit der Begründung der Schriftenreihe *Antiquitas* und der *Historia Augusta*-Kolloquien setzte er seine wiss.-organisatorischen Aktivitäten fort.

Werk

A. wuchs in der Nachbarschaft des röm. Legionslagers Aquincum auf. Archäologie und Geschichte des Karpatenbeckens und der röm. Provinz Pannonien sowie ihres Untergangs in den Wirren der sog. Völkerwanderung [1]; [4] waren Ausgangspunkt seiner Forschungen zur röm. Geschichte und seiner durch die souveräne Zusammenschau aller Quellengattungen gekennzeichneten wiss. Methode. Seine persönlichen Lebenserfahrungen in einer Zeit polit. und gesellschaftlicher Umwälzungen erklären sein Interesse an den Wende- und Brennpunkten der röm. Geschichte (Frühzeit Roms, Übergang von der Republik zum Prinzipat, Spätantike) sowie an den irrationalen und emotionalen Kräften, deren Auswirkungen seine meisterhaften Beiträge zur Ausgestaltung des monarchischen Zeremoniells, von Insignien und Tracht der röm. Kaiser [15], zur Bildsymbolik der späten Republik als Ausdruck der Sehnsucht der Massen nach einem Erlöser [2], [10]; [12]; [17]; [18]; [20]; [26]; [27] und zu Caesar sowie Octavian/Augustus als deren Exponenten [9]; [16]; [19]; [21]; [24]; [28]; [29] aufzeigten. Den polit. und geistigen Krisenerscheinungen des 3. Jh.s n. Chr. [14] sowie den religionspolit. Konflikten der Spätantike galten zahlreiche Aufsätze und Monographien, u. a. zu Konstantin d.Gr. [6], zur *Historia Augusta* und zu den Kontorniaten als Propagandamittel der paganen Aristokratie [3]; [5]; [6]; [7]; [23].

A.s Forschungen zur röm. Frühgeschichte [8]; [22]; [25] knüpften z.T. an seine frühen Aufsätze zur Gesch. der eurasischen Steppenvölker an. Unter Anwendung ethnosoziologischer Kategorien glaubte A., die gesellschaftlichen Strukturen und mythischen Welterklärungen jener Steppenvölker auch in der latinisch-röm. Frühgeschichte zu erkennen. Dies fand weniger Resonanz als sein Meisterwerk *Early Rome* [13], in welchem er die annalistische Überlieferung eines großen Rom der Königszeit zurückwies und die These von einem langsamen Wachstum der Stadt im 6.–4. Jh. v. Chr., zunächst unter der Herrschaft etrusk. Condottieri, dann im zähen Kampf gegen die Nachbarn, vertrat.

Wirkung

25 Monographien und fast 300 Aufsätze sind das Ergebnis eines reichen Forscherlebens. Zahlreiche Ehrendoktorate und Akademie-Mitgliedschaften, die Goldmedaille der Stadt Rom und der Orden *Pour le mérite für Wiss. und Künste* galten einem der bedeutendsten Althistoriker des 20. Jh.s, auch wenn z.B. A.s Beiträge zu Roms Frühzeit nicht unumstritten sind. Die Kritik an seiner an Theodor ↗Mommsen anknüpfenden idealisierenden Betrachtung Caesars vermindert nicht den Wert seiner numismatischen Detailforschungen zur späten Republik und zu Caesar [21]. Seine Arbeiten zur Herrscherideologie des röm. Prinzipats sind weiterhin ebenso Standardwerke wie viele seiner Beiträge zur Spätantike. Sein methodischer Ansatz der Einbeziehung numismatischer, archäologischer sowie kunsthistor. Zeugnisse setzte Maßstäbe.

SV: [31].

Schriften

[1] Der Untergang der Römerherrschaft in Pannonien, 2 Bde., 1924–1926 [2] Der neue Weltherrscher der vierten Ekloge Vergils, in: Hermes 68, 1930, 369–384 [3] A Festival of Isis in Rome under the Christian Emperors of the 4th Century, 1937 [4] Zur Geschichte des Karpatenbeckens im 1. Jh. v. Chr., 1942 [5] Die Kontorniaten. Ein verkanntes Propagandamittel der stadtröm. heidnischen Aristokratie in ihrem Kampfe gegen das christliche Kaisertum, 1943 [6] The Conversion of Constantine the Great and Pagan Rome, 1948 [7] A Conflict of Ideas in the Late Roman Empire. The Clash between the Senate and Valentinian, 1952 [8] Der frühröm. Reiteradel und seine Ehrenabzeichen, 1952 [9] Studien über Caesars Monarchie, 1953 [10] Isiskult und Umsturzbewegung im letzten Jahrhundert der röm. Republik, in: Schweizer Münzblätter 5, 1954, 25–31 [11] Röm. Kaiserzeit, in: Historia Mundi 6, 1956, 190–297 [12] Der machtverheißende Traum des Sulla, in: Jb. des Bernischen Historischen Museums 41/42, 1961–1962, 275–288 [13] Early Rome and the Latins, 1965 (dt. 1977) [14] Studien zur Geschichte der Weltkrise des 3. Jh.s n. Chr., 1967 [15] Die monarchische Repräsentation im röm. Kaiserreiche, 1970 [16] Der Vater des Vaterlandes im röm. Denken, 1971 [17] Redeunt Saturnia Regna, 1. Le triumvirat de Q. Fabius Maximus, C. Servilius et M. Caecilius Metellus, in: Revue numismatique, sér. 6, 13, 1971, 76–89 [18] Redeunt Saturnia Regna, 3. Juppiter-Apollo and Veiovis, in: Chiron 2, 1972, 215–230 [19] Die zwei Lorbeerbäume des Augustus, 1973 [20] Redeunt Saturnia Regna, 2. An Iconographical Pattern Heralding the Return of the Golden Age in or around 139 B.C., in: Chiron 3, 1973, 131–142 [21] Caesar in 44 v. Chr., Bd. 2: Das Zeugnis der Münzen. Mit einer Revision der Stempelverbindungen von W. Kellner, 1974 [22] Die Struktur des voretruskischen Römerstaates, 1974 [23] Die Kontorniat-Medaillons, 2 Bde. (mit E. Alföldi und C.L. Clay), 1976–1990 [24] Oktavians Aufstieg zur Macht, 1976 [25] Röm. Frühgeschichte. Kritik und Forschung seit 1964, 1976 [26] Redeunt Saturnia Regna, 6. From the Aion Plutonius of the Ptolemies to the Saeculum Frugiferum of the Roman Emperors, in: K. H. Kinzl (Hrsg.), Greece and the Eastern Mediterranean in Ancient History and Prehistory. FS F. Schachermeyr, 1977, 1–30 [27] Redeunt Saturnia Regna, 7. Frugifer-Triptolemus im ptolemäisch-röm. Herrscherkult, in: Chiron 9, 1979, 553–606 [28] Caesariana, 1984 [29] Caesar in 44 v. Chr., Bd. 1: Studien zu Caesars Monarchie und ihren Wurzeln, 1985.

Sekundärliteratur

[30] Andreas Alföldi (1895–1981), in: Christ Prof. 8–62 [31] Andrew Alföldi 1895–1981, hrsg. vom Institute for Advanced Study, 1982 [32] M. R. Alföldi, Andreas Alföldi, in: HZ 233, 1981, 781–786 [33] G. Alföldy, Andreas Alföldi, in: Gnomon 53, 1981, 410–414 [34] U. Bianchi, Andreas Alföldi, in: Studi Romani 29, 1981, 384–386 [35] L. Borhy (Hrsg.), Von der Entstehung Roms bis zur Auflösung des Römerreiches. Konferenz zum Gedenken des 100. Geburtstages von A. Alföldi, Budapest 1995, 1999 [36] J. Heurgon et al., Andreas Alföldi, in: Journal des Savants 3, 1981, 197–227 [37] K. Schefold, Andreas Alföldi (1895–1981), in: Eikasmos 4, 1993, 97–98.

Frank Kolb

Alföldy, Géza

Ungar.-dt. Althistoriker und Epigraphiker. Geb. am 7. 6. 1935 in Budapest, gest. am 6. 11. 2011 in Athen. Schulbesuch in Budapest, 1953–1958 Studium an der Univ. Budapest, 1959 Prom.; 1960–1965 Assistent am Institut für Alte Gesch. ebda. 1965 Emigration; danach bis 1968 Mitarbeiter am Landesmuseum Bonn; 1966 Habil. und bis 1968 Hochschuldozent an der Univ. Bonn. Ab 1970 o.Prof. für Alte Gesch. an der Univ. Bochum, ab 1975 an der Univ. Heidelberg; Emeritierung 2002.

Wissenschaftlicher Werdegang

A., Sohn von Jenő A., Direktor der Hals-Nasen-Ohren-Klinik an der Univ. Pécs, studierte 1953–1958 an der Eötvös-Loránd-Univ. Budapest, wo er 1959 mit einer Arbeit zur Truppenverteilung der Donaulegionen am Ende des 1. Jh.s promoviert wurde. Seine wichtigsten akad. Lehrer waren die Archäologen Zoltán Oroslán und Gyula László, der Religionswissenschaftler Károly Marót und bes. der Althistoriker István Hahn, ferner der Klass. Philologe János György Szilágyi. Nach einer Tätigkeit am Stadtmuseum Budapest und als Assistent am Althistor. Institut der Univ. Budapest emigrierte A. 1965 nach Deutschland. Harald von Petrikovits machte ihn zum Mitarbeiter am Landesmuseum Bonn (1965–1968). 1966 erfolgte die Habil. an der Univ. Bonn; dort war A. 1968–1970 Hochschuldozent. 1970 wurde er auf die Prof. für Alte Geschichte an der Ruhr-Univ. Bochum berufen. Ab 1975 war er bis zur Emeritierung 2002 o.Prof. für Alte Geschichte an der Univ. Heidelberg; seine Lehrtätigkeit führte er bis 2005 fort. 2006–2009 unterbrach eine schwere Krankheit seine wiss. Tätigkeit; in den letzten beiden Lebensjahren kehrte er erneut zu umfassender Forschung zurück.

1978 wurde A. in die Heidelberger Akad. aufgenommen, 1981–1983 und 1985 war er Dekan der Fakultät für Orientalistik und Alt.wiss. 1986 erhielt er den Leibniz-Forschungspreis, mit dessen Mitteln er u.a. gemeinsam mit Silvio Panciera (Rom) die Edition der stadtröm. Inschriften in Band VI des *Corpus Inscriptionum Latinarum* (CIL) vorbereitete und die Epigr. Datenbank Heidelberg (EDH) aufbaute. Nach der Wiedervereinigung Deutschlands war er bis 2006 Projektleiter des CIL an der Berlin-Brandenburgischen Akad. der Wiss. A. erhielt zahlreiche Auszeichnungen, so Ehrendoktorate in Barcelona, Pécs, Budapest, Lyon, Bologna, Cluj, Debrecen, Tarragona, Wien und Korfu, Medaillen verschiedener Institutionen im In- und Ausland, das Verdienstkreuz 1. Klasse der Bundesrepublik. Er war korrespondierendes Mitglied verschiedener ausländischer Akademien. Neben Fragen der dt. Hochschulpolitik engagierte er sich auch zu polit. Problemen in seiner Heimat [17] und in Rumänien, wo er dazu aufrief, die Zerstörung der röm. Bergwerksanlagen bei Rosia Montana durch ein modernes Bergbauunternehmen zu verhindern.

Werk

Bereits das Buch über die Bevölkerung und Gesellschaft des röm. Dalmatien [1] weist auf die enge Verbindung von histor. Forschung und Epigraphik im Werk A.s hin. Daneben widmete er sich der historiographischen Überlieferung zum Imperium Romanum insbes. in Krisenzeiten des 2. und speziell des 3. Jh.s, so etwa bei Cassius Dio, Herodian, der Historia Augusta und auch christl. Autoren wie Cyprian [13]. Noch in Ungarn begann er Arbeiten zu histor. Phänomenen im Imperium Romanum, bes. in den Provinzen, auf der Grundlage der inschriftlichen Überlieferung. Während seiner Zeit am Bonner Landesmuseum kam A. mit Hans-Georg ↗Pflaum, Eric Birley und Ronald ↗Syme in intensiven Kontakt. Damals begann er mit prosopographischen Studien, zunächst zu den Legionslegaten der röm. Rheinarmeen [2], sodann zu den Fasti Hispanienses [3]. Sie gaben den Anstoß, sich mit den Inschriften der Iber. Halbinsel zu befassen, was schließlich zur Arbeit an der zweiten Auflage des CIL führte. Mehrere große Arbeitsbereiche sind im Werk A.s erkennbar:

(1) Die Lesung, Publikation und Kommentierung alter und neuer Inschriften aus allen Teilen des Imperium Romanum, die er in zahlreichen Aufsätzen in großen und kleineren internationalen Zeitschriften sowie in Sammelbänden publizierte (z.B. [9]). Mehrere Artikel behandelten Inschriften, deren Buchstaben aus (vergoldeter) Bronze bestanden (z.B. [14]).

(2) Die Publikation von epigr. Corpora für die Iber. Halbinsel, Rom und den Donauraum: A.s großes Erstlingswerk waren die Inschriften von Tarraco [6], in dem er bereits größten Wert auf die frühere Überlieferung zu den einzelnen Texten in bisher nicht ausgewerteten Hss. und frühen Drucken sowie auf die photographische Dokumentation legte. Seit 1979 war A. Mitherausgeber und Autor der zweiten Auflage von CIL II. Für Rom legte er zwei gewaltige Faszikel vor: Supplementa zu den Kaiserinschriften [16] sowie zu den epigr. Texten des Senatoren- und Ritterstandes [19]. Ein methodischer Fortschritt lag darin, im Faszikel zu den Kaiserinschriften erstmals in einem CIL-Band die Photos direkt in den Text zu integrieren, was eine ganz neue Sicht der Inschriften als Monumente und ihre umfassende epigr. Erschließung ermöglichte. Nach 1990 wurden die Donauprovinzen Roms für die internationale Forschung wieder leicht zugänglich. Deshalb plante A. seit 2003 unter Mitarbeit von Kolleginnen und Kollegen in Ungarn und in den umliegenden Ländern eine Neuauflage von CIL III, zumindest für die Provinzen Raetia, Noricum, Pannonia superior und inferior.

(3) Engst verbunden mit der epigr. Arbeit sind A.s prosopographische Untersuchungen. Hier befasste er sich v.a. mit dem *ordo senatorius* und dem *equester ordo*. In den *Fasti Hispanienses* [3] analysierte er alle senatorischen Amtsträger der drei röm. Provinzen auf der Iber. Halbinsel. Sein prosopographisches Hauptwerk wurde die Untersuchung zu den Konsuln der Regie-

rungszeit von Antoninus Pius und Marc Aurel (138–180) [8]. Die sozialen Regeln, die er etwa zur »Vererbung« des Konsulats innerhalb konsularer Familien aufstellte, entfachten eine rege internationale Diskussion [10. 139–161].

(4) Im Zusammenhang mit diesen prosopographischen Studien stehen A.s allgemeinere sozialhistor. Arbeiten, etwa zur Stellung der Ritter in der Führungsschicht des Imperium Romanum [10. 162–209], zu Fragen der Sklaverei, insbes. der Freilassung [10. 286–331], oder zu sozialen Konflikten [10. 82–98]. Die Rolle des Heeres in der röm. Sozialstruktur war ein weiteres seiner Themen. Eine Synthese zur Geschichte der röm. Gesellschaft legte er bereits 1975 vor [7]. Diese mehrfach neu aufgelegte und übersetzte Darstellung erfasst die soziale Entwicklung von den Anfängen bis zum Ende der Spätantike. Auch wenn sie zum Teil heftige Diskussionen auslöste, so v.a. über das sog. Stände-Schichten-Modell der kaiserzeitlichen Gesellschaft, bleibt sie doch der umfassendste Versuch, die röm. Gesellschaft insgesamt zu beschreiben.

Wirkung

A.s Leistung beruht auf zwei Hauptpunkten: Zum einen gelang es ihm, mit seiner Sozialgeschichte einen eingängigen, nicht von theoretischen Diskussionen überfrachteten Zugang zur röm. Gesellschaft zu eröffnen. Die unprätentiöse Sprache erlaubte auch rasche Übersetzungen. Zum anderen legte er mit seiner Edition von lat. Inschriften innerhalb des CIL ein modernes Präsentationskonzept vor, das große Resonanz fand. Damit entwickelte er Mommsens Konzept des CIL weiter: 2010 stimmte er dessen Öffnung für andere Sprachen als Latein zu und ermunterte ital. Kollegen, neue Faszikel in ital. Sprache vorzulegen. Am wichtigsten aber ist, dass A. mit seinen Bänden einen Qualitätsstandard für dieses Werk geschaffen hat, der weiterwirken wird.

SV: Alföldy Géza irodalmi munkássága (Bibliographie), in: Aetas (Szeged) 19, 2004/2, 164–192; vgl. die Teilbibliographien in [10. 486 ff.]; [11. 525 f.]; [13. 492 ff.]; Nachruf auf der Internetseite des Seminars für Alte Geschichte und Epigraphik der Univ. Heidelberg.

Schriften

[1] Bevölkerung und Gesellschaft der röm. Provinz Dalmatien, 1965 (mit Beitrag von A. Mócsy) [2] Die Legionslegaten der röm. Rheinarmeen (Epigraphische Studien 3), 1967 [3] Fasti Hispanienses. Senatorische Reichsbeamte und Offiziere in den Spanischen Provinzen des röm. Reiches von Augustus bis Diokletian, 1969 [4] Flamines Provinciae Hispaniae Citerioris, 1973 [5] Noricum (engl. Übers. von A. Birley), 1974 [6] Die röm. Inschriften von Tarraco (Madrider Forschungen 10; Edition), 1975 [7] Röm. Sozialgeschichte, 1975 (4., erw. Aufl. 2011) [8] Konsulat und Senatorenstand unter den Antoninen. Prosopographische Untersuchungen zur senatorischen Führungsschicht (Antiquitas 1/27), 1977 [9] Röm. Statuen in Venetia et Histria. Epigraphische Quellen (Abh. der Heidelberger Akad. der Wiss. 1984/3), 1984 [10] Die röm. Gesellschaft. Ausgewählte Beiträge (Heidelberger althistor. Beiträge und epigraphische Studien 1), 1986 [11] Röm. Heeresgeschichte. Beiträge 1962–1985 (Mavors, Roman Army Researches 3), 1987 [12] Röm. Städtewesen auf der neukastilischen Hochebene. Ein Testfall für die Romanisierung (Abh. der Heidelberger Akad. der Wiss. 1987/3), 1987 [13] Die Krise des Röm. Reiches. Geschichte, Geschichtsschreibung und Geschichtsbetrachtung. Ausgewählte Beiträge (Heidelberger althistor. Beiträge und epigraphische Studien 5), 1989 [14] Der Obelisk auf dem Petersplatz in Rom. Ein historisches Monument der Antike (Sitzungsberichte der Heidelberger Akad. der Wiss. 1990/2), 1990 [15] CIL II, 2. Aufl., 14,1: Conventus Tarraconensis (Edition; mit M. Clauss und M. Mayer Olivé), 1995 [16] CIL VI 8,2: Tituli imperatorum domusque eorum (Edition), 1996 [17] Ungarn 1956: Aufstand, Revolution, Freiheitskampf (Schriften der Philos.-Histor. Klasse der Heidelberger Akad. der Wiss. 2), 1997 [18] Städte, Eliten und Gesellschaft in der Gallia Cisalpina. Epigraphisch-historische Untersuchungen (Heidelberger althistor. Beiträge und epigraphische Studien 30), 1999 [19] CIL VI 8,3: Tituli magistratuum populi Romani ordinum senatorii equestrisque (Edition), 2000 [20] Provincia Hispania Superior (Schriften der Philos.-Histor. Klasse der Heidelberger Akad. der Wiss. 19), 2000 [21] CIL II, 2. Aufl., 14,2–4: Colonia Iulia Urbs Triumphalis Tarraco (Edition), 2011–2013 (teilw. in Vorbereitung) [22] Segobriga V. Inscripciones romanas de Segobriga descubiertas entre los años 1986 y 2010 (Edition; mit J. M. Abascal und R. Cebrián), 2012.

Sekundärliteratur

[23] Discurs d'investidura pronunciat pel Dr. Géza Alföldy (Forasteros in Tarraco), in: Investidura com a doctor honoris causa del senyor Géza Alföldy, Univ. Rovira i Virgili, 2009, 15–23 [24] M. Peachin (Hrsg.), Aspects of Friendship in the Graeco-Roman World (Proc. of the Conference, Heidelberg 2000), 2001 [25] V. A. Troncoso, Röm. Geschichte und Altertumswissenschaft. Gespräch mit Géza Alföldy, 2010 (Internetseite der Univ. de La Rioja).

Werner Eck

Alp, Sedat

Türk. Hethitologe. Geb. am 1. 1. 1913 im osman. Karaferiye bei Thessaloniki, gest. am 9. 10. 2006 in Ankara. Ab 1932 Stipendiat des türk. Staates; 1932/33 Gymnasium Schulpforta; 1940 Prom. in Leipzig. Ab 1940 Dozent, ab 1959 o.Prof. für Hethitologie, schließlich Dekan an der Univ. Ankara. 1997 Ehrenprom. der Univ. Würzburg; 1998 Member der British Acad.

Werk und Wirkung

Kurz nach A.s Geburt siedelte seine Familie aus dem damaligen Karaferiye, (Beroia, h. Veria), in die junge türk. Republik über. Im Alter von 19 Jahren ermöglichte ihm ein staatliches Stipendium den Besuch zunächst des Gymnasiums in Schulpforta, dann das Studium in Leipzig und Berlin, wo er neben Hans-Gustav ↗Güterbock und Heinrich Otten zu den Schülern von Hans Ehelolf gehörte. Dieser betreute als Kustos auch die damals im Berliner Vorderasiat. Museum aufbewahrten umfangreichen Textfunde aus der heth. Hauptstadt Hattusa, was für A.s späteren Lebensweg prägend wurde. Nach seiner Prom. kehrte er 1940 nach Ankara zurück, wo er im selben Jahr seine Tätigkeit zunächst als Dozent aufnahm; ab 1959 war er dort Prof. und 1956–1959 auch Dekan an der Fakultät für Sprachen, Geschichte und Geographie der Univ. Ankara. Während seiner langjährigen Lehr- und Forschungstätigkeit, die ihn auch immer wieder zu längeren Aufenthalten an dt. und europ. Univ. führte, erhielt A. zahlreiche internationale Preise und Auszeichnungen, u.a. das Große Verdienstkreuz mit Stern der Bundesrepublik Deutschland. Er war korrespondierendes Mitglied des DAI und Mitglied der Mainzer Akad. der Wiss. sowie der British Academy. 1997 verlieh ihm die Univ. Würzburg den Ehrendoktortitel.

Bereits mit seiner Diss. über die heth. Beamtennamen [1] erwies sich A. als ausgezeichneter Kenner der heth. Überlieferung; sein besonderes Interesse galt immer auch der histor. Geographie des hethiterzeitlichen Anatoliens. In späteren Jahren wandte er sich verstärkt der luwischen Hieroglyphenschrift zu, publizierte neue Inschriften und verfasste zahlreiche wichtige Beiträge zu hethiterzeitlichen Siegeln [2]. Generationen von türk. Hethitologen gehörten zu seinen Schülern. Sein großes Interesse an der Archäologie führte zur Ausgrabung der heth. Siedlung bei Maşat Höyük und der Entdeckung eines Archives mit heth. Verwaltungskorrespondenz, die A. 1991 in einer Bearbeitung vorlegte [4].

Schriften

[1] Untersuchungen zu den Beamtennamen im hethitischen Festzeremoniell (Sammlung orientalistischer Arbeiten 5; Diss. Berlin), 1940 [2] Zylinder- und Stempelsiegel aus Karahöyük bei Konya (Edition), 1968 [3] Beiträge zur Erforschung des hethitischen Tempels. Kultanlagen im Lichte der Keilschrifttexte. Neue Deutungen, 1983 [4] Hethitische Briefe aus Maşat-Höyük (Edition), 1991.

Sekundärliteratur

[5] C. Dündar / F. Sevinç, İlk Türk Hititoloğun Yaşam Öyküsü Sedat Alp (Türkiye Bilimler Akademisi, Yaşam Öyküleri 2), 2004 [6] H. Otten (Hrsg.), Hittite and Other Anatolian and Near Eastern Studies in Honour of Sedat Alp, 1992 [7] G. Wilhelm, Sedat Alp (1. Januar 1913–9. Oktober 2006), in: Mitteilungen der Deutschen Orientgesellschaft 139, 2007, 7–8.

Jörg Klinger

Altheim, Franz

Dt. Klass. Philologe und Althistoriker. Geb. am 6.10.1898 in Frankfurt a.M., gest. am 17.10.1976 in Münster. 1916 und 1919–1921 Studium der Klass. Phil., Arch. und Indogermanistik in Frankfurt; 1921 Prom., 1928 Habil. ebda. 1935 ao.Prof. in Frankfurt; 1938 ao.Prof., 1942 o.Prof. für Klass. Phil. in Halle a.d. Saale; 1948 Prof. für Alte Gesch. in Halle, 1949–1964 Prof. für Alte Gesch. an der FU Berlin. Mitglied des Georgekreises und 1934–1936 der SA.

Werk und Wirkung

A. war einer der produktivsten, originellsten, meistgelesenen, aber auch umstrittensten Althistoriker seiner Zeit. Ursprünglich war er Philologe und wurde 1921 mit einer Arbeit über die *Politik* des Aristoteles bei Hans von ↗Arnim promoviert. Bereits seine Habil. bei Walter F. ↗Otto (1928) [1] wies auf seine künftigen Arbeitsschwerpunkte hin, die antike Religionsgeschichte (u.a. [8]) und den Zusammenhang zwischen Griechen und Römern [2]. Dass er in der röm. Religion »nordisches« Gedankengut zu entdecken vermeinte, machte ihn auch für eine Mitarbeit beim NS-»Ahnenerbe« interessant [15]. Insbes. für seine kostspieligen Forschungsreisen auf den Balkan und in den Vorderen Orient nutzte A. seine guten Kontakte zu NS-Größen wie Hermann Göring und Heinrich Himmler [16. 125f.].

Nach dem Krieg begründete A. 1949 bis 1964 die Alte Geschichte an der Freien Univ. Berlin [14]. Modern mutet seine Behandlung des 3. Jh.s n. Chr. an, welche die geographische wie die zeitliche Peripherie des Röm. Reichs einbezog. So behandelte A. in Monographien auch die Goten und Finnen [4], Hunnen [11], Sassaniden, Araber [13], die aramäische Sprache [10] oder Zarathustra [12]. Die Zahl seiner Bücher, die in andere Sprachen übersetzt wurden und mehrfach, auch unter veränderten Titeln, erschienen, ist Legion. Seit den 1950er Jahren arbeitete A.s Assistentin und spätere Adoptivtochter Ruth Stiehl an vielen Projekten mit. Dass seine Wirkung als eines interdisziplinär, global, nicht eurozentristisch arbeitenden und denkenden Historikers heute recht gering ist, liegt gewiss auch an seiner zeitangepassten Sprache und nicht zuletzt an eigenwilligen Theorien, an denen er trotz Kritik festhielt.

SV: F. Altheim. Bibliographie seiner Schriften zum 60. Geburtstag, zusammengestellt von E. Merkel, 1958.

Schriften

[1] Griech. Götter im alten Rom, 1930 (Neuausg. 1980) [2] Röm. Religionsgeschichte, 3 Bde., 1931–1933 (^{2}1956) [3] Die Soldatenkaiser, 1939 [4] Goten und Finnen im dritten und vierten Jh., 1944 [5] Weltgeschichte Asiens im griech. Zeitalter, 2 Bde., 1947–1948 [6] Der Ursprung der Etrusker, 1950 [7] Asien und Rom. Neue Urkunden aus sasanidischer Frühzeit (mit R. Stiehl), 1952 [8] Der unbesiegte Gott. Heidentum und Christentum, 1957 [9] Finanzgeschichte der Spätantike (mit R. Stiehl), 1957 [10] Die aramäische Sprache unter den Achämeniden (mit R. Stiehl), 1959–1963 [11] Geschichte der Hunnen, 5 Bde., 1959–1962 [12] Zarathustra und Alexander, 1960 [13] Die Araber in der alten Welt, 6 Bde., 1964–1969.

Sekundärliteratur

[14] E. Baltrusch, Geschichte der Alten Geschichte an der FU Berlin, in: K. Kubicki / S. Lönnendonker (Hrsg.), Die Geschichtswissenschaften an der FU Berlin, 2008, 15–16 [15] M. H. Kater, Das »Ahnenerbe« der SS 1935–1945, 1974 [16] V. Losemann, Nationalsozialismus und Antike, 1977, 123–132 [17] G. Mühlpfordt, In memoriam Franz Altheim (1898–1976) als Lehrer und als Mensch. Erinnerungen an den Althistoriker von einem Neuzeithistoriker, in: Klio 69, 1978, 635–639 [18] G. Sanders, Franz Altheim †, in: Gnomon 50, 1978, 789–791.

Ernst Baltrusch

Amelung, Walther

Dt. Klass. Archäologe. Geb. am 15. 10. 1865 in Stettin, gest. am 12. 9. 1927 in Bad Nauheim. Schulbesuch in Stettin; 1884–1888 Studium der Klass. Alt.wiss in Tübingen, Leipzig und München; 1888 Prom. ebda.; danach zwei Jahre Schauspieler in München und Berlin. 1891–1893 ausgedehnte Reisen im Mittelmeergebiet; ab 1895 Privatgelehrter in Rom. 1916–1921 kriegsbedingt in Berlin; 1921–1927 Erster Direktor des DAI Rom.

Werdegang, Werk und Wirkung

A., aus begüterter, kunstinteressierter Familie stammend, wurde 1888 bei Heinrich von ↗Brunn promoviert [1]. Während der Reisejahre 1891–1893 legte er den Grundstock seiner Kenntnis der ant. Plastik. Zusammen mit Paul ↗Arndt begann A. mit der Herausgabe der *Photographischen Einzelaufnahmen* [2], die als Grundlage für ein umfassendes Corpus antiker Plastik gedacht waren. Seit 1895 lebte A. dauerhaft in Rom, wo er sich 1904 ein repräsentatives Haus erbauen ließ. Wiss. Ertrag dieser Jahre sind sein Führer durch die Antiken in Florenz [3] und der Katalog der ant. Skulpturen des Vatikanischen Museums [4] – sein Hauptwerk. A. besorgte die Herausgabe der dritten Auflage des ↗*Helbig* [5] und übersetzte ant. Texte [6]. Nach dem Eintritt Italiens in den Ersten Weltkrieg ging er 1916 nach Berlin. Dort leitete er die Aufstellung der Abguss-Sammlung im Arch. Seminar der Universität und hielt Vorlesungen an der Lessing-Hochschule. 1921 kehrte er als Leiter des DAI nach Rom zurück. Um dessen Wiedererstehen und Wiedereröffnung (1924) nach dem Ersten Weltkrieg hat sich A. große Verdienste erworben.

Im Mittelpunkt von A.s Forschungen stand die griech. Plastik der klass. Zeit. Durch systematische Sichtung und Deutung der röm. Kopien versuchte er, verlorene Meisterwerke zu rekonstruieren und ein Bild der dahinterstehenden Künstlerpersönlichkeiten zu entwerfen. Wenn auch heutzutage manche seiner Rekonstruktionen als überholt gelten, so sind sein Stilgefühl, seine umfassende Denkmälerkenntnis sowie sein phänomenales Formengedächtnis nach wie vor bewundernswert.

SV: Jahresberichte für Fortschritte der klassischen Altertumswissenschaft, 228, 1930, 94–100.

N: Rom, DAI.

Schriften

[1] Die Personifizierung des Lebens in der Natur in der Vasenmalerei der hellenistischen Zeit (Diss. München), 1888 [2] Photographische Einzelaufnahmen antiker Skulpturen, 17 Bde. (mit P. Arndt), 1895–1925 [3] Führer durch die Antiken in Florenz, 1897 [4] Die antiken Sculpturen des Vaticanischen Museums, 2 Bde., 1903–1908 [5] (Hrsg.), W. Helbig, Führer durch die öffentlichen Sammlungen klassischer Altertümer in Rom, 2 Bde., ^{3}1912–1913 [6] Sophokles, Antigone (Übers.), 1922.

Sekundärliteratur

[7] S. Diebner, Walther Amelung (1865–1927). Gli anni romani, in: M. G. Picozzi (Hrsg.), L'immagine degli originali greci. Ricostruzioni di Walther Amelung e Giulio Emanuele Rizzo, 2006, 3–17 [8] H. Diepolder, Art. Amelung, Walther Oskar Ernst, in: NDB 1, 1953, 245–246 [9] L. Malten (Hrsg.), Antike Plastik. FS W. Amelung, 1928.

Sylvia Diebner

Andrae, Walter

Dt. Bauforscher und altoriental. Archäologe. Geb. als Ernst Walter A. am 18. 2. 1875 in Anger bei Leipzig, gest. am 28. 7. 1956 in Berlin. 1894–1898 Architekturstudium an der TH Dresden; 1898–1903 Grabungsassistent in Baalbek und Babylon; 1903–1914 Grabungsleiter in Assur. 1908 Prom. in Dresden; 1921 Kustos bei den Staatlichen Museen zu Berlin. 1922 Habil. in Berlin; 1923 Hochschuldozent an der TH Berlin; 1928–1950 Direktor der Vorderasiat. Abteilung der Staatlichen Museen zu Berlin. 1931 ao. Prof. an der TH Berlin und 1945–1951 o.Prof. für assyr. Baugeschichte ebda.

Biographie und wissenschaftlicher Werdegang

A., Sohn eines Direktors der Sächsischen Staatsbahn, studierte in Dresden Architektur u.a. bei Cornelius Gurlitt und Paul Wallot. Als Regierungsbaumeister (Dipl.-Ing.) und Grabungsassistent Robert ↗Koldeweys war er kurz in Baalbek und dann in Babylon bei der ersten dt. Großgrabung in Mesopotamien tätig. 1903 wurde A. die Leitung der neuen Grabung in Assur übertragen; von hier aus unternahm er kürzere Nebengrabungen in Hatra und Kar-Ninurta. Bei einem Heimaturlaub 1908 wurde er an der TH Dresden zum Dr. -Ing. promoviert [1]. Noch vor Ausbruch des Ersten Weltkriegs schloss A. 1914 die Arbeit in Assur ab. Während des Krieges war er v.a. im Osman. Reich als Hauptmann tätig.

Als Kustos bei den Staatlichen Museen zu Berlin beschäftigte A. sich 1921 mit der Aufarbeitung der mesopot. Grabungsfunde. Im Jahr darauf habilitierte er sich an der TH Berlin [3] und wirkte dort zunächst als Privatdozent mit Schwerpunkt auf vorderasiat. Baukunst. Nach dem Tod Otto Webers wurde A. dessen Nachfolger als Direktor der Vorderasiat. Abteilung der Staatlichen Museen. Unter seiner Leitung und aufgrund seiner Konzeption konnten die Schauräume im Südflügel des heutigen Pergamonmuseums eingerichtet und 1930–1936 eröffnet werden. 1945–1951 übernahm A. den Lehrstuhl für Baugeschichte und Bauaufnahme an der TU Berlin. A.s eindrückliche Lebenserinnerungen spiegeln den Zeitgeist und seine tiefe Religiosität [11].

Werk und Wirkung

Infolge der damals als vorbildlich anerkannten Ausgrabung Assurs durch A. gehört dieses Kulturzentrum heute zu den am besten erforschten Orten Assyriens. A.s Habil.-Schrift zu den archaischen Ischtar-Tempeln [3] war grundlegend, da hier grabungstechnisch genaue Schichtenuntersuchungen publiziert wurden. Diese boten erstmals überhaupt eine seriöse bauhistor. Basis für die altmesopot. Chronologie und Kunstgeschichte. Mit dieser Arbeit schuf er das erste theoretische Gerüst für die moderne Vorderasiat. Archäologie und Bauforschung und legte die Essenz seiner neue Maßstäbe setzenden Grabungsmethode dar, die auf jener in Babylon angewandten aufbaute. A. wurde von den Vorstellungen seines Lehrers Koldewey bezüglich einer möglichst umfassenden Untersuchung und Präsentation von ant. Städten über die verschiedenen Kulturepochen hinweg geprägt; er ging jedoch in seinem ganzheitlichen Ansatz weit über dessen Auffassungen hinaus. Dies zeigt sich in mehreren Büchern, darunter einige Überblickswerken zur altoriental. Architektur, Kunst und Kultur [5]; [6]; [9]; sie trugen zur weiteren Popularisierung des Alten Orients bei. Die meisten dieser Arbeiten gelten heute als überholt.

Im musealen Bereich setzte A. höchste Maßstäbe. Bereits in Babylon gelang es ihm, einen ersten Löwen, der in zahlreichen Exemplaren Teil der Mauern der Prozessionsstraße war, aus glasierten Ziegelresten zusammenzusetzen. Auf den hierbei entwickelten Überlegungen, Originalteile nicht zu bearbeiten, zu ergänzen oder zu kaschieren, sondern in ihrem bruchhaften Zustand zu belassen, basierte seine Vorstellung des Nebeneinanders von Original und klar unterscheidbarer Nachbildung. Darauf baute seine Rekonstruktion von Teilen der Prozessionsstraße und des Ischtar-Tors aus der Zeit Nebukadnezars II. auf [10]. Sie und die parthische Palastfassade aus Assur [7] konzipierte A. als zentrale Erlebnis- und Verteilerachse für die angrenzenden Schauräume. Bei der Berliner epochalen Raumgestaltung und Ausstellungsinszenierung im Zuge der Planung und des Baus des Pergamonmuseums in den späten 1920er und frühen 1930er Jahren kamen A.s hohe künstlerische und Fähigkeiten der organischen Gesamtschau zugute. A. war einer der großen Pioniere der Altoriental. Archäologie und Bauforschung und hatte zahlreiche Schüler; seine vielfältigen Impulse reichen bis in die Gegenwart.

M: [11].

SV: Koldewey-Gesellschaft, Vereinigung für Baugeschichtliche Forschung e.V. Von ihren Gründern, ihrer Geschichte und ihren Zielen. FS zum 80. Geburtstag von Ernst Walter Andrae, 1955.

N: Berlin, Staatsbibliothek Preuß. Kulturbesitz; Berlin, Dt. Orient-Gesellschaft.

Schriften

[1] Der Anu-Adad-Tempel in Assur (Diss. Dresden), 1909 [2] Die Festungswerke von Assur, 1913 [3] Die archaischen Ischtar-Tempel in Assur (Habil.schrift Berlin), 1922 [4] Farbige Keramik aus Assur und ihre Vorstufen in altassyrischen Wandmalereien, 1923 [5] Die Kunst des Alten Orients (Propyläen Kunstgeschichte, Bd. 2; mit H. Schäfer), 1925 [6] Das Gotteshaus und die Urformen des Bauens im Alten Orient, 1930 [7] Die Partherstadt Assur (mit H.J. Lenzen), 1933 [8] Die jüngeren Ischtar-Tempel in Assur, 1935 [9] Das wiedererstandene Assur, 1938 [10] Babylon. Die versunkene Weltstadt und ihr Ausgräber Robert Koldewey, 1952 [11] Lebenserinnerungen eines Ausgräbers, 1961 (^{2}1988) [12] Bilder eines Ausgräbers. Die Orientbilder von Walter Andrae 1898–1919, hrsg. von R.M. Boehmer, 1989 (^{2}1992).

Sekundärliteratur

[13] J. Bär, Walter Andrae, ein Wegbereiter der modernen Archäologie, in: J. Marzahn / B. Salje (Hrsg.),

Wiedererstehendes Assur. 100 Jahre deutsche Ausgrabungen in Assyrien, 2003, 45–52 [14] E. Heinrich, Leben und Wirken Walter Andraes († 1956), in: Neue Ausgrabungen und Untersuchungen im Nahen Osten, Mittelmeerraum und Deutschland. Bericht über die Tagung der Koldewey-Gesellschaft in Regensburg, 1957, 7–12.

Olaf Matthes

Andronikos, Manolis

Griech. Archäologe. Geb. am 23.10.1919 in Bursa, gest. am 30.3.1992 in Thessaloniki. Studium in Thessaloniki. 1949–1961 Archäologe im griech. Antikendienst; 1952 Prom., 1957 Habil. in Thessaloniki. 1964–1984 Prof. an der Aristoteles-Univ. Thessaloniki; 1964/65 Vorsitzender des Arch. Zentralrats und der griech. Unesco-Kommission. Vizepräsident der Griech. Forschungsgemeinschaft; Mitglied zahlreicher europ. Akad. und wiss. Gesellschaften; Ehrendoktor der Univ. Athen, Oxford und Bristol; Träger des Großkreuzes des Palmenordens von Griechenland und diverser internationaler Preise.

Werdegang, Werk und Wirkung

A.' Lehrer an der Univ. Thessaloniki war Konstantinos Rhomaios. A. promovierte mit einer Arbeit über Platon und die Kunst [1]. 1954/55 setzte er seine Studien am Trinity College in Oxford bei John Davidson ↗Beazley fort. 1964 erhielt er den zweiten Lehrstuhl für Klass. Archäologie an der Univ. Thessaloniki.

Neben seinen Lehrverpflichtungen widmete sich A. der Erforschung von Vergina, wo er ab 1952 bis an sein Lebensende tätig war. Dort führte er die Freilegung des von Konstantinos Rhomaios aufgedeckten hell. Palastes weiter und grub auch die geometrische Nekropole aus, deren Publikation er 1969 vorlegte [6]. Seit 1976 widmete er sich systematisch der Erforschung der sog. Großen Toumba (Grabhügel), die zu der weltweit Aufsehen erregenden Entdeckung der mit Wandmalereien und reichen Beigaben versehenen Königsgräber führte. Damit bestätigte sich für ihn die Annahme, dass Vergina mit Aigai, der alten Hauptstadt der Makedonen, zu identifizieren sei. Durch seine Ausgrabungen hat A. maßgeblich dazu beigetragen, dass die Archäologie Makedoniens seit den 1970er Jahren in den Fokus der internationalen Forschung gerückt ist. Von den vielseitigen Interessen A.' zeugen seine Abhandlungen über kunsthistor. und philos. ausgerichtete Themen.

SV: ΑΜΗΤΟΣ. Timētikós tómos (FS für Manolis Andronikos), 1987, Bd. 1, XVII–XXII.

Schriften

[1] Ο Πλάτων και η τέχνη (Platon und die Kunst), 1952 [2] Λακωνικά ανάγλυφα (Lakonische Reliefs), 1956 [3] Το ανάκτορο της Βεργίνας (Der Palast von Vergina), 1961 [4] Vergina, the Prehistoric Necropolis and the Hellenistic Palace, 1964 [5] Totenkult, in: Archaeologia Homerica 4, 1968, Lieferung W [6] Βεργίνα I: Το νεκροτάφειον των τύμβων (Vergina I: Die Nekropole der Tumuli), 1969 [7] Βεργίνα: Οι βασιλικοί τάφοι και οι άλλες αρχαιότητες (Vergina: die Königsgräber und andere Funde), 1984 [8] Vergina II: The ›Tomb of Persephone‹, 1994 [9] Το χρονικό της Βεργίνας (Die Vergina-Chronik), 1997 (²2006).

Sekundärliteratur

[10] E.N. Borza, Manolis Andronikos (1919–1992), in: American Journal of Archaeology 96, 1992, 757–758.

Aliki Moustaka

Anti, Carlo

Ital. Archäologe. Geb. am 28.4.1889 in Villafranca Veronese, gest. am 9.6.1961 in Padua. 1911 Studienabschluss (Laurea) in Bologna bei Gherardo Gherardini, danach Fortsetzung des Studiums bei Emanuel ↗Löwy und Adolfo Venturi in Rom. 1914 Aufenthalt in Griechenland, dabei Kontakte u.a. zu Luigi Pernier, Wilhelm Biagio Pace, ↗Dörpfeld, Panagiotis Kavvadias. 1922 Prof. für griech. und röm. Arch. an der Univ. Padua; dort 1932–1943 auch Rektor mit der Amtsführung eines gestandenen Intellektuellen des Faschismus (u.a. Erweiterungsarbeiten am Rektoratsgebäude unter Mitwirkung namhafter Künstler, darunter der Architekt Gio Ponti); Anregung von Grabungskampagnen in Kyrene und Tebtynis sowie Vermehrung der Bestände des arch. Museums von Padua. In der Zeit der Repubblica Sociale Italiana (1943–1945) Generaldirektor der Antichità e Belle Arti. 1945 wegen Verwicklungen in den Faschismus Suspension als Hochschullehrer; 1947 Wiederaufnahme in den Lehrkörper.

Werk und Wirkung

A. erhielt seine akad. Prägung in der Trad. der dt. philol. orientierten Archäologie, zumal der von München (Heinrich von ↗Brunn und Adolf ↗Furtwängler). Die Meisterforschung lieferte ihm das Rüstzeug, mit dem er die Winckelmann'sche Kunstgeschichte zugunsten einer Geschichte der Künstler hinter sich ließ. Die Begegnung mit Emanuel ↗Löwy weckte in A. das Interesse an der Entstehung des Kunstwerks. Seine ersten Schriften widmeten sich Interpretationsproblemen der griech. Plastik. Insbes. bemühte er sich anhand der (gesicherten wie auch umstrittenen) Werke Polyklets (5. Jh. v. Chr.) um die Rekonstruktion von dessen künstlerischer Entwicklung. Seine

Arbeit zu den *Monumenti policletei* [1] hat so das Verdienst, viele Werke des hochklass. Bronzebildners miteinander in Beziehung zu setzen, erschien aber erst, als die Methode der Meisterforschung sich schon weitgehend erschöpft hatte.

In A.s wiss. Profil verbinden sich Elemente wie die Wiedereinführung von antiqu. Methoden, die Erfahrung der Wiener Schule, das wiedererwachte Interesse für die röm. Kunst und die Wiederentdeckung der etrusk. Kunst, das philol. Instrumentarium der Meisterforschung und dazu – vielleicht nicht durchgehend assimilierte – idealistische Einflüsse der Schule Benedetto Croces. Seit den 1940er Jahren konzentrierte sich A. auf das Studium des griech. Theaters. Sein Buch zu den archaischen Theatern [7] leistete hierbei bedeutend Neues und bleibt sein Hauptwerk. Auch in der Nachkriegszeit beschäftigte sich A. v.a. mit diesem Forschungsbereich in Essays, die in eine zusammen mit seinem Schüler Luigi Polacco verfasste, postum erschienene Monographie einflossen [8].

Schriften

[1] Monumenti policletei, in: Monumenti antichi (Accad. Nazionale dei Lincei) 26, 1920, 501–792 [2] L'arco dei Gavi a Verona, in: Architettura e arti decorative. Rivista d'arte e di storia 1, 1921, 121–138 [3] Olimpia, 1926 [4] The Excavations at Cyrene, 1928 [5] Policleto, 1931 [6] I ritratti di Augusto, 1939 [7] Teatri greci arcaici da Minosse a Pericle, 1947 [8] Nuove ricerche sui teatri greci arcaici (mit L. Polacco), 1969.

Sekundärliteratur

[9] Carlo Anti. Giornate di studio nel centenario della nascita (FS, Univ. Padua), 1992 [10] M. Barbanera, L'archeologia degli Italiani, 1998 (bes. 137–138)
[11] E. Ghedini / F. Biondani (Hrsg.), Carlo Anti, 1990.

Marcello Barbanera (Ü: K.H.)

Argyropoulos, Johannes

Griech. Philosoph und Philologe. Geb. 1393/94 oder um 1415 in Konstantinopel, gest. am 26.6.1487 in Rom. 1438–1439 Teilnahme am Konzil von Ferrara-Florenz; 1441–1444 Studium der Philosophie und Prom. in Padua, gleichzeitig Lehre der griech. Sprache; 1448–1453 Leitung des *Katholikón Museíon* in Konstantinopel. Nach dem Fall von Konstantinopel verschiedene diplomatische Missionen, u.a. im Auftrag des *despótēs* von Mistra, Thomas Palaiologos, nach England; Lehre der griech. Philosophie am Studio in Florenz 1456–1471 und 1477–1481, in Rom 1471–1477 und 1481–1487.

Werk und Wirkung

Eine zwischen 1430 und 1438 verfasste attikisierende Invektive, die A. wohl zu Recht zugeschrieben wird [3.15–21]; [7.29], enthält Hinweise darauf, dass das Datum seiner Geburt früher anzusetzen ist als lange angenommen [4.118]; [5.129]; [6.9f.]. Diese Schrift zeigt A. als früh verwaisten Sohn reicher Eltern, der unter der Ägide seines Onkels eine sorgfältige Erziehung erhielt [3.15f.]. Sein Werk umfasst außerdem u.a. eine *Anaphorá* an Papst Nikolaus V. (um 1448), die ihn als Anhänger der Union von katholischer und orthodoxer Kirche ausweist, Reden und Briefe (u.a. an Georg von Trapezunt), *Praefationes* zu seinen Vorlesungen [2] sowie zahlreiche Übersetzungen aus dem Griechischen ins Lateinische [5.130f.]; [6.182–187]: Werke des Porphyrios, Basileios' d.Gr., v.a. aber die *Nikomachische Ethik*, die *Metaphysik*, die *Physik*, die analytischen Schriften, *De coelo*, *De anima*, *De interpretatione* und die *Praedicamenta* (Kategorien) des Aristoteles [5.130]; [6.183f.]. Eine Edition der *Nikomachischen Ethik* mit A.s Übersetzung und Erläuterungen wurde noch zu seinen Lebzeiten gedruckt [1].

Insbes. durch seine Lehrtätigkeit trug A. dazu bei, dass sich die Kenntnis der griech. Sprache und Literatur in Westeuropa verbreitete. Zu seinen prominenten Schülern gehörten in Florenz Lorenzo de' Medici, Vespasiano da Bisticci, Angelo ↗Poliziano, Donato ↗Acciaiuoli und Marsilio ↗Ficino, in Rom Johannes ↗Reuchlin und Jacques ↗Lefèvre d'Étaples. Darüber hinaus stand er in Kontakt zu Francesco ↗Filelfo, Kardinal Basilius ↗Bessarion und Georg von Trapezunt [7.30]. Zuletzt war er jedoch gezwungen, seine Bücher zu verkaufen, um seinen Lebensunterhalt zu fristen [5.131].

SV: [6.182–187].

Schriften

[1] Aristoteles, Ethica ad Nicomachum (Edition), Florenz (Nicolaus Laurentii) 1480 [2] Praefationes Johannis Argyropuli, dum Florentiae doceret philosophiam, in: K. Müllner (Hrsg.), Briefe und Reden italienischer Humanisten, 1889, 3–56 (Ndr. 1970) [3] La comédie de Katablattas. Invective byzantine du XVe siècle, hrsg. von P. Canivet und N. Oikonomides, in: Diptycha 3, 1982–1983, 5–97.

Sekundärliteratur

[4] Argyropoylos, Ioannes, in: E. Trapp et al. (Hrsg.), Prosopographisches Lex. der Palaiologenzeit 1/1, 1976, 118–119 [5] E. Bigi, Art. Argiropulo, Giovanni, in: DBI 4, 1962, 129–131 [6] G. Cammeli, Giovanni Argiropulo, 1941
[7] M. Manusakas, Johannes Argyropulos (1393/4–1487), in: Graecogermania, 1989, 29–30.

Beate Hintzen

Arndt, Paul Julius

Dt. Klass. Archäologe. Geb. am 14.10.1865 in Dresden, gest. am 17.7.1937 in München. Schulbesuch in Dresden; Studium in Leipzig und München; 1887 Prom. in München. Assistent ebda.; seit 1894 PD, Sammler und Kunsthändler.

Werk und Wirkung

A.s Diss. zur *Vasenkunde* [1] widmete sich Keramikproduktionen verschiedener griech. Kunstlandschaften. Von den Lehrern Johannes ↗Overbeck und bes. Heinrich von ↗Brunn geprägt, galt A.s arch. Interesse jedoch dominant der ant. Plastik und der Gemmenkunst. Als grundlegend und von bleibendem Wert haben sich seine corpusartigen Editionen erwiesen. Die Reihe *Denkmäler griechischer und römischer Sculptur* [4] übernahm er von Heinrich von Brunn und setzte sie unter Mitarbeit weiterer Fachvertreter fort. Hinzu kamen zwei weitere Lieferungswerke [2]; [3]. Alle drei Reihen galten primär der photographischen Materialerschließung, vorgelegt in Einzeltafeln. Die Reproduktionen waren von Erläuterungen begleitet, die v.a. in den *Denkmälern* bald die Form knapper Aufsätze annahmen. Die bildlichen Dokumentationen samt verlässlichen Angaben ermöglichten erst die seit dem späten 19. Jh. intensivierte Erforschung antiker Skulptur. Einen Nachfolger fanden sie in dem 1962 von Walter-Herwig ↗Schuchhardt gegründeten Lieferungswerk *Antike Plastik*. Vom Ansehen, das A. insbes. bei den Archäologen der Münchner Schule genoss, zeugt die ihm zum 60. Geburtstag überreichte Festschrift [5].

Neben den wiss. und editorischen Aktivitäten war A. im Antikenhandel tätig. Mehreren Museen vermittelte er den Erwerb von Skulpturen, so der Ny Carlsberg Glyptotek in Kopenhagen und der Münchner Glyptothek. Seine eigene Gemmensammlung wurde vom Kronprinzen Rupprecht von Bayern angekauft; seinen wiss. Nachlass und einen Rest der Sammlungsbestände erwarb Ludwig ↗Curtius für das Arch. Institut Erlangen [6].

N: Univ. Erlangen, Institut für Klass. Archäologie.

Schriften

[1] Studien zur Vasenkunde (Diss. München), 1887 [2] Griech. und röm. Porträts, 1891–1947 (Lieferungswerk, später mit G. Lippold) [3] Photographische Einzelaufnahmen antiker Sculpturen, 1893–1937 (Lieferungswerk, später mit W. Amelung und G. Lippold) [4] Denkmäler griechischer und römischer Sculptur, 1894–1947 (Lieferungswerk, 1888 von H. Brunn begonnen).

Sekundärliteratur

[5] FS P. Arndt. Zu seinem 60. Geburtstag dargebracht von seinen Münchner Freunden, 1925 [6] L. Curtius, Deutsche und antike Welt. Lebenserinnerungen, 1950, 208–211 [7] R. Lullies, Paul Arndt, in: Lullies/Schiering Arch. 158–159 [8] K. A. Neugebauer, [Sitzung am 14. September 1937], in: Archäologischer Anzeiger, 1937, 476–478 [9] Zazoff GG 215–217.

Detlev Kreikenbom

Arnim, Hans von

Dt. Klass. Philologe. Geb. am 14.9.1859 in Groß Fredenwalde, gest. am 26.5.1931 in Wien. Schulbesuch in Berlin am Wilhelms-Gymnasium, Abitur dort 1877; Studium in Heidelberg, Berlin, Greifswald; 1882 dort Prom. bei Ulrich von ↗Wilamowitz-Moellendorf; 1888 Habil. in Halle. 1892 ao.Prof. in Rostock; 1893 o.Prof. ebda.; 1900 und 1921 o.Prof. für Gräzistik in Wien; 1914 o.Prof. in Frankfurt a.M.; 1921–1930 Prof. in Wien.

Werk und Wirkung

A. studierte zunächst Rechtswissenschaft, dann Klass. Philologie, die er bei Curt Wachsmuth, Adolf ↗Kirchhoff und v.a. bei Ulrich von ↗Wilamowitz-Moellendorf hörte, der ihn für die Klass. Philologie begeisterte. Nach einer Prom. zu den euripideischen Prologen [1] und einer Habil. zu Philon von Alexandria [2] konzentrierte sich A. v.a. auf die griech. Literatur; er trat insbes. mit Arbeiten zu Platon [5], Aristoteles [6], Dion von Prusa [3] sowie zu Euripides [8] hervor. Bleibende Anerkennung erwarb er mit der Sammlung der Stoikerfragmente [4]. Im Alter widmete er sich zunehmend Aristoteles [7]. A. verfasste überdies zahlreiche Artikel für die Realenzyklopädie, darunter zu Alkaios.

Zu seinen akad. Schülern gehörten u.a. Maximilian Adler, Hans Oellacher, Willy Morel sowie Franz ↗Altheim: »Unermüdlich tätig lebte er den Bios theoretikos im wahrsten Sinne, bewußt weltfremd, fern allem Getriebe augenblicklicher Vorgänge, fern aber auch jeder persönlichen Stimmung, nur dem Suchen der von ihm erstrebten Wahrheit zugetan. Der scharfsinnige Textkritiker, der feine Interpret, der sorgsame Bildner des Wortes übte als akad. Lehrer eine hinreißende Wirkung auf seine Zuhörer aus« [9.259]. A. war Mitherausgeber der *Zeitschrift für das österr. Gymnasium* (1900–1909) sowie der *Wiener Studien* (1901–1914, 1922–1930).

SV: Burs. Jbb. 241, 1933, 72–79.

Abb: Die Wiener Universität im Bild 1365–1965, 1965, Tafel IV, 34.

Schriften

[1] De prologorum Euripideorum arte et interpolatione (Diss. Greifswald), 1882 [2] Quellenstudien zu Philo von Alexandrien (Habil.schrift Berlin), 1888 [3] Dionis

Prusaensis, quem vocant Chrysostomum, quae exstant omnia, 2 Bde. (Edition), 1894–1896 [4] Stoicorum veterum fragmenta, 3 Bde. (Edition), 1903–1905 (2. Aufl. 1921–1923, Ndr. 1978–1979) [5] Sprachliche Untersuchungen zur Chronologie der Platonischen Dialoge, 1911 [6] Zur Entstehungsgschichte des Aristoteles, 1924 [7] Die Entstehung der Gotteslehre des Aristoteles, 1931 [8] Zwölf Tragödien des Euripides (Edition mit Übers.), 1931.

Sekundärliteratur

[9] A. Kappelmacher, Hans von Arnim, in: Forschungen und Fortschritte 7, 1931, 258–259 [10] R. Meister, Hans von Arnim, in: Burs. Jbb. 241, 1933, 56–72 [11] H. Schwabl, Erinnerungen an Hans von Arnim, in: Wiener Humanistische Blätter 42, 2000, 81–129 (mit Lit.).

Hans-Ulrich Berner

Ashby, Thomas

Brit. Archäologe und Topograph. Geb. am 14. 10. 1874 in Staines (Middlesex), gest. am 15. 5. 1931 in New Malden (Surrey). Nach Besuch der Public School Winchester College 1893–1897 Studium am Christ Church College, Oxford. Ab 1903 Assistant Director, 1906–1925 Director der British School at Rome (BSR); für 1931 als Senior Research Fellow am Christ Church College, Oxford vorgesehen.

Werdegang, Werk und Wirkung

1890 zog A.s Vater, ehemaliger Brauereibesitzer und Amateurarchäologe, nach Rom. Von ihm und Rodolfo ↗Lanciani wurde A. in die topographische Archäologie eingeführt. Am Oxforder Christ Church College waren Francis Haverfield und John L. Myers seine Mentoren. Ein Oxforder Craven-Stipendium ermöglichte ihm ab 1897 den Aufenthalt in Rom; daneben nahm er 1899–1911 an Ausgrabungen in Caerwent (Wales) teil. 1902 wurde er der erste Stipendiat der neu gegründeten BSR, wo er 1903 zum stellvertretenden Direktor und 1906 zum Direktor ernannt wurde. A. und seine Stellvertreterin Eugenie Strong machten die Institution zu einem bedeutenden Forschungszentrum.

Der Schwerpunkt von A.s Forschung lag auf Surveys von arch. Stätten der Campagna. 1909–1921 war er arch. in Malta tätig. Im Ersten Weltkrieg diente er im brit. Ambulanzcorps des Roten Kreuzes in Italien. Aufgrund heftiger Spannungen zwischen A. und Strong wurden 1925 beide aus ihren Ämtern entlassen. Von dieser Entscheidung tief getroffen, lebte er weiter in Rom. Für 1931 zum Senior Research Fellow des Christ Church College ernannt, starb er, als er auf der Reise nach Oxford aus ungeklärter Ursache aus einem fahrenden Zug stürzte.

Ein großer Teil von A.s Forschungsarbeit fand in Artikeln zu arch. und topographischen Problemen in den *Papers of the British School at Rome* Niederschlag. Die Synthese seiner Recherchen zum röm. Landleben findet sich in [4]. Sein topographisches Lexikon [5] (in dem er Samuel Platners Werk fortführte) erschien 1929, sein Werk zu den röm. Aquaedukten erst postum [6]. A.s arch. Forschungsarbeit zur röm. Campagna hat die Kenntnis von Stätten und Landschaften bewahrt, die durch die Bautätigkeit nach dem Zweiten Weltkrieg teilweise oder gänzlich zerstört wurden. Seine topographischen Survey-Methoden wurden zum Vorbild für die neue Archäologengeneration nach 1945. Seine (in der BSR aufbewahrte und inzwischen digitalisierte) photographische Dokumentation vieler heute nicht mehr existierender histor. Stätten und Monumente leistete einen wesentlichen Beitrag zur Fortentwicklung der arch. Photographie [7]; [8]; [9].

N: British School at Rome; Rom, Biblioteca Apostolica Vaticana.

Schriften

[1] (Hrsg.), Forty Drawings of Roman Scenes by British Artists (1715–1850), 1911 [2] Some Italian Scenes and Festivals, 1929 [3] Turner's Vision of Rome, 1925 [4] The Roman Campagna in Classical Times, 1927 [5] (Hrsg.), A Topographical Dictionary of Ancient Rome (mit S. Platner), 1929 [6] The Aqueducts of Ancient Rome, hrsg. von I. A. Richmond, 1935.

Sekundärliteratur

[7] Thomas Ashby. Un archeologo fotografa la campagna romana tra '800 e '900 (Ausst.kat., British School at Rome), 1986 [8] Archeologia a Roma nelle fotografie di Thomas Ashby 1891–1930 (British School at Rome Archive 2), 1989 [9] Il Lazio di Thomas Ashby 1891–1930 (British School at Rome Archive, Ausst.kat.), Bd. 1, 1994 [10] R. Hodges, Visions of Rome. Thomas Ashby, Archaeologist, 2000 [11] R. Keaveney, Views of Rome. From the Thomas Ashby Collection in the Vatican, 1988 [12] G. Lugli, Thomas Ashby, in: Bullettino delle Commissione Archeologica Comunale di Roma 59, 1931, 292 [13] A. H. Smith, Thomas Ashby, 1874–1931, in: Proceedings of the British Academy 17, 1931, 515–541 [14] F. Tomassetti, Scrittori contemporanei di cose romane: Thomas Ashby, in: Archivio della Reale Societa Romana di Storia Patria 1, 1927, 77–123 [15] A. Wallace-Hadrill, The British School at Rome. One Hundred Years, 2001, 20–66.

Stephen L. Dyson (Ü: D. P.)

Ashmole, Bernard

Brit. Klass. Archäologe. Geb. am 22. 6. 1894 in Ilford bei London, gest. am 25. 2. 1988 in Peebles (Schottland). Schulbesuch in London (Forest School), 1913/14 und 1919–1923 Studium in Oxford, unterbrochen durch Kriegsdienst. 1923–1925 Mitarbeiter am Münzkabinett des Oxforder Ashmolean Museum; 1925–1928 Direktor der British School at Rome. 1929–1948 Yates-Prof. für Klass. Arch. am Univ. College London, zugleich 1938–1956 Keeper an der Griech.-Röm. Abteilung des British Museum; 1939–1945 Kriegsdienst. 1956–1961 Lincoln-Prof. für Klass. Arch. in Oxford. 1968 Ehrendoktorat der Univ. Aberdeen; ab 1938 Mitglied der British Acad.; zahlreiche Ehrungen und Auszeichnungen.

Werk und Wirkung

A., der von einem Onkel Elias Ashmoles, des Gründers des Ashmolean Museums, abstammte, studierte in Oxford bei Percy ↗Gardner und John D. ↗Beazley Archäologie und machte sich seit den 1920er Jahren einen Namen als führender brit. Experte für die Skulptur der klass. Zeit [3]; [4]; [6]; [7]. Trotz seiner erfolgreichen Lehrtätigkeit galt sein Hauptinteresse der Museumsarbeit. Um die Rettung der Antikenabteilung des British Museum, insbes. der Elgin Marbles, vor den dt. Luftangriffen im Zweiten Weltkrieg erwarb er sich große Verdienste. Organisatorisch und praktisch begabt, erforschte er v.a. die Werktechniken antiker Bildhauer und Architekten [8], trat aber auch als arch. Photograph [2] und als Förderer der mod. Architektur in England hervor. Als Berater von J. Paul Getty wirkte A. ab 1970 am Aufbau des Getty-Museums in Malibu mit. Auch dabei kam im sein scharfer Kennerblick zugute, mit dem er nicht nur manche Fälschung entlarven [5], sondern auch alte Deutungskontroversen [9] beenden konnte.

M: [10].

SV: [10.191–194].

N: King's College London, Ashmole Archive (auch online).

Schriften

[1] A Catalogue of the Ancient Marbles at Ince Blundell Hall, 1929 [2] Photographien, in: R. Carpenter (Hrsg.), The Sculpture of the Nike Temple Parapet, 1929 [3] Greek Sculpture and Painting to the End of the Hellenistic Period (mit J.D. Beazley), 1932 (²1966) [4] Late Archaic and Early Classical Greek Sculpture in Sicily and South Italy, in: Proc. of the British Academy 20, 1934, 91–123 [5] Forgeries of Ancient Sculpture. Creation and Detection, 1961 [6] The Classical Ideal in Greek Sculpture, 1964 [7] Olympia. The Sculptures of the Temple of Zeus (mit N. Yalouris und A. Frantz), 1967 [8] Architect and Sculptor in Classical Greece, 1972 [9] Menander. An Inscribed Bust, in: American Journal of Archaeology 77, 1973, 61 (mit Taf. 11–12) [10] Bernard Ashmole, 1894–1988. An Autobiography, hrsg. von D. Kurtz, 1994.

Sekundärliteratur

[11] J. Boardman, Art. Ashmole, Bernard, in: Oxford Dictionary of National Biography 2, 2004, 660–661
[12] D. Gill, Art. Ashmole, Bernard (1894–1988), in: DBC, 2004, 31–34 [13] M. Robertson, Bernard Ashmole, 1894–1988, in: Proc. of the British Academy 75, 1989, 313–328.

Daniel Graepler

Aulock, Hans von

Dt. Bankier und Numismatiker. Geb. am 27.11. 1906 in Ohlau (Schlesien), gest. am 23.11.1980 bei Ankara (Autounfall). 1926–1928 Ausbildung zum Außenhandelskaufmann; Volontariat bei einer Londoner Bank; 1930–1933 Aufenthalt in Südafrika. Ab 1934 Tätigkeit bei der Dresdner Bank, zunächst in Berlin, ab 1941 in Istanbul. 1970 Ehrendoktorat der Univ. Frankfurt am Main.

Werdegang, Werk und Wirkung

Der Sohn einer schlesischen Adelsfamilie war im Hauptberuf Bankier. Als stellvertretender Leiter der Filiale Istanbul der Dresdner Bank lebte er seit 1941 in der Türkei. Dort entwickelte er ein reges Interesse an ant. Münzen und begann mit dem Aufbau einer eigenen Sammlung [7]. Sein numismatisches Fachwissen erwarb er als Autodidakt. Dem Nationalsozialismus distanziert gegenüberstehend, beantragte A. 1944 Asyl in der Türkei, um nach dem Abbruch der diplomatischen Beziehungen zwischen beiden Ländern einer Rückführung nach Deutschland zu entgehen. Nach kurzer Internierung in Anatolien fungierte er als Berater der *Türkiye İş Bankası* und von 1952 bis 1971 als Leiter der Repräsentanz Istanbul der Dresdner Bank [6. bes. 600].

Im Lauf der Jahre trug A. eine annähernd 9000 Stück umfassende Sammlung von griech. Münzen hauptsächlich der röm. Kaiserzeit zusammen. In 18 Bänden ist dieser einzigartige Materialbestand, größtenteils von ihm selbst bearbeitet, in der Reihe *Sylloge Nummorum Graecorum* (SNG) erschienen [1]. Das Werk gilt heute immer noch als bedeutendste Referenz für griech. Münzen der röm. Kaiserzeit in Kleinasien. Zu seinem Spezialgebiet innerhalb dieses Feldes, den Bronzeprägungen einzelner Städte, legte A. überdies mehrere Einzelstudien vor [2]; [3]; [4]; [5]. Der Sammlungsbestand wurde nach A.s Tod aufgelöst und zu Teilen vom British Museum erworben.

SV: [9].

Schriften

[1] Sylloge Nummorum Graecorum. Deutschland, Bde. 1–18: Sammlung v. Aulock, bearb. von P.R. Franke et al., 1957–1968 [2] Die Münzprägung des Gordian III. und der Tranquillina in Lykien, 1974 [3] Münzen und Städte Lykaoniens, 1976 [4] Münzen und Städte Pisidiens, 2 Bde., 1977–1979 [5] Münzen und Städte Phrygiens, 2 Bde., 1980–1987.

Sekundärliteratur
[6] J. Bähr, Die Dresdner Bank in der Wirtschaft des Dritten Reiches, 2006 [7] C. Fontana, In memoria di Hans Sylvius von Aulock, in: Rivista italiana di numismatica 82, 1980, 241–242 [8] H. Küthmann, Dr. h. c. Hans Sylvius von Aulock, in: Jb. für Numismatik und Geldgeschichte 30, 1980, 103–104 [9] H. Voegtli, Dr. h. c. Hans Sylvius von Aulock, Istanbul, in: Schweizer Münzblätter 31, 1981, 20–22 (mit Schriftenverzeichnis).

Stefan Krmnicek

Auratus s. Dorat, Jean

Aurispa, Giovanni

Ital. Humanist und Diplomat. Geb. 1376 im sizilischen Neti (Noto), gest. 1459 in Ferrara. Erste Ausbildung in Neapel; Orientreisen im Dienst von Kaufleuten; 1404–1410 Jura-Studium in Bologna. Zahlreiche Reisen v. a. in ital. Städte und in den Orient, u. a. 1419/20 im Gefolge Papst Martins V. nach Florenz und Rom, 1421 im Auftrag Gian Francesco Gonzagas zum byz. Kaiser Manuel Palaiologos nach Konstantinopel; 1422–1423 dort Sekretär von Johannes Palaiologos. 1425 Griechisch-Prof. am Studio in Florenz; ab 1427/28 Erzieher des Sohnes von Marchese Niccolo III. d'Este, Meliaduce, in Ferrara, den er 1433 zum Konzil von Basel begleitete.

Werk und Bedeutung

A. beherrschte die lat. und die griech. Sprache – Letztere, die er wahrscheinlich auf Reisen gelernt hatte, sowohl in ihrer ant. schriftlichen wie in ihrer zeitgenössisch gesprochenen Form. So lehrte er Griechisch nicht erst in Florenz, sondern führte bereits 1421 während eines Aufenthalts in Rom Lorenzo ↗Valla in die Anfangsgründe ein [1. XIII]. Außerdem fertigte er Übersetzungen aus dem Griechischen ins Lateinische (v. a. aus Lukian und Plutarch) sowie aus dem Lateinischen (Giovane Buonaccorso, *De nobilitate*) in die ital. Volkssprache an [1. 174–178]. Erhalten sind einige lat. Epigramme sowie eine recht umfangreiche lat. und volkssprachige Korrespondenz, v. a. mit Antonio Beccadelli (Panormita), Francesco ↗Filelfo sowie Ambrogio Traversari, die u. a. Auskunft über A.s Erwerb von Handschriften und über die Ausleihe- und Tausch-Praxis von Manuskripten unter den Gelehrten gibt [3].

A. verfasste keine philol. Werke; seine eigentliche Leistung für die Trad. der ant. Literatur im Westen besteht darin, dass er noch vor dem Fall Konstantinopels auf seinen Reisen eine große Anzahl von Handschriften griech. paganer und christl. Autoren auffand, erwarb und nach Italien brachte, allein von seinem Aufenthalt in Konstantinopel 1421–1423 neben einer ungenannten Zahl von theologischen Werken 238 Manuskripte profaner Autoren, darunter Teile von Aristoteles' und Platons Schriften, Arrians *Anábasis*, Cassius Dios *Röm. Geschichte* und Aristarchs Kommentar zu Homers *Ilias*. Möglicherweise brachte er bei dieser Gelegenheit sogar die berühmte Handschrift der *Anthologia Palatina* mit [1. 51; 163]. Beim Ankauf von Manuskripten kamen ihm seine Verbindungen zum byz. Kaiserhof zugute.

Schriften
[1] Carteggio di Giovanni Aurispa, hrsg. von R. Sabbadini, 1931.

Sekundärliteratur
[2] F. Schalk, Art. Aurispa (Piciuneri[o]), Giovanni, in: LMA 1, 1999, 1245 [3] P. Schreiner, Giovanni Aurispa in Konstantinopel. Schicksale griechischer Handschriften im 15. Jh., in: J. Helmrath et al. (Hrsg.), Studien zum 15. Jh. FS E. Meuthen, Bd. 2, 1994, 623–633.

Beate Hintzen

Babelon, Ernest

Franz. Numismatiker und Archäologe. Geb. am 7.11.1854 in Sarrey, gest. am 3.1.1924 in Paris. 1874–1878 Ausbildung zum Archivar. 1878 Eintritt in das Cabinet des médailles der Bibliothèque nationale in Paris,1890 deren stellvertretender Direktor, 1892 Direktor; 1908 Präsident der Acad. des inscriptions et belles-lettres. Ab 1902 Dozent, ab 1908 Prof. am Collège de France.

Werdegang, Werk und Wirkung

Nach mediävistischen Anfängen entwickelte sich B. zu einem der führenden Spezialisten für ant. Numismatik, aber auch – zusammen mit seinem Freund François ↗Lenormant – für altoriental. Sprachen und Kulturen. 1883 grub er mit Salomon ↗Reinach in Nordafrika und spielte später als Vorsitzender mehrerer Kommissionen und als Mitherausgeber der *Gazette archéologique* eine zentrale Rolle in der franz. Archäologie. Ab 1902 lehrte B. Numismatik und Glyptik am Collège de France, ab 1908 hatte er den Lehrstuhl *Cours de numismatique antique et médiévale* inne. Während des Ersten Weltkriegs leitete er die Auslagerung des Cabinet des médailles und nach dem Krieg dessen Neuordnung und wurde dafür zum Ritter der Ehrenlegion ernannt.

Zwei Richtungen kennzeichnen B.s Œuvre: zum einen das Verfassen von Katalogen, zum anderen, getragen von der »Kraft der Synthese« [8.403], Arbeiten, welche die Numismatik in ihrer Gesamtheit erfassen. Sein monumentales Handbuch, der *Traité* [3], welcher das gesamte zu seiner Zeit verfügbare Wissen enthalten sollte, blieb unvollendet, ebenso das Corpuswerk *Recueil général* [4] der kleinasiat. Münzstätten, das er mit Théodore Reinach, aufbauend auf der Sammlung William Henry Waddingtons, in Angriff nahm. Dennoch ist sein *Traité* wegen der immensen Fülle an Wissensstoff noch heute von Bedeutung.

SV: Revue numismatique, sér. 4, 27, 1924, 177–204.

Schriften

[1] Description historique et chronologique des monnaies de la République romaine, vulgairement appelées monnaies consulaires, 2 Bde., 1885–1886 [2] Art. Monnaie, in: La Grande Encyclopédie 24, 1898, 99–147 [3] Traité des monnaies grecques et romaines, Bd. 1/1: Théorie et doctrine, 1901 (engl. 2004) [4] Recueil général des monnaies grecques d'Asie-Mineure, Bd. 1, Faszikel 1–4, 1904–1912 [5] Traité des monnaies grecques et romaines, Bd. 2/1–4: Descriptions historiques, 1907–1932.

Sekundärliteratur

[6] A. Dieudonné, L'œuvre numismatique d'Ernest Babelon, in: Revue numismatique, sér. 4, 27, 1924, 145–177 [7] F. Mazerolle, Ernest Babelon, biographie et bibliographie numismatique, 1897 [8] K. Regling, Ernest Babelon, in: Zs. für Numismatik 34, 1924, 399–404.

Helmut Schubert

Bachofen, Johann Jakob

Schweizer. Rechtshistoriker und Altertumswissenschaftler. Geb. am 22.12.1815 Basel in eine wohlhabende Familie, gest. am 25.11.1887 ebda. Studium des Rechts und der Alt.wiss. 1834 in Basel, 1835–1837 in Berlin (bei August ↗Boeckh, Karl Ferdinand Ranke, Karl ↗Lachmann, Friedrich Carl von ↗Savigny), 1837/38 in Göttingen (bei Gustav Hugo und Karl Otfried Müller); 1839 Abschluss in Basel mit juristischem Examen (Diss.: *De Romanorum iudiciis civilibus*). 1839/40 praktische juristische Ausbildung in Paris und London. 1841 Berufung auf die Baseler Prof. für Röm. Recht; Amts- und Gehaltsverzicht, aber weiterhin Lehre als PD; 1842 endgültige Aufgabe auch der unvergüteten Professur. 1845–1866 Appellationsrat in Basel [4]; [7].

Werk und Wirkung

Als ausgebildeter Jurist und Vertreter der Histor. Rechtsschule unterstrich B. die Autonomie des ant. Rechts als Objekt der Alt.wiss. Während seiner Italien- (1842 und 1848/49) und Griechenlandreisen (1851) vertiefte er seine Reflexionen über die ant. Religion, welche sich in seiner röm. Geschichte [1] niederschlugen (gegen Barthold Georg ↗Niebuhr [15.97–101]). B. empfand Quellenstudium und Textkritik, wie sie Theodor ↗Mommsen vertrat [11], als nicht ausreichend für das histor. Verständnis des Religiösen und wandte sich der Mythologie, insbes. der Bestattungssymbolik zu, aus der er die zentrale Rolle von Tod, Grab und Erde für die ant. Welt sowie daraus einen Zusammenhang mit dem Ursprung des Privatbesitzes ableitete; die Erde sei mit der Fertilität, d.h. der Frau, verbunden. In seinem vielfach aufgelegten und übersetzten *Mutterrecht* [2] entwickelte B. seine These einer matrilinear organisierten archaischen, friedlichen, egalitären und sexuell promisken Gesellschaften im indoeurop. Rahmen (vgl. die unabhängige zeitgenössische Anthropologie von Lewis H. Morgan und John Ferguson McLennan); diese Gynaikokratie mit Mutterrecht (verbunden mit Natur, Orient, Gütergemeinschaft, Erdsymbolik) sei, wie in Aischylos' *Orestie* mit dem Freispruch des Muttermörders Orestes gezeigt werde, vom Vaterrecht (verbunden mit Imperium, Privatbesitz, Himmelssymbolik) besiegt worden. Griechenland ist dabei nur ein Teil innerhalb der breit angelegten ethnographisch-komparatistischen Untersuchung.

Bei seiner Untersuchung der Ursprünge unterschied B. nicht zwischen Mythos und Geschichte, ging also der spirituellen, nicht der Faktengeschichte nach [13.58–70]. Mit der Geschichte der Symbole als Ausdruck von Weltanschauungen folgte er Friedrich ↗Creuzer und nahm der nachfolgenden Kunsttheorie viel vorweg (z.B. Erwin Panofsky [5]).

Aufgrund seiner Thesen war B. isoliert; er wurde erst in den 1920er Jahren wiederentdeckt, v.a. von den »Münchner Kosmikern« (Stefan George, Ludwig Klages). 1926 erschienen B.s Schriften in Anthologien [5]. Thomas Mann machte auf den revolutionären Obskurantismus der B.-Renaissance aufmerksam; nationalsozialistische Ideologen stilisierten B. zu einem ihrer Vorgänger [14]; [16]. Walter Benjamin betrachtete B. als ›wiss. Propheten‹ in der Anthropologie und Psychologie [6]. Marxisten wiederum betonten den Urkommunismus im Sinne B.s, und auch die feministische Bewegung hat ihn zu einem ihrer Vorläufer gemacht. B.s Themen bleiben bedeutend für die Soziologie der Familie und die Rechtsgeschichte [7]. Psychoanalytiker haben aus B. die metageschichtliche Existenz eines mütterlichen und eines väterlichen Prinzips abgeleitet. Eine Standortbestimmung B.s in der Religionsgeschichte des 19. Jh.s unternahm Arnaldo ↗Momigliano [15].

SV: in [12].

Schriften

[1] Die Geschichte der Römer (mit F.D. Gerlach), 1851 [2] Das Mutterrecht. Eine Untersuchung über die Gynaikokratie der alten Welt nach ihrer religiösen und rechtlichen Natur, 1861 (u.ö.) [3] Ges. Werke, 10 Bde., hrsg. von K. von Meuli et al., 1943–1967.

Sekundärliteratur

[4] G. Arrigoni, Autobiografia, religione e politica in Johann Jakob Bachofen, in: K. Christ / A. Momigliano (Hrsg.), L'Antichità nell'Ottocento in Italia e Germania, 1988, 119–144 [5] A. Baeumler, Einleitung, in: M. Schröter (Hrsg.), Der Mythos von Orient und Occident. Eine Metaphysik der Alten Welt. Aus den Werken von Johann Jakob Bachofen, 1926 [6] W. Benjamin, Johann Jakob Bachofen, in: W. Benjamin, Ges. Schriften, hrsg. von R. Tiedemann et al., Bd. 2/1, 1972, 219–223 [7] E. Cantarella (Hrsg.), Introduzione al »Diritto materno«, 1983 [8] A. Cesana, Johann Jakob Bachofens Geschichtsdeutung. Eine Untersuchung ihrer geschichtsphilosophischen Voraussetzungen, 1983 [9] P. Conte, Mito e tradizione. Johann Jakob Bachofen tra estetica e filosofia della storia, 2009 [10] P. Davies, Myth, Matriarchy and Modernity. Johann Jakob Bachofen in German Culture, 1860–1945, 2010 [11] L. Gossmann, Orpheus philologus. Bachofen versus Mommsen on the Study of Antiquity (Transactions of the American Philosophical Society 73/5), 1983 [12] H.-J. Hildebrandt, Johann Jakob Bachofen. Die Primär- und Sekundärliteratur, 1988 [13] B. Huber-Greub (Hrsg.), Johann Jakob Bachofen, 1988 [14] F. Jesi, Bachofen, 2005 [15] A. Momigliano, Johann Jakob Bachofen, in: A. Momigliano, Ottavo contributo alla storia degli studi classici e del mondo antico, 1987, 91–107 [16] G. Schiavoni, Rovine della ›simbolica‹, in: F. Maini / G. Schiavoni (Hrsg.), Risalire il Nilo. Mito, fiaba, allegoria, 1983, 349–370.

Sotera Fornaro (Ü: N. M.)

Badian, Ernst

Österr.-amerikan. Althistoriker. Geb. am 8.8. 1925 in Wien; gest. am 1.2.2011 in Boston. 1938 mit seinen Eltern Emigration nach Neuseeland, dort ab 1941 Studium; 1945 B.A., 1946 M.A. in Latein an der Univ. of New Zealand. 1950 B.A. in Lit. Hum., 1954 M.A., 1956 Prom. an der Univ. Oxford [1]. 1962 weitere Prom. (Lit.D.) an der Victoria Univ. in Wellington. 1947/48 Junior Lecturer in Classics und Alter Gesch. ebda; 1952 Assistant Lecturer in Classics und Alter Gesch. an der Univ. Sheffield; 1954 Lecturer in Classics an der Univ. Durham; 1965 Prof. für Alte Gesch. an der Univ. in Leeds; 1969 Prof. für Classics und Gesch. an der State Univ. of New York in Buffalo; 1971 Prof. für Gesch., seit 1982 als John Moors Cabot Prof. für Gesch. an der Harvard Univ.; 1998 Emeritierung. Gastprof. an zahlreichen Univ. weltweit.

Werk und Wirkung

Nachdem B. bei Ronald ↗Syme in Oxford über ein röm. Thema aus der Zeit der Republik promoviert hatte [1], publizierte er weiterhin vorwiegend zur röm. Geschichte, setzte aber auch in der Forschung zu Alexander dem Großen neue Akzente [7] und widmete sich dem 5. Jh. v.Chr. in Griechenland [6]. In seinem *opus magnum* [1] interpretierte B. die röm. Außen- und Eroberungspolitik als Ausweitung des Klientelsystems; in diesem Werk begann er eine intensive Auseinandersetzung mit dem Problem des röm. Imperialismus [3]; [4]. Der Korrespondenzpartner Sir Karl Poppers – die Familien waren noch aus ihrer Wiener Zeit befreundet und Popper ermöglichte B.s Familie die Einwanderung nach Neuseeland – galt als einer der angesehensten Althistoriker im anglo-amerikan. Raum, der sich auch intensiv mit Quellen auseinandersetzte, die nordamerikan. *Association of Ancient Historians* sowie das *American Journal of Ancient History* begründete und dieses 1976–2001 herausgab.

SV: [11.463–475].

Schriften

[1] Foreign Clientelae (264–70 B.C.), 1958 (korr. Ndr. 1967; Ndr. 1972, 1984, 1997) [2] Studies in Greek and Roman History, 1964 (Ndr. 1968) [3] Roman Imperialism

in the Late Republic, 1967 (2. Aufl. 1968, Ndr. 1971, 1976, dt. Übers. 1980 [mit Kurzbiographie S. 2]) [4] Publicans and Sinners. Private Enterprise in the Service of the Roman Republic, 1972 (2. Aufl. 1983, dt. Übers. 1997) [5] (Hrsg.), Sir Roman Syme, Roman Papers, Bd. 1–2, 1979 [6] From Plataea to Potidaea. Studies in the History and Historiography of the Pentecontaetia, 1993 [7] Collected Papers on Alexander the Great, 2006.

Sekundärliteratur

[8] G. Dobesch, Ernst Badian [Nachruf], in: Almanach der Österr. Akad. der Wiss., 2012 (in Vorbereitung) [9] F. Fellner / D. A. Corradini, Österr. Geschichtswissenschaft im 20. Jh. Ein biographisch-bibliographisches Lex., 2006, 46 [10] M. Pesditschek, Barbar, Kreter, Arier. Leben und Werk des Althistorikers Fritz Schachermeyr, 2 Bde., 2009 (siehe Index) [11] R. W. Wallace / E. M. Harris (Hrsg.), Transitions to Empire. Essays in Greco-Roman History, 360–146 B. C. (FS Badian), 1996.

Martina Pesditschek

Barbaro, Daniele

Daniel Barbarus; venez. Humanist und Architekturhistoriker. Geb. am 8.2.1514 (1513 nach venez. Kalender) in Venedig, gest. am 13.4.1570 ebda. 1535–1540 Studium in Padua; ab 1550 Patriarch von Aquileia.

Werk und Wirkung

B. wirkte als Naturforscher und Diplomat, v. a. aber als Architekturhistoriker und maßgeblicher Förderer der Vitruv-Rezeption der Renaissance. Er stammte aus einer venez. Adelsfamilie, aus der im 15. und 16. Jh. zahlreiche Humanisten hervorgingen. B. studierte Philosophie, Mathematik und Optik [5], der sein besonderes Interesse galt. Zu seinen Lehrern zählte der Aristoteliker Benedetto Lampridio; zu den Freunden Sperone Speroni, Pietro ↗Bembo und später Torquato Tasso. 1540 gehörte er zu den Gründern der *Accademia degli infiammati* in Padua; 1545 oblag ihm dort die Konzeption eines der ersten botanischen Gärten Europas. Als Botschafter vertrat B. Venedig 1549–ca. 1551 in London sowie 1562–1563 beim Konzil von Trient. Die oft erwähnte Bestimmung B.s zum Kardinal *in pectore* (»unter Geheimhaltung«, 1561) ist nicht sicher belegt [6. 93].

Neben eigenen Abhandlungen gab B. die rhetorischen [3] und naturphilos. Schriften seines Onkels Ermolao ↗Barbaro d. J. heraus, die daher gelegentlich fälschlich als seine eigenen Werke bezeichnet werden. Bekannt ist B. hauptsächlich als Mäzen des Architekturtheoretikers und Architekten Andrea Palladio und durch die gemeinsame Hinwendung zur vitruvianischen Architektur geworden. 1554 reisten sie zusammen nach Rom; danach ließen B. und sein Bruder Marcantonio die sog. Villa Barbaro (Villa Maser) auf dem Familienbesitz in Asolo von Palladio errichten. Gleichzeitig arbeitete B. an einer kommentierten ital. Übersetzung des Vitruv, die 1556 mit Illustrationen von Palladio erschien (lat. 1567) [1]. B. wurde in San Francesco della Vigna in Venedig beerdigt. Die Autographen seiner Werke werden in der Biblioteca Marciana in Venedig verwahrt; der Verbleib seiner Bibliothek ist unbekannt.

Schriften

[1] I dieci libri dell'architettura di M. Vitruvio (ital. Übers. mit Komm.), Venedig 1556 (lat. 1567) [2] Exquisitae in Porphyrium commentationes, Venedig 1542 [3] Rhetoricorum Aristotelis libri tres (Komm.; lat. Übers. von Hermolaus Barbarus), Venedig 1544 (Basel 1545 u.ö.) [4] Della eloquenza dialogo, Venedig 1557 [5] La pratica della prospettiva, Venedig 1569.

Sekundärliteratur

[6] G. Alberigo, Art. Barbaro, Daniele Matteo Alvise, in: DBI 6, 1964, 89–95 [7] M. Azzi Visentini, Daniele Barbaro e l'architettura. Considerazioni sulla Villa di Maser, in: M. Marangoni et al. (Hrsg.), Una famiglia veneziana nella storia. I Barbaro (Atti del convegno, Venedig, 1993), 1996, 397–433 [8] A. Minelli, The Botanical Garden of Padova (1545–1995), 1995.

Anja Wolkenhauer

Barbaro, Ermolao

Hermolaus Barbarus; ital. Humanist und Philologe. Geb. am 21.5.1453 in Venedig, gest. am 14.6.1493 in Rom. Ab 1462 Studium in Rom und Padua; dort Prom. 1474 in den Artes, 1477 im Zivil- und Kirchenrecht. 1477 Prof. für Philosophie in Padua. Bis 1491 verschiedene Gesandtschaften für die Republik Venedig; 1491 Verbannung aus Venedig.

Werdegang und Werk

B. entstammte einer Familie von venez. Diplomaten und Gelehrten: Sein Großvater Francesco hatte Plutarch übersetzt, sein Onkel Ermolao d. Ä. Aesopfabeln und eine *Vita Sancti Athanasii*; B.s Neffe war Daniele ↗Barbaro. B. selbst übernahm im Lauf seines Lebens verschiedene polit. Ämter und diplomatische Missionen im Dienst seiner Heimatstadt. 1491 akzeptierte er das ihm vom Papst angebotene Amt des Patriarchen von Aquileia, was das venez. Recht ihm als Gesandtem der Republik in Rom nicht erlaubte. Infolgedessen wurde er aus Venedig verbannt und lebte in bescheidenen Verhältnissen in Rom, wo er an der Pest starb.

Sein Studium absolvierte B. hauptsächlich in Rom bei Julius Pomponius ↗Laetus und Theodorus ↗Gaza. Friedrich III. krönte ihn bereits 1468 zum *poeta lau-*

reatus. Später stand er in regem Gedankenaustausch mit bedeutenden Humanisten seiner Zeit, darunter Angelo ↗Poliziano, Marsilio ↗Ficino und Marcus Antonius Sabellicus. Aufschlussreich für das Denken der Renaissance ist B.s Briefwechsel mit Giovanni ↗Pico della Mirandola aus dem Jahr 1485: B. kritisierte die rhetorischen Defizite der des Griechischen unkundigen ma. Philosophen [4. Bd. 1, 84–87], Pico legte einem Vertreter solch ›barbarischer‹ Philosophie eine rhetorisch ausgefeilte (und wohl eher provokativ als ernst gemeinte [2]) Verteidigungsrede in den Mund (vgl. Pico della Mirandola, *Opera omnia*, 1971 [Ndr.], Bd. 1, 351–358). Pico widmete B. seinen wichtigen Traktat zur Menschenwürde (*De hominis dignitate*, gedr. 1496).

Werk und Wirkung

In der wenig beachteten Jugendschrift *De coelibatu* (vier Bücher; 1471 [5]) vertrat B. das Ideal der *vita contemplativa*, das in der Ehe nicht verwirklicht werden könne; mit diesem Plädoyer für das zölibatäre Leben (*vita caelebs*) stellte er sich gegen die den Ehestand befürwortende Schrift *De re uxoria* (1415/16) seines Großvaters Francesco. Unvollendet blieb sein Traktat *De officio legati*, vermutlich kurz vor Antritt seiner Gesandtentätigkeit in Rom (Mai 1490) verfasst [5]. Zu einem der angesehensten Humanisten seiner Zeit wurde B. durch seine Übersetzungen und Textemendationen [8]; [9]: Bereits 1474 trat er mit ersten Übertragungen von Werken des Aristoteles (*Ethik*; *Politik*) ins Lateinische hervor; seine Übersetzung der aristotelischen *Rhetorik*, 1477 abgeschlossen, erschien erst 1544 in Venedig gemeinsam mit einem Kommentar Daniele B.s. B. übertrug auch Themistios' Paraphrasen zu Aristoteles [1] und suchte die Überlieferung der *Materia medica* des Dioskurides (postum 1516) und des Pomponius Mela (1493) [6] durch zahlreiche Emendationen zu heilen.

Die *Castigationes Plinianae*, sein wirkungsmächtigstes Werk [2]; [6], griffen in den Streit um die *Naturalis historia* des älteren Plinius ein, in dem Niccolò Leoniceno Plinius' wiss. Kompetenz angriff, Poliziano und Pandolfo Collenuccio den ant. Autor verteidigten [10]; B. führte die sachlichen Schwächen des Werks allein auf die Kopisten zurück und nahm über 5000 Korrekturen am Text vor.

Schriften

[1] Libri Paraphraseos Themistii ..., Treviso 1481 [2] Castigationes Plinianae; Plinianae castigationes secundae, Rom 1492 [3] In Dioscoridem corollariorum libri quinque, Köln 1530 [4] Epistolae, orationes et carmina, 2 Bde., hrsg. von V. Branca, 1943 [5] De coelibatu; De officio legati, hrsg. von V. Branca, 1969 (Orig. 1471 und 1490) [6] Castigationes Plinianae et in Pomponium Melan, 4 Bde., hrsg. von G. Pozzi, 1973–1979 (Orig. 1492) [7] Filosofia o eloquenza? (Briefwechsel zwischen Ermolao Barbaro und Giovanni Pico della Mirandola), hrsg. und komm. von F. Bausi, 1998.

Sekundärliteratur

[8] V. Branca, L'umanesimo veneziano alla fine del Quattrocento. Ermolao Barbaro ed il suo circulo, in: G. Arnaldi / M. Pastore Stocchi (Hrsg.), Storia della cultura veneta 3/1, 1980, 123–175 [9] V. Branca, Umanesimo veneziano fra Barbaro e Bembo, in: M. Marangoni et al. (Hrsg.), Una famiglia veneziana nella storia. I Barbaro. Atti del convegno (Venedig 1993), 1996, 9–42 [10] R. K. French, Pliny and Renaissance Medicine, in: R. K. French / F. Greenaway (Hrsg.), Science in the Early Roman Empire. Pliny the Elder, His Sources and Influence, 1986, 252–281.

Dorothee Gall

Bartoli

s. Santi Bartoli, Pietro

Barzizza, Gasparino

Auch Gasparino di Pietrobuono, Gasparinus Barzizius Pergamensis; ital. Rhetoriker und Philologe. Geb. 1360 in Bergamo oder Barzizza, gest. 1431 in Mailand. Ab 1390 Studium der Grammatik und Rhetorik in Pavia. Prof. für Rhetorik und Grammatik an den Univ. Pavia (1403–1407) und Padua (1407/08–1421), dort 1413 Erwerb des Doktortitels in den Artes. Gründung freier Lateinschulen in Padua (1407) und Mailand (1418); Lehrtätigkeit dort und neben der universitären Tätigkeit in Padua auch an Schulen in Ferrara, ab 1421 in Mailand. 1414 von dem Gegenpapst Johannes XXIII. zum apostolischen Sekretär ernannt; 1417 Teilnahme am Konzil von Konstanz.

Werk und Wirkung

B. entstammte einer den Visconti anhängenden Notarsfamilie aus Barzizza bei Bergamo. Im Anschluss an die für den Advokatenberuf übliche Ausbildung studierte er ab 1390 in Pavia Grammatik und Rhetorik bei Giovanni Travesi. Dessen Prof. übernahm er 1403–1407; als die Univ. Travesi zurückberief, ging er als Privatlehrer nach Venedig, wo er für kurze Zeit u. a. Francesco Barbaro unterrichtete, bis er in Padua sesshaft wurde. Seiner dortigen Schule gehörten Vittorino ↗da Feltre, Leon Battista ↗Alberti und Antonio Beccadelli (Panormita) an.

B. war einer der bedeutendsten Ciceronianer seiner Zeit; seine Verdienste um die Verbreitung des Humanismus durch eine Neuprägung der Elementarbildung rücken ihn auf eine Stufe mit ↗Vittorino da Feltre und ↗Guarino da Verona. In seinen Schulen erweiterte er den üblichen Kanon von Rhetorik und Grammatik um ein intensiveres Studium der ant.

Autoren und legte so den Grundstein für die humanistische Bildung seiner Schüler; besonderes Gewicht maß er der Abfassung von lat. Briefen und Reden in stilistischer Eleganz und Vielfalt zu [10]. Diesem humanistischen Bildungskonzept sind seine an Cicero und Quintilian orientierten Schriften verpflichtet: Der *Tractatus de compositione* (um 1420) [4] bietet die Anleitung, die *Epistolae ad exercitationem accomodatae* (um 1420) plastische Vorbilder für Briefe und Reden. Von der korrekten Schreibweise griechischer und der im Volgare oft veränderten lat. Worte handelt seine *Orthographia* [1]; [5]; das *Vocabularium breve* (1417/18) [2] erläutert die Etymologie lateinischer Begriffe. Von seinen fünf Söhnen mit seiner Ehefrau Lucrezia Alliardi tat sich bes. Giuniforte als Humanist hervor.

Schriften

[1] Orthographia clarissimi oratoris Gasparini Bergomensis de verbis quibus frequentio usu est & in quibus saepius a recta scribendi via deceditur, Venedig 1500 [2] Vocabularium breve, Venedig 1509 [3] Lettere e orazioni edite e inedite de Gasparino Barzizza, hrsg. von R. Sabbadini, 1886 [4] De Compositione, hrsg. von R. P. Sonkowsky (Diss. Chapel Hill), 1962.

Sekundärliteratur

[5] G. Barbero, L'Orthographia di Gasparino Barzizza, Bd. 1: Catalogo dei manoscritti, 2008 [6] L. Bertalot, Die älteste Briefsammlung des Gasparino Barzizza (1929), in: L. Bertalot, Studien zum italienischen und deutschen Humanismus, Bd. 2, hrsg. von P. O. Kristeller, Bd. 2, 1975, 31–103 [7] C. Colombo, Gasparino Barzizza a Padova. Nuovi ragguagli da lettere inedite, in: Quaderni per la storia dell'Università di Padova 2, 1969, 1–27 [8] G. Faraone, Gasparino Barzizza e il primo umanesimo lombardo, in: Giornale italiano di filologia 54, 2002, 263–269 [9] L. Gualdo Rosa (Hrsg.), Gasparino Barzizza e la rinascita degli studi classici. Fra continuità e rinnovamento, 1997 [10] R. G. G. Mercer, The Teaching of Gasparino Barzizza (Diss. Oxford), 1979.

Dorothee Gall

Baudelot de Dairval, Charles César

Franz. Antiquar und Gemmenforscher. Geb. am 29.11.1648, gest. am 27. oder 28.6.1722 in Paris. Beginn seiner Ausbildung in Beauvais bei seinem Onkel Louis Hallé, Theologe und Prof. an der Sorbonne; Fortsetzung in Paris unter dem Abbé Pierre Danet; Studium der Rechtswissenschaften; anschließend Anstellung als Anwalt am Parlament in Paris. 1689 assoziiertes Mitglied der Accad. dei Ricoverati in Padua; seit Ende der 1690er Jahre Aufseher des Medaillen- und Antikenkabinetts der Elisabeth-Charlotte von Orléans in Paris; 1705 Aufnahme in die Acad. des inscriptions et belles-lettres [9.276].

Werk und Wirkung

B. d. D. hatte sich zunächst ganz den Rechtswissenschaften gewidmet. Seine antiqu. Tätigkeit nahm ihren Anfang erst während eines geschäftlichen Aufenthaltes in Dijon, wo er begann, Altertümer zu studieren und die Bibl. von Gelehrten der Stadt aufzusuchen. Zudem legte er in dieser Zeit den Grundstock für seine Antiken- und Buchsammlung. Nach seiner Rückkehr nach Paris widmete er seine gesamte Aufmerksamkeit seinen antiqu. Studien. Neben der praktischen Arbeit als Aufseher über das königliche Münzkabinett verfasste B. d. D. insbes. zahlreiche wiss. Beiträge zur Münz- und Gemmenkunde, die er in Frankreich dadurch anregte.

V. a. sein Hauptwerk, das Reisebuch *De l'utilité des voyages* [1], verhalf ihm zu großer Anerkennung und steigerte seine Bekanntheit in ganz Europa, sodass er in die Accad. dei Ricoverati in Padua aufgenommen wurde. In diesem Werk betonte er zunächst die Bedeutung von eigener Anschauung und Reisetätigkeit für das Verständnis der Antike [1.1–9] und klassifizierte deren Hinterlassenschaft in Anlehnung an Jacques ↗Spons Systematik in die Kategorien Münzen, Inschriften, Statuen, Malerei, Reliefs und Architektur [1. Inhaltsverzeichnis]. Neben Münzen hob B. d. D. darin insbes. die Bedeutung der Gemmen hervor und teilte sie als Erster in vier Klassen: Siegel, Schmuck, religiöse sowie auf den Phalluskult bezogene Stücke [1.293–338]. Neben einer ausführlichen Würdigung der Siegel unterstrich B. d. D. ihre Bedeutung für die Erschließung der ant. Götterikonographie und von ant. Porträts [1.304]. Zentral sind weiterhin seine Ausführungen über die Unterschiede zwischen ant. und nzl. Gemmen sowie über deren künstlerische Qualität [1. z. B. 301–304], wofür er sich auf Handschriften des franz. Gemmensammlers Louis Chaduc stützte [1.302].

Neben zahlreichen kleinen Abhandlungen über Gemmen [6] und Münzen [8] ist v. a. die durch Herzog Philipp II. von Orléans angeregte *Lettre sur le pretendu Solon* [7] von zentraler Bedeutung. Darin wies B. d. D. am Beispiel einer berühmten Gemme des Fulvio ↗Orsini mit der Inschrift Solons über Vergleiche nach, dass solche Inschriften nicht den Dargestellten benannten, sondern den ausführenden Künstler. Das Thema Reise griff er erneut in seiner Beschreibung der Reise des dt. Kaufmanns und Forschers Paul Lucas nach Ägypten, in die Levante und die Türkei auf [3]. Schließlich verdient auch seine franz. Übersetzung von Fulvio ↗Orsinis lat. Schrift *Imagines virorum illustrium et eruditorum ex antiquis lapidibus et nomismatibus* Erwähnung [4].

B. d. D. darf insbes. in Bezug auf die Erforschung von ant. Gemmen als einer der einflussreichsten franz. Antiquare des späten 17. und frühen 18. Jh.s. gelten. Sein Traktat über die Inschriften auf Gemmen [7] stellt eine methodisch einwandfreie wiss. Abhandlung über dieses Thema und damit einen bedeutenden Einschnitt in der Erforschung ant. Gemmen dar. Auch Philipp von ↗Stosch wurde nicht zuletzt durch die Diskussion um die Solon-Gemmen zu seinem Werk über die von Meistern signierten Gemmen angeregt und bezog sich darin wiederholt auf B. d. D.s Urteil. Schließlich urteilte dieser in einem Umfang über Stil und Qualität von ant. Gemmen und deren Unterschieden zum nzl. Steinschnitt, wie er erst um die Mitte des 18. Jh.s. in den Arbeiten von Pierre-Jean Mariette und Lorenz ↗Natter wieder greifbar wird.

Schriften

[1] De l'utilité des voyages et de l'avantage que la recherche des antiquitez procure aux sçavans, Paris 1686 (Ndr. 1693, 1727) [2] Histoire de Ptolemée Auletes. Dissertation sur une pierre gravée antique du cabinet de Madame, Paris 1698 [3] Voyage du sieur Paul Lucas au Levant. On y trouvera entr'autre une description de la Haute Egypte, suivant le cours du Nil, depuis Le Caire jusques aux cataractes, avec une carte exacte de ce fleuve, que personne n'avoit donnée, Paris 1704 [4] Portraits d'hommes et de femmes illustres du recueil de Fulvius Ursinus avec l'explication de J. Le Febvre, traduite par C. C. B.***, Paris 1710 [5] Description des bas-reliefs anciens trouvez depuis peu dans l'église cathédrale de Paris, Paris 1711 [6] Feste d'Athènes representée sur une cornaline antique du cabinet du Roy, Paris 1712 [7] Lettre sur le pretendu Solon des pierres gravées. Explication d'une medaille d'or de la famille Cornuficia, Paris 1717 [8] Réflexions sur les deux plus anciennes médailles d'or romaines qui se trouvent dans le cabinet de S. A. R. Madame, Paris 1720.

Sekundärliteratur

[9] A. Beuchot, Art. Baudelot de Dairval (Charles-César), in: J.-F. Michaud (Hrsg.), Biographie universelle ancienne et moderne, Bd. 3, 1966, 276 (Ndr. der Ausg. Paris 1854–1865) [10] Bibl. Wolf. 114–115 [11] V. Heenes, Antike in Bildern. Illustrationen in antiquarischen Werken des 16. und 17. Jh.s, 2003, 47 [12] J.-M. Quérard, La France littéraire ou dictionnaire bibliographique des savants, historiens et gens de lettres de la France, 1827, 218–219 [13] Zazoff GG 19–20.

Jörn Lang

Beatus Rhenanus

Beat Bild; dt. Humanist und Philologe. Geb. am 22. 8. 1485 in Schlettstadt (in eine Familie, die aus Rheinau stammte und den Namen Rhinower erhielt – daher seit der Pariser Studentenzeit der lat. Humanistenname Rhenanus), gest. am 20. 7. 1547 in Straßburg. 1503–1507 Studium an der Artes-Fakultät in Paris; Tätigkeit als Korrektor in den Offizinen u. a. von Henri Estienne (Henricus ↗Stephanus) in Paris; ab 1508 erste Herausgebertätigkeit bei Matthias Schürer in Straßburg. 1511–1513 Studium des Griechischen in Basel; seit dieser Zeit auch Tätigkeit als Korrektor und Herausgeber für die Offizin von Johannes Amerbach und Johannes Froben. 1527 Rückkehr nach Schlettstadt, wo er sich ganz seinen gelehrten Studien widmete.

Werdegang und Werk

Die Basis für B.' Werdegang zum humanistischen Gelehrten wurde schon in Schlettstadt gelegt, wo er die damals von Crato Hofmann und nach dessen Tod von Hieronymus Gebwiler geleitete Lateinschule besuchte; schon in dieser Zeit erwarb B. seine ersten Bücher. In seiner Pariser Studentenzeit hörte er Veranstaltungen von Jacques ↗Lefèvre d'Étaples, Fausto Andrelini, Josse Clichtove und Georgios Hermonymos und integrierte sich so in die Kreise des Pariser Frühhumanismus. Zugleich konnte er seine philol. Kompetenzen durch Korrekturtätigkeit bei den Pariser Druckern Henricus ↗Stephanus, Josse Bade und Jean Petit verfeinern und seine Privat-Bibl. erheblich erweitern. Bei allen diesen Aktivitäten stand – wohl unter dem Einfluss von Lefèvre d'Étaples (der B. in einige seiner Publikationsprojekte einbezog) – Aristoteles mehr als andere ant. Autoren im Mittelpunkt.

Nach seiner Rückkehr in das Elsass profilierte sich B. als humanistischer Gelehrter durch die Edition und Kommentierung einer Fülle von ant. paganen und christl. sowie einigen zeitgenössischen humanistischen Autoren, während er gleichzeitig bemüht war, seine eigene Büchersammlung weiter anzureichern. Nach einigen Jahren der Zusammenarbeit mit dem aus Schlettstadt stammenden Drucker/Verleger Matthias Schürer, der 1508 in Straßburg eine Offizin gegründet hatte, wechselte er 1511 nach Basel, wo er 16 ertragreiche Jahre verbrachte. Beim bedeutenden Gräzisten und Reuchlin-Schüler Johannes Cuno lernte er in dessen beiden letzten Lebensjahren die griech. Sprache. 1514 begegnete B. wohl zum ersten Mal ↗Erasmus (wenn sie sich nicht schon 1504–1506 in Paris getroffen hatten) – der Beginn einer von wechselseitiger Freundschaft und Bewunderung geprägten Beziehung, die bis zu Erasmus' Tod 1536 unvermindert anhielt. Nicht weniger eng war die Verbindung zum Verleger Johannes Froben, in dessen Haus B. bis 1519 wohnte und für den er zahlreiche Editionen betreute und besorgte.

1527 zog B. in seine Geburtsstadt zurück, vielleicht aus dem Wunsch, sich (nach anfänglicher Sympathie für die Reformation) den polit.-religiösen Querelen seiner Zeit fernzuhalten, und setzte von dort aus seine Herausgebertätigkeit für die Froben'sche Offizin fort – von jeglichen öffentlichen Verpflichtungen durch ein kaiserliches Privileg Karls

V. befreit, der ihn schon 1523 in den Adelsstand erhoben hatte. Zugleich wandte er sich der histor. Forschung zu und veröffentlichte 1531 seine Geschichte der dt. Völker vom ant. Germanien bis in die Ottonenzeit [7].

Neben den insgesamt (mindestens) 68 Textausgaben, an denen B. in unterschiedlichem Maße beteiligt war, gilt als sein zweites großes Vermächtnis seine Bibl., deren weit über 700 Bände er kurz vor seinem Tode seiner Heimatstadt vermachte. Sie hat sich über die Jahrhunderte fast intakt vor Ort erhalten und bildet den histor. Kern der heutigen *Bibliothèque humaniste* in Sélestat (Schlettstadt). Damit ist sie neben der Büchersammlung Joachim Vadians in Sankt Gallen die einzige bedeutende Privat-Bibl. eines humanistischen Gelehrten aus dem frühen 16. Jh., die bis heute ohne nennenswerte Verluste geblieben ist.

Gelehrte Tätigkeit als Philologe und Historiker

B.' Bedeutung als humanistischer Gelehrter fußt insbes. auf seiner philol. und histor. Methodik, dank derer er zu den Koryphäen der humanistischen Gelehrsamkeit seiner Zeit gehörte. Die Sorge um einen korrekten Text war in seiner gesamten gelehrten Tätigkeit ein zentrales Anliegen. Charakteristisch für seine textkritische Methode war die enge und wohlüberlegte Verbindung der Auswertung (auch paläographischer Expertise) handschriftlich tradierter Lesarten mit der Konjekturalkritik, die zuvor meist (vielleicht mit der Ausnahme Angelo ↗Polizianos) auch unabhängig vom handschriftlichen Befund praktiziert worden war. Während B.' Tertullian-Ausgabe [5] die wichtigste seiner früheren Editionen ist, wird seine textkritische Methode zuerst in seinen Emendationen zu Plinius' *Naturalis historia* vollständig sichtbar [6].

Diese textkritische Methode bildet auch die Grundlage seiner histor. Kritik, die maßgeblich auf einem korrekten Verständnis der Überlieferung der Quellen und der darauf aufbauenden Etablierung eines gesicherten Wortlauts basiert, sodass auch die histor. Phänomene selbst in ihrer geschichtlichen Dimension und ihrem jeweiligen polit., religiösen oder kulturellen Kontext interpretiert werden. So bespricht B. etwa in Verbindung mit seiner Tertullian-Erklärung kontroverse theologische Fragen in ihrer histor. Entwicklung und analysiert im Rahmen seiner Anmerkungen zu Tacitus' *Germania* [3] Probleme der Vor- und Frühgeschichte Deutschlands. So wurde die philol. Quellenanalyse auch zum wesentlichen Bestandteil der histor. Forschung in B.' *Res Germanicae* [7]. Hierbei wertete er auch einige bis dahin kaum für die dt. Geschichte berücksichtigte Quellen aus, wie etwa die *Notitia dignitatum*, das *Itinerarium Antonini* und die *Tabula Peutingeriana*. Auffällig ist sein ausgesprochenes Interesse für die Kulturgeschichte, welche in den *Res Germanicae* ebenso großes Gewicht erhält wie die polit. oder militärische Geschichte.

Schriften

[1] Ioannis Geileri Caesaremontani vita, Straßburg 1510 [2] Ludus L. Annaei Senecae de morte Claudii Caesari (Edition mit Komm.), Basel 1515 [3] P. Cornelii Taciti Historia Augusta … De situ, moribus et populis Germaniae libellus (Edition mit Komm.), Basel 1519 [4] P. Vellei Paterculi Historiae Romanae duo volumina (Edition), Basel 1520 [5] Opera Q. Septimii Florentis Tertulliani inter Latinos ecclesiae scriptores primi (Edition), Basel 1521 [6] In C. Plinium (Emendationen zu Plinius' Naturalis historia), Basel 1526 [7] Rerum Germanicarum libri tres, Basel 1531 [8] T. Livii Patavini Latinae historiae principis decades tres cum dimidia (Edition mit Komm.), Basel 1535.

Sekundärliteratur

[9] J. F. D'Amico, Theory and Practice in Renaissance Textual Criticism. Beatus Rhenanus between Conjecture and History, 1988 [10] J. Hirstein, Tacitus' Germania and Beatus Rhenanus (1485–1547). A Study of the Editorial and Exegetical Contribution of a Sixteenth-Century Scholar, 1995 [11] J. Hirstein (Hrsg.), Beatus Rhenanus (1485–1547). Lecteur et éditeur des textes anciens, 2000 [12] M. Kubler (Hrsg.), 500e anniversaire de la naissance de Beatus Rhenanus, 1985 [13] U. Muhlack, Beatus Rhenanus (1485–1547). Vom Humanismus zur Philologie, in: P. G. Schmidt (Hrsg.), Humanismus im deutschen Südwesten. Biographische Profile, 1993, 195–220 [14] B. von Scarpatetti, Beatus Rhenanus, in: P. G. Bietenholz et al. (Hrsg.), Contemporaries of Erasmus, Bd. 1, 1985, 104–109 [15] R. Walter, Trois profils de Beatus Rhenanus. L'homme, le savant, le chrétien, 22002.

Marc Laureys

Beazley, John Davidson

Brit. Klass. Archäologe. Geb. am 13.9.1885 in Glasgow, gest. am 6.5.1970 in Oxford. Ab 1903 Studium der *Classics* am Balliol College in Oxford, ab 1908 Tutor am Christ Church College ebda.; 1920 Lecturer für griech. Vasen, ab 1925 Prof. für Klass. Arch. an der Univ. Oxford.

Biographie und wissenschaftlicher Werdegang

B. war Sohn eines Innendekorateurs und Glaskünstlers sowie einer Krankenschwester. 1887 zog die Familie nach Southampton, wo die Söhne die King Edward VI-Schule besuchten. 1897 ging B.s Familie nach Brüssel, 1912 wanderte sie in die USA aus. B. blieb in England, wo er von 1898 bis 1903 im Londoner Christ's Hospital, danach im Oxforder Balliol College als Student des Griechischen und Lateinischen zahlreiche Auszeichnungen erhielt [16.58]; [20.76]. In der Ferienzeit reiste er von Brüssel aus durch Europa: mit dem Bruder in die Champagne, 1911 mit der Mutter nach Italien [16.57]. In Brüssel entdeckte er seine Liebe zur attischen Keramik, die er fortan sein Leben lang in vielen Museen Europas, 1914 erstmals auch in St. Petersburg und den USA, systematisch studierte.

Am Balliol College waren Cyril Bailey und Arthur Wallace Pickard-Cambridge B.s Tutoren. Eine enge Freundschaft verband ihn dort mit dem Dichter James Elroy Flecker. Ein Leben lang befreundet blieb er mit dem Klass. Philologen und Kunstsammler Andrew Gow und dem Klass. Philologen und Archäologen Donald S. Robertson [16.59]. B.s passioniertes Interesse galt zunächst der Dichtung und der ital. Malerei der Frührenaissance, bevor er sich ausschließlich der griech. Vasenmalerei zuwandte. In München traf er Karl Reichhold, den Zeichner von Adolf ↗Furtwänglers *Griech. Vasenmalerei*. Über ihn lernte er die Sammler Edward Perry Warren und John Marshall kennen, die ihn in seinen Forschungen anregten und unterstützten [16.60]; [20.69].

Im Ersten Weltkrieg war B. Leutnant bei der *Royal Naval Volunteer Reserve*. Danach unterrichtete er am Oxforder Christ Church College. 1920 wurde er zum *University Lecturer* für griech. Vasen, ab 1925 bis zu seiner Emeritierung 1956 war er als Nachfolger von Percy ↗Gardner Lincoln-Prof. der Klass. Archäologie [16.60]. 1919 heiratete er Marie Bloomfield, die ihm fortan auf seinen Studienreisen nach Frankreich, Italien, Griechenland, Zypern, Israel und in die Türkei assistierte und für ihn Vasen photographierte. Nachdem er 1941 kriegsbedingt eine Einladung als Sather-Prof. nach Berkeley nicht hatte annehmen können, folgte er 1946 jener von Gisela ↗Richter, der Kuratorin der Antikenabteilung des Metropolitan Museum in New York, und reiste auch später zwecks Studien in die USA. 1948/49 wurde er erneut nach Berkeley eingeladen und hielt die *Sather-Lectures* [10]. 1964 besuchte er Australien und Neuseeland [16.62].

Werk

Im Zentrum von B.s Interessen stand von seiner ersten Fachpublikation im Jahr 1908 an die Vasenmalerei Athens des 6. bis 4. Jh.s v. Chr. Aus der Bearbeitung vieler einzelner Maler sind die zwei grundlegenden Verzeichnisse [11]; [12] mit ihrer Ergänzung [13] hervorgegangen, in welchen B. über 30 000 Vasen und Fragmente ungefähr chronologisch nach etwa 1 000 mit Notnamen versehenen Malern und Werkstätten geordnet hat [16.94]. Während die früheren Ordnungsversuche im Wesentlichen auf allgemeinen Stilmerkmalen und den wenigen Signaturen beruhten, baute B., wie in seinem 1922 publizierten Aufsatz *Citharoedus* dargelegt, auf der präzisen Kenntnis und der durch eigenhändiges Abzeichnen unterstützten Erinnerung an Tausende weit verstreuter Vasen. So war es ihm möglich, fast jedes Stück aufgrund des Gesamteindruckes einzuordnen: der Form des Bildträgers, des Bildthemas, der Verteilung der Figuren im Bildfeld. Die Beobachtung und der Vergleich aller Details der Strichführung halfen dabei, die Malerhände zu identifizieren. Bei aller objektiv nachvollziehbaren Begründung blieb B.s einmalige Gabe wesentlich, den persönlichen Stil der einzelnen Vasenmaler zu erfassen. Damit hat er der Archäologie ein unschätzbares Hilfsmittel zur Befunddatierung geliefert und die Geschichte der archaischen und klass. Flächenkunst auf solide Fundamente gestellt.

Auf diesem Grundlagenwerk basieren auch einige knappe, aber wesentliche Übersichten über die Geschichte der griech. Keramik [6]; [7]; [8]; [10]. Darüber hinaus führen B.s ebenso solide Beiträge zur Glyptik und zur etrusk. Vasenmalerei [9].

Wirkung

B.s lebenslange erfolgreiche Unternehmung motivierte viele ähnliche Initiativen für andere histor. wichtige Sparten der ant. Keramik, die heute ebenso unverzichtbare Forschungsgrundlagen sind. Genannt seien für die korinthischen Vasen die Werke von B.s Schüler Humfry G. Payne und von Darrell A. Amyx, für die unterital. Vasen die monumentalen Verzeichnisse von Arthur D. Trendall und Alexander Cambitoglou, für die etrusko-korinthischen das Lebenswerk von János György Szilágyi.

Der intuitive, sprachlich kaum zu fassende Anteil der von B. praktizierten Zuschreibungs- und Ordnungsmethode hält die Diskussion um deren Gültigkeit und jene des daraus entstandenen wiss. Gebäudes bis heute wach [18]. Umstritten bleibt v. a. sein Verhältnis zum 40 Jahre zuvor in die europ. Kunstgeschichte eingeführten Vorgehen von Giovanni Morelli, das Bernard Berenson Anfang des 20. Jh.s perfektionierte [21]; [18]; [20]; [15]. Im Vertrauen auf die Überzeugungskraft seiner Zeichnungen und darauf, dass sich sein System als stimmig und daher nachhaltig erweisen würde, legte B. seine Zuschreibungen, die er in seinem Frühwerk [1] noch erläutert hatte, später nur noch in extrem lakonischer Form vor. Dennoch wird heute anerkannt, dass sich sein Gebäude im Wesentlichen bewährt hat. In der Klass. Archäologie ist histor. fundierte Forschung zu ant. Vasen ohne seine in lebenslanger minutiöser Arbeit entstandenen Verzeichnisse jedenfalls undenkbar geworden.

SV: Select Exhibition of Sir J. D. and Lady Beazley's Gifts to the Ashmolean Museum 1912–1966, 1967, 177–188.

N: Oxford, Ashmolean Museum, The Beazley Archive.

Schriften

[1] Attic Red-Figured Vases in American Museums, 1918 [2] Corpus Vasorum Antiquorum 3: Oxford, Ashmolean Museum, Bd. 1, 1927 [3] Greek Vases in Poland, 1928 [4] Attic Vase Paintings in the Museum of Fine Arts Boston, 3 Bde. (mit L.D. Caskey), 1931–1963 [5] Corpus Vasorum Antiquorum 9: Oxford, Ashmolean Museum, Bd. 2, 1931 [6] Greek Sculpture and Painting (mit B. Ashmole), 1932 (Ndr. 1966) [7] Attic White Lekythoi, 1938 [8] Potter and Painter in Ancient Athens, 1944 [9] Etruscan Vase-Painting, 1947 [10] The Development of Attic Black-Figure, 1951 (Ndr. 1964, neu hrsg. von D. von Bothmer und M.B. Moore 1986) [11] Attic Black-Figure Vase-Painters, 1956 [12] Attic Red-Figure Vase-Painters, ²1963 [13] Paralipomena, 1971 [14] Greek Vases. Lectures by J.D. Beazley, hrsg. von D. Kurtz, 1989.

Sekundärliteratur

[15] M. Beard, Mrs. Arthur Strong, Morelli, and the Troopers of Cortés, in: A.A. Donohue / M.D. Fullerton (Hrsg.), Ancient Art and Its Historiography, 2003, 148–170 [16] D. Kurtz (Hrsg.), Beazley and Oxford, 1985 [17] H. Metzger, J.D. Beazley, 13 septembre 1885–6 mai 1970, in: Revue archéologique 2, 1970, 297–299 [18] R. Neer, Beazley and the Language of Connoisseurship, in: Hephaistos 15, 1997, 7–30 [19] E. Olshausen (Hrsg.), Vasenforschung nach Beazley (Schriften des Deutschen Archäologen-Verbandes 6), 1978 [20] P. Rouet, Approaches to the Study of Attic Vases. Beazley and Pottier, 2001 [21] B.A. Sparkes, The Red and the Black, 1996, 90–113.

Cornelia Isler-Kerényi

Beger, Lorenz

Dt. Antiquar, Bibliothekar und Numismatiker. Geb. am 19.4.1653 in Heidelberg, gest. am 20.2.1705 in Berlin. 1669 Studium der evang. Theologie und der Jurisprudenz in Heidelberg, 1675 Licentiatus iuris. 1675 Bibliothekar, dann Leiter des Münzkabinetts am kurpfälzischen Hof in Heidelberg. 1686 Kurfürstlicher Rat, Bibliothekar und Antiquar am brandenburgischen Hof in Berlin. 1688 zusätzlich Leiter des Antikenkabinetts, 1693 der Berliner Kunstkammer. Seit 11.3.1701 anwesendes Mitglied der Sozietät der Wiss. in Berlin [20]; [24]; [25]; [31].

Werdegang

B. stammte aus reformierter bürgerlicher Familie; sein Vater, ursprgl. Gerber, war Magistratsmitglied. Auf Empfehlung Ezechiel ↗Spanheims bestellte ihn Karl Ludwig, Kurfürst von der Pfalz, 1675 zum Bibliothekar und Leiter seiner neu gegründeten Münzsammlung. In seinem Auftrag verfasste B. unter dem Pseudonym Daphnaeus Arcuarius 1679 eine die Polygamie verteidigende Schrift, die *Kurtze* [...] *Betrachtung deß* [...] *heiligen Ehestandes*, mit der die morganatische Ehe des Kurfürsten mit Louise von Degenfeld verteidigt werden sollte. 1685 legte B. dann als Frucht und Abschluss seiner Heidelberger alt.wiss. Studien sein Frühwerk vor [1].

Die nach Erlöschen der pfalz-simmernschen Linie 1685 vom katholischen Kurfürsten Philipp Wilhelm von Pfalz-Neuburg angebotene Professur für Jurisprudenz schlug B. aus. Er überbrachte die durch Erbvertrag an Brandenburg gefallene kurpfälzische Münzsammlung (ca. 12000 Münzen) dem Großen Kurfürsten Friedrich Wilhelm in Kleve und wurde am 20.8.1686 nach Fürsprache Spanheims und Samuel Freiherr von Pufendorfs zum Kurfürstlichen Rat, Bibliothekar und Antiquar ernannt. Ab Mai 1688 war er Leiter des Antikenkabinetts. Am 11.3.1689 bestätigte Friedrich III./I. ihn in seinen Ämtern und ernannte ihn 1693 zum Vorsteher der gesamten Kunstkammer. In seiner Ankaufspolitik suchte B. die Zahl der griech. Münzen »als höchste gloire des cabinets« [31] zu vermehren und die Bestände katalogartig zu erfassen. Ankäufe von Einzelstücken und Sammlungen wie 1696–1698 eine Serie von Büsten aus Italien und das *Museo* des Giovanni Pietro ↗Bellori aus Rom machten die Berliner Sammlung zu einer der bedeutendsten Nordeuropas [23]; [25]. Am 3.8. 1703 konnte B. im Berliner Schloss die von Andreas Schlüter oberhalb der Paradekammern geschaffenen Räume des Antikenkabinetts als eigenständige Einheit neben der Kunstkammer einrichten [26]; [29].

Friedrich III./I. war auch in persönlichem Kontakt an den Forschungen seines Hofarchäologen interessiert und unterstützte sie nachdrücklich. B. wurde daher 1700 von Teilen des Bibliotheksdienstes befreit und erhielt 1702 seinen Neffen und Nachfolger im Amt, Johann Carl Schott, zum Assistenten [31].

Werk

Unter den von B. 1685, dann 1691 bis 1705 in steter Regelmäßigkeit vorgelegten 18 alt.wiss. Arbeiten sind die Sammlungskataloge die bedeutendsten. Zu nennen sind hier: als Frühwerk der *Thesaurus Palatinus*, die mit Kupferstichen reich illustrierte Prachtpublikation der kurpfälzischen Antikensammlung [1]; der dreibändige, insgesamt 1400 Seiten starke *Thesaurus Brandenburgicus*, eine Auswahl der Bestände des Berliner Antikenkabinetts (1696–1701) [6] (vgl. [21]; [23]; [33]; [35]), denen noch Band 1 des Katalogs der nzl. Münzen der Berliner Sammlung (1704) hinzuzurechnen ist [18]; weiterhin das *Spicilegium*, ein Sammelwerk, gegliedert in fünf der von Jacques ↗Spon festgelegten arch. Teildisziplinen (Numismatik, Glyptik, Epigraphik, Toreumatographia/Reliefkunde und Iconographia) [3]; vgl. [34]. Hinzu kommen Einzelwerke zur Numismatik [2]; [4]; [11]; zur mythol. Ikonographie (Mythos des Meleager [5], der Alkestis [13], des Odysseus [15], des Hercules [19]);

kommentierte und erweiterte Neueditionen von arch. Werken (z.B. von Raphael Fabrettis *Tabula Iliaca* [8], vgl. [28]); eine Rezension von Jacob ↗Gronovius' *Thesaurus Graecarum Antiquitatum* (1702) [10], vgl. [30]; ein althistor. *Parergon* [16]; und 1704 die auch unter Heranziehung von arch. Zeugnissen kommentierte Herausgabe in *usum Delphini* der zwei ersten Bände von Lucius Annaeus Florus' röm. Geschichtswerk [17].

B. publizierte nicht nur für den Hof, sondern nach eigener Aussage auch für Gelehrte, Gebildete und Studenten [6.Bd. 2]; [9]; [12]. Anders als die zeitgenössischen Thesauri veröffentlichte er v.a. unpublizierte Denkmäler, so die Originale der brandenburgischen Sammlung [6]; [10]; [17]; [18]; [19] und die im Cod. Pighianus abgebildeten Antiken [3]; [5]; [8]; [13]; [14]; [15]; [19]; vgl. [32], oder zumindest neue Deutungen publizierter Denkmäler. Die Objekte wurden in präzisen, nur das Stück selbst wiedergebenden Kupferstichen abgebildet, für deren Qualität B. seine Neffen Johann Carl Schott und Lorenz Beger zu Kupferstechern ausbildete [6.Bd. 1]; [9]; vgl. [21]. Ziel war die inhaltliche Deutung der Darstellung, für die B. in erster Linie die ant. Texte, seltener die Denkmäler heranzog [22]; [32]; [33]; abwertend: [27]. Das umfangreich ausgebreitete ant. Quellenmaterial sollte gemäß barocker Kunsttheorie die *convenance* der Darstellung, damit die Bildung des ant. Künstlers als *artifex doctus* belegen und so den Kunstwert des Objekts erhöhen. In seinem Hauptwerk, dem *Thesaurus Brandenburgicus*, vereinigte B. früharch. Wissenschaft und panegyrische Schilderung der Gegenwart Brandenburg-Preußens, wiss. Abbildung und allegorischen Kupferstich zu einem Fürstenlob Friedrichs III./I. und seiner Königskrönung [21]; [33].

Wirkung

B.s Wirkung lässt sich auf drei Gebieten fassen: (1) Das von B. maßgeblich aufgebaute, gestaltete und publizierte Antikenkabinett im Berliner Schloss war die Keimzelle der Berliner Antikensammlung. B. war der erste dt. wiss. forschende Museumsarchäologe. (2) B. erarbeitete den breitesten Überblick über die griech. mythol. Ikonographie, wie er um 1700 aus Reliefs, Gemmen und Münzen zu gewinnen war. (3) In der kurzen kulturellen Blüte Berlins um 1700 schuf B. mit dem *Thesaurus Brandenburgicus* unter Einsatz von eigens nach Berlin berufenen Künstlern und von Künstlern aus der Akademie und der Werkstatt Andreas Schlüters ein Meisterwerk aus Wiss. und Buchdruckerkunst – ein barockes Gesamtkunstwerk, das im interdisziplinären Vergleich den Vorrang der Alt.wiss. als tragender Säule der Staates festigen sollte [33].

SV: [24.88–92].

N: Berlin, Geheimes Staatsarchiv Preuß. Kulturbesitz; Staatsbibl. zu Berlin Preuß. Kulturbesitz; Staatliche Museen zu Berlin Preuß. Kulturbesitz, Münzkabinett, Antikensammlung, Zentralarchiv.

Schriften

[1] Thesaurus ex Thesauro Palatino selectus, Heidelberg 1685 [2] Observationes et conjecturae in numismata quaedam antiqua, Cölln in der Mark 1691 [3] Spicilegium antiquitatis, Cölln in der Mark 1692 [4] Cranae insula Laconica, eadem & Helena dicta & Minyarum posteris habitata, Cölln in der Mark 1696 [5] Meleagrides et Aetolia ..., Cölln in der Mark 1696 [6] Thesaurus Brandenburgicus selectus, 3 Bde., Cölln in der Mark 1696–1701 [7] Contemplatio gemmarum quarundam dactyliothecae Gorlaei, Cölln in der Mark 1697 [8] Bellum et excidium Trojanum, ex antiquitatum reliquiis, tabula praesertim, quam Raphael Fabrettus edidit, Iliaca delineatum, & adjecto in calce commentario illustratum, Berlin/Leipzig 1699 [9] Regum et imperatorum Romanorum numismata ..., a Romulo usque ad Iustinianum Augustum ... Nunc ob exemplarium defectum recusa, et in usum studiosae antiquitatum iuventutis denuo publicata: subjectis Laurentii Begeri annotationibus, Cölln in der Mark 1700 [10] Colloquii quorundam de tribus primis Thesauri Antiquitatum Graecarum voluminibus ... relatio, o.O. 1702 [11] De nummis Cretensium serpentiferis disquisitio antiquaria, Cölln in der Mark 1702 [12] Lucernae veterum sepulchrales iconicae, ... à Petro Sante Bartoli, cum observationibus J. Petri Bellorii ... ad exemplar Romanum, versis ex Italico in Latinum observationibus, recusae, Cölln in der Mark 1702 [13] Alcestis pro marito moriens, et vitae ab Hercule restituta, ... ex manuscripto, quod inter Regio-Electoralia Brandenburgica asservatur, Pighiano, et dialogo illustravit, Cölln in der Mark 1703 [14] Poenae infernales Ixionis, Sisyphi, Ocni et Danaidum, ex delineatione Pighiana, Cölln in der Mark 1703 [15] Ulysses Sirenes praetervectus, ex delineatione Pighiana, Cölln in der Mark 1703 [16] Examen dubiorum quorundam, Berlin 1704 [17] L. Annaei Flori Rerum Romanarum libri duo priores (Edition), Cölln in der Mark 1704 [18] Numismatum modernorum Cimeliarchii Regio-Electoralis Brandenburgici sectio prima, Cölln in der Mark 1704 [19] Hercules Ethnicorum, ex variis antiquitatum reliquiis delineatus, o.O. 1705.

Sekundärliteratur

[20] S.-G. Gröschel, Lorenz Beger, in: Lullies/Schiering Arch. 1–2 [21] S.-G. Gröschel, Herrscherpanegyrik in Lorenz Begers »Thesaurus Brandenburgicus selectus«, in: J. Irmscher / M. Kunze (Hrsg.), Antike und Barock, 1989, 37–61 [22] S.-G. Gröschel, Zu Begers Hermeneutik, in: H. Wrede / M. Kunze (Hrsg.), 300 Jahre »Thesaurus Brandenburgicus«, 2006, 97–107 [23] S.-G. Gröschel, Die Anfänge der Antikensammlung unter Kurfürst Friedrich Wilhelm von Brandenburg bis zu König Friedrich Wilhelm I., in: S. Hüneke (Hrsg.), Antiken. Bestandskat. der SPSG Berlin-Brandenburg, Bd. 1, 2009, 15–22 [24] V. Heenes, Biographie und Bibliographie zu Lorenz Beger, in: H. Wrede / M. Kunze (Hrsg.), 300 Jahre »Thesaurus Brandenburgicus«, 2006, 83–95 [25] G. Heres, Die Anfänge der Berliner Antikensammlung, in: Staatliche Museen zu Berlin. Forschungen und Berichte 18, 1977, 93–130

[26] G. Heres, Johann Carl Schotts Beschreibung des Berliner Antikenkabinetts, in: Staatliche Museen zu Berlin. Forschungen und Berichte 26, 1987, 7–28
[27] M. R. Hofter, Die Sinnlichkeit des Ideals, 2008, 85–91
[28] M. Kunze, Lorenz Beger und die Wiederentdeckung Homers im späten 17. Jh., in: H. Wrede / M. Kunze (Hrsg.), 300 Jahre »Thesaurus Brandenburgicus«, 2006, 111–118
[29] G. Peschken / L. Wiesinger, Das königliche Schloß zu Berlin. Bd. 3: Die barocken Innenräume, 2001, 345–350
[30] H.-D. Schultz, Ad oraculum decurrendum est. Lorenz Begers Rezension von Jacob Gronovius' Griech. Ikonographie, in: H. Wrede / M. Kunze (Hrsg.), 300 Jahre »Thesaurus Brandenburgicus«, 2006, 135–149
[31] K. Tautz, Die Bibliothekare der churfürstlichen Bibliothek zu Cölln an der Spree (Zentralblatt für Bibliothekswesen, Beiheft 53), 1925, 147–166
[32] H. Wrede, Die Opera de' Pili von 1542 und das Berliner Sarkophagcorpus, in: Jb. des Deutschen Archäologischen Instituts 104, 1989, 373–414; hier bes. 388–389, 398
[33] H. Wrede, Cunctorum splendor ab uno, 2000, 24–36
[34] H. Wrede, Die ›Monumentalisierung‹ der Antike um 1700, 2004, 22–32 [35] H. Wrede, Kultursystematik, Herrscherlob und Herrschaftslegitimation in der Berliner Antikensammlung Friedrichs III./I., in: H. Wrede / M. Kunze (Hrsg.), 300 Jahre »Thesaurus Brandenburgicus«, 2006, 57–73.

Sepp-Gustav Gröschel

Bekker, Immanuel

Dt. Klass. Philologe. Geb. am 21. 5. 1785 in Berlin, gest. am 7. 6. 1871 ebda. Den Taufnamen August Emanuel ersetzte B. (nach Kant) durch Immanuel. Besuch des Gymnasiums zum Grauen Kloster in Berlin. 1803–1806 Studium der Klass. Phil. in Halle; 1806 Prom., Juli 1806 Inspector des Philol. Seminars ebda. Ab Dezember 1806 Hauslehrer; ab 1810 ao.Prof., ab 1811 o.Prof. für Klass. Philol. in Berlin. Ab 1815 Mitglied der Berliner Akad. der Wiss. [17. 364 f.].

Biographie und wiss. Werdegang

Als Sohn eines Schlossermeisters sicherte sich B. ohne elterliche Unterstützung auf der Schule seinen Lebensunterhalt als eine Art Diener des Schuldirektors Friedrich Gedike. B. studierte Klass. Philologie v. a. bei Friedrich August ↗Wolf in Halle; dort lernte er auch Friedrich ↗Schleiermacher kennen. Beide wurden die wichtigsten Förderer seiner Karriere. In seiner Diss. über den Grammatiker Apollonios Dyskolos und in Beiträgen in der *Jenaischen Literatur-Zeitung* (u. a. Rezension der *Ilias*-Ausgabe von Christian Gottlob ↗Heyne und der Homer-Ausgabe von Friedrich August ↗Wolf) entwickelte er sein wiss. Profil, das in der Trad. der althumanistischen Philologie der Konstitution griechischer Texte galt. Dies empfahl B. für eine Professur an der Univ. Berlin und für Vorhaben der Akad., zu deren Eigenart nicht nur eine idealistische Grundlegung im Sinne des Neuhumanismus gehörte (welche B. gleichgültig war), sondern auch eine Erweiterung der Philologie im Zeichen des Historismus.

Was August ↗Boeckh für die Inschriften plante (*Corpus Inscriptionum Graecarum*, seit 1815), wurde für B. zur Aufgabe im Bereich der handschriftlichen Überlieferung griechischer Autoren und führte u. a. zur Übertragung der Aristoteles-Ausgabe der Akad. an ihn (1817, auf Schleiermachers Initiative) [10]; [17. 350–353]. Zur Erfüllung seiner Aufgabe unternahm B. 1810–1839 zahlreiche, z. T. mehrjährige Reisen zu den Bibliotheken Westeuropas. In Paris (1810–1812) lernte er Ludwig Uhland kennen, dem B. sein Interesse an altfranz. und provenzalischen Texten verdankte, die er auch seit 1829 edierte. Auf seiner Italienreise (1817–1819) entzifferte er den von Barthold ↗Niebuhr entdeckten Gaius-Palimpsest (*codex unicus*) in Verona. Die insgesamt zehn Jahre dauernden Reisen entfremdeten B. einer regelmäßigen Vorlesungstätigkeit, die er schließlich völlig aufgeben konnte. Seine notorische Kargheit in Schrift und Wort in einer geselligkeitsfreudigen Gesellschaft, zu der auch Henriette Herz gehörte, bedachte Friedrich ↗Schleiermacher, Theoretiker und Praktiker der Berliner Salonkultur, unter Anspielung auf die Sprachkompetenz B.s. mit dem Bonmot, B. schweige in sieben Sprachen (vgl. zum Werdegang [17]).

Werk

B.s Leistung besteht v. a. in der Edition griechischer Texte. Als außergewöhnlich produktiver Textphilologe kollationierte er über 400 Hss. und verwertete sie für ca. 50 Bände. Etwa 50 weitere Bände, darunter 25 des *Corpus scriptorum historiae Byzantinae,* gab er ohne Kollationierung durch Neudruck heraus. Ausgaben von wenigen lat. (Livius, Tacitus) sowie von etlichen altfranz. und provenzalischen Texten kommen noch dazu. Damit erreichte er eine Produktivität, die nur der des Henricus ↗Stephanus vergleichbar ist.

B.s Textkonstitution bedeutete immer einen deutlichen Fortschritt, auch wenn er die Mss. nur selektiv und eklektisch auswertete. Erstmals herausgegeben hat er Werke von Grammatikern in den *Anecdota Graeca* [1]. Auf neu oder zum ersten Mal kollationierten Hss. beruhen u. a. Ausgaben von Aristophanes (1825) [9], Herodot (1833) [11], Homer (1843) [13], Pausanias (1826/27), Platon (ab 1816) [4]; [6], Sextus Empiricus (1842) [12], Theognis (1815) [2], Thukydides (ab 1821) [5]; [8], Johannes Tzetzes (1816) [3], der attischen Redner (1823/24), von Lexikographen und v. a. von Aristoteles (1831; B.s Paginierung ist die bis heute übliche) [10]. Auf ältere Ausgaben gehen seine Editionen seit den 1840er Jahren zurück (u. a. Appian, Diodor, Heliodor, Josephos, Polybios), die v. a. in der

Interpunktion und durch Reduzierung der Emendationen Verbesserungen erreichten [17.350–357].

Wirkung

B. hat der Textphilologie bedeutende Impulse gegeben. Allerdings stieß sein selektives und eklektisches Verfahren bald auf Widerspruch, als durch Karl ↗Lachmann die neue Methodologie zur Feststellung der Überlieferung (*recensio*) zum Zauberstab wurde. Erst als man am Ende des 19. Jh.s erkannte (u. a. Ulrich von ↗Wilamowitz-Moellendorff), dass diese rigorose Methodologie die Überlieferung nicht besser erschloss, wurde B.s Verfahren rehabilitiert.

M: E. I. Bekker, Zur Erinnerung an meinen Vater, in: Preußische Jbb. 29, 1872, 553–585; 641–668.

SV: W. Pökel, Philologisches Schriftsteller-Lex., 1882 (Ndr. 1966), 17; A. Harnack, Geschichte der Preußischen Akad. der Wiss., Bd. 3, 1900, 16–18; [17.365–368]: Editionen.

Schriften

[1] Anecdota Graeca, 3 Bde. (Edition), Berlin 1814–1821 (Ndr. 1965) [2] Theognidis Elegi (Edition), Leipzig 1815 (2. Aufl. Berlin 1828) [3] Iohannis Tzetzae Antehomerica, Homerica et Posthomerica (Edition), Berlin 1816
[4] Platonis Dialogi Graece et Latine 8 Bde. (Edition), Berlin 1816–1818 (Ndr.: 11 Bde., Oxford 1826) [5] Thucydidis De bello Peloponnesiaco libri octo (Editio maior), 3 Bde., Berlin/Oxford 1821–1835 [6] In Platonem a se editum commentaria critica, 2 Bde., Berlin 1823 [7] Oratores Attici, 5 Bde. (Edition), Berlin 1823–1824 (7 Bde., Oxford 1823–1824) [8] Thucydides, Berlin 1824 (2. Aufl.: 1832; Ndr. 1846, 1868) [9] Aristophanis Comoediae, 3 Bde. (Edition), London 1825 [10] Aristotelis Opera. Aristoteles Graece, 2 Bde. (Edition), Berlin 1831 (Ndr. 1960; 11 Bde., Oxford 1837)
[11] Herodoti De bello Persico libri IX (Edition), Berlin 1833 [12] Sextus Empiricus (Edition), Berlin 1842
[13] Homeri Ilias; Homeri Odyssea, 2 Bde. (Edition), Berlin 1843 (2. Aufl. Bonn 1858).

Sekundärliteratur

[14] Bursian 658–664 [15] K. Halm, Art. Bekker, Immanuel, in: ADB 2, 1875, 300–303 [16] K. G. Loeben, Art. Bekker, Immanuel, in: NDB 2, 1955, 24–25
[17] W. A. Schröder, Immanuel Bekker. Der unermüdliche Herausgeber von vornehmlich griech. Handschriften, in: A. M. Baertschi / C. G. King (Hrsg.), Die modernen Väter der Antike, 2009, 329–368.

Manfred Landfester

Bellori, Giovanni Pietro

Auch Giovan Pietro B.; ital. Antiquar, Maler, Kunstsammler und -historiker. Geb. am 15. 1. 1613 in Rom, gest. am 19. 2. 1696 ebda. Um 1630 Mitglied der *famiglia* des Francesco Angeloni (1634 belegt). 1652–1679 als Mitglied der Accad. di San Luca nachgewiesen; 1661 Reise nach Süditalien; 1670–1694 Antikenkommissar für Rom und Latium. 1677–1689 Bibliothekar und Antiquar Königin Christinas von Schweden in Rom. 1689 Ehrenmitglied der Acad. royale de peinture et sculpture in Paris.

Werdegang

B., Sohn eines lombardischen Kleinbauern, kam im Alter von 17 Jahren als Sekretär in das Haus des röm. Antiquars, Historikers und Kunstsammlers Francesco Angeloni. Hier studierte er Alt.wiss., Literatur und Kunst; um 1635 nahm er Malunterricht bei Domenichino. Sein erstes früharch. Werk veröffentlichte er 1645 [1]. Nach Angelonis Tod 1652 lebte B. in Rom, widmete sich der Kunstgeschichte und -philosophie sowie dem Studium antiker Denkmäler, gefördert durch Mäzene wie die Kardinäle Camillo Massimi, Francesco Barberini, Gaspare Carpegna oder Königin Christina von Schweden [26]; [31]. Seine Sammlung aus Gemälden, Zeichnungen und v. a. Antiken [20], [25]; [34], das *Museo Belloriano*, wurde zum gerühmten Reiseziel, wie Besuche z. B. von Jacques ↗Spon 1675, Filippo Baldinucci 1681 oder Gottfried Wilhelm Leibniz 1689 belegen. Zwischen 1652 und 1679 nahm B. eine führende Rolle in der röm. Accademia di San Luca ein [20]. In diesen Zusammenhang gehört neben [6] v. a. seine Rede von 1664, in der er die Idee (*idea*) als beseelenden göttlichen Funken, als ästhetische Norm der Mitte und als in der Allegorie verschlüsselte verborgene Wahrheit deutete [3]; vgl. [27]. Die ant. Kunst, insbes. Skulptur, sei unter diesen Aspekten Vorbild; die ant. Malerei stehe aber hinter der Raffaels zurück, wie B. in seinem erst 1695 gedr. Werk [17] darlegte. Papst Clemens X. ernannte B. am 31. 3. 1670 zum *Commissario delle antichità* von Rom und Umgebung [20]; [29]; [31]. B. ermöglichte es Pietro ↗Santi Bartoli, neu ergrabene Mosaike und Malereien aufzunehmen [18]; [28].

1677–1689 war B. Bibliothekar und Antiquar Christinas von Schweden. Mit seiner Hilfe suchte die Königin die eigene Antikenpolitik mit der des Kirchenstaats abzustimmen [31]. B. dürfte ihre Ausgrabungen in Rom betreut [29], Ankäufe von röm. Münzen, gewiss auch der Gemmensammlung [30] und der ant. Skulpturen (heute im Madrider Prado) beratend begleitet haben.

Werk

In seinen numismatischen Werken publizierte B. Stücke aus den Sammlungen seiner Mäzene, der Kardinäle Massimo (1676) [8] und Carpegna (1679) [10] sowie Christinas von Schweden (1685) [12] oder behandelte das Münzbild der Biene, zugleich Wappentier der Barberini [2]; vgl. [26]. In dem nach altem antiqu. Konzept aufgebauten Werk des Leonardo

↗Agostini zur Gemmenkunde [24]; [26] verfasste B. zu den Tafeln mit Stichen von Giovanni Battista Galestruzzi knappe Begleittexte zur Ikonographie der Gemmenbilder. Die seinem Führer zu Bibliotheken und Sammlungen Roms von 1664 beigefügte Beschreibung der Reste antiker Malerei in Rom [4] (vgl. [27]) soll nach Giorgio Vasari die frühesten publizierten Gemäldebeschreibungen enthalten.

Mit den *Icones et Segmenta* von 1645 [1] setzte die Serie der Antikenalben ein, in denen B. erläuternde Unterschriften oder längere Texte zu den Tafeln beisteuerte [24]; [27]. In zeitlicher Reihenfolge wurden sämtliche Reliefs der Trajanssäule [5] (vgl. [21]), die Fragmente der *Forma Urbis* [7] (vgl. [32]), die gesamte Marc-Aurel-Säule [9] (vgl. [26]), das Grab der Nasonier mit seinen Wandmalereien [11] (vgl. [28]), die ant. Porträtdarstellungen berühmter Männer [13], die Triumphbögen mit ihren Reliefs [14] (vgl. [33]), mit den *Admiranda* eine weitere Serie von röm. Reliefs [15] und die röm. Lampen vorgelegt [16] (vgl. [26]), meist mit Stichen von Pietro ↗Santi Bartoli [5]; [9]; [11]; [15]; [16]. Da nicht die alte alt.wiss. Fragestellung zu Zivilisationsbereichen (Ausnahme: [16]), sondern eine ästhetische Orientierung nach künstlerischen Gattungen im Vordergrund stand, wurde ein neuer Typus des Tafelbandes zur ant. Kunst geschaffen. Die Erkenntnisse der Renaissance von einer Kongruenz antiker Schriftquellen und antiker Bilder wurde weitgehend durch Allegorisierungen und kosmologische Deutungen ersetzt [26]; [27]. Die Antikenalben wandten sich über die Gelehrtenkreise hinaus an ein an der Antike interessiertes Publikum [26].

Wirkung

1696–1698 erwarb der Berliner Hof auf Empfehlung Lorenz ↗Begers das Museum Bellorianum [23]; [25]; [34]. Die Berliner Antikensammlung wurde so um 1700 zu einer der bedeutendsten Nordeuropas. Die Antikenalben von Pietro ↗Santi Bartoli und B. trugen maßgeblich zur Archäologisierung der textlastigen barocken Alt.wiss. bei [36]. Ihre Wirkung lässt sich anhand der zahlreichen Nachdrucke, Übersetzungen und Auswahlbände des 17. (vgl. Joachim von ↗Sandrart) und des 18. Jh.s belegen. ↗Santi Bartolis klassizistische, vereinfachende Wiedergabe der Objekte führte Künstler des Barock, Frühklassizismus und Klassizismus dazu, B.s Publikationen als Vorlagenwerke zu nutzen. Bereits Ende des 17. Jh.s kopierte die Werkstatt von Andreas Schlüter in den Stuckreliefs im Elisabethsaal des Berliner Schlosses Vorlagen aus den *Admiranda* [35]; das Bild des Pegasus mit den Nymphen aus dem Nasoniergrab [11] wurde am 1781/82 errichteten Pegasusbrunnen im Luisium bei Wörlitz [19] und als Wandgemälde 1827 im Innenhof des Schlosses Glienicke in Berlin kopiert [22].

SV: [20.787 f.]; F. Fabiani, in: E. Borea / C. Gasparri (Hrsg.), L'idea del bello (Ausst.kat.), 2000, 695.

N: [20.788 f.].

Schriften

[1] Icones et segmenta illustrium e marmore tabularum quae Romae adhuc extant à Francesco Perrier delineata incisa, Rom 1645 [2] Notae in numismata tum Ephesiae tum aliarum urbium apibus insignita, Rom 1658 [3] L'idea del pittore, dello scultore e dell'architetto, scelta dalle bellezze naturali superiore alla natura, Rom 1664 [4] Nota delli musei, librerie, galerie, et ornamenti di statue, e pitture, ne' palazzi, nelle case, e ne' giardini di Roma. Delli vestigi delle pitture antiche dal buon secolo de' Romani, Rom 1664 [5] Colonna Traiana, eretta dal senato e popolo romano all'imperatore Traiano Augusto … disegnata et intagliata da Pietro Santi Bartoli, con l'espositione latina d'Alfonso Ciacone … accresciuta di medaglie, inscrittioni e trofei da Gio. Pietro Bellori, Rom 1672 [6] Le vite de' pittori, scultori e architetti moderni, Rom 1672 [7] Fragmenta vestigii veteris Romae ex lapidibus Farnesianis, Rom 1673 [8] Selecti nummi duo Antoniniani … ex bibliotheca Eminentiss. Principis Camilli Cardinalis Maximi, Rom 1676 [9] Columna Antoniniana Marci Aurelii Antonini Augusti … a Petro Sancti Bartolo … aere incisa, Rom 1679 [10] Scelta de' medaglioni più rari della biblioteca dell'Eminentiss. e Reverendiss. Principe il Signor Cardinale Gasparo Carpegna, Rom 1679 [11] Le pitture antiche del sepolcro de Nasonii nella Via Flaminia disegnate ed intagliate … da Pietro Santi Bartoli, Rom 1680 [12] L'Historia Augusta da Giulio Cesare infino à Costantino il Magno, illustrata … delle antiche medaglie da Francesco Angeloni, … tratti dal tesoro delle medaglie della Regina Christina Augusta, Rom 1685 [13] Veterum illustrium philosophorum, poetarum, rhetorum et oratorum imagines ex … antiquis monumentis desumptae, Rom 1685 [14] Veteres arcus Augustorum triumphis insignes ex reliquiis, quae Romae adhuc supersunt, Rom 1690 [15] Admiranda Romanarum antiquitatum ac veteris sculpturae vestigia … a Petro Sancti Bartolo delineata incisa, Rom 1691 (^{2}1693) [16] Le antiche lucerne sepolcrali figurate … Disegnate, ed intagliate … da Pietro Santi Bartoli, Rom 1691 [17] Dell'ingegno, eccellenza, e grazia di Rafaelle comparato ad Apelle, in: G.P. Bellori, Descrizzione delle imagini dipinte da Rafaelle d'Urbino nelle camere del Palazzo Apostolico Vaticano, Rom 1695 [18] Gli antichi sepolcri overo mausolei romani et etruschi trovati in Roma et altri luoghi celebri … da Pietro Santi Bartoli, Rom 1697.

Sekundärliteratur

[19] F. A. Bechtold / Th. Weisser (Hrsg.), Weltbild Wörlitz (Ausst.kat.), 1996, 278 [20] K. Donahue, Art. Bellori, Giovanni Pietro, in: DBI 7, 1965, 781–789 [21] V. Farinella, Bellori e la Colonna Traiana, in: E. Borea / C. Gasparri (Hrsg.), L'idea del bello (Ausst.kat.), 2000, 589–604 [22] S.-G. Gröschel, Glienicke und die Antike, in: Schloss Glienicke. Bewohner, Künstler, Parklandschaft (Ausst.kat.), 1987, 253–254 [23] S.-G. Gröschel, Die Anfänge der Antikensammlung unter Kurfürst Friedrich Wilhelm von Brandenburg bis zu König Friedrich Wilhelm I, in: S. Hüneke (Hrsg.), Bestandskat. der SPSG Berlin-Brandenburg. Antiken I, 2009, 18 [24] V. Heenes, Antike in Bildern, 2003, 45, 48, 63, 118, 137–145, 149–151, 173 [25] G. Heres / R. Bosso, Bellori collezionista, in: E. Borea / C. Gasparri (Hrsg.), L'idea del

bello (Ausst.kat.), 2000, 499–523 [26] Herklotz Cas. 63–64, 89, 110–113, 162, 183–185, 290, 297 [27] M. R. Hofter, Die Sinnlichkeit des Ideals, 2008, 21–26, 57–59, 72–85, 111–117 [28] L. de Lachenal, La riscoperta della pittura antica nel XVII secolo: scavi, disegni, collezioni, in: E. Borea / C. Gasparri (Hrsg.), L'idea del bello (Ausst.kat.), 2000, 625–672 [29] R. A. Lanciani, Storia degli scavi di Roma e notizie intorno le collezioni romane di antichità, Bd. 5: Dalla elezione di Paolo V alla morte di Innocenzo XII, hrsg. von L. Malvezzi Campeggi und M. R. Russo, 1994, 251–313 [30] M. E. Micheli, La glittica al tempo di Giovan Pietro Bellori, in: E. Borea / C. Gasparri (Hrsg.), L'idea del bello (Ausst.kat.), 2000, 543–548, 552–554 [31] T. Montanari, La politica culturale di Giovan Pietro Bellori, in: E. Borea / C. Gasparri (Hrsg.), L'idea del bello (Ausst.kat.), 2000, 39–49 [32] M. P. Muzzioli, Bellori e la pubblicazione dei frammenti della pianta marmorea di Roma antica, in: E. Borea / C. Gasparri (Hrsg.), L'idea del bello (Ausst.kat.), 2000, 580–588 [33] B. Palma Venetucci, Bellori e gli uomini illustri, in: E. Borea / C. Gasparri (Hrsg.), L'idea del bello (Ausst.kat.), 2000, 605–611 [34] E. Vaiani, Le antichità di Giovan Pietro Bellori. Storia e fortuna di una collezione, in: Annali della Scuola normale superiore di Pisa 7, 2002, 85–152 [35] L. Wiesinger, Der Elisabethsaal des Berliner Schlosses, in: Jb. der Berliner Museen 24, 1982, 204–225 [36] H. Wrede, Die ›Monumentalisierung‹ der Antike um 1700, 2004, 22–23, 43–44.

Sepp-Gustav Gröschel

Beloch, Karl Julius

Dt. Althistoriker. Geb. am 21. 1. 1854 in Petschkendorf (Schlesien), gest. am 1. 2. 1929 in Rom. 1872–1875 Studium der Alt.wiss. an den Univ. Palermo, Heidelberg und Rom; Prom. 1875 in Heidelberg; Habil. 1877 in Rom. 1879 ao.Prof. für Alte Gesch. an der Univ. Rom; 1891–1915 und 1924–1929 o.Prof. ebda.

Wissenschaftlicher Werdegang

B., Sohn eines schlesischen Rittergutsbesitzers, lebte schon als junger Mann wegen eines Bronchialleidens in Italien. Er studierte an ital. Universitäten und in Heidelberg und qualifizierte sich dort wiss.; 1879 erhielt er eine ao. Professur für Alte Geschichte in Rom. Besondere Förderung erfuhr er durch den Althistoriker und späteren Erziehungsminister Ruggero Bonghi. Nachdem sein Buch über die Geschichte Kampaniens (1879) [1] von der Kritik sehr zurückhaltend aufgenommen worden war, legte B. im folgenden Jahr eine Darstellung über den Italischen Bund unter röm. Hegemonie vor [2]; darin versuchte er, in innovativer Weise bevölkerungsgeschichtliche und statistische Untersuchungen mit staatsrechtlichen Studien zu verbinden. Im sicheren Vertrauen auf die Überlegenheit seines methodischen Ansatzes und die Überzeugungskraft seiner Argumente verstieg sich der selbstbewusste B. zu heftigen Attacken gegen Theodor ↗Mommsen. Dieser ließ mit einer Antwort nicht lange warten: »Kaum ist je eine Monographie mit gleicher Vernachlässigung der Spezialuntersuchung geschrieben und eine Fahrt ins Blaue der Wissenschaft mit gleich leichtem Gepäck angetreten worden« (Mommsen, Gesammelte Schriften, Bd. 5, 1908, 249).

1881 setzte Mommsen alles daran, dass B. bei seiner Bewerbung um die althistor. Professur in Greifswald nicht zum Zuge kam; das Rennen machte Mommsens Schüler Otto ↗Seeck. Auch 1889 verhinderte Mommsen die Berufung B.s nach Breslau; als Nachfolger Eduard ↗Meyers wurde damals der 27-jährige Mommsenschüler Ulrich ↗Wilcken an die schlesische Univ. berufen [16. 103–106]. B. blieb in Italien und erhielt 1891 ein althistor. Ordinariat in Rom. Noch vor dem Ausbruch des Ersten Weltkriegs geriet B. als Deutscher, der die ital. Staatsbürgerschaft abgelehnt hatte, in das Kreuzfeuer der Kritik nationalistischer ital. Kreise. 1912 nahm er deshalb einen Ruf nach Leipzig an, kehrte aber schon 1913 aus privaten Gründen nach Rom zurück. Der Erste Weltkrieg hatte schwerwiegende Folgen für B.: 1915 verlor er seinen Lehrstuhl, Haus und Bibliothek wurden beschlagnahmt. Es dauerte Jahre, bis er wieder in seine alte Stellung eingesetzt wurde.

Werke

B.s frühe Arbeiten über Surrentum, Kampanien und den Italischen Bund wurden v. a. in Italien positiv aufgenommen [17], doch erst seine bevölkerungsgeschichtliche Untersuchungen und seine *Griechische Geschichte* (s. u.) machten den Autor berühmt. In der Monographie [4] entdeckte B. die histor. Demographie für die Alte Geschichte: Er versuchte, alle relevanten Daten der Überlieferung zu erfassen und auszuwerten; ausführlich diskutierte er Einwohnerzahlen, Heeresstärke, Getreideproduktion und wirtschaftliche Leistungsfähigkeit. Spätere Untersuchungen widmeten sich auch der ma. und nzl. Bevölkerungsgeschichte Italiens [8]. In Deutschland stießen B.s Studien mehrheitlich auf Ablehnung [9]. Nicht überzeugend waren seine späteren Versuche, die »Volkszahl als Faktor und Gradmesser der histor. Entwicklung« [7] sowie als Voraussetzung für polit. Macht und kulturelle Geltung einer Nation zu bestimmen.

Die *Griechische Geschichte* [5]; [6] ist durch B.s bisweilen sehr eigenwillige Kritik der histor. Überlieferung, eine höchst polemische Auseinandersetzung mit abweichenden Positionen der gelehrten Diskussion, eine deutliche Distanz von der damals vorherrschenden Lehre vom Einfluss des Individuums auf die Zeitläufte, die dezidierte Berücksichtigung wirtschaftlicher sowie bevölkerungsgeschichtlicher Entwicklungen, obsolete Aussagen über die griech. Religion, eine Vielzahl von Exkursen zu Spezialfragen und plakative Urteile über die histor. Akteure charakterisiert. So war Alexander d.Gr. für B. »weder ein großer Staatsmann noch ein großer Feldherr«, denn er habe seine Erfolge den Leistungen seines Vaters Philipp verdankt [6. Bd. 4/1, 62 f.]; scharf grenzte sich B. von der »literarischen Proskynese« J. G. ↗Droysens ab [6. Bd. 4/2, 290]. B. bezweifelte nicht, dass die Geschichte von Hellas »das wichtigste Blatt in der Geschichte der Menschheit« sei [6. Bd. 1/1, 47]. Seine Darstellung schlug jedoch »das konventionelle Bild der griech. Geschichte in Stücke« (s. u. M: Selbstdarstellungen 16) und stieß in der Zunft auf deutlichen Widerstand. Im dt.sprachigen Raum vermochte sie keine nachhaltige Wirkung zu entfalten [9].

Bedeutung

B. suchte einerseits mithilfe der Wirtschaftsgeschichte und der histor. Statistik nach einer objektiven Fundierung der althistor. Forschung, ließ sich andererseits aber immer wieder zu subjektiven und provokativen Wertungen hinreißen. Zudem überschatten seine antisemitischen Attacken und rassistischen Verzerrungen sein Œuvre [10. 265 f.]. Seine Scheidung zwischen philol. und histor.-kritischer Geschichtsschreibung erwies sich epistemologisch als nicht tragfähig. Im dt.sprachigen Raum war B. ein Außenseiter. Seine bevölkerungsgeschichtlichen Ansätze wurden erst von Peter ↗Brunt in England fortgesetzt. In Italien wirkte B. jedoch erfolgreich als akad. Lehrer und prägte eine ganze Generation der ital. Altertumswiss.; zu seinen Schülern zählten Evaristo Breccia, Giuseppe Cardinali, Vincenzo Costanzi, Gaetano ↗De Sanctis, Federico ↗Halbherr, Luigi Pareti, Roberto Paribeni, Giorgio ↗Pasquali und Luigi Pernier.

SV: L. Poverini, Bibliografia degli scritti di Giulio Beloch, in: Annali della Scuola Normale Superiore di Pisa Ser. III/9, 1979, 1429–1462; 11, 1981, 25–27.

M: S. Steinberg (Hrsg.), Die Geschichtswiss. der Gegenwart in Selbstdarstellungen, Bd. 2, 1926, 1–27.

Schriften

[1] Campanien, 1879 (²1890) [2] Der Italische Bund unter Roms Hegemonie, 1880 (Ndr. 1964) [3] Die attische Politik seit Perikles, 1884 (Ndr. 1967) [4] Die Bevölkerung der griech.-röm. Welt, 1886 [5] Griech. Geschichte, 3 Bde., 1893–1904 [6] Griech. Geschichte, 4 Bde. in 8 Teilen, ²1912–1927 [7] Die Volkszahl als Faktor und Gradmesser der histor. Entwicklung (Antrittsvorlesung Leipzig 1912), in: HZ 11, 1913, 321–337 [8] Bevölkerungsgeschichte Italiens, hrsg. von G. De Sanctis, 3 Bde., 1937–1961 (ital. 1994).

Sekundärliteratur

[9] K. Christ, Zu Belochs Rezeption in Deutschland, in: Christ GGW 157–170 [10] Christ Gib. 248–285 [11] Christ Hel. 81–99 [12] Christ Klio 32–34 [13] A. Momigliano, K.J. Beloch (1966), in: Momigliano Contr. 3, 1966, 239–265 [14] L. Polverini (Hrsg.), Aspetti della storiografia di Giulio Beloch, 1990 [15] L. Polverini, La storia economica nell'insegnamento di Giulio Beloch, in: Rivista storica italiana 121, 2009, 1232–1245 [16] S. Rebenich, Theodor Mommsen und Adolf Harnack, 1997 [17] A. Russi, Il primo lavoro scientifico di Giulio Beloch: Surrentum im Altertum, in: Miscellanea Greca e Romana 16, 1991, 1–84.

Stefan Rebenich

Bembo, Pietro

Ital. Humanist und Kardinal. Geb. am 20. 5. 1470 in Venedig, gest. am 18. 1. 1547 in Rom, bestattet am 19. 1. 1547 ebda. in der Kirche Santa Maria sopra Minerva. Juli 1478 bis Mai 1480 Aufenthalt in Florenz mit dem Vater Bernardo; 1478–1488 mit einer Gesandtschaft des Vaters in Rom; 1490–1492 in Venedig. 1492–1494 Erlernen der griech. Sprache in Messina bei Konstantin ↗Laskaris; 1494/95 Studium der Philosophie in Padua, ab 1497 in Ferrara; Aufenthalte in Ferrara und Venedig, ab 1506 in Urbino; 1511 Übersiedlung nach Rom. 1513 Ernennung zum Sekretär der Breven durch Papst Leo X.; Erwerb verschiedener Pfründen; 1521 aus gesundheitlichen Gründen aus dem päpstlichen Dienst ausgeschieden. Danach Phase des lit. Schaffens in Padua; ab 1530 Bibliothekar der *Bibl. Nicena* (der späteren *Marciana*) und offizieller Geschichtsschreiber der Republik Venedig. Am 19. 3. 1539 Ernennung zum Kardinal durch Papst Paul III. und Empfang der Priesterweihe im Dezember; 1541 Ernennung zum Bischof von Gubbio; 1543 Übersiedlung dorthin; 1544 Wechsel in das Bistum Bergamo; im gleichen Jahr Rückberufung durch den Papst nach Rom.

Werk und Wirkung

B. entstammte einer venez. Patrizierfamilie; sein polit. einflussreicher und humanistisch gebildeter Vater besaß Kontakte weit über Venedig hinaus und war mit dem Platoniker Marsilio ↗Ficino befreundet. So konnte B. leicht Zugang zu führenden Humanistenkreisen auch außerhalb Venedigs gewinnen und früh mit dem toskanischen Dialekt vertraut werden. B.s Bedeutung besteht insbes. in seinem Einfluss auf die Entwicklung sowohl der lat. als auch der ital. Literatursprache. Den lat. Klassizismus verteidigte er in einem lat. Briefwechsel mit Giovanni ↗Pico della Mirandola, der 1514 unter dem Titel *De imitatione* gedruckt wurde. Pico argumentierte hier für einen Eklektizismus aus verschiedenen lat. Autoren, mit dem Ziel, die Klassiker zu übertreffen; B. plädierte klassizistisch gegen die Mischung der Stile und für die Nachahmung des jeweils besten Vorbildes: in der

Prosa Cicero, in der Dichtung Vergil [1. Bd. 4, 333–341]; [8]; [11].

1525 erschien B.s Schrift *Prose della volgar lingua* [1. Bd. 2, 1–211]; [5], in welcher B. Giovanni ↗Boccaccio für die Prosa und Francesco ↗Petrarca für die Dichtung zu alleinigen Vorbildern erklärte und selbstbewusst die Eignung des Italienischen zur Literatursprache vertrat; darüber hinaus trug er zur Normierung der Grammatik bei, indem er auf grammatikalische Detailfragen einging [9]; [10. 218–237]. Die Schrift führte in der *questione della lingua* (dem Streit, ob ein ital. Dialekt oder eine Mischung verschiedener Dialekte zur ital. Gemeinschafts- und Hochsprache werden sollte) eine Entscheidung zugunsten des Toskanischen herbei, und zwar der in der ersten Hälfte des 16. Jh.s bereits antiquierten toskanischen Literatursprache des 14. Jh.s. Die theoretischen Schriften hätten jedoch nicht ihre Wirkung entfalten können, wenn B.s eigener lat. wie ital. Stil nicht als vorbildlich gegolten hätte; schon das Amt des Breven-Sekretärs verdankte er seinem Ruf als mustergültiger lat. Stilist. Die für den Papst verfassten Briefe ließ er in 16 Büchern 1535 drucken [1. Bd. 4, 1–148], nachdem er sie überarbeitet und mit ant. mythol.-rhetorischen Schmuck versehen hatte. Eine Kollektion seiner persönlichen Korrespondenz erschien postum 1552 [1. Bd. 4, 149–266]; [2].

Weitere Zeugnisse seiner Meisterschaft in der lat. Prosa legte B. u. a. mit einem 1496 gedruckten Jugendwerk, dem Dialog *De Aetna* [1. Bd. 4, 320–333], und den zwölf Büchern der Zeitgeschichte Venedigs ab, die den Zeitraum von 1486 bis 1513 umfassen und die er im Auftrag der Republik schrieb [1. Bd. 1]; [7]. Die venez. Geschichte übersetzte er selbst später in die Volkssprache [10. 351]. Außerdem schrieb er einige kleinere lat. *carmina* [1. Bd. 4, 342–354]; [3]. In ital. Sprache verfasste B. die *Asolani* [1. Bd. 2, 1–64]; [4], einen wirkmächtigen Dialog über die Liebe, der formal in der Trad. von Ciceros *Tusculanen*, inhaltlich in jener des florent. Neuplatonismus von Marsilio ↗Ficino und Giovanni ↗Pico della Mirandola steht [10. 99–112], sowie *Rime* in Anlehnung an Petrarcas *Canzoniere* [1. Bd. 2, 1–54]. Für das Erlernen des Griechischen plädiert eine 1494 entstandene, handschriftlich überlieferte Rede in weitgehend einwandfreiem Attisch [6].

Schriften

[1] Opere del cardinale Pietro Bembo, 4 Bde., Venedig 1729 (Ndr. 1965) [2] Lettere, hrsg. von E. Travi, 4 Bde., 1987–1993 [3] Carmina, 1990 [4] Asolaner Gespräche. Dialog über die Liebe, übers. von M. Rumpf, 1992
[5] Prose della volgar lingua. L'editio princeps del 1525 riscontrata con l'autografo Vaticano latino 3210, hrsg. von C. Vela, 2001 [6] Oratio pro litteris Graecis, hrsg. von N. G. Wilson, 2003 [7] History of Venice, 2 Bde., hrsg. und übers. von R. W. Ulerey, 2007–2008 (ital. Orig. 1552)
[8] The Pico-Bembo Exchange (1512–13), in: J. Dellaneva / B. Duvick (Hrsg.), Ciceronian Controversies, 2007, 16–125.

Sekundärliteratur

[9] P. D'Achille, La morfologia nominale nel III libro delle Prose e in altre grammatiche rinascimentali, in: S. Morgana et al. (Hrsg.), Prose della Volgar lingua di Pietro Bembo (Atti de V Seminario di Studi, Gargnano del Garda, 2000), 2000, 321–333 [10] C. Kidwell, Pietro Bembo. Lover, Linguist, Cardinal, 2004 [11] J. Robert, Norm, Kritik, Autorität. Der Briefwechsel De imitatione zwischen Gianfrancesco Pico della Mirandola und Pietro Bembo und der Nachahmungsdiskurs in der Frühen Neuzeit, in: Daphnis 30, 2001, 597–644.

Beate Hintzen

Bengtson, Hermann

Dt. Althistoriker. Geb. am 2. 7. 1909 in Ratzeburg, gest. am 2. 11. 1989 in München. 1930–1934 Studium der Gesch., Klass. Philologie, Assyriologie und Ägyptologie an den Univ. Hamburg und München; papyrologische Ausbildung in Pisa. 1935 Prom. in München; 1939 Habil. ebda.; 1942 ao.Prof. in Jena. Mitglied von NSDAP und SA. In München Leiter einer Arbeitsgemeinschaft zum »Eindringen des Judentums in die antike Welt«. 1946–1949 Berufsverbot, dann im Entnazifizierungsverfahren als »Mitläufer« eingestuft. 1949 ao.Prof. in München; 1952 o.Prof. für Alte Gesch. an der Univ. Würzburg; 1959/60 Rektor der Univ. Würzburg; 1963 Ruf an die Univ. Tübingen; 1966 o.Prof. für Alte Gesch. an der Univ. München; 1977 emeritiert.

Werk und Wirkung

B. verfasste seine Diss. und Habil.schrift zum Thema der hell. Strategie [1]. Internationale Reputation verschafften ihm v. a. seine Handbücher, darunter die in mehrere Sprachen übersetzte *Griech. Geschichte* [3], die dem positivistischen Wiss.-Verständnis seines Lehrers Walter ↗Otto und der Universalgeschichtsschreibung Eduard ↗Meyers verpflichtet waren. Popularisierende Monographien über große Gestalten der griech. und röm. Welt (u. a. zu Mark Anton, 1977) brachten B. über die Fachgrenzen hinaus Anerkennung. Über die Frage, wie sich Einzelpersönlichkeit und Staat zueinander verhalten, setzte B. sich 1939 kritisch mit Helmut ↗Berves Buch zu Miltiades (1937) auseinander [2]. B.s Erfolg war auch institutionell früh sichtbar. Er wurde Mitherausgeber u. a. der internationalen Zeitschrift *Historia* (seit 1952) sowie des *Handbuchs der Altertumswissenschaft* (seit 1953). An philos. und soziologischen Fragen fand B. kein Interesse. Seine Wirkung verdankt sich bis heute vielmehr seinen quellenreichen und alle Epochen der Antike umfassenden Forschungsleistungen.

Schriften

[1] Die Strategie in der hellenistischen Zeit. Ein Beitrag zum antiken Staatsrecht, 3 Bde., 1937–1952 (Ndr. 1964–1967) [2] Einzelpersönlichkeit und athenischer Staat zur Zeit des Peisistratos und des Miltiades, 1939 [3] Griech. Geschichte von den Anfängen bis in die röm. Kaiserzeit (Handbuch der Altertumswissenschaft 3.4.), 1950 (⁵1977, u.ö.) [4] Griechen und Perser, 1965 [5] Einführung in die Alte Geschichte, 1967 (u.ö.) [6] Grundriß der röm. Geschichte mit Quellenkunde. Republik und Kaiserzeit bis 284 n.Chr. (Hdb. der Altertumswissenschaft Abt. 3, Teil 5, Bd. 1), 1967.

Sekundärliteratur

[7] S. Rebenich, Hermann Bengtson, 1909–1989, in: K. Weigand (Hrsg.), Münchner Historiker zwischen Politik und Wissenschaft, 2010, 281–308 [8] S. Rebenich, Hermann Bengtson und Alfred Heuß. Zur Entwicklung der Alten Geschichte in der Zwischen- und Nachkriegszeit, in: V. Losemann (Hrsg.), Alte Geschichte zwischen Wissenschaft und Politik. Gedenkschrift für K. Christ, 2009, 181–206 [9] J. Seibert, Hermann Bengtson, in: J. Seibert (Hrsg.), 100 Jahre Alte Geschichte an der Ludwig-Maximilians-Universität München (1901–2001), 2002, 161–173.

Claudia Horst

Benndorf, Otto

Dt. Klass. Archäologe. Geb. am 13.9.1838 in Greiz (Vogtland), gest. am 2.1.1907 in Wien. Schulbesuch in Greiz und Plauen; Studium in Erlangen und Bonn; Prom. 1862 in Bonn; Habil. 1868 in Göttingen. 1869 ao.Prof. in Zürich; 1871 Hon.Prof. in München; 1872 o.Prof. für Klass. Archäologie in Prag; 1877 o.Prof. in Wien; 1898 Direktor des Österr. Arch. Instituts ebda.

Werk und Wirkung

Nach seiner Diss. über die sich auf die bildende Kunst beziehenden Epigramme der griech. Anthologie [1] wirkte B. kurz als Lehrer in Berlin und Schulpforta und erhielt 1864 durch ein Reisestipendium die Möglichkeit zu Studien in Italien, Sizilien und Griechenland. Sein Museumsverzeichnis des Lateran [2], die intensive Beschäftigung mit der Vasenmalerei [3] und die grundlegende Studie zur Geschichte und Topographie von Selinunt [4] sind Ergebnisse dieser frühen Reisen. Seine Professur in Zürich legte er schon nach zwei Jahren aus Protest gegen antideutsche Ausschreitungen in der Schweiz nieder, doch bekam er dank der Unterstützung Alexander ↗Conzes bald einen Ruf nach Prag, wo er gemeinsam mit Otto ↗Hirschfeld bedeutende Aufbauarbeit leistete und bei Conzes Grabungen in Samothrake mitwirkte.

In Wien setzte B. als Conzes Nachfolger dessen Weg im Archäologisch-Epigraphischen Seminar zusammen mit Hirschfeld konsequent fort, führte die Edition der *Archäologisch-Epigraphischen Mitteilungen* und der *Wiener Vorlegeblätter* weiter und initiierte Forschungsreisen nach Kleinasien [5]. In deren Verlauf gelang die Erwerbung des Heroons von Trysa, über welches er sein Hauptwerk verfasste [6]. Als Wissenschaftsorganisator veranlasste B. zahlreiche weitere altertumskundliche Forschungen in Österreich und auf der Balkanhalbinsel. Er war eng mit der Gründung von Museen (Carnuntum, Aquileia) verbunden, regte die Ausgrabungen des Diokletianspalastes in Spalato an, begründete 1895 die österr. Ausgrabungen in Ephesos, die bis zum heutigen Tag fortgeführt werden, und 1898 das Österr. Arch. Institut.

SV: Österr. Jahreshefte 10, 1907, 109–120.

N: Handschriften-Slg., Österr. Nationalbibl., Wien.

Schriften

[1] De Anthologiae Graecae epigrammatis quae ad artes spectant (Diss. Bonn), 1862 [2] Die antiken Bildwerke des Lateranensischen Museums, 1867 [3] (Hrsg.), Griech. und sicilische Vasenbilder, Lieferung 1–4, 1869–1883 [4] Die Metopen von Selinunt, 1873 [5] Reisen im südwestlichen Kleinasien, Bd. 1: Reisen in Lykien und Karien, 1884 [6] Das Heroon von Gjölbaschi-Trysa, 1889.

Sekundärliteratur

[7] H. Kenner, Otto Benndorf, in: Lullies/Schiering Arch. 67–68 [8] R. von Schneider, Nachruf, in: Österreichische Jahreshefte 10, 1907, 1–5.

Hubert Szemethy

Benoist, Eugène

Franz. Latinist. Geb. als Louis-Eugène B. am 28.11.1831 in Nangis, gest. am 23.05.1887 in Paris. Studium der Klass. Phil. in Paris; Prom. 1862 ebda. Nach Lehrtätigkeiten an Gymnasien in Marseille, Nancy und Aix-en-Provence ab 1874 o.Prof. für lat. Literatur in Paris; 1867 Aufnahme in die Akad. von Marseille.

Werk und Wirkung

B. promovierte 1862 bei Henri Joseph Guillaume Patin, dessen Nachfolge er 1874 antrat (Diss. zu *De personis muliebribus apud Plautum*). Danach widmete er sich Plautus erneut mit zwei Editionen [2]; [3]. Seine Arbeiten zur lat. Komödie rundete er mit Ausgaben von Terenz' *Andria* [4] und *Adelphoi* [7] ab. B.s Interessensspektrum erstreckte sich neben der ant. lat. Literatur auch auf die Renaissance [1] sowie auf die Geschichte der Klass. Philologie, zu der er eine Monographie über Friedrich Wilhelm ↗Ritschl vorlegte [6]. Zu B.s Arbeiten zur ant. Latinität zählen seine dreibändige Vergil-Ausgabe mit Kommentar, die in ihrer 4. Auflage bereits 1880 erschien und als sein wichtigstes Werk gilt [5], eine kommentierte Ausgabe der Gedichte Catulls in zwei Bänden mit Versübersetzung, die allerdings unvollendet blieb, sowie Kommentare zu Lukrez (Buch 5) [10] und Livius (Buch 21–25) [8]. B.s Ausgaben erfuhren zumeist mehrfache Auflagen. Sein gemeinsam mit Henri Goelzer verfasster *Nouveau Lexique Français-Latin* [9] erschien in zahlreichen Auflagen bis weit ins 20. Jh.

B. zählt zu den bedeutendsten franz. Latinisten des 19. Jh.s; er machte sich insbes. durch ein tiefgehendes Verständnis der lat. Sprache und ihrer Literatur sowie durch herausragende Übersetzungen lat. Texte ins Französische verdient.

Schriften

[1] Les lettres de Philippe de Comynes aux archives de Florence (Edition), 1863 [2] Titi Macci Plauti Cistellaria (Edition), 1863 [3] Titi Macci Plauti Rudens (Edition), 1864 [4] Terentii Andria (Edition mit Erläuterungen), 1866 [5] P. Virgilii Maronis opera, 3 Bde. (Edition), 1867–1872 (^{4}1880) [6] Frédéric Ritschl, 1877 [7] Térence. Les Adelphes (Edition), 1881 [8] Titi Livii Ab urbe condita, Bd. 1: Libri XXI et XXII; Bd. 2: XXIII, XXIV, XXV (Edition), 1881–1883 [9] Nouveau lexique français-latin à l'usage des classes de grammaire (mit H. Goelzer), 1885 [10] T. Lucreti Cari De rerum natura liber V (Edition), 1886.

Sekundärliteratur

[11] Art. Benoist, Eugène, in: I. H. Salmonsen (Hrsg.), Salmonsens store illustrerede Konversationsleksikon, Bd. 2, 1915, 937 [12] F. Plessis, Eugène Benoist, hrsg. von E. Leroux, 1888.

Angelika Lozar

Bentley, Richard

Brit. Klass. Philologe und Theologe. Geb. am 27. 1. 1662 in Oulton bei Leeds, gest. am 14. 7. 1742 in Cambridge. Ab 1676 Studium am St. John's College, Cambridge; 1680 Bachelor of Arts; 1683 Master of Arts. 1690 Ordination; 1696 Doctor Theologiae. 1700 Übernahme der Leitung des Trinity College in Cambridge.

Werdegang

B., Sohn eines kleinen Landbesitzers, besuchte nach privatem Lateinunterricht bei der Mutter die Lateinschule in Wakefield und wurde schon im Alter von 14 Jahren an die Univ. Cambridge geschickt, wo er mit 18 Jahren seinen B.A. mit Auszeichnung erhielt. Nach einjähriger Leitung der Lateinschule in Spalding (Lincolnshire) wurde B. Privatlehrer des zweiten Sohns von Dr. Edward Stillingfleet (damals Dean der St. Paul's Cathedral in London), in dessen vorzüglicher Privat-Bibl. er den Grund für seine überragende Kenntnis antiker Texte legte.

Zusammen mit seinem Schüler ging B. 1689 an das Wadham College der Univ. Oxford, wo er seine lit. Kenntnisse an der Bodleian Library (v. a. an deren vielen noch ungedruckten Mss.) vertiefte. Im Jahr darauf wurde er ordiniert und Kaplan bei Stillingfleet (inzwischen Bischof von Worcester). Im Dezember 1694 wurde er in das Amt des Direktors der königlichen Bibl. des St. James's Palace berufen und erhielt fünf Monate später die damit verbundene lebenslange Aufsicht über alle königlichen Bibl. in England. 1695 wurde er auch einer der königlichen Kapläne und 1696 in Cambridge zum Doktor der Theologie promoviert; 1700 übernahm er nach einstimmigem Vorschlag der zuständigen königlichen Kommission die Präsidentschaft in diesem Amt des Trinity College in Cambridge.

In den ersten fünf Jahren in diesem Amt initiierte B. eine Reihe von Reformen zur Berufung von Fellows und Zulassung von Studenten, liberalisierte den Zugang zu Stipendien und beseitigte gewisse Privilegien für besser Situierte. Er erhöhte jedoch auch die Lehr- und Prüfungslast der Fellows, wodurch er – neben seiner unerbittlichen Durchsetzung von Strafgebühren bei Pflichtverletzungen und bald aufkommendem Streit über die Finanzierung von Baumaßnahmen (u. a. an der Präsidentenwohnung) – erhebliche Ressentiments auf sich zog; sie verschlimmerten sich in den folgenden Jahren, als er auch über Stellenbesetzungen, Beförderungen und Entlassungen autokratisch verfügte. Ein Streit über die Neuverteilung der Dozentenbezüge führte schließlich zu fast dreißigjährigen Gerichtsprozessen. B. konnte jedoch alle Auseinandersetzungen zu seinen Gunsten entscheiden und blieb bis zu seinem Tod Präsident des Trinity College. Diese Querelen hinderten ihn auch nicht, ein wiss. Œuvre zu produzieren, das bis heute seinesgleichen sucht.

Werk

B.s erstes Werk, die *Epistola ad Millium* [1], ist an John Mill (Rektor von St. Edmund Hall, Oxford) gerichtet, der eine Ausgabe des byz. Chronisten Johannes Malalas vorbereitete. Als Appendix zu dieser Ausgabe behandelt die *Epistola* – jeweils ausgehend von Textfehlern des Chronisten – eine beachtliche Reihe verschiedenster Themen: Götternamen in der orphischen Theologie; ein gefälschtes Sophokles-Fragment mit monotheistischem Inhalt; Euripides-Fragmente, wobei B. ein bislang nicht bekanntes Gesetz der Metrik wiederentdeckte; die Geschichte der griech. Tragödie; die Fragmente des Tragödiendichters Ion von Chios; diverse Textverbesserungen; bei allen Themen erzielte B. wesentliche Fortschritte.

Die *Dissertation* [3] entstand 1697 als Reaktion auf die damals – im Zusammenhang der *Querelle des anciens et des modernes*, die von Frankreich auch nach England übergegriffen hatte – von Sir William Temple vertretene Meinung, dass die Phalarisbriefe und die Aesop-Fabeln zu den besten ant. Hinterlassenschaften gehörten. Nach dem Erscheinen einer neuen Edition der Briefe 1695 wurde B. von William Wotton zum Beweis seiner Ansicht aufgefordert, dass diese weder alt noch gut seien; und so lieferte B. als Zugabe zur zweiten Auflage von Wottons *Reflections upon Ancient and Modern Learning* seine *Dissertation*, die auf insgesamt 152 Seiten die Phalaris-Briefe, weitere angeblich von bedeutenden Männern (Themistokles, Euripides, Sokrates) verfasste Briefe sowie Aesops Fabeln behandelte.

B. belegte die Unechtheit der Phalaris-Briefe, indem er in ihnen u.a. histor. Anachronismen, eindeutig spätere Zitate oder Gemeinplätze (aus der Zeit nach der ersten Hälfte des 6. Jh.s v. Chr., als Phalaris Tyrann der sizilischen Stadt Akragas war) sowie den unhistor. Gebrauch erst später belegter Literaturgattungen, die Verwendung des falschen Dialekts und die erst späte Überlieferung dieser Texte unwiderleglich darlegte. Schon 1697 ließ B. – durch Kritik herausgefordert (s. u.) – eine zweite Ausgabe ohne den Aesop-Abschnitt erscheinen [4], in welcher die Ausführungen zu Phalaris auf fast den achtfachen Umfang erweitert waren. Über ihr eigentliches Ziel – den Nachweis der Unechtheit der Phalaris-Briefe – hinaus erschließt die *Dissertation* viele neue Gebiete der ant. griech. Kultur (Literatur- und Sprachgeschichte, polit. Geschichte).

Zwischen 1697 und 1709 steuerte der Textkritiker B. zu einer Reihe von Ausgaben befreundeter Gelehrter viele wertvolle Anmerkungen und Verbesserungen bei (u.a. die Slg. von 417 Fragmenten für die Kallimachos-Ausgabe von Theodor Graevius, Utrecht 1697; Beiträge zur Suda-Ausgabe seines Protégés Ludolf Kuster, 1707; Anmerkungen zu den Stücken *Plutos* und *Wolken* in Kusters Aristophanes-Edition, 1708; Anmerkungen zu der Hierokles-Ausgabe von Peter Needham, Cambridge 1709; Emendationen zu John Davies' Edition von Ciceros Tusculanen, Cambridge 1709 und ^{2}1723) [16. 128–130]. 1710 veröffentlichte B. unter dem Pseudonym »Phileleutherus Lipsiensis« Emendationen zu Menander und Philemon [5] als Reaktion auf eine ziemlich missglückte Ausgabe (von 1709) dieser beiden Komödiendichter durch Jean Le Clerc (Joannes Clericus) und bot mehr als 320 Fragmente neu und verbessert dar. 1722 revidierte er den Text der beiden Lehrgedichte des Nikander (erst 1814 publiziert).

Ein wesentlich umfangreicheres Unternehmen war B.s Horaz-Ausgabe, von der 1706 zuerst der Text fertiggestellt wurde und die 1711 zusammen mit dem Kommentar erschien [7]; [6]. Erst in diesem kümmerte sich B. um die handschriftliche Überlieferung und nahm mehr als 20 der in den Text gesetzten Verbesserungsvorschläge wieder zurück; auch so aber wies sein Horaz immer noch mehr als 700 Veränderungen gegenüber dem Standardtext seiner Zeit auf. 1726 gab B. – in Reaktion auf eine zwei Jahre zuvor erschienene Ausgabe, in der er von ihm vermittelte metrische Regeln auf groteske Weise entstellt sah – die Komödien des Terenz, die Fabeln des Phaedrus und die Sprüche des Publilius Syrus heraus [10] und griff dabei in die Texte ähnlich weitreichend ein wie bei Horaz. Sein letztes großes philol. Werk war 1739 eine Manilius-Ausgabe [12], welche A.E. ↗Housman für eine größere Leistung als die *Dissertation* und die Horaz-Edition hielt.

Wenigstens zwei große Projekte konnte B. nicht verwirklichen: eine Ausgabe der griech. Bibel (zu der er aber immerhin 1720 *Proposals for Printing* [9] erscheinen ließ) und eine Homer-Ausgabe (wobei ein wichtiges Nebenprodukt seiner Bemühungen die Entdeckung des in den Handschriften verschwundenen Digamma war).

Neben dem Klass. Philologen sollte der Theologe B. wenigstens kurz erwähnt werden: In der 1692 gedruckten Vorlesungsreihe *Confutation of Atheism* [2] bezog er Stellung gegen deistische Gottes-Deutungen, ähnlich auch 1713 in Bemerkungen zur Freidenkerei [8]. 1732 versuchte er in seiner Ausgabe von John Miltons *Paradise Lost* [11], Theologie und Philologie zusammenzubringen, doch erfuhr seine Annahme, dass ein dem blinden Milton zur Hand gehender »Amanuensis« für zahlreiche Entstellungen im Text verantwortlich gewesen sei, vielfache Kritik und ist nicht haltbar. Gleichwohl lässt sich diese Arbeit – die erste, die sich kritisch mit einem Werk der engl. Literaturgeschichte befasst – als »Geburtsstunde der Engl. Philologie« [14. 111] bezeichnen.

Wirkung

Laut August ↗Boeckh waren B.s Beherrschung und Methode der Klass. Philologie seiner eigenen Zeit um ein bis zwei Jahrhunderte voraus [14. 37; 71]. Vieles von ihm Erkannte stieß zunächst auf Skepsis oder Ablehnung: Die Ergebnisse der *Dissertation* [3] wurden 1698 in dem Buch *Dr Bentley's Dissertations on the Epistles of Phalaris and the Fables of Aesop* von Charles Boyle (Orrery) mit beträchtlichem Spott in Bausch und Bogen zurückgewiesen, was B. zu einer zweiten Ausgabe 1699 [4] herausforderte (s. o.). In William

Kings *Dialogues of the Dead* von 1699 wurde B. als der allwissende Bentivoglio parodiert, der von jedem griech. Wort das genaue Alter kenne; in Jonathan Swifts *Tale of a Tub* und *Battle of the Books* erscheint B. nur in satirischem Licht als »*the great and absolute Critick*«. Da der von B. erreichte Forschungsstand vielfach erst im 19. Jh. wieder erreicht oder übertroffen wurde, konnten auch erst diese späteren Zeiten seine Leistungen besser würdigen.

Nach B.s Überzeugung ist für die Herstellung des richtigen Textes ein kritischer Verstand wichtiger als noch so viele Handschriften: »*Nobis et ratio et res ipsa centum codicibus potiores sunt*« (Bemerkung in seinem Horazkommentar zu c. 3,27,15). Dies brachte ihm v. a. in franz. und ital. Philologenschulen den Vorwurf ein, »hyperkritisch« zu sein. B. war aber viel mehr als nur ein überragender Textkritiker: Er unternahm als Erster fundierte Anstrengungen zur Rekonstruktion nur noch fragmentarisch erhaltener Werke und erzielte grundlegende Erkenntnisse in der griech. und lat. Metrik sowie beachtliche Fortschritte in der histor. »Re-Kontextualisierung« der ant. Literatur.

Schriften

[1] Epistola ad cl. v. Joannem Millium (Appendix), in: E. Chilmead (Hrsg.), Joannis Antiocheni, cognomento Malalae, historia chronica (Edition), Oxford 1691 [2] A Confutation of Atheism, 3 Bde., London 1692 [3] Dissertation upon the Epistles of Phalaris, Themistocles, Socrates, Euripides, and Others, and the Fables of Aesop, London 1697 [4] Dissertation upon the Epistles of Phalaris. With an Answer to the Objections of the Honourable Charles Boyle, London ²1699 [5] Emendationes in Menandri et Philemonis reliquias, Utrecht 1710 [6] In Quintum Horatium Flaccum notae et emendationes, 2 Bde., 1711 [7] Q. Horatius Flaccus ex recensione et cum notis atque emendationibus (Edition), Cambridge 1711 [8] Remarks upon a Late Discourse of Free-Thinking, London 1713 [9] Novum Testamentum versionis vulgatae, per Sanctum Hieronymum ad vetusta exemplaria Graeca castigatae et exactae. Proposals for Printing, Cambridge 1720 [10] Publii Terentii Afri comoediae, Phaedri fabulae Aesopiae, Publii Syrii et aliorum veterum sententiae (Edition), Cambridge 1726 [11] John Milton, Paradise Lost (Edition), London 1732 [12] M. Manilii Astronomicon (Edition), London 1739 [13] M. Annaei Lucani Pharsalia cum notis Hug. Grotii et Richardi Bentleii (Edition), London 1760 (postum).

Sekundärliteratur

[14] Ch. O. Brink, Klassische Studien in England. Historische Reflexionen über Bentley, Porson und Housman, 1997, 27–113 (engl. 1986) [15] A. Grafton, Defenders of the Text. The Tradition of Scholarship in an Age of Science, 1450–1800, 1991, 12–21 [16] K. L. Haugen, Richard Bentley. Poetry and Enlightenment, 2011 [17] Pfeiffer KPh 179–197 [18] H. de Quehen, Art. Bentley, Richard (1662–1742), in: Oxford Dictionary of National Biography 5, 2004, 291–298 [19] Wilamowitz, GPh 1921, 35–37.

Heinz-Günther Nesselrath

Bérard, Victor

Franz. Historiker und Klass. Philologe. Geb. am 10. 8. 1864 in Morez (Jura), gest. am 13. 11. 1931 in Paris. 1884–1887 Studium der Gesch. an der École normale supérieure in Paris; 1887–1890 Mitglied der École française d'Athène; 1894 Prom. [2]. 1896–1908 Maître de conférences (beamteter Hochschullehrer) an der École des hautes études (EHE) in Paris für das Fach Histor. Geographie, das er gleichzeitig bis 1914 an der École supérieure de marine in Paris lehrte; 1908–1931 Leiter der Abteilung für Histor. Geographie an der EHE. 1904–1911 Generalsekretär der *Revue de Paris*, verantwortlich für die Beiträge zur franz. Außenpolitik; 1920–1931 Senator für die Region Jura.

Werdegang, Werk und Wirkung

B.s beruflicher Werdegang war durch die Vielfalt seiner Interessensgebiete gekennzeichnet. Neben seinen wiss. Studien, deren Schwerpunkt auf der Geographie des ant. Mittelmeerraums lag, befasste er sich zeit seines Lebens intensiv mit aktuellen polit. Fragen, zu denen er zahlreiche Publikationen vorlegte, etwa zur Entwicklung des Osman. Reiches, aber auch zur dt. oder brit. Außenpolitik. Aktive Politik betrieb er schließlich als Senator der Region Jura. Von Bedeutung für die Geschichte der Klass. Philologie wurde er v. a. durch seine Forschungen zur *Odyssee*, die er in franz. rhythmische Prosa übersetzte [5] und umfassend analysierte [8]. Angeregt durch die Vorgehensweise Heinrich ↗Schliemanns, bewertete B. dieses Epos nicht als rein fiktionales Werk; er vertrat vielmehr die Ansicht, Homer habe anhand der Fahrten des Odysseus ziemlich präzise die Seewege der Phönizier und ihre geographischen Kenntnisse der mediterranen Welt nachgezeichnet [4]; [6]. Um seine These zu beweisen, folgte B. den Spuren des Odysseus auf zwei eigenen Segeltouren und dokumentierte die Fahrt photographisch sowie in Texten ausführlich [6]; [9]. Aus der Perspektive heutiger arch. und philol. Erkenntnisse gilt sein Forschungsansatz i. Allg. als überholt, doch zeugt er zweifellos von einem lebendigen, originellen und v. a. von der Antike faszinierten Intellekt.

Schriften

[1] La Turquie et l'Hellénisme contemporain. La Macédoine: Hellènes, Bulgares, Valaques, Albanais, Autrichiens, Serbes, 1893 (2. Aufl. 1896 u. ö.) [2] L'origine

des cultes arcadiens (Diss. Paris), 1894 [3] L'Angleterre et l'impérialisme, 1900 [4] Les Phéniciens et l'Odyssée, 2 Bde., 1902–1903 (²1927) [5] Homer, Odyssée (Übers.), 1924 [6] Les navigations d'Ulysse, 4 Bde. (Bd. 1: Ithaque et la Grèce des Achéens; Bd. 2: Pénélope et les barons des îles; Bd. 3: Calypso et la mer de l'Atlantide; Bd. 4: Nausicaa et le retour d'Ulysse), 1927–1929 [7] La résurrection d'Homère, 2 Bde., 1930 [8] L'Odyssée d'Homère. Étude et analyse, 1931 (Ndr. 1945 u.ö.) [9] Dans le sillage d'Ulysse (mit Photos von F. Boissonas), 1933 (Ndr. 1973).

Sekundärliteratur

[10] L. Gallois, Victor Bérard, in: Annales de géographie 229, 1932, 102–103.

Angelika Lozar

Bergk, Theodor

Dt. Altertumswissenschaftler, bes. Klass. Philologe. Geb. am 22.5.1812 in Leipzig, gest. am 20.7.1881 in Ragaz (Schweiz). 1825–1830 Thomasschule in Leipzig; 1830–1834 Studium der Klass. Phil. in Leipzig. 1836–1842 Gymnasiallehrer in Halle an der Saale, Berlin und Kassel. Ab 1842 o.Prof. an der Univ. Marburg; 1844 ordentliches Mitglied des Arch. Instituts in Rom; 1845 korrespondierendes Mitglied der Preuß. Akad. der Wiss. in Berlin. 1847–1849 Mitglied des hessischen Landtags (von der Univ. entsandt); 1848 einer der 17 Vertrauensmänner bei der Frankfurter Nationalversammlung. 1852 o.Prof. in Freiburg; 1857–1869 o.Prof. für Eloquenz in Halle; 1860 ordentliches Mitglied der Akad. der Wiss. in München.

Werk und Wirkung

In seinem sehr breiten Œuvre von insgesamt über 300 Veröffentlichungen bearbeitete B. unterschiedlichste Themen der Alt.wiss. (z.B. Archäologie, Epigraphik und Astronomie). Diese Interessensvielfalt spiegelte sich auch in seiner universitären Lehre wider (bes. in Halle: u.a. griech. Grammatik, röm. und griech. Literaturgeschichte, Archäologie, ant. Kunstgeschichte). Sein besonderes Forschungsinteresse galt aber der griech. Literatur und hierbei v.a. der fragmentarisch überlieferten Dichtung (z.B. Alte Komödie [2], bes. Aristophanes [3], Anakreon [1]). Die von B. 1843 veröffentlichte Sammlung der Fragmente der griech. Lyrik [5] bewirkte hinsichtlich der Textkonstitution einen bedeutenden wiss. Fortschritt für die Klass. Philologie, der erst Jahrzehnte später mit dem Erscheinen der ersten Lyrikanthologie in der *Bibliotheca Teubneriana* [17] in vollem Maße begriffen wurde. Die von B. begonnene griech. Literaturgeschichte [12] wurde erst postum fortgesetzt [15]. Auch an der lat. Dichtung hatte B. Interesse, wie seine Studien zu Ennius [6], Plautus [10] und Lukrez [11] zeigen. 1843–1853 war B. zusammen mit Carl Caesar Herausgeber der *Zeitschrift für Altertumswissenschaft.*

Schriften

[1] Anacreontis carminum reliquiae (Edition), 1834 [2] Commentationum de reliquiis comoediae Atticae antiquae libri duo, 1838 [3] Aristophanis fragmenta (Edition), 1840 [4] Commentatio de Aristotelis libello De Xenophane, Zenone et Gorgia, 1843 [5] Poetae lyrici Graeci (Edition), 1843 [6] Ennianarum quaestionum specimen, 1844 [7] Beiträge zur griech. Monatskunde, 1845 [8] Anthologia lyrica, 4 Bde. (Edition), 1854–1868 [9] Sophoclis tragoediae (Edition), 1858 [10] De locis quibusdam in comoediis Plautinis, 1862 [11] Emendationes Lucretianae, 1865 [12] Griech. Literaturgeschichte, Bd. 1, 1872 [13] Inschriften römischer Schleudergeschosse, 1876 [14] Zur Geschichte und Topographie der Rheinlande in röm. Zeit, 1882 [15] Griech. Literaturgeschichte, Bd. 2–3, aus dem Nachlass hrsg. von G. Hinrichs, 1883–1884 [16] Kleine philologische Schriften, 2. Bde., hrsg. von R. Peppmüller, 1884–1886 [17] Anthologia lyrica, hrsg. von E. Hiller, ⁴1890.

Sekundärliteratur

[18] R. Peppmüller, Verzeichniss von Th. Bergks philologischen Schriften, in: Th. Bergk, Kleine philologische Schriften, Bd. 1, hrsg. von R. Peppmüller, 1884, IX–XXXII [19] R.H. Peppmüller, Art. Bergk, Theodor, in: ADB 46, 1884, 381–383.

Ronny Kaiser

Bernabò Brea, Luigi

Ital. Prähistoriker und Klass. Archäologe. Geb. am 27.9.1910 in Genua, gest. am 4.2.1999 in Lipari. 1932 Studienabschluss in den Rechtswissenschaften in Genua und 1935 in der Arch. in Rom. 1935–1937 Stipendiat der Scuola Archeologica Italiana di Atene; 1938 Inspektor der staatlichen Antikenbehörde in Tarent; 1939–1941 Leiter der staatlichen Antikenbehörde in Genua, zugleich bis 1951 Direktor des Museums für Ligurische Arch. in Genua-Pegli, 1941–1973 Soprintendente alle Antichità della Sicilia Orientale in Syrakus. Daneben seit 1940 Lehrtätigkeit an den Univ. Genua, Catania und Palermo.

Werk und Wirkung

1935–1938 nahm B.B. an Ausgrabungen der frühbronzezeitlichen Siedlung von Poliochni auf Lemnos (3. Jt. v.Chr.) teil. 1951 unternahm er dort im Auftrag Doro ↗Levis, des Direktors der Ital. Archäologischen Schule, weitere Grabungen [6]. Neben diesen bedeutenden Arbeiten ist B.B. weltweit für seine herausragenden Forschungsbeiträge zur ital. Vorgeschichte bekannt. 1939 begann er in Zusammenarbeit mit Luigi Cardini mit der Ausgrabung der Höhle von

Arene Candide (bis 1951). Der zweibändige Grabungsbericht [1]; [2] ist die erste moderne chronologische Seriation der vor- und frühgeschichtlichen Kulturen Norditaliens. Eine ebenbürtige, wenn nicht noch bedeutendere chronologische Seriation für die Vor- und Frühgeschichte Süditaliens gelang B.B. durch seine Grabungen auf Lipari. Dort untersuchte er in Zusammenarbeit mit Madeleine Cavalier ab 1950 Typen von Keramik, Häusern und Gräbern; dabei rekonstruierte er auch die Geschichte der Kontakte mit dem bereits weiter entwickelten ägäischen Raum. Im gleichen Zeitraum erforschte B.B. die vor- und frühgeschichtlichen Dörfer der anderen Äolischen Inseln (Panarea, Salina, Filicudi) sowie die bronzezeitliche Nekropole von Milazzo [5]. Unterstützt von M. Cavalier, schuf er das Äolische Arch. Museum und den Arch. Park von Lipari [7], ein Musterbeispiel gelungener arch. Denkmalpflege.

Aufgrund seiner weithin bekannten Grabungen und seiner jahrzehntelangen Erfahrungen in Sizilien wurde B.B. eingeladen, eine Monographie für die renommierte Reihe *Ancient Peoples and Places* zu verfassen [3]. Eines seiner letzten Werke thematisiert den arch. Nachweis, dass im 13. Jh. v. Chr. Lipari Opfer einer vom Festland ausgehenden Invasion wurde, die auch in Schriftquellen belegt ist [9].

B.B. leistete Beträchtliches auch bei der Erforschung und Sicherung der klass. Monumente Siziliens. Herauszuheben sind hierbei die Ausgrabungen von Tyndaris, die Rekonstruktion der antiken Theater von Syrakus, Tyndaris und Akrai sowie die Reorganisation des Museums von Syrakus. Das Wissen über das griech. Theater bereicherte er durch seine Studien der Keramikmasken, die in der von ihm und M. Cavalier vorbildlich ausgegrabenen und publizierten hell. Nekropole von Lipari entdeckt wurden [8]. B.B.s herausragende Bedeutung innerhalb der Geschichte der ital. Archäologie würdigten zwei ihm gewidmete wiss. Kongresse (Lipari, 2000 [10]; Genua, 2001 [12]).

SV: [11.361–377].

Schriften

[1] Gli scavi nella Caverna delle Arene Candide (Finale Ligure). Teil I. Gli strati con ceramiche, 1946 [2] Gli scavi nella Caverna delle Arene Candide (Finale Ligure). Teil II. Campagne di scavo 1948–1950, 1956 [3] Sicily before the Greeks (Ancient Peoples and Places), 1957 [4] Mylai (mit M. Cavalier), 1959 [5] Meligunìs-Lipára (z. T. mit M. Cavalier), 12 Bde., 1960–2003 [6] Poliochni. Città preistorica nell'isola di Lemnos, 2 Teile, 1962–1976 [7] Il Castello di Lipari e il Museo Archeologico Eoliano (mit M. Cavalier), 1977 [8] Menandro e il teatro greco nelle terrecotte liparesi (mit M. Cavalier), 1982 [9] Gli Eoli e l'inizio dell'età del Bronzo nelle Isole Eolie e nell'Italia meridionale. Archeologia e leggende (Annali dell'Istituto Archeologia Orientale di Napoli, Heft 2), 1985.

Sekundärliteratur

[10] Le comunità della preistoria italiana. Studi e ricerche sul neolitico e le età dei metalli. Castello di Lipari, 2–7 giugno 2000. In memoria di Luigi Bernabò Brea (Istituto italiano di preistoria e protostoria; Atti della XXXV riunione scientifica), 2003 [11] M. Cavalier / M. Bernabò Brea (Hrsg.), In memoria di Luigi Bernabò Brea, 2002 [12] P. Pelagatti / G. Spadea (Hrsg.), Dalle Arene Candide a Lipari. Scritti in onore di Luigi Bernabò Brea (Bollettino d'arte, Sonderheft), 2004.

Alessandro Guidi (Ü: D. P.)

Bernays, Jacob

Dt. Klass. Philologe und Religionshistoriker. Geb. am 11. 9. 1824 in Hamburg, gest. am 28. 5. 1881 in Bonn. Studium der Philologie und Prom. sowie Habil. (beides 1848) in Bonn; dort PD. 1853–1856 Dozent am jüd.-theologischen Seminar in Breslau; ab 1866 Oberbibliothekar und ao.Prof. an der Univ. Bonn. B. war Schüler Friedrich Wilhelm ↗Ritschls, Friedrich Gottlieb ↗Welckers und Christian August Brandis', Mitherausgeber des *Rheinischen Museums* (1850–1854) und ab 1864 korrespondierendes Mitglied der Preuß. Akad. der Wiss.

Werk und Wirkung

Obwohl B.' (dessen Vater orthodoxer Rabbiner war) wiss. Karriere wegen seines jüd. Glaubens [9] stark behindert wurde und Rufe auf Professuren in Heidelberg und Breslau scheiterten, entfalteten bes. seine Forschungen zur ant. Philosophie und Religionsgeschichte breite Wirkung. Bereits seine erste Publikation zu Lukrez von 1847 [1] gilt als wegweisender Beitrag zur Rekonstruktion von dessen Handschriften-Trad., die lange Karl ↗Lachmanns Lukrez-Ausgabe von 1850 zugeschrieben wurde [13.102–114]. B.' wiss.-geschichtlich bedeutendster Beitrag ist seine Arbeit zu Aristoteles [3], in der er der Katharsis-Debatte eine neue Wendung gab: Im Unterschied zu Lessings moralischer Deutung und Goethes ästhetischem Ansatz von der Kunstautonomie der Tragödie schrieb B. der Katharsis eine therapeutische Funktion bei der Heilung von körperlichen und physischen Krankheiten zu. Diese Definition der Katharsis als »erleichternde Entladung von Gemütsaffectionen« [3.140f.] beeinflusste insbes. Friedrich ↗Nietzsche [12.113–143] und Sigmund Freud [11]; [14]. Große Bedeutung hatte auch die Studie, in der er die verlorenen Dialoge des Aristoteles als exoterische Frühwerke beschrieb [5] und damit die Frage nach dem editorischen Status von dessen überlieferten Schriften neu stellte [9.166f.]. Mit [6] leistete B. einen wichtigen Beitrag zur Debatte um Lukian als Schulautor, wobei er in seiner Deutung des *Peregrinus Proteus* Lukian gegen den Vorwurf der Verspottung des Christentums verteidigte und die Schrift als einen lit. Angriff auf die Kyniker interpretierte [10. 188–194].

In jüngster Zeit ist B. durch die Veröffentlichung einer Vorlesungsnachschrift zur Geschichte der Klass. Philologie [7] wieder verstärkt in den Blick gerückt, die ebenso wie seine vielbeachtete Biographie Scaligers [2] Zeugnis von seinem wiss.-geschichtlichen Interesse ablegt.

SV: [8].

Schriften

[1] De emendatione Lucretii, in: RhM 5, 1847, 533–587 [2] Joseph Justus Scaliger, 1855 [3] Grundzüge der verlorenen Abh. des Aristoteles über Wirkung der Tragödie, 1857 (²1880) [4] Ueber die Chronik des Sulpicius Severus. Ein Beitrag zur Geschichte der klassischen und biblischen Studien, 1861 [5] Die Dialoge des Aristoteles in ihrem Verhältniss zu seinen übrigen Werken, 1863 [6] Lucian und die Kyniker, 1879 [7] Geschichte der Klassischen Philologie. Vorlesungsnachschrift von R. Münzel, hrsg. von H. Kurig, 2008 [8] Gesammelte Abh. von Jacob Bernays, 2 Bde., hrsg. von H. Usener, 1885.

Sekundärliteratur

[9] H. I. Bach, Jacob Bernays. Ein Beitrag zur Emanzipationsgeschichte der Juden und zur Geschichte des deutschen Geistes im neunzehnten Jh., 1974
[10] M. Baumbach, Lukian in Deutschland. Eine forschungs- und rezeptionsgeschichtliche Analyse vom Humanismus bis zur Gegenwart, 2002 [11] K. Gründer, Jacob Bernays und der Streit um die Katharsis, in: H. Barion (Hrsg.), Epirrhosis. FS C. Schmitt, Bd. 2, 1968, 495–528 [12] S. Lawrenz, Ästhetisches Mitleid. Lessing – Bernays – Nietzsche, 2006
[13] S. Timpanaro, The Genesis of Lachmann's Method, hrsg. und übers. von G. W. Most, 2005 (ital. 1963)
[14] L. Treml, Zum Verhältnis von Jacob Bernays und Sigmund Freud, in: Luzifer Amor. Zs. zur Geschichte der Psychoanalyse 19, 1997, 7–32.

Manuel Baumbach

Bernegger, Matthias

Österr.-dt. Philologe und Staatstheoretiker. Geb. am 8. 2. 1582 in Hallstatt, gest. am 5. 2. 1640 in Straßburg. Ab 1592 Schulbesuch in Wels, ab 1598/99 Studium in Straßburg; 1601 Abschluss als Magister. Anschließend Reise durch die habsburgischen Kronländer als Begleiter des kaiserlichen Rates Johannes Steinberger; zeitweise Aufenthalt in Regensburg (1603). Fortsetzung des Studiums, auch der Astronomie und Mathematik, in Straßburg; 1608 Gymnasiallehrer ebda.; ab 1613 Prof. für Gesch., zeitweise (1626–1629) auch für Rhetorik an der 1621 zur Volluniv. erhobenen Straßburger Akad.

Werk und Wirkung

Als Kenner der modernen Astronomie (Herausgeber bzw. Übersetzer von Werken Galileo Galileis), als Förderer der neuen dt.sprachigen Kunstpoesie, v. a. aber als Mitbegründer der durch seine Schüler (bes. Johannes ↗Freinsheim und Johann Heinrich ↗Boeckler) weiter ausgebauten polit.-histor. Philologie profilierte sich B. im Deutschland des frühen 17. Jh.s als akad. Führungsfigur. Er behandelte Justus ↗Lipsius' *Politica* im Unterricht und gab dieses aktuelle polit. Handbuch als Grundlage für Disputationen heraus [1]. Sein epochal wichtiger, weitgespannter Briefwechsel u. a. mit dem Heidelberger Kreis um Georg Michael Lingelsheim [16], mit den Autoren um die Straßburger Tannengesellschaft [19] sowie dem Tübinger Gelehrtenzirkel um Johannes Kepler [14] und Wilhelm Schickard [15]; [29] beweist sein Sensorium für aktuelle polit. Konflikte, auch für die Wandlungsprozesse innerhalb des internationalen Späthumanismus. Viele dieser Fragen behandelte er in akad. Reden [8].

Die Caesar-Vita Suetons samt anderen Teilen von dessen Werk gab er mit ausführlichen »Diatriben« (Abhandlungen) seiner Schüler (u. a. Johann Michael Moscherosch) heraus (1624, 1632–1639, gesammelt 1655 [9]). Er edierte, auch unter Mithilfe bzw. unter dem Namen Freinsheims, Justinus [2], Florus [3], Curtius Rufus [6], Plinius' *Panegyricus* [4], v. a. aber die Werke des Tacitus (zuerst *Germania* und *Agricola* in mehreren Teilausgaben mit teilweise gesondert publizierten *Quaestiones*, 1617–1624, gesammelt 1640 [7]), zuletzt eine Gesamtausgabe [5].

Die B.-Schule bildete den einflussreichsten dt. Flügel des europ. Tacitismus. Hierin ging es darum, Strukturprobleme der monarchischen Herrschaft sowie die Regeln der polit. Klugheit (*civilis prudentia*) – auch in Verbindung mit Fragen des Reichs- und Naturrechts – in den ant. Quellen modellhaft herauszuarbeiten und die Texte mit den Erfahrungen und Herausforderungen der Beamtenschaft zu vermitteln. B.s oft essayartigen Sammlungen von Disputationen, Observationen (u. a. [10]; [12]), Quaestionen und Kommentaren zu den ant. Historikern zählen zu den Schlüsselwerken einer auf die *similitudo temporum* von kaiserzeitlicher Antike und mod. Staatlichkeit ausgerichteten Autorenexegese.

SV: [21. 490–533].

Schriften

[1] Iusti Lipsii politicorum libri sexti capita tria postrema (Edition, mit Ph. F. Glaser), Straßburg 1617 (mit Index hrsg. von J. Freinsheim 1641 und 1674) [2] Iustini in Historias Trogi Pompeii epitomarum editio nova (mit Komm. und Index), Straßburg 1631 (u.ö.) [3] Lucii Annaei Flori Rerum Romanarum (Edition, mit J. Freinsheim), Straßburg 1632
[4] C. Plinii Secundi Panegyricus liber (Edition, mit J. J.

Stockher), Straßburg 1635 [5] C. Cornelius Tacitus (Edition mit Komm. und Index, mit J. Freinsheim), Straßburg 1638 [6] Commentarii in libros superstites Q. Curtii Rufi (Edition, unter dem Namen J. Freinsheim), Straßburg 1639 [7] Ex C. Cornelii Taciti Germania et Agricola quaestiones miscellaneae (mit J. Freinsheim), Straßburg 1640 [8] Orationum academicarum decas, hrsg. von J. Freinsheim, Straßburg 1640 [9] Diatribae in C. Suetonii Tranquilli C. Jul. Caesarem, Augusti quaedam, et Titum Vespasianum, hrsg. von P. Wiebers, Straßburg 1655 [10] Observationes historico-politicae XXVIII, Tübingen 1656 [11] Hugonis Grotii et Matthiae Berneggeri epistolae mutuae, hrsg. von J. C. Bernegger, Straßburg 1667 (u.ö.) [12] Observationes miscellae, hrsg. von T. und J. C. Bernegger, Straßburg 1669 [13] Epistolaris commercii ... fasciculus primus/secundus (2 Teile), Straßburg 1670 [14] Epistolae J. Keppleri et M. Berneggeri mutuae, Straßburg 1672 [15] Epistolae W. Schickarti et M. Berneggeri mutuae, Straßburg 1673 [16] Briefe G. M. Lingelsheims, M. Berneggers und ihrer Freunde, hrsg. von A. Reifferscheid, 1889 [17] Der Briefwechsel zwischen M. Bernegger und J. Freinsheim (1629, 1633–1636), in: E. Kelter (Hrsg.), Beiträge zur Geistesgeschichte des 17. Jh.s., 1905, 1–72.

Sekundärliteratur

[18] E. Berneker, Matthias Bernegger, der Straßburger Historiker, in: W. Merzbacher (Hrsg.), Julius Echter und seine Zeit, 1973 [19] M. Bopp, Die Tannengesellschaft, 1997, 108–130 [20] C. Bünger, Matthias Bernegger. Ein Bild aus dem geistigen Leben Straßburgs, 1893 [21] G. Dünnhaupt, Personalbibliographien zu den Drucken des Barock, Bd. 1, 1990 [22] G. Grasshoff / H. Treiber, Naturgesetz und Naturrechtsdenken im 17. Jh. Kepler – Bernegger – Descartes – Cumberland, 2002 [23] H. Jaumann, Hdb. Gelehrtenkultur der Frühen Neuzeit, Bd. 1, 2004, 89–90 [24] W. Kühlmann, Gelehrtenrepublik und Fürstenstaat, 1982 [25] W. Kühlmann, Frühbarocke Stadtkultur am Oberrhein, 1983 [26] W. Kühlmann, Geschichte als Gegenwart. Formen der politischen Reflexion im deutschen Tacitismus des 17. Jh.s, in: S. Neumeister / C. Wiedemann (Hrsg.), Res publica litteraria. Die Institutionen der Gelehrsamkeit in der frühen Neuzeit, 1987, 325–348 [27] W. Kühlmann / W. E. Schäfer, Literatur im Elsaß von Fischart bis Moscherosch, 2001 [28] A. Schindling, Humanistische Hochschule und freie Reichsstadt. Gymnasium und Akademie in Straßburg, 1538–1621, 1977, 279–289 [29] F. Seck (Hrsg.), W. Schickart, Briefwechsel (2 Bde.), 2002 [30] A. E. Walter, Späthumanismus und Konfessionspolitik. Die europäische Gelehrtenrepublik um 1620 im Spiegel der Korrespondenzen Georg Michael Lingelsheims, 2004, 334–337.

Wilhelm Kühlmann

Bernoulli, Johann Jacob

Schweizer. Archäologe. Geb. am 18. 1. 1831 in Basel, gest. am 22. 7. 1913 ebda. Studium der Germanistik und Alt.wiss. in Basel und Berlin; 1854 Berliner Diss. über polit. Anschauungen des Tacitus. 1860 Habil. in Basel; 1874 Prof. extraordinarius; 1895 erster Ordinarius für Archäologie ebda. [14].

Werk und Wirkung

B. ist v. a. durch seine systematischen Publikationen zum griech. und röm. Porträt bekannt geworden [6]; [7]; [9]; [10]; [11]; [12]. Dabei bezog er sich explizit auf die Werke Ennio Quirino ↗Viscontis, dessen autoritative *Iconographie grecque* (1811) und *Iconographie romaine* (1817–1829) er revidieren und ergänzen wollte. Für die röm. Kaiserzeit geht seine Leistung jedoch weit darüber hinaus [10]. Die ältere Zusammenstellung, die von Viscontis Fortsetzer Antoine Mongez stammt, bietet zu den einzelnen Personen allenfalls ein Resümee der histor. Nachrichten sowie eine knappe Behandlung von Münzbildnissen, Gemmen und einigen willkürlich ausgesuchten Skulpturen. B. dagegen konzentrierte sich auf die Besprechung aller bekannt gewordenen rundplastischen Bildnisse, wobei er die bisher vorgeschlagenen Benennungen kritisch sichtete.

B.s Fokussierung auf das arch. Material ist zu Recht als Ausdruck des Positivismus des 19. Jh.s bezeichnet worden [13]. Die Beschränkung war auch eine Reaktion auf die methodische Willkür der früheren Forschung, die B. insbes. für die Ikonographie der röm. Republik konstatieren musste. Erst die thematische Verengung ermöglichte eine Durchführung des Gesamtprojekts und machte seine Monographien zu wichtigen Grundlagenwerken für die Porträtforschung der folgenden Generationen.

N: Basel, Universitätsbibl.

Schriften

[1] Ueber den Charakter des Kaisers Tiberius, 1859 [2] Über die Laokoongruppe. Programm des Paedagogiums (Einladungsschrift zur Promotionsfeier), 1863 [3] Das röm. Forum (Bericht über das humanistische Gymnasium zu Basel; Beilage), 1864 [4] Über die Minerven-Statuen. Der Naturforschenden Gesellschaft von Basel zur Feier ihres fünfzigjährigen Bestehens gewidmet von der antiquarischen Gesellschaft ebendaselbst, 1867 [5] Aphrodite. Ein Baustein der griech. Kunstmythologie, 1875 [6] Bildnisse des älteren Scipio (Einladungsschrift zur Promotionsfeier des Pädagogiums), 1875 [7] Die erhaltenen Bildnisse berühmter Griechen, 1877 [8] Museum in Basel. Catalog für die antiquarische Abteilung, 1880 [9] Röm. Ikonographie I. Bildnisse berühmter Römer mit Ausschluß der Kaiser und ihrer Angehörigen, 1882 [10] Röm. Ikonographie II. Die Bildnisse der röm. Kaiser und ihrer Angehörigen, Teil 1–3, 1886–1894 [11] Griech. Ikonographie, 2 Bde., 1901 [12] Die erhaltenen Bildnisse Alexanders des Großen, 1905.

Sekundärliteratur

[13] J. Bažant, Roman Portraiture. A History of Its History, 1995 [14] K. Schefold, in: Lullies/Schiering Arch. 55–56.

Dietrich Boschung

Beroaldo, Filippo d. Ä.

Philippus Beroaldus; ital. Humanist und Dichter. Geb. am 7. 11. 1453 in Bologna, gest. am 17. 7. 1505 ebda. Studien u. a. bei Francesco dal Pozzo. Ab 1472 erster Lehrauftrag für Rhetorik und Philosophie an der Univ. von Bologna; 1475/76 Prof. in Parma; 1476–1479 Prof. in Paris; 1479–1505 Prof. in Bologna, Mitglied des Senats der Stadt; mehrere Gesandtschaften.

Werdegang, Werk und Wirkung

B. wurde in Bologna als Sohn einer adligen Familie geboren und hatte dadurch beste Bildungschancen. Seine Studienzeit bei Francesco dal Pozzo nennt er selbst die Grundlage seines späteren Wissens [7. 11]. Über seine Lehrtätigkeit vor der endgültigen Anstellung in Bologna 1479 liegt vieles im Dunkeln. Nach Parma ging er, um dort bei Stefano Corallo seine Ausgabe von Plinius' *Naturalis historia* zu drucken. In Paris dürfte ihn v. a. die Rhetorikschule der Sorbonne angezogen haben [7. 22]. Zurück in Bologna pflegte er engen Kontakt mit den herrschenden Benivoglio; viele seiner Schriften sind Mitgliedern dieser Familie gewidmet. Ebenso betätigte er sich sein Leben lang polit. in seiner Heimatstadt, wie es seiner Abstammung entsprach.

B.s pädagogische Fähigkeiten wurden von vielen Zeitgenossen (u. a. von Giovanni ↗Pico della Mirandola und Angelo ↗Poliziano) als herausragend gepriesen. Unter seinen Schülern, zu denen auch bes. viele Nord- und Osteuropäer zählten, erlangten Giambattista Pio und Bohuslaus Hassenstein von Lobkowicz besondere Berühmtheit. B. selbst berichtet in einem Brief, er habe den ganzen Tag lang unterrichtet, oft vor bis zu 300 Hörern [3. 87]. Aus der Lehrpraxis gingen auch die vier großen kommentierten Ausgaben von Properz (Bologna 1487), Sueton (Bologna 1493), Ciceros *Tusculanae disputationes* (Bologna 1496) und Apuleius (Bologna 1500) hervor. Wie auch die zahlreichen übrigen Editionen B.s (zu Plinius d. Ä.; Florus; Vergil; Sallust; Cicero-Reden; Servius; Scriptores rei rusticae; Scriptores rei militaris; Censorinus; Plinius' d. J. *Epistulae*; Solinos; Philostrat; Horaz; Xenophon; Plautus; Gellius; Caesar; postum: Lucan) weisen seine kommentierten Ausgaben viele geistreiche Konjekturen auf, die von mod. Herausgebern teilweise übernommen wurden (eine vollständige Liste für Properz bei [7. 355 f.]). In den *Annotationes centum* [1] demonstriert B. (wie andere Zeitgenossen auch) seine textkritische Brillanz im Bezug auf eine Vielzahl verschiedener Autoren.

Die Belesenheit des Kommentators zeigt sich in den vielfältigen Verweisen nicht nur auf lat. und griech. Autoren der Antike, sondern auch auf ma. Scholastiker und humanistische Zeitgenossen. Gerade im Kommentar zu Apuleius' *Metamorphosen* strebte B. jedoch ebenso danach, Kommentare von ihrer dienenden Funktion zu befreien und zu einer selbständigen Gattung zu entwickeln [5. 50]. Abgesehen von oftmals enzyklopädischen Wort- und Sacherklärungen finden sich immer wieder Passagen, in denen der ant. Text in die Lebenswelt des 15. Jh.s überführt wird [3. 90]. Im Widmungsbrief seines Properz-Kommentars betont B. explizit die enge Verbindung, die zwischen Dichter und Kommentator bestehen müsse: Beide sollten vom Enthusiasmus ergriffen sein, um ihren Aufgaben gerecht zu werden [8. 401]. Dem Kommentator komme dementsprechend eine schöpferische Funktion zu. Stärker als seine Zeitgenossen erkannte B. die Möglichkeit, durch Kommentartätigkeit internationale Reputation und Nachruhm zu erwerben [3. 107–109].

In seinem eigenen Stil war B. dezidiert kein Ciceronianer [7. 59–63] (obwohl er Ciceros Leistungen uneingeschränkt anerkannte), sondern bemühte sich um eine ausgefallene Sprache, die an Apuleius und anderen kaiserzeitlichen Autoren geschult ist. Zusammen mit Ermolao ↗Barbaro und ↗Pico della Mirandola gilt B. als Begründer des Apuleianismus. Ähnlich wie Poliziano (mit dessen unkonventionellem Stil B.s Sprache oft verglichen wird [6. 103]) positionierte sich B. damit im Imitationsstreit des 15. Jh.s auf der Seite der Anti-Ciceronianer.

Schriften

[1] Annotationes centum, Brescia 1496 (hrsg. von L. A. Ciapponi, 1995).

Sekundärliteratur

[2] S. Fabrizio Costa / F. La Brasca, Filippo Beroaldo l'ancien. Un passeur d'humanités, 2005 [3] J. H. Gaisser, Filippo Beroaldo on Apuleius. Bringing Antiquity to Life, in: M. Pade (Hrsg.), On Renaissance Commentary, 2005, 87–109 [4] J. H. Gaisser, The Fortunes of Apuleius and the Golden Ass. A Study in Transmission and Reception, 2008, 197–242 [5] K. Krautter, Philologische Methode und humanistische Existenz. Filippo Beroaldo und sein Kommentar zum Goldenen Esel des Apuleius, 1971 [6] S. Rizzo, Il latino del Poliziano, in: V. Fera / M. Martelli (Hrsg.), Agnolo Poliziano poeta scrittore filologo, 1998, 83–126 [7] A. Rose, Filippo Beroaldo der Ältere und sein Beitrag zur Properz-Überlieferung, 2001 [8] G. Sandy, Lex commentandi. Philippe Béroalde et le commentaire humaniste, in: Bibliothèque d'Humanisme et Renaissance 69, 2007, 399–423.

Christoph Pieper

Berve, Helmut

Dt. Althistoriker. Geb. am 22. 1. 1896 in Breslau als Helmut Friedrich Conrad B., gest. am 6. 4. 1979 in Hechendorf (Oberbayern). Studium der Gesch.,

Klass. Philol., Arch. und Kunstgesch. in Breslau 1914–1919, 1919–1921/22 in Marburg, Freiburg i.Br., München, Berlin. Prom. 1921 in München, 1924 Habil. für Alte Gesch. ebda. Ab 1927 o.Prof. für Alte Gesch. an der Univ. Leipzig. 1943–1945 o.Prof. an der Univ. München; Entlassung. 1949–1954 apl.Prof. in München, 1950/51–1954 Lehrauftrag an der Hochschule Regensburg. 1954–1962 o.Prof. an der Univ. Erlangen.

Werdegang, Werk und Wirkung

B. kam aus einer großbürgerlichen Bankiersfamilie. Nach Besuch des humanistischen Gymnasiums in Breslau studierte er dort, unterbrochen vom Dienst als Kriegsfreiwilliger von November bis Februar 1916 (Entlassung wegen Krankheit), u.a. Alte Geschichte bei Walter ↗Otto. Daneben engagierte er sich als Hilfslehrer für Geschichte und Latein an einem Gymnasium. Nach dem Krieg studierte er in Marburg, Freiburg i.Br., München und 1921/22 in Berlin u.a. bei Eduard ↗Meyer. 1921 folgten in München die Prom. und ein philol. Staatsexamen, Ende 1924 die Habil.

B.s Habil.-Schrift [1], in welcher die Gesamtstruktur des Alexanderreiches mit über 800 »Personengeschichten« erfasst ist, galt als sein frühes Meisterstück. Ihm verdankte B. 1927 den Ruf auf den Lehrstuhl für Alte Geschichte in Leipzig. In Abgrenzung vom historistischen Ansatz seiner Prosopographie forderte B. nun ein »zeitgemäßes« Verständnis insbes. der griech. Antike, seines Hauptarbeitsgebiets. Seine *Griech. Geschichte* [2] ist von der Dichotomie zwischen »Dorier-« und »Ioniertum« geprägt [16.326–332]. Im Gegensatz zu universalhistor. Konzeptionen zielte B. auf das »Wesen« einzelner Völker, Stämme und Rassen, eine Vitalisierung der griech. Geschichte und ein breites Publikum (was 1965 als *storia pre-nazista* bezeichnet wurde [16.330]).

1933 trat B. in die NSDAP ein und war einer der wichtigsten »Wortführer« der Alt.wiss., wobei er auch an der Univ. Leipzig Führungspositionen übernahm (1933–1934 Dekan der Philos. Fakultät, 1939 Prorektor, 1940–1943 Rektor). 1934 forderte er programmatisch ein neues »blutvolles«, d.h. rassenideologisch bestimmtes Verhältnis zur Antike [3]. In B.s Beiträgen zur griech. und röm. Gesch. stehen aristokratische Persönlichkeiten im Vordergrund [6]; [8], so auch in [5] und im Spartabuch von 1937, dem Höhepunkt seiner Spartaidealisierung [7]. Zeitnah treten hier der Typus des »Herrenmenschen« und die Aussetzung der als »unbrauchbar« beurteilten Kinder in konsequenter Anwendung »rassischer« Kriterien auf. B.s ausgeprägter »Reformwille« zeigt sich in der Debatte über den »artfremden« Orient. Rassenideologisch argumentierte er gegen die Wiss. vom Alten Orient, der im NS-Staat die Daseinsberechtigung fehle. Dies zielte auf die universalhistor. Konzeption Eduard ↗Meyers ebenso wie auf seinen Lehrer Walter ↗Otto. In diesem Kontext attackierte B. mit antisemitischen Akzenten den Juden Victor ↗Ehrenberg, seinen »Gegner« in der Spartaforschung. Mit B. versuchte ein angesehener Althistoriker von hohem wiss. Rang und ein Hochschullehrer von großer Anziehungskraft, die Rassenlehre in seinem Fach durchzusetzen.

B.s unbestritten hoher wiss. Einfluss ist an seinen Leipziger Schülern erkennbar, die vor und nach 1933 althistor. Lehrstühle erhielten: Hans Schaefer, Wilhelm Hoffmann, Franz Hampl, Alfred ↗Heuß und Hans Rudolph. Deren Qualifikationsschriften entsprachen wiss. Standards, ihr polit. Engagement blieb weit hinter dem des Lehrers zurück.

Im Zweiten Weltkrieg avancierte B. 1941 zum Leiter des »Kriegseinsatzes der Alt.wiss.«; traditionalistisch ausgerichtet, hob dieser sich von Konkurrenzunternehmen des NS-Dozentenbundes ab. Als Herausgeber des in Kultur- und Kriegspropaganda eingebundenen Gemeinschaftswerks [9] vertrat B. den Rasse- und den im Krieg aktualisierten Europagedanken. Im »persönlichen« Kriegseinsatz steigerte B. seine Vortragstätigkeit v.a. zu den Themen Sparta sowie Rom und Karthago [19.473]. Das symbolträchtige Spartathema bot B. in der NS-Eliteerziehung und bis in die letzten Stunden des NS-Regimes in München an.

Als Rektor in Leipzig ging B. im Einsatz für bedrängte Fächer und Kollegen Konflikten mit NS-Instanzen nicht aus dem Weg. Noch 1943 übernahm er auch gegen Widerstände von Parteiorganisationen den Lehrstuhl seines Lehrers Walter Otto in München. 1945 wegen NS-Aktivitäten entlassen, durfte B. erst wieder 1949 als apl.Prof. in München lehren. 1951 erschien die zweite Auflage seiner *Griech. Geschichte*; darin unterstrich er, dass sich seine Konzeption nicht geändert habe. Dies galt wohl auch für das problematische Spartabuch, das 1966 in einer Schriftensammlung kaum verändert erschien – einer der Gründe dafür, dass man B. als »Personifikation der Kontinuitätsproblematik nach 1945« bezeichnet hat [14.187].

Anfang der 1950er Jahre rückte die griech. Tyrannis in das Zentrum von B.s Forschungen [11]. In der Konfrontation von ant. und moderner Tyrannis folgte er einem zeitgenössischen Impuls. Von der Anlage her erinnert das Tyrannisbuch an das Meisterwerk zur Prosopographie des Alexanderreichs; beide zählen zu B.s bleibenden Büchern. 1954 wurde er als o.Prof. an die Univ. Erlangen berufen, an der er bis 1962 wirkte. 1960 übernahm er mit dem Vorsitz der Kommission für Alte Geschichte in München wiederum eine wissenschaftsorganisatorische Führungsposition; dies wurde in Hinblick auf die Kontinuitätsproblematik auch kritisch gesehen [14. 179]. Der Auseinandersetzung mit seiner Führungsrolle in der Alt. wiss. von 1933 bis 1945 verweigerte sich B. und sah sich selbst als Opfer. Wie Joseph ↗Vogt gehörte er zu den bekannten »schweigenden akad. Vätern«.

Schriften

[1] Das Alexanderreich auf prosopographischer Grundlage, 2 Bde., 1926 [2] Griech. Geschichte, 2 Bde., 1931–1933 (²1951–1952) [3] Antike und nationalsozialistischer Staat, in: Vergangenheit und Gegenwart 24, 1934, 257–272 (Ndr. in: W. Nippel [Hrsg.], Über das Studium der Alten Geschichte, 1993, 283–299) [4] Kaiser Augustus, 1934 [5] Fürstliche Herren zur Zeit der Perserkriege, in: Die Antike 12, 1936, 1–28 (Ndr. in: H. Berve, Gestaltende Kräfte der Antike, 1949, 30–65; ²1966, 232–267; K. Kinzl [Hrsg.], Die Tyrannis bis zu den Perserkriegen. Beiträge zur Griech. Tyrannis, 1979, 43–73) [6] Miltiades, 1937 [7] Sparta, 1937 (²1944; kaum veränderter Ndr. in: E. Buchner, P.R. Franke [Hrsg.], Gestaltende Kräfte der Antike, ²1966, 58–207) [8] Thukydides (Auf dem Weg zum nationalpolitischen Gymnasium 5), 1937 [9] (Hrsg.), Das neue Bild der Antike, 2 Bde., 1942 [10] Imperium Romanum, 1943 [11] Die Tyrannis bei den Griechen, 2 Bde., 1967.

Sekundärliteratur

[12] Christ Hel., 202–221, 246–251, 300–302 [13] Christ Klio, 59–65 [14] Christ Prof. 125–187 [15] L.-M. Günther, Helmut Berve. Professor in München 6.3.1943–12.12.1945, in: J. Seibert (Hrsg.), 100 Jahre Alte Geschichte an der Ludwigs-Maximilians-Universität München (1901–2001), 2002, 69–105 [16] V. Losemann, Die Dorier im Deutschland der dreißiger und vierziger Jahre, in: W.M. Calder III / R. Schlesier (Hrsg.), Zwischen Rationalismus und Romantik. Karl Otfried Müller und die antike Kultur, 1998, 313–348 [17] V. Losemann, Nationalsozialismus I. NS-Ideologie und die Altertumswissenschaft, in: DNP 15/1, 2001, 723–754 [18] D. Lotze, Zum 100. Geburtstag des Althistorikers Helmut Berve, in: Mitteilungen der Akademie gemeinnütziger Wissenschaften zu Erfurt 11, 1996, 29–31 [19] S. Rebenich, Alte Geschichte in Demokratie und Diktatur. Der Fall Helmut Berve, in: Chiron 31, 2001, 457–496 [20] Ch. Ulf, Die Vorstellungen des Staates bei Helmut Berve und seinen Habilitanden in Leipzig, in: P.W. Haider (Hrsg.), Althistorische Studien im Spannungsfeld zwischen Universal- und Wissenschaftsgeschichte, 2001, 378–454.

Volker Losemann

Bessarion, Basilius

Byz. Humanist und Kardinal. Geb. am 2.1.1403 in Trapezunt (Trabzon am Schwarzen Meer), gest. am 18.11.1472 in Ravenna. Sein Taufname war wahrscheinlich Basileios und nicht Johannes, wie öfter vertreten; den Namen B. nahm er als Mönch an. Unterricht in Konstantinopel bei Georgios Chrysokokkes zusammen mit Francesco ↗Filelfo; seit 1423 Mönch; Weihung zum Diakon 1425, zum Priester 1430. Ab ca. 1431 in Mistra Studium bei Georgios Gemistos ↗Plethon. 1437 Ernennung zum Metropoliten von Nikaia; 1438/39 Teilnahme im Gefolge des Kaisers Johannes VIII. Palaiologos und des ökumenischen Patriarchen Joseph II. am Konzil von Ferrara-Florenz als Vorkämpfer der Kirchenunion. 1439 Ernennung zum Kardinal durch Papst Eugen IV.; verschiedene Gesandtschaften in päpstlichem Auftrag nach Italien und Europa.

Werk und Wirkung

B.s Werk umfasst epideiktische Reden, v.a. Lob- und Leichenreden, auf Angehörige der kaiserlichen Familie von Byzanz, sowie polit. Reden im Rahmen seiner Legatentätigkeit, u.a. für die Union der Kirchen und für einen Kreuzzug gegen die Türken; weiterhin theologische und philos. Schriften sowie Übersetzungen [10. 66]; [4. 694–696]; [5. 21; 25–28]; [7. 91 f.]. Von den philos. Werken ist das bedeutendste der gegen Georg von Trapezunt gerichtete Traktat *In calumniatorem Platonis* (ursprünglich in griech. Sprache verfasst, dann von B. selbst ins Lateinische übertragen), in welchem er die Lehren von Platon und Aristoteles miteinander vergleicht und beider Differenzen zum Christentum diskutiert. Von dieser 1469 in Rom publizierten Schrift, die bisher unzugängliche Texte Platons einem breiteren Publikum bekannt machte, ging eine z.T. von Stellvertretern invektivisch geführte Kontroverse aus [4. 695 f.]; [6]; [9. 157–167].

Ins Lateinische übersetzt hat B. die Predigten von Basileios d.Gr., Xenophons *Erinnerungen an Sokrates* (1444), die *Metaphysik* des Aristoteles (1450) und die erste *Olynthische Rede* des Demosthenes (als Beilage zu den Reden gegen die Türken, 1470) [4. 695]; [5. 21; 24]; [9. 152]. Sein wohl wichtigster Beitrag zur Überlieferung der ant. Literatur bestand jedoch in der Anlage der damals reichsten Sammlung von Handschriften. Unterstützt wurde er dabei von bezahlten griech. Schreibern. Diese Mitarbeiter sowie unabhängige Gelehrte aus Griechenland und Italien unterhielten einen gebildeten Kreis um den Kardinal B. in Rom, in welchem auch Mitglieder der Röm. Akademie verkehrten, u.a. Pomponius ↗Laetus und Flavio ↗Biondo. B. vermachte seine Sammlung von 482 griech. und 264 lat. Manuskripten der Stadt Venedig; sie wurde zum Kern der dortigen *Biblioteca Marciana* [4. 693 f.]; [5. 20 f.]; [8. 6 f.].

Schriften

[1] Patrologiae cursus completus. Series Graeca, Bd. 161: Opera omnia, theologica, exegetica, polemica, hrsg. von J.P. Migne, 1866 (u.ö.) [2] Kardinal Bessarion als Theologe,

Humanist und Staatsmann, Bde. 2–3, hrsg. von L. Mohler, 1927–1942 (Ndr. 1967).

Sekundärliteratur

[3] A. Hevia Ballina, Bessarion de Nicea, humanista cristiano, in: Studium Ovetense 1, 1974, 22–31
[4] L. Labowsky, Art. Bessarione, in: DBI 9, 1967, 686–696
[5] M. Manoussakas, Kardinal Bessarion, in: D. Harlfinger / R. Barm (Hrsg.), Graecogermania. Griechischstudien deutscher Humanisten. Die Editionstätigkeit der Griechen in der italienischen Renaissance (1469–1523) (Ausst.kat.), 1989, 19–28
[6] K.A. Neuhausen / E. Trapp (Hrsg.), Lat. Humanistenbriefe zu Bessarions Schrift »In calumniatorem Platonis« (lat./dt.), in: Jb. der österreichischen Byzantinistik 28, 1979, 141–165 [7] G. Podskalsky, Drei vorreformatorische, miteinander befreundete Humanisten und ihre Beziehung zu Frankfurt, in: Archiv für mittelrheinische Kirchengeschichte 51, 1999, 83–92 [8] G. Podskalsky, Von Photios zu Bessarion, 2003 [9] K.-P. Todt, In Calumniatorem Platonis. Kardinal Johannes Bessarion (ca. 1403–1472) als Vermittler und Verteidiger der Philosophie Platons, in: E. Konstantinou (Hrsg.), Der Beitrag der byzantinischen Gelehrten zur abendländischen Renaissance des 14. und 15. Jh.s, 2006, 149–168 [10] E. Trapp et al., Art. Bessarion, in: E. Trapp et al., Prosopographisches Lex. der Palaiologenzeit 1/2, 1976, 65–68.

Beate Hintzen

Bianchi Bandinelli, Ranuccio

Ital. Klass. Archäologe, Kunsthistoriker und Intellektueller. Geb. am 16.2.1900 in Siena, gest. am 17.1.1975 in Rom. Studium der Arch. in Pisa und Rom; 1923 Prom. 1929–1931 Lehraufträge in Italien; 1931–1933 Gastprof. in Groningen; 1933 o.Prof. für Klass. Arch. in Pisa. Ab 1938 o.Prof. in Florenz; 1943/44 während der dt. Besatzung freiwilliger Rücktritt vom Lehramt. 1945–1947 Generaldirektor der Antichità e Belle Arti. 1947 Prof. in Cagliari, ab 1949 wieder o.Prof. in Florenz; ab 1956 o.Prof. in Rom. 1964 Emeritierung, doch weiter rege publizistische Tätigkeit.

Werdegang, Werk und Wirkung

B.B. kam aus einem sienesischen Adelsgeschlecht. Der Vater Mario war Bürgermeister von Siena; die Mutter, geb. Margherita Ottilie von Korn, entstammte einer wohlhabenden Familie aus Breslau. Ab 1918 studierte er Archäologie zunächst in Pisa, dann in Rom, wo er 1923 bei Giulio Q. Giglioli mit einer Diss. über die Etruskerstadt Chiusi promovierte. Danach widmete er sich der Sammlung und Publikation von Materialien zur etrusk. Kultur auf sienesischem Gebiet. 1926 war B.B. Mitorganisator des ersten *Congresso nazionale etrusco* in Florenz, wo er sich bereits für das Projekt einer arch. Kartierung des Territoriums einsetzte. Gleichzeitig bemühte er sich um eine nähere Bestimmung der Merkmale der etrusk. Kunst und ihrer Beziehungen zur Kunst der Griechen und Römer. 1927/28 unternahm er dazu Grabungen in der Nekropole von Sovana.

Nach Lehraufträgen für Archäologie an den Univ. Cagliari und Pisa 1929/30 trat B.B. 1931 eine Gastprofessur für Klass. Archäologie an der Univ. Groningen an. 1933 folgt er der Berufung zum Ordinarius nach Pisa. In dieser Zeit setzte er sich im Anschluss an die Studien Alois ↗Riegls und Franz ↗Wickhoffs mit der röm. Kunst und ihrer Neubewertung im Hinblick auf die griech. Kunst auseinander. 1935 gründete er zusammen mit Carlo Ludovico Ragghianti, inspiriert vom idealistischen Historismus Benedetto Croces, die Zeitschrift *La Critica d'Arte* als ein Forum zur Diskussion kunstgeschichtlicher Themen von der Antike bis zur Moderne; 1943 wurde ihr Erscheinen unterdrückt.

1938 wechselte er auf den Lehrstuhl für Archäologie in Florenz. Im selben Jahr definierte er, in Einvernehmen mit Gerhart ↗Rodenwaldt, in einem Aufsatz die röm. Kunst als – durch eine außergewöhnliche Künstlerpersönlichkeit vom Schlage des Meisters der Trajanssäule bewirkten – Zusammenfluss einer gebildeten hell. und einer eher gröberen volksnahen Strömung. 1943 erschien B.B.s für eine Erneuerung der Kunstgeschichte des Altertums eintretende Aufsatzsammlung [4], in welcher er die für die Formung von Künstlerpersönlichkeiten konstitutive Rolle des Kunsthandwerks hervorhob; diese Konzeption überwand Croces Idealismus und nahm Überlegungen seines dt. Kollegen Bernhard ↗Schweitzer auf.

Nach dem Waffenstillstand mit den Alliierten (8.9.1943) trat B.B. mit andern Studenten und Dozenten dem *Comitato toscano di liberazione nazionale* bei und von seinem Lehramt zurück. 1944 wurde er in einer Vergeltungsaktion für die Ermordung des Philosophen Giovanni Gentile zusammen mit anderen antifaschistischen Professoren kurzzeitig verhaftet. Noch im selben Jahr trat er in die ital. kommunistische Partei ein. Ebenfalls noch 1944 nahm er nach dem Rückzug der dt. Wehrmacht sein Lehramt wieder auf, wechselte aber im Jahr darauf nach Rom zur Übernahme der Generaldirektion der *Antichità e Belle Arti*, die er bis 1947 innehatte; die vordringlichste Aufgabe war die Behebung der schlimmsten Kriegsschäden. Danach lehrte er in Cagliari, bis er 1949 seinen Florentiner Lehrstuhl wieder übernehmen konnte. 1948 war er bereits als ordentliches inländisches Mitglied in die wieder errichtete Accademia dei Lincei gewählt worden.

1948 brachte B.B. eine Autobiographie heraus [5], in der er seinen – angesichts seiner aristokratischen Herkunft nicht unproblematischen – persönlichen

Weg vom croceanischen Idealismus zum Marxismus offenlegte. Diese Entwicklung betrachtete er analog zur Transformation der antiken paganen in die christl. Welt. Sein Übergang zu einer marxistischen Konzeption des (nun als Produkt der Gesellschaft seiner jeweiligen Zeit verstandenen) Kunstwerks manifestierte sich auch in der neuen Einleitung zur zweiten Auflage der *Storicità* [4].

Nach Antritt des Lehrstuhls in Rom 1956 publizierte B.B. seine Stellungnahme in der damals erregten Diskussion über den Gegensatz von abstrakter und gegenständlicher auf der Folie der griech.-röm. Kunst [7]. Seine ideologische Position zwang ihn, das abstrakte Kunstwerk als ein Produkt des Irrationalen anzusehen, und erschwerte ihm die Unterscheidung zwischen »politischem« Urteil und historisch orientierter Kunstkritik. 1959 widersprach er Otto ↗Brendels Interpretation der röm. Kunst, der zufolge mannigfache Produktionszentren entsprechend verschiedene Stile hervorgebracht hätten, und bestätigte seine These der beiden Hauptströmungen einer »offiziellen« und einer »populären« Kunst.

In den 1960er Jahren setzte sich B.B. für eine Erneuerung des Archäologiestudiums ein, da vor lauter untergeordneten technischen Problemen der Sinn für die Geschichte aus den Augen verloren werde, und gründete die Zeitschrift *Studi Miscellanei* als Diskussionsforum der Scuola archeologica nazionale. Um seine Lehre formierte sich eine Schule, die u.a. mit Mario Torelli, Filippo Coarelli und Andrea Carandini das arch. Studium in Italien nach und nach erneuern sollte. In eine Sammlung seiner Schriften der Nachkriegszeit, die von der Rolle der Archäologie in der Kultur und den künstlerischen Formen des Übergangs von der Spätantike zum MA handelten [10], gingen auch seine Überlegungen zur Anwendung der marxistischen Geschichtsbetrachtung ein.

1964 emeritiert, widmete sich B.B. bis 1966 der Redaktion der von ihm 1958 begründeten Kunstenzyklopädie [8]. 1967 rief er die Zeitschrift *Dialoghi di archeologia* ins Leben, welche die arch. Forschung im Zusammenhang mit den anderen Geschichtsdisziplinen verhandeln sollte, als Podium auch für die jüngeren Kollegen, die Universitätspolitik und die Behandlung des kulturellen Erbes. Für die von André Malraux projektierte Reihe einer Universalgeschichte der Kunst schrieb er die drei Bände über die italische, etruskische und röm. Kunst [12]; [13]; [14], die als Synthese seines der Kunstgeschichte der Antike gewidmeten Lebenswerkes nicht zuletzt durch ihre allgemeinverständliche Klarheit auch über das Fachpublikum hinaus starken Eindruck machten.

Noch in seinen letzten Jahren trat B.B. als Anwalt kunstgeschichtlicher Studien auf dem Gebiet der Archäologie auf, aber auch als Fürsprecher der Erforschung der materiellen Kultur, wie sie von seinem Schüler Andrea Carandini propagiert wurde. In seinen letzten Schriften überschritt er die historistische zugunsten einer weiter gefassten Betrachtungsweise, in der jede Forschungsmethode ihren Beitrag zum Verständnis des Phänomens Kunst leisten kann – welches gleichsam als Polyeder aufgefasst wird.

B.B. hat die Entwicklung der Klass. Archäologie in der zweiten Hälfte des 20. Jh.s weit über Italien hinaus geprägt. Insbes. in Deutschland haben seine bereits in den 1940er Jahren vorgetragene Kritik an der irrationalistischen Geschichtsmetaphysik Ernst ↗Buschors und an der Strukturforschung Guido ↗Kaschnitz von Weinbergs sowie seine beständige Mahnung zur (sozial)geschichtlichen Kontextualisierung kunstgeschichtlicher Beobachtungen führende Vertreter der jüngeren Generation (u.a. Paul Zanker, Tonio Hölscher) nachhaltig beeinflusst und seit etwa 1970 zu einer grundsätzlichen Neuorientierung des Faches geführt.

M: [5].

SV: Elenco degli scritti di R. Bianchi Bandinelli, in: Dialoghi di archeologia 8, 1974–1975, 201–212.

N: Pianella (Siena), Villa di Geggiano, Familienarchiv Bianchi Bandinelli.

Schriften

[1] Clusium. Ricerche archeologiche e topografiche su Chiusi e il suo territorio in età etrusca, 1925 [2] La posizione dell'Etruria nell'arte dell'Italia antica, in: Nuova Antologia 63, 1928, 106–120 [3] Sovana. Topografia ed arte. Contributo alla conoscenza dell'architettura etrusca, 1929 [4] Storicità dell'arte classica, 1943 ([2]1950) [5] Dal diario di un borghese, 1948 [6] Hellenistic-Byzantine Miniatures of the Iliad (Ilias Ambrosiana), 1955 [7] Organicità e astrazione, 1956 [8] Enciclopedia dell'arte antica, classica e orientale, 1958–1966 [9] Röm. Kunst zwei Generationen nach Wickhoff, in: Klio 38, 1960, 267–283 [10] Archeologia e cultura, 1964 [11] Arte plebea, in: Dialoghi di archeologia 1, 1967, 7–19 [12] Roma. L'arte romana al centro del potere, 1969 [13] Roma. La fine dell'arte antica, 1970 [14] Etruschi e Italici prima del dominio di Roma (mit A. Giuliano), 1973 [15] L'Italia storica e artistica allo sbaraglio, 1974 [16] Introduzione all'archeologia classica come storia dell'arte antica, 1976.

Sekundärliteratur

[17] I. Baldassarre, Art. Bianchi Bandinelli, Ranuccio, in: DBI 34, 1988, 429–434 [18] M. Barbanera, Ranuccio Bianchi Bandinelli e il suo mondo (Ausst.kat.), 2000 [19] M. Barbanera, Ranuccio Bianchi Bandinelli. Biografia ed epistolario di un grande archeologo, 2003 [20] M. Barbanera (Hrsg.), L'occhio dell'archeologo. Ranuccio Bianchi Bandinelli nella Siena del primo C900 (Ausst.kat.), 2009 [21] R. Barzanti / M. Brignali (Hrsg.), Ranuccio Bianchi Bandinelli. Archeologo curioso del futuro, 1994.

Marcello Barbanera (Ü: K.H.)

Bianchini, Francesco

Ital. Archäologe, Theologe und Astronom. Geb. am 13. 12. 1662 in Verona, gest. am 2. 3. 1729 in Rom. 1673–1680 Schulausbildung am Jesuitenkolleg San Luigi in Bologna; 1680–1684 Studium der Theologie an der Univ. in Padua; ab 1684 in Rom, dort als Universalgelehrter und päpstlicher Kurialbeamter tätig; zum Ehrenmitglied der königlichen Akad. 1705 in Paris und 1712 in London ernannt. 1735 in der *Vita di Monsignor Francesco Bianchini Veronese* von Alessandro Mazzoleni gewürdigt.

Werk und Wirkung

Für B.s Werdegang und Werk, das der Sichtbarkeit der Geschichte und ihrer didaktischen Vermittlung sowie der Astronomie besonderen Stellenwert einräumte, waren die jesuitischen Lehrmodelle ebenso prägend wie seine engen Kontakte zu Naturwissenschaftlern und Altertumsforschern während seines Theologiestudiums in Padua. Der von B. entworfene und 1703 eingeweihte Meridian in der röm. Kirche S. Maria degli Angeli zeugt noch heute von Status und Aktionsradius des Gelehrten, der zu einem international beachteten *uomo universale* und Kurialbeamten aufstieg. Er fand in Papst Clemens XI. seinen wichtigsten Förderer, wurde an Ausgrabungen in Rom und Latium beteiligt und führte 1707 als einer der Ersten in Italien Isaac Newtons Experimente zur prismatischen Zerlegung des Lichts vor.

Als 22-jähriger Absolvent der Theologie war B. bereits 1684 in seine neue Wahlheimat Rom gezogen. Seine Kontakte zur Kardinalsfamilie Ottoboni erleichterten dem jungen Gelehrten den Zugang zu den Wissenschaftskreisen der Stadt wie der Accademia fisico-matematica des Giovanni Giustino ↗Ciampini, die ihn u. a. mit Gottfried Wilhelm Leibniz in Kontakt brachte. Als Kustos der Bibliothek der Ottoboni, die ein bedeutendes Zentrum des kulturellen Lebens in Rom bildete, nahm B. ein ehrgeiziges Buchprojekt in Angriff: eine Universalgeschichte, die vornehmlich auf arch. Zeugnissen basieren sollte. Sie ist grundlegend für das Verständnis seines späteren Werks. B.s methodische Reflexionen in der Einleitung sowie seine Konzentration auf die materielle Überlieferung und deren zivilisations- und kulturgeschichtliche Bedeutung dürften die zweimalige Neuauflage (Rom 1747; Venedig 1825–1827) des ersten und einzigen Bandes dieser *Istoria universale* aus dem Jahr 1697 [1] erklären, die im 18. Jh. auch als Lehrbuch für den Geschichtsunterricht an der röm. Accademia di San Luca verwendet wurde. Wie in seinem Kartenspiel zum Erlernen der Geschichte [7] setzte sich B. mit erkenntnistheoretischen und mnemotechnischen Eigenschaften des Bildes im wiss. Gebrauch auseinander.

B.s arch. und alt.wiss. Hauptwerke stehen für divergierende Zugänge zu Befund, Rekonstruktion und Dokumentation der Antike. Die Publikation zum Columbarium der Freigelassenen der Livia an der Via Appia Antica [4] gründet ihren wiss. Anspruch auf der graphischen Dokumentation der Architektur des Grabbaus sowie aller darin gefundenen Inschriften, die B. erstmals sozialgeschichtlich in Bezug auf die Organisation des röm. Kaiserhauses auswertete. In seinem 1738 postum veröffentlichten Prachtwerk zum ant. Kaiserpalast auf dem Palatin [5] entwickelte er hingegen eine erhabene Vision der Antike, die der Idee der *magnificenza* Roms Rechnung trägt.

Die z. T. offensichtliche Diskrepanz zwischen theoretischem Anspruch an das Text-Bild-Objekt-Verhältnis und dessen tatsächlicher Umsetzung [8] stellt die Frage nach der Entwicklung von allgemeiner und frühchristl. Archäologie, von Alt.wiss. und Kirchengeschichte im päpstlichen Rom der ersten Hälfte des 18. Jh.s. Eine bedeutende Etappe in der Geschichte der Vatikanischen Museen und in der frühchristl. Archäologie jedenfalls markiert das wohl bedeutendste Werk, das der Universalgelehrte ab 1703 konzipierte: ein religions- und kulturgeschichtliches *Museo Ecclesiastico*. Die ergänzend zur Vatikanischen Bibl. konzipierte Schausammlung antiker Exponate aller Gattungen wurde 1710 zwar vorzeitig aufgelöst; sie fand ihre Fortsetzung jedoch in Form eines virtuellen Museums von B.s Neffen Giuseppe Bianchini: Es wurde als Stichserie in den vierten Band der *Demonstratio historiae ecclesiasticae quadripartitae* (1752–1754) eingebunden und bildete das entscheidende Bindeglied zum *Museo Sacro*, das 1757 als das erste öffentliche Museum im Vatikan seine Pforten öffnete.

Schriften

[1] La istoria universale provata con monumenti e figurata con simboli degli antichi, Rom 1697 [2] De lapide Antiati epistola […] in qua agitur de villa Hadriani Augusti, in Antiati colonia sita, Rom 1698 [3] De kalendario & cyclo Caesaris […], et gnomone Clementino, Rom 1703 [4] Camera ed inscrizioni sepulcrali de' liberti, servi ed ufficiali della casa di Augusto scoperto nella via Appia, Rom 1727 (Ndr. 1991) [5] Del palazzo de' Cesari. Opera postuma, hrsg. von G. Bianchini, Verona 1738 [6] De tribus generibus instrumentorum musicae veterum organicae dissertatio, Rom 1742 [7] Carte da giuoco in servigio dell'Istoria e della Cronologia (1695), Bologna 1871 (Ndr. 1968).

Sekundärliteratur

[8] V. Kockel / B. Sölch (Hrsg.), Francesco Bianchini (1662–1729) und die europäische gelehrte Welt, 2005 [9] S. Rotta, Art. Bianchini, Francesco, in: DBI 10, 1968, 187–194 [10] B. Sölch, Francesco Bianchini (1662–1729) und die Anfänge öffentlicher Museen in Rom, 2007 [11] F. Uglietti, Un erudito veronese alle soglie del Settecento: Mons. Francesco Bianchini, 1986.

Brigitte Sölch

Bickermann, Elias Joseph

Russ.-amerikan. Althistoriker. Namensformen: Bikerman in Petersburg und Paris, Bickermann in Berlin, Bickerman in den USA [11.172]. Geb. am 1.6.1897 in Kischinau (h. Moldawien), gest. am 31.8.1981 in Jerusalem. 1915 Studium in Petersburg bei Michael ↗Rostovtzeff; ab 1922 in Berlin bei Ulrich ↗Wilcken, 1926 Prom., 1930 Habil. ebda. 1933–1942 in Frankreich; 1942 Emigration nach New York. Fellowship ebda. am Jewish Theological Seminary; 1952–1967 Lehrtätigkeit an der Columbia University. Ab 1967 Research Fellow am Jewish Theological Seminary in New York.

Werk und Wirkung

B. »gehört zu den großen Altertumswissenschaftlern, die St. Petersburg hervorgebracht hat« [11.171]. Bereits in seiner bei Ulrich ↗Wilcken entstandenen Dissertation [1] zeigte er seine Affinität zu Urkunden [2]. B.s Nachwirkung beruht v.a. auf seinen Arbeiten zur jüd. Geschichte der Antike, die er mit seinem RE-Artikel 1928 in größerem Stil begann [3]. In den Pariser Jahren 1933–1942 erschienen seine Hauptwerke über den Makkabäeraufstand [5] und die Institutionen der Seleukiden [6]. Beide waren und sind grundlegende Werke, die B.s Ruf festigten, aber auch kontrovers beurteilt wurden. Den Makkabäeraufstand betrachtete er als das Ergebnis innerjüdischer Konflikte. In den Jahrzehnten seiner USA-Emigration ab 1942 war er äußerst produktiv; mehr als die Hälfte seiner Publikationen entstanden hier, darunter engl. Übersetzungen seiner Bücher zu den Makkabäern sowie eine Neuauflage der Chronologie der Alten Welt [4].

Die Verbindung der Vergangenheit mit der Gegenwart und der Zukunft war eines von B.s Hauptanliegen [8]. Seine jüd. Studien setzte er zeit seines Lebens fort [7]; [9], ohne dabei andere philol. und althistor. Themen zu vernachlässigen. Die bis heute anhaltende Wirkung seiner Forschung erklärt sich insbes. aus seinen jüd. Arbeiten [10], deren Thesen nicht immer übernommen, aber intensiv diskutiert wurden und werden.

SV: [12].

Schriften

[1] Das Edikt des Kaisers Caracalla in P.Giss.40 (Diss. Berlin), 1926 [2] Beiträge zur antiken Urkundengeschichte, 3 Bde., 1927–1930 [3] Art. Makkabäerbücher I–III, in: RE 14, 1928, 779–800 [4] Chronologie (Einleitung in die Altertumswissenschaft, Bd. 3/5), 1933 (²1963; engl. Chronology of the Ancient World, 1968) [5] Der Gott der Makkabäer. Untersuchungen über Sinn und Ursprung der makkabäischen Erhebung, 1937 [6] Institutions des Séleucides, 1938 [7] Studies in Jewish and Christian History, 3 Bde., 1976–1986 [8] The Ancient History of Western Civilization (mit M. Smith), 1976 [9] The Jews in the Greek Age, 1988.

Sekundärliteratur

[10] A. I. Baumgarten, Elias Bickerman as a Historian of the Jews. A Twentieth Century Tale, 2010 [11] M. Hengel, Elias Bickermann. Erinnerungen an einen großen Althistoriker aus St. Petersburg, in: Hyperboreus 10, 2004, 171–199 [12] F. Parente, Bibliography of the Writings of Elias Joseph Bickerman, in: E. Gabba / M. Smith (Hrsg.), E. Bickerman. Religion and Politics in the Hellenistic and Roman Periods, 1985, XIII–XXXVII [13] M. Smith, Elias Bickermann, in: Proc. of the American Acad. of Jewish Research 50, 1983, 15–18.

Ernst Baltrusch

Bidez, Joseph

Belg. Klass. Philologe. Geb. am 9.4.1867 als Marie Auguste Joseph B. in Frameries, gest. am 20.09.1945 in Oostakker bei Gent. Studium an der Univ. Lüttich, 1888 Prom. in Klass. Phil., 1891 Prom. zum Dr. der Rechte ebda.; 1894 ›speciales doctoraat‹ in Klass. Philologie an der Univ. Gent, seit 1895 dort Dozent für Griech. Philologie und Gesch. der griech. Philosophie, ab 1902 ao.Prof., ab 1907 o.Prof. Aufgrund der neuen Sprachgesetzgebung an der fläm. Univ. 1933 de facto aus dem Lehrbetrieb ausgeschieden; emeritiert 1937.

Werk und Wirkung

Seine Forschungen leitete B. mit der Diss. zu Empedokles unter der Ägide Joseph Delbœufs in Lüttich und Hermann ↗Diels' in Berlin ein. Mit der Hinwendung zur Editon spätantiker Kirchenhistoriker (gemeinsam mit Léon Parmentier) entwickelte sich B. zum Spezialisten für spätant. Geistes- und Religionsgeschichte. Der Ausgabe der Kirchengeschichte des Euagrios folgten diejenigen des Philostorgios und – sehr verzögert, da er die intensive Zusammenarbeit mit der Preuß. Akad. der Wiss. im Zuge des Ersten Weltkriegs abgebrochen hatte – des Sozomenos im Rahmen der Reihe *Die griech. christl. Schriftsteller* (GCS). B.' editorischer Sorgfalt ist die bis heute anhaltende grundlegende Bedeutung dieser Ausgaben zu verdanken. Fruchtbar war auch die Zusammenarbeit mit dem Religionshistoriker Franz ↗Cumont, für dessen polit. nicht gewollte Berufung in Gent er sich energisch, aber erfolglos einsetzte.

Die Edition der gesammelten Werke Kaiser Julians [1]; [2] und der Zeugnisse orientalischer Einflüsse auf die hell. Religion und Philosophie [4] riefen international Bewunderung hervor. Ebenso erfolgreich waren B.' histor. Arbeiten. Wie bereits seine Studie zu Porphyrios wurde auch die Vita Kaiser Julians [3] für ihre quellenkritischen Analysen gelobt, die erstmals das widersprüchliche Bild Julians in den geistesgeschichtlichen Kontext stellte und bis heute als Standardwerk der Julian-Forschung und als Klassiker der histor. Biographie gilt. Dass dieses Werk im nationalsozialistischen Deutschland zweifelhaften Ruhm erwarb, scheint auch mit der dortigen fragwürdigen Rezeption des Kaisers zusammenzuhängen [5.246–250].

Schriften

[1] Recherches sur la tradition manuscrite des lettres de l'empereur Julien (mit F. Cumont), 1898 [2] Imp. Caesaris Flavii Claudii Iuliani epistulae (Edition, mit F. Cumont), 1922 [3] La vie de l'empereur Julien, 1930 [4] Les mages hellénisés. Zoroastre, Ostanès et Hystaspe après la tradition grecque, 2 Bde. (mit F. Cumont), 1938.

Sekundärliteratur

[5] K. Rosen, Julian. Kaiser, Gott und Christenhasser, 2006 [6] G. Sanders, Art. Bidez, Marie Auguste Joseph, in: Nationaal Biografisch Woordenboek 1, 1964, 191–193.

Valeria Lilie

Bieber, Margarete

Dt.-amerikan. Klass. Archäologin und Kulturhistorikerin. Geb. am 31.7.1879 in Schönau (Westpreußen), gest. am 25.2.1978 in New Canaan (Connecticut/USA). 1902–1907 Studium in Berlin und Bonn; 1907 Prom. in Bonn. 1913 korrespondierendes, 1922 ordentliches Mitglied des DAI; 1919 Habil. in Gießen. 1923 apl., 1931 planmäßige ao.Prof. ebda. 1933 Entlassung, Emigration nach England und 1934 in die USA; Visiting Lecturer am Barnard College in New York; 1935–1948 Associate Prof. an der Columbia Univ. ebda.; 1949–1951 Lehrbeauftragte in Princeton; bis 1956 an der Columbia School of General Studies in New York. 1940 amerikan. Staatsangehörigkeit.

Biographie und wissenschaftlicher Werdegang

Geboren in eine jüd. Industriellenfamilie, genoss B. eine christl.-säkulare Erziehung. Nach Besuch der Gymnasialkurse der Pädagogin und Frauenrechtlerin Helene Lange in Berlin war sie 1901 die erste Abiturientin Westpreußens. Als Frau vom regulären Studium ausgeschlossen, hospitierte sie ab 1902 als Gasthörerin bei Ulrich von ↗Wilamowitz-Moellendorff, Hermann ↗Diels und Reinhard ↗Kekulé von Stradonitz. 1904 wechselte sie zu Georg ↗Loeschcke nach Bonn, bei dem sie 1907 promoviert wurde [1]. Es folgten Auslandsaufenthalte bis 1914, v.a. in Athen und Rom, davon 1909/10 mit dem Reisestipendium des DAI (zusammen mit Georg ↗Lippold und Gerhart ↗Rodenwaldt, mit dem sie lebenslange Freundschaft verband), und Museumsarbeit in Kassel 1912/13 zur Erstellung des Skulpturenkatalogs [2]. Nach Vertretung der Assistenz bei Loeschcke 1915 unterrichtete B. auf Wunsch ihrer Schüler (darunter Erwin Panofsky) privat. Die Habil. 1919 in Gießen bei Rodenwaldt [3] erfolgte noch vor der offiziellen Zulassung von Frauen.

In der Folge entfaltete B. eine rege Publikationstätigkeit, darunter Beiträge für die RE, Thieme-Beckers *Allgemeines Lexikon der Bildenden Künstler* und P.J. Arndts *Photographische Einzelaufnahmen antiker Skulpturen*. Die Bearbeitung der Skulpturen des Asklepieions von Kos für Rudolf Herzog konnte aufgrund ihrer Entlassung 1933 nicht abgeschlossen werden. Im Exil setzte B. ihre Publikationstätigkeit ungebrochen fort, auch für dt. Reihen und Zeitschriften (bis 1943; kein Publikationsverbot), aber zunehmend für ein engl.-sprachiges Publikum. Zu ihren Schülern in New York gehörte u.a. die Archäologin Evelyn B. Harrison.

Werk und Wirkung

Bereits in B.s Diss. zeichneten sich 1907 zwei wichtige Schwerpunkte ab: die ant. Tracht [4]; [5] und das ant. Theaterwesen [1]; [3]; [6]. Daneben widmeten sich ihre rund 350 Veröffentlichungen v.a. der hell. Skulptur [9] und dem Kopienwesen [11]. In den objektbezogenen Schriften vertrat B. eine ganzheitliche Einordnung in den kulturhistor. Kontext. Die stark sammelnde und systematisierende Arbeitsweise hat neben der reichen Bebilderung v.a. ihre umfassenden Monographien bis heute zu Standard- und Referenzwerken werden lassen.

Für etliche kulturhistor. Themen hat B. erstmals die arch. Bildzeugnisse herangezogen und so die bis dahin zumeist philol. ausgerichtete Forschung um ikonographische Aspekte erweitert. Ihre Beurteilung römischer Kopien als eigenständige Zeugnisse ihrer Entstehungszeit führte zu einer differenzierteren Sicht des Kopistenwesens als eines kunsthistor. Phänomens. In Amerika trat B. explizit als Vermittlerin von dt. kunsttheoretischen Forschungsansätzen auf [8] und förderte durch weit verbreitete Publikationen, etwa zum Laokoon [7] und zum ant. Theater [6], nicht nur das Ansehen dt.-stämmiger Wissenschaftler in den USA, sondern die Popularität des Faches generell. Ihr für den Kasseler Katalog [2] 1915 entwickeltes Konzept der Entrestaurierung neuzeitlich ergänzter Antiken war wegweisend für dt. und nordamerikan. Museen. B.s Biographie hat wegen ihres vielfältigen Pioniercharakters für das Frauenstudium v.a. in jüngerer Zeit Beachtung gefunden [12], doch lassen sich aktive feministische Bestrebungen in ihrem Leben nicht nachweisen.

N: New Orleans, Tulane Univ.

SV: L. Bonfante Warren / R. Winkes (Hrsg.), Bibliography of the Works of Margarete Bieber for Her 90th Birthday, July 31, 1969; Nachtrag in:

American Journal of Archaeology 79, 1975, 147–148. M: Autobiography of a Female Scholar (unpubl. Manuskript von 1961, in Druckvorbereitung).

Schriften

[1] Das Dresdner Schauspielerrelief. Ein Beitrag zur Geschichte des tragischen Costüms und der griech. Kunst (Diss. Bonn), 1907 [2] Die antiken Sculpturen und Bronzen des königlichen Museums Fridericianum in Cassel, 1915 [3] Die Denkmäler zum Theaterwesen im Altertum, 1920 [4] Griech. Kleidung, 1928 [5] Entwicklungsgeschichte der griech. Tracht von der vorgriech. Zeit bis zur röm. Kaiserzeit, 1934 (neubearb. 1967) [6] The History of the Greek and Roman Theater, 1939 (neubearb. 1961) [7] Laocoon. The Influence of the Group since Its Rediscovery, 1942 (neubearb. 1967) [8] German Readings in the History and Theory of Fine Arts, Bd. 1: Greek and Roman Art, 1946 ([4]1968) [9] The Sculpture of the Hellenistic Age, 1955 (neubearb. 1961) [10] Alexander the Great in Greek and Roman Art, 1964 [11] Ancient Copies, 1977.

Sekundärliteratur

[12] L. Bonfante, Margarete Bieber (1879–1978). An Archaeologist in Two Worlds, in: C. Richter Sherman (Hrsg.), Women as Interpreters of the Visual Arts, 1820–1979, 1981, 239–274 [13] H. G. Buchholz, Margarete Bieber, 1879–1978. Klassische Archäologin, in: H. G. Gundel et al. (Hrsg.), Gießener Gelehrte in der ersten Hälfte des 20. Jh.s, 1982, 58–73 [14] M. Recke, Kasseler Apoll und Dresdener Schauspielerrelief. Margarete Bieber und die Gießener Antikensammlung, in: Mitteilungen des Oberhessischen Geschichtsvereins 92, 2007, 351–367.

Matthias Recke

Biondo, Flavio

Ital. Humanist und Historiker. Geb. 1392 in Forlì, gest. am 4. 6. 1463 in Rom. Ausbildung zum Notar in Cremona; ab 1410 in mehreren Kanzleien tätig. 1423 Ehe und Verbannung aus Forlì (bis 1427); Funktionär im Veneto; 1433–1449 in Rom im Dienst der päpstlichen Kurie unter Eugenius IV.; ab 1436 als *scriptor litterarum apostolicarum*. Nach feindlicher Stimmung gegen ihn unter Nikolaus V. Umzug nach Norditalien bis 1452, dann Aufenthalt am Königshof in Neapel; 1453 erneute Anstellung an der päpstlichen Kurie in Rom.

Werk und Wirkung

Obwohl B. aus bescheidenem Notarsmilieu kam und kein Universitätsstudium absolvierte, gelang ihm der Einstieg in die humanistische Gelehrtenwelt. Entscheidend waren wohl seine Kontakte und Freundschaften mit ↗Guarino da Verona (ab etwa 1420), Francesco Barbaro (seit 1423) und dem florent. Humanistenkreis, insbes. Leonardo Bruni (ab etwa 1434). Seine erste Abhandlung *De verbis Romanae locutionis* über die Einheitlichkeit der lat. Sprache im ant. Rom (gegen die bis dahin geläufige These einer permanenten Diglossie von Latein und Volgare seit der Antike) spiegelt eine Diskussion wider, die sich 1435 in diesem Humanistenkreis um Papst Eugenius IV. in Florenz abgespielt haben soll. B. verfasste noch mehrere kleinere Abhandlungen; mehr Erfolg und Ruhm brachten ihm aber seine historiographischen, antiqu. und histor.-geographischen Arbeiten. Seine *Decades* (entstanden etwa 1435–1453) bieten einen Überblick über die Geschichte Europas seit dem Niedergang des Röm. Reiches (d. h. seit der Plünderung Roms durch die Westgoten unter Alarich 410) bis 1441; mit seiner geschichtlichen Perspektive hat B. entscheidend zur allgemeinen Einbürgerung des Dreierschemas Antike – MA – Nz. beigetragen.

Mit seinem Spätwerk *De origine et gestis Venetorum* (verfasst 1454) [4] lieferte B. eine etwas konventionellere Stammes- oder Territorialgeschichte einer Region, die in seinem persönlichen Werdegang eine große Rolle gespielt hatte. Die *Roma instaurata* (abgeschlossen 1446) [1] war die erste umfassende und systematische Darstellung der Topographie und Altertümer des ant. Rom in der Frühen Nz. und blieb bis zur Mitte des 16. Jh.s der Standardtext auf diesem Gebiet. In einem späteren Romtraktat, der *Roma triumphans* (entstanden 1457–1459) [2], behandelte B. die polit., militärischen, religiösen und privaten Altertümer der *urbs*; sein Ansatz und seine Systematik waren bis ins 18. Jh. wegweisend.

Ganz neue Wege beschritt er in seiner *Italia illustrata* (entstanden um 1449–1453, mit einem Supplement 1462) [3], in der er die polit., Geistes- und Kulturgeschichte sowie die histor. Geographie einzelner Regionen Italiens beschrieb. Das Werk sollte ganz Italien umfassen, wurde aber nicht vollendet. Trotzdem schuf B. damit ein innovatives Modell für eine histor. Landeskunde, die seit Beginn des 16. Jh.s (z. B. schon in Konrad ↗Celtis' *Germania illustrata*) auf viele Regionen Europas und darüber hinaus übertragen wurde [13]. B. darf als der bedeutendste Antiquar des 15. Jh.s gelten, der zur Systematisierung der antiqu. Studien als einer frühnzl. Form von Kulturwissenschaft wesentlich beigetragen hat.

Schriften

[1] Roma instaurata, Rom 1471 [2] Roma triumphans, Brescia 1473 [3] Italia illustrata, Rom 1474 [4] De origine et gestis Venetorum (zusammen mit Roma instaurata und Italia illustrata), Verona 1481–1482 [5] Historiarum ab inclinatione Romani imperii decades, Venedig 1483 [6] Scritti inediti e rari, hrsg. von B. Nogara, 1927.

Sekundärliteratur

[7] R. Cappelleto, Recuperi ammianei da Biondo Flavio, 1983 [8] O. Clavuot, Biondos »Italia illustrata«.

Summa oder Neuschöpfung? Über die Arbeitsmethoden eines Humanisten (Diss. Zürich), 1990 [9] D. Defilippis, Biondo (Flavio), in: C. Nativel (Hrsg.), Centuriae Latinae, Bd. 2: Cent une figures humanistes de la Renaissance aux Lumières. FS M.-M. de la Garanderie, 2006, 87–105 [10] R. Fubini, Art. Flavio, Biondo, in: DBI 10, 536–559 [11] R. Fubini, Biondo Flavio e l'antiquaria romana, in: R. Fubini, Storiografia dell'Umanesimo in Italia da Leonardo Bruni ad Annio da Viterbo, 2003, 76–89 [12] D. Hay, Flavio Biondo and the Middle Ages, in: Proc. of the British Academy 45, 1959, 97–127 [13] G. M. Müller, Art. Italia illustrata, in: EdN 5, 2007, 1140–1143.

Marc Laureys

Bissing, Friedrich Wilhelm von

Dt. Ägyptologe, Archäologe und Kunsthistoriker. Geb. am 22.4.1873 in Potsdam, gest. am 12.1.1956 in Agg bei Oberaudorf am Inn. 1892–1896 Studium in Bonn und Berlin; 1896 ägyptologische Prom. in Bonn, 1901 Habil. in München. Dort 1905 ao.Prof., 1906–1922 o.Prof. für Ägyptologie und oriental. Altertumskunde; 1916–1918 Aufenthalt in Gent; 1922–1926 o.Prof. in Utrecht. Danach bis zu seinem Tod Privatgelehrter bei Oberaudorf.

Werk und Wirkung

Friedrich Wilhelm Freiherr von B., Sohn eines preuß. Generals, studierte u.a. bei Adolf ↗Erman und promovierte bei Alfred Wiedemann. 1897 übertrug ihm Gaston ↗Maspero die Mitarbeit am *Catalogue Général* des Kairener Museums. 1898–1901 unternahm er mit Ludwig ↗Borchardt eine bedeutende Ausgrabung in Abu Gurob. B.s extreme polit. (völkische und antisemitische) und religiöse (protest.-antikatholische) Haltung löste eine Reihe öffentlicher Skandale aus, die u.a. zu seinem Wechsel nach Utrecht führten. Sein breites Interesse an diversen ant. Kulturen drückt sich in 621 Schriften aus. P. gilt v.a. als Vertreter der ägyptologischen Kunstgeschichte, der sich der Aufarbeitung von Denkmälern widmete. Als wichtigste Werke sind seine *Denkmäler* [3], die Veröffentlichung des Sonnenheiligtums des Niuserre [1] sowie die Publikation der Mastaba des Gemnikai [2] zu nennen. Sein Handbuch der ägypt. Kunstgeschichte [4] widmete er seinem Parteifreund Rudolf Heß, Hitlers Stellvertreter. B.s finanziell unabhängige Situation erlaubte es ihm, persönlich eine umfassende Sammlung ägypt. und anderer ant. Objekte aufzubauen, die er später an verschiedene europ. Museen veräußerte [8. 61 ff.].

Schriften

[1] (Hrsg.), Das Re-Heiligtum des Königs Ne-Woser-Re (Rathures), 3 Bde., 1905–1928 [2] (Hrsg.), Die Mastaba des Gem-ni-kai, 2 Bde., 1905–1911 [3] (Hrsg.), Denkmäler ägyptischer Sculptur, 13 Bde., 1906–1914 [4] Ägyptische Kunstgeschichte von den ältesten Zeiten bis auf die Eroberung durch die Araber. Systematisches Hdb., 3 Bde., 1934–1938.

Sekundärliteratur

[5] Art. Bissing (Freiherr von), Friedrich Wilhelm (1873–1956), in: WWE, 1995, 46–47 [6] Th. Beckh, Das Institut für Ägyptologie der LMU im Nationalsozialismus, in: E. Kraus (Hrsg.), Die Universität München im Dritten Reich. Aufsätze, Teil 1, 2006, 249–298 [7] Th. L. Gertzen, Das Engagement des Ägyptologen Friedrich Wilhelm Freiherr von Bissing für die deutsche Kriegspropaganda im Ersten Weltkrieg. Teile 1–2, in: Göttinger Miszellen 221, 2009, 109–118 (und 222, 2009, 95–114) [8] S. Schoske / A. Grimm, Friedrich Wilhelm Freiherr von Bissing. Ägyptologe, Mäzen, Sammler, 2010.

Alexandra Verbovsek

Bittel, Kurt

Dt. Prähistoriker und Vorderasiat. Archäologe. Geb. am 5.7.1907 in Heidenheim, gest. am 30.1.1991 ebda. 1930 prähistor. Prom. in Marburg; 1930 Reisestipendium des DAI. 1933 Referent am DAI Istanbul, 1938–1944 und 1953–1959 Erster Direktor der Abteilung Istanbul des DAI. 1946–1952 Prof. für Vor- und Frühgeschichte der Univ. Tübingen; 1960–1972 Präsident des DAI, Honorarprof. für Klass. Arch. der FU Berlin. 1967 Orden *Pour le Mérite*, 1971–1979 dessen Kanzler; 1967 Ehrenbürger der Stadt Heidenheim. U.a. ordentliches Mitglied der Akad. Mainz und Heidelberg, Korrespondierendes Mitglied der Bayer., Brit., Irischen und Österr. Akad. der Wiss., des Institut d'Égypte, Ehrenmitglied des *Türk Tarih Kurumu.* 1984 Großes Verdienstkreuz der Bundesrepublik Deutschland.

Wissenschaftlicher Werdegang

B., Sohn eines Bankdirektors, besuchte bis zum Abitur die Schule in seiner Geburtsstadt Heidenheim. Daran schloss sich ein Studium der Ur- und Frühgeschichte, Klass. Archäologie und Alten Geschichte an den Univ. von Heidelberg, Berlin, Wien und schließlich in Marburg an, wo er im Alter von 22 Jahren mit einer Arbeit über *Die Kelten in Württemberg* promoviert wurde. Zunächst während seiner Zeit als Mitarbeiter bei der Röm.-German. Kommission in Frankfurt lernte B. insbes. zahlreiche frühgeschichtliche Grabungen im süddt. Raum kennen, bevor ihn ab 1930 das Reisestipendium des DAI erst nach Ägypten und dann nach Kleinasien führte, was für seinen späteren Lebensweg entscheidend werden sollte. Die Mitarbeit an der Grabung Hans Henning von der Ostens in Alişar brachte ihn in Kontakt zu einem seiner zentralen Forschungsthemen, der Ur- und

Frühgeschichte Kleinasiens. Kurz darauf wurde B. 1931 die Leitung der Ausgrabung der Ruinen der heth. Hauptstadt Hattusa östl. von Ankara übertragen, die vom DAI nach der Unterbrechung des Jahres 1912 wieder aufgenommen wurde. Er übernahm die Leitung dieses Grabungsprojektes, das zu den bedeutendsten im gesamten Alten Orient zählt, erneut 1952–1977 nach der Unterbrechung durch den Zweiten Weltkrieg.

Neben seiner eigenen wiss. Tätigkeit im engeren Sinne war B. in den unterschiedlichsten Führungsfunktionen und in der Wiss.-Organisation tätig. Nach der Leitung des DAI in Istanbul, die er mit einer kurzen Unterbrechung 1938–1959 innehatte, wurde er 1960 Direktor des DAI mit Amtssitz in (West-)Berlin, bis zu seiner Pensionierung 1972. Außerdem wirkte B. immer auch als akad. Lehrer; 1946 erhielt er einen Ruf der Univ. Tübingen, wo er bis 1952 Ur- und Frühgeschichte lehrte; parallel dazu unterrichtete er wiederholt als Gastprof. an der Univ. Istanbul und hatte dort maßgeblichen Anteil an der Gründung des Prähistor. Instituts. In seiner Berliner Zeit war er zum Honorarprof. an der Freien Univ. ernannt worden. Selbst nach seinem Rückzug aus den diversen Ämtern und der Rückkehr in seine alte Heimat hielt er immer wieder Vorlesungen an der Univ. Tübingen.

Werk und Wirkung

Sicherlich zentral für B.s wiss. Arbeit waren die Ausgrabungen der Ruinen der heth. Hauptstadt Hattusa, die unter seiner langjährigen Leitung zu einem der bedeutendsten dt. arch. Projekte nicht nur für den Bereich des Alten Orients wurde und über deren Fortgang er in umfangreichen regelmäßigen Grabungsberichten informierte. In diese Zeit fiel die Ausgrabung v.a. des Großen Tempels im unteren Teil der Stadt und des sog. Hauses am Hang mit seinen großen Archiven. Eines seiner besonderen Interessen lag aber auf der Ausgrabung der königlichen Burg auf dem Hügel Büyükkale, wo nicht nur eine ganze Reihe von Gebäuden, sondern auch zahlreiche Tontafelsammlungen freigelegt werden konnten, die zu einer enormen Erweiterung des Wissens über die Hethiter, ihre Geschichte und Kultur führten [6]; [4]. Auch das nahe bei der Hauptstadt gelegene Felsheiligtum Yazilikaya wurde unter B.s Leitung ausgegraben, die Ergebnisse in einer mustergültigen Edition 1975 veröffentlicht [3]. Doch neben dem Zentrum der heth. Kultur galt B.s Aufmerksamkeit auch einer Vielzahl weiterer Fundplätze; nie verlor er die Gesamtentwicklung der frühen anatolischen Kulturen von der Vorgeschichte bis in die phrygische Epoche aus dem Blick. So wurde B. prägend für ein umfassendes Verständnis der altanatolischen-heth. Kultur [1].

Nach seinem offiziellen Ausscheiden aus dem Amt als Präsident des DAI kehrte B. nicht nur in seine süddt. Heimat zurück, sondern auch zu seinen wiss. Anfängen, der Erforschung der prähistor. Archäologie, und hier v.a. der Keltenzeit im süddt. Raum; den keltischen Viereckschanzen widmete er noch kurz vor seinem Tod sein letztes umfangreiches wiss. Werk [5].

SV: [9.Bd. 1, 537–553].

Schriften

[1] Grundzüge der Vor- und Frühgeschichte Kleinasiens, ²1950 (¹1945) [2] Archäologische Forschungsprobleme zur Frühgeschichte Kleinasiens, 1973 [3] Das hethitische Felsheiligtum Yazilikaya (Boğazköy-Hattuša 9; mit J. Boessneck et al.), 1975 [4] Die Hethiter. Die Kunst Anatoliens vom Ende des 3. bis zum Anfang des 1. Jahrtausends v. Chr., 1976 [5] (Hrsg.), Die Kelten in Baden-Württemberg (mit W. Kimmig und S. Schiek), 1981 [6] Hattuscha, Hauptstadt der Hethiter. Geschichte und Kultur einer altorientalischen Großmacht, 1983 [7] Denkmäler eines hethitischen Großkönigs des 13. Jh.s v. Chr., 1984.

Sekundärliteratur

[8] Gedenkfeier für Kurt Bittel, in: AA 1992, 651–667 [9] R. M. Boehmer / H. Hauptmann (Hrsg.), Beiträge zur Altertumskunde Kleinasiens. FS K. Bittel, 2 Bde., 1983 [10] H. Çambel, In memoriam Kurt Bittel, in: Istanbuler Mitteilungen 41, 1991, 5–12 [11] H. Parzinger, Kurt Bittel. Leben und Wirken eines Archäologen, in: Heimat- und Altertumsverein Heidenheim an der Brenz, Jahrbuch 13, 2009–2010, 8–24 [12] F. Wieacker, Gedenkworte für Kurt Bittel, in: Orden Pour le mérite für Wissenschaften und Künste. Reden und Gedenkworte 23, 1990–1991, 73–76.

Jörg Klinger

Blass, Friedrich

Dt. Klass. Philologe. Geb. am 22.1.1843 in Osnabrück, gest. am 5.3.1907 in Halle/Saale. Studium der Klass. Phil. in Göttingen und Bonn, 1863 Prom. ebda. Danach Gymnasiallehrer in Naumburg, Magdeburg, Stettin, Königsberg; 1874 Habil. in Königsberg. 1876 ao.Prof. für Klass. Phil. in Kiel; 1881 o.Prof. ebda.; 1892 o.Prof. in Halle.

Werk und Wirkung

Seit seiner Schulzeit zeigte B. ungewöhnliches Interesse an der griech. Literatur und studierte dann Klass. Philologie bei Ernst von Leutsch, Hermann Sauppe, Otto ↗Jahn und Friedrich ↗Ritschl. Bereits als Lehrer veröffentlichte er viele Forschungsbeiträge; seine Produktivität erhöhte sich noch nach dem Ruf nach Kiel. B.s Forschungsinteressen betrafen große Teile der griech. Literatur; der Schwerpunkt lag dabei auf der griech. Rhetorik, was v. a. in einer materialreichen Darstellung der attischen Beredsamkeit zum Ausdruck kam [1]. Er besorgte mehrere textkritische Ausgaben zu griech. Rednern (u. a. Hypereides, Andokides, Antiphon, Demosthenes [2], Isokrates, Aischines) und Dichtern (u. a. Bakchylides [5], Pindar), verfasste eine durchgreifende Überarbeitung der Kühnert'schen griech. Grammatik [3] und legte schließlich eine Grammatik zum nt. Griechisch vor [4]. Daneben veröffentlichte er u. a. zu Hermeneutik und Kritik, Epigraphik, Dialektforschung und Paläographie (z. B. kritische Edition etlicher neugefundener Papyri) und beförderte mit seinen Textausgaben zum NT die Entwicklung der kritischen Theologie.

B. vertrat als Textkritiker, Grammatiker und Interpret eine gleichermaßen sprachlich wie literaturgeschichtlich ausgerichtete Gräzistik, ohne jedoch schulbildend zu wirken, da er als (Hochschul-)Lehrer keinen starken Einfluss zu entfalten vermochte. Unter Kollegen war er als Forscher hoch anerkannt (»B. gehört zu den scharfsinnigsten Philologen und besten Kennern des Griechischen in seiner Generation« [7]), was sich in zahlreichen Ehrenmitgliedschaften (u.a der Akademien in Konstantinopel, Moskau, Dublin, Berlin) niederschlug.

SV: [6.30–32].

Schriften

[1] Die attische Beredsamkeit, 4 Bde., 1868–1880 (2. Aufl. 1887–1898; Ndr. 1979) [2] Demosthenis Orationes, 3 Bde. (Edition), 1885–1891 (4. Aufl. 1898–1908) [3] Ausführliche Grammatik der griech. Sprache. 1. Teil: Elementar- und Formenlehre, 2 Bde. (neue Bearbeitung des Werks von R. Kühner), ³1890–1892 (Ndr. 1966 u.ö.) [4] Grammatik des neutestamentlichen Griechisch, 1896 (2. Aufl. 1902; 18. Aufl. 2001; engl. 1961 u.ö.) [5] Bacchylidis carmina cum fragmentis (Edition), 1898 (⁸1961).

Sekundärliteratur

[6] W. Crönert, Friedrich Blass, in: Burs. Jbb. 145, 1910, 1–32 [7] A. Dihle, Art. Blass, Friedrich, in: NDB 2, 1957, 262–263.

Hans-Ulrich Berner

Blegen, Carl William

Amerikan. Archäologe. Geb. am 27. 1. 1887 in Minneapolis, gest. am 24. 8. 1971 in Athen. Studium an der Univ. of Minnesota, 1907 B. A.; 1920 Prom. in Yale. 1911 Fellow in Archäologie, 1913 Sekretär, 1920 stellvertretender Direktor, 1926/27 kommissarischer Direktor, 1948/49 Direktor der American School of Classical Studies at Athens (ASCSA). 1927–1957 Prof. für Klass. Arch. an der Univ. Cincinnati, 1950–1957 Vorstand des Classics Departments. Zahlreiche Ehrendoktorate, 1965 erste Goldmedaille des American Institute of Archaeology (AIA).

Werk und Wirkung

B., ein Pionier der prähistor. griech. Archäologie, erstellte zusammen mit Alan ↗Wace das noch heute gültige chronologische Schema der Bronzezeit auf dem griech. Festland. Die stratigraphischen Grabungen in Korakou [2], Gonia [5] und Zygouries [4] legten den Grund für die typologische Reihenfolge der Keramikgefäße [1]. In Troja [8] klärte B. die Frage nach den Besiedlungsphasen und identifizierte die Schicht des homerischen Troja neu. Seine Entdeckung der ersten Linear-B-Tafeln auf dem Festland im sog. Palast des Nestor (1939) [9] führte zu Entzifferung dieser Schrift durch Michael ↗Ventris. Diese erbrachte den Nachweis, dass es sich dabei um Griechisch handelte, und lieferte eine einzigartige Dokumentation zu den vielschichtigen Handlungsabläufen in einem Königtum der Bronzezeit. Methodische Schwerpunkte legte B. auf die auch in der heutigen Archäologie weitgehend priorisierten Forschungsbereiche: Oberflächenuntersuchungen, um regionale Besiedlungsmuster zu dokumentieren, interdisziplinäre Forschung und die Untersuchung der Keramikgefäße auf ihre Herkunft [13]. Zu seinen bis heute nachwirkenden Theorien zählt die These, dass zur Mitte der Bronzezeit ein griech.sprachiger Zweig der indoeurop. Sprachfamilie Griechenland erreichte [3] und dass Kreta von griech.sprachigen Mykenern erobert wurde, was im Widerstreit zu Arthur ↗Evans' Theorie einer völligen Minoisierung des Festlandes stand [7].

SV: Bibliography of C. W. Blegen, in: Hesperia 35, 1966, 287–294.

N: Athen, American School of Classical Studies; Univ. of Cincinnati.

Schriften

[1] The Pre-Mycenaean Pottery of the Mainland (mit A. Wace), in: Papers of the British School at Athens 22, 1916–1918, 175–189 [2] Korakou. A Prehistoric Settlement near Corinth, 1921 [3] The Coming of the Greeks (mit J.B. Haley), in: American Journal of Archaeology 32, 1928, 141–154 [4] Zygouries. A Prehistoric Settlement in the Valley of Cleonae, 1928 [5] Gonia, in: Metropolitan Museum Studies 3, 1930–1931, 55–80 [6] Prosymna. The Helladic Settlement Preceding the Argive Heraeum, 1937 [7] Pottery as Evidence for Trade and Colonisation in the Aegean Bronze Age (mit A. Wace), in: Klio 32, 1939, 131–147 [8] (Hrsg.), Troy. Excavations Conducted by the University of Cincinnati 1932–1938, 4 Bde. (mit C. C. Boulter et al.), 1950–1958 [9] (Hrsg.), The Palace of Nestor at Pylos in Western Messenia, 3 Bde. (mit M. Rawson et al.), 1966–1973.

Sekundärliteratur

[10] Faces of Archaeology in Greece, 1988, 154–160 [11] F. Matz, Carl W. Blegen, in: Gnomon 45, 1973, 222–224 [12] W. A. McDonald / C. G. Thomas, Progress into the Past. The Rediscovery of Mycenaean Civilization, 1990, 197–243 [13] C. Zerner et al. (Hrsg.), Wace and Blegen. Pottery as Evidence for Trade in the Aegean Bronze Age, 1939–1989, 1993.

Ioulia Tzonou-Herbst (Ü: D. P.)

Bleicken, Jochen

Dt. Althistoriker. Geb. am 3.9.1926 in Westerland (Sylt), gest. am 24.2.2005 in Hamburg. Studium der Gesch. und Klass. Phil. in Kiel und Frankfurt/Main; 1954 Prom. bei Alfred ↗Heuß in Kiel; 1961 Habil. in Göttingen. Prof. 1962 in Hamburg, 1967 in Frankfurt/Main, 1977 in Göttingen. 1991 Emeritierung.

Werk und Wirkung

B.s Ausgangspunkt war in seiner Diss. die röm. Republik [1], in der Habil.-Schrift der frühe Prinzipat [2]. Er untersuchte über Jahrzehnte die Entwicklung der röm. staatlichen Ordnung in der Republik [1]; [3]; [4]; [8] und im Prinzipat [6]; [7]; [11]; [13] methodisch stringent und einflussreich mit Wirkung auf die spätere Forschung. Sein wohl bedeutendstes Werk über das »öffentliche Gesetz« in der Republik [5] setzte sich intensiv und kritisch mit Theodor ↗Mommsen auseinander – nicht um wohlfeiler Profilierung willen, sondern um deren polit. Ordnung klarer als allein über die Magistratur zu erklären.

Das Signum B.s war seine Fähigkeit zur nüchternen Quellenkritik und die Klarheit des Denkens und der Sprache. Dass der Historiker sich nicht in kleinteiliger Quellenkritik verlieren dürfe, sondern dem Gesch.-Bewusstsein der Gesellschaft verpflichtet sei, war seine feste Überzeugung [14]; Ausdruck fand sie auch in grundlegenden Darstellungen zu rechts- und verfassungsgeschichtlichen Themen der Alten Geschichte [4]; [7]; [8]; [9], die zu Standardwerken der Alten Geschichte geworden sind.

Schriften

[1] Das Volkstribunat der klassischen Republik. Studien zu seiner Entwicklung zwischen 287 und 133 v. Chr., 1955 (²1968) [2] Senatsgericht und Kaisergericht. Eine Studie zur Entwicklung des Prozeßrechts im frühen Prinzipat, 1962 [3] Staatliche Ordnung und Freiheit in der röm. Republik, 1972 [4] Die Verfassung der röm. Republik, 1975 (⁸2000) [5] Lex Publica. Gesetz und Recht in der röm. Republik, 1975 [6] Prinzipat und Dominat. Gedanken zur Periodisierung der röm. Kaiserzeit, 1978 [7] Verfassungs- und Sozialgeschichte der röm. Kaiserzeit, 2 Bde., 1978 [8] Geschichte der röm. Republik, 1980 (⁶2004) [9] Die athenische Demokratie, 1985 (⁴1995) [10] Überlegungen zum Volkstribunat des Tiberius Sempronius Gracchus, in: HZ 247, 1988, 265–293 [11] Zwischen Republik und Prinzipat. Zum Charakter des Zweiten Triumvirats, 1990 [12] Constantin der Große und die Christen. Überlegungen zur konstantinischen Wende, 1992 [13] Augustus. Eine Biographie, 1998 [14] Gesammelte Schriften, 2 Bde., 1998.

Sekundärliteratur

[15] J. Cobet, Der Gelehrte als Lehrer in der Zeit der Anfechtung. Ansprache auf der Gedenkfeier für J. Bleicken, in: Göttinger Forum für Altertumswissenschaft 8, 2005, 59–72 [16] S. Döpp et al., J. Bleicken. Nachruf, in: Hermes 134, 2006, 129–130 [17] H. Leppin, Nekrolog J. Bleicken, in: HZ 281, 2005, 826–833 [18] U. Walter, Nachruf J. Bleicken, in: Gnomon 78, 2006, 90–95.

Ernst Baltrusch

Blümner, Hugo

Dt. Archäologe und Klass. Philologe. Geb. am 9.8.1844 in Berlin, gest. am 1.1.1919 in Zürich. Friedrich-Gymnasium in Breslau; Studium der Klass. Phil. in Breslau, Berlin und Bonn. Prom. 1866 in Berlin, 1870 Habil. in Breslau. 1875 ao.Prof. für Arch. in Königsberg, von 1877 bis zum Tod o.Prof. für Arch. und Klass. Phil. in Zürich, 1888–1890 Rektor.

Werk

Von B.s lat. Diss. zu den die Kunst behandelnden Passagen im Werk des Lukian [1] erschien 1867 eine erweiterte dt. Fassung. 1869 gewann er mit seiner Untersuchung zum ant. Gewerbe [2] die von der Fürstlich Jablonowsk'schen Gesellschaft gestellte Preisaufgabe. Seine Habil.-Schrift behandelte Vulcan-Darstellungen in der ant. Kunst [3]. In Zürich beteiligte sich B. intensiv am kulturellen und wiss. Leben.

B.s Bekanntheit gründet hauptsächlich auf seinem vierbändigen Werk *Technologie und Terminologie der Gewerbe* [4], das für die späteren Forschungen zur ant. Technik-Gesch. grundlegend wurde. B. wertete hier hauptsächlich schriftliche Quellen im Hinblick auf Realien aus. Neben archäologischen Veröffentlichungen legte B. immer wieder philol. Untersuchungen sowie Übersetzungen vor. Herausragend ist die große kommentierte Pausanias-Ausgabe (zusammen mit H. Hitzig [7]).

Schriften

[1] De locis Luciani ad artem spectantibus (Diss. Berlin), 1866 [2] Die gewerbliche Thätigkeit der Völker des klassischen Alterthums, 1869 [3] De Vulcani in veteribus artium monumentis figura (Habil.schrift Breslau), 1870 [4] Technologie und Terminologie der Gewerbe und Künste bei Griechen und Römern, 4 Bde., 1875–1887 (Ndr. 2004) [5] Der bildliche Ausdruck in den Reden des Fürsten Bismarck, 1891 [6] Studien zur Geschichte der Metapher im

Griechischen, Bd. 1: Über Gleichnis und Metapher in der attischen Komödie, 1891 [7] Des Pausanias Beschreibung von Griechenland (Edition, mit H. Hitzig), 6 Bde., 1896–1910 (Ndr. 1983) [8] Die röm. Privataltertümer, 1911.

Sekundärliteratur

[9] H.P. Isler, H. Blümner (1844–1919), in: Lullies/Schiering Arch. 86–87 [10] H. Schneider, Von Hugo Blümner bis Franz Maria Feldhaus. Die Erforschung der antiken Technik zwischen 1874 und 1938, in: W. König / H. Schneider (Hrsg.), Die technikhistorische Forschung in Deutschland von 1800 bis zur Gegenwart, 2007, 91–94 [11] O. Waser, H. Blümner, in: Biographisches Jb. für die Altertumswissenschaft 41, 1921, 1–44 (Beiblatt zum Jahresbericht über die Fortschritte der klassischen Altertumswissenschaft 190).

Danny Schlumpf

Boccaccio, Giovanni

Ital. Dichter und Humanist. Geb. 1313 in Florenz oder Certaldo, gest. am 21.12.1375 in Certaldo. Ab 1326 in Neapel, dort Studium des kanonischen Rechts und erste Dichtungen; 1340–1348 verschiedene Ämter in Florenz, Ravenna und Forlì. 1350 erste Begegnung mit Francesco ↗Petrarca; zwischen 1350 und 1365 Gesandtschaften im Dienst von Florenz; 1373 Vorlesung über Dante Alighieris *Commedia* in Florenz.

Werdegang

Als unehelicher Sohn eines Kaufmanns aus Certaldo war B. zunächst für den Beruf seines Vaters bestimmt; mit ihm zog er 1326 von Florenz nach Neapel, wo er bald das Studium des kanonischen Rechts aufnahm und Zugang zum Hof Roberts von Anjou (Roberts des Weisen) erhielt. Dort stieß er auf einen Kreis gebildeter Politiker im Dienste des Königs, die ihm die ant. Autoren näher brachten: der von Robert nobilitierte Notar und Politiker Niccolò Acciaiuoli aus Florenz, der Notar Barbato da Sulmona, der adlige Napoletaner Giovanni Barrile und der Augustinermönch Dionigi di Borgo San Sepolcro, alles auch Freunde und Korrespondenten ↗Petrarcas. Roberts Bibliothekar Paolo da Perugia machte B. mit den ant. Mythen und ihren allegorischen Auslegungen vertraut, Barlaam von Seminara gab ihm hier vielleicht schon eine erste Einführung ins Griechische. Am Hof lernte B. aber auch die provenzalische Lyrik und Epik kennen, die seine eigenen volkssprachlichen Dichtungen in Versform und Prosa beeinflussten.

Ab 1340, nach dem Bankrott seines Vaters, zwang B. die Geldnot, verschiedene polit. Ämter in Florenz, Ravenna und Forlì wahrzunehmen; sein Eintritt in den geistlichen Stand 1360 mag der finanziellen Absicherung gedient haben, spricht aber vielleicht auch von einer religiösen Wende in seinem Leben, wie sie damals nicht selten war. Etwa zur gleichen Zeit vollzog B. eine Neuorientierung seiner Schriften: Er wandte sich von der Volgare-Dichtung ab und widmete sich unter teils enzyklopädischem, teils biographischem Fokus der griech.-röm. Antike. Dafür bemühte er sich, die griech. Sprache zu erlernen, und konsultierte zahlreiche Bibl., darunter auch die von Monte Cassino, aus der erst kurz zuvor Tacitus' *Annales* wiedergewonnen werden konnten (dass B. das Manuskript entdeckt hat, wie gelegentlich vermutet wird, trifft nicht zu [16]). Auch die Einrichtung des ersten Lehrstuhls für Griechisch an der Univ. von Florenz (1360) und die Berufung des Leonzio ↗Pilato wurde von B. gefördert; auf seine und Petrarcas Anregung hin erstellte Leonzio die erste lat. Homer-Übersetzung der Nz.

B.s wachsender lit. Ruhm verschaffte ihm nun auch prominente Gesandtschaften im Dienst der Republik Florenz; der Auftrag, 1373 an der dortigen Univ. Dantes *Comedia* zu kommentieren (die Vorlesung wurde später veröffentlicht [4]), war zugleich auch dadurch begründet, dass B. in den 50er Jahren die erste Dante-Biographie verfasst hatte.

Werk

B.s lit. Werk umfasst zahlreiche Schriften in Volgare; den Höhepunkt dieser Werkgruppe bildet das 1352 vollendete *Decamerone*, eine für weite Bereiche der europ. Literatur einflussreiche Sammlung von Novellen, deren Rahmenhandlung in der Pestepidemie des Jahres 1348 angesiedelt ist.

In die Gesch. der Alt.wiss. schrieb sich B. durch seine lat. Werke ein. Das dem Humanisten Donato degli Albanzani gewidmete *Bucolicum Carmen*, eine zwischen 1349 und 1367 entstandene Sammlung von 16 Eklogen, steht in einer Traditionslinie, die – ausgehend von Vergils *Bucolica* – in Spätantike und MA die Bukolik für jeglichen Diskurs öffnete; in der Autobiographisches mit Allegorischem vereinigenden Sprechweise ist das Werk B.s Volgare-Dichtungen verwandt.

Ab 1350 entstand die *Genealogia*, eine Enzyklopädie der griech.-röm. Götter- und Heroensagen [5]. Die Bücher 1–13 folgen jeweils der Stammlinie eines Gottes und erläutern seine Nachkommen in ihren zentralen Aspekten: Herkunft, Attributen, Geschick und Verdienst. Nach Möglichkeit werden die Namen (volks-)etymologisch ausgedeutet sowie die Attribute und Episoden einer allegorischen Interpretation unterworfen, die sich grundlegend auf Macrobius (*Somnium Scipionis* 1,2,7 ff.) beruft und an dem von Dante im Brief an Cangrande della Scala (§ 7) vorgestellten Schema des mehrfachen Textsinns orientiert ist. Als Quelle seiner Referate und Interpretationen benennt

B. neben den verlorenen *Collectiones* des Paolo da Perugia eine große Fülle antiker und ma. Autoren, darunter Cicero und Fulgentius. In den auf weiten Strecken trockenen Darlegungen stechen die Rahmenpassagen durch eine lebhaftere poetische Ausführung der Seefahrtsallegorie hervor. Die Bücher 14 und 15 widmen sich abschließend engagiert der Apologetik des eigenen Unterfangens und der Verteidigung der Dichtung gegen scholastisch geprägte Kritik [13]; [8]; [12]. Gleichzeitig mit der *Genealogia* entstand die Schrift *De montibus, silvis, fontibus, lacubus, fluminibus, stagnis, seu paludibus et de nominibus maris*. Sie bietet eine innerhalb der im Titel vorgegebenen Bucheinteilung alphabetisch angeordnete Auflistung und Erklärung ant. geographischer Namen.

Zwei Biographiensammlungen stellen die histor. Persönlichkeiten in ihrer Größe und oft auch in ihrem Scheitern vor Augen. Beide Werke bestimmte B. ausdrücklich für den Zweck, moralischen Nutzen zu stiften: *De casibus virorum illustrium* (zwischen 1355–1374 verfasst) referiert die Viten bzw. zentrale Lebensepisoden von 56 Männern der Antike [3]; die Konzentration auf den *casus*, den Fall der Mächtigen, steht dem senecaischen Tragödienverständnis nahe. In der der florent. Adligen Andrea Acciaioli gewidmeten Schrift *De claris mulieribus* (zw. 1360 und 1374) beruft sich B. ausdrücklich auf ↗Petrarcas Biographien *De viris illustribus*, welchen er nun die Lebensbilder berühmter Frauen hinzufügen will [2]. Allerdings schließt er (abgesehen von Eva) die jüd.-christl. Trad. aus: Bei dieser Sammlung von 106 Biographien berühmter Frauen der Antike und des MA lenken nicht die Tugenden der Frömmigkeit und Askese sein Interesse, sondern die Fähigkeit der Frauen, Grenzen zu überschreiten sowie ›männliche Verhaltensweisen‹ (Macht, Autarkie, selbstbestimmte Sexualität) zu praktizieren. B.s Urteil über diese Frauen schwankt freilich zwischen Bewunderung und moralischer Verurteilung [11]; [14].

Wirkung

Bereits in B.s Volgare-Dichtungen spielen ant. Modelle im Bereich der Motive wie auch für die lebendigen Charakterzeichnungen eine bedeutende Rolle. Doch erst die in seinen späteren Lebensjahren – nicht zuletzt unter dem Einfluss des von ihm verehrten ↗Petrarca – entstandenen lat. Schriften, in denen B. teils die Früchte seiner intensiven Lektüre von griech. und röm. Autoren enzyklopädisch zusammenfasste, teils die ant. Biographik fortschrieb, machten ihn zu einem der prominenten Humanisten seiner Zeit und begründeten bei Zeitgenossen wie auch Späteren einen Ruhm, welcher jenem Petrarcas nicht nachstand. Über 100 Hss. belegen den Erfolg der *Genealogia* beim Publikum. Das Mythenkompendium des Lilius Gregorius Gyraldus (*De deis gentium varia et multiplex historia*, Basel 1548) rezipierte sie teilweise kritisch.

De casibus virorum illustrium, 1401 und 1409 von Laurent de Premierfait ins Franz. übertragen, setzte eine Trad.-Linie der *De casibus*-Literatur in Gang, in die sich John Lydgates freie engl. Version (*Fall of Princes*, um 1435) und Geoffrey Chaucers *Canterbury Tales* (um 1400) einreihen. Mit *De claris mulieribus* begründete B. in der Nz. das Genre der Frauenbiographie; die Schrift entfaltete ihren Einfluss auch in der Gattung des Frauenlobs und Ehebüchleins (z.B. bei Albrecht von Eyb im 15. Jh.). Bereits kurz nach B.s Tod wurde sie erst von Donato degli Albanzani (er hatte auch Petrarcas *De viris illustribus* übersetzt), wenig später von Antonio di S. Lupidio in die Volkssprache übertragen; Laurent de Premierfait erstellte 1405 eine franz., Heinrich Steinhöwel 1473/74 eine dt. Fassung (*Von den synnrychen erluchten wyben*); das Werk hatte auch großen Einfluss auf Christine de Pisan (*Livre de la cité des Dames*, um 1405).

Schriften

[1] Tutte le opere, 10 Bde., hrsg. von V. Branca et al., 1964–1998 [2] De mulieribus claris, hrsg. von V. Zaccaria (Tutte le opere, Bd. 10), 1965 [3] De casibus virorum illustrium, hrsg. von V. Branca (Tutte le opere, Bd. 9), ¹1983 [4] Esposizioni sopra la Comedia di Dante, 2 Bde., hrsg. von G. Padoan (Tutte le opere, Bd. 6), 1994 [5] Genealogie deorum gentilium, hrsg. von V. Romano (Tutte le opere, Bde. 7–8), 1998.

Sekundärliteratur

[6] V. Branca, Tradizione delle opere di Giovanni Boccaccio, 2 Bde., 1991 [7] V. Branca, Giovanni Boccaccio. Profilo biografico, ²1992 [8] A. Buck, Boccaccios Verteidigung der Dichtung in den »Genealogie deorum«, in: G. Tournoy (Hrsg.), Boccaccio in Europe, 1977, 53–65 [9] A. Cerbo, Ideologia e retorica nel Boccaccio latino, 1984 [10] E. Flaig, Giovanni Boccaccio, 1984 [11] M. A. Franklin, Boccaccio's Heroines. Power and Virtue in Renaissance Society, 2006 [12] D. Gall, Zur Rezeption der paganen Götter bei Giovanni Boccaccio und Marsilio Ficino, in: L. Grenzmann et al. (Hrsg.), Wechselseitige Wahrnehmung der Religionen im Spätmittelalter und in der Frühen Neuzeit, Bd. 2, 2012, 59–92 [13] B. Hege, Boccaccios Apologie der heidnischen Dichtung in den Genealogie deorum gentilium, 1997 [14] S. D. Kolsky (Hrsg.), The Genealogy of Women. Studies in Boccaccio's De Mulieribus Claris, 2003 [15] G. Martellotti, Le due redazioni delle »genealogie« del Boccaccio, 1951 [16] R. Müller, Boccaccios Tacitus. Rekonstruktion einer Humanistenhandschrift, in: RhM 136, 1993, 164–180 [17] A. E. Quaglio, Scienza e mito nel Boccaccio, 1967 [18] J. Seznec, Das Fortleben der antiken Götter. Die mythologische Tradition im Humanismus und in der Kunst der Renaissance, 1990 (franz. Orig. 1980) [19] V. Zaccaria, Boccaccio narratore, storico, moralista e mitografo, 2001.

Dorothee Gall

Boeckh, August

Dt. Klass. Philologe. Geb. am 24. 11. 1785 in Karlsruhe, gest. am 3. 8. 1867 in Berlin. 1792–1803 Gymnasium illustre in Karlsruhe; 1803–1806 Studium der Theologie, dann der Altertumswiss. in Halle. 1806/07 Lehrer in Berlin. 1807 Prom. in Berlin. 1807–1811 ao.Prof. in Heidelberg; 1811–1867 Prof. der Klass. Phil. in Berlin.

Werdegang, Werk und Wirkung

August Böckh, später: Boeckh (von Boeckhius), wurde als jüngstes Kind nach dem Tod des Vaters, eines Hofratssekretärs und Notars, von der Mutter liberal erzogen. Am Gymnasium in Karlsruhe lagen ihm alte wie neue Sprachen sowie die für seine Untersuchungen so wichtige Mathematik. 1803 ging er mit einem Stipendium der heimischen Kirchenbehörde zum Theologiestudium an die Univ. Halle. Dort wechselte der von Friedrich August ↗Wolf faszinierte B. bald zu den griech. Alt.wiss. Neben Wolfs ganzheitlicher Annäherung an die Antike imponierten ihm bes. die Lehren Friedrich ↗Schleiermachers zu Platon. Nach dem Studium zog B. nach Berlin und veröffentlichte sein erstes wiss. Werk über die Unechtheit von Platons *Minos* (1806). Er unterrichtete am Gymnasium zum Grauen Kloster Latein, Französisch und Geschichte. Der Einmarsch franz. Truppen trieb ihn zurück nach Baden. Seine Diss. zur ant. Musik schloss er 1807 ab, kurz vor Antritt einer ao.Prof. in Heidelberg.

Bei regelmäßigen Treffen mit den Heidelberger Romantikern Achim von Arnim und Clemens Brentano verdiente sich B., der selbst patriotische Gedichte schrieb, bald den Spitznamen »Polyhistor«. Hieraus entwickelte sich ein gespanntes Verhältnis zu dem weniger »romantisch« gesinnten Johann Heinrich ↗Voß (damals Prof. in Heidelberg). B. arbeitete zu Platons *Timaios*, zu diversen pseudoplatonischen Dialogen, zur ant. Astronomie und Kosmologie, zu Philolaos sowie zur griech. Tragödie. Außerdem begann er in Heidelberg seine Pindarforschung (Arbeit zur Metrik 1809, Edition 1811/21 [1], Herausgabe der Scholien 1819). 1809 stieg er, nachdem Friedrich ↗Creuzer voreilig seinen Weggang angekündigt hatte, zum Ordinarius auf. Einen Ruf nach Königsberg lehnte er 1809 ab, dem nach Berlin folgte er 1811.

Die Berliner Univ. wurde für B. der wiss. Hauptwirkort. Er war sechsmal Dekan, fünfmal Rektor und übte Einfluss auf die preuß. Gymnasiallehrerausbildung aus. Sein philol. Seminar war zunächst schwach besucht: Die Studenten kämpften in den Befreiungskriegen (Hauptmann B. selbst exerzierte auf dem Univ.-Gelände) und der Unterricht Wolfs war beliebter als der B.s. Er gewann über die Jahre jedoch viele Anhänger; zu seinen Schülern zählten u. a. Johann Gustav ↗Droysen, Eduard Meier sowie sein Favorit Karl Otfried ↗Müller.

B.s Forschung fußte auf Wolfs Postulat einer universalen Betrachtung der griech. Antike und verstrickte ihn in Kontroversen, insbes. mit Gottfried ↗Hermann. Schon in seiner *Staatshaushaltung* [2] kritisierte B. die »vornehmen Grammatisten«, die sich auf »Silben- und Buchstabenkritik« beschränkten. Unter Berücksichtigung nicht nur lit., sondern gerade auch inschriftlicher Quellen versuchte er sich hier an einer beispiellosen Gesamtdarstellung der attischen Wirtschaft. Der ältere Hermann sah sich persönlich angegriffen und nach ersten Geplänkeln brach 1825 der offene Konflikt aus. In diesem Jahr erschien das erste Heft von B.s *Corpus Inscriptionum Graecarum* (CIG) [3] (auf dessen Vorarbeiten schon [2] aufgebaut hatte). Im Auftrag der Akad. der Wiss. hatte B. zehn Jahre zuvor begonnen, diese erste großangelegte Sammlung griech. Inschriften zu erstellen. Hierfür trug er Daten aus verstreuten wiss. Veröffentlichungen, Reiseberichten und Nachrichten zusammen. Hermanns Rezension war vernichtend. B. und seine Schüler replizierten (Meier bes. ausführlich); in der andauernden Debatte wurde der Unterschied zwischen Hermanns sog. Wort- und B.s Sachphilologie deutlicher: Für die ›Wortphilologen‹ lag das Endziel in der Erläuterung des lit. Werks, wozu durchaus Sachquellen herangezogen wurden; die ›Sachphilologen‹ konzentrierten sich auf das empirisch-histor. Gesamtbild der Epoche, wobei sie u. a. lit. Texte zu Rate zogen (zu diesem Streit vgl. [12]; [10]; [13]). Die Kontrahenten näherten sich über die Jahre einander an, v. a. nach einem Besuch B.s bei Hermann in Leipzig (1837). Nicht wieder versöhnte sich B. jedoch mit Barthold Georg ↗Niebuhr, der sowohl die *Staatshaushaltung* als auch die Inschriftensammlung inspiriert hatte, mit dem er sich allerdings 1827 als Co-Herausgeber des *Rheinischen Museums für Philologie* zerstritt.

In der Zwischenzeit hatte B. seine Arbeit am CIG, einem Grundstein der mod. Epigraphik, fortgesetzt. Neben seinen mehrsprachigen Werken zur Inschriftenkunde veröffentlichte er Übersetzungen und Editionen zur *Antigone* (1824/1828) und zu Platons *Staat* (1838–1840). Das CIG sowie eine Revision der *Staatshaushaltung* führten zu zwei weiteren vielbeachteten Werken: 1838 erschienen die *Metrologische Untersuchungen* [4], 1840 die *Urkunden über das Seewesen das Seewesen* [5]. Erstere setzte Griechenland zum Orient in Bezug und Abhängigkeit. B. hatte somit begonnen, die zu seiner Zeit noch vorherrschende Idealisierung des Altertums zu untergraben; das Werk war in dieser Hinsicht richtungweisend.

Das Jahr 1840 bildete eine Zäsur in B.s Privatleben. Bereits 1829 hatte er seine erste Frau verloren, sich allerdings 1830 wiederverheiratet. Nun starben innerhalb weniger Monate sein Schüler Karl Otfried Müller und Gustav, B.s ältester Sohn aus erster Ehe. Auch der Tod Kaiser Friedrich Wilhelms III. traf B. Dem Thronfolger versöhnlich gesonnen, gab er dann zusammen mit Leopold von Ranke, Jacob Grimm und Alexander von Humboldt eine Gesamtausgabe der Werke Friedrichs des Großen heraus. Als Friedrich Wilhelm IV. Ludwig Tieck mit der Wiederbelebung der griech. Tragödie auf der dt. Bühne beauftragte, passte B. für die *Antigone*-Aufführung 1841 die Übersetzung Johann Donners an die Musik Felix Mendelssohn Bartholdys an; 1843 gab er seine eigene Übertragung heraus.

In der Lehre ergänzte sich B. zunächst mit Philipp ↗Buttmann, dann mit Karl ↗Lachmann. Seine universalistischen Forschungsansätze schlugen sich in seinen Encyclopädievorlesungen nieder, die postum veröffentlich wurden [7]. Eng freundschaftlich verbunden war B. mit Immanuel ↗Bekker und den Brüdern ↗Humboldt; allerdings konnte er sich weder für Friedrich Hegel noch für Ranke erwärmen.

Als Figur des öffentlichen Lebens und häufiger Festredner seiner Univ. sowie als Sekretär der Akad. der Wiss. äußerte sich B. zeitlebens gegen die Zensur und zugunsten von Lehrfreiheit. Den Höhepunkt an Anerkennung fand er nach den Unruhen der Jahre 1848/49 als Präsident der Berliner Philologenversammlung von 1850. Am 15.3.1857 beging er das 50-jährige Jubiläum seiner Prom.; Berlin machte ihn zum Ehrenbürger, die Univ. gründete eine Stiftung in seinem Namen und seine Studenten marschierten im Fackelzug durch die Stadt. Der frühe Plan zu *Hellen*, einer Gesamtdarstellung der griech. Kultur, blieb unverwirklicht.

Schriften

[1] Pindari opera quae supersunt, 2 Bde. (Edition), 1811–1821 [2] Die Staatshaushaltung der Athener, Bücher 1–4, 2 Bde., 1817 [3] Corpus Inscriptionum Graecarum, 4 Bde. (Edition), 1828–1877 [4] Metrologische Untersuchungen über Gewichte, Münzfüße und Maße des Alterthums in ihrem Zusammenhange, 1838 [5] Urkunden über das Seewesen des attischen Staates. Beilage zur Staatshaushaltung der Athener (Übers. und Komm.), 1840 [6] Gesammelte K.S., 5 Bde., hrsg. von F. Ascherson, 1858–1874 [7] Encyclopädie und Methodologie der philologischen Wissenschaften, 1877.

Sekundärliteratur

[8] W. Böckh, August Böckh. Biographische Niederschrift, in: Helikon 4, 1964, 405–429 [9] M. Hoffmann, August Böckh. Lebensbeschreibung und Auswahl aus seinem wissenschaftlichen Briefwechsel, 1901 [10] G. W. Most, One Hundred Years of Fractiousness. Disciplining Polemics in Nineteenth-Century German Classical Scholarship, in: TAphA 127, 1997, 349–361 [11] B. Schneider, August Boeckh. Altertumsforscher, Universitätslehrer und Wissenschaftsorganisator im Berlin des 19. Jh.s (Ausst.kat.), 1985 [12] C. Ungefehr-Kortus, Art. Böckh-Hermann-Auseinandersetzung, in: DNP 13, 1999, 523–527 [13] E. Vogt, Der Methodenstreit zwischen Hermann und Boeckh und seine Bedeutung für die Geschichte der Philologie, in: H. Flashar et al. (Hrsg.), Philologie und Hermeneutik im 19. Jh., 1979, 103–121.

Mathias Hanses

Boeckler, Johann Heinrich

Johannes Boeclerus; dt. Polyhistor. Geb. am 13.12. 1611 in Cronheim (Mittelfranken), gest. am 12.9. 1672 in Straßburg. Gymnasium in Heilbronn; Studium in Altdorf, dann v.a. in Straßburg tätig; dort Lehrer am Gymnasium, ab 1637 Prof. für Rhetorik; 1640 Lehrstuhl für Gesch. (in Nachfolge seines Lehrers Matthias ↗Bernegger) ebda. 1649 (nach Ende des Dreißigjährigen Krieges) Berufung erst an die Universität Uppsala durch Königin Christina, 1650 als Hofhistoriograph nach Stockholm (Ergebnis des Aufenthalts: [13]). Trotz Ehrensolds der Königin 1652 Rückkehr nach Straßburg und auf seinen alten Lehrstuhl (1654).

Werk und Wirkung

B. trat als Herausgeber antiker Autoren, v.a. aber als Historiker [13]; [14] sowie als Staatstheoretiker [2]; [11] auf. Als Historiker behandelte er die großen Themen der Reichs- und Universalgeschichte, allerdings wie bei Justus ↗Lipsius zugeschnitten auf den mod. Typus des »Politikers«, vorwiegend in der humanistischer Trad. der polit. Exegese antiker Schriften. Dabei erblickte er namentlich in Tacitus den Gewährsmann einer kaiserzeitlichen Literatur, in der modellhaft die Praktiken, Konflikte und Probleme des mod. Fürstenstaates vorgeprägt erschienen, und auch die Herausforderungen eines Niccolò ↗Machiavelli. Zu diesem Themenkreis gehören B.s wichtige akad. Reden (etwa die *Oratio de C. C. Tacito* [1], gehalten 1636), der polit. Kommentar zu den Historien des Tacitus [4], aber auch eine *Oratio de Vellei Historia*, gedruckt mit der Ausgabe von 1642 [3] und weitere Arbeiten zur polit. Exegese des Velleius und des Sueton. B. kommentierte weiterhin Hugo ↗Grotius' *De iure belli et pacis* (1663/64, ^{2}1687 [7]; vgl. [2]).

Auf seinem Lehrstuhl entfaltete B. eine rege Tätigkeit, auch im Briefwechsel mit namhaften Gelehrten und Politikern, darunter Hermann ↗Conring. Zu seinen Schülern zählten Gottfried Wilhelm Leibniz, Philipp Jacob Spener und Veit Ludwig von Seckendorff. Eine genaue Untersuchung der zahlreichen Werke B.s bleibt trotz ihrer relativ großen zeitgenössischen Wirkung bis heute ein Desiderat der Forschung.

Schriften

[1] Orationes duae. Quarum I. de C. Cornelii Taciti Historia, multaque scribendi arte ac iudicio; II. De Tiberii Caesaris principatu, agit, Straßburg 1636 [2] Dissertatio de Politicis Iusti Lipsii, Straßburg 1642 [3] Vellei Paterculi Historiarum Romanarum libri duo, 2 Bde. (Edition), Straßburg 1642 [4] In C. Corn. Taciti quinque libros Historiarum superstites annotatio politica, Straßburg 1648 [5] De eloquentia politici libellus sive dissertatio ad loc. Tac. XIII Annal. 3 de eloquentia principum Romanorum, Straßburg 1649 [6] Dissertationes academicae, 3 Bde., Straßburg 1658–1712 [7] In Hugonis Grotii Ius belli et pacis ad illustrissimum Baronem Boineburgium commentatio, Straßburg 1663–1664 [8] Collegium Politicae posthumum, oder polit. Discourse von 1. Verbesserung Land und Leuth, 2. Anrichtung guter Policey, 3. Erledigung grosser Ausgaaben, und 4. eines jeden Regenten jährlichen Gefäll und Einkommen (ohne Ort, ohne Jahr) hrsg. von W.-D. Wendel, Straßburg 1670 (?) [9] Museum ad amicum, Straßburg 1672 [10] In Hippolithi a Lapide dissertationem de ratione status in Imperio nostro Romano Germano animadversiones, Straßburg 1674 [11] Institutiones politicae. Accesserunt dissertationes politicae, Straßburg 1674 [12] Bibliographia Historico-Politico-Philologica curiosa, Germanopoli (Leipzig), 1677 [13] Historia belli Danici 1642–1645, Straßburg 1679 [14] Historia universalis, Straßburg 1680 (^{3}1704) [15] Minervae tyrocinium Oder Praxis der Böcklerischen Anweisung Wie man die Authores Classicos bey und mit der Jugend tractiren soll, Straßburg 1680 [16] Orationes et programmata, 1705 [17] Opera in quatuor tomos tributa, 1712 [18] Bibliographia critica omnium artium atque scientiarum, 1715.

Sekundärliteratur

[19] M. Disselkamp, Barockheroismus, 2002, 69–82 [20] E. Jirgal, Johann Heinrich Boeckler, in: Mitteilungen des Instituts für Österreichische Geschichtsforschung 45, 1931, 322–384 [21] A. H. Kiel, Unveröffentlichte Briefe des J. Rompler von Löwenhalt an Johann Heinrich Boeckler (1647/48), in: Zs. für Geschichte des Oberrheins N. F. 56, 1943, 233–255 [22] J. Stagl, Johann Heinrich Boeclers reisetheoretische Schriften ›De Peregrinatione Germanici Caesaris‹, in: G. Huber-Rebenich / W. Ludwig (Hrsg.), Frühneuzeitliche Bildungsreisen im Spiegel lateinischer Texte, 2007, 169–182 [23] M. Stolleis, Lipsius-Rezeption in der politisch-juristischen Literatur des 17. Jh.s in Deutschland, in: M. Stolleis, Staat und Staatsräson in der Frühen Neuzeit, 1990, 232–267 [24] D. Till, Transformationen der Rhetorik. Untersuchungen zum Wandel der Rhetoriktheorie im 17. und 18. Jh. (Diss. Tübingen), 2004 [25] W. Weber, Prudentia gubernatoria. Studien zur Herrschaftslehre in der deutschen politischen Wissenschaft des 17. Jh.s, 1992, 140–145 [26] J. H. B. Wenthcke, Art. Johann Heinrich Boeckler, in: Svensk Biografisk Lex. 5, 1925, 113–117.

Wilhelm Kühlmann

Boissard, Jean-Jacques

Franz. Antiquar, Dichter und Publizist. Geb. 1528 in Besançon, gest. am 30. 10. 1602 in Metz. Studienaufenthalte in Straßburg, Heidelberg, Köln, Löwen, Danzig, Frankfurt a. d. O., Wittenberg, Leipzig und zuletzt 1551–1555 in Ingolstadt. Konversion zum Protestantismus. Ab Ende 1555 zahlreiche Reisen in Italien; Aufenthalt in Rom. 1558/59 im Dienst des Kardinals Carlo Carafa ebda.; 1559 Rückkehr nach Besançon und dort Hofmeister; ab 1560 in Metz als Lehrer der Kinder des Baron de Clervant. Ab 1583 Publikation von neulat. Dichtung, Emblemata und antiqu. Studien.

Werdegang

B.s Vater war *procureur fiscal* der Grafschaft La Roche und Franche-Montagne, die Mutter Schwester des Gräzisten Hugues Babel, eines Freundes des ↗Erasmus. Mit neun Jahren wurde B. der Mentorschaft seines Onkels anvertraut, der ihn zum Studium nach Straßburg, Heidelberg, Köln und Löwen sandte. B. entfloh dem strengen Regiment seines Lehrers Petrus Nannius und ging nach Danzig. Er setzte das Studium in Frankfurt a. d. O., Wittenberg, Leipzig, Nürnberg und Ingolstadt fort. 1555 kam er als Begleiter des Adligen Wolfgang Müntzer auf einer Reise nach Syrien bis nach Venedig, wo er krankheitsbedingt zurückblieb. Nach seiner Genesung traf er in Bologna Abraham Jörger und bereiste mit ihm zwei Jahre die Toskana, Neapel und Rom; in akribischen Zeichnungen dokumentierte B. die ant. Monumente und kopierte Inschriften. In Rom pflegte er seine antiqu. Interessen und gewann die Freundschaft einflussreicher Kirchenmänner, v. a. Papst Pauls IV. und der Kardinäle Pier Donato Cesi und Rodolfo Pio da Carpi. Mit der Unterstützung des Kardinals Carlo Carafa legte B. den Grundstock seiner Antikensammlung und bereiste Süditalien sowie die griech. Inseln.

1559 kehrte B. nach Rom und von dort nach Besançon zurück. Hier war er bis 1560 als Hofmeister der Kinder des Baron Marc de Rye tätig. Der Häresie bezichtigt, fand er Zuflucht in Metz bei dem Hugenottenführer Claude-Antoine de Vienne, Baron de Clervant, und war Präzeptor seiner Kinder. Fast 20 Jahre lang bereiste er mit ihnen Frankreich, Deutschland und Norditalien. Ab 1583 erhielt B. vom Baron eine Pension und konnte mehrere Werke zur Publikation vorbereiten. 1587 verlor er in den Wirren der franz. Religionskriege seine Antikensammlung und einen Großteil seiner unveröffentlichten Arbeiten.

Werk

B. gilt als einer der ersten wiss. Sammler von ant. Altertümern. Seine zahlreichen Veröffentlichungen, zum großen Teil von Theodor de Bry illustriert, bezeugen die allseitige Bildung dieses Humanisten: Sammlungen seiner lat. verfassten Gedichte [1]; [14], Porträts berühmter Persönlichkeiten [4]; [5]; [6]; [8], Bildallegorien mit moralischen Sentenzen [3]; [7], ein

Sammelwerk über Kleidung aus aller Welt [2]; [19], ein Zyklus zu Ovids *Metamorphosen* [10] sowie eine Studie über die Topographie und Altertümer Roms [9]. Insbes. das letztgenannte Werk – ein Führer der Stadt und Handbuch zu Sitten und Gebräuchen des Altertums sowie seinen Denkmälern, mit 500 Stichen von Statuen, Reliefs, Inschriften und Gräbern – trug ihm großes Renommee ein [18]. Doch ist zu bedenken, dass zahlreiche der darin als unveröffentlicht ausgegebenen Inschriften sich der Plagiierung anderer Autoren wie Ulisse ↗Aldrovandi und Fulvio ↗Orsini oder auch B.s eigener Erfindung verdanken.

Schriften

[1] Poemata, Basel 1574 [2] Habitus variarum orbis gentium, Mecheln 1581 (in Folio) [3] Emblemata tetrastichis Latinis, Metz 1584 [4] Icones variae. Médaillons (portraits) divers de J.-J. Boissard, taillés par Alex. Vallée, Metz 1584 [5] Icones diversorum hominum fama et rebus gestis illustrium, Metz 1591 [6] Icones quinquaginta virorum illustrium doctrina et eruditione praestantium, 4 Teile in 2 Bden., Frankfurt a. M. 1592–1599 [7] Emblematum liber cum figuris, Frankfurt a. M. 1593 [8] Vitae et icones Sultanorum Turcicorum, Frankfurt a. M. 1596 [9] Pars Romanae urbis topographiae et antiquitatum, 6 Foliobde., Frankfurt a. M. 1597–1602 [10] Ovids Metamorphosen 1556. Die Bilderhandschrift 79 C 7 aus dem Berliner Kupferstichkabinett, hrsg., eingeleitet und komm. von M. Thimann, 2005.

Sekundärliteratur

[11] Art. Boissard, Jean-Jacques, in: J. Ch. F. Hoefer, Nouvelle biographie universelle 6, 1853, 449–450 [12] EHCA 1, 1996, 168 [13] A. Adams, Webs of Allusion. French Protestant Emblem Books of the Sixteenth Century, 2003, 155–291 [14] A. Castan, Jean-Jacques Boissard, poète latin, dessinateur et antiquaire, enfant de Besançon et citoyen de Metz, in: Mémoires de la Société d'émulation du Doubs 9, 1874, 64–91 [15] E. Haag / É. Haag, La France protestante, Bd. 2, 1847, 335–353 [16] Ch. Huelsen, Un nouveau recueil manuscrit de Jean-Jacques Boissard, in: CRAI 5/49, 1905, 544–555 [17] J.-P. Niceron, Mémoires pour servir à l'histoire des hommes illustres dans la république des lettres, avec un catalogue raisonné de leurs ouvrages, 1732, 303–313 [18] A. Poulle, Rome vue par l'humaniste Jean-Jacques Boissard (1528–1602), in: P. Fleury / O. Desbordes (Hrsg.), Roma illustrata, 2008, 365–376 [19] M. Thimann, Jean Jacques Boissards Trachtenbuch für Johann Jacob Fugger, in: Marburger Jb. für Kunstwissenschaft 32, 2005, 117–148 [20] H. Tribout de Morembert, Les années messines de Jean-Jacques Boissard archéologue et humaniste, 1559–1602, in: Mémoires de l'Acad. nationale de Metz, 1964–1965, 127–142.

Alessia Zambon (Ü: K. H.)

Bolkestein, Hendrik

Niederl. Althistoriker. Geb. am 18. 12. 1877 in Amsterdam, gest. am 24. 7. 1942 in Utrecht. Nach dem Besuch des Gymnasiums in Amsterdam Studium der Klass. Phil. und der Alten Gesch. an der Univ. Amsterdam; dort 1906 Prom. [1], anschließend Studienaufenthalt an der Univ. Berlin bei Eduard ↗Meyer. 1907 Lehrer für Gesch. am Gymnasium in Gravenhage; 1911 Privatdozent an der Univ. Amsterdam; ab 1915 Lehrtätigkeit an der Univ. Utrecht; ebda. o.Prof. für Alte Gesch. und erfolgreicher Mentor für zahlreiche Promovenden (1917–1942); 1935 Rektor ebda.; bis zu seinem Tod Mitarbeit an der *Tijdschrift voor Geschiedenes* (TvG).

Werk und Wirkung

B.s Hauptinteresse galt sozialökonomischen und mentalitätsgeschichtlichen Problemen der griech.-röm. Welt. Davon zeugen neben den von ihm angeregten Dissertationen (Angaben bei [7]) seine Monographie zum Wirtschaftsleben in Griechenlands Blütezeit [4] und seine große Untersuchung *Wohltätigkeit und Armenpflege* [6], deren Untertitel mit dem Hinweis auf »*Moral und Gesellschaft*« eine wegweisende Perspektive der althistor. Forschung bezeichnete. Auf der Grundlage reichen lit. Quellenmaterials kontrastierte B. hier eine auf die Armen bezogene Hilfstätigkeit, die im alten Orient und in Israel beheimatet war, und eine am Bürger orientierte Wohltätigkeit in Griechenland und Rom, die auf Sicherung des bürgerlichen Sozialstatus ausgerichtet war. Der idealtypische Gegensatz hat im Einzelnen Korrekturen erfahren, nichtsdestoweniger seine Fruchtbarkeit in der nachfolgenden Forschung bewiesen [8. 3 f.]; [9. 52 f.]. Die universalhistor. Deutung von ant. Sozialmaßnahmen besitzt Bedeutung für die Ausformung christl. karitativer Maßnahmen und die moderne Sozialhilfe und -politik. B.s Werk stellt einen wesentlichen Beitrag der niederl. Altertums-Wiss. im 20. Jh. dar.

Schriften

[1] De colonatu Romano eiusque origine (Diss. Amsterdam), 1906 [2] Het dubbel karakter de oude Geschiedenis, 1915 [3] Het te vondeling leggen in Athene, in: Tijdschrift voor Geschiedenes 37, 1922, 274–294 [4] Economisch leven in Griekenlands bloeitijd, 1923 (engl. 1958, hrsg. von E. J. Jonkers) [5] Theophrastus' Charakter der Deisidaimonia als religionsgeschichtliche Urkunde, 1929 [6] Wohltätigkeit und Armenpflege im vorchristlichen Altertum. Ein Beitrag zum Problem »Moral und Gesellschaft«, 1939 (Ndr. 1967).

Sekundärliteratur

[7] E. J. Jonkers, In memoriam Prof. Dr. H. Bolkestein, in: Tijdschrift voor Geschiedenes 57, 1942, 161–164 [8] H. Kloft (Hrsg.), Sozialmaßnahmen und Fürsorge. Zur Eigenart antiker Sozialpolitik, 1988 [9] K. Thraede, Soziales Verhalten und Wohlfahrtspflege in der griech.-röm. Antike, in: G. Schäfer / Th. Strom (Hrsg.), Diakonie, 1990, 44–63.

Hans Kloft

Bolland, Jean

Bollandus, Johannes; fläm. Hagiograph. Geb. am 13. 8. 1596 in Julémont, gest. am 13. 9. 1665 in Antwerpen. 1612 in Mecheln Eintritt in die *Societas Jesu*; sechs Jahre Lehre der Humaniora an verschiedenen Jesuitenkollegs; 1630 vom Orden mit der Herausgabe der griech. und lat. Heiligenviten beauftragt.

Werk und Wirkung

B.s Lebenswerk bezieht sich auf die Verehrung der Heiligen, die im Zuge der Reformation in die Kritik geraten war. Es galt darzulegen, dass der Heiligenkult auf verlässlichen Dokumenten beruhe und durch die Tradition gestützt sei. In Anknüpfung an einen Plan, den der Jesuit Heribert Rosweyde 1607 entwickelt hatte, begründete B. das Unternehmen der Edition der *Acta Sanctorum*: Ziel des Unternehmens war es, für jeden einzelnen Heiligen der Antike und des MA die histor. Zeugnisse zu sammeln, zu ordnen sowie unter Sicherung des ursprünglichen Wortlauts zu kommentieren [7. 9–11]. B. ließ die Sammlung dem Kalender der Festtage der Heiligen folgen und legte bei der Interpretation Maßstäbe der histor. und philol. Kritik an. Als Mitarbeiter standen ihm seit 1635 Gottfried Henskens und seit 1646 Daniel Papebroch zur Seite. 1643 erschienen die beiden ersten Bände [3], welche die Heiligen des Januar behandeln, 1658 drei weitere Bände zum Februar [4]. Zu den Kritikern des Unternehmens gehörte Voltaire als grundsätzlicher Gegner des Heiligenkults [7. 4–6].

Die Fortsetzer von B.s Arbeit, allesamt Jesuiten, bezeichnet man als Bollandisten. Es wurden bisher 68 Bände publiziert; der zuletzt erschienene (1925) reicht bis zum 10. November; eine Fortsetzung in dieser Form ist nicht zu erwarten. 1837 wurde in Brüssel die *Société des Bollandistes* gegründet, die neben den *Acta Sanctorum* u. a. seit 1882 die *Analecta Bollandiana* und seit 1886 die *Subsidia Hagiographica* herausgibt [5].

Schriften

[1] Beatus Ignatius de Loyola, Antwerpen 1621 [2] Narratio persecutionis adversus Christianos excitatae in variis Iaponiae regnis, Antwerpen 1635 [3] Acta Sanctorum quotquot toto orbe coluntur, quae ex Latinis et Graecis aliarumque gentium antiquis monumentis collegit, digessit, notisque illustravit …, servata primigenia scriptorum phrasi, Antwerpen 1643 (Monat: Januar) [4] Acta Sanctorum …, Antwerpen 1658 (Monat: Februar).

Sekundärliteratur

[5] R. Godding et al., De Rosweyde aux Acta Sanctorum. La recherche hagiographique des Bollandistes à travers quatre siècles (Actes du colloque internationale, Bruxelles 2007), 2009 [6] K. Hausberger, Das kritische hagiographische Werk der Bollandisten, in: G. Schwaiger (Hrsg.), Historische Kritik in der Theologie. Beiträge zu ihrer Geschichte, 1980, 210–244 [7] J. M. Sawilla, Antiquarianismus, Hagiographie und Historie im 17. Jh., 2009.

Siegmar Döpp

Bongars, Jacques

Bongarsius, Jacobus; franz. Historiker und Diplomat. Geb. 1554 in Orléans, gest. am 29. 7. 1612 in Paris. Schulbesuch in Orléans, 1564–1571 in Heidelberg, Marburg, Straßburg; ab 1576 Studium der Jurisprudenz in Bourges; 1585–1610 in diplomatischen Diensten Heinrichs von Navarra (ab 1589 König Henri IV. von Frankreich) in Deutschland.

Werdegang

Der Hugenotte B. stammte aus dem franz. Landadel. Nach dem Besuch der Lateinschule in Orléans setzte er 1564–1571 seine Ausbildung an verschiedenen Lateinschulen und akad. Gymnasien in Deutschland fort (ein Aufenthalt in Jena ist unsicher) [15. 108]. Nach dem Ende des dritten franz. Religionskrieges verbrachte B. einige Jahre auf dem elterlichen Besitz im Selbststudium. 1576 ging er zum Studium der Rechte an die Univ. Bourges, damals unter Jacques ↗Cujas ein europ. Zentrum der humanistischen Jurisprudenz. Cujas etablierte im Rechtsstudium die philol.-histor. Quellenkritik; einige seiner Schüler wurden als Altertumsforscher und Historiker bekannt (z. B. Pierre Pithou). Die für späthumanistische Lebensläufe typische mehrjährige *grand tour* unternahm er zwar nicht, doch einige längere Reisen, die ihn 1581 nach Rom, 1584 nach Leiden und 1585 über Ungarn und Siebenbürgen nach Konstantinopel führten [19].

Unmittelbar nach der Rückkehr trat B. 1585 in die Dienste Heinrichs von Navarra, Anführer der Hugenotten in Frankreich, der 1589 König wurde. Bis zu dessen Ermordung 1610 blieb B. als Diplomat tätig. Zunächst Sekretär des franz. Residenten bei den protestantischen Reichsständen, stieg B. 1593 selbst in dieses Amt auf. Um 1600 wurde er zu einem der führenden franz. Diplomaten im Alten Reich [8]; [9]. B. unterhielt ein weit gespanntes Netzwerk [13]: Allein von seinem umfangreichsten Briefwechsel, den er 1595–1612 mit Georg Michael Lingelsheim pflegte, sind heute noch mehr als 600 Stücke erhalten [18. 389–398]. Beide, B. und Lingelsheim (Mitglied der Regierung im damals aktivsten protestantischen Reichsstand, der calvinistischen Kurpfalz) verkörpern den Typus des späthumanistischen Gelehrten-Politikers, der polit. Amt, konfessionelle Überzeugungen und gelehrt-lit. Interessen in Einklang brachte.

Das Nebeneinander von polit., eruditären und persönlichen Nachrichten ist für die späthumanistischen Korrespondenzen kennzeichnend. Sie waren das zentrale Kommunikationsmedium der Gelehrtenrepublik, sind aber stets zugleich als Teil eines gelehrten Werkes zu betrachten – so auch bei B., der sich dabei als überaus gewandter Neulateiner bewies. Postum erschienen im 17. Jh. drei Teilausgaben seiner Korrespondenzen [5]; [6], wobei die Ausgabe 1668 *ad usum Delphini* als Exempelsammlung für den gehobenen diplomatischen Briefstil zusammengestellt wurde [7].

Werk und Wirkung

Neben einigen anti-katholischen Flugschriften [4] verfasste B. drei große wiss. Werke [10]. 1581 legte er eine Ausgabe des Geschichtswerks von Pompeius Trogus vor [1], in dem er die bis dahin bereits mehrfach edierte Epitoma des Iustinus an einer größeren Zahl von Codd. so akribisch wie keiner seiner Vorgänger überprüfte. Wiss.-geschichtlich besitzt seine Ausgabe insofern besonderen Stellenwert, als B. erstmals die Prologe des Trogus edierte [16]. 1600 publizierte er eine Sammlung z. T. unveröffentlichter Schriften zur Geschichte und Geographie Ungarns und Siebenbürgens [2]. Diese Form der Sammlung und Edition von landesgeschichtlichen bzw. -kundlichen Quellen war unter den Späthumanisten verbreitet, wobei die Länder des östlichen Europa erst entdeckt wurden. B. lieferte die erste Quellensammlung zu Ungarn und reihte sich zwischen Johann Pistorius (*Polonicae historicae corpus*, Basel 1582) und Marquard Freher (*Rerum Bohemicarum antiqui scriptores aliquot insignes*, 2 Bde., Hanau 1602) ein [12.47]. Der histor. Sammlung widmete sich auch sein letztes Werk, das ma. Chroniken und Erzählungen über die Kreuzzüge zusammentrug [3]; auch hier bemühte sich B. um eine kritische Quellenkunde – der methodische Einfluss seines Studiums prägte ihn zeitlebens. Der erste Band bietet 19 Quellen, die meisten erstmals publiziert [14. 11–25]; der zweite Band enthält die Schriften des Venezianers Marino Sanudo, dessen *Liber secretorum* hier ebenfalls zum ersten Mal vollständig veröffentlicht wurde.

B.' Nachwirken in der Alt.wiss. und der Geschichtswiss. resultierte daraus, dass er vielfach als Erster unbekannte Quellen edierte. Die Zusammenstellung seiner beiden histor. Sammlungen [2]; [3] verleiht ihnen bleibenden Wert, wenngleich die Zuverlässigkeit des Textes stets an neueren Editionen zu überprüfen ist. Seine *Rerum Hungaricarum scriptores varii* werden inzwischen hauptsächlich wegen der *Appendix* konsultiert, einer zuverlässigen Zusammenstellung von Inschriften, die er auf seiner Reise nach Konstantinopel selbst aufzeichnete. Die Sammlung zu den Kreuzzügen wird noch gelegentlich benutzt, ihr zweiter Band erlebte 1972 einen Neudruck.

B. konnte für seine gelehrten Studien auf eine reiche Privatbibl. zugreifen. Zeitgemäße Bibliophilie korrespondierte mit polyhistor. Interesse und wiss. Eifer, die sich in den oft sehr intensiven Benutzerspuren in den Büchern andeuten. Seine Bibl. umfasste rund 3 000 Bände mit ca. 6 000 Einzeldrucken, darunter mehr als 60 Inkunabeln; berühmt war sie schon zu B.' Lebzeiten für ihre etwa 500 Handschriften [11], unter ihnen wertvollste Codd. aus ma. Klöstern [17]. B.' Erbe Jakob Graviseth vermachte die Bibl. 1632 der Stadt Bern, wo sie noch heute das Herzstück der Burgerbibl. bildet.

Schriften

[1] Justinus, Trogi Pompeii Historiarum Philippicarum epitoma ex manuscriptis codicibus emendatior et prologis auctior (Edition), Paris 1581 [2] Rerum Hungaricarum scriptores varii, historici, geographici, ex veteribus plerique sed iam fugientibus editionibus revocati (Edition), Frankfurt a. M. 1600 [3] Gesta Dei per Francos, sive Orientalium expeditionum et Regni Francorum Hierosolimitani historia, 2 Bde. (Edition), Hanau 1611 [4] Ad Roberti Cardinalis Bellarmini librum de temporali potestate Papae commentatio, Heidelberg 1612 [5] Viri illustris Iacobi Bongarsii epistolae ad Joachimum Camerarium ... scriptae, hrsg. von F. Spanheim, Leiden 1647 [6] Jacobi Bongarsii et Georgii Michaelis Lingelshemii epistolae, Straßburg 1660 [7] Lettres latines de Monsieur de Bongars, resident et ambassadeur sous le roy Henry IV (franz. Übers., 2 Bde.), Paris 1668.

Sekundärliteratur

[8] L. Anquez, Henri IV et l'Allemagne. D'après les mémoires de la correspondence de Jacques Bongars, 1887 [9] R. Breuer, Der Berner Codex 149 b. Beiträge zur Biographie des Jacques Bongars und zur Geschichte seiner diplomatischen Tätigkeit in Deutschland (1589–1606), 1905 [10] H. Hagen, Jacobus Bongarsius. Ein Beitrag zur Geschichte der gelehrten Studien des 16.–17. Jh.s, 1874 [11] H. Hagen, Catalogus Codicum Bernensium (Bibliotheca Bongarsiana), 1875 [12] N. Kersken, Entwicklungslinien der Geschichtsschreibung Ostmitteleuropas in der Frühen Neuzeit, in: J. Bahlcke / A. Strohmeyer (Hrsg.), Die Konstruktion der Vergangenheit. Geschichtsdenken, Traditionsbildung und Selbstdarstellung im frühneuzeitlichen Ostmitteleuropa, 2002, 19–53 [13] R. Kohlndorfer-Fries, Diplomatie und Gelehrtenrepublik. Die Kontakte des französischen Gesandten Jacques Bongars (1554–1612), 2009 [14] R. Röhricht, Bibliotheca geographica Palaestinae. Chronologisches Verzeichnis der auf die Geographie des Hl. Landes bezüglichen Literatur von 333 bis 1878 und Versuch einer Cartographie (Ndr. der Ausg. 1890), 1999 [15] C. Schultess, Aus dem Briefwechsel des franz. Philologen und Diplomaten Jacques Bongars (1554–1612), in: E. Kelter et al. (Hrsg.), Beiträge zur Gelehrtengeschichte des 17 Jh.s, 1905, 103–194 [16] F. L. A. Schweiger, Lat. Schriftsteller. A-L, 1832, 487–492 [17] Ch. von Steiger, Aus der Geschichte der Bongars-Hss. der Burgerbibliothek Bern, in: Librarium 3, 1960, 86–99 [18] A. E. Walter, Spät-

humanismus und Konfessionspolitik im konfessionellen Zeitalter. Georg Michael Lingelsheim und sein europäischer Korrespondentenkreis, 2004 [19] W. Wattenbach, Mitteilung über Jakob Bongars Reise durch Siebenbürgen 1585, in: Archiv des Vereins für siebenbürgische Landeskunde, N.F. 12, 1874, 354–380.

Axel E. Walter

Bonsor Saint-Martin, George Edward

Brit.-span. Archäologe und Maler. Geb. am 30.3. 1855 in Lille, gest. am 15.8.1930 in Mairena del Alcor (bei Sevilla). Kunststudium an den Akad. in Paris, London und Brüssel. Ab 1880 in Spanien lebend; Grabungen an mehreren meist frühgeschichtlichen Plätzen (Tartessos, punischen und phönizischen Kolonien in Spanien) sowie röm. Fundstätten in Andalusien.

Werdegang, Werk und Wirkung

1880/81 kam B. nach Spanien und begann, die Nekropole von Carmona auszugraben (bis 1888); mit den Fundstücken richtete er ein Museum ein. In den folgenden Jahren befasste er sich mit der Frühgeschichte. Er wies die Anwesenheit der Phönizier in Spanien nach; dies führte ihn zu Grabungen auf den Scilly Inseln vor Cornwall (1899–1902), die er mit den Kassiteriden (den ant. Zinn-Inseln) identifizierte. Ebenso grub er in Baelo Claudia (Provinz Cádiz) und ab 1920 im (heutigen Nationalpark) Coto de Doñana auf der Suche nach dem ant. Tartessos.

Unter B.s wenigen Publikationen zu seinen Grabungen ragen der Führer [1] und das *Sketch-Book* zur röm. Nekropole von Carmona [5], sein wichtigstes Werk, heraus. Es wurde wie auch seine Kampagnen am Guadaquivir und am Genil erst postum veröffentlicht [6]. Ein langer Aufsatz behandelt die vorröm. Besiedelung der Gegend um Carmona [2], während die Arbeit zu den Scilly-Inseln ungedruckt blieb. B. beteiligte sich an der Veröffentlichung der Grabungen in Baelo Claudia [4] und publizierte seine ersten Überlegungen zu Tartessos noch vor seinen dortigen Grabungen [3].

B.s Leistung als Vorreiter der arch. Forschung in Spanien wurde zu seiner Zeit allgemein anerkannt, wie aus seiner Korrespondenz mit franz., brit., nordamerikan. und span. Archäologen hervorgeht. 1892 und 1897 wurde er bei der Verleihung des prestigeträchtigen *Premio Martorell* für herausragende Werke zur span. Archäologie mit einem Sonderpreis ausgezeichnet.

N: Sevilla, Archivo General de Andalucía, Fondo Bonsor; Carmona, Archivo del Conjunto Arqueológico de Carmona; Madrid, Real Academia de la Historia.

Schriften

[1] Itinerario de la necrópolis romana de Carmona, 1889 [2] Les colonies agricoles pré-romaines de la vallée du Bétis, in: Revue archéologique 35, 1899, 126–159, 232–325, 376–391 [3] Tartesse, 1922 [4] Fouilles de Belo (Bolonia, province de Cadix) (1917–1921) (mit P. Paris et al.), 2 Bde., 1923–1926 [5] An Archaeological Sketch-Book of the Roman Necropolis at Carmona, 1931 [6] The Archaeological Expedition along the Guadalquivir, 1889–1901, 1931.

Sekundärliteratur

[7] P. Ashbee, George Bonsor. An Archaeological Pioneer from Spain on Scilly, in: Cornish Studies 8, 1980, 53–62 [8] E. Cruces Blanco, Inventario del Archivo y Biblioteca de Jorge Bonsor, in: Junta de Andalucía. Consejería de Cultura y Medio Ambiente, 1991 [9] J. Maier, Jorge Bonsor (1855–1930). Un académico correspondiente de la Real Academia de la Historia y de la Arqueología española y Epistolario de Jorge Bonsor (1886–1930), 1999.

Margarita Díaz-Andreu (Ü: W.M.)

Bopp, Franz

Dt. Sprachwissenschaftler und Indogermanist. Geb. am 14.9.1791 in Mainz, gest. am 23.10.1867 in Berlin. Schulbesuch in Aschaffenburg; 1809–1182 Studium ebda. (Geschichte, Philosophie), 1812–1818 in Paris (Arabisch, Persisch, Sanskrit), 1818–1820 in London (Sanskrit); 1820 Dr. h.c. Univ. Göttingen. 1821 ao.Prof. für oriental. Literatur und allgemeine Sprachkunde an der Univ. Berlin, 1822 Mitglied der Preuß. Akad. der Wiss., 1825–1864 o.Prof. an der Univ. Berlin.

Werdegang, Werk und Wirkung

B. war Sohn eines Hofbeamten des Kurfürsten von Mainz. Auf Betreiben seines Lehrers und Förderers Karl J.H. Windischmann und angeregt durch Friedrich Schlegels *Über die Sprache und Weisheit der Indier* (1808) studierte er oriental. Sprachen, ab 1812 in Paris, 1818–1820 in London. Sanskrit lernte er als Autodidakt, da es in Paris nicht unterrichtet wurde.

Im Gegensatz zu vielen Zeitgenossen betrachtete B. den Spracherwerb nicht als Ausgangspunkt eines vertieften Studiums der oriental. Literaturen und Kulturen, sondern stellte die Sprachen selbst in den Mittelpunkt. In seinem Erstlingswerk wies er nach, dass Sanskrit, Persisch, Griechisch, Latein und die german. Sprachen aufgrund von Parallelen in der Struktur ihrer Verbalformen miteinander verwandt sind [1]. In der überarbeiteten engl. Ausgabe [2] erweiterte er den Nachweis um eine eingehende Analyse der Deklinationsformen. B. hatte zunächst Schwierigkeiten, in Deutschland wiss. Fuß zu fassen. Dank der Fürsprache der Brüder ↗Humboldt erhielt er jedoch 1821 eine Prof. an der Berliner Univ., wo er bis 1864 lehrte.

Hauptwerk ist seine epochale *Vergleichende Grammatik* [4], in die er auch das Slawische, Baltische und Armenische einbezog – d.h. (bis auf das Keltische) alle lebenden Zweige der indoeurop. Sprachfamilie. Sie markiert den Beginn der histor.-vergleichenden indoeurop. Sprachwissenschaft. Neben der Wirkung in der Sprachwissenschaft selbst gewannen B.s Erkenntnisse im Lauf des 19. Jhs. erheblichen Einfluss auf Politik und Kultur, als nationalistisch inspirierte Öffentlichkeiten in Europa (später auch in Iran und Indien) sich zunehmend für die »Urheimat« der Indogermanen interessierten und zur histor. Grundlage ihrer jeweiligen nationalen Überlegenheitsansprüche machten. B. hatte diese Folgen freilich weder beabsichtigt noch vorausgesehen.

Schriften

[1] Über das Conjugationssystem der Sanskritsprache in Vergleichung mit jenem der griech., lat., persischen und germanischen Sprache, 1816 [2] Analytical Comparison of the Sanscrit, Greek, Latin and Teutonic Languages, 1820 [3] Ausführliches Lehrgebäude der Sanskrita-Sprache, 1828 [4] Vergleichende Grammatik des Sanskrit, Zend, Armenischen, Griechischen, Lateinischen, Litthauischen, (Altslawischen ab 2. Abt.), Gothischen und Deutschen, 6 Abt., 1833–1852 [5] Über die Verwandtschaft der malayisch-polynesischen Sprachen mit den indisch-europäischen, 1841 [6] Vergleichendes Accentuationssystem, nebst einer gedrängten Darstellung der grammatischen Übereinstimmungen des Sanskrit und Griechischen, 1854 [7] K.S. zur vergleichenden Sprachwissenschaft. Gesammelte Berliner Akademieabhandlungen 1824–1854, Leipzig 1972.

Sekundärliteratur

[8] B. Schlerath, Art. Bopp, Franz, in: W. Ribbe (Hrsg.), Berlinische Lebensbilder, Bd. 4: Geisteswissenschaftler, 1989, 55–72 [9] R. Sternemann (Hrsg.), Bopp-Symposium der Humboldt-Universität zu Berlin. Akten der Konferenz 1992 aus Anlaß von Franz Bopps zweihundertjährigem Geburtstag am 14. 9. 1991, 1994.

Christian Jessen-Klingenberg

Borchardt, Ludwig

Dt. Archäologe und Ägyptologe. Geb. am 5. 10. 1863 in Berlin, gest. am 12. 8. 1938 in Paris. 1883–1887 Studium des Hochbaufachs an der TH Berlin-Charlottenburg; 1888 Königlicher Regierungs-Bauführer; 1892 Königlicher Regierungs-Baumeister. Gleichzeitig Studium der Ägyptologie bei Adolf ↗Erman in Berlin; 1897 Dr. phil. h. c. Berlin; 1906 Prof. ebda. 1898 ordentliches Mitglied des DAI; 1931 Dr. Ing. e. h. in Danzig. 1897–1899 Leiter der Arbeiten am *Catalogue Général* des Ägypt. Museums in Kairo; 1899–1906 Wiss. Attaché am dt. Konsulat in Kairo; 1906/07 Wiss. Sachverständiger ebda. 1907–1929 Direktor des Kaiserlich Dt. Instituts für Ägypt. Altertumskunde in Kairo [5].

Werdegang, Werk und Wirkung

B. entstammte einer jüd. Familie. Sein Bruder, der Schriftsteller Georg Hermann (Künstlername ohne den Familiennamen), wurde 1943 in Auschwitz ermordet. Parallel zu seinem Baufach-Studium besuchte B. die Vorlesungen Adolf ↗Ermans in Ägyptologie und übte ab 1888 Hilfstätigkeiten am Ägypt. Museum Berlin aus. 1895–1896 nahm er an einem internationalen Projekt zur Untersuchung der Statik des Tempels von Philae Aeil und trat danach dem ägypt. Antikendienst bei, um an den Arbeiten des *Catalogue Géneral* mitzuwirken. 1901 publizierte er den ersten Band dieses bis heute maßgeblichen Nachschlagewerkes zu den altägypt. Denkmälern im Museum Kairo [1]. Neben seiner Tätigkeit als Sachverständiger und Institutsleiter unternahm B. diverse Ausgrabungen und bautechnische Untersuchungen in Ägypten. Seine wichtigsten Grabungen waren die im Sonnenheiligtum des Niuserre (vgl. dazu ↗Bissing) in Abu Gurob (1898–1901), in den Pyramidenbezirken von Abusir (1902–1904; 1907–1908) und im Stadtbezirk von el-Amarna (1911–1914), wo er am 6. 12. 1912 die berühmte Büste der Nofretete fand [8].

B. gilt als Begründer der Bauforschung in Ägypten und führte als Erster einen wiss. Standard für dt. Ausgrabungen in Ägypten und deren Veröffentlichungen ein [6]. Daneben widmete er sich in mehreren Publikationen der Chronologie des Alten Ägypten. Nach seiner Pensionierung etablierte er 1931 sein privates Institut für ägypt. Bauforschung, aus welchem das heutige Schweizer. Institut für ägypt. Bauforschung und Altertumskunde in Kairo hervorgegangen ist. Das 1907 von ihm gegründete Kaiserliche Dt. Institut wurde 1929 als Abteilung Kairo dem DAI angegliedert [7].

Schriften

[1] (Hrsg.), Denkmäler des Alten Reiches (außer den Statuen) im Museum von Kairo, Bd. 1: Catalogue général, 1901 (Bd. 2, 1964: postum) [2] Baugeschichte des Amontempels von Karnak, 1905 [3] Die Annalen und die zeitliche Festlegung des Alten Reiches der ägyptischen Geschichte, 1917 [4] Quellen und Forschungen zur Zeitbestimmung der Ägyptischen Geschichte, 3 Bde., 1917–1938.

Sekundärliteratur

[5] Art. Borchardt, Ludwig (1863–1938), in: WWE, 54–55 [6] H. Ricke, Art. Borchardt, Ludwig, in: NDB 2, 1955, 455 [7] S. Voss, Das Deutsche Archäologische Institut Kairo 1907–1979 im Spannungsfeld deutscher politischer Interessen, in: Menschen, Kulturen, Traditionen. Die

Forschungscluster des Deutschen Archäologischen Instituts, 2009, 110–111 [8] S. Voss / C. von Pilgrim, Ludwig Borchardt und die deutschen Interessen am Nil, in: C. Trümpler (Hrsg.), Das große Spiel. Archäologie und Politik zur Zeit des Kolonialismus (1860–1940), 2008, 294–305.

Susanne Voss

Borghesi, Bartolomeo

Ital. Epigraphiker. Geb. am 11.7.1781 in Savignano di Romagna, gest. am 16.4.1860 in San Marino. Nach Unterweisung in röm. Altertumskunde durch den Vater 1794–1800 weitere Ausbildung am Collegio dei nobili von Ravenna und am Collegio S. Luigi di Bologna. 1800–1821 Beamter in Savignano di Romagna; Reisen und Romaufenthalte zum Epigraphikstudium. 1821 Flucht aus Savignano in die Republik San Marino, um der von der päpstlichen Regierung durchgesetzten Restauration zu entkommen. 1821 bis zum Tode neben der wiss. auch polit. Tätigkeit in San Marino.

Werdegang, Werk und Wirkung

Während seiner Beamtenzeit unternahm B. zahlreiche Reisen in die kulturellen Zentren Italiens, darunter längere Aufenthalte in Rom, wo er seine Kenntnisse der lat. Epigraphik unter Anleitung des Präfekten des Vatikanischen Archivs, Pater Gaetano Marini, vertiefte, und wo er 1816/17 die gerade bei den Grabungen auf dem Forum Romanum gefundenen Fragmente der Kapitolinischen Konsularfasten untersuchte. Nach der Flucht nach San Marino beteiligte er sich dort an der Regierung, bis hin zum Amt des Sekretärs für Auswärtige Angelegenheiten, v.a. aber widmete er sich seinen antiqu. und epigr. Studien. Dazu stand er in intensivem brieflichen Austausch mit ital. und ausländischen Kollegen. Gelehrte vom Kaliber eines Theodor ↗Mommsen (1846, 1847) und Giovanni Battista ↗De Rossi (1853) besuchten ihn und erwiesen ihm ihre Reverenz.

Im Gegensatz zu vielen seiner Zeitgenossen, die sich mit der röm. Geschichte oder lat. Epigraphik befassten, war B. weder hauptberuflich Wissenschaftler noch bekleidete er ein universitäres Lehramt. Stark verwurzelt in der antiqu. Tradition früherer Jh., hinterließ er keine Gesamtdarstellung der röm. Geschichte, auch kein Handbuch der Epigraphik oder der Numismatik. Vielmehr hielt er seine Überlegungen und Rekonstruktionen, die sich immer auf konkrete Einzelprobleme bezogen, in einer Reihe von akad. Abhandlungen und v.a. einer unübersehbaren Zahl von Briefen an Korrespondenten in ganz Europa fest, die ihn zu Inschriften und Münzen, oft aus Neufunden, um Rat fragten. All diese Arbeiten, z.T. in den postum edierten *Œuvres complètes* [1] gesammelt, an deren Redaktion Theodor ↗Mommsen persönlich mitarbeitete, zeichnen sich durch die Klarheit des Stils und die vollkommene Beherrschung der lit. und dokumentarischen Quellen aus.

Es ist nicht übertrieben, B. als den Vater der mod. röm. Prosopographie und Chronologie zu bezeichnen. V.a. auf Grundlage der Inschriften, deren unverzichtbare Rolle für die histor. Rekonstruktion er immer wieder demonstrierte, gab er der Forschung zu den wichtigsten röm. Magistraturen (Konsulat, Zensur, Präfektur, Prätur) in der republikanischen wie in der Kaiserzeit eine neue Richtung. Mit seinem Fokus auf der zivilen wie auf der militärische Verwaltung des Röm. Reiches stellte er seine ungewöhnlich ganzheitliche Betrachtungsweise unter Beweis.

Fundamental war B.s Rolle schließlich als Inspirator Mommsens bei der Planung des *Corpus Inscriptionum Latinarum* (CIL). Den jungen Gelehrten, der ihn 1845 in San Marino besucht hatte, regte er zur Sammlung der lat. Inschriften Süditaliens an, die 1852 unter dem Titel *Inscriptiones Regni Neapolitani Latinae* erschienen und damit eine Probe für das CIL bildeten. In der lat. Widmungsepistel dieses Werks (zu Beginn von Band IX und X des CIL wiederholt) bezieht Mommsen sich auf B. als *magister, patronus, amicus* und würdigt ihn als einen der Begründer der neuen – kritischen und wiss. – Erforschung der röm. Geschichte, der ihn bei seinen ersten Schritten auf dem damals noch ganz unübersichtlichen Feld der röm. Inschriftenkunde geführt habe.

Schriften

[1] Œuvres complètes, 10 Bde., 1862–1893.

Sekundärliteratur

[2] A. Campana, Art. Borghesi, Bartolomeo, in: DBI 12, 1970, 624–643 [3] A. Fraschetti, Per Bartolomeo Borghesi: antiquari e tecnici nella cultura italiana dell'Ottocento, in: Bartolomeo Borghesi. Scienza e libertà (Colloqui internazionale AIEGL), 1982, 135–157 [4] P. Treves, Bartolomeo Borghesi, in: P. Treves (Hrsg.), Lo studio dell'antichità classica nell'Ottocento, 1962, 829–870.

Giovanni Salmeri (Ü: D.G.)

Bosch Gimpera, Pedro (Pere)

Span.-mex. Prähistoriker und Archäologe. Geb. am 22.3.1892 in Barcelona, gest. am 9.10.1974 in Mexiko-Stadt. 1910 Abschluss in Philosophie und Literatur sowie Jura an der Univ. Barcelona. 1911/12 und 1913/14 Studium der griech. Philologie (u.a. bei ↗Wilamowitz-Moellendorff), Klass. Arch., Geschichte und Vorgeschichte in Berlin. 1916–1933 o.Prof. für ant. und ma. Geschichte und 1933–1939 für Vorgeschichte an der Univ. Barcelona; 1933–1939 Rektor ebda. 1937–1939 katalan. Justizminister. Ab 1939 Exil in Mexiko, ab 1942 Lehramt am Colegio de México, am Instituto Nacional de Antropología e Historia (INAH) und an der Universidad Nacional Autónoma de México (UNAM). 1945–1947 Prof. an der Univ. San Carlos in Guatemala. 1948–1953 Leiter der Abteilung Philosophie und Geisteswiss. der UNESCO in Paris. 1967 Emeritierung (UNAM). Mitglied mehrerer Akad. und wiss. Institute, Ehrendoktorat der Univ. Heidelberg (1936, 1967). 1961 Präsident des Consejo Mexicano de Instituciones Humanísticas.

Werdegang, Werk und Wirkung

Durch sein Auftreten bei zahlreichen Kongressen und durch Gastdozenturen u.a. in Berlin, Edinburgh und Oxford erwarb sich B.G. seit den 1920er Jahren internationales Ansehen. Wegen seiner polit. Tätigkeit in der Span. Republik musste er 1939 emigrieren. 1942 nahm er in Mexiko die Staatsbürgerschaft an und blieb dort bis zu seinem Tod, unterbrochen durch mehrjährige Tätigkeit in Guatemala und bei der UNESCO in Paris. Seine zahlreichen Publikationen widmete er v.a. der Eisenzeit, sowohl auf der Iber. Halbinsel (Gesamtdarstellungen: [2]; [3]) als auch im indoeurop. Kontext [6]; er behandelte Themen der prähistor. Chronologie auch anderer Kontinente. Die mex. Archäologie war kaum Gegenstand seines Interesses, weit mehr jedoch die Besiedlung Amerikas und die Höhlenmalerei [7].

Seit dem Beginn seiner Lehrtätigkeit sammelte B.G. Schüler um sich, unter ihnen Luis Pericot, Alberto del Castillo, José de Calasanz Serra Rafols und Elías Serra Rafols, die seinen Weg fortsetzten und die Schule von Barcelona (auch »Katalanische Schule der Archäologie« genannt) auf Lehrstühlen in ganz Spanien bis in die 1970er Jahre fortsetzten, als mit dem Ausbau der Univ. die meisten Vertreter der Schule nach Barcelona zurückkehrten. Diese »katalanische Archäologie« stand wesentlich in dt. Tradition. Auch in Mexiko hinterließ B.G. seine Spuren, wovon die Arbeiten einiger seiner dortigen Schüler zur europ. und vorderasiat. Archäologie zeugen.

M: [8].

SV: [9]; [13.33–52].

N: Barcelona, Biblioteca de Catalunya, Fons Pericot; Instituto de Investigaciones Antropológicas (INAH), México; Univ. Barcelona.

Schriften

[1] El problema de la cerámica ibérica, 1915 [2] Ensayo de una reconstrucción de la Etnología prehistórica de la Península Ibérica, 1922 [3] Etnología de la Península Ibérica, 1932 [4] Two Celtic Waves in Spain, in: Proc. of the British Academy 26, 1940, 29–148 [5] El poblamiento antiguo y la formación de los pueblos de España, 1944 [6] El problema indoeuropeo, 1960 [7] L'Amérique avant Christophe Colomb, 1967 (ital. 1970, span. 1975) [8] Memòries, 1980.

Sekundärliteratur

[9] J. Comas, Bio-bibliografía de Pedro Bosch-Gimpera, in: S. Genovés (Hrsg.), A Pedro Bosch-Gimpera en el septuagésimo aniversario de su nacimiento, 1963, XXXI–LXIV [10] J. Comas (Hrsg.), In memoriam Pedro Bosch-Gimpera, 1891–1974, 1976 [11] J. Cortadella, Historia de un libro que se sostenía por sí mismo. La Etnologia de la Península Ibèrica de Pere Bosch Gimpera, in: P. Bosch Gimpera, Etnologia de la Península Ibérica (1932), hrsg. von J. Cortadella, 2003, i–ccxliv
[12] F. Gracia Alonso, Pere Bosch Gimpera, 2010
[13] E. Ripoll Perelló (Hrsg.), Pere Bosch Gimpera. Fundador del Museo d'Arqueologia de Barcelona, 1977.

Margarita Díaz-Andreu (Ü: W.M.)

Bosch, Clemens

Dt. Althistoriker, Epigraphiker und Numismatiker. Geb. am 6.10.1899 in Köln, gest. am 23.6.1955 in Istanbul. Besuch des Neuen Gymnasiums in Darmstadt; Soldat 14.6.1917 bis 6.1.1919; Reifeprüfung 1920. Studium u.a. der Philosophie und Alten Gesch. in Berlin und Heidelberg; Prom. 1925 ebda. bei Alfred von ↗Domaszewski über die zwei Hauptquellen des Valerius Maximus. 1930 Ernennung zum Oberassistenten an der Univ. Halle; 1932 Habil. über bithynische Provinzialmünzen der Kaiserzeit. 1934 Wülfing-Stipendium des DAI, jedoch Aberkennung aufgrund der jüd. Herkunft seiner Frau Johanna. 1935 Emigration in die Türkei (die Familie folgte 1936); Arbeit am Istanbuler Münzkabinett. 1937 Aberkennung der *venia legendi* durch den Reichs- und preuß. Minister für Wiss., Erziehung und Volksbildung. 1938 Übertritt zum Islam (Annahme des Namens Emin, aber nicht der türk. Staatsbürgerschaft). 1940 Prof. an der Univ. Istanbul; 1951 Schlaganfall; 1954 Entlassung aus dem Univ.-Dienst.

Werdegang, Werk und Wirkung

B.s Vater war Kanzleiinspektor am Oberlandesgericht in Köln. Seit 1929 war B. mit Johanna Josepha Clara, geb. Kahn, verheiratet, die aus einer großbürgerlichen dt.-jüd. Künstlerfamilie stammte. Ihr Vater Robert August Kahn (1865–1951) war Prof. an der Staatlichen Hochschule für Musik in Berlin und 1900 zum evang. Glauben konvertiert.

B.s Arbeit über Bithynien stellt einen Markstein in der Erforschung der Münzprägung der Städte Kleinasiens in der röm. Kaiserzeit dar [1]. Er erkannte die Bedeutung der Militärtypen für die Rekonstruktion von Truppenaufmarschwegen insbes. an die Perserfront und sah wohl als Erster den Zusammenhang zwischen Truppenverschiebungen und der Erhöhung der Geldmenge durch die kleinasiat. Städte. Seine Vision eines umfassenden Typenkatalogs der provinzialröm. Münzen wird seit 1992 durch das in internationaler Zusammenarbeit betriebene *Roman Provincial Coinage*-Projekt eingelöst. Das erzwungene Exil verwehrte B. die Möglichkeit, sich als Wissenschaftler ganz zu entfalten. Sein umfangreiches Buch über die lit., epigraphischen und numismatischen Quellen zur ant. Geschichte Ankaras erschien erst postum, über 20 Jahre nach der Fertigstellung [2]. Doch wird in der Türkei sein Andenken in Ehren gehalten, was nicht zuletzt in einer 2009 erschienenen Gedächtnisschrift für ihn und seine Schülerinnen Sabahat Atlan und Nezahat Baydur zum Ausdruck kommt.

Schriften

[1] Die kleinasiatischen Münzen der röm. Kaiserzeit, Teil 2, Bd. 1: Die Provinz Bithynia-Pontus, 1935 [2] Quellen zur Geschichte der Stadt Ankara im Altertum, 1967.

Sekundärliteratur

[3] M. Adak / K. Ehling, »Ich muss aber dazu anmerken, dass ich nicht die Absicht habe, nach Deutschland zurückzukehren.« Exil und neue Heimat. Clemens Bosch zwischen Halle und Istanbul (1933–1939), in: Chiron 39, 2009, 271–296 [4] B. Meissner, Forschung, Lehre und Organisation des Lehrstuhles für Alte Geschichte der Universität Halle im 20. Jh., in: H.-J. Rupieper (Hrsg.), Beiträge zur Geschichte der Martin-Luther-Universität Halle-Wittenberg 1502–2002, 2002, 223–242
[5] O. Tekin / N. Türker Tekin, Clemens Emin Bosch (1899–1955). Biography of a Refugee Academician, 2007
[6] H. Widmann, Exil und Bildungshilfe. Die deutschsprachige akademische Emigration in die Türkei nach 1933, 1973, 113–114, 256.

Kay Ehling

Bosio, Antonio

Ital. Katakombenforscher und christl. Archäologe. Geb. 1575 oder 1576 auf Malta [3] als Sohn von Giovanni Ottone B., gest. am 6. 9. 1629 in Rom. Als Jugendlicher wurde er nach Rom zu seinem Onkel Giacomo B., dem Geschichtsschreiber des Johanniterordens, geschickt. Studium von Literatur, Philosophie und Jura am Collegio Romano; Laurea am 31. 1. 1594. Danach Anwalt des Johanniterordens. Ab 1593 Erforschung der röm. Katakomben [4. Einzelangaben 138–155].

Werk und Wirkung

B. gehörte zum Kreis der Oratorianer, einer 1552 von Filippo Neri gegründeten Priestergemeinschaft, die sich mit dem Ziel der geistlichen und sittlichen Erneuerung Roms im Oratorium von S. Girolamo versammelte [9]. Von B.s Frömmigkeit und kirchengeschichtlicher Bildung zeugen seine theologischen Schriften [4. 136 f.]. Ab dem 31. 5. 1578, der Entdeckung des *Coemeterium Iordanorum* an der Via Salaria (heute Anonima di via Anapo), gelangten die frühchristl. Monumente in Rom in den Fokus altertumskundlichen Interesses sowie gegenreformatorischer Kreise [7]; [10]. Auch B.s Wirken ist vor diesem Hintergrund zu bewerten. Ein Antrieb für die christl. arch. Forscher dieser Zeit war es, den Nachweis zu erbringen, dass ebenso wie die Kirchenlehren und die Liturgie auch die künstlerischen Ausdrucksformen der katholischen Kirche seit frühchristl. Zeit beibehalten worden seien. Deshalb sind die in diesem Zusammenhang entstandenen Texte aus heutiger Sicht tendenziös gefärbt und wiss. nicht verwendbar; insbes. die frühchristl. Denkmäler wurden zu früh datiert, um eine Trad. der Kirche Roms bis in apostolische Zeit zu belegen. Anderes gilt jedoch für die bildliche Dokumentation in B.s Werk.

Als erster Forscher sammelte er 36 Jahre lang systematisch in Autopsie in den röm. Katakomben wertvolles (z. T. heute verlorenes) Material und bereitete es graphisch auf [6]. Enthalten sind neben seinen Skizzen der Malereien auch Studien zur Gesamtanlage der jeweiligen Katakombe und zu Sarkophagen, Inschriften und Funden. B. stützte sich dabei auf die Quellenstudien Onofrio ↗Panvinios und Vorarbeiten anderer Katakombenforscher wie Cesare Baronio, Giovanni Severano und Philips van Winghe [8. 17–27]. Lediglich der erste Band von Teil 2 des aus diesen Arbeiten resultierenden Hauptwerkes B.s wurde einige Jahre nach seinem Tod veröffentlicht [2]; [4. 156–161]. Die Stiche zu den Katakombenmalereien sind für die damalige Zeit ungewöhnlich exakt mit Lageangaben, Maßstab und Nordpfeil versehen. B. kontrollierte seine Zeichner jedoch nicht bei der Arbeit [9. bes. 46]. Schwierigkeiten liegen in interpretierenden Darstellungsweisen und in der unreferenzierten Ergänzung nicht erhaltener Bereiche. So kann oft nicht klar entschieden werden, in welchem Maß ein heutiger Befund seit B.s Zeiten Beeinträchtigungen erlitten hat.

Andere Manuskripte B.s gelten als verloren. Trotz der vergleichsweise schlechten Überlieferungslage seiner Schriften wurde die Bedeutung der Materialsammlung zu den Katakomben nie unterschätzt. 1650 erschien eine verkürzte Ausgabe seines Werkes, die 1710 nachgedruckt wurde; 1651 besorgte Paolo Aringhi eine – allerdings tendenziös verfälschte – lat. Übersetzung; 1688 erschien die erste dt. Fassung des Buches. Noch Giovanni Battista de ↗Rossi maß B. eine einzigartige Stellung für seine Pionierarbeit in den Katakomben bei, wie aus dem Vorwort des 1864 erschienen ersten Bandes seiner eigenen Publikation zur Katakombenforschung hervorgeht. Auch die neuesten Bearbeitungen zur Katakombenmalerei setzen sich noch mit B.s Werken auseinander [11].

1618 erwarb B. auf dem Monte S. Valentino an der Via Flaminia in Rom Grund und Boden mit der Absicht, ein Museo di antichità cristiane zu gründen, und ließ dort die Villa Bosia errichten. Zur Umsetzung gelangten die Museumspläne aber nicht mehr.

N: Rom, Bibl. Vallicelliana, G 31 (dazu L. Spigno, Considerazioni sul manoscritto Vallicelliano G.31 e la Roma sotterranea di A.B., in: Rivista di archeologia cristiana 51, 1975, 281–311). Unterlagen gesammelt unter codd. G 3–4, Manuskripte unter cod. H 25. Weitere Unterlagen sind angezeigt bei [6. 58].

Schriften

[1] Historia passionis b. Caeciliae virginis, Valeriani, Tiburtii et Maximi martyrum, nec non Urbani et Lucii pontificum et martyrum vitae. Atque Paschalis papae I. literae de eorumdem sanctorum corporum inventione & in Urbem tran[s]latione, Rom 1600 [2] Roma sotteranea opera postuma di Antonio Bosio Romano antiquario ecclesiastico … Compita, disposta, et accresciuta dal M. R. P. Giovanni Severani da S. Severino, Rom 1632 ([1634], 1622, 1688 verkürzte Bearbeitung von P. Aringhi, Rom 1651; dt. Arnheim 1662, 1688).

Sekundärliteratur

[3] E. van Cauwenbergh, Art. Bosio, Antonio, in: Dictionnaire d'histoire et de géographie ecclésiastiques 9, 1937, 1318–1319 [4] G. Ferretto, Note storico-bibliografiche di archeologia cristiana, 1942, 132–162 [5] H. Leclercq, Art. Bosio, Antonio, in: Dictionnaire d'archéologie chrétienne et de liturgie 2, 1910, 1084–1093 [6] N. Parise, Art. Bosio, Antonio, in: DBI 13, 1971, 257–259 [7] S. Ristow, Christliche Archäologie – Gestern und heute, in: Th. Fischer / W. Thiel (Hrsg.), Bilder von der Vergangenheit. Zur Geschichte der archäologischen Fächer, 2005, 215–245 [8] A. Valeri, Cenni biografici di Antonio Bosio con documenti inediti, 1900 [9] J. Wilpert, Die Katakombengemälde und ihre alten Copien. Eine ikonographische Studie, 1891, 46–69 [10] W. Wischmeyer, Die Entstehung der christlichen Archäologie im Rom der Gegenreformation, in: ZKG 89, 1978, 136–149 (bes. 147 f. mit Anm. 49) [11] N. Zimmermann, Werkstattgruppen römischer Katakombenmalerei (Jb. für Antike und Christentum, Erg.bd. 35), 2002, 13–16.

Sebastian Ristow

Botta, Paul-Émile

Franz. Diplomat, Archäologe und Arzt; Vornamen auch: Paolo Emilio. Geb. am 6. 12. 1802 in Turin (Italien), gest. am 29. 3. 1870 in Achères (Frankreich). Weltreise 1826–1829 [4]; [6]. 1925 Doktorat in Medizin in Turin; 1830 Abreise nach Kairo. Dort Arzt am Hofe des ägypt. Königs Mehmed Ali; Reise durch Palästina; 1832 Expedition nach Nubien. Ab 1933 im franz. diplomatischen Dienst; 1833 franz. Generakonsul in Alexandria; 1835–1836 Forschungsaufenthalt im Jemen; 1841 Konsul in Mossul. 1842 Probegrabungen auf dem Tell Kujundjik (dem alten Ninive); 1843/44 Ausgrabung in Chorsabad; 1848 Konsul in Jerusalem; 1855 Konsul im berberischen Tripolis (Libyen).

Werk und Wirkung

B., Sohn des ital. Arztes und Historikers Carlo Botta (ab 1814 franz. Bürger), studierte Medizin in Rouen, Nancy und Paris. Begeistert von Botanik, Zoologie und oriental. Sprachen, unternahm er als Bordmediziner auf dem Schiff *Le Héros* eine Weltreise, von der er Sammlungen von Flora und Fauna zurückbrachte. Nachdem er Arzt geworden war, begab er sich auf Einladung des osman. Vizekönigs Ali Paschas als »Entwicklungshelfer« nach Kairo und reiste durch Nubien. 1833 trat er in den franz. diplomatischen Dienst in Alexandria. Anschließend wurde er durch das Pariser *Muséum d'histoire naturelle* mit einer wiss. Mission in den Jemen entsandt. Zum Konsul im osman. Mossul ernannt, unternahm er 1842 Probegrabungen auf dem Tell Kujundjik. Danach untersuchte er die Ruine von Chorsabad, die er fälschlicherweise für Ninive hielt; tatsächlich handelte es sich um das alte Dūr-Šarrukēn, wo er 1843/44 den Palast des neuassyr. Herrschers Sargon II. (722–705) aufdeckte.

B. war der Erste, der in Mesopotamien eine Grabung auf großer Fläche unternahm [1]. Er kopierte die gefundenen Inschriften, nahm Abdrücke davon und suchte sie zu entziffern [2]. Die Reliefs zeichnete Eugène Flandin. 1844 musste B. seine Ausgrabung abbrechen, weil ihm keine weiteren Mittel zur Verfügung standen. Die Funde, insbes. die Reliefs, wurden nach Paris in den Louvre verbracht, wo 1847 die erste Sammlung von assyr. Kunstwerken eröffnet wurde. B. publizierte seine Entdeckungen aus Chorsabad im *Monument de Ninive* [3]; seine Kopien ermöglichten es daraufhin Gelehrten, die Entzifferung des Akkadischen entscheidend voranzubringen. Bis 1868 setzte B. seine diplomatische Karriere als Konsul in Jersusalem und Tripoli (Libyen) fort.

Schriften

[1] Lettres de M. Botta sur ses découvertes à Khorsabad près de Ninive, hrsg. von M. J. Mohl, 1845 (Auszüge aus dem Journal asiatique, 1843–1845) [2] Mémoire sur l'écriture cunéiforme assyrienne, in: Journal asiatique H. 1–6, 1847, 373–391, 465–505 (fortgesetzt in: 1847, H. 7–12: 121–148, 207–229, 296–324, 444–472; 1848, H. 1–6: 242–273) [3] Monument de Ninive, découvert et décrit par M. P. E. Botta, mesuré et dessiné par E. Flandin, 5 Bde., 1848–1850 [4] Observations sur les habitants des Îles Sandwich, in:

Nouvelles Annales des voyages et des sciences géographique 52, 1881, 129–148.

Sekundärliteratur

[5] G. Bergamini, »Spoliis Orientis onustus«. Paul-Émile Botta et la découverte de la civilisation assyrienne, in: E. Fontan (Hrsg.), De Khorsabad à Paris. La découverte des Assyriens, 1994, 68–85 [6] A. L. Korn, Shadows of Destiny. A French Navigator's View of the Hawaian Kingdom and Its Government, in: Hawaian Journal of History 17, 1984, 1–39 [7] M. T. Larsen, Versunkene Paläste, 2010, 28–53 (dän. 1994) [8] M. Pillet, Khorsabad. Les découvertes de V. Place en Assyrie, 1918, 1–17.

Brigitte Lion/Cécile Michel (Ü: J. R.)

Böttiger, Karl August

Dt. Archäologe und Philologe. Geb. am 8. 6. 1760 in Reichenbach, gest. am 17. 11. 1835 in Dresden. Schulbesuch in Elsterberg, ab 1772 in Schulpforta; 1778–1781 Theologie- und Philologiestudium in Leipzig. Ab 1781 Hofmeister in Dresden; 1784 Magisterprom. in Wittenberg. Ab August 1784 Rektor in Guben; ab September 1790 Rektor in Budissin; ab 1791 Rektor in Weimar; ab 1804 Studiendirektor der Kurfürstlichen Silberpagen in Dresden; ab 1814 Studiendirektor an der Ritterakademie und 1814–1834 Direktor der Antikensammlungen ebda.

Werdegang und Werk

B. studierte bei Johann August ↗Ernesti, Georg Joachim Zollikofer, Samuel Friedrich Nathanael Morus, Christian August Clodius und Friedrich Wolfgang Reiz. Seit 1788 korrespondierte er ständig mit Christian Gottlob ↗Heyne, der ihn wie dann in Weimar Heinrich ↗Meyer in der arch. Ausrichtung seiner philol. Forschungen bestärkte. 1794 widmete B. einer Vase Anna Amalias von Sachsen-Weimar seine erste arch. Arbeit [1]. B.s neuer Kommentar [2] zu Johann Heinrich Tischbeins Zeichnungen von William Hamiltons Vasen hob das wiss. Niveau der Keramologie. Er veröffentlichte in Zeitschriften und eigenständigen Publikationen eine Fülle arch. Arbeiten »vom Koliseo an bis zur Stecknadel herunter« [17. 82], die Julius Sillig z. T. postum in einer dt. [14] und einer lat. [13] Sammlung edierte. Mit v. a. in franz. Übersetzung in ganz Europa aufgenommenen theater- und kulturhistor. Arbeiten [3]; [4] beförderte B. die Emanzipation der Archäologie von der Kunstgeschichte.

In Dresden hielt B. nach Aubin Louis ↗Millins Vorbild ab 1806 öffentliche arch. Vorlesungen vor Angehörigen des Hofes, Diplomaten und Künstlern und erwarb der Archäologie den Rückhalt einflussreicher Eliten. Diese Vorträge – zur griech. Plastik 1806 [5], zur Museologie 1807 [7], zur von B. konzipierten Kunstmythologie 1808 [6], 1809 [8], 1810, 1816 (zu Amor und Psyche) und 1821 (zu Herkules), zur von B. begründeten Archäologie der Malerei 1810 und 1811 [9] sowie zur Allegorie 1812 – wurden durch die Verbreitung der für die Zuhörer bestimmten Drucke in ganz Europa von Archäologen rezipiert, erschienen aber nur z. T. und erst 1826 [11] und 1836 als reguläre Publikation. Mit *Amalthea* [10] sowie *Archäologie und Kunst* [12] gab B. die ersten arch. Fachzeitschriften heraus.

Wirkung

B. galt nach Ennio Quirinio ↗Viscontis Tod als bedeutendster europ. Archäologe. Für Georg Friedrich ↗Creuzer war B.s Kunstmythologie Anknüpfungspunkt. Der Studienaufenthalt bei B. war Bestandteil der fachlichen Bildung u. a. Eduard ↗Gerhards, Karl Otfried ↗Müllers und Emil ↗Brauns. Frühzeitig förderte B. den jungen Müller als *Choregetes* der *Amalthea*. 1833 scheiterte B.s Versuch, seinen Meisterschüler Julius Sillig, »Römling« und Sachaltertumsexperten, als Prof. an der gräzistisch und sprachphilol. orientierten Leipziger Universität zu etablieren.

B.s Kunstmythologie bindet die Geschichte der Kunst zurück an einen Religionstransfer, der Teil eines durch Handel und Kriege vermittelten Kulturtransfers ist. Der daran wie an die Archäologie der Malerei anknüpfende Désiré ↗Raoul-Rochette sah in B. seinen Lehrer. B.s Schriften inspirierten die Künste bis weit ins 19. Jh. hinein.

Schriften

[1] Über den Raub der Cassandra auf einem alten Gefässe von gebrannter Erde (mit H. Meyer), 1794 [2] Griech. Vasengemälde, 2 Teilbde., 1796–1800 [3] Die Furienmaske, im Trauerspiele und auf den Bildwerken der alten Griechen, 1801 [4] Sabina oder Morgenscenen im Putzzimmer einer reichen Römerin. Ein Beytrag zur richtigen Berurtheilung des Privatlebens der Römer und zum bessern Verständnis der röm. Schriftsteller, 1803 [5] Andeutungen zu vier und zwanzig Vorträgen über die Archaeologie im Winter 1806, Bd. 1: Allgemeine Uebersichten und Geschichte der Plastik bei den Griechen, 1806 [6] Inkunabeln der Götterlehre, 1808 [7] Ueber Museen und Antikensammlungen. Eine archäologische Vorlesung, 1808 [8] Kunst-Mythologie, 2 Bde., 1809–1810 [9] Ideen zur Archäologie der Malerei, Bd. 1, 1811 [10] Amalthea oder Museum der Kunstmythologie und bildlichen Alterthumskunde, 3 Bde., 1820–1825 [11] Ideen zur Kunst-Mythologie, 2 Bde., 1826–1836 (Bd. 2 hrsg. von J. Sillig) [12] Archäologie und Kunst, 1828 [13] Opuscula et carmina Latina, hrsg. von J. Sillig, 1837 [14] K. S. archäologischen und antiquarischen Inhalts, hrsg. von J. Sillig, 3 Bde., 1837–1838.

Sekundärliteratur

[15] G. Espagne / B. Savoy (Hrsg.), Aubin-Louis Millin et l'Allemagne. Le Magasin encyclopédique. Les lettres à Karl August Böttiger, 2005 [16] K. Gerlach / R. Sternke

(Hrsg.), Karl August Böttiger. Literarische Zustände und Zeitgenossen, ³1998 [17] K. Gerlach / R. Sternke (Hrsg.), K. A. Böttiger, Briefwechsel mit Auguste Duvau, 2004 [18] S. Lindinger, Art. Böttiger, Karl August, in: Biographisch-Bibliographisches Kirchenlex., Bd. 17, 2000, 143–151 [19] J. A. Schmidt-Funke, Karl August Böttiger (1760–1835). Weltmann und Gelehrter, 2006 [20] R. Sternke, Böttiger und der archäologische Diskurs, 2008 [21] R. Sternke, Karl August Böttiger, der archäologische Diskurs und die moderne Dichtung, in: V. Rosenberger (Hrsg.), »Die Ideale der Alten«. Antikerezeption um 1800, 2008, 93–112 [22] R. Sternke (Hrsg.), Böttiger-Lektüren. Die Antike als Schlüssel zur Moderne, 2012 (im Druck).

René Sternke

Bowra, Cecil Maurice

Engl. Klass. Philologe. Geb. am 8.4.1898 in Kiukiang (China); gest. am 4.7.1971 in Oxford. Ab 1919 Studium der *Literae Humaniores* in Oxford; ab 1922 Fellow des Wadham College (Oxford); 1946–1951 Prof. of Poetry in Oxford; Gastprofessuren u.a. in Harvard 1936/37 und 1948/49. 1951 in den Ritterstand erhoben (Sir Cecil). President der British Acad. 1958–1962.

Werk und Wirkung

B. wurde in Kiukiang geboren, wo sein Vater in der chines. Zollbehörde tätig war, und erhielt ab 1910 in England seine Schulbildung (Cheltenham College). Nach dem Kriegsdienst (1917/18) studierte er seit 1919 am Oxforder New College. Auf Vermittlung Gilbert ↗Murrays wurde er 1922 zum Fellow des Wadham College in Oxford gewählt, wo er bis zu seinem Tod 1971, von Gastprofessuren abgesehen, tätig war (ab 1938 auch als Warden).

B. empfand große Wertschätzung für die dt. Philologie, die für ihn von Ulrich von ↗Wilamowitz-Moellendorff und Eduard ↗Fraenkel verkörpert wurde. Neueren Strömungen der dt. und franz. Literaturkritik, die sich gegen Ende seines Lebens zu formieren begannen, stand er kritisch gegenüber. B.s Publikationsliste zeichnet sich durch ihren Umfang und große Weite der Interessen aus (u.a. zu Homer [1], Sophokles [4], Pindar [2]; [7]). Zwei Linien bestimmten seine Forschungstätigkeit: der Fokus auf dichterischen Werken sowie klass. und mod. Literatur in komparatistischer Perspektive (hierzu gehören Arbeiten zu franz., russ. und neugriech. Dichtern wie Pauly Valéry, A.A. Blok, Konstantinos Kavafis und Giorgos Seferis). In einem Brief an B. hob die brit. Dichterin Edith Sitwell dessen Verdienste um die Universalisierung der Dichtung und die Abschaffung von Grenzen hervor [9.984]. Nach Hugh Lloyd-Jones [8.34] liegt sein größter Erfolg jedoch im Einfluss, den er auf andere ausübte. Zu diesen zählte u.a. der polit. Philosoph und Ideengeschichtler Isaiah Berlin. Wichtig war B. auch als Übersetzer antiker Literatur (u.a. *Greek Lyric Poetry* [3]; *Oxford Book of Greek Verse*, 1930, hrsg. mit Gilbert Murray).

Im Laufe seines Lebens wurden B. diverse Ehrungen zuteil: neben mehreren Ehrendoktoraten u.a. seit 1938 Fellow der *British Academy* (von 1958 bis 1962 auch deren Präsident), 1951 Nobilitierung und 1969 Verleihung des Ordens *Pour le mérite* für Wiss. und Künste durch die dt. Regierung.

Schriften

[1] Tradition and Design in the Iliad, 1930 [2] Pindari Carmina cum fragmentis (Edition), 1935 (²1948) [3] Greek Lyric Poetry. From Alcman to Simonides, 1936 (²1961) [4] Sophoclean Tragedy, 1944 [5] The Romantic Imagination, 1950 [6] The Greek Experience, 1957 [7] Pindar, 1964.

Sekundärliteratur

[8] H. Lloyd-Jones (Hrsg.), Maurice Bowra. A Celebration, 1974 [9] L.G. Mitchell, Art. Bowra, Cecil Maurice, in: Oxford Dictionary of National Biography 6, 2004, 983–985 [10] L.G. Mitchell, Maurice Bowra. A Life, 2009.

Gregor Bitto

Bracci, Domenico Augusto

Ital. Antiquar und Gemmenforscher. Geb. 1717 in Florenz, gest. am 30.3.1795 ebda. Studium in Florenz; ab 1747/49 in Rom als Antiquar, Gemmenforscher und Cicerone tätig. 1756 Verlust der Arbeitsmaterialien; 1769 Rückkehr nach Florenz.

Werdegang

B.s besonderes Interesse galt seit der Studienzeit in Florenz der Zeichenkunst, der Architektur und v.a. der Antike. Nach dem Studium bekleidete er in Florenz einige öffentliche Ämter. Bereits in dieser Zeit stand er in Kontakt zu dem Gemmenforscher Baron Philipp von ↗Stosch. B. nahm regen Anteil an dessen Forschungen, v.a. an dessen Arbeiten zu ant. Gemmen mit Meistersignaturen (gedr. 1724). Seine antiqu. Studien führten B. zwischen 1747 und 1749 mit einem Empfehlungsschreiben Stoschs an Kardinal Alessandro Albani nach Rom. Dort bestritt er seinen Unterhalt v.a. als Fremdenführer, bes. für Engländer, die er auch nach Neapel, Herculaneum oder Pompeji begleitete.

Parallel dazu widmete er sich seinen Studien und plante eine Fortsetzung von Stoschs Werk über Gemmen mit Künstlersignaturen. Als Gemmenforscher erlangte B. in Rom schnell Bekanntheit, und aufgrund seiner Diskussionen in den Cafehäusern wurde er bald zum ›Original‹ unter den Antiquaren [7]. Für sein Gemmenwerk gewann er insbes. unter den von ihm geführten Rom-Gästen Subskribenten, sodass er Kupferstiche nach den Zeichnungen von Giovanni Battista Casanova und Gaetano Savorelli u.a. von Pietro Antonio Pazzi und Francesco Bartolozzi anfertigen lassen konnte.

Einen Rückschlag erlitt seine Arbeit 1756 durch den Verlust zahlreicher Zeichnungen und Kupferstiche bei einem Überfall. Schwer traf es B., dass Stosch nicht ihn, sondern Johann Joachim ↗Winckelmann mit der Aufgabe betraute, seine Sammlung zu publizieren. Dieser hatte in dem 1760 erschienenen Katalog B.s unpublizierte Kupferstiche zitiert und ihn an zwei Stellen verspottet – wie sich herausstellte, zu Unrecht, denn B. war ein Kenner antiker Steine und vermochte diese in der Regel gut von modernen zu unterscheiden [3.464]. In Anerkennung seiner Leistungen als Antiquar war B. zum Mitglied der *Royal Society of Antiquaries* in London ernannt worden. Als 1763 der päpstliche Antiquarius Ridolfino ↗Venuti verstarb, machte sich B. Hoffnungen auf das Amt, in das dann aber Winckelmann berufen wurde. 1769 verließ B. Rom und kehrte in seine Heimatstadt zurück. Dort erhielt er Unterstützung bei der Wiederbeschaffung seiner Kupferstiche und Zeichnungen und widmete sich seinen Publikationen.

Werk und Wirkung

1771 gab B. seine erste Schrift über einen Votiv-Clipeus heraus [1], in deren Vorrede er sich polemisch mit der z.T. ungerechten Kritik Winckelmanns auseinandersetzte. Aufgrund dieser Polemik stieß die Schrift jedoch überwiegend auf Ablehnung [4. bes. 454–460].

B.s zweibändiges Werk zu signierten Gemmen und Kameen, bereits 1768 weitestgehend fertiggestellt, erschien erst 1784/86 in lat. und ital. Sprache [2]. Den 70 von ↗Stosch publizierten Gemmen mit Künstlersignaturen fügte B. nur wenige ant., dafür aber eine Reihe von mod. Steinen hinzu, die er seinem Wissen entsprechend auch als solche benannte. Die Zuschreibung und Interpretationen übernahm er kritiklos von Stosch, ebenso die Tafeln, die qualitativ besser waren als seine neu gestochenen [6.419f.]; [10]. Die Wirkung dieser Publikation war schwach; die aufwendigen Gemmenwerke wurden zunehmend durch die kostengünstigere Herstellung von Abdrucksammlungen verdrängt. Ein dritter Band des Gemmenwerkes war geplant (über *Vite degli artefici di pietre dure, gemme e cammei dal ristabilimento dell'arte sin a' giorni nostri*), kam aber nicht zustande, auch nicht eine Beschreibung des ant. Rom oder des Lebens von Julius Caesar. In den letzten Jahren beschäftigte B. sich mit Arbeiten an einer *Geschichte der Kunst* und einer *Geschichte der Elefanten*. Sein Nachlass und seine Manuskripte wurden in einer Auktion versteigert.

B. verfügte über hervorragendes antiqu. Wissen. Durch sein intensives Studium der Gemmeninschriften, insbes. der Signaturen der Steinschneider, von Zeitgenossen oft vernachlässigt, gelang es ihm, falsche Lesungen zu korrigieren und moderne von ant. Steinen zu trennen. So verdankt die Gemmenforschung ihm nicht nur die erweiterte Kenntnis der ant. Steinschneider, sondern auch eine erste Liste gefälschter oder verdächtiger Künstlernamen im Anhang zu seinem Hauptwerk, für die ihm nicht nur Heinrich von ↗Brunn Anerkennung zollte [3.464].

Schriften

[1] Dissertazione sopra un clipeo votivo, spettante alla famiglia Ardaburia trovato l'anno MDCCLXIX nelle vicinanze d'Orbetello, Lucca 1771 [2] Memorie degli antichi incisori che scolpirono i loro nomi in gemme e cammei, con molti monumenti inediti di antichità, statue, bassirilievi, gemme, 2 Bde., Florenz 1784–1786.

Sekundärliteratur

[3] H. von Brunn, Geschichte der griech. Künstler, Bd. 2, 1859 [4] S. Ferrari, »Egli eccelente storico egli ottimo critico ...«. Carlantonio Pilati interprete dell'opera di Winckelmann, in: G. Cantarutti et al. (Hrsg.), Il Settecento tedesco in Italia. Gli Italiani e l'immagine della cultura tedesca nel XVIII secolo, 2001, 417–465 [5] M. Fileti Mazza, Note su Domenico Augusto Bracci, antiquariolo a Roma dal 1747 al 1769, in: F. Caglioti et al. (Hrsg.), FS Alessandro Conti (1946–1994), 1996, 221–246 [6] A. Furtwängler, Die antiken Gemmen, Bd. 3, 1900 [7] C. Justi, Winckelmann. Sein Leben, seine Werke und seine Zeitgenossen, Bd. 2, 1872, 270–274 [8] N. Parise, Art. Bracci, Domenico Augusto, in: DBI 13, 1971, 611–613 [9] Stark Syst. 165, 240 [10] Zazoff GG 122–127.

Stephanie-Gerrit Bruer

Braun, Emil

Dt. Klass. Archäologe. Geb. am 19.4.1809 in Gotha, gest. am 11.9.1856 in Rom. 1829 Studium in Göttingen, ab 1830 in München; 1832 Prom. in Leipzig; danach Aufenthalt in Dresden. Ab Frühjahr 1833 als Amanuensis Eduard ↗Gerhards am Königlichen Museum zu Berlin; ab Herbst 1833 Tätigkeit am Instituto di Corrispondenza Archeologica in Rom in verschiedenen Positionen, 1840–1856 als Dirigierender oder Erster Sekretär.

Werdegang, Werk und Wirkung

B. erfuhr eine vielseitige akad. Ausbildung. Sein Hauptinteressen galten der Kunstgeschichte und Philosophie und wurden von Lehrern wie Karl Otfried Müller, Ludwig Schorn und Friedrich Schelling genährt. Die Hinwendung zur Archäologie erfolgte durch die Begegnung mit Eduard Gerhard, dem B. 1833 nach Rom folgte und dem er seine Karriere am *Instituto di Corrispondenza Archeologica* in Rom verdankte. B. übernahm dort zunächst die Redaktion der Beiträge für die Institutszeitschriften sowie die Organisation von Vorträgen und Führungen zu den Denkmälern Roms. Dabei begeisterten sein fundiertes Wissen und sein gewinnendes Wesen. Daneben betätigte er sich als Agent auf dem röm. Kunstmarkt, vermittelte Ankäufe von Antiken und Gemälden, wobei ihm seine guten Kontakte zu Ausgräbern, Kunsthändlern und Künstlern zu Hilfe kamen.

B. schenkte neuesten Technologien wie der Galvanoplastik [2], der Photographie und der Eisenverarbeitung großes Interesse und versuchte, diese Verfahren für die Alt.wiss. nutzbar zu machen. Dass er einen guten Teil seiner Aktivität später bei der Erprobung und merkantilen Nutzung solcher Techniken sowie bei seiner Nebentätigkeit als homöopathischer Arzt entfaltete und nach Ansicht von Kollegen [6] das Institut darüber vernachlässigt habe, überschattet bis heute sein Andenken. Gleichwohl sind seine Leistungen für das Institut in einer Phase der finanziellen und institutionellen Krise kaum hoch genug zu veranschlagen.

B. hinterließ mehrere Monographien [1]; [2]; [3]; [4]; [5] und zahlreiche Aufsätze. Auf die Dissertation über den spätant. Historiker Orosius folgten Beiträge zu neuen Funden in den Zeitschriften des *Instituto* und Publikationen römischer Denkmäler sowie mehrere Abhandlungen zur Kunstmythologie [5]. In seinen letzten Lebensjahren verfasste B. einen Führer zu den Ruinen Roms, der lange die beste Darstellung bot [3].

Schriften

[1] Antike Marmorwerke. Zum ersten Male bekannt gemacht. Erste und zweite Decade, 2 Bde., 1843 [2] Die Apotheose des Homer in galvanoplastischer Nachbildung, 1848 [3] Die Ruinen und Museen Roms. Für Reisende, Künstler und Alterthumsfreunde, 1854 [4] Griech. Götterlehre, 1854 [5] Vorschule der Kunstmythologie, 1854.

Sekundärliteratur

[6] Wilhelm Henzen und das Institut auf dem Kapitol. Eine Auswahl seiner Briefe an Eduard Gerhard, hrsg. von H.-G. Kolbe, 1984 [7] W. Fastenrath Vinattieri, Der Archäologe Emil Braun als Kunstagent für den Freiherrn Bernhard August von Lindenau, 2004 [8] H.-G. Kolbe, Emil Braun, in: Lullies/Schiering Arch. 31–32 [9] H.-G. Kolbe, Emil Braun und die lat. Epigraphik, in: Röm. Mitteilungen 86, 1979, 529–543 [10] H. Schmidt / P. G. Schmidt, Emil Braun, »ein Mann der edelsten Begabung von Herz und Geist«. Archäologe, Kunstagent, Fabrikant und homöopathischer Arzt, 2010.

Friederike Bubenheimer-Erhart

Brendel, Otto Johannes

Dt.-amerikan. Klass. Archäologe. Geb. am 10. 10. 1901 in Erlangen, gest. am 8. 10. 1973 in New York. 1920–1928 Studium von Klass. Arch., Alter Gesch. und Latein in Heidelberg, dort 1928 Prom.; 1931 Habil. in Erlangen. 1932–1935 erster Assistent am DAI in Rom. 1936 Emigration nach Großbritannien, 1939 in die USA. 1936–1938 Research Fellow in Durham, Newcastle-upon-Tyne und London. 1939–1941 Lehrtätigkeit in St. Louis; 1941–1956 Assistenzprof., schließlich Prof. an der Univ. of Indiana in Bloomington. 1949–1951 Forschungsaufenthalt an der American Acad. in Rom. 1956–1973 Prof. für Kunstgesch. und Arch. an der Columbia Univ. in New York.

Werdegang, Werk und Wirkung

B. studierte in Heidelberg bei Ludwig ↗Curtius. Während des Studiums arbeitete er 1922 an der Bibliotheca Hertziana in Rom und 1923–1926 an der Ny Carlsberg Glyptotek in Kopenhagen. Nach seiner Diss. zu den Porträts des Kaisers Augustus [1] folgte 1929 das Reisestipendium des DAI. B. habilitierte sich bei Georg ↗Lippold zur allegorischen Bedeutung der Kugel in der griech. und röm. Kunst [2] und erhielt danach eine Assistenz in Rom, wurde jedoch wegen seiner Ehe mit der Jüdin Maria Weigert aus dem Dienst entlassen. Mit Hilfe von Karl ↗Lehmann-Hartleben ging er 1936 nach England; 1939 folgte die Emigration mit Frau und Tochter in die USA.

In England stand B. in engem Kontakt mit Fritz Saxl und dem Warburg Institute. Neben sein Interesse an der Stil- und Allegorieforschung traten seitdem verstärkt die Kunst der Renaissance und Fragen der interpretatorischen Methodik, zuletzt auch die etrusk. Kunst [4]. Daneben publizierte er zu den Museumssammlungen seiner Wirkungsstätten. B.s Arbeit ist im anglophonen Sprachraum weiterhin zentral, insbes. sein Essay zur röm. Stilgeschichte [3], in dem er sich dafür einsetzt, die röm. Kunst als ein pluralistisches System zu verstehen, in welchem die Kunststile nicht notwendig aufeinander folgen, sondern parallel zum Einsatz kommen können, um jeweils spezifische Bedeutungen zu übermitteln [9]. Zu seinen Schülern zählten Larissa Bonfante und Jerome J. Pollitt.

SV: [6. XII-XIV].

Schriften

[1] Ikonographie des Kaisers Augustus (Diss. Heidelberg), 1931 [2] Symbolik der Kugel, in: Röm. Mitteilungen 51, 1936, 1–95 [3] Prolegomena to a Book on Roman Art, in: Memoirs of the American Acad. in Rome 21, 1953, 8–73 [4] Etruscan Art, 1978 [5] The Visible Idea. Interpretations of Classical Art, 1980.

Sekundärliteratur

[6] L. Bonfante / H. von Heintze (Hrsg.), In Memoriam Otto J. Brendel. Essays in Archaeology and the Humanities, 1976 [7] W. M. Calder III, Otto Brendel, in: Lullies/Schiering Arch. 283–284 [8] W. M. Calder III, Biographical Note, in: L. Bonfante / H. von Heintze (Hrsg.), In Memoriam Otto J. Brendel. Essays in Archaeology and the Humanities, 1976, X–XI [9] N. B. Kampen, Democracy and Debate. Otto Brendel's »Prolegomena to a Book on Roman Art«, in: TAphA 127, 1997, 381–388 [10] S. Settis, »Ineguaglianze« e continuità. Un immagine dell'arte romana, in: O. Brendel, Introduzione dell'arte romana, 1982, 161–200.

Katharina Lorenz

Brøndsted, Peter Oluf

Dän. Archäologe und Philologe. Geb. am 17. 11. 1780 in Fruering bei Skanderborg, gest. am 26. 6. 1842 in Kopenhagen. Studium der Theologie in Kopenhagen, 1802 Prom., 1806 Habil. ebda. Griechenlandreise 1810–1813 nach vierjähriger Vorbereitung in Paris und Rom; 1813 ao.Prof. der Philologie in Kopenhagen. 1818 Vertreter des dän. Königshauses am Hl. Stuhl in Rom; 1820 Reise zu den Ionischen Inseln, nach Malta und Sizilien. 1832 Rückkehr nach Kopenhagen; dort Kurator des Königl. Münz- und Medaillenkabinetts sowie Ordinarius für Philologie und Arch.; 1842 Rector magnificus der Univ. Kopenhagen.

Werdegang, Werk und Wirkung

B. war ein begabter Altphilologe, Archäologe und Theologe, der Deutsch, Englisch, Italienisch, Französisch und Neugriechisch sprach. Er war mit führenden europ. Gelehrten und Intellektuellen befreundet und bereiste als einer der ersten Dänen Griechenland mit seinem Schwager sowie Georg Heinrich Koës, Otto Magnus von ↗Stackelberg, Jakob Linckh und Carl Haller von ↗Hallerstein. Sie erreichten im Herbst 1810 Athen, wo B. sich mit Charles Robert Cockerell und John Foster anfreundete sowie Lord Byron kennenlernte. Im Winter 1811/12 grub B. in Karthaia [8. 62–76]. 1812 nahm er an der Erforschung des Apollontempels in Phigaleia [5] teil und führte ein Gespräch mit Ali Pascha [6]. Nach seiner Rückkehr hielt er an der Univ. Kopenhagen eine Reihe öffentlicher Vorlesungen über das gegenwärtige und ant. Griechenland [4]; [8. 108–116], die z. T. auf seinen Reisetagebüchern fußten [8. 35–46].

B.s Hauptwerk besteht aus zwei (dt. und franz. erschienenen) monumentalen Bänden: der erste zu seinen Untersuchungen auf Kea, der zweite zu den Parthenon-Skulpturen [1]. Sechs weitere geplante Bände kamen nicht zustande [8. 274–276]. B. veröffentlichte auch eine Abhandlung zu den Panathenäischen Preisamphoren [2] und Bronzen aus dem südital. Siris [3]. Er sammelte und verkaufte Münzen und Antiquitäten und weckte das Interesse des Prinzen Christian Frederik, des späteren Königs Christian VIII. von Dänemark, am Sammeln von Antiken, insbes. griech. Vasen [7]. B. vertrat u. a. das British Museum bei europ. Auktionen [8. 143–170].

Zu seinen bleibenden Leistung zählt die Vermittlung des ant. und mod. Griechenlands an die dän. Öffentlichkeit sowie seine wichtige Rolle beim Aufbau der Münzkollektion und der Antikensammlung im dän. Nationalmuseum in Kopenhagen. B.s lebendige Tagebücher und Vorlesungen über seine Reise nach Griechenland erschließen sich nur einem dän.-sprachigen Lesepublikum; dies ist wohl Grund dafür, dass seine bahnbrechenden Beiträge zur beginnenden arch. Erschließung Griechenlands im frühen 19. Jh. bis heute kaum die gebührende internationale Anerkennung erhalten haben.

Schriften

[1] Reisen und Untersuchungen in Griechenland nebst Darstellung vieler Denkmäler, 2 Bde., 1826–1830 (franz. 1826–1830) [2] On the Panathenaic Vases and on the Holy Oil Contained in Them with Particular Reference to Some Vases of that Description Now in London, 1831 [3] Die Bronzen von Siris. Eine archäologische Untersuchung, 1837 (engl. 1836) [4] P. O. Brøndsted's Reise i Grækenland i Aarene 1810–1813, hrsg. von N. V. Dorph, 1844 [5] Udgravningen af Templet ved Phigalia efter P. O. Brøndsteds uudgivne Afhandling, hrsg. von M. Hammerich, 1861 [6] Interviews with Ali Pacha of Joanina (1812), hrsg. von J. Isager, 1999.

Sekundärliteratur

[7] B. Bundgaard Rasmussen et al. (Hrsg.), Christian VIII and the National Museum, 2000 [8] B. Bundgaard Rasmussen et al. (Hrsg.), Peter Oluf Brøndsted (1780–1842). A Danish Classicist in His European Context, 2008 [9] I. Haugsted, Dream and Reality. Danish Antiquaries, Architexts and Artists in Greece, 1996.

John Lund (Ü: D. P.)

Broughton, Thomas Robert Shannon

Kanad. Althistoriker. Geb. am 17. 2. 1900 in Corbetton/Ontario, gest. am 17. 9. 1993 in Chapel Hill/North Carolina. B. A. in *Classics* 1921 an der Univ. von Toronto; dort 1922 auch M. A. 1925–1928 Studium an der Johns Hopkins Univ. in Baltimore; 1928 Prom. ebda. 1928–1965 Prof. am Bryn Mawr College/Pennsylvania; 1965–1970 Prof. für Latein an der Univ. of North Carolina in Chapel Hill.

Werdegang, Werk und Wirkung

B. stammte aus einer kanad. Farmerfamilie angloirischer Herkunft. Seine wiss. Laufbahn begann 1921 an der Univ. von Toronto. Prägend für seine Forschungen war die Begegnung mit Tenney ↗Frank an der Johns Hopkins Univ. in Baltimore, wo er 1928 promovierte. Im selben Jahr trat er eine Stelle am renommierten Bryn Mawr College an, wo er seit 1937 eine volle Professur bekleidete; B. blieb dem College bis 1965 treu. Eine Offerte der Univ. Berkeley lehnte er 1948 ab. 1965 setzte eine späte zweite Karriere an der Univ. of North Carolina in Chapel Hill ein. B. war Präsident und Mitglied zahlreicher wiss. Institutionen und Akademien.

Aus seiner Dissertation entstand 1929 die erste Publikation zur Romanisierung der Provinz Africa [1]. Für Tenney ↗Franks *Economic Survey of Ancient Rome* verfasste B. 1938 den Abschnitt zum röm. Kleinasien [2]. Seine bis heute andauernde wiss. Reputation gewann er mit dem monumentalen Werk *The Magistrates of the Roman Republic* [3], das nach den wegweisenden Arbeiten von Matthias ↗Gelzer und Friedrich ↗Münzer einen weiteren Höhepunkt der prosopographischen Forschungen zur röm. Geschichte darstellte. B. dokumentierte hier in chronologischer Reihenfolge und auf breitester Quellenbasis alle röm. Amtsträger vom Beginn bis zum Ende der Republik. Damit gab er nicht nur ein unentbehrliches Arbeitsinstrument an die Hand, sondern verlieh auch den Untersuchungen zur Struktur der röm. Führungsschicht wichtige Impulse, wie die nachfolgenden Studien etwa von Howard Hayes Scullard, Ernst ↗Badian und Filippo Cassola beweisen.

M: T.C. Brennan et al. (Hrsg.), Autobiography. A Scholar's Life by T.R.S. Broughton (1900–1993), 2008 (American Journal of Ancient History N.S. 5).

Schriften

[1] The Romanization of Africa Proconsularis, 1929 (Ndr. 1968) [2] Roman Asia Minor, in: T. Frank (Hrsg.), An Economic Survey of Ancient Rome, Bd. 4, 1938, 499–918 [3] The Magistrates of the Roman Republic, 2 Bde., 1951–1952 (Ndr. 1968; Suppl.-Bd. 1986).

Sekundärliteratur

[4] J. Linderski, Thomas Robert Shannon Broughton, in: Gnomon 67, 1995, 91–93 [5] J. Linderski (Hrsg.), Imperium sine fine. T. Robert S. Broughton and the Roman Republic, 1996.

Holger Sonnabend

Brugsch, Emil

s. Brugsch, Heinrich

Brugsch, Heinrich

Dt. Ägyptologe und preuß. Diplomat. Geb. am 18.2.1827 in Berlin, gest. am 9.9.1894 ebda. Ab 1848 Studium der Ägyptologie, Philologie, Arch. und Philosophie in Berlin; 1851 Prom. in Ägyptologie mit einer demotistischen Arbeit ebda. 1860 und 1885 in preuß. diplomatischer Mission in Persien; 1864 preuß. Konsul in Kairo. Ab 1867 Prof. für Ägyptologie in Göttingen; ab 1870 Direktor der Ägyptologenschule in Kairo; ab 1881 Pascha.

Werdegang

Als Ägyptologe war B., von Richard ↗Lepsius noch zu Schulzeiten abgewiesen, Autodidakt. Schon als Schüler skizzierte er eine Grammatik des Demotischen, die 1848, im Jahr seines Studienbeginns, im Druck erschien [1]. Während des Studiums besuchte er altertumswiss. und zwangsweise philosophische Vorlesungen. Daneben nutzte er die Zeit zu Reisen nach Paris, wo er namentlich mit Emmanuel de Rougé bekannt wurde, nach Holland und Italien.

Alexander von Humboldt, dessen Wohlwollen B. bereits als Schüler genoss, stellte mit Empfehlungen die Verbindungen zum preuß. König Friedrich Wilhelm IV. und zum ägypt. Vizekönig Said her, welche B.s weiteren Lebensweg wesentlich bestimmten. Auf seiner ersten, von Friedrich Wilhelm finanzierten Ägyptenreise (1853/54) lernte er Auguste ↗Mariette kennen, den er bei seiner zweiten, vom Vizekönig finanzierten Ägyptenreise (1857/58) bei der Erfassung der im Serapeum bei Memphis entdeckten Inschriften unterstützte. 1860/61 war B. in preuß. diplomatischer Mission in Persien, ein zweites Mal 1885. 1864–1866 vertrat er die preuß. Interessen als Konsul in Ägypten.

1867 erhielt B. im neuerdings preuß. Göttingen eine Professur für Ägyptologie, von der er sich 1870 beurlauben ließ, um auf Wunsch des Vizekönigs in Kairo eine Ägyptologenschule zu leiten. Diese Position hatte er bis 1879 inne, als die Schule aus finanziellen Gründen geschlossen wurde. In Göttingen setzte er auch noch nach seiner Übersiedlung nach Kairo seine erfolgreichen, geradezu überlaufenen Vorlesungen fort. Versagt blieben ihm Positionen, auf die er bes. erpicht war: in jüngeren Jahren diejenige des Direktors des Ägypt. Museums in Berlin (1855 nach dem Tod von Giuseppe Passalacqua), die an Richard ↗Lepsius ging, in späteren Jahren diejenige für Ägyptologie in Berlin (1884 nach Lepsius' Tod), auf die der junge Adolf ↗Erman berufen wurde. Die biographischen Daten spiegeln einen unsteten Lebenslauf, den B. selbst im Titel seiner Autobiographie beschrieb (s.u. M).

Sein jüngerer Bruder Emil B. (24.2.1842–14.1.1930), der mit ihm 1870 als Assistent nach Kairo ging und dort in verschiedenen Positionen bis 1913 beschäftigt war [5], errichtete ihm auf seinem Grab (Berlin-Charlottenburg, Luisen-Friedhof III, C II.15.20) als Gedenkstein den Deckel eines altägypt. Sarkophags mit der Widmung »Emil seinem Bruder / Heinrich / Sargplatte aus Sakkara / 4000 v.Chr.« [6].

Werk und wissenschaftliche Leistung

B. war, wie das Interesse seiner Förderer zeigt, hochbegabt und in vielfältigster Weise einsetzbar. Dem entspricht seine gewaltige ägyptologische Lebensleistung. Er war neben dem noch einmal 20 Jahre jüngeren Gaston ↗Maspero einer der Wissenschaftler, welche die Ägyptologie zu einem ersten Höhepunkt und einem ersten Abschluss brachten. B. stellte nicht allein das Studium des Demotischen auf eine tragfähige Grundlage (abschließend in seiner demotischen Grammatik [2]), er hat auch gewaltige Textmengen aus allen Zeiten der ägypt. Geschichte erschlossen und dieses Material für zusammenfassende Darstellungen wesentlicher Sachbereiche ausgewertet, so für die ägypt. Geographie, Geschichte und Religion, schließlich für einen Gesamtüberblick über die Ägyptologie [4].

Als Nachschlagewerke sind zu nennen: ein geographisches WB, v.a. aber – vielleicht seine größte Leistung – ein hieroglyphisch-demotisches WB [3]. 1863 begründete B. die älteste ägyptologische Fachzeitschrift, die zunächst *Zeitschrift für ägypt. Sprach- und Alterthumskunde* hieß. Er musste die Herausgeberschaft jedoch bereits 1864, nachdem er den Posten des preuß. Konsuls in Kairo übernommen hatte, an Richard ↗Lepsius abgeben. B.s Ruhm verblasste bereits in der nächsten Ägyptologengeneration, die mit Adolf ↗Erman und dessen Schule einen Neubeginn der sprach- und textbasierten Ägyptologie unternahm und dabei zwar zweifellos eine stabilere Grundlage schuf, als sie die Vorgänger im zweiten und dritten Viertel des 19. Jh.s legen konnten, jedoch die Verdienste gerade B.s weit unterschätzten. Die spätere Anerkennung B.s bezog sich insbes. auf die in seiner Zeit erbrachten wiss. Leistungen und seine zeitgenössische Bedeutung.

M: Mein Leben und mein Wandern, ^{2}1894 (Ndr. 1975 u.ö.).

Schriften

[1] Scriptura Aegyptiorum demotica ex papyris et inscriptionibus explanata, 1848 (Ndr. 1978) [2] Grammaire démotique, 1855 (Ndr. 1971) [3] Dictionnaire hiéroglyphique et démotique, 7 Bde., 1867–1882 [4] Die Aegyptologie, 1891 (Ndr. 1979 u.ö.).

Sekundärliteratur

[5] Art. Brugsch, (Pasha) Heinrich Ferdinand Karl (1827–1894), in: WWE, 67–68 (zu Emil Brugsch: 66)
[6] O. Zorn, Tradition Grabpflege. Die Grabstätte des Ägyptologen Heinrich Brugsch, in: Amun 24, 2005, 28–29.

Wolfgang Schenkel

Brunn, Heinrich

Dt. Archäologe. Geb. am 23.1.1822 in Wörlitz, gest. am 23.7.1894 in Josefsthal (Oberbayern). Schulbesuch in Zerbst; 1839–1843 Studium in Bonn, Prom. 1843 ebda. 1843–1853 wiss. Hilfsarbeiter, 1857–1865 Zweiter Sekretär am Instituto di Corrispondenza Archeologica in Rom; dazwischen 1853–1856 Kustos an der Univ.-Bibl. in Bonn, dort 1854 Habil. 1865 o.Prof. für Klass. Arch. und Konservator des Münzkabinetts in München, 1868 auch Konservator der Vasensammlung ebda. 1885/86 Rektor der Univ. München; 1888 Direktor der Münchener Glyptothek. 1865 ordentliches Mitglied, 1888 Sekretär der Bayer. Akad. der Wiss. 1882 Erhebung in den persönlichen Adelsstand (von Brunn).

Wissenschaftlicher Werdegang

B. stammte aus einer anhaltischen Pastorenfamilie und studierte in Bonn Klass. Philologie und Archäologie bei Friedrich Gottlieb ↗Welcker und Friedrich Wilhelm ↗Ritschl. 21-jährig übersiedelte er nach Rom und arbeitete dort ohne feste Anstellung für Emil ↗Braun und das *Instituto di Corrispondenza Archeologica* sowie für das 1853 initiierte *Corpus Inscriptionum Latinarum*. Von Ritschl nach Bonn zurückgeholt und habilitiert, ging B. 1857 erneut nach Rom, jetzt als Zweiter Sekretär des Instituts. Dessen Forschungs- und Publikationsaktivitäten prägte er nachhaltig, v.a. auch als Lehrer bedeutender junger Archäologen wie u.a. Reinhard ↗Kekulé von Stradonitz, Alexander ↗Conze und Otto ↗Benndorf, die er in Rom unterwies. Schulbildend wurde B. nach der Berufung auf den Münchner arch. Lehrstuhl 1865, wo er ein Abgussmuseum (1872) und ein Arch. Seminar mit eigener Bibl. (1887) gründete. Zu seinen Schülern zählten Adolf ↗Furtwängler, Paul ↗Arndt, Walther ↗Amelung und Gustav ↗Körte.

Werk und Wirkung

Schon in seiner Diss. [1] behandelte B. die ant. Künstlergeschichte, der er dann in Rom sein Hauptwerk [2] widmete. Fast ausschließlich anhand der schriftlichen Quellen und orientiert an den tradierten Künstlernamen lieferte er die erste umfassende Entwicklungsgeschichte der ant. Kunst seit Johann Joachim ↗Winckelmann, auf chronologisch deutlich verbesserter Grundlage. Zwar kommen die erhaltenen Denkmäler in diesem Werk kaum vor und auf Abbildungen ist völlig verzichtet. Dennoch wurde B. schon während seiner langen Tätigkeit in Rom zum prominentesten Vorkämpfer einer von der Philologie emanzipierten, dezidiert kunstgeschichtlichen Archäologie. Unter Nutzung der Schriftquellen, aber keinesfalls in Abhängigkeit von ihnen, sollte das Kunstwerk durch gründliche »Analyse der Form« in seinem ästhetischen Eigenwert erfasst werden, um die dahinter stehende »künstlerische Idee« sichtbar zu machen [5].

Wie Winckelmann und die Klassizisten des frühen 19. Jh.s sah B. die Geschichte der griech. Kunst als Aufstieg zum Ideal, das für ihn in der Kunst des Phidias erreicht war. Die Archaik betrachtete er als unvollkommene Vorstufe, den Hellenismus als Verfallsepoche. Gleichwohl beschäftigte er sich eingehend mit der griech. Frühzeit [9], jedoch auch mit den hell. Neufunden aus Pergamon. B.s idealistisch-deduktive Methode zeigt sich bes. deutlich in seinen *Götteridealen* [8], Studien zu verschiedenen griech. Idealköpfen, die er gleichsam physiognomisch als exemplarische Verkörperungen der individuellen Wesenheit bestimmter Gottheiten ausdeutete.

Während sich B. in seinen röm. Jahren intensiv mit etrusk. und röm. Werken befasste, das von Eduard ↗Gerhard begonnene Corpus der etrusk. Spiegel fortführte und das (erst 1916 von seinem Schüler Gustav ↗Körte fertiggestellte) Corpus der etrusk. Urnen [4] begründete, galt sein Hauptinteresse in der Münchner Zeit der griech. Kunst. Schon in Rom waren ihm durch seine sorgfältige Formbeobachtung und umfassende Beherrschung der Schriftquellen bedeutende Entdeckungen gelungen: Im Bestand römischer Kopien hatte er 1858 den Marsyas des Myron [10.2, 308–314] und 1865 das Kleine Attalische Weihgeschenk [10.2, 411–430] identifiziert. 1868 folgte die Eirene des Kephisodotos [10.2, 328–340]. B.s lange geplante *Griech. Kunstgeschichte* blieb allerdings Fragment; die beiden publizierten Bände [9] galten schon beim Erscheinen als veraltet. Dennoch hat B. durch sein breites wiss. Œuvre, zu dem auch umfangreiche Bildeditionen [6]; [7] zählten, v.a. aber durch die von ihm begründete »Münchner Schule« die Entwicklung der Klass. Archäologie zu einer methodisch eigenständigen Disziplin nachhaltig beeinflusst.

SV: [10. Bd. 3, 336–343].

N: München, Bayerische Staatsbibl.

Schriften

[1] Artificum liberae Graeciae tempora (Diss. Bonn), 1843 [2] Geschichte der griech. Künstler, 2 Bde., 1853–1859 (²1889) [3] Beschreibung der Glyptothek König Ludwigs I. zu München, 1868 (⁵1887) [4] I rilievi delle urne etrusche, Bd. 1, 1870 [5] Archäologie und Anschauung, 1885 [6] (Hrsg.), Denkmäler griechischer und römischer Sculptur in historischer Anordnung, 1888–1939 [7] (Hrsg.), Griech. und röm. Porträts, 1891–1928 (mit P. Arndt) [8] Griech. Götterideale, in ihren Formen erläutert, 1893 [9] Griech. Kunstgeschichte, 2 Bde., 1893–1897 [10] K.S., 3 Bde., 1898–1906.

Sekundärliteratur

[11] W. Amelung, Art. Brunn, Heinrich von, in: ADB 55, 1910, 691–715 [12] A. Flasch, Heinrich von Brunn. Gedächtnissrede, 1902 [13] R. Lullies, Heinrich von Brunn, in: Lullies/Schiering Arch. 47–48.

Daniel Graepler

Brunt, Peter

Brit. Althistoriker. Geb. als Peter Astbury B. am 23. 6. 1917 in Couldson (Surrey), gest. am 5. 11. 2005 in Oxford. Ab 1935 Stipendiat am Oriel College in Oxford; 1939 Craven Fellowship. Nach dem Kriegseinsatz (im Ministry of Shipping) 1947–1951 Dozent an der schott. St. Andrews Univ.; 1951–1967 Dozent am Camden Lehrstuhl für Alte Gesch. der Univ. Oxford; 1968–1970 am Gonville and Caius College in Cambrigde; 1970–1982 Fellow von Brasenose College (Oxford) und Inhaber des Camden Lehrstuhls; 1980–1983 Präsident der *Society for the Promotion of Roman Studies.*

Werk und Wirkung

Der Schwerpunkt von B.s wiss. Wirken lag – neben der Geistesgeschichte – auf der röm. Republik (z. B. [3]; [4]). Seine inhaltliche und methodische Ausrichtung war von Anfang an hoch innovativ. Anstelle von ereignishistor. oder prosopographischen Fragestellungen konzentrierte er sich auf eine Analyse gesellschaftlicher Strukturen. Wegweisend wurde seine Studie *Italian Manpower* [1], die das demographische Potential des antiken Italien und dessen Entwicklung umfassend aufarbeitete: Auf der Sammlung aller Informationen zu Bevölkerungszahl und deren Veränderungen beruhen fundierte Überlegungen zur militärischen Leistungsfähigkeit. Auch wenn Einzelergebnisse heute kontrovers diskutiert werden, bleibt das Buch ein sozialgeschichtlicher Markstein.

Neben diesem großen Wurf entfaltete B. seine Ideen v. a. in grundlegenden längeren Artikeln, die konzentriert wesentliche Aspekte der röm. Gesellschaftsgeschichte neu beleuchteten (z. B. [11]). B. gelang hier u. a. der Nachweis, dass die röm. *equites* keine von den Senatoren strikt getrennte Wirtschaftsbourgeoisie bildeten; der Übergang zu den unteren Senatorenrängen war fließend [11. 144–193]. Am wirkungsmächtigsten dürfte der Beitrag zur *clientela* gewesen sein, nach dem ein umfassendes System des Austausches sozialer und ökonomischer Güter zwischen *patroni* und *clientes* in den röm. Quellen nicht belegbar ist [11.382–442]. Mit diesem Resultat brachte B. einen Pfeiler der von Matthias ↗Gelzer begründeten These ins Wanken, dass in Rom die Aristokratie ihre Herrschaft trotz einer formal starken Volksversammlung wahren konnte, weil die Bürger in ein komplexes Klientelsystem eingebunden waren. Für die von seinem Oxforder Kollegen Fergus Millar angestoßene Debatte über den demokratischen Charakter der röm. Ordnung war dieser Baustein von elementarer Bedeutung.

Schriften

[1] Italian Manpower 225 B.C.–A.D. 14, 1971 [2] Social Conflicts in the Roman Republic, 1971 [3] Marcus Aurelius in His Meditations, in: JRS 64, 1974, 1–20 [4] Stoicism and the Principate, in: Papers of the British School at Rome 43, 1975, 6–35 [5] Two Great Roman Landowners, in: Latomus 34, 1975, 619–635 [6] From Epictetus to Arrian, in: Athenaeum 65, 1977, 19–48 [7] Free Labour and Public Works at Rome, in: JRS 70, 1980, 81–100 [8] Patronage and Politics in the Verrines, in: Chiron 10, 1980, 273–289 [9] The Role of the Senate in the Augustan Regime, in: CQ 34, 1984, 423–444 [10] The Emperor's Choice of Amici, in: P. Kneissl / V. Losemann (Hrsg.), Alte Geschichte und Wissenschaftsgeschichte. FS K. Christ, 1988, 39–56 [11] The Fall of the Roman Republic and Related Essays, 1988 [12] Philosophy and Religion in the Late Republic, in: M. Griffin / J. Barnes (Hrsg.), Philosophia Togata. Essays on Philosophy and Roman Society, 1989, 174–198 [13] Roman Imperial Themes, 1990 [14] Studies in Greek History and Thought, 1993 [15] The Bubble of the Second Sophistic, in: Bulletin of the Institute of Classical Studies of the University of London 39, 1994, 25–52.

Sekundärliteratur

[16] O. Murray, Peter Brunt, in: The Guardian, 28.11.2005.

Bernhard Linke

Bücheler, Franz

Dt. Klass. Philologe. Geb. am 3.6.1837 in Rheinberg, gest. am 3.5.1908 in Bonn. 1856 Prom. in Klass. Phil. in Bonn. 1858 ao.Prof. und 1862 o.Prof. in Freiburg; 1866 o.Prof. an der Univ. Greifswald, 1870–1906 an der Univ. Bonn.

Werdegang, Werk und Wirkung

B. begann 1852 sein Studium der Klass. Philologie in Bonn bei Friedrich ↗Ritschl und wurde 1856 über die sprachlichen Studien des Kaisers Claudius promoviert. Auf Ritschls Empfehlung wurde er 1858 Extraordinarius in Freiburg, wo er 1862 eine o.Prof. erhielt. 1866 folgte er einem Ruf nach Greifswald und kehrte 1870 als Nachfolger Otto ↗Jahns nach Bonn zurück, wo er neben Hermann ↗Usener bis zu seiner Emeritierung 1906 lehrte.

B.s Forschung umfasste das gesamte Gebiet des griech.-röm Altertums. Im Bereich der Epigraphik leistete er Grundlegendes für die italische Sprachgeschichte. Er erweiterte Ritschls Arbeit, indem er auch oskische und umbrische Sprachdenkmäler in seine Studien miteinbezog [2], und ermöglichte durch seine Inschriftensammlungen und -erklärungen [3] wichtige Einblicke in den ant. Alltag. Daneben machte B. sich v.a. durch seine textkritisch-exegetischen Arbeiten einen Namen. Unter den röm. Autoren galt sein Interesse insbes. Plautus, in Einzeluntersuchungen behandelte er jedoch Vertreter fast der gesamten lat. Dichtung bis in die Zeit der Völkerwanderung. Seine Petron-Ausgabe [1], von Usener als Meisterstück gelobt, bezeugt B.s Kombinationsgabe und philol. Scharfsinn. B.s. Forschungen auf dem Gebiet der griech. Literatur umfassten u.a. die homerische Poesie, die Tragiker und die alexandrinischen Dichter.

Durch seine reiche Erfahrung auf dem Gebiet der Überlieferungsgeschichte und seine zuverlässige Beherrschung der alten Sprachen galt B. seinen Kollegen als Kontrollinstanz sicheren Wissens. Ebenso geschätzt wurde B. als akad. Lehrer. Zu seinen Schülern zählten u.a. Johannes Geffcken, Eduard ↗Norden und Hermann ↗Fränkel. B. war Initiator und Mitbegründer des *Thesaurus linguae Latinae* und seit 1877 Mitherausgeber des *Rheinischen Museums.*

N: Bonn, Stadtarchiv, Univ.- und Landesbibl. (seit 2000 Aufarbeitung an der Friedrich-Wilhelms-Univ. Bonn).

Schriften

[1] Petronii Satirarum reliquiae (Edition), 1862 [2] Umbrica (Edition mit Übers.), 1883 [3] Carmina Latina epigraphica (Edition), 1895–1897.

Sekundärliteratur

[4] J. von Karabecek, Franz Bücheler (Nekrolog), in: Almanach der Kaiserlichen Akad. der Wissenschaften in Wien, 1908, 343–350 [5] F. Marx, Franz Buecheler, in: Neue Jbb. für das Klassische Altertum 21, 1908, 358–364 [6] R. Mehrlein, Art. Bücheler, Franz, in: NDB 2, 1955, 717.

Doreen Selent

Buchner, August

Dt. Dichter und Klass. Philologe. Geb. am 2.11. 1591 in Dresden, gest. am 12.2.1661 in Apollensdorf (Pollensdorf) bei Wittenberg. 1604–1610 am Landesgymnasium zu Pforta; ab 1610 Studium der Philosophie in Wittenberg. 1616 Magister sowie Ernennung zum Prof. für Poesie, 1632 auch zum Prof. für Rhetorik ebda.; 1618, 1628, 1632 und 1654 Rektor. Ab 1641 Mitglied der »Fruchtbringenden Gesellschaft«.

Werdegang, Werk und Wirkung

B., Sohn eines Bau- und Oberzeugmeisters, lernte während des Studiums den Klass. Philologen und neulat. Dichter Friedrich ↗Taubmann kennen, in dessen Person sich die in Wittenberg bis zur Epoche Philipp ↗Melanchthons zurückreichende Tradition humanistischer Verskunst verkörperte. B. übertrug den ästhetischen Anspruch der lat. Eleganz nunmehr auch auf die muttersprachliche Dichtung. Bald gehörte er zu den maßgeblichen Autoritäten der jungen dt. Kunstpoesie. B. wirkte dabei durch die Praxis seines Poetikunterrichts. Neben der Exegese der ant. Theoretiker (z.B. der *Ars poetica* des Horaz) trug er – v.a. im Privatunterricht – das im Anschluss an Martin Opitz entwickelte Regelsystem der zeitgenössischen Lyrik vor. Zu seinem engeren und weiteren Schülerkreis zählte eine Reihe wichtiger Autoren, u.a. Simon Dach, Paul Fleming, Johann Klaj, Michael Schirmer, Andreas Tscherning und Philipp von Zesen. Mit dem Beinamen »Der Genossene« gehörte B. seit 1641 auch der Fruchtbringenden Gesellschaft an.

B.s dt. Poetik besaß erhebliche Bedeutung für die Entwicklung einer dt. Dichtung. Sie zirkulierte seit 1638 in handschriftlicher Form als Vorlesungsnachschrift. Erst nach seinem Tod erschien zunächst ein knapper Abriss [5], bald darauf eine von B.s Schwiegersohn herausgegebene, verbesserte und ergänzte Fassung [7]. B. benutzte das Gliederungsschema der rhetorischen Trad. und verwies in Einzelheiten auch immer wieder auf Julius Caesar ↗Scaligers *Poetices Libri septem* (1561). V.a. unter wirkungspsychologischen Gesichtspunkten wollte B. die stilistische Freiheit des Dichters gegenüber den diskursiven Äußerungsformen des Prosaschrifttums und gegenüber dem Erkenntnisanspruch des Philosophen verteidigen: Formgeschichtlich erweiterte er die Spannweite der dt. Lyrik, indem er nun auch die Verwendung des Daktylus und des Anapäst für einen variablen Bau des Verses empfahl und damit zur Begründung polymetrischer Verssysteme nach antikem Vorbild (Ode, Madrigal) beitrug, wie sie sich bes. bei Zesen und den Nürnberger Dichtern finden. Gleichzeitig trat B. selbst auch als lat. Dichter auf. [10].

B.s gelehrte Tätigkeit erstreckte sich v.a. auf die Herausgabe antiker Autoren. Er edierte u.a. Plautus (Wittenberg 1640 u.ö.), die Plinius-Briefe (Frankfurt/Oder 1644), Senecas *Consolatio ad Helviam* (Wittenberg 1655) und Prudentius' Hymnus *De Christi Domini … natali* (Wittenberg 1643) [2]. Die weiteste Verbreitung fand seine Überarbeitung des *Thesaurus eruditionis scholasticae* des Basilius Faber, eines bis weit ins 18. Jh. benutzten und von Johann Matthias ↗Gesner noch einmal erweiterten Lateinlexikons. Für den befreundeten Komponisten Heinrich Schütz schrieb B. den Text zur Ballettoper *Von dem Orpheo und der Eurydice* (1638 aufgeführt am Dresdener Hof), die einen wichtigen Platz in der Frühgeschichte des dt. Musiktheaters einnimmt. Seine akad. Reden erschienen postum seit 1681 in mehreren, jeweils erweiterten Auflagen (u.a. [11]): panegyrische Deklamationen, Nachrufe auf Gelehrte, darunter auch zahlreiche Univ.-Kollegen, nicht zuletzt Festansprachen und wiss. Redetraktate über lit. und kulturelle Themen. In *De prudentia temporum* z.B. setzte B. sich mit der von der Figur des *discreto* verkörperten Kunst der Konversation auseinander. Von Zesen ins Deutsche übersetzt wurde B.s fiktives Plädoyer für den hingerichteten Karl I. von England [3]. In personengeschichtlicher, stiltheoretischer und literaturgeschichtlicher Hinsicht gleichermaßen beachtenswert ist B.s postum gesammelte Korrespondenz ([9] und öfter).

SV: [16].

Schriften

[1] Poemata selectiora, Dresden 1591 (elektron. zugänglich über CAMENA) [2] Aurelii Prudentii Clementis Hymnus de Christi domini et salvatoris nostri natali (Edition), Wittenberg 1643 [3] Quid Carolus I., Britanniarum rex, loqui potuerit lata in se ferali sententia, oratio (ohne Ort, ohne Jahr), Frankfurt 1649 (?) [4] Dissertationum academicarum, Bd. 1, Wittenberg 1650 (erweitert 1678, 1679) [5] Kurzer Weg-Weiser zur Deutschen Tichtkunst, hrsg. von G. Göze, Jena 1663 (Ndr. 1977) [6] De commutata ratione dicendi libri duo, Wittenberg 1664 [7] Anleitung zur Deutschen Poeterey, hrsg. von Otto Praetorius, Wittenberg 1665 (Ndr. 1966) [8] Orationes panegyricae, Kleve 1668 (erweitert um die Orationes funebres, Wittenberg 1669) [9] Epistolae, Dresden 1679 [10] Poemata Selectiora, Leipzig 1694 [11] Orationum Academicarum, 3 Bde., 1705.

Sekundärliteratur

[12] J. P. Aikin, August Buchners ›Bußfertige Magdalena‹ (1636), in: Daphnis 22, 1993, 1–26 (Neudr. des Textes 17–26) [13] H. H. Borcherdt, August Buchner und seine Bedeutung für die deutsche Literatur des 17. Jh.s, 1919 [14] W. Buchner, August Buchner. Sein Leben und Wirken, 1863 [15] K. Conermann (Hrsg.), Briefe der Fruchtbringenden Gesellschaft und Beilagen. Die Zeit Fürst Ludwigs von Anhalt-Köthen, 1992 [16] G. Dünnhaupt, Personalbibliographien zu den Drucken des Barock, Bd. 2, 1990, 855–910 [17] J. Dyck, August Buchner. Philosoph, Historiker, Orator und Poet, in: Arcadia 4, 1969, 1–15 [18] W. Kühlmann, Gelehrtenrepublik und Fürstenstaat, 1982 [19] D. Schubert, ›Der Genossene‹. August Buchner und die ›Fruchtbringende Gesellschaft‹, in: D. Döring, Gelehrte Gesellschaften im mitteldeutschen Raum (1650–1720), Bd. 3, 2002, 23–31.

Wilhelm Kühlmann

Büchner, Karl

Dt. Klass. Philologe. Geb. am 6.8.1910 in Gaschwitz (Sachsen), gest. am 19.11.1981 in Denzlingen bei Freiburg. Ab 1930 Studium der Klass. Phil. in Leipzig; 1935 Prom., 1938 Habil. ebda.; 1939 Lehrstuhlvertretung in Göttingen. Ab 1943 ao.Prof., 1949–1976 o.Prof. für Klass. Phil. in Freiburg i.Br.

Wissenschaftlicher Werdegang

Als Sohn eines Kaufmanns geboren, verbrachte B. seine Schul- und Studienzeit in Leipzig. Prägende akad. Lehrer waren Friedrich ↗Klingner und Theodor Litt; daneben hörte er bei Erich Bethe, Alfred Körte sowie – in seinen letzten Studiensemestern – bei Karl ↗Reinhardt und Wolfgang ↗Schadewaldt. 1942 erhielt er einen Ruf auf eine ao. Professur in Freiburg, dem er, in Russland schwer verwundet und vom Wehrdienst freigestellt, erst 1943 folgen konnte. Die Berufung des polit. unauffälligen B. als Nachfolger Hans Oppermanns zeugt vom Bemühen der Fakultät, der nationalsozialistischen Beeinflussung der Freiburger Alt.wiss. entgegenzuwirken [17]. 1949 wurde das Extraordinariat in eine ordentliche Professur umgewandelt. Im gleichen Jahr lehnte B. einen Ruf nach Heidelberg ab; er blieb bis zu seiner Emeritierung in Freiburg.

B. prägte das dortige Seminar in der Nachkriegszeit entscheidend. 1961 begründete er mit Robert Schilling das *Colloquium Rhenanum*, eine jährliche Arbeitstagung der Univ. Freiburg, Strasbourg und Mulhouse. Er pflegte, u.a. durch gemeinsame musikalische Aktivitäten, intensive Beziehungen zu den Studierenden seines Seminars. B. wurde von den Univ. Glasgow, Salamanca und – postum – Strasbourg mit der Ehrendoktorwürde ausgezeichnet.

Werk und Wirkung

B.s Dissertation (Band 1 der Hermes-Einzelschriften) beschäftigt sich mit Lukrez [1], die (ungedr.) Habil.-Schrift gilt der *Andria* des Terenz. B.s Schwerpunkt war – mit gelegentlichem Ausgreifen in Spätantike (Boëthius) und Humanismus (Erasmus und Hutten) – die lat. Literatur, auf die sich auch seine gräzistischen Arbeiten häufig beziehen. Zu seinen Hauptanliegen gehörte es stets, die Selbständigkeit und Originalität der röm. Literatur gegenüber der griech. zu erweisen, dabei als Humanist den Blick für das vom Autor ›Gemeinte‹ über literaturwiss. Spezialfragen nicht zu verlieren sowie sich über röm. Wertbegriffe (bei B. stets ›Lebensbegriffe‹, so etwa *humanitas*) einem idealisierten, zeitlos bedeutsamen Römertum zu nähern [5]. Dies wird bereits in dem gemeinsam mit Johann Baptist ↗Hofmann verfassten Literaturbericht deutlich [3]. In der Nachkriegszeit entfaltete B. eine rege Tätigkeit als Übersetzer und widmete den wichtigsten lat. Autoren Monographien oder Aufsatzsammlungen [7]. Der postum erschienene Kommentar zu Ciceros *De re publica* ist wegen zahlreicher Fehler nur eingeschränkt benutzbar [11].

B.s aus der o.g. Betrachtungsweise der lat. Literatur erwachsende Tendenz, die Persönlichkeiten römischer Autoren (namentlich Ciceros [8] und Sallusts [6]) in unhistor. Weise zu überhöhen, stieß in Verbindung mit dem ihm eigenen pathetischen Duktus v.a. in der engl.sprachigen Forschung, aber auch bei Gelehrten wie Matthias ↗Gelzer, der ihn als »Kosmetiker« bezeichnete, auf Unverständnis und erschwert auch manchen modernen Lesern den Zugang zu seinem Werk. Wesentlich positiver wurde dieses zu seinen Lebzeiten vonseiten der Schule aufgenommen, kam doch B.s Literaturauffassung Tendenzen des zeitgenössischen Lateinunterrichts entgegen [9]. Seine *Röm. Literaturgeschichte*, die zwischen 1957 und 1994 sechs Auflagen erlebte [12], prägte das Bild der Latinistik auch in einer breiteren Öffentlichkeit. Aus heutiger Sicht erscheinen diejenigen seiner Arbeiten am ergiebigsten, die aufgrund ihrer Gattungszugehörigkeit eine gewisse Selbstbeschränkung erforderten, namentlich die *Real-Encyclopädie*-Artikel zu Vergil [4] und zu Ciceros Briefen [2].

SV: [18].

Schriften

[1] Beobachtungen über Vers und Gedankengang bei Lukrez (Diss. Leipzig), 1936 [2] Art. M. Tullius Cicero. Briefe und Fragmente, in: RE 7A, 1939, 1192–1274 [3] Lat. Literatur und Sprache in der Forschung seit 1937 (mit J.B. Hofmann), 1951 [4] Art. P. Vergilius Maro, in: RE 8A, 1955, 1021–1486 [5] Humanitas Romana. Studien über Werke und Wesen der Römer, 1957 [6] Sallust, 1960 [7] Studien zur röm. Literatur, 10 Bde., 1962–1979 [8] Cicero. Bestand und Wandel seiner geistigen Welt, 1964 [9] Vom Bildungswert lateinischer Texte, 1965 [10] Das Theater des Terenz, 1974 [11] M. Tullius Cicero, De re publica (Komm.), 1984 (postum) [12] Röm. Literaturgeschichte, ^{6}1994 (^{1}1957).

Sekundärliteratur

[13] J. Blänsdorf, Karl Büchner, in: Gnomon 55, 1983, 378–382 [14] K. Heldmann, Karl Büchner (1910–1981), in: Eikasmos 4, 1993, 137–141 [15] E. Lefèvre, Karl Büchner zum 70. Geburtstag, in: Freiburger Universitätsblätter 69/70, 1980, 9–10 [16] E. Lefèvre, Karl Büchner zum Gedenken, in: Freiburger Universitätsblätter 75, 1982, 5 [17] J. Malitz, Klassische Philologie, in: E. Wirbelauer et al. (Hrsg.), Die Freiburger Philosophische Fakultät 1920–1960, 2006, 303–364 [18] W. Wimmel, Der Philologe Karl Büchner (FS), 1975 (mit Bibliographie bis 1975).

Felix Mundt

Büchsenschütz, Albert Bernhard

Dt. Althistoriker. Geb. am 6.9.1828 in Berlin, gest. am 29.1.1922 ebda. 1848–1851 Studium der Philologie an der Friedrich-Wilhelms-Univ. Berlin, 1851 Prom. Danach Lehrer, 1875–1897 Direktor am Berliner Friedrich-Werderschen Gymnasium.

Werdegang, Werk und Wirkung

B., Sohn eines Lehrers, besuchte das Cöllnische Gymnasium in Berlin, studierte seit 1848 an der Friedrich-Wilhelms-Univ. Philologie und promovierte 1851 zu den Orphischen Hymnen. Innerhalb von nur zwei Jahren (1868–1869) veröffentlichte er drei Bücher: neben der Schrift über die Traumdeutung [1] und der schmalen Monographie über die Zentren des ant. Handwerks [3] sein umfangreiches Hauptwerk [2], eine systematische Darstellung der griech. Wirtschaft der archaischen und klass. Zeit. Im ersten Teil zu Besitz und Besitzverhältnissen geht B. insbes. auf Grundbesitz [2.38–103] und Sklaverei [2.104–208] ein; er hebt die strukturelle Bedeutung sowie negative Auswirkungen der Letzteren hervor. Im zweiten Teil über Erwerb und Erwerbstätigkeiten gilt die Landwirtschaft als wichtigster Wirtschaftszweig [2.293]. Als die Entwicklung des Handwerks hemmende Faktoren nennt B. dessen Verachtung und die Produktion für den Eigenbedarf [2.316f.]. Er vermeidet jegliche Idealisierung der Antike ebenso wie jede Gleichsetzung von ant. und mod. Wirtschaft.

Im 20. Jh. war B. fast völlig vergessen, obgleich seine Bücher nachgedruckt wurden. In dem Überblick von Karl ↗Christ über die dt. Forschung zur griech. Antike wird B. nicht einmal erwähnt [4]. Eduard ↗Meyer hingegen übernahm in seiner *Geschichte des Altertums* die Auffassungen B.' zur griech. Wirtschaft weitgehend [7.441f.]. Wissenschaftshistor. bedeutsam ist die Tatsache, dass Sigmund Freud seine Kenntnis der ant. Traumdeutung B.' Schrift verdankte. B.' geringer Einfluss auf die althistor. Forschung hängt sicherlich auch damit zusammen, dass er keine Prof. an einer Univ. erhielt. Immerhin ist in neueren Arbeiten zu Traum und Traumdeutung in der Antike Interesse an seiner Studie zu erkennen [6.12]; [9.524]. Moses I. ↗Finleys Forschungsbericht zur ant. Sklaverei weist darauf hin, dass B.s langes Kapitel zur Sklaverei diese kritisch beurteilt [5.25].

Schriften

[1] Traum und Traumdeutung im Alterthume, 1868 (Ndr. 1967) [2] Besitz und Erwerb im griech. Alterthume, 1869 (Ndr. 1962) [3] Die Hauptstätten des Gewerbfleisses im klass. Alterthume, 1869 (Ndr. 1967).

Sekundärliteratur

[4] Christ Hel 1999, 427; 518 [5] M. I. Finley, Ancient Slavery and Modern Ideology, 1980 [6] B. Näf, Traum und Traumdeutung im Altertum, 2004 [7] H. Schneider, Die Bücher-Meyer Kontroverse, in: W. M. Calder / A. Demandt (Hrsg.), Eduard Meyer. Leben und Leistung eines Universalhistorikers, 1990, 417–445 [8] H. Schneider, Die Erforschung der antiken Wirtschaft vom Ende des 18. Jh.s bis zum Zweiten Weltkrieg. Von A. H. L. Heeren zu M. I. Rostovtzeff, in: V. Losemann (Hrsg.), Alte Geschichte zwischen Wissenschaft und Politik. Gedenkschrift Karl Christ, 2009, 337–385 [9] G. Weber, Kaiser, Träume und Visionen in Prinzipat und Spätantike, 2000.

Helmuth Schneider

Buck, Adriaan de

Niederl. Ägyptologe. Geb. am 22.9.1892 in Oostkapelle (Zeeland), gest. am 28.10.1959 in Leiden. Studium der Theologie, Religionsgeschichte sowie Ägyptologie in Leiden, Göttingen (bei Kurt ↗Sethe) und Berlin (bei Adolf ↗Erman). Prom. in Leiden 1922. 1921–1925 Pfarrer der Hervormd Kerk in Ursem bei Alkmaar (Nordholland). Ab 1924 im Dienst des Oriental Institute Chicago. 1929 Lektor für Ägyptologie an der Univ. Leiden; 1937 außerdem Lehrbeauftragter für ant. Religionsgeschichte; 1939 ao. Prof., 1949 o.Prof. ebda. Kurz vor dem Zweiten Weltkrieg Mitbegründer des Nederlands Archeologisch-Philologisch Instituut voor het Oude Nabije Oosten. 1941 ordentliches Mitglied der Koninklijke Nederlandse Akad. van Wetenschappen zu Amsterdam; 1947 Vorsitzender der *International Association of Egyptologists* [12].

Werk und Wirkung

1924, noch während seines Pastorats in Nordholland, wurde B. von James Henry Breasted auf Empfehlung Alan ↗Gardiners die Aufgabe übertragen, für das *Oriental Institute* Chicago das umfangreiche Corpus der im Wesentlichen auf Holzsärgen der 11. bis 17. Dynastie aufgezeichneten Sargtexte zu edieren. Bis dahin war nur ein geringer Teil des Materials zugänglich und auch nur in einer Weise veröffentlicht, die nicht mehr als ausreichende Grundlage für eine Bearbeitung der teilweise recht schwer verständlichen Texte gelten konnte. In aufopferungsvoller Sammelarbeit trug B. das verstreute Material in Ägypten und in Museen Europas und Amerikas zusammen und legte es in einer vorbildlichen Publikation vor [4]. Bei seinem Tod waren sechs Bände erschienen; der siebte und letzte Band lag druckreif vor und kam wenig später heraus. Die Übersetzung und Kommentierung dieser Sargtexte vorzulegen, wozu er wie kein anderer berufen gewesen wäre, blieb ihm versagt.

B.s sonstigen Arbeiten haben die Ägyptologie in vielfältiger Weise befruchtet. In seiner Diss. [1] ging er der Entstehung und den regionalen Ausdeutungen der kosmogonischen Urhügelvorstellung nach und verknüpfte sie über den Schöpfungsgedanken mit Tempel und Thronsitz. Die Antrittsvorlesung für sein Lektorat [2] war der Spannung zwischen Wirklichkeit und Ideal in Kunst und Literatur Ägyptens gewidmet; bis heute ist sie unverzichtbar für eine methodologische Grundlagenreflexion zum Thema. Der kleinen Abhandlung über die Lehre König Amenemhets [5] wird die Erkenntnis verdankt, dass es sich bei dieser Dichtung, die dem Ermordeten in den Mund gelegt wird, um eine Propagandaschrift zugunsten Sesostris' I. handelt. In einer kurzen Studie von 1932 arbeitete B. die religiöse Verankerung der ägypt. Weisheit heraus [3] und konnte später zeigen, dass mit dem Wort *hapi* nicht nur der Nil an sich, sondern seine Überflutung gemeint ist [7].

Im Zentrum von B.s Interessen standen immer wieder religionsgeschichtliche und -phänomenologische Themen, so auch in der Antrittsvorlesung von 1939 [6]. Hier entfaltete er die Vorstellung, dass die Erneuerung des Lebens im Schlaf in ägypt. Texten einem Eintauchen in den Nun gleichgesetzt wird, einem Aufenthalt im Jenseits und damit dem Tod. Besondere Bedeutung kommt seiner bei der Arbeit an den Sargtexten entstandenen Amsterdamer Akad.-Schrift von 1947 zu [8], die der Theologie um den Gott Schu gewidmet ist. Die in den Sargtexten auch thematisierte Gleichsetzung des Toten mit Schu, dem Sohn des heliopolitanischen Urgottes Atum, förderte den Gedanken der Präexistenz des Sohnes vor der Schöpfung. Es ist das Verdienst B.s, in dieser Studie grundlegende und weitreichende altägypt. Denkstrukturen aufgezeigt zu haben, die für das Verhältnis von Gott-Vater und Gott-Sohn aufschlussreich sind, ohne der Versuchung erlegen zu sein, direkte Verbindungswege zur christl. Theologie zu konstatieren.

SV: J. M. A. Janssen, Lijst der geschriften van Professor Dr. Adriaan de Buck, in [9. 19–36].

Schriften

[1] De egyptische voorstellingen betreffende den oerheuvel (Diss. Leiden), 1922 [2] Het typische en het individueele bij de Egyptenaren, 1929 [3] Het religieus karakter der oudste Egyptische wijsheid, in: Nieuw Theologisch Tijdschrift 21, 1932, 322–349 [4] The Egyptian Coffin Texts, 7 Bde. (Edition), 1935–1961 [5] The Instructions of Amenemmes, in: Mélanges Maspero. Institut français d'archéologie orientale. Mémoires 66, 1935–1938, 847–852 [6] De godsdienstige opvatting van den slaap, inzonderheid in het oude Egypte, 1939 [7] On the Meaning of the Name H'pj, in: Orientalia Neerlandica, 1948, 1–22 [8] Plaats en betekenis van Sjoe in de Egyptische theologie (Mededeelingen der Koninklijke Nederlandsche Akademie van Wetenschappen, Afdeling Letterkunde 10/9), 1947.

Sekundärliteratur

[9] Als een goet Instrument. Leven en werken van Professor A. de Buck (FS), 1960 [10] Art. Buck, Adriaan de (1892–1959), in: WWE, 1972, 70–71 [11] S. Morenz, Adriaan de Buck, 22. September 1892 – 28. Oktober 1959, in: Zs. für ägyptische Sprache und Altertumskunde 85, 1960, I–II [12] B. A. van Proosdij, Als een goet Instrument, in: Als een goet Instrument. Leven en Werken van Professor A. de Buck (FS), 1960, 7–18.

Reinhard Grieshammer

Budé, Guillaume

Budaeus, Guilielmus; franz. Jurist und Philologe. Geb. am 26. 1. 1468 in Paris, gest. zwischen dem 20. und dem 25. 8. 1540 ebda. 1483–1486 Studium der Jurisprudenz in Orléans; Wiederaufnahme der Studien 1491. Erlernen der griech. Sprache bei Georgios Hermonymos und Janos ↗Laskaris in Paris; Studium von Mathematik, Naturwiss., Philosophie, Gesch., Theologie, Recht und Medizin. Leitung von Gesandtschaften nach Italien, u. a. zu Papst Leo X. (1515); Bekleidung mehrerer Verwaltungsämter in königlichem Dienst: 1522 Ernennung zum *Maître des Requêtes* und Leitung der königlichen Bibl. Fontainebleau unter Franz I.

Werdegang, Werk und Wirkung

B. war Sohn eines begüterten Beamten in königlichen Diensten, der eine eigene Bibl. besaß. Erst im Alter von 23 Jahren entschloss er sich, das mondäne Leben des wohlhabenden Bürgertums aufzugeben, und nahm sein Studium mit außerordentlichem Eifer wieder auf. Neben dem Recht widmete er sich dem damals unter dem Verdacht des Ketzertums stehenden Griechischstudium; er erlernte die Sprache in solcher Perfektion, dass er zu einem führenden Gräzisten unter den europ. Humanisten avancierte. Den ersten Beweis seiner Sprachbeherrschung legte er 1505 mit der Publikation seiner lat. Übersetzung von Plutarchs Traktat *De placitis philosophorum* ab [1. Bd. 1, 509–539]. Es folgten Übersetzungen von weiteren Texten Plutarchs, Basileios' d.Gr., Philons von Larisa und des Aristoteles [1. Bd. 1, 445–509, 539–542].

Als Summe seines Studiums der griech. Literatur erschienen 1529 die lexikographischen Bemerkungen v. a. zur juristischen Terminologie, seine *Commentarii linguae Graecae* [1. Bd. 4], in denen er Lesefrüchte aus mehr als 120 griech. Autoren zitierte [7. 237–259]. Die *Commentarii* gingen in das erste umfassende Lexikon der griech. Sprache ein, Henricus ↗Stephanus' *Thesaurus linguae Graecae* (1572), und bildeten den Grundstein für die führende Stellung Frankreichs bei den Griechischstudien des späteren 16. Jh.s. Im

Vorwort erinnerte B. den König an sein Versprechen, ein *Collège royal* (das spätere *Collège de France*) für die alten Sprachen zu gründen, an dem im Folgejahr tatsächlich u.a. zwei Griechischprofessoren angestellt wurden [9.49].

Als humanistisch-philol. gebildeter Jurist wurde B. überdies gewissermaßen zum Erneuerer des Rechts. Denn mit dem Ziel, den ursprünglichen Text der justinianischen Pandekten (*Digesta*) zu rekonstruieren, überwand er in den *Annotationes in quattuor et viginti Pandectarum libros* (1508 [1.Bd. 3, 1–288]; *Altera editio annotationum in Pandectas*, 1528 [1.Bd. 3, 289–399]) die auf korrupten Texten basierende ma. ahistor. Auslegung des röm. Rechts durch Glossatoren und Kommentatoren wie auch die scholastische Autoritätengläubigkeit. An deren Stelle setzte er die histor.-philol. Betrachtung der einzelnen Quellen und wurde so zu einem der Initiatoren der humanistischen Rechtsschule in Frankreich, des *mos Gallicus*, im Gegensatz zur alten Methode, dem *mos Italicus* [2.12f.]; [6.36f.]; [8.89–108].

De asse et partibus eius libri quinque [1.Bd. 2], ein 1515 publizierter Traktat über das ant. Münz- und Maßsystem, ergänzt die sprachlichen Arbeiten als Beitrag zur Realienkunde der alten Welt. Humanistische Programmschriften, deren Ausarbeitung sich jeweils über mehrere Jahre erstreckte, waren *De studio litterarum recte et commode instituendo* (1532) [1.1–30]; [3] und *De philologia* (1532) [1.31–95]; [5]. B. propagierte darin, ganz im Sinne des ↗Erasmus, die humanistischen Studien als Mittel zur Entfaltung der menschlichen Persönlichkeit und die Philologie als enzyklopädische Wiss.; vergleichbar der Philosophie in der Antike vereine sie sämtliche Wiss.en in sich, indem sie durch philol. Interpretation alle schriftlichen Quellen erschließe [2.18–20]; [3.22–24]. Von dem Glauben an die erzieherische Wirkung der ant. Literatur scheint er in seinem Spätwerk *De transitu Hellenismi ad Christianismum* (Paris 1535) [1.130–240]; [4] – möglicherweise unter dem Eindruck der zunehmenden konfessionellen Auseinandersetzungen – abgerückt zu sein und das erasmische Bildungsziel einer Verbindung paganer und christl. Literatur in Frage gestellt zu haben.

B. erfreute sich der Wertschätzung vieler Zeitgenossen [2.22f.]; [3.9]; [8.79f., 108]. Zu seinen Korrespondenten gehörten führende Repräsentanten des europ. Humanismus wie Juan Luis ↗Vives, Thomas Morus, Pietro ↗Bembo und Jacopo Sadoleto. Mit Erasmus verband ihn 1516–1527 ein freundschaftlicher, wenn auch teilweise kontroverser Briefwechsel.

Schriften

[1] Omnia Opera, 4 Bde., Basel 1557 (Ndr. der 2. Aufl. 1969) [2] De philologia. De studio litterarum (Paris 1532), eingeleitet von A. Buck, 1964 (Ndr.) [3] L'étude des lettres, hrsg. und übers. von M.-M. de La Garanderie, 1988 [4] Le passage d'Hellenisme au Christianisme, hrsg. und übers. von M.-M. de La Garanderie und D.F. Penham, 1993
[5] Philologie/De Philologia, hrsg. und übers. von M.-M. de La Garanderie, 2001.

Sekundärliteratur

[6] C.J. Classen, Antike Rhetorik im Zeitalter des Humanismus, 2003 [7] L.-A. Sanchi, Les commentaires de la langue grecque de Guillaume Budé. L'œuvre, ses sources, sa préparation, 2006 [8] G. Sandy, Guillaume Budé. Philologist and Polymath. A Preliminary Study, in: G. Sandy (Hrsg.), The Classical Heritage in France, 2002, 79–108
[9] G. Sandy, Resources for the Study of Ancient Greek in France, in: G. Sandy (Hrsg.), The Classical Heritage in France, 2002, 47–78.

Beate Hintzen

Buonaccorsi, Filippo

Ital. Humanist. Geb. am 2.5.1437 in San Gimignano, gest. am 1.11.1496 in Krakau. 1460–1462 Studium in Venedig, dann in Rom Sekretär des Kardinals Bartolomeo Roverella. 1468 Flucht aus Rom, 1470 nach Polen. Ab 1472 an der Univ. von Krakau tätig, ab 1474 als Sekretär und Rat am Hof König Kasimirs II.

Werk und Wirken

B.s humanistische Ausbildung fand in S. Gimignano unter Mattia Lupi statt, 1460–1462 in Venedig und danach im Kreise des Pomponius ↗Laetus in Rom, wo er auch in Kontakt zu Bartolomeo Sacchi (Platina) stand und sich den Humanistennamen Callimachus Caeculus gab. Während seiner Tätigkeit als Kardinalssekretär verfasste er seine Epigramme [6]. Unter dem Vorwurf, das Haupt einer Verschwörung gegen Papst Paul II. gewesen zu sein, floh er über Zypern und Konstantinopel nach Polen (Lwiw/Lemberg, später Krakau). Hier erwarb er Kenntnisse Osteuropas, auf die er mit einer Namensänderung zu Callimachus Experiens anspielte. Als Erzieher der Königskinder, darunter Johann Albrecht (Jan Olbracht; 1492 König), bestimmte B. in steigendem Maße die Politik Polens, die auf einen Ausgleich mit dem Osmanischen Reich zur Eindämmung der Einflüsse Ungarns und auf die Konfrontation mit dem poln. Hochadel zur Stärkung der Krone zielte. Eine Reihe von Gesandtschaften brachte ihn nach Venedig, Rom und Konstantinopel. In seinen *Consilia*, Memoranden und Briefen wirkte er im Sinne einer pragmatischen Außenpolitik. Seine histor.-biographischen Werke – *Vita et mores Gregorii Sanocei* (1476), *Vita et mores Sbignei Cardinalis* (1480) [5], *Historia de rege Vladislao* (1487) [2], *Attila* (1486–1488) [3] – verschafften der poln. Krone ein humanistisches Ansehen. Als Verfasser von Liebeselegien [7] wirkte B. auf Konrad ↗Celtis, der ihm in Krakau begegnete. Neben einem kritischen Interesse an neuplatonischen Fragen (*Quaestio de daemonibus ad Marsilium* ↗Ficinum; *Quastio de peccato ad Giovanni* ↗Pico della Mirandola) verfasste er auch eine *Ars Rhetorica* [1].

Schriften

[1] Rhetorica, hrsg. von K.F. Kumaniecki, 1950 [2] Historia de rege Vladislao, hrsg. von I. Lichońska, 1961 [3] Attila, hrsg. von T. Kowalewski, 1962 [4] De his quae ab Venetis tentata sunt Persis ac Tartaris contra Turcos movendis, hrsg. von A. Kempfi, 1962 [5] Vita et mores Sbignei cardinalis, hrsg. von I. Lichońska, 1962 [6] Epigrammatum libri duo, hrsg. von C.F. Kumaniecki, 1963 [7] Carmina, hrsg. von F. Sica, 1981.

Sekundärliteratur

[8] D. Caccamo, Art. Buonaccorsi, Filippo, in: DBI 15, 1971, 78–83 [9] G. Paparelli, Callimaco Esperiente, 1971 [10] H.B. Segel, Renaissance Culture in Poland. The Rise of Humanism, 1470–1543, 1989, 36–82.

Nikolaus Thurn

Burck, Erich

Dt. Klass. Philologe. Geb. am 30.11.1901 in Grimma, gest. am 10.01.1994 in Kiel. 1921–1926 Studium von Klass. Phil. und Gesch. an der Univ. Leipzig, dort 1925 Prom. 1931 Habil. in Münster; 1935 ao.Prof. in Kiel, 1938 o.Prof. für Klass. Phil. ebda.; 1970 Emeritierung.

Werk und Wirkung

In Leipzig wurde B. stark von Richard ↗Heinze geprägt und teilte dessen Bestreben, den Eigenwert der lat. Literatur gegenüber ihren griech. Vorbildern zu erweisen. B. verfasste zahlreiche Aufsätze zu Vergil, Horaz und Properz. Bes. eine Studie zu Vergils *Georgica* [3.89–116], in der B. den kompositorischen Zusammenhang von lehrhaften und nicht-lehrhaften Teilen aufzeigte, wurde wegweisend [9.72; 314]. B. beschäftigte sich auch mit der silbernen lat. Dichtung, deren nach seiner Sicht übersteigertes Kunstwollen und Vorliebe für das Exzessive er mit dem Begriff des Manierismus zu fassen suchte [4]. In seiner bahnbrechenden Habil.-Schrift [1] lieferte B. eine Charakterisierung der kompositorischen und erzählerischen Prinzipien des Livius, indem er die Darstellungsweise der ersten Pentade mit der Behandlung derselben Gegenstände bei Dionysios von Halikarnassos verglich. Wie er sowohl bezüglich der Einzelerzählungen als auch größerer Zusammenhänge zeigen konnte, strebte Livius nach architektonisch-symmetrischer Einheit und nach Spannung durch Steigerungen; durch den Erzählungsaufbau brachte er stimmungshafte Geschehensmomente zum Vorschein und ließ röm. Wertvorstellungen im Gang der Ereignisse erfahrbar werden. Hiervon ausgehend vertiefte B. seine Livius-Interpretation durch weitere bedeutende Studien [2]; [5.144–180; 214–237]. Seine Arbeiten zu Livius, interpretatorische Leistungen höchsten Ranges, sind bis heute maßgebliche Grundlage für die wiss. Beschäftigung mit diesem [6.3; 296]. B. engagierte sich stark für die humanistische Bildung, u.a. 1952–1956 als Vorsitzender des Dt. Altphilologenverbandes.

SV: [3.431–435]; [5. 588–592]; [8.90–92].

N: München, Bayerische Staatsbibl., Ana 672.

Schriften

[1] Die Erzählungskunst des T. Livius (Habil.schrift Münster), 1934 (²1964, mit Forschungsbericht) [2] Einführung in die dritte Dekade des Livius, 1950 [3] Vom Menschenbild in der röm. Literatur. Ausgewählte Schriften, 1966 [4] Vom röm. Manierismus. Von der Dichtung der frühen röm. Kaiserzeit, 1971 [5] Vom Menschenbild in der röm. Literatur. Ausgewähhlte Schriften, Teil 2, 1981.

Sekundärliteratur

[6] J.D. Chaplin, C.S. Kraus (Hrsg.), Livy, 2009 [7] U. Köster (Hrsg.), FS E. Burck, 1981 [8] E. Lefèvre, Erich Burck, in: Gnomon 68, 1996, 85–92 [9] L.P. Wilkinson, The Georgics of Virgil. A Critical Survey, 1969.

Tobias Joho

Burckhardt, Jacob

Schweizer Kunst- und Althistoriker. Geb. am 25.5.1818 in Basel, gest. am 8.8.1897 ebda. Ab 1837 Studium v.a. der Theologie an der Univ. Basel, ab 1839 der Philologie in Berlin; 1843 Prom. in Basel *in absentia*; 1844 Habil. 1845 ao.Prof. ebda.; 1855–1858 Prof. für Kunstgesch. am Eidgenössischen Polytechnikum Zürich, 1858–1893 Prof. für Gesch. und Kunstgesch. an der Univ. Basel.

Wissenschaftlicher Werdegang

B. entstammte einer altangesehenen Basler Familie. Sein gleichnamiger Vater war Antistes der Münsterkirche und damit Vorsteher der Basler Geistlichkeit. Im Elternhaus und auf dem Gymnasium erhielt B. eine umfassende histor., musische und lit. Bildung. In seiner Heimatstadt studierte B. nach kurzem Aufenthalt in Neuenburg seit 1837 auf Wunsch des Vaters evang. Theologie, hörte aber auch histor. und philol. Vorlesungen. 1839 ging er nach Berlin, wo er sich bis 1843 ganz auf die histor.-philol. Disziplinen konzentrierte und die Theologie aufgab. Zu seinen Berliner Lehrern zählten Leopold von Ranke, Johann Gustav ↗Droysen und August ↗Boeckh. Ein prägendes Sommersemester verbrachte er 1841 in Bonn, wo er sich u.a. dem Einfluss des Theologen und Schriftstellers Gottfried Kinkel öffnete.

Aufgrund zweier durch von Ranke angeregter Studien zur ma. Geschichte wurde B. 1843 in Basel *in absentia* promoviert; im Jahr darauf habilitierte er sich und wurde 1845 ao.Prof. Seinen Lebensunterhalt verdiente er zeitweise, v.a. zwischen 1853 und 1855, durch lit. Arbeiten, bis er 1855 eine Professur für Kunstgeschichte am Eidgenössischen Polytechnikum in Zürich übernahm. 1858 kehrte er nach Basel zurück, dem er trotz eines Rufs auf die Nachfolge von Rankes 1872 treu blieb. In Basel lehrte er an der Universität und am Paedagogium Geschichte und Kunstgeschichte, wobei er sich ab 1886 bis zu seiner Entpflichtung 1893 ganz auf Letztere verlegte. Daneben hielt er publikumswirksame öffentliche Vorträge. Auf diese Weise erfuhr er in Basel große Resonanz. Auf Publikationen verzichtet er in seinen letzten Jahrzehnten weitgehend.

Werk und Wirkung

B. gerierte sich gegenüber dem aufblühenden Wissenschaftsbetrieb seiner Zeit bewusst unzeitgemäß, indem er sich zunehmend auf die mündliche Form konzentrierte und nicht der Tendenz zur Spezialisierung folgte, und indem er v.a. sein Interesse weiter auf die Kulturgeschichte richtete und politikgeschichtliche Fragen nur am Rande behandelte. Unter seinen zahlreichen, zum erheblichen Teil aus dem Nachlass herausgegebenen Werken beziehen sich zwei als Ganze auf Gegenstände der Antike [1]; [3]. Doch auch in anderen Werken, namentlich dem *Cicerone* (1855), der *Cultur der Renaissance in Italien* (1860) und den sog. *Weltgeschichtlichen Betrachtungen* (besser: *Über das Studium der Geschichte*) finden sich zahlreiche Hinweise auf die Antike, die noch nicht ausgeschöpft sind.

B.s erstes, 1852/53 in erster und 1880 in deutlich überarbeiteter zweiter Auflage erschienenes Hauptwerk war *Die Zeit Constantins des Großen* [1]. In der Tradition der Aufklärung zeichnete er Konstantin als Machtpolitiker, dessen entscheidende Leistung darin lag, die weltgeschichtliche Bedeutung des Christentums erfasst zu haben. Originell ist der kulturgeschichtliche Zugriff, wobei B.s Bild der Spätantike auf der Vorstellung einer organischen Geschichtsentwicklung basiert. Die Welt, die der Leser kennenlernt, ist gealtert, und das wird in allen Lebensbereichen sichtbar. Dem gegenüber erscheint das Handeln der histor. Akteure von begrenzter Wirkung. B.s Narration legt besonderes Gewicht auf Lebensformen und Wandlungen der heidnischen wie christl. Religion. Erkennbar ist auch seine Bereitschaft, Kunst als Ausdruck ihrer Zeit in die Betrachtung einzubeziehen. Außerordentlich wirkungsmächtig war seine Darstellung der Tetrarchie (das Wort verwendet er nicht) als einer bewusst gestalteten polit. Ordnung.

Die *Griech. Kulturgeschichte* [3] trug B. lediglich (seit 1872 mehrfach) als Vorlesung vor, nach seinem Tode redigierte sie sein Neffe Jacob Oeri stark und brachte sie 1898–1902 heraus. Eine neue kritische Edition lässt die ursprüngliche Textgestalt erkennen. Mit seinen Überlegungen, die einen weiten zeitlichen Bogen schlagen, zielte B. auf den »hellenischen Menschen« und setzte sich damit sowohl von antiqu. als auch von ereignisgeschichtlichen Darstellungen ab. Die Griechen erscheinen bei ihm als frei und als genial, aber auch als leidend. Nachdrücklich betonte B. ihre Gebundenheit an die Polis, die er durchaus nicht als eine Ordnung der Freiheit verstand. Weitere wichtige Konzepte sind das der Agonalität der Griechen sowie der »Apolitie der Besten« im 4. Jh. Das Werk, das zentrale Entwicklungen der Spezialforschung ignorierte, wurde anfangs in der Fachwelt ungünstig aufgenommen, gewann aber später gerade bei denjenigen erheblichen Einfluss, die ein Unbehagen an der rein philol. Methode empfanden.

Von allen Werken B.s gibt es zahlreiche Ausgaben, in der neuen kritischen Gesamtausgabe [2] werden sie seit 2000 auf zuverlässiger Basis ediert.

Schriften

[1] Werke, Bd. 1: Die Zeit Constantins des Großen, kritische Ausgabe, hrsg. von M. Kessler (in Vorbereitung) [2] Werke. Kritische Gesamtausgabe, 28 Bde., hrsg. von der Jacob Burckhardt-Stiftung Basel, 2000 (ff.) [3] Werke, Bd. 20: Griech. Culturgeschichte, Bd. 2. Die Metamorphosen. Die Griechen und ihre Götter. Der griech. Heroencultus. Erkundung der Zukunft. Zur Gesamtbilanz des griech. Lebens, hrsg. von L. Burckhardt et al., 2005.

Sekundärliteratur

[4] B. Brennan, Burckhardt and Ranke on the Age of Constantine the Great, in: Quaderni di storia 41, 1995, 53–66 [5] L. Burckhardt / H.-J. Gehrke (Hrsg.), Jacob Burckhardt und die Griechen. Vorträge einer internationalen Fachkonferenz in Freiburg i.B., 2006 [6] E. Flaig, Der Begriff ›Alterung‹ in Jacob Burckhardts ›Zeit Konstantins des Großen‹, in: Archiv für Begriffsgeschichte 28, 1984, 201–213 [7] L. Gossmann, Basel in the Age of Burckhardt. A Study in Unseasonable Ideas, 2000 (dt. 2005) [8] Th. A. Howard, Religion and the Rise of Historicism. W. M. L. de Wette, Jacob Burckhardt, and the Theological Origins of Nineteenth-Century Historical Consciousness, 2000 [9] W. Kaegi, Jacob Burckhardt. Eine Biographie, 7 Bde., 1947–1982 [10] H. Leppin, Constantin der Große und das Christentum bei Jacob Burckhardt, in: D. Hein et al. (Hrsg.), Historie und Leben. Der Historiker als Wissenschaftler und Zeitgenosse. FS L. Gall, 2006, 441–452 (Ndr. in: H. Schlange-Schöningen [Hrsg.], Konstantin der Große. Das Bild des

Kaisers im Wandel der Zeiten, 2008, 263–276)
[11] H. Leppin, Jacob Burckhardt and Paganism in the Roman Empire, in: J. Drinkwater / B. Salway (Hrsg.), Lupi passus. FS J. H. W. G. Liebeschuetz, 2007, 17–26
[12] K. Meyer, Jacob Burckhardt. Ein Porträt, 2009.

Hartmut Leppin

Burmann, Pieter d. Ä.

Petrus Burmannus (Senior). Niederl. Philologe und Bibliothekar. Geb. am 6. 7. 1668 in Utrecht; gest. am 31. 3. 1741 in Leiden; Onkel von Pieter ↗Burmann d. J. Studium der alten Sprachen in Utrecht, der Rechte in Leiden und Utrecht. 1688 Doktorat der Rechte an der Univ. Leiden. Ab 1696 ao.Prof., ab 1698 o.Prof. für ant. Geschichte, ab 1715 Prof. für Griechisch und Latein ebda.

Werdegang und Werk

B. studierte zunächst Latein und Griechisch in Utrecht bei Johann Georg ↗Graevius und Jacobus ↗Gronovius, anschließend Rechtswissenschaft in Leiden und Utrecht. Er bereiste Deutschland und die Schweiz, praktizierte lediglich ein Jahr als Rechtsanwalt in Utrecht und veröffentlichte 1694 eine sehr erfolgreiche Studie zum röm. Steuerwesen [1]. An der Univ. Utrecht erhielt er im Anschluss an eine Professur für Geschichte des Altertums nach Graevius' Tod 1703 den Lehrstuhl für röm. Institutionen.

Die Frühphase von B.s Gelehrtentätigkeit war stark von Janus Broukhusius und Graevius geprägt. Seine Phaedrus-Ausgabe (Amsterdam 1698) wurde mit dem Kommentar u. a. des Marquard Gude, seine Horaz-Ausgabe (Utrecht 1699) mit den Anmerkungen des Janus Rutgersius veröffentlicht. Intensive persönliche Kontroversen reduzierten zwischen 1709 und 1715 seine Publikationstätigkeit auf eine Petronius-Ausgabe (Utrecht 1709), die von Johannes Clericus (Jean Le Clerc), Prof. am Remonstrantengymnasium in Amsterdam and B.s Lebensfeind, scharf kritisiert wurde.

1715 trat B. die Nachfolge von Jacob Perizonius als Prof. für Griechisch und Latein an der Univ. Leiden an. Seine Antrittsvorlesung *De publici humanioris disciplinae professoris proprio officio et munere* brachte deutlich seine wiss. Überzeugungen zum Ausdruck. Neben verschiedenen Ausgaben antiker Autoren übernahm er als Nachfolger Wolferdus Senguerds 1724 zusätzlich das Amt des Bibliothekars der Leidener Univ.-Bibliothek. Als er 1725 auch noch zum Prof. Politices ernannt wurde, thematisierte er seine akad. Berufung in einer Antrittsvorlesung *De bibliothecis publicis earumque praefectis.*

Als Bibliothekar bewies B. außergewöhnliches Geschick beim Erwerb wichtiger Sammlungen wie dem *Musaeum Lipsianum*, dem vollständigen Hss.-Bestand aus dem Besitz des Justus ↗Lipsius. 1727 erschien B.s fünfbändige Sammlung der handschriftlichen Korrespondenz u. a. von Lipsius, Johann Friedrich ↗Gronovius und Nikolaus ↗Heinsius [2]. 1730 gelang es ihm, ein wichtiges Vergil-Ms. mit einem Kommentar des Servius zu akquirieren, das aus dem Besitz des Gelehrten und Bürgermeisters von Haarlem, Sam Huls, stammte. Auf dieser Grundlage entstand eine neue vierbändige Vergil-Ausgabe, die sein Neffe Pieter ↗Burmann d. J. nach seinem Tod vollendete und zum Druck brachte [6].

Als Herausgeber antiker und neulat. Texte war B. in diesen Jahren selbst äußerst produktiv: Er edierte nicht nur die *Orationes* seines Lehrmeisters ↗Graevius (Leiden 1717), sondern erstellte auch Ausgaben von Velleius Paterculus (Leiden 1719, Ndr. 1744), Quintilian (Leiden 1720), Justinus (Leiden 1722) sowie eine neue Edition des Valerius Flaccus (Leiden 1724). 1725 veröffentlichte er die *Epistulae* des Petrus Cunaeus und die *Opera omnia* des neulat. Dichters und Historikers George Buchanan. Zwei Jahre später erweiterte er, nachdem die Phaedrus-Ausgabe Richard ↗Bentleys bekannt geworden war, seine eigene Ausgabe dieses Autors u. a. durch kritische Anmerkungen zu Bentleys Text. Doch seine wichtigste Edition, ebenfalls 1727, war die der Werke Ovids [3]; das Vowort dazu wurde wegen einer Meinungsverschiedenheit mit dem Verlag erst postum 1757 veröffentlicht. Von seinen letzten wiss. Arbeiten sind die Ausgaben von Sueton (1736) und Lucan (1740) zu erwähnen; 1760 erschien dann noch eine von Claudian mit Anmerkungen von Nicolaus ↗Heinsius und B.

Würdigung und Wirkung

B. zählte zu den bedeutendsten Philologen des 18. Jh.s. Entgegen der Ansicht Lucian Müllers [9] sind seine Ausgaben immer noch wertvolle Beiträge zur Textkritik, insbes. seine Editionen der lat. Dichtung und diejenigen, die auf den Anmerkungen von Heinsius basieren. Obwohl B. als Gelehrter keine eigentliche Pionierarbeit leistete, wurde er doch aufgrund seiner immensen lat. Sprachkenntnisse, seiner erfolgreichen Texteditionen und seiner Umsetzung der Methodologie des ↗Graevius zum Begründer einer Schule der Philologie. Seine Schüler, u. a. Arnold Drakenborch und Franz van Oudendorp, setzten seine Weg fort und bestimmten die philol. Methodik den Niederlande. B.s Zeitgenossen bewunderten v. a. seine kunstvollen lat. Gedichte (veröffentlicht von seinem Neffen Pieter ↗Burmann d. J.) [5] und Reden [7].

Schriften

[1] De vectigalibus populi Romani, Utrecht 1694 [2] Sylloge epistolarum a viris illustribus scriptarum, 5 Bde. (Edition), Leiden 1724–1725 [3] Publii Ovidii Nasonis opera omnia, 4 Bde. (Edition), Amsterdam 1727 [4] Sylloge epistolarum a viris illustribus scriptarum, 6 Bde. (Edition), Leiden 1727 [5] Petri Burmanni poematum libri IV, hrsg. von P. Burmann d.J., Amsterdam 1745 [6] P. Virgilii Maronis Opera, …quibus et suas in omne opus animadversiones, et variantes in Servium lectiones addidit P. Burmannus, hrsg. von P. Burmann d.J., 4 Bde. (Edition mit Komm.), Amsterdam 1746 [7] Orationes, hrsg. von N. Bondt, Den Haag 1759.

Sekundärliteratur

[8] T. Dokkum, Art. Burmann, Pieter, in: Nieuw Nederlands Biografisch Woordenboek 4, 1918, 354–358 [9] L. Müller, Geschichte der Klassischen Philologie in den Niederlanden, 1869, 59–54 [10] Sandys Hist., Bd. 2, 443–445.

Jan Papy (Ü: D.P.)

Burmann, Pieter d. J.

Burmannus, Petrus Secundus/Junior. Niederl. Philologe und neulat. Dichter. Geb. am 23.10.1713 in Amsterdam, gest. am 24.6.1778 in Santhorst bei Wassenaar. Studium der Rechtswiss. und ant. Sprachen an der Univ. Utrecht; 1734 juristische Prom. Ab 1735 Prof. für Gesch. und Rhetorik in Franeker; ab 1742 Prof. für Geschichte und Rhetorik am Athenaeum illustre in Amsterdam.

Werdegang, Werk und Wirkung

Da seine Eltern früh verstarben, wurde B. von seinem gleichnamigen Onkel Pieter ↗Burmann d.Ä. aufgezogenen, der damals Prof. für Alte Geschichte in Leiden war. B. Junior studierte an der Univ. Utrecht bei Jacobus Voorda und Everardus Otto Rechtswiss.-en sowie bei Carl Andreas Duker und Arnold Drakenborch alte Sprachen. Bereits als Student fielen seine Fähigkeiten in akad. Kreisen auf, sodass er schon 1735 in Franeker zum Prof. für Eloquenz und Geschichte berufen wurde; 1742 erhielt er zusätzlich den Titel eines Prof. der Dichtkunst. Ein Jahr später trat er die Nachfolge von Jacques Philippe ↗D'Orville am Athenaeum illustre in Amsterdam an. Seine berühmte Antrittsrede in elegischen Distichen zum dichterischen Enthusiamus (*De enthousiasmo poetico*) beeindruckte durch Schönheit und Klangfülle der Verse sein Publikum zutiefst.

In Amsterdam erfuhr B. hohe Wertschätzung und wurde sogar zum Prof. für niederl. Geschichte (*Historia patriae*) und 1652 zum Leiter der Bibl. ernannt. Zu seiner Enttäuschung bot man ihm jedoch weder 1755 der Lehrstuhl für Alte Geschichte und Rhetorik in Utrecht an, der mit Christoph Saxe besetzt wurde, noch 1761 die Nachfolge auf den Leidener Lehrstuhl des Franciscus Oudendorpius, der an David ↗Ruhnken ging.

B. zählte nicht zu den allergrößten Gelehrten seines Zeitalters. Als Bewunderer und Schüler seines Onkels folgte er dessen Spuren, doch in seiner Philologie und seiner akad. Tätigkeit stand nicht der Aspekt der Gelehrsamkeit an erster Stelle, sondern die Kraft der Dichtung und Rhetorik. Einige seiner eigenen Texteditionen trugen zwar zu seinem Ansehen bei, doch dieses gründete v.a. auf noch von seinem Onkel oder anderen auf den Weg gebrachten Ausgaben, die er nach deren Tod vollendete. 1746 bzw. 1760 veröffentlichte er die von Burmann d.Ä. erstellten Vergil- und Claudian-Editionen. Auf Wunsch des Onkels bereitete er auch Nicolaus ↗Heinsius' *Adversaria* (1741) sowie Henricus Valerius' *Emendationes* und *De re critica* (1740) zum Druck vor. 1764 machte B. D'Orville's *Sicula* publikationsfähig, eine Beschreibung aller ant. Monumente Siziliens. Seine kommentierte Edition der *Anthologia Latina* [1] wurde von Christian Adolph ↗Klotz heftig kritisiert. Zwischen 1759 und 1773 veröffentlichte B. seine Sammlung antiker lat. Epigramme und Gedichte in Amsterdam [3], seine bedeutende Ausgabe der *Rhetorica ad Herennium* 1761 in Leiden [4]. B.s Properz-Edition wurde von seinem Schüler Laurens van Santen fertiggestellt und 1780 in Amsterdam herausgebracht.

Als Gräzist genoss B. keine besondere Wertschätzung, obwohl er eine Aristophanes-Ausgabe des Siebenbürger Altphilologen und Antiquars Stephan Bergler bearbeitete (Leiden 1760). Seine *Analecta Belgica* (Leiden 1772) dokumentieren seine Fähigkeiten als Historiker und wurden ebenso gut aufgenommen wie seine Lehrveranstaltungen zur Nationalgeschichte, die sogar hohe Beamte örtlicher und nationaler Behörden besuchten.

Doch in erster Linie war B. Dichter und Rhetor. Seine poetische Technik und sein persönliches Kolorit machten ihn zum Vater »einer Dichterschule, aus der so viele Dichter entsprangen, als wäre sie ein Trojanisches Pferd« (Petrus Hofman Peerlkamp [9]). Seine öffentlichen Reden waren in Amsterdam jedesmal ein Ereignis. Die Nieuwe Kerk dort war zu klein für die vielen, die seine Grabrede für D'Orville hören wollten. Das Gleiche war der Fall, als er 1767 seine Antrittsvorlesung als Prof. für Nationalgeschichte (*Historia patriae magistratibus necessaria*) vortrug.

Bedeutend sind auch B.s Sammlungen zeitgenössischer niederl. oder neulat. Gedichte. Er veröffentlichte die *Poematum libri IV* seines Onkels (Amsterdam 1745), das dichterische Werk des Heidelberger Prof.s Petrus Lotichius Secundus (Amsterdam 1754) sowie eigene Dichtung [6]. Auch an der Vorbereitung der Publikation der Werke des neulat. Haager Dichters Janus Secundus (schließlich 1821 von Petrus Boscha realisiert) war er beteiligt.

Schriften

[1] Specimen novae editionis Anthologiae Latinae, Amsterdam 1747 [2] Petrus Lotichius, Carmina omnia, 2 Bde. (Edition), Amsterdam 1754 (Ndr. Hildesheim 1998) [3] Anthologia veterum Latinorum epigrammatum et poematum sive catalecta poëtarum Latinorum, in sex libros digesta, 2 Bde. (Edition), Amsterdam 1759–1773 [4] Ciceronis (vel incerti auctoris) Rhetoricorum ad Herennium libri quatuor et De inventione libri duo (Edition mit Komm.), Leiden 1761 (Ndr. Leipzig 1828) [5] (Hrsg.), Analecta Belgica, 2 Teile, Leiden 1772 [6] Poematum libri quatuor, Leiden 1774 (Ndr. mit Anhang 1779).

Sekundärliteratur

[7] T. Dokkum, Art. Burmann, Pieter, in: Nieuw Nederlands Biografisch Woordenboek 4, 1918, 358–362 [8] L. Müller, Geschichte der Klassischen Philologie in den Niederlanden, 1869, 98 [9] P. H. Peerlkamp, De vita, doctrina et facultate Nederlandorum qui carmina Latina composuerunt, 1838, 512–515 [10] Sandys Hist., Bd. 2, 1921, 455.

Jan Papy (Ü: D. P.)

Bury, John Bagnell

Ir. Althistoriker. Geb. am 16. 9. 1861 in Monaghan (Irland), gest. am 1. 6. 1927 in Rom. Vater Pfarrer, der Bruder Robert Gregg Bury (1869–1951) Forscher zur griech. Philosophie. Ausbildung am Foyle College in Londonderry und am Trinity College in Dublin; 1885 Fellow ebda. 1893 Prof. of Modern History und 1898 zusätzlich Regius Prof. of Greek; 1902 bis zum Tod in Cambridge Regius Professor of Modern History und Fellow of King's College ebda.

Werk und Wirkung

B. war bereits als Student durch Kompetenz in den ant. Sprachen aufgefallen und hatte als Zwanzigjähriger mit seinem Lehrer John Pentland Mahaffy eine Edition von Euripides' *Hippolytos* publiziert [1]; später betreute er selbständig Editionen von Pindars Nemeischen [3] und Isthmischen Oden [4]. Seine über Fächer und Epochen weitgespannten Interessen waren insbes. dem Erbe des ant. Griechentums zugewandt. Seine Überblicksdarstellungen zur Geschichte Griechenlands [6] und v. a. zum Röm. Reich in Spätantike und FrühMA [2] prägten Generationen von Studierenden und histor. Interessierten. An einen breiteren Leserkreis wandten sich auch vielgelesene Bücher über die griech. Historiker [8] und den Hl. Patrick [7].

Detaillierte Untersuchungen zur spätant. Verwaltungsgeschichte [9], verbunden mit einer Neuedition von Philotheos' *Kletorologion*, und eine Bearbeitung des ersten Teils seines Werkes zur Spätantike [12] dienen neben einer Vielzahl von Aufsätzen [13] der Vertiefung des dort für einen breiteren Leserkreis Präsentierten und erweisen stets die Nähe B.s zu den ant. und ma. Quellen, doch zeugen Aufsätze wie der berühmt gewordene Essay über die Nase der Kleopatra und die Rolle des histor. Zufalls [11] auch von theoretischen Reflexionen. Die Verbindung von Arbeiten für interessierte Laien und philol.-histor. Detailarbeit gelang B. nicht zuletzt in seiner einflussreichen kommentierten Ausgabe von Edward ↗Gibbons *Decline and Fall of the Roman Empire* [5].

In Cambridge setzte B. 1909 durch, dass im Geschichtsstudium (*Historical Tripos*) die gesamteurop. Geschichte gegenüber der brit. Nationalgeschichte an Bedeutung gewann. Sein bekanntester Schüler war Sir Steven Runciman [15].

SV: [14].

Schriften

[1] The Hippolytus of Euripides (Edition, mit J. P. Mahaffy), 1881 [2] A History of the Later Roman Empire from Arcadius to Irene, A. D. 395 to A. D. 800, 1889 [3] The Neman Odes of Pindar (Edition), 1890 [4] The Isthmian Odes of Pindar (Edition), 1892 [5] (Hrsg.), E. Gibbon, The Decline and Fall of the Roman Empire, 7 Bde., 1896–1898 [6] A History of Greece to the Death of Alexander the Great, 1900 [7] The Life of St Patrick and His Place in History, 1905 [8] The Ancient Greek Historians, 1909 [9] The Imperial Administrative System in the Ninth Century, with a Revised Text of the Kletorologion of Philotheos, 1911 [10] A History of the Eastern Roman Empire from the Fall of Irene to the Accession of Basil I, A. D. 802–867, 1912 [11] Cleopatra's Nose, in: Rationalist Press Association Annual, 1916, 16–23 [12] History of the Later Roman Empire from the Death of Theodosius I to the Death of Justinian, A. D. 395 to A. D. 565, 1923 [13] Selected Essays, hrsg. von H. Temperley, 1930.

Sekundärliteratur

[14] N. H. Baynes, A Bibliography of the Works of J. B. Bury Compiled with a Memoir, 1929 (bes. 34) [15] A. D. Lee, Art. Bury, John Bagnell, in: DBC, 132–135.

Kai Brodersen

Buschor, Ernst

Dt. Klass. Archäologe. Geb. als Ernst Heinrich B. am 2. 6. 1886 in Krumbach-Hürben (bayer. Schwaben), gest. am 11. 12. 1961 in Breitbrunn am Ammersee. Schulbesuch in Nürnberg; 1905 Studium der Klass. Arch. und Gesch. in München; 1912 Prom. ebda. 1919 ao.Prof. in Erlangen; 1920 o.Prof. in Freiburg; 1922–1929 Erster Direktor des DAI Athen;

1929–1954 o.Prof. in München; Suspendierung 1946/47. Lehrbeauftragung bis 1959.

Wissenschaftlicher Werdegang und Werk

B. war Sohn eines Bauern und Bischofs der katholisch-apostolischen Gemeinde. Er studierte in München bei Adolf ↗Furtwängler und Paul Wolters. 1908 wurde er Assistent und 1915 Kustos der Abgusssammlung in München, 1912 erfolgte die Prom. bei Wolters. Für 1912–1914 erhielt er das Reisestipendium des DAI; während dessen nahm er an der dt. Grabung auf dem Kerameikos in Athen teil. 1915–1918 leistete er Wehrdienst im Ersten Weltkrieg und wurde als Leutnant der Reserve entlassen. Die Berufung als ao.Prof. nach Erlangen erfolgte ohne Habil., die Berufung 1929 nach München *primo et unico loco*. Als Erster Direktor des DAI Athen grub B. 1924 in Amyklai aus; seit 1925 mit Unterbrechungen bis zu seinem Tod leitete er die Ausgrabung im Heraheiligtum von Samos. 1946 wurde er im Rahmen der Entnazifizierung von der amerikan. Militärregierung aus dem Hochschuldienst entlassen (s. u.), 1947 jedoch als »nicht betroffen« wieder eingestellt. Während dieser Zeit arbeitete er an der Übersetzung sämtlicher erhaltenen Dramen der griech. Tragiker, die noch bis heute aufgelegt und für Aufführungen genutzt werden. B. war Ehrendoktor der Univ. Athen sowie Mitglied mehrerer Akademien und wiss. Gesellschaften; 1959 wurde er in den Orden *Pour le mérite* aufgenommen.

B. war zu Lebzeiten der einflussreichste Klass. Archäologe Deutschlands und derjenige mit der größten Außenwirkung. Berühmt wurde er durch die *Griech. Vasenmalerei* [2], die er parallel zu seiner Diss. verfasste; dort wandte er zum ersten Mal den Entwicklungsbegriff Alois ↗Riegls auf die ant. Kunst an. Er brach definitiv mit dem klassizistischen Ansatz seines Lehrers Adolf ↗Furtwängler, der nur die röm. Kopien als maßgebliche Überlieferung des griech. Geschmacks gelten ließ. Die *Plastik der Griechen* [6] verzichtete dagegen ausdrücklich auf diese Überlieferung aus zweiter Hand; sie diskutierte und bildete nur griech. Originale ab, die nicht mit den von den römerzeitlichen Autoren genannten ›großen Namen‹ verbunden werden konnten. Einen besonderen Forschungsschwerpunkt B.s bildete die archaische Kunst, die er nicht mehr unter dem klassizistischen Blickwinkel als vorbereitend für den folgenden klass. Höhepunkt beurteilte, sondern im Gegenteil als ursprüngliche und damit authentische griech. ›Wesensäußerung‹. Diese Sehweise hatte B. durch die Auseinandersetzung mit der mod. Kunst gewonnen, die er immer wieder als Vergleich heranzog, insbes. mit dem Expressionismus, dem auch seine Sprache verpflichtet war. Die Konzentration auf die Kunst als substantielle Äußerung einer Kultur, die er mit den meisten Archäologen seiner Generation teilte, war jedoch um den Preis einer weitgehenden Ausblendung historischer, gesellschaftlicher oder wiss.-theoretischer Fragestellungen erkauft. B.s Ausgrabungstätigkeit im Heraheiligtum von Samos galt in erster Linie den frühen Phasen, die er weitgehend klären konnte. Die Unterlagen gingen allerdings zum großen Teil im Zweiten Weltkrieg verloren.

In den 1930er Jahren verlagerte sich B.s Interesse von den ursprünglichen Äußerungen der Kunst auf die in ihr ausgedrückten existentiellen Intentionen, insbes. zum Thema Tod und Transzendenz [8]; [12]; [11]. Nach dem Zweiten Weltkrieg wandte er sich dagegen verstärkt der Klass. Kunst zu, die er wieder mehr in traditionellem Sinne als natürlich-ganzheitliche Referenz begriff [14]; [15] und gegen röm. *Technisches Sehen* [21] absetzte, das er als Entfremdungsphänomen bis in die Moderne verfolgte.

Dem Dritten Reich stand B. sympathisierend, aber ohne aktives Engagement gegenüber; er beteiligte sich auch nicht an den Unternehmen des »Ahnenerbe« an der Univ. München. Für die »dem Führer und Reichskanzler« von der Dt. Wiss. dargebrachte Festschrift verfasste er den Artikel über die Klass. Archäologie [9]. Es waren jedoch Formulierungen in *Vom Sinn der griech. Standbilder* [11] und v. a. *Das Kriegertum der Parthenonzeit* [12], das als »Feldpostbrief« für Offiziersanwärter der Wehrmacht erschien, die zu seiner Suspendierung 1946/47 als Prof. führten.

Sehr viele Schriften B.s richteten sich an eine breitere Leserschaft; sie verzichten auf den wiss. Apparat, sind aber großzügig illustriert. Seine Distanz zu akad. Konventionen und zum traditionellen Bild des Fachgelehrten äußert sich auch in anderen, nicht-arch. Veröffentlichungen B.s [17]; [20].

Wirkung

Obwohl B.s Schüler in den 1960er Jahren die Mehrzahl der dt. Lehrstühle für Klass. Archäologie innehatten [31], erfuhr seine Methode keine unmittelbare Fortsetzung. Dies lag an seinem eigenwilligen, von der dt. Lebensphilosophie und der Jugendbewegung geprägten Zugang und seiner v. a. in den Schriften der Nachkriegszeit oft in den ›Jargon der Eigentlichkeit‹ abgleitenden Wiss.-Prosa, die weithin als anachronistisch empfunden wurden. Die sozialgeschichtlich interessierte Wissenschaftlergeneration nach 1968 positionierte sich jedenfalls in dezidierter Abgrenzung zu B., ohne sich mit seinem Werk weiter auseinanderzusetzen.

SV: [22.205–208].

N: Königsdorf (Bayern), Familienbesitz.

Schriften

[1] Beiträge zur Geschichte der griech. Textilkunst (Diss. München), 1912 [2] Griech. Vasenmalerei, 1912 (³1925) [3] Die Skulpturen des Zeustempels zu Olympia, 1924 [4] Die Tondächer der Akropolis, 2 Bde., 1929–1933 [5] Altsamische Standbilder, 5 Bde., 1935–1961 [6] Die Plastik der Griechen, 1936 (Neufassung 1958) [7] Begriff und Methode der Archäologie, in: W. Otto (Hrsg.), Hdb. der Archäologie, Bd. 1, 1939, 3–10 [8] Grab eines attischen Mädchens, 1939 [9] Klassische Archäologie, in: Deutsche Wissenschaft. Arbeit und Aufgabe. FS A. Hitler, 1939, 14–15 [10] Griech. Vasen, 1940 (Neuausg. 1975) [11] Vom Sinn der griech. Standbilder, 1942 (³1978) [12] Das Kriegertum der Parthenonzeit, 1943 [13] Bildnisstufen, 1947 [14] Pferde des Pheidias, 1948 [15] Phidias der Mensch, 1948 [16] Das hellenistische Bildnis, 1949 (²1971) [17] Die Rätselküche, 1950 [18] Frühgriechische Jünglinge, 1950 [19] Maussolos und Alexander, 1950 [20] Museumsdirektor K. Valentin, in: Varia Variorum. FS K. Reinhardt, 1952, 275–284 [21] Technisches Sehen, 1952 [22] Von griechischer Kunst, 1956 (²1963) [23] Das Porträt, 1960 [24] Winke für Akropolispilger, 1960 [25] Der Parthenonfries, 1961 [26] Über das griech. Drama, hrsg. von H. Walter, 1963.

Sekundärliteratur

[27] R. Hampe, Ernst Buschor, in: Jahresring. Beiträge zur deutschen Literatur und Kunst der Gegenwart, 1962–1963, 346–348 [28] M. Hofter, Ernst Buschor, in: G. Brands / M. Maischberger (Hrsg.), Lebensbilder. Klassische Archäologen und der Nationalsozialismus, Bd. 1, 2012, 129–140 [29] G. Marcks, Ernst Buschor – Gedenkworte, in: Pour le mérite 5, 1962, 41–43 [30] K. Schefold, Ernst Buschor, in: Lullies/Schiering Arch. 234–235 [31] K. Schefold, Ernst Buschor, in: Der Aquädukt, 1963, 58–70.

Mathias René Hofter

Busolt, Georg

Dt. Althistoriker. Geb. am 13.11.1850 in Insterburg, gest. am 2.9.1920 in Göttingen. Schulbesuch in Insterburg; Studium der Gesch. und Philosophie in Königsberg; 1875 ebda. Prom. mit einer Arbeit über Erkenntnistheorie und Metaphysik bei Spinoza; 1878 Habil. in Alter Gesch. an der Univ. Königsberg. Ab 1879 ao.Prof. und ab 1881 o.Prof. an der Univ. Kiel; 1897 Ruf an die Univ. Göttingen.

Werk und Wirkung

Unter B.s Werken ragen ohne Zweifel zwei größere Arbeiten heraus [6]; [7]: Die *Griech. Geschichte* [6] ordnete sich in eine Reihe von zeitgenössischen Überblickswerken der dt. Historiographie ein, die den gesamten Zeitraum der archaischen und klassischen Kulturentwicklung der griech. Poleis darstellen wollten und von denen die Arbeit von Karl Julius ↗Beloch die einflussreichste wurde. Ursprünglich plante B. seine Darstellung bis zum Ende der klassischen Epoche (338 v. Chr.) fortzuführen, beendete sie dann aber schon mit dem Ausgang des Peloponnesischen Krieges 404 v. Chr. Die *Griech. Geschichte* konnte indes nie den Einfluss ihrer Konkurrenzunternehmungen entfalten, da B.s äußerst solide und kenntnisreiche Arbeitsweise, die als Ausdruck einer großen methodischen Vorsicht zu verstehen ist, die Entfaltung von Originalität begrenzte und die Lektüre eher trocken werden lässt. Die Textkomposition wie auch der für B.s Zeit ungewöhnlich ausführliche Anmerkungsapparat dürften als Reaktion darauf zu werten sein, dass B. als Altertumswissenschaftler, der keine philol. Ausbildung besaß, zuvor heftiger Kritik ausgesetzt gewesen war.

Eine weit intensivere Wirkung war B.s zweitem Hauptwerk beschieden, dessen erste Auflage 1887 noch unter dem Titel *Staats- und Rechtsalterthümer* im Rahmen des Handbuches der Alt.wiss. herauskam [5]. Eine zweite Auflage, die B. wesentlich mitvorbereitet hatte und deren zweiter Teil von Heinrich Swoboda überarbeitet wurde, erschien unter dem Titel *Griech. Staatskunde* 1920–1926 [7]. Die Konzeption des Werkes muss vor dem Hintergrund des äußerst einflussreichen *Röm. Staatsrechts* von Theodor ↗Mommsen gesehen werden. Während Mommsen sich in seinem systematisierenden Ansatz auf ein Staatswesen konzentrieren konnte, sah sich B. einer enormen Komplexität staatlicher Strukturen in Griechenland gegenüber. Zur Lösung dieses Dilemmas entschied er sich dafür, in einem ersten Band die aus seiner Sicht den griech. Poleis gemeinsamen Grundelemente staatlicher Organisation darzustellen, während ein zweiter Band sich einzelnen Gemeinwesen widmen sollte, wobei sich dies faktisch nur auf Athen und Sparta bezog. Die Genauigkeit der Quellenaufarbeitung verlieh v.a. dem zweiten Teil den Charakter eines Handbuchs; es hat auch angesichts fortschreitender Forschung seinen Wert bis heute nicht verloren. Der erste Teil wirkt in seiner Anlage stark durch die griech. Staatsphilosophie geprägt und muss heute vor dem Hintergrund einer zunehmend die Besonderheiten der einzelnen Poleis betonenden Forschung als nicht mehr zeitgemäß gelten. Doch die große Leistung, gemeinsame Kernelemente der gesellschaftlichen Verfasstheit der griech. Stadtstaaten aufgezeigt zu haben, sollte man in ihrer fortwirkenden Bedeutung nicht unterschätzen (vgl. [11.57]; [8]).

SV: [10.220–227].

Schriften

[1] Der zweite athenische Bund und die auf der Autonomie beruhende hellenische Politik von der Schlacht bei Knidos bis zum Frieden des Eubulos, 1874, 639–886 [2] Die Grundzüge der Erkenntnistheorie und Metaphysik Spinozas (Diss. Königsberg), 1875 [3] Die Lakedaimonier

und ihre Bundesgenossen. Bis zur Begründung der athenischen Seehegemonie (Habil.schrift Königsberg), 1878 (Ndr. 1980) [4] Forschungen zur griech, Geschichte, Bd. 1, 1880 [5] Die griech. Staats-, Kriegs- und Privataltertümer (Hdb. der klassischen Altertumswissenschaft 4,1), 1887 [6] Griech. Geschichte bis zur Schlacht von Chaironeia, 3 Bde., ^{2}1893–1904 (Ndr. 1967) [7] Griech. Staatskunde, 2 Bde., bearb. von H. Swoboda, 1920–1926.

Sekundärliteratur

[8] H. Bengtson, Griech. Geschichte (Hdb. der Altertumswissenschaft 3, 4), ^{5}1977, 9 [9] J. Bleicken, Die Herausbildung der Alten Geschichte in Göttingen. Von Heyne bis Busolt, 98–127 [10] M.H. Chambers, Georg Busolt. His Career in His Letters, 1990 [11] Christ Hel. 52–58.

Bernhard Linke

Buttmann, Philipp Karl

Dt. Philologe und Pädagoge. Geb. am 5.12.1764 in Frankfurt a.M., gest. am 21.6.1829 in Berlin (ursprgl. hugenottischer Familienname Boudemont). Studium ab 1782 in Göttingen, ab 1786 in Straßburg. 1787 Erzieher des Erbprinzen von Anhalt-Dessau; ab 1789 Hilfsarbeiter, ab 1796 Bibliothekar-Sekretär an der Königlichen Bibl. in Berlin; 1800–1808 Lehrer am Joachimsthalschen Gymnasium ebda. Ab 1806 Mitglied der Akad. der Wiss. in Berlin; 1808 Ablehnung eines Rufs an die Univ. Landshut; ab 1810 Mitglied der »Einrichtungskommission« der Berliner Univ.; ab 1811 Sekretär an der Akad. ebda. (Histor.-Philol. Klasse); 1816 Ablehnung des Postens des Ersten Bibliothekars an der Königl. Bibl. in Berlin.

Werk und Wirkung

B.s zwei Hauptgebiete waren die Grammatik sowie die Mythologie [2]. Sein wichtigster Beitrag zur Grammatik war die griech. Sprachlehre [3], die von einer kleinen Grammatik [1] auf zwei Bände (in drei Teilen, 1819–1827) anwuchs, mit Ergänzungen durch den Sohn Alexander B. [4]. Aufgrund ihrer Klarheit wurde sie auf preuß. und dt. Gelehrtenschulen führend und in mehrere Sprachen übertragen; ihre engl. Übersetzung ist bis heute in Gebrauch. Im linguistischen Bereich übte Johann Schweighäuser größten Einfluss auf B. aus, in der Mythologie war B. ein Nachfolger Christian Gottlob ↗Heynes, mit dem er das Verständnis der Mythen als primitive, vorlogische und symbolische Sprache teilte. Er wollte durch die histor. Analyse der mythologischen Gestalten zum ursprünglichen Kern der Mythen vorstoßen und so den Charakter der ant. Völker rekonstruieren.

B. war eine wichtige Gestalt im aufklärerischen Berlin: als Mitglied des Intellektuellenzirkels im Salon der Witwe Mylius sowie als Gründer der *Gesellschaft herodotliebender Freunde* und der (*Zweiten*) *Gesetzlosen Gesellschaft* (1809), der u.a. Friedrich Wilhelm von ↗Humboldt, Friedrich Daniel ↗Schleiermacher, Friedrich Carl von ↗Savigny und August ↗Boeckh angehörten. Zeit seines Lebens widmete er sich der Bibliothekarsarbeit. Er war an der Gründung der Berliner Univ. beteiligt und gab zusammen mit Friedrich August ↗Wolf das bedeutende, wenn auch kurzlebige *Museum der Alterthumswissenschaft* (1807/08) heraus.

M: Bildnisse jetztlebender Berliner Gelehrten [sic] mit ihren Selbstbiographien, hrsg. von J.M.S. Lowe, Dritte Sammlung, 1806, 3–56 (bis 1806).

Schriften

[1] Kurzgefaßte griech. Grammatik, 1792 (2. verm. Aufl. 1799; 22. Aufl. 1869) [2] Mythologus oder gesammelte Abhandlungen über die Sagen des Althertums, 2 Bde., 1818–1825 (u.ö.) [3] Ausführliche griech. Sprachlehre, 1819–1827 (2. verm. Aufl. 1830–1839) [4] Griech. Schulgrammatik, hrsg. und bearb. von A. Buttmann, ^{17}1875 (u.ö.).

Sekundärliteratur

[5] A. Buttmann, Art. Buttmann, Philipp Karl, in: ADB 3, 1876, 656–659 [6] M. Disselkamp, Gelehrte und poetische Mythenkunde, in: W. Elm / G. Lottes (Hrsg.), Die Antike der Moderne, 2009, 165–185 [7] A. von Harnack, Geschichte der Königlich Preußischen Akad. der Wissenschaften, Bd. 1/2, 1900, 852–853 [8] K. Kettig, Philipp Buttmann (1764–1829). Bibliothekar und Gelehrter, in: Bibliothek und Wissenschaft 5, 1968, 103–157 [9] H. Schlange-Schöningen, Philipp Buttmann und die »Gesetzlose Gesellschaft«, in: B. Seidensticker / F. Mundt (Hrsg.), Altertumswissenschaften in Berlin um 1800 an Akademie, Schule und Universität, 2006, 223–246 [10] F.D. Schleiermacher, Gedächtnisrede auf Philipp Buttmann (8.7.1830), in: Abh. der Königlichen Akad. der Wissenschaften in Berlin, 1830, XI–XXII (Ndr. in: Sämmtliche Werke 3/3, 1835).

Sotera Fornaro (Ü: M.N.)

Bywater, Ingram

Brit. Klass. Philologe. Geb. am 27.6.1840 in London, gest. am 18.12.1914 ebda. Privatschulbesuch in London; ab 1858 Studium am Queen's College, Oxford. Ab 1863 Fellow und Tutor am Exeter College, Oxford; 1884 University Reader in Greek; 1893–1908 Regius Prof. of Greek in Oxford.

Werk und Wirkung

B. studierte am Queen's College bei Benjamin ↗Jowett und Robinson Ellis. Aufgrund seiner Studienleistungen wurde er bereits 1863 zum Fellow des Exeter College gewählt und lernte dort Mark Pattison kennen, mit dem er Forschungsreisen auf dem

Kontinent unternahm. 1877 veröffentlichte er seine Edition der Fragmente von Heraklit [1], die ihm die Anerkennung der europ. Wissenschaftsgemeinde einbrachte sowie eine Einladung der Preuß. Akad. der Wiss., die Werke des Priscianus herauszugeben (gedr. 1886) [2]. B. hielt engen Kontakt zu etlichen kontinentaleurop., insbes. dt. Forschern, darunter Jakob ↗Bernays. 1885 heiratete B. Charlotte, die Witwe des Literaturwissenschaftlers H. W. Sotheby, die sich durch umfassende lit. Interessen und klass. Bildung auszeichnete. Den Posten als Bibliothekar der Bodleian Library in Oxford lehnte B. 1880 ebenso ab wie 1887 die Leitung des Exeter College in Oxford, nahm aber 1884 einen Posten als Reader in Greek an und wurde 1893 nach dem Tode seines Lehrers Benjamin Jowett zum Regius Prof. of Greek berufen. Er lehrte v. a. über Aristoteles und Platon und war Präsident der *Oxford Aristotelian Society*. Nach seiner Emeritierung 1908 setzte er seine Forschungen bis zu seinem Tode fort und veröffentlichte (nach einer ersten Edition 1898 [4]) 1909 seine monumentale Ausgabe der aristotelischen *Poetik* [5].

B. fungierte jahrzehntelang als Herausgeber des *Journal of Philology* und Vorstandsmitglied der *Oxford Univ. Press*. Er war Ehrendoktor mehrerer Univ., u. a. Athen, und Fellow der British Academy. Seine wiss. Hauptleistung liegt in seinen Editionen von griech. Texten (darunter auch der *Nikomachischen Ethik* des Aristoteles [3]), die für ihre herausragende Präzision gelobt werden. Er war ein ausgezeichneter Kenner von Mss. und hatte einen scharfen Blick sowohl für die Denkweise als auch den Sprachgebrauch des jeweiligen Autors. Seine Herangehensweise war konservativ und setzte die genaue Etablierung und das Verständnis des Textes vor jede Interpretation oder Übersetzung.

Schriften

[1] Heracliti Ephesii reliquiae (Edition), 1877
[2] Prisciani Lydi quae extant (Edition), 1886 [3] Aristotelis Ethica Nicomachea (Edition), 1890 [4] Aristotelis de arte poetica liber (Edition), 1898 (^{2}1911) [5] De arte poetica. Aristotle on the Art of Poetry (Einleitung, Edition und Komm.), 1909.

Sekundärliteratur

[6] W. W. Jackson, Ingram Bywater. The Memoir of an Oxford Scholar 1840–1914, 1917.

Ulrike Claudia Ariane Stephan

Cagnat, René

Franz. Epigraphiker. Geb. am 10.10.1852 in Paris, gest. am 27.3.1937 in Paris. 1873–1876 École normale supérieure (Agrégé de grammaire); 1880 Thèse du doctorat in Paris. 1887 Ruf an das Collège de France, wo er 45 Jahre lang röm. Epigraphik lehrte; 1895 Aufnahme in die Acad. des inscriptions et belles-lettres; 1916–1937 Secrétaire perpétuel dieses Gremiums.

Werk und Wirkung

C.s Dissertation handelte von den indirekten Steuern der Römer [1] und beruhte auf der Auswertung von Inschriften. C. beschäftigte sich fortan in Forschung und Lehre v.a. mit den röm. Inschriften. Sein Handbuch der lat. Epigraphik [9], Ergebnis seiner langjährigen Vorlesungen im Collège de France, hatte starke Wirkung auf die Forschung (vier Editionen bis 1914). C. gab außerdem viele Jahre die *Année épigraphique* heraus (1888–1932) und arbeitete als einziger Nichtdeutscher ab 1886 an der Edition des *CIL*-Bandes zu Nordafrika mit [4]. Er publizierte auch eine mehrbändige Auswahl griech. Inschriften aus dem röm. Osten [5]. Ein weiteres Forschungsgebiet C.s war das röm. Nordafrika. Er unternahm 1881–1883 unter turbulenten polit. Umständen drei Reisen nach Tunesien. Seine Briefe aus diesen Jahren zeugen von für die Zeit typischen Vorurteilen über die tunes. Bevölkerung und die zivilisatorische Mission Frankreichs [13]. C. konnte die alger. Ruinenstadt Timgad, die damals als Sträflingslager genutzt wurde, für die arch. Forschung retten. In mehreren Büchern beschäftigte er sich mit der Armee und den Städten im röm. Nordafrika sowie mit neu gegründeten Museen im kolonialen Nordafrika [2]; [3]; [6]; [8]. Er gab schließlich mit Victor Chapot ein Handbuch zur röm. Archäologie heraus [10]. Darüberhinaus wandte er sich mit vielen Vorträgen an ein breites Publikum [7]; [11]. Von C.s besonderer Ausstrahlung zeugt eine Festschrift, die ihm seine Schüler zum 50. Geburtstag widmeten [12].

Schriften

[1] Étude historique sur les impôts indirects chez les Romains jusqu'aux invasions des barbares, 1882 [2] Musée de Lalbèse, 1895 [3] Musée de Timgad, 1903 [4] CIL VIII, Suppl. 1–3 (Edition), 1904 [5] Inscriptiones Graecae ad res Romanas pertinentes, 3 Bde. (Edition), 1906–1927
[6] Carthage, Timgad, Tebessa et les villes antiques d'Afrique du Nord, 1909 [7] A travers le monde romain, 1912
[8] L'armée romaine d'Afrique et l'occupation militaire de l'Afrique sous les empereurs, 1913 [9] Cours d'épigraphie latine, 1914 (u.ö.) [10] Manuel d'archéologie romaine, 2 Bde. (mit V. Chapot), 1916–1920 [11] En pays romain, 1927.

Sekundärliteratur

[12] Mélanges Cagnat. Recueil de mémoires concernant l'épigraphie et les antiquités romaines dédié par ses anciens élèves du Collège de France, 1912 [13] F. Baratte, Le voyage en Tunisie de R. Cagnat et H. Saladin, 2005
[14] R. Dussaud, Notice sur la vie et les travaux de M. René Cagnat, in: CRAI 81/5, 1937, 374–389.

François Kirbihler

Calderini, Domizio

Lat. Calderinus/De Caldarinis bzw. Calderiis, Domitius/Dominicus; ital. Humanist. Geb. 1446 (1444/45?) in Torri del Benaco (Verona), gest. zwischen Januar und Mai 1478 in Rom. Grammatikunterricht in Verona bei Antonio Brognoligo/Brognanigo, um 1464 in Venedig bei Benedetto Brugnoli di Legnago. 1466 Wechsel nach Rom; dort Sekretär des Kardinals Basilius ↗Bessarion und Lehrtätigkeit am Studio Romano (*Studium Urbis*). 1470 Prof. für Rhetorik (und für Griechisch), 1471 apostolischer Sekretär; 1472 Frankreichreise als Begleiter Bessarions. Nach dessen Tod am 18.11.72 Rückkehr nach Rom. 1476 Reise nach Avignon.

Werdegang und Werk

C. tat sich v.a. als Kommentator klassischer Werke der sog. Silbernen Latinität hervor; fragliche Stellen versuchte er häufig durch Rückgriff auf das Griechische zu heilen. Nicht eben selten sind seine Auseinandersetzungen mit Fehlern in den frühen Drucken, denen er den Wert alter Handschriften entgegenstellt. Am *Studium Urbis* in Rom hielt C. zu eben jenen Autoren Vorlesungen, die er auch kommentieren sollte; in mancher Hinsicht sind die Kommentare also umgearbeitete Vorlesungsschriften. Auf einer Reise nach Florenz lernte er 1473 den jungen Angelo ↗Poliziano kennen, der später eigene philol. Methoden in Auseinandersetzung besonders mit C. entwickeln sollte. C.s *Appendix ex tertio libro observationum* (1475 [4]; [5]) wurde zum Prototyp von Kommentaren zu ausgewählten Stellen, die sich an den Fachmann wenden und in Polizianos *Miscellanea* ihren berühmtesten Vertreter fanden.

C.s Kommentar zu den *Epigrammata* des Martial [1] (Ms. 1473, *editio princeps* 1474) konkurrierte mit dem gleichzeitig erschienen Werk des Niccolò Perotti. Dieser sowie – noch kurz vor C.s Tod – Georgius Merula kritisierten den Kommentar vehement, und auch Poliziano (der lange ein gutes Verhältnis zu ihm gepflegt hatte) griff C. in verschiedenen Briefen und im 9. Kapitel seiner *Miscellanea* 1489 scharf an. C. wiederum verurteilte Perottis Lesarten von Plinius' *Naturalis historia* an verschiedenen Stellen seiner Kommentare und polemisierte gegen ihn, dem er den

Namen »Brotheus« gab (eig. Broteas, Sohn Vulcans und so hässlich, dass er sich selbst verbrennt; vgl. Ov. Ib. 519 f.).

1474 beendete C. den Kommentar zu Juvenal [3] (*editio princeps* 1475); 1474 ließ er auch den zu Ovids *Ibis* [2] veröffentlichen. In der Appendix des Juvenal-Kommentars steht mit der *Defensio adversus Brotheum* ein Angriff auf Perotti; wiederum kritisierten dieser wie auch Angelo Cneo Sabino C.s Kommentar. 1475 wurden in einem Sammelband C.s Kommentare zu Statius' *Silvae*, Ovids Sappho-Brief und einigen Stellen bei Properz gedruckt, denen C. eine Appendix (angeblich) aus dem dritten Buch seiner *Observationes* beigab. Seine geplanten *Observationes* sollten in einem ersten Buch Stellen der *Naturalis historia* behandeln, im zweiten fragwürdige Lesarten der Dichtung, im dritten solche der Prosa; es kam allerdings nur zu einer Herausgabe von 15 Kapiteln, die nicht nur Proschriftsteller, sondern auch Dichter besprechen [4].

C. verfasste auch Kommentare zu einigen Gedichten aus der *Appendix Vergiliana*, Ciceros Atticus-Briefen und *De officiis*, Sueton (bzw. Sueton-Ergänzungen), Silius Italicus und den *Fasten* Ovids, die bei seinem Tod unfertig blieben und teils verloren gingen. Er gab einen Teil der *Declamationes maiores* von Ps.-Quintilian heraus mit der Ankündigung, bald das gesamte Werk zu liefern. Als Gräzist überarbeitete er die Übersetzung der *Kosmographie* des Ptolemaios durch Iacopo Angeli. Noch vor Beendung seiner lat. Pausanias-Übersetzung starb er an der Pest.

Würdigung und Wirkung

Trotz aller Kritik blieben C.s Kommentare beliebt: Derjenige zu Statius' *Silvae* wurde häufig neu aufgelegt (u.a. Venedig 1483), diejenigen zur *Appendix Vergiliana* regelmäßig in den *Opera Virgiliana* neben anderen Kommentaren abgedruckt. Bei allen Mängeln stellten sie häufig die früheste kritische Auseinandersetzung mit den Klassikern der Silbernen Latinität dar. Gemessen an den Möglichkeiten seiner Zeit gelang ihm zuerst und vorbildlich die Auseinandersetzung zwischen frühen Drucken und den ihm zur Verfügung stehenden Manuskripten; dies war der erste Schritt zu den späteren kritischen Editionen. Unklar bleibt, ob seine wiederholten Ankündigungen der bevorstehenden Veröffentlichung neuer Kommentare in der Realität immer eingelöst wurden.

Schriften

[1] Commentarii in Martialem, Venedig 1474
[2] Commentarioli in Ibyn Ovidii, Rom 1474
[3] Commentarii in Iuvenalem (mit Edition), Venedig 1475
[4] Sylvarum Statii Papinii quinque a se emendatos commentarios quos in Sylvas composuit. Commentariolas in Sappho Ovidii, quos edidit. Propertii loca obscura a se elucubrata, Rom 1475.

Sekundärliteratur

[5] M. Campanelli, Polemiche e filologie ai primordi della Stampa. Le Observationes di Domizio Calderini, 2001 [6] D. Coppini, Il commento a Properzio di Domizio Calderini, in: Annali della Scuola Normale Superiore di Pisa. Ser. 3, 4/3, 1979, 1119–1173 [7] F. Lazzarin, Domizio Calderini e Giorgio Trapezunzio nella disputa quattrocentesca tra Platonici e Aristotelici, in: Medioevo e Rinascimento 12, 2001, 105–176 [8] G. Levi, Cenni intorno alla vita ed agli scritti di Domizio Calderini, 1900
[9] P. Saggese, Poliziano, Domizio Calderini e la tradizione del testo di Marziale, in: Maia 45, 1993, 185–196
[10] A. Viti, Per la storia del testo di Marziale nel secolo XV. I Commentarii in M. Valerium Martialem di Domizio Calderini, in: Eikasmos 15, 2004, 401–434.

Nikolaus Thurn

Camden, William

Brit. Historiker und Antiquar. Geb. am 2.5.1551 in London als Sohn des Malers Sampson C., gest. am 9.11.1623 in Chislehurst bei London. Schüler der renommierten Londoner St. Paul's School; ab 1566 Studium in Oxford. 1571 ausgedehnte Auslandsreise; ab 1575 Second Master (Usher) an der Westminster School in London; daneben Recherchen in Bibliotheken, Archiven und Geländebegehungen zu den Altertümern Englands; 1593 Leiter (Headmaster) des Winchester College. 1597 königlicher Herold des engl. Wappenamtes (Clarenceux King of Arms). 1609 Rückzug ins Privatleben in Chislehurst. 1622 Stiftung eines Lehrstuhls für Alte Gesch. in Oxford (Camden Chair in Ancient History). Mitglied der im Jahre 1585 gegründeten *Society of Antiquaries*.

Werdegang

C., der aus kunstinteressiertem Elternhaus stammte, erhielt in Oxford die altertumskundliche Ausbildung. Nach seiner Grand Tour verfügte er schon als junger Lehrer über solide Erfahrungen und Kenntnisse; er zeigte ungewöhnliches Interesse an den ant. Denkmälern und der Topographie. Damals gab es noch keine antiqu. Geschichte Englands. Der Altertumsforscher John Leland, Bibliothekar Heinrichs VIII., hatte seine histor. Gesamtdarstellung *De antiquitate Britanniae* nicht zu Ende geführt. Auf den Rat von Freunden, u.a. des niederl. Kartographen Abraham Ortelius, machte sich C. an die Abfassung einer auf systematischer Zusammenschau von lit. Quellen und Monumenten der Vergangenheit beruhenden geschichtlich-topographischen Beschreibung Englands. Anders als die meisten seiner Zeitgenossen war die Grundlage seiner Methode nicht das theoretische Studium, sondern die Periegese und Oberflächenbegehung des Territoriums, wie es Flavio ↗Biondo im 15. Jh. in Italien initiiert hatte.

C. bereiste regelmäßig anhand seiner Notizen und Unterlagen die Grafschaften des Königreichs, um deren Denkmäler sorgfältigst zu dokumentieren. Sein Interesse galt ebenso den mündlichen Überlieferungen, der bis dahin vernachlässigten Numismatik der brit. Römerzeit, den histor. Baudenkmälern, insbes. den röm. Altertümern, aber auch der Topographie und Ortsnamen sowie den in den Klöstern und Landsitzen auffindbaren schriftlichen Quellen. Hierfür lernte er Walisisch und Altenglisch. C. kannte die lat. und griech. Quellen sehr gut, suchte aber nie Regionalgeschichte aus universalhistor. Perspektive zu schreiben, sondern verfuhr umgekehrt: vom Lokalen zum Regionalen, von der regionalen zur Landesebene, dann zur allgemeinen Historie. Neben den lat. Texten bezog er die Geschichte aller Kulturen des Königreichs mit ein. Der Schlüssel zu seinem Projekt aber war die Geographie: Sie ermöglichte ihm den notwendigen Abstand zu den lokalen Entdeckungen und deren Integration in ein Gesamtbild. Waren die Antiquare der Renaissance häufig Gefangene der Objekte ihres Studieneifers, wusste C. diese als die tragenden Säulen einzusetzen. Er »brachte die Steine zum Sprechen«, indem er schriftliche und materielle Quellen zu einem profunden wie leserfreundlichen Gesamtwerk zusammenfügte.

Die 1586 in lat. Sprache nach gut zehnjährigen Recherchen publizierte *Britannia* stellte gleichsam die antiqu. Synthese Englands dar. Im Augenblick ihres Erscheinens war sie eine Weltneuheit. Kein Land Europas, nicht einmal Italien, verfügte damals über eine so umfassende und genaue Beschreibung der Altertumsdenkmäler. Das Werk war so erfolgreich, dass bis 1607 sechs weitere lat. und erweiterte Neuauflagen mit Karten zu allen Grafschaften erschienen; die engl. Übersetzung folgte 1610. Es eröffnete ihm die Anerkennung als Mitglied der gebildeten Gesellschaft und Verbindungen zu den besten Altertumskennern und -forschern seiner Zeit wie Sir Robert Cotton oder Sir Henry Spelman. Sein ehemaliger Schüler Ben Jonson widmete ihm eine der ersten Ausgaben seiner Komödie *Every Man in His Humour*.

Für den schulischen Bereich verfasste C. eine griech. Grammatik, die bis 1800 vielfach neuaufgelegt und nachgedruckt wurde [2]. Auch als Dichter blieb er nicht ohne Wirkung [6]. Seine Anerkennung als Forscher im Ausland stand hinter der im eigenen Land kaum zurück. Abraham Ortelius, Jacques-Auguste de Thou, Nicolas-Claude ↗Fabri de Peiresc und Jean Hotman zählten zu seinen Korrespondenten und Freunden. Als königlicher Heraldiker und Genealoge erhielt er ab 1597 Zugang zu einer der wenigen Institutionen, die ihren Mitgliedern die Tätigkeit eines Vollzeit-Historikers ermöglichten, dem *College of Arms*. 1597 erhielt er den Auftrag, eine offizielle Geschichte der Regierung von Königin Elisabeth zu verfassen [4]. Auch in Chislehurst war er nach 1609 einflussreich tätig, indem er etwa 1622 in Oxford den weltweit ersten Lehrstuhl für Geschichte stiftete. C. wurde in der Westminster Abbey in London beigesetzt.

Werk und Wirkung

Sowohl angesichts seiner vielseitigen Interessen als auch seines persönlichen Engagements in der Feldforschung nimmt C. in der Geschichte der Archäologie eine Sonderstellung ein. Zu einem Zeitpunkt, als die brit. Gelehrsamkeit sich dem Niveau Italiens näherte, brachte er nicht nur die antiqu. Studien in Großbritannien entscheidend voran, sondern auch eine spezifische wiss. Tradition auf den Weg, in der es nicht um Grabungstechniken ging, sondern um die Geschichte der Landschaft, die Ermittlung von Traditionen und die Zusammenhänge von Denkmälern und Schriftquellen. Hiermit waren die Grundlagen der Feldarchäologie erfasst. Als erster Antiquar Englands trug C. zur Begründung neuer archäologischer Methoden und Ansätze der Geschichtsschreibung bei, die in der Etablierung eines institutionellen Rahmens verschiedener histor. Disziplinen mündete [5]. Die Grundlage hierfür bildete nicht zuletzt die historisch-konstruktive Perspektive der *Britannia*.

Schriften

[1] Britannia sive florentissimorum regnorum, Angliae, Scotiae, Hiberniae, et insularum adiacentium ex intima antiquitate chorographica descriptio, London 1586 (zahlreiche erw. Neuaufl. ab 1587) [2] Institutio Graecae grammatices compendiaria, in usum regiae scholae Westmonasteriensis, London 1595 (zahlreiche Aufl. und Ndr. bis 1800; Ndr. 1969) [3] Britain, or a Chorographicall Description of the most Flourishing Kingdomes, England, Scotland, and Ireland, and the Ilands adioyning, out of the Depth of Antiquitie, Beautified with Mappes of the Severall Shires of England, übers. von P. Holland, London 1610 [4] Annales Rerum gestarum Angliae et Hiberniae Regnante Elizabetha, Bd. 1, London 1615 (Bd. 2: Leiden 1625).

Sekundärliteratur

[5] W. H. Herenden, William Camden. Historian, Herald and Antiquary, in: Studies in Philology 85/2, 1988, 192–210 [6] G. B. Johnston (Hrsg.), Poems by William Camden. With Notes and Translation from the Latin, in: Studies in Philology 72, 1975, 1–143 [7] F. J. Levy, The Making of Camden's Britannia, in: Bibliothèque d'humanisme et de Renaissance 26, 1964, 70–97
[8] S. Piggott, Ruins in a Landscape. Essays in Antiquarianism, 1976 [9] W. Rockett, Historical Topography and British History in Camden's Britannia, in: Renaissance and Reformation/Renaissance et Réforme 26/1, 1990, 71–80
[10] W. Rockett, The Structural Plan of Camden's Britannia, in: Sixteenth Century Journal 26/4, 1995, 829–841
[11] H. R. Trevor-Roper, Queen Elizabeth's First Historian.

William Camden and the Beginnings of English ›Civil History‹ (Neale Lecture), 1971.

Alain Schnapp (Ü: K. H.)

Camerarius, Ioachimus

Joachim Kammermeister; dt. Humanist und Dichter. Geb. am 12.4.1500 in Bamberg, gest. am 17.4. 1574 in Leipzig. Ab 1513 Studium an der Leipziger Artistenfakultät, ab 1518 an der Univ. Erfurt, dort 1521 Prom. zum Magister Artium. 1535 Prof. für Griechisch an der Univ. Tübingen, ab 1541 für Griechisch und Latein an der Univ. Leipzig.

Werk und Wirkung

Der einer Bamberger Ratsherrenfamilie entstammende C. entwickelte rasch ein besonderes Interesse für das Griechische, das er in Leipzig bei dem Engländer Richard Croke und bei Petrus Mosellanus studierte. Nach dem Studium lehrte er zunächst in Wittenberg, wo er Kontakt zu Martin Luther und Philipp ↗Melanchthon hatte, mit dem er lebenslang eng befreundet blieb. So wurde C. zum Anhänger und Wegbereiter der Reformation. Mit Melanchthons Hilfe übernahm er 1526 eine Stelle als leitender Lehrer für Latein und Griechisch an dem neu gegründeten Egidiengymnasium in Nürnberg. Auf die Griechisch-Professur in Tübingen folgte 1541, erneut durch Melanchthons Vermittlung, der Ruf auf eine Professur für Latein und Griechisch an der Univ. Leipzig, an der er bis zu seinem Tod lehrte und an deren großem wirtschaftlichen und wiss. Aufschwung im 16. Jh. er maßgeblichen Anteil hatte [9].

Umfang und thematische Breite von C.' Schriften sind kennzeichnend für einen Gelehrten des dt. Humanismus im 16. Jh. [13] (Schriftenverzeichnis in [7]; knappe Gesamtwürdigung in [10]). Neben Gedichten in lat. und griech. Sprache [5. XXII-XXIX] verfasste er u. a. Biographien berühmter Zeitgenossen (z. B. von Eobanus Hessus, Melanchthon [4]; [6] oder Albrecht Dürer), kirchengeschichtliche, theologische, pädagogische und naturwiss. Schriften; hinzu kommt eine umfangreiche Korrespondenz mit zeitgenössischen Humanisten. Den größten Umfang haben aber seine philol. Arbeiten [8. 186–189]. Sie waren für den universitären Unterricht bestimmt, wie aus den Lehrbüchern der Stilistik, Rhetorik oder Grammatik nicht weniger hervorgeht als aus den Vorreden zu zahlreichen kommentierten griech. und lat. Textausgaben, von Homer [11] bis in die christl. Spätantike. Diese Ausgaben bilden die Mitte von C.' philol. Schaffen; dabei überwog die Beschäftigung mit dem Griechischen, dessen Studium in Deutschland C. erst eigentlich begründete. Viele griech. Werke (zumal Fachtexte wie Xenophons Schrift über die Reitkunst oder Euklids *Elemente*, Bücher 1–6) übersetzte er ins Lateinische.

C. war Deutschlands bedeutendster Philologe des 16. Jh.s. Bis heute wichtig sind seine Erstausgaben oder Ausgaben auf einer im Vergleich zu seinen Vorgängern nachhaltig verbesserten handschriftlichen Grundlage. Die *editio princeps* von Ptolemaios' *Tetrabiblos* [1] und die des *Almagest* [2] sind bis heute unentbehrlich und erscheinen in den modernen Ausgaben unter dem Sigle ›c‹ [11. 207].

Der Ehrenplatz in seinem Werk gebührt aber seiner erstmals 1552 in Basel gedruckten vollständigen Edition der plautinischen Komödien [3]; [12], welche in der Geschichte der nzl. Plautus-Philologie eine neue Phase inaugurierte: Während alle vorherigen Ausgaben auf späten, willkürlich entstellten Humanistenhandschriften fußten, zog C. als Erster zwei ma. Textzeugen heran, darunter eine bis heute als *Codex vetus Camerarii* bezeichnete Handschrift dt. Provenienz aus dem 10. Jh., die als ältester und mit Abstand zuverlässigster Textzeuge das gesamte Plautus-Corpus überliefert. Zwar nutzte er diesen Codex in den einzelnen Stücken unterschiedlich intensiv und hob längst nicht alle Schätze, die er birgt. Gleichwohl führte er mit seiner Hilfe erstmalig im gesamten Text eine im wesentlichen zuverlässige Versabteilung durch, säuberte die Komödien mit großer, wenn auch nicht letzter Konsequenz von umfangreichen Humanistensupplementen und brach an Hunderten von Stellen mit der damaligen Vulgata. Daher werden bis heute in den Plautustexten von keinem Philologen mehr Konjekturen aufgenommen als von C. Über den von ihm erreichten Stand der Textbearbeitung kam in nennenswertem Maß erst 300 Jahre später Friedrich ↗Ritschl hinaus.

SV: [7].

Schriften

[1] Klaudíu Ptolemaiu tetrábiblos sýntaxis, Nürnberg 1535 [2] Kl. Ptolemaíu megálēs syntáxeōs biblía 13, Basel 1538 [3] M. Accii Plauti comoediae XX … adiectis … argumentis et annotationibus, Basel 1552 [4] Vita Philippi Melanchthonis, Den Haag 1555 [5] Eclogae/Die Eklogen, mit Übers. und Komm. hrsg. von L. Mundt, 2004 (ursprgl. 1568) [6] Das Leben Philipp Melanchthons, übers. von V. Werner, mit einer Einführung und Anm. von H. Scheible, 2010 (ursprgl. 1566).

Sekundärliteratur

[7] F. Baron / M. H. Shaw, The Publications of Joachim Camerarius, in: F. Baron (Hrsg.), Joachim Camerarius (1500–1574). Beiträge zur Geschichte des Humanismus im Zeitalter der Reformation, 1978, 231–251 [8] Bursian Gesch., 183–189 [9] R. Kössling, Joachim Camerarius und die studia humanitatis an der Leipziger Universität – Tradition und Neubeginn, in: W. Ludwig (Hrsg.), Die

Musen im Reformationszeitalter, 2001, 305–314 [10] L. Mundt, Art. Joachim Camerarius, in: W. Killy (Hrsg.), Literaturlexikon, ²2008, 337–341 [11] K. Sier, Camerarius als Interpret Homers, in: R. Kössling / G. Wartenberg (Hrsg.), Joachim Camerarius, 2003, 207–233 [12] E. Stärk, Camerarius' Plautus, in: R. Kössling / G. Wartenberg (Hrsg.), Joachim Camerarius, 2003, 235–248 [13] C. A. Staswick, Joachim Camerarius and the Republic of Letters in the Age of Reformation, 1998.

Marcus Deufert

Canter, Willem

Niederl. Philologe. Geb. 1542 in Leeuwarden oder Utrecht, gest. 1575 in Löwen. Studium ab 1554 in Löwen und ab 1560 in Paris. Danach Leben und Reisen als Privatgelehrter, z. T. in Italien (1560–1563).

Werk und Wirkung

C. kam bereits mit 12 Jahren zum Studium nach Löwen. 1560 ging er nach Paris, wo er Jean Dorat sowie Joseph Justus ↗Scaliger begegnete. Aufgrund der konfessionellen Unruhen während der Hugenottenkriege reiste C. 1562 nach Italien, wo er intensive Handschriftenstudien betrieb. C. war finanziell unabhängig und an keiner Univ. beschäftigt.

Wie auch seine franz. Lehrer befasste sich C. – anders als die meisten seiner niederl. Kollegen – schwerpunktmäßig mit der ant. griech. Literatur. So übersetzte er eine Reihe von griech. Autoren ins Lateinische, die für viele niederl. Philologen mangels Sprachkenntnissen im Original seiner Zeit kaum zugänglich waren. Mit Scaliger arbeitete er an Lykophron und Athenaios. Er erarbeitete auch später noch weithin benutzte kritische Textausgaben zu den griech. Tragikern, die zum Teil erst postum veröffentlicht (Euripides 1571, Sophokles 1579, Aischylos 1580) und maßgebend für die spätere Textkritik zu diesen Autoren wurden [5]. Innovative Schwerpunkte seiner Forschungen zur griech. Tragödie waren Beobachtungen zur Metrik in den Chorliedern (Bestimmung der Korresponsionen).

Bes. einflussreich war die *Ratio emendandi* als Anleitung zur Editionsphilologie [3]. C. hatte diese Schrift ursprünglich als Anhang zu seiner lat. Übersetzung griechischer Redner (u. a. Aelius Aristides, Gorgias, Andokides, Lysias) verfasst [1. 636–646], die zuerst 1566 in Basel erschien und noch bis ins 19. Jh. vielfach separat nachgedruckt (zuerst Antwerpen 1571) und benutzt wurde, z. B. von Wilhelm ↗Dindorf, Johan Nicolai ↗Madvig und Eduard ↗Fraenkel. Darin definiert C. systematisch gängige Hss.-Fehlertypen und Kriterien der Hss.-Beschreibung. Im Übrigen arbeitete C. auch zur lat. Literatur, bes. zu Cicero und Properz. Auch hier standen spezifisch philol. bzw. textkritische Fragen im Vordergrund, die wie die Bemerkungen zu griech. Texten als *notae* zu den jeweils behandelten Texten publiziert [2] und in die Kommentare seiner Nachfolger übernommen wurden.

Schriften

[1] Aelii Aristidis ... orationum tomi tres nunc primum versi in Latinum (Übers.), Basel 1566 [2] Novarum lectionum libri septem, in quibus, praeter variorum autorum, tam Graecorum quam Latinorum, explicationes et emendationes, Basel ²1566 (Basel, ¹1564: Nov. lect. libri quatuor) [3] De ratione emendandi Graecos auctores syntagma, Antwerpen 1571.

Sekundärliteratur

[4] E. J. Kenney, The Classical Text, 1974, 36–37 [5] M. Mund-Dopchie, Guillaume Canter, éditeur d'Eschyle, in: Album aangeboden aan Charles Verlinden, 1975, 233–235 [6] Pfeiffer KPh 1982, 157–158 [7] K. Vanek, Ars corrigendi in der Frühen Neuzeit. Studien zur Textkritik (Diss. Düsseldorf), 2007, 52–62.

Peter Kuhlmann

Carcopino, Jérôme

Franz. Althistoriker. Geb. am 27. 6. 1881 in Verneuil-sur-Avre (Normandie), gest. am 17. 3. 1970 in Paris. 1900–1904 École normale supérieure; 1904 dort Agrégé d'histoire; 1904–1907 Mitglied der École française de Rome; 1907–1912 Lehrer am Gymnasium von Le Havre. 1912 Stelle an der Univ. von Algier. 1914–1919 Offizier; 1919 Prom.; 1920 o.Prof. an der Sorbonne. 1930 Aufnahme in die Acad. des inscriptions et belles-lettres; 1937–1940 Direktor der École française de Rome; 1940/41 und 1942–1944 Direktor der École normale supérieure; 1941/42 Staatssekretär für nationale Bildung; 1955 Aufnahme in die Acad. française.

Werk und Wirkung

C. hinterließ ein umfangreiches Œuvre. Dazu zählen zwei Dissertationen über Vergil und Ostia [2] sowie über das Steuersystem in Sizilien [1]; letztere Arbeit wird bis heute in der Forschung herangezogen [15]. C. legte die Schwerpunkte seines weiteren Schaffens auf Nordafrika [7], die röm. Republik und Iulius Caesar [3]; [4] sowie den Prinzipat. Sein Buch über das Alltagsleben in Rom erfreute sich Jahrzehnte lang großen Zuspruchs [5]. Hingegen stieß seine tiefe Verachtung Ciceros [8] auf starke Kritik, u. a. von André ↗Piganiol. C. interessierte sich auch für die Geschichte der paganen und die christl. Religionen [6]; [10].

C. war ein charismatischer Lehrer mit vielen Schülern (darunter Jacques ↗Heurgon, William Seston, Henri-Irénée ↗Marrou). Sein Werk wurde zu seinen Lebzeiten hoch geschätzt. Allerdings beruht ein Teil seiner Arbeiten zu großen Personen der Geschichte auf ebenso brillanten wie nicht beweisbaren Annahmen, so etwa zu Cicero oder zu Aelius Caesar, Hadrians Adoptivsohn, den C. als leiblichen Sohn des Kaisers ansah [11. 190 ff.]. Deshalb gilt heute ein großer Teil seines Werks als überholt.

C. war Republikaner, aber elitäres Denken und katholischer Glaube machten aus ihm einen Konservativen. 1940 stellte er sich in den Dienst des Vichy-Regimes von Marschall Pétain und erließ als Erziehungsminister 1941 ein Gesetz, das den rechtlichen Rahmen für künftige arch. Grabungen schuf. Allerdings ließ er auch die antisemitischen Gesetze von 1940 an den Univ. anwenden, was 1944 zu einem kurzen Gefängnisaufenthalt und dem Verlust seines Lehrstuhls führte. 1947 wurde C. in einem Gerichtsverfahren polit. rehabilitiert. Drei autobiographische Werke [9]; [12]; [13], eine C. positiv einschätzende Schrift [16] und eine im polit. Bereich sehr kritische Dissertation [14] erlauben es, eine ausgewogene Bilanz seines Lebens sowie seines wiss. und polit. Wirkens zu ziehen.

Schriften

[1] La loi de Hiéron et les Romains (Diss. Paris 1914), 1919 [2] Virgile et les origines d'Ostie, 1919 [3] La République romaine de 133 avant J.-C. à la mort de César, 1929 [4] César, 1936 [5] La vie quotidienne à Rome à l'apogée de l'Empire, 1939 (dt. 1959: So lebten die Römer während der Kaiserzeit; spätere Aufl. unter dem Titel Röm. Leben und Kultur in der Kaiserzeit) [6] Aspects mystiques de la Rome païenne, 1943 [7] Le Maroc antique, 1943 [8] Les secrets de la correspondance de Cicéron, 2 Bde., 1948 [9] Souvenirs de sept ans, 1937–1944, 1953 [10] De Pythagore aux Apôtres. Études sur la conversion du monde romain, 1956 [11] Passion et politique chez les Césars, 1958 [12] Souvenirs romains, 1968 [13] Souvenirs de la guerre en Orient (1915–1917), 1970.

Sekundärliteratur

[14] S. Corcy-Debray, Jérôme Carcopino, un historien à Vichy, 2001 [15] J. France, La loi de Hiéron et les Romains de Jérôme Carcopino. Altertumswissenschaft et histoire économique en France au début du 20e siècle, in: J. R. W. Prag (Hrsg.), Sicilia Nutrix Plebis Romanae. Rhetoric, Law, and Taxation in Cicero's Verrines, 2007, 135–153 [16] P. Grimal et al., Jérôme Carcopino. Un historien au service de l'humanisme, 1981.

François Kirbihler

Carter, Howard

Brit. Ägyptologe und Archäologe. Geb. am 9. 5. 1874 in Brompton, gest. am 2. 3. 1939 in London. 1891–1893 Teilnahme am Archaeological Survey of Egypt; 1892 Grabungsteilnahme in Amarna; 1893–1899 Arch. Zeichner bei den Grabungen in Deir el Bahri; 1900–1905 Inspektor der Ägypt. Antikenverwaltung in Kairo; 1905–1909 Freier Zeichner in Luxor. 1909 Aufnahme der Zusammenarbeit mit Lord Carnarvon; 1914–1916 King's Messenger in Egypt. 1917–1922 Grabungen im Tal der Könige; 1922 Entdeckung des Grabes des Tut-anch-amun.

Werk und Wirkung

C. war der Sohn des Malers Samuel John Carter. Nachdem durch den Kontakt zu dem Mäzen und Kunstsammler William A. Tyssen-Amherst sein Interesse für das Alte Ägypten geweckt worden war, nahm er 1891 an dem vom *Egypt Exploration Fund* durchgeführten Survey unter der Leitung Percy Newberrys teil. C. erfuhr seine arch. und ägyptologische Ausbildung 1892 durch William Flinders ↗Petrie in Amarna. Von 1893 bis 1899 war er für Edouard Naville als Zeichner in Deir el Bahri tätig. Von 1900 bis 1905 fungierte er als Inspektor der Antikenverwaltung, bis ihn eine Auseinandersetzung mit franz. Touristen zum Austritt aus dem Dienst zwang [6. 51 f.]. Ab 1909 [6. 126 ff.] arbeitete er mit George E. S. Molyneux, Earl of Carnarvon, zusammen [6. 259–274]. In dieser Zeit entdeckte er u. a. das Grab Thutmosis' IV. [1]. Während des Ersten Weltkrieges war er zeitweilig für das brit. *War Office* in Kairo tätig. Von 1917 bis 1922 führte er Grabungen im Tal der Könige durch.

1922 gelang C. die Entdeckung des Grabes des Tut-anch-amun, dessen wiss. Aufnahme ihn und seine Mitarbeiter insgesamt zehn Jahre lang beschäftigte. Dabei setzte er neue Maßstäbe im Bereich der arch. Funddokumentation [10. 60 f.]. C. hat jedoch seine Endeckung lediglich in Form einer dreibändigen populärwiss. Darstellung veröffentlicht [2].

Schriften

[1] The Tomb of Thutmosis IV. Catalogue générale des antiquités égyptiennes du Musée du Caire (mit P. Newberry), 1904 [2] The Tomb of Tut-ankh-Amen, 3 Bde., 1923–1933.

Sekundärliteratur

[3] Art. Carter, Howard (1874–1939), in: WWE, 84–85 [4] C. W. Ceram, Götter, Gräber und Gelehrte, 1949, 191–204 [5] T. C. Darvill, Art. Carter, Howard, in: T. C. Darvill (Hrsg.), The Concise Oxford Dictionary of Archaeology, 2002, 69 [6] J. Hankey, A Passion for Egypt. Arthur Weigall, Tutankhamun and the »Curse of the Pharaohs«, 2007 [7] Art. Carter, Howard, in: W. Helck / E. Otto (Hrsg.), Kleines Lex. der Ägyptologie, 41999, 59 [8] E. Hungerbühler (Hrsg.), Pioniere der Archäologie, 1983, 109–124 [9] T. G. H. James, The Path to Tutankhamun, 22001 [10] N. Reeves, The Complete Tutankhamun, 1990.

Thomas Gertzen

Casaubonus, Isaac

Franz.-engl. Humanist und Philologe. Geb. am 18.2.1559 in Genf, gest. am 1.7.1614 auf einer Reise nach Greenwich; in der Westminster Abbey begraben. 1578–1581 Studium der Theologie und des Griechischen in Genf. 1582–1596 Prof. der griech. Sprache ebda.; 1596–1600 Prof. in Montpellier; 1600 Lectureur du roi in Paris; 1601 Unterbibliothekar der Königlichen Bibl., 1605–1610 Garde de la librairie du roi ebda. 1610 Emigration nach England; 1611 Einbürgerung in England.

Biographie und Werdegang

C.' Eltern waren protest. franz. Flüchtlinge aus der Gascogne. Nach dem sog. Edikt von Saint-Germain-en-Laye der Caterina de' Medici vom Januar 1562 kehrte die Familie nach Frankreich zurück und nahm ihren Wohnsitz in Crest in der Dauphiné, wo der Vater Arnaud C. eine Stelle als hugenottischer Pfarrer erhielt. Er übernahm zunächst die Erziehung des Sohnes; da er aber häufig abwesend war, bildete sich C. hauptsächlich autodidaktisch. Ab 1578 studierte C. an der Acad. de Genève Theologie bei Theodor von Beza und Griechisch bei dem Kreter François Portus, der seine großen Fähigkeiten erkannte und ihn als seinen Nachfolger vorschlug. 1582–1596 war C. in Genf Prof. des Griechischen. Nach dem frühen Tod seiner ersten Frau ging C. eine zweite Ehe mit Florence, einer Tochter des Druckers Henri ↗Estienne, ein.

In Genf machte C. die Bekanntschaft von Henry Wotton und Richard Thomson. Mit Joseph Justus ↗Scaliger, den er seit seiner Genfer Zeit durch Thomsons Vermittlung kannte, pflegte er eine lebenslange Korrespondenz, ohne ihn allerdings jemals persönlich zu treffen. Da die finanzielle Situation seiner Familie angespannt war und C. so gut wie keinen Zugang zu den für seine Studien benötigten Büchern hatte (sein Schwiegervater verwehrte ihm den Zutritt zu seiner Bibl.), entschloss er sich Ende 1596, in Montpellier die ihm angebotene Stelle als Prof. mit dem Titel *conseilleur du roi* und *professeur stipendié aux langues et bonnes lettres* anzutreten. Doch war dort seine Lage sogar noch prekärer als in Genf, da sein Gehalt nur sehr unregelmäßig oder überhaupt nicht ausbezahlt wurde. 1598 hielt sich C. im Hause seines einflussreichen Freundes Méric de Vicq (dem Paten seines Sohnes Méric C.) auf, der ihn am Hof von König Henri IV einführte. Im Februar 1600 ging C. auf Einladung des Königs nach Paris, wo er die Position eines *lectureur du roi* erhielt. Da aber das Unterrichten an der Univ. nur Katholiken gestattet war und C. sich weigerte zu konvertieren, bekam er weder an der Univ. noch am Collège de France eine Anstellung. 1601 nahm er die Stelle eines Unterbibliothekars an der Königlichen Bibl. an; gegen den Willen der Jesuiten trat er 1605 die Nachfolge Jean Gosselins als *garde de la librairie du roi* an und behielt diesen Posten bis 1610.

Obwohl C. Paris verlassen wollte und aus Nîmes und Heidelberg vielversprechende Angebote erhielt, nahm er sie aus Furcht vor einem Affront dem König gegenüber nicht an. Als Henri IV am 14.5.1610 ermordet wurde, änderte sich die Situation. Da C. seine eigenen aus dem Studium der Kirchenväter gewonnenen religiösen Ideen und Überzeugungen am ehesten in der Anglikanischen Kirche verwirklicht sah, entschloss er sich zur Emigration nach England. Am 20.7. erhielt er eine offizielle Einladung des Erzbischofs von Canterbury, der ihm eine Präbende der Kathedrale von Canterbury zusicherte. Im Oktober traf C. in Begleitung Wottons, des Sonderbotschafters von König James I., in England ein, wo er auch vom Dekan der St. Paul's Cathedral herzlich aufgenommen wurde. Nach einem Jahr in der Dekanei von St. Paul entschloss er sich, dauerhaft in England zu bleiben, und wurde 1611 eingebürgert. In den folgenden Jahren schloss er Freundschaften mit Hugo ↗Grotius und Thomas Morton, dem späteren Bischof von Durham. Auch der Bischof von Ely, Lancelot Andrewes, sympathisierte mit C.' Studien und Auffassungen und führte ihn in Cambridge ein. In Oxford, wo C. von Sir Henry ↗Savile eingeführt wurde, wies er die angesehenen Personen routinemäßig angebotene Ehrendoktorwürde zurück [16.358]. Einen wichtigen Einblick in C.' Gedankenwelt bieten seine Korrespondenz sowie die *Ephemerides*, sein seit 1597 kontinuierlich geführtes Tagebuch, in dem sich neben Arbeitspensen auch Gebete und religiöse Reflexionen finden (s. u. M).

Werk

C.' Werk bewegt sich wie seine Biographie zwischen den Polen von Klass. Philologie und Religion; v. a. Letztere spielte in seinem Denken und Handeln eine wichtige Rolle. Mehrfach wurde C. wegen seines liberalen Calvinismus kritisiert, den er während seiner Zeit in Paris entwickelt hatte. Auch seine philol. Arbeiten zeigen sein Interesse für theologische Themen. So trat er als Herausgeber christl. Texte hervor, u. a. des NT (1587, mit erläuternden Anmerkungen) und der Briefe Gregor von Nyssas an Eustathia, Ambrosia und Basilissa (1601, *editio princeps*). Auch in seiner Abhandlung über die kirchliche Freiheit (1607) [6], verfasst während der Auseinandersetzung zwischen Papst Paul V. und der Republik Venedig, ging es um theologischen Fragen, ebenso in der gegen die *Annalen* des Kirchenhistorikers Cesare Baronio gerichteten Schrift *De rebus sacris et ecclesiasticis*

(1614) [7], in der C. u.a. nachwies, dass das *Corpus Hermeticum* nicht vor dem 1. Jh. n. Chr. entstanden sein könne [11.83–85]; das umfangreiche Werk wurde als Torso von ca. 800 Seiten kurz nach C.s Ankunft in England veröffentlicht.

Neben den theologischen Arbeiten beschäftigte sich C. v.a. mit der griech. und röm. Literatur. Sein Hauptinteresse galt der wiss.-technischen Prosa der Griechen, dem antiqu. und dem doxographischen Schrifttum. Auf diesen Gebieten trat er als Editor und Erklärer zahlreicher griech. und lat. Texte hervor. Sein erstes Werk waren Annotationen zu Diogenes Laertius (1583). Es folgten eine zweisprachige Ausgabe von Strabons *Geographie* mit Kommentar (1587) [1], *Animadversiones* zu Dionysios von Halikarnassos (1588), eine zweisprachige Editio princeps von Polyainos' *Strategḗmata* (1589; lat. Übersetzung von Justus Vultejus), eine griech.-lat. Aristoteles-Ausgabe mit erklärenden Noten (1590/1605), eine sehr positiv rezipierte Edition von Theophrasts *Characteres* (1592) [2], eine grundlegende Ausgabe des Athenaios mit Erläuterungen (1600) und zweisprachige Ausgaben des Polybios und Aineias Taktikos (1609); der Kommentar zum ersten Buch des Polybios erschien postum (1617).

Seit 1591 erstellte C. auch Editionen und Kommentare lateinischer Autoren. Er verfasste das Vorwort zu Joseph Justus ↗Scaligers zweisprachiger (lat.-griech.) Ausgabe der *Sententiae* des Publilius Syrus (1598) und kommentierte die Briefe des Jüngeren Plinius; ferner edierte er die *Apologie* des Apuleius (1594), Sueton (1596) [3], die *Historia Augusta* (1603) und die *Satiren* des Persius mit Kommentar (1605) [4]. Seine Abhandlung zur röm. Satire, die ursprgl. seine Persius-Edition begleitet hatte (1605) [5], war die erste Monographie, die sich mit einem literarhistor. Thema befasste.

Wirkung

C.' Scharfsinn als Philologe erreicht nicht den seines Brieffreundes Joseph Scaliger, der ihn einmal als »gelehrtesten Mann Europas« bezeichnete. C. war ein unermüdlicher Sammler alles verfügbaren Materials; »*His aim was to amass exhaustive knowledge through extensive reading of all possible sources*« [17.120–122]. Seine Arbeiten entfalteten jedoch große Wirkung und wurden auch noch in der ersten Hälfte des 19. Jh.s gedruckt. Als Namensgeber für philol. Protagonisten lebt er in George Eliots *Middlemarch* (die Hauptfigur heißt Edward C.) [15.26–71] und in Umberto Ecos *Das Foucaultsche Pendel* (Ich-Erzähler trägt den Namen C.) weiter. C.' sorgfältige Arbeitsweise und seine außergewöhnlich gute Kenntnis der griech.-röm. Antike führten dazu, dass seine Editionen lange Zeit unersetzt blieben. Strabons *Geographie* wird noch heute nach der Paginierung seiner Ausgabe zitiert.

M: Ephemerides, hrsg. von J. Russel, 2 Bde., 1850; Epistulae, hrsg. von Th. J. von Almeloveen, 1709 (Digitalisat: Website der Univ. Mannheim).

Schriften

[1] Strabonis Rerum geographicarum libri XVII. (Edition mit Komm.), Genf 1587 (2. Aufl. Paris 1620) [2] Theophrasti Characteres ethici sive descriptiones morum Graece (Edition mit lat. Übers. und Komm.), Lyon 1592 (²1617) [3] C. Suetonii Tranquilli de XII Caesaribus libri VIII (Edition), Genf 1595 (2. Aufl. Paris 1610) [4] Auli Persi Flacci Satirarum liber (Edition), Paris 1605 (weitere Auflagen 1615, 1647) [5] De satyrica Graecorum poesi et Romanorum satyra libri duo, Paris 1605 [6] De libertate ecclesiastica liber singularis, Paris 1607 [7] De rebus sacris et ecclesiasticis exercitationes XVI, ad Cardinalis Baronii prolegomena in Annales, et primam eorum partem, de domini nostri Iesu Christi nativitate, vita, passione, assumptione, London 1614 (Frankfurt 1615, Genf 1655 und 1663).

Sekundärliteratur

[8] F. A. Bautz, Art. Casaubon, Isaac, in: Biographisch-Bibliographisches Kirchenlex., Bd. 1, 1990, 945–946
[9] L. Canfora, Convertire Casaubon, 2002
[10] J. Considine, Art. Casaubon, in: Oxford Dictionary of National Biography 10, 2004, 459–464 [11] A. Grafton, Isaac Casaubon on Hermes Trismegistus, in: Journal of the Warburg and Courtauld Institutes 46, 1983, 78–93
[12] F. Jacobs, Art. Casaubon (Isaac), in: J. S. Ersch / J. G. Gruber (Hrsg.), Allgemeine Encyclopädie der Wissenschaften und Künste 1.15, 1826, 248–252
[13] A. Kippis, Art. Casaubon, Isaac, in: Biographia Britannica 3, ²1778, 301–309 (Ndr. 1974) [14] L.-J. Nazelle, Isaac Casaubon. Sa vie et son temps (1559–1614), 1897
[15] A. D. Nuttall, Dead from the Waist down. Scholars and Scholarship in Literature and the Popular Imagination, 2003 [16] M. Pattison, Isaac Casaubon, hrsg. von H. Nettleship, ²1892 [17] R. Pfeiffer, History of Classical Scholarship from 1300 to 1850, 1976 [18] O. Reverdin, Isaac Casaubon et Genève (1596–1614), 1961 [19] Sandys Hist., Bd. 2, 1908, 204–210 [20] A. Vial, Isaac Casaubonus. Aus den Bekenntnissen dieses protestantischen Gelehrten des XVI. und XVII. Jh.s, 1866 [21] Wilamowitz GPh 25.

Claudia Schindler

Cavaceppi, Bartolomeo

Ital. Bildhauer und Restaurator. Geb. zwischen 1715 und 1717 in Rom, gest. am 9.12.1799 ebda. Ausbildung in verschiedenen Bildhauerwerkstätten; anschließend eigene Werkstatt in Rom. 1768 Reise nach Deutschland. Mitglied der Society of Antiquaries und seit 1782 der Accad. di San Luca.

Werdegang

C., Sohn des Römers Gaetano Cavaceppi und der Petronilla Rotti, gewann 1732 den ersten Preis beim jährlichen Wettbewerb der Accademia di San Luca in der Bildhauerklasse für eine Kopie nach einem Werk von Gian Lorenzo Bernini und 1738 den zweiten Preis für eigene Kompositionen. Zuvor hatte C. in der röm. Werkstatt des franz. Bildhauers Pierre Etienne Monnot gearbeitet, den er später als seinen *maestro* bezeichnete; eigentlich tätig war er aber in der Werkstatt Carlo Antonio Napolionis, der ant. Skulpturen u.a. für das neu eingerichtete Museo Capitolino restaurierte. Nach dessen Tod arbeitete C. zusammen mit dessen Erben Clemens Bianchi in dessen Werkstatt für Kardinal Alessandro Albani und Papst Benedikt XIV. Wohl schon vor 1755 (dem Jahr seiner Heirat) arbeitete er selbständig mit eigener Werkstatt in Rom (Via Margutta). 1768 reiste er mit Johann Joachim ↗Winckelmann nach Deutschland, der ihn aber in Wien verließ und nach Italien zurückkehrte. 1770 verlieh ihm Papst Clemens XIV. für seine Verdienste um das Museo Pio Clementino den »Goldenen Sporn«.

Werk und Wirkung

C. war Bildhauer und als solcher v.a. Restaurator antiker Skulpturen. In der zweiten Hälfte des 18. Jh.s war er der maßgebliche und erfolgreichste Restaurator von ant. Statuen, Köpfen und Porträtbüsten überhaupt. Durch seine Werkstatt liefen Tausende von ant. Torsi und Fragmenten, um sie als vollständige, durch Attribute erkenn- und benennbare Götter- oder Heroenstatuen bzw. Porträtbüsten wieder zu verlassen. Auch wenn die ant. Köpfe und Körper in vielen Fällen ursprgl. nicht zusammengehörten, boten seine in dieser Form restaurierten Werke einen so befriedigenden Eindruck, dass sie die Wahrnehmung der ant. Skulptur über lange Zeit bestimmten und z.T. bis heute noch bestimmen. Bei seinen Ergänzungen arbeitete C. eng mit Winckelmann zusammen, der ihn beriet. C.s Restaurierungen folgten somit dem Stand der damaligen antiqu. Forschung; es wurden aber auch Käuferwünsche bei Ergänzungen berücksichtigt [4].

196 dieser ant. Skulpturen wurden zwischen 1768 und 1772 in einem dreibändigen Werk von C. selbst in Abbildungen veröffentlicht [1]. Dieses Verzeichnis antiker Statuen, Büsten etc. war eigentlich ein Verkaufskatalog, wobei die Käufer unter den Abbildungen der entsprechenden Stücke namentlich bezeichnet waren. Über die Hälfte der im ersten Band genannten Erwerber gehören der engl. Aristokratie an, deren Antikensammlungen zu großen Teilen aus von C. ergänzten Skulpturen bestanden bzw. bis heute bestehen [2]; [3]; [7]. Zu den Käufern zählten aber auch Friedrich II. von Preußen (d. Gr.), seine Schwester Wilhelmine von Bayreuth sowie Fürst Friedrich Franz Leopold III. von Anhalt-Dessau (Sammlung in Wörlitz), General Wallmoden Hannover (Sammlung heute in Göttingen, Univ.) und Gustav III. von Schweden (Sammlung heute in Stockholm).

Im Vorwort zu Band 1 und dem zu Band 3 erklärte C. Maximen und Techniken seiner Restaurierungen: Schonung und Erhaltung der ant. Oberfläche und des ant. Bestandes, Begrenzung des Umfanges der Zutaten, das Bemühen um stilistische Übereinstimmungen von Ergänztem zu Antikem und damit zur Unterordnung des Restaurators unter den Stil des ant. Torsos [4]; [7]. Bei den Abbildungen der Skulpturen wurden dann allerdings die Ergänzungen nicht angegeben. Das Vorwort zu Band 2 enthält eine Beschreibung der Deutschlandreise, die der weiteren Kundenwerbung diente. Sie führte zu potentiellen Auftraggebern an den Höfen in München, Wien, Prag, Dresden, Anhalt-Dessau, Potsdam, Kassel und Braunschweig. In der Folge dieser Reise entstanden als Auftragsarbeiten zeitgenössische Porträtbüsten (Friedrich d. Gr., Karl I. von Braunschweig, Luise von Anhalt), eigene Werke mit mythol. oder lit. Thematik (Diana, Flora, Ceres, Apollo, Nymphe, Bacchant, Homer-Büste) und Kopien von ant. Statuen [6]; [7].

Vor Ort in Rom gehörten außer Kardinal Albani (seinem Mäzen) der schott. Maler Gavin Hamilton sowie der engl. Bankier und Antikenhändler Thomas Jenkins als Kunstagenten der engl. Klientel zu C.s Auftraggebern. Hamilton ließ selbst Grabungen durchführen, Jenkins kaufte Antiken aus alten röm. Sammlungen, und beide ließen die Statuentorsi bei C. ergänzen. In der Werkstatt C.s gearbeitet und gelernt haben wohl der engl. Bildhauer Joseph Nollekens und die ital. Antikenrestauratoren Carlo Albacini und Vincenzo Pacetti; dieser war auch C.s Nachlassverwalter.

Schriften

[1] Raccolta d'antiche statue, busti, bassirelievi ed altre sculture antiche restaurate da Bartolomeo Cavaceppi scultore Romano, 3 Bde., Rom 1768–1772.

Sekundärliteratur

[2] M. G. Barberini / C. Gasparri (Hrsg.), Bartolomeo Cavaceppi scultore romano (1717–1799) (Ausst.kat.), 1994 [3] S. Howard, Bartolomeo Cavaceppi. Eighteenth-Century Restorer (Diss. Chicago 1953), 1982 [4] P. Kanz, Art. Cavaceppi, Bartolomeo, in: G. Meissner (Hrsg.), Allgemeines Künstlerlex. Die bildenden Künstler aller Zeiten und Völker 17, 1997, 349–350 [5] U. Müller-Kaspar, Das Falsche am Echten. Antikenergänzungen im späteren 18. Jh. in Rom, 1988 [6] C. A. Picón, Bartolomeo Cavaceppi (Ausst.kat.), 1983 [7] Th. Weiss (Hrsg.), Von der Schönheit weissen Marmors. Zum 200. Todestag Bartolomeo Cavaceppis (Ausst.kat.), 1999.

Dagmar Grassinger

Caylus, Anne-Claude-Philippe, Comte de

Anne-Claude-Philippe de Thubières, de Grimoard, de Pestels, de Lévis, Comte de Caylus; Gelehrter, Sammler, Literat und Künstler; bedeutendster franz. Antiquar und Archäologe des 18. Jh.s. Geb. am 31.10.1692 in Paris, gest. am 5.9.1765 ebda. 1731 Aufnahme in die Acad. royale de peinture et de sculpture, 1742 in die Acad. royale des inscriptions et belles-lettres in Paris.

Werdegang und Werk

Von altem und höchstem Adel (verwandt u.a. mit der Marquise von Maintenon), schlug C. zunächst eine militärische Laufbahn ein und zeichnete sich im Span. Erbfolgekrieg aus, entzog sich jedoch der standesgemäßen Karriere und quittierte 1714 den Dienst. Im Anschluss daran führten ihn Reisen u.a. nach Italien (1714/15) [7]; [16.28–53] – wo er die Ausgrabungen des Duc d'Elbeuf in Herculaneum besichtigte [12] – und nach Konstantinopel, Smyrna, Ephesos sowie in die Troas (1716/17) [8]; [16.54–93]. In den folgenden Jahren wandte sich C. als Schriftsteller und Connoisseur der Literatur und der Kunst zu und pflegte das Leben eines mondänen Bonvivants. Er frequentierte die Zirkel junger Pariser Literaten, trat als Autor galanter Erzählungen hervor [9], verkehrte in kunstinteressierten Kreisen, war mit dem Maler Jean-Antoine Watteau befreundet, der ihn porträtierte, förderte Künstler – v.a. Edme Bouchardon und Joseph-Marie Vien – und entwickelte sich zu einem fähigen Zeichner und Graveur, der die Druckvorlagen zu den Tafeln seiner Veröffentlichungen z.T. selbst zeichnete und radierte [16.235–310].

Erst in den 1730er Jahren wandte C. sein Interesse der Antike zu, gefördert durch die Freundschaft mit dem Verleger und Kunstgelehrten Pierre-Jean Mariette, mit dem er gemeinsame Editionsprojekte verfolgte [3] und der C.' kunstkennerschaftliches Wissen und methodisches Instrumentarium wohl wesentlich prägte. Im gleichen Zeitraum begann C. mit dem Aufbau einer Antikensammlung [11]; [10]. Sein wiss. Werk setzte erst spät, dann aber in großer Breite und Intensität ein. Seit 1744 hielt C. in der Pariser Académie des inscriptions et belles-lettres rund 50 Vorträge (später in deren *Mémoires* publiziert) v.a. zu Themen der ant. Kunst und Architektur, aber auch zum alten Ägypten und Persien, zu provinzialröm. und frühma. Denkmälern in Frankreich und zur ma. höfischen Dichtung (vgl. Liste in [16.464–466]). Aufsehen erregte insbes. seine Rekonstruktion der ant. enkaustischen Malerei, die Joseph-Marie Vien in mehreren Gemälden experimentell erprobte [2]. Im gleichen Zeitraum äußerte sich C. an der Académie de peinture in knapp 30 Vorträgen zu Fragen der Kunst seit dem 16. Jh. (vgl. Liste in [16.462 f.]). An beiden Akademien war C. ausgesprochen aktiv [13]; [14], initiierte mehrere Preisausschreiben und war um eine Erneuerung der zeitgenössischen franz. Kunst durch Orientierung an der Antike bemüht [4]; [15].

Die Summe seiner antiqu. Forschungen zog C. in den Bänden des *Recueil* [1]; [17], im Wesentlichen Vorlage seiner Sammlung, die ihm eher Instrument des Erkenntnisgewinns als des ästhetischen Genusses war. Der *Recueil* präsentiert die Antiken in einer strikten Systematik, die jedem Objekt seinen kulturellen und chronologischen Platz innerhalb einer Entwicklungsgeschichte der materiellen Überlieferung zuweist. Unterschieden wird nach den Kulturen des ant. Ägypten, Etrurien, Griechenland und Rom; ab Band 3 treten zusätzlich die *Antiquités gauloises* hinzu, die das kulturhistor. Entwicklungsmodell um die regionalen Altertümer Frankreichs erweitern. C. ging davon aus, dass sich die Besonderheit jeder Epoche nicht bloß in der Kunst, sondern auch in Gegenständen bescheidenen Anspruchs manifestiere. Zur Bestimmung ihrer Zuordnung entwickelte C. ein Vokabular (*goût, manière, style*), das es ihm erlaubte, Stilphänomene auf kulturelle Eigenarten zurückzuführen.

Die methodische Erschließung von Objekten als materiellen Dokumenten ihrer Zeit leisteten die typologische Klassifikation durch vergleichende Analyse, die genaue Kenntnis von Material, technischer Fertigung und Funktion eines Objekts. C. insistierte deshalb auf Autopsie und kaufte gezielt Stücke mit bekannter Provenienz an, die auf den ursprgl. kulturellen Kontext schließen ließ. Er beharrte im Unterschied zu Johann Joachim ↗Winckelmann darauf, dass eine Anschauung von griech. Kunst nur anhand authentischer Originale, nicht aber anhand röm. Statuenkopien zu gewinnen sei. C. erweiterte seine Sammlung mit Unterstützung seines Mittelsmanns in Italien, Padre Paolo Maria ↗Paciaudi [6], fortlaufend im Hinblick auf eine Vervollständigung der Systematik der Künste im *Recueil*. Sein Verhältnis zu Winckelmann war gespannt: C. übersetzte ihn zwar ins Französische [5], wandte sich aber explizit gegen seine synthetische Sicht einer Geschichte der ant. Kunst. Winckelmann hingegen zitierte C. kaum, v.a. dort nicht, wo er von ihm profitierte. Ein wiss. Austausch zwischen ihnen scheint nicht stattgefunden zu haben.

Wirkung

C. betrieb als Erster die Kenntnis der ant. materiellen Überlieferung als methodisch strenge Wiss. der systematischen Erschließung und Klassifizierung von arch. Artefakten, die deren Entstehungszeit, Provenienz und kulturelle Herkunft in Betracht zog und damit ihre histor. und kulturelle Situierung innerhalb einer zeitlichen Sukzession der ant. Zivilisationen ermöglichte. Den Vorrang antiker Kunstwerke – im Sinne aussagekräftiger kulturhistor. Dokumente ihrer Zeit – gegenüber anderen Objekten bestritt C. konsequent; ferner integrierte er auch die regionalen franz. Altertümer in die Geschichte der ant. Kulturen – ein bedeutender Schritt der Anerkennung von prähistor. und provinzialröm. Denkmälern. Damit wirkte C. weit voraus auf die sich im 19. Jh. herausbildenden arch. Wissenschaften. Das eher disparate Material, auf das er sich stützte, trug freilich dazu bei, dass seinem kulturhistor. Entwicklungsmodell kaum Erfolg beschieden war. Auch verfügte er – anders als ↗Winckelmann – letztlich nicht über ein kohärentes Modell der Stilentwicklung, dessen Analysekategorien die Zuweisung einzelner Objekte zu bestimmten Perioden erkennbar steuern würden.

N: vgl. [16.460–466].
SV: [16.460–469].

Schriften

[1] Recueil d'antiquités égyptiennes, étrusques, grecques et romaines, 7 Bde., Paris 1752–1767 [2] Mémoire sur la peinture à l'encaustique et sur la peinture à la cire (mit M. Majault), Genève u. a. 1755 [3] Recueil de peintures antiques trouvées à Rome ... d'après les dessins coloriés faits par Pietro-Sante Bartoli, Paris 1757–1760 [4] Tableaux tirés de l'Iliade, de l'Odyssée d'Homere et de l'Eneide de Virgile, Paris 1757 [5] Lettre de M. L'abbé Winckelmann [...] sur les découvertes d'Herculanum, Dresden/Paris 1764 (franz. Übers.) [6] Correspondance inédite du Comte de Caylus avec le P. Paciaudi, théatin (1757–1765). Suivie de celles de l'abbé Barthélemy et de P. Mariette avec le même, 2 Bde., hrsg. von Ch. Nisard, Paris 1877 [7] Voyage d'Italie 1714–1715, hrsg. von A.-A.Pons, 1914 [8] Voyage de Constantinople, hrsg. von P.-E. Schazmann, in: Gazette des Beaux-arts Nr. 897, 273–292; Nr. 899, 111–126; Nr. 902, 309–322, Nr. 897, 1938 [9] Contes, hrsg. von J. Boch, 2005.

Sekundärliteratur

[10] I. Aghion (Hrsg.), Caylus, mécène du roi. Collectionner les antiquités au XVIIIe siècle (Ausst.kat. Paris), 2002 [11] J. Babelon, Choix de bronzes de la collection Caylus donnée au roi en 1762, 1928 [12] H. Eristov, Les antiquités d'Herculanum dans la correspondance de Caylus, in: G. Cafasso (Hrsg.), Il Vesuvio e le città vesuviane 1730–1860. FS G. Vallet, 1998, 145–161 [13] M. Fumaroli, La République des Lettres (VI). Un gentilhomme universel: Anne-Claude de Thubières, comte de Caylus (1694–1765), in: Annuaire du Collège de France. Résumé des cours et travaux, 1992–1993, 563–581 [14] M. Fumaroli, Le comte de Caylus et l'Académie des inscriptions, in: CRAI 139.1, 1995, 225–250 [15] L. Giuliani, Bilder nach Homer. Vom Nutzen und Nachteil der Lektüre für die Malerei, 1998 [16] J. Rees, Die Kultur des Amateurs. Studien zu Leben und Werk von Anne Claude Philippe de Thubières, Comte des Caylus (1692–1765), 2006 [17] R. Th. Ridley, A Pioneer Art-Historian and Archaeologist of the Eighteenth Century: the Comte de Caylus and His Recueil, in: Storia dell'arte 76, 1992, 362–375 [18] S. Rocheblave, Essai sur le Comte de Caylus. L'homme – l'artiste – l'antiquaire, 1889.

Adrian Stähli

Cellarius, Christophorus

Christoph Martin Keller; dt. Historiker und Philologe. Geb. am 22. 11. 1638 in Schmalkalden, gest. am 4. 6. 1707 in Halle a. d. S. Studium der klass. und oriental. Sprachen, aber auch von Philosophie, Theologie, Jura und Mathematik seit 1656 in Jena und seit 1659 in Gießen; 1666 Magister der Philosophie ebda. Ab 1667 Lehrer, ab 1673 Rektor an den Gymnasien in Weißenfels, Weimar und Zeitz, ab 1688 in Merseburg. Ab 1693 Prof. der Eloquenz und Gesch. an der neugegründeten Friedrichs-Univ. zu Halle; 1697 Leitung des Collegium elegantioris litteraturae und des von August Hermann Francke gegründeten Lehrerseminars.

Werk und Wirkung

C.' umfangreiches wiss. Œuvre ist seiner Lehrtätigkeit an Schule und Univ. verdankt; es lassen sich drei Schwerpunkte unterscheiden. Auf den Sachunterricht ausgerichtet ist eine erste Gruppe von Schriften zur Geschichte, Geographie und Altertumskunde. Zu nennen ist zunächst ein auf gründlichem Quellenstudium basierendes Kompendium der allgemeinen Geschichte (*Historia antiqua*, 1685; *Historia medii aevi*, 1688; *Historia nova*, 1696; erstmals 1702 zum Gesamtwerk der *Historia universalis* vereinigt [8]. Das Werk fand den Beifall der Zeitgenossen und nachfolgenden Generationen, wie die zahlreichen Nachdrucke belegen, v. a. aber setzte sich die hier vorgenommene Periodisierung der Geschichte in die Epochen Altertum, MA und Nz. schnell durch. Ähnlich wirkmächtig waren C.s geographischen Arbeiten, die *Geographia antiqua iuxta et nova* in zwei gesonderten Abteilungen [4] sowie die *Notitia orbis* [7]. Die beiden Schriften erlauben es, in C. einen Begründer des universitären Geographieunterrichts zu sehen. Wenigstens erwähnt werden müssen hierzu zwei postum veröffentliche Werke, das realienkundliche *Breviarium* (ab 1748 *Compendium*) *antiquitatum Romanarum* und die *Dissertationes academicae* (1712) [10], Essays, die Gegenständen der Geschichte und Altertumskunde gelten.

Die zweite Gruppe umfasst Werke zur lat. Sprache. Dem elementaren lat. Sprachunterricht dienten Bücher wie C.' *Orthographia latina* [9] und *Latinitatis ... liber memorialis* [6] sowie sein sehr erfolgreiches kleines Vocabularium, oft zusammen gedruckt mit einer in Deutsch verfassten Grammatik [5]. Bedeutender sind zwei sprachlich-stilistische Arbeiten in der Tradition der *Antibarbari*-Literatur [2]; [3]. In ihnen wandte sich C. gegen die zahlreichen von ihm beobachtten Barbarismen, Solözismen und Neologismen der Spätantike sowie des Mittel- und des zeitgenössischen Neulateins. C. lag der idiomatisch korrekte lat. Ausdruck am Herzen, für den er sich allerdings nahezu ausschließlich auf die Buchautorität der ant. Autoren berief. Aber auch diese besaßen für ihn nicht alle gleiche Geltung; ihre Autorität stufte er vielmehr gemäß der bekannten Periodisierung der lat. Literatur nach den ant. Metallweltaltern ab. Während sich C. im *Antibarbarus* [1], aus Vorgängerarbeiten schöpfend, darauf beschränkte, anhand alphabetisch geordneter Vokabelverzeichnisse vor dem fehlerhaften Gebrauch einzelner Wörter sowie Junkturen zu warnen, stellte er in den *Curae posteriores* [2], die auf einer eigenständigen Durchsicht der ant. Literatur basieren, diesen *verba damnanda* Verzeichnisse zu Unrecht inkriminierter Wörter und Wortverbindungen entgegen [12].

Drittens edierte C. zahlreiche lat. Texte, neben Auswahlausgaben von Ciceros Reden (1678) und Briefen (1698) die Briefe des Plinius (1693) sowie Historiker, u.a. Curtius Rufus (1688), Caesar (1705) und Velleius Paterculus (1707). All diese Ausgaben bringen keinen textkritischen Fortschritt, bieten aber in klarer Form das für das Textverständnis Notwendige. Ein Novum sind die mehreren Ausgaben, z.B. der des Plinius, beigefügten geographischen Karten.

Eine originelle wiss. Persönlichkeit wird man *summa summarum* C. nicht nennen; seine kompendienartig angelegten Werke zeitigten jedoch noch lange nach seinem Tod im Schul- und Univ.-Betrieb eine nicht unbeträchtliche Wirkung.

SV: [15].

Schriften

[1] De Latinitate mediae et infimae aetatis liber, sive Antibarbarus, Zeitz 1677 [2] Curae posteriores de barbarismis et idiotismis sermonis Latini, Zeitz 1680 [3] Curae posteriores de barbarismis et idiotismis sermonis Latini, Jena 1687 [4] Geographia antiqua iuxta et nova, Zeitz/Jena 1687 [5] Erleichterte lat. Grammatica, Merseburg 1689 (u.ö.) [6] Latinitatis probatae et exercitae liber memorialis, Merseburg 1689 [7] Notitia orbis antiqui sive geographia plenior ab ortu rerum publicarum ad Constantinorum tempora orbis terrarum faciem declarans, 2 Bde., Leipzig 1701–1706 [8] Historia universalis breviter ac perspicue exposita, in antiquam, et medii aevi ac novam divisa, cum notis perpetuis, Jena 1702 [9] Orthographia latina ex vetustis monumentis, Halle 1702 [10] Dissertationes academicae varii argumenti, hrsg. von J.G. Walch, Leipzig 1712 [11] Breviarium antiquitatum Romanarum, Halle 1715 (u.ö.).

Sekundärliteratur

[12] M. Beck, Antibarbari Halenses, in: W. Ax (Hrsg.), Von Eleganz und Barbarei. Lat. Grammatik und Stilistik in Renaissance und Barock, 2001, 255–277 [13] Bursian Gesch., 349–352 [14] J. Leuschner, Art. Cellarius, Christoph, in: NDB 3, 1957, 180–181 [15] J.G. Walch, Dissertatio de auctoris vita et scriptis, in: Ch.M. Cellarius, Dissertationes academicae varii argumenti, hrsg. von J.G. Walch, 1712, vor S. 1.

Marcus Beck

Celtis, Konrad

Konrad Bickel; dt. Humanist und Dichter. Geb. am 1.2.1459 in Wipfeld bei Schweinfurt, gest. am 4.2.1508 in Wien. 1479 B.A. der Univ. zu Köln; 1484 Studium in Heidelberg bei Rudolf Agricola. 1487 Krönung zum *poeta laureatus*; 1487–1489 Studienaufenthalt in Italien; 1489–1491 astronomische Studien in Krakau. 1491/92 sowie 1494/95 Prof. für Rhetorik und Poetik in Ingolstadt; 1492/93 Rektor der Domschule in Regensburg; 1495/96 Prinzenerzieher in Heidelberg; ab 1497 Prof. für Rhetorik und Poetik in Wien; seit 1502 Leiter des dortigen Collegium poetarum et mathematicorum.

Studienjahre und Netzwerke

C. (der sich seit 1486 nach dem Vorbild dreigliedriger altröm. Namen Conrad C. Protucius nannte) erwarb erste Kenntnisse des Lateinischen von seinem älteren Bruder, bevor er sich 1477 gegen den Willen der Eltern an der Kölner Artistenfakultät immatrikulierte. Nach dem Baccalaureat 1497 folgten fünf Wanderjahre, die ihn u.a. nach Ungarn an den Hof von König Matthias Corvinus führten. 1484 lernte er in Heidelberg Rudolf Agricola kennen, der ihm die Ideen des ital. Humanismus vermittelte. Ab 1485 hielt er in Erfurt und Leipzig erste Vorlesungen und publizierte 1486 seine *Ars versificandi et carminum* [1]. Kurfürst Friedrich III. von Sachsen, dem diese gewidmet ist, vermittelte ein Jahr später den Kontakt zu Kaiser Friedrich III., der C. am 18.4.1487 in Nürnberg zum ersten dt. *poeta laureatus* krönte. Eine sich daran anschließende Italienreise (zur Verbesserung der Griechischkenntnisse) brachte C. in Kontakt u.a. mit der röm. Akademie des Julius Pomponius ↗Laetus und wohl auch mit Marsilio ↗Ficinos Platonischer Akademie in Florenz.

Die ital. Akademien dürften C. später inspiriert haben, eigene Sodalitäten in unterschiedlichen Städten zu gründen. Seine Verbindungen zu humanistisch Interessierten in ganz Deutschland und über Deutschland hinaus, die ihn zu einem zentralen Punkt im Netzwerk dt. Frühhumanisten machten, sind in seinem umfangreich erhaltenen Briefwechsel nachzuverfoglen [4]. 1489–1491 intensivierte C. in Krakau seine mathematisch-astronomischen Studien, die sein Werk entscheidend prägen sollten (zur Biographie bis 1491 vgl. [5. XXVIII-XXXIII]).

Einsatz für Deutschland

Die Anstellung als Prof. an der Univ. Ingolstadt 1491 nutzte C. zu einer ersten programmatischen Schrift, der sog. *Ingolstädter Rede* (die er 1492 als Teil der *Panegyris ad duces Bavariae* herausgab [2]). In ihr entwarf er sein Bildungsprogramm eines dt. Humanismus, der wie der ital. auf einem gründlichen Studium der ant. Dichter, Philosophen und Historiker beruhen sollte. Innerhalb der Philosophie nahmen darin neben der Ethik zum ersten Mal in einem Univ.-Kanon [10.209] auch die Naturphilosophie und die Astronomie breiten Raum ein. Die Erneuerung der Studien hatte zum Ziel, die Erinnerung an ein altes dt. Nationalgefühl wieder zu erwecken und so Deutschlands kulturellen Rückstand gegenüber Italien auszugleichen [2. XLVIII-LVII]; [9. 192–193].

Im Jahr 1500 veröffentlichte C. eine Edition von Tacitus' *Germania*, welcher er sein Hexametergedicht *De situ et moribus Germaniae* (auch *Germania generalis*) beigab. Mit dieser Veröffentlichung plädierte er für eine geographische und topographische Erforschung Deutschlands. Bereits 1495 hatte er eine Stadtbeschreibung Nürnbergs verfasst, die er in der Vorrede als Teil einer noch zu schreibenden (doch nie realisierten) *Germania illustrata* präsentierte [10. 294]. Bereits damit schloss sich C. dem Programm von Flavio ↗Biondos *Italia illustrata* an und formulierte erneut den Gedanken eines Wettstreits Deutschlands mit Italien um geistige und polit. Vorherrschaft [11]. C. betonte zudem, dass er selbst alle vier Teile Deutschlands durchwandert habe, womit er die häufigen Wechsel seiner Betätigungsorte zum Dienst am Vaterland überhöhte (zur wichtigen Vierzahl [10. 389–392]).

Auch in seinen *Amores* (1502) [5] spielt die Verbindung der Topographie Deutschlands mit C.' eigener Person eine große Rolle; die vier Bücher repräsentieren dessen vier Teile, zugleich aber auch die vier Lebensalter des elegischen Sprechers. Auch C.' astronomische Interessen finden sich in diesen Gedichten wieder. Als krönender Abschluss des Werks kann Am. 4,14 angesehen werden, wo in einer Verkündigung Merkurs das Schicksal des Sprechers und damit auch das kulturelle Schicksal Deutschlands mit der Regierung Kaiser Maximilians I. verknüpft werden. Dieselbe Verbindung drückt C. ebenso im Widmungsbrief an den Kaiser aus. Die *Amores* können als innovatives Geflecht aus elegischen Themen, topographischen und astronomische Reflexionen beschrieben werden; sie werden durch das große Projekt C.' zusammengehalten: die Rehabilitation Deutschlands.

Horaz-Nachfolge

Oftmals hat man C. in der Forschung als »dt. Horaz« bezeichnet (Gruber in [7. 39 n.1]). Tatsächlich folgte er mit seinen vier Odenbüchern, dem Buch der Epoden und einem *Carmen saeculare* [5. 103–106] dem augusteischen Lyriker formal so eng wie niemand vor ihm. Auch ideologisch griff er teilweise auf Horaz und dessen Beitrag zur augusteischen Kultur zurück. Dies wird in Ode 1,1 sichtbar, die dem Beginn von Horaz' Ode 1,1 nachempfunden ist, aber den dort genannten Maecenas durch Kaiser Friedrich ersetzt. Die Apollo-Ode 4,5 hat man als Anrufung an Horaz selbst gedeutet (Frings in [7. 135–151]).

Dennoch hat die jüngere Forschung aufgezeigt, dass sich C.' Horaz-Nachfolge im Verlauf seines Lebens zunehmend abschwächte. Gerade das geographisch strukturierte Deutschlandprojekt der *Amores* und der *Germania generalis* ließ Horaz offenbar nur noch zu einem Vorbild unter vielen werden (Gruber in [7. 46–49]).

Mittelalter

Bei der Wiederentdeckung der lat. ma. Tradition Deutschlands spielte C. eine bedeutende Rolle. Der Wunsch, in dieser Vergangenheit Spuren kultureller Blüte zu entdecken, dürfte dabei die Triebfeder gewesen sein. Hervorzuheben sind seine Ausgaben der Werke Hrothsvits von Gandersheim [8] sowie des *Ligurinus* des Gunther von Pairis. Kein Interesse zeigte er dagegen an der volkssprachlichen Literatur des MA [13. 35].

Wirkung

C.' Bildungsprogramm inspirierte zahlreiche dt. Humanisten (u. a. Willibald ↗Pirckheimer und Johannes ↗Trithemius), aber auch Künstler wie Albrecht Dürer, und es fand Anklang bei den Herrschern seiner Zeit. Im 19. Jh. stilisierte man ihn zum dt. »Erzhumanisten«. Gemessen an seinem Ruhm ist die Editionslage seiner Werke allerdings noch nicht befriedigend zu nennen.

Schriften

[1] Ars versificandi et carminum, Leipzig 1486 [2] Panegyris ad duces Bavariae. Oratio in gymnasio Ingelstadio habita, Augsburg 1492 (hrsg. von J. Gruber, 2003) [3] Fünf Bücher Epigramme von Konrad Celtis, hrsg. von K. Hartfelder, 1881 (Ndr. 1963) [4] Der Briefwechsel des Konrad Celtis, hrsg. von H. Rupprich, 1934 [5] Quattuor libri Amorum secundum quattuor latera Germaniae (1502); Germania generalis, hrsg. von F. Pindter, 1934 [6] Libri Odarum quattuor cum Epodo et Saeculari carmine (1513), übers. und hrsg. von E. Schäfer, ²2012.

Sekundärliteratur

[7] U. Auhagen et al. (Hrsg.), Horaz und Celtis, 2000 [8] C. Cardelle de Hartmann, Die Roswitha-Edition des Humanisten Konrad Celtis, in: C. Henkes et al. (Hrsg.), Schrift – Text – Edition. FS H. W. Gabler, 2003, 137–147 [9] C. B. Krebs, Negotiatio Germaniae. Tacitus' Germania und Enea Silvio Piccolomini, Giannantonio Campano, Conrad Celtis und Heinrich Bebel, 2005, 190–225 [10] G. M. Müller, Die Germania generalis des Conrad Celtis, 2001 [11] G. M. Müller, Art. Germania illustrata, in: EdN 4, 2006, 555–557 [12] J. Robert, Konrad Celtis und das Projekt der dt. Dichtung. Studien zur humanistischen Konstitution von Poetik, Philosophie, Nation und ich, 2003 [13] F. J. Worstbrock, Konrad Celtis. Zur Konstitution des humanistischen Dichters in Deutschland, in: H. Boockmann et al. (Hrsg.), Literatur, Musik und Kunst im Übergang vom Mittelalter zur Neuzeit, 1995, 9–35.

Christoph Pieper

Ceporinus, Jacobus

Eigentlich Wiesendanger, Jakob; Schweizer Philologe, Humanist und Theologe. Geb. 1499 in Dinhard (bei Winterthur), gest. am 20. 12. 1525 in Zürich. Studium in Köln, Wien und Ingolstadt. Um 1521 Tätigkeit als Verlagskorrektor in Basel, ab 1522 als Lehrer für Hebräisch und Griechisch in Zürich. 1523 Eheschließung mit der ehemaligen Dominikanerin Elisabeth Scherer.

Werk und Wirkung

J. Wiesendanger, der sich den Humanistennamen Ceporinus (von griech. *kēpōrós*, »Garten-, Wiesenaufseher«) gab, besuchte trotz seiner bäuerlichen Herkunft die Lateinschule in Winterthur und erwarb früh glänzende Kenntnisse des Griechischen; bei Johannes ↗Reuchlin in Ingolstadt wurde er auch mit dem Hebräischen vertraut. Zwischen 1520 und 1522 arbeitete C. als Korrektor in der Offizin des Basler Druckers Andreas Cratander, bis ihn Ulrich Zwingli als Lehrer an die von ihm neu gegründete Höhere Schule nach Zürich holte. Sein Hebräischunterricht dort vollzog sich in der Auslegung des AT, und sein Griechischunterricht scheint gleichfalls primär theologisch motiviert gewesen zu sein, wenngleich er auch Pindar kommentierte [6. 208 f.].

Die Erziehungsschrift seines Gönners U. Zwingli (*Quo pacto ingenui adolescentes formandi sint*) versah C. mit einer Vorrede und besorgte 1523 ihren Druck in der Basler Offizin des Johannes Bebel. Seine mehrfach überarbeitete griech. Grammatik war zu diesem Zeitpunkt wohl schon in ihrer ersten Fassung abgeschlossen: Darin legte er den Schwerpunkt auf die Formenlehre, berücksichtigte recht umfänglich dialektale Unterschiede und fügte als Übungsmaterial Hesiods *Werke und Tage* sowie griech. Epigramme bei [1]. Den Druck von Dionysios' *Periḗgēsis*, Arats *Phainómena* und Proklos' *Sphaíra* in einem Band (1523 in Basel bei Bebel) versah C. mit Scholien. 1524 gab er das griech. NT heraus [2]. Die von ihm besorgte erste Edition Pindars nördlich der Alpen erschien erst 1526 nach seinem frühen Tod [3].

Die begonnene Ausgabe der hebr. Grammatik des Rabbi Moses Kimchi konnte C. allerdings nicht mehr vollenden; das für die christl. Hebraistik höchst wichtige Lehrbuch erschien später mit den Anmerkungen des Elijah Levita in einer von Sebastian Münster erstellten lat. Übersetzung (*Liber viarum linguae sacrae*, 1531).

Schriften

[1] Compendium Grammaticae Graecae. Hesiodi item Georgicon ..., Basel 1522 (2. Aufl. Zürich 1526 u.ö.)
[2] Novi Testamenti omnia (Edition), Basel 1524 (u.ö.)
[3] Pindari Olympia, Pythia, Nemea, Isthmia (Edition; mit Vorrede von U. Zwingli), Basel 1526.

Sekundärliteratur

[4] F. A. Eckstein, Art. Ceporinus, Jakob, in: ADB 4, 1876, 88–89 [5] E. Egli, Ceporinus Leben und Schriften, in: Analecta Reformatoria 2, 1901, 145–160 [6] Ch. Riedweg, Ein Philologe an Zwinglis Seite, in: Museum Helveticum 57, 2000, 201–219.

Dorothee Gall

Chacón, Alfonso

Alphonsus Ciacconus, auch Alonso Ciaconius; span. Dominikaner, Antiquar und Kirchenhistoriker. Geb. 1530 oder 1540 in Baeza (Andalusien), gest. 1599 in Rom. Ab 1544 Studium in Baeza, danach in Jaén und Sevilla; Prom. in Theologie 1566. Ab 1567 von Papst Pius V. nach Rom berufen und dort als Poenitentiar von Sankt Peter tätig. Einzelheiten der Biographie sind unklar [6]; [3].

Werk und Wirkung

Ch.s. antiqu. Arbeiten gelten zum einen der Kirchengeschichte, insbes. den Papst- und Kardinalsviten, zum anderen den Alt.wiss. generell. Seinen Ausgangspunkt bildete hierbei die ikonographische und epigr. Überlieferung; seine antiqu. Zeichnungen und Notizen beruhen u. a. auf Pirro ↗Ligorios Arbeiten [5. 222 f.]. Ch.s antiqu. Werke liegen meist in Form von unveröffentlichten Manuskripten vor (Zusammenstellung in [6] und [7]). Er versuchte bei seiner Arbeit, Bilder und Texte zu kombinieren [2] und Parallelbeispiele anderer Gattungen einzubringen. Bahnbrechend war die Einbeziehung von christl. Denkmälern wie Wandmalerei, Sarkophagen und Mosaiken aus den Katakomben und frühchristl. Kirchen in seinen antiqu. Werken. Ch.s Publikation der Trajanssäule (1576) [1] stellte die erste größere antiqu. Abhandlung über das röm. Staatsrelief dar.

Ch. gilt als Pionier der ›Christl. Archäologie‹. Trotz antiquarischer Missverständnisse, auf die schon Giovanni Pietro ↗Bellori hinwies [5.223 f.], war sein Werk grundlegend für die Beschäftigung mit den röm. *mores et instituta* im 17. Jh. (vgl. Bezüge und Hinweise Cassiano ↗Dal Pozzos auf Ch.). Ch.s graphisches Corpus, die *Antiquitatum Romanarum libri* [2], blieb unvollendet. Er hinterließ bei seinem Tod zahlreiche Manuskripte zu röm. Altertümern, darunter eine *Historica descriptio urbis Romae* und *De coemeteriis vetustis urbis Romae*. Erstere mit der Beschreibung von über 300 frühchristl. Denkmälern ist anhand mehrerer Manuskriptfunde in unterschiedlichen europ. Bibliotheken rekonstruiert worden [7].

SV: Zusammenstellung der Manuskripte in: [6]; [7]: vgl. [3].

Schriften

[1] Historia seu verissima a calumniis multorum vindicata, quae refert M. Ulpii Traiani Augusti animam precibus divi Gregorii Pontificis Romani a Tartareis cruciatibus ereptam, Rom 1576.

Sekundärliteratur

[2] C. Gasparri / M. L. Ubaldelli, Le Antichità romane di Alonso Chacón, in: Studia Oliveriana 11, 1991, 57–94 [3] S. Grassi Fiorentino, Art. Chacon (Ciaconius), Alonso (Alfonso), in: DBI 24, 1980 [4] I. Herklotz, Christliche und klassische Archäologie im sechzehnten Jh. Skizzen zur Genese einer Wissenschaft, in: D. Kuhn / H. Stahl (Hrsg.), Die Gegenwart des Altertums, 2001, 291–307 [5] Herklotz Cas. 222–226 [6] A. Recio Verganzones, Alfonso Chacón, primer estudioso del mosaico cristiano de Roma y algunos diseños chaconianos poco conocidos, in: Rivista de archeologia cristiana 50, 1974, 295–329 [7] A. Recio Verganzones, Una obra manuscripta de Alfonso Chacon OP (1530–1599). La »Historica descriptio urbis romae«, in: Rivista di archeologia cristiana 78, 2002, 325–428.

Marcus Heinrich Hermanns

Champollion, Jean-François

Genannt Champollion le Jeune; franz. Ägyptologe. Geb. am 23.12.1790 in Figeac (Département Lot), gest. am 4.3.1832 in Paris. 1804–1807 Lycée in Grenoble; 1807–1809 Sprachstudien in Paris. 1809 Professeur adjoint d'histoire ancienne in Grenoble; 1826 Konservator am Louvre. 1828/29 Expedition mit Ippolito Rosellini nach Ägypten; 1831 Schaffung eines arch. Lehrstuhls für Ch. am Pariser Collège de France.

Werdegang

Ch. verdankte seinen Werdegang und Lebensweg weitgehend seinem zwölf Jahre älteren Bruder Jacques-Joseph Ch.-Figeac. Nachdem dieser ihn 1801 nach Grenoble geholt hatte, genoss Ch. hier u.a. eine Einführung in das Hebräische. Von den ägypt. Hieroglyphen begeistert und in den Besitz einer Kopie des Steins von Rosette gelangt, faszinierte ihn der Gedanke der Entzifferung. Als Voraussetzung hierfür unerlässlich erschien ihm das Erlernen von für die hieroglyphischen Texte in Frage kommenden Sprachen, namentlich des Koptischen. Zu diesem Zweck strebte er nach Paris, wo er dann ab 1807 schwerpunktmäßig koptische Studien betrieb. In die polit. Ereignisse der Zeit verwickelt, lebte er zeitweise wieder in Figeac und Grenoble. Wiederum in Paris schließlich gelang ihm 1822 der Durchbruch zur Entzifferung der Hieroglyphen. 1831 auf den ersten Lehrstuhl für Ägyptologie am Collège de France berufen, verstarb Ch. bereits im folgenden Jahr. Um die Publikation seines überreichen Nachlasses kümmerte sich sein Bruder (u.a. [3]; [6]).

Werk und Lebensleistung

Ch. war der erfolgreichste Entzifferer der Hieroglyphen und ist als dieser und nur als dieser heute noch in aller Munde. Sein Weg, der schließlich zur Entzifferung führen sollte, war – wie auch die von anderen vor und neben ihm beschrittenen Wege – keineswegs geradlinig. Der Durchbruch, der Ch. 1822 gelang und der in der berühmten *Lettre à M. Dacier* [1] dokumentiert ist, basierte auf folgendem Vorgehen: (1) dem Verzicht auf alle Gleichungen zwischen den parallelen hieroglyphischen/demotischen und griech. Texten des Steins von Rosette (*Rosettana*), ausgenommen den bereits sicher identifizierten griech. Königsnamen Ptolemaios; (2) auf der Konfrontierung der Grapheme/Phonogramme im Königsnamen Ptolemaios mit den Graphemen/Phonogrammen im griech. Königsnamen Kleopatra, die fallweise (*p*, *o*, *l*, nicht *t*) zu einer wechselseitigen Bestätigung führten; (3) der Übertragung der auf diese Weise gesicherten Grapheme/Phonogramme auf andere nicht ägypt.sprachige Königsnamen und der Gewinnung weiterer Grapheme/Phonogramme aus diesen.

Ch.s Leistung liegt nicht in der Identifizierung des Namens Ptolemaios auf der *Rosettana*, vielleicht auch nicht in der Identifizierung des Namens Kleopatra auf dem Obelisken von Philae (ob diese ihm unabhängig gelang, ist ungeklärt), sondern in der wechselseitigen Bestätigung der Lautwerte der in beiden Namen enthaltenen Grapheme/Phonogramme und in der konsequenten Übertragung der so gewonnenen

Lautwerte auf weitere nicht ägypt.sprachige Königsnamen. Dass damit auch der Schlüssel zur Lesung ägypt.sprachiger Graphien gefunden war, ergab sich zuerst aus den Königsnamen Ramses und Thutmosis, deren einer Bestandteil, der logographisch geschriebene Gottesname Re bzw. Thot, aus dem Hieroglyphenbild erschlossen werden konnte, deren gemeinsamer zweiter Bestandteil *mss* aber das Phonogramm *s* enthielt, das durch die nicht ägypt.sprachigen Königsnamen abgesichert war und mit etwas Phantasie zu *mss* vervollständigt werden konnte. Von hier an spielte die entscheidende Rolle das Koptische, als das das hieroglyphische Ägyptische nunmehr gelesen wurde. Die weitere Erschließung des Hieroglyphenägyptischen war geradezu atemberaubend: über den 1824 erschienenen *Précis* [2] bis hin zur Grammatik [4] und zum Wörterbuch [5], die nach Ch.s überraschend frühem Tod erst postum veröffentlicht werden konnten.

1828–1829 unternahm Ch. gemeinsam mit Ippolito Rosellini eine Ägyptenexpedition, deren Hauptziel die Gewinnung neuen Inschriftenmaterials war. Inschriften waren auch zuvor schon in Ägypten kopiert worden, v.a. während der franz. Expedition unter Napoléon Bonaparte. Es war dies aber das erste Mal, dass die Kopisten eine Vorstellung vom Inhalt der hieroglyphischen Inschriften hatten, die sie aufzeichneten.

Schriften

[1] Lettre à M. Dacier, relative à l'alphabet des hiéroglyphes phonétiques, employés par les Égyptiens pour inscrire sur leurs monuments les titres, les noms et les surnoms des souverains grecs et romains, 1822 [2] Précis du système hiéroglyphique des anciens Égyptiens, 1824 (2. Aufl. 1827/28, einschließlich Lettre à M. Dacier) [3] Monuments de l'Égypte et de la Nubie. Planches, 4 Teile, 1835–1845 [4] Grammaire égyptienne, ou principes généraux de l'écriture sacrée égyptienne appliquée à la représentation de la langue parlée, 1836–1841 (Neuaufl. 1985) [5] Dictionnaire égyptien en écriture hiéroglyphique, 1841–1843 (Ndr. 1988) [6] Monuments de l'Égypte et de la Nubie. Notices descriptives conformes aux manuscrits autographes rédigés sur les lieux, 2 Teile, 1844–1889 (Ndr. 1973–1974).

Sekundärliteratur

[7] Art. Champollion, Jean-François, in: WWE, 92–94 [8] H. Hartleben, Champollion, sein Leben und sein Werk, 1906 [9] J. Lacouture, Champollion. Une vie de lumières, 1988.

Wolfgang Schenkel

Chandler, Richard

Engl. Antiquar, Reisender und Theologe. Geb. 1738 in Elson (Hampshire), gest. am 9.2.1810 in Tilehurst (Berkshire). Studium am Queen's College, Oxford. 1764–1766 Reise nach Kleinasien und Griechenland. Fellow am Magdalen College, Oxford. 1785 Heirat und vierjährige Reise durch Frankreich, Schweiz und Italien.

Wissenschaftlicher Werdegang

Ch. besuchte die Winchester School (Hampshire), später studierte er am Queen's College und am Magdalen College in Oxford. Durch sein Werk über die Arundel'schen Marmortafeln 1763 [2] bekannt geworden, wurde er von Robert ↗Wood in die *Society of Dilettanti* eingeführt. Diese sandte ihn als Verantwortlichen in Gesellschaft des Architekten Nicholas ↗Revett und des Malers William Pars auf eine von der Gesellschaft finanzierte Expedition nach Kleinasien und Griechenland. Die Reise dauerte vom Juni 1764 bis in den November 1766; sie ging nach Ionien, Attika, Argolis und Elis. Ihr Ziel bestand darin, möglichst viele ant. Ortschaften zu identifizieren und mit Plänen und Zeichnungen zu beschreiben. In Kleinasien wurde als Standquartier die Stadt Smyrna ausgewählt, von wo aus im Umkreis für jeweils acht bis zehn Tage Exkursionen unternommen wurden. Die Unternehmungen mussten 1765 wegen eines Epidemieausbruchs beendet werden. Über Sunion und Ägina erreichte die Gruppe am 31.8.1765 Athen; diese Stadt war Ausgangspunkt für Exkursionen auf die Peloponnes und schließlich auch nach Delphi.

In Griechenland fertigten Ch. und seine Mitreisenden exakte Zeichnungen und Pläne antiker Bauten an und legten damit die Grundlage für die spätere Forschung. Ch. gelang es u.a., die ant. Stadt Olympia zu lokalisieren. Die Veröffentlichungen waren förderlich für Ch.s Karriere an der Univ. Oxford. Diese Laufbahn verließ er bei seiner Heirat 1785 und begab sich erneut auf Reisen. Während seines Italienaufenthaltes 1787 arbeitete er in Bibliotheken von Florenz und Rom. Bei seinem Aufenthalt am Genfer See stand er in enger Verbindung u.a. mit dem engl. Historiker Edward ↗Gibbon und dem dt. Dichter Friedrich von Matthisson. Nach England zurückgekehrt, nahm Ch. verschiedene kirchliche Ämter an.

Werk und Wirkung

Bereits mit 21 Jahren publizierte Ch. anonym sein erstes Werk, eine von ihm kommentierte Sammlung von Fragmenten griech. Dichter [1]. Als Fellow am Oxforder Magdalen College veröffentlichte Ch. 1763 die Texte der sog. Arundel'schen Marmortafeln (sog. parische Marmorchronik) [2], die sich seit 1667 in der arch. Sammlung der Univ. Oxford befanden. In seinem 1802 als Rektor (Pfarrer) von Tilehurst (Berkshire) veröffentlichter *History of Ilium or Troy* [7] betonte Ch. die Genauigkeit der geographischen Angaben Homers. Sein Hauptwerk bilden jedoch die Beschreibungen der Reisen durch Griechenland und Kleinasien [3]; [5]; [6]. Grundlage hierzu waren die während der Expedition 1764–1766 verfassten Tagebücher, Skizzen und Pläne. Die auf dieser Reise neu entdeckten und von Ch. 1774 publizierten Inschriften [4] wurden 1859 von August ↗Boeckh in sein *Corpus Inscriptionum Graecarum* (CIG) aufgenommen.

Bei der Reise durch Kleinasien handelt es sich um eine generalstabmäßig geplante Unternehmung mit einem klar definierten Auftrag sowie Durchführungsanweisungen. Hierin unterschied sich Ch.s Vorgehen von früheren Expeditionen, bei denen die Route oft durch persönliche Neigungen, Vorlieben oder Kontakte bestimmt war. Die Verweildauer der Gruppe um Ch. an den einzelnen zu untersuchenden Orten und die Intensität der Arbeit waren einerseits durch das Interesse vorgegeben, andererseits durch äußere Umstände und Fragen der Sicherheit.

Ch.s Texten liegt ein ausgeprägtes antiquarisches Interesse zugrunde. Zu den jeweiligen Orten führt er zuerst jeweils seine Vorgänger (etwa Robert ↗Wood, Jacques ↗Spon und George Wheler oder Richard Pococke), die ant. Quellen (etwa Pausanias oder Strabon) und dann seine eigenen Feldbeobachtungen auf. Letztere beruhten auf der Autopsie sichtbarer erhaltener Denkmäler bzw. auf indirekten Hinweisen sowie verbauten Spolien. Ch.s Schreibstil ist eher nüchtern; stellenweise weist er den Charakter eines Rechenschaftsberichtes auf. Die Veduten in den Publikationen wurden von William Pars angefertigt, die Architekturzeichnungen stammen von Nicholas ↗Revett. Bis zum Erscheinen des ersten Baedeker-Reiseführers 1905 waren Ch.s Berichte insbes. für den dt.sprachigen Raum die grundlegenden Referenzwerke für Reisende nach Konstantinopel und Kleinasien.

Schriften

[1] Ta sōzómena tōn elegeiakṓn kai tinṓn tōn lyrikṓn poiētōn (Edition mit Komm.), 1759 (²1793) [2] Marmora Oxoniensia (Edition mit lat. Übers.), 1763 [3] Antiquities of Ionia, Published with Permission of the Society of Dilettanti. By R. Chandler, N. Revett (Architect), W. Pars (Painter), London 1769 (insges. 5 Teile; 2. erw. Aufl. ab 1797)
[4] Inscriptiones antiquae pleraeque nondum editae, in Asia Minori et Graecia, praesertim Athenis collectae (Edition), Oxford 1774 [5] Travels in Asia Minor (mit N. Revett), Oxford 1775 [6] Travels in Greece, Oxford 1776
[7] History of Ilium or Troy, London 1802.

Sekundärliteratur

[8] D. Constantine, Early Greek Travellers and the Hellenic Ideal, 1984, 188–209.

Marcus Heinrich Hermanns

Chantraine, Heinrich

Dt. Althistoriker und Numismatiker. Geb. am 10.2.1929 in Betzdorf/Sieg, gest. am 9.12.2002 in Mossautal. 1948–1954 Studium der Klass. Phil. und Gesch. in Mainz; 1955 Prom. und 1965 Habil ebda.; ab 1965 o.Prof. für Alte Gesch. an der Univ. Mannheim; 1985–1988 Rektor ebda.

Werdegang und Werk

Der Sohn eines Arztes fand durch sein Studium zur Alt.wiss. In Mainz prägte ihn bes. der Althistoriker Hans-Ulrich Instinsky. Seine Prom. [1] untersuchte chronologische und staatsrechtliche Probleme der gracchischen Ackerkommission, des Jugurthinischen Krieges und der Ämterlaufbahn des Marius. Hier zeigte sich bereits der analytische Scharfsinn sowie die Fähigkeit zur minutiösen Kritik der Überlieferung und der Forschung, die auch Ch.s späteres Œuvre auszeichneten.

Bevor Ch. 1958 wiss. Assistent am Mainzer Institut für Alte Geschichte wurde, war er kurze Zeit Mitarbeiter des Akademieprojekts *Fundmünzen der röm. Zeit in Deutschland* [2]. Durch dieses Projekt lernte er eine neue Quellengruppe kennen: die Münzen. In der Tradition Theodor ↗Mommsens und unter dem Einfluss Konrad ↗Krafts verstand Ch. unter Numismatik nicht antiqu. Münzkunde, sondern Geldgeschichte. Zu seinem Interesse an den Münzen trat die intensive Beschäftigung mit Maßen und Gewichten und mit lat. Inschriften. In seiner Habil.-Schrift [3] demonstrierte Ch. beispielhaft die Bedeutung der epigraphischen Überlieferung für die althistor. Sozialgeschichte. Diese Darstellung sowie weitere Aufsätze trugen zum Aufschwung der Forschungen zur ant. Sklaverei in Westdeutschland in den 1960er und 1970er Jahren bei. In späteren Jahren erschloss er sich zwei neue Forschungsfelder: die Geschichte der Spätantike [6] sowie die Wissenschaftsgeschichte [5].

Ch. war korrespondierendes Mitglied des DAI und der Mainzer Akad. der Wiss. sowie Leiter der Abteilung Alte Geschichte der alt.wiss. Sektion der Görres-Gesellschaft.

SV: R. Günther/S. Rebenich (Hrsg.), E fontibus haurire. FS H. Chantraine, 1994, 393–405

N: Im Besitz der Familie.

Schriften

[1] Untersuchungen zur röm. Geschichte am Ende des 2. Jh.s v. Chr. (Diss. Mainz), 1959 [2] Die Fundmünzen der röm. Zeit in Deutschland, Bd. 4/2: Pfalz, 1965
[3] Freigelassene und Sklaven im Dienst der röm. Kaiser, 1967 (Habil.schrift Mainz) [4] Die antiken Fundmünzen aus Neuss. Gesamtkat. der Ausgrabungen 1955–1978, 1982
[5] Die Leistung der Juden für die Alte Geschichte im deutschen Sprachraum, in: Jb. des Instituts für Deutsche

Geschichte. Beiheft 10, 1986, 113–145 [6] Die Nachfolgeordnung Constantins des Großen, 1992.

Sekundärliteratur

[7] H. Heinen, Nachruf auf Heinrich Chantraine, in: Jb. der Akad. der Wissenschaften und der Literatur Mainz 54/55, 2003–2004, 144–147 [8] S. Rebenich, Heinrich Chantraine, in: Gnomon 77, 2005, 283–288.

Stefan Rebenich

Chastagnol, André

Franz. Althistoriker. Geb. am 21.2.1920 in Paris, gest. am 2.9.1996 ebda. 1939–1941 Studium der Gesch. an der Univ. Paris Sorbonne; 1946 Agrégation für das Lehramt; Gymnasiallehrer in Châteauroux 1946–1950 und in Versailles 1950–1956. 1956/57 Wiss. Mitarbeiter am Centre National de la Recherche Scientifique (CNRS); Lehrbeauftragter für Alte Gesch. an den Univ. Algier 1957–1960 und Rennes 1960. 1960 Prom. an der Sorbonne. Prof. für Röm. Gesch. an den Univ. Rennes 1960–1965, Paris-Ouest, Nanterre 1965–1969 sowie Paris, Sorbonne 1969–1986.

Werdegang, Werk und Wirkung

Der aus einfachen Verhältnissen stammende Ch. studierte Geschichte und Geographie an der Sorbonne. Dort hörte er Vorlesungen u.a. von André ↗Piganiol, der ihn in die lat. Epigraphik einführte und zu seinem maßgeblichen Lehrer wurde. Während seines Schuldienstes arbeitete Ch. an seiner von Piganiol angeregten Diss. Ch.s akad. Karriere begann erst spät. Nach einem Jahr als Attaché de recherches am CNRS in Paris wurde er 1957 Chargé d'enseignement für Alte Geschichte an der Univ. Algier. Seine Univ.-Laufbahn führte ihn bis auf den angesehenen franz. Lehrstuhl für Röm. Geschichte an der Sorbonne, wo er 1986 emeritiert wurde.

Ch.s Hauptwerk ist die Diss. über die Stadtpräfektur und ihre Fasten im spätant. Rom [1]; [2], die in zwei Bänden erschien, Ch. sofort bekannt machte und den Rahmen seiner künftigen Forschungen vorgab. Zeitlebens untersuchte Ch. Fragen der öffentlichen Verwaltung, darunter administrative Strukturen und Ämter oder das latinische Recht in den Provinzen [5]; [9]; [10]. Sein Interesse galt immer auch der Verwaltungselite, darunter einzelnen Amtsträgern und deren Laufbahnen sowie dem röm. Senat [3]; [7]. Die Schwerpunkte lagen dabei auf der röm. Spätantike (3.–6. Jh.) und auf Italien, Nordafrika und Gallien [5]; [9]. Ch., ein ausgezeichneter Kenner des röm. Rechts, der röm. Numismatik und bes. der lat. Epigraphik [3]; [6], gehörte 1974–1990 zum Herausgebergremium der *Année Epigraphique*. Dass er auch meisterhaft mit lit. Texten umgehen konnte, zeigen die Ergebnisse seiner langjährigen Beschäftigung mit der *Historia Augusta* [4]; [8].

Ch. zählte zu den führenden franz. Althistorikern des 20. Jh.s. Er trug mit seinem umfangreichen Œuvre, das bis heute auch international rezipiert wird, wesentlich zur Neubewertung der Spätantike im letzten Drittel des 20. Jh.s bei. Ch. wurde zum Ritter des *Ordre national du Mérite* geschlagen und war Kommandeur des *Ordre des Palmes académiques*. Das DAI, die Päpstliche Röm. Akad. für Archäologie und die Poln. Akad. der Wiss. in Krakau machten ihn zum korrespondierenden Mitglied. Zu seinen Schülern zählen u.a. Stéphane Benoist, Roland Delmaire, Ségolène Demougin und Patrick Le Roux.

SV: [10. XI-XIV]; [11. 221–234].

Schriften

[1] La préfecture urbaine à Rome sous le Bas-Empire, 1960 [2] Les fastes de la préfecture de Rome au Bas-Empire, 1962 [3] Le sénat romain sous le règne d'Odoacre. Recherches sur l'épigraphie du Colisée au Ve siècle, 1966 [4] Recherches sur l'Histoire Auguste. Avec un rapport sur les progrès de la Historia Augusta-Forschung depuis 1963, 1970 [5] L'Italie et l'Afrique au Bas-Empire. Études administratives et prosopographiques, 1987 [6] Inscriptions latines de Narbonnaise, Bd. 2: Antibes, Riez, Digne, 1992 [7] Le sénat romain à l'époque impériale. Recherches sur la composition de l'assemblée et le statut de ses membres, 1992 [8] Histoire Auguste. Les empereurs romains des IIe et IIIe siècles (Edition mit J. Chastagnol), 1994 [9] La Gaule romaine et le droit latin. Recherches sur l'histoire administrative et sur la romanisation des habitants, 1995 [10] Le pouvoir impérial à Rome, figures et commémorations, hrsg. von S. Benoist und S. Demougin, 2008.

Sekundärliteratur

[11] G. Crifò et al., L'œuvre d'André Chastagnol. Journée d'hommage à la mémoire d'André Chastagnol, Paris, 24 mai 1997, in: Ktèma 26, 2001, 161–234.

Andreas Gutsfeld

Chausse, Michel-Ange de la

s. La Chausse, Michel-Ange de

Christ, Johann Friedrich

Dt. Philologe, Historiker und Kunsthistoriker. Geb. am 26.(?).4.1701 in Coburg, gest. am 3.9.1756 in Leipzig. 1720–1723 Studium von Philosophie und Jura an der Univ. in Jena; 1723–1725 ebda. als Hofmeister. 1725 Kabinettssekretär in Sachsen-Meiningen; 1726 als Hofmeister an der Univ. in Halle a.d.S.; 1728 Magister, 1731 Habil. und ao.Prof. für Gesch. an der Univ. Leipzig. 1733–1735 Reisen durch Europa; ab 1739 o.Prof. für Dichtkunst in Leipzig.

Wissenschaftlicher Werdegang

Ch. wurde als Sohn eines Coburger Konsistorialrats und Schuldirektors in eine begüterte Beamtenfamilie hineingeboren, die ihm eine umfassende Erziehung und die praktische Ausbildung in mehreren Künsten ermöglichte. Um dem Vater in den Staatsdienst zu folgen, begann er in Jena ein Jurastudium. Ab 1723 teilte er dort als Hofmeister die Ausbildung des ältesten Sohnes des Staats- und Premierministers von Sachsen-Coburg-Meiningen, Johann Christoph von Wolzogen. Die Neigung zu antiqu. Studien und zur bildenden Kunst weckten in Ch. den Wunsch nach einer akad. Laufbahn. Zunächst wechselte er nach Meiningen, wo er 1725 zum Geheimen Cabinetssecretär ernannt wurde. 1726 erhielt er erneut eine Stelle als Hofmeister und begleitete die beiden jüngeren Söhne von Wolzogens an die Univ. Halle. 1728 verlieh ihm die Univ. Leipzig in Abwesenheit die Magisterwürde. Ein Jahr darauf nahm er zur Erziehung des zweiten Sohnes des Grafen Heinrich von Bünau zum dritten Mal die Stelle eines Hofmeisters an und siedelte nach Leipzig über.

Sein rascher Aufstieg an der dortigen Univ. wurde durch Gönner am Kursächsischen Hof offenbar gezielt gefördert [16]. 1731 trat Ch. eine ao. Professur für Geschichte an. 1733 unterbrach er, für die damalige Zeit ungewöhnlich [16], seine Tätigkeit, um Rudolf von Bünau auf dessen Kavalierstour zu begleiten. Ch. nutzte die Reise zu Studienzwecken und legte den Grundstock für eine private Kunstsammlung. 1735 kehrte er an die Univ. Leipzig zurück und rückte 1739 in eine o.Professur für Dichtkunst auf, die er bis zu seinem Tod bekleidete. Ch. hinterließ eine umfangreiche Sammlung von Büchern, Handschriften, Kupferstichen und Antiquitäten.

Werk

Ch. war ein im Neuhumanismus und Klassizismus verwurzelter Universalgelehrter, der von der Geschichte über das Natur- und Völkerrecht bis zur Literatur und Kunst der Antike und Renaissance die unterschiedlichsten Gegenstände bearbeitete. Obwohl er außer Miszellen keine größeren Abhandlungen hinterließ, die Erfolg und breite Nachwirkung gehabt hätten, gilt er als Vorläufer der mod. Kunstgeschichte und als Wegbereiter bei der Herausbildung der Archäologie als eigenständiger Disziplin innerhalb der Alt.wiss.

Als Teil eines geplanten Künstlerlexikons veröffentlichte Ch. 1726 eine Biographie Lucas Cranachs d.Ä. [1], mit welcher er zur Verwissenschaftlichung der Künstlerbiographie im dt.sprachigen Raum beitrug [12]. Sein Lexikon zu Künstlermonogrammen (1747) wurde als eines der ersten dieser Art ins Franz. übersetzt [6]. Zukunftsweisend war, dass Ch. beiden Arbeiten die Autopsie von Originalen aus seiner Sammlung zugrunde legte. Damit verlagerte er die antiqu. Forschung auf das Kunstwerk, dessen Merkmale er durch empirische Betrachtung kritisch zu beurteilen suchte. Die aus eigener Anschauung gewonnene Kennerschaft ermöglichte ihm, die Bedeutung Cranachs für die dt. Malerei zu würdigen und dessen Werk, in dem er Entwicklungsstufen unterschied, in einen größeren kunsthistor. Rahmen zu stellen [9]; [12]. Ch.s histor. Studien zu Niccolò ↗Machiavelli (1729) [2] beeinflussten dessen dt. Rezeptionsgeschichte im 18. Jh. [21].

Im Rahmen der Alt.wiss. wirkte Ch. mehr als Lehrer von Philologen und Literaten der Aufklärungszeit als durch Schriften, in denen er u.a. die Ikonographie der Musen (1739) [3], die sog. murrinischen röm. Gefäße (1743) [5] und ant. Gemmen behandelte [4]; [7]. Als Kenner und Sammler war Ch. nicht nur in gelehrten Kreisen und bei jungen Adligen, die an der Univ. ihre Ausbildung erhielten, ein gefragter Partner [18]; [20.362]. 1743 übernahm er die Bearbeitung der Gemmen im *Museum Richterianum*, einem Naturalien- und Kunstkabinett, das der Leipziger Kaufmann und Ratsherr Johann Christoph Richter zusammengetragen hatte [4]. 1755 und 1756 schrieb Ch. die lat. Vorrede zu den ersten beiden Bänden von Philipp Daniel ↗Lipperts *Dactyliotheca universalis* [7]. Die offenbar von Ch. für den Titel gewählte Bezeichnung »Daktyliothek« ist bis heute für Sammlungen von Gemmenabdrücken gebräuchlich [19]. Mitschriften seiner arch. Vorlesungen erschienen postum in einer stark überarbeiteten Redaktion durch Johann Karl Zeune [8].

Würdigung und Wirkung

Ch. bezog als einer der ersten Universitätsgelehrten im dt. Sprachraum seit 1735 bei der Besprechung der ant. Literatur materielle Quellen des Altertums ein, darunter Gebrauchsgegenstände, Münzen und Kunstwerke. Wie in seinen kunsthistor. Arbeiten war er an den Einzelwerken interessiert, die er innerhalb der antiqu. Studien zu einem autonomen Bereich aufwertete. Damit ging er über die philol.-antiqu. Trad. hinaus, die ant. Realien v.a. in Hinblick auf ein tieferes Verständnis der Schriftwerke zu studieren. Ch. betrachtete die ant. Kunst vielmehr als eine gegenüber den Schriftquellen eigenständige Überlieferung, deren Betrachtung und Bewertung andere Kriterien erforderte als die der Philologie und Geschichte. Eine neue Herangehensweise fand er in der auf empirischer Beschreibung beruhenden Kennerschaft, die in Johann Joachim ↗Winckelmann und Christian Gottlob ↗Heyne ihre zukunftsweisenden Vertreter finden sollte.

Ch. blieb, wie der für sein Kolleg bezeichnende Titel *supra re litteraria* zeigt, ein gelehrter Antiquitätenforscher, der anhand der Realien literatur-, kultur- und kunstgeschichtliche Fragen erörterte. Eine Geschichte der ant. Kunst im Sinne einer Stilentwicklung bot er nur in Ansätzen. Im Vorgriff auf Winckelmann beurteilte er die griech. Kunst der röm. gegenüber als höherwertig und charakterisierte sie als »naturgemäß«, »edel« und »voller Anmut und Schönheit« [17]; [18]; [22. 42 f.]. Eine direkte Verbindung zwischen Winckelmann und Ch. ist nicht zu erkennen. Ch.s Abhandlungen könnte dieser jedoch kennengelernt haben, als er 1748–1754 Sekretär und Bibliothekar bei Heinrich von Bünau war [18].

Zu den bedeutendsten und für die Kunsttheorie der Aufklärung einflussreichsten Schülern Ch.s gehörten Christian Gottlob ↗Heyne und Gotthold Ephraim ↗Lessing. Heyne wies auch als Erster auf die bis heute tradierte Einschätzung Ch.s für die antiqu. Wissenschaft hin, nach der dieser die ant. Kunst in die universitäre Lehre aufgenommen habe [14. V-VI]. Um die Denkmäler auf der Grundlage der Autopsie adäquat zu vermitteln, setzte Ch. seinen privaten Kunstbesitz als Lehrsammlung ein. Damit förderte er die Verselbständigung der Archäologie zu einer von der Philologie abgegrenzten Fachdisziplin mit eigenen Methoden und Forschungseinrichtungen, lange bevor es andernorts an dt. Univ. und in Leipzig selbst zu einer institutionellen Organisation kam. Ch. war freilich nicht der Erste, der arch. Denkmäler in die Lehre einbezog. Ähnliche Aktivitäten sind im späten 17. und frühen 18. Jh. auch an anderen Univ. zu beobachten [16]. Von ihm ging jedoch eine kontinuierliche Trad. aus, die an der Univ. Göttingen mit Heyne ihre unmittelbare Nachfolge fand.

Schriften

[1] Leben des berühmten Mahlers Lucas Cranach, in: Fränckische Acta erudita et curiosa 5, 1726, 338–355 (Slg. Nr. VII) [2] Disquisitionis litterariae et politicae de restituenda prudentiae civilis vera methodo item de doctrina Nicolai Machiavelli praeparationem …, Leipzig 1729 [3] Imagines Musarum e simulacris antiquis …, Leipzig 1739 [4] De gemmis scalptis antiquis liber singularis, in: J. E. Hebenstreit, Museum Richterianum continens fossilia, vegetabilia marina, Leipzig 1743 (beigefügt) [5] De murrinis veterum liber singularis, Leipzig 1743 [6] Anzeige und Auslegung der Monogrammatum …, unter welchen berühmte Mahler, Kupferstecher u. a. dergleichen Künstler auf ihren Werken sich verborgen haben, Leipzig 1747 (franz. 1750) [7] Praefatio, in: Ph. D. Lippert (Hrsg.), Dactyliothecae universalis signorum exemplis nitidis redditae chilias, sive scrinium milliarium primium, Leipzig 1755–1762 [8] Abh. über die Litteratur und Kunstwerke vornemlich des Altertums, durchgesehen und mit Anmerkungen begleitet von J. K. Zeune, Leipzig 1776.

Sekundärliteratur

[9] R. Dohme, Art. Johann Friedrich Christ, in: P. Betthausen et al. (Hrsg.), Metzler Kunsthistoriker-Lex., ²2007, 50 f. [10] E. Dörffel, Johann Friedrich Christ, sein Leben und seine Schriften. Ein Beitrag zur Gelehrtengeschichte des 18. Jh.s, 1878 [11] E. Fischer, Art. Johann Friedrich Christ, in: W. Killy / W. Kühlmann (Hrsg.), Literaturlex., ²2008, 411–412 [12] K. Hellwig, Von der Vita zur Künstlerbiographie, 2005, 30–37, 39–43, 49–52, 55–57 [13] W. Herrmann, Johann Friedrich Christ, in: Lullies/Schiering Arch. 3–4 [14] Ch. G. Heyne, Sammlung antiquarischer Aufsätze, Teil 1, 1778 [15] R. Hiller von Gaertringen, Kunstgeschichte und Klassische Archäologie, in: D. Döring / C. Hollberg (Hrsg.), Erleuchtung der Welt. Sachsen und der Beginn der modernen Wissenschaften (Ausst.kat.), 2009, 219–222 [16] U. Huttner, Geschichte als akademische Disziplin. Historische Studien und historisches Studium an der Universität Leipzig vom 16. bis zum 19. Jh., 2007, 105–108 [17] C. Justi, Winckelmann und seine Zeitgenossen, Bd. 1, ⁴1943, 418–425 [18] G. Klingenstein, Der Aufstieg des Hauses Kaunitz. Studien zur Herkunft und Bildung des Staatskanzlers Wenzel Anton, 1975, 207–208, 215–219 [19] V. Kockel / D. Graepler (Hrsg.), Daktyliotheken. Götter & Caesaren aus der Schublade. Antike Gemmen in Abdrucksammlungen des 18. und 19. Jh.s, 2006 (passim) [20] J. Kroupa, Fürst Wenzel Anton Kaunitz-Rietberg. Ein Kunstmäzen und Curieux der Aufklärung, in: G. Klingenstein / F. A. J. Szabo (Hrsg.), Staatskanzler Wenzel Anton von Kaunitz-Rietberg, 1711–1794. Neue Perspektiven zu Politik und Kultur der europäischen Aufklärung, 1996, 360–382 [21] G. Procacci, Studi sulla fortuna del Machiavelli, 1965, 301–308 [22] A. Schulz, Winckelmann und seine Welt (Winckelmann-Gesellschaft Stendal, Jahresgabe 1961), 1962 [23] W. Waetzoldt, Die Begründung der deutschen Kunstwissenschaft durch Christ und Winckelmann, in: Zs. für Ästhetik und allgemeine Kunstwissenschaft 15, 1920–1921, 165–186.

Hans-Peter Müller

Christ, Karl

Dt. Althistoriker. Geb. am 6. 4. 1923 in Ulm, gest. am 28. 3. 2008 in Marburg. 1948–1954, nach Krieg und Gefangenschaft, Studium von Gesch. und Alt.wiss. in Zürich und Tübingen, v. a. bei Ernst ↗Meyer und Joseph ↗Vogt; Prom. 1953 in Tübingen über den älteren Drusus. Tätigkeit an der Kommission für Alte Gesch. in München; ab 1958 Assistent Fritz Taegers an der Univ. Marburg; 1959 Habil. ebda. [3]. 1959 Dozent, 1965–1988 o.Prof. für Alte Gesch. ebda.

Werk und Wirkung

Zunächst lag Ch.s Schwerpunkt auf den Auseinandersetzungen zwischen Römern und Germanen [2] sowie auf der Numismatik [3], später zunehmend auf der röm. Kaiserzeit [6]. Er trat als Verfasser zahlreicher breitenwirksamer Darstellungen und Einführungen hervor, u.a. in die Numismatik (1967) und in die röm. Geschichte (1973) sowie von Biographien etwa von Sulla (2002), Caesar (1994), Hannibal (2003) und Pompeius (2004). Eine bes. starke Wirkung auch außerhalb des Fachs entfaltete er durch seine nicht zuletzt von den Herausforderungen der Studentenrevolte ausgelöste und durch Arnaldo ↗Momiglianos Œuvre inspirierte, sich seit Ende der 1960er Jahre intensivierende Beschäftigung mit der Geschichte der Alten Geschichte [4]; [5]; [8]. Namentlich für die Zeit des Nationalsozialismus sowie für die Geschichte der Althistorie in der DDR leistete Ch. Pionierarbeit, wobei er sich auf die Erforschung der Lebensläufe und die Analyse von Werken einzelner Gelehrter konzentrierte (u.a. [7]).

In seinem Habitus ein zurückgezogener Einzelforscher, prägte Ch. das öffentliche Bild der Alten Geschichte wesentlich und setzte die Anerkennung der wissenschaftshistor. Forschung durch.

Schriften

[1] Hellas. Griech. Geschichte und deutsche Geschichtswissenschaft, 1999 [2] Drusus und Germanicus, 1956 [3] Antike Münzfunde Südwestdeutschlands (Habil.schrift Marburg), 1960 [4] Röm. Geschichte und deutsche Geschichtswissenschaft, 1982 [5] Römische Geschichte und Wissenschaftsgeschichte, 3 Bde., 1982–1983 [6] Geschichte der röm. Kaiserzeit. Von Augustus zu Konstantin, 1988 (⁵2005) [7] Von Gibbon zu Rostovtzeff, ³1989 [8] Klios Wandlungen. Die deutsche Althistorie vom Neuhumanismus bis zur Gegenwart, 2006 [9] Krise und Untergang der röm. Republik, ⁵2007.

Sekundärliteratur

[10] P. Kneissl / V. Losemann (Hrsg.), Alte Geschichte und Wissenschaftsgeschichte. FS K. Christ, 1988 [11] P. Kneissl / V. Losemann (Hrsg.), Imperium Romanum. Studien zu Geschichte und Rezeption. FS K. Christ, 1998 [12] V. Losemann, Akademischer Klimawandel. Zum Tode von Karl Christ, in: Marburger Uni Journal 31, 2008, 16–18 [13] V. Losemann, Prof. Dr. Dr. h.c. Karl Christ, in: Anzeiger für die Altertumswissenschaft 61, 2008, 125–128 [14] V. Losemann, Alte Geschichte zwischen Wissenschaft und Politik. Gedenkschrift für Karl Christ, 2009 [15] W. Nippel, Karl Christ (1923–2008), in: Süddeutsche Zeitung, 2. April 2008, 16.

Hartmut Leppin

Chrysolaras, Manuel

Auch Chrysoloras; griech. Philologe und Diplomat. Geb. um 1350 in Konstantinopel, gest. 1415 in Konstanz, bestattet im Dominikanerkloster ebda. 1390/91 Reise nach Venedig, 1396–1403 nach Florenz und in die Lombardai. 1397–1399 Lehrtätigkeit am Studio in Florenz. 1391–1396 und 1403–1407 Tätigkeiten in Konstantinopel; 1407–1410 Gesandtschaftsreisen nach Venedig, Genua, Paris, London, Salisbury und Spanien; 1410–1413 Aufenthalt an der Kurie Johannes' XXIII. 1413/14 weitere Reisen u.a. nach Florenz und Thasos oder Thessalonike; 1415 Teilnahme am Konzil von Konstanz.

Werdegang, Lehr- und Sammeltätigkeit

Ch. entstammte vermutlich einer Familie aus dem Beamten- und Intellektuellenmilieu, deren Mitglieder sich der lat. Sprache und Kultur gegenüber offen zeigten. Er erlernte die lat. Sprache, jedoch nicht bis zur lit. Perfektion, bei dem Orthodoxiekritiker Demetrios Kydones, den er wahrscheinlich auf seiner ersten Italienreise begleitete. Kydones war auch Lehrer des späteren Kaisers Manuel II. Palaiologos, dem Ch. bis zu seinem Tod als Ablasskollektor und Gesandter diente. Ch. zeigte zwar Interesse am lat. Bekenntnis, konvertierte aber nicht nachweislich [8.12–15, 22–34]; [5.2052].

Ch. unterrichtete als erster institutioneller Prof. für griech. Sprache und Literatur am *Studio* von Florenz eine exklusive Schülergruppe, die sich im Wesentlichen aus Mitgliedern des Humanistenkreises um den florent. Kanzler Coluccio ↗Salutati rekrutierte: darunter Leonardo Bruni, der Humanist und Staatsmann Pier Paolo Vergerio, der florent. Kaufmann und Handschriftensammler Palla Strozzi, der spätere Griechischlehrer Roberto Rossi und der spätere Ptolemaios-Übersetzer Jacopo Angeli da Scarperia. Letzterer hatte bereits in Konstantinopel in Salutatis Auftrag bei Ch. Griechischunterricht genommen, Manuskripte gekauft und über Ch.' Berufung nach Florenz verhandelt. Privaten Griechischunterricht erteilte Ch. Uberto Decembrio wahrscheinlich in Mailand, ↗Guarino von Verona, der später als Übersetzer bes. Strabons hervortreten sollte, zwischen 1403 und 1407 in Konstantinopel sowie Cencio de' Rustici und möglicherweise Bartolomeo Aragazzi in Rom [4.8]; [8.38–47, 57–60, 65–68, 91–95]. Mit diesen beiden zusammen widmete er sich während des Konstanzer Konzils dem Abschreiben von griech. Handschriften und der Erstellung von Wörterlisten und Übersetzungsversuchen [8.109–111]; eine Übersetzung von Platons *Politeía* hatte er mit Decembrio begonnen [6]; [8.58].

Neben seiner Lehrtätigkeit bildete Ch. gewissermaßen einen Angelpunkt der Verbreitung von griech. Handschriften in Italien. In seinem Besitz bzw. in dem seiner Familie befand sich eine umfangreiche Sammlung maßgeblicher Prosa- und Dichtungstexte, von denen er zumindest einen Teil in den Westen brachte und verkaufte, kopierte oder kopieren ließ, verlieh und zu Unterrichtszwecken benutzte. U.a. die von Angeli übersetzte Geographie (*Cosmographia*) des Ptolemaios (Cod. Urbinas graec. 82) wurde von Ch. 1397 nach Florenz gebracht [4.8f.]; [7]; [8.147–166].

Werk und Wirkung

Der Herausforderung, Nichtgriechen Griechischunterricht zu erteilen, begegnete Ch. mit der Konzeption einer neuen Grammatik, den in Frage- und Antwortform verfassten *Erōtēmata* [1]. Es handelt sich um eine Laut- und Formenlehre, in welcher die 56 Deklinationsklassen des Theodosios (5. Jh.) auf 10 reduziert sind. Diese hier erstmals bezeugte Vereinfachung wurde in der Zukunft übernommen. Plausiblerweise sind die *Erōtēmata* bereits in Florenz entstanden, jedoch erst durch Decembrio in Mailand belegt, der eine Abschrift anfertigte. Sie sind in über 120 Manuskripten, allerdings mit erheblichen Textdifferenzen, überliefert sowie in vier verschiedenen Druckausgaben, einer lat. Zusammenfassung mit griech. Beispielen (*editio princeps* 1471), einem von ↗Guarino erstellten griech.-lat. Kompendium (*editio princeps* 1475/76), einer um 1475 gedruckten griech. Ausgabe und der sog. griech. Originalfassung (*editio princeps* 1496), die mehr Beispiele enthält als die Ausgabe von 1475/76. In Italien wurden sie aber schon bald durch jüngere Grammatiken z. B. des Konstantin ↗Laskaris (1476) und Theodorus ↗Gaza (1495) verdrängt [8. 187–205].

Erhalten sind überdies 15 private und lit. Briefe überwiegend in griech. Sprache [2], darunter das an Kaiser Manuel gerichtete Lob Roms und dessen Vergleich mit Konstantinopel, ein frühes Bespiel humanistischen Städtelobs in der Trad. der ant. Rhetorik, und der Brief über die Freundschaft an Ambrogio Traversari [3]; [8. 216–245].

Schriften

[1] Erōtēmata, Venedig 1484 [2] Manuelis Chrysolarae epistolae, hrsg. von J.-P. Migne, 1866, 23–59.

Sekundärliteratur

[3] Ch. Billò, Manuele Crisolora. Confronto tra l'antica e la nuova Roma, in: Medioevo Greco. Rivista di storia e filologia bizantina 0 (Zero), 2000, 1–26 [4] P. Botley, Latin Translation in the Renaissance. The Theory and Practice of Leonardo Bruni, Giannozzo Manetti and Desiderius Erasmus, 2004, 5–13 [5] E. Gamillscheg, Art. Chrysoloras, Manuel, in: LMA 2, 1999, 2052–2053 [6] J. Hankins, A Manuscript of Plato's Republic in the Translation of Chrysoloras and Uberto Decembrio with Annotations of Guarino Veronese (Reg. lat. 1131), in: J. Hankins et al. (Hrsg.), Supplementum Festivum. FS P. O. Kristeller, 1987, 149–188 [7] A. Pontani, Manuele Crisolora. Libri e scritture (con un cenno su Giovanni Crisolora), in: Bollettino della Badia Greca di Grottaferrata N. S. 53, 1999, 255–283 [8] L. Thorn-Wickert, Manuel Chrysoloras (ca. 1350–1415). Eine Biographie des byzantinischen Intellektuellen vor dem Hintergrund der hellenistischen Studien in der italienischen Renaissance, 2006.

Beate Hintzen

Ciampini, Giovanni Giustino

Ital. Historiker und Archäologe. Geb. am 13. 4. 1633 in Rom, gest. am 12. 7. 1698 ebda., bestattet in der Kirche S. Lorenzo in Damaso. Jurastudium an der Univ. Rom; 1667 *laureato in utroque iure* an der Univ. von Macerata; dann Wechsel zu arch. Fächern. Tätigkeit in der apostolischen Kanzlei als *magister brevium gratiae.* 1671 Begründer der Akad. für Kirchengeschichte in Rom, 1679 einer Akad. der Wiss. unter dem Patronat Königin Christinas von Schweden; seit 1691 Mitglied der Accad. dell'Arcadia.

Werk und Wirkung

Im Gegensatz zu anderen Gelehrten des 16. Jh.s, deren Tätigkeitsfelder ausschließlich im histor. und kunsthistor.-arch. Bereich lagen (etwa Antonio ↗Bosio), setzte C. hier zwar Schwerpunkte, forschte aber auch in Gebieten der Naturwissenschaft und der Theologie [5. 189–192]. Sein Wirken fiel in die Zeit der Gegenreformation, vor deren Hintergrund sich auch die Anfänge der Entwicklung der Christl. Archäologie vollzogen [8]; [9. 18 f., 70–79] (vgl. ↗Bosio). Insofern sind C.s erhaltene arch.-histor. Texte meistenteils als tendenziös anzusehen. Die Inhalte sind damit aus heutiger Sicht überholt, die Illustrationen in seinen beiden Hauptwerken zeigen aber teilweise verlorene Denkmäler, weshalb den Publikationen Bedeutung nicht nur im Rahmen der Forschungsgeschichte zukommt.

C.s Hauptwerk der Christl. Archäologie erschien in zwei Teilen, 1690 und postum 1699 [1]. Damit lieferte er die erste zusammenfassende Darstellung der Mosaiken und Malereien in Rom im Vergleich mit Monumenten in Ravenna, Konstantinopel und anderen Orten wie z. B. Capua [1]. Ebenfalls enthalten sind Grund- und Aufrisse zahlreicher Kirchenbauten. Inhaltlich steht seine Arbeit in der Nachfolge der antiqu. orientierten Forschung von Onofrio ↗Panvinio und Antonio ↗Bosio, wobei sich C. den oberirdischen Denkmälern und nicht den Katakomben widmete. Die bearbeiteten Denkmäler der frühchristl. Kunst in Rom hielt er überwiegend für konstantinisch, seine Sammlung reichte aber insgesamt bis in das HochMA. In seinem Werk über von ihm als konstantinisch bewertete Architektur nahm er auf 186 Seiten Abbildungen zu Kirchenbauten auf [3].

Neben der antiqu. Vorstellung spielte auch die Deutung der beschriebenen Ausstattungsprogramme eine Rolle, wenn sie auch – vor gegenreformatorischem Hintergrund erbracht – nicht von einem neutralen Standpunkt aus erläutert war. Zeitgenössisch wurde seinem Hauptwerk [1] offenbar nennenswerte Beachtung zuteil, kam es doch 1747 zu einer Neuauflage durch Caroli Giannini.

Die detailreiche Wiedergabe frühchristlicher Denkmäler, wie sie die Werke C.s und zuvor auch Bosios auszeichnet, wirkte v.a. auf die großen Corpora des 19. Jh.s nach, so etwa auf diejenigen von Giovanni Battista ↗De Rossi. Wenn es um Detailfragen zu heute verlorenen Denkmälern oder zu zwischen dem 17. Jh. und der heutigen Zeit restaurierten Monumenten geht, liefert die Arbeit C.s immer noch Material für die Grundlagenforschung.

N: Rom, Biblioteca Apostolica Vaticana (Vat. lat. 12628–630) und Archivio Segreto Vaticano (213). Die Manuskripte in den vatikanischen Archiven sind noch nicht vollständig erforscht [6. 140].

SV: Zu Schriften aus dem naturwiss. und theologischen Bereich vgl. [1]; [6. 137–139].

Schriften

[1] Vetera monimenta in quibus praecipue musiva opera sacrarum, profanorumque aedium structura, ac nonnulli antiqui ritus, dissertationibus iconibusque illustrantur, 2 Bde., Rom 1690–1699 (Neuaufl. mit Bibliographie Ciampinis durch C. Giannini, Rom 1747) [2] Sacro-historica disquisitio de duobus emblematibus, quae in cimelio eminentissimi … cardinalis Carpinei asservantur. In quorum altero praecipue disceptatur, an duo Philippi imperatores fuerint Christiani, Rom 1691 [3] De sacris aedificiis a Constantino Magno constructis, Rom 1693 [4] Explicatio duorum sarcophagorum sacrum baptismatis ritum indicantium, Rom 1697 (Ndr. in: Vetera monimenta, Bd. 2, Rom 1699, 8–24).

Sekundärliteratur

[5] G. Ferretto, Note storico-bibliografiche di archeologia cristiana, 1942, 189–195 [6] S. Grassi Fiorentino, Art. Ciampini, Giovanni Giustino, in: DBI 25, 1981, 136–143 [7] H. Leclercq, Art. Ciampini, Giovanni Giustino, in: F. Cabrol (Hrsg.), Dictionnaire d'archéologie chrétienne et de liturgie, Bd. 3/2, 1914, 1585–1588 [8] S. Ristow, Christliche Archäologie – Gestern und heute, in: Th. Fischer / W. Thiel (Hrsg.), Bilder von der Vergangenheit. Zur Geschichte der archäologischen Fächer, 2005, 215–245 [9] M. Schmauder / R. Wisskirchen (Hrsg.), Spiegel einer Wissenschaft. Zur Geschichte der Christlichen Archäologie vom 16. bis 19. Jh., dargestellt an Autoren und Büchern (Ausst.kat.), 1991.

Sebastian Ristow

Ciccotti, Ettore

Ital. Althistoriker. Geb. am 24. 3. 1863 in Potenza, gest. am 20. 5. 1939 in Rom. Schulbesuch in Potenza, Abitur 1879; Studium in Neapel, Abschluss in Jura 1883. Ab 1891 Prof. für Alte Gesch. an der Accad. Scientifico-letteraria in Mailand. Polit. Aktivität in der Sozialistischen Partei; 1897 deshalb Ausschluss aus dem Lehrberuf. Ab 1901 o.Prof. für Alte Gesch. in Messina. Ab 1900 Mitglied der Camera dei deputati, seit 1924 Senator. 1926 Versetzung auf den Lehrstuhl für lat. Literatur am Istituto superiore di Magistero in Rom bis zur Pensionierung 1933.

Werk und Wirkung

C. gehörte zu den originellsten Wissenschaftlern seiner Zeit; zugleich verschaffte sein kultureller Hintergrund seiner Stimme Gehör, wenn er sich zum Süditalien-Problem äußerte [4]; [8]. Seine Sympathie für den Marxismus und die sozialistische Bewegung [1]; [7]; [9] bewirkten seinen weitgehenden Ausschluss aus der akad. Welt, und seine Lehrtätigkeit war lange auf Messina beschränkt. Unter dem Einfluss des Mommsen-Schülers Ettore de Ruggero kam C. von der Rechtswiss. zur Alten Geschichte. Beeinflusst war er auch von Karl ↗Marx sowie von der zeitgenössischen Soziologie und Anthropologie; C. übersetzte einige Schriften der Vertreter des wiss. Sozialismus ins Italienische [6]. Die ant. Sklaverei und die Kriege des Altertums interpretierte er als direkte Konsequenz der mangelhaften Entwicklung der Produktivkräfte [3]; [5]; er betonte, dass das ant. Christentum in keiner Weise zum Ende der Sklaverei beigetragen habe. C.s histor. Forschungen gingen mit einem bemerkenswerten Engagement in der Politik und vielfältiger Herausgebertätigkeit einher, u.a. gemeinsam mit Vilfredo Pareto in der Reihe der *Biblioteca di storia economica*. C. förderte darüber hinaus die Publikation der *Nuova Rivista Storica* (hrsg. von Corrado Barbagallo). C.s Arbeiten zum Ende der Sklaverei in der ant. Welt [3] fanden in den 1970er und 1980er Jahren neues Interesse, als die Frage der Anwendung marxistischer Kategorien auf die Alte Geschichte intensiv diskutiert wurde [13].

Schriften

[1] Socialismo di stato e socialismo democratico, 1894 [2] Il processo di Verre, 1895 [3] Il tramonto della schiavitù nel mondo antico, 1899 (Ndr. 1977) [4] Settentrionali e meridionali agli italiani del mezzogiorno (mit N. Colajanni), 1899 [5] La guerra e la pace nel mondo antico, 1901 [6] Scritti di C. Marx, F. Engels e F. Lassalle (ital. Übers.), 1901 [7] Psicologia del movimento socialista. Note ed osservazioni, 1903 [8] Sulla questione meridionale, 1904 [9] Esperimenti di socialismo, 1919 [10] Confronti storici, 1929 [11] La civiltà del mondo antico, 2 Bde., 1935 [12] Profilo di Augusto, 1938.

Sekundärliteratur

[13] M. Mazza, Introduzione, in: E. Ciccotti, Il tramonto della schiavitù nel mondo antico, Bd. 1, 1899, V–LXX (Ndr. 1977) [14] A. Signorelli, Per una biografia di Ettore Ciccotti. 1: La formazione culturale, in: Siculorum Gymnasium 27, 1974, 185–214 [15] A. Signorelli, Ettore Ciccotti (1863–1939). 2: Dalla democrazia radicale al socialismo, in: Siculorum Gymnasium 31, 1978, 524–543 [16] P. Treves, Art. Ciccotti, Ettore, in: DBI 27, 1981, 368–374.

Arnaldo Marcone (Ü: H.Sch.)

Clarac, Charles Othon Frédéric Jean Baptiste, Comte de

Franz. Zeichner und Archäologe. Geb. am 23.6. 1777 in Paris als Sohn eines hohen Offiziers, gest. am 20.1.1847 ebda. Nach der Franz. Revolution Aufenthalte in der Schweiz, Deutschland, Italien, Spanien und Russland; 1808–1813 in Neapel als Erzieher der Kinder der Königin Caroline Murat. 1813 Ausgrabung in Pompeji; ab September wieder in Frankreich. 1814 im Gefolge Ludwigs XVIII.; 1816/17 Teilnahme an einer Gesandtschaft nach Brasilien, wo C. Landschaften zeichnete. 1818 auf Wunsch Ludwigs XVIII. Conservateur des antiques du Musée royal, als Nachfolger von Ennio Quirino ↗Visconti. 1833 Reise nach England und Schottland, wo C. etwa 350 Statuen besichtigte [9].

Werk und Wirkung

In seiner Eigenschaft als Konservator der königlichen Sammlung gab C. 1820 eine *Description des antiques du musée royal* heraus [2], die später mehrfach neu aufgelegt wurde [6]. Dabei handelt es sich um eine knappe Beschreibung der Skulpturen des Louvre ohne Illustrationen, die an eine ältere Ausgabe von Ennio Quirino ↗Visconti anschloss. Daraus entwickelte sich das Publikationsprojekt des *Musée de sculpture antique et moderne* [5]. Verfolgt wurden von Anfang an zwei Ziele: Zum einen sollte der Louvre als ein Museum ersten Ranges präsentiert werden, dessen Geschichte, architektonische Form und künstlerische Ausgestaltung einen würdigen Standort für die ant. und nzl. Skulpturen und Inschriften boten, die ebenfalls in Umrisszeichnungen abgebildet wurden. Zum anderen war von Anfang an geplant, zusätzlich alle erreichbaren ant. Statuen in thematischen Gruppen vorzulegen.

Von C.s *Musée* [5] sind die Tafelbände II bis V bis weit ins 20. Jh. hinein Referenzwerk geblieben. Sie bieten den besten Überblick über die Bestände des Louvre an ant. Reliefs und Statuen, und es sind auch Stücke erfasst und abgebildet, die lange Zeit unzugänglich waren oder überhaupt verschollen sind. Zum Erfolg trug wesentlich bei, dass am Ende des 19. Jh.s Salomon ↗Reinach einen etwa um die Hälfte verkleinerten Nachdruck herausgab: Der erste Teil seines *Repertoire de la statuaire grecque et romaine* (1897) trägt den Titel *Clarac de poche* (»Taschen-Clarac«) und umfasst die Tafelbände II–V. In dieser Form sind die Abbildungen in der Folge meistens zitiert worden. Anders als die Tafeln geriet der Text C.s rasch in Vergessenheit und scheint überhaupt kaum rezipiert worden zu sein; auch Reinach druckte ihn nicht ab.

Aus heutiger Sicht liegt die Bedeutung des *Musée* in der Tatsache, dass es eine Zusammenfassung des Forschungsstandes des frühen 19. Jh.s bietet. C. wertete ältere Texte aus, etwa indem er ihre Angaben zu Fundorten zusammenstellte, und nutzte die Stichwerke systematisch als Vorlagen für seine eigenen Abbildungen. Eine wirkliche Synthese ist ihm dabei freilich nicht gelungen. So fehlt jeder Versuch einer kunsthistor. Betrachtung des Materials. Wo der Text über reine Katalogeinträge hinausgeht, bietet er antiqu. Exkurse etwa zur ant. Tracht und zu Gesteinsarten. Das disparate Erscheinungsbild des Textes dürfte letztlich zwei Gründe haben: Zum einen hat C. das Konzept seines Werkes offensichtlich mehrfach geändert; zum anderen sind große Teile nicht von ihm selbst fertiggestellt worden. Dennoch bleibt der Eindruck, dass der Autor zwar die Werke des 17. und 18. Jh.s ausgewertet, von der wiss. Entwicklung seiner eigenen Zeit aber kaum Kenntnis genommen hat. Auch die Anordnung des Materials nach thematischen Aspekten entspricht letztlich der antiqu. Perspektive, wie sie etwa Don Bernard de ↗Montfaucons *L'antiquité expliquée* von 1719 zugrunde liegt.

Die bedeutendste Leistung C.s liegt zweifellos in der Zusammenstellung der Abbildungen. Sie boten zum ersten Mal einen Überblick über alle damals bekannten ant. Statuen. Frühere Publikationen enthielten entweder den Bestand einer einzigen Sammlung oder aber eine Auswahl der wichtigsten Stücke; eine konsequente Erfassung aller bekannten Statuen war bis dahin noch nicht versucht worden. Da im Text zudem – wo immer möglich – Maße, Provenienz, Beschreibung, Deutung und frühere Publikationen angegeben wurden, war damit erstmals ein leichter Zugang zu allen bekannten Einzelstücken gegeben.

Schriften

[1] Fouille faite à Pompéi en présence de S.M. la Reine des Deux Siciles, Neapel 1813 [2] Description des antiques du Musée royal, commencée par le feu Ch.r Visconti, Paris 1820 [3] Sur la statue de Venus victrix découverte à Milo en 1820, Paris 1821 [4] Second supplément à la description des antiques du Musée royal (o.J.), Paris, um 1825 [5] Musée de sculpture antique et moderne, 6 Bde., Paris 1826–1850 [6] Description du Musée royal des antiques du Louvre, Paris 1830 [7] Mélanges d'antiquités grecques et romaines, ou observations sur plasieurs bas-reliefs antiques du Musée royal du Louvre, Paris 1830 [8] Manuel de l'histoire de l'art chez les anciens, 3 Bde., Paris 1847–1849.

Sekundärliteratur

[9] S. Reinach, Répertoire de la statuaire, Bd. 1: Clarac de poche, 1897, XV–XLIV.

Dietrich Boschung

Cleynaerts, Nicolaes

Nicolaus/Nicolas Clenard(us); belg. Humanist, Theologe, Grammatiker und Orientalist. Geb. am 5.(?).12.1495 in Diest, gest. am 5. 11. 1542 in Granada. Studium der Theologie und der alten Sprachen in Löwen; 1521 Ernennung zum Präsidenten des (auch Kolleg von Houterlee genannten) Collegium Scholasticum ebda. Priesterweihe vermutlich auch um diese Zeit; in den 1520er Jahren Unterricht der griech. und hebr. Sprache an der dortigen Univ. 1531 Bibliothekar des Hernando Colón (Sohn des Columbus) in Sevilla; 1533 Prof. für Griechisch und Latein in Salamanca; kurz danach Ernennung durch den portug. König João III. zum Tutor von dessen Bruder Henrique. Lehrtätigkeit zuerst in Évora, ab 1537 in Braga, wo er eine neue Lateinschule errichtete; 1538 Reise nach Spanien; 1539 Aufenthalt in der Alhambra; 1540 Reise nach Marokko. Wegen einer von Portugal ausgehenden Schmähkampagne erhebliche Verschlechterung des Klimas; 1541 fluchtartige Rückkehr nach Granada.

Werk und Wirkung

C.' Wirkung und Bedeutung sind in zwei Bereichen anzusiedeln. Zum einen verstand und profilierte er sich immer als Sprachlehrer. Als Alumnus des Löwener Collegium Trilingue meisterte er die drei biblischen Sprachen und war als Philologe ausgebildet. Mehr als seine Latein-Grammatik [4] (5 Auflagen ab 1538) prägten seine Hebräisch- [1] (29 Auflagen ab 1529) und insbes. seine Griechisch-Grammatik [3] (über 500 Auflagen der gemeinsamen Edition der *Institutiones* und *Meditationes* ab 1534) den Unterricht der jeweiligen Sprachen bis ins 18. Jh. V. a. in Évora erprobte C. auch eine neue (in einem Brief von 1535 beschriebene) Unterrichtsmethode für das Erlernen der lat. Sprache, wonach Schüler sich das Lateinische aus der Praxis des täglichen Lebens heraus auf der Basis von Kurzdialogen und Rollenspielen aneignen sollten.

Zum anderen suchte er sich als Theologe auf der Grundlage rationaler und wiss. Argumente mit dem Islam auseinanderzusetzen, durchaus um letztendlich die Überlegenheit des Christentums zu beweisen. Zu diesem Zweck studierte er in Salamanca und Granada Arabisch und reiste später nach Fez, wo er zuerst vom Sultan freundlich empfangen wurde, dann aber aufgrund von Manipulationen des portug. Konsuls auf eine negative Stimmung stieß und Marokko verlassen musste. Die Vorbereitung einer zweiten Reise nach Fez und die Bemühungen, von Seiten Kaiser Karls V. Unterstützung für sein Anliegen zu erhalten, endeten mit C.' Tod im November 1542.

Mit seinem geistigen Apostolat im muslim. Raum ging C. übrigens deutlich über die erasmianische Trad. des christl. Humanismus, in der er ansonsten stand, hinaus. Als humanistischer Literat offenbarte sich C. in seinen auch kulturhistorisch sehr interessanten Briefen, in denen er den erasmianischen Briefstil rezipiert (u. a. [5]).

SV: [6].

Schriften

[1] Tabula in grammaticen Hebraeam, Löwen 1529
[2] Institutiones in linguam Graecam, Löwen 1530
[3] Meditationes Graecanicae in artem grammaticam, Löwen 1531 [4] Institutiones grammaticae Latinae, Braga 1538
[5] Peregrinationum ac de rebus Machometicis epistolae elegantissimae, Löwen 1550.

Sekundärliteratur

[6] L. Bakelants / R. Hoven, Bibliographie des œuvres de Nicolas Clénard, 1529–1700, 2 Bde., 1981
[7] P. G. Bietenholz, Art. Nicolaus Clenardus, in: P. G. Bietenholz et al. (Hrsg.), Contemporaries of Erasmus, Bd. 1, 1985, 312–313 [8] M. Breda-Simoes, Un »pédagogiste« du XVIème siècle. Nicolas Clénard, in: Pédagogues et juristes, 1963, 157–172 [9] V. Chauvin / A. Roersch, Étude sur la vie et les travaux de Nicolas Clénard, 1900 [10] G. Torunoy et al. (Hrsg.), Nicolaes Cleynaerts (1493–1993) van Diest tot Marokko (Ausst.kat.), 1993 [11] H. de Vocht et al., Nicolaus Clenardus, 1942.

Marc Laureys

Cobet, Carel Gabriel

Niederl. Klass. Philologe. Geb. am 28. 11. 1813 in Paris, gest. am 28. 10. 1889 in Leiden. Ab 1832 Studium in Leiden, 1840 Prom. ebda.; bis 1845 Reisen nach Italien. Ab 1848 o.Prof. in Leiden. Ab 1856 Mitherausgeber der *Mnemosyne*.

Werdegang, Werk und Wirkung

C. studierte zunächst Theologie, dann Klass. Philologie [7]. Bereits mit 23 Jahren erhielt er eine Auszeichnung für eine Arbeit zu den Charakteren in Xenophons Schriften (*Prosopographia Xenophontea*). Mit einer Arbeit zum griech. Komödiendichter Platon wurde er 1840 mit dem höchsten Prädikat promoviert [1]. Nach Reisen zu den wichtigsten Bibl. in Italien (und Einsicht von griech. Mss.) wurde er in Leiden 1848 als Nachfolger von Petrus H. Peerlkamp zum o.Prof. für Klass. Philologie ernannt. C. blieb dort sein ganzes Leben. Ab 1856 war er zusammen mit anderen holl. Gelehrten Herausgeber der Zeitschrift *Mnemosyne*, die unter seiner Führung an Prestige gewann. C. galt bei den Gelehrten seiner Zeit als hervorragendes sprachliches Talent; er beherrschte sowohl die griech. als auch lat. Sprache exzellent. Zu seiner Sprachkompetenz gibt es zahlreiche Anekdoten [8. 503 f.]. Er publizierte ausschließlich in lat. Sprache.

C. wirkte aufgrund seiner sprachlichen und paläographischen Kenntnisse v.a. als Herausgeber griechischer Texte [3] und als Textkritiker, z.B. zu Homer und Demosthenes [4]. Seine Emendationen wurden größtenteils in der *Mnemosyne* veröffentlicht (Sammlung seiner kritischen Arbeiten in [5]). Bei seinen Korrekturvorschlägen nahm er jedoch Vorgängerarbeiten kaum zur Kennntis, was ihm im Urteil von Zeitgenossen Kritik einbrachte (etwa [6. 928 f.]; ähnlich in anderen Biographien). Sehr positiv ist der Nachruf von William G. Rutherford [9]. Bedeutende Schüler hatte C. nicht.

Schriften

[1] Observationes criticae in Platonis Comici reliquias (Diss. Leiden), 1840 [2] Oratio de arte interpretandi grammatices et critices fundamentis annixa primario philologi officio, 1847 (Antrittsrede) [3] Diogenis Laertii de clarorum philosophorum vitis, dogmatibus et apophtegmatibus libri decem (Edition), 1850 [4] Miscellanea critica, 1876 (Ndr. 1981) [5] Collectanea critica quibus continentur observationes criticae in scriptores Graecos, 1878 (Ndr. 2005).

Sekundärliteratur

[6] Bursian Gesch. 928–999 [7] P.H. Damsté, Art. Cobet, Carel Gabriel, in: Ph.Ch. Molhuysen et al. (Hrsg.), Nieuw Nederlandsch biografisch woordenboek, Bd. 3, 1914, 242–244 (Ndr. 1974) [8] W.Th. Hewett, The University of Leiden, in: Harper's New Monthly Magazine 62, 1881, 491–505 [9] W.G. Rutherford, Carel Gabriel Cobet, in: Classical Review 3, 1889, 470–474.

Marcel Humar/Hans-Ulrich Berner

Cohen, Henry

Franz. Numismatiker, Buchkundler und Komponist. Geb. am 21.4.1806 in Amsterdam, gest. am 17.5.1880 in Bry-sur-Marne. Schulbesuch in Paris, Ausbildung in Musik an der Ecole royale de chant; 1832–1834 und 1838–1839 Aufenthalte in Neapel. 1859 Beamtenanwärter (Surnuméraire) am Cabinet des médailles der Bibliothèque nationale, 1862 Angestellter, 1875 Bibliothekar ebda.

Werk und Wirkung

Nach seinem Musikstudium veröffentlichte C. seit 1843 musiktheoretische Schriften und Kompositionen. Durch seine Sammlung von röm. Münzen der Republik angeregt, wandte er sich 1851 der Numismatik zu und besuchte regelmäßig das Cabinet des Médailles, um seinen Katalog der Münzen der röm. Republik zu schreiben, der 1857 bei Claude-Camille Rollin in Paris erschien [1]. Unmittelbar danach begann er die Beschreibung [3] der kaiserzeitlichen Münzen, die 1862 abgeschlossen war. Mit der Anstellung am Cabinet des médailles wurde C. beauftragt, Inventare zu verfassen. Eines der ersten war das der 1831 gestohlenen Goldmünzen und -medaillons; er erfasste auch große Teile der Sammlung des Baron d'Ailly. Das Inventar vollendete Ernest ↗Babelon. Daneben schrieb C. Auktionskataloge für den Pariser Münzenhändler Jean Hoffmann, verfasste ein Standardwerk zur Buchillustration des 18. Jh.s und veröffentlichte 1875 ein Handbuch für Münzsammler [2]. Von seinen beiden Katalogen wurde der über die republikanischen Münzen durch Babelons Werk verdrängt, während C.s Beschreibung der kaiserzeitlichen Münzen noch eine zweite Auflage und in dieser Form mehrere Nachdrucke erfuhr (zuletzt 1983).

C. verstand sich nicht als wiss. Numismatiker. Er wollte in erster Linie exakte Beschreibungen der Münzen geben. Der Aufbau seiner beiden Werke folgt einer einfachen Klassifizierung. Durch die Angabe von Handelspreisen wurde C.s Werk über die kaiserzeitlichen Münzen zu einem viel verwendeten Orientierungs- und Bestimmungsbuch.

Schriften

[1] Description générale des monnaies de la République romaine communément appelées médailles consulaires, 1857 [2] Guide de l'acheteur des médailles romaines et byzantines, 1876 [3] Description des monnaies frappées sous l'Empire romain communément appelées médailles impériales, 8 Bde., ²1880–1892.

Sekundärliteratur

[4] M. Amandry, Henry Cohen 1806–1880, 1980 [5] G. Depeyrot, Henry Cohen et un siècle de recherches numismatiques, in: H. Cohen, Description historique des médailles frappées sous l'Empire romain communément appelées médailles impériales, Bd. 1, ²1880, 1–52 (Ndr. 1995).

Helmut Schubert

Cola di Rienzo

Auch C. di Rienzi; ital. Humanist und Politiker. Geb. um 1313 in Anagni (Latium) als Nicola di Lorenzo, gest. am 8.10.1354 in Rom. Ab etwa 1333 Studium des Rechts in Rom; Tätigkeit als Notar. 1343 Mitglied einer röm. Delegation an Papst Clemens VI.; 1344 Ernennung zum Notar der städtischen Kammer in Rom durch den Papst. 1347 Anführer einer Volkserhebung in Rom, vom Volk zum Tribunen ernannt. Dezember 1347 Kirchenbann und Flucht aus Rom; 1350 in Prag bei Kaiser Karl IV.; 1352 Auslieferung nach Avignon; 1354 im Auftrag von Papst Innozenz VI. Rückkehr nach Rom als Senator.

Leben

C. stammte aus einfachen Verhältnissen; nach dem Tod seiner Mutter wuchs er bei einem Onkel in Anagni auf. Er erhielt eine gute humanistische Ausbildung und brachte es in Rom zum Notar. Unter dem Einfluss der wirtschaftlich zerrütteten und durch die Machtkämpfe der verfeindeten Adelsfamilien instabilen Lage der Stadt berief er am 20. 5. 1347 ein Parlament auf dem Kapitol ein und ließ die Bürger über eine Reihe neuer Gesetze abstimmen. Der von ihm ausgerufenen Republik stand er selbst mit dem Titel eines Tribuns vor; unter Berufung auf die kurz zuvor in Teilen inschriftlich wiederentdeckte *Lex de imperio Vespasiani* usurpierte er für sich zahlreiche Machtbefugnisse [7]. Durch eine Reihe wirtschaftlicher und polit. Reformen konnte er den Wohlstand und die Rechtssicherheit in Rom steigern, verärgerte das Volk aber durch Steuererhöhungen. Der zur Schau gestellte Anschluss an das republikanische Rom der Antike trug ihm zwar kurzfristig die Freundschaft Francesco ↗Petrarcas ein, stieß aber auch – v. a. aufgrund seiner Selbststilisierung als röm. Ritter, Tribun und Triumphator – auf Kritik.

Die Proklamation römischer Vorherrschaft über das Röm. Reich brachte C. die Feindschaft Karls IV. und auch des Papstes ein. In der kriegerischen Auseinandersetzung mit dem röm. Stadtadel blieb C.s Volkspartei zwar Sieger, doch der vom Papst verhängte Kirchenbann schwächte seine Position derart, dass er am 15. 12. 1347 Rom verließ und sich in einer Eremitenkolonie in den Abruzzen versteckte. 1350 begab er sich nach Prag an den Hof des mittlerweile zum Kaiser ernannten Karl IV., der ihn zwei Jahre später dem Papst in Avignon auslieferte. Nach Clemens' Tod suchte dessen Nachfolger, Innozenz VI., C. als Instrument einer Stabilisierung der röm. Verhältnisse zu benutzen; so konnte er am 1. 8. 1354 mit dem Titel eines Senators nach Rom zurückkehren. Gegen sein zunehmend autokratisches Regime revoltierte aber das Volk: Am 8. 10. 1354 wurde C. zunächst verhaftet, dann ermordet; seine Leiche wurde geschändet.

Werk und Wirkung

C. war vertraut mit der röm. Literatur und ein engagierter Sammler von Inschriften, die er übersetzte, interpretierte und publik machte. Unsicher ist seine Autorschaft der *Descriptio urbis Romae eiusque excellentiae* [2], innerhalb derer einige epigr. Neufunde publiziert wurden. Überliefert sind einige Briefe [1] und (in ihrer Authentizität aber umstrittene) Reden [3. c. 18]. C.s Programm einer Wiederherstellung der röm. Republik, das an den ma. Romgedanken anschloss, war weniger durch das frühe republikanische Rom geprägt als durch die Praxis des augusteischen Prinzipats und der nachfolgenden Kaiserzeit, in der sich ein monarchisches System hinter republikanischem Zeremoniell und massenorientierter Prunkentfaltung verbarg. Als mitreißender Redner und begeisterter Verehrer der Antike konnte C. für kurze Zeit das röm. Volk, einige wenige Nachbarstaaten und nicht zuletzt Humanisten wie Petrarca auf seine Seite ziehen; im Kontext der vielfältigen polit. Konflikte seiner Zeit erwies sich sein Programm aber als polit. naiv und scheiterte auch an seiner persönlichen Eitelkeit.

Die Verklärung zum Volks- und Freiheitshelden, die C. im 19. Jh. erfuhr, stand im Zeichen der Bemühungen um die Einheit Italiens im *Risorgimento*. Bereits kurz nach seinem Tod verfasste ein Zeitgenosse innerhalb einer Geschichte Roms eine Vita C.s, zunächst in lat. Sprache, dann im Volgare [3. c. 18].

Schriften

[1] Epistolario, hrsg. von A. Gabrielli, 1890
[2] Descriptio urbis Romae eiusque excellentiae, in: R. Valentini / G. Zuccetti (Hrsg.), Codice topografico della città di Roma, Bd. 4 (secoli XIV-XV), 1953, 151–208
[3] Anonimo Romano, Cronica, hrsg. von G. Porta, 1979.

Sekundärliteratur

[4] A. Collins, Greater than Emperor. Cola di Rienzo (ca. 1313–54) and the World of Fourteenth-Century Rome (Diss. Oxford), 2002 [5] F. Papencordt, Cola di Rienzo und seine Zeit, besonders nach ungedruckten Quellen dargestellt, 1841 [6] P. Piur, Cola di Rienzo. Darstellung seines Lebens und seines Geistes, 1931 [7] T. Struve, Cola di Rienzo und die antike lex regia, in: M. Ascheri et al. (Hrsg.), »Ins Wasser geworfen und Ozeane durchquert«. FS K. W. Nörr, 2003, 1009–1030.

Dorothee Gall

Collignon, Maxime

Franz. Klass. Archäologe. Geb. als Léon-Maxime C. am 9. 11. 1849 in Verdun, gest. am 15. 10. 1917 in Paris. Nach Baccalauréat in Paris dort 1868 Aufnahme in die École normale supérieure (ENS); 1872 Agrégation (Staatsexamen), 1878 Prom.; 1873–1876 Mitglied der École française d'Athènes (EFA); 1876 Dozent, ab 1879 Prof. für griech. und lat. Altertümer an der Univ. Bordeaux. 1883–1892 zunächst Lehrstuhlvertreter von Georges ↗Perrot, 1892–1900 apl.Prof.; 1900–1917 o.Prof. für Arch. an der Pariser Sorbonne.

Werk und Wirkung

An der ENS studierte C. bei den beiden Gräzisten Georges ↗Perrot und Jules Girard und schlug den Weg zur klass. Archäologie ein. An der EFA unter der Leitung ihres Reformers Albert Dumon setzte C.

in seinem lange als Standardwerk fungierenden Katalog [1] die innovatorischen Prinzipien der *archéologie figurée* (Archäologie der Bildkunst) um. Nach Frankreich zurückgekehrt, engagierte er sich in der großen Bewegung für eine Reform der höheren Bildung und erhielt den neu errichteten Lehrstuhl für griech. und lat. Altertümer an der Univ. Bordeaux. Als Prof. an der Sorbonne sorgte er für den Aufbau eines dem Niveau der dt. Univ.-Seminare entsprechenden eigenen Instituts für den Unterricht in griech. Kunst und Archäologie. Sein Handbuch zur griech. Archäologie [2] sowie die es bald ergänzenden Übersichtswerke [3]; [4] gaben den Studenten die ersten Arbeitsmittel an die Hand. In seiner Geschichte der griech. Keramik [5] entwickelte C. außerdem eine neue Methode zur Untersuchung von Vasen. C.s Werk gipfelte 1894 in seiner Geschichte der griech. Skulptur [6], welche Archäologie, Kunstgeschichte und Geschichtsschreibung verband und bald ins Deutsche übersetzt wurde. C. gehört so zu den Begründern der wiss. Archäologie in Frankreich; in seiner Lehre förderte er die Ausbildung von Archäologen und Kunsthistorikern, die dann ihrerseits die Erneuerungsbewegung des franz. Hochschulwesens vorantrieben.

SV: [11.47–64].

N: Paris, Bibliothèque de l'Institut national d'histoire de l'art.

Schriften

[1] Catalogue des vases peints de la Société archéologique d'Athènes, 1877 [2] Manuel d'archéologie grecque, 1881 [3] Archéologie grecque, 1882 [4] Mythologie figurée de la Grèce, 1883 [5] Histoire de la céramique grecque (mit O. Rayet), 1888 [6] Histoire de la sculpture grecque, 2 Bde., 1892–1897 (dt. 1897/98) [7] Catalogue des vases peints du Musée national d'Athènes, 1902–1906 [8] Le Parthénon. L'histoire, l'architecture et la sculpture, 1914.

Sekundärliteratur

[9] P. Bruneau (Hrsg.), Georges Perrot, Maxime Collignon. Études d'archéologie grecque, 1992 [10] È. Gran-Aymerich, Les Chercheurs de passé, 1798–1945. Dictionnaire biographique d'archéologie, 2007, 715–717 [11] Th. Homolle, Notice sur la vie et les travaux de M. Maxime Collignon (Publications de l'Institut de France 6), 1921 [12] J. Leclant (Hrsg.), Le second siècle de l'Institut de France, 1895–1995. Recueil biographique et bibliographique des membres, associés étrangers, correspondants français et étrangers des cinq académies, Bd. 1, 1999, 306–307.

Ève Gran-Aymerich (Ü: K. H.)

Conring, Hermann

Dt. Polyhistor und bes. Rechtswissenschaftler. Geb. am 9. 11. 1606 in Norden (Ostfriesland), gest. am 12. 12. 1681 in Helmstedt. Ab 1620 Studium der Philosophie, Philologie, Gesch., Theologie und Medizin in Helmstedt und ab 1625 in Leiden. 1632 Prof. der Naturphilosophie in Helmstedt, 1636 Prom. in Medizin und Philosophie, 1637 o.Prof. für Medizin ebda., seit 1650 zusätzlich für Politik; mehrfach Dekan und Rektor.

Werdegang

C. entstammte einer kinderreichen lutherischen Pfarrerfamilie, die wegen religiöser Verfolgung nach Ostfriesland ausgewandert war. Früh gefördert durch den Helmstedter Philosophieprof. Cornelius Martini, wechselte er nach dessen Tod in das Haus des Gräzisten und Historikers Rudolf Diephold über. Einflussreich waren danach namentlich Georg Calixt und in Leiden Daniel ↗Heinsius, Gerardus Johannes ↗Vossius und Caspar Barlaeus.

Offenbar hatte sich C. bereits in Leiden einen Ruf als Arzt gemacht, denn ihm wurde 1631 eine entsprechende Stelle in der dt. Kolonie in Paris angeboten. Er entschied sich jedoch, in seiner Heimatstadt Helmstedt die Erziehung der Söhne des braunschweiger-lüneburger Kanzlers zu übernehmen, v. a. weil ihm eine Professur für Naturphilosophie in Aussicht gestellt wurde. Gleichwohl praktizierte er als Arzt weiter, wurde 1649 Leibarzt der Fürstin Juliana von Ostfriesland, 1650 der schwed. Königin Christine, 1658 des schwed. Königs Karl X. Gustav, jeweils unter Ernennung zum Rat. Seit 1661 war C. auch Geheimrat seines Landesherrn, Herzog Augusts d. J. von Braunschweig-Wolfenbüttel, 1670 zudem dän. Staatsrat. Seit 1663 stand er überdies in Diensten des franz. Königs, dem er auch einen Vorschlag zur Erlangung der dt. Kaiserkrone machte. Daneben erteilte der Nichtjurist C. Zeit seines Lebens praktische Rechtsgutachten, so etwa im Streit zwischen der Reichsstadt Köln und ihrem Kurfürsten, zwischen Kurköln und Kurmainz wegen des Rechts der Kaiserkrönung oder über die Jurisdikition in Lindau.

Werk und Wirkung

Der späthumanistische Polyhistor arbeitete auf fast allen Wissensgebieten seiner Zeit. Seine Methode war empirisch-histor. und gleichzeitig kritisch; C. übernahm kein tradiertes Dogma ungeprüft. Sein Werk ist voller Zitate antiker Autoren, ohne aber genuin alt.wiss. Interessen zu verfolgen. Die Geschichte stand für ihn ebenso wie die Herausgabe der Werke anderer Autoren im Dienst aktueller Fragen. Das gilt etwa für die Neuausgabe der *Politik* des Aristoteles (1637), die er weiterentwickeln wollte, ebenso für die lat. kommentierte Fassung von Machiavellis *Principe* (1660), weniger für seine Ausgabe der *Germania* des Tacitus (1635) sowie für einen exegetischen Traktat (*dissertatio*) über den *Codex Theo-*

dosianus (14,9,1) von 370 n. Chr. zu den *studia liberalia* (1655).

Den zentralen Platz in C.s Werk nimmt die Auseinandersetzung mit dem Reichsstaatsrecht und seinen Quellen ein; sein Gegensatz zu Kaiser und zum Katholizismus ist allgegenwärtig. Um die übliche, den kaiserlichen Souveränitätsanspruch begründende Übertragung des justinianischen auf das geltende Staatsrecht (*translatio imperii*) zu bekämpfen, begann er seine Forschungen zur dt. Rechtsgeschichte, als deren Begründer C. zu Recht angesehen wird [9]. Dabei dehnte er seine Forschungen auf das Privatrecht aus und verwarf 1643 (nicht als erster, aber als wirkungsmächtigster Autor) die auf Philipp ↗Melanchthon zurückgehende »Lotharische Legende« [1]. Beginnend mit den *leges barbarorum*, legte er die »Gesetzgebung« der folgenden Epochen dar und wies nach, dass Lothar III. von Supplinburg 1137 keineswegs das röm. Recht insgesamt (*in complexu*) an den Gerichten und Univ. unter Aufhebung allen bisherigen Rechts eingeführt hatte, sondern dieses vielmehr seit dem 12. Jh. allmählich gewohnheitsmäßig und damit freiwillig »rezipiert« worden war. Das dt. Recht erscheint so mit dem röm. Recht prinzipiell gleichberechtigt.

Ebenfalls histor. entwickelte C. in einer Vorlesung von 1660 eine allgemeine Staatslehre (*notitia rerum publicarum*), die in seiner *Exercitatio historico-politica de notitia singularis alicuius reipublicae* [6] am besten überliefert ist [10.201] und als Vorläufer der Statistik des 18. Jh.s gelten darf. Die von ihm entwickelten Kriterien der Urkundenlehre (Diplomatik) sind bis heute gültig. Schließlich trat er auf naturwiss. Basis u.a. für eine Ernährungslehre und wirkungsmächtig für William Harveys Lehre vom Blutkreislauf ein [2].

C. war erfolgreicher Entdecker, scharfsinniger Kritiker und wirkungsvoller Anreger [13.248]. Seine rechtsgeschichtliche Bedeutung, die sich nicht in der Widerlegung der »Lotharischen Legende« und der Aufdeckung des Rezeptionsvorgangs erschöpft, kann, auch wenn er nicht immer von den nachfolgenden Generationen berücksichtigt wurde, kaum überschätzt werden.

Schriften

[1] De origine iuris Germanici, Helmstedt 1643 (u.ö.) [2] De sanguinis generatione et motu naturali, Helmstedt 1643 [3] De Germanorum imperio Romano, Helmstedt 1644 (u.ö.) [4] De finibus imperii Germanici libri duo, Helmstedt 1654 (u.ö.) [5] De civili prudentia, Helmstedt 1662 (u.ö.) [6] Opera, 7 Bde., hrsg. von J. W. Goebel, Braunschweig 1730 (Ndr. 1973, ohne mediz. Schriften).

Sekundärliteratur

[7] G. Kleinheyer / J. Schröder, Deutsche und europäische Juristen aus fünf Jahrhunderten, 52008, 103–106 [8] P. Oestmann, Kontinuität oder Zäsur? Zum Geltungsrang des gemeinen Rechts vor und nach Hermann Conring, in: A. Thier et al. (Hrsg.), Kontinuitäten und Zäsuren in der europäischen Rechtsgeschichte, 1999, 191–210 [9] O. Stobbe, Hermann Conring. Der Begründer der deutschen Rechtsgeschichte, 1870 [10] M. Stolleis (Hrsg.), Hermann Conring (1606–1681). Beiträge zu Leben und Werk, 1983 [11] M. Stolleis, Art. Conring, Hermann (1606–1681), in: A. Cordes et al. (Hrsg.), HWB zur deutschen Rechtsgeschichte, Bd. 1, 22008, 882–884 [12] D. Willoweit, Hermann Conring, in: M. Stolleis, Staatsdenker im 17. und 18. Jh., 1977, 129–147 [13] E. Wolf, Große Rechtsdenker der deutschen Geistesgeschichte, 1963, 220–252.

Thomas Finkenauer

Conze, Alexander

Dt. Archäologe. Geb. am 10.12.1831 in Hannover, gest. am 19.7.1914 in Berlin. Studium in Göttingen und Berlin; Prom. 1855 in Berlin. 1857–1860 Reisen nach Paris, London, durch Italien und Griechenland; Habil. 1861 in Göttingen. Ab 1863 ao.Prof. in Halle; ab 1869 o.Prof. für Klass. Arch. in Wien; ab 1877 Leiter der Skulpturensammlung der königlichen Museen in Berlin; 1887–1905 Generalsekretär des DAI in Berlin.

Wissenschaftlicher Werdegang

Seine Schulbildung erhielt C. im Lyceum seiner Geburtsstadt unter Georg Friedrich ↗Grotefend und Heinrich Ahrens. Anfangs Jura-Student, wandte er sich bald den altertumswiss. Fächern zu. Als Schüler Eduard ↗Gerhards promovierte er 1855 über bildliche Darstellungen der Psyche und unternahm danach ausgedehnte Reisen, die ihm – wie seinem engen Freund Adolf ↗Michaelis – auch durch das Reisestipendium des DAI ermöglicht wurden. Nach der Habil. in Göttingen wurde er 1863 als ao.Prof. der Archäologie nach Halle berufen und 1869 nach dem Weggang des Philologen Hermann Bonitz in Wien erster Ordinarius der neu geschaffenen Lehrkanzel für Klass. Archäologie. 1877 kehrte er nach Deutschland zurück, wo er zuerst an den Berliner Museen und ab 1887 im DAI wirkte.

Werk und Wirkung

War die Reise nach London 1857 für C. bes. für das Studium der griech. Plastik richtungsbestimmend, so lassen die folgenden Reisen den geschulten Blick für histor. Hinterlassenschaften aller Art erkennen [1]; [3]. Mit seinem Werk über melische Tongefäße [2] bezeugte C. sein Interesse an frühgriechisch. Keramik und wurde zum Entdecker der ›geometrischen‹ Epoche [6].

Wie schon zuvor in Halle baute er in Wien eine arch. Sammlung auf und begründete mit den *Wiener Vorlegeblättern* europaweit verbreitete Lehrbehelfe [5]. Sein in der Antrittsvorlesung 1869 formuliertes Programm, dem er auch an seinen späteren Wirkungsstätten treu blieb, zielte auf das gesamtheitliche Erfassen einer ant. Stadt ebenso wie überhaupt der ant. Kultur sowie auf die Berücksichtigung auch der (vor-)röm. Denkmäler der Heimat, unabhängig vom künstlerischen Wert [4]; [20. 83–84]. Mit den streng wiss. und in der Folge beispielhaften Unternehmungen auf Samothrake [8]; [9] und seinen provinzialröm. Forschungen [7] setzte er diese Vorgaben vorbildlich um. C. erkannte die Bedeutung der Photographie für die wiss. Dokumentation und wurde einer ihrer ersten Förderer [17]. Im 1876 gemeinsam mit Otto ↗Hirschfeld gegründeten *Arch.-Epigraphischen Seminar* manifestierte sich sein Streben nach zielgerichteter Lehr- und Forschungstätigkeit. An der Berliner Akad. der Wiss. initiierte er die Herausgabe des Corpus der attischen Grabreliefs [11].

Von Berlin aus gelang C. dank der Zusammenarbeit mit Carl ↗Humann durch systematische Grabungen in Pergamon die Entdeckung und Erwerbung glänzender Funde, die er mit seinen Mitarbeitern mustergültig publizierte [10], und damit eine wesentliche Erweiterung der Berliner Skulpturensammlung. Als Generalsekretär des DAI verantwortete er – nicht ohne Widerstände – dessen Neugliederung und die Neuordnung der Publikationen. Mit der 1902 neben den älteren Zweigstellen in Rom und Athen eingerichteten Röm.-German. Kommission in Frankfurt/Main schuf er ein Zentrum der prähistor. und provinzialröm. Forschung. Im Gesamtinstitut, einer bis heute zentralen arch. Forschungsstätte, verwirklichte er sein Konzept einer ›großen Archäologie‹ [13], in der sich verschiedene Spezialdisziplinen in arbeitsteiliger Methode zur Erforschung einer umfassenden Kulturgeschichte vereinigen.

N: Berlin, Archiv des DAI.

M: Unsern Kindern gewidmet (als Manuskript gedr.), 1908.

Schriften

[1] Reise auf den Inseln des Thrakischen Meeres, 1860 [2] Melische Thongefäße, 1862 [3] Reise auf der Insel Lesbos, 1865 [4] Ueber die Bedeutung der classischen Archaeologie, 1869 [5] (Hrsg.), Wiener Vorlegeblätter, 1869–1877 [6] Zur Geschichte der Anfänge der griech. Kunst (SB der Österreichischen Akad. der Wissenschaften 64 und 73/4), 2 Teile, 1870–1873 [7] Röm. Bildwerke einheimischen Fundorts in Österreich, 3 Bde., 1872–1877 [8] Archäologische Untersuchungen auf Samothrake, 1875 [9] Neue archäologische Untersuchungen auf Samothrake, 1880 [10] (Hrsg.), Altertümer von Pergamon, Bd. 1–8, 1885–1923 [11] (Hrsg.), Die attischen Grabreliefs, Bd. 1–4, 1893–1922 [12] Über den Ursprung der bildenden Kunst, in: SB der preußischen Akad. der Wissenschaften Berlin, 1897, 98–109 [13] Ansprache zum Winckelmannsfest, in: Archäologischer Anzeiger, 1902, 167.

Sekundärliteratur

[14] A. Borbein, Alexander Conze, in: Lullies/Schiering Arch. 59–60 [15] H. Dragendorff, Gedächtnisrede, gehalten am Winckelmannstage 1914 in der Archäologischen Gesellschaft zu Berlin, 1915 [16] G. Karo, Gedächtnisrede in Athen, in: Athenische Mitteilungen 39, 1914, I–XV [17] R. Lindner, Reinhard Kekulé von Stradonitz – Alexander Conze. Zum Diskurs der Fotografie in der klassischen Archäologie des 19. Jh.s, in: Fotogeschichte 19/73, 1999, 3–16 [18] S. L. Marchand, Down from Olympus. Archaeology and Philhellenism in Germany. 1750–1970, 1996, 93–103 [19] W. Radt, Pergamon. Geschichte und Bauten, Funde und Erforschung einer antiken Metropole, 1988, 339–345 [20] F. Winter, Gedenkwort auf Alexander Conze, in: Bonner Jbb. 123, 1916, 75–86.

Hubert Szemethy

Cornford, Francis Macdonald

Brit. Klass. Philologe und Philosophiehistoriker. Geb. am 27.2.1874 in Eastbourne, gest. am 3.1.1943 in Cambridge. 1894–1897 Studium der Klass. Phil. und ant. Philosophie am Trinity College, Cambridge; 1899 Prom. sowie Fellow ebda.; ab 1902 Assistant Lecturer; ab 1904 Lecturer; ab 1931 Laurence Prof. of Ancient Philosophy ebda.

Werk und Wirkung

In seinem ersten wichtigen Buch [1] zeigte C. Thukydides' Bindung an eine traditionelle histor. Erklärung auf, v. a. an die Idee des tragischen Schicksals. Es war Jane Ellen ↗Harrison gewidmet, zu deren Gruppe der *Cambridge Ritualists* C. gehörte [12]. C. wandte ein ritualistisches Modell nach Vorbild Gilbert ↗Murrays (zur griech. Tragödie) auf die griech. Komödie an [4]; ihren Ursprung sah er in einem dramatischen Ritus in Verbindung mit der Rückkehr des Jahresdaimons (*eniautós daímōn*; vgl. James ↗Frazer) im Frühling nach seinem Sieg über die Mächte der Dunkelheit [10]; [12]. Die Olympischen Spiele führte er auf das Neujahrsfest zurück [3]. C. entwarf eine Entwicklung vom vortheologischen oder mythischen Denken hin zur Philosophie bzw. Wiss., die im engeren Sinne mit den Atomisten und deren mechanischer (nicht mehr religiösen) Welterklärung entstanden sei [8. 104–119]. Wie Émile Durkheim fasste C. die Religion zunächst soziologisch auf, d. h. nicht als individuellen, sondern als gesamtgesellschaftlichen Ausdruck kollektiver und emotionaler Art (in [2], einem von Jean-Pierre ↗Vernant bewunderten Werk). Später gelangte C. zum Schluss, dass die griech. Philosophie ihr religiöses Substrat nie überwunden habe und somit nicht zur Wiss. geworden sei, da ihr Thema das Wesen der Dinge geblieben sei. Die Brücke zwischen Mythos und Philosophie bestehe in der Kosmogonie, d.h. in der Rationalisierung des Mythos; die milesische Kosmogonie stamme aus dem Nahen Osten [9]; [8].

C.s nachhaltigste Leistung liegt in seinem Wirken als Herausgeber, Übersetzer und Kommentator von philos. Texten: von den Vorsokratikern bis zur *Physik* des Aristoteles [5] sowie der platonischen Dialoge *Theaitetos* und *Sophistes* [6], *Timaios* (1937), *Parmenides* [7] und *Politeia* (1941). Seine Schüler (u.a. William Keith Ch. Guthrie, Francis Henry Sandbach) setzten seine Forschungen auf dem Gebiet der ant. Philosophie fort.

Schriften

[1] Thucydides Mythistoricus, 1907 (Ndr. 1965 u.ö.) [2] From Religion to Philosophy. A Study in the Origins of Western Speculation, 1912 [3] The Origin of the Olympic Games, in: J. Harrison, Themis. A Study in the Social Origins of Greek Religion, 1912, 212–259 (u.ö.) [4] The Origin of Attic Comedy, 1914 (u.ö.) [5] Aristoteles, The Physics, 2 Bde. (Edition und Übers., mit Ph.H. Wicksteed), 1929–1934 (u.ö.) [6] Plato's Theory of Knowledge. The »Theaetetus« and the »Sophist« of Plato (Übers. und Komm.), 1935 [7] Plato and Parmenides. Parmenides' »Way of Truth« and Plato's »Parmenides« (Übers. und Komm.), 1939 (u.ö.) [8] The Unwritten Philosophy and Other Essays, hrsg. von W.K.Ch. Guthrie, 1950 [9] Principium sapientiae. The Origin of Greek Philosophical Thought, hrsg. von W.K.Ch. Guthrie, 1952 (Ndr. 1971).

Sekundärliteratur

[10] S. Fornaro, La commedia o la poesia del rito, in: F.M. Cornford, L'origine della commedia attica (engl. 1914), hrsg. von P. Ingrosso, 2007, 9–29 [11] D. Kellogg Wood, F.M. Cornford, in: Briggs/Calder 23–36 [12] R. Schlesier, Kulte, Mythen, Gelehrte, 1994, 132–134 [13] K.-G. Wesseling, Art. Cornford, Francis Macdonald, in: Biographisch-Bibliographisches Kirchenlex. 18, 2001, 304–321.

Sotera Fornaro (Ü: N.M.)

Courcelle, Pierre

Franz. Philologe und Althistoriker. Geb. am 16.3. 1912 in Orléans, gest. am 25.7.1980 in Paris. 1930 Aufnahme in die Pariser École normale supérieure und in die École des chartes; 1934 Zugangsprüfung für das Lehramt (Agrégation) in Klass. Philol. und Französisch; außerdem Abschluss als Archivar-Paläograph. 1934–1936 Mitglied der École française de Rome. 1936/37 Wehrdienst. 1937–1939 Dozent am Institut français de Naples. 1939/40 Kriegsdienst (*Croix de guerre*). 1941 Prof. (Maître de conférences) für Lat. Phil. an der Univ. Bordeaux; 1943 Habil. Ab 1944 Prof. für Lat. Philol. an der Sorbonne (Paris) und Directeur d'études an der École pratique des hautes études (Paris); 1952 Prof. für lat. Literatur am Collège de France; 1960–1972 Präsident des Institut des Études Augustiniennes. 1965 Aufnahme in die Acad. des inscriptions et belles-lettres; 1973 Präsident der Acad. des inscriptions et belles-lettres und des Institut de France.

Werk und Wirkung

Nach einem Studium an angesehenen franz. Hochschulen machte C. eine glänzende Karriere, die ihn 1952 bis zum Collège de France führte. Seine doppelte Ausbildung zum Klass. Philologen und zum ma. Archivar-Paläographen bestimmte seine Forschungsthemen, die vom klass. Altertum bis zum MA reichten. Nach Beendigung seiner Habilitationsschrift [1], in der C. den Einfluss des Hellenismus auf die christl. und profane lat. Kultur behandelte, begann der überzeugte Christ sich mit Augustinus zu beschäftigen [2]; [3] und wurde (unter dem Einfluss Goulven Madecs) zu einem bedeutenden Kenner des Kirchenvaters. C. arbeitet auch zu Boëthius [4] und Ambrosius [5]. Als Spezialist für Ideen- und Literaturgeschichte ging C. lit. Überlieferungen und Verwandtschaften ebenso nach wie Kontinuitäten von der ant. zur ma. Literatur [6].

SV: 1938–1980 [7.11–25]; 1935–1967 [8.37–42].

Schriften

[1] Les lettres grècques de Macrobe à Cassiodore, 1943 [2] Recherches sur les »Confessions de Saint Augustin«, 1950 [3] Les confessions de Saint Augustin dans la tradition littéraire. Antécédents et postérité, 1963 [4] La consolation de philosophie dans la tradition littéraire. Antécédents et posterité de Boèce, 1967 [5] Recherches sur Saint Ambroise. »Vies« anciennes, culture, iconographie, 1973 [6] Lecteurs chrétiens et païens de l'Énéide, 1980 [7] Opuscula selecta. Bibliographie et recueil d'articles publiés entre 1938 et 1980, 1984.

Sekundärliteratur

[8] Remise de l'épée d'Academicien à M. Pierre Courcelle, membre de l'Académie des inscriptions et belles-lettres, 1967 [9] L. Carolus-Barré, Pierre Courcelle, in: Bibliothèque de l'École des chartes 139/2, 1981, 346–350.

Laurent Guichard

Creuzer, Georg Friedrich

Dt. Klass. Philologe und Religionsforscher. Geb. am 10.3.1771 in Marburg, gest. am 16.2.1858 in Heidelberg. 1789–1790 Studium der evang. Theologie, Philosophie und Philologie in Marburg und Jena; ab 1791 Privatlehrer in Marburg; 1798 Studienaufenthalt in Leipzig. 1799 Habil. an der Univ. Marburg; 1800 ao.Prof., 1802 o.Prof. ebda.; 1804–1845 (mit Unterbrechung durch dreimonatigen Aufenthalt in Leiden 1809) Prof. der Klass. Phil. und der Alten Gesch. in Heidelberg.

Werdegang

C., Sohn eines Buchbinders, wandte sich nach theologischen Studien unter dem Einfluss Friedrich Carl von ↗Savignys den Alt.wiss. zu. Mit der Unterstützung des Wirtschaftswissenschaftlers und pietistischen Schriftstellers Johann Heinrich Jung-Stilling sowie des Theologen Karl Daub erhielt C. 1804 einen Ruf an die Univ. Heidelberg, wo er 1807 zu den Mitbegründern des Philol. Seminars zählte und den Romantikern um Achim von Arnim, Clemens Brentano und Joseph Görres nahestand. 1805–1810 gab C. gemeinsam mit Daub die *Heidelbergischen Jahrbücher* heraus, die auch Autoren wie dem Philologen August ↗Boeckh, dem Literatur- und Sprachwissenschaftler Wilhelm Grimm und dem protest. Theologen Philipp Konrad Marheineke ein Forum boten. Eine Liebesbeziehung des verheirateten C. mit der romantischen Dichterin Karoline von Günderrode endete nach der von C. vollzogenen Trennung 1806 mit dem Suizid der Freundin. C.s größte akad. Wirksamkeit fiel in den Zeitraum von 1815 bis 1830, als seine Vorlesungen zu den meistbesuchten der Univ. Heidelberg gehörten.

Werk

C.s Lehr- und Forschungstätigkeit widmete sich allen Aspekten der Alt.wiss. und berührte dementsprechend philol., histor., lit. und arch. Fragestellungen ([4]; [5]; [6]; [7]). Von seinen Textausgaben sind insbes. die mit seinem Freund und Schüler Georg Heinrich Moser veranstalteten Ausgaben der *Enneaden* Plotins (Oxford 1835, Paris ^{2}1855) sowie mehrerer Werke Ciceros (1818–1829) zu nennen. Wiederholt widmete er sich den frühen griech. Historikern, so etwa in seiner Erstlingsschrift *Herodot und Thucydides* (1798), dann in seiner ersten größeren Monographie (*Die historische Kunst der Griechen*, 1803 [1]), in der Textedition *Historicorum Graecorum antiquissimorum fragmenta* (1806) und in den *Commentationes Herodoteae* (1819). In seinen arch. Publikationen behandelte er sowohl griech. Altertümer in dt. Museen (*Zur Gallerie der alten Dramatiker*, 1839) als auch römerzeitliche arch. Denkmäler (*Zur Geschichte alt-römischer Cultur am Ober-Rhein und Neckar*, 1833; *Das Mithreum von Neuenheim bei Heidelberg*, 1838). Aus dem 1835 von Studenten gestifteten *Antiquarium Creuzerianum*, C.s Privatsammlung antiker Kunst, sind die heutigen arch. Sammlungen der Univ. Heidelberg hervorgegangen.

Die größte Breitenwirkung erzielte C. indessen mit seinen Studien zur vergleichenden Mythologie und Religionsgeschichte, die er erstmals 1810–1812 in seiner vierbändigen *Symbolik und Mythologie* zusammenfasste [2]. Darin bekannte er sich zu dem Glauben an eine monotheistische Uroffenbarung, die von den Weisen der Vorzeit von Indien aus über Vorderasien durch das Volk der Pelasger an die Griechen vermittelt worden sei und deren teilweise missverstandene Reste er in Homer und Hesiod, v. a. aber in den ant. Mysterienreligionen glaubte nachweisen zu können.

Wirkung

C.s Interpretation der ant. Mythen steht in der Trad. der frühromantischen Mythenforschung, wie sie unter dem Einfluss Johann Gottfried Herders und in Abgrenzung zur rationalistischen Abwertung des Mythos von den Philosophen der Aufklärung, insbes. Christian Gottlob ↗Heyne und Karl Philipp Moritz, begründet worden war. Vergleichbare Gedanken wie bei C. findet man in Joseph Görres' *Mythengeschichte der asiatischen Welt* (1810) und bei Johann Arnold Kanne, der in seinem *Pantheum der ältesten Naturphilosophie* (1811) und seinem *System der indischen Mythe* (1813) ebenfalls von einem ursprünglichen Monotheismus ausging und von einer tiefgreifenden Übereinstimmung des Christentums mit den ant. Mysterienreligionen und dem Hinduismus überzeugt war. Historisch zu belegen waren die von diesen Autoren postulierten Kulturbeziehungen jedoch nicht, da man die älteste ind. Literatur ebenso wie die meisten semitischen und indogerman. Literaturen des Vorderen Orients zu jener Zeit entweder noch nicht erschlossen oder noch gar nicht entdeckt hatte. Bezeichnenderweise bezog C. auch seine Kenntnis der altägypt. Kultur nicht aus den damals noch unlesbaren ägypt. Texten, sondern aus einer Kombination der griech.-röm. Überlieferung mit einer spekulativen Deutung der Hieroglyphen als reinen Symbolen, die über den barocken Universalgelehrten Athanasius ↗Kircher auf die *Hieroglyphiká* des Horapollon zurückging.

In einer weiteren Perspektive fußt C. auf der vorchristl. allegorischen Homer-Exegese, die infolge ihrer Rezeption durch Autoren des hell. Judentums wie etwa Philon von Alexandria in das frühe Christentum Eingang gefunden hatte, sowie auf den unterschiedlich begründeten Ansätzen der frühen Kirchenschriftsteller, welche den Glauben an eine spezifisch biblische Offenbarung mit der Annahme einer göttlichen Vorsehung in der nichtchristl. Religionsgeschichte in Einklang zu bringen suchten. Darüber hinaus spiegeln sich in den romantischen Vorstellungen von einer oriental. Herkunft der griech.

Mysterienkulte orphisch-pythagoreische und neuplatonische Überlieferungen, wie sie seit dem Humanismus etwa von Marsilio ↗Ficino und Giovanni ↗Pico della Mirandola aufgegriffen worden waren.

In den Alt.wiss. stieß C.s Werk infolge seiner unklaren Begrifflichkeit, seiner dezidiert theologischen Prämissen, auch der intuitiv-spekulativen Vorgehensweise und des weitgehenden Fehlens methodischer Reflexion vielfach auf Widerstand und teilweise auf schroffe Ablehnung. Zu den bekanntesten gegen C.s Werk gerichteten Schriften gehören einerseits die *Briefe über Homer und Hesiodus* (1817) und die Streitschrift *Über das Wesen und die Behandlung der Mythologie* (1819) des Leipziger Klass. Philologen Gottfried ↗Hermann, andererseits die zweibändige *Antisymbolik* (1824–1826) des Dichters und Übersetzers Johann Heinrich ↗Voß und die unter dem Titel *Aglaophamus* (1829) in lat. Sprache erschienene Darstellung der griech. Mysterienkulte durch den Königsberger Professor für Alt.wiss. Christian August ↗Lobeck.

In den folgenden Jahrzehnten geriet C.s Ansatz infolge dieser Kritik, aber auch durch neuere Erkenntnisse der Vergleichenden Sprachwiss., durch die zunehmende Erschließung der altoriental. und altind. Sprachen und Literaturen, die damit verbundene Spezialisierung der Einzelwissenschaften und die Berücksichtigung neuerer ethnologischer Forschungen zunehmend außer Kurs. Gleichwohl entfaltete sein Werk außerhalb der Alt.wiss. sowohl im Original als auch in franz. Übersetzung und Bearbeitung durch Joseph-Daniel Guigniaut (*Les Religions de l'antiquité considérées principalement dans leur formes symboliques et mythologiques*, 1825–1841) erheblichen und weitreichenden Einfluss. Bekannt ist die Wertschätzung der Arbeiten C.s durch Georg Wilhelm Hegel und Friedrich Wilhelm Schelling, doch beeinflusste er auch Kulturtheoretiker wie Victor Cousin, Historiker wie Jules Michelet und Edgar Quinet sowie Schriftsteller wie George Eliot (Mary Ann Evans) und Gustave Flaubert.

Abgelehnt wurde C.s Werk von ↗Goethe, der den Heidelberger Romantikern generell kritisch gegenüberstand und sowohl an der Überbetonung der Mysterienkulte als auch an dem Postulat ihrer Identität mit dem Christentum Anstoß nahm. Eine Neuorientierung der mytholog. Forschung bewirkte nur wenig später Karl Otfried ↗Müller, der in seinen *Prolegomena zu einer wissenschaftlichen Mythologie* (1825) in Anknüpfung an Gedanken Herders und Jacob Grimms die lokale und regionale Verwurzelung der griech. Mythen sowie ihren Bezug zur Vor- und Frühgeschichte der einzelnen griech. Stämme hervorhob. In der Religionswiss. spielte C. keine Rolle.

M: Aus dem Leben eines alten Professors, 1848; Paralipomena der Lebensskizzen eines alten Professors, 1858.

N: Univ.-Bibliothek Heidelberg, Univ.-Bibliothek Frankfurt a. M., Badische Landesbibliothek Karlsruhe, Univ.-Bibliothek Marburg.

Schriften

[1] Die historische Kunst der Griechen in ihrer Entstehung und Fortbildung, 1803 (²1845) [2] Symbolik und Mythologie der alten Völker, besonders der Griechen, 4 Bde., 1810–1812 (2. Aufl. 1819–1821; 3. Aufl. 1836–1843) [3] Abriss der röm. Antiquitäten zum Gebrauch bei Vorlesungen, 1824 (²1829) [4] Zur röm. Geschichte und Alterthumskunde, 1836 [5] Zur Archäologie oder zur Geschichte und Erklärung der alten Kunst, 1846–1847 [6] Zur Geschichte der griech. und röm. Literatur. Abhandlungen, 1847 [7] Zur Geschichte der classischen Philologie seit Wiederherstellung der Literatur, 1854 [8] Hessische Briefe des 19. Jh.s: Briefe Friedrich Creuzers an Savigny, hrsg. von H. Dahlmann, 1972.

Sekundärliteratur

[9] L. Bosco, Das furchtbar-schöne Gorgonenhaupt des Klassischen. Deutsche Antikebilder (1755–1875), 2004 [10] F. Engehausen et al. (Hrsg.), Friedrich Creuzer 1771–1858, 2008 [11] F. Engelhausen et al. (Hrsg.), Friedrich Creuzer 1771–1858. Philologie und Mythologie im Zeitalter der Romantik. Begleitband zur Ausstellung in der Universitätsbibliothek Heidelberg, 2008 [12] S. Fornaro, Friedrich Creuzer und die Diskussion über Philologie und Mythologie zu Beginn des 19. Jh.s, in: M. Korenjak / K. Töchterle (Hrsg.), Pontes I, 2001, 28–42 [13] E. Howald (Hrsg.), Der Kampf um Creuzers Symbolik. Eine Auswahl von Dokumenten, 1926 [14] F. Marelli, Lo sguardo da Oriente. Simbolo, mito e grecità in Friedrich Creuzer, 2000 [15] A. Momigliano, Friedrich Creuzer and Greek Historiography, 1969, 75–90 [16] M. M. Münch, La symbolique de Friedrich Creuzer, 1976 [17] W. P. Sohnle, Georg Friedrich Creuzers Symbolik und Mythologie in Frankreich, 1972 [18] F. Strack (Hrsg.), 200 Jahre Heidelberger Romantik (Heidelberger Jbb. 51), 2007 [19] Th. Ziolkowski, Heidelberger Romantik, 2009.

Bernhard Maier

Croiset, Alfred

Franz. Klass. Philologe. Geb. am 5. 1. 1845 als Marie Joseph Alfred C. in Paris, gest. am 14. 6. 1923 ebda. 1864 Baccalauréat am Lycée Louis-le-Grand, wo sein Vater Paul C. Sprachen unterrichtete; 1864–1867 Studium der Klass. Phil. an der École normale supérieure in Paris. 1867–1877 – bis auf die Zeit seiner Mobilisierung 1870 und der Prom. 1873 an der Sorbonne – Lehrer an verschiedenen renommierten Lycées. Ab 1877 Dozent an der Sorbonne; ab 1885 Prof. für griech. Rhetorik ebda., 1898–1919 Dekan der Faculté des lettres, 1919 Dekan h. c.; 1921 emeritiert.

Werk und Wirkung

C. qualifizierte sich mit Arbeiten zu Xenophon [1] und Aristophanes [2], widmete sich auch Pindar [3] und Thukydides [4]; heute noch aktuell ist seine mit dem Philosophen Louis Bodin erstellte Edition der Dialoge Platons [9]. Mit seinem Bruder Maurice C. verfasste C. eine Geschichte der griech. Literatur [5], die zeigenössisch ebenfalls weltweit gerühmt wurde. Sie wurde die Grundlage eines Handbuchs, das wie seine Schriften zur Demokratieerziehung bes. in den USA positiv aufgenommen und übersetzt wurde [7]; [8]. Aufgrund seiner Bemühungen um die Reform der Lehre und in seiner Funktion als Dekan geriet er in die Kritik der *Action française* [16] und antimodernistischer studentischer Kreise (u.a. Henri Massis), welche die Verwissenschaftlichung und »Germanisierung« der Geisteswiss. anprangerten [15]. C. war akad. Lehrer zahlreicher franz. Gräzisten, u.a. Paul Mazon, Auguste Diès und Gustave Glotz.

Schriften

[1] Xénophon, son caractère et son talent, 1873 [2] De personis apud Aristophanem, 1880 [3] La poésie de Pindare et les lois du lyrisme grec, 1881 [4] Thucydide, Historie de la Guerre du Péloponnèse, Buch 1–2 (Edition und Komm.), 1886 [5] Histoire de la littérature grecque, 5 Bde. (mit M. Croiset), 1887–1899 (^{3}1901) [6] L'éducation morale dans l'université, 1901 [7] Manuel d'histoire de la littérature grecque, 1901 [8] The Study of Latin and Greek and the Democracy, 1919 [9] Platon. Œuvres complètes, 2 Bde. (Edition mit franz. Übers.; mit L. Bodin), 1921–1923 (u.ö.).

Sekundärliteratur

[10] Alfred Croiset, in: J. Leclant (Hrsg.), Le second siècle de l'Institut de France 1895–1995, Bd. 1, 1999, 337–338 [11] Ch. Charle, Art. Croiset, Alfred, in: Dictionnaire Biographique des Universitaires aux XIX et XX siècles, Bd. 1, 1985, 47–48 [12] P. Lasserre, M. Alfred Croiset, historien de la démocratie athénienne, 1909 [13] F. Lot, Notice sur la vie et les travaux de M. Alfred Croiset, in: CRAI 73/4, 1929, 362–384 [14] A. Puech, Alfred Croiset, in: Association amicale des anciens élèves de l'École normale supérieure, 1924, 89–99 [15] Ph. Stock, Students versus the University in Pre-World War Paris, in: French Historical Studies 7/1, 1971, 93–110 [16] E. Weber, L'Action française, 1985.

Hans-Ulrich Berner/Valeria Lilie

Crum, Walter Ewing

Brit. Koptologe und Ägyptologe. Geb. am 22.7. 1865 in Glasgow, gest. am 18.5.1944 in Bath. Schulbesuch in Eton, Studium am Oxforder Balliol College. Ab 1888 Studium der Ägyptologie in Paris und Berlin. 1931 Fellow der British Acad.; 1937 Ehrendoktorat (Hon.D.Litt.) in Oxford. Ehrendoktorat in Berlin (noch vor Ausbruch des Zweiten Weltkriegs). C. lebte vom Familienvermögen als Privatgelehrter in Oxford.

Werk und Wirkung

Nach einer Studienzeit in Paris bei Gaston ↗Maspero studierte C. in Berlin bei Adolf ↗Erman, mit dem ihn eine lebenslange Freundschaft verband. Hier wandte er sich der Koptologie zu und begann mit der Vorbereitung eines koptischen Wörterbuchs, das eine Pionierleistung der Koptologie werden sollte. Bereits ab 1892 sammelte er dafür relevantes Material in brit. und kontinentaleurop. Museen und Bibliotheken sowie in Kairo. Das in fünf Teilen erschienene *Coptic Dictionary* [4], C.s Hauptwerk, präsentiert das koptische, alle Dialekte berücksichtigende Wortmaterial (3308 Wörter) von lit. und nichtlit., edierten sowie teilweise auch nicht edierten Texten thesaurusartig. Es begründete C.s Ruhm als des führenden Koptologen seiner Generation.

C. bekleidete niemals ein akad. öffentliches Amt, entfaltete aber eine reiche Publikationstätigkeit, die beinahe alle Bereiche der Koptologie berücksichtigte, insbes. biblische und apokryphe Texte, Gnosis, Manichäismus, Patrologie, Hagiographie, Homiletik, Liturgie und Mönchtum, aber auch nichtlit. Urkunden [3]. C. verfasste eine der ersten Darstellungen der Kirchengeschichte Ägyptens [2]. Insbes. hervorzuheben sind seine Texteditionen mit Materialien zahlreicher bedeutender Museen von 1893 an [1].

C. war Mitglied der *British Academy* und der *American Philosophical Society.*

SV: H.I. Bell, in: Journal of Egyptian Archeology 25, 1939, 134–138; 30, 1944, 65–66; Bibliography of Walter Ewing Crum, in: [6. VII-XII].

N: Oxford, Griffith Institute (wiss. Nachlass); London, British Museum (Korrespondenz).

Schriften

[1] Coptic Manuscripts Brought from the Fayum by W.M. Flinders Petrie Together with a Papyrus in the Bodleian Library (Edition), 1893 [2] Die koptische Kirche, in: A. Hauck (Hrsg.), Realenzyklopädie für protestantische Theologie, Bd. 12, ^{3}1903, 801–815 [3] Koptische Rechtsurkunden des achten Jh.s aus Djeme (Edition; mit G. Steindorff), 1912 [4] A Coptic Dictionary, 6 Bde., 1929–1939.

Sekundärliteratur

[5] Art. Crum, Walter Ewing (1865–1944), in: WWE, 72–73 [6] Coptic Studies in Honour of Walter Ewing Crum, 1950 [7] J. Vergote, In memoriam Walter Ewing Crum, in: Chronique d'Égypte 20, 1945, 147–151.

Reinhard Grieshammer

Crusius, Martinus

Martin Krause; dt. Philologe und Rhetorikprof. Geb. am 19.9.1526 in Walkersbrunn (Oberfranken), gest. am 14.2.1607 in Tübingen. 1540–1545 Besuch der Lateinschule in Ulm; 1545–1554 zunächst Schüler, dann Lehrer am Gymnasium Johannes Sturms in Straßburg. Ab 1554 Rektor der Lateinschule in Memmingen; von 1559 bis zu seinem Tod Prof. für Griechisch, Latein, zeitweise auch Rhetorik an der Univ. Tübingen.

Werk und Wirkung

C., Sohn eines evang. Geistlichen, bezeichnete sich selbst als ›Philhellenen‹ und unterstrich damit seine Liebe zur griech. Sprache und Kultur. Seine in der Tübinger Univ.-Bibl. erhaltene umfangreiche Bibl. mit zahlreichen lat. und griech. Handschriften und Drucken bezeugt eindrucksvoll, dass sich sein Interesse dabei nicht auf die Antike beschränkte, sondern auch das byz. Zeitalter und die ihm gegenwärtige Epoche mit einbezog [9]; [10]. Großen Anteil nahm er an der Situation der Griechen unter der osmanischen Herrschaft; ehemalige Schüler wie Stefan Gerlach, die an Gesandtschaften nach Konstantinopel teilnahmen, versorgten ihn mit Informationen und griech. Hss., und in seinem Haus empfing er zahlreiche griech. Gäste, die ihm über die Lebensumstände ihrer Landsleute berichteten [6]. C. lernte auch die *lingua barbarograeca* (das zeitgenössische Griechisch) und hielt als erster Vorlesungen über die griech. Sprache seiner Zeit [8].

1573 bis 1581 unterhielt C. einen Briefwechsel mit dem Patriarchen von Konstantinopel, Jeremias II. Tranos. Die Idee einer Vereinigung der griech.-orth. Kirche mit den dt. Protestanten – mit dem Ziel eines gemeinsamen Vorgehens gegen die katholische Kirche – scheiterte jedoch an der Unvereinbarkeit der Positionen, und der Kontakt wurde schließlich seitens des Patriarchats beendet [6]; [8].

C. hinterließ ein umfangreiches und vielfältiges Werk; es umfasst Lehrbücher zur griech. und lat. Grammatik [1]; [2], Kommentare zu ant. Texten, insbes. zu Homers *Ilias*, akad. Reden, Gelegenheitsreden und -gedichte sowie allein 21 Quartbände mit Mitschriften von Predigten, welche er in der Tübinger Stiftskirche hörte und simultan anfangs ins Lateinische, schon bald aber ins Griechische übertrug [6]; [9]; [10]. Er veröffentlichte zwei kleinere Sammlungen von Predigten württembergischer Theologen in eigener griech. Übersetzung, von denen eine sogar Aufnahme in den Lehrplan des Tübinger Paedagogiums fand [8]. Der öffentlich und mit großer Heftigkeit geführte Streit mit seinem früheren Schüler Nicodemus Frischlin über die Qualität der seinerzeit in Tübingen etablierten lat. Grammatiken polarisierte neben der Univ. auch Buchdrucker und Verleger [6].

Über die zeitgenössische griech. Geschichte unter der Türkenherrschaft und die dt.-griech. Kontakte verfasste C. zwei bedeutende Werke: *Turcograecia* [3] und *Germanograecia* [4]; [6]. V.a. die *Turcograecia* vermittelt Informationen über den Verlauf des ökumenischen Briefwechsels mit Jeremias II. und gewährt Einblicke in C.' weitgespannte Interesse an allem Griechischen [8]. Als sein Hauptwerk gelten indes seine Schwäbischen Annalen [5]: Für diese Landesgeschichte im weitesten Sinne schöpfte C. v.a. aus persönlichen Notizen und seinen in neun Bänden erhaltenen Tagebüchern, darüber hinaus auch aus seiner mit Briefpartnern in ganz Europa geführten regen Korrespondenz. Sein Philhellenismus manifestiert sich auch in diesem Werk in Form von zahlreichen Exkursen zur Geschichte von Byzanz, sein Interesse an Bildungsgeschichtlichem in Aufzeichnungen über Univ.-Gründungen, das Aufkommen des Buchdrucks, neue Editionen antiker Autoren sowie in Kurzbiographien anderer Humanisten [6]. An der Vertiefung der Griechisch-Studien nördlich der Alpen hat er entscheidend mitgewirkt [7].

Schriften

[1] Grammaticae Graecae, cum Latina congruentis, pars prima et pars altera, Basel 1562–1563 [2] Grammaticae Latinae, cum Graeca congruentis, pars prima et pars altera, Basel 1563 [3] Turcograeciae libri octo, Basel 1584 [4] Germanograeciae libri sex, Basel 1585 [5] Annales Suevicae sive chronica rerum gestarum Suevicae gentis, 3 Bde., Frankfurt am Main 1595–1696.

Sekundärliteratur

[6] F. Brendle, Martin Crusius. Humanistische Bildung, schwäbisches Luthertum und Griechenlandbegeisterung, in: F. Brendle et al. (Hrsg.), Deutsche Landesgeschichtsschreibung im Zeichen des Humanismus, 2001, 145–163 [7] W. Ludwing, Martin Crusius und das Studium des Griechischen in Nordeuropa, in: Arctos. Acta philologica fennica 32, 1998, 133–148 [8] D. Wendebourg, »Alles Griechische macht mir Freude wie Spielzeug den Kindern«. Martin Crusius und der Übergang des Humanismus zur griech. Landeskunde, in: H. Eideneier (Hrsg.), Graeca recentiora in Germania. Deutsch-griech. Kulturbeziehungen vom 15. bis 19. Jh., 1994, 113–121 [9] Th. Wilhelmi, Art. Crusius, Martin, in: Killy Literaturlexikon, Bd. 2, 2008 513–514 [10] Th. Wilhelmi, Die griech. Handschriften der Universitätsbibliothek Tübingen, Sonderbd.: Martin Crusius, 2002.

Sonja Schönauer

Cujas, Jacques

Jacobus Cuiacius/Cuyacio, Jacobo; franz. Rechtshistoriker und humanistischer Jurist. Geb. 1522 in Toulouse, gest. am 4.10.1590 in Bourges. Studium der Rechtswissenschaft in Toulouse; 1554 erfolglose Bewerbung dort um einen Lehrstuhl und Weggang als Prof. nach Cahors; ab 1555 Lehrstuhl in Bourges.

Werdegang, Werk und Wirkung

C. kehrte nach längeren Unterbrechungen durch Lehrtätigkeiten in Valence und Turin immer wieder auf seine Professur in Bourges zurück. Angebote aus Toulouse lehnte er wegen der dort erlittenen Kränkung ab; auch eine Berufung des Papstes nach Bologna schlug er 1584 aus. In Bourges und Valence wurde er zum Mittelpunkt und Oberhaupt der franz. juristischen Humanisten.

Als Jurist war C. »der größte humanistische Textkritiker« [8] und gilt bis heute als einer der bedeutendsten juristischen Exegeten überhaupt. Bei seiner Bearbeitung der röm. Rechtsquellen folgte er, gegen den praxisbezogenen und unhistor. *mos Italicus* des SpätMAs (Bartolus de Sassoferrato, Baldus de Ubaldis), dem von ↗Alciatus eingeschlagenen Weg des *mos Gallicus*, einer streng histor. und philol. Quellenforschung. In seinen Editionen (u. a. der *Sententiae* des Paulus), seinen Anmerkungen und Kommentaren zum *Corpus iuris civilis* [2] und anderen röm.rechtlichen, kanonistischen und lehnrechtlichen Quellen sowie in seinen berühmten »Observationen und Emendationen« [1] führte er die gelehrte Rechtswiss. auf einen neuen Höhepunkt. Von bes. Bedeutung sind seine Versuche, die von den justinianischen Kompilatoren oft veränderten Texte der röm. Klassiker in ihrer ursprünglichen Gestalt wieder herzustellen. Damit bereitete C. u. a. die im 19. Jh. beginnende mod. Interpolationsforschung vor. Er war aber auch einer der ersten und der führende humanistische Erforscher der griech. Texte des *Corpus iuris civilis* und anderer griech.-byz. Rechtsquellen.

Schriften

[1] Observationum et emendationum libri XXVIII, 1556–1595, 1556–1595 (Buch 25–28, 1595, postum hrsg. von F. Pithou) [2] Corpus iuris civilis. Paratitla in L libros digestorum (Edition), Lyon 1570 [3] Opera omnia, hrsg. von C. A. Fabrotus, 10 Bde., 1658–1783 (Ndr. 1996).

Sekundärliteratur

[4] A. Bazennerye A, Cujas et l'école de Bourges, 1876 (B) [5] G. Kleinheyer / J. Schröder (Hrsg.), Deutsche und europäische Juristen aus neun Jahrhunderten, ⁵2008, 106–109 [6] P. Mesnard, La place de Cujas dans la querelle de l'Humanisme juridique, in: Revue historique du droit français et étranger, 4ème série, 28, 1950, 521–537 [7] E. Spangenberg, Jacob Cujas und seine Zeitgenossen, 1822 (Ndr. 1967) [8] P. G. Stein, Roman Law in European History, 1999, 76–79 [9] H. E. Troje, Graeca leguntur. Die Aneignung des byzantinischen Rechts und der Entstehung eines humanistischen Corpus iuris civilis in der Jurisprudenz des 16. Jh.s, 1971, bes. 109–124 [10] H. E. Troje, Humanistische Jurisprudenz. Studien zur europäischen Rechtswissenschaft unter dem Einfluß des Humanismus, 1993, 5–18, 77–113 [11] E. Varela, Art. Jacques Cujas (Jacobus Cuiacius; Cuyacio), in: R. Domingo (Hrsg.), Juristas universales, ²2008, 221–225 [12] L. Winkel, Art. Cujas (Cujacius) Jacques, in: P. Arabeyre et al. (Hrsg.), Dictionnaire historique des juristes français, ²2008, 220–222.

Jan Schröder

Cumont, Franz

Belg. Klass. Archäologe, Klass. Philologe und Religionshistoriker. Geb. am 3. 1. 1868 in Aalst (Belgien) als Franz Valéry Marie C., gest. am 20. 8. 1947 in Sint-Pieters Woluwe/Brüssel. 1884–1887 Studium der klass. Alt.wiss. in Gent, dort 1887 Prom. in Klass. Phil. und 1887/88 Prom. in Jura; 1888–1892 weitere Studien in Bonn, Berlin, Wien und Paris. Ab 1892 Dozent an der Univ. Gent; ab 1896 o.Prof. ebda.; ab 1899 Kurator der Köninklijke Musea voor Kunst en Geschiedenis (Abt. Oudheid) in Brüssel; nach Konflikten mit dem katholischen Wiss.-Minister 1910 Amtsverzicht und 1912 Weggang aus Belgien [24]. Tätigkeit als Privatgelehrter u. a. in belg. und franz. Akad.; Wirken in Paris und Rom; 1939 erster Präsident (Verwaltungsrat) der Acad. Belgica in Rom.

Werk

C. war ein produktiver Gelehrter (etwa 1 000 Publikationen) mit vielen internationalen Beziehungen [20]. Er arbeitete auf fast allen Gebieten der klass. Alt.wiss.: Er erstellte kritische Ausgaben (Philon von Alexandria, Julian Apostata [9] – u. a. zusammen mit Joseph ↗Bidez), begann eine große Editionsreihe zur Astrologie [2] und zur Alchemie [10], sammelte und kommentierte Texte (z. B. zur westlichen Rezeption des Zoroastrismus, mit J. Bidez [13]), schrieb Hunderte von Rezensionen und Lex.-Artikeln (u. a. 90 in der RE), arbeitete als Epigraphiker, Archäologe, Universalhistoriker, v. a. aber als Religionshistoriker zu den Beziehungen zwischen den Religionen des Mittleren Ostens und dem Westen von der Zeit des Hellenismus bis zum MA sowie zu Beziehungen zwischen ant. Religion, Philosophie [23] und (Pseudo-) Wiss. [6]; [12].

C. war der führende Spezialist zu den sog. »oriental. Religionen«. Sein erstes Hauptwerk zu den Mithras-Mysterien [1] wurde ein Klassiker: Darin sammelte er alle verfügbaren lit. und weitere Quellen zur Erforschung dieses Kultes. Er sprach auch ein größeres Publikum an, z. B. mit dem in viele Sprachen übersetzten Werk zu den Mithrasmysterien (1900) [3]. C. prägte den Terminus der »oriental. Religionen« in seinem einschlägigen Werk zu diesen im paganen Rom [5] in Bezug auf Kulte für Gottheiten wie u. a.

Attis und Kybele, Isis und Osiris, die syrischen Baale und Mithras; diese deutete er als eigene Religionen, die sowohl mit dem Christentum konkurrierten als auch den Weg zur Christianisierung bereiteten. C. war von evolutionistischen und teleologischen Anschauungen beeinflusst; »seine« oriental. Religionen hielt er der röm. Religion für moralisch und geistig überlegen. Seine Ansichten zum Orient waren ambivalent, i. Allg. positiv, aber zuweilen auch von Klischees bestimmt: So präsentierte er Mithras wie auch den Manichäismus als dualistische »Angriffe« auf den vermeintlichen »westlichen Geist«. C. reiste weit durch den Nahen Osten und erforschte das Schwarzmeergebiet [4], Armenien und Syrien [7]. Er initiierte die Ausgrabungen in Dura-Europos [11], die von Michael ↗Rostovtzeff fortgeführt wurden [19].

Ein weiteres wichtiges Forschungsgebiet C.s waren Jenseitsvorstellungen [8]; [14]; [15]. Er meinte, in röm. Zeit eine Entwicklung von primitiven Anschauungen über den Tod hin zu dem Glauben an eine astrale Unsterblichkeit unter dem Einfluss von griech. Philosophie und oriental. Religionen zu entdecken. Die beiden Werke [14] und [15] lassen am Anfang bzw. am Ende seiner Laufbahn seine beeindruckende Beherrschung aller zugänglichen Quellentypen in gelungener Synthese, die raffinierte Feinfühligkeit der Interpretation und seinen ganzheitlichen Blick in bewusst humanistischer Trad. erkennen.

Wirkung

C. kooperierte mit zahlreichen Gelehrten und übte großen Einfluss auf die internationale Forschung aus. Die beiden Bände der ihm gewidmeten *Mélanges* [17] und die postum erschienenen *Hommages* [18] vermitteln einen guten Eindruck seiner wiss. Bedeutung ebenso wie mehrere internationale Tagungen [22]; [21]. Er regte die Reihe *Études préliminaires aux religions orientales dans l'Empire romain* (EPRO) unter Maarten J. Vermaserens Herausgeberschaft an. Das C.-Archiv der *Acad. Belgica* in Rom erforscht C.s Werk und Hinterlassenschaft. Seine Schriften liegen bald neu ediert mit histor. Einführungen vor [16] – darin seine Monographien (*Scripta maiora*), themengebundene Sammelbände (*Scripta minora*) und *Inedita*.

SV: [23. I-XXXIII].

Schriften

[1] Textes et monuments figurés relatifs aux mystères de Mithra, 2 Bde., 1894–1898 [2] (Hrsg.), Catalogus codicum astrologorum Graecorum (mit J. Bidez et al.), 12 Bde., 1898–1953 [3] Les mystères de Mithra, 1900 (2 1902, Neuaufl. 2012; dt. 1903) [4] Studia Pontica (Edition, mit J. G. C. Anderson), 3 Bde., 1903–1910 [5] Les religions orientales dans le paganisme romain, 1906 (5 2006; dt. 1910) [6] Astrology and Religion among the Greeks and Romans, 1912 (franz. 2000) [7] Études syriennes, 1917 [8] After Life in Roman Paganism, 1922 [9] Imp. Caesaris Flavii Claudii Iuliani epistulae, leges, poematia, fragmenta varia (Edition; mit J. Bidez), 1922 [10] (Hrsg.), Catalogue des manuscrits alchimiques grecs (mit J. Bidez et al.), 3 Bde., 1924–1939 [11] Fouilles de Doura-Europos (1922–1923), 2 Bde., 1926 [12] L'Égypte des astrologues, 1937 [13] Les mages hellénisés. Zoroastre, Ostanès et Hystaspe d'après la tradition grecque (mit J. Bidez), 2 Bde., 1938 [14] Recherches sur le symbolisme funéraire des Romains, 1942 [15] Lux perpetua, 1949 (Ndr. 2010) [16] Bibliotheca Cumontiana, 20 Bde., hrsg. von C. Bonnet et al., 2006–2018 (z. T. in Vorbereitung).

Sekundärliteratur

[17] Mélanges Franz Cumont (FS), 2 Bde., 1936 [18] Hommages à Joseph Bidez et à Franz Cumont (FS; Collection Latomus 2), 1949 [19] G. Bongard-Levine / C. Bonnet (Hrsg.), »Mongolus Syrio salutem optimam dat«. La correspondance entre Mikhaïl Rostovtzeff et Franz Cumont, 2007 [20] C. Bonnet (Hrsg.), La correspondance scientifique de Franz Cumont conservée à l'Academia Belgica de Rome, 1997 [21] C. Bonnet et al. (Hrsg.), Les religions orientales dans le monde grec et romain. Cent ans après Cumont (1906–2006) (Colloque de Rome, 2006), 2009 [22] C. Bonnet / A. Motte (Hrsg.), Les syncrétismes religieux dans le monde méditerranéen antique (Actes du colloque international en l'honneur de Franz Cumont, Rome 1997), 1999 [23] D. Praet, Introduction. Cumont et la philosophie ancienne et moderne, in: D. Praet / A. Lannoy (Hrsg.), Franz Cumont. Scripta minora, Bd. 1, 2012, I–L (im Druck) [24] D. Praet, L'affaire Cumont. Idéologies et politique académique à l'université de Gand au cours de la crise moderniste, in: C. Bonnet / D. Praet (Hrsg.), Religion, Politics and Science during the Modernist Crisis, 2012, 1–25.

Danny Praet (Ü: P. K.)

Curtius, Ernst

Dt. Archäologe, Klass. Philologe und Althistoriker. Geb. am 2. 9. 1814 in Lübeck, gest. am 11. 7. 1896 in Berlin. 1833 Studium in Bonn bei Friedrich Gottlieb ↗Welcker und Christian August Brandis, 1834 in Göttingen bei Karl Otfried ↗Müller, 1835 in Berlin bei August ↗Boeckh; 1841 Prom. bei Moritz Hermann Meier in Halle; 1843 Habil. in Berlin. 1844 ao.Prof. in Berlin und Erzieher des späteren Kaisers Friedrich III.; 1855–1867 Prof. der Klass. Philologie in Göttingen; 1868 Prof. der Archäologie in Berlin und Leiter des Alten Museums, seit 1872 auch des Antiquariums; 1881/82 Rektor der Berliner Univ.; 1874 Gründung des DAI Athen; 1875 Beginn der Ausgrabungen in Olympia.

Werk und Wirkung

Geprägt von seinen Lehrern ↗Boeckh und v. a. Karl Otfried ↗Müller war C., von der Philologie her kommend, ein kompletter Altertumswissenschaftler. Ihm war das Hellenentum »der Inbegriff freier und edler Menschlichkeit« [16]. Sein lebhaftes Interesse an der histor. Geographie als Ergänzung zur Philologie, entwickelt auf mehreren Reisen mit dem Geographen Carl Ritter nach Griechenland und Italien, prägte sein erstes großes und wohl bedeutendstes Werk über die Peloponnes [3]. In der lebendig geschriebenen, 1857 begonnenen *Griech. Geschichte*, der ersten eines Deutschen, betonte C. anders als Müller massive oriental. Einflüsse auf die griech. Kultur [4]. In der Archäologie sind mit C. insbes. die in einer berühmten Rede von 1852 angestoßenen, aber erst 1875 begonnenen Ausgrabungen in Olympia zu verbinden [5], die er vertraglich so regelte, dass die Fundstücke in Griechenland verbleiben sollten, die wiss. Auswertung jedoch in Deutschland ermöglicht wurde. Auf seine Initiative gingen zudem die Umwandlung des Arch. Instituts in Rom zunächst (1871) in ein preußisches, dann in ein Reichsinstitut (1894) sowie die Gründung einer weiteren Außenstelle des Kaiserlich-Dt. Arch. Instituts in Athen zurück.

C. war ein einflussreicher Lehrer, dessen Wirkung auf die nachfolgende Wissenschaftlergeneration auch im Ausland, bes. in England und Frankreich, groß war [7]; [18]. Sein Credo als Historiker war es, »das fragmentarisch Überlieferte in seinem Zusammenhange und das Vollendete in seinem Werden zu verstehen« [16]; heraus kam dabei eine »unpolit., ästhetisierende und idealisierende Auffassung der griech. Geschichte« [10].

Schriften

[1] Commentatio de portubus Athenarum (Diss. Halle), 1841 [2] Anecdota Delphica (Habil.-Schrift Berlin), 1843 [3] Peloponnes. Eine historisch-geographische Beschreibung der Halbinsel, 2 Bde., 1851–1852 [4] Griech. Geschichte, 3 Bde., 1857–1867 (Übers.: engl. 1868–1873; franz. 1880–1894; neugriech. 1897–1900) [5] Die Ausgrabungen zu Olympia, 3 Bde., 1876–1881 [6] Alterthum und Gegenwart. Gesammelte Reden und Vorträge, 1882 [7] Ernst Curtius' Vorlesung »Griechische Kunstgeschichte«. Nach der Mitschrift Wilhelm Gurlitts im Winter 1864/65, hrsg. von S.-G. Gröschel und H. Wrede (Transformationen der Antike 20), 2010.

Sekundärliteratur

[8] A. H. Borbein, Ernst Curtius, in: M. Erbe (Hrsg.), Berlinische Lebensbilder, Bd. 4: Geisteswissenschaftler, 1987, 157–174 (mit Abb.) [9] A. H. Borbein, Ernst Curtius, Alexander Conze, Reinhard Kekulé. Probleme und Perspektiven der klassischen Archäologie zwischen Romantik und Positivismus, in: K. Christ / A. Momigliano (Hrsg.), L'antichità nell'Ottocento in Italia e Germania. Die Antike im 19. Jh. in Italien und Deutschland (Atti della settimana di studio, Trento 1–5 settembre 1986), 1988, 275–302 [10] Christ Gib. 68–83 [11] C. Curtius, Zur Erinnerung an Ernst Curtius. Ein Vortrag gehalten in der Versammlung der Gesellschaft zur Beförderung gemeinnütziger Thätigkeit am 19. Januar 1897, 1897 [12] K. Fittschen, Die Gründung des Deutschen Archäologischen Instituts in Athen. Ernst Curtius (1814–1896) zum Gedächtnis, in: Athenische Mitteilungen 111, 1996, 1–44 [13] G. Heres, Ernst Curtius als Archäologe, in: Forschungen und Berichte der Staatlichen Museen zu Berlin 16, 1974, 129–148 [14] H. Kähler, Art. Curtius, Ernst, in: NDB 3, 1957, 446–447 [15] O. Kern, Art. Curtius, Ernst, in: ADB 47, 1903, 580–597 [16] U. Köhler, Gedächtnisrede auf Ernst Curtius, 1897 [17] R. Schöne, Zur Erinnerung an Ernst Curtius, in: Jb. der Königlich Preußischen Kunstsammlungen 17/1, 1896, 215–220 [18] H. Wrede, Olympia, Ernst Curtius und die kulturgeschichtliche Leistung des Philhellenismus, in: A. M. Baertschi / C. G. King (Hrsg.), Die modernen Väter der Antike. Die Entwicklung der Altertumswissenschaften an Akademie und Universität im Berlin des 19. Jh.s, 2009, 165–208.

Ernst Baltrusch

Curtius, Ernst Robert

Dt. Romanist und Komparatist. Geb. am 14. 4. 1886 in Thann im Elsass, gest. am 19. 4. 1956 in Rom. 1903 Abitur am Protestantischen Gymnasium in Straßburg; 1903–1912 Studium der neueren Phil. und Philosophie in Straßburg, Berlin und Heidelberg; 1910 Prom. in Straßburg; 1913 Habil. in Bonn. Ab 1920 ao.Prof. in Marburg. Ab 1924 o.Prof. für roman. Phil. in Heidelberg; 1929–1951 o.Prof. für roman. Phil. in Bonn.

Wissenschaftlicher Werdegang

C., Enkel des Olympia-Ausgräbers Ernst ↗Curtius und Großneffe des Philologen Georg ↗Curtius, studierte an der Univ. Straßburg ab 1903 v. a. franz. und engl. Philologie und Philosophie. Seine Studien führten ihn auch nach Berlin und Heidelberg. Sein Straßburger Lehrer und späterer Doktorvater Gustav Gröber wurde für C. zu einer Schlüsselfigur, die sowohl seine Wertschätzung strenger philol. Methoden als auch sein Interesse an der ma. Literatur prägte. Doch empfing C. durch seine Freundschaft mit Friedrich Gundolf auch bleibende Anstöße aus dem George-Kreis. Eine emphatische Hinneigung zu den großen Figuren des europ. Geistes sowie der Glaube an die ethische Kraft und ästhetische Erhebung, die von dieser Trad. ausgingen, war beiden zu eigen.

1910 erfolgte die Prom. in Straßburg. Nach der Bonner Habil. 1913 wurde C. 1920 zum ao.Prof. in Marburg ernannt. 1924 nahm er einen Ruf auf einen Lehrstuhl für roman. Philologie in Heidelberg an; 1929 wechselte er zurück nach Bonn. C., der den Nationalismus kritisiert hatte [5], stand dem Dritten Reich ablehnend gegenüber. Nach 1945 erhielt er hohe dt. und internationale akad. Ehrungen. Mit einigen der herausragenden Intellektuellen des 20. Jh.s, u. a. André Gide und T. S. Eliot, unterhielt C. eine rege Korrespondenz, die in Teilen veröffentlicht ist [20. 187 f.].

Werk

Kennzeichnend für C.' Werk wurde es, dass er anders als viele Zeitgenossen keinen Gegensatz zwischen philol. Methode und wiss. Beschäftigung mit mod. Literatur sah. So legte er einerseits als Diss. die Ausgabe eines der frühesten Texte der alten franz. Prosa vor [1], andererseits wandte er sich nach dem Ersten Weltkrieg verstärkt der neueren und zeitgenössischen Literatur zu, mit der er sich im Stile eines Literaturkritikers ästhetisch wertend und essayistisch auseinandersetzte. Höhepunkte dieser Periode sind sein Buch zu Honoré de Balzac [3] und sein Essay über Marcel Proust [4. Kap. 1]. Eher selten bediente sich C. des *close readings*; er versuchte vielmehr, gedankliche Grundformen zu erkennen, welche den Themen der lit. Werke als Weltsicht des Autors zugrunde liegen.

Im Lauf der 1930er Jahre betrieb C. wieder verstärkt Studien zur ma. Literatur, die 1948 in sein *magnum opus* mündeten: *Europ. Literatur und lat. Mittelalter* (*ELLMA*) [7]. Mit dem Begriff des lat. MA bezeichnete er die tief greifende Prägung dieser Epoche durch die vom ant. Rom ausgehende Kultur. Das frühe und das hohe MA nahmen demnach die aus der Antike stammende lat. Trad. auf und gaben sie weiter; dabei verlieh das lat. Erbe der europ. Literatur ein kontinuitätsbildendes Element. C. meinte daher, dass die europ. Literatur als Einheit zu verstehen sei, sodass auch die volkssprachlichen Literaturen nicht aus sich selbst, sondern nur in Verbindung mit der lat. Literatur adäquat gewürdigt werden können. Entscheidender Vermittler dieses Traditionstransfers war die meist vernachlässigte lat. Literatur der Spätantike und des frühen MA, also Autoren von Prudentius bis Isidor.

Wie C. durch eine Untersuchung des ma. Bildungswesens zeigte, wurde die Kontinuität von der ant. hin zur ma. Literatur dadurch grantiert, dass ma. Dichten die rhetorische Schulung an lat. Vorbildern voraussetzte; die Rhetorik wurde somit zur Basis der Trad.-Bildung [6. 133]. Diese These erhärtete C. hauptsächlich durch eine Untersuchung des Fortbestehens verschiedener Topoi in der europ. Literatur. In Anlehnung an die ant. Rhetorik verstand C. unter dem Begriff Topos immer wieder aufgegriffene rhetorische Formen oder stereotype inhaltliche Motive, die in der ant. Literatur zuerst verwendet wurden und sich von dort über die karolingische Epoche und das hohe MA bis in die Renaissance und z.T. in die Goethezeit erhielten. Beispiele sind rhetorische Figuren (z.B. die Paronomasie oder der Musenanruf), Tropen (z.B. die Schifffahrtsmetapher) oder inhaltliche Motive (z.B. die Ideallandschaft). Trotz der Betonung überpersönlicher Muster lag C. weierhin an den großen Autoren, die in seiner Darstellung meist markante Punkte im Strom der Trad. bilden.

Neben der literarhistor. Topik hat *ELLMA* noch weitere Themen: z.B. die frühma. Vermischung der Dichtung mit der Philosophie und der Theologie. Dantes Werk deutete C. als Quintessenz der lat. Bildungs-Trad. des MA. Trotz der thematischen Vielseitigkeit ist *ELLMA* stets auf ein Argumentationsziel ausgerichtet: den kontinuitätsstiftenden Charakter der Latinität für die abendländische Trad. zu erweisen.

Wirkung

Gegen die von C. vertretene Topik wurden gewichtige Einwände vorgebracht. Indem er das Kontinuum gleich bleibender lit. Muster betonte, kam C. einer ahistorischen Betrachtungsweise nahe, welche die Prägung der Literatur durch den geistigen und kulturellen Wandel ausblendete [13. 140 f.]. Sein Insistieren auf Konstanz in der europ. Literatur schuf ein Korsett, das oft zu Lasten des Individuellen und Außerordentlichen der großen Werke ging [12. 1105]. Weiterhin erscheint C.' Begriff des Topos, der so differente Phänomene wie inhaltliche Motive, stilistische Figuren und Tropen umfasst, oft zu unscharf, um den Gegenständen gerecht zu werden [22. 125].

Nichtsdestotrotz ist *ELLMA* eine der großen literaturwiss. Leistungen des 20. Jh.s. Durch seine Synthese aus stupender philol. Expertise und umfassender humanistischer Bildung konnte C. aufdecken, wie über Jahrhunderte zurückreichende überindividuelle Muster Form und Gehalt literarischer Werke bestimmen und eine Tiefenstruktur der europ. Trad. bilden.

M: Rückblick 1952, in: E. R. Curtius, Französischer Geist im 20. Jh., 1952.

SV: [20. 170–188].

N: Bonn, Univ.- und Landesbibliothek.

Schriften

[1] Li Quatre livre des Reis. Die Bücher Samuelis und der Könige in einer französischen Bearbeitung des 12. Jh.s (Kritische Edition; Diss. Straßburg), 1911 [2] Die literarischen Wegbereiter des neuen Frankreich, 1919 (3. erweiterte Aufl. 1923) [3] Balzac, 1923 (²1951)
[4] Französischer Geist im neuen Europa, 1925
[5] Deutscher Geist in Gefahr, 1932 [6] Zur Literarästhetik des Mittelalters II, in: Zs. für romanische Philologie 58, 1938
[7] Europäische Literatur und lat. Mittelalter, 1948 (2. durchges. Aufl. 1954; 11. Aufl. 1993; zahlreiche Übers.)
[8] Kritische Essays zur europäischen Literatur, 1950 (2. erw. Aufl. 1954) [9] Deutsch-französische Gespräche 1920–1950. La Correspondence de Ernst Robert Curtius avec A. Gide, C. Du Bos et V. Larbaud, hrsg. von H. und J. M. Dieckmann, 1980.

Sekundärliteratur

[10] E. Auerbach, Rez. zu ELLMA, in: Romanische Forschungen 62, 1950, 237–245 [11] W. Berschin / A. Rothe (Hrsg.), Ernst Robert Curtius. Werk, Wirkung,

Zukunftsperspektiven, 1989 [12] P. Dronke, Curtius as Medievalist and Modernist, in: Times Literary Supplement vom 3.10.1980, Nr. 79, 1103–1106 [13] A.R. Evans Jr., Ernst Robert Curtius, in: A.R. Evans Jr. (Hrsg.), On Four Modern Humanists, 1970, 85–145 [14] K. Garber, Ein Feind dünner Suppen, in: Süddeutsche Zeitung vom 26. und 27.4.1997, Nr. 96 [15] P. Godman, The Ideas of Ernst Robert Curtius and the Genesis of ELLMA, in: E.R. Curtius, European Literature and the Latin Middle Ages (engl. Übers.), 1990, 599–653 [16] W.-D. Lange (Hrsg.), »In Ihnen begegnet sich das Abendland«. Bonner Vorträge zur Erinnerung an Ernst Robert Curtius, 1990 [17] H. Lausberg, Ernst Robert Curtius, in: Bonner Gelehrte, Bd. 3, 1970, 214–235 [18] H. Lausberg, Ernst Robert Curtius, 1993 [19] R.L. Politzer, Rez. zu ELLMA, in: Comparative Literature 5, 1953, 171–196 [20] E.J. Richards, Modernism, Medievalism and Humanism. A Research Bibliography on the Reception of the Works of Ernst Robert Curtius, 1983 [21] L. Spitzer, Rez. zu ELLMA, in: American Journal of Philology 70, 1949, 425–441 [22] W. Veit, Toposforschung. Ein Forschungsbericht, in: Deutsche Vierteljahresschrift für Literaturwissenschaft und Geistesgeschichte 37, 1963, 120–163 [23] H. Weinreich, Thirty Years after Ernst Robert Curtius' Book ELLMA, in: Romanic Review 69, 1978, 261–278 [24] R. Wellek, The Literary Criticism of Ernst Robert Curtius, in: PTL. A Journal for Descriptive Poetics and Theory of Literature 3, 1978, 25–42.

Tobias Joho

Curtius, Georg

Dt. Klass. Philologe. Geb. am 16.4.1820 in Lübeck, gest. am 12.8.1885 in Hermsdorf bei Warmbrunn. Bruder des Archäologen Ernst ↗Curtius; bis 1837 Besuch des *Katharineum* in Lübeck; ab 1838 Studium der Klass. Phil. und indogerman. Sprachwiss. in Bonn und ab 1840 in Berlin; 1842 Prom. in Berlin; 1846 Habil. ebda. Ab 1849 ao., ab 1851 o.Prof. in Prag; ab 1854 o.Prof. in Kiel; 1862–1885 o.Prof. in Leipzig. Ab 1863 Mitglied der Königlich-Sächs. Gesellschaft der Wiss. in Leipzig; ab 1869 korrespondierendes Mitglied der Preuß. Akad. der Wiss.; 1869/70 Dekan der Philol. Fakultät der Univ. Leipzig.

Werk und Wirkung

C.' wiss. Wirken war komparatistisch und v.a. auf den histor. Sprachvergleich ausgerichtet, wobei er insbes. von Franz ↗Bopp, Wilhelm von ↗Humboldt und Jacob Grimm beeinflusst wurde. Hierzu setzte er Indogerman. Sprachwiss. und Klass. Philologie, insbes. das Griechische, in eine enge Beziehung [9]. Bereits in seiner Diss. [1] und seiner Habil.schrift [3] setzte er entsprechende Schwerpunkte, etwa durch den Vergleich des Griechischen mit dem Sanskrit. Sein Hauptwerk [5], in dem er die Etymologie des Griechischen auf eine verlässliche methodische Grundlage stellte, wurde in mehreren Auflagen rezipiert. C. erkannte die Ausnahmslosigkeit der Lautgesetze nicht an, sondern ging auch von einem sporadischen Lautwandel aus. Durch die Gründung der »Grammatischen Gesellschaft« in Leipzig förderte er die wiss. Verbindung von Sprachwiss. und Klass. Philologie erheblich [6]. Er machte seine Forschungen auch für den schulischen Kontext nutzbar, indem er eine *Griech. Schulgrammatik* mit sprachwiss. Erläuterungen erarbeitete, deren 30. Auflage 1922 gedruckt wurde, auch danach in Bearbeitung durch Wilhelm von Hartel und andere weiterhin in Gebrauch blieb sowie in engl. Versionen erschien – also den Griechischunterricht nachhaltig beeinflusste [4]. So prägte C. etwa die Unterscheidung zwischen schwachem und starkem Aorist, führte den Verbalsapekt ein, gliederte das Verbsystem nach Stämmen und änderte die Terminologie (»a-Deklination« statt »erster Deklination«). C. hatte zahlreiche Schüler, u.a. den Indogermanisten Karl Brugmann.

Schriften

[1] De nominum Graecorum formatione linguarum cognatarum ratione habita (Diss. Berlin), 1842 [2] Die Sprachvergleichung in ihrem Verhältnis zur classischen Philologie, 1845 (²1848) [3] Sprachvergleichende Beiträge zur griech. und lat. Grammatik (Habil.schrift Berlin), 1846 [4] Griech. Schulgrammatik, 1852 (³⁰1922) [5] Grundzüge der griech. Etymologie, 2 Bde., 1858–1862 (⁵1879) [6] Studien zur griech. und lat. Grammatik, 10 Bde., 1868–1878 [7] Das Verbum der griech. Sprache, 2 Bde., 1877–1880 [8] K.S., 2 Bde., hrsg. von E. Windisch, 1880–1886.

Sekundärliteratur

[9] F. Lochner von Hüttenbach, Georg Curtius und die Vergleichende Sprachwissenschaft, in: P. Händel/W. Meid (Hrsg.), FS R. Muth (Innsbrucker Beiträge zur Kulturwissenschaft 22), 1983, 217–229 [10] R. Meister, Art. Curtius, Georg, in: ADB 47, 1903, 597–602 [11] E. Windisch, Georg Curtius. Eine Charakteristik, 1887.

Ronny Kaiser

Curtius, Ludwig

Dt. Klass. Archäologe. Geb. am 13.12.1874 in Augsburg, gest. am 10.4.1954 in Rom. 1894–1897 Studium von Jura und Nationalökonomie in München und Berlin; ab 1897 Studium der Klass. Archäologie in München und Rom; 1902 Prom. in München; 1907 Habil. ebda. 1908 Kustos am Antikenmuseum in München; 1908 ao.Prof., 1913 o.Prof. in Erlangen. Teilnahme am Ersten Weltkrieg als Kriegsfreiwilliger und Offizier. 1918 o.Prof. in Freiburg; 1920–1927 o.Prof. in Heidelberg; 1928–1937 Erster Direktor des DAI Rom; 1937 Zwangspensionierung; bis zum Lebensende in Rom wohnhaft. 1952 Orden *Pour le mérite*.

Werk und Wirkung

C., Sohn eines Arztes, kam erst auf Umwegen zur Archäologie und promovierte 1902 bei Adolf ↗Furtwängler [1]. Mit seiner 1908 publizierten Habil.-Schrift [2] leistete er einen grundlegenden Beitrag zur Geschichte der frühklass. Plastik. Eine weit über sein Fachgebiet hinausgreifende erste Zusammenfassung und Deutung der ägypt. und vorderasiat. Kunst lieferte er 1913 im Rahmen des *Handbuchs der Kunstwissenschaft* [3], der später ein Überblick über die griech. Kunst bis zur Spätklassik folgte [4]. C.' Hauptforschungsgebiete waren die Geschichte der griech. und röm. Plastik, das röm. Porträt und die Entwicklung der ant. Malerei [5]. Formengeschichtliche und hermeneutische Fragen standen dabei im Vordergrund.

Stets auf öffentliche Wirksamkeit bedacht, war C. auch polit. engagiert, zunächst als Anhänger von Friedrich Naumanns national-sozialer Bewegung, in den 1920er Jahren als Mitglied der Deutschnationalen Volkspartei [13.278]. Neben seiner wiss. Arbeit betrieb er zeitlebens eine reiche publizistische und essayistische Tätigkeit in Kulturzeitschriften, in der Tagespresse und im Rundfunk [9]. Als Gegner der Nationalsozialisten, die ihn aus dem Amt entfernt hatten, als universal gebildeter Humanist und Garant einer – scheinbar ungebrochenen – ›abendländischen‹ Bildungstradition [10] genoss C. in der Nachkriegszeit hohes Ansehen und große Bekanntheit, insbes. durch seine Lebenserinnerungen, die Bestseller-Auflagen erreichten [6]. Erst neuere Untersuchungen haben die problematischen Seiten seines weltanschaulichen Standpunkts kritisch herausgearbeitet und damit auch die Sicht auf sein wiss. Werk verändert [11]; [13].

SV: R. Lullies, Schriften von Ludwig Curtius (1874–1954). Eine Bibliographie, 1979.

M: [6].

N: Koblenz, Bundesarchiv; Nürnberg, German. Nationalmuseum; Rom, DAI.

Schriften

[1] Die antike Herme (Diss. München), 1903 [2] Über einen Apollokopf in Florenz (Habil.schrift München), 1908 [3] Die antike Kunst, Bd. 1: Ägypten und Vorderasien, 1923 [4] Die antike Kunst, Bd. 2: Der klassische Stil, 1926 [5] Die Wandmalerei Pompejis. Eine Einführung in ihr Verständnis, 1929 [6] Deutsche und antike Welt. Lebenserinnerungen, 1950 [7] J. Moras, Torso. Verstreute und nachgelassene Schriften von Ludwig Curtius, hrsg. von J. Moras, 1957.

Sekundärliteratur

[8] Corolla. Ludwig Curtius zum sechzigsten Geburtstag dargebracht, 1937 [9] S. Diebner, Ludwig Curtius (1874–1954). Ein Archäologe als Schriftsteller, in: Kritische Berichte 37, 2009, 127–145 [10] S. Diebner / H. Manderscheid (Hrsg.), Aus dem Leben eines Abendländers. Tagebücher von Ludwig Curtius 1945–1951 (in Vorbereitung) [11] R. Faber, Humanistische und faschistische Welt. Über Ludwig Curtius (1874–1954), in: R. Faber (Hrsg.), Streit um den Humanismus, 2003, 157–221 [12] G. Kaschnitz von Weinberg, Ludwig Curtius. Das wissenschaftliche Werk, 1958 [13] E. S. Sünderhauf, Griechensehnsucht und Kulturkritik. Die deutsche Rezeption von Winckelmanns Antikenideal 1840–1945, 2004, 265–290.

Sylvia Diebner / Daniel Graepler

Cusanus, Nicolaus

Nikolaus von Kues, Nicolaus Treverensis, Nicolaus de Cusa; dt. Humanist und Kardinal. Geb. am 22. 10. 1401 in Kues an der Mosel, gest. am 11. 8. 1464 in Todi (Umbrien). 1416 Studium der Artes in Heidelberg; ab 1417/18 Studium des Kirchenrechts in Padua, 1423 Prom. zum *Doctor decretorum.* Spätestens 1425 Rückkehr nach Deutschland (Kues, Köln). 1431–1436 Teilnahme am Konzil von Basel; verschiedene Bibliotheksreisen; 1437 im Auftrag des Papstes in Byzanz. Priesterweihe frühestens 1436; im Dez. 1448 Kardinal; ab 1450 Fürstbischof von Brixen. 1459 Rückkehr nach Rom und Ernennung zum Kurienkardinal.

Werdegang

C. war der Sohn des wohlhabenden Moselschiffers und Kaufmanns Johann Cryfftz (Cryfftz = Krebs; als Krebs – *Cancer* – bezeichneten ihn Gegner gelegentlich). Nach dem Erwerb des Doktortitels in Padua, wo er in Kontakt mit Giuliano Cesarini sowie dem Astrologen und Mathematiker Paolo dal Pozzo Toscanelli stand, wurde er in Köln von Heymericus de Campo an den Neuplatonismus herangeführt. Im Auftrag des Bischofs von Trier, Ulrich von Manderscheid, dessen Sekretär und Kanzler er war, nahm C. 1431 am Nürnberger Reichstag und 1431–1436 am Konzil von Basel teil; hier wandelte er sich von einem Gegner der Vormachtstellung des Papstes über das Konzil zu deren Befürworter. Nach dem Konzil ließ er sich zum Priester weihen (genaues Datum unbekannt). 1437 übernahm er im Auftrag Papst Eugens IV. die diplomatische Mission, in Byzanz für ein Konzil zu werben, das die Kirchenspaltung aufheben sollte; dabei trat er in Kontakt mit dem späteren Kardinal Basilius ↗Bessarion.

In den folgenden zehn Jahren warb C. vielerorts für den Primat des Papstes und die Einheit der Kirche. Am Zustandekommen des Wiener Konkordats war er maßgeblich beteiligt. Papst Nikolaus V. erhob ihn in den Kardinalsstand und übertrug ihm das Fürstbistum Brixen, wo seine strikte Reform- und Finanzpolitik ihm allerdings viel Widerstand eintrug. 1458 musste er Brixen verlassen und ging nach Rom, wo er Anfang 1459 von Papst Pius II. zum Generalvikar und päpstlichen Legaten ernannt wurde. Der Streit um sein Bistum dauerte fort; vergeblich suchte C. sich militärisch durchzusetzen. Er blieb danach als Kurienkardinal in Rom. Während er im Auftrag Pius' II. einen Kreuzzug in die Wege zu leiten versuchte, erkrankte er 1464 in Todi und starb dort. Seine bedeutende Bibliothek vermachte er dem St. Nikolaus-Hospital (Cusanusstift) in Kues; dort ist auch sein Herz bestattet.

Werk

C. verfasste zahlreiche theologische, philos. und auch einige juristische, mathematische und naturwiss. Schriften, häufig in Dialogform, zudem Predigten und Briefe. Sein durch das Studium antiker Texte erwecktes Interesse an Fragen der Zeiteinteilung veranlasste ihn zu der Schrift *De correctione calendarii* (1434/35); die hier vorgeschlagene Kalenderreform kam aber nicht zur Ausführung. Zu seinen berühmtesten Werken gehört *De concordia catholica* (1433), eine Schrift, die im Streit zwischen Papst und Konzil um einen Kompromiss ringt. 1440 vollendete er *De docta ignorantia*, eine in ihren Grundlagen neuplatonisch geprägte Schrift über die Unerkenntlichkeit Gottes und der Wahrheit, über die ein Wissen nur jenseits der überwundenen Gegensätze (in der *coincidentia oppositorum*) gewonnen werden kann [12]. Dass hier Aristotelismus und Scholastik aufgegeben waren und ein neues Weltbild entwickelt wurde [5], war schon Zeitgenossen ersichtlich (vgl. Johannes Wencks Kritik in *De ignota litteratura*, 1442/43).

Unter Humanisten wurde C. nicht zuletzt wegen seiner Wiederentdeckung von Hss. berühmt, darunter ein Codex mit 20 Plautus-Komödien (davon 12 bisher unbekannt), die *Naturalis historia* des Älteren Plinius und der *Codex Carolinus* mit in karolingischer Zeit zusammengestellten Papstbriefen. Dass er an der Wiederauffindung von Tacitus' *Annales* beteiligt war, lässt sich nicht mit Sicherheit nachweisen. Auch im Bereich der Jurisprudenz fand C. neue Mss. und Rechtsquellen und erschloss sie; noch vor Lorenzo ↗Valla wies er mittels philol. Argumente nach, dass die Konstantinische Schenkung eine Fälschung war. Auch dass die pseudo-isidorischen Dekretalen keine echten Papsterlasse enthalten, konnte er aufzeigen. Ob er das Griechische gelernt hat, ist ungewiss; auf jeden Fall sammelte er neben den Übersetzungen von griech. Texten auch griech. Mss.

C. war ein bedeutender Vertreter des Neuplatonismus, der dessen ant. und ma. Tradition (Dionysios Areopagites, Albertus Magnus, Meister Eckhart [10], Raimondo Lullo) in die Neuzeit fortsetzte [8]. Sein Schrifttum richtete sich auf philos., theologische, mathematische und polit. Fragen; mehr als sein nie zu klass. Glätte gereifter lat. Stil verband ihn die gern gewählte Form des Dialogs mit ant. Vorbildern. Im Kreis der Humanisten verkehrte er mit Giordano Orsini, Giuliano Cesarini, Antonio de la Cerda, Jean Jouffroy, Gian Francesco ↗Poggio Bracciolini, vielleicht auch Basilius ↗Bessarion. C.' Schüler war Jacques ↗Lefèvre d'Étaples, der auch seine Schriften herausgab (1514).

Nachwirkung

V.a. durch die Wiederentdeckung und Verbreitung lateinischer Hss. und die Rezeption neuplatonischer Philosophie wirkte C. an der *translatio* ant. Gedankenguts in die Nz. mit. In den verschiedenen Disziplinen, auf die sich sein Werk erstreckt, ist er unterschiedlich rezipiert worden [11]. Sein mathematischer Ruhm verblasste früh, woran Johannes Regiomontanus' Kritik entscheidenden Anteil hatte. Seine Philosophie wurde offensichtlich von Marsilio ↗Ficino rezipiert, wirkte aber auch auf andere Neuplatoniker, später dann u.a. auf Leibniz, Kant, Hegel und den dt. Idealismus [11]. Ernst Cassirer nannte ihn »den ersten modernen Philosophen« [3.10]; [5]. Als Humanist trat er v.a. im ital. Raum hervor, wo die von ihm wiederentdeckten Mss. auf größtes Interesse stießen [13]. Hier hatte C. auch einen wichtigen Anteil an der Verbreitung des Buchdrucks. Als einzigem Deutschen widmete ihm Vespasiano da Bisticci eine Biographie und nannte ihn *tedesco di nazione ma non di costumi* (»einen Deutschen der Nation, aber nicht den Sitten nach«).

Schriften

[1] Opera omnia, iussu et auctoritate Academiae Litterarum Heidelbergensis ad codicum fidem edita, 1932–2010 (ff.).

Sekundärliteratur

[2] P.R. Blum, Selbstbezug und Transzendenz in der Renaissance-Philosophie bei Cusanus, Ficino und Pico, in: H.-B. Gerl-Falkovitz (Hrsg.), Rationalität und Innerlichkeit, 1997, 59–74 [3] E. Cassirer, Individuum und Kosmos in der Philosophie der Renaissance, 1927 [4] K. Flasch, Nicolaus Cusanus, 2001 [5] J. Hopkins, Nicholas of Cusa (1401–1464): First Modern Philosopher?, in: P.A. French / H.K. Wettstein (Hrsg.), Renaissance and Early Modern Philosophy (Midwest Studies in Philosophy 26), 2002, 13–29 [6] P.O. Kristeller, Studies in Renaissance Thought and Letters, Bd. 3, 1993 [7] A. Lübke, Nikolaus von Kues. Kirchenfürst zwischen Mittelalter und Neuzeit, 1968 [8] K. Reinhardt / H. Schwaetzer (Hrsg.), Nikolaus von Kues in der Geschichte des Platonismus, 2007 [9] R. Sabbadini, Niccolò da Cusa e i conciliari di Basilea alla scoperta dei codici, in: Rendiconti della Reale Accademia dei Lincei. Classe di Scienze morali, storiche e filologiche, ser. 5, 20, 1911, 3–40 [10] H. Schwaetzer (Hrsg.), Meister Eckhart und Nikolaus von Kues, 2011 [11] H.G. Senger, Ludus

sapientiae. Studien zum Werk und zur Wirkungsgeschichte des Nikolaus von Kues, 2002 [12] J. Stallmach, Ineinsfall der Gegensätze und Weisheit des Nichtwissens. Grundzüge der Philosophie des Nikolaus von Kues, 1989 [13] M. Thurner (Hrsg.), Nikolaus Cusanus zwischen Deutschland und Italien, 2002.

Dorothee Gall

Cyriacus von Ancona

Cyriacus Anconitanus/Ciriaco de' Pizzicolli; ital. Humanist, Reisender und Epigraphiker. Geb. um 1391 in Ancona, gest. um 1455 in Cremona. Zwischen 1412 und 1454 Reisen nach Süditalien, Dalmatien, Griechenland, Ägypten und dem Orient; Tätigkeit als Kaufmann, Archivar, Epigraphiker, Hss.-Sammler und -Kopist; gefördert von Papst Eugen IV, Cosimo de' Medici, den Visconti und Kaiser Sigismund.

Werdegang, Werk und Wirkung

C. entstammte der vornehmen, aber verarmten Kaufmannsfamilie der Pizzicolli; der Auftrag des Kardinals Gabriele Condulmer (später Papst Eugen IV.), den ant. Hafen von Ancona zu erneuern, brachte ihn in Kontakt mit der röm. Kunst (Trajansbogen) und legte den Keim seiner Begeisterung für die Antike: 1421 lernte er Latein, 1425 auch Griechisch. Seine Handelsreisen verband er mit einer so umfassenden und sorgfältigen archivarischen und inschriftenkundlichen Tätigkeit, dass er als einer der Begründer der Archäologie und als der beste Epigraphiker seiner Zeit angesehen wird. Seine Reisen führten ihn u.a. nach Athen [9] und Delphi, Kreta und Ägypten, Konstantinopel und ins Osman. Reich. Die Identifizierung der ant. Stadt Apollonia im westgriech. Epirus geht ebenso auf ihn zurück wie die erste Vermessung der bis dahin kaum beachteten Ruinen von Eretria auf Euböa (Codex Vaticanus Barberianus latinus 4424).

Auch Hss. antiker Autoren (u.a. Homer; Euripides) brachte er im Original oder in Kopie in den Westen; teilweise arbeitete er selbst als Kopist. Die jeweils vor Ort angefertigten Abschriften von Inscriptiones sowie die detaillierten Beschreibungen und Zeichnungen von griech. Architektur und Plastik füllten sechs Bände *Commentaria*. Die nie publizierte Hs. ging zwar bei einem Brand 1514 bis auf wenige zuvor entfernte Seiten zugrunde, doch hatte C. selbst seine Studien vielfach auch in Briefen und Exzerpten dargelegt, von denen Kopien (leider oft unter Verzicht auf die Skizzen) kursierten [3]. Diese Dokumente stellen nicht selten die einzigen Zeugnisse verlorener und zerstörter Inschriften und Bau- und Kunstwerke dar [10]; [11]; sie nahmen entscheidenden Einfluss auf das Kunstverständnis der Frührenaissance (noch Albrecht Dürer rezipierte C.' Studien in Nachzeichnungen Hartmann Schedels). Erst lange nach C.' Tod wurden die Epigramme (Inschriften) [1] und sein *Itinerarium* [2] gedruckt.

Schriften

[1] Epigrammata reperta per Illyricum, hrsg. von C. Moronus, Rom 1645 [2] Kyriaci Anconitani Itinerarium, hrsg. von L. Mehus, Florenz 1742 (Ndr. 1969) [3] Commentariorum Cyriaci... nova fragmenta, notis illustrata, hrsg. von A. de Abatibus Oliverio und P. Compagnoni, Pesaro 1763 [4] Cyriaque d'Ancône en Égypte. Fragments des Commentaria rerum antiquarum, hrsg. von C.C. van Essen (Mededelingen der Koninklijke nederlandse akademie van wetenschappen. Afd. Letterkunde, N.S. 21/12), 1958 [5] Cyriacus of Ancona's Journeys in the Propontis and the Northern Aegean, 1444–1445, hrsg. von E.W. Bodnar und Ch. Mitchell, 1976 [6] Later Travels, übers. und hrsg. von E.W. Bodnar und C. Foss, 2003.

Sekundärliteratur

[7] B. Ashmole, Ciriac of Ancona, in: Proc. of the British Academy 45, 1959, 25–41 [8] M. Belozerskaya, To Wake the Dead. A Renaissance Merchant and the Birth of Archaeology, 2009 [9] E.W. Bodnar, Cyriacus of Ancona and Athens, 1960 [10] M. Chatzidakis, Antike Prägung. Ciriaco d'Ancona und die kulturelle Verortung Griechenlands, in: P. Bell (Hrsg.), Fremde in der Stadt. Ordnungen, Repräsentationen und soziale Praktiken (13.–15. Jh.), 2010, 225–256 [11] J. Colin, Cyriaque d'Ancône. Le voyageur, le marchand, l'humaniste, 1981 [12] G. Paci / S. Sconocchia (Hrsg.), Ciriaco d'Ancona e la cultura antiquaria dell'Umanesimo, 1998.

Dorothee Gall

Da Feltre, Vittorino s. Vittorino da Feltre

Dacier, Anne und André

Anne Dacier

Franz. Philologin und Übersetzerin. Geb. 1654 in Saumur, gest. am 17.8.1720 in Paris. Tochter des Humanisten Tanneguy Le Fèvre d.Ä. (1615–1672), der ihre Begabung früh förderte. Ab 1672 mit ihrem Jugendfreund André D. (s.u.) in Paris; 1683 Heirat; 1685 Übertritt zum katholischen Glauben.

Werk und Wirkung

D., ein philol. Wunderkind, definierte sich zu Beginn ihrer Karriere v.a. als *fille savante* ihres gelehrten Vaters. Dieser, ursprünglich katholischer Theologe und Leiter der königlichen Druckerei im Louvre, trat nach Richelieus Tod zum Calvinismus über und ließ sich in der Nähe von Saumur nieder, wo er sich der Herausgabe antiker Dichter widmete. In seiner *Méthode pour commencer les humanités grecques et latines* (1672) gab er genaue Lektüreempfehlungen für das Griechisch- und Lateinstudium. Auf Material oder Vorgängerausgaben des Vaters gestützt, erstellte Anne zunächst ausschließlich unter dem Namen »Anna Tanaquili Fabri filia« Editionen von dessen Lieblingsautoren: Florus (1674), Kallimachos (1675), Dictys Cretensis und Dares Phrygius (1680), Aurelius Victor (1681) und Eutrop (1683). Aufgrund der Förderung durch Pierre Daniel ↗Huet und Paul Pellisson, beide Freunde des Vaters, erschienen diese Ausgaben mit dem Vermerk *in usum Delphini*, d.h. für den Gebrauch des Thronfolgers (franz. *Dauphin*) bestimmt.

Trotz dieser Vergünstigungen war die Aufnahme von Anne und ihrem späteren Ehemann André D. bei Hofe nicht günstig: 1682 zeigte sich Ludwig XIV. bei einer Audienz ungnädig gegenüber dem in wilder Ehe lebenden Paar, v.a. aber wegen dessen calvinistischer Konfession. Beide zogen sich daraufhin längere Zeit aus Paris zurück und traten 1685 (unmittelbar vor dem Widerruf des Edikts von Nantes) zum katholischen Glauben über. Zurück in Paris und vom König freundlich empfangen, intensivierte Anne ihre Tätigkeit als Übersetzerin antiker Klassiker in franz. Prosa, beginnend mit Sappho und Anakreon (1681), einer Auswahl aus Plautus (1683) und von Aristophanes' *Plutos* und *Wolken* (1684). Bedeutendstes Werk dieser Phase war die Gesamtübersetzung des Terenz [2], welche dessen Rezeption in Frankreich für die nächsten hundert Jahre prägen sollte.

Hauptwerk Anne D.s ist die ab etwa 1685 entstehende, mit umfangreichen Anmerkungen versehene Gesamtübersetzung der homerischen Epen [5]; [8]. Ziel war hier eine *imitation libre et noble*, welche *sagesse* und *utilité* von *Ilias* und *Odyssee* aufzeigte (vgl. Vorwort zu [8]). Die Kritik, D. habe Homer zu wenig dem Zeitgeschmack angepasst, wies sie energisch zurück. Vorwürfe dieser Art wurden in der sog. *Querelle d'Homère*, einer letzten Phase der *Querelle des Anciens et des Modernes*, laut. Als Reaktion auf D.s *Iliade* veröffentlichte De La Motte 1714 eine auf ein Viertel seines Textes reduzierte Version dieses Epos und einen *Discours sur Homère*, in dem er die *Anciens* vehement angriff. Auf D.s Verteidigung [6] reagierte er mit den für die Begrifflichkeit der modernen Literaturkritik bedeutsamen *Réflexions sur la critique* (1715). Obwohl D.s teilweise agressive Verteidigung Homers als des göttlich inspirierten Dichters, dessen Autorität allein jener der Bibel nachstehe, einem Konsens nicht förderlich war, sollen sich die Kontrahenten anlässlich eines Soupers versöhnt haben.

Unberührt von diesen Auseinandersetzungen blieb die breite Wirkung von D.s Homer-Übersetzungen. Alexander Pope lobte sie bereits 1715 als *equally careful and elegant*. In Frankreich war D.s Homer so erfolgreich, dass in der Folge sechzig Jahre lang keine Prosaübersetzung des Homer erschien und erst gegen Ende des 18. Jh.s vergleichbare Übersetzungen in Versen entstanden. Chateaubriand lobte in *Génie du christianisme* (1802) die *simplicité* von D.s Übersetzung, die ihm für ihre Epoche charakteristisch erschien.

André Dacier

Franz Philologe und Übersetzer, Annes Ehemann. Geb. am 6.4.1651 in Castres, gest. am 18.9.1722 in Paris. Lieblingsschüler ihres Vaters in Saumur. Mitglied der *Acad. des inscriptions* und der *Acad. française* (ab 1695), seit 1713 deren Sekretär; ab 1720 Königlicher Bibliothekar des Louvre.

Werk und Wirkung

D.s wiss. Leistung stand schon zu seinen Lebzeiten im Schatten seiner Frau Anne. Wie sie war er *interprète dauphin*, d.h. er erarbeitete (z.T. gemeinsam mit ihr) Editionen für den Gebrauch des Thronfolgers (Festus 1681, Marc Aurel 1690). Hinzu kamen Übersetzungen von Platon (1689), Epiktet (1715) und Plutarch (1721). Einflussreich waren seine franz. Version der *Poetik* des Aristoteles mit ausführlicher Einleitung [4] und seine Sophokles-Übertragungen [3], welche Nutzen und Richtigkeit der aristotelischen Dramentheorie an Beispielen verdeutlichen sollten. Im 18. Jh. galt er oft als ein zu rigoros Aristoteles verteidigender *Ancien* und Gegenfigur z.B. zu Lodovico Castelvetro. Seine Empfehlungen für moderne Bearbeiter des Elektra-Stoffs beeinflussten die europ. Rezeption dieses Mythos. Breit rezipiert wurde auch seine Horaz-Ausgabe [1], in der Biographie und Werkchronologie ein Schwerpunkt sind. Postum erschienen 1727 seine Anmerkungen zur Horaz-Edition (1711) des engl. Philologen Richard ↗Bentley.

Schriften

[1] André Dacier, Œvres d'Horace, en latin et en française, avec des remarques historiques et critiques, 10 Bde. (Edition mit Übers.), Paris 1681–1689 [2] Anne Dacier, Les comédies de Térence, 3 Bde. (Übers.), Paris 1688 [3] André Dacier, Œdipe et l'Électre de Sophocle, avec des remarques (Übers.), Paris 1692 [4] André Dacier, Poétique d'Aristote, traduite en française avec des remarques (Übers.), Paris 1692 [5] Anne Dacier, L'Iliade d'Homère, avec des remarques, 3 Bde. (Übers.), 1711 [6] Anne Dacier, Des causes pour la corruption du goust, 1714 [7] Anne Dacier, Homère défendu contre l'apologie du R.P. Hardouin, ou Suite de la corruption du goust, 1716 [8] Anne Dacier, L'Odyssée d'Homère, avec remarques, 3 Bde. (Übers.), 1716.

Sekundärliteratur

[9] E. Bury, Madame Dacier, in: C. Nativel (Hrsg.), Femmes savantes, savoir des femmes. Du crépuscule de la Renaissance à l'aube des Lumières. (Actes du Colloque de Chantilly 1995), 1999, 209–222 [10] J. Chandler Hayes, Translation, Subjectivity, and Culture in France and England, 1600–1800, 2009 [11] G. Chiarini, Art. Dacier, André, in: Enciclopedia Oraziana 3, 1998, 186–187 [12] H.R. Jauss, Art. Antiqui/moderni (Querelle des anciens et des modernes), in: Historisches WB der Philosophie 1, 1971, 410–414 [13] F. Moore, Homer Revisited. Anne Le Fèvre-Dacier's Preface to Her Prose Translation of the Iliad in Early Eighteenth-Century France, in: Studies in the Literary Imagination 33/2, 2000, 87–107 [14] G.S. Santangelo, Madame Dacier, una filologa nella »crisi« (1672–1720), 1984 [15] A. Schmitt, Art. Querelle des Anciens et des Modernes, in: DNP 15/2, 2003, 607–622.

Johannes Göbel

Dal Pozzo, Cassiano

Ital. Gelehrter und Antiquar. Geb. am 21.2.1588 in Turin, gest. am 22.10.1657 in Rom. Ab 1596 in der Obhut seines Onkels Carlo Antonio, des Erzbischofs von Pisa; 1599 Aufnahme in den Militärorden der Cavalieri di Santo Stefano. 1606 Rückkehr in das Piemont, wo er für mehrere Monate als Anwalt im Senat von Piemont (Turin) arbeitete; ab 1608 in Siena als Richter tätig; ab 1611 in Rom. Ab 1622 Mitglied der Accad. dei Lincei in Rom; ab 1623 Sekretär im Dienst des Kardinals Francesco Barberini, den er 1625/26 auf dessen Missionen nach Frankreich und Spanien begleitete, und Primo maestro di camera im apostolischen Palast. Danach als Privatsekretär am Barberini-Hof und Sammler in Rom tätig. 1626 Aufnahme in die Accad. della Crusca (Gesellschaft zur Pflege der ital. Sprache).

Stellung und Wirken

Als eine der zentralen Figuren im europ.-intellektuellen Leben des 17. Jh.s und als Repräsentant des enzyklopädisch-universalen Geistes der ital. Renaissance wies D.P. eine enorme Vielfalt von wiss. und künstlerischen Interessen auf. Mit seinem Freund Nicolas-Claude ↗Fabri de Peiresc teilte er das Engagement bei der Förderung der Bemühungen anderer; wie dieser veröffentlichte er aber selbst kein einziges Buch. Als Privatsekretär des Kardinals Barberini war er zugleich ein einflussreicher Hofmann, um dessen Protektion Antiquare und Künstler nachsuchten, wie die Vielzahl der diesem gewidmeten Druckwerke zeigt [8.69–84].

D.P.s Interesse an der Naturgeschichte ist an der Größe und Vielfalt seiner Sammlung ersichtlich: Sie umfasst geologische Fundstücke, Vogelbilder sowie Zeichnungen von Pflanzen und Tieren; heute befindet sie sich größtenteils in der *Royal Library* (Schloss Windsor) sowie in der Bibl. des Institut de France (Paris) [12]. Nach dem Tod von Federico Cesi, dem Gründer der Accad. dei Lincei, erwarb D.P. einen beachtlichen Teil von dessen Bibl. und wiss. Instrumenten; auch in seinen wiss. Interessen kann er als dessen Erbe gelten [8.69–72].

Als Kunstkenner der Renaissance-Malerei war D.P. »vermutlich der erste private Auftraggeber überhaupt, der einen nachhaltigen Einfluß auf die Kunst seiner Zeit ausgeübt hat« [5.167f.]. Als Höfling war er Mittler zwischen Künstlern, Sammlern und Mäzenaten. Als Kunstliebhaber förderte er Maler verschiedener Stilrichtungen, darunter solche, die dem Cinquecento verhaftet waren oder die die ant. Formenwelt als Vorbild nahmen, ebenso wie Caravaggisten oder Vertreter des Barock. Bemerkenswert ist D.P.s Verbundenheit mit Nicolas Poussin, von dem seine Sammlung etwa fünfzig Gemälde aufwies, darunter die *Sieben Sakramente* (1636–1642) [13].

D.P. pflegte gute Beziehungen zu den Gelehrten am Barberini-Hof; wichtig war auch die Nähe zu seinem Bruder Carlo Antonio, der nach 1657 die Sammlungen der Familie ausbaute [8.101–118]. In D.P.s Haltung zur Antike, wie sie aus seinen Schriften und seiner Korrespondenz [10] hervorgeht, sind einige charakteristische Züge der Altertumsstudien erkennbar: Die Betrachtungsweise v.a. der sepulkralen Reliefs hebt primär auf ihre Nützlichkeit zur Wiederherstellung der ant. *mores et instituta* ab, vernachlässigt jedoch eine Identifizierung der mythol. Sujets; die Qualität der Stücke und weniger der Stil sind bedeutend, womit auch eine weitgehende Gleichgültigkeit gegenüber der Chronologie der Artefakte einhergeht [8.284–295]. Die Bedeutung, die D.P. den materiellen Quellen beimaß, zeigt sich u.a. an seinen

Annotationen zu *De servis* (1613) des Lorenzo Pignoria im Hinblick auf eine geplante (dann nicht verwirklichte) Neuausgabe: Für diese legte er ihm ergänzende Illustrationen zu einer ganzen Reihe von *instrumenta* auf Reliefdarstellungen nahe [7].

D. P.s zentrale Stellung in der Gelehrtenszene Roms wird auch an seiner Mitwirkung bei zahlreichen Editionsunternehmungen deutlich, von *De florum cultura* (1633) des Giovanni Battista Ferrari [11.37–72] und der *Roma sotterranea* (1632, de facto 1635) des Antonio ↗Bosio bis zur Darstellung Praenestes von Joseph-Marie de Suarès (1655) [8.59–65].

Werk und Wirkung: das Museo Cartaceo

D. P.s Name ist in erster Linie mit dem außerordentlichen, wenn auch unvollendeten Unternehmen des *Museo Cartaceo* (»Papiermuseum«) verbunden, einer Sammlung von Zeichnungen nach ant. Gebrauchsgegenständen und Kunstdenkmälern, die auf eine umfassende Rekonstruktion der ant. Kultur abzielte; es umfasste daneben etwa 2 700 Zeichnungen nach Naturalia. Auch wenn ähnliche Unternehmungen wie der von Fulvio ↗Orsini zusammengestellte *Codex Ursinianus* (Cod. Vat.Lat. 3439) vorausgingen, so übertrifft das *Museo Cartaceo* sie alle an Umfang wie an Ehrgeiz.

Eine erstrangige Quelle für das Projekt stellt die von Carlo Roberto Dati in seinem Nachruf auf D. P. publizierte synoptische Tafel dar [3]; sie zeigt, dass die von D. P. angewandten Organisationsprinzipien im Grunde schon bei ant. Autoren wie Varro zu finden sind, dann von der Trad. der antiqu. Studien aufgenommen wurden. Ausgehend von der grundlegenden Inventarisierung der Zeichnungen nach *res divinae* und *res humanae* nahm D. P. die Untergliederung nach den Themen Krieg und Frieden vor, mit weiteren Klassifizierungen in *publicae* (Institutionen, Maße und Gewichte, Spiele) und *privatae* (Kleidersitten, Berufe, Bäder und Gastmähler). Obschon das *Museo Cartaceo* nicht zu Ende geführt wurde und die Sammlung in den letzten Jahrhunderten manche Veränderungen erfahren hat, sind die thematischen Untergliederungen noch erkennbar; bedeutend bei der Ordnung war auch die Topographie und folglich die Zugehörigkeit eines Reliefs zu einem bestimmten Monument [8.266–283].

Das *Museo Cartaceo* wird größtenteils in der *Royal Library* von Windsor aufbewahrt, wohin es 1762 aus dem Besitz der Bibl. Albani in Rom gelangte [11.75–94]. Erhalten sind: zehn Bände unter der Rubrik *Bassi rilievi antichi*; ein Band mit *Antichità diverse* und einer mit dem Titel *Disegni di varie antichità. Nettuno*; zwei Bände mit Reproduktionen der Miniaturen in den spätant. Vergil-Codices der Bibl. Vaticana, dazu ein Band mit Reproduktionen der Illustrationen einer ebenfalls dort aufbewahrten Terenz-Abschrift aus karolingischer Zeit; zwei mit *Mosaici antichi* überschriebene Bände zu altchristl. und ma. Antiquitäten mit Abbildungen von Fresken, Goldgläsern und Sarkophagen. Ein weiterer Band versammelt Architekturzeichnungen. Zählt man zu den hier bewahrten Zeichnungen die nicht mit eingebundenen sowie die in anderen Institutionen befindlichen hinzu, so kommt man auf eine Summe von über 2 300 Zeichnungen ›dall'antico‹ (und auf über 3 000, wenn man die Darstellungen späterer Architektur dazunimmt) [8.119–137].

Der Akzent der Sammlung liegt auf den Reliefs, da sie für eine antiqu. Rekonstruktion der Antike geeigneter waren als Statuen. Zu den formalen Konstanten der Zeichnungen zählen die Ergänzungen antiker Stücke und die Vernachlässigung der Inschriften: Es sollten Bedeutungsinhalte betont werden und weniger das Monument selbst, was durch die Wiedergaben von Friesen oder Baudekor als aufgerollte Bänder deutlich wird. Nicht alles ist nach der Natur gezeichnet; vieles stammt vielmehr aus früheren graphischen Sammlungen, allen voran dem *Codex Ursinianus* mit Zeichnungen aus den 1620er Jahren. Zusätzliche Siglen in dem Band *Antichità diverse* identifizieren die Sammlungen, denen die Einzelstücke angehörten, wofür die Hs. V.E. 10 der Nationalbibl. von Neapel vom Ende der 1640er Jahre eine wichtige Quelle darstellt: Als eine Art »Museums-Agenda« liefert sie Verzeichnisse der in den röm. Sammlungen aufbewahrten Altertümer, von denen D. P. Abbildungen herzustellen beabsichtigte [12.85–95]. Die bei der Realisierung des *Museo Cartaceo* Mitwirkenden waren meist junge Zeichner; die Teilnahme begabter Künstler wie Nicolas Poussin oder Pietro da Cortona, die mit ziemlicher Sicherheit einige Zeichnungen beisteuerten, war wohl insgesamt begrenzt. Einzig Pietro Testa fertigte über 500 Zeichnungen an [8.137–150].

D. P. ließ zugleich Kopien der Hss. anfertigen. Viele von den in den 1630er bis 1650er Jahren publizierten antiqu. Schriften griffen auf die Bestände des *Museo Cartaceo* zurück: darunter Abhandlungen zu Artefaktentypen, Bücher zur Geschichte der Kleidung (etwa *De re vestiaria* von Ottavio Ferrari, 1642, erneut 1654; oder die *Dissertatio de utraque paenula* des Giovanni Battista Doni, 1644); oder auch Gesamtrekonstruktionen der ant. Kultur wie die Traktate von Giovanni Battista Casali, insbes. dessen *De urbis ac Romani olim imperii splendore* (1650) [8.151–186].

Aus D. P.s Korrespondenz ist zu entnehmen, dass eine Publikation des *Museo Cartaceo* oder zumindest von Teilen desselben geplant war; ein Kommentar zu jeder Abbildung sollte die dargestellten Objekte beschreiben und den Bezug zu den ant. lit. Quellen herstellen. Das Projekt kam jedoch über die Anfertigung einiger Kupferstiche von Sarkophagen nicht hinaus [8.262–265]. Was D.P. nicht möglich war, soll nun im Zuge des von der *Royal Collection* geförderten *Dal Pozzo Catalogue Project* verwirklicht werden: ein auf 34 Bände angelegter Gesamtkatalog des *Museo Cartaceo* einschließlich der Zeichnungen von Naturalia und der mit D.P.s Namen verbundenen Druckwerke, also von insgesamt 7000 Objekten [2].

Die antiqu.-enzyklopädische und taxonomische Anlage des *Museo Cartaceo* blieb weit über D.P.s Tod hinaus in den Altertumsstudien vorherrschend. Im Sinne eines vollendeten und einheitlichen *Museo* kann die *Antiquité expliquée* (1719–1724) des Bernard de ↗Montfaucon gelten. Die Überwindung dieser Perspektive hin zu einer Stilgeschichte und einer chronologischen Anordnung der Materialien erfolgte erst in den Werken des Comte de ↗Caylus und Johann Joachim ↗Winckelmanns [8.295–306].

Schriften

[1] Il diario del viaggio in Spagna del cardinale Francesco Barberini scritto da Cassiano Dal Pozzo, hrsg. von A. Anselmi, 2004.

Sekundärliteratur

[2] The Paper Museum of Cassiano Dal Pozzo. A catalogue raisonné, 1996 [3] C.R. Dati, Delle lodi del commendatore Cassiano Dal Pozzo, 1664 [4] F. Haskell et al., Museo Cartaceo di Cassiano Dal Pozzo (Quaderni puteani 1–4), 1989–1993 [5] F. Haskell, Maler und Auftraggeber. Kunst und Gesellschaft im italienischen Barock, 1996 (engl. 1963) [6] F. Haskell / S. Rinehart, The Dal Pozzo Collection. Some New Evidence, in: The Burlington Magazine 102, 1960, 318–326 [7] I. Herklotz, Das Museo Cartaceo des Cassiano Dal Pozzo und seine Stellung in der antiquarischen Wissenschaft des 17. Jh.s, in: E. Cropper (Hrsg.), Documentary Culture. Florence and Rome from Grand-Duke Ferdinand I to Pope Alexander VII, 1992, 81–125 [8] I. Herklotz, Cassiano Dal Pozzo und die Archäologie des 17. Jh.s, 1999 [9] G. Lumbroso, Notizie sulla vita di Cassiano Dal Pozzo, in: Miscellanea di storia italiana 15, 1874, 129–388 [10] A. Nicolò (Hrsg.), Il carteggio di Cassiano Dal Pozzo. Catalogo, 1991 [11] F. Solinas (Hrsg.), Cassiano Dal Pozzo. Atti del seminario internazionale di studi (Neapel 1987), 1989 [12] F. Solinas (Hrsg.), I segreti di un collezionista. Le straordinarie raccolte di Cassiano dal Pozzo, 1588–1657, 2001 [13] D.L. Sparti, Le collezioni Dal Pozzo. Storia di una famiglia e del suo museo nella Roma seicentesca, 1992 [14] E. Stumpo, Art. Dal Pozzo, Cassiano, in: DBI 32, 1986, 209–213 [15] C.C. Vermeule, The Dal Pozzo-Albani Drawings of Classical Antiquities in the Royal Library at Windsor Castle, 1966.

Fabrizio Federici (Ü: K.H.)

Daurat, Jean

s. Dorat, Jean

De la Chausse, Michel-Ange

s. La Chausse, Michel-Ange de

De Rossi, Giovanni Battista

Ital. Christl. Archäologe und Epigraphiker. Geb. am 23.2.1822 in Rom, gest. am 20.9.1894 in Castelgandolfo. Philosophiestudium am Collegio Romano, 1843 juristische Prom. an der Sapienza in Rom; Ernennung zum Scriptor an der Vatikanischen Bibl. 1871–1894 Präsident der Pontificia Accademia romana di archeologia; ab 1878 Präfekt des Museo Cristiano in Rom; ab 1884 Präsident der *Società dei cultori di archeologia cristiana* und Sekretär der *Pontificia Commissione di archeologia sacra*; 1853 Mitglied der Preuß. und 1867 der Bayer. Akad. der Wiss, 1886 Orden Pour le Mérite.

Werk und Wirkung

D. gilt als Begründer einer wiss. Christl. Archäologie. Seine Leistungen liegen gleichermaßen auf den Gebieten der Archäologie, der Epigraphik und der Handschriftenkunde. Seine Forschungen zur röm. Topographie konzentrierten sich insbes. auf die frühchristl. Katakomben: Seit 1849 erforschte er die Praetextat-Katakombe (wo er 1863 die Krypta des Hl. Ianuarius freilegte), 1850 lokalisierte er die Callixtuskatakombe, die er ab 1852 ausgrub und in der er 1854 die Krypta der röm. Bischöfe (›Papstgruft‹) aus dem 3. Jh. und das Grab der Hl. Caecilia fand. 1882 entdeckte er die Krypta im Friedhof von Sant'Ippolito an der Via Tiburtina und 1883 die der Hl. Felicitas an der Salaria Nuova. Seine Funde publizierte er in dem 1863 von ihm begründeten *Bullettino di archeologia cristiana* und in den Bänden seiner *Roma sotterranea cristiana* [2].

Im Auftrag des Papstes richtete D. zusammen mit Giuseppe Marchi die christl. Abteilung des Lateranmuseums ein. An der Vatikanischen Bibl. erwarb er sich große Verdienste um die Katalogisierung der Hss. [5]. 1854 wurde er von der Preuß. Akademie der Wiss. zur Mitarbeit am *Corpus Inscriptionum Latinarum* eingeladen, woraus sich eine enge Freundschaft mit Theodor ↗Mommsen entwickelte [13]. Unter D.s zahlreichen Schriften ragen auch die Bände zu den frühchristl. Inschriften Roms [1], das in Einzeltafeln erschienen Werk zu den Mosaiken und Pavimenten der Kirchen Roms [3] und die Sammlung früher Pläne und Ansichten Roms [4] hervor.

SV: Mélanges G.B. de Rossi. Recueil de travaux publiés par l'École française de Rome (FS), 1892.

N: Rom, Pontificio Istituto di Archeologia Cristiana [10]; Bibl. Apostolica Vaticana [9].

Schriften

[1] Inscriptiones Christianae urbis Romae septimo saeculo antiquiores, Bd. 1–2 (Edition), 1861–1888 [2] La Roma sotterranea cristiana, Bd. 1–3, 1864–1877 [3] Musaici cristiani e saggi dei pavimenti delle chiese di Roma anteriori al secolo XV. Tavole cromo-litografiche con cenni storici (mit franz. Übers.), 1872–1899 [4] Piante iconografiche e prospettiche di Roma anteriori al secolo XVI, 1879 [5] (Hrsg.), Codices Palatini Latini Bibliothecae Vaticanae (mit H. Stevenson iunior), 1886.

Sekundärliteratur

[6] A. Baruffa, Giovanni Battista de Rossi. L'archeologo delle catacombe, 1994 [7] P. M. Baumgarten, Giovanni Battista de Rossi fondatore della scienza di archeologia sacra. Cenni biografici, 1892 [8] M. Buonocore, Giovan Battista de Rossi e l'Istituto Archeologico Germanico di Roma (Codici Vaticani Latini 14238–14295), in: Römische Mitteilungen, 103, 1996, 295–314 [9] M. Buonocore, Theodor Mommsen e gli studi sul mondo antico. Dalle sue lettere conservate nella Biblioteca Apostolica Vaticana, 2003, 3–10; 65–270 [10] S. Frascati, La collezione epigrafica di Giovanni Battista De Rossi presso il Pontificio Istituto di Archeologia Cristiana, 1997 [11] H. Leclercq, Art. De Rossi (Jean-Baptiste), in: Dictionnaire d'archéologie chrétienne et de liturgie 7, 1950, 18–100 [12] N. Parise, Art. De Rossi, Giovan Battista, in: DBI 39, 1991, 201–204 [13] S. Rebenich, Giovanni Battista de Rossi und Theodor Mommsen, in: R. Stupperich (Hrsg.), Lebendige Antike. Rezeptionen der Antike in Politik, Kunst und Wissenschaft der Neuzeit, 1995, 173–186 [14] P. Saint-Roch (Hrsg.), Correspondance de Giovanni Battista De Rossi et de Louis Duchesne (1873–1894), 1995.

Marco Buonocore/Daniel Graepler

De Sanctis, Gaetano

Ital. Althistoriker. Geb. am 15. 10. 1870 in Rom, gest. am 9. 4. 1957 ebda. Seit 1888 Studium an der Univ. La Sapienza in Rom, Abschluss 1892 in Alter Gesch. (Laurea). 1900–1929 o.Prof. für Gesch. der Antike an der Univ. Turin, 1929–1931 an der Sapienza in Rom. 1931 aufgrund seiner Weigerung, den Treueid auf die Faschisten abzulegen, Entzug der Lehrerlaubnis. 1944 erneute Erteilung der Lehrerlaubnis; 1950 Ernennung zum Senator auf Lebenszeit.

Wissenschaftlicher Werdegang

De S. war der dritte Sohn eines Capitano der päpstlichen Gendarmerie; er stammte aus einer legalistisch gesinnten Familie, die sich aus Treue zum Papsttum stets geweigert hatte, die Legitimität des ital. Staates und seiner Hauptstadt Rom anzuerkennen. De S. besuchte ausschließlich kirchliche Schulen, zuletzt 1883–1888 das röm. Seminar von S. Apollinare, wo er sein Abitur machte. An der Philos. Fakultät der Univ. *La Sapienza* in Rom studierte er Alte Geschichte unter der Leitung von Karl Julius ↗Beloch, dem er trotz einiger Meinungsverschiedenheiten immer die Treue hielt. Bei Beloch machte De S. 1892 seinen Abschluss in Griech. Geschichte. 1895 erhielt er ein Stipendium, das ihm eine epigraphische Studienreise nach Griechenland ermöglichte; die Reise vertiefte auch seine Freundschaft zu anderen Studenten, die später glänzende Karrieren machen sollten, allen voran Michael Iwanowitsch ↗Rostovtzeff.

1900 erhielt er die Professur für Alte Geschichte in Turin. Hier heiratete er seine Schülerin Emilia Rosmini. 1923 wurde er zum Direktor der *Rivista di Filologia e di Istruzione Classica* ernannt. 1929, nachdem Beloch in den Ruhestand getreten und bald auch verstorben war, wurde De S. als dessen Nachfolger an die Univ. Rom berufen. Hier übernahm er auch die redaktionelle Leitung der Abteilung Antike der *Enciclopedia Italiana*. Seine Lehrtätigkeit wurde frühzeitig unterbrochen, als er 1931 für die Verweigerung des faschistischen Gefolgsschaftseides mit der Entlassung bestraft wurde. Obwohl von einem fortschreitenden und irreversiblen Verlust der Sehfähigkeit betroffen, publizierte er 1939 eine Geschichte Griechenlands [5] sowie eine Geschichte des modernen Italien [4]. 1944 wurde er wieder in sein Lehramt eingesetzt; dieses wurde nach der Befreiung Italiens als Lebensstellung bestätigt. Anschließend wählte ihn der Rat des Histor. Instituts zum Beauftragten und zum Präsidenten der *Enciclopedia Italiana*. Anlässlich seines 80. Geburtstags ernannte ihn 1950 der ital. Staatspräsidenten Luigi Einaudi zum Senator auf Lebenszeit.

Werk und Wirkung

Inhalt von De S.' *tesi di laurea* waren die Beiträge zur Geschichte Athens vom Lamischen bis zum Chremonideischen Krieg [1]. Diese Arbeit, die von Beloch sogleich in den *Scritti di storia antica* publiziert wurde, kann als der Versuch einer Geschichte Athens im Hellenismus gelten. Wenige Jahre später wandte er sich der früheren Geschichte Athens zu; er verband die histor. Entwicklung der Institutionen Athens mit einer systematisch-synchronen Darstellung [2].

In seinen Schriften zur röm. Geschichte formulierte De S. von Anfang an methodische Grundsätze, die ihn in scharfen Gegensatz zu der von Ettore Pais vertretenen These brachten, dass der lit. Tradition über die Ursprünge Roms jegliche Glaubwürdigkeit abzusprechen sei. De S.' Ansatz steht für eine gemäßigte Quellenkritik, die vorsichtig von der lit. Überlieferung ausgeht, statt diese grundsätzlich abzulehnen. Diese Vorgehensweise charakterisiert auch sein während der Turiner Zeit verfasstes Hauptwerk [3]. Bestimmend hierin ist die geschichtliche Rolle Roms für die Einigung Italiens, die De S. bereits in Roms Eroberung von Veji (396 v. Chr.) und in dem in einem kritischen Moment gegen die Koalition von Galliern, Etruskern und Samniten errungenen Sieg in Sentino (295 v.Chr.) erkannte. Dieses Prinzip führte ihn jedoch zu einer Vernachlässigung der histor. Bedeutung der italischen Völker. De S. wird heute im Wesentlichen mit seiner *Storia dei Romani* verbunden, die als eines der wichtigsten Werke zur Geschichte Roms gelten kann.

M: G. de Sanctis, Ricordi della mia vita, hrsg. von S. Accame, 1970.

Schriften

[1] Contributi alla storia ateniese dalla guerra lamiaca alla guerra cremonidea, in: K. Beloch (Hrsg.), Scritti di storia antica, Bd. 2, 1893, 3–62 (Ndr.: Scritti minori, Bd. 1, 249 ff.) [2] Atthis. Storia della repubblica ateniese, 1898 [3] Storia dei Romani, 4 Bde., 1907–1964 [4] Storia d'Italia dal 1815 ai giorni nostri, 1939 [5] Storia dei Greci, 2 Bde., 1939 [6] Pericle, 1944 [7] Scritti minori, 6 Bde., hrsg. von F. Aldo und S. Accame, 1970–1983 [8] La guerra sociale, hrsg. von L. Polverini, 1975.

Sekundärliteratur

[9] S. Accame, Gaetano De Sanctis fra cultura e politica, 1975 [10] M. Pani, Gaetano De Sanctis e l'imperialismo romano, in: L. Gasperini (Hrsg.), Scritti sul mondo antico in memoria di F. Grosso, 1981, 475–492 [11] M. Pavan, Gaetano De Sanctis e la democrazia periclea, in: Clio 19, 1983, 17–28 [12] P. Treves, Art. De Sanctis, Gaetano, in: DBI 39, 1991, 297–309.

Arnaldo Marcone (Ü: H.Sch.)

De Ste. Croix, Geoffrey

Engl. Althistoriker. Geb. am 8.2.1910 als Geoffrey Ernest Maurice (meist geführt als G.E.M.) De.Ste.C. in Macao, gest. am 5.2.2000 in Oxford. Juristische Ausbildung in Bristol; Tätigkeit als Rechtsanwalt, ab 1935 für die Arbeiterbewegung tätig; ab 1940 Kriegsdienst. Ab 1947 Studium der Alten Gesch. am University College London. Ab 1950 Lecturer in Ancient Economic History an der London School of Economics; ab 1953 Fellow am New College Oxford und dort Tutor bis 1977.

Werdegang, Werk und Wirkung

D.Ste.C., in China als Sohn eines engl. Zollbeamten geboren, entstammte einer Hugenottenfamilie, die unter Ludwig XIV. Frankreich verlassen hatte. 1914 kam er nach England, wo er am Clifton College in Bristol eine juristische Ausbildung erhielt. Bis zum Zweiten Weltkrieg war er als Rechtsanwalt tätig; in den Jahren nach 1935 arbeitete er aktiv in verschiedenen Organisationen der Arbeiterbewegung mit und kam auf diese Weise mit dem Marxismus in Berührung. 1940–1946 diente er in der Royal Air Force im Nahen Osten. Der Besuch der ant. Stätten dieser Region soll ihn zum Studium der Alten Geschichte angeregt haben. D.Ste.C. studierte am University College in London u.a. bei Arnold Hugh Martin ↗Jones, der ihn stark beeinflusste. Seine akad. Karriere begann er als Dozent für ant. Wirtschaftstheorie an der London School of Economics. 1953 wurde er Fellow am New College in Oxford.

D.Ste.C. zählte zu den westeurop. Historikern, die nach 1945 stark von den Ideen des Marxismus inspiriert waren, aber nicht den ideologischen Positionen der sowjetischen Wiss. folgten. In [1] vertrat er die Auffassung, dass für den Ausbruch des Peloponnesischen Krieges Sparta verantwortlich war, dessen Politik wesentlich durch die stets gefährdete Herrschaft über die Heloten bestimmt gewesen sei [1. 89–94].

Aus marxistischer Sicht analysierte D.Ste.C. die ant. Gesellschaft in [2]. Entsprechend dem Untertitel (*from the Archaic Age to the Arab Conquests*) berücksichtigte er auch das östl. Imperium Romanum bis zur Spätantike. Unter *class struggle* verstand er jede durch Ausbeutung geprägte Beziehung zwischen Klassen; Ausbeutung wiederum sei dann gegeben, wenn eine zahlenmäßig kleine auf Kosten größerer Klassen sich ein *surplus* anzueignen vermag [2. 44, 52]. In der Antike bildete die Voraussetzung hierfür die Existenz unfreier Arbeit; die Sklaverei war die vorherrschende Form unfreier Arbeit [2. 173], demnach die ant. Gesellschaft eine *slave society* [2. 113]. Neben der direkten Ausbeutung in der Produktion existierte eine indirekte kollektive Ausbeutung der Bevölkerung, die Steuern zu zahlen und Militärdienst zu leisten hatte [2. 205–208]. Der ant. Staat habe v.a. den Interessen der besitzenden Klasse gedient [2. 205], was schließlich den Zusammenbruch des Imperium Romanum zur Folge hatte [2. 497]. Der Klassenkampf fand nach D.Ste.C.' Meinung in Griechenland v.a. auf polit. Ebene statt; in den inneren Konflikten ging es um die Kontrolle über die Polis [2. 287] und um die Errichtung oligarchischer Systeme; in röm. Zeit spiegele sich der Klassenkampf insbes. in den intellektuellen Diskussionen über die Sklaverei wider [2. 409–452].

Obwohl D.Ste.C.' allgemeine Thesen nicht immer überzeugten [5. 162 f.], bleibt es sein Verdienst, die soziale Lage großer Teile der Bevölkerung, der Sklaven, der Bauern und der in den Städten lebenden Armen umfassend dargestellt zu haben. Die polit. Entwicklungen nach 1990 führten dazu, dass seinem Werk gegenwärtig nur geringe Aufmerksamkeit zuteil wird.

SV: [6].

Schriften

[1] The Origins of the Peloponnesian War, 1972 (u.ö.) [2] The Class Struggle in the Ancient Greek World. From the Archaic Age to the Arab Conquests, 1981 (u.ö.)

[3] Athenian Democratic Origins and Other Essays, hrsg. von D. Harvey und R. Parker, 2004 [4] Christian Persecution, Martyrdom, and Orthodoxy, hrsg. von M. Whitby, 2006 (Ndr. 2008).

Sekundärliteratur

[5] P. A. Brunt, A Marxist View of Roman History, in: JRS 72, 1982, 158–163 [6] P. A. Cartledge / F. D. Harvey, Editor's Preface, in: P. A. Cartledge / F. D. Harvey (Hrsg.), Crux. Essays Presented to G. E. M. de Ste. Croix on His 75th Birthday, 1985, VIII–XII [7] D. Harvey, Geoffrey de Ste Croix, in: The Guardian, 10. 2. 2000.

Helmuth Schneider

Deichmann, Friedrich-Wilhelm

Dt. Christl. Archäologe. Geb. am 17. 12. 1909 in Jena, gest. am 13. 9. 1993 in Mentana bei Rom. Abitur Jena 1929; Studium der Kunstgesch. und Arch. an den Univ. Graz, München, Jena und Halle; dort 1934 Prom. 1934/35 und 1936/37 wiss. Hilfsarbeiter an den Berliner Museen; 1935/36 Reisestipendium des DAI. Seit 1937 befristete Anstellungen und Projekte am DAI in Rom; seit 1955 dort Festanstellung; Pensionierung 1974 als wiss. Direktor. Lehraufträge für Christl. Arch. 1950–1969 an der Facoltà Valdese di Teologia in Rom, seit 1954 auch als Honorarprof. an der Univ. Bonn. Ehrendoktorate der Univ. Bonn, München und Bologna.

Werk und Wirkung

D. widmete sich seit seiner von dem Kunsthistoriker Paul Frankl in Halle betreuten Diss. [1] der Christl. Archäologie. Bahnbrechend waren seine Forschungen zu Kirchen in ant. Tempeln [2], spätant. Zentralbauten [3], Friedhofskirchen und Sarkophagen Roms [6], Architektur und Bauornamentik Konstantinopels [4] und Spolien in der Architektur [8]; [9], aus denen die Projekte »Spätant. Zentralbauten in Rom und Latium« und »Repertorium der christl.-ant. Sarkophage« hervorgingen. Sein mehrbändiges Hauptwerk behandelt das spätant. Ravenna und daran anknüpfende Fragen der frühchristl. Architektur und Kunst [5]; [7]. D. hatte wesentlichen Anteil an der Rückgabe der kriegsbedingt beschlagnahmten Bibl. des DAI Rom 1953.

Ausgehend von sachlichen Beobachtungen an einzelnen Objekten ging es D. stets um den übergreifenden histor. Zusammenhang. Seine Einführung in die Christl. Archäologie [10] bezeugt seine universelle Kenntnis des Faches ebenso wie seine Kritik an ideologisch verengter Wiss.

SV: O. Feld/U. Peschlow (Hrsg.), Studien zur spätantiken und byzantinischen Kunst, F. W. Deichmann gewidmet, 1, 1986, XI-XXIV; ergänzend: R. Farioli Campanati, F. W. Deichmann, in: Corso di cultura sull'arte ravennate e bizantina 41, 1994, 16.

N: Berlin, DAI.

Schriften

[1] Versuch einer Darstellung der Grundrißtypen des Kirchenbaues in frühchristlicher und byzantinischer Zeit im Morgenlande (Diss. Halle), 1937 [2] Frühchristliche Kirchen in antiken Heiligtümern, in: Jb. des Deutschen Archäologischen Instituts 54, 1939, 105–136 [3] Untersuchungen an spätröm. Rundbauten in Rom und Latium, in: AA 56, 1941, 733–748 [4] Studien zur Architektur Konstantinopels im 5. und 6. Jh. nach Christus, 1956 [5] Frühchristliche Bauten und Mosaiken von Ravenna, 1958 [6] Repertorium der christlich-antiken Sarkophage, Bd 1: Rom und Ostia (mit G. Bovini und H. Brandenburg), 1967 [7] Ravenna. Hauptstadt des spätantiken Abendlandes. Bde. 1, 2/1, 2/2 (mit Plananhang), 2/3, 1969–1989 [8] Die Spolien in der spätantiken Architektur, 1975 [9] Corpus der Kapitelle von San Marco in Venedig, 1981 [10] Einführung in die christliche Archäologie, 1983.

Sekundärliteratur

[11] O. Feld, Friedrich Wilhelm Deichmann, in: Röm. Mitteilungen 101, 1994, 7–17.

Gabriele Mietke

Delbrück, Hans

Dt. Historiker. Geb. am 1. 11. 1848 in Bergen (Rügen), gest. am 14. 7. 1929 in Berlin. Studium der Gesch. seit 1867 in Greifswald; Teilnahme am Dt.-Franz. Krieg 1870/71; Prom. in Bonn 1873. 1874–1879 Erzieher des preuß. Prinzen Waldemar. 1881 Habil. in Berlin, 1895 ao.Prof., 1896 o.Prof. in Berlin. 1883–1919 Herausgeber der *Preußischen Jahrbücher.* Mitglied des Preuß. Abgeordnetenhauses 1882–1885 und des Reichstags 1884–1890.

Wissenschaftlicher Werdegang

Der aus einer Beamten- und Gelehrtenfamilie stammende D. war ein Gelehrtenpolitiker, dessen wiss. Arbeiten eng mit polit.-publizistischen Aktivitäten verflochten waren, u. a. seinen Forderungen nach einer das europ. Gleichgewicht beachtenden Flottenpolitik, dem Eintreten für maßvolle Kriegsziele im Ersten Weltkrieg und danach dem Kampf gleichermaßen gegen »Kriegsschuldlüge« und »Dolchstoßlegende« [23]; [11]; [14].

D. konzentrierte sich, geprägt durch die Clausewitz-Lektüre, früh auf Militärgeschichte. Bei seiner Habil. (nach Abschluss einer Gneisenau-Biographie [1]) gab es Bedenken der Berliner Universitätshistoriker, diese Fachrichtung sei zu eng bzw. gehöre in die Zuständigkeit des Generalstabs [4. Bd. 4, 497]; [21. 384 f.]. D. blieb lange Privatdozent. Als ihm 1896 vom Kultusministerium der Berliner Lehrstuhl Heinrich von Treitschkes übertragen wurde, geschah dies mit der Auflage, universalhistor. Vorlesungen zu halten [8.Bd. 1, 1] – für die Fachvertreter ein Rückfall in ein vorwiss. Genre [22].

Werk und Wirkung

Seit 1878 entwickelte D. eine Unterscheidung zwischen »Ermattungs-« und (auf kriegsentscheidende Schlachten setzende) »Vernichtungsstrategie«, die damit korrespondiere, in einem Friedenschluss entweder begrenzte Ziele durchsetzen oder dem Feind die Bedingungen diktieren zu wollen. Zunächst an der *Verschiedenheit der Strategie Friedrichs und Napoleons* [6.223–301] entwickelt, übertrug er dieses Kriterium auf die Antike, in der insbes. Perikles für die Ermattungsstrategie stehe [3], und wandte es schließlich in seiner von der Antike bis ins 19. Jh. reichenden *Geschichte der Kriegskunst* an [4]. Damit provozierte er heftige Reaktionen der Kriegshistoriker im Generalstab, die das Andenken des Preußenkönigs beschädigt sahen und sich v.a. von einem »Zivilstrategen« keine Alternative zu den aktuellen militärischen Planungen zeigen lassen wollten [10]; [12.33–44]; [20]. Der Generalstabschef Alfred von Schlieffen leitete aus D.s Analyse der Schlacht von Cannae [7.364–392] das (vermeintliche) Erfolgsrezept für den künftigen Krieg ab [12.63–70]. Freilich hatte D. betont, er wolle keine Anleitung für die Praxis bieten [7.LVI].

In der Alt.wiss. stieß D.s von Karl Julius ↗Beloch inspirierte [7.LV] »Sachkritik«, d.h. die Verwerfung der ant. Berichte nach aus epochenübergreifenden Vergleichen gewonnenen demographischen, topographischer und logistischen Kriterien [2], auf massive Kritik, da er bei seinen Rekonstruktionen die Regeln quellengebundener Arbeit ignoriere [18]. Sein größter Antipode, mit dem er zahlreiche Kontroversen ausfocht, war Johannes ↗Kromayer, dessen Arbeiten vom Generalstab gefördert wurden [17].

D.s universalhistor. Konzeption galt der Zunft von Anfang an als veraltet [15]. Für eine in die allgemeine Geschichte eingebettete Militärgeschichte lieferte er bes. mit seiner *Geschichte der Kriegskunst*, die immer noch als grundlegend gilt, entscheidende Impulse, scheiterte aber mit dem Versuch, diese Disziplin an der Univ. zu etablieren, woran sich bis heute in Deutschland nichts geändert hat [19.184–186].

N: Staatsbibliothek Berlin; Bundesarchiv Koblenz.

Schriften

[1] Das Leben des Feldmarschalls Grafen Neithardt von Gneisenau, 2 Bde., 1882 (⁴1920) [2] Die Perserkriege und die Burgunderkriege, 1887 [3] Die Strategie des Perikles, erläutert durch die Strategie Friedrichs des Großen, 1890 [4] Geschichte der Kriegskunst im Rahmen der politischen Geschichte, 4 Bde., 1900–1920 (u.ö.) [5] Erinnerungen, Aufsätze und Reden, 1902 (³1905) [6] Historische und politische Aufsätze, ²1907 [7] Geschichte der Kriegskunst im Rahmen der allgemeinen Geschichte, Bd. 1: Das Altertum, ³1920 (Ndr. 2000) [8] Weltgeschichte. Vorlesungen gehalten an der Universität Berlin 1896–1920, 5 Bde., 1924–1928 [9] Vor und nach dem Weltkrieg. Politische und historische Aufsätze 1902–1925, 1926.

Sekundärliteratur

[10] E. Buchfinck, Delbrücks Lehre, das Heer und der Weltkrieg, in: E. Daniels/P. Rühlmann (Hrsg.), Am Webstuhl der Zeit. Eine Erinnerungsgabe. Hans Delbrück, dem Achtzigjährigen [...] dargebracht, 1928, 41–49 [11] A. Buchholz, Hans Delbrück (1848–1929), in: M. Fröhlich (Hrsg.), Das Kaiserreich. Portrait einer Epoche in Biographien, 2001, 202–215 [12] A. Bucholz, Hans Delbrück and the German Military Establishment, 1985 [13] Christ Gib. 159–200 [14] W. Deist, Hans Delbrück, Militärhistoriker und Publizist, in: Militärgeschichtliche Mitteilungen 57, 1998, 371–383 [15] A. Heuss, Zu Hans Delbrück, in: A. Heuss, Gesammelte Schriften, hrsg. von J. Bleicken, Bd. 3, 1995, 1831–1834 [16] A. Hillgruber, Hans Delbrück, in: H.-U. Wehler (Hrsg.), Deutsche Historiker, Bd. 4, 1972, 40–52 [17] U. Huttner, Johannes Kromayer, in: G. Wiemers (Hrsg.), Sächsische Lebensbilder, Bd. 6, 2009, 409–432 [18] J. Kromayer, Wahre und falsche Sachkritik, in: HZ 95, 1905, 1–28 [19] G. Krumeich, Militärgeschichte für eine zivile Gesellschaft, in: Ch. Cornelissen (Hrsg.), Geschichtswissenschaften. Eine Einführung, 2000, 178–193 [20] S. Lange, Hans Delbrück und der »Strategiestreit«, 1995 [21] H. Schleier, Hans Delbrück. Ein politischer Historiker zwischen Preußenlegende, amtlicher Geschichtsschreibung und historischer Realität, in: G. Seeber (Hrsg.), Gestalten der Bismarckzeit, Bd. 1, ²1987, 378–403 [22] A. Thomas, Geschichtsschreibung und Autobiographie: Hans Delbrück in seiner »Weltgeschichte«, in: W. Hardtwig / Ph. Müller (Hrsg.), Die Vergangenheit der Weltgeschichte. Universalhistorisches Denken in Berlin 1800–1933, 2010, 195–215 [23] A. Timme, Hans Delbrück als Kritiker der Wilhelminischen Epoche, 1955.

Wilfried Nippel

Delbrueck, Richard

Dt. Klass. Archäologe. Geb. am 14.7.1875 in Jena; gest. am 22.8.1957 in Bonn. Studium der Nationalökonomie, dann der Klass. Arch. in Neuchâtel, München, Berlin, Bonn; Prom. 1899 in Bonn. 1899/1900 Reisestipendium des DAI; 1903 Habil. in Berlin. 1909–1915 Leitung des DAI Rom. 1915–1918 Referent im Kriegsministerium, 1919–1922 im Außenministerium. 1923–1928 o.Prof. für Klass. Arch. Gießen; 1928–1940 o.Prof. für Klass. Arch. in Bonn.

Werdegang und Werk

D. entstammte einer bekannten Gelehrtenfamilie. Er promovierte nach nur 6 Semestern Fachstudium. Nach dem Reisestipendium des DAI bereiste er den Vorderen Orient und Ägypten; danach hielt er sich zu Forschungen über die vorkaiserzeitliche Architektur

Roms und Latiums in Rom auf. Seine Tätigkeit als Leiter des DAI Rom wurde 1915 durch den Kriegseintritt Italiens beendet. Nach dem Ersten Weltkrieg bemühte er sich im Außenministerium um ein Konkordat mit dem Vatikan, das jedoch von verschiedenen Seiten verhindert wurde. An den Univ. Gießen und Bonn entfaltete er eine reiche Forschungsaktivität. 1940 wurde er wegen seiner anti-nationalsozialistischen Haltung frühestmöglich pensioniert. 1944 wurde bei einem Bombenangriff sein Haus zerstört, D. selbst schwer verletzt. Er setzte seine Forschung bis zu seinem Tod fort, jedoch in bewusster Distanz zur Universität.

D.s Interessen galten v.a. dem antiken Porträt, dem Hellenismus und der Spätantike. Seine 1903–1912 publizierten Arbeiten zu den spätrepublikanischen Bauten von Rom und Latium [2]; [3]; [4] dokumentieren und interpretieren diese als Reflexe der von ihm z.T kühn rekonstruierten Architektur des hell. Ostens – ein für diese Zeit neuer und noch heute aktueller Ansatz. Auf D.s Anregung geht das *Corpus der hellenistischen Grabreliefs des Ostens* (hrsg. von E. Pfuhl und H. Möbius) sowie das Projekt der *Hellenistischen Kunst in Pompeji* (hrsg. von F. Winter) zurück. Alle späteren großen Arbeiten D.s galten der Spätantike: Die monumentalen Publikationen der Consulardiptychen [5], der (meist spät-)ant. Porphyrwerke [6] und der spätant. Kaiserporträts [7] wollen Materialeditionen sein und stellen Höhepunkte der umfassenden Dokumentation dar, von zugehörigen Schriftquellen, Handwerksbetrieb, Realien, Amtsinsignien und -tracht, histor. Verknüpfungen bis hin zur Bilddokumentation. Sie bilden noch heute die Grundlage jeder arch. Beschäftigung mit der Spätantike. Gleiches gilt für die unter numismatischer Beratung durch Andreas ↗Alföldi und Georg Elmer, aber eigenem Blick auf das Phänomen Porträt erarbeiteten Münzbildnisse von Maximinus bis Carinus' [8].

SV: [10.3–5].

Schriften

[1] Beiträge zur Kenntnis der antiken Linienperspektive, 1899 [2] Das Capitolium von Signia. Der Apollotempel auf dem Marsfeld, 1903 [3] Die drei Tempel am Forum Holitorium in Rom, 1903 [4] Hellenistische Bauten in Latium, 2 Bde., 1907–1912 [5] Die Consulardiptychen und verwandte Denkmäler, 1929 [6] Antike Porphyrwerke, 1932 [7] Spätantike Kaiserporträts, 1933 [8] Die Münzbildnisse von Maximinus bis Carinus. Das röm. Herrscherbild, Abt. 3, Bd. 2, 1940 [9] Probleme der Lipsanothek von Brescia, 1952.

Sekundärliteratur

[10] A. Alföldi, Richard Delbrueck (1875–1957), in: Bonner Jbb. 157, 1957, 1–5 [11] H. Drerup, Richard Delbrueck, in: Lullies/Schiering Arch. 188–189 [12] H. Drerup, Richard Delbrueck, in: Gnomon 30, 1958, 414–416 [13] E. Langlotz, Richard Delbrueck, 1875–1957, in: Bonner Gelehrte. Beiträge zur Geschichte der Wissenschaften in Bonn. Philosophie und Altertumswissenschaften, 1968, 244–249 [14] S. Samerski, Richard Delbrueck (1875–1957). Ein Archäologe als Außenpolitiker, in: Röm. Mitteilungen 101, 1994, 19–31.

Marianne Bergmann

Delcourt, Marie

Belg. Klass. Philologin und Althistorikerin. Geb. am 18.11.1891 in Ixelles, gest. am 11.2.1979 in Liège. Ab 1932 verheiratet mit dem belg. Schriftsteller Alexis Curvers. 1911–1919 Studium an der Univ. de Liège. Im Ersten Weltglied Mitglied im Geheimdienst *La Dame Blanche*. Nach 1919 zweijähriger Studienaufenthalt in Paris; 1922–1942 Prof. in für griech. Rhetorik am Institut supérieur des demoiselles Liège (sog. Institut Braquaval, später Lycée Léonie de Waha); ab 1929 Dozentin an der Univ. de Liège; 1940–1961 o.Prof. in ebda.

Werk und Wirkung

Mit ihrem interdisziplinären *cours libre* zur Geschichte des Humanismus (1929) war D. nicht nur die erste weibliche Dozentin der Univ. von Liège; sie begründete dort damit auch eine neue wiss. Trad. Ihre eigenen Forschungen konzentrierten sich bis dahin weitgehend auf das ant. Drama [1] und seine Rezeption und standen bes. unter dem Einfluss von Léon Parmentier in Liège sowie Louis Havet, Paul Mazon und Abel Lefranc in Paris. Später befasste sie sich v.a. mit dem Werk und Leben des ↗Erasmus von Rotterdam und des Thomas Morus [3]; [2]. Ihre universelle Ausrichtung erfuhr in den Kreisen der Schriftstellerin Aline Mayrisch de Saint-Hubert – u.a. im Austausch mit André Gide und Jean Schlumberger – in Pontigny und bes. im lit.-künstlerischen Salon in Colpach Inspiration [9].

D.s Selbstverständnis als Humanistin spiegelt sich in einer Reihe unterschiedlicher Schriften zur Bedeutung des Humanismus (u.a. Erásme, 1944), zur Lehre der ant. Literatur, über ihre Reisen (1930), in einem wiss. Kochbuch (1947) und der essayistischen Behandlung eines breiten Themenspektrums wider [8]. Dritter Schwerpunkt ihrer Arbeit wurde die griech. Kult- und Mythosforschung, deren Anfänge auch auf ihre Zeit in Paris und den Kontakt mit Franz ↗Cumont zurückgehen. Ihre religionspsychologischen Deutungen der griech. Mythen und Kulte [4]; [5], etwa zum Oedipusmythos [6], zum Umgang mit missgebildeten Kindern oder zum Hermaphroditismus in der Antike [7], stießen in der Fachwelt nicht auf ungeteilte Zustimmung.

SV: Hommages à Marie Delcourt, 1970, 9–19.

Schriften

[1] La vie d'Euripide, 1930 (^{2}2004) [2] Thomas More. L'Utopie, ou Le traité de la meilleure forme de gouvernement (Edition mit Komm.), 1936 [3] Douze lettres d'Erasme (Edition; mit R. Crahay), 1938 [4] Stérilités mystérieuses et naissances maléfiques dans l'antiquité classique, 1938 [5] Légendes et cultes de héros en Grèce, 1942 [6] Œdipe ou la légende du conquérant (mit C. Stein), 1944 (^{2}1981) [7] Hermaphrodite, mythes et rites de la bisexualité dans l'antiquité classique, 1958 (^{2}1992) [8] L'autre regard. Chroniques du Journal Le Soir, 2004.

Sekundärliteratur

[9] Art. Delcourt, Marie, in: R. Crahay (Hrsg.), Nouvelle biographie nationale, Bd. 3, 1994, 16.

Valeria Lilie

Delitzsch, Friedrich

Dt. Assyriologe. Geb. am 3.9.1850 in Erlangen, gest. am 19.12.1922 in Berlin. 1868–1873 Studium der Indogermanistik und Semitistik in Leipzig und Berlin (1872), Prom. 1873, Habil. 1874 in Berlin. 1877 ao.Prof. für Semitistik mit besonderer Berücksichtigung der Assyriologie in Leipzig, 1885 o.Honorar-Prof. für semitische Sprachen mit besonderer Berücksichtigung des Assyrischen ebda. 1893/94 o.Prof. in Breslau, 1899 o.Prof. in Berlin und Direktor der Vorderasiat. Abteilung der Berliner Museen.

Wissenschaftlicher Werdegang und Werk

D., Sohn des Alttestamentlers und Hebraisten Franz Julius D., früh durch das Elternhaus von einer pietistisch beeinflussten lutherischen Frömmigkeit geprägt [25.120–148], studierte ab 1868 erst in Leipzig Indogermanistik bei Hermann Brockhaus, Ernst Windisch und Georg ↗Curtius, Sanskrit bei Albrecht Weber und Semitistik bei Heinrich L. Fleischer und Ludolf Krehl sowie 1872 in Berlin Äthiopisch bei August Dillmann und wurde in Leipzig 1873 mit [1] promoviert.

Im Sommer 1873, nach einer schicksalhaften Begegnung mit Eberhard ↗Schrader in Jena, wandte sich D. der Assyriologie zu; die Habil. erfolgte 1874 für semitische Sprachen, »insbes. Assyriologie« (die erste *venia legendi* mit explizitem Bezug darauf). Das Thema der Habil.-Schrift [2] zeichnete seinen weiteren Weg innerhalb des jungen Fachs vor: Grammatik und Lexikographie. Studienaufenthalte am British Museum in London verschafften ihm einen großen Fundus an eigenen Kopien von oft noch unedierten Keilschrifttexten, die er v.a. lexikalisch verwertete. Die dt. Herausgabe und Kommentierung von George Smiths *Chaldean … Genesis* [4] markiert zugleich seinen zweiten lebenslangen Schwerpunkt: das AT. Dem folgte 1881 die monumentale Schrift [5], mit der D. die Assyriologie als »Interpret und Illustrator« der Bibel zu etablieren suchte, sowohl in materieller als auch philol. Hinsicht. Bereits ab 1882 verfasste D. assyriologisch-hebraistische Exkurse zur *Biblia Hebraica* [6]; 1883 und 1886 folgten weitere hebraistische Werke [18], die in einem großen, neu angelegten Hebr. Wörterbuch münden sollten, an dem D. bis zu seinem Tode arbeitete, das jedoch nie erschien [18]. Sein ›Hilfsbuch‹ [14] hat als Grundlegung einer Methodenlehre der at. Textkritik bis heute seinen Wert nicht verloren.

Bereits in den 1880er Jahren hatte D. die wichtigsten Hilfsmittel zum Studium der Keilschrifttexte und die philol. Grundlagen für die Assyriologie geschaffen, als deren Begründer er gilt. Das zunächst als Thesaurus angelegte, aber dann angesichts der rasant anwachsenden Quellenbasis unvollendet gebliebene *Assyr. Wörterbuch* [7] musste schließlich dem lange unersetzten *Assyr. Handwörterbuch* weichen [9]. Als hervorragender akad. Lehrer gerühmt, legte D. mit der *Assyr. Grammatik* [8] und den *Assyr. Lesestücken* [3] erstmalig die Grundlagen für eine philol. zuverlässige Ausbildung im Fach – erst sehr spät allerdings (1914) auch mit der Hinwendung zum Sumerischen [12].

Mit der Berufung nach Berlin (1899) als Nachfolger seines Lehrers Eberhard ↗Schrader und der Ernennung zum Direktor der neu gegründeten Vorderasiat. Abteilung der Berliner Museen hatte D. den Zenit seiner akad. Lehre erreicht. Assyriologen einer ganzen Generation können weltweit direkt oder indirekt als seine Schüler gelten. Obwohl D. selbst eher ein wiss. Einzelgänger war, blieb er insbes. mit seinem Leipziger Nachfolger Heinrich Zimmern und seinen Schülern Paul Haupt (Baltimore) und Johannes Hehn (Würzburg) ein Leben lang freundschaftlich verbunden. Der Fürsorge der Letztgenannten vertraute er auch seinen wiss. Nachlass an, der jedoch als verschollen gelten muss.

Wirkung

D. widmete sich v.a. der Etablierung der Assyriologie und der Vorderasiat. Archäologie, u.a. im wiss. Beirat der 1898 gegründeten Dt. Orient-Gesellschaft und mit umfangreicher populärer Vortragstätigkeit. Zunehmend wandte er sich religionsgeschichtlich-religiösen Fragen zu. Dies zeigt sich v.a. in seinen drei Vorträgen über *Babel und Bibel* (1902–1905) [10]; [11], die z.T. bis 1921 in zahlreichen stets veränderten Ausgaben und Übersetzungen erschienen [19]. Mit dem ersten, 1902 vor dem dt. Kaiser gehaltenen Vortrag [10] löste D. den sog. Babel-Bibel-Streit aus [17] und erlangte kurz auch jenseits seiner wiss. Reputation internationale Popularität. Doch dem Druck der öffentlichen Meinung und konservativer kirchl. und jüd. Kreise sowie der Verquickung von Berliner Hofpolitik, wiss. Pathos und persönlich diffuser Religiosität war D. auf die Dauer nicht gewachsen.

In der Folge nahm er eine zunehmend kritische Haltung dem AT gegenüber ein und erlag in steter Radikalisierung mit weiteren religionsgeschichtlichen Kleinschriften schließlich so weit rassistischen Ideen, dass er in seinem antijudaistischen Spätwerk *Die Große Täuschung* [13]; [15] im Anschluss an seinen Schüler Paul Haupt u. a. sogar eine arische Herkunft Jesu vermutete. In der Rezeption wurde davon ausgehend meistens auch der jüngere D. (bis 1903/04) fälschlich als Antisemit klassifiziert, was für die Zeit des Babel-Bibel-Streits nicht nachweisbar ist. Seine erst in die Jahre nach dem Babel-Bibel-Streit fallende Ablehnung des AT beruht auf einem (biographisch bedingten) Unvermögen, Philologie und Theologie konstruktiv miteinander zu verbinden, was ihn trotz seiner unbestrittenen Bedeutung als Assyriologe wiss. isolierte und ihn theologisch soweit nachhaltig diskreditierte, dass auch seine hebraistischen Verdienste wenig Beachtung gefunden haben.

M: Mein Lebenslauf (Reclams Universum 36, Heft 47) 1920, 241–246.

SV: F. W. Bautz, Art. Delitzsch, Friedrich, in: Biographisch-Bibliographisches Kirchenlex., Bd. 1, 1976, 1251–1252 (unvollständig); [22. 167–171].

N: Briefnachlass in Privatbesitz [17. 55–58, 282–355].

Schriften

[1] Studien über indogermanisch-semitische Wurzelverwandtschaft (Diss. Leipzig), 1873 (^{2}1884) [2] Assyriologische Studien I. Einleitendes über Beschaffenheit und Erklärungsmethode der assyrischen Syllabare, besonders der Thiernamenlisten (Habil.schrift Berlin), 1874 [3] Assyrische Lesestücke, 1876 (u.ö.) [4] Erläuterungen und fortgesetzte Forschungen zu Smith's Chaldäischer Genesis, in: G. Smith, Chaldäische Genesis, 1876, 257–321 (engl. 1876) [5] Wo lag das Paradies? Eine biblisch-assyriologische Studie, 1881 [6] Glossae Babylonicae, in: S. Baer (Hrsg.), Libri Danielis Ezrae et Nehemiae, 1882, vi–xii [7] Assyrisches WB zur gesamten bisher veröffentlichten Keilschriftliteratur unter Berücksichtigung zahlreicher unveröffentlichter Texte, 3 Bde., 1887–1890 [8] Assyrische Grammatik mit Paradigmen, Übungsstücken, Glossar und Literatur, 1889 (^{2}1906) [9] Assyrisches HWB, 1896 (Ndr. 1968; 1976) [10] Babel und Bibel. Ein Vortrag, Leipzig 1902 (weitere Aufl.: 1903; 1905; 1921) [11] Babel und Bibel. Dritter (Schluß-)Vortrag, 1905 (engl. 1906) [12] Sumerisches Glossar, 1914 [13] Die große Täuschung. Kritische Betrachtungen zu den alttestamentlichen Berichten über Israels Eindringen in Kanaan, die Gottesoffenbarung vom Sinai und die Wirksamkeit der Propheten, 1920 (Neuausgabe 1921; 1934) [14] Die Lese- und Schreibfehler im Alten Testament nebst den dem Schrifttexte einverleibten Randnoten klassifiziert. Ein Hilfsbuch für Lexikon und Grammatik, Exegese und Lektüre, 1920 [15] Die große Täuschung. Zweiter (Schluss-)Teil. Fortgesetzte kritische Betrachtungen zum Alten Testament, 1921.

Sekundärliteratur

[16] R. Borger, Altorientalische Lexikographie. Geschichte und Probleme, in: Nachrichten der Akad. der Wiss. in Göttingen. Philol.-Histor. Klasse 2, 1984, 69–114 [17] F. Lehmann, Friedrich Delitzsch und der Babel-Bibel-Streit (Orbis Biblicus et Orientalis 133), 1994 [18] R. G. Lehmann, Friedrich Delitzsch als Hebraist, in: Zs. für Althebraistik 3/1, 1990, 24–39 [19] R. G. Lehmann, Der Babel-Bibel-Streit. Ein kulturpolitisches Wetterleuchten, in: J. Renger (Hrsg.), Babylon. Focus mesopotamischer Geschichte, Wiege früher Gelehrsamkeit, Mythos in der Moderne, 1999, 505–552 [20] B. Meissner, Art. Delitzsch, Friedrich, in: Deutsches biographisches Jb. 4, 1922, 31–35 [21] I. M. Price, Friedrich Delitzsch, in: Beiträge zur Assyriologie und semitischen Sprachwissenschaft 10, 1927, I–XII [22] J. Renger, Die Geschichte der Altorientalistik und der Vorderasiat. Archäologie in Berlin von 1875 bis 1945, in: W. Arenhövel / Ch. Schreiber (Hrsg.), Berlin und die Antike. Aufsätze, 1979, 151–192 [23] O. Schroeder, Friedrich Delitzsch, in: Journal of the Society of Oriental Research 8, 1924, 97–101 [24] Y. Shavit / M. Eran, The Hebrew Bible Reborn. From Holy Scripture to the Book of Books. A History of Biblical Culture and the Battles over the Bible in Modern Judaism, 2007, 193–352 [25] S. Wagner, Franz [sic] Delitzsch. Leben und Werk, 1978 [26] H. Zimmern, Friedrich Delitzsch und Carl Bezold. Ein Nachruf, in: Zs. der Deutschen Morgenländischen Gesellschaft 77, 1923, 121–136.

Reinhard Lehmann

Della Fonte, Bartolomeo

Auch Fonzio bzw. lat. Bartholomaeus Fontius; florent. Humanist, Übersetzer und Dichter. Geb. 1446 in Florenz, gest. 1513 in Montemurlo; Schulbesuch, Studium in Florenz. 1469–1471 Aufenthalt in Ferrara; 1471–1483 in Florenz; ab 1481 Prof. am Studio Fiorentino; 1483–1484 in Rom; 1484–1490 Reise über Ragusa nach Buda; 1490 zurück in Florenz; ab 1494 Priester in Montemurlo.

Werk und Wirkung

D. F. studierte Griechisch und Latein u. a. bei Cristoforo ↗Landino, Johannes ↗Argyropoulos und Bernardo Nuti. Er knüpfte Kontakte zu ungar. Humanisten, die dazu führten, dass er 1489 in Buda die Bibl. des Matthias Corvinus wesentlich mitgestaltete. Eine langjährige Feindschaft pflegte er zu Angelo ↗Poliziano. Ein kurzer Aufenthalt in Rom 1472 führte zu einer Beschreibung der Stadtmonumente: *Liber monumentorum Romanae urbis et aliorum locorum.* Neben Gedichten in lat. [5] und ital. Sprache lag der Schwerpunkt seiner Tätigkeit auf der Übersetzung, Herausgabe und Kommentierung antiker Werke.

Als Lehrer am Studio Fiorentino las D.F. mehrfach die *Argonautica* des Valerius Flaccus; seine Vorlesungen und Vorlesungsexemplare [7] wurden für die Flaccus-Editionen bis 1503 genutzt. Auffällig ist hierin ein System von Verweisen auf andere Werke, die in D.F.s Besitz waren und die mit Seiten- bzw. Foliozahlen zitiert werden. Die *Argonautiká* des Apollonios Rhodios übersetzte er erstmals vollständig ins Lateinische; es handelt sich um eine Wort-für-Wort-Übertragung in verschiedenen Fassungen. Ferner übersetzte er Reden des Demosthenes (*ad Alexandrum*) ins Lateinische sowie die Phalaris- und Aristeas-Briefe ins Italienische. 1478 edierte er Cornelius Celsus und Statius' *Silvae*, 1479/80 Augustins *Logik*. Sein Kommentar zu Persius erschien 1477 [1], 1488 der kleine Traktat *Thadeus* [2]. Besondere Bedeutung für die Rekonstruktion des gesellschaftlichen Lebens in Humanistenkreisen hat sein umfangreiches Briefkorpus [4]; [6].

Schriften

[1] Explanatio in Persium poetam, Florenz 1477 [2] Thadeus sive de locis Persianis, Florenz 1488 [3] Annales suorum temporum, hrsg. von G. Lami, 1756 [4] Epistolarum libri III, hrsg. von L. Juhász, 1931 [5] Carmina, hrsg. von J. Fógel und L. Juhász, 1932 [6] Epistolarum libri, Bd. 1, hrsg. von A. Daneloni, 2008 [7] Adnotationes in Valerii Flacci Argonautica (Bologna 1474), hrsg. von N. Thurn, 2009.

Sekundärliteratur

[8] S. Caroti / S. Zamponi, Lo scrittoio di Bartolomeo Fonzio umanista Fiorentino, 1974 [9] A. Daneloni, Testi e commenti. Genesi ed essenza della religione in uno scritto inedito dell'umanista Bartolomeo Fonzio, in: Rinascimento 43, 2005, 117–136 [10] C. Marchesi, Bartolomeo della Fonte, 1900 [11] Ch. Trinkaus, The Unknown Quattrocento Poetics of Bartonommeo della Fonte, in: Studies in the Renaissance 13, 1966, 40–122 [12] R. Zacharia, Art. Della Fonte, Bartolomeo, in: DBI 36, 1988, 808–814.

Nikolaus Thurn

Della Seta, Alessandro

Ital. Archäologe. Geb. am 29.6.1879 in Rom, gest. am 20.9.1944 in Casteggio di Pavia. 1901 Prom. in Arch. und ant. Kunstgesch. in Rom. 1904 Assistent ebda., 1909 PD; 1909 Inspektor des Museums der Villa Giulia (Rom). 1913 Lehrstuhl für Arch. in Genua. Ab 1915 freiwilliger Militärdienst. 1919 Direktor der Scuola Archeologica Italiana in Athen; Initiator und Leiter großer Grabungen auf Lemnos. 1938 aufgrund der neuen Rassengesetze Entlassung aus dem Staatsdienst.

Werk und Wirkung

D., Sohn eines jüd. Arztes, promovierte bei Emanuel ↗Löwy mit einer Arbeit über den Schiffskatalog der Ilias. Sein erster bedeutender Aufsatz behandelte die Entstehung der perspektivischen Verkürzung in der griech. Kunst [1], ein Thema ganz im Geiste Löwys. Die folgenden Arbeiten galten Fragen der minoisch-myk. Kultur, die damals aufgrund der Grabungen in Knossos, Phaestos und Hagia Triada im Zentrum der Debatte standen [3], aber auch Neufunden griechischer Plastik [2]. Das grundsätzliche Problem der Beziehung zwischen bildenden Künsten und Religion thematisierte D., ausgehend von der Prämisse, dass die Kunst dem Bereich der Magie entspringt, in einem Buch [5], das die ägypt., assyr.-babylon., myk., griech., röm., buddhistische und christl. Kunst behandelt und in seinem komparatistischen Ansatz von James ↗Frazer, Löwy und Alois ↗Riegl inspiriert ist.

Als Mitarbeiter der Villa Giulia erstellte D. den Katalog des Museums mit einer exemplarischen Präsentation der Bestände und einer meisterhaften histor. Skizze zur Entwicklung des etrusk. Tempels [7]. Als Lehrstuhlinhaber in Genua zeigte er sich in seiner programmatischen Antrittsvorlesung [6] aufgeschlossen auch für die Archäologie des Orients, für Urgeschichte und Ethnographie.

D.s Wahl zum Direktor der Ital. Archäologischen Schule in Athen, unterstützt von Federico ↗Halbherr, dem *spiritus rector* der Schule, erwies sich als Glücksgriff sowohl für die didaktische Aufgabe als auch für die Behauptung der Institution. Bemerkenswerte Initiativen unter D.s Leitung waren die Ausgrabungen von Lemnos mit dem – wie sich herausstellte, vergeblichen – Ziel, die nach Auffindung der Stele von Kaminia vermuteten alten Beziehungen der Insel zu Etrurien zu erhärten. Immerhin brachten sie das geometrische Zentrum von Efestia (Hephaisteia) und die bis in die frühe Bronzezeit zurückreichende Siedlung von Poliochni ans Licht und wurden zum Übungsfeld einer ganzen Generation ital. Archäologen (vgl. Luigi ↗Bernabò Brea). Lehramt, Institutsleitung und Grabungen ließen S. wenig Zeit für bedeutende wiss. Arbeiten. Zumindest den ersten Teil eines ambitionierten Werkes über den Akt in der Kunst, das von der Antike bis zur Renaissance reichen sollte [9], konnte er noch veröffentlichen, bevor er als 1938 aus rassischen Gründen den Dienst quittieren musste. Nach Italien zurückgekehrt, verbarg er sich vor der nazi-faschistischen Verfolgung in Casteggio, wo er noch vor Kriegsende verstarb.

Schriften

[1] La genesi dello scorcio nell'arte greca, in: Memorie dei Lincei 5, 1906, 122–242 [2] La statua di Porto d'Anzio, in: Bollettino d'arte 1, 1907, 19–23 [3] Il disco di Phaistos, in: Rendiconti dei Lincei 18, 1909, 297–367 [4] La collezione Barberini di antichità prenestine, in: Bollettino d'arte 3, 1909, 161–211 [5] Religione e arte figurata, 1912

[6] L'archeologia dai Greci a Winckelmann e a noi. Compiti e metodi, in: Nuova antologia, 1913, 499–512 (1. Februar) [7] Museo di Villa Giulia, 1918 [8] Italia antica. Dalla caverna preistorica al palazzo imperiale, 1922 [9] Il nudo nell'arte, Teil 1: Arte antica, 1930.

Sekundärliteratur

[10] Della Seta oggi. Da Lemnos a Casteggio. Atti della giornata di studi, Casteggio, 2000 [11] P.E. Arias, Quattro archeologi del nostro secolo. Paolo Orsi, Biagio Pace, Alessandro Della Seta, Ranuccio Bianchi Bandinelli, 1976 [12] M. Barbanera, L'archeologia degli Italiani, 1998, 114–116, 131–133, 220 [13] V. La Rosa (Hrsg.), L'archeologia italiana nel Mediterraneo fino alla seconda guerra mondiale, 1986 [14] D. Manacorda, Art. Alessandro Della Seta, in: Dizionario biografico degli Italiani 37, 1989, 476–481 [15] M. Sarfatti, Gli ebrei nell'Italia fascista. Vicende, identità, persecuzione, 2000, 81–82.

Marcello Barbanera (Ü: K. H.)

Della Valle, Lorenzo s. Valla, Lorenzo

Dempster, Thomas

Schott. Klass. Philologe, Rechtswissenschaftler und Philosoph. Geb. am 23.8.1579 in Cliftbog (im schott. Aberdeenshire), gest. am 6.9.1625 in Bologna. 1589-ca. 1598 Studium der ant. Literatur und Philosophie in Cambridge, Paris, Louvain, Rom und Douai. Diverse Prof. für ant. Literatur, Philosophie und röm. Recht in Tournai, Paris, Toulouse, Montpellier, Nîmes und ab 1609 erneut in Paris. 1615/16 Hofhistoriograph (*historicus regius*) in London. 1616 in Rom tätig; im selben Jahr Prof. für röm. Recht in Pisa; 1619–1625 Prof. für ant. Literatur in Bologna.

Werdegang, Werk und Wirkung

D. entstammte einem katholischen schott. Adelsgeschlecht. Familiärer Zwist, aber auch polit. und konfessionelle Konflikte im damaligen Europa prägten seinen bewegten Lebenslauf. Nur für etwa ein Jahr konnte D. 1615/16 die Stellung eines Hofhistorikers Königs James' I. behaupten [10]. Ansonsten war seine akad. Bildung (D. selbst nennt hierfür Justus ↗Lipsius als wichtigsten Lehrer [5.674]) und sein Wirken als Gelehrter an katholischen Institutionen Festlandeuropas gebunden. Relative Stabilität gewann D. in seinem letzten Lebensjahrzehnt mit den Professuren in Pisa und Bologna.

Sieht man ab von zahlreichen Reden, Panegyrici und neulat. Dichtungen, von denen nur ein Teil erhalten ist, so setzte sich D. mit der Geschichte und dem Kulturerbe der Antike in erster Linie auf philol. Basis auseinander. Er edierte das Werk des spätant. Dichters Corippus [1] und schrieb Anmerkungen zu dem des Claudianus; auch verfasste er einen Kommentar zu den *Institutiones Iustiniani* [4]. Zudem gab er Werke von nzl. Autoren heraus: neben einer naturgeschichtlichen Abhandlung des Ulisse ↗Aldrovandi [6] etwa das im Umfang stark erweiterte antiqu. Corpus des Johannes ↗Rosinus [2]. Histor. Arbeiten widmete D. der schott. Geschichte und Kirchengeschichte [3]; [5]. Dass er dieser auch zahlreiche angelsächs. und irische Heilige wie Bonifatius und Brigida Schottland zuschlug, trug ihm scharfe Kritik ein.

Sein historiographisches Hauptwerk, eine in sieben Bücher gegliederte Geschichte Etruriens [7], verfasste D. während seiner Pisaner Zeit im Auftrag des Großherzogs der Toskana, Cosimo II. de' Medici [7. Praefatio]. Hierin konstruierte D. eine histor. Kontinuität zwischen dem ant. Etrurien und dem Großherzogtum. Folgerichtig bezog er in seine Darstellung einzelner Städte deren nachetrusk. Geschichte mit ein; im siebten Buch lieferte er gar eine Genealogie der Medici. Gleichwohl war er aufrichtig um wiss. Korrektheit bemüht. Von Irrwegen der frühnzl. Etruskerforschung, die z.B. eine Verwandtschaft zwischen aramäischer und etrusk. Sprache hatte erkennen wollen, ging D. ab und sparte nicht mit Kritik an Annius von Viterbo, der solche Thesen in Umlauf gebracht hatte [7. Bd. 1, 86–92; 112; 124]; [8. 599–601].

Zu Schrift und Sprache der Etrusker hatte D. nach eigenem Eingeständnis keinen Zugang [7. Bd. 1, 87]. Auch beachtete er die arch. Denkmäler selbst dann kaum, wenn sie ihm direkt vor Augen standen. Für seine Darstellung der etrusk. Geschichte, der Institutionen, Gebräuche und Sachkultur sowie der Topographie kompilierte er Nachrichten von griech., röm. und byz. Autoren, stützte sich an einigen Stellen auf im 16. Jh. erstellte Genealogien, die er für antik hielt und benutzte Werke zur ital. Landeskunde wie die von Flavio ↗Biondo und Leandro Alberti (siehe z.B. [7. Bd. 2, 46 f.; 297 f.]; vgl. [8. 597 f.]). Eine Quellenkritik im heutigen Sinne war D. fremd.

Gedruckt erschien die etrusk. Geschichte erst lange nach D.s Tod, mit Illustrationen und Erläuterungen, von Filippo Buonarroti. Damit in eine zeitgenössischen antiqu. Werken gemäße Form gebracht, gab das Werk den Anstoß zu einer neuen Etruskerbegeisterung, der im 18. Jh. in Italien verbreiteten sog. Etruscheria.

M: [5. Bd. 2, 672–690 (Neuaufl. 1829)].
SV: [5. Bd. 1, VI-XII (Neuaufl. 1829)].

Schriften

[1] Corippi Africani grammatici De laudibus Iustini Augusti Minoris libri quatuor (Edition, mit Komm.), Paris 1610 [2] Antiquitatum Romanarum corpus absolutissimum in quo praeter ea quae Ioannes Rosinus delineaverat infinita

supplentur, mutantur, adduntur, Genf 1558, tatsächlich: Paris 1613 [3] Apparatus ad historiam Scoticam libri II, Bologna 1622 [4] Keraunos kai obelos in glossas libb. IV Institutionum Iustiniani, Bologna 1622 [5] Historiae ecclesiasticae gentis Scotorum libri XIX, hrsg. von D. Irving, Bologna 1627 (Neuaufl. in 2 Bden., Edinburg 1829) [6] Ulyssis Aldrovandi Patricii Bononiensis de quadrupedum omnium bisulcorum historia (Edition), Bologna 1642 [7] De Etruria regali libri VII, 2 Bde., hrsg. von Th. C. Leicester, Florenz 1723–1724.

Sekundärliteratur

[8] M. Cristofani, Sugli inizi dell' »Etruscheria«. La pubblicazione del De Etruria regali di Thomas Dempster, in: Melanges de l'École française de Rome. Antiquité 90, 1978, 577–625 [9] R. Leighton / C. Castelino, Thomas Dempster and Ancient Etruria. A Review of the Autobiography and De Etruria regali, in: Papers of the British School at Rome 58, 1990, 337–352 [10] W. Stenhouse, Thomas Dempster, Royal Historian to James I, and Classical Scholarship in Early Stuart England, in: The Sixteenth Century Journal 35/2, 2004, 395–410.

Dirk Steuernagel

Dessau, Hermann

Dt. Althistoriker und Epigraphiker. Geb. am 6.4. 1856 in Frankfurt a.M., gest. am 12.4.1931 in Berlin. 1874–1876 Studium der Alt.wiss. in Berlin, 1876/77 in Straßburg, dort 1877 Prom.; 1884 Habil. für Alte Gesch. in Berlin; 1912 ao., 1917 o.Honorar-Prof. für Alte Gesch. ebda.

Werk und Wirkung

Tycho Mommsen, Direktor von D.s Frankfurter Gymnasium, vermittelte für D., Sohn eines Rabbiners, den Kontakt zu seinem Bruder Theodor ↗Mommsen, dessen Schüler D. wurde. Prägend wurde D.s Verbindung zu dem von Mommsen geleiteten *Corpus Inscriptionum Latinarum* (CIL). 1877–1882 leistete er in Latium die Vorarbeiten für den CIL-Band XIV [1]. Ein weiterer Schwerpunkt seiner epigr. Arbeit war Nordafrika (Supplementbände zu CIL VIII). 1900–1921 betreute D. das CIL als wiss. Beamter der Berliner Akad. der Wissenschaften. Seine thematisch geordnete lat. Inschriftenauswahl [3], »der D.«, ist bis heute ein unentbehrliches Hilfsmittel der Alt.wiss. D. hatte auch den Hauptanteil an der Schlussredaktion (1886–1898 mit Elimar Klebs und Paul von Rohden) der dreibändigen *Prosopographia Imperii Romani*, eines lat.sprachigen Personenlexikon für das 1.–3. Jh., dessen 1927 beschlossene Neubearbeitung derzeit 7 Bände (bis zum Buchstaben S) umfasst.

1889 brachte D. in einem Aufsatz [2] überzeugende Argumente dafür vor, dass die *Historia Augusta* entgegen den darin enthaltenen Angaben nicht von sechs Autoren unter Diokletian und Konstantin, sondern von einem Autor am Ende des 4. Jh.s verfasst wurde, und begründete damit die mod. Forschung zu diesem Werk. Sein Standpunkt hat sich trotz des Widerspruchs Theodor Mommsens und anderer heute weitgehend durchgesetzt. Eine besoldete Prof. blieb D., wohl wegen seiner jüd. Herkunft und seiner engen Spezialisierung, versagt. Als seinen Schüler betrachtete sich nur Lothar ↗Wickert.

Schriften

[1] CIL, Bd. 14: Inscriptiones Latii veteris Latinae (Edition), 1887 [2] Über Zeit und Persönlichkeit der Scriptores Historiae Augustae, in: Hermes 24, 1889, 337–392 [3] Inscriptiones Latinae Selectae, 3 Bde. (Edition), 1892–1916 [4] Geschichte der röm. Kaiserzeit, 2 Bde., 1924–1930 (unvollendet).

Sekundärliteratur

[5] S. Frankfurter, Hermann Dessau, in: Burs. Jbb. 241, 1933, 80–107 [6] M. G. Schmidt (Hrsg.), Hermann Dessau (1856–1931). Zum 150. Geburtstag des Berliner Althistorikers und Epigraphikers, 2009 [7] A. Stein, Hermann Dessau, in: Klio 25, 1932, 226–244 [8] K. Wannack, Hermann Dessau. Der fast vergessene Schüler Mommsens und die Großunternehmen der Berliner Akad. der Wissenschaften, 2007.

Thomas Gerhardt

Diakonoff, Igor

Russ. Altorientalist und Assyriologe. Geb. am 12.1.1915 (14.12.1914 alten Stils) als Igor Michailovich D. in Petrograd (St. Petersburg), gest. am 2.5.1999 in St. Petersburg. 1932–1938 Studium der Altorientalistik und Semitistik in Leningrad (St. Petersburg), 1938–1941 Mitarbeiter der Altoriental. Abteilung der Eremitage. 1941–1945 Militärdolmetscher, 1946 Prom., 1946–1950 Prof. für Altoriental. Philologie und Geschichte an der Staatlichen Univ. zu Leningrad, 1950–1959 Kustos der Keilschriftsammlung der Eremitage, 1960 Habil. 1953–1999 wiss. Mitarbeiter der Leningrader/St. Petersburger Abteilung des Oriental. Instituts der Akad. der Wiss. der UdSSR/RF.

Werdegang, Werk und Wirkung

Die Kindheit und Jugend D.s, kurz vor der Russ. Revolution 1917 in eine Familie der Mittelschicht geboren, fielen mit den enormen polit. Kataklysmen in Russland bzw. der UdSSR zusammen (sein Vater wurde 1939 gemaßregelt). D. durfte zwar studieren, verdankte aber die Bildung seiner wiss. Persönlichkeit in hohem Grad sich selbst. Seine Lehrer waren v.a. Alexander Riftin (Altorientalistik) sowie Nikolaj Juschmanov (Semitistik). In den 1960er bis 1980er

Jahren gelang es ihm, vielfältige Kontakte zur internationalen Wissenschaftsgemeinschaft zu pflegen, die von großer Bedeutung für den Gedankenaustausch zwischen sowjetischen und westl. Gelehrten sowie für die weitere Entwicklung der Altorientalistik und Semitistik in Russland waren.

D. gilt als einer der bedeutendsten Altorientalisten seiner Zeit. Typisch für seine wiss. Methode war die histor. Behandlung von Fragen der Altorientalistik und Semitistik. Sein Weitblick ist am besten in seinem Hauptfach, der Assyriologie, zu erkennen. Wenige Gelehrte konnten wie er Texte aller Perioden und Gattungen in allen Keilschriftsprachen lesen. Bahnbrechende Erkenntnisse gewann er in der polit. und sozialökonomischen Geschichte wie auch in Literaturen, Religion, Sprachen und Schrift.

Seit den 1940er Jahren gehörte die Erforschung von sozialökonomischen Themen verschiedener Perioden der mesopot. Geschichte zu D.s Schwerpunkten. In seiner Diss. behandelte er die Entwicklung des assyr. Grundeigentums [1]. In seiner Habil.-Schrift widmete er sich Fragen des Grundeigentums und der gesellschaftlichen Struktur der sumer. Stadtstaaten und kritisierte als Erster die damals wiss. dominierende Theorie der sumer. Tempelwirtschaft [4]. D. vermutete, dass es in Sumer neben dem Staats- bzw. Tempeleigentum auch Gemeinde- und Privateigentum an Grund und Boden gab. Seine Schüler arbeiteten seine Ideen weiter aus. In einem seiner späten Werke untersuchte er die Gesellschaft der altbabylon. Stadt Ur anhand der schriftlichen und arch. Zeugnisse [11].

D. beschäftigte sich intensiv auch mit der Geschichte der Nachbarländer Mesopotamiens, darunter Urartu [2] und Medien [3]. In den letzten zehn Lebensjahren schrieb er darüber hinaus viel zur allgemeinen histor. Entwicklung der Menschheit [13]. Seine Kenntnis der mesopot. Literatur äußerte sich in meisterhaften poetischen Übersetzungen der akkad. und sumer. Dichtung, v.a. des babylon. Gilgamesch-Epos [5]. Die Ergebnisse mehrjähriger Forschung zu mesopot. religiösen und mythol. Vorstellungen fasste sein Buch über archaische Mythen zusammen [10]. D. war ein hervorragender Philologe und Grammatiker; er legte die ersten russ. Grammatiken des Sumer., Urartäischen und Hurritischen vor. Auch die Geschichte der Keilschrift und allgemeine Fragen der Entstehung und Entwicklung der Schrift zählten zu seinen Interessen.

D. war einer der Pioniere der hamito-semitischen (afroasiat.) Sprachwissenschaften. Seine zusammenfassenden Werke zur phonologischen, morphologischen und lexikalischen Rekonstruktion des Proto-Afroasiatischen sind bis heute aktuell [6]; [9]. Wichtig sind auch seine Aufsätze über die Rekonstruktion des ursemitischen Vokalsystems [8] und die histor. Phonologie des Akkadischen (insbes. die Bestätigung der sog. affrikativen Theorie des ursemitischen Konsonantismus [12]).

M: Kniga vospominanij (Book of Reminiscences), 1995.

SV: Istorija i Jazyki Drevnego Vostoka. Pamjati I.M. Djakonova (History and Languages of the Ancient Orient. I.M. Diakonoff Memorial Volume), hrsg. von V.A. Livschits et al., 2002, 381–405.

Schriften

[1] Razvitie zemel'nych otnoshenij v Assyrii (Development of Land Tenure Relationships in Assyria) (Diss.), 1949 [2] Assiro-vavilonskie istochniki po istorii Urartu (Assyro-Babylonian Sources on the History of Urartu), in: Vestnik Drevnej Istoriji, 1951/2, 257–357 (und 1953/3, 207–252) [3] Istorija Midii (History of Media), 1956 [4] Obschestvennyj i gosudarstvennyj stroj drevnego Dvuretschja. Schumer (Social and Political System of Ancient Mesopotamia. Sumer), 1959 [5] Epos o Gilgamesche. »O vse vidavschem« (Epic of Gilgamesh. »On the One Who Saw Everything«), 1961 [6] Semito-Hamitic Languages. An Essay in Classification, 1965 [7] Jazyki Drevnej Perednej Azii (Languages of the Ancient Near East), 1967 [8] Problems of Root Structure in Proto-Semitic, in: Archiv Orientální 38, 1970, 453–480 [9] Afrasian Languages (mit A. Korolev), 1988 [10] Archaitscheskie mify Vostoka i Zapada, 1990 (engl. Archaic Myths of the Orient and the Occident, in: Orientalia Gothoburgensia 10, 1995) [11] Ljudi goroda Ura (People of the City of Ur), 1990 [12] Proto-Afrasian and Old Akkadian. A Study in Historical Phonetics (mit O. Stolbova und A. Militarev), in: Journal of Afroasiatic Languages 4, 1991–1992, 1–133 [13] Puti istoriji. Ot drevnejschego tscheloveka do naschih dnej, 1994 (engl. The Paths of History, 1999).

Sekundärliteratur

[14] M.L. Bender et al. (Hrsg.), Selected Comparative-Historical Afrasian Studies in Memory of Igor M. Diakonoff, 2003 [15] M.M. Dandamaeva et al. (Hrsg.), Edubba vetschna i postojanna. K 90-letiju so dnja rozhdenja I.M. Djakonova (Edubba is Everlasting. In Commemoration of the 90th Birthday of I.M. Diakonoff), 2005 [16] L. Kogan et al., Memoriae I.M. Diakonoff, in: Babel und Bibel 2, 2005, vii–xi [17] I.N. Postgate (Hrsg.), Societies and Languages of the Ancient Near East. Studies in Honour of I.M. Diakonoff, 1982.

Leonid Kogan/Natalia Koslova

Diels, Hermann

Dt. Klass. Philologe und Philosophiehistoriker. Geb. als Hermann Alexander D. am 18.5.1848 in Biebrich bei Wiesbaden, gest. am 4.6.1922 in Berlin. Ab 1867 Studium der Alt.wiss. in Berlin und Bonn, dort 1870 Prom. Ab 1871 Lehrer für alte Sprachen in Flensburg, Hamburg und Berlin. 1881 Redaktor bei den *Commentaria in Aristotelem Graeca* (CAG) an der

Preuß. Akad. der Wiss.; 1882 Extraordinarius an der Univ. Berlin, 1886 dort o.Prof. für Klass. Phil.; 1891/92 Dekan, 1905/06 Rektor; 1920 Emeritierung. 1895–1920 Sekretar an der Preuß. Akad. der Wiss.

Biographie und Werdegang

D. entstammte dem einfachen Bürgertum; der Vater, ein ausgebildeter Volksschullehrer, übte den Beruf des Bahnstationsvorstehers aus. Die finanziellen Umstände verhinderten ein Studium der Naturwiss., sodass D. sich den Alt.wiss. zuwandte; auch dort blieb er jedoch dem technisch-naturwiss. Bereich verbunden. D. war seit 1873 mit der Kriegsgerichtsratstochter Berta Dübell verheiratet. Ihre drei Söhne waren in ihren akad. Berufen erfolgreich: Der zweite, Otto Paul Hermann D., erhielt 1950 den Nobelpreis für Chemie; Paul D. war Slawist in Prag, Breslau und an der Univ. München; Friedrich Ludwig Emil D. Botaniker und Direktor des Botanischen Gartens in Berlin.

In seiner Bonner Doktorarbeit über Galen bei Hermann ↗Usener [1] arbeitete D. zur Quellenforschung im Bereich der griech. Philosophie, einem Gebiet, das auch Gegenstand seiner Arbeit zu den griech. Doxographen war (bes. Plutarch, Galen und Stobaios) [2]. Dieses umfangreiche Werk, parallel zu seiner pädagogischen Tätigkeit verfasst, war entscheidend für D.' wiss. Laufbahn, denn sie veranlasste den Berliner Philosophiehistoriker Eduard ↗Zeller, D.' Berufung zum Redaktor für die Edition der ant. Aristoteleskommentare (CAG) an der Preuß. Akademie sowie zum Extraordinarius an der Berliner Univ. zu betreiben. Wenig später erfolgte seine Ernennung zum o.Prof. Ab 1897 leitete D. zusammen mit Ulrich von ↗Wilamowitz-Moellendorff, dem früheren Kommilitonen aus Bonner Tagen, das gemeinsam gegründete Berliner Institut für Altertumskunde.

Neben seiner Lehr- und Forschungstätigkeit war D. intensiv an der Organisation des altertumskundlichen Wissenschaftsbetriebs beteiligt. Mehr als zwanzig Jahre lang war er Sekretar der philos.-histor. Klasse der Preuß. Akademie, unterstützte Ludwig Stein bei der Gründung der Zeitschrift *Archiv für Geschichte der Philosophie*, war Vorsitzender der Kommission zur Herausgabe des *Thesaurus linguae Latinae*, leitete die Ausgabe der Aristoteleskommentare, initiierte 1907 zusammen mit Johan Ludvig ↗Heiberg das *Corpus Medicorum Graecorum* (CMG) als Gemeinschaftsprojekt der Preuß., Dän. und Sächs. Akademien der Wiss. und war Mitherausgeber der Berliner Papyruskommission. Seine Kontakte mit anderen Forschern und philol. Institutionen waren weitgespannt. D. war Mitglied der Akad. in Paris, Wien, Kopenhagen, Philadelphia, Kiel, München, St. Petersburg, Göttingen, Brüssel, London, Boston, Rom, Neapel, Göteborg und Uppsala; ihm wurden zwei Ehrendoktorate und etliche weitere akad. Ehrungen verliehen (darunter von Cambridge und St. Andrews); zudem war er Ritter des Ordens *Pour le mérite*. Er pflegte mit vielen Gelehrten intensive Korrespondenz, u.a. mit Ulrich von Wilamowitz-Moellendorff, Heinrich und Theodor ↗Gomperz, Hermann ↗Usener und Eduard ↗Zeller.

Werk und Wirkung

Die Doktorarbeit [1] verweist bereits auf die wiss. Bereiche, auf die D. seine Arbeit auch später konzentrierte: die textkritisch-philol. Aufarbeitung fragmentarisch erhaltener griech. Philosophen und der spätant. Aristoteleskommentatoren sowie der Erforschung der ant. Naturwiss. einschließlich der Medizin. Herausragende Bedeutung kam seiner umfassenden Aufarbeitung der griech. Doxographen zu, die noch vor dem Erscheinen 1879 von der Preuß. Akademie der Wiss. preisgekrönt wurde [2]. Von 1882 bis zum Abschluss 1909 leitete D. die Herausgabe der ant. Aristoteleskommentare; er las alle 23 Bände mit und edierte Simplikios selbst [3]; [4]. Als eine Art Synthese von Doxographie und Aristoteles-Exegese legte D. 1903 sein bekanntestes Werk vor, die Fragmentsammlung der Vorsokratiker, welche er bis zur 4. Auflage des Jahres 1922 selbst überarbeitete und erweiterte [7] (ab der 5. Auflage hrsg. von Walther Kranz). Zwei der bedeutendsten Vorsokratiker, Parmenides und Heraklit, hatte er schon zuvor ediert [5]; [6]. 1905 und 1906 gab D. einen Katalog aller einschlägigen Hss. zu den Texten der griech. Medizin heraus [8].

Einen größeren Adressatenkreis haben neben der Ausgabe der Vorsokratiker noch D.' Untersuchungen zur ant. Technik [10] und eine Ausgabe der *Charaktere* des Theophrast [9] gefunden. Etwas aus dem Rahmen fällt seine Darstellung zum ant. Pessimismus [11], in der er die einschlägigen Stellen nicht nur zusammengetragen, sondern auch intensiv ausgedeutet hat.

D. hat mit seinen Arbeiten die griech. Philosophiegeschichte auf eine sichere philol. Basis gestellt, darüber hinaus für die Erforschung der ant. Naturwiss. und Medizin maßgebliche Impulse gesetzt; das von ihm begründete CMG wird bis heute an der Berlin-Brandenburgischen Akademie der Wiss. fortgesetzt. In dieser Grundlagenarbeit (neben seinen großen Werken einer Fülle von Aufsätzen) nahm er unbestritten den ersten Rang unter den Forschern seiner Zeit ein. Der Begriff der Doxographie, den D. einführte [2], hat sich heute in vielen geisteswiss. Disziplinen durchgesetzt.

SV: Hermann Diels, Kleine Schriften zur Geschichte der antiken Philosophie, hrsg. von W. Burkert, 1969, XIV-XXVI; Hermann Alexander Diels,

Altphilologe, s. Internetseite der Berlin-Brandenburgische Akad. der Wiss., Akademiebibliothek.

N: Berlin, Archiv der Berlin-Brandenburgischen Akad. der Wiss.

Schriften

[1] De Galeni historia philosopha (Diss. Bonn), 1870 [2] Doxographi Graeci (Edition), 1879 [3] Commentaria in Aristotelem Graeca, Bd. 9: Simplicii in Aristotelis physicorum libros quattuor priores commentaria (Edition), 1882 [4] Commentaria in Aristotelem Graeca, Bd. 10: Simplicii in Aristotelis physicorum libros quattuor posteriores commentaria (Edition), 1895 [5] Parmenides, Lehrgedicht. Griech.-deutsch (Edition mit Übers.), 1897 (Ndr. 2003) [6] Herakleitos von Ephesos (Edition), 1901 [7] Die Fragmente der Vorsokratiker (Edition mit Übers.), 1903 ([4]1922) [8] Die Handschriften der antiken Ärzte. Bd. 1: Hippokrates und Galenos; Bd. 2: Die übrigen griech. Ärzte ausser Hippokrates und Galenos, 1905–1906 [9] Theophrasti Characteres (Edition), 1909 [10] Antike Technik. Sechs Vorträge, 1914 (Ndr. 2007) [11] Schule und Leben. Schriften zu den Bildungs- und Kulturfragen der Gegenwart, Bd. 1: Der antike Pessimismus, 1921.

Sekundärliteratur

[12] W. M. Calder III (Hrsg.), Hermann Diels (1848–1922) et la science de l'antiquité. Huit exposés suivis de discussions, 1999 [13] P. R. Franke, Art. Diels, Hermann, in: NDB 3, 1957, 646–647 [14] E. Mensching, Über Hermann Diels und Friedrich Klingner, in: Nugae zur Philologiegeschichte 8, 1995, 9–74 [15] R. Müller, Zum 150. Geburtstag von Hermann Diels, in: SB der Leibniz-Sozietät 29, 1999, 107–111 [16] W. A. Schröder, Bemerkungen zum Briefwechsel Diels-Wilamowitz, in: Eikasmos 8, 1997, 283–308 [17] E. Schütrumpf, Art. Diels, Hermann, in: Briggs/Calder 52–60 [18] K.-G. Wesseling, Art. Diels, Hermann, in: Biographisch-Bibliographisches Kirchenlex., Bd. 16, 1999, 377–393.

Edzard Visser

Dindorf, Karl Wilhelm

Dt. Klass. Philologe. Geb. am 2. 1. 1802 in Leipzig, gest. am 1. 8. 1883 ebda. Bruder des Philologen Ludwig D. Besuch der Thomasschule; ab 1817 Studium der Klass. Phil. bei Christian Daniel Beck und Gottfried ↗Hermann in Leipzig. 1828 Prom. und 1828–1833 ao. Prof. für Literaturgesch. (ohne Vorlesungsverpflichtungen) ebda.; Rücktritt aus Ärger über die Nichtberücksichtigung bei der Nachfolge Becks. Danach Leiter der Neuausgabe des *Thesaurus Graecae Linguae* in der Pariser Verlagsbuchhandlung A. F. Didot. Ab 1846 korrespondierendes Mitglied der Berliner Akad. der Wiss. [11]; [14].

Werdegang, Werk und Wirkung

Als produktiver Privatgelehrter, der geschickt die Leistungen anderer zu nutzen wusste, kam D. durch seine zahlreichen Editionen zu Vermögen, trat 1837 ins Direktorium der Dresden-Leipziger-Eisenbahn ein, verlor jedoch 1872 durch Börsenspekulationen Vermögen und Bibliothek. Eng verbunden war mit ihm sein Bruder Ludwig D. (3. 1. 1805–6. 9. 1871), der nach dem Studium bei Gottfried ↗Hermann als öffentlichkeitsscheuer Privatgelehrter in Leipzig lebte [13].

Zentrum von D.s Werk sind in der Trad. der althumanistischen Philologie Editionen zahlreicher griech. Autoren mit kurzer *adnotatio critica*, teilweise mit Kommentar. Die Textkonstitution, meist ohne eigene Kollationierung, ist traditionell und konservativ (ohne besonderen Hang zu Emendationen und Konjekturen). Den Erfolg der meist mehrfach verbesserten und bis ins 20. Jh. nachgedruckten Ausgaben sicherten v. a. die Verlage B. G. Teubner (u. a. Homer [1], Demosthenes [3], Sophokles [5], Aristophanes [2], Aischylos [6], die griech. Dramatiker, einschließlich der Fragmente [7]), Didot (jeweils mit lat. Übers.: die griech. Dramatiker; Lukian, 1840; Herodot, 1844; Flavius Josephus, 2 Bde., 1845–47) und die Oxforder Clarendon Press (seit 1832 Ausgaben aller Dramatiker mit Scholien und Kommentar; außerdem u. a. Demothenes mit Scholien [3]; *Odyssee* mit Scholien [8]; *Ilias,* 1856, dazu die Scholien [10]; Clemens von Alexandria [9]). Auch Erstausgaben kamen dazu, u. a. der *Hirt des Hermas* (1856), schließlich noch die Schrift *De regimine Aegyptorum* (1856) eines Uranios über die ägypt. Königsdynastien – eine nicht als solche erkannte spektakuläre Fälschung des Griechen Konstantinos Simonides, was D. Spott und sogar den Verdacht der Miturheberschaft einbrachte [14].

In denselben Verlagen, v. a. bei Teubner, erschienen die Editionen Ludwig D.s, insbes. griech. Historiker wie Thukydides (1824), Diodor (4 Bde., 1826; 5 Bde., 1867/68; 1842 auch bei Didot); Cassius Dio (5 Bde., 1863–1865), Polybios (4 Bde., 1866–68) und Xenophon (1824–1826; 1873–1875; 1853–1866 auch in der Clarendon Press) [13].

Von großem Wert war außerdem die maßgebliche Arbeit beider Brüder (neben K. B. Hase und J. F. Dübner) an der Umarbeitung des *Thesaurus Linguae Graecae* (9 Foliobände, 1831–1865) des Henricus ↗Stephanus (1572) zu einem umfassenden und leicht benutzbaren griech. Lexikon.

SV: Pökel, Lex. 61.

Schriften

[1] Homeri carmina. Bd. 1: Ilias; Bd. 2: Odyssee (Edition), Leipzig 1824–1825 (mit lat. Übers., Paris 1837; zahlreiche Einzelausg. in Leipzig, zuletzt bearb. von C. Hentze: Ilias, 5. Aufl, 1886 [Ndr. bis 1939]; Odyssee, 5. Aufl., 1884 [Ndr. bis 1940]) [2] Aristophanis comoediae, 2 Bde. (Edition), Berlin 1825 (4 Bde. in 7 Teilen mit Anm. und Scholien, Oxford 1835–1863) [3] Demosthenis orationes (Edition), 3 Bde., Leipzig 1825 (9 Bde. mit Anm. und

Scholien, Oxford 1846–1851) [4] Euripidis tragoediae, 2 Bde. (Edition), Leipzig 1825 (7 Bde. mit Anm. und Scholien, Oxford 1834–1863) [5] Sophoclis tragoediae (Edition), Leipzig 1825 (zahlreiche Gesamt- und Einzelausg. in Leipzig, zuletzt bearb. von S. Mekler, 6. Aufl. 1906 [Ndr. bis 1936]; Oxford 1832; 2 Bde. mit Anm. und Scholien, Oxford 1836–1852; mit lat. Übers., Paris ab 1842) [6] Aeschyli tragoediae (Edition), Leipzig 1827 (3 Bde. mit Anm. und Scholien, Oxford 1841–1851) [7] Poetae scenici Graeci (Edition), Leipzig/Oxford 1830 (5. Aufl. 1867–1869) [8] Scholia Graeca in Homeri Odysseam, 2 Bde. (Edition), Oxford 1855 (Ndr. 1962) [9] Clementis Alexandrini opera (4 Bde.; Edition), Oxford 1869 [10] Scholia Graeca in Homeri Iliadem, 6 Bde. (Edition), Oxford 1875–1880.

Sekundärliteratur

[11] Art. Dindorf, Karl Wilhelm, in: Biographisches Jb. für Alterthumskunde 6, 1883, 112–121 [12] Bursian Gesch. 861–868 [13] F. A. Eckstein, Art. Dindorf, Ludwig August, in: ADB 5, 1877, 238–239 [14] G. Müller, Art. Dindorf, Karl Wilhelm, in: ADB 47, 1903, 705–707.

Manfred Landfester

Dinsmoor, William Bell

Amerikan. Archäologe, Bauforscher und Epigraphiker. Geb. am 28.7.1886 in Windham (New Hampshire), gest. am 2.7.1973. Studium an der Harvard School of Architecture; 1906 B.S. 1908–1912 Fellowship in Architecture an der American School of Classical Studies at Athens (ASCSA); 1912–1919 Architekt ebda.; 1924–1928 Teilzeit-Prof. für Architektur ebda. 1920–1926 Leiter der Avery Library der Columbia Univ., New York, 1929 Litt.D. ebda.; 1933–1955 Leiter des Institute of Fine Art der Columbia Univ., ab 1935 Prof. für Arch. ebda. 1936–1945 Präsident des Archaeological Institute of America. 1947 Gastprofessur an der ASCSA. Mitglied des Komitees des American Council of Learned Societies on Protection of Cultural Treasures in War Areas-World War II.

Werdegang, Werk und Wirkung

D., Sohn eines Bostoner Architekten, begann nach dem Architekturstudium an der Harvard Univ. und kurzer Berufspraxis 1909 seine lange Karriere als arch. Bauforscher an der ASCSA. Die New Yorker Columbia Univ. war bis zu seiner Emeritierung sein akad. Stützpunkt in den USA. Als Präsident des *Archaeological Institute of America* spielte D. eine Schlüsselrolle bei der Erhaltung dieser Institution, insbes. während der Weltwirtschaftskrise der 1930er Jahre. Im Zweiten Weltkrieg engagierte er sich bei anfänglich vom *American Council of Learned Societies* unterstützten Gruppen, welche architektonische Monumente vor Kriegsschäden zu schützen suchten.

D.s früheste Veröffenlichungen beschäftigen sich mit der griech. Epigraphik, speziell mit den Listen der Archonten Athens [2]; [3]. Ein großer Teil seiner späteren Forschung konzentriert sich auf Detailuntersuchungen von Hauptmonumenten der griech. Architektur [4], v.a. der Gebäude der Akropolis von Athen, wo er seine Fertigkeiten als Architekt mit klass. Bildung und als arch. geschulter Bauforscher einsetzen konnte. Seine bedeutendste Untersuchung beschäftigt sich mit den Propyläen. Das monumentale Werk wurde von seinem gleichnamigen Sohn William Bell D. Jr. (1923–1988), ebenfalls Bauforscher und seit 1966 leitender Architekt der Ausgrabungen der ASCSA auf der Athener Agora, weitergeführt und erschien erst nach dem Tod beider Autoren [6].

D.s baugeschichtliche Arbeiten lieferten einen wichtigen Beitrag zur detaillierten Erforschung der erhaltenen Architektur der griech. Antike. Sein Handbuch der griech. Architektur [1] war viele Jahre lang das Standardwerk zu diesem Thema im engl. Sprachraum.

SV: Bibliography of William Bell Dinsmoor, in: Hesperia 35, 1966, 87–92.

N: Athen, ASCSA.

Schriften

[1] The Architecture of Ancient Greece, ^{2}1927 (^{3}1950, ^{4}1973) [2] The Archons of Athens in the Hellenistic Age, 1931 [3] The Athenian Archon List in the Light of Recent Discoveries, 1939 [4] Observations on the Hephaisteion, 1941 [5] Early American Studies of Mediterranean Archaeology, in: Proc. of the American Philosophical Society 78.1, 1943, 70–104 [6] The Propylaia to the Athenian Akropolis, Bd. 2: The Classical Building (mit W.B. Dinsmoor, Jr.), 2004.

Sekundärliteratur

[7] A. Niccorski, Art. Dinsmoor, William Bell (1886–1973), in: EHCA 1, 1996, 363–365 [8] H. Thompson, William Bell Dinsmoor (1886–1973), in: Yearbook of the American Philosophical Society, 1974, 156–163.

Stephen L. Dyson (Ü: D. P.)

Dittenberger, Wilhelm

Dt. Klass. Philologe. Geb. am 31.8.1840 in Heidelberg, gest. am 29.12.1906 in Halle. Schulausbildung in Weimar. Ab 1859 Studium in Jena und Göttingen, 1863 Prom. und 1864 Habil. ebda. 1865–1874 Gymnasiallehrer in Berlin, Rudolstadt, Quedlinburg. Ab 1874 Prof. in Halle.

Werdegang, Werk und Wirkung

Bereits am Weimarer Gymnasium begeisterte der dortige Direktor und spätere Göttinger Ordinarius Hermann Sauppe D. für die alten Sprachen [8.523]. So studierte D. ab 1859 Klass. Philologie und Sprach-Wiss. in Jena, u.a. bei August Schleicher und Karl

Nipperdey. 1861 ging er nach Göttingen, wo neben Ernst C. ↗Curtius nun auch Sauppe lehrte. Auf Sauppes Anregung verfasste D. eine Diss. über attische Ephebeninschriften [1]. Im Folgejahr wurde er mit einer Arbeit zu Sallust habilitiert (unpubl.), arbeitete dann aber zunächst als Gymnasiallehrer. In dieser Zeit führte er seine Forschungen weiter; er besorgte u.a. eine kommentierte Ausgabe von Caesars *De bello Gallico* [2]. 1874 wurde D. an der Univ. Halle berufen. Dort war er Mitglied des Gelehrtenzirkels *Spirituskreis*, dem u.a. Georg ↗Wissowa angehörte [9], und engagierte sich stark in der Kommunalpolitik [11].

Im Zentrum von D.s Forschung standen seine Studien zur griech. Epigraphik. Er edierte die attischen Inschriften der röm. Kaiserzeit [3] und die nordgriech. Inschriften für das *Corpus Inscriptionum Graecarum* (CIG) [4]; [5]. Des Weiteren publizierte er die unter Curtius' Grabungsaufsicht gefundenen Inschriften aus Olympia. Sein erfolgreichstes Werk ist der *Sylloge inscriptionum Graecarum* von 1893, ein ausführlicher Kommentar zu ausgewählten griech. Inschriften, der in 2. Auflage erheblich erweitert und später um zwei Bände zu ostgriech. Inschriften ergänzt wurde [6]; [7].

SV: [10.41–52].

Schriften

[1] De ephebis Atticis, 1863 [2] C. Iulii Caesaris commentarii De bello Gallico, erklärt von F. Krane, 6. Aufl. besorgt von W. Dittenberger, 1867 (u.ö.) [3] Inscriptiones aetatis Romanae, 2 Bde. (Inscriptiones Graecae 3; Edition), 1878–1882 [4] Inscriptiones Megaridis et Boeotiae (Inscriptiones Graecae 7; Edition), 1892 [5] Inscriptiones Phocidis, Locridis, Aetoliae, Acarniae, insularum maris Ionii (Inscriptiones Graece 9.1; Edition), 1897 [6] Sylloge inscriptionum Graecarum, 3 Bde., 21898–1901 (11983 in 2 Bden.) [7] Orientis Graeci inscriptiones selectae, 2 Bde. (Edition), 1903–1905.

Sekundärliteratur

[8] O. Kern, Wilhelm Dittenberger, in: Mitteldeutsche Lebensbilder, Bd. 3: Lebensbilder des 18. und 19. Jh.s, 1928, 522–538 [9] G. Mühlpfordt / G. Schenk, Der Spirituskreis (1890–1958), Bd. 1: 1890–1945, 2001 [10] G. Wissowa, Wilhelm Dittenberger, in: W. Kroll (Hrsg.), Biographisches Jb. für die Altertumswissenschaften 31, 1908, 1–52 [11] H.-D. Zimmermann, Wilhelm Dittenberger (1840–1906). Zum 100. Todestag eines bedeutenden Gelehrten und engagierten Kommunalpolitikers, in: R. Jacob (Hrsg.), Jb. für hallische Stadtgeschichte, 2006, 264–269.

Lisa Sophie Cordes/Hans-Ulrich Berner

Dodds, Eric Robertson

E.R. Dodds; irischer Klass. Philologe. Geb. am 26.6.1893 in Banbridge (Nordirland), gest. am 8.4. 1979 in Old Marston bei Oxford. Schulzeit im St. Andrew's College in Dublin und Campbell College in Belfast; 1912 *Classics*-Studium in Oxford. 1917/18 Lehrer in Dublin; 1919 Lecturer in *Classics* in Reading; ab 1924 Prof. of Greek in Birmingham; 1936–1960 Regius Prof. of Greek in Oxford.

Werdegang, Werk und Wirkung

D. stammte aus einer protestantischen Lehrerfamilie. Schon in der Schule machte sich sein widerspruchsfreudiges Naturell bemerkbar. D.' Eintreten für die irische Unabhängigkeit, sein Pazifismus und seine sozialistischen Anschauungen stießen auf Ablehnung bei seinen konservativen Kollegen und ließen ihn die Nähe geistesverwandter Intellektueller suchen (u.a. Aldous Huxley, T.S. Eliot, William Butler Yeats, George Russell und Louis MacNeice). Intellektuelle Neugier führte ihn nicht nur zur Entdeckung Friedrich ↗Nietzsches und Sigmund Freuds (und damit der Psychoanalyse und Parapsychologie [11]) für seine Arbeit, sondern regte ihn auch zu Selbstversuchen an (Traumdeutung, Telepathie, Drogen). 1961–1963 war er sogar Präsident der *Society for Psychical Research*.

Prägend war die Studienzeit in Oxford: John Alexander Stewart begeisterte D. für den Neuplatonismus, der für ihn eine Zeitlang zum Glaubensersatz wurde. Gilbert ↗Murray weckte D.' Interesse an Euripides und an der Religionswiss. (*Cambridge Ritualists*). Murray setzte D. als seinen Nachfolger gegen Cecil Maurice ↗Bowra und John Dewar Denniston durch. D.' Tätigkeit in Oxford war daher längere Zeit durch Spannungen zu Vertretern traditioneller Philologie getrübt (v.a. zu Denys ↗Page [14.249]).

D.' wiss. Werk ist von seiner Erforschung des Widerstreits rationaler und irrationaler Kräfte innerhalb der Entwicklung der griech. Geistes- und Kulturgeschichte geprägt und schloss damit an Erwin ↗Rohdes *Psyche* an. Der spätant. Neuplatonismus bildete einen geeigneten Forschungsgegenstand, da sich hier die griech. Philosophie einem irrationalen Mystizismus zu öffnen schien [1]; [2]; [4]. D. führte diese Entwicklung nicht auf oriental. Einflüsse zurück, sondern betrachtete sie als endogen [11.16]. Er postulierte für Plotin und Proklos einen weitgehend rationalen Mystizismus, den er von der mit Iamblichos einsetzenden okkultistisch-theurgischen Spätphase schied [12].

In Oxford wandte sich D. verstärkt der archaischen und klass. Zeit zu, wobei die meisten Fragestellungen aus seiner Beschäftigung mit dem Platonismus (v.a. mit dessen Konzeptualisierung psychischer Phänomene wie der *manía*) abzuleiten sind. Schon im Kommentar zu Euripides *Bakchen* [5] versuchte D., die mit den dionysischen Riten verbundene *manía* nicht nur als religionshistor. Phänomen, sondern mit

Freud als anthropologische Konstante zu erschließen. In den intensiv rezipierten *Sather Lectures* von 1949 [6], die als Ausgangspunkt für seine späteren Arbeiten gelten können, warf er dann die Frage auf, wie die Griechen zu den Überzeugungen gelangten, die Platons Klassifikation von prophetischem, rituellem, poetischem und erotischem Wahnsinn zugrunde liegen und wie die mod. Psychologie und Anthropologie diese mentalen Zustände beschreiben würden [6. 64 f.].

Als bes. einflussreich erwies sich D.' Konzept der Entwicklung der griech. Gesellschaft von einer Scham- zu einer Schuldkultur [6. Kap. 2], welches er von der Anthropologin Ruth Benedict übernommen hatte (kritisch hierzu: [10. 27–47]). Wichtige Themen sind außerdem die Traumbeschreibungen und Inkubation [6. Kap. 4], die Einflüsse eines thrakischen Schamanismus auf Pythagoras oder Empedokles (ein auf Rohdes Einfluss zurückzuführender, auch von Karl ↗Meuli entwickelter Ansatz, der für Walter Burkerts *Weisheit und Wissenschaft* bestimmend wurde) sowie die Auseinandersetzung der klass. und hell. Philosophie mit den irrationalen Aspekten der Psyche und religiösen Phänomenen (Astrologie, Magie, oriental. Mysterienkulte [6. Kap. 8]). War für D. die klass. Zeit von einem rationalistischen Fortschrittsoptimismus geprägt [9. 1–25], so sah er die Spätantike als eine Zeit der Wiederkehr des Irrationalen, in der er Parallelen zur eigenen Zeit zu erkennen glaubte [8]. Der davon ausgehenden Bedrohung für die offene Gesellschaft könne der mod. Mensch mit den durch die wiss. Psychologie entwickelten Methoden zur Angstbewältigung begegnen [6. 254 f.]. D. war auch ein versierter Herausgeber, wie er u. a. mit seiner kommentierten Edition von Platons Gorgias unter Beweis stellte [7].

M: Missing Persons, 1977.

SV: R.B. Todds, E.R. Dodds. A Bibliography of His Publications, in: Quaderni di storia 48, 1998, 175–194 (Addenda: Quaderni di storia 61, 2005, 221–224).

N: Oxford, Bodleian Library.

Schriften

[1] Select Passages Illustrating Neoplatonism, 1923 [2] The Parmenides of Plato and the Origin of the Neoplatonic »One«, in: CQ 22, 1928, 129–142 [3] Euripides the Irrationalist, in: Classical Review 43, 1929, 97–104 [4] Proclus. Elements of Theology (rev. Text mit Übers. und Komm.), 1933 (²1963) [5] Euripides. Bacchae (Edition mit Komm.), 1944 (²1960) [6] The Greeks and the Irrational, 1951 (u.ö.; dt. 1970) [7] Platon, Gorgias (Edition mit Komm.), 1959 [8] Pagan and Christian in an Age of Anxiety, 1965 (u.ö.; dt. 1985) [9] The Ancient Concept of Progress and Other Essays on Greek Literature and Belief, 1973 (dt. 1977).

Sekundärliteratur

[10] D.L. Cairns, Aidōs, 1993 [11] G. Cambiano, Eric Dodds entre psychanalyse et parapsychologie, in: Réforme, humanisme, renaissance 28, 1991, 3–26 [12] W.J. Hankey, Re-Evaluating Eric Robertson Dodds' Platonism, in: Harvard Studies in Classical Philology 103, 2007, 499–541 [13] H. Lloyd-Jones, Eric Robertson Dodds, in: Gnomon 52, 1980, 78–83 [14] R.B. Todd, Art. Dodds, Eric Robertson, in: DBC 1, 2004, 247–251.

Roland Baumgarten

Dölger, Franz Joseph

Dt. Theologe, Kirchen- und Kulturhistoriker. Geb. am 18. 10. 1879 in Sulzbach, gest. am 17. 10. 1940 in Schweinfurt. Ab 1898 Studium der katholischen Theologie in Würzburg; 1904 Prom., 1906 Habil. in Dogmengeschichte ebda. 1912 ao. Prof., 1918 Ordinarius u. a. für Kirchengeschichte in Münster; ab 1927 o.Prof. in Breslau; ab 1929 o.Prof. in Bonn.

Werdegang, Werk und Wirkung

D. studierte nach dem Abitur ab 1898 in Würzburg katholische Theologie bei bedeutenden Vertretern des Reformkatholizismus. Als die Katholische Fakultät für das akad. Jahr 1901/02 die Preisaufgabe *Das Sakrament der Firmung, histor.-dogmatisch dargestellt* ausschrieb, erhielt D. die Auszeichnung und das Recht, die dafür angefertigte Schrift als Diss. einzureichen. Bereits diese erste Arbeit zeugt von seiner umfassenden Lektüre der griech. und lat. Kirchenväter, zu der später die der paganen Autoren, Papyri und Inschriften hinzutrat, ebenso das Studium der großen und kleinen arch. Monumente. Schon während seiner Beschäftigung mit der Geschichte der Firmung hatte D. offenbar die Notwendigkeit erkannt, zu untersuchen, wie sich das frühe Christentum mit der paganen Umwelt auseinandersetzte. Eine erste Frucht dieses Forschungsprogramms war seine Habil.-Schrift, *Der Taufexorzismus im christl. Altertum* (Titel des Teildrucks), mit der er 1906 in Würzburg die *venia legendi* in Dogmengeschichte erhielt. D. wollte eine katholische Dogmengeschichte schaffen, die unter Anwendung der histor.-kritischen Methode der Alt.wiss. der protest. Richtung Paroli bieten konnte [13. 10–15], was allerdings zu Problemen mit der kirchlichen Obrigkeit führte.

Während eines längeren Studienaufenthaltes in Rom entstand der erste seiner fünf Bände zu *Ichthys* [2] (über die Rolle und Symbolik des Fischs in der ant. paganen und der christl. Kultur). 1912 erhielt D. den Ruf auf ein Extraordinariat für Allgemeine Religionsgeschichte und Vergleichende Religionswissenschaft in Münster, wo er bis 1927 blieb, ab 1918 als Ordinarius für Alte Kirchengeschichte, Christl. Archäologie und Allgemeine Religionsgeschichte. In diesen Jahren erschienen u.a. *Sol salutis* [6] (über die pagane und christl. Gebetsostung) und drei weitere Bände von [2], wobei er das Material für den Tafelband 4 auf zwei Reisen nach Rom und Italien 1923 und 1924 gesammelt hatte. 1927 ging D. nach Breslau, 1929 als Nachfolger Albert Ehrhards nach Bonn.

1929 kam der erste Band seiner Zeitschrift *Antike und Christentum* heraus [7], zu der er selbst sämtliche Beiträge verfasste: D. behandelte zahllose Themen aus den verschiedensten Bereichen der paganen und christl. Kultur und Religion der Antike (nach Themenkomplexen sortiertes Verzeichnis in [11.115–125]). Der angesichts der ant. Wurzeln des Christentums dem heutigen Betrachter merkwürdig erscheinende Gegensatz in D.s Programm »Antike und Christentum« dürfte sich aus dem Offenbarungsverständnis der damaligen katholischen Theologie erklären, wonach das Christentum mit dem Überschreiten der Grenzen Palästinas in das Gebiet der ant.-heidnischen Kultur eintrat [7.Bd. 1, III]; [13.8]. Bis zu seinem Tod brachte D. fast sechs Bände von [7] heraus, unterbrochen nur von einigen Lieferungen zu [2]; der Rest wurde postum bis 1967 publiziert. Die ihm zum 60. Geburtstag gewidmete Festschrift *Pisciculi* konnte er noch entgegennehmen.

In Münster war D. Mitherausgeber der neu gegründeten Schriftenreihe *Liturgiegeschichtliche Forschungen*, in Bonn der *Theophaneia*. Das *Reallexikon für Antike und Christentum* (RAC) geht auf sein Forschungsprogramm zurück; inwieweit er es aber konkret initiiert hat, ist unklar. D.s Programm und akad. Unterricht zogen zahlreiche Studenten der Theologie und der Alt.wiss. von nah und fern an (z.B. Hugo Rahner, Jan Hendrik Waszink, Ignacio Ortiz de Urbina); zu seinen Schülern zählten Theodor Klauser, Johannes Quasten, Helmut Kruse, Karl Baus und Bernhard Kötting.

Schriften

[1] Der Exorzismus im altchristlichen Taufritual, 1909 [2] ΙΧΘΥΣ, 5 Bde., 1910–1943 (2. erw. Aufl. von Bd. 1: 1928) [3] Sphragis. Eine altchristliche Taufbezeichnung in ihren Beziehungen zur profanen und religiösen Kultur des Altertums, 1911 [4] Konstantin der Große und seine Zeit. Gesammelte Studien (FS A. de Waal), 1913 [5] Die Sonne der Gerechtigkeit und der Schwarze. Eine religionsgeschichtliche Studie zum Taufgelöbnis, 1918 (²1971) [6] Sol salutis. Gebet und Gesang im christlichen Altertum, 1920 [7] Antike und Christentum. Kultur- und religionsgeschichtliche Studien, 6 Bde. (Zs.), 1929–1950 [8] Beiträge zur Geschichte des Kreuzzeichens I–IX, in: Jb. für Antike und Christentum 1–10, 1958–1967.

Sekundärliteratur

[9] E. Dassmann, Entstehung und Entwicklung des ›Reallex. für Antike und Christentum‹ und des Franz Joseph Dölger-Instituts in Bonn, in: Jb. für Antike und Christentum 40, 1997, 5–17 [10] E. Dassmann, Art. Franz-Joseph-Dölger-Institut, in: DNP 14, 2000, 61–67 [11] Th. Klauser, Franz Joseph Dölger, 1879–1940. Sein Leben und sein Forschungsprogramm ›Antike und Christentum‹ (Jb. für Antike und Christentum, Erg.-Bd. 7), 1980 [12] Th. Klauser, F.J. Dölger. Leben und Werk, in: E. Dassmann (Hrsg.), Das Reallex. für Antike und Christentum und das F.-J.-Dölger-Institut in Bonn, 1994, 55–59 [13] G. Schöllgen, Franz Joseph Dölger und die Entstehung seines Forschungsprogramms ›Antike und Christentum‹, in: Jb. für Antike und Christentum 36, 1993, 7–23.

Markus Stein

Domaszewski, Alfred von

Österr. Althistoriker. Geb. am 30.10.1856 in Temesvár (Banat), gest. am 25.3.1927 in München. Besuch zunächst der Realschule, später des Akad. Gymnasiums in Wien; 1875 Matura mit Auszeichnung; 1875/76 Militärdienst. 1876 Studium der alten Sprachen, Alten Gesch., Epigraphik und Arch. in Wien; 1879 Lehramtsprüfung; 1880/81 Probekandidat; 1881/82 Supplent am Akad. Gymnasium. 1882 Prom. an der Univ. Wien; dann stellvertretender Assistent an den Königlichen Museen in Berlin; 1884 Kustosadjunkt an der Antikensammlung des Kaiserhauses in Wien; 1885 Habil. in Wien. 1887 ao. Prof., 1891–1924 o.Prof., 1900/01 und 1918/19 Dekan an der Univ. Heidelberg. 1902 Hofrat, 1912 Geheimer Hofrat.

Werk und Wirkung

D. studierte Klass. Philologie, Alte Geschichte und Archäologie v.a. bei Otto ↗Hirschfeld, Wilhelm von Hartel und Otto ↗Benndorf. Nach einer philol. Diss. [2] habilitierte er sich mit einer Arbeit zur röm. Heeresgeschichte [1]. 1882 reiste D. mit Carl ↗Humann im Auftrag der Berliner Akad. der Wiss. nach Kleinasien, wo u.a. eine epigraphische Aufnahme des *Monumentum Ancyranum* erfolgte, an dessen Edition D. dann noch bei Theodor ↗Mommsen in Berlin mitwirkte. Danach legte er Standardwerke zur röm. Heeres- und Religionsgeschichte vor, die noch lange nachgedruckt wurden [5]; [8]; [6], und arbeitete bei zwei Bänden des *Corpus Inscriptionum Latinarum* (3.1, Suppl. 1–2) mit. Der Begründer einer Abteilung für Alte Geschichte an der Univ. Heidelberg fand mit seiner Kaisergeschichte [7] einen breiteren Leserkreis und war Lehrer u.a. von Ernst Hartwig Kantorowicz und Wilhelm ↗Weber.

Schriften

[1] Die Fahnen im röm. Heere, in: Abh. des Archäologisch-Epigraphischen Seminars der Universität Wien 5, 1885, 1–80 [2] Hygini Gromatici liber de munitionibus castrorum (Edition), 1887 (Ndr. 1972) [3] (Hrsg.), Die Marcus-Säule auf Piazza Colonna in Rom, 3 Bde. (mit

E. Petersen und G. Calderini), 1896 [4] Die Provinz Arabia auf Grund zweier in den Jahren 1897 und 1898 unternommenen Reisen und der Berichte früherer Reisender beschrieben, 3 Bde. (mit R.E. Brünnow), 1904–1909 (Ndr. 2004) [5] Die Rangordnung des röm. Heeres, in: Bonner Jbb. 117, 1908, 1–278 (2. Aufl. 1967 u.ö.) [6] Abh. zur röm. Religion, 1909 (Ndr. 1977) [7] Geschichte der röm. Kaiser, 2 Bde., 1909 (u.ö.) [8] Aufsätze zur röm. Heeresgeschichte, 1972.

Sekundärliteratur

[9] D. Drüll, Heidelberger Gelehrtenlex., 1803–1932, 1986, 51 [10] E. Grünewald, Ernst Kantorowicz und Stefan George. Beiträge zur Biographie des Historikers bis zum Jahre 1938 und zu seinem Jugendwerk »Kaiser Friedrich der Zweite«, 1982, 35, 40, 46–48 [11] J. Miethke (Hrsg.), Geschichte in Heidelberg, 1992, bes. 220–223, 231–237 [12] W. Weber, Biographisches Lex. zur Geschichtswissenschaft in Deutschland, Österreich und der Schweiz. Lehrstuhlinhaber für Geschichte von den Anfängen des Faches bis 1970, 1984, 108–109.

Martina Pesditschek

Doneau, Hugues

Hugo Donellus; franz. Humanist und Rechtswissenschaftler. Geb. am 23.12.1527 in Chalon-sur-Saône, gest. am 4.5.1591 in Altdorf bei Nürnberg. Studium der Rechtswiss. in Toulouse und Bourges; 1551 dort Prom. und Prof.; 1572 Flucht nach Genf. Ab 1573 Prof. in Heidelberg; ab 1579–1587 Prof. in Leiden; 1588–1591 Prof. in Altdorf.

Werdegang, Werk und Wirkung

Zu D.s Lehrern gehörten namhafte humanistische Juristen wie Jean Coras, Eguinarius Baro und v.a. Franciscus Duarenus, der auch einer seiner Professorenkollegen wurde. In der Bartholomäusnacht 1572 musste der Calvinist D. aus Frankreich fliehen und rettete sich nach Genf. Noch im selben Jahr erhielt er einen Ruf nach Heidelberg auf die Codex-Professur, die er 1573 übernahm; zeitweise bekleidete er dort auch das Rektoramt. Nach dem Übergang der vormals calvinistischen Pfalz zum Luthertum nahm D. 1579 einen Ruf aus Leiden an, wo er die wohl glanzvollste Zeit seiner Karriere verbrachte. Polit. Verdächtigungen kosteten ihn 1587 seinen Lehrstuhl und nötigten ihn, die Niederlande zu verlassen. Von 1588 bis zu seinem Tod war er Prof. an der Univ. der Reichsstadt Nürnberg in Altdorf.

Der juristische Humanismus setzte an die Stelle der praxisorientierten spätma. Kommentatoren-Jurisprudenz (Bartolus de Saxoferrato, Baldus de Ubaldis) eine nach den Quellen und deren vernünftiger Ordnung suchende Rechtswissenschaft. D. war einer ihrer bedeutendsten Repräsentanten. Anders als sein ebenso berühmter Zeitgenosse und zeitweiliger Fakultätskollege Jacques ↗Cujas vertrat er aber nicht die philol.-exegetische, sondern die systematische Richtung.

Sein Hauptwerk, die *Commentarii de iure civili* [1], sind einer der ersten Versuche, das röm. Recht des *Corpus iuris civilis*, namentlich der Digesten, in einer freien, »richtigen« Ordnung darzustellen [7]. Sie bindet sich nicht mehr an die Bücher- und Titelfolge der röm. Quellen, sondern schreitet nach der frei gehandhabten »dihairetischen« Methode durch immer weitere Untergliederung der Zentralbegriffe fort. Die Methode sollte an sich nur der Darstellung dienen, führte D. aber auch zur Entdeckung neuer Rechtsbegriffe, wie der Kategorie der eigentumsähnlichen, beschränkten dinglichen Rechte (Nießbrauch, Pfandrecht usw.). Auch nahm D. u.a. die spätere Theorie des Persönlichkeitsrechts vorweg – wie überhaupt das subjektive Recht im Mittelpunkt seines Systems steht – und des abstrakten dinglichen Vertrages. Die bis dahin unerreichte gedankliche Durchdringung des Rechtsstoffs macht die *Commentarii* zu einem der Gipfelwerke der europ. Rechtswissenschaft [5]. Auf die verflachende Jurisprudenz der Frühen Nz. hatten sie allerdings geringeren Einfluss als auf die Histor. Schule des 19. Jh.s, deren Begründer Friedrich Carl von ↗Savigny sie als das »beste und fast einzig brauchbare« System des gemeinen röm. Rechts bezeichnete.

Schriften

[1] Commentarii de iure civili, 28 Bde., 1589–1597 (6. Aufl. hrsg. von J.C. König und K. Bucher, 16 Bde., 1801–1834) [2] Opera omnia, hrsg. und komm. von O. Hilliger, 12 Bde., 1762–1770.

Sekundärliteratur

[3] M. Ahsmann, Collegium und Kolleg, 2000, 343–376 [4] J.M. Alburquerque, Art. Hugo Donellus, in: R. Domingo (Hrsg.), Juristas universales, Bd. 2, 2004, 232–238 [5] M. Avenarius, »Neque id sine magna Servii laude«. Historisierung der Rechtswissenschaft und Genese von System und Methode bei Donellus, in: Tijdschrift voor Rechtsgeschiedenes 74, 2006, 61–93 [6] A.P.Th. Eyssel, Doneau, sa vie et ses ouvrages, 1860 [7] V. Heise, Der calvinistische Einfluss auf das humanistische Rechtsdenken. Exemplarisch dargestellt an den »Commentarii de iure civili« von Hugo Donellus (1527–1591), 2004 [8] L. Pfister, Art. Doneau (Donellus), Hugues, in: P. Arabeyre et al. (Hrsg.), Dictionnaire historique des juristes français, ²2008, 256–258 [9] K. Stapelfeldt / J. Schröder, Hugo Donellus, in: G. Kleinheyer / J. Schröder (Hrsg.), Deutsche und europäische Juristen aus neun Jahrhunderten, ⁵2008, 117–119 [10] R. Stintzing, Hugo Donellus in Altdorf, 1869.

Jan Schröder

Dorat, Jean

Auch D'Aurat/Daurat, lat. Auratus; franz. Dichter und Philologe. Geb. 1508 oder 1517 [10.20f.] in Limoges als Jean Dinemandi, gest. am 1.11.1588 in

Paris. Ab 1537 (?) Studium in Paris; 1544 dort Hauslehrer bei Lazare de Baïf. 1547 Dozent, später Direktor am Pariser Collège de Coqueret und vier Jahre lang Prinzenerzieher am Hof König Franz' I. 1556 Prof. (Lecteur royal) für Griechisch am Pariser Collège Royal (Collège de France); ab 1567 Privatlehrer eines ausgewählten Schülerkreises.

Werdegang und Werk

D. war zugleich Dichter [1] und Philologe. Er hatte nicht nur Interesse an der nachklass. griech. Poesie, sondern setzte das hell. Modell des Dichter-Philologen auch selbst um [9. 132]. Seine meist okkasionell gebundenen antikisierenden Dichtungen ließen ihn zum Hofdichter (*poeta regius*) werden; sie waren weithin bekannt und im zeitgenössischen Schrifttum allgegenwärtig [7]. Mit der poetischen Begabung verband sich ein pädagogisches Charisma, das D. zu einer zentralen Gestalt der franz. Renaissance machte [6]. Im Hause des Diplomaten und Humanisten Lazare de Baïf unterrichtete er dessen Sohn Jean-Antoine de Baïf sowie Pierre de Ronsard in den alten Sprachen; in seiner Anleitung liegt der Quellpunkt für die Ästhetik der um Ronsard zentrierten Dichtergruppe der *Pléiade*, die in ihren wechselnden Zusammensetzungen auch Jean-Antoine Baïf und D. einschloss. Andererseits wurde D. am *Collège Royale* neben Adrianus ↗Turnebus zum Lehrer bedeutender Philologen, die in ihren Schriften und Ausgaben sein Angedenken bewahrten. Er hielt zwar Vorlesungen über die ganze griech. Dichtung von Homer bis Nonnos und bezog auch das Römische ein [11], doch publizierte er selbst fast nichts. Sogar auf seinem Spezialgebiet, der griech. Tragödie, ist nur eine Edition (Paris 1548) des pseudo-aischyleischen *Prometheus* zu nennen [8. 8–19]; [10. 40–80].

Bedeutung

Durch D. hielt die griech. Poesie Einzug in die franz. Kultur. Seine franz., griech. und lat. Gedichte waren Muster eines produktiven Umgangs mit den ant. Formen und ihrer nzl. Adaptation. So hoch seine katalysatorische Wirkung einzuschätzen ist, blieb er doch Philologe und sah in der Antike nicht nur den Ausgangs-, sondern auch einen Zielpunkt. Unter den Gegenständen seiner Lehre und Forschung – genauer kenntlich ist die Beschäftigung u. a. mit Homer [2]; [5], Pindar und Sophokles – ragt Aischylos hervor, bei dem ihm glänzende Textverbesserungen gelangen. Allerdings wurde seine Leistung vielfach (z. B. [9]) aufgrund einer irrigen Zuschreibung von Emendationen überschätzt, die erst in neuerer Zeit aufgeklärt worden ist [8]; [12]; [10]; vgl. [13. 25]. Etwa 59 allgemein akzeptierte Konjekturen legen von seinem *esprit* und seiner Genialität hinreichend Zeugnis ab, doch war ihm sein Kollege Turnebus auf diesem Feld weit überlegen.

Schriften

[1] Les odes latines, hrsg. von G. Demerson (mit Übers. und Komm.), 1980 [2] Mythologicum ou interpretation allégorique de l'»Odyssée« X-XII et de »L'hymne à Aphrodite«, hrsg. von Ph. Ford (mit Übers. und Komm.), 2000.

Sekundärliteratur

[3] Ch. Buzon / J.-E. Girot (Hrsg.), Jean Dorat. Poète humaniste de la renaissance, 2007 [4] G. Demerson, Dorat en son temps. Culture classique et présence au monde, 1979 [5] Ph. Ford, Homer in the French Renaissance, in: Renaissance Quarterly 59, 2006, 1–28 [6] P. Hummel, Dorat ou la philologie maïeutique, in: Quaderni urbinati di cultura classica, N. S. 77, 2004, 121–140 [7] C. Magnien-Simonin, Inventaire des contributions imprimées éparses de Jean Dorat, in: Ch. Buzon-Giro / J.-E. Girot (Hrsg.), Jean Dorat. Poète humaniste de la renaissance, 2007, 439–542
[8] M. Mund-Dopchie, La survie d'Eschyle à la Renaissance, 1984 [9] Pfeiffer KPh 131–136 [10] M. Taufer, Jean Dorat editore e interprete di Eschilo, 2005 [11] M. Taufer, Jean Dorat nel Lucrezio di Lambin e nei »Verisimilia« di Fruitier, in: Vichiana, Ser. 4/7, 2005, 274–306
[12] M. L. West, Studies in Aeschylus, 1990, 358–364
[13] Wilamowitz GPh, 25–27.

Kurt Sier

Dornseiff, Franz

Dt. Klass. Phil. und Germanist. Geb. als Franz Richard Karl Rudolf Johannes D. am 20. 3. 1888 in Gießen, gest. am 20. 5. 1960 in Markkleeberg bei Leipzig. 1906–1912 Studium der Klass. Phil. und Germanistik u. a. in Heidelberg, München, Berlin; 1916 Prom. in Heidelberg; 1920/21 Habil. in Basel. 1925 ao.Prof. für Klass. Phil. in Berlin; 1926–1945 o.Prof. für Klass. Phil. in Greifswald. Ab 1940 Mitglied des DAI. 1947 Rückkehr als o.Prof. nach Greifswald; 1948 o.Prof. und Direktor des Philol. Instituts in Leipzig; ab 1949 Mitglied an der Sächsischen Akad. der Wiss.; 1959 Nationalpreis der DDR.

Werk und Wirkung

D., Schüler von Franz ↗Bopp und Ulrich von ↗Wilamowitz-Moellendorff, folgte in seinen ca. 250 thematisch breit gefächerten Forschungsbeiträgen immer wieder transdisziplinären Forschungsinteressen. Im Mittelpunkt stehen »griech. Antike, Bibel, Alter Orient, Sprachgeschichte des Deutschen« [10]. D. vertrat dabei kein eurozentrisches Bild der Antike, sondern das Konzept »einer Völker- und Sprachgrenzen überschreitenden Kultur- bzw. Literaturgeschichte« [13. 284]. Hiermit opponierte der »Vierteljude« D. v. a. gegen das nordisch-rassistische Griechenbild im Nationalsozialismus. Exemplarisch für seine Interdisziplinarität sind bereits seine Diss. zur Buchstabenmystik [3], die Dante-Übersetzung [4] oder die Schriften in [9]. Im Bereich der Gräzistik setzte er insbes. durch seine Arbeiten zur frühgriech. Literatur Maßstäbe, z.B. zu Pindar [1]; [2] und Homer, wobei er sich intensiv mit Echtheits- und Einheitsfragen befasste [7], u.a. als dezidierter Gegner der analytischen Homer-Philologie [6]. In der Latinistik widmete sich D. v.a. der augusteischen Dichtung. Seine größte Breitenwirkung erzielte er durch sein onomasiologisches Wörterbuch des Deutschen [5], mit dem er sich breite internationale Anerkennung verdiente und das zurzeit in der neubearbeiteten achten Auflage vorliegt.

Schriften

[1] Pindar (Übers. und Komm.), 1921 [2] Pindars Stil (Habil.schrift Basel), 1921 [3] Buchstabenmystik (Diss. Heidelberg 1916), 1922 [4] Dante Alighieri. Über das Dichten in der Muttersprache (Übers. mit J. Balogh), 1925 [5] Der deutsche Wortschatz nach Sachgruppen, 2 Bde., 1933–1940 [6] Die archaische Mythenerzählung, 1933 [7] Echtheitsfragen antik-griechischer Literatur. Rettungen des Theognis, Phokylides, Hekataios, Choirilos, 1939 [8] Die griech. Wörter im Deutschen, 1950 [9] K.S., Bd. 1: Antike und alter Orient. Interpretationen, 1956 (^{2}1959).

Sekundärliteratur

[10] J. Kalka, Gebärden der Seele. Franz Dornseiffs Erforschung der kleinen Wörter, in: Frankfurter Allgemeine Zeitung vom 15.04.2004 [11] J. Werner, Franz Dornseiff, in: Gnomon 32, 1960, 779–782 [12] J. Werner, »Die Welt hat nicht mit den Griechen angefangen«. Franz Dornseiff (1888–1960) als Klassischer Philologe und als Germanist, 1999 [13] J. Werner, Franz Dornseiff zum 50. Todestag, in: Forum Classicum 4, 2010, 283–286.

Ronny Kaiser

Dörpfeld, Wilhelm

Dt. Bauforscher und Archäologe. Geb. am 26.12. 1853 in Barmen, gest. am 25.4.1940 in Nidri auf Lefkas. 1873–1876 Studium der Architektur an der Bauakademie in Berlin; 1876 Bauführer-Examen; 1882 Dr. phil. h.c. in Würzburg. 1887–1912 Leiter des DAI in Athen; 1923 Honorar-Prof. in Jena.

Werdegang

D.s Persönlichkeit war geprägt vom Humanismus seines Vaters, des Pädagogen Friedrich Wilhelm D., und von einer mathematisch-naturwiss. Begabung. Entscheidend für seinen wiss. Werdegang war das Studium bei dem Bauhistoriker Friedrich Adler, der ihn 1877 zu den Grabungen nach Olympia sandte; dessen Tochter Anne heiratete er 1883. Ab 1882 war D. in Athen für das DAI tätig, das ihn 1886 als ersten Architekten in eine Festanstellung übernahm. Schnell erwarb er sich hohes Ansehen, das sich in zahlreichen internationalen Auszeichnungen (u.a. sieben Ehrendoktorwürden, elf Akademiemitgliedschaften) spiegelt. Bei seinen Forschungen wurde er vielfach von Mäzenen unterstützt, zu denen auch Kaiser Wilhelm II. zählte. Bedingt durch zunehmende Sehschwäche war D. im Alter auf fremde Hilfe angewiesen, die er bes. in Peter Goessler und Hans Schleif fand.

Werk

Als Mitarbeiter der dt. Olympia-Grabung, deren technische Leitung ihm 1878 übertragen worden war, trug D. entscheidend zum epochalen Erfolg der Unternehmung bei [2]. In Athen beschäftigte er sich zunächst mit den Bauten der Akropolis, deren Bestand er 1885 um den von ihm entdeckten alten Athena-Tempel, den sog. ›Dörpfeld-Tempel‹, bereichern konnte. Ab 1892 folgten Grabungen am Westabhang und in der Agora. Daneben wurden von ihm die Tempel von Tegea, Sunion und Korinth untersucht. Zusätzlich verfasste D. theoretische Studien in Aufsätzen etwa zur Entstehung der dorischen Bauformen, zur Skeuothek des Philon oder zur ant. Metrologie (in den Athenischen Mitteilungen des DAI 1882–1890). Das Dionysos-Theater gab Anlass zu weiteren Theaterstudien, die in einem bis heute als grundlegend zu betrachtenden Band zusammengefasst wurden [3].

In enger Kooperation mit den griech. Kollegen beteiligte sich D. an deren Ausgrabungen in Athen, Piräus, Eleusis, Epidauros, Oropos, Mykene usw. Später wandte er sich 1911–1914 dem neu entdeckten Artemis-Tempel und anderen Bauten auf Korfu zu. Seine Tätigkeit reichte aber auch weit über Griechenland hinaus, wobei den zwölf ab 1900 von ihm geleiteten Kampagnen in Pergamon besonderes Gewicht zukommt.

Parallel zu diesen ›klass.‹ Bauuntersuchungen und Grabungen ziehen sich prähistor. Forschungen wie ein roter Faden durch D.s Lebenswerk. Ausgelöst wurden sie durch Heinrich ↗Schliemann, der ihn 1882 nach Troja geholt hatte, wo D. erstmals Ordnung in die komplizierten stratigraphischen Befunde brachte. Es folgten gemeinsame Unternehmungen in Tiryns [1] und Orchomenos und schließlich, nach Schliemanns Tod, 1893/94 auch eigene Grabungen in Troja [4]. Angetrieben von heftigen Disputen mit Adolf ↗Furtwängler wandte sich D. ab 1906 der Frühgeschichte Olympias zu und verstrickte sich zunehmend in kunst- und kulturhistor. unhaltbare Theorien [6]. Fest überzeugt von der geschichtlichen und topographischen Realität der Epen, begab er sich auf die Suche nach homerischen Stätten wie Pylos oder Ithaka, das er auf Lefkas wiederentdeckt zu haben glaubte [5].

Wirkung

Die Breite seines Schaffens (mehr als 30 Grabungsplätze, über 300 Veröffentlichungen) machten D. zum unangefochtenen Experten in allen Fragen der griech. Baukunst und der Grabungstechnik. Mit seiner scharfsinnigen Deutung von Bau- und Schichtbefunden wurde er zum Begründer einer neuen wiss. Disziplin, der arch. Bauforschung. Dies beinhaltete die Abkehr vom klassizistischen Idealbild eines Bauwerks und die Hinwendung zur Dokumentation seiner Gestalt und Geschichte in allen ihren Aspekten. Über die Fachkompetenz hinaus lag D.s große Popularität in seiner Öffentlichkeitsarbeit begründet. Mit wöchentlichen Vorträgen vor den Bauten Athens, v.a. aber während der seit 1888 regelmäßig durchgeführten ›Dörpfeld-Reisen‹, verstand er es, seine Begeisterung für alles Griechische auf eine große internationale Schar von Gelehrten und wissbegierigen Laien zu übertragen.

So viel Anerkennung D. als Bauforscher und Ausgräber fand, so umstritten waren und blieben seine homerischen Studien. Bei aller berechtigten Kritik an diesen späten Werken [5]; [6] bleibt jedoch festzuhalten, dass viele der von ihm erstmals angewandten Methoden heute zum selbstverständlichen Allgemeingut der arch. Forschung gehören.

SV: P. Goessler/M. Breithaupt, Schriftenverzeichnis von W. Dörpfeld, in: AA 1950/51, 381–404.

N: Berlin, Archiv des DAI; Wuppertal, Stadtarchiv.

Schriften

[1] Die Bauwerke von Tiryns, in: H. Schliemann (Hrsg.), Tiryns, 1886, 200–352 [2] Olympia II. Die Baudenkmäler (16 Beiträge), 1892 [3] Das griechische Theater, 1896 [4] Troja und Ilion. Ergebnisse der Ausgrabungen 1870–1894, 1902 [5] Alt-Ithaka, 1927 [6] Alt-Olympia, 1935 [7] Alt-Athen und seine Agora, 2 Hefte, 1937–1939.

Sekundärliteratur

[8] P. Goessler, Wilhelm Dörpfeld. Ein Leben im Dienst der Antike, 1951 [9] E. Heinrich, Gedächtnisrede zu Wilhelm Dörpfelds 100. Geburtstag, in: AA, 1955, 86–93 [10] K. Herrmann, Wilhelm Dörpfeld. Persönlichkeit und Werk, in: Mitteilungen aus dem Heinrich-Schliemann-Museum Ankershagen 6, 1999, 123–134.

Klaus Herrmann

D'Orville, Jacques Philippe

Lat. Dorvillius, Jacobus Philippus. Niederl. Philologe und Historiker. Geb. am 28.7.1696 in Amsterdam, gest. am 13.9.1751 ebda. 1715–1721 Studium der Rechtswissenschaft in Leiden, 1721 Prom. ebda.; 1718 Aufenthalt zu Studienzwecken in England. Zwischen 1723 und 1729 Bildungsreisen; 1730–1742 Prof. für Gesch., Rhetorik und Griechisch in Amsterdam.

Werdegang

Nach seiner Promotion gab D.'O. die juristische Praxisausbildung in Den Haag auf und unternahm Reisen nach Frankreich, England, Italien und Deutschland: Er durchforstete alle namhaften Bibl. und fertigte Kopien von Mss. antiker Autoren an, verglich Editionen (namentlich der *Anthologia Graeca*, von Heliodor, Horaz, Lucan, Statius und Theokrit) und trat in Kontakt mit den herausragenden Wissenschaftlern seiner Zeit. Lediglich in Turin und Wien scheint er auf Ablehnung gestoßen zu sein. Einen Schwerpunkt seiner Italienreise bildete Sizilien, angeregt durch seinen Lehrer Pieter ↗Burmann d.Ä. Begleitet wurde er dort von einem Zeichner und Bauforscher. Nach der Rückkehr wollte er sich seinen Studien widmen, erhielt 1730 jedoch einen Ruf auf eine Professur für Geschichte, Redekunst und Griechisch in Amsterdam, die er bis 1742 wahrnahm [12].

Werk und Wirkung

Abgesehen von seiner juristischen Dissertation [1], begann D.'O. eine rege Publikationstätigkeit erst ab 1730 mit der Veröffentlichung seiner Antrittsvorlesung [2]. Gemeinsam mit Pieter Burmann gab er zwischen 1732 und 1740 die *Miscellaneae observationes* heraus [3], die zunächst engl.sprachige Artikel in lat. Übersetzung einem größeren Publikum erschließen sollten, dann aber kommentiert und um eigene Beiträge ergänzt wurden; D.'O. steuerte u.a. Artikel zu Heliodor, Homer, Oppian und Theodoret bei. Nach Burmanns Tod fungierte D.'O. zeitlebens als Alleinherausgeber der Reihe [8] und beschäftigte sich in dieser Zeit u.a. mit Seneca und den *Institutiones* Iustinians. Daneben publizierte er eine Reihe von Monographien. 1732 erschien eine Festschrift zum 100-jährigen Bestehen des Amsterdamer Gymnasiums [4], 1737 eine gegen Cornelius de Paw gerichtete philol. Streitschrift [6] sowie einige Epigramme der *Anthologia Graeca* sowie Bemerkungen zu Horapollon [7]. Nach dem Tod seines Bruders Pieter publizierte D.'O. 1742 dessen Gedichte zusammen mit eigenen und solchen von Freunden [9]. Seine beiden Hauptwerke sind aber die kommentierte Erstedition des Chariton [10] sowie seine Beschreibung Siziliens (postum erschienen) [11], die nicht nur durch ihre qualitätvollen Tafeln, sondern auch dadurch hervorsticht, dass sie neben einer detaillierten Beschreibung der Insel arch. Kleinfunde wie Münzen und ein Goldglas vorstellt und interpretiert. In D.'O.s Nachlass fanden sich Vorarbeiten zu Editionen der *Anthologia Graeca* (mit lat.

Übersetzung von Hugo ↗Grotius), von Theokrit (30 Handschriften waren bereits verglichen), Catull, Tibull und Properz sowie drei Bände *Animadversiones in Muratorii inscriptiones veteres*.

Durch die engen Kontakte zu namhaften Gelehrten seiner Zeit und seine philol. Reputation übte D.'O. bereits zu Lebzeiten große Wirkung auf andere Klass. Philologen aus. Die Ankündigung der Beschreibung Siziliens ging seit 1733 durch die Presse und so verwundert es nicht, dass sie postum in den Jahren 1762–1764 durch den Sohn seines Lehrers herausgegeben wurde. Dieser hielt auch die Leichenrede, die kurz darauf ins Niederl. übersetzt wurde und so größere Verbreitung fand.

N: Oxford, Bodleian Library MSS. D'Orville 1–618 (Mss.) [13].

Schriften

[1] Dissertatio iuridica inauguralis ad legem 65 de adquirendo rerum dominio (Diss.), Leiden 1721 [2] Oratio de Mercurii cum musis felici contubernio …, Amsterdam 1730 [3] (Hrsg.), Miscellaneae observationes in auctores veteres et recentiores, 10 Bde. (mit P. Burmann), 1732–1739 [4] Oratio in centesimum natalem illustris Amstelaedamensium Athenaei, Amsterdam 1732 [5] Calumniae refutantur circa epistolam, in qua de aetate msti. Philae actum fuit, Amsterdam 1737 [6] Critica vannus in inanes Ioannis Cornelii Pavonis paleas, Amsterdam 1737 [7] Excerpta quaedam censurarum in Horapollinem, Amsterdam 1737 [8] (Hrsg.), Miscellaneae observationes criticae novae in auctores veteres et recentiores, 12 Bde., Amsterdam 1740–1751 [9] (Hrsg.), Petri d'Orville iurisconsulti poemata, Amsterdam 1740 [10] Charitonis Aphrodisiensis de Chaerea et Callirrhoe amatoriarum narrrationum libri VIII (Edition mit Komm.), Amsterdam 1750 [11] Sicula, quibus Siciliae veteris rudera, additis antiquitatum tabulis, illustrantur, 2 Bde., hrsg. von P. Burmann d.J., Amsterdam 1762–1764.

Sekundärliteratur

[12] Th. Dokkum, Art. Orville, Jacobus Philippus d', in: Ph.Ch. van Molhuysen / P.J. Blok (Hrsg.), Nieuw Nederlandsch Biografisch Woordenboek 4, 1918, 1043–1046 [13] F. Madan et al., A Summary Catalogue of Western Manuscripts in the Bodleian Library at Oxford Which Have Not Hitherto Been Catalogued in the Quarto Series, Bd. 4, 1980, Nr. 16869–17496 [14] J. Ch. Strodtmann, Das Neue Gelehrte Europa, 1752, 330–358.

Peter Franz Mittag

Dragendorff, Hans

Dt. Klass. und Provinzialröm. Archäologe. Geb. am 15.10.1870 in Dorpat (Tartu), gest. am 29.1.1941 in Freiburg. Schulbesuch und Studium (Klass. Arch., Klass. Phil., Alte Gesch.) in Dorpat, Berlin und Bonn, 1894 dort Prom.; 1896/97 Reisestipendiat des DAI. 1898 ao.Prof. für Klass. Arch. an der Univ. Basel; 1902 Gründungsdirektor der Röm.-German. Kommission in Frankfurt (RGK); 1911–1922 Generalsekretär des DAI in Berlin. 1916 Ordentliches Mitglied der Preuß. Akad. der Wiss.; 1922–1938 o.Prof. für Klass. Arch. und 1929–1931 Rektor der Univ. Freiburg. 1939–1941 erneut Direktor der RGK.

Werk und Wirkung

Von seinen Kollegen persönlich sehr geschätzt, war D. ein ausgezeichneter Wissenschaftsmanager, der über weitreichendes histor. und breites arch. Fachwissen verfügte, das ihn heute eher als Provinzialröm. Archäologen kennzeichnen würde. Geprägt von seinem Lehrer Georg ↗Loeschcke in Dorpat, dem er nach Bonn gefolgt war, verschaffte sich D. international Beachtung mit seiner Diss. zur Terra Sigillata [1]. Der darin erarbeitete Typenkatalog von Keramikformen tradiert seinen Namen mit der bis heute üblichen Zitierweise »Drag. Nr. 1ff.«. Bestimmend für seinen weiteren Werdegang wurden die Fragestellungen des röm. Rheinlandes [2]. Als erster Direktor der neugegründeten RGK prägte er deren zukünftige Forschungsrichtung, die sich insbes. in den Ausgrabungen in den Lippe-Lagern und am obergerman. und raetischen Limes niederschlug. Neben der Weiterbildung des wiss. Nachwuchses und der Herausgabe von Fachpublikationen entwickelte D. internationale Beziehungen. Seine Erfolge ließen ihn 1911 für die Leitung des DAI in Berlin prädestiniert erscheinen. Dieses führte er durch die schwierigen Kriegs- und Nachkriegsjahre, ehe er 1922 einem Ruf nach Freiburg folgte, den er zuvor schon einmal abgelehnt hatte. Die Lehrtätigkeit bis zur Emeritierung 1938 erlaubte auch wieder eigene Forschung [3]. Mit der *Arretinischen Reliefkeramik* [4] kehrte D. wieder zu seinen Anfängen zurück. 68-jährig übernahm er nach Kriegsausbruch nochmals die Direktion der RGK, die er bis zu seinem Tode 1941 leitete.

Wenn der Umfang seines wiss. Druckwerks auf den ersten Blick vielleicht geringer erscheint, so ist dies stark seinem organisatorischen Einsatz für die röm. Archäologie in Deutschland geschuldet; es zeigt aber die ganze Breite seiner fachlichen Interessen.

SV: [8.212–217].

Schriften

[1] Terra Sigillata (Diss. Bonn), 1894 [2] Westdeutschland zur Römerzeit, 1912 (^{2}1919) [3] Das Grabmal von Igel, 1924 [4] Arretinische Reliefkeramik, 1948 (postum).

Sekundärliteratur

[5] K. Becker, Die Gründung der Röm.-Germanischen Kommission und der Gründungsdirektor Hans Dragendorff, in: Bericht der Röm.-Germanischen Kommission 82, 2001, 105–136 [6] G. Grimm, Hans Dragendorf, in:

Lullies-Schiering Arch. 179–180 [7] E. Krüger, Hans Dragendorff zum Gedächtnis, in: Trierer Zeitschrift 15, 1940, 1–7 [8] G. Rodenwaldt, Gedächtnisrede auf Hans Dragendorff, in: Jb. der Preußischen Akad. der Wiss., 1941, 210–217.

Hans Ulrich Nuber

Drerup, Heinrich

Dt. Klass. Archäologe. Geb. am 23.8.1908 in München, gest. am 10.2.1995 in Marburg. 1926–1933 Studium der Klass. Arch., Kunstgesch. und Alten Gesch. in Freiburg, München, Wien und Bonn, dort 1933 Prom. 1934 Reisestipendium des DAI, 1934/35 Hilfskraft in Pergamon; 1936–1945 wiss. Referent in der Zentrale des DAI Berlin. 1939–1948 Kriegsdienst und Gefangenschaft. 1948 Habil. in Münster, 1950 Dozent, 1954 apl.Prof. ebda; 1959–1976 o.Prof. für Klass. Arch. in Marburg.

Werk und Wirkung

D. war Sohn des Gräzisten Engelbert D. und einziger Schüler Richard ↗Delbruecks, bei dem er 1933 mit einer Arbeit über Funktion und Chronologie der Mumienporträts promoviert wurde [1]. In seiner Habil.-Schrift untersuchte er die Entwicklung des ionischen Kapitells [3]. Formentwicklung verstand er weniger als autonomen Prozess; als stärker sah er andere heterogene Einflüsse am Werk. Mit seiner Arbeit zur *Baukunst in geometrischer Zeit* erschloss er eine neue Epoche der griech. Architektur [8]: Er zeigte darin deren enge Verbindung zu Aussagen bei Homer auf, v.a. aber wies er den Kulturbruch zur myk. Zeit nach. In denselben Bereich gehören auch Einzelstudien zur semantischen Qualität griechischer Architekturelemente [7].

An der röm. Architektur interessierten D. bestimmte konstitutive Elemente, etwa die Achsenbezogenheit der Gestaltung in den Villen, in einer Antithese zwischen Bildraum und Realraum, oder die Tendenz, sie als Symbol für die Unterjochung der Natur zu sehen [5]; [6]. Seine Forschung hob sich in Thematik wie Zielsetzung deutlich von der seiner Zeitgenossen ab und faszinierte in der Mischung von Nüchternheit und Emphase. D.s Ansätze zur Interpretation der ant. Architektur wurden innerhalb der großen Gruppe seiner Schüler (darunter Burkhard Fehr, Henner von Hesberg, Helmut Kyrieleis und Burkhardt Wesenberg) aufgenommen und weiter vertieft. Jenseits typologischer Untersuchungen, von denen diese Arbeiten in der Regel geprägt sind, geht es ihnen um eine kulturhistor. Einordnung der Phänomene [9].

SV: [9.9–12].

Schriften

[1] Die Datierung der Mumienportraits (Diss. Bonn), 1933 (Ndr. 1968) [2] Architektur und Toreutik in der griech. Frühzeit, in: Mitteilungen des DAI 5, 1952, 7–38 [3] Pytheos und Satyros. Die Kapitelle des Athenatempels von Priene und des Maussoleums von Halikarnass (Habil. Münster, nur teilw. publ.), in: Jb. des DAI 69, 1954, 1–31 [4] Zum Ausstattungsluxus in der röm. Architektur, 1957 (^{2}1981) [5] Bildraum und Realraum in der röm. Architektur, in: Röm. Mitteilungen 66, 1959, 147–174 [6] Die röm. Villa, in: Marburger Winckelmann-Programm, 1959, 1–24 [7] Zur Entstehung der griech. Tempelringhalle, in: FS Friedrich Matz, 1962, 32–38 [8] Griech. Baukunst in geometrischer Zeit (Archaeologia Homerica, Kap. O = Bd. 3), 1969.

Sekundärliteratur

[9] H. Büsing / F. Hiller (Hrsg.), Bathron. Beiträge zur Architektur und verwandten Künsten. FS H. Drerup, 1988 [10] H. Kyrieleis, Heinrich Drerup, in: Gnomon 69, 1997, 176–179.

Henner von Hesberg

Drexler, Hans

Dt. Klass. Philologe. Geb. am 11.3.1895 in Niesky/Oberlausitz, gest. am 10.4.1984 in Göttingen. Ab 1913 Studium in Freiburg und Berlin (Klass. Phil., Gesch., Philosophie, Sprachwiss.). Freiwillige Teilnahme am Ersten Weltkrieg. 1919 Fortsetzung des Studiums in Göttingen; dort 1922 Prom.; 1923 Staatsexamen und Studienreferendariat am Magdalenengymnasium in Magdeburg. 1924/25 Stipendiat am *Thesaurus Linguae Latinae* in München; 1925 Habil. in Göttingen. 1925 Assistent in Breslau; Vertretungen in Kiel 1928/29 und Leipzig 1930. 1933 Mitglied des NS-Lehrerbundes. 1935 Ruf nach Breslau (Nachfolge von Wilhelm ↗Kroll); Mitglied des NS-Dozentenbundes; ab 1937 Mitglied auch der NSDAP. 1940 Ruf nach Göttingen (Nachfolge von Ulrich Knoche); 1943 Rektor. 1945 Absetzung, amerikan. Internierung und Berufsverbot. Ab 1945 Rückkehrbemühungen an die Univ. Göttingen; 1953 Ablehnung der Wiederaufnahme; danach Tätigkeit als Gymnasial- und Privatlehrer und -gelehrter.

Werk und Wirkung

D. wuchs im geistigen Umfeld der pietistischen Herrnhuter Brüdergemeine auf. Sein Studium in Freiburg und Berlin bei Hermann ↗Diels, Eduard ↗Meyer, Eduard ↗Norden und Ulrich von ↗Wilamowitz-Moellendorff wurde durch die freiwillige Teilnahme am Ersten Weltkrieg unterbrochen und erst 1919 wieder aufgenommen, u.a. bei Günther Jachmann, Max ↗Pohlenz und Richard ↗Reitzenstein, von dem D. 1922 mit einer Arbeit zur plautinischen Metrik promoviert wurde [1]. Daraus entwickelte sich einer der wichtigen Forschungsschwerpunkte D.s. mit zahlreichen grundlegenden Publikationen (Plautus [2], Hexameterstudien [5], lat. Metrik in zahlreichen Auflagen [6]). Ferner forschte er zur ant. Geschichtsschreibung (u.a. zu Herodot [7], Thukydides [8] und Tacitus [3]), dem röm. Drama (Plautus, Terenz) sowie zu röm. Wertbegriffen. Die Habil., ein Kommentar zu Philo Alexandrinus (1925), blieb unveröffentlicht.

D. steht exemplarisch für die Verstrickung der Klass. Philologie in das Dritte Reich [12.244–263]: Er war aktiver Nationalsozialist, gelangte schnell zu höchsten Parteiämtern und strebte eine entsprechende Ausrichtung der Wiss. an, eine »dt. Latinistik«. Bes. deutlich wurde dies in der Auseinandersetzung mit dem Dritten Humanismus [4] Werner ↗Jaegers, dem D.s »Haß und … Vernichtungswillen« [4.9] galt und den er als »okkulte Ideologie« [4.10] einstufte. Für D. war diese Richtung zeitfern, welt- und lebensfremd, individualistisch-liberalistisch und von menschheitlich-weltbürgerlicher Humanitätsduselei durchdrungen. Trotz seiner intensiven Bemühungen wurde D. nach seiner Entlassung durch die Amerikaner als einer der ganz wenigen nationalsozialistisch belasteten Hochschullehrer nicht mehr in den Dienst aufgenommen. Gleichwohl entfaltete er eine rege Publikationstätigkeit.

Schriften

[1] Observationes Plautinae (Diss. Göttingen), 1922
[2] Plautinische Akzentstudien, 3 Bde., 1932–1933
[3] Tacitus. Grundzüge einer politischen Pathologie, 1939 (Ndr. 1970) [4] Der Dritte Humanismus. Ein kritischer Epilog, ^{2}1942 [5] Hexameterstudien, 6 Bde., 1951–1956
[6] Einführung in die röm. Metrik, 1967 (^{5}1993)
[7] Herodot-Studien, 1972 [8] Thukydides-Studien, 1976
[9] Ausgewählte K.S., 1982.

Sekundärliteratur

[10] H.-U. Berner, Hans Drexler, in: Gnomon 60, 1988, 188–191 [11] P. Kuhlmann, Humanismus und Alte Sprachen im Dritten Reich, in: Archiv für Kulturgeschichte 88/2, 2006, 409–431 [12] C. Wegeler, »… wir sagen ab der internationalen Gelehrtenrepublik«. Altertumswissenschaft und Nationalsozialismus, 1996.

Stefan Kipf

Droysen, Johann Gustav

Dt. Historiker. Geb. am 6.7.1808 in Treptow (Pommern), gest. am 19.6.1884 in Berlin. Studium in Berlin 1826–1829; Prom. 1831; Habil. 1833 ebda.; o.Prof. für Gesch. in Kiel ab 1840; Mitglied der Nationalversammlung Mai 1848–Mai 1849; o.Prof. in Jena ab 1851, in Berlin ab 1859.

Werdegang

Der Sohn des Garnisonspfarrers Johann Christoph D. promovierte 1831 bei August ↗Boeckh, lehrte seit 1833 als PD bzw. unbesoldeter a.o.Prof. für Alte Geschichte an der Berliner Univ., neben seiner Tätigkeit als Gymnasiallehrer (seit 1829). Als Prof. für Geschichte in Kiel wandte er sich der Nz. zu. Ende März 1848 wurde er von der provisorischen Regierung Schleswig-Holsteins als Mitglied des »Siebzehnerausschusses« zum Bundestag nach Frankfurt entsandt; danach engagierte er sich als Abgeordneter der Nationalversammlung für eine kleindt. Lösung unter preuß. Führung. In Jena arbeitete er v.a. zur preuß. Geschichte, hielt erstmals auch eine Vorlesung zur Geschichtstheorie. Der leidenschaftliche Verfechter von Preußens »Beruf«, die dt. Einigung herbeizuführen, wurde vom preuß. Kultusministerium in der »Neuen Ära« gegen den Willen der Fakultät nach Berlin berufen. Hier nahm er neben der Fortführung seiner Preußenhistoriographie auch seine althistor. Arbeiten wieder auf.

Werk

Nach seiner Diss. zum Lagidenreich unter Ptolemaios VI. Philometor trat D. mit Übersetzungen von Aischylos [1] und Aristophanes [3] hervor, wobei es ihm mit den Einleitungen zu den jeweiligen Stücken darum ging, diese als histor. Quellen auszuwerten, wie er dies auch in Aufsätzen zu Aristophanes tat [11.Bd. 2, 1–61]. Größtes Aufsehen erregte seine Geschichte Alexanders [2], in der dieser als Vollstrecker historischer Notwendigkeit im Sinne Hegels idealisiert wurde. Mit den Fortsetzungen zur hell. Geschichte [4] wollte er die Verschmelzung der griech., oriental. und jüd. Kultur als Bedingung der Möglichkeit für den Aufstieg des Christentums darstellen. Aber dieser in Vorreden und Schlussworten erhobene Anspruch wurde nicht umgesetzt; D. blieb bei einer Geschichte des hell. Staatensystems (bis 220 v.Chr.) stehen. Diese Arbeiten wurden aus dem Lager der »Wortphilologen« scharf kritisiert, die D. philol. Ungenauigkeiten und Vernachlässigung der Quellenproblematik vorwarfen [24.22–40]. Auch sein Nachweis der Unechtheit der Urkunden in der Kranzrede des Demosthenes [11.Bd. 1, 95–270] fand kritische Aufnahme und wurde erst später akzeptiert. Diese Reaktionen, ferner die Einsicht, dass er sein ursprüngliches kulturhistor. Konzept nicht werde realisieren können, schließlich sein polit. Engagement in Schleswig-Holstein führten zu D.s Hinwendung zur Neueren Geschichte.

Nach den *Vorlesungen über das Zeitalter der Freiheitskriege* [5], welche die Entwicklung in Europa und Amerika zwischen 1776 und 1815 behandelten, konzentrierte er sich auf die preuß. Geschichte, zunächst mit einer Biographie eines Heldens der Freiheitskriege [7], dann mit einer voluminösen, durch diverse Einzelstudien ergänzten *Geschichte der preuß. Politik* [8], die nachweisen sollte, dass Brandenburg-Preußen seit seinen Anfängen im 15. Jh. stets objektiv die Sache ganz Deutschlands vertreten habe. Obwohl dieses Werk noch nicht vollendet war oder weil er wusste, dass er es nicht abschließen würde [24.299–301], kehrte D. Mitte der 1870er Jahre zu seinen althistor. Anfängen zurück und legte eine Neubearbeitung seiner Alexander- und Hellenismus-Bücher unter dem nun für alle Bände geltenden Titel *Geschichte des Hellenismus* vor [10]. Der Ton ist nüchterner gehalten als in den Erstausgaben. Hier holte D. die quellenkritischen Untersuchungen nach, an der Konzeption änderte er jedoch im Prinzip nichts.

Wirkung

D. hat die »Geschichtswürdigkeit« der nachklass. Zeit begründet und die Forschung dazu nachhaltig gefördert. Seine Umdeutung des Begriffs »Hellenismus« zu einer Epochenbezeichnung hat sich durchgesetzt, auch wenn die zeitliche Abgrenzung nach staatengeschichtlichen oder kulturhistor. Kriterien umstritten blieb [18]; [23]. Auch seine (nicht verwirklichte) Absicht, die Geschichte des Judentums einzubeziehen, ist in der Forschung aufgegriffen worden [22]. Ferner hat die Auswertung der attischen Komödie als histor. Quelle Schule gemacht (vgl. z. B. Victor ↗Ehrenberg). Während seine Preußenhistoriographie schon von Zeitgenossen überwiegend als polit. Botschaft wahrgenommen und nach der Reichsgründung (1871) als obsolet betrachtet wurde, hat die *Historik* [9], die als kurzer Leitfaden zunächst wenig Beachtung fand, nach der postumen Edition der Vorlesungstexte [15] als Grundlegung einer Hermeneutik der Geschichtswissenschaft bis heute die Theoriediskussion des Faches geprägt [19]; [26].

SV: J. G. Droysen, Historik. Histor.-kritische Ausgabe, Supplement Droysen-Bibliographie, hrsg. von H. W. Blanke, 2008.

N: Berlin, Geheimes Staatsarchiv Preuß. Kulturbesitz; Halle (Saale), Univ.-und Landesbibliothek; Jena, Univ.-und Landesbibliothek.

Schriften

[1] Des Aischylos Werke, 2 Bde., 1832 [2] Geschichte Alexanders des Großen, 1833 [3] Des Aristophanes Werke, 3 Bde., 1835–1838 [4] Geschichte des Hellenismus, Bd. 1: Geschichte der Nachfolger Alexanders; Bd. 2: Geschichte der Bildung des hellenistischen Staatensystems, 1836–1843 [5] Vorlesungen über das Zeitalter der Freiheitskriege, 2 Bde., 1846 [6] Die Verhandlungen des Verfassungs-Ausschusses der deutschen Nationalversammlung, Bd. 1 (Edition), 1849 [7] Das Leben des Feldmarschalls Grafen York von Wartenburg, 3 Bde., 1851–1852 [8] Geschichte der Preußischen Politik, 14 Bde., 1855–1886 [9] Grundriß der Historik, 1868 [10] Geschichte des Hellenismus, Bd. 1: Geschichte Alexanders des Großen; Bd. 2: Geschichte der Diadochen; Bd. 3: Geschichte der Epigonen, 1877–1878 [11] K. S. zur Alten Geschichte, hrsg. von E. Hübner, 2 Bde., 1893–1894 [12] Aktenstücke und Aufzeichnungen zur Geschichte der Frankfurter Nationalversammlung, hrsg. von R. Hübner, 1924 [13] Briefwechsel, hrsg. von R. Hübner, 2 Bde., 1929 [14] Politische Schriften, hrsg. von F. Gilbert, 1931 [15] Historik. Vorlesungen über Enzyklopädie und Methodologie der Geschichte, hrsg. von R. Hübner, 1937 [16] Historik. Historisch-kritische Ausgabe, Bd. 1: Rekonstruktion der ersten vollständigen Fassung der Vorlesungen (1857), Grundriss der Historik in der ersten handschriftlichen (1857/58) und in der letzten gedruckten Fassung (1882), hrsg. von P. Leyh, 1977 [17] Historik. Historisch-kritische Ausgabe, Bd. 2: Texte im Umkreis der Historik, hrsg. von H. W. Blanke, 2007.

Sekundärliteratur

[18] R. Bichler, »Hellenismus«. Geschichte und Problematik eines Epochenbegriffes, 1983 [19] H. W. Blanke (Hrsg.), Historie und Historik. 200 Jahre Johann Gustav Droysen, 2009 [20] B. Bravo, Philologie, histoire, philosophie de l'histoire. Étude sur J. G. Droysen, historien de l'antiquité, 1968 [21] Ch. Hackel (Hrsg.), Johann Gustav Droysen, 1808–1884. Philologe, Historiker, Politiker, 2008 [22] A. D. Momigliano, J. G. Droysen. Between Greeks and Jews, in: History and Theory 9, 1970, 139–153 [23] W. Nippel, »Hellenismus«. Von Droysen bis Harnack oder: Interdisziplinäre Missverständnisse, in: K. Nowak et al. (Hrsg.), Adolf von Harnack. Christentum, Wissenschaft und Gesellschaft, 2003, 15–28 [24] W. Nippel, Johann Gustav Droysen. Ein Leben zwischen Wissenschaft und Politik, 2008 [25] K. Ries (Hrsg.), Johann Gustav Droysen. Facetten eines Historikers, 2010 [26] J. Rüsen, Begriffene Geschichte. Genesis und Begründung der Geschichtstheorie J. G. Droysens, 1969 [27] Ch. Wagner, Die Entwicklung Johann Gustav Droysens als Althistoriker, 1991.

Wilfried Nippel

Drumann, Wilhelm Karl August

Dt. Althistoriker. Geb. am 11. 6. 1786 in Dornstadt (bei Halberstadt), gest. am 29. 7. 1861 in Königsberg. Studium der Theologie und Alte Gesch. an den Univ. Helmstedt und Halle; dort 1812 Habil. 1817 Ruf auf eine ao. Professur an der Univ. Königsberg; 1821–1856 o. Prof. für Gesch. ebda.

Werk und Wirkung

D. entfaltete in Königsberg eine fruchtbare Lehr- und Forschungstätigkeit, in deren Mittelpunkt Griechenland [1] und Rom [3] standen, daneben ägypt. [2] und ma. [5] Geschichte sowie allgemeine Kulturgeschichte [4]. D.s Arbeiten sind von großer antiqu. Gelehrsamkeit geprägt, welcher er durchaus aktuelle Aspekte abzugewinnen wusste.

Seine Untersuchung zum Verfall der griech. Staaten [1] handelte vom Gewinn des griech. Prinzipats durch Athen im 5. Jh., vom Verlust der Herrschaft und der Agonie der griech. Staatenwelt im 4. Jh. v. Chr. Sein Alterswerk thematisierte *Arbeiter und Communisten* [6] und übernahm damit Bezeichnungen zeitgenössischer Gruppierungen im Umkreis der sozialen Frage des 19. Jh.s, ohne freilich aus der Namensanalogie wirkliches Kapital zu schlagen. D.s bekannteste Arbeit [3] präsentiert eine Abfolge zentraler Personen und Familien der ausgehenden Röm. Republik auf der Grundlage einer stupenden Quellenkenntnis und mit durchaus eigenwilligen »parteiischen« Wertungen (laut Eduard ↗Meyer, so u. a. bei Caesar, Cicero, Clodius). »Das wohl wichtigste dt.-sprachige Werk der Jahrzehnte zwischen Niebuhr und Mommsen« [7] wurde bes. in der Bearbeitung durch Paul Groebe zu einem unentbehrlichen Arbeitsinstrument, wenn auch wegen seiner atomistischen Darstellung vielfach, z. T. ungerechtfertigt, gescholten [9. VIf., 323]. D.s Zentrierung auf Personen und Familien als Träger der geschichtlichen Entwicklung wurde im 20. Jh. strukturell weiter entwickelt. Das Bild Caesars als eines skrupellosen Politikers auf dem Weg zur Alleinherrschaft wurde später vielfach aufgenommen und im Umkreis der von Christian Meier ausgelösten Diskussion um die *res publica amissa* erweitert. Mit seiner Überzeugung, dass die Entwicklung der Röm. Republik notwendigerweise auf eine Monarchie zulief als die den Menschen angemessenste Staatsform, unterstrich D. die Funktion der »Geschichte als beste Lehrerin« der Gegenwart [3. Bd. 1, 39]. »Kennst du das Alte, so wird auch das Neue klar« [6. IV], war ein Trugschluss, den er, der »konservative Monarchist« [8], mit vielen Historikern des 19. Jh.s teilte.

Schriften

[1] Ideen zur Geschichte des Verfalls der griech. Staaten, 1815 (²1820) [2] Historisch-antiquarische Untersuchungen über Ägypten oder die Inschrift von Rosette, 1823 [3] Geschichte Roms in seinem Übergang von der republikanischen zur monarchischen Verfassung, 6 Bde., 1834–1844 (Neuausg. von P. Groebe 1899–1929) [4] Grundriß der Kulturgeschichte, 1847 [5] Geschichte Bonifacius des Achten, 2 Bde., 1852 [6] Die Arbeiter und Communisten in Griechenland und Rom nach den Quellen, 1860.

Sekundärliteratur

[7] Christ, RömGG 45–48 [8] K. Lohmeyer, Art. Drumann, Wilhelm Karl August, in: ADB 5, 1877, 436–439 [9] E. Meyer, Caesars Monarchie und das Prinzipat des Pompejus, ²1919.

Hans Kloft

Dryander s. Enzinas, Francisco de

DuCange, Charles du Fresne

Franz. Jurist und Lexikograph. Geb. am 18. 12. 1610 in Amiens, gest. am 23. 10. 1688 in Paris. Nach dem Studium der Rechtswiss. in Orléans ab 1631 Anwalt in Paris. 1638 Heirat mit der wohlhabenden Catherine Du Bos. 1645–1668 als Nachfolger seines Schwiegervaters Trésorier von Amiens, danach Privatgelehrter in Paris. Beste Dokumentation biographischer Daten bei [4. Bd. 10, I-XXVI].

Werk und Wirkung

Nachhaltige Wirkung bis heute hat D. mit seinen lexikographischen Arbeiten erzielt. Sein *Glossarium* zu den Autoren der spätant. und ma. Zeit erschien zuerst 1678 in drei Bänden [1] und wurde im Lauf der nächsten hundert Jahre verschiedentlich erweitert und ergänzt (Frankfurt 1710, vier Bände; ergänzt durch die Benediktinerkongregation von St. Maur 1733–1736, Ndr. Venedig 1736–1740, Basel 1762; durch Pierre Carpentier, Paris 1766 mit vier Supplementbänden; durch G. A. Louis Henschel 1840–1846; durch Léopold Favre, 1883–1887, zehn Bände [4]). In der zuletzt erreichten Form wurde das Lexikon auch im 20. Jh. mehrmals nachgedruckt und ist, inzwischen auch im Internet verfügbar, bis heute als Nachschlagewerk in Gebrauch. Ähnlich angelegt ist D.s *Glossarium* zu den griech. Autoren der byz. Zeit [3], das weniger verbreitet war, aber ebenfalls im 20. Jh. noch neu gedruckt wurde.

Ein wichtiges Ziel beider Werke war es, die in der Antike nicht belegten lat. Wörter zu dokumentieren; diese waren in den klass. Lexika, die sich an einem humanistischen Stilideal orientierten – wie dem Lexikon des Ambrogio Calepino (Calepinus) oder dem *Thesaurus Linguae Latinae* des Robert ↗Estienne – weitgehend eliminiert, aber für die gelehrte Praxis der Kirche wie der Wiss. oft unerlässlich. Auf diese Weise vermittelte D. – ähnlich wie Gerardus Johannes ↗Vossius mit *De vitiis Latini sermonis* (1645) und Matthias ↗Martinius mit seinem *Lexicon etymologicum* (1623) – zwischen den Anforderungen eines humanistischen Lateinstandards und der realen lat. Sprachpraxis seiner Zeit [6]. Da von diesen Werken D.s *Glossarium* das mit Abstand umfangreichste und philol. gründlichste war, blieb es auch noch unersetzlich, als die Kenntnis der nachant. Latinität nur noch für histor. Forschungen benötigt wurde. D. veröffentlichte darüber hinaus mehrere Werke v. a. zu Byzanz, darunter eine zweibändige byz. Geschichte [2].

Schriften

[1] Glossarium ad scriptores mediae et infimae Latinitatis, 3 Bde., Paris 1678 (Ndr. Frankfurt 1681) [2] Historia Byzantina duplici commentario illustrata, Paris 1680 [3] Glossarium ad scriptores mediae et infimae Graecitatis, Lyon 1688 [4] Glossarium mediae et infimae Latinitatis. Sequuntur glossarium Gallicum, tabulae, indices auctorum et rerum, dissertationes/conditum ..., cum suppl. integris D.P. Carpenterii, Adelungii, aliorum, suisque ... Henschel. Ed. nova aucta, 10 Bde., hrsg. von L. Favre, 1883–1887.

Sekundärliteratur

[5] J. Considnie, Du Cange. Lexicography and the Medieval Heritage, in: J. Colemann / A. McDermott (Hrsg.), Historical Dictionaries and Historical Dictionary Research, 2004, 1–10 [6] J. Leonhardt, Latein als Weltsprache und als Bildungssprache. Stationen eines Konflikts, in: J. Korenjak / F. Schaffenrath (Hrsg.), Der altsprachliche Unterricht in der Frühen Neuzeit, 2010, 247–258.

Jürgen Leonhardt

Duhn, Friedrich von

Dt. Archäologe. Geb. am 17.4.1851 in Lübeck, gest. am 5.2.1930 in Heidelberg. Studium in Bonn, Prom. 1874 ebda.; danach Reisestipendium des DAI; Habil. 1879 in Göttingen. Ab 1880 o.Prof. in Heidelberg.

Werk und Wirkung

Nach seinem Studium der Klass. Philologie und Archäologie in Bonn, das er 1874 mit einer philol. Diss. abschloss, hielt sich D. – ausgestattet mit dem Reisestipendium des DAI – mehrere Jahre in Italien, Sizilien und Griechenland auf. Wesentliches leistete er durch die Identifizierung der Reliefs der *Ara Pacis Augustae* [1]; auch machte er sich um die Herausgabe des Katalogwerkes seines früh verstorbenen Freundes Friedrich Matz d.Ä. verdient [2]. Kurz nach seiner Habil. in Göttingen wurde D. als Nachfolger Carl Bernhard ↗Starks nach Heidelberg berufen, wo er bis zu seiner Emeritierung 1920 und darüber hinaus wirkte. In dieser Zeit baute er das Arch. Institut durch die Einrichtung von Abteilungen für Alte Geschichte und Kunstgeschichte aus und erweiterte die Sammlungen durch bedeutende Neuerwerbungen v.a. antiker Kleinkunst.

Was D. als Vertreter jener Generation auszeichnete, die ihren Horizont durch die reichen Neufunde wissenschaftlicher Großgrabungen erweitern konnte, war seine Vielseitigkeit, durch welche es ihm gelang, eine Verbindung von der Klass. Archäologie zur Prähistorie aufzubauen und die klass. Zentren Griechenland und Rom in einem größeren kulturgeographischen Kontext zu sehen. Auch an der Erforschung der kretisch-myk. Kultur beteiligte er sich. Im Zentrum stand für ihn aber zeitlebens die Frühzeit Italiens, insbes. die Auswertung von Grabfunden verschiedener Regionen, woraus sein Hauptwerk [3] hervorging. Für Max Eberts 15-bändiges *Reallexikon der Vorgeschichte* (1924–1932) verfasste er zahlreiche auf Italien bezogene Artikel. Zu den ital. Kollegen in bester Beziehung stehend und von ihnen hoch geachtet, wurde er 1908 zum auswärtigen Mitglied der *Accad. dei Lincei* in Rom ernannt.

SV: [5.444–447].

N: Berlin, DAI; Heidelberg, Univ.

Schriften

[1] Ueber einige Basreliefs und ein röm. Bauwerk der ersten Kaiserzeit, in: Miscellanea Capitolina, 1879, 11–19 [2] F. Matz, Antike Bildwerke in Rom mit Ausschluß der größeren Sammlungen, 3 Bde., hrsg. und fortgeführt von F. Duhn, 1881–1882 [3] Italische Gräberkunde, 1924 (2. Teil postum 1939).

Sekundärliteratur

[4] T. Hölscher, Friedrich von Duhn, in: Lullies/Schiering Arch. 100–101 [5] P. Mingazzini, Federico von Duhn, in: Studi etruschi 22, 1952, 443–447 [6] P. Orsi, Federico von Duhn, in: Gnomon 6, 1930, 509–512 [7] O.-W. von Vacano, Art. Duhn, Friedrich Carl von, in: NDB 4, 1959, 180.

Hubert Szemethy

Dümmler, Georg Ferdinand

Dt. Klass. Philologe und Archäologe. Geb. am 10.2.1859 in Halle an der Saale, gest. am 15.11.1896 in Basel. Nach Besuch des Stadtgymnasiums Studium in Halle und Straßburg 1877, ab 1878 in Bonn; Prom. 1882 und Staatsexamen 1883 ebda. 1883/84 Studienreisen nach Italien, 1884/85 nach Griechenland und Zypern (mit Reisestipendium des DAI). 1886 Habil. (Arch. und Phil.) in Gießen, 1890 ao.Prof. ebda.; 1890–1896 o.Prof. für Klass. Phil. in Basel.

Werk und Wirkung

D.s Bonner Diss. bei Hermann ↗Usener kam zu scharfsinnig-eigenwilligen Ergebnissen im Verhältnis Platons zu dem Sokratiker Antisthenes [1], die von dem Philosophen Karl Joël in einem dreibändigen Werk systematisiert wurden (*Der echte und der Xenophontische Sokrates*, 1893–1901), ansonsten aber auf weitgehende Kritik stießen. Erst in jüngerer Zeit hat die Annahme einer engeren Beziehung des frühen Platon zu Antisthenes wieder Zustimmung gefunden [5.409f.]. D.s Aufenthalte in Griechenland und auf Zypern ergaben erfolgreiche Grabungen, die für die Vor- und Frühgeschichte zu wichtigen Erkenntnissen führten. Neue Einsichten in der Vasenkunde erbrachten seine Untersuchungen zu einer Gruppe italischer

Gefäße, der sog. Pontischen Vasen [3. Bd. 3, 239–261]. Die Erstpublikation der ältesten lat. Inschrift (auf der Pränestinischen Fibel) 1887 trägt D.s Namen [3. Bd. 2, 528–531]. Große Anerkennung fanden seit 1892 seine zahlreichen Aufsätze zur griech. Kulturgeschichte. 1894 erhielt er ein entsprechendes Verlagsangebot. D.s früher Tod verhinderte die Ausführung des geplanten Handbuchs, das man allein seinem umfassenden Kenntnisstand in allen alt.wiss. Verzweigungen zugetraut hatte. Auf der Gedenktafel von D.s *Kleinen Schriften* finden sich die renommiertesten Vertreter der dt.sprachigen Altertumswissenschaften.

SV: [3. Bd. 1, XXV-XXIX].

Schriften

[1] Antisthenica, 1882 [2] Akademika. Beiträge zur Litteraturgeschichte der sokratischen Schulen, 1889 [3] K. S., 3 Bde., 1901.

Sekundärliteratur

[4] P. von der Mühll, Ferdinand Dümmler, in: A. Staehelin (Hrsg.), Professoren der Universität Basel, 1960, 264–265 [5] C. W. Müller, Die Dichter und ihre Interpreten, in: C. W. Müller, K. S., 1999, 393–421 [6] C. W. Müller, Wilamowitz und Ferdinand Dümmler, in: C. W. Müller, Nachlese, 2009, 171–209 [7] F. Studniczka, Zur Einführung, in: F. Dümmler, K. S., Bd. 1, 1901, XI–XXIII [8] U. von Wilamowitz-Moellendorff, Rez. zu: Dümmler, K. S., 1901, in: Deutsche Literaturzeitung 23, 1902, 344–347 [9] P. Wolters, Aus Ferdinand Dümmlers Leben. Dichtungen, Briefe und Erinnerungen, 1917.

Carl Werner Müller

Dupérac, Étienne

Auch Du Pérac; franz. Künstler, Architekt und Antiquar. Geb. um 1535 in Paris, gest. im März 1604. In Venedig zum Landschaftsmaler und Kupferstecher ausgebildet; dort Mitglied des Zirkels von Giovanni Battista Angolo del Moro [11. 39]; ab 1559 in Rom, ab 1578 bis zu seinem Tod in Frankreich tätig.

Beruflicher Werdegang

Über D.s Familie ist nichts bekannt. 1559 kam er nach Rom, wo er zunächst in der Werkstatt Antonio Lafreris als Kupferstecher arbeitete. Über Gabriele Faërno entstand der Kontakt zu Onofrio ↗Panvinio, für den D. hauptsächlich 1565/66 arbeitete. Durch ihn entdeckte D. die ant. Kultur; Panvinio weckte auch sein Interesse an der Ikonographie und architektonischen Rekonstruktionen. 1570 stand D. in Diensten von Bonifacio I. Caetani für dessen Palast in Cisterna. 1572 leitete er mit Bartolomeo Gritti die baulichen Vorbereitungen für das Konklave zur Wahl Papst Gregors XIII. 1574 wurde er mit der Verschönerung der Kirche San Salvatore in thermis in Rom beauftragt.

1578 kehrte D. nach Frankreich zurück und arbeitete bis 1588 als Architekt für das Herzogsgeschlecht der Guisen. Für Katharina von Medici entwarf er eine Villa nahe dem Hügel von Chaillot, die aber unverwirklicht blieb. Ab 1596 stand D. als Architekt in den Diensten Heinrichs IV. Er entwarf Pläne für das Schloss und die Gärten der Tuilerien, die unausgeführt blieben, und vollendete den ersten Teil der sog. Grande Galerie des Louvre.

Werk und Wirkung

D. schuf für das von Lafreri in den 1560er Jahren herausgegebene *Speculum Romanae magnificentiae* (ein gedrucktes Pantheon der ant. Kunst und Sammleralbum) mehrere Stiche, darunter diejenigen des Titus-Bogens, der Tiberinsel und des Mausoleums des Augustus [12. 56–58]. 1565/66 entstanden die Radierungen für Panvinios Traktat über den röm. Triumph und die Zirkusspiele [13. 511]. Zur Darstellung des Triumphzuges zog D. keine arch. Denkmäler heran, sondern stellte ihn allein nach den Angaben antiker Schriftstellern dar – im Gegensatz zu den 28 Abbildungen zu den Zirkusspielen: Hierzu sind die arch. Zeugnisse meist den Manuskripten Pirro ↗Ligorios entnommen, aus denen D. Kopien für Panvinio angefertigt hatte.

D.s 1573 erschienener Plan *Specimen seu … imago* [1] ist eine Vogelschau-Vedute des ant. Rom; sie orientierte sich an dem Romplan Panvinios von 1565, denn die Liste der Monumente und deren Abbildungen stimmen überein. 1574 brachte D. einen weiteren Plan des Alten Rom heraus [2], der zwar auf Vorarbeiten von Ligorio und Panvinio zurückging, aber seine eigene visionäre Sicht des kaiserzeitlichen Rom darstellte. Er verwendete sogar ein Fragment des 1562 gefundenen ant. Romplans *Forma Urbis Romae* vom Beginn des 3. Jh.s. 1577 veröffentlichte D. einen Perspektivplan des damaligen Rom [5], der die geographischen Gegebenheiten und Maßverhältnisse wiedergibt und ein Hauptwerk dieses Kartentypus darstellt [7]; [10. 57]. Bereits 1575 waren D.s Rom-Veduten erschienen [3], die 40 Tafeln umfassen. Im Text diskutiert er unterschiedliche Meinungen, gibt die Säulenordnungen und Marmorsorten an, nennt Maße und berichtet von Grabungen und Funden antiker Statuen und Fragmente. Die Tafeln sind nicht einem Rundgang folgend, sondern topographisch angeordnet [9. 85–87]. Sie waren ein großer Erfolg: Bereits 1606 brachte Egidius Sadeler eine erweiterte Ausgabe heraus [6]. Ebenfalls 1575 stellte D. ein Album mit Antikenzeichnungen zusammen [4]. Es enthält drei Bücher, je eines über altägypt. Kunstwerke, Antiken und röm. Architektur.

Höhepunkte von D.s antiqu. Tätigkeit waren sein Plan des ant. Rom von 1574 und seine Rom-Veduten, die einen kaum zu überschätzenden Einfluss auf das Rombild ihrer Zeit hatten (bis 1756; ↗Piranesi). D. unternahm keine eigenen antiqu. Forschungen; er war kein Gelehrter im akad. Sinne. Sein Verdienst liegt darin, dass er mit seinen Kupferstichen dazu beitrug, das antiqu. Wissen seiner Zeit anschaulich darzustellen und zu überliefern.

Schriften

[1] Specimen seu perfecta urbis antiquae imago, Rom 1573 [2] Urbis Romae sciographia ex antiquis monumentis accuratissime delineata, Rom 1574 [3] I vestigi dell'antichità di Roma raccolti et ritratti in perspettiva con ogni diligentia, Rom 1575 [4] Illustration des fragments antiques, 1575 (Original im Musée du Louvre, inv. 26372–26477; Kopie in der BNF, Ms.fr. 382) [5] Nova urbis Romae descriptio, Rom 1577 [6] Vestigi delle antichità di Roma, Tivoli, Pozzuolo et altri luochi, hrsg. von E. Sadeler, Prag 1606 (u.ö.).

Sekundärliteratur

[7] F. Ehrle (Hrsg.), Roma prima di Sisto V. La pianta di Roma du Pérac-Lafréry del 1577, 1908 [8] A. P. Frutaz, Le piante di Roma, 1962 [9] V. Heenes, Antike in Bildern. Illustrationen in antiquarischen Werken des 16. und 17. Jh.s, 2003 [10] E. Lurin, Etienne Dupérac vedutista e cartografo. La costruzione della pianta di Roma del 1577, in: C. De Seta / B. Marin (Hrsg.), Le città dei cartografi. Studi e ricerche di storia urbana, 2008, 49–59 [11] E. Lurin, Un homme entre deux mondes. Étienne Dupérac, peintre, graveur et architecte, en Italie et en France (c. 1535?-1604), in: M. Bayard / H. Zerner (Hrsg.), Renaissance en France, Renaissance française? (Actes du colloque sur les art visuels de la Renaissance en France, Rom 2007), 2009, 37–59 [12] L. R. McGinniss / H. Mitchell, Catalogue of the Earl of Crawford's »Speculum Romanae magnificentiae«, Now in the Avery Architectural Library, 1976 [13] H. Zerner, Observations on Dupérac and the »Disegni de le ruine di Roma e come anticamente erono«, in: Art Bulletin 47, 1965, 507–512.

Volker Heenes

Eckhel, Joseph Hilarius

Österr. Jesuit und Numismatiker. Geb. am 13.1. 1737 in Enzesfeld (Niederösterreich), gest. am 16.5. 1798 in Wien. Lateinschule in Wien; am 17.10.1751 Eintritt in den Jesuitenorden; 1764 nach dem Studium (Theologie, Hebräisch, alte Sprachen, Philosophie, Mathematik) Priesterweihe. Grammatiklehrer; 1770 Kustos der Münzsammlung des Ordens. Ab 1772 Studien in Italien; in Florenz Neuordnung der Münzsammlung des späteren Kaisers Leopold II. Ab 1774 in Wien Direktor am kaiserlichen Münzkabinett; Lehrer an der Univ. ebda.

Werdegang

Als Grammatiklehrer verfasste E. Gedichte und Reden auf Mitglieder des Kaiserhauses [2]; [4]; von seinem Mitbruder Joseph Khell erhielt er erste Einblicke in die ant. Numismatik. Nach der Bearbeitung der Sammlungen der ungar. Grafen Michael Viczay und Paul Festetics sandte ihn sein Orden 1772 zu Studien nach Italien, wo er die Münzkabinette in Rom, Bologna und Florenz studierte. In Florenz lernte E. Großherzog Peter Leopold, den späteren Kaiser Leopold II., kennen und widmete sich der Neuordnung seiner Sammlung. Maria Theresia betraute ihn nach der Rückkehr aus Italien am 16.2.1774 mit der dem Wiener Münzkabinett übergebenen Sammlung der Jesuiten, ernannte ihn am 14.3.1774 zum Direktor der ant. Münzen am kaiserlichen Münzkabinett und am 20.9.1774 zum Lehrer der Numismatik und Altertumskunde an der Wiener Univ.

Werk und Wirkung

E. verfasste das bedeutendste numismatische Werk des 18. Jh.s, die *Doctrina numorum veterum* [12]. Das achtbändige Spätwerk umfasst sämtliche griech. und röm. Münzen und besticht durch den klaren Aufbau sowie die Einbettung der Münzen in den histor. Kontext. In kritischer Auseinandersetzung mit der älteren Literatur konnte E. viele Fehler – v.a. von Hubert Goltzius – korrigieren. Die *Doctrina* umfasst vier Bände zur Münzprägung von verschiedenen Städten, Völkern und Königen sowie vier Bände zur röm. Münzprägung. Einleitend werden grundlegende Fragen behandelt (Gründe der Münzprägung, Bezeichnung der Nominale, Münzregal etc.). Die Anordnung der griech. Münzen – nicht wie zuvor alphabethisch nach dem Namen der prägenden Stadt, sondern nach geographischen Gesichtspunkten, von Spanien ausgehend im Uhrzeigersinn bis nach Nordafrika – gilt bis heute. Diese systematische Ordnungsleistung hat man bereits 1826 mit derjenigen Carl von Linnés verglichen [12. Addenda 1826, xivf.]. Dabei bietet E. ähnlich wie Jean ↗Foy-Vaillant auch über die Numismatik hinausweisende Abschnitte (etwa zu den verschiedenen röm. Magistraturen). Eine Vorstudie zur *Doctrina* war 1786 eine Monographie zur Münzstätte Antiocheia am Orontes [9].

Die neue Ordnung der Münzen legte E. bereits 1775 seinen *Numi veteres anecdoti* [5] (mit über 400 unedierten Münzen) zugrunde, ebenso seinen deskriptiven Katalogen der Wiener Sammlung von 1779 [7] und des *Museum Francianum* [8]. In de *Sylloge* [10] stellte er 1786 dem Wiener Münzkabinett neu zugegangene unedierte Münzen vor. Als Einführung gedacht waren die *Kurzgefassten Anfangsgründe zur alten Numismatik* [3]; die Einleitung behandelt methodische Aspekte, die beiden folgenden Abschnitten (zu röm. und anderen Münzen) beschreiben und deuten einzelne Münzen (mit sechs Tafeln). Neben den Münzen behandelte E. in der *Doctrina* auch Gemmen, denen er sich bereits 1788 in seinem Katalog ausgewählter Stücke der Wiener Sammlung gewidmet hatte [11]. Die Beschreibungen der Gemmen ergänzte er durch mythol. und histor. Deutungen.

E. ist in zweierlei Hinsicht zum Begründer der modernen Numismatik geworden: Zum einen wird sein Ordnungssystem der griech. Münzen bis heute angewandt, zum anderen war er der erste fest angestellte Universitätslehrer für Numismatik. Seine Einführung [3] erzielte in mehreren weiteren Auflagen und Übersetzungen bis weit ins 19. Jh. eine breite Wirkung.

Schriften

[1] Exercitium grammaticum in Prophetiam Obadiae, in: J.M. Engstler, Institutiones linguae sacrae, in Universitate Graecensi SS. theologiae auditoribus propositae, Graz 1758, 147–175 (als Appendix) [2] Odae, quum Josephus II. Rom. rex augustus et Josepha Bavariae princeps serenissima nuptiis jungerentur (mit J. de Aegidiis, J. Renckel), Wien 1765 [3] Kurzgefasste Anfangsgründe zur alten Numismatik, Wien 1767 (u.ö.) [4] Ode auf die Genesung Ihrer kaiserl. königl. Apostl. Majestät Marien Theresien, Wien 1767 [5] Numi veteres anecdoti ex museis Caesareo Vindobonensi, Florentino, Granelliano, Vitzaiano, Festeticsiano, Savorgnano Veneto aliisque, 2 Bde., Wien 1775 [6] Entdeckung antiquarischen Inhalts, in: K.K. Realzeitung der Wissenschaften, Künste etc., Wien 1777, 8 ff. [7] Catalogus Musei Caesarei Vindobonensis numorum veterum distributus, 2 Bde., Wien 1779 [8] Musei Franciani descriptio, Leipzig 1781 [9] Descriptio numorum Antiochiae Syriae, sive specimen artis criticae numariae, Wien 1786 [10] Sylloge prima numorum veterum anecdotorum thesauri caesarei, cum commentariis, Wien 1786 [11] Choix des pierres gravées du cabinet impérial des antiques, représentées en XL planches, décrites et expliquées, Wien 1788 [12] Doctrina numorum veterum, 8 Bde., Wien 1792–1798 (u.ö.; Addenda hrsg. von A. von Steinbüchel et al., Wien 1826).

Sekundärliteratur

[13] J. Bergmann, Pflege der Numismatik in Österreich im 18. Jh., Abt. 2, in: SB der philosophisch-historischen Classe der kaiserlichen Akad. der Wissenschaften 24, 1857, 296–364 (bes. 303 ff.) [14] F. Kenner, Joseph Hilarius von Eckhel. Ein Vortrag gehalten in der festlichen Jahresversammlung der numismatischen Gesellschaft in Wien am 13. Jänner 1871, 1871 [15] B. Koch, Joseph Hilarius Eckhel, in: Litterae numismaticae Vindobonenses, Bd. 4, 1992, 323–334.

Peter Franz Mittag

Edel, Elmar

Dt. Ägyptologe. Geb. am 12.3.1914 in Ludwigshafen, gest. am 25.4.1997 in Bonn. Gymnasium in Würzburg; 1933/34 Studium der Ägyptologie in Heidelberg, ab 1934 in Berlin; 1941 noch als Soldat Prom. ebda.; 1947 Habil. in Heidelberg. Ab 1955 ao.Prof. in Bonn; 1963–1982 o.Prof. der Ägyptologie ebda. als Nachfolger Hans Bonnets; ab 1959 Grabungen und epigr. Arbeiten in Qubbet el-Hawa (Felsgräbernekropole bei Assuan). Mitglied einer Vielzahl von wiss. Gesellschaften.

Werdegang

Nach Studienbeginn in Heidelberg bei Hermann Ranke (1934) wechselte E. in Verfolgung seiner philol.-grammatischen Interessen nach Berlin zu Kurt ↗Sethe, der jedoch im selben Jahr starb, und zu Hermann Grapow. Neben einer frühen Tätigkeit am ägypt. Wörterbuch [1] nahm er hier die Möglichkeit wahr, bei Hans Ehelolf zu studieren und durch Bearbeitung von Texten aus Boghazköi an der frühen Entwicklung der Hethitologie in ihrem damaligen Zentrum teilzunehmen. Während er sich zeitbedingt über einen längeren Zeitraum hin als Ägyptologe qualifizierte – Prom. 1941 bei Grapow [2] noch als Soldat, Habil. 1947 bei Ranke, dann bis 1955 Privatdozent in Heidelberg –, befasste er sich weiterhin intensiv mit akkad. und heth. Texten. 1959–1984 galt sein Augenmerk vorrangig den Felsgräbern der Oberschicht von Elephantine im Mittleren Reich (Qubbet el-Hawa).

Werk und Leistungen

E. war ein bedeutender Philologe und Grammatiker in der Trad. der »Berliner Schule« der Ägyptologie (vgl. Adolf ↗Erman); wie diese war er der empirischen Sprachforschung und dem wiss. Stil des späten 19. und frühen 20. Jh.s verpflichtet und vergleichsweise abweisend gegenüber anderen Zugängen. Gerade durch diese Beschränkung seines Kompetenzbereichs aber vermochte er erfolg- und ergebnisreich in der Ägyptologie wie in der Hethitologie tätig zu sein und die Fakten gelegentlich so zu verdichten, dass sie tiefe Einsichten vermitteln (exemplarisch etwa [7]). E.s Arbeiten kreisen um die Inschriften des Alten Reiches (ca. 2665–2135 v.Chr.), ägypt. Morphologie und Lexikographie, ägypt.-heth. Namens- und Ortsnamenforschung, die keilschriftliche Korrespondenz der ägypt. und heth. Herrscherhäuser, endlich um das Gräberfeld der Qubbet el-Hawa, speziell die dort gefundenen althieratischen Topfaufschriften [6]. E. und seine Mitarbeiter (v.a. Karl-J. Seyfried, Gerd Vieler, Edgar Pusch) dokumentierten in zwanzig Feldkampagnen etwa achtzig Gräber mit umfassenden Daten und Befunden und erstellten einen Gesamtlageplan [11].

E.s frühe Studien und zahlreiche Publikationen zu Grab- und Tempelinschriften (Abu Ghurab [4]) und – unter Hinzuziehung ausgewählter Beispiele aus den sog. Pyramidentexten – zur Sprache des Alten Reiches gipfeln in der zweibändigen *Altägyptischen Grammatik* [3]. Mit ihr brachte er die älteste der Sprachstufen/Varietäten des Ägyptischen auf traditionell-empirische Weise grammatisch in Form und machte sie für weitergehende Untersuchungen verfügbar. Seine weitere und in dieser Form wohl nicht mehr einholbare Großtat ist die Erschließung der Quellen zu den Beziehungen Ägyptens mit der Ägäis und Vorderasien in der Spätbronzezeit, dies in Artikeln und insbes. Monographien: in den Beiträgen zu den geographischen Kenntnissen der Ägypter [5]; [10], v.a. aber in der Herausgabe der ägypt.-heth. Korrepondenz [8] und endlich des großen Staatsvertrags zwischen Ägypten und den Hethitern [9].

E. war von der Wichtigkeit seiner Forschungen überzeugt, unterrichtete die Kollegen und Kolleginnen ohne Unterlass per Korrespondenz über diese und war als Person und Lehrer nicht immer angenehm; dennoch brachte er eine Reihe erfolgreicher Schüler hervor (neben den genannten u.a. Wolfgang Schenkel).

Schriften

[1] WB der Ägyptischen Sprache, 7 Teile, hrsg. von A. Ermann und H. Grapow (Mitarbeit), 1926–1963
[2] Untersuchungen zur Phraseologie der ägyptischen Inschriften des Alten Reiches (Mitteilungen des Deutschen Instituts für ägyptische Altertumskunde in Kairo 13/1), 1944
[3] Altägyptische Grammatik, 2 Bde. (Analecta Orientalia 34 und 39), 1955–1964 [4] Zu den Inschriften auf den Jahreszeitenreliefs der »Weltkammer« aus dem Sonnenheiligtum des Niuserre, 2 Bde., 1961–1964 [5] Die Ortsnamenlisten aus dem Totentempel Amenophis' III. (Edition), 1966 [6] Die Felsengräber der Qubbet el Hawa bei Assuan. 2. Abt.: Die althieratischen Topfaufschriften (Edition), 1970–1980 [7] Ägyptische Ärzte und ägyptische Medizin am hethitischen Königshof. Neue Funde von Keilschriftbriefen Ramses II. aus Boghazköy (Rheinisch-Westfälische Akad. der Wiss., Vorträge G 205), 1976
[8] Die ägyptisch-hethitische Korrespondenz aus Boghazköi in babylonischer und hethitischer Sprache (Edition), 1994

[9] Der Vertrag zwischen Ramses II. von Ägypten und Hattusili III. von Hatti (Edition), 1997 [10] Die Ortsnamenlisten im nördlichen Säulenhof des Totentempels Amenophis' III., aus dem Nachlass hrsg. von M. Görg (Edition), 2005 [11] Die Felsgräbernekropole der Qubbet el Hawa bei Assuan, I. Abt. Bd. 1, aus dem Nachlass hrsg. von K.-J. Seyfried und G. Vieler, 2008.

Sekundärliteratur

[12] M. Bietak, Elmar Edel, Nachruf, in: Almanach der Österreichischen Akad. der Wiss. 147, 1996–1997, 661–669 [13] P. Piacentini (Hrsg.), Gli archivi egittologici dell'Università degli Studi di Milano, Bd. 1. Il fondo Elmar Edel, 2006, 15–63.

Friedrich Junge

Edelstein, Ludwig

Dt.-amerikan. Philologe und Medizinhistoriker. Geb. am 23.4.1902 in Berlin, gest. am 16.8.1965 in New York. 1912–1924 Studium der Klass. Phil. und Philosophie an der Univ. Berlin, v.a. bei Werner ↗Jaeger und Eduard Spranger; Forsetzung des Studiums in Heidelberg, bei Karl Jaspers, Otto Regenbogen und Alfred Weber; Prom. 1929 ebda. [1]. 1930–1932 Assistent am Institut für Gesch. der Medizin der Univ. Berlin; 1933 Lehrauftrag ebda., den E. seiner jüd. Herkunft wegen nach der nationalsozialistischen Machtergreifung wieder verlor. 1934 Emigration zunächst nach Italien, dann in die USA; 1940 amerikan. Bürgerrecht. 1934 Mitarbeiter am Institut für Medizingesch. der Johns Hopkins Univ. in Baltimore, hier seit 1939 Associate Prof. für Medizingesch.; 1947 Prof. für Klass. Phil. an der Univ. of Washington in Seattle; 1948 Prof. für Griech. an der Univ. of California in Berkeley; seit 1951 wieder an der Johns Hopkins Univ., zunächst als Gastprof., dann als Prof. für Humanistic Studies. 1960 Prof. für Classical Philosophy and Science am Rockefeller Institut in New York, zugleich weiterhin Prof. an der Johns Hopkins Univ. Seit 1955 Mitglied der *American Philosophical Society*.

Werk und Wirkung

E.s Leistung besteht in der Erweiterung medizinhistor. Fragestellungen um kulturhistor. und philosophiegeschichtliche Perspektiven. Indem er die ant. Medizin in ihren sozialen und kulturellen Kontext stellte und nach der wechselseitigen Beeinflussung von ant. medizinischen und philos. Theorien fragte, gelangte er zu etlichen die Forschung herausfordernden Hypothesen. Zum *Corpus Hippocraticum* vertrat E. z.B. die Auffassung, dass dessen Entstehung Ausdruck des zunehmenden Ruhmes des Hippokrates war, dem erst in hell. Zeit zahlreiche bis dahin anonym umlaufende Schriften zugeschrieben worden seien [1.178–181], oder dass der Hippokratische Eid auf das Ende des 4. Jh.s v. Chr. zu datieren und in der Gedankenwelt des Pythagoreismus zu verorten sei [9]. E. sammelte, übersetzte und kommentierte die ant. lit. Zeugnisse zu Asklepios und beschrieb die Genese des Heilgottes aus archaischen Anfängen, in denen Asklepios als erfolgreicher Arzt heroisiert und als Patron des Ärztestandes verehrt worden sei; erst in klass. Zeit sei aus dem homerischen Heros durch seine Verbindung mit Apollon Maleatas ein Gott geworden [10. Bd. 2, 1–101].

E.s Interesse galt weiterhin Platon [11]; [12]; [15] und Poseidonios [5], dessen Fragemente er editierte [20], daneben auch lat. Autoren wie Cicero [3], Lukrez [7] und Horaz [8]. Seine Abhandlung zu Platons Siebtem Brief [16], den E. für unecht hielt, seine Vorlesung über die Stoa [17] sowie die ersten Kapitel einer größeren Arbeit über den Fortschrittsgedanken in der Antike (über die er mit Ernst Kantorowicz korrespondierte [21.432]) sind postum erschienen [19]. E. selbst gab kleinere Schriften seines Freundes Erich Frank heraus [14.407–466], der 1935 seine Professur für Philosophie an der Univ. Marburg verloren hatte und 1939 in die USA emigriert war.

SV: [24.9–13].

Schriften

[1] Perí aérōn und die Sammlung der Hippokratischen Schriften (Diss. Heidelberg 1929), 1931 [2] Die Geschichte der Sektion in der Antike, in: Quellen und Studien zur Geschichte der Naturwissenschaften und der Medizin 3, 1932, 50–106 [3] Cicero, »De natura deorum«, in: Studi italiani di filologia classica 11, 1934, 131–183 [4] Art. Hippokrates von Kos, in: RE Suppl. 6, 1935, 1290–1345 [5] The Philosophical System of Poseidonios, in: American Journal of Philology 57, 1936, 286–325 [6] The Genuine Works of Hippocrates, in: Bulletin of the History of Medicine 7, 1939, 236–248 (wieder in: Ancient Medicine, 133–144) [7] Primum Graius Homo (Lucretius 1,66), in: TAphA 71, 1940, 78–90 [8] Horace, Odes, II, 7, 9–10, in: American Journal of Philology 62, 1941, 441–451 [9] The Hippocratic Oath. Text, Translation and Interpretation (Bulletin of the History of Medicine, Suppl. 1), 1943 (wieder in: Ancient Medicine, 4–63; dt. 1969) [10] Asclepius. A Collection and Interpretation of the Testimonies, 2 Bde. (mit Emma J. Edelstein), 1945 (Ndr. 1975) [11] The Role of Eryximachus in Plato's Symposium, in: TAPhA 76, 1945, 85–103 (wieder in: Ancient Medicine, 153–171) [12] The Function of the Myth in Plato's Philosophy, in: Journal of the History of Ideas 10, 1949, 463–481 [13] The Relation of Ancient Philosophy to Medicine, in: Bulletin of the History of Medicine 26, 1952, 299–316 (wieder in: Ancient Medicine, 349–366) [14] (Hrsg.), E. Frank, Wissen, Wollen Glauben. Gesammelte Aufsätze, 1955 [15] Platonic Anonymity, in: American Journal of Philology 83, 1962, 1–22 [16] Plato's Seventh Letter (Philosophia Antiqua 14), 1966 [17] The Meaning of Stoicism, 1966 (²1968) [18] Ancient Medicine. Selected Papers; hrsg. von O. und C.L. Temkin, 1967 [19] The Idea of Progress in Classical Antiquity, 1967 [20] Poseidonius I. The Fragments (Edition), ergänzt und postum hrsg. von I.G. Kidd, 1972.

Sekundärliteratur

[21] H. Diller, Ludwig Edelstein, in: Gnomon 38, 1966, 429–432 [22] Th. Rütten, Ludwig Edelstein at the Crossroads of 1933. On the Inseparability of Life, Work, and Their Reverberations, in: Early Science and Medicine 11, 2006, 50–99 [23] J. Scarborough, Art. Edelstein, Ludwig, in: W. W. Briggs (Hrsg.), Biographical Dictionary of North American Classicists, 1994, 153–156 [24] O. Temkin, In Memory of Ludwig Edelstein, in: Bulletin of the History of Medicine 40, 1966, 1–13.

Heinrich Schlange-Schöningen

Eder, Walter

Dt. Althistoriker. Geb. am 2.4.1941 in Winterberg, gest. am 16.7.2009 in Berlin. Studium der Klass. Phil. und Gesch. an der Univ. München; 1966–1970 wiss. Assistent, 1969 Prom. an der Univ. München; 1970 Akad. Rat ebda. 1971 Ernennung zum Prof. für Alte Gesch. an der Freien Univ. Berlin; 1978 Habil. ebda.; 1992 Ruf an die Ruhr-Univ. Bochum; 2006 Emeritierung.

Werk und Wirkung

In seiner Diss. über das vorsullanische Repetundenverfahren [1] folgte E. der modernen, Theodor ↗Mommsens Systematik in Frage stellenden rechtshistor. Schule Wolfgang ↗Kunkels und erklärte die Einrichtung eines ständigen Repetundengerichts mit polit. Gründen, u.a. dem senatorischen »Kontrollanspruch« über Standesgenossen [1. 57]. Seine Habil.-Schrift über die öffentliche Sklaverei in Rom verband erneut eine rechtshistor. Frage mit der polit. Geschichte [2]. War die öffentliche Sklaverei zuvor als Aspekt der Verwaltung der röm. Republik behandelt worden, so fragte E. nach ihren histor. Ursprüngen; aus der genauen Auswertung des Quellenmaterials gewann er Kritierien, die ihre Entstehung mit der Ausbildung der röm. Staatlichkeit im 4. Jh. v. Chr. verbunden erscheinen lassen. Von nun an lag ein besonderer Schwerpunkt seiner Forschung auf den Bedingungen von Staatlichkeit im frühen Rom und Athen, wobei er v.a. die vergleichende Perspektive fruchtbar machte [3]; [4]; [7]. Sein Engagement für die Vermittlung altertumswiss. Erkenntisse manifestierte sich nicht allein in seiner Fachherausgeberschaft im *Neuen Pauly*, für den er wichtige Artikel schrieb und einen Supplementband mitherausgab [9], sondern auch in einer intensiven wiss. Reiseleitertätigkeit. E. war zudem Mitbegründer und einer der wiss. Leiter des Willy-Scharnow-Instituts für Tourismus der FU Berlin.

Schriften

[1] Das vorsullanische Repetundenverfahren (Diss. München), 1969 [2] Servitus publica. Untersuchungen zur Entstehung, Entwicklung und Funktion der öffentlichen Sklaverei in Rom (Habil.schrift Berlin), 1980 [3] (Hrsg.), Staat und Staatlichkeit in der frühen römischen Republik (Akten des Symposiums, FU Berlin 1988), 1990 [4] Who Rules? Power and Participation in Athens and Rome, in: A. Molho / K. A. Raaflaub (Hrsg.), Athens and Rome, Florence and Venice. City States in Classical Antiquity and Medieval Italy, 1991, 169–196 [5] Zwischen Monarchie und Republik. Das Volkstribunat in der frühen röm. Republik, in: F. Gabrieli (Hrsg.), Bilancio critico su Roma arcaica fra monarchia e republica, 1993, 97–127 [6] (Hrsg.), Die athenische Demokratie im 4. Jh. v. Chr. Vollendung oder Verfall einer Verfassungsform?, 1995 [7] Rechtsentwicklung und Verfassungskrise in Athen und Rom, in: E. G. Schmidt (Hrsg.), Griechenland und Rom. Vergleichende Untersuchungen, 1996, 131–151 [8] (Hrsg.), Volk und Verfassung im vorhellenistischen Griechenland (mit K.-J. Hölkeskamp), 1997 [9] (Hrsg.), Herrscherchronologien der antiken Welt. Namen, Daten, Dynastien (DNP Suppl. 1; mit J. Renger), 2004.

Sekundärliteratur

[10] E. Baltrusch, Geschichte der Alten Geschichte an der Freien Universität, in: K. Kubicki / S. Lönnendonker (Hrsg.), Die Geschichtswissenschaften an der Freien Universität Berlin, 2008, 11–40.

Heinrich Schlange-Schöningen

Edzard, Dietz Otto

Dt. Altorientalist. Geb. am 28.8.1930 in Bremen, gest. am 2.6.2004 in München. 1950–1955 Studium der oriental. Sprachen und Assyriologie in Heidelberg und Paris; 1955 Prom. in Heidelberg. 1956–1958 Mitarbeiter am DAI Baghdad; 1958–1960 Mitarbeiter beim Akkad. HandWB bei Wolfram von ↗Soden in Wien; 1960 Habil. in München. 1961/62 Dozent an der Harvard Univ. in Cambridge (Massachusetts); 1963–1999 o.Prof. in München. Mitglied der Bayer. Akad. der Wiss, der Königl. Akad. der Wiss. der Niederlande, der *American Philosophical Society*, Ehrenmitglied der *American Oriental Society*.

Werk und Wirkung

In seiner preisgekrönten Heidelberger Diss. bearbeitete E. unterschiedlichste Quellen, Inschriften, lit. Werke und Urkunden, um die Geschichte der frühen altbabylon. Zeit zu rekonstruieren [1]. Die Geschichte Mesopotamiens blieb eines seiner zentralen Arbeitsgebiete, von der Erstpublikation von Inschriften über allgemeine Geschichtsdarstellungen bis zu seiner späten Geschichte Mesopotamiens [8]. Das Erbe seines Lehrers Adam ↗Falkenstein führte E. insbes. in der Erforschung des Sumerischen weiter. In den 1970er Jahren leitete er eine Neubestimmung des sumer.

Verbums ein; in seiner *Sumer. Grammatik* fasste er Ergebnisse lebenslangen Forschens und Lehrens zusammen [7]. Philol. Maßstäbe setzten seine Bearbeitungen von sumer. Texten, etwa der ältesten sumer. Rechtsurkunden [2], der Inschriften Gudeas [6] oder lit. Quellen. E. bearbeitete auch akkad. Texte, u.a. in seiner Habil.-Schrift altbabylon. Urkunden [3], widmete sich der akkad. Literatur und verfasste auf einer semitistischen Grundlage zudem einflussreiche Artikel zur akkad. Grammatik. Maßgeblich war E. an der Erschließung der frühen Keilschrifttexte aus dem syrischen Ebla beteiligt [4]; [5]. Nicht nur durch seine eigenen Schriften, die den gesamten Bereich der sumer. und akkad, Philologie und mesopot. Geschichte abdecken, prägte E. die Altorientalistik beinahe ein halbes Jahrhundert lang. Er wirkte zudem als Herausgeber der *Zeitschrift für Assyriologie und Vorderasiat. Archäologie* (mit anderen 1971–1981, verantwortlich 1982–2000) und insbes. des *Reallexikons für Assyriologie und Vorderasiat. Archäologie* (mit anderen 1966–1972, verantwortlich 1972–2004), zu dem er auch zahlreiche Artikel beisteuerte. Nicht umsonst kamen Schüler und Stipendiaten aus aller Welt zu E. nach München [10].

Schriften

[1] Die »zweite Zwischenzeit« Babyloniens (Diss. Heidelberg 1955), 1957 [2] Sumerische Rechtsurkunden des III. Jahrtausends aus der Zeit der III. Dynastie von Ur (Edition), 1968 [3] Altbabylonische Rechts- und Wirtschaftsurkunden aus Tell ed-Dēr (Edition), 1970–1971 [4] Verwaltungstexte verschiedenen Inhalts aus dem Archiv L. 2769 (Edition), 1981 [5] Hymnen, Beschwörungen und Verwandtes aus dem Archiv L. 2769 (Edition), 1984 [6] Gudea and His Dynasty (The Royal Inscriptions of Mesopotamia 3.1.) (Edition), 1997 [7] Sumerian Grammar, 2003 [8] Geschichte Mesopotamiens, 2004.

Sekundärliteratur

[9] G. Frantz-Szabo, Dietz Otto Edzard, in: Proc. of the American Philosophical Society 3/152, 2008, 392–399 [10] M. Krebernik, Dietz Otto Edzard, in: ZA 95, 2005, 1–6 [11] W. Sallaberger, Dietz Otto Edzard, in: AfO 50, 2003–2004, 501–505 [12] C. Wilcke, Dietz Otto Edzard, in: Bayerische Akad. der Wissenschaften, Jb., 2004, 310–315.

Walther Sallaberger

Egger, Rudolf

Österr. Althistoriker und Archäologe. Geb. am 11.4.1882 in Bruck/Mur, gest. am 7.5.1969 in Wien. Nach Schulbesuch in verschiedenen steirischen Orten und in Villach Studium der klass. Sprachen, Alten Gesch., Epigraphik, Archäologie und Germanistik an der Univ. Wien; 1905 Prom. ebda. 1906 Lehramtsprüfung für Gymnasien in Klass. Phil. und Deutsch; 1904–1906 Hauslehrer der Kinder des Althistorikers Eugen Bormann in Klosterneuburg; 1907 Lehrer am dt. Gymnasium in Pola; 1908 Gymnasiallehrer in Klagenfurt. 1912 Sekretär des Österr. Arch. Instituts; 1917 Habil., 1923 ao.Prof., 1929 o.Prof. in Wien; 1935 neben Camillo Praschniker Leiter des Österr. Arch. Instituts (1939–1945 Zweigstelle des Arch. Instituts des Dt. Reiches). Wegen Mitgliedschaft im NS-Lehrerbund 1945 vorzeitig aus dem Dienst entlassen; 1947 Pensionierung.

Werk und Wirkung

Mit einer philol. Arbeit über Exkurse in den Parallelbiographien des Plutarch promovierte E. in Alter Geschichte bei Eugen Bormann; mit einer Studie zu frühchristl. Kirchenbauten im südlichen Norikum [1] habilitierte er sich an der Univ. Wien. E. leitete die Ausgrabungen u.a. in Virunum, Teurnia, Aguntum, auf dem Ulrichsberg, dem Duel sowie in Carnuntum und widmete sich bes. den röm. und frühchristl. Denkmälern der Donau-, Alpen- und Adrialänder. Während der NS-Zeit ließ er in seinen Publikationen bemerkenswerterweise größere Sympathie für das Röm. Reich als für die german. Invasoren erkennen. Nach seiner Pensionierung übernahm er im Auftrag des Landes Kärnten 1948 die Leitung der Ausgrabungen auf dem Magdalensberg, die er zunächst gemeinsam mit Camillo Praschniker und nach dessen Tod 1949 allein inne hatte.

Schriften

[1] Frühchristliche Kirchenbauten im südlichen Norikum, 1916 [2] Führer durch die Antikenslg. des Landesmuseums in Klagenfurt, 1921 [3] Teurnia. Die röm. und frühchristlichen Altertümer Oberkärntens, 1924 (u.ö.) [4] Führer durch die Ausgrabungen und das Museum auf dem Magdalensberg, 1953 [5] Die Stadt auf dem Magdalensberg, ein Großhandelsplatz. Die ältesten Aufzeichnungen des Metallwarenhandels auf dem Boden Österreichs, 1961 [6] Röm. Antike und Frühes Christentum. Ausgewählte Schriften, 2 Bde., hrsg. von A. Betz und G. Moro, 1962–1963 (u.ö.).

Sekundärliteratur

[7] M. Pesditschek, Wien war anders. Das Fach Alte Geschichte und Altertumskunde, in: M. Ash et al. (Hrsg.), Geisteswissenschaften im Nationalsozialismus. Das Beispiel der Universität Wien, 2010, 287–316.

Martina Pesditschek

Ehrenberg, Victor

Dt.-brit. Althistoriker. Geb. am 22.11.1891 in Altona, gest. am 25.1.1976 in London. 1911 Architekturstudium an der TH Stuttgart; 1912–1914 Studium der Alt.wiss. in Göttingen und Berlin, 1919–1920 in

Tübingen; dort 1921 Prom. 1922 Habil. in Frankfurt; 1929 Prof. für Alte Gesch. an der dt. Univ. Prag. 1939 Emigration nach England. 1946 Lecturer, dann Prof. am Bedford College London.

Biographie und Werdegang

Victor E. war Sohn Otto E.s, der als Bankier eine leitende Position im Hamburger Bankhaus Warburg & Co. innehatte. 1902 ging die Familie nach Kassel, wo Otto E. als Privatier lebte. Enge Verwandtschaft bestand mit der Familie des Philosophen Franz Rosenzweigs. In Kassel besuchte E. bis zum Abitur das Friedrichsgymnasium. In Göttingen und Berlin studierte er 1912–1914 Alt.wiss.; während des Ersten Weltkrieges war er Soldat, zuletzt als Leutnant. Er beendete das Studium in Tübingen (1919–1920). Im April 1919 heiratete er Eva Sommer, deren Vater als erster jüd. Oberlandesgerichtsrat in Preußen tätig war.

In Tübingen war E. Schüler Wilhelm ↗Webers, dessen »Kult der großen Persönlichkeiten« er jedoch kritisch beurteilte [17.208]. In dieser Zeit entstanden enge Freundschaften zu anderen Schülern Webers, so zu Fritz Taeger und Joseph ↗Vogt [11.5f.]. Bereits 1922 wurde E. in Frankfurt habilitiert, 1929 erhielt er die Prof. für Alte Geschichte an der dt. Univ. in Prag. 1939 verließ E. mit seiner Familie kurz vor dem dt. Einmarsch Prag und ging nach England (s.u.: M 52–57). Verwandte Eva E.s wurden in den folgenden Jahren Opfer der NS-Politik.

Seit 1941 lehrte E. *Classics* am King's College in Newcastle upon Tyne und seit 1946 zunächst als Lecturer, dann als Prof. für Alte Geschichte am Bedford College in London. Er erhielt die engl. Staatsbürgerschaft, ebenso die beiden Söhne, die noch während des Krieges den Namen Elton annahmen. Der ältere, Geoffrey Rudolph Elton, 1983–1988 *Regius Prof. of Modern History* in Cambridge, gehörte nach 1945 zu den führenden engl. Historikern. Obwohl E. 1947 einen Ruf an die Univ. München abgelehnt hatte [20.124f.], nahm er bald den Kontakt nach Deutschland wieder auf; er hielt Gastvorträge an dt. Univ. und wurde Mitherausgeber der Zeitschrift *Historia*. Ein wichtiges Dokument zur Biographie von E. sind die Erinnerungen seiner Frau (s.u.: M).

Werk

Thema der Tübinger Diss. war das griech. Rechtsverständnis der archaischen Zeit, das E. durch eine Analyse der zentralen Begriffe *thémis, díkē* und *nómos* zu klären suchte [1]. Die griech. Geschichte blieb sein zentrales Forschungsthema: In der Habil.-Schrift untersuchte er die innere Neuordnung der griech. Städte im 6. Jh. v. Chr. [2], um nachzuweisen, dass gegen Mitte des 6. Jh.s ein einzelner Politiker – ähnlich wie in Athen Kleisthenes – in Sparta durch eine umfassende Reform die Polis neu begründete; diese Neuordnung sei durch den Lykurg-Mythos legitimiert worden. Seine Forschungen zur spartan. Geschichte fasste E. in dem bedeutenden RE-Artikel zu Sparta zusammen [3]. Als grundlegendes Werk der griech. Verfassungsgeschichte ist die Monographie zum griech. Staat anzusehen [4]. Nach 1930 setzte sich E. kritisch mit den rassistischen Thesen Helmut ↗Berves auseinander [17.212]. Gleichzeitig gab er sein idealisierendes Bild Spartas auf und formulierte 1934 in einem Rundfunkvortrag grundlegende Kritik an dessen polit. System [13].

In England erschienen als weitere wichtige Monographien *The People of Aristophanes* [6] und *Sophocles and Pericles* [8], die E. internationale Anerkennung verschafften. In [6] werden alle Aussagen der Komödien zu einzelnen sozialen Gruppen, zu Familie und Nachbarschaft, zu Geld und Besitz sowie zu Krieg und Frieden erfasst und für eine Darstellung des Alltags ausgewertet. In [8] wies E. durch die Gegenüberstellung von zwei zentralen Persönlichkeiten auf die Gegensätze und Spannungen des klass. Griechenland hin. Es ist charakteristisch für E.s Geschichtsverständnis, dass Solon und Sokrates als die für das Griechenland der archaischen und klass. Epoche repräsentativen Persönlichkeiten im Titel der Darstellung der griech. Geschichte des 6. und 5. Jh.s genannt werden [10]. Zuletzt erschien die Aufsatzsammlung [12], die auch den Essay *Remarks on the Meaning of History* enthält; hier erläutert E. seine Auffassung von Geschichte und ihrem Bezug zur Religion.

Wirkung

E.s Darstellung der spartan. Gesch. in [2] wurden von Berve umgehend in einer Rez. zurückgewiesen [15]; in der neueren wiss. Literatur wird jedoch die These einer tiefgreifenden sozialen und polit. Neuordnung Spartas im 6. Jh. vertreten. Exemplarisch sei hier Moses ↗Finley erwähnt, der von einer *sixth-century revolution* in Sparta sprach [21.162]. Durch die Neuauflage von *Der Staat der Griechen* (1965), die zu einem Standardwerk wurde [24.436–438], und durch die Übers. seiner Bücher übte E. nach 1960 erheblichen Einfluss auch auf die dt. Althistorie aus. In England gehörte Geoffrey ↗De Ste. Croix zu seinen Schülern.

M: Eva Ehrenberg, Sehnsucht – mein geliebtes Kind. Bekenntnisse und Erinnerungen, 1963.

SV: Ancient Society and Institutions. Studies Presented to Victor Ehrenberg on His 75th Birthday, 1966, XI-XV.

N: Univ. of Sussex, Centre for German-Jewish Studies, The Elton/Ehrenberg Papers.

Schriften

[1] Die Rechtsidee im frühen Griechentum (Diss. Tübingen), 1921 [2] Neugründer des Staates (Habil.schrift Frankfurt), 1925 [3] Art. Sparta, in: RE 3A, 1929, 1373–1453 [4] Der griech. und der hellenistische Staat, 1932 (Neuaufl.: Der Staat der Griechen, 1965) [5] Ost und West. Studien zur geschichtlichen Problematik der Antike, 1935 [6] The People of Aristophanes, 1943 (dt. 1968) [7] Aspects of the Ancient World, 1946 [8] Sophocles and Pericles, 1954 (dt. 1956) [9] Polis und Imperium. Beiträge zur Alten Geschichte, 1965 [10] From Solon to Socrates. Greek History and Civilization during the Sixth and Fifth Centuries B.C., 1968 [11] Joseph Vogt, in: ANRW I/1, 1972, 5–13 (Beilage) [12] Man, State and Deity, 1974 [13] Ein totalitärer Staat, 1934, in: K. Christ (Hrsg.), Sparta, 1986, 217–228.

Sekundärliteratur

[14] G. Audring et al. (Hrsg.), Eduard Meyer, Victor Ehrenberg. Ein Briefwechsel, 1914–1930, 1990 [15] H. Berve, Rez. Ehrenberg, Neugründer des Staates, in: Gnomon 1, 1925, 305–327 [16] H. Berve, Rez. Ehrenberg, Ost und West, in: Philologische Wochenschrift 57, 1937, 650–655 [17] Christ GGW 1996, 208–216 [18] Christ Hel., 195–202, 271–273; 313–314 [19] Christ Klio, 74–77 [20] K. Ehling, »Vielleicht werde ich auch einmal wieder Deutschland besuchen können.« Ein Brief Victor Ehrenbergs vom 20. Februar 1947, in: Historia 53, 2004, 121–128 [21] M. I. Finley, Sparta, in: M. I. Finley, The Use and Abuse of History, 1975, 161–177 [22] P. R. Franke, Victor Ehrenberg. Ein deutsches Gelehrtenschicksal 1891–1976, in: R. Schneider (Hrsg.), Juden in Deutschland. Lebenswelten und Einzelschicksale, 1994, 309–331 [23] S. Rebenich, Art. Ehrenberg, Victor Leopold, in: DBC 1, 2004, 274–278 [24] H. Schäfer, Victor Ehrenbergs Beitrag zur historischen Erforschung des Griechentums, in: H. Schäfer, Probleme der Alten Geschichte. Ges. Abh. und Vorträge, hrsg. von U. Weidemann, 1963, 428–440 [25] J. Vogt, Victor Ehrenberg, in: Gnomon 48, 1976, 423–426.

Helmuth Schneider

Eichmann

s. Enzinas, Francisco de

Elgin, Thomas Bruce, Earl of

Lord Elgin; brit. Kunstsammler und Diplomat. Geb. am 20. 7. 1766 in Broomhall, Fife (Schottland), gest. am 4. 11. 1841 in Paris. Schulbesuch in Harrow und Westminster, 1782–1786 Studium in St. Andrews und Paris (Jura), 1786/87 in Dresden. 1790–1807 Vertreter Schottlands im brit. Oberhaus (als Tory). 1791–1794 Sondergesandter in Wien und Brüssel. 1795–1798 Gesandter in Berlin, 1799–1803 Botschafter in Konstantinopel. 1803–1806 Gefangenschaft in Frankreich, danach Rückzug ins Privatleben.

Werk und Wirkung

Als begeisterter Verehrer der ant. Kunst wollte E. seine Stellung als Botschafter in Konstantinopel dazu nutzen, dem Kunstschaffen in seiner Heimat neue Vorbilder zu liefern [3. 18–22]. Er stellte dafür ein Team aus Gelehrten und Zeichnern zusammen, die – in der Tradition der Griechenland-Expedition von James ↗Stuart und Nicholas ↗Revett (1751–1753) – die Monumente im osman. Griechenland studieren und dokumentieren sollten. Im Mai 1801 erwirkte er bei der Hohen Pforte ein offizielles Schreiben (Firman), das seinen Mitarbeitern ausgedehnte Studienmöglichkeiten in Athen, auch auf der militärisch genutzten Akropolis, einräumte. Angesichts der fortschreitenden Zerstörung der dortigen ant. Reste begann E.s Kaplan Philip Hunt, unterstützt von dem Zeichner Giovanni Battista Lusieri, mit der Demontage und dem Abtransport des Skulpturenschmucks vom Parthenon und z. T. auch vom Erechtheion. Zeitweilige Spannungen mit den örtlichen Behörden konnten 1810 durch einen weiteren Firman aus Konstantinopel überwunden werden [8]. Die während des Kriegs gegen Napoleon unter schwierigen Umständen nach London transportierten Skulpturen bot E. der brit. Regierung an [1], doch wurden sie erst nach kontroverser Debatte im Unterhaus 1816 für das British Museum angekauft. E.s Unkosten wurden dadurch bei weitem nicht gedeckt, was ihn in den finanziellen Ruin führte. Trotz heftiger Kritik am »Plünderer« E., insbes. durch Lord Byron (*Childe Harold's Pilgrimage*, 1812), die bis heute nicht verstummt ist, haben die sog. *Elgin marbles* von London aus eine nachhaltige Wirkung entfaltet [4] und einer neuen Wahrnehmung originaler griech. Plastik des 5. Jh.s v. Chr. den Weg geebnet.

N: London, British Library; Edinburgh, National Archives of Scotland.

Schriften

[1] Memorandum on the Subject of the Earl of Elgin's Pursuits in Greece (anonym), 1810 (rev. Aufl. 1815).

Sekundärliteratur

[2] S. Checkland, The Elgins, 1766–1917. A Tale of Aristocrats, Proconsuls and Their Wives, 1988, 1–107 [3] L. Gallo, Lord Elgin and Ancient Greek Architecture. The Elgin Drawings at the British Museum, 2009 [4] J. Rothenberg, »Descensus ad terram«. The Acquisition and Reception of the Elgin Marbles, 1977 [5] A. H. Smith, Lord Elgin and His Collection, in: JHS 36, 1916, 163–372 [6] W. St. Clair, Lord Elgin and the Marbles, 1967 (^{3}1998) [7] W. St. Clair, Art. Bruce, Thomas, in: Oxford Dictionary of National Biography 8, 2004, 329–331 [8] D. Williams, Lord Elgin's Firman, in: Journal of the History of Collections 21, 2009, 49–76.

Daniel Graepler

Elmsley, Peter

Brit. Klass. Philologe und Kirchenhistoriker. Geb. 1773 in Hampstead, gest. am 8.3.1825 in Oxford. Schulbesuch und Studium der Klass. Phil. in Westminster und Christ Church, Oxford (B.A. 1794, M.A. 1797). Geistliche Weihe 1797 und Benefiziat in Great Horkesley (Essex). Ab 1816 einige Jahre Aufenthalt in Italien und Frankreich, 1818 in Florenz. 1814 Fellow der *Royal Society.* 1823–1825 Prof. für Alte Gesch. in Oxford.

Werdegang, Werk und Wirkung

E. wurde nach seinem Onkel, dem damals bekannten Buchhändler Peter E. benannt, den er beerbte. Nach dem Studium verließ E. die Univ. und lebte bis 1816 in Kent. Ab 1816 reiste er nach Frankreich und Italien, wo er verschiedene Mss. zu Sophokles studierte und für seine Editionen auswertete. 1819 war er in Neapel an der Arbeit zu den Papyri aus Herculaneum beteiligt. Trotz seiner Gelehrsamkeit in Kirchengeschichte wurde E. 1822 der Regius Chair of Divinity, eine der ältesten und prestigereichsten Professuren in Oxford, verwehrt [7.287]. Ab 1823 bis zu seinem Tod besetzte er den Camden Lehrstuhl für Alte Geschichte und war Direktor der St. Alban Hall in Oxford.

Schwerpunkt von E.s Arbeit waren Editionen der griech. Dramatiker Sophokles und Euripides (*Herakliden* [2], *Medea* [3], *Bakchen* [4]) sowie deren Scholien. Neben seinen publizierten Beiträgen sind zahlreiche Notizen und Emendationen aus E.s Nachlass (in der Bodleian Library in Oxford gesammelt), von denen kürzlich veröffentlicht wurden [8]. Neben seiner editorischen Tätigkeit war E. Mitarbeiter an der Zeitschrift *Edinburgh Review.* Große Nachwirkungen hatte er dadurch, dass er als erster Philologe die sog. Laurentianische Handschrift der gleichnamigen Bibl. in Florenz auswertete und für seine Textausgaben heranzog [9]. Diese Handschrift gilt heute – allerdings nicht unumstritten – als Archetyp für alle Mss. der sophokleischen Tragödien. E. war der Erste, der ihren Wert für Sophokles erkannte (erstmals erwähnt in der Einleitung zur Ausgabe des *Oidipus auf Kolonos* [5]). E. pflegte enge Kontakte zu Richard ↗Porson, Robert Southey und anderen Gelehrten seiner Zeit, soll jedoch Textverbesserungen von Porson für seine Edition der *Acharner* des Aristophanes [1] übernommen haben, ohne darauf hinzuweisen. Ein anonymer Beitrag in der *Church of England Quartely Review* (1839) beschuldigt ihn des Abschreibens, wobei es jedoch keine stichhaltigen Indizien für diesen Vorwurf des Plagiats gibt [6].

Schriften

[1] Aristophanis comoedia Acharnenses (Edition), 1809 (²1819) [2] Euripidis Heraclidae (Edition), 1813 (²1828) [3] Euripidis Medea (Edition), 1818 (²1828) [4] Euripidis Bacchae (Edition), 1821 [5] Sophoclis Oedipus Coloneus (Edition), 1823.

Sekundärliteratur

[6] M.L. Clarke, Greek Studies in England, 1700–1830, 1945 [7] Ch. Collard, Art. Elmsley, Peter, in: DBC 1, 2004, 286–288 [8] P.J. Finglass, Unpublished Emendations by Peter Elmsley on Euripides and Aristophanes, in: CQ, 2007, 742–746 [9] Sandys Hist., Bd. 3, 1908, 394–395.

Marcel Humar

Engels, Friedrich s. Marx, Karl

Enmann, Alexander

Baltendt. Althistoriker. Geb. am 20.8.1856 im livländischen Pernau, gest. am 1.7.1903 in St. Petersburg. Studium der Gesch. an der Univ. Dorpat, v.a. bei Franz Rühl und Ludwig Mendelssohn; 1877 Abschluss des Studiums mit einer preisgekrönten Arbeit [1]. 1880–1883 Auslandsstudium in Berlin, Paris, London und Tübingen (hier bei Alfred von Gutschmid), vermutlich mithilfe eines Stipendiums [11.105]. Seit 1883 in der Bibl. der Akad. der Wiss. in St. Petersburg beschäftigt; 1886 Prom. in Dorpat mit einer Arbeit zu den oriental. Einflüssen auf den Aphroditekult auf Zypern [4]. 1883–1888 Lehrer für Latein an der St. Katharinen-Schule, ab 1888 für Gesch. und Geographie an der Lutherischen Schule in St. Petersburg.

Werk und Wirkung

Während E.s Arbeiten zur frühen griech. und röm. Geschichte in ihrer Verbindung von arch., mythol., sprachgeschichtlichen und histor. Elementen [4]; [6] sehr kritisch rezipiert wurden [11.106ff., Anm. 17 und 21, 113], bleibt sein Name dauerhaft mit der von ihm rekonstruierten Kaisergeschichte verbunden (sog. *Enmannsche Kaisergeschichte*, entstanden zwischen 337 und 361). Diese Abfolge von Kaiserbiographien erschloss E. aufgrund sprachlicher und inhaltlicher Übereinstimmungen als Quelle, die von Aurelius Victor, Eutropius, der *Historia Augusta* sowie der *Epitome de Caesaribus* verwendet wurde [2]. E.s Interesse galt weiterhin der geographischen Onomatologie, der altitalischen Ethnographie [5] sowie der Mythologie [9]. Zuletzt beschäftigte er sich erneut intensiv mit der frühen Geschichte Roms [7] und in diesem Zusammenhang auch mit epigr. Quellen [8].

E. stand in Kontakt mit Heinrich ↗Nissen und Ulrich von ↗Wilamowitz-Moellendorff, denen er

Hinweise auf Mss. in der Petersburger Akad.-Bibl. gab [10. 63]. Michael ↗Rostovtzeff, der 1903 an der St. Petersburger Univ. seine erste Prof. erhielt, erinnerte sich dankbar an die Anregungen durch E. [11. 113], dem eine universitäre Laufbahn versagt blieb.

Schriften

[1] Untersuchungen über die Quellen des Pompejus Trogus für die griech. und sicilische Geschichte, Dorpat 1880 (Teil 2: Über die Quellen der sicilischen Geschichte bei Pompeius Trogus, 1880) [2] Eine verlorene Geschichte der röm. Kaiser und das Buch De viris illustribus urbis Romae. Quellenstudien, in: Philologus Suppl.-Bd. 4, 1883, 338–510 [3] Geographische Homerstudien in Pausanias, in: Jb. für classische Philologie 30, 1884, 497–520 [4] Kritische Versuche zur ältesten griech. Geschichte. 1. Kypros und der Ursprung des Aphroditekultus (Diss. Dorpat; Mémoires de l'Acad., sér. 7, Bd. 34/13), 1886 [5] Zur Ethnographie Altitaliens. I. Sicilien und Latium, in: Jahresbericht der Reformierten Kirchenschule, 1891–1892 [6] Zur röm. Königsgeschichte, St. Petersburg 1892 (Separatabdruck aus dem Jahresbericht der Reformierten Kirchenschule) [7] The Legend of the Roman King (St. Petersburg, Journal of the Ministry of Education), 1894–1896 (Teilveröffentlichungen in dt. Sprache: Die älteste Redaction der röm. Consularfasten, in: Zs. für alte Geschichte 1, 1900; Die älteste Redaction der Pontifikalannalen, in: RhM 57, 1902, 517–533) [8] Die neuentdeckte archaische Inschrift des röm. Forums, 1899 (Separat-Abdruck aus dem Bulletin de l'Acad. Impériale des Sciences de St. Pétersbourg, sér. 5, Bd. 11/5, 1899, 263–274) [9] Art. Niobe und Niobiden, in: (Roscher's) Ausführliches Lex. der griech. und röm. Mythologie, Bd. 3/1, 1902, 372–396.

Sekundärliteratur

[10] M. Braun et al. (Hrsg.), »Lieber Prinz«. Der Briefwechsel zwischen Hermann Diels und Ulrich von Wilamowitz-Moellendorff, 1995 [11] J. F. Gilliam, Rostovtzeff's Obituary of Enmann, in: A. Alföldi / J. Straub (Hrsg.), Historia-Augusta-Colloquium 1977/78, 1980, 103–114.

Heinrich Schlange-Schöningen

Enoch von Ascoli

Enoch Asculanus; ital. Humanist. Geb. um 1400 bei Ascoli Piceno, gest. um 1457 ebda. Ausbildung in Florenz; um 1440 Lehrtätigkeit (Poetik und Rhetorik) in Perugia; Erzieher der Söhne Cosimos de' Medici in Florenz. Danach Tätigkeit in Rom im Dienst Papst Nikolaus' V.; 1451–1455 Suche nach Hss. in Nord- und Osteuropa. 1455 Rückkehr nach Rom mit dem *Codex Herfeldensis*.

Werk und Wirkung

E. (eigentlich Alberto) aus Ascoli in den ital. Marche stammte aus einfachen Verhältnissen; ausgebildet wurde er zunächst in Ascoli, dann in Florenz bei Francesco ↗Filelfo. Nach kurzer Lehrtätigkeit in Perugia 1440 kehrte er nach Florenz zurück und unterrichtete die Söhne Cosimos de' Medici, Piero und Giovanni. In Florenz lernte er vermutlich Tommaso Parentucelli, den zukünftigen Papst Nikolaus V., kennen, in dessen Dienst er später trat. Auf zwei Reisen in den Osten und nach Deutschland und Nordeuropa suchte E. in dessen Auftrag nach bisher unentdeckten Hss. antiker Autoren. Sein Ziel war v. a., die verlorenen Bücher des Livius wieder zu entdecken. Tatsächlich fand er in Hersfeld den sog. *Codex Hersfeldensis* mit den bis dahin unbekannten kleinen Schriften des Tacitus (*Agricola, Germania, Dialogus de oratoribus*) und Fragmenten von Suetons Schrift *De grammaticis et rhetoribus*, dessen Existenz schon Gian Francesco ↗Poggio Bracciolini bekannt war. E. konnte die Hs. erwerben und brachte sie nach Italien, ebenso eine in Fulda gefundene Hs. mit Apicius' *De re coquinaria*, dem in der Dombibl. von Augsburg entdeckten Horaz-Kommentar des Porphyrio sowie der in Dänemark (oder Ungarn) entdeckten Abschrift der ps.-vergilischen *Elegiae in Maecenatem*. Den Rang dieser Werke schätzte er selbst eher als gering ein. Da zudem kurz nach seiner Rückkehr nach Rom im März 1455 sein päpstlicher Auftraggeber verstarb und dessen Nachfolger, Callixtus III., kein Interesse an den *studia humanitatis* aufwies, verkaufte E. den *Codex Hersfeldensis* lagenweise an Interessierte; so verlor sich die Spur der Hs., bis eine Lage daraus 1902 (als Teil des *Codex Aesinas*) wieder entdeckt wurde [1].

[1] G. Brugnoli, La vicenda del codice Hersfeldense, in: Rivista di cultura classica e medioevale 3, 1961, 68–90 [2] M. Lehnerdt, Enoch von Ascoli und die »Germania« des Tacitus, in: Hermes 33, 1898, 499–505 [3] R. Sabbadini, Le scoperte dei codici latini e greci ne' secoli XIV e XV, 2 Bde., 1905–1914 (Bd. 1, 57, 109, 140 ff., 150, 209, 212; Bd. 2, 29) [4] P. Viti, Art. Enoch d'Ascoli, in: DBI 42, 1993, 695–699.

Dorothee Gall

Ensslin, Wilhelm

Dt. Althistoriker. Geb. am 9. 12. 1885 in Aalen, gest. am 8. 1. 1965 in Kirchheim. Studium der Gesch. und Klass. Phil. in Tübingen, Berlin, München und Straßburg, u. a. bei Eduard ↗Meyer, Ernst ↗Kornemann und Karl Johannes Neumann, bei dem er 1911 in Straßburg über das Thema *Kaiser Julians Gesetzgebungswerk und Reichsverwaltung* promoviert wurde. Danach Gymnasiallehrer; nach Kriegsdienst und Rückkehr aus franz. Kriegsgefangenschaft (1920) Studienrat am Gymnasium Philippinum in Marburg; 1923 Habil. an der dortigen Univ. [1]. Ab 1930 Prof. für Alte Gesch. in Graz; ab 1936 in Erlangen, 1940–1943 Dekan ebda. Ab 1943 Prof. in Würzburg. Ab

1940 Mitglied der Bayer. Akad. der Wiss., 1964 der *British Academy*.

Werk und Wirkung

E. war einer der maßgeblichen Spätantikeforscher seiner Zeit. Nur selten widmete er sich der griech. Geschichte, etwas häufiger der Kaiserzeit, dann insbes. unter verwaltungsgeschichtlichen Gesichtspunkten. Seine Schwerpunkte waren die Ideengeschichte zumal des spätant. Kaisertums (z.B. [3]; [7]) sowie die Beziehungen zwischen Rom und den Persern [5] bzw. den Germanen [4], wobei er sich – den Zeitumständen zum Trotz – rassistischen Erklärungsmodellen verweigerte, auch wenn er Konzepte wie »Volksgeist« o.Ä. nicht vermied. E. betonte, dass Germanen lange wesentlich zum Erhalt des röm. Reiches beigetragen hätten. Große Resonanz hatte seine Biographie des Ostgotenkönigs Theoderich d.Gr., welche diesen in hohem Maße von seiner röm. Prägung her interpretierte [4]. Sehr einflussreich ist nach wie vor auch seine Studie [3], mit der er bei einem weiten, bis auf den Alten Orient zurückführenden geistesgeschichtlichen Zugriff die Verflechtung der Vorstellungen vom Gottkaisertum und Gottesgnadentum nachzeichnete. Bis heute grundlegend bleiben seine zahlreichen RE-Artikel zur spätant. Prosopographie und zur röm. Verwaltung sowie seine Beiträge zum 12. Band der ersten Auflage der *Cambridge Ancient History*.

Schriften

[1] Zur Geschichtsschreibung und Weltanschauung des Ammianus Marcellinus, 1923 (²1971) [2] Zur Ostpolitik des Kaisers Diokletian, 1942 [3] Gott-Kaiser und Kaiser von Gottes Gnaden, 1943 [4] Theoderich der Große, ²1947 (²1959) [5] Zu den Kriegen des Sassaniden Schapur I. Vorgetragen am 4. Juli 1947, 1949 [6] Die Religionspolitik des Kaisers Theodosius des Großen, 1953 [7] Der Kaiser in der Spätantike, in: HZ 177, 1954, 449–468.

Sekundärliteratur

[8] Christ, RömGG 148–150 [9] A. Lippold, Wilhelm Ensslin, in: Gnomon 37, 1965, 637–639.

Hartmut Leppin

Enzinas, Francisco de

Franciscus Dryander, Françoys du Chesne, Franciscus Quernaeus/Eichmann/van Eyck; span. Humanist und Bibelübersetzer. Geb. in Burgos 1518 oder 1520, gest. 1552 in Straßburg. Ab 1539 Studium in Löwen; ab 1541 in Wittenberg. 1548/49 als Griechischdozent in Cambridge tätig; 1550 Rückkehr nach Straßburg.

Werdegang und Werk

E.' Vater Juan war ein erfolgreicher Kaufmann, seine Stiefmutter Beatriz de Santa Cruz stammte aus einer angesehenen burgalesischen Familie; zu seinen Verwandten zählte der erste Kanzler der Univ. von Alcalá de Henares und späterer Dekan der theologischen Fakultät der Sorbonne, Pedro de Lerma. Die Zugehörigkeit zu einer einflussreichen Familie erwies sich für E. auf seinem bewegten Lebensweg so manches Mal als nützlich.

Nach ersten Studienjahren (vielleicht in Paris und Alcalà) immatrikulierte sich E. – das ist das erste gesicherte Zeugnis seiner Ausbildung – im Juni 1539 am Collegium Trilingue in Löwen. Dort nahm er auch den hellenisierenden Beinamen Dryander (nach span. *encina*, »Eiche«) an und brachte zusammen mit seinem Bruder Diego Schriften von Johannes Calvin und Martin Luther heraus; um dem dadurch ausgelösten Skandal und der Inquisition zu entkommen, verließen die beiden Brüder 1541 die Stadt. Diego betätigte sich weiterhin als Herausgeber reformatorischer Schriften, was ihm 1547 die Hinrichtung auf dem Scheiterhaufen einbrachte.

Auch E. blieb der reformatorischen Bewegung verbunden und ging nach Wittenberg, wo er bei Philipp ↗Melanchthon studierte und in dessen Haus wohnte. Melanchthon förderte E.' Übersetzung des NT aus dem Griechischen ins Spanische, die 1543 in Antwerpen gedruckt wurde (*El nuevo testamento de nuestro Redemptor y Salvador Iesu Christo*). Ein Exemplar legte E., auf ein kaiserliches Privileg hoffend, Kaiser Karl V. vor; dieser übergab die Angelegenheit – die röm. Kirche fasste in dieser Zeit Übersetzungen des NT in die Landessprache als Ketzerei auf – seinem Beichtvater, dem Dominikaner Pedro de Soto, der E. in Brüssel inhaftieren ließ. Über seine eigenen Erlebnisse und über die Verfolgung von Protestanten in den Niederlanden überhaupt berichtete E. – auf Bitten Melanchthons, zu welchem er nach seiner Flucht aus dem Gefängnis 1545 zurückkehrte – in einem als Brief an diesen gestalteten Traktat [2]. Diese in einfachem, aber elegantem Latein verfasste Schrift ist auf den Juli 1545 datiert, wurde aber erst nach E.' Tod gedruckt (1558 in franz. Übers.; 1862/63 lat./franz. [1]). Die *Historia* war, wie auch E.' Bericht über die Ermordung des reformatorischen Theologen Juan Diaz (*Historia vera de morte sancti viri Ioannis Diazii Hispani*, 1546 [4]), noch bis ins 19. Jh. hinein Teil protestantischer Märtyrerbücher.

In den verbleibenden Lebensjahren nach der Befreiung aus dem Gefängnis zog E. auf der Flucht vor der Inquisition und auf der Suche nach Druckern für seine Übersetzungen antiker Werke durch Europa; dabei begegnete er neben Melanchthon weiteren bedeutenden Reformatoren wie Martin Bucer, Heinrich Bullinger und Joachim Vadian, die seine Arbeit unterstützten und förderten. Auch Calvin traf er wohl einmal persönlich. Von diesen Kontakten zu Gelehrten gibt E.' Korrespondenz Zeugnis. Seine Reisen führten ihn nach Cambridge sowie mehrfach nach Basel und Zürich. In Straßburg hatte er 1548 geheiratet und kehrte 1550 dorthin zurück, um eine Druckerei für span.sprachige Literatur zu gründen. Zwei Jahre später starb er im Alter von nur etwas mehr als 30 Jahren an der Pest. Trotz der widrigen Lebensumstände, mit denen E. aufgrund seines reformatorischen Engagements zu kämpfen hatte, war er ein äußerst produktiver Übersetzer der ant. Literatur. Ab 1550 veröffentlichte er eine beachtliche Zahl von span. Versionen u.a. von Plutarch (Parallelviten), Lukian, Livius, Caesar und Florus.

Schriften

[1] Mémoires de Francisco de Enzinas, 3 Bde. (lat./franz.), hrsg. von Ch.-A. Campan, 1862–1863 [2] Historia de statu Belgico deque religione Hispanica, hrsg. von F. Socas, 1991 (dt. 1893; niederl. 2002) [3] Epistolario, übers. und komm. von I.J. Garcia Pinilla, 1995 [4] Verdadera historia de la muerte del santo varón Juan Díaz, por C. Senarclens, hrsg. und komm. von I.J. García Pinilla, 2008 (Orig. 1546).

Sekundärliteratur

[5] J. Bergua Caver, Franciso de Enzinas. Un humanista reformado en la Europa de Carlos V., 2006 [6] E. Böhmer, Spanish Reformers of Two Centuries from 1520. Their Lives and Writings According to the Late Benjamin B. Wiffen's Plan and with the Use of His Materials, Bd. 1, 1874, 133–184 [7] I.J. García Pinilla / J.L. Nelson, The Textual Tradition of the Historia de statu Belgico et religione Hispanica by Francisco de Enzinas (Dryander), in: Humanistica Lovaniensia 50, 2001, 267–286 [8] J.L. Nelson, Francisco de Enzinas and Spanish Evangelical Humanism before the Council of Trent (Diss. Manchester), 1999 [9] J.L. Nelson, Art. Enzinas, Francisco de (Known as Francis Dryander), in: Oxford Dictionary of National Biography 18, 2004, 471–472 [10] S. Osieja, Das literarische Bild des verfolgten Glaubensgenossen bei den protestantischen Schriftstellern der Romania zur Zeit der Reformation, 2002, 265–275.

Ursula Tröger

Erasmus von Rotterdam

Erasmus, Desiderius; niederl. Humanist, Theologe, Philosoph und Philologe. Geb. am 27/28.10. 1466 (dies wohl das korrekte Geburtsjahr [29], eher als 1467 oder 1469) in Rotterdam, gest. am 11./ 12.7.1536 in Basel. Schulzeit 1478–1487 in Deventer (Kapitelschule von St. Lebuinus); ab 1484, nach dem Tod der Mutter, in 's-Hertogenbosch (Schule der Brüder vom Gemeinsamen Leben); 1487–1488 Eintritt ins Kloster Stein bei Gouda, Profess als Augustiner-Chorherr; 25.4.1492 Priesterweihe; 1493 Ernennung zum Sekretär des Bischofs von Cambrai, Hendrik van Bergen. Zeitweilige Befreiung von der Residenzpflicht im Kloster; 1495–1505 Studium, Privatunterricht und Publikationstätigkeit in Paris (mit Unterbrechungen; akad. Abschluss nicht sicher belegt); 1499–1500, 1505–1506 erste Aufenthalte in England; 1502 Ablehnung einer vom Theologie-Prof. Adrian von Utrecht (später Papst Hadrian VI.) angebotenen Dozentur in Löwen. 1506–1509 Aufenthalt in Italien: Turin (dort am 4.9.1506 Erwerb des Doktortitels in Theologie), Venedig (Zusammenarbeit mit Aldus Manutius), Padua, Siena, Rom, Neapel; 1511–1514 Lehrtätigkeit (Griechisch, Latein und Theologie) am Queen's College in Cambridge.

1514 Rückkehr aus England, endgültige (briefliche) Verabschiedung vom Kloster Stein; erste Reise ins Alte Reich (über Mainz, Straßburg und Schlettstadt nach Basel); Beginn der Zusammenarbeit mit Johannes Froben. 1516 Rückkehr in die Niederlande, Ernennung zum Rat des Prinzen Karl (des späteren Kaisers Karl V.); 1517–1521 Aufenthalt in Löwen; dort am 30.8.1517 Immatrikulation an der Univ. als Prof. *Sacrae Theologiae* (d.h. Aufnahme in die theologische Fakultät; die Bezeichnung impliziert keine Lehrtätigkeit); 1517 Unterstützung für die Etablierung des *Collegium Trilingue*; 1521 nach kurzem Aufenthalt (Mai-Oktober) in Anderlecht Umzug nach Basel; 1529 wegen der Einführung der Reformation dort Umzug nach Freiburg; 1535 Rückkehr nach Basel, Ablehnung des Kardinalshutes.

Pädagogik, Rhetorik, Satire

E.' Programm war genuin humanistisch. Sein wesentliches Anliegen war eine Reform der Gesellschaft, die er als krisenhaft empfand. Die unabdingbare Voraussetzung für diese Reform war eine durch den Rückgriff auf die Antike untermauerte Erneuerung von Sprache und Bildung. Die Grundlage seiner eigenen humanistischen Ausbildung legte E. im Kloster Stein, wo er sich intensiv mit der ant. paganen und christl. Literatur sowie mit den Schriften mehrerer ital. Humanisten vertraut machte. Dort verfasste er auch seine frühesten Werke, darunter die (erst 1520 in revidierter Form veröffentlichten) *Antibarbari* über den Wert der lit. Studien [10]. Während seiner Studienzeit in Paris begegnete er Humanisten wie Fausto Andrelini, Jacques ↗Lefèvre d'Étaples und Robert Gaguin. Neben seinem Studium der Theologie war insbes. seine private Unterrichtstätigkeit von Bedeutung, in deren Rahmen die ursprünglichen Fassungen mehrerer später berühmt gewordener Lehrbücher entstanden: *Colloquia* [9]; *De conscribendis epistolis* (Cambridge 1521); *De copia verborum* (Paris 1512), eine Kurzfassung von Lorenzo ↗Vallas *Elegantiae*.

In den Pariser Jahren konnte E. auch seine ersten Texte veröffentlichen, 1495 einen Brief im Anhang von Robert Gaguins *De origine et gestis Francorum* und 1496 seine Gedichtsammlung *De casa natalitia Jesu.* Wohl v.a. unter dem Einfluss seiner engl. Freunde baute er seine Griechischkenntnisse aus. Die ersten Ergebnisse dieser Bemühungen sind am deutlichsten in den *Adagia* zu beobachten: Während die erste Ausgabe dieser Sprichwortsammlung (1500) noch auf etwa 800 vorwiegend lat. Beispiele beschränkt blieb [1], umfasste die neue Auflage von 1508 schon etwa 3300 Belege [3], nun zum großen Teil auch aus griech. Autoren. Sie wurde während E.' Aufenthalt in Venedig vorbereitet und publiziert.

Welche Bedeutung dem gesamten Italienaufenthalt für E.' geistige Entwicklung beizumessen ist, ist nicht einfach zu bestimmen – schon deshalb, weil E. selbst sich niemals konkret zu dieser Frage äußerte und überhaupt nur fragmentarische und sporadische Mitteilungen über seine dortigen Erfahrungen hinterlassen hat. Dabei ist wichtig zu bedenken, dass E. nicht als junger Student, etwa im Kontext einer Bildungsreise, sondern als Vierzigjähriger, dessen geistiges Profil schon weitgehend ausgereift war, nach Italien kam; bei allem begeisterten Interesse für das Mutterland des Renaissance-Humanismus blieb E. nicht blind für Missstände in der zeitgenössischen röm. Kirche. Vielleicht ist es daher kein Zufall, dass seine berühmteste Schrift, mit der er seinen Ruf als satirischer Beobachter seiner Zeit festigte, das *Moriae encomium* (Paris 1511), sofort nach seinem Italienaufenthalt entstand. Diese Lobrede der personifizierten Torheit auf sich selbst ist einerseits eine Offenbarung des törichten Charakters aller Schichten und Gruppen der Gesellschaft bis hin zu den höchsten staatlichen und kirchlichen Würdenträgern, enthält zugleich aber auch einen Aufruf, sich für die (im paulinischen Sinne dargelegte) Torheit Gottes zu öffnen.

Das typisch humanistische Vertrauen auf Erziehung und Bildung schlug sich in E.' Fürstenspiegel von 1516 nieder [6]. Sein lit. Talent für Scherz, Ironie und Satire trat danach auch in den überarbeiteten Fassungen der *Colloquia* (insbes. seit 1522; erste, allerdings nicht autorisierte Ausgabe 1518 [9]) zutage; dort nutzte er meisterhaft das Potential der Dialogform, um aus didaktisch orientierten Schülergesprächen ein lit. Instrument der Gesellschaftskritik zu machen. In seiner großen stilkritischen Schrift *Ciceronianus* (1528) [12] ist eine in streng ciceronianischem Stil verfasste Predigt, die E. 1509 in Rom gehört hatte, der Auslöser eines unterhaltsamen Dialogs über Fragen des korrekten Stils und der lit. Nachahmung, wobei E. gegen einen restriktiven Ciceronianismus plädiert, aber auch zur Problematik der Rezeption des paganen lit. Erbes in einer christl. Welt Stellung nimmt. In seinem letzten großen Traktat schließlich, dem *Ecclesiastes* (1535) [14], behandelte er die korrekte Anwendung des ant. rhetorischen Handwerks für eine adäquate Darstellung zentraler Themen der christl. Theologie in einer Predigt.

Philosophia Christiana

E. erstrebte eine völlige Verschmelzung von humanistischer Bildung und christl. Lebensphilosophie und entwickelte demnach sein Konzept einer *philosophia Christiana,* einer praktischen, jeder spekulativen Theologie fernen Lebensweisheit, welche den Christen durch die Nachahmung Christi zum wahren Glück führt. Erste Ansätze dieser Vorstellung sind in der zunächst wenig beachteten Frühschrift *Enchiridion* [2] zu finden, die seit der Ausgabe von 1518 zu E.' bekanntesten Werken gehört: Dieser Traktat bietet eine Anleitung für eine authentische christl. Lebensführung und beschreibt die »Waffen«, welche der Christ dafür braucht. Basis für eine solche Lebensführung sind die Nachahmung des »Modells« Christus und die Kenntnis der Heiligen Schrift. Im Kontext der Frage nach dem Umgang mit der Bibel wird auch der Wert der Klassikerlektüre als Vorbereitung auf das Bibelstudium erörtert. Auch E.' Abneigung gegen die weltlichen Auswüchse der religiösen Institutionen seiner Zeit und seine Geringschätzung mancher Äußerlichkeiten der Religion klingen in diesem Werk schon in aller Deutlichkeit durch.

Wie eine verstärkte Rückbesinnung auf die ant. Literatur auch für die *philosophia Christiana* nutzbar gemacht werden kann, zeigte E. nicht zuletzt in seiner philol. Tätigkeit. Auf den Spuren von Lorenzo ↗Valla wandte er die im Renaissancehumanismus entwickelten philol. Methoden auf die Quellentexte des authentischen Christentums an, allen voran auf die Bibel selbst. Nachdem er Vallas *Annotationes in Novum Testamentum* (1449) in der Parkabtei bei Löwen wiederentdeckt und 1505 veröffentlicht hatte, galt der Bibelphilologie seine besondere Aufmerksamkeit, bis er 1516 seine Ausgabe des griech. NT, flankiert von drei wichtigen einleitenden Texten (*Paraclesis, Methodus* und *Apologia*), einer neuen lat. Übersetzung und erklärenden Anmerkungen, herausbrachte [7]. Dass er das Projekt als integralen Bestandteil seiner Bemühungen um die Verbreitung seiner *philosophia Christiana* sah, geht aus der Widmungsrede an Papst Leo X. ebenso wie aus der *Paraclesis* klar hervor.

E.' zahlreiche Editionen von griech. und lat. Kirchenvätern und sonstigen frühchristl. Autoren sind in ähnlichem Sinne zu verstehen und wurden von ihm selbst zum Kern seiner wiss. Tätigkeit gerechnet: Es handelt sich um Ausgaben (und im Falle der griech. Autoren auch lat. Übersetzungen) von Hieronymos (1516), Eucherius (1517), Basileios d.Gr. (1518 und

1532), Cyprian (1520), Arnobius (1522), Hilarius von Poitiers (1523), Johannes Chrysostomos (1525–1533), Irenaeus/Eirenaios (1526), Athanasios (1527), Origenes (1527 und postum 1536), Ambrosius (1527), Augustinus (1528–1529), Lactantius (1529) und Gregor von Nazianz (1531). Zu den heute relativ wenig gelesenen und erforschten Schriften des E. gehören seine kommentierenden Paraphrasen des NT (mehrere Einzeleditionen von 1517 bis 1524), die nach seiner eigener Einschätzung einen besonderen Stellenwert innerhalb seines Œuvres besaßen. Auch in seinen Psalmenkommentaren (mehrere Einzeleditionen von 1515 bis 1536) bediente er sich teilweise dieser Kommentarform.

Kontroversen und Frieden

Seit seinem *Lob der Torheit* wetterte E. öffentlich gegen Missstände in Kirche und Gesellschaft und nahm sowohl Vertreter des traditionellen Mönchtums als auch akad. Theologen und sogar die kirchliche Hierarchie ins Visier. Gleichzeitig plädierte er in mehreren Schriften für Harmonie und Frieden innerhalb der christl. Ökumene. Friedensappelle sind schon im frühesten Schrifttum des E., etwa in seiner im Kloster Stein abgefassten *Oratio de pace et discordia*, anzutreffen und fanden auch in berühmten Texten wie dem Adagium *Dulce bellum inexpertis* ihren Niederschlag. Die ausführlichste Darlegung dieser Thematik erfolgte im Kontext der polit. Ethik, als er 1516 in seiner *Querela pacis* eine ideale christl. Weltordnung entwarf [8].

Seit seinen Löwener Jahren (1517–1521) und insbes. nach der Publikation seines NT (1516) wurde E. zunehmend in theologische Kontroversen verwickelt, zu denen er in insgesamt etwa 40 *Apologiae* Position bezog. Auch wenn diese Verteidigungsschriften viel theologische Substanz enthalten, scheinen Dogmen und Lehrmeinungen häufig nicht der wesentliche Fokus der Auseinandersetzung zu sein, sondern die Frage nach den erforderlichen Kompetenzen des wahren Theologen. Stets spielte dabei die grundsätzliche Konfrontation zwischen Renaissancehumanismus und Scholastik im Hintergrund mit. Diesen Gegensatz hatte E. auch schon in früheren Schriften wie den *Antibarbari* hervorgehoben. In diesem Kontext waren die Scholastiker die Barbaren, die Feinde der *bonae litterae*, während umgekehrt für E. die Pflege der *bonae litterae* eine unabdingbare Voraussetzung auch für eine vernünftige Beschäftigung mit der Heiligen Schrift und damit für eine zuverlässige christl. Lebensführung war.

E.' früheste Streitschriften im eigentlichen Sinne entstanden im Zuge der Kritik, die Edward Lee und Diego López Zúñiga an seiner Ausgabe des NT übten. Schon Zúñiga mischte in seine philol. *Monita* (*Annotationes contra Erasmum Roterodamum*, 1520) auch doktrinale Bedenken und brandmarkte in einer späteren Schrift (*Erasmi Roterodami blasphemiae et impietates*, 1522) das gesamte religiöse Programm des E. als häretisch. Diese Tendenz verschärfte sich noch bei späteren katholischen Opponenten wie Noël Béda oder Alberto Pio da Carpi, nicht zuletzt aufgrund des wachsenden Erfolgs der Reformation.

Auch in späteren *Apologiae* konzentrierte sich E. gerne auf Fragen der Bibelexegese, der Interpretation der Kirchenväter sowie des Stellenwertes der Philologie für den wahren Theologen. Nicht selten wurde dabei sachliche Kritik von Satire und Invektive begleitet, wie etwa der Karmelit Nicolaas Baechem Egmondanus erfahren konnte. Die mit Anhängern und Sympathisanten der Reformation ausgetragenen Streitigkeiten konnten bes. heftig und bitter werden, wie das Beispiel des Ulrich von Hutten zeigt. Die berühmteste Kontroverse ist jene mit Martin Luther selbst, den E. nach anfänglichem Zögern 1524 mit seinem großen Traktat zur Willensfreiheit konfrontierte [11]. Der Kontrast zwischen dieser *Diatribe sive collatio* und Luthers Gegenschrift *De servo arbitrio* (Wittemberg 1525) bringt nicht nur die unterschiedlichen geistigen Profile der beiden Kontrahenten, sondern auch ihr völlig verschiedenartiges Verständnis von Theologie klar zum Vorschein. In seiner Auseinandersetzung mit der Reformation bedrückten E. wohl am meisten die Desintegration der globalen Christenheit und die Bemühungen mancher scholastischer Theologen, in ihrem Streit gegen Luther zugleich auch das Studium der *bonae litterae* in Misskredit zu bringen.

Wirkung

E.' Wirkung war gewaltig und dauerte bis zum Zusammenbruch der lat. geprägten Gelehrtenrepublik im 18. Jh. unvermindert fort. Danach verengte sich die Wahrnehmung seines Vermächtnisses langsam, bis heute vielleicht nur noch eine Schrift, das *Lob der Torheit*, sich einer etwas breiteren Bekanntschaft erfreut. Dennoch leben E. und sein geistiges Erbe bis heute weiter, wenn auch auf andere Art und Weise als in der Frühen Nz., etwa im E.-Programm der Europ. Union zur Förderung der Mobilität von Studierenden und Lehrenden oder im vom Prinzen von Oranien jährlich verliehenen E.-Preis für herausragende Leistungen im Bereich der Kultur in Europa.

Für E.' kaum von irgendeinem früheren Gelehrten erreichte Ausstrahlung schon zu seinen Lebzeiten gibt es (mindestens) zwei wesentliche Gründe. Zum einen war E. der erste Gelehrte, welcher die neuen Möglichkeiten des noch jungen Mediums der Buchdruckkunst im Dienste einer Selbstprofilierung voll auszuschöpfen wusste. Zum anderen wählte er konsequent die lat. Sprache für seine Veröffentlichungen und eignete sich eine lit. Eleganz an, die in ganz Europa bewundert wurde und auch die Verbreitung seiner Ideen begünstigte. Schon zu Lebzeiten wurde E. aber sehr verschieden wahrgenommen. In positivem Sinne wurde er verstanden und geschätzt als Initiator eines erneuerten Christentums, in dem das persönliche, ganz wesentlich von einer Rückbesinnung auf die Quellentexte der frühen Kirche geprägte Erleben des einzelnen Christen im Mittelpunkt steht. Daneben galt E. schon in den Löwener Jahren (1517–1521) als Skeptiker, Relativist (nicht zuletzt wegen seiner Vorliebe für eine satirische Schreibart) und sogar Ketzer (v.a. wegen seiner revolutionären Bibelexegese). Dennoch blieb mehrere Jahrhunderte lang seine Edition des NT bes. einflussreich.

Die konkrete Rezeption seines Gedankengutes harrt in vielerlei Hinsicht noch einer genauen Erforschung und wird nicht immer leicht zu erfassen sein, da E. keine geschlossene, in sich abgerundete Lehre hinterlassen hat. Überhaupt lag seine Stärke mehr in der lit. Vermittlung als in der konzeptionellen Systematik. So hat er in erster Linie und am längsten, nicht zuletzt dank seiner immens erfolgreichen Lehrbücher mit ihren Hunderten von Auflagen, als einzigartige Koryphäe der lat. Sprach- und Stilkunst sowie herausragender Vermittler des humanistischen Bildungswesens weitergelebt.

Schriften

[1] Adagiorum collectanea, Paris 1500 [2] Enchiridion militis Christiani, Antwerpen 1503 [3] Adagiorum chiliades, Venedig 1508 [4] Moriae encomium, sive Stultitiae laus, Paris 1511 [5] De duplici copia verborum ac rerum, Paris 1512 [6] Institutio principis Christiani, Basel 1516 [7] Novum Instrumentum, Basel 1516 (Edition; spätere Auflagen unter dem Titel: Novum Testamentum) [8] Querela pacis undique gentium eiectae profligataeque, Basel 1516 [9] Familiarium colloquiorum formulae, et alia quaedam, Basel 1518 (erste autorisierte Ausgabe: Löwen 1519) [10] Antibarbarorum liber unus, Basel 1520 [11] De libero arbitrio diatribe sive collatio, Basel 1524 [12] Ciceronianus, sive de optimo dicendi genere dialogus, Basel 1528 [13] De sarcienda ecclesiae concordia, Basel 1533 [14] Ecclesiastes, sive de ratione concionandi libri, Basel 1535.

Sekundärliteratur

[15] C. Augustijn, Erasmus von Rotterdam, 1986 [16] R. Bainton, Erasmus of Christendom, 1969 [17] P.G. Bietenholz et al., Art. Erasmus von Rotterdam, in: F.J. Worstbrock (Hrsg.), Deutscher Humanismus 1480–1520. Verfasserlexikon, Bd. 1, 2008, 658–808 [18] W.P. Eckert, Erasmus von Rotterdam. Werk und Wirkung, 2. Bde., 1967 [19] L.-E. Halkin, Érasme parmi nous, 1987 [20] J. Huizinga, Erasmus, 1924 [21] L. Jardine, Erasmus, Man of Letters. The Construction of Charisma in Print, 1993 [22] J.-C. Margolin, Érasme, précepteur de l'Europe, 1995 [23] J. McConica, Erasmus, 1991 [24] W. Ribhegge, Erasmus von Rotterdam, 2010 [25] E. Rummel, Erasmus, 2004 [26] R.J. Schoeck, Erasmus of Europe, 2 Bde., 1990–1993 [27] R. Stupperich, Erasmus von Rotterdam und seine Welt, 1977 [28] J.D. Tracy, Erasmus of the Low Countries, 1996 [29] H. Vredeveld, The Ages of Erasmus and the Year of His Birth, in: Renaissance Quarterly 46, 1993, 754–809.

Marc Laureys

Erbse, Hartmut

Dt. Klass. Philologe. Geb. am 23.11.1915 in Rudolstadt (Thüringen), gest. am 7.7.2004 in Bonn. Schulbesuch am Rudolstädter Fridericianum; ab 1937 Studium der Klass. Phil. in Hamburg; Prom. 1941, Habil. 1948 ebda. Anschließend Univ.-Dozent; 1954–1960 ao.Prof., 1960–1965 o.Prof. in Hamburg (dazwischen Vertretungssemester in Würzburg). 1965–1968 o.Prof. in Tübingen; 1968–1984 o.Prof. in Bonn.

Werk und Wirkung

E. studierte bei Bruno ↗Snell und wurde von ihm promoviert [1]. Die ant. Lexikographie, die bereits Thema seiner Habil. war [2], blieb auch später ein Schwerpunkt seiner Arbeit. Im Mittelpunkt seines Interesses stand stets die Gräzistik, insbes. Homer; nur gelegentlich behandelte er auch latinistische Themen. E. war Herausgeber der Zeitschriften *Hermes* und *Glotta* sowie mehrerer wiss. Reihen und 1960–1965 Leiter des *Lexikon des frühgriech. Epos*. In seinen mehr als 200 Publikationen forschte E., gleichermaßen sprach- und literaturwiss. interessiert, zu beinahe allen Gattungen (u.a. Epos, Geschichtsschreibung, Drama, Biographie, Lyrik) und zu Autoren jeder Epoche der griech. Literatur.

E.s Hauptwerk ist die auf Snells Anregung unternommene Edition der Scholien zu Homers *Ilias* [4], die eine unverzichtbare Grundlage für die gesamte Homerkritik der folgenden Jahrzehnte darstellte. Die Vorarbeiten veröffentlichte er in zahlreichen Aufsätzen und einer Monographie [3]. E. plädierte für die stärkere Beachtung der exegetischen Scholienklasse (bT) gegenüber der textkritischen Klasse (A). Auch zur *Odyssee* legte er international stark beachtete Forschungen vor [5]; [6]. Er vertrat darin u.a. eine Differenzierung der Werke Homers gegenüber der von Milman ↗Parry u.a. stark gemachten *oral tradition*. Schüler E.s sind Klaus Alpers, Andrew Roy Dyck und Alexander Kleinlogel.

SV: [8.269–276] (Schriften bis 1980).

Schriften

[1] Fragmente griechischer Theosophien (Diss. Hamburg), 1941 (²1995: Theosophorum Graecorum Fragmenta

[Bibl. Teubneriana]) [2] Untersuchungen zu den attizistischen Lexika (Abh. der Deutschen Akad. der Wiss., Philos.-Histor. Klasse 2/1949; Habil.schrift Hamburg), 1950 [3] Beiträge zur Überlieferung der Iliasscholien, 1960 [4] Scholia Graeca in Homeri Iliadem (Scholia vetera), 7 Bde. (Edition), 1969–1988 [5] Beiträge zum Verständnis der Odyssee, 1972 [6] Untersuchungen zur Funktion der Götter im homerischen Epos, 1986.

Sekundärliteratur

[7] A. Köhnken, Hartmut Erbse, in: Gnomon 77, 2005, 380–383 [8] J. Latacz et al. (Hrsg.), FS H. Erbse, 1980 [9] G. Rudinger, In memoriam Hartmut Erbse, 2008.

Ralph Lather

Erichsen, Wolja

Dän. Ägyptologe, Koptologe und Demotist. Geb. am 21.11.1890 in Kopenhagen, gest. am 25.3.1966 in Frederiksberg. Sohn eines Schiffskapitäns; Studium der oriental. Sprachen in Kopenhagen, Magister 1923. 1925–1944 wiss. Mitarbeiter des *Ägypt. Wörterbuchs* in Berlin; 1948–1953 Honorarprof. in Mainz; ab 1955 Lektor für Koptisch in Kopenhagen; ab 1963 Prof. für Ägyptologie ebda.

Werk und Wirkung

E.s Spezialgebiet war das Demotische, in das er von Kurt ↗Sethe eingeführt wurde. Sein *Demotisches Glossar* [6] ist eine bisher unersetzte Pionierleistung. Die zwischen 1937 und 1950 veröffentlichten Sammlungen demotischer Lesestücke mit Schriftlisten und Wörterverzeichnissen [1]; [4] dienten lange als praktisches Lehrbuch und können auch heute noch gewinnbringend benutzt werden. E. edierte und bearbeitete viele Dokumente, darunter Rechtsurkunden [2]; [9], lit. [8], medizinische [5] und mythol. Texte [7] sowie Orakelanfragen [3]. Außerdem war er ein tüchtiger Kalligraph, der den monumentalen Bänden des *Ägypt. WB* (hrsg. von A. ↗Erman und H. Grapow) ihre ansprechende äußere Gestalt verlieh.

Zwei Projekte, an denen E. arbeitete – ein Lexikon der demotischen Personennamen sowie die Publikation von Papyri aus Hawara im Fayum – konnten erst lange nach seinem Tod auf Initiative seines Schülers und Mitarbeiters Erich Lüddeckens abgeschlossen werden (Demotisches Namenbuch, 1980–2000; Demotische Urkunden aus Hawara, 1998).

Schriften

[1] Demotische Lesestücke, Bd. 1: Literarische Texte; Bd. 2: Urkunden der Ptolemäerzeit, 1937–1939 [2] Ein demotischer Ehevertrag aus Elephantine (Abh. der Preuß. Akad. der Wiss., Philos.-Histor. Klasse 8), 1939 [3] Demotische Orakelfragen, in: Historisk-filologiske meddelelser 28/3, 1942, 1–19 [4] Auswahl frühdemotischer Texte (Edition), 1950 [5] Aus einem demotischen Papyrus über Frauenkrankheiten, in: Mitteilungen des Instituts für Orientforschung 2, 1954, 363–377 [6] Demotisches Glossar, 1954 [7] Fragmente memphitischer Theologie in demotischer Schrift (Abh. der Geistes- und Sozialwiss. Klasse. Akad. der Wiss. und der Literatur Mainz 7; mit S. Schmidt), 1954 [8] Eine neue demotische Erzählung (Abh. der Geistes- und Sozialwiss. Klasse. Akad. der Wiss. und der Literatur Mainz 2), 1956 [9] Eine demotische Schenkungsurkunde aus der Zeit des Darius (Abh. der Geistes- und Sozialwiss. Klasse. Akad. der Wiss. und der Literatur Mainz 6), 1962.

Sekundärliteratur

[10] Art. Erichsen, Wolja (1890–1966), in: WWE, 3–4 [11] I. Danneskiold-Samsøe, In memoriam Wolja Erichsen, in: Das Altertum 15, 1969, 59–64 [12] E. Kerrn Lillesø, Wolja Christian Erichsen, in: Chronique d'Égypte 41, 1966, 327–334 [13] E. Lüddeckens, Wolja Erichsen, in: Zs. für Ägyptische Sprache und Altertumskunde 95, 1968, I–V.

Günter Vittmann

Erman, Adolf

Dt. Ägyptologe. Geb. am 31.10.1854 in Berlin, gest. am 26.6.1937 ebda. Studium (ab etwa 1872) in Leipzig und Berlin; 1878 Prom. in Leipzig; 1881 Habil. in Berlin. Ab 1884 Direktor des Ägypt. Museums (bis 1914) und ao.Prof. für Ägyptologie in Berlin. Ab 1892 o.Prof. ebda.; 1923 emeritiert. Seit 1895 ordentliches Mitglied der Preuß. Akad. der Wiss.

Werk und Wirkung

E., der aus einer schweizer. protestantischen Familie (ursprgl. Ermatinger) stammte, studierte bei Georg Ebers und Richard ↗Lepsius, ließ jedoch seine Lehrer weit hinter sich und wurde zum eigentlichen Begründer der modernen Ägyptologie. Seine *Neuägypt. Grammatik* [1], seine Studie zum Papyrus Westcar [3] und seine *Ägypt. Grammatik* [4] bedeuteten den entscheidenden Durchbruch in der Rekonstruktion des Ägyptischen. Erst durch E.s Einsicht in die diachrone Entwicklung der Sprache und durch ihre Analyse anhand wohldefinierter Textcorpora wurde es möglich, die bis dahin verworrenen Vorstellungen über Formenschatz und Syntax aufzuklären. E. erkannte auch die Beziehungen des Ägyptischen zu den semitischen Sprachen. Das von ihm an der Preuß. Akademie der Wiss. initiierte Großprojekt zur Erarbeitung eines Wörterbuchs der ägypt. Sprache [6] schuf ein nach Umfang und Vielfalt bis heute unerreichtes, systematisch erschlossenes Textcorpus, das der lexikographisch-philol. Forschung eine neue Basis gab. Die Arbeit daran wirkte als Zentrum und Motor der Forschung einer ganzen Generation. Das unter Mitarbeit seiner Schüler Hermann Grapow und Kurt ↗Sethe herausgegebene Wörterbuch bietet die bis heute maßgebliche Darstellung des ägypt. Wortschatzes. Durch E.s Leistung erhielt die philol.-linguistische Arbeit der Ägyptologie ein solides methodisches Fundament.

E. schuf ein reiches Werk. Im strikt wiss. Bereich dominieren Arbeiten zur Grammatik und Philologie. Darüber hinaus verfasste er jedoch für ein gebildetes Publikum auch einflussreiche kulturhistor. Darstellungen wie seine Bücher zum ägypt. Leben im Altertum [2] und zur ägypt. Religion [7] und eine Anthologie ägypt. Literatur in dt. Übersetzung [5]. Hier war es sein Anliegen, das aus der älteren Rezeptionsgeschichte tradierte Bild eines »geheimnisvollen« Ägypten durch eine seinem Verständnis nach rationale und empirisch aus den authentischen Quellen gewonnene Sicht zu ersetzen. E.s breites Interessenspektrum, welches Denkmäler und Archäologie als notwendige Aspekte einer kulturhistor. umfassenden Ägyptologie einschloss, kam auch in seinem engagierten Wirken am Berliner Ägypt. Museum zum Ausdruck, wo er die durchgreifende Ordnung, Katalogisierung und Neuaufstellung der Sammlung betrieb.

Als herausragender Gelehrter und Begründer der »Berliner Schule« der Ägyptologie zog E. eine ganze Generation jüngerer Wissenschaftler aus aller Welt nach Berlin und prägte so Ausrichtung und Entwicklung des Faches weit über Deutschland hinaus nachhaltig. Immun gegen nationalistische Strömungen, pflegte E. weitgespannte, internationale Kontakte. In seiner Zeit eine Schlüsselfigur der dt. Wiss., wirkte E. auch maßgeblich an der Etablierung einer permanenten Vertretung der dt. Archäologie in Ägypten (DAI) mit.

M: Mein Werden und mein Wirken, Erinnerungen eines alten Berliner Gelehrten, 1929.

Schriften

[1] Neuägyptische Grammatik, 1880 [2] Ägypten und ägyptisches Leben im Alterthum, 2 Bde., 1885–1887 [3] Die Sprache des Papyrus Westcar. Eine Vorarbeit zur Grammatik der älteren ägyptischen Sprache, 1890 [4] Ägyptische Grammatik, 1894 [5] Die Literatur der Ägypter. Gedichte, Erzählungen und Lehrbücher aus dem 3. und 2. Jt. v. Chr. (Übers.), 1923 [6] (Hrsg.), WB der ägyptischen Sprache (mit H. Grapow), 12 Bde., 1926–1963 [7] Die Religion der Ägypter. Ihr Werden und Vergehen in vier Jahrtausenden, 1934 [8] Das WB der ägyptischen Sprache. Zur Geschichte eines großen wissenschaftlichen Unternehmens der Akademie Berlin (mit H. Grapow), 1953.

Sekundärliteratur

[9] Art. Erman, Jean Pierre Adolphe (Adolf) (1854–1939), in: WWE, 143–144 [10] B. U. Schipper (Hrsg.), Ägyptologie als Wissenschaft. Adolf Erman in seiner Zeit, 2006.

Stefan Seidlmayer

Ernesti, Johann August

Dt. Klass. Philologe, Theologe und Pädagoge. Geb. am 4. 8. 1707 in Tennstedt bei Erfurt, gest. am 11. 9. 1781 in Leipzig. Ab 1726 Studium in Wittenberg, ab 1728 in Leipzig. Ab 1731 Konrektor, 1734–1759 Rektor der Thomasschule ebda; ab 1742 ao. Prof. litterarum humaniorum an der Univ. Leipzig, 1756 theologische Prom. 1756–1770 o.Prof. der Beredsamkeit, ab 1759 o.Prof. der Theologie an der Univ. Leipzig.

Werdegang

E.s Vater, Dr. theol. Johann Christoph E., war Superintendent in Tennstedt. E. besuchte ab 1723 das Gymnasium Schulpforta, das er nach drei Jahren mit hervorragendem Zeugnis verließ. Während seines Studiums, zunächst ab 1726 an der Univ. Wittenberg, ab 1728 an der Univ. Leipzig, hörte E. theologische, philol. und philos. Vorlesungen und beschäftigte sich auch mit den mathematischen Wiss. Seit 1730 Magister, erlangte er 1731 das Konrektorat der Thomasschule. Dort wurde er 1734 als Rektor Nachfolger von Johann Matthias ↗Gesner und führte die Reform von Schule und Unterricht in dessen Sinne fort. E.s zu Beginn gutes Verhältnis zum Thomaskantor Johann Sebastian Bach wurde im sog. Präfektenstreit 1736/37 belastet [19]; [18]. 1742 wurde E. zum ao.Prof. der alten Literatur an der Univ. Leipzig ernannt, ab 1756 bekleidete er dort die o.Professur der Beredsamkeit. Im selben Jahr wurde er mit [9] zum Dr. theol. promoviert. Als E. 1759 zusätzlich o.Prof. der Theologie wurde, legte er sein Rektorenamt an der Thomasschule nieder. 1770 gab er die Prof. der Eloquenz ab und besetzte diverse akad. Ämter. E.s Neffen waren die Klass. Philologen Johann Christian Gottlieb und August Wilhelm E.

Werk und Wirkung

Auf dem Gebiet der Theologie vertrat E. die *theologia naturalis* und beschäftigte sich bes. mit Patristik, Kirchengeschichte und dem NT. Mit seiner Übertragung der grammatisch-kritischen Methode auf die Auslegung des NT prägte er Exegese und Hermeneutik, die bei ihm in der Erklärung des einen Schriftsinns über den Sprachgebrauch bestehen, entscheidend. Die *Institutio interpretis Novi Testamenti* [11], »eine *Summa* der neutestamentlichen Auslegungslehre Ernestis« [17. 14], ist sein theologisches Hauptwerk.

Als Editor ließ sich E. von der grammatisch-kritischen Methode und den Bedürfnissen der Schulen leiten: Dies zeigen z. B. die Ausgaben von Sueton [5], Xenophons *Memorabilien* [3] oder Homer [10]. Bei der Ausgabe des Tacitus [7] hielt E., selbst ein meisterhafter lat. Stilist, wohl aufgrund seiner Vertrautheit mit Cicero Eigenarten der taciteischen Sprache für falsch [14.253]. Außerdem gab er Benjamin Hederichs griech. Handwörterbuch [8] und Johann Albert ↗Fabricius' *Bibliotheca Latina* [12] neu heraus. Den größten Ruhm brachte ihm aber seine Cicero-Ausgabe ein [2], deren dritte Auflage (1774–1777) als die beste gilt. Damit hängt eng seine *Clavis Ciceroniana* zusammen, u.a. mit Anmerkungen zum Sprachgebrauch und einem Gesetzesverzeichnis [4]. Während David ↗Ruhnken E. einen *Ciceronis sospitator* nannte und Edition sowie *Clavis* bis ins 19. Jh. nachgedruckt wurden, war E.s textkritische Leistung für Karl Gottlob Zumpt 1830 mehr *recognitio* denn *recensio [14.252–254]*. Aus heutiger Sicht hat E. solide philol. Arbeit geleistet, jedoch textkritische Höhen nicht erreicht und wohl auch nicht gesucht; eine aktuelle Würdigung seiner philol. Leistung bleibt ein Desiderat der Forschung.

E. entfaltete bei der Erneuerung der klass. Studien im 18. Jh. große Wirkung. Statt übertriebenem Grammatikunterricht stand für ihn die (nach Gesners Methode) »kursorische« Lektüre im Zentrum. Der Unterricht zielte v.a. auf inhaltliches Verständnis, da für E. neben der ästhetischen sprachlichen Gestaltung gerade die wertvollen Inhalte der mustergültigen ant. Autoren bildungswirksam waren. Auch Fächer wie Mathematik oder Physik finden sich in E.s einflussreichem pädagogischen Hauptwerk propagiert [1]. Trotz einer gewissen Vernachlässigung des Griech. war E. einer der ersten Vertreter des Neuhumanismus. Zu seinen bedeutendsten Schülern gehörte Christian Gottlob ↗Heyne.

M: A. W. Ernesti, Memoria viri magnifici ... Joannis Augusti Ernesti, Leipzig 1781 (Leichenrede).

SV: [17.207–227].

Schriften

[1] Initia doctrinae solidioris, 1736 (oder 1734/35) [2] M. Tullii Ciceronis opera omnia, 6 Bde. (Edition), 1737–1739 (u.ö.) [3] Xenophontis Memorabilium Socratis dictorum libri IV, 1738 (u.ö.) [4] Clavis Ciceroniana, 1739 (u.ö.) [5] C. Suetonii Tranquilli opera, 1748–1749 (u.ö.) [6] Initia rhetorica, 1750 (u.ö.) [7] C. Cornelii Taciti opera, 1752 (u.ö.) [8] Graecum lexicon manuale, ... primum a Beniamine Hederico institutum, 1754 (u.ö.) [9] Vindiciae arbitrii divini in religione constituenda (Diss. Leipzig), 1756 [10] Homeri opera omnia, 5 Bde., 1759–1764 (u.ö.) [11] Institutio interpretis Novi Testamenti, 1761 (u.ö.) [12] (Hrsg.), Jo. Alb. Fabricii Bibliotheca Latina, 3 Bde., 1773–1774.

Sekundärliteratur

[13] K. Blaschke / F. Lau, Art. Ernesti, Johann August, in: NDB 4, 1959, 604–605 [14] F. A. Eckstein, Art. Ernesti, Johann August), in: J. S. Ersch / J. G. Gruber (Hrsg.), Allgemeine Enzcyclopädie der Wissenschaften und Künste 37, 1842, 250–257 [15] F. A. Eckstein, Art. Ernesti, Johann August, in: ADB 6, 1877, 235–241 [16] F. C. Ilgner, Art. Ernesti, Johann August, in: H. D. Betz et al. (Hrsg.), Religion in Geschichte und Gegenwart. Handwörterbuch für Theologie und Religionswissenschaft 2, 41999, 1461–1462 [17] F. C. Ilgner, Die neutestamentliche Auslegungslehre des Johann August Ernesti (1707–1781). Ein Beitrag zur Erforschung der Aufklärungshermeneutik (Diss. Leipzig), 2002 (CD-ROM) [18] P. S. Minear, J. S. Bach and J. A. Ernesti: A Case Study in Exegetical and Theological Conflict, in: J. Deschner et al. (Hrsg.), Our Common History as Christians. Essays in Honor of A. C. Outler, 1975, 131–155 [19] R. Stevenson, Bach's Quarrel with the Rector of St. Thomas School, in: Anglican Theological Review 35, 1951, 219–230.

Marcel Nuß

Ernout, Alfred

Franz. Klass. Philologe. Geb. am 30.10.1879 in Lille, gest. am 16.6.1973 in Paris. Schulbesuch und Studium in Lille; 1901 Agrégation (Staatsexamen) ebda.; 1905 Diplôme an der École pratique des hautes études (EPHE) in Paris; 1908 Prom. (Docteur ès lettres) ebda. Ab 1908 Prof. in Troyes; ab 1913 Maître (Hochschuldozent) in Lille, ab 1920 Prof. ebda. Ab 1924 Maître de conférences, ab 1928 Prof. an der Sorbonne in Paris; ab 1925 Directeur der EPHE; ab 1946 Prof. am Collège de France ebda. [15.79].

Werk und Wirkung

E. studierte Klass. Philologie und Sprachwiss. u.a. bei Émile Thomas, Bernard Haussoullier, Louis Havet und Antoine Meillet. Seine wiss. Interessen galten der lat. Sprache und Literatur in ihrer gesamten Breite. Mit Meillet legte er ein bis heute maßgebliches etymologisches Wörterbuch zur lat. Sprache vor; er verfasste Monographien zu den italischen und lat. Sprachen [1]; [10]; [2]; [3] sowie zusammen mit François Thomas eine Arbeit zur lat. Syntax [9].

E. konzentrierte sich auf die lat. Sprache in diachronischer und synchronischer Perspektive (archaisches Latein, Umbrisch, Inschriften aus Präneste). Für seine *Syntaxe latine* schöpfte er auch aus Plautus sowie dem Vulgär- und Kirchenlateinischen, um die histor. Entwicklung der klass. Latinität zu verfolgen. E.s lexikographische Studien liegen gesammelt vor [7]; seine textkritischen Leistungen werden durch Ausgaben u.a. zu Plautus [6], Petron [4] und Plinius d.Ä. [8] dokumentiert, die neben einem konservativen Text einen umfangreichen Apparat zur indirekten Überlieferung bieten. E. wirkte als Mitherausgeber von Fachorganen wie der *Revue de Philologie*. Zu seinen akad. Schülern zählen u.a. Jacques André, Jean Beaujeau, Jean Collart und Marcel Durry.

SV: J. André, Alfred Ernout (30 octobre 1879–16 juin 1973), in: Annuaire de École pratique des hautes études, 1975, 63–79.

Schriften

[1] Le parler de Préneste d'après les inscriptions, 1905 [2] Les elements dialectaux du vocabulaire latin, 1909 [3] Morphologie historique du latin, 1914 (^{3}1923, dt. 1920) [4] Pétrone, Le Satiricon (Edition), 1923 (^{3}1950) [5] Dictionnaire étymologique de la langue latine. Histoire des mots (mit A. Meillet), 1932 (^{4}1959) [6] Plaute. Comédies, 7 Bde. (Edition), 1932–1940 [7] Philologica, 3 Bde., 1946–1963 [8] Pline l'Ancien, Histoire naturelle. Bücher 8, 9, 12, 13, 26–30 (Ausg. der Acad. des belles lettres; Edition mit Übers.; teilw. mit R. Pépin), 1947–1963 [9] Syntaxe latine (mit F. Thomas), 1951 [10] Le dialecte ombrien, 1961.

Sekundärliteratur

[11] E. Albertini et al., Mélanges de philologie, de littérature et d'histoire anciennes offerts à Alfred Ernout, 1940 [12] P. Chantraine, Alfred Ernout, in: Bulletin de l'Association Guillaume Budé 3, 1973, 307–312 [13] Ch. Charle, Art. Ernout, Alfred, in: Ch. Charle, Dictionnaire biographique des universitaires aux XIXe et XXe siècles, Bd. 11, 1986, 76–78 [14] F. Charpin, Art. Ernout, Alfred, in: H. Stammerjohann (Hrsg.), Lexicon grammaticorum, ^{2}2009, 437 [15] J. Heurgon, Notice sur la vie et les travaux d'Alfred Ernout, in: CRAI 119, 1975, 77–93 [16] J. Leclant, Le second siècle de l'Institut de France, 1895–1995, Bd. 1, 1999, 467.

Hans-Ulrich Berner/Pierluigi Leone Gatti

Estienne, Henri s. Stephanus, Henricus

Estienne, Robert s. Stephanus, Robertus

Evans, Arthur

Brit. Archäologe und Numismatiker. Geb. am 8.7. 1851 in Nash Mills, Hertfordshire, gest. am 11.7.1941 in Youlbury, Oxfordshire. 1865–1870 Harrow Public School; 1870–1874 Brasenose College, Oxford; dort M.A. 1877–1882 Balkankorrespondent des *Manchester Guardian*. 1884–1908 Kurator des Ashmolean Museum in Oxford (1908–1941 Ehrenkurator); 1900–1931 Grabungsleiter in Knossos. 1911 Erhebung in den Adelsstand (Sir Arthur).

Biographie und wissenschaftlicher Werdegang

E. war Sohn des wohlhabenden Papierfabrikanten, angesehenen Archäologen, Sammlers und Numismatikers Sir John Evans. Nach Besuch der exklusiven Privatschule in Harrow studierte er am Brasenose College in Oxford, wo er 1874 in Moderner Geschichte abschloss. Nach einem Gastsemester in Göttingen 1875 bereiste er zur Zeit des Aufstandes gegen die türk. Oberherrschaft Bosnien und Herzegowina [1]. 1877 übernahm E. den Posten des Balkankorrespondenten des *Manchester Guardian* [2]. 1878 heiratete er Margaret Freeman, die Tochter des Historikers Edward Augustus Freeman, und ließ sich in Ragusa (Dubrovnik) nieder. Von dort bereiste er den Balkan, betrieb arch. Forschungsarbeit und verfasste polit. Schriften, bis ihn die Österreicher (Nachfolge der Türken als regionale Oberherren) 1882 festsetzten und anschließend auswiesen, weil er sich für die Unabhängigkeit der Slaven einsetzte. E. zog nach Oxford, doch schon 1883 reiste er wieder auf dem Balkan und in Griechenland, wo er Heinrich ↗Schliemann kennenlernte, dessen Entdeckungen in Troja und Mykene sein Interesse an der ägäischen Vorgeschichte weckten.

1884 wurde er zum Kurator des Ashmolean Museum ernannt [3] und bekleidete diesen Posten bis zu seinem Rücktritt 1908, als er beträchtliche Erbschaften machte. Als Ehrenkurator und Inspektor auf Lebenszeit bewahrte er ein dauerhaftes Interesse an den Angelegenheiten des Museums. In den 1880er und 1890er Jahren führte E. das Museum zu neuer Blüte und erweiterte die Sammlungen. Einer seiner Arbeitsschwerpunkte lag auf der Münzsammlung und insbes. auf der tarentinischen Münzprägung, zu der er eine grundlegende Abhandlung publizierte [4]. 1895 hielt er an der Univ. Edinburgh die Rhind-Vorlesungen über den Ursprung der keltischen Kunst (nach wie vor unveröffentlicht).

In den frühen 1890er Jahren verlagerten sich E.' Interessen auf die Frühgeschichte der Ägäis, v.a. auf die Frage der Schriftkultur im myk. Griechenland – eine Suche, die ihn schließlich dazu bewog, Knossos auszugraben [5]; [6]. 1892 lernte er Federico ↗Halbherr kennen, dessen Forschungen in den 1880er Jahren der Fachwelt das reiche epigr. und arch. Erbe Kretas enthüllten [18]. 1894 besuchte E. Kreta, das damals noch zum Osman. Reich gehörte, und leitete Verhandlungen zum Kauf des Grabungsareals von Knossos ein, wo die von Minos Kalikairinos 1878 durchgeführten Grabungen Überreste eines mutmaßlich myk. Palastes zu Tage gefördert hatten. Nach einem gewaltsamen Aufstand gegen die Osmanen und einer Intervention der europ. Mächte erlangte Kreta 1898 den Autonomie-Status. Das neue polit. Klima begünstigte die Aufnahme der Grabungen, sodass E. 1900 seine Arbeit in Knossos aufnehmen konnte. Nach nur einer Woche machte er große Depotfunde von Tafeln; diese waren mit einem Zeichensystem beschrieben, das später unter dem Namen Linear B bekannt wurde und die Existenz einer Schriftkultur im Griechenland der Bronzezeit bewies. E. entdeckte auch eine neue Zivilisation, die er nach dem mythischen König Minos als minoisch bezeichnete (wenn er auch diesen Begriff entgegen der landläufigen Meinung nicht selbst erfand) [16].

Mit Unterbrechungen (z.B. während des Ersten Weltkriegs) wurden die Grabungen in Knossos bis 1931 fortgesetzt.

E.' herausgehobene Karriere (v.a. seine Erfolge in Knossos) brachte ihm großen Ruhm und viele Ehrungen ein. 1875 wurde er Fellow der *Society of Antiquaries* und 1914–1919 ihr Vorsitzender (kraft dieses Amtes auch ein Trustee des British Museum), 1901 Fellow der *Royal Society*. 1902 gehörte er zu den Gründern der British Academy; 1909 wurde er zum ao.Prof. für Prähistorische Archäologie in Oxford ernannt. 1911 wurde er in den Ritterstand erhoben. Viele Jahre lang war E. ein tonangebendes Mitglied der British School at Athens, der British School at Rome sowie der *Society for the Promotion of Hellenic Studies*, deren Präsident er 1912 wurde. 1914–1919 fungierte er auch als Präsident der *Royal Numismatic Society*; 1916 wurde er Präsident der *British Association for the Advancement of Science*. Er erhielt akad. Ehrenwürden vieler Universitäten, darunter das Trinity College Dublin und die Univ. von Edinburgh, Berlin und Cambridge. 1920 verlieh ihm die *Swedish Society of Anthropology* ihre Große Goldmedaille.

Werk

Man hat über 150 ›ausgewählte‹ Veröffentlichungen E.s gezählt [19], deren Themen von griech. Münzen bis zur keltischen Archäologie, der Balkanpolitik, ägäischen Schriftsystemen, Römerstraßen und der min. Religion reichen; am berühmtesten ist sein monumentales Werk zum Palast des Minos [7]: nicht nur eine Synthese seiner Entdeckungen in Knossos, sondern zu seiner Zeit auch eine Enzyklopädie der ägäischen Frühgeschichte, in der E. den Minoern die führende Rolle zuschrieb, wie sie sich u.a. in ihren Kolonien, ihrer exquisiten Kunst und Architektur, ihrer Schriftlichkeit und ihrer monotheistischen Religion der Großen Muttergöttin manifestierte.

Wirkung

E.' außergewöhnlichen Entdeckungen in Knossos, die mit denen Heinrich ↗Schliemanns vergleichbar sind, erregten nicht nur in der Fachwelt, sondern auch in der breiten Öffentlichkeit Aufsehen. Bezüge auf seine Funde haben sich in vielen zeitgenössischen Werken der Kunst und Literatur niedergeschlagen [12]; [14]. In akad. Kreisen hat – so Moses Finley – »kein Mensch je ein Feld der Archäologie so uneingeschränkt dominiert« wie E. [13. 13]. Nach seinem Tod und insbes. nach der Entzifferung von Linear B durch Michael ↗Ventris 1952 (der bewies, dass die myk. Griechen Kreta eroberten), nahm man E.' Ansichten kritisch unter die Lupe [17. 272–314]. Dennoch übt sein Werk weiterhin beträchtlichen Einfluss aus, und bis heute kommt kaum eine Veröffentlichung zum min. Kreta oder der ägäischen Frühgeschichte ohne Bezugnahme auf E. aus.

SV: [17. 331–337].

N: Oxford, Ashmolean Museum.

Schriften

[1] Through Bosnia and the Herzegovina on Foot during the Insurrection, August and September 1875, 1876 (2., rev. Aufl. 1877) [2] Illyrian Letters. A Revised Selection of Correspondence from the Illyrian Provinces of Bosnia, Herzegovina, Montenegro, Albania, Dalmatia, Croatia and Slavonia, Addressed to the Manchester Guardian during the Year 1877, 1878 [3] The Ashmolean Museum as a Home of Archaeology in Oxford, 1884 [4] The »Horsemen« of Tarentum, in: Numismatic Chronicle 3. Ser., 9, 1889, 1–228 [5] Cretan Pictographs and Prae-Phoenician Script with an Account of a Sepulchral Deposit at Hagios Onuphrios Near Phaestos in Its Relation to Primitive Cretan and Aegean Culture, 1895 [6] Scripta Minoa. The Written Documents of Minoan Crete with Special Reference to the Archives of Knossos, Bd. 1, 1909 [7] The Palace of Minos. A Comparative Account of the Successive Stages of the Early Cretan Civilization as Illustrated by the Discoveries at Knossos, 4 Bde., 1921–1935.

Sekundärliteratur

[8] A. Brown, Arthur Evans and the Palace of Minos, 1983 [9] A. Brown, Before Knossos ... Arthur Evans's Travels in the Balkans and Crete, 1993 [10] A. Brown / K. Bennett, Arthur Evans's Travels in Crete 1894–1899, 2001 [11] J. Evans, Time and Chance. The Story of Arthur Evans and His Forebears, 1943 [12] A. Farnoux, Cnossos. L'archéologie d'un rêve, 1993 [13] M.I. Finley, The Rediscovery of Crete, in: M.I. Finley, Aspects of Antiquity. Discoveries and Controversies, 1968, 7–23 (u.ö.) [14] Y. Hamilakis / N. Momigliano (Hrsg.), Archaeology and European Modernity. Producing and Consuming the Minoans, 2006 [15] D.B. Harden, Sir Arthur Evans 1851–1941. A Memoir, 1983 [16] N. Karadimas / N. Momigliano, On the Term »Minoan« before Sir Arthur Evans's Work in Crete (1894), in: Studi micenei ed egeo-anatolici 46/2, 2004, 243–258 [17] J.A. MacGillivray, Minotaur. Sir Arthur Evans and the Archaeology of the Minoan Myth, 2000 [18] N. Momigliano, Federico Halbherr and Arthur Evans. An Archaeological Correspondence (1894–1917), in: Studi micenei ed egeo-anatolici 44/2, 2002, 263–318 [19] J.L. Myres, Arthur John Evans, 1851–1941, in: Obituary Notices of Fellows of the Royal Society 3, 1941, 941–968.

Nicoletta Momigliano (Ü: D.P.)

Fabretti, Raffaele

R. Fabretti Urbinate, genannt Iasiteo Nafilio (Jasitheus); geb. am 3.7.1620 in Urbino, gest. am 7.1.1700 in Rom; ital. Historiker, Antiquar und Archäologe. Jurastudium; Prom. am 10.5.1639 in Cagli (Negroni in [11.27–34, hier 29]); danach im Rechtswesen in Rom tätig (Pietrobono in [12.115–149, hier 121–128]). 1665 Hauserwerb in Urbino, dort später auch seine Antikensammlung. Berater der Päpste; Schatzmeister der span. Nuntiatur [9] (vgl. Pietrobono in [12.115–149, hier 124 f.]), nach 1673 verantwortlich für Reliquiengrabungen und Friedhöfe Roms (Luni in [11.11–26, hier 14]; [8]); 1691 bis zum Tod Kurator der päpstlichen Geheimarchive der Engelsburg.

Werk und Wirkung

Arch. und epigr. Interessen entwickelte F. in Rom, u.a. im Kontakt zu Giovanni Giustino ↗Ciampinis Akademie der Wiss. mit Patronat Königin Christinas von Schweden und der Accademia dell'Arcadia, zu deren Mitgliedern F.s Biograph Giovanni Mario Crescimbeni zählte (Riviera/Crescimbeni in [11.41–67]). F. sammelte Antiken, v.a. Inschriften, und unternahm Ausgrabungen (vgl. Bisconti in [12.15–23]; Giuliani in [12.33–60]). Sein Interesse galt den röm. Aquädukten, die er mit Zeichnungen sowie Schrift- und Inschriftenquellen publizierte [1]; [6] (vgl. Ramieri in [12.151–167]), sowie der Traiansäule [3]; [10] (vgl. Micheli in [12.77–102]). 1690 hatte er auch in Urbino Antiken und Inschriften gesammelt, die er 1699 veröffentlichte [4]; [11.16]. Die Sammlung ist Grundstock des Lapidariums in Urbino, das, 1756 eröffnet, bis heute Kern der Ausstellung im Palazzo Ducale ist (Negroni in [11.27–34, hier 33 f.]; Luni in [11.16–26]). Eine Monographie über das ant. Latium entstand in Auseinandersetzung mit dem Jesuiten Athanasius ↗Kircher, blieb jedoch unfertig und wurde 1741 postum publiziert [5].

F.s epigraphisches Werk ist nach dem des Janus ↗Gruter das bedeutendste des 17. Jh.s. [13]. Er nahm pagane und christl. Inschriften auf [4]. Zeitgenössisch wurde ihm vorgehalten, sich auf die Inschriftengewinnung konzentriert zu haben (Pietrobono in [12.115–149, hier 138–140]; vgl. später Giovanni Battista ↗De Rossi). F.s Daten aus den Katakomben wurden im 17. Jh. genutzt (Pietrobono in [12.115–149, hier 137–142]).

N: Urbino (Manuskripte) [11.35–40].

Schriften

[1] De aquis et aquaeductibus veteris Romae dissertationes tres, Rom 1680 (mehrere Ndr.) [2] Ad Jac. Gronovium apologema in eiusque Titilivitia sive somnia de Tito Livio animadversiones, antea edite [sic] sub nomine Jasithei, Neapel 1686 [3] De columna Traiani syntagma, Rom 1690 [4] Inscriptionum antiquarum quae in aedibus paternis asservantur explicatio et additamentum, Rom 1699 [5] Dissertazione sopra alcune correzioni del Lazio del P. At. Kircher, Rom 1741.

Sekundärliteratur

[6] H.B. Evans, Aqueduct Hunting in the Seventeenth Century, 2002 [7] P. Findlen (Hrsg.), Athanasius Kircher. The Last Man Who Knew Everything, 2004, 6, 44, 98, 422 [8] M. Ghilardi, Sanguine tumulus madet. Devozione al sangue dei martiri delle catacombe nella prima età moderna, 2008, 48–51 [9] C. Grossi, Degli uomini illustri di Urbino, 1819, 89–95 [10] I. Herklotz, Bellori, Fabretti, and Trajans Column, in: J. Bell / Th. Willette (Hrsg.), Art History in the Age of Bellori, 2002, 127–144 [11] M. Luni et al., Raffaello Fabretti »archeologo« Urbinate. »Principe della Romana Antichità«, 2001 [12] D. Mazzoleni (Hrsg.), Raffaele Fabretti, archeologo ed erudito (Atti della Giornata di studi, Vatikanstadt 2003), 2006 [13] S. Panciera, Raffaele Fabretti trecento anni dopo la morte, in: S. Panciera, Epigrafi, epigrafia, epigrafisti, 2006, 1689–1696.

Sebastian Ristow

Fabri de Peiresc, Nicolas-Claude

Peirescius; franz. Gelehrter, Sammler und Antiquar. Geb. 1580 in Belgentier, gest. 1637 in Aix-en-Provence (?). Jesuitenerziehung in Avignon. 1599/1600 Reise nach Italien; später Rückkehr nach Frankreich und Jurastudium in Montpellier; 1604 Graduierung in Aix. 1606/7 Reisen in die Niederlande und nach England. 1607 Mitglied des Parlaments der Provence; bis 1623 in Paris als Sekretär des Parlamentspräsidenten tätig. 1623 Heimkehr in die Provence.

Werk und Wirkung

F. d. P. entstammt einer Magistratenfamilie mit Sitz im Parlament der Provence. In seinem relativ kurzen Leben war er einer der berühmtesten Männer Europas. Zu seinen Freunden zählten Papst Urban VIII., Galileo Galilei, Peter-Paul ↗Rubens, Hugo ↗Grotius, Gabriel Naudé, Tommaso Campanella und Marin Mersenne. Sein Tod wurde 1639 durch die Veröffentlichung eines Gedichtbandes zu seinem Gedenken bekannt, der in verschiedenen Sprachen geschrieben war. Sein bester Freund und engster wiss. Mitarbeiter, der Philosoph und Astronom Pierre Gassendi, veröffentlichte 1641 seine Biographie [5], die Daniel Morhof 1688 als die beste Gelehrtenbiographie aller Zeiten lobte. F. d. P.s gewaltiges Korrespondenzwerk, das immer noch nicht vollständig erschlossen ist und etwa 10 000 Briefe umfassen dürfte, wird durch den Nachlass von etwa 50 000 handschriftlichen Blättern im Umfang noch weit übertroffen. Dieses »Archiv« dokumentiert eine intellektuelle Praxis, die Arnaldo

↗Momigliano für den »Archetypus« des Antiquarianismus hielt [7.22].

F. d. P.s sämtlich unvollendeten und unpublizierten vier Hauptwerke sind laut Gassendi ein astrologischer Kommentar zu Galileos Entdeckung der Jupitermonde; eine Kalenderstudie zum Jahr 354; eine Einführung zu ant. Maßen und Gewichten; und eine Geschichte der Provence von der Antike bis in die eigene Zeit. F. d. P. besaß eine enorme Münzsammlung, die zu den umfangreichsten der Zeit zählte. Der weitaus größte Teil seines Werkes war geschichtlicher Natur; einen besonderen Schwerpunkt bildete das religiöse Leben der Antike, v. a. die spätant. synkretistischen Kulte, deren materiellen Überreste es ihm ermöglichten, die Verbindung von klass. und biblischer Vergangenheit sowie von Europa und dem Nahen Osten herzustellen. F. d. P. nutzte das philol. Handwerkszeug, das von den ital. Antiquaren des 16. Jh.s für das Studium der ant. Welt entwickelt worden war, um den spätant. Nahen Osten und das frühma. Europa zu untersuchen. Er stand also an der Verbindungsstelle der Disziplinen, die wir heute Klass. Philologie, Archäologie, Orientalistik und Mediävistik nennen. Obwohl zu seinen Lebzeiten kaum etwas im Druck erschien, gehörte er zu den großen Gelehrten seiner Zeit.

Schriften

[1] Lettres de Peiresc à Guillemin, à Holstenius et à Menestrier, 7 Bde., hrsg. von Ph. Tamizey de Laroque, 1888–1898 [2] Lettres à Claude Soumaise et à son entourage, hrsg. von A. Bresson, 1992 [3] Correspondance de Peiresc et Aleandro, 2 Bde., hrsg. von J.-F. Lhote und D. Joyal, 1995.

Sekundärliteratur

[4] J. Dhombres / A. Bresson (Hrsg.), Peiresc (1604–2004). Actes du colloque international, 2006 [5] P. Gassendi, Nicolai Claudii Fabricii de Peiresc senatoris aquisextiensis vita, 1641 [6] J. Helling, Nicolas-Claude Fabri de Peiresc. 1580–1637, 1980 [7] P. N. Miller, Introduction. Momigliano, Antiquarianism and Cultural History, in: P. N. Miller (Hrsg.), Momigliano and Antiquarianism, 2007, 3–65 [8] P. N. Miller, Peiresc's Europe. Learning and Virtue in the Seventeenth Century, 2000.

Peter N. Miller (Ü: A. J.)

Fabricius, Ernst

Dt. Archäologe und Historiker. Geb. am 6. 9. 1857 in Darmstadt, gest. am 22. 3. 1942 in Freiburg im Breisgau. Prom. 1881 in Straßburg; 1882–1885 Reisestipendiat des DAI; 1886 Assistent am Königlichen Antikenmuseum in Berlin; 1886 Habil. an der Univ. Berlin. 1888 ao.Prof. in Freiburg im Breisgau, 1894 o.Prof. ebda. Ab 1897 Dirigent des Geschäftsführenden Ausschusses der Reichslimeskommission, ab 1902 deren Vorsitzender; 1911/12 Prorektor der Freiburger Univ. (Rektor war nominell der Großherzog von Baden); 1913–1918 Mitglied der ersten Kammer der Badischen Ständeversammlung; 1924 Emeritierung. 1937 Ehrensenator der Univ. Freiburg. Ehrendoktorate der Univ. Athen, Freiburg und Durham; Mitgliedschaften in mehreren wiss. Akademien und Kommissionen.

Werk und Wirkung

Nach dem Studium in Bonn und Straßburg promovierte F. mit einer epigr. Diss. bei Adolf ↗Michaelis [1]. Nach mehrjährigen Forschungen in Griechenland, ebenfalls mit epigr. Schwerpunkt, bes. auf Samos und Kreta [2]; [3], habilitierte er sich während seiner Zeit als Assistent Alexander ↗Conzes an der Berliner Skulpturensammlung. Nach kurzer Privatdozentur 1888 auf die neu geschaffene Professur für Alte Geschichte nach Freiburg berufen, wirkte er dort ab 1894 als Ordinarius [11].

Seine Beharrlichkeit und seine wiss. Vielseitigkeit ließen F. zu einem der großen Pioniere der arch.-histor. Forschung werden, dessen Name für immer mit der dt. Limesforschung verbunden sein wird. 1897 wurde er zum stellvertretenden Streckenkommissar in Hessen-Nassau ernannt, verbunden mit dem Auftrag, die Streckenbände zu edieren. 1902 übernahm er auf Ersuchen der Reichslimeskommission den Vorsitz im geschäftsführenden Ausschuss und die Herausgabe aller noch ausstehenden Kastellpublikationen. Damit war er zum alleinverantwortlichen Leiter des Limeswerks [4] geworden, das 1937 mit der 56. Lieferung zum Abschluss kam und dessen 14 Foliobände seitdem den Ausgangspunkt jeglicher Beschäftigung mit dem größten europ. Bodendenkmal bilden.

SV: J. von Beckerath/W. Schleiermacher, Bericht der Röm.-German. Kommission 32, 1942 [1950], 229–236.

N: Freiburg, Univ.-Archiv.

Schriften

[1] De architectura Graeca commentationes epigraphicae (Diss. Straßburg), 1881 [2] Alterthümer auf Kreta, 1–5, in: Athenische Mitteilungen 9–11, 1884–1886 [3] Die Inschriften von Pergamon, 2 Bde., 1890–1895 (mit M. Fränkel und C. Schuchhardt) [4] (Hrsg.), Der obergermanisch-raetische Limes des Roemerreiches, 1894–1937 (in 56 Lieferungen) [5] Ein Limesproblem, in: FS der Albrecht-Ludwigs-Universität in Freiburg zum fünfzigjährigen Regierungs-Jubiläum Seiner Königlichen Hoheit des Grossherzogs Friedrich, 1902, 275–299 [6] Die Besitznahme Badens durch die Römer, in: Neujahrsblätter der Badischen Historischen Kommission N. F. 8, 1905, 1–88 [7] Art. Limes, in: RE 13, 1926, 572–671.

Sekundärliteratur

[8] M. Gelzer, Nachruf auf Ernst Fabricius, in: Gnomon 18, 1942, 238–240 [9] W. Schleiermacher, Art. Fabricius, Ernst, in: NDB 4, 1959, 733 [10] K. Stade, Ernst Fabricius zum Gedächtnis, in: Bericht der Römisch-Germanischen Kommission 32, 1942, 225–228 (erschienen 1950) [11] E. Wirbelauer, Alte Geschichte und Klassische Archäologie, in: E. Wirbelauer (Hrsg.), Die Freiburger Philosophische Fakultät 1920–1960. Mitglieder, Strukturen, Vernetzungen, 2006, 111–237 (hier 111–158).

Gabriele Seitz

Fabricius, Johann Albert

Dt. Philologe, Bibliograph und Theologe. Geb. am 11.11.1668 in Leipzig, gest. am 30.4.1736 in Hamburg. Ab 1686 Studium in Leipzig; 1688 M.A., 1699 Prom. in Theologie an der Univ. Kiel. Ab 1699 Prof. am Akad. Gymnasium in Hamburg; 1708–1711 Rektor des Johanneums ebda.

Werdegang, Werk und Wirkung

F.' Vater Werner F. war in Leipzig als Musikdirektor, Organist und Musiktheoretiker tätig. An F.' Besuch des Gymnasiums in Quedlinburg (1684–1686), wo Wenzeslaus Buhl und Johann Gottfried Herrichen zu seinen Lehrern zählten, schloss sich ab Herbst 1686 das Studium an der Univ. Leipzig an, u.a. bei Johann Benedict Carpzov d.J., Thomas Ittig, Johannes Olearius, Adam Rechenberg und Otto Mencke. 1694 ließ sich F. in Hamburg nieder und versah zunächst bibliothekarische Dienste im Hause des Theologen und Kieler Prof. Johann Friedrich Mayer, bei dem er 1699 den theologischen Doktorgrad mit einer Arbeit über das Erinnerungsvermögen der Seele nach dem Tode des Leibes erwarb. Noch im selben Jahr übernahm er die durch den Tod von Vincentius Placcius frei gewordene Professur für Beredsamkeit und praktische Philosophie am Akad. Gymnasium in Hamburg.

Seine bibliographisch-literaturhistor. Überblickswerke zur lat. [3], griech. (einschl. byz.) [5] und mittellat. [10] Philologie wurden rasch zu Referenzwerken der Forschung. Insbes. mit der *Bibliotheca Graeca* [5] begründete F. seinen Ruf als einer der ersten Philologen seiner Zeit. Mit kritischer Umsicht rekonstruierte er deren gesamte textuelle Überlieferung, problematisierte Fragen der Autorschaft und Echtheit der Texte und gab detailliert Rechenschaft über die Aufnahme von Lesarten unter Einschluss der neueren Editionsgeschichte. Das Werk enthält darüber hinaus verschiedentlich Erstpublikationen von Quellen mit kritischem Apparat sowie Indices zu gedruckten Quellen.

Ebenso bahnbrechend waren F.' Editionen der Werke des Sextus Empiricus, des Timaios-Kommentars des Chalcidius sowie die Erarbeitung der überhaupt ersten Gesamtausgabe des Hippolytos von Rom. Im Bereich der Bibelphilologie sind seine reich kommentierten Editionen der Apokryphen [4] und Pseudepigraphen [7] zu nennen. Darüber hinaus hielt F. die Ergebnisse der älteren Forschung durch zahlreiche Neudrucke u.a. von Werken von Leone Allacci, Anselmo Banduri, Jacques Gaffarel, Paul Colomiès, Peter Lambeck und Daniel Georg Morhof gegenwärtig. Ein weiteres, mit der Philologie eng verknüpftes Wirkungsfeld entdeckte F. in der Physikotheologie. Er regte Übersetzungen einschlägiger Werke von William Derham an und brachte eigene physikotheologische Schriften zum Druck [11].

Als integraler Bestandteil seines Selbstverständnisses als Philologe fanden seine Bemühungen um die Verteidigung der christl. Lehre in einer umfangreichen kommentierten Bibliographie zur christl. Apologetik [9] sowie in einer umfassenden Missionsgeschichte [8] Ausdruck. F. stand im Zentrum eines sich über ganz Europa erstreckenden Netzwerks gelehrter Kontakte. Innerhalb Hamburgs zählte er zu den aktiven Mitgliedern der *Teutsch-übenden Gesellschaft* und später der *Patriotischen Gesellschaft*. Seine Publikationen galten weit über seinen Tod hinaus als Meilensteine der philol. Forschung. Die *Bibliotheca Graeca* wurde in einer von dem Erlanger Gelehrten Gottlieb Christoph Harles bearbeiteten und ergänzten Form 1790–1809 erneut aufgelegt.

Schriften

[1] Scriptorum recentiorum decas, Hamburg 1688 [2] Exercitatio de platonismo Philonis Judaei viro doctissimo Johanni Jonsio opposita, Leipzig 1693 [3] Bibliotheca Latina, 6 Bde., Hamburg 1699 [4] Codex apocryphus Novi Testamenti (Edition), Hamburg 1703 [5] Bibliotheca Graeca, 14 Bde., Hildesheim 1705–1728 [6] Bibliographia antiquaria, Hamburg 1713 [7] Codex pseudepigraphus Veteris Testamenti, 2 Bde. (Edition), Hamburg 1713–1723 [8] Salutaris lux evangelii toti orbi per divinam gratiam exoriens, sive notitia historico chronologica literaria et geographica propagatorum per orbem totum Christianorum sacrorum, Hamburg 1713 [9] Delectus argumentorum et syllabus scriptorum qui veritatem religionis Christianae adversus Atheos, Epicureos, Deistas seu Naturalistas, Idololatras, Judaeos et Muhammedanos lucubrationibus suis asseruerunt, Hamburg 1725 [10] Bibliotheca Latina mediae et infimae aetatis, 4 Bde., Graz 1734–1735 [11] Hydrotheologie, Hamburg 1734 [12] Opusculorum historico-critico-literariorum sylloge quae sparsim viderant lucem nunc recensita denuo et partem aucta indice instruuntur, Hamburg 1738.

Sekundärliteratur

[13] R. Häfner, Das Erklenntnisproblem in der Philologie um 1700. Zum Verhältnis von Polymathie, Philologie und Aporetik bei Jacob Friedrich Reimmann,

Christian Thomasius und Johann Albert Fabricius, in: R. Häfner (Hrsg.), Philologie und Erkenntnis, 2001, 95–128 [14] R. Häfner, Die Vorlesungsskripte des Hamburger Gelehrten Johann Albert Fabricius, in: F. von Ammon / H. Vögel (Hrsg.), Die Pluralisierung des Paratextes in der Frühen Neuzeit, 2008, 283–299 [15] E. Petersen, Johann Albert Fabricius en humanist i Europa (Diss. Kopenhagen), 1998 [16] W. Raupp, Art. Fabricius, Johann Albert, in: Biographisch-Bibliographisches Kirchenlex. 25, 2005, 393–408 [17] H.S. Reimarus, De vita et scriptis Joannis Alberti Fabricii commentarius, 1737 [18] M. Verner, Johann Albert Fabricius. Eighteenth-Century Scholar and Bibliographer, in: The Papers of the Bibliographical Society of America 60, 1966, 281–326.

Ralph Häfner

Falkenstein, Adam

Dt. Altorientalist. Geb. am 17.9.1906 in Planegg bei München, gest. am 15.10.1966 in Heidelberg. 1925–1928 Studium der Semitistik und Assyriologie in München, ab 1928 in Leipzig; dort 1929 Prom. 1933 Habil. und PD für Semitistik/Keilschriftforschung in München. 1940 Beitritt zur NSDAP. Ab 1940 Prof. für Assyriologie und Arabistik in Göttingen. 1941 Kriegsdienst; ab 1943 an der dt. Botschaft in Ankara; 1945/46 Internierung als Mitarbeiter der dt. Botschaft in Ankara und der militärischen Abwehr im südtürk. Adana. Ab 1947 ao.Prof. in Göttingen; ab 1949 o.Prof. für Assyriologie und Arabistik in Heidelberg. Ab 1947 Mitglied mehrerer Akad.

Werk und Wirkung

F. studierte zunächst in München bei Fritz Hommel und Gotthelf Bergsträsser, wurde aber von Benno ↗Landsberger in Leipzig geprägt. In seiner Diss. zu sumer. Beschwörungen [1] erarbeitete F. die bis heute gültige Typologie und Gliederung dieser Literaturgattung. 1930 bearbeitete er in Berlin Texte aus Warka/Uruk (Irak); von 1930 bis 1960 nahm er dort als Philologe an neun arch. Kampagnen teil. Die Publikation von Tontafeln aus Uruk reicht von lit. Texten [2] bis zu den archaischen Urkunden des späten 4. Jahrtausends v. Chr. [3]. Hier legte F. eine fundamentale Studie zu Entstehung, Ausbildung und Entwicklung der Keilschrift vor. Er widmete sich v.a. der Erforschung des Sumerischen im Anschluss an Arno Poebel, dessen akribischer philol. Methode er folgte.

Einen Meilenstein in der Erforschung bes. der Formenlehre des Sumerischen bedeutete die Referenzgrammatik zu den Inschriften Gudeas von Lagaš [4]; eine knappe Grammatik erschien 1959 [6]. F.s Interesse an Grammatik und Lexikon des Sumerischen führte zur monumentalen Edition der neusumer. Gerichtsurkunden [5], eines Standardwerks auch für die altoriental. Kultur- und Rechtsgeschichte (vgl. Paul ↗Koschaker). In zahlreichen Beiträgen bearbeitete F. lit. sumer. Texte, wobei er bei aller Gründlichkeit im Detail die großen Linien der Argumentation und alle Aspekte von Sprache, Literatur, Religion oder Geschichte im Auge behielt [8]. Seine weit fortgeschrittene Bearbeitung der Gudea-Texte konnte er nicht mehr abschließen (dies leistete Dietz Otto ↗Edzard) [7]. F. wirkte als einflussreicher Lehrer in Heidelberg, wo er eine ganze Generation von Altorientalisten entscheidend prägte. Zu seinen Schülern zählen z.B. Åke W. Sjöberg (Philadelphia), Dietz O. ↗Edzard (München), Burkhard Kienast (Freiburg), Wolfgang Heimpel (Berkeley), Hans J. Nissen (Berlin), Johannes Renger (Berlin), Joachim Krecher (Münster) und Claus Wilcke (Leipzig).

Schriften

[1] Die Haupttypen der sumerischen Beschwörung literarisch untersucht (Diss. Leipzig 1929), 1931 [2] Literarische Keilschrifttexte aus Uruk (Edition), 1931 [3] Archaische Texte aus Uruk (Edition), 1936 [4] Grammatik der Sprache Gudeas von Lagaš, 2 Bde., 1949–1950 [5] Die neusumerischen Gerichtsurkunden, 3 Bde. (Edition), 1956–1957 [6] Das Sumerische, 1959 [7] Die Inschriften Gudeas von Lagaš: Einleitung, 1966 [8] Geschichte Mesopotamiens. Von den Sumerern bis zu Alexander dem Großen, 2004.

Sekundärliteratur

[9] D.O. Edzard, Zum Tode von Adam Falkenstein, in: ZA 59, 1969, 1–10 [10] J. Renger, Altorientalistik, in: J. Elvert / J. Nielsen-Sikora (Hrsg.), Kulturwissenschaften und Nationalsozialismus, 2008, 469–502 (bes. 494–498).

Walther Sallaberger

Fea, Carlo

Ital. Archäologe. Geb. am 4.6.1753 in Pigna bei Oneglia (Ligurien), gest. am 27.3.1836 in Rom. Ausbildung in Nizza, Studium an der Univ. La Sapienza in Rom, 1776 Prom. zum Dr. iuris. 1781 Priesterweihe; 1783 Assistent von Ennio Quirino ↗Visconti in der Bibl. Chigiana in Rom. 1801–1836 Antikenkommissar; 1801–1809 Präsident, ab 1809 Ehrenpräsident des Kapitolinischen Museums ebda; ab 1801 Präfekt der Bibl. Chigiana. Ab 1829 Mitglied des röm. Instituto di Corrispondenza Archeologica.

Werdegang, Werk und Wirkung

Nach der Prom. zeigte F. zunehmend antiqu. Interessen; wegweisend wurde seine Berufung zum Assistenten von Ennio Quirino ↗Visconti, dem Bibliothekar des Fürsten Sigismondo Chigi. So begann er eine rege Publikationstätigkeit, darunter Editionen von ant. und zeitgenössischen Werken und Beiträge zu diversen anderen Themen; diese anfängliche Vielseitigkeit bei insgesamt über hundert Titeln entwickelte sich jedoch bald zu einer fast ausschließlichen Hinwendung zur Archäologie und zur Geschichte [7]; [8].

Bei Napoleons Italienfeldzug 1797 stand F. auf Seiten der antifranz. Politik; 1798 flüchtete er nach Florenz und wurde dann, nach Rom zurückgekehrt, zweimal verhaftet. Als Antikenkommissar war er für die Einhaltung des päpstlichen Chirographs von 1802 verantwortlich, die das Ausfuhrverbotsgesetz von Altertümern und Gemälden des Jahres 1750 ergänzte. F.s Lebenslauf war von Aktionen zur Verteidigung des kulturellen Erbes durchzogen [8]. Daneben verfasste er polit. Schriften, die in seiner providentiellen Interpretation der Geschichte Roms als Inspiration eines liberalen und nationalen Katholizismus (im Sinne der sog. neuwelfischen Bewegung zur Vereinigung Italiens unter päpstlicher Regierung) diente [4]; [6].

F. setzte sich für die Instandhaltung bedeutender röm. Denkmäler ein, z.B. für Giuseppe Valadiers Restaurierung des Titusbogens, aber auch für die Freilegung des Kolosseums, der Basis der Mark-Aurel-Säule, des Septimius-Severus- und des Konstantinsbogens sowie des Pantheons, dem er die erste wiss. Abhandlung widmete [8]. Während er die mit neuen Abbildungen versehene und 1822 erschienene Auflage von Antoine Desgodetz' *Les édifices antiques de Rome* (ursprgl. 1682) vorbereitete, arbeitete er von 1816–1818 mit dem Duc de Blacas bei der Ausgrabung auf dem *Forum Romanum* zusammen, erforschte den Castor-und-Pollux-Tempel und entdeckte den von ihm korrekt identifizierten Concordia-Tempel sowie Fragmente der *Fasti Capitolini*. 1821 gelang es ihm, die Anlage des Venus-und-Roma-Tempels weitgehend zu bestimmen [8]. Weiter trug F. zur Klärung der Funktion der Kirche S. Costanza als Begräbnisstätte bei und setzte sich nach dem Brand von 1825 für den Wiederaufbau der Kirche *S. Paolo fuori le mura* ein [8]. In den 1820er Jahren beschäftigte er sich mit den Häfen von Ostia; er identifizierte den dortigen Traianskanal (*fossa Traiana*) ebenso wie den Hafen von Antium und verfasste eine bis heute geschätzte systematische Studie der röm. Aquädukte [3]; [8].

Einen Namen machte er sich bereits 1783/84 mit der *Storia delle arti del disegno* [1], einer kommentierten und um einen eigenen Beitrag zu den röm. Ruinen ergänzten ital. Übersetzung von Johann Joachim ↗Winckelmanns *Geschichte der Kunst des Alterthums* (1764), für die er sich auf die Mailänder (ital.) Ausgabe von 1779 und eine franz. Übersetzung sowie auf die Mitarbeit des span. Sammlers José Nicolas de Azara und die Unterstützung des dt. Antiquars Johann Friedrich Reiffenstein stützen konnte. Auf die Grenzen ihres Textverständnisses wurde kürzlich hingewiesen [5], und ihr Kommentar gibt zumeist die Vorstellungen von Ennio Quirino ↗Visconti wieder. Das Werk wurde in den *Effemeridi Letterarie Romane* 1784 bis 1786 gut aufgenommen, löste aber auch eine polemische Kontroverse mit dem Antiquar und Künstler Onofrio Boni aus – die erste von mehreren (u.a. mit Giuseppe Guattani und Antonio Nibby). In Göttingen begrüßte Christian Gottlob ↗Heyne den Kommentar. Goethe erwarb F.s Buch 1786 und befand es für nützlich [5]. F.s Sammlung archivalischer Urkunden und bis dahin unveröffentlichter Memoiren von Gelehrten (u.a. Flaminio Vacca und Franceso de' Ficoroni) [2], der sein Neffe Antonio F. 1836 noch einen Band folgen ließ, war für ihn wie für seine Zeitgenossen eine bis heute wertvolle histor. Quelle.

Schriften

[1] Storia delle arti del disegno presso gli antichi di Giovanni Winkelmann. Tradotta dal tedesco e in questa edizione corretta e aumentata dall'abate Carlo Fea, 3 Bde., 1783–1784 [2] Miscellanea filologica critica e antiquaria, 2 Bde., 1790–1836 [3] Storia I. Delle acque antiche sorgenti in Roma perdute, e modo di ristabilirle. II. Dei condotti antico-moderni delle acque Vergine, Felice e Paola e loro autori, 1832 [4] Considerazioni sull'Impero romano da Romolo ad Augusto e da questo per l'epoca cristiana fino all'anno 757, 1835.

Sekundärliteratur

[5] S. Ferrari, L'eredità culturale di Winckelmann. Carlo Fea e la seconda edizione della Storia delle arti del disegno presso gli antichi, in: Roma moderna e contemporanea 1–2, 2002, 15–48 [6] A. Fraschetti, L'antiquario e il fondatore. Carlo Fea e le sue ›Lodi di Romolo e di Roma‹, in: Mediterraneo antico. Economie, società, culture 1/1, 1998, 235–246 [7] R. T. Ridley, Art. Fea, Carlo, in: DBI 45, 1995, 518–528 [8] R. T. Ridley, The Pope's Archaeologist. The Life and Times of Carlo Fea, 2000 [9] O. Rossi Pinelli, Carlo Fea e il chirografo del 1802. Cronaca, giudiziaria e non, delle prime battaglie per la tutela delle »Belle Arti«, in: Ricerche di storia dell'arte 8, 1978–1979, 27–40.

Lucia Faedo (Ü: K. H.)

Ferguson, Adam

Schott. Historiker und Philosoph. Geb. am 20.6. 1723 in Logierait nördl. von Perth, gest. am 22.2. 1816 in St. Andrews. Schulbesuch in Logierait und Perth; Studium der Theologie in St. Andrews und Edinburgh; 1742 Master of Arts in St. Andrews. 1745 Ordination zum Geistlichen der Church of Scotland; 1745–1754 Militärkaplan; 1757/58 Bibliothekar der Juristenbibliothek (Advocates' Library) in Edinburgh. 1759 Prof. für Naturphilosophie ebda; 1764 Prof. für Pneumatik und Moralphilosophie; 1766 juristisches

Ehrendoktorat ebda. 1793 Ehrenmitglied der Preuß. Akad. der Wiss.

Werk und Wirkung

Bereits während seines Studiums in Edinburgh sowie nach dem Ende seines Militärdienstes knüpfte F. Kontakte zu David ↗Hume, Adam Smith und anderen Vertretern der Schott. Aufklärung. Humes Unterstützung verschaffte ihm zunächst einen Posten als Bibliothekar, später als Prof. für Naturphilosophie an der Univ. Edinburgh, wo er 1764 den Lehrstuhl für Pneumatik (Philosophie des Geistes) und Moralphilosophie übernahm. 1767 verfasste er seinen Essay zur Geschichte der bürgerlichen Gesellschaft [1], eine auf stoischem Gedankengut aufbauende [7. xvf.] moralphilos. und materialistisch geprägte Darstellung der Entwicklung der menschlichen Gesellschaft. Mit seiner Forderung, Reichtum mit polit. Engagement zu verbinden, griff F. auf den bürgerlichen Tugendbegriff von Aristoteles, Niccolò Machiavelli und v.a. Montesquieu zurück [8.343]; [6.612]: F.s Idealstaat ist eine republikanische Meritokratie etwa nach dem Vorbild Spartas oder der frühen röm. Republik, in der sich jeder gleichberechtigt für das Gemeinwohl einsetzen kann [6.615f.]; [5.605]. 1769 folgte das moralphilos. Lehrwerk [2] (eine überarbeitete Fassung erschien 1792 unter dem Titel *Principles of Moral and Political Science*), in dem F. wiederholt stoische Grundsätze vertrat [6.609–612]. Trotz seiner im *Essay* geäußerten republikanischen Vorlieben sprach sich F. vehement gegen den Abfall der nordamerikan. Kolonien von der brit. Krone aus – eine Haltung, aufgrund derer er 1778 in die vom Earl of Carlisle geleitete Friedenskommission berufen wurde. 1783 erschien F.s Darstellung der röm. Geschichte vom Ersten Punischen Krieg (148 v.Chr.) bis zum Tod des Augustus (27 n.Chr.) [3].

F.s Bedeutung liegt v.a. im Bereich der Entwicklung der modernen Sozialwiss., wobei seine Werke von der Frage geprägt sind, »wie der Mensch ein ant., insbes. stoisch geprägtes Ideal polit.-moralischen Zusammenlebens unter modernen Bedingungen verwirklichen kann« [6.613].

Schriften

[1] An Essay on the History of Civil Society, 1767 [2] Institutes of Moral Philosophy, 1769 [3] The History of the Progress and Termination of the Roman Republic, 1783.

Sekundärliteratur

[4] Ch.J. Berry, Sociality and Socialisation, in: A. Broadie (Hrsg.), The Cambridge Companion to the Scottish Enlightenment, 2003, 243–257 [5] A. Garrett, Art. Ferguson, Adam, in: D.M. Borchert (Hrsg.), The Encyclopedia of Philosophy, Bd. 3, ²2006, 604–605 [6] H. Holzhey et al. (Hrsg.), Die Philosophie des 18. Jh.s, Bd. 1/2: Großbritannien und Nordamerika, Niederlande, 2004, 603–618 [7] Introduction, in: A. Ferguson, An Essay on the History of Civil Society, hrsg. von F. Oz-Salzberger, 1995, VII–XXV [8] F. Oz-Salzberger, Art. Ferguson, Adam, in: Oxford Dictionary of National Biography 19, 2004, 341–347.

Barbara Kuhn-Chen

Ferrero, Guglielmo

Ital.-schweizer. Schriftsteller und Historiker. Geb. am 21.7.1871 in Portici, gest. am 3.8.1942 in Mont-Pélerin (Vaud). Studium der Rechtswiss. in Turin, dann der Geisteswiss. in Bologna. 1897–1923 Arbeit für das radikalrepublikanische Journal *Il secolo* in Mailand. 1906 Vorlesungszyklus am Collège de France; 1908 Reise in die Vereinigten Staaten auf Einladung des Präsidenten Roosevelt. 1929 unter dem Druck des Faschismus Auswanderung in die Schweiz; von 1930–1942 Prof. für zeitgenössische Gesch. an der Univ. von Genf.

Werdegang, Werk und Wirkung

Durch sein publizistisches und wiss. Werk gewann F. beachtlichen Einfluss in Italien und weltweit große Anerkennung. Stark beeinflusst durch seinen Schwiegervater Cesare Lombroso, an dessen kriminalanthropologischen Studien er zu Beginn seiner wiss. Laufbahn mitgearbeitet hatte [3], war F. dem Positivismus und dem Liberalismus verpflichtet. Polit. war er radikal republikanisch orientiert (1925 unterzeichnete er Benedetto Croces Manifest der antifaschistischen Intellektuellen) und ein Vorkämpfer der demokratischen Freiheit. 1896 musste er wegen der Teilnahme an Protesten gegen die Regierung Francesco Crispis eine Haftstrafe verbüßen. Sein Hauptwerk, *Größe und Niedergang Roms*, behandelt die Zeitspanne vom Tod Sullas bis zum Tod des Augustus [2]. Im Mittelpunkt dieser großen sozialgeschichtlichen Studie steht die neue polit. Klasse, die im Zeitalter der röm. Revolution an die Macht gekommen war. In Opposition zu Theodor ↗Mommsen vertrat F. eine kritische Neubewertung Iulius Caesars, während er die polit. Leistung des Augustus hervorhob [12.277]. Der brilliante Stil verschaffte dem Werk Resonanz bei einem breiten Publikum; in akad. Kreisen stieß F. jedoch auf Ablehnung, und einen Lehrstuhl konnte er in Italien nicht erringen.

F., der nicht nur Europa [1], sondern auch Süd- und Nordamerika intensiv bereiste, bemühte sich um eine Annäherung zwischen der amerikan. und der europ. Bildungstradition [4]; [5]; [6]; [7]. Seine Opposition gegen das faschistische Regime [8] zwang F., zusammen mit seiner Frau in der Schweiz Asyl zu suchen. An der Univ. von Genf unterrichtete er zeitgenössische Geschichte bis zu seinem Tod.

Schriften

[1] L' Europa giovane. Studi e viaggi nei paesi del nord, 1898 [2] Grandezza e decadenza di Roma, 5 Bde., 1902–1907 (dt. 6 Bde., 1908–1910) [3] La donna delinquente. La prostituta e la donna normale (mit C. Lombroso), 1903 [4] Characters and Events of Roman History, from Caesar to Nero. The Lowell Lectures of 1908, 1909 [5] Fra i due mondi, 1913 [6] Ancient Rome and Modern America, 1914 [7] Problems of Peace. From the Holy Alliance to the League of Nations. A Message from a European Writer to Americans, 1919 [8] La democrazia in Italia. Studi e precisioni, 1925 [9] La rovina della civiltà antica, 1926 (Ndr. 1988).

Sekundärliteratur

[10] C. Barbagallo, L'opera storica di Guglielmo Ferrero e i suoi critici, 1911 [11] L. Cedroni, Guglielmo Ferrero. Una biografia intellettuale, 2006 [12] L. Polverini, Cesare e Augusto nell'opera storica di Guglielmo Ferrero in »Caesar und Augustus«, in: K. Christ / E. Gabba (Hrsg.), Röm. Geschichte und Zeitgeschichte in der deutschen und italienischen Altertumswissenschaft während des 19. und 20. Jh.s, Bd. 1: Caesar und Augustus, 1989, 277–298 [13] P. Treves, Art. Ferrero, Guglielmo, in: DBI 47, 1997, 17–27.

Arnaldo Marcone (Ü: H.Sch.)

Festugière, André-Jean

Franz. Religionswissenschaftler und Philologe. Geb. am 15. 3. 1898 in Paris, gest. am 13. 8. 1982 ebda. Ab 1918 Studium an der École normale supérieure in Paris; 1920 Agrégé des Lettres; 1921/22 Mitglied der École française de Rome und d'Athènes. 1930 Priesterweihe; 1936 Prom. an der Pariser Sorbonne. 1942–1968 Directeur d'études an der Pariser École pratique des hautes études, Section des sciences religieuses, in Paris; 1958 Aufnahme in die Acad. des inscriptions et belles-lettres.

Wissenschaftlicher Werdegang

Als zweiter Sohn von neun Kindern besuchte F. die Gymnasien Condorcet und Louis-le-Grand in Paris. 1920 bestand er die Zugangsprüfung zum Lehramt. Ein Jahr später wurde er Mitglied der École française in Rom, von der er 1922 an die École française in Athen wechselte.

Nach dem Besuch eines Onkels, der im belg. Kloster Maredsous Benediktiner war, beschloss F. 1923/24, dem Dominikanerorden beizutreten, studierte Theologie in Amiens (1924/25) und Le Saulchoir (im belg. Kain) und wurde 1930 zum Priester geweiht. Er verbrachte die Jahre 1931/32 an der École biblique in Jerusalem und promovierte 1936 an der Sorbonne. Eine Professur an einer franz. Univ. kam für ihn als Dominikaner nicht in Frage; so trat er 1942 die Stelle eines Directeur d'études an der École pratique des hautes études in Paris an. Dort forschte er bis zu seiner Pensionierung 1968 fernab des Univ.-Betriebs. Zu seinen Freunden zählten Franz ↗Cumont, Arthur Darby Nock und Eric Robertson ↗Dodds.

Werk

Um 1922 regten ↗Cumonts Arbeiten zu Mithras und den oriental. Religionen F. an, ant. Kulte zu erforschen. Sein religiöses Engagement und sein lebhaftes Interesse an der griech. Kultur ließen ihn sich der ant. Spiritualität zuwenden. Seine Prom.-Schrift von 1936 arbeitete die mystischen Aspekte in Platons Werk heraus [2]. In der Folgezeit wandte F. sich verstärkt dem Studium des Christentums und Heidentums unter besonderer Berücksichtigung der Spätantike zu; die Wahl der Epoche war originell, weil sie damals an franz. Univ. wenig Ansehen genoss.

F. erforschte auch die ant. Philosophie und wurde zu einem hervorragenden Kenner des Neuplatonismus. In Zusammenarbeit mit A. D. Nock übersetzte er das *Corpus Hermeticum*, eine Sammlung okkulter, vorwiegend neuplatonischer Texte, die mit Hermes Trismegistos in Verbindung gebracht wurden [4]. Parallel dazu erschien sein Werk zu Hermes Trismegistos [3], das nicht nur die Hermetik im engen Sinne, sondern auch Alchemie, Astrologie und paganen Monotheismus behandelt.

1952/53 lehrte F. als Sather Prof. in Berkeley; in seinen Vorlesungen [5] unterschied er bei den Griechen zwischen der Religion der Gemeinschaft und der persönlichen (volkstümlichen oder mehr vergeistigten) Religiösität. 1959 ging er der Frage nach, wie Christen und Vertreter der paganen griech. Kultur zusammenlebten [6]. In der Folgezeit übersetzte er u. a. griech. Mönchsviten [7] und die Kommentare des Proklos zu Platons *Timaios* [8] und *Politeia* [9]. Sein ganzes Leben lang studierte und übersetzte F. schwierige und verkannte philos., magische, religiöse und mystische Texte (u. a. von Artemidor von Ephesos, Porphyrios, Salustios und die Hl. Reden des Aelius Aristides).

Wirkung

Gegen das positivistische Vorgehen stellte F. den Ansatz, das Erleben des Göttlichen bei den Griechen und Römern zu erforschen, auch um auf seiner eigenen Suche nach religiöser Erkenntnis Antworten zu finden. Die Kehrseite dieser gewinnbringenden Empathie ist bisweilen ein Mangel an histor. Distanz. F.s Vorstellung von persönlicher Religiösität, die sich auf eine veraltete Idee des Niedergangs der Stadtstaaten in hell. Zeit stützte und stark christl. beeinflusst war, stieß auf Kritik [10. 23–26]. Jenseits öffentlicher Kulte und religiöser Institutionen ging es F. immer um das religiöse Gefühl der ant. Menschen, gleich ob es sich um Heiden und Christen, »schmutzige« Mönche und Neuplatoniker handelte. Er zeigte dafür, wie der Rationalismus im Lauf der Antike dem Göttlichen Platz machte. Aufgrund seines monumentalen Œuvres (75 Bücher, 225 Artikel und mehrere nachgelassene, zum Druck vorgesehene Übersetzungen, z.B. des Euagrios Scholastikos in den *Sources chrétiennes*) erfuhr F. große internationale Anerkennung.

SV: E. Lucchesi, H.D. Saffrey (Hrsg.), Mémorial André-Jean Festugière. Antiquité païenne et chrétienne, 1984, XVII–XXXIV.

Schriften

[1] L'idéal religieux des Grecs et l'Évangile, 1932 [2] Contemplation et vie contemplative selon Platon, 1936 [3] La révélation d'Hermès Trismégiste, 4 Bde., 1944–1954 [4] Hermès Trismégiste, Corpus Hermeticum, 4 Bde. (Übers. mit A.D. Nock), 1945–1954 [5] Personal Religion among the Greeks, 1954 [6] Antioche païenne et chrétienne, 1959 [7] Les moines d'Orient, 4 Bde. (franz. Edition), 1961–1965 (7 Teilbde.) [8] Proclus, Commentaire sur le Timée, 5 Bde. (Übers.), 1966–1969 [9] Proclus, Commentaire sur la République, 3 Bde. (Übers.), 1970.

Sekundärliteratur

[10] M. Alexandre, La notion de religion personnelle dans l'œuvre d'A.-J. Festugière, in: Cahiers du Saulchoir 8, 2001, 9–26 [11] J. de Romilly, Notice sur la vie et les travaux du R.P. André-Jean Festugière, membre de l'Académie, in: CRAI 129/2, 1985, 406–419 [12] H.D. Saffrey, Le Père André-Jean Festugière. Une histoire littéraire et doctrinale du besoin d'être avec Dieu dans le monde romain, in: Revue des sciences philosophiques et théologiques 92/3, 2008, 591–600.

Laurent Guichard

Ficino, Marsilio

Marsilius Ficinus; ital. Humanist und Philosoph. Geb. am 19.10.1433 in Figline (Arnotal) als Sohn von Diotifeci, dem Leibarzt von Cosimo de' Medici d.Ä., gest. am 1.10.1499 in Careggi. 1448/49 Studium der Medizin in Florenz, 1457 kurzzeitig in Bologna fortgeführt; ab 1451 Studium der Philosophie und der Artes in Florenz; um 1452 (?) Begründung der Platonischen Akad.; 1473 Priesterweihe; ab 1487 Canonicus im Dom zu Florenz; dort beigesetzt.

Werk

Schon zur Zeit seines Studiums in Florenz verfasste F. – sein Name Fecino/Ficino ist Deminutiv des Vaternamens Diotifeci – 1454 einen Kommentar zu Lukrez' *De rerum natura*, der ihm aber in späterer Zeit (*maturiore aetate*) missfiel, sodass er ihn verbrannte [1.Bd. 1, 933]. Stattdessen vertiefte er sein Verhältnis zum Platonismus [1.Bd. 1, 618] und schrieb 1456, offenbar von Cristoforo ↗Landino beeindruckt, in vier Büchern eine Zusammenfassung der platonischen Lehre (*Institutiones ad Platonicam philosophiam*), wie er sie aus den lat. Quellen (Augustinus, Apuleius) kennen gelernt hatte. Cosimo de' Medici und Landino rieten ihm aber, zuerst einmal Griechisch zu lernen, um dann aus Platons eigenen Schriften schöpfen zu können [1.Bd. 1, 929]. Mit der Fortsetzung des Medizinstudiums 1457 in Bologna wich F. vielleicht dem antiplatonischen Einfluss aus, den Antoninus Pierrozzi, der Bischof von Florenz, hier rigoros ausübte [1.Bd. 1, 929]; [12.280].

1462 schenkte Cosimo F. in Careggi eine Villa, in welcher sich die Platoniker treffen konnten (genaues Datum gesichert durch den Dankesbrief F.s an Cosimo vom 4.9.1462 [2.Bd. 2, 88]). Er scheint damit ein lang gehegtes Projekt realisiert zu haben: Beim Unionskonzil 1439 hatte Georgios Gemistos ↗Plethon Cosimo d.Ä. überredet, eine Platonische Akad. zu gründen. F. bemerkte in der 1492 Lorenzo de' Medici gewidmeten Plotin-Übersetzung, Cosimo habe ihn schon in jugendlichem Alter (*adhuc puer*) für eine Rolle in dieser Akad. bestimmt [1.Bd. 2, 1537]. Bei Cosimos Tod 1464 schrieb F., er sei schon zwölf Jahre im philos. Diskurs mit Cosimo gewesen. Diese Angabe führt auf das Gründungsjahr 1452.

F.s Schriften umfassen zahlreiche lat. Übersetzungen Platons, Plotins und der späteren Neuplatoniker Porphyrios, Jamblich und Proklos [1.Bd. 1, 1801; 1873ff.], ferner die *Hermetischen Traktate* (1463, erschienen 1471 als erstes gedr. Buch F.s), die er fälschlich für eine ägypt. Vorstufe zu Platons Schriften hielt. Zuvor hatte Cosimo ihm geraten, Platon zu übersetzen. 1464 las F. dem sterbenden Cosimo aus seiner bis dahin zehn Dialoge Platons umfassenden lat. Übertragung vor; die Version weiterer neun Dialoge eignete er 1468 Piero de' Medici zu. Die ganze Platon-Übersetzung F.s erschien 1484 im Druck und war Lorenzo gewidmet [12.304–311]. Ebenfalls 1484 erschien seine lat. Version des *Phaidros*-Kommentars des Neuplatonikers Hermeias (in Wirklichkeit eine Nachschrift der *Phaidros*-Vorlesung des Syrian).

An systematischen Schriften, welche die eigene Lehre darlegen, sind bes. herauszuheben: aus dem Jahr 1469 die Kommentare zu Platons *Symposion* [7] (Beginn des Hauptwerkes: der 1469–1474 fertiggestellten und 1482 gedr. *Theologia Platonica* [3]) und zu Platons *Phaidros* [5] (erst 1492 beendet); 1492 der Kommentar zum *Philebos* [4]; 1494 der zum *Sophistes* [6] und kommentierende Noten zum *Parmenides* [1.Bd. 2, 1136–1206]. 1474 erschien *De Christiana religione* (von F. selbst ins Volgare übertragen). 1484 nahm F. (auf Anregung von Giovanni ↗Pico della Mirandola) die Übersetzung Plotins in Angriff, die er schon 1486 vollendete (gedr. 1492). 1486–1490 entstanden die Plotin-Kommentare [1.Bd. 2, 1537–1800];

Plotins *Ontologie*, auf der F. seine Philosophie aufbaute, war ihm allerdings schon seit etwa 1460 gut bekannt. 1480 verfasste er das erste Buch *De vita*, 1489 das zweite und dritte Buch; ebenfalls 1489 die Übersetzung weiterer Neuplatoniker: Jamblichs *De mysteriis* und Teile aus Synesios, Psellos, Priscian, Porphyrios und Proklos. 1490 übersetzte und kommentierte er die Schriften *Mystica theologia* und *De divinis nominibus* des von ihm »verehrten« Dionysios Areopagites [1. Bd. 1, 925], den er fälschlich als Schüler des Hl. Paulus im 1. Jh. n. Chr. ansetzt.

1495 arrangierte F. eine Edition seiner Briefe, die er ab 1473 gesammelt hatte. Nach der Hinrichtung des Dominikanermönches Savonarola, der seit seinem Auftreten in Florenz ab 1492 viele Humanisten ([2. Bd. 2, 76]: *viri ingeniosi eruditique*) für seine fundamentalistischen Lehren gewinnen konnte und dem F. zuerst zugeneigt war, verfasste er eine scharf gehaltene *Apologia contra Savonarolam* [2. Bd. 2, 76]. V. a. Savonarolas Verurteilung der Astrologie, für die F. immer ein Faible gehabt hatte, war ein brisanter Streitpunkt. – Belege zur Chronologie von F.s Schriften sind akribisch dokumentiert in [2. Bd. 1, CXX]; vgl. die zusammenfassende Überschau über das Werk F.s in [8. Bd. 1, XXXIX–LXX; einzelne Werke XXV–XXXVII]. Die Inschrift auf dem Denkmal im Dom zu Florenz nennt F. *pater sophiae* (in Analogie zu Cosimos Titel *pater patriae*).

Lehre

Die Philosophie F.s stand zunächst in der Trad. des ma. Denkens; im Studium war er mit der aristotelischen Schulphilosophie gut bekannt geworden. F. orientierte sich aber an Platons Lehre, die er in der Gedankenwelt der Neuplatoniker und v. a. Plotins manifestiert sah und wiederbeleben wollte (*revixit Plato*). Ziel all seines Philosophierens war die Harmonisierung der platonischen Philosophie mit den Lehren des Christentums [1. Bd. 2, 1442] (*Platonem Christianae theologiae magis conciliabimus*): Die christl. Lehre soll durch die ant. Philosophie untermauert werden. F. kannte die Lehre des Mittelplatonikers Albinos und beschäftigte sich etwa ab 1460 mit Plotin, den er später ganz übersetzte. Die hermetische, orphische und pythagoreische Literatur war ihm vertraut; maßgebend war ihm Dionysios Areopagites, in welchem er die Vereinigung platonischer Lehre mit christl. Dogma verwirklicht sah. Kernthemen seiner philos. Lehre waren (1) die Seelenlehre; (2) die Unsterblichkeit der menschlichen Einzelseele; (3) die Bedeutung der *vita contemplativa* für die Erreichung der Bestimmung des Menschen; (4) die Lehre von der platonischen Liebe (*amor Socraticus*).

(1) Seelenlehre: F.s Seelenlehre stützt sich auf das ontologische Schema Plotins, in welchem die Seele in der Mitte allen Seins angesetzt wird (Plotin IV 8,7,6 und Porphyrios, *Sententiae* V). Der ontologischen Hierarchie der Neuplatoniker – Eines (Gott), Geist, Seele, Materie (Körper) – fügt F. noch die Stufe der *qualitas* (einer Wirkkraft – *vis agendi* – in den Körpern) hinzu; dadurch gelingt es ihm, die Seele in der Mitte aller Seinsstufen zu platzieren. Die Seele ist die Verknüpfung zwischen Gott und allen Dingen der Natur. Sie trägt die Abbilder (*imagines*) der göttlichen Dinge und die Begriffe und Urbilder (*rationes et exemplaria*) der niederen Dinge in sich. Durch diese Mittelstellung vermag sie auch den Menschen aus dem irdischen Bereich zu Gott empor zu führen. Wie Plotin stellt F. es als die wesentliche Aufgabe des Menschen dar, die noetischen Qualitäten seiner Seele zu verwirklichen und so zu Gott aufzusteigen, ja Gott zu werden [3. Bd. 2, 247].

(2) Die Unsterblichkeit der menschlichen Seele zu beweisen, ist ein Hauptthema der Renaissance-Philosophen. F. handelte dieses Thema argumentationsreich ab [3. Bd. 2, Buch 9–14]. Ein Beispiel: Die Seele kann die im Geist verankerten göttlichen Ideen erfassen. Da eine Verwandtschaft zwischen Erfassendem und Erfasstem besteht, muss die Seele selbst wie das Göttliche, das sie erfasst, unsterblich sein. In der Unsterblichkeitslehre, wie sie in der Nachfolge Platons von Plotin und den Neuplatonikern vertreten wurde, lässt sich religiöses und säkularisiertes philos. Denken in Einklang bringen. Daher nannte F. wie schon der Neuplatoniker Proklos sein Hauptwerk *Theologia Platonica*.

(3) Der Aufstieg zu Gott führt über die *vita contemplativa*. In der philos. Besinnung vermag der Geist des Menschen sich Gott zu nähern und ihn zu erfassen. Im Unterschied zu Plotins Lehre ist bei F. Gotteserkenntnis nicht prinzipiell von anderen Erkenntnisakten unterschieden. Bei Plotin kann das Denken des Menschen das Göttliche (Eine) nicht unmittelbar erreichen, da dieses dem Denken und dem Sein überhoben ist; Denken ist bei Plotin nur die Vorbereitung der eigentlichen Gotteserfahrung, die allein auf mystischem Wege erlangt werden kann. Bei F. ist dagegen der als Person aufgefasste christl. Schöpfergott nicht dem Denken und Sein überhoben, sondern stellt deren höchste Potenz dar; insofern ist auch die philos. Kontemplation in der Lage, Gott zu erreichen. In der Kontemplation realisiert sich der göttliche Geist im Menschen, sodass es ein natürliches Streben des Menschen ist, Gott zu werden [3. Bd. 2, 247].

(4) F. bezeichnet in seinem Kommentar zum platonischen *Symposion* [7] das Streben zu Gott als *amor Socraticus*. Liebe wird definiert als »Suche nach dem Schönen« (*desiderium pulchritudinis*); im Eros, welcher das Schöne (= Göttliche) erfassen will, reicht die metaphysische Welt in die sinnlich wahrnehmbare Welt

hinein; sie manifestiert sich sogar in körperlicher/materieller Schönheit, welche in der Harmonie der Einzelteile (*concinnitas*) besteht. Harmonie in der Vielheit der sichtbaren Dinge ist ein Abglanz göttlicher Schönheit. So kann der Mensch in der Betrachtung irdischer Schönheit aufsteigen zu Gott. Die platonische Liebe bildet die Brücke zwischen der wahrnehmbaren und der geistigen Welt. Sie ist zugleich das einigende Freundschaftsband unter jenen durch den gemeinsamen Geist verwandten Menschen. Die heute übliche trivialisierte Auffassung von »platonischer Liebe« als Verzicht auf Körperlichkeit begann erst im 16. Jh. bei Baldassare Castigliones *Il libro del Cortegiano*.

Das im Akt platonischer Liebe angestrebte göttliche Schöne realisiert sich für F. bes. in der Kunst (dazu ausführlich [3. Bd. 2, Buch 13]). In der gestalteten Kunst manifestiert sich die höchste Fähigkeit des geistbegabten Menschen. Wahre Kunst ist die Verwirklichung der Idee im Kunstwerk. Der Künstler muss die Natur (*forma substantialis*) einer Sache im Denken erfassen und in der Materie darstellen (insofern kann F. Kunst als eine *ars ratonalis* bezeichnen [3. Bd. 2, 160]; dazu [13]). Kunst ist nicht primär ein Problem der Ästhetik, sondern der philos. Besinnung: Der Künstler ahmt den Schöpfungsprozess Gottes nach, indem er die Materie durch die Gestaltung nach der ideellen Natur in kunstgemäße Form überführt. Dies ist eine Eigenschaft, die nur dem denkenden Menschen, nicht aber dem Tier zu eigen ist. Da F. im echten Kunstwerk göttliche Ideen repräsentiert sieht, kann dieses umgekehrt den betrachtenden Menschen zu Gott zurückführen. Die philos. verankerte Kunst wird für F. zur Psychagogie und stellt damit eine Form praktischer Theologie dar.

Wirkung

F.s Wirkung in seiner eigenen Zeit war dominierend, der Umgang mit bedeutenden Humanisten wie Cristoforo ↗Landino, Angelo ↗Poliziano, ↗Pico della Mirandola freundschaftlich. Mit Piero de' Medici und Lorenzo il Magnifico verband ihn eine enge dankbare Beziehung. Sein Einfluss u. a. auf Pico della Mirandola war prägend, die Diskussion lebendig. Bes. die Thesen der »platonischen Liebe« fanden Reaktion, so in der Lyrik des Lorenzo de' Medici und im 16. Jh. bei Castiglione, der im *Cortegiano* das Idealbild des Edelmanns nach F.s Vorstellungen formte. Die Wirkung reichte bis nach Spanien und Frankreich [10]; auch der Cambridger Platonismus bezog sich auf F.s christl. Platonismus. Der dt. Idealismus (Hegel) knüpfte teilweise an F. an. Die astrologischen Schriften F.s übten in Deutschland besonderen Einfluss aus. Er geriet jedoch aus dem Blickfeld, als Platon, v. a. durch Friedrich Schleiermachers Übertragung, direkt zugänglich wurde und man F.s lat. Versionen entbehren konnte.

F.s Philosophie ging darauf aus, ein metaphysisch verankertes Menschenbild darzustellen. Er stützte sich auf Platons Philosophie, welche er in der Form der plotinischen Traktate und der Schriften der späteren Neuplatoniker (auch Dionysios Areopagites) aufgriff und zur Grundlage seiner eigenen Ontologie machte. Neben der metaphysischen Grundorientierung hatte F. als Renaissancephilosoph auch einen offenen Blick für die Schönheit der diesseitigen Welt, die er als Schöpfung Gottes und in der Ausgestaltung durch den mit göttlichem Geist begabten Menschen positiv betrachtete.

Schriften

[1] Opera omnia, 2 Bde., Basel 1576 (Ndr. 1983) [2] Supplementum Ficinianum, 2 Bde., hrsg. von P. O. Kristeller, 1937 (Ndr. 1973) [3] Théologie platonicienne, 3 Bde. (lat.-dt.), hrsg. von R. Marcel, 1964–1970 [4] The Philebus Commentary (lat.-engl.), hrsg. von M. J. B. Allen, 1975 [5] Marsilio Ficino and the Phaedran Charioteer (lat.-engl.), hrsg. und übers. von M. J. B. Allen, 1981 [6] Icastes. Marsilio Ficino's Interpretation of Plato's Sophist (lat.-engl.), hrsg. von M. J. B. Allen, 1989 [7] Über die Liebe oder Platons Gastmahl, (lat.-dt.), hrsg. von P. Richard, ³1994.

Sekundärliteratur

[8] Marsilio Ficino, Index nominum et index geographicus, bearb. von D. Gall., P. Riemer et al., 2 Bde., 2003 [9] W. Beierwaltes, Marsilio Ficinos Theorie des Schönen im Kontext des Platonismus, in: W. Beierwaltes, Fußnoten zu Plato, 2011, 231–278 [10] J. Festugière, La philosophie de l'amour de Marsile Ficin et son influence sur la littérature française au XVIe siècle, 1941 [11] J. Hankins, Plato in the Italian Renaissance, 1994, 265–366 [12] P. O. Kristeller, Die Philosophie des Marsilio Ficino, 1972 (engl. 1943) [13] P. O. Kristeller, Marsilio Ficino and His Work after Five Hundred Years, 1987, 36–66, 188–189 [14] R. Marcel, Marsile Ficin, 1958 [15] U. Oehlig, Die philosophische Begründung der Kunst bei Ficino, 1992.

Clemens Zintzen

Ficoroni, Francesco de'

Ital. Archäologe und Antiquar. Geb. 1664 in Lugnano Valmontone/Labico (Latium), gest. im Januar 1747 in Rom. Zeit seines Lebens in Rom ansässig und tätig; zwischen 1705 und 1710 Ausgrabungen an der Via Appia in der Vigna Moroni; 1731–1732 Grabungen bei San Cesareo; seit 1714 korrespondierendes Mitglied für Münzen und Inschriften der Acad. royale des inscriptions et médailles in Paris; Mitglied der Royal Society in London [14. 302 f.].

Werk und Wirkung

F.s antiqu. Tätigkeiten konzentrierten sich auf Rom und dessen Umgebung. Bekannt war er als Fremdenführer der Besucher Roms (wie auch Francesco ↗Bianchini oder Ridolfino ↗Venuti). So diente er z.B. Philipp von ↗Stosch als Führer durch die Stadt [14] und begleitete insbes. engl. Reisende (z.B. Joseph ↗Addison oder Sir Andrew Fountaine). Daneben war F. eine zentrale Gestalt im röm. Antikenhandel des 18. Jh.s [15. 131]. Er vermittelte Gemmen und Skulpturen nach England (z.B. an den Duke of Carlisle) [16. 92 f.] und organisierte u.a. 1728 den Verkauf der Skulpturen der Sammlung Chigi an den Hof nach Dresden [13. 101]. F. selbst besaß eine umfangreiche Sammlung von ant. Kleinkunst, deren bekanntestes Stück, die sog. Ficoronische Ciste, er dem röm. Museo Kircheriano schenkte (heute in der Villa Giulia) [13]; [15. 144–146].

F.s wiss. Œuvre war insbes. der Topographie [1]; [9], neuen Grabungen [6]; [3] sowie der röm. Kleinkunst [4]; [7] gewidmet und spiegelt seine praktische Tätigkeit als Fremdenführer und Sammler. Besondere Erwähnung verdienen sein erstes Werk, die *Osservationi* [1], in denen er zahlreiche Fehler aufführte, welche Dom Bernard de ↗Montfaucon in seinem *Diarium Italicum* unterlaufen waren, sowie *Le vestigia e rarità di Roma* [8]. Mit diesen legte F. einen topographischen Führer zu den Monumenten der Stadt vor und berichtete über die zu seiner Zeit ergrabenen, zerstörten und verkauften Antiken. Sein wiss. Interesse an Gemmen ist an seinem Werk über die Theatermasken ablesbar [5]. Eine Schrift über seine eigene Sammlung von Gemmen mit Inschriften hatte F. zwar bereits 1736 weitgehend fertiggestellt, doch wurde sie erst postum 1757 von Nicolao Galeotti herausgegeben [12]; [18].

F. wurde in der ersten Hälfte des 18. Jh.s zu den bedeutendsten röm. Antiquaren gezählt [14]. Auch wenn er wiederholt des illegalen Antikenhandels bezichtigt wurde (v.a. durch Francesco Bartoli), waren seine Kenntnisse hoch geschätzt. Dies geht zum einen aus Briefwechseln hervor, in denen er u.a. Antonio Francesco ↗Gori und Lodovico Antonio ↗Muratori durch Abschriften neu gefundener Inschriften unterstützte [17. 116]. Zum anderen wurden seine Abhandlungen zur Kleinkunst nach seinem Tod in lat. Fassungen gedruckt [10]; [11]. Zudem bewies F. eine Sensibilität für die ant. Hinterlassenschaft als bewahrenswerter histor. Quelle, wie aus seinem Einsatz für die Dokumentation des Columbarium der Arruntii in Rom hervorgeht. Seine Zeichnungen sind neben denjenigen von Pier Leone Ghezzi und Giambattista ↗Piranesi wichtige Zeugnisse dieses heute verlorenen Denkmals [15. 133–137].

N: Castle Howard (Yorkshire), Briefe [16. 93–96]; Florenz, Bibl. Marucelliana ms. A 213, cc. 322–325: Zeichnungen [15].

Schriften

[1] Osservazioni di Francesco de' Ficoroni sopra l'antichità di Roma descritte nel diario italico publicato in Parigi l'anno 1702 dal D. Bernardo De Montfaucon, Roma 1709 [2] Le memorie più singolari di Roma, e sue vicinanze, notate in una lettera, Rom 1730 [3] La bolla d'oro de' fanciulli nobili romani, e quella de' libertini ed altre singolarità spettanti a' mausolei nuovamente scopertisi, Rom 1732 [4] I tali ed altri stromenti lusori degli antichi Romani, Rom 1734 [5] Le maschere sceniche e le figure comiche d'antichi Romani descritte brevemente, Rom 1736 (Ndr. 1748) [6] Breve descrizzione di tre particolari statue trovatesi in Roma l'anno 1739, Rom 1739 [7] I piombi antichi, Rom 1740 [8] Le vestigia e rarità di Roma antica ricercate e spiegate, e le singolarità di Roma moderna, 2 Bde., Rom 1744 [9] Le memorie ritrovate nel territorio della prima e seconda città di Labico e i loro giusti siti, Rom 1745 [10] De plumbeis antiquorum numismatibus tam sacris quam profanis dissertatio, Rom 1750 [11] Dissertatio de larvis scenicis et figuris comicis antiquorum Romanorum ex Italica in Latinam linguam versa, Rom 1750 ([2]1754) [12] Francisci Ficoronii Gemmae antiquae litteratae aliaequae rariores ... omnia collecta, adnotationibus, et declarationibus illustrata a P. Nicolao Galeotti, Rom 1757.

Sekundärliteratur

[13] E. Fileri, Disegni settecenteschi dall'antico del Gabinetto Nazionale delle Stampe e la collezione di antichità di Francesco de' Ficoroni, in: Xenia 21, 1991, 93–120 [14] C. Justi, Philipp von Stosch und seine Zeit, in: Zs. für bildende Kunst 7, 1872, 293–308, 333–346 [15] L. Lavia, Francesco de' Ficoroni e l'ambiente antiquario romano nella prima metà del Settecento, in: C. de Benedictis / M. G. Marzi (Hrsg.), L'epistolario di Anton Francesco Gori. Saggi critici, antologia delle lettere e indice dei mittenti, 2004, 131–150 [16] B. Scarisbrick, Gem Connoisseurship. The 4th Earl of Carlisle's Correspondence with Francesco de Ficoroni and Antonio Maria Zanetti, in: The Burlington Magazine 129, 1987, 90–104 [17] B. Stark, Systematik und Geschichte der Archäologie der Kunst, 1880 [18] Zazoff GG 9–13, 118–121.

Jörn Lang

Filelfo, Francesco

Franciscus Philelphus; ital. Humanist. Geb. am 25.7.1398 in Tolentino, gest. am 31.7.1481 in Florenz. Erste Studien in Padua unter Gasparino ↗Barzizza; 1417 Cathedra für Rhetorik und Moralphilosophie in Venedig, dann in Vicenza. 1421–1426 im Auftrag der Republik Venedig Sekretär in Konstantinopel; gleichzeitig diplomatische Aufträge bei Murad II., Kaiser Sigismund und König Wladislaw II. von Polen. 1427 Rückkehr nach Venedig; 1428 Umzug nach Bologna, schließlich 1429–1434 in Florenz Prof. am Studio fiorentino. 1434 als Antimediceer Flucht nach Siena, wo er bis 1438 lebte; 1438 in Bologna, ab 1439 hauptsächlich in Mailand am Hof der Visconti und Sforza; 1481 Berufung zum Griechischprof. nach Florenz, wo er wenig später starb.

Werk und Wirkung

F. hatte 1431–1434 am Studio fiorentino – u.a. und nicht ohne Widerstand – den Lehrstuhl für die Auslegung von Dantes *Commedia* inne; von seinem Wirken geben ital.sprachige Reden zum Lobe Dantes Auskunft [4]. Von F.s umfangreichem Werk (darunter auch *Orationes* und Kommentare) seien nur einige wenige Titel genannt: Durch seinen Aufenthalt in Konstantinopel gelangte er zu einer souveränen Beherrschung des Griechischen, die zu einer Reihe von Übersetzungen ins Lateinische führte: (Ps.-)Xenophon (*Staat der Spartaner* und *Lob des Agesilaus* 1430; *Kyropaidia* 1467); Plutarchs *Apophthegmata Laconica* (in: *Orationes* [1]); pseudo-aristotelische *Rhetorica ad Alexandrum*. Neben Epigrammen (*De iocis et seriis*, 1445–1465) verfasste F. 1428–1450 100 Satiren zu je 100 Versen, die als erste humanistische Satirensammlung 1475 gedruckt wurden [5] und ihm die Erhebung in den Adelsstand durch Alfonso von Neapel brachten. Unvollendet blieb das Epos *Sphortias* (auf Francesco Sforza). Als erster Humanist begann F. auch eine Sammlung von griech. Gedichten zu verfassen (*Psychagogia*). Mit Gian Francesco ↗Poggio Bracciolini geriet er ab 1435 in einen Streit der Invektiven, den er in seinen Satiren und Epigrammen führte, aber auch im Gelehrtendialog *Convivia Mediolanensia* [3] (1443) fortsetzte. Eher ein Rhetoriker als ein Philosoph [7], trug F. dank seiner exzellenten Kompetenz im Lateinischen und Griechischen zu der Verbreitung und Rezeption antiker Texte entscheidend bei.

Schriften

[1] Orationes Francisci Philelphi cum aliis opusculis, Venedig 1492 [2] Epistolarum familiarium libri XXXVII, Venedig 1502 [3] Conviviorum Francisci Philelphi libri II, Köln 1537 [4] Due orazioni … in lode dello illustrissimo poeta Dante Alighieri, hrsg. von M. dello Russo, 1867 [5] Satyrae I. Decadi 1–5, hrsg. von S. Fiaschi, 2005.

Sekundärliteratur

[6] E. G. Bianchini, Francesco Filelfo. Notizie biografiche e bibliografiche, 1899 [7] E. Garin, History of Italian Philosophy, Bd. 1, 187–189 [8] M. Robin, Filelfo in Milan. Writings 1451–1477, 1991 [9] C. Rosmini, Vita di Francesco Filelfo, 1808 [10] P. Viti, Art. Filelfo, Francesco, in: DBI 47, 1997, 613–626.

Nikolaus Thurn

Finley, Moses I.

Amerikan.-brit. Althistoriker. Geb. am 20.5.1912 in New York, gest. am 23.6.1986 in Cambridge. 1937–1939 Mitarbeiter am Institut für Sozialforschung in New York; 1948–1952 Lecturer und Assistant Prof. an der Rutgers Univ. in New Jersey; 1950 Prom. an der Columbia Univ. in New York. Ab 1954 in Cambridge (England); 1970–1979 Prof. of Ancient History an der Cambridge Univ. 1979 geadelt (Sir Moses).

Biographie und Werdegang

F. wurde 1912 in New York als Moses Israel Finkelstein geboren; er entstammte einer jüd. Familie, die bedeutende Rabbiner hervorgebracht hatte, und erhielt selbst eine jüd. Erziehung [18.2]. Seinen ursprünglichen Namen, unter dem er seine frühen Aufsätze und Rezensionen publiziert hatte, gab er vor 1942 auf. Seine akad. Karriere begann F. an der Columbia Univ. als Assistent (1933/34) bei Abraham Arthur Schiller, der röm. Recht lehrte. In späteren Äußerungen beschrieb F. das stimulierende intellektuelle Klima in New York zu Beginn der 1930er Jahre und wies auf sein intensives Studium der Arbeiten von Historikern wie Marc Bloch und Henri Pirenne sowie von Sozialwissenschaftlern wie Max ↗Weber, Thorstein Veblen und Karl ↗Marx in dieser Zeit hin [21.Xf.].

1937–1939 war F. Mitarbeiter des von Max Horkheimer geleiteten Instituts für Sozialforschung, das 1933 Frankfurt hatte verlassen müssen und zunächst nach Genf, 1934 nach New York übergesiedelt war. Der undogmatische, philos. reflektierte Marxismus der Kritischen Theorie übte nachhaltigen Einfluss auf sein Denken aus [21.XI–XIII]. 1942–1947 war F. in verschiedenen amerikan. Organisationen tätig. 1948 erhielt er eine Stellung als Lecturer, dann als Assistant Prof. an der Rutgers Univ. (Newark, New Jersey). 1950 wurde er mit der Arbeit über die attischen Horos-Inschriften [1] an der Columbia Univ. promoviert. Während seiner Tätigkeit in Rutgers stand F. in engem Kontakt zu der von Karl ↗Polanyi an der Columbia Univ. geleiteten Forschergruppe.

Die innenpolit. Entwicklung in den USA führte nach 1950 zu einer dramatischen Wende in F.s Leben und Karriere: Das durch den *Internal Security Act* im September 1950 geschaffene *Subversive Activities Control Board* bot dem Senator Joseph McCarthy die Möglichkeit, seinen Kampf gegen die vermeintlichen linken Gegner Amerikas in der Administration, im Kulturbereich und an den Univ. mit aller Entschiedenheit zu führen. F. wurde denunziert und im Frühjahr 1952 vor den Ausschuss geladen. Da er jegliche Aussage verweigerte, sah sich die Rutgers Univ. gezwungen, ihn Ende 1952 zu entlassen. In dieser schwierigen Situation fand er Unterstützung bei Arnaldo ↗Momigliano und Antony Andrewes; schließlich konnte er seine wiss. Karriere in England an der Univ. Cambridge fortsetzen. 1955 wurde er dort Lecturer der *Classics Faculty* und 1957 Fellow am Jesus College; 1970–1979 lehrte er als Nachfolger von Arnold H.M.

↗Jones als *Prof. of Ancient History*. Am Ende seiner Univ.-Laufbahn war F. Master am Darwin College (1976–1982).

Das Fach Alte Geschichte in Cambridge wurde durch F.s Forschung und Lehre weit über 1979 hinaus tiefgreifend geprägt. Cambridge wurde zum international führenden Zentrum der ant. Wirtschaftsgeschichte [17.298]. F.s zahlreiche Publikationen und die Übersetzungen seiner wichtigsten Bücher in verschiedene Sprachen trugen zu diesem Ruf ebenso bei wie die Arbeiten seiner Schüler (darunter Peter Garnsey, Paul Millet und C.R. Whittaker), die seine Thesen übernahmen und der Alten Geschichte neue Impulse gaben. F. war in seinem Fach eine international anerkannte Persönlichkeit, Mitglied bedeutender Akad. und Träger der Ehrendoktorwürde verschiedener Univ.; 1979 wurde er durch die Erhebung in den brit. Adelsstand geehrt.

Werk

In F.s Werk ist in thematischer wie auch methodischer Hinsicht deutliche Kontinuität zu erkennen. Bereits in den frühen Aufsätzen und Rezensionen untersuchte er Probleme der griech. Sozial- und Wirtschaftsgeschichte und betonte dabei die Unterschiede zwischen ant. und mod. Gesellschaften [21.XIII–XV]. Thema der Diss. war die durch die Horos-Inschriften dokumentierte Verschuldung von athenischen Landbesitzern im 5. und 4. Jh. v. Chr. [1]. Nur wenige Jahre später erschien die Monographie, die F.s Ansehen als Historiker begründete: *The World of Odysseus* [2]. In dieser sozialhistor. Studie zog F. die Ergebnisse der modernen sozialwiss. und ethnologischen Forschung für die Interpretation der homerischen Epen heran. Auf der Grundlage der Texte Homers rekonstruierte F. die griech. Gesellschaft des 10. und 9. Jh.s; so analysierte er in Anlehnung an Marcel Mauss die Bedeutung von Geschenken und den Gabentausch sowie den Oikos als eine zentrale Institution der homerischen Gesellschaft [23.193–211].

In den Bemerkungen über die Sklaven deutet sich hier bereits das Interesse an dem Thema an, das F.s Arbeiten über Jahrzehnte bestimmen sollte: Auf den wichtigen Aufsatz *Was Greek Civilisation Based on Slave Labour?* (1959) [12.97–115] folgten zum Thema ein Aufsatzband [3], das Kapitel über *Masters and Slaves* in seiner Darstellung der antiken Wirtschaftsgeschichte [7.62–94] und eine Monographie [11]; postum erschien noch *Classical Slavery* [15]. Den dt. Forschungen zur Sklaverei stand F. weitgehend ablehnend gegenüber; seine Kritik richtete sich insbes. gegen das von Joseph ↗Vogt initiierte Forschungsprojekt an der Mainzer Akad. der Wiss.: Deren Publikationen seien primär gegen die marxistische Geschichtsauffassung gerichtet und sollten die Thesen des Marxismus zur Sklaverei in der ant. Gesellschaft widerlegen [11.55–64]; [17.324–329]. Auch die Betonung von Humanität und Menschlichkeit gegenüber Sklaven in Vogts Arbeiten hielt F. für verfehlt [11.93–122].

Als bahnbrechendes Werk zur ant. Wirtschaftsgeschichte kann F.s Band *Ancient Economy* gelten, hervorgegangen aus seinen *Sather Classical Lectures* an der Univ. Berkeley (1972) [7]. In den Jahrzehnten vor 1973 waren zwar zahlreiche Arbeiten zu speziellen Fragen der ant. Wirtschaft erschienen, aber kein Versuch, die grundlegenden Strukturen der griech. und röm. Wirtschaft zu beschreiben und sie präzise von Strukturen der modernen Wirtschaft zu unterscheiden. F. weist darauf hin, dass es in der Antike ein ökonomisches Denken im mod. Sinn nicht gab und dass die Kategorien der mod. Wirtschaftswissenschaft nicht geeignet sind, die ant. Verhältnisse angemessen zu beschreiben. Da für deren quantitative Analyse die statistischen Daten fehlen, seien Modelle zu entwickeln, die ihren Strukturen entsprechen. In den folgenden Abschnitten suchte F. dieses Programm für verschiedene Themenbereiche zu realisieren; so diskutierte er die Sklaverei, das Verhältnis zwischen Großgrundbesitzern und Bauern sowie zwischen Stadt und Land, aber auch den Einfluss der Politik auf die Wirtschaft. Damit gelang es ihm, ein Bild der ant. Wirtschaft zu zeichnen, das sich grundlegend von der Ökonomie der Gegenwart unterscheidet und zugleich eine enge Beziehung zwischen ant. Wirtschaft und Gesellschaft herstellt.

Wirkung

Die größte Wirkung erzielte F. sicherlich mit *Ancient Economy* [7]. Obwohl es auch Kritik an seinen Positionen gab, war die histor. Forschung nach 1973 stark von seinen Auffassungen geprägt. Die Gegenüberstellung von primitiver und modernistischer Sicht auf die ant. Wirtschaft wurde zwar relativiert, außerdem wurde eine stärkere Beachtung des Handels und der ökonomischen Entwicklung gefordert, doch dabei handelte es sich meist um eine Modifizierung der Thesen F.s, nicht um deren Widerlegung.

SV: [12.312–318].

Schriften

[1] Studies in Land and Credit in Ancient Athens 500–200 B.C. (Diss. New York 1950), 1952 (u.ö.) [2] The World of Odysseus, 1954 (²1977 u.ö.; dt. 1979 u.ö.) [3] (Hrsg.), Slavery in Classical Antiquity. Views and Controversies, 1960 (u.ö.) [4] A History of Sicily. Ancient Sicily to the Arabian Conquest, 1968 (u.ö.; dt. 1979 u.ö.) [5] Aspects of Antiquity. Discoveries and Controversies, 1968 (u.ö.) [6] Early Greece. The Bronze and Archaic Ages, 1970 (u.ö.; dt. 1982) [7] The Ancient Economy, 1973 (²1985 u.ö.; dt. 1977 u.ö.) [8] (Hrsg.), Studies in Ancient Society, 1974 (u.ö.) [9] The Use and Abuse of History, 1975 (u.ö.) [10] (Hrsg.), Studies in Roman Property, 1976 (Ndr. 2007) [11] Ancient Slavery and

Modern Ideology, 1980 (u.ö.; dt. 1981 u.ö.) [12] Economy and Society in Ancient Greece, hrsg. von B.D. Shaw und R.P. Saller, 1981 [13] Politics in the Ancient World, 1983 (u.ö.; dt. 1986 u.ö.) [14] Ancient History. Evidence and Models, 1985 (u.ö.; dt. 1987) [15] (Hrsg.), Classical Slavery, 1987.

Sekundärliteratur

[16] J. Andreau, Twenty Years after Moses Finley's The Ancient Economy, in: W. Scheidel / S. von Reden (Hrsg.), The Ancient Economy, 2002, 33–49 [17] Christ Prof. 1990, 295–337 [18] A. Momigliano, Moses Finley and Slavery. A Personal Note, in: M.I. Finley, Economy and Society in Ancient Greece, hrsg. von B.D. Shaw und R.P. Saller, 1981, 1–6 [19] A. Momigliano, Vorwort zu M.I. Finley, Problemi e metodi di storia antica, in: Momigliano AS, Bd. 3, 2000, 361–366 [20] W. Nippel, Moses I. Finley, in: L. Raphael (Hrsg.), Klassiker der Geschichtswissenschaft, Bd. 2, 2006, 63–76
[21] B.D. Shaw / R.P. Saller, Editors' Introduction, in: M.I. Finley, Economy and Society in Ancient Greece, hrsg. von B.D. Shaw und R.P. Saller, 1981, IX–XXVI
[22] R.B. Todd, Art. Finley, Moses I., in: DBC 1, 2004, 320–323 [23] M. Tschirner, Moses I. Finley. Studien zu Leben, Werk und Rezeption, 1994.

Helmuth Schneider

Fiorelli, Giuseppe

Ital. Archäologe und Numismatiker. Geb. am 18.6.1823 in Neapel, gest. am 26.1.1896 ebda. 1841 juristischer Univ.-Abschluss in Neapel; numismatische Studien. 1844 Mitarbeit am Münzkabinet des Museums von Neapel, 1847–1849 Inspektor der Ausgrabungen in Pompeji. Nach dem Scheitern der Revolution 1849/50 Inhaftierung wegen antibourbonischer Umtriebe, Entlassung aus dem Staatsdienst. 1853 Sekretär des Grafen von Syrakus, Leopoldo von Bourbon (Bruder König Ferdinands II.), und Leiter der Ausgrabungen von Cumae. Nach dem Ende der bourbonischen Herrschaft ab 1860 Prof. für Arch. an der Univ. Neapel, zugleich Inspektor und ab 1863 Direktor des Arch. Nationalmuseums ebda. sowie Leiter der Ausgrabungen in Herculaneum und Pompeji. 1865 Ernennung zum Senator des Königreichs Italien. 1875 Einrichtung und Leitung der Generaldirektion der Altertümer und Schönen Künste im Unterrichtsministerium. 1891 Rücktritt als Generaldirektor wegen fortschreitender Erblindung.

Werk und Wirkung

F. leistete gleichermaßen als Organisator – zunächst bei den Ausgrabungen in Pompeji und bei der Einrichtung des Museums von Neapel, später als Generaldirektor im Ministerium – wie auch als Gelehrter Hervorragendes. Aus seiner reichen wiss. Produkton sind hervorzuheben: die Sammlung der Grabungsjournale (vom offiziellen Beginn 1748 bis 1860) [1] und der Führer durch Pompeji [6], Museumskataloge [5] und die Veröffentlichung der Ausgrabungen von Cumae [3]. Ergebnis seiner Arbeit in Pompeji war über die Systematisierung und Modernisierung der Grabungstätigkeit hinaus die Erstellung eines vollständigen Lageplans der ant. Stadt. Im Arch. Museum von Neapel sorgte F. u.a. für eine Neuordnung der Münzsammlung. Die Einrichtung der Generaldirektion unter seiner Leitung bildete den Grundstein für die staatliche Organisation von Schutz und Verwaltung der Kulturgüter Italiens. F. erließ in dieser Funktion Vorschriften für die Durchführung von Grabungen sowie eine Meldepflicht für Zufallsfunde.

Mit der Gründung der Reihe *Notizie degli scavi* der Accad. dei Lincei 1876 schuf er ein zentrales Organ für die Publikation von arch. Grabungsergebnissen. Trotz des Fehlens einer übergreifenden nationalen gesetzlichen Regelung (für die er die vorläufigen Richtlinien zur Vereinheitlichung zusammentrug [7]) und chronischen Geldmangels gelang ihm die Einrichtung neuer Museen. Zur Ausbildung von Archäologen schuf er 1866 in Pompeji eine eigene Lehranstalt. Insbes. bei der Redaktion des *CIL* stand F. in regem Gedankenaustausch mit Theodor ↗Mommsen und dem Instituto di Corrispondenza Archeologica.

M: Appunti autobiografici, hrsg. von A. Avena, 1939.

N (Briefe): Neapel, Bibl. nazionale »Vittorio Emanuele III«; Neapel, Archiv des Museo di S. Martino; Rom, Deutsches Archäologisches Institut.

Schriften

[1] Giornale degli scavi di Pompei. Documenti originali pubblicati con note e appendici, Bd. 1, 1850 [2] Monumenti antichi posseduti da S.A.R. il Conte di Siracusa, 1853
[3] Notizia dei vasi dipinti rinvenuti a Cuma nel MDCCCLVI da Sua Altezza Reale il Conte di Siracusa, 1856
[4] Pompeianarum antiquitatum historia ex codd. mss. et a schedis diurnisque … quae in publicis aut privatis bibliothecis servantur (Hrsg.), 3 Bde., 1860–1864 [5] Catalogo del Museo nazionale di Napoli, 10 Bde., 1866–1872 [6] Descrizione di Pompei, 1875 [7] Leggi, decreti, ordinanze e provvedimenti generali emanati dai cessati Governi d'Italia per la conservazione dei Monumenti e la esportazione delle opere d'arte, 1881.

Sekundärliteratur

[8] M. Barnabei / F. Delpino (Hrsg.), Le »Memorie di un Archeologo« di Felice Barnabei, 1991 [9] S. de Caro / P.G. Guzzo (Hrsg.), A Giuseppe Fiorelli nel centenario della morte. Atti del convegno Napoli 1997, 1999 [10] G. Kannes, Art. Fiorelli, Giuseppe, in: DBI 48, 1997, 137–142.

Pier Giovanni Guzzo (Ü: K.H.)

Fol, Alexander

Bulg. Althistoriker. Geb. als Alexander Nikolaev F. am 3.7.1933 in Sofia, gest. am 1.3.2006 ebda. Studium der Alten Gesch. und Klass. Philologie; Prom. 1966; Habil. 1986 in Sofia. 1972 Dozent; 1975 Prof.; 1979–1987 Leiter des Instituts für Alte und Ma. Gesch. und Thrakologie der St. Kliment-Ochridski-Univ. Sofia; 1972–1992 Direktor des Instituts für Thrakologie der Bulg. Akad. der Wiss.; ab 1991 Prof. für Kulturgesch. Südosteuropas an der St. Kliment-Ochridski-Univ.; 2003 Honorar-Prof. der Neuen Bulg. Univ. Sofia. 1980–1986 Erziehungsminister der Volksrepublik Bulgarien.

Werk und Wirkung

Der Sohn des Theaterregisseurs Nikolaj F. schloss sein Studium mit einer Diss. über die Thraker in den Westprovinzen des Röm. Reiches ab [1]. Fortan blieb die thrakische Kultur sein wesentliches Thema [7]; [11]; [16]; [18]. Thrakiens Sprache, Kunst [10]; [13], Religion [9]; [19] und Gesellschaft [2]; [3]; [7] behandelte F. interdisziplinär; er machte Schriftquellen und arch. Denkmäler für seine Forschung fruchtbar. So entwickelte er die Thrakologie zur Querschnittswiss. aus Philologie, Alter Geschichte, Religionswiss., Prähistorie und Kunstgeschichte. Zu F.s Hauptleistungen zählt die Rekonstruktion thrakischer Mythen und Kulte aus griech. Schriftquellen in Verbindung mit arch. Denkmälern in Thrakien [5]; [9]; [11]; [12]; [19].

Als Direktor des 1972 auf seine Initiative gegründeten Thrakologischen Instituts der Bulg. Akad. der Wiss. organisierte er den ersten internationalen thrakologischen Kongress in Sofia (1972), dem weitere folgten: Bukarest (1976), Wien (1980), Rotterdam (1984), Moskau (1988), Palma de Mallorca (1992), Constanţa–Mangalia–Tulcea (1996), Sofia–Jambol (2000), Komotini (2005). F. gab mehrere Periodika heraus, so die von ihm gegründeten *Thracia* (ab 1972) und *Orpheus* (ab 1990). Zusammen mit Jan Lichardus leitete er 1983–2003 die dt.-bulg. Grabung in Drama (Bezirk Jambol).

Schriften

[1] Les Thraces dans l'Empire romain d'Occident (Ier-IIIe siècle), in: Godišnik na Sofijskija universitet Kliment Ochridski filosofsko-istoriceski fakultet 58/3, 1965, 298–309 (fortgesetzt in 61/3, 1968, 1–17; 62/3 1969, 193–274) [2] Demografska i sozialna struktura na drevna Trakija, 1970 [3] Politiceska istorija na Trakite ot kraja na II chiljadoletie do V vek predi novata era, 1972 [4] Trakija i balkanite prez rannoelinističeskata epocha, 1975 [5] Trakijski pametnici, 3 Bde. (mit I. Vendikov), 1976–1982 [6] Les Thraces en Égypte gréco-romaine (mit V. Velkov), 1977 [7] Thrace and the Thraciens (mit I. Marazov), 1977 (dt. 1978: Goldene Fährte Thrakien) [8] Istorija na balgarskite zemi v drevnostta, 1981 [9] Trakijskijat orfizam, 1986 [10] Trakijškoto sakroviste ot Rogozen (mit I. Marazov et al.), 1988 (engl. 1988: The Thracian Treasure from Rogozen; dt. 1989) [11] Politika i kultura v drevna Trakija, 1990 [12] Trakijskijat Dionis, Bd. 1: Zagrej, 1991 (dt. 1993: Der thrakische Dionysos, Bd. 1: Zagreus) [13] The Thracian Tomb near the Village of Sveshtari, 1992 [14] Slovo i dela v drevna Trakija. Učebni četiva, 1993 [15] Trakijskijat Dionis, Bd. 2: Sabazij, 1994 [16] Trakijskata kultura. Kazano i premalcano, 1995 (²2002) [17] Drevnata kultura na Jugoistocna Evropa, 1998 (²2001) [18] Ancient Thrace, 2000 [19] Trakijskijat Dionis, Bd. 3: Nazovavane i vjara, 2002.

Sekundärliteratur

[20] F. Ficker, Zur Erinnerung an den Thrakologen Alexander Fol, in: Antike Welt 38, 2007, 6 [21] K. Jordanov (Hrsg.), In Memory of Alexander Fol, 2009
[22] Ch. F. Natunewicz, In memoriam Alexander Fol, in: Classical Bulletin 82, 2006, 3–4.

Rudolf Echt

Fontius s. Della Fonte, Bartolomeo

Forcellini, Egidio

Ital. Philologe. Geb. am 26.8.1688 in Fener oder Campo (heute Teil von Alano di Piavo, Provinz Belluno), gest. am 5.4.1768 ebda. 1704 Eintritt in das Priesterseminar in Padua; 1718 Beginn der Arbeit am *Totius Latinitatis Lexicon*. 1724–1731 Prof. der Rhetorik am Priesterseminar in Ceneda bzw. Leiter desselben. 1761 Abschluss des *Totius Latinitatis Lexicon*.

Werdegang und Werk

Aus ärmlichen Verhältnissen stammend, trat F. 1704 in das Seminar zu Padua ein, wo ihn der nur wenig ältere spätere Schulleiter Jacobo Facciolati als Mitarbeiter bei seinen eigenen lexikalischen Arbeiten heranzog. Unter F.s Mitwirkung erschienen revidierte Neuausgaben des *Lexicon manuale Graeco-Latinum et Latino-Graecum* des Cornelius Schrevelius und v.a. des *Dictionarium Latinum* des Ambrosius Calepinus. Die Arbeit an letzterem Werk bestärkte F. in der Ansicht, dass es eines völlig neuen, dem Vorbild des ital. Wörterbuchs der Accademia della Crusca verpflichteten lat. Lexikons bedürfe. 1718 begann er mit der Arbeit an seinem »Lexikon der gesamten Latinität«; doch zwangen ihn kirchliche und geistliche Aufgaben immer wieder zu Unterbrechungen, sodass das Werk erst 1761 in Reinschrift vorlag. Die Drucklegung erlebte F. nicht mehr; erst 1771 erschien die Erstausgabe in vier Bänden [1].

Das *Totius Latinitatis Lexicon* will unter Berücksichtigung auch von nur fragmentarisch Überliefertem, Inschriften und Münzaufschriften alle *voces* von den archaischen Anfängen bis zum Ende der Antike erfassen. Die Prinzipien, die F. bei der Abfassung leiteten, sind in der Praefatio des ersten Bandes (XLIV–LVI) formuliert. Geboten wird in aller Regel zunächst eine altgriech. oder ital. Übersetzung des jeweiligen Eintrags, bisweilen auch beide. Anders als Calepinus verzichtet F. auf die Übersetzung in weitere moderne Sprachen, stattdessen bietet er eine lat. Paraphrase. Etymologien fanden nur dann Berücksichtigung, wenn sie F. wahrscheinlich erschienen. Der ursprüngliche Wortsinn ist immer zuerst verzeichnet, dann folgen übertragene Wortbedeutungen in Prosa und Dichtung; die postulierten Bedeutungen werden jeweils mit einer Autorenautorität belegt. Der aktiven Beherrschung des Lateinischen dienen weitere Bemerkungen, etwa zum Formenbestand einer *vox*, zu ihrer Position in Prosa und Vers, v. a. aber zum Vorkommen: So werden archaische und obsolete Wörter von gebräuchlichen unterschieden. Geordnet ist das jeweilige Belegmaterial nach F.s Periodisierung der lat. Literatur, den *aetates.* Belege aus der goldenen und silbernen Latinität dominieren. Der Rekurs auf archaische Belegstellen soll das Alter eines Worts belegen; auf die spätere Latinität greift F. nur zurück, wenn ihm frühere Belege fehlen. Über die genutzten Editionen gibt ein *Index auctorum et operum* Auskunft. Fragen der Orthographie erfahren unter Berücksichtigung epigraphischer und numismatischer Befunde Klärung. Varianten werden erwähnt, die wahrscheinlichere an die erste Stelle gesetzt, die Begründung am Ende des jeweiligen Eintrags gegeben. Auch die Prosodie ist berücksichtigt; Länge oder Kürze der Paenultima ist jeweils verzeichnet.

Wirkung

Der Erfolg und die Bedeutung von F.s Lexikon zeigen sich an den zahlreichen mit Appendices bzw. Supplementen versehenen Nach- und Neudrucken. Bereits die zweite Auflage (1805) enthielt Supplemente; die Neuausgabe (1827–1831) bot rund 5000 neue Wörter und doppelt so viele Korrekturen. Unter den nichtital. Ausgaben sind v. a. der Londoner Nachdruck (1826/27) und die bei Carl Schumann in Schneeberg verlegte dt. Fassung (1828–1835) zu nennen. Der Rang des Werks erhellt nicht zuletzt daraus, dass die Herausgeber des heute maßgeblichen *Thesaurus Linguae Latinae* unter ihren Vorgängern allein die Lexika von F. und Johann Matthias ↗Gesner namentlich anführen [3. III].

Schriften

[1] Totius Latinitatis Lexicon (4 Bde.) (mit Jacobo Facciolati), 1771 (u. ö.).

Sekundärliteratur

[2] Art. Forcellini, Aegydius, in: C. von Wurzbach (Hrsg.), Biographisches Lexikon des Kaiserthums Oesterreich, enthaltend die Lebensskizzen der denkwürdigen Personen, welche 1750 bis 1850 im Kaiserstaate und in seinen Kronländern gelebt haben, 3. Teil, 1858, 287 ff. [3] Thesaurus linguae Latinae. Editus auctoritate et consilio academiarum quinque Germanicarum, Bd. 1, 1900 [4] G. Bianco, Art. Forcellini, Egidio, in: DBI 48, 1997, 787–791 [5] Sandys Hist., Bd. 2, 1908, 374–377.

Marcus Beck

Foucault, Michel

Franz. Historiker, Soziologe und Philosoph. Geb. am 15. 10. 1926 in Poitiers, gest. am 25. 6. 1984 in Paris. Ab 1946 Studium der Philosophie und Psychologie an der École normale supérieure (ENS) in Paris; 1949 Licence in Psychologie an der Sorbonne. 1950–1953 Mitglied der Kommunistischen Partei Frankreichs. 1951 Repetitor an der ENS und an der Univ. Lille; 1955–1960 Leiter von franz. Kulturinstitutionen in Uppsala, Warschau und Hamburg. Ab 1960 Prof. für Psychologie in Clermont-Ferrand; ab 1966 Prof. für Philosophie in Tunis; 1969 Prof. für Philosophie in Paris-Vincennes; 1970 Berufung zum Prof. am Collège de France in Paris.

Werdegang und Werk

F. wollte sein der Selbsterfahrung und Selbstkonstitution dienendes Schreiben keinem systematischen Anspruch unterstellen. Dennoch verwies er im Vorwort zu den beiden letzten Bänden seines Spätwerks *Sexualität und Wahrheit* [5]; [6] auf systematisierende Faktoren seines Denkens. Die mit seinem Namen untrennbar verbundenen Begriffe »Wissen« (*savoir*), »Macht« (*pouvoir*) und »Selbstverhältnisse« (*rapports a soi*) bezeichnete er selbst als die drei »Achsen« seines Denkens, mit denen er dieselben Gegenstände aus immer wieder neuen Perspektiven untersuchte. Gleichzeitig ist in seinen Schriften seit den späten 1970er Jahren eine grundlegende Veränderung zu beobachten. In *Wahnsinn und Gesellschaft* [1] sowie in *Überwachen und Strafen* [3] richtete sich sein Interesse v. a. noch auf die Frage nach den Macht- und Diskursstrukturen, die das Individuum konstruieren; seine Studien zur Entstehung des Wahnsinns unter den formalen Bedingungen der Psychiatrie waren hier richtungsweisend. Später entdeckte F. insbes. in den letzten beiden Bänden von *Sexualität und Wahrheit* [5]; [6] sowie in den erst postum 2001 publizierten Vorlesungen zur *Hermeneutik des Subjekts* [7] eine mögliche »Transformation des Selbst«. Bei ant. Autoren, v. a. in Platons *Alkibiades* und bei Seneca, fand F. das Konzept der »Lebenskunst« (*téchnē tu bíu*) bzw. »Technologien des Selbst«.

Ein äußerer Auslöser für die Entdeckung des Subjekts war die islam. Revolution 1978. F. reiste nach Teheran und Qom. Er war beeindruckt von der schiitischen Religion, der es gelang, sich von überkommenen Herrschaftsstrukturen zu emanzipieren. Sein Konzept der »Selbstsorge« (*souci de soi*) war somit mehr als nur eine Sache der Moral: Es bildete den archimedischen Punkt, von dem aus sich die Macht des polit. Widerstandes begründen ließ. Zentral für dieses Machtkonzept war der in den späten 1970er Jahren entwickelte Begriff der Gouvernementalität, der die Regierungskunst bzw. die Regierungspraxis meint. An die Stelle der Reglementierung der Bevölkerung setzte F. die Regulierung von Interessen.

Macht verstand F. – entgegen Frankreichs bürgerlich-republikanischem Selbstverständnis und marxistischen Vorstellungen – nicht mehr als von »oben« ausgeübt, sondern als omnipräsentes Phänomen. Macht – weder an ein Objekt noch an ein Subjekt gebunden – hatte für ihn einen strikt relationalen Charakter. Die aus diesen Relationen entstehenden Machtgefüge und Figurationen einer Gesellschaft bezeichnete F. als Dispositiv. Der für ihn zentrale Begriff des Diskurses steht für jene Praktiken, die die jeweiligen Machtverhältnisse einer Gesellschaft begründen und aufrecht erhalten. Entgegen einem verbreiteten Missverständnis sind Diskurse keine rein sprachlichen Phänomene und nicht identisch mit dem Erkenntnisobjekt des *linguistic turn* oder dem des Strukturalismus (Saussure, Lévi-Strauss). Zum Gegenstandsbereich von Diskursen gehören immer auch die gesellschaftlichen Machtprozesse, die die Grenzen des in einer bestimmten histor. Situation Sagbaren definieren. Mit dem Diskurskonzept, das weder hegelianisch-bewusstseinsphilos. noch rein soziologisch argumentiert, wird die Inkompatibilität von Sprache und Sein endgültig aufgehoben.

Wirkung

Kaum eine Wissenschaft blieb vom Werk F.s gänzlich unbeeinflusst. Seine Vorlesungen wurden schon früh zum Anziehungspunkt für Gelehrte wie Paul Veyne, Jacques Derrida und Gérard Genette. So selbstverständlich F.s Werk mittlerweile in den verschiedenen Wiss. rezipiert wird, so vehement war die Ablehnung, die ihm mit der Veröffentlichung der *Archäologie des Wissens* [2] 1969 sowohl im dt.- als auch im engl.-sprachigen Raum entgegenschlug. Nicht nur seine scharfe Kritik am Positivismus wurde zunächst als Provokation empfunden. Auf Ablehnung stieß F. nicht nur bei der philol. ausgerichteten Geschichtswiss., sondern auch bei der histor. Sozialforschung, die keine Möglichkeit sah, ihre in den 1960er Jahren erstrittenen methodischen und theoretischen Standards mit der Diskursanalyse zu vereinbaren [20. 45]. Die seit den 1990er Jahren zu beobachtende Bereitschaft, sich konstruktiv mit F.s Schriften auseinanderzusetzen, verdankt sich der zunehmenden Akzeptanz von kulturwiss. Ansätzen in den Geisteswiss. Wie der Althistoriker Paul Veyne vielfach gezeigt hat, ließ sich manche Kritik als Vorurteil entlarven [19]. Als ein Missverständnis erwies sich z.B. der Topos vom »Tod des Menschen«. Nicht die Beseitigung des Menschen war intendiert, sondern ein Perspektivwechsel, der den Blick vom Subjekt auf die das Subjekt konstituierenden Diskurse und Praktiken lenkt.

F.s Frage nach dem Subjekt begründete zugleich sein Interesse an der Antike. Anhand der »Technologien des Selbst«, die er in der griech.-röm. Antike entdeckte, erkannte er, dass sich das Subjekt durch konkrete Praktiken selbst konstituieren kann und nicht nur den Bedingungen der gesellschaftlichen Diskurse unterliegt. Kritisiert wurde diese Konzeption u.a. von dem Althistoriker Pierre Hadot [11], an den F. unmittelbar anknüpfte. Der Vorwurf, F. betrachte die Selbstpraktiken abgelöst von äußeren Strukturen und leiste somit einem genieästhetischen Glauben an die Möglichkeit der Selbsterschaffung des Menschen Vorschub, wurde durch neuere Forschungen entkräftet, die die Interdependenzen von Macht- und Selbsttechniken im Werk F.s herausstellen (u.a. [11]; [13. 163 f., 288]).

Die alt.wiss. Forschung hat inzwischen zahlreiche Anknüpfungspunkte an F. gefunden. Insbes. die »Technologien des Selbst« sowie die von F. herausgestellte Verbindung von Wissen und Macht sind Konzepte, die nicht nur im Bereich der *Gender Studies* [14]; [17], sondern auch innerhalb der Studien zur Zweiten Sophistik und zur Fremdheitsforschung vielfach Anwendung gefunden haben [18]; [12]. Insofern es in der Antike eine klare Ausdifferenzierung von Staat und Gesellschaft nicht gab, dürfte schließlich auch der Gouvernementalitätsbegriff, der die aus der Interaktion von Herrschern und Beherrschten resultierenden Regierungstechniken beschreibt, der Altertumswissenschaft weitere Anschlussmöglichkeiten bieten.

Schriften

[1] Folie et déraison. Histoire de la folie à l'âge classique (Diss. Paris), 1961 (dt. 1969) [2] Les mots et les choses. Une archéologie des sciences humaines, 1966 (dt. Die Ordnung der Dinge. Eine Archäologie der Humanwissenschaften, 1971) [3] Surveiller et punir. La naissance de la prison, 1975 (dt. 1976) [4] Histoire de la sexualité, Bd. 1: La volonté de savoir, 1976 (dt. 1977) [5] Historie de la sexualité, Bd. 2: L'usage des plaisirs, 1984 (dt. 1986) [6] Historie de la sexualité, Bd. 3: Le souci de soi, 1984 (dt. 1986) [7] L'herméneutique du sujet, 2001 (Vorlesungen 1981–1982; dt. 2004).

Sekundärliteratur

[8] W. Detel, Macht, Moral, Wissen. Foucault und die klass. Antike, 1998 [9] J. Goldstein, Foucault and the

Writing of History, 1994 [10] P. Hadot, Philosophie als Lebensform. Geistige Übungen in der Antike, 1991 (franz. 1981) [11] P. Hadot, Überlegungen zum Begriff der »Selbstkultur«, in: F. Ewald / B. Waldenfels (Hrsg.), Spiele der Wahrheit. Michel Foucaults Denken, 1991, 219–228 [12] F. Hartog, Le miroir d'Hérodote. Essai sur la représentation de l'autre, 1980 (³2001) [13] C. Kammler et al. (Hrsg.), Foucault-Hdb. Leben, Werk, Wirkung, 2008 [14] D.H.J. Larmour et al. (Hrsg.), Rethinking Sexuality. Foucault and Classical Antiquity, 1998 [15] M. Ruoff, Foucault-Lex. Entwicklung, Kernbegriffe, Zusammenhänge, 2007 [16] Ph. Sarasin, Michel Foucault. Zur Einführung, 2005 [17] T.S. Scheer, Griech. Geschlechtergeschichte, 2011 [18] Th. Schmitz, Bildung und Macht. Zur sozialen und polit. Funktion der zweiten Sophistik in der griech. Welt der Kaiserzeit, 1997 [19] P. Veyne, Foucault. Der Philosoph als Samurai, 2009 (franz. 2008) [20] H.-U. Wehler, Die Herausforderung der Kulturgeschichte, 1998.

Claudia Horst

Foy-Vaillant, Jean

Franz. Antiquar und Numismatiker. Geb. am 24.5. 1632 in Beauvais als Jean Foy, gest. am 23.10.1706 in Paris. Philosophiestudium am Collège de Beauvais; Anwalt in Paris, dann Generalsteuerprokurator in Beauvais; 1655 mediz. Prom. Ab 1675 Reisen zum Münzankauf und zu Forschungszwecken nach Südeuropa, Ägypten und Asien. Ab 1684 Kurator der königlichen Münzsammlung in Paris.

Werdegang

Nach dem Tod des Vaters (1635) wurde F.-V. vom Großonkel Nicolas Vaillant erzogen. Er beendete sein Philosophiestudium am Collège de Beauvais im Alter von 14 Jahren; als 17-Jähriger wurde er Anwalt am Parlament in Paris und kurz darauf Generalsteuerprokurator in Beauvais. Mit 23 Jahren wurde er in Medizin promoviert. Aus der Ehe mit Antoinette Adrian (seit 1654) stammten fünf Kinder. Nach Antoinettes Tod heiratete er 1664 mit päpstlichem Dispens seine Schwägerin Louise Adrian.

Ein Münzfund in der Nähe von Beauvais weckte seine Leidenschaft für die Numismatik. Der Pariser Sammler Pierre Seguin förderte F.-V. und machte ihn u.a. mit dem Marquis de Colbert bekannt, der ihn nach Italien, Sizilien und Griechenland entsandte, um die Sammlung von Jean-Baptiste Gaston, Herzog von Orléans zu komplettieren, die dieser dem franz. König geschenkt hatte. Auf dem Weg nach Rom geriet F.-V. am 14.3.1675 für viereinhalb Monate in Gefangenschaft des Bey von Algier. Nach der Freilassung wurde er von Korsaren bedroht, blieb aber unbehelligt. Die sicherheitshalber verschluckten ant. Goldmünzen erreichten Frankreich unbeschadet. Es folgten weitere Reisen nach Ägypten, Persien und nach Kleinasien, wo F.-V. seltene Münzen erwerben konnte, sowie Forschungsreisen nach Italien (zwölf Mal), England und Holland (je zwei Mal). 1684 mit der Ordnung der königlichen Sammlung in Paris betraut, wurde er im Juli 1701 in die *Acad. des inscriptions et belles-lettres* aufgenommen; ab 1702 war er deren *pensionnaire*. F.-V. wurde 1706 in Saint Benoît in Paris bestattet.

Werk und Wirkung

F.-V. legte eine Reihe zuverlässiger Münzkataloge vor. Der Katalog der röm.-republikanischen Münzen [11] besticht v.a. durch die 102 hervorragenden Tafeln. Die Kataloge zur kaiserzeitlichen Münzprägung beginnen in der Regel mit Caesar und enden mit Gallienus, Saloninus II. oder Postumus [1]; [4]; [8]. Die spätere Zeit fand – trotz Ankündigung eines dritten Bandes, der bis Heraclius reichen sollte – allein im Katalog der Medaillons [7] Berücksichtigung. Die *Numismata imperatorum* [8] enthalten Abschnitte zu Privilegien einzelner Städte (u.a. *urbes metropoleis, urbes sacrae, urbes liberae, urbes neocorae*), Göttern und Heroen, Stadtgründern, Amtsträgern, Festen etc. Durch die Auswertung des lit., epigraphischen und numismatischen Materials bietet die *Seleucidarum historia* [2] eine histor. Rekonstruktion ganz neuen Typs. Das gilt auch für die *Historia Ptolemaeorum* [9] und die postum erschienenen Bände zu den Arsakiden und Achaimeniden [12]. Allerdings finden sich mehrfach auch falsche Münzzuweisungen und die Überlegungen sind häufig spekulativ. Vier ebenfalls postum veröffentlichte Vorträge vor der *Académie* thematisieren das Geburtsdatum Jesu, Neokorien, eine Münze der Zenobia und Vabalathus.

Die Publikationen zur röm. Numismatik wurden bis zum Ende des 18.Jh.s immer wieder nachgedruckt, u.a. von Johann Joseph Hilarius ↗Eckhel hoch gelobt und blieben bis zum Erscheinen von Henry ↗Cohens Katalogen im Jahr 1857 bzw. 1880 die maßgeblichen Zitierwerke.

Schriften

[1] Numismata imperatorum Romanorum praestantiora a Julio Caesare ad Posthumum et tyrannos, Paris 1674 [2] Seleucidarum imperium sive historia regum Syriae, Paris 1681 [3] Selecta numismata antiqua ex museo Petri Seguini, Paris 1684 [4] Numismata aerea Imperatorum Augustorum et Caesarum in coloniis, municipiis et urbibus iure Latio donatis ex omni modulo percussa, Paris 1688 [5] Ad totius Europae antiquarios, Paris 1689 [6] (Hrsg.), Johannes Harduinis … Antirrheticus de nummis antiquis coloniarum et municipiorum, Paris 1689 [7] Selectiora numismata in aere maximi moduli e museo illustrissimi D.D. Francisci de Camps … concisis interpretationibus illustrata, Paris 1694 [8] Numismata Imperatorum Augustorum et Caesarum a populis Romanae ditionis Graece loquentibus ex omni modulo percussa, Paris 1698 [9] Historia Ptolemaeorum Aegypti regum, Amsterdam 1701 [10] Discours sur une medaille de l'Empereur Trajan, in: Mémoires pour l'histoire

des sciences et des beaux arts, 1702, 11–28 (Février)
[11] Nummi antiqui familiarum Romanarum perpetuis interpretationibus illustrati, Amsterdam 1703
[12] Arsacidarum imperium sive regum Parthorum historia (Bd. 1) und Achaemenidarum imperium sive regum Ponti, Bosphori et Bithyniae historia (Bd. 2), hrsg. von Ch. de Valois, Paris 1728 (postum).

Sekundärliteratur

[13] Ch. Braine, Les hommes illustres du département de l'Oise, 1858 [14] Ch. Dekesel, Jean Foy-Vaillant (1632–1706). The Antiquary of the King, in: P. Berghaus (Hrsg.), Numismatische Literatur 1500–1864. Die Entwicklung der Methoden einer Wissenschaft, 1995, 47–55
[15] M. Dupont-White, Notice sur Foy-Vaillant, célèbre antiquaire, né à Beauvais, in: Bulletin de la Société des antiquaires de Picardie 1, 1841–1843, 361–370.

Peter Franz Mittag

Fraenkel, Eduard

Dt.-brit. Klass. Philologe. Geb. am 17.3.1888 in Berlin, gest. am 5.2.1970 in Oxford. Schulbesuch in Berlin; Studium in Berlin und Göttingen; 1912 Prom. in Göttingen. 1913–1915 Mitarbeit am Thesaurus Linguae Latinae in München; 1917 Habil. in Berlin. 1920 ao.Prof. ebda; 1923 o.Prof. für Klass. Phil. in Kiel; 1928 o.Prof. in Göttingen; 1931 o.Prof. in Freiburg; 1934 Emigration nach England; 1935 o.Prof. in Oxford, Christ College.

Werdegang, Werk und Wirkung

F. stammte aus einer jüd. Kaufmannsfamilie. Sein Onkel war der bekannte Mediävist und Paläograph Ludwig ↗Traube. Seine Mutter Edith nahm F. schon als Schüler zu den offenen Vorlesungen von Ulrich von ↗Wilamowitz-Moellendorff mit. F. besuchte das Askanische Gymnasium in Berlin und »erhielt dort eine intensive Ausbildung in den alten Sprachen, der antiken Geschichte, griech. Kunst und Mythologie, weil zu der Zeit einige herausragende Wissenschaftler wie Adolf Busse, der Herausgeber antiker Aristoteleskommentare, aber auch Otto Gruppe, Spezialist für griech. Mythologie und Religionsgeschichte, dort unterrichteten« [14.106f.]. Nach dem Abitur begann F. 1906 an der Univ. Berlin Jura zu studieren, weil er für sich als praktizierenden Juden (in seiner Vita schrieb er *fidem profiteor mosaicam* [12]) keine Chance einer Univ.-Laufbahn in Klass. Philologie sah; Gymnasiallehrer wollte er nicht werden.

Während des Studiums hörte er die Univ.-Vorlesungen von Wilamowitz. 1907 wechselte er trotz anfänglicher Bedenken die Studienrichtung: Er studierte Alt.wiss. u.a. bei Hermann ↗Diels, Eduard ↗Norden, Wilamowitz und Wilhelm Schulze, dem er später sein großes Werk über die lat. Akzentuierung widmete [2]. 1909 ging F. nach Göttingen, wo er bei Max ↗Pohlenz, Jacob ↗Wackernagel und v.a. bei Friedrich ↗Leo studierte. Seine Diss. über die Entwicklungsgeschichte der röm. Komödie widmete er F. Leo, dessen »Kleine Schriften« er Jahrzehnte später herausgeben sollte. Nach der Prom. und einem Italienaufenthalt arbeitete F. zwei Jahre als Assistent am *Thesaurus Linguae Latinae* in München. Aus dieser Zeit stammt u.a. der Artikel *Fides*, exemplarisch durch seine klare Disposition und die begrifflich wie histor. umfassende Darstellung des Materials.

1922 erschien eines von F.s wichtigsten Büchern, das zu Plautus [1], das ihn bekannt gemacht hat. In der Tradition von Leo geschrieben, modifizierte es allerdings dessen Thesen, indem F. zeigen konnte, worin die von der griech. Komödie unabhängige Originalität der Komödien des Plautus lag. Später traten Arbeiten zu Aischylos [3] und Aristophanes [5] ebenso hinzu wie zur röm. Literatur des ersten vor- und nachchristl. Jh.s, speziell zu Horaz [4], Cicero und Cato [7]. F. entwickelte sich seit den 1920er Jahren zu einem der führenden Latinisten [6]; zu seinen akad. Schülern zählten in Deutschland u.a. Ulrich Knoche, Otto Skutsch, Heinz Haffter und Wolf-Hartmut Friedrich. Während seiner Tätigkeit als Direktor des Philol. Seminars in Göttingen realisierte er auch interdisziplinäre Projekte: Mit Wolfgang ↗Kunkel, dem 1929 nach Göttingen berufenen Ordinarius für Röm. und Bürgerliches Recht, veranstaltete er Seminare für Philologen und Juristen.

Wegen seiner jüd. Herkunft wurde F. 1933 zwangsweise von seiner Lehrverpflichtung beurlaubt. »Bis 1934 blieb er in Freiburg, völlig isoliert von seinen Studenten wie von seinen Kollegen, die den Kontakt mit ihm abbrachen, z.B. Wolfgang Schadewaldt« [14.111]. 1934 emigrierte er nach Großbritannien und ging auf Einladung Gilbert ↗Murrays nach Oxford, wo er 1935 eine o.Professur am Corpus Christus College antrat. Dort prägte er Generationen von engl. Philologen. Nach seiner Emeritierung 1953 setzte F. seine Lehrtätigkeit in Oxford, aber auch als Gastprof. in Deutschland, der Schweiz und Italien fort.

SV: JRS 66, 1977, 200–206.

N: Oxford, Corpus Christi College und Bodleian Library.

A: [15. Taf. XXVI].

Schriften

[1] Plautinisches im Plautus, 1922 (Ndr. 2000) [2] Iktus und Akzent im lat. Sprechvers, 1928 [3] Aischylos, Agamemnon. With a Commentary, 3 Bde. (Edition), 1950 [4] Horace, 1957 (dt. 1963) [5] Beobachtungen zu Aristophanes, 1962 [6] Kleine Beiträge zur Klassischen Philologie, 2 Bde., 1964 [7] Leseproben aus Ciceros Reden und Cato (Übers.), 1968.

Sekundärliteratur

[8] M. Bowra, Application to the Electors to the Corpus Christi Professorship of Latin from Eduard Fraenkel, 1934 [9] W.M. Calder III, Seventeen Letters of Ulrich von Wilamowitz-Moellendorff to Eduard Fraenkel (mit Text), in: Harvard Studies in Classical Philology 81, 1977, 275–297 [10] M. Deufert, Art. Fraenkel, Eduard, in: DBC 1, 2004, 334–337 [11] P. Dräger, Zwölf Briefe (1907–1921) Eduard Fraenkels an Ulrich von Wilamowitz-Moellendorff (mit Transskription und Komm.), in: Göttinger Forum für Altertumswissenschaft 10, 2007, 107–145 (mit Lit.) [12] U. Maas, Verfolgung und Auswanderung deutschsprachiger Sprachforscher, 2010, 202–203 [13] J. Malitz, Die Klass. Philologie, in: E. Wirbelauer (Hrsg.), Die Freiburger Philosophische Fakultät 1920–1960, 2006, 305–316 [14] C. Wegeler, »...wir sagen ab der internationalen Gelehrtenrepublik«. Altertumswissenschaft und Nationalsozialismus. Das Göttinger Institut für Altertumskunde 1921–1962, 1996, 106–112 [15] G. Williams, Eduard Fraenkel, 1888–1970, in: Proc. of the British Acad. 56, 1972, 415–442.

Hans-Ulrich Berner/Mayya Pait

Frank, Tenney

Amerikan. Klass. Philologe und Althistoriker. Geb. am 19.5.1876 auf einer Farm nahe Clay Center, Kansas (USA), gest. am 3.4.1939 in Oxford. Studium der Klass. Philologie an der Univ. of Kansas in Lawrence; 1898 Bachelor of Arts; 1899 Master of Arts; danach Studium an der Univ. Chicago. 1901–1904 Instructor in Latin ebda.; Prom. 1903. 1904–1909 Associate in Latin; 1909–1912 Associate Prof. und 1912–1919 Prof. of Latin am Bryn Mawr College; 1919–1939 Prof. of Latin an der Johns Hopkins Univ. in Baltimore; 1916/17 Annual Prof., 1922/23 und 1924/25 Prof. in Charge an der American School of Classical Studies in Rom; diverse Gastprofessuren.

Wissenschaftlicher Werdegang

Mit seinen aus Schweden stammenden Eltern zog F. 1890 nach Kansas City, Missouri. Er studierte Klass. Philologie bei Arthur T. Walker an der Univ. of Kansas und bei William G. Hale an der Univ. in Chicago, wo er 1903 promoviert wurde. Zunächst als Associate Prof., ab 1912 als Prof. lehrte er Latein am Bryn Mawr College. Während einer Europareise 1910/11 besuchte er Vorlesungen zur Alten Geschichte an den Univ. Göttingen und Berlin, wo er u.a. Eduard ↗Meyer hörte. Seine Aufenthalte in Rom als Prof. an der American School of Classical Studies zwischen 1916 und 1925 nutzte F., der im Nebenfach Geologie studiert hatte, zu geologischen Untersuchungen von röm. Baumaterialien. 1919 berief ihn die Johns Hopkins Univ. zum Prof. of Latin. Gast- und Stiftungsprofessuren führten F. 1929 zurück ans Bryn Mawr College, 1929/30 an die Univ. of California in Berkeley und 1932 an die British Acad. in London. Als erstem amerikan. Philologen übertrug ihm die *George Eastman-Foundation* eine Gastprofessur an der Univ. Oxford, die er 1938 antrat.

Werk und Wirkung

Hatte sich F. zunächst auf philol. Studien konzentriert und seiner Diss. über die Syntax im Frühlatein [1] mehrere Artikel zur lat. und nordischen Sprachlehre folgen lassen, so dehnte er ab etwa 1909 seine Forschungen auf polit., soziale und wirtschaftliche Aspekte der Geschichte Roms aus; zudem befasste er sich mit röm. Dichtkunst und Bauwesen. 1914 erregte F.s Buch über den röm. Imperialismus Aufsehen, in dem er die Eroberungspolitik Roms als defensiv, d.h. als Reaktion auf äußere Aggression darstellte [2]. Mit seiner röm. Geschichte [5] schuf er 1923 ein Standardwerk. F.s Baustoffanalysen [6] ermöglichten neue Datierungen von Gebäuden aus der Zeit der Röm. Republik. Nach Biographien zu Vergil [4] sowie Catull und Horaz [7] erschien 1930 eine Untersuchung des sozialen und kulturellen Umfelds der röm. Schriftsteller [8]. In seiner röm. Wirtschaftsgeschichte [3] behandelte F. die Zeit bis zum Ende der Republik. Auf die Veröffentlichung von Michael ↗Rostovtzeffs *Social and Economic History of the Roman Empire* (1926) reagierte er mit der Erweiterung der Zweitauflage seines Buches (1927) um Kapitel zur Kaiserzeit und mit der Konzipierung des fünfbändigen *Economic Survey of Ancient Rome* mit zwei von ihm selbst verfassten Bänden [9].

F. zählt zu den führenden nordamerikan. Historikern der ersten Hälfte des 20. Jh.s, insbes. auf dem Gebiet der röm. Sozial- und Wirtschaftsgeschichte. Sein *Economic Survey*, das erste von den USA ausgehende internationale Gemeinschaftswerk der ant. Geschichtswiss., galt in seiner Zusammenstellung und Auswertung einer Fülle von lit., epigraphischen, numismatischen, papyrologischen und arch. Zeugnissen aus allen Teilen des Röm. Reiches als wegweisend. Mittlerweile sind einzelne Teile wie die Chronologie der Münzprägung durch neue Forschungsergebnisse (Einführung des Denars wohl 211 v. Chr.) überholt. Umstritten blieben F.s Äußerungen zur Expansionspolitik Roms. Zu seinen bedeutendsten Schülern gehören John Day, Lily Ross ↗Taylor und Thomas R.Sh. ↗Broughton.

SV: E.H. Clift, in: American Journal of Philology 60, 1939, 280–287.

Schriften

[1] Attraction of Mood in Early Latin, 1904 (Ndr. 2009) [2] Roman Imperialism, 1914 (Ndr. 1925, 1972, 2009) [3] An Economic History of Rome to the End of the Republic, 1920 (2. Aufl. 1927, Ndr. 1962, 2005; ital. 1924) [4] Vergil. A

Biography, 1922 (Ndr. 1965, 2009; ital. 1930) [5] A History of Rome, 1923 (Ndr. 1951, 1966; ital. 1932, Ndr. 1974) [6] Roman Buildings of the Republic. An Attempt to Date Them from Their Materials, 1924 [7] Catullus and Horace. Two Poets in Their Environment, 1928 [8] Life and Literature in the Roman Republic, 1930 (Ndr. 1956, 1965, 1971; span. 1961, 2. Aufl. 1971) [9] (Hrsg.), An Economic Survey of Ancient Rome, 5 Bde., 1933–1940 (zugleich Autor der Bde. 1 und 5).

Sekundärliteratur

[10] H.W. Benario, Art. Frank, Tenney, in: W.W. Briggs (Hrsg.), Biographical Dictionary of North American Classicists, 1994, 196–197 [11] Th. R. Sh. Broughton, Art. Tenney Frank, in: Briggs/Calder 68–76 [12] N.W. DeWitt, Tenney Frank, in: American Journal of Philology 60, 1939, 273–280 [13] E. Ch. Kopff, History and Science in Tenney Frank's Scholarship, in: The Occidental Quarterly 5/4, 2005, 69–81 [14] J. Linderski, Art. Frank, Tenney, in: American National Biography 8, 1999, 367–368 [15] R. Saller, American Classical Historiography, in: A. Molho / G.S. Wood (Hrsg.), Imagined Histories. American Historians Interpret the Past, 1998, 223–225.

Matthias Barth

Fränkel, Hermann

Dt.-amerikan. Klass. Philologe. Geb. am 7.5.1888 in Berlin, gest. am 8.4.1977 in Santa Cruz (Kalifornien). Schulbesuch in Berlin; Studium in Berlin, Bonn und Göttingen; 1915 Prom., 1920 Habil. ebda. 1925 ao.Prof. in Göttingen. 1935 Emigration in die USA und Prof. in Stanford; 1953 Emeritierung; 1957 Honoroarprof. in Freiburg.

Werdegang, Werk und Wirkung

F. wurde in eine jüd. Berliner Gelehrtenfamilie geboren. Sein Vater, Max Fränkel, Archäologe und Klass. Philologe, war Bibliothekar der Königlichen Museen in Berlin; er beteiligte sich an der Herausgabe des *Corpus Inscriptionum Graecarum* und war mit Ulrich von ↗Wilamowitz-Moellendorff befreundet. F.s Mutter Johanna war die Tochter des Orientalisten Ferdinand Benary. F. besuchte das Joachimsthalsche Gymnasium in Berlin und begann ein Studium der Klass. Philologie bei Hermann ↗Diels und Ulrich von ↗Wilamowitz-Moellendorff, welches er nach Bonner Zwischensemestern in Göttingen bei Friedrich ↗Leo, Max ↗Pohlenz, Jakob ↗Wackernagel und Paul Wendland abschloss. 1909 lernte F. in den Seminaren ↗Leos seinen späteren Freund und Kollegen Eduard ↗Fraenkel kennen (dessen Schwester Lili er 1915 heiratete). Wegen einer Lungenkrankheit musste er sein Studium mehrmals unterbrechen und wurde erst 1915 mit einer von Wilamowitz-Moellendorff angeregten Diss. promoviert, einer kommentierten Ausgabe des hell. Dichters Simias von Rhodos (3. Jh. v. Chr.) [1]. Trotz seiner schwachen Gesundheit meldete sich F. freiwillig beim Heer und nahm als Kavallerist am Feldzug gegen Russland teil.

Nach dem Krieg habilitierte sich F. 1920 in Göttingen mit einer Schrift über die Gleichnisse bei Homer [3]. Hierin systematisierte er diese nach Begriffen und erforschte ihren Sinn und ihre Funktion als Textelemente, die er eher als dekorativ einschätzte. 1923 erhielt F. eine Assistentur am Institut für Altertumskunde in Göttingen, 1925 eine ao.Professur, behielt aber auch die Assistentenstelle. 1924 erschien seine Studie zum Begriffs des Stils und seiner Funktion in der frühgriech. Literatur [4], worin er auch »seine Wandlung zu dem strukturierten Bau einer Argumentation in der frühen griech. Prosa« untersuchte [15.101 f.]. 1930–1933 führte F. Berufsverhandlungen mit drei dt. Univ.: Hamburg, Magdeburg und Rostock. Die Berufungen scheiterten aus mehr oder weniger offen dargelegten rassistischen Gründen. Als Kriegsteilnehmer traf auf ihn die Ausnahmeregelung des 1933 in Kraft getretenen »Gesetzes zur Wiederherstellung des Beamtentums« nicht zu, nach dem jüd. Beamte aus dem Dienst entfernt werden mussten. Allerdings wurde 1935 die Verlängerung seines Vetrages, die die Institutsleitung zu erwirken versuchte, abgelehnt.

1935 emigrierte F. in die USA, wo er bis 1937 mit Unterstützung der Rockefeller Foundation an der Stanford Univ. lehren und forschen konnte. Ab 1937 war er o.Prof. in Stanford. Nach der Emeritierung (1953) nahm er verschiedene Gastprofessuren wahr, u.a. 1955–1957 an der Univ. Freiburg. 1957 wurde F. nach mehreren Antragstellungen als Emeritus der Univ. Göttingen anerkannt.

Mehrere Jahrzehnte lang beschäftigte sich F. mit der Argonauten-Dichtung des Apollonios von Rhodos, zu deren handschriftlicher Überlieferung er schon in seiner Göttinger Zeit gearbeitet hatte, deren abschließende Ausgabe er aber erst in Oxford publizierte [8]. Sein wiss. Interesse galt nicht allein der Klass. Philologie: 1921 publizierte er seine Studie zum Endreim [2]. In dieser auf der Basis umfassender Kenntnisse der ahdt. Dichtung geschriebenen Arbeit sind u.a. die nationalen Töne bemerkenswert: F. sucht in der ahdt. Dichtung das »deutsche Wesen« und bezeichnet »deren Untergang am Ende des frühen Mittelalters … geradezu als nationales Unglück« [2.62, 64]; [13.207]. 1931 begann F. sein umfangreichstes Werk, eine Geschichte der griech. Literatur von Homer bis Pindar, das erst 1951 in den USA als Band 13 der *Philological Monographs* in dt. Sprache, in der F. es in Göttingen entworfen hatte, veröffentlicht wurde [7]. In seinem Spätwerk [10] legte F. einen eigenen systematischen Entwurf der Grammatiktheorie vor.

Schriften

[1] De Simia Rhodio (Diss. Göttingen), 1915 [2] Aus der Frühgeschichte des deutschen Endreims, in: Zs. für deutsches Altertum und deutsche Literatur 58, 1921, 41–64 [3] Die homerischen Gleichnisse (Habil.schrift Göttingen), 1921 (Ndr. 1977, mit Lit.) [4] Eine Stileigenheit der frühgriech. Literatur, 2 Bde. (Nachrichten der Gesellschaft der Wiss. Göttingen, Philol.-Histor. Klasse), 1924 [5] Parmenidesstudien, 1930 [6] Ovid. A Poet between Two Worlds, 1945 (dt. 1970) [7] Dichtung und Philosophie des frühen Griechentums (Philological Monographs 13), 1951 (^{3}1969; engl. 1975) [8] Apollonii Rhodi Argonautica (Edition), 1961 (^{2}1964) [9] Noten zu den Argonautika des Apollonios, 1968 [10] Grammatik und Sprachwirklichkeit, 1973.

Sekundärliteratur

[11] K. Büchner, Hermann Fränkel, in: Freiburger Universitätsblätter 29, 1977, 7–10 [12] K. von Fritz, Hermann Fränkel, in: Gnomon 50, 1978, 618–620 (mit Abb.) [13] U. Maas, Verfolgung und Auswanderung deutschsprachiger Sprachforscher 1933–1945, 2010, 206–207 [14] A. Szabó, Vertreibung, Rückkehr, Wiedergutmachung. Göttinger Hochschullehrer im Schatten des Nationalsozialismus, 2000, 348–356 [15] C. Wegeler, »... wir sagen ab der internationalen Gelehrtenrepublik«. Altertumswissenschaft und Nationalsozialismus: Das Göttinger Institut für Altertumskunde 1921–1962, 1996, 98–106.

Hans-Ulrich Berner/Mayya Pait

Frazer, James George

Brit. Klass. Philologe, Religionswissenschaftler und Sozialanthropologe. Geb. am 1.1.1854 in Glasgow, gest. am 7.5.1941 in Cambridge. 1869–1875 Studium der Alt.wiss. in Glasgow, ab 1876 in Cambridge, dort 1879 Prom.; danach bis zum Tod Fellow ebda. 1907 Ehrenprof. für Sozialanthropologie an der Univ. Liverpool. 1914 Erhebung in den persönlichen Adelsstand (Sir James).

Werdegang, Werk und Wirkung

Nach Erlangung des M.A.-Grades an der Univ. Glasgow (1874) setzte F. seine altphilol. Studien am *Trinity College* in Cambridge fort. Dort bewältigte er früh ein immenses Lesepensum und bestand 1878 als Zweitbester die Abschlussprüfung *Tripos* [8.19–23]. Als Auszeichnung für seine Diss. zu Platons Ideenlehre [7] wurde er 1879 Fellow am Trinity College und blieb es nach drei Verlängerungen zeitlebens. 1883 lernte F. den Theologen und Semitisten William Robertson Smith kennen, der ihn zur Anthropologie führte. Aufgrund seiner auf diesem Gebiet erlangten Reputation erhielt F. 1907 einen Ruf an die Univ. Liverpool und zahlreiche Ehrungen, so 1921 die Einrichtung des nach ihm benannten *F. Lectureship in Social Anthropology* an den Univ. Oxford, Cambridge, Glasgow und Liverpool [9.27–29]. 1931 erblindete F. vollständig.

Bekannt ist F. für sein vielfach aufgelegtes und übersetztes Hauptwerk *The Golden Bough* [2], das er zweimal erheblich erweiterte [4], und seine Arbeiten zu Totemismus und Exogamie [1]; [5]. Obwohl die zugrundeliegenden Prämissen heute weitgehend überholt sind, gelten die Werke als Meilensteine der Religionswissenschaft, Anthropologie und Wiss.-Geschichte, die großen Einfluss u.a. schon auf die sog. Cambridge Ritualists, darunter Jane Ellen ↗Harrison und Francis ↗Cornford [8], aber auch auf jüngere Ethnologengenerationen, darunter Claude Lévi-Strauss, ausübten [11.85–89]; [10]. Von ethnologischem Interesse geprägt sind auch F.s Arbeiten zur Klass. Philologie, so die Kommentare zu Pausanias [3] und Ovids *Fasti* [6].

SV: [9.129–135].

Schriften

[1] Totemism, 1887 [2] The Golden Bough. A Study in Comparative Religion, 2 Bde., 1890 [3] Pausanias's Description of Greece, 6 Bde. (Übers. mit Komm.), 1898 (u.ö.) [4] The Golden Bough. A Study in Magic and Religion, 12 Bde., ^{3}1907–1915 (u.ö.) [5] Totemism and Exogamy. A Treatise on Certain Early Forms of Superstition and Society, 3 Bde., 1910 [6] P. Ovidii Nasonis Fastorum libri sex, 5 Bde. (Edition mit Übers. und Komm.), London 1929 (u.ö.) [7] The Growth of Plato's Ideal Theory, 1930 (ursprgl. Diss. Cambridge 1879).

Sekundärliteratur

[8] R. Ackerman, James George Frazer. His Life and Work, 1987 [9] R.A. Downie, Frazer and the Golden Bough, 1970 [10] B. Malinowski, Sir James George Frazer. Eine biographische Würdigung (1942), in: B. Malinowski, Eine wissenschaftliche Theorie der Kultur und andere Aufsätze, 1975 (engl. 1944) [11] H. Wissmann, James George Frazer (1854–1941), in: A. Michaels (Hrsg.), Klassiker der Religionswissenschaft. Von F. Schleiermacher bis M. Eliade, 1997, 77–89.

Lisa Sophie Cordes

Freinsheim, Johannes

Auch Freinsheimer, Johannes Caspar; dt. Historiker und Philologe. Geb. am 16.11.1608 in Ulm, gest. am 31.8.1660 in Heidelberg. Nach Studien an den Univ. Marburg (1625), Gießen und Straßburg (1627) Mitarbeiter im Hause Matthias ↗Berneggers in Straßburg; Heirat mit dessen Tochter Elisabeth. 1633–1635 im Dienst des franz. Rates Michel Marescot; ab 1642 Prof. für Politik und Rhetorik an der Univ. Uppsala; ab 1647/48 Hofbibliothekar und Hofhistoriograph Königin Christinas ebda. 1652 Rückkehr nach Deutschland; ab 1656 Honorarprof. an der Univ. Heidelberg.

Werdegang, Werk und Wirkung

Während der Straßburger Zeit brachte F. Ausgaben des Florus (Straßburg 1632) und des Curtius Rufus samt Supplementen zu den verlorenen Teilen heraus, bes. den ersten beiden Büchern (1639, 1640 u.ö.); weiterhin eine Tacitus-Paraphrase [2]. Sein umfangreichstes und auch bedeutendstes Werk waren die Supplemente zu allen verlorenen Büchern des Livius (Stockholm 1649, Fortsetzung Straßburg 1654; Gesamtausgabe Paris ab 1679 [8]). Der solcherart vervollständigte Liviustext war *de facto* die erste mod. europ. Universalgeschichte, die weit über die Rekonstruktion des ant. Textes hinaus Bedeutung als historiographische Leistung ersten Ranges besaß und lange Zeit auch so rezipiert wurde.

F. zählte zu den bedeutendsten Vertretern der durch Matthias ↗Bernegger repräsentierten Straßburger Historikerschule; insbes. seine Arbeiten zu Curtius Rufus und zu Livius wurden bis ins 19. Jh. gelesen. Regen Anteil nahm er an dem kulturpatriotischen Aufschwung der dt. Dichtung; er war Mitglied der 1633 von Jesaias Rompler von Löwenhalt gegründeten Straßburger Tannengesellschaft [10] und verfasste auch selbst ein dt. panegyrisches Epos auf Herzog Bernhard von Sachsen-Weimar [1].

SV: [15]; [14].

Schriften

[1] Teutscher Tugentspiegel von den Stammen und Thaten des Alten und Newen Teutschen Hercules, Straßburg 1639 [2] Specimen paraphraseos Cornelianae, Straßburg 1641 [3] Orationes XXIII in Suetia habitae cum quibusdam declamationibus, Frankfurt/Main 1655 [4] Dissertationes academicae, Straßburg 1658 [5] Orationes cum quibusdam declamationibus, Straßburg 1662 [6] Phaedri Fabulae (Edition), Straßburg 1664 [7] Institutiones politicae. Accesserunt dissertationes politicae ad selecta veterum historicorum loca et Libellus memorialis ethicus, Straßburg 1674 [8] Titi Livii Patavini Historiarum libri qui extant (mit Komm. von Johannes Dujatius/Douat), 5 Bde., Paris 1679–1682 [9] Briefwechsel mit M. Bernegger, in: E. Kelter et al., Beiträge zur Gelehrtengeschichte des 17. Jh.s, 1905, 1–72.

Sekundärliteratur

[10] M. Bopp, Die »Tannengesellschaft«. Studien zu einer Straßburger Sprachgesellschaft von 1633 bis um 1670 (Diss. München), 1998, 53–59 [11] C. Bünger, Matthias Bernegger. Ein Bild aus dem geistigen Leben Strassburgs zur Zeit des Dreißigjährigen Krieges, 1893, 320–331 [12] Ch. Callmer, Königin Christina, ihre Bibliothekare und ihre Handschriften, 1977, 43–45 [13] M. Disselkamp, Barockheroismus. Konzeptionen »politischer« Größe und Traktatistik des 17. Jh.s, 2002, 250–260 [14] G. Dünnhaupt, Personalbibliographien zu den Drucken des Barock, Bd. 3, 1991, 1578–1588 [15] B. Löw, Art. Freinshem [sic] (Freinshemius), Johan, in: Svenskt biografiskt handlexikon, 1964, 359 [16] P. G. Schmidt, Supplemente lateinischer Prosa in der Neuzeit (Diss. Göttingen), 1964, 17–36.

Wilhelm Kühlmann

Fremersdorf, Fritz

Dt. Klass. Archäologe und Kunsthistoriker. Geb. am 14. 1. 1894 in Mainz, gest. am 25. 1. 1983 in Köln. Studium der Arch., Gesch. und Kunstgesch. in Bonn bei Franz ↗Winter, Conrad Cichorius und Paul Clemen, 1922 Prom ebda. 1923 wiss. Mitarbeiter der röm. Abteilung des Wallraf-Richartz-Museums in Köln; 1935 Direktor der röm. und german. Abteilung ebda.; 1946 Direktor des Röm.-German. Museums in Köln.

Werk und Wirkung

Schon in seiner Bonner Diss. behandelte F. ein provinzialröm. Thema [1]. Danach trat er in den Dienst der Stadt Köln und baute dort auf der Grundlage des preuß. Ausgrabungsgesetzes die systematische Bodendenkmalpflege auf. Seit 1925 führte er zahlreiche Ausgrabungen in Köln durch, zuerst in St. Severin (wo er frühe Kirchenbauten nachwies). Ab 1926/27 grub er eine *villa rustica* [3] und einen fränkischen Friedhof [4] in Köln-Müngersdorf aus. Er untersuchte das röm. Flottenlager Alteburg in Köln-Marienburg sowie das Kastell Deutz und leitete Ausgrabungen in den röm. Friedhöfen im Weichbild der röm. Stadt sowie Untersuchungen zu röm. Gewerbebetrieben (Glashütten, Töpfereien). Anlässlich des Baus eines Kriegsbunkers legte er 1941 das Peristylhaus mit dem Dionysosmosaik frei [5]. Seinen persönlichen Forschungsschwerpunkt bildete das röm. Glas [6]; [7]; [8].

F. erwarb bedeutende Sammlungen für das Röm.-German. Museum: 1934 die Sammlung C. A. Niessen mit mehr als 9 600 Zeugnissen von Kleinkunst und Bodenfunden überwiegend aus Köln; 1935 die herausragende Schmucksammlung der Völkerwanderungszeit des Freiherrn Johannes von Diergardt (gegen den Widerstand Heinrich Himmlers, der sie als »Anschauungsmaterial für die Schulung der SS« nutzen wollte); 1939 die Sammlung H. Wollmann mit 3 500 Tonlampen vornehmlich aus Rom. F. veröffentlichte nahezu 300 Schriften, darunter die *Denkmäler des röm. Köln* [2] mit Beständen des Röm.-German. Museums. Seit 1955 gab er das *Kölner Jahrbuch für Vor- und Frühgeschichte* heraus. 1950 gründete er die Arch. Gesellschaft Köln.

SV: [10].

Schriften
[1] Röm. Bildlampen (Diss. Bonn), 1922 [2] (Hrsg.), Denkmäler des röm. Köln, 9 Bde., 1928–1984 [3] Der röm. Gutshof Köln-Müngersdorf, 1933 [4] Das fränkische Reihengräberfeld Köln-Müngersdorf, 1955 [5] Das röm. Haus mit dem Dionysos-Mosaik vor dem Südportal des Kölner Domes, 1956 [6] Röm. Buntglas in Köln, 1958 [7] Die röm. Gläser mit Schliff, Bemalung und Goldauflagen aus Köln, 1967 [8] Antikes, islamisches und mittelalterliches Glas sowie kleinere Arbeiten aus Stein, Gagat und verwandten Stoffen in den Vatikanischen Sammlungen Roms, 1975.

Sekundärliteratur
[9] H. Borger, Fritz Fremersdorf, gest. 25. Januar 1983, in: Museen der Stadt Köln. Bulletin, 1983, 35–36 [10] C. Görtler-Holz, Zusammenstellung der Veröffentlichungen von Fritz Fremersdorf, in: Analecta archaeologica. FS F. Fremersdorf, 1960, 271–284.

Friederike Naumann-Steckner

Friederichs, Karl

Dt. Archäologe. Geb. am 7. 4. 1831 in Delmenhorst, gest. am 19. 10. 1871 in Berlin. Gymnasium in Bremen und Oldenburg; Studium in Göttingen und Erlangen; Prom. 1853 in Erlangen; Habil. 1855 ebda. Ab 1858 Direktorialassistent an den Berliner Museen; ab 1868 Direktor des Berliner Antiquariums; 1869/70 Reisen im Mittelmeergebiet, nach Frankreich und England.

Werk und Wirkung

Obwohl F. bereits im Alter von 40 Jahren verstarb, hinterließ er eine bemerkenswerte Zahl wesentlicher Publikationen. Mit einer klass.-philol. Diss. promoviert, war er ab 1855 jedoch vorwiegend arch. tätig. Geprägt wurde er in seiner ersten Berliner Zeit von Eduard ↗Gerhard. Der Schwerpunkt von F.s Arbeiten lag auf dem Gebiet der ant., speziell der griech. Plastik. Ihr galt schon seine Erlanger Habil., in der er kunstlandschaftliche Spezifika griechischer Skulpturen mit ethnischen Charakeristika begründete [1]. In den folgenden Jahren gelangen ihm wichtige Identifizierungen im Denkmälerbestand: 1859 erkannte er Kopien des athenischen Denkmals der Tyrannenmörder [2], vier Jahre später Polyklets Speerträger, wiederum in einer Kopie [3].

Neben kleineren Veröffentlichungen trat F. v.a. mit einem Katalog zur Berliner Abguss-Sammlung hervor. Der 1868 gedruckte, 576 Seiten umfassende Band verstand sich zugleich als Überblick über die ant. Skulpturgeschichte [4]. Die Gruppierung der Werke erfolgte nach stilgeschichtlichen Gesichtspunkten, für die archaische Zeit auch nach Kunstlandschaften. Zwischentexte führen in die jeweiligen Perioden ein. Postum erschien F.s zweiter, gleichermaßen viel beachteter Katalog zu Berliner Antiken; er erfasste alle ant. bronzenen Objekte des Museums [5].

Schriften
[1] Nationum Graecarum diversitates etiam ad artis statuariae et sculpturae discrimina valuisse scripsit, 1855 [2] Harmodios und Aristogeiton, in: Archäologische Zeitung 17, 1859, 65–72 [3] Der Doryphoros des Polyklet (Programm zum Winckelmannsfeste der Archäologischen Gesellschaft zu Berlin 23), 1863 [4] Berlins antike Bildwerke, Bd. 1: Die Gypsabgüsse im Neuen Museum. Bausteine zur Geschichte der griech.-röm. Plastik, 1868 (Nachtrag 1873; 2. Aufl., bearb. von P. Wolters, 1885) [5] Berlins antike Bildwerke, Bd. 2: Geräthe und Broncen im Alten Museum. Kleinere Kunst und Industrie, 1871.

Sekundärliteratur
[6] C. Bursian, Art. Friederichs, Karl, in: ADB 7, 1878, 391–392 [7] R. Lullies, Carl Friederichs, in: Lullies/Schiering Arch. 57–58 [8] G. Rodenwaldt, Zum hundertsten Winckelmannsfest, in: Winckelmannsprogramm der Archäologischen Gesellschaft zu Berlin 100, 1940, 12–13.

Detlev Kreikenbom

Friedländer, Ludwig

Dt. Klass. Philologe und Kulturhistoriker. Geb. am 16. 7. 1824 in Königsberg, gest. am 16. 12. 1909 in Straßburg. Studium der Alt.wiss. in Königsberg und Leipzig; 1845 Prom. in Königsberg; 1847 Habil. ebda. 1856 ao.Prof., 1858 o.Prof. ebda.

Werdegang, Werk und Wirkung

Der aus einer jüd. Kaufmannsfamilie stammende F., ein Schüler von Karl ↗Lehrs, verbrachte sein gesamtes akad. Leben in Königsberg, unterbrochen nur von einem Studium bei Gottfried ↗Hermann in Leipzig 1843/44 und einem Aufenthalt in Italien 1853/54. Da er evang. getauft war, konnte er auf einen Lehrstuhl gelangen, was sonst in Königsberg vor 1866 nicht möglich gewesen wäre [10. 430 f.]. Hier war er der erste Philologe, der sein Fach mit der Archäologie verband. Neben einer Monographie über die Entwicklung der »homerischen Frage« in der ersten Hälfte des 19. Jh.s [2] publizierte er eine Vielzahl von Arbeiten, die von seinem Interesse an der Verbindung von Literaturgeschichte mit kulturhistor. Fragen zeugen. In späten Jahren legte er kommentierte Editionen von Martial [5], Petronius [6] und Juvenal [7] vor. Mit dem Abschnitt über die röm. Spiele im *Handbuch der Röm. Alterthümer* [3] schuf er die Grundlagen für sein vielmals aufgelegtes und in zahlreiche Sprachen übersetztes Hauptwerk, die *Darstellungen aus der Sittengeschichte Roms* [4]. Ein Stoff, der zuvor im Genre der »Altertümer« behandelt worden war, wurde hier in der neuen Form einer gut lesbaren

Kulturgeschichte präsentiert. Acht Auflagen zu F.s Lebzeiten bezeugen einen sensationellen Publikumserfolg. Wegen seines Materialreichtums ist dieses Werk bis heute unentbehrlich.

M: [8].

N: Marburg, Hessisches Staatsarchiv.

Schriften

[1] Ueber den Kunstsinn der Römer in der Kaiserzeit, 1852 [2] Die Homerische Kritik von Wolf bis Grote, 1853 [3] Die Spiele, in: W. Becker / J. Marquardt (Hrsg.), Hdb. der röm. Alterthümer, Theil 4: Der Gottesdienst, 1856, 471–568 [4] Darstellungen aus der Sittengeschichte Roms in der Zeit von August bis zum Ausgang der Antonine, 3 Bde., 1862–1871 (9. Aufl., hrsg. von G. Wissowa, 4 Bde., 1919–1921 u.ö.) [5] M. Valerii Martialis epigrammaton libri (Edition mit Komm.), 2 Bde., 1886 (u.ö.) [6] Petronii Cena Trimalchionis (Edition mit Komm. und Übers.), 1891 (u.ö.) [7] D. Junii Juvenalis Saturarum libri V (Edition mit Komm.), 2 Bde., 1895 (u.ö.) [8] Erinnerungen, Reden und Studien, 1905.

Sekundärliteratur

[9] O. Hirschfeld, Ludwig Friedländer, in: O. Hirschfeld, K.S., 1913, 923–925 [10] M. Komorowski, Jüdische Studenten, Doktoren und Professoren der Königsberger Universität im 19. Jh., in: M. F. Brocke et al. (Hrsg.), Zur Geschichte und Kultur der Juden in Ost- und Westpreußen, 2000, 425–444 [11] M. Lossau, Ludwig Friedländer (1824–1909), in: D. Rauschning / D. von Nerée (Hrsg.), Die Albertus-Universität und ihre Professoren, 1995, 303–308 [12] A. Ludwich, Ludwig Friedländer, in: Biographisches Jb. für die Altertumswissenschaft 34, 1911, 1–24 (die Anm. ergeben faktisch ein SV).

Wilfried Nippel

Friedländer, Paul

Dt. Klass. Philologe. Geb. am 21. 3. 1882 in Berlin, gest. am 10. 12. 1968 in Los Angeles. Schulbesuch in Berlin; Studium in Bonn und Berlin; 1905 Prom. ebda. 1909 Gymnasiallehrer in Berlin, 1911 Habil. ebda. 1915 ao.Prof. in Berlin; 1920 o.Prof. in Marburg; 1932 o.Prof. in Halle. 1935 wegen seiner jüd. Herkunft Entlassung aus dem Dienst; danach Privatgelehrter in Berlin. 1939 Emigration in die USA; Researcher an der Johns Hopkins Univ. in Baltimore; 1940 Assistent Prof. an der Univ. of California in Los Angeles; 1945 Ordinarius ebda., 1949 Emeritierung.

Werdegang, Werk und Wirkung

F. war Sohn eines Kaufmanns, besuchte das Friedrichs-Gymnasium in Berlin und begann 1900 an der Berliner Univ. Klass. Philologie und Archäologie zu studieren. Seine Lehrer waren u. a. Hermann ↗Diels, Johannes Vahlen und Richard ↗Kekulé von Stradonitz. 1902 ging F. für zwei Semester nach Bonn, wo er bei Franz ↗Bücheler, Hermann ↗Usener und Georg Loeschcke studierte. Dessen Wirkung verdankte F. die für seine Arbeiten fundamentale Erkenntnis, dass »Kunstgeschichte ein Teil der Geschichte« sei. Richtungsweisend wurde ebenfalls sein Berliner Lehrer Ulrich von ↗Wilamowitz-Moellendorff, da F. überwiegend als Gräzist wirkte und sich auf die klass. sowie kaiserzeitliche Literatur und deren Fortwirken konzentrierte. Bei ihm wurde F. 1905 mit einer sagengeschichtlichen Untersuchung (*Argolica*) promoviert. 1911 habilitierte er sich mit einer kommentierten Ausgabe der Kunstbeschreibungen in der Dichtung des Johannes von Gaza und des Paulos Silentiarios [2]. 1928 und 1930 erschienen zwei Bände seines vielbeachteten Werkes zu Platon [3]; [4]. Zu F.s akad. Schülern gehörten u. a. Friedrich ↗Klingner, Georg Rohde und Günther Zuntz.

Im Ersten Weltkrieg meldete sich F. freiwillig als Offizier und wurde mit dem Eisernen Kreuz ausgezeichnet. Dennoch wurde er 1935 als »Nicht-Arier« der Professur in Halle enthoben. 1938 wurde er nach dem Novemberprogrom verhaftet, ins KZ Sachsenhausen deportiert, nach einigen Wochen jedoch wieder mit der Hilfe des Theologen Rudolf Bultmann freigelassen. 1939 emigrierte F. mit der Familie in die USA, wo er zunächst in Baltimore, ab 1940 an der Univ. of California in Los Angeles lehrte. Bis zu seinem Tod kehrte F. nicht mehr nach Deutschland zurück und verbrachte seine letzten Jahre in Armut.

N: Los Angeles, Univ. of California, Research Library Special Collections.

Schriften

[1] Herakles. Sagengeschichtliche Untersuchungen, 1907 [2] Johannes von Gaza und Paulus Silentiarius. Kunstbeschreibungen justinianischer Zeit, 1912 (Ndr. mit Berichtigungen und Zusätzen 1969) [3] Platon: Eidos, Paideia, Dialogos, 1928 [4] Die platonischen Schriften, Berlin 1930 [5] Platon, 3 Bde., ^{3}1964–1975 [6] Studien zur antiken Literatur und Kunst, 1969.

Sekundärliteratur

[7] W. Bühler, Paul Friedländer, in: Gnomon 41, 1969, 619–623 (mit Abb.) [8] W. M. Calder III, Art. Friedländer, Paul, in: W. W. Briggs (Hrsg.), Biographical Dictionary of North American Classicists, 1994, 200–202 (auch online) [9] W. M. Calder III / B. Huss (Hrsg.), »The Wilamowitz in Me«. 100 Letters between Ulrich von Wilamowitz-Moellendorff and Paul Friedländer (1904–1931), 1999 [10] Mensching Nug. 13, 2003, 82–93.

Hans-Ulrich Berner / Mayya Pait

Fritz, Kurt von

Dt. Klass. Philologe. Geb. als Karl Albert Kurt von F. am 25. 8. 1900 in Metz, gest. am 16. 7. 1985 in Feldafing am Starnberger See. 1919/20 Studium der Klass. Phil. in Freiburg i.Br., 1920–1923 in München, dort 1923 Prom. und 1927 Habil. 1931 PD und Assistent in Hamburg; Umhabilitierung dorthin. 1933–1935 ao.Prof. für Klass. Philologie in Rostock; 1936 Stipendium am Corpus Christi College in Oxford. 1936 Gastprof. am Reed College in Portland (Oregon); 1937 Visiting Associate Prof. an der Columbia Univ. in New York, 1938–1954 o.Prof. ebda. 1954–1958 o.Prof. an der Freien Univ. Berlin; 1958–1968 o.Prof. in München. Verschiedene Ehrungen und Akademie-Mitgliedschaften über Landes- und Fachgrenzen hinaus.

Biographie und Werdegang

Als Sohn eines königlich preuß. Oberstleutnants in der Garnison von Metz, der in den erblichen preuß. Adelstand erhoben worden war, sollte F. eine Offizierslaufbahn einschlagen und besuchte daher 1912–1914 die Kadettenschule in Karlsruhe, wechselte aber 1915 an das Realgymnasium in Freiburg (Abitur 1918). 1919 brachte er sich das Griech. selbst bei, legte ein Ergänzungsabitur dafür ab und begann das Studium der Klass. Philologie. In Freiburg hörte F. bei Otto Immisch, Ludwig Deubner und dem Althistoriker Ernst ↗Fabricius. Den größten Einfluss auf ihn übte Eduard ↗Schwartz aus, dem er 1920/21 nach München folgte. Dort besuchte er neben Veranstaltungen bei Walter ↗Otto (Alte Geschichte) und Fritz Hommel (Arabistik) auch eine Vorlesung über griech. Logik bei Ernst Kapp, mit dem ihn seitdem eine Freundschaft verband.

Bereits 1923 wurde F. bei Schwartz mit einer Diss. zu Diogenes Laertios promoviert, die an dessen Arbeiten anknüpfte [1]. Nach seinem Staatsexamen arbeitete er knapp ein Jahr als Hauslehrer in Schlesien, bevor er auf Schwartz' Einladung nach München zurückkehrte, wo er sich 1927 mit einer Studie zur Erkenntnistheorie und Ethik Demokrits habilitierte. 1931 habilitierte er sich nach Hamburg um, um dort eine Stelle bei Ernst Kapp anzunehmen. Im April 1933 trat F. eine planmäßige ao.Prof. für das Fach Griech. in Rostock an, wurde jedoch zwei Jahre später vom Dienst suspendiert und in den dauernden Ruhestand versetzt, da er es ablehnte, den Eid auf Adolf Hitler zu schwören. Neben Karl Barth war er der einzige dt. Hochschullehrer, der diesen Eid verweigerte. F. zog sich nach Bayern zurück, wurde in München aber denunziert und durfte fortan die dortige Bibliothek nicht mehr nutzen.

Noch 1935 vermittelte ihm Eduard ↗Fraenkel einen Lehrauftrag am Corpus Christi College in Oxford. Im Herbst 1936 folgte F. einem Ruf auf eine Gastprof. am Reed College in Portland (Oregon), 1937 ging er an die Columbia Univ., wo er bis 1954 lehrte. Ab 1948 hielt er an verschiedenen dt. Univ. Gastvorträge und Vorlesungen, bis er 1954 eine Prof. für Klass. Philologie an der Freien Univ. Berlin antrat. Als jedoch der Lehrstuhl Rudolf ↗Pfeiffers in München neu besetzt wurde, wechselte F. 1958 nach München und wirkte dort auch noch nach seiner Emeritierung im Jahr 1968.

Werk und Wirkung

Im Laufe seines Schaffens wandte sich F. verschiedensten Themen zu, doch lassen sich einige Hauptthemen seines großen Werks von insgesamt 260 Publikationen ausmachen: Bereits in seiner Diss. [1] ist die Nähe zur Philosophie deutlich (u.a. [9]). Auch seine Studie [7] zeigt, dass sein Interesse Fachgrenzen überschritt (vgl. auch [4]; [8]; [9]). Nach seiner Emigration wandte er sich verstärkt auch polit. und histor. [5] Themen zu. Ein Beispiel hierfür ist seine Arbeit zur gemischten Verfassung [2], in der er die staatstheoretischen Überlegungen des Polybios analysierte und zugleich einen Blick auf das Verfassungskonzept der Neuzeit warf. Auch in seiner Beschäftigung mit dem ant. Drama setzte er sich mit dem Verhältnis von persönlicher Schuld und moralischer Verantwortung auseinander [4]. Dabei reflektierte F. immer über die Möglichkeiten und Grenzen seines Faches und versuchte den wiss.-geschichtlichen Standort der Klass. Philologie zu bestimmen, die durch die Sichtung und Aufarbeitung der ant. Quellen erst das Material bereitstellt, mit dem die Grundbegriffe des europ. Denkens verstanden werden können [3].

F.' besondere Leistung besteht darin, die Antike immer wieder für die Moderne fruchtbar gemacht zu haben, indem er die eine in der anderen spiegelte. In Bezug auf die Methodik der Klass. Philologie hob er die Bedeutung des Subjektiven gegenüber dem Befolgen eines rein materialistischen Ansatzes hervor. Zugleich war er von der Notwendigkeit der Interdisziplinarität überzeugt. Seine Schüler waren u.a. Martin Ostwald und Gerhard Jäger.

SV: [13].

Schriften

[1] Quellenuntersuchungen zu Leben und Philosophie des Diogenes von Sinope (Philologus, Suppl.Bd. 18.2), 1926 [2] The Theory of the Mixed Constitution in Antiquity. A Critical Analysis of Polybius' Political Ideas, 1954 [3] Ziele, Aufgaben und Methoden der Klassischen Philologie und Altertumswissenschaft, in: Deutsche Vierteljahresschrift für Literaturwissenschaft und Geistesgeschichte 33, 1959, 507–528 [4] Antike und moderne Tragödie. Neun Abhandlungen, 1962 [5] Die griech. Geschichtsschreibung, Bd. 1: Von den Anfängen bis Thukydides, 1967 [6] Platon in Sizilien und das Problem der Philosophenherrschaft, 1968 [7] Platon, Theaetet und die antike Mathematik, ²1969 (Orig. in: Philologus 87, 1932) [8] Grundprobleme der Geschichte der antiken Wissenschaft, 1971 [9] Schriften zur griech. Logik, 2 Bde., 1978.

Sekundärliteratur

[10] W. Bernard, Der verweigerte Eid. Der Gräzistikprofessor Kurt von Fritz, in: G. Boeck / H.-U. Lammel (Hrsg.), Die Universität Rostock in den Jahren 1933–1945 (Rostocker Studien zur Universitätsgeschichte 21), 2012, 71–90 [11] M. Hose, Kurt von Fritz, in: Akademie Aktuell 3, 2005, 26–29 [12] Ch. H. Kahn, Art. Fritz, Karl Albert Kurt von, in: W. W. Briggs (Hrsg.), Biographical Dictionary of North American Classicists, 1994, 203–205 [13] W. Ludwig, In memoriam Kurt von Fritz 1900–1985. Gedenkrede. Mit einem von G. Jäger zusammengestellten Schriftenverzeichnis, 1986 [14] S. Müller, Der nicht geleistete Eid des Rostocker Griechisch-Professors Kurt von Fritz auf Adolf Hitler – »preußisch-starre Haltung« oder staatsbürgerliche Verantwortung von Wissenschaft?, in: Zeitgeschichte regional. Mitteilungen aus Mecklenburg-Vorpommern 9/2, 2005, 67–77 [15] E. Vogt, Kurt von Fritz, in: Jb. der Bayrischen Akademie der Wissenschaften 1987, 1988, 247–253 [16] C. Wegeler, »... wir sagen ab der internationalen Gelehrtenrepublik«. Altertumswissenschaft und Nationalsozialismus. Das Göttinger Institut für Altertumskunde 1921–1962, 1996.

Steffen Kammler

Fuhrmann, Manfred

Dt. Klass. Philologe. Geb. am 23.6.1925 in Hiddesen bei Detmold, gest. am 12.1.2005 in Überlingen (Bodensee). Nach dem Abitur am Gymnasium Leopoldinum in Detmold Studium der Musik, Klass. Phil., Romanistik, Rechts-Wiss. und Philosophie in Basel, Freiburg, Leiden, Göttingen und Marburg; 1953 Prom. in Freiburg in Latein, Griech. und Röm. Recht (Diss. bei Karl ↗Büchner zur Religiosität des Horaz). Nach sechsjähriger Assistenz am Juristischen Seminar und am Institut für Klass. Altertumskunde der Univ. Göttingen Habil. 1959 in Freiburg. 1962–1966 o.Prof. für Lat. Phil. in Kiel. Schwerpunkte: Rhetorik und Poetik der Antike, röm. Literatur sowie lat. Literatur der Spätantike und des frühen MA. 1966–1990 (Emeritierung) Prof. an der Univ. Konstanz. Mitglied der Heidelberger und der Niederl. Akad. der Wiss.; 1990 Johann-Heinrich-Voß-Preis der Dt. Akad. für Sprache und Dichtung; 2004 juristisches Ehrendoktorat der Univ. Freiburg.

Werk und Wirkung

Schon in der Konstanzer Antrittsvorlesung [1] erhob F. die Forderung, dass sich Latinistik und Gräzistik der neuen Literatur-Wiss. öffnen sollten. F.s bleibende Leistung ist »konzeptioneller Art, indem er die Grenzen des Verständnisses von ›Röm. Literatur‹ entschieden ausgeweitet hat« [13.7]. Die juristische Ausbildung lenkte sein Interesse früh auf die Fachschriftsteller und wirkte einer »Verengung auf ›schöne‹ Literatur« entgegen; außerdem erschloss er der ›Klass. Philologie‹ die Spätantike als wichtige Epoche [7]. Insofern hat F. »als Anwalt spätantiker Literatur und als Anreger von Studien zur Spätantike gewirkt« [13.8]. Zwei Biographien galten Cicero und Seneca, worin »seine Gabe zu synoptischer Epochendarstellung und Charaktersynthese« [13.8] zum Ausdruck kommt. Seine umfangreiche Übersetzungstätigkeit führte ihn zur Reflexion über Zweck und Methoden des Übersetzens [12]. Mit der Herausgabe und Kommentierung der Horaz-Übersetzung von Christoph Martin ↗Wieland hat F. »einen epochalen Übersetzungstext neu erschlossen« [13.8].

Schwerpunkte von F.s Arbeit waren die ant. Rhetorik und Poetik [5], die röm. Literatur [9] sowie lat. Literatur der Spätantike und des frühen MA. F. stand auch stets in enger Verbindung zu den Nachbar-Wiss. (u.a. Germanistik, Geschichte, Erziehungs-Wiss.) Er vertrat das durch MA, Renaissance, Humanismus, Aufklärung geprüfte ant. Erbe gegenüber allzu stürmischer »Entrümpelung« von Lehrplänen, die den Zugang zu den Fundamenten der europ. Kultur versperren. Mögliche Verluste machte er immer wieder in Vorträgen und in gut lesbaren Büchern bewusst [9]. Nach der dt. Wiedervereinigung 1990 wirkte er beim Wiederaufbau der Alt.wiss. in den neuen Bundesländern mit.

Kennzeichnend für F.s Wirken ist, dass er die Bedeutung des schulischen Lateinunterrichts stets hoch einschätzte [11] – in dieser Hinsicht vergleichbar mit Werner ↗Jaeger, der sich intensiv für das Gymnasium einsetzte. Mit zahlreichen Aufsätzen und Vorträgen nahm F. an Bildungsdebatten teil [3]. Ins Zentrum des Lateinunterrichts sollte die neulat. Literatur treten, etwa von ↗Erasmus von Rotterdam oder Thomas Morus; von dort aus sollten sich dann Linien zum MA und zur Antike sowie zur Gegenwart der Schüler ergeben. Daher bezeichnete F. das Schulfach Latein als »Schlüsselfach der europ. Tradition« [4.68]. Dieser Ansatz hat auf alle neueren dt. Latein-Lehrpläne und -Unterrichtswerke, aber auch auf die Studienpläne der Univ. nachhaltig eingewirkt.

Schriften

[1] Die Antike und ihre Vermittler. Bemerkungen zur gegenwärtigen Situation der Klassischen Philologie, 1969 [2] Cicero. Übers. sämtlicher Reden, 7 Bde., 1970–1982 [3] Cäsar oder Erasmus? Überlegungen zur lat. Lektüre am Gymnasium, in: Gymnasium 81, 1974, 394–407 [4] Alte Sprachen in der Krise?, 1976 [5] Aristoteles, Poetik (Edition mit Übers.), 1982 [6] Cicero und die röm. Republik, 1989 (^{5}2005) [7] Rom in der Spätantike, 1994 [8] Der europäische Bildungskanon, 1999 (erweiterte Neuausgabe 2004) [9] Geschichte der röm. Literatur, 1999 (^{2}2005) [10] Latein und Europa. Geschichte des gelehrten Unterrichts in Deutschland von Karl dem Großen bis Wilhelm II., 2001 (^{2}2005).

Sekundärliteratur

[11] A. Fritsch, Cäsar oder Erasmus? Zum Tod von Manfred Fuhrmann, in: Forum Classicum 48, 2005, 4–5 [12] N. Mindt, Manfred Fuhrmann als Vermittler der Antike. Ein Beitrag zu Theorie und Praxis des Übersetzens (Diss. Berlin), 2008 [13] Th. Poiss / W. Rösler, Zum Tod von Manfred Fuhrmann, in: Forum Classicum 48, 2005, 6–9.

Andreas Fritsch

Furtwängler, Adolf

Dt. Klass. Archäologe. Geb. als Johann Adolf Michael F. am 30.6.1853 in Freiburg, gest. am 10.10. 1907 in Athen. Schulbesuch in Freiburg; Studium der Klass. Phil. und Arch. ebda., in Leipzig und München, Prom. 1874 in München; Habil. 1879 in Bonn. 1880 Assistent an der Skulpturensammlung in Berlin, 1882–1894 am Antiquarium ebda. 1884 ao.Prof. in Berlin; 1894 o.Prof. für Klass. Arch. in München; 1896 Direktor des Antiquariums. Grabungen in Olympia, Orchomenos und Ägina.

Wissenschaftlicher Werdegang

F. war der Sohn des Freiburger Gymnasialdirektors Wilhelm F., der sich selbst als junger Mann in Griechenland mit Archäologie beschäftigt hatte. 1874 promovierte F. über *Eros in der Vasenmalerei* bei Heinrich von ↗Brunn, dann absolvierte er in Freiburg den Vorbereitungsdienst für das höhere Lehramt und den Militärdienst. 1876–1878 erhielt er das Reisestipendium des DAI; währenddessen nahm er an der dt. Olympiagrabung unter Ernst C. ↗Curtius teil. Nach der Habil. 1879 in Bonn bei Reinhard ↗Kekulé von Stradonitz war er 1880 an den Berliner Museen tätig und lehrte außerdem an der Berliner Univ. 1885 heiratete er die Malerin Adelheid Wendt; der älteste Sohn war der Dirigent Wilhelm F. 1894 wurde F. als Brunns Nachfolger Prof. für Klass. Archäologie in München und 1896 Leiter des Antiquariums. 1907 erkrankte er während der Grabung in Ägina an der Ruhr und starb in Athen.

Werk

F. kann als der produktivste dt. Klass. Archäologe überhaupt gelten; er arbeitete über alle zu seiner Zeit bekannten Gattungen der ant. Kunst. Bereits als Reisestipendiat beteiligte er sich an der wiss. Erschließung der damals neu bekannt gewordenen Gattung der myk. Keramik [2]; [6], deren erste, in Mykene und Argos gefundenen Fragmente er zusammen mit Georg ↗Loeschcke nach technischen und stilistischen Merkmalen klassifizierte und deren griech. Ursprung beide als Erste hervorhoben. Auch den bei der Olympiagrabung zur Enttäuschung der Ausgräber reichlich zu Tage gekommenen ›kunstlosen‹ Artefakten der frühen Eisenzeit konnte F. mehr abgewinnen als diese; er prägte für diese Epoche den Gattungsbegriff »geometrisch«. Seine Bearbeitung der frühen Kleinfunde erschien 1890 als erste der abschließenden Olympiapublikationen [7]. Die dort gewonnenen Ergebnisse zur Klassifikation und relativen Chronologie der geometrischen Bronzen sind bis heute nicht überholt.

Durch die Bearbeitung der Kataloge verschiedener Privatsammlungen [4] sowie der Vasen- und Gemmensammlung der Berliner Museen [5]; [9] erwarb F. eine immense Materialkenntnis, die er zu grundlegenden Monographien erweiterte. *Die ant. Gemmen* [13] erbrachten eine völlig neue Vorstellung von der ant. Glyptik, deren Bild bis dahin von den zahllosen nzl. Nachahmungen und pseudoant. Arbeiten verunklärt worden war. In München begann er zusammen mit dem Zeichner Karl Reichhold das Lieferungswerk zur griech. Vasenmalerei [14]. Im Rahmen einer erneuten Ausgrabung im Bezirk des Aphaiatempels auf Ägina konnte er schließlich auch die traditionelle, durch die Ergänzungen Bertel Thorvaldsens geprägte Rekonstruktion der archaischen Giebelfiguren des Tempels in der Münchner Glyptothek [15]; [16] entscheidend korrigieren.

F.s Methode und Fragestellung waren entschieden dem histor. Positivismus der wilhelminischen Zeit verpflichtet, ohne dass er jedoch mit den traditionellen klassizistischen Maßstäben brach. So ist sein wohl bekanntestes Buch, die *Meisterwerke der griech. Plastik* [8], zugleich das von der Fragestellung und Wertsetzung her konventionellste. Hier führte F. die bereits von Johann Joachim ↗Winckelmann und seinem eigenen Lehrer ↗Brunn betriebene Identifikation von aus der ant. Literatur bekannten Kunstwerken im überlieferten Bestand römischer Kopien auf einen Höhe- und Endpunkt. Als sehr hilfreich erwies sich dabei das neue Medium der Photographie, dessen er sich systematisch auch in seinen anderen Publikationen bediente. Die polemische Auseinandersetzung [22.8] mit Reinhard ↗Kekulé von Stradonitz, die das Buch auslöste, führte zugleich über seinen Horizont hinaus zum Eigenwert der griech. anonymen Originale und der röm. Rezeption griechischer Vorbilder, welche die folgenden Generationen beschäftigen sollten. Für neuere theoretische Entwicklungen wie den Entwicklungsbegriff Alois ↗Riegls hatte F. kein Verständnis.

Wirkung

F.s Lebensleistung besteht in der Erschließung und Klassifikation entweder gerade neu bekannt gewordener oder bislang nur unzureichend erschlossener Denkmälergattungen, wobei er gleichermaßen durch die Stringenz und Sauberkeit seiner Methode wie durch die ungeheuren Quantitäten des bewältigten Materials beeindruckt; seine Kataloge und thematischen Monographien bilden bis heute Referenzwerke für alle vergleichbaren arch.-kunsthistor. Unternehmungen.

SV: [19. 158–174].

N: Berlin, DAI.

Schriften

[1] Intermezzi. Kunstgeschichtliche Studien [2] Mykenische Thongefäße, 1879 (mit G. Loeschcke) [3] Der Goldfund von Vettersfelde, 1883 [4] Die Sammlung Sabouroff, 2 Bde., 1883–1887 [5] Beschreibung der Vasensammlung im Antiquarium, Königliche Museen zu Berlin, 1885 [6] Mykenische Vasen, 2 Bde., 1886 (mit G. Loeschcke) [7] Olympia, Bd. 4: Die Bronzen und die übrigen kleineren Funde aus Olympia, 2 Teilbde., 1890 [8] Meisterwerke der griech. Plastik, 1893 [9] Beschreibung der geschnittenen Steine im Antiquarium, Königliche Museen zu Berlin, 1896 [10] Über Statuenkopien im Alterthum, in: Abh. der Bayerischen Akad. der Wissenschaften 29, 1896, 525–588 [11] Neuere Fälschungen von Antiken, 1899 [12] Beschreibung der Glyptothek König Ludwigs I. zu München, 1900 [13] Die antiken Gemmen, 3 Bde., 1900 [14] Die griech. Vasenmalerei, 2 Bde., 1904–1905 (mit K. Reichhold) [15] Ägina. Das Heiligtum der Aphaia, 2 Bde., 1906 [16] Die Aegineten der Glyptothek König Ludwigs I. nach den Resultaten der neuen bayerischen Ausgrabung, 1906 [17] K. S., 2 Bde., hrsg. von J. Sieveking und L. Curtius, 1912–1913 [18] Briefe aus dem Bonner Privatdozentenjahr 1879/80 und der Zeit seiner Tätigkeit an den Berliner Museen 1880–1894, hrsg. von A. Greifenhagen, 1965.

Sekundärliteratur

[19] M. Flashar (Hrsg.), Adolf Furtwängler, der Archäologe. Katalogbuch zur Ausst. Freiburg 2003, 2003 [20] G. Lippold, Art. Furtwängler, Johann Adolf Michael, in: NDB 5, 1961, 738–740 [21] R. Lullies, Adolf Furtwängler, 1853–1907, in: Lullies/Schiering Arch. 110–111 [22] V. M. Strocka (Hrsg.), Meisterwerke. Internationales Symposion anlässlich des 150. Geburtstages von Adolf Furtwängler, 2005.

Mathias René Hofter

Furumark, Arne

Schwed. Archäologe. Geb. am 26. 9. 1903 in Oslo als Josef Arne Gert F., gest. am 6. 10. 1982 in Uppsala. Besuch einer Wirtschaftsschule; ab 1925 Studium der alten Sprachen und Arch. an der Univ. Uppsala; Prom. 1939. 1939 ao.Prof., 1951–1970 o.Prof. für Klass. Arch. ebda. 1956/57 Leiter des Schwed. Instituts in Athen.

Werk und Wirkung

F., als Sohn schwedischer Eltern in Norwegen geboren, war zunächst wie sein Vater als Geschäftsmann in Oslo und London tätig. Nach einem Besuch des British Museum beschloss er jedoch, ein altertumswiss. Studium in Uppsala zu beginnen; 1939 promovierte er dort mit einer Arbeit zu den Vorbildern der myk. Keramik [1]. Die Univ. Uppsala blieb bis zu seiner Emeritierung 1970 seine akad. Heimat.

F.s Hauptbeiträge zur Arch. waren seine bahnbrechenden und in mehreren Auflagen publizierten Arbeiten über die stilistische Entwicklung der myk. Keramik [3]; [2]; [9]. Diese bilden nach wie vor die Grundlage für die typologische und chronologische Ordnung dieser Gattung. Aus seiner profunden Kenntnis der Keramik zog F. histor. Schlussfolgerungen und verfasste einen ausführlichen Beitrag zu geschichtlichen Entwicklungen in der Ägäis der späten Bronzezeit [6]. Er beteiligte sich auch an der Erforschung der Linear A- [8] und Linear B-Schriftsysteme und erkannte als einer der Ersten Michael ↗Ventris' Entschlüsselung von Linear B. an [7]. Neben der ägäischen beschäftigte sich F. auch mit der etrusk. Welt [5]. 1947/48 führte er Ausgrabungen in Sinda (Zypern) [10] und 1962/63 in San Giovenale (Toskana) durch. Zu seinen Schülern zählen Robin Hägg, Carl Nylander und Gisela Walberg.

SV: R. Hägg, The Published Writings of Arne Furumark, in: Opuscula Atheniensia 8, 1968, 213–217; 15, 1984, 195.

Schriften

[1] Studies in Aegean Decorative Art. Antecedents and Sources of the Mycenaean Ceramic Decoration (Diss. Uppsala), 1939 [2] The Chronology of Mycenaean Pottery, 1941 (2. Aufl.: Mycenaean Pottery. Bd. 2: Chronology, 1972) [3] The Mycenaean Pottery: Analysis and Classification, 1941 (^{2}1972) [4] The Mycenaean IIIC Pottery and Its Relation to Cypriot Fabrics, in: Opuscula archaeologica 3 (Skrifter utgivna av Svenska institutet i Rom 10), 1944, 194–265 [5] Det äldsta Italien, 1947 [6] The Settlement at Ialysos and Aegean History c. 1550–1400 B. C., in: Opuscula archaeologica 6 (Skrifter utgivna av Svenska institutet i Rom 15), 1950, 150–271 [7] Ägäische Texte in griech. Sprache, in: Eranos 51, 1953, 103–120 (und in 52, 1954, 18–60) [8] The Linear A Tablets from Hagia Triada. Structure and Function, 1976 [9] Mycenaean Pottery, Bd. 3: Plates, hrsg. von P. Åström et al., 1992 [10] Swedish Excavations at Sinda, Cyprus. Excavations … 1947–1948 (mit Charles M. Adelman), 2003.

Sekundärliteratur

[11] R. Hägg, Art. Furumark, Arne (1903–82), in: EHCA 1, 1996, 476 [12] C. Nylander, Arne Furumark, in: Kungl. Vitterhets historie och antikvitets akademien årsbok, 1983, 34–39.

Ann-Louise Schallin (Ü: D. P.)

Fustel de Coulanges, Numa Denis

Franz. Althistoriker und Mediävist. Geb. am 18. 3. 1830 in Paris, gest. am 12. 9. 1889 in Massy.

1850–1853 Studium an der École normale supérieure (ENS) in Paris; 1853–1856 an der École française d'Athènes; Prom. 1858 an der Sorbonne. Ab 1860 Prof. für Gesch. an der Universität Straßburg, ab 1870 an der ENS in Paris; ab 1875 Prof. für Alte Gesch. an der Sorbonne. Ab 1878 Prof. für Gesch. des MA; 1880–1883 Direktor an der ENS.

Werk und Wirkung

F. d. C. verfasste zunächst während eines Aufenthalts auf der Insel Chios eine Arbeit über die Geschichte dieser Insel vom Altertum bis zur Gegenwart [1]. Seine große franz. *thèse de doctorat* behandelte Polybios [2], seine kleinere lat. *thèse* den Vestakult [3], was auf sein bekanntestes Buch, *La cité antique*, vorausweist [4], in dem F. d. C. das heilige Feuer als elementaren Bestandteil der ant. Glaubensvorstellungen behandelte. Nach der Rückkehr nach Paris entstand sein zweites Hauptwerk über die Geschichte der polit. Institutionen im ant. Gallien und frühma. Frankenreich [5]. Darin wollte er zeigen, dass die german. Königreiche als Fortsetzung des Röm. Reiches zu verstehen seien. In Reaktion auf die Kritik daran griff er das Thema noch einmal in sechs Büchern auf [6]; [7]; [8]; [9]; [10]; [11]. Er führte seine Darstellung bis zu Karl d.Gr. fort; sein Tod verhinderte das Fortschreiten bis zum Jahr 1789, das er als Ziel vorgesehen hatte [15.114].

Für F. d. C. sind die Gesellschaftsordnungen mit ihren polit. Institutionen das eigentliche Thema der Geschichtsschreibung (*L'histoire est la sociologie même*) [9.V], doch suche diese hinter den Institutionen zugleich nach der »menschlichen Seele« [4.103]. In [4] beschrieb er den Zusammenhang zwischen der Religion und der sozialen bzw. polit. Ordnung. In seiner Geschichte Galliens bzw. des Frankenreiches behandelte er für jeden zeitlichen Abschnitt mit größter Genauigkeit polit. Macht, Verwaltung, Rechts-, Steuer- und Heerwesen, Kirche, Feudalwesen sowie soziale Beziehungen und Abhängigkeiten. Dabei orientierte er sich an den Schriften von François Guizot und Alexis de Tocqueville. Zu seinen Schülern zählten der Soziologe Émile Durkheim und die Historiker Paul Guiraud, Gustave Bloch, Camille ↗Jullian, Gustave Glotz und Stéphane Gsell. Über sie hat sich sein Einfluss bis auf die Generation von André ↗Piganiol und Jerôme ↗Carcopino fortgesetzt, durch diese wiederum auf die Generation von Claude Nicolet und Robert Turcan, die sich noch heute als Schüler von F. d. C. verstehen [17]. Dieser Einfluss gründet auch in seinem Stil, da er den Ernst der wiss. histor. Forschung mit der großen moralistischen Trad. der franz. Literatur zu verbinden wusste.

Schriften

[1] Mémoire sur l'île de Chio, 1857 [2] Polybe ou la Grèce conquise par les Romains. Thèse présentée à la faculté des lettres de Paris, 1858 [3] Quid Vestae cultus in institutis veterum privatis publicisque valuerit. Thesim proponebat Facultati litterarum Parisiensi, 1858 [4] La cité antique, 1864 ([7]1878) [5] L'Empire romain. Les Germains. La royauté mérovingienne (Histoire des institutions politiques de l'ancienne France, Bd. 1), 1875 [6] La monarchie franque (Histoire des institutions politiques de l'ancienne France, Bd. 3), 1888 [7] L'alleu et le domaine rural pendant l'époque mérovingienne (Histoire des institutions politiques de l'ancienne France, Bd. 4), 1889 [8] Les origines du système féodal. Le bénéfice et le patronat pendant l'époque mérovingienne (Histoire des institutions politiques de l'ancienne France, Bd. 5), 1890 [9] L'invasion germanique (Histoire des institutions politiques de l'ancienne France, Bd. 2), 1891 [10] La Gaule romaine (Histoire des institutions politiques de l'ancienne France, Bd. 1), 1891 [11] Les transformations de la royauté pendant l'époque carolingienne (Histoire des institutions politiques de l'ancienne France, Bd. 6), 1892 [12] Nouvelles recherchers sur quelques problèmes d'histoire, bearb. und erg. von C. Jullian, 1891 (Ndr. 1964) [13] Recherches sur quelques problèmes d'histoire, [2]1893 (Ndr. 1894) [14] Questions contemporaines, [3]1919.

Sekundärliteratur

[15] P. Guiraud, Fustel de Coulanges, 1896 (mit Bibliographie) [16] C. Jullian, Extraits des historiens français du XIXe siècle, 1891 [17] A. Momigliano, La cité antique de Fustel de Coulanges, in: Momigliano Contr., 5, 1975, 159–178 [18] C. Nicolet, La fabrique d'une nation. La France entre Rome et les Germains, 2003 (bes. Kap. 9).

François Richard (Ü: H.Sch.)

Gaiser, Konrad

Dt. Klass. Philologe. Geb. am 26. 11. 1929 in Gerstetten (Kreis Heidenheim/Brenz), gest. am 3. 5. 1988 in Tübingen. 1949–1955 Studium der Klass. Phil., Gesch. und Philosophie an der Univ. Tübingen (mit einem Semester in Basel); 1955 Prom. in Tübingen; 1960 Habil. ebda. 1968 bis zum Tod dort Ordinarius für Klass. Phil. Ab 1974 Mitglied der Heidelberger Akad. der Wiss. sowie Vorsitzender in deren Kommission zum Goethe-Wörterbuch.

Werdegang, Werk und Wirkung

G., Sohn eines Volksschulrektors und von beiden Eltern her Nachkomme von Pfarrern und Missionaren, besuchte nach dem ›Landexamen‹ die Evang.-Theologischen Seminare von Maulbronn und Blaubeuren. Das Studium schloss er sowohl mit dem Staatsexamen (das Referendariat an Gymnasien folgte) als auch mit der Prom. ab. Als Tübinger Prof. war er Nachfolger des für ihn entscheidenden Lehrers Wolfgang ↗Schadewaldt. 1977 lehnte G. einen Ruf nach Wien ab. Nach seiner Neuinterpretation des Neapler Philosophenmosaiks (1980) begann ein intensiver Kontakt mit Forschungsinstitutionen in Neapel, v. a. in Kooperation mit Marcello Gigante.

G.s Arbeiten galten zwei Gebieten: Platon und der hell.-röm. Komödie. Seine Doktorarbeit [1] befasste sich mit der lit. Form der platonischen Dialoge. Belehrt durch die Arbeit seines Tübinger Kollegen Hans-Joachim Krämer über die mündliche Prinzipienlehre Platons (*Arete bei Platon und Aristoteles*, 1959) und damit über die Ergänzungsbedürftigkeit dieser Untersuchung widmete sich G. in seiner Habil.-Schrift dessen ungeschriebener Lehre, d. h. der Rekonstruktion des mündlichen Philosophierens in Platons Schule [2]. Von G.s weiteren Arbeiten ist die zu Platons später Vorlesung über das Gute bes. wichtig [6]. Zu der sog. Neuen Komödie, insbes. Menander und dessen röm. Metamorphosen in den Stücken des Plautus und Terenz, legte G. eine Reihe von Einzelbeiträgen vor, unter denen [5] sowie die Rekonstruktion einer Menanderkomödie hinter dem plautinischen *Miles gloriosus* [3] hervorzuheben sind.

G. war zusammen mit Krämer Begründer und führender Vertreter der sog. Tübinger Platonschule, die weltweit Beachtung und Nachfolge fand und findet. Obwohl nicht unumstritten, hat sich diese Platondeutung philos. und histor. als fruchtbar erwiesen. G.s Schrift über Platons ungeschriebene Lehre samt Rekonstruktion und Edition aller Zeugnisse [2] gilt als bahnbrechende Leistung. Neben dem international anerkannten Platonforscher kann G. auch als Autor produktiver Forschungsbeiträge zur Komödie nicht übersehen werden.

SV: [7. 877–882].

Schriften

[1] Protreptik und Paränese bei Platon (Diss. Tübingen), 1959 [2] Platons ungeschriebene Lehre (Habil.schrift Tübingen), 1963 (2. Aufl. 1968, Ndr. 1998) [3] Zum ›Miles gloriosus‹ des Plautus. Eine neuerschlossene Menander-Komödie und ihre literaturgeschichtliche Bedeutung, in: Poetica 1, 1967, 436–446 (erw. Ndr. in: E. Lefèvre (Hrsg.), Die röm. Komödie: Plautus und Terenz, 1973, 205–248) [4] Bemerkungen eines Gräzisten zum Text des Plautus (Miles gloriosus), in: Silvae. FS für E. Zinn, 1970, 35–50 [5] Zur Eigenart der röm. Komödie. Plautus und Terenz gegenüber ihren griech. Vorbildern, in: ANRW I./2, 1972, 1027–1113 [6] Plato's Enigmatic Lecture ›On the Good‹, 1980 [7] Ges. Schriften, hrsg. von Th. A. Szlezák, 2004.

Sekundärliteratur

[8] H. Flashar, Nachruf auf Konrad Gaiser, in: Gnomon 61/7, 1989, 659–661 [9] C. F. von Weizsäcker, Aus einem Briefwechsel mit Konrad Gaiser und Hans Krämer, in: C. F. von Weizsäcker, Zeit und Wissen, 1992, 1093–1108.

Ernst August Schmidt

Gaisford, Thomas

Brit. Klass. Philologe und Theologe. Geb. am 22. 12. 1779 in Iford Manor (Wiltshire), gest. am 2. 6. 1855 in Oxford. Privatschulbesuch; ab 1797 Studium am Christ Church College in Oxford; Abschluss 1804; 1831 Prom. in Theologie ebda. Ab 1812 Regius Prof. of Greek in Oxford; ab 1831 Dean des Christ Church College.

Werdegang

G. stammte aus einer wohlhabenden Familie und studierte 1797–1804 am Oxforder Christ Church College, u. a. bei Cyril Jackson. Anschließend wurde er hier Tutor, ab 1809 auch Prüfer, widmete sich aber mehr seinen eigenen Studien als der Lehre. 1812 trat er die Nachfolge William Jacksons auf dem *Regius Chair of Greek* in Oxford an; aus internen polit. Gründen wurde er dem Favoriten Peter ↗Elmsley vorgezogen. G. bestand darauf, dass er (wie zu dieser Zeit üblich) als Prof. nicht unterrichten müsse (vgl. etwa Richard ↗Porson in Cambridge); dies wurde bemängelt, aber hingenommen, und mag nicht zum Nachteil der Studenten gewesen sein. Als Geistlicher nahm er von 1823 bis zu seinem Tod Posten als Kanonikus in Llandaff (Worcester) und Durham ein; 1829 lehnte er das Bischofsamt in Oxford ab, konnte aber 1831 das Dekanat im Christ Church College übernehmen, das er bis zu seinem Tod innehatte. 1831 erwarb er noch den Doktorgrad der Theologie.

G. versuchte, die unter den vorhergehenden Dekanen zurückgegangene Disziplin im College zu steigern, konnte allerdings die generell mangelhafte Lehre und die schlechten Prüfungsergebnisse nicht verbessern. Er führte ein hartes Regiment, galt daher als arrogant und tyrannisch und vertrat einen ausgeprägten Konservativismus. Folglich widersetzte er sich den akad. Reformbewegungen seiner Zeit, von denen andere Oxforder Colleges stark profitierten. Sein wenig umgängliches Wesen machte ihn zum Opfer zahlreicher Anekdoten [7]. Laut dem brit. Premierminister William Gladstone war G. ein hervorragender Gelehrter, aber ein schlechter Dekan [7].

Werk und Wirkung

Wesentliche Verdienste erwarb G. um die Bearbeitung insbes. griech. antiker Werke in wiss. Ausgaben und um die Editions-Wiss., die zu seiner Zeit stark in Bewegung war. Einerseits fungierte er im Amt des Regius Prof. automatisch als Kurator der Oxforder Universitätsbibl. (Bodleian Library): Er erwarb für sie mehrere Bücher- und Hss.-Sammlungen (u.a. von Jacques Philippe ↗D'Orville, 1812; Edward Daniel Clarke, 1812; Matteo Luigi Canonici, 1817; Giovanni Saibante, 1820; Gerard Meerman, 1824) und förderte die Katalogisierung der Hss.; bereits 1806 veröffentlichte er den ersten Katalog der griech. Mss. im Besitz der Bodleian Library. Andererseits trieb er für die *Clarendon Press* den Ausbau und die Wiederauflage der *Oxford Classical Texts* (*OCT*) voran und konnte namhafte Forscher für neue wiss. Textausgaben gewinnen, darunter Georg Friedrich ↗Creuzer und Georg Heinrich Moser (Plotin), August Immanuel ↗Bekker (Aristoteles), Wilhelm ↗Dindorf (für Homer mit Scholien, griech. Tragiker mit Scholien, Demosthenes mit Scholien, Scholien zu Aischines und Isokrates, den Rhetor Valerius Harpokration sowie Clemens von Alexandria) und John Antony Cramer (*Anecdota Oxoniensia, Anecdota Parisina*); auch unterstützte er Henry George Liddell und Robert Scott bei der Erstellung des *Greek-English Lexicon.*

G.s Leistung liegt vornehmlich im Bereich der Textedition; dabei hatte er kein Talent für Konjekturen und konnte selbst meist wenig zur Textverbesserung beitragen, sammelte aber unermüdlich zusätzliche Mss. und bemühte sich um die Erschließung von zuvor nicht zugänglichen Schriften. Im Gegensatz zu vielen Kollegen konzentrierte er sich auch auf weniger prominente und spätantike griech. Autoren sowie auf Hilfstexte wie Lexika und Scholien; dadurch gewann er weitreichenden Einfluss auf Editionen anderer Texte. Seine eigenen Ausgaben betreffen u.a. Euripides (*Alkestis, Elektra, Andromache*), Cicero, Hephaistion (erste fundierte Ausgabe seit 1553) [1], die *Poetae minores Graeci* [2], Aristoteles (*Rhetorik*, 1820), Herodot (1824), Sophokles (1826; Scholien dazu 1825), die *Scriptores Latini rei metricae* (1837) und patristische Texte, darunter die *Graecarum affectionem curatio* (1839), Theodorets Kirchengeschichte (1854) sowie die *Eclogae propheticae* (1842), *Praeparatio evangelica* (1843) und *Demonstratio evangelica* (1852) des Eusebios. Die größte Nachwirkung hatten seine Editionen von Stobaios [3], der *Suda* [4] und der griech. Sprichwörter [5] sowie des *Etymologicum Magnum* [6].

G.s Nachfolger als Regius Prof. war Benjamin ↗Jowett. Zu Ehren G.s wird seit 1855 der *Gaisford Prize* verliehen, u.a. für die Übersetzung von engl. Texten ins Griechische.

Schriften

[1] Hephaestionis Alexandrini Enchiridion (Edition), Oxford 1810 (erw. Aufl. Oxford 1823) [2] Poetae minores Graeci, 4 Bde. (Edition), Oxford 1814–1820 (Neuaufl. 1823) [3] Joannis Stobaei Florilegium, 4 Bde. (Edition), Oxford 1822 (erw. Aufl. Leipzig 1823/24) [4] Suidae Lexicon, 3 Bde. (Edition), Oxford 1834 (u.ö.) [5] Paroemiographi Graeci (Edition), 1836 (Ndr. 1962 u.ö.) [6] Etymologicum Magnum (Edition), 1848 (Ndr. 1962 u.ö.).

Sekundärliteratur

[7] H. Lloyd-Jones, Thomas Gaisford, in: H. Lloyd-Jones (Hrsg.), Blood for the Ghosts, 1982, 81–102 [8] H. Lloyd-Jones, Art. Gaisford, Thomas, in: Oxford Dictionary of National Biography 21, 2004, 283–285 [9] Sandys Hist., Bd. 3, 1958, 395–397.

U.C.A. Stephan

García y Bellido, Antonio

Span. Klass. Archäologe. Geb. am 10.2.1903 in Villanueva de los Infantes, gest. am 26.9.1972 in Madrid. 1931–1972 Lehrstuhl für Klass. Arch. in Madrid; 1951–1972 Direktor des Instituto de Arqueología Rodrigo Caro des Consejo Superior de Investigaciones Científicas (CSIC). 1945 Mitglied der Real Acad. de la Historia; 1946 ordentliches Mitglied der Hispanic Society of America in New York.

Werdegang, Werk und Wirkung

Nach der Berufung auf seine Madrider Professur (1931) vervollständigte G.B. seine Ausbildung durch mehrere Studienaufenthalte in Deutschland, bes. bei Gerhart ↗Rodenwaldt in Berlin. Ab 1934 war er ordentliches Mitglied des DAI und ab 1940 Mitglied der Arch. Gesellschaft zu Berlin. Nach dem Span. Bürgerkrieg behielt er seine Stellung; daneben diente er ab 1951 dem CSIC als Direktor des Instituto de Arqueología Rodrigo Caro. Er begründete die Zeitschriften *Archivo español de arqueología* (1940) sowie *Hispania antiqua epigraphica* (1953) und zählte zu den treibenden Kräften der *Bibliotheca Archeologica.* Für einige Jahre übernahm er das *Corpus signorum Imperii Romani.* Unter seiner Leitung wurde das *Corpus de Mosaicos de España* begonnen.

G.B. war ein außerordentlich umtriebiger Reisender und Ausgräber. Zu den zahlreichen von ihm erforschten Grabungsplätzen gehören Iuliobriga (Kantabrien), Castro de Coaña (Asturien) und Ampurias (Katalonien). Sein Werk umfasst praktisch alle Themen der Archäologie und Geschichte der Iber. Halbinsel, dazu die Archäologie Griechenlands und Roms [1]; [2]. Seine großen Gesamtdarstellungen schrieb er in den 1940er und 1950er Jahren [3]; [6]; [7]; [9]; [10]. Zu seinen populäreren Büchern zählen [4]; [11]. Eine Konstante in seinem Werk ist sein Patriotismus. Aus der großen Zahl seiner Schüler sind u.a. Augusto Fernández Avilés, Concepción Fernández-Chicarro, Antonio Blanco Freijeiro und José María Blázquez Martínez zu nennen.

SV: [15].

N: Alcalá de Henares, Archivo General de la Administración; Madrid, Archivo del Consejo Superior de Investigaciones Científicas; Madrid, Archivo de la Residencia de Estudiantes; Ciudad Real, Universidad de Castilla-La Mancha, Archivo Universitario.

Schriften

[1] La arquitectura romana, 1929 [2] Los hallazgos griegos de España, 1936 [3] Fenicios y Carthagineses en Occidente, 1942 [4] España y los españoles hace dos mil años, 1945 [5] Ars Hispaniae (mit M. Almagro Basch), 1947, 137–338 [6] Hispania Graeca, 3 Bde., 1948 [7] Esculturas romanas de España y Portugal, 2 Bde., 1949 [8] Protohistoria. Tartessós, in: R. Menéndez Pidal (Hrsg.), Historia de España, Bd. 1/2: España Protohistórica. La España de las invasiones Célticas. El mundo de las colonizaciones, 1949–1952, 281–680 [9] Arte Romano, 1955 [10] Les religions orientales dans l'Espagne romaine, 1967 [11] Veinticinco estampas de la España antigua, 1967.

Sekundärliteratur

[12] J. Blánquez Pérez / M. Pérez Ruiz (Hrsg.), Antonio García y Bellido. Miscelánea (Ausst.kat.; Serie Varia 5), 2004 [13] M.P. García-Bellido, Prólogo, in: A. García y Bellido, España y los españoles hace dos mil años según la Geografía de Estrabón, 1993, 9–53 [14] G. Pasamar Alzuria / I. Peiró Martín, Art. Antonio García y Bellido, in: Diccionario Akal de historiadores españoles contemporáneos (1840–1980), 2002, 273–274 [15] E. Ripoll Perelló, Profesor Antonio García y Bellido (1903–1972), in: Ampurias 33–34, 1971–1972, 433–441.

Margarita Díaz-Andreu (Ü: W.M.)

Gardiner, Alan H.

Brit. Ägyptologe. Geb. als Alan Henderson G. am 29.3.1879 in Eltham (London), gest. am 19.12.1963 in Iffley (Oxford). Schulzeit in London; 1895/96 Studienaufenthalt in Paris; 1897–1901 Studium der Klass. Philologie, des Hebräischen und Arabischen in Oxford. 1902–1911 privater Forschungsaufenthalt in Berlin; ab 1912 Privatgelehrter in London, ab 1946 in Oxford; 1948 zum Ritter (Knight Bachelor) geschlagen (Sir Alan).

Werdegang

G. war der Sohn eines vermögenden, im Textilgroßhandel tätigen Geschäftsmannes. Sein Werdegang war durch das väterliche Interesse an einer guten Allgemeinbildung, sein Lebensweg durch Selbstbewusstsein sowie die materielle Unabhängigkeit gekennzeichnet. Autodidaktische Studien, Kontakte zu Walter Ewing ↗Crum und kurzzeitiger Privatunterricht bei Francis Llewellyn Griffith ließen ihn den Weg zur ägypt. Philologie finden, dem Arbeitsgebiet, auf dem er später Spitzenleistungen erbringen sollte. Bei einem Studienaufenthalt in Paris hörte er 1895/96 Vorlesungen Gaston ↗Masperos, dessen geistvolle, jedoch philol. Details großzügig behandelnde und damit den Vorstellungen G.s von grammatischer Exaktheit widersprechende Darstellung des Stoffes ihn umso mehr enttäuschte, als er gerade Masperos wegen nach Paris gekommen war. Danach studierte er auf Wunsch des Vaters in Oxford, wo damals Ägyptologie noch nicht gelehrt wurde, Klass. Philologie, Hebräisch und Arabisch. Schließlich zog es ihn in das zeitgenössische Mekka der ägypt. Philologie, Berlin, wo er sich bei Adolf ↗Erman an der Verzettelung der Texte für das Wörterbuch der ägypt. Sprache beteiligte und sich ansonsten seinen ägyptologischen Privatstudien widmete. 1912 kehrte er nach England zurück, aus familiären Gründen, aber auch aus Enttäuschung darüber, dass ihm beim Berline Wörterbuch-Projekt keine offizielle Position eingeräumt werden konnte. Auf einen Broterwerb nicht angewiesen, betrieb er bis zu seinem Lebensende, unterstützt durch bezahlte Zuarbeiter, seine privaten Forschungen und entfaltete markante Aktivitäten in der brit. und internationalen Ägyptologie.

Werk und wissenschaftliche Leistung

G.s Arbeitsschwerpunkt lag auf dem Gebiet der Edition und Bearbeitung von ägypt. Texten, namentlich solcher in hieratischer Schrift. Daneben hatte er wesentlichen Anteil an der Dokumentation und Publikation von feldarch. Befunden und von Museumsbeständen. Seine zahlreichen und umfänglichen, Maßstäbe setzenden Veröffentlichungen zeugen von einer peniblen Arbeitsweise. Sie belegen damit aber auch, dass er nicht der geborene Lexikograph war, als der er sich am Berliner Wörterbuch-Unternehmen sah und als der er 1947, in der Einleitung zu seinen *Ancient Egyptian Onomastica* [4] noch einmal autoritativ den Fortgang der ägypt. Lexikographie regeln zu müssen glaubte. Hierzu fehlte ihm, was den geborenen Lexikographen ausmacht: der Sinn für Auswahl des Charakteristischen, der Verzicht auf marginale Details. So ist auch nicht verwunderlich, dass G. den

Beitrag zur ägypt. Lexikographie, den er sich 1947 selbst zugedacht hatte, nicht lieferte.

G.s bedeutendste Einzelleistung ist seine ägypt. Grammatik, mit dem Zusatz *Introduction to the Study of Hieroglyphs* [2]. Tatsächlich handelt es sich um ein Buch, das hervorragend als Einführung geeignet ist, im universitären Unterricht und im Selbststudium. Es ist zugleich aber auch eine Referenzgrammatik. 1927 in erster Auflage erschienen, in der zweiten Auflage von 1950 noch einmal punktuell überarbeitet und in einer dritten, modifizierten Auflage 1957 zuletzt vorgelegt, trat sie ihren durch vielfache Nachdrucke bezeugten Siegeszug an, als ihre theoretischen Ansätze langsam zu bröckeln begannen. Das Werk ist indes nach mehr als 80 Jahren als Einführung immer noch nicht zu verschmähen und als Referenzgrammatik nach wie vor unverzichtbar, nicht zuletzt wegen der darin enthaltenen hieroglyphischen Zeichenliste.

Als seine größte Leistung schätzte G. selbst die Entzifferung der Sinai-Schrift ein, über die die semitischen Alphabetschriften auf die ägypt. Schrift zurückgeführt werden konnten [1]. Das Alterswerk [5], G.s erste und einzige zusammenfassende Darstellung des alten Ägypten, ist eine mit Alexander dem Großen endende Dynastien- und Pharaonengeschichte, geschrieben zu einer Zeit, als zunehmend andere Aspekte des alten Ägypten in den Mittelpunkt des Interesses rückten. G.s allgemein-linguistische Beiträge wie [3] bewegten sich im Rahmen der zeitgenössischen europ. Linguistik-Diskussion.

SV: R.O. Falkner, in: Journal of Egyptian Archaeology 35, 1999, 1–12.

M: My Working Years, 1962 (Privatdruck).

Schriften

[1] The Egyptian Origin of the Semitic Alphabet, in: The Journal of Egyptian Archaeology 3, 1916, 1–21 [2] Egyptian Grammar, Being an Introduction to the Study of Hieroglyphs, 1927 (^{2}1950; ^{3}1957 u.ö.) [3] Theory of Speech and Language, 1932 (^{2}1952) [4] Ancient Egyptian Onomastica, 3 Teile, 1947 (Ndr. 1968) [5] Egypt of the Pharaos, 1962 [6] My Early Years, o.J., 1962 (?; Ndr. 1986).

Sekundärliteratur

[7] Art. Gardiner, Sir Alan Henderson, in: WWE, 160–162 [8] J. Černý, Sir Alan Gardiner, in: Proc. of the British Acad. 50, 1964, 262–274 [9] J. Černý, Alan H. Gardiner, in: The American Philosophical Society. Year Book 1965, 1966, 156–166.

Wolfgang Schenkel

Gardner, Ernest Arthur s. Gardner, Percy

Gardner, Percy

Brit. Klass. Archäologe. Geb. am 24.11.1846 in Hackney bei London, gest. am 17.7.1937 in Oxford. Schulbesuch in London; 1862 Eintritt in die väterliche Börsenmaklerfirma. 1865–1869 Studium von *Classics* und *Moral Science* am Christ's College in Cambridge, nach einer Europareise Fellow ebda. und 1880–1887 Disney-Prof. für Arch. in Cambridge; gleichzeitig 1871–1887 Assistant Keeper am Department of Coins and Medals des British Museum. 1887–1925 Lincoln-Prof. für Klass. Archäologie in Oxford.

Werk und Wirkung

Obwohl ohne einschlägige Fachausbildung, begann G. seine Laufbahn als Numismatiker. An sechs Bänden des griech. Münzkatalogs des British Museum war er als Autor oder Koautor beteiligt. Daneben verfasste er weitere grundlegende numismatische Werke [1]; [2]. V.a. nach seinem Wechsel nach Oxford galt sein Hauptinteresse der griech. Kunstgeschichte, die er stets in ihrem histor. bzw. kulturhistor. Zusammenhang betrachtet wissen wollte [6]; [8]; [9]. Aufmerksam die Entwicklung der arch. Forschung in Deutschland und anderen europ. Ländern verfolgend [4], setzte er sich entschieden für die Institutionalisierung der Klass. Archäologie im brit. Universitätswesen [3] und sogar im Schulunterricht [7] ein. Der Aufstieg Oxfords zu einem Weltzentrum der arch. Forschung ist entscheidend G.s Engagement und seiner großen Schülerschaft, zu der auch John Davidson ↗Beazley zählte, zu verdanken [10]. Neben seinen arch. Werken publizierte G., der aus einem streng relig. Elternhaus stammte und zeitlebens kirchenpolitisch aktiv war, auch zahlreiche theologische Schriften.

Sein jüngerer Bruder Ernest Arthur G. (1862–1939), Epigraphiker und Archäologe, leitete 1887–1895 die British School at Athens und grub in Naukratis, Zypern sowie Megalopolis, bevor er 1896–1929 als Yates-Prof. für Klass. Archäologie an das Univ. College London berufen wurde. Dort arbeitete er eng mit dem Ägyptologen Wiliam M. Flinders ↗Petrie zusammen und zählte u.a. Mortimer ↗Wheeler zu seinen Schülern.

M: Autobiographica (1933).

N: Oxford, Ashmolean Museum und Bodleian Library.

SV: [9.356–362] (nur arch. und numismatische Schriften).

Schriften

[1] The Types of Greek Coins. An Archaeological Essay, 1883 [2] Numismatic Commentary on Pausanias (mit F. Imhoof-Blumer), 1887 [3] Classical Archaeology at Oxford, 1889 [4] New Chapters in Greek History. Historical Results

of Recent Excavations in Greece and Asia Minor, 1892 [5] Catalogue of the Greek Vases in the Ashmolean Museum, 1893 [6] Sculptured Tombs of Hellas, 1896 [7] Classical Archaeology in Schools (mit J. L. Myres), 1902 [8] A Grammar of Greek Art, 1905 (Neufassung 1914: The Principles of Greek Art) [9] New Chapters in Greek Art, 1926.

Sekundärliteratur

[10] J. Boardman, 100 Years of Classical Archaeology in Oxford, in: D. von Bothmer et al. (Hrsg.), Beazley and Oxford, 1985, 43–55 [11] J. M. C. Toynbee / H. D. A. Major, Art. Gardner, Percy, in: Oxford Dictionary of National Biography 21, 2005, 464–465.

Daniel Graepler

Gardthausen, Victor

Dt. Althistoriker und Paläograph. Geb. am 26. 8. 1843 in Kopenhagen, gest. am 27. 12. 1925 in Leipzig. Schulbesuch in Altona; Studium in Kiel und Bonn; Prom. 1868 in Kiel; Habil. 1873 in Leipzig. Zunächst Bibliothekar und PD in Leipzig; 1877 ao.Prof. für Alte Gesch. und Epigraphik, 1891 Direktor des Seminars für Alte Gesch. ebda. 1907 Aufgabe des Bibliotheksdienstes; 1920 Honorar-Prof. für Alte Gesch. in Leipzig.

Werk und Wirkung

G. studierte von 1865 bis 1868 Alt.wiss. in Kiel sowie u. a. bei Arnold ↗Schaefer und Heinrich ↗Nissen in Bonn. Seiner Diss. [1] folgte die Leipziger Habil. [2] und eine Gesamtausgabe des Ammianus Marcellinus [3]. Neben seinem Dienst an der Univ.-Bibliothek und der Tätigkeit als ao.Prof. in Leipzig verfasste G. eine dreibändige Monographie über Augustus [4], die einen Schwerpunkt seiner Forschungen widerspiegelt. Darin verwarf er dezidiert die Vorstellung des Prinzipats als einer *res publica restituta*. In seiner auch in der Lehre intensiven Auseinandersetzung mit dem *Monumentum Ancyranum* behandelte er neben der epigraphischen Methodik stets das Spannungsverhältnis von Legitimation und Fiktion, um die Eigenart der augusteischen Alleinherrschaft zu charakterisieren.

Der zweite Schwerpunkt von G.s Forschungen lag auf dem Gebiet der griech. Handschriftenkunde. 1879 zuerst, dann 1911–1913 völlig überarbeitet vorgelegt, wurde seine *Griech. Paläographie* zum unentbehrlichen Standardwerk dieses Forschungszweigs [7]. Schriften zur Epigraphik, Numismatik, Archäologie [5] sowie Bibliothekswiss. [8] belegen G.s vielfältigen wiss. Interessen. Der Wissenschaftlerin Marie Vogel stellte G. sein gesammeltes Material zur Verfügung und gab mit ihr gemeinsam einen Band zur Paläographie des MA und der Renaissance heraus [6].

M: Victor Gardthausen, in: S. Steinberg et al. (Hrsg.), Die Geschichtswissenschaft der Gegenwart in Selbstdarstellungen, Bd. 2, 1926, 84–110.

Schriften

[1] Coniectanea Ammianea codice adhibito Vaticano (Diss. Kiel), 1869 [2] Die geographischen Quellen Ammians, 1873 [3] Ammianus Marcellinus. Rerum gestarum libri qui supersunt, 2 Bde. (Edition), 1874–1875 [4] Augustus und seine Zeit, 3 Bde., 1891–1904 [5] Der Altar des Kaiserfriedens. Ara Pacis Augustae, 1908 [6] Die griech. Schreiber des Mittelalters und der Renaissance, 1909 (mit M. Vogel) [7] Griech. Paläographie, 2 Bde., ²1911–1913 (¹1879) [8] Hdb. der wissenschaftlichen Bibliothekskunde, 1920.

Sekundärliteratur

[9] G. Baader, Art. Gardthausen, Victor Emil, in: NDB 6, 1964, 71–72 [10] A. Heisenberg, Nachruf, in: Byzantinische Zeitschrift 26, 1926, 251.

Christian Wendt

Gaza, Theodorus

Theodoros Gazes; griech. Humanist. Geb. um 1410 in Thessaloniki, gest. um 1475 in San Giovanni a Piro (Kampanien). 1422/23 Studium in Konstantinopel. 1440 Übersiedlung nach Italien; 1442 Kopist in Mailand; 1443 Griech.-Lehrer in Mantua; 1446 Griech.-Prof. an der Univ. Ferrara, 1448/49 Rektor. 1450 Tätigkeit als Prof. und Übersetzer in Rom; 1455 am Hofe Alfons' I. von Neapel; ab 1467 wieder in Rom; 1474 Rückzug ins Kloster von San Giovanni a Piro.

Werk und Wirkung

G. kam früh nach Konstantinopel und schlug dort die geistliche Laufbahn ein. In Italien konvertierte er zum Katholizismus. Dort unterhielt er eine enge Freundschaft mit Francesco ↗Filelfo, der ihn unterstützte und ihm verschiedene Posten vermittelte. So arbeitete G. 1442 zunächst bei Filelfo in Mailand als Kopist griechischer Hss.; Filelfo selbst wiederum war zuvor einige Jahre in Konstantinopel gewesen, um dort Griech. zu studieren und griech. Hss. für Italien zu erwerben. 1443 ging G. nach Mantua, um dort bei ↗Vittorino da Feltre gründlich Latein zu lernen, das er nach drei Jahren Unterricht perfekt beherrschte. Anschließend erhielt er auf Betreiben Giovanni ↗Aurispas einen Ruf als Griech.-Prof. an die neu eröffnete Univ. in Ferrara, zu deren Rektor er schließlich gewählt wurde. Einen Ruf nach Florenz lehnte er ab.

Vermutlich in Ferrara verfasste G. seine 1495 von Aldus ↗Manutius gedruckte griech. Grammatik [1]. Der humanistisch gesinnte Papst Nikolaus V. holte ihn 1450 als Prof. der Philosophie nach Rom, wo G. in den Humanistenkreis um Kardinal Basilius ↗Bessarion aufgenommen wurde [4] und im päpstlichen

Auftrag griech. Autoren ins Lateinische übersetzte (Aristoteles' naturphilos. Schriften, Theophrast, Hippokrates). Auch nach dem Tod Nikolaus' V. und der Aufgabe der Professur kehrte G. immer wieder zu wiss. Studien nach Rom zurück: So arbeitete er u.a. an Ausgaben von lat. Autoren wie Plinius oder Gellius und übertrug auch Schriften Ciceros ins Griechische (*Somnium Scipionis, Cato Maior, Laelius*). Durch seine Lehrtätigkeit, seine griech. Grammatik und die lat. Übersetzungen von griech. Autoren trug G. zur Verbreitung der griech. Sprachkenntnisse im 15. Jh. bei, machte aber zugleich auch die griech. Philosophie einem nur lateinkundigen Publikum bekannt.

Schriften

[1] Theodori introductivae grammatices libri quattuor, Venedig 1495.

Sekundärliteratur

[2] A. Gercke, Theodoros Gazes, 1903 [3] J. Irmscher, Janus Pannonius und Theodoros Gazes, 1972 [4] L. Mohler, Kardinal Bessarion als Theologe, Humanist und Staatsmann, Bd. 3, 1942 [5] Voigt Wied., Bd. 2, 1893, 143–148.

Peter Kuhlmann

Gelb, Ignace Jay (Jerzy)

Poln.-amerikan. Altorientalist und Assyriologe. Geb. am 14.10.1907 als Jerzy G. in Tarnow/h. Polen, gest. am 22.12.1985 in Chicago. 1925–1929 Studium der Alt.wiss., Semitistik, Linguistik, und Assyriologie in Rom bei Giorgio Levi della Vida und Karl ↗Beloch; dort Prom. 1929. Ab 1932 Research Assistant am Oriental Institute der Univ. of Chicago; ab 1937 Assistant Prof., ab 1943 Prof., ab 1965 Frank P. Hixon Distinguished Service Prof. ebda.; Emeritierung 1980.

Werk und Wirkung

G., Sohn eines Offiziers in der österr.-ungar. Armee, verließ seine Heimat, um die Kunst der Renaissance in Florenz zu studieren. Sehr bald zog es ihn zum Studium der Altorientalistik nach Rom. 1932–1935 unternahm er Reisen in der Türkei, was sich in zwei wichtigen Monographien niederschlug [1]; [2]. Zwei wenig erforschte altoriental. Ethnien (Hurriter und Subaräer) waren Gegenstand zweier weiterer Monographien [3]; [4]. Später widmete er sich der Sprache der Amoriter [9]. Während des Zweiten Weltkrieges diente er in der US-Armee und im Office of Strategic Services.

Neben Thorkild ↗Jacobsen, dem Direktor des Chicagoer Oriental Institute, führte G. das *Chicago Assyrian Dictionary*, ein 1921 begonnenes und inzwischen fast vollendetes 26-bändiges Wörterbuch der akkad. Sprache, in eine neue Epoche (vgl. Adolph Leo ↗Oppenheim). Er schrieb Musterartikel und betrieb erfolgreich die internationale Zusammenarbeit. Seine Arbeit am Wörterbuch führte ihn zum Studium der ältesten Phase des Akkadischen. Seine linguistische und philol. Forschung war der Ausgangspunkt für seine Beschäftigung mit der sozialen und wirtschaftlichen Geschichte des frühen Mesopotamien (3. Jt.), wozu er mehrere grundlegende Artikel veröffentlichte, die schließlich in seinem postum erschienenen Werk zu den mesopot. Landbesitzverhältnissen im frühen 3. Jt. gipfelten [10].

G.s Studie zum System aller in der Welt bekannten Schriftsysteme war komparativer Natur [5]. Mit der Entdeckung der aus dem späteren 3. Jt. stammenden Texte aus dem syr. Ebla wurde G. zum führenden Erforscher von dessen Sprache. Er entwickelte eine neue umfassende Sichtweise der frühen Geschichte semitisch sprechender Völker Mesoptamiens und benachbarter Regionen.

G.s Arbeiten zeichnen sich durch seine Genauigkeit, die Breite seiner Betrachtungsweise, seine Originalität und umfangreiche Dokumentation aus. Er war ein generöser und inspirierender Lehrer für eine ganze amerikan. Assyriologengeneration.

SV: J. Hayes, in: Orientalia 42, 1973, 1–8.

N: Oriental Institute of the Univ. of Chicago.

Schriften

[1] Hittite Hieroglyphs, 3 Bde., 1931–1942 [2] Inscriptions from Alishar and Vicinity (Edition), 1935 [3] Nuzi Personal Names (mit P.M. Purves und A.A. MacRae), 1943 [4] Hurrians and Subarians, 1944 [5] A Study of Writing, 1952 [6] Old Akkadian Writing and Grammar, 1952 [7] Glossary of Old Akkadian, 1957 [8] Sequential Reconstruction of Proto-Akkadian, 1969 [9] Computer-Aided Analysis of Amorite, 1980 [10] Land Tenure Systems in the Near East (mit P. Steinkeller und R. Whiting), 1989.

Sekundärliteratur

[11] B.R. Foster, Art. Gelb, Ignace Jay, in: American National Biography 8, 1999, 835–837 [12] R. Whiting, Ignace Jay Gelb, in: AfO 34, 1987, 249–251.

Benjamin Read Foster (Ü: J.R.)

Gelzer, Matthias

Schweizer.-dt. Klass. Philologe und Althistoriker. Geb. am 19.12.1886 in Liestal (Baselland), gest. am 23.7.1974 in Frankfurt a.M. Nach dem humanistischen Gymnasium in Basel 1905–1907 Studium der Klass. Philologie in Basel bei Friedrich ↗Münzer, 1907–1909 in Leipzig; 1910 Prom. ebda. bei Ulrich ↗Wilcken; 1912 Habil. in Freiburg. 1915–1918 Prof. für Alte Gesch. in Greifswald, 1918/19 in Straßburg, 1919–1955 in Frankfurt a.M.; 1924/25 Rektor der Univ. ebda.; 1955 emeritiert.

Werk und Wirkung

G., dessen Urgroßvater, Großväter und Onkel Professoren für alt.wiss. Fächer waren, gehörte zu den bedeutendsten dt.sprachigen Althistorikern des 20. Jh.s. Nach seiner Diss. über das byz. Ägypten [1] wandte er sich seinem Hauptforschungsschwerpunkt zu, der Röm. Republik. 1912 entstand seine epochemachende Habil.-Schrift bei Ernst ↗Fabricius in Freiburg zur Nobilität dieser Epoche [2]. Das hier entwickelte Modell von »Nah- und Treueverhältnissen« war dezidiert als ein sozialgeschichtliches Gegenstück zu Theodor ↗Mommsens *Staatsrecht* gedacht und durchdrang auch G.s zahlreiche oft grundlegende prosopographische Arbeiten [11]. Sein wiss. Denken war methodisch insbes. von der Klass. Philologie bestimmt [9]; Genauigkeit, Stoffbeherrschung und sprachliche Klarheit ohne jedes Pathos bestimmten seine Arbeiten [10]. Der daraus resultierende Ruhm in der Fachwelt verschaffte ihm u. a. Rufe nach Göttingen, Heidelberg oder Freiburg. Während der NS-Zeit brachte G. – mit nur gelegentlichen Zugeständnissen in seinen Schriften – die Univ. Frankfurt, der er von 1919 bis zu seiner Emeritierung 1955 als Prof. für Alte Geschichte angehörte und deren Rektor er 1924/25 gewesen war, durch alle Fährnisse [12]. Insbes. seine Arbeiten zu Caesar [3], Pompeius [4] und Cicero [6] sind nach wie vor grundlegend.

Schriften

[1] Studien zur byzantinischen Verwaltung Ägyptens (Diss. Leipzig), 1909 [2] Die Nobilität der röm. Republik, 1912 (Ndr. 1983) [3] Caesar, der Politiker und Staatsmann, 1921 (⁷2008) [4] Pompeius. Lebensbild eines Römers, 1949 (³2005) [5] Kleine Schriften, 3 Bde., 1962 [6] Cicero. Ein biographischer Versuch, 1969 (²1983).

Sekundärliteratur

[7] J. P. V. D. Balsdon, Obituary: Matthias Gelzer, in: JRS 64, 1974, 221 [8] E. Baltrusch, Matthias Gelzer und sein Caesar, in: M. Gelzer, Caesar, der Politiker und Staatsmann, ⁷2008, IX–XXIII [9] J. Bleicken et al., Matthias Gelzer und die Röm. Geschichte, 1977 [10] Christ Klio, 44–45 [11] E. Herrmann-Otto, Forschungsbericht 1984–2005 zur Neuauflage 2005, in: M. Gelzer, Pompeius. Lebensbild eines Römers, ³2005, 7–18 [12] H. Strasburger, Nachruf auf Matthias Gelzer, in: Gnomon 47, 1975, 817–824.

Ernst Baltrusch

Georges, Karl Ernst

Dt. Klass. Philologe und Lexikograph. Geb. am 26. 12. 1806 in Gotha, gest. am 25. 8. 1895 ebda. Besuch der Gymnasien in Gotha und Nordhausen; 1826–1828 Studium der Klass. Phil. in Göttingen, danach in Leipzig. Aufgrund seines dt.-lat. Wörterbuchs 1835 Prom. in Jena; 1839–1856 Oberlehrer am Realgymnasium in Gotha; 1863 Verleihung des Professorentitels.

Werk und Wirkung

Schon als Schüler von seinen Lehrern (u. a. Valentin Rost und Friedrich Karl Kraft) in seiner Neigung zu lexikalischen Arbeiten gefördert, wurde G. 1828 in Leipzig Mitarbeiter Georg Heinrich Lünemanns, der an einer Neuauflage des Scheller'schen lat.-dt. und dt.-lat. Lexikons arbeitete. Nach Lünemanns Tod 1830 gab G. 1837 die achte (gleichzeitig die erste unter seinem Namen erschienene) Auflage des Lexikons heraus, der wiederum sechs weitere, in der Regel komplette Neubearbeitungen, folgten (seit 1869/70 unter dem Titel [3]). Die von seinem Sohn Heinrich besorgte achte Auflage (1912/13) des lat.-dt. Teils erscheint bis heute als Nachdruck. Von seinen dt.-lat. Wörterbüchern findet v. a. das *Kleine Handwörterbuch* [2] (siebte Auflage 1911 von Heinrich G.) weiterhin Verwendung.

In den Jahren 1854–1864 begann G. mit ersten Arbeiten an einem *Thesaurus der klassischen Latinität* und wurde so zum Wegbereiter dieses 1893 von Eduard von Wölfflin endgültig in Angriff genommenen und bis heute fortgesetzten Mammutwerks (*Thesaurus Linguae Latinae*). G., von dem nur eine einzige Reise zur Philologenversammlung in Hannover bezeugt ist, stand dennoch in Kontakt mit zahlreichen Kollegen (u. a. Karl Friedrich Ameis, Moritz Ludwig Seyffert); einige seiner Lexika wurden u. a. ins Niederl. und Engl. übersetzt. Für den zeitgenössischen Schulgebrauch (Vergil; Cornelius Nepos) gab er diverse Speziallexika heraus.

Schriften

[1] Zur Lehre vom Übersetzen aus dem Lateinischen in's Deutsche (Schulprogramm Gotha), 1852 [2] Kleines lat.-deutsches und deutsch-lat. HWB, 1864 (u.ö.) [3] Ausführliches lat.-deutsches und deutsch-lat. HWB. Aus den Quellen zusammengetragen und mit besonderer Bezugnahme auf Synonymik und Antiquitäten unter Berücksichtigung der besten Hülfsmittel, 4 Bde., ⁷1879–1882.

Sekundärliteratur

[4] G. Baader, Art. Georges, Karl Ernst, in: NDB 6, 1964, 241–242 [5] M. Berbig, Art. Georges, Karl Ernst, in: ADB 49, 1904, 288–290 (Korr.: Bd. 55, S. 895) [6] E. von Wölfflin, Karl Ernst Georges, in: Archiv für Lat. Lexikographie und Grammatik mit Einschluß des Älteren Mittellateins 9, 1896, 623–624.

Oliver Schelske

Gerhard, Eduard

Dt. Klass. Archäologe. Geb. am 29. 11. 1795 in Posen, gest. am 12. 5. 1867 in Berlin. 1812–1815 Studium der Philologie in Breslau und Berlin, dort 1815 Prom. (die erste an dieser 1810 gegr. Univ.); 1816 Habil. in Breslau. 1816/17 Gymnasialprof. in Posen; 1817–1820 Reisen in Deutschland, in der Schweiz, Frankreich und Italien. 1822–1826 Aufenthalt in Rom; 1826 Rückkehr nach Deutschland; 1828–1832 erneut in Rom, dort 1829 Gründung des Instituto di Corrispondenza Archeologica. Ab 1832 ständiger Wohnsitz in Berlin; 1832 korrespondierendes, 1835 ordentliches Mitglied der Berliner Akad. der Wiss.; 1833 »Archäolog des Königlichen Museums«. 1843 ao., ab 1844 o.Prof. für Arch. an der Univ.; ab 1855 Direktor der Skulpturensammlung der Museen in Berlin.

Wissenschaftlicher Werdegang

G. war Sohn des Juristen Johann D.F. Gerhard und mütterlicherseits Enkel des bekannten Hallenser Theologieprof. Johann August Nösselt. Die Schule besuchte er in Breslau und Halle. Als Student in Berlin hörte er Vorlesungen u.a. bei Friedrich Carl von ↗Savigny, Friedrich August ↗Wolf, Friedrich Daniel ↗Schleiermacher und Immanuel ↗Bekker, wurde aber am nachhaltigsten von August ↗Boeckh beeinflusst, bei dem er über Apollonios Rhodios promovierte. G.s Interessen waren zunächst rein philol. Natur; Bemühungen um eine Univ.-Karriere auf diesem Gebiet scheiterten jedoch.

Nach dem Ausscheiden aus dem Schuldienst aus Krankheitsgründen hielt er sich bis 1820 wegen eines lebenslangen Augenleidens auf Kurreisen in mehreren Ländern Europas auf; in Italien entdeckte er die materielle (G.: »monumentale«) Überlieferung der Antike als Forschungsgegenstand. Finanzielle Unterstützung boten sein Ruhegeld sowie das »Reisegeld«, gewährt vom preuß. Ministerium. Mit Unterbrechungen ließ er sich 1822–1832 in Rom nieder und wurde hier endgültig zum Archäologen. Beeinflusst von der »Sachphilologie« seines Lehrers Boeckh, entwickelte er das Konzept einer ›monumentalen Philologie‹, das er später mehrfach darlegte: möglichst vollständige Erfassung aller materiellen Relikte, ihre Beschreibung und Abbildung in Corpora und, in enger Verbindung mit den Schriftquellen, ihre Interpretation als Zeugnissen realen ant. Lebens und Denkens. Das war eine klare Abkehr von Johann Joachim ↗Winckelmanns selektivem und auf ästhetische Aspekte ausgerichtetem Umgang mit den Denkmälern.

Dieses Konzept erforderte rasche und umfassende Informationen über Neufunde und andere Forschungsergebnisse. Wesentlich auf Betreiben G.s fand sich deshalb 1829 in Rom der um ihn gescharte Freundeskreis ausländischer Gelehrter, die Hyperboräisch-röm. Gesellschaft, mit ital. Archäologen zur Gründung des *Instituto di Corrispondenza Archeologica* zusammen. Als dessen Sekretar sorgte G. gemeinsam mit den Kollegen in kurzer Zeit für den Aufbau eines internationalen Korrespondentennetzes und eines differenzierten Systems von Publikationsorganen.

Auch von Berlin aus nahm G. noch regelmäßig Einfluss auf die Arbeit des Instituts; Mittelpunkte seines Wirkens wurden aber die Königlichen Museen, die Akad. der Wiss. und schließlich auch die dortige Univ. An der Akad. hielt er zahlreiche Vorträge und setzte sich für Großprojekte wie das von Theodor ↗Mommsen begonnene *Corpus Inscriptionum Latinarum* ein, erhielt aber auch finanzielle Unterstützung bei seinen Denkmäleraufnahmen in Italien. An den Museen, wo für ihn die Stelle eines »Archäologen des Museums« eingerichtet wurde, war er zunächst für die Vasensammlung zuständig, tätigte Ankäufe und bemühte sich um den Aufbau eines »Arch. Apparats« aus Publikationen, Zeichnungen, Modellen usw. zu Forschungszwecken. 1855 übernahm er das Direktorat der Skulpturenabteilung einschließlich der Abguss-Sammlung. An der Univ. gab G. der Lehre, die bis dahin durch Aloys ↗Hirt und Ernst Toelken kunst- und architekturgeschichtlich geprägt war, eine stärker philol. Ausrichtung, sicherte mit der Stiftung des »Arch. Lehrapparats« (1851) zugleich aber auch die Selbständigkeit des Univ.-Faches Archäologie. Eine feste Organisationsform für die Verbindung der Fachwiss. mit der interessierten Öffentlichkeit schuf G. 1842 durch die Gründung der »Arch. Gesellschaft zu Berlin« mit ihren monatlichen Vorträgen und den jährlich erscheinenden Winckelmannsprogrammen.

Werk

Zu Beginn seines Aufenthalts in Rom beteiligte sich G. v.a. an Arbeiten zur Topographie und Denkmälerkunde [2]; [3]; [5], sammelte auf Reisen in Italien aber auch bereits Material für seine großen Corpus-Unternehmen, die er dann in Fortsetzungen überwiegend während seiner Berliner Zeit publizierte [1]; [7]; [8]. Am Museum verfasste er einen Katalog der Marmorwerke und Vasen [6]. Für die Vasenforschung gewann sein Bericht über die Funde aus Vulci – trotz mancher Irrtümer im Einzelnen – unter methodischem Aspekt große Bedeutung [4].

Dagegen waren G.s zahllose kleineren, oft als Akad.-Abhandlungen oder Winckelmannsprogramme publizierten ›kunstmythol.‹ Schriften, in denen er Vasenbilder, Gravuren auf etrusk. Spiegeln oder andere Werke der Kleinkunst nach dem Muster der Mythensymbolik Friedrich ↗Creuzer als Zeugnisse einer Urreligion zu deuten versuchte, schon zu ihrer Zeit überholt [10]. Mit der Reduzierung der ikonographischen Interpretation auf den religiösen Aspekt erwies sich G. als Epigone der Romantik und entfernte sich vom ganzheitlichen Deutungsanspruch seiner »monumentalen Philologie«.

Wirkung

Mit Recht wurden immer G.s besondere Leistungen als Organisator hervorgehoben. Er verstand es, internationale Netzwerke von Forschern herzustellen und die kollektive Bewältigung von Großprojekten zu organisieren. V.a. zu nennen ist hier seine führende Rolle bei der Gründung des *Instituto di Corrispondenza Archeologica*; aus diesem ging 1874 das DAI hervor, das zum Vorbild anderer arch. Institute und ›Schulen‹ wurde. Auch die Berliner Arch. Gesellschaft lebt in der von G. geschaffenen Form weiter.

Mit der auf Vollständigkeit zielenden Materialvorlage in Corpora wirkte G. beispielgebend auf zahlreiche in der zweiten Hälfte des 19. Jh.s begonnene und z.T. bis in die Gegenwart fortgeführte Unternehmungen. Man hat ihn als Begründer der »arbeitsteiligen Großforschung« [11.29] in der Archäologie bezeichnet.

SV: [13.16–24].

N: Berlin, DAI.

Schriften

[1] Antike Bildwerke, zum ersten Mal bekanntgemacht, 2 Bde., 1827–1844 [2] Neapels antike Bildwerke (mit Th. Panofka), 1828 [3] Roms antike Bildwerke, in: E. Platner et al., Beschreibung der Stadt Rom, Bd. 1/3, 1830, 277–334 [4] Rapporto intorno i vasi volcenti, in: Annali dell'Instituto di Corrispondenza Archeologica 3, 1831, 5–218 [5] Das vaticanische Museum (mit E. Platner), in: E. Platner et al., Beschreibung der Stadt Rom, Bd. 2/2, 1834, 1–278 [6] Berlins antike Bildwerke, 1836 [7] Auserlesene griech. Vasenbilder, 4 Bde., 1840–1858 [8] Etruskische Spiegel, 4 Bde., 1843–1867 [9] Griech. Mythologie, 2 Bde., 1854–1855 [10] Über den Bilderkreis von Eleusis, 3 Bde. (Abhandlungen der Königlichen Akad. der Wiss. zu Berlin 1862/4; 1863/8, 1864/5), 1863–1865.

Sekundärliteratur

[11] A. H. Borbein, Klass. Archäologie in Berlin vom 18. bis zum 20. Jh., in: W. Arenhövel (Hrsg.), Berlin und die Antike. Aufsätze, 1979, 99–150 [12] O. Jahn, Eduard Gerhard. Ein Lebensabriss, 1868 [13] H. Wrede (Hrsg.), Dem Archäologen Eduard Gerhard 1795–1867 zu seinem 200. Geburtstag, 1997.

Detlef Rößler

Gerkan, Armin von

Baltendt. Klass. Archäologe und Bauforscher. Geb. am 30.11.1884 in Subbath (h. Lettland), gest. am 22.12.1969 in Hamburg. Schulausbildung in Riga; 1901–1907 Diplomstudium der Architektur in Riga und Dresden; 1920/21 Architekturstudium an der TH Berlin, dort Prom. zum Dr. -Ing. 1921. 1921/22 Studium der Klass. Arch. an der Univ. Greifswald, 1922 dort Prom. zum Dr. phil.; 1923 Habil. in Architektur an der TH Aachen. 1924 Zweiter Sekretär, dann 1938–1945 Erster Sekretär der röm. Abteilung des DAI; 1946 Lehrauftrag an der Univ. Göttingen; 1948–1953 Gastprof. an der Univ. Bonn.

Werdegang

Als für die Antike begeisterter junger Architekt arbeitete G. 1908–1914 unter Theodor ↗Wiegand, der ihn entscheidend prägte, auf den Grabungen der Berliner Museen in Milet, Didyma, Smyrna, Priene und auf Samos. Die Zusammenarbeit wurde durch den Ersten Weltkrieg unterbrochen, an dem G. bis 1918 als russ. Offizier teilnahm. Von Juni 1918 an diente er als Leutnant bei der Dt. Militärkommission für Georgien und kämpfte später bis zum Juni 1919 in der baltendt. Landwehr aufseiten der Lett. Republik. Nach Kriegsende siedelte er nach Berlin über und nahm 1920 die dt. Staatsbürgerschaft an. In den folgenden drei Jahren promovierte er zum Dr. -Ing. [2] und zum Dr. phil. [5]; als Assistent in Aachen habilitierte er sich bei Friedrich Krischen mit der Rekonstruktion des Tempelaltars von Priene. Nach einem knappen Jahr an den Berliner Museen zur Bearbeitung der Wiegand'schen Grabungen wurde G. 1924 zum Zweiten Sekretär des DAI in Rom berufen. Neben der Verwaltung, zu der didaktische Aufgaben und Führungen kamen, beschäftigte sich G. auch in Rom noch bis 1935 mit den Milet-Publikationen [6]; [7]; [8] sowie in zahlreichen Aufsätzen mit Themen der röm. Architektur und Urbanistik [10].

1936 wurde G. zur Leitung der dt. Olympiagrabung nach Griechenland abgeordnet. Wiegand, inzwischen Präsident des Instituts, sah ihn auch als neuen Ersten Sekretär in Athen vor, doch scheiterte seine Berufung am Widerstand einflussreicher NSDAP-Kreise, die Walther Wrede bevorzugten. 1937 kehrte G. auf seine Stelle in Rom zurück, wo er 1938 als Nachfolger des suspendierten Ludwig ↗Curtius zum Ersten Sekretär aufrückte. Er publizierte weiterhin zahlreiche Aufsätze zur ant. Architektur [10], führte aber kein größeres Projekt durch, wohl auch, weil die ital. Behörden keine ausländischen Großgrabungen zuließen. Nach der Schließung des röm. Instituts verließ er Anfang 1944 Italien und lehrte von 1946 bis zu seiner Pensionierung 1953 ant. Baugeschichte in Göttingen und Bonn.

Werk und Wirkung

Obgleich auch in Klass. Archäologie promoviert, sah sich G. immer als Bauforscher und grenzte sich unter Verweis auf seine technische Ausbildung gegenüber den Archäologen ab, denen er im Hinblick auf die Architektur Dilettantismus und mangelnde Objektivität vorwarf. Sein eigenes, rund 190 Titel umfassendes Werk ist fast ausschließlich der ant. Architektur und Topographie gewidmet (z.B. [2]; [5];

[9]) und gründet auf einer positivistischen und pragmatischen Methode, nach der die möglichst genaue Dokumentation des Befundes Ausgangspunkt jeder weiteren Interpretation und Rekonstruktion sein muss. Gegen Tendenzen zur überzogenen Idealisierung und Aktualisierung der klass. Antike und speziell des Griechentums, die im Zuge des Dritten Humanismus (vgl. Werner ↗Jaeger; Ludwig ↗Curtius) unter dt. Archäologen großen Anklang fanden, blieb G. so weitgehend immun.

Bis heute grundlegend sind die sechs großen Milet-Bände [1]; [3]; [4]; [6]; [7]; [8] sowie die Monographie zum Theater von Priene [2], die für die Ausbildung der ant. Bauforschung in Deutschland als Teildisziplin der Alt.wiss. eine große Rolle spielten. Bereits G.s Buch zum ant. Städtewesen [5] kann als bahnbrechender Beitrag zur Topographie und Urbanistik gelten. Mit seiner bekannten Streitschrift zur Bauforschung in Deutschland [10.9–13] bezog G. 1924 auch explizit wissenschaftspolit. Position und trug wesentlich zur Gründung der Koldewey-Gesellschaft als Berufsvereinigung der Bauforscher bei. Einige seiner Beiträge zu röm. Themen spielen in der Diskussion bis heute eine Rolle, so z.B. die Arbeiten zum Stadtplan von Pompeji [9] und zur Einwohnerzahl Roms [10.296–330]. Dagegen ist die Grabungstechnik der schnellen, großflächigen Freilegung, wie sie G. noch in Olympia praktizierte, inzwischen durch feinere stratigraphische Methoden ersetzt worden.

SV: [10.459–463]; [11.XVIIf.].

N: Berlin, DAI.

Schriften

[1] Milet, Bd. 1/4: Der Poseidonaltar bei Kap Monodendri, 1915 [2] Das Theater von Priene als Einzelanlage und in seiner Bedeutung für das hellenistische Bühnenwesen (Diss. Berlin), 1921 [3] Milet, Bd. 2/1: Das Stadion, 1921 [4] Milet, Bd. 1/6: Der Nordmarkt und der Hafen an der Löwenbucht, 1922 [5] Griech. Stadtanlagen. Untersuchungen zur Entwicklung des Städtebaus im Altertum (Diss. Greifswald), 1924 [6] Milet, Bd. 1/8: Kalabaktepe, Athenatempel und Umgebung, 1925 [7] Milet, Bd. 1/9: Thermen und Palaestren, 1928 [8] Milet, Bd. 2/3: Die Stadtmauer, 1935 [9] Der Stadtplan von Pompeji, 1940 [10] Von antiker Architektur und Topographie. Ges. Aufsätze, 1959.

Sekundärliteratur

[11] F. W. Deichmann, Armin von Gerkan 1884–1969, in: Röm. Mitteilungen 77, 1970, VII–XVIII
[12] Th. Fröhlich, Armin von Gerkan (1884–1969), in: G. Brands / M. Maischberger (Hrsg.), Lebensbilder. Klass. Archäologen und der Nationalsozialismus, Bd. 1, 2012, 91–106 [13] R. Naumann, Armin von Gerkan, in: Lullies/Schiering Arch. 1988, 226–227.

Thomas Fröhlich

Gernet, Louis-Jules

Franz. Gräzist und Anthropologe. Geb. am 28.11. 1882 in Paris, gest. am 29.1.1962 ebda. 1902–1906 Studium der Klass. Phil. und des Rechts an der École normale supérieure; 1907–1910 Studium an der Fondation Thiers. 1910–1920 Dozent an der Militärschule in La Flèche; 1921–1948 o.Prof. für Klass. Phil. in Algier. 1949–1954 Dozent für Rechtssoziologie an der École pratique des hautes études in Paris; 1950–1952 Präsident des Institut français de sociologie sowie 1949–1961 Direktor der *Année sociologique.*

Werk und Wirkung

Unter dem Einfluss der histor. Schule von Numa ↗Fustel de Coulanges hatten G.s erste Arbeiten eine stark soziologische Ausrichtung [7]. Seit 1906 war er Mitarbeiter an der *Année sociologique*, und mit Émile Durkheim teilte er die Ideen des nicht-marxistischen Sozialismus. Die *Recherches* [1] behandeln die Ursprünge des Rechts in Griechenland und dessen Entwicklung in der Polisgesellschaft: G. unternahm darin semantische Studien nach Ferdinand de Saussure, u.a. über die Begriffe *hýbris* und *adikía*, und zeigte Mentalitäts- wie Signifikantenveränderungen auf, blieb aber innerhalb des Durkheim'schen Entwicklungsschemas. Wegen seines soziologischen Ansatzes wurde G. vielfach wiss. ausgegrenzt [5.45–55]. Selbst seine reich kommentierten Editionen der attischen Redner (Antiphon, 1923; Lysias, 1924–1926 [2]; Demosthenes, 1954–1960) reichten nicht für allgemeine philol. Anerkennung aus.

G. revidierte den ursprünglichen dogmatischen Soziologismus aufgrund seines Austauschs u.a. mit den Ethnologen Marcel Mauss und Maurice Granet, ab 1928 mit Ignace Meyerson, dem Begründer der Histor. Psychologie. Daraus entsprang G.s Interesse an den Ursprüngen des Rechts, der Religion, des Mythos und des Imaginaire im vorklass. Griechenland [5]. Er bewerkstelligte die Entwicklung von einer traditionell humanistischen Antikebetrachtung hin zu einer histor. Anthropologie, indem er die Thematik der griech. Gesellschaft in eine umfassende Interpretation der Gesellschaftsentwicklung eingliederte. Sein Hauptanliegen war eine Analyse des Übergangs des prähistor. Griechenland zur Polis, von einem mythisch-religiösen hin zu einem durch Vernunft und Kritik geleiteten Weltbild. Damit trug er entscheidend zu einer Neuorientierung in der Alt.wiss. bei. Seine während des Zweiten Weltkriegs in Algerien verfassten Studien äußerten sich auch zu den Gefahren eines immer möglichen zivilisatorischen Regresses von der Vernunft zur Barbarei – mit aktuellem Blick auf die Résistance, aber auch die franz. Kollaboration mit der nationalsozialistischen Macht [6].

G.s Bedeutung wurde erst nach der postumen Veröffentlichung seiner gesammelten Aufsätze durch Jean-Pierre ↗Vernant erkannt [5]. Dieser und weitere Vertreter der sog. *École de Paris* stützten sich – neben Claude Lévi Strauss und René Girard – auch auf G.

SV: [5.306–328]

N: Pisa, Archives Gernet.

Schriften

[1] Recherches sur le développement de la pensée juridique et morale en Grèce. Étude sémantique (Diss. Paris), 1917 [2] Lysias. Discours. Bd. 1: 1–15; Bd. 2: 16–35 und Fragmente (Edition und Übers., mit M. Bizos), 1924–1926 (u.ö.) [3] Le génie grec dans la religion (mit A. Boulanger), 1932 (2. Aufl. 1969 u.ö.) [4] Droit et société dans la Grèce ancienne, 1955 (u.ö.) [5] Anthropologie de la Grèce antique, hrsg. von J.-P. Vernant, 1968 (u.ö.).

Sekundärliteratur

[6] R. Di Donato, L'antropologia storica di Louis Gernet, in: R. Di Donato, Per una antropologia storica del mondo antico, 1990, 1–130 [7] S. C. Humphreys, The Work of Louis Gernet, in: History and Theory 10, 1971, 172–196 [8] A. Taddei, Louis Gernet e le tecniche del diritto ateniese. Études sur la technique du droit athénien à l'époque classique, 2001.

Sotera Fornaro (Ü: N. M.)

Gesner, Johann Matthias

Dt. Philologe und Pädagoge. Geb. am 9.4.1691 in Roth bei Nürnberg, gest. am 3.8.1761 in Göttingen. Ab 1710 Studium in Jena. 1715–1729 Konrektor am Gymnasium in Weimar, zugleich Verwalter der herzoglichen Bibl. und Münzsammlung; 1729/30 Rektor am Gymnasium in Ansbach. 1730–1734 Rektor an der Thomasschule Leipzig. Ab 1734 Prof. für Poesie und Beredsamkeit in Göttingen, zugleich Bibliothekar der Universitätsbibl.

Werdegang

G. stammte aus einer fränkischen Pfarrer- und Beamtenfamilie. Nach dem Besuch des Gymnasiums in Ansbach begann er 1710 sein Studium an der Univ. Jena, wo ihn der Theologe Johann Franz Buddeus intensiv förderte. 1715 wurde er zum Konrektor des Gymnasiums in Weimar berufen. Dort erlangte G. das Vertrauen des Geheimrats und Hofmarschalls Friedrich Gotthilf von Marschall, auf dessen Vermittlung er neben seiner schulischen Tätigkeit ab 1723 die herzogliche Bibl. und Münzsammlung verwaltete.

Nach einem kurzen Intermezzo 1729 als Rektor seiner alten Schule in Ansbach trat G. 1730 das Rektorenamt der Thomasschule in Leipzig an. In den folgenden vier Jahren erneuerte und verbesserte er unter tatkräftiger Mithilfe seines Konrektors Johann August ↗Ernesti und in einvernehmlicher Zusammenarbeit mit dem Thomaskantor Johann Sebastian Bach [48]; [39] die innere wie äußere Verfassung der Schule und ihres Unterrichts und verschaffte ihr einen ausgezeichneten Ruf.

Nachdem ihm aufgrund von Spannungen mit den Professoren der Leipziger Univ. eine akad. Tätigkeit dort verwehrt geblieben war, nahm G. 1734 den Ruf als Prof. der Poesie und Beredsamkeit der neugegründeten Univ. Göttingen an, zu dessen Aufgaben auch die Inspektion des gelehrten Schulwesens in Braunschweig-Lüneburg gehörte, und wurde erster Bibliothekar der Universitätsbibl. An der Univ. waren u.a. Albrecht von Haller und Johann Lorenz Mosheim seine Kollegen. G. richtete das erste philol. Seminar zur Lehrerausbildung ein. 1738 gründete er den Göttinger Ableger der »Deutschen Gesellschaft« nach dem Leipziger Vorbild Johann Christoph Gottscheds [30]. Bei der Gründung der Königlichen Societät der Wiss. zu Göttingen 1751 wurde er Sekretär der histor.-philol. Klasse, 1753 Hallers Nachfolger als deren Präsident.

Editionen

G. hatte bereits 1714 mit seiner ersten philol. Schrift, einer Untersuchung der Echtheit von Lukians *Philopatris* [1], der er 1715 die Textausgabe folgen ließ [3], textkritische Fähigkeiten nachgewiesen. Dennoch gilt gerade die Textkritik als Schwäche G.s [41.12], vergleicht man seine Arbeiten z.B. mit der rein innovatorischen Leistung Richard ↗Bentleys auf diesem Gebiet [32.45]. G.s Edition der röm. Agrarschriftsteller [10], samt eher herkömmlichem, mit Gelehrsamkeit und Erweiterungen überfrachtetem Kommentar, stand noch in der Trad. des im Barock Üblichen; seine Livius-Ausgabe ist ein fehlerhafter Nachdruck der Ausgabe von J. LeClerc (1710) [11], die Horaz-Ausgabe [22] ein nahezu unveränderter Abdruck der Ausgabe W. Baxters (1725), die ihrerseits nicht mit der epochemachenden Ausgabe Bentleys (1711) konkurrieren konnte [42.17]. Ähnlich sind G.s übrige Editionen zu bewerten, so z.B. von Quintilians *Institutio Oratoria* [12], der Briefe und des Panegyricus von Plinius d.J. [14], die gemeinsam mit Tiberius Hemsterhuis besorgte Ausgabe von Lukian [17], die des Claudian [25] oder der Orphischen Gedichte und Fragmente [27]. Gerade Letztere, auf die G. bes. stolz war, gilt als sein textkritisch schwächstes Werk [31.277].

Allerdings lagen kritische Schärfe und philol. Gelehrsamkeit gar nicht in G.s Hauptinteresse. In der Praefatio zur Livius-Ausgabe stellte G. der bisherigen Vorgehensweise im Unterricht – von ihm »statarische« Lektüre genannt – die »kursorische« Lektüre gegenüber: Bisher sei eine Textstelle mehrfach bis ins Detail analysiert und mit jeder nur möglichen Anmerkung versehen worden. Statt dessen sollten ganze Texte oder zumindest große Teile gelesen werden, und zwar so, dass auf inhaltliches Verständnis, Sprache und Stil zu achten, aber nicht bei jeder Schwierigkeit und Kleinigkeit einzuhalten sei, um die Lesefreude nicht einzuschränken und rasch im Stoff voranzuschreiten. Diesem Prinzip sind die genannten Ausgaben verpflichtet: Seit der Livius-Edition fehlen die unzähligen *notae variorum*; G.s eigenständige Kommentierung ist knapp und zielt v.a. auf Verständnishilfe und Ästhetik, wie in der Praefatio der Claudian-Ausgabe dargelegt. Damit begründete G. mehr oder weniger eine Art Handkommentar, wie er heute noch in Gebrauch ist [42.19].

Für Texte, die dennoch langsam und genau, also »statarisch« zu erklären seien, führte G. die Chrestomathien ein, die bes. in den Schulen Verbreitung fanden: Sammlungen kurzer, in sich geschlossener Texte von Cicero [4], dem älteren Plinius [5], griech. Prosaikern [7] sowie den Tragikern [26]. Weitere Sammlungen sind das *Enchiridion* mit röm. Schriftstellern [19] sowie [20] mit Texten einiger Rhetoren.

Grammatik und Stilistik

Zwar legte G. kaum eigene Arbeiten auf dem Gebiet von Grammatik und Stilistik vor, doch können seine Bearbeitungen der lat. Grammatik von Christoph ↗Cellarius [15] und der Stilistik von Johann Gottlieb Heineccius [16] aufgrund der starken Veränderungen als Neufassungen angesehen werden. G.s Grundsätze der Umarbeitung ähneln denen seiner Editionen: Unterordnung unter das Ziel des inhaltlichen Verständnisses, somit Vereinfachung und Konzentration auf die nötigen Grundkenntnisse, wobei die Benutzung für die gleichzeitige Lektüre gedacht ist [42.21–22].

Lexikographie

1726 [6] und 1735 veröffentlichte G. zunächst verbesserte Neuausgaben von Basilius Fabers *Thesaurus eruditionis scholasticae* (1571). Statt diesem benutzte er jedoch die durch engl. Gelehrte überarbeitete Neuausgabe (London 1734) des *Dictionarium, seu Latinae linguae thesaurus* (erstmals Paris 1531) von Robert ↗Estienne als Grundlage für sein wohl berühmtestes Werk [37.351]: den *Novus linguae et eruditionis Romanae thesaurus* (1749) [21]. Die Neuerungen, die G.s Thesaurus von seinen Vorgängern unterscheiden, haben die wiss. Lexikographie verändert und bis heute geprägt: Die Beschränkung auf ant. Quellen, das Fehlen von dt. Entsprechungen aufgrund der Überzeugung, die Bedeutung müsse sich aus den Belegstellen ergeben, sowie schließlich die streng chronologische Systematisierung nach Wort- und Bedeutungsgeschichte sind Grundsätze, nach denen der Münchner *Thesaurus Linguae Latinae* noch heute verfährt. Dagegen scheinen die ergänzenden Sachinformationen, die G. im Vergleich zu seinen Vorgängern zwar erheblich reduzierte, aber für unerlässlich hielt, aus heutiger Sicht für ein Lexikon obsolet [42.23 f.]. Die umfangreichen Informationen zu philol., histor. oder antiqu. Werken der vorigen zwei Jahrhunderte, wie z.B. Kommentaren zu den ant. Autoren, sind jedoch für die Wissenschaftsgeschichte unschätzbar [37.353 f.].

Pädagogische Schriften

In den auf Buddeus' Anregung entstandenen *Institutiones* (1749) [2] entwickelte G., wenn auch von pädagogischen Reformern wie Wolfgang Ratichius, Johann Amos Comenius oder John Locke beeinflusst, ein eigenständiges pädagogisches Programm, welches sowohl die gelehrte Schule wie die Univ. im Blick hatte. Darin sind zum einen die für den Lehrberuf erforderlichen natürlichen Begabungen, wiss. Kenntnisse und Fertigkeiten sowie charakterliche Eigenschaften beschrieben, zum anderen G.s Grundsätze der Jugenderziehung dargelegt (gefordert wird z.B. schon eine Art von Binnendifferenzierung) [45.42 f.]. Außerdem behandelt G. darin damals wichtige Fragen von Privat- oder Schulerziehung und der Fürstenerziehung sowie im Hinblick auf Didaktik und Methodik ausführlich v.a. Sprachen und Mathematik. Neben der *Schulordnung* [13], der die Bestimmungen über die Einrichtung eines Philol. Seminars beigefügt waren, einigen der *Kleinen Schriften* [23] sowie zahlreichen Vorreden erschließen v.a. die *Primae lineae isagoges* [24] G.s pädagogische Ansichten, darunter die Verbindung von Sach- und Sprachunterricht oder die hohe Bedeutung der Naturwiss. im schulischen Curriculum.

Wirkung

Aus Sicht der heutigen Philologie entfalteten G.s philol. Werke – mit Ausnahme der Lexikographie – keine große Wirkung; allenfalls erfuhren seine »Editionstypen« (Handkommentar, Chrestomathien) ein wesentliches Nachleben [42.21]. Ihre zeitgenössische Bedeutung sowie ihre Nachwirkung auf die Geistesgeschichte sind jedoch anders einzuschätzen: Mit den lat. Chrestomathien verdrängte G. unzureichende neulat. Schriften aus dem Unterricht und führte ant. Autoren wieder ein, und mit der *Chrestomathia Graeca* wurde das NT als Grundlage der griech. Lektüre ersetzt – G. nahm für sich in Anspruch, das Studium des Griech. in den dt. Schulen neu begründet zu haben. Durch seine Editionen sowie seine grammatischen, stilistischen und lexikographischen Arbeiten wurden der altsprachliche Unterricht und seine Methodik grundlegend reformiert: Gegen das alte Bildungsziel der Imitation und den »Grammatikdrill des althumanistischen Schulbetriebs« [38.32] stellte er Lektüre, inhaltliches Verstehen und geistige Rezeption der ant., als mustergültig verstandenen Schriftsteller in den Vordergrund, wodurch intellektuelle, moralische und ästhetische Bildung entstehen sollte.

Dieses Prinzip bestimmte auch G.s pädagogische Schriften und seine Tätigkeit an Schule und Univ. Sein Philol. Seminar prägte nicht nur die Professionalisierung des Lehrerberufs, sondern auch die Organisation der Univ. (das Seminar als Organisations- und Veranstaltungsform) und insbes. die Etablierung der Philologie als eigenständiger wiss. Disziplin entscheidend [44.11–17]. Somit kann G., dessen Ansehen bei Zeitgenossen im In- und Ausland beträchtlich war, wie etwa seine zahlreichen Vorreden zu Werken anderer zeigen, nicht nur als Vorläufer oder Wegbereiter des Neuhumanismus gelten, sondern als dessen »Vater«, Begründer oder erster Vertreter. In dieser Hinsicht wirkte G. über Johann August ↗Ernesti und dessen Schüler Christian Gottlob ↗Heyne auf Friedrich August ↗Wolf und Wilhelm von ↗Humboldt. Wegen seines Bemühens um die Muttersprache und seiner Hervorhebung der besonderen Bedeutung der Realien, der mod. Fremdsprachen, der Mathematik und der Naturwiss. nannten ihn jedoch auch Vertreter der philanthropischen Pädagogik wie Johann Bernhard Basedow und Ernst Christian Trapp als Gewährsmann [40].

M: J.D. Michaelis, Memoria J. M. Gesneri, Göttingen 1761[34.Bd. 1, 245–276]; J.A. Ernesti, Narratio de Jo. Matthia Gesnero ad Davidem Ruhnkenium, Leipzig 1762 [34.Bd. 1, 277–338].

SV: J.N. Eyring, Descriptio operum Jo. Matthi. Gesneri, [34.Bd. 3, 289–496].

N: Göttingen Universitätsbibliothek (Hss.).

Schriften

[1] De aetate et auctore dialogi Lucianei qui Philopatris inscribitur, Jena 1714 [2] Institutiones rei scholasticae, Jena 1715 [3] Philopatris dialogus Lucianeus (Edition), Jena 1715 [4] Chrestomathia Ciceroniana, Weimar 1717 (u.ö.) [5] Chrestomathia Pliniana, Jena 1723 (u.ö.) [6] Basilii Fabri Sorani Thesaurus eruditionis scholasticae (Neubearbeitung), Leipzig 1726 (u.ö.) [7] Chrestomathia Graeca, Leipzig 1731 (u.ö.) [8] Leges Scholae Thomanae, Leipzig 1733 [9] C. Plinii Caecilii Secundi Panegyricus (Edition), Göttingen 1735 [10] Scriptores rei rusticae veteres Latini, 2 Bde. (Edition mit Komm.), Leipzig 1735 (u.ö.) [11] Titi Livii Patavini Historiarum libri qui supersunt (Edition), Leipzig 1735 (u.ö.) [12] M. Fabii Quinctiliani de Institutione oratoria libri XII (Edition mit Komm.), Göttingen 1738 [13] Schul-Ordnung vor die Churfürstl. Braunschweig-Lüneburgische Lande, Göttingen 1738 [14] C. Plinii Caecilii Secundi epistolarum libri X, eiusdem gratiarum actio sive Panegyricus (Edition mit Komm.), Leipzig 1739 (u.ö.) [15] Christoph Cellarii erleichterte Lateinische Grammatic (Neubearbeitung), Göttingen 1740 (u.ö.) [16] Io. Gottl. Heineccii fundamenta stili cultioris (Neubearbeitung), Leipzig 1743 (u.ö.) [17] Luciani Samosatensis Opera (Edition), Amsterdam 1743 [18] Opuscula minora varii argumenti, 2 Bde., Breslau 1743 [19] Enchiridion sive prudentia privata ac civilis, Göttingen 1745 [20] Primae lineae artis oratoriae, Jena 1745 (u.ö.) [21] Novus linguae et eruditionis Romanae thesaurus, 4 Bde., Leipzig 1749 [22] Q. Horatii Flacci eclogae (Edition), Leipzig 1752 (u.ö.) [23] Kleine Deutsche Schriften, Göttingen u. Leipzig 1756 [24] Primae lineae isagoges in eruditionem universalem, Jena 1756 (u.ö.) [25] Cl. Claudiani quae extant (Edition mit Komm.), Leipzig 1759 [26] Chrestomathia tragica, postum hrsg. von J.N. Eyring, Göttingen 1762 [27] Orphei Argonautica, hymni, libellus de lapidibus et fragmenta, postum hrsg. von G.Ch. Hamberger (Edition mit Komm.), Leipzig 1764 [28] Thesaurus epistolicus Gesnerianus, 2 Bde., postum hrsg. von C.A. Klotz, Halle und Magdeburg 1768–1770.

Sekundärliteratur

[29] E. Berner, Philologische Reformen im 18. Jh. Eine Vorgeschichte?, in: Zs. für pädagogische Historiographie 1, 2002, 58–63 [30] D. Cherubim / A. Walsdorf, Sprachkritik als Aufklärung, 2004, 105–145 [31] F.A. Eckstein, Art. Gesner (Johann Matthias), in: J.S. Ersch / J.G. Gruber (Hrsg.), Allgemeine Enzcyclopädie der Wissenschaften und Künste 64, 1857, 271–279 [32] F.A. Eckstein, Gesner's Wirksamkeit für die Verbesserung der höheren Schulen. Schulprogramm Leipzig, 1868 [33] F.A. Eckstein, Art. Gesner, Johann Matthias, in: ADB 9, 1879, 97–103 [34] J.N. Eyring, J.M. Gesneri Biographica Academica Gottingensis, 3 Bde., 1768 [35] R. Friedrich, Johann Matthias Gesner. Sein Leben und sein Werk (Rother Miniaturen 2), 1991 [36] Th. Gericke, Johann Matthias Gesners und Johann Gottfried Herders Stellung in der Geschichte der Gymnasialpädagogik (Diss. Erlangen), 1911 [37] M. Laureys, A Treasure of Latin Lexicography Reopened, in: Neulat. Jb. Journal of Neo-Latin Language and Literature 10, 2008, 349–354 [38] P. Lundgreen, Schulhumanismus, pädagogischer Realismus und Neuhumanismus. Die Gelehrtenschule zur Zeit J.S. Bachs, in: U. Leisinger / Ch. Wolff (Hrsg.), Musik, Kunst und Wissenschaft im Zeitalter Johann Sebastian Bachs, 2005, 25–38 [39] F. Müller, Matthias Gesner. Zur Wiederkehr seines 250. Geburtstags, in: Neue Zs. für Musik 108, 1941, 442–444 [40] K. Pöhnert, Johann Matthias Gesner und sein Verhältnis zum Philanthropinismus und Neuhumanismus, 1898 [41] H. Sauppe, Johann Matthias Gesner. Schulprogramm Weimar, 1856 [42] U. Schindel, Johann Matthias Gesner, Professor der Poesie und Beredsamkeit 1734–1761, in: Classen Gött. 9–26 [43] U. Schindel, Art. Gesner, Johann Matthias, in: NDB, 1964, 348–349 [44] U. Schindel, Die Anfänge der Klass. Philologie in Göttingen, in: R. Lauer (Hrsg.), Philologie in Göttingen. Sprach- und Literaturwissenschaft an der Georgia Augusta im 18. und beginnenden 19. Jh. (Göttinger Universitätsschriften: Serie A, Schriften, Bd. 18), 2001, 9–24 [45] U. Schindel, Johann Matthias Gesners aufgeklärte Pädagogik, in: U. Leisinger / Ch. Wolff, (Hrsg.), Musik, Kunst und Wissenschaft im Zeitalter Johann Sebastian Bachs, 2005, 39–49 [46] L. Schroedel, Johann Matthias Gesner, in: G. Rüger (Hrsg.), 900 Jahre Roth, 1960, 197–202 [47] F. Senff, Schulreform und Schulorganisation bei Johann Matthias Gesner (1691–1761), in: Pharus 16, 1925, 521–533

[48] F. Smend, Johann Sebastian Bach und Johann Matthias Gesner, in: Gymnasium 57, 1950, 295–298.

Marcel Nuß

Gibbon, Edward

Brit. Althistoriker. Geb. am 8.5.1737 (am 27.4. nach damaligem, noch Gregorianischem Kalender in England) in Putney (Grafschaft Surrey), gest. am 16.1.1794 in London. 1752 Student am Magdalen College, Oxford. 1753–1758 Aufenthalt in Lausanne; 1764/65 Italienreise. 1774–1780 und 1781–1783 Mitglied des brit. Unterhauses.

Werdegang

Als 15-jähriger Student in Oxford vertiefte G. sich in das Studium konfessioneller Kontroversliteratur über die frühe Kirche und trat danach zum Katholizismus über, was eine Karriere in England verhindert hätte. Der Vater, ein wohlhabender Kaufmann aus der engl. Gentry, schickte ihn zwecks »Umerziehung« zu einem Pastor nach Lausanne, die seine Rückkehr zum Protestantismus bewirkte. G.s *Essai* [1] sollte ihm einen Platz im diplomatischen Dienst einbringen; er fand in England keine Resonanz, machte ihn aber in Frankreich bekannt. Bei einem Aufenthalt in Paris 1763 lernte er führende Repräsentanten der franz. Aufklärung kennen. Anschließend bereitete er sich in Lausanne durch ausgiebiges Literaturstudium auf seine Italienreise (April 1764–April 1765) vor.

Ab 1763 arbeitete G. an seiner *Geschichte des Verfalls und Untergangs des Röm. Reiches* [2]. Der erste Band erschien 1776, die Bände 2 und 3 bis zum Ende des Weström. Reiches 1781. Nach dem Verlust seines Parlamentssitzes lebte er seit 1784 im Hause seines Freundes Georges Deyverdun in Lausanne; dort führte er sein Werk bis zum Ende des Byz. Reiches fort; die drei Bände erschienen 1788. Danach arbeitete er v.a. an seinen Memoiren, die unvollendet blieben.

Werk

G.s Werk besteht faktisch allein aus seiner monumentalen, ca. 3200 Seiten umfassenden Geschichte des Röm. Reiches [2]. Ursprünglich plante er ein histor. Werk zur Stadt Rom, erkannte dann aber, dass hierbei keine Aussicht auf Forschungsfortschritte bestand. Mit einer erzählenden Geschichte über das Röm. Reich seit der Mitte des 2. Jh.s n.Chr. fand er einen Gegenstand, der weder durch eine zusammenhängende ant. Darstellung »besetzt« noch adäquat in der nzl. Historiographie behandelt war. Er wollte den zeitgenössischen Ansprüchen an eine »philosophische Geschichte« und zugleich an Historiographie als anspruchsvoller Literatur gerecht werden und darin die Ergebnisse der von den franz. Aufklärern verachteten »antiqu.« Forschung integrieren [13].

Immer mehr trat für ihn die Frage in den Vordergrund, warum das Röm. Reich, dessen Niedergang aufgrund seiner unmäßigen Größe unvermeidlich war, dennoch so lange bestanden hatte; dies lasse sich nur durch die Rekonstruktion des endlosen Wechselspiels aus Verfalls-, Kompensations- und Transformationsfaktoren erklären. Der bewusst gewählte Titel *Decline and Fall* ließ die Möglichkeit offen, diese Geschichte über das Ende des Weström. Reiches fortzuschreiben, wozu sich G. dann nach dem großen Erfolg der ersten drei Bände entschloss; nun behandelte er auch das Oström. Reich (einschließlich der Geschichte Italiens) bis zur Eroberung Konstantinopels durch die Osmanen (1453).

G.s Darstellung zeichnete sich durch eine neuartige, nicht strikt an die Chronologie gebundene Kombination aus Struktur- und Ereignis-, Profan- und Kirchengeschichte aus, wobei diese Kompositionstechnik ihm erlaubte, bestimmte Deutungen zu suggerieren, ohne sich auf Thesen über Kausalitäten festzulegen. So sparte er in Band 1 das Christentum zunächst bis zur Alleinherrschaft Konstantins (324) aus, um dann im 15. Kapitel dessen Aufstieg seit den Anfängen nachzuzeichnen. Er legte Nachdruck auf den Aufbau einer kirchlichen Organisation, die immer mehr den Charakter eines Staates im Staat annahm, sodass die im folgenden Kapitel behandelten sporadischen Verfolgungen als von den Christen selbst provoziert erscheinen. Da diese beiden Kapitel den Schluss des Bandes bildeten, vermittelten sie zugleich den Eindruck, das Christentum werde für den Untergang des Reiches verantwortlich gemacht. Dies provozierte zahlreiche heftige Reaktionen aus unterschiedlichen konfessionellen Lagern.

Die Angriffe auf seine Rechtgläubigkeit beantwortete G. nicht, wohl aber einen Traktat, der ihm tendenziöse Quellenauswertung vorgeworfen hatte [15. Bd. 5, 313–371]: Seine *Vindication* [3] stellte das Glaubensbekenntnis des objektiv auswertenden Historikers dar, der die Kirchengeschichte nach dem Vorbild des Protestanten Johann Lorenz Mosheim unter den gleichen Kriterien wie die Profangeschichte behandelte und sich dabei dankbar der Quelleneditionen von kath. Seite (Mauriner und Bollandisten) bediente.

Dass G. kein »engl. Voltaire« war, zeigte er in seiner Kritik an der Religionspolitik Julians (Kap. 23), des großen Helden aufklärerischer Christentums-Kritiker: Angesichts der fortgeschrittenen Christianisierung musste Julians Politik zu einer weiteren Destabilisierung führen; sie war selbst Ausdruck eines religiösen Fanatismus, den G. in seinen verschiedenen Erscheinungsformen bis in die Nz. immer wieder tadelte, während er die Kirche positiv würdigte, wenn sie stabilisierende Wirkung zeitigte. Die spätant. Kirche stellte er als eine Macht dar, die einerseits dem Staat zunehmend Ressourcen entzog, andererseits mit ihrer Organisation dessen Versagen ausglich und zudem zum letzten Refugium von Freiheit in einem zunehmend despotischen System wurde. Diesen Despotismus sah er bereits im Prinzipat des Augustus angelegt, der nur einen Scheinkonstitutionalismus begründet habe. G.s Rede von der Zeit der Antonine als der glücklichsten Epoche der Menschheit (Kap. 3) war ein ironisch gebrochenes Spiel mit bekannten Auffassungen. Für G. gehörten die Tugenden eines Marc Aurel und die Laster seines Sohnes Commodus untrennbar zusammen, beides als Ausdruck eines Systems, das allein von den persönlichen Qualitäten der Herrscher abhing und keine freiheitsverbürgenden Kontrollmechanismen kannte.

Wirkung

G.s *Decline and Fall* ist das einzige Geschichtswerk aus dem 18. Jh., das, wie unzählige Ausgaben und Übersetzungen zeigen, bis in die Gegenwart wegen seiner lit. wie wiss. Qualitäten einerseits eine große Leserschaft findet, andererseits eine Herausforderung für die Fachwiss. darstellt. Für die Forschung zur Spätantike und zum Byz. Reich hat er entscheidende Impulse geliefert. Viele seiner Bewertungen, aber auch Erkenntnisse im Detail sind entweder im Ergebnis oder hinsichtlich des methodischen Vorgehens von der späteren Forschung bestätigt worden. Im 19. Jh. zeigte sich einerseits eine Scheu, mit G. in lit. Konkurrenz zu treten, andererseits ein Überlegenheitsgefühl aufgrund der Fortschritte der Quellenerschließung. Seit dem späteren 20. Jh. wird G.s Werk als unerschöpfliche Quelle für die Forschungsgeschichte [15] sowie hinsichtlich seiner Darstellungstechniken analysiert. In der Belletristik wie in der wiss. Literatur werden immer wieder einschlägige Zitate aus seinem Werk verwendet; dass dies oft ohne Beachtung des Kontexts und von G.s Ironie geschieht, ist untrügliches Zeichen für seinen Status als Klassiker.

M: Memoirs of My Life, hrsg. von G. A. Bonnard, 1966.

SV: [11].

Schriften

[1] Essai sur l'étude de la littérature, 1761 (engl.: An Essay on the Study of Literature, 1764; Ndr. beider Fassungen 1994) [2] The History of the Decline and Fall of the Roman Empire, 6 Bde., 1776–1788 (maßgebliche Ausg. von D. Womersley 1994; dt.: Geschichte des allmäligen Sinkens und endlichen Unterganges des röm. Weltreiches, übers. von J. Sporschil, 1835–1837; Verfall und Untergang des röm. Imperiums, übers. von M. Walter und W. Kumpmann, 2003) [3] A Vindication of Some Passages in the Fifteenth and Sixteenth Chapters of the History of the Decline and Fall of the Roman Empire, 1779 (Ndr. in: Decline and Fall, hrsg. von D. Womersley, Bd. 3, 1994, 1108–1184) [4] Miscelleaneous Works of Edward Gibbon, with Memoires of His Life and Writings, hrsg. von Lord Sheffield, 1796 (erweitert 1814) [5] Gibbon's Journal to January 28th, 1763, hrsg. von David M. Low, 1929 [6] Le Journal de Gibbon à Lausanne, 17 août 1763–19 avril 1764, hrsg. von G. A. Bonnard, 1945 [7] Miscellanea Gibboniana, hrsg. von G. R. de Beer und G. A. Bonnard, 1952 [8] The Letters of Edward Gibbon, hrsg. von J. E. Norton, 3 Bde., 1956 [9] Gibbon's Journey from Geneva to Rome. His Journal From 20 April to 2 October 1764, hrsg. von G. A. Bonnard, 1961.

Sekundärliteratur

[10] P. B. Craddock, Young Edward Gibbon. Gentleman of Letters, 1982 [11] P. B. Craddock, Edward Gibbon. A Reference Guide, 1987 (mit Bibliographie der Sekundärliteratur) [12] P. B. Craddock, Edward Gibbon. Luminous Historian, 1772–1794, 1989 [13] A. D. Momigliano, Gibbon's Contribution to Historical Method, in: Historia 2, 1954, 450–463 [14] W. Nippel, Der Historiker des Röm. Reiches. Edward Gibbon (1737–1794), in: E. Gibbon, Verfall und Untergang, Bd. 6, 2003, 7–114 (Vorwort, mit Bibliographie der Sekundärliteratur) [15] J. G. A. Pocock, Barbarism and Religion, 5 Bde., 1999–2010 [16] D. Womersley, The Transformation of the »Decline and Fall of the Roman Empire«, 1988 [17] D. Womersley, Gibbon and the »Watchmen of the Holy City«. The Historian and His Reputation, 1776–1815, 2002.

Wilfried Nippel

Gigon, Olof

Schweizer Klass. Philologe und Philosophiehistoriker. Geb. am 28. 1. 1912 in Basel, gest. am 18. 6. 1998 in Athen. Studium der Klass. und Oriental. Phil. in München und Basel, 1934 gräzistische Prom., 1937 Habil. ebda. 1939 Lehrstuhl für Klass. Phil. in Fribourg; 1946–1948 Gastprof. in München; 1948–1982 o.Prof. in Bern; 1966/67 Rektor ebda. Korrespondierendes Mitglied der Akad. der Wiss. von München, Göteborg, Uppsala und Athen.

Werk und Wirkung

Als Sohn eines Schweizer Medizinprof. und einer schwed. Chemikerin besuchte G. das humanistische Gymnasium in seiner Heimatstadt Basel und studierte dort Klass. und Oriental. Philologie: Erstere bei Kurt ↗Latte, Harald Fuchs, Jacob ↗Wackernagel und v. a. Peter von der Mühll (seinem späteren Doktorvater), Letztere bei Rudolf Tschudi (G. beherrschte u. a. Arabisch, Türkisch und Persisch). Während seines Studiums ging G. 1932/33 für ein

Jahr nach München zu Rudolf ↗Pfeiffer, Eduard ↗Schwartz, Johannes Stroux und Albert Rehm. Nach Basel zurückgekehrt, wurde er 1934 mit einer Arbeit zu Heraklit [1] promoviert. Zum Studium der Handschriftenkunde, der Orientalistik und der ma. Philosophie wechselte G. für zwei Jahre nach Paris, um sich bereits 1937 (wieder in Basel) mit einer kommentierten Edition von Theophrasts *Über die Winde* zu habilitieren [2]. Nach Stationen in Fribourg und München bekleidete G. bis zu seiner Emeritierung in Bern das Ordinariat für Klass. Philologie mit den Schwerpunkten Latinistik und ant. Philosophie. Seine letzten Lebensjahre verbrachte er in Athen.

G. wirkte einerseits als Forscher, der sich v.a. der ant. Philosophie und ihrer Problem- sowie Begriffsgeschichte widmete [3]; [6], andererseits als Übersetzer und Herausgeber zahlreicher ant. Texte, die er auf diese Weise – insbes. im Rahmen der *Bibl. der Alten Welt* – einer breiten Öffentlichkeit zugänglich machte (u.a. von Platon, Aristoteles, Epikur und Cicero). Bei einem insgesamt sehr weiten wiss. Spektrum stellten die Schriften zu Platon und Aristoteles sowie Vertretern der jeweiligen Schulen eine besondere Konstante in seinem Wirken dar. Wichtige Arbeiten wie ein Kommentar zu Xenophons *Memorabilien* (Bücher 1–2) [5], ein Kommentar zu Platons *Politeia* (Bücher 1–4) [11] oder die Edition der Aristoteles-Fragmente [13] wurden allerdings nie zur Gänze fertiggestellt oder nicht eigentlich rezipiert [14. 95]. Im Umfeld der genannten Forschungsfelder zeigte G. besonderes Interesse an histor. und philos. Problemen der Sokrates-Figur und der Sokratik: Er prägte maßgeblich das (nicht unumstrittene) Bild eines histor. nicht fassbaren Sokrates als des Protagonisten von »Sokrates-Dichtung« [4]. Im Bereich der röm. Literatur beschäftigte sich G. intensiv v.a. mit Cicero und seiner philos. Vermittlerfunktion [10]. Im Bereich des ausgehenden Altertums ist als ein weiteres Forschungsgebiet G.s die Auseinandersetzung zwischen paganer Antike und Christentum zu nennen [7]; [8].

Wenngleich nicht schulbildend, wirkte G. bei der Herausgabe und Initiierung wichtiger wiss. Projekte und Zeitschriften mit: Zum *Lex. der Alten Welt* (zu dessen Herausgebern er zählte) steuerte er mehr als 100 Artikel bei. 1944 wirkte er an der Gründung des *Museum Helveticum*, des schweizer. Fachorgans, mit und wurde auch als Herausgeber diverser Reihen tätig (*Schweizer. Beiträge, Texte und Kommentare*). Zudem war G. an der Einrichtung der *Fondation Hardt* beteiligt [14. 94]. Kennzeichnend für viele seiner Arbeiten ist die enge Verknüpfung von philol. mit philos. Interpretation in einer luziden Sprache. Letztere dürfte einen der Gründe für die zahlreichen Neuauflagen seiner Übersetzungen sowie für die Übersetzungen seiner philosophiehistor. Monographien in andere Sprachen darstellen. Die Mehrzahl seiner Aufsätze ist gesammelt in [9]; [12]; Band 39 des *Museum Helveticum* wurde ihm zum 70. Geburtstag 1982 gewidmet.

SV: [12. 584–587].

Schriften

[1] Untersuchungen zu Heraklit (Diss. Basel), 1935 [2] Theophrast, De ventis (Edition mit Einl. und Komm.; maschinenschriftl.), 1938 [3] Der Ursprung der griech. Philosophie. Von Hesiod bis Parmenides, 1945 (²1968) [4] Sokrates. Sein Bild in Dichtung und Geschichte, 1947 [5] Kommentar zu Xenophons Memorabilien. Bd. 1 zum ersten, Bd. 2 zum zweiten Buch, 1953–1956 [6] Grundprobleme der antiken Philosophie, 1959 [7] Die antike Kultur und das Christentum, 1966 [8] Erwägungen eines Altphilologen zum Neuen Testament, 1972 [9] Studien zur antiken Philosophie, hrsg. von A. Graeser, 1972 [10] Cicero und die griech. Philosophie, in: ANRW I/4, 1973, 226–261 [11] Gegenwärtigkeit und Utopie. Eine Interpretation von Platons Staat, Bd. 1: Bücher 1–4, 1976 [12] Die antike Philosophie als Maßstab und Realität, hrsg. von L. Straume-Zimmermann, 1977 [13] Aristotelis Opera. Librorum deperditorum fragmenta (Edition), 1987.

Sekundärliteratur

[14] H. Flashar, Olof Gigon, in: Gnomon 73, 2001, 93–95 [15] E. Vogt, Olof Gigon, in: Jb. der Bayerischen Akad. der Wiss., 1999, 256.

Hans-Ulrich Berner/Oliver Schelske

Gildersleeve, Basil Lanneau

Amerikan. Klass. Philologe. Geb. am 23.10.1831 in Charleston, gest. am 9.1.1924 in Baltimore. 1853 Prom. in Göttingen; 1856–1876 Prof. of Greek an der Univ. of Virginia in Charlottesville, 1861–1867 Prof. of Latin ebda.; 1876–1915 Prof. of Greek an der Johns Hopkins Univ. in Baltimore.

Werk und Wirkung

G. erlernte bereits ab dem fünften Lebensjahr für die NT-Lektüre Griechisch. Auf die Graduierung in Princeton (1849) folgte ein Aufenthalt in Deutschland (1850–1853), wo er an der Univ. Göttingen u.a. von August ↗Boeckh, Friedrich Wilhelm ↗Ritschl und Friedrich Wilhelm Schneidewin unterrichtet wurde. Drei Jahre nach der Göttinger Prom. [1] übernahm G. 1856 die erste Professur für Griechisch an der Univ. of Virginia. Nach seinem Einsatz im amerikan. Bürgerkrieg auf Seiten der Südstaaten wurde er 1876 als Prof. für Griechisch an die neu gegründete Johns Hopkins Univ. nach Baltimore berufen, wo er bis zu seiner Emeritierung 1915 lehrte.

G. verfasste mehrere Bücher, die zu vielfach nachgedruckten Standardwerken wurden [3]; [5]. In zahlreichen Schriften bearbeitete er Themen aus unterschiedlichen Bereichen der Altphilologie, bes. der

Grammatik [2] und Syntax [5]. Als wichtiges bleibendes Verdienst wird sein großes Engagement für den Aufbau und die Weiterentwicklung der nordamerikan. Klass. Philologie gesehen (u.a. Gründung des *American Journal of Philology* 1880 und dessen Herausgabe bis 1920). G.s Ziel war es, eine der europ. nicht nur ebenbürtige, sondern auch in ihrer Eigenständigkeit überragende amerikan. Altphilologie zu etablieren [9.27–35, 42–49]. In seiner fast 60 Jahre umfassenden Lehrtätigkeit bildete er drei Generationen von amerikan. Philologen aus (u.a. Kirby Flower Smith, John Adams Scott).

Bereits zu Lebzeiten wurde G. hoch geehrt (u.a. Ehrendoktorate von Oxford, Cambridge und diversen amerikan. Universitäten).

SV: [7.326–336].

N: Baltimore, Johns Hopkins University, Gildersleeve Archive [9.62–105].

Schriften

[1] De Porphyrii studiis Homericis capitum trias (Diss. Göttingen), 1853 [2] Latin Grammar, 1867 [3] Pindar. The Olympian and Pythian Odes, 1885 [4] Essays and Studies. Educational and Literary, 1890 [5] Syntax of Classical Greek. From Homer to Demosthenes, 2 Bde. (mit Ch. W. E. Miller), 1900–1911 [6] Hellas and Hesperia, or the Vitality of Greek Studies in America, 1909 [7] Selected Classical Papers, hrsg. von W. W. Briggs, 1992.

Sekundärliteratur

[8] Introduction, in: W. W. Briggs Jr., Soldier and Scholar. Basil Lanneau Gildersleeve and the Civil War, 1998, 1–23 [9] W. W. Briggs Jr. / H. W. Benario (Hrsg.), Basil Lanneau Gildersleeve. An American Classicist, 1986.

Gregor Bitto

Giphanius, Obertus

Hubert van Giffen; niederl. Philologe und Jurist. Geb. 1534 in Buren (Geldern), gest. 1604 in Prag. Studium der Phil. in Löwen, der Jurisprudenz in Orléans, Bourges (als Schüler von Jacques ↗Cujas) und Paris. 1571–1582 Prof. für Ethik, Logik und *Institutiones* in Straßburg; 1583–1590 Prof. für Pandekten und Phil. an der Academia Norica in Altdorf bei Nürnberg; ab 1599 Beisitzer am Reichshofrat in Prag.

Leben und Werk

G. stammte aus einer Familie von protestantischen Grundbesitzern in der niederl. Provinz Geldern. Noch während seiner Studienzeit publizierte er 1566 eine für seine Zeit vorbildhafte (wenngleich von Joseph ↗Scaliger als Plagiat gebrandmarkte) Edition von Lukrez' *De rerum natura*. Nach seiner juristischen Prom. bereiste er zweimal Italien; 1571 wurde er nach Straßburg berufen, wo er u.a. Aristoteles las (seine Kommentare zur *Ethik* [4] und *Politik* [5] erschienen postum) und an editorischen Projekten der Druckerei Rihel mitwirkte (Iosephos Flavios, Homer, Cicero-Lex., Livius-Übersetzung). In die Streitigkeiten zwischen dem Reformierten Johannes Sturm und dem Lutheraner Johannes Marbach ließ er sich aufseiten seines Schwiegervaters Marbach hineinziehen. 1575 publizierte er Ergänzungen zu Johannes Sleidanus' Geschichte der Reformation; ungesicherte Behauptungen darin über die Verfolgung von Protestanten in Wien trugen ihm eine Untersuchungshaft von mehreren Monaten ein. 1583 folgte er dem Ruf an die (erst 1622 zur Univ. erhobene) *Academia Norica* in Altdorf, wo er, u.a. als Gegner des anti-aristotelisch geprägten Ramismus, entscheidenden Einfluss auf das Lehrprogramm nahm und sich als humanistischer Jurist einen glänzenden Ruf erwarb. Mit Hugues ↗Doneau, dessen Berufung nach Altdorf er selbst betrieben hatte, geriet er aber bald in Konflikt und wechselte 1590 an die von Jesuiten dominierte Univ. Ingolstadt; hier konvertierte er zum Katholizismus. Wohl auch aufgrund persönlicher und beruflicher Probleme folgte er dem ehrenvollen Ruf nach Prag, wo er verstarb.

Als Cujas' Schüler hing G. dem *mos Gallicus* an und vertrat eine enge Orientierung an den ant. Rechtsquellen, welche solide Kenntnisse im Lat. und Griech. voraussetzte. Seine juristischen Vorlesungen aus der Altdorfer Zeit, mehrheitlich auf der Basis von Mitschriften seiner Hörer nach seinem Tod herausgegeben [6], belegen dieses Programm; G. verteidigte insbes. die Systematik und den inneren Zusammenhalt der Bücher des *Corpus iuris civilis* (vgl. seine *Oeconomia* [3]). Zu seinen Schülern zählten Konrad Rittershausen und Kaspar ↗Schoppe.

Schriften

[1] Commentarius de divisionibus iuris novis interpretum quorundam, maxime glossographorum, in theses aliquot coniectis, Altdorf 1586 [2] Commentarii in titulum Digestorum de diversis regulis iuris antiqui perutiles ac necessarii, Frankfurt/Main 1606 [3] Oeconomia iuris sive dispositio methodica omnium librorum et titulorum iuris civilis, Frankfurt/Main 1606 [4] Commentarii in decem libros Ethicorum Aristotelis ad Nicomachum, Frankfurt/Main 1608 [5] Commentarii in Politicorum opus Aristotelis, Frankfurt/Main 1608 [6] Enarrationes et commentarii in VIII libros codicis Iustiniani leges celebriores et difficiliores, hrsg. von J. Giphanius, Köln 1614 [7] Ad Wilhelmum Landgravium Hassiae Epistulae XXXVII, de 1571–1577, hrsg. von G. Mollat, 1885.

Sekundärliteratur

[8] M. Ahsmann, Art. Giphanius, Obertus, in: M. Stolleis (Hrsg.), Juristen. Ein biographisches Lex. von der Antike bis zum 20. Jh., 2001, 244–245.

Dorothee Gall

Gjerstad, Einar

Schwed. Klass. Archäologe und Althistoriker. Geb. am 30.10.1897 in Örebro, gest. am 8.1.1988 in Lund. Studium der Klass. Arch. in Uppsala; 1923 und 1924 erste Ausgrabungen (hauptsächlich zur Vorgeschichte) auf Zypern; Prom. 1926 in Uppsala. 1927–1931 Organisator der *Swedish Cyprus Expedition* (mit Alfred Westholm, Erik Sjöqvist und John Lindros); 1935 Direktor des Schwed. Instituts in Rom. 1940–1972 Prof. für Klass. Arch. in Lund; während des Zweiten Weltkrieges Delegierter des Roten Kreuzes in Griechenland. Federführend an der Gründung des Schwed. Instituts in Athen (1948) beteiligt.

Werk und Wirkung

G. studierte in Uppsala bei Axel W. Persson, kam durch dessen Vermittlung nach Zypern und wurde v.a. durch die Arbeiten der von ihm maßgeblich initiierten Arbeiten der *Swedish Cyprus Expedition* (in der Nachfolge der Forschungen von John Linton Myres), die über 20 Fundplätze unterschiedlicher Zeitperioden vom Neolithikum bis in die röm. Zeit untersuchte, zum Begründer einer wiss. systematisierten Archäologie der Insel Zypern. Ihm und seinen Mitarbeitern wird die heute noch gültige Klassifizierung und Nomenklatur zyprischer Keramik und Plastik, ebenso die Periodeneinteilung zyprischer Kulturgeschichte der Bronze- und Eisenzeit verdankt. Die Bände der *Swedish Cyprus Expedition* [2] sind Standardwerke; G.s Beitrag darin zur geometrischen bis klass. Periode darf als *opus maximum* gelten [3]. Die neuere Forschung hat allenfalls Korrekturen an G.s absolutchronologischen Ansätzen vorgenommen.

G.s zweite Lebenshälfte war der Erforschung der Frühzeit Roms gewidmet (1957–1972 auf einer dafür eingerichteten persönlichen Prof. in Lund). Grab- und Baubefunde, stratigraphische Untersuchungen, die arch. Materialien wie die Schriftquellen sind in sechs Bänden *Early Rome* erschlossen und kulturgeschichtlich ausgewertet [4]. G.s Chronologie der früheisenzeitlichen Grabfunde hat ebenso Kritik erfahren (und ist sicherlich nach oben zu korrigieren) wie seine Annahme einer sehr späten Datierung der Stadtwerdung Roms (gegen 575 v.Chr.) und auch der röm. Königszeit. Zu den Monographien kommt eine Reihe von Artikeln zu Problemen der röm. Frühzeit. Nach 1973 kehrte G. zu seinen zyprischen Studien zurück, u.a. mit einem Handbuch zu Importen griech. geometrischer und archaischer Keramik in Zypern. Zu G.s Schülern zählen Paul Åström, Pär Göran Gierow und Carl-Gustaf Styrenius.

SV: [10.Teil 1, 5–8].

N: Los Angeles, Getty Research Institute.

Schriften

[1] Studies on Prehistoric Cyprus (Diss. Uppsala), 1926 [2] The Swedish Cyprus Expedition, 4 Bde., 1934–1972 [3] The Swedish Cyprus Expedition, Bd. 4.2: The Cypro-Geometric, Cypro-Archaic and Cypro-Classical Periods, 1948 [4] Early Rome, 6 Bde., 1953–1973 [5] Pottery-Types. Cypro-Geometric to Cypro-Classical, in: Opuscula Atheniensia 3, 1960, 105–122 [6] Legends and Facts of Early Roman History, 1962 [7] Cultural History of Early Rome, in: Acta Archaeologica 36, 1965, 1–41 [8] Greek Geometric and Archaic Pottery Found in Cyprus, 1977 [9] Ages and Days in Cyprus, 1980.

Sekundärliteratur

[10] Scripta minora 1977–1978 in honorem Einari Gjerstad, 1977 [11] P. Åström et al., »The Fantastic Years on Cyprus«. The Swedish Cyprus Expedition and Its Members, 1994 [12] P. Åström / K. Nys (Hrsg.), The Swedish Cyprus Expedition. 80 Years, 2008 [13] G. Colonna, Gjerstad e la Roma arcaica, in: G. Colonna, Italia ante Romanum Imperium, Bd. 1.2, 2005, 465–467 [14] E. Rysted (Hrsg.), The Swedish Cyprus Expedition. The Living Past, 1994 [15] C.-G. Styrenius, Einar Gjerstad, in: Medelhavsmuseet Bulletin 23, 1988, 3–8 [16] M.-L. Windbladh (Hrsg.), An Archaeological Adventure in Cyprus. The Swedish Cyprus Expedition, 1997.

Hartmut Matthäus

Glareanus, Heinrich

Loriti, Heinrich; schweizer. Dichter, Musiktheoretiker und Philologe. Geb. im Juni 1488 in Mollis (Kanton Glarus), gest. am 27./28.3.1563 in Freiburg i.Br. 1510 M.A. in Köln; 25.8.1512 Dichterkrönung; ab 1514 Sprachlehrer in Basel; 1517–1522 Lehre am Pariser Collège de France. Ab 1529 Prof. für Poetik und Theologie in Freiburg i.Br.

Werdegang, Werk und Wirkung

G. wirkte als Musiktheoretiker [5], Lehrer, Dichter [2]; [4] und Geograph [1]. Aus einer wohlhabenden Familie stammend, besuchte er ab 1497 die Stiftsschule Bern, ab 1501 die Schule von Michael Rubellus (Röteli) in Rottweil am Neckar. 1507–1510 studierte er in Köln Theologie, Mathematik und Musik und betrieb auch Griechischstudien. 1512 krönte Kaiser Maximilian I. ihn zum *poeta laureatus*. Vom ↗Reuchlin-Streit 1514 aus Köln vertrieben, ließ G. sich in Basel nieder, wo er als Latein- und Griechischlehrer wirkte; hier begann seine lebenslange Freundschaft mit ↗Erasmus von Rotterdam. 1517–1522 lehrte er, unterstützt durch ein Stipendium König Franz' I., am *Collège de France* in Paris. Anfangs der Reformation zugeneigt, kritisierte G. später deren Umsetzung und Bildungsfeindlichkeit, bewahrte aber engen Kontakt zu führenden Reformatoren (Martin Luther, Huldrych Zwingli).

Ab 1527 hielt sich G. im kath. Freiburg auf, wo er 1529 Inhaber der Poetikprof. wurde. Hier entstanden nicht nur seine musiktheoretischen Hauptwerke [5], sondern auch die meisten seiner philol. Arbeiten, die dem Textverständnis der klass. lat. Autoren gewidmet sind, darunter einige Editionen und v.a. *Annotationes* zu zahlreichen lat. Texten: von Horaz' *Ars poetica* (1533), Ovids *Metamorphosen* (1534), Caesar (1538; hier wird das geographische Interesse deutlich), Sallust (1538), Livius (1540), Terenz (1540), Boëthius (1546), Lucan (1550/51) und Sueton (1560). An jedem seiner Wirkorte begründete und leitete G. Bursen, deren Bewohner sich nach dem Vorbild der röm. *res publica* unter ihm als Consul selbst verwalteten. Seine bedeutende Bibl. gelangte über seinen Schüler Egolf von Knöringen an die Univ.-Bibl. und Bayerische Staatsbibl. München [10]; [11].

Schriften

[1] Descriptio de situ Helvetiae, Basel 1514 [2] Ad Divum Maximilianum … panegyricon, Basel 1515 [3] De ratione syllabarum, Basel 1516 [4] Duo elegiarum libri, Basel 1516 [5] Dodekachordon, Basel 1547.

Sekundärliteratur

[6] H. Albrecht, Art. Glarean(us), Heinrich, in: F. Blume (Hrsg.), Die Musik in Geschichte und Gegenwart, Bd. 5, 1956, 215–221 [7] R. Aschmann et al. (Hrsg.), Der Humanist Heinrich Loriti genannt Glarean 1488–1563, 1983 [8] F. Büsser, Henricus Glareanus, in: P.G. Bietenholz / T.B. Deutscher (Hrsg.), Contemporaries of Erasmus, Bd. 2, 1986, 105–108 [9] J. Castner, De obitu incomparabilis viri D. Henrichi Loriti Glareani, Basel 1563 [10] I. Fenlon, Heinrich Glarean's Books, in: J. Kmetz (Hrsg.), Music in the German Renaissance. Sources, Styles and Contexts, 1994, 74–102 [11] I.M. Groote, Blicke über den Seitenrand. Der Humanist Heinrich Glarean und seine Bücher (Ausst.kat.), 2010 [12] Th. Miller, Art. Glareanus, in: Biographisch-bibliographisches Kirchenlex. 23, 2004, 530–537 [13] H. Schreiber, Heinrich Loriti Glareanus, seine Freunde und seine Zeit, 1837.

Anja Wolkenhauer

Göbl, Robert

Österr. Numismatiker. Geb. am 4.8.1919 in Wien, gest. am 8.12.1997 ebda. Nach Schulbesuch 1938–1947 Wehr- und Kriegsdienst, dann Kriegsgefangenschaft. 1948–1950 Studium der Alten Gesch. und Arch., 1950 Prom., 1955 Habil. in Wien; ab 1965 ao.Prof., ab 1971 o.Prof. in Wien für ant. Numismatik und vorislam. Geschichte Mittelasiens; 1965–1987 Leitung des Instituts für Numismatik; 1963 korrespondierendes, 1971 wirkliches Mitglied der Österr. Akad. der Wiss. 1989 Emeritierung.

Werk und Wirkung

G. wurde v.a. von Karl Pink geprägt, dessen an der röm. Numismatik entwickelten Prinzipien G. auch auf andere Gebiete der Münzprägung anwandte. Über Franz ↗Altheim fand er zur oriental.-vorislam. Numismatik und verfasste Werke über Siegel [3] und Münzprägung der Sasaniden [2] sowie über die des mittelasiat.-ind. Kuschanreiches [5]. Auf Vermittlung von Roman Ghirshman ordnete er 1962 die Münzsammlung in Kabul und entdeckte in Peschawar für die Chronologie aufschlussreiche Inschriften. Es ist G.s Verdienst, ein absolutes Prägedatum für den Kuschankönig Kanischka I. um 230 n.Chr. gesichert zu haben.

Das 1965 gegründete Numismatische Institut (seit 2000 »Institut für Numismatik und Geldgeschichte«) der Univ. Wien wurde wesentlich durch das Wirken G.s als des ersten Lehrstuhlinhabers geprägt. Hier widmete er sich intensiv der Lehre und verfasste mehrere Lehrbücher [4]. In seinem Spätwerk stellt er die Numismatik als Quellwissenschaft für andere Wissenschaftszweige dar [6].

M: Robert Göbl, in: H. Baltl et al. (Hrsg.), Recht und Geschichte. Ein Beitrag zur österreichischen Gesellschafts- und Geistesgeschichte unserer Zeit. Zwanzig Historiker und Juristen berichten aus ihrem Leben, 1990, 59–74.

SV: Numismatische Zs. 106/107, 1999, 9–20.

Schriften

[1] Dokumente zur Geschichte der iranischen Hunnen in Baktrien und Indien, 4 Bde., 1967 [2] Sasanidische Numismatik, 1968 [3] Sasanidischer Siegelkanon, 1973 [4] Antike Numismatik, 1978 [5] System und Chronologie des Kusanreiches, 1984 [6] Numismatik. Grundriß und wissenschaftliches System, 1987 [7] Die Münzprägung des Kaisers Aurelianus (270–275), 2 Bde., 1993.

Sekundärliteratur

[8] M. Alram, Robert Göbl, in: Almanach der Österreichischen Akademie der Wissenschaften 148, 1998, 425–432 [9] M. Alram, Robert Göbl, in: Studia Iranica 27/2, 1998, 279–288 [10] M. Alram, Art. Göbl, Robert, in: E. Yarshater (Hrsg.), Encyclopaedia Iranica, Bd. 11.1, 2003, 25–27 [11] W. Szaivert, Robert Göbl, in: Geldgeschichtliche Nachrichten 33, 1998, 100–101.

Helmut Schubert

Goethe, Johann Wolfgang

Dt. Dichter. Geb. am 28.8.1749 in Frankfurt a.M., gest. am 22.3.1832 in Weimar. Ab 1753 Privatunterricht durch seinen Vater und mehrere Lehrer; 1765–1768 Jurastudium in Leipzig, 1770/71 in Straßburg; dort Prom. zum Lizentiaten der Rechte. 1771–1775 Rechtsanwalt in Frankfurt a.M.; 1772 Praktikant am

Reichskammergericht in Wetzlar. 1775 Übersiedelung nach Weimar; ab 1776 im Staatsdienst des Herzogtums (später Großherzogtums) Sachsen-Weimar-Eisenach; 1776 Geheimer Legationsrat und Mitglied des Geheimen Consiliums, 1778 Geheimer Rat; 1782 geadelt. 1786–1788 erste Italienreise; 1788 Entlastung von allen Regierungsgeschäften unter Beibehaltung von Sitz und Stimme im Geheimen Consilium (und mit Verantwortung für künstlerische und wiss. Belange); 1791–1816 Direktor des Weimarer Theaters; ab 1809 Oberaufsicht über die unmittelbaren Anstalten für Wiss. und Kunst in Weimar und Jena; ab 1815 Staatsminister.

Werk und Wirkung

G., der bedeutendste dt. Dichter und eine der überragenden Persönlichkeiten der Weltliteratur, auch als Kunsttheoretiker, Naturwissenschaftler und Staatsmann eine der prägenden Gestalten des dt. Geisteslebens um 1800, war in seinem Leben und Schaffen durch eine umfassende Kenntnis und hohe Verehrung des griech. und röm. Altertums bestimmt und hat das geistige Klima in Europa auch in dieser Hinsicht nachhaltig beeinflusst. Er griff in seinen Dichtungen mehrfach ant. Stoffe auf (*Prometheus, Iphigenie auf Tauris, Achilleis, Pandora, Faust II*) und orientierte sich auch in seinen theoretischen Arbeiten (wie in der gemeinsam mit Friedrich Schiller verfassten Untersuchung *Über epische und dramatische Dichtung* oder in dem Aufsatz *Nachlese zu Aristoteles' Poetik*) sowie in seinen publizistischen Aktivitäten – in der Zeitschrift *Propyläen* (1798–1800), in dem Sammelband *Winckelmann und sein Jahrhundert* (1805) und in der Zeitschrift *Über Kunst und Alterthum* (1816–1832) – an der Antike. Darüber hinaus hatte er auch eine recht konkrete Beziehung zu fachspezifischen Fragestellungen sowohl der Archäologie als auch der Philologie.

Nachdem sich G. in den 1770er Jahren mehrfach mit Homer-Übersetzungen befasst hatte, schrieb er in Italien die kleine Studie zu einem homerischen Textproblem [1]. In den folgenden Jahrzehnten regten ihn dann v. a. drei Persönlichkeiten zu eigenen Überlegungen an: Johann Heinrich ↗Voß mit seiner Homer-Übersetzung, Friedrich August ↗Wolf durch seine Erörterung der ›Homerischen Frage‹ und Gottfried ↗Hermann mit mehreren philol. Publikationen.

G., der Voß 1794 kennenlernte, beschäftigte sich intensiv mit dessen Übertragung der *Ilias* und verdeutschte Mitte der 1790er Jahre selbst mehrere Partien aus den homerischen Epen. Seit 1795 setzte er sich mit Wolfs *Prolegomena ad Homerum* auseinander und interpretierte dessen Thesen im Hinblick auf seine eigenen Dichtungen. Die Probleme der *Prolegomena* beschäftigten ihn nochmals 1820/21, als er auf der Grundlage der Voß'schen Übersetzung einen umfangreichen *Auszug aus der Ilias* verfasste [15]. In den *Materialien zur Geschichte der Farbenlehre* [2] nahm G. häufig auf ant. Autoren, im letzten Jahrzehnt seines Lebens auf Abhandlungen und Editionen Hermanns [4] Bezug. In der Kontroverse zwischen Hermann und Voß auf der einen und Georg Friedrich ↗Creuzer auf der anderen Seite unterstützte er die Gegner von Creuzers romantischer Mythostheorie.

Im Rahmen seiner Verantwortung für die Jenaer Univ. arbeitete G. in administrativen, publizistischen, bibliothekarischen und editorischen Fragen mit deren Fachvertretern Christian Gottfried Schütz, Heinrich Karl Abraham Eichstädt und Karl Wilhelm Göttling zusammen und beförderte namentlich die akademische Laufbahn des Letzteren [11].

M: Dichtung und Wahrheit, 1811–1833; Italienische Reise, 1816/17 und 1829.

SV: H. Pyritz, Goethe-Bibliographie, 1965, 48–131; Deutsches Literaturlex. 6, 1978, 489–500.

N: Weimar, Goethe- und Schiller-Archiv; Frankfurt a. M., Freies Deutsches Hochstift; Düsseldorf, Goethe-Museum; Marbach, Dt. Literaturarchiv; Staatsbibl. zu Berlin, Preußischer Kulturbesitz.

Schriften

[1] Versuch eine homerische, dunkle Stelle zu erklären, 1787 (gedr. 1901) [2] Materialien zur Geschichte der Farbenlehre, 1810 [3] Die tragischen Tetralogien der Griechen, 1823 [4] Phaethon, Tragödie des Euripides, 1823 [5] Philoktet, 1826 (gedr. 1907) [6] Sämtliche Werke, Briefe, Tagebücher und Gespräche (Frankfurter Ausgabe), 1985 (ff.; bes. Bde. 18, 21, 22, 23/1).

Sekundärliteratur

[7] M. Beetz, »In den Geist der Alten einzudringen«. Altphilologische Hermeneutik als Erkenntnis- und Bildungsinstrument der Weimarer Klassik, in: K. Richter / J. Schönert (Hrsg.), Klassik und Moderne, 1983, 27–55 [8] Bursian Gesch. 592–607 [9] G. Goetz, Geschichte der klassischen Studien an der Universität Jena von ihrer Gründung bis zur Gegenwart, 1928, 22–67 [10] E. Grumach, Goethe und die Antike. Eine Sammlung, 1949 [11] G. Müller, Vom Regieren zum Gestalten. Goethe und die Universität Jena, 2006 [12] V. Riedel, Goethe und Homer (1999), in: V. Riedel, »Der Beste der Griechen« – »Achill das Vieh«. Aufsätze und Vorträge zur literarischen Antikerezeption II, 2002, 123–143 [13] V. Riedel, Goethes Beziehung zur Antike (1998), in: V. Riedel, »Der Beste der Griechen« – »Achill das Vieh«. Aufsätze und Vorträge zur literarischen Antikerezeption II, 2002, 63–89 [14] V. Riedel, Die Bedeutung der Altertumswissenschaften für Weimarer und Jenaer Schriftsteller um 1800, in: V. Riedel, Literarische Antikerezeption zwischen Kritik und Idealisierung, 2009, 229–247 [15] V. Riedel, Ein »Grundschatz aller Kunst«. Goethe und die Vossische Homer-Übersetzung (2002), in: V. Riedel, Literarische Antikerezeption zwischen Kritik und Idealisierung, 2009, 188–228 [16] Sandys Hist., Bd. 3, 69–70 [17] E.-R. Schwinge, Goethe und die Poesie der Griechen, 1986.

Volker Riedel

Goetze, Albrecht

Dt.-amerikan. Altorientalist, bes. Hethitologe. Geb. am 11.1.1897 in Leipzig als Albrecht Ernst Rudolf Götze, gest. am 15.8.1971 in Garmisch. Unterbrochen durch den Einsatz im Ersten Weltkrieg (Westfront) Studium der Alt.wiss., Semitistik, Indogermanistik, Linguistik und Assyriologie in Berlin, Leipzig, München und Heidelberg; 1921 Prom. in Heidelberg und Assistentur bei Carl Bezold; 1922 Habil., 1927–1930 Extraordinarius ebda. Ab 1930 o.Prof. für Semitische Sprachen und Altoriental. Geschichte in Marburg; 1933 aus polit. Gründen entlassen. 1934–1936 Visiting Prof. an der Yale Univ., New Haven (Connecticut); 1936 M.A. ebda. 1940 US-amerikan. Staatsbürgerschaft. 1936–1956 William M. Laffan Prof. of Assyriology, 1956–1965 Sterling Prof. ebda. 1965 Emeritierung.

Werk und Wirkung

G., Sohn eines Psychiaters, diente im Ersten Weltkrieg (Eisernes Kreuz). Die Entzifferung des Hethitischen durch Bedřich ↗Hrozný im Jahr 1915 war der Beginn einer neuen Disziplin der Altorientalistik, in der G., der seine Studien nach dem Krieg aufnahm, schon bald eine führende Rolle spielte. In seiner Publikation von heth. Texten, die durch den Antikenhandel in verschiedene Sammlungen gelangt waren [1], zeigen sich seine besonderen epigr. Fähigkeiten. Seine meisterhafte Beherrschung der schriftlichen und arch. Überlieferung, verbunden mit einem präzisen Stil, gipfelte in seiner Geschichte Kleinasiens [2] von den frühesten Perioden bis hin zur hell. Zeit. 1933 wurde G. wegen seiner aktiven polit. Tätigkeit gegen die Nationalsozialisten als »polit. unzuverlässig« aus seinem Amt entlassen.

Eine Einladung an die Univ. Kopenhagen durch den Linguisten Holger Pedersen bewahrte ihn vor Verhaftung und sicherem Tod. 1934 vom Hethitologen Edgar Sturtevant nach Yale gerufen, blieb G. für den Rest seines akad. Lebens dort. Ab da publizierte er nur noch in engl. Sprache. 1940 wurde er amerikan. Staatsbürger. Zusammen mit Sturtevant publizierte er das heth. Tunnawi-Ritual [3] und verfasste eine wesentliche Studie zur heth. Geographie [4]. Seit 1941 katalogisierte G. zusammen mit seinem Yale-Kollegen Ferris J. Stephens etwa 3000 Tontafeln, die sich verstreut in zahlreichen Sammlungen in den USA und Kanada fanden. Die wichtigsten wurden postum publiziert [8]. Dieses Projekt weckte sein Interesse an sumer. Verwaltungsurkunden (vom Ende des 3. Jt.s). Er publizierte dazu wesentliche Studien. 1947 rief er zusammen mit Abraham Sachs und Thorkild Jacobsen das *Journal of Cuneiform Studies* ins Leben. Für dessen erste 23 Bände steuerte er eine bedeutende Anzahl von Artikeln bei. 1948 war G. Annual Prof. der American School for Oriental Research in Bagdad. Ein herausragendes Ergebnis dieser Zeit war seine Edition eines gerade bei Ausgrabungen entdeckten babylon. Rechtsbuchs [6] sowie von 50 altbabylon. Briefen [7]. Sein Band mit brillianten Kopien von altbabylon. Omentexten aus der Bibl. eines Experten der Divination [5] erweiterte die Kenntnis babylon. Divination in grundlegender Weise.

Über seine Stellung als eine der herausragenden Persönlichkeiten der Altorientalistik hinaus spielte G. eine Schlüsselrolle unter den aus Deutschland vertriebenen Altorientalisten, deren wiss. Strenge und Produktivität die oriental. Studien in den USA in diesen Jahren entscheidend formten (u.a. Hans ↗Güterbock, Benno ↗Landsberger, A. Leo ↗Oppenheim).

SV: J.J. Finkelstein, Bibliography of A. Goetze, in: Journal of Cuneiform Studies 26, 1974, 2–15.

N: New Haven (Connecticut, USA), Yale Univ. Archives, Goetze Collection; Yale Univ., Babylonian Collection.

Schriften

[1] Verstreute Boghazköi-Texte (Edition), 1930 [2] Kleinasien (Hdb. der Altertumswissenschaften 3.1.3.), 1933 (^{2}1957) [3] The Hittite Ritual of Tunnawi (Edition; mit E. Sturtevant), 1938 [4] Kizzuwatna and the Problem of Hittite Geography, 1940 [5] Old Babylonian Omen Texts (Edition), 1947 [6] The Laws of Eshnunna (Edition), 1956 [7] Fifty Old Babylonian Letters from Tell Harmal (Edition), in: Sumer 14, 1958, 3–78 [8] Cuneiform Texts from Various Collections (Yale Oriental Series. Babylonian Texts 15) (Edition), hrsg. von B. Foster, 2010.

Sekundärliteratur

[9] J.J. Finkelstein, Albrecht Goetze, 1897–1971, in: Journal of the American Oriental Society 92, 1962, 197–203 [10] T. Jacobsen, Albrecht Goetze (1897–1971), in: Bulletin of the American Schools of Oriental Research 206, 1972, 3–6 [11] A. Sachs (Hrsg.), Special Volume Honoring Professor Albrecht Goetze (Journal of Cuneiform Studies 21), 1969.

Benjamin Read Foster (Ü: J.R.)

Golenischeff, Wladimir

Auch Golenischtschew, W. Semjonowitsch; russ. Ägyptologe. Geb. am 30.1.1856 in St. Petersburg, gest. am 5.8.1947 in Nizza. 1875 Studienbeginn in St. Petersburg; Reisen nach Ägypten, Sammlung ägypt., insbes. schriftlicher Denkmäler; Tätigkeit an den Museen in St. Petersburg, Moskau und Kairo. Nach der Revolution von 1917 Privatgelehrter an Orten außerhalb Russlands, zeitweise in Nizza.

Werk und Wirkung

G.s wohlhabendes Elternhaus erlaubte ihm über sechzig Ägyptenreisen und den Erwerb einer umfangreichen und bedeutenden Sammlung, die er 1911 dem Moskauer Museum der Darstellenden Künste vermachte, sowie ein finanziell unabhängiges Leben als Privatgelehrter. G. inventarisierte die ägypt. Abteilung der Petersburger Eremitage, katalogisierte die hieratischen Papyri im Museum von Kairo und publizierte einen Teil davon [3]. G.s erste größere Arbeit war der Publikation einer der wichtigsten Bezeugungen spätägypt. Magie gewidmet: der Metternichstele [1]. Bes. mit seinem Namen verbunden sind Veröffentlichungen und Bearbeitungen bedeutender lit. Papyri, u.a. der Geschichte vom Schiffbrüchigen, der Lehre für König Merikare, der Prophezeiung des Neferti [4] und der Reise des Wenamun nach Byblos [3]. Aus der Sammlung G.s wurde ein lit. Papyrus von Adolf ↗Erman in seinen *Hymnen an das Diadem der Pharaonen* (1911) und ein weiterer, der in Moskau aufbewahrte mathematische Papyrus, von Wassili W. Struve publiziert. Ein Papyrus enzyklopädischen Inhalts aus G.s Sammlung diente Alan ↗Gardiner als wesentliche Quelle für seine *Onomastica*. Die epigr. Ergebnisse einer Exkursion G.s in das Wadi Hammamat waren grundlegend für die spätere Publikation der Texte durch Couyat und Montet.

G.s Interesse galt auch Mesopotamien. Er publizierte kapadokische Texte aus seiner Sammlung [2] und beschrieb als Erster die assyr. Denkmäler der Eremitage.

SV: T.N. Saveljeva, in: Drevnij Egipet, 1960, 9–11; Bulletin of the Faculty of Arts, Fouad I.-Univ., 12, Teil I, 1951.

Schriften

[1] Die Metternichstele in der Originalgröße (Edition), 1877 [2] Vingt-quatre tablettes cappadociennes de la collection W. Golénischeff (Edition), 1891 [3] Papyrus hiératique de la collection W. Golenischeff, contenant la description du voyage de l'Égyptien Ounou-Amon en Phénicie (Edition), in: Recueil de travaux relatifs à la philologie et à l'archéologie égyptiennes et assyriennes 21, 1899, 74–102 [4] Les papyrus hiératiques nr. 1115, 1116A et 1116B de l'Ermitage impérial à St. Pétersbourg (Edition), 1913 [5] Papyrus hiératiques. Fasc. I, Nr. 58001–58036 (Catalogue général des antiquités égyptiennes du Musée du Caire 53, Edition), 1927.

Sekundärliteratur

[6] Art. Golenischeff, Vladimir Semionovitch, in: WWE, 170 [7] W.W. Struve, Importance de W.S. Golénischeff pour l'égyptologie, in: W.W. Struve (Hrsg.), Drevnij Egipet, 1960, 15–60.

Reinhard Grieshammer

Gomperz, Theodor

Österr. Klass. Philologe. Geb. am 29.3.1832 in Brünn, gest. am 29.8.1912 in Baden bei Wien. Sohn des jüd. Bankiers Philipp G., Vater des Philosophen Heinrich G. 1843–1847 Besuch des Gymnasiums in Brünn (ohne Abschluss) und 1847–1849 der Philos. Lehranstalt ebda. 1849 Studium der Rechtswiss., 1850–1853 der Klass. Phil. insbes. bei Hermann Bonitz (ohne Abschluss) an der Univ. Wien. 1853–1869 Privatgelehrter mit journalistischer Tätigkeit für den *Grenzboten* (hrsg. von Gustav Freytag) in Leipzig (1854/55) und wiss. Reisen u.a. nach Rom, Neapel, Paris, Oxford und London. 1867 Habil. in Wien aufgrund seiner Arbeiten zum *Corpus Hippocraticum* und zu den Papyri von Herculaneum (ohne Prom.); 1868 Dr. h.c. der Univ. Königsberg; 1869 ao.Prof., 1873–1901 o.Prof. für Klass. Phil. in Wien; 1882 Mitglied der Akad. der Wiss. ebda; 1901 Mitglied des Herrenhauses (Oberhaus des österr. Reichsrates) [10]; [9].

Werk und Wirkung

G. wurde zunächst durch die Methoden der Philologie des Historismus (Textkritik und Einzelerklärung) wiss. geprägt, die er um literaturwiss. und literaturhistor. Fragestellungen erweiterte. Neben den griech. Tragikern und Herodot [4. Bd. 1, 3–164; Bd. 2, 3–176] profitierten davon v.a. die herkulanischen Papyri, die er zunächst in Beiträgen auf der Grundlage der *Apographa Oxoniensia* in Beiträgen mit beachtlichen Ergebnissen bearbeitete [1]; [5. XII]; [8]. Mit der Absage an den Athetesen- und Konjekturenfetischismus arbeitete G. der mod. konservativen Textphilologie vor. Allerdings blieb ihm die Anerkennung der Papyrologen versagt, da er in großem Umfang nur mit Abschriften arbeitete und sich aus den Papyri allein die »Rosinen« herauspickte.

Stärker geriet G. aber in Distanz zur zeitgenössischen Textphilologie, indem er sich – im Gegensatz zu deren philosophiefeindlichen oder -freien Haltung – der nzl. Philosophie öffnete. Er fand v.a. im religions- und metaphysikskeptischen Positivismus des engl. Philosophen John Stuart Mill [2] ein Mittel der Hermeneutik des griech. Denkens und seiner Bewertung und stellte Konvergenzen von ant. und nzl. Denken fest, die dem histor. Verständnis allerdings nicht immer adäquat waren. Daher wurde sein großes Werk *Griech. Denker* [3] bei allem öffentlichen Erfolg von der Zunft wegen des Mangels an histor. Sinn wenig geschätzt. Dennoch bleibt der Versuch bemerkenswert, das griech. Denken von einem einheitlichen Prinzip her zu erfassen, wie es später Werner ↗Jaeger mit dem *Paideia*-Prinzip unternahm. G.s umfängliche wiss. Korrespondenz [10]; [7] sowie die Festschrift zu seinem 70. Geburtstag mit Beiträgen von 56 Wissenschaftlern [6] sind eine Bestätigung für seine nationale wie internationale Anerkennung.

M: Essays und Erinnerungen, 1905.

SV: [4. Bd. 1, VII; Bd. 2, IIIf.] (Auswahl); [5. 265–268] (Herkulanische Schriften).

N: Cambridge (Massachusetts), Harvard Univ. Library: H. und Th. Gomperz, Briefe und Aufzeichnungen, Bd. 2 (1869–1883) und Bd. 3 (1884–1912), ungedr.; Los Angeles, Univ. of Southern California, Hoose Library of the School of Philosophy: Briefe an Th. G.

Schriften

[1] Herkulanische Studien, 2 Bde., 1865–1866 [2] J.S. Mill, System der deduktiven und induktiven Logik (Übers. der engl. Ausgabe von 1843), 1872 [3] Griech. Denker. Eine Geschichte der antiken Philosophie, 3 Bde., [2]1903–1912 ([4]1922–1931; engl., franz., ital., hebr., russ. Übers.) [4] Hellenika. Auswahl der K.S., 2 Bde., 1912 [5] Eine Auswahl herkulanischer K.S., hrsg. von T. Dorandi, 1993.

Sekundärliteratur

[6] FS Thodor Gomperz. Dargebracht zum siebzigsten Geburtstag, 1902 (Ndr. 1979) [7] M. Braun et al., Philology and Philosophy. The Letters of H. Diels to Th. und H. Gomperz, 1995 [8] T. Dorandi, Theodor Gomperz, in: M. Capasso (Hrsg.), Hermae. Scholars and Scholarship in Papyrology, 2007, 29–43 [9] H. Gomperz (Hrsg.), Th. Gomperz, Briefe und Aufzeichungen, Bd. 1 (1832–1868), 1936 [10] R.A. Kann (Hrsg.), Th. Gomperz. Ein Gelehrtenleben im Bürgertum der Franz-Josef-Zeit. Auswahl seiner Briefe und Aufzeichnungen 1869–1912, 1974.

Hans-Ulrich Berner / Manfred Landfester

Gori, Anton Francesco

Ital. Antiquar, Gemmen- und Altertumsforscher. Geb. am 9. 11. 1691 in Florenz, gest. am 20. 1. 1757 ebda. 1726 Priesterweihe und Ordenseintritt; ab 1730 Prof. für Welt- und Heilsgeschichte am Studio fiorentino. 1735 Mitbegründer der *Società Colombaria*, der heutigen Accad. toscana di scienze e lettere ebda; ab 1737 Mitglied der Accad. della Crusca ebda. Ab 1743 Revisor der in Florenz gedruckten Schriftwerke; ab 1746 Probst am Baptisterium von S. Giovanni ebda.; ab 1755 Mitglied der Acad. des inscriptions (Paris) wie auch der *Royal Society* (London).

Werdegang

G., ein Schüler des florent. Gräzisten Anton Maria Salvini und seit 1726 Ordensgeistlicher, sammelte auf den Spuren von Filippo Buonarrotis erweiterter Neubearbeitung (1724) der Geschichte Etruriens von Thomas ↗Dempster weitere Zeugnisse der Kultur der Etrusker, die er ab 1727 als umfangreiches epigr. Sammelwerk publizierte [1]. Schon seine Veröffentlichungen [1]; [2] zu Beginn eines reichen Schaffens trugen G. einen Lehrstuhl am *Studio fiorentino* ein. Mit dem Kunstsammler und Mäzen Philipp von ↗Stosch stand er seit dessen Umzug nach Florenz 1731 in reger Verbindung; dieser unterstützte ab 1742 das *Giornale de' letterati*, an dem G. mitarbeitete, nachdem er die Beteiligung an Giovanni Lamis *Novelle letterarie* aufgegeben hatte [7]. 1735 zählte G. zu den Gründern der florent. *Società Colombaria*, deren Zweigstellen in Palermo und Livorno er beförderte; daneben beteiligte er sich auch an den Aktivitäten der Accad. etrusca von Cortona. Bei den Unternehmungen der Accad. della Crusca, der ältesten europ. Sprachgesellschaft in Florenz, engagierte er sich aktiv; er war des Weiteren Mitglied der Accad. degli Apatisti und der Accad. del Vangelista, für die er wahrscheinlich Komödienszenarien verfasste [7]. Er erlebte noch die Aufnahme in die engl. *Royal Society* und die franz. Acad. des inscriptions.

Im Zuge der Laizisierung des Staatsapparates besetzte der Großherzog 1738 den Posten eines Antiquars der Uffizien – trotz Unterstützung durch den apostolischen Nuntius Domenico Passionei – nicht mit G., sondern mit dem Mediziner Antonio Cocchi. 1743 wurde G. zum Vorzensor von florent. Druckschriften bestellt, 1746 dann zum Probst von S. Giovanni. Bei seinem Tod hinterließ er ein weitschweifiges Testament [10], das ironische Kommentare zur Folge hatte. Sein in der Bibl. Marucelliana (Florenz) bewahrter Briefwechsel [12] ist zum Großteil im Internet veröffentlicht, sein Buchbesitz v.a. in die Univ.-Bibl. Pisa eingegangen.

Werk und Wirkung

Die *Inscriptiones antiquae* [1], die u.a. von Lodovico Antonio ↗Muratori positiv aufgenommen wurden, verschafften G. die Möglichkeit, die Grabanlage (*columbarium*) der Freigelassenen der Livia an der Via Appia mit zahlreichen Dokumenten und Illustrationen herauszubringen [2], über die ihr erster Herausgeber Francesco ↗Bianchini nicht verfügt hatte. G. profitierte dabei auch von den röm. Kontakten Filippo Buonarrotis und seinem guten Verhältnis zum Marchese Alessandro Gregorio Capponi [7]; vom Maler Girolamo Odam stammen die Illustrationen des Bandes, die eine Rekonstruktion des Monuments vorstellten und u.a. von Giambattista ↗Piranesi herangezogen wurden. Mag G.s Architekturdarstellung auch oberflächlicher erscheinen als die von Francesco ↗Bianchini, so präsentierte der Band doch zuvor allenfalls erwähnte Funde. G. veröffentlichte 1731 auch epigr. Aufzeichnungen, die Giovanni Battista Doni ein Jahrhundert zuvor am Barberini-Hof erstellt hatte [7]. Von Doni ließ G. 1754 im Anhang zu dessen Biographie aus der Feder seines Schülers Angelo Maria Bandini auch die Korrespondenz zum Druck bringen; dessen Traktat zur griech. Musik, *Lyra Barberina*, veröffentlichte 1763 G.s langjähriger Mitarbeiter Giovan Battista Passeri.

1731 begann G. mit der Publikation seines *Museum Florentinum* [3], eines großangelegten Editionsprojekts der florent. Antikensammlungen nach Buonarrotis Konzept, das ein Aristokratenkonsortium (häufig Eigentümer der präsentierten Sammlungen) aus Prestigegründen förderte. Die ersten Bände sind der Glyptik gewidmet, einer Monumentgattung, an der sich G. schon in den *Inscriptiones antiquae* [1] versucht hatte; hier präsentierte er Gemmen mit eingravierten Namen der Steinschneider, wobei sich der Einfluss des Barons Philipp von ↗Stosch [15] bemerkbar machte. G. scheint seine Methode der Klassifikation der Gemmen zunehmend verfeinert zu haben: von einer bei Buonarroti erlernten Fokussierung auf die Sujets, wie sie noch in den 1731 erschienenen Bänden typisch ist, hin zu stärkerer Beachtung der Typologie im *Thesaurus* der Gemmen mit Sternen, den er 1750 mit Passeri herausgab. Aus handschriftlichen Notizen geht hervor, dass G. eine größere Arbeit zu den ant. Steinschneidern plante. Kritisch betrachtet wurden die den Münzen gewidmeten Bände IV–VI des *Museum Florentinum* (1740–1742) [3], die eine noch recht elementare Klassifikation nach Material und Dimensionen aufweisen.

1733 brachte G. seine ital. Übersetzung des Longinos zugeschriebenen Traktats »Über das Erhabene« (*Perì hýpsus*) heraus, dessen mehrfacher Nachdruck im folgenden Jahrhundert zur Verbreitung des für die Poetik des 18. Jh.s. wichtigen Referenztextes beitrug [7]. Die Publikation der ersten Bände des *Museum Etruscum* [4] zu den etrusk. Altertümern führte ab 1739 zu einer langen polemischen Kontroverse mit Scipione ↗Maffei [11]. Dieser kritisierte G. wegen seinem sich an Louis Bourguet orientierendem Verständnis des etrusk. Alphabets, aber auch wegen der Aufnahme von Stücken mit zweifelhaftem ant. Ursprung, wegen der Chronologien und der irreführenden ikonographischen Deutungen, wonach jede figürliche Votivbronze einen Gott darstellte [8]: Von den 34 Göttern G.s überlebten ganze 4 die Nachprüfung durch Annibale degli Abbati Olivieri im Jahr 1740, und Luigi Lanzi erschienen sie 1782 nur noch als »ein schöner Traum«.

Aus G.s Briefwechsel geht weiter hervor, dass bereits 1744 ein – ursprgl. für das *Museum Florentinum* vorgesehener – Band über bemalte antike Vasen geplant war; möglicherweise ließ gerade diese Einordnung in G. Zweifel an dem etrusk. Ursprung von Vasen aus Neapel und Sizilien mit griech. Inschriften aufkommen [14]. In den 1740er Jahren war G. mit verschiedenen Editionsprojekten befasst wie der Dichtung des Genuesers Giovanni Bartolomeo Casaregi – der wie G.s berühmter Briefpartner Pietro Metastasio Mitglied der Accad. Crusca und der Accad. Arcadia war – und dem Katalog der oriental. (arab., aram. usw.) Mss. aus dem griech. Osten in der Bibl. Laurenziana (1742) [16].

Von Casaregi publizierte G. dann noch die ital. Übersetzung von Jacopo Sannazzaros *De partu Virginis* mit ma. Bildern und Kommentar, als Eröffnungsband einer nicht realisierten Reihe zur toskan. Kunst des MA. Er gab ebenso weitere Werke florentiner Literaten wie etwa des Bruders seines Lehrers Salvino Salvini heraus. Mit dieser toskan. Prägung hing 1746 auch die Publikation der Neuauflage und des Kommentars zur *Vita di Michelangelo Buonarroti* von Ascanio Condivi zusammen; außerdem stellte er zur Geschichte seiner Heimat eine Sammlung teils bislang unveröffentlichter Quellen zusammen, die noch 1755 gedruckt wurden. Ab 1748 brachte er die *Symbolae litterariae* auf den Weg, die in 20 Bänden seine Beiträge, Schriften und Neueditionen veröffentlichten [5]; in den Fußstapfen Ridolfino ↗Venutis präsentierte er 1752 die Entdeckungen von Herculaneum [6].

G.s heute zerstreute Sammlung von Altertümern sowie Kunstwerken des MA und der Renaissance reflektiert die im Laufe seiner Studien entwickelten Interessen [9]. Zehn Jahre nach seinem Tod veröffentlichte Giovan Battista Passeri unter eigenem Namen G.s Arbeit zu den etrusk. Vasenbildern (*Picturae etruscorum in Vasculis*, 1767) [14]; bereits 1759 brachte er auch die Sammlung der spätant. Diptychen zum Druck, mit der G. nach 1749 begonnen hatte.

Das *Museum Florentinum* erfuhr große Verbreitung, auch in franz. und dt. Kurzfassungen; es inspirierte nicht zuletzt Lorenz ↗Natter zu seinem *Museum Britannicum*, und noch 1895 griff Salomon ↗Reinach darauf zurück, wenn auch nur auf die Abbildungen. Die immense Materialsammlung und die Präsentation von mittlerweile zerstreuten kleineren Sammlungen sichern G.s Werk bleibenden Nutzen.

Schriften

[1] Inscriptiones antiquae in Etruriae urbibus extantes, 3 Bde., Florenz 1727–1743 [2] Monumentum sive Columbarium libertorum et servorum Liviae Augustae et Caesarum, Romae detectum in via Appia anno 1726, Florenz 1727 [3] Museum Florentinum exhibens insigniora vetustatis monumenta quae Florentiae sunt, 3 Bde., 1731–1743 [4] Museum Etruscum exhibens insignia veterum Etruscorum monumenta, 3 Bde., 1737–1743 [5] Symbolae litterariae. Opuscula varia philologica scientifica antiquaria, signa, lapides, numismata, gemmas, et monumenta Medii Aevi nunc primum edita, 20 Bde., Florenz/Rom 1748–1754 [6] Admiranda antiquitatum Herculanensium descripta et illustrata ad annum 1750, Rom 1752.

Sekundärliteratur

[7] S. Bruni, Anton Francesco Gori, Carlo Goldoni e la famiglia dell'antiquario. Una precisazione, in: Symbolae

antiquariae 1, 2008, 11–69 [8] C. Cagianelli, Bronzi a figura umana (Monumenti, musei e gallerie pontificie. Museo Gregoriano Etrusco), 1999, 44–52 [9] C. Cagianelli, La collezione di antichità di Anton Francesco Gori. I materiali, la dispersione ed alcuni recuperi, in: Atti e memorie dell'Accademia Toscana di scienze e lettere La Colombaria 71, 2006, 99–167 [10] C. Cagianelli, La scomparsa di Anton Francesco Gori, tra cordoglio, tributi di stima e veleni, in: Symbolae antiquariae 1, 2008, 71–119 [11] M. Cristofani, La scoperta degli Etruschi. Archeologia e antiquaria nel '700, 1983, 51, 53, 75, 81, 89–92 [12] C. De Benedictis / M. G. Marzi (Hrsg.), L'epistolario di Anton Francesco Gori, 2004 [13] Y. Kagan, Engraved Gems in the Writings and the Iconography of Antonio Francesco Gori, in: M. Buora (Hrsg.), Le gemme incise nel Settecento e Ottocento. Continuità della tradizione classica, 2006, 81–99 [14] M. E. Masci, Documenti per la storia del collezionismo di vasi antichi nel XVIII secolo. Lettere ad Anton Francesco Gori, 2003, 59–71 [15] M. E. Micheli, »Gemmae antiquae caelatae« di Anton Francesco Gori, in: Prospettiva 47, 1986, 38–51 [16] L. Vannini, Art. Gori, Anton Francesco, in: DBI 58, 2002, 25–28.

Lucia Faedo (Ü: K. H.)

Gothofredus, Jacobus

Godefroy, Jacques; schweizer. Jurist, Politiker und Herausgeber. Geb. am 13. 9. 1587 in Genf, gest. am 22. 6. 1652 in Genf. Studium der Rechte in Bourges und Genf; 1619 Prof. der Rechte an der Genfer Akad.; 1632–1636 Staatsschreiber; 1637, 1641, 1645 und 1649 Syndikus der Stadt Genf; ab 1638 neben polit. Tätigkeit wieder Lehrtätigkeit an der Akad.

Leben und Werk

G. entstammte einer Genfer Gelehrtenfamilie; sein Vater, der Jurist Denis Godefroy, brachte u. a. eine durchweg mit Anmerkungen versehene Ausgabe von Dionysius ↗Lambinus' Edition aller Werke Ciceros heraus, die im 17. Jh. mehrfach nachgedruckt wurde. Sein Sohn Jacques machte Karriere als Jurist und als Politiker der Stadt Genf; gleichzeitig unterrichtete er an der Genfer Akademie (Vorläufer der Genfer Universität). Er veröffentlichte etliche Schriften zur juristischen und polit. Praxis (wichtig sind [2]; [4]). Wiss.-Geschichte schrieb er mit seiner 1665 postum erschienenen, kommentierten Ausgabe des *Codex Theodosianus* [6], die für lange Zeit die Standardausgabe blieb und mehrmals nachgedruckt wurde; in Einzelfällen wird der Kommentar heute noch zitiert. Im Bereich der Altertumsforschung erwarb sich G. auch Verdienste durch die Rekonstruktion antiker juristischer Texte; seine Ausgabe der Fragmente der Zwölftafelgesetzgebung war der bedeutendste Forschungsbeitrag hierzu im 16. und 17. Jh. [7]. Weiterhin untersuchte G. die Ehegesetzgebung des Augustus (*Lex Iulia et Papia* [5]). 1626 brachte er die *Editio princeps* von Tertullians *Ad nationes* (mit kommentierenden Anmerkungen) heraus [1]; außerdem edierte er einige Reden des Libanios [3].

Schriften

[1] Q. Sept. Florentis Tertulliani ad nationes libri duo (Edition), Genf 1625 [2] Le Mercure Jésuite, ou Recueil des pièces, concernants le progrès des Jésuites, leurs escrits et différents, 2 Bde., Genf 1626–1630 [3] Libanii Sophistae, seu oratoris Antiocheni orationes quatuor ... (Edition), Genf 1631 [4] De imperio maris deque iure naufragii colligendi, Genf 1637 [5] Fontes quatuor iuris civilis in unum collecti, Genf 1653 [6] Codex Theodosianus, 6 Bde. (Edition), Lyon 1665 (Ndr. der Ausg. von 1736: 2006).

Sekundärliteratur

[7] H. E. Dirksen, Übersicht der bisherigen Versuche zur Kritik und Herstellung des Textes der Zwölf-Tafel-Fragmente, 1824 [8] A. Dufour, Art. Godefroy, Jacques, in: Historisches Lex. der Schweiz 5, 2006, 508–509 [9] B. Schmidlin / A. Dufour (Hrsg.), Jacques Godefroy (1587–1652) et l'humanisme juridique à Genève, 1991.

Jürgen Leonhardt

Graevius, Johann Georg

Gräve, Johann; dt. Philologe. Geb. am 29. 1. 1632 in Naumburg, gest. am 11. 1. 1703 in Utrecht. Nach Schulausbildung in Pforta zunächst Studium der Rechte in Leipzig, dann philol. Studien bei Johann Friedrich ↗Gronovius in Deventer sowie bei Alexander Morus und David Blondel in Amsterdam. 1656 Prof. der Eloquenz in Duisburg. 1657 Gronovius' Nachfolger in Deventer; 1661 Prof. der Eloquenz ebda., 1667 zusätzlich Prof. für Geschichte und Politik. Hofhistoriograph König Wilhelms III. Ablehnung mehrerer Rufe, darunter nach Padua.

Werk und Wirkung

G. trat als Herausgeber und Kommentator antiker Schriftsteller sowie als Herausgeber von Sammlungen alt.wiss. Literatur seiner Zeit auf. Seine auf Dauer nützlichsten Veröffentlichungen waren der *Thesaurus antiquitatum Romanarum* (1694–1699) [5], bis heute die größte Sammelausgabe von alt.wiss. Schriften der Frühen Nz., sowie der *Thesaurus antiquitatum et historiarum Italiae* [8], eine ähnliche Zusammenstellung von Schriften zu Italien, von Pieter ↗Burmann d. Ä. vollendet. Zusammen mit dem *Thesaurus antiquitatum Graecarum* des Johann Friedrich ↗Gronovius erschienen beide Sammlungen noch einmal in Venedig 1732/33 in monumentalen 33 Foliobänden. G.' Ausgaben antiker Werke sind stets auch Sammlungen älterer Kommentare (*cum notis variorum*). Die gewichtigsten eigenen Forschungsbeiträge sind die *Lectiones Hesiodeae* als ein Kommentar zu seiner Hesiod-Ausgabe [1] sowie die Anmerkungen zu den Briefen [2]; [3] und Reden Ciceros [4] sowie zu dessen *De officiis* ([6], zusammen mit *Laelius de amicitia*, *Cato maior de senectute*, *Paradoxa Stoicorum* und *Somnium Scipionis*). Weiterhin steuerte G. eigene Anmerkungen zu seinen Ausgaben von Lukians *Pseudosophistes* (1667), Justin (1668), Sueton (1672) und Florus (1680) bei. Seine Ausgaben von Catull, Tibull und Properz (1680) sowie Caesar enthalten lediglich Sammlungen älterer Kommentare.

SV: [9].

Schriften

[1] Hesiodi Ascraei quae extant (Edition mit Komm.), Amsterdam 1667 [2] M. Tullii Ciceronis epistolarum libri XVI ad familiares, 2 Bde. (Edition mit Komm.), Amsterdam 1676–1677 [3] M. Tullii Ciceronis epistolarum libri XVI ad T. Pomponium Atticum, 2 Bde. (Edition mit Komm.), Amsterdam 1684 [4] Ciceronis De officiis libri tres (Edition mit Komm.), Amsterdam 1688 [5] (Hrsg.), Thesaurus Romanarum antiquitatum, 12 Bde., Lyon 1694–1699 [6] M. Tullii Ciceronis orationes (Edition mit Komm.), Amsterdam 1695–1699 [7] (Hrsg.), Syntagma variarum dissertationum rariorum, Utrecht 1702 [8] (Hrsg.), Thesaurus antiquitatum et historiarum Italiae, 9 Bde., Leiden 1704–1723.

Sekundärliteratur

[9] P. Burmannus, Oratio funebris in obitum Joannis Georgii Graevii, 1703 [10] K. Halm, Art. Gräve, Johann Georg, in: ADB 9, 1879, 612–613.

Jürgen Leonhardt

Graham, Alexander John

Engl. Althistoriker. Geb. am 9.3.1930 in Lowestoft, gest. am 26.12.2005 in Cambridge. 1949–1952 Studium der Geschichtswiss. und der Klass. Philologie in Cambridge; 1955–1957 Assistant Lecturer in Classics am Bedford College in London. 1957–1977 Professur für Alte Gesch. an der Univ. Manchester; 1977–1995 Prof. an der Univ. von Pennsylvania.

Werdegang, Werk und Wirkung

G., der aus einer begüterten Quäkerfamilie in Suffolk stammte, besuchte in Cambridge das renommierte *King's College*. Zu seinen wichtigsten akad. Lehrern gehörte hier Sir Frank Adcock. Es folgten Dozenturen an der Univ. München und der *British School* in Athen. Während seiner Zeit als Assistant Lecturer am *Bedford College* in London erhielt er für eine Studie zum Gründungsdekret von Kyrene den *Cromer Greek Prize* der *British Academy*. Nach 20 Jahren als Prof. für Alte Geschichte an der Univ. Manchester folgte G. 1977 einem Ruf an die Univ. von Pennsylvania, an der er bis zu seiner Emeritierung 1995 tätig war, ab 1982 als Chairman des *Department of Classical Studies*. Danach kehrte er nach England zurück.

Neben Adcock waren Victor ↗Ehrenberg und John O. Burtt für G. die wichtigsten akad. Impulsgeber. Gemeinsam mit Karl Friedrich Stroheker gab er 1965 den Band *Polis und Imperium* mit wichtigen Schriften seines Lehrers Victor Ehrenberg heraus. Seine eigenen Forschungen konzentrierten sich auf die griech. Geschichte und dabei insbes. auf die griech. Kolonisation [1]; [2]; [3]. Die einschlägigen Artikel im *Oxford Classical Dictionary* stammen ebenso aus seiner Feder wie der Essay zur griech. Kolonisation in der zweiten Auflage der *Cambridge Ancient History* [2]. Zum Standardwerk wurde seine 1964 publizierte Studie [1]. Dank seiner stupenden Kenntnisse der Epigraphik und Archäologie entwarf G. auch in vielen weiteren Publikationen ein konzises und umfassendes Bild von den Bedingungen der griech. Kolonisation. Unter seiner Ägide entstanden zahlreiche Dissertationen, bevorzugt aus dem Themenkreis seines primären Forschungsgebietes. 2002 ehrten ihn seine Schüler mit der Herausgabe des Sammelbandes *Oikistes*.

Schriften

[1] Colony and Mother City in Ancient Greece, 1964 [2] The Colonial Expansion of Greece, in: J. Boardman / N. G. L. Hammond (Hrsg.), The Cambridge Ancient History, Bd. 3/3: The Expansion of the Greek World, 1982, 83–162 [3] Collected Papers on Greek Colonization, 2001.

Sekundärliteratur

[4] M. Ostwald, Prof. A.J. Graham, Historian of Greek Colonisation, in: The Independent, 11. Januar 2006.

Holger Sonnabend

Grant, Michael

Engl. Althistoriker. Geb. am 21.11.1914, gest. am 4.10.2004. Schulbesuch in Harrow; Studium (*Classics*) und Research Fellowship in Cambridge am Trinity College. 1939 im War Office. 1940–1945 für das British Council in Ankara tätig; Diss. Cambridge zur kaiserzeitlichen Numismatik (gedruckt 1946). 1948 Prof. für Latinistik in Edinburgh; 1956 Vice-Chancellor der Univ. of Khartoum (Sudan); 1959 Vice-Chancellor der Queen's Univ. in Belfast; seit 1966 freiberuflicher Autor in Gattaiola (Toskana).

Werk

G. erwarb sich einen Ruf als numismatisch arbeitender Historiker. Als seine Lebensaufgabe begriff er früh, die Kenntnis der klass., israelitisch-jüd. und christl. Antike ohne Aktualisierung und Problematisierung wachzuhalten. Aus diesem Impuls entstanden mehr als 50 stoffreiche, dabei klar und lesbar geschriebene Bücher, die vielfach übersetzt wurden: Darstellungen überwiegend zur Geschichte der röm. Kaiserzeit (u.a. [7]; [19]; [31]; [34]) und zu populären Themen (Gladiatoren [6], Pompeji [12]), später auch eine griech. Geschichte in drei Bänden [25]; [27]; [23], Biographien (u.a. Caesar [8]; Kleopatra [14]; Herodes [13]; Jesus [20]; Paulus [18]; Nero [10]), Überblicke zu Literatur und Mythologie [5]; [15], Übersetzungen (Cicero; Tacitus' *Annalen*), Lexika und Hilfsmittel. In den 1970/80er Jahren fanden seine Werke auch in Deutschland großen Absatz. Mit den letzten, repetitiven und neuere Forschung ignorierenden Büchern zerstörte G. jedoch seine wiss. Reputation. G. war Präsident, später Ehrenmitglied der *Royal Numismatic Society*.

M: My First Eighty Years, 1994.

Schriften

[1] From Imperium to Auctoritas. A Historical Study of *aes* Coinage in the Roman Empire 49 BC–14 AD, 1946 [2] Roman Anniversary Issues, 1950 [3] Roman Imperial Money, 1954 [4] The World of Rome, 1960 (dt. 1975) [5] Myths of the Greeks and Romans, 1962 (dt. 1962) [6] The Gladiators, 1967 (dt. 1982) [7] The Climax of Rome AD 161–337, 1968 (dt. 1972) [8] Caesar, 1969 (dt. 1970) [9] The Ancient Mediterranean, 1969 (dt. 1988) [10] Nero, 1970 (dt. 1978) [11] The Ancient Historians, 1970 (dt. 1973) [12] Cities of Vesuvius. Pompeii and Herculaneum, 1971 (dt. 1982) [13] Herod the Great, 1971 (dt. 1982) [14] Cleopatra, 1972 (dt. 1974) [15] Who's Who in Classical Mythology (mit J. Hazel), 1973 (dt. 1976) [16] The Twelve Caesars, 1975 (dt. 1978) [17] Ancient History Atlas, 1976 [18] Saint Paul, 1976 (dt. 1978) [19] The Fall of the Roman Empire, 1976 (dt. 1977) [20] Jesus, 1977 (dt. 1977) [21] The History of Rome, 1978 (dt. 1986) [22] The Etruscans, 1980 (dt. 1981) [23] From Alexander to Cleopatra. The Hellenistic World, 1982 (dt. 1984) [24] The History of Ancient Israel, 1984 (dt. 1985) [25] The Rise of the Greeks, 1987 [26] (Hrsg.), Civilization of the Ancient Mediterranean. Greece and Rome, 3 Bde. (mit M. Kitzinger), 1988 (dt. 1974) [27] The Classical Greeks, 1989 (dt. 1991) [28] The Visible Past, 1990 [29] A Short History of Classical Civilization, 1991 [30] Greeks and Romans. A Social History, 1992 [31] The Antonines, 1994 [32] Art in the Roman Empire, 1995 [33] Greek and Roman Historians. Information and Misinformation, 1995 [34] The Severans, 1996 [35] From Rome to Byzantium. The Fifth Century AD, 1998 [36] The Collapse and Recovery of the Roman Empire, 1999 [37] Sick Caesars, 2000.

Sekundärliteratur

[38] Michael Grant (Nachruf), in: The Times, 13. Oktober 2004.

Uwe Walter

Grégoire, Henri

Belg. Byzantinist. Geb. am 21.3.1881 in Huy, gest. am 28.9.1964 in Rosières bei Brüssel. Studium seit 1898 an der Univ. de Liège, u.a. bei Léon Parmentier und Charles Michel, 1901 Docteur en philosophie et lettres. 1902/3 Fortsetzung der Studien in München bei Karl Krumbacher sowie in Berlin bei Ulrich von ↗Wilamowitz-Moellendorf und Adolf von ↗Harnack; 1903/04 in Paris. 1904 durch seinen Onkel Edmond Janssens, Vorsteher der Kongo-Kommission des belg. Königs, als Sekretär in diese Kommission berufen, die Vorwürfen gegen die rücksichtslose Ausbeutung des sog. Kongo-Freistaats nachgehen sollte; 1904/5 Aufenthalt im Kongo [26]. Der kritische Abschlussbericht [1] verbaute G. zunächst eine akad. Karriere [24. 296 f.]. 1905/6 Forschungsaufenthalt auf dem Sinai und in Jerusalem; 1906–1909 ausländisches Mitglied der École française d'Athènes; 1907 auf Anregung von Franz ↗Cumont epigr. und topographische Feldforschungen in Kleinasien [3]; [4].

Ab 1909 Dozent für griech. Philol. an der Univ. Libre de Bruxelles, seit 1911 ao.Prof. und seit 1914 Prof. für ant. und ma. Gesch. ebda. 1925–1928 im Auftrag König Fuads leitend am Aufbau der Faculté de Philosophie et Lettres an der Univ. Kairo beteiligt. 1938 Gastdozent an der New School for Social Research, anschließend Sather Prof. an der Univ. of California in Berkeley; seit Ende 1940 dauerhaft in den USA, von dort aus Herausgeber der Zeitschrift *Byzantion*. 1940–1942 Prof. an der New School for Social Research in New York. Gemeinsam mit Henri Focillon und Jean Perrin Gründung der École libre des hautes études de New York, ab 1944 deren Präsident. 1946 Rückkehr an die Univ. Brüssel.

Neben der wiss. Arbeit Übersetzer- [5]; [7] sowie journalistische Tätigkeit [6]. Ab 1918 Herausgabe (mit Oscar Grojean und Anatole Muhlstein) der Zeitschrift *Le Flambeau – Revue Belge des questions politiques et littéraires* [20. 141 f.]. Prix René Jauniaux für G.s Bericht über seine Reise 1947/48 in das vom Bürgerkrieg zerrissene Nachkriegsgriechenland [14]; [20. 150].

Werk und Wirkung

Ein Buchgeschenk – der erste Band von Gustave Schlumbergers *L'épopée byzantine à la fin du Xe siècle* – rief die Begeisterung des 17-jährigen G. für die byz. Literatur und Geschichte hervor und veranlasste ihn zum Studium der alten Sprachen, nachdem er aus Interesse am zeitgenössischen Griechenland bereits Neugriech. gelernt hatte [24. 294]. Immer von einer strengen Quellenkritik ausgehend und so die philol. mit der histor. Arbeit verbindend, trieb G. in unterschiedlichsten Bereichen der alten und byz. Geschichte die Forschung voran bzw. eröffnete ihr neue Perspektiven, und dies mit einer Beherrschung zahlreicher Sprachen und einer Intensität des wiss. Schaffens, die ihm schon zu Lebzeiten einen fast legendären Ruf einbrachte (vgl. z.B. [21. VII]); sein Schüler Roger Goossens bezeichnete ihn als den »Proteus der Philologie« [20. 135].

G.s wiss. Werk enthält Arbeiten zur frühgriech. Dichtung und griech. Tragödie (v. a. zu Euripides, den G. schon in seiner Diss. behandelte [21. 153] und den er auch übersetzte [7]; [9]; [17]), zur griech. Religionsgeschichte [16] und zur röm. Kaiserzeit (mit einem wichtigen Werk zu den Christenverfolgungen [18], deren Ausmaß G. eher gering ansetzte), v. a. aber zur byz. Geschichte von der Spätantike über die Kreuzzüge bis ins 14. Jh.: Er erforschte die Handschriften des Sinai, die Topographie und die griech.-christl. Inschriften Kleinasiens [8], die byz. Kirchengeschichte [15] (insbes. die Geschichte der Paulikianer), die hagiographischen Texte der byz. Zeit [2], die neugriech. Dichtung und Sprache. Von starker Wirkung auf die althistor. Forschung war G.s kritische Beschäftigung mit Konstantin [12] und seine »Entdeckung« der Apollo-Vision des Kaisers im Jahr 310 n. Chr. [10]; [13], wobei er Konstantins Religionspolitik in der Nachfolge Jacob ↗Burckhardts rein polit. interpretierte. Über G.s Arbeiten zum byz. Heldenepos (z. B. [11]) urteilte Hans-Georg Beck, dass durch G. »die epische Welt der Byzantiner wesentlich erhellt worden« sei [19. 183].

Neben seinen wiss. Schriften stehen seine Leistungen für den Aufbau der Byzantinistik als wiss. Disziplin. Im Anschluss an die von G. geleitete Sektion zur byz. Geschichte beim *Congrès historique de Bruxelles* 1923 wurden auf Anregung Nicolae Iorgas eigenständige internationale Byz. Kongresse eingerichtet; ihr erster fand 1924 in Bukarest statt, der siebte, von G. organisiert, 1948 in Brüssel. G. war Gründungsmitglied und Präsident der *Association internationale des études byzantines* (1948). Er wirkte als Begründer bzw. Herausgeber etlicher Zeitschriften (*Revue belge de philologie et d'histoire,* seit 1922; *Byzantion,* seit 1925; *L'Antiquité classique,* seit 1932; *Annuaire de l'institut de philologie et d'histoire orientales et slaves,* 1932–1985; *La nouvelle Clio,* 1949–1962) und organisierte bzw. leitete das 1928 gegründete *Seminaire byzantin et néo-grec* und 1930/31 das diesem übergeordnete *Institut de philologie et d'histoire orientales* (1934 ergänzt: ... *et slaves*) an der Univ. Brüssel. 1956 entstand auf seine Initiative hin das belg. *Centre national de recherches byzantines.*

G. war Mitglied u. a. der Acad. Royale de Belgique (korrespondierend seit 1930, Vollmitglied seit 1936), der Acad. des inscriptions et belles-lettres in Paris (koresp. seit 1936, *Membre associé* seit 1951), koresp. Mitglied der Bayer. Akad. der Wiss., Ehrendoktor u. a. der Univ. Algier (1935), Athen (1937), Sofia (1939) und Paris-Sorbonne (1949).

SV: [20. 177–262] (1900–1975).

Schriften

[1] Rapport de la Commission d'Enquête à M. le Secrétaire d'État, in: Bulletin Officiel de l'État Indépendant du Congo 9/10, 1905, 133–285 [2] Saints jumeaux et dieux cavaliers. Étude hagiographique, 1905 [3] Rapport sur un voyage d'exploration dans le Pont et en Cappadoce, in: Bulletin de Correspondance hellénique 33, 1909, 1–170 [4] Studia Pontica III. Receuil des Inscriptions du Pont et de l'Arménie (mit F. Cumont und J. Anderson), 1910 [5] Les perles de la poésie slave (Lermontov, Pouchkine, Mickiewicz). Transcription en rimes françaises, 1918 [6] La nation arménienne, in: Le Flambeau 2, 1919, 381–411 [7] Les »Bacchantes« d'Euripide. Traduction en vers français, in: Le Flambeau 4, 1921, 313–349, 509–543 [8] Recueil des inscriptions grecques chrétiennes d'Asie Mineure, 1922 (nur fasc. I erschienen) [9] Euripide, Iphigénie en Tauride (Edition und Übers.; mit L. Parmentier), in: Euripide, Tragédies, Bd. 4, 1925, 112–170 [10] La »conversion« de Constantin, in: Revue de l'Université de Bruxelles 36, 1930–1931, 231–272 (dt.: Die »Bekehrung« Konstantins des Großen, in: H. Kraft [Hrsg.], Konstantin der Große, 1974, 175–223) [11] Byzantinisches Epos und arabischer Ritterroman, in: Zs. der Deutschen Morgenländischen Gesellschaft 88, 1934, 214–232 (mit R. Goossens) [12] La vie de Constantin par Eusèbe n'est pas authentique et Constantin ne s'est pas converti en 312, in: Byzantion 13, 1938, 561–583 [13] La vision de Constantin »liquidée«, in: Byzantion 14, 1939, 341–351 [14] Dans la montagne grecque. Septembre 1947–juillet 1948, 1948 [15] The Byzantine Church, in: N. H. Baynes / H. S. L. B. Moss (Hrsg.), Byzantium. An Introduction to East Roman Civilisation, 1948, 93–143 (Ndr. 1962) [16] Asklepios, Apollon Smintheus et Rudra. Étude sur le dieu à la taupe et le dieu au rat dans la Grèce et dans l'Inde, 1950 (mit R. Goossens und M. Mathieu) [17] Euripide, Hélène (Edition und Übers.; mit L. Méridier und F. Chapouthier), in: Euripide, Tragédies, Bd. 5, 1950, 47–120 [18] Les persécutions dans l'Empire Romain (mit P. Orgels, J. Moreau und A. Maricq), 1950 (²1964).

Sekundärliteratur

[19] H.-G. Beck, Henri Grégoire, 21. 3. 1881–28. 9. 1964, in: Jb. der Bayerischen Akad. der Wissenschaften 1965, 1966, 182–184 [20] C. Delvoye, Notice sur Henri Grégoire, Membre de l'Acad., in: Acad. Royale de Belgique. Annuaire 1990, 1990, 133–262 (mit Schriftenverzeichnis) [21] P. Goossens, Henri Grégoire par un témoin de sa vie scientifique, in: Mélanges Henri Grégoire, Bd. 1: Pankarpeia (Annuaire de l'institut de philologie et d'histoire orientales et slaves 9), 1949, VII–XXIX [22] C. Hamburger, L'œuvre de M. Henri Grégoire, in: Byzantina kai Metabyzantina. A Journal for Byzantine and Modern Greek Studies 1, 1946, 1–16 [23] M. Mathieu, Bibliographie, in: Mélanges Henri Grégoire, Bd. 2 (Annuaire de l'institut de philologie et d'histoire orientales et slaves 10), 1950, V–LXVII (Ergänzungen in Bd. 11, 1951, VII-IX; Bd. 12, 1952, V–VIII [insgesamt 575 Einträge]) [24] N. G. Mavris, La »préhistoire« d'Henri Grégoire, in: Byzantina kai Metabyzantina. A Journal for Byzantine and Modern Greek Studies 1, 1946, IX–XIV (Ndr. in: Le Flambeau 47, 1964, 293–303; Byzantion 35, 1965, V–XIV) [25] C. Préaux, Henri Grégoire, in: Acad. royale de Belgique. Bulletin de la classe des lettres et des sciences morales et politiques, 5ᵉ série 50, 1964, 266–272 (Gedenkrede vom 5. 10. 1964; Ndr. in Le Flambeau 47, 1964, 307–314) [26] J. Stengers, Le rôle de la

Commission d'Enquête de 1904–1905 au Congo, in: Mélanges Henri Grégoire, Bd. 2 (Annuaire de l'institut de philologie et d'histoire orientales et slaves 10), 1950, 701–726.

Heinrich Schlange-Schöningen

Grenfell, Bernard Pyne

Brit. Papyrologe. Geb. am 16.12.1869 in Birmingham, gest. am 18.5.1926 in Eley bei Perth. Ab 1888 Stipendium am Queen's College in Oxford, dort Schüler von Thomas Hodge Grose, Edward Mewburn Walker und Albert Curtis Clark; 1892 Diplom in Literae Humaniores. Nach einem wirtschaftswiss. Studienjahr 1893 Craven-Reisestipendium zum Studium der neu gefundenen Papyri; ab 1893/94 zahlreiche Grabungsaufenthalte in Ägypten. Ab 1894 Research Fellowship am Queen's College, 1908 Prof. für Papyrologie ebda. auf einem eigens eingerichteten Lehrstuhl, dem ersten für Papyrologie überhaupt. 1909 Nervenzusammenbruch; danach Behinderung der Arbeit durch gesundheitliche Probleme. 1916 Honorary Prof., 1919 Joint Prof. in Oxford. 1921 Rückfall; Aufenthalt im Sanatorium in St. Andrews, danach bis zum Tod in der psychiatrischen Klinik in Ely. Ab 1905 Fellow der British Acad. Korresp. Mitglied der Bayerischen Akad. der Wiss. und der Accad. dei Lincei, Ehrendoktor der Universitäten Dublin, Königsberg und der juridischen Fakultät Graz.

Werdegang, Werk und Wirkung

G.s Vater John Granville G. war Altertumswissenschaftler und Schulleiter; G.s Ehefrau Alice publizierte über ägypt. Skarabäen. G. zählte zu den Pionieren der papyrologischen Forschung. Er organisierte die ersten Papyrusgrabungen; gemeinsam mit Arthur Surridge ↗Hunt entwickelte er jene Editonstechnik und Präsentationsweise, die mit ihrer präzisen Textwiedergabe, Übersetzungen und knappem Kommentar Vorbild für alle späteren Papyrusausgaben wurde. G. war maßgeblich an den großen Papyrusfunden des Fayum und von Oxyrhynchos beteiligt. Seine herausragende Leistung liegt in den zügig vorgelegten Editionen lit., biblischer und dokumentarischer Papyri aus hell., röm. und byz. Zeit.

Während seines ersten Ägyptenaufenthalts 1893/94 erlernte er bei Flinders ↗Petrie in Koptos die Grabungstechnik. Petrie vertraute ihm die jüngst angekaufte Rolle mit Steuergesetzen Ptolemaios' II. zur Edition an [2]. 1896 erschien auch der Band [1] mit lit. und dokumentarischen Papyri. Beide Werke zählen zu den frühesten Papyrusausgaben und begründeten G.s Ruf als Editor. 1897 folgte mit [3] der erste zusammen mit seinem nur wenig jüngeren Kollegen Hunt erstellte Band. Danach entstanden fast alle Publikationen der beiden »Oxforder Dioskuren« in gemeinsamer Arbeit. Die Winter verbrachten sie mit Papyrusgrabungen in Ägypten, die Sommer mit der Aufarbeitung der Funde im Queen's College.

Nach G.s erster, von D.G. Hogarth unterstützter systematischer Grabung an verschiedenen Orten im Fayum (Karanis, Bakchias) in der Saison 1895/96 begann er mit Hunt 1896/97 die Kampagnen in Oxyrhynchos. Die sensationellen Funde führten 1897 zur Gründung des *Graeco-Roman Branch* des *Egypt Exploration Fund* (später *Egypt Exploration Society*), welcher Ausgrabungen und Editionen unterstützte. 1898/99–1902 wurde die Suche im Fayum fortgesetzt, wo man bes. in Tebtynis fündig wurde [6]; [8]. Gleichzeitig edierten G. und Hunt auch die von Lord Amherst gekauften Papyri [7]. 1902 ging man nach El-Hibeh [9]. Im Winter 1902/03 kehrten G. und Hunt nach Oxyrhynchos zurück. Die Kampagnen bis 1906 brachten enorme Mengen von Papyri ans Licht, die in rascher Folge in den *Oxyrhynchus Papyri* 1–16 publiziert wurden [5]. 1907 musste G. aus gesundheitlichen Gründen die Ägyptenaufenthalte aufgeben. Trotzdem trug er während des Ersten Weltkrieges, als Hunt Militärdienst leistete, die Hauptlast der Edition der *Oxyrhynchus Papyri*.

Schriften

[1] An Alexandrian Erotic Fragment and Other Greek Papyri Chiefly Ptolemaic (= P.Grenf. I) (Editon; mit A.S. Hunt), 1896 [2] The Revenue Laws of Ptolemy Philadelphus (Edition), 1896 [3] New Classical Fragments and Other Greek and Latin Papyri (= P.Grenf. II) (Edition; mit A.S. Hunt), 1897 [4] Sayings of Our Lord from an Early Greek Papyrus (Edition; mit A.S. Hunt), 1897 [5] The Oxyrhynchus Papyri, Bde. 1–6; 10–16 (Edition; mit A.S. Hunt), 1898–1924 [6] Fayum Towns and Their Papyri (= P.Fay) (Edition; mit A.S. Hunt und D.G. Hogarth), 1900 [7] The Amherst Papyri, 2 Bde. (= P.Amh. I und II) (Edition; mit A.S. Hunt), 1900–1901 [8] The Tebtunis Papyri (= P.Tebt. I–II), Bde. 1–2 (Edition; mit A.S. Hunt), 1902–1907 [9] The Hibeh Papyri (P.Hibeh), Bd. 1 (Edition; mit A.S. Hunt et al.), 1906.

Sekundärliteratur

[10] H.I. Bell, Art. Bernard Pyne Grenfell, in: Dictionary of National Biography, 1922–1930, 1937, 362 [11] A.S. Hunt, B.P. Grenfell 1869–1926, in: Proc. of the British Acad. 12, 1926, 357–364 [12] A.S. Hunt, B.P. Grenfell, in: Aegyptus 8, 1927, 114–116 [13] L. Lehnus, Bernard Pyne Grenfell e Arthur Surridge Hunt, in: M. Capasso (Hrsg.), Hermae. Scholars and Scholarship in Papyrology, 2007, 115–141 [14] J.G. Milne, Bernard Pyne Grenfell, in: Journal of Egyptian Archaeology 12, 1926, 285–286 [15] D. Montserrat, »No Papyrus and No Portraits«. Hogarth, Grenfell and the First Season in the Fayum, 1895–6, in: Bulletin of the American Society of Papyrologists 33, 1996, 133–176 [16] D. Montserrat, News Reports. The Excavations and Their Journalistic Coverage, in: A.K. Bowman et al. (Hrsg.), Oxyrhynchus. A City and Its Texts, 2007, 28–39 [17] R. Pintaudi, Grenfell – Hunt e la

papirologia in Italia, in: Quaderni di storia 75, 2012, 205–298 [18] U. Wilcken, Bernard P. Grenfell, in: Gnomon 2, 1926, 557–560.

Bernhard Palme

Grenier, Albert

Franz. Archäologe. Geb. am 22.4.1878 in Paris; gest. am 23.6.1961 ebda. Studium an der Ecole normale supérieure (ENS) in Paris; 1902 Agrégation (Staatsexamen). 1904–1907 Mitglied der Ecole française de Rome (EFR). Ab 1906 Gymnasiallehrer in Constantine (Algerien), dann Lehrbeauftragter und nach der Habil. (1912) ab 1913 ao.Prof. für lat. Literatur und nationale Altertümer an der Univ. Nancy. 1919–1932 Prof. an der Univ. Straßburg; 1936–1948 Prof. für nationale Altertümer am Pariser Collège de France; zugleich 1937–1948 Studiendirektor an der Pariser École pratique des hautes études (EPHE); 1945–1952 Direktor der EFR und des alger. Antikendienstes.

Werk und Wirkung

G. machte sich v.a. als Autor eines Handbuchs zur gallisch-röm. Archäologie [7] einen Namen. Doch abgesehen von einer ersten Studie zu gallischen Wohnstätten und röm. Villen in Lothringen [1] begann seine wiss. Karriere bei den Etruskern [3], v.a. anlässlich seiner Grabungen in Bologna 1905 [2] während seines Aufenthalts an der EFR. Sein Interesse galt zunächst dem Rom der Frühzeit; dasjenige an den franz. Altertümerm erwachte erst im Zuge seiner Tätigkeit in Nancy und Straßburg. Auf Betreiben Camille ↗Jullians willigte G. ein, als Nachfolger von Joseph Déchelette das von diesem 1908 begonnene *Manuel d'archéologie* für die gallisch-röm. Epoche weiterzuführen. Der Philologe des archaischen Latein [3] und Historiker des *Génie romain* [5] engagierte sich also in diesem großen arch. Unternehmen, ohne selbst ein gelernter Feldarchäologe zu sein.

Seine Wahl ans Collège de France 1936 machte G. zum Patron der nationalen Archäologie, und als 1942 die Kommission XV des *Centre national de la recherche scientifique* gegründet wurde, berief ihn Jérôme ↗Carcopino zu deren Sekretär. G. organisierte die arch. Bezirke und begründete 1943 die Zeitschrift *Gallia* zur Veröffentlichung der obligatorisch gewordenen Grabungsberichte. Nach der Befreiung von der dt. Besatzung wurden diese Organisationsstruktur sowie das gesetzliche Verbot unautorisierter Grabungen bestätigt. Schon seit seiner Eloge auf die regionalen gelehrten Gesellschaften 1931 machte G. stets die Bedeutung der Institutionen geltend. Bei seiner Arbeit für das *Manuel* kamen seine Fähigkeit zur zusammenfassenden Darstellung und seine intime Kenntnis der arch. Funde auf franz. Boden zum Tragen (vgl. seine *Notes* in der *Revue des Etudes Anciennes*, 1932–1945).

»Die Geschichte entspringt aus der Topographie«, erklärte er in seiner Antrittsvorlesung am Collège de France. Auch in seinem nach wie vor nützlichen *Manuel* [7] legte er einen Schwerpunkt auf die Methoden der Archäologie und erwies sich aufgeschlossen für neue Techniken wie die Auswertung von Luftaufnahmen. Die Stärke seiner Arbeit lag gewiss auch in seinem Pragmatismus, der zur Beständigkeit seines Werkes beitragen dürfte.

Schriften

[1] Habitations gauloises et villes latines dans la cité des Médiomatrices, 1906 [2] Bologne villanovienne et étrusque (VIIIe–IVe s. av. notre ère; Diss. Paris), 1912 [3] Étude sur la formation et l'emploi des composés nominaux dans le Latin archaïque, 1912 [4] Les Gaulois, 1923 [5] Le génie romain dans la religion, la pensée et l'art, 1925 [6] Quatre villes romaines de Rhénanie. Trèves – Mayence – Bonn – Cologne (Études d'archéologie rhénane), 1925 [7] Manuel d'archéologie préhistorique, celtique et gallo-romaine, 4 Bde. (Archéologie gallo-romaine 5–8), 1931–1960 (u.ö.) [8] Camille Jullian. Un demi-siècle de science historique et de progrès français, 1880–1930, 1944 [9] Les religions étrusques et romaines, 1948.

Sekundärliteratur

[10] P. Chantraine, Éloge funèbre de M. Albert Grenier, in: CRAI 105/2, 1961, 212–215 [11] Art. Grenier, Albert, in: DBA 842–843 [12] P.-M. Duval, Albert Grenier, in: Gallia 20, 1962, 1–3 [13] A. Merlin, Notice sur la vie et les travaux de M.A. Grenier, in: Recueil de l'Institut de France, 1962, 381–390.

Pierre Pinon (Ü: K.H.)

Grimal, Pierre

Franz. Klass. Philologe. Geb. am 21.11.1912 in Paris, gest. am 11.10.1996 ebda. 1933–1935 Studium an der École normale supérieure, Abschluss mit dem Examen als Lehrer für die Klass. Sprachen (Agrégation); 1935–1937 Mitglied der École française in Rom; 1937–1941 Lateinlehrer am Lycée de Rennes. 1941–1945 Prof. für lat. Phil. an der Univ. Caen; 1946–1952 Prof. für lat. Phil. an der Univ. Bordeaux; ab 1952 Prof. für lat. Phil. und röm. Kultur an der Pariser Sorbonne. Ab 1964 Ritter der Ehrenlegion; ab 1975 Mitglied der Acad. des inscriptions et belles-lettres.

Werk und Wirkung

Nach seinem Examen in den klass. Sprachen war G. zunächst als Lateinlehrer in Rennes tätig, bevor er 1941 seine erste Professur an einer franz. Univ. erhielt. 1935 ging er an die École française nach Rom; deren Direktor war ab 1937 der franz. Historiker Jérôme ↗Carcopino, dessen Biographie G. 1981 veröffentlichte. Nach seiner Tätigkeit an den Univ. von Caen und Bordeaux erhielt G. den Ruf an die renommierte Sorbonne, an der nach Carcopino auch der franz. Philologe Jean Bayet wirkte; hier lehrte G. ab 1952 über dreißig Jahre lang die lat. Sprache und röm. Kultur.

G., der in vielen Gebieten der Klass. Philologie und der Kulturgeschichte bewandert war, hinterließ ein ungewöhnlich breit gefächertes Œuvre. Er trat durch zahlreiche Studien zu röm. Autoren hervor, in denen er den histor.-kulturellen Kontext berücksichtigte (u. a. zu Tacitus [16]; [26], Vergil [23], Horaz [8], Cicero [24] und Petron [19]; ein Schwerpunkt lag auf Seneca [6]; [21]; [28]), aber auch zur griech. Literatur (u. a. Chariton, Lukian, Philostrat). G.s besonderes Verdienst liegt darin, die ant. und speziell die röm. Kultur einem größeren Publikum zugänglich gemacht zu haben. So veröffentlichte er neben seinen für die Fachwelt relevanten Studien auch im besten Sinne populärwiss. Fachbücher für interessierte Laien (u. a. [2]; [4]; [10]; [11]) sowie nach dem Eintritt in den Ruhestand sogar einige histor. Romane (u. a. [29]). Nahezu alle seine Bücher erschienen in mehreren Auflagen, viele wurden auch übersetzt.

Ein weiterer Schwerpunkt von G.s Gesamtwerk lag auf kulturhistor. Publikationen nicht nur zu Rom; sein Pompeji-Buch gilt als Standardwerk [30]. Neben einigen Arbeiten zur röm. Geschichte, wie der zum Zeitalter des Augustus [15] oder dem der Scipionen [3], widmete sich G. u. a. Themen aus dem röm. Alltag, darunter Architektur [5] und Gartenbaukunst [4], der Mythologie und Religion [1]; [22] sowie dem Theater [20], um nur einige zu nennen. Als sein Hauptwerk gilt seine röm. Kulturgeschichte [10]. Der Rezeption der Antike widmet sich seine Textsammlung zu Erasmus von Rotterdam [9]. Des Weiteren trat G. als Herausgeber der Bände zur ant. Mittelmeerwelt in der *Fischer-Weltgeschichte* hervor [12]. Neben der Altertumswissenschaft machte er sich als Mitglied des *Comité d'honneur de l'Association pour la sauvegarde et l'expansion de la langue française* (*ASSELAF*) um die Pflege der franz. Sprache verdient.

SV: Titres et travaux de Pierre Grimal, 1973.

Schriften

[1] (Hrsg.), Dictionnaire de la mythologie grecque et romaine, 1951 (u. ö.; mehrfach übersetzt) [2] La vie à Rome dans l'Antiquité, 1953 [3] Le siècle des Scipions, 1953 [4] L'art des jardins, 1954 (ab der 2., erw. Aufl.: Les jardins romains) [5] Les villes romaines, 1954 [6] Sénèque, sa vie, son œuvre, avec un exposé de sa philosophie, 1957 [7] (Hrsg.), Dictionnaire des biographies, 2 Bde., 1958 [8] Horace, 1958 (u. ö.) [9] (Hrsg.), Érasme. Collections de textes latins commentés, 1959 [10] La civilisation romaine, 1960 (7. Aufl. 2007; dt. 1961) [11] L'amour à Rome, 1963 (dt. 1981) [12] (Hrsg.), Fischer Weltgeschichte, Bde. 6–7: Die Mittelmeerwelt im Altertum, 1965–1991 [13] (Hrsg.), Histoire mondiale de la femme, 4 Bde., 1965 (u. ö.) [14] La littérature latine, 1965 [15] Le siècle d'Auguste, 1965 [16] Tacite et le destin de l'Empire, 1966 [17] Essai sur l'art d'Horace, 1968 [18] Mémoires de T. Pomponius Atticus, 1976 [19] La guerre civile de Pétrone dans ses rapports avec la Pharsale, 1977 [20] Le théâtre antique, 1978 [21] Sénèque, ou la conscience de l'Empire, 1978 [22] La mythologie greque, 1983 (u. ö.) [23] Virgile ou la seconde naissance de Rome, 1985 (dt. 1987) [24] Cicéron, 1986 (u. ö.; dt. 1986) [25] Études de linguistique générale et de linguistique latine, 1987 [26] Tacite, 1990 [27] Marc Aurèle, 1991 [28] Sénèque et la prose latine, 1991 [29] Les mémoires d'Agrippine, 1992 (dt. Die Wölfin von Rom, 1994) [30] Pompéi, demeures secrètes (mit E. Kossakowski), 1992 (dt. 1993) [31] Le procès de Néron, 1995.

Sekundärliteratur

[32] J. Leclant, Pierre Grimal, in: J. Leclant (Hrsg.), Le second siècle de l'Institut de France, 1895–1995. Recueil biographique et bibliographique, 1999, 602–603 [33] J.-M. Pailler, Art. Grimal, Pierre, in: Ch. Amalvi (Hrsg.), Dictionnaire biographique des historiens français et francophones, 2004, 136 [34] P. Toubert, Allocution à l'occasion du décès de M. Pierre Grimal, in: CRAI 140/4, 1996, 1089–1091.

Antonia Wenzel

Gronovius, Jacobus

Gronow, Jacob; niederl. Historiker, Gemmenforscher und Antiquar; Sohn des Philologen Johann Friedrich ↗Gronovius. Geb. am 10. 10. 1645 in Deventer, gest. am 21. 10. 1716 in Leiden. 1658 Studium von Philologie und Jura in Leiden, 1668 Studium in Oxford und Cambridge. 1670 Ablehnung eines Rufs nach Deventer; ab 1672 Prof. für Griech. an der Univ. Pisa; ab 1679 Prof. für griech. Sprache und Gesch. an der Univ. Leiden. Ab 1702 Geograph an der Akad. in Leiden; Ablehnung von Berufungen nach Kiel und Padua.

Werdegang

Während seines Aufenthalts in England lernte G. Edward Pococke, John Pearson und Méric Casaubon, Freunde seines Vaters, kennen. 1671 folgte eine Reise nach Paris, wo er u. a. den Orientalisten Barthélemy d'Herbelot de Molainville, den Naturforscher und Philologen Melchisédech Thévenot, den Philologen Henri Valois (Valesius) und den Schriftsteller Jean Chapelain traf. Anschließend besuchte er noch Spanien und die Toskana. Auf Veranlassung des Großherzogs Cosimo III. de' Medici erhielt er 1674 in Pisa eine Professur für Griechisch. Zwei Jahre darauf ging er nach Venedig und Padua und kehrte 1676 nach

Leiden zurück. 1679 übernahm er die Professur seines Vaters in Leiden. 1702 wurde er auch noch als Geograph an die dortige Akademie berufen. Aus seiner Heirat mit Anna van Vredenbusch stammten vier Kinder, darunter der Jurist und Botaniker Johan Frederik und der Philologe Abraham. G. galt als cholerisch und streitsüchtig, wie seine heftigen Auseinandersetzungen u. a. mit Raffaele ↗Fabretti, Jacob Perizonius, Johannes Clericus oder Lorenz ↗Beger zeigen [7.202 f.]; [12]; [10.986–989].

Werk, allgemein

Neben philol. Schriften [7.201 f.] gab G. bedeutende antiqu. Werke heraus. In seiner lat. Übersetzung der *Gemme antiche figurate* des Leonardo ↗Agostini [1] sind die Gemmen gegenüber der ital. Originalausgabe leicht verändert angeordnet, auch wenn G. die Stiche daraus verwendete. Die Anordnung orientiert sich an dem auf Varro zurückgehenden antiqu. Konzept: Dieser hatte die ant. röm. Kultur in *antiquitates publicae, privatae, sacrae et militares* (»Staats-, Privat-, Religions- und Kriegs-Altertümer«) eingeteilt. Dieses Konzept wurde von Flavio ↗Biondo in seiner *Roma triumphans* (1459) neu begründet, worin er die röm. Kultur von ihren Göttern zu den Kulten, von den staatlichen Einrichtungen zum Militärwesen behandelte, um sich dann dem Privatleben der Römer und dem Triumph zuzuwenden [11.289]. Die Gemmen sind nach den Themen Götter und Helden, berühmte Männer, Priester und östliche Könige etc. geordnet [8.45]. Aufgrund der großen Nachfrage wurde diese Ausgabe 1694 und 1699 erneut aufgelegt.

1609 war in Antwerpen das erste allein Gemmen gewidmete Werk von Abraham Gorlaeus erschienen, der darin seine eigene Sammlung publizierte. In der von G. besorgten Neuausgabe von 1695 [2] sind die Illustrationen des ersten Teils neu gestochen; G. fügte jeder Abbildung einen erläuternden Text hinzu. Im zweiten Teil vermehrte G. die Anzahl der Gemmen erheblich [3]; er erläuterte sämtliche Abbildungen, indem er ant. Autoren sowie zeitgenössische antiqu. Literatur zitierte und die Gemmenbilder auch mit Abbildungen auf ant. Münzen verglich. G. erfüllte damit den Anspruch, den Gorlaeus an die Veröffentlichung seiner Gemmensammlung gestellt hatte, aber wohl nicht mehr erfüllen konnte, nämlich ein gelehrtes Werk vorzulegen [14.7]. 1707 erschien eine weitere, im ersten Teil um einige röm. Ringe erweiterte Auflage.

Thesaurus Graecarum antiquitatum

1697–1702 erschien der von G. herausgegebene zwölfbändige *Thesaurus Graecarum antiquitatum*, der als Pendant zu dem ebenfalls zwölf Bände umfassenden *Thesaurus antiquitatum Romanarum* von Johann Georg ↗Graevius zu verstehen ist. Er enthält ca. 300 Abhandlungen zur ant. Geschichte, Geographie und Literatur sowie zu Staats- und Privatdenkmälern; auch numismatische und arch. Abhandlungen sind vertreten [6].

Die von G. verfassten ersten drei Bände enthalten, wie der Titel beschreibt, eine griech. Ikonographie [4]: Der erste Band reicht von der Erschaffung der Menschen durch Prometheus und von den frühen Heroen bis zu den mythischen Gestalten der nachtrojanischen Zeit; der zweite ist den Bildnissen der griech. berühmten Männer (*viri illustres*) von der Frühzeit bis in den Hellenismus gewidmet, der dritte Band denjenigen Roms aus der Zeit der röm. Republik. Diese ikonographische Zusammenstellung des G. verbindet die ideale Welt der griech. Heroen mit einer Bildnisgeschichte, was Lorenz ↗Beger sehr tadelte [12.142–147].

Der ausführliche Titel des vierten Bandes [5] nennt die Themen der folgenden Folianten: Band 4 behandelt die Geographie Griechenlands und die allgemeinen Grundzüge der Staatsverfassungen, Band 5 Athen und Sparta einschließlich ihrer Herrschaftsgebiete. Das öffentliche Brauchtum und die Münzprägung sind in Band 6 enthalten. Der siebte Foliant ist der griech. Religion und den Kulten gewidmet; er umfasst auch die oriental. Kulte, nicht aber die des Alten Ägypten. Theater, Tragödie und Komödie, Musik und Hochzeitsriten thematisiert der achte Band. Über Feste im kalendarischen Jahresablauf, Amtszeichen und Schmuck, Speisesitten und Bäder, Gefäße und v. a. auch Künste unterrichtet der neunte Band; der zehnte vereinigt Studien zu Philosophie, Rhetorik, Dichtung und Wissenschaften und enthält daneben religiöse Spezialuntersuchungen. Mit Heer, Reiterei und Pferdezucht, Marine und Schifffahrt wendet sich der elfte Foliant hauptsächlich militärischen Themen zu. Der zwölfte Band beschäftigt sich mit den Grabdenkmälern und -bräuchen. Die Aufteilung des *Thesaurus* lehnt sich an Varro (s. o.) an. Aufgrund dieses übergreifenden kulturgeschichtlichen Konzeptes sind die antiqu. Untersuchungen des *Thesaurus* nur selten einzelnen Monumenten gewidmet; Abhandlungen zur statuarischen Plastik, zum Relief und zur Architektur fehlen fast gänzlich, denn die eigentliche Wiederentdeckung Griechenlands und damit auch dessen architektonischer Monumente hatte noch nicht eingesetzt [13.30–34].

Wirkung

G.' Verdienst ist es, mit dem *Thesaurus* die Gleichgewichtigkeit der griech. Altertümer zu den römischen herausgestellt zu haben, obwohl die eigentliche Wiederentdeckung Griechenlands noch bevorstand. Das aufwendige Unternehmen, Hunderte alt.wiss. Studien des 16. und 17. Jh.s in einer monumentalen

Sammelpublikation noch einmal zugänglich zu machen, war durchaus berechtigt, denn viele der älteren Autoren waren durch ihre Nachfolger nur punktuell überholt und durften noch immer als grundlegend gelten [9.300]. Darüber hinaus entsprach es offenbar einem Bedürfnis. Dafür spricht auch, dass sowohl der *Thesaurus* des Johann Georg ↗Graevius als auch der des G. unter dem leicht veränderten Titel *Thesaurus antiquitatum Graecarum* in Venedig zunächst bei Bartholomaeus Javarina, dann bei Giovanni Battista Pasquali 1732–1737 neu aufgelegt wurden. Neu hinzu kamen die vier Bände von Supplementen (*Utriusque thesauri antiquitatum Romanarum Graecarumque nova supplementa*), die Giovanni Poleni 1737–1757 ebenfalls in Venedig herausgab.

Schriften

[1] Gemmae et sculpturae antiquae depictae ab Leonardo Augustino Senensi addita earum enarratione (lat. Übers. und Einl.), Amsterdam 1685 (u.ö.) [2] Abrahami Gorlaei Antverpiani Dactyliothecae, seu annulorum sigillarium ... pars prima, cum explicationibus Jacobi Gronovii, Leiden 1695 (²1707) [3] Abrahami Gorlaei Antverpiani Dactyliothecae. Pars secunda, seu variarum gemmarum ... cum succincta singularum explicatione Jacobi Gronovii, Leiden 1695 (²1707) [4] (Hrsg.), Thesaurus Graecarum antiquitatum, in quo continentur effigies virorum ac foeminarum illustrium ..., adjecta brevi descriptione singulorum ..., Bde. 1–3, Leiden 1697–1698 [5] Thesaurus Graecarum antiquitatum, continens libros erudite & operose per varias aetates scriptos ... Bde. 4–12/2, Leiden 1699–1702.

Sekundärliteratur

[6] M. Daly Davis, Thesaurus Antiquitatum Romanarum Graecarumque. Autoren- und Sachregister der »Thesauren-Corpora« (Venedig 1732–1737), in: FONTES 4, 2007 (online, Univ.-Bibl. Heidelberg) [7] J. A. Eckstein, Art. Gronovius, Johann Friedrich, in: J. S. Ersch / J. G. Gruber (Hrsg.), Allgemeine Enz. der Wissenschaften und Künste, Erste Section, 92. Theil, 1872, 200–203 [8] V. Heenes, Antike in Bildern. Illustrationen in antiquarischen Werken des 16. und 17. Jh.s (Diss. Berlin), 2003 [9] Herklotz Cas. 300 [10] Ph. C. Molhuysen et al. (Hrsg.), Nieuw nederlandsch biografisch woordenboek, 1974 [11] A. Momigliano, Ancient History and the Antiquarian, in: Journal of the Warburg and Courtauld Institutes 13, 1950, 285–315 [12] H.-D. Schultz, Ad oraculum decurrendum est. Lorenz Begers Rez. von Jacob Gronovius' Griech. Ikongraphie, in: H. Wrede / M. Kunze (Hrsg.), 300 Jahre »Thesaurus Brandenburgicus«, 2006, 135–152 [13] H. Wrede, Die »Monumentalisierung« der Antike um 1700, 2004 [14] P. Zazoff, Die antiken Gemmen (Hdb. der Archäologie, Bd. 6), 1983.

Volker Heenes

Gronovius, Johannes Fredericus

Gronow, Johann Friedrich; dt.-niederl. Rechtswissenschaftler und Klass. Philologe. Geb. am 5.11.1611 in Hamburg, gest. am 20.12.1671 in Leiden; Vater von Jacobus ↗Gronovius. 1631–1633 Studium der Rechte, verbunden mit humanistischen Studien, in Altdorf; 1633–1639 Privatlehrer in den Niederlanden; 1640 juristische Prom. in Angers. Ab 1641 Prof. am Athenaeum illustre in Deventer; ab 1658 Prof. für Griech. und Gesch. sowie ab 1665 Bibliothekar an der Univ. Leiden, mehrfach auch Rektor.

Werdegang, Werk und Wirkung

Nach seiner Schulzeit in Bremen und Hamburg studierte G. in Altdorf (bei Nürnberg) Rechtswissenschaft und die ant. Literatur bei Wilhelm Ludwell, Georgius Noesler, Georg Rittershausen und Michael Virdung. Nach einem Treffen mit Hugo ↗Grotius in Hamburg 1633 reiste G. in die Niederlande und arbeitete als Privatlehrer in Leiden, Groningen, Den Haag und Amsterdam. Dabei lernte er die führenden Altertumswissenschaftler der Zeit kennen, darunter Isaac ↗Vossius, Petrus Scriverius, Claudius ↗Salmasius und Nicolaus ↗Heinsius. Ab 1639 besuchte er alle bedeutenden Bibliotheken Englands, Frankreichs und Italiens. Der Zugang zur Bodleian Library in Oxford wurde ihm allerdings verweigert. Während seines Frankreichaufenthalts wurde ihm am 28.2.1640 an der Univ. Angers das Doktorat der Rechtswiss. verliehen. In Florenz machte G. die Bekanntschaft des greisen Galileo Galilei. Kurz darauf kehrte er 1641 in die Niederlande zurück, wo er am Athenaeum illustre von Deventer die Nachfolge Marten Schoocks als Prof. für ant. Literatur, Redekunst und Geschichte antrat.

Während seiner Jahre in Deventer konnte G. die Materialien veröffentlichen, die er auf seinen Reisen gesammelt hatte. Nach den neu bearbeiteten philol. *Observationes* (Deventer, 1652), die auf eine frühere Ausgabe zurückgehen [1], und mehreren Ausgaben lateinischer Autoren (Livius, Seneca, Gellius, Statius) publizierte er seine einzige Monographie, eine Studie zur Numismatik der Antike [2]. Salmasius beschuldigte ihn daraufhin des Plagiats; auch Schoock äußerte Kritik. Darauf reagierte G. mit [3].

Nachdem er mehrere Rufe anderer Univ. abgelehnt hatte, nahm er 1658 das Angebot der Univ. Leiden auf den Lehrstuhl für Geschichte an, den zuvor Daniel ↗Heinsius und Marcus Boxhorn innegehabt hatten. Nach dem Tod des Anthonius Thysius 1665 wurde er zusätzlich zum Bibliothekar der Univ. ernannt. In diesem Lebensabschnitt erarbeitete G. eine imposante Zahl von Textausgaben, von denen die von Senecas Tragödien [4], Plautus [5], Plinius' *Naturalis historia* [6] und Tacitus [7]; [9] – alle mit ausgewählten oder vollständigen Kommentaren früherer Philologen (*cum notis variorum*) – lange als Standardeditionen dienten.

G. galt als einer der führenden Philologen seiner Zeit. Verschiedene große Geister und Gelehrte, darunter Nicolaus ↗Heinsius, suchten den persönlichen Kontakt oder die Korrepondenz mit ihm. Studenten aus ganz Europa kamen zu seinen Lehrveranstaltungen nach Deventer und Leiden. Seine Editionen lateinischer Texte – von der griech. Literatur gab er lediglich Hesychios heraus (1668) – sind Produkte einer überragenden linguistischen Kompetenz, aber auch eines weiten kulturellen Hintergrundwissens sowie eines scharfen und fundierten textkritischen Verstandes.

Schriften

[1] Observationum libri III, Leiden 1639 (Ndr. Amsterdam, 1662) [2] De sestertiis seu subsecivorum pecuniae veteris libri IV, Deventer 1656 (weitere Aufl. Amsterdam 1656, Leiden 1691) [3] De centesimis usuris et foenore unciario. Antexegesis adversum theologistorico-philosophologum. Accessit mantissa pecuniae veteris, Leiden 1661 [4] L. Annaei Senecae tragoediae (Edition), Amsterdam 1662 (u.ö.) [5] M. Acc. Plauti comoediae (Edition), Leiden 1664 (u.ö.) [6] C. Plinii Secundi Naturalis historia, 3 Bde. (Edition), Leiden/Rotterdam 1668–1669 (u.ö.) [7] C. Cornelii Taciti opera quae exstant (Edition), Amsterdam 1672 (u.ö.).

Sekundärliteratur

[8] J. W. Bierma, Art. Gronovius, Johannes Fredericus, in: Nieuw Nederlands Biografisch Woordenboek 1, 1911, 989–992 [9] S. E. W. Bugter, J. F. Gronovius en de Annales van Tacitus, 1980 [10] P. Dibon et al., Inventaire de la correspondance de Johannes Fredericus Gronovius, 1631–1671, 1974 [11] P. Dibon / F. Waquet, Johannes Fredericus Gronovius, pèlerin de la République des lettres. Recherches sur le voyage savant au XVIIe siècle, 1984 [12] L. Müller, Geschichte der Klassischen Philologie in den Niederlanden, 1869, 41–44 [13] Sandys Hist., Bd. 2, 319–320.

Jan Papy (Ü: D. P.)

Grote, George

Brit. Historiker. Geb. am 17. 11. 1794 in Clay Hill bei Beckenham (Kent) als Enkel des aus Bremen ausgewanderten Händlers und Bankiers Andreas G., gest. am 18. 6. 1871 in London. Schulausbildung in Charterhouse; ab 1810 in der väterlichen Bank tätig; als Historiker Autodidakt. Von James Mill und Jeremy Bentham beeinflusst, war G. publizistisch als utilitaristischer Liberaler polit. aktiv [1]; [2]; seit 1833 Parlamentsabgeordneter für die City of London. 1841 Rückzug aus der Politik, 1843 aus der Bank; danach Privatgelehrter. Ehren-Prom. Oxford 1853 und Cambridge 1861; von 1862 bis zu seinem Tod Vice Chancellor der Univ. of London; ab 1868 Präsident des Univ. College London.

Werk

In Auseinandersetzung mit dem zu seiner Zeit vorherrschenden athenfeindlichen Ansatz der brit. Alt.wiss. betonte G., seinen polit. Überzeugungen entsprechend, den Wert der demokratischen Traditionen Athens. Seine 1846–1856 in zwölf Bänden publizierte Geschichte Griechenlands [3] wurde bald ins Deutsche, Französische und Italienische übersetzt und intensiv rezipiert; sie ist in gekürzten und bearbeiteten Ausgaben nach wie vor lieferbar. 1865 brachte G. eine dreibändige Studie über Platon und seine Zeit heraus [4], die ihn europaweit zum *»greatest nineteenth-century Plato scholar«* [13. 420] werden ließ. Das Werk nahm die dt. Gelehrsamkeit ebenso auf wie den brit. philos. Diskurs über Empirizismus und Idealismus in der Metaphysik und über den Utilitarismus in der Politik. Es folgte ein Werk über Aristoteles, das unvollendet blieb und postum in zwei Bänden erschien [5].

Schriften

[1] A Statement on the Question of Parliamentary Reform, 1821 [2] Essentials of Parliamentary Reform, 1831 [3] History of Greece, 12 Bde., 1846–1856 [4] Plato and the Other Companions of Sokrates, 3 Bde., 1865 [5] Aristotle, 2 Bde., 1872 [6] The Minor Works of George Grote, hrsg. von A. Bain, 1873.

Sekundärliteratur

[7] W. M. Calder III / S. Trzaskoma, George Grote Reconsidered, 1996 [8] M. L. Clarke, George Grote. A Biography, 1962 [9] K. N. Demetriou, Art. Grote, George, in: DBC, 399–403 [10] K. N. Demetriou (Hrsg.), Classics in the Nineteenth Century. Responses to George Grote, 4 Bde., 2004 [11] H. Grote, The Personal Life of George Grote, 1873 (dt. 1874) [12] A. Momigliano, George Grote and the Study of Greek History, 1952 (Ndr. in: Studies on Modern Scholarship, 1994, 15–31; dt. in: Ausgewählte Schriften, Bd. 3, 2000, 76–94) [13] M. Schofield, Art. Plato, in: E. Craig (Hrsg.), Routledge Encyclopedia of Philosophy, Bd. 7, 1998, 399–421.

Kai Brodersen

Grotefend, Georg Friedrich

Dt. Klass. Philologe und Sprachforscher. Geb. am 9. 6. 1775 in Hannoversch-Münden, gest. am 15. 12. 1853 in Hannover. Ab 1795 Studium der Theologie und Klass. Philologie in Göttingen; 1797–1802 Hilfslehrer am Gymnasium Göttingen; 1803–1821 Gymnasial-Lehrer und Prorektor am Städtischen Gymnasium Frankfurt a. M.; 1812–1814 Prof. am Lyceum Carolinum der Landesuniv. Frankfurt. 1821–1849 Direktor am Lyzeum Hannover.

Werk und Wirkung

G. gehört zu den Pionieren der histor. Erforschung des Alten Orients. Sein großes Verdienst bestand in der Entwicklung eines systematischen Entzifferungsansatzes für die altpers. Keilschrift, wodurch ihm als Erstem in größerem Umfang die Entzifferung einer Keilschriftvarietät gelang [12]; [13]; [18]; [17]; [19]. Der Schwerpunkt seiner akad. Ausbildung und beruflichen Orientierung lag auf dem Gebiet der Theologie und des Klass. Altertums, doch war er gegenüber dem neuen Quellenmaterial und den unbekannten Schriften und Sprachen aufgeschlossen.

G. hörte in Göttingen u.a. bei dem Historiker Arnold H.L. Heeren, dem Altphilologen Christian Gottlob ↗Heyne und dem Theologen und Orientalisten Thomas Christian Tychsen. Ein weitergehendes Interesse für Schriften zeigt sich schon in einer frühen Arbeit zu Universalschriften [1]. Im Anschluss an seine akad. Ausbildung wirkte G. als Pädagoge in Göttingen, Frankfurt und Hannover. Obwohl er keine akad. Laufbahn eingeschlagen hatte, verfolgte er mit lebhaftem Interesse die alt.wiss. Diskussion und die Neufunde von Sprach- und Schriftdenkmälern in Mittel- und Südeuropa, aber auch im Vorderen Orient. Als Gründungsmitglied des *Frankfurter Gelehrten-Vereins für dt. Sprache* machte G. Bekanntschaft u.a. mit ↗Goethe, Jacob Grimm und Alexander von Humboldt; sein althistor. Interesse führte ihn in die *Gesellschaft für ältere dt. Geschichtskunde*, wo er den Aufbau der *Monumenta Germaniae historica* beförderte.

1802 beschäftigte sich G. mit den kurz zuvor durch Autographien zugänglich gemachten Keilinschriften aus Persepolis und ermittelte etwa ein Drittel des Zeichenbestandes der altpers. Keilschrift. Da erst 1805 eine offizielle Publikation seiner Ergebnisse erfolgte [2], scheint die Kunde von diesen ersten Erfolgen sich nur zögerlich verbreitet zu haben. In den folgenden Jahren nahm G. noch mehrfach Stellung zu Problemen der Entzifferung nicht nur des Altpersischen, sondern auch weiterer Keilschriftvarietäten [10]. Diesen und anderen Veröffentlichungen zu assyr.-babylon. Altertümern [15] war freilich nur geringe Wirkung beschieden. Intensiv beteiligte G. sich an sprachwiss. Diskussionen zu den Altertümern von italischen Sprachen [5]; [7] und zur italischen Geschichte [7]. Eine 1823/24 in vierter Auflage veröffentlichte lat. Grammatik zeugt vom pädagogischen Engagement G.s [4].

Schriften

[1] Commentatio de pasigraphia sive scriptura universali. FS C.G. Heyne, 1799 [2] Über die Erklärung der Keilschriften, besonders der Inschriften zu Persepolis, in: A.H.L. Heeren, Ideen über die Politik, den Verkehr und den Handel der vornehmsten Völker der alten Welt, Teil 1: Asiatische Völker; Abt. 1: Einleitung. Perser, 1805, 931–959 [3] Anfangsgründe der deutschen Prosodie, 1815 [4] Lateinische Grammatik, 2 Bde., [4]1823–1824 [5] Rudimenta linguae Umbricae, 8 Bde., 1835–1839 [6] Über die Erklärung der Keilschriften, und besonders der Inschriften von Persepolis. Neue Beiträge zur Erläuterung der persepolitanischen Keilschrift, 1837 [7] Rudimenta linguae Oscae, 1839 [8] Neue Beiträge zur Erläuterung der babylonischen Keilschrift, 1840 [9] Zur Geographie und Geschichte von Altitalien, 1840–1842 [10] Praevia de cuneatis quas vocant inscriptionibus Persepolitanis legendis et explicandis relatio (Nachrichten der Königlichen Gesellschaft der Wiss. und der Georg-Augusts-Univ. zu Göttingen), 1893 (Urschrift 1802; Faksimile in R. Borger et al. 1975; unveränderter reprographischer Ndr. 1972).

Sekundärliteratur

[11] R. Borger, Art. Grotefend, in: RLA 3, 1971, 655 [12] R. Borger et al. (Hrsg.), Die Welt des Alten Orients. Keilschrift – Grabungen – Gelehrte. Zum 200. Geburtstag Georg Friedrich Grotefends, 1975 ([2]1975) [13] R. Borger, Die Entzifferungsgeschichte der altpersischen Keilschrift nach Grotefends ersten Erfolgen, in: Persica 7 (1975–1978), 1978, 7–19 [14] D.O. Edzard, Art. Grotefend, Georg Friedrich, in: NDB 7, 1966, 164–165 [15] J. Flemming, Der literarische Nachlass Grotefend's, in: Beiträge zur Assyriologie und semitischen Sprachwissenschaft 1, 1890, 80–93 [16] C. Fossey, Manuel d'assyriologie, Bd. 1, 1904, 102–117 [17] H. Grotefend, Art. Grotefend, Georg Friedrich, in: ADB 9, 1879, 763–765 [18] S.A. Pallis, The Antiquity of Iraq, 1956, 99–103 [19] R. Werner, Zum zweihundertsten Geburtstag von Georg Friedrich Grotefend, in: Persica 7 (1975–1978), 1978, 21–24.

Eva Cancik-Kirschbaum

Grotius, Hugo

Niederl. Staatsrechtslehrer, Polyhistor und Staatsmann. Geb. am 10.4.1583 in Delft, gest. nach einem Schiffbruch in der Ostsee am 28.8.1645 in Rostock. Mit 11 Jahren Studium an der Univ. Leiden; 1607 Advocaat-fiscaal der Staaten von Holland; 1613 Stadtsyndikus von Rotterdam. Anhänger des niederl. Staatsmanns Johan van Oldenbarnevelt, der im Zuge des sog. Remonstrantenstreites 1619 hingerichtet wurde; im selben Jahr Inhaftlierung und Verurteilung zu lebenslanger Gefängnishaft; 1621 mithilfe seiner Frau Flucht in einer Bücherkiste. Danach in Frankreich v.a. als Schriftsteller tätig; ab 1632 in schwed. Diensten; ab 1635 Botschafter der schwed. Königin Christina in Frankreich, wichtige Rolle in den Verhandlungen des Dreißigjährigen Krieges; 1645 Abberufung als Botschafter.

Werdegang und Werk

Bereits im Alter von 16 Jahren veröffentliche G. eine Ausgabe von *De nuptiis Mercurii et Philologiae* des Martianus Capella [1]. Sein Vater besaß eine Hs. des

Werkes, nach der er den Text neu im Druck herausgab; seine philol. Leistung stellten dabei v.a. die recht umfangreichen, aber auch recht allgemein gehaltenen kommentierenden Ausführungen dar, die unter dem Titel *Februa* (»Reinigungsmittel«) als Anhang erschienen. Kurz darauf edierte G. die *Phainómena* des Arat zusammen mit deren lat. Übersetzungen, in denen er die (nur ausschnittweise erhaltene) Version Ciceros selbst ergänzte [2]. Weitere Übersetzungen fertigte er u.a. von umfangreichen Ausschnitten aus griech. Dramen (auch von Fragmenten verlorener Dramen) [6] und von den Dichterzitaten in den Exzerpten des Stobaios [4] an. Kommentierende Anmerkungen verfasste er auch zu den Werken des Tacitus [16] sowie zu Lukan [20].

G.' vielleicht glänzendste philol. Leistung war die Übersetzung aller 2400 griech. Epigramme der *Anthologia Planudea* ins Lateinische; sie wurde aber – zusammen mit dem griech. Urtext – erst ab 1795 publiziert [9]. Von seinen drei lat. Bibeldramen *Adam exul* (1601), *Christus patiens* (1608) und *Sophompaneas* (über die Geschichte von Josef in Ägypten, 1635) wurde v.a. das zweite im 17. Jh. in ganz Europa gelesen; es beeinflusste u.a. Pierre Corneille und John Milton. Daneben verfasste G. anspruchsvolle lat. Oden und weitere Gedichte; eine erste Sammlung erschien bereits 1617 [3].

Als Historiker (seit 1601 war er Historiograph der Provinz Holland bei den Provinzialständen) verfasste G. eine Schrift über den Freiheitskampf der Niederlande [7]; ihr Titel sowie der lat. Stil stehen in der Nachfolge des Tacitus. Sie wurde 1612 vollendet, später noch bearbeitet, jedoch erst postum 1657 zum ersten Mal gedruckt. G. erwartete sich jedoch gerade von diesem Werk viel; angeblich soll er auf dem Sterbebett in Rostock gehofft haben, dass er gerade hierdurch unsterblich würde. G. schrieb weiterhin eine Untersuchung *De antiquitate republicae Batavicae* (1610) [11] sowie umfangreiche theologische Werke.

Weltgeltung bis heute erlangte G. durch seine staatsrechtlichen Schriften. Sein Buch *Mare liberum* (1609) [12], eine Teilveröffentlichung der erst im 19. Jh. vollständig gedruckten Untersuchung *De jure praedae*, wurde zu einer der Voraussetzungen des mod. Seerechts. G.s Hauptwerk aber ist *De jure belli ac pacis* (1625) [5], das eine bis heute reichende große Wirkung entfaltete. Mit ihm gilt G. – v.a. neben Francisco de Vitoria, Francisco Suárez, Samuel von Pufendorf und Christian Wolf – als einer der wichtigsten Begründer des mod. Völkerrechts. Die Kenntnis dieses Werkes ist für Theoretiker des Staatsrechts auch heute noch selbstverständlich. Bereits zu G.' Lebzeiten erschienen vier Ausgaben, die er jeweils noch einmal überarbeitete; darauf folgten bis heute etwa 40 weitere Auflagen des lat. Textes. Bereits im 17. Jh. wurde *De jure belli ac pacis* ins Holländische, Englische und Französische, 1707 ins Deutsche übersetzt; auch die Übersetzungen erschienen jeweils in zahlreichen Ausgaben. Von der katholischen Kirche wurde das Werk sogleich nach Erscheinen auf den Index der verbotenen Bücher gesetzt; erst 1899, als der Vatikan deswegen nicht zur ersten Friedenskonferenz in Den Haag zugelassen wurde, erfolgte die Freigabe. In seiner Gesamtanlage zeigt *De jure belli ac pacis* die Autorität, welche die Antike noch im 17. Jh. besaß: G. belegt seine Argumentationen nahezu ausschließlich mit Verweisen auf die Bibel und die antike griech. und lat. Literatur.

Wirkung

G., zu seiner Zeit einer der profundesten Kenner der ant. Literatur, war – anders als Zeitgenossen wie Daniel ↗Heinsius oder Janus ↗Gruter – kein Altertumswissenschaftler im engeren Sinn. Zur Aufarbeitung der handschriftlichen Überlieferung trug er nach seinem jugendlichen Erstlingswerk von 1599 wenig bei. Seine philol. Leistungen bestehen aus souveränen und, was die Verskunst angeht, auch virtuosen Übersetzungen sowie aus durchweg scharfsinnigen Beobachtungen zu den ant. Texten, die auf einer sehr genauen Lektüre beruhen [16]. In diesem primär nicht histor., sondern auf Aktualität zielenden Sachinteresse an den ant. Autoren ist er eher polit. orientierten Gelehrten wie Johannes ↗Freinsheim oder noch eher dem fast gleichaltrigen Matthias ↗Bernegger vergleichbar. Von ihnen unterscheidet er sich allerdings durch seine glänzende Beherrschung der ant. Verskunst sowie durch sein großes Interesse für theologische Fragen.

SV: [17].

Schriften

[1] Martiani Minei Felicis Capellae Carthaginiensis viri proconsularis Satyricon (Edition), Antwerpen 1599 [2] Syntagma Arateorum. Opus poeticae et astronomiae studiosis utilissimum, Antwerpen 1600 [3] Poemata collecta, hrsg. von W. Grote, Leiden 1617 [4] Dicta poetarum quae apud Jo. Stobaeum exstant, Paris 1623 [5] De jure belli ac pacis libri tres, Paris 1625 [6] Excerpta ex tragoediis et comoediis Graecis tum quae exstant tum quae perierunt, Paris 1626 [7] Annales et Historiae de rebus Belgicis, Amsterdam 1657 [8] Opera omnia theologica, 3 Bde., Amsterdam 1679 (Ndr. 1972) [9] Anthologia Graeca (mit lat. Übers.), 5 Bde., hrsg. von H. de Bosch, 1795–1822 [10] Opera theologica, Bd. 1, hrsg. von E. Rabbie, 1990 [11] The Antiquity of the Batavian Republic, hrsg. und übers. von J. Waszink, 2000 [12] Mare Liberum 1609–2009 (lat./engl.), hrsg. von R. Feenstra, 2009.

Sekundärliteratur

[13] Grotiana. A Journal under the Auspices of the Foundation Grotiana, 1980 (ff.) [14] The World of Hugo Grotius. Proc. of the International Colloquium (Rotterdam

1983), 1984 [15] H.W. Blom / L.C. Winkel (Hrsg.), Grotius and the Stoa, 2004 [16] C. Damon, »Tritus in eo lector«. Grotius's Emendations to the Text of Tacitus, in: Grotiana 29, 2008, 133–149 [17] J. ter Meulen / P.J.J. Diermanse, Bibliographie des écrits imprimés de Hugo Grotius, 1950 (Ndr. 1995) [18] J. Miller, Grotius and Stobaeus, in: Grotiana 26–28, 2005–2007, 104–126 [19] M. van Oosterhout, Hugo Grotius' Occasional Poetry (1609–1645). Een wetenschappelijke proeve op hat gebiet van de Letteren (Diss. Nijmegen), 2009 [20] M.D. Rincón Gonzalez, Hugo Grotius, editor de Lucano, in: S. Grosse / A. Schönberger (Hrsg.), Dulce et decorum est philologiam colere. FS D. Briesemeister, Bd. 2, 1999, 1843–1850 [21] B. Straumann, Hugo Grotius und die Antike. Röm. Recht und röm. Ethik im frühneuzeitlichen Naturrecht (Diss. Zürich), 2007 [22] J. Waszink, Tacitisme in Holland. De »Annales et Historiae de rebus Belgicis« van Hugo de Groot, in: De Zenventiende Eeuw. Cultuur in de Nederlanden in interdisciplinair perspectief 20, 2004, 240–263 [23] J. Waszink, Shifting Tacitisms. Style and Composition in Grotius's Annales, in: Grotiana 29, 2008, 85–132.

Jürgen Leonhardt

Gruben, Gottfried

Dt. Klass. Archäologe und Bauforscher. Geb. am 21.6.1929 in Genua, gest. am 24.11.2003 in Bad Aibling. 1949–1951 Studium in Frankfurt a.M., dann 1951–1956 in München, dort Prom. 1960. 1958–1966 Referent am DAI Athen; 1966–1994 o.Prof. für Baugeschichte an der TH/TU München.

Werdegang, Werk und Wirkung

G. studierte in Frankfurt Klass. Archäologie bei Guido ↗Kaschnitz von Weinberg und Philosophie bei Hans-Georg Gadamer, die seine Grundauffassung von der Bedeutung der Antike prägten. An der TH München studierte er Architektur, u.a. Baugeschichte bei Friedrich Krauss. Als Referent für Bauforschung am DAI Athen bearbeitete er u.a. das Dipylon in der Kerameikos-Grabung. Schon sein Berufungsvortrag in München über Forschungen am archaischen Apollontempel von Didyma [3] überzeugte durch exakte Bauaufnahme, räumliche Vorstellungsgabe und die Fähigkeit, histor. Zusammenhänge zu verdeutlichen, sodass G. 1966 zum Ordinarius für Baugeschichte berufen wurde. Von dort betrieb er noch über die Emeritierung (1994) hinaus Grundlagenforschung zur griech. Architektur der Kykladen [4]; [5].

G.s Hauptthema war die griech. Sakralarchitektur, von seiner Dissertation [1] über zahlreiche Aufsätze [3]; [4]; [5] bis hin zu seinem Standardwerk [2]. Doch auch Artikel zu aktuellen Fragen wie Restaurierung und Tourismus enthält die Aufsatzsammlung [6]. G.s verfeinerte Methode der histor. Bauforschung beruht auf der präzisen, stein- und verformungsgerechten Bauaufnahme und deren maßstabsgerechter Aufzeichnung als Grundlage jeder Interpretation. Seine Schüler wandten diese Methode in der Denkmalpflege auf stehende Baudenkmäler an (vgl. etwa M. Schuller, *Building Archaeology*, 2002) und schufen damit Voraussetzungen für sachgerechte Sanierungen. G.s engagierten Vorlesungen vermittelten einer ganzen Generation Münchener TU-Absolventen Grundwissen und Interesse an der Baugeschichte.

SV: [6.302 f.].

Schriften

[1] Die Kapitelle des Heratempels auf Samos (Diss. München), 1960 [2] Tempel und Heiligtümer der Griechen (mit H. Berve), 1961 (5. Aufl. 2001: Griech. Tempel und Heiligtümer) [3] Das archaische Didymaion, in: Jb. des Deutschen Archäologischen Instituts 78, 1963, 78–177 [4] Naxos und Paros, 4. vorläufiger Bericht über die Forschungskampagnen 1972–1980, in: AA, Sonderheft, 1982, 159–229 [5] Naxos, das Heiligtum von Gyroula bei Sangri (mit V. Lambrinoudakis et al.), in: Antike Welt 33, 2004, 387–406 [6] Klassische Bauforschung (Ges. Aufsätze), hrsg. von I. Ring und W. Koenigs, 2007.

Sekundärliteratur

[7] W. Koenigs, Gottfried Gruben, in: Gnomon 76, 2004, 477–479.

Wolf Koenigs

Gruter, Jan

Gruterus, Janus/Gruytere, Jan de; fläm.-dt. Klass. Philologe, Historiker und Archäologe. Geb. am 3.12. 1560 in Antwerpen, gest. am 20.9.1627 bei Heidelberg. 1577 Immatrikulation in Cambridge, noch im selben Jahr in Leiden; 1584 Prom. zum Dr. jur. ebda.; 1586 Immatrikulation in Rostock, 1588 in Königsberg; 1590/91 Prof. für Gesch. in Wittenberg, ab 1592 in Heidelberg; ab 1602 dort auch kurfürstlicher Bibliothekar.

Wissenschaftlicher Werdegang

Der Sohn eines Antwerpener Kaufmanns, der als reformierter Glaubensflüchtling zeitweilig in England lebte, bezog 1577 das Gonville and Caius College in Cambridge, entschied sich aber noch im selben Jahr für die neugegründete Univ. Leiden, wo er u.a. bei Justus ↗Lipsius, Janus Dousa d.Ä. und Hugues ↗Doneau hörte und 1584 zum Dr. jur. promoviert wurde. 1585 flüchtete G. vor den anrückenden span. Truppen aus Antwerpen und führte ein unstetes Wanderleben in Norddeutschland. Belegt sind u.a. Aufenthalte an den Univ. Rostock (ab 1586) und Königsberg (1588), bei seiner Familie in Danzig (1588) sowie als Gast des dän. Statthalters in Schleswig-Holstein und Mäzens Heinrich Rantzau. 1590 erfolgte der Ruf als Prof. der Geschichte nach Wittenberg, wo G. einem Kreis kryptocalvinistischer Gelehrter um die Univ., den kursächsischen Hof und das Gymnasium in Zerbst angehörte. 1591 musste er die Professur wieder aufgeben, weil er sich nicht zum orth. Luthertum bekennen wollte.

1592 wurde G. gegen den Widerstand der Univ. als ao.Prof. der Geschichte nach Heidelberg berufen und 1602 auch zum kurfürstlichen Bibliothekar ernannt. Er baute die Bestände der *Bibliotheca Palatina* gezielt aus, wobei dem Erwerb der Plautus-Hss. C und D aus dem Nachlass des Joachim ↗Camerarius besondere Bedeutung zukommt. G. war in Heidelberg Mittelpunkt eines Gelehrtenkreises, dem u.a. Georg Michael Lingelsheim, Julius Wilhelm Zincgref und der junge Martin Opitz angehörten. Er unterhielt ein europaweites Korrespondennetz, das ihn – über Konfessionsgrenzen hinweg – bei seinen Editionen unterstützte. Die Niederlage der Kurpfalz zwang G. 1620 zeitweilig ins Exil (nach Bretten und Tübingen), wobei er den Verlust seiner Bibl. zu beklagen hatte. Sie wurde z.T. mit der *Bibliotheca Palatina* nach Rom in die *Bibliotheca Apostolica Vaticana* überführt.

Werk

G., der sich auch als Dichter betätigte, neulat. Lyrik edierte sowie zur histor. Chronologie publizierte, bemühte sich als Klass. Philologe v.a. um die Edition lat. Autoren. Sein Fokus lag dabei auf der Textkonstitution, für die er insbes. Heidelberger Handschriften heranzog (die wichtigsten Ausgaben: Seneca 1592/93; Florus 1595; Senecas Tragödien 1604; Livius 1607–1612; Sallust; Tacitus; Velleius Paterculus und Panegyrici veteres 1607; *Historia Augusta* 1610/11; Plinius' *Epistolae* 1611; Ciceros *Opera omnia* 1618/19; Plautus 1621). Einen Sonderfall stellen seine *Varii discursus* [6] als Beitrag zum polit. Tacitismus dar.

G. konnte sich als durchaus streitbar erweisen. Schon sein erstes Werk, die *Suspiciones* [1], eröffnete eine Auseinandersetzung mit Dionysius Gothofredus über dessen Seneca-Ausgabe (Basel 1590) – eine Kontroverse, die G. auch in Form seiner eigenen Edition weiterführte. Mit äußerster Schärfe wurde beiderseits der langwierige Plautus-Streit mit G.s Schüler Johann Philipp ↗Pareus ausgetragen, erneut u.a. im Medium einer Textausgabe. Dafür waren, wie es scheint, nur vordergründig Editionsfragen der Anlass, während die wahren Motive unklar bleiben. Andererseits hätte G. seine Ausgabe der röm. Inschriften [4] nicht ohne international gepflegte freundschaftliche Kontakte realisieren können.

Wirkung

Ausweislich der Druckgeschichte fanden G.s Arbeiten zu Lebzeiten außerhalb des dt. Sprachraums v.a. in Frankreich und den Niederlanden eine breitere Aufnahme. Postum wurde seine Cicero-Ausgabe noch von Philologen der Aufklärung wie John Davies und Johann August ↗Ernesti rezipiert. G.s Erläuterungen zu Seneca druckte noch Nicholas Éloi Lemaire in seiner Edition (Paris 1827–1830) nach. Die Ausgabe der röm. Inschriften [4] wurde zwar mehrfach ergänzt, aber erst durch Theodor ↗Mommsens *Corpus Inscriptionum Latinarum* (Berlin, ab 1863) ersetzt. Bleibendes Vermächtnis G.s ist die bis heute übliche Einteilung der Werke von Livius und Tacitus in Kapitel.

SV: [18.118–121]; [15.532–536].

N: Rom, Biblioteca Apostolica Vaticana, Cod. Pal. lat. 1733, 1821, 1906–1909.

Schriften

[1] Iani Gruteri suspicionum libri IX ... In quibus varia scriptorum loca praecipue vero Plauti, Apuleii et Senecae Philosophi emendandi, illustrandi conatus, Wittenberg 1591 [2] Theophylacti Simocati opera (Edition), Heidelberg 1598–1599 [3] Lampas sive Fax artium liberalium: Hoc est thesaurus criticus ... ex otiosa bibliothecarum custodia erutus et foras prodire iussus, Frankfurt am Main 1602–1607 [4] Inscriptiones antiquae totius orbis Romani (Edition), Heidelberg 1603 [5] Notae Romanorum veterum quibus litera verbum facit Tullii Tyronis Ciceronis liberti, et Annaei Senecae (Edition), Heidelberg 1603 [6] Varii discursus sive prolixiores commentarii ad aliquot insigniora loca Taciti atque Onosandri, 1604–1605 [7] Florilegium ethico-politicum, Frankfurt am Main 1610–1612 [8] Orationes politicae Dinarchi, Lycurgi, Lesbonactis, Herodis, Demadis, Hanau 1619.

Sekundärliteratur

[9] J.-U. FECHNER, Das Schicksal einer Heidelberger Professorenbibliothek. Jan Gruters Sammlung und ihr Verbleib, in: Heidelberger Jbb. 11, 1967, 98–117
[10] J.-U. FECHNER, Ein Besuch in der Bibliotheca Palatina 1608. Thomas Coryate in Heidelberg und bei Janus Gruter, in: Bibl. und Wissenschaft 20, 1986, 73–92 [11] L. FORSTER, Janus Gruter's English Years, 1967 [12] L. FORSTER, »Virtutis atque eruditionis consortium«. Janus Gruters Plautus-Ausgabe von 1621 und der Heidelberger Dichterkreis, in: B. BECKER-CANTARINO / J.-U. FECHNER (Hrsg.), Opitz und seine Welt. FS G. Schulz-Behrend, 1990, 173–184
[13] V. HARTMANN, Art. Gruter/Gruterus, Janus, in: W. KÜHLMANN et al. (Hrsg.), Killy Literaturlexikon 4, 2009, 479–481 [14] C. HEESAKKERS, Das Stammbuch des Janus Gruterus, in: Bibliothek und Wissenschaft 21, 1987, 68–113
[15] W. KÜHLMANN et al. (Hrsg.), Die dt. Humanisten. Dokumente zur Überlieferung der antiken und mittelalterlichen Literatur in der Frühen Neuzeit. Abt. 1: Die Kurpfalz, Bd. 1/2: Janus Gruter, 2005 [16] E. LEFÈVRE, Daniel Heinsius' Elogen auf Janus Gruter, in: Neulat. Jb. 9, 2007, 193–202 [17] W. LUDWIG, Janus Gruters Florilegium ethico-politicum. Die Erneuerung einer antiken Dichtungsform und die ethische Funktionalisierung der antiken Literatur, in: W. LUDWIG, Supplementa Neolatina. Ausgewählte Aufsätze 2003–2008, 2008, 97–129
[18] G. SMEND, Jan Gruter. Sein Leben und Wirken, 1939.

Volker Hartmann

Gschnitzer, Fritz

Österr. Althistoriker. Geb. am 6.1.1929 in Innsbruck, gest. am 27.11.2008 in Neckargemünd. 1947–1951 Studium der Alt.wiss., Altorientalistik und Indogermanistik an der Univ. Innsbruck; Prom. 1951 und Habil. 1956 ebda. 1956–1961 Universitätsdozent in Innsbruck, 1961–1997 Prof. für Alte Gesch. an der Univ. Heidelberg.

Werk und Bedeutung

G. stammte aus einer Tiroler Gelehrtenfamilie und war Sohn des Rechtswissenschaftlers, Politikers und Schriftstellers Franz G. Chronologisch reichen seine Forschungen von der Mykenischen Zeit bis in die Spätantike; dazu gehören auch Studien zum Perserreich [1]; [5] sowie zu Phönikern und Karthagern. Sie konzentrieren sich thematisch auf das Spannungsfeld zwischen Herrschaft und Freiheit in seinen polit., gesellschaftlichen und rechtlichen Dimensionen. Dazu kommen religionsgeschichtliche Arbeiten [8.Bd. 1, 294–299; Bd. 2, 145–152] und Studien zur histor. Geographie [8.Bd. 1, 335–348; Bd. 2, 24–50, 189–202, 305–311, 455–469]. Insbes. ging es G. um die Entstehung, die verschiedenen Formen sowie die Institutionen der Gemeindefreiheit, um die agrargeschichtlichen Bedingungen für die Freiheit von Bauern als typischen Vertretern lokaler Selbstständigkeit und um die Eigenart der griech. Sklaverei [3]. Methodisch dienten oft Sprachformen, Landschaftsformationen, Rechtsinstitutionen und soziale oder juristische Terminologien als Ausgangspunkte für seine Fragen nach der jeweiligen Genese und den Kontexten: Nicht nur mit den traditionellen Mitteln der Quellenkritik, sondern auch mit sprachwiss. Ansätzen und als Epigraphiker eröffnete G. neue Perspektiven auf zentrale geschichtswiss. Probleme wie die Kontinuität von der Bronzezeit in das homerische Zeitalter, die Grundformen polit. und sozialer Ordnung in Griechenland [8.Bd. 2, 203–253], die Eigenart und Rolle von Stammes- und Ortsgemeinden, die Entstehung der Polis [8.Bd. 1, 233–248] und ihrer Institutionen sowie die ant. Historiographie [8.Bd. 2, 3–50, 322–348].

Schriften

[1] Die Gemeinden Vorderasiens zur Achaimenidenzeit (ungedr. Diss. Innsbruck), 1951 [2] Abhängige Orte im Altertum, 1958 [3] Studien zur griech. Terminologie der Sklaverei, 2 Bde., 1964–1976 [4] (Hrsg.), Zur griech. Staatskunde, 1969 [5] Die sieben Perser und das Königtum des Dareios. Ein Beitrag zur Achaimenidengeschichte und zur Herodotanalyse, 1977 [6] Griech. Sozialgeschichte, 1981 [7] Eine persische Kultstiftung in Sardeis und die »Sippengötter« Vorderasiens, in: W. Meid / H. Trenkwalder (Hrsg.), Im Bannkreis des Alten Orients. Studien zur Sprach- und Kulturgeschichte des Alten Orients und seines Ausstrahlungsraumes. FS K. Oberhuber, 1986, 45–54 [8] K.S. zum griech. und röm. Altertum, 2 Bde., hrsg. von C. Trümpy und T. Schmitt, 2001–2003.

Sekundärliteratur

[9] A. Chaniotis, Der Althistoriker Fritz Gschnitzer, in: F. Gschnitzer, K.S. zum griech. und röm. Altertum, hrsg. von C. Trümpy und T. Schmitt, Bd. 1, 2001, IX–XII.

Tassilo Schmitt

Guarino da Verona

Giovanni Guarini, auch Guarino Veronese; ital. Humanist. Geb. 1374/75 in Verona, gest. am 4.12. 1460 in Ferrara. Studium in Verona und Padua; 1403–1408 Aufenthalt in Konstantinopel bei Manuel ↗Chrysolaras. Ab 1412 Prof. für Griechisch und Latein in Florenz; ab 1414–1419 Schulleitung in Venedig; 1419–1429 Prof. für Rhetorik in Verona; ab 1429 in Ferrara; dort 1430–1435 Prinzenerzieher und Schulleiter, ab 1436 Prof. für Griechisch. 1438 Teilnahme am Konzil von Ferrara/Florenz.

Werdegang

G. wuchs in Verona heran, wo er die Grundlagen seiner humanistischen Bildung legte. In Padua studierte er gemeinsam mit Niccolò ↗Niccoli bei Giovanni Conversini (Johannes von Ravenna). Nach kurzer Tätigkeit als Lehrer der Grammatik in Venedig folgte er 1403 dem von ihm zeitlebens hochverehrten byz. Diplomaten und Gelehrten Manuel ↗Chrysolaras nach Konstantinopel und verbrachte fünf Jahre als Schüler und Diener bei ihm, um seine Kompetenz im Griechischen zu vervollkommnen. 1408 nach Italien zurückgekehrt, ging G. nach einem kurzen Aufenthalt in Bologna, wo er in Kontakt zu Gianfrancesco ↗Poggio Bracciolini sowie Leonardo Bruni trat, 1410 nach Florenz und lehrte hier ab 1412 an der Univ. Griechisch und Latein. Die zunehmende Entfremdung zwischen ihm und Niccolò Niccoli dürfte bewirkt haben, dass er bereits 1414 nach Venedig aufbrach und dort eine Privatschule eröffnete. 1418 schloss er die Ehe mit Taddea Cendrata di Niccolò aus Verona; das Paar hatte 13 Kinder.

Die ihm 1419 angetragene Rhetorik-Professur in seiner Heimatstadt Verona nahm G. – gemeinsam mit der Leitung einer von ihm gegründeten Schule – zehn Jahre lang wahr, folgte dann aber dem Ruf nach Ferrara, wo er 1430 am Hof des Niccolo III. d'Este die Erziehung des zu diesem Zeitpunkt bereits 23-jährigen Prinzen Leonello d'Este bis zu dessen Hochzeit 1435 übernahm und wiederum eine Privatschule unterhielt. Ab 1438 wirkte er außerdem als Übersetzer für die griech.sprachigen Teilnehmer des Konzils von Ferrara/Florenz.

G. stand in Kontakt zu zahlreichen Humanisten seiner Zeit; unter seinen Schülern waren in Venedig Georg von Trapezunt, Francesco Barbaro und ↗Vittorino da Feltre, in Verona Ermolao ↗Barbaro und Bartolomeo Facio, in Ferrara Peter Luder, Lodovico Carbone und sein eigener Sohn Giovanni Battista Guarini [4].

Werk und Wirkung

G.s Bedeutung ruht auf drei Säulen: seiner Sammlung von Hss., seinem Engagement für die schulische Erziehung und seiner Übersetzungs-, Editions- und Kommentartätigkeit. Von Konstantinopel soll er 1408 an die 50 griech. Hss. mit nach Italien gebracht haben; bedeutsam ist auch sein Fund eines (heute verlorenen) Ms. (1419, Verona), das den Archetypos der Plinius-Überlieferung in acht Büchern (Buch 1–7; 9) bildet, und die Wiederentdeckung des bis dahin unbekannten Werks des Aulus Cornelius Celsus (1427).

Zu seinen Schulgründungen dürfte er durch Gasparino ↗Barzizza angeregt worden sein, mit dem er befreundet war; wie diesem kam es auch G. darauf an, die moralische mit der humanistischen Bildung seiner Schüler zu verbinden [7]. Nach Angaben seines Sohnes Battista (*De ordine docendi et studendi*, 1459 [8]) praktizierte G. einen dreigestuften Kursus, welcher mit der Basisgrammatik einsetzte, dann zu grundsätzlichen Fragen des grammatischen Regelwerks, der Prosodie sowie der Metrik überging und im rhetorischen Lehrgang gipfelte. Als Lehrwerk setzte G. die von ihm selbst verfassten *Regulae* ein, die insbes. auf Priscian und das *Doctrinale* Alexanders de Villa Dei rekurrierten; als Lehrbuch des Griechischen verwandte er einen eigenen Abriss von ↗Chrysolaras' *Erotemata*, den er auch ins Lateinische übersetzt hatte. In den Rhetorik-Klassen wurden Cicero und Quintilian studiert [6].

In Konstantinopel übertrug G. Plutarchs Alexander-Vita und Lukians *De Calumnia* ins Lateinische, später weitere Plutarch-Biographien, einiges von Lukian und Isokrates und – seine bedeutendste Leistung – das Gesamtwerk Strabons (ins Lateinische und Volgare) [6]. Kritische Textausgaben erstellte er weiterhin von Caesar, Ciceros Reden, Plinius maior, Gellius und Servius; vielbeachtet waren seine Konjekturen zu Ciceros *Brutus* und zu Horaz. Kommentare verfasste er zu Ciceros Rede *Pro Sexto Roscio* [1] und zu Persius. In Mitschriften seiner Schüler, den sog. *Collectae*, ist viel Material aus seinen Vorlesungen erhalten (so zu Ciceros *De officiis* und *Cato maior*, zur *Rhetorica ad Herennium* und zu Plautus' *Amphitryon*) [6]. G. war ein in seiner Zeit hochangesehener und hervorragend vernetzter Philologe. Er hinterließ *Carmina* [3], ein großes Briefcorpus [2] und zahlreiche Reden.

Schriften

[1] M. Tulli Ciceronis oratio pro Sex. Roscio Amerino (Edition), Paris 1551 [2] Epistolario, 3 Bde., hrsg. von R. Sabbadini, 1915–1919 (Ndr. 1967) [3] Carmina, hrsg. von A. Manetti, 1985.

Sekundärliteratur

[4] G. Bertoni, Guarino da Verona fra letterati e cortigiani a Ferrara (1429–1460), 1921 [5] R. Sabbadini, Vita di Guarino Veronese, 1891 (Ndr. 1964)
[6] R. Sabbadini, La scuola e gli studi di Guarino Guarini Veronese, 1896 (Ndr. 1964) [7] R. Schweyen, Guarino Veronese. Philosophie und humanistische Pädagogik, 1973
[8] W. H. Woodward, Vittorino da Feltre and Other Humanist Educators, 1897, 159–178.

Dorothee Gall

Günther, Rigobert

Dt. Althistoriker. Geb. am 18.5.1928 in Magdeburg, gest. am 2.4.2000 in Leipzig. Bis 1948 Verlagskaufmann; 1949 Reifeprüfung an der Vorstudienanstalt Halle a.d.S.; bis 1953 Studium in Halle, 1953–1955 in Halle-Wittenberg; 1957 Prom. an der Univ. Leipzig; 1962 Habil. ebda. Ab 1962 Hochschuldozent; ab 1965 Prof.; 1968–1991 o.Prof. für Alte Gesch. in Leipzig. Mitglied der Akad. der Wiss. der DDR.

Werdegang und Werk

G. entstammte nach eigenen Angaben einer Arbeiterfamilie [2.114f.]. Seit 1945 war er Mitglied des Freien Dt. Gewerkschaftsbunds, seit 1947 der SED und seit 1948 der Gesellschaft für Dt.-Sowjetische Freundschaft. G. studierte zunächst Geschichte und Anglistik, dann Geschichte, Latein und Vorgeschichte in Halle. Nach seinem Examen (1953) war er Assistent am Marx-Engels-Lenin-Stalin-Institut in Berlin beim Zentralkomitee der SED mit einer a.o. Aspirantur (Doktorandenstelle). 1954 legte er die Prüfungen in Gesellschaftswiss. und Russisch ab. 1953–1955 besuchte er althistor. Lehrveranstaltungen an der Martin-Luther-Universität Halle-Wittenberg [14.96–98]; [16.44f., 72]; 1955 erhielt er eine Aspirantur in Leipzig mit dem Ziel der Prom. und der Etablierung einer marxistisch ausgerichteten Alten Geschichte an der Univ. Leipzig [11.47, 70–73, 91–97]; [14.99].

Noch vor seiner Prom. veröffentlichte G. einen programmatischen Aufsatz, der die Leitlinien eines künftigen parteilich geleiteten althistor. Studiums skizzierte [1]. Seine von Franz ↗Altheim betreute und von Werner Peek und Franz ↗Dornseiff begutachtete Diss. beanspruchte, die Gültigkeit der Prinzipien des histor. Materialismus für die röm. Antike zu erweisen [2.77]; [14.100] und entwickelte die Konzeption der ant. Sklavenhaltergesellschaft am Beispiel

Roms zwischen Etruskerherrschaft und Spätantike. Altheim wirkte auch als Betreuer und Gutachter von G.s Habil.schrift über die Religionsgeschichte der späten Röm. Republik [3. IV]; [14. 101]. G. wurde in Leipzig Hochschuldozent, 1965 Prof., 1968 Ordinarius für Alte Geschichte und Präsidiumsmitglied in der Historikergesellschaft der DDR, in den 1960er Jahren Leiter der Fachrichtung Geschichte, Leiter des Wissenschaftsbereiches Urgeschichte/Alte Geschichte und in den 1980er Jahren Direktor der Sektion Geschichte sowie Mitglied der Beiräte für Altertums- und Geschichtswiss. beim Ministerium für das Hoch- und Fachschulwesen [12]; [14. 102]; [16. 121 f.].

Wirkung

G. war Autor maßgeblicher Schul- und Hochschullehrbücher der DDR [4]; [5]. Nach der friedlichen Revolution in der DDR (1989) setzte er diese Tätigkeit fort und verfasste religionskritische Lehrbücher für den Schulunterricht [9]; [10]. Seinen Lehrstuhl hatte er bis zu dessen Abwicklung 1991 inne. Charakteristisch für G.s Wirken waren eine orth.-marxistische Deutung der Antike als durch Sklavenhaltung und Klassenkämpfe geprägt, ein zeitweise durch die Arbeiten von Arkadij L. Sidorow beeinflusstes histor. Periodisierungsschema und der Gedanke, dass Religion im Sinne eines Mobilisierungsinstruments für die Protagonisten dieser Klassenkämpfe fungiert. G. nahm Einfluss auf die Ausbildung des wiss. Nachwuchses und von Lehrern und war einer der maßgeblichen Deuter der Antike und ihres Nachwirkens für die DDR. Seine Parteinahme gegen den Westen und die NATO sowie seine antibürgerliche und antiwestliche Ideologie sind wahrscheinlich nur vor dem Hintergrund der Erfahrungen einer Generation zu verstehen, welche unmittelbar in die Nachkriegszeit des beginnenden Kalten Krieges hineingewachsen und den »äußerlich und moralisch zerstörten bürgerlichen Bildungsinstitutionen« entwachsen war [14. 106 f.].

Schriften

[1] Der Beschluß des ZK der SED »Die Verbesserung der Forschung und Lehre in der Geschichtswissenschaft der DDR« und das Studium der Alten Geschichte, in: Zs. für Geschichtswissenschaft 3, 1955, 904–907 [2] Sklaverei, Wirtschaft und Ständekampf im ältesten Rom (ungedr. Diss. Leipzig), 1957 [3] Der politisch-ideologische Kampf in der röm. Religion in den letzten zwei Jahrhunderten vor unserer Zeit (ungedr. Habil.schrift Leipzig), 1962 [4] Geschichte. Lehrbuch für Klasse 6 (mit H. Wermes), 1967 ([11]1977) [5] Röm. Geschichte (mit R. Dieter), 1981 [6] Rez. von M. I. Finley, Ancient Slavery and Modern Ideology, 1980, in: Gnomon 54, 1982, 202–204 [7] Klassen, Stände und Schichten in der antiken Gesellschaftsordnung, in: SB der Sächsischen Akad. der Wiss. Philos.-histor. Klasse 130/4, 1990, 3–17 [8] Rez. von M. Willing, Althistorische Forschung in der DDR, 1991, in: Zs. für Geschichtswissenschaft 42, 1994, 937–938 [9] Die Entstehung des Christentums. Methodische Handreichung zur Gestaltung des Ethikunterrichts, 1998 [10] Hosianna dem Sohn Davids. Kurze Geschichte des frühen Christentums, 1998.

Sekundärliteratur

[11] V. Didczuneit, Geschichtswissenschaft an der Universität Leipzig. Zur Entwicklung des Faches Geschichte von der Hochschulreform 1951 bis zur ›sozialistischen Umgestaltung‹ 1958, 1993 [12] G. Heitz, Rigobert Günther 60 Jahre, in: Zs. für Geschichtswissenschaft 61, 1988, 438–439 [13] I.-S. Kowlczuk, Legitimation eines neuen Staates. Parteiarbeiter an der historischen Front. Geschichtswissenschaft in der SBZ/DDR, 1945–1961, 1997 [14] B. Meissner, Die Alte Geschichte an der Karl-Marx-Universität Leipzig. Anmerkungen zum Geschichtsbild Rigobert Günthers, in: I. Stark (Hrsg.), Elisabeth Charlotte Welskopf und die Alte Geschichte in der DDR, 2005, 90–107 [15] L. Mertens, Das Lex. der DDR-Historiker, 2006, 252–253 [16] M. Willing, Althistorische Forschung in der DDR. Eine wissenschaftsgeschichtliche Studie zur Einführung der Disziplin Alte Geschichte vom Ende des Zweiten Weltkriegs bis zur Gegenwart (1945–1989), 1991.

Burckhard Meißner

Güterbock, Hans Gustav

Dt. Altorientalist und Hethitologe. Geb. am 27. 5. 1908 in Berlin, gest. am 29. 3. 2000 in Chicago. Gymnasium in Berlin-Zehlendorf, Abitur 1926; Studium der oriental. Philologie an den Univ. Berlin, Leipzig, Marburg und wieder Leipzig, dort 1933 Prom. 1933–1935 Mitarbeiter des Pergamon-Museums in Berlin; 1933–1936 Teilnahme an der Boğazköy-Grabung (Hattusa). Unmöglichkeit einer wiss. Karriere in Deutschland aufgrund der Rassengesetze; 1936 Berufung zum Prof. für Hethitologie an die Univ. Ankara. 1948 Gastdozent an der Univ. Uppsala; ab 1949 am Oriental Institute Chicago, ab 1956 als Prof. und 1969 als Tiffany and Margaret Blake Distinguished Service Prof. of Hittitology. 1962 Präsident der *American Oriental Society*; 1968–1977 Präsident des American Research Institute in der Türkei; Emeritierung 1976. Ab 1976 Herausgeber des *Chicago Hittite Dictionary*. Mitglied der Bayer. Akad. der Wiss., der Acad. of Arts and Sciences (USA) sowie der *American Philosophical Society*; korrespondierendes Mitglied der Brit. Acad.; Ehrendoktorat der Univ. Uppsala (1977), Ankara (1997) und der Freien Univ. Berlin (1998); zahlreiche Preise und Ehrungen.

Werk und Wirkung

G. war Sohn des Privatgelehrten und Wissenschaftsmäzens Bruno G., der zeitweilig das Amt des Schriftführers der Dt. Orientgesellschaft innehatte und ihn frühzeitig in Berührung mit der Keilschriftforschung brachte. Während seines Studiums hatte er Kontakt zu den bedeutendsten Altorientalisten, Semitisten, Historikern und Altphilologen seiner Zeit, darunter Eduard ↗Meyer und Ulrich von ↗Wilamowitz-Moellendorff. Von besonderem Einfluss aber waren seine Lehrer Hans Ehelolf, Benno ↗Landsberger und Johannes Friedrich. Schon in seiner Diss. [1], deren Thema auf Landsberger zurückging, zeigte G., dass er nicht nur in der heth., sondern auch in der sumer. und akkad. Überlieferung zu Hause war. Aufgrund der polit. Umstände zerschlugen sich alle Hoffnungen auf eine akad. Karriere in Deutschland, jedoch bot sich ihm, wie vielen anderen Wissenschaftlern jüdischer Herkunft, eine Perspektive in der Türkei, wo er zusammen mit seinem Lehrer Landsberger ab 1935 an der Univ. Ankara zu lehren begann. Ihm folgte er schließlich 1949 an das *Oriental Institute* nach Chicago, dem er bis zu seinem Tod aufs Engste verbunden blieb.

Als akad. Lehrer prägte G. eine ganze Generation jüngerer Hethitologen. Er war neben Heinrich Otten und Emmanuel ↗Laroche einer der bedeutendsten Vertreter nicht nur der Hethitologie, sondern auch der Assyriologie, und hatte so ganz wesentlichen Anteil daran, dass das Fach sich als eigenständige Teildisziplin der Altorientalistik etablieren konnte.

G.s wiss. Œuvre umfasst primär philol., aber auch histor. und kulturgeschichtliche sowie arch. Arbeiten, wobei er sich nicht ausschließlich auf den Bereich Altanatoliens beschränkte. Neben seinen bedeutenden Beiträgen zum Hethitischen und dessen Nachbarsprachen war er auch ein ausgewiesener Experte für heth. Siegel und das Hieroglyphenluwische. In seiner Bearbeitung des Kumarbi-Zyklus [4] wies er bereits früh auf Beziehungen zwischen der altoriental. und der griech. Überlieferung hin (speziell in Hesiods *Theogonie*). Es war auch v.a. seinem abgewogenen Urteil zu verdanken, dass die Frage, ob die Griechen in heth. Texten belegt sind, objektiver diskutiert wurde [9]. G.s Texteditionen und Textbearbeitungen sowie seine Beiträge zur heth. Geschichtsschreibung und zur heth. Literatur sind bis heute oft Standardwerke. Als Mitherausgeber des *Chicago Hittite Dictionary* war er maßgeblich an einem der wichtigsten hethitologischen Projekte beteiligt.

SV: H. A. Hoffner, Jr./G. M. Beckman (Hrsg.), Kanišsuwar. A Tribute to Hans G. Güterbock on His Seventy-Fifth Birthday, May 27, 1983, Chicago 1986, 185–188.

Schriften

[1] Die historische Tradition und ihre literarische Gestaltung bei Babyloniern und Hethitern bis 1200, in: ZA 42, 1934, 1–91 [2] Siegel aus Boğazköy, 1.Teil: Die Königssiegel der Grabungen bis 1938, in: AfO, Beiheft 5, 1940 [3] Siegel aus Boğazköy, 2. Teil: Die Königssiegel von 1939 und die übrigen Hieroglyphensiegel, in: AfO, Beiheft 7, 1942 [4] Kumarbi. Mythen vom churritischen Kronos aus den hethitischen Fragmenten zusammengestellt, übers. und erklärt (Istanbuler Schriften 16), 1946 [5] The Deeds of Suppiluliuma as Told by His Son, Mursili II, in: Journal of Cuneiform Studies 10, 1956, 41–68, 75–98, 107–130 [6] Hethitische Literatur, in: W. Röllig (Hrsg.), Altorientalische Literaturen, 1978, 211–253 [7] (Hrsg.), Hittite Dictionary of the Oriental Institute of the University of Chicago (mit H. Hoffner), 1980 (ff.) [8] Hittite Historiography: A Survey, in: H. Tadmor / M. Weinfeld (Hrsg.), History, Historiography and Interpretation. Studies in Biblical and Cuneiform Literatures, 1983, 21–35 [9] Hittites and Akhaeans: A New Look, in: Proc. of the American Philosophical Society 128, 1984, 114–122.

Sekundärliteratur

[10] K. Bittel et al. (Hrsg.), Anatolian Studies Presented to Hans Gustav Güterbock on the Occasion of His 65th Birthday, 1974 [11] H. A. Hoffner Jr. / G. M. Beckman (Hrsg.), Kanissuwar. A Tribute to Hans G. Güterbock on His Seventy-Fifth Birthday, May 27, 1983, 1986 [12] J. Renger, In memoriam Hans-Gustav Güterbock, in: Istanbuler Mitteilungen 51, 2001, 7–10 [13] K. A. Yener / H. A. Hoffner (Hrsg.), Recent Developments in Hittite Archaeology and History. Papers in Memory of Hans G. Güterbock, 2002.

Jörg Klinger

Hadas, Moses

Amerikan. Klass. Philologe. Geb. am 25.6.1900 in Atlanta (jüd.-russ. Einwandererfamilie), gest. am 17.8. 1966 in Aspen. Schulbesuch in Atlanta; Studium der *Classics* an der Emory Univ. (B.A. 1922); bis 1926 Rabbiner-Ausbildung am Jewish Theological Seminary der Columbia Univ. in New York. Daneben Fortsetzung des Studiums der Alt.wiss. an der Columbia Univ., hier 1925 M.A. und 1930 Prom. (Diss. über Sextus Pompeius [2]). Ab 1925 Dozent für Alte Sprachen in Columbia, 1928–1930 in Cincinatti. Während des Zweiten Weltkriegs Arbeit für das *Office of Strategic Services*, u.a. im Kontakt mit griech. Widerstandsgruppen. Seit 1946 Assistent und Associate Prof., ab 1953 Full Prof. of Greek and Latin an der Columbia Univ., hier 1956–1965 Jay Prof. of the Greek and Latin Languages. Ehrendoktorat u.a. der Emory Univ. 1941 Präsident der *Classical Association of the Atlantic States.*

Werk und Wirkung

H. galt als herausragender akad. Lehrer; für seine Lehre wurde er mit mehreren Preisen ausgezeichnet [20.92]. Er übertrug zahlreiche ant. Texte (u.a. von Sophokles, Aristophanes, Cicero, Seneca [12], Tacitus) in die engl. Sprache (auch seine Geschichte Roms [10] besteht weitgehend aus übersetzten Quellentexten). Mit der Einrichtung von Univ.-Kursen, in denen die klass. Autoren in Übersetzung behandelt wurden, verfolgte er das in seiner Zeit und an seiner Univ. umstrittene Ziel, breiteren, in den alten Sprachen unkundigen Kreisen die Literatur der Antike zu vermitteln [19.236]. Seine Editions- und Übersetzungstätigkeit erstreckte sich weiterhin auf das jüd. Schrifttum der Antike [9] sowie auf moderne historiographische Werke (z.B. 1949 Jacob ↗Burckhardts *Die Zeit Constantins des Großen* oder 1947 Elias ↗Bickermanns *Geschichte der Makkabäer*). Um die allgemeine Kenntnis der Antike zu fördern, war H. einer der Ersten, der in Rundfunk- und TV-Auftritten über seine Wissenschaft sprach [20.93]; etliche seiner Schriften sind ebenfalls auf eine Verbreitung von alt.wiss. Kenntnissen außerhalb der Fachwelt ausgerichtet. So verfasste H. größere epochenübergreifende Darstellungen zur ant. Literaturgeschichte [6]; [8] und zur Geschichte Roms [16] sowie eine Einführung in die griech. Geistes- und Kulturgeschichte [14]. Große Resonanz fand sein Buch über den Hellenismus [13], in dem er der Frage nachging, inwieweit ein kultureller Austausch zwischen den verschiedenen Bevölkerungs- und Sprachgruppen der hell. Staaten stattgefunden habe.

M: [15].

Schriften

[1] Oriental Elements in Petronius, in: American Journal of Philology 50, 1929, 378–385 [2] Sextus Pompey (Diss. Columbia), 1930 (Ndr. 1966) [3] The Social Revolution in Third Century Sparta, in: Classical Weekly 26, 1932–1933, 65–76 [4] The Religion of Plutarch, in: Review of Religion 6, 1942, 270–281 [5] From Nationalism to Cosmopolitanism, in: Journal of the History of Ideas 4, 1943, 105–111 [6] A History of Greek Literature, 1950 [7] The Epistle of Aristeas to Philocrates (Edition mit Übers.), 1950 [8] A History of Latin Literature, 1952 [9] The Third and Fourth Book of the Maccabees (Edition mit Übers.), 1953 [10] A History of Rome. From Its Origins to A.D. 529, As Told by the Roman Historians, 1958 [11] Plato in the Hellenistic Fusion, in: Journal of the History of Ideas 19, 1958, 3–13 [12] The Stoic Philosophy of Seneca (Übers.), 1958 [13] Hellenistic Culture. Fusion and Diffusion, 1959 (Die Kultur des Hellenismus, 1975) [14] Humanism. The Greek Ideal and Its Survival, 1960 [15] Old Wine, New Bottles. A Humanist Teacher at Work, 1962 [16] Imperial Rome, 1965 (Kaiserliches Rom, 1966; Röm. Reich. Das lat. Jahrtausend, 1972) [17] Introduction to Classical Drama, 1966.

Sekundärliteratur

[18] H.W. Benario, Art. Hadas, Moses, in: W.W. Briggs, Biographical Dictionary of North American Classicists, 1994, 244–245 [19] W.M. Calder III, Art. Hadas, Moses, in: Dictionary of American Biography, Suppl. VIII, 1988, 235–237 [20] G. Highet, Moses Hadas, 1900–1966, in: Classical World 60, 1966–1967, 92–93.

Heinrich Schlange-Schöningen

Halbherr, Federico

Ital. Epigraphiker und Klass. Archäologe. Geb. am 15.2.1857 in Rovereto (damals Österreich), gest. am 17.7.1930 in Rom. 1876–1880 Studium an der Philos. Fakultät der Univ. Rom, 1880–1882 am Istituto di Studi Superiori in Florenz. 1885 Annahme der ital. Staatsbürgerschaft. 1888 Dozent, 1891 ao., ab 1904 o.Prof. für griech. Epigraphik an der Univ. Rom. 1899 Leiter der Ital. Arch. Mission auf Kreta. Ab 1910 Beauftragter der ital. Regierung für die arch. Exploration in Libyen (Tripolitania und Cyrenaïca); 1912 Organisation des arch. Dienstes in den ital. Kolonien ebda.

Werk und Wirkung

Nachdem er als Epigraphiker bei der Feldforschung notwendig zum Archäologen geworden war, machte sich H. als bahnbrechender Erforscher des ant. Kreta und vorbildlicher Gelehrter im Dienst der Institutionen einen Namen. Sein Lehrer Domenico Comparetti hatte ihn 1884 nach Kreta geschickt, um Inschriften zu sammeln; gleich bei seiner Ankunft gelang H. die sensationelle Entdeckung der großen archaischen Gesetzesinschrift von Gortyn, die dann von Ernst ↗Fabricius publiziert wurde. H.s kretische

Aktivitäten standen in engem Zusammenhang mit dem ital. Interesse am östlichen Mittelmeerraum in den 1890er Jahren. Ihm ist die vom *Archaeological Institute of America* finanzierte Erforschung der Insel (1893/94) zu verdanken, deren epigr. Ertrag später in die *Inscriptiones Creticae* (hrsg. von Margherita Guarducci) mündete, ebenso die Gründung der *Missione Archeologica Italiana a Creta* (1899), und noch 1909 die Gründung der *Scuola Archeologica Italiana di Atene* (SAIA). Mit weit über die Archäologie hinausreichendem Elan trat H. für die ital. Präsenz auf Kreta ein. Er erforschte die Idäische Grotte [1] und initiierte die großen ital. Ausgrabungen auf der Insel (Gortyn [3]; [4], Phaistos, Aghia Triada [5]; [6]). Sein beständiges Bemühen galt der Begegnung zwischen der ital. und der lokalen Kultur sowie der Wertschätzung des venez. Erbes auf Kreta. Dennoch wechselte er bereits 1909 nach Nordafrika, wo er unter größten Schwierigkeiten, aber im Einklang mit den nationalistischen Zielsetzungen der ital. Regierung deren arch. Pläne in den neuen Kolonialbesitzungen erfolgreich in die Tat umsetzte.

Im Kampf für ein starkes Italien zunehmend polit. engagiert, konzentrierte sich H. nach dem Ersten Weltkrieg auf die Organisation der Ital. Arch. Mission auf Kreta und ließ die bis dahin unternommenen Grabungen und Forschungen unpubliziert liegen. Bes. die min. Kultur, von der er doch so bedeutende Relikte ausgegraben hatte, scheint ihm im Grunde fremd geblieben zu sein. Sir Arthur ↗Evans' geniale ›Erfindung‹ dieser Kultur führte schließlich dazu, dass der Palast von Knossos zu einem der großen Mythen der Weltkultur (insbes. der angelsächsischen) wurde, was die brit. Präsenz in Kreta zu einem unbestrittenen nationalen Anliegen machte. Die persönliche und wiss. Lebensgeschichte H.s, eines eher reservierten und der medialen Popularisierung abgeneigten Mannes, trug gewiss dazu bei, dass die großen ital. Entdeckungen in Kreta nur am Rande wahrgenommen wurden und die wiss. Verdienste H.s heute viel weniger präsent sind als die seines engl. Kollegen, mit dem er in engem Austausch stand [8.213–216]; [9].

Schriften

[1] Scavi e trovamenti nell'antro di Zeus sul monte Ida a Creta, in: Museo italiano di Antichità classica 2, 1888, 689–766 [2] Scoperte nel santuario di Hermes Craneo, in: Museo italiano di Antichità classica 2, 1888, 913–916 [3] Relazione sugli scavi del tempio di Apollo Pythio in Gortyna, in: Monumenti Antichi 1, 1890, 9–76 [4] Relazione sui nuovi scavi eseguiti a Gortyna presso il Letheo, in: Monumenti Antichi 1, 1890, 561–592 [5] Resti dell'età micenea scoperti ad Haghia Triada presso Phaestos, in: Monumenti Antichi 13, 1903, 5–74 [6] Haghia Triada nel periodo tardo-palaziale (mit E. Stefani und L. Banti), in: Annuario della Scuola Archeologica di Atene 55 (N.S. 39), 1977, 9–296.

Sekundärliteratur

[7] La figura e l'opera di Federico Halbherr. Atti del Convegno di Studio (Rovereto), 2000 [8] B. Maurina et al. (Hrsg.), Orsi, Halbherr, Gerola. L'archeologia italiana nel Mediterraneo, 2010, 169–297 [9] N. Momigliano, Federico Halbherr and Arthur Evans. An Archaeological Correspondence (1894–1917), in: Studi micenei ed egeo-anatolici 44/2, 2002, 263–318 [10] G. Schingo, Art. Halbherr, Federico, in: DBI 61, 2003, 640–643.

Anna Lucia D'Agata (Ü: K. H.)

Haller von Hallerstein, Carl

Dt. Archäologe und Zeichner. Geb. am 10.6.1774 in Hiltpoltstein (Oberfranken), gest. am 5.11.1817 in Ampelakia (Thessalien). 1792–1794 Architekturstudium an der Karlsschule in Stuttgart, 1798–1805 an der Berliner Bauakad. 1806 Bauinspektor in Nürnberg; 1808–1817 Reise nach Rom, Griechenland und Konstantinopel.

Werk und Wirkung

H. stammt aus einer bedeutenden Nürnberger Patrizierfamilie. Da ihn eine Bauinspektorenstelle in seiner Heimatstadt nicht ausfüllte, reiste er 1808 nach Rom, von dort 1810 mit Otto Magnus von ↗Stackelberg und Peter Oluf ↗Brøndsted weiter nach Griechenland. Ein mehrbändiges illustriertes Werk über griech. Kulturlandschaften war geplant (erschien aber nicht). Der spektakulärste Fund gelang H., zu dem in Athen der engl. Architekt Charles Robert Cockerell stieß, 1811 auf Aigina mit der Entdeckung der Giebelskulpturen des Aphaiatempels. H. zeichnete alle Fragmente mit großer Sorgfalt und notierte deren genaue Fundlage. So war es ihm möglich, dem bayer. Kronprinzen Ludwig noch 1811 erste Rekonstruktionszeichnungen der Giebelfelder zu schicken, mit der erfolgreichen Bitte, diese außergewöhnlichen Skulpturen für die Münchner Glyptothek zu erwerben.

Ebenfalls 1811 entdeckten die beiden Architekten und Stackelberg im Apollontempel von Bassai den fast kompletten Innenfries, der auf Cockerells Betreiben ins British Museum kam, sowie das wichtige frühe korinthische Kapitell der Cella. H.s Zeichnungen [1] dieses singulären, durch Vandalismus später zerschlagenen Stücks sind von enormer architekturgeschichtlicher Bedeutung.

H.s Forschungen (auch auf der Athener Akropolis und am Theater von Melos) sind mit sorgfältigsten Zeichnungen versehen, die u.a. Fundlagen, stratigraphische Zusammenhänge und Farbreste akribisch dokumentieren. Hinzu kommt H.s große Verantwortung im Umgang mit arch. Fundstücken. ↗Elgin'sche Demontagen verabscheute er; davon zeugt die eindringliche Bitte an den Kronprinzen Ludwig, doch vom Wunsch nach einer Erechtheion-Kore für die geplante Glyptothek Abstand zu nehmen.

M: H. Haller von Hallerstein, ... und die Erde gebar ein Lächeln, 1983

N: Nürnberg-Großgründlach, Frhr. von Hallersche Familienstiftung; Strasbourg, Bibliothèque nationale et universitaire; München, Staatliche Museen zu Berlin, Kunstbibl.: Slg. der Handzeichnungen.

Schriften

[1] Le temple de Bassae. Relevés et dessins du temple d'Apollon à Bassae, conservés à la Bibliothèque nationale et universitaire de Strasbourg, hrsg. von G. Roux, 1976.

Sekundärliteratur

[2] H. Bankel (Hrsg.), Carl Haller von Hallerstein in Griechenland (1810–1817), 1986 (dort auch Angaben zum Nachlass) [3] Ch. R. Cockerell, The Temples of Jupiter Panhellenius at Aegina and of Apollo Epicurius at Bassae Near Phigaleia in Arcadia, 1860 [4] K. Frässle, Carl Haller von Hallerstein (1774–1817) (Diss. Freiburg), 1971
[5] J. Zimmer, Die Aegineten in Berlin, in: Jb. der Berliner Museen 46, 2005, 1–98.

Hansgeorg Bankel

Hamdi Bey, Osman

Türk. Kunsthistoriker und Museumsbegründer. Geb. am 30. 12. 1842 in in Istanbul, gest. am 24. 2. 1910 ebda. 1857–1869 Studium von Jura und Malerei in Paris. 1867 bzw. 1873 Leiter der türk. Pavillons auf den Weltausstellungen von Paris und Wien; 1869–1878 leitende Stellungen im osman. Auswärtigen Dienst und in der Staatsverwaltung; ab 1881 Gründer des Museumswesens der Türkei. 1887 Ausgrabung der Königsgräber von Sidon (heute Libanon); Erbauer der Kunstakademie (1883) und des Antikenmuseums Istanbul (1892–1908) sowie dessen Generaldirektor; Empfänger zahlreicher internationaler Ehrungen.

Werk und Wirkung

H., Sohn eines Botschafters (in Wien und Berlin), war Maler, Kunstfreund, Jurist und Kulturpolitiker. Er gehörte zu den einflussreichen Öffnern der osman. Türkei für die westliche Kunst und Kultur. Als Mitglied einer reichen Familie war er wirtschaftlich unabhängig, dabei politisch liberal. Er malte zeitlebens, meist im Stil der europ. ›Orientalisten‹. 1884 initiierte er das Verbot der Ausfuhr archäologischer Gegenstände aus der Türkei.

Durch seine Funde in der Nekropole von Sidon wurde die Erbauung des neuen Antikenmuseums in Istanbul angestoßen, denn die zahlreichen Sarkophage mit sehr qualitätvollem Reliefschmuck (u. a. der sog. Alexandersarkophag) brauchten einen angemessenen Ausstellungsort. H. sorgte dafür, dass sein neues Antikenmuseum in Istanbul zu einer international geachteten wiss. Institution wurde. Er hielt Kontakte zu bedeutenden Archäologen Europas und ließ sich, da er selbst nicht Archäologe war, von diesen beraten.

Schriften

[1] Le tumulus de Nemroud Dag (mit O. Effendi), 1883
[2] Une nécropole royale à Sidon (mit Th. Reinach), 2 Bde., 1892.

Sekundärliteratur

[3] W. Radt, Carl Humann und Osman Hamdi Bey, in: Istanbuler Mitteilungen 53, 2003, 491–507.

Wolfgang Radt

Hampe, Roland

Dt. Klass. Archäologe. Geb. am 2. 12. 1908 in Heidelberg, gest. am 23. 1. 1981 in Würzburg. Studium zunächst u. a. von Jura, dann der Klass. Arch. in München; hier Prom. in Klass. Arch. 1934. 1936 Assistent am DAI Athen; 1939 Habil. in Würzburg. Ab 1946 o.Prof. an der Univ. Kiel; ab 1948 o.Prof. an der Univ. Mainz, 1957–1975 o.Prof. an der Univ. Heidelberg.

Werk und Wirkung

H. war Sohn des Historikers Karl Hampe. Er studierte bei Ernst ↗Buschor und stand in Verbindung zum Kreis um Stefan George; zu beiden bewahrte er später zugleich Anerkennung und kritische Distanz. Sein wiss. Ansatz war auf die Überwindung der ästhetisch-geistesgeschichtlichen Archäologie im Sinn einer breiten Kulturgeschichte ausgerichtet. Zentrale Themen H.s waren griech. Mythologie und Religion. Seine Diss. [1] stand am Beginn der Forschung über frühe griech. Mythenbilder. Zusammen mit Erika ↗Simon setzte er die Einsicht durch, dass die Rezeption von griech. Mythen in der frühen etrusk. Bildkunst auf dem eigenständigen Verständnis ihrer Bedeutung beruht [5]. In seinen letzten Jahren war H. Mitinitiator und Leiter der dt. Abteilung des internationalen *Lexicon Iconographicum Mythologiae Classicae* (LIMC).

Wichtige Impulse gab H., in Kooperation mit dem Keramiker Adam Winter, der Erforschung von antiken Keramiktechniken. Seine Dokumentationen über zeitgenössische Töpfer und Ziegler in Griechenland, Unteritalien und Zypern lassen die Trad. der ant. Produktionsweisen und ihrer sozialen Strukturen kurz vor ihrem Ende durch die Industrialisierung erkennen [4.6]. In Mythen, Religion und Lebensformen sah H. eine starke Kontinuität von der Bronzezeit zur archaischen Zeit Griechenlands, die er zusammen mit E. Simon für den Bereich der Bildkunst darstellte [7]. Aufgrund enger Verbindung zur Klass. Philologie und eines ausgeprägten Sinnes für Dichtung hat H. metrische Übersetzungen der *Ilias* und der *Odyssee* vorgelegt, in denen er sich bes. um die Sachkultur und ihre poetische Wirkung bemühte [6].

SV: D. Renner, in: Tainia. Roland Hampe zum 70. Geburtstag am 2. Dezember 1978 dargebracht von Mitarbeitern, Schülern und Freunden, 1980, 531–537.

N: Berlin, DAI.

Schriften

[1] Frühe griech. Sagenbilder in Böotien (Diss. München), 1936 [2] Die Gleichnisse Homers und die Bildkunst seiner Zeit, 1952 [3] Antrittsrede, in: Jb. der Heidelberger Akad. der Wiss., 1959–1960, 21–26 [4] Bei Töpfern und Töpferinnen in Kreta, Messenien und Zypern (mit A. Winter), 1962 [5] Griech. Sagen in der frühen etruskischen Kunst (mit E. Simon), 1964 [6] Homer, Ilias und Odyssee (Übers.), 1979 [7] Tausend Jahre frühgriechischer Kunst (mit E. Simon), 1980 [8] Antikes und modernes Griechenland, 1984.

Sekundärliteratur

[9] T. Hölscher, Roland Hampe, in: Gnomon 53, 1981, 620–624.

Tonio Hölscher

Hanfmann, George

Russ.-amerikan. Archäologe und Kunsthistoriker. Geb. als George Maxim Anossov H. am 20.11.1911 in St. Petersburg, gest. am 13.3.1986 in Watertown (Massachusetts). Studium in Jena, München und Berlin, 1934 Prom. in Klass. Arch. in Berlin. 1934 Emigration in die USA, 1940 US-Staatsbürgerschaft. 1935 Ph.D. der Johns Hopkins Univ. (Baltimore) und Junior Fellow, ab 1956 Prof. für Fine Arts an der Harvard Univ.; 1949–1974 auch Kurator für antike Kunst am Fogg Art Museum ebda. 1958–1976 Leiter der Harvard-Cornell Grabungen in Sardes.

Werdegang und Werk

H. kam in St. Petersburg zur Welt, von wo seine Familie 1921 nach Litauen emigrierte. Nach dem Abitur in Jena studierte er dort und dann bei Ernst ↗Buschor und Hans Diepolder in München, um schließlich bei Gerhart ↗Rodenwaldt in Berlin mit einer Arbeit zur frühen etrusk. Skulptur zu promovieren [1]. 1934 floh er mit seiner Frau Ilse vor den Nationalsozialisten in die USA, wo er bei David M. Robinson an der Johns Hopkins Univ. einen zweiten Doktorgrad (Ph.D.) erwarb. 1935 wurde er als Junior Fellow in die *Harvard Society of Fellows* aufgenommen. Im Zweiten Weltkrieg leitete er die dt.sprachige Abteilung des Radiosenders *American Broadcasting Station* in London. Bis zu seiner Emeritierung 1982 blieb er Fakultätsmitglied der Harvard Univ. 1978 erhielt er die Goldmedaille des Archaeological Institute of America, 1982 ein Ehrendoktorat der FU Berlin [10]. In den USA wandte er sich der röm. Kunst zu. Er spielte eine wichtige Rolle bei der Einführung etruskischer und röm. Kunst in die Studiengänge amerikanischer Universitäten. Als Leiter der Grabungen in Sardes [6]; [7]; [9]; [11] machte sich der renommierte Kunsthistoriker auch einen Namen als Feldarchäologe; Sardes wurde zu einem der bedeutendsten Grabungsplätze der Nachkriegsära. H. interessierte sich aus kunstwiss. Sicht v.a. für kulturelle Austauschprozesse, im antiken Kleinasien [8] ebenso wie bei den Etruskern [1]; [2] und Römern [5]. Besondere Anerkennung erwarb er sich durch seine Arbeiten zur röm. Sarkophag- [3] und Bildniskunst [4].

SV: [16. XII–XX]; [12].

N: Cambridge (Massachusetts), Harvard University Archives.

M: [10].

Schriften

[1] Altetruskische Plastik (Diss. Berlin), 1936 [2] The Etruscans and Their Art, 1940 [3] The Seasons Sarcophagus at Dumbarton Oaks, 1951 [4] Observations on Roman Portraiture, 1953 [5] Roman Art, 1964 (illustr. Ausg. 1975) [6] Letters from Sardis, 1972 [7] A Survey of Sardis and the Major Monuments Outside of the Walls (mit J.C. Waldbaum), 1975 [8] From Croesus to Constantine. The Cities of Western Asia Minor and Their Arts in Greek and Roman Times, 1975 [9] Sculpture from Sardis. The Finds through 1975 (mit N.H. Ramage), 1978 [10] Die ›Berliner Schule‹: Archäologie und Archäologen in Berlin und USA., in: Ehrenpromotion Georg M.A. Hanfmann am Fachbereich Altertumswissenschaften der Freien Univ. Berlin am 21. Mai 1982 (Universitätsreden 3), 1983, 13–34 [11] Sardis from Prehistoric to Roman Times, 1983.

Sekundärliteratur

[12] J. Bloom, Bibliography of George M.A. Hanfmann, 1971–1986, in: American Journal of Archaeology 91, 1987, 264–266 [13] A. Borbein, George M.A. Hanfmann, in: Lullies/Schiering Arch. 313–314 [14] C. Greenewalt, George Maxim Anossov Hanfmann, in: Yearbook of the American Philosophical Society, 1986, 1201–1226 [15] M.J. Mellink, George M.A. Hanfmann, 1911–1986, in: Bulletin of the Asia Institute 1, 1987, xiii–xiv [16] D.G. Mitten et al. (Hrsg.), Studies Presented to George M.A. Hanfmann, 1971 [17] D.G. Mitten, George Maxim Anossov Hanfmann 1911–1986, in: American Journal of Archaeology 91, 1987, 259–266 [18] M. Pallottino, George M.A. Hanfmann, in: Studi Etruschi 55, 1987–1988, 531–533.

Stephen L. Dyson (Ü: D. P.)

Harder, Richard

Dt. Klass. Philologe. Geb. am 19.1.1896 in Tetenbüll (Nordfriesland), gest. am 4.9.1957 in Zürich. Besuch der Kieler Gelehrtenschule, Abitur 1914; Studium in Heidelberg (Theologie), Kiel und Berlin (Klass. Phil.); Prom. 1924 in Berlin; Habil. 1927 in Heidelberg. Ab 1927 Prof. für Klass. Phil. in Königsberg; 1930 Ruf nach Kiel; 1941–1944 Prof. in München und Leitung des »Instituts für Indogerman. Geistesgeschichte«. Nach dem Zweiten Weltkrieg zunächst Tätigkeit als Privatgelehrter (in Possenhofen am Starnberger See); dann 1952 Ruf nach München auf den Lehrstuhl für Gräzistik.

Werk und Wirkung

Nach kurzem Theologiestudium in Heidelberg (bis zum Ausbruch des Ersten Weltkriegs) nahm H. ein Studium der Klass. Philologie in Kiel auf, u.a. bei Werner ↗Jaeger. Als dieser 1921 einen Ruf nach Berlin erhielt, wechselte auch H. nach Berlin, wo er 1924 über den pseudo-pythagoreischen Autor Ocellus Lucanus promoviert wurde [1]. Jaeger übertrugt H. 1925 die Redaktionsleitung der neugegründeten Zeitschrift *Gnomon*. Bis 1938 war er Redakteur und 1930–1944 Mitherausgeber. Die Habil. folgte 1927 in Heidelberg bei Otto Regenbogen [3]; kurz darauf erhielt H. einen Ruf nach Königsberg, 1930 dann nach Kiel. 1941 wurde er Leiter des Berliner »Instituts für Indogerman. Geistesgeschichte«, das zunächst »Institut für Arische Geistesgeschichte« heißen sollte, worauf sich H. für die Umbenennung einsetzte [9]. Dieses Institut gehörte ins weitere Umfeld von Alfred Ernst Rosenbergs »Hoher Schule der NSDAP«, einer nie ganz realisierten Elite-Univ. für nationalsozialistische Forschung, Lehre und Erziehung. H.s Beziehungen zum Nationalsozialismus sind ausführlich aufgearbeitet worden [7]; [8]; [10]. Im Zuge der Entnazifizierung als »Mitläufer« eingestuft, war es ihm zunächst nicht möglich, in seinem Fach zu arbeiten, wohl aber zu publizieren. Seine frühere Griechischschülerin Hannah Arendt schrieb am 17.9.1974 an Uwe Johnson über H., er sei »der einzige von allen, die ich kenne, der … sich selber die ganze Sache nie hat verzeihen können« [6.139]. 1952 erfolgte die Wiederberufung nach München.

H. übersetzte zahlreiche griech. und lat. Werke ins Deutsche (Platon, Ovid, Tyrtaios) und beschäftigte sich mit vielen Facetten der Klass. Philologie, darunter griech. Schrift und Inschriften, frühgriech. Lyrik [5]. Ein deutlicher Schwerpunkt war die griech. Philosophie (bes. die Geschichte des Platonismus und Plotin) und ihre Rezeption durch Cicero [2]. H. gehört zu den bedeutendsten dt.sprachigen Platonismusforschern des 20. Jh.s. Durch seine auch international bis heute vielbeachtete Gesamtübersetzung Plotins [4] erwarb er sich bleibende Verdienste für dessen Erschließung.

Schriften

[1] Occellus Lucanus, Text und Komm. (Diss. Berlin), 1926 [2] Die Einbürgerung der Philosophie in Rom, in: Die Antike 5, 1929, 291–316 (Ndr. in K.S., 1960, 330–353) [3] Über Ciceros Somnium Scipionis (Habil.schrift Heidelberg), 1929 [4] Plotins Schriften, 5 Bde. (Übers.), 1930–1937 (Ndr. mit griech. Text und Anm., fortgeführt von R. Beutler und W. Theiler, 1956–1957) [5] K.S., hrsg. von W. Marg (mit Nachwort), 1960.

Sekundärliteratur

[6] E. Fahlke / Th. Wild (Hrsg.), Hannah Arendt – Uwe Johnson. Der Briefwechsel 1967–1975, 2004 [7] E. Mensching, »… gehört zu den wenigen, die zur bedingungslosen Reue fähig waren«. Zwei Texte über Richard Harder und ein Hinweis auf F. Schachermeyr, in: Latein und Griechisch in Berlin und Brandenburg 44/3, 2000, 78–91 [8] M. Privat, Art. Harder, Richard, in: Schleswig-Holsteinisches Biographisches Lex. 4, 1976, 82–84 [9] W. Schadewaldt, Richard Harder, in: Gnomon 30, 1958, 73–76 [10] G. Schott, Richard Harder, Klassischer Philologe, erster Interpret der Flugblätter der »Weißen Rose«, und das »Institut für Indogermanische Geistesgeschichte«, in: E. Kraus (Hrsg.), Die Universität München im Dritten Reich. Aufsätze, Bd. 2, 2008, 413–500.

Christoph Helmig

Hardouin, Jean

Franz. Jesuit, Theologe und Philologe. Geb. am 23.12.1646 in Quimper in der Bretagne, gest. am 3.9.1729 in Paris. Ab 1660 Novize der Jesuiten; 1683 Bibliothekar am Ordenskolleg Louis-le-Grand in Paris; dort auch Prof. der ant. Klassiker und Rhetorik.

Leben und Werk

Das für die Altertumsforschung bedeutendste philol. Werk H.s ist sein überaus umfangreicher Kommentar zu allen 37 Büchern der *Naturalis historia* des Plinius [1]. Nach dem großen Interesse, das dieser Autor im 15. und 16. Jh. gefunden hatte, war eine so intensive Beschäftigung mit ihm im 17. Jh. nicht mehr häufig. Nach H.s Erstausgabe 1685 wurde sein Kommentar bis ins 19. Jh. mehrfach nachgedruckt und fand 1683 Eingang in die Ausgabe der *Societas Bipontina*. Eine bedeutende Leistung war auch H.s Konziliensammlung [3], bei der allerdings einige Aussagen von der Sorbonne beanstandet wurden, sodass das 1714/15 gedruckte Werk erst 1725 ausgeliefert werden konnte.

H. war einerseits ein sehr belesener Gelehrter, entwickelte aber andererseits eigentümliche und bereits von den Zeitgenossen einhellig abgelehnte Ansichten. Aufsehen erregte, dass er alle aus der Antike überlieferten Schriften mit Ausnahme der Werke Ciceros, der *Naturalis historia* des Plinius, Vergils *Georgica* sowie Horaz' *Satiren* für Fälschungen der Spätantike oder des MA hielt [4]. Ebenso betrachtete er ant. Münzen und Kunstwerke überwiegend als spätere Fälschungen; selbst den griech. Urtext des NT schätzte er als eine spätere Erfindung ein. 1709 zwangen ihn die Oberen des Jesuitenordens zu einem Widerruf seiner Thesen. Seine seriösen Werke behielten dennoch einige Wirkung.

Schriften

[1] Plinii Secundi Historiae naturalis libri XXXVII, 5 Bde. (Edition), Paris 1685 [2] Joannis Harduini e Societate Jesu presbyteri opera selecta, 1709 [3] Conciliorum collectio regia maxima ... Acta conciliorum et epistolae decretales, ac constitutiones summorum pontificum, 12 Bde. (Edition), 1714–1715 [4] Joannis Harduini Jesuitae ad censuram scriptorum veterum prolegomena, hrsg. von W. Bowyer, 1766 [5] The Prolegomena of Jean Harduin, übers. von E. Johnson, 1909.

Sekundärliteratur

[6] F. W. Bautz, Art. Hardouin, Jean, in: Biographisch-Bibliographisches Kirchenlexikon 2, 1990, 533–534
[7] D. Arnould, Une étonnante édition des poèmes anacréontiques, in: Revue des études grecques 119, 2006, 440–445 [8] E. Galletier, Un breton du XVIIe siècle à l'avant-garde de la critique. Le Père Jean Hardouin, de Quimper, in: Annales de Bretagne 36, 1924, 461–483
[9] J. van Ooteghem, Un commentateur extravagant d'Horace, le Père Hardouin, in: Les études classiques 13, 1945, 222–235.

Jürgen Leonhardt

Harnack, Adolf von

Dt. Kirchenhistoriker. Geb. am 7.5.1851 in Dorpat, gest. am 10.6.1930 in Heidelberg. 1869–1872 Studium der evang. Theologie in Dorpat und Leipzig; 1873 Prom. und 1874 Habil. ebda. 1876 ao.Prof. für Kirchengesch. in Leipzig; 1879–1886 o.Prof. in Gießen, 1886–1888 in Marburg und 1888–1924 in Berlin. 1911–1930 Präsident der Kaiser-Wilhelm-Gesellschaft; 1905–1921 Generaldirektor der Königlichen Bibl. (seit 1918 Preuß. Staatsbibl.) in Berlin. Seit 1914 erblicher Adelstitel.

Biographie und Werk

Der Sohn des Dorpater Theologieprofessors Theodosius H. distanzierte sich schon als Student unter dem Einfluss Albrecht Ritschls von der lutherischen Orthodoxie seines Vaters. Nur die histor.-kritische Methode schien ihm geeignet, zum Proprium der christl. Religion, dem von dem Ballast der ant. Überlieferung befreiten Evangelium Jesu Christi, vorzudringen. In seiner Berliner Zeit stieg H. zur überragenden Autorität der theologischen Wiss. auf. Er vollendete seine Dogmengeschichte [1], schrieb eine dreibändige Geschichte der altchristl. Literatur [2], untersuchte *Die Mission und Ausbreitung* des frühen Christentums [4] und veröffentlichte seine berühmten Vorlesungen über dessen Wesen [3]. H. machte die histor.-kritische Kirchengeschichte zur theologischen Leitdisziplin, verwandelte die protestantische Theologie in eine Kulturwiss. des Christentums und verbreitete seine These von der Hellenisierung der frühen Kirche. Der patristischen Quellenforschung kam dabei eine herausragende Bedeutung zu: Gemeinsam mit Theodor ↗Mommsen begründete H. 1891 in der Berliner Akademie das Corpus der *Griech. Christl. Schriftsteller der ersten drei Jahrhunderte*.

H. war einer der bedeutendsten Repräsentanten der Wiss.-Organisation im Dt. Kaiserreich. Er verteidigte die Notwendigkeit straff organisierter Großforschung und internationaler Kooperation. In polit. Fragen vertrat H. liberale Positionen. Nach dem Hiat des Ersten Weltkrieges stellte er sich demonstrativ in den Dienst des neuen Staates und war deshalb Anfeindungen konservativer Kreise ausgesetzt. Ist H.s wiss. Vermächtnis kontrovers, so bleiben seine wiss.organisatorischen Leistungen unstrittig.

SV: F. Smend, J. Dummer, Adolf von Harnack. Verzeichnis seiner Schriften, 3. Aufl. 1990.

N: Staatsbibl. zu Berlin, Preuß. Kulturbesitz.

M: A. von Zahn-Harnack, Adolf von Harnack, 1936 (2. Aufl. 1951).

Schriften

[1] Lehrbuch der Dogmengeschichte, 3 Bde., 1886–1890 (u.ö.) [2] Geschichte der altchristlichen Literatur, 3 Bde., 1893–1904 [3] Das Wesen des Christentums, 1900 [4] Die Mission und Ausbreitung des Christentums in den ersten drei Jahrhunderten, 1902.

Sekundärliteratur

[5] B. Biester, Harnack-Bibliographie 1911–2002, 2002
[6] W. Kinzig, Harnack, Marcion und das Judentum, 2004
[7] K. Nowak et al. (Hrsg.), Adolf von Harnack. Christentum, Wissenschaft und Gesellschaft, 2003
[8] K. Nowak / O. G. Oexle (Hrsg.), Adolf von Harnack. Theologe, Historiker, Wissenschaftspolitiker, 2001
[9] S. Rebenich, Theodor Mommsen und Adolf Harnack, 1997.

Stefan Rebenich

Harrison, Jane Ellen

Brit. Philologin und Religionswissenschaftlerin. Geb. am 9.9.1850 in Cottingham (Yorkshire), gest. am 15.4.1928 in London. 1874–1879 Studium der Klass. Phil. am Cambridger Newnham College, ab 1880 Studium der Klass. Arch. in London. Danach

Studium und Forschung, auch eigene Vorlesungen am British Museum und schriftstellerische Tätigkeit in London sowie Reisen. 1898–1922 Research Fellow und Lecturer in Klass. Arch. am Newnham College in Cambridge.

Wissenschaftlicher Werdegang

Nach dem Tod ihrer Mutter im Wochenbett wuchs H. mit ihrem Vater und ab 1855 mit einer streng religiösen Stiefmutter auf [15.127f.]. Ab 1867 besuchte sie das Cheltenham Ladies' College, ein Mädcheninternat; 1870 bestand sie die Immatrikulationsprüfung an der Univ. London, 1874 an der Univ. Cambridge mit einem Stipendium für das Studium des *Classical Tripos* am Newnham College, dem drei Jahre zuvor gegründeten zweiten dortigen Frauencollege [15.128]. Die Zeit in London (1880–1898) stand im Zeichen der Klass. Archäologie, die H. bei Charles Newton studierte. Hier verkehrte sie in Kreisen von Intellektuellen, Schrifstellern und Künstlern wie Virginia Woolf und Walter Pater (später: *Bloomsbury Group*). Ab 1881 unternahm sie Forschungsreisen auf das europ. Festland und traf bedeutende Archäologen, darunter 1888 Wilhelm ↗Dörpfeld in Athen. Ihr wachsendes wiss. Renommée aufgrund erster Veröffentlichungen (u.a. [1]; [2], dann auch [3]) bezeugen diverse Anerkennungen: Ehrendoktorate der Univ. Aberdeen (1885) und Durham (1887) sowie die Mitgliedschaft im DAI (1896) [15.130].

1898 kehrte H. als Lecturer nach Cambridge zurück [15.130], wo sie die Fachkollegen Gilbert ↗Murray und Francis Macdonald ↗Cornford kennenlernte. Die enge Freundschaft und wiss. Zusammenarbeit der drei, die mit Arthur B. Cook die *Cambridge Ritualists* bildeten, stellten den Hintergrund der produktivsten und erfolgreichsten Jahre H.s dar. Die Verbindung löste sich mit dem Beginn des Ersten Weltkrieges, als sich H. fast gänzlich von der Klass. Philologie und Archäologie ab- und dem Russischen zuwandte, das sie 1914/15 in Paris an der École des langues orientales studierte und in ihren letzten Jahren am Newnham College unterrichtete [15.136f.].

Werk

Den größten Teil ihres Werkes widmete H. der Erforschung der griech. Religion. Sie beschrieb die Entwicklung der rationalen Theologie bzw. Mythologie Homers aus einer ›primitiven‹ frühgriech. Religion. Das dualistisch verstandene Verhältnis dieser beiden Entwicklungsstufen beleuchtete sie unter verschiedenen Akzenten [16.195]. Ihr Hauptinteresse galt den archaischen Riten, die sie mithilfe der vergleichenden Anthropologie und der Archäologie, v.a. der Vasenmalerei, zu rekonstruieren suchte. In ihrem ersten Buch [1] stellte H. die Bedeutung von Werken der griech. bildenden Kunst als Mythenvarianten heraus, die auf der gleichen Stufe mit lit. Zeugnissen stehen und wie diese aus der Ritentradition schöpfen. Während ihr zweites Buch durch seine konventionelle Betrachtung der griech. Kunst und Religion aus dem o.g. Rahmen fällt [2]; [16.195], weist ihr Kommentar zu Pausanias' Beschreibung Attikas (in Buch 1 seiner *Perihḗgēsis*) die fortan in ihrem Werk dominierende ritualistische Perspektive auf [3]; hier postulierte H. den religionsgeschichtlichen Vorrang ritueller Handlungen vor den Mythen [1.III].

In ihrem bedeutendsten Werk, den *Prolegomena* [4], kontrastierte H. das chthonische *do ut abeas*-Ritual einer frühen matriarchalen Stufe der Religion mit dem späteren *do ut des*-Prinzip bei der Verehrung der patriarchalen Olympischen Götter. Analog beschrieb sie die Entwicklung von formlosen oder theriomorphen *daímones* zu anthropomorphen Göttern [14.164–166]; [16.196–218]. Später verschärfte sie den Gegensatz zwischen ›gefühlten‹, genuin religiösen Ritualen und ›rationaler‹, nicht mehr religiöser Theologie [14.221; 228]. Überlebende Formen früher Religion endeckte H. in den Mysterienkulten des Dionysos und Orpheus [16.222].

Im Mittelpunkt des religionssoziologischen, von Émile Durkheim und Henri Bergson beeinflussten Buches *Themis* [6], das H. als ihr eigentliches Hauptwerk ansah [9.73], standen die ›soziale Ordnung‹, die sie als Ursprung der Religion bestimmte [16.199] sowie der *eniautós*-(»Jahres-«)*daímōn*, dessen Tod und Wiederauferstehung im sog. *drṓmenon* nachvollzogen wurden, welches den mimetischen Charakter von Ritualen aufwies [15.134f.]. Bei den später publizierten Büchern handelt es sich vorwiegend um zusammenfassende Darstellungen früherer Werke [5]; [7]; [8]; [10].

Wirkung

Die *Prolegomena* verschafften H. internationale Anerkennung; sie haben die Erforschung der griech. Religion bis heute maßgeblich beeinflusst. Dagegen gelten die zentralen Konzepte von *Themis* als widerlegt. H.s spezifischer Beitrag zur Alt.wiss. und zur Überwindung der klassizistischen Idealisierung der Griechen liegt v.a. in der Verbindung von Mythen- und Ritualforschung sowie in der Einbeziehung der Anthropologie und Archäologie in die Religionswiss. [15.136; 139f.]; [12.XIII].

M: [9].

SV: Sh. Arlen, The Cambridge Ritualists: An Annotated Bibliography, 1990.

N: Cambridge; Newnham College Archive, Jane Ellen Harrison Papers.

Schriften

[1] Myths of the Odyssey in Art and Literature, 1882 [2] Introductory Studies in Greek Art, 1885 (⁵1902) [3] Mythology and Monuments of Ancient Athens, 1890 [4] Prolegomena to the Study of Greek Religion, 1903 (³1922; Ndr. 1991 u.ö.) [5] The Religion of Ancient Greece, 1905 [6] Themis. A Study of the Social Origins of Greek Religion, 1912 (²1927; Ndr. 1962, 1966 u.ö.) [7] Epilegomena to the Study of Greek Religion, 1921 [8] Mythology. Our Debt to Greece and Rome, 1924 [9] Reminiscences of a Student's Life, 1925 [10] Myths of Greece and Rome, 1927.

Sekundärliteratur

[11] R. Ackerman, Jane Ellen Harrison. The Early Work, in: Greek, Roman, and Byzantine Studies 13, 1972, 209–230 [12] R. Ackerman, Introduction, in: J. E. Harrison, Prolegomena to the Study of Greek Religion, ³1991, VII–XXX [13] M. Beard, The Invention of Jane Harrison, 2000 [14] A. Robinson, The Life and Work of Jane Ellen Harrison, 2002 [15] R. Schlesier, Jane Ellen Harrison, 1990, 127–141 [16] R. Schlesier, Prolegomena to Jane Harrison's Interpretation of Ancient Greek Religion, in: W. M. Calder III (Hrsg.), The Cambridge Ritualists Reconsidered, 1991, 185–226 [17] J. Stewart, Jane Ellen Harrison. A Portrait from Letters, 1959.

Anna-Maria Kanthak

Hasebroek, Johannes

Dt. Althistoriker. Geb. am 14.4.1893 in Hamburg, gest. am 17.2.1957 in Lübeck. Besuch des Johanneums in Hamburg; Studium der Archäologie und Klass. Philologie in Heidelberg; Prom. 1916 ebda.; 1921 Habil. in Hamburg. 1925 als Nachfolger Eugen Täublers ao.Prof. für Alte Gesch. in Zürich; ab 1927 o.Prof. am neu eingerichteten Lehrstuhl für Alte Gesch. in Köln; 1938 vorzeitige Pensionierung.

Werk und Wirkung

Als Student wurde H. bes. von Alfred von ↗Domaszewski gefördert, unter dessen Leitung er sich das epigraphische Handwerk aneignete und die quellenkritische Interpretation der ant. Geschichtsschreiber übte. H. begann seine wiss. Laufbahn mit einer Studie zur *Historia Augusta* [1], Basis seiner Habil.-Schrift [4]. Im Zuge papyrologischer Arbeiten fand er ein weiteres Forschungsfeld, das zum Zentrum seines Schaffens wurde: die griech. Wirtschafts- und Sozialgeschichte. H.s Antrittsrede in Zürich (*Zur ant. Wirtschaftsgeschichte*, 1926) zeichnete bereits die großen Linien seiner beiden Hauptwerke vor [8]; [9]. Seine Antrittsvorlesung an der Univ. Köln (*Homo politicus*, 1927) dokumentiert den Einfluss der Theorien Max ↗Webers auf seine Forschung.

Erkrankungen und die polit. Umstände führten in den 1930er Jahren zu einer persönlichen und wiss. Krise, von der sich H. nicht mehr zu erholen vermochte. 1937 wurde er denunziert, am 1.1.1938 vorzeitig pensioniert. Die Einladung nach Kriegsende, auf den Kölner Lehrstuhl zurückzukehren, lehnte er, körperlich und seelisch angeschlagen, ab.

In der Debatte zwischen sog. Modernisten (Karl Julius ↗Beloch, Eduard ↗Meyer, Robert von ↗Pöhlmann) und Primitivisten (Karl Bücher) über den Charakter der ant. griech. Wirtschaft stellte sich H. auf Büchers Seite. H. gab der Diskussion einen originellen Impuls, indem er unter Rückgriff auf Max Weber die Beziehungen zwischen Wirtschaft und polit. Leben in den Fokus rückte. In der Unterscheidung von *homo politicus* und *homo oeconomicus* sah er die grundlegende Differenz zwischen Antike, MA und Nz. Der griech. Handel war nach H. nicht-kapitalistisch; die meisten Akteure waren Metöken, während die Vollbürger von der Rendite ihres Grundbesitzes lebten. Gegen die These der Modernisten von einer intensiven exportorientierten Handels- und Industrietätigkeit im vorhell. Griechenland betrieben nach H. die vorhell. Staaten keine Wirtschaftspolitik, sondern waren auf den Erwerb von Absatzmärkten und die Steigerung der nationalen Produktion ausgerichtet. Ihr Ziel war die Ernährung der Bürger; diesem dienten auch ihre Kriege. Die Idee einer Staatengemeinschaft sei den auf Autarkie und Unterwerfung der anderen bedachten griech. Städten fremd gewesen. Karl ↗Polanyi stimmte seiner Deutung der griech. Wirtschaftsgeschichte zu, und Moses ↗Finley übernahm einige seiner Thesen.

N: Archive der Univ. Köln, Hamburg, Heidelberg, Zürich.

Schriften

[1] Die Fälschungen der Vita Nigri und Vita Albini in den Scriptores Historiae Augustae (Diss. Heidelberg), 1916 [2] Griech. Bankwesen, in: Hermes 55, 1920, 113–173 [3] Das Signalement in den Papyrusurkunden, 1921 [4] Untersuchungen zur Geschichte des Kaisers Septimius Severus (Habil.schrift Hamburg), 1921 [5] Die Betriebsformen des griech. Handels im 4. Jh., in: Hermes 58, 1923, 393–425 [6] Der imperialistische Gedanke im Altertum, 1926 [7] Zur antiken Wirtschaftsgeschichte, in: Neue Zürcher Zeitung, 18. Februar, 1926 (Ndr. in: E. Pack, Johannes Hasebroek und die Anfänge der Alten Geschichte in Köln, 37–41) [8] Staat und Handel im Alten Griechenland, 1928 (²1966) [9] Griech. Wirtschafts- und Gesellschaftsgeschichte bis zur Perserzeit, 1931.

Sekundärliteratur

[10] Christ Hel. 230–232 [11] B. Näf, Deutungen der griech. Geschichte, in: Flashar Alt.wiss. 295–296 [12] E. Pack, Art. Johannes Hasebroek, in: Briggs/Calder 142–151 [13] E. Pack, Johannes Hasebroek und die Anfänge der Alten Geschichte in Köln, in: Geschichte in Köln 21, 1987, 5–42 [14] E. Pack, Una lettera di Johannes Hasebroek a M. I. Rostovtzeff, in: Athenaeum 65, 1987, 542–547

[15] M. Sordi, Johannes Hasebroek und die griech. Wirtschaftsgeschichte, in: Geschichte in Köln 19, 1986, 5–32.

Danny Schlumpf

Haupt, Moriz

Dt. Klass. Philologe. Geb. am 27.7.1808 in Zittau als Rudolph Friedrich Moriz H., gest. am 5.2.1874 in Berlin. 1826–1830 Studium der Klass. Phil. in Leipzig, 1831 Prom., 1837 Habil., 1841 ao., 1843–1851 o.Prof. für Dt. Philologie ebda. Ab 1853 Prof. für Dt. und Klass. Phil. in Berlin. 1846 ordentliches Mitglied der Sächsischen, 1853 der Preußischen Akad. der Wiss.

Werdegang und Werk

Bereits als Gymnasiast begeisterte sich H. für die ältere dt. Literatur, studierte dann jedoch bei Gottfried ↗Hermann, der 1842 sein Schwiegervater wurde, Klass. Philologie. Bis 1837 blieb H. bei seinem kranken Vater, knüpfte in dieser Zeit jedoch bereits Kontakte zu Heinrich Hoffmann von Fallersleben, den Brüdern Grimm und Karl ↗Lachmann [11]; [12]. Daneben erlernte er die altfranz. und die tschech. Sprache. Nach der Habil. [1] wurde er zunächst ao., dann o.Prof. für Dt. Sprache und Literatur in Leipzig. Gemeinsam mit Theodor ↗Mommsen und Otto ↗Jahn wurde er 1848 im Dt. Verein aktiv; alle drei wurden nach dem Dresdner Maiaufstand angeklagt und zwar freigesprochen, doch 1851 ihrer Ämter enthoben. 1853 wurde H. als Nachfolger Lachmanns nach Berlin berufen. Dort stand er in engem Kontakt zu Jacob Grimm und August Meineke; dem Schriftsteller Gustav Freytag war er ebenfalls freundschaftlich verbunden. Bis zur Berufung Karl Müllenhoffs 1858 vertrat H. auch die ältere Germanistik in der universitären Lehre. 1861 wurde er Sekretär der philos.-histor. Klasse der Preuß. Akad. der Wiss.

H. betätigte sich in der Nachfolge Lachmanns vornehmlich auf dem Gebiet der Textkritik und der Editionsphilologie. Die selbständigen Schriften sind versammelt in [5]. Unter seinen klass.-philol. Arbeiten nimmt die röm. Dichtung den breitesten Raum ein (Ausgaben der *Halieutica* und *Cynegetica* [2]; des Horaz [3]; Catull, Tibull und Properz [4]); von den germanistischen Editionen ist v.a. die Ausgabe Hartmanns von Aue zu nennen (*Erec* 1839, der *Arme Heinrich* 1842). Die thematische Nähe zur dt.sprachigen Literatur des MA weckte H.s Interesse auch an der Literatur der Spätantike (z.B. der *Historia Apollonii*). Unter seinen Schülern ist Ulrich von ↗Wilamowitz-Moellendorff der Prominenteste. H. war Gründungsherausgeber der *Zeitschrift für dt. Alterthum*.

N: Staatsbibl. zu Berlin (u.a. Briefwechsel); Überblick in [9].

Schriften

[1] Quaestiones Catullianae (Habil.schrift Leipzig), 1837 [2] Ovidii Halieutica. Gratii et Nemesiani Cynegetica (Edition), 1838 [3] Q. Horatii Flacci Opera omnia (Edition), 1851 [4] Catullus, Tibullus, Propertius (Edition), 1853 [5] Mauricii Hauptii opuscula, 3 Bde., hrsg. von U. von Wilamowitz-Moellendorff, 1875–1876.

Sekundärliteratur

[6] C. Becker, Art. Haupt, Rudolph Friedrich Moriz, in: NDB 8, 1969, 101–102 [7] Ch. Belger, Moriz Haupt als academischer Lehrer, 1879 [8] A. Kirchhoff, Gedächtnisrede auf Moriz Haupt, 1875 [9] U. Meves, Art. Haupt, Moriz, in: Internationales Germanistenlex. 1800–1950, Bd. 2, 2003, 682–684 [10] W. Scherer, Art. Haupt, Moriz, in: ADB 11, 1880, 72–80 [11] W. Schoof (Hrsg.), Unbekannte Briefe der Brüder Grimm, 1960, 250–257 [12] J. Vahlen, Karl Lachmanns Briefe an Moriz Haupt, 1892.

Felix Mundt

Head, Barclay Vincent

Brit. Numismatiker. Geb. am 2.1.1844 in Ipswich, gest. am 12.6.1914 in London. 1864 Eintritt ins Münzkabinett (Department of Coins and Medals) des British Museum als Volontär; 1893–1906 dessen Direktor (Keeper of the Coins). Korrespondierendes Mitglied der franz. und preuß. Akad. der Wiss. Ehrendoktorate der Univ. Heidelberg, Durham und Oxford.

Werk und Wirkung

Nach seinem Eintritt ins Münzkabinett beschäftigte sich H. zunächst mit angelsächsischen Münzen, wandte sich aber bald den griech. Münzen zu. 1870 zog ihn Reginald S. Poole zu dem geplanten Katalogwerk *Catalogue of Greek Coins in the British Museum* heran. 1873 erschien der erste der 29 Bände (*Italy*) dieses Großwerks in H.s Zusammenarbeit mit Poole und Percy ↗Gardner. Bis 1906 folgten acht weitere Bände aus H.s Feder. 1884–1887 arbeitete H. an der *Historia Numorum* [3] (zweite, erweiterte Aufl. 1911). 1869–1910 war er Mitherausgeber des *Numismatic Chronicle*.

V.a. aufgrund seiner Maßstäbe setzenden Kataloge genoss H. international höchstes Ansehen, was u.a. die Ehrendoktorate und die 1906 zu seinen Ehren publizierte Festschrift [4] bezeugen. Klarheit, Nüchternheit und wiss. Genauigkeit zeichnen seine Kataloge ebenso wie seine Abhandlungen aus. Mit der *Historia Numorum*, die auch ins Griechische übersetzt wurde, schuf H. ein Handbuch, das bis heute nicht ersetzt ist und wegen seiner übersichtlichen Darbietung (nicht aber wegen seiner mittlerweile überholten Datierungen) immer wieder herangezogen wird.

Daneben steht eine Fülle von speziellen Studien zum griech. Münzwesen. Methodisch versuchte H., »eine in sich geschlossene Zeitbestimmung für die Münzreihen einzelner Prägeorte zu gewinnen« [8. 166].

SV: Numismatic Chronicle 1914, 249–255.

Schriften

[1] On the Chronological Sequence of the Coins of Syracuse, in: Numismatic Chronicle 14, 1874, 1–80 [2] British Museum. Guide to the Principal Gold and Silver Coins of the Ancients from circa 700 B.C. to 1 A.D., ²1881 (⁴1895; Ndr. 1968) [3] Historia Numorum. A Manual of Greek Numismatics, 1887 (²1911; Ndr. 1967 u.ö.).

Sekundärliteratur

[4] Corolla Numismatica. Numismatic Essays in Honour of Barclay V. Head (FS), 1906 [5] E. Babelon, Barclay Vincent Head, in: Revue numismatique, sér. 4, 18, 1914, 519–522 [6] F. Gnecchi, Barclay Head, in: Rivista italiana di numismatica 27, 1914, 464–465 [7] G.F. Hill, Barclay Vincent Head, in: Revue belge de numismatique 71, 1919, 183–186 [8] R. Weil, Barclay Vincent Head, in: Zs. für Numismatik 32, 1920, 165–168.

Helmut Schubert

Heiberg, Johan Ludvig

Dän. Klass. Philologe und Mathematikhistoriker. Geb. am 27.11.1854 in Aalborg, gest. am 4.1.1928. Ab 1871 Studium der Klass. Phil. in Kopenhagen, 1879 Prom. ebda. Ab 1883 Mitglied der Dän. Akad. der Wiss., 1902–1913 deren Redakteur. 1884–1895 Direktor des Gymnasiums *Borgerdydskole* in Østerbro; 1896–1924 Prof. der Klass. Phil. und Alten Gesch. in Kopenhagen, 1915/16 Univ.-Rektor.

Werk und Wirkung

H., Sohn des Physikers Laege H., verdankte seiner Mutter die Beschäftigung mit Søren Kierkegaard, dessen Werke er 1901 mit ehemaligen Studienfreunden herausgab [4]. Ab 1871 Student an der Univ. Kopenhagen, wurde H. Schüler Johan Nicolai ↗Madvigs, der ihn gemeinsam mit Hieronymus Georg Zeuthen und Ludwig Oppermann für die Beschäftigung mit griech. Mathematikern und Wissenschaftlern gewann; nach Madvigs Tod hielt H. die Gedenkrede auf ihn. Während des Studiums gehörte H. dem vom Archäologen Christian Jørgensen initiierten griech. Studienzirkel an. Ab 1875 beschäftigte er sich mit Archimedes, über den er 1879 promoviert wurde [1]. Schon seit 1876 war H. an verschiedenen Kopenhagener Schulen als Lehrer tätig, bevor er 1896 Prof. für Klass. Philologie und Alte Geschichte an der Univ. Kopenhagen wurde.

H. machte sich bes. um Editionen griechischer naturwiss. Schriften verdient, die bis heute Standardwerke sind, darunter die Teubner-Ausgaben [2]; [3]. 1906 entdeckte er einen unbekannten Text des Archimedes auf einem Palimpsest in Konstantinopel, der eine neue Sicht auf die Geschichte der Mathematik offenbarte [5]. Gemeinsam mit Hermann ↗Diels besorgte H. die Sammlung *Corpus Medicorum Antiquorum* (CMG; griech. Texte seit 1908, lat. Texte seit 1915) [6]; [7]. Diels regte auch H.s Mitarbeit an Ulrich von ↗Wilamowitz-Moellendorfs *Griech. Lesebuch* an, das die Schullektüre der Klassiker um ant. wiss. Texte ergänzte. Fast unbeachtet geblieben sind H.s Werke zur Kunstgeschichte und zum Griechischen in Dänemark [8], wohl in erster Linie, weil er sie – ebenso wie seine religionskritischenen Texte [10] – auf Dänisch verfasste.

Schriften

[1] Quaestiones Archimedeae (Diss. Kopenhagen), 1879 [2] Archimedis Opera omnia, 3 Bde. (Edition mit lat. Übers.), 1880–1881 (u.ö.) [3] Euclidis Opera omnia, 8 Bde. (Edition mit lat. Übers.), 1883–1916 (u.ö.) [4] (Hrsg.), Søren Kierkegaards samlede vaerker, 14 Bde., 1901–1906 [5] Eine neue Schrift des Archimedes (mit H.G. Zeuthen), in: Bibliotheca Mathematica. Zs. für Geschichte der mathematischen Wissenschaften 7, 1907, 321–363 [6] Paulus Aegineta, 2 Bde. (CMG 9.1–2; Edition), 1921–1924 [7] Hippocratis Opera (CMG 1.1.; Edition), 1927 [8] Fra Hellas og Italien. Udvalgte aafhandlinger, 2 Bde., 1929.

Sekundärliteratur

[9] L. Canfora, Politische Philologie, 1995, 107–108 (ital. 1989) [10] P.T. Keyser, Johan Ludvig Heiberg, in: Briggs/Calder 1990, 152–159 [11] Ch. Kirsten (Hrsg.), Die Altertumswissenschaften an der Berliner Akademie, 1985, 36 [12] H. Raeder, Johan Ludvig Heiberg, in: Isis 11/2, 1928, 367–374 [13] L.D. Reynolds / N.G. Wilson, Scribes and Scholars, ³1991, 195.

Antonia Wenzel

Heichelheim, Fritz Moritz

Dt.-kanadischer Althistoriker, Papyrologe und Numismatiker. Geb. am 6.5.1901 in Gießen, gest. am 22.4.1968 in Toronto. 1919 Studium der Klass. Philologie, Gesch. und Arabistik in Gießen; 1923 Staatsexamen; 1925 Prom.; 1929 Habil.; Privatdozentur in Gießen. Mai 1933 Entlassung; Emigration nach England. 1942 Assistant Lecturer und Lecturer an der Univ. Nottingham. 1948 Lecturer, 1953 Assistant Prof., 1960 Associate Prof. an der Univ. Toronto; ab 1962 Full Prof. for Greek and Roman History ebda.

Werk und Wirkung

In seiner von Richard Laqueur betreuten Diss. beschäftigte sich H. unter Heranziehung der lit., epigr. und papyrologischen Zeugnisse mit der Herkunft der nicht-griech. Einwanderer im Ptolemäerreich [1]. Er konnte zeigen, dass um 150 v.Chr. die Makedonen aus der herrschenden Gesellschaft des Ptolemäerreiches verschwunden waren. In der Habil.-Schrift [2] kam H. zu dem Ergebnis, dass trotz größerer und kleinerer Schwankungen das Preis- und Lohnniveau langfristig gesehen erstaunlich stabil blieb. Wirtschaftshistor. Fragestellungen sollten von nun an im Mittelpunkt seiner Forschungen stehen.

Als Sohn eines jüd. Bankdirektors war H. einer der ersten von dem NS-Regime entlassenen Altertumswissenschaftler, die Deutschland verließen. Mit Unterstützung der *Rockefeller Foundation* sowie der Univ. Cambridge und mit der Hilfe Sir Frank Adcocks gelang es H., in England Fuß zu fassen. In diesen Jahren wirkte er an der Edition der *Adler-Papyri* mit (insbes. Land- und Grundstücks-Kaufverträge aus spätptolemäischer Zeit) und bearbeitete Tausende von griech. Münzen aus den Beständen des Fitzwilliam Museums. Obwohl H. ein Spezialist für Numismatik und Papyrologie war, ging es ihm stets auch um die Darstellung großer wirtschaftshistor. Zusammenhänge. So bietet er in seinem Hauptwerk [3] zeitlich einen Überblick von den Jägern der Steinzeit bis zu den Militär- und Agrarreformen des byz. Kaisers Herakleios I. und betrachtet geographisch den Raum von China bis Britannien. Das Werk erschien 1938 in den Niederlanden und wurde in drei Bänden 1958, 1964 und 1970 ins Englische übertragen; es folgten ital. und span. Übersetzungen. Mit seinen Schriften beeinflusste H. insbes. den jungen Moses ↗Finley.

Schriften

[1] Die auswärtige Bevölkerung im Ptolemäerreich (Diss. Gießen), 1925 [2] Wirtschaftliche Schwankungen der Zeit von Alexander bis Augustus, 1930 [3] Wirtschaftsgeschichte des Altertums. Vom Paläolithikum bis zur Völkerwanderung der Germanen, Slaven und Araber, 1938 (engl. 3 Bde., 1958–1970).

Sekundärliteratur

[4] K. Ehling, Art. Heichelheim, Fritz (1901–1968), in: DBC 1, 446–449.

Kay Ehling

Heinsius, Daniel

Heyns/Heins, Daniel; niederl. Klass. Philologe und Dichter. Geb. am 9.6.1580 in Gent, gest. am 25.2.1655 in Leiden; Vater von Nicolaus ↗Heinsius. Ab 1596 Studium der Rechtswiss. in Franeker, ab 1598 in Leiden; ab 1603 ao.Prof. für Dichtung, ab 1605 Prof. für Griechisch, ab 1613 Prof. für Gesch. ebda; zusätzlich ab 1607 Leiter der Univ.-Bibl. Ab 1627 Geschichtsschreiber der Generalstaaten.

Werdegang und Werk

Aufgrund religöser Überzeugungen schickte sein Vater H. nach Zeeland und zog dann mit seiner ganzen Familie aus den Span. Niederlanden erst nach England, dann in die nördl. Niederlande (Delft, Rijswijk, Vlissingen). Nach dem Besuch der Lateinschule von Vlissingen, wo er von Tobias Schemeringius und Johannes Belosius unterrichtet wurde, studierte H. 1596 Jura an der Univ. von Franeker, verbrachte aber die meiste Zeit mit der ant., v.a. der griech. Literatur und dem Verfassen von frivolen lat. und niederl. Gedichten. Zwei Jahre später bevorzugte er als Student in Leiden weiterhin die Literatur und gab sein Jurastudium schließlich auf. Bald wurden Klass. Philologen wie Bonaventura Vulcanius und Josephus Justus ↗Scaliger auf sein Talent aufmerksam. Hier machte H. auch Bekanntschaft mit Janus Dousa d.Ä. und Hugo ↗Grotius.

Bereits 1600 kam H.' erste Textedition heraus, worauf er 1602 – ohne einen angemesssenen akad. Grad zu besitzen – eine Lehrveranstaltung über lat. Dichtung halten durfte. 1603 erhielt er eine Anstellung als Prof. extraordinarius für Poetik. Im Februar 1605 wurde H. Prof. für Griechisch und vier Jahre später Inhaber des Lehrstuhls dieser Disziplin. Ab Februar 1612 durfte er den Titel eines *Professor in politicis* tragen; im November 1613 wurde er Prof. für Geschichte. Außerdem trat er 1607 die Nachfolge von Paulus Merula als Leiter der Leidener Univ.-Bibliothek an. 1610–1654 fungierte er als Sekretär des Akad. Senats.

1617 wurde H. zum Hofhistoriographen Schwedens ernannt, mit dem Auftrag, ein Werk über König Gustav Adolf II. zu verfassen. Im Jahr darauf nahm er bei der Synode von Dordrecht den Posten des Sekretärs der Abgeordneten der Generalstaaten an. 1627 beriefen ihn diese zum Historiographen von Holland und Westfriesland.

H. veröffentlichte an die 300 Schriften, darunter über 20 Texteditionen antiker Autoren, u.a. von Silius Italicus (1600), Maximus Tyrius (1607), Senecas Tragödien (1611), Theophrast (1611), Terenz (1618), Vergil (1618), Ovid (1629), Livius (1632) und Prudentius (1637). Einige dieser Ausgaben lösten große Kontroversen aus, wie die von Hesiod (1603), die der bukolischen griech. Dichter – Theokrit, Moschos und Bion, seines griech. Lieblingsdichters – (1603), Aristoteles (1607) und Horaz (1610). Die Methodik der philol. Edition hatte er zwar von J.J. ↗Scaliger übernommen, doch er selbst war eher der Literaturtheorie und der Textexegese zugeneigt. Seine textkritischen Verbesserungen stießen häufig auf Ablehnung, weil ihm mehr am Textverständnis an sich als an der exakten Rekonstruktion lag. So fügte er seiner

Horazausgabe von 1610 Aristoteles' *Poetik* bei, die er 1610 und 1611 auch separat publizierte. In dieser letzten Auflage veröffentlichte er seine eigene Abhandlung *De tragica constitutione* [2]. Auch seine spätere Horazausgabe (1612) enthielt als theoretische Abhandlung *De Satyra* (1629 in endgültiger Fassung: [5]). Hervozuheben ist, dass H.' Edition des Clemens von Alexandria (1619) lange als Standardtext diente. Daneben verfasste er mehrere wichtige Studien und Kommentare zu ant. Autoren wie dem spätant. griech. Epiker Nonnos von Panopolis, dessen Werk über das Leben des Dionysos (mit 20 000 daktylischen Hexametern das längste erhaltene Epos der Antike) er äußerst detailliert abhandelte [1].

In seinen späteren Jahren stellte H. aufgrund der scharfen religiösen Kontroversen in den nördl. Niederlanden sein philol. Genie in den Dienst der Theologie. Eine erste wichtige Arbeit war sein *Aristarchus sacer* (1627) [4], in dem er sich mit Nonnos' Paraphrase des Johannesevangeliums auseinandersetzte. Für H. war sein philol. Kommentar zum NT sein bedeutendstes Werk [6], in das er eine überarbeitete Version des *Aristarchus Sacer* einfügte. Es löste jedoch neben großer Begeisterung auch scharfe Kritik aus, u. a. vonseiten Hugo ↗Grotius' und Claudius ↗Salmasius'.

Eigene Dichtung

H. war auch selbst seit jungen Jahren Verfasser von äußerst kunstvollen lat. und griech. Texten. Seine *Poemata* (zuerst 1603) wurden immer wieder mit neuen Zusätzen aufgelegt [7]. Seine meistbewunderte Sammlung griechischer Gedichte, *Peplus* [3], wurde mehrmals gedruckt und 1618 ins Lateinische übersetzt. Ebenso verbreitet war seine Lehrgedicht *De contemptu mortis* von 1621, in dem er stoische Trostmotive und christl. Glauben zusammenführte; 1625 wurde es von Jacob van Zevecote als *Verachtinge des doots* ins Niederländische übertragen.

Auf dem Gebiet des lat. Dramas verfasste H. *Auriacus, sive Libertas Saucia* (1602), eine Tragödie im Stile Senecas zum Thema des Mordanschlags auf Wilhelm von Oranien. Dreißig Jahre später veröffemtlichte er eine christl. Tragödie über den Kindermord von Bethlehem (*Herodes infanticida*), in der er Elemente des ant. Dramas mit christl. Moralvorstellungen verband, was ihm die Kritik von Jean Louis Guez de Balzac eintrug.

Seit seiner Jugend schrieb H. auch niederl. Dichtung. Unter dem Pseudonym Theocritus à Ganda steuerte er die Verse für die 24 Tafeln der Emblemsammlung *Quaeris quid sit amor?* (1601) des Jacob de Gheyn bei, welche die langlebige Trad. der erotischen Emblematik begründete. 1613 veröffentlichte er die *Quaeris*-Gedichte mit einigen Ergänzungen erneut unter dem Titel *Afbeedlingen van minne.*

Wirkung

H.' Ansehen als Gelehrter sowie als neulat. Dichter und Autor hatte auch Einfluss auf seinen Erfolg als niederl. Dichter. Schon Petrus Scriverius, der Verleger seiner Sammlung *Nederduytsche Poemata* (1616), betonte, dass H. damit demonstriere, dass Latein nicht die einzige Sprache für die »höhere Kultur« darstelle. Dem Prof. und dem Rhetor H. wurde große Bewunderung zuteil. Beredtes Zeugnis für seine rhetorische Begabung findet sich in seinen gedruckten *Orationes* (1606) und seinen Leichenreden für J. J. ↗Scaliger (1609) und Moritz von Nassau (1625). Als Berater des renommierten Elsevier-Verlags war H. für dessen Veröffentlichungsprogramm im Bereich der ant. Literatur verantwortlich.

Nicht nur mit seinen eigenen Schriften übte H. großen Einfluss in der gelehrten Welt aus, sondern auch über viele seiner Schüler, die ihrerseits in Europa Karriere machten. Sein Prestige als Gelehrter und seine zentrale Rolle im intellektuellen Leben des 17. Jh.s spiegeln sich in seiner ausgedehnten Korrespondenz, u. a. mit Isaac ↗Casaubonus in England, Erycius Puteanus in Löwen, Jacques-Auguste de Thou und Nicolas-Claude ↗Fabri de Peiresc in Frankreich, Paolo Sarpi in Venedig oder Martin Opitz in Deutschland. V. a. in der Übersetzung durch Opitz wirkten H.s Gedichte auf die Literatur des dt. Barock. In ganz Europa kannte und bewunderte man seine Abhandlung zur Tragödie [2]. In Frankreich war diese der Ausgangspunkt für die klassizistische Literaturtheorie, während sich in England Ben Jonson, John Milton und John Dryden davon inspirieren ließen.

Schriften

[1] Nonni Panopolitae Dionysiaca (Edition mit Übers.). Petri Cunaei Animadversionum liber. Danielis Heinsii Dissertatio de Nonni Dionysiacis et ejusdem Paraphrasis, Hanau 1610 (u.ö.) [2] De tragoediae constitutione liber, Leiden 1611 (hrsg. und übers. von A. Duprat, 2001) [3] Peplus Graecorum epigrammatum, in quo omnes celebriores Graeciae philosophi, encomia eorum, vita et opiniones recensentur, Leiden 1613 [4] Aristarchus sacer, sive ad Nonni in Johannem metaphrasin exercitationes, Leiden 1627 [5] Quintus Horatius Flaccus. Accedunt nunc Danielis Heinsii De Satyra Horatiana libri duo, Leiden 1629 [6] Sacrarum exercitationum ad Novum Testamentum libri XX, 1639 (2. Aufl. 1640) [7] Poemata auctiora, Leiden 1640 (Neudr. Wien 2005).

Sekundärliteratur

[8] A. Duprat / C. Nativel, Art. Heinsius, Daniel (1583–1655), in: C. Nativel (Hrsg.), Centuriae Latinae. Cent une figures humanistes de la Renaissance aux Lumières offertes à Jacques Chomarat, 1997, 417–425 [9] A. H. Kan, Art. Heinsius, Daniel, in: Nieuw Nederlands Biografisch Woordenboek 2, 1912, 554–557 [10] E. Lefèvre / E. Schäfer (Hrsg.), Daniel Heinsius, Klassischer Philologe und Poet, 2008 [11] L. Müller, Geschichte der Klassischen

Philologie in den Niederlanden, 1869, 38–39; 211 [12] L. Roersch, Art. Heins (Daniel), in: Biographie Nationale de Belgique 8, 1884–1885, 851–874 [13] P. R. Sellin, Daniel Heinsius and Stuart England. With a Short-Title Checklist of the Works of Daniel Heinsius, 1968 [14] W. Waterschoot, Art. Heinsius (Heins, Heyns), Daniël, in: Nationaal Biografisch Woordenboek 13, 1990, 383–389.

Jan Papy (Ü: D. P.)

Heinsius, Nicolaus

Klass. Philologe und neulat. Dichter; Vorname auch Nicola(a)s, Nicolaes, Nikola(e)s. Geb. am 29.7. 1620 in Leiden, gest. am 7.10.1681 in Den Haag; Sohn von Daniel ↗Heinsius. Schulbildung im Hause des Vaters; nach 1642 Studienreisen als Privatgelehrter. Ab 1650 auf Einladung Königin Christinas von Schweden in Stockholm; in deren Auftrag weitere Reisen. Nach Christinas Abdankung ab 1656 Stadtschreiber in Amsterdam; Aufgabe des Postens nach Verurteilung zur Erfüllung seines Eheversprechens gegenüber der Mutter seiner Kinder. Ab 1661 Gesandter der Generalstaaten in Schweden; 1669 diplomatische Mission in Moskau. Ab 1671 zurückgezogenes Leben in Vianen (bei Utrecht) und Den Haag.

Werdegang

Von Kindestagen an bewies H. ein außergewöhnliches Talent für die alten Sprachen, insbes. die lat. Dichtung. Im Alter von nicht einmal 17 Jahren veröffentlichte er eigene lat. Gedichte und führte lat. Korrespondenzen mit angesehen Gelehrten (u. a. Johann Friedrich ↗Gronovius). 1642 besuchte er England, um Hss. zu studieren, wurde dort jedoch wenig freundlich aufgenommen. Aus gesundheitlichen Gründen reiste er 1644 nach Spa; auf der Fahrt dorthin machte er neben Brüssel, Mechelen und Antwerpen auch in Löwen Station, wo er die Gelehrten Erycius Puteanus, Nicolaus Vernulaeus, Valerius Andreas, Vopiscus Fortunatus Plempius und Diodorus Tuldenus kennenlernte. 1645 bereiste H. Frankreich und Italien; dort besuchte er Bibliotheken, sammelte Antiquitäten und machte die Bekanntschaft etlicher prominenter Gelehrter, darunter in Paris die Bibliothekare Pierre und Jacques Dupuy, in Rom Lucas Holstenius aus Hamburg (Bibliothekar Kardinal Francesco Barberinis), der berühmte Sammler und Antiquar Cassiano ↗Dal Pozzo sowie Christophe Dupuy (Prior des Kartäuserklosters). In Florenz verweilte er noch länger, um die Mss. der Bibliotheca Medicea Laurentiana zu studieren und seine Ovidausgabe fertigzustellen.

Kaum in die Heimat zurückgekehrt, reiste H. 1650 auf Einladung Christinas von Schweden nach Stockholm, mit dem Auftrag, zusammen mit Isaac ↗Vossius, der für die griech. Literatur zuständig war, die königliche Bibliothek einzurichten. Auf ihren Wunsch fuhr er 1651 ein zweites Mal nach Italien, um Hss. und seltene alte Drucke für sie zu erwerben. Nach Christinas Abdankung am 7.7.1654 blieb H. als Resident in schwieriger finanzieller Lage, da die Königin ihn nicht bezahlt hatte, zunächst am schwed. Königshof, bis er 1656 zum Stadthistoriker von Amsterdam ernannt wurde.

H.' Privatleben war seit seinem ersten Aufenthalt in Stockholm von bitteren Kontroversen verdüstert, denen seine problematische Beziehung zu Margaretha Wullen zugrunde lag, der Tochter eines lutheranischen Geistlichen und Schwester von Königin Christinas Leibarzt. Sie hatte ihm zwei Söhne, Daniel (1652) und Nicolaus (1656) geboren, doch er verweigerte ihr aufgrund ihres Lebenswandels die Ehe – sie hatte in Amsterdam Malern als Aktmodell gesessen. Vom Rat Amsterdams wurde er 1657 dazu verurteilt, sie *in facie eccelesiae aut coram iudice* zu heiraten; H. dankte daraufhin als Stadtschreiber ab. Als die beiden höchsten Instanzen der niederl. Gerichtsbarkeit seine Einsprüche abwiesen, wurde diese Ehe in H.' Abwesenheit 1665 in Den Haag bestätigt, doch er betrachtete sie weiterhin als ungültig. Die damit verbundenen Verfahren kosteten nicht nur fast sein halbes Vermögen; sein Sohn Nicolaus drohte gar, ihn zu töten, wenn er nicht für Margarethas Lebensunterhalt zu sorgen bereit sei.

Ab 1661 war H. als Gesandter der Generalstaaten wieder in Stockholm tätig. 1669 wurde er mit einer diplomatischen Mission nach Moskau betraut. Nach seiner Rückkehr verließ er Schweden 1671 und verbrachte seine letzten Lebensjahre in Vianen (bei Utrecht) und Den Haag.

Werk und Wirkung

Obwohl H. nie einen akad. Posten bekleidete, war er der größte Klass. Philologe seiner Zeit. Er legte das Fundament der *recensio* einer ganzen Reihe von ant. Texten. Insbes. das Studium der lat. Dichter war seine Domäne, wobei ihn Ovid am stärksten faszinierte. Seine Ausgabe von dessen *Metamorphosen* und Liebesdichtung bleibt ein Meilenstein, weil H. als Erster den Ursprung der Hss.-Überlieferung erkannte [1]. Sein Urteil wird bis heute wiss. akzeptiert. Dank seiner Reisen und umfangreichen Verbindungen standen H. auch mehr Beweisstücke und weitere Informationen zu Verfügung als anderen Philologen; kein Gelehrter seines Zeitalters sah je so viele Mss. durch wie er. Außerdem war seine Belesenheit in der klass. ant. wie der patristischen Literatur außergewöhnlich umfangreich, und sein Gespür für sprachliche Aspekte und Metren unerreicht. Daher haben sich viele seiner

Konjekturen als die richtigen Korrekturen herausgestellt. Aufgrund seiner Textemendationen, v.a. in der lat. Dichtung, war H. für Janus Brouckhusius gar »der große Retter der lat. Dichter« (*poetarum Latinorum magnus sospitator*).

H.' Verdienste als Klass. Philologe wurden über alle Zeiten hinweg als überwältigend angesehen. Seine Ausgaben von Claudian (1650) [1], Ovid (1652) [2], Prudentius (1667) [4], Vergil (1676) [5], Velleius Paterculus (1678) [6] und Valerius Flaccus (1680) [7] erschienen alle in mehreren Auflagen, zu seinen Lebzeiten und danach. Die meisten wurden von ihm selbst noch revidiert und und durch Anmerkungen ergänzt. Zwar arbeitete er nicht nach einer präzis vorgegebenen Methode und schenkte paläographischen Aspekten keine besondere Aufmerksamkeit, doch sein linguistisches und exegetisches Gespür war unvergleichlich. Anders als Isaac ↗Vossius sammelte H. nicht nur Mss.; er ging ihren Ursprüngen nach und erarbeitete Kollationen. Wenn ihn auch seine intuitive Herangehensweise manchmal zu stark zur Bevorzugung von Wohlklang und stilistischer Eleganz verleitete, so beweisen seine Bereinigungen und Emendationen der überlieferten Texte von Ovid, Vergil, Claudian und Prudentius philologische Einsicht und die Einhaltung alter und zuverlässiger Mss.-Traditionen. Darüber hinaus sind seine Neuausgaben dieser Autoren echte ›Vulgata‹ [13], auf die sich Herausgeber immer noch stützen und von denen alle mod. Textkritik ihren Ausgang nimmt.

Die Zeitgenossen schätzten ganz bes. seine Begabung als neulat. Dichter [3]. Schon als gerade Elfjähriger verfasst H. ein *Carmen panegyricum in Christinam Reginam Sueciae* (publ. in der Sammlung seiner *Juvenilia*), und 1637 erregte er mit seinem Gedicht *Breda expugnata* zur Eroberung der Stadt Breda im Achtzigjährigen Krieg öffentliche Aufmerksamkeit. 1646 erschien sein *Elegiarum liber*, auf das eine Sammlung mit dem Titel *Italia* (1648) folgte; diese wurde von Johan Cornelis Boot, Prof. für Latein am Athenaeum illustre und später an der Univ. Amsterdam, 1872 mit einem zweiten Teil von H. selbst nachgedruckt. Zwei weitere Zusammenstellungen von H.' lat. Gedichten folgten: die *Poemata* (1653) und *Poematum nova editio* (1666). Etliche seiner z.T. bis dahin unveröffentlichten Gedichte wurden von Laurens van Santen in die *Deliciae Poeticae* (1796) aufgenommen. H.' Ruhm war so groß, dass er gebeten wurde, zwei Elegien für das Grab von Admiral Michiel de Ruyter und ein Gedicht für den Sockel der Statue des ↗Erasmus in Rotterdam zu verfassen. Trotz ihres Erfolgs zu ihrer eigenen Zeit (der sich aus ihrer Eleganz und Grazie erklärt), wirkt H.' lat. Dichtung für den mod. Geschmack etwas zu konstruiert und mit mythologischem Spezialwissen überfrachtet.

H.' Bibliothek mit etwa 13000 Bänden unterschiedlichen Inhalts wurde 1683 versteigert. Der Auktionskatalog [8] war eines der am häufigsten konsultierten Bücher des späten 17. Jh.s. Ein Teil der von H. annotierten Bücher findet sich noch heute in der Bodleian Library von Oxford. Hunderte von Briefen von und an H. wurden von Pieter ↗Burmann d.Ä. in der *Sylloge epistolarum* (1724) veröffentlicht; weitere sind in anderen Sammlungen erfasst. Burmann ergänzte in seiner Ausgabe von H.' *Adversariorum libri IV* (mit dessen *Notae ad Catullum et Propertium*) 1742 auch einen *commentarius* zu seinem Leben. Doch der Großteil von H.' Korrspondenz liegt noch unbearbeitet in der Universitätsbibl. Leiden und im Staatsarchiv in Den Haag. Unter seinen Korresponenten finden sich alle großen Namen der humanistischen Gelehrsamkeit des 17. Jh.s wie Cassiano ↗Dal Pozzo, Isaac ↗Vossius, Johannes ↗Graevius, Jacob Perizonius und Johann Friedrich ↗Gronovius. Ganz direkt und konkret belegt dieser Briefwechsel nicht nur H.' zentrale Stellung im Goldenen Zeitalter der Niederlande, sondern unter den europ. Gelehrten des 17. Jh.s.

Schriften

[1] Cl. Claudiani quae exstant (Edition), Amsterdam 1650 [2] Operum P. Ovidii Nasonis … editio nova, 3 Bde., Amsterdam 1652 (Leiden 1661–1662) [3] Poematum nova editio prioribus longe auctior, Amsterdam 1666 [4] Aurelii Prudentii Clementis quae exstant (Edition), Amsterdam 1667 [5] P. Virgilii Maronis Opera, cum integris et emendatioribus commentariis Servii, Philargyrii, Pierii (Edition), Amsterdam 1676 [6] C. Velleii Paterculi quae supersunt (Edition), Amsterdam 1678 [7] C. Valeriii Flacci Argonautica (Edition), Amsterdam 1680 [8] Bibliotheca Heinsiana sive catalogus librorum, quos magno studio, dum viveret … collegit, 2 Bde., Leiden 1682 (u.ö.).

Sekundärliteratur

[9] F. F. Blok, Nicolaas Heinsius in dienst van Christina van Zweden, 1949 [10] F. F. Blok, Nicolaas Heinsius in Napels (April–Juli 1647), 1984 [11] C. Callmer, Königin Christina, ihre Bibliothekare und ihre Handschriften. Beiträge zur europ. Bibliothekgeschichte, 1977
[12] A. H. Kan, Art. Heinsius, Nicolaus, in: Nieuw Nederlands Biografisch Woordenboek 2, 1912, 557–560
[13] L. Müller, Geschichte der Klassischen Philologie in den Niederlanden, 1869, 51–54; 212 [14] P. H. Peerlkamp, De vita, doctrina et facultate Nederlandorum qui carmina latina composuerunt, 1838, 426–431 [15] W. Scherer, Art. Heinsius, Nicolaus, in: ADB 11, 1880, 656–680
[16] R. Tarrant, Nicolaas Heinsius and the Rhetoric of Textual Criticism, in: Ph. Hardie et al. (Hrsg.), Ovidian Transformations. Essays on the Metamorphoses and Its Reception, 1999, 288–300.

Jan Papy (Ü: D.P.)

Heinze, Richard

Dt. Klass. Philologe. Geb. am 11.8.1867 in Naumburg, gest. am 22.8.1929 in Bad Wiessee am Tegernsee. Besuch der Nikolai-Schule in Leipzig; 1885–1887 Studium der Klass. Phil. in Leipzig, dann in Bonn; Prom. 1889, Staatsexamen 1890 ebda. Studium in Berlin; 1893 Habil. in Straßburg, anschließend Dozent ebda. Ab 1900 ao.Prof. für Klass. Phil. in Berlin; ab 1903 o.Prof. in Königsberg; ab 1906 bis zu seinem Tod o.Prof. in Leipzig.

Werk und Wirkung

H. studierte 1885–1887 in Leipzig bei Otto ↗Ribbeck Klass. Philologie, ab 1857 bei Hermann ↗Usener und Franz ↗Bücheler an der Univ. Bonn. Dort promovierte H. 1889 bei Usener mit der Diss. zu Horaz [1] und legte 1890 das Staatsexamen ab. 1891 studierte er bei Theodor ↗Mommsen in Berlin; dann begab er sich auf eine einjährige Reise nach Italien. 1893 habilitierte er sich in Straßburg mit einer Arbeit über Xenokrates (Darstellung der Lehre und Sammlung der Fragmente). 1900–1903 war er als ao.Prof. in Berlin tätig, wechselte 1903 nach Königsberg als o.Prof. und nahm 1906 einen Ruf auf einen Lehrstuhl für Klass. Philologie an der Univ. Leipzig an, den er bis zu seinem Tod 1929 innehatte.

H.s besondere Leistung besteht darin, die eigenständige Leistung der röm. Schriftsteller gegenüber den griech. Vorbildern untersucht und herausgestellt zu haben. Mit seinen Studien zu den Wertbegriffen lag er im Trend der Zeit und prägte damit die Klass. Philologie des 20. Jh.s; seine Beiträge über *auctoritas* und *fides* werden bis heute in einschlägigen Publikationen berücksichtigt [17]. Bahnbrechend war sein Aufsatz *Von den Ursachen der Größe Roms* (1921) [9.9–18]. Insbes. den Dichtern Horaz, Lukrez und Vergil galt sein Interesse. In seinen bis heute grundlegenden Kommentaren zu den Werken des Horaz [6]; [3]; [4]; wird sein erfolgreiches Bemühen um die Erläuterung jeder einzelnen Textstelle deutlich, das ihm sein Lehrer Bücheler nahegebracht hatte. Friedrich ↗Klingner sprach in seinem Nachruf auf H. von einem feinen Takt als einer der herausragenden Tugenden des Horazkommentars [13]. Karl Numberger griff in seinem Schulkommentar 1972 wesentlich auf Erkenntnisse H.s zurück. Wenn H. in seinem Kommentar zum dritten Buch des Lukrez [2] auf die griech. Philosophie zurückblickt, so befasst er sich nicht nur mit den Quellenfragen und den geschichtlichen Voraussetzungen, sondern analysiert die eigene dichterische Leistung [13].

H.s Buch *Virgils epische Technik* [5] nahm zum ersten Mal die Gesamtkomposition des röm. Epikers in den Blick; es bleibt bis heute ein Basiswerk der Vergilforschung. Auch den Werken Ciceros galt H.s besonderes Interesse (wegweisend sein Aufsatz *Ciceros politische Anfänge* [9.87–140]). Eine weitere wichtige Arbeit behandelt Petron und dessen Verhältnis zum griech. Roman (1899 [9.417–439]). H.s Interpretation von Petrons *Satyrica* als geniale röm. Parodie des griech. Liebesromans hat in jüngerer Zeit wieder viel Zustimmung gefunden [12].

H. war Mitglied der Sächs. Akad. und folgte Georg ↗Wissowa als Herausgeber der Zeitschrift *Hermes*. 1921/22 war er Rektor der Univ. Leipzig.

Schriften

[1] De Horatio Bionis imitatore (Diss. Bonn), 1889 [2] T. Lucretius Carus, De rerum natura, Buch III (Komm.), 1897 [3] Q. Horatius Flaccus, Bd. 1: Oden und Epoden (Text und Komm., erneuert von R. Heinze), ³1898 [4] Q. Horatius Flaccus, Bd. 3: Briefe (Text und Komm.), ³1898 [5] Virgils epische Technik, 1903 (³1928; ⁸1995; engl. 1993) [6] Q. Horatius Flaccus, Bd. 2: Satiren (Text und Komm.), ³1906 (u.ö.) [7] Die lyrischen Verse des Horaz, 1918 (Ndr. 1959) [8] Horaz, 3 Bde. (Text und Komm.), hrsg. von E. Burck et al., 1968–1970 [9] Vom Geist des Römertums. Ausgewählte Aufsätze, hrsg. von E. Burck, Darmstadt ⁴1972 (¹1938).

Sekundärliteratur

[10] H. Dahlmann, Art. Heinze, Richard, in: NDB 8, 1969, 447–448 [11] M. Erler / S. Schorn, Griech. Biographien in hellenistischer Zeit (Akten des internationalen Kongresses, Würzburg 2006), 2007 [12] L. Galli, Petronio e il romanzo greco. Una verifica della teoria di Heinze (Diss. Pisa), 1992 (Zusammenfassung in: Petronian Society Newsletter 27, 1997, 13) [13] F. Klingner, Richard Heinze, in: Gnomon 6, 1930, 58–62 [14] A. Körte, Worte zum Gedächtnis an Richard Heinze, in: Berichte über die Verhandlungen der Sächsischen Akademie der Wiss., Philol.-Histor. Klasse 81/2, 1929, 11–30 [15] M. Steinmetz (Hrsg.), Bedeutende Gelehrte in Leipzig, Bd. 1, 1965, 159–165 [16] H.P. Syndikus, Die Lyrik des Horaz. Eine Interpretation der Oden, 2 Bde., 1972 [17] G. Thome, Zentrale Wertvorstellungen der Römer. Texte – Bilder – Interpretationen, 2 Bde., 2000 [18] M. von Albrecht, Geschichte der röm. Literatur, 2 Bde., 1992.

Hans-Ulrich Berner/Dietmar Schmitz

Helbig, Wolfgang

Dt. Archäologe. Geb. am 2.2.1839 in Dresden, gest. am 6.10.1915 in Rom. 1856–1861 Studium in Göttingen und Bonn, hier 1861 Prom. 1862–1864 Reisestipendiat; 1865–1887 Zweiter Sekretar des Istituto di Corrispondenza Archeologica in Rom. 1866 Heirat mit der Fürstin Nadejda Schahowskoy. 1887 Austritt aus dem Institut; 1887–1899 Ispettore Onorario agli scavi di Tarquinia.

Werdegang, Werk und Wirkung

H., Sohn des Konrektor am Dresdener Kreuzgymnasium, studierte ab 1856 Klass. Philologie, Archäologie und Alte Geschichte in Göttingen, ab 1857 in Bonn. 1861 promovierte er bei Otto Jahn [1]. Im Oktober 1862 traf er, versehen mit dem Reisestipendium, in Rom am *Instituto di Corrispondenza Archeologica* ein. Heinrich von ↗Brunn, Zweiter Sekretar (Direktor) des Instituts, betraute H. schon bald mit selbständigen Forschungsprojekten in Etrurien und Campanien. Als Ergebnis erschienen 1863 die Publikation der Tomba del Citaredo in Tarquinia sowie in der Folge zahlreiche weitere Beiträge zur etrusk. Kunst und zur pompejanischen Wandmalerei [2]; [3]; vgl. [10]. 1865 lehnte H. den Ruf auf eine Professur in Neapel ab, um im Alter von kaum 26 Jahren Brunns Nachfolge am Institut anzutreten. 1866 heiratete H. die russ. Fürstin Nadejda (Nadina) Schahowskoy (geb. 1847 in Moskau, gest. 1922 in Rom). Diese Ehe erschloss ihm mehrere bis dahin kaum bekannte Privatsammlungen in Russland und den Zugang zur europ. Aristokratie, zu deren bevorzugtem arch. Berater er wurde.

Als einer der Ersten versuchte H., die ur- und frühgeschichtlichen Neufunde, die unter Leitung seines Freundes Luigi ↗Pigorini in der Poebene zu Tage traten, in einem Prähistorie und Etruskologie verbindenden Ansatz darzustellen [4]. Auch seine Untersuchungen zur myk. Kultur [5] ordnen die Beschreibung einer konkreten Denkmälergattung in eine übergreifende Fragestellung ein.

H.s wiss. Produktivität blieb von dem Umstand, dass er wegen unüberwindlicher Differenzen mit der Zentrale in Berlin über Strategie, Struktur und Leitung des Institutes in Rom 1887 aus diesem ausschied, nahezu unberührt: Er übernahm das ital. Amt des *Ispettore onorario* für Tarquinia (1887–1899), ließ sich 1887 zum ausländischen Mitglied der Académie des inscriptions et belles-lettres wählen, schrieb seinen berühmten Führer zu den röm. Antikensammlungen [6], in dessen zweiter Auflage von 1899 er der Leitung des Museums der Villa Giulia wiss. Fehlverhalten vorwarf (was zu einem langen, letztlich sogar gerichtsnotorischen Streit führte), publizierte zusammen mit Giovanni Barracco dessen Sammlung [7] und baute seine Kontakte zu ausgewählten Antikensammlern aus. Ab 1887 arbeitete er mit dem dän. Brauereibesitzer Carl Jacobsen zusammen, zunächst beim Aufbau von dessen Antikensammlung, später bei einem beispiellosen Projekt zur Dokumentation der etrusk. Grabmalerei, in dessen Verlauf (1895–1913) die seinerzeit zugänglichen bemalten Kammergräber in Südetrurien nahezu vollständig in Aquarellen und Faksimiles im Maßstab 1:1 aufgenommen wurden. Diese Sammlung italischer und etrusk. Kunst in der Ny Carlsberg Glyptotek wurde 1891 unter der Bezeichnung »Helbig-Museum« eröffnet [8].

Wegen der Vermittlung von Antiken an Sammler außerhalb Italiens wurde H. schon zu Lebzeiten immer wieder kritisiert. Man warf ihm darüber hinaus vor, wissentlich zahlreiche Fälschungen vermittelt und mit der Inschrift auf der berühmten Fibula Praenestina sogar eigenhändig eine Fälschung hergestellt zu haben [11]; [12]. Diese Vorwürfe dürfen heute wohl als widerlegt gelten; sie standen von Anfang an in Widerspruch zu den zahllosen sorgfältigen Fundberichten und Denkmälerbeschreibungen, in denen sich H. in einem für die damalige Archäologie noch keineswegs selbstverständlichen Ausmaß um Genauigkeit, Objektivität und Kontextinformation bemühte [14]; [13].

M: [8].

Schriften

[1] Quaestiones scaenicae (Diss. Bonn), 1861 [2] Wandgemälde der vom Vesuv verschütteten Städte Campaniens, 1868 [3] Untersuchungen über die campanische Wandmalerei, 1873 [4] Die Italiker in der Poebene, 1879 [5] Das homerische Epos aus den Denkmälern erläutert, 1884 [6] Führer durch die öffentlichen Sammlungen klassischer Altertümer in Rom, 2 Bde., 1891 (^{2}1899; ^{3}1912/13, bearb. von W. Amelung) [7] La collection Barracco (mit G. Barracco und F. Bruckmann), 2 Bde., 1892–1894 [8] Skizze meines wissenschaftlichen Bildungsganges (1911), in: F. Poulsen (Hrsg.), Das Helbig Museum der Ny Carlsberg Glyptotek, 1927, II–XIV.

Sekundärliteratur

[9] H. Blanck, Art. Helbig, Wolfgang, in: DBI 61, 2003, 670–673 (mit Bibl.) [10] T. Fröhlich, Helbig e la pittura pompeiana, in: S. Örmä / K. Sandberg (Hrsg.), Wolfgang Helbig e la scienza dell'antichità del suo tempo, 2012, 161–178 [11] M. Guarducci, La cosidetta Fibula Praenestina, in: Memorie dell'Accad. nazionale dei Lincei 24, 1980, 414–574 [12] H. Lehmann, Wolfgang Helbig (1839–1915), in: Römische Mitteilungen 96, 1989, 7–86 [13] S. Örmä / K. Sandberg (Hrsg.), Wolfgang Helbig e la scienza dell'antichità del suo tempo (Atti del convegno internazionale, Rom 2009; Acta Instituti Romani Finlandiae 37), 2012 [14] A. M. Voci, Wolfgang Helbig a Napoli 1863–1865, 2007.

Cornelia Weber-Lehmann

Helck, Wolfgang

Dt. Ägyptologe. Geb. am 16.9.1914 als Hans Wolfgang H. in Dresden, gest. am 27.8.1993 in Hamburg. Studium der Ägyptologie und Altorienalistik 1933 in Leipzig bei Georg ↗Steindorff, 1934–1939 in Göttingen bei Hermann Kees; dort 1939 Prom. Danach Kriegsdienst und ab 1943 amerikan. Kriegsgefangenschaft; 1947 Rückkehr nach Göttingen. 1951 Habil. in Göttingen mit einer Arbeit über die ägypt. Königslisten im griech. geschriebenen Geschichtswerk des Manethon [4]; 1955 Umhabil. nach Hamburg, dort 1956 apl.Prof. und Begründung des Fachs Ägyptologie; ab 1963 o.Prof. für Geschichte und Kultur des Alten Orients ebda.; Institutionalisierung der Fächer Ägyptologie und Altorientalistik an der Univ. Hamburg; 1979 Emeritierung.

Werk

H.s Forschungen waren primär auf die Geschichte des alten Ägyptens ausgerichtet. Bereits in seiner Diss. [1] deutete sich sein spezifisches Interesse für Fragen der Sozialgeschichte an, denen er in seinen Hauptwerken, den Untersuchungen zu den Beamtentiteln des Alten Reiches [2] und zur Verwaltung des Mittleren und Neuen Reiches [5] sowie in den Monographien zur polit. [8] und Wirtschaftsgeschichte [10] des alten Ägyptens Vorrang einräumte. Seine systematischen Untersuchungen umfassen den Zeitraum von der ägypt. Frühgeschichte [7] bis zum Ende der Ramessidenzeit (3000 bis 1000 v.Chr.) [14]. In vorbildlicher Weise verband H. damit die Präsentation von etwa zur gleichen Zeit entstandenen Quellentexten. So veröffentlichte er histor. Urkunden aus der Zeit der 18. Dynastie (Thutmosis III. bis Haremheb) [3] sowie aus dem späten Mittleren und frühen Neuen Reich [13] sowie mehrere histor. Inschriften der Ramessidenzeit, außerdem wichtige Materialien zur Wirtschaftsgeschichte des Neuen Reiches [6]. Den meist monumentalen Inschriften der histor. Urkunden stellte er lit. Quellen in der von ihm begründeten Reihe der *Kleinen Texte* zur Seite; hier publizierte er Paralleltexte in Synopsen mit Übersetzung und Kurzkommentar.

H.s altoriental. Sprachkompetenz erlaubte ihm eine vertiefte Untersuchung der Beziehungen zwischen den Völkern der Levante des 3. und 2. Jt.s v.Chr. Seine Bücher über die Beziehungen Ägyptens zu Vorderasien [7] sowie diejenigen Ägyptens und Vorderasiens zur Ägäis [11] wurden Standardwerke. Bei Fragen der Beziehungen zu den Völkern der Mittelmeerwelt war er ein kompetenter Ansprechpartner.

Wirkung

H. war einer der produktivsten Ägyptologen seiner Generation. Als Verfasser von 31 Monographien und von mehreren Hundert Aufsätzen trug er wesentliche Erkenntnisse zu fast allen Problemen der ägyptologischen Forschung bei. Er verfügte über eine umfassende Kenntnis der arch. und lit. Quellen des alten Ägyptens, die er unter verschiedenen Fragestellungen auswertete. Seine Herangehensweise war dabei von Sachlichkeit und Rationalismus, von gesunder Skepsis und Pragmatismus geprägt.

Als H.s Lebenswerk kann das von ihm und Eberhard Otto initiierte siebenbändige *Lex. der Ägyptologie* [9] gelten, das er nach dessen Tod zusammen mit Wolfhart Westendorf zur Vollendung führte. An diesem Projekt beteiligten sich renommierte Ägyptologen des In- und Auslands in einmaliger Kooperation. So entstand unter H.s Leitung ein Monumentalwerk ersten Ranges und ein Meilenstein der Ägyptologie.

SV: [15. 3–34].

Schriften

[1] Der Einfluß der Militärführer in der 18. ägyptischen Dynastie (Untersuchungen zur Geschichte und Altertumskunde Ägyptens 14; Diss. Göttingen), 1939 [2] Untersuchungen zu den Beamtentiteln des ägyptischen Alten Reiches (Ägyptologische Forschungen 18), 1954 [3] Urkunden der 18. Dynastie, Hefte 17–22 (Edition), 1955–1958 (dt. Übers. 1961) [4] Untersuchungen zu Manetho und den ägyptischen Königslisten (Untersuchungen zur Geschichte und Altertumskunde Ägyptens 18; Habil.schrift Göttingen), 1956 [5] Zur Verwaltung des Mittleren und Neuen Reichs (Probleme der Ägyptologie 3), 1958 [6] Materialien zur Wirtschaftsgeschichte des Neuen Reiches (Abh. der Akad. der Wissenschaften und der Literatur in Mainz. Klasse der Literatur, Teil I), 1960 (Teile II–VI und Indices 1963, 1964 und 1969) [7] Die Beziehungen Ägyptens zu Vorderasien im 3. und 2. Jt. v.Chr. (Ägyptologische Forschungen 5), 1962 (²1971) [8] Geschichte des Alten Ägypten (Hdb. der Orientalistik 1.1.3.), 1968 (²1981) [9] (Hrsg.), Lex. der Ägyptologie, Bd. 1–7 (mit E. Otto und W. Westendorf), 1975–1992 [10] Wirtschaftsgeschichte des Alten Ägypten im 3. und 2. Jt. v.Chr. (Hdb. der Orientalistik 1.1.5.), 1975 [11] Die Beziehungen Ägyptens und Vorderasiens zur Ägäis bis ins 7. Jh. v.Chr., 1979 (²1995) [12] Untersuchungen zur Thinitenzeit (Ägyptologische Abhhandlungen 45), 1987 [13] Historisch-biographische Texte der 2. Zwischenzeit und neue Texte der 18. Dynastie (Edition), ²1995 (¹1975) [14] Die datierten und datierbaren Ostraka, Papyri und Graffiti von Deir el Medineh (Edition), aus dem Nachlass hrsg. von A. Schlott-Schwab, 2002.

Sekundärliteratur

[15] FS für W. Helck zu seinem 70. Geburtstag (Studien zur Altägyptischen Kultur 11), 1984 [16] T. E. Blumenthal / E. Hornung, Wolfgang Helck, in: Zeitschrift für Ägyptische Sprache und Altertumskunde 121, 1994, VII–IX [17] Art. Helck, Hans Wolfgang, in: WWE, ³1995, 198.

Hartwig Altenmüller

Hemsterhuis, Tiberius

Hemsterhusius; niederl. Klass. Philologe und Mathematiker. Getauft am 18.1.1685 in Groningen (alternativ: geb. am 1.2.1685 [11. Kap. 11]), gest. am 7.4.1766 in Leiden. Sohn eines Arztes; nach der Groninger Lateinschule 1698 Studium der Theologie, aber auch der Philosophie und Mathematik bei Johannes Jacob ↗Bernoulli an der Univ. Groningen.; 1700–1704 Studium der griech. und lat. Sprache und Phil. sowie der Gesch. an der Univ. Leiden bei Jacob Perizonius und Arbeit an der Ordnung der Hss. der

Bibl. ebda. Ab 1704 Prof. für Mathematik und Philosophie am Athenaeum illustre in Amsterdam; ab 1717 Prof. für griech. Sprache an der Univ. Franeker, ab 1738 auch Prof. für Historia Patria; ab 1740 Prof. für griech. Sprache und Historia (Patria) in Leiden [7.77–88]; [12.258f.].

Wiss. Werdegang

Für H. war von Anfang an der *princeps criticorum* Richard ↗Bentley das wiss. Vorbild. Mit der Fertigstellung der von Johann Heinrich Lederlin begonnenen Ausgabe des attizistischen *Onomastikón* des Pollux [1] verschrieb sich H. im Alter von 20 Jahren ganz in Bentleys Sinne der griech. Lexikographie. Ein Schlüsselerlebnis während der Arbeit an diesem Lex. verstärkte diesen Einfluss, durch das H. zum unbedingten Anhänger von Bentleys neuer kritischer Methode wurde: der Entwertung der handschriftlichen Trad. zugunsten der Konjekturalkritik (in der späteren klass. Formulierung in der Horazausgabe von 1711: *nobis et ratio et res ipsa centum codicibus potiores sunt*; »Vernunft und die Sache selbst sind wichtiger als 100 Handschriften«). Als Reaktion auf H.' Schreiben von 1705 mit Fragen zur Textgestaltung des *Onomastikón* schüttete Bentley in zwei Briefen ein ganzes Füllhorn mit schlagenden oder doch plausiblen Veränderungen von Textstellen aus, mit denen sich H. vergeblich abgemüht hatte (in: R. Bentley, *The Correspondence*, 1842, 219–225, 270–293). Bei aller allgemeinen Anerkennung der wiss. Leistung des jungen Kollegen bescheinigte Bentley diesem dabei eine mangelnde Kompetenz in der Metrik. Diese Antwort versetzte H. einen solchen Schock, *ut Graecas literas in perpetuum repudiare statueret. Nec, per mensem unum et item alterum, ausus est scriptorem graecum attingere* (»dass er beschloss, die griech. Literatur für immer zu verschmähen. So wagte er es für einige Monate nicht, sich mit einem griech. Schriftsteller zu beschäftigen«) [11.Kap. 14]. Der Schock führte jedoch am Ende nicht zu H.' Absage an die Philologie, vielmehr zur Verstärkung seiner philol. Sachkompetenz und seinem konsequenten Einsatz von Bentleys kritischer Methode.

Werk und Wirkung

Dem Umfang nach ist H.' Werk nicht sehr groß. Eigenständige philol. Arbeiten sind die Editionen von ausgewählten Dialogen des Lukian (zusammen mit weitereren griech. Texten) [2] und des *Plutos* des Aristophanes [4]. Beteiligt war er an den Ausgaben des Pollux [1] und der Gesamtausgabe des Lukian [3]. Durch die Heranziehung der Scholien und durch lat. Übersetzungen wurde das Verständnis der Texte gefördert. Der wiss. Wert liegt in der Textkonstitution, die durch Rekonstruktion des originalen Griechisch v.a. in der Idiomatik durch Emendationen verbessert wurde. Solche Verbesserungen lieferten auch H.' Anmerkungen zu Ausgaben von griech. Autoren durch Kollegen (zu Hesychios, Johannes Chrysostomos, Kallimachos, Thomas Magister, dem Lexikographen Timaios, Xenophon von Ephesos).

Die Leistungen in der griech. Sprachwiss. [6] waren weniger nachhaltig. Zwar bedeutete entgegen der *opinio communis* H.' These, dass das Griechische nicht mit dem Hebräischen verwandt sei, einen Fortschritt, aber allzu spekulativ arbeitete er – wie auch die *Schola Hemsterhusiana* (s.u.) – auf den Gebieten der Morphologie und der Etymologie. Sein Versuch, die Entstehung und Etymologie der griech. Lexik in Form und Bedeutung durch die Annahme von wenigen verbalen Wurzeln zu erklären, die durch den Einsatz von Lautkombinationen nach dem Prinzip der Analogie erweitert seien, war ein Irrweg [10]; [8].

H.' Bedeutung liegt nicht so sehr in den Ergebnissen seiner wiss. Arbeiten, als vielmehr in seinem Erfolg als Lehrer. Er begründete durch die Gewinnung begabter Schüler (v.a. Caspar ↗Valckenaer, David ↗Ruhnken, David Jacob van Lennep) im Zeichen der Kritik Bentleys ein philol. Netzwerk (*Schola Hemsterhusiana*) und erneuerte dadurch die griech. Philologie. Seinen festen Platz in deren kollektivem Gedächtnis sicherte ihm schließlich das sprachlich und lit. gelungene *Elogium Hemsterhusii* (1789) seines Schülers Ruhnken [11]; [9.74–82]; [7.88–106].

SV: [12.266–275]; [7.88–95].

Schriften

[1] Iulii Pollucis Onomasticum, Graece et Latine, cum notis, Bde. 8–10 (Edition und Übers.; Bde. 1–7 von J.H. Lederlin), Amsterdam 1706 [2] Luciani colloquia selecta et Timon, Cebetis tabula, Menandri sententiae morales, Graece et Latine (Edition und Übers.), Amsterdam 1708 (u.ö.) [3] Luciani opera omnia, cum scholiis ac notis variorum (Edition; mit M. Gesner und J.F. Reitz), Amsterdam 1743 (4 Ndr. bis 1831) [4] Aristophanis Plutus, cum scholiis, cum variis lectionibus ac notis (Edition), Harlingen 1744 [5] Orationes et epistolae, hrsg. von F.T. Friedemann, ²1839 [6] De originibus linguae Graecae, hrsg. von J.H. Halbertsma, 1845 (²1997).

Sekundärliteratur

[7] J.G. Gerretzen, Schola Hemsterhusiana (Diss. Nijmegen), 1940 [8] G.J. Luhrmann, Art. Hemsterhuis, Tiberius, in: Lexicon Grammaticorum, ²2009, 636–637 [9] L. Müller, Geschichte der Klassischen Philologie in den Niederlanden, 1869 (Ndr. 2009, Online-Ausg. 2010) [10] J. Noordegraaf, T. Hemsterhuis the Linguist, in: T. Hemsterhuis, De originibus linguae Graecae, hrsg. von J.H. Halbertsma, ²1997, 9–25 [11] D. Ruhnken, Elogium Tiberii Hemsterhusii, hrsg. von H. Nikitinski, 2006 (¹1768) [12] J. van Sluis, Bibliotheca Hemsterhusiana. Het boekenbezit van Tiberius en Frans Hemsterhuis, met genealogie en bibliografie, 2001.

Manfred Landfester

Henzen, Wilhelm

Dt. Epigraphiker. Geb. am 24.1.1816 in Bremen als Johann Heinrich Wilhelm H., gest. am 27.1.1887 in Rom. Altes Gymnasium Bremen; 1836–1838 Studium an der Univ. Bonn (Klass. Philol., Sanskrit, neuere Sprachen), dann an der Univ. Berlin (Klass. Philol., Alte Gesch., Geographie); 1840 Prom. in Leipzig mit Diss. zu Polybios. 1841/42 Reisen v.a. in Griechenland und Italien. In Sizilien 1842 Einladung Emil Brauns an das röm. Instituto di Corrispondenza Archeologica; dort zunächst unbezahlter Assistent; 1844 Bibliothekar, 1845 Zweiter Sekretar, 1856 Erster Sekretar, jeweils mit von Preußen gezahltem Gehalt.

Werk und Wirkung

Am röm. Institut wies Emil ↗Braun H. auf die lat. Epigraphik hin und schickte ihn 1844 nach San Marino zur Weiterbildung bei Bartolomeo ↗Borghesi, der unbestrittenen Autorität für die lat. Epigraphik. Hieraus resultierte, auch für die Zukunft, ein enges wiss. Verhältnis zwischen H. und Borghesi. In San Marino lernte H. den franz. Gelehrten Adolphe Noël des Vergers kennen, der von seiner Regierung mit den Vorarbeiten in Italien für eine umfassende Edition aller lat. Inschriften beauftragt war. Des Vergers gewann H. (wie auch Theodor ↗Mommsen) zur Mitarbeit an diesem Unternehmen, das aber bald von Frankreich aufgegeben wurde [9]. H. widmete sich nun ganz der lat. Epigraphik und publizierte außer Monographien etwa 400 Aufsätze, zumeist in den Periodika des röm. Instituts. Die Kunstarchäologie war unter ihm Feld der Zweiten Sekretare. 1853 begründete er zusammen mit Mommsen bei der Preuß. Akad. der Wiss. das *Corpus inscriptionum Latinarum* (CIL) und übernahm darin die Bearbeitung der stadtröm. Inschriften. Ab 1860 war er an der Edition der Schriften Borghesis, einem franz. Unternehmen, beteiligt [4].

H. war ein eher konservativer, persönlich bescheidener Charakter und Feind aller – auch der wiss. – Wichtigtuerei. Er leitete das röm. Institut ruhig und sachlich über 40 Jahre lang. Die Umwandlung des übernationalen *Instituto di Corrispondenza Archeologica* 1871 in eine preuß. Anstalt, 1874 in eine des Dt. Reichs begrüßte er, die 1886 vom Reich befohlenen in die Institutsarbeit eingreifenden Reformen aber beklagte er und reichte seinen Rücktritt ein. Noch im Amt starb H. 1887.

Schriften

[1] De tabula alimentaria Baebianorum, in: Annali dell'Instituto di Corrispondenza Archeologica 16, 1844, 5–111 [2] Explicatio musivi in villa Borghesiana asservati, 1845 [3] Collectionis Orellianae supplementa emendationesque exhibens (Inscriptionum Latinarum selectarum amplissima collectio, Bd. 3) (Edition), 1856 [4] (Hrsg.), Bartolomeo Borghesi, Œuvres complètes, 10 Bde. (Mitarbeit), 1862–1877 [5] Fasti consulares ad a.u.c. DCCLXVI (Edition), in: CIL 1.1, 1863 [6] Acta fratrum Arvalium quae supersunt (Edition), 1874 [7] Inscriptiones urbis Romae Latinae (CIL VI.1–3) (Edition), 1876–1886.

Sekundärliteratur

[8] H. Blanck, Art. Henzen, Johann Heinrich Wilhelm, in: DBI 61, 2003, 680–683 [9] H. Blanck (Hrsg.), Le scienze dell'antichità nell'Ottocento. Il carteggio fra Adolphe Noël des Vergers e i segretari dell'Instituto di Corrispondenza Archeologica. Wilhelm Henzen e Heinrich Brunn, 2009 [10] H.-G. Kolbe (Hrsg.), Wilhelm Henzen und das Institut auf dem Kapitol. Aus Henzens Briefen an Eduard Gerhard, 1984 [11] H.-G. Kolbe, Wilhelm Henzen, in: R. Lullies/Schiering Arch. 1988, 43–44 [12] A. Mau, Wilhelm Henzen, in: Biographisches Jb. für die Alterthumskunde 11, 1888, 135–160.

Horst Blanck †

Heraeus, Carl Gustav

Dt. Antiquar, Numismatiker und Schriftsteller. Geb. 1671 in Stockholm, gest. am 6.11.1725 in Veitsch (Obersteiermark). Schulausbildung in Stockholm; ab 1682 Besuch der Univ. in Uppsala, ab 1687 des Gymnasium Carolinum in Stettin, Prom. 1689 ebda. Erneutes Studium an der Univ. Frankfurt an der Oder; 1690 kurzer Aufenthalt in Stockholm und an zahlreichen dt. und niederl. Univ.; 1693 in Paris, 1694 Rückkehr in die Heimat über Wolfenbüttel und Hamburg. 1698–1701 Aufenthalt in Paris als Lehrer des Barons Hans von Fersen sowie zur Erweiterung der Kenntnisse in Numismatik und lat. Philologie. 1702 Anstellung als Hofrat des Fürsten zu Schwarzburg-Sondershausen in Thüringen. 1708/09 Ruf an den Habsburgischen Hof in Wien durch Kaiser Joseph I.; 1710 Ernennung zum Medaillen- und Antiquitäteninspektor und Verleihung des Titels Kaiserlicher Rat; 1712 Bestätigung im Amt durch Kaiser Karl VI.; ab 1719 Betreiber einer Kupfermine in Veitsch [7.412–416]; [8.94–100].

Werk und Wirkung

H.' Ausbildung war von seinen zahlreichen Aufenthalten an verschiedenen schwed., dt. und niederl. Univ. geprägt. Seine wiss. Arbeit stand jedoch ganz im Zeichen seiner Anstellung am Hof in Wien; in Sondershausen war er v.a. mit der Gestaltung von Illuminationen und Hoffesten betraut gewesen, nicht mit numismatischen Aufgaben [8.100]. Auch in Wien war H. zunächst durch Arbeiten zum Glanz des kaiserlichen Hofes beansprucht. Für diesen schuf er etwa Embleme und Medaillen oder das unvollendet gebliebene Hauptwerk, den *Thesaurus numismatum recentiorum* [4], erst nach seinem Tod gedruckt

[5.548–553]. Daneben war H. jedoch insbes. mit der Systematisierung der kaiserlichen Münzsammlungen und mit Ankäufen betraut. Eine zentrale Tätigkeit war die Zusammenführung der in der Hofbibliothek aufbewahrten Ferdinandeischen Sammlung, der 1669 nach Wien gekommenen Schatzkammer des Erzherzogs Leopold Wilhelm in der Stallburg und der Münzsammlung von Schloss Ambras in Tirol, welche 1713 nach Wien überführt werden konnte. Dadurch wurde erstmals ein räumlich einheitliches kaiserliches Kabinett geschaffen. Daneben war H. 1720 auch am Ankauf der *Tabula Peutingeriana* durch Eugen von Savoyen maßgeblich beteiligt. Schließlich steuerte er dt. und franz. Beschreibungen antiker Bauten für das 1712 verfasste Originalexemplar des 1721 gedruckten *Entwurff einer historischen Architektur* von Johann Bernhard Fischer von Erlach bei [7.184–201].

Den Grundstock für H.' zahlreiche Kontakte zu anderen Gelehrten legten sein langjähriges Studium und die damit verbundenen Reisen. So traf er 1690 als Student bei einem Besuch Berlins Lorenz ↗Beger, 1692 in Leiden Jacobus ↗Gronovius und 1693 in Utrecht Johann Georg ↗Graevius. Mit Leibniz unterhielt H. im Zuge von dessen Akademieprojekt zwischen 1713 und 1716 einen intensiven Briefwechsel; auch an Philipp von ↗Stosch sind Briefe erhalten [8.278–284].

Auch wenn H. mit einer Arbeit über Curtius Rufus promoviert wurde [1], nahmen an der Anzahl seiner Schriften gemessen die alt.wiss. Studien in seinem umfangreichen Œuvre einen geringen Stellenwert ein. H. ist vielmehr als universalgelehrter Hofantiquar zu charakterisieren. Seine wiss. Tätigkeit im Bereich der antiqu. Forschung war von seinem praktischen Wirken an den Fürstenhöfen und insbes. der Neuordnung der Wiener Sammlungen gekennzeichnet. Am Wiener Hof war H. als Gelehrter und Numismatiker eine der zentralen Gestalten; er ist als wichtige Persönlichkeit auf dem Weg zur Begründung einer systematischen Numismatik in Österreich anzusehen [8.93 f.].

SV: [7.403–405].

N: Benediktinerstift Göttweig (Stammbuch/autographisches Album); Stockholm, Reichs- und Stadtarchiv; Wien, Kunsthistor. Museum, Münz- und Medaillenkabinett (Briefe) [6.11–32].

Schriften

[1] Observationum politicarum centuria una, e Qu. Curtio concinnata (Diss.), Stettin 1689 [2] Vermischte Neben-Arbeiten Hn. Carl Gustafs Heraei, Kayserl. Raths und Antiquitäten-Inspectors. Samt einer Zugabe etlicher anderwärtig von ihm verfassten Gedichten, Wien 1715 [3] Inscriptiones et symbola varii argumenti, Nürnberg 1721 (2. Aufl. Leipzig 1734) [4] Thesaurus numismatum recentiorum D. Caroli VI. Imperatoris jussu ex Gazophylacio aulae caesareae Vindobonensis per tabulas LXV exhibitus, et serie genealogica dispositus, 1828 (postum).

Sekundärliteratur

[5] J. Bergmann, Über Kaiser Carl's VI. Rath und Hof-Antiquarius Carl Gustav Heraeus, dessen Stammbuch und Correspondenz, in: SB der Philos.-Histor. Classe der kaiserlichen Akad. der Wiss. 13, 1854, 539–625 [6] J. Bergmann, Nachtrag zur Biographie des kaiserlichen Rathes, Münzen- und Antiquitäten-Inspectors Karl Gustav Heraeus, in: SB der Philos.-Histor. Classe der kaiserlichen Akad. der Wiss. 63, 1870, 7–32 [7] A. Hammarlund, Ett äventyr i staten. Carl Gustav Heraeus, 1671–1725. Från Stockholm till kejsarhovet i Wien, 2003 [8] A. Hammarlund, Entwurf einer historischen Topographie. Carl Gustav Heraeus auf dem Wege von Tessins Stockholm nach Fischers Wien. Bildungsgeschichte eines Konzeptverfassers, in: A. Kreul (Hrsg.), Barock als Aufgabe, 2005, 93–108.

Jörn Lang

Hermann, Gottfried

Dt. Philologe. Geb. am 28.11.1772 in Leipzig, gest. am 31.12.1848 ebda. Ab 1786 Studium der Rechtswiss. sowie der Phil. in Leipzig. 1793 M.A. der Artes liberales, 1794 Habil. an der Univ. Leipzig. 1797 ao.Prof. für Philosophie sowie 1803 Prof. eloquentiae ebda.; nach der Ablehnung eines Rufs nach Kiel 1809 Prof. poeseos in Leipzig.

Werk und Wirkung

Friedrich Wolfgang Reiz machte H. mit der rationalistisch-empiristischen Philologie nach Richard ↗Bentley bekannt; Christian Gottfried Schütz veranlasste ihn zur textkritischen Untersuchung des Aischylos, die H. lebenslang beschäftigte [7]. Kants Philosophie lernte H. durch Karl Leonhard Reinhold kennen; 1795 hielt H. Veranstaltungen zu Kants *Kritik der Urteilskraft* [8.Bd. 1, 20–24] (vgl. [16]; [17.13 f.]) und nahm darin den Positivismus vorweg [16]. Auf dem Gebiet des griech. Epos beschäftigte sich H. zuerst mit den Orphischen [4], dann mit den Homerischen Hymnen [5]. Dabei ging er von Friedrich August ↗Wolfs *Prolegomena* aus und betonte die mündliche Entstehung der Epen vor Homer sowie die mündliche Rezitations-Trad. nach Homer. Die überlieferten epischen Texte waren für H. Ergebnis von Interpolationen späterer Dichter. Dabei entstand auch seine Theorie einer *Ur-Ilias* (Nucleus: Zorn des Achilleus), die durch spätere Hinzufügungen erweitert worden sei. Zwischen 1816 und 1819 stand er in regem Austausch mit Friedrich Wilhelm von ↗Humboldt, der u.a. in der Appendix zu dessen Agamemnon-Übersetzung gipfelte [6].

Aus seinen unermüdlichen Arbeiten zu Aischylos stammten H.s Überlegungen zur nötigen Balance zwischen der Textemendation nach rationalen sprachlichen und metrischen Regeln einerseits und der Berücksichtigung von Ausnahmen und Anomalien, wie sie gerade in der Dichtung häufig auftreten, andererseits. Editionsmethodisch unterschied H. (Bentley kritisierend) zwischen *sensus* (dem angeborenen und nicht mitteilbaren Verständnis, das sich beim häufigen Lesen von Dichtern verfeinere) und dem rationalen, logischen *iudicium*; er forderte beider Verbindung [8. Bd. 2, 263–287]; vgl. [17. 101–117] und suchte den *sensus* des Interpreten und den des Autors zusammenzuführen. Der Philologe solle den Leser die *affectiones animi* des Dichters fühlen lassen [8. Bd. 7, 97–128]. H. wandte die Methode Karl ↗Lachmanns nicht an, auch wenn ihm die Wichtigkeit der Hss.-Autopsie bewusst war. Er sah in der *interpretatio* und *emendatio* der ant. Texte das Herz der philol. Forschung.

H. sah sich als den letzten Vertreter der grammatischen Schule [16. 441–443] und stand der ›romantischen‹ Philologie Friedrich ↗Creuzers skeptisch gegenüber. Er entwickelte eine auf Kant'schen Kriterien basierende Mythologietheorie, die er auf die etymologische Untersuchung der Götternamen (im griech. Sprachgebiet) stützte [14]; [15]; [18]. Sprache war für ihn das Mittel, den Geist eines Volkes zu erfassen – im Methodenstreit mit August ↗Boeckh, für den diese nur eine der kulturellen Ausdrucksmöglichkeiten eines Volkes darstellte [21]. H. polemisierte scharf gegen Friedrich Gottlieb ↗Welcker in Bezug auf die Kompositionstechniken tragischer Tetralogien [7], nachdem dieser H.s etymologische Mythologie lächerlich gemacht hatte [17. 101–103]. H.s Polemik gegen Karl Otfried ↗Müller entzündete sich an den Angriffen in dessen *Eumeniden*-Edition (1833) [9]; vgl. [13]. Dabei konkretisierte H. seine Vorstellungen über ant. Inszenierungskunst, Chor und Bühnenraum, die – obgleich innovativ – später arch. widerlegt wurden; er erfasste jedoch den Zusammenhang der Dramenstruktur mit der Interaktion des Chors und den Schauspielern.

Diese Auseinandersetzungen zeigen den Gegensatz zwischen ›klassizistischer‹ und ›historistischer‹ Antikesicht. Für H. besaßen lit. Texte eigenständigen überzeitlichen Wert, für Müller und Boeckh waren sie allein dem vollständigen Verständnis der histor. Wirklichkeit dienende Gegenstände. H. zog in seinen Interpretationen die ›Einfachheit‹ vor, die er, der klassizistischen Ästhetik folgend, als Hauptmerkmal der Griechen verstand. Zugleich gab es Gemeinsamkeiten: Mit Creuzer nahm er einen oriental. Ursprung der griech. Mythologie an und verwies stets darauf, dass für die Interpretation nach der Textsicherung auch außersprachliche Belange wichtig sind.

H. war der letzte Vertreter der vormod. Philologie, der letzte große Aufklärungsphilologe. Seine herausragende Leistung manifestiert sich in der Textkritik und der exzeptionellen Kenntnis der Sprache und des Stils der griech. Dichter. Seine Beiträge auf diesem Gebiet, Zeugnisse eines stetigen *work in progress* (die Aischylos-Edition erfolgte erst postum [10]), haben größtenteils ihre Gültigkeit behalten.

Schriften

[1] De metris poetarum Graecorum et Romanorum libri III, 1796 [2] Hdb. der Metrik, 1799 [3] De emendanda ratione Graecae grammaticae, 1801 [4] Orphica (Edition), 1805 (Ndr. 1971; engl. Ausg. 1927) [5] Homeri Hymni et epigrammata (Edition), 1806 [6] Adnotatio ad Humboldti interpretationem, in: F. W. von Humboldt, Aeschylos, Agamemnon (Edition), 1816, 83–86 [7] Rez. von F. G. Welcker, »Die Aeschyleische Trilogie Prometheus«, in: Leipziger Literatur-Zeitung 1–3, 1825, 1–2 [8] Opuscula, 7 Bde., 1827–1877 (Ndr. 1970) [9] Recension von Herrn K. O. Müllers Eumeniden des Aeschylus, 1835 [10] Aeschyli Tragoediae, 2 Bde. (Edition, mit Praefatio von M. Haupt), 1852 (²1859).

Sekundärliteratur

[11] J. Benecke-Deltaglia / E. J. Schmidt, Zum 150. Todestag von Gottfried Hermann, in: Philologus 142, 1998, 335–358 [12] E. Degani, Filologia e storia, in: Eikasmos 10, 1999, 279–314 [13] F. Ferrari, L'Eumenidenstreit, in: Annali della Scuola normale superiore di Pisa, serie 3, 14/3, 1984, 1173–1184 [14] S. Fornaro, Introduzione, in: F. Creuzer / G. Hermann, Lettere sulla mitologia, hrsg. von S. Fornaro, 2009 [15] S. Fornaro, Die Mythologie übersetzen. Der Briefwechsel zwischen Friedrich Creuzer und Gottfried Hermann, in: S. Rebenich / Th. Späth (Hrsg.), Translating Antiquity, 2010, 75–97
[16] A. La Penna, Sugli inizi della filosofia »positivistica« in Germania, in: A. Santucci (Hrsg.), Scienza e filosofia nella cultura positivistica, 1982, 427–445 [17] A. Medda, »Sed nullus editorum vidit«. La filologia di Gottfried Hermann e l'Agamemnone di Eschilo, 2006 [18] G.W. Most, Hermann gegen Creuzer über die Mythologie, in: K. Sier (Hrsg.), Gottfried Hermann (1772–1848). Internationales Symposium in Leipzig 2007, 2010, 165–179 [19] E. G. Schmidt, Art. Gottfried Hermann, in: Briggs/Calder 160–170
[20] K. Sier / E. Wöckener-Gade (Hrsg.), Gottfried Hermann (1772–1848). Internationales Symposium (Leipzig 2007), 2010 [21] E. Vogt, Der Methodenstreit zwischen Hermann und Böckh und seine Bedeutung für die Geschichte der Philologie, in: H. Flashar et al. (Hrsg.), Philologie und Hermeneutik im 19. Jh., 1979, 103–121.

Sotera Fornaro (Ü: N. M.)

Hermolaus Barbarus s. Barbaro, Ermolao

Hertzberg, Gustav Friedrich

Dt. Althistoriker. Geb. am 19. 6. 1826 in Halle an der Saale, gest. am 16. 11. 1907 ebda. Schulzeit am Pädagogium der Franckeschen Stiftungen, 1843 Studium der Gesch. und Klass. Phil., zeitweilig auch der Theologie und der Oriental. Sprachen an den Univ. Halle und Leipzig, Prom. 1848 in Halle. Staatsexamen

1850, danach Hilfslehrer am Pädagogium der Franckeschen Stiftungen. 1851 Habil. in Alter Gesch. an der Univ. Halle. Mitglied der Nationalliberalen Partei, 1858–1860 Redakteur des *Preußischen Wochenblatts*. 1860 apl. Prof. für Alte Gesch. an der Univ. Halle, 1866–1871 Redakteur am nationalliberalen *Hallischen Tageblatt*, ab 1889 Honorarprof. an der Univ. Halle. Ab 854 Mitglied der Freimaurerloge »Drei Degen« [13], ab 1895 der Histor. Kommission der Provinz Sachsen; Vorsitzender des Sächsisch-Thüringischen Geschichtsvereins. 1901 Ehrenbürgerschaft der Stadt Halle; ab 1906 Geheimer Regierungsrat.

Werk und Wirkung

Neben seiner journalistischen Tätigkeit und seinem Interesse an der Geschichte seiner Heimatstadt [11]; [14]; [15] verfasste H. eine Reihe von Monographien zur griech. Geschichte von den Anfängen [12]; [5]; [9] über Byzanz bis ins 19. Jh. [7]; [10]. Seine Schriften wurden von den Zeitgenossen als Synthesen und Stoffsammlungen rezipiert und kritisiert. Bezeichnend ist das Urteil, das Ulrich von ↗Wilamowitz-Moellendorff über [9] in einem Brief an Theodor ↗Mommsen fällte (9. 9. 1880): H. beanspruche »wol auch nicht, gelesen zu werden«; gleichwohl empfahl er Mommsen, als dieser am fünften Band seiner *Röm. Geschichte* arbeitete, H.s. *Geschichte Griechenlands* [5] als »brauchbare« Materialsammlung (28. 8. 1884). Karl ↗Christ zählt H. zu den Althistorikern der zweiten Hälfte des 19. Jh.s, die für »Teilbereiche der Röm. Geschichtswissenschaft zumeist gediegene Monographien vor[legten], die indessen in der Regel keine weitere Resonanz fanden« [16. 81]. H. wirkte auch als Übersetzer, verfasste zahleiche Beiträge zu Sammelwerken – etwa der *Allgemeinen Staatengeschichte* (z. B. [10]) oder der von Wilhelm Oncken herausgegebenen *Allgemeinen Geschichte in Einzeldarstellungen* (z. B. [9]) – und suchte die Alte Geschichte in zahlreichen Darstellungen (z. B. [4]; [6]; [8]) jungen Lesern nahe zu bringen [17. 718].

Schriften

[1] De rebus Graecorum inde ab Achaici foederis interitu usque ad Antoninorum aetatem (Habil.schrift Halle), 1851 [2] Alkibiades der Staatsmann und Feldherr, nach den Quellen dargestellt, 1853 [3] Das Leben des Königs Agesilaus II. von Sparta, nach den Quellen dargestellt, 1856 [4] Die Asiatischen Feldzüge Alexanders des Großen (Jugend-Bibliothek des griech. und dt. Alterthums 14–15/16), 2 Bde., 1863–1864 [5] Die Geschichte Griechenlands unter der Herrschaft der Römer, 3 Bde., 1866–1875 [6] Der Feldzug der zehntausend Griechen, nach Xenophons Anabasis dargestellt, 1870 (2. Aufl.; Jugend-Bibliothek des griech. und dt. Alterthums 6) [7] Geschichte Griechenlands seit dem Absterben des antiken Lebens bis zur Gegenwart, 4 Bde., 1876–1879 (neugriech. Übers. 1902–1906) [8] Die Geschichte der Perserkriege, nach den Quellen erzählt, 1877 (Jugend-Bibliothek des griech. und dt. Alterthums 4) [9] Geschichte von Hellas und Rom, 2 Bde., 1879 [10] Neueste Geschichte Griechenlands von der Erhebung der Neugriechen gegen die Pforte bis zum Berliner Frieden, 1879 [11] Geschichte der Stadt Halle an der Saale, 3 Bde., 1889–1893 [12] Kurze Geschichte der altgriech. Kolonisation, 1892 [13] Geschichte der Freimaurer-Loge zu den drei Degen im Orient von Halle, 3 Bde., 1893–1918 [14] Kurze Übersicht über die Geschichte der Universität in Halle a. S. bis zur Mitte des 19. Jh.s, 1894 [15] August Hermann Francke und sein Hallisches Waisenhaus, 1898.

Sekundärliteratur

[16] Christ, RömGG [17] G. Grimm, Art. Hertzberg, Gustav Friedrich, in: NDB 8, 1968, 717–718.

Heinrich Schlange-Schöningen

Herzfeld, Ernst

Dt. Archäologe und Orientalist. Geb. am 23. 7. 1879 in Celle, gest. am 21. 1. 1948 in Basel. Dom-Gymnasium in Verden an der Aller, Joachimsthalsches Gymnasium in Berlin (Abitur 1897), darauf ein Jahr Militärdienst. Studium der Architektur an der TH (Berlin-)Charlottenburg, Abschluss 1903 und Ernennung zum königlichen Regierungsbauführer. Studien der Assyriologie und Kunstgesch. in Berlin. 1903–1905 Mitarbeiter Walter ↗Andraes in Assur, danach Reisen im westl. Iran. 1907 Prom. bei Eduard ↗Meyer und Reinhard ↗Kekulé von Stradonitz in Berlin; 1909 ebda. Habil. für Histor. Geographie und Kunstgesch. des Orients. PD, 1917 ao. Prof., 1920 o. Prof. für Landes- und Altertumskunde des Orients ebda. Leitung von Ausgrabungen in Samarra (1911–1913), Paikuli (1923), Pasargadai (1923; 1928), Kuh-i Khwaja (1928) und Persepolis (1931–1934). 1935 Aufenthalt in London; in Berlin aufgrund der Rassengesetze in den Ruhestand versetzt. 1936 am Institute for Advanced Study in Princeton; gleichzeitig Lehrauftrag am Institute of Fine Arts der New York Univ.; 1944 emeritiert. Mitglied zahlreicher Akademien und Gesellschaften weltweit.

Wissenschaftlicher Werdegang

H., Sohn eines preuß. Oberstabsarztes, arbeitete nach dem Studium der Architektur und Assyriologie 1903–1905 in Assur. 1907 promovierte er mit einer Arbeit über Pasargadai [1] bei Eduard ↗Meyer, dessen bekanntester und treuer Schüler er wurde. 1909 bildeten iran. Felsreliefs das Thema seiner Habil.-Schrift [3]. Durch seine Reisen mit Friedrich Sarre, seine Ausgrabung der Abbassidenhauptstadt Samarra und weitere Arbeiten [4]; [5]; [8]; [12]; [2] definierte H. die islam. Kunstgeschichte neu. Gleichzeitig erforschte er in Samarra eine spätneolithische Siedlung [10]. 1920 erhielt H. in Berlin die weltweit erste Professur für Orientarchäologie (ohne zeitliche Eingrenzung). 1923–1934 hielt er sich meist im Iran auf, wo er durch seine wegweisenden Forschungsreisen [7] und ab 1926 als Berater des Schah u.a. in der Frage eines Antikengesetzes zum Begründer der iran. Archäologie wurde. Seine Forschungen galten allen Perioden, v.a. den Sasaniden (Paikuli 1923; Kuh-i Khwadja 1928) und Achaimeniden (Pasargadai 1923, 1928). Für die achaimenidische Hauptstadt Persepolis entwickelte er 1923/24 Forschungspläne und grub dort 1931–1934 mit Geldern des Oriental Institute Chicago [9].

Ende 1934 verließ H. den Iran, um Vorlesungen in London zu halten, wurde zu Unrecht des Antikenschmuggels beschuldigt und verlor die Grabungsleitung in Persepolis. 1935 wurde er aufgrund seiner jüd. Großeltern, jener falschen Anschuldigungen und negativer Gutachten von Fachkollegen, mit denen er schon länger entzweit war, in Berlin zwangspensioniert. Das Princeton Institute for Advanced Study gewann ihn als erstes geisteswiss. Mitglied. 1944 emeritiert, nahm H. in Aleppo, Damaskus und Kairo seine Arbeiten für das *Corpus Inscriptionum Arabicarum* wieder auf [11]; [13], doch erkrankte er und starb bei einem Kuraufenthalt nahe Basel. Seinen Nachlass hatte er der *Freer Gallery* in Washington D.C. überantwortet.

Werk und Wirkung

H. muss als entscheidender Mitbegründer der islam. und der iran. Archäologie gelten. Seine Arbeiten umfassten alle Perioden bis zum 16. Jh. in Iran, Irak, Syrien, Ägypten und der Türkei [15]. Mit den Ausgrabungen in Samarra und Tall-i Bakun schuf er Grundlagen für die Erforschung des Neolithikums. Die Arbeiten in Persepolis und Pasargadai eröffneten bahnbrechende Einblicke in achaimenidische Paläste und Verwaltung. Seine Veröffentlichungen zu sasanidischen Inschriften waren wesentlich für das Mittelpersische und die sasanidische Geschichte [6].

In den 1930er Jahren musste H. der Diversifizierung der Forschung Tribut zollen. Wiss. Irrtümer, seine Eduard ↗Meyer folgende Kulturkreistheorie und der angebliche Antikenschmuggel, v.a. aber persönliche Animositäten isolierten ihn in Deutschland und beschädigten seinen Ruf. Erst in den letzten Jahren werden seine außerordentlichen Leistungen auch außerhalb der islam. Archäologie wieder anerkannt [14]. H. verband seine intensive Kenntnis diverser Sprachen und ihrer Schriftquellen (insbes. Assyrisch, Alt- und Mittelpersisch, Arabisch) mit arch. Untersuchungen von Keramik, Felsreliefs und Bauaufnahmen sowie der histor. Topographie, um zu histor. Rekonstruktionen zu gelangen. In der gleichberechtigten Nutzung dieser Quellen ist er noch heute beispielhaft. Seit 2005 trägt eine Gesellschaft zur Erforschung der islam. Archäologie seinen Namen [15].

SV: G.C. Miles, The Writings of Ernst Herzfeld, in: Ars Islamica 7, 1940, 82–92; G.C. Miles, Additions to the Bibliography of Ernst Herzfeld, in: G.C. Miles (Hrsg.): Archaeologica Orientalia in memoriam Ernst Herzfeld, 1952, 279f.

N: Washington, D.C., Freer Gallery of Art (Ernst Herzfeld Archives); University of Chicago, Oriental Institute; New York, Metropolitan Museum.

Schriften

[1] Pasargadae. Untersuchungen zur persischen Archäologie, in: Klio 8, 1908, 1–68 [2] Die Genesis der islamischen Kunst und das Mschatta-Problem, in: Der Islam 1, 1910, 27–63, 105–144 [3] Iranische Felsreliefs. Aufnahmen und Untersuchungen von Denkmälern aus alt- und mittelpersischer Zeit (mit F. Sarre), 1910 [4] Archäologische Reise im Euphrat- und Tigris-Gebiet, 4 Bde. (mit F. Sarre), 1911–1920 [5] Die Ausgrabungen von Samarra, Bd. 1: Der Wandschmuck der Bauten von Samarra und seine Ornamentik, 1923 [6] Paikuli. Monument and Inscription of the Early History of the Sasanian Empire, 2 Bde., 1924 [7] Reisebericht, in: Zs. der Deutsch-Morgenländischen Gesellschaft 80, 1926, 225–284 [8] Die Ausgrabungen von Samarra, Bd. 3: Die Malereien von Samarra, 1927 [9] Rapport sur l'état actuel des ruines de Pérsépolis et propositions pour leur conservation, in: Archäologische Mitteilungen aus Iran 1, 1929, 17–40 [10] Die Ausgrabungen von Samarra, Bd. 5: Die vorgeschichtlichen Töpfereien, 1930 [11] Damascus. Studies in Architecture, Teile 1–4, in: Ars Islamica, 1942–1948, 9, 1–53; 10, 13–70; 11/12, 1–71; 13, 118–138 [12] Die Ausgrabungen von Samarra, Bd. 6: Geschichte der Stadt Samarra, 1948 [13] Matériaux pour un Corpus Inscriptionum Arabicarum. Teil 2: Syrie Nord: Inscriptions et monuments d'Alep I–III, 1954–1955.

Sekundärliteratur

[14] A.C. Gunter / S.R. Hauser (Hrsg.), Ernst Herzfeld and the Development of Near Eastern Studies, 1900–1950, 2005 [15] S.R. Hauser, Ernst Herzfeld, professeur de l'archéologie orientale à l'université de Berlin, in: Beiträge zur Islamischen Kunst und Archäologie (Ernst-Herzfeld-Gesellschaft) 1, 2008, 21–40.

Stefan R. Hauser

Hettner, Felix

Dt. Provinzialröm. Archäologe. Geb. am 29.7. 1851 in Jena, gest. am 12.10.1902 in Trier. 1872–1877 Studium der Alt.wiss. in Leipzig und Bonn, dort 1877 Prom. 1877–1902 Direktor des Provinzialmuseums in Trier.

Werk und Wirkung

H., der sich auf Anregung seines Vaters Hermann H. (Direktor der Antikensammlung und des Museums der Gipsabgüsse in Dresden) der Altertumskunde zuwandte, gilt als Gründer des rheinpreuß. Provinzialmuseums in Trier, der bedeutendsten Sammlung zur röm. Archäologie in Deutschland [3]; [6]. Er unternahm zahlreiche Ausgrabungen in der Stadt Trier und im umliegenden Bezirk [2]; [5], darunter der bedeutenden Grabmäler von Neumagen, die 1932 von Wilhelm von ↗Massow publiziert wurden. Als Herausgeber der *Westdt. Zeitschrift für Geschichte und Kunst* (1882–1902), die er mit Korrespondenzblatt und Museographie zum Zentralorgan der west- und süddt. Archäologie machte, besaß H. großen Einfluss u.a. im Museumswesen und in der Denkmalpflege. 1892–1898 wurde er, veranlasst von Theodor ↗Mommsen, Arch. Dirigent der Reichs-Limeskommission. Er leitete die Untersuchung des obergerman.-rätischen Limes [4] und die Herausgabe der Kastellgrabungen [1], die dann Ernst ↗Fabricius bis 1937 zu Ende führte. 1890 erhielt H. den Prof.-Titel, 1899 wurde er in die Zentraldirektion des DAI gewählt.

H.s Wirken stand am Beginn der grundlegenden Professionalisierung der dt. Altertumsforschung an der Wende vom 19. zum 20. Jh. Seine ausgezeichnete philol., epigr. und arch. Ausbildung verband sich mit einer herausragenden organisatorischen Begabung. Er war zu seiner Zeit der führende Archäologe im »röm.« Westen Deutschlands. Mit der in H.s all zu frühem Todesjahr 1902 gegründeten Röm.-German. Kommission erhielt die Archäologie in Deutschland ein eigenes Institut, das auf seiner Arbeit aufbaute.

SV: [8.266–283].

N: Trier, Rheinisches Landesmuseum [8.265f.].

Schriften

[1] (Hrsg.), Der obergermanisch-raetische Limes des Roemerreiches, Bde. 1–18, 1882–1903 [2] Zu den röm. Altertümern von Trier und Umgegend, 1891 [3] Die röm. Steindenkmäler des Provinzialmuseums zu Trier, 1893
[4] Bericht über die vom Deutschen Reiche unternommene Erforschung des obergermanisch-raetischen Limes, 1895
[5] Drei Tempelbezirke im Trevererlande, 1901
[6] Illustrierter Führer durch das Provinzialmuseum in Trier, 1903.

Sekundärliteratur

[7] H. Lehner, Felix Hettner, in: Westdeutsche Zs. für Geschichte und Kunst 21, 1902, 339–361 [8] J. Merten, Felix Hettner (1851–1902), das Provinzialmuseum zu Trier und die Archäologie Westdeutschlands, in: Trierer Zs. 65, 2002, 215–283.

Jürgen Merten

Heurgon, Jacques

Franz. Klass. Philologe und Historiker. Geb. am 25.1.1903 in Paris, gest. am 27.10.1995 ebda. 1923–1927 Studium an der École normale supérieure in Paris; 1928 Mitglied der École française de Rome; ab 1930 Lehrer in Nancy. 1932–1942 Dozent an der Univ. Algier, dort 1934–1937 auch Lehrer am Lycée Bugeaud. 1944/45 Kulturattaché in Rom nach Teilnahme an der Schlacht um Monte Cassino. 1945 Prom. in Paris; ab 1945 Prof. in Lille, ab 1951 Dozent an der Sorbonne, 1953–1971 Prof. für lat. Philologie ebda.

Werk und Wirkung

Mit einem breit angelegten Studium bei den Klass. Philologen Alfred ↗Ernout und Jules ↗Marouzeau sowie den Althistorikern Jérôme ↗Carcopino und André ↗Piganiol profitierte H. als Forscher von den Methoden beider Disziplinen. So entstanden wichtige lit. [3]; [5], numismatische, arch. und althistor. [2] Studien zu den röm. Altertümern, bes. aus der Zeit der Republik, die H. mit einer umfassenden Monographie zu Rom in der Mittelmeerwelt bis zu den Punischen Kriegen abrundete [6]. Die Regionen Italien [1], Gallien und Nordafrika – gleichsam Spiegel seiner Laufbahn – stehen im Zentrum seiner Untersuchungen. V.a. der Ehe mit Anne Desjardins und seinem Engagement in der intellektuellen Linken in Algier verdankte H. ein weitgespanntes künstlerisch-intellektuelles Netzwerk (u.a. mit Jean Tardieu, André Gide und Albert Camus). Seine Funktion an der franz. Botschaft in Rom führte zu folgenreichen Kontakten zu dem Etruskologen Massimo ↗Pallottino und dem Althistoriker Santo ↗Mazzarino. H.s Werk zur etrusk. Wirtschafts- und Sozialgeschichte von 1961 ist bis heute ein Standardwerk [4] und wurde in viele Sprachen übersetzt.

SV: L'Italie préromaine et la Rome républicaine. Mélanges offerts à Jacques Heurgon, 2. Aufl. 1976, XIII–XXI.

Schriften

[1] Recherches sur l'histoire, la religion et la civilisation de Capoue préromaine, des origines à la deuxième guerre punique, 1942 [2] Trois études sur le »Ver sacrum« (Collection Latomus 26), 1957 [3] Ennius, Bd. 1: Les Annales, Bd. 2: Fragments tragiques (Edition), 1958 [4] La vie quotidienne chez les Étrusques, 1961 (dt. 1971)
[5] Tite-Live, Ab urbe condita liber primus (Edition), 1963
[6] Rome et la Méditerranée occidentale jusqu'aux guerres puniques, 1969 [7] Scripta varia (Collection Latomus 191), 1986.

Sekundärliteratur

[8] Jacques Heurgon, in: J. Leclant, Le second siècle de l'Institut de France 1895–1995, Bd. 1, 1999, 659
[9] D. Briquel, Jacques Heurgon, in: Studi etruschi, 1996, 567–569 [10] J.-C. Richard, Jacques Heurgon, in: Gnomon 69, 1997, 475–476 (REL 73, 1995, 19–20).

Hans-Ulrich Berner/Valeria Lilie

Heuß, Alfred

Dt. Althistoriker. Geb. am 27. 6. 1909 in Gautzsch bei Leipzig, gest. am 7. 2. 1995 in Göttingen. 1928 Studium der Gesch. und Klass. Philologie zunächst in Tübingen, dann bei Helmut ↗Berve in Leipzig; seit 1931 auch Jura; 1932 althistor. Prom.; 1936 juristische Prom.; 1936 althistor. Habil. in Leipzig. 1937 Ernennung zum Dozenten; 1938 Beginn der Lehrtätigkeit in Leipzig; 1938–1941 Vertretung des althistor. Lehrstuhls in Königsberg; 1941–1945 o.Prof. in Breslau; 1945/46 Vertretung des Lehrstuhls in Kiel; 1946–1948 in Köln; 1948–1954 o.Prof. für Alte Gesch. in Kiel; 1954–1977 Prof. in Göttingen. 1954–1958 Vorsitzender der Mommsen-Gesellschaft.

Biographie und wissenschaftlicher Werdegang

Die Entscheidung H.' (Sohn eines Schweizer Musikwissenschaftlers und einer Reutlinger Kaufmannstochter) für die Alte Geschichte war dem Einfluss Helmut ↗Berves in Leipzig geschuldet und beeinträchtigte nicht seine philos. Interessen [21]. Das Imperium Romanum als ein histor. Phänomen *sui generis* war es, das H. fortan interessierte; der Weg führte für ihn über die rechtliche Ausgestaltung [1] und über die Voraussetzungen, die der polit. Hellenismus im Osten [2] für das Imperium geschaffen hatte. Seiner Karriere förderlich war wohl auch der Eintritt in die NSDAP 1937 [22], sodass er im Dezember 1937 zum Dozenten für Alte Geschichte in Leipzig ernannt wurde. Es folgten eine Lehrstuhlvertretung in Königsberg, 1941 eine zunächst ao., dann o.Professur in Breslau; Letztere empfand H. als »Abschiebung« durch das Ministerium [21]. Nach dem Krieg bekleidete er nach Lehrstuhlvertretungen in Kiel und Köln zwei weitere Professuren, zunächst in Kiel in den Jahren 1948–1954 (»die schönsten meiner akad. Laufbahn« [18]), schließlich an der Univ. Göttingen 1954–1977; einen Ruf nach München hatte er abgelehnt.

In Kiel, wo er als akad. Lehrer ein großes Publikum erreichen konnte, wandte H. sich der Wiss.-Geschichte zu. 1956 erschien sein wegweisendes ↗Mommsen-Buch [7], und nur wenig später nahm die *Röm. Geschichte* Gestalt an, beseelt von seinem Wunsch, als Historiker der Gesellschaft »Nutzen« zu bringen [9]. In Göttingen fühlte H. sich als »bestgehaßter« Professor [22], und die 1968er Jahre, deren Anliegen er überhaupt nicht verstehen wollte, verschlimmerten seine Verbitterung. In dieser Zeit entstanden Arbeiten zur »Ideologiekritik« [13] und zu aktuellen Tendenzen der Bildungsreformen, oft *cum ira et studio* geschrieben. Der Rolle der Historie in der Gesellschaft ging er in geistreichen Texten wie [8] nach. Auch nach seiner Emeritierung verstummte H. nicht, sondern äußerte sich immer wieder zu zentralen Fragen der Geschichtswissenschaft.

Werk und Wirkung

H. war einer der »modernsten« dt. Althistoriker seiner Zeit [19], ein faszinierender Lehrer, wiss. das Gegenbild eines antiqu. Sammlers und philol. Spezialisten. Bestrebt, den Dingen auf den Grund zu gehen und die Einheit der Geschichte immer wieder einzufordern, war er sich stets der Verantwortung des Historikers in der Gesellschaft bewusst. Trotz oder gerade wegen seines Interesses an der Zeitgeschichte und der Philosophie war die Alte Geschichte für ihn immer der »Anfang« von allem. H.' fachspezifische Arbeiten lösten zahlreiche und kontroverse Diskussionen aus und bilden noch heute Grundlagen für die Forschung: seine Studien zum röm. Völkerrecht [1], zum Revolutionsbegriff [6], zum Hellenismus [2]; [3]; [5]; seine wiss.geschichtlichen Bücher zu Theodor ↗Mommsen [7] und Barthold Georg ↗Niebuhr [15], seine Gedanken zur Universalgeschichte [11] oder zur Theorie der Geschichte. Hohes gedankliches und lit. Niveau vertraten zudem auch seine Werke für ein breiteres Publikum [9]; [10]. Seine Thesen im Hellenismus-Buch [2], das völkerrechtliche Beziehungen auch zwischen hell. Monarchen und griech. Städten ausmachte, wurden und werden immer wieder diskutiert.

Gefürchtet waren H.' Rezensionen; seine Kritik konnte scharf, provozierend und beißend sein. Der kompromisslose und zornige konservative Zeitkritiker stand gelegentlich dem scharfsinnigen und originellen Historiker im Wege, aber H. dürfte auch in seiner internationalen Reputation einer der bedeutendsten Althistoriker des 20. Jh.s gewesen sein.

Schriften

[1] Die völkerrechtlichen Grundlagen der röm. Außenpolitik in republikanischer Zeit (Diss. Leipzig 1932), 1933 [2] Stadt und Herrscher des Hellenismus in ihren staats- und völkerrechtlichen Beziehungen (Habil.schrift Leipzig 1936), 1937 [3] Antigonos Monophthalmos und die griech. Städte, in: Hermes 73, 1938, 133–194 [4] Die archaische Zeit Griechenlands als geschichtliche Epoche, in: A&A 2, 1946, 26–62 [5] Alexander der Große und die politische Ideologie des Altertums, in: A&A 4, 1954, 65–104 [6] Der Untergang der röm. Republik und das Problem der Revolution, in: HZ 182, 1956, 1–28 [7] Theodor Mommsen und das 19. Jh., 1956 [8] Verlust der Geschichte, 1959 [9] Röm. Geschichte, 1960 (^{7}1998) [10] Hellas. Die Archaische Zeit. Die Klassische Zeit, in: G. Mann et al. (Hrsg.), Propyläen Weltgeschichte, Bd. 3, 1962, 69–400 [11] Zur Theorie der Weltgeschichte, 1968 [12] Das Revolutionsproblem im Spiegel der antiken Geschichte, in: HZ 216, 1973, 1–72 [13] »Ideologiekritik«. Ihre theoretischen und praktischen Aspekte, 1975 [14] Ciceros Theorie vom röm. Staat, in: Nachrichten der Akademie der Wissenschaften Göttingen. Philos.-Histor. Klasse, 1975, 195–

272 [15] Barthold Georg Niebuhrs wissenschaftliche Anfänge. Untersuchungen und Mitteilungen über die Kopenhagener Manuscripte und zur europäischen Tradition der lex agraria (loi agraire), 1981 [16] Versagen und Verhängnis. Vom Ruin deutscher Geschichte und ihres Verständnisses, 1984 [17] Gesammelte Schriften, 3 Bde., 1995 [18] A. Heuss, De se ipse, in: J. Bleicken (Hrsg.), Colloquium aus Anlass des 80. Geburtstages von Alfred Heuß, 1993, 171–221.

Sekundärliteratur

[19] Christ Klio 102–106 [20] H.-J. Gehrke, Alfred Heuß, in: Gnomon 96, 1997, 276–287 [21] H.-J. Gehrke (Hrsg.), Alfred Heuß. Ansichten eines Lebenswerkes. Beiträge des Symposions »Alte Geschichte und Universalgeschichte«, 1998 [22] S. Rebenich, Alfred Heuß. Ansichten seines Lebenswerkes. Mit einem Anhang: Alfred Heuß im Dritten Reich, in: HZ 271, 2000, 661–673.

Ernst Baltrusch

Heyne, Christian Gottlob

Dt. Altertumswissenschaftler, Publizist und Bibliothekar. Geb. am 25.9.1729 in Chemnitz, gest. am 14.7.1812 in Göttingen. Ab 1748 Studium der Jurisprudenz in Leipzig; 1753 Kopist und Hilfsbibliothekar beim Grafen Heinrich von Brühl in Dresden; 1757 Erzieher beim Grafen von Boitzen. Ab 1763 Prof. für Beredsamkeit an der Univ. Göttingen; 1764 Oberbibliothekar; 1770 Sekretar der Societät der Wiss. und Schriftleitung der *Göttingischen Gelehrten Anzeigen*.

Biographie, Werdegang und Werk

H. stammte aus einer armen Familie, sein Vater war Leineweber. Die Schulzeit und das Studium an der Univ. in Leipzig, wo sein wichtigster Lehrer Johann August ↗Ernesti war, waren von Mittellosigkeit geprägt. Da auch seine ersten Stellen als Hauslehrer sich nicht als einträglich erwiesen, waren seine ersten philol. Werke, die kommentierte Tibullausgabe von 1755 und die ebenfalls kommentierte Epiktetausgabe von 1756, Brotarbeiten; beide Editionen wurden von der zeitgenössischen Gelehrtenkritik gut aufgenommen. Die Jahre 1757–1760 nutzte H. als Erzieher des Grafen von Boitzen, den er an die Univ. Wittenberg begleitete, dort auch zu eigenen Studien. Den Antritt einer 1760 in Dresden bereits zugesagten Bibliothekars-Stelle verhinderte die Zerstörung Dresdens während des Siebenjährigen Kriegs, bei der H. alle seine wiss. Unterlagen verlor. 1761 heiratete er Therese [17], Tochter des Lautenisten Silvius Leopold Weiß, eines der berühmtesten Musiker am Dresdner Hof; drei ihrer Kinder überlebten. Die Tochter Therese (in erster Ehe mit dem Völkerkundler Georg Forster, in zweiter mit dem Schriftsteller Ludwig Ferdinand Huber verheiratet) wurde eine der ersten bekannten Journalistinnen Deutschlands.

1763 wurde H. durch Vermittlung David ↗Ruhnkens als Nachfolger von Johann Matthias ↗Gesner an die Univ. Göttingen berufen. Hier entfaltete er bis zu seinem Tode 1812 als Prof. für Eloquenz und Dichtung, als Leiter des Philol. Seminars, Bibliothekar und Mitglied der Societät der Wiss. eine außerordentlich vielfältige und reiche Tätigkeit. Seit 1770 war er auch Inspektor des Pädagogiums in Ilfeld sowie bei den Schulreformen in Göttingen (1798) und Hannover (1802/03) aktiv tätig [18. Bd. 2, 39–43]. Aus der zweiter Ehe mit Georgine Brandes (1777) entstammten sechs Kinder. In den Jahren seiner Bibliothekars- Tätigkeit leistete er ganz Entscheidendes für den Aufbau und die Organisation der Göttinger Univ.-Bibl. (heute Niedersächsische Staats-Bibl.); der Bestand wuchs von 60000 auf 200000 Bände. Auf H. geht auch die Anlage des alphabetischen Realkatalogs zurück, der bis 1945 weitergeführt wurde und noch heute gültig ist.

Als Philologe trat H. v.a. als Erklärer antiker Dichter auf. Seine Pindaredition [4] ersetzte nach über 150 Jahren die von Erasmus ↗Schmidt. H.s bereits von den Zeitgenossen gerühmte und bis heute wahrscheinlich wirkungsmächtigste Ausgabe war die vierbändige kommentierte Edition aller Werke Vergils (zuerst 1767 [2]; die 4. Auflage noch 1968). Ihr folgte 1802 die Edition der homerischen *Ilias* [7], die u.a. von Friedrich August ↗Wolf auch heftige Kritik erfuhr. H.s Ausgaben waren zwar philol.-wiss. angelegt; ihr eigentlicher Kern ist jedoch nicht die alt.wiss. Analyse, sondern die poetische Erklärung, die auf zeitloses ästhetisches Empfinden abhob und damit bewusst gegenwartsorientiert war. In diesem Punkt an seinen Vorgänger Johann Matthias ↗Gesner anknüpfend (dessen kommentierte Editionen von Quintilian und Claudian ähnlich angelegt waren), sah H. den Sinn der Lektüre antiker Dichter v.a. in der direkten Bildung des lit. und poetischen Geschmacks. Die Vergilausgabe ging in der Tat auch auf einen Verlegerwunsch zurück, eine gut verkäufliche Edition herauszubringen; dass alle Kommentare lat. geschrieben sind, stand im späten 18. Jh. einer breiteren Wirkung noch nicht entgegen. H. selbst bezweifelte sogar grundsätzlich – entgegen dem etwa von Johann Heinrich ↗Voß und Karl Wilhelm ↗Ramler repräsentierten Trend der Zeit –, ob ant. Dichter in dt. Übersetzungen angemessen gelesen werden könnten [16.335]. Aus der Zusammenarbeit mit einem Verleger entstand auch bereits die dt. Ausgabe der *General History of the World* von William Guthrie und John Gray unter dem Titel *Allgemeine Weltgeschichte* [1]; die Übersetzung stammte nicht von H.; dieser trug jedoch zahlreiche Korrekturen, Ergänzungen (z.T. auch längerer Abschnitte) und Quellenangaben bei; außerdem fügte er eine geschlossene Chronologie hinzu.

Bei H.s anderen Schriften – einer außerordentlich hohen Zahl – handelt es sich überwiegend um kürzere Texte, die in unmittelbarem Zusammenhang mit den akad. Lehr-, Verwaltungs- und Repräsentationspflichten standen: Societätsabhandlungen, Univ.-Programme und Rezensionen in den *Göttingischen Gelehrten Anzeigen* (*GGA*). In den insgesamt über 100 Univ.-Programmen (von ihm selbst z.T. in überarbeiteter Form in den *GGA* publiziert und dann zusammen als *Opuscula academica* veröffentlicht [6]) behandelte H. neben universitären Ereignissen auch rein alt.wiss. Themen; in vielen Fällen stellte er direkte Bezüge vom Altertum zu den Geschehnissen der Gegenwart her, z.B. zur Franz. Revolution. Mit insgesamt über 6000 Rezensionen in den *GGA* leistete H. im Verlauf von knapp 50 Jahren einen wesentlichen Beitrag zur Kommunikation von Forschungsergebnissen in Deutschland. Die weitaus meisten Beiträge betreffen alt.wiss., v.a. philol. Themen; H. rezensierte jedoch auch Werke zu neueren Gegenständen (zu Kunst, Literatur, Geschichte, Politik, anderen europ. Sprachen u.Ä.). Die Societätsabhandlungen (die als Vorträge innerhalb der Göttinger Akademie entstanden und dann in den *GGA*, z.T. aber auch in anderen Publikationsorganen erschienen) betreffen ausschließlich alt.wiss. Themen. Die wichtigsten Beiträge für die Entwicklung der Alt.wiss. leistete H. bereits mit seiner Ausgabe des Apollodor von 1782 [5], später dann in zahlreichen Abhandlungen auf dem Gebiet der Mythologie und der Religion. Wichtige Impulse gab er auch der Entwicklung der Etruskologie [16. 497–530].

Wirkung

H.s Wirkung beruhte nicht so sehr auf einzelnen herausragenden wiss. Leistungen – wenngleich der Wert vieler seiner Arbeiten hoch ist – als vielmehr auf einer umfassenden Tätigkeit gleichzeitig als Gelehrter, akad. Lehrer, Wiss.-Organisator insbes. für die Göttinger Univ. und die Göttinger Akad. sowie als Publizist. Auch wenn die Mehrzahl seiner Werke philol. Themen, v.a. die Erklärung der Dichter, betrifft, umfasste seine Tätigkeit auch die Geschichte [16], Kunst und Religion des Altertums, und mit seiner seit 1767 regelmäßig gehaltenen Vorlesung »Über das Studium der Antike« [3] und der Anlage der ersten universitären Gipsabguss-Sammlung wurde er zum Begründer der Klass. Archäologie als akademischer Disziplin [13]; [20]. Zu seinen Schülern zählten u.a. Friedrich August ↗Wolf, Friedrich Georg ↗Creuzer, Georg ↗Zoëga, Johann Heinrich ↗Voß und August Immanuel ↗Bekker sowie die Gebrüder ↗Schlegel; mit Johann Joachim ↗Winckelmann, ↗Lessing, ↗Goethe sowie Herder (dessen Schriften er mitherausgab) stand er in Verbindung. Wiss. trug H. Wichtiges zur Entwicklung der Altertumsforschung bei.

Gleichzeitig war für ihn die Beschäftigung mit dem Altertum im neuhumanistischen Sinne eine über die Wiss. hinausreichende Aufgabe. Er wirkte ebenso über seinen Schreibtisch wie durch seine akademischen Ämter und gesellschaftlichen Verbindungen zur intellektuellen Prominenz der Zeit (Herder, Georg Forster, die Schlegels usw.), die in seinem zentral gegenüber der Göttinger Bibliothek gelegenen Haus ein und aus ging.

Schriften

[1] (Hrsg.), Allgemeine Weltgeschichte von der Schöpfung an bis auf gegenwärtige Zeit … aus den Originalschriften berichtigt, und mit einer fortlaufenden Zeitrechnung … versehen, 8 Bde., Leipzig 1765–1772 [2] P. Virgilii Maronis opera. Varietate lectionis et perpetua adnotatione illustrata, 4 Bde. (Edition mit Komm.), Leipzig 1767–1775 (4. Aufl. = Neudruck der Ausg. 1830–1833: 1969) [3] Einleitung in das Studium der Antike oder Grundriß einer Anführung zur Kenntniß der alten Kunstwerke, 1772 [4] Pindari carmina. Cum lectionis varietate (Edition), Göttingen 1773 [5] Apollodori Atheniensis Bibliothecae libri tres et fragmenta (Edition), Göttingen 1782 (1972 Ndr. der Ausg. von 1803; Ad Apollodori Atheniensis Bibliothecam notae, 3 Bde., 1803) [6] Opuscula academica collecta, 6 Bde., Göttingen 1785 (Ndr. 1997) [7] Homeri carmina cum brevi annotatione. Accedunt variae lectiones et observationes veterum grammaticorum cum nostrae aetatis critica, 8 Bde. (Edition), Leipzig/London 1802 (Bd. 9: Indices, 1822).

Sekundärliteratur

[8] Der Vormann der Georgia Augusta. Sechs akademische Reden. FS Ch.G. Heyne, 1980 [9] G.-J. Bötte, The University Library at Göttingen as Germany's National Library for the Eighteenth Century. Christian Gottlob Heyne's Contemporary Acquisitions Strategy and the »Sammlung deutscher Drucke 1701–1800« on the Threshold of the Millenium, in: Library History 15, 1999, 13–21 [10] Bursian Gesch., 1883, 476–496 [11] F.W.P. Dougherty (Hrsg.), Christian Gottlob Heyne's Correspondence with Albrecht and Gottlieb Emanuel von Haller, 1997 [12] S. Fornaro, I greci senza lumi. L'antropologia della Grecia antica in Christian Gottlob Heyne (1729–1812) e nel suo tempo, 2004 [13] D. Graepler / J. Migl (Hrsg.), Das Studium des schönen Altertums. Christian Gottlob Heyne und die Entstehung der Klassischen Archäologie, 2007 [14] F.-A. Haase, Christian Gottlob Heyne (1729–1812). Bibliographie zu Leben und Werk, 2002 [15] A.H.L. Heeren, Christian Gottlob Heyne, biographisch dargestellt, 1813 [16] M. Heidenreich, Christian Gottlob Heyne und die Alte Geschichte (Diss. Bonn), 2006 [17] M. Heuser (Hrsg.), Therese Huber, Briefe, Bde. 1–6, 1999–2011 (ff., 10 Bde. geplant) [18] F. Paulsen, Geschichte des gelehrten Unterrichts, 2 Bde., ³1921 (bes. Bd. 1, 617–620) [19] I. Polke, Selbstreflexion im Spiegel des Anderen. Eine wirkungsgeschichtliche Studie zum Hellenismusbild Heynes (Diss. Marburg), 1999 [20] B. Preiss, Die wissenschaftliche Beschäftigung mit der Laokoongruppe. Die Bedeutung Christian Gottlob Heynes für die Archäologie

des 18. Jh.s (Diss. Bonn), ²1995 [21] U. Schindel, Art. Heyne, Christian Gottlob, in: NDB 9, 1972, 93–95.

Jürgen Leonhardt

Highet, Gilbert

Brit.-amerikan. Klass. Philologe. Geb. am 22.6. 1906 in Glasgow, gest. am 20.1.1978 in New York. 1928 M.A. in Klass. Philologie an der Univ. of Glasgow. 1932 Bachelor of Arts in *Literae Humaniores*, d.h. in Klass. Philologie, Philosophie und Alter Gesch., am Oxforder Balliol College. 1933–1937 Tutorial Fellow am St. John's College ebda. 1936 M.A. in *Classics* an der Univ. Oxford. Ab 1938 Prof. of Greek and Latin an der Columbia Univ. in New York; 1950 Anthon Prof. of Latin ebda; 1972 Emeritierung.

Werk und Wirkung

H.s Herangehensweise an die griech. und lat. Literatur war dadurch gekennzeichnet, dass er von ihrer bleibenden Gültigkeit überzeugt war und ihnen ethischen Wert beimaß. Neben der ant. Literatur galt sein Interesse bes. deren Rezeption in der abendländischen Literatur und Kultur. In seinem bedeutendsten Werk, *The Classical Tradition* [1], bis heute vielfach nachgedruckt, lieferte er einen Überblick über das Nachleben der Antike in der europ. Literatur vom frühen MA bis in die erste Hälfte des 20. Jh.s. Das Buch behandelt die großen Werke und Autoren meist einzeln oder nach epochenspezifischen Gattungen zusammengefasst, wobei die geistes- und kulturgeschichtlichen Bedingungen der Antikerezeption der betreffenden Periode allerdings kaum thematisiert werden. Trotz des Überblickscharakters beeindrucken H.s umfassende Kenntnisse und der monumentale Anspruch. Besondere Stärken des Buches liegen im Bereich der engl. Literatur, während das lat. MA vernachlässigt ist und z.B. die Darstellung des dt. Philhellenismus Defizite aufweist. H. verfasste auch Monographien zur lat. Literatur, etwa zu Juvenal [3] oder Vergils *Aeneis* [4]. In seinem weit verbreiteten und übersetzten Werk *The Art of Teaching* [2] legte er seine Überlegungen zu erfolgreichem Unterricht dar. Außerdem übersetzte er Werner ↗Jaegers *Paideia* ins Englische [6].

H. besaß außerordentliche Begabung als akad. Lehrer und als Vermittler der ant. Literatur an die amerikan. Öffentlichkeit. Durch seine Fähigkeit, Interesse an der europ. Geistes-Trad. jenseits akad. Kreise wachzuhalten, erwies er der griech. und lat. Literatur in Wiss. und Öffentlichkeit eminente Dienste.

SV: [5.349–378].

N: New York, Columbia University, Rare Book and Manuscript Library, Columbiana Collection, »Gilbert Highet« file.

Schriften

[1] The Classical Tradition. Greek and Roman Influences on Western Literature, 1949 (u.ö.) [2] The Art of Teaching, 1950 (dt. 1950) [3] Juvenal the Satirist, 1954 [4] The Speeches in Virgil's Aeneid, 1972 [5] The Classical Papers, hrsg. von R.J. Ball, 1983 [6] W. Jaeger, Paideia. The Ideals of Greek Culture, 3 Bde. (Übers.), 1939–1944 (u.ö.).

Sekundärliteratur

[7] R.J. Ball, Gilbert Highet and the Classical Tradition, in: R.J. Ball (Hrsg.), The Classical Papers of Gilbert Highet, 1983, 1–11, 430–432 [8] W.M. Calder III, Gilbert Highet, in: Gnomon 50, 1978 [9] Th.A. Suits, Art. Highet, Gilbert, in: Briggs/Calder 1990, 183–191 [10] G.B. Townend, Review of The Classical Papers of Gilbert Highet, in: Greece & Rome 31, 1984, 204–205.

Tobias Joho

Hirschfeld, Otto

Dt. Althistoriker und Epigraphiker. Geb. am 16.3.1843 in Königsberg, gest. am 27.3.1922 in Berlin. 1859–1863 Studium der Klass. Philologie und der Alten Gesch. in Königsberg, Bonn und Berlin; Prom. 1863 in Königsberg; Habil. 1869 in Göttingen. 1872–1876 o.Prof. für Alte Gesch. in Prag; 1876–1885 in Wien; 1885–1917 in Berlin.

Wissenschaflicher Werdegang und Werk

Der Sohn eines jüd. Kaufmanns ließ sich 1870 evangelisch taufen. Wiss. wurde H. durch Theodor ↗Mommsen geprägt, durch den er den Zugang zur lat. Epigraphik fand. Seine althistor. Forschungen galten der kaiserzeitlichen Provinzial- und der Verwaltungsgeschichte [1]. Daneben publizierte er eine große Zahl epigr. und antiqu. Spezialstudien [3]. In den 1880er Jahren hatte er maßgeblichen Anteil an der Erforschung von Carnuntum. H. unterstützte über viele Jahre das *Corpus Inscriptionum Latinarum* (CIL), für das er v.a. die Inschriften der gallischen Provinzen edierte [2]. 1885 wurde H. als Nachfolger Mommsens nach Berlin auf den Lehrstuhl für Alte, insbes. Röm. Geschichte berufen und ordentliches Mitglied der Preuß. Akad. der Wiss. Seine Lehrveranstaltungen widmeten sich meist der lat. Epigraphik und der röm. Kaiserzeit. Unermüdlich agierte er an der Univ. und in der Akad. als Sachwalter der Interessen seines Lehrers. Dessen *Gesammelte Schriften* gab er mit heraus.

1876 hatte H. zusammen mit dem Klass. Archäologen Alexander ↗Conze in Wien das Arch.-Epigr. Seminar eingerichtet, das dem 1885 von H. geschaffenen Institut für Altertumskunde an der Berliner Univ. als Vorbild diente.

N: Staatsbibl. zu Berlin, Preuß. Kulturbesitz.

Schriften

[1] Untersuchungen auf dem Gebiete der röm. Verwaltungsgeschichte, Bd. 1: Die kaiserlichen Verwaltungsbeamten bis auf Diocletian, 1877 (^{2}1905) [2] Inscriptiones trium Galliarum et Germaniarum Latinae, 3 Bde. (CIL 13.1, 13.2 und 13.4) (Edition), 1899–1916 [3] K.S., 1913 (S. Vf.: Liste der nicht aufgenommenen Schriften).

Sekundärliteratur

[4] E. Kornemann, Otto Hirschfeld, in: Burs. Jbb. 202, 1924, 104–116 [5] S. Rebenich / G. Franke (Hrsg.), Theodor Mommsen und Friedrich Althoff. Briefwechsel, 2012 (bes. Nr. 24, 48, 52, 59 und 62f.) [6] K. Wannack, Hermann Dessau, 2007, 68–70, 97–99, 117–121 [7] U. Wilcken, Gedächtnisrede auf Otto Hirschfeld (1922), in: U. Wilcken, Berliner Akad.-Schriften zur Alten Geschichte und Papyruskunde, Bd. 1, 1970, 119–125.

Stefan Rebenich

Hirt, Aloys

Dt. Kunsttheoretiker und Archäologe. Geb. am 27.6.1759 in Behla/Hüfingen (im Schwarzwald-Baar-Kreis), gest. am 29.7.1837 in Berlin. Studium der Philosophie in Nancy, der Rechtslehre in Freiburg ab 1779 in Wien dazu der Staatswirtschaft, Ästhetik, Rhetorik, Alten Gesch. und Geographie. Ende 1782 bis Mitte 1796 Aufenthalt in Rom. Ab 1796 in Berlin Prof. an der Akad. der Künste und mechanischen Wiss.; 1799 auch der Bauakad. ebda.; 1810 o.Prof. für Arch. an der Berliner Univ. 1796 ordentliches Mitglied der Berliner Akad. der Wiss.; auswärtiges Mitglied der Akad. in München, Rom und Wien; Hofrat in Berlin, Dessau und Weimar.

Wissenschaftlicher Werdegang

H. entstammte einer Familie begüterter Bauern in der Baar. Mit neun Jahren schickten ihn seine Eltern auf Klosterschulen in Villingen, Freiburg und Rottweil, wo er v.a. die alten Sprachen erlernte. Das Studium begann er um 1774 in Nancy und setzte es in Freiburg sowie ab 1779 in Wien fort. Seine Interessengebiete, Archäologie und Kunstgeschichte, gab es noch nicht als eigene Disziplinen, sodass er sich darin im Selbststudium bilden musste. Dazu nutzte er von Ende 1782 den knapp 14-jährigen Aufenthalt in Rom, um die Überreste der Antike zu studieren und selbst zu erforschen. Seinen Lebensunterhalt bestritt er daneben als Cicerone und Berater vorwiegend hochgestellter Reisender. H. führte und begleitete Ausflüge in die nähere Umgebung Roms, in die Abruzzen, wiederholt nach Neapel, Pompeji und Paestum, Kalabrien mit Locri und Sizilien; dabei beobachtete er auch laufende Ausgrabungen. Er stand in Italien in Verbindung mit Georg ↗Zoëga, Carlo ↗Fea und Ennio Quirino ↗Visconti.

1796 nach Berlin berufen, wurde H. mit dem Plan, aus dem königlichen Antiken- und Kunstbesitz ein Museum zu bilden, zum wichtigsten Anreger der späteren Königlichen Museen zu Berlin. Die Lehrtätigkeit an den Akademien und seit 1810 an der neuen Univ. brachte ihn in fachlichen Kontakt zu Philipp ↗Buttmann und August ↗Boeckh. Seit 1797 stand er in wiss. Austausch mit Karl August ↗Böttiger. H.s Kompetenz als Archäologe und Kunstkenner war von Karl Otfried ↗Müller und Georg Friedrich Wilhelm Hegel hoch geschätzt. Die Vorbereitung des geplanten Museums, die Arbeit in den Kommissionen zur Reorganisation der preuß. Bildungseinrichtungen und weitere Forschungen beschäftigten ihn bis kurz vor seinem Tod; auch die Lehrtätigkeit an der Univ. beendete er erst 1836.

Werk und Wirkung

H.s Schriften behandeln materielle Zeugnisse des Altertums, auch des alten Ägyptens, weniger intensiv Persiens und der nordischen Völker. Insbes. beschäftigten ihn die Architektur sowie die zeichnenden Künste der klass. Antike. Dabei studierte er auch Materialien und Techniken der Künste sowie generell die technischen Leistungen der ant. Gesellschaften. Neben den histor.-sachkundlichen, auch rekonstruierenden Arbeiten widmete er sich der ikonographischen bzw. mythol. Interpretation bildlicher Darstellungen sowie ästhetischen Fragen. Mit Karl Philipp Moritz gab er 1789/90 den ersten Band der Zeitschrift *Italien und Deutschland* heraus. Von H.s rund 150 veröffentlichten Schriften erschienen zwischen 1799 und 1822 viele in den Abhandlungen der Berliner Akademie der Wiss., außerhalb davon diejenigen zur Ästhetik, die lebhaft diskutiert wurden; seine Distanz zum Idealismus Johann Joachim ↗Winckelmanns betrachtete man z.T. kritisch. H.s Hauptwerke sind seine Gesamtdarstellungen der ant. Architektur- und Kunstgeschichte [7]; [8]; [9]. In den letzten Jahren bestand seine wiss. Tätigkeit vorwiegend in rezensierender Mitarbeit an den von Georg W.F. Hegel begründeten *Jahrbüchern für wiss. Kritik*.

Ziel von H.s Arbeit war u.a. die Geschmacksbildung aus dem Geist der Antike; seine Wirkung ging daher über die Archäologie hinaus. Mit der Lehrtätigkeit an den Akademien hatte er einen noch kaum überblickten Einfluss auf die klassizistische Kultur und Kunst, insbes. auf die Architektur. Sein Engagement bei Festen des Hofes und beim Theater war angewandte Archäologie. Manche seiner Interpretationen gelten noch heute und seine Grundkriterien zur wiss. Beurteilung von heimischen Bodenfunden zielen bereits auf heutige arch. Forschungsmethoden. Mit H.s Berufung auf den ersten dt. Lehrstuhl wurde die Archäologie zur selbständigen Disziplin.

SV: J. Zimmer, Verzeichnis der gedruckten Schriften von Aloys Hirt, in: [12.367–408].

Schriften

[1] Osservazioni istorico-architettoniche sopra il Panteon, Rom 1791 [2] Laokoon, in: Die Horen, Tübingen 1797, Lieferung 3/10: 1–26; Lieferung 12/10: 19–28 (Nachtrag) [3] Ueber den Kunstschatz des Königlich Preußischen Hauses, in: Berlinisches Archiv der Zeit und ihres Geschmacks, 1797, 499–524 [4] Über die Charakteristik, als Hauptgrundsatz der bildenden Künste bei den Alten, in: Berlinisches Archiv der Zeit und ihres Geschmacks, 1798, 437–451 [5] Ueber die Mahlerey bei den Alten (5 Abhandlungen), in: Abh. der königlichen Akad. der Wiss. zu Berlin, 1798–1803 [6] Bilderbuch für Mythologie, Archäologie und Kunst, 2 Bde., 1805–1816 [7] Die Baukunst nach den Grundsätzen der Alten, 1809 [8] Die Geschichte der Baukunst bei den Alten, 4 Bde., 1821–1827 [9] Die Geschichte der bildenden Künste bei den Alten, 1833.

Sekundärliteratur

[10] A.H. Borbein, Alyos Hirt, 1756–1837, in: Lullies/Schiering Arch. 12–13 [11] A.H. Borbein, Klassische Archäologie in Berlin, in: W. Arenhövel / Ch. Schreiber (Hrsg.), Berlin und die Antike. Aufsätze, 1979, 103–113 [12] C. Sedlarz / R.H. Johannsen (Hrsg.), Aloys Hirt. Archäologe, Historiker, Kunstkenner, 2004 [13] Sichtermann, 175–177.

Jürgen Zimmer

Hofmann, Johann Baptist

Dt. Klass. Philologe und Sprachwissenschaftler. Geb. am 11.2.1886 in Neukenroth in Oberfranken, gest. am 27.7.1954 in München. 1904–1909 Studium der Klass. Phil. und der Vergleichenden Sprachwiss. in München; 1909 Staatsexamen und Prom. ebda. Ab 1909 bis zu seinem Lebensende Mitarbeit am *Thesaurus Linguae Latinae*, 1927–1951 Redaktor des ersten Bandes. 1929 Leibniz-Medaille der Preuß. Akad. der Wiss.; 1939 korrespondierendes Mitglied der Akad. der Wiss. Berlin; 1948 ordentliches Mitglied der philol.-histor. Klasse der Bayerischen Akad. der Wiss.

Werk und Wirkung

H., im Studium von Wilhelm August Streitberg und bes. von Friedrich Karl Vollmer geprägt, interessierte sich früh für philol. und sprachwiss. Studien zur lat. Sprache [2], wirkte ab 1909 am *Thesaurus Linguae Latinae* mit [6] und verarbeitete in seiner Diss. erste Erträge aus dieser Tätigkeit, indem er ausgewählte (altlat.) Deponentien nach ihren Verwendungsmöglichkeiten kategorisierte und mit Belegen fundierte [1]. Auch in seinen Rezensionen und philol. Detailstudien fokussierte er insbes. sprachgeschichtliche Fragen [2]. Große Anerkennung erwarb sich H. durch seine Hauptwerke mit ihrem dezidiert histor.-linguistischen Ansatz: Die *Syntax und Stilistik*, die als zweiter, neu bearbeiteter Teil zur 5. Auflage der *Lat. Grammatik* von Stolz/Schmalz erschien [3], avancierte im *Handbuch der Altertumswissenschaft* zu einem bis heute unverzichtbaren Instrumentarium der Latinistik; hierin sind auch »altlat. Sprachbefunde« und »Umgestaltung der Ausdrucksweise in der Spätantike« berücksichtigt [10.558]. Seine grundlegende Überarbeitung von Alois ↗Waldes *Lat. Etymologischem Wörterbuch* [5] wurde für die Latinistik sowie für die Indogermanistik zum wichtigen Hilfsmittel, da H. die Lemmata mit statistischen Befunden zum Lateinischen und mit weiteren Entsprechungen aus roman. Sprachen untermauerte. Hieraus entstand das v.a. schulischen Bedürfnissen dienende *Etymologische Wörterbuch des Griechischen* [7]. Die von H. zusammen mit Hans Rubenbauer erarbeitete lat. Schulgrammatik [4] hat aufgrund ihrer Systematik auch im universitären Lehrbereich Aufnahme gefunden und stellt in der von Rolf Heine 1975 bearbeiteten Ausgabe nach wie vor ein wichtiges Arbeitsinstrument dar.

Schriften

[1] De verbis quae in prisca Latinitate extant deponentibus commentatio (Diss. München 1909), 1910 [2] Lat. Umgangssprache, 1926 [3] Syntax und Stilistik (Hdb. der Altertumswissenschaft 2/2), 1928 [4] Lat. Grammatik auf sprachwissenschaftlicher Grundlage (mit H. Rubenbauer), 1929 (¹²2006) [5] Lat. Etymologisches WB, 1930 [6] Art. et, in: Thesaurus Linguae Latinae 5/2, 1931, 869–916 (und viele weitere Lemmata in anderen Bänden) [7] Etymologisches WB des Griechischen, 1949 [8] WB der grammtischen und metrischen Terminologie, 1950 (mit H. Rubenbauer).

Sekundärliteratur

[9] C. Becker, Art. Hofmann, Johann Baptist, in: NDB 9, 1972, 455–456 [10] H. Rubenbauer, Johann Baptist Hofmann, in: Gnomon 26, 1954, 557–559.

Ronny Kaiser

Hohl, Ernst

Dt. Althistoriker und Klass. Philologe. Geb. am 18.4.1886 in Stuttgart, gest. am 24.2.1957 in Berlin. Nach Besuch des Stuttgarter Karlsgymnasiums und Militärdienst 1905–1910 Studium der Klass. Philologie und Geschichtswiss. in Tübingen, München und Berlin; 1910/11 Studienreferendar; 1911 Prom. in Tübingen mit einer Arbeit zur *Historia Augusta*. 1912/13 Studienreise; 1914 Habil. in Straßburg. 1919 ao.Prof. für Alte Gesch. in Rostock; 1929 o.Prof., 1930/31 und 1946–1948 Dekan ebda.; 1950 o.Prof.

an der Humboldt Univ. Berlin; 1953 emeritiert. Seit 1920 Mitglied der Straßburger Wiss. Gesellschaft und seit 1949 der Dt. Akad. der Wiss. Berlin.

Werdegang und Werk

H.s Vater war stellvertretender Hofbankdirektor. Als akad. Schüler Ernst ↗Kornemanns blieb H. zeitlebens einer stark philol. Methode verpflichtet. Mit der *Historia Augusta* erarbeitete er sich ein fruchtbares Forschungsfeld; durch zahlreiche Aufsätze und Forschungsberichte, die Edition des maßgeblichen kritischen Textes [3] und die (postum erschienene) Übersetzung [7] wurde er zum anerkannten Spezialisten, durch weitere Arbeiten auch zur Autorität für die röm. Kaiserzeit insgesamt. Viel benutzt wurde H.s Bearbeitung von Benedikt ↗Nieses *Grundriß der röm. Geschichte* [2].

In vier Systemen deutscher Staatlichkeit beharrte der persönlich liberale, sich polit. und publizistisch nicht exponierende H. auf der Autonomie der Forschung und einem hohen wiss. Standard. So wandte er sich in der NS-Zeit und später gegen germanozentrische Thesen sowie generell – zumal in zahlreichen Rezensionen – gegen Unklarheit, Überspanntheit und vitalistisch-ästhetizistische Modeerscheinungen in der Wiss. Als »bürgerlicher Wissenschaftler« in der sowjetischen Besatzungszone/DDR anfangs noch wohlgelitten, geriet H. nach dem ehrenvollen Wechsel an die Berliner Humboldt Univ. zunehmend ins Abseits.

SV: [9.95–112].

Schriften

[1] Vopiscus und die Biographie des Kaisers Tacitus (Diss. Tübingen), in: Klio 11, 1911, 178–229 (fortgesetzt: 284–324) [2] (Hrsg.), B. Niese, Hdb. der Altertumswissenschaft, Bd. 3: Grundriß der röm. Geschichte nebst Quellenkunde (Bearbeitung), 1923 (¹1896) [3] Scriptores Historiae Augustae, 2 Bde. (Edition), 1927 (²1955) [4] Die röm. Kaiserzeit, in: W. Goetz (Hrsg.), Propyläen Weltgeschichte, Bd. 2: Hellas und Rom, 1931, 341–472 [5] Die »gotische Abkunft« des Kaisers Maximinus Thrax, in: Klio 34, 1941, 264–289 [6] Um Arminius. Biographie oder Legende, 1951 [7] Historia Augusta. Röm. Herrschergestalten, 2 Bde. (Übers. mit E. Merten et al.), 1976–1985.

Sekundärliteratur

[8] M. Buddrus / S. Fritzlar, Art. Hohl, Ernst, in: M. Buddrus / S. Fritzlar, Die Professoren der Universität Rostock im Dritten Reich. Ein biographisches Lex., 2007, 195–196 [9] M. Sehlmeyer / U. Walter, Unberührt von jedem Umbruch? Der Althistoriker Ernst Hohl zwischen Kaiserreich und früher DDR, 2005 (mit Schriftenverzeichnis).

Uwe Walter

Holleaux, Maurice

Franz. Epigraphiker und Althistoriker. Geb. am 15.4.1861 in Château-Thierry (Aisne), gest. am 22.9.1932 in Paris. Studium der Geschichte; 1882–1885 Mitglied der École française d'Athènes; ab 1904 Direktor ebda. 1888–1904 Dozent für Arch. in Lyon; 1904–1912 und 1912–1923 Lehrtätigkeit an der Faculté des Lettres der Sorbonne in Paris; 1923–1927 Prof. für hell. Gesch. ebda.; 1927–1932 Prof. für griech. Epigraphik am Collège de France; ab 1925 Mitglied der Acad. des inscriptions et belles-lettres.

Werdegang, Werk und Wirkung

Bereits mit 21 Jahren wurde H. 1882 Mitglied der renommierten École française d'Athènes. Von hier aus unternahm er unter der Ägide des Epigraphikers Paul Foucart bis 1884 Forschungsreisen nach Delos, Rhodos und Pisidien. Der Schwerpunkt seiner Arbeit lag dabei auf der Epigraphik, die neben der Archäologie für sein gesamtes Forscherleben zentral blieb. Über die Stationen Bordeaux (1885) und Lyon (1888) gelangte H. 1904 auf den Posten des Direktors der École française in Athen. Zum bevorzugten Forschungsobjekt wurden in den acht Jahren seiner dortigen Amtszeit die franz. Ausgrabungen auf Delos. Histor. und epigr. Studien prägten seine akad. Tätigkeit.

Mit seinen zahlreichen Publikationen zu griech. Inschriften war H. einer der Pioniere der griech. Epigraphik in Frankreich [2]. Zu seinen Pariser Schülern gehörte Louis ↗Robert, der H. als seinen wichtigsten Lehrer bezeichnete. Für die Alte Geschichte hatte seine 1921 publizierte Diss. [1] außerordentliche Bedeutung; hier entwickelte H. seine Auffassung von einer moderaten, reagierenden und jedenfalls nicht von imperialistischen Zielen gelenkten röm. Ostpolitik. Damit stellte er sich gegen die damals vorherrschende Forschungsmeinung und löste eine bis in die Gegenwart andauernde, kontrovers geführte Debatte über Ziele und Motivation der röm. Politik gegenüber der hell. Staatenwelt aus, die u.a. mit den Namen Michael ↗Rostovtzeff, Édouard Will, William Woodthorpe ↗Tarn, Carl Schneider, William Vernon Harris und Erich S. Gruen verbunden ist.

Schriften

[1] Rome, la Grèce et les monarchies hellénistiques au IIIᵉ siècle avant J.-C. (273–205), 1921 (Ndr. 1935, 1969) [2] Études d'épigraphie et d'histoire grecques, 5 Bde., 1938–1957 (Ndr.: 6 Bde., 1968, hrsg. von L. Robert).

Sekundärliteratur

[3] F. Hiller von Gaertringen, Maurice Holleaux, in: Gnomon 9, 1933, 62–64 [4] M. Roques, Notices sur la vie et les travaux de M. Maurice Holleaux, in: CRAI 87, 1943, 14–73.

Holger Sonnabend

Holm, Adolf

Dt. Althistoriker. Geb. am 8.8.1830 in Lübeck, gest. am 9.6.1900 in Freiburg i.Br. 1847–1851 Studium der Theologie, Philologie und Gesch. in Leipzig und Berlin; 1851 Prom. in Berlin. 1852 Ernennung zum Gymnasiallehrer am Katharineum in Lübeck. 1877/78 Extraordinariat; 1878–1884 Ordinariat für Universalgesch. an der Univ. Palermo; 1884–1897 Prof. für Alte Gesch. an der Univ. Neapel.

Werdegang und Werk

Der Sohn eines Lübecker Fabrikanten war nach Studienjahren in Leipzig (1847–1849) und Berlin (1849–1851), die er mit einer Diss. zur Ethik und Politik des Aristoteles abschloss, als Lehrer für Französisch am Gymnasium Katharineum zunächst fest in der Bildungslandschaft seiner Heimatstadt verortet. Neben seiner ihn wiss. nicht auslastenden schulischen Tätigkeit beschäftigte sich H. intensiv mit der Geschichte des alten Sizilien. Seiner *Geschichte Siciliens* [2] und der Bekanntschaft mit Michele Armari, dem sizilianischen Forscher und späteren Unterrichtsminister, hatte H. 1877 die Berufung auf ein Extraordinariat für Universalgeschichte an der Univ. Palermo zu verdanken. Im selben Jahr erhielt er, obwohl nicht habilitiert, einen Ruf auf den althistor. Lehrstuhl in Marburg: H. lehnte ab und wurde daraufhin in Palermo zum Ordinarius ernannt. Nach überstandener Typhuserkrankung wechselte er 1884 an die Univ. Neapel, als Krönung seiner verspäteten akad. Karriere. 1897 emeritiert, verbrachte er die letzten Lebensjahre in Freiburg i.Br.

Wiss. Maßstäbe setzte H. bei der Erforschung der ant. Geschichte Siziliens. In dem dreibändigen Hauptwerk *Geschichte Siciliens im Alterthum* beschrieb er die Zeit von den Anfängen bis 902 n.Chr. H. verfolgte dabei einen umfassenden Ansatz und integrierte neben den polit. Entwicklungen auch Geographie und Kultur in seine Darstellung. Wegweisend war die Erschließung numismatischen Materials. Weitere Einzelstudien zementierten seinen Ruf als bester Kenner des ant. Sizilien [1]; [3]. Weniger innovativ, stattdessen konventionell war der Zuschnitt der vierbändigen *Griech. Geschichte* [4].

M: Erinnerungen, 1900.

Schriften

[1] Antike Geographie Siciliens, 1866 [2] Geschichte Siciliens im Alterthum, 3 Bde., 1870–1898 [3] Das alte Catania, 1873 [4] Griech. Geschichte von ihrem Ursprunge bis zum Untergange der Selbstständigkeit des griech. Volkes, 4 Bde., 1886–1894.

Sekundärliteratur

[5] Christ GGW 144–149 [6] Christ Hel. 58–65 [7] F. von Duhn, Adolf Holm, in: Burs. Jbb. 24, 1901, 49–112.

Holger Sonnabend

Hölscher, Uvo

Dt. Klass. Philologe. Geb. am 8.3.1914 in Halle, gest. am 31.12.1996 in München. 1937 Prom. in Frankfurt bei Karl ↗Reinhardt; 1944 Habil. in Hamburg bei Bruno ↗Snell. 1937–1945 Soldat; 1945/46 in amerikan. Gefangenschaft. 1946–1954 PD in München; 1954–1962 Ordinarius für Klass. Phil. an der Freien Univ. Berlin; 1962–1970 an der Univ. Heidelberg; 1970–1982 an der Univ. München (Nachfolge Kurt von ↗Fritz'). 1978–1990 Präsident der Hölderlin-Gesellschaft.

Werdegang, Werk und Wirkung

In seiner Antrittsrede bei der Heidelberger Akademie der Wiss. [6.394–397] berichtete H. 1969, dass er sich seit seiner Jugend nach dem Nutzen des Studiums der Antike für das Leben gefragt habe. Der sog. Dritte Humanismus Werner ↗Jaegers erachtete die Antike als notwendig für Bildung und unverzichtbar für die Erneuerung des Staates. Doch der pädagogische Gebrauch der Antike erschien H. aufgrund des Mangels an innerer Beziehung, die man zum Gegenstand seiner Studien besitzen müsse, als ungenügend. Nach der Lektüre Walter F. Ottos fragte sich H., wie man die wiss. Erforschung der Antike mit ihrer ästhetischen Erfahrung vereinbaren könne. Die Antwort habe er ab 1934 bei Karl ↗Reinhardt in Frankfurt gefunden, der ihn mod. wiss. Philologie lehrte, ohne sich in Gelehrsamkeit abzukapseln. Mit Friedrich ↗Nietzsches Worten: H. verstand es, »die Wiss. unter der Optik des Künstlers zu sehen, die Kunst aber unter der des Lebens« [2.16]. Dennoch distanzierte sich H. sowohl von Nietzsche als auch von Ulrich von ↗Wilamowitz-Moellendorff, dessen positivistisches Erbe er über Reinhardt gleichwohl übernahm.

Der Krieg unterbrach H.s Studien und gab seinen Überlegungen zum Humanismus eine dramatische Wendung. Dank Bruno ↗Snell gelang es ihm, sich 1944 in Hamburg zu habilitieren. Einwänden von nationalsozialistischer Seite wegen seines fehlenden »polit. Einsatzes« entging er nur durch Verzicht auf eine künftige Dozentur. H. gehört zur Generation, die zeigen musste, wie man in Deutschland trotz Nationalsozialismus zur humanistischen Trad. zurückkehren könne. Daher hörte H., der 1947 seine Univ.-Laufbahn in München begann (neben dem aus dem Exil zurückgekehrten Rudolf ↗Pfeiffer), nie auf, nach der Rolle der Klass. Philologie für die Gegenwart sowie nach den Fehlern jener Haltung zu fragen, die den griech. Geist exklusiv an den dt. binden wollte. Von Nietzsche übernahm er dabei das Bewusstsein der Krise des Humanismus und der Distanz gegenüber der Antike; darin bestand für ihn die *Chance des Unbehagens* [2], durch die Vergangenheit die Gegenwart besser zu verstehen. Im Gegensatz zum Kult der ›Methode‹, insbes. ohne inneren Bezug zur ›Sache‹, vertiefte H. in seinen Arbeiten die Textanalyse, denn nur durch stete Befragung des Textes gelange man zur ›Anschauung‹, den Kern der wiss. Zugangsweise.

Die Antike war für H. eine ›fremde‹ und doch ›nächste‹ Sache [6]: Ohne eine Antithese zu unserer Welt zu bilden, besitze sie einen so engen Bezug zu dieser, dass sie den dialektischen Prozess der Auseinandersetzung hervorrufen und fruchtbar machen könne (das Konzept zeigte intensive Wirkung auf die Begründung des altsprachlichen Unterrichts [11]). Daher wandte sich H. gegen jede Idealisierung der Antike; ebenso wies er Positivismus und rein technische Konzeptionen der Klass. Philologie zurück zugunsten hermeneutischer Reflexion und individueller Erfahrung. Man müsse die Philologie die Griechen in ihrem histor. und anthropologischen Kontext studieren und sich öffnen, »nach rückwärts wie nach vorwärts, nach dem alten Orient hin wie nach der europ. Weltliteratur« [6.397].

Schwerpunkte von H.s philol. Tätigkeit waren seine Arbeiten zu Homer (seit der Diss. [8]), zur frühgriech. Lyrik und Philosophie [3]; [4], für die er im wegweisenden Anaximander-Aufsatz (in *Hermes*, 1953; ausgearbeitet in [3.9–89]) erstmals oriental. Quellen heranzog. Er studierte aber auch Nietzsche (*Die Wiedergewinnung des antiken Bodens – Nietzsches Rückgriff auf Heraklit*, 1979; [6.357–382]) und Hölderlin (*Sich für Empfindung wagen*, 1987 [6.320–340]). H.s bekanntestes Buch, seine Interpretation der *Odyssee* [5] hat das Ziel, die ant. Dichtung über die zeitliche Distanz zum mod. Leser sprechen zu lassen: H. verdichtet darin die wesentlichen Errungenschaften der Homerkritik und nimmt die Herausforderung der anderen Fächer an die Homerinterpretation auf: der Orientalistik, der Archäologie, der Indogermanistik, der vergleichenden Literaturwissenschaft. Viele von H.s kleineren Arbeiten sind in [6] gesammelt. Das wichtigste Werk seiner letzten Jahre ist die Konstitution des Textes von Goethes *Faust. Der Tragödie zweiter Teil* [7] zu dem von seiner Frau Dorothea H.-Lohmeyer erstellten Kommentar der Münchener Goethe-Ausgabe.

SV: [6.401–412].

Schriften

[1] Untersuchungen zur Form der Odyssee. Szenenwechsel und gleichzeitige Handlungen (Diss. Frankfurt/Main), 1939 [2] Die Chance des Unbehagens. Drei Essais zur Situation der klassischen Studien, 1965 [3] Anfängliches Fragen. Studien zur frühen griech. Philosophie, 1968 [4] Parmenides, Vom Wesen des Seienden (Übers. mit Komm.), 1986 [5] Die Odyssee. Epos zwischen Märchen und Roman, 1988 (^{3}1990) [6] Das nächste Fremde. Von Texten der griech. Frühzeit und ihrem Reflex in der Moderne, 1994 [7] Editorisches Nachwort, in: K. Richter et al. (Hrsg.), J.W. von Goethe, Sämtliche Werke, Bd. 18/1, 1997, 632–644 [8] In memoriam Uvo Hölscher, in: J. Latacz (Hrsg.), Gedenkfeier des Instituts für Klass. Philologie der Univ. München am 9. Mai 1997, 1997 (Privatdruck) [9] Pindar, Siegeslieder (Übers.), hrsg. von Th. Poiss, 2002.

Sekundärliteratur

[10] W. Burkert, Uvo Hölscher, in: Gnomon 70, 1998, 474–479 [11] S. Kipf, Altsprachlicher Unterricht in der BRD, 2006, 351–353.

Sotera Fornaro/Thomas Poiss

Homolle, Théophile

Franz. Klass. Archäologe und Epigraphiker. Geb. am 19.12.1848 in Paris, gest. am 13.6.1925 ebda. 1869–1871 Student der École normale supérieure (ENS) in Paris; 1874 Aggrégation (Staatsexamen) in Geschichte; 1886 Docteur ès-lettres. 1875–1878 Mitglied zuerst der École française von Rom, später der von Athen (EFA); 1878 Dozent an der Univ. Nancy. 1884–1890 Lehrstuhlvertretung am Collège de France in Paris; 1891–1903 und 1912/13 Direktor der EFA; dazwischen 1904–1911 Direktor der Musées nationaux (Louvre); 1914–1924 Direktor der Bibliothèque nationale. Mitglied der Académie des inscriptions et belles-lettres ab 1892, der Académie des Beaux Arts ab 1910.

Wissenschaftlicher Werdegang und Werke

H. gehört mit den Brüdern ↗Reinach zu den Persönlichkeiten, die am besten die franz. Altertumswiss. der Zeit zwischen 1870 und 1925 verkörpern. Dem Pariser Großbürgertum entstammend, verfolgte er die Karriere der lit. Elite: Student der ENS, danach erst assoziiertes, dann Vollmitglied der EFA. Er war zugleich Feldforscher im Gelände und besonnener Verwalter.

Auf dem Gebiet der praktischen Archäologie ist H.s Name mit den Grabungen von Delos und Delphi verknüpft. Unmittelbar nach dem Antritt seiner ersten Athener Stelle begann er 1876 ein großangelegtes Grabungsunternehmen in Delos unter Lebensumständen, die sich durch Abgeschiedenheit zunehmend schwieriger gestalteten, und setzte es 1902 fort.

Es gelang ihm, einen beträchtlichen Teil des Apollonheiligtums freizulegen. Diese erste große franz. Ausgrabung sollte auch den Deutschen die Stirn bieten, die gerade die Arbeiten in Olympia begonnen hatten. In derselben Konkurrenzsituation eröffnete er 1892 die Grabungen in Delphi, die sogleich spektakuläre Ergebnisse zeitigten. Über die Entdeckungen – darunter der Wagenlenker [3], der Apollontempel [5], das Daochos-Monument [4] – berichtete H. in zahlreichen Artikeln, bes. im *Bulletin de correspondance hellénique*.

Neben den Grabungskampagnen baute H. die EFA zu einem eigentlich wiss. Institut aus: durch die Erhöhung der Mitgliederzahl, die Einrichtung einer Sektion für Ausländer, die thematische und geographische Ausweitung der Untersuchungsfelder (auf Byzanz und den Berg Athos; Expeditionen nach Mazedonien, Syrien und Ägypten). Diese Erfolge verhalfen H. zu einem glanzvollen Abschluss seiner Karriere in hochrangigen Funktionen: als Direktor des Louvre und (nach seinem Rücktritt wegen des Diebstahls der Mona Lisa) als Generaldirektor der Nationalbibliothek; noch bei der Gründung und Organisation der *Union académique internationale* spielte er ab 1919 eine bedeutende Rolle.

H. hat kein der Bedeutung seiner Persönlichkeit entsprechendes Werk in Form großer Synthesen hinterlassen, doch bezeugen seine Abhandlungen über Delos [2] seine epigr. Gelehrtheit und haben die Grundlagen für die Chronologie der Insel geschaffen. Die Vielseitigkeit seines Talents zeigt sich in zahlreichen Beiträgen zur griech. Epigraphik und Skulptur.

Schriften

[1] De antiquissimis Dianae simulacris Deliacis, 1886 [2] Les archives de l'intendance sacrée à Délos (Bibliothèque des Écoles françaises d'Athènes et de Rome 49) (Diss. Paris 1886), 1887 [3] L'aurige de Delphes, in: Monuments et Mémoires de la fondation Eugène Piot 4, 1897, 169–208 [4] Lysippe et l'ex-voto de Daochos, in: Bulletin de correspondance hellénique 23, 1899, 421–485 [5] Monuments figurés de Delphes. Les fouilles du temple d'Apollon, in: Bulletin de correspondance hellénique 25, 1901, 457–515 (fortgesetzt in 26, 1902, 587–639) [6] Art primitif (Fouilles de Delphes 4.1), 1909.

Sekundärliteratur

[7] Art. Homolle, Théophile (1848–1925), in: DBA, 347–348 [8] R. Cagnat, Notice sur la vie et les travaux de M. Théophile Homolle, in: CRAI 71/4, 1927, 296–313 [9] Ch.-V. Langlois, Funérailles de M. Théophile Homolle, membre de l'Académie, le 17 juin 1925, in: CRAI 69, 1925, 392–397 [10] S. Reinach, Théophile Homolle, in: Revue archéologique sér. 5, Bd. 22, 1925, 136–140 (mit knappem SV).

Roland Etienne (Ü: K. H.)

Höschel, David

Auch Hoeschelius, Heschelius; dt. Humanist und Gräzist. Geb. am 8.4.1556 in Augsburg, gest. am 19.10.1617 ebda. Ab 1577 Studium an der Univ. Leipzig; 1579 M.A. an der Univ. Wittenberg. Ab 1581 Lehrer am St.-Anna-Gymnasium in Augsburg, ab 1593 zugleich Rektor und Stadtbibliothekar ebda.

Werk und Wirkung

H., Sohn eines Schulmeisters, wurde am evangelischen Augsburger St. Anna-Gymnasium von dem Gräzisten Hieronymus ↗Wolf, einem Schüler Philipp ↗Melanchthons, beeinflusst, der wie sein Kollege Georg Henisch und wie der katholische Patrizier Markus Welser zum Kreis der Augsburger Humanisten gehörte. Nach seinem durch die Patrizierfamilie der Fugger finanzierten Studium kehrte H. als Lehrer der obersten Klasse an das St. Anna-Gymnasium zurück. Als Pädagoge zeigte H. sich den Ideen des Schulreformers Wolfgang Ratke (Ratichius) gegenüber aufgeschlossen, der auf seine Veranlassung hin 1614 zu einem Schulversuch nach Augsburg kam.

H.s Hauptleistung bestand jedoch in der Herausgabe bisher unedierter Hss. in der Augsburger Stadtbibl., v.a. von griech. Patristikern. Für ihre Publikation richtete Markus Welser 1595 einen eigenen Verlag (*Ad insigne pinus*) in Augsburg ein. Im selben Jahr erweiterte und veröffentlichte H. den zuerst von Henisch erstellten Hss.-Katalog der Bibl., deren Sammlung griechischer Hss. unter H.s Leitung wesentlich erweitert wurde [1]. Zu den von H. erstmals herausgegebenen Texten gehören Werke von Gennadios, Basileios, Gregor von Nazianz, Gregor von Nyssa, Kyrillos von Alexandria, Athanasios, Origines, Philon von Alexandria, Maximus Confessor und Johannes Chrysostomos [5.104]. Von Photios' *Bibliothek* und von Prokops' Kriegsgeschichte brachte er (1601 und 1607) die Erstausgabe des griech. Textes heraus [2]; [3]. Die Ausgaben profitierten von H.s Austausch mit zahlreichen zeitgenössischen Gelehrten, darunter Isaac ↗Casaubon, Joseph ↗Scaliger, Daniel ↗Heinsius und Justus ↗Lipsius. Rufe an die Univ. Altdorf und Basel lehnte H. ab.

Schriften

[1] Catalogus Graecorum codicum qui sunt in bibliotheca reip. Augustanae Vindelicae, Augsburg 1595 [2] Bibliothēkē tou Phōtíu librorum, quos legit Photius patriarcha excerpta et censurae (Edition mit Komm.), Augsburg 1601 [3] Historiarum Procopii Caesariensis libri VIII. Accessit Liber de aedifciis Justiniani, Augsburg 1607.

Sekundärliteratur

[4] Art. Höschel, David, in: Jaumann Hdb., 341–342 [5] L. Lenk, Augsburger Bürgertum im Späthumanismus und

Frühbarock (1580–1700), 1968 [6] M. SPINDLER / A. KRAUS, Geschichte Schwabens bis zum Ausgang des 18. Jh.s, ³2001.

Barbara Kuhn-Chen

Housman, Alfred Edward

Brit. Klass. Philololge und Dichter. Geb. am 26. 3. 1859 in Fockbury (Worcestershire), gest. am 30. 4. 1936 in Cambridge. 1877–1881 Studium der *Literae humaniores* am Oxforder St. John's College; 1882–1892 Arbeit im Londoner Patentamt. 1892–1911 Prof. der Latinistik am Univ. College London; 1911–1936 Prof. der Latinistik in Cambridge.

Biographie

H., das älteste Kind eines Anwalts, gewann ein Stipendium für das St. John's College der Univ. Oxford, fiel aber nach ersten Erfolgen 1881 durch die Abschlussprüfung. Danach arbeitete er ab 1882 im Londoner Patentamt, widmete sich jedoch nach Feierabend der Textkritik. 1887 erschien sein erster einflussreicher Aufsatz, *Emendationes Propertianae* [5. Bd. 1, 29–54]. 1892 erhielt er aufgrund seiner wiss. Leistungen eine Professur am Londoner Univ. College. 1894 edierte er Ovids *Ibis* [1]. 1895 folgte der Bruch mit seinem Kollegen John Percival Postgate. H. hatte drei Artikel zu *The Manuscripts of Propertius* veröffentlicht [5. Bd. 1, 232–304], verließ sich aber zu sehr auf Kollationen seiner Vorgänger, erregte dadurch Postgates Unmut und unterlag im Schlagabtausch.

Daraufhin widmete er sich zunächst seiner eigenen Dichtung. Im Gedichtband *A Shropshire Lad* (1896, mehrfach vertont) schrieb er von Schicksal, Tod und Trennung. Doch mit Arbeiten zu Ovids *Heroides* [5. Bd. 1, 380–421] und dem Beginn der Manilius-Ausgabe [2] folgte 1897 seine Rückkehr zur Forschung. Zudem interessierte sich H. für das 1899 entdeckte Oxforder Juvenal-Fragment; als Resultat erschien 1905 seine Ausgabe der *Saturae* [3]. H. äußerte sich u. a. zu Papyrusfunden und erhielt 1911 den Ruf auf den späteren Kennedy-Lehrstuhl der Univ. Cambridge. Eduard ↗Fraenkel empfahl H. in seiner positiven Rezension von dessen Lucan-Ausgabe [4] auch kontinentaleurop. Gelehrten; im Gegenzug unterstützte H. Fraenkel in Oxford. Eine Aufnahme in den *Order of Merit* lehnte er 1929 ab.

H. bleibt als einer der größten Philologen seiner Zeit wegen seiner Konjekturen, Interpunktionsvorschläge und maßgeblichen Texteditionen in Erinnerung, aber auch wegen seiner harschen Angriffe auf Kollegen; zu den Gegnern gerade seiner Polemik gehörte eine Gruppe um Sir Richard Claverhouse ↗Jebb [8. 155–173]. Einflussreiche Schüler hatte er nicht. Das legendäre Manuskript seiner unveröffentlichten Properz-Edition wurde 1936 von Andrew S. F. Gow auf H.s Wunsch verbrannt.

N: [9].

Schriften

[1] P. Ovidi Nasonis qui fertur Ibis (Edition), in: J. P. POSTGATE (Hrsg.), Corpus poetarum Latinarum, Bd. 2, 1894, 590–595 [2] M. Manilii Astronomicon libri, 5 Bde. (Edition), 1903–1932 (u. ö.) [3] D. Iunii Iuvenalis Saturae (Edition), 1905 (Ndr. 1931 u. ö.) [4] M. Annaei Lucani Belli civilis libri decem (Edition), 1926 (u. ö.) [5] The Classical Papers, hrsg. von J. Diggle und F. R. D. Goodyear, 3 Bde., 1972 [6] The Poems of Alfred Edward Housman, hrsg. von A. Burnett, 1997 [7] The Letters of Alfred Edward Housman, hrsg. von A. Burnett, 2007.

Sekundärliteratur

[8] D. J. BUTTERFIELD / C. A. STRAY (Hrsg.), A. E. Housman. Classical Scholar, 2009 [9] A. S. F. GOW, A. E. Housman. A Sketch together with a List of His Writings and Indexes to His Classical Papers, 1938 [10] M. E. IRWIN, Art. Housman, Alfred Edward, in: DBC 2, 2004, 477–480 [11] P. G. NAIDITCH, Alfred Edward Housman, 192–204 [12] P. G. NAIDITCH, A. E. Housman at University College, London. The Election of 1892, 1988.

Mathias Hanses

Hrozný, Bedřich (Friedrich)

Tschech. Altorientalist und Hethitologe. Geb. am 6. 5. 1879 in Lissa (Elbe), gest. am 12. 12. 1952 in Prag. Schulausbildung in Prag und in Kolin; Studium in Wien; 1901 Prom. ebda. Ab 1905 Dozent für semitische Sprachen und Keilschrift an der Univ. Wien; ab 1918 Prof. für Gesch. des Alten Orients und der Keilschrift an der Karls-Univ. Prag; 1939 Rektor ebda.

Werdegang und Werk

Der Sohn eines evangelischen Pfarrers studierte zunächst an der Theologischen Fakultät der Univ. Wien; doch galt sein großes Interesse v. a. den semitischen Sprachen und bald auch der Keilschrift, sodass er schon nach einem Semester zur Orientalistik wechselte. Nach seiner Prom. hielt er sich längere Zeit in Berlin auf, wo er u. a. bei Friedrich ↗Delitzsch und Hugo Winckler studierte. Nach Wien zurückgekehrt, arbeitete er ab 1905 in der Univ.-Bibliothek, wurde aber gleichzeitig zum Dozenten für semitische Sprachen und Keilschrift ernannt. Einem Ruf auf eine Prof. nach Leiden konnte er wegen des Ausbruchs des Ersten Weltkrieges nicht folgen; so blieb er in Wien, bis er nach dem Krieg an die Prager Karls-Univ. berufen wurde, deren Rektor er noch für kurze Zeit war, bevor die Univ. für die Jahre 1939–1945 geschlossen wurde. Nach einem Schlaganfall 1944 war seine Gesundheit stark beeinträchtigt.

H.s wiss. Leistung wird immer mit der zentralen Erkenntnis des indogerman. Charakters der heth. Sprache verbunden sein, die er 1915 publizierte [1] und die den Weg zur Erschließung der heth. Sprache und damit auch der seit 1906 bei den Ausgrabungen in der heth. Hauptstadt Hattusa ans Licht gekommenen umfangreichen Textfunde ebnete. Seine späteren, weitgehend auf etymologische Spekulationen gestützten Thesen zu den Beziehungen etwa zwischen Etruskern und Hethitern [4] oder den Hethitern und den Kulturen Indiens [7] fanden dagegen wenig Anklang. Doch sein Interesse galt nicht nur den heth. Texten [2]; [3], sondern auch der breiteren keilschriftlichen Überlieferung, speziell altassyr. Texten aus Kültepe (Kaneš) sowie v.a. der Geschichte des Alten Orients und seinen Beziehungen zu anderen Kulturen [6]. In den 1930er Jahren wandte er sich zunächst verstärkt der Erforschung der luwischen Hieroglyphenschrift zu [5], weitete dann seine primär schriftgeschichtlichen Forschungen immer mehr aus, von den frühen Schriften Kretas und der Levanteregion über Byblos bis hin zu den Schriften der Harappa-Kultur und der von Mohenjo-Daro (damals Indien) [7].

SV: [8].

Schriften

[1] Die Lösung des hethitischen Problems. Ein vorläufiger Bericht, in: Mitteilungen der Deutschen Orient-gesellschaft, 1915, 17–50 [2] Die Sprache der Hethiter, ihr Bau und ihre Zugehörigkeit zum indogermanischen Sprachstamm. Ein Entzifferungsversuch (Boghazköi-Studien 1), 1917 (Ndr. 2002) [3] (Hrsg.), Code hittite provenant de l'Asie Mineure (vers 1350 av. J.-C.). Teil 1: Transcription, traduction française, 1922 [4] Etruskisch und die »hethitischen« Sprachen, in: Zs. für Assyriologie 38, 1929, 171–180 [5] Les inscriptions hittites hiéroglyphiques. Essai de déchiffrement, suivi d'une grammaire hittite hiéroglyphique en paradigmes et d'une liste d'hiéroglyphes (Archiv Orientální. Monografie 1), 1933 [6] Die älteste Geschichte Vorderasiens und Indiens, 1940 (²1943) [7] Nejstarší dějiny Předni Asie a Indie, 1943.

Sekundärliteratur

[8] V. Čihař, Bibliographie des travaux de Bedřich Hrozný, in: Archiv Orientální 17, 1949, 1–20 [9] L. Matouš, Bedřich Hrozný. The Life and Work of a Czech Oriental Scholar, 1949.

Jörg Klinger

Huet, Pierre Daniel

Huetius; franz. Geistlicher und Universalgelehrter. Geb. am 8.2.1630 in Caen, gest. am 26.1.1721 in Paris. Erziehung des Waisen an der Jesuitenschule von Caen; ab 1651 in Paris. 1652 Schwedenreise; 1662 Gründung der Acad. de physique in Caen. 1670 Erzieher des Dauphin am Pariser Hof; ab 1674 Mitglied der Acad. française. 1676 Priesterweihe; 1678 Abt von Aulnay; ab 1692 Bischof von Avranches; ab 1699 Abt von Fontenay; 1701 Rückzug nach Paris.

Werdegang

Angeleitet von Pierre Mambrun und gefördert von Samuel Bochart fand der den Jesuiten immer sehr nahe stehende H. Eingang in die Gelehrtenkreise zunächst von Caen und dann von Paris, wobei ihm sein Verfassen neulat. Gedichte half [9]. Auf einer Schwedenreise 1652 mit Bochart, der an den Hof Königin Christinas eingeladen war [23], entdeckte H. in der Stockholmer Bibl. einen Origenes-Codex, was ihn zur Edition von dessen Bibelkommentaren motivierte, und lernte in Holland die Altertumswissenschaftler Claudius ↗Salmasius und Daniel ↗Heinsius kennen. In den 1660er Jahren betrieb H. naturwiss. Studien und Experimente, teils in Caen an der von ihm gegründeten Akad. [26], teils in Paris, wo er sich mit Pierre Gassendi, Gabriel Naudé, Jean Chapelain, Gilles Ménage und anderen anfreundete, in den Salons verkehrte und über Literaturtheorie sowie Philosophie debattierte. René Descartes warf er vor, seine Argumente allesamt von älteren Autoren zu haben [5]; auch [8]; [28].

1670–1680 lebte H. am Pariser Hof und entwarf für den Dauphin (Louis de Bourbon, Sohn Ludwigs XIV.) eine von anstößigen Stellen gereinigte Reihe von griech. und röm. Klassikern (*in usum Delphini*). Er betrieb nun zunehmend Theologie. Später zog er sich gern auf seine nordfranz. Abteien zurück, bevor er im Alter wieder nach Paris ging. H. war inzwischen als Berühmtheit anerkannt und stand europaweit im Briefwechsel mit Gottfried Wilhelm Leibniz und anderen Gelehrten.

Werk und Wirkung

H. war ein extrem vielseitiger Autor, ein echter Polyhistor, der zu philol., theologischen, philos., histor. und naturwiss. Fragen publizierte und in der *Querelle des anciens et des modernes* ein dezidierter *ancien* war – u.a. gegen Charles ↗Perrault. Seine Origenes-Ausgabe und -Darstellung [2] gehörte in den seit Denis Pétau virulenten Kontext der Rekonstruktion der Dogmenentwicklung und blieb für lange Zeit die Standardausgabe; begleitet wurde sie von Reflexionen über die Kunst des Übersetzens. H.s Buch über den Handel zur See in der Antike [13] ist eines der Pionierwerke der Wirtschaftsgeschichte, das die Seefahrt als Motor der Zivilisation beschreibt: Über die Kanäle des Handels verbreiten sich demnach die Sagen der Völker, ja sie bilden sich geradezu erst durch diese Übertragung. Aus der Kultur des alten Israel wurden durch kulturelle »Übersetzungsfehler« die

Mythologien des Heidentums – so der Ansatz von H.s monumentaler *Demonstratio evangelica* [4], einer nach logischen Beweisverfahren angelegten Bibelanalyse, nach der sich hinter einer Vielzahl paganer Götter eigentlich Moses verbirgt. Die *Alnetanae Quaestiones* [6] sind eine Fortführung dieser apologetischen Überlegungen. Auch die lit. Romane, von denen H. erstmals eine Weltgeschichte schrieb [3] (er trat hierbei auch selbst als Verfasser auf [17]), sind nach H. als – diesmal bewusst gestaltete – Parallelen solcher fiktionserzeugenden Fehlübertragungen entstanden.

Im Einzelnen ist H.s Wirkung noch wenig erforscht. Die Descartes-Kritik war einflussreich; auch die *Demonstratio evangelica* erfuhr europaweit große Beachtung und vielfältige Nachahmung, doch sah man spätestens ab 1700, dass hierbei der Bogen überspannt war und sich die Apologetik alten Stils selbst *ad absurdum* führte. Ambivalent und teilweise mit Befremdung wurde auch der erst postum bekannt werdende pyrrhonistische Skeptizismus H.s aufgenommen, der dennoch bis hin zu David ↗Hume nachhaltigen Einfluss ausübte.

M: [14].

Schriften

[1] De interpretatione libri II, quorum prior est de optimo genere interpretandi, alter, de claris interpretibus, Paris 1661 [2] Origenis in Sacras Scripturas commentaria, quaecunque Graece reperiri potuerunt (Edition mit Komm.), Rouen 1668 (erneut Köln 1685 u.ö.) [3] De l'origine des romans, Paris 1670 (engl. 1672, lat. und dt. 1682) [4] Demonstratio evangelica ad Serenissimum Delphinum, Paris 1679 (2., erw. Aufl. 1680 u.ö.; dt. Teilübers. 1793) [5] Censura philosophiae Cartesianae, Paris 1689 (engl. Übers. 2003) [6] Alnetanae quaestiones de concordia rationis et fidei, Paris 1690 [7] Traité de la situation du paradis terrestre, Paris 1691 (lat. und engl. 1694, ital. 1737) [8] Nouveaux mémoires pour servir à l'histoire du cartésianisme, 1692 (erneut Utrecht 1693 u.ö.) [9] Poemata Latina et Graeca, hrsg. von J. G. Graevius, Utrecht 1694 [10] Les origines de la ville de Caen, Rouen 1706 [11] Dissertations sur diverses matières de religion et de philologie, 2 Bde., Paris 1712 [12] Le grand trésor historique et politique du florissant commerce des Hollandais, Paris 1712 (niederl., dt., span. und engl. 1717) [13] Histoire du commerce et de la navigation des anciens, Paris 1716 (engl. 1717, dt. 1775) [14] Commentarius de rebus ad eum pertinentibus, Amsterdam 1718 (franz. Übers. 1993) [15] Huetiana ou pensées diverses de M. Huet, evêque d'Avranches, hrsg. von P.J. Thoulier d'Olivet, Amsterdam 1723 [16] Traité philosophique de la foiblesse de l'esprit humain, hrsg. von P.J. Thoulier d'Olivet, Amsterdam 1723 (dt. 1724, engl. 1725, lat. 1738) [17] Diane de Castro, Paris 1728 (auch Amsterdam 1729; engl. 1729).

Sekundärliteratur

[18] C. S. Barach, Pierre Daniel Huet als Philosoph. Ein Beitrag zur Geschichte der geistigen Bewegung im 17. Jh., 1862 [19] C. Bartholomess, Huet, évêque d'Avranches, ou le scepticisme théologique, 1850 [20] J. Boch, Les dieux désenchantés. La fable dans la pensée française de Huet à Voltaire, 2002 [21] J. A. DeLater, Translation Theory in the Age of Louis XIV. The 1683 »De optimo genere interpretandi« of Pierre-Daniel Huet, 2002 [22] A. Dupront, Pierre-Daniel Huet et l'exégèse comparatiste au XVIIe siècle, 1930 [23] B. Gauvin, L'»iter Suecicum« (1662) et le voyage en Suède de Pierre-Daniel Huet, in: Dix-septième siècle 60/241, 2008, 583–616 [24] S. Guellouz (Hrsg.), Pierre-Daniel Huet, 1994 [25] C. Ligota, Der apologetische Rahmen der Mythendeutung im Frankreich des 17. Jh.s (P. D. Huet), in: W. Killy (Hrsg.), Mythographie der frühen Neuzeit. Ihre Anwendung in den Künsten, 1948, 149–161 [26] D. S. Lux, Patronage and Royal Science in Seventeenth-Century France. The Académie de Caen, 1989 [27] G. Malbreil, Les droits de la raison et de la foi, la dissociation de la raison, la métamorphose de la foi, selon Pierre Daniel Huet, in: Dix-septième siècle 37/147, 1985, 119–133 [28] G. Malbreil, Descartes censuré par Huet, in: Revue philosophique de la France et de l'étranger 3, 1991, 311–328 [29] E. Rapetti, Pierre-Daniel Huet. Erudizione, filosofia, apologetica, 1999 [30] E. Rapetti, Percorsi anticartesiani nelle lettere a Pierre-Daniel Huet, 2003 [31] A. G. Shelford, Thinking Geometrically in Pierre-Daniel Huet's »Demonstratio Evangelica« (1679), in: Journal of the History of Ideas 63, 2002, 599–617 [32] A. G. Shelford, Transforming the Republic of Letters. Pierre-Daniel Huet and European Intellectual Life, 1650–1720, 2007 [33] L. Tolmer, Pierre-Daniel Huet, 1949.

Martin Mulsow

Hugues d'Hancarville, Pierre-François

Franz. Altertumsforscher, Kunsthistoriker, durch Europa reisender Abenteurer. Geb. 1719 in Nancy, gest. 1805 in Padua. Ab 1765 mit der Publikation von William Hamiltons Vasensammlung betraut.

Biographie und Werdegang

Als Sohn eines Tuchhändlers als Pierre-François Hugues geboren, nannte er sich selbst seit den 1750er Jahren Baron d'Hancarville. Er führte ein schillerndes Leben, begann zunächst eine militärische Karriere in Deutschland, wurde u. a. Hauptmann am Mecklenburgischen Hof, stand in Diensten des Herzogs von Württemberg und bereiste die Metropolen Europas. Aufgrund seiner Begabung und Eloquenz besaß er Kontakte zu führenden Kreisen, traf u. a. Gotthold Ephraim ↗Lessing in Berlin, korrespondierte mit Voltaire, Friedrich d.Gr. und Johann Joachim ↗Winckelmann. 1752 erschien sein erstes Werk zu Politik und Moral [1]. Nach Reisen durch Europa, Gefängnisaufenthalten und Verfolgungen wegen Schulden und Diebstahls kam er 1763 nach Neapel, wo der engl. Gesandte William Hamilton ihn 1765 mit der Publikation seiner Vasensammlung beauftragte. Nach Erscheinen der beiden ersten Bände wurde H. d'H. 1769 wegen seiner Schulden aus Neapel verbannt und ging nach Florenz, wo er aus demselben Grund im Gefängnis saß und die gestohlenen Tafeln der noch nicht gedruckten Bände verpfändete, die von Hamilton wieder ausgelöst werden mussten. 1777 reiste er nach London, wo er von den Sammlern Charles Townley und Richard ↗Payne Knight unterstützt wurde. Seit 1785 lebte er in Paris, wo eine veränderte Neuauflage des Katalogs der Sammlung Hamilton erschien [5], und das er wegen der Revolutionswirren 1791 verließ, um zunächst in Rom, dann in Venedig als geschätzter Kunstgelehrter seine letzten Jahre zu verbringen.

Werk und Bedeutung

H. d'H.s Ruhm gründet v. a. auf dem epochalen Katalog der bemalten Keramik der Sammlung Hamilton [2], dessen erste beide Bände – entgegen dem in den Büchern vermerkten Datum – 1767 und 1770 erschienen (die Bände 3 und 4 v. a. wegen finanzieller Probleme erst 1776). Neben den Vasen der Sammlung Hamilton wurden bereits im zweiten Band auch Stücke anderer Museen aufgenommen; in den letzten Bänden auch Skulpturen und Gemmen. H. d'H. beschäftigte 15 Zeichner und Stecher zur Anfertigung der Illustrationen. Die Vasen wurden in Ansichten, technischen Profilzeichnungen und Abrollungen der Bilder dokumentiert. In Weiterentwicklung der Stichwerke von Don Bernard de ↗Montfaucon, des Comte de ↗Caylus und von Giovanni Battista ↗Passeri wurden erstmals so präzise Zeichnungen gefertigt, dass sie auch eine Beurteilung des Stils erlaubten. Sie lösten eine große Welle der Antikenrezeption aus und beeinflussten weite Teile der Kunst und des Kunsthandwerks in ganz Europa, u. a. Porzellan (z. B. Wedgwood), Möbelintarsien, Stoffe und Wanddekorationen. Zudem sorgten sie für einen enormen Anstieg der Preise für ant. Vasen.

Die eher unsystematischen Texte sind in ihrer Beurteilung umstritten und ohne Wirkung geblieben. Methodisch fußt das Werk auf Johann Joachim ↗Winckelmann, der die Vasen überhaupt erst als Kunstgattung entdeckt hatte und zunächst selbst Texte beisteuern sollte, wozu es wegen seines frühen Todes aber nicht kam. Die in mehreren Auflagen erschienenen Darstellungen erotischer Motive auf antiken (und z. T. antikisierenden) Gemmen [4]; [3] brachte H. d.' H. weniger wiss. als vielmehr kommerzielle Anerkennung; die zugehörigen Texte sind nicht ohne Witz und Ironie verfasst. In den letzten Bänden des Katalogs und in den *Recherches* [6] zeigt sich H. d'H.s Anspruch, eine umfassende Kunstgeschichte zu schreiben.

Schriften

[1] Essay de politique et de morale calculée, London 1752 [2] Collection of Etruscan, Greek and Roman Antiquities from the Cabinet of the Hon. W. Hamilton, 4 Bde., Neapel 1766–1767 [3] Veneres et Priapi, ut observantur in gemmis antiquis, Neapel 1771 (u. ö.) [4] Monumens de la vie privée des douze Césars, d'après une suite de pierres gravées sous leur règne, Capri (de facto Nancy) 1780 (u. ö.) [5] Antiquités étrusques, grecques et romaines. Ou les beaux vases étrusques, grecs et romains, et les peintures rendues avec les couleurs qui leur sont propres, 5 Bde., Paris 1785–1787 [6] Recherches sur l'origine, l'esprit et les progrès des arts de la Grèce, London 1785.

Sekundärliteratur

[7] P. Griener, Le antichità etrusche, greche e romane, 1766–1776, di Pierre Hugues d'Hancarville. La pubblicazione delle ceramiche antiche della prima collezione Hamilton, 1992 [8] F. Haskell, The Baron d'Hancarville. An Adventurer and Art Historian in Eighteenth Century Europe, in: F. Haskell, Past and Present in Art and Taste. Selected Essays, 1987, 30–45 (dt. 1990) [9] V. Kockel, Spintria und Priapea. Erotische Themen in Daktyliotheken, in: V. Kockel / D. Graepler (Hrsg.), Daktyliotheken. Götter und Cäsaren aus der Schublade (Ausst.kat.), 2006, 145–149 [10] W. Löwe / M. Effinger, »Ein sehr wertvolles Geschenk an die Altertumsforscher«. D'Hancarvilles »Antiquités étrusques, grecques et romaines«, in: M. Flashar (Hrsg.), Europa à la grecque. Vasen machen Mode (Schriften der Archäologischen Slg. Freiburg 2), 2000, 51–61 [11] A. Schnapp, La pratique de la collection et ses conséquences sur l'histoire de l'Antiquité. Le chevalier d'Hancarville, in: A.-F. Laurens / F. Pomian (Hrsg.), L'anticomanie. La collection d'antiquités aux 18e et 19e siècles, 1992, 209–218.

Martin Bentz

Hülsen, Christian

Dt. Klass. Archäologe und Epigraphiker. Geb. am 29. 11. 1858 in Berlin, gest. am 19. 1. 1935 in Florenz. 1876–1880 Studium an der Univ. Berlin (Klass. Phil., Alte Gesch., Arch. u. a. bei Ernst ↗Curtius, Henri Jordan und Theodor ↗Mommsen), 1880 Prom. ebda. mit Diss. über Varro. Kurzzeitige Anstellung beim CIL in Berlin; ab 1882 am DAI in Rom, zunächst mit Reisestipendium. 1886/87 Gymnasiallehrer in Berlin; 1887–1909 Zweiter Sekretar am DAI in Rom; 1908/09 Gastprof. in den USA; 1909–1935 Privatgelehrter in Florenz, mit Unterbrechung 1915–1920: Lehrauftrag an der Univ. Heidelberg; 1917 Ernennung dort zum Honorarprof.

Werk und Wirken

H.s Tätigkeit am röm. Institut galt anfangs v. a. der lat. Epigraphik als Gehilfe Wilhelm ↗Henzens bei der Bearbeitung der stadtröm. Inschriften für das CIL [1]. Mit der Vollendung von Henri Jordans unfertig hinterlassener *Topographie der Stadt Rom im Alterthum* entwickelte H. alsbald ein besonderes Interesse an histor.-topographischen Fragen [2]; [3]; [7], die er über die Antike auf das MA ausdehnte [8]. Neben seinen Schriften hatte sich H., ein lebensfroher, geselliger

Mensch, durch vielbesuchte Führungen in Rom einen wohlverdienten Namen gemacht und zahlreiche Schüler für sich gewonnen. Verdrossen über die Besetzung der Stelle des Ersten Sekretars mit Richard ↗Delbrueck, schied H. im Herbst 1909 aus dem röm. Institut aus. Bes. während der Florentiner Jahre verfasste er wichtige Werke zur nachant. Sammlungsgeschichte und erkannte Skizzenbücher von Malern der Renaissance als wichtige Quellen [4]; [5]; [6]; [9].

N: Berlin, DAI; Rom, DAI.

Schriften

[1] CIL VI: Inscriptiones urbis Romae Latinae, partes 2–5 (Edition; Mitarbeit), 1882–1902 [2] Forma urbis Romae antiquae (mit H. Kieperti), 1896 [3] Das Forum Romanum, 1904 [4] (Hrsg.), Il libro di Giuliano da Sangallo, 1910 [5] Die röm. Skizzenbücher von Marten van Heemskerck im königl. Kupferstichkabinett zu Berlin, 2 Bde. (mit H. Egger), 1913–1916 [6] Röm. Antikengärten des 16. Jh.s, 1917 [7] Forum und Palatin, 1926 [8] Le chiese di Roma nel Medio Evo, 1927 [9] Das Skizzenbuch des Giovannantonio Dosio im staatlichen Kupferstichkabinett zu Berlin, 1933.

Sekundärliteratur

[10] Ch. Börker, Art. Hülsen, Christian, in: NDB 9, 1972, 736 [11] L. Curtius, Gedächtnisworte auf Christian Huelsen, in: Röm. Mitteilungen 50, 1935, 355–357 [12] H.-G. Kolbe, Art. Christian Hülsen, in: Lullies/Schiering Arch. 126–127 [13] L. Wickert, Beiträge zur Geschichte des Deutschen Archäologischen Instituts von 1879–1929, 1979.

Horst Blanck †

Humann, Carl

Dt. Ingenieur und Ausgräber. Geb. am 4.1.1839 in Steele bei Essen, gest. am 12.4.1896 in Izmir/Türkei. Studium an der Bauakad. in Berlin, abgebrochen wegen drohender Tuberkulose. Neubeginn als Bauleiter in der Türkei, in Palästina, in Alexandria sowie auf dem Ostbalkan ab 1861. Ab 1878 örtlicher Leiter der Grabungen in Pergamon unter der wiss. Leitung Alexander ↗Conzes. 1880 Ehrendoktorat der Univ. Greifswald; 1884 auswärtiger Direktor der Berliner Museen mit Sitz in Izmir; 1890 Ehrenbürger von Steele. Bis zum Abschluss der Altargrabung 1886 in Pergamon tätig, außerdem mit wiss. Unternehmungen in der ganzen Türkei. Verstorben als Leiter der Grabungen in Priene.

Werk und Wirkung

H. war bes. als Organisator und Kartograph, Entdecker und Ausgräber des Pergamon-Altars erfolgreich, als Leiter von Forschungsreisen u.a. nach Ankara, Bogazköy und Nemrud Dağ sowie von Grabungen und Bauaufnahmen in Zincirli, Tralleis, Magnesia am Maeander [3], Ephesos, Priene und Hierapolis [2]. In Pergamon bemühte er sich schon ab 1867 als in türk. Regierungsauftrag tätiger Bauleiter des Straßenbaus in der Region um den Schutz der Altertümer vor Kalkbrennern und Steinräubern. Er versandte drei Relieffragmente des Pergamonaltars an die Berliner Museen. Dafür wurde er 1872 zum Mitglied des Arch. Instituts ernannt und erhielt den königlichen preuß. Kronenorden vierter Klasse.

1873–1878 lebte H. als Geschäftsmann in Izmir [6] und betrieb die Aufnahme offizieller Ausgrabungen in Pergamon. Diese begannen am 9.9.1878. Mit Alexander ↗Conze als wiss. Leiter und Vorgesetzten arbeitete H. gut zusammen. Die Altar-Grabungen endeten 1886. Schon ab 1882 begann H. daneben mit den o.g. Expeditionen ins Innere Kleinasiens [1]. Persönliche Freundschaft verband ihn mit dem Begründer des türk. Museumswesens, Osman ↗Hamdi Bey [5]. H. berichtete zuverlässig und pünktlich über alle seine Unternehmungen, überließ die wiss. Auswertung aber den Fachleuten.

N: Berlin, DAI.

Schriften

[1] Reisen in Kleinasien und Nordsyrien ausgeführt im Auftrage der Königlich Preussischen Akademie der Wissenschaften (mit O. Puchstein), 1890 [2] Alterthümer von Hierapolis (mit W. Judeich und F. Winter), 1898 [3] Magnesia am Maeander. Bericht über die Ergebnisse der Ausgrabungen der Jahre 1891–1893, 1904.

Sekundärliteratur

[4] F.K. Dörner / E. Dörner, Von Pergamon zum Nemrud Dağ. Die archäologischen Entdeckungen Carl Humanns, 1989 [5] W. Radt, Carl Humann und Osman Hamdi Bey, in: Istanbuler Mitteilungen 53, 2003, 491–507 [6] W. Radt, Das Wohnhaus von Carl Humann in Izmir, in: Istanbuler Mitteilungen 58, 2008, 425–429 [7] C. Schuchhardt / Th. Wiegand, Der Entdecker von Pergamon Carl Humann. Ein Lebensbild, 1930 [8] E. Schulte, Carl Humann, der Entdecker des Weltwunders von Pergamon in Zeugnissen seiner Zeit 1839–1896, 1971.

Wolfgang Radt

Humboldt, Wilhelm von

Dt. Gelehrter und Staatsmann. Geb. am 22.6. 1767 in Potsdam als Friedrich Wilhelm Christian Carl Ferdinand von H., gest. am 8.4.1835 in Berlin. 1787 Studium (Jura) in Frankfurt an der Oder und allgemein 1788–1790 in Göttingen. 1797–1801 Wohnsitz in Paris; 1802–1808 Preuß. Resident beim Päpstlichen Stuhl in Rom. 1809/10 Geheimer Staatsrat und Direktor der Sektion für Kultus und Unterricht im preuß. Ministerium des Inneren sowie Gründung der Berliner Univ.; 1810–1819 preuß. Diplomat in den entscheidenden Momenten der Napoleonischen Kriege, auf dem Wiener Kongress und auch danach. Ab 1820 Rückzug ins Privatleben.

Schriften zur Antike

Obwohl H.s wichtigste Schriften zur Antike unvollendet oder unediert geblieben sind, und obgleich H. sich selbst für einen Dilettanten auf dem Gebiet der Philologie hielt, spielte die Antike in seinem Denken und in seiner intellektuellen und polit. Tätigkeit eine zentrale Rolle. H.s Bildungsgang wurde entscheidend durch die Begegnung mit dem Göttinger Philologen Christian Gottlob ↗Heyne beeinflusst, der ihn zum Studium des Aischylos anregte. Über ein Jahrzehnt lang arbeitete H. an der metrischen Übersetzung von dessen *Agamemnon*, in ständigem Austausch mit Friedrich August ↗Wolf und Gottfried ↗Hermann; er betrachtete das Übersetzen als seine Weise, konkret Philologie zu betreiben. Mit dem Vorwort zum *Agamemnon* (1816) erneuerte H. die Theorie der Übersetzung antiker Autoren: Obwohl er eine wesentliche Unübersetzbarkeit konstatierte, forderte er, dass die mod. Sprache sich nach der alten bilden müsse, und so notwendig »eine gewisse Farbe der Fremdheit« behalte [1. Bd. 5, 140]. Von Heyne nahm H. auch den Impuls auf, das Studium der Antike als eine Form der philos. Anthropologie zu betrachten.

Im Fragment *Über das Studium des Alterthums, und des Griechischen insbesondere* (1793) [1. Bd. 2, 1–24] führte H. seine Überlegungen über den Wert der humanistischen Studien aus und stellte sich entschieden gegen die Überzeugung der Aufklärung, dass die Humaniora nur ›Hilfswissenschaften‹ darstellten. Vielmehr sei es deren Aufgabe, als autonome Wissenschaften aufzutreten. H. suchte in der Antike »die Kenntniss … der Menschheit im Altertum« [1. Bd. 2, 1], d. h. er war an den Institutionen des ant. Lebens interessiert – Religion, Verfassung, Ökonomie –, innerhalb derer sich die menschlichen ›Kräfte‹ entwickelt und betätigt hätten. In den ant. Gesellschaften habe die Interaktion zwischen »inneren« und »äußeren« Umständen etwas geschichtlich Einmaliges geschaffen. Das ›Herzstück‹ der ant. Gesellschaften war für H. die Polis, wobei ihm Athen als das histor. Muster dafür galt, wie der Staat alle Bürger vereinen, disziplinieren und leiten könne, ohne sie der Freiheit zu berauben. Individuelle Freiheit und ihre Bewahrung innerhalb einer staatlich organisierten Gesellschaft war der Kernpunkt von H.s polit. und philos. Denken. Er zögerte auch nicht, die Sklaverei unter der Bedingung zu rechtfertigen, dass sie es zuließ, die Freiheit der Griechen zu wahren, und »den Freien eines großen Theils der Arbeiten überhob« [1. Bd. 2, 15].

Die Beschäftigung mit der Antike besaß für H. zudem den »formalen Nutzen« [1. Bd. 2, 1], dass sie den Menschen dazu anrege, selbst ein Studium in Angriff zu nehmen, das alle menschlichen Kräfte mobilisiere und zugleich, da vollständige Kenntnis der (ant.) Menschheit nie erreicht werden könne, »unaufhörlich« sei [1. Bd. 2, 7]. H. war weit davon entfernt, dieses Studium als eine Wiss., d. h. als Gegenstand einer Lehre oder Theorie zu betrachten, welche die Annäherung an die Antike in eine Disziplin überführen soll. Vielmehr ziele das Antikestudium auf eine ›Einfühlung‹ in die Antike, weil diese höchste bildende Kraft besitze und so alle Kräfte des Menschen (nicht nur dessen rationalen Verstand) in Bewegung setze (*Geschichte des Verfalls und Unterganges der griech. Freistaaten*, 1807 [1. Bd. 2, 73–124]). Den Charakter der Antike zu studieren heißt demnach, exemplarisch den der Menschen i. Allg. zu studieren. Dies sei der höchste Gesichtspunkt der Philologie.

Universität und Gymnasium

Das Problem der Institutionalisierung von Bildung und Wiss. stellte sich für H. nach seiner Rückkehr aus Rom: Als er die Leitung der Kultusabteilung am 10. 2. 1809 antrat, musste er die dt. Wiss. gegen polit. Indienstnahme verteidigen, ihr neue Impulse geben und ihr einen neuen »Sitz« schaffen: die Berliner Univ., deren Errichtung er am 12. 5. 1809 beantragte. Die Stiftung dieser Univ. (August 1809; Eröffnung Oktober 1810) und die Gründung des humanistischen Gymnasiums ist als kulturelle Reaktion auf die preuß. Niederlage von Jena gegen Napoleon zu verstehen. Ziel war, den Wiederaufbau Preußens nach dem militärischen Zusammenbruch durch geistige Erneuerung zu fördern und eine kulturelle Überlegenheit der Deutschen gegenüber den Franzosen herzustellen. In seinem *Königsberger und Litauischen Schulplan* (1809) [1. Bd. 4, 168–195] stützte sich H. sehr stark auf Friedrich August ↗Wolfs rationalistische Auffassung des (alt)sprachlichen Unterrichts; andererseits ist der Wolfs *Darstellung der Altertumswissenschaft* (1807) immanente Idealismus wiederum von H. abhängig. Insofern entstand die dt. Alt.wiss. aus dem inneren Widerspruch zwischen rationaler Übung und idealistischem Zweck.

Auf der Ebene der Schule hatte dies zur Folge, dass die alten Sprachen im Gymnasialunterricht nach H. als zentrales Bildungsgut galten und den Wert erhielten, für Universitätsstudien »reif« zu machen, d. h. auf wiss. Forschung vorzubereiten. An der Univ. sollte die Philologie jedoch rasch ein sehr technisches Fach werden, das nur wenige ›Initiierte‹ vertreten konnten, das zugleich aber auch den Anspruch aufrecht hielt, universell zu bilden. Mit ↗Wolf hatte die sich professionalisierende Alt.wiss. bereits einen Weg eingeschlagen, der nicht in H.s Sinne war. Die theoretische Prämisse eines allgemeinen, universellen

Wertes des Antikestudiums und seiner bildenden Kraft wurde auf diese Weise preisgegeben: Nicht alle Menschen, nicht alle Deutschen konnten letzten Endes an der sog. höheren Menschheit teilhaben, die sich so exemplarisch in der ant. bzw. griech. Kultur manifestiert hatte. Die Alt.wiss. bildete eine Elite von Experten aus; an die Stelle produktiver Begeisterung und Einfühlung in den ant. Geist trat eine Kritik, die bald strenge logische Regeln als Methode benutzte (vgl. Karl ↗Lachmann). H. hingegen sah seinen eigenen Umgang mit den Griechen nur durch persönliches Streben, durch Übersetzungsarbeit und durch streng wiss., linguistische Untersuchungen gerechtfertigt. Er verwirklichte in der Tat jene Auffassung, die Studium als individuellen persönlichen Prozess versteht: als Bildung.

Schriften

[1] Werke in fünf Bänden, hrsg. von A. Flitner und K. Giel (Bd. 1: Schriften zur Anthropologie und Geschichte, 1960; Bd. 2: Schriften zur Altertumskunde und Ästhetik. Die Vasken, 1961; Bd. 4: Schriften zur Politik und zum Bildungswesen, 1964; Bd. 5: Autobiographisches, Dichtungen, Briefe), 1981, 1960–1981 (6. Aufl. 2002).

Sekundärliteratur

[2] U. Carpi, La ›Antike‹ di Wilhelm von Humboldt, in: W. von Humboldt, Scritti sull'antichità classica, hrsg. von U. Carpi, 1995, I–XLV [3] S. Fornaro, Wilhelm von Humboldt und die Altertumswissenschaften an Schule und Universität, in: B. Seidensticker / F. Mundt (Hrsg.), Altertumswissenschaften in Berlin um 1800 an Akademie, Schule und Universität, 2006, 85–105 [4] B. Glazinski, Antike und Moderne. Die Antike als Bildungsgegenstand bei Wilhelm von Humboldt (Diss. Köln), 1992
[5] J. Kitzbichler et al. (Hrsg.), Theorie der Übersetzung antiker Literatur in Deutschland seit 1800, 2009
[6] M. Landfester, Humanismus und Gesellschaft im 19. Jh., 1988 [7] K. Matthiesen, Wilhelm von Humboldt und das Studium des Altertums, in: G. Lohse (Hrsg.), Aktualisierung von Antike und Epochenbewusstsein, 2003, 179–197
[8] J. Quillien, G. de Humboldt et la Grèce. Modèle et histoire, 1983 [9] F. Tessitore, Nuovi contributi alla storia e alla teoria dello storicismo, 2002 [10] J. Wohlleben, Wilhelm von Humboldt und die deutsche Griechenrezeption, in: R. Matzker et al. (Hrsg.), Spiegelungen. FS H. Schumacher, 1991, 77–101.

Sotera Fornaro (Ü: Th. P.)

Hume, David

Schott. Philosoph, Historiker und Ökonom. Geb. am 7. 5. 1711 in Edinburgh, gest. am 25. 8. 1776 ebda. 1726–1729 Jurastudium an der Univ. Edinburgh, danach private Philosophiestudien. 1735–1737 und 1763–1766 Aufenthalt in Frankreich; ab 1752 Bibliothekar in Edinburgh. Ab 1763 für die engl. Botschaft in Paris, 1767/68 im Außenministerium tätig; danach Privatgelehrter in Edinburgh.

Werk und Wirkkung

H. war zweiter Sohn des Anwalts und Grundbesitzers Joseph H. Er widmete sich ab 1735 als Privatgelehrter v. a. philos. Studien. 1752 wurde er Bibliothekar des Juristenkollegiums in Edinburgh, was ihm die Möglichkeit gab, die *History of England* [3] zu verfassen. 1763–1766 hielt er sich als Privatsekretär des engl. Botschafters und dann als Botschaftssekretär in Paris auf, 1767/68 war er im Außenministerium in London tätig. Nach 1769 lebte er wieder in Edinburgh.

H. schrieb eine Reihe bedeutender philos. Werke und veröffentlichte Abhandlungen und Essays zu Fragen der Philosophie, Politik und Wirtschaft. In den Beiträgen zur Ökonomie (in [2]) ging H. häufig auf die Verhältnisse in der Antike ein, die er teilweise sehr kritisch beurteilte [4. 179–182]. Von besonderer Relevanz für die Alt.wiss. ist sein Essay *Of the Populousness of Ancient Nations* (zuerst in [2]), worin er kritisch Stellung zu der These nahm, Europa sei in der Antike stärker bevölkert gewesen als in der Nz., in der es zu einem starken Bevölkerungsrückgang gekommen sei. ↗Montesquieu hatte diese Frage bereits in den *Lettres Persanes* (1721; 112.–122. Brief) ausführlich diskutiert (»*qu'il y a à peine sur la terre la dixième partie des hommes qui y étoient du temps de César*«, 112. Brief); Robert Wallace hatte in einem Vortrag dieselbe Position eingenommen. H.s Kritik daran beruhte zunächst auf allgemeinen Überlegungen zur ant. und zur mod. Gesellschaft. Im Vordergrund stand dabei die Sklaverei, die H. wegen ihrer Inhumanität vehement verurteilte; sie habe sich negativ auf die Bevölkerungsentwicklung ausgewirkt. Als weitere ungünstige Faktoren nannte er die nahezu permanente Kriegführung der Antike, die inneren Konflikte und Bürgerkriege und das im Vergleich zur Moderne nur wenig entwickelte Gewerbe. Die genaue Analyse der in der ant. Literatur überlieferten Zahlenangaben führte nach H. ebenfalls zu dem Ergebnis, dass die ant. Bevölkerung von Montesquieu und Wallace weit überschätzt und zahlenmäßig deutlich geringer war als die Bevölkerung der Nz.

Karl Julius ↗Beloch ging in seinem Forschungsüberblick ausführlich auf H.s Essay ein [5. 34 f.], den er als »Grundlage für jede Untersuchung auf dem Gebiete der Bevölkerungsstatistik des Alterthums« bezeichnete. In der neueren Forschung berief sich Moses I. ↗Finley, der die geringe wirtschaftliche Bedeutung der gewerblichen Produktion der Antike betonte, ausdrücklich auf H.s entsprechende Aussagen [6. 21 f., 137].

Schriften

[1] An Enquiry Concerning Human Understanding, London 1748 [2] Political Discourses, Edinburgh 1752 (u. ö.;

Ndr. 2010; dt. 1754) [3] The History of England. From the Invasion of Julius Caesar to the Revolution in 1688, 6 Bde., London 1754–1762 [4] Politische und ökonomische Essays, 2 Bde., hrsg. von S. Fischer, 1988.

Sekundärliteratur

[5] K.J. Beloch, Die Bevölkerung der griech.-röm. Welt, 1886 [6] M.I. Finley, The Ancient Economy, 1973 [7] J. Kulenkampff, David Hume. Eine Untersuchung über den menschlichen Verstand, 1989 [8] W. Nippel, Griechen, Barbaren und »Wilde«. Alte Geschichte und Sozialanthropologie, 1990, 68 [9] H. Schneider, Schottische Aufklärung und antike Gesellschaft, in: P. Kneissl / V. Losemann (Hrsg.), Alte Geschichte und Wissenschaftsgeschichte. FS K. Christ, 1988, 431–464 [10] G. Streminger, David Hume. Der Philosoph und sein Zeitalter, 2011.

Helmuth Schneider

Hunt, Arthur Surridge

Brit. Papyrologe. Geb. am 1.3.1871 in Romford (Essex), gest. am 18.6.1934 in Oxford. Ab 1890 philol. Ausbildung bei Thomas Hodge Grose am Queen's College in Oxford; Schwanken zwischen den lat. Hss. und der Theologie bis zum Angebot einer Zusammenarbeit an den Papyri von Seiten Bernard Pyne ↗Grenfells (1895). 1894 Craven Fellowship, 1896–1900 Senior Demyship am Magdalen College in Oxford; 1901–1906 Fellow des Lincoln College ebda; 1906 Fellow des Queen's College und 1908 Reader in Papyrology ebda. 1913 Übernahme der Prof. des erkrankten Grenfell. 1914–1919 Militärdienst als Offizier der Infantierie, danach in Frankreich für den militärischen Geheimdienst; ab 1918 wieder Prof. für Papyrologie in Oxford. Ab 1913 Mitglied der British Acad. und korresp. Mitglied weiterer wiss. Akad.; mehrere Ehrendoktorate.

Werdegang, Werk und Wirkung

H., Sohn eines Anwalts, entstammte einer alten Familie des Landadels. Als unbestrittener Meister und Nestor der brit. Papyrologie stellte er sein Wissen den Studenten und Kollegen selbstlos zur Verfügung. Während ihrer jahrelangen engen Zusammenarbeit kennzeichneten B.P. ↗Grenfell und H. nie ihre jeweiligen Leistungen, weshalb das Lebenswerk beider untrennbar verbunden ist. H. zählt wie dieser zu den Pionieren der Papyrologie. Gemeinsam führten sie die ersten Papyrusgrabungen durch, deren reichhaltige Funde der Papyrologie zur Etablierung als akad. Disziplin verhalfen. 1896 war H. erstmals an den Kampagnen Grenfells und D.G. Hogarths im Fayum (Karanis, Bakchias) beteiligt; es folgten zahlreiche Grabungsaufenthalte in Ägypten, bei denen Grenfell die praktische Leitung hatte, während H. die Funde sichtete. Gemeinsam mit Grenfell entwickelte H. die maßgebliche Form und Methode der Papyrusedition, wobei sich seine editorische Tätigkeit von Dichterfragmenten über Rechtsurkunden und Verwaltungsdokumente bis zur christl. Literatur erstreckte [1]; [2].

Seit 1896/97 grub H. mit Grenfell in Oxyrhynchos, wo bes. reiche Funde zur Gründung des *Graeco-Roman Branch* des *Egypt Exploration Fund* (später *Egypt Exploration Society*) führten. Es folgten Kampagnen von 1898/9 bis 1902 im Fayum (Tebtynis) und 1902 in El-Hibeh. Die dort entdeckten lit. und dokumentarischen Papyri publizierte H. gemeinsam mit Grenfell in [6] und [7], weitere, von Lord Amherst gekaufte Papyri in [5]. Zusammen mit D.G. Hogarth edierten die »Oxforder Dioskuren« den Band [4]. 1902/03–1906/07 gruben die beiden wieder in Oxyrhynchos: Die Edition der bes. reichen Funde trieb H. in den *Oxrhynchi Papyri* 1–17 (1898–1927) voran, wobei er die Bände 7–9 wegen Grenfells krankheitsbedingten Ausfalls sowie Band 17 nach dessen Tod allein bestritt. Danach legte H. noch die Ausgabe der Theokrit-Papyri [8] sowie [9] vor.

Schriften

[1] New Classical Fragments and Other Greek and Latin Papyri (P. Grenf. II) (Edition; mit B.P. Grenfell), 1897 [2] Sayings of Our Lord from an Early Greek Papyrus (Edition; mit B.P. Grenfell), 1897 [3] The Oxyrhynchus Papyri, 17 Bde. (Edition) (Bde. 1–6 sowie 10–16 mit B.P. Grenfell), 1898–1924 [4] Fayum Towns and Their Papyri (P.Fay) (Edition; mit B.P. Grenfell und D.G. Hogarth), 1900 [5] The Amherst Papyri, 2 Bde. (P.Amh. I und II) (Edition; mit B.P. Grenfell), 1900–1901 [6] The Tebtunis Papyri, Bde. 1–2 (P.Tebt. I–II) (Edition; mit B.P. Grenfell), 1902–1907 [7] The Hibeh Papyri (P.Hibeh), Bd. 1 (Edition; mit B.P. Grenfell et al.), 1906 [8] Two Theocritus Papyri (Edition; mit J. Johnson), 1930 [9] The Tebtunis Papyri, Bd. 3 (P.Tebt. III.1–2) (Edition; mit J.G. Smyly et al.), 1938.

Sekundärliteratur

[10] H.I. Bell, A.S. Hunt, in: Aegyptus 14, 1934, 499–503 [11] H.I. Bell, A.S. Hunt, 1871–1934, in: Proc. of the British Acad. 20, 1934, 323–336 [12] W. Kunkel, In memoriam Arthur S. Hunt, in: Savigny Zeitschrift für Rechtsgeschichte, Romanistische Abt. 56, 1936, 426–427 [13] L. Lehnus, Bernard Pyne Grenfell e Arthur Surridge Hunt, in: M. Capasso (Hrsg.), Hermae. Scholars and Scholarship in Papyrology, 2007, 115–141 [14] L. Lehnus, Editing the New Finds. Glimps from the Correspondence of A.S. Hunt, in: A.K. Bowman et al. (Hrsg.), Oxyrhynchus. A City and Its Texts, 2007, 247–255 [15] J.G. Milne, Arthur Surridge Hunt, in: Journal of Egyptian Archaeology 20, 1934, 204–205 [16] D. Montserrat, News Reports. The Excavations and Their Journalistic Coverage, in: A.K. Bowman et al. (Hrsg.), Oxyrhynchus. A City and Its Texts, 2007, 28–39 [17] R. Pintaudi, Grenfell – Hunt e la papirologia in Italia, in: Quaderni di storia 75, 2012, 205–298 [18] U. Wilcken, Arthur S. Hunt, in: Gnomon 10, 1934, 446–448.

Bernhard Palme

Ijsewijn, Jozef

Belg. Klass. Philologe. Geb. am 30.12.1932 in Zwijndrecht als Jozef Antoon Maria Karel I., gest. am 27.11.1998 in Löwen. 1945–1951 Besuch des bischöflichen Gymnasiums (Sint-Jan Berchmanscollege) in Antwerpen; 1951–1955 Studium der Klass. Philologie und Alten Gesch. an der Katholieke Univ. in Löwen; 1959 Prom. zum Dr. Class. Phil.; ab 1962 Dozent, ab 1967 o.Prof. für klass. und nzl. Latein ebda.; 1997 emeritiert.

Werdegang, Werk und Wirkung

Aufgrund seines bereits am Gymnasium geförderten Interesses an den klass. Sprachen entschloss sich I. 1951 zum Studium der Klass. Philologie und Alten Geschichte, das er 1955 in Löwen mit dem Lehrerexamen abschloss. Den Lehrerberuf an einem Jesuitengymnasium in Antwerpen übte er aber nur kurze Zeit aus. Seine Forschungsinteressen drängten zum Verbleib an der Univ., was ihm Willy Peremans, Prof. der Alten Geschichte, mittels eines Stipendiums der Belg. Forschungsstiftung ermöglichte. Zunächst widmete sich I. der Papyrologie und der ptolem. Geschichte Ägyptens und schloss 1959 seine Prom. ab. In jenen Jahren besuchte er zusammen mit seiner späteren Ehefrau Jacqueline Jacobs die Vorlesungen zur Geschichte des Humanismus, die der seit 1950 emeritierte Anglistik-Prof. Mgr. Henri De Vocht abhielt, der die Forschungen zum Humanismus in Löwen, Brabant und den Niederlanden grundlegend erneuert und 1928 die Zeitschrift *Humanistica Lovaniensia* gegründet hatte. So verlagerte sich I.s wiss. Hauptinteresse zunehmend auf die Erforschung der nzl. lat. Literatur des 15.–17. Jh.s. In den 1950er Jahren schloss er sich der *Latinitas viva*-Bewegung an. Er schätzte und pflegte den aktiven Gebrauch des Lateins und stand im Kontakt zu lat. Dichtern wie Josef Eberle, Johann Alexander Gaertner und Harry C. Schnur.

Ab 1964 schrieb I. für seine Univ. und die Belg. Akad. der Wiss. über 200 neulat. öffentliche Briefe und Ehrendiplome, darunter die Ehrendoktorurkunden für Karl Rahner SJ (1972), Ralf Dahrendorf (1977), Jacques Derrida (1979), Helmut Schmidt (1983), Umberto Eco (1985), Richard von Weizsäcker (1986) und König Juan Carlos (1997); auch formulierte er etwa zehn Inschriften für öffentliche Gebäude in Löwen. Ab 1963 war I. zunächst Dozent, ab 1967 o.Prof. für klass. und nzl. Latein an der Univ. Löwen. 1967 gründete er dort das *Seminarium Philologiae Humanisticae*, das er mit seinem ersten Assistenten Gilbert Tournoy zu einer hervorragenden Forschungsstätte für neulat. Studien ausbaute. 1968 erschienen unter I.s Herausgeberschaft wieder die *Humanistica Lovaniensia* unter einer auf die neulat. Literatur insgesamt erweiterten Forschungsperspektive, 1971 erstmals und nun jährlich mit dem Untertitel *Journal of Neo-Latin Studies*. 1971 organisierte I. den ersten internationalen neulat. Kongress in Leuven; 1973 wurde er der erste Präsident der *International Association for Neo-Latin Studies*.

Als I.s größtes Verdienst für die neulat. Forschung gilt sein maßgeblicher *Companion to Neo-Latin Studies*, der zuerst 1977 [3], dann völlig umgearbeitet und erweitert 1990 und 1998 in zwei Bänden veröffentlicht wurde [4]. Der entscheidende Fortschritt des *Companion* von der ersten zur zweiten Ausgabe bestand darin, dass nach dem bibliographisch-methodischen Schwerpunkt von 1977 nun der Fokus auf der Darstellung der Länder und neulat. Textformen lag. Hinsichtlich H.s etwa 150 Buchbesprechungen und an die 100 zählenden autoren- bzw. gattungsbezogenen Beiträgen lässt sich ein besonderes Interesse an bestimmten Verfassern und Textsorten beobachten. Unter den Letzteren sind v.a. Autobiographie, Biographie, Brief, Drama, Roman und Satire vertreten, unter den Ersteren bes. Rudolf Agricola, ↗Erasmus von Rotterdam, Justus ↗Lipsius, Juan Luis ↗Vives sowie die Jesuitendichtung. Zahlreich Licentiats- und Doktorarbeiten schon ab 1965, von Anfang an meist mit neulat. Themen, zeugen von I.s Lehrerfolg. Unter den Absolventen befinden sich mehrere heute prominente neulat. Forscherinnen und Forscher, wie z.B. Marie-José Desmet-Goethals, Godelieve Tournoy-Thoen, Gilbert Tournoy und Dirk Sacré.

I. war Mitglied und Präsident der Belg. Akad. der Wiss., Corresponding Fellow der British Acad., auswärtiges Mitglied der Finn. Akad., korrespondierendes Mitglied der Göttinger Akad. und Fellow der *Academia Europaea*. 1992 erhielt er ein Ehrendoktorat der Univ. Valencia.

SV: [6].

Schriften

[1] De sacerdotibus sacerdotiisque Alexandri Magni et Lagidarum eponymis, 1961 [2] Latijnse poëzie van de twintigste eeuw, 1961 [3] Companion to Neo-Latin Studies, 1977 [4] Companion to Neo-Latin Studies, Bd. 1: History and Diffusion of Neo-Latin Literature (Supplementa Humanistica Lovaniensia 5), Bd. 2: Literary, Linguistic, Philological and Editorial Questions (Supplementa Humanistica Lovaniensia 14), 1990–1998.

Sekundärliteratur

[5] W. Ludwig, Zum Gedenken an Jozef Ijsewijn, in: Neulateinisches JB 2, 2000, 5–11 [6] G. Turnoy, Bibliography of Jozef Ijsewijn (1932–1998), in: D. Sacré / G. Tournoy (Hrsg.), Myricae. Essays on Neo-Latin Literature in Memory of Jozef Ijsewijn (Supplementa Humanistica Lovaniensia 16), 2000, 12–111.

Peter Hibst

Imhoof-Blumer, Friedrich

Schweizer Numismatiker und Münzsammler. Geb. am 11.5.1838 in Winterthur, gest. am 26.4. 1920 ebda. Ausbildung zum Kaufmann; 1870 Dr. h.c. der Univ. Zürich; danach Rückzug aus dem Geschäftsleben, fortan Privatgelehrter und Sammler. Ehrenamtliche Tätigkeiten, u.a. ab 1861 als Konservator des Münzkabinetts der Stadtbibl. Winterthur [16]; Mitglied vieler Akad. und Fachgesellschaften; zahlreiche Ehrungen, u.a. Orden *Pour le Mérite* für Wissenschaften und Künste (1895).

Biographie und wissenschaftlicher Werdegang

I.-B. war Sohn von Friedrich Ludwig I.-Hotze, Besitzer eines großen Textilunternehmens. In seinen Lehr- und Wanderjahren im Mittelmeerraum (1857–1860) lernte I.-B. die Landschaften und Stätten der griech.-röm. Antike kennen. Er begann, ant. (v.a. griech.) Münzen zu sammeln, und baute systematisch eine der bedeutendsten Privatkollektionen auf, die je zusammengekommen sind. I.-B. sammelte v.a. Münzen von wiss. Interesse, Rara und Inedita sowie solche, deren Erhaltung neue Erkenntnisse für Umschrift und Bild versprach. 1900 verkaufte er seine rund 22000 griech. Münzen an das Berliner Münzkabinett; 1907 ließ er seine Römer-Sammlung versteigern; diejenige von schweizer. Münzen hatte er schon 1871 der Stadt Winterthur geschenkt.

I.-B. schuf sich mit seinen Originalen, seiner numismatischen Spezialbibliothek und einer riesigen Kollektion von Abgüssen einen ausgezeichneten Arbeitsapparat [11]. Zugleich war er ein Pionier der Münzphotographie: ab 1876 stattete er seine Publikationen mit Lichtdruck-Tafeln nach Münzgipsen aus. Zusammen mit der Firma J. Brunner & Co. verfeinerte er dieses Druckverfahren, das die Wiedergabe von Münzen in höchster Qualität erlaubte [14].

Werk und Wirkung

I.-B., ein Autodidakt, ging methodisch neue Wege. In seiner Studie *Die Münzen Akarnaniens* argumentierte er erstmals mit den zum Prägen verwendeten Stempeln und zeigte das hohe Potenzial auf, das in der Auswertung von Stempelidentitäten liegt [1]; [5]. Die Voraussetzung dafür, stempelgleiche Stücke festzustellen, bildete die systematische Sammlung von Münzabgüssen. Die Möglichkeit, damit nachvollziehbar zu argumentieren, wurde durch die Phototechnik eröffnet [14]. I.-B. legte durch seine Schriften verlässliche Grundlagen in verschiedensten Bereichen der griech. Numismatik [1]; [2]; [5]; [7]; [8]; [9]. Seine hervorragende Materialkenntnis versetzte ihn in die Lage, viele Münztypen erstmals geographisch und chronologisch zu bestimmen oder bisherige Identifizierungen zu präzisieren.

Auf die Bitte Theodor ↗Mommsens übernahm I.-B. die wiss. Leitung des 1888 in Angriff genommenen *Corpus Nummorum* der Königlichen Preuß. Akad. der Wiss. zu Berlin und gab die Reihe *Die antiken Münzen Nord-Griechenlands* heraus [12]; [14]; [13]. Seine Leistung für die Alt.wiss. ist nicht angemessen zu beurteilen, wenn man sich auf das publizierte Œuvre und seine ehrenamtlichen Tätigkeiten beschränkt; vielmehr tritt ebenbürtig sein sehr umfangreicher Briefwechsel hinzu (Druck in Vorbereitung); I.-B. stand über Jahrzehnte mit einem großen Teil der Vertreter der alt.wiss. Disziplinen in verschiedensten Ländern in regem wiss. Austausch.

SV: [10.58–61].

N: Winterthur, Stadtbibliothek.

Schriften

[1] Die Münzen Akarnaniens, in: Numismatische Zs. 10, 1878, 1–180 [2] Monnaies grecques, 1883 [3] Numismatic Commentary on Pausanias (mit P. Gardner), in: JHS 6–8, 1885–1887 (6: 50–101; 7: 57–113; 8: 6–63) [4] Porträtköpfe auf antiken Münzen hellenischer und hellenisierter Völker, 1885 [5] Zur Münzkunde Großgriechenlands, Siciliens, Kretas usw. Mit besonderer Berücksichtigung einiger Münzgruppen mit Stempelgleichheiten, in: Numismatische Zs. 18, 1886, 205–286 [6] Tier- und Pflanzenbilder auf Münzen und Gemmen des klassischen Altertums (mit O. Keller), 1889 [7] Griech. Münzen. Neue Beiträge und Untersuchungen, (Abh. der Königlichen Bayerischen Akad. der Wiss., Philos.-Philol. und Histor. Klasse 18.3), 1890, 525–798 [8] Kleinasiatische Münzen, 2 Bde. (Sonderschriften des Österr. Archäologischen Instituts 1–2), 1901–1902 [9] Zur griech. und röm. Münzkunde, in: Revue suisse de numismatique 13–14, 1905–1908 (Ndr. 1980).

Sekundärliteratur

[10] A. Engeli, Friedrich Imhoof-Blumer, 1838–1920 (Neujahrsblatt der Stadtbibliothek Winterthur 258), 1924 [11] H.-M. von Kaenel, Friedrich Imhoof-Blumer (1838–1920) – ein bedeutender Winterthurer Gelehrter, Sammler und Mäzen, in: Winterthurer Jahrbuch 37, 1990, 81–95 [12] H.-M. von Kaenel, »... ein wohl großartiges, aber ausführbares Unternehmen«. Theodor Mommsen, Friedrich Imhoof-Blumer und das Corpus Nummorum, in: Klio 73, 1991, 304–314 [13] H.-M. von Kaenel et al. (Hrsg.), Geldgeschichte vs. Numismatik. Theodor Mommsen und die antike Münze, 2004 [14] H.-M. von Kaenel, »Die Wissenschaft braucht den Stempel, nicht das Exemplar«. Th. Mommsen, F. Imhoof-Blumer und die Edition antiker Münzen, in: Schweizer Münzblätter 216, 2004, 85–92 [15] G. Macdonald, Fifty Years of Greek Numismatics, in: J. Allan et al. (Hrsg.), Transactions of the International Numismatic Congress, 1938, 3–16 [16] Ch. Zindel, Zur Geschichte des Münzkabinetts Winterthur, in: Antike Kunst 31, 1988, 108–114.

Hans-Markus von Kaenel

Irmscher, Johannes

Dt. Altertumswissenschaftler und Byzantinist. Geb. am 14.9.1920 in Dresden, gest. am 23.5.2000 in Rom. Schulbesuch in Dresden; 1939/40 Studium der Klass. Phil., Byzantinistik und Neogräzistik an der Univ. Leipzig, dann Kriegseinsatz. 1945/46 Leiter der Berliner Bibl. der Kunstschaffenden; daneben 1946/47 Studium an der Humboldt-Univ. Berlin, 1947 Prom.; 1947 wiss. Assistent an der Humboldt-Univ., 1947–1951 wiss. Mitarbeiter der Kommission für spätant. Religionsgeschichte an der Dt. Akad. der Wiss. Berlin; 1951 Habil. 1951–1953 Dozent, Hon.Prof. für Klass. Phil., Byzantinistik und Neogräzistik an der Humboldt-Univ.; 1955–1963 Geschäftsführender Direktor, 1964–1969 Direktor des Instituts für griech.-röm. Altertumskunde an der Dt. Akad. der Wiss. Berlin. 1958–1969 auch Direktor des Instituts für Byzantinistik der Univ. Halle, 1969–1985 Direktor des Bereichs griech.-röm. Kulturgesch. am Zentralinstitut für Alte Gesch. und Archäologie der DDR (ZIAGA), 1985 emeritiert. Seit 1973 korrespondierendes, noch 1990 ordentliches Mitglied der Akad. der Wiss. der DDR.

Werk und Wirkung

I. durchlief eine traditionelle Ausbildung in der Klass. Alt.wiss., wie die Prom. über den *Götterzorn bei Homer* (1947) und die byz. Habil. (zu den Gedichten des Iakobos Triboles, 1951) zeigen. Als »bürgerlicher« Wissenschaftler ohne Parteibindung nahm I. bald eine Führungsposition in der DDR-Alt.wiss. ein. Als Leiter des Instituts für griech.-röm. Altertumskunde förderte er alt.wiss. Publikationen, einschließlich der von ihm bes. betreuten Byzantinistik [2], der Rezeptions- und Wiss.-Geschichte, der Traditionsunternehmen der Berliner Akad. und – zur Legitimation der Alt.wiss. – auch populärer Werke.

I. war ein international bekannter Altertumswissenschaftler und Wiss.-Organisator. Im Kontext der Akad.-Reform entmachtet, leitete I. bis 1985 den Wiss.-Bereich »Griech. und röm. Kulturgeschichte« im stärker histor. ausgerichteten Berliner ZIAGA. Als inoffizieller Mitarbeiter der Staatssicherheit seit 1957 denunzierte I. Wissenschaftler im In- und Ausland und lieferte Informationen u.a. über Albanien und China [8].

SV: J. Dummer (Hrsg.), Bibliographie Johannes Irmscher 1945–1970, 1970.

N: Berlin, Archiv der Berlin-Brandenburgischen Akad. der Wiss.

Schriften

[1] (Hrsg.), Praktische Einführung in das Studium der Altertumswissenschaften, 1954 [2] Einführung in die Byzantinistik, 1971 (u.ö.) [3] (Hrsg.), Lex. der Antike, 1971 (⁹1987 u.ö.) [4] Sokrates. Versuch einer Biografie, 1982 (³1989) [5] Kulturgeschichte des griech. Volkes. Von der lat. Eroberung Konstantinopels (1204) bis zur Errichtung des griech. Nationalstaates (1830), 1996.

Sekundärliteratur

[6] A. Grillone, J. Irmscher. Una vita al servizio di cultura, in: Sileno 28/29, 2002–2003, 235–242
[7] E. Merendino, Johannes Irmscher, classicista europeo (1920–2000), in: Quaderni di storia 29, 2003, 223–280
[8] I. Stark, Die inoffizielle Tätigkeit von Johannes Irmscher für die Staatssicherheit der DDR, in: Hallische Beiträge zur Zeitgeschichte 5, 1998, 46–71.

Volker Losemann

Jacobsen, Thorkild

Dän. Archäologe und Sumerologe. Geb. am 7.6.1904 in Kopenhagen, gest. am 2.5.1993 in Bradford (New Hampshire). Studium der Semitistik und Assyriologie bei Otto Emil Ravn und Svend Aage Pallis in Kopenhagen, später in Chicago; 1927 M.A., 1939 Prom. ebda.; 1929 Ph.D. der Univ.of Chicago. 1929–1937 Teilnahme als Philologe an der Irak-Expedition des Oriental Institute der Univ. Chicago (auf Einladung Edward Chieras), der Ausgrabungen in Khorsabad, Tell Asmar, Khafaje und Jerwan ausführte. 1937 Instructor, 1942 Assistant Prof., 1944 Associate Prof., 1946 Prof. of Social Institutions am Oriental Institute an der Univ. of Chicago. 1946–1948 Direktor des Oriental Institute und 1948–1951 Dekan ebda.; 1955–1959 Herausgeber des *Chicago Assyrian Dictionary*; 1962/63 Gastprof., 1963–1974 Prof. für Assyriologie in Harvard. Gastprof. an der Hebrew Univ. in Jerusalem, Columbia Univ. in New York, Univ. of California in Los Angeles, Univ. of Michigan in Ann Arbor, Univ. London und am Oxforder St. John's College. 1993 Präsident der American Oriental Society.

Werk und Wirkung

J. war einer der Pioniere in der Entwicklung von Oberflächen-Surveys, die es ermöglichen, die Geschichte einer Region ohne Ausgrabungen zu rekonstruieren. In Chicago war er entscheidend daran beteiligt, das *Chicago Assyrian Dictionary* nach dem Zweiten Weltkrieg in eine neue Epoche zu führen. Seinem Einsatz als Direktor des Oriental Institute war es zu verdanken, dass von den Nationalsozialisten aus Deutschland vertriebene jüd. Gelehrte dorthin berufen wurden: Benno ↗Landsberger, Hans-Gustav ↗Güterbock und Adolph Leo ↗Oppenheim.

Mit Samuel N. ↗Kramer und Adam ↗Falkenstein zählte J. zu den führenden Wissenschaftlern bei der Rekonstruktion der sumer. Grammatik, Literatur und Mythologie. Seine Studien zu wesentlichen Themen der mesopot. Geschichte – frühen polit. Institutionen, angenommenen rassisch bedingten Konflikten zwischen Sumerern und Semiten, Bewässerungsregimes und Versalzungsproblematik [4] – waren grundlegend für die Entwicklung neuer Forschungsrichtungen des Fachs. Bedeutenden Einfluss übten seine Werke zur Kosmologie, Mythologie und Religion aus [2]; [3]; [7], ebenso seine Übersetzungen von sumer. poetischer Literatur [5]. Er verfasste die Standard-Edition der sumer. Königsliste [1]. J. war ein tiefschürfender und systematischer Denker mit einer überraschenden Fähigkeit, Wesen und Bedeutung der Aussagen von mesopot. Texte zu ergründen; diese gründete u.a. auf seinem enormen Wissen über die Landschaft und die Archäologie des Irak.

SV: [8.IX–XVII].

Schriften

[1] The Sumerian King List (Edition), 1939 [2] Mesopotamia, in: H. Frankfort et al., The Intellectual Adventure of Ancient Man, 1946, 123–219 (u.ö.; dt. 1954 u.ö.) [3] The Treasures of Darkness. A History of Mesopotamien Religion, 1976 [4] Salinity and Irrigation Agriculture in Antiquity, 1982 [5] The Harps that Once ... – Sumerian Poetry in Translation, 1987 [6] Searching for Sumer and Akkad, in: J. Sasson (Hrsg.), Civilizations of the Ancient Near East, Bd. 4, 1995, 2743–2752 [7] Towards the Image of Tammuz. Ges. Schriften, hrsg. von W.L. Moran, 1970.

Sekundärliteratur

[8] T. Abusch (Hrsg.), Riches Hidden in Secret Places. Ancient Near Eastern Studies in Memory of Thorkild Jacobsen, 2002 (bes. XIX-XXIII: Thorkild Jacobson: An Appreciation) [9] S.N. Kramer, Thorkild Jacobsen: Philologist, Archeologist, Historian, in: Sumerological Studies in Honor of Thorkild Jacobsen (Assyriological Studies 20), 1976, 1–7.

Benjamin Read Foster (Ü: J.R.)

Jacobsthal, Paul

Dt. Archäologe. Geb. am 23.2.1880 in Berlin als Paul Ferdinand J., gest. am 27.10.1957 in Oxford. 1898–1906 Studium in Berlin, Göttingen und Bonn, Prom. 1906 ebda., Volontär am Akad. Kunstmuseum in Würzburg; 1906/07 Reisestipendium des DAI (für Griechenland und Kleinasien); 1907/08 Reisen in Italien. Ab Oktober 1908 Assistent am Arch. Institut in Göttingen; ab 1909 PD ebda.; 1912–1935 Prof. für Arch. in Marburg. 1935 Emigration nach Großbritannien; 1937–1947 Lecturer am Christ Church College in Oxford und 1947–1950 Univ. Reader in Celtic Archaeology.

Werdegang, Werk und Wirkung

J. war Sohn eines jüd. Arztes. Nach dem Abitur am Luisenstadt-Gymnasium in Berlin studierte er Archäologie und Altphilologie. In Bonn promovierte er 1906 bei Georg ↗Loeschcke zum Thema des Blitzes [1]; ihn interessierte der Wandel des Motivs von der Deutung als Feuer im Orient zu einer geflügelten Lotosblüte und zugleich als Waffe bei den Griechen. Nach verschiedenen Reisen kam J. als Assistent nach Göttingen, wo er 1909 habilitiert wurde [3]. Über den Katalog der Göttinger Vasen [2] trat er zu John Davidson ↗Beazley in bald freundschaftlichen Kontakt.

1912 nach Marburg berufen, machte J. das dortige Seminar durch den planvollen Ausbau der Bibliothek, der Abguss-Sammlung und des Photoarchivs zu einem der bestausgestatteten in Deutschland [11]. 1920 kam auch eine prähistor. Abteilung unter Walther

Bremer hinzu, deren Entwicklung zu einem eigenen Lehrstuhl J. zielstrebig vorantrieb. Auf diese 1927 eingerichtete Prof. wurde Gero Merhart von Bernegg berufen. Mit ihm und dem seit 1913 in Marburg tätigen Kunsthistoriker Richard Hamann schuf J. ein modellhaftes Forschungszentrum.

1927 publizierte J. *Ornamente griechischer Vasen* [4]. An dem Palmetten- und Lotosschmuck besprach er die Funktion und Entwicklung des griech. Ornaments, losgelöst von Figürlichem. 1931 folgte die Grundlagenpublikation über die melischen Reliefs, die in ihrer Farbigkeit auch ein Licht auf die verlorene Monumentalmalerei werfen [6]; wegen ihrer Herkunft nicht nur von der Insel Melos werden sie neuerdings nach J. benannt [17].

Ab den 1920er Jahren befasste sich J. mit früher keltischer Kunst, in der er griech. Motive wiedererkannte. Mit Schülern und Freunden suchte er aber zunächst an Importen Begegnungen mit der Antike zu klären [5]; [7]. Bevor er seine keltischen Studien abschließen konnte, musste er 1935 nach England emigrieren, wo er in Oxford Aufnahme fand. Hier konnte er seine Forschungen zu Ende führen, die 1944 in dem grundlegenden Werk zur frühkeltischen Kunst [9] erschienen [12]. Obwohl J. viele Formen als von griech. Herkunft interpretieren konnte, stellte er keine allmähliche Annäherung der keltischen an die griech. Kunst fest; vielmehr arbeitete er den starken eigenen Kunststil heraus. Treffend beschrieb er 1941 diesen Wandel der Motive: »*In their migration from land to land they keep their bodies and change their souls.*« Doch fuhr er fort: »*Analysis of the ›Celtic Soul‹ is not the concern of an archaeologist: his humble task is to describe what is visible and clearly expressed in stone, bronze or clay*« [8.317f.]. In England führte J. auch verschiedene Arbeiten zur griech. Kunst weiter. 1956 erschien dann sein umfangreiches Werk zu griech. Nadeln, in dem er noch einmal weit über die Grenzen Griechenlands hinausblickte [10].

Bes. auf die Keltenforschung hatte J. anhaltend große Wirkung. Dazu trug nicht nur sein scharfer Verstand, sondern ebenso sein offenes, großzügiges Wesen bei. Den Publikationen allein kann man nicht entnehmen, dass J. ein zutiefst gebildeter, geistreicher und weit schauender Forscher und Lehrer war, der die Forschung ein halbes Jahrhundert lang nachdrücklich beeinflusste.

N: Oxford Univ., School of Archaeology.

Schriften

[1] Der Blitz in der orientalischen und griech. Kunst (Diss. Bonn), 1906 [2] Göttinger Vasen, 1911 [3] Theseus auf dem Meeresgrund. Ein Beitrag zur Geschichte der griech. Malerei (Habil.schrift Göttingen), 1911 [4] Ornamente griechischer Vasen, 2 Bde., 1927 [5] Die Bronzeschnabelkannen (mit A. Langsdorff), 1929 [6] Die melischen Reliefs, 1931 [7] Gallia Graeca. Recherches sur l'hellénisation de la Provence (mit E. Neuffer), in: Préhistoire 2/1, 1933, 1–64 [8] Imagery in Early Celtic Art, in: Proc. of the British Academy 27, 1941, 301–322 [9] Early Celtic Art, 2 Bde., 1944 [10] Greek Pins and Their Connexions with Europe and Asia, 1956.

Sekundärliteratur

[11] A. H. Borbein, 100 Jahre archäologisches Seminar [Marburg], in: Alma Mater Philippina, Sonderheft, 1977, 20–23 [12] S. Crawford / K. Ulmschneider, Paul Jacobsthal's Early Celtic Art, His Anonymous Co-Author, and National Socialism. New Evidence from the Archives, in: Antiquity 85, 2011, 129–141 [13] M. Jope, Paul Ferdinand Jacobsthal, in: D. E. Evans (Hrsg.), Proc. of the Seventh International Congress of Celtic Studies, 1986, 15–18 [14] V. Losemann, Art. Jacobsthal, Paul Ferdinand (1880–1957), in: DBC, 2004, 502–506 [15] H. Möbius, Paul Jacobsthal, in: Gnomon 29, 1957, 637–638 [16] K. Schefold, Paul Jacobsthal, 1880–1957, in: I. Schnack (Hrsg.), Marburger Gelehrte in der ersten Hälfte des 20. Jh.s, 1977, 228–239 [17] F. Stilp, Die Jacobsthal-Reliefs (Diss. Freiburg), 2006.

Otto-Herman Frey

Jacoby, Felix

Dt. Klass. Philologe. Geb. am 19. 3. 1876 in Magdeburg, gest. am 10. 11. 1959 in Berlin. 1894 Studium der Klass. Phil. in Freiburg i. Br., 1895/96 in München, 1896 in Berlin; dort 1900 Prom. und 1903 Habil. Ab 1903 PD in Breslau; 1906 ao.Prof., ab 1907 o.Prof. in Kiel. 1935 Lehrstuhlverzicht; 1939 Emigration nach Oxford. Ab 1956 wieder in Berlin.

Leben und Werk

J. stammte aus einer jüd. Kaufmannsfamilie, war aber getauft worden, um ihm den Zugang zum kaiserzeitlichen Bildungssystem zu erleichtern. Prägend war die Begegnung mit Ulrich von ↗Wilamowitz-Moellendorff und Hermann ↗Diels, der J.s Diss. zur Chronik des Apollodor von Athen betreute (erweiterte Druckfassung 1902 [1]). Die Entwicklung der griech. Geschichtsschreibung bildete das Zentrum von J.s Forschung. Auf die Habil. (bei Eduard ↗Norden in Breslau) [2] folgten 103 RE-Artikel zu griech. Historikern [8], u. a. zu Hekataios von Milet und Herodot. In Kiel [14] legte er 1909 das Konzept zu einer (kommentierten) Sammlung der Historikerfragmente vor [9.301–344], um Karl Wilhelm Ludwig Müllers *Fragmenta historicorum Graecorum* (FHG) zu ersetzen. Als neuartiges Strukturprinzip sollten die »lit. Gattungen« dienen, u. a. Genealogie, Ethnographie, Zeitgeschichte, Chronographie, Lokalgeschichte, Biographie. J. trieb dieses Projekt ab den 1920er Jahren allein mit seiner Frau Margarete voran [4].

Obwohl J. als dt.-nationaler Konservativer Hoffnungen auf Hitler gesetzt zu haben scheint [14.102–104], wurde er 1935 von den Nationalsozialisten wegen seiner jüd. Herkunft zum Lehrstuhlverzicht genötigt. Trotz Restriktionen versuchte er zunächst in Berlin, die Arbeit an den *Fragmenten der griech. Historiker* (FGrH) fortzusetzen. Nachdem aber das Haus seines Sohnes in Finkenkrug bei Berlin in der »Reichskristallnacht« 1938 verwüstet worden war, sah er sich zur Emigration gezwungen [11.43–52]. Sein ehemaliger Kieler Kollege Eduard ↗Fraenkel sicherte seine Aufnahme im Christ Church College in Oxford (ohne Übertragung eines Lehrstuhls). Obgleich die Oxforder Zeit wiss. äußerst ertragreich war (u.a. *Atthis* [6] und der Aufsatz zum Staatsgrab der Athener [5]; [9.93–131]), kehrte J. 1956 nach Berlin zurück, konnte aber die FGrH nicht mehr abschließen. Seit den 1990er Jahren laufen die Arbeiten zur Fortführung (Edition der Teile IV und V [13.144–172]) und Neubearbeitung in elektronischer Form (seit 2007 als *Jacoby Online*, hrsg. von Ian Worthington). Unter J.s latinistischen Arbeiten ragt sein Aufsatz über die röm. Liebeselegie [3] heraus, in dem er die innovativen Aspekte der »subjektiven« röm. gegenüber der »objektiven« griech. Elegie hervorhob und die Bedeutung der griech. Epigrammatik für die Entwicklung des Genres herausarbeitete [9.133–148].

SV: [7.1–15].

Schriften

[1] Apollodors Chronik. Eine Sammlung der Fragmente (Edition und Übers.), 1902 (Ndr. 1973 u.ö.) [2] Das Marmor Parium (Edition und Komm.; Habil.schrift Breslau), 1904 (Ndr. 1980 u.ö.) [3] Zur Entstehung der röm. Liebeselegie, in: RhM N.F. 60, 1905, 38–105 [4] Fragmente der griech. Historiker, Teile I–III, 14 Bde. (FGrH; Edition), 1923–1958 [5] Patrios Nomos, in: JHS 64, 1944, 37–66 (gedr. 1946) [6] Atthis. The Local Chronicles of Ancient Athens (Edition), 1949 [7] Abh. zur griech. Geschichtsschreibung, hrsg. von H. Bloch, 1956 [8] Griech. Historiker, 1956.

Sekundärliteratur

[9] C. Ampolo (Hrsg.), Aspetti dell'opera di Felix Jacoby, 2006 [10] M. Chambers, Art. Felix Jacoby, in: Briggs/Calder 205–210 [11] Mensching Nug., Bd. 2, 1989, 17–59 [12] Mensching Nug., Bd. 3, 1990, 5–47 [13] G.W. Most, Collecting Fragments – Fragmente sammeln, 1997, 144–185 [14] A. Wittram, Fragmenta. Felix Jacoby und Kiel (Diss. Kiel), 2004.

Roland Baumgarten

Jaeger, Werner

Dt.-amerikan. Klass. Philologe. Geb. am 30.7. 1888 in Lobberich am Niederrhein als Werner Wilhelm J.; gest. am 19.10.1961 in Cambridge (Massachusetts, USA). 1907–1911 Studium der Klass. Phil., Philosophie und Theologie in Berlin; dort 1911 philol. Prom. und 1914 Habil. 1914 ao.Prof. für Klass. Phil. in Basel; 1915–1921 o.Prof. an der Univ. Kiel; ab 1921 o.Prof. an der Univ. Berlin. 1936 Emigration in die USA; ab 1936 Prof. für Gräzistik und ant. Philosophie an der Univ. Chicago; 1939–1960 Prof. in Harvard. Ab 1943 amerikan. Staatsbürger. 1925 Mitbegründer des Dt. Altphilologenverbandes und zugleich Zweiter Vorsitzender; zahlreiche internationale Ehrungen und Akademiemitgliedschaften.

Wissenschaftlicher Werdegang und Werk

J., Sohn der protestantischen Familie eines Textilfabrikleiters, lernte als Achtjähriger am kath. Gymnasium Latein, als Dreizehnjähriger Griechisch. Schon als Schüler fühlte er sich zur griech. Geistesgeschichte hingezogen, wobei er lernte, sein Interesse an Ideen einer rigorosen Verpflichtung zur Geschichtlichkeit zu unterwerfen. Nach einem Semester in Marburg (1907) wechselte er an die Friedrich-Wilhelms-Univ. Berlin, wo ihn Hermann ↗Diels, Adolf Lasson, Eduard ↗Norden, Johannes Vahlen und Ulrich von ↗Wilamowitz-Moellendorff für die Klass. Philologie gewannen; außerdem studierte er Theologie unter Adolf von ↗Harnack und Karl Holl. In seiner von Diels betreuten Diss. [1] vertrat er die These, dass die aristotelische *Metaphysik* kein systematisch aufgebautes Werk, sondern eine Sammlung von Vorlesungsskripten war. Daraus erwuchs später sein Aristoteles-Buch [4], dessen engl. Fassung ihm Reputation in den anglophonen Ländern einbrachte. J. verstand Aristoteles' intellektuellen Werdegang als eine graduelle Distanzierung von seinem Lehrer und Kollegen Platon. 1914 habilitierte er sich zum Neuplatonismus [2].

Noch im selben Jahr wurde J. an den Basler Lehrstuhl für Klass. Philologie berufen, den 1869–1879 Friedrich ↗Nietzsche innegehabt hatte. 1915 wechselte er nach Kiel, wo er Kollege von Felix ↗Jacoby und Julius Stenzel wurde. Auf Wilamowitz' Vorschlag begann er sein am längsten währendes Werk, die textkritische Ausgabe von Gregor von Nyssa, deren erste zwei Bände 1921 erschienen [3].

Den wichtigsten Karriereschritt machte J. 1921, als er zu Wilamowitz' Nachfolger nach Berlin berufen wurde. Seine Berliner Zeit war gleichzeitig die seiner größten Wirkung. Unter seinen Studenten befanden sich Harald Fuchs, Richard ↗Harder, Viktor ↗Pöschl, Wolfgang ↗Schadewaldt, Friedrich ↗Solmsen und Richard Walzer. Alarmiert vom Niedergang der Alten Sprachen an Schulen und Universitäten, kämpfte J. für die Wiederherstellung der klass. humanistischen Bildung als Zentrum des dt. Geisteslebens. Diese Bestrebungen wurden unter dem Begriff »Dritter Humanismus« bekannt [16]. Zu diesem Zweck gründete er zwei Zeitschriften, *Die Antike* (die er bis 1936 herausgab) und *Gnomon* (unter der Leitung seines Schülers Richard ↗Harder). In der *Antike*, die sich an gebildete Nichtspezialisten wandte, vertraten J. und seine Schule den Anspruch, dass viele ant. griech. Ideale für das mod. Leben große Relevanz haben. Weiterhin begründete er die *Neuen Philol. Untersuchungen* (1926–1937), eine Monographienreihe für die besten von ihm betreuten Doktorarbeiten.

Das eigentliche Monument des Dritten Humanismus ist bis heute J.s *Paideia*, eine Geistesgeschichte Griechenlands von Homer bis Platon [5], deren erster Band 1934 in Berlin erschien. In einer kritischen Rezension wies Bruno ↗Snell auf die Gefahren des Werks hin: Die Betonung des Heldentums, des Siegens, des Elitebewusstseins, die leidenschaftliche Rhetorik und die implizierte Aufforderung, es den Griechen gleich zu tun, könnten zu romantischen Vorstellungen und Nationalismus umgelenkt werden.

Nach einer skandalösen Scheidung, bei der seine Frau seinen Ehebruch auf sich nahm, um seine Anstellung und damit die Alimente und das Kindergeld zu retten, heiratete er 1931 die Jüdin Ruth Heinitz (eine Tochter). 1934 trat er die Sather Professur an der kalifornischen Univ. Berkeley an. Aus seiner dortigen Vorlesungsreihe entstand sein Demosthenes-Buch [7]. Die nationalsozialistische Rassengesetzgebung stellte ihn vor die Wahl, sich scheiden zu lassen oder seinen Berliner Lehrstuhl zu verlieren; er entschied sich für das Zweite, emigrierte mit seiner Familie in die USA und übernahm 1936 an der Univ. Chicago den Lehrstuhl von Paul ↗Shorey. 1939 wurde er nach Michael ↗Rostovtzeffs Absage Prof. in Harvard. 1943 nahm er die amerikan. Staatsbürgerschaft an; 1960 emeritierte er.

1960 bemerkte J. betrübt, man müsse nur nach Amerika gehen, um die Entwicklung der Klass. Philologie in einer Kultur zu erfahren, die den klass. Humanismus nicht kenne. Die griech.-röm. Antike spiele im amerikan. Geistesleben keine Rolle. Die meisten Kollegen erschienen ihm als wohlmeinende Dilettanten. In den USA verfasste J. zwei weitere Bände der *Paideia,* die Gilbert ↗Highet 1939–1944 ins Englische übersetzte; das dt. Original wurde im nationalsozialistischen Deutschland publiziert. Es folgten sein engl. Buch zur Theologie der frühgriech. Philosophie [8], die Oxford-Edition von Aristoteles' *Metaphysik* [9], eine Ausgabe seiner Kleinen Schriften [10] und sein in mehrere Sprachen übersetztes *Early Christianity and Greek Paideia* [11]. Zudem erschienen regelmäßig von J. und anderen herausgegebene Bände der Werkausgabe Gregors von Nyssa [3].

Würdigung und Wirkung

Zu J.s Lebzeiten galt die *Paideia* als sein größter Wurf. Sein abstraktes, fast predigthaftes Vorgehen darin erscheint jedoch nicht mehr zeitgemäß und wird von der heutigen Forschung ignoriert. Gleichwohl wirkte J.s Konzept nachhaltig auf mehrere Generationen von Lehrkräften und auf die Rechtfertigung des altsprachlichen Unterrichts ein [18]. Andererseits haben seine Arbeiten zu Aristoteles (wenn auch angefochten, insbes. von Hans von ↗Arnim und H.F. Cherniss) alle nachfolgenden histor. Studien zu diesem Philosophen beeinflusst. Das in der Klass. Philologie am wenigsten bekannte Unternehmen, die Gregor von Nyssa-Werkausgabe, bleibt in Exaktheit, Objektivität und Umfang ein mustergültiges Standardwerk.

J.s amerikan. Schüler erlebten ihn als einen heiteren, sanften Weisen, der keine Schlachten mehr zu schlagen hatte, und mit einem Augenzwinkern alle förderwürdigen Bemühungen unterstützte, nicht zuletzt die seiner Studentinnen. Der brilliante, fast fanatische Forscher und Organisator, der die dt. Klass. Philologie in den 1920er Jahren dominiert hatte, war hier unvorstellbar.

SV: H. Bloch, Bibliography of W. Jaeger, in [12. 143–165]; [23].

Schriften

[1] Studien zur Enstehungsgeschichte der Metaphysik des Aristoteles (Diss. Berlin), 1912 (engl. 1934) [2] Nemesios von Emesa, Quellenforschungen zum Neuplatonismus und seinen Anfängen bei Poseidonios. (Habil.schrift Berlin), 1914 [3] Gregorii Nysseni Opera (Edition), 1921 (ff.) [4] Aristoteles. Grundlegung einer Geschichte seiner Entwicklung, 1923 (engl. 1934) [5] Paideia. Die Formung des griech. Menschens, 3 Bde., 1934–1947 (u.ö.; engl. 1943–1945 u.ö.) [6] Humanistische Reden und Vorträge, 1937 (2., erw. Aufl. 1960) [7] Demosthenes. The Origin and Growth of His Policy, 1938 [8] The Theology of the Early Greek Philosophers (Gifford Lectures 1936), 1947 (u.ö.; dt. 1954 u.ö.; Ndr. 2009) [9] Aristotelis Metaphysica (Edition), 1957 (zahlreiche Ndr.) [10] Scripta Minora, 2 Bde. (Storia e letteratura 80–81), 1960 [11] Early Christianity and Greek Paideia, 1961 (u.ö.; dt. 1963) [12] Five Essays, 1966.

Sekundärliteratur

[13] W.M. Calder III (Hrsg.), Werner Jaeger Reconsidered. Proc. of the Second Oldfather Conference, Urbana-Champaign 1990 (Illinois Classical Studies Supplement 3), 1992 [14] W.M. Calder III, Art. Werner Jaeger, in: Briggs/Calder 211–226 [15] L.H. Feldman, Art. Jaeger, Werner Wilhelm, in: W.W. Briggs (Hrsg.), Biographical Dictionary of North American Classicists, 1994, 306–309 [16] A. Fritsch, Ein kritischer Rückblick auf den Dritten Humanismus in der ersten Hälfte des 20. Jh.s, in: E. Wiersing (Hrsg.), Humanismus und Menschenbildung. Zu Geschichte, Gegenwart und Zukunft der bildenden Begegnung der Europäer mit der Kultur der Griechen und Römer, 2001, 224–242 [17] J. Götte / V. Pöschl, Werner Jaeger (1888–1961), in: Eikasmós 4, 1993, 217–230 [18] S. Kipf, Altsprachlicher Unterricht in der Bundesrepublik Deutschland, 2006, 105–108 [19] P. Kuhlmann, Humanismus und Alte Sprachen im Dritten Reich, in: Archiv für Kulturgeschichte 88, 2006, 409–431 [20] M. Landfester,

Die Naumburger Tagung »Das Problem des Klassischen und die Antike« (1939). Der Klassikbegriff Werner Jaegers: Seine Voraussetzung und seine Wirkung, in: Flashar Alt.wiss. 1995, 12–40 [21] M. Landfester, Art. Dritter Humanismus, in: DNP 13, 2001, 877–893 [22] M. Meis / Th. Optendrenk (Hrsg.), Werner Jaeger, 2009 [23] W. Schadewaldt, Gedenkrede auf W. Jaeger, in: Schweizer Monatshefte 42/7, 1962 (auch Sonderdruck).

Willliam M. Calder III (Ü: D.P.)

Jahn, Otto

Dt. Klass. Philologe, Klass. Archäologe und Musikwissenschaftler. Geb. am 16.6.1813 in Kiel, gest. am 9.9.1869 in Göttingen. Gelehrtenschule Kiel, dann Schulpforte (bei Naumburg); ab 1831 Studium an den Univ. Kiel, Leipzig und Berlin; 1836 Prom. in Kiel mit der Berechtigung zur Lehre an der Univ. ebda. 1837–1839 dän. Reisestipendium für Paris und Italien. 1842 ao.Prof. für Phil. und Arch. in Greifswald, 1845 Ordinariat ebda. (nach Ablehnung eines Rufs nach St. Petersburg); 1847 Berufung auf einen arch.-philol. Lehrstuhl nach Leipzig. 1849 Amtsenthebung wegen der Anklage der polit. Agitation. 1853 Sekretär der philol.-histor. Klasse der Sächs. Gesellschaft der Wiss.; 1855–1869 o.Prof. für Phil. und Arch. in Bonn,1854 Dekan, ab 1858 Rektor.

Werdegang, Werk und Wirkung

J.s akad. Lehrer waren die Klass. Philologen Gregor Wilhelm Nitzsch (Kiel), Gottfried ↗Hermann (Leipzig), Karl ↗Lachmann, August ↗Böckh (Berlin) sowie die Archäologen Eduard ↗Gerhard und Julius Ambrosch (Berlin); erst in Berlin fiel endgültig die berufliche Entscheidung zugunsten der Philologie statt der Musik. Die Kieler Diss. des 23-Jährigen über den Palamedesmythos [1] verrät ein intensives Studium der ant. Quellen. Die Aufarbeitung der Überlieferungsgeschichte und Edition der Satirendichtung von Persius und Juvenal galt fortan seinem philol. Hauptwerk [4]; [9]; [22]. Den mehrmonatigen Parisaufenthalt nutzte J. zu einem Studium der einschlägigen Handschriften der Nationalbibl. In die Altertümer Roms wurde er von Emil ↗Braun, dem Ersten Sekretar des *Instituto di Corrispondenza Archeologica*, eingeführt, der ihm auch einen Neufund zur Publikation anvertraute [2]. V.a. aber eröffnete er ihm das bis dahin noch völlig unzureichend bearbeitete Feld der lat. Inschriften [3].

Nach J.s Rückkehr befand sich im Wintersemester 1839/40 unter seinen Kieler Hörern der nur wenig jüngere Jurastudent Theodor ↗Mommsen. Das seit Längerem bestehende Vorhaben der Berliner Akad. eines *Corpus Inscriptionum Latinarum* (CIL) trat 1845 in ein neues Stadium, als Carl von ↗Savigny, damals preuß. Justizminister, J. zu einer Denkschrift über die Verwirklichung des Projekts aufforderte. Entgegen dem bisherigen Plan eines bloßen Nachdrucks der Inschriften aus vorliegenden Teilsammlungen sah J.s Konzept eine Bearbeitung möglichst aller Texte durch Autopsie der Originale vor. Zunächst kam es nicht zur Ausführung des neuen Plans, doch schrieb sich J. das Verdienst zu, die Dinge wenigstens so lange offengehalten zu haben, bis Mommsen »eintreten konnte in die Aufgabe, die ein gutes Geschick ihm aufbehalten hatte« [20. 84].

1843 erschien J.s Kommentar zu Persius, wohl seine bedeutendste philol. Leistung, auf dem die gesamte spätere Persiusexegese aufbaut. 1845 folgte die Ausgabe des Censorinus [5], deren *recensio* den Text erstmals auf eine solide Grundlage stellte, 1851 die Juvenal-Edition mit den *Scholia vetera*, deren Aufarbeitung der Überlieferung im Wesentlichen noch heute die Basis der Juvenalkritik darstellt [9]. Seine Vorstellungen vom Verhältnis der Archäologie zur Philologie entwickelte J. in einem grundlegenden Vortrag 1848 vor der Leipziger Gesellschaft der Wiss. [7]. Darin betonte er Gegenüber Eduard ↗Gerhards Archäologie als »monumentaler Philologie« ihren eigenständigen Formbegriff und wies der Archäologie als einer Kunstwiss. eine selbständige Aufgabenstellung zu, die aber der engen Verbindung mit den anderen histor. Alt.wiss., insbes. der Philologie, bedürfe. Ein Musterbeispiel der ikonographischen Deskription ist J.s Abhandlung über die Ficoronische Cista [10]. In seine Leipziger Zeit fallen auch einige editorische Arbeiten zum jungen Goethe [8]; [12].

Die Befreiung wider Willen von universitären Verpflichtungen ab 1849 erlaubte J. längere Reisen, die ihn 1852/53 nach Wien, Salzburg, Berlin und Frankfurt führten, zur Sammlung und Sichtung des Nachlasses von Mozart und Beethoven und zur Vorbereitung seines großen Mozartbuches. Ursprünglich als Einleitung für eine Beethovenbiographie gedacht, verselbstständigte sich das Unternehmen zusehends mit dem Anwachsen der Stofffülle. Doch ehe es zur Aufarbeitung kam, erhielt J. aus München den Auftrag einer Katalogisierung der Vasensammlung König Ludwigs I., welche ihn 1853/54 beschäftigte. Der Einleitungsband [11] ist eine umfassende Darstellung der griech. Vasenkunde unter forschungsgeschichtlichem, topographischem, systematischem, entwicklungsgeschichtlich-stilistischem sowie ikonographischem Aspekt. Einer der grundlegenden Irrtümer, mit denen J. darin endgültig aufräumte, war die angeblich etrusk. Provenienz der in Italien gefundenen griech. Vasen. Das Werk erfüllte lange die Funktion eines Handbuchs der griech. Vasenkunde.

Ende 1854 wurde J. nach Bonn berufen, wo er im Sommer 1855 seine Lehrtätigkeit aufnahm. Sein

Lehrerfolg bei den Studenten war beachtlich. 1857 wählte die Philos. Fakultät ihn zu ihrem Dekan, 1858 die Univ. zum Rektor. Beide Ämter bezeugen die angesehene Stellung, die er sich rasch unter seinen Kollegen erwarb. Die Rektoratsrede über *Bedeutung und Stellung der Altertumsstudien in Deutschland* (1859) zeigt J. als Meister des wiss.-geschichtlichen Essays. In die ersten Bonner Jahre fällt die Vollendung der monumentalen Mozartbiographie in vier Bänden [14], des bedeutendsten musikgeschichtlichen Werks des 19. Jh.s. Es erlangte für die folgenden 100 Jahre kanonische Geltung und wurde durch Hermann Aberts Textbearbeitung in der fünften Auflage von 1919/21 mit Nachdrucken bis in die 1980er Jahre selektiv modifiziert und ergänzt, aber nicht abgelöst.

Im Frühjahr 1865 kam es im Bonner Seminar zu einem Eklat, der als »Bonner Philologenkrieg« zwischen J. und seinem Kollegen Friedrich Wilhelm ↗Ritschl in die Wiss.-Geschichte des 19. Jh.s eingegangen ist [25]. Die wenigen Jahre, die J. nach dessen Weggang nach Leipzig (1865) noch in Bonn lehrte, standen im Zeichen einer ausbrechenden Lungenkrankheit. Bis zum Schluss rang er dem körperlichen Verfall Schrift um Schrift ab, darunter eine Ausgabe des Autors *De sublimitate* [18], die in der Bearbeitung Johannes Vahlens noch nicht überholt ist, und die zweite Auflage der Mozartbiographie (1867).

Theorie und Systembildung waren nicht J.s Sache. Für ihn galt es, die Vielfalt der Erscheinungen in ihrem histor. Kontext deskriptiv zu erfassen. In der Philologie bedeutete dies die Herstellung eines authentischen Textes durch Aufarbeitung der handschriftlichen Überlieferung und Textinterpretation in Form des Kommentars; in der Archäologie, die J. als Univ.-Fach zu etablieren half, die Sammlung und exakte Beschreibung der Denkmäler unter Einschluss des Alltagslebens der Antike als eines neuen Forschungsgegenstandes der Kultur- und Religionsgeschichte [13]; [16]; [21]; [7].

SV: [27. 45–83].

Schriften

[1] Palamedes (Diss. Kiel), 1836 [2] I bassirilievi e le iscrizioni al monumento di Marco Virgilio Eurisace (Edition), in: Annali dell'Instituto 10, 1838, 231–248 [3] Specimen epigraphicum in memoriam Olai Kellermanni, 1841 [4] Auli Persii Flacci Satirarum Liber (mit Scholien; Edition), 1843 (u. ö.) [5] Censorini De die natali liber (Edition), 1845 [6] Archäologische Beiträge, 1847 [7] Über das Wesen und die wichtigsten Aufgaben der archäologischen Studien, in: Bericht der Sächsischen Gesellschaft der Wissenschaften 2, 1848, 209–226 [8] (Hrsg.), Goethes Briefe an Leipziger Freunde, 1849 [9] D. Iunii Iuvenalis Saturarum libri V (mit Scholien; Edition), 1851 [10] Die Ficoronische Cista. Eine archäologische Abhandlung, 1852 [11] Beschreibung der Vasensammlung König Ludwigs in der Pinakothek zu München, 1854 [12] Goethe in Strassburg und Wetzlar, in: Allgemeine Monatsschrift für Wissenschaft und Literatur, 1854, 247–254 [13] Über den Aberglauben des bösen Blicks bei den Alten, 1855 (²1867) [14] W. A. Mozart, 4 Bde., 1856–1859 [15] Bedeutung und Stellung der Altertumsstudien in Deutschland, in: Preußische Jbb. 4, 1859, 494–515 (u. ö.) [16] Beschäftigungen des täglichen Lebens, in: Archäologische Zeitung 18, 1861, 145–155 [17] Biographische Aufsätze, 1866 [18] Dionysii vel Longini De sublimitate libellus (Edition), 1867 [19] Aus der Alterthumswissenschaft. Populäre Aufsätze, 1868 [20] Eduard Gerhard. Ein Lebensabriss, 1868 [21] Über Darstellungen des Handwerks und Handelsverkehrs auf antiken Wandgemälden, 1868 [22] A. Persii, D. Iunii Iuvenalis, Sulpiciae Saturae (Edition), 1910 (u. ö.) [23] Briefwechsel Theodor Mommsen – Otto Jahn, hrsg. von L. Wickert, 1963.

Sekundärliteratur

[24] W. M. Calder III et al. (Hrsg.), Otto Jahn (1813–1868). Ein Geisteswissenschaftler zwischen Klassizismus und Historismus, 1991 [25] P. E. Hübinger, Heinrich von Sybel und der Bonner Philologenkrieg, in: Historisches Jb. 83, 1964, 162–216 [26] A. Michaelis, Otto Jahn in seinen Briefen. Mit einem Bilde seines Lebens, 1913 [27] C. W. Müller, Otto Jahn. Mit einem Verzeichnis seiner Schriften, 1991.

Carl Werner Müller

Jebb, Richard Claverhouse

Brit. Klass. Philologe. Geb. am 27. 8. 1841 in Dundee; gest. am 9. 12. 1905 in Cambridge. Schüler u. a. der Charterhouse School in London; ab 1858 Student am Trinity College in Cambridge; 1862 Senior Classic; 1865 M. A.; 1865–1875 Assistant Tutor, ab 1872 Tutor. 1875–1889 Prof. für Gräzistik in Glasgow; 1889–1905 Regius Prof. of Greek in Cambridge; ab 1892 auch Tätigkeiten an anderen Univ. (Baltimore, Oxford). Mitglied verschiedener Kommissionen, zahlreiche Ehrenwürden von brit. und nordamerikan. Univ. (Harvard, Wales, Oxford, Dublin, Edinburgh, Glasgow); 1900 Ritterschlag (Sir Richard); 1905 Aufnahme in den *Order of Merit.*

Werdegang

Der aus einer Juristenfamilie stammende J. tat sich schon früh am Trinity College in den alten Sprachen hervor; er war mehrfach Stipendiat und erhielt einige Auszeichnungen. Bereits 1863 hielt er Vorlesungen in Klass. Philologie, 1875 erhielt er seine erste Anstellung als Prof. in Glasgow. Ein Jahr zuvor hatte er Caroline, die Witwe eines US-amerikan. Generals, geheiratet, die nach J.s Tod seine Biographie und Briefe [14] sowie eine Auswahl kleinerer Werke veröffentlichte [15]. 1889 erhielt er die Regius Professur für Gräzistik in Cambridge, die er bis zu seinem Tod innehatte. Als ein bedeutender Gelehrter seiner Zeit war J. auch außerhalb des unmittelbaren Univ.-Betriebes tätig: Er war führendes Gründungsmitglied der *British School of Archaeology* in Athen (1887), Mitglied der *Royal Commission on Secondary Education* (1894) und der *Royal Commission on Irish Univ. Education* (1901), Abgeordneter der Univ. Cambridge im Parlament (1891–1905) und Kurator des British Museum (1903–1905).

Werk und Wirkung

Unter J.s zahlreichen Werken sind v.a. seine kritischen Editionen des Sophokles bedeutend (u.a. [1]; [11]; auch Übersetzungen, Kommentare und Fragmentesammlung, s.u.) sowie seine Studien zu Theophrast [2] und Homer [6]. Wie die meisten seiner philol. Werke wurde auch sein Werk über die attischen Redner wiederholt aufgelegt, das er in nur einem Monat geschrieben haben soll [4]. Daneben befasste sich J. mit Fragen des universitären Lehrbetriebs [9] sowie mit der Bedeutung und Nachwirkung der griech. Dichtung [8] und des ant. griech. Denkens auf die Gegenwart [10]. J.s Œuvre umfasst ferner Monographien über ↗Erasmus von Rotterdam [7] und Richard ↗Bentley [5] sowie Studien zum Bildungssystem und den Strömungen der philol. Forschung [15].

J. hatte bes. im engl.sprachigen Raum viel Einfluss, wo er als Meister der Interpretation griechischer Texte anerkannt war; seine Übersetzungen galten zu seiner Zeit als vorbildlich und stilistisch ausgefeilt. J. legte Wert darauf, den Originaltext in seinen Facetten und nicht nur im Wortlaut, sondern auch in seinem Gehalt wiederzugeben, was ihm erst später z.T. Kritik an seiner als altertümelnd empfundenen Übertragung einbrachte. Seine Versübersetzungen ins Griechische und Lateinische waren unter seinen Zeitgenossen sehr angesehen [3]. J. verfasste Artikel über griech. Literatur für die *Encyclopaedia Britannica* und Aufsätze über Delos und Pindar für die *Hellenistic Society*, deren Ehrenpräsident er von 1889 bis zu seinem Tod war. 1905 arbeitete J. noch an einer Bacchylides-Edition [13] und an der Übersetzung der *Rhetorik* des Aristoteles (postum von John Edwin Sandys herausgegeben) [16]. J.s Edition der Sophokles-Fragemente wurde von Alfred Chilton Pearson zu Ende geführt [17].

M: [14].

Schriften

[1] Sophocles. The Plays and Fragments (Edition mit Komm. und engl. Übers.), 1866 [2] The Characters of Theophrastus (Übers. und Komm.), 1870 [3] Translations into Greek and Latin Verse, 1873 [4] The Attic Orators from Antiphon to Isaeus, 2 Bde., 1876 [5] Bentley, 1882 (dt. 1885) [6] Homer. An Introduction to the Iliad and the Odyssey, 1887 [7] Erasmus, 1890 (²1897) [8] The Growth and Influence of Classical Greek Poetry, 1893 [9] The Work of the Universities for the Nation, Past and Present. The Inaugural Lecture Delivered at the Guildhall, 1893 [10] The Influence of the Greek Mind on Modern Life, 1894 [11] Sophocles. The Text of the Seven Plays (Edition), 1897 (u.ö.) [12] Humanism in Education, 1899 [13] Bacchylides. The Poems and Fragments (Edition), 1905 [14] Life and Letters, hrsg. von C. Jebb. With a Chapter on Sir Richard Jebb as Scholar and Critic by A.W. Verrall, 1907 [15] On Present Tendencies in Classical Studies, in: Essays and Addresses, hrsg. von C. Jebb, 1907 [16] The Rhetoric of Aristotle (Übers.), mit Einl. und Erl. hrsg. von J.E. Sandys, 1909 [17] The Fragments of Sophocles (Edition), 3 Bde., hrsg. mit weiteren Anmerkungen von A.Ch. Pearson, 1917 (Ndr. 1963) [18] Collected Works, hrsg. und eingel. von R.B. Todd, 9 Bde., 2002.

Sekundärliteratur

[19] R.D. Dawe, Art. Richard Claverhouse Webb, in: Briggs/Calder 1990, 239–247 [20] A. Gudemann, Grundriß der Geschichte der Klassischen Philologie, ²1909, 211–212 [21] Sandys Hist., Bd. 3, 1908, 413–415 [22] A.W. Verrall, Chapter on Sir Richard Jebb as Scholar and Critic, in: C. Jebb (Hrsg.), Life and Letters of Sir Richard Claverhouse Jebb, 1907, 427–487.

Antonia Wenzel

Jensen, Peter

Dt. Assyriologe. Geb. am 16.8.1861 in Bordeaux als Peter Christian Albrecht J., gest. am 16.8.1936 in Marburg/Lahn. Ab 1880 Studium der Theologie an der Univ. Leipzig, dort Wechsel zur Orientalistik und Assyriologie bei Friedrich ↗Delitzsch, später in Berlin bei Eberhard ↗Schrader und Eduard Sachau. 1884 Prom. in Berlin; danach Bibliothekar in Kiel und Straßburg; 1888 Habil. und Privatdozentur an der Univ. Straßburg. 1892–1928 o.Prof. in Marburg als Nachfolger Julius Wellhausens.

Werk und Wirkung

Im Zentrum von J.s Interesse stand die Erforschung v.a. der assyr. und babylon. Überlieferung des Alten Orients, an der er sich mit reger Publikationstätigkeit, anfangs v.a. mit philol. und editorischen Beiträgen, beteiligte [2]; [1]. Auch nahm er Anteil an der Erschließung des Hethitischen [3] sowie der aram. Überlieferung aus Mesopotamien [7]. Bekanntheit weit über das Fach hinaus erlangte er durch seine Übersetzungen von altoriental. Dichtung in der Reihe *Keilschriftliche Bibliothek* [4]; [6], v.a. aber durch seine Arbeiten zum Gilgamesch-Epos [5]. Seine Thesen zur Rolle der altoriental. Epik für die jüngere at., homerische und oriental. Dichtung riefen aufgrund der Eigenart seines textvergleichenden Ansatzes heftige Kontroversen hervor und fanden in der Fachwelt kaum Befürworter. Mit seiner Kosmologie [1] hat J. die Grundlage für die Vorstellungen eines Panbabylonismus gelegt. Zu seinen Schülern gehören Albert Schott und Hans Ehelolf.

N: Marburg/Lahn, Univ.-Bibl.

Schriften

[1] Die Kosmologie der Babylonier. Studien und Materialien, 1890 [2] Inschriften Ašurbanipal's (Keilschriftliche Bibliothek 2; Edition), 1890, 152–268 [3] Hittiter und Armenier, 1898 [4] Assyrisch-babylonische Mythen und Epen (Keilschriftliche Bibliothek 1/1; Edition mit Übers.), 1900 [5] Das Gilgamesch-Epos in der Weltliteratur, 2 Bde., 1906–1928 [6] Texte zur assyrisch-babylonischen Religion (Keilschriftliche Bibliothek 16/1; Edition mit Übers.), 1915 [7] Erschließung der aramäischen Inschriften von Assur und Hatra, 1919.

Sekundärliteratur

[8] W. Baumgartner, Peter Jensen, in: AfO 11, 1936–1937, 281–282 [9] R. Borger, Art. Jensen, Peter, in: RLA 5, 1980, 276–277 [10] H. Gressmann, Art. Jensen, Peter, in: F. M. Schiele / L. Zscharnack (Hrsg.), Religion in Geschichte und Gegenwart, Bd. 3, 1912, 292–294 [11] M. T. Larsen, Orientalism and the Ancient Near East, in: Culture and History 2, 1987, 97–115 [12] R. G. Lehmann, Art. Jensen, Peter, in: Biographisch-Bibliographisches Kirchenlex., Bd. 3, 1992, 29–34 [13] A. Schott, Peter Jensen. Nachruf, in: ZA 44, 1938, 184–190.

Eva Cancik-Kirschbaum

Jones, Arnold Hugh Martin

Brit. Althistoriker. Geb. am 9.3.1904 in Birkenhead, gest. am 9.4.1970 auf der Schiffspassage von Brindisi nach Patras. Ausbildung im Cheltenham College und New College in Oxford; 1926–1946 Fellow am All Souls College, Oxford; zugleich 1929–1934 Reader in Alter Gesch. an der Univ. Kairo. 1939–1946 Lecturer in Alter Gesch. am Wadham College, Oxford; 1946–1951 Prof. (Chair) für Alte Gesch. am Univ. College London; 1951–1970 Prof. (Chair) für Alte Gesch. an der Univ. Cambridge und Fellow am Jesus College.

Werdegang, Werk und Wirkung

Nach einem herausragenden Abschluss in *Literae humaniores* in Oxford (1926) blieb J. zunächst als Fellow an der engl. Elite-Univ. Da sein Einkommen jedoch gering war, unterrichtete er fünf Jahre lang an der ägypt. Univ. in Kairo, bis er eine Lectureship an einem College in Oxford erhielt. Während des Zweiten Weltkriegs war er zeitweise beim brit. Geheimdienst tätig. Nach 1945 hatte er die Lehrstühle seines Faches zunächst am Univ. College in London und dann – als Nachfolger Frank E. Adcocks – an der Univ. Cambridge inne.

J.' weitgespannte Untersuchungen erstrecken sich auf die griech. wie die röm. Geschichte; er schrieb Monographien über das ant. Sparta [8], die athenische Demokratie [5], Augustus [9] und Konstantin [4]. Wichtig sind seine frühen Untersuchungen zur ant. griech. Stadt [2], insbes. zu den Städten der östlichen Provinzen des Imperium Romanum [1], und zu Fragen der Verwaltung und Rechtsprechung [6]. Hier – wie auch in seinen anderen Arbeiten – stützte er sich v. a. auf die lit. Überlieferung, die er bestens kannte, und formulierte die inzwischen weithin akzeptierte und auch von anderen Historikern (wie Moses I. ↗Finley) bestätigte These, dass die Städte des Altertums weniger wirtschaftliche als administrative und Konsum-Zentren gewesen seien, in der die regionalen Eliten lebten, deren Reichtum auf Landbesitz beruht habe (*consumer city*).

Seine bedeutendste Arbeit ist die monumentale dreibändige Geschichte des späteren Röm. Reichs [7], die der Spätantikeforschung auf internationaler Ebene neue Impulse gab. Auf eine ereignisgeschichtliche Darstellung folgen hier klar gegliederte verwaltungs-, rechts-, sozial-, wirtschafts-, kultur- und religionsgeschichtliche Abschnitte, die das spätröm. Imperium in seiner Komplexität abbilden und für die weitere Forschung richtungsweisend waren. Das Werk war als Fortsetzung von Michael I. ↗Rostovtzeffs *Social and Economic History of the Later Roman Empire* gedacht, betonte aber auch für die Spätantike die agrarischen Fundamente des städtischen Lebens. Als zentrale Ursache des Untergangs des Röm. Reiches im Westen betrachtete J. die Einfälle der Barbaren, während der Osten aufgrund seiner effizienten Bürokratie überleben konnte. J. referiert ausführlich und zuverlässig die lit. Quellen christlicher wie paganer Provenienz; arch. Zeugnisse finden hingegen kaum Beachtung, und die moderne Forschung, mit der sich J. implizit sehr wohl auseinandersetzte, wird nur selektiv wiedergegeben.

J. war an der Begründung einer spätant. Prosopographie weltlicher Würdenträger beteiligt, die den Zeitraum von 260 bis 641 abdeckte und deren erster Band kurz nach seinem Tod 1971 erschien [10]. Das Projekt knüpfte an die *Prosopographia Imperii Romani saec. IV. V. VI.* der Berliner Akad. der Wiss. an, die von Theodor ↗Mommsen und Adolf von ↗Harnack initiiert, aber nie zu Ende geführt worden war [16].

Keineswegs nur die angelsächs., sondern die gesamte internationale Forschung zur Spätantike wurde durch *The Later Roman Empire* geprägt, und die Auseinandersetzung mit J.' Werk dauert an [13]. Seine Bedeutung ist mit Edward ↗Gibbons *Decline and Fall of the Roman Empire* oder Mommsens *Staatsrecht* verglichen worden; nach seiner Veröffentlichung hat man es als »*the arrival of a steel-plant in a region that has, of late, been given over to light industries*« beschrieben [11.49].

SV: [13.271–274].

Schriften

[1] The Cities of the Eastern Roman Provinces, 1937 [2] The Greek City from Alexander to Justinian, 1940 [3] Ancient Economic History, 1948 [4] Constantine and the Conversion of Europe, 1948 [5] Athenian Democracy, 1957 [6] Studies in the Roman Government and Law, 1960 [7] The Later Roman Empire, 284–602. A Social, Economic, and Administrative Survey, 3 Bde., 1964 (Ndr. 1973) [8] Sparta, 1967 [9] Augustus, 1970 [10] The Prosopography of the Later Roman Empire, 3 Bde. (mit J.R. Martindale und J. Morris), 1971–1992.

Sekundärliteratur

[11] P. Brown, Review of A.H.M. Jones, The Later Roman Empire, in: P. Brown (Hrsg.), Religion and Society in the Age of Saint Augustine, 1972, 46–73 [12] J. Crook, A.H.M. Jones, in: Proc. of the British Acad. 57, 1971, 425–438 [13] D.M. Gwynn (Hrsg.), A.H.M. Jones and the Later Roman Empire, 2008 [14] A.D. Lee, Art. Jones, A.H.M., in: DBC 2, 522–524 [15] J.H.W.G. Liebeschuetz, A.H.M. Jones and the »Later Roman Empire«, in: J.H.W.G. Liebeschuetz, Decline and Change in Late Antiquity, 2006, Nr. XVI [16] S. Rebenich, Mommsen, Harnack und die Prosopographie der Spätantike, in: Studia Patristica 29, 1997, 109–118.

Stefan Rebenich

Jowett, Benjamin

Brit. Gräzist und Theologe. Geb. am 15.4.1817 in London, gest. am 1.10.1893 in Headley Park (Hampshire). Schulbesuch in London; Studium am Oxforder Balliol College; ab 1838 Fellow, ab 1842 Tutor ebda. 1842 Ordination als anglikanischer Diakon; 1845 Ordination als Priester. Ab 1855 Regius Prof. of Greek in Oxford; ab 1870 Leiter des Balliol College.

Werk und Wirkung

J. lernte bereits in der Schule Latein und Griechisch und setzte seine Studien ab 1836 mit großem Erfolg am Balliol College fort. Dieses war damals das geistige Zentrum der Univ. Oxford und die treibende Kraft von universitären Reformen. J.s wichtigste Lehrer waren Archibald Campbell Tait (später Erzbischof) und Robert Scott. Als Fellow und Tutor kümmerte sich J. in ungewöhnlichem Maße um seine Studenten und trieb (gegen teilweise heftigen Widerstand) die Arbeit an der Reform der Curricula und Prüfungsordnungen fort. Seine theologische Forschung, insbes. seine Ausgabe der Paulus-Briefe [1] (erstellt mit seinem Freund Arthur Penrhyn Stanley), rief sowohl starke Kontroversen in der Wiss.-Gemeinde als auch heftigen Widerstand der Anglikanischen Kirche hervor, da er in seiner histor.-kritischen Interpretation der biblischen Schriften liberale und radikale Ansichten vertrat und neueste philos. Entwicklungen (u.a. der Arbeiten von Immanuel Kant, Friedrich ↗Schleiermacher und G.W.F. Hegel) berücksichtigte.

In den 1860er Jahren wandte sich J. der Platon-Forschung zu; sein ursprünglicher Plan war ein Kommentar zur *Politeia*, doch die Arbeit führte 1871 zunächst zu einer Übersetzung sämtlicher Dialoge [2]. Es folgten Übersetzungen von Thukydides (1881, mit Anmerkungen zum Text [3]) und von Aristoteles' *Politik*. Die *Politeia*-Ausgabe beschäftigte J. bis zu seinem Tode und wurde postum durch seinen Freund Lewis Campbell veröffentlicht [4]. Sein Interesse an Theologie schlug sich aber nicht mehr wesentlich in der Forschung nieder.

J.s Arbeiten gelten als relativ wenig systematisch und präzise, insbes. seine Übersetzungen werden aber als elegant und treffend gelobt. Neben der Forschung liegt seine größte Leistung in seiner Arbeit für die Univ., für das Balliol College und in der Lehre und Erziehung, der er bis ins hohe Alter große Bedeutung einräumte. J.s Nachfolger als Regius Prof. war sein Schüler Ingram ↗Bywater.

Schriften

[1] The Epistles of St. Paul to the Thessalonians, Galatians, Romans (Edition mit Übers. und Komm.), 1855 (²1859; ³1894) [2] The Dialogues of Plato (engl. Übers. mit Interpretation und Einl.), 4 Bde., 1871 (²1875; ³1892) [3] Thucydides (engl. Übers. mit Einl. und Komm.), 2 Bde., 1881 [4] Plato's Republic (Edition mit Komm. und Essays), 3 Bde., hrsg. von L. Campbell, 1894.

Sekundärliteratur

[5] G. Faber, Jowett. A Portrait with Background, 1957.

U.C.A. Stephan

Jullian, Camille

Franz. Althistoriker. Geb. am 15.3.1859 in Marseille als Sohn protestantischer Eltern, gest. am 12.12.1933 in Paris. Seit 1877 an der Pariser École normale supérieure; hier Schüler von Paul Vidal de la Blache, Numa D. ↗Fustel de Coulanges (dessen Werke J. später herausgab), Gaston Boissier und Ernest Desjardins; 1880 Jahrgangsbester der Konkurrenz um die Agrégation im Fach Gesch. 1880–1882 Mitglied der École française de Rome; Studienaufenthalt in Berlin mit Besuch der epigr. Übungen bei Theodor ↗Mommsen. 1883 Thèse de doctorat [1]; [2], dann Lehrtätigkeit an der Univ. Bordeaux; 1886 Prof. für Antiquités grecques et latines; 1905 Aufnahme in das Collège de France. 1908 (als Nachfolger von G. Boissier) Mitglied der Acad. des inscriptions et belles-lettres, 1924 Mitglied der Acad. française. Mitherausgeber der *Revue des études anciennes.*

Werk und Wirkung

J. widmete zunächst der ant. Geschichte und den Inschriften seines Wirkungsortes Bordeaux größere Arbeiten [3]; [5]; [6]. Sein Buch über Vercingetorix, den J. als Visionär eines geeinten und freien Gallien zeichnete [8.1977, 304f.] (vgl. [15.150–155; 162f.]), erzielte starke Resonanz und brachte ihm den *Prix Gobert* der *Académie française* ein. Nach seiner Berufung auf den neu gegründeten Lehrstuhl für Antiquités Nationales am Collège de France (1905) stellte die Geschichte des ant. Gallien J.s wiss. Lebensaufgabe dar; sein *opus magnum* ist eine achtbändige Geschichte Galliens [9], die erste mod. wiss. Untersuchung zum Thema mit umfassender Behandlung aller lit. und arch. Quellen, geschrieben aus patriotischer Perspektive (z.B. Kritik an Caesar, der eine eigenständige Entwicklung Galliens verhindert habe [9. Bd. 3, 32f.; 167–174]). J. verstand die histor. Arbeit als moralische und patriotische Verpflichtung, Lehren aus der Vergangenheit zu ziehen (vgl. J.s Vorlesung am Collège de France vom 3.12.1924 über *La valeur morale de l'histoire* [13. Bd. 3, 29–56]), was auch in Vorträgen und Publikationen zur Zeitgeschichte im Kontext des Ersten Weltkrieges deutlich wird [10]; [11] (vgl. [15.158–162]).

SV: [18].

Schriften

[1] De protectoribus et domesticis Augustorum (lat. Diss. Paris), 1883 [2] Les transformations politiques de l'Italie sous les empereurs romains, 43 av. J.-C.-330 après J.-C. (franz. Diss. Paris), 1884 [3] Inscriptions romaines de Bordeaux (Edition), 2 Bde., 1887–1890 [4] Gallia (Tableau sommaire de la Gaule sous la domination Romaine), 1892 [5] Ausone et Bordeaux. Études sur les derniers temps de la Gaule romaine, 1893 [6] Histoire de Bordeaux depuis les origines jusqu'en 1895, 1895 [7] Extraits des historiens du XIXe siècle (mit Komm. und Einl.), 1897 (u.ö.; 1979 gesonderter Druck der Einl.: Notes sur l'histoire en France au XIXe siècle) [8] Vercingétorix, 1901 (dt. Übers. 1906; franz. Neuausg. 1977) [9] Histoire de la Gaule, 8 Bde., 1907–1926 (Ndr. 1993) [10] Le Rhin gaulois (le Rhin français), 1915 [11] La guerre pour la patrie, 1919 (Leçons du Collège de France, 1914–1919) [12] De la Gaule à la France. Nos origines historiques, 1921 [13] Au seuil de notre histoire. Leçons faites au Collège de France, 1905–1930, 3 Bde., 1930–1931.

Sekundärliteratur

[14] R. Cagnat, Notice sur la vie et les travaux de M. Camille Jullian, in: CRAI 78, 1934, 312–324
[15] Ch. Goudineau, Le dossier Vercingétorix, 2001
[16] A. Grenier, Camille Jullian, un demi-siècle de science historique et de progrès français, 1944 [17] O. Motte, Camille Jullian. Les années de formation, 1990
[18] M. Toussaint, Bibliographie de Camille Jullian, o.J. [1935].

Heinrich Schlange-Schöningen

Junius, Franciscus

Dt.-niederl. Kunsttheoretiker, Philologe und Antiquar. Geb. 1589 in Heidelberg, gest. 1677 in Windsor im Haus seines Neffen Isaac ↗Vossius. Lateinschule in Dordrecht; 1608 Student in Leiden; 1616 Pfarramt im niederl. Hillegersburg; 1620 über Paris nach England, seit 1621 bei Thomas Howard, Earl of Arundel, bei Oxford tätig; ab 1642 zwischen Holland und England wechselnd.

Werdegang und Werk

J. entstammte einer calvinistischen, aus Bourges zunächst nach Heidelberg, dann nach Holland übergesiedelten Familie. Sein Vater Franciscus J. d.Ä. war Theologe und Philologe, Prof. u.a. in Heidelberg, Neustadt und Leiden. J.s Mentor wurde sein künftiger Schwager Gerhard Johannes ↗Vossius, der ihn nach dem frühen Tod seines Vaters aufzog. J. studierte Mathematik und Theologie; 1616 erhielt er ein Pfarramt in Hillegersburg, das er vier Jahre lang ausübte. Danach ging er zu Hugo ↗Grotius nach Rotterdam und schließlich nach England. Dort trat er in den Dienst von Thomas Howard, Earl of Arundel, als Erzieher für dessen Sohn und als Bibliothekar. Ab 1629 arbeitete J. an einem Katalog antiker Künstler und ihrer Werke [3], der ihn in Kontakt zu vielen Gelehrten brachte.

1637 erschien das philol. wie theoretische Werk *De pictura veterum* [1], wenig später folgte eine engl., schließlich eine holl. Übersetzung. J. behandelt darin kulturtheoretisch die Entwicklung der ant. Malerei und Skulptur. Er definiert die Kunst und ihre Anfänge als eine dem Menschen eigene Neigung, Makrokosmos und Natur nachzuahmen (*mimesis*), zu der die Einbildung als geistige Kraft und Phantasie hinzutritt. In der Verbindung von Enthusiasmus und Lehre (*doctrina*) sieht er die Voraussetzungen der Schönheit der ant. Kunst, die selektiv aus dem Naturvorbild schöpfe (Buch 1). Thema von Buch 2 ist das Werden der Kunst: Voraussetzung ist die frühzeitige Erziehung der Kinder zur Kunst, die Ausbildung guter Künstler und Kunstlehrer, die über lit. Bildung und außerkünstlerisches Wissen verfügen, sowie die Existenz von Gesetzen gegen Kunstverderber (z.B. Gian Lorenzo Bernini). Zu den Voraussetzungen der ant. Kunst zählt J. die damals günstigen Zeitverhältnisse (*publica temporum felicitas*). Seine Darstellung zielt auf ein Ideal der Antike, das von einer engen Verbindung des ant. Menschen mit der Kunst bis zum gelehrten Künstler und dessen öffentlicher Anerkennung ausgeht. Die ant. Kunst versteht J. als ein geschlossenes Gebilde, das der Gegenwart gegenüber steht; darin folgte ihm die franz. Kunsttheorie unter Claude ↗Perrault. Buch 3 handelt von der Kunsttätigkeit in der Antike, eine Darstellung, die J. aus der ant. Literatur zusammenstellte. Begriffe der ant. Poetik und Rhetorik werden analog auf die bildende Kunst übertragen. J. benutzte somit die ant. Quellen zur Dichtkunst und bildenden Kunst ohne Unterschied (*ut pictura poesis*) und versammelte ant. Kunsturteile und Bildbeschreibungen. 1664 erschien sein *Gothicum Glossarium quo Argentii Codices Vocabula explicantur*, ein Werk, das aus dem intensiven Studium des *Codex Argenteus* hervorgegangen war und das – neben weiteren Werken – seine Studien des Gothischen, Altniederländischen und Angelsächsischen belegen.

Bis zu seinem Tod arbeitete J. am *Catalogus* [3], der postum 1694 zusammen mit der ebenfalls erweiterten Ausgabe von *De pictura veterum* erschien [4]. Der *Catalogus* bietet eine umfangreiche, auf ant. Belegstellen und Inschriften basierende Sammlung zu den ant., at. und spätant. Künstlern und kann als Vorläufer von Johannes ↗Overbecks *Die ant. Schriftquellen zur Geschichte der bildenden Künste bei den Griechen* (1868) gelten. Die monolithische Sicht der Antike ließ nur eine alphabetische Ordnung zu; meist fehlen Hinweise auf die zeitliche Einordnung der ant. Künstler.

Wirkung

J.s Werke gehören zu den wichtigen Arbeiten des 17. Jh.s zur ant. Kunst; sie stellen die erste umfassende Quellensammlung zur Malerei und Skulptur der Antike dar. *De pictura veterum* wurde auch von Künstlern wie Anthonis van Dyck oder Peter Paul ↗Rubens gelobt oder benutzt. Noch mehr als ein Jahrhundert später waren seine Schriften für Johann Joachim ↗Winckelmann und Gotthold Ephraim ↗Lessing unentbehrlich, gerieten jedoch in der Folgezeit in Vergessenheit. Seine Bibl. vermachte J. der Bodleian Library in Oxford.

Schriften

[1] De pictura veterum libri tres, Amsterdam 1637 [2] The Painting of the Ancients in Three Books ... with Some Additions and Alterations (Übers. von De pictura), London 1638 [3] Catalogus architectorum, mechanicorum, sed præcipue pictorum, statuariorum, Rotterdam 1694 [4] De pictura veterum libri tres, hrsg. von J. G. Graevius, Rotterdam ²1694 [5] The Literature of Classical Art, Bd. 1: The Painting of the Ancients; Bd. 2: A Lexicon of Artists & Their Works, hrsg. von K. Aldrich et al., 1991 [6] De pictura veterum libri tres, hrsg. von C. Nativel (mit franz. Übers. und Komm.), Paris 1993.

Sekundärliteratur

[7] C. Dekker, The Origins of Old Germanic Studies in the Low Countries, 1999 [8] J. Dundas, Sidney and Junius on Poetry and Painting. From the Margins to the Center, 2007 [9] S. G. van Romburgh (Hrsg.), »For My Worthy Freind Mr Franciscus Junius«. An Edition of the Correspondence of Francis Junius F. F. (1591–1677), 2004 [10] Stark Syst. 126–129.

Max Kunze

Junker, Hermann

Dt. Ägyptologe. Geb. am 29. 11. 1877 in Bendorf/Rhein, gest. am 9. 1. 1962 in Wien. Studium in Trier, Bonn, Berlin; 1900 Priesterweihe in Trier. 1903 Prom., 1906 Habil. in Wien; 1907 Dozent an der Univ. in Wien, 1912 Ordinarius; ab 1914 Mitglied der Österr. Akad. der Wiss. 1921/22 Dekan der philos. Fakultät und 1923 Begründer des Instituts für Ägyptologie und Afrikanistik an der Univ. Wien. 1929–1938 Direktor des DAI in Kairo; 1934 o.Prof. an der Univ. Fuad I. in Kairo; ab 1935 Senatsmitglied in Wien. Ehrendoktorate der Univ. Würzburg und Dublin.

Werdegang, Werk und Wirkung

J. studierte anfangs in Trier katholische Theologie und Orientalistik und setzte nach der Priesterweihe seine Studien in Bonn fort. Nach Aufgabe des pastoralen Amtes wechselte er nach Berlin, um Ägyptologie und v. a. die noch wenig erforschte ptolem. Schrift zu studieren [1], über die er promovierte. In Wien habilitierte er sich zur Grammatik [2]. 1908/9 dokumentierte er die Inschriften des Isis-Heiligtums auf Philae. Vor Ort begann er, intensiv nubische Dialekte zu studieren, da die Lehre und Erforschung der afrikan. Sprachen an der Wiener Univ. einen Schwerpunkt bildeten. Obwohl aus der philol. Richtung kommend, wurde die Archäologie J.s zweite wichtige Disziplin, in der er grabungstechnische Maßstäbe setzte und bedeutende Ergebnisse lieferte. Zwischen 1910 und 1912 erfolgten unter seiner Leitung im Namen der Akad. der Wiss. Grabungen in Tura [3], El-Kubanieh [4]; bei Ermenne [6] und Toschke [7]. 1912 wechselte J. zum Pyramidenplateau in Gizeh, wo er in acht Grabungssaisonen (1912–1914 und 1925–1929) einen bedeutenden Abschnitt der Privatnekropole des Alten Reiches freilegte und vorbildlich dokumentierte [8]. Einem Ruf nach Bonn 1929 zog er die Leitung des DAI in Kairo vor, um sich der Publikationstätigkeit sowie der Ausgrabung einer neolithischen Siedlung bei Merimde-Benisalâme im Westdelta zu widmen. In seinen letzten Lebensjahren gelang es ihm noch, die Herausgabe der großangelegten Philae-Dokumentation zu initiieren [9]; [11].

J.s Arbeiten reflektieren seine universelle Schulung und Begabung. Er beherrschte sprachwiss. wie arch. alle Bereiche der Ägyptologie. Innerhalb seines über 100 Schriften zählenden Œuvres stellt sein zwölfbändiges Gizeh-Werk [8] ein einzigartiges Fundament zur Kultur-, Geistes- und Baugeschichte der Pyramidenzeit dar.

M: [10].

Schriften

[1] Über das Schriftsystem im Tempel der Hathor von Dendera (Diss. Berlin), 1903 [2] Grammatik der Denderatexte (Habil.schrift Wien), 1906 [3] Bericht über die Grabungen der kaiserlichen Akad. der Wiss. auf dem Friedhof in Turah, Winter 1909–1910 (DAWW 56/1), 1912 [4] Bericht über die Grabungen der Akad. der Wiss. in Wien auf den Friedhöfen von El-Kubanieh-Süd, Winter 1910–1911 (DAWW 62/3), 1919 [5] Bericht über die Grabungen der Akad. der Wiss. in Wien auf den Friedhöfen von El-Kubanieh-Nord, Winter 1910–1911 (DAWW 64/3), 1920 [6] Ermenne. Bericht über die Grabungen der Akad. der Wiss. auf den Friedhöfen von Ermenne (Nubien) im Winter 1911/12 (DAWW 67/1), 1925 [7] Toschke. Bericht über die Grabungen der Akad. der Wiss. in Wien auf dem Friedhof von Toschke (Nubien) im Winter 1911/12 (DAWW 68/1), 1926 [8] Giza. Bericht über die von der Akad. der Wiss. in Wien auf gemeinsame Kosten mit Dr. Wilhelm Pelizaeus unternommenen Grabungen auf dem Friedhof des Alten Reiches bei den Pyramiden von Giza, 12 Bde. (DAWW 69–75), 1929–1955 [9] Der große Pylon des Tempels der Isis in Philä, 1958 [10] Leben und Werk in Selbstdarstellung (aus dem Nachlass), 1963 [11] Das Geburtshaus des Tempels der Isis in Philä (Philä-Publikation 2; DÖAW, Sonderbd.) (mit E. Winter), 1965.

Sekundärliteratur

[12] Art. Junker, Hermann Josef Bartholomäus (1877–1962), in: WWE, 222–223 [13] A. Grohmann, Nachruf Hermann Junker, in: Almanach der Österreichischen Akad. der Wiss. 1962/112, 1963, 329–356 [14] P. Jánosi, Österreich vor den Pyramiden. Die Grabungen Hermann Junkers im Auftrag der Österreichischen Akad. der Wiss. bei der großen Pyramide in Giza, 1997 [15] G. Thausing, Nachruf Hermann Junker, in: Zs. für Ägyptische Sprache und Altertumskunde 88, 1962, I–II.

Peter Jánosi

Kähler, Heinz

Dt. Klass. Archäologe. Geb. am 21.1.1905 in Tetenbüll (Nordfriesland), gest. am 9.1.1974 in Köln. Schulbesuch in Flensburg; Studium der Arch. in Freiburg, Berlin und Kiel; 1929 Prom. in Freiburg. 1931/32 Reisestipendium; 1936/37 wiss. Hilfsarbeiter am Pergamonmuseum in Berlin; 1937–1941 Assistent an der Univ. München; ab 1941 Konservator am Münchner Museum für Abgüsse klassischer Bildwerke. 1940–1945 Heeresdienst. 1942 Habil. in München; 1943 Dozent, 1951 ao.Prof. ebda.; 1953 o.Prof. für Klass. Arch. in Saarbrücken; 1960–1973 o.Prof. in Köln.

Werk und Wirkung

K., Sohn eines Pastors, schloss das Studium der Klass. Archäologie in Freiburg bei Hans ↗Dragendorff mit einer Diss. über die röm. Kapitelle des Rheingebietes ab [4]. Darin legte er zum ersten Mal eine überzeugende Chronologie des korinthischen Kapitells, einer architektonischen Leitform der röm. Kaiserzeit, vor. Auch in seinen folgenden Publikationen zu den röm. Prunktoren in den Städten Oberitaliens [1]; [2] und zum röm. Triumphbogen [3] wirkte er bahnbrechend für das Verständnis der röm. Architektur in Italien und den Provinzen. Seine sorgfältigen Analysen von Bauten der Spätantike [9]; [14]; [17]; [20] hatten zentralen Anteil an der Begründung der Kunst- und Architekturgeschichte dieser Epoche. In den meisten Fällen wurden diese Monumente durch gute Dokumentationen von K. erst erschlossen.

Weitere bedeutende Untersuchungen galten der Villa Hadrians bei Tivoli, deren extravagante Gestaltung K. auf Entwürfe des Kaisers selbst zurückführte [8], und dem Heiligtum der Fortuna in Palestrina, das er als Erster konsequent als Ausdruck einer hell. Formensprache verstand [10]. Die Habil.-Schrift suchte den Gestaltungsprinzipien des Großen Frieses am Pergamonaltar auf die Spur zu kommen und behandelte Grundfragen der hell. Plastik [5], die K. später in Studien zum Denkmal des Aemilius Paullus in Delphi [15] oder zur sog. Domitiusara [16] wieder aufnahm. All diese Werke sind bis heute allein schon wegen ihrer hervorragenden Bilddokumentationen nicht überholt. Das gilt auch für Arbeiten zur röm. Bildkunst wie etwa zum Augustus von Primaporta [12] oder zur Gemma Augustea [18].

Wie kaum ein anderer seiner Generation vermittelte K. ein neues Bild der röm. Kunst. Dabei betrachtete er Architektur und Skulptur als zentralen Ausdruck künstlerischer Gestaltung, während ihn andere Aspekte der materiellen Kultur weniger interessierten. In Saarbrücken rief er 1958 die Publikationsreihe *Monumenta artis Romanae* ins Leben, die bis heute von Köln aus fortgeführt wird, ebenso das von K. begründete Forschungsarchiv für röm. Plastik. Auch über seine Rezensionen und kleineren Artikel bestimmte K. die Diskussion und suchte mit reich illustrierten, mehrfach für ihre Gestaltung ausgezeichneten Überblickswerken ein großes Publikum zu erreichen [11]; [13]; [19].

SV: [22.918–920].

N: Nürnberg, German. Nationalmuseum.

Schriften

[1] Die Porta Aurea in Ravenna, in: Röm. Mitteilungen 50, 1934, 173–224 [2] Die röm. Stadttore von Verona, in: Jb. des DAI 51, 1935, 138–197 [3] Art. Triumphbogen (Ehrenbogen), in: RE 7A 1, 1939, 373–493 [4] Die röm. Kapitelle des Rheingebietes (Diss. Freiburg 1929), 1939 [5] Der große Fries von Pergamon. Untersuchungen zur Kunstgeschichte und Geschichte Pergamons, 1948 [6] Das griech. Metopenbild, 1949 [7] Wandlungen der antiken Form, 1949 [8] Hadrian und seine Villa bei Tivoli, 1950 [9] Die spätantiken Bauten unter dem Dom von Aquileia und ihre Stellung innerhalb der Geschichte des frühchristlichen Kirchenbaues, 1957 [10] Das Fortunaheiligtum von Palestrina-Praeneste, in: Annales Universitatis Saraviensis. Philos. Fakultäten 7, 1958, 189–240 [11] Rom und seine Welt. Bilder zur Geschichte und Kultur, 2 Bde., 1958–1960 [12] Die Augustusstatue von Primaporta, 1959 [13] Rom und sein Imperium, 1962 [14] Das Fünfsäulendenkmal für die Tetrarchen auf dem Forum Romanum, 1964 [15] Der Fries vom Reiterdenkmal des Aemilius Paullus in Delphi, 1965 [16] Seethiasos und Census. Die Reliefs aus dem Palazzo Santa Croce in Rom, 1966 [17] Die Hagia Sophia, 1967 [18] Alberti Rubeni dissertatio de Gemma Augustea (Edition), 1968 [19] Der röm. Tempel, 1970 [20] Die Villa des Maxentius bei Piazza Armerina, 1973.

Sekundärliteratur

[21] Th. Kraus, Heinz Kähler, in: Gnomon 46, 1974, 733–735 [22] E. Künzl, Heinz Kähler als Archäologe und akademischer Lehrer, in: Kölner Jb. 27, 2004, 907–920 [23] Ch. Schwingenstein, Heinz Kähler, 1905–1974, in: Lullies/Schiering Arch. 293–294 [24] Ch. Schwingenstein, Art. Kähler, Heinz, in: NDB 10, 1974, 723–724.

Henner von Hesberg

Kahrstedt, Ulrich

Dt. Althistoriker. Geb. am 27.4.1888 in Neiße (Schlesien), gest. am 27.1.1962 in Göttingen. 1906 Studium des Röm. Rechts in Edinburgh; 1906/07 der Alt.wiss. in Berlin, 1907 in Straßburg, ab 1907/08 in Berlin; neben Alter Gesch. auch gründliche Studien in den altoriental. Sprachen. 1910 Prom. in Berlin bei Eduard ↗Meyer; 1912 Habil. in Münster bei Otto ↗Seeck. Nach einer Vertretung in Marburg 1913/14, kriegsbedingter Unterbrechung und hauptamtlicher Tätigkeit für die DNVP 1921–1952 (mit vorübergehender Entlassung 1946) Prof. in Göttingen (Nachfolge von Georg ↗Busolt).

Werk und Wirkung

K. nahm eine »Sonderstellung unter den dt. Althistorikern der ersten Hälfte des 20. Jh.s ein« [8]. Als »das stärkste Talent unter den jüngeren Vertretern seines Faches« nach Göttingen berufen [10], zeichnete K. insbes. die Weite seines Blickes aus: Er bezog Archäologie und Altorientalistik, Rechtswiss. und Klass. Philologie, ferner Hilfswiss. in sein Studium und seine Forschungen mit ein. Polit. der DNVP zugehörig, waren seine öffentlichen Vorträge in Göttingen berühmt. Sein wiss. Interesse war weit gespannt und umfasste die griech., karthagische und röm. Geschichte sowie auch die röm.-german. Altertumskunde, die er im Göttinger Raum mit eigenen Grabungsexpeditionen zu erforschen suchte [9].

Kennzeichnend für K.s Arbeitsweise war die Präsentation einer ungeheuren Materialfülle. Seine »Vergegenwärtigung« machte nicht Halt vor einer modernistischen Begrifflichkeit (»Proletariat«, »rote Flut«, »Farbige«, »Reformation« etc.), seine polit. Einstellung schlug oft durch. Ein missionarischer Eifer prägte insbes. seine *Geschichte des griech.-röm. Altertums* [6], in der er zum einen das klass. Griechenland gegenüber dem Hellenismus zurückstutzte, zum anderen die röm. in die hell. Geschichte einbettete. Dies brachte ihm ebenso wiss. Kritik ein wie zuvor sein an Theodor ↗Mommsen orientiertes *Griech. Staatsrecht*, bei dem er über Sparta nicht hinauskam [4]. Heute werden K.s Arbeiten kaum mehr rezipiert.

Schriften

[1] Die Politik des Demosthenes (Diss. Berlin), 1910 [2] Die Annalistik von Livius Buch 31–45, 1913 [3] Geschichte der Karthager, Bd. 3, 1913 [4] Griech. Staatsrecht, Bd. 1: Sparta und seine Symmachie, 1922 [5] Kulturgeschichte der röm. Kaiserzeit, 1944 (^{2}1958) [6] Geschichte des griech.-röm. Altertums, 1948 [7] Die wirtschaftliche Lage Großgriechenlands in der Kaiserzeit, 1960.

Sekundärliteratur

[8] Christ Klio 52–53 [9] Christ, RömGG 150–154 [10] A. Heuss, Nachruf auf U. Kahrstedt (1962), in: A. Heuss, Gesammelte Schriften, Bd. 1, 1995, 742–744 [11] E. Meyer, Nachruf auf U. Kahrstedt, in: Gnomon 34, 1962, 428–431 [12] B. Näf, Von Perikles zu Hitler? Die athenische Demokratie und die deutsche Althistorie bis 1945, 1986, 244–250.

Ernst Baltrusch

Kakridis, Johannes

Griech. Klass. Philologe. Geb. am 17.11.1901 in Athen, gest. am 20.3.1992 ebda. Sohn des Latinisten Theophanes K. Studium der Klass. Phil. in Athen, Wien, Berlin und Leipzig. 1930–1933 Assistenz an der Univ. Thessaloniki, 1933–1939 und 1945–1968 Prof. ebda.; 1939–1945 Prof. in Athen. Präsident des pädagogischen Instituts der Univ. Thessaloniki 1964–1967; Rektor 1957 und 1962. 1947 Forschungsjahr in Stockholm.

Werk und Wirkung

K. war ein außergewöhnlich produktiver Forscher; er veröffentlichte in neugriech., engl. und dt. Sprache zu einer Vielzahl von Themen und Autoren (darunter Pindar und Thukydides [3]), wobei v.a. seine Homer-Forschungen ihn zu einem international einflussreichen Philologen werden ließen. Schon unter dem Einfluss Ludwig Radermachers, bei dem er in Wien studierte, wandte K. sich Homer zu. Er begründete die Forschungsrichtung der Neoanalyse, die insbes. der dt. Homer-Philologie wichtige Impulse gab. Ziel dieses Ansatzes ist es, durch die Rekonstruktion der Quellen und Modelle, auf die Homer zurückgriff, zu einer genaueren Einschätzung seiner Eigenleistung und epischen Technik zu gelangen. Auch ma. und mod. griech. Volkspoesie zog K. zur Interpretation heran. Seine *Homeric Researches* [1] bieten eine erste zusammenhängende Darstellung dieses Ansatzes und werden erweitert durch die Sammlung *Homer Revisited* [5]. K. war ein entschiedener Unitarier und grenzte Homer klar von improvisierenden Dichtern ab; damit trat er in Gegnerschaft u.a. zu Milman ↗Parry und dessen Nachfolgern. Mit besonderem Interesse beförderte K. die Breitenwirkung der homerischen Epen: Gemeinsam mit dem Dichter Nikos Kazantzakis veröffentlichte er metrische Übersetzungen der *Ilias* [2] und der *Odyssee* [4] ins Neugriech. und behandelte Homer in einer Reihe von Beiträgen zu populären Zeitschriften.

Kulturpolit. trat K. im sog. Akzente-Prozess 1943 in Erscheinung: Nachdem zwei seiner Publikationen in der griech. Volkssprache (*Dimotiki*) ohne vollständige Akzente erschienen waren, wurde er nach einem Disziplinarverfahren vorübergehend entlassen.

Schriften

[1] Homeric Researches, 1949 (zuerst griech. 1944) [2] Ομήρου Ιλιάδα (neugriech. Übers., mit N. Kazantzakis), 1955 (Ndr. 1963, 1966 u.ö.) [3] Der thukydideische Epitaphios. Ein stilistischer Kommentar, 1961 [4] Ομήρου Οδύσσεια (neugriech. Übers., mit N. Kazantzakis), 1965 [5] Homer Revisited, 1971.

Sekundärliteratur

[6] W. Kullmann, Johannes Theophanes Kakridis, in: Gnomon 66, 1994, 81–84 [7] M.M. Willcock, Obituary. Johannes Theophanes Kakridis, in: Liverpool Classical Monthly 17, 1992, 66–67.

Ralph Lather

Karo, Georg Heinrich

Dt. Archäologe. Geb. am 11.1.1872 in Venedig, gest. am 2.11.1963 in Freiburg i.Br. Schulbesuch in Freiburg, Studium in München und Bonn; Prom. 1896, Habil. 1902, ebda; 1902 Privatdozent an der Univ. Bonn. 1905 zweiter Sekretar des DAI in Athen; 1912 Übernahme der Leitung von Wilhelm ↗Dörpfeld. 1920 o.Prof. in Halle; 1930–1936 erster Sekretar in Athen. 1939 Emigration in die USA. 1939–1952 Lehrtätigkeit an amerikan. Univ.; 1952 Rückkehr.

Werdegang, Werk und Wirkung

K. studierte bei bedeutenden Lehrern Philologie und Archäologie. Seine umfassende Kenntnis antiker Kultur und Kunst vertiefte er durch mehrjährige Studienreisen in den Mittelmeerländern, England und Frankreich. Wolfgang ↗Helbig begeisterte ihn während seines Romaufenthaltes für die Etrusker. Der Besuch der Ausgrabungen in Knossos 1900 weckte sein lebenslanges Interesse an der ägäischen Bronzezeit. Die Leitung der Grabungen in Tiryns übernahm er während seiner Athener Tätigkeit. Nachdem K. 1916 aus polit. Gründen aus Griechenland ausgewiesen worden war, wurde er von seiner Dienstbehörde mit Arbeiten für den Denkmalschutz in der Türkei betraut. K. bat 1920 um seine Entlassung und trat an der Univ. Halle die Nachfolge Carl ↗Roberts an. Nach zehnjähriger Lehrtätigkeit kehrte er nach Athen zurück, musste seinen Dienst jedoch vorzeitig wegen seiner jüd. Abstammung beenden. K. folgte 1939 einer Einladung Carl William ↗Blegens nach Amerika, wo er bis zu seiner Rückkehr nach Freiburg 1952 wirkte.

K.s Arbeiten zur ägäischen Bronzezeit waren wegweisend. Er publizierte grundlegende Beiträge zur min. und myk. Kultur im *Reallexikon der Vorgeschichte* und in der *RE*. Die epochale Schrift zu den Schachtgräbern in Mykene ist sein Hauptwerk [3]. Sein breites Verständnis für griech. und etrusk. Kunst und Religion zeigt sich in mehr als 200 Artikeln. Seine Vorlesung zur griech. Skulptur am Oberlin College (Ohio) wurde 1948 gedruckt [7] (Neuauflage 1970). Ebenfalls wichtig, allerdings eher als arch. Zeitzeugnisse, sind seine Autobiographie [8] und seine Erinnerungen an die Ausgrabungen in Knossos [9]. Die Führer zum Kerameikos [6], zu Athen [5] und Tiryns [4] belegen K.s populärwiss. Interesse, seine Traktate zur Kriegsschuldfrage sein polit. Engagement [1]; [2].

M: [8]; [9].

N: Berlin, DAI.

Schriften

[1] Die Verantwortung der Entente am Weltkriege. Nach Zeugnissen ihrer führenden Staatsmänner, 1921 [2] Grundzüge der Kriegsschuldfrage, 1925 (^{3}1926) [3] Die Schachtgräber von Mykenai, 2 Bde., 1930–1933 [4] Führer durch Tiryns, 1934 [5] Athen und Umgebung, 1937 [6] An Attic Cemetary. Excavations in the Kerameikos at Athens under Gustav Oberlaender and the Oberlaender Trust, 1943 [7] Greek Personality in Archaic Sculpture, 1948 (Neuaufl. 1970) [8] Fünfzig Jahre aus dem Leben eines Archäologen, 1959 [9] Greifen am Thron, 1959.

Sekundärliteratur

[10] F. Matz, Georg Karo, in: Gnomon 36, 1964, 637–640 [11] L.M. Medwid, The Makers of Classical Archaeology, 2000, 168–169.

Astrid Lindenlauf

Karousos, Christos

Umschrift auch: Karusos; griech. Klass. Archäologe. Geb. am 14.3.1900 in Amfissa, gest. am 30.3.1967 in Athen. Studium in Athen bei Christos ↗Tsountas; ab 1919 Mitarbeiter des griech. Antikendienstes; 1924 Ephoros von Thessalien, 1926 von Böotien, Euböa und Phokis. 1928–1930 Studium in München u.a. bei Ernst ↗Buschor und Wilhelm Pinder sowie in Berlin bei Gerhart ↗Rodenwaldt. 1935 Ephoros der Kykladen; 1942–1964 Direktor des Arch. Nationalmuseums in Athen; ab 1929 Mitglied des DAI, 1941 Niederlegung der Mitgliedschaft aus polit. Gründen (bis 1952). 1946 Ehrenmitglied der *Society for the Promotion of Hellenic Studies*; 1949 Ehrendoktorat der Univ. Basel; 1955 korrespondierendes Mitglied der Bayer. Akad. der Wiss.; 1956 Mitglied der Athener Akad. der Wiss.

Werk und Wirkung

Schon früh zeigte K. besondere kunsthistor. Begabung und wandte sich v.a. der griech. Plastik zu. Speziell hervorzuheben ist seine auf breite Quellengrundlage gestützte Studie zum Verhältnis der Griechen zu ihrer bildenden Kunst in der Zeit vom 7. Jh. v.Chr. bis zur Hochklassik [4]. Ebenso bedeutend ist die Publikation der Grabstatue des Aristodikos, eines Meisterwerks der attischen Plastik, die Anlass zu einer weitergehenden Untersuchung zur Geschichte der spätarchaischen attischen Plastik und Grabkunst war [8]. Als Direktor des Nationalmuseums hatte K. die Wiedereinrichtung der Ausstellungssäle nach dem Zweiten Weltkrieg zu bewältigen, bei der er sich auf die Mitarbeit seiner Frau Semni ↗Karousou-Papaspyridi stützen konnte. Unter seiner Leitung wurde das Museum 1964 wieder eröffnet. Angesichts dieser organisatorischen Leistung sollten gleichwohl K.s Verdienste als Theoretiker, der kunstgeschichtliche Phänomene geistesgeschichtlich deutete, nicht übersehen werden.

SV: [9. XXIX–XXXI].

Schriften

[1] Το Αμφιάρειο του Ωρωπού (Das Amphiareion von Oropos), 1926 [2] Ο Ποσειδών του Αρτεμισίου (Der Poseidon vom Kap Artemision), in: Archaiologikon Deltion 13, 1930, 41–104 [3] Το Μουσείο της Θήβας (Das Museum von Theben), 1934 [4] Περικαλλές άγαλμα εξεποίησ' ουκ αδαής, in: Epitymbion Chrēstu Tsunta, 1941, 535–576 [5] Rhodos, 1949 (Ndr. 1973) [6] An Early Classical Disc Relief from Melos, in: JHS 71, 1951, 96–110 [7] Zum »Schreitmotiv« des Kasseler Apollon, in: Neue Beiträge zur klassischen Altertumswissenschaft. FS B. Schweitzer, 1954, 161–165 [8] Aristodikos. Zur Geschichte der spätarchaisch-attischen Plastik und der Grabstatue, 1961 [9] Αρχαία τέχνη. Ομιλίες – μελέτες (Antike Kunst. Vorträge – Studien), 1972 [10] Ein attisches Grabmal im Nationalmuseum Athen, in: Münchner Jb. der Bildenden Kunst 20, 1973, 7–32 (griech. Orig. 1965) [11] Dante und die Sprache. De vulgari eloquentia, 1975.

Sekundärliteratur

[12] M. Andronikos, Χρήστος Καρούζος, in: Hellenika 20, 1967, 287–291 [13] G. Despinis, Μελέτες του Χρ. Καρούζου για την κλασική πλαστική (Studien Chr. Karusos' zur griech. Plastik), in: Nea Hestia 122, 1987, 1131–1135 [14] E. Kunze, Christos Karusos, in: Jb. der Bayerischen Akad. der Wissenschaften, 1968, 1–11 [15] H. Möbius, Christos Karusos, in: Gnomon 40, 1968, 524–526 [16] V. Ch. Petrakos, Η περιπέτεια της Ελληνικής Αρχαιολογίας στον βίο του Χρήστου Καρούζου (Die wechselhafte Geschichte der griech. Archäologie im Leben Christos Karousos), 1995 [17] K. Schefold, Christos Karusos' Aesthetik, in: Archaiologikon Deltion 24.1, 1969, 230–239.

Aliki Moustaka

Karousou-Papaspyridi, Semni

Umschrift auch: Karusu; Vorname auch Polysemni; griech. Klass. Archäologin. Geb. 1898 in Tripolis (Arkadien), gest. am 8.12.1994 in Athen. Tochter eines Berufsoffiziers; Studium der Arch. in Athen u.a. bei Panagiotis Kavvadias und Christos ↗Tsountas; 1928 Humboldt-Stipendiatin und Studium in München bei Paul Wolters und Ernst ↗Buschor, in Berlin bei Gerhart ↗Rodenwaldt. 1922 erst Epimelitria (Inspektorin) und 1930 Ephorin im griech. Antikendienst; 1929 Mitglied des DAI; 1933–1965 Leiterin der Vasensammlung des Arch. Nationalmuseums in Athen. 1941–1952 Niederlegung der Mitgliedschaft des DAI aus polit. Gründen. Korrespondierendes Mitglied der British Acad. und der Akad. in Catania und Göttingen; Ehrendoktorate der Univ. Lyon, Tübingen und Thessaloniki; 1975 Großes Verdienstkreuz der Bundesrepublik Deutschland.

Werk und Wirkung

K.-P. hinterließ ein umfangreiches und vielseitiges wiss. Werk, dessen Schwerpunkt vornehmlich im Bereich der Keramik, aber auch auf der Plastik lag. So veröffentlichte sie schon in den 1920er und 1930er Jahren Studien über Brygos, den Schilfmaler und Sophilos. Zu nennen ist auch die Monographie über den Vasenmaler Amasis [3] und die Publikation der frühattischen Vasen von Anagyrous (Vari) [4]. Zu ihren größten Verdiensten zählt die in Zusammenarbeit mit ihrem Mann, Christos ↗Karousos, unternommene Wiedereinrichtung des Arch. Nationalmuseums in Athen nach dem Zweiten Weltkrieg, das 1964 eröffnet wurde und für das sie auch die ersten Führer erarbeitete [1]. K. war eine wichtige Mittlerin zwischen der dt. und der griech. Archäologie; so hat sie maßgeblich auch zur Wiedereröffnung des DAI Athen nach dem Krieg beigetragen.

M: [9].

SV: [9. 55–61]; U. Kreilinger, in: Athenische Mitteilungen 110, 1995, 36–41.

Schriften

[1] Guide du Musée National d'Athènes. Marbres, bronzes et vases, 1927 [2] Alkamenes und das Hephaisteion, in: Athenische Mitteilungen 69/70, 1954–1955, 67–94 [3] The Amasis Painter, 1956 [4] Αγγεία του Αναγυρούντος (Die Vasen von Anagyrous), 1963 [5] Der Hermes von Andros und seine Gefährtin, in: Athenische Mitteilungen 94, 1969, 143–157 [6] Die Antiken vom Kloster Luku in der Thyreatis, in: Röm. Mitteilungen 76, 1969, 253–265 [7] Die »Schutzflehende« Barberini, in: Antike Kunst 13, 1970, 34–47 [8] Περίπατοι στην Ιταλία (Wanderungen in Italien), 1983 [9] Βιώματα και μνημόσυνα (Leben und Erinnerung), in: Horos 2, 1984, 7–52 (mit Schriftenverzeichnis).

Sekundärliteratur

[10] W. Fuchs, Semni Papaspyridi-Karusu, in: Athenische Mitteilungen 110, 1995, 31–35 [11] U. Hausmann, Semni Karousou-Papaspyridi, in: Gnomon 68, 1996, 476–479.

Aliki Moustaka

Kaschnitz von Weinberg, Guido

Österr. Klass. Archäologe. Geb. am 28.6.1890 in Wien, gest. am 1.9.1958 in Frankfurt a.M. Schulbesuch, Studium in Wien, Prom. 1913 ebda. 1923–1927 wiss. Assistent am DAI Rom; 1932 Habil. in Freiburg. 1932 o.Prof. für Klass. Arch. in Königsberg; 1937 o.Prof. in Marburg; 1940 o.Prof. in Frankfurt am Main; 1952–1956 Erster Direktor des DAI in Rom.

Wissenschaftlicher Werdegang

K. wuchs als Sohn eines hohen Ministerialbeamten in Wien auf. Nach dem Studium an der dortigen Univ. promovierte er 1913 über griech. Vasenmalerei der klass. Zeit bei Emil Reisch; 1913/14 erhielt er ein Reisestipendium für Griechenland und die Türkei. 1914 nahm er an Ausgrabungen im Kerameikos teil.

Nach Teilnahme am Ersten Weltkrieg arbeitete er 1918–1922 als Verlagslektor in München. Während seiner Assistentenzeit am DAI Rom heiratete er 1925 die Schriftstellerin Marie-Luise von Holzing-Bestett (1901–1974). Nach dem Tod Walther ↗Amelungs 1927 verfasste er den vierten Band des Katalogs der Skulpturen im Vatikan [2]. Der Habil. bei Hans ↗Dragendorff zur griech. Plastik 1932 [1] folgten Professuren in Königsberg, Marburg und Frankfurt am Main. Nach dem Zweiten Weltkrieg führte K. die Verhandlungen mit dem ital. Staat um die Rückübertragung des DAI Rom und leitete dieses bis 1956, als er auch in Frankfurt emeritiert wurde.

Werk und Wirkung

K. zeichnete sich vor den Archäologen seiner Generation durch eine außerordentliche Breite des Horizonts und der Interessen aus, die von prähistor. und ethnographischen Kunstformen über die spätant. und ma. bis zu den Ausprägungen der mod. Kunst reichten. In Wien übte die kunsthistor. »Wiener Schule« (Alois ↗Riegl, Max Dvořák, Julius von Schlosser) starken Einfluss auf ihn aus. Seine eigene Methode entwickelte er in Auseinandersetzung mit den damals aktuellsten theoretischen Strömungen, von Johann Jakob ↗Bachofen und Friedrich ↗Nietzsche über Wilhelm Dilthey und Henri-Louis Bergson bis zur Phänomenologie und Leo Frobenius' Kulturmorphologie. 1929 stellte er seine Prämissen in einer umfangreichen Rezension zu Riegls *Spätröm. Kunstindustrie* dar [5. Bd. 1, 1–14] und wurde zum profiliertesten Vertreter der »Strukturforschung« in der Klass. Archäologie.

Wie Riegl ging K. von der ›nichtklass.‹ Kunst der ›Randgebiete‹ aus, v. a. des vorröm. Italiens, dessen Plastik und den zugrundeliegenden »Formungswillen« er exemplarisch untersuchte. Seit den 1940er Jahren widmete er sich einer groß angelegten, erst postum edierten Darstellung der *Mittelmeerischen Kunst* [5]; [3]. In Opposition zu Riegl bestimmte er die Kunstformen nicht anhand ihrer Veränderungen, sondern ihrer Konstanten, die er in einzelnen Ethnien oder Kulturkreisen verankert sah. Ausgangspunkt war der von Dilthey übernommene Begriff der »Struktur« als »Prinzip der inneren Organisation der Form«, das alle künstlerischen Äußerungen gleichermaßen bestimme. Bezeichnend dafür ist der Begriff der Tektonik, die immanente Dialektik des Tragens und Lastens, die gleichermaßen die griech. Architektur wie die griech. Statue konstituiere. K. begnügte sich aber nicht damit, Begriffe zur Unterscheidung und Beschreibung einzelner Kunstformen zu finden, sondern erweiterte sie transzendental auf das »Weltverhältnis« der zugehörigen Kultur. Gleichzeitig suchte er immer umfassendere und abstraktere Konstanten aufzufinden, die nicht nur das Profil eines Kulturkreises prägen, sondern in ihrem konkurrierenden Zusammenwirken auch seine Dynamik bestimmen. So sah er die griech. Kultur im Schnittpunkt einer »eurasischen« Strukturkonstante, die er als männlich, dynamisch und irrational charakterisierte, und einer mediterranen, die weiblich, beharrend und rational bestimmt sei; die ideale Mitte bilde die klass. griech. Kunst.

K.s durchaus ernsthaftes Bemühen um eine Alternative zur bipolaren Konstruktion der Stilentwicklung durch Riegl und Eduard von Wölfflin fand keine Nachfolger. Dies liegt nicht daran, dass sie für völkische Interpretationen, gegen die sich K. verwahrte, reichlich Anknüpfungspunkte bot, sondern v. a. an ihren geschichtsphilos. und ontologischen Voraussetzungen, die keine Anschlussmöglichkeit für neuere Fragestellungen boten.

SV: [5. Bd. 1, 228–242].

Schriften

[1] Bemerkungen zur Struktur der griech. Plastik, 1932 [2] Monumenti Vaticani di archeologia e d'arte, Bd. 4: Sculture del magazzino del Museo Vaticano, 1936–1937 (2 Teilbde.) [3] Die mittelmeerischen Grundlagen der antiken Kunst, 1944 [4] Röm. Kunst, 4 Bde., 1961–1963 [5] Ausgewählte Schriften, 3 Bde., hrsg. von H. Heintze et al., 1965.

Sekundärliteratur

[6] M. R. Hofter, Guido Kaschnitz von Weinberg und die Entdeckung des Unklassischen, in: Flashar Alt.wiss. 247–258 [7] R. Lullies, Art. Guido Kaschnitz von Weinberg 1890–1958, in: Lullies/Schiering Arch. 248–249 [8] M. M. Ross, Künstlerische Struktur und Strukturontologie. Guido Kaschnitz-Weinberg und sein Beitrag zu einer strukturorientierten Kunstwissenschaft (Diss. Wien), 1990.

Mathias René Hofter

Kaser, Max

Österr. Rechtshistoriker. Geb. am 21. 4. 1906 in Wien, gest. am 13. 1. 1997 in Ainring (Oberbayern). Schulbesuch in Salzburg, Czernowitz und Graz; ab 1924 Studium der Rechtswiss. in Graz und München; Prom. 1928 in Graz; Habil. in Gießen 1931. 1933–1959 o.Prof. in Münster, unterbrochen von Kriegsdienst ab 1943 und Kriegsgefangenschaft bis 1946; 1959 o.Prof. in Hamburg; Emeritierung 1971. 1971–1976 Honorar-Prof. in Salzburg. Mitglied diverser Akad.

Werk und Wirkung

Nach seinem Studium, u. a. bei Artur Steinwenter und Leopold Wenger, und der Prom. habilitierte sich K. bei Otto Eger in Gießen [1]. Als junger Ordinarius legte er erste Arbeiten zum röm. Prozessrecht sowie kleinere Beiträge zum geltenden dt. Bürgerlichen Recht vor; in kurzem Abstand folgten dann diverse Monographien zu Aspekten des röm. Privatrechts und seiner Rechtsquellen [2]. Diese Beschäftigung mündete in ein elementares Standardwerk, das *Röm. Privatrecht* [3], das in zwei Bänden nicht allein die Rechtssystematik des *Corpus iuris civilis* darstellt, sondern darüber hinaus auch die histor. Dimension der röm. Rechtsentwicklung sowie – in einem folgenden Band – des Zivilprozessrechts [5] in den Mittelpunkt rückt. Während dieser Arbeit entstand zudem ein viel rezipiertes juristisches Kurzlehrbuch zum röm. Privatrecht [4]. Nach seiner Emeritierung wandte sich K. vermehrt der Rechtsquellenforschung zu, wobei er einer histor. motivierten Textkritik über die bloße Interpolationenforschung hinaus zuneigte [6]. K. lehnte die reine Pandektistik ab und betonte insbes. die Bedingtheit des *ius* durch die gesellschaftlichen *mores*. Postum erschien seine Darstellung des röm. Völkerrechts [7], die nicht mehr vollendet werden konnte.

K. war von 1954 bis 1972 Mitherausgeber der *Savigny-Zeitschrift für Rechtsgeschichte*. Er gehört zu den bedeutendsten Forschern auf dem Gebiet der röm. Rechtsgeschichte. Zu seinen Schülern zählen u.a. Hans Hermann Seiler, Dieter Medicus, Hans-Peter Benöhr und Karl Hackl.

Schriften

[1] Restituere als Prozeßgegenstand. Ein Beitrag zur Lehre von der materiellrechtlichen Beschaffenheit der in iudicium deduzierten Ansprüche im klassischen röm. Recht, 1932 [2] Das altröm. ius. Studien zur Rechtsvorstellung und Rechtsgeschichte der Römer, 1949 [3] Das röm. Privatrecht, 2 Bde. (Hdb. der Altertumswissenschaft 10.3.3), 1955–1959 (2. Aufl. 1971–1975) [4] Röm. Privatrecht. Ein Studienbuch, 1960 (^{19}2008) [5] Das röm. Zivilprozeßrecht (Hdb. der Altertumswissenschaft 10.3.4), 1966 (2. Aufl. 1975, neu bearb. von Karl Hackl) [6] (Hrsg.) Röm. Rechtsquellen und angewandte Juristenmethode, 1986 [7] Ius gentium. Forschungen zum röm. Recht, 1993.

Sekundärliteratur

[8] T. Giaro, Max Kaser, in: Rechtshistorisches Journal 16, 1997, 231–357 [9] K. Hackl, In memoriam Max Kaser, in: Index 26, 1998, 523–538 [10] R. Zimmermann, Max Kaser und das moderne Privatrecht, in: Zs. der Savigny-Stiftung für Rechtsgeschichte. Romanistische Abteilung 115, 1998, 99–114.

Christian Wendt

Keil, Josef

Österr. Epigraphiker und Archäologe. Geb. am 13.10.1878 in Reichenberg (Nordböhmen), gest. am 13.12.1963 in Wien. Schulbesuch in Reichenberg; 1897 Studium der Alt.wiss. an der Univ. Wien; 1899/1900 Einjährig-Freiwilliger beim K.u.K. Feldjägerbataillon Nr. 1; 1903 Prom.; 1904 Lehramtsprüfung in Klass. Phil. und Deutsch. 1904 Sekretär des Österr. Arch. Instituts zunächst in Smyrna (Izmir), ab 1918 in Wien; 1920 Privatdozent an der Univ. Wien. 1922 Regierungsrat; 1924 Hofrat. 1925 ao.Prof.; 1927 Archäologe Erster Klasse des Österr. Arch. Instituts in Wien; 1927 o.Prof. in Greifswald; 1936 o.Prof. in Wien, 1945 Funktion eines provisorischen Rektors; 1950 Emeritierung. 1950/51 Honorarprof.; 1949 alleiniger Direktor, 1951–1956 Mitdirektor des Österr. Arch. Instituts; 1945–1959 Sekretär der Philos.-Histor. Klasse und Generalsekretär der Österr. Akad. der Wiss.

Werk und Wirkung

K. studierte v.a. bei Eugen Bormann und Emil Reisch. Nach einer Prom. *sub auspiciis Imperatoris* mit einer Diss. über Prometheus und Pandora habilitierte er sich mit zwei epigraphisch-arch. Arbeiten [2]; [3]. K. unternahm immer wieder Forschungsreisen bes. nach Kleinasien, u.a. nach Lydien, Kilikien und Pamphylien, um gemeinsam v.a. mit Anton von ↗Premerstein, Adolf Wilhelm und Franz Miltner Inschriften zu sammeln und zu dokumentieren [1]; [2]; [3]; [5]. 1926–1935 leitete er die Ausgrabungen in Ephesos. Seiner Initiative war es zu verdanken, dass diese 1954 wieder aufgenommen werden konnten, wobei deren Leitung nun Franz Miltner übernahm. K. gilt als bedeutender griech. Epigraphiker von ähnlichem Rang wie Adolf Wilhelm und Louis ↗Robert. In seinen Aufsätzen und Einzelstudien behandelte er v.a. Prosopographisches, Topographisches und Religionsgeschichtliches, aber kaum Themen aus der Makrohistorie.

SV: [8.252–261].

Schriften

[1] Berichte über Reisen in Lydien, 3 Bde. (mit A. von Premerstein), 1908–1914 [2] Forschungen in der Erythraia, Teil 1, in: Jahreshefte des Österreichischen Archäologischen Instituts 13, 1910, 5–74 (Beiblatt) [3] Forschungen in der Erythraia, Teil 2, in: Jahreshefte des Österreichischen Archäologischen Instituts 15, 1912, 49–76 (Beiblatt) [4] Ephesos. Ein Führer durch die Ruinenstätte und ihre Geschichte, 1915 (u.ö.) [5] Denkmäler aus dem rauhen Kilikien (Monumenta Asiae minoris antiqua 3; mit A. Wilhelm), 1931.

Sekundärliteratur

[6] E. Braun, Josef Keil, in: Gnomon 36, 1964, 521–524 [7] M. Pesditschek, Wien war anders. Das Fach Alte Geschichte und Altertumskunde, in: M. G. Ash et al. (Hrsg.), Geisteswissenschaften im Nationalsozialismus. Das Beispiel der Universität Wien, 2010, 287–316 [8] F. Schachermeyr, Josef Keil: Nachruf, in: Almanach der Österreichischen Akad. der Wiss. 114, 1965, 242–261 (mit Schriftenverzeichnis).

Martina Pesditschek

Kekulé von Stradonitz, Reinhard

Dt. Archäologe. Geb. am 6.3.1839 in Darmstadt, gest. am 22.3.1911 in Berlin. Gymnasium in Darmstadt; Studium in Erlangen, Göttingen und Berlin; Prom. 1861 in Berlin. 1863 Stipendiat des preuß. Arch. Instituts; bis 1868 Studienaufenthalt in Rom, Italien und Griechenland; Habil. 1868 in Bonn. 1869 tätig an der Sammlung Nassauischer Altertümer in Wiesbaden; 1870 o.Prof. für Klass. Arch. in Bonn; ab 1874 Mitglied der Zentraldirektion des Arch. Instituts des Dt. Reichs; ab 1889 Direktor der Abteilung Skulptur an den Berliner Museen und o.Prof. in Berlin. 1895 in den Adelsstand erhoben. Ab 1896 an den Berliner Museen zugleich Leiter des Antiquariums; ab 1898 Mitglied der Berliner Akad. der Wiss.; 1901/02 Rektor der Berliner Univ.

Werk und Wirkung

Am Ende seines umfangreichen Schaffens forderte K. seine eigene Disziplin auf, »festzuhalten an Winckelmann, aber auch an Gerhards großen Gedanken« [15.33]. Er bekannte sich damit zu seinem wichtigsten ideellen und seinem wichtigsten realen Lehrer. Unter methodischem Aspekt verwies deren Nennung auf die parallele Anwendung einer traditionellen Kunstarchäologie und einer positivistisch-systematischen Denkmälererfassung im Sinne des 19. Jh.s. Wie eingehend K. die Veränderungen reflektierte, die die Archäologie im Verlauf dieses Jh.s erfahren hatte, dokumentiert seine Berliner Rektoratsrede von 1901 [7].

Im Mittelpunkt von K.s wiss. Aktivitäten stand die Geschichte der griech. Skulptur. Auf sie projizierte er, durchaus an Johann Joachim ↗Winckelmann orientiert, ein biologistisches Entwicklungkonzept, das er am Wandel der Form festmachte. Die für sein weiteres Schaffen verbindliche Position bezog er bereits 1870, als er anhand einer Skulpturengruppe der Sammlung Ludovisi Merkmale spätzeitlichen Stils beschrieb [3]. Unmittelbar zuvor hatte K. zwei Schriften zu Denkmälern in Athen vorgelegt, die er 1868 in Autopsie kennen gelernt hatte [1]; [2]; auch diese Publikationen waren mit ihrer gewissenhaften, auf exakten Beobachtungen basierenden Präsentation der griech. Denkmäler programmatisch.

Röm. Adaptationen von griech. Skulpturen schenkte K. – im Unterschied zu Adolf ↗Furtwängler, der sich 1879 bei ihm habilitierte – wenig Beachtung; nur gelegentlich bezog er sie in seine Forschungen ein [6]. »Die unmittelbaren und reinen Quellen sind die Originalarbeiten, die abgeleiteten und getrübten die Kopistenarbeiten« [5.642]. Die Hochschätzung griech. Originale bestimmte auch seine Ankäufe für das Berliner Museum. Sie fand ebenso Niederschlag in einer von einer breiten Öffentlichkeit rezipierten Monographie zur ant. Plastik, in welcher die röm. Werke nur geringen Raum einnehmen [8].

In der Nachfolge Eduard ↗Gerhards und in Übereinstimmung mit Aktivitäten seiner altertumswiss. Kollegen beförderte er die Publikation von Denkmälergruppen in Corpora. Im Auftrag des Arch. Instituts des Dt. Reichs gab er die Reihe *Die ant. Terracotten* heraus, innerhalb derer er selbst einen Band verfasste [4].

Neben seinen Forschungen und seiner erfolgreichen Lehrtätigkeit in Bonn und Berlin – zu seinen Schülern zählten Georg ↗Loeschcke, Hermann Winnefeld und Franz ↗Winter – machte sich K. um die Bonner [12] und die Berliner Antikensammlung verdient. Das betraf Neuerwerbungen wie auch die Aufstellung von Werken im Alten Museum und ab 1902 im ersten Pergamonmuseum. Verantwortlich zeichnete K. ferner für Ausgrabungen der Berliner Museen in Magnesia am Mäander, Priene, Samos und Milet samt Didyma.

SV: [15.33–40].

Schriften

[1] Die antiken Bildwerke im Theseion zu Athen, 1869 [2] Die Balustrade des Tempels der Athena-Nike in Athen, 1869 [3] Die Gruppe des Künstlers Menelaos in Villa Ludovisi, 1870 [4] Die Terracotten von Sizilien, 1884 [5] Rez. zu A. Furtwängler, Meisterwerke der griech. Plastik, in: Göttingische gelehrte Anzeigen 157, 1895, 625–643 [6] Über Copien einer Frauenstatue aus der Zeit des Phidias, 1897 [7] Die Vorstellungen von griech. Kunst und ihre Wandlung im neunzehnten Jh., 1901 (Ndr. 1908) [8] Die griech. Skulptur, 1906 (^{2}1907; ^{3}1922).

Sekundärliteratur

[9] G. Baader, Art. Kekulé von Stradonitz, Reinhard, in: NDB 11, 1977, 424–426 [10] A. H. Borbein, Ernst Curtius, Alexander Conze, Reinhard Kekulé: Probleme und Perspektiven der Klassischen Archäologie zwischen Romantik und Positivismus, in: Christ/Mom. 275–302 [11] W. Calder III, Art. Kekulé von Stradonitz, Reinhard (1839–1911), in: EHCA 1, 1996, 632–633 [12] W. Geominy, Das Akademische Kunstmuseum der Universität Bonn unter der Direktion von Reinhard Kekulé, 1989 [13] W. Schiering, Reinhard Kekulé von Stradonitz, in: Lullies/Schiering Arch. 73–74 [14] W. Schiering, Reinhard Kekulé von Stradonitz als Interpret griechischer Plastik, in: Jb. der Berliner Museen 21, 1979, 5–19 [15] H. Schrader, Reinhard Kekulé von Stradonitz, in: Biographisches Jb. für Altertumskunde 164/35, 1913, 1–40 [16] H. Winnefeld, [Zur Erinnerung an Reinhard Kekulé von Stradonitz], in: Jb. der Königlich-Preußischen Kunstslg. 32, 1911, I–VIII.

Detlev Kreikenbom

Keller, Christoph Martin

s. Cellarius, Christophorus

Kerényi, Karl

Ungar.-schweizer. Klass. Philologe und Religionswissenschaftler. Geb. am 19.1.1897 in Temesvár (damals Österreich-Ungarn) als Károly K., gest. am 14.4.1973 in Kilchberg (Schweiz). 1919 Prom. in Klass. Phil. an der Univ. Budapest (zu Platon und Longinos); ab 1920 Studienaufenthalte in Greifswald, Berlin und Heidelberg bei Hermann ↗Diels, Ulrich von ↗Wilamowitz-Moellendorff, Eduard ↗Norden, Eduard ↗Meyer und Franz Boll; 1927 Habil. in Religions-Gesch. in Budapest [1]. Ab 1924 o.Prof. der Altertumskunde an der Univ. Pécs; ab 1941 Prof. in Szeged; Vorlesungen an der Univ. Budapest. 1944 polit. Asyl in der Schweiz; 1945–1947 Lektor für ungar. Sprache und Literatur in Basel; zunächst Staatenloser in der Schweiz, ab 1962 schweizer. Staatsbürger. 1947–1973 Fellowship der *Bolligen Foundation* sowie bis 1964 verschiedene europ. Gastprof. 1948–1962 Mitbegründer des C.G. Jung-Instituts in Küsnacht (Zürich).

Werk und Wirkung

K., eine der wichtigsten Persönlichkeiten der Alt.wiss. und der Religionsgeschichte des 20. Jh.s, war einer der Ersten, der die Antike inter- und transdisziplinär erforschte und eine »synthetische Kulturwiss.« entwickelte, in welcher Literatur, Kunst, Geschichte, Philosophie, Religion, Psychologie und Ethnologie zur Betrachtung des Untersuchungsobjekts beitrugen. Dabei traf er keine abgrenzende chronologische Unterscheidung zwischen ant. und mod. Welt. Er tendierte deshalb früh dazu, sich von den Beschränkungen der akad. Klass. Philologie zu befreien. Bereits in seiner Habil.-Schrift interpretierte er den griech. Roman als eine narrative Umformung des ägypt. Isis-Osiris-Mythos (s. später auch Reinhold ↗Merkelbach). Seine Begegnung mit Walter F. Otto und Leo Frobenius (1929) war entscheidend für die Entwicklung seiner Methodologie und seiner Auffassung der Antike und der Alt.wiss.

Nach K. ist der Mythos nicht Phantasie, Literatur, Geschichte oder Religion, sondern die Form des Göttlichen, die sich in der Sprache (Mythologie), in der figurativen Kunst oder im Ritus verwirklicht [8], im Gegensatz zu anderen zeitgenössischen Ansätzen (v.a. von Ernst Howald und Martin Persson ↗Nilsson). K.s Mythenauffassung war eng mit der Jung'schen Archetypenlehre verbunden: Mythen sind demnach als »Urbilder« in der Psyche des Einzelnen, aber von universaler Bedeutung zu verstehen, da sie der gesamten jeweiligen Gemeinschaft und letztlich der ganzen Menschheit gemeinsam sind. Später sah K. den Mythos als Form und narrative Verkörperung des Seins: »Mythos ist das Sein als Wort-Gehalt« [7]. In seiner späteren Forschung entfernte sich K. von Jung und näherte sich der Anthropologie an. K.s Denken hatte starken Einfluss auf die alt.wiss. Studien in Ungarn und Italien, dort u.a. durch die Vermittlung seines Schülers, des Religionshistorikers Angelo Brelich.

SV: [8.445–447].

Schriften

[1] Die griech.-orientalische Romantliteratur in religionsgeschichtlicher Beleuchtung, 1927 [2] Einführung in das Wesen der Mythologie (mit C.G. Jung), 1941 (u.ö.) [3] Gespräch in Briefen (mit Th. Mann), 1950 [4] Mythologie der Griechen, 2 Bde., 1951–1958 (u.ö.) [5] Werke in Einzelausg., 9 Bde, hrsg. von M. Kerényi, 1966–1988 (5 Bde., 1994–1998) [6] (Hrsg.) Die Eröffnung des Zugangs zum Mythos. Ein Lesebuch, 1967 (³1982) [7] Wesen und Gegenwärtigkeit des Mythos, in: K. Kerényi (Hrsg.), Eröffnung des Zugangs zum Mythos. Ein Lesebuch, 1967, 234–252 (ital. Vortrag vom Jan. 1964 in Rom; erneut abgedr. in: Wege und Weggenossen, Bd. 1, 85–103) [8] Dionysos. Archtypal Image of Indestructible Life (Bollingen Series 65/2, 1976, 445–474 (dt. 1976).

Sekundärliteratur

[9] L. Arcella (Hrsg.), Károly Kerényi. Incontro con il divino, 1999 [10] R. Schlesier / R.S. Martinez (Hrsg.), Neuhumanismus und Anthropologie des griech. Mythos. Karl Kerényi im europäischen Kontext des 20. Jh.s, 2006.

Sotera Fornaro (Ü: R.L.P.)

Kircher, Athanasius

Dt. Universalgelehrter. Geb. am 2.5.1602 in Geisa (Rhön), gest. am 27.11.1680 in Rom. 1612–1618 Besuch des Päpstlichen Seminars in Fulda; 1618 Eintritt in den Jesuitenorden in Paderborn. 1620–1622 Studium der Naturwiss. und klass. Sprachen in Paderborn und Lehrtätigkeit am Jesuitenkolleg in Heiligenstadt; 1623/24 Fortsetzung der Sprachstudien in Koblenz und Lehrtätigkeit am dortigen Jesuitenkolleg; 1625 Beginn theologischer Studien in Mainz, dort 1628 Priesterweihe. 1629–1631 Prof. für Philosophie, Mathematik und oriental. Sprachen an der Univ. Würzburg. 1631 Flucht vor den Truppen Gustav Adolfs von Schweden und der Verfolgung der Jesuiten durch die Protestanten über Lyon nach Avignon. 1633 von Papst Urban VIII. nach Fürsprache des Sammlers und Humanisten Nicolas C. ↗Fabri de Peiresc an das Collegium Romanum in Rom als Prof. für Mathematik, Physik und oriental. Sprachen berufen. Ab 1645 Publikationstätigkeit auf mehreren wiss. Gebieten; Begegnungen und umfangreiche Korrespondenz mit Gelehrten und kirchlichen Größen seiner Zeit; Reisen; Aufbau und 1651 Einrichtung des Museums *Kircherianum* mit Denkmälern und Kuriositäten aus allen damals bekannten Kulturen.

Werk und Wirkung

K.s breitgefächerte Forschungs- und Experimentiertätigkeiten erstreckten sich auf Natur- und Geisteswiss.en, von der Astronomie über die Mathematik, Physik, Geographie und Geologie bis zur Theologie, Philosophie, Philologie und Musiktheorie. Darunter herausragende Forschungsthemen waren die ägypt. und die chines. Sprache und Kultur. Darüber hinaus forschte er auf den unterschiedlichsten Gebieten, u.a. nach den Ursachen der Pest, entwickelte die Laterna magica und eine musikalische Komponiermaschine. Das Wissen um die ägypt. Schrift und Sprache war nach der letzten hieroglyphischen Inschrift aus dem Jahr 394 n.Chr. in Vergessenheit geraten. K.s »ägyptologische« Kenntnisse fußten zunächst auf dem wiederentdeckten und 1505 erstmals veröffentlichten dem Horapollon zugeschriebenen Werk *Hieroglyphica*, dessen phantasiereiche magisch-symbolischen Deutungen der Hieroglyphen deren Verständnis allerdings blockierten.

Richtungweisend für K.s Forschungstätigkeit war die Bekanntschaft mit ↗Fabri de Peiresc, der ihm koptische Manuskripte und wiss. Aufzeichnungen zur Verfügung stellte, die Pietro della Valle von seinen Orientreisen (1614–1624) mitgebracht hatte. Fabri de Peiresc übergab ihm außerdem Denkmäler für sein Museum. Bekannt waren K. auch die Abschriften hieroglyphischer Inschriften des bayerischen Diplomaten Hans Georg Herwarth von Hohenburg, auf die er 1622 in Speyer stieß.

In seinem ersten der ägypt. Sprachentwicklung gewidmeten Werk, dem *Prodomus Coptus* [1], legte K. den Grundstein für eine koptische Grammatik in einer modernen Sprache. Später ging er auch der ägypt. Sprachgeschichte nach [2]. K. erkannte, dass das Koptische die letzte Sprachstufe des Ägyptischen darstellt, was von den Gelehrten seiner Zeit (auch von Gottfried Wilhelm Leibniz) gemeinhin in Abrede gestellt wurde. Hier und in seinem bedeutendsten alt.wiss. Werk, dem 1900 Seiten umfassenden *Oedipus Aegyptiacus* [5] entfaltete er sein mystifiziertes Ägyptenbild, nach dem die Hieroglyphen eine magisch-symbolische Bilderschrift darstellten, deren Zeichen nur ausnahmsweise phonetische Lautwerte hatten.

Der Wiederaufstellung eines von Domitian für seinen Isistempel geschaffenen Obelisken (*Obeliscus Pamphilius*) 1649 auf der Piazza Navona durch Papst Innozenz X. und eines Obelisken des Pharao Apries (589–570 v.Chr.) 1667 auf der Piazza Minerva durch Papst Alexander VII. sind zwei Abhandlungen mit Beschreibungen und Deutungen dieser Denkmäler, insbes. der Inschriften, gewidmet [4]; [7]. Darüber hinaus hat K. das ihm zugängliche Material aller anderen Obelisken vorgelegt [6]. Für ihn waren sie Vermittler uralter ägypt. Weisheit. K.s mystisches Ägyptenbild verhinderte die Einsicht, dass es sich um histor. Urkunden handelte, und verstellte ihm den Weg zum sachlichen Verständnis der Namen und Inschriften.

Reinhard Grieshammer

In seinem musiktheoretischen Werk *Musurgia universalis* [3] behandelte K. – neben der intensiven Rezeption der ant. Musiktheorie – an mehreren Stellen auch die Geschichte und Theorie der ant. Musik sowie die ant. Musikinstrumente. Besondere Aufmerksamkeit haben lange zwei Abschnitte gefunden [3. Bd. 1, 212–215, 540–542], in denen K. zwei mit ant. Noten versehene Stücke aus Gedichten von Gregor von Nazianz und von Pindar vorlegte, die er in einer alten Hs. in einem sizilianischen Kloster gefunden haben will. Nach ausführlicher Diskussion gilt heute als erwiesen, dass es sich hier um keine echte Überlieferung handelt [15].

Jürgen Leonhardt

SV: C. Sommervogel et al., Bibliothèque de la Compagnie de Jésus, Bd. 4, Ndr. 1960, 1046–1077; Suppl.-Bd. 9, Ndr. 1960, 548.

Schriften

[1] Prodomus Coptus sive Aegyptiacus, in quo cum linguae Coptae sive Aegyptiacae, quondam Pharaonicae, origo, aetas, vicissitudo, inclinatio, tum hieroglyphicae literaturae instauratio … exhibentur, Rom 1636 (u.ö.) [2] Lingua Aegyptiaca restituta, Rom 1643 (^{2}1644) [3] Musurgia universalis sive Ars magna consoni et dissoni in X libros digesta, 2 Bde., Rom 1650 (dt. Teilübers. von Andreas Hirsch, Schwäbisch Hall 1662) [4] Obeliscus Pamphilius. Hoc est interpretatio nova et hucusque intentata obelisci hieroglyphici, Rom 1650 [5] Oedipus Aegyptiacus. Hoc est universalis hieroglyphicae veterum doctrinae temporum iniuria abolitae instauratio, 3 Teile in 4 Bden., Rom 1652–1655 [6] Obelisci Aegyptiaci … interpretatio hieroglyphica, Rom 1666 (^{2}1676) [7] Obeliscus Chigius, Rom 1666 [8] Sphynx mystagoga sive diatribe hieroglyphica, Amsterdam 1676 [9] Turris Babel sive archontologia, Amsterdam 1679.

Sekundärliteratur

[10] H. Beinlich (Hrsg.), Magie des Wissens. Athanasius Kircher. Universalgelehrter, Sammler, Visionär, 2002 [11] J. Fletcher, Athanasius Kircher und seine Beziehungen zum gelehrten Europa seiner Zeit, 1988 [12] J. Godwin, Athanasius Kircher. A Renaissance Man and the Quest for Lost Knowledge, 1979 [13] J. Janssen, Athanase Kircher »égyptologue«, in: Chronique d'Égypte 18, 1943, 240–247 [14] E. Pöhlmann, Denkmäler altgriechischer Musik. Sammlung, Übertragung und Erläuterung aller Fragmente und Fälschungen, 1970 [15] M. Wald, Welterkenntnis aus Musik. Athanasius Kirchers »Musurgia universalis« und die Universalwissenschaft im 17. Jh., 2006.

Reinhard Grieshammer

Kirchhoff, Adolf

Dt. Klass. Philologe und Sprachwissenschaftler. Geb. am 6.1.1826 in Berlin als Johann Wilhelm Adolf K., gest. am 27.2.1908 ebda. 1842–1846 Studium der Klass. Phil. an der Univ. Berlin u.a. bei Karl ↗Lachmann und August ↗Boeckh; 1846 Prom. [1], danach Gymnasiallehrer in Berlin. 1860 Mitglied der Königlichen Preuß. Akad. der Wiss.; ab 1865 Prof. für Klass. Phil. an der Univ. Berlin.

Werdegang, Werk und Wirkung

K., Sohn des Historienmalers Johann Jacob K., besuchte das Gymnasium in Berlin. Nach dem Studium folgte eine zwanzigjährige Lehrtätigkeit am Berliner Joachimsthal'schen Gymnasium in den Fächern Latein, Griechisch und Deutsch. Ab 1866 war K. zusammen mit Theodor ↗Mommsen an der Herausgabe der Zeitschrift *Hermes* beteiligt. Er folgte August Boeckh als Herausgeber des griech. Inschriftenwerkes *Corpus Inscriptionum Graecarum* nach (CIG 4, 1859).

Den Schwerpunkt von K.s wiss. Wirken bilden Arbeiten zur frühgriech. Dichtung (Homer, u.a. [5]), Inschriftenkunde und griech. Historiographie (v.a. Herodot [4]) sowie sprachwiss. Arbeiten (z.B. [3]). Er edierte u.a die Tragiker Euripides [2] und Aischylos [6]. Die *Odyssee* stand im Fokus seiner Untersuchungen zur frühgriech. Dichtung. K. suchte in zahlreichen Publikationen zu beweisen, dass die *Odyssee* mehrere Nachbearbeitungen erfuhr, und entwickelte die These, dass diese aus zwei Einzelgedichten bestanden habe, wobei der erste Teil den eigentlichen Nostos (Heimkehrergeschichte des Odysseus bis Anfang des 13. Gesangs) darstelle [7] und um die Geschichte vom Freiermord erweitert worden sei [5]. Dadurch wurde K. zu einem der wichtigsten sog. Analytiker der Homerforschung, der u.a. Ulrich von ↗Wilamowitz-Moellendorff beeinflusste. Durch seine grundlegende Arbeit zur Entstehung des griech. Alphabets und die Einteilung in epichorische (d.h. lokal verschiedene) Alphabete beeinflusste er nachfolgende Studien maßgeblich [3]. Obwohl ihm zu wenig Material zur Verfügung stand, gelangte K. zu wiss. Erkenntnissen, die, durch spätere Funde bestätigt, bis heute in sprachwiss. Studien herangezogen werden [8.53–55]. In einer dieser Untersuchungen beigegebenen Karte verdeutlichte er die Gebiete Großgriechenlands mit unterschiedlichen Alphabeten durch farbige Markierung. Noch heute ist die Terminologie des grünen (blauen, roten) Alphabets in der Sprachwiss. geläufig.

Schriften

[1] Quaestionum Homericarum particula (Diss. Berlin), 1846 [2] Euripidis tragoediae, 2 Bde. (Edition), 1855 (Euripidis Fabulae, 3 Bde., 1867–1868) [3] Studien zur Geschichte des griech. Alphabets, 1864 (³1877) [4] Über die Abfassungszeit des Herodoteischen Geschichtswerkes, 1868 (²1878) [5] Die Composition der Odyssee. Gesammelte Aufsätze, 1869 [6] Aeschyli tragoediae (Edition), 1880.

Sekundärliteratur

[7] H. Duentzer, Kirchhoff, Koechly und die Odyssee, 1871 [8] B.B. Powell, Homer and the Origin of the Greek Alphabet, 1991, 53–55.

Marcel Humar

Kirsten, Ernst

Dt. Histor. Geograph und Althistoriker. Geb. am 2.9.1911 in Chemnitz, gest. am 11.2.1987 in Bonn. Ab 1933 Mitglied der SA, 1937 der NSDAP; 1941–1945 Unteroffizier der Luftwaffe; 1941–1943 »Sonderführer zur Erstellung von Luftaufnahmen griech. Altertümer im Referat Kunstschutz«. Studium (Klass. Philol., Gesch., Arch.) in Greifswald, Göttingen, München und Leipzig; Prom. 1934 bei Helmut ↗Berve in Leipzig; 1937–1939 ebda. Assistent der Klass. Archäologie bei Bernhard ↗Schweitzer. Habil. 1940 bei Fritz ↗Schachermeyr in Heidelberg. 1946–1949 Diätendozentur »Ant. Topographie« in Göttingen; 1949–1951 Dozent für »Histor. Geographie und Topographie des Mittelmeerkulturkreises« in Bonn; dort 1951–1958 apl.Prof., seit 1958 Wiss. Rat, seit 1962 ao.Prof. und seit 1965 o.Prof. für Histor. Geographie. 1970–1981 Prof. für griech. Gesch., Altertumskunde und Epigraphik in Wien. Ab 1970 Honorarprof. für Alte Gesch. und Histor. Geographie in Bonn. Wirkliches Mitglied der Österr. Akad. der Wiss. und Ordentliches Mitglied des DAI und des Österr. Arch. Instituts.

Werk und Wirkung

Ausgangspunkt von K.s wiss. Arbeiten waren die Dorier auf Kreta [2] und auf der Peloponnes [1]; das Thema stand im Zentrum seiner Diss. und Habil.-Schrift und begleitete seine Forschungsarbeit lebenslang. Für die Herausgabe der *Griech. Landschaften* Alfred Philippsons [3], Anlass für seine Versetzung 1949 nach Bonn, war K. aufgrund seines breit angelegten Studiums, zweier Forschungsaufenthalte sowie seiner als Soldat in Griechenland erworbenen Kenntnisse der geeignete Mann. Er brachte die Schrift, an der Philippson seit den 1930er Jahren gearbeitet und die er 1942 zwar wesentlich abschließen, wegen seiner Deportation nach Theresienstadt jedoch nicht zum Druck fertig machen konnte, auf den neuesten Stand und stellte sie, um fünf umfangreiche *Beiträge zur Histor. Landeskunde* ergänzt, der gesamten Alt.wiss. als ein wichtiges Standardwerk zur Verfügung. Noch während dieser Herausgeberarbeit und daher in Auseinandersetzung mit Philippsons Lebenswerk befasste sich K. grundlegend mit der griech. Polis. Mit [5] trug er viel dazu bei, sie in ihrem histor.-geographischen Kontext differenzierter zu beurteilen. Leider hat K.s komplizierte Begrifflichkeit in dieser wichtigen Arbeit der ihr gebührenden Beachtung in der Forschung Abbruch getan. Zuletzt äußerte sich K. umfassend zu Möglichkeiten und Aufgaben der Histor. Geographie und avisierte künftige Forschungsfragen [6].

Von bleibender Wirkung auf die Alt.wiss. ist K.s Bemühen um die konsequente Fortführung der in der Antike von Polybios ausgehenden und in der Nz. von Philipp Klüwer im 16. Jh. sowie Carl Ritter und Karl Johann Heinrich Neumann im 19. Jh. aufgenommenen Entwicklungslinie der Histor. Geographie mit der Absicht, dieser als eigenständiger Wiss.-Disziplin mit interdisziplinärer Anlage zwischen Geographie und Geschichte zu allgemeiner Anerkennung zu verhelfen.

SV: E. Kirsten, Landschaft und Geschichte der antiken Welt. Ausgewählte kleine Schriften, 1984, 279–290; Ergänzungen in [8].

Schriften

[1] Die dorische Landnahme in Lakonien und Messenien (ungedr. Habil.schrift), 1940 [2] Das dorische Kreta im 5. und 4. Jh. v. Chr. (Diss. Leipzig 1934), 1942 [3] (Hrsg.) A. Philippson, Die griech. Landschaften, 2 Bde. in 5 Teilbden. (mit H. Lehmann), 1950–1959 [4] Griechenlandkunde. Ein Führer zu klassischen Stätten (mit W. Kraiker), 1955 [5] Die griech. Polis als historisch-geographisches Problem des Mittelmeerraumes, in: Colloquium Geographicum 5, 1956, 27–154 [6] Möglichkeiten und Aufgaben der Historischen Geographie des Altertums in der Gegenwart, in: E. Olshausen (Hrsg.), Stuttgarter Kolloquium zur Historischen Geographie des Altertums 1, 1980, 1987, 1–50.

Sekundärliteratur

[7] I. Fleischmann, Historische Geographie an der Universität Bonn von 1949 bis 1970 mit dem Schwerpunkt Mittelmeerraum in der Antike (Prof. Dr. E. Kirsten, 1911–1987), in: K.-D. Kleefeld / P. Burggraaff (Hrsg.), Perspektiven der Historischen Geographie, 1997, 523–538 [8] F. Schachermeyr, Ernst Kirsten, in: Österreichische Akad. der Wiss., Almanach, 1987, 359–367.

Eckart Olshausen

Klingner, Friedrich

Dt. Klass. Philologe. Geb. am 7. 7. 1894 in Dresden, gest. am 26. 1. 1968 in München. Ab 1914 Studium in Tübingen, Berlin (ab 1915) und Marburg (ab 1920); 1921 Prom., dann Assistenz und 1923 Habil. ebda. 1923–1925 Assistent und Bibliothekar in Berlin; 1925–1930 o.Prof. für Klass. Arch. in Hamburg; 1930–1946 o.Prof. in Leipzig; 1947–1962 o.Prof. in München; 1956/57 Rektor der Univ ebda.

Werk und Wirkung

In der Generation nach Friedrich ↗Leo, Eduard ↗Norden und Richard ↗Heinze war K. einer der bedeutendsten Protagonisten und Beförderer der dt. Latinistik im 20. Jh. Als wichtigster Lehrer galt ihm Paul ↗Friedländer, bei dem er neben Hermann ↗Diels, Eduard ↗Norden und Ulrich von ↗Wilamowitz-Moellendorff studierte und dem er 1920 nach Marburg folgte. Die Diss. über Boethius [1], von Letzterem als Quellenuntersuchung angeregt, würdigte insbes. auch die Eigenheiten der *Consolatio* hinsichtlich ihres Aufbaus. Neben den röm. Historikern (Livius, Sallust und bes. Tacitus) [6. 571–593, 605–674]; [5. 458–527] widmete sich K. in der Folgezeit verstärkt der lat. Dichtung der klass. Zeit, wobei Horaz und Vergil im Mittelpunkt standen. Dies mündete in seine noch heute hochgeschätzte Teubner-Ausgabe des Horaz [4] (mit der Voruntersuchung zu den Hss. [2]). Das Ergebnis seiner jahrzehntelangen Beschäftigung mit Vergil war eine große Monographie über dessen Gesamtwerk [7]. Auch die griech. Literatur behandelte er, wenn auch nur am Rande, wie seine Arbeiten zu Homer, Pindar und Kallimachos belegen [6. 7–88]; [5. 747–769]. Die vielfältigen Themen eint seine souveräne Meisterschaft, Bauformen und Bewegungsabläufe einzelner Werke offenzulegen; exemplarisch dafür ist seine Analyse von Horaz' *Ars poetica* [3].

Stets war es K. wichtig, auch eine nicht philol. vorgebildete Leserschaft zu erreichen, wovon die oft erweiterte Essay-Sammlung *Röm. Geisteswelt* [5] zeugt. Die *Studien* [6] enthalten dagegen seine Arbeiten für ein fachwiss. Publikum. Schüler K.s waren u. a. Heinz Heubner, Karl ↗Büchner, Carl Becker und Karl Bayer.

SV: [6. 739–745] (bis 1963).

N: München, Bayer. Staatsbibliothek.

Schriften

[1] De Boethii Consolatione (Diss. Marburg), 1921 (Ndr. 1966) [2] Über die Recensio der Horazhandschriften, in: Hermes 70, 1935, 249–268; 2. Teil: 361–403 [3] Horazens Brief an die Pisonen, 1937 [4] Q. Horati Flacci carmina (Edition), 1939 (³1959; Editio minor 1940) [5] Röm. Geisteswelt, 1943 (⁶1979) [6] Studien zur griech. und röm. Literatur, 1964 [7] Virgil. Bucolica, Georgica, Aeneis, 1967.

Sekundärliteratur

[8] K. Büchner, Nachwort, in: F. Klingner, Röm. Geisteswelt, ⁶1979, 779–805 [9] H. Tränkle, Friedrich Klingner, in: Gnomon 40, 1968, 426–432 (mit Abb.).

Ralph Lather

Knight, Richard Payne

s. Payne Knight, Richard

Klotz, Christian Adolph

Dt. Altphilologe. Geb. am 13.11.1738 in Bischofswerda, gest. am 31.12.1771 in Halle. 1758–1760 Studium in Leipzig, 1761–1762 in Jena; Erwerb der *venia legendi* ebda. 1762 ao.Prof. in Göttingen, 1763–1765 o.Prof. ebda.; 1765 Prof. für Philosophie und Beredsamkeit in Halle; ab 1766 Geheimrat sowie auch Bibliothekar ebda.

Werk und Wirkung

K. zeigte schon früh eine Begabung für die alten Sprachen und publizierte noch als Student in Leipzig, wo er bei Johann August ↗Ernesti lernte [16.14], 1758 zwei Diss., in denen er sich zum einen Cicero widmete [2], zum anderen Homer [1]. Mit Letzterem setzte sich K. auch später in seinen *Epistolae Homericae* (in literarästhetischer Hinsicht teilweise kritisch) auseinander [6]; [14]. Daneben veröffentlichte K. zu dieser Zeit Rezensionen in den *Acta eruditorum* sowie eigene lat. Dichtungen und satirische Schriften, wie z.B. die *Mores eruditorum* [3], die aufgrund der Beschwerden der darin Verspotteten vom Leipziger akad. Senat verboten wurden [18.37]. In Jena publizierte K. weitere philol. Abhandlungen, u.a. zu den *Charakteren* Theophrasts [4] und zu Horaz [5], wodurch er die Lehrbefugnis erhielt und daraufhin für ein Semester an der Univ. Jena über Horaz las [13.229]. Schon im August 1762 wurde K. als ao.Prof. nach Göttingen berufen, wo er begann, seine reiche publizistische Tätigkeit zu entfalten; so gab er die *Acta litteraria* heraus (1764–1776, nach K.' Tod weitergeführt von Gottlob Benedict von Schirach), zu denen er auch einen Großteil der Beiträge selbst beisteuerte. Später veröffentlichte K. außerdem die *Neuen Hallischen gelehrten Zeitungen* (1766–1771) sowie die *Dt. Bibliothek der schönen Wissenschaften.* (1767–1771).

1765 folgte K. dem Ruf an die Univ. Halle, wo ihm zudem der Titel des Hofrates verliehen wurde. Nachdem er 1766 eine Professur in Warschau abgelehnt hatte, wurde er zum Geheimrat befördert und erhielt außerdem eine Stelle als Bibliothekar [18.39]. Neben seinen im engeren Sinne philol. Veröffentlichungen wie der Edition ausgewählter Epigramme des Straton von Sardes und anderer griechischer Dichter [7], seiner mit einem Kommentar versehenen Tyrtaios-Ausgabe [8] oder seiner ebenfalls mit kommentierenden Anmerkungen versehenen, gegen die Thesen Jean ↗Hardouins gerichteten Verteidigung des Horaz [9] wandte er sich v.a. kunsthistor., arch. und numismatischen Fragen zu [10]; [11]; [12].

Während K.' philol. Arbeiten größtenteils ohne nennenswerte Resonanz geblieben zu sein scheinen, hat er bei der Nachwelt einige Bekanntheit durch seine Verwicklung in den sog. »antiqu. Streit« erlangt, den er 1768/69 mit Gotthold Ephraim ↗Lessing, dann auch mit Johann Gottfried Herder führte, wobei sich Letzterer später von der gesamten Fehde distanzierte [16.28–35]; [15.235]; [18.180f.]. Dieser Streit, der laut Ulrich von ↗Wilamowitz-Moellendorff »den Tiefstand der damaligen Univ.-Philologie« beleuchte [17.47], entstand nach einer Rezension von K. zu Lessings *Laokoon*, in dem dieser wiederum K.' *Epistolae Homericae* und die darin enthaltenen ästhetischen Anschauungen und Beurteilungen der homerischen Epen kritisiert hatte. K. hatte z.B an der Thersites-Episode der *Ilias* (2, 211–277) Anstoß genommen, da sie sich mit der Erhabenheit des Epos nicht vertrage. Darüber hinaus berührte der Streit die Frage nach der Darstellung des Todes in der Antike, der Lessing, nachdem er das Thema bereits im *Laokoon* gestreift hatte, eine eigene Untersuchung widmete (*Wie die Alten den Tod gebildet*). Hierin griff Lessing K.' Auffassung an, dass in der ant. Kunst der Tod als ein Skelett dargestellt worden sei, und hielt dem entgegen, dass der Tod in der Gestalt des jünglinghaften Zwillingsbruders des Schlafes, der eine Fackel auslöscht, repräsentiert wurde [18.169–177]. K.' früher Tod ließ ihm indessen keine Gelegenheit mehr, eine ausführliche Erwiderung auf Lessing zu schreiben und sich somit zu rehabilitieren [18.183].

Schriften

[1] Ad vir. doct. J.Ch. Reichelium epistola, qua de quibusdam ad Homerum pertinentibus, disputatur, 1758 [2] Pro M. Tullio Cicerone adversus Dionem Cassium et Plutarchum dissertatio, 1758 [3] Mores eruditorum, 1760 (dt. 1761) [4] Animadversiones in Theophrasti characteres ethicos, 1761 [5] De felici Horatii audacia, 1762 [6] Epistolae Homericae, 1764 [7] Stratonis aliorumque veterum poetarum Graecorum epigrammata (Edition), 1764 [8] Tyrtaei quae supersunt omnia (Edition mit Komm.), 1764 (²1767) [9] Vindiciae Q. Horatii Flacci, 1764 [10] Ueber das Studium des Alterthums, 1766 [11] Beytrag zur Geschichte des Geschmacks und der Kunst aus Münzen, 1767 [12] Ueber den Nutzen und Gebrauch der alten geschnittenen Steine und ihrer Abdrücke, 1768.

Sekundärliteratur

[13] C. Bursian, Art. Klotz, Christian Adolph, in: ADB 16, 1882, 228–231 (Ndr. 1969) [14] Bursian Gesch., 449–450 [15] S. Fornaro, Homer in der deutschen und französischen Aufklärung, in: V. Elm et al. (Hrsg.), Die Antike der Moderne. Vom Umgang mit der Antike im Europa des 18. Jh.s, 2009, 229–242 [16] Sandys Hist., Bd. 3, 1908 [17] Wilamowitz GPh 47 [18] P. Zarychta, »Spott und Tadel«. Lessings rhetorische Strategien im antiquarischen Streit (Diss. Krakau), 2007.

Malte Helfberend

Koldewey, Robert

Dt. Bauforscher und vorderasiat. Archäologe. Geb. am 10. 9. 1855 als Johann Gustav Eduart Robert K. in Blankenburg (Harz), gest. am 4. 2. 1925 in Berlin. 1876 bis ca. 1881 Studium der Architektur, Arch. und Kunstgeschichte in Berlin, München und Wien. Ab 1882 Mitarbeit bei zahlreichen Ausgrabungen im Mittelmeerraum; 1894 Dr. phil. h. c. in Freiburg. 1895–1900 Lehrer an der Baugewerbeschule Görlitz; 1899–1917 Grabungsleiter in Babylon; 1900 Direktorial-Assistent an den Königlichen Museen zu Berlin; 1907 Prof. -Titel; 1920 Kustos an den Staatlichen Museen zu Berlin. 1921 Ruhestand.

Werdegang

K., Sohn eines Zollbeamten, zog mit seiner Familie 1869 von Braunschweig nach Altona; hier legte er 1875 sein Abitur ab. 1876 begann er Architektur an der Berliner Bauakad. (ab 1879 TH Charlottenburg) zu studieren; nebenbei hörte er Archäologie und Kunstgeschichte an der Univ. Berlin und verbrachte je ein Semester in München und Wien. K. beendete sein Studium ohne Abschluss und war 1882/83 Mitarbeiter einer amerikan. Grabung in Assos (Troas). 1885/86 führte er im Auftrag des DAI eigenständige Ausgrabungen auf Lesbos durch [1]. Anschließend grub er 1886/87 im Auftrag der Berliner Museen in Südmesopotamien (Surghul, El Hibba). 1889 untersuchte K. in einer privat finanzierten Grabung Neandria (Troas) [2]. 1890/91 und 1894 fungierte er als Grabungsarchitekt in Sendschirli unter der Leitung Felix von Luschans [3]. Zusammen mit Otto Puchstein erforschte K. 1892/93 die unterital. und sizilischen Tempel Großgriechenlands; aufgrund der dabei von ihm angefertigten Bauaufnahmen wurde er 1894 in Freiburg zum Ehrendoktor promoviert. In der Zeit zwischen den Grabungen arbeitete K. in Hamburg als Bauführer, ehe er 1895 eine Stelle als Lehrer an der Baugewerbeschule Görlitz erhielt.

1897/98 führte er zusammen mit Eduard Sachau eine Reise nach Mesopotamien durch, um hier einen geeigneten Grabungsort für die 1898 gegründete Dt. Orient-Gesellschaft zu suchen. Die Wahl fiel auf Babylon und K. als Grabungsleiter. Den Weg nach Babylon unterbrach K. 1898/99 mit der Ausarbeitung eines Grabungsplanes für Baalbek – auf Wunsch Kaiser Wilhelms II. 1899–1917 führte er die erste systematische Großgrabung Mesopotamiens in Babylon durch [5], von der aus er Nebengrabungen organisierte (Borsippa 1902, Schuruppak und Kisurra 1902/03, Uruk 1912/13). Auch die zweite Hauptgrabung ab 1903 in Assur unter Walter ↗Andraes Leitung mit den Nebengrabungsstätten Hatra (1907–1911) und Kar-Tukulti-Ninurta (1913/14) unterstanden bis zuletzt formell ihm. Die Arbeit in Babylon unterbrach er nur durch drei Aufenthalte in Deutschland (1904, 1910 und 1914).

Kriegsbedingt verließ K. Babylon 1917 und befasste sich danach in Berlin mit der Aufarbeitung seiner Grabungsergebnisse. Nachdem er 1900 zum Direktorial-Assistenten für auswärtige Angelegenheiten an den Königlichen Museen zu Berlin ernannt wurde und 1907 den Prof. -Titel erhielt, erfolgte 1920 die Ernennung zum Kustos bei den Staatlichen Museen zu Berlin. Nach seiner endgültigen Rückkehr nach Berlin unterstützte der unverheiratet und kinderlos gebliebene K. Carl ↗Schuchhardt mehrfach bei dessen Grabungen u. a. in Arkona und in Feldberg (Mecklenburg).

Werk und Wirkung

Der Name K.s ist v. a. mit dem des Ausgräbers von Babylon verbunden; seine herausragende wiss. Publikation findet sich aber auf einem anderen Gebiet: Bis heute ist sein und Otto Puchsteins Werk über die unterital. und sizilianischen griech. Tempel [4] wichtig und K.s zeichnerische Dokumentation weiterhin grundlegend. Es setzte zudem neue Maßstäbe bei der Publikation antiker Architekturen.

Für ihn sei »Babylon als ganzes eben die ›Sache‹ von Bedeutung«, schrieb K. am 7. 2. 1907 an James Simon und traf damit einen methodischen Grundpfeiler seiner Ausgräbertätigkeit (vgl. Brief im Archiv der Deutschen Orientgesellschaft [DOG] zu Berlin). Ihm ging es um die gesamttopographische Erschließung, umfassende architektonische Untersuchung und Dokumentation einer altoriental. Stadt. Das war neu. Schon bei seiner früheren Forschungstätigkeit hatte K. eine exakte bauhistor. Dokumentation entwickelt (z. B. steingerechte Bauaufnahme) und setzte hier neben Wilhelm ↗Dörpfeld neue Maßstäbe. In Babylon wandte er – erstmals für den Alten Orient – eine Grabungstechnik an, bei der einzelne Kulturschichten durch die Stratigraphie berücksichtigt wurden. Seine Grabungsmethode wurde von Walter ↗Andrae weiterentwickelt. K.s Credo lautete: »Immer haben wir vom ersten Moment bis zum letzten Moment gegraben – alles übrige ist Nebensache! Ob die Bearbeitung dabei zu kurz kommt, … ist ganz egal« (K. an Andrae, 2. 4. 1905; Brief im Archiv der DOG). Diese Einstellung hatte gravierende Folgen für die wiss. Publikationen der babylon. Funde, die bis heute nicht abgeschlossen sind.

1926 wurde die K.-Gesellschaft als Arbeitsgemeinschaft archäologischer Architekten (h. Vereinigung für baugeschichtliche Forschung) gegründet. Ihr Name erinnert an den Pionier der arch. Bauforschung, der hierbei wie kein Zweiter für den Vorderen Orient und die griech. Antike Grundlegendes geleistet hat.

N: Berlin, Staatsbibl. Preuß. Kulturbesitz; Berlin, Deutsche Orient-Gesellschaft; Berlin, Vorderasiat. Museum.

Schriften

[1] Die antiken Baureste der Insel Lesbos, 1890 [2] Neandria (Programm zum Winckelmannfeste der Archäologischen Gesellschaft zu Berlin 51), 1891 [3] Die Architektur von Sendschirli, in: F. von Luschan (Hrsg.), Ausgrabungen in Sendschirli. II. Ausgrabungsbericht und Architektur, 1898, 103–200 [4] Die griech. Tempel in Unteritalien und Sicilien (mit O. Puchstein), 1899 [5] Die Tempel von Babylon und Borsippa, 1911 [6] Das wieder erstehende Babylon, 1913 ([5]1990).

Sekundärliteratur

[7] W. Andrae, Babylon. Die versunkene Weltstadt und ihr Ausgräber Robert Koldewey, 1952 [8] C. Schuchhardt (Hrsg.), Heitere und ernste Briefe aus einem deutschen Archäologenleben. Robert Koldewey, 1925.

Olaf Matthes

Kornemann, Ernst

Dt. Althistoriker. Geb. am 11.10.1868 in Rosenthal bei Kassel, gest. am 4.12.1946 in München. Nach dem humanistischen Gymnasium 1887/88 Studium der Gesch., Klass. Phil. und Geographie in Gießen, 1889 in Berlin bei Theodor ↗Mommsen, Otto ↗Hirschfeld, Hermann ↗Diels und Johannes Vahlen; 1891 Prom. bei Hirschfeld; danach Gymnasiallehrer in Gießen. 1898 Habil. in Gießen; 1902–1918 Prof. in Tübingen (ab 1907 o.Prof.); 1918–1936 Prof. für Alte Gesch. in Breslau; 1926/27 Rektor der Univ. ebda.; nach seiner Emeritierung 1936–1946 in München.

Werk und Wirkung

K.s wiss. Interesse war weit gespannt. Sein Lehrer Otto ↗Hirschfeld beeinflusste zunächst Themen und Methoden der Diss. über die röm. Bürger in den Provinzen [1] und der Habil.-Schrift über die keltischen und germanischen Regionen des Reiches [2]. Ferner legte K. den Grundstein für die Gießener Pap.-Sammlung; er selbst erwarb in Ägypten den berühmten PGiss 40 mit der *Constitutio Antoniniana*. 1903 wurde K. Mitherausgeber der Zeitschrift *Klio*. Die röm. Kaiserzeit zählte zu seinen wichtigsten Forschungsschwerpunkten. K. vertrat die von der Forschung nicht weiter verfolgte Auffassung, dass der Prinzipat als personale Dyarchie, als »Doppelprinzipat«, geplant war [9]. Ebenso befasste er sich mit dem Herrscherkult [3]. Seine Hauptwirkung lag indes in der Lehre und seinen für ein breiteres Publikum verfassten Werken. Die *Röm. Geschichte* [11] lebt von der Zeichnung der Charaktere wie C. Gracchus, Caesar oder Augustus und wurde wie auch die *Großen Frauen* [12] bis in die 1970er Jahre aufgelegt. Für Alfred ↗Heuß war K. »kein kritischer und nachdenklicher Kopf« [18]; Karl ↗Christ sah in ihm einen »Mann des eindeutigen Urteils und des markigen Worts« [17]. Seine Perspektiven muten modern an, aber heute wird K. kaum mehr rezipiert.

Schriften

[1] De civibus Romanis in provinciis imperii consistentibus (Diss. Berlin), 1891 [2] Zur Stadtentstehung in den ehemals keltischen und germanischen Gebieten des Römerreiches (Habil.schrift Gießen), 1898 [3] Zur Geschichte der antiken Herrscherkulte, in: Klio 1, 1901, 51–146 [4] Zur Geschichte der Gracchenzeit. Quellenkritische und chronologische Untersuchungen, 1903 [5] Die neue Livius-Epitome aus Oxyrhynchus. Text und Untersuchungen, 1904 [6] Kaiser Hadrian und der letzte große Historiker von Rom, 1905 [7] Einleitung in die Altertumswissenschaft, Bd. 3/2 (hrsg. von A. Gercke und E. Norden) 1912 ([3]1933) [8] Mausoleum und Tatenbericht des Augustus, 1921 [9] Doppelprinzipat und Reichsteilung im Imperium Romanum, 1930 [10] Staaten, Völker, Männer. Aus der Geschichte des Altertums, 1934 [11] Röm. Geschichte, 2 Bde., 1938–1939 ([7]1977) [12] Große Frauen des Altertums im Rahmen zweitausendjährigen Weltgeschehens, 1942 ([4]1958 u.ö.) [13] Gestalten und Reiche, 1943 [14] Weltgeschichte des Mittelmeer-Raumes von Philipp II. von Makedonien bis Muhammed, 2 Bde., 1948–1949 [15] Tiberius, 1960.

Sekundärliteratur

[16] H. Bengtson, Gedenkblatt für Ernst Kornemann, in: H. Bengtson, K.S., 1974, 639–642 [17] Christ, RömGG 133–144 [18] A. Heuss, Nachruf Ernst Kornemann, in: Gnomon 23, 1951, 290–292.

Ernst Baltrusch

Körte, Gustav

Dt. Klass. Archäologe und Etruskologe. Geb. am 8.2.1852 in Berlin, gest. am 15.8.1917 in Göttingen. Schulbesuch in Berlin; Studium der Klass. Phil. und Arch. in Göttingen, München und Berlin; 1874 Prom. in München; 1880 Habil. in Göttingen. Ab 1881 Prof. für Klass. Arch. in Rostock; 1905–1907 erster Sekretar des DAI Rom; 1907–1917 o.Prof. in Göttingen. Mitglied u.a. der Göttinger Akad. der Wissenschaften und der Akad. gemeinnütziger Wissenschaften zu Erfurt.

Werdegang

K., Sohn des preuß. Geheimen Sanitätsrats Friedrich Körte, legte sein Abitur 1870 am traditionsreichen Friedrichwerderschen Gymnasium in Berlin ab und war mit der Familie Alfred Krupps befreundet, mit der er als Jugendlicher verreiste, durch die er wichtige Kontakte knüpfte und die er später als Sponsor gewinnen konnte. K. studierte seit 1870 Altphilologie und Archäologie in Göttingen, München und Berlin. 1874 erfolgte die Prom. [1] bei Heinrich von ↗Brunn in München. Nach dem Göttinger Lehrerexamen 1875 bereiste er 1875–1879 Italien und Griechenland. Im Anschluss daran war er 1877–1879 als Assistent am DAI in Athen, 1879 am Antiquarium in Berlin beschäftigt. Nach Habil. und Privatdozentur in Göttingen wurde er 1881 als ao.Prof. nach Rostock berufen, 1883 zum o.Prof. ernannt und wirkte dort über zwei Jahrzehnte, gründete die arch. Sammlung der Univ. und war 1895/96 Rektor der Univ.

Zusammen mit seinem Bruder, dem Altphilologen Alfred Körte, führte K. 1900 Ausgrabungen im phrygischen Gordion durch. Nach zwei Jahren als erster Sekretar (Direktor) des DAI in Rom nahm er 1907 den Ruf auf den Göttinger Lehrstuhl an, den er bis zu seinem Tod 1917 innehatte. Wie bereits in Rostock bemühte er sich auch hier erfolgreich um den Ausbau der Sammlung durch Erwerb von Abgüssen und Originalen [9], aber auch durch Erweiterung der Räumlichkeiten. Neben seinen Forschungen betätigte sich K. als Vermittler von Antiken an verschiedene andere dt. Museen. Bereits aus seinen phrygischen Unternehmungen gelangte Keramik nach Deutschland. V.a. aber nutzte er hierfür seine Beziehungen zu ital. Ausgräbern im zentraletrusk. Bereich um Orvieto [2], Perugia und Chiusi.

Werk und Bedeutung

Nach seiner Diss. zu Personifikationen in der Vasenmalerei [1] entwickelte sich K. zu einem der bedeutenden dt.sprachigen Etruskologen, der jedoch die griech., röm. und ›randständige‹ anatolische Archäologie nicht aus den Augen verlor. Einerseits führte er die großen etruskologischen Corpusunternehmungen des 19. Jh.s zu Ende; so verfasste er den zweiten und dritten Band des von Heinrich von Brunn herausgegebenen Corpus der etrusk. Urnenreliefs [6] und gab den letzten Band des von Eduard ↗Gerhard begonnenen Corpus der etrusk. Spiegel heraus [5]. Andererseits interessierten ihn mehr noch als das reine Sammeln Fragen der Ikonographie antiker Malerei und Skulptur, aber auch der Grabungskontexte. So verfolgte er in mehreren Aufsätzen die aktuellen Grabungen in etrusk. Nekropolen [2] und publizierte einen der großen hell. Grabkomplexe, das Volumniergrab in Perugia [8], im Hinblick auf die Chronologie und die Funktion der Funde. Hierbei demonstrierte er auch seine Vertrautheit mit Fragen der etrusk. Epigraphik. Den Katalog der *Göttinger Bronzen* [9] nutzte er für heute noch grundlegende Exkurse zur Ikonographie der etrusk. und röm. Priester sowie weiterer Fragen. An den Spiegeln und Urnen interessierte ihn insbes. die Rezeption griechischer Mythen durch die Etrusker. Aus dem Bereich der griech. Archäologie ist sein umfangreicher Überblick der böotischen Skulpturen hervorzuheben [3], der in seiner Athener Zeit entstand. Die mit seinem Bruder angefertigte Publikation der Grabung in Gordion [7] stellt nach wie vor eine wichtige Grundlage für die Erforschung der anatolischen Frühzeit dar.

SV: [11. 128–130].

Schriften

[1] Ueber Personificationen psychologischer Affekte in der spaeteren Vasenmalerei (Diss. München), 1874 [2] La necropoli di Orvieto, in: Annali dell'Instituto di corrispondenza archeologica, 1877, 95–184 [3] Die antiken Sculpturen aus Boeotien, in: Athenische Mitteilungen 3, 1878, 301–422 [4] Vasi etruschi con rappresentanze relative all'inferno, in: Annali dell'Instituto di corrispondenza archeologica, 1879, 299–307 [5] Etruskische Spiegel, Bd. 5 (Textbd. und Tafelbd.), zuerst hrsg. von E. Gerhard, bearb. von G. Körte und A. Klügmann, 1884–1897 [6] I rilievi delle urne etrusche, Bde. 2–3, 1890–1916 (Bd. 1 von H. von Brunn) [7] Gordion. Ergebnisse der Ausgrabung im Jahre 1900 (mit A. Körte; mit einem Anhang von R. Kobert), 1904 [8] Das Volumniergrab bei Perugia. Ein Beitrag zur Chronologie der etruskischen Kunst. Mit einem Exkurs über das Kottabos-Spiel, 1909 [9] Göttinger Bronzen, 1917.

Sekundärliteratur

[10] M. Bergmann, Gustav Körte, in: K. Arndt (Hrsg.), Göttinger Gelehrte, 2001, 316 [11] A. Körte, Gustav Körte, in: Biographisches Jb. für die Altertumswissenschaft 38, 1916–1918, 99–130 [12] Ch. Schwingenstein, Art. Körte, Gustav, in: NDB 12, 1980, 394–395 [13] Ch. Schwingenstein, Gustav Körte, in: Lullies/Schiering Arch. 102.

Martin Bentz

Koschaker, Paul

Österr. Rechtshistoriker. Geb. am 19. 4. 1879 in Klagenfurt, gest. am 1. 6. 1951 in Basel. Ab 1897 Jurastudium in Graz; Prom. 1903 ebda.; nach weiterer Ausbildung in Leipzig 1905 Habil. in Graz. 1908 ao.Prof. für Röm. Recht in Innsbruck; ab 1909 o.Prof. für Röm. Recht an der Dt. Univ. Prag; ab 1914 o.Prof. für Röm. und Bürgerliches Recht in Frankfurt/Main; 1915–1936 o.Prof. für Röm. und Dt. Bürgerliches Recht in Leipzig; 1936 o.Prof. für Röm. Recht und vergleichende Rechtswiss. in Berlin; 1941 o.Prof. für Röm. Recht in Tübingen; 1946 Emeritierung. Danach Gastprofessuren in München (1946/47), Halle/Saale (1948), Ankara (1948–1950) und Bonn (1951).

Werk und Wirkung

K. gehört zu den bedeutendsten Rechtshistorikern des 20. Jh.s. Ausgehend vom Röm. Recht und der juristischen Papyrologie und beides auch stets weiter betreibend, befasste er sich bereits früh mit den keilschriftlichen Rechtsquellen des Vorderen

Orients und wurde schließlich zum Begründer einer selbständigen rechtshistor. Disziplin, der Keilschriftrechtsgeschichte [14]. Zum einen setzte er sich histor. rechtsvergleichend und methodologisch mit der keilschriftrechtlichen Überlieferung auseinander und bewertete sie entsprechend [9], zum anderen verfasste er grundlegende und bis heute die Forschung beeinflussende Beiträge zu den verschiedenen Bereichen und Instituten der Keilschriftrechte. Hervorzuheben sind hier v.a. seine Arbeiten zum Bürgschaftsrecht [1], zum *Codex Hammurapi* [2] und zu den mittelassyr. Gesetzen [3], zur mittelassyr. und hurro-akkad. wie auch zur elamischen Rechtsüberlieferung [5]; [6]; [8]. Hinzu kommen rechtsvergleichende Studien zu Pfandrecht [6], Ehe, Familie und Erbrecht [7] sowie zu Recht und Wirtschaft Mesopotamiens in altbabylon. Zeit [4]; [10]. Seine Arbeiten weisen eine »souverän gehandhabte, in die verschiedensten geschichtlichen und moderne Rechtsbereiche ausgreifende vergleichende Methode« auf [16.213].

K.s entscheidende Wirkungsstätte war die Univ. Leipzig, deren Keilschriftphilologie in den 1920er und frühen 1930er Jahren weltweit führend war [13]; [19] und zu deren Protagonisten K. engen Kontakt pflegte, in Forschung und Lehre in intensiver Zusammenarbeit insbes. mit Benno ↗Landsberger. Dieses wiss. Umfeld bot die besten Voraussetzungen für ein komplexes Herangehen an die Wirtschafts-, Rechts- und Sozialgeschichte des Alten Orients [14.279]. Die dabei für K. typische interdisziplinäre Kooperation wie auch enge Verbindung von philol. Analyse und histor.-juristischer Beurteilung der Quellen waren wegweisend für die weitere Forschung. Von K.s Schülern führte v.a. Herbert P.H. Petschow sein Werk in Inhalt und Methode auf hohem Niveau fort, bereichert um grundlegende eigene Beiträge zur Keilschriftrechtsforschung [15]. Mit Beginn seiner Berliner Zeit [17.184–186] wandte sich K. wieder verstärkt dem Röm. Recht zu, dessen Bedeutung für Europa er in einer programmatischen Monographie hervorhob [11]; [21.281f.] – diese Position hatte er bereits 1938 und 1940 auch als Vortrag in Gegenposition zu der nationalsozialistischen Haltung vertreten [18.479–481].

M: N. Grass (Hrsg.), Österreichische Geschichtswissenschaft der Gegenwart in Selbstdarstellungen, Bd. 2, 1951, 105–125.

SV: [12.31–44].

N: zum Großteil in der Bibl. des Instituts für Rechtsgeschichte der Rechtswiss. Fakultät der Westfälischen Wilhelms-Univ. Münster.

Schriften

[1] Babylonisch-assyrisches Bürgschaftsrecht. Ein Beitrag zur Lehre von Schuld und Haftung, 1911 [2] Rechtsvergleichende Studien zur Gesetzgebung Hammurapis, Königs von Babylon, 1917 [3] Quellenkritische Untersuchungen zu den »altassyrischen Gesetzen«, 1921 [4] Hammurabi's Gesetz VI. Übersetzte Urkunden mit Rechtserläuterungen (mit A. Ungnad), 1923 [5] Neue keilschriftliche Rechtsurkunden aus der El-Amarna-Zeit, 1928 [6] Über einige griech. Rechtsurkunden aus den östlichen Randgebieten des Hellenismus, mit Beiträgen zum Eigentums- und Pfandbegriff nach griech. und orientalischen Rechten, 1931 [7] Fratriarchat, Hausgemeinschaft und Mutterrecht in Keilschriftrechten, in: ZA 41, 1933, 1–89 [8] Göttliches und weltliches Recht nach den Urkunden aus Susa. Zugleich ein Beitrag zu ihrer Chronologie, in: Orientalia N.S. 4, 1935, 38–80 [9] Keilschriftrecht, in: Zs. der Deutschen Morgenländischen Gesellschaft 89, 1935, 1–39 [10] Zur staatlichen Wirtschaftsverwaltung in altbabylonischer Zeit, insbesondere nach Urkunden aus Larsa, in: ZA 47, 1942, 135–180 [11] Europa und das röm. Recht, 1947.

Sekundärliteratur

[12] K.-H. Below, Paul Koschaker (1879–1951). In memoriam, in: Zs. der Deutschen Morgenländischen Gesellschaft 104, 1954, 1–44 [13] M. Müller, Die Keilschriftwissenschaften an der Leipziger Universität bis zur Vertreibung Landsbergers im Jahre 1935, in: Wissenschaftliche Zs. der Karl-Marx-Universität Leipzig. Gesellschafts- und Sprachwissenschaftliche Reihe 28/1, 1979, 67–86 [14] M. Müller, Paul Koschaker (1879–1951). Zum 100. Geburtstag des Begründers der Keilschriftrechtsgeschichte, in: Altorientalische Forschungen 9, 1982, 271–284 [15] H. Neumann, Art. Petschow, in: RLA 10, 2003–2005, 438 [16] H.P.H. Petschow, Art. Koschaker, in: RLA 6, 1980–1983, 213–214 [17] J. Renger, Die Geschichte der Altorientalistik und der Vorderasiatischen Archäologie in Berlin von 1875 bis 1945, in: W. Arenhövel / Ch. Schreiber (Hrsg.), Berlin und die Antike, Bd. 2: Aufsätze, 1979, 151–192 [18] J. Renger, Altorientalistik, in: J. Elvert / J. Nielsen-Sikora (Hrsg.), Kulturwissenschaften und Nationalsozialismus, 2008, 469–502 [19] G. Ries, Art. Koschaker, Paul, in: NDB 12, 1979, 608–609 [20] M.P. Streck, Altorientalistik, in: F. Häuser et al. (Hrsg.), Geschichte der Universität Leipzig 1409–2009, Bd. 4.1, 2009, 345–366 [21] G. Wesener, Paul Koschaker (1879–1951), Begründer der altorientalischen Rechtsgeschichte und juristischen Keilschriftforschung, in: K. Acham (Hrsg.), Rechts-, Sozial- und Wirtschaftswissenschaften aus Graz, 2011, 273–285.

Hans Neumann

Kraft, Konrad

Dt. Althistoriker und Numismatiker. Geb. am 4.4. 1920 in Reisdorf (Oberbayern), gest. am 22.10.1970 in Frankfurt a.M. Gymnasium in Ingolstadt und Freising; 1938 Abitur mit Auszeichnung; Aufnahmeprüfung zum Maximilianeum in München; Reichsarbeitsdienst; Gebirgsjäger; Polen-, Frankreich-, Russlandfeldzug; zuletzt Hauptmann und Bataillonskommandeur; hohe Kriegsorden; sechsmal verwundet. Flucht aus russ. Gefangenschaft; nach dem Krieg zunächst Hilfsarbeiter und Angestellter. 1946–1948 Maximilianeum; Studium der Alten Gesch., Klass. Phil. und Archäologie in München und Bern; 1949 Prom. bei Andreas ↗Alföldi in Bern; 1950 wiss. Hilfskraft, wiss. Angestellter und ab 1952 Konservator an der Staatlichen Münzsammlung München. 1954 Habil. in München (bei Alexander ↗Schenk von Stauffenberg); 1957 Diätendozentur in München; 1959 Berufung nach Frankfurt a.M. (Extraordinariat für Hilfswiss. der Altertumskunde); 1962 dort Lehrstuhl für Alte Gesch.

Werk und Wirkung

K.s Diss. [1] wurde von einem der besten Kenner der röm. Militärgeschichte als »Meisterwerk« bezeichnet [9.102]. K. verstand es beispielhaft, histor. und numismatische Forschungen zu kombinieren, und konnte so bedeutende Entdeckungen machen, etwa, dass Caesar auf seinen Münzen nicht den Lorbeerkranz, sondern den Goldkranz der etrusk. Könige trägt [2]. Das Münchner Konstantinsmedaillon datierte K. überzeugend auf 315 n.Chr., wobei er das am Helm befindliche Christogramm als magisches Siegeszeichen deutete. In den Reversmotiven der um 348 n.Chr. geprägten Mittelbronzen (Maiorina) erkannte er Anspielungen auf histor. Ereignisse der Regierungszeit der Konstantinssöhne. In mehreren Publikationen beschäftigte er sich mit Augustus [4]. Den Bau des Mausoleum Augusti, dessen Pläne seit 32/30 v.Chr. bekannt waren, interpretierte K. als Reaktion auf Marc Antons Absicht, an Kleopatras Seite bestattet zu werden, und damit als demonstratives Bekenntnis zu Rom. Dezidiert nahm K. gegen Hermann ↗Strasburgers Deutung des Alexanderzuges durch die gedrosische Wüste Stellung., v.a. gegen die von diesem errechneten hohen Verlustzahlen [5].

Mit großer Energie trat K. für eine kritische Erfassung der Fundmünzen der röm. Zeit in Deutschland ein und formulierte mit Hans Gebhart im ersten Band der Reihe FMRD die Leitlinien des Unternehmens [3.7–26]. Mithilfe von Münzfunden konnte K. die Datierungen der Legionslager Vindonissa und Oberhausen oder das Ende des Lagers von Haltern klären. K. hat eine ganze Generation von Historikern und Numismatikern nachhaltig geprägt. Sein früher Tod dürfte eine Folge der Kriegsverletzungen gewesen sein.

SV: Jb. für Numismatik und Geldgeschichte 21, 1971, 11–13.

Schriften

[1] Zur Rekrutierung der Alen und Kohorten an Rhein und Donau, 1951 [2] Der goldene Kranz Caesars und der Kampf um die Entlarvung des »Tyrannen«, in: Jb. für Numismatik und Geldgeschichte 3/4, 1952–1953, 7–98 (Ndr. 1969) [3] Die Fundmünzen der röm. Zeit in Deutschland, Bd. 1/1: Oberbayern (mit H. Gebhart und H.-J. Kellner), 1960 [4] Zur Münzprägung des Augustus, in: SB der Wissenschaftlichen Gesellschaft an der Johann-Wolfgang-Goethe-Universität Frankfurt am Main 7/5, 1969, 206–251 [5] Der ›rationale‹ Alexander, hrsg. von H. Gesche, 1971 [6] Gesammelte Aufsätze zur antiken Geldgeschichte und Numismatik, 3 Bde., hrsg. von H. Castritius und D. Kienast, 1973–1985.

Sekundärliteratur

[7] A. Alföldi, Konrad Kraft, in: Gnomon 43, 1971, 318–320 [8] D. Kienast / H. Castritius, Prof. Dr. Konrad Kraft (1920–1970), in: R. Cunz (Hrsg.), Concordia ditat. 50 Jahre Numismatische Kommission der Länder in der Bundesrepublik Deutschland 1950–2000, 2000, 79–94 [9] Y. Le Bohec, Die röm. Armee, 1993.

Kay Ehling

Kramer, Samuel Noah

Amerikan. Assyriologe und Sumerologe. Geb. am 28.9.1897 in Zashkov (Ukraine), gest. am 26.11.1990 in Philadelphia (USA). Ab 1921 Studium der Assyriologie an der Temple Univ. in Philadelphia, 1926/27 der Ägyptologie am Dropsie College ebda., der Assyriologie an der Univ. of Pennsylvania, 1929 Prom. ebda. 1930/31 Fellow des American Council of Learned Societies im Irak; 1932–1935 Research Assistant an der Univ. of Chicago; 1936–1942 Research Associate ebda. 1937–1939 Guggenheim Fellow in Istanbul; 1942/43 Research Associate, 1943–1949 Associate Curator, 1950–1968 Curator, 1968–1990 Prof. am Univ. Museum der Univ. of Pennsylvania in Philadelphia.

Werk und Wirkung

K., Sohn eines Talmud-Lehrers, emigrierte 1905 zusammen mit seinen Eltern nach dem antisemitischen Pogrom unter Zar Nikolaus II. nach Philadelphia. Zunächst studierte er Assyriologie bei George Barton und Ephraim Speiser an der Univ. of Pennsylvania, dann Sumerisch an der Univ. of Chicago bei Arno ↗Poebel. Er edierte 1934 Edward Chieras Keilschriftautographien sumerischer lit. Texte. Aus der Überzeugung, dass die Literatur der Sumerer nur durch die Zusammenfügung aller relevanten Tafeln und Tafelfragmente rekonstruiert werden könne, die bei Ausgrabungen der Univ. of Pennsylvania in Nippur gefunden und zwischen dem Univ. Museum Philadelphia, dem Arch. Museum Istanbul und der Hilprecht-Sammlung in Jena aufgeteilt worden waren, machte sich K. daran, dieses gesamte Corpus sumerischer lit. Texte zu kopieren, dazu auch relevante Texte aus anderen Sammlungen. Die Ergebnisse veröffentlichte er in einer Reihe großer Bände zusammen mit Co-Autoren aus der Türkei, der DDR, Großbritannien und den USA.

K. besaß die besondere Gabe, seine Forschungsergebnisse einem breiteren Publikum nahe zu bringen. In mehreren, auch vielfach übersetzten Büchern führte er in die sumer. Kultur ein [1]; [2]; [4]. Er publizierte seine Arbeiten immer zügig, war aber bereit, sich laufend aufgrund neuer Erkenntnisse zu korrigieren. Seine außerordentlich genauen Autographien und seine Übersetzungen sumerischer lit. Texte waren wesentliche Grundlagen für die Entwicklung der modernen Sumerologie. Zusammen mit Thorkild ↗Jacobsen und Adam ↗Falkenstein war er führend bei der Rekonstruktion der sumer. Literatur und Mythologie [1]; [2]; [4].

K. verkörperte ganz bes., was man einen akad. Weltbürger der Altorientalistik nennen könnte. Er bewegte sich ungehindert zwischen Israel und der arab. Welt; zum Höhepunkt des ›Kalten Krieges‹ war er der erste amerikan. Assyriologe, der sowohl in der UdSSR als auch in der DDR arbeiten konnte.

M: In the World of Sumer, 1986.

SV: Ebda., 242–251.

Schriften

[1] Sumerian Mythology, 1944 [2] History Begins at Sumer, 1959 [3] Literary and Religious Texts, 2 Bde. (Ur Excavation Texts) (Editon; mit C.J. Gadd), 1963–1966 [4] The Sumerians, 1963.

Sekundärliteratur

[5] M. Van de Mieroop, Art. Kramer, Samuel Noah, in: American National Biography 12, 1999, 900–901.

Benjamin Read Foster (Ü: J.R.)

Kroll, Wilhelm

Dt. Klass. Philologe. Geb. am 7.10.1869 in Frankenstein/Schlesien, gest. am 21.4.1939 in Berlin. Ab 1887 Studium der Klass. Phil. in Breslau, im Wintersemester 1887/88 kurzzeitiger Wechsel nach Berlin. 1891 Prom. in Breslau; 1892 für 2 Semester in Bonn; Habil. 1894 in Breslau. 1899 Prof. für Klass. Phil. in Greifswald; 1906–1913 Prof. in Münster, danach bis 1935 Prof. in Breslau.

Werdegang, Werk und Wirkung

Nach dem Beginn seines Studiums in Breslau wechselte K., Sohn eines Amtsgerichtsrats, für zwei Semester nach Berlin, wo er u.a. bei Hermann ↗Diels studierte. In Breslau waren v.a. Richard Förster und Martin Hertz seine akad. Lehrer. Mit einer Arbeit zu Symmachus wurde er 1891 promoviert [1]. Nach Aufenthalten in Venedig und Rom kam er für zwei Semester nach Bonn. 1894 habilitierte er sich an seiner Heimatuniv. mit einer Edition der *Oracula Chaldaica* (einer neuplatonischen Spruchsammlung); ein Kommentar in lat. Sprache ist angefügt [2].

K.s wiss. Betätigung war außerordentlich vielfältig. Seine Studien umfassten spätant. Philosophenexegese [4], ant. Astrologie und Astronomie [3], lat. Sprache [5] und röm. Literatur [7] sowie kulturwiss. Arbeiten und röm. Rhetorik. Sein Kommentar zu Catull [6] wurde sehr positiv rezensiert [10.265]. K.s Arbeiten zeugen auch von seinem großen pädagogischem Interesse [5]. Zu seinen akad. Schülern zählten u.a. Kurt Witte und Stefan Weinstock. Aufgrund seiner 30-jährigen Tätigkeit als Herausgeber der *RE* in der Nachfolge Georg ↗Wissowas – dem »Monument seines Erdenlebens« [8.592], wobei K. hier großes Organisationstalent zeigte [10.270–273] – sowie aufgrund seiner wiss. Leistungen erhielt er eine Reihe von Ehrungen (u.a. die Ehrendoktorwürde der juristischen Fakultät der Univ. Breslau sowie Ehrendoktorate der Univ. Oxford und Cambridge [10.275]). Trotz Kritik und drohender Pressionen nahm er nach 1933 immer noch Artikel jüd. Gelehrter in die *RE* auf, zu denen er auch nach deren Vertreibung Kontakt hielt [9].

Schriften

[1] De Q. Aurelii Symmachi studiis Graecis et Latinis (Diss. Breslau), 1891 [2] De oraculis Chaldaicis (Edition mit Komm.; Habil.schrift Breslau), 1894 (Ndr. 1962)
[3] Anonymi Christiani Hermippus de astrologia dialogus (Edition, mit P. Viereck), 1895 [4] Procli Diadochi in Platonis rem publicam commentarii, 2 Bde. (Edition), 1899–1901 (Ndr. 1965) [5] Die wiss. Syntax im lat. Unterricht, 1917
[6] G. Valerius Catullus (Edition mit Komm.), 1923
[7] Studien zum Verständnis der röm. Literatur, 1924.

Sekundärliteratur

[8] H. Drexler, Nachruf Wilhelm Kroll, in: Gnomon 15, 1939, 590–592 [9] E. Mensching, Über Georg Rohde, die RE und Wilhelm Kroll, in: Latein und Griechisch in Berlin und Brandenburg. Mitteilungsblatt des Landesverbandes Berlin und Brandenburg im Deutschen Altphilologenverband 44, 2000, 27–46 [10] W. Unte, Wilhelm Kroll (1869–1939). Professor der Klassischen Philologie an der Universität Breslau 1913–1935, in: Jb. der Schlesischen Friedrich-Wilhelms-Universität zu Breslau 45/46, 2005, 253–278.

Marcel Humar

Kromayer, Johannes

Dt. Althistoriker. Geb. am 31.7.1859 in Stralsund, gest. am 23.9.1934 in Berlin. Ab 1878 Studium der Klass. Phil. und Alten Gesch. in Jena, ab 1880 in Straßburg (hier u.a. bei Heinrich ↗Nissen); 1883 Prom., 1884 Staatsexamen. Danach Gymnasiallehrer in Thann (Elsass); 1888 Forschungsreise nach Italien, Griechenland und Kleinasien; 1890–1893 Gymnasiallehrer in Metz, 1893–1900 in Straßburg; 1898 Habil. in Straßburg; 1900 Forschungsreise nach Mittel- und Nordgriechenland. Ab 1901 ao.Prof., ab 1903 o.Prof. für Alte Gesch. an der Univ. Tschernowitz, 1902 Ruf an die Univ. Halle (abgelehnt); 1913–1927 an der Univ. Leipzig (Nachfolge Karl Julius ↗Belochs). 1907/08 Forschungsreise nach Italien und Nordafrika. Ab 1914 ordentliches Mitglied des Arch. Instituts des Dt. Reiches; Mitglied der Königlich-Sächs. Gesellschaft der Wiss. (nach 1919 Sächs. Akad. der Wiss.) zu Leipzig.

Werk und Wirkung

In Folge seiner staatlich geförderten Forschungsreisen zu den wichtigsten ant. Schlachtenorten (1888 als Bismarck-Stipendiat, 1900 unterstützt durch die Univ. Straßburg, die Preuß. Akad. der Wiss. und den Generalstab der dt. Armee) verlagerte sich K.s Forschungsinteresse vom Prinzipat des Augustus [1] über die Geschichte des Zweiten Triumvirats (z.B. [2]; [3]) zur ant. Militärgeschichte. Hier verband er die philol. Quellenarbeit mit der topographischen Autopsie und wurde so auf diesem Forschungsfeld »zum anerkannten und letzlich unumstrittenen Fachmann« [12.411]. Die grundlegende mehrbändige ant. Militärgeschichte [4], die die Schlachten der klass., hell. und röm.-republikanischen Epochen, nicht aber die Alexanders oder der Kaiserzeit behandelt, entstand in Zusammenarbeit mit dem österr. Oberst Georg Veith und beinhaltet in Band 4 von K. betreute militärhistor. Promotionen. Über Fragen von militärhistor. Definitionen sowie über die richtige Anwendung der sog. ›Sachkritik‹ kam es zu einer Kontroverse mit Hans ↗Delbrück [5]; [9] (vgl. [15.425f.]; [12.427f.]). Eine Gesamtdarstellung des ant. Militärwesens legte K. 1928 im *Handbuch der Altertumswissenschaft* vor [10].

SV: [14.77–79]; Ergänzungen: [12.419, A. 51].

Schriften

[1] Die rechtliche Begründung des Prinzipats, 1888 (Diss. Straßburg 1883) [2] Die Vorgeschichte des Krieges von Actium, in: Hermes 33, 1898, 13–70 [3] Der Feldzug von Actium und der sogenannte Verrath der Cleopatra, in: Hermes 34, 1899, 1–54 [4] (Hrsg.) Antike Schlachtfelder. Bausteine zu einer antiken Kriegsgeschichte, 4 Bde. (ab Bd. 3/2 mit G. Veith), 1903–1931 [5] Wahre und falsche Sachkritik, in: HZ 95, 1905, 1–28 [6] Roms Kampf um die Weltherrschaft, 1912 [7] Röm. Geschichte (mit L.M. Hartmann), 1919 [8] (Hrsg.) Schlachten-Atlas zur antiken Kriegsgeschichte (mit G. Veith), 1922–1929 [9] Waren Hannibal und Friedrich der Große wirklich Ermüdungsstrategen?, in: HZ 131, 1925, 393–408 [10] Heerwesen und Kriegführung der Griechen und Römer (Hdb. der Altertumswissenschaft 4.3.2.) (mit G. Veith; darin Kapitel von A. Köster, E. von Nischer und E. Schramm), 1928 (Ndr. 1963).

Sekundärliteratur

[11] Christ, RömGG 90 [12] U. Huttner, Johannes Kromayer (1857–1934), in: G. Wiemers (Hrsg.), Sächsische Lebensbilder 6, 2009, 409–432 [13] H.J. Rieckenberg, Art. Kromayer, Johannes, in: NDB 13, 1982, 75 [14] O.T. Schulz, Johannes Kromayer, in: Jahresbericht über die Fortschritte der klassischen Altertumswissenschaft 254, 1936, 49–79 [15] H. Volkmann, Johannes Kromayer 1859–1934, in: Pommersche Lebensbilder 4, 1966, 422–431.

Heinrich Schlange-Schöningen

Kubitschek, Wilhelm

Österr. Althistoriker und Numismatiker. Geb. am 28.6.1858 in Preßburg (Bratislava), gest. am 2.10. 1936 in Wien. Akad. Gymnasium in Wien; ab 1875 Studium der Klass. Phil., Alten Gesch. und Arch., 1879 Lehramtsprüfung in Wien. 1881 Studium in Berlin; Prom. in Wien. 1881–1883 Gymnasiallehrer in Oberhollabrunn; 1885–1896 Gymnasiallehrer in Wien. 1888 Privatdozent an der Univ. Wien; 1896 ao.Prof. in Graz; 1897 Custos Zweiter Classe an der Münzsammlung des Kaiserhauses in Wien und unbesoldeter ao.Prof. für Röm. Altertumskunde mit Lehrauftrag für Numismatik an der Univ. Wien; 1898 Custos Erster Classe *ad personam*. 1904 Generalkonservator der Zentralkommission für Erforschung und Erhaltung der Kunst- und Histor. Denkmale: Regierungsrat; besoldeter ao.Prof., 1905 o.Prof an der Univ. Wien; 1910–1916 Direktor der Antiken-Abteilung der Münzen- und Medaillensammlung des Kaiserhauses in Wien; 1916 Hofrat und Ruhestand im Hofdienst; 1916–1929 o.Prof. für Röm. Altertumskunde an der Univ. Wien als Nachfolger Eugen Bormanns, 1920 auch Lehrauftrag für Alte Gesch.; 1929 Versetzung in den Ruhestand.

Werk und Wirkung

K. studierte v.a. bei Otto ↗Hirschfeld, Otto ↗Benndorf und Theodor ↗Mommsen, promovierte *cum applausu* mit einer Arbeit über die röm. Tribus [1] und habilitierte sich mit seinen gesammelten Schriften. Als Direktor des Münzkabinetts baute er die Wiener kaiserliche Sammlung systematisch durch Zukäufe aus. K. begründete 1899 den numismatischen Lehrapparat an der Univ. Wien sowie das *Jahrbuch für Altertumskunde*, das er wie auch die *Numismatische Zeitschrift* redaktionell betreute. K.s Interessen waren äußerst vielfältig, darunter Chronologie [7], Geographie [5], Epigraphik [6], Numismatik [4]; [8], Wirtschaftsgeschichte und Staatsrecht. Als Fachmann für österr. Altertümer widmete er sich bes. der Erforschung des röm. Wien [3] und nahm an Errichtung (1903) und Geschick des Museum Vindobonense regen Anteil.

K. begründete 1899 den numismatischen Lehrapparat an der Univ. Wien, den er sukzessive durch Ankäufe bedeutender Sammlungen erweiterte, und schuf so nicht nur die institutionelle, sondern auch die wiss. Grundlage für das heutige Institut für Numismatik. Sein Name ist darüber hinaus mit der Carnuntum- und Lauriacumforschung verbunden. K. gilt als einer der letzten das gesamte Spektrum der Alt.wiss. beherrschenden Altertumswissenschaftler. Sein Wissen legte er in einer Vielzahl von kleineren Einzeluntersuchungen nieder.

SV: [9.298–323]; [12.10–25].

Schriften

[1] De Romanarum tribuum origine ac propagatione (Diss. Wien), 1882 [2] Imperium Romanum tributim discriptum, 1889 [3] Führer durch Carnuntum (mit S. Frankfurter), 1891 (u.ö.) [4] Studien zu Münzen der röm. Republik (SB der Kaiserlichen Akademie der Wiss. Philos.-Histor. Klasse 6/167), 1911 [5] Itinerar-Studien, 1919 [6] (Hrsg.) Römerfunde von Eisenstadt, mit einem Beitrag von S. Wolf (Sonderschriften des Österreichischen Archäologischen Institutes in Wien 11), 1926 [7] Grundriß der antiken Zeitrechnung (Hdb. der Altertumswissenschaft 1.7), 1928 [8] Zur Abfolge der Prägungen der Kaiser Marcus und Verus (SB der Akademie der Wiss. in Wien. Philos.-Histor. Klasse 5/213), 1932.

Sekundärliteratur

[9] R. Egger, Wilhelm Kubitschek, in: Almanach der Akademie der Wiss. in Wien 87, 1937, 290–323 (mit Bibliographie) [10] A. Neumann, Wilhelm Kubitschek. Zur hundertjährigen Wiederkehr seines Geburtstages, in: Wiener Geschichtsblätter 13/4, 1958, 85–88
[11] M. Pesditschek, Barbar, Kreter, Arier. Leben und Werk des Althistorikers Fritz Schachermeyr, Bd. 1, 2009 (bes. 36, Anmerkung 97) [12] W. Szaivert, Wilhelm Joseph Kubitschek zum 60. Todestag, in: Mitteilungsblatt des Instituts für Numismatik 13, 1996, 5–25.

Martina Pesditschek

Kühner, Raphael

Dt. Klass. Philologe. Geb. am 22.3.1802 in Gotha, gest. am 16.4.1878 in Hannover. Besuch des Gymnasiums in Gotha; ab 1821 Studium in Göttingen, 1825 Prom. ebda. Ab 1825 Gymnasiallehrer am Lyceum in Hannover; dort später Direktor; 1863 Ruhestand. Mitglied des Frankfurter Gelehrtenvereins.

Werk und Wirkung

K. studierte Klass. Philologie v.a. bei Georg Ludolph Dissen, dem er 1829 seine Ausgabe von Ciceros *Tusculanae disputationes* widmete. Seine Arbeiten galten zunächst v.a. Ciceros Werken, wobei die Übersetzungen bis in die Gegenwart nachgedruckt wurden. Mit seinen lat. Schulgrammatiken (ab 1841) hat K. den Lateinunterricht in Deutschland nachhaltig geprägt [6]. Die größten Verdienste erwarb K. aber auf dem Gebiet der wiss. Grammatik; seine griech. Grammatik erschien 1834/35 [4] (ab 1890 von Friedrich ↗Blass und Friedrich Bernhard Gerth neu bearbeitet). Neben weiteren griech. und lat. Schulgrammatiken edierte er Xenophons *Memorabilien* [2] und *Anabasis* [3], beide Werke später auch mit Erklärungen, für den Schulgebrauch.

Zuletzt wandte sich K. verstärkt der lat. Sprache zu. Bis heute ist die *Ausführliche Grammatik der lat. Sprache* in der dreibändigen Version in Gebrauch. Deren erster Teil (Elementar-, Formen- und Wortlehre, 1877) liegt jetzt noch in der zweiten, von Friedrich Wilhelm Holzweissig bearbeiteten Auflage von 1912 vor (erneut 1966); ihr zweiter Teil (Satzlehre) erschien 1878/79 [4]. K. sammelte nicht nur sprachliche Tatsachen, sondern zeigte deren Gründe und Zusammenhänge mithilfe der vergleichenden Sprachwiss. auf. Er legte große Sorgfalt auf die Angabe der Belegstellen in der lat. Literatur von Plautus bis etwa Sueton, wobei der klass. Sprachgebrauch im Vordergrund stand. Carl Stegmann schuf 1906–1914 die Neubearbeitung der Satzlehre (»Kühner-Stegmann«). Andreas Thierfelder betreute den Nachdruck der Satzlehre mit Zusätzen und Berichtigungen (1955 und 1962). Den wiss. Fortschritt des 20. Jh.s berücksichtigt v.a. die *Lat. Grammatik* von Johann Baptist Hofmann und Anton Szantyr [5.LXV], deren Beurteilung des »Kühner-Stegmann« als Materialsammlung aus Sicht jüngerer Grammatiker »ungerecht« ist [7.XXII, Anm. 21].

Schriften

[1] Ausführliche Grammatik der griech. Sprache, Bd. 1: Elementar-, Formen- und Wortlehre; Bd. 2: Satzlehre, 1834–1835 (3. Aufl. 1890, hrsg. von F. W. Blass [Bd. 1] und B. Gerth [Bd. 2] u.ö.; engl. 1842–1845) [2] Xenophontis de Socrate commentarii (Edition mit Komm.), 1841 [3] Xenophons Anabasis für den Schulgebrauch (Text mit Komm.), 1852 (u.ö.) [4] Ausführliche Grammatik der lat. Sprache, 2 Bde., 1877–1879 (Ndr. des 2. Teils [Satzlehre] 1962 von A. Thierfelder betreut und ergänzt; Ndr. 1966).

Sekundärliteratur

[5] J.-B. Hofmann / A. Szantyr, Lat. Syntax und Stilistik, 1965 (ab 1977 Leumann/Hofmann/Szantyr)
[6] J. Lattmann, Geschichte der Methodik des lat. Elementarunterrichts seit der Reformation, 1896, 343–355
[7] H. Menge, Lehrbuch der lat. Syntax und Semantik. Völlig neu bearb. von Th. Burkard und M. Schauer, 2000.

Andreas Fritsch

Kunkel, Wolfgang

Dt. Jurist und Rechtshistoriker. Geb. am 20.11. 1902 in Fürth im Odenwald, gest. am 8.5.1981 in

München. 1920–1922 Studium der Rechtswiss. und Alt.wiss. in Frankfurt a.M. und Gießen; 1923 erstes Juristisches Staatsexamen; 1924 Studium der Alten Gesch. und Papyrologie in Berlin; 1924 Prom. in Freiburg bei Ernst Levy; 1926 Habil. ebda. und Prof. für Röm. Recht; 1929–1936 Prof. in Göttingen; 1943–1945 Kriegsgerichtsrat; 1946 Prof., 1947/48 Rektor der Univ. Heidelberg; 1956–1970 Prof. in München. 1950–1952 Präsident der Heidelberger Akad. der Wiss.

Werk und Wirkung

K.s Ausbildung war juristisch und umfassend alt.wiss. fundiert, wobei in den Frankfurter Studienjahren namentlich Ernst Levy und Matthias ↗Gelzer als seine Lehrer einflussreich waren [8]; [12]. Die Forschungsschwerpunkte variierten, seine Methode beruhte auf einem beständigen Studium aller Quellengattungen. Prosopographisch angelegt war sein »epochemachendes« (Wieacker) Werk über die röm. Juristen [8], mit dem er dem Röm. Recht eine soziologische Grundlage gab. Intensiv wandte er sich dem Staats- und Strafrecht der röm. Republik zu [9]; [10], Arbeiten, die wie »ein großer Dialog mit Theodor Mommsen« waren [11]. K. wollte die realen Entstehungsbedinungen in einer unsystematischen Realität entwickeln. Daran arbeitete er bis zum Lebensende, die Ergebnisse zur Magistratur wurden postum veröffentlicht [10]. K. übernahm neben der Wiss. viele öffentliche Ämter (z.B. im Stadtrat in Heidelberg). 1956 gründete er das Leopold Wenger-Institut für Ant. Rechtsgeschichte und Pap.-Forschung. Zu seinen Schülern gehörten u.a. Helmut Coing, Dieter Nörr, Dieter Simon und Uwe Wesel.

SV: [13.611–627].

Schriften

[1] Diligentia, in: Zs. der Savigny-Stiftung für Rechtsgeschichte, Romanistische Abt. (Diss. Freiburg 1924) 45, 1925, 266–351 [2] Verwaltungsakten aus spätptolemäischer Zeit (Habil.schrift), in: Archiv für Papyrusforschung 8, 1927, 169–215 [3] Über die Veräußerung von Katökenland, in: Zs. der Savigny-Stiftung für Rechtsgeschichte, Romanistische Abt. (Habil.schrift) 48, 1928, 285–313 [4] Art. Juristische Personen, in: F. Schlegelberger (Hrsg.), Rechtsvergleichendes HWB für das Zivil- und Handelsrecht des In- und Auslandes 4, 1933, 560–597 [5] Röm. Privatrecht auf Grund des Werkes von Paul Jörs neu bearbeitet, 1935 (³1949) [6] Quellen zur neueren Privatrechtsgeschichte Deutschlands Teil 1, 2 Bde. (Edition), 1936–1938 [7] Röm. Rechtsgeschichte. Eine Einführung, 1947 (⁹1980) [8] Herkunft und soziale Stellung der röm. Juristen, 1952 (²1961; Ndr. 2001) [9] Untersuchungen zur Entwicklung des röm. Kriminalverfahrens in vorsullanischer Zeit, 1962 [10] Staatsordnung und Staatspraxis der röm. Republik. Zweiter Abschnitt: Die Magistratur (mit R. Wittmann), 1995.

Sekundärliteratur

[11] H. Coing, In memoriam Wolfgang Kunkel, in: Zs. der Savigny-Stiftung für Rechtsgeschichte, Romanistische Abt. 98, 1981, III–XVI [12] D. Mussgnug (Hrsg.), Ernst Levy und Wolfgang Kunkel. Briefwechsel 1922–1968, 2005 [13] D. Nörr / D. Simon (Hrsg.), Gedächtnisschrift für Wolfgang Kunkel, 1984 (bes. 9–24) [14] F. Sturm, Wolfgang Kunkel zum Gedächtnis, in: Bulletino dell'Istituto di Diritto Romano 86, 1984, 17–35.

Ernst Baltrusch

Kunze, Emil

Dt. Klass. Archäologe. Geb. am 18.12.1901 in Dresden, gest. am 13.1.1994 in München. Schulbesuch in Wien; Studium der Klass. Arch., Klass. Phil. und Neueren Kunstgesch. in Leipzig; 1926 Prom. ebda. 1926 sowie 1928 Reisestipendiat des DAI; 1929–1933 Referent am DAI Athen; 1933–1935 Studium von Antikensammlungen in Frankreich und England mit Stipendium der Preuß. Akad. der Wiss. 1935/36 Assistent am Museum für Abgüsse in München; 1936 Habil. in München und Lehrstuhlvertretung in Marburg. 1937–1942 mit Hans Schleif und 1952–1966 allein Grabungsleiter in Olympia; 1942–1944 o.Prof. für Klass. Arch. an der Univ. Straßburg; 1946–1948 Honorar-Prof. in München; 1948–1951 apl.Prof. ebda. 1950 DAAD-Stipendium Athen zur Bearbeitung der Funde von Orchomenos, Tiryns und Olympia; 1951–1966 Direktor des DAI Athen.

Werk und Wirkung

In Dresden geboren und in Wien aufgewachsen, führte das Studium K. nach Sachsen zurück, wo er bei Franz ↗Studniczka in Leipzig promovierte. Die am Objekt orientierte, auf genaue Beobachtung der Details gegründete Methodik seines Lehrers prägte K.s Arbeitsweise. Im Zentrum seines Interesses lag schon früh die bronze- und früheisenzeitliche Kunst Griechenlands. Seine Untersuchungen zur frühgriech. Plastik und Reliefkunst [1] und deren Verhältnis zum Orient beschritten neue Wege, die richtungsweisend werden sollten. K.s Grabungserfahrung, die er sich während seiner frühen Aufenthalte in Griechenland angeeignet hatte, prädestinierten ihn zum Grabungsleiter in Olympia – gerade zu einem Zeitpunkt, als dort die Ausgrabung des Stadions in den Erdschichten der Zuschauerwälle und den verschütteten Brunnen große Mengen an Waffen und frühen Votiven zum Vorschein brachte. Die sorgfältige Schichtbeobachtung fand ihren Niederschlag in Berichten, deren Detailliertheit neue Standards für die Olympia-Grabung setzte [3]. Aus der Fülle der Funde publizierte K. zahlreiche herausragende Einzelstücke und größere Objektgruppen. V.a. den Waffen sind mehrere zusammenfassende Darstellungen gewidmet [4]; [5], die nicht nur unter technischen Gesichtspunkten, sondern aufgrund der ausführlichen Diskussion der reichen ornamentalen und figürlichen Verzierung auch für die frühgriech. Ikonographie und Kunstgeschichte exemplarische Bedeutung erlangt haben.

SV: U. Kreilinger, in: Athenische Mitteilungen 110, 1995, 26–29.

N: Berlin, DAI (Materialien zur Olympiagrabung).

Schriften

[1] Kretische Bronzereliefs, 1931 [2] Orchomenos III. Die Keramik der frühen Bronzezeit (Abh. der Bayerischen Akademie der Wiss., Philos.-Histor. Abt., N.F. 8), 1934 [3] Bericht über die deutschen Ausgrabungen in Olympia, Bde. 2–9 (mit verschiedenen Mitautoren), 1938–1994 [4] Archaische Schildbänder. Ein Beitrag zur frühgriech. Bildgeschichte und Sagenüberlieferung (Olympische Forschungen 2), 1950 [5] Beinschienen (Olympische Forschungen 21), 1991.

Sekundärliteratur

[6] K. Fittschen, Gedenkfeier für Emil Kunze und S. Karusu am 10. März 1995, in: Athenische Mitteilungen 110, 1995, 1–11 [7] H. V. Herrmann, Emil Kunze, in: Gnomon 67, 1995, 570–574 [8] W. Schiering, Gedenkrede auf Emil Kunze. Mit einem Porträt des Verstorbenen, in: Athenische Mitteilungen 110, 1995, 13–25 [9] H. B. Siedentopf / P. Zanker, Emil Kunze, 18. 12. 1901–13. 1. 1994, in: Bayerische Akademie der Wiss., Jbb., 1994, 246–248.

Reinhard Senff

La Chausse, Michel-Ange de

Causeus, Michael Angelus bzw. Causeo, Michel Angelo; franz. Gelehrter, Antiquar und Diplomat. Geb. 1660 in Paris, gest. am 21.7.1724 in Rom. Über Schulbesuch, Ausbildung und akad. Qualifikation ist nichts bekannt. Ab 1705 franz. Konsul in Rom; 1711 Kustos der konsularischen Archive in ebda.; 1715 korrespondierendes Mitglied der Acad. royale des inscriptions et belles-lettres.

Werdegang

La Ch. ließ sich gegen Ende des 17. Jh.s in Rom nieder, wo er die wichtigste Zeit seines Lebens verbrachte. Er pflegte seine antiqu. Interessen, bes. in der Numismatik, Bildhauerei sowie für die röm. und ägypt. Altertümer. Nach dem Tod des franz. Konsuls Claude Voiret im März 1705 trat La Ch. dessen Amt in Rom an. 1708 erhielt er den Titel eines Ritters des St. Lazarus-Ordens. 1711 wurde er durch königliches Patent Kustos der konsularischen Archive. Dieser eigens für La Ch. geschaffene Posten war dazu bestimmt, den Botschaftern und Ministern des franz. Königs für die Verbindungen zur röm. Kurie dienliche Dokumente und Informationen zu besorgen.

Als franz. Konsul in Rom half La Ch. bei der Beschaffung von Objekten für die königlichen Münz-, Inschriften- und Statuensammlungen. Er kümmerte sich um den Versand der durch Kardinal Joseph-Emmanuel de la Trémoille, den offiziellen franz. Interessenvertreter in Rom, erworbenen Antiken nach Frankreich. La Ch. selbst besaß eine große Bibl. von Büchern und Handschriften sowie eine bedeutende Antiquitätensammlung. An der Echtheit mancher seiner Stücke, vornehmlich Gemmen, zweifelten indes schon die Zeitgenossen. Um einer Zerstreuung der Sammlung vorzubeugen, vermachte La Ch. sie dem Pariser Sammler und Antiquar Pierre Crozat. Einige Stücke, darunter mehrere Gemmen, gelangten später in die Kollektion des Herzogs von Orléans. La Ch.s Tod ist entgegen einigen Biographen nicht »nach 1738«, sondern franz. konsularischen Archiven zufolge verlässlich auf den 21.7.1724 zu datieren.

Werk und Wirkung

Außer seiner umfangreichen Korrespondez mit Gelehrten hinterließ La Ch. mehrere Werke:

Das Kompendium *Romanum Museum* (1690) [1] bietet illustrierte und kommentierte Darstellungen meist unveröffentlichter Antiken aus röm. Kabinetten und aus eigenem Besitz. Es erfuhr zwei erweiterte Neuauflagen (Rom 1707 und 1746, zwei Bände) sowie eine franz. Übersetzung (*Le Grand Cabinet Romain, ou Recueil d'Antiquitez*, Amsterdam 1706, Folio). Die meisten Abbildungen daraus wurden von Johann Georg ↗Graevius in den Bänden 5, 10 und 12 seines *Thesaurus antiquitatum Romanarum* (Utrecht 1694–1699) erneut abgedruckt.

1700 veröffentliche La Ch. seine Gemmensammlung in einem Quartband mit 200 Kupferstichen, die eine weitgespannte Thematik der kaiserzeitlich-röm. Steine mit einem Fokus auf Tierbildern und Symbolen präsentierten [2]. Von Bedeutung ist seine beträchtlich erweiterte lat. Übersetzung von *Le pitture antiche delle grotte di Roma e del sepolcro de' Nasoni* (Rom 1706) von Pietro ↗Santi Bartoli und Giovanni Pietro ↗Bellori. Diese Studie über die Wandmalereien in röm. Gräbern, bes. des 1674 an der Via Flaminia entdeckten Nasoniergrabes, erschien mit Stichen von Francesco Santi Bartoli postum 1738 in Folio [6]. La Ch.s Interesse an der Antike bezeugen zudem seine Briefe über die Antoninus-Pius-Säule [4]; [5] sowie eine numismatische Studie [3].

La Ch.s Hauptinteresse galt den ant. Gemmen, die er als einer von wenigen als eigene Kunstgattung aus dem Gesamtbestand der Denkmälersammlungen aussonderte und mit seinen ausführlichen Beschreibungen für die Deutung antiker Kunstwerke nutzbar machte.

Schriften

[1] Romanum Museum sive Thesaurus eruditae antiquitatis, 2 Folio-Bde. (in 6 Teilen mit 170 Tafeln), Rom 1690 [2] Le gemme antiche figurate di Michel Angelo Causeo de la Chausse parigino, Rom 1700 [3] Aureus Constantini Augusti nummus de urbe, de victo ab exercitu Gallicano Maxentio liberata, explicatus, Rom 1703 [4] Lettera del signor Michel Agnolo de la Chausse indirizzata al signor N. N. in cui si fa parola della colonna, nuovamente trovata in Roma nel Campo Marzo ed eretta gia per l'apoteosi di Antonino Pio, Neapel 1704 [5] Seconda lettera del signor Michel Agnolo de la Chausse indirizzata al signor N. N. circa la colonna dell'apoteosi di Antonino Pio scoperta in Roma nel Campo Marzo ... Neapel 1705 [6] Picturae antiquae cryptarum Romanarum et sepulchri Nasonum, Rom 1738 (lat. Übers. von F. Santi Bartoli und G. P. Bellori).

Sekundärliteratur

[7] Art. Chausse, Michel-Ange de la, in: EHCA 1, 1996, 273–274 [8] P. Berghaus (Hrsg.), Der Archäologe. Graphische Bildnisse aus dem Porträtarchiv Diepenbroick (Ausst.kat.), 1983, 193, Nr. 52 [9] F.-X. de Feller, Biographie universelle, ou, Dictionnaire historique des hommes qui se sont fait un nom, Bd. 2, 1782, 190 [10] A. de Lacaze, Art. La Chausse, Michel-Ange de, in: J. Ch. F. Hoefer (Hrsg.), Nouvelle biographie générale, Bd. 28, 1859, 521 [11] A. Mézin, Les consuls de France au siècle des Lumières (1715–1792), 1997, 362–363 [12] A. Tochon, Art. Chausse, Michel-Ange de la, in: L.-G. Michaud (Hrsg.), Biographie universelle ancienne et moderne, Bd. 8, 1854, 48–49.

Alessia Zambon (Ü: K. H.)

Lachmann, Karl

Dt. Klass. Philologe und Germanist. Geb. am 4.3.1793 in Braunschweig als Karl Konrad Friedrich Wilhelm L., gest. am 13.3.1851 in Berlin. Sohn eines Predigers; Schulbildung auf dem Gymnasium Katharineum in Braunschweig. 1809 Studium v.a. der Theologie für ein Semester in Leipzig (nur eine philol. Vorlesung bei Gottfried ↗Hermann); ab 1809 Studium v.a. der Klass. Phil. in Göttingen insbes. bei Ludolph Dissen, dann auch der älteren dt. und engl. Literatur bei Georg Friedrich Benecke. 1814 Prom. in Halle; 1815 Habil. in Göttingen mit einer textkritischen Arbeit zu lat. Dichtern; 1816 Habil. in Berlin mit einer Edition des Properz und einer epochemachenden Untersuchung über das Nibelungenlied [2] sowie Lehrer am Friedrich-Werderschen Gymnasium; 1816 Lehrer am Collegium Fridericianum in Königsberg. 1818 ao.Prof. für Theorie, Kritik und Literatur der schönen Künste an der Univ. ebda. 1824 Beurlaubung für eine Reise zur Kollationierung von mittelhochdt. Hss. (u.a. nach Kassel mit Besuch der Brüder Grimm, zu denen er in freundschaftliche Beziehung trat). 1825 ao.Prof. für Klass. und Dt. Phil. an der Univ. Berlin; ab 1827 o.Prof., ab 1829 Direktor der Lat. Abteilung des Philol. Seminars ebda.; 1830 Mitglied der Akad. in Berlin; 1843/44 Rektor der Univ.

Wissenschaftlicher Werdegang

L. entwickelte bereits im Studium sein späteres wiss. Profil. Sein Interesse an der altdt. Literatur verdankte er dem Zeitgeist der Romantik. Im Umgang mit der ant. Literatur knüpfte er an die Trad. der althumanistischen Philologie nach der Art Gottfried ↗Hermanns an, mit der Zentrierung auf Textkonstitution und Texterklärung (Wortphilologie). Die neuhumanistische Philologie mit der Erweiterung zur Kultur- und Geistesgeschichte (Sachphilologie) ignorierte er. Christian Gottlob ↗Heyne in Göttingen blieb ihm fremd. Seit der Habil. wurden die ältere dt. und die lat. Literatur zu den Hauptgegenständen von L.s Forschung; in Berlin hielt er regelmäßig Vorlesungen und Seminare darüber ab. An der Entwicklung der Germanistik als eigenständiger Disziplin war er maßgeblich beteiligt [17].

Komplementär zu Immanuel ↗Bekker, der im Zeichen des Historismus griech. Texte herausgab, verlegte sich L. auf die Edition lat. und älterer dt. Texte. In indirekter Auseinandersetzung mit diesem und der althumanistischen Philologie wollte er jedoch eine methodisch gesicherte Textkonstitution erreichen. Trotz der wiss. Distanz zu seinem neuhumanistisch geprägten einflussreichen Kollegen August ↗Boeckh konnte sich L. in Univ. und Akad. behaupten. Als Mitglied der wiss. Gesellschaft *Graeca* und der *Gesetzlosen Gesellschaft*, deren ›Zwingherr‹ er 1840 wurde, war er am gesellschaftlichen Leben der gebildeten und wiss. Welt Berlins beteiligt und wurde durch seinen Witz auch seinem Namen gerecht.

Werk

Das Zentrum von L.s Schaffen bilden Editionen (teilweise mit Kommentar [21]) antiker und dt. Texte, darunter insbes. altdt. Texte, die einen deutlichen Fortschritt in der Textkonstitution darstellten oder sogar eine erste wiss. Konstitution begründeten. Von den Ausgaben antiker Texte sind von besonderem Rang diejenigen des griech. NT [8]; [22], des Lukrez [13] (mit Kommentar [14]), des Juristen Gaius [7] und der röm. Agrimensoren [12]; dazu kommen Editionen der lat. Elegiker Properz [1], Catull [4] und Tibull [3] sowie des Genesios [5], Terentianus Maurus [6], Babrios [10] und Avianus [9].

Besondere Qualität erhielten L.s Editionen nicht durch eine neue theoretische und methodische Grundlegung der Textkonstitution mithilfe der Stemmatologie, sondern durch den Einsatz der Überlieferungskritik, der methodisch nicht streng regelbar war. Die Elemente seiner Methodologie waren traditionell, so die Unterscheidung von *recensio* und *emendatio*, wenn auch deren Trennung in der Praxis nicht immer durchgehalten wurde; auch Begriffe wie Archetyp und Familie waren bereits üblich. Neu waren dagegen der methodologische Glaubenssatz (die sog. Lachmann'sche Methode), dass die *recensio* als Rekonstruktion der ältesten Überlieferung (des Archetypus) ohne *interpretatio* (also ohne das subjektive *iudicium*) möglich und nötig sei [8. Bd. 1, IV], sowie die Abwertung der jüngeren Hss. (*recentiores deteriores*) und des Kriteriums der *lectio difficilior*, woran sich L. selbst in der Praxis nicht konsequent hielt [19. 301]; [20].

Mit den *Betrachtungen über Homers Ilias* [11] entwickelte L. im Anschluss an Friedrich August ↗Wolfs *Prolegomena ad Homerum* (1795) und an die eigene Arbeit über das Nibelungenlied [2] eine lang akzeptierte Theorie über die Entstehung der *Ilias* (sog. Liedertheorie); danach verdankt diese ihre Gestalt nicht einem poetischen Konzept, sondern ist aus 16 ursprgl. selbstständigen Einzelliedern um 600 v.Chr. mechanisch zusammengesetzt worden.

Wirkung

Die Editionen L.s sind aufgrund ihrer überlieferungsgeschichtlichen Fundierung ein Meilenstein in der nzl. Geschichte der Texte geworden. Dagegen waren die sog. Lachmann'sche Methode und die Liedertheorie trotz ihres Erfolges in der zweiten Hälfte des 19. Jh.s Irrwege oder sogar verhängnisvoll, da sie als vermeintliche Königswege die Entwicklung der

Wiss. behinderten. So ist die Herstellung einer *recensio* kein Verfahren, das durch Ausblendung des subjektiven *iudicium* möglich ist. Seit Ende des 19. Jh.s ist dieses *iudicum* gegen L. etwa als *lectio difficilior* und *recentiores non deteriores* rehabilitiert worden (Ulrich von ↗Wilamowitz-Moellendorff). Die Liedertheorie, die zu einer heftigen Fehde zwischen ihren Anhängern, den Analytikern (›Liederjägern‹; u. a. Hermann Köchly, Adolf ↗Kirchhoff), und ihren Gegnern, den Unitariern (›Einheitshirten‹), führte, ist an ihrer eigenen Dogmatisierung gestorben, weil sie die poetische Struktur der *Ilias* ausblendete.

SV: M. Hertz, Karl Lachmann, 1851 (Ndr. 1972), XXIV-XXXII.

Schriften

[1] Sex. Aurelii Propertii Carmina (Edition), 1816 (²1829) [2] Über die ursprüngliche Gestalt des Gedichts von der Nibelungen Noth, 1816 [3] Albi Tibulli libri quattuor (Edition), 1829 [4] Q. Valerii Catulli Veronensis libri quattuor (Edition), 1829 (³1874) [5] Genesius (Corpus scriptorum historiae Byzantinae, Bd. 19/2; Edition), 1834 [6] Terentiani Mauri De litteris syllabis et metris liber (Edition), 1836 [7] Gaii Institutionum commentarii quatuor (Edition), 1841 [8] Novum Testamentum Graece et Latine, 2 Bde. (Edition mit lat. Übers.), 1842–1850 (³1846) [9] Aviani Fabulae (Edition), 1845 [10] Babrii Fabulae Aesopeae (Edition; mit A. Meineke), 1845 [11] Betrachtungen über Homers Ilias (mit Zusätzen von M. Haupt), 1847 [12] Die Schriften der röm. Feldmesser. Gromatici veteres, 2 Bde. (Edition), hrsg. von F. Bluhme, 1848–1852 (Ndr. 1967) [13] T. Lucretii Cari De natura libri sex (Edition), 1850 [14] In T. Lucretii Cari de rerum natura libros commentarius, 1850 (⁴1871).

Sekundärliteratur

[15] Bursian Gesch. 788–798 [16] J. Kühnel, Art. Lachmann, Karl, in: NDB 13, 1982, 371–374 [17] U. Mewes, Karl Lachmann, in: Wissenschaftsgeschichte der Germanistik in Porträts, 2001, 20–32 [18] K. Scherer, Art. Lachmann, Karl, in: ADB 17, 1883, 471–481 [19] P. L. Schmidt, Art. Philologie II. Lateinisch, in: DNP 15/2, 2002, 278–327 [20] S. Timpanaro, Die Entstehung der Lachmannschen Methode, ²1971 [21] W. Unte, Karl Lachmann, in: Briggs/Calder 1990, 248–259 [22] W. Ziegler, Die »wahre strenghistorische Kritik«. Leben und Werk Karl Lachmanns und sein Beitrag zur neutestamentlichen Wissenschaft, 2000.

Manfred Landfester

Laetus, Julius Pomponius

Leto, Giulio Pomponio; ital. Philologe und Dichter; auch (In)Fortunatus, Sabinus oder Balbus genannt. Geb. 1428 in Diano, gest. am 9. 6. 1498 in Rom. Ab etwa 1450 Studium in Rom bei Lorenzo ↗Valla und Pietro Odo; ab 1464/65 Prof. eloquentiae in Rom; um 1460 Gründer der *Acad. Romana.*

Werdegang

L. wurde 1428 als illegitimer Sohn der Adelsfamilie Sanseverino in Diano (heute Teggiano, Kampanien) geboren. Nachdem er in jungen Jahren Sizilien bereist hatte, kam er um 1450 nach Rom, um ↗Valla und Odo zu hören. Etwa 1460 gründete er die sog. *Academia Romana,* welche die Wiederbelebung antiker Bräuche verfolgte, und hielt vor ihren Mitgliedern Vorlesungen. Er soll auch lat. Theaterstücke inszeniert haben. 1464/65 wurde er Nachfolger Odos an der röm. Univ. La Sapienza. Unzufrieden mit der schlechten Bezahlung, begann er 1467 eine Reise, die ihn über Venedig in den Osten führen sollte, um dort Griechisch und Arabisch zu lernen. In Venedig unterrichtete er zunächst Söhne vornehmer Familien, als er im März 1468 wegen Sodomie angeklagt und wenig später nach Rom ausgeliefert wurde, wo Papst Paul II. gegen die *Acad. Romana* wegen einer angeblichen Verschwörung vorging. Mit anderen Mitgliedern wurde er in der Engelsburg inhaftiert und gefoltert, die *Acad.* wurde aufgelöst. L. musste sich in zwei Prozessen u. a. wegen Verschwörung gegen den Papst und Häresie verantworten (seine Verteidigungsrede ist erhalten in Vat. lat. 2934).

Schon Anfang 1469 wurden die Akademiemitglieder aus der Haft entlassen. Die *Acad.* wurde 1478 mit Beteiligung des Papstes Sixtus IV. wiederbegründet. Bereits 1470 war L. auf seinen Lehrstuhl zurückgekehrt. Erst damals dürfte er von Theodorus ↗Gaza im Griechischen unterrichtet worden sein. Sein Ruf als Gelehrter lockte Schüler aus ganz Europa nach Rom, darunter Pietro Marso, Marcantonio Sabellico, Konrad ↗Celtis, Johannes ↗Reuchlin, Conrad ↗Peutinger und Hermann von dem Busche [7. 2913]. Zwei Reisen führten ihn 1480 (oder 1472/73?) in den Osten Europas bis nach Russland und 1483/84 (?) nach Deutschland [5. 69 Anm. 78]. L. kopierte selbst Hss., einige seiner Abschriften sind erhalten. Seine Bibl. ging zu einem Großteil in die Sammlung Orsini und von dort in die *Bibl. Vaticana* über [9. 337 f.].

Werk und Wirkung

Aus der Frühzeit (1457/58) von L.' Schaffen stammen zwei grammtikalische Opuscula; eine Zusammenfassung weiterer Arbeiten zur Grammatik erschien 1484 im Druck [1]. In der Stadtbibl. von Trier (1110, 2037) ist ein *Tractatus introductorius rethorices* erhalten.

L. edierte Nonius (Rom 1470 oder später), Silius Italicus, Varros *De lingua Latina* (Rom 1471), Curtius Rufus (1472), Columella, Terenz (1480), Sallust (1481), Frontins *De aquae ductu* (Rom 1486), Plinius-Briefe (9 Bücher, Rom 1490) und Donats *Ars minor* (postum 1500). Seine Kommentartätigkeit lässt sich schwer überblicken, da wenig in gedruckter Form vorliegt (ein Überblick über die Hss. [5.92 Anm. 10]): Sie setzt sich zusammen aus L.' Marginalien in seinen Hss. (*chirographi*), Vorlesungsmitschriften seiner Schüler (*dictata*), separaten Publikationen und Veröffentlichungen in *Variorum*-Kommentaren. Oft muss man das auf L. zurückgehende Scholienmaterial aus mehreren dieser Quellen rekonstruieren. Zu den so kommentierten Autoren gehören Cicero (*Philippicae*), Claudian, Columella (Buch 10), Florus, Horaz, Juvenal (unsicher), Lucan, Martial, Ovid (*Fasti*), Quintilian, Sallust (*Iugurtha*), Silius Italicus, Statius, Tacitus (*Germania*), Valerius Flaccus, Vergil und immer wieder Varro, mit dem er lange rang – so sein Biograph Marcantonio Sabellico in seiner *Vita Pomponii Laeti* [4. Appendix: Sabell. epist. 30]. Zu mehreren Autoren verfasste er Viten: Sallust, Lucan, Lukrez, Statius, Varro.

L. war Sammler von Münzen und Inschriften; von seiner *Sylloge inscriptionum* sind Fragmente erhalten in Vat. lat. 3311. Der Topographie Roms widmen sich die *Excerpta* (ein arch. Rundgang durch Rom) [10. Bd. 4, 421–436], die Bearbeitung des spätant. *Regionarium* [10. Bd. 1, 193–258] und das Gedicht *Stationes Romanae quadragesimali ieiunio* [8.62–65]. Seine histor. Abhandlungen sind in den *Opera* [4] gesammelt, darunter [3], [2] und einige Briefe. Erhalten sind schließlich auch einige Gedichte [6.382]. Die aus Vegetius kompilierte Schrift *De vocabulis rei militaris* des sog. Modestus geht nicht auf L. zurück.

Schriften

[1] Grammaticae compendium, Venedig 1484 [2] De Romanorum magistratibus, sacerdotiis, iurisperitis et legibus, Venedig 1490 [3] Romanae historiae compendium ab interitu Gordiani Iunioris usque ad Iustinum III, Venedig 1499 [4] Opera (mit Vita Pomponii von M.A. Sabellicus), Straßburg 1515.

Sekundärliteratur

[5] M. Accame Lanzillotta, Pomponio Leto. Vita e insegnamento, 2008 [6] E.L. Bassett et al., Silius Italicus, Tiberius Catius Asconius, in: F.E. Cranz / P.O. Kristeller (Hrsg.), Catalogus translationum et commentariorum, Bd. 3, 1976, 341–398 [7] M.E. Cosenza, Biographical and Bibliographical Dictionary of the Italian Humanists, Bd. 4, ²1962, 2906–2914 [8] H. Marucchi, Éléments d'archéologie chrétienne, Bd. 3, 1902 [9] G. Muzzioli, Due nuovi codici autografi di Pomponio Leto, in: Italia medioevale e umanistica 2, 1959, 337–351 [10] R. Valentini / G. Zucchetti (Hrsg.), Codice topografico della città di Roma, 4 Bde., 1940–1953 [11] V. Zabughin, Giulio Pomponio Leto. Saggio critico, 3 Bde., 1909–1912.

Thomas Riesenweber

Lambinus, Dionysius

Denis Lambin; franz. Philologe. Geb. 1520 (oder 1516) in Montreuil-sur-mer in der Picardie, gest. 1572 in Paris. Studium in Amiens und Paris; 1545 Lehrtätigkeit in Toulouse; ab 1549 in Diensten des Kardinals François de Tournon von Lyon. Ab 1561 Prof. für Latein und Griechisch am Pariser Collège royal.

Leben und Werk

L. stammte aus einfachen Verhältnissen; sein Vater war Schmied. Ersten Unterricht erhielt er in seiner Heimatstadt. Im Alter von 15 Jahren ging er nach Paris, wo er am angesehenen *Collège du Cardinal de Lemoine* studierte. Am *Collège de Coqueret* hörte er – zusammen mit den Dichtern Pierre de Ronsard und Jean Antoine de Baïf – Jean ↗Dorat.

Nachdem er an der Univ. von Toulouse und beim Bischof von Béziers, Lorenzo Strozzi, Latein und Griechisch unterrichtet hatte, trat er spätestens 1449 in die Dienste des Erzbischofs von Lyon, Kardinal François de Tournon. Ihn begleitete L. auf zwei langen Italienreisen (1549–1553; 1555–1560) nach Lucca, Rom und Venedig. Dabei verkehrte er in diplomatischen Zirkeln und knüpfte viele Kontakte zu Gelehrten, Dichtern, Juristen und Humanisten seiner Zeit; darunter waren der Cremoneser Gabriele Faërno, der Kardinal und päpstliche Bibliothekar Guglielmo Sirleto sowie der Humanist Marcus Antonius ↗Muretus. Enge Freundschaft verband L. mit dem Philosophen Pierre Ramée; L. soll aus Kummer über dessen Ermordung in der Bartholomäusnacht gestorben sein.

Trotz seines geschäftigen Lebens im Dienst des Kardinals machte sich L. auch in der Wiss. einen Namen; bei seinen Italienaufenthalten nutzte er jede Gelegenheit zur Kollationierung von Handschriften. So wurde er 1461 an das *Collège royal* (das spätere *Collège de France*) in Paris berufen. Berühmt wurde L. durch seine lat. Klassikerausgaben mit ausführlichen Kommentaren, v.a. von Horaz' Briefen und Satiren (gedr. 1561 in Lyon, 1564 in Venedig), von *De rerum natura* des von ihm bes. geschätzten Lukrez (1564 und zwei verbesserte Auflagen) und der Werke Ciceros (*Emendationes in Ciceronis Opera*, 1566). In seiner Nepos-Edition (1569) gelang es L., dessen Autorschaft der bis dahin Aemilius Probus zugeschriebenen Schrift *De viris illustribus* nachzuweisen. L. kommentierte und übersetzte Demosthenes und Aristoteles (*Nikomachische Ethik*, 1558) ins Lateinische; seinen Kommentar zur aristotelischen *Politik* (1567) reicherte er mit zeitkritischen Betrachtungen an. Weniger beachtet sind seine lat. Reden (*orationes*), darunter eine Lobrede auf die griech. Literatur (1564) und eine *Oratio de recta pronunciatione linguae Graecae*, in der er die von ↗Erasmus von Rotterdam propagierte Aussprache des Griechischen verteidigte (1568). Eine teils unterhaltsame Lektüre bieten die auf Lateinisch und z.T. Griechisch verfassten Liebesbriefe an mehrere ital. und franz. Frauen [2].

L.s philol. Leistungen wurden von seinen Zeitgenossen hoch geschätzt, und seine Ausgaben wurden noch bis ins 19. Jh. wieder aufgelegt; der Lukrez-Herausgeber Hugh A.J. Munro lobte seine philol. Leistungen überschwenglich [4], während Karl ↗Lachmann ihm Oberflächlichkeit und mangelnde Sorgfalt vorwarf.

Schriften

[1] Trium disertissimorum virorum praefationes ac epistolae familiares aliquot: Mureti, Lambini, Regii, Paris 1579 [2] Lambini epistolae amatoriae / Lettres galantes de Denys Lambin, 1552–1554, hrsg., übers. und komm. von H. Potez und F. Préchac, 1941.

Sekundärliteratur

[3] P. Lazer, De Dionysio Lambini narratio, in: J.K. von Orelli (Hrsg.), Onomasticon Tullianum, 1836 (Bd. 6 der Cicero-Ausgabe) [4] H.A.J. Munro, Introduction, in: T. Lucreti Cari De rerum natura libri sex, hrsg. von H.A.J. Munro, ³1871, 14–16 [5] J. O'Brien, Translation, Philology and Polemic in Denis Lambin's Nicomachean Ethics of 1558, in: Renaissance Studies 3, 1989, 267–289 [6] L.C. Stevens, Denis Lambin. Humanist, Courtier, Philologist, and Lecteur Royal, in: Studies in the Renaissance 9, 1962, 234–241.

Ursula Tröger

Lanciani, Rodolfo

Ital. Archäologe, Ingenieur und Topograph. Geb. am 2.1.1845 in Rom, gest. am 21.5.1929 ebda. 1857–1860 Studium am Jesuitenkolleg in Fano; 1863 Prom. in Philosophie am Collegio Romano, 1865 in Philosophie und Mathematik an der Univ. Rom; 1867 Abschluss in Architektur und 1868 in Ingenieurswiss. an der Scuola speciale degli ingegneri. 1872–1890 Sekretär der Commissione archeologica comunale di Roma und Beamter an der Direzione Generale Antichità e Belle Arti; 1890 Entlassung wegen des Vorwurfs der Beihilfe zum Antikenschmuggel. 1878–1922 Prof. für ant. Topographie an der Univ. La Sapienza, Rom; 1914–1920 als Stadtrat verantwortlich für das Ufficio antichità e Belle Arti und Stellvertreter des Bürgermeisters von Rom. Ab 1911 Senator des Königsreichs Italien. Ehrendoktorate der Univ. Glasgow, Harvard, Oxford und Würzburg.

Werk und Wirkung

Nach einem vornehmlich technischen Studium fand L.s arch. Ausbildung in Rom und Ostia unter maßgebenden Forschern statt (Giovanni Battista ↗De Rossi, Pietro Ercole und Carlo Ludovico Visconti, Pietro Rosa, John Henry Parker), die L. bereits in jungen Jahren die Aufnahme in die *Commissione archeologica* ermöglichten. Den gleichzeitigen Eintritt in die Antikenverwaltung des ital. Staats verdankte L. der Unterstützung Giuseppe ↗Fiorellis.

Seine technische und geisteswiss. Doppelqualifikation ermöglichte es L., jeglichen Aspekt und Zeitraum der Geschichte und Archäologie Roms und Latiums zu behandeln. Sein besonderes Interesse galt der Rekonstruktion der ant. Topographie und der Stadtgeschichte Roms. Sein monumentaler Atlas *Forma Urbis Romae*, der sämtliche arch. Zeugnisse der antiken unter der modernen Stadt auf 46 Blättern im Maßstab 1:1000 dokumentiert, ist ein einzigartiges und bis heute unübertroffenes Muster historischer Kartographie [2]. Er beruht nicht nur auf Grabungsergebnissen und Beobachtungen im Gelände [6], sondern auch auf ausgedehnten Archivstudien [5].

L.s wiss., akad., polit. und administrative Tätigkeit fiel in das entscheidende halbe Jahrhundert von der Erhebung Roms zur Hauptstadt Italiens (1871) bis zur Etablierung des faschistischen Regimes (1922), eine Zeit stärkster nationaler Vereinnahmung der stadtröm. Baudenkmäler [11] und radikaler urbanistischer Eingriffe, zu deren Kontrolle geeignete Gesetze und Verwaltungsstrukturen damals erst geschaffen wurden. Ob L. sich hier entschieden genug für den Schutz des gefährdeten arch. Erbes eingesetzt hat, ist umstritten; doch steht außer Frage, dass er in unermüdlicher Dokumentations- und Forschungstätigkeit, aber auch als langjähriger Universitätslehrer und als international hoch angesehener Autor zahlreicher, auch populärwissenschaftlicher Bücher (diese meist in engl. Sprache [1]; [3]; [4]) wesentliche Voraussetzungen für unsere heutige Kenntnis der Topographie des ant. Rom und seines Umlands geschaffen hat.

SV: [7.127–143] (639 Titel).

N: Rom, Biblioteca Apostolica Vaticana; Rom, Biblioteca dell'Istituto nazionale di archeologia e storia dell'arte; vgl. [10]; [11].

Schriften

[1] Ancient Rome in the Light of Recent Discoveries, 1888 [2] Forma Urbis Romae (Kartenwerk), 1893–1901 [3] The Ruins and Excavations of Ancient Rome. A Companion Book for Students and Travellers, 1897 [4] The Destruction of Ancient Rome. A Sketch of the History of the Monuments, 1899 [5] Storia degli scavi di Roma e notizie intorno alle collezioni romane di antichità, 4 Bde., 1902–1913 (vollst. Neuausg. in 7 Bden., 1989–2002) [6] Appunti di topografia romana nei Codici Lanciani della Biblioteca Apostolica Vaticana, 5 Bde., hrsg. von M. Buonocore, 1997–2002.

Sekundärliteratur

[7] Th. Ashby, Scrittori contemporanei di cose romane. Rodolfo Lanciani, in: Archivio della Società romana di storia patria 51, 1928, 103–143 [8] A. Giuliano, Rodolfo Lanciani e la »Storia degli scavi di Roma«, in: Xenia Antiqua 1, 1992, 155–160 [9] D. Palombi, Art. Lanciani, Rodolfo Amedeo, in:

DBI 63, 2004, 353–360 [10] D. Palombi, Rodolfo Lanciani. L'archeologia a Roma tra Ottocento e Novecento, 2006 [11] D. Palombi, Archaeology and National Identity in the Works of Rodolfo Lanciani, in: Fragmenta. Journal of the Royal Netherlands Institute in Rome 2, 2008, 125–150.

Domenico Palombi

Landino, Cristoforo

Ital. Humanist und Dichter. Geb. am 8.2.1425 (nach florent. Kalender 1424) in Pratovecchio bei Florenz, gest. am 24.9.1498 in Borgo Collina. Seit 1439 humanistische Studien in Florenz, u.a. bei Carlo Marsuppini; 1456 Lektor zur Erklärung von Dantes *Commedia*; 1458 Prof. für lat. Rhetorik und Poetik am Studio in Florenz; 1483 Sekretär des florent. Staatskanzlers.

Dichtung

L. kam 1439 nach Florenz und konnte Kurse am *Studio fiorentino* belegen. V.a. der berühmte Carlo Marsuppini scheint mit seinem Rhetorik-, Poetik- und Philosophieunterricht großen Einfluss auf ihn ausgeübt zu haben; in einem Brief an Piero de' Medici stilisiert sich L. als Marsuppinis Lieblingsschüler [4.181–187]. Nach dessen Tod bewarb er sich um die Prof. am Studio, von der er nach zähem Ringen und mit Unterstützung der Medici 1458 den lat. Teil übernehmen konnte [10.77–106]. Im selben Jahr widmete L. seine dreibändige Gedichtsammlung *Xandra* in zweiter Fassung seinem Gönner Piero de' Medici (die erste, einbändige Redaktion von 1444 war Leon Battista ↗Alberti gewidmet). Die Sammlung trug entscheidend zur Wiederbelebung der ant. Liebeselegie bei, wobei gleichzeitig Francesco ↗Petrarcas *Canzoniere* als Modell der neulat. Poesie inkorporiert wurde. L. betrachtete Petrarca gemeinsam mit Dante als Begründer einer spezifisch toskanisch-florent. Literatur, die als Wiederbelebung der röm. Antike ausgegeben werden konnte und Florenz zum kulturellen Zentrum Italiens machte. Passend dazu und im Anschluss an das vierte Elegienbuch des Properz öffnete L. das dritte Buch der *Xandra* für polit. Themen und beteiligte sich an der ideologischen Verklärung der beginnenden Medici-Herrschaft in Florenz [13.229–296].

Philologie und Philosophie

Als Dokumente seines Unterrichts am Studio besitzen wir die *praefationes* (Einstiegsvorlesungen) zu Dantes *Commedia*, Ciceros *Tusculanae disputationes*, Vergils *Aeneis* und Petrarcas *Canzoniere* (ediert in [6]), daneben bisher unveröffentlichte Mitschriften von Horaz- und Vergil-Vorlesungen [9] und Kommentare zu Persius und Juvenal. L. wurde zum Lehrer einer ganzen Generation von florent. Humanisten; unter seinen Schülern ragen Angelo ↗Poliziano und Lorenzo de' Medici (il Magnifico) heraus. Auch in der städtischen Politik trat L. mit der Zeit stets mehr in Erscheinung; 1467 wurde er Sekretär der Guelfen und 1483 Sekretär des Staatskanzlers.

Durch die Bekanntschaft mit Marsilio ↗Ficino verstärkte sich L.s Interesse an (neu)platonischem Gedankengut. Er wurde Mitglied der Platonischen Akad. in Florenz. Die Reihe seiner philos. Schriften eröffnet *De anima* (1471/72) über die Unsterblichkeit der Seele, gefolgt von den *Disputationes Camaldulenses* (1472, gedr. 1480) [1] über den richtigen Mittelweg zwischen aktivem und kontemplativem Lebensentwurf (L. nennt Cicero als Vorbild [14.146–158]) und *De vera nobilitate* (1487) [4], worin L. für den Seelenadel als wahre Nobilität des Menschen plädiert. Alle drei Schriften greifen auf die durch Cicero in der lat. Literatur etablierte Form des fiktiven philos. Dialogs zurück. 1476 erschien L.s ital. Übersetzung von Plinius' *Naturalis historia*. Die größte Wirkung auf Zeitgenossen und spätere Generationen übten drei von L. verfasste Kommentare aus: zu Dantes *Commedia* (1481), Horaz (1482) und Vergil (1487 [3]). L. starb 1498 (nicht 1504, wie [12.13 Anm. 39] meinte), nachdem er sich aus dem öffentlichen Leben weitestgehend zurückgezogen hatte.

Kommentartätigkeit

L.s Kommentare basieren auf seiner langjährigen Unterrichtserfahrung. Als Prof. für Rhetorik und Poetik war er daran interessiert, die Wechselwirkung beider Disziplinen in den von ihm behandelten Werken aufzuzeigen. Eine wichtige Voraussetzung für die Kommentare war L.s Beschäftigung mit dem (Neu)-Platonismus. Den stärksten Nachhall fand dieses philos. Interesse in den *Disputationes Camaldulenses* (1472) [1], deren Bücher 3 und 4 eine allegorische Interpretation der ersten sechs Bücher von Vergils *Aeneis* enthalten. Das Werk fußt z.T. auf spätant. und ma. Kommentaren (Macrobius, Fulgentius, Bernardus Silvestris). Aeneas' Irrfahrten werden darin als Allegorie für die Reise der menschliche Seele zu ihrer wahren Bestimmung gedeutet. Der Weg führt dabei von sexueller Leidenschaft in Troja über bedingungsloses polit. Karrierestreben in Karthago (die *vita activa*) hin zur *vita contemplativa*, die durch die Erkenntnis des Wesens der Sünde in der Unterweltsfahrt des sechsten Buches erreicht wird [11.535–546].

Von den gedruckten Kommentaren ist der zu Dante am stärksten von der Allegorie geprägt [12.59–157]. Dagegen sind die Kommentare zu Horaz und Vergil traditioneller. L. betont im Vorwort zum *Aeneis*-Kommentar, seine Erklärung sei einer grammatisch-rhetorischen Trad. verpflichtet [11.524] und somit als

Komplement zur philos. Interpretation der *Disputationes Camaldulenses* anzusehen. Lediglich im Proöm und in den Vorworten zu *Georgica* und *Aeneis* nennt L. die Allegorisierung der *Disputationes Camaldulenses* und unterstreicht den ethischen Nutzen der Lektüre [6.215; 231]. Der frühere Horaz-Kommentar ist ähnlich philologisch, betont aber gerade bei den *Oden* und den *Satiren* stets auch den philos. Gehalt des jeweiligen Textes; im Widmungsbrief erklärt L., Horaz vereine in sich die philos. Unterweisung und rhetorische Überzeugungskraft in idealer Weise [6.200]. Dass beide Disziplinen unauflöslich miteinander verbunden seien, betonte er in vielen seiner Werke, so bereits in der *Praefatio in Tusculanis* von 1458; im Anschluss an ähnliche Deutungen Leonardo Brunis machte er dafür Cicero zum ant. Gewährsmann [7.71–77].

Die Kommentare L.s blieben über Jahrzehnte grundlegende Standardwerke. Sein ehemaliger Schüler und späterer Kollege Angelo Poliziano feierte in einem Gedicht, das dem Horaz-Kommentar beigegeben wurde, die Befreiung des Dichters von Jahrhunderte altem Staub. In vielen Editionen des 16. Jh.s findet sich etwa L.s Vergil-Kommentar gleichberechtigt neben denen der großen spätant. Autoritäten Servius und Donat. Erst zur Mitte des 16. Jhs. wurden L.s Kommentare zunehmend ersetzt. Daneben blieb seine allegorische Deutung der *Aeneis* bis ins frühe 17. Jh. bekannt und erwies sich als wirkungsmächtig [11.546].

Schriften

[1] Disputationes Camaldulenses, Florenz 1480 (hrsg. von P. Lohe, 1980) [2] Christophori Landini Florentini in Q. Horatii Flacci libros omnes ad illustrissimum Guidonem Feltrum … interpretationes, Florenz 1482 [3] Christophori Landini Florentini P. Vergilii interpretationes, Florenz 1487 [4] Carmina omnia, hrsg. von A. Perosa, 1939 [5] De vera nobilitate (1487), hrsg. von M. Lentzen, 1970 [6] Scritti critici e teorici, hrsg. von R. Cardini, 1974.

Sekundärliteratur

[7] R. Cardini, La critica del Landino, 1973
[8] U. Ecker et al. (Hrsg.), Cristoforo Landino. Index, 1998
[9] A. Field, A Manuscript of Cristoforo Landino's First Lectures on Virgil, 1462–63 (Codex 1368, Biblioteca Casanatense, Rome), in: Renaissance Quarterly 31, 1979, 17–20 [10] A. Field, The Origins of the Platonic Academy in Florence, 1988 [11] C. Kallendorf, Cristoforo Landino's Aeneid and the Humanist Critical Tradition, in: Renaissance Quarterly 36, 1983, 519–546 [12] M. Lentzen, Studien zur Dante-Exegese Cristoforo Landinos. Mit einem Anhang bisher unveröffentlichter Briefe und Reden, 1971
[13] Ch. Pieper, Elegos redolere Vergiliosque sapere. Cristoforo Landinos Xandra zwischen Liebe und Gesellschaft, 2008 [14] U. Rombach, Vita activa und vita contemplativa bei Cristoforo Landino, 1991 [15] R. Weiss, Cristoforo Landino. Das Metaphorische in den Disputationes Camaldulenses, 1981 [16] C. Zintzen, Zur Aeneis-Interpretation des Cristoforo Landino, in: Mittellat. Jb. 20, 1985, 193–215.

Christoph Pieper

Landsberger, Benno

Österr.-dt. Altorientalist und Assyriologe. Geb. am 21.4.1890 in Friedek im damaligen Österreich-Schlesien (h. Frýdek, Tschechien), gest. am 26.4.1968 in Chicago. 1908–1913 Studium der Orientalistik in Leipzig; 1915 Prom., 1920 Habil., 1925 ao.Prof. für Assyriologie ebda.; 1928/29 o.Prof. in Marburg/Lahn; 1929 o.Prof. in Leipzig. 1935 Entlassung aus rassistischen Gründen. 1935–1948 Prof. in Ankara; ab 1948 Prof. am Oriental Institute der Univ. of Chicago [9].

Wissenschaftlicher Werdegang

Nach dem Abitur ging L., Sohn eines Fabrikteilhabers, zum Studium der Altorientalistik (»Assyriologie«) und Semitistik bei Heinrich Zimmern, Franz H. Weißbach und August Fischer nach Leipzig. Hier wurde er 1914 am Staatlichen Forschungsinstitut für Orientalistik zur Bearbeitung religionsgeschichtlicher Themen angestellt. Seine Tätigkeit wurde durch den Ersten Weltkrieg unterbrochen, an dem er in der österr. Armee teilnahm. Danach konnte er seine wiss. Arbeit fortsetzen und sich 1920 in Leipzig habilitieren. Nach der dortigen Ernennung zum ao.Prof. folgten 1928/29 ein persönliches Ordinariat in Marburg und schließlich 1929 die Berufung auf den Lehrstuhl seines Lehrers Zimmern. Als Jude wurde L. 1935 vertrieben. Im selben Jahr erhielt er eine Professur an der im Aufbau befindlichen Univ. in Ankara, 1948 schließlich wurde er an das Oriental Institute der Univ. of Chicago berufen. An allen Wirkungsstätten versammelte er einen beträchtlichen Schülerkreis um sich, von denen viele die weitere wiss. Entwicklung bestimmten.

Werk und Wirkung

L. gilt zu Recht als einer der größten, wenn nicht als der bedeutendste Altorientalist seiner Zeit. Bahnbrechende Leistungen hat er auf nahezu allen Gebieten des Faches erbracht.

Das Thema seiner Diss. [1] setzte er in der ungedruckten Habil.-Schrift fort; danach widmete er sich neben sprachlichen Problemen des Sumerischen und Akkadischen v.a. Fragen von Geschichte, Gesellschaft und Recht im alten Vorderasien. Hier erwies sich die Zusammenarbeit mit Paul ↗Koschaker als bes. fruchtbar. Bei der Erforschung der in Keilschrift überlieferten Sprachen gewann L. zahlreiche bahnbrechende Erkenntnisse; seine neue Sicht von Problemen der akkad. Grammatik z.B. hatte Auswirkungen auch auf das Verständnis anderer semitischer Sprachen. Seine Leipziger Antrittsvorlesung zur babylon. Eigenbegrifflichkeit von 1926 [2] besaß programmatischen Charakter; die Auseinandersetzung damit dauert bis zur Gegenwart an [11]. Zahlreiche von L.s Anregungen wurden von seinen Schülern fortgeführt bzw. ausgearbeitet (z.B. in W. von Sodens *Grundriß der akkad. Grammatik*, 1952 u.ö.). Interdisziplinäre Zusammenarbeit besaß für ihn große Bedeutung, nicht nur im Bereich des Keilschriftrechts [3].

Eine besondere Aufgabe sah L. seit den 1930er Jahren in der Sammlung und Ordnung der in den Keilschrifttexten erhaltenen lexikalischen Überlieferung des Sumerischen und Akkadischen. In zahlreichen daraus erwachsenen Einzelbeiträgen erforschte er Realien und Wortfelder. Die Publikation, in der Leipziger Reihe *Materialien zum sumer. Lexikon* begonnen, wurde in Chicago fortgesetzt (von den 18 vorliegenden Bänden stammen 10 überwiegend von seiner Hand; die Arbeit daran wurde von seinen Schülern fortgeführt, die ihn schon zu Lebzeiten dabei unterstützt hatten) [4]. Am letztgenannten Ort gehörte L. auch zum Herausgebergremium des seit 1956 erscheinenden *Chicago Assyrian Dictionary* [10], das ihm wesentlich mehr verdankt, als in den einzelnen Beiträgen erkennbar wird.

L. war ein anregender Forscher und Lehrer, der auf zahlreichen Gebieten Pionierarbeit geleistet und der Wiss. vom Alten Vorderen Orient neue Wege gewiesen hat [8].

SV: A.D. Kilmer, J. Renger, A Bibliography of B. Landsberger's Works, in: Journal of Cuneiform Studies 26, 1974, 183–194; D.A. Foxvog, A.D. Kilmer, Benno Landsberger's Lexical Contributions, in: Journal of Cuneiform Studies 27, 1975, 3–129.

N: Jerusalem, Hebrew University (»Landsberger Archive«), sukzessive hrsg. von M.P. Streck und N. Wasserman; online zugänglich über die Univ. Leipzig, Altoriental. Institut.

Schriften

[1] Der kultische Kalender der Babylonier und Assyrer (Leipziger semitistische Studien 6/1–2; Diss. Leipzig), 1915 [2] Die Eigenbegrifflichkeit der babylonischen Welt, in: Islamica 2, 1926, 355–372 (Ndr. 1965) [3] Die Fauna des alten Mesopotamien nach der 14. Tafel der Serie HAR.RA = Hubullu (Edition; mit I. Krumbiegel), 1934 [4] Materialien zum sumerischen Lexikon, 9 Bde. (Edition), 1937–1967 [5] Sam'al. Studien zur Entdeckung der Ruinenstätte Karatepe, 1948 [6] Brief eines Bischofs von Esagila an König Asarhaddon (Edition), 1965 [7] The Date Palm and Its By-Products According to the Cuneiform Sources, 1967.

Sekundärliteratur

[8] H.G. Güterbock (Hrsg.), Studies in Honor of Benno Landsberger, 1965 [9] J. Oelsner, Der Altorientalist Benno Landsberger (1890–1968). Wissenschaftstransfer Leipzig–Chicago via Ankara, in: S. Wendehorst (Hrsg.), Bausteine einer jüdischen Geschichte der Universität Leipzig, 2006, 269–285 [10] E. Reiner, An Adventure of Great Dimension. The Launching of the Assyrian Dictionary, 2002
[11] W. Sallaberger, Benno Landsbergers »Eigenbegrifflichkeit« in wissenschaftsgeschichtlicher Perspektive, in: C. Wilcke (Hrsg.), Das geistige Erfassen der Welt im Alten Orient, 2007, 63–82.

Joachim Oelsner

Langlotz, Ernst

Dt. Archäologe. Geb. am 6.7.1895 in Ronneburg (Thüringen), gest. am 4.6.1978 in Bonn. Gymnasium in Leipzig; Studium in Leipzig und München; Prom. 1920/21 in Leipzig. 1922/23 Assistent an der Univ. Heidelberg; 1923/24 Reisestipendiat des DAI. 1925–1931 Assistent sowie Konservator am Martin-von-Wagner-Museum in Würzburg. 1925 Habil. in Würzburg; 1931–1933 ao.Prof. in Jena; 1933–1940 o.Prof. in Frankfurt a.M.; ab 1941 o.Prof. in Bonn; 1954 Vizepräsident des DAI; 1966 Emeritierung.

Werk und Wirkung

Mit seiner Diss. zu Datierungsfragen archaischer Kunst leistete L. Grundlagenforschung von nachhaltigem Wert [1]. Methodisch richtungsweisend war L.' gattungsübergreifende Betrachtungsweise, die parallele Stilentwicklungen in der Skulptur und der Vasenmalerei implizierte. Diesem letzteren Forschungszweig blieb L. im Anschluss an seine Diss. zunächst verpflichtet, als er an der Publikation der Akropolisvasen von Franz Botho Graef mitarbeitete. 1932 publizierte er zusammen mit Walter Hahland einen Katalog der Vasen in der Würzburger Sammlung [3]. Auch später noch schrieb er gelegentlich zur Vasenmalerei [7]. Im Mittelpunkt seiner wiss. Bemühungen stand aber die griech. Skulptur. Der archaischen Plastik galten seine Untersuchungen der Koren im Rahmen des von Hans Schrader geleiteten Projekts zur Publikation der Athener Akropolis-Skulpturen [4]. Mehrfach suchte L. zur Rekonstruktion verlorener Werke der klassischen griech. Plastik durch Kombination mehrerer Kopienteile beizutragen, so in einer Abhandlung zum Typus der Athena Medici [5].

L.' wichtigste Arbeit war seine Habil.-Schrift, in der er regional- und lokalstilistische Merkmale griechischer Bildwerke des 6. und der ersten Hälfte des 5. Jh.s zu fixieren suchte [2]. Die viel beachtete, seit Erscheinen aber auch umstrittene Untersuchung postulierte, dass einzelne Orte spezielle Kunstschulen ausprägten und diese sich in der somatischen Gestaltung der Denkmäler abbildeten. Für die Vielfalt machte L. ein Konglomerat sozialer, kultureller und genetischer Bedingungen verantwortlich, wobei seine Metaphorik wie z.B. »Artung des Blutes« heute z.T. schwer nachzuvollziehen ist [15]. Um die Definition von Kunstzentren bzw. -landschaften war L. auch später noch bemüht, v.a. in zwei Monographien aus den 1960/70er Jahren [6]; [10].

L. gehörte einer Richtung an, die über einen verbreiteten Philhellenismus hinaus zu einer religiös konnotierten Hochschätzung der griech. Kultur und Kunst tendierte. Er sakralisierte insbes. die Hochklassik. Das in der klass. Skulptur manifeste ›Menschenbild‹ erklärte er aus dessen religiöser Gebundenheit und kontrastierte es mit dem atheistischen Humanismus der Römer [11]. Seine Konzentration auf die Klassik war mutmaßlich früh fundiert, da er bereits als Gymnasiast Adolf ↗Furtwänglers *Meisterwerke* gelesen hatte. Die Idealisierung der griech. Klassik wird man zugleich im Kontext des George-Kreises sehen dürfen, mit dem L. zuerst als Assistent in Heidelberg und später in Frankfurt in Kontakt kam. Umgekehrt stand er der hell. Kunst distanziert, der röm. Kunst ablehnend gegenüber. In seinen letzten Lebensjahren wandte er sich aber auch der spätant.-frühchristl. Architektur sowie der abendländischen Rezeption antiker Kunst zu [8]; [9]. Zusammen mit Ernst ↗Buschor war L. Hauptvertreter einer aus der Lebensphilosophie gespeisten Erneuerungsbewegung in der dt. Klass. Archäologie der Zwischenkriegszeit, die in der Beschäftigung mit der archaischen und klass. Kunst der Griechen ethische Orientierung suchte. Im Werk mancher seiner nicht zahlreichen Schüler (zu denen u.a. Adolf H. Borbein und Hans Lauter gehörten) hat dieser Impuls lange nachgewirkt.

Schriften

[1] Zur Zeitbestimmung der strengrotfigurigen Vasenmalerei und der gleichzeitigen Plastik (Diss. Leipzig), 1920 [2] Frühgriech. Bildhauerschulen (Habil.schrift Würzburg), 1927 [3] Griech. Vasen (Martin-von-Wagner-Museum der Univ. Würzburg, Bildkataloge 1; mit W. Hahland), 1932 [4] Die Koren, in: H. Schrader (Hrsg.), Die archaischen Marmorbildwerke der Akropolis, Bd. 1, 1939, Teil 1, 3–184 [5] Die Repliken der Athena Medici, in: Madrider Mitteilungen 1, 1960, 164–173 [6] Die Kunst der Westgriechen in Sizilien und Unteritalien, 1963 [7] Der Sinn attischer Vasenbilder, in: Wissenschaftliche Zs. der Wilhelm-Pieck-Universität Rostock. Gesellschaftswissenschaftliche Reihe 16, 1967, 473–489 [8] Der architekturgeschichtliche Ursprung der christlichen Basilika (Rheinisch-westfälische Akademie der Wiss., Geisteswiss., 162. Sitzung), 1972 [9] Griech. Kunst in heutiger Sicht (Das Abendland, N.F. 3), 1972 [10] Studien zur nordostgriech. Kunst, 1975.

Sekundärliteratur

[11] A.H. Borbein, Die Klassik-Diskussion in der Klassischen Archäologie, 230–233 [12] A.H. Borbein, Ernst Langlotz, in: Gnomon 51, 1979, 706–711 [13] W. Geominy / D. Pinkwart, Ernst Langlotz (1895–1978). Archäologie als Leidenschaft (Dokumentation zur Ausst. Bonn 1995), 1995 [14] N. Himmelmann, Nachruf auf Ernst Langlotz, in: Rheinisch-Westfälische Akademie der Wiss., Jb. 1978, 1979, 34–38 [15] D. Kreikenbom, Ernst Langlotz' Frühgriech. Bildhauerschulen, in: »Kunsttopographie«. Theorie und Methode in der Kunstwissenschaft und Archäologie seit Winckelmann (2. Heft des Stendaler Arbeitskreises für Theorie und Geschichte der Kunstgeschichtsschreibung), 2003, 27–30 [16] D. Mehl et al., In memoriam Ernst Langlotz. Reden, gehalten am 8. Februar 1979 bei der Gedenkfeier der Universität Bonn, 1980 [17] P. Noelke / D. Pinkwart (Hrsg.), Bibliographie Ernst Langlotz, 1895–1978, 1981.

Detlev Kreikenbom

Langosch, Karl

Dt. Mittellat. Philologe und Germanist. Geb. am 11.4.1903 in Berlin, gest. am 10.3.1992 in Jugenheim an der Bergstraße. Studium der Germanistik und ma. Philologie in Berlin und Tübingen, dort 1931 Prom. zum Dr. phil. 1929–1936 Assistent an der Preuß. Akad. der Wiss. in Berlin; ab 1936 Lehrbeauftragter an der Berliner Univ.; 1941 Habil. 1948 Hochschuldozent in Berlin; 1953 ebda. apl.Prof. Ab 1957 ao.Prof. am Pädagogischen Institut Darmstadt; 1958 ao.Prof., ab 1963 o.Prof. an der Univ. Köln und dort Leiter der ma. Abteilung am Institut für Altertumskunde; 1969 emeritiert.

Werdegang und Werk

L., von Hause aus Germanist, hielt seit 1936 auf dem Gebiet des Mittellateinischen Lehrveranstaltungen an der Berliner Univ. 1941 habilitierte er sich mit der kommentierten Ausgabe des *Registrum multorum auctorum* Hugos von Trimberg. 1943–1955 übernahm er die Herausgeberschaft von Wolfgang Stammlers *Verfasserlexikon* zur dt. Literatur des MA. Durch L. gewann die mittellat. Forschung und Lehre in Darmstadt, dann Köln ein akad. Lehramt; durch ihn angeregt entstanden zwölf Diss. und vier Habilitationen. 1964 begründete er das *Mittellat. Jahrbuch* mit den nachfolgenden Beiheften (ab 1968) und den *Mittellat. Studien und Texten* (ab 1965).

Programmatisch benutzte L. das von Wolfram von den Steinen geprägte Begriffspaar »Muttersprache – [lat.] Vatersprache« zum Ausdruck des ma. Nebeneinanders der beiden Sprachbereiche. Hervorzuheben sind seine Arbeiten zum *Waltharius* (u.a. [4]). L.s Alterswerk [7] ist eine Geschichte der europ. Literatur vom 6. Jh. bis um 1200. Darüber hinaus trat er auch als Übersetzer (u.a. von Dramen Hrosvithas von Gandersheim, 1964 u.ö., und den Liedern des Archipoeta, 1965 u.ö.) sowie als Herausgeber von mittellat. Texten hervor (z.B. *Waltharius*, lat. und dt. 1956 u.ö.). Freunde und Fachgenossen ehrten L. in Festschriften zum 60. und 70. Geburtstag; die wichtigsten seiner Aufsätze sind in [5] leicht greifbar. Seine Bibl. wurde an der Univ. Jena Grundlage für die Einrichtung einer mittellat. Forschungsstätte. Seine Kinder verwalten seinen Nachlass.

SV: Karl Langosch. Verzeichnis seiner Veröffentlichungen, in: Mittellat. Jb. 28/1, 1994, 157–170.

Schriften

[1] Wilhelm Meyer aus Speyer und Paul von Winterfeld. Begründer der mittellat. Wissenschaft (mit Bibliographie), 1936 [2] Lat. Mittelalter. Einleitung in Sprache und Literatur, 1963 [3] Profile des lat. Mittelalters, 1965 [4] Waltharius. Die Dichtung und die Forschung, 1973 [5] K.S., hrsg. von P. Klopsch et al., 1986 [6] Europas Latein des Mittelalters. Wesen und Wirkung. Essays und Quellen, 1990 [7] Mittellatein und Europa. Führung in die Hauptliteratur des Mittelalters, 1990 (Ndr. 1997).

Sekundärliteratur

[8] L. Denecke, Karl Langosch zum Gedenken: 1903–1992, in: Mittellat. Jb. 27, 1992, 1–4 [9] F.-R. Hausmann, Das Fach Mittellateinische Philologie an den deutschen Universitäten von 1930–1950, 2010.

Peter Hibst

Laqueur, Richard

Dt. Althistoriker und Klass. Philologe. Geb. als Richard Albrecht L. am 27.3.1881 in Straßburg, gest. am 25.11.1959 in Hamburg. Ab 1898 Studium der Klass. Phil. und Gesch. in Bonn und Straßburg bei Eduard ↗Schwartz und Bruno Keil; 1904 Prom. an der Kaiser-Wilhelm-Univ. in Straßburg; 1907 Habil. in Göttingen. Ab 1909 ao.Prof. für Klass. Phil. in Straßburg, ab 1912 o.Prof. ebda. 1914–1918 Offizier. 1912–1930 o.Prof. für Alte Gesch. in Gießen, 1922/23 Rektor ebda., ab 1930 in Tübingen; 1932 Ruf an die Martin Luther-Univ. Halle-Wittenberg. 1936 wegen seiner jüd. Herkunft in den Ruhestand versetzt. 1939 Emigration in die USA. 1947 Scheitern der Rückberufung nach Halle; 1952 Übersiedlung nach Hamburg, 1959 Honorarprof. ebda.

Werdegang, Werk und Wirkung

L.s Vater Ludwig L. war Augenarzt und Universitätsprof. in Straßburg und seit 1875 konfessionslos, L. selbst wurde evangelisch getauft. Man darf L. als einen dt.-national gesinnten Patrioten bezeichnen; 1899/1900 diente er als Einjährig-Freiwilliger im Feldartillerieregiment Straßburg. Nach Lehrgängen wurde er 1904 zum Leutnant, 1913 zum Oberleutnant der Reserve befördert. Im Ersten Weltkrieg stand er ununterbrochen im Feld, zuletzt im Rang eines Hauptmanns. Als ehemaliger Kriegsteilnehmer, der hohe Kriegsorden und Ehrenzeichen erhielt, konnte L. nach der Machtübernahme der Nationalsozialisten zunächst noch im Amt bleiben, zum 1.1.1936 wurde er jedoch in den Ruhestand versetzt. Im Januar 1939 emigrierte L. ohne seine dt. Frau Magda in die USA (nach San Francisco zu seinem Sohn). In der Neuen Welt gelang es ihm nicht, Anschluss an die etablierte Wiss. zu finden. Sein Ms. über *Science and Imagination* (mit Kapiteln zu Shakespeare, Goethe und Beethoven) blieb ungedruckt. Seit 1946 suchte er auf seinen alten Lehrstuhl nach Halle zurückzukehren. Obwohl sich Rektor und Dekan, der Alttestamentler Otto Eißfeldt und der Klass. Archäologe Herbert Koch für ihn einsetzten, scheiterte die Rückberufung am Ministerium für Volksbildung, Kunst und Wiss. in der damaligen sowjetischen Besatzungszone. L. hatte 1918/19 während der Räte-Unruhen in Gießen eine Studentenkompanie aufgestellt, was ihm als polit. Belastungsmoment ausgelegt wurde.

Der Schwerpunkt von L.s Arbeiten liegt auf quellenkritischen Untersuchungen zu ant. Historikern: Polybios [2], Josephos [3], Eusebios [5] und Diodor (Nachlass). Mit Adolf von ↗Harnack und gegen Eduard ↗Norden ging L. von der Echtheit des sog. *testimonium Flavianum* (*Antiquitates Iudaicae* 18, 63 f.) aus. Um sicherzugehen, dass seine *Jüd. Altertümer* der Nachwelt erhalten bleiben würden, habe sich demnach Josephos diesen Passus von einem Christen diktieren lassen. L.s bedeutendster Schüler war Fritz ↗Heichelheim.

Schriften

[1] Quaestiones epigraphicae et papyrologicae selectae, 1904 (Ndr. 1970) [2] Polybius, 1913 (Ndr. 1974) [3] Der jüdische Historiker Flavius Josephus. Ein biographischer Versuch auf neuer quellenkritischer Grundlage, 1920 (Ndr. 1970) [4] Epigraphische Untersuchungen zu den griech. Volksbeschlüssen, Leipzig 1927 [5] Eusebius als Historiker seiner Zeit, 1929 [6] Diodors Geschichtswerk. Die Überlieferung von Buch I–V. Aus dem Nachlaß hrsg. von K. Brodersen (Studien zur Klass. Philologie 71), 1992.

Sekundärliteratur

[7] Christ, RömGG 176–177 [8] V. Losemann, Nationalsozialismus und Antike. Studien zur Entwicklung des Faches Alte Geschichte 1933–1945, 1977, 39–40.

Kay Ehling

Laroche, Emmanuel

Franz. Altorientalist und Hethitologe. Geb. am 11.7.1914 in Clamart, gest. am 16.6.1991 in Paris. 1936–1939 École normale supérieure, 1939 Agrégation de grammaire (Staatsexamen); 1940–1942 Lehrer am Gymnasium in Chartres. 1942–1945 Assistent an der Univ. von Nancy; 1946–1972 Prof. für vergleichende Grammatik an der Univ. Straßburg und parallel Lehre an der École pratique des hautes études (EPHE) in Paris; 1954–1982 Direktor der fünften Sektion (Religionswiss.) der EPHE. 1965–1975 Direktor des Institut français d'archéologie in Istanbul; ab 1972 Mitglied der Acad. des inscriptions et belles-lettres; 1973 Ruf auf den Lehrstuhl für Sprachen und Kulturen Kleinasiens am Collège de France. Assoziiertes Mitglied der Akad. von Wien und Ljubljana, seit 1984 korrespondierendes Mitglied der Brit. Acad.; Mitglied der türk. Histor. Gesellschaft.

Werdegang und Werk

Schon während seines sehr breit angelegten Studiums der klass. Sprachen und der histor.-vergleichenden Sprachwiss. galt L.s Interesse bes. der keilschriftlichen Überlieferung Kleinasiens, doch ohne Vernachlässigung der altoriental. Überlieferung insgesamt. In seinem ungemein breiten Œuvre nehmen neben histor. und religionswiss. Themen v.a. sprachwiss. Arbeiten eine zentrale Stelle ein; hier legte er seit seinem frühen Forscherleben grundlegende Studien nicht nur zum Hethitischen, Luwischen oder Hieroglyphenluwischen, sondern auch zu den nicht-indoeurop. Sprachen wie Hattisch [1] und Hurritisch [7] vor. L.s immense Arbeitsleistung schlug sich darüber hinaus in einer Reihe von Handbüchern und Sammlungen nieder, u.a. zu den heth. Namen [5], dem hurritischen Wortschatz [7], in einem Lexikon der hieroglyphenluwischen Schrift [3] und einer Sammlung und Übersetzung von mythol. Texten [4]. Seine thematische Gliederung der gesamten Überlieferung aus den Tafelsammlungen der heth. Hauptstadt Hattusa, der *Catalogue* [6], dient bis heute als Referenzwerk. L. war zweifellos neben Hans Gustav ↗Güterbock und Heinrich Otten einer der bedeutendsten Hethitologen und Altanatolisten der zweiten Hälfte des 20. Jh.s; er trug dazu bei, das Fach in seiner ganzen Breite als eigenständige philol. Disziplin zu etablieren.

Schriften

[1] Études »protohittites«, in: Revue d'assyriologie et d'archéologie orientale 41, 1947, 67–98 [2] Dictionnaire de la langue louvite (Bibliotheque archéologique et historique de l'Institut français d'archéologie d'Istanbul 6), 1959 [3] Les hiéroglyphes hittites, 1960 [4] Textes mythologiques hittites en transcription (mythologie anatolienne), in: Revue hittite et asianique 23, 1965, 61–178 [5] Les noms des Hittites (Études linguistiques 4), 1966 [6] Catalogue des textes hittites, 1971 [7] Glossaire de la langue hourrite, 2 Bde. (Revue hittite et asianique 34–35), 1976–1977.

Sekundärliteratur

[8] E. Akurgal et al., Florilegium Anatolicum. Mélanges offerts à Emmanuel Laroche (FS), 1979.

Jörg Klinger

Laskaris, Janos (Andreas Johannes)

Giano (Andrea Giovanni) Lascari(s), griech. Philologe. Geb. 1445 in Konstantinopel, gest. am 7.12. 1534 in Rom. Bruder von Konstantinos ↗Laskaris. Nach der osman. Belagerung Konstantinopels (1453) Flucht auf die Peloponnes und nach Kreta; 1463 Übersiedlung nach Italien mithilfe Basilius ↗Bessarions. Studium in Padua; um 1475 bis 1496 Aufenthalt in Florenz; Lateinstudium am Studio Fiorentino und Griechischunterricht an einer öffentlichen Schule. 1491/92 Reisen nach Griechenland zum Erwerb von Hss. im Auftrag Lorenzos de' Medici; 1494–1496 Editionstätigkeit. 1496–1513 bildungspolit. und diplomatische Missionen für den franz. Königshof in Paris, Mailand und Venedig; 1513–1518 Leitung des griech. Gymnasiums in Rom im Auftrag Papst Leos X.; 1530–1534 Tätigkeit in Rom als Lehrer, Kopist und Editor.

Werk und Wirkung

L. stammte aus einem byz. Herrschergeschlecht. Zur Verbreitung der griech. Literatur im Westen trug er durch die Beschaffung von Mss., seine Lehrtätigkeit, seinen Einsatz für Schulen der griech. Sprache in Paris, Florenz und Mailand sowie durch seine Tätigkeit als Herausgeber und Übersetzer griech. Texte bei. Sein bedeutendster Schüler war Marcus ↗Musurus. Ergebnisse von L.s editorischer Tätigkeit waren die Erstausgaben der *Anthologia Planudea*, einiger Tragödien des Euripides, der *Hymnen* des Kallimachos, der *Argonautiká* des Apollonios von Rhodos und der Dialoge Lukians. *Anthologia*, Euripides und *Argonautiká* sind in von L. entworfenen klassizistischen Majuskeln gedruckt [5.55–60]. Ins Lateinische übersetzt hat L. u.a. Orphische Hymnen, Hymnen des Proklos sowie einen Auszug aus Polybios [4.789]; [7.432 f.], darüber hinaus Abschnitte aus verschiedenen Historikern, die als Zwischenstufe für die franz. Übersetzungen Claude de Seyssels dienten [3.565 f.].

L. verfasste griech. und lat. Epigramme in antiker Trad. über zeitgenössische Themen [1] sowie griech., lat. und volkssprachige Briefe und Reden [7.379–425]. Bemerkenswert ist insbes. eine im florent. *Studio* gehaltene lat. Rede, in der er, u.a. von Dionysios von Halikarnass ausgehend, für die Überlegenheit der griech. Sprache und Literatur über die röm. argumentierte sowie für die Entwicklung der lat. Sprache aus der griechischen [6].

Schriften

[1] Epigrammi, hrsg. von A. Meschini, 1976.

Sekundärliteratur
[2] Art. Laskaris, Ioannes Rhyndakenos, in: E. Trapp et al., Prosopographisches Lex. der Palaiologenzeit, Bd. 2.6, 1980, 147 [3] R. Boone, Claude de Seyssel's Translations of Ancient Historians, in: Journal of the History of Ideas 61, 2000, 561–575 [4] M. Ceresa, Art. Lascaris, Giano, in: DBI 63, 2004, 785–791 [5] M. Manusakas, Ianos Laskaris (1445–1534), in: Graecogermania. Griechischstudien deutscher Humanisten (Ausst. Wolfenbüttel), 1989, 50–60 [6] A. Meschini, La prolusione fiorentina di Giano Laskaris, in: Miscellanea di studi. FS V. Branca, Bd. 3.1, 1983, 69–113 [7] A. Pontani, Per la biografia, le lettere, i codici, le versioni di Giano Lascaris, in: M. Cortesi / E. Maltese (Hrsg.), Dotti bizantini e libri greci nell'Italia del secolo XV, 1992, 363–433.

Beate Hintzen

Laskaris, Konstantinos

Lascari(s), Constantino; byz. Humanist, Lehrer und Kopist. Geb. 1434/35 in Konstantinopel, gest. 1501 in Messina. 1444–1453 Schüler von Johannes ↗Argyropoulos in Konstantinopel; nach der osman. Eroberung Konstantinopels (1453) zunächst Reisen durch Rhodos, Thessalien und Kreta; von 1458 bis zu seinem Tod Griechischlehrer, Sammler und Kopist von griech. Handschriften sowie Verfasser von griech. Lehrwerken in mehreren Städten Italiens.

Lehrtätigkeit

Ende 1458 ließ sich L. als Privatlehrer in Mailand nieder, wo er bald in den Dienst des Herzogs Francesco Sforza als Griechischlehrer für dessen Tochter Hippolyta eintrat. 1463 wurde er gegen das Votum Francesco ↗Filelfos zum Griechischlehrer der Stadt Mailand ernannt. Nach einem kurzen Lehraufenthalt 1464 in Ferrara (danach evtl. auch in Florenz) kam L. 1465 nach Neapel, wo Ferdinand von Aragon ihn zum Prof. für Rhetorik ernannte und ihn damit beauftragte, seine Schüler an die Lektüre griechischer Autoren heranzuführen. 1467 wurde L. von Kardinal Basilius ↗Bessarion auf den Lehrstuhl für Griechisch am Kloster San Salvatore in Messina berufen, wo er spätestens ab 1481 auch Latein lehrte; eine Einladung von Ludovico Sforza, nach Mailand zurückzukehren, lehnte er 1480 ab. Zu seinen Schülern in Messina zählte Pietro ↗Bembo.

Werk und Wirkung

L. verfasste eine griech. Grammatik in Dialogform, die 1496 von Dionysius Paravisinus in Mailand als erstes komplett griech. Buch in Italien gedruckt wurde [1]. Das Werk erfuhr zahlreiche Auflagen; 1494–1495 erschien es unter dem Titel *Erōtē̄mata* (Fragen) erstmals mit lat. Übersetzung bei Aldus ↗Manutius in Venedig [2]. In zahlreichen kleinen Schriften beschäftigte sich L. zudem mit der orphischen Literatur [5.33–61], der Rhetorik [5.62–79] und der byz. Historiographie [4], daneben sammelte er medizinische Rezepte, lit. Epigramme, Inschriften und Proverbien [5.120–155]. Überliefert sind auch zwei Listen mit Desiderata der griech. Literatur, die er für seine Bibl. erwerben wollte [5.255–273], sowie einige lit. Briefe von seiner Hand [3], u.a. an seinen Mailänder Schüler Giorgio ↗Valla, mit dem ihn lange Freundschaft verband [5.156–174]. Durch einen Brief Bembos an L. sind auch Kontakte zu Angelo ↗Poliziano belegt.

Als Sammler und Kopist von Hss. sowie durch seine Lehrtätigkeit leistete L. einen wichtigen Beitrag zum griech. Humanismus in Italien und damit zur Erhaltung des kulturellen Erbes der griech. Antike. Etwa die Hälfte seiner umfangreichen Bibl. wird heute in der Nationalbibl. von Madrid aufbewahrt.

Schriften
[1] Epitomē̄ tōn oktṓ tu lógu merṓn kai állōn tinṓn anankaíōn ..., Mailand 1476 [2] Erōtē̄mata [= Epitomē̄ tōn oktṓ tu lógu merṓn ...], Venedig ²1494–1495 [3] Epistola ad Joannem Gatum. De scriptoribus Graecis patria Siculis etc., in: J.-P. Migne (Hrsg.), Patrologiae cursus completus. Series Graeca 161, 1866, 907–970 [4] Anékdotos sýnopsis historíōn, hrsg. von S.P. Lampros, 1910.

Sekundärliteratur
[5] T. Martinez Manzano, Konstantinos Laskaris. Humanist, Philologe, Lehrer, Kopist, 1994 [6] N.G. Wilson, From Byzantinum to Italy. Greek Studies in the Italian Renaissance, 1992, 120–123.

Sonja Schönauer

Latte, Kurt

Dt. Klass. Philologe. Geb. am 9.3.1891 in Königsberg, gest. am 18.6.1964 in Tutzing. Studium der Klass. Philologie in Königsberg, Bonn und Berlin; Prom. 1913 in Königsberg; Habil. 1920 in Münster. 1923 Prof. für Klass. Phil. in Greifswald, ab 1926 in Basel; ab 1931 Lehrstuhl in Göttingen; 1935 Zwangsemeritierung. 1945–1957 wieder Prof. in Göttingen; danach bis zum Tod in Tutzing.

Werdegang, Werk und Wirkung

L., Sohn eines jüd. Arztes, studierte Klass. Philologie in Königsberg, Bonn und Berlin, wo er Schüler von Ulrich von ↗Wilamowitz-Moellendorff und Hermann ↗Diels wurde. Er wurde 1913 über rituelle Tänze in griech. Kulten promoviert [1]. Nach dem Kriegsdienst war er Assistent an der Univ. Münster und habilitierte sich dort 1920 über das griech. sakrale Recht [2]. 1923 wurde L. Prof. in Greifswald, 1926 in Basel. 1931 erhielt er den Lehrstuhl für Klass. Philologie Eduard ↗Fraenkels in Göttingen. Als Jude wurde L. 1935 zwangsemeritiert. Bis 1945 lebte er anonym meist in Hamburg; 1937/38 war er Gastprof. in Chicago. 1943 in Osterode im Harz halfen ihm Bruno ↗Snell und Konrat ↗Ziegler, der ihn auch versteckte, obwohl er wegen seines Eintretens für Juden bereits zuvor zu einer Gefängnisstrafe verurteilt worden war. 1945 kehrte L. nach Göttingen zurück und lehrte dort bis 1957, ohne sich – möglicherweise aus polit. Gründen – für den »roten Ziegler« einzusetzen [11.265 f.]. Mit der Edition des Lexikons des Hesychios [3] und der *Röm. Religionsgeschichte* [4], in der er die These der fortschreitenden Politisierung des röm. Sakralwesens vertrat [7], erwarb sich L. bleibende Verdienste für die Alt.wiss. Daneben verfasste er zahlreiche Aufsätze zu Kaiser Julian, Vergil und Horaz, auch für ein breiteres Publikum [5]. 1949–1954 leitete er die Göttinger Akad. und bemühte sich erfolgreich um Verbindungen zum Ausland, sodass die dt. Akademien 1951 wieder in die *Union Académique Internationale* aufgenommen wurden. Zu seinen Schülern zählten u.a. Olof ↗Gigon, Wolfgang Buchwald, Wolfgang ↗Kunkel, Günther Patzig und Albrecht Dihle.

Schriften

[1] De saltationibus Graecorum capita V (Diss. Berlin), 1913 [2] Heiliges Recht (Habil.schrift Münster), 1920 [3] Hesychii Alexandrini Lexicon, Bde. 1 und 2 (Edition), 1952–1966 [4] Röm. Religionsgeschichte (Hdb. der Altertumswissenschaft 5/4), 1960 (u.ö.) [5] K.S. zu Religion, Recht, Literatur und Sprache der Griechen und Römer, hrsg. von O. Gigon et al., 1968.

Sekundärliteratur

[6] C.J. Classen, Kurt Latte, Professor der Klassischen Philologie 1931–1935, 1945–1957, in: C.J. Classen (Hrsg.), Die Klassische Philologie an der Georg-August-Universität Göttingen, 1989, 197–233 [7] H. Dörrie, Art. Latte, Kurt, in: NDB 13, 1982, 685–686 [8] H. Gärtner, »Allen Gewalten zum Trotz sich erhalten!«, in: Göttinger Forum für Altertumswissenschaft 5, 2002, 185–219 [9] R. Stark, Kurt Latte, in: Gnomon 37, 1965, 215–219 [10] A. Szabó, Vertreibung, Rückkehr, Wiedergutmachung. Göttinger Hochschullehrer im Schatten des Nationalsozialsismus, 2000, 108–116 [11] C. Wegeler, »...wir sagen ab der internationalen Gelehrtenrepublik«. Altertumswissenschaften und Nationalsozialismus. Das Göttinger Institut für Altertumskunde 1921–1962, 1996.

Dietmar Schmitz

Lauffer, Siegfried

Dt. Althistoriker und Epigraphiker. Geb. am 4.8.1911 in Stuttgart, gest. am 2.4.1986 in München. Ab 1930 Studium der Klass. Phil., der Alten Gesch., der Germanistik, der Sozial- und Wirtschaftsgesch. an den Univ. Tübingen, Berlin und Wien; hier 1934 Prom. bei Adolf Wilhelm. 1936–1946 Schuldienst; daneben 1937–1942 topographische und epigr. Studien in Griechenland; 1941 Mitarbeiter im Sonderstab Richard ↗Harders zur griech. Altertumskunde [17.157 f.]. 1945 Habil. in Berlin; 1949 Privatdozent an der Univ. München; 1953 a.o.Prof. ebda.; 1967–1979 o.Prof. für Alte Gesch. mit Schwerpunkt Sozial- und Wirtschaftsgesch. Ab 1938 Mitarbeit am Internationalen Kongress der Epigraphik; ab 1952 Mitglied der Kommission für Alte Gesch. und Epigraphik des DAI in München.

Werk und Wirkung

L. legte für die griech. Topographie und Epigraphik wichtige Studien vor (z.B. [11]; [14]). Seine Landeskenntnisse der Alten Welt setzte er in kartographischen Arbeiten um (z.B. [5]; [7]). Didaktisches Geschick beweisen seine erfolgreichen Zusammenfassungen zur Alten Geschichte (insbes. [2]; [8]; [13]) wie auch seine zahlreichen Artikel im Lexikon der Alten Welt, im Brockhaus und in der RE (vgl. die Liste [15. XIII–XVIII]). Seine sozialen und ökonomischen Interessen, bereits in seiner Prom. [1] angelegt, erstreckten sich auf Bürgerstatus und ant. Sklaverei [4]; [6]; [12], insbes. auf die sozialen und technischen Bedingungen des ant. Bergbaus [10]; [3]. Der ant. Wirtschaft versuchte er ein verlässliches Datenfundament zu geben, einmal durch eine Sammlung von ant. Löhnen und Preisen [16.152 f.], zum anderen durch die Edition und Kommentierung des diokletianischen Preisediktes [9]. L. war ein erfolgreicher und begeisternder Lehrer [15]; [16] und neben Friedrich ↗Oertel der wichtigste Vertreter der ant. Wirtschaftsgeschichte in Deutschland nach dem Zweiten Weltkrieg.

Schriften

[1] Die platonische Agrarwirtschaft, in: Vierteljahrschrift für Sozial- und Wirtschaftsgeschichte 29, 1936, 233–269 [2] Abriß der antiken Geschichte, 1956 (u.ö.) [3] Die Bergwerkssklaven von Laureion, 2 Bde., 1956–1957 (^{2}1979) [4] Die Bedeutung des Standesunterschiedes im klassischen Athen, in: HZ 185, 1958, 497–514 [5] (Hrsg.) Das klassische Griechenland (Karte), 1961 (^{3}1974) [6] Die Sklaverei der griech.-röm. Welt, in: Gymnasium 68, 1961, 370–395 [7] Das Reich Alexanders des Großen (Karte), 1966 [8] Alexander der Große, 1971 (^{2}1981 u.ö.) [9] Diokletians Preisedikt (Edition), 1971 [10] Das Bergbauprogramm in Xenophons Poroi, in: Miscellanea Graeca 1, 1975, 174–194 [11] Inschriften aus Böotien (Edition), in: Chiron 6, 1976, 11–51 [12] Polites, in: Ch. Welskopf (Hrsg.), Soziale Typenbegriffe im Alten Griechenland, Bd. 3, 1981, 376–384 [13] Daten der griech.-röm. Geschichte, hrsg. von K. Brodersen, 1987 [14] (Hrsg.) Griechenland, Lex. der historischen Stätten, 1989.

Sekundärliteratur

[15] Studien zur Alten Geschichte. S. Lauffer zum 70. Geburtstag dargebracht von Freunden, Kollegen und

Schülern, 3 Bde., hrsg. von H. Kalcyk und B. Gullath, 1986 [16] H. Beister, Siegfried Lauffer, in: J. Seibert (Hrsg.), 100 Jahre Alte Geschichte an der Ludwig-Maximilians-Universität München (1901–2001), 2002, 137–160 [17] V. Losemann, Nationalsozialismus und Antike, 1977.

Hans Kloft

Laum, Bernhard

Dt. Klass. Philologe und Klass. Archäologe. Geb. am 12.4.1884 in Velen, gest. am 22.10.1974 in Marburg. Studium der Klass. Phil. und Arch. in Bonn, München und Straßburg, dort Prom. [10]; [7]; 1917 Habil. in Frankfurt am Main. 1923 Lehrstuhl für Nationalökonomie an der Akad. Braunsberg; 1936–1953 Prof. für Wirtschaftswiss. in Marburg.

Werdegang, Werk und Wirkung

L. studierte Klass. Philologie und Archäologie bei August Brinkmann, Anton Elter und Georg ↗Loeschcke, in München u.a. bei Otto Crusius und Adolf ↗Furtwängler sowie in Straßburg bei Bruno Keil, Richard ↗Reitzenstein und Adolf ↗Michaelis. Als Stipendiat des DAI reiste er u.a. nach England und Italien. Die 1908 bei Keil angefertigte Diss., 1914 publiziert, enthält eine Sammlung von Quellen, v.a. Inschriften aus der Zeit vom 5. Jh. v. Chr. bis zum 5. Jh. n. Chr. zum Stiftungswesen [1]. L.s Habil.-Schrift behandelt den sakralen Ursprung des Geldes [4]; danach verfasste er noch weitere Beiträge zum ant. Finanz- und Bankenwesen. Nach seiner Habil. wurde er Ordinarius für Nationalökonomie an der Akademie in Braunsburg, der er wichtige Impulse gab [6]. Ab 1936 lehrte er Wirtschaftswiss. in Marburg.

Hohen Bekanntheitsgrad erzielte L. mit seiner Arbeit zum Ursprung des Geldes [4]; eine positive Aufnahme der Theorie findet sich z.B. bei Louis ↗Gernet [10.272]. Dieses Werk hatte Einfluss auch auf die Gabentauschdebatte [9.37–44, 328]. Für seine wirtschaftshistor. Ansätze und die Verknüpfung mit Erkenntnissen verschiedener Einzeldisziplinen wie etwa der Religionswiss. wurde L. vonseiten der Alt.wiss. (u.a. von Ulrich ↗Kahrstedt [10.269]) kritisiert [7.1856]; [5]. In der Wirtschaftswiss. findet L. heute kaum noch Beachtung [10.272]. Bedeutende akad. Schüler der Klass. Philologie hatte L., obwohl er sich auch mit philol. Fragestellungen beschäftigte [2], nicht. Seine Diss. jedoch gilt bis heute als Standardwerk [10]; [8.179].

Schriften

[1] Über griech. und röm. Stiftungen, 2 Bde. (Edition mit Übers. und kommentierender Einl.), 1914 (Ndr. in einem Bd. 1964) [2] Alexandrinisches und byzantinisches Akzentuationssystem, in: RhM 73, 1920–1924, 1–34 [3] Das Eisengeld der Spartaner, 1924 (²1925) [4] Heiliges Geld. Eine historische Untersuchung über den sakralen Ursprung des Geldes (Habil.-Schrift Frankfurt 1917), 1924.

Sekundärliteratur

[5] Ch. Blinkenberg, Rez. zu »Heiliges Geld« und »Das Eisengeld der Spartaner«, in: Gnomon 2, 1926, 102–109 [6] B. Faensen, Das »Antik-Archäologische Kabinett« am Lyceum Hosianum in Braunsberg, in: Pegasus. Berliner Beiträge zum Nachleben der Antike 2, 2000, 61–87 [7] B. Faensen, Art. Bernhard Laum, in: K. Bürger (Hrsg.), Altpreußische Biographie, Bd. 5/2, 2007, 1855–1856 [8] S. von Reden, Money in Classical Antiquity, 2010 [9] B. Wagner-Hasel, Der Stoff der Gaben. Kultur und Politik des Schenkens und Tauschens im archaischen Griechenland, 2000 [10] A. Wittenburg, Bernhard Laum und der sakrale Ursprung des Geldes, in: Flashar Alt.wiss. 1995, 259–274.

Hans-Ulrich Berner/Marcel Humar

Layard, Austen Henry

Brit. Archäologe und Diplomat. Geb. am 5.3. 1817 in Paris, gest. am 5.7.1894 in Venedig. 1845 Ausgrabungen in Nimrud, ab 1849 Ausgrabungen in Kujundjik (Ninive). Ab 1852 Engagement in öffentlichen Ämtern: 1852 Member of Parliament (Liberal Party); 1860 erneut Member of Parliament; 1860–1866 Under-Secretary of Foreign Affairs; 1868 First Commissioner of Works und Mitglied des Privy Council (Kronrats). 1869 brit. Botschafter in Spanien, ab 1877 in Konstantinopel. 1866 Trustee der National Gallery. Ehrendoktorat of Civil Law (D.C.L.) der Univ. Oxford. 1855 Lord Rector der Univ. von Aberdeen. Ab 1884 Ruhestand in Venedig.

Werdegang und Werk

L. entstammte einer brit. Familie hugenottischen Ursprungs; sein Vater war im *Ceylon Civil Service* tätig. Seine Kindheit war durch häufige Reisen der Familie (v.a. in Frankreich und Italien) geprägt. Der Verlust des Familienvermögens zwang ihn im Alter von 17 Jahren, eine Stelle als Gehilfe in der Rechtsanwaltskanzlei seines Onkels Benjamin Austin in London anzutreten. 1840 begleitete L. einen Familienfreund bei einer Geschäftsreise nach Ceylon über die Landroute durch den Nahen Osten. Bei Mosul erblickte er zum ersten Mal die ant. Ruinen Assyriens, die damals nur durch die Bibel bekannt waren. In Bagdad entschied er sich dazu, weiter durch die pers. Bachtiari-Berge zu reisen. Nach einer gefährlichen Strecke unter aufrührerischen Stämmen wurde L. vor den brit. Botschafter in Konstantinopel, Sir Stratford Canning, geladen. Dieser erkannte das Potential des jungen Abenteurers und stellte ihn als

Sekretär ein, wobei L. jedoch seinen Traum, eine Ausgrabung in Assyrien durchzuführen, nicht aufgab.

Der franz. Konsul in Mosul, Paul-Émile ↗Botta, hatte am Hügel von Khorsabad gegraben und dabei 1843 den ersten assyr. Palast entdeckt. Vor dem Hintergrund der latenten engl.-franz. Entdeckerrivalität konnte L. Canning überzeugen, 1845 Ausgrabungen in Nimrud zu finanzieren. Hier entdeckte L. den Palast des Königs Assurnasirpal II. (858–824 v. Chr.) nebst Reliefs und Rundplastik sowie assyr. Monumentalinschriften [4]. Die Funde wurden auf dem Tigris nach Basra und von dort nach London an das British Museum geschickt. L. selbst kehrte 1847 nach London zurück, von wiss. und populärer Anerkennung gekrönt. Er schrieb das erste seiner vielen erfolgreichen Bücher über seine Abenteuer [2]. 1849 reiste er, nun ausreichend finanziert, wieder nach Mosul. Diesmal nahm er den Hügel Kujundjik in Angriff, und damit das bisher unerkannt gebliebene Ninive [3]; [6]; [5]; hier legte er den 71 Räume umfassenden Palast des Königs Sanherib (704–680 v. Chr.) frei, wiederum mit zahlreichen Reliefs und beschrifteten Tontafeln. Sein Assistent Hormuzd Rassam sollte dort kurz danach den Palast Assurbanipals (668–626 v. Chr.) entdecken.

L.s arch. Karriere endete 1852. Während der nächsten dreißig Jahre engagierte er sich polit. und übte Regierungsämter aus. Seine wechselhaften polit. Verbindungen und seine Unterstützung des im Verfall begriffenen Osmanenreiches sorgten für einige Feindschaften, darunter auch die Ablehnung durch Königin Victoria. Ab 1869 war L. brit. Botschafter in Spanien, ab 1877 in Konstantinopel. Nach einem fehlgeschlagenen Versuch, zum Botschafter in Rom ernannt zu werden, ging er 1884 in den Ruhestand.

Mit seiner Ehefrau Enid verbrachte L. seine letzten Jahre in Venedig. In dieser Zeit arbeitete er u. a. an seinen Memoiren [8]; [7] und empfing regelmäßigen Besuch in seinem stattlichen Wohnhaus am Canale Grande. 1866 gründete er die *Compagnia Venezia Murano*, eine Glasmanufaktur. L.s Freundschaft mit Giovanni Morelli, dem Begründer der modernen Kunstkritik, brachte ihm eine große Sammlung venezianischer Gemälde ein (z.B. Gentile Bellinis Porträt Mahmouds II.). 1892 vermachte er seine bedeutende Kunstsammlung der *National Gallery* in London.

M: [8].

Schriften

[1] Inquiry into the Painters and Arts of the Ancient Assyrians, 2 Bde., 1848–1849 [2] Nineveh and Its Remains. With an Account of a Visit to the Chaldaean Christians of Kurdistan, and the Yezidis, or Devil-Worshippers; and an Inquiry into the Manners and Arts of the Ancient Assyrians, 2 Bde., 1849 [3] The Monuments of Nineveh, from Drawings Made on the Spot, 2 Bde., 1849–1853 [4] Inscriptions in the Cuneiform Character from Assyrian Monuments, 1851 [5] A Second Series of the Monuments of Nineveh, 1853 [6] Discoveries in the Ruins of Nineveh and Babylon, 1853 [7] Early Adventures in Persia, Susiana, and Babylonia, Including a Residence among the Bakhtiyari and Other Wild Tribes before the Discovery of Nineveh, 1894 [8] Autobiography and Letters from His Childhood until his Appointment as H.M. Ambassador at Madrid, 2 Bde., hrsg. von W.N. Bruce, 1903.

Sekundärliteratur

[9] F.M. Fales / B.J. Hickey (Hrsg.), Austen Henry Layard tra l'Oriente e Venezia, 1987 [10] M.T. Larsen, The Conquest of Assyria. Excavations in an Antique Land, 1840–1860, 1996 [11] G. Waterfield, Layard of Nineveh, 1963.

Frederick Mario Fales

Lefèvre d'Étaples, Jacques

Jacobus Faber Stapulensis; franz. Humanist und Bibelübersetzer. Geb. um 1460 (auch 1450 oder 1455) in Étaples (Picardie), gest. um 1529 in Nérac. M.A. ca. 1480 in Paris; Priesterweihe um 1480. Reisen nach Italien 1491/92, 1500 und 1507. Ab 1507 im Minoritenkloster Saint Germain-des-Prés, ab 1518 in Meaux. Königlicher Bibliothekar in Blois ab 1526, am Hof von Navarra ab 1529.

Werdegang, Werk und Wirkung

Seine Ausbildung erhielt L. in Paris am *Collège de Boncourt* und am *Collège du Cardinal Lemoine*, wo er um 1480 seinen Magistergrad erlangte. Über das folgende Jahrzehnt ist nichts bekannt; vermutlich ließ er sich in dieser Zeit zum Priester weihen und lernte Griech., sodass er sich als einer der ersten franz. Humanisten mit den Werken des Aristoteles in der Originalsprache auseinandersetzen konnte. Von seiner Lehrtätigkeit am *Collège du Cardinal Lemoine* gibt seine Zusammenfassung der aristotelischen *Physik* [3] ein erstes Zeugnis. Seine Einleitungen, Kommentare und lat. Aristotelesübersetzungen (*Metaphysik* und Kommentar zur *Nikomachischen Ethik*, 1494 [2]; Einführung in die *Logik*, 1496 [1]; in die *Politik*, 1506 [4]) richteten sich v. a. an Studenten. L.s Ziel war es, ihnen einen ›bereinigten‹ Aristoteles-Text vorzulegen und so ohne den Umweg über die ma. Kommentartradition und ihre vermeintlich leeren sprachlichen Hüllen einen direkten Zugang zur Substanz der Texte zu eröffnen. Diese Publikationen erfreuten sich großer Popularität und wurden bis in die Mitte des 16. Jh.s immer wieder aufgelegt.

L. stellte dabei die aristotelische Philosophie – anders als die Hauptströmung des humanistischen Aristotelismus, die sich etwa mit dem Namen Leonardo Brunis verbindet – stets in einen dezidiert transzendent-christl. Rahmen; er sah die aristotelische Philosophie als einen Schritt auf dem individuellen

Heilsweg. Von der Naturphilosophie über Ethik und Metaphysik schreite man schließlich zum – von den Texten der Kirchenväter geleiteten – Bibelstudium und von dort zur mystischen Gottesschau. Hier war L. von den Schriften des Ps.-Dionysius, der ma. Mystiker (u. a. Raimundus Lullus) und seines Lehrers Nicolaus ↗Cusanus beeinflusst, deren Werke er edierte. Entscheidenden Einfluss auf die Entwicklung seines Denkens hatten auch seine Begegnungen mit den bedeutenden ital. Humanisten Ermolao ↗Barbaro, Marsilio ↗Ficino und Giovanni ↗Pico della Mirandola bei seiner ersten Italienreise (1491/92). Ficino brachte ihm die hermetischen Schriften und Ps.-Dionysios nahe; von ihm übernahm er auch das Konzept der *prisca theologia* und erprobte dessen Anwendung auf den Peripatos.

L.s Vorstellung vom Weg zur Kontemplation Gottes glich seiner eigener Biographie: Nach zwei Jahrzehnten, in denen er sich als Lehrer v. a. mit Aristoteles beschäftigt hatte, begann er, sich mit den biblischen Texten auseinanderzusetzen und diese unter Rückgriff auf die griech. Hss. mit philol. Methoden zu bearbeiten und zu kommentieren sowie ins Franz. zu übersetzen. Dazu gab er seine Lehrtätigkeit auf und schloss sich 1507 dem reformatorisch gesinnten Bischof und Abt Guillaume Breçonnet d. J. an, bei dem er sich zunächst in Saint Germain-des-Prés niederließ. Ab 1521, als Breçonnet in Meaux als Bischof eingesetzt wurde, unterstützte L. ihn als Generalvikar bei der Durchsetzung seiner Reformen, war aber weiterhin philol. tätig.

So vollendete er seine franz. Übersetzung des NT und ließ sie 1523, da die Kirche die Übertragung der heiligen Texte in die Volkssprachen verbot, ohne Genehmigung drucken [5]. Zunächst schützte ihn die Protektion des franz. Königs Franz I.; als dieser aber 1525 nach der Schlacht von Pavia in span. Gefangenschaft geriet, sah sich L. gezwungen, nach Straßburg zu fliehen, wo er bis zur Freilassung des Königs unter einem Pseudonym lebte. Nach diesem Zwischenspiel stand er schließlich, zunächst als Bibliothekar in Blois 1526 und dann ab 1529 am Hofe von Navarra, bei Margarete von Angoulême, einer Schwester Franz' I., bis zum Ende seines Lebens unter königlichem Schutz. So konnte er zusammen mit einem reformatorisch gesinnten Kreis von Gelehrten die noch fehlenden Teile seiner Bibelübersetzung fertigstellen; die Gesamtbibel wurde 1530 in Antwerpen gedruckt [6].

Zeitgenössische Quellen lobten L. nicht nur als inspirierenden Lehrer und Wissenschaftler, sondern hoben auch seine ausnehmende Frömmigkeit und Spiritualität hervor. Trotz seiner starken reformatorischen Tendenzen und seines großen Einflusses auf die Reformbewegung brach L. bis zu seinem Tod nicht ausdrücklich mit der röm. Kirche.

Schriften

[1] Artificiales introductiones in logicam, Paris 1496 [2] Textus ethicorum ad Nicomachum iuxta antiquam translationem ... cum familiarissimo commentario in eundem, Paris 1500 [3] In Aristotelis octo Physicos libros paraphrases, hrsg. von Jodocus Clichtoveus, Paris 1502 [4] Politicorum libri octo commentarii, Paris 1506 (mit anderen Schriften) [5] Commentarii initiatorii in quatuor Evangelia, Meaux 1522 [6] La Saincte Bible, en Francoys translatée selon la pure et entière traduction de Sainct Hierome, Antwerpen 1530 [7] The Prefatory Epistles of Jacques Lefèvre d'Étaples and Related Texts, hrsg. von E. F. Rice Jr., 1972.

Sekundärliteratur

[8] J. Barnaud, Jacques Lefèvre d'Étaples. Son influence sur les origines de la Réformation française, 1900 [9] G. Bedouelle, Lefèvre d'Étaples et l'intelligence des Écritures, 1976 [10] G. Bedouelle, Jacques Lefèvre d'Étaples, in: C. Lindberg (Hrsg.), The Reformation Theologians, 2002, 19–33 [11] P. E. Hughes, Lefèvre, Pioneer of Ecclesiastical Renewal in France, 1984 [12] E. Kessler, Introducing Aristotle to the Sixteenth Century. The Lefèvre Enterprise, in: C. Blackwell / S. Kusukawa (Hrsg.), Philosophy in the Sixteenth and Seventeenth Centuries. Conversations with Aristotle, 1999, 1–21 [13] Sh. M. Porrer, Jacques Lefèvre d'Étaples and the Three Maries Debates, 2009 [14] E. F. Rice Jr., Humanist Aristotelianism in France. Jacques Lefèvre d'Étaples and His Circle, in: A. H. T. Levi (Hrsg.), Humanism in France at the Ende of the Middle Ages and in the Early Renaissance, 1970, 132–149 [15] E. F. Rice Jr., The Humanist Idea of Christian Antiquity. Lefèvre d'Étaples and His Circle, in: Studies in the Renaissance 9, 1962, 126–160 [16] F. Roulier, Jacques Lefèvre d'Etaples lecteur de Pic de la Mirandole, in: D. Cecchetti et al. (Hrsg.), L'Aube de la Renaissance, 1991, 167–177.

Ursula Tröger

Lehmann-Hartleben, Karl

Dt.-amerikan. Archäologe. Geb. am 27.9.1894 in Rostock als Karl Leo Heinrich Lehmann, gest. am 7.12.1960 in Basel. Doppelname (L.-H.) 1935–1945 nach der ersten Ehefrau Elwine H. (1894–1944). Studium in Tübingen, Göttingen und München. Im Ersten Weltkrieg Übersetzer, u. a. im türk. Marinekommando. 1922 Prom. in Berlin, 1923 Habil. ebda. 1924/25 Assistent am DAI Rom, danach Dozent in Heidelberg; 1929–1933 Prof. für Klass. Archäologie in Münster. 1933 Entlassung durch das nationalsozialistische Regime wegen jüd. Abstammung; 1935 Emigration in die USA; 1935–1960 Prof. am Institute of Fine Arts der New York Univ.

Werdegang und Werk

L., Sohn eines Rechtswissenschaftlers, konnte nach den ersten Studienjahren die Tätigkeit beim türk. Marinekommando im Ersten Weltkrieg zu topographischen Studien nutzen, die in seine Diss. bei dem Bauforscher Ferdinand Noack eingingen [1]. Danach erschienen weitere seiner Hauptwerke in dichter Folge. Die Entlassung erreichte ihn 1933 während seiner Forschungen in Pompeji. Er blieb in Italien, unterstützt von ital. Kollegen, und emigrierte 1935 in die USA [14.22–25]. Dort fand er eine inspirierende Wirkungsstätte in dem neu gegründeten *Institute of Fine Arts* in New York, u.a. in Zusammenarbeit mit Erwin Panofsky und Richard Krautheimer, und entfaltete eine intensive Lehr- und Forschungstätigkeit. Seit 1939 leitete er die Neuerforschung des Kabirenheiligtums in Samothrake.

L. war ein vielseitiger Archäologe, zugleich interessiert an der Rezeption der Antike und dezidiert der Moderne zugewandt. Verglichen mit anderen Forschungsrichtungen seiner Zeit wiesen seine Fragestellungen in die Zukunft: die Fragen nach Urbanistik, Stadtentwicklung, langfristigen funktionalen Veränderungen von Häfen und sozialen Aspekten des Wohnungsbaus [4] in den Schriften über ant. Hafenanlagen [1] und die Stockwerkbauten am Stadtrand von Pompeji [5]; die Einsicht in den topischen Charakter der röm. ›histor.‹ Darstellungen am Beispiel der Trajanssäule [2]; der Versuch einer zugleich arch. und technischen Geschichte der röm. Großbronzen [3]. Die Ausgrabungen in Samothrake stechen durch die kontextorientierte Publikation von Architektur und Funden [11] und die Verbindung mit einem entsprechenden Museum hervor. L.s Interesse am Nachwirken der Antike drückte sich in Arbeiten wie [7] und der Monographie zu Thomas Jefferson [9] aus, die zugleich seinen Dank für die Verleihung der amerikan. Staatsbürgerschaft ausdrückten.

SV: F. Freeman-Sandler (Hrsg.), Essays in Memory of Karl Lehmann,1964, IX–XV.

Schriften

[1] Die antiken Hafenanlagen des Mittelmeers. Beiträge zur Geschichte des Städtebaus im Altertum (Diss. Berlin), 1923 [2] Die Trajanssäule. Ein röm. Kunstwerk zu Beginn der Spätantike, 1926 [3] Die antiken Großbronzen, 3 Bde. (mit M. Kluge), 1927 [4] Art. Städtebau Italiens und des Röm. Reiches, in: RE 3, 1929, 2016–2124 [5] Baugeschichtliche Untersuchungen am Stadtrand von Pompeji (mit F. Noack), 1936 [6] Plinio il Giovane, Lettere scelte, con commento archeologico di K. Lehmann-Hartleben, 1936 (Ndr. mit Einl. von P. Zanker 2006) [7] The Dome of Heaven, in: Art Bulletin 27, 1945, 1–27 [8] Dionysiac Sarcophagi in Baltimore (mit E.C. Olsen), 1947 [9] Thomas Jefferson. American Humanist, 1947 [10] Samothrace. A Guide to the Excavations and the Museum, 1955 (⁶1998) [11] (Hrsg.) Samothrace. Excavations Conducted by the Institute of Fine Arts of New York University, Bde. 1–5, 1959–1982.

Sekundärliteratur

[12] Ph. P. Bober, Karl Lehmann, in: Gnomon 33, 1961, 526–528 [13] W. Fuchs / E. Burck, 100 Jahre Klassische Archäologie an der Westfälischen Wilhelms-Universität Münster, in: Boreas 7, 1984, 7–14, 344–346
[14] G. M. A. Hanfmann, Die ›Berliner Schule‹. Archäologie und Archäologen in Berlin und USA, in: Ehrenpromotion Georg M. A. Hanfmann am Fachbereich Altertumswissenschaften der Freien Universität Berlin am 21. Mai 1982 (Freie Universität Berlin. Universitätsreden 3), 1983, 13–34 [15] Lullies/Schiering Arch. 262–263 [16] F. Seiler, Karl Lehmann Hartleben e la ›nuova‹ ricerca su Pompei, 2001, 63–71.

Marianne Bergmann

Lehrs, Karl

Dt. Klass. Philologe. Geb. am 14. 1. 1802 in Königsberg, gest. am 9. 6. 1873 ebda. Ab 1818 Studium der Alt.wiss. an der Univ. Königsberg, dort 1823 Prom. 1823 Gymnasiallehrer in Danzig, 1824 in Marienwerder, ab 1825 in Königsberg. 1831 Habil. zu Aristarchos; ab 1845 o.Prof. für Klass. Phil. an der Univ. Königsberg.

Werk und Wirkung

L. hatte Karl ↗Lachmann am Friedrichskollegium von Königsberg und Christian August ↗Lobeck an der dortigen Univ. als Lehrer. In Anlehnung an diesen betrachtete er die Sprache als einzigen Schlüssel zum Verständnis der griech. Kultur. So verfasste er bis heute wichtige Beiträge zur ant. griech. Grammatik [3], Akzentlehre [1] sowie zu ant. Scholien [5]. L. lehnte die Komparatistik, die Orientalistik und die symbolische Interpretation der griech. Mythologie für die Religionsgeschichte entschieden ab.

Sein Hauptwerk befasst sich mit den ästhetischen Kriterien und der Methode des Aristarch, den homerischen Text aus sich selbst zu erklären [1]. Damit stellte er die Exegese und Textkritik Homers auf eine neue Grundlage. Hinzu traten weitere Studien zum Epos, die für die Erforschung der späten Epik (etwa für Hermann Köchly) wegweisend waren [2], zu Herodian [3] sowie den Pindarscholien [5]. L. hielt sich an das ↗Winckelmann'sche, durch die Weimarer Klassik vermittelte Griechenbild (vgl. ↗Goethe) und war von der ethischen Funktion der ant. Literatur überzeugt, was seine pädagogische Tätigkeit und seine Schriften an ein weiteres Publikum bestimmte [4]. Daher wandte er sich gegen die analytische Homerforschung in der Nachfolge Friedrich August ↗Wolfs und insbes. gegen die »Einzelliedertheorie« Karl ↗Lachmanns [8], er hielt selbst an der einheitlichen Autorschaft Homers für die *Ilias* fest. Seinen Versuch, die Authentizitätskritik auf die Oden des Horaz anzuwenden, kann man nicht als gelungen betrachten. In seinen kurzen Beiträgen in der *Wiss. Monatsschrift* nahm er sich aktueller Fragen zu Kultur und Politik an, v.a. zu Problemen der Universität [7.495f.].

SV: [4.519–554].

Schriften

[1] De Aristarchi studiis Homericis. Ad praeparandum Homericorum carminum textum Aristarchaeum, 1833 (³1882, Ndr. 1964) [2] Quaestiones epicae, 1837 (Ndr. 1977) [3] Herodiani scripta tria emendatoria. Accedunt analecta (Edition), 1848 [4] Populäre Aufsätze aus dem Alterthum, vorzugsweise zur Ethik und Religion der Griechen, 1856 (²1875) [5] Die Pindarscholien. Eine kritische Untersuchung zur philologischen Quellenkunde, 1873 (Ndr. 1971) [6] Ausgewählte Briefe von und an Ch.A. Lobeck und K. Lehrs nebst Tagebuchnotizen, hrsg. von A. Ludwich, 1894 [7] K.S., hrsg. von A. Ludwich, 1902 (Ndr. 1979).

Sekundärliteratur

[8] L. Friedländer, Die homerische Kritik von Wolf bis Grote, 1853, I–X [9] L. Friedländer, Art. Lehrs, Karl, in: ADB 18, 1883, 152–166 [10] E. Kammer, Zur Erinnerung an Karl Lehrs, 1895 [11] J. Kerschensteiner, Art. Lehrs, Karl, in: NDB 14, 1985, 113–114 [12] M. Landfester, Humanismus und Gesellschaft im 19. Jh., 1988, 82–83 [13] A. Ludwich, Gedächtnisrede auf Karl Lehrs, in: K. Lehrs, K.S., hrsg. von A. Ludwich, 1902, 554–563.

Sotera Fornaro (Ü: N.M.)

Lenormant, Charles

Franz. Archäologe, Ägyptologe und Numismatiker. Geb. am 1.6.1802 in Paris, gest. am 22.11.1859 in Athen. Nach klassischen Studien 1825 Unterinspektor für den königlichen Kunstbesitz; 1824–1826 Reisen nach Italien, Belgien und Holland; 1828 Teilnahme an der Ägyptenexpedition ↗Champollions, 1829 an der franz. Morea-Expedition. 1830 Leiter der Abt. Beaux Arts im Erziehungsministerium, dann Konservator an der Bibliothèque de l'Arsenal, seit 1832 an der Bibliothèque nationale (hauptsächlich am Cabinet des médailles, 1837–1840 an der Abt. für Druckschriften). 1835–1846 Prof. für Gesch. an der Sorbonne. 1838 Docteur ès lettres. 1839 Mitglied der Acad. des inscriptions et belles-lettres, 1846–1855 Chefredakteur der kath. Monatsschrift *Le correspondant*. 1849 Prof. für ägypt. Sprache und Archäologie am Collège de France.

Werdegang, Werk und Wirkung

Seine Heirat mit der Tochter der Mme Récamier (1826) eröffnete L. die Pariser Gesellschaft und verschaffte ihm die Bekanntschaft des Politikers François Guizot, in dessen Ministerium er nach der Julirevolution 1830 kurz tätig war. Bereits 1828 hatte er an der ersten Ägyptenexpedition Jean-François ↗Champollions und 1829 an der franz. Militärexpedition auf die Peloponnes (Morea) teilgenommen. 1829 war er an der Gründung des *Instituto di corrispondenza archeologica* in Rom beteiligt. Vom Ministerium wechselte L. schon bald in den Bibliotheksdienst. Seit 1835 unterrichtete er außerdem als Lehrstuhlvertreter für Guizot an der Sorbonne Geschichte. Sein Interesse galt nun bes. dem frühen Christentum [6]. Nach Studentenprotesten gegen seinen betonten Katholizismus [5] musste er sein Lehramt 1846 niederlegen, erhielt aber 1849 den arch. Lehrstuhl am *Collège de France*, den zuerst sein Lehrer Champollion innegehabt hatte.

L. war Mitherausgeber umfangreicher Sammelwerke [1]; [4], von denen die in Zusammenarbeit mit Baron Jean de Witte (1808–1889) erstellte vierbändige Auswahl griechischer Vasenbilder als ein frühes Zeugnis vergleichender Ikonographie von hohem wissenschaftsgeschichtlichen Interesse ist [11]. L. arbeitete auch an der Entzifferung der Hieroglyphen [2]. Mit Theodor ↗Panofka entwickelte er ein etymologisches Deutungssystem, das in mystischem Synkretismus und im Symbolismus (vgl. Georg Friedrich ↗Creuzer) wurzelte und Gedanken aus Platons *Kratylos* aufgriff.

L. zählte zu der Generation von Gelehrten, die in der Trad. von J.J. ↗Winckelmann die Fundamente für die neuen Wiss. der Archäologie und der ant. Kunstgeschichte in Frankreich legten. Sein Sohn und Schüler François ↗Lenormant, der ihn auch auf seiner letzten Reise nach Griechenland begleitete, setzte sein Werk fort.

SV: [10.40–60].

Schriften

[1] Trésor de numismatique et de glyptique (mit P. Delaroche und H. Dupont), 20 Bde., 1834–1850 [2] Recherches sur l'origine, la destination chez les anciens et l'utilité actuelle des hiéroglyphiques d'Horapollon (Diss. Paris), 1838 [3] Musée des antiquités égyptiennes ou recueil des monuments égyptiens. Architecture, statuaire, glyptique et peinture, 1841 [4] (Hrsg.) Élite des monuments céramographiques. Matériaux pour l'histoire des religions et des mœurs de l'Antiquité (mit J. de Witte), 1844–1861 [5] Des associations religieuses dans le catholicisme, 1845 [6] Questions historiques, IVᵉ–IXᵉ siècles, 2 Bde., 1845 [7] Beaux-arts et voyages, 2 Bde., 1861 [8] Commentaire sur le Cratyle de Platon, 1861.

Sekundärliteratur

[9] Art. Lenormant, Charles (1802–1859), in: DBA, 404–406 [10] J. De Witte, Notice sur Charles Lenormant, 1861 [11] S. Jaubert / A.-F. Laurens, Recueils de vases antiques dans la première moitié du XIXᵉ siècle, in: Journal des savants, 2005, 49–99 [12] H. Wallon, Notice historique sur la vie et les travaux de M. Charles Lenormant, in: CRAI 22, 1878, 263–310.

Sabine Jaubert (Ü: D.P.)

Lenormant, François

Franz. Archäologe und Orientalist. Geb. am 17.1.1837 in Paris, gest. am 9.12.1883 ebda. 1857 Lizentiat der Rechtswiss. und Numismatikpreis der Acad. des inscriptions et belles-lettres [1]. 1860 Ausgrabungen in Eleusis; 1862–1872 Unterbibliothekar am Institut de France. Ab 1874 Prof. für Arch. an der Pariser Bibliothèque nationale; 1879–1883 Ausgrabungen in Tarent; 1881 Mitglied der Acad. des inscriptions et belles-lettres.

Werdegang, Werk und Wirkung

Nach einer vielseitigen Ausbildung, v.a. durch seinen Vater Charles ↗Lenormant am *Cabinet des médailles*, hörte L. Vorlesungen von Jules ↗Oppert an der Pariser École des langues orientales. An Ägyptologie, Klass. und Christl. Archäologie, Numismatik, Vasenkunde und ant. Religionswissenschaft interessiert, konzentrierte er sich seit 1865 unter dem Einfluss Opperts auf den Orient. L.s Werke hierzu wurden ins Deutsche und Englische übersetzt [5]; [6]. Seine komparative Forschung zu den oriental. Kulturen stellte die Analogien zwischen den heiligen Büchern Babylons und den bibl. Erzählungen heraus, doch mangelt es seiner Behandlung des Ursprungs dieser Kulturen bei der Übersetzung aus dem Sumerischen an Objektivität. Wie sein Vater blieb L. besessen von der Suche nach den Wurzeln des Christentums.

1860 grub L. in Eleusis [3]; [14]. Er legte den Eingang zum Heiligtum sowie die Terrasse des Demetertempels frei und erforschte die frühchristl. Überbauung. Schließlich grub er an der Heiligen Straße von Athen nach Eleusis und studierte die Inschriften [4]. Später verlagerte sich sein arch. Interesse in die Magna Graecia. Vier Reisen führten ihn 1879–1883 nach Apulien, in die Basilicata und nach Kalabrien. L.s Berichte darüber [7]; [8] fanden in Frankreich kein positives Echo, wurden jedoch in mehrere Sprachen übersetzt und bleiben histor. Referenzwerke. Sie trugen dazu bei, die ital. Behörden auf die Schwierigkeiten der Forschung in Süditalien aufmerksam zu machen [10]; [12]. In Tarent dokumentierte L. die Plünderung der Nekropolen und entdeckte das riesige Depot von Votivterrakotten auf dem Fondo Giovanizzi. Auf dem Gebiet der Vasenforschung stellte er als Erster die im 20.Jh. bestätigte These auf, dass Tarent die Wiege der apulischen Keramik war [16].

Immer wieder wurde L. im Laufe seiner Karriere der Publikation von Fälschungen [2] oder des Plagiats [13] bezichtigt, was seinen Nachruhm beeinträchtigt hat [15]. Darüber sollten aber seine großen Verdienste, bes. um die Archäologie Großgriechenlands, nicht vergessen werden.

SV: E. Babelon, in: [11.264–291].

Schriften

[1] Essai sur le classement des monnaies d'argent des Lagides, 1855 [2] Lettre à Alfred Darcel, sur les inscriptions de la Chapelle Saint-Éloi et les »Graffiti« de la Gaule, 1858 [3] Recherches archéologiques à Eleusis exécutées dans le cours de l'année 1860. Recueil d'inscriptions, 1862 [4] Monographie de la Voie sacrée éleusinienne, de ses monuments et de ses souvenirs, Teil 1, 1864 [5] Manuel d'histoire ancienne de l'Orient jusqu'aux guerres médiques, 2 Bde., 1868 (2. Aufl. 1869 in 3 Bden.; 3. Aufl. 1881–1885 in 6 Bden.) [6] Atlas d'histoire ancienne de l'Orient, antérieurement aux guerres médiques, 1869 [7] La Grande Grèce. Paysages et histoire, 3 Bde., 1881–1884 [8] À travers l'Apulie et la Lucanie, 1882–1883.

Sekundärliteratur

[9] Art. Lenormant, François (1837–1883), in: DBA 406–407 [10] C. Belli, François Lenormant, archeologo avventuroso, in: Metaponto. Atti del 13. Convegno di studi sulla Magna Grecia, Taranto (1973), 1974, 7–46 [11] J. De Witte, Notice sur François Lenormant, in: Annuaire de l'Académie royale des sciences, des lettres et des beaux-arts de Belgique 53, 1887, 247–291 [12] G. Dotoli / F. Fiorino, Viaggiatori francesi in Puglia nell'Ottocento, Bd. 4: Il viaggio di F. Lenormant, 1989 [13] W. Froehner, M. F. Lenormant et le trésor de Hildesheim, in: Le journal officiel, 1869 (Ausg. vom 25. Juni) [14] E. Lippolis, Mysteria. Archeologia e culto del santuario di Demetra a Eleusis, 2006 [15] O. Masson, François Lenormant (1837–1883). Un érudit déconcertant, in: Museum Helveticum 50, 1993, 44–60 [16] N. Oakeshott, From Lenormant to Trendall, in: A. Cambifoglou (Hrsg.), Studies in Honour of Arthur Dale Trendall, 1979, 1–7.

Sabine Jaubert (Ü: D. P.)

Leo, Friedrich

Dt. Klass. Philologe. Geb. am 10.7.1851 in Regenwalde in Pommern, gest. am 15.1.1914 in Göttingen. Kindheit und Jugend in Bonn; 1868–1871 Studium der Klass. Phil. in Göttingen, 1871–1873 in Bonn, Prom. 1873 ebda. 1874/75 Referendariat am Joachimsthalschen Gymnasium Berlin. 1877 Habil. in Bonn; 1881–1883 ao.Prof. in Kiel; 1883–1888 o.Prof. in Rostock; 1888/89 o.Prof. in Straßburg; 1889–1914 o.Prof. in Göttingen; 1903/04 Rektor der Univ. ebda.

Werdegang und Werk

Nach anfänglichen Studien in Göttingen u.a. bei Hermann Sauppe, Ernst von Leutsch und Curt Wachsmuth studierte L. in Bonn bei Franz ↗Bücheler und Hermann ↗Usener, der auch seine gräzistische Diss. [1] betreute. Durch den Bonner Philol. Verein kam L. in Kontakt u.a. mit Georg Kaibel, über den er auf seiner ersten Italienreise 1873 Ulrich von ↗Wilamowitz-Moellendorff kennenlernte. Mit ihm verband L. fortan eine enge Freundschaft, wobei dieser enormen Einfluss auf L.s wiss. Karriere nahm: Er vermittelte ihm zunächst einen Editionsauftrag für die Werke des Venantius Fortunatus [3] in Theodor ↗Mommsens *Monumenta Germaniae Historica*-Reihe. Nach einer zweiten längeren Reise durch Italien und Griechenland folgten die Habil. und erste berufliche Stationen als Univ.-Prof. Wiederum war es 1889 Wilamowitz-Moellendorff, der die entscheidende Berufung L.s nach Göttingen betrieb, wo er bis zu seinem Tod intensiv lehrte und forschte. Rufe an andere prestigeträchtige Lehrstühle in Berlin, Bonn und Leipzig lehnte er ab. In der Zeit seines Göttinger Ordinariats war L. Mitarbeiter am *Thesaurus linguae Latinae*, von der Gründung 1894 bis 1899, sowie mehr als zehn Jahre lang Mitherausgeber der Zeitschrift *Hermes*.

L. trat bes. als Editor lat. Texte hervor. Ein erster Schwerpunkt waren dabei die Tragödien des Seneca, die er zusammen mit einem Begleitband herausgab [2]. Neben den Gedichten des Venantius Fortunatus sind noch weitere Editionsprojekte zum pseudo-vergilischen *Culex* (1891) sowie zu Persius und zu Juvenal (4. Aufl. der Edition von O. Jahn nach F. Buecheler, 1910) zu erwähnen. L.s wohl bedeutendste Textausgabe ist die der Komödien des Plautus von 1895/96 [4] (nachdem ein erster Versuch dazu 1885 v.a. an strenger Selbstkritik gescheitert war). Dazu erschien, wie schon bei der Seneca-Ausgabe, ein die Edition stützender und erklärender Begleitband [5]. Diese Forschungen setzte L. mit der zweiten Monographie zu Plautus über die Cantica fort [6].

Ein weiteres Hauptinteresse L.s galt der Geschichte der lit. Gattungen und Formen; bes. hervorzuheben ist hier seine wirkmächtige Untersuchung zur Form der griech.-röm. Biographie [7]. Die *Geschichte der röm. Literatur* [8], die durch L.s Tod nicht über den ersten Band hinauskam, bleibt dennoch sein wohl wichtigstes Werk.

Wirkung

L.s Editionsarbeit gilt bis heute als vorbildlich. Sein Text der Seneca-Tragödien ist durch neuere Ausgaben weitestgehend überholt, was jedoch nicht auf die beigegebenen *Observationes criticae* zutrifft, in denen L. den wichtigen Begriff der *tragoedia rhetorica* prägte. Die Edition des Venantius Fortunatus ist bislang unersetzt. L.s editorische Leistung für Plautus ist dank dem diskursiven Apparat und den zahlreichen Emendationen des Textes immer noch von größter Relevanz für die Plautus-Philologie, ebenso seine grundlegenden metrischen Forschungen. Die These zur Entstehung der plautinischen Cantica gilt als überwunden. Die Arbeit zur griech.-röm. Biographie wird seit den 1950er Jahren bes. hinsichtlich ihrer Methodik kritisiert, L.s grundsätzliche Leistung – die Erfassung und Durchdringung des umfangreichen Materials – dabei aber stets hochgeschätzt.

Die von Ulrich von ↗Wilamowitz-Moellendorff entwickelte Konzeption einer umfassenden Alt.wiss. fand in L. ihren entscheidenden Vertreter für die Latinistik. Seine führende Rolle bei dem Prozess, die Originalität der lat. Literatur und ihre Gleichwertigkeit gegenüber der griech. zu etablieren, kann dabei kaum überschätzt werden: L. hat das heute selbstverständlich scheinende »Römische« in der lat. Literatur herausgearbeitet (die noch von Barthold Georg ↗Niebuhr als epigonenhaft und minderwertig empfunden wurde) und ihm als wesentliches Element in der Fachwiss. zu bleibender Geltung verholfen. Bekannte Schüler L.s waren u.a. Günther Jachmann und Eduard ↗Fraenkel.

SV: [9. XLV–LVII].

Schriften

[1] Quaestiones Aristophaneae (Diss. Bonn), 1873 [2] L. Annaei Senecae tragoediae, 2 Bde. (Edition), 1878–1879 (Ndr. 1963) [3] Venanti Fortunati opera poetica (MGH 4/1; Edition), 1881 (Ndr. 1961 u.ö.) [4] Plauti comoediae, 2 Bde. (Edition), 1895–1896 (u.ö.) [5] Plautinische Forschungen zur Kritik und Geschichte der Komödie, 1895 (²1912) [6] Die plautinischen Cantica und die hellenistische Lyrik, 1897 (Ndr. 1970) [7] Die griech.-röm. Biographie nach ihrer litterarischen Form, 1901 (Ndr. 1956 u.ö.) [8] Geschichte der röm. Literatur, Bd. 1: Die archaische Literatur, 1913 (Ndr. 1956 u.ö.) [9] Ausgewählte K.S., hrsg. von E. Fraenkel, 1960.

Sekundärliteratur

[10] W. Ax, Friedrich Leo, Professor der Klassischen Philologie 1889–1914, in: C.J. Classen, Die Klassische Altertumswissenschaft an der Georg-August-Universität Göttingen, 1989, 149–177 [11] U. Schindel, Art. Leo, Friedrich, in: NDB 14, 1985, 241–242 [12] P.L. Schmidt, Wilamowitz und die Geschichte der lateinischen Literatur, 358–399.

Ralph Lather

Leoniceno, Niccolò

Nicolaus Leoninus/Leonicenus oder Nicolo Lonigo; ital. Arzt, Philologe und Humanist. Geb. 1428 in Lonigo bei Vicenza, gest. 1524 in Ferrara. Um 1446 Studium der Medizin und Philosophie in Padua, 1453 Erwerb des Doktorgrads, danach Aufenthalt in England von unsicherer Dauer. Zwischen 1462 und 1464 wahrscheinlich Lehrtätigkeit in Venedig, ab 1464 an der Univ. von Ferrara (Mathematik, Philosophie, theoretische Medizin), zwischendurch 1508 in Bologna.

Werk und Wirkung

L. entstammte einer angesehenen Familie; sein Vater war Arzt, seine Mutter Maddalena die Tochter Antonio ↗Loschis, des Verfassers eines rhetorischen Kommentars zu Cicero. Nach einer gründlichen Ausbildung in den alten Sprachen nahm L. das Studium der Medizin in Padua auf. Mehrfach gedruckt wurde im 16. Jh. seine Schrift über die Syphilis (verfasst 1479) [2], die erste wiss. Studie zu diesem Thema: Unter dem Einfluss arabischer Quellen empfahl L. die Therapie der als dermatologische Störung aufgefassten Krankheit mit Quecksilber. Auch als Übersetzer und Grammatiker trat L. hervor: Seit 1489 übertrug er Galen, Hippokrates' Aphorismen und Ptolemaios' *Harmoníai* ins Lat.; Prokop, Dio Cassius und Lukians Dialoge übersetzte er ins Volgare. Zwei Lehrschriften zur lat. Rhetorik und Metrik, *De octo partibus orationis* (Venedig 1473) und der *Libellus de Arte metrica* (Venedig 1497), erweisen sein didaktisches Geschick. An verschiedenen editorischen Projekten der Offizin des Aldus ↗Manutius wirkte L. mit. Zu einem Gelehrtenstreit mit Pandolfo Collenuccio, der Plinius verteidigte, führte sein Nachweis von Ungenauigkeiten in Plinius' *Naturalis historia* (1469, Erstdruck 1492) [5] – wie Ermolao ↗Barbaro 1492 aufwies, gehen die kritisierten *errores* zum großen Teil auf Überlieferungsfehler oder nicht klar zuzuordnende botanische Namen zurück. Zu L.s Schülern zählten Pietro ↗Bembo, Thomas ↗Linacre, Jacopo Sadoleto, Gian Giorgio Trissino und Paracelsus.

Schriften

[1] Grammatica Latina, seu de octo partibus orationis liber et de arte metrica, Venedig 1473 [2] Libellus de epidemia, quam vulgo morbum Gallicum vocant, Venedig 1497 [3] Opuscula, hrsg. von A. Cratander, Basel 1523 [4] Libelli duo de morbo Gallico: Opusculum perutile de curatio[n]e morbi ... Gallici; De curatione morbi quem Itali Gallicum vocant libellus, Lyon 1528 (Ndr. 1925 in: Zehn Syphilisdrucke aus den Jahren 1495–1498, hrsg. von K. Sudhoff und Ch. Singer) [5] De Plinii in medicina erroribus (1469), hrsg. von L. Premuda, 1958.

Sekundärliteratur

[6] J. J. Bylebyl, The School of Padua. Humanistic Medicine in the Sixteenth Century, in: Ch. Webster (Hrsg.), Health, Medicine and Mortality in the Sixteenth Century, 1979, 335–370 (bes. 339–342) [7] A. Castiglioni, The School of Ferrara and the Controversy on Pliny, in: E. Underwood (Hrsg.), Science, Medicine and History, 1953, 269–279 [8] W. F. Edwards, Niccolo Leoniceno and the Origins of Humanist Discussion of Method, in: E. P. Mahoney (Hrsg.), Philosophy and Humanism. Renaissance Essays in Honor of P. O. Kristeller, 1976, 283–305.

Dorothee Gall

Leontius Pilatus

s. Pilato, Leonzio

Leopardi, Giacomo

Ital. Dichter und Philologe. Geb. am 29. 6. 1798 in Recanati (Marken) in eine alte Adelsfamilie, gest. am 14. 6. 1837 in Neapel. Erziehung durch Privatlehrer; Erlernen verschiedener Sprachen. Ab 1809 erste Übersetzungen aus dem Griech. und Lat. und Abfassung von verschiedenen lit., philol. und wissenschaftshistor. Schriften; ab 1816 erste gedruckte Veröffentlichungen [12. 161 f.]. 1822/23 erster Romaufenthalt nach Flucht aus dem Elternhaus; 1825–1828 Aufenthalte in Mailand, Bologna, Florenz und Pisa; 1830–1833 in Florenz, danach bei geschwächter Gesundheit bis zu seinem frühen Tod in Neapel und Umgebung.

Werdegang, Werk und Wirkung

Als Sohn des konservativen Grafen Monaldo Leopardi und der Gräfin Adelaide besuchte L. keine öffentliche Schule, sondern wurde gemeinsam mit seinen beiden Geschwistern von drei geistlichen Privatlehrern im katholischen Sinne unterrichtet. Bereits ab 1809 befasste sich L. mit lit. und philol. Fragestellungen und lernte intensiv die Sprachen Latein, Franz. und Span., später als Autodidakt auch Griech., Hebr. und Engl.; ebenfalls schon 1809 verfasste er einen Band mit eigenen Sonetten, Liedern und Epigrammen (erst postum veröffentlicht), 1811 die Tragödie *Pompeo in Egitto*. 1809–1812 entstand die Übersetzung von Horaz' Oden 1 und 2 [9. 209]. Ab 1812 löste sich L. von seinen Lehrern und erwarb sich in der väterlichen Bibl. ein immenses philol. Wissen. Er durfte auch Einblick in solche Bücher nehmen, die auf dem kirchlichen Index verbotener Schriften standen.

1814 begann L., systematisch Werke aus dem Griech. und Lat. zu übersetzen. Noch im selben Jahr entstand seine Übersetzung der Plotin-Biographie des Porphyrios mit Emendationen und Kommentar (*Porphyrii de vita Plotini et ordine librorum eius*, gedr. 1816). Ebenfalls 1814 legte L. die erste ital. Übers. der pseudohomerischen *Batrachomyomachie* vor (*Batracomiomachia*, gedr. 1816 in der Zeitschrift *Lo spettatore italiano e straniero* [9. 211]) [6], 1816 den ersten Gesang der *Odyssee* und das zweite Buch der *Aeneis* (gedr. 1817 im *Spettatore italiano e straniero*) sowie Abschnitte weiterer griech. und röm. Autoren (u. a. *Titanomachia di Esiodo*, 1817). In seinem *Saggio sopra gli errori popolari degli antichi* bewies L. seine profunden Kenntnisse antiker Bilder und Mythen (verfasst 1815, postum gedr.) [14. 8 (Anm. 10), 220].

1817 begann L. mit der Abfassung seiner *Canti*, einer Sammlung lyrischer Gedichte, in denen er die erste Liebe, Italien sowie Leben und Werk Dantes thematisierte (gedr. 1831) [5]. Sie enthalten Aussagen, die unverblümt zur polit. Einheit Italiens aufrufen.

1822 besuchte er zum ersten Mal Rom, wo er u.a. Angelo ↗Mai sowie den dt. Philologen und Historiker Barthold Georg ↗Niebuhr traf. 1824 schrieb L. die *Operette morali* [1], die in der Trad. der *Moralia* des Plutarch stehen. Auch in diesem Werk kommt L.s pessimistische, von Schwermut geprägte Weltsicht zum Ausdruck, die durch seine schwache körperliche Gesamtkonstitution noch verstärkt wurde. In den folgenden Jahren reiste L. durch Italien, immer wieder durch großzügige Gaben seiner Freunde unterstützt, da er Zeit seines Lebens keinem Beruf nachging und unter Geldknappheit litt.

1828 erhielt L. einen Ruf auf den Dante-Lehrstuhl der Univ. Bonn, den er aber ablehnte. Ab 1833 griff er die Arbeit am pseudohomerischen Frosch-Mäuse-Krieg wieder auf mit einer Fortsetzung des antiken Epos, in die er zeitgenössische polit. Kritik einbaute und die er erst bei sich verschlechternder Gesundheit kurz vor seinem Tod fertigstellte (Erstdruck [2]); [7]; [6].

L. war mehr Literat und Dichter denn Philologe, obwohl er Übersetzungen und einschlägige Studien vorlegte. Sein gesamtes lit. Werk ist aber durchzogen von ant. Ideen und Motiven, die er für die Tagespolitik fruchtbar machte [12.267]. Da er kein Univ.-Studium absolvierte und auch keinen akad. Grad erwarb, war es ihm nicht vergönnt, Schüler zu haben. Sein Werk jedoch beeinflusste spätere Dichter und Literaten [10]; [11.53–65].

Schriften

[1] Operette morali, 1826 [2] Paralipomeni della Batracomiomachia, 1842 [3] Tutte le opere, hrsg. und eingel. von W. Binni und E. Ghidenti, 2 Bde., 1969 (⁶1989) [4] Werke, übers. von H. Helbling und A. Vollenweider, 2 Bde., 1978–1985 [5] Canti e Frammenti. Gesänge und Fragmente (ital./dt.), übers. von H. Endrulat, hrsg. von H. Endrulat und G.A. Schwalb, 1990 [6] Der Froschmäusekrieg und seine Folgen (ital./dt.), übers. von H. Endrulat, hrsg. von H. Endrulat und G.A. Schwalb, 1992 [7] Die Fortsetzung des Froschmäusekriegs, übers. von H.G. Ingenkamp, mit Komm. von K.-H. Brungs, 2006.

Sekundärliteratur

[8] H. Friedrich, Epochen der italienischen Lyrik, 1964, 159–160, 481–482 [9] B. Huss, Leopardi und die Klass. Philologie, in: M. Föcking / V. Steinkamp (Hrsg.), Giacomo Leopardi. Dichtung und Wissenschaft im frühen 19. Jh., 2004, 203–226 [10] M. Lentzen (Hrsg.), Giacomo Leopardi. Rezeption – Interpretation – Perspektiven, 1992 [11] S. Neumeister (Hrsg.), Leopardi in seiner Zeit (Akten des zweiten Internationalen Kongresses der Deutschen Leopardi-Gesellschaft, Berlin 1992), 1995 [12] H.L. Scheel, Leopardi und die Antike. Die Jahre der Vorbereitung, 1809–1818, in ihrer Bedeutung für das Gesamtwerk, 1959 [13] H. Steinert, Giacomo Leopardis Sprachansichten, 2005 [14] S. Timpanaro, La filologia di Giacomo Leopardi, ³1997 (¹1955).

Dietmar Schmitz

Lepsius, Karl Richard

Dt. Ägyptologe und Sprachwissenschaftler. Geb. am 23.12.1810 in Naumburg an der Saale, gest. am 10.7.1884 in Berlin. 1823–1829 Schulbesuch in Schulpforta; 1829–1830 Studium der Sprach- und Altertumswiss. in Leipzig, 1830–1832 in Göttingen und 1832/33 in Berlin; Prom. 1833, 1842 ao.Prof. für Ägyptologie ebda. 1842–1845 Leiter der Preuß. Expedition nach Ägypten und Nubien; 1846 o.Prof. in Berlin; 1844 korrespondierendes Mitglied der Preuß. Akad. der Wiss., 1850 ordentliches Mitglied. 1865 Direktor des ägypt. Museums in Berlin, 1867 Präsident des Instituto di corrispondenza archeologica (Vorläufer des DAI) in Rom, ab 1873 Oberbibliothekar der Königlichen Bibl. in Berlin.

Werdegang, Werk und Würdigung

Als Sohn eines histor. interessierten Vaters studierte L. in Leipzig und Göttingen Sprach- und Altertumswiss., setzte dieses Studium in Berlin bei August ↗Boeckh, Karl ↗Lachmann und Franz ↗Bopp fort und promovierte 1833 über die Eugubinischen Tafeln, die Inschriften in umbrischer und lat. Sprache enthalten. Im selben Jahr ging er zu einem Studienaufenthalt nach Paris; dort wandte er sich auf Rat des Archäologen Eduard ↗Gerhard und des dt. Diplomaten und Gelehrten Carl J. von Bunsen der nach Jean-François ↗Champollions Tod verwaisten Disziplin der Ägyptologie zu. Auf Alexander von Humboldts Fürsprache erhielt er 1834 ein Stipendium der Preuß. Akademie, studierte zunächst in Paris und reiste 1836 wieder mit Mitteln der Akademie zu ital. Sammlungen; dort traf er u.a. mit dem Champollion-Schüler Ippolito Rosellini zusammen, dem er 1837 die Schrift widmete, die als Abschluss der Entzifferung der Hieroglyphen gilt [2]. In Rom arbeitete er mit Bunsen an dessen Werk über *Aegyptens Stelle in der Weltgeschichte* (gedr. 1845–1857) zusammen, woraus die Erkenntnis erwuchs, dass die Chronologie Ägyptens auf sichere Basis gestellt werden müsse.

Nach weiteren Studien in europ. Sammlungen strebte L. ab 1839 deshalb eine Reise nach Ägypten an, die er nach intensiver Vorbereitung – u.a. gab er 1842 eine Inschriftenauswahl [2] und das ägypt. Totenbuch [3] heraus – als »Königlich-Preuß. Expedition nach Aegypten und Aethiopien« von 1842 bis 1845 leitete. Er reiste mit dem Architekten Georg Erbkam, den Zeichnern Johann Frey, Josef Bonomi, Ernst und Max Weidenbach sowie dem Theologen Heinrich Abeken. Der Maler Otto Georgi folgte, als Frey aus gesundheitlichen Gründen zurückkehren musste. Die Überzeugung, dass Denkmäler Teil der umgebenden Natur seien, führte zu neuen Formen der Dokumentation: Panoramen, Situationspläne der Fundorte, Grundrisse und Querschnitte durch Gebäude, Zeichnungen von vorgefundenen Szenen und Inschriften im Szenenzusammenhang sowie Abklatsche zu deren Korrektur. Diese Neuerungen förderten die Archäologie in Ägypten entscheidend. Die drei wichtigsten Ergebnisse waren: die Sicherstellung entscheidender Fakten für die Chronologie des Alten Reiches im Großraum Memphis; die Feststellung der Lage des Labyrinths im Fayum und dessen zeitliche Einordnung [5]; [7]; die Sicherung der Chronologie im Nordsudan und eine Sammlung von Material über afrikan. Sprachen. Die Ergebnisse wurden noch von der Expedition aus der Preuß. Akad. vorgelegt und später in den *Denkmälern* veröffentlicht [4]. Die Textbände wurden nach L.' Tod unter Zuhilfenahme seiner Materialien erarbeitet [9].

Außerdem brachte L. bei seiner Rückkehr eine bedeutende Sammlung von originalen Denkmälern und Gipsabgüssen nach Berlin mit, die dann z.T. im neu errichteten Museum ausgestellt wurden. 1846 wurde für ihn an der Berliner Univ. der erste dt. Lehrstuhl für Ägyptologie geschaffen. Schon vor der Expedition, mehr aber noch von Ägypten aus, nahm L. Einfluss auf die Gestaltung des von Friedrich August Stüler zu erbauenden Neuen Museums in Berlin. Er gab den Anstoß, die ägypt. Denkmäler dort chronologisch geordnet zu arrangieren. Aufgrund aller dieser Leistungen kann er als einer der Begründer der (dt.) Ägyptologie gelten.

Lebenslang beschäftigte sich L. mit der Grammatik und Syntax afrikanischer Sprachen und stellte nach eingehender Analyse der existierenden Literatur die genetische Verwandtschaft der Bantu- mit den Sudansprachen fest [8]; auch entwickelte er ein System der lautlichen Wiedergabe afrikanischer und anderer Sprachen in Form eines Standardalphabets [6]. Als Oberbibliothekar sorgte er für eine qualifizierte Erwerbungspolitik und strebte u.a. die Reform der inneren Verwaltung an. Als Akademiemitglied förderte er Gelehrte anderer Disziplinen, darunter Theodor ↗Mommsen und den engl. Arabisten Edward Lane.

Schriften

[1] Lettre à M. le Professeur H. Rosellini sur l'alphabet hiéroglyphique, 1837 [2] Auswahl der wichtigsten Urkunden des ägyptischen Alterthums (Edition), 1842 (u.ö.; engl. 1855, 2. Aufl. 1863 u.ö.) [3] Das Todtenbuch der Aegypter nach dem hieroglyphischen Papyrus in Turin (Edition), 1842 (Ndr. 1976) [4] (Hrsg.) Denkmäler aus Aegypten und Aethiopien, VI Abtheilungen, 1849–1859 (u.ö.) [5] Die Chronologie der Aegypter, Einleitung und 1. Theil, 1849 (u.ö.) [6] Das allgemeine linguistische Alphabet, Grundsätze der Uebertragung fremder Schriftsysteme und bisher noch ungeschriebener Sprachen in Europäische Buchstaben, 1855 [7] Königsbuch der alten Ägypter (1./2. Abtheilung; Edition), 1858 [8] Nubische Grammatik mit einer Einleitung über die Völker und Sprachen Afrikas, 1880 [9] Denkmäler aus Aegypten und Aethiopien, 5 Bde., hrsg. von E. Naville, 1897–1913.

Sekundärliteratur

[10] G. Ebers, Richard Lepsius. Ein Lebensbild, 1885 [11] E. Freier / W.F. Reineke (Hrsg.), Karl Richard Lepsius (1810–1884). Akten der Tagung anläßlich seines 100. Todestages, 1988 [12] E. Naville, Art. Lepsius, Karl Richard, in: ADB 51, 1906, 659–670 [13] W.H. Peck, Art. Lepsius, Karl Richard, in: The Oxford Encyclopedia of Ancient Egypt, Bd. 2, 2001, 289–290 [14] J. Settgast, Art. Lepsius, Karl Richard, in: NDB 14, 1985, 308–309.

Elke Freier

Lesky, Albin

Österr. Klass. Philologe. Geb. am 7.7.1896 in Graz, gest. am 28.2.1981 in Innsbruck. Schulbesuch in Graz; 1914–1920 Studium (mit Unterbrechung), 1920 Prom. ebda.; 1921 Studienaufenthalt in Marburg. 1921–1932 Gymnasiallehrer in Graz; 1924 Habil. 1930 ao.Prof. in Graz; 1932 ao.Prof. in Wien; 1936 o.Prof. in Innsbruck; 1949 o.Prof. in Wien, 1963/64 Rektor ebda. Ab 1954 wirkliches Mitglied, 1969/70 Präsident der Österr. Akad. der Wiss.; mehrere Ehrendokorate und Akadememitgliedschaften; 1971 Orden *Pour le mérite.*

Werdegang, Werk und Wirken

Als Sohn des gleichnamigen Realschulprof. und Neffe des Komponisten Robert Stolz besuchte L. zunächst die evang. Volksschule, 1905–1914 das Erste Staatsgymnasium (später Akad. Gymnasium) seiner Heimatstadt Graz. Anschließend begann er dort das Studium der Klass. Philologie. In seinem autobiographischen Abriss (s.u. M) nennt L. als seine wichtigsten akad. Lehrer den Archäologen Rudolf Heberdey sowie die Philologen und Sprachwissenschaftler Richard Meister, Karl Prinz und Rudolf Meringer. Die Vielzahl der Lehrer spiegelt ein für L. charakteristisches weitgefächertes Interesse auch an den Nachbardisziplinen der Klass. Philologie wieder.

Nach Abschluss der Promotion (ungedruckt) über die Technik der Neuen Komödie und Lehramtsprüfungen in Griech. und Lat. (später legte L. weitere Prüfungen in Mathematik, Stenographie und Turnen ab, um durch seine Fächerkombination keine Nachteile im Schuldienst zu haben) begann er seine schulische Lehrtätigkeit an seinem alten Gymnasium, ging aber 1921 noch einmal für ein Semester nach Marburg, um dort bei Theodor Birt, Ernst Maaß und Paul ↗Friedländer zu studieren. Bereits als Gymnasiallehrer entfaltete L. eine umfangreiche Forschungstätigkeit. Er konnte sich mit einer Arbeit zu *Alkestis* [1], die

Ludwig Radermacher der Akademie in Wien vorlegte, 1924 habilitieren. Die öffentliche Sparpolitik verhinderte die prestigeträchtige Berufung zum Nachfolger Ernst Diehls in Innsbruck im selben Jahr. Die Verleihung des Titels eines ao.Prof. 1930 markiert den Beginn der universitären Laufbahn L.s, die Ernennung zum Extraordinarius in Wien 1932 die Aufgabe der Schullaufbahn. Dennoch setzte sich L. zeitlebens insbes. für den Erhalt des humanistischen Gymnasiums ein [4].

L.s wiss. Interessen waren vielseitig, darunter v.a. die griech. Tragödie und der Mythos sowie die Homerforschung. Zur Tragödie verfasste er zahlreiche Einzeluntersuchungen (u.a. [3]), diverse Forschungsberichte und zusammenfassende Darstellungen [2]; [7], die zu internationalen Standardwerken und teilweise wiederholt überarbeitet wurden. Ebenso auf Forschungsberichten beruhend wurde L.s RE-Artikel zu Homer grundlegend [10]. Daneben trat er 1951 als Übersetzer der erotischen Briefe des Aristainetos (5. Jh. n. Chr.) hervor [6], kulturgeschichtliche Monographien [5]; [12] kamen ergänzend hinzu. Früh – und zum Teil gegen den Geist der Zeit – erkannte L. die Bedeutung der altoriental. Literatur für die Herausbildung der griech. Kultur an [11].

Maßstäbe setzte L. mit einer umfassenden Geschichte der griech. Literatur [8], die als sein Hauptwerk angesehen werden darf und immer wieder neu aufgelegt worden ist. Mehrfach übersetzt (u.a. ins Italienische, Englische und Spanische), stellt sie bis heute ein wesentliches Arbeitsinstrument der Klass. Philologie dar. Während zur kaiserzeitlichen Literatur nach L. umfassendere Arbeiten erschienen sind, bleibt seine Darstellung der griech. Literatur von den Anfängen bis zum Hellenismus weiterhin maßgeblich.

Allen Veröffentlichungen L.s ist eine bemerkenswerte Klarheit der Sprache eigen. Überhaupt war L.s wiss. wie persönliches Wirken von einem fein-geistigen Zug geprägt, Literatur (nicht nur der Antike) durch Interpretation lebendig zu machen. Gastvorlesungen und Vorträge führten ihn an zahlreiche Univ. (Tübingen, Heidelberg, Erlangen, Würzburg, München, Schweiz, England); die Namen derjenigen, die zu den drei Festschriften im Rahmen der *Wiener Studien* (1956, 1966, 1976) beitrugen, können als Beleg für L.s internationale Geltung und die Wertschätzung seiner Kollegen gelten. Zu seinen akad. Schülern gehörten u.a. Robert Muth, Walther Pötscher, Otto Mazal und Helmuth Vretska.

M: Wien, Archiv der Österreichischen Akad. der Wiss., Personalakt (PA) Albin Lesky, Mappe 1 (1954).

SV: [9.707–712]; Wiener Studien 89 (N.S. 10), 1976, 256–260.

Schriften

[1] Alkestis, der Mythus und das Drama (SB der Akad. der Wiss. Wien. Philol.-Histor. Klasse 203/2), 1925 [2] Die griech. Tragödie, 1938 (⁵1984; engl. 1965 u.ö.) [3] Der Kommos der Choephoren (SB der Akad. der Wiss. Wien. Philol.-Histor. Klasse 221/3), 1943 [4] Erziehung. Verfall und Aufbau der Schule, 1946 [5] Thalatta. Der Weg der Griechen zum Meer, 1947 [6] Aristainetos, Erotische Briefe (Übers. mit Einl. und Komm.), 1951 [7] Die tragische Dichtung der Hellenen, 1956 (³1972; engl. 1983) [8] Geschichte der griech. Literatur, ³1958 (Ndr. 1971 u.ö.; engl. 1966 u.ö.) [9] Ges. Schriften. Aufsätze und Reden zu antiker und deutscher Dichtung und Kultur, hrsg. von W. Kraus, 1966 [10] Art. Homeros, in: RE Suppl.bd. 11, 1967, 687–846 [11] Rez. zu P. Walcot, »Hesiod and the Near East«, 1966, in: Gnomon 40, 1968, 225–230 [12] Vom Eros der Hellenen, 1976.

Sekundärliteratur

[13] H. Herter, Albin Lesky, in: Gnomon 53, 1981, 504–510 [14] W. Kraus, Albin Lesky, in: Almanach der Österreichischen Akad. der Wissenschaften 131/1981, 1982, 341–350.

Oliver Schelske/Hans-Ulrich Berner

Lessing, Gotthold Ephraim

Dt. Dichter und Literaturtheoretiker. Geb. am 22.1.1729 in Kamenz (Lausitz), gest. am 15.2.1781 in Braunschweig. Erster Unterricht durch seinen Vater, 1737–1741 Besuch der Kamenzer Lateinschule, 1741–1746 der Fürstenschule St. Afra in Meißen. 1746–1748 Studium der Theologie und Medizin in Leipzig; 1751/52 Abschluss des Studiums in Wittenberg (Magister). 1748–1751, 1752–1755, 1758–1760 und 1765–1767 freischaffender Schriftsteller in Berlin, 1755–1758 in Leipzig. 1760–1765 Sekretär bei einem preuß. General in Breslau. 1767–1770 Dramaturg und Kritiker sowie Verleger in Hamburg; ab 1770 Bibliothekar in Wolfenbüttel.

Werk und Wirkung

L., der bedeutendste Vertreter der dt. Aufklärung, hatte als Dichter, Literaturkritiker, -theoretiker und -historiker sowie als Verfasser von antiqu. und religionskritischen Schriften eine enge Beziehung zur Antike. Grundlage vieler seiner Arbeiten war die Philologie. Am Anfang standen Studien zu Plautus [1], Horaz [5] und Seneca [6]; am Ende der 1750er Jahre folgten die an Aesop und Phaedrus orientierten Abhandlungen über die Fabel [7] und das *Leben des Sophokles* [13]. Den 1760er Jahren entstammten die theoretischen Hauptwerke *Laokoon* [8] und *Hamburgische Dramaturgie* [9]. Am Ende der 1760er und Beginn der 1770er Jahre folgten weitere antiqu. Studien [10] (insbes. in Auseinandersetzung mit Christian Adolph ↗Klotz) sowie eine primär an Martial orientierte Abhandlung über das Epigramm [12]. Die religionskritischen Schriften aus dem letzten Jahrzehnt seines Lebens enthalten u.a. Analysen spätantiker christl. Schriftsteller. Von L.s Interesse an philol. Fragen zeugen zahlreiche Notizen aus seinen *Collectanea* und seinem *Philologischen Nachlass*.

Höhepunkt der produktiven Synthese von Literaturkritik, Literaturtheorie und Philologie war die *Hamburgische Dramaturgie*, in der L. anhand von Terenz Bausteine einer Komödientheorie erarbeitete und v.a. durch eine tiefschürfende Analyse der Begriffe *éleos*, *phóbos* und *kátharsis* (»Mitleid, Furcht und Reinigung«) aus der aristotelischen *Poetik* grundsätzliche theoretische Erkenntnisse über die Tragödie entwickelte, mit denen sich die Aristotelesinterpreten und die Forschung zur griech. Tragödie letztlich bis heute regelmäßig auseinandersetzen [18]. Als Philologe argumentierte L. auch dort, wo er die Literatur insgesamt betrachtete, Fragen einer allgemeinen Kunsttheorie, bes. einer Abgrenzung der Künste, behandelte oder über die Literatur hinaus sich der bildenden Kunst zuwandte: im *Laokoon* (durch den er nicht zuletzt die mod. Homer- und Vergil-Deutung beförderte) und in den antiqu. Schriften.

Die Philologie spielte zudem eine Rolle für L.s eigene Dichtungen: Der junge Komödienschreiber schulte sich durch die Übersetzung und Interpretation der *Captivi* und durch eine Bearbeitung des Trinummus des Plautus; aus den Seneca-Studien erwuchs die Übernahme von Medea-Zügen in das bürgerliche Trauerspiel *Miß Sara Sampson* (1755). L.s Fabeln und Epigramme korrespondierten aufs Engste mit seinen (auch heute noch gültigen) histor.-theoretischen Erkenntnissen über diese Gattungen. In dem Trauerspiel *Emilia Galotti* (1772) übernahm L. einen Konflikt aus Livius (Verginia-Episode, Liv. 3,44–48). Darüber hinaus erörterte er quellen- und textkritische Probleme sowie philol. Einzelfragen. Scharfe Kritik übte er an unzulänglichen Übersetzungen (wie derjenigen des Horaz durch Samuel Gotthold Lange [4]).

L. stand in freundschaftlicher Beziehung zu Johann Jakob ↗Reiske und Christian Gottlob ↗Heyne. Neben Johann Joachim ↗Winckelmann wirkte er bahnbrechend für die an der Antike geschulten ästhetischen Debatten des 18. und frühen 19. Jh.s.

SV: S. Seifert, Lessing-Bibliographie, 1973, 5–289; H.-G. Dewitz, Lessing, in: H. Rupp und C.L. Lang (Hrsg.), Deutsches Literatur-Lex., Bd. 9, 1984, 1289–1293.

N: Staatsbibl. zu Berlin, Preußischer Kulturbesitz; Breslau, Univ.-Bibl.; Düsseldorf, Goethe-Museum; Frankfurt am Main, Freies Dt. Hochstift; Genf, Bibliotheca Bodmeriana; Halberstadt, Gleim-Haus; Marbach, Dt. Literaturarchiv; Wolfenbüttel, Herzog-August-Bibl.

Schriften

[1] Abhandlung von dem Leben, und den Werken des Marcus Accius Plautus, 1750 [2] Critik über die Gefangnen des Plautus, 1750 [3] Beschluß der Critik über die Gefangnen des Plautus, 1750 [4] Ein Vade mecum für den Hrn. Sam. Gotth. Lange, 1753 [5] Rettungen des Horaz, 1754 [6] Von den lateinischen Trauerspielen welche unter dem Namen des Seneca bekannt sind, 1754 [7] Fabeln. Drey Bücher, nebst Abhandlungen mit dieser Dichtungsart verwandten Inhalts, 1759 [8] Laokoon: oder über die Grenzen der Mahlerey und Poesie, 1766 [9] Hamburgische Dramaturgie, 1767–1769 [10] Briefe, antiquarischen Inhalts, 2 Bde., 1768–1769 [11] Wie die Alten den Tod gebildet, 1769 [12] Zerstreute Anmerkungen über das Epigramm, und einige der vornehmsten Epigrammatisten, 1771 [13] Leben des Sophokles, 1790 (verfasst 1760) [14] Werke und Briefe in zwölf Bänden, hrsg. von Wilfried Barner et al., 1986–2003 (bes. Bde. 1, 3, 4, 5/1, 5/2, 6, 7).

Sekundärliteratur

[15] Bursian Gesch. 436–454 [16] J. Dummer, Lessings Stellung in der Wissenschaftsgeschichte (1979), in: J. Dummer, Philologia sacra et profana, 2006, 281–285 [17] I. Kont, Lessing et l'antiquité. Étude sur l'hellénisme et la critique dogmatique en Allemagne au XVIIIe siècle, 2 Bde., 1894–1899 [18] M. Luserke (Hrsg.), Die Aristotelische Katharsis. Dokumente ihrer Deutung im 19. und 20. Jh., 1991 [19] E. Norden, Lessing als klassischer Philologe (1929), in: E. Norden, K.S. zum klassischen Altertum, 1966, 621–638 [20] V. Riedel, Lessing und die röm. Literatur, 1976 [21] V. Riedel, Lessings Verhältnis zur Antike. Grundzüge, historischer Stellenwert und aktuelle Bedeutung (1983), in: V. Riedel, Literarische Antikerezeption, 1996, 83–98 [22] V. Riedel, Literaturkritik und Klassische Philologie bei Lessing (1989), in: V. Riedel, Literarische Antikerezeption, 1996, 108–117 [23] Sandys Hist., Bd. 3, ³1920, 24–30 [24] H. Sichtermann, Lessing und die Antike, in: Lessing und die Zeit der Aufklärung, 1968, 168–193.

Volker Riedel

Leumann, Manu

Dt. Philologe und Indogermanist. Geb. am 6.10. 1889 in Straßburg, gest. am 15.7.1977 in Zürich. Sohn des Indologen Ernst Leumann. Ab 1908 Studium der Indogermanistik, Klass. Phil. und Orientalistik an der Univ. Straßburg sowie in Berlin (1909/10) und Göttingen (1910); 1914 Prom. in Straßburg, dann Soldat im Ersten Weltkrieg. Ab 1919 Mitarbeiter am *Thesaurus Linguae Latinae* in München; ab 1922 auch Redaktor sowie PD für indogerman. Sprachwiss. an der Univ. ebda., 1922 Habil. 1927–1959 o.Prof. für indogerman. Sprachvergleichung an der Univ. Zürich.

Werk und Wirkung

Nach Studien u.a. bei Ulrich von ↗Wilamowitz-Moellendorff, Friedrich ↗Leo und Jacob ↗Wackernagel wurde L. bei Albert Thumb in Straßburg promoviert [1]. Schon die sprachwiss. Diss. zeugt von

L.s Ansatz, nicht histor.-vergleichend zu arbeiten, sondern Entwicklungen in der Einzelsprache zu erfassen. Während seiner Tätigkeit am *Thesaurus Linguae Latinae* ab 1919 beschäftigte er sich weiter mit Themen der lat. Wortbildung, wobei er an den sprachlichen Veränderungen, der Neuentwicklung und dem Bedeutungswandel von Wörtern interessiert war. In diese Zeit fällt auch seine Neubearbeitung der Laut- und Formenlehre (erschienen 1926–1928) der lat. Grammatik von Friedrich Stolz und Joseph Hermann Schmalz [5], die in ihrer 1977 überarbeiteten Fassung bis heute ein grundlegendes Hilfsmittel für Philologen ist. Des Weiteren beschäftigte sich L. mit Homer, was 1952 in eine auch von der Homerforschung beachtete Monographie mündete [2], in der L. seine Erkenntnis, dass Wörter aus dem Zusammenhang heraus neu interpretiert und in ihrer neuen Bedeutung an anderer Stelle wieder verwendet werden, auf Homer anwandte. Daneben forschte er ebenfalls zur griech. Sprachgeschichte [4.201–272] und zum Einfluss des Griechischen auf das Lateinische, aber auch zum Altindischen, was neben den *Kleinen Schriften* [4] seine Arbeit zum altind. Verbalsystem [3] belegt.

Zu Schüler L.s zählten u.a. Ernst Risch, Peter Frei und Hansjakob Seiler.

SV: [4.412–418]; [7.219–222] (für die ab 1959 erschienenen Schriften).

Schriften

[1] Die lat. Adjektiva auf -lis (Diss. Straßburg), 1917 [2] Homerische Wörter, 1950 [3] Morphologische Neuerungen im altindischen Verbalsystem, 1952 [4] K.S. (FS), hrsg. von H. Haffter et al., 1959 [5] Leumann-Hofmann-Szantyr: Lat. Grammatik, Bd. 1: Lat. Laut- und Formenlehre (Hdb. der Altertumswissenschaft 2.2.1), 1977 (Neuausgabe der 5. Aufl. von 1926–1928).

Sekundärliteratur

[6] B. Forssmann, Manu Leumann, in: Gnomon 49, 1977, 830–832 [7] E. Risch, Nekrolog: Manu Leumann, in: Kratylos 23, 1978, 212–222.

Dennis Miedek

Leunclavius, Johannes

Lewenklaw/Löwenklau, Hans; Johannes Amelsburnus (die Familie stammte aus Amelsbüren bei Münster in Westfalen); dt. Philologe, Historiker und Jurist. Geb. vermutlich im Juli 1541 in Coesfeld, gest. vermutlich im Juni 1594 in Wien. Ab 1555 Studium in Wittenberg, ab 1562 in Heidelberg (1563 als *alumnus juris*) und 1566/67 in Basel [6]. Ab 1565 diverse Gesandtschaftsreisen.

Werdegang, Werk und Wirkung

Der aus bescheidenen Verhältnissen stammende L. zeigte schon früh Freude am Reisen; vermutlich mit seinem Lehrer Heinrich Henning besuchte er in seiner Jugend das Baltikum. Die Kontakte seiner Familie zum einflussreichen Kreis der Kryptocalvinisten baute er als Schüler Philipp ↗Melanchthons in Wittenberg und bei Wilhelm ↗Xylander (Holtzmann) in Heidelberg aus. 1576 scheiterte daran seine Nachfolge auf den Heidelberger Lehrstuhl Xylanders. L.' Werke wurden 1596 und erneut 1758 auf den päpstlichen Index gesetzt.

Ab 1565 unternahm L. Gesandtschaftsreisen im Auftrag diverser Brotherren, die ihn u.a. nach Turin, Wien, Istanbul, Ferrara und in verschiedene dt. Städte führten, meist zur polit. Berichterstattung oder zur Pflege von Kontakten zu reformierten Glaubensgenossen. Als Begleiter des mährischen Landeshauptmanns Karl von Zierotin nahm er 1594 an der Belagerung von Gran in Ungarn teil, wo er sich eine tödliche Erkrankung zuzog. Mehrere Weggefährten, darunter Friedrich Sylburg und Paul ›Melissus‹ Schede, verfassten Nachrufe auf ihn.

Zu L.' philol. Verdiensten zählt v.a. die Edition bzw. Übersetzung ins Lat. von Werken wichtiger griech. Autoren der Antike (z.B. Xenophon, Gesamtausgabe Basel 1569 und 1594; Plutarch, Basel 1565), des frühen Christentums (Gregor von Nazianz, Basel 1571; Gregor von Nyssa, Basel 1571) und des byz. Zeitalters (Michael Glykas, Konstantinos Manasses) [6]. Als Historiker war L. um Objektivität auch jenseits religiöser Vorbehalte bemüht. Im Vorwort zu seiner lat. Übersetzung des heidnischen Historiographen Zosimos [2] verteidigte er dessen Kritik an Konstantin d.Gr. und stellt die Überlegenheit christlicher Kaiser gegenüber den heidnischen in Abrede, auch wenn er den christlichen Herrschern nicht die alleinige Schuld an Roms Untergang zuwies. Unter dem Eindruck des Zusammenbruchs des neuen Rom (Konstantinopel) 1453 und angesichts der türk. Bedrohung Europas verfasste L. mehrere Werke zur osman. Geschichte (u.a. [3]) [5.98–110]. Seine juristischen Studien dienten der Interpretation des justinianischen Rechts unter Hinzuziehung der byz. Sekundärquellen [7.110–114; 264–267]. L.' Editionen der *Ecloga* (*Eklogē*) [1] (h. als *Synopsis maior* bekannt) und des *Ius Graeco-Romanum* [4] markieren den Beginn der Erforschung der byz. Rechtsgeschichte.

Schriften

[1] LX librorum basilikon, id est universi iuris Romani … Graecam in linguam traducti, ecloga sive synopsis, Basel 1575 [2] Zosimi Comitis … Historiae novae libri VI … Quibus additae sunt Historiae Procopii Caesariensis, Agathiae Myrrinaei, Jornandis Alani (lat. Übers.), Basel 1576

[3] Historiae Musulmanae Turcorum, de monumentis ipsorum exscriptae libri XVIII, Frankfurt/Main 1591 [4] Iuris Graeco-Romani tam canonici quam civilis tomi duo (Edition), postum hrsg. von M. Freher, Frankfurt/Main 1596.

Sekundärliteratur

[5] S. Mazzarino, Das Ende der antiken Welt, 1961 (ital. 1959) [6] D. Metzler, Johannes Löwenklau, in: R. Stupperich (Hrsg.), Westfälische Lebensbilder 13, 1985, 19–44 [7] H. E. Troje, Graeca leguntur. Die Aneignung des byzantinischen Rechts und die Entstehung eines humanistischen Corpus iuris civilis in der Jurisprudenz des 16. Jh.s, 1971.

Sonja Schönauer

Levi, Doro

Ital. Archäologe. Geb. als Teodoro L. am 1. 6. 1898 in Triest, gest. 3. 7. 1991 in Rom. 1920 philol. Abschluss in Florenz. 1921–1926 Mitarbeiter der Scuola Archeologica Italiana di Atene (SAIA); 1926 Inspektor der Soprintendenza alle antichità dell'Etruria. 1931 PD für griech. und röm. Arch. und Kunstgesch. an der Univ. Florenz; 1931–1933 Teilnahme an der ersten ital. arch. Mission in Mesopotamien und an der Grabung in Kiliz. 1935–1938 Prof. für Arch. und griech.-röm. Kunstgesch. an der Univ. Cagliari und Interims-Superintendant der Kunstwerke und Altertümer Sardiniens. 1938–1945 nach Dispensierung vom Lehramt aufgrund der faschistischen Rassengesetze Emigration in die USA; Fellow am Institute for Advanced Study in Princeton. 1947–1977 Direktor der SAIA; 1950 Wiederaufnahme der Grabungen in Phaistos (Kreta); 1960 Eröffnung der ital. Grabungen im karischen Iasos (Türkei). Mitglied der Accad. dei Lincei und der Athener Akad.

Werk und Wirkung

Der Ausbildung nach Klass. Philologe, wurde L. als Student der von Alessandro ↗Della Seta geleiteten SAIA bei Grabungen in Griechenland zum Archäologen und Feldforscher. Von Federico ↗Halbherr zur Ausbildung an die SAIA geschickt, konnte L. in seinen ersten Jahren in Griechenland ausgedehnte Grabungserfahrungen sammeln; v. a. erkundete er 1924 die Nekropole der früharchaischen Stadt Arkades bei Afrati in Mittelostkreta [2]. Es war sein Verdienst, dass nach dem Krieg die Aktivitäten der SAIA und die ital. Grabungen in Kreta wieder auflebten. Schon 1950 nahm er die Grabungen in Phaistos wieder auf und entdeckte dabei auf dem Südhang des Hügels die außerordentlich gut erhaltenen Reste des älteren Palastes. Diesem bis 1967 ununterbrochen weitergeführten Unternehmen widmete L. sein Hauptwerk [6]. Weitere wichtige Grabungen unternahm er in Kamilari (bronzezeitliche Rundgräber), auf der Akropolis von Gortyn und in der minoischen ›Villa‹ von Kannià-Mitropolis.

L.s wiss.-kultureller Horizont war außergewöhnlich weit gespannt, vom etrusk. und griech.-röm. Bereich (hier bes. hervorzuheben sein großes, während des Exils in den USA entstandenes Werk über die Mosaiken von Antiochia [3]) bis zur mesopot., min. und myk. Kultur. Beflügelt von der Idee einer kulturellen Kontinuität von der min.-myk. bis zur frühgriech. Welt [4], betrachtete er die Insel Kreta als Ort der Rezeption und Transmission oriental. Einflüsse. Sein idealistisch-elitäres Bildungsprofil, das histor. ›Gesamtschauen‹ wenig zugeneigt war, ließ ihn nicht selten als Widerspruchsgeist erscheinen, wie etwa bei seinem Streit mit Arthur ↗Evans, dem Ausgräber von Knossos [10]. Ausgrabungstechnischen Methodenfragen und den von der *New Archaeology* propagierten Innovationen stand L. reserviert gegenüber. Die eigenwillige Form seiner Veröffentlichungen – in denen Grabungsdaten, Beschreibungen der Funde sowie Beobachtungen und kulturhistor. Schlussfolgerungen unentwirrbar verquickt sind – spiegelt eine eher lit. Arbeitsauffassung, der es mehr auf Intuition als auf transparente Argumentation ankommt. Dies dürfte dazu beigetragen haben, dass sowohl das Thema Kreta als auch die SAIA lange nur eine eher marginale Rolle in der ital. Archäologie gespielt haben.

SV: [11. 183–197]; [8. 359–374].

Schriften

[1] Le cretule di Haghia Triada e di Zakro, in: Annuario della Scuola archeologica d'Atene e delle missioni italiane in Oriente 8–9, 1925–1926, 71–201 [2] Arkades. Una città cretese all'alba della civiltà ellenica (Annuario della Scuola archeologica di Atene e delle missioni italiane in Oriente 10–12, 1927–1929), 1931 [3] Antioch Mosaic Pavements, 2 Bde., 1947 [4] Continuità della tradizione micenea nell'arte greca arcaica, in: Atti e memorie del I Congresso internazionale di Micenologia, 1968, 185–215 [5] Festòs. Metodo e criteri di uno scavo archeologico, 1968 [6] Festòs e la civiltà minoica, 2 Teile in 6 Bden., 1976–1988.

Sekundärliteratur

[7] Antichità cretesi. Studi in onore di Doro Levi, 2 Bde., 1973–1974 [8] Giornata lincea in ricordo di Doro Levi, Roma 7 marzo 1995, in: Atti dell'Accademia nazionale dei Lincei. Rendiconti, classe di scienze morali, storiche e filologiche ser. 9, 9, 1998, 309–374 [9] P. Belli / L. Vagnetti (Hrsg.), Eymeneia. Omaggio a Doro Levi, 1990 [10] F. Carinci, Doro Levi and Minoan Archaeology (1950–1980). History of a Heresy without Stakes, in: Creta Antica 8, 2007, 401–417 [11] P. Càssola Guida / E. Floreano (Hrsg.), Μνημεῖον. Ricordo triestino di Doro Levi, 1995 [12] V. La Rosa, Art. Levi, Teodoro, in: DBI 64, 2005, 796–800 [13] F. Lo Schiavo (Hrsg.), Omaggio a Doro Levi (Quaderni della Soprintendenza archeologica di Sassari e Nuoro 19), 1995.

Anna Lucia D'Agata (Ü: K. H.)

Liegle, Josef Theodor

Dt. Philologe und Numismatiker. Geb. am 12.6. 1893 in Schwäbisch Gmünd, verschollen 1945 bei Berlin. Nach Abitur in Pforzheim 1912/13 Aufnahme eines Architekturstudiums an der Kgl. Technischen Hochschule zu Berlin, seit Sommersemester 1913 Studium der Klass. Phil. und Gesch. an der Friedrich-Wilhelms-Univ. ebda. 1914 Wechsel nach Heidelberg (u.a. bei Franz Boll). Ab Januar 1915 Soldat an der Westfront; 1916–1919 engl. Kriegsgefangenschaft. Fortsetzung des Studiums 1919/20 bei Otto Weinreich, Ludwig ↗Curtius und Alfred von ↗Domaszewski. 1922 Fachprüfung für das Höhere Lehramt; Prom. bei Franz Boll in Heidelberg (*Untersuchungen zu den platonischen Lebensformen*). Danach Privatlehrer; 1927 Übersiedlung nach Berlin. Erst Hilfskraft, dann Hilfsarbeiter am Münzkabinett des Kaiser-Friedrich-Museums in Berlin; ab 1929 Kustos ebda. 1936 Ernennung zum Prof. Im Herbst 1944 eingezogen, in den letzten Kriegstagen in der Schlacht um Berlin verschollen.

Werk und Wirkung

Früh übersetzte L. mit Leidenschaft (Euripides' *Bakchen*, 1921; Sophokles' *Oedipus*, 1922; *Monumentum Ancyranum*, 1926). Den Höhepunkt dieser Tätigkeit stellte die Übertragung von Vergils *Aeneis* dar. An L.s Übersetzungen wurden die Präzision und »Schönheit in Wortwahl, Bildlichkeit und Melos« [4.19] gelobt. Man darf darin einen Nachklang der Begegnung mit Stefan George und der freundschaftlichen Beziehungen zu Mitgliedern des George-Kreises sehen (Ernst Kantorowicz, Woldemar von ↗Uxkull-Gyllenband, Friedrich Gundolf). Seit der engl. Kriegsgefangenschaft setzte sich L. intensiv mit Platon auseinander. Seine Diss. zu diesem Thema war Teil des breiten akad. (Paul ↗Friedländer, Werner ↗Jaeger, Karl ↗Reinhardt, Hans-Georg Gadamer) und georgeanischen (Kurt Singer, Edgar Salin, Kurt Hildebrandt) Platon-›relecture‹-Stromes der 1920er Jahre.

Es war das Verdienst des Direktors des Berliner Münzkabinetts, Kurt Regling, L. 1927 als ›Seiteneinsteiger‹ in die Sammlung zu holen. Wegweisend wurde L.s Aufsatz über die Münzprägung Octavians [1]. Zu bedauern ist, dass L. sich nicht an ein ›großes‹ Augustusbuch gesetzt hat. Habil.-Pläne in diese Richtung wurden mit Eduard ↗Fraenkel in Kiel besprochen, aber nicht realisiert. L.s bedeutendster Schüler war Hans Ulrich Instinsky, der nach dem Zweiten Weltkrieg dazu beitrug, dass das im Satz zerstörte Phidias-Buch [3] 1952 postum erscheinen konnte.

Schriften

[1] Die Münzprägung Octavians nach dem Siege von Actium und die augusteische Kunst, in: Jb. des Deutschen Archäologischen Instituts 56, 1941, 91–119 [2] Euainetos. Eine Werkfolge nach Originalen des Staatlichen Münzkabinetts zu Berlin (101. Winckelmannsprogramm der Archäologischen Gesellschaft zu Berlin), 1941 [3] Der Zeus des Phidias, 1952 [4] Litterae Augustae. Augusteische Dichtungen und Texte des Princeps in deutscher Übersetzung, hrsg. von A. Kerkhecker, 2007.

Sekundärliteratur

[5] B. Kluge, Das Münzkabinett – Museum und Wissenschaftsinstitut, 2004, 103 [6] Lullies/Schiering Arch. 333.

Kay Ehling

Lietzmann, Hans

Dt. Theologe und Kirchenhistoriker. Geb. am 2.3.1875 in Düsseldorf, gest. am 25.6.1942 in Locarno. Abitur in Wittenberg; Studium in Jena und Bonn; theologische Prom. in Bonn 1896; Staatsexamen 1898; Habil. ebda. 1900. 1905 ao.Prof. für Kirchengesch.; 1908 o.Prof. in Jena.; 1924 o.Prof. in Berlin.

Werk und Wirkung

L. studierte evang. Theologie und Klass. Philologie. Prägende Lehrer waren der Philologe und Religionshistoriker Hermann ↗Usener und der Neutestamentler Eduard Grafe in Bonn, wo L. mit einer Arbeit über den Titel des Menschensohns im NT promovierte [2] und mit einer Studie zu Apollinaris von Laodikeia in alter Kirchengeschichte, Patristik, Text- und Kanonsgeschichte der griech. Bibel habilitiert wurde [3]. Mit der Nachfolge Adolf von ↗Harnacks in Berlin hatte L. den Gipfel seiner Laufbahn erreicht. Seine zahlreichen Ämter und Auszeichnungen machten ihn zu einem der einflussreichsten Theologen und Gelehrtenpolitiker der Weimarer Republik und des Dritten Reiches. Zum NS-Regime blieb L. auf Distanz (er gehörte der Bekennenden Kirche an), pflegte aber durchaus Kontakt zu Schülern und Kollegen, die diesem nahe standen. Die vom NS-Regime ausgehenden Gefahren unterschätzte er zunächst deutlich, setzte sich dann aber nachdrücklich für verfolgte Kollegen ein.

L.s Bedeutung liegt gleichermaßen auf den Gebieten der nt. Exegese, der Patristik und der christl. Archäologie. In der Bibelauslegung lag ihm an einer gründlichen philol. und histor.-kritischen Bildung der Studenten; diesem Zweck diente die von ihm begründete Kommentarreihe *Handbuch zum NT*, in der er die Auslegungen zu mehreren Paulusbriefen verfasste [1]. In der Jenaer Zeit kam ein Interesse u.a. an liturgischen und arch. Fragen hinzu. L.s Hauptwerk ist indessen die (unvollendete) *Geschichte der Alten Kirche* [6], in der er mit seinen Ausführungen zu den altchristl. Bekenntnissen, zur Geschichte des Kirchenbaus und des Gottesdienstes und zur Volksfrömmigkeit in quellengesättigter und gleichzeitig erzählerisch meisterhafter Form neue Wege beschritt. Zu L.s wichtigsten Schülern zählten Kurt Aland und Wilhelm Schneemelcher.

M: Selbstdarstellung, in: E. Stange (Hrsg.), Die Religionswissenschaft der Gegenwart in Selbstdarstellungen, Bd. 2, 1926, 77–117 (gekürzter Ndr. in: [7. Bd. 3, 331–368]).

N: Staatsbibl. zu Berlin Preuß. Kulturbesitz.

Schriften

[1] Kommentare im Hdb. zum Neuen Testament zu Röm (1906), I Kor (1907), II Kor (1909), Gal (1910) (u.ö.) [2] Der Menschensohn. Ein Beitrag zur neutestamentlichen Theologie (Diss. Bonn), 1896 [3] Apollinaris von Laodicea und seine Schule, 1904 (Ndr. 1970) [4] Petrus und Paulus in Rom, 1915 (²1927) [5] Messe und Herrenmahl. Eine Studie zur Geschichte der Liturgie, 1926 (⁴1967) [6] Geschichte der Alten Kirche, 4 Bde., 1932–1944 (⁵1975; Ndr. 1999) [7] Kleine Schriften, 3 Bde., 1958–1962.

Sekundärliteratur

[8] K. Aland (Hrsg.), Glanz und Niedergang der deutschen Universität. 50 Jahre deutsche Wissenschaftsgeschichte in Briefen an und von Hans Lietzmann (1892–1942), 1979 (mit Bibliographie) [9] C. Andresen, Art. Lietzmann, Hans, in: NDB 14, 1985, 544–546 [10] W. Kinzig, Evangelische Patristiker und christliche Archäologen im »Dritten Reich«. Drei Fallstudien: Hans Lietzmann, Hans von Soden, Hermann Wolfgang Beyer, in: Näf AA 535–629 [11] W. Kinzig, Hans Lietzmann (1875–1942), in: R. Schmidt-Rost et al. (Hrsg.), Theologie als Vermittlung. Bonner evangelische Theologen des 19. Jh.s im Porträt, 2003, 220–231 [12] H.-U. Rosenbaum, Art. Lietzmann, Hans, in: Biographisch-Bibliographisches Kirchenlex., Bd. 5, 1993, 46–54 [13] W. Schneemelcher, Art. Lietzmann, Hans Karl Alexander (1875–1942), in: TRE 21, 1991, 191–196.

Wolfram Kinzig

Ligorio, Pirro

Ital. Maler, Architekt und Antiquar. Geb. 1512 oder 1513 in Neapel, gest. am 26. 10. 1583 in Ferrara. Ab ca. 1534 als Maler in Rom; 1548 Mitglied der *Congregazione dei Virtuosi al Pantheon*; ab 1549 Antiquar im Dienste des Kardinals Ippolito II. d'Este und an den Ausgrabungen der Hadrian-Villa in Tivoli beteiligt. Ab 1561 Architekt von Papst Pius IV., 1564 Nachfolger Michelangelos als leitender Architekt der Fabbrica di San Pietro (Neubau des Petersdoms); ab 1568 Antiquar und Architekt am Hof Alfonsos II. d'Este in Ferrara.

Werdegang und Werk

Als *pittore neapolitano* in den frühen Jahren in Rom v. a. mit der Freskierung von Palastfassaden beschäftigt, kam L. schnell in Kontakt mit den Zentren der antiqu. Gelehrsamkeit. In seinen Schriften wies er sich selbst als Mitglied einer *Accad. dello Sdegno* (oder *degli Sdegnati*) aus, die ihren Namen vielleicht vom Zorn der Mitglieder über die Zerstörung von ant. Überresten zwecks Kalkgewinnung herleitete [11]; [12]. Vertraut mit den Überlegungen der *Accad. della Virtù*, die darauf zielten, das philol. Studium der ant. Quellen mit der Autopsie der Ruinen zu verbinden, erkannte er in jedem Fragment der Antike ein für die Forschung relevantes Objekt, das er zeichnend aufnahm und durch ein Studium der ant. Texte zu erschließen suchte.

L.s Studien und Zeichnungen fanden in über 40 Manuskriptbänden Niederschlag, in denen er nahezu alle Bereiche der Altertumsforschung behandelte: Epigraphik, Topographie, Numismatik, Ikonographie und Mythologie. Zwölf Bände entstanden in Rom und wurden 1567 gemeinsam mit seiner Sammlung von ant. Münzen an Kardinal Alessandro Farnese verkauft (heute in der Bibl. Nazionale, Neapel). Von den 30 weiteren Bänden, die L. in Ferrara verfasste, ordnen 18 das Material alphabetisch zu einer Enzyklopädie der Antike (heute im Archivio di Stato, Turin). Nur geringe Auszüge der Schriften wurden zu Lebzeiten publiziert, darunter der *Libro delle antichità di Roma* von 1553 [1] mit den *Paradosse*, in denen er sich kritisch mit früheren oder zeitgenössischen Romtopographien auseinandersetzt [9]. Von größerem Erfolg gekrönt war L.s kartographische Tätigkeit: Zahlreiche Karten, darunter die drei Rompläne von 1552, 1553 und 1561 [2], wurden zu seinen Lebzeiten gedruckt [5].

Schon zeitgenössische Kommentare spiegeln die zwiespältige Bewertung wider, die das antiqu. Material L.s erfahren sollte: Der span. Humanist Antonio Agustín fand Lob für die Quantität der Aufzeichnungen, warnte jedoch vor fehlender Wahrheitstreue [10. 32]. Im Unterschied zu anderen Zeichnern seiner Zeit überlieferte L. die ant. Stücke nicht in ihrem fragmentierten Zustand, sondern ergänzte die Überreste, indem er sie durch den Vergleich mit ähnlichen Objekten und durch das Quellenstudium zu Statuen oder Gebäuden rekonstruierte, die den Glanz der vergangenen ant. Epoche erkennen lassen sollten [10].

Wirkung

Bis ins 18. Jh. wurden neben L.s publiziertem Band auch seine im Palazzo Farnese in Rom konsultierbaren Manuskripte intensiv studiert. Der antiqu. interessierte Maler Nicolas Poussin integrierte in seine Gemälden vielfach Motive aus L.s großem

Romplan (Venedig 1561) [5]. Zahlreiche Drucke aus dessen *Antichità di Roma* wurden in spätere Publikationen aufgenommen, darunter Joachim von ↗Sandrarts *Teutsche Academie* (1675–1679). Archäologen vom Ende des 19. Jh.s – v. a. Christian ↗Hülsen [8] und Hermann ↗Dessau [7] – prägten mit ihren Schriften das Bild von L. als Fälscher antiqu. Materials. Diesem Urteil trat man seit den 1950er Jahren, beginnend mit den Studien von E. Mandowsky und Ch. Mitchell [10], entgegen, die L.s Bedeutung für den Beginn der arch. Wiss. neu bewerteten.

N: Oxford, Bodleian Library (MS. canon. ital. 138); Paris, Bibliothèque Nationale (Cod. ital. 1129); Neapel, Biblioteca Nazionale (MS XIII, B 1–10); Turin, Archivio di Stato (MS a.II.1–17, MS a.III.3–15).

Schriften

[1] Delle antichità di Roma, nel quale si tratta de' circi, theatri, & anfitheatri, con le Paradosse del medesimo auttore, quai confutano la commune opinione sopra varii luoghi della città di Roma, Venedig 1553 (FONTES 9: elektron. Ressource) [2] Anteiquae [sic] Urbis imago accuratissime ex vetusteis monumenteis [sic] formata, Rom/Venedig 1561 [3] Libri degli eroi e uomini illustri dell'antichità, hrsg. von B. Palma Venetucci, 2005 [4] Libro dell'antica città di Tivoli e di alcune famose ville, hrsg. von A. Ten, 2005.

Sekundärliteratur

[5] H. Burns, Pirro Ligorio's Reconstruction of Ancient Rome. The Antiquae Urbis Imago of 1561, in: R. W. Gaston (Hrsg.), Pirro Ligorio, Artist and Antiquarian, 1988, 19–92 [6] D. R. Coffin, Pirro Ligorio. The Renaissance Artist, Architect and Antiquarian, 2004 [7] H. Dessau, Röm. Reliefs beschrieben von Pirro Ligorio, in: SB der Preußischen Akad. der Wiss. 15, 1883, 1077–1105 [8] Ch. Huelsen, Die Hermeninschriften berühmter Griechen und die ikonographischen Sammlungen des XVI. Jh.s, in: Röm. Mitteilungen 16, 1901, 123–154 [9] M. Laureys / A. Schreurs, Egio, Marliano, Ligorio, and the Forum Romanum in the 16th Century, in: Humanistica Lovaniensia. Journal of Neo-Latin Studies 45, 1996, 385–405 [10] E. Mandowsky / Ch. Mitchell, Pirro Ligorio's Roman Antiquities. The Drawings in MS XIII. B. 7 in the National Library in Naples (Studies of the Warburg Institute 28), 1963 [11] A. Schreurs, Antikenbild und Kunstanschauungen des neapolitanischen Malers, Architekten und Antiquars Pirro Ligorio (1513–1583), 2000 [12] G. Vagenheim, Les »Antichità Romane« de Pirro Ligorio et l'Accademia degli Sdegnati, in: M. Deramaix / P. Galand-Hally (Hrsg.), Les Académies dans l'Europe humaniste. Idéaux et pratiques, 2008, 99–128.

Anna Schreurs

Linacre, Thomas

Lynaker, Thomas; engl. Mediziner und Philologe. Geb. vermutlich 1460 in Canterbury oder Umgebung, gest. am 20. 10. 1524. Erziehung in Canterbury, Studium in Oxford. 1487–1499 Italienreise mit Aufenthalten in Florenz, Rom, Venedig und Padua. 1488–1490 Studium in Florenz bei Angelo ↗Poliziano und Demetrios Chalcondylas; 1496 Erwerb eines Diploms der Medizin in Padua. Um 1499 Rückkehr nach London; Tätigkeit als Prinzenerzieher am engl. Hof und als Arzt. 1518 Gründung des Royal College of Physicians. 1520 Priesterweihe.

Werk und Wirkung

L.s Leben ist nicht in allen Phasen klar belegt. Gesichert ist, dass er zu den ersten Engländern gehörte, die längere Zeit in Italien studierten; die fachlichen Grundlagen dafür hatte er offensichtlich in Oxford gelegt. In Venedig stand er in Kontakt mit Aldus ↗Manutius und war Mitglied der *Neacademia*. Die Tätigkeit als Prinzenerzieher dürfte ihn zur Abfassung seiner drei lat. Grammatiken veranlasst haben, die in ihrer Zeit als mitunter schwierig, aber hochkompetent galten: *De emendata structura Latini sermonis* [3] und die beiden ursprgl. in engl. Sprache verfassten Grammatiken *Progymnasmata* (1517) [1] und *Rudimenta* [2] (1523; 1525 und 1533 von George Buchanan mit erheblichen Korrekturen ins Lateinische übertragen).

1499 trat L. erstmals als Übersetzer aus dem Griech. hervor: mit seiner lat. Version von Ps.-Proklos' *De Sphaera*. V. a. die späteren Übersetzungen griech. medizinischer Schriften ins Lat. begründeten seinen Ruhm als Humanist und Arzt: Galens *De sanitate tuenda* (1517), *Methodus medendi* (1519), *De temperamentis* (nach 1521), *De inaequali intemperie* (nach 1521), *De pulsuum usu* (1522 oder 1524), *De naturalibus facultatibus* (1523). Postum erschienen 1524 die lat. Übertragungen von Galens *De symptomatum differentiis* und *De symptomatum causis* sowie 1526 und 1528 die Übersetzungen von *De victus ratione quolibet anni tempore utili* und *De diebus criticis* des Paulos von Aigina. Mit diesem großen Übersetzungswerk schloss sich L. an Bestrebungen an, die vor ihm Gelehrte wie Lorenzo Lorenzi (Lorenzano), Giorgio ↗Valla, Niccolò ↗Leoniceno und Wilhelm Kopp (Copus) zur Übertragung von galenischen und hippokratischen Schriften veranlasst hatten: Wie diese suchte er die Medizin aus ihrer ma. Bindung an die arab. Überlieferung zu lösen und zu den griech. Quellen selbst zurückzuführen. Demselben Programm war auch die von L. initiierte, von Heinrich VIII. und Bischof Wolsley unterstützte Gründung des *Royal College of Physicians* (1518) verpflichtet: Eine akad. legitimierte und humanistisch gebildete Ärzteschaft grenzte sich hier von den ›bloßen Praktikern‹ (Barbieren und Chirurgen) ab.

Schriften

[1] Progymnasmata grammatices vulgaria, London (South Side) 1512 [2] Rudimenta grammatices, London 1523

(oder 1525) [3] De emendata structura Latini sermonis, London 1524.

Sekundärliteratur

[4] J. Freind, The History of Physick. From the Time of Galen, to the Beginning of the Sixteenth Century, 1725, 410–415 [5] J. N. Johnson, The Life of Thomas Linacre, 1835 [6] F. Maddison et al. (Hrsg.), Essays on the Life and Work of Thomas Linacre (c. 1460–1524), 1968 [7] W. Osler, Thomas Linacre, 1908.

Dorothee Gall

Lippert, Philipp Daniel

Dt. Zeichner und Gemmenforscher. Geb. am 29. 9. 1702 in Meißen, gest. am 28. 3. 1785 in Dresden. Kurze Schulausbildung; ab 1719 Lehrling als Glaser in Pirna; Anstellung als Schreiber in Dresden und parallel Besuch der Zeichenschule Heinrich Christoph Fehlings ebda.; Lehre als Porzellanmaler in der Meißener Manufaktur. Eröffnung einer Zeichenschule in Meißen; ab 1736 Lehrer an der Akad. für Ingenieurskunst, Artillerie und Architektur in Dresden; 1738 Anstellung am Hauptzeughaus ebda.; 1739 Zeichenmeister der königlichen Pagen. 1763 Ablehnung einer Professur in Göttingen; ab 1764 Verwalter und Prof. der Antiken an der Dresdner Kunstakad. [12. 13].

Werk

Obwohl L.s Ausbildung v. a. durch praktische Arbeit geprägt war, erwarb er in intensivem Selbststudium große Kenntnis antiker Quellen und Kunstwerke. Durch Glaspasten aus Italien und Schwefelabdrücke aus dem Praun'schen Kabinett in Nürnberg inspiriert, widmete L. seinen wiss. Eifer der Herausgabe einer Sammlung hochwertiger Gemmenabdrücke bzw. -güsse [6. XVI]. Nach einer ersten Publikation von Abdrücken mit einer knappen Liste (1747/48) erschien 1753 die erste der insgesamt drei Auflagen seines Werkes, die 1000 fortlaufend nummerierte Gemmenabgüsse mit mythol. Darstellungen und einen lat. Index umfasste [1]. Das Begleitbuch war tabellarisch strukturiert und enthielt neben einer durchlaufenden Nummerierung der Stücke Informationen über Motiv, Steinart, den Besitzer sowie Literaturverweise. Dieses Werk gab L. 1755 als *Dactyliotheca universalis* in zweiter Auflage als ersten Teil einer nach mythol. und histor. Bildthemen geordneten Reihe erneut heraus [2]. Das zweite bzw. dritte Tausend von Abgüssen folgte 1756 [3] und 1762 [4]. Für die ersten beiden Bände erstellte Johann Friedrich ↗Christ die lat. Begleittexte, für den letzten Christian Gottlob ↗Heyne. Die dritte Auflage erfolgte 1767 [5] in Form eines Auszuges der zweiten und eines Supplementbandes von 1776 [6]. Deren von L. selbst verfassten dt. Begleittexte waren mit Querverweisen versehen, sodass eine Verwendung zusammen mit den Abgüssen der alten Ausgabe möglich war.

Da L. kaum weiter als in der Umgebung Dresdens reiste, waren ihm nur die Originale aus den umliegenden Sammlungen bekannt. Er erhielt jedoch zahlreiche zusätzliche Abformungen durch Briefwechsel mit anderen Gelehrten (z. B. von Johann Joachim ↗Winckelmann aus den ital. Kabinetten).

Der in der Antike v. a. für Sammlungen geschnittener Steine gebrauchte Begriff *dactyliotheca* wurde von L. 1755 erstmalig für Sammlungen von Gemmenabdrücken verwendet und etabliert [2]. Mit der Präsentation des Materiales in Klassen schuf er ein eigenes System der Klassifizierung. L.s Werk war enzyklopädisch ausgerichtet und wollte die ant. Bilderwelt in ihrer gesamten Breite präsentieren. Auch wenn sie sich zunächst an Gelehrte und gebildete Laien richtete, war die Ausgabe von 1767 insbes. für Künstler bestimmt [5]. So stellte L. einigen ant. Stücken bewusst Nachahmungen durch nzl. Gemmenschneider wie Lorenz ↗Natter gegenüber [8. 65, Abb. 4]. Neben seiner wiss. Rezeption insbes. in Werken zur Mythologie entfaltete das auch postum neu aufgelegte Werk L.s v. a. in der gebildeten Bürgerschicht (u. a. im schulischen Zusammenhang) große Wirkung, bot es doch eine unvergleichliche Anzahl authentischer Illustrationen antiker Bildwerke [9. 64–67].

Wirkung

L.s Werk entstand in der Zeit einer Wende bei der Erforschung antiker Gemmen, als man sich zunehmend von den als unzuverlässig angesehenen Kupferstichen abwandte und nach Abdrücken urteilte, welche das Original ohne Qualitätsverluste wiedergaben. Es ist in diesem Zusammenhang die erste umfassende Zusammenstellung von Gemmenabdrücken mit dt. Kommentar im 18. Jh. Doch erreichte L. sein Ziel, nur ant. Material aufzunehmen [5. XX], nicht; bedingt durch die z. B. im Vergleich mit Philipp von ↗Stosch geringe Erfahrung mit Originalen gerieten zahlreiche nzl. Stücke in seine Sammlung [12. 16]. Charakteristisch für sein wiss. Verständnis ist, dass er die eigene Anschauung bzw. genaue Betrachtung der Abdrücke den philol. Erklärungen vorzog. Insbes. im Text der dt. Ausgabe führte dies zu häufig von denen anderer Gelehrter abweichenden Urteilen, wie etwa sein Streitgespräch über die Darstellung des Todes mit Gotthold Ephraim ↗Lessing belegt [8. 63 f.].

Schriften

[1] Gemmarum anaglyphicarum et diaglyphicarum ex praecipuis Europae museis selectarum ectypa M[ilia], Dresden 1753 [2] Dactyliothecae universalis signorum exemplis nitidis redditae Chilias sive scrinium milliarium

primum ... (mit J. F. Christ), Leipzig 1755 [3] Dactyliothecae universalis ... milliarium secundum, Leipzig 1756 [4] Dactyliothecae universalis ... milliarium tertium, Leipzig 1762 [5] Dactyliothec. Das ist Sammlung geschnittener Steine der Alten aus denen vornehmsten Museis in Europa. Zum Nutzen der schönen Künste und Künstler, Leipzig 1767 [6] Suppl. zu Phil. Dan. Lipperts Dacktyliothek bestehend in Tausend und Neun und Vierzig Abdrücken, Leipzig 1776.

Sekundärliteratur

[7] Leben des im vorigen Jahre zu Dresden verstorbenen Hrn. Prof. Lipperts, in: Neue Bibl. der schönen Wissenschaften und freyen Künste 32/1, 1786, 22–37 [8] Ch. Kerschner, Philipp Daniel Lippert (1702–1785) und seine Daktyliothek zum »Nutzen der schönen Künste und der Künstler«, in: D. Graepler / V. Kockel (Hrsg.), Daktyliotheken. Götter und Caesaren aus der Schublade (Ausst.kat.), 2006, 60–75 [9] H. Knüppel, Daktyliotheken. Konzepte einer historischen Publikationsform, 2009, 61–67 [10] V. Kockel, Vorläufige Liste der nachgewiesenen Exemplare Lippertscher Daktyliotheken, in: V. Kockel / D. Graepler (Hrsg.), Daktyliotheken. Götter und Caesaren aus der Schublade (Ausst.kat.), 2006, 76–77 [11] Zazoff GG 153–164 [12] E. Zwierlein-Diehl, Glaspasten im Martin-von-Wagner-Museum der Universität Würzburg, Bd. 1: Abdrücke von antiken und ausgewählten nachantiken Intagli und Kameen, 1986, 13–17.

Jörn Lang

Lippold, Adolf

Dt. Althistoriker. Geb. am 23.10.1926 in Erlangen, gest. am 11.6.2005 in Regensburg. Sohn des Archäologen Georg ↗Lippold. Studium der Gesch., Klass. Phil. und Philosophie an den Univ. Erlangen und Göttingen; 1952 Prom. in Erlangen bei Johannes ↗Straub. Ab 1953 wiss. Rat an der Univ. Bonn, dort 1960 Habil. 1968–1994 o.Prof. für Alte Gesch. an der Univ. Regensburg (1980 Ruf an die Univ. Bonn abgelehnt).

Werk

Nach seiner Promotion mit einer Arbeit über das Barbarenbild des Orosius [1] wandte sich L., den prosopographischen und sozialhistor. Arbeiten von Matthias ↗Gelzer, Friedrich ↗Münzer und Thomas R. Sh. ↗Broughton folgend, der Führungsschicht der röm. Republik zu und verfasste eine Habil.-Schrift zur bis dahin wenig behandelten Innenpolitik des 3. Jh.s v. Chr. Hier suchte er die Entstehung und die polit. wie religionspolit. Folgen eines individualistischen »Adelsideals« nachzuweisen, das an die Stelle einer »Kollektivmoral« getreten sei [2]. Später stand wieder die Spätantike im Mittelpunkt seines Interesses: L. verfasste eine Monographie über Theodosius I. [3] und Hunderte von Artikeln für den *Kleinen Pauly*, das *Reallexikon für Antike und Christentum*, das *Lexikon der Antiken Welt* sowie für die *RE*, hier u.a. zu den Kaisern Theodosius I. und Theodosius II. (*RE* Suppl. 13, 1973). Daneben übersetzte er die *Historia adversus paganos* des Orosius ins Deutsche (1985/86). Ein besonderer Schwerpunkt seiner Arbeit lag in der *Historia Augusta*, der er zahlreiche Aufsätze und Artikel (gesammelt in [5]) und einen großen Kommentar zur Vita des älteren und des jüngeren Maximinus [4] widmete; deren Entstehungszeit sah er gegen Hermann ↗Dessau und die diesem folgende Forschung als konstantinisch an [4. 35–37]; vgl. [6].

SV: [8. XI–XVIII] (für die Jahre 1952–1992).

Schriften

[1] Rom und die Barbaren in der Beurteilung des Orosius, 1952 (masch.schriftl. Diss. Erlangen) [2] Consules. Untersuchungen zur Geschichte des röm. Konsulates von 264 bis 201 v. Chr. (Antiquitas. Reihe 1, 8; Habil.schrift Bonn), 1963 [3] Theodosius der Große und seine Zeit, 1968 (²1980) [4] Kommentar zur Vita Maximini Duo der Historia Augusta (Antiquitas. Reihe 4, Serie 3, 1), 1991 [5] Die Historia Augusta. Eine Sammlung röm. Kaiserbiographien aus der Zeit Konstantins, hrsg. von G. H. Waldherr, 1998.

Sekundärliteratur

[6] J.-P. Callu, Le commentaire de »La vie des Maximins« par A. Lippold. Réactions critiques, in: Historiae Augustae Colloquium Maceratense, 1995, 119–138 [7] Christ, RömGG 1982, 287 [8] K. Dietz et al. (Hrsg.), Klassisches Altertum, Spätantike und frühes Christentum. Adolf Lippold zum 65. Geb. gewidmet (FS), 1993.

Heinrich Schlange-Schöningen

Lippold, Georg

Dt. Klass. Archäologe. Geb. am 21.2.1885 in Mainz, gest. am 23.7.1954 in Erlangen. Studium in München und Berlin; Prom. 1907 in München. 1908 Volontär am Röm.-German. Zentralmuseum Mainz; 1909/10 als Stipendiat des DAI in Griechenland und der Türkei; 1910/11 Volontär am Martin-von-Wagner-Museum Würzburg; 1912 Habil. in München. 1919 ao.Prof. in München; ab 1920 ao.Prof. und ab 1925 o.Prof. für Klass. Arch. in Erlangen; ab 1948 Mitglied der Bayerischen Akad. der Wiss. Vater des Althistorikers Adolf ↗Lippold.

Werk und Wirkung

L., ein Schüler Adolf ↗Furtwänglers, spielte eine entscheidende Rolle in der Weiterentwicklung der Forschung zur ant. Plastik im 20. Jh. Bahnbrechend war seine Abhandlung *Kopien und Umbildungen* [3]; schon einige Jahre zuvor hatte sich L. mit Fragen des ant. Kopistenwesens auseinandergesetzt [1], doch damit wurde erstmals der Versuch unternommen, das Phänomen antiker statuarischer Adaptationen in angemessener Weise zu historisieren und die Komplexität der Vorbild-Abbild-Relationen mit einem adäquaten Kriterienkatalog zu erfassen. Ein Vergleich mit Furtwänglers Arbeit *Über Statuenkopieen im Alterthum* (1896) macht den methodischen Forschritt evident. In der Anwendung erwies sich L.s Ausdifferenzierung der Kategorien allerdings als problematisch, sodass in der Folge eine Reduktion der von ihm genannten Termini eintrat. L.s abgestufte Begrifflichkeit sollte den jeweiligen Abhängigkeitsgrad einer Adaptation von seinem Vorbild kennzeichnen. Obwohl der Fokus auf das – zumeist verlorene und zu rekonstruierende – Original gerichtet war, ersetzte seine abgestufte Klassifizierung als Kopie, Variante, Umbildung u.Ä. eine simplifizierende Sicht, die in Adaptationen lediglich Reproduktionen sah. L. schuf damit die Grundlage für eine sukzessive Anerkennung des Eigenwerts retrospektiver spähell. und röm. Idealplastik, wie sie dann in der zweiten Hälfte des 20. Jh.s v.a. durch Untersuchungen von Hellmut Sichtermann, Paul Zanker, Brunilde Sismondo Ridgway und Caterina Maderna realisiert wurde.

Weniger Resonanz fand die Monographie *Gemäldekopien* [6]. Der Studie mangelt es an analoger Kohärenz, bedingt durch den Umstand, dass erhaltene ant. Darstellungen in der Flächenkunst, auch wenn sie untereinander in Motivik oder Ikonographie zusammengehen, sich einer vergleichbaren typologisierenden Systematik entziehen. Hinzu kommt der stilkritische und typologische Gegenproben ausschließende fast vollständige Verlust an griech. Monumentalmalerei.

L.s wichtigste Arbeit war die als Handbuch vorgelegte *Griech. Plastik* [5]. In sprachlich dichter Gestalt ist sie eine umfassende, klar strukturierte Darstellung der ant. Skulpturgeschichte. Minimierungen in Ortsangaben, Objektbezeichnungen und Zitierweisen ermöglichten hierin die Berücksichtigung unzähliger Denkmäler. In der zweiten Hälfte des 20. Jh.s war dieses Handbuch ein konstantes Referenzwerk, das im Rahmen des *Handbuch der Archäologie* bisher nur partiellen Ersatz gefunden hat. Maßstäbe setzten ferner die von L. in der Nachfolge Walther ↗Amelungs verfassten Kataloge der Vatikanischen Sammlungen aufgrund sorgfältigster Recherchen und gründlicher Auseinandersetzung mit den Monumenten [4]. Die jeweils auf einzelne Denkmäler fokussierte Beschäftigung mit der griech. Plastik kam ebenso in den Texten zu den Tafelwerken zum Tragen, an denen L. schon früh beteiligt war und die er im Anschluss an Paul Julius ↗Arndt und Walther Amelung fortführte. Von einer konstanten kritischen Begleitung damaliger aktueller Forschungen zeugen mehr als 300 Rezensionen L.s. Seine hohe wiss. Produktivität manifestierte sich ferner, von einer Reihe von Einzelschriften abgesehen, in einer ebenfalls großen Anzahl von Lex.-Beiträgen zu ant. Künstlern. Neben großplastischen Objekten galt L.s Aufmerksamkeit antiken Gemmen; dieses Forschungsinteresse fand v.a. in einer Monographie seinen Niederschlag [2].

Schriften

[1] Zur Arbeitsweise römischer Kopisten, in: Röm. Mitteilungen 32, 1917, 95–117 [2] Gemmen und Kameen des Altertums und der Neuzeit, 1922 [3] Kopien und Umbildungen griechischer Statuen, 1923 [4] Die Skulpturen des Vaticanischen Museums, Bd. 3/1 und 3/2, 1936–1956 [5] Die griech. Plastik (Hdb. der Altertumswissenschaften 6/3; Hdb. der Archäologie 3), 1950 [6] Antike Gemäldekopien (Abh. der Bayerischen Akademie der Wiss., Philos.-Histor. Klasse, N.F. 33, 1951.

Sekundärliteratur

[7] M. Bieber, Necrology, in: American Journal of Archaeology 59, 1955, 63–64 [8] E. Boehringer, Vorwort, in: G. Lippold, Die Skulpturen des Vaticanischen Museums, Bd. 3/2, 1956, IX–XI [9] W. Grünhagen, Art. Lippold, Georg, in: NDB 14, 1985, 668–669 [10] R. Lullies, Georg Lippold, 228–229 [11] Zazoff GG, 236–239.

Detlev Kreikenbom

Lipsius, Justus

Joest Lips; niederl. Philologe, Althistoriker und Philosoph. Geb. am 18.10.1547 in Overijse (Flämisch-Brabant), gest. am 23./24.3.1606 in Löwen. 1559–1564 Ausbildung am Jesuitenkolleg in Köln; danach bis 1568 Studium am Collegium Trilingue in Löwen sowie Reisen. 1572–1574 Prof. für Geschichte an der Univ. Jena; 1576 Licentiatus iuris in Löwen; 1577–1591 Prof. für Geschichte, ab 1579 auch für Jura in Leiden; ab 1592 Prof. für Gesch. und Latein an der Univ. Löwen. Ab 1595 königlicher span.-niederl. Hofhistoriograph.

Werdegang und Werk

Am Jesuitenkolleg Bursa Nova Tricoronata in Köln, das er 1559–1564 besuchte, nahm L. den Novizenstatus an, wurde jedoch von seinem Vater zurückbeordert. An der Univ. Löwen erwarb er das Baccalaureat der Rechtswissenschaft, studierte danach aber am Collegium Trilingue in Löwen v.a. bei dem Latinisten Cornelius Valerius. Ende August 1568 reiste er nach Rom ab, wo er mit Marcus Antonius ↗Muretus, Fulvio ↗Orsini, Paulus Manutius und dem Kardinal Guglielmo Sirleto Bekanntschaft schloss. Im Mai 1569 wurde er zum Sekretär des Kardinals Granvelle ernannt, dem er sein Erstlingswerk widmete [2]. Nach seiner Rückkehr in die Niederlande im April 1570 nahm er das Studium der Rechtswissenschaft wieder auf, zog aber bald nach Lüttich um, wo ihn

Carolus Langius in die Philosophie der Stoa einführte. Im Juni 1572 reiste L. nach Wien. Dort lernte er als Mitglieder des Humanistenzirkels am Hof Maximilians II. Ogier Ghislain de Busbecq, Joannes ↗Sambucus und Stephanus ↗Pighius kennen. Im Oktober 1572 übernahm er den Lehrstuhl für Geschichte an der lutherischen Univ. Jena.

Nach seiner Hochzeit in Köln 1573 und seinem Abschied aus Jena im März 1574 widmete L. Kaiser Maximilian II. seine Textausgabe von Tacitus' *Historien* und *Annalen*. Ein Jahr später war er zurück in Löwen. Erst 1576 graduierte er dort als *Licentiatus iuris* und begann mit Lehrveranstaltungen zu Livius und zu röm. Institutionen. Nach Erscheinen von [4] lud ihn Janus Dousa 1577 an die neu gegründete Univ. Leiden ein. Dort lehrte L. als Prof. dreizehn Jahre lang Geschichte, später auch Rechtswissenschaft, und veröffentlichte seine nach eigenen Angaben wichtigsten philol., philos. und antiqu. Werke: den satirischen Dialog *Somnium* (1581) [5], in dem er die zeitgenössische Philologie aufs Korn nahm, den Kommentar zu Tacitus' *Annalen* (1581); die *Saturnalium sermonum libri II* (1582, eine Monographie über die Gladiatorenspiele der Römer); seine äußerst erfolgreichen *De constantia libri II* (1584, einen christlich-stoischen Dialog im Stile Senecas, der in den europ. Kriegwirren Trost zu spenden suchte); *De amphitheatro liber* (1584, über die röm. Amphitheater); die Sammlung seiner philol. Werke [6]; den Dialog über die korrekte Aussprache des Lateinischen [7] und die *Epistolica institutio* über die Kunst des Briefeschreibens [9] (auf eine Lehrveranstaltung von 1587 zurückgehend); schließlich 1589 seine äußerst einflussreiche und vielfach aufgelegte polit. Philosophie [8], worin er die Idee der *prudentia civilis* sowie Ansichten zur religösen Toleranz vertrat, die auf heftige Ablehnung stießen.

Wegen der unablässigen Kritik an seiner religiösen und polit. Haltung durch den Theologen Dirck Coornhert verließ L. Leiden im März 1591 und kehrte in die katholischen südl. Niederlande zurück. Nach einem Aufenthalt in Spa und in Lüttich, wo ihn Humanistenfreunde wie Dominicus Lampsonius herzlich aufnahmen, wurde er 1592 zum Prof. für Geschichte und Latein an der Univ. Löwen ernannt. Seine ersten Veröffentlichungen in den Span. Niederlanden waren der Dialog *De cruce* (1594) über die Kreuzigung in der Antike sowie *De militia Romana* zum Thema der röm. Kriegführung und der Struktur und Disziplin der röm. Heere (1595). 1595 wurde L. zum königlichen Historiographen ernannt. In den folgenden Jahren behandelte er die Bewaffnung und Ballistik der Römer [10], die Erhabenheit Roms [11], die ant. Bibliotheken [12] sowie den Kult der Vesta in Rom [13].

In seinen letzten Lebensjahren versah L. seine bedeutende (allerdings unvollendete) Seneca-Ausgabe mit einem durchgängigen Kommentar (1605) [16]. Diesen beeindruckenden Folianten widmete er Papst Paul V., aber erst, nachdem er 1604 in zwei Handbüchern die rechte neustoische Lesart dieses röm. Stoikers dargelegt hatte, wobei er eine christl.-stoische Symbiose anstrebte: das eine zur Moralphilosophie [14], das andere zur stoischen Physik und Kosmologie [15]. Große Aufmerksamkeit erregten seine zwei gegenreformatorischen Traktate über die Wunder der Heiligen Jungfrau in Halle und Scherpenheuvel (*Diva Virgo Hallensis*, 1604; *Diva Sichemiensis sive Aspricollis*, 1605); beide lösten bei protestantischen Gelehrten und Theologen heftigste Kritik aus. Wenn L. als königlicher Historiograph auch keine umfassende Geschichte des Herzogtums Brabant abschloss, so veröffentlichte er zuletzt doch einen Geschichte der Stadt Löwen und der dortigen Univ. (*Lovanium, sive opidi et academiae eius descriptio*, 1605). Im März 1606 erkrankte L. und verstarb wenige Tage später.

Würdigung und Wirkung

Schon zu Lebzeiten galt L. als philol. Genie. Als gerade zwanzigjähriger Student veröffentlichte er bereits 1569 für Christopher Plantins international renommiertes Antwerpener Verlagshaus [19] textkritische Anmerkungen zu Werken von Cicero, Propertius und Varro [1], mit denen ihm sein Entrée in den internationalen Humanistenkreis gelang. Er überarbeitete diese später und mehrte seinen Ruhm durch die *Antiquae Lectiones* von 1575 [3] und die *Epistolicae quaestiones* von 1577 [4], mit denen er den großen Gelehrten seiner Zeit wie ↗Muretus, ↗Orsini und Paulus Manutius Konkurrenz machte und seine breitgefächerten Kenntnisse der gesamten Latinität demonstrierte, indem er Texte von Ennius und Plautus, Livius und Varro berichtigte. Daneben belegen seine kommentierten oder annotierten Ausgaben von Tacitus (1574), Livius (1579), Caesar (1585), Valerius Maximus (1585), Velleius Paterculus (1591) und Seneca (1605) [16] sein einzigartiges ›philol. Gespür‹ bei der intuitiven Wiederherstellung und Korrektur korrupter oder unverständlicher Passagen, ebenso auch seinen geschichtskritischen Scharfsinn bei der Lektüre und Interpretation antiker Texte. So führte L. als Erster den Beweis, dass die *Annalen* und die *Historien* des Tacitus als getrennte Werke zu betrachten sind. Zudem werden 264 seiner Tacitus-Emendationen bis heute als gültig akzeptiert [25]. Allerdings schloss sich L. nicht dem Standpunkt von Martin Antonio Delrios *Syntagma tragoediae Latinae* (1593) an, dass der jüngere Seneca sowohl der Autor der Tragödien als auch der philosophischen Werke sei, die seinen Namen tragen.

L. ragte nicht nur als Latinist und äußerst belesener Kenner der ant. Literatur heraus, sondern auch durch seinen neulat. Stil, der sich an Tacitus, Plautus und Seneca orientierte und sich damit bewusst gegen die zeitgenössiche Dominanz des ciceronianische Stils stellte; damit übte er weittragenden Einfluss auf Intellektuelle und Literaten im gesamten Europa des frühen 17. Jh.s aus. Ebenso wie sein ›lipsianischer‹ Stil fanden auch sein neustoisches Programm [21], das er in dem lit. Dialog *De constantia* verbreitete, und die publizierte Sammlung seiner Humanistenbriefe (sog. *Centuriae*) im barocken Europa großen Anklang und inspirierten Künstler wie Peter Paul ↗Rubens [23], Schriftsteller und Philosophen. Sein polit. Programm, das er 1589 in seiner *Politica* [8] darlegte und in späteren Ausgaben an röm.-katholische Erfordernisse anpasste, war für die Fürsten- und Herrscherausbildung des 17. Jh.s zentral und fungierte als Grundlagentext für die Entwicklung des Absolutimus.

L.' zentrale Stellung im Kreis der europ. Humanisten und Gelehrten der zweiten Hälfte des 16. Jh.s [18] hat sich intensiv in seiner enorm umfangreichen Korrespondenz niedergeschlagen; mehr als 4300 Briefe, zwischen 1564 und 1604 von ihm verfasst oder an ihn gerichtet, sind erhalten. Neben den von ihm selbst für den Druck zusammengestellten Briefsammlungen (*Centuriae*), die seine humanistische *persona* ins rechte Licht rücken sollten, finden sich Hunderte seiner handschriftlichen Briefe in Bibliotheken weltweit, bes. viele im *Museum Lipsianum* der Leidener Universitätsbibliothek. Weitere Sammlungen erschienen postum auch in Offenbach (*Epistolarum praetermissarum decades sex*, 1610) und Harderwijk (*Epistolarum (quae in Centurijs non extant) decades XIIX*, 1621). Die bedeutendste postume Zusammenstellung findet sich jedoch in der *Sylloge* des Leidener Professors Petrus Burmannus d. Ä. [17]. Eine moderne kommentierte kritische Ausgabe aller Briefe (*Iusti Lipsi Epistolae*) wird zur Zeit an der Königlich Belg. Akademie erstellt.

Schriften

[1] Variarum lectionum libri III, Antwerpen 1569 [2] Variarum lectionum libri IIII, Antwerpen 1569 [3] Antiquarum lectionum commentarius, tributus in libros quinque, in quibus varia scriptorum loca, Plauti praecipue, illustrantur aut emendantur, Antwerpen 1575 (²1585) [4] Epistolicarum quaestionum libri V, Antwerpen 1577 [5] Satyra Menippaea. Somnium. Lusus in nostri aevi criticos, Antwerpen 1581 [6] Opera omnia quae ad criticam proprie spectant, Antwerpen 1585 [7] De recta pronunciatione Latinae linguae dialogus, Antwerpen 1586 [8] Politicorum sive civilis doctrinae libri VI, Antwerpen 1589 (u.ö.) [9] Epistolica institutio, Leiden 1591 (u.ö.) [10] Poliorceticon, sive de machinis, tormentis, telis libri quinque, Antwerpen 1596 [11] Admiranda sive de magnitudine Romana libri quatuor, Antwerpen 1598 [12] De bibliothecis syntagma, Antwerpen 1602 [13] De Vesta et Vestalibus syntagma, Antwerpen 1603 [14] Manuductio ad Stoicam philosophiam, Antwerpen 1604 [15] Physiologia Stoicorum, Antwerpen 1604 [16] L. Annaei Senecae Opera, quae exstant omnia (Edition mit Komm.), Antwerpen 1605 [17] P. Burman (Hrsg.), Sylloges epistolarum a viris illustribus scriptarum tomi quinque, Leiden, 1727 (elektron. Ressource).

Sekundärliteratur

[18] J. De Landtsheer et al. (Hrsg.), Justus Lipsius (1547–1606). Een geleerde en zijn Europese netwerk (Ausst.kat.), 2006 [19] J. De Landtsheer / P. Delsaerdt (Hrsg.), Iam illustravit omnia. Justus Lipsius als lievelingsauteur van het Plantijnse Huis, 2006 [20] K. Enenkel / C. Heesakkers (Hrsg.), Lipsius in Leiden. Studies in the Life and Works of a Great Humanist, 1997 [21] J. Lagrée, Juste Lipse et la restauration du stoïcisme, 1994 [22] M. Laureys et al. (Hrsg.), The World of Justus Lipsius. A Contribution towards His Intellectual Biography, 1998 [23] M. Morford, Stoics and Neostoics. Rubens and the Circle of Lipsius, 1991 [24] C. Mouchel (Hrsg.), Juste Lipse (1547–1606) en son temps (Actes du colloque de Straßbourg 1994), 1996 [25] J. Ruysschaert, Juste Lipse et les Annales de Tacite. Une méthode de critique textuelle au XVIe siècle, 1949 [26] G. Tournoy et al. (Hrsg.), Lipsius en Leuven, 1997 [27] G. Tournoy et al. (Hrsg.), Europae lumen et columen (Proc. of the International Colloquium, Leuven 1997), 1999.

Jan Papy (Ü: D. P.)

Lobeck, Christian August

Dt. Klass. Philologe und Sprachforscher. Geb. am 5. 6. 1781 in Naumburg, gest. am 25. 8. 1860 in Königsberg. 1797 Jura-Studium in Jena; danach bis 1799 Studium der Theologie, daneben der Alt.wiss. in Leipzig; 1802 philol. Habil. in Wittenberg. Adjunkt der Philol. Fakultät sowie Kustos der Univ.bibl. ebda. bis 1807, danach Konrektor und Rektor am Lyzeum in Wittenberg. Ab 1814 Prof. für Klass. Phil., Arch. und Alte Gesch. in Königsberg [6. 167–181].

Werk und Wirkung

An der Univ. Leipzig wurde L. Schüler von Gottfried ↗Hermann, wobei er mit diesem die Auffassung teilte, die Sprache sei der Schlüssel zum Verständnis der Antike und die Quellenforschung die einzig dafür geeignete Methode. Im Bereich der griech. Sprachforschung veröffentlichte er eine grundlegende Phrynichos-Ausgabe [1] sowie morphologische Abhandlungen [4]; [5]. Auf dem Gebiet der Religionsgeschichte polemisierte er zeitlebens gegen Georg Friedrich ↗Creuzer, von der vernichtenden Rezension von dessen Symbolik und Mythologie der alten Völker (ab 1810) [6. 182–186] bis zu seinem ironischen *Aglaophamus* [2]. Er zerschlug darin die symbolische Interpretation der griech. Mythologie, den

Orientalismus und den zeitgenössischen Mystizismus (z.B. Johann Georg Hamann). Mit außerordentlicher Sprachkenntnis analysiert er die Quellen zu Orpheus, zu den Orphischen Hymnen sowie zu den Mysterien von Eleusis und Samothrake. Es gelang ihm zwar zu zeigen, dass die zeitgenössischen ›Symbolisten‹ sich auf allegorische Interpretationen aus Antike, MA und Neuzeit (vgl. Athanasius ↗Kircher) stützten und einen naiven Komparativismus anwandten [6. 188–210], doch erkannte er – anders als sein Lehrer ↗Hermann – nicht, dass man die Frage nach den ›Ursprüngen‹ des symbolischen Denkens nicht durch Sprachforschung lösen kann. Ihm entgingen auch die Veränderungen im religiösen Denken in den ant. Texten, die er zwar scharfsinnig sprachlich analysierte, aber weniger interpretierte, was schon Karl Otfried ↗Müller (K.S., Bd. 1, 1847, 294–312) und später Friedrich ↗Nietzsche (*Was ich den Alten verdanke*, 1889) kritisierten. In seinen Stellungnahmen zu Geschichte und Politik (z.B. gegen Napoleon) zeigt L. dieselbe Ironie wie in seinen wiss. Polemiken.

Schriften

[1] Phrynichi Eclogae nominum et verborum (Edition), 1820 [2] Aglaophamus sive de theologiae mysticae Graecorum causis libri tres, 1829 (Ndr. 1961) [3] Paralipomena grammaticae Graecae, 1837 (Ndr. 1967) [4] Pathologiae Graeci sermonis prolegomena, 1843 (u.ö.) [5] Pathologiae sermonis Graecae elementa, 2 Bde., 1853–1862 (Bd. 2 hrsg. von C.F.W. Müller) [6] Mittheilungen aus Lobecks Briefwechsel, hrsg. von L. Friedländer, 1861 [7] Ausgewählte Briefe von und an Ch.A. Lobeck und K. Lehrs, hrsg. von A. Ludwich, 1894.

Sekundärliteratur

[8] L. Friedländer, Gedächtnisrede, in: Mittheilungen aus Lobecks Briefwechsel, hrsg. von L. Friedländer, 1861, 1–32 [9] L. Friedländer, Art. Lobeck, Christian August, in: ADB 19, 1884, 29–35 [10] F. Graf, K.O. Müller, »Eleusinen« (1840), in: W.M. Calder III / R. Schlesier (Hrsg.), Zwischen Rationalismus und Romantik. K.O. Müller und die antike Literatur, 1998, 217–238 [11] S.C. Humphreys, The Strangeness of Gods. Historical Perspectives on the Interpretation of Athenian Religion, 2004, 211–214 [12] A. Lehnerdt, A. Lobeck als akademischer Redner, in: A. Lehnerdt (Hrsg.), Auswahl aus Lobecks akademischen Reden, 1865, 29–70.

Sotera Fornaro (Ü: N.M.)

Loeschcke, Georg

Dt. Klass. Archäologe. Geb. am 28.6.1852 in Penig in Sachsen, gest. am 26.11.1915 in Baden-Baden. Schulbesuch in Plauen; Studium in Leipzig und Bonn, dort 1876 Prom. 1877–1879 Reisestipendium des DAI. 1879 Prof. für Klass. Phil. und Arch. in Dorpat; 1889 o.Prof. in Bonn; 1909/10 Rektor der Univ. ebda.; ab 1912 o.Prof. in Berlin.

Werdegang, Werk und Wirkung

L. studierte in Leipzig zuerst Geschichte und Philologie, wandte sich aber bald unter dem Einfluss Johannes ↗Overbecks der Archäologie zu. Nach seinem Wechsel nach Bonn zählten v.a. Reinhard ↗Kekulé von Stradonitz und Arnold ↗Schaefer, bei dem er über attische Inschriften promovierte, zu seinen Lehrern. Das Reisestipendium führte ihn nach Griechenland, wo er gemeinsam mit Adolf ↗Furtwängler, seinem Freund aus Leipziger Zeit, die von Heinrich ↗Schliemann wenig beachteten myk. Vasen und Scherben bearbeitete. Mithilfe dieses oft unscheinbaren Fundmaterials gelang es ihnen, die neu entdeckte myk. Kultur in ihrer histor. Dimension zu begreifen [1]; [2].

Während L. in Dorpat ein Jahrzehnt Muße zum Forschen hatte, entwickelte er in Bonn, wo er wie später in Berlin Kekulé nachfolgte, eine reiche Lehrtätigkeit für einen großen internationalen Kreis von Schülern, die später anerkannte Wissenschaftler wurden (darunter Hans ↗Dragendorff, Georg Heinrich ↗Karo, Richard ↗Delbrueck, Carl Watzinger, August Frickenhaus und Margarete ↗Bieber). Mit viel Energie widmete er sich dem Ausbau und der Erweiterung des Arch. Instituts und des Akad. Kunstmuseums, das er in großem Umfang insbes. durch Originale vermehrte [4].

L.s Interesse an provinzialröm. Archäologie führte zu seiner Teilnahme an den systematischen Erforschungen des röm. Limes vom Rhein bis zur Lahn, wobei seine Untersuchungen abermals die Wichtigkeit der exakten Beobachtung des Befundes und der keramischen Quellen für die Klärung histor. Zusammenhänge erwiesen [3]. 1901 an der Gründung der Röm.-Germanischen Kommission des DAI beteiligt, förderte er auch die Ausgrabungen im Römerlager Haltern und in den Kaiserthermen in Trier. An seiner letzten Wirkungsstätte in Berlin gelang ihm eine erhebliche Vergrößerung des Instituts und die Überführung der Abguss-Sammlung von den Königlichen Museen an die Univ.

SV: [4. 219–220].

Schriften

[1] Mykenische Thongefäße (mit A. Furtwängler), 1879 [2] Mykenische Vasen (mit A. Furtwängler), 1886 [3] Die Streckenbeschreibung, in: E. Fabricius et al. (Hrsg.), Der obergermanisch-rätische Limes des Römerreiches, Bd. 1, 1936, 59–118.

Sekundärliteratur

[4] J. Kinne, Das Akademische Kunstmuseum der Universität Bonn unter der Direktion von Georg Loeschcke

von 1889 bis 1912 (Diss. Bonn), 2004 [5] E. Langlotz, Georg Loeschcke, in: Bonner Gelehrte. Beiträge zur Geschichte der Wissenschaften in Bonn, 1968, 233–238 [6] W.-R. Megow, Georg Loeschcke, in: Lullies/Schiering Arch. 106–107.

Hubert Szemethy

Löfstedt, Einar

Schwed. Klass. Philologe und Latinist. Geb. am 15. 6. 1880 in Uppsala als Haimon Einar Harald L., gest. am 10. 6. 1955 in Stockholm. Sohn des Gräzisten gleichen Namens. Studium in Uppsala; Studienreisen nach Bonn (1904) und Göttingen (1909); 1907 Prom. in Uppsala; 1913–1945 Prof. für röm. Beredsamkeit und Poesie in Lund; 1939–1945 Rektor der Univ. ebda.

Werk und Wirkung

L. studierte lat. und griech. Philologie bei Olof August Danielsson und Per Persson. Studienreisen brachten ihn in Kontakt mit dt. Klass. Philologen, darunter Franz ↗Bücheler, Friedrich ↗Leo und Eduard ↗Norden. Sein übriges akad. Leben verbrachte er an der Univ. Lund; ein Stellenangebot als Generalredaktor des *Thesaurus linguae Latinae* in München lehnte er 1912 ebenso ab wie einen Ruf an die Univ. Breslau.

L. beschränkte sich in seiner Forschung fast ausschließlich auf die Latinistik; seine Hauptbetätigungsfelder waren hierbei die histor. Syntax, Stilistik und Semasiologie. Große internationale Anerkennung brachte ihm seine Arbeit zur *Peregrinatio Aetheriae* (1911) ein [3], die, angelegt als fortlaufender Textkommentar, als Einführung in Lexik und Syntax des Spätlateinischen zu gelten hat und sprachgeschichtliche Beobachtungen zu allen Sprachstufen des Lateinischen enthält. Sein Hauptwerk sind die in zwei Teilen publizierten *Syntactica* [4], deren erster Teil Fragen der lat. Nominalsyntax behandelt, während der zweite (u. a. verbal-)syntaktische und stilistische Einzelstudien beinhaltet. Meisterhaftes Stilempfinden und eine oft bewunderte Materialfülle machen die *Syntactica* zu einem Standardwerk der Klass. Philologie. Die *Vermischten Studien* [5] (eine Neubearbeitung der bereits 1908 erschienenen *Spätlat. Studien* [2]), treten als Ergänzung hinzu. L.s Forschungen konstituierten die sog. Schwed. Schule, der Philologen wie Dag Norberg, Aarne Henrik Salonius und Josef Svennung zugerechnet werden.

N: Stockholm, Kungliga Biblioteket.

SV: E.J. Knudtzon, Bidrag till en bibliografi över professor Einar Löfstedts skrifter 1904–1945, in: Eranos 43, 1945, 357–376.

Schriften

[1] Beiträge zur Kenntnis der späteren Latinität (Diss. Uppsala), 1907 [2] Spätlateinische Studien, 1908 [3] Philologischer Kommentar zur Peregrinatio Aetheriae. Untersuchungen zur Geschichte der lat. Sprache, 1911 (Ndr. 1962 u.ö.) [4] Syntactica. Studien und Beiträge zur historischen Syntax des Lateins, 2 Teile, 1928–1933 (erw. Ndr. von Teil 1, 1942; Ndr. 1956) [5] Vermischte Studien zur lat. Sprachkunde und Syntax, 1936.

Sekundärliteratur

[6] P. Poccetti (Hrsg.), Einar Löfstedt nei percorsi della linguistica e della filologia latina, 2007.

Ralph Lather

Lonigo s. Leoniceno, Niccolò

Loofs, Friedrich

Dt. Kirchenhistoriker. Geb. am 19. 6. 1858 in Hildesheim, gest. am 13. 1. 1928 in Halle a. d. S. Schulbesuch in Hildesheim; Studium der evang. Theologie in Leipzig, Tübingen und Göttingen 1877–1880; Prom. zum Dr. phil. 1881 und zum Lic. theol. in Leipzig 1882; Habil. 1882, anschließend Lehrtätigkeit ebda. (1886 ao.Prof.). 1887 ao.Prof. in Halle; 1888–1926 o.Prof., 1907/08 Rektor ebda.

Werk und Wirkung

L. war in seinem wiss. Ethos stark von Adolf von ↗Harnack (mit dem ihn lebenslange Freundschaft verband) und Albrecht Ritschl beeinflusst, ist aber theologisch wegen seiner neulutherischen Prägung nur bedingt dem Kulturprotestantismus zuzurechnen. Die Habil. erwarb er für Kirchen- und Dogmengeschichte. Sein Hauptinteresse galt dogmengeschichtlichen Fragestellungen (v. a. der Trinitätslehre und Christologie) im Bereich der Alten Kirche, aus denen mehrere Monographien hervorgingen; grundlegend waren insbes. seine Arbeiten zu Paulos von Samosata [12] und Nestorios [8]; [9]. Daneben beschäftigte er sich mit der reformatorischen Rechtfertigungslehre (v. a. bei Luther) [11] und konfessionskundlichen Themen [7]. In aktuellen Debatten nahm er u. a. gegen Ernst Haeckel und den Monismus Stellung [5]. Seiner regen Lehrtätigkeit entsprang der viel gelesene *Leitfaden zum Studium der Dogmengeschichte* [4]. Darüber hinaus war L. in zahlreichen kirchlichen und kommunalen Ämtern und als Prediger tätig.

M: In: E. Stange (Hrsg.), Die Religionswissenschaft der Gegenwart in Selbstdarstellungen, Bd. 2, 1926, 119–160.

N: Universitäts- und Landesbibliothek Sachsen-Anhalt, Halle a. d. S.

Schriften

[1] Zur Chronologie der auf die fränkischen Synoden des hl. Bonifatius bezüglichen Briefe der bonifazischen Briefsammlung (Diss. Leipzig), 1881 [2] De antiqua Britonum Scotorumque ecclesia (Habil.schrift Leipzig), 1882 [3] Leontius von Byzanz und die gleichnamigen Schriftsteller der griech. Kirche, 1887 [4] Leitfaden zum Studium der Dogmengeschichte, ^{2}1890 (Zuerst 1889 unter dem Titel: Leitfaden für seine Vorlesungen über Dogmengeschichte; ^{7}1968) [5] Anti-Haeckel. Eine Replik nebst Beilagen, 1900 (^{5}1906) [6] Grundlinien der Kirchengeschichte. In der Form von Dispositionen für seine Vorlesungen, 1901 (^{2}1910) [7] Symbolik oder christliche Konfessionskunde, Bd. 1, 1902 [8] Die Überlieferung und Anordnung der Fragmente des Nestorius, 1904 [9] Nestoriana. Die Fragmente des Nestorius, 1905 [10] Wer war Jesus Christus? Für Theologen und den weiteren Kreis gebildeter Christen, 1916 (^{2}1922) [11] Der articulus stantis et cadentis ecclesiae, 1917 [12] Paulus von Samosata. Eine Untersuchung zur altkirchlichen Literatur- und Dogmengeschichte, 1924 [13] Theophilus von Antiochien adversus Marcionem und die anderen theologischen Quellen bei Irenaeus, 1930 [14] Patristica. Ausgewählte Aufsätze zur alten Kirche, hrsg. von H. Ch. Brennecke und J. Ulrich, 1999.

Sekundärliteratur

[15] S. Bitter, Art. Loofs, Friedrich (1858–1928), in: TRE 21, 1991, 464–466 [16] K. Kienzler, Art. Loofs, Friedrich, in: Biographisch-Bibliographisches Kirchenlex. 5, 1993, 219–221 [17] A. Krause, Religionsphilosophische Denker. Martin Kähler, Friedrich Loofs, Wilhelm Lütgert, Paul Tillich und Ernst Benz, 2004, 49–82 [18] G. Mühlpfordt, Der Spirituskreis, Bd. 1: 1890–1945, 2001, 247–266 [19] G. O. Neuhaus, Friedrich Loofs, Theologe. 150. Geburtstag, in: Mitteldeutsches Jb. für Kultur und Geschichte 15, 2008, 211–213 [20] Ch. Stephan, Die stumme Fakultät. Biographische Beiträge zur Geschichte der Theologischen Fakultät der Universität Halle, 2005, 137–141 [21] J. Ulrich (Hrsg.), Friedrich Loofs in Halle (Arbeiten zur Kirchengeschichte 114), 2010.

Wolfram Kinzig

Loraux, Nicole

Franz. Altertumswissenschaftlerin und Anthropologin. Geb. am 26. 4. 1943 in Paris, gest. am 6. 4. 2003 in Argenteuil. Studium an der École normale supérieure de Sèvres; Agrégation de Lettres classiques 1965; 1970–1975 Assistentin in Griech. Gesch. an der Univ. Straßburg, dann Assistentin an der École des hautes études en sciences sociales (EHESS); 1977 Thèse de doctorat bei Jean-Pierre ↗Vernant. Ab 1981–1994 Directeur d'études und ab 1987 Prof. für Gesch. und Anthropologie der griech. Polis an der EHESS; 1994 schwerer Schlaganfall.

Werk und Wirkung

L. war eine der führenden Vertreterinnen der franz. histor. Anthropologie. Beeinflusst wurde sie von den Forschungen der Schule um Jean-Pierre ↗Vernant, Pierre ↗Vidal-Naquet und Marcel Détienne. Gemäß den Grundsätzen dieser Schule strebte sie in ihren Forschungen nach einer Synthese von Philologie, Philosophie, Mythologie, Geschichtswiss. und Psychoanalyse. Daraus resultierten eine Reihe wegweisender und origineller, aber auch eigenwilliger Arbeiten zur griech. Antike, die bis zu ihrem frühen krankheitsbedingten Tod ihr bevorzugtes Forschungsgebiet blieb. In jeder ihrer sechs großen Monographien gelang es L., bekannten Szenerien und vertrauten Vorstellungen von der griech. Kultur durch einen Wechsel der Perspektive und der Interpretation neue Facetten abzugewinnen. Bereits in ihrem ersten Werk zur »Erfindung Athens« [1] realisierte sie am Beispiel der Totenrede ihre Forderung, den symbolischen Gehalt der Quellen und ihren jeweiligen Kontext nicht zu vernachlässigen. In ihrem letzten Buch zur »geteilten Stadt« [6] betrat sie erneut methodisches Neuland, indem sie bei den Athenern in der Zeit nach dem Peloponesischen Krieg eine Kultur des Vergessens diagnostizierte.

In ihren vier anderen Monographien widmete sich L. der Rolle der Frauen, den Geschlechterbeziehungen und -rollen in ihrer polit. Dimension. Damit avancierte sie im Bereich der Alt.wiss. zu einer der Protagonistinnen der *Gender Studies*. Charakteristisch war dabei die in den »Kindern der Athena« [2] entwickelte, in [4] elaborierte Kategorie des »Imaginären«. Darunter verstand sie die in den Quellen und in der komplexen Realität fassbaren rituellen Praktiken und symbolischen Handlungen der Griechen. In [3] setzte L. Maßstäbe bei der histor. Interpretation der griech. Tragödie. In [5] deduzierte sie die sozialen Rollen von Mann und Frau aus der Art und Weise des öffentlichen Trauerns. L. fand mit ihren innovativen Fragen und Ansätzen weit über Frankreich hinaus Resonanz, so in der angelsächsischen Forschung insbes. mit ihren Thesen zur Grabrede in Athen, die auch in engl. Übersetzung erschienen.

SV: [9. 13–16].

Schriften

[1] L'invention d'Athènes, 1981 (engl. 1986) [2] Les enfants d'Athéna, 1981 (engl. 1993) [3] Façons tragiques de tuer une femme, 1985 (dt. 1993; engl. 1987) [4] Les expériences de Tirésias, 1989 (engl. 1995) [5] Les mères en deuil, 1990 (dt. 1992; engl. 1998) [6] La cité divisée, 1997 (engl. 2001).

Sekundärliteratur

[7] J. Allaux et al. (Hrsg.), Les voies traversières de Nicole Loraux. Une helléniste à la croisée des sciences sociales (EspacesTemps, Les Cahiers 87/88. Clio, Histoire, Femmes et Sociétés), 2005 [8] N. R. E. Fisher, Rez. zu: Loraux, L'invention d'Athènes, in: Classical Review 34, 1984, 80–83 [9] J. Papadopoulou-Belmehdi, Hommage à Nicole

Loraux (1943–2003). De l'humanisme à l'»âme de la cité«, in: Kernos 16, 2003, 9–16.

Holger Sonnabend

Lord Elgin s. Elgin, Thomas Bruce, Earl of

Loriti s. Glareanus, Heinrich

Loschi, Antonio

Luschus, Antonius; ital. Humanist, Philologe und Rhetoriker. Geb. 1365 oder 1368 in Vicenza, gest. 1441 ebda. Studium ab 1386 in Florenz, ab 1388 in Pavia. Ab 1391 Tätigkeit in der Kanzlei von Gian Galeazzo Visconti. Im Auftrag Venedigs Gesandtschaften zu den Päpsten Innozenz VII. und Gregor XII. 1409–1436 apostolischer Sekretär in Rom.

Werdegang, Werk und Wirkung

L., Sohn des Notars Ludovico di Niccolò, der im Dienst Antonios della Scala stand, studierte kurz in Florenz bei Coluccio ↗Salutati und wandte sich 1388 nach Pavia, wo er vermutlich gemeinsam mit Gasparino ↗Barzizza bei Giovanni Travesi Grammatik und Rhetorik hörte. Danach trat er in den Dienst des Herrn von Mailand, Gian Galeazzo Visconti, und setzte sich in Dichtungen, Briefen und Invektiven für dessen oberitalische Herrschaftsansprüche ein. 1409 wurde er als apostolischer Sekretär in die päpstliche Kurie berufen, wo er unter Gregor XII., Alexander V., Johannes XXII., Martin V. und Eugen IV. amtierte.

Als vielseitig begabter Philologe, Redner und Dichter [2] stand L. mit bedeutenden Humanisten seiner Zeit in Kontakt, darunter Coluccio ↗Salutati, Leonardo Bruni (der ihm zwei seiner Schriften widmete), Gian Francesco ↗Poggio Bracciolini, Flavio ↗Biondo, Francesco Barbaro und Francesco ↗Filelfo. L.s philol. Interesse richtete sich v.a. auf die röm. Rhetorik: Er übersetzte Quintilians *Declamationes* ins Volgare und kommentierte Cicero-Reden, die ihm handschriftlich vorlagen. Diese *Inquisitio* (1395, Erstdruck Venedig 1477) [1] verbindet die Erklärung der Reden Ciceros mit systematischen Erläuterungen zur Rhetorik, die L. aus ant. Rhetoriktexten (Cicero und Quintilian) ableitete; der Kommentar hat insofern den Charakter eines Handbuchs der Rhetorik [6.151–154]. Nach Quintilians Muster verfasste er auch selbst *Declamationes controversiales*, außerdem eine Verstragödie (*Achilles*, um 1390 [4]) und *Epistolae metricae*. Die *Invectiva in Florentinos* (1397), in der er Florenz beschuldigt, mit seinem Widerstand gegen den Machtanspruch des Visconti gegen die Interessen des Volkes zu handeln, trübte sein Verhältnis zu Salutati, der ihm – ebenso wie Cino Rinuccini – mit einer Gegeninvektive antwortete.

Schriften

[1] Inquisitio super XI orationes Ciceronis ad fratrem suum optimum, hrsg. von G. Squarciafico, Venedig 1477 [2] Carmina quae supersunt fere omnia, hrsg. von G. da Schio, Padua 1858 [3] Prosatori latini del Quattrocento, hrsg. von E. Garin, 1952, 7–37 [4] Antonio Loschi, Achilles. G. Correr, Progne, hrsg. von V. Zaccaria und L. Casarsa (Il teatro umanistico veneto. La tragedia), 1981.

Sekundärliteratur

[5] C.J. Classen, Antike Rhetorik im Zeitalter des Humanismus, 2003 [6] F. Cossutta, Gli umanisti e la retorica, 1984 [7] G. Da Schio, Sulla vita e sugli scritti di Antonio Loschi, vincentino, uomo di lettere e di stato, 1858 [8] P. Mack, A History of Renaissance Rhetoric 1380–1620, 2011, 33–34 [9] R. G. Witt, »In the Footsteps of the Ancients«. The Origins of Humanism from Lovato to Bruni, 2000, 372–391.

Dorothee Gall

Löwenklau, Hans s. Leunclavius, Johannes

Löwy, Emanuel

Österr. Klass. Archäologe. Geb. am 1.9.1857 in Wien, gest. am 11.2.1938 ebda. Ab 1876 Studium der Alt.wiss. an der Univ. Wien, 1878 Stipendiat, 1880–1882 Bibliothekar des Arch.-Epigr. Seminars ebda., 1882 Prom. Ausgedehnte Reisen und Teilnahme an Grabungen in Griechenland; 1887 Habil. in München; 1889 ao.Prof. für Arch. in Rom; dort Aufbau einer Abgusssammlung; 1901 o.Prof. ebda. 1915 nach dem Kriegseintritt Italiens Rückkehr nach Österreich; 1918 ao.Titularprof. für Klass. Arch. an der Univ. Wien; Emeritierung 1928.

Biographie und wissenschaftlicher Werdegang

L., Sohn eines jüd. Wiener Kaufmanns, studierte, von Wilhelm Hartel in das Studium der Klass. Philologie eingeführt, am Wiener Seminar für Archäologie und Epigraphik v.a. bei Alexander ↗Conze, Otto ↗Hirschfeld und Otto ↗Benndorf. 1882 promovierte er bei Benndorf mit einer auf der Untersuchung von Künstlersignaturen basierenden Diss. zur Geschichte der griech. Künstler, konzentriert auf die bei Plinius d.Ä. und Pausanias erwähnten Bildhauer [1]. Noch vor dem Rigorosum nahm er an Grabungen in Lykien teil, die im Erwerb der Skulpturen des Heroons von Gjölbaschi Trysa gipfelten. 1884 ging L. nach München, um bei Heinrich von ↗Brunn zu hören. 1885 erschien sein grundlegendes Buch über die griech. Bildhauerinschriften [2], das von Benndorf auf einer gemeinsamen Reise nach Olympia 1880 angeregt worden war. Nach einem weiteren Griechenlandaufenthalt bis zum Juli 1886 habilitierte sich L. 1887 in Wien. 1889 bewarb er sich in Konkurrenz mit Paolo ↗Orsi erfolgreich auf die neugeschaffene Professur für Archäologie und ant. Kunstgeschichte an der Univ. Rom.

In seiner Antrittsvorlesung als Extraordinarius bekundete L. seine Absicht, die Tradition archäologischer Studien von Johann Joachim ↗Winckelmann bis Ennio Quirino ↗Visconti mit den zukünftigen Aufgaben der ital. Feldforschungen auf Kreta zu verbinden. Gut zehn Jahre später wurde ihm, verzögert durch den Widerspruch von Kollegen wie Luigi ↗Pigorini und Karl Julius ↗Beloch, das Ordinariat übertragen. Seit seiner Berufung hatte L. alle seine Kräfte auf ein ehrgeiziges Projekt konzentriert: die Schaffung einer arch. Abguss-Sammlung nach dt. Vorbild als Instrument des akad. Unterrichts. Bis zum Ende des 19. Jh.s war diese bereits auf über 700 Stück angewachsen [12].

Der Kriegseintritt Italiens 1915 zwang den Österreicher L., das Land zu verlassen und nach Wien zurückzukehren, wo er 1918 eine Titularprofessur erhielt. Ehemalige Schüler (zu denen Alessandro ↗Della Seta und Giulio Quirino Giglioli zählten) versuchten, ihn zur Rückkehr auf seinen röm. Lehrstuhl zu bewegen; doch hatte er sich im Wiener universitären Ambiente inzwischen etabliert. Auch nach der Emeritierung 1928 hielt er weiter Vorlesungen. Seine Erben, die Schwester Klara und der Bruder Ernst, kamen im Konzentrationslager Theresienstadt ums Leben. Daher ist L.s Nachlass fast gänzlich verloren gegangen.

Werk und Wirkung

L.s wiss. Bemühen galt seit der Jahrhundertwende der Überwindung des Winckelmann'schen Entwicklungsmodells, zumal in der Frage der *Naturwiedergabe* [6]. In seiner Forschung orientierte sich L. auch an Theorien der Wahrnehmungspsychologie – mit Sigmund Freud, den er beim Erwerb von Antiken beriet, war er eng befreundet – und verfolgte aufmerksam auch die Methoden der ital. Urgeschichte und Ethnologie. Sein besonderes Interesse galt den Frühstufen der Kunst. An ihnen hoffte er Grundprinzipien der Formwahrnehmung, -erinnerung und -wiedergabe und der graduellen Entwicklung der Fähigkeit des Menschen zur bildlichen Darstellung eines Konzepts exemplarisch erfassen zu können. Angeregt durch die Neufunde frühgriech. Plastik auf Kreta, entwickelte L. in seiner Studie zur *Typenwanderung* [7] die Hypothese, dass die Ausarbeitung und Verbreitung des Typenrepertoires der archaischen Plastik in der ganzen griech. Welt von der sog. »dädalischen« Skulptur ihren Ausgang genommen habe. Seit Mitte der 1920er Jahre wandte er sich vorwiegend Themen der röm., etrusk. und neuattischen Kunst sowie der griech. Malerei [10]; [11] zu.

An der Schwelle zum 20. Jh. stellte sich L. der Aufgabe, die ital. Archäologie auf den (damals dt.) Stand der Zeit zu bringen, indem er die »Archäologie der Kunst« zum Kern seiner Lehre machte und sich ihr in Forschungen von großer Originalität widmete [14]. Durch seinen Einsatz für die Verbreitung der Werke Franz ↗Wickhoffs und Alois ↗Riegls brachte er innerhalb der ital. Archäologie die Debatte über die röm. Kunst in Gang (vgl. Ranuccio ↗Bianchi Bandinelli). Aber auch auf die Wiener Kunstgeschichte, bes. auf Julius von Schlosser und Ernst Gombrich, hat L. mit seinem wahrnehmungspsychologischen Ansatz eingewirkt [16].

SV: [13.9–14]; [15.22–28].

Schriften

[1] Untersuchungen zur griech. Künstlergeschichte (Diss. Wien), 1883 [2] Inschriften griechischer Bildhauer, 1885 [3] Antike Sculpturen auf Paros, in: Archäologisch-epigraphische Mitteilungen aus Österreich-Ungarn 11, 1887, 147–188 [4] Griech. Inschrifttexte für akademische Übungen, 1888 [5] Lysipp und seine Stellung in der griech. Plastik, 1891 [6] Die Naturwiedergabe in der älteren griech. Kunst, 1900 [7] Typenwanderung, in: Jahreshefte des Österreichischen Archäologischen Institutes in Wien 12, 1909, 243–404 [8] La scultura greca, 1911 (dt. 1914) [9] Die Anfänge des Triumphbogens, 1928 [10] Polygnot. Ein Buch von griech. Malerei, 1929 [11] Der Beginn der rotfigurigen Vasenmalerei, 1938.

Sekundärliteratur

[12] M. Barbanera, Museo dell'Arte classica. Gipsoteca, 1995, 1–19 [13] F. Brein (Hrsg.), Emanuel Löwy. Ein vergessener Pionier, 1998 [14] M. M. Donato, »Archeologia dell'arte«. Emanuel Loewy all'Università di Roma (1889–1915), in: Ricerche di Storia dell'arte 50, 1993, 62–75 [15] G. Q. Giglioli, Commemorazione di Emanuele Loewy, in: Atti della Pontificia Accademia Romana di archeologia. Rendiconti 14, 1938, 19–28 [16] E. H. Gombrich, Kunstwissenschaft und Psychologie vor fünfzig Jahren, in: Akten des 25. Internationalen Kongresses für Kunstgeschichte Wien 1983, Bd. 1, 1984, 99–104 [17] H. Kenner, Art. Löwy, Emanuel, in: NDB 15, 1987, 114–115 [18] C. Praschniker, Emanuel Löwy, in: Almanach der Österreichischen Akademie der Wiss. 88, 1938, 306–319.

Marcello Barbanera (Ü: K. H.)

Maas, Paul

Dt. Klass. Philologe und Byzantinist. Geb. am 18.11.1880 in Frankfurt am Main, gest. am 15.7.1964 in Oxford. 1898 Abitur in Freiburg; danach Studium von Klass. Phil. und Byzantinistik in Berlin und München, dort 1903 Prom. 1910 Habil. in Berlin; 1920 ao.Prof. ebda.; 1930 o.Prof. für Klass. Phil. in Königsberg. 1934 zwangsemeritiert; fortan Privatgelehrter ebda. 1939 Emigration, danach Privatgelehrter in Oxford. Ab 1955 korrespondierendes Mitglied der Akad. der Wiss. zu Berlin (Ost); 1963 Annahme des Bundesverdienstkreuzes in Oxford.

Werk und Wirkung

Als Sohn des Bankiers und Privatgelehrten Maximilian und von Henriette M. (geb. Oppenheimer-Prins) besuchte M. das städtische Gymnasium in Frankfurt a.M. bis 1894 (Direktor war der Vater Karl ↗Reinhardts) und legte mit 17 Jahren 1898 das Abitur am Lyceum in Freiburg i.Br. ab. Anschließend studierte er 9 Semester Klass. Philologie und Byzantinistik abwechselnd in Berlin (insgesamt 3) und München (insgesamt 6 Semester). M. selbst nannte in seiner Diss. Wilhelm von Christ, Hermann ↗Diels, Adolf ↗Furtwängler, Ulrich von ↗Wilamowitz-Moellendorff (dessen *Kleine Schriften* er mitherausgab), Eduard von Wölfflin und Karl Krumbacher als seine Lehrer. Letzterer war wesentlich daran beteiligt, M.s Interesse für das junge Fach Byzantinistik zu wecken.

Im Bereich der Klass. Philologie erwarb sich M. bleibende Verdienste mit knappen, aber konzisen Abrissen zur griech. Paläographie [5], zur griech. Metrik [4] (das Pendant zur byz. Metrik ging verloren) und der bahnbrechenden Darstellung zur Textkritik [6], in der er u.a. die Problematik der sog. Leitfehler klärte. Die ›maasvolle‹ Kürze seiner Publikationen wurde sprichwörtlich. Seine weiteren Hauptarbeitsfelder waren die byz. Literatur sowie die Lexikologie. Wenngleich 1903 mit einer Untersuchung zur lat. Metrik promoviert [1] (mit Archäologie und Byzantinistik als weiteren Fächern), befasste sich M. überwiegend mit der griech. Literatur, bes. mit Pindar [3] und den Epidaurischen Hymnen [7]. Es gelang ihm, zahlreiche Fragmente von frühgriech. Lyrik (Sappho, Pindar, Bacchylides) zu ergänzen. Über seine Habil. in Berlin 1910 ist nichts Sicheres bekannt; es handelte sich vermutlich um seine Arbeit zur frühbyz. Kirchenpoesie [2]. M. erhielt die Venia für Byzantinistik sowie – auf Vermittlung Ulrich ↗Wilamowitz-Moellendorffs und Eduard ↗Nordens, gegen Widerstände von Seiten Hermann ↗Diels'; – diejenige für Klass. Philologie.

Bereits während seines Studiums hatte sich M. (selbst passionierter Klavierspieler) mit dem Œuvre des byz. Hymnographen Romanos (5./6. Jh.) beschäftigt, dessen Werke er in Zusammenarbeit mit Konstantinos Athanasios Trypanis während seiner Oxforder Zeit edierte [8] (zu den durch die Emigration z.T. verlorenen Vorarbeiten vgl. [13.99f.]). 1934 wurde M. wegen seiner jüd. Herkunft zwangsemeritiert und anlässlich der Novemberpogrome am 11.11.1938 in Königsberg verhaftet. Die Flucht nach Oxford gelang im letztmöglichen Moment über Hamburg (u.a. mit der Hilfe Bruno ↗Snells) im August 1939.

Obwohl nicht in universitäre Strukturen eingebunden, pflegte M. in England – neben der zeitlebens intensiv betriebenen brieflichen Korrespondenz (etwa mit seinem alten Königsberger Kollegen Willy Theiler) – Kontakt zu zahlreichen Kollegen. Bereits 1909 hatte er die Bekanntschaft Gilbert ↗Murrays gemacht (an dessen Neuauflage seiner Aischylos-Edition er wesentlich mitarbeitete), in Oxford selbst lernte er den jungen Hugh Lloyd-Jones kennen [12]. Zu diesem sowie zu anderen Exilanten, darunter Eduard ↗Fraenkel und Rudolf ↗Pfeiffer, unterhielt er regelmäßigen Kontakt. Wichtigste Lebensgrundlage in Oxford war zunächst die Beschäftigung als Gutachter der Clarendon Press, auf deren Betreiben er 1940 vorzeitig aus der brit. Internierung entlassen wurde. M. konzentrierte sich daraufhin u.a. auf die Mitwirkung am Supplement zum *Greek-English Lexicon* von Henry George Liddell und Robert Scott (hrsg. von E.A. Barber, 1968) sowie an größeren Arbeiten anderer Gelehrter, darunter Rudolf Pfeiffers zweibändiger Kallimachos-Ausgabe (1949–1953). Den besten Überblick über M.s weitverstreute Publikationen bietet die von seinem Schüler Wolfgang Buchwald zusammenstellte Sammlung [9].

SV: [9.677–694] (mit Abb.).

Schriften

[1] Studien zum poetischen Plural bei den Römern, in: Archiv für lat. Lexikographie und Grammatik 12, 1902, 479–550 (selbständiger Ndr. 1903) [2] Frühbyzantinische Kirchenpoesie, 1910 (²1931) [3] Die neuen Responsionsfreiheiten bei Bakchylides und Pindar, 2 Bde., 1914–1921 [4] Griech. Metrik (Einleitung in die Altertumswiss. 1/7), 1923 (³1929; engl. 1962) [5] Griech. Paläographie (Einleitung in die Altertumswiss. 1/9), 1924 [6] Textkritik (Einleitung in die Altertumswiss. 1/6), 1927 (⁴1960) [7] Epidaurische Hymnen, 1933 [8] Sancti Melodi cantica, 2 Bde. (Edition, mit K.A. Trypanis), 1963–1970 [9] K.S., hrsg. von W. Buchwald, 1973.

Sekundärliteratur

[10] K. Bär, Art. Maas, Paul, in: DBC 2, 2004, 599–602 [11] H. Lloyd-Jones, Paul Maas, in: Gnomon 37, 1965, 218–221 [12] H. Lloyd-Jones, Paul Maas (1880–1964), in: W. Suerbaum et al. (Hrsg.), FS E. Vogt, 1993, 255–261 [13] E. Mensching, Über einen verfolgten deutschen Altphilologen. Paul Maas (1880–1964), 1987 [14] P. Wirth, Art. Maas, Paul, in: NDB 15, 1987, 597.

Hans-Ulrich Berner/Oliver Schelske

Mabillon, Jean

Franz. Historiker. Geb. am 23. 11. 1632 in Saint-Pierremont (Ardennes), gest. am 27. 12. 1707 in Saint-Germain-des-Prés (Paris). Nach Schulbesuch in Reims Eintritt in das Seminar der Benediktiner-Kongregation von Saint-Maur; 1654 Ordensgelübde, dann u. a. in der Abtei Corbie (1658) und 1663 in Saint-Denis, wo er merowingische Urkunden studierte. Von 1664 bis zu seinem Tod als Herausgeber und Historiker in Saint-Germain-des-Prés ansässig. Reisen durch Europa auf Urkundensuche: ab 1672 Flandern, 1682 Burgund, 1683 fünf Monate in Deutschland, 1685/86 Italien-Rundreise, Rückkehr mit über 3000 Dokumenten und Büchern. 1701 Wahl zum Honorarmitglied der Acad. des inscriptions et belles-lettres.

Werdegang, Werk und Wirkung

1664 als Mitarbeiter an der histor. Quellensammlung (*Spicilegium*) von Luc d'Achéry nach Saint-Germain-des-Prés berufen, wurde M. durch seine Herausgabe der Werke Bernhards von Clairvaux [1] zu einem der renommiertesten Wissenschaftler der Mauriner. Seine Edition wurde wie andere ›Mauriner Väterausgaben‹ im 19. Jh. durch Jacques-Paul ↗Migne verbreitet und erst in neuester Zeit ersetzt. M.s Hauptwerke sind die Edition sämtlicher Akten der benediktinischen Heiligen (6.–11. Jh.) [2] und die Annalen des Benediktinerordens mit Chronologie der Merowingerepoche allein anhand von Urkunden. Er ordnete die Originaldokumente chronologisch und versah sie mit Einleitungen zu Quellenlage und Zeitkontext. Seine Methode erläuterte und rechtfertigte er in *De re diplomatica* [3]. Mit diesem Werk begründete M. die histor. Urkundenlehre (Diplomatik) und die Paläographie. Seine Erneuerung der ma. Quellenkritik wirkte bes. auf Historiker der ital. Frühaufklärung (u. a. Ludovico Antonio ↗Muratori, Scipione ↗Maffei).

Obwohl schon früh vom König und dem führenden Kirchenpolitiker Jacques-Bénigne Bossuet protegiert, blieb M. v. a. maurinischen Wiss.-Idealen verpflichtet [12] und bemühte sich um kritische Unabhängigkeit und vermittelnde Positionen. Der Finanzminister Colbert, Empfänger der Widmung von *De re diplomatica*, bot M. eine Pension von 2000 *livres* an, die dieser ausschlug, da er keine Verwendung für derartige Geschenke habe. In Italien, wo er 1685 im Auftrag des Erzbischofs von Reims, Charles Maurice Le Tellier, Dokumente zur franz. Kirchengeschichte für die *Bibliothèque du Roi* suchte, wurde ihm keine Papstaudienz gewährt. Dennoch konsultierte ihn die für den Index zuständige Kongregation bei Werken zur biblischen Zeitrechnung. M. kritisierte die von ihm in Italien beobachtete überzogene Reliquienverehrung; seine Schrift dazu erschien anonym [5]. An exponierter Stelle (1701 in der *Praefatio generalis* zur Mauriner-Augustinus-Ausgabe) bemühte er sich um Vermittlung zwischen Jansenisten und Jesuiten.

Anlass für M.s *Traité des études monastiques* [4]; [6. 365–625] war eine von Armand-Jean de Rancé, dem Neubegründer des Zisterzienser-Klosters *La Trappe*, vorgebrachte Kritik an wiss. Studien von Mönchen. Diese widerlegt M. zunächst durch Ausführungen zur Geschichte des Mönchtums und des Benediktinerordens. Der zweite Teil der Schrift ist ein Studienführer für junge Mönche. Programmatisch ist hier zunächst die Betonung des Vorrangs der Bibelarbeit und des Studiums der Väter-Trad. »Schönstes Zeugnis eines benediktinischen Humanismus« [11. 165] ist die Schrift aufgrund ihres Bildungsanspruchs und der undogmatischen Lektüreempfehlungen, die unterschiedslos genannte jansenistische und jesuitische Autoren ebenso einschließt wie protestantische Bibelkommentare und Cartesianer wie etwa Nicolas Malebranche (in Auswahl). Beschäftigung mit der ant. lat. Literatur als Selbstzweck lehnte M. ab, hielt sie aber zum Erwerb sprachlich-rhetorischer Fähigkeiten für nützlich und empfahl dafür lat. Historiker. Bei der Behandlung der Philosophie wird seine Vorliebe für Cicero (bes. *De officiis*) deutlich. Für den Bereich der Logik war neben der jansenistischen Variante Antoine Arnaulds (1662) Ciceros *Academica* M.s einzige Lektüreempfehlung. Die Abhandlung zum Mönchtum wurde vielfach nachgedruckt und übersetzt, u. a. dreimal ins Lateinische [7. 507].

Schriften

[1] Sancti Bernardi Abbatis primi Claraevallensis opera omnia, 2 Bde. (Edition), Paris 1667 (²1690) [2] Acta Sanctorum ordinis Sancti Benedicti in saeculorum classes distributa, 9 Bde. (Edition), Paris 1668–1701 [3] De re diplomatica libri VI, Paris 1681 (²1709, ³1789, Suppl. 1704) [4] Traité des études monastiques, Paris 1691 (²1692) [5] Eusebii Romani ad Theophilum Gallum epistola de cultu sanctorum ignotorum (Edition; anonym erschienen), Paris 1698 (²1705) [6] Œuvres choisies, hrsg. von O. Hurel, 2007 (mit einl. Biographie) [7] Über das Studium der Mönche, hrsg. von C. Schäfer, 2008 (franz. Orig. 1691).

Sekundärliteratur

[8] B. Barret-Kriegel, Jean Mabillon, 1988 [9] J. Leclant (Hrsg.), Dom Jean Mabillon, figure majeure de l'Europe des lettres. Actes des deux colloques du tricentenaire de la mort de Dom Mabillon (Abbaye de Solesmes, mai 2007; Paris, decembre 2007), 2010 [10] H. Leclercq, Dom Mabillon, 2 Bde., 1953–1957 [11] Pfeiffer KPh 165 [12] M. Weitlauff, Die Mauriner und ihr historisch-kritisches Werk, in: G. Schwaiger (Hrsg.), Historische Kritik in der Theologie, 1980, 153–209.

Johannes Göbel

Machiavelli, Niccolò

Florent. Philosoph, Politiker und Schriftsteller. Geb. am 3.5.1469 in Florenz, gest. am 22.6.1527 ebda. 1498 Mitglied der Florentiner Kanzlei und Sekretär für Außenpolitik; 1498–1512 Reisen durch Italien und Europa als florent. Gesandter. 1513 Arrest in Florenz und anschließende Verbannung durch die Medici; 1514 privater Rückzug nach Sant' Andrea in Percussina; ab 1519 wieder kleinere Tätigkeiten für die Medici. 1526 Militärberater und Gesandter von Papst Clemens VII.

Werdegang, Werk und Wirkung

M.s Leben und Werk war eng mit der polit. Geschichte der Stadt Florenz und der Herrschaft der Medici verknüpft [6]. Über seine Jugend ist wenig Genaues bekannt. M. entstammte einer florent. Bürgerfamilie (der Vater war Notar) und erhielt eine solide humanistische Ausbildung, allerdings wahrscheinlich ohne Studium des Griechischen. Der junge M. entdeckte eine Handschrift von Lukrez' *De natura rerum* und verfertigte eine Abschrift hiervon. Der Herrschaft Girolamo Savonarolas über Florenz stand er ablehnend gegenüber. Nach dessen Verbrennung 1498 begann M.s polit. Karriere als Leiter des Zweiten Sekretariats der Republik Florenz. Nach der Rückkehr der Medici 1512 wurde er aus seinen Ämtern entlassen und in die Provinz verbannt, 1513 sogar inhaftiert und gefoltert.

In dieser Zeit entstand das berühmte Werk *Il principe* (»Der Fürst«) zunächst unter dem lat. Titel *De principatibus* [4.Bd. 1.1]. In diesem polit. Traktat analysiert M. nüchtern die Mechanismen und das Funktionieren von Macht und Herrschaft am Beispiel Italiens. Während lange eine negative Bewertung wegen des zynischen Realismus der Schrift vorherrschte, werden heute eher M.s Fähigkeit zur polit. Analyse sowie der republikanische Impetus anerkannt. M. setzt sich darin auch mit Platons und Aristoteles' Staatstheorien auseinander, die ihm u.a. in den Übersetzungen Leonardo Brunis vorgelegen haben können. Er betont allerdings in typisch röm.-livianischer Trad. den Primat der *virtus* gegenüber dem Wirken der *fortuna* [9].

Etwa gleichzeitig begann er mit der Abfassung der *Discorsi* [1], die 1517 abgeschlossen, aber erst 1531 in Florenz und Rom postum gedruckt wurden. Auch hier handelt es sich um ein durchaus polit. Werk, in dem M. seinen Florentiner Zeitgenossen mithilfe von Livius' Werk die frühe röm. Republik als ideales Staats- und Gemeinwesen präsentierte. Großen Wert legte er auf die Bedeutung von polit. Strukturen als Garanten eines funktionierenden Staatswesens, vor denen – übrigens anders als bei Livius – die großen Einzelpersönlichkeiten in ihrer Bedeutung zurücktreten. Eine wichtige Rolle spielen in dieser Darstellung der Freiheitsbegriff der röm. Republik sowie die Analyse von Gründen für Krieg und Frieden. Die *Discorsi* sind somit ein typisches Beispiel für den Gegenwartsbezug bei der Betrachtung ant. röm. Geschichte im ital. Humanismus.

Nach seiner Rehabilitierung und Versöhnung mit den Medici wurde M. beauftragt, eine Geschichte der Stadt Florenz zu verfassen; 1525 widmete er die *Istorie fiorentine* dem Medici-Papst Clemens VII. Darin beschreibt er in vier Büchern – fußend auf Gian Francesco ↗Poggio Bracciolini, Leonardo Bruni und Flavio ↗Biondo – die Frühgeschichte Italiens bis zur aktuellen Geschichte der Stadt Florenz, wobei der histor. Wert eher gering bleibt. Auffällig ist allerdings die antikirchliche Tendenz bei der Darstellung des Kirchenstaates. Neben den eher polit.-histor. Schriften verfasste M. auch lit. Werke in humanistischer Trad. [13]: Bekannt ist die Prosakomödie *Clizia* (1525), die in enger Anlehnung an Plautus' *Casina* eine typische Liebeskomödie mit zahlreichen Verwechslungen und glücklichem Ende bietet. Die Komödie *Andria* von Terenz übersetzte M. ins Italienische. Überhaupt verwendete er für seine Schriften nicht das Lateinische, sondern bereits das Italienische. Im *Discorso o dialogo intorno alla nostra lingua* (1524/25) behandelte er entsprechend nicht mehr das Verhältnis zwischen Latein und Volkssprache, sondern die Frage, welche Varietät des Italienischen normgebend für eine überregionale Standardsprache sein sollte; dabei plädierte er, anders als noch Dante Alighieri, für das Florentinische.

Die große Wirkung M.s wurde v.a. durch die polit. Schrift *Il principe* (1513, Erstdruck 1532), aber auch durch die *Discorsi* [1] begründet. Auffällig ist dabei, dass in Kontinentaleuropa v.a. die Herrschaftslehre rezipiert und entsprechend kritisiert wurde (z.B. durch Friedrich den Großen in seinem *Antimachiavel* von 1740 [12]), während im anglo-amerikan. Raum die republikanischen Tendenzen auf besonderes Interesse stießen [5].

Schriften

[1] Discorsi sopra la prima deca di Tito Livio, Florenz 1531 (lat. Version von Stupanus ab 1588 gedr.) [2] Legazioni, commissarie, scritti di governo, hrsg. von F. Chiapelli und J.-J. Marchand, 1971–1973 [3] Tutte le opere, hrsg. von M. Marteilli, 1971 (^{2}1992) [4] Opere, hrsg. von R. Rinaldini et al. (Classici italiani), 1984–1999.

Sekundärliteratur

[5] G. Bock / Qu. Skinner (Hrsg.), Machiavelli and Republicanism, 1990 [6] J.R. Hale, Machiavelli and Renaissance Italy, 1961 [7] D. Hoeges, Niccolò Machiavelli. Die Macht und der Schein, 2000 [8] W. Kersting, Niccolò Machiavelli, ^{3}2006 [9] H.C. Mansfield, Machiavelli's Virtue, 1996 [10] F. Meinecke, Die Idee der Staatsraison,

1924 [11] J. Najemy / A. R. Ascoli, Machiavelli, Niccolò, in: P. F. Grendler (Hrsg.), Encyclopedia of the Renaissance 4, 1999, 1–15 [12] G. Procacci, Machiavelli nella cultura europea dell'età moderna, 1995 [13] G. Sasso, Machiavelli e gli antichi e altri saggi, 2 Bde., 1987–1988.

Peter Kuhlmann

Madvig, Johan Nicolai

Dän. Klass. Philologe und Politiker. Geb. am 7. 8. 1804 in Svaneke auf Bornholm, gest. am 12. 12. 1886 in Kopenhagen. 1820–1825 Studium der Klass. Phil. in Kopenhagen, dort ab 1826 PD, 1828 Prom. 1829–1848 Prof. für lat. Sprache und Literatur, 1851–1879 Prof. für Klass. Phil. in Kopenhagen. 1848–1851 dän. Kultusminister.

Werk und Wirkung

M. war einer der bedeutendsten skand. Latinisten des 19. Jh.s und Vertreter einer enzyklopädischen Alt.wiss. im Sinne Friedrich August ↗Wolfs und August ↗Boeckhs. Nach seiner Diss. u. a. zu Asconius folgte eine bahnbrechende Edition von Ciceros *De finibus bonorum et malorum* mit ausführlichem textkritischen und exegetischen Kommentar [1], deren Mustergültigkeit international anerkannt wurde. Sie gilt als erste Untersuchung der griech. Quellen dieser Schrift. Zusammen mit der Edition des Livius [5] (mit seinem Schüler Johan Louis Ussing), die M. auf der Grundlage seiner wegweisenden Vorarbeiten [4] erstellte, bildet sie sein Hauptwerk.

M. verfasste eine über Jahrzehnte als Standardwerk im Schulunterricht benutzte und in fünf Sprachen übersetzte Grammatik des Lat. [2], eine ebenso einflussreiche Syntax des Griech. [3] sowie sprachtheoretische Schriften [8]. Die *Adversaria critica* [6] beinhalten eine grundlegende Methodik der Konjekturalkritik sowie v. a. eine Vielzahl von textkritischen Beiträgen, deren Richtigkeit oft durch spätere Forschungen bestätigt wurde. Insbes. M.s Konjekturen zu lat. Dichtern und griech. Autoren wurden dagegen von Zeitgenossen wie Karl ↗Lehrs und Friedrich Wilhelm ↗Ritschl scharf angegriffen. Erblindet schrieb M. im Alter ein Werk über den röm. Staat [7] (mit Kritik an Theodor ↗Mommsen) sowie seine Lebenserinnerungen. Schüler M.s waren u. a. Anders Björn Drachmann, Martin Clarentius Gertz und Johan Ludvig ↗Heiberg.

M: Livserindringer, 1887.

SV: E. Spang-Hanssen: Johan Nicolai Madvig – Bibliografi, 1966.

Schriften

[1] M. Tullii Ciceronis de finibus bonorum et malorum libri quinque (Edition mit Komm.), 1839 [2] Latinsk sproglaere til skolebrug, 1841 (dt.: Lat. Sprachlehre für Schulen, 1843 u.ö.) [3] Syntax der griech. Sprache, besonders der attischen Sprachform, für Schulen, 1847 (zuerst dän. 1846) [4] Emendationes Livianae, 1860 (2., erw. Aufl. 1877) [5] Titi Livii Historiarum Romanarum libri qui supersunt, 3 Bde. (Edition, mit J. L. Ussing), 1861–1866 (Ndr. 1967) [6] Adversaria critica ad scriptores Graecos et Latinos, 3 Bde., 1871–1884 [7] Die Verfassung und Verwaltung des röm. Staates, 2 Bde., 1881–1882 [8] Sprachtheoretische Abhandlungen, hrsg. von K. F. Johansen, 1971.

Sekundärliteratur

[9] P. J. Jensen, Johan Nicolai Madvig. Avec une esquisse de l'histoire de la philologie classique au Danemark (übers. von A. Nicolet), 1981.

Ralph Lather

Maffei, Francesco Scipione

Ital. Dichter, Historiker und Epigraphiker. Geb. am 1. 6. 1675 in Verona, gest. am 11. 2. 1755 ebda. Ab 1698 Ausbildung am Jesuitenkolleg in Parma; 1718–1720 Provveditore del Comune (Verwaltungsbeamter) in Verona. 1732–1736 Reisen durch Europa zur Aufnahme antiker Inschriften; danach in Verona.

Werdegang und Werk

M. war das jüngste von acht Kindern des Marchese Gianfrancesco M. und – wie sein Bruder Alessandro – wohl für die Militärlaufbahn bestimmt. 1698 reiste er nach Rom, wo er in die *Accademia degli Arcadi* aufgenommen wurde und erste Dichtungen schuf. 1704 nahm er in der Schlacht von Donauwörth auf bayer. Seite am span. Erbfolgekrieg teil. Nach Verona zurückgekehrt, widmete er sich dem Studium von Literatur und Philosophie; hier knüpfte er Verbindungen mit Ludovico Antonio ↗Muratori. 1710 rief er mit Apostolo Zeno und Antonio Vallisnieri die lit. Zeitschrift *Il Giornale de' letterati d'Italia* ins Leben. 1710–1712 veröffentlichte er seine ersten histor.-polit. Werke [1]; [2]. 1712 wurde auf seine Initiative der Kernbestand der ant. Mss. der Veroneser Kapitularbibl. aufgefunden.

Europaweiten Erfolg hatte M.s Tragödie *Merope* [3]. 1716 stellte er in seiner an König Vittorio Amedeo II. gerichteten Schrift *Parere sul migliore ordinamento dell'Università di Torino* seine Ideen zur Reformen der Turiner Univ. dar. Er beschäftigte sich mit der Errichtung eines öffentlichen Museums insbes. für Epigraphik; 1716 war das Projekt für ein *Museo Lapidario* in Verona erstellt. In der *Notizia di un nuovo Museo Verona* veröffentlichte er 1720 seine museologischen Kriterien [4]. 1727 wurde eine erste Version der Ausstellung vorbereitet, 1745 das nach M. benannte *Museo Maffeiano* eröffnet.

1720–1726 arbeitete M. an dem epigr. Werk [19]. In Florenz veröffentlichte er die *Complexiones* Cassiodors [5] aus dem Bestand der Kapitularbibl. Veronas. Auf Einladung des Königs gründete er in Turin das *Museum Taurinense*, das sofort weite Resonanz erfuhr. Zurück in Verona, beschäftigte er sich mit Paläographie und Epigraphik [7]. 1728 erschien in Venedig *Le cerimonie* [8], 1732 die Geschichte seiner Heimatstadt [10].

1732–1736 reiste M. durch Europa, um Inschriften zu sammeln. Über Piemont, Genf, Lyon, Avignon und Arles kam er nach Nîmes, wo er den jungen Archäologen Jean-François Séguier kennenlernte, der 20 Jahre lang als sein Mitarbeiter und Sekretär wirken sollte. In Südfrankreich kopierte M. über 5 000 Inschriften. Während seines über dreijährigen Parisaufenthaltes wurde er in Versailles empfangen, traf u. a. ↗Montesquieu und Voltaire und wurde Ehrenmitglied der Académie des belles-lettres. Nach der Veröffentlichung von Inschriften aus der Provence [11] verfasste er ein Werk in Auseinandersetzung mit dem Jansenismus [13]. 1736 reiste M. nach London, Cambridge und Oxford, wo er das Ehrendoktorat erhielt [27. 144]; [30. 165]. Über Holland, Belgien, Köln und Wien erreichte er Venedig; Ende 1736 traf er wieder in Verona ein. Dort verfasste er ein polit. Werk über die ideale Regierungsform [20]. Im selben Jahr gab er die Memoiren seines Bruders Alessandro heraus und gründete eine neue lit. Zeitschrift [12].

1744 diskutierte M. das katholische Zinsverbot [14], wofür er von der Inquisition verfolgt wurde. 1746 arbeitete er an einer Sammlung von griech. epigr. Abkürzungen [15]. 1747 schrieb er für den Karneval in Venedig eine neue Komödie [16]. Weiterhin kümmerte er sich um sein Museum;1749 erschien das Handbuch *Museum Veronense* [17]. In den Jahren bis zu seinem Tod gab er sein poetisches und theatralisches Werk heraus und befasste sich auch theoretisch mit dem Theater [18].

Wirkung und Würdigung

M.s Werk ist nur z. T. veröffentlicht; die meisten Mss. befinden sich in der Kapitularbibl. in Verona. Seine vielseitigen Interessen ließen ihn zahlreiche Projekte beginnen; viele wurden nicht vollendet. Sein enzyklopädisches Wissen umfasste Geschichte, Philosophie, Archäologie, Philologie, Paläographie, Epigraphik, Numismatik, Theologie, Ökonomie, Naturwiss. und Politik. Seine intellektuelle Entwicklung wird an seinem Briefwechsel mit zahlreichen Persönlichkeiten der europ. Kultur erkennbar [21].

In M.s Gesamtwerk scheinen die Interessen für die histor.-antiqu. Forschung zu dominieren. Nach der Wiederauffindung der Codd. der Veronenser Kapitularbibl. gelangen ihm bei deren Studium bis heute gültige Erkenntnisse: Während Jean ↗Mabillon und die meisten Gelehrten damals die Existenz von ›Nationalschriften‹ vertraten, bewies M., dass sich allein die röm. Schrift in den verschiedenen Ländern differenziert und weiterentwickelt hatte. Unvollendet blieb sein Gesamtkatalog aller bestehenden Veronenser Mss. (*Bibliotheca Veronensis manuscripta*). Zwischen 1710 und 1720 entstanden seine bedeutenden Werke: Die *Istoria diplomatica* [7] sollte als Einführung in die kritische Urkundenkunde dienen; in deren Appendix (*Ragionamento sugli Itali primitivi*) befasste sich M. zum ersten Mal mit den Etruskern und deren Ursprung. In seinem Anspruch, Begründer der Etruskologie zu sein, konkurrierte er mit Antonio Francesco ↗Gori. Die *Verona illustrata* [10] mit der systematischen Erläuterung von Stadt und Region war vielleicht sein zu seiner Zeit berühmtestes Werk.

Mit der *Ars critica lapidaria* [19] (postum erschienen) wollte M. die Epigraphik auf eine wiss. und didaktische Basis stellen. Die Klassifizierung war der erste Schritt seiner Methodologie und sollte den Unterschied zwischen echten und gefälschten Inschriften aufzeigen. Seinen Plan für ein Corpus aller griech.-röm. Inschriften Europas veröffentlichte er als Prospekt [9], der die Entwicklung der Epigraphik als selbständige Wiss. darstellt. Die *Galliae antiquitates* [11] haben nach der damaligen lit. Mode die Form von Briefen, welche die von M. in Südfrankreich kopierten Inschriften veröffentlichen. Das *Museum Veronense* [17] ist nicht nur ein Handbuch der griech.-röm. Epigraphik, sondern auch offen für das MA und andere Kulturen.

Sehr wichtig sind auch M.s Arbeiten als Museologe. Das *Museo lapidario Maffeiano* war das erste als öffentliches Institut nach wiss. Kriterien konzipierte Museum. Dafür sammelte M. in ganz Italien Inschriften und Reliefs, darunter auch viele griech. und etrusk. Denkmäler.

In der Kultur der ersten Hälfte des 18. Jh.s spielte M. eine wichtige Rolle: Seine Tragödie *Merope* [3] war ein Wendepunkt in der Geschichte des ital. und europ. Theaters. In der histor. und antiqu. Forschung begründete er in vieler Hinsicht die Entwicklung der mod. Disziplinen. Er öffnete die ital. Altertumsforschung für das Studium des Altgriechischen [26]. Mit einer neuen Ordnung der Schriftarten legte er die Basis der mod. Paläographie. Wichtig ist auch M.s Beitrag zur Epigraphik als einer systematischen Wiss. Das *Museo lapidario Maffeiano* galt schon bald als Vorbild für neue Museen. Das Konzept dafür enthält die Grundbegriffe der mod. Museologie – wiss. Einordnung der Materialien, Schutz und Erhaltung des Kulturguts und pädagogische Funktion.

Schriften

[1] Della scienza chiamata cavalleresca, Rom 1710 [2] De fabula equestris ordinis Constantiniani epistola, Zürich 1712 [3] Merope. Tragedia, Venedig 1714 [4] Traduttori italiani o sia notizia de' volgarizzamenti d'antichi scrittori latini e greci ..., Venedig 1720 [5] Cassiodori Senatoris Complexiones in Epistolas et Acta Apostolorum et Apocalypsin e vetustissimis Canonicorum Veronensium membranis nunc primum erutae, Florenz 1721 [6] Teatro italiano o sia scelta di tragedie per uso della scena, 3 Bde., Verona 1723–1725 [7] Istoria diplomatica che serve d' introduzione all'arte critica in tal materia, Mantua 1727 [8] Le cerimonie. Commedia, Venedig 1728 [9] Prospectus universalis collectionis Latinarum veterum, ac Graecarum, ethnicarum, et Christianarum inscriptionum ..., Verona 1732 [10] Verona illustrata, 4 Bde., Verona 1732 [11] Galliae antiquitates quaedam selectae atque in plures epistolas distributae, Paris 1733 [12] (Hrsg.), Osservazioni letterarie che possono servir di continuazione al Giornale dei Letterati d'Italia, 6 Bde., Verona 1737–1740 [13] Istoria teologica delle dottrine e delle opinioni corse ne' cinque primi secoli della Chiesa in proposito della Divina Grazia del libero arbitrio e della predestinazione, Trient 1742 [14] Dell'impiego del denaro, Verona 1744 [15] Graecorum siglae lapidariae collectae atque explicatae, Verona 1746 [16] Il Raguet. Commedia, Venedig 1747 [17] Museum Veronense, hoc est antiquarum inscriptionum atque anaglyphorum collectio, Verona 1749 [18] Dei teatri antichi e moderni, Verona 1753 [19] Ars critica lapidaria, Verona 1765 [20] Consiglio politico finora inedito presentato al Governo Veneto nell'anno 1736, Venedig 1797 [21] Epistolario (1700–1755), 2 Bde., hrsg. von C. Garibotto, 1955.

Sekundärliteratur

[22] D. Federico, Studi Maffeiani. Con una monografia sulle origini del liceo ginnasio S. Maffei di Verona, per il primo centenario dell'istituto, 1909 [23] G. Gasperoni, Scipione Maffei e Verona settecentesca, 1955 [24] G. P. Marchi, Un italiano in Europa. Scipione Maffei tra passione antiquaria e impegno civile, 1992 [25] D. Modonesi (Hrsg.), Nuovi studi Maffeiani (Atti del Convegno Scipione Maffei e il Museo Maffeiano, Verona 1983), 1985 [26] A. Momigliano, Gli studi classici di Scipione Maffei, in: Momigliano Contr. 255–271 [27] I. Pindemonte, Elogi di letterati italiani, 1829, 1–338 [28] G. P. Romagnani (Hrsg.), Scipione Maffei nell'Europa del Settecento (Atti del Convegno, Verona 1996), 1998 [29] G. P. Romagnani, Art. Maffei, Scipione, in: DBI 67, 2007, 256–263 [30] G. Silvestri, Un europeo del settecento. Scipione Maffei, 1954.

Anna Maria Pastorino

Maffei, Paolo Alessandro

Ital. Antiquar und Schriftsteller. Geb. am 11. 1. 1653 in Volterra, gest. am 26. 7. 1716 in Rom. Über seine Ausbildung ist nichts bekannt. In Rom Ehrenmitglied der Päpstlichen Garde.

Werdegang und Werk

M. war der Sohn von Paolo und Giovanna di Raffaele Maffei, einer adligen Familie aus Volterra; einer seiner Vorfahren war der Humanist Raffaele Maffei. Seine Familie schickte M. nach Rom. Dort wurde er Ehrenmitglied der Päpstlichen Garde; zuvor war er bereits zum Ritter des St.-Stephan-Ordens geschlagen worden. M. beschäftigte sich mit antiqu. Studien und korrespondierte mit vielen europ. Gelehrten, darunter Gottfried Wilhelm Leibniz.

Bereits 1700 hatte Domenico de Rossi unter dem Namen Paolo Antoniano Anmerkungen M.s zu den Satiren des Quintus Settanus (Pseudonym Lodovico Sergardis) publiziert [1]. M. benutzte den Namen, um an seinen Vorfahren Raffaele Maffei zu erinnern, der sich ebenfalls so nannte [5. 13 f.]. 1704 erschien M.s erstes Werk, ein Katalog von ant. und mod. Statuen [2]. De Rossi fertigte die Kupferstiche, M. schrieb die Kommentare. Darin waren auf 163 Tafeln neben einigen wenigen mod. die bekanntesten und berühmtesten ant. Statuen Roms abgebildet, nach Aufstellungsorten und Sammlungen geordnet. M. beschrieb die Statuen mit Angaben zu Material, Bildhauer, Fundort und -umständen. Er zitierte Belege aus ant. Schriftstellern, nannte aber auch zeitgenössische Gelehrte, wenn sie sich zu der betreffenden Plastik geäußert hatten. Angaben zur Größe, fehlenden Teilen und Ergänzungen der Statuen sind nicht enthalten, Letztere wurden auch in De Rossis sehr qualitätvollen Kupferstichen nicht kenntlich gemacht. M.s Benennungen der Werke waren von unterschiedlicher Qualität: Einerseits ließ er sich von moralischen Ansichten leiten und seine Gelehrsamkeit verstellte ihm manchmal den Blick; andererseits gelangen ihm aber schon durch die Einbeziehung des Fundorts gesicherte Bezeichnungen [4]. Griech. von röm. Werken vermochte er noch nicht zu unterscheiden, die Stilanalyse als Kriterium der Künstlerzuweisung und der Datierung waren noch nicht erkannt. 1742 gab es eine zweite Auflage, herausgegeben von Antonio de Rossi.

1707 erschien der erste Teil der *Gemme antiche figurate* [3], den M. ebenfalls mit de Rossi herausgab: Band 1 enthält Porträtgemmen, Band 2 Gemmenbilder zu Religion und Mythologie, Band 3 weitere Mythologie- und Religionsdarstellungen, Band 4 Gemmen unterschiedlichen Inhalts. Es handelt sich dabei um eine stark erweiterte und überarbeitete Auflage des wichtigsten Gemmenwerks des 17. Jh.s von Leonardo ↗Agostini und Giovanni Pietro ↗Bellori, vermehrt um die ältesten Kupferstiche von Gemmen, die Enea Vico zugeschrieben werden, und Stücken der Sammlung von Thomas Howard, Earl of Arundel, die Petrus Stephanus unter dem Titel *Gemmae antiquitus sculptae etc.* 1627 veröffentlicht hatte. M. ergänzte die von Agostini und Bellori verfassten Texte und erläuterte die bisher nicht beschriebenen Tafeln. Auf jeder Tafel war ein Stück in einheitlicher

Größe abgebildet, jeweils mit Angabe von Thema und Steinart, gelegentlich auch des Besitzers.

Wirkung

M.s Bedeutung für die arch. Forschung liegt darin, dass sein Werk zur statuarischen Plastik lange die einzige Monographie zu diesem Thema war; die Studie Joachim von ↗Sandrarts (1680) ist weniger umfangreich. Der Grund liegt darin, dass bereits im 16. und frühen 17. Jh. eine Kodifizierung des Statuenbestands vorgenommen wurde, der die ästhetischen Normen setzte und kaum breiter ergänzt wurde. Der Statuenbestand hatte seit dem Erscheinen von François Perriers *Segmenta nobilium signorum et statuarum quae temporis dentem invidium evasere urbis aeternae ruinis erepta typis aeneis* (1638) durch Neufunde lediglich um wenige Stücke von höchster Qualität zugenommen, sodass dieser nun als gefestigt und damit für fast ein Jahrhundert als kanonisch gelten konnte. Neue Kompendien dienten eher wiss. Aufgaben, trafen aber aufgrund der starken Ergänzungen der Skulpturen und fehlender Attribute nicht das Interesse der Gelehrten. M.s Gemmenwerk genoss damals unter diesen gleichfalls hohes Renommee, wie die Zitate im Werk des berühmtesten Gemmenforschers, Baron Philipp von ↗Stosch, belegen. Die Bekanntheit des Statuenwerkes erreichte es nicht, denn die Gemmenforschung hatte noch nicht die Anerkennung erlangt, die sie im Verlauf des 18. und 19. Jh.s erreichen sollte.

Schriften

[1] Satyrae numero auctae, mendis purgatae et singulae locupletiores, Rom 1700 [2] Raccolta di statue antiche e moderne data in luce … da Domenico de Rossi, illustrata colle sposizioni a ciascheduna immagine di Paolo Alessandro Maffei, Rom 1704 [3] Gemme antiche figurate date in luce da Domenico de Rossi colle sposizioni di Paolo Alessandro Maffei …, 4 Bde., Rom 1707–1709.

Sekundärliteratur

[4] F. Haskell / N. Penny, Taste and the Antique. The Lure of Classical Sculpture 1500–1900, ⁴1994
[5] A. Lombardi, Storia della letteratura italiana, Bd. 6, 1832
[6] P. Paschini, Una famiglia di curiali. I Maffei di Volterra, in: Rivista di storia della Chiesa in Italia 7, 1953, 336–376
[7] Zazoff GG 38–40.

Volker Heenes

Mai, Angelo

Ital. Klass. Philologe und Kardinal. Geb. am 7.3.1782 in Schilpario bei Bergamo, gest. am 8.9.1854 in Albano. Ab 1796 Priesterseminar in Bergamo; 1799 Eintritt in den Jesuitenorden; Studium u.a. in Parma, ab 1806 am Collegio Romano in Rom und in Orvieto; 1806 Priesterweihe; 1810 Examen. 1811–1819 Schreiber der Bibl. Ambrosiana in Mailand; 1813 Kustos; nach seinem Austritt aus dem Orden 1819 Präfekt der Vatikanischen Bibl. in Rom. 1833 Sekretär der *Congregatio de propaganda fide*; 1838 Kardinal.

Werdegang und Werk

Nach der Elementarbildung im Heimatdorf und im nahen Clusone besuchte M. ab 1796 das Priesterseminar in Bergamo. Nach dessen Schließung infolge der Napoleonischen Kriege schloss er sich 1799 einer Gemeinschaft von Jesuiten in Colorno an. Hier und im benachbarten Parma studierte er u.a. Hebr. bei Giovanni Bernardo ↗De Rossi; daneben erteilte er auch Unterricht. Auf dem Rückzug vor den Franzosen ging er, wieder als Student und Lehrer, 1804 nach Neapel und 1806 an das Collegio Romano in Rom. Noch im selben Jahr wechselte er nach Orvieto und erhielt die Priesterweihe; von dem span. Jesuiten Rocco Menchaca wurde er dort wohl im Entziffern von Palimpsesten mit Hilfe von Chemikalien unterwiesen. 1810 legte M. in Rom das Examen in Theologie und Philosophie ab und wandte sich dann nach Mailand, wo er zum Schreiber der Bibl. Ambrosiana für oriental. Sprachen ernannt wurde.

Hier entfaltete er eine einzigartige Hss.-Entdecker- und Herausgebertätigkeit. Besonderes Aufsehen erregte seine Auffindung und 1915 Edition eines Palimpsests mit Briefen von und an Fronto. Weitere Erstausgaben waren: Fragmente von und Scholien zu Cicero-Reden, darunter die bis dahin unbekannten *Pro Scauro* und *Pro Tullio* (1814, ²1817); die Reden des Symmachus; die einzige ant. Plautus-Hs. mit Teilen der ansonsten verlorenen Komödie *Vidularia*; die zuvor nicht vollständig bekannte erste Rede des Isaios (alle 1815); die 34. Rede des Themistios; Fragmente aus der verlorenen zweiten Dekade des Dionysios von Halikarnassos; Porphyrios' Schrift *Ad Marcellam* (alle 1816); das 14. Buch der Sibyllinischen Orakel; das *Itinerarium Alexandri* und der Alexanderroman des Iulius Valerius (alle 1817); ein Teil von Philons *De specialibus legibus* zusammen mit den Veroneser Scholien zu Vergil; die armenische Fassung der Chronik des Eusebios (zusammen mit Johannes Zohrab; alle 1818); und die sog. *Ilias picta* zusammen mit Scholien zur *Odyssee* (1819). Die Herausgabe von Wulfilas gotischer Bibelübersetzung überließ M. bis auf einen Auszug (1819) dem Philologen Graf Carlo Ottavio Castiglione.

1818 wurde M. die Stelle des Präfekten der Vatikanischen Bibl. angeboten, die er Anfang November 1819 antrat. Wie in Mailand fand er hier zahlreiche Mss. u.a. aus dem ehemaligen Kloster Bobbio vor und machte weitere Entdeckungen. So stieß er auf den zweiten Teil des Palimpsests mit den Briefen

Frontos (gedr. 1823 und 1846), den Reden des Symmachus (gedr. 1825) und den *Scholia Bobiensia* zu Reden Ciceros. Eine Sensation war die Auffindung (1819) und Edition (1822) großer Teile von Ciceros bis dahin verloren geglaubter Staatsschrift *De re publica*. Weiterhin gab er einen Katalog der Papyri der Vatikanischen Bibl. heraus (1825). Auch nach seiner Ernennung zum Sekretär der *Congregatio de propaganda fide* 1833 und zum Kardinal 1838 setzte M. seine Editionstätigkeit fort. Die Ergebnisse liegen in vier großen Reihen vor: in der *Scriptorum veterum nova collectio* [1], den *Classici auctores* [2], dem *Spicilegium Romanum* [3] und der *Nova patrum bibliotheca* [4], deren letzte drei Bände nach M.s Tod von Giuseppe Cozza-Luzi fertiggestellt wurden.

Wirkung

Bei den meisten seiner Zeitgenossen genoss M. aufgrund seiner Entdeckungen höchstes Ansehen; eine Vielzahl von Akademien ernannte ihn zum Mitglied. Giacomo ↗Leopardi pries den *scopritor famoso* 1820 im *Canto ad Angelo Mai quand'ebbe trovato i libri di Cicerone della Repubblica* sogar als Wegbereiter einer neuen Größe Italiens. Heute wird M.s Bedeutung meist kritischer gesehen [11]. Seine Ausgaben waren nicht selten von Flüchtigkeit geprägt und genügten auch damaligen philol. Ansprüchen nur teilweise; im Griech. hatte er deutliche Defizite. Durch die zur Lektüre von Palimpsesten eingesetzte Gallustinte wurde die Schrift für spätere Benutzer oft nahezu unleserlich. Andererseits hat er mit unermüdlichem Arbeitseifer eine Vielzahl antiker lit. Werke aufgefunden und der Öffentlichkeit zugänglich gemacht.

SV: [9].

Schriften

[1] Scriptorum veterum nova collectio e Vaticanis codicibus (Edition), 10 Bde., 1825–1838 [2] Classici auctores e Vaticanis codicibus editi (Edition), 10 Bde., 1828–1838
[3] Spicilegium Romanum (Edition), 10 Bde., 1839–1844
[4] Nova patrum bibliotheca (Edition), 10 Bde., 1844–1905
[5] Epistolario, Bd. 1, hrsg. von G. Gervasoni, 1954.

Sekundärliteratur

[6] A. Carrannante, Art. Mai, Angelo, in: DBI 67, 2006, 517–520 [7] L. Cortesi / J. Ruysschaert, Contributi alla storia del Giovane Mai, in: Bergomum. Bollettino della Civica Biblioteca Angelo Mai di Bergamo. Studi di storia, arte e letteratura 77.1/2, 1983 (mit Briefeditionsteil)
[8] G. Gervasoni, Angelo Mai, 1954 [9] L. Polgár, Bibliographie sur l'histoire de la Compagnie de Jésus, 1901–1980, Bd. 3, 1990, 469–473 [10] D. Rota (Hrsg.), Angelo Mai e la cultura del primo Ottocento, 1985
[11] S. Timpanaro, Aspetti e figure della cultura ottocentesca, 1980, 225–271.

Thomas Gerhardt

Manutius, Aldus

Manuzio, Aldo Pio (lat. Pius); ital. Humanist und Buchdrucker. Geb. um 1450/52 in Bassiano (nahe Rom), gest. am 6.2.1515 in Venedig. 1467–1475 Studium in Rom, danach in Ferrara. 1480–ca.1490 Hauslehrer und Hofbibliothekar in Carpi. Ab 1490 in Venedig tätig, ab 1495 als Drucker.

Werdegang

Über M.' Herkunft und Bildungsgang ist nur das Wenige bekannt, was er selbst in seinen Vorreden mitteilt. Bis zum Alter von etwa 40 Jahren trat er als Humanist und Lehrer in Erscheinung; seine Karriere als Buchdrucker begann erst im letzten Lebensdrittel. 1467–1475 studierte M. bei Domizio ↗Calderini und Gaspare da Verona in Rom; Kontakt zu den dort tätigen dt. Erstdruckern Konrad Sweynheym und Arnold Pannartz ist denkbar, aber nicht belegt. Nach 1475 studierte er in Ferrara bei dem Humanisten und Bildungstheoretiker Battista Guarino. Ab 1480 wirkte er für etwa ein Jahrzehnt als Hauslehrer und Bibliothekar am Hof des Alberto Pio von Carpi. Zu seinen Freunden und Schülern gehörten Giovanni ↗Pico della Mirandola, Angelo ↗Poliziano und Ercole Strozzi.

Gründe für den Wechsel nach Venedig und die Entscheidung für den Buchdruck hat M. nie genannt. Briefe zeigen ihn 1490 in Venedig, 1491 im Umkreis Giorgio ↗Vallas und auf der Suche nach Handschriften; 1493 war er vermutlich als Lehrer tätig (Erstdruck seiner lat. Grammatik [2] bei seinem späteren Partner und Schwiegervater, Andrea Torresani). Ab ca. 1495 existierte ein Verbund, zu dem der venez. Patrizier Pierfrancesco Barbarigo und der Drucker Andrea Torresani das Geld, M. die humanistische Kompetenz beitrugen und aus dem zwischen 1495 und 1515 gut 130 Editionen v. a. griech., daneben aber auch lat. und volkssprachlicher Texte in einer Auflagenhöhe von bis zu 3 000 Exemplaren hervorgingen [6]. Als Herausgeber wirkten zahlreiche durch das lose Band der *Neacademia* (einer u. a. von M. begründeten Gelehrtengesellschaft) verbundene Humanisten mit (unter ihnen ↗Erasmus von Rotterdam). Für die Entwicklung der Druckschriften suchte M. die Zusammenarbeit mit Francesco Griffo, der für ihn neben der lat. Antiqua und Kursive auch eine Reihe von griech. Typen schnitt.

Werk und Wirkung

M. zählt zu den wichtigsten Druckern der Renaissance; die europaweite Verbreitung griech. Texte und humanistischer Druckschriften geht maßgeblich auf ihn zurück. Sein Sohn und sein Enkel führten die Trad. bis zum Ende des 16. Jh.s weiter [7]. Auch als humanistischer Lehrer und Bildungstheoretiker war M. von großer Bedeutung [4]: Ein erster Entwurf, der die Rolle der griech. Sprache für die Erziehung betont und für den gleichzeitigen Unterricht im Lat. und Griech. votiert, findet sich in seinem Brief an Caterina Pio, die Mutter seiner Zöglinge in Carpi (vor 1490 [1]). Seine Lehrbücher der lat. (1493) [2] und griech. [3] (1515) Sprache wurden auch jenseits der Alpen gedruckt und verwendet. 1495 beschrieb M. (in Konstantinos ↗Laskaris' *Erōtēmata*) den Druck griechischer Texte als Versuch, das Humane in einer Welt drohender Kriegsgefahr zu bewahren (die sog. Ital. Kriege hatten 1494 mit dem Einmarsch der Truppen Karls VIII. von Frankreich begonnen). Unterstützt u.a. von Johannes ↗Reuchlin und Johannes Cuno unternahm M. zwischen 1499 und 1505 mehrere Versuche, die *Neacademia* als humanistisches Bildungsprojekt im Umfeld Kaiser Maximilians I. zu institutionalisieren, scheiterte jedoch [5. 180–216].

Neben ökonomisch riskanten Unternehmungen, die nur mithilfe potenter Mäzene zu bewerkstelligen waren (z.B. der Aristoteles-Ausgabe in 5 Folio-Bänden), produzierte M. zahlreiche Lehrbücher und Lexika; auch die ›Aldinen‹, kleinformatige Textausgaben v.a. griech. und röm. Klassiker, zielten auf ein weniger kaufkräftiges Publikum. Das Kleinformat, die charakteristische Kursive und die stringente Verwendung der Interpunktion machten sie zum Vorbild aller späteren Leseausgaben. Eine Sonderstellung in M.' Produktion nimmt die *Hypnerotomachia Poliphilii* (1499) ein, einer der berühmtesten ital. Wiegendrucke: M.' Zurückhaltung in Bezug auf sein typographisch aufwendigstes, reich mit Umrissholzschnitten illustriertes Druckwerk (dessen Autorschaft umstritten ist) [8] steht in deutlichem Gegensatz zu der großen ästhetischen Wirkung des Buches, das bes. nach der zweiten Auflage (1545) und v.a. in seiner Darstellung ägyptischer Motive (u.a. des Elefanten mit dem Obelisken) berühmt wurde; gerade auch die mit ›Übersetzungen‹ versehenen Hieroglyphen, die dazu einluden, jedes Bild als Hieroglyphe zu lesen, begründeten eine Art ›Hieroglyphenmode‹, die europaweit und über den Buchdruck hinaus wirkte.

Schriften

[1] Musarum panegyris, Venedig um 1490
[2] Institutiones grammaticae Latinae, Venedig 1493
[3] Grammaticae institutiones Graecae, Venedig 1515.

Sekundärliteratur

[4] P.F. Grendler, Aldus Manutius. Humanist, Teacher and Printer, 1984 [5] M. Lowry, The World of Aldus Manutius. Business and Scholarship in Renaissance Venice, 1979 [6] E. Pastorello, L'epistolario Manuziano, 1957 [7] A.-A. Renouard, Annales de l'imprimerie des Alde, ou, Histoire des trois Manuce et de leurs éditions, 1825 (Ndr. 1953) [8] M. Sicherl, Griechische Erstausgaben des Aldus Manutius. Druckvorlagen, Stellenwert, kultureller Hintergrund, 1997 [9] A. Wolkenhauer, Zu schwer für Apoll. Die Antike in humanistischen Druckerzeichen des 16. Jh.s, 2002 (34–52 zu Aldus' Selbstdarstellung als Drucker).

Anja Wolkenhauer

Marchesi, Concetto

Ital. Klass. Philologe, Politiker und Schriftsteller. Geb. am 1.2.1878 in Catania, gest. am 12.2.1957 in Rom. Ab 1895 Studium der Lettere in Catania; 1899 Abschluss (Laurea) in Florenz, danach Gymnasiallehrer in Pisa [10]. 1915–1923 Prof. für lat. Literatur an der Univ. Messina. 1921 Beitritt zur ital. Kommunistischen Partei. 1923 zweiter Univ.-Abschluss in Jura; 1923 Berufung an die Univ. Padua; 1928 Mitglied der Accad. dei Lincei. 1931 Eid auf den Faschismus; 1943 Teilnahme an den Aktivitäten der antifaschistischen Parteien; im September 1943 Ernennung zum Rektor der Univ. Padua. Baldiger Rücktritt, Flucht und Aufruf zum Widerstand; 1944 aktiver Kampf gegen den Faschismus; 1945 bis zum Tod polit. Aktivitäten; 1951 Wahl ins ital. Parlament.

Werk und Wirkung

Größten Einfluss auf M. hatte Remigio Sabbadini, dessen *Aeneis*-Kommentar (1950–1955) er bearbeitete. M. begann mit Studien zur spätma. und humanistische Überlieferung der ant. Texte [1]; [2], zeigte jedoch wenig Interesse an der Textgeschichte. Er erreichte herausragende Ergebnisse in der histor. und inhaltlichen Interpretation, in Kommentaren (z.B. zu Cicero, Seneca, Apuleius, Prudentius), in Monographien (zu Martial, Petronius, Juvenal, Seneca, Phaedrus und der lat. Fabel, Tacitus) und v.a. in seinem Hauptwerk, der lat. Literaturgeschichte [6], die in der Größe von Entwurf und Zielsetzung mit Francesco de Sanctis' Geschichte der ital. Literatur vergleichbar ist. Ihr wichtigster Beitrag ist die Aufwertung der Literatur des 1. und 2. Jh.s n.Chr. M. stand in der Tradition der sog. romantischen Kritik, die sich, wiewohl in der Geschichte verankert, am Einzelautor ausrichtete und sich mehr für den Menschen (*homo*) als für den Bürger (*civis*) interessierte, d.h. von M. als polemische Antwort auf die faschistische Rhetorik der *Romanitas* verstanden wurde. Aufgrund seiner polit. Überzeugungen war M. bes. sensibel bei sozialen Themen der Klassenungleichheit (daher sein Augenmerk auf die lat. Fabel [5]). Zugleich war M. Dichter und Schriftsteller [4]; [10].

SV: [12].

Schriften

[1] L'Etica nicomachea nella tradizione latina medievale, 1904 [2] Paolo Manuzio e talune polemiche sullo stile e sulla lingua nel Cinquecento, 1905 [3] La libertà stoica romana in un poeta satirico del 1 secolo. A Persio Flacco, 1906 [4] Il libro di Tersite, 1920 (u.ö.) [5] Fedro e la favola latina, 1921 [6] Storia della letteratura latina, 2 Bde., 1925–1927 (u.ö., zuletzt 1989) [7] La persona umana nel comunismo, 1946.

Sekundärliteratur

[8] L. Canfora, Concetto Marchesi, in: C. Marchesi, Il libro di Tersite, 1993, 189–212 [9] L. Canfora, La sentenza. Concetto Marchesi e Giovanni Gentile, ²2005
[10] L. Canfora, Art. Marchesi, Concetto, in: DBI 69, 2007, 587 (591) [11] A. La Penna, Concetto Marchesi. La critica letteraria come scoperta dell'uomo, 1980 [12] M. Steri, Bibliographia marchesiana. Catalogo degli scritti di e su Concetto Marchesi posseduti dall'ACM di Cardano a Campo, 2006 [13] P. Treves, Ritratto critico di Concetto Marchesi. Nel decennale della sua morte, 1968.

Sotera Fornaro (Ü: R. L. P.)

Mariette, Auguste

Franz. Ägyptologe. Geb. am 11. 2. 1821 in Boulogne-sur-Mer als Auguste Ferdinand François M., gest. am 18. 1. 1881 in Bulaq (Kairo). Ab 1842 autodidaktische Studien zum Alten Ägypten; ab 1849 Beschäftigung im Louvre in Paris. 1851–1854 Entdeckung und Freilegung des Serapeums von Memphis; ab 1858 ausgedehnte Grabungstätigkeit in Ägypten; 1879 Pascha.

Werdegang und Leistungen

M. lebte in bescheidenen Verhältnissen, als seiner Familie 1842 der Nachlass Nestor L'Hôtes zufiel, der 1828–1829 als Zeichner an der Expedition Jean François ↗Champollions und Ippolito Rosellinis nach Ägypten teilgenommen hatte. Begeistert von diesem Material eignete sich M. autodidaktisch Kenntnisse über das Alte Ägypten an. 1849 ergab sich die Chance, wenn auch in bescheidenem Rahmen, für den Louvre zu arbeiten (zuvor war er als Lehrer tätig). 1850 nach Ägypten gesandt, um dort u. a. koptische Mss. zu erwerben, entdeckte er das Serapeum, die Begräbnisstätte der Apis-Stiere, bei Memphis, deren Freilegung ihn bis 1854 beschäftigte. Der Ruhm, der ihm aus dieser hochbedeutsamen Entdeckung zuwuchs, bestimmte sein weiteres Leben. 1858 ernannte ihn der Vizekönig Ägyptens, Said, zum Direktor der *Travaux d'antiquités en Égypte*. Dadurch wurde M. zum Begründer des *Service des antiquités de l'Égypte* (heute *Supreme Court of Antiquities*) sowie des 1863 eröffneten Ägypt. Museums in Bulaq (h. Ägypt. Museum in Kairo).

M. entfaltete eine ausgedehnte Grabungstätigkeit über ganz Ägypten hin, die, wenn auch nicht den späteren Standards eines Flinders ↗Petrie genügend (nicht zu reden von den heutigen), der wilden Schatzgräberei früherer Zeiten ein Ende setzte. M. publizierte Grabungsergebnisse und Museumsbestände, war aber mit den nahezu 1200 Inschriften aus seiner Serapeumsgrabung überfordert. Eine gewisse Entlastung brachte ihm die Zusammenarbeit mit Heinrich ↗Brugsch; eine systematische Veröffentlichung wenigstens des in den Louvre verbrachten Großteils der Inschriften ließ allerdings mehr als ein Jahrhundert auf sich warten [9] und ist immer noch nicht abgeschlossen. Nichts bringt M.s hohe Bedeutung für die ägypt. Alt.wiss. eindrücklicher zum Ausdruck als das im Vorhof des Ägypt. Museums in Kairo errichtete, am 17. 3. 1904 feierlich enthüllte Grabdenkmal mit dem Sarkophag und, auf hohem Sockel stehend, der Statue M.s.

Schriften

[1] Abydos. Description des fouilles exécutées sur l'emplacement de cette ville, Bd. 1: Ville antique. Temple de Séti; Bd. 2: Temple de Séti (Suppl.). Temple de Ramsès. Temple d'Osiris. Petit temple de l'ouest; Bd. 3: Catalogue général des monuments d'Abydos découverts pendant les fouilles de cette ville, 1869–1880 [2] Une visite au Musée de Boulaq ou description des principaux monuments conservés dans les salles de cet établissement, 1869 [3] Dendérah. Description générale du Grand Temple de cette ville, 6 Bde., 1870–1880 [4] Les papyrus égyptiens du Musée de Boulaq, 3 Bde. (Edition), 1870–1876 [5] Karnak. Étude topographique et archéologique avec un appendice comprenant les principaux textes hiéroglyphiques découverts ou recueillis pendant les fouilles exécutées à Karnak, 2 Bde., 1875.

Sekundärliteratur

[6] Art. Mariette, (Pasha) François Auguste Ferdinand, in: WWE, 275–277 [7] J.-P. Corteggiani, Mariette invente Aida, in: E. LeRoy Ladurie / J. Leclant (Hrsg.), Mémoires d'Égypte, 1990, 227–248 [8] É. David, Mariette Pacha 1821–1881, 1994 [9] J. Vercoutter, Les textes du Sérapeum, in: Textes et langages de l'Égypte pharaonique 2, 1972, 143–149.

Wolfgang Schenkel

Marinatos, Spyridon

Griech. Klass. Archäologe. Geb. am 17. 4. 1901 in Lixouri auf Kephallonia, gest. am 1. 10. 1974 in Akrotiri auf Thera. 1917–1921 Studium der Arch. in Athen; 1926 Prom. ebda.; Zweitstudium in Berlin und Halle. 1919–1939 Ephoros des Griech. Antikendienstes; 1939–1969 Prof. für Klass. Arch. in Athen; 1937–1940, 1955–1958 und 1967–1974 Generaldirektor des Griech. Antikendienstes. Ab 1955 Mitglied, 1971 Präsident der Akad. der Wiss. in Athen.

Werdegang und Werk

Bereits im dritten Jahr seines Studiums der Prähistor. und Klass. Archäologie an der Univ. Athen bestand M. 1919 als Bester die Prüfung für den Eintritt in den Griech. Antikendienst und arbeitete bis 1937 als dessen Ephoros zuerst in Athen und später auf Kreta. 1939 folgte er dem Ruf an die Univ. Athen und verfolgte für mehrere Jahrzehnte eine doppelte Karriere als akad. Lehrer und Archäologe im Griech. Antikendienst. Er starb in Akrotiri auf Thera während der Grabungskampagne von 1974 nach einem schweren Sturz.

Als Ephoros auf Kreta und später Direktor des Museums von Heraklion durchkämmte M. die Insel und leistete durch Grabungen [3] und Oberflächenbegehungen Enormes für die kretische Archäologie. 1939 veröffentlichte er seine provokative Theorie, dass die Palastkultur des min. Kreta durch die gewaltige Explosion des Vulkans von Thera zugrunde gegangen sei [4]. Durch seine spektakuläre Entdeckung und Ausgrabung der Siedlung von Akrotiri auf Thera (1967–1974) [6] sah er die histor. Plausibilität seiner These bestätigt. Gestützt auf seine profunden Kenntnisse antiker Schriftquellen und bewundernswertes enzyklopädisches Wissen, ging M. an wiss. Fragestellungen mit genialen, aber auch gewagten Ansätzen heran. Er veröffentlichte wenige Monographien [1]; [5]; [8], doch Hunderte von Aufsätzen zu seinen Grabungen und zu diversen Themen der Prähistor. und Klass. Archäologie, der Alten Geschichte, Altphilologie, Epigraphik und Mediävistik. Charismatisch und kompromisslos hat M. über vier Jahrzehnte neue Maßstäbe in Forschung und Lehre insbes. zur min. und myk. Kultur gesetzt.

Schriften

[1] Ο ἀρχαῖος Κρητικὸς πολιτισμός (Die archaische kretische Kultur), 1927 [2] La marine créto-mycénienne, in: Bulletin de Correspondance Hellénique 56, 1933, 170–235 [3] Το μινωικόν μέγαρον Σκλαβοκάμπου (Das minoische Megaron von Sklavokampos), in: Archaiologikē Ephēmerís, 1939–1941, 69–96 [4] The Volcanic Destruction of Minoan Crete, in: Antiquity 13, 1939, 425–439 [5] (Hrsg.) Kleidung, Haar- und Barttracht (Archaeologia Homerica, Bd. 1 A/B), 1967 [6] Excavations at Thera (1967–1973), 7 Bde., 1968–1976 [7] Das Schiffsfresko von Thera, in: D. Gray (Hrsg.), Seewesen. (Archaeologia Homerica, Bd. 1 G), 1974, 140–151 [8] Kreta, Thera und das mykenische Hellas, [3]1976 (Aufnahmen von M. Hirmer).

Sekundärliteratur

[9] W. Alzinger, Spyridon Marinatos, 17.04.1901–1.10.1974, in: Jahreshefte des Österreichischen Archäologischen Instituts in Wien 51, 1976–1977, 58–59 (Grabungen 1973/74) [10] F. Schachermeyr, Spyridon Marinatos, in: Almanach der Österreichischen Akad. der Wiss. 124, 1974, 493–513.

Diamantis Panagiotopoulos

Marouzeau, Jules

Franz. Latinist. Geb. am 20.3.1878 in Fleurat (Creuse), gest. am 27.9.1964 in Iteuil (Vienne). 1889–1896 Schulbesuch in Guéret und 1896–1899 in Paris; 1901–1907 Studium der Klass. Phil. in Paris, Prom. 1910 ebda. Ab 1914 Kriegseinsatz und Gefangenschaft. Ab 1920 Dozent an der Pariser École des hautes études; 1925–1948 Prof. an der Pariser Sorbonne, ab 1951 Honorarprof. ebda.

Werdegang, Werk und Wirkung

M. studierte bei den Linguisten Antoine Meillet und Louis Havel. Von Anfang an widmete er sich neben der Philologie auch der lat. Sprachwiss. sowie der Stilforschung; diese beiden Bereiche führte er im Laufe seiner langen Forschertätigkeit zu einer äußerst ertragreichen Synthese. Bereits seine Diss. beschäftigte sich mit einem linguistischen Problem, dem Gebrauch des Präsenspartizips im Latein der Republik [1]. Ein klar erkennbares Hauptgewicht im wiss. Werk M.s liegt in der Erforschung der lat. Wortstellung: Neben einer Reihe von kleineren Arbeiten untersuchte er bes. in [2] die Wortstellung des Nomens (Bd. 1), des Verbs (Bd. 2) und der übrigen Wortarten sowie das Satzganze (Bd. 3); anhand einer Fülle von Einzelbeobachtungen, die unterschiedliche Sprachstufen des Lat. berücksichtigen, arbeitete M. hier die Kennzeichen und Bedeutungsfacetten usueller und okkasioneller Wortstellung mit sicherem Blick heraus. Ein zweiter, unmittelbar benachbarter Forschungsschwerpunkt war die Entwicklung des Lat. als Literatursprache, zu der er zahlreiche Arbeiten verfasste und die wertvollsten Beiträge zu einem Sammelband vereinigte [9]. Eine Zusammenführung der beiden Gebiete unternahm M. schließlich in seinem *Traité de stylistique* [5] auf der Basis einer Stildefinition, die von einer vom jeweiligen Autor individuell getroffenen Auswahl aus mehreren zur Verfügung stehenden Sprachoptionen ausgeht. Die hier angewandte Methode machte M. mit mehreren Veröffentlichungen auch für die Stilistik des Französischen fruchtbar [7].

Als Herausgeber betätigte sich M. mit seiner Gesamtedition der Komödien des Terenz [8], deren nuancierte Übersetzung große Beachtung fand. Für das Interesse an der lat. Sprache warb er insbes. unter Schülern und Studienanfängern, auch in populärwiss. Publikationen [10]; [3].

Untrennbar verbunden mit M.s Namen ist die Begründung der *Année philologique*, des unentbehrlichen bibliographischen und analytischen Hilfsmittels für alle Bereiche der Alt.wiss., das frühere einschlägige Werke wie das von Wilhelm Engelmann und Rudolf Klussmann kontinuierlich weiterführt.

Den ersten Band gab M. 1928 heraus, wobei er parallel eine zweibändige Bibliographie erarbeitete, die die kriegsbedingten Lücken der Jahre 1914 bis 1924 schließen sollte [4]. Zur nachhaltigen Unterstützung der Redaktionstätigkeiten gründete er die *Société de bibliographie classique*, aus der die heute existierende *Société internationale de bibliographie classique* (SIBC) hervorging. Über Jahrzehnte fungierte M. als Herausgeber der *Année philologique*, ab 1931 wesentlich unter der Mitarbeit Juliette Ernsts, die nach seinem Tod 1964 seine Position übernahm. Auch neben dieser bedeutenden Leistung war er ein eminent wichtiger Wissenschaftsorganisator für die franz. und auch gesamteurop. Latinistik: 1923 gründete er die *Société des études latines*, die mit der Zeitschrift *Revue des études latines* und der Reihe *Collection des études latines* als Publikationsorgane höchstes internationales Ansehen erwarb.

Die große internationale Anerkennung seiner wiss. Leistung zeigt sich deutlich in den zahlreichen Ehrungen: 1940 wurde M. zum Mitglied des *Institut de France* (Académie des inscriptions et belles-lettres) gewählt; er war Mitglied zahlreicher Akad. und erhielt die Ehrendoktorwürde eine Reihe von Univ. (u.a. Freiburg, Genf, Lausanne und Rio de Janeiro). Politisch aktiv wurde M. vor und während der dt. Besatzung im Zweiten Weltkrieg. Als wichtiger Organisator der Pariser Résistance wurde er von der Gestapo verhaftet; die Intervention eines dt. Kollegen bewirkte kurze Zeit darauf seine Freilassung. Zu seinen Schülern zählten u.a. Nicolae I. Herescu und Jean Andrieu.

M: [6].

SV: [11.19–29].

Schriften

[1] L'emploi du participe présent latin à l'époque républicaine (Diss. Paris), 1910 [2] L'ordre des mots dans la phrase latine, 3 Bde, 1922–1949 (Ergänzungsbd. 1953: L'ordre des mots en Latin) [3] Le latin, dix causeries, 1923 [4] Dix années de bibliographie classique (1914–1924), 2 Bde., 1927–1928 [5] Traité de stylistique appliquée au latin, 1935 (^{3}1954: Traité de stylistique latine) [6] Une enfance, 1937 [7] Précis de stylistique française, 1940 [8] Térence, Comédies, 3 Bde. (Edition mit Übers.), 1942–1949 [9] Quelques aspects de la formation du latin littéraire, 1949 [10] Introduction au latin, 1954 (dt.: Einführung ins Latein, 1966; Das Latein. Gestalt und Geschichte einer Weltsprache, 1969).

Sekundärliteratur

[11] N. I. Herescu, Entretiens avec J. Marouzeau, 1962 [12] J. Perret, Jules Marouzeau, in: Gnomon 37, 1965, 103–105 [13] O. Skutsch, Recollections of Scholars I Have Known, in: Harvard Studies in Classical Philology 94, 1992, 387–408.

Ralph Lather/Annette Clamor

Marquardt, Karl Joachim

Dt. Althistoriker. Geb. am 19.4.1812 in Danzig, gest. am 30.11.1882 in Gotha. Nach Besuch des Danziger Gymnasiums seit 1830 Studium der Klass. Philologie, evang. Theologie, Philosophie und Germanistik in Berlin, 1831/32 in Leipzig. Ab 1834 Hilfslehrer am Friedrich-Wilhelm Gymnasium zu Berlin; ab 1836 Lehrer am Gymnasium in Danzig. Prom. 1840 in Königsberg; 1856 Leiter des Friedrich-Wilhelm-Gymnasiums in Posen; 1859 Leiter des Gymnasiums Ernestinum in Gotha. Seit 1862 wirkte M. zudem als Direktor der Sammlungen im Schloss Friedenstein (Gotha).

Werk und Wirkung

M.s Vater war Kommerz- und Admiralitätsrat in Danzig, seine Mutter Tochter eines Pastors. Wiss. wurde M. v.a. von August ↗Boeckh, als Lehrer durch den Reformhumanismus Wilhelm von ↗Humboldts geprägt. Er repräsentiert den Typus des pädagogisch engagierten, eminent fleißigen und wiss. produktiven Gymnasialprofessors (Prof. -Titel seit 1840).

M.s. Name verbindet sich v.a. mit der Neubearbeitung des Becker'schen Handbuchs [5]. Die *Röm. Staatsverwaltung* [3], in neuer Fassung und nunmehr unter M.s alleinigem Namen als Bände 4–6 des Handbuches publiziert, behandelt systematisch die Organisation des röm. Herrschaftsgebietes (das »Object der Regierung«) sowie das Kriegs-, Finanz- und Sakralwesen von der späten Republik bis in die hohe Kaiserzeit, komplementär zu Theodor ↗Mommsens *Staatsrecht*. Hinzu trat das *Privatleben der Römer* (Bd. 7/1–2) über Familie, häusliches und berufliches Leben sowie die Unterhaltung [4]. Beide Werke sind in ihrer letzten Neubearbeitung (*Staatsverwaltung*, 2. Aufl. 1881–1885, nur Bd. 1 noch von M. selbst besorgt, Bde. 2–3 durch Hermann ↗Dessau, Alfred von ↗Domaszewski und Georg ↗Wissowa; das *Privatleben* 1886 durch August ↗Mau) trotz neuer Quellenfunde, Forschungen und Perspektiven nach wie vor sehr nützlich.

Schriften

[1] Cyzicus und sein Gebiet, 1836 [2] Historiae equitum Romanorum libri IV (Diss. Königsberg), 1840 [3] Hdb. der röm. Alterthümer, Bde. 4–6: Röm. Staatsverwaltung, 1873–1878 (^{2}1881–1885) [4] Hdb. der röm. Alterthümer, Bd. 7/1–2: Das Privatleben der Römer, 1879–1882 (^{2}1886)
[5] W. A. Becker, Hdb. der röm. Alterthümer, Abt. 2, Bde. 3–5 (Bearbeitung), 1849–1867.

Sekundärliteratur

[6] J. Bleicken, Art. Marquardt, Karl Joachim, in: NDB 16, 1990, 245–246.

Uwe Walter

Marrou, Henri-Irénée

Franz. Althistoriker und Kirchenhistoriker. Geb. am 12.11.1904 in Marseille, gest. am 11.4.1977 in Châtenay-Malabry bei Paris. 1925–1929 Studium der Geisteswiss. an der École normale supérieure; 1929 Agrégation d'histoire et géographie. 1930–1932 Mitglied der École française de Rome; 1932–1937 Lehre am Institut français in Neapel; 1937 Prom. an der Sorbonne. 1937 Prof. d'histoire ancienne an der Univ. von Kairo, 1938 an der Univ. von Nancy, 1941 an der Univ. von Lyon; ab 1945 Maître de conférences und ab 1949 Prof. d'histoire du christianisme an der Sorbonne in Paris; 1967 Aufnahme in die Acad. des inscriptions et belles-lettres.

Werk und Wirkung

M.s Werk ist vielfältig. Er beschäftigte sich früh und zeitlebens mit Augustinus und dessen Beziehung zur ant. Kultur [2], besorgte Editionen von ant. christlichen Schriften (z.B. des *Paidagōgós* von Clemens von Alexandria) und trug als Historiker wesentlich zur Neubewertung der Spätantike bei, der er auch sein letztes Buch widmete [9]. Seine Geschichte des Christentums in der Spätantike [7] gilt bis heute als bedeutendes Werk. M. erforschte die Geschichte der Bildung in der Antike: Seine Diss. (*thèse complémentaire*) behandelt die Darstellung der Gebildeten auf Sarkophagen und Reliefs [1]; 1948 veröffentlichte er sein Standardwerk über die Geschichte des ant. Schulwesens und der ant. Bildung [5]. 1954 diskutierte er das Problem der histor. Erkenntnis [6]. M. war Mitbegründer der *Prosopographie chrétienne du Bas-Empire*, deren erster Band postum erschien. Er war schließlich auch Musikologe, der unter dem Pseudonym Henri Davenson ein Buch über Musik als Fortsetzung der unvollendeten Abhandlung des Augustinus schrieb [3] und Volkslieder kommentierte [4]. Ein Werk über Minnesänger publizierte der gebürtige Provenzale unter seinem eigenen Namen [8].

M. besaß große Ausstrahlung auf jüngere Alt- und Mittelalterhistoriker. Zu seinen Schülern zählen Charles Pietri und Pierre Riché; Letzterer widmete ihm eine gehaltvolle Biographie [13]. Von christl. Glauben erfüllt, vertrat M. zeitlebens gesellschaftskritische und humanistische Positionen. Er war mit Pierre Teilhard de Chardin bekannt und mit dem Philosophen Emmanuel Mounier befreundet, für dessen Zeitschrift *Esprit* er Artikel verfasste. Im Zweiten Weltkrieg war er in der Résistance aktiv und verhalf verfolgten Juden zur Flucht. Während des Algerienkriegs kritisierte er die Folterungen.

Schriften

[1] ΜΟΥΣΙΚΟΣ ΑΝΗΡ. Étude sur les scènes de la vie intellectuelle figurant sur les monuments funéraires romains (Diss. Paris), 1937 [2] Saint Augustin et la fin de la culture antique, 1937 (dt. 1981) [3] Traité de la musique selon l'esprit de Saint Augustin, 1942 [4] Le livre des chansons ou Introduction à la connaissance de la chanson populaire française, 1944 [5] Histoire de l'éducation dans l'Antiquité, 1948 (⁶1955; dt. 1957 u.ö.) [6] De la connaissance historique, 1954 (dt. 1973) [7] Nouvelle histoire de l'Église, Bd. 1, Teil 2: De la persécution de Dioclétien à la mort de Grégoire le Grand, 1963 [8] Les Troubadours, 1971 [9] Décadence romaine ou Antiquité tardive? (IIIe–VIe siècle), 1977.

Sekundärliteratur

[10] J. Delumeau, La vie et l'œuvre d'Henri-Irénée Marrou, in: CRAI 148/1, 2004, 223–225 [11] H. Mandouce, In memoriam Henri-Irénée Marrou, in: Revue des études latines 55, 1977, 33–36 [12] J.-R. Palanque, Notice sur la vie et les travaux de M. Henri-Irénée Marrou, in: CRAI 122, 1978, 402–418 [13] P. Riché, Henri-Irénée Marrou, historien engagé, 2003.

François Kirbihler

Martin, Roland

Franz. Klass. Archäologe. Geb. am 15.4.1912 in Chaux-la-Lotière in der Franche-Comté, gest. am 14.1.1997 in Fixin in Bourgogne. 1934–1938 Studium der Alt.wiss. an der Sorbonne und der École normale supérieure in Paris. 1938–1946 Mitglied der École française d'Athènes; Habil. in Paris 1950 über die griech. Agora. 1946–1971 an der Univ. Dijon, zuerst als Dozent, ab 1956 als o.Prof. für Arch. 1965–1980 Directeur d'études an der École pratique des hautes études (EPHE) in Paris. 1971–1980 o.Prof. an der Univ. Paris I.

Werdegang, Werk und Wirkung

In Griechenland arbeitete M. in Epidauros, Delos, Gortys und v.a. in Thasos; in der Türkei erforschte er 1950–1961 das Apollonheiligtum von Klaros, in Dijon (bes. 1956–1969) die Archäologie und Architektur des galloröm. Burgund. Ab 1969 untersuchte er, von Georges ↗Vallet unterstützt, vornehmlich die Städte Westgriechenlands und Siziliens (Grabungen in Selinunt).

In der franz. Archäologie war M. der Erste, der sich der klass. Bauforschung widmete: Neben einzelnen Monumenten interessierten ihn v.a. Probleme der Urbanistik [1]; [4] und der Bautechnik [2]; [3], stets im Kontext von übergreifenden histor. und wirtschaftsgeschichtlichen Fragestellungen [4]. Ohne selbst als Architekt ausgebildet zu sein, arbeitete er immer mit Architekten zusammen. M.s Spezialgebiet jedoch waren die griech. Schriftquellen zum ant. Bauwesen. Von seinen zahlreichen Monographien, Artikeln, Rezensionen und kleinen Schriften, 255 insgesamt, haben sich viele, bes. seine Arbeiten zur griech. Urbanistik international als Standardwerke etabliert (bes. [1]; [2]; [3]). An seinem Lehrstuhl und im Gelände bildete M. zahlreiche Archäologen aus, insbes. Bauforscher verschiedener Nationalitäten. 1958–1980 leitete M. den *Service d'architecture antique* des Centre National de la Recherche Scientifique (CNRS), in Frankreich das erste und bis heute einzige Bauforscherteam innerhalb der Klass. Archäologie. 1979 wurde M. erster Vizepräsident des *Conseil supérieur de la recherche archéologique* und im selben Jahr auch Direktor der *Revue archéologique*. 1982 beendete eine schwere Erkrankung seine wiss. Tätigkeit.

Schriften

[1] Recherches sur l'agora grecque. Études d'histoire et d'architecture urbaine (Habil.schrift Paris), 1951
[2] L'urbanisme dans la Grèce antique, 1956 (Neuaufl. 1974)
[3] Manuel d'architecture grecque, Bd. 1: Matériaux et techniques, 1965 [4] Dictionnaire méthodique de l'architecture grecque et romaine, Bd. 1 (mit R. Ginouvès et al.), 1985 [5] Architecture et urbanisme, 1987 (Artikel-Slg.)
[6] L'art grec, 1994 (ital. 1984).

Sekundärliteratur

[7] Art. Martin, Roland, in: Gran-Aym. 444–446
[8] E. Greco (Hrsg.), Architettura, urbanistica, società nel mondo antico (Paestum 1998), 2001.

Marie-Christine Hellmann

Martinius, Matthias

Dt. Altphilologe. Geb. 1572 in Freienhagen (Kreis Waldeck, Nordhessen), gest. am 30. 12. 1630 in Kirchtimke bei Bremen. Ab 1589 Studium der Theologie an der Hohen Schule Herborn; ab 1592 Präzeptor wittgensteinischer Grafensöhne; 1596 auch Lehrer an der Hohen Schule; ab 1598 Paedagogiarch in Siegen; ab 1607 Pfarrer in Emden. ab 1610 Rektor des Gymnasium illustre und Prof. für Theologie in Bremen. M. war in Herborn Lehrer von Johann Heinrich Alstedt und war dort auch wichtig für die Entwicklung des Denkens von Johann Amos Comenius.

Werk und Wirkung

M. erwarb sich als Theologe und Philosoph international einen guten Ruf und veröffentlichte zahlreiche theologische Schriften in dt. und lat. Sprache (Bibliographie in [4]). Sein wichtigstes philol. Werk war das 1623 erschienene *Lexicon philologicum praecipue etymologicum* [2], das bis 1711 mindestens vier Neuauflagen erfuhr. M. sammelte hierin Namen- und Sachbezeichnungen aus allen lat. Schriftstellern unter Einschluss der Fremdwörter aus anderen Sprachen. Er stellte sie mit dazugehörigen Wörtern in anderen, auch oriental. Sprachen zusammen und referierte zum Teil Angaben zur Etymologie aus älteren, auch ant. Werken. Dabei rezipierte er ausdrücklich auch die ma. Lexikographie. Der praktische Nutzen des Werkes lag darin, dass es auch Wörter erfasste, die in den eher klassizistisch ausgerichteten Lexika der Zeit aus Gründen der Stilreinheit nicht aufgenommen waren, aber in der Praxis der lat. Gelehrtenpraxis benötigt wurden. Abgesehen von der Sachbelehrung weist die Behandlung der Wörter auch sprachphilos. Aspekte auf; Fragen der korrekten Latinität oder des lat. Stils spielen dagegen keine Rolle. Des Weiteren verfasst M. ein ähnlich angelegtes griech. Lexikon, das sowohl unter dem Titel *Graecae linguae fundamenta* [1] als auch als *Cadmus Graecophoenix* erschien und ebenfalls noch bis ins 17. Jh. nachgedruckt wurde. Für die spätere etymologische Forschung waren beide Werke bedeutungslos.

Schriften

[1] Graecae linguae fundamenta, Bremen ^{3}1618
[2] Lexicon philologicum, praecipue etymologicum, in quo Latinae et a Latinis auctoribus usurpatae tum purae tum barbarae voces ex originibus declarantur, Bremen 1623 (1625 unter dem Titel Cadmus Graecophoenix).

Sekundärliteratur

[3] G. Menk, Kalvinismus und Pädagogik. Matthias Martinius (1572–1630) und der Einfluß der Herborner Hohen Schule auf Johann Amos Comenius, 1980
[4] G. Menk, Matthias Martinius (1572–1630) und seine Werke, in: Geschichtsblätter für Waldeck. Waldeckischer Geschichtsverein 76, 1988, 31–53 [5] G. Menk, Art. Martinius, Matthias, in: NDB 16, 1990, 305–307.

Jürgen Leonhardt

Marx, Friedrich

Klass. Philologe. Geb. am 22. 4. 1859 in Bessungen (h. zu Darmstadt gehörig), gest. am 17. 10. 1941 in Bonn. 1877–1882 Studium der Klass. Phil. in Gießen und Bonn, dort 1882 Prom.; Habil. 1887 in Berlin. 1888–1889 ao.Prof. für Klass. Phil. in Rostock; 1889–1893 o.Prof. in Greifswald; 1893–1896 o.Prof. in Breslau; 1896–1899 o.Prof. an der Univ. Wien; 1899–1906 o.Prof. in Leipzig; 1906–1927 o.Prof. in Bonn, 1917/18 Rektor ebda.; 1925–1934 Herausgeber des *Rheinischen Museums*.

Werk und Wirkung

M. studierte in Gießen und Bonn u. a. bei Franz ↗Bücheler, bei dem er promovierte und dessen Nachfolge er (nach anderen Professuren) 1906 antrat, sowie bei Hermann ↗Usener. Habilitiert wurde er in

Berlin von Johannes Vahlen. M. gilt als letzter Vertreter der sog. Bonner Altertumswissenschaft, zu deren bedeutendsten Repräsentanten neben Usener Friedrich Wilhelm ↗Ritschl, Karl Jahn und Franz Bücheler zählen. M.s Forschungsschwerpunkt lag auf der lat. Sprach- und Stilgeschichte. Das Spektrum der von ihm edierten und z.T. luzid kommentierten, z.T. mit ausführlichen Prolegomena versehenen lat. Werke reicht von den Komödien des Plautus [6], zu dessen Prosodie er zwei grundlegende Studien unter Berücksichtigung der griech. Vorlagen verfasste, über die *Saturae* des Lucilius [3] und die medizinischen Schriften des Celsus [4] bis zum Buch des Filastrius (Philastrius) von Brescia über 156 Häresien (4. Jh.) [2].

Im Gegensatz zu Kollegen wie Eduard ↗Norden, Richard ↗Reitzenstein oder Hermann ↗Diels hatte M. kein Interesse daran, religions-, philosophie- oder geistesgeschichtliche Fragestellungen in seine philol. Arbeit zu integrieren. Seine Forschungsleistung basiert auf der Überzeugung, dass die Textkritik das Wesentliche der Philologie darstelle. In dieser Hinsicht sind ihm wegweisende Arbeiten zu verdanken, darunter etwa seine Ausgabe der anonymen *Rhetorica ad Herennium* [1] (zuletzt nachgedruckt 1993), die bis heute benutzt werden.

Schriften

[1] De ratione dicendi ad C. Herennium (Edition), 1894 [2] Filastrius Brixiensis, Diversarum hereseon liber (Corpus scriptorum ecclesiasticorum Latinorum 38; Edition), 1898 (²1898) [3] Lucilii Carminum reliquiae, 2 Bde. (Edition mit Komm.), 1904–1905 (Ndr. 1963) [4] A. Corneli Celsi quae supersunt (Corpus medicorum Latinorum, Bd. 1; Edition), 1915 [5] Molossische und bakcheische Wortformen in der Verskunst der Griechen und Römer, 1922 [6] Plautus, Rudens (Edition), 1928 [7] Aufsätze zur frühlat. Dichtung, hrsg. von Hans Herter, 1969.

Sekundärliteratur

[8] E. Bickel, Friedrich Marx, in: Gnomon 18, 1942, 122–124 [9] H. Herter, Die Klassische Philologie seit Usener und Bücheler, in: Bonner Gelehrte. Beiträge zur Geschichte der Wissenschaften in Bonn, Bd. 6, 1968, 197–201.

Angelika Lozar

Marx, Karl

Dt. Philosoph und Gesellschaftstheoretiker. Geb. am 5.5.1818 in Trier, gest. am 14.3.1883 in London. Publizist und Haupttheoretiker des Sozialismus, aus einer arrivierten jüd. Familie stammend, 1824 evang. getauft. Seit 1830 humanistische Ausbildung am Trierer Gymnasium; 1835 lat. Abituraufsatz über den Prinzipat des Augustus [2]; Studium der Rechtswiss. an der Univ. Bonn, ab 1836 an der Univ. Berlin u.a. bei Friedrich Carl von ↗Savigny und dem radikalen Theologen Bruno Bauer, dem »verwegensten biblischen Kritiker der Neuzeit« (Meyers Konversationslex. 2, ⁴1885, 466). 1841 philos. Diss. mit einem Thema aus der ant. materialistischen Naturphilosophie [3]; [20.296f.]; Prom. *in absentia* an der Univ. Jena. 1841 Mitarbeit, später Leitung der linksliberalen *Rheinischen Zeitung* bis zu deren Verbot 1843. 1841 Heirat mit Jenny von Westphalen; seit 1843 lit. und publizistische Arbeit in Paris zusammen mit Arnold Ruge; Ausweisung 1845. Seit 1844 enge Freundschaft mit Friedrich Engels; 1848, am Vorabend der europ. Revolutionen, gemeinsame Publikation des *Manifestes der Kommunistischen Partei* (Basistext des sog. Marxismus) [4].

Ab 1849 bis zum Tod nach langer Krankheit in dürftigen äußeren Verhältnissen im Londoner Exil unermüdlich lit. und publizistisch tätig [18], finanziell unterstützt und in seinem Schaffen ergänzend begleitet durch den wohlhabenden Friedrich Engels (geb. am 28.11.1820 in Barmen, gest. am 5.8.1895 in London) [14], der das geistige und polit. Erbe verwaltete. »Wie Charles Darwin das Gesetz der Entwicklung der organischen Natur, so entdeckte Marx das Entwicklungsgesetz der menschlichen Geschichte« [17.335].

Werk und Wirkung

Mit Engels' Grabrede »beginnt die Wirkungsgeschichte und Mythisierung des histor. Marx im Zeichen des Marxismus« [19.773], der für die Arbeiterbewegung im 19. und 20. Jh. und für die realen sozialistischen Staaten von entscheidender Bedeutung war. Als sozio-ökonomisches Deutungsmuster war das marxistische Gedankengebäude den sog. bürgerlichen Wiss. eine anhaltende Herausforderung, die mit seiner notwendigen Historisierung [24] ihr Ende nicht gefunden hat.

Die Bedeutung von M. und Engels für die Alt.wiss. hängt weniger an einzelnen Werken als an den vielfältigen verstreuten Bemerkungen zur Antike [20]; [27]; [29]; [39]; [40], die als Folie zur bürgerlichen »kapitalistischen« Gesellschaft der Zeit diente [30]. Die Antike besaß ihren besonderen Rang als »progressive Epoche« in der Abfolge der sog. ökonomischen Gesellschaftsformationen, die in der Sequenz von asiat., ant., feudaler und moderner bürgerlicher Produktionsweise das Rückgrat des späteren histor. Materialismus bildeten [26]; [25]. Der ant., auf Klassenherrschaft und Ausbeutung beruhende »Sklavenhalterstaat« [12.168]; [13] entstand durch die Auflösung der klassenlosen Urgesellschaft, die 1884 in Engels' einflussreicher Schrift [11] den Ausgang und das Telos des histor. Prozesses darstellte. In der Skizzierung der modernen kapitalistischen Produktionsweise griff M. häufig auf Aristoteles (»der größte Denker des Alterthums« [7.367]) zurück [20.300f.]; [31], so beim Problem der Arbeitsverkürzung durch die Maschine [7.367] (mit Bezug auf Aristoteles' *Politik* 1253b 35ff.) und bei der Unterscheidung von Gebrauchs- und Tauschwert [7.83] (mit Bezug auf Aristot.pol. 1257a 1ff.). Er wandte sich gegen Theodor ↗Mommsens modernistischen Kapitalismusbegriff und grenzte das ant. »Wucherkapital« von den modernen Erscheinungen ab [8.762f.] (mit Bezug auf Mommsens *Röm. Geschichte*, Bd. 2, 395f.) [33]; [34]. Napoleons plebiszitäre Monarchie, von den Zeitgenossen als moderner Caesarismus gedeutet, begriff M. als eine eigenständige bürgerliche Herrschaftsform abseits des ant. Vorbildes [6.359]; [28]. Der ant. Kultur zollten M. und Engels wie die bürgerlichen Zeitgenossen Hochachtung und Verehrung [29]; [34]; [39]; [40].

Weiterführung und Auseinandersetzung entzündeten sich in der Folgezeit an zentralen Begriffen des Marxismus, die auch die Antike einschlossen: dem Charakter der Arbeit [32]; [22], den Formen des Eigentums und der Sklaverei [15]; [38]; [41], dem Begriff des Klassenkampfes [16] und der Revolution [35]; [37], die vorgeblich den Übergang von der Spätantike zum Früh-MA prägte. »Ohne ant. Sklaverei kein moderner Sozialismus« war gerade in der DDR [36] ein populäres Diktum, das der Legitimation der Alt.wiss. im Arbeiter- und Bauernstaat diente. Insgesamt haben die marxistischen Analysen von Ökonomie und Gesellschaft mit dem Zusammenbruch des sozialistischen Staatensystems ihre Überzeugungskraft verloren, besitzen aber, jenseits ihrer histor. Relevanz, nach wie vor ein hermeneutisches [21] und auch ein – z.T. verschüttetes – humanes Potential.

Schriften

[1] K. Marx, F. Engels, Historisch-kritische Gesamtausgabe (MEGA), ^{2}1975 (ff.) [2] An principatus Augusti merito inter feliciores reipublicae Romanae aetates numeretur?, 1835 (MEGA I/1, 1975, 465–469) [3] Die Differenz der demokratischen und epikureischen Naturphilosophie (Diss. Berlin), 1841 (MEGA I/1, 1972, 15–96) [4] Manifest der kommunistischen Partei, 1848 (MEW 4, 1959, 459–493; 1999, hrsg. und eingeleitet von E. Hobsbawm) [5] Zur Kritik der Politischen Ökonomie, 1859 (MEW 13, 1961, 1–160) [6] Vorwort zur 2. Aufl. von: Der achtzehnte Brumaire des Louis Bonaparte, 1869 (MEW 16, 1962, 358–360) [7] Das Kapital. Kritik der Politischen Ökonomie, Bd. 1, Hamburg 1890 (MEGA II/10, 1991) [8] Das Kapital. Kritik der Politischen Ökonomie, Bd. 3, Hamburg 1894 (MEGA II/15, 2004) [9] K. Marx, F. Engels, Werke (MEW; hrsg. vom Institut für Marxismus-Leninismus), 1956–1968 (43 Bde.) [10] F. Engels, Herrn Eugen Dühring's Umwälzung der Wissenschaft, 1878 (MEW 20, 1962, 1–303) [11] F. Engels, Der Ursprung der Familie, des Privateigentums und des Staats (auf der Grundlage von L.H. Morgan, Ancient Society, 1877), ^{4}1892, 25–179 (MEW 21, 1962) [12] F. Engels, Vorarbeiten zum »Anti-Dühring«, 1894 (MEW 20, 1962, 573–596).

Sekundärliteratur

[13] W. Backhaus, Marx, Engels und die Sklaverei, 1974 [14] S. Bahne / R. Rath, Art. Engels, Friedrich, in: Deutsche Biographische Enz., Bd. 3, ^{2}2000, 83–85 [15] M. Daubies (Hrsg.), Actes du colloque 1972 sur l'esclavage, 1979 [16] G.E.M. De Ste. Croix, The Class Struggle in the Ancient Greek World from the Archaic Age to the Arab Conquest, 1981 [17] F. Engels, Das Begräbnis von Karl Marx, 1883 (MEW 19, 1962, 335–339) [18] I. Fetscher, Art. Marx, Karl, in: NDB 16, 1990, 328–344 [19] H.-P. Harstick, Art. Marx, Karl, in: Deutsche Biographische Enz., Bd. 6, ^{2}2006, 771–774 [20] F.W. Haug, Art. Marxismus, in: DNP 15/1, 2001, 295–303 [21] Ch. Henning, Philosophie nach Marx, 2005 [22] H. Kloft, Arbeit und Arbeitsverträge in der griech.-röm. Welt, in: Saeculum 35, 1984, 200–221 [23] H. Kloft, Art. Caesarismus, in: DNP 13, 1999, 623–629 [24] L. Kolakowski, Die Hauptströmungen des Marxismus, Bde. 1–3, ^{3}1988–1989 [25] W. Küttler, Art. Gesellschaftsformation, in: Historisch-Kritisches WB des Marxismus 5, 2001, 585–598 [26] W. Küttler, Art. Historischer Materialismus, in: Historisch-Kritisches WB des Marxismus 6/1, 2004, 316–334 [27] P. Lekas, Marx on Classical Antiquity, 1988 [28] P. Mackenbach, Art. Bonapartismus, in: Historisch-Kritisches WB des Marxismus 2, 1995, 283–290 [29] R. Müller, Hegel und Marx über antike Kultur, in: Philologus 116, 1971, 1–31 [30] W. Nippel, Wiedergelesen: Welskopfs Produktionsverhältnisse, in: I. Starck (Hrsg.), Elisabeth Charlotte Welskopf und die Alte Geschichte in der DDR (Beiträge der Konferenz 2002 in Halle/Saale), 2005, 170–183 [31] J. Pike, From Aristotle to Marx, 1999 [32] A. Rousselle (Hrsg.), Formes d'exploitation du travail et rapports sociaux dans l'Antiquité classique. Recherches internationales à la lumière du marxisme, 1976 [33] J. Salvioli, Der Kapitalismus im Altertum, ^{2}1922 [34] R. Sannwald, Marx und die Antike, 1957 [35] Th. Schieder, Revolution, in: Sowjetsystem und demokratische Gesellschaft 5, 1972, 709–721 [36] B. Seidensticker, Art. DDR, in: DNP 13, 1999, 689–699 [37] W. Seyfarth, Der Begriff »Epoche der sozialen Revolution« und die Spätantike, in: Klio 49, 1967, 271–283 [38] G.D. Thomson, Forschungen zur altgriech. Gesellschaft, Bde. 1–2, 1960–1961 [39] Ch. Trilse, Marx und Engels über Antike und Antikenmythos, in: Klio 56, 1974, 5–20 [40] Ch. Welskopf, Die Produktionsverhältnisse im Alten Orient und in der griech.-röm. Antike, 1957 [41] W. Zeev Rubinsohn, Die großen Sklavenaufstände der Antike, 1993.

Hans Kloft

Maschkin, Nikolaj Aleksandrowitsch

Russ. Althistoriker. Geb. am 9.2.1900 in Sokolki, Kreis Bugul'ma (Gouvernement Samara), gest. am 15.9.1950 bei Moskau. Besuch der Realschule in Bugul'ma; 1918–1921 Studien an der Histor.-Philos. Fakultät der Univ. Samara, 1921/22 an der Fakultät für Gesellschaftswiss. der Univ. Moskau; anschließend Lehrtätigkeit, zunächst als Russischlehrer an verschiedenen Institutionen und schließlich als Althistoriker an der 1934 wiedereröffneten Histor. Fakultät der

Staatlichen Univ. Moskau. 1938 Verleihung des Doktorgrades; danach Fortsetzung der Lehr- und Forschungstätigkeit an der Univ. Moskau und an der Akad. der Wiss. der UdSSR; Habil. (*doktorskaja dissertacija*) 1942 in Sverdlovsk. 1943–1950 althistor. Lehrstuhl an der Univ. Moskau; ab 1948 in Verbindung mit der Leitung des Sektors Gesch. der Alten Welt am Histor. Institut der Akad. der Wiss. ebda. Nach nur 16 Jahren der althistor. Lehre und Forschung starb M. unerwartet an den Folgen eines Infarkts.

Werk und Wirkung

In rastloser, durch die Folgen der Russ. Revolution und der Weltkriege erschwerter Tätigkeit verfasste M. eine Reihe von Aufsätzen und Lehrbüchern [3. 193–195], darunter eine sehr erfolgreiche und in mehrere Sprachen übersetzte Geschichte Roms [1]. Von seinen großen wiss. Untersuchungen über das röm. Afrika, über die Geschichte der röm. Provinzen und den Prinzipat des Augustus konnte er nur die Letztere abschließen [2]. In seiner Darstellung hebt M. die Rolle der unteren Schichten in den Kämpfen der ausgehenden Republik und bei der Etablierung des Prinzipats bes. hervor. Doch seine Charakterisierung dieses gewaltsamen Umbruches als einer ersten Stufe der ant. Sklavenrevolution war der nicht überzeugende Versuch, lapidare Äußerungen Stalins zu diesem Thema nachträglich zu begründen (vgl. die kritische Rezension [4]). Für die Tatkraft und Wirkung M.s ist bezeichnend, dass er über 100 teils ausführliche Beiträge für die *Große Sowjetenzyklopädie* verfasste. Der Bedeutung des Autors wird man weniger durch den Vergleich mit der internationalen Forschung gerecht als vielmehr durch die Beachtung seiner Funktion als Forscher, Lehrer und Organisator innerhalb der sich herausbildenden sowjetischen Althistorie (wiederholte Würdigungen: [3]; [5]).

SV: [3. 193–195].

Schriften

[1] Istorija drevnego Rima, 1949 (dt.: Röm. Geschichte, 1953) [2] Principat Avgusta. Proischoždenie i social'naja suščnost', 1949 (dt.: Zwischen Republik und Kaiserreich. Ursprung und sozialer Charakter des augusteischen Prinzipats, 1954).

Sekundärliteratur

[3] Nachruf und Bibliographie, in: Vestnik drevnej istorii 4, 1950, 188–195 [4] M. Gelzer, K.S., Bd. 2, 1963, 345–354 [5] I.L. Majak, Nikolaj Alexandrovic Maškin (1900–1950), in: G.N. Sevost'janov et al. (Hrsg.), Portrety istorikov. Vremja i sud'by [Historikerporträts. Zeit und Schicksale], Bd. 2, 2000, 73–82.

Heinz Heinen

Maspero, Gaston

Franz. Ägyptologe. Geb. am 24.6.1846 in Paris, gest. am 30.6.1916 ebda. 1865–1867 Studium an der École normale supérieure, Paris; 1869 Repetitor des Vicomte Emmanuel de Rougé an der École pratique des hautes études (EPHE) ebda; 1873 Prom. (*Docteur ès lettres*); 1874 Prof. für ägypt. Phil. und Arch. am Collège de France, Paris. 1881 Leiter der Mission archéologique française au Caire; 1898 Direktor des Institut français d'archéologie orientale, Kairo; 1881–1886 und 1899–1914 Direktor des Service des antiquités de l'Égypte (h. Supreme Court of Antiquities) und des Ägypt. Museums in Bulaq (h. Ägypt. Museum, Kairo). 1909 Knight Commander des brit. Verdienstordens St. Michael and St. George; 1909 Secrétaire perpétuel der Acad. des inscriptions et belles-lettres, Paris.

Werdegang

Bereits als Schüler interessierte sich M. für das alte Ägypten. In die elitäre Pariser École normale supérieure aufgenommen, blieb er auch während der Studienzeit weitgehend Autodidakt. Er erfuhr jedoch wesentliche Impulse durch Emmanuel de Rougé, Prof. am Collège de France, der in den 1850er Jahren als Erster hieroglyphische Texte zusammenhängend übersetzt hatte. Auf dieser Linie liegen auch die Textbearbeitungen, die M. noch während seiner Studienzeit vorlegte. Sein weitere Lebensweg war geteilt einerseits zwischen Kairo und Paris, abhängig nicht zuletzt von seiner gesundheitlichen Verfassung, andererseits zwischen administrativer Tätigkeit und wiss. Produktion. Wo immer er wirkte, entfaltete M. in jeder Richtung außerordentliche organisatorische und wiss. Aktivitäten.

Werk und Wirkung

M. sind viele Publikationen und Bearbeitungen von ägypt. Texten zu verdanken, so v.a. die Edition und Übersetzung der enorm umfangreichen und zur Zeit der Entdeckung überaus schwierigen Pyramidentexte, deren Veröffentlichung sich von 1882 bis 1893 hinzog [4]. Sein bedeutendstes, jedenfalls erfolgreichstes Buch auf philol. Gebiet ist eine zuerst 1882 erschienene und immer wieder überarbeitete Anthologie der ägypt. Romane und Erzählungen, die mit einer umfangreichen Einführung in die ägypt. Literatur beginnt und ganz selbstverständlich auch die demotische Literatur miteinbezieht [1]; [2]. M. interessierte sich jedoch keineswegs allein für die Philologie, von der er herkam, sondern auch für die Archäologie [3], nicht nur für die Literatur, sondern auch für die Religion [3], v.a. aber für die Geschichte, die er im weiten Rahmen der Historie des Alten Orients in einem vielfach neu bearbeiteten, nachgedruckten und auch ins Englische übersetzten Werk behandelte, seiner bedeutendsten Publikation überhaupt [5]. Nicht ganz zu vergessen sei die ägypt. Sprache, die M. noch bis in sein Todesjahr beschäftigte, bis zu einer Zeit also, in der lange schon Adolf ↗Erman und seine Schule das Feld beherrschten.

Die Spannweite von M.s Interessen und der enzyklopädische Umfang seines Wissens führten zu einer Flut von substantiellen Publikationen auf den unterschiedlichsten Sachgebieten. Da die Arbeiten sach- und nicht methodenorientiert sind, wurde durch den Zuwachs an Sachwissen nach und nach alles, was M. geschrieben hatte, entbehrlich, weil es entweder fachliches Allgemeinwissen geworden oder überholt war, zuletzt auch in der frankophonen Wiss. Die sicherlich verdienstvolle Edition der Pyramidentexte, die M. nach einem Jahrzehnt 1893 abgeschlossen hatte [4], wurde bereits 1910 durch die gründlichere und praktischere Edition Kurt ↗Sethes obsolet, die ihrerseits bis zum heutigen Tag, also über ein Jahrhundert lang, grundlegend geblieben ist. Noch unglücklicher verliefen die Dinge bei der ägypt. Grammatik, bei der M. nicht mehr den Anschluss an Adolf ↗Erman und seine Schule fand. Länger Bestand hatten seine *Romans* [1] und *Contes populaires* [2], die die lit. Texte in einem lesbaren lit. Stil präsentieren, der gewisse Schwächen im philol. Detail bei Weitem aufwiegt. Langzeitwirkung hatten v. a. aber M.s administrative Initiativen sowie seine Anstöße zur Publikation der Bestände des Ägypt. Museums in Kairo in einem *Catalogue général* und zur Publikation der ptolem.-röm. Tempel durch das *Institut français d'archéologie orientale*.

Schriften

[1] Romans et poésies du Papyrus Harris n° 500, conservé au British Museum (Edition mit Faksim., Übers. und Komm.) (Études égyptiennes 1/1), 1879 [2] Les contes populaires de l'Égypte ancienne (Übers. und Komm.), 1882 (4., erw. Aufl. 1911; Faksim.-Ndr. 1997; Neuaufl. 1967) [3] Études de mythologie et d'archéologie égyptiennes, 8 Bde., 1893–1916 [4] Les inscriptions des pyramides de Saqqarah (Edition), 1894 (Sonderdruck aus: Recueil de travaux 3–14, 1882–1893) [5] Histoire ancienne des peuples de l'Orient classique, 3 Bde., 1895–1899 (15. Aufl. 1928; Faksim.-Ndr. des Originals 1968).

Sekundärliteratur

[6] Art. Maspero, (Sir) Gaston Camille Charles, in: WWE, 278–279 [7] É. David, Gaston Maspero 1846–1916. Le gentleman égyptologue, 1999 [8] E. Naville, Sir Gaston Maspero, K. C. M. G., in: The Journal of Egyptian Archaeology 3, 1916, 227–234.

Wolfgang Schenkel

Massow, Wilhelm von

Dt. Klass. und Provinzialröm. Archäologe. Geb. am 12. 3. 1891 in Posen, gest. am 20. 4. 1949 in Trier. Studium der Klass. Arch., Alten Gesch., Klass. Phil. und Kunstgesch.: 1911–1914 in Bonn und Berlin, 1919–1922 in Leipzig, dort 1922 Prom. 1923/24 Reisestipendium des DAI; 1924/25 Assistent in dessen Athener Abteilung; 1926–1935 Kustos an der Antikenabteilung der Berliner Museen; 1935–1945 Direktor des Rheinischen Landesmuseums Trier.

Werk und Wirkung

M. machte sich als Archäologe insbes. durch die Bearbeitung von Skulpturen und Wandmalereien sowie den Wiederaufbau antiker Architektur einen Namen. Schon in seiner Diss. über ein bei Pausanias überliefertes Weihegeschenk befasste er sich mit der Rekonstruktion eines verlorenen Denkmals [1]. Als wiss. Hilfsarbeiter der Röm.-German. Kommission wurde ihm 1922/23 die Bearbeitung der röm. Grabmäler von Neumagen übertragen [3], dem größten Komplex antiker Skulpturen nördl. der Alpen, die Felix ↗Hettner für das Trierer Museum ausgegraben hatte. Das 1923 angetretene arch. Reisestipendium setzte er 1924/25 in Athen als Assistent am DAI fort, wo er mit Ernst ↗Buschor das Amyklaion bei Sparta ausgrub [2]. Bei einem Besuch in Didyma gewann Theodor ↗Wiegand, der Direktor der Berliner Antikenabteilung, M. für die Einrichtung des Pergamonmuseums, das 1930 eröffnet wurde.

1935 wurde M. Direktor des Museums in Trier. Die Arbeiten am Pergamonmuseum empfahlen ihn für den geplanten Aufbau eines Großmuseums des Moselraumes, doch der Zweite Weltkrieg machte diese Pläne zunichte. Es bleibt das Verdienst M.s, die Sammlungen des Museums durch Evakuierung und Sicherungsmaßnahmen weitgehend vor der Vernichtung bewahrt zu haben. 1944 wurde er zum Honorar-Prof. an der Univ. Bonn ernannt. Trotz zweifelsfreier persönlicher Integrität und anerkannter fachlicher Autorität blieb ihm in der Nachkriegszeit auch nach Revisionsverfahren und Amnestie die Wiedereinsetzung in das Amt des Museumsdirektors versagt. Er verstarb unmittelbar vor seiner Rehabilitierung.

SV: [5.35–38].

N: Rheinisches Landesmuseum Trier [5.39–41]; [6].

Schriften

[1] Die Kypseloslade (Diss. Leipzig), in: Athenische Mitteilungen 41, 1926, 1–117 [2] Vom Amyklaion (mit E. Buschor), in: Athenische Mitteilungen 52, 1927, 1–85 [3] Die Grabmäler von Neumagen, 1932.

Sekundärliteratur

[4] G. Grimm, Wilhelm von Massow, in: Lullies/Schiering Arch. 256–257 [5] J. Merten, Wilhelm von Massow (1891–1949), in: Trierer Zs. 54, 1991, 9–42 [6] J. Merten, Wilhelm von Massow (1891–1949). Ein Altertumsforscher im Spiegel seines Nachlasses, in: Neues Trierisches Jb. 43, 2003, 169–178.

Jürgen Merten

Mattingly, Harold

Brit. Numismatiker. Geb. am 24.12.1884 in Sudbury (Suffolk), gest. am 26.1.1964 in Chesham (Buckinghamshire). 1903–1907 Studium in Cambridge am Gonville and Caius College; M.A. ebda.; 1907–1909 Studium in Berlin und Freiburg. 1909/10 Fellow am Gonville and Caius College. 1910 Assistant Keeper im Department of Printed Books des British Museum; 1912–1948 im Department of Coins and Medals; 1954/55 Visiting Prof. of Classics an der Univ. of Otago, Neuseeland; Ehrendoktorat ebda. Zahlreiche weitere Ehrungen, u.a. 1938 Verleihung der Archer M. Huntington Medaille der *American Numismatic Society*, 1946 Fellow der British Acad., 1960 Commander of the Order of the British Empire.

Werdegang, Werk und Wirkung

Nach Abschluss des Studiums in Cambridge ging M. nach Deutschland, um dort bis 1909 seine Ausbildung bei Eduard ↗Meyer in Berlin und bei Ernst ↗Fabricius in Freiburg zu vertiefen. Trotz Zuerkennung des Thirlwall-Preises und einer befristeten Anstellung als Fellow am Gonville and Caius College eröffnete sich M. keine Aussicht auf eine feste Position in Cambridge. Eine solche fand er dagegen am British Museum: 1910 als Assistant Keeper im Department of Printed Books. Bereits 1912 wechselte er ins Department of Coins and Medals, wo er bis zu seinem Ausscheiden aus dem aktiven Museumsdienst 1948 tätig blieb. Daneben fungierte M. 1942–1948 als Präsident der *Royal Numismatic Society* und 1936–1952 außerdem als Herausgeber des *Numismatic Chronicle* [3].

Im British Museum veröffentlichte M. die Bestände an Münzen der röm. Kaiserzeit im Katalog, dessen erster Band 1923 erschien. Bis 1962 folgten noch fünf weitere Bände unter seiner Leitung [1]. Parallel dazu arbeitete M. an der systematischen Ordnung der röm. kaiserzeitlichen Münzprägung, *The Roman Imperial Coinage* (RIC), von dem er gemeinsam mit Edward A. Sydenham bzw. Carol H.V. Sutherland sechs Bände selbst und drei weitere Bände als Herausgeber vorlegte [2]. Bis heute gilt das mehrbändige Opus, von dem einzelne Bände bereits in überarbeiteter Neuauflage vorliegen, als Standardwerk zur Bestimmung von Münzen der röm. Kaiserzeit.

Schriften

[1] Coins of the Roman Empire in the British Museum, Bde. 1–6 (mit R.A.G. Carson), 1923–1962 [2] The Roman Imperial Coinage, Bde. 1–10, 1923–1994 (mit E.A. Sydemham et al.).

Sekundärliteratur

[3] R.A.G. Carson, Harold Mattingly, 1884–1964, in: Numismatic Chronicle, 7th Series, 5, 1965, 239–254.

Stefan Krmnicek

Matz, Friedrich

Dt. Klass. Archäologe. Geb. am 15.8.1890 in Lübeck, gest. am 3.8.1974 in Marburg. Schulbesuch in Lübeck; Studium in Tübingen und Göttingen, dort 1913 Prom. und 1914 Staatsexamen. Für 1914/15 Reisestipendium des DAI (kriegsbedingt erst 1921/22 stark verkürzt nachgeholt); 1914–1925 im Schuldienst. 1924/25 sechsmonatige Forschungsreise nach Griechenland; 1925–1928 Bearbeitung des Realkatalogs am DAI Rom. 1927 Habil. in Berlin. 1929–1934 Assistent am DAI Berlin; 1934 o.Prof. für Klass. Arch. in Münster als Nachfolger Karl ↗Lehmann-Hartlebens. 1941 o.Prof. in Marburg; 1941/42 Koordination der arch. Arbeiten auf Kreta während der dt. Besatzung; 1946/47 Rektor der Univ. Marburg; 1958 Emeritierung.

Werdegang

M. stammte aus einer Lübecker Kaufmannsfamilie und war ein Neffe des bedeutenden, jung verstorbenen Archäologen Friedrich M. d.Ä., eines Pioniers der Sarkophagforschung (1873 ao.Prof. in Halle, 1874 Ordinarius in Berlin). Sein Studium der Archäologie, Klass. Philologie und Geschichte schloss M. d.J. mit der Prom. bei Gustav ↗Körte in Göttingen ab [1]. Wegen starker Sehbehinderung vom Kriegsdienst befreit, war er ab 1916 als Gymnasiallehrer in Berlin tätig, bevor er 1925 in den Dienst des DAI übertrat. Die mehrjährige Arbeit an der Neufassung des von August ↗Mau begonnenen Realkatalogs des DAI in Rom verschaffte M. enzyklopädische Literatur- und Denkmälerkenntnisse. Entsprechend breit war das Spektrum seiner Themen: Beginnend mit seiner Habil.-Schrift [2] wurde er zu einem der führenden Kenner der kretisch-myk. Kultur, der er im Alter zwei weit verbreitete Gesamtdarstellungen widmete [7]; [9]. Als Assistent Gerhart ↗Rodenwaldts wandte er sich der hell.-röm. Kunst zu, insbes. der Sarkophagforschung. 1954 übernahm er die Leitung des von seinem Onkel begonnenen Corpus der ant. Sarkophagreliefs, in dessen Rahmen er die große Gruppe mit dionysischer Thematik bearbeitete [11].

Als im Grunde ganz unpolit. Gelehrter fühlte M. sich während des Nationalsozialismus doch zu gewissen Konzessionen an die offizielle Ideologie genötigt [4]. Davon unbeschadet konnte er das Marburger Institut schon unmittelbar nach dem Zweiten Weltkrieg zu einem Zentrum der arch. Forschung ausbauen, u.a. durch die Gründung der Zeitschrift *Marburger Winckelmann-Programme* (1947), seit 1957 auch durch zwei arch. Langzeitprojekte: das Corpus der min. und myk. Siegel (bisher 29 Bände) und die *Archaeologia Homerica*, ein Sammelwerk zur frühgriech. Sachkultur in 25 Teilen. M. genoss international hohes Ansehen und war als Wiss.-Organisator einflussreich, u.a. durch langjährige Mitgliedschaft in der Zentraldirektion des DAI und in der Mainzer Akad. der Wissenschaften sowie als Mitherausgeber des *Gnomon*. Aus dem kleinen Kreis von M.s Schülern ist Bernard Andreae der bekannteste.

Werk und Wirkung

Durch seine Ausbildung und beruflichen Anfänge war M. fest in der Trad. der dt. Alt.wiss. des 19. Jh.s verankert. Sie motivierte ihn zur Herausgabe umfangreicher Corpora und prägte seine vorwiegend typologisch orientierte Herangehensweise in der Sarkophagforschung, die insbes. auf die Rekonstruktion verlorener griech. Kompositionen zielte. Daneben beschritt M. jedoch auch methodisch ganz neue Wege. Beeinflusst durch die Schriften Heinrich Wölfflins, Alois ↗Riegls und Franz ↗Wickhoffs, v.a. aber durch seine Altersgenossen Guido ↗Kaschnitz von Weinberg und Gerhard Krahmer, wandte er sich in den 1920er Jahren einer entschieden formanalytischen Betrachtung zu und wurde dadurch mit den beiden Letztgenannten zu einem Hauptvertreter der sog. »Strukturforschung« innerhalb der dt. Archäologie [14]. Auf hohem Abstraktionsniveau bemühte M. sich um die Herausarbeitung epochen- und kulturkreisspezifischer »Formstrukturen«, um hinter den oberflächlichen und kurzfristigen Veränderungen von Zeit- und Individualstil langfristige Gesetzmäßigkeiten der Formentwicklung in ihrem strukturellen Zusammenhang mit anderen kulturellen Sphären zu erkennen [5]; [10]. Innerhalb der eher theoriefernen Archäologie seiner Zeit war M. einer der dezidiertesten Theoretiker, doch harrt der langfristige Ertrag seiner Bemühungen noch der wiss.histor. Bewertung.

M: Archäologische Erinnerungen aus sechs Jahrzehnten 1910–1970, 1974.

N: Berlin, DAI.

SV: Verzeichnis der Schriften von Friedrich Mau, zu seinem 80. Geburtstag am 15. August 1970, 1970.

Schriften

[1] Die Naturpersonifikationen in der griech. Kunst (Diss. Göttingen), 1913 [2] Die frühkretischen Siegel (Habil.schrift Berlin), 1928 [3] Die Lauersforter Phalerae, 1932 [4] Die griech. Kunst, 1939 [5] Geschichte der griech. Kunst, Bd. 1: Die geometrische und die früharchaische Form, 1950 [6] (Hrsg.) Forschungen auf Kreta 1942, 1951 [7] Kreta, Mykene, Troja. Die minoische und die homerische Welt, 1956 [8] Ein röm. Meisterwerk. Der Jahreszeitensarkophag Badminton, New York, 1958 [9] Kreta und frühes Griechenland. Prolegomena zur griech. Kunstgeschichte, 1962 [10] Strukturforschung und Archäologie, in: Studium generale 17, 1964, 203–219 [11] Die dionysischen Sarkophage, 4 Bde., 1968–1975.

Sekundärliteratur

[12] B. Andreae, Friedrich Matz, in: Lullies/Schiering Arch. 250–251 [13] B. Andreae, Friedrich Matz, in: Gnomon 47, 1975, 524–528 [14] H. H. Wimmer, Die Strukturforschung in der Klassischen Archäologie (Diss. Zürich), 1997, 225–248.

Daniel Graepler

Mau, August

Dt. Klass. Archäologe und Klass. Philologe. Geb. am 15. 10. 1840 in Kiel, gest. am 6. 3. 1909 in Rom. Studium in Kiel und Bonn; Prom. 1863 in Kiel bei Otto ↗Ribbeck mit einer Diss. über Tibull. Danach Lehrer in Glückstadt; nach Erkrankung 1869 Ausscheiden aus dem Schuldienst. 1872 Übersiedlung nach Rom.; dort ab 1873 Tätigkeit am Arch. Institut sowie bei dessen Ausgrabungen in Pompeji; ab 1887 Leitung der Bibl.; 1889 Ernennung zum Prof.

Werdegang, Werk und Wirkung

M., Sohn des Kieler Theologieprof. Heinrich August M., wurde 1873 persönlicher Sekretär Wilhelm ↗Henzens am *Instituto di Corrispondenza Archeologica* in Rom. Bis zu seinem Tod hielt er sich jährlich für mehrere Monate in Pompeji auf, um die Ausgrabungen für die Journale des Institutes zu kommentieren (*Bullettino dell'Instituto di Corrispondenza Archeologica* 1873–1885; *Mittheilungen des Kaiserlich-Dt. Archäologischen Instituts, Röm. Abtheilung* 1886–1909). Nach Henzens Tod 1887 übernahm M. die Leitung der Bibl. 1889 wurde er durch kaiserliches Dekret zum Prof. ernannt sowie auswärtiges Mitglied der *Accad. di Archeologia, Lettere e Belle Arti* von Neapel.

M. zählt zu den einflussreichsten Erforschern des ant. Pompeji. Als Philologe bearbeitete er zunächst die dort seit 1871 gefundenen Wand- und Gefäßinschriften [7]. Schon in seinen *Pompejanischen Beiträgen* [1] erwies er sich jedoch als scharfsichtiger Archäologe und mahnte erstmals eine differenziertere bauhistor. Analyse der Befunde an. Bis heute einschlägig ist seine *Geschichte der decorativen Wandmalerei in Pompeji*

[2], in der er vier von ihm so bezeichnete Stile (eigentlich Dekorationssysteme) unterschied, die er zeitlich aufeinanderfolgenden Perioden der Stadtbesiedlung zuordnete. Damit wies er indirekt auch zum ersten Mal auf die lange Bau- und Nutzungsgeschichte eines großen Teils der städtischen Wohnhäuser hin. Darüber hinaus gehen auf M. so wichtige Erkenntnisse wie die richtige Benennung des Apollon-Tempels (1882) oder eine erste Rekonstruktion der *Basilica* (1888) von Pompeji zurück. Nach der Übernahme der Leitung der Bibl. in Rom, deren Realkatalog er erstellte [5], nahm die Intensität seiner Forschungen in den Vesuvstädten ab. Dennoch galt M. auch weiterhin als einer ihrer besten Kenner. Sein kleiner Führer zu den Ausgrabungen erlebte sechs Auflagen [4]. Schließlich fasste er den Kenntnisstand umfassend und auf allgemeinverständliche Weise zusammen [6].

N: Rom, DAI.

Schriften

[1] Pompejanische Beiträge, 1879 [2] Geschichte der decorativen Wandmalerei in Pompeji, 1882 [3] (Hrsg.), J. Overbeck, Pompeji in seinen Gebäuden, Alterthümern und Kunstwerken (mit A. Mau durchgearbeitet und vermehrte Aufl.), 41884 [4] Führer durch Pompeji, 1893 (61928) [5] Kat. der Bibliothek des Kaiserlich Deutschen Archäologischen Institutes in Rom, 2 Bde., 1900–1902 [6] Pompeji in Leben und Kunst, 1900 (21908; engl. 1899) [7] Inscriptiones parietariae et vasorum fictilium. Inscriptionum Parietariarum Pompeianarum Supplementum (Edition) (CIL, Suppl. 2; mit K. Zangemeister), 1909.

Sekundärliteratur

[8] H. Döhl, August Mau, in: Lullies/Schiering Arch. 78–79 [9] H. Döhl, Art. Mau, August, in: NDB 16, 1990, 421–422 [10] G. Körte, August Mau, in: Nachrichten von der Königlichen Gesellschaft der Wiss. zu Göttingen, 1909, 1–6 [11] F. Studniczka, August Mau, in: Röm. Mitteilungen 23, 1908, 269–274.

Jens-Arne Dickmann

Mazzarino, Santo

Ital. Althistoriker. Geb. in Catania am 27. 1. 1916, gest. am 18. 5. 1987 in Rom. Abitur in Catania 1932; Abschluss des Studiums der Geisteswiss. mit einer Arbeit zur ant. Geschichte bei Luigi Pareti, die in überarbeiteter Form 1942 erschien [1]; 1936/37 Fortsetzung des Studiums in München bei Rudolf ↗Pfeiffer und Walter ↗Otto. 1937–1939 Lehrer für Latein und Griechisch am humanistischen Gymnasium von Acireale; 1939–1944 Mitglied des Ital. Instituts für Alte Gesch. in Rom; seit 1944 Lehrtätigkeit an der Univ. Catania; 1951–1963 o.Prof. für Alte Gesch. ebda.; 1964–1986 Prof. für Röm. Gesch. an der Univ. La Sapienza in Rom. Seit 1964 Leiter des Istituto di Storia romana und der Scuola di perfezionamento in Storia antica; seit 1974 zudem Direktor des Istituto di Storia greca; 1973 in die Akademie von Lincei aufgenommen. M. gehörte dem Partito Comunista Italiano (PCI) an.

Werk und Wirkung

Aufgrund der Originalität seiner Ideen und der Vielfalt seiner Interessen kann M. als einer der einflussreichsten ital. Althistoriker der zweiten Hälfte des 20. Jh.s gelten. Seit seinen frühen Werken über Stilicho [1] und das 4. Jh. n. Chr. [5] zeichnete er sich durch eine eigenständige Interpretation der Spätantike aus, die der Forschung v. a. im Bereich der Wirtschafts- und Sozialgeschichte wichtige Anstöße gegeben hat. Weiter ausgeführt hat M. seine Deutung der Spätantike als einer Zeit des polit. und sozialen, nicht aber kulturellen Verfalls in [8]. Auf dem Gebiet der griech. Geschichte bereitete M. eine neue, antiklassizistische Perspektive auf die archaische Epoche vor, angeregt von Pareti, dem er die Monographie [3] widmete. M.s *opus magnum* ist die Darstellung des ant. Geschichtsdenkens, dessen Anfänge er in der frühgriech. Orphik und Lyrik sah und dessen Entwicklung er bis in die Spätantike verfolgte [9].

SV: A. Fraschetti, Scritti scientifici di Santo M., in: Quaderni catanesi di studi classici e medievali 19, 1988/89, 9–15

Schriften

[1] Stilicone. La crisi imperiale dopo Teodosio, 1942 (Ndr. 1990) [2] Dalla monarchia allo stato repubblicano. Ricerche di storia romana arcaica, 1945 (Ndr. 2001) [3] Fra Oriente e Occidente. Ricerche di storia greca arcaica, 1947 (Ndr. 2007) [4] Introduzione alle guerre puniche, 1947 (Ndr. 2003) [5] Aspetti sociali del quarto secolo. Ricerche di storia tardo-romana, 1951 (Ndr. 2002) [6] Storia romana e storiografia moderna, 1954 [7] L'impero romano, 1956 (Ndr., 2 Bde., 2003–2004) [8] La fine del mondo antico. Le cause della caduta dell'impero romano, 1959 (Ndr. 2002; dt. 1961) [9] Il pensiero storico classico, 3 Bde., 1965–1966 (Ndr. 1997–2000) [10] Vico, l'annalistica e il diritto, 1971 [11] Il basso impero. Antico, tardoantico ed èra costantiniana, 2 Bde., 1974–1980 (22003) [12] Storia sociale del Vescovo Ambrogio, 1989.

Sekundärliteratur

[13] Convegno per Santo Mazzarino. Roma, 9–11 maggio 1991, 1998 [14] A. Giardina, Introduzione, in: S. Mazzarino, Stilicone. La crisi imperiale dopo Teodosio, 1990, VII–XXXVI [15] A. Giardina, Santo Mazzarino, in: Gnomon 62, 1990, 374–379 [16] G. Giarrizo, Santo Mazzarino e la crisi della civiltà, in: Cassiodorus 1, 1995, 79–119.

Arnaldo Marcone (Ü: H.Sch.)

Meibom, Marcus

Dän. Altphilologe und Musikhistoriker. Geb. 1630 (?) in Tönning (Schleswig), gest. 1710 in Utrecht. Um 1652 am Hof Königin Christinas von Schweden tätig, später Prof. in Sorø (Dänemark) und am Athenaeum in Amsterdam (bis 1670?).

Werk und Wirkung

M.s Hauptwerk war die 1652 erschienene Ausgabe der altgriech. Musiktraktate [1], in der musiktheoretische Schriften von Aristoxenos, Euklid, Nikomachos von Gerasa, Alypios, Gaudentios, Bakcheios und Areistides Quintilianus zusammen mit einer von ihm selbst angefertigten lat. Übersetzung versammelt waren; hinzu kam noch das die Musik betreffende siebte Buch von Martianus Capellas *De nuptiis Philologiae et Mercurii*. Für einige Texte war dies die *editio princeps*. Die Sammlung blieb bis zum Erscheinen von Karl von Jans *Musici scriptores Graeci* (1895) die Standard- (und meist auch einzige) Ausgabe dieser Schriften und war auch danach nicht ganz überholt.

M.s Beschäftigung mit ant. Musik trug ihm eine Einladung an den schwed. Hof ein, doch nach einem missglückten Aufführungsversuch von griech. Musik schied M. von dort im Streit, u.a. mit Isaac ↗Vossius [9. Bd. 3, 394]; [8]. Er überarbeitete weiterhin die aus dem 15. Jh. stammende lat. Übersetzung von Diogenes Laertios' Philosophengeschichte durch Ambrosius Civenius; diese Bearbeitung erschien zuerst 1692 [5] und wurde dann in weiteren Ausgaben des Diogenes-Textes übernommen. M.s lat. Übersetzung und kommentierende Anmerkungen zu Epiktet und der *Tabula Cebetis* wurden postum von Adriaan Reland publiziert [6]. M. beschäftigte sich weiterhin intensiv mit dem ant. Schiffsbau [3], mit den mathematischen Proportionen (als einer der Musiktheorie nahestehenden Disziplin) [2] sowie mit der Textkritik des hebr. AT, die er durch genauere Beachtung des Metrums zu fördern versuchte [4].

Schriften

[1] Antiquae musicae auctores septem, Graece et Latine (Edition), Amsterdam 1652 (Ndr. 1977) [2] De proportionibus dialogus, Kopenhagen 1655 [3] De fabrica triremium liber, Amsterdam 1671 [4] Davidis Psalmi duodecim et totidem Sacrae Scripturae Veteris Testamenti integra capita, 2 Bde. (Edition), Amsterdam 1678–1698 [5] Diogenis Laertii de vitis, dogmatibus et apophthegmatibus clarorum philosophorum libri X (Edition mit lat. Übers., mit Komm. von Casaubon, Aldobrandi et al.), Amsterdam 1692 [6] Epicteti manuale et sententiae, quibus accedunt Tabula Cebetis et alia affinis argumenti, hrsg. von A. Reland, Utrecht 1711.

Sekundärliteratur

[7] R. Hoistad, Marcus Meibom and the Lost Codex Meibomianus, in: Eranos 83, 1985, 103–112 [8] Ch. Hutton, A Mathematical and Philosophical Dictionary, Bd. 1, 1795, 95 [9] J. Moller, Cimbria literata, 3 Bde., 1744.

Jürgen Leonhardt

Meiggs, Russell

Brit. Althistoriker und Epigraphiker. Geb. am 20.10.1902 in London, gest. am 24.6.1989 in Garsington (bei Oxford). Ab 1921 Studium am Keble College in Oxford, 1925 an der British School in Rom; 1926/27 Unterrichtstätigkeit am Christ's Hospital; ab 1928 Tutor, ab 1930 Fellow und 1935–1939 Dean am Keble College; 1939–1970 Fellow in Alter Gesch. am Balliol College in Oxford, das er 1945–1969 leitete. Während des Zweiten Weltkriegs Tätigkeit bei der Beschaffung von Bauholz für das Ministry of Supply. 1960, dann wieder 1974, 1976 und 1977 Visiting Prof. im Classics Department des Swarthmore College in Pennsylvania. Ehrendoktor des Swarthmore College und Mitglied der American Philosophical Society.

Werk und Wirkung

M., der nie eine Professur anstrebte, sich aber erfolgreich als akad. Lehrer engagierte, galt aufgrund seines ungewöhnlichen Aussehens und seiner Missachtung von Konventionen als Exzentriker [12]. Seine frühen Publikationen waren unmittelbar mit der Lehre verbunden: die ergänzte Bearbeitung der *History of Greece* (1900) von John Bagnell ↗Bury, ein bis heute verwendetes Standardwerk [4]; vgl. [15.8], und die Quellensammlung zur griech. Geschichte [3], die George Francis Hills *Sources for Greek History* (1897) fortsetzte. Auch seine gemeinsam mit David Lewis erstellte Neuausgabe von Marcus Niebuhr Tods Auswahl von griech. histor. Inschriften (erstmals 1933) wird noch viel genutzt [8].

Mit der Publikation von wiss. Monographien begann M. recht spät. Sein *opus magnum* über das röm. Ostia [5] ging aus jahrzehntelanger Arbeit hervor (1925 hatte er Ostia zuerst besucht); das Werk gilt nach wie vor als Grundlage und Vorbild für alle Arbeiten zum röm. Städtewesen [11.3]; [15.8]. Die nach seiner Pensionierung erschienene Forschungssynthese zum *Athenian Empire* des 5. Jh.s v. Chr. [9], die sich ganz auf die Außenpolitik von der Gründung des Seebundes bis zum Ende des Peloponnesischen Krieges konzentriert, wurde von Victor ↗Ehrenberg als *true treasure-house of knowledge*, zugleich aber auch als *unreadable except for the specialist* bewertet [14.669]; sie erscheint in der Rückschau als großer Abschluss der allein polit., alle anderen Aspekte außer Acht lassenden Geschichtsschreibung zum klass. Athen. Während seiner Tätigkeit im Zweiten Weltkrieg hatte M. nicht nur Interesse an praktischen Fragen der Versorgung mit Baumaterial [2], sondern auch an der Geschichte von Bäumen und Bauholz in der Antike entwickelt; diesem Thema widmete er 1982 seine letzte große Monographie [10], in der er das gesamte Quellenmaterial aus wirtschafts- und militärhistor. ebenso wie aus ökologischer Perspektive durchdrang.

N: Oxford, Balliol College Library.

Schriften

[1] The Growth of Athenian Imperialism, in: JHS 63, 1943, 21–34 (erneut in: P. Low [Hrsg.], The Athenian Empire, 2008, 58–80) [2] Home Timber Production 1939–1945, 1949 [3] (Hrsg.), G.F. Hill, Sources for Greek History between the Persian and Peloponnesian Wars (mit A. Andrewes), 1951 [4] (Hrsg.) J.B. Bury, A History of Greece to the Death of Alexander the Great, [3]1951 (4. Aufl. 1975, überarb. Fassung 1978; Ndr. 2003) [5] Roman Ostia, 1960 ([2]1973) [6] The Crisis of Athenian Imperialism, in: Harvard Studies in Classical Philology 67, 1963, 1–36 [7] The Dating of Fifth-Century Attic Inscriptions, in: JHS 86, 1966, 86–98 [8] A Selection of Greek Historical Inscriptions to the End of the Fifth Century B.C. (mit D. Lewis), 1969 (Ndr. 1971, 1975; überarb. Fassung 1988; Ndr. 2000) [9] The Athenian Empire, 1972 [10] Trees and Timber in the Ancient Mediterranean World, 1988.

Sekundärliteratur

[11] H. Bloch, In ricordo di Russell Meiggs, in: A. Gallina Zevi / A. Claridge (Hrsg.), ›Roman Ostia‹ Revisited. Archeological and Historical Papers in Memory of Russell Meiggs, 1996, 3–4 [12] G. Bowersock, Russell Meiggs, in: Proc. of the American Philosophical Society 135, 1991, 473–477 [13] K. Dover, Russell Meiggs, 1902–1989, in: Proc. of the British Academy 80, 1991, 361–370 [14] V. Ehrenberg, Rez. von R. Meiggs, The Athenian Empire, in: Gnomon 43, 1973, 669–676 [15] O. Murray, Russell Meiggs, Practical Historian, in: A. Gallina Zevi / A. Claridge (Hrsg.), ›Roman Ostia‹ Revisited. Archeological and Historical Papers in Memory of Russell Meiggs, 1996, 5–11.

Heinrich Schlange-Schöningen

Melanchthon, Philipp

Dt. Humanist, Philologe und Theologe. Geb. am 16.2.1497 in Bretten als Philipp Schwarzerd(t), gest. am 19.4.1560 in Wittenberg; bestattet in der dortigen Schlosskirche neben Martin Luther. Nach dem Tod von Vater und Großvater 1508 Erziehung durch Johannes ↗Reuchlins Schwester Elisabeth, eine Verwandte mütterlicherseits, in Pforzheim; Besuch der dortigen Lateinschule; 14.10.1509 Immatrikulation an der Heidelberger Univ.; 10.6.1511 Erlangung des Grades *Baccalaureus artium in via antiqua* (Scholastik, Realismus) ebda.; 17.9.1512 Immatrikulation in Tübingen; 25.1.1514 Erlangung des Magistergrades in *via moderna* (Nominalismus). Danach Lehre der Rhetorik und Dialektik in der Tübinger Realisten-Burse; Tätigkeit als Korrektor beim Drucker Thomas Anselm ebda.; Übernahme des zuvor von Heinrich Bebel vertretenen Lehrauftrags für Eloquenz.

1518 Antritt des neugestifteten Lehrstuhls für griech. Sprache an der Univ. Wittenberg auf Reuchlins Empfehlung. 1519 Begleitung Luthers zur Leipziger Disputation; 19.9.1519 Erwerb des Grades *Baccalaureus biblicus* in Wittenberg, danach Aufnahme theologischer Vorlesungen. 1523/24 erstes Rektorat und Erlass einer neuen Studienordnung; 1525 Erhalt eines Sonderstatus mit der Erlaubnis, sowohl in der philos. als auch in der theologischen Fakultät über jedes beliebige Thema zu lesen. 23.5.1526 Eröffnung der unter M.s Ägide gegründeten Lateinschule von Nürnberg. 1529 Verhandlungsführer der Reformation auf dem Reichstag von Speyer und beim Marburger Religionsgespräch; 1530 Ausarbeitung der *Confessio Augustana* und Teilnahme am Augsburger Reichstag. 1533 Abfassung von Statuten für die theologische Fakultät, ab 1535 Mitglied der theologischen Fakultät der Univ. Wittenberg; 1536/37 erstes Dekanat der philos. Fakultät; 1536 Formulierung der Wittenberger Konkordie; 1538 zweites Rektorat. Teilnahme an den Wormser (1540/41) und Regensburger Religionsgesprächen (1541). 1545 Abfassung von Statuten für die philos. und die theologische Fakultät und die ganze Univ. Wittenberg; 18.10.1546–18.10.1548 zweites Dekanat. 1551 Abfassung der *Confessio Saxonia*; Auseinandersetzung mit Andreas Osiander um die Rechtfertigungslehre; 1557 Teilnahme am Wormser Kolloquium.

Studium und frühe Lehrtätigkeit in Tübingen

Durch den frühen Tod seines Vaters, eines Waffenschmiedes, gelangte M. als 11-Jähriger in die Obhut des Humanisten und Hebraisten Johannes ↗Reuchlin, der ihm am 15.3.1509 bei einer Schulfeier in Anerkennung für lat. Verse eine Griechischgrammatik schenkte und ihn auch in den Folgejahren förderte, bis M. sich seinem Versuch verweigerte, ihn aus dem protestantischen Wittenberg ins katholische Ingolstadt zu holen. In Reuchlins Widmung der Grammatik erscheint zum ersten Mal die Gräzisierung des Namens Schwarz-erd zu Melanchthon. Der Unterricht in der Lateinschule Pforzheims erfolgte nach den Reformideen Jakob Wimpfelings. Nach weniger als einem Jahr wechselte M. zur Univ. in Heidelberg. Dort wohnte er bei dem zwar scholastisch ausgebildeten, aber dem Humanismus gegenüber aufgeschlossenen Theologieprof. Pallas Spangel, in dessen Haus er Wimpfeling persönlich kennenlernte.

Die Tübinger Zeit war nicht nur durch einen Wechsel der philos. Methode geprägt, sondern auch durch das Studium der Astronomie, Musik, Arithmetik und Geometrie, der griech., hebr. und lat. Sprache. Die Beschäftigung mit Aristoteles im Original ließ den Plan einer Gesamtausgabe entstehen. In dieser Zeit erhielt M. auch die 1515 postum erschienene *Dialektik* Rudolf Agricolas zum Geschenk. Der Übergang von M.s Studium zu eigener Lehrtätigkeit bei den Anfängern erfolgte fließend; auch seine ersten Bücher publizierte er noch in den letzten Tübinger Jahren. Außerdem äußerte er sich bereits in dieser Zeit in der Rede *De artibus liberalibus* [1.Bd. 11, 5–14]; [3.Bd. 3, 17–28] zur Wiss.-Theorie: Er propagierte Dialektik und Mathematik und fügte dem traditionellen Fächerkanon die Poesie und die Geschichte hinzu, deren Bedeutung ihm von Reuchlin nahegebracht worden war und die er später selbst durch Vorlesungen und Publikationen vertrat [13. 12–27].

Lehrtätigkeit in Wittenberg und Bildungsreform

Die am 28.8.1518 in Wittenberg gehaltene Antrittsrede *De corrigendis adulescentiae studiis* [1.Bd. 11, 15–25]; [3.Bd. 3, 29–42]; [8.65–70] zeigt Ähnlichkeiten mit ↗Erasmus' Denken und kann als Programmschrift zur Integration humanistischer Bildung in den Protestantismus gelten. Hierin setzte sich M. nicht nur für das Studium der Mathematik und Geschichte ein, sondern auch für jenes des Griechischen, für Theologen auch des Hebräischen. Denn auch wenn die Theologen nur unter der Leitung des Hl. Geistes zu ihrem Ziel gelangten, blieben doch die Wiss. als Wegbegleiter unerlässlich [3.Bd. 3, 40]. Sprachliche Kompetenz galt M. als erforderlich, um einerseits die paganen und christl. Quellen im Original zur Kenntnis nehmen, andererseits sich verständlich äußern zu können. Die ant. Klassiker bildeten hierbei gleichermaßen das Beispiel guten Stils wie ein reiches Reservoir moralischen, polit. und juristischen Wissens (*Encomium eloquentiae*) [3.Bd. 3, 50–52]; [8]. So hielt M. nach dem theologischen Abschluss zwar biblische Vorlesungen, verblieb aber gegen Luthers Wunsch in der Artistenfakultät, um das notwendige philos. und sprachlich-philol. Rüstzeug zu vermitteln, ohne das seiner Meinung nach die Theologie unverständlich blieb.

Bis zur befriedigenden Besetzung des Lehrstuhls 1521 lehrte M. neben der griech. auch die hebr. Sprache. Diesem Konzept entsprach die Studienreform, die er als Rektor erließ. M. reduzierte die traditionellen Disputationen, veränderte sie thematisch und führte Redeübungen ein, die nicht nur das formallogische Denken, sondern auch die sprachliche Eleganz fördern sollten. Organisatorische Veränderungen sollten zu engerer Betreuung der Studenten führen: Jedem Studenten wies der Rektor einen Tutor zu, der einen individuellen Stundenplan erstellte. An den Reformen der Univ. Tübingen und Heidelberg arbeitete M. persönlich mit, für andere wirkte er beratend. Auch an Schulneugründungen beteiligte er sich und entwarf Schulordnungen. Die bekannteste dieser Gründungen ist das Aegidianum in Nürnberg (1526), dessen Rektorat M.s Freund Joachim ↗Camerarius d.Ä. übernahm.

Pädagogische Prinzipien bestanden in der Lehre der lat. Sprache bis zur aktiven Beherrschung, der Reduzierung des Lehrstoffes zugunsten von Gründlichkeit und Wiederholung und der Aufteilung der Schüler nach Alter und Wissen auf drei Klassen. Multiplikatoren von M.s pädagogischem Programm wurden seine zahlreichen Schüler; zu ihnen gehörten David Chytraeus, Georg Major, Michael Neander, Christoph Pezel und Georg Fabricius sowie M.s Schwiegersöhne Caspar Peucer und Georg Sabinus [12.372–375]; [13.28–56].

Theologisch-politisches Wirken

Trotz gesundheitlicher Einschränkungen führte M. nicht das zurückgezogene Leben eines Univ.-Prof., sondern war seit seinem Wechsel nach Wittenberg als Weggefährte und Freund Luthers in führender Rolle in die konfessionellen Streitigkeiten seiner Zeit involviert und bestimmte nach dessen Tod die Leitlinie des Protestantismus. Zwar übernahm er wegen eines Sprachfehlers kein Predigtamt und entzog sich der Bitte des Kurfürsten von der Pfalz, im Bauernkrieg 1524/25 zu vermitteln, visitierte aber in Kursachsen Kirchen ebenso wie Schulen und nahm in den Jahren von 1529 (Marburger Religionsgespräch) bis 1557 (Wormser Kolloquium) zusammen mit Luther, in dessen Stellvertretung und nach dessen Tod als Führer der zunehmend untereinander zerstrittenen Protestanten an zahlreichen Religionsgesprächen teil, wobei er meist eine vermittelnde Position vertrat. Überdies fungierte er als Publizist der evang. Sache. Das von ihm 1530 verfasste *Augsburger Bekenntnis* und dessen Apologie wurden zu Grundschriften des Protestantismus, die über Jahrhunderte Geltung behalten haben [12.375–385].

Schriftstellerisches Werk

M. hinterließ ein sowohl quantitativ als auch in seiner thematischen Breite gewaltiges Werk, das weder durch eine mod. Gesamtedition noch durch eine vollständige und chronologisch zuverlässige Bibliographie erschlossen ist [6]. Überdies erschienen einige Schriften in mehreren, teilweise grundlegend überarbeiteten Versionen.

Das Werk umfasst Schulbücher, darunter eine lat. und eine griech. Grammatik; Bücher zur Rhetorik

(*De rhetorica libri tres*, 1519; *Institutiones rhetoricae*, 1521; *Elementorum rhetorices libri duo*, 1531 [5]; [9]: *Dispositiones rhetoricae*, 1552) und Logik (*Compendiaria dialectices ratio*, 1520; *Dialectices libri quatuor*, 1528; *Erotemata dialectices*, 1547); die *Loci theologici*; Bibelkommentare und Textausgaben; Erläuterungen zu lat. Autoren (u.a. Plautus, Cicero, Ovid, Seneca), darunter eines seiner erfolgreichsten Bücher und seine erste wiss. Leistung, die von Erasmus hochgelobte Terenz-Ausgabe vom März 1516 mit einer literatur- und bildungsgeschichtlichen Einleitung [11]; Textausgaben, Übersetzungen und Erläuterungen zu griech. Autoren (u.a. Aischines, Aristophanes, Demosthenes, Euripides, Hesiod, Lukian, Plutarch, Xenophon); auf Aristoteles basierende Schriften zu Ethik, Politik und Recht; Werke zu Anthropologie, Physik, Geschichte und Geographie; polemische und zeitgeschichtliche Schriften; Bücher zur kirchlichen Lehre und Praxis; Univ.-Schriften wie z.B. Festreden und Gedichte [12.371, 386–389].

Die rhetorischen Werke entsprechen M.s Integration von Humanismus und Protestantismus insofern, als er in ihnen die Trad. der ant. Rhetorikhandbücher und der ma. Predigtlehren verknüpfte und um eine Theorie für belehrende und darstellende Texte ergänzte. Darüber hinaus macht er die Dialektik, die Agricola, Juan Luis Vives und Petrus Ramus von der Rhetorik als einer reinen Stil(mittel)lehre abgetrennt hatten, als systematisierte und katalogisierte Topik (d.h. Lehre zur Auffindung von Argumenten) zu einem Teil und gleichzeitig zur Grundlage der Rhetorik. Die Rhetorik wird bei M. zu einem Instrument, sowohl verständlich und überzeugend zu reden und zu schreiben, als auch Bücher der Bibel ebenso wie profane Texte kritisch beurteilen zu können [5.443–461]; [7.254–310]; [13.86–90]. In der Topik folgte M. ant. Autoren sowie Erasmus in der Empfehlung, bei der Lektüre nach Allgemeinbegriffen (Topoi) Exzerpte anzulegen, suchte jedoch im Unterschied zu seinen Vorgängern diese Topoi nicht an die Texte heranzutragen, sondern aus ihnen zu entwickeln. So gewann er die Struktur der *Loci theologici*, eines Leitfadens zur Lektüre der Bibel und der ersten evang. Dogmatik, aus dem Römerbrief [12.373]; [15.742].

Bedeutung und Wirkung

Durch seine Vielseitigkeit ragt M. als Philologe, Pädagoge, Theologe, Philosoph und Politiker unter seinen Zeitgenossen hervor und gilt als bedeutendste Gestalt des dt. Renaissance-Humanismus. Seine Schulreformen blieben bis in die Aufklärung hinein wirksam; seine praxisorientierten Lehrbücher wurden häufig gedruckt und waren weit über die Grenzen des dt. Sprachraums hinaus und lange in Gebrauch – in katholischen Einrichtungen teilweise nach Tilgung des Autorennamens, wie dies auch bei anderen evang. Autoren praktiziert wurde. Die *Loci* wurden zum bestimmenden evang. theologische Lehrbuch [7.299–309]; [10]; [12.395]; [15.742]. M.s Bedeutung als Bildungsreformer in Theorie und Praxis manifestiert sich in dem schon zu Lebzeiten verliehenen Titel »Lehrer Deutschlands« (*praeceptor Germaniae*). Wiss.-geschichtlich besteht die Leistung des Universalgelehrten M. auch darin, Welterklärungen sowohl unter christl.-religiösen als auch unter rational-weltlichen (naturwiss., medizinischen, histor.) Gesichtspunkten entwickelt zu haben [14].

Schriften

[1] Opera omnia, hrsg. von K.G. Brettschneider und H.G. Bindseil, 1834–1860 (Corpus Reformatorum 1–28; unvollständig) [2] Supplementa Melanchthoniana in 6 Abt., 1912–1926 [3] Melanchthons Werke in Auswahl, hrsg. von R. Stupperich, 7 Bde., 1951–1973 [4] Melanchthons Briefwechsel, hrsg. von H. Scheible, 9 Bde., 1977–1998 [5] Elementa rhetorices. Grundbegriffe der Rhetorik, hrsg., übers. und komm. von V. Wels, 2001.

Sekundärliteratur

[6] O. Beuttenmüller, Vorläufiges Verzeichnis der Melanchthondrucke des 16.Jh.s, 1960 [7] C.J. Classen, Antike Rhetorik im Zeitalter des Humanismus, 2003 [8] B. Effe, Philipp Melanchthon. Ein humanistisches Plädoyer für den Bildungswert des Griechischen, in: G. Binder (Hrsg.), Philipp Melanchthon. Exemplarische Aspekte seines Humanismus, 1998, 47–102 [9] J. Knape, Philipp Melanchthons »Rhetorik«, 1993 [10] J. Leonhardt, Melanchthon als Verfasser von Lehrbüchern, in: J. Leonhardt (Hrsg.), Melanchthon und das Lehrbuch des 16.Jh.s, 1997, 13–33 [11] P. Mack, Melanchthon's Commentaries on Latin Literature, in: G. Frank / K. Meerhoff (Hrsg.), Melanchthon und Europa, 2. Teilbd.: Westeuropa, 2002, 29–52 [12] H. Scheible, Art. Melanchthon, in: TRE 22, 1992, 371–410 [13] H. Scheible, Melanchthon. Eine Biographie, 1997 [14] W. Sparn, Die Welt als Natur und Geschichte. Zur wissenschaftsgeschichtlichen Bedeutung Melanchthons, in: H.C. Brennecke / W. Sparn (Hrsg.), Melanchthon. Zehn Vorträge, 1998, 33–54 [15] R. Stupperich, Art. Melanchthon, Philipp, in: NDB 16, 1990, 741–745.

Beate Hintzen

Menge, Hermann

Dt. Pädagoge und Klass. Philologe. Geb. am 7.2.1841 in Seesen, gest. am 9.1.1939 in Goslar. 1860–1863 Studium der Klass. Phil. und Gesch. in Göttingen; dort 1863 Diss. *De praepositionum usu apud Aeschylum*. Ab 1864 Gymnasiallehrer in Helmstedt, 1866–1876 in Holzminden, 1876–1894 in Sangerhausen, ab 1887 Direktor; 1894–1900 Gymnasialdirektor in Wittstock. 1928 Ehrendoktorat der Univ. Münster.

Werk und Wirkung

M.s wiss. Werke erwuchsen aus dem Gymnasialunterricht: das *Repetitorium der lat. Syntax und Stilistik* [1] (von 1873 bis 1914 zehn Aufl.) und das *Repetitorium der griech. Syntax* [2]. Weitere Unterrichtswerke sind die *Kurzgefaßte lat. Synonymik für die obersten Gymnasialklassen* (1874), *Materialien zur Repetition der lat. Grammatik* (1885) sowie die *Lat. Schulgrammatik* (1886). Weniger bekannt ist seine *Geschichte der dt. Litteratur* (1877). Sein ebenfalls mehrfach aufgelegtes Buch zu den Oden und Epoden des Horaz [3] wurde zwar kritisiert (u.a. von Oskar Weißenfels und Paul Cauer), da er bei der »poetischen Wiedergabe in moderner Form« andere Nachdichtungen nach Gutdünken abänderte. Eine Prachtausgabe wurde aber 1900 auf der Weltausstellung in Paris präsentiert. Im vorzeitigen Ruhestand erbrachte M. bis heute fortwirkende Leistungen: 1903 erschienen das *Lat.-dt.* und das *Griech.-dt. Taschenwörterbuch* sowie das griech. *Schulwörterbuch* [4], 1907 das große lat. *Schulwörterbuch* [5], dem Franz Cramer »einen Fortschritt in der lat. Lexikographie, bes. für Schulzwecke« bescheinigte.

Große Verdienste erwarb sich M. durch seine Bibelübersetzung: Nach Erscheinen des NT 1909 arbeitete er mehr als zwölf Jahre an der Übertragung des AT [6]. Er verstand diese Arbeit als religiöse Berufung [8.108]. Mit der Begründung, dass er »durch seine Verdeutschung der Bibel vielen ... Menschen unserer Zeit den Weg zum Verständnis der Hl. Schrift von neuem geebnet hat«, verlieh ihm 1928 die Evangelisch-Theologische Fakultät der Univ. Münster die Ehrendoktorwürde. Bereits 1929 waren etwa 100000 Exemplare dieser Ausgabe verkauft; noch heute ist die »M.-Bibel« im Buchhandel erhältlich.

Schriften

[1] Repetitorium der lat. Syntax und Stilistik, 1873 (14 1953) [2] Repetitorium der griech. Syntax, 1878 (8 1954, 9 1961) [3] Die Oden und Epoden des Horaz, für Freunde Klassischer Bildung, besonders für die Primaner unserer Gymnasien bearbeitet, 1892 (4., erw. Aufl. 1904 u.ö.) [4] Griech.-deutsches und deutsch-griech. Hand- und SchulWB, 2 Bde. (mit O. Güthling), 1903 [5] Lat.-deutsches und Deutsch-lat. Hand- und SchulWB, 2 Bde. (mit O. Güthling), 1907 [6] Die Heilige Schrift des Alten und Neuen Testaments (Übers.), 1926.

Sekundärliteratur

[7] A. Fritsch, Latein und Griechisch in der Defensive. Das Beispiel Hermann Menges, in: R. Dithmar / H.-D. Schultz (Hrsg.), Schule und Unterricht im Kaiserreich, 2006, 83–108 [8] P. Olbricht, Der Bibelübersetzer Hermann Menge, 1939 [9] A. Thierfelder, Hermann Menge, in: Burs. Jbb. 275, 1941, 59–64.

Andreas Fritsch

Merkelbach, Reinhold

Dt. Gräzist, Papyrologe, Epigraphiker und Religionshistoriker. Geb. am 7.6.1918 in Grenzhausen, gest. am 28.7.2006 in Köln. Nach dem Krieg Studium der Klass. Phil. in Hamburg, dort 1947 Prom., 1950–1957 PD. 1957–1961 Prof. an der Univ. Erlangen, 1961–1983 an der Univ. Köln. Ehrendoktorat der Univ. Besançon: ab 1970 Mitglied der Nordrhein-Westfälischen Akad. der Wiss.

Werk und Wirkung

M., einziger Sohn einer rheinland-pfälzischen Unternehmerfamilie, studierte nach dem Wehrdienst im Zweiten Weltkrieg in Hamburg bei Bruno ↗Snell. Nach der Diss., einer schichtenanalytischen Untersuchung der *Odyssee*, und der Habil. zum griech. Alexanderroman [1] wandte er sich als PD in Hamburg seinem eigentlichen Forschungsfeld zu. M. veröffentlichte zahlreiche Werke zur ant. Religionsgeschichte (u.a. seine berühmte, wenn auch umstrittene Monographie über die Verbindungen von Mysterienkulten und ant. Romanen [2], die er lebenslang verfocht, vgl. auch [6]; [4]; [5]). Weitere zentrale Forschungszweige waren die ant. Epigraphik und Papyrologie: Er veröffentlichte mehrere Inschriftensammlungen (u.a. [8]); 1968–1971 war er Mitglied, 1974–1980 Vizepräsident des *International Committee of Papyrology*. Darüber hinaus war er Mitherausgeber von Zeitschriften, u.a. der *Zeitschrift für Papyrologie und Epigraphik* (deren Mitbegründer er war) und der *Epigraphica Anatolica*, sowie Schriftenreihen (u.a. *Beiträge zur klass. Philologie*, *Papyrologische Texte und Abhandlungen*).

M.s wiss. Œuvre umfasst 19 monographische Arbeiten, nahezu 600 Aufsätze und mehr als ein Dutzend Editionen antiker Texte sowie Papyrussammlungen (u.a. [3]). Zwei Leitlinien lassen sich bei seiner wiss. Tätigkeit ausmachen: die Verbindung von sonst häufig getrennt voneinander arbeitenden alt.wiss. Disziplinen um die Philologie als Kern (vgl. auch die eigene Bezeichnung seines Kölner Lehrstuhles für »Klass. Philologie und Nebendisziplinen«, d.h. Epigraphik, Papyrologie und Numismatik) und das Streben nach neuem Wissen über die klass. Antike, das auch seinem Interesse an Inschriften und Papyri zugrunde lag.

SV: [9.25–26] (für die Jahre 1997–2005).

Schriften

[1] Die Quellen des griech. Alexanderromans, 1954 (2 1977 mit J. Trumpf) [2] Roman und Mysterium in der Antike, 1962 [3] Fragmenta Hesiodea (Edition; mit M.L. West), 1967 [4] Die Hirten des Dionysos. Die Dionysos-Mysterien der röm. Kaiserzeit und der bukolische Roman des Longus, 1988 [5] Mithras. Ein persisch-röm. Mysterienkult, 1994 (2 1998) [6] Isis regina – Zeus Sarapis.

Die griech.-ägyptische Religion nach den Quellen dargestellt, 1995 (²2001) [7] Philologica, Ausgewählte K.S., hrsg. von W. Blümel et al., 1997 [8] Steinepigramme aus dem griech. Osten, 4 Bde. und Registerbd. (Edition; mit J. Stauber), 1998–2005.

Sekundärliteratur

[9] Zs. für Papyrologie und Epigraphik 163, 2007, 1–26 (Beiträge zu Merkelbachs Werk und Wirken)
[10] W.D. Lebek, Nachruf auf Reinhold Merkelbach, in: Nordrhein-Westfälische Akad. der Wissenschaften, Jb., 2007, 166–179.

Gregor Bitto

Meshorer, Yaakov

Israel. Klass. Archäologe und Numismatiker. Geb. am 14.8.1935 in Jerusalem, gest. am 23.6.2004 ebda. 1960–1966 Studium an der Hebrew Univ. of Jerusalem, dort B.A. in Archaeology and Jewish History, M.A. in Classical Archaeology, Ph.D. 1971 in Numismatics. 1969–1993 Kurator der numismatischen Abteilung des Israel Museum Jerusalem; 1975–1982 und 1990–1996 Chief Curator des Archaeological Wing ebda. 1983 Prof. of Numismatics an der Hebrew Univ. of Jerusalem. Mitglied mehrerer Fachgesellschaften; zahlreiche Ehrungen, u.a. 2001 die Archer M. Huntington Medaille der *American Numismatic Society*.

Werdegang, Werk und Wirkung

Das Interesse an der Antike wurde bei M. bereits im Kindesalter durch seine zahlreichen Funde von ant. Münzen außerhalb Jerusalems geweckt. Nach zweijährigem Militärdienst wurde er 1956 Mitglied im Kibbuz Hatzerim (Negev-Wüste), wo er sein Hobby vertiefte und ein kleines Museum aufbaute. Nach dem anschließenden Studium an der Hebrew Univ. of Jerusalem mit numismatischem Dokorat (1971) war er bis 1993 als Kurator der numismatischen Abteilung des Israel Museum in Jerusalem tätig. Zusätzlich bekleidete er zweimal, 1975–1982 und 1990–1996, den Posten als Hauptkurator der arch. Abteilung dieses Museums. Eine Berufung auf die Professur für Numismatik am Arch. Institut der Hebrew Univ. of Jerusalem erfolgte 1983 [5].

Zahlreiche Studien, darunter mehrere Monographien zu den Münzen Palästinas [3]; [4] und angrenzender Gebiete [1], kennzeichnen das Hauptgebiet seiner Fachkompetenz. M. ist es zu verdanken, dass die umfangreiche Münzprägung Palästinas [2] erstmals systematisch erschlossen, bearbeitet und unter Zusammenstellung verschiedener Corpora der numismatischen Forschung zugänglich gemacht wurde. Neben seiner Tätigkeit für die israelische Bodendenkmalpflege im *Archaeological Council of the Israel Antiquities Authority* war M. als Direktoriumsmitglied der *Israel Society for Medals and Coins* auch aktiv an der Bildgestaltung der mod. Münzen des Staates Israel beteiligt. Sein Wirken trug maßgeblich dazu bei, die numismatische Forschung in Israel als akad. Fach zu etablieren und über die Grenzen hinaus bekannt zu machen.

Schriften

[1] Nabatean Coins, 1975 [2] Sylloge nummorum Graecorum, Bd. 6: Palestine-South Arabia, 1981 [3] The Coinage of Aelia Capitolina, 1989 [4] Samarian Coinage (Numismatic studies and researches 9; mit Sh. Qedar), ²1999.

Sekundärliteratur

[5] H. Gitler, Ya'akov Meshorer, in: Conseil international de numismatique. Compte rendu 51, 2004, 36–38.

Stefan Krmnicek

Meuli, Karl

Schweizer Klass. Philologe und Religionswissenschaftler. Geb. am 16.9.1891 in Märstetten (Kanton Thurgau), gest. am 1.5.1968 in Basel. 1911 Studium der Klass. Philologie in München, ab 1912 in Basel, dort 1920 Prom. und 1926 Habil. 1919–1957 Lehrer am Humanistischen Gymnasium Basel, daneben Dozent an der Univ. Basel. Ab 1926 PD, ab 1933 ao.Prof., ab 1942 o.Prof. für Klass. Phil. ebda.

Werk und Wirkung

Prägend für M. war das Studium in München, wo Otto Crusius sein Interesse an ant. Volkskunde weckte und er durch Kontakte zum George-Kreis Johann Jakob ↗Bachofen für sich entdeckte, dessen Werkausgabe er später mitbetreute (wichtig v.a. sein Nachwort zum *Mutterrecht* [3.Bd. 3, 1011–1128]). Im Zentrum von M.s Forschungen steht die kulturelle Bewältigung der Todeserfahrung in Ritualen und Glaubensvorstellungen. So interpretierte er in seiner Diss. die Irrfahrten des Odysseus als Transformation eines alten Argonautenepos, das auf eine »Urfabel« zurückgehe, welche die Fahrt eines Helden ins Sonnenland des Jenseits erzählt habe [1]. Diesen Erzähltypus führte M. später [2] auf schamanistische Praktiken einer ekstatischen Jenseitsreise zurück. Die hier (in Nachfolge Erwin ↗Rohdes) vertretene These einer Beeinflussung von griech. religiösen Konzepten durch einen über die Skythen vermittelten Schamanismus lieferte Walter Burkert wichtige Impulse für sein Pythagorasbild.

Die Beschäftigung mit Opferriten asiatischer Hirtenvölker bildete die Grundlage für M.s Ansatz, das Opfer als ein rituelles Schlachten zu begreifen, das der Gewissensberuhigung des Tiermörders diene [4]. Die

Opferrituale paläolithischer Jäger seien eigentlich Bestattungsrituale, welche die Regeneration des getöteten Tieres und damit künftige Jagdbeute sicherstellen sollten. Die ursprgl. »primitive Denkweise« wirke als psychische Grunddisposition auch in höheren Kulturstufen fort. Diese *survival*-Theorie ist von Burkert (v. a. in *Homo necans*, 1972 u.ö.) weiterentwickelt worden.

Im Anschluss an seine Habil. zum Agon [6] nahm M. das Projekt einer umfassenden Darstellung des Totenglaubens und der Trauersitten in Angriff (in Auseinandersetzung mit Positionen der Usener-Schule, der *Cambridge Ritualists* sowie der Freud'schen Psychoanlayse [11.209]), von dem aber nur einzelne Abschnitte publiziert worden sind. Hierher gehört die Maskentheorie, nach der Maskenfeste, wie sie laut M. auch für ant. Riten wie die *Compitalia* charakteristisch waren [5], die zeitweilige Rückkehr der Verstorbenen repräsentieren sollen. M.s konsequent interdisziplinärer Ansatz zeitigte zunächst außerhalb der Klass. Philologie bleibende Erfolge (v. a. in seinem Einsatz für die schweizer. Volkskunde), hat aber in den letzten Jahrzehnten auch in der kulturwiss. orientierten alt.wiss. Forschung größere Resonanz gefunden [9].

SV: [7. Bd. 1, 21–29].

Schriften

[1] Odyssee und Argonautika (Diss. Basel), 1921 [2] Skythika, in: Hermes 70, 1935, 121–176 [3] (Hrsg.) J. J. Bachofens Ges. Werke, Bde. 1–4, 7, 8 und 10, 1943–1967 [4] Griech. Opferbräuche, in: O. Gigon (Hrsg.), Phyllobolia, 1946, 185–288 [5] Altröm. Maskenbrauch, in: MH 12, 1955, 206–235 [6] Der griech. Agon, 1968 (Habil.schrift 1926) [7] Ges. Schriften, 2 Bde., hrsg. von Th. Gelzer, 1975.

Sekundärliteratur

[8] E. Bonjour, Art. Meuli, Karl, in: NDB 17, 1994, 264–265 [9] F. Graf (Hrsg.), Klassische Antike und neue Wege der Kulturwissenschaften, 1992 [10] F. Jung, Karl Meuli. Leben und Werk (Diss. Basel 1975), 1976 [11] R. Schlesier, Kulte, Mythen und Gelehrte, 1994.

Roland Baumgarten

Meursius, Johannes

Johannes van Meurs; niederl. Philologe. Geb. am 9. 2. 1579 bei Den Haag, gest. am 20. 9. 1639 in Sorø (Dänemark). Studium in Leiden; 1608 juristische Prom. in Orléans. 1610–1620 Prof. der Gesch. und des Griech. in Leiden; ab 1611 auch Geschichtsschreiber der Generalstaaten; ab 1625 Prof. der Gesch. und Staatskunde in Sorø und dän. Hofgeschichtsschreiber.

Werk und Wirkung

M. besuchte bereits im Alter von 12 Jahren die Univ. Leiden und erwarb sich in jungen Jahren eine stupende Gelehrsamkeit. Schon als 16-Jähriger verfasste er einen philol. Kommentar zu Lykophrons rätselhaftem Gedicht *Alexandra* (gedr. Leiden 1597). Im Alter von 20 Jahren wurde er Erzieher der beiden Söhne des polit. gemäßigten und 1619 unter Prinz Moritz von Oranien hingerichteten Politikers Johan van Oldenbarnevelt. 1610 erhielt M. den Ruf an die Univ. Leiden, wo er Freundschaft mit Hugo ↗Grotius schloss und – anders als die meisten niederl. Philologen – als Gräzist wirkte. Nach dem Todesurteil gegen seinen Gönner Oldenbarnevelt auf Betreiben radikaler Calvinisten wurde er wie Grotius als Gegner der Prädestinationslehre Opfer der konfessionellen Auseinandersetzungen und verlor 1620 seine Besoldung. 1625 nahm er daher die Einladung des dän. Königs Christian IV. an, an der neu gegründeten Akad. Sorø (westl. Zeeland) zu lehren. Zugleich wurde er zum dän. königlichen Hofgeschichtsschreiber ernannt.

M.' Arbeiten sind breit gestreut: Sie umfassen Lexikographisches, Textausgaben der griech. Tragiker, philol. Studien v. a. zu griech. Autoren (u. a. Lykophron, Theokrit, Hesychios), antiqu. Forschungen zum ant. Athen und seinen Kultfesten (z. B. Panathenäen, Eleusinische Mysterien; attische Phylen und Archonten), aber auch Arbeiten zur Gesch. der Stadt und Univ. Leiden sowie der Niederlande insgesamt und seit seiner dän. Zeit auch zur Geschichte Dänemarks und dessen Königshaus. Als junger Mann hatte er 1602 eigene lat. Gedichte publiziert (u. a. sechs *Heroides*-Briefe nach Ovids Vorbild). Früher schrieb man M. fälschlich eine lat. Übersetzung des wohl von Nicolas Chorier verfassten erotischen Dialogs *Satyra sotadica de arcanis Amoris et Veneris* (gedr. zuerst 1659) zu. M.' antiqu. Œuvre beruht im Wesentlichen auf unkritischer Kompilation, wurde aber später noch geschätzt und von Jacobus ↗Gronovius in seinem *Thesaurus antiquitatum Graecarum* (1697–1702) ausgewertet; Giovanni Lami erstellte noch im 18. Jh. eine Gesamtausgabe [1]. Bedeutsam war M. insbes. als einer der Begründer von antiqu. und philol. Studien in Skandinavien.

Schriften

[1] Joan. Meursii opera omnia, 12 Bde., hrsg. von J. Lamius, Florenz 1741–1763.

Sekundärliteratur

[2] H. Brugmans, Art. Meursius, Johannes, in: Nieuw Nederlandsch biographisch woordenboek, Bd. 7, 1927, 872–873 [3] H. F. Rørdam / M. C. Gertz, Art. Meursius, Johannes, in: C. F. Bricka (Hrsg.), Dansk biografisk lexikon, Bd. 11, 1897, 264–267 [4] Sandys Hist., Bd. 2, 1908, 310–311 [5] K. Skovgaard-Petersen, Historiography at the Court of Christian IV (Diss. Bergen), 2002.

Peter Kuhlmann

Meyer, Eduard

Dt. Klass. Philologe und Althistoriker. Geb. am 15. 1. 1855 in Hamburg, gest. am 31. 8. 1930 in Berlin. Besuch des Johanneums in Hamburg, dort – neben dem seines Vaters – starker Einfluss des Universalhistorikers und Thukydidesforschers Johannes Classen; ab 1872 Studium der oriental. und klass. Sprachen in Bonn und ab 1872/73 der Orientalistik sowie Ägyptologie in Leipzig; 1875 Prom. ebda. über den ägypt. Gott Seth. 1875/76 Hauslehrer im Dienst von Sir Philip Francis, dem engl. Gesandten in Konstantinopel, nach dessen Tod in dem seiner Familie in England. 1879 Habil. in Leipzig zum Königreich Pontos [1]; [14. 214–240]. Auftrag des Cotta-Verlags, die *Geschichte des Altertums* als Hand- und Lehrbuch zu verfassen (»Altertum« im Sinne der auf Barthold G. ↗Niebuhr zurückgehenden Tradition in umfassendem Sinne zu verstehen als Gesch. nicht nur der klass. Antike, sondern auch des Alten Orients). 1885–1889 Prof. für Alte Gesch. in Breslau; 1889–1902 erster Ordinarius des Faches in Halle; ab 1902 bis zur Emeritierung 1923 Ordinarius in Berlin [16. 310 f.].

Werk und Wirkung

Koordinaten von M.s Geschichtsbild bilden der Staat als primäre Institution, ein staatstheoretischer Hegelianismus (trotz M.s ausdrücklicher Hegelkritik), die ebenfalls durch Hegel geprägten Terminologien für histor. Ideen und Prinzipien sowie die Metaphysik des histor. Geistes, der Fortschritts- und Entwicklungsgedanke und die mit diesem verbundene darwinistische Idee der Auslese. Am klarsten legte M. diese Koordinaten in der Einleitung (Elemente der Anthropologie) zu seiner *Geschichte des Altertums* [2] sowie in kleineren kritischen Schriften [4] zum Thema dar [19]; [21]. M.s »Staat« verhält sich nicht komplementär zur Gesellschaft, sondern umfasst als Oberverband alle anderen Institutionen, Kollektive und Verbände: Nur wo Staat ist, ist auch Geschichte.

M.s begriffliche Ordnung der histor. Phänomene ist dialektisch entwickelt [11. 304–308]; wesentlicher Inhalt der geschichtlichen Entwicklung sind demnach die Freiheit, eine als Stufenfolge verstandene Entwicklung des Geistes, der Kulturen, der Weltdeutungs- und Religionsformen. Die Individualität der handelnden Persönlichkeiten, die Kontingenz des sich antagonistisch verschränkenden oder jeweils nur unvollständig erklärten Geschehens und ein gewisser Voluntarismus sind für M.s Geschichtsauffassung wichtiger als statistische Verallgemeinerungen oder kausale Regeln bzw. Gesetze. M. wandte sich damit einerseits gegen ökonomische oder technologische Determinismen, andererseits auch gegen Theorien, die eine starke Differenz zwischen Antike und Moderne und insbes. ihrer sozio-ökonomischen Bedingungen voraussetzen. Als eine Folgerung aus seiner Geschichtsauffassung lehnte M. aber auch die Konzeption einer einheitlichen Alt.wiss. im Sinne Ulrich von ↗Wilamowitz-Moellendorffs ab [17. 138–143]: Philologie und Geschichte sah M. als Gegensätze. So weit gefächert M.s sprachliche Studien waren, so war auch seine *Geschichte des Altertums* [2] angelegt als Zweig einer in aufklärerischer Tradition stehenden Universalgeschichte, die die Geschichte Griechenlands (die M. in der Mitte des 4. Jh.s v. Chr., in der Zeit der Expansion Makedoniens, enden lässt) als einen Teil der Geschichte des Orients behandelt.

Zu den wichtigen Schriften im Umkreis dieses Hauptwerkes gehören M.s religionshistor. Arbeiten über die Entstehung und Ausbreitung des Judentums, des Christentums und der Mormonen [3]; [5]; [9]; vgl. [13]. Sie legen besonderes Augenmerk auf die situativen Umstände sozialer und ökonomischer, v. a. aber polit. Art, die zur Ausbildung und Ausbreitung großer Religionen führten. So hielt M. an der Historizität des Kernes des in Esra 5–8 wiedergegebenen Schriftwechsels zwischen der achämenidischen Verwaltung und den Eliten der nach Jerusalem zurückgekehrten Juden fest und machte die Etablierung des Jerusalemer Tempelkultes zu einer Folge von administrativen und religionspolit. Entwicklungen im Perserreich.

Während der Nachweis der prinzipiellen Echtheit der Esra-Überlieferung die Wiss. von der Geschichte des Judentums erheblich voranbrachte und M.s Arbeit über die Mormonen eine originelle Leistung darstellt, erlangt sein Bild von der Ausbreitung des Christentums bis heute wenig Zustimmung in der Fachwiss. Motive dafür dürften in M.s Anknüpfen an die liberale Theologie sowie die Denkfigur des histor. Jesus, in seiner Hochschätzung der Historizität der Apostelgeschichte sowie in seiner Überzeugung vom Primat polit.-praktischer und moralischer gegenüber metaphysischen oder religiösen Konzeptionen liegen. Jesu Lehre deutete M. als eine Manifestation kantischer Moralphilosophie. Zur nt. Wiss. und Kirchengeschichte trugen seine Arbeiten zum frühen Christentum daher wenig Dauerhaftes bei [15]; [20]. M.s religionswiss. Forschung konzentrierte sich deutlicher auf das Generelle, Identische bzw. Vergleichbare der Religionen und weniger auf die religiösen Besonderheiten und Einzelphänomene.

Für die sich herausbildende Soziologie Max ↗Webers besaßen M.s Arbeiten vielleicht auch deshalb als Anregung Bedeutung, v. a. aber wohl als Materialreservoir, in ihrem breit gefächerten Interesse an wirtschaftlichen Phänomenen und sozialen Einrichtungen. Dissens bestand zwischen M.s Voluntarismus und seiner Betonung von Freiheit und Kontingenz, seiner das Individuum ins Zentrum des Handelns rückenden Geschichtsdeutung, seiner modernisierenden Sicht des ant. Wirtschaftens und seiner Expansionspropaganda während des Ersten Weltkrieges auf der einen Seite und Max Webers gegensätzlichen Positionen auf der anderen [10]; [12]; [18]; [24].

Politisches und publizistisches Wirken

Neben seinem wiss. Wirken war M. auch polit. stark aktiv: während des Ersten Weltkrieges als einer der die dt. Kriegsziele und -ansprüche propagierenden und unterstützenden Professoren [6], als publizistischer Vertreter expansiver Kriegsziele im Sinne des Alldeutschen Verbandes und als Befürworter eines uneingeschränkten U-Boot-Krieges, gegen Ende und nach dem Ersten Weltkrieg dann als Vortragsredner im Baltikum und als Mitorganisator der »Notgemeinschaft für die Dt. Wissenschaft« [23]; [25]; [26]. M. war Teilnehmer an den Aktivitäten des von Dietrich Schäfer geleiteten »Unabhängigen Ausschusses für einen Dt. Frieden« und hatte publizistisch gegen die Gegner des Dt. Reiches Stellung genommen; aufgrund der Forderung nach einer Auslieferung des Kaisers erklärte er sich zum Gegner der Politik und der Bildungsinstitutionen Amerikas, die ihm noch 1904 und 1909/10 triumphale Empfänge bereitet hatten.

M.s romantischer Individualismus und sein Freiheitsbegriff prägten auch sein polit.-publizistisches Wirken, so nach dem Ersten Weltkrieg sein Eintreten für eine Revision des Versailler Vertrages oder gegen die Vorschläge, die der Verband deutscher Privatdozenten 1919 zur Reform der Privatdozentur und der besonderen preuß. Form der akad. Karriere artikuliert hatte [7]; [8]; [27]. Ab 1920 beteiligt an der Gründung der »Notgemeinschaft« (s. o.), um den Wegfall der Mittel zu staatlicher Forschungsförderung durch Kooperation zwischen Univ., Akad., Kultusverwaltung und Wirtschaft zu kompensieren, wurde das Akad.-Mitglied M. 1921 zum Vorsitzenden des »Fachausschusses für alte und oriental. Philologie« [26. 506 f.], wo er sich insbes. um den Erhalt von alt.wiss. Zeitschriften und Publikationsvorhaben sowie, zusammen mit Theodor ↗Wiegand, der Grabungsprojekte bemühte.

Bemerkenswert viele von M.s Schülern wurden noch vor dem Ersten Weltkrieg Professoren an nordamerikan. Hochschulen (William Kelly Prentice, Enno Littmann, Henry A. Sill, Ernest T. Bynum, David M. Robinson). Zu seinen Schülern zählte mit Hans Erich Stier auch der Überarbeiter und Neuherausgeber von M.s Hauptwerk, der *Geschichte des Altertums.*

Schriften

[1] Geschichte des Königreiches Pontos (Habil.schrift), 1879 [2] Geschichte des Altertums, 5 Bde., 1884–1902 (²1907–1937, ³1910–1939; Ndr. 1981 u.ö.) [3] Die Entstehung des Judenthums. Eine historische Untersuchung, 1896 [4] Zur Theorie und Methodik der Geschichte, in: E. Meyer, K.S. zur Geschichtstheorie und zur wirtschaftlichen und politischen Geschichte des Altertums, 1910, 1–78 (²1924) [5] Ursprung und Geschichte der Mormonen, 1912 [6] England. Seine staatliche und politische Entwicklung und der Krieg gegen Deutschland, 1915 [7] Die Privatdozenten und die Zukunft der dt. Universitäten, in: Preußische Jbb. 175, 1919, 28–37 [8] Replik, in: Preußische Jbb. 175, 1919, 336–338 [9] Ursprung und Anfänge des Christentums, 3 Bde., 1921–1923.

Sekundärliteratur

[10] L. Capogrossi Colognesi, Max Weber et Eduard Meyer sur l'histoire agraire romaine des premiers siècles, in: Quaderni camerti di studi romanistici 15, 1987, 15–30 [11] Christ Gib. 286–333 (³1989) [12] J. Deininger, Eduard Meyer und Max Weber, in: W. M. Calder III / A. Demandt (Hrsg.), Eduard Meyer. Leben und Leistung eines Universalhistorikers, 1990, 132–158 [13] A. Henrichs, Alte und neue Propheten als Stifter von Offenbarungsreligionen. Der Ursprung der Mormonen nach Eduard Meyer, in: W. M. Calder III / A. Demandt (Hrsg.), Eduard Meyer. Leben und Leistung eines Universalhistorikers, 1990, 182–207 [14] C. Hoffmann, Die Selbsterziehung des Historikers. Zur intellektuellen Entwicklung des jungen Eduard Meyer (1855–1879), in: W. K. Calder III / A. Demandt (Hrsg.), Eduard Meyer. Leben und Leistung eines Universalhistorikers, 1990, 208–264 [15] J. Jantsch, Die Entstehung des Christentums bei Adolf von Harnack und Eduard Meyer, 1990 [16] G. A. Lehmann, Art. Meyer, Eduard, in: NDB 17, 1994, 309–311 [17] B. Meissner, Der Universalhistoriker Eduard Meyer, in: W. Freitag (Hrsg.), Halle und die deutsche Geschichtswissenschaft um 1900, 2004, 136–157 [18] A. Momigliano, Max Weber and Eduard Meyer. A propos City and Country in Antiquity, in: A. Momigliano (Hrsg.), Sesto contributo alla storia degli studi classici e del mondo antico, Bd. 1, 1980, 285–293 [19] B. Näf, Eduard Meyers Geschichtstheorie. Entwicklung und zeitgenössische Reaktionen, in: W. M. Calder III / A. Demandt (Hrsg.), Eduard Meyer. Leben und Leistung eines Universalhistorikers, 1990, 285–310 [20] E. Plümacher, Eduard Meyers »Ursprung und Anfänge des Chistentums.« Verhältnis zu Fachwissenschaft und Zeitgeist, in: W. M. Calder III / A. Demandt (Hrsg.), Eduard Meyer. Leben und Leistung eines Universalhistorikers, 1990, 344–365 [21] H. Schneider, Die Bücher-Meyer-Kontroverse, in: W. M. Calder III / A. Demandt (Hrsg.), Eduard Meyer. Leben und Leistung eines Universalhistorikers, 1990, 417–445 [22] K. Schwabe, Zur politischen Haltung der deutschen Professoren im Ersten Weltkrieg, in: HZ 193, 1961, 601–634 [23] B. Sösemann, »Der kühnste Entschluss führt am sichersten zum Ziel.« Eduard Meyer und die Politik, in: W. M. Calder III / A. Demandt (Hrsg.), Eduard Meyer. Leben und Leistung eines Universalhistorikers, 1990, 446–483 [24] F. H. Tenbruck, Max Weber und Eduard Meyer, in: W. J. Mommsen / W. Schwentker (Hrsg.), Max Weber und seine Zeitgenossen, 1988, 337–379 [25] J. von Ungern-Sternberg, Politik und Geschichte. Der Althistoriker Eduard Meyer im Ersten Weltkrieg, in: W. M. Calder III / A. Demandt (Hrsg.), Eduard Meyer. Leben und Leistung eines Universalhistorikers, 1990, 484–504 [26] W. Unte, Eduard Meyer und die Notgemeinschaft

der Dt. Wissenschaft, in: W. M. Calder III / A. Demandt (Hrsg.), Eduard Meyer. Leben und Leistung eines Universalhistorikers, 1990, 505–537 [27] D. Zscharnack, Die Privatdozenten und die Zukunft der dt. Universitäten. Eine Antwort, in: Preußische Jbb. 175, 1919, 321–336.

Burkhard Meißner

Meyer, Ernst

Dt. Althistoriker. Geb. am 21.2.1898 in Pinneberg bei Hamburg, gest. am 18.11.1975 in Zürich. Besuch des Gymnasiums in Altona; Studium von Alter Gesch., Klass. Phil., Arch. und Orientalistik in Hamburg, Kiel und Göttingen. 1923 Prom. in Göttingen bei Ulrich ↗Kahrstedt [1]; 1924 Habil. in Kiel [2]. Danach ein Jahr Stipendiat des DAI in Athen. 1927 als Nachfolger von Johannes ↗Hasebroek ao.Prof. und ab 1947 o.Prof. für Alte Gesch. in Zürich; ab 1968 nach der Emeritierung Honorarprof. ebda. 1936–1945 Vorsitzender der Zürcher Sektion des Dt. Hilfsvereins.

Werk und Wirkung

Das Fundament seines wiss. Œuvres legte M. mit seinen Untersuchungen zur Epoche des Hellenismus. Sorgfältige Quellenarbeit und ein intensives Interesse an Fragen der Topographie und v.a. der ant. Staatlichkeit zeigen sich bereits hier. M.s herausragende Kenntnisse der Geschichte und Geographie insbes. Griechenlands kamen zahlreichen seiner Publikationen fruchtbar zugute (z.B. [3]), nicht zuletzt einer Fülle gediegener Lexikonartikel. Seine Forschungen und Publikationen beziehen sich auf die ganze Welt des Altertums. So behandelt seine *Einführung in die ant. Staatskunde* [7] auch die polit. Systeme des Alten Orients; ein Schwerpunkt des Werkes liegt in der röm. Geschichte, v.a. der Kaiserzeit. Als M.s bekanntestes Buch gilt das zuerst 1948 erschienene Werk *Röm. Staat und Staatsgedanke* [6]. Noch immer beeindruckend sind seine Beiträge zur Geschichte der röm. Schweiz, so die mit dem Zürcher Latinisten Ernst Howald herausgegebene Quellenedition [4]. Daneben nahm M. sich auch die Zeit, Forschung in zahlreichen Zeitungsartikeln, Vorträgen und Buchbesprechungen einem breiten Publikum zu präsentieren. Zum Kreis seiner Schülerinnen und Schüler zählt die Althistorikerin Regula Frei-Stolba.

N: Zürich, Archiv der Univ.

Schriften

[1] Die Grenzen der hellenistischen Staaten in Kleinasien (Diss. Göttingen), 1925 (Ndr. 1971) [2] Untersuchungen zur Chronologie der ersten Ptolemäer auf Grund der Papyri, 1925 (Ndr. 1971) [3] Peloponnesische Wanderungen, 1939 (Ndr. 1991) [4] Die röm. Schweiz. Texte und Inschriften mit Übersetzung (Edition; mit E. Howald), 1941 [5] Die Schweiz im Altertum, 1946 (²1984) [6] Röm. Staat und Staatsgedanke, 1948 (⁴1975) [7] Einführung in die antike Staatskunde, 1968 (⁶1992) [8] Einführung in die lat. Epigraphik, 1973.

Sekundärliteratur

[9] Christ, RömGG 334–337 [10] Christ, RömGW 137–150 [11] F. G. Maier, Art. Meyer, Ernst, in: NDB 17, 1994, 33–34.

Beat Näf

Meyer, Johann Heinrich

Schweizer Maler und Kunstschriftsteller. Geb. am 16.3.1760 in Stäfa am Zürichsee, gest. 14.10.1832 in Weimar. Schulbesuch und künstlerische Ausbildung in Stäfa und Zürich. 1784–1790 Aufenthalt in Italien, u.a. als Zeichenlehrer; ab 1791 Aufenthalt bei Goethe in Weimar. Ab 1795 Prof. am Freien Zeicheninstitut in Weimar, 1807 dessen Direktor und Ernennung zum Hofrat.

Werk und Wirkung

In Johann Caspar Füsslis Atelier in Zürich kam M. durch Johann Caspar Lavater und Johann Jakob Bodmer mit dem Gedankengut des Klassizismus in Kontakt und entwickelte anhand von Homers Epen und den Schriften Johann Joachim ↗Winckelmanns sein Antike-Verständnis. Während eines Romaufenthaltes lernte er ↗Goethe kennen, der ihm neue Lebensperspektiven in Weimar erschloss. Als überzeugte Adepten des Winckelmann'schen Ideals konzipierten und organisierten die beiden in den 45 Jahren ihrer symbiotischen Arbeitsgemeinschaft wichtige Kunstprojekte wie die »Weimarer Preisaufgaben« (1799–1805) und publizierten grundlegende Werke wie *Winckelmann und sein Jahrhundert* (mit Friedrich August ↗Wolf). Das Gemeinschaftsprojekt einer groß angelegten Italien-Enzyklopädie wurde nie vollendet, dokumentierte aber während eines ausgedehnten Italienaufenthalts zahlreiche ital. Antikensammlungen, ehe diese unter Napoleon in ihrem ursprgl. Bestand verändert wurden.

Auf Goethes Wunsch versah M. die erste dt.sprachige Gesamtausgabe von Winckelmanns Werken mit eigenen Abbildungen und einem Anmerkungsapparat, der den damals aktuellen Stand der Forschung wiedergibt [3]. Nachrichten von den neuesten arch. Funden wie den Parthenonskulpturen und von Rekonstruktionen verlorener ant. Kunstwerke wurden von den beiden aufmerksam verfolgt und beispielsweise in der gemeinschaftlich gegründeten Kunstzeitschrift *Propyläen* kommentiert. M.s Grundriss einer ant. Malereigeschichte nahm Goethe in seine eigene *Farbenlehre* auf. Diese Publikationen zeigen ebenso wie M.s eigenständige ant. Kunstgeschichten [4]; [5] dessen tiefe und gattungsübergreifende Kenntnisse [2], die sowohl auf einer systematischen Lektüre philologischer Quellen als auch auf einer intensiven Autopsie archäologischer Objekte [1] beruhten. Als Anschauungsmaterial von Goethes und M.s kontinuierlichem Kunstgespräch dienten den beiden dabei stets M.s Graphik sowie Goethes aus ant. Originalen und Reproduktionen bestehende Sammlung, die M. tatkräftig mit aufzubauen half.

Schriften

[1] Ueber den Raub der Cassandra auf einem alten Gefässe von gebrannter Erde (mit C.A. Böttiger), 1794 [2] Die Aldobrandinische Hochzeit (mit C.A. Böttiger), 1808 [3] (Hrsg.) Winckelmann's Werke, 11 Bde., 1808–1825 [4] Geschichte der bildenden Künste bei den Griechen und Römern, 4 Bde., 1824–1825 [5] Geschichte der Kunst, hrsg. von H. Holtzhauer und R. Schlichting (Schriften der Goethe-Gesellschaft 60), 1974.

Sekundärliteratur

[6] A. Beyer, Art. Meyer, Johann Heinrich, in: A. Beyer / E. Osterkamp (Hrsg.), Goethe Handbuch. Supplemente, Bd. 3: Kunst, 2011, 522–524 [7] E.H. Gombrich, Goethe und die Kunstgeschichte. Der Beitrag Johann Heinrich Meyers, in: E.H. Gombrich, Gastspiele. Aufsätze eines Kunsthistorikers zur deutschen Sprache und Germanistik, 1992, 51–67 [8] J. Klauss, Der »Kunschtmeyer«. Johann Heinrich Meyer, Freund und Orakel Goethes, 2001 [9] W. Waetzoldt, Deutsche Kunsthistoriker, Bd. 1, 1921, 179–199 [10] H. Wiegel, Art. Johann Heinrich Meyer (1760–1832), in: M. Espagne / B. Savoy (Hrsg.), Dictionnaire des historiens d'art allemands, 1750–1950, 2010, 148–157, 397–398.

Hildegard Wiegel

Michaelis, Adolf

Dt. Klass. Archäologe und Philologe. Geb. am 22.6.1835 in Kiel, gest. am 13.8.1910 in Straßburg. Schulbesuch in Kiel; Studium der Klass. Phil. und Arch. in Leipzig, Berlin und Kiel, dort 1857 Prom. über Horaz. 1859/60 Reisestipendium des Instituto di Corrispondenza Archeologica; 1861 Habil. in Kiel. 1862 ao.Prof. in Greifswald; ab 1865 o.Prof. für Klass. Arch. in Tübingen; ab 1872 o.Prof. in Straßburg.

Werk und Wirkung

Nach seinem Studium, auf das er durch seinen Onkel Otto ↗Jahn gut vorbereitet war, lebte M. einige Jahre in Rom. Als Inhaber des ersten Reisestipendiums des röm. Arch. Instituts erhielt er zusammen mit seinem Freund Alexander ↗Conze die Gelegenheit zu einem längeren Studienaufenthalt in Griechenland. Sein Interesse an der ant. Topographie mündete in grundlegende Arbeiten zur Athener Akropolis und in eine beispielhafte Gesamtdokumentation des Parthenon [1], welche auch Zeugnisse zur Denkmalgeschichte einschließt und bis heute rezipiert wird. In der Trad. August ↗Boeckhs und Otto Jahns stehend, verstand es M. meisterhaft, philol. und arch. Studien in engster Verbindung zu betreiben. Überzeugt von der Bedeutung von Archivalien, erschloss M. diese Bestände systematisch und wertete sie konsequent auch für die Geschichte wissenschaftlicher Institutionen [2] bzw. des Faches [5] aus. Dass die ant. Kunst im Mittelpunkt seiner Studien stand und er diese, ja die ant. Kultur- und Geistesgeschichte in ihrer Gesamtheit, überblickte, bewies er nachdrücklich mit der Bearbeitung des ersten Bandes von Anton Springers Handbuch der Kunstgeschichte [4].

An Ausgrabungen nie beteiligt, arbeitete M. vorwiegend in Museen und Sammlungen und wurde so bei seinen Studienaufenthalten in England zum ›Entdecker‹ zahlreicher privater Antikensammlungen [3]. An jeder seiner akad. Wirkungsstätten galt sein spezielles Augenmerk den arch. Sammlungen, mit deren Hilfe er seine Lehre großteils durchführte. An der neu gegründeten Univ. Straßburg konnte er eine von Grund auf neue Abgusssammlung einrichten und machte diese zu einer der bedeutendsten Einrichtungen ihrer Art.

SV: [8.31–51].

N: Berlin, DAI.

Schriften

[1] Der Parthenon, 2 Bde., 1870–1871 [2] Geschichte des Deutschen Archäologischen Instituts 1829–1879, 1879 [3] Ancient Marbles in Great Britain, 1882 [4] Hdb. der Kunstgeschichte von A.H. Springer, Bd. 1: Das Altertum (Neubearb.), ^{4}1895 (^{9}1911) [5] Die archäologischen Entdeckungen des neunzehnten Jahrhunderts, 1906.

Sekundärliteratur

[6] H. Döhl, Adolf Michaelis, in: Lullies/Schiering Arch. 61–62 [7] H. Döhl, Art. Michaelis, Adolf, in: NDB 17, 1994, 429–430 [8] B. Keil (Hrsg.), Adolf Michaelis zum Gedächtnis, 1913 [9] E. Simon, Adolf Michaelis. Leben und Werk, 2006.

Hubert Szemethy

Micyllus, Jacobus

Moltzer, Jakob; dt. Philologe und Pädagoge. Geb. am 6.4.1503 in Straßburg; gest. am 28.1.1558 in Heidelberg. 1518–1522 Studium der klass. Sprachen in Erfurt mit Anschluss an den Humanistenkreis des Eobanus Hessus; Freundschaft mit Joachim ↗Camerarius d.Ä. 1522/23 Wechsel nach Wittenberg zusammen mit Camerarius; Aufnahme in den Schülerkreis Philipp ↗Melanchthons, mit dem er zeitlebens befreundet blieb [7]. Ab 1524 Lehrer an der Lateinschule in Frankfurt, 1526–1533 Rektor ebda.; 1533–1537 Prof. für Griechisch an der Univ. Heidelberg; 1537–1547 zweite Amtszeit als Rektor in Frankfurt; ab 1547 Prof. für Griechisch an der Univ. Heidelberg; 1548 Dekan der Artistenfakultät; 1549 Mitglied der Kommission zur Revision der Bibl.; 1556 Rektor der Univ. ebda.

Werk und Wirkung

M. verband in jener für die lutherischen Humanisten typischen Weise philol., pädagogische und poetische Betätigung (vgl. etwa Philipp ↗Melanchthon). Sein dichterisches Werk besteht im Wesentlichen aus lat. Kasualpoesie, meist in elegischen Distichen, die er, an ant. Vorbildern geschult, zu solcher Eigenständigkeit entwickelte, dass er zu den bedeutendsten Vertretern der zeitgenössischen lat. Dichtung gezählt werden kann [5. 460]; [6]. Die meisten Gedichte finden sich in den – von seinem Sohn Julius postum zusammengestellten – fünf *Silven*-Büchern [4]. Seine philol. Arbeit war eng mit seinem durch Melanchthon geprägten pädagogischen Engagement verknüpft [6. 159]; [6. 460]. So edierte und kommentierte er Texte von griech. (Lukian) und lat. Autoren (Hyginus, Lucan, Ovid), übersetzte Tacitus und Livius ins Deutsche sowie gemeinsam mit Camerarius Homer ins Lateinische. Caspar Stiblins Euripides-Übertragung erschien 1562 mit M.' Vita des Tragikers. Hinzu kamen Lesebücher mit Texten antiker Autoren, Einführungen in die Metrik [2] und Arithmetik [3] und ein Lehrbuch der lat. Sprache [1]. In seiner Frankfurter Zeit entwickelte M. Lehrpläne; als Rektor in Heidelberg überarbeitete er die Statuten der Univ. [6]. Sein berühmter Schüler und späterer Kollege in Heidelberg war der Dichter Petrus Lotichius Secundus [7. 577 f.]; [8. 506].

SV: [7. Anm. 8].

Schriften

[1] Exercitium declinandorum nominum et verborum, Frankfurt a. M. 1538 [2] De re metrica libri tres, Frankfurt a. M. 1539 [3] Arithmeticae logisticae libri duo, Basel 1555 [4] Sylvarum libri quinque, Frankfurt a. M. 1564.

Sekundärliteratur

[5] J. Köhler, Art. Micyllus, in: W. Killy et al. (Hrsg.), Literatur Lex. 8, 1990, 158 f. [6] F. Lerner, Art. Micyllus, in: NDB 17, 1994, 459 f. [7] R. Seidel, Gelehrte Freundschaft. Die Epistula ad Philippum Melanchthonem des Jacobus Micyllus, in: Daphnis 19, 1990, 547–633 [8] H. Wiegand, Hodoeporica, 1984.

Beate Hintzen

Migne, Jacques-Paul

Franz. Geistlicher und Verleger, genannt ›l'Abbé Migne‹. Geb. am 25. 10. 1800 in Saint-Flour (Dép. Cantal), gest. am 24. 10. 1875 in Paris. Studium der Theologie in Saint-Flour und Orléans, 1820–1824 Censeur und Prof. für Lat. am Collège von Châteaudun. 1824 Priesterweihe; Vikar in Châtillon-sur-Loing, dann Pfarrer von Auxy; 1825–1833 Pfarrer von Puiseaux; 1833 Entlassung aus dem Pfarrdienst auf eigenen Wunsch als Folge eines Zerwürfnisses mit dem Bischof über M.s Streitschrift *De la liberté, par un prêtre*. 1833–1836 in Paris Herausgeber der Zeitschrift *L'Univers religieux*; 1836 Gründung der *Ateliers catholiques*, eines Verlagshauses mit Druckerei, im Pariser Vorort Petit-Montrouge.

Werk und Wirkung

Nach kurzem Intermezzo im Journalismus konzentrierte sich M. in Paris, vom *virus encyclopédique* seiner Zeit ergriffen, auf die Edition umfassender theologischer und enzyklopädischer Werke [1]; [2]; [3]. Die unter dem allgemeinen Titel der *Bibl. universelle du clergé* erschienenen Werke religiösen Inhalts (darunter ein »Vollständiger Lehrgang zu den Hl. Schriften« mit Komm. zur Bibel [2]) sollten v. a. der Weiterbildung des Klerus dienen und wurden daher preiswert angeboten. Produktion und Vermarktung erfolgten in großem Stil – mit innovativen Strategien, modernster Drucktechnik und der Mitarbeit Hunderter Angestellter [6]. Die Fortführung des ambitionierten Projekts verhinderte 1868 ein Feuer im Verlagshaus *Ateliers catholiques*.

M.s bekanntestes Werk ist der *Patrologiae Cursus Completus*, in dem erstmals die *opera omnia* der Kirchenväter in zwei Teilen herausgegeben wurden, einer lat. Reihe, der *Patrologia Latina* (von Tertullian bis 1216, dem Pontifikat Innozenz' III., 217 Bde., 4 Register-Bde., 1844–1855) [4] und einer griech. Reihe, der *Patrologia Graeca*, mit lat. Übersetzung (2. Jh. bis 1439, Konzil von Florenz, 161 Bde., 1857–1866) [5]. Diese Sammlung ist zwar nicht allumfassend, doch in ihrer Bandbreite bis heute unübertroffen. Dass viele Texte in neuen Editionen erschienen sind – u. a. in Reihen wie dem »neuen M.«, dem *Corpus Christianorum* – ist u. a. der Arbeitsweise M.s geschuldet: Statt aufwendige textkritische Editionen erstellen zu lassen, beschränkte er sich auf den Nachdruck früherer Drucke, die er sich auf gezielt gesuchten Expertenrat hin beschafft hatte. Dennoch dienen beide Reihen nach wie vor oft als wichtigste Referenz.

Schriften

[1] (Hrsg.) Theologiae cursus completus, 28 Bde., 1839–1845 [2] (Hrsg.) Scripturae sacrae cursus completus, 28 Bde.,

1840–1845 [3] (Hrsg.) Encyclopédie théologique, 171 Bde., 1844–1873 [4] Patrologiae Latinae cursus completus, 217 Bde. (Edition), 1844–1855 (vier Indexbde., 218–221, 1862–1864) [5] Patrologiae Graecae cursus completus, 247 Bde. (Edition), 1856–1866 (Serie 1: nur lat. Übers.; Serie 2: griech. Texte mit lat. Übers.).

Sekundärliteratur

[6] R. H. Bloch, God's Plagiarist. Being an Account of the Fabulous Industry and Irregular Commerce of the Abbé Migne, 1994 [7] A. Mandouze / J. Fouilheron (Hrsg.), Migne et le renouveau des études patristiques (Actes du colloque de Saint-Flour, 1975), 1985.

Valeria Lilie

Mildenberg, Leo

Dt. Numismatiker. Geb. am 14.2.1913 in Kassel, gest. am 14.1.2001 in Zürich. Studium in Frankfurt am Main, Leipzig und Tartu, dort 1938 Prom. Danach Dozent an der Univ. Tartu. Ab 1941 in sowjetischem Internierungslager; 1947 Ausreise in die Schweiz, dann Leiter der numismatischen Abteilung der Bank Leu in Zürich. 1975 Mitglied des Direktoriums der Bank Leu. Mitglied mehrerer Fachgesellschaften; zahlreiche Ehrungen, u. a. Leo Kadman-Preis, Archer M. Huntington Medaille der *American Numismatic Society*, 1995 Ehrendoktorat der Univ. Tübingen.

Werdegang, Werk und Wirkung

Nach der Schulzeit in Bad Mergentheim und Schwäbisch Hall studierte M. Alte Geschichte und Semitistik. Infolge der nationalsozialistischen Machtergreifung floh er nach Estland, wo er 1938 bei Lazar Gulkowitsch, Prof. am Seminar für jüd. Wiss. in Tartu, mit einer Diss. über Akiba und Bar Kochba promoviert wurde. An der Univ. Tartu wirkte M. als Dozent für oriental. und altsemitische Sprachen, bis er 1941 als Deutscher in ein Internierungslager nach Kasachstan deportiert wurde. Im Lager lernte er seine erste Frau, Elsie Brunner, kennen, mit deren Hilfe ihm 1947 die Ausreise in die Schweiz gelang. In Zürich bot sich M. die Möglichkeit, die Leitung der neu gegründeten numismatischen Abteilung der Bank Leu zu übernehmen, die er dank seiner Kontakte zu namhaften Sammlern und Händlern in nur wenigen Jahren als bedeutende Institution im internationalen Münzhandel etablieren konnte [4].

Neben seiner Tätigkeit im Münzhandel widmete sich M. der numismatischen Forschung des griech., kleinasiat. und levantischen Raumes [2]. Zu seinen wichtigsten Schriften zählt die umfassende Studie zu den Münzen des Bar-Kochba-Aufstandes [1]. Darüber hinaus betätigte er sich aktiv als Förderer und Organisator der Numismatik: 1966–1980 leitete er als Redakteur die *Schweizer. Numismatische Rundschau* und war maßgeblich an der Gründung des Publikationsfonds der Schweizer. Numismatischen Gesellschaft beteiligt. Bekannt wurde M. auch durch die Ausstellungen sowie Kataloge seiner einzigartigen Sammlung antiker Tierdarstellungen [3]. M.s Vortrags- und Lehrtätigkeit an amerikan., israelischen und dt. Univ. unterstreicht sein ambivalentes Wirken zwischen Antikenhandel und akad. Forschung.

Schriften

[1] The Coinage of the Bar Kokhba War, 1984
[2] Vestigia Leonis. Studien zur antiken Numismatik Israels, Palästinas und der östlichen Mittelmeerwelt, 1998.

Sekundärliteratur

[3] J. Biers, A Peacable Kingdom. Animals in Ancient Art from the Leo Mildenberg Collection, 2004 [4] S. Mani Hurter, Zum Gedenken an Leo Mildenberg, in: Schweizerische Numismatische Rundschau 80, 2001, 4–6.

Stefan Krmnicek

Millar, John

Schott. Philosoph und Historiker. Geb. am 22.6.1735 in Shotts (Lanarkshire), gest. am 30.5.1801 in Milheugh (Lanarkshire). Schulbesuch in Hamilton; Studium in Glasgow. 1760 Zulassung als Anwalt; 1761–1800 Regius Prof. für Zivilrecht in Glasgow.

Werk und Wirkung

M. studierte neben Jura Logik und Moralphilosophie bei Adam Smith, mit dem ihn eine lebenslange Freundschaft verband und der sich u. a. dafür einsetzte, dass M. als Nachfolger seines Lehrers Hercules Lindsay den Lehrstuhl des Regius Prof. für Zivilrecht an der Univ. Glasgow erhielt. Zu M.s Hauptaufgaben gehörten Vorlesungen zum Röm. Recht (*Corpus iuris civilis, Institutiones, Digesta*), die er um histor. und zeitgenössische Fragestellungen erweiterte [7.25]; [6.190]. Hinzu kamen u. a. die sog. *lectures on government*, welche die Entwicklung politischer Institutionen von der Antike bis zur Gegenwart behandelten [7.57]. Lindsays Vorbild folgend, hielt M. seine Vorlesungen auf Englisch, nicht Latein. 1779 veröffentlichte er *The Origin of the Distinction of Ranks* [1] (dt. *Aufklärungen über Ursprung und Fortschritte des Unterschieds der Stände und des Ranges*, 1798). Anhand umfassenden Quellenmaterials aus der Antike (mit Zitaten von u. a. Homer, Thukydides, Polybios, Caesar und Tacitus [5.39]) trat M. darin für die Aufgabe von Standesprivilegien und die Abschaffung der Sklaverei zugunsten eines ungehinderten Dienstes an der Gesellschaft ein [7.64–67, 159–163]. 1787 publizierte er sein gegen David ↗Hume gerichtetes [6.191] Werk [2]. Als Kritik an der Kriegsführung von Premierminister William Pitt gegen Frankreich erschienen 1796 anonym die *Letters of Crito* [3]; M. ebenfalls zugeschrieben werden die *Letters of Sydney*. M. war zwar kein Altertumswissenschaftler; er setzte jedoch seine guten Kenntnisse antiker Geschichte und Sozialgeschichte für die Analyse der gesellschaftlichen Verhältnisse seiner Zeit ein.

Schriften

[1] The Origin of the Distinction of Ranks, or An Inquiry into the Circumstances Which Give Rise to Influence and Authority, in the Different Members of Society, ^{3}1779 (1. Aufl. 1771: Concerning the Distinctions of Rank in Society; zahlreiche Aufl. und Ndr.) [2] An Historical View of the English Government. From the Settlement of the Saxons in Britain to the Accession of the House of Stewart, 1787 [3] Letters of Crito on the Causes, Objects, and Consequences, of the Present War (anonym erschienen), 1796.

Sekundärliteratur

[4] Ch. J. Berry, Sociality and Socialisation, in: A. Broadie (Hrsg.), The Cambridge Companion to the Scottish Enlightenment, 2003, 243–257 [5] K. Haakonssen, Natural Law and Moral Philosophy. From Grotius to the Scottish Enlightenment, 1996, 154–181
[6] K. Haakonssen / J. W. Cairns, Art. Millar, John, in: Oxford Dictionary of National Biography, Bd. 38, 2004, 190–192 [7] W. Ch. Lehmann, John Millar of Glasgow (1735–1801). His Life and Thought and His Contributions to Sociological Analysis, 1960 [8] M. G. H. Pittock, Historiography, in: A. Broadie (Hrsg.), The Cambridge Companion to the Scottish Enlightenment, 2003, 258–279.

Barbara Kuhn-Chen

Millin de Grandmaison, Aubin-Louis

Franz. Archäologe und Botaniker. Geb. am 19.7. 1759 in Paris, gest. am 14.8.1818 ebda. 1788 Mitbegründer der *Société linnéenne de Paris* (Linnaeusgesellschaft); 1792/93 und 1795–1816 Herausgeber des *Magasin encyclopédique*. 1793/94 aufgrund seiner Gegnerschaft zu den Jakobinern in Haft. Ab 1795 als Nachfolger Jean-Jacques Barthélemys Konservator am Cabinet des médailles der Pariser Nationalbibliothek; ab 1796 dort öffentliche arch. Vorlesungen. 1804–1806 Südfrankreich-, 1811–1813 Italienreise.

Werk und Wirkung

Dem Naturhistoriker [2] M. garantierte die damalige Wiss.-Geschichte (*historia literaria*) die Einheit von Naturkunde und Archäologie [1]. Nationalaltertümer, Statuen in den Tuilerien [6] und die »metallische Geschichte« der Revolution [8] analysierte M. wie Antiken. Das Antikestudium unterteilte er im Programm seiner ersten dem mondänen Paris und v. a. den Künstlern bestimmten Vorlesung [4] zur Archäologie (zum Studium antiker Gebräuche) und Archäographie (zum Studium antiker Monumente). Der chronologischen (kunstgeschichtlichen), der geographischen oder der alphabetischen (lexikographischen) Ordnung der Archäographie zog M. die analytische (nach Objektklassen) vor und behandelte Glyptik [5], Numismatik [3], Architektur, Malerei, Gravur, Mosaike und Werkzeuge gesondert. Er publizierte zahlreiche bislang unedierte Denkmäler [7], insbes. Gemmen [12] und Vasen [9]. Im Fokus seines Interesses standen die mythol. Darstellungen [10]; hier schuf er ein für seinen Bildteil lange Zeit renommiertes Standardwerk [11]. Mit der Öffentlichmachung und ästhetisch-polit. Funktionalisierung der Denkmäler sowie der Orientierung der Archäologie an naturwiss. Ordnungsprinzipien bestimmte M. (obwohl wegen geringer philol. Kenntnisse angefochten) die Tendenzen dieser Wiss. nachhaltig. Karl August ↗Böttiger machte M.s Vorlesungen in Deutschland bekannt und orientierte sich daran.

Schriften

[1] Minéralogie homérique ou essai sur les minéraux, 1790 [2] Élémens d'histoire naturelle, 1795 [3] Introduction à l'étude des médailles, 1796 [4] Introduction à l'étude des monumens antiques, 1796 [5] Introduction à l'étude des pierres gravées, 1796 (^{2}1797) [6] Description des statues des Tuileries, 1798 [7] Monumens antiques inédits ou nouvellement expliqués, 2 Bde., 1802–1806 [8] Histoire métallique de la Révolution française, 1806 [9] Peintures de vases vulgairement appelés étrusques, 2 Bde., 1808–1810
[10] Exposé du cours de mythologie, 1809 [11] Galerie mythologique. Recueil de monuments pour servir à l'étude de l'histoire de l'art, de l'antiquité figurée, et du langage allégorique des anciens, 1811 [12] Pierres gravées inédites, 1817.

Sekundärliteratur

[13] K. A. Böttiger / K. W. Kraft, Aubin Louis Millin, 1819 [14] G. Espagne / B. Savoy (Hrsg.), Aubin-Louis Millin et l'Allemagne. Le Magasin encyclopédique. Les lettres à Karl August Böttiger, 2005 [15] R. Sternke, Böttiger und der archäologische Diskurs (Diss. Berlin), 2008.

René Sternke

Mitteis, Ludwig

Dt. Papyrologe und Rechtshistoriker. Geb. am 17.3.1859 in Laibach (h. Ljubljana), gest. am 26.12.1921 in Leipzig. Besuch des Theresianums, des bevorzugten Gymnasiums des altösterr. Adels, in Wien. Ab 1876 Jurastudium in Wien, 1881 Prom. ebda. Nach einem Semester in Leipzig (1882/83) 1884 Habil. in Wien. 1887 ao.Prof. und 1895 Ordinarius für bürgerliches Recht an der Dt. Univ. Prag, ab 1895 in Wien, ab 1899 in Leipzig für Ant. Rechtsgesch. Spätere Rufe nach Berlin und München lehnte

M. ab. Mitglied der Akad. der Wiss. in Leipzig (1901), Berlin (1905), Wien (1907) und Bologna; Ehrendoktorate der Univ. Breslau (1902), Athen (1912) und Oxford (1914).

Werdegang, Werk und Wirkung

M.' Vater war Gymnasialdirektor in Laibach, seit 1866 Direktor des Wiener Theresianums. Neben seiner wiss. Laufbahn absolvierte M. 1880–1886 die praktische Ausbildung für die Richterlaufbahn. Der aus der Ehe mit Hermine Luber hervorgegangene Sohn Heinrich Mitteis (1889–1952), Ordinarius für Dt. Rechtsgeschichte in München, Wien und Zürich, gilt als einer der bedeutendsten Rechtshistoriker des 20. Jh.s.

M.' Arbeitsgebiete umfassten Rechtsgeschichte und juristische Papyrologie, die er beide maßgeblich prägte. Sein zentrales Interesse galt dem Rechtsleben in den Provinzen des Röm. Reiches und der Wirkung des röm. Rechts. Über die traditionelle Romanistik hinaus erforschte er die Rechtswirklichkeit unter Einbeziehung auch der Quellen außerhalb des *Corpus iuris*, v. a. der Inschriften und Papyri. In *Reichsrecht und Volksrecht* [1] untersuchte er die Geltung und Anwendung des röm. Rechts in den Provinzen sowie den Einfluss der lokalen Rechte, insbes. im Osten, wo griech.-hell. Rechtsgewohnheiten und juristische Institutionen wirksam geblieben waren. M.' Verdienst ist es, das lange Fortwirken des griech. Rechts neben dem »Reichsrecht« sowie dessen Einfluss auf die spätant. Ausgestaltung des röm. Rechts erfasst und damit grundlegend zum Verständnis der Rechts- und Regierungspraxis im Kaiserreich beigetragen zu haben. Kontrovers blieb seine Auffassung von einer Einheit des griech. Rechts in seiner juristischen Konzeption trotz vielfältiger Ausgestaltung der Normen in den Poleis. Zum röm. Privatrecht trug er problemorientierte Einzelstudien bei.

Ein großer Teil von M.' Œuvre galt den Papyrusurkunden, deren korrekte juristische Einordnung er als tragfähige Basis jeder weiteren histor. Auswertung ansah. Exemplarisch zeigte er dies in den juristischen Kommentaren, die er zu Carl Wesselys *CPR* I beisteuerte [2]. M. legte auch Papyruseditionen [8] und einen Corpusband (P.Lips. I [4]) vor; wichtig sind zudem seine peniblen juristischen Erklärungen zu Papyri, etwa im »Urkundenreferat« des *Archivs für Papyrusforschung* und in der *Savigny-Zeitschrift*, deren Mitherausgeber er 1901–1921 war. In enger Zusammenarbeit mit Ulrich ↗Wilcken entstand die bis heute grundlegende Einführung *Grundzüge und Chrestomathie der Papyruskunde* [7]. Die gleichwertige Gewichtung des histor. und des von M. verfassten juristischen Teils belegt den Stellenwert der rechtshistor. Papyrologie zu Beginn des 20. Jh.s. Gemeinsam mit Leopold Wenger – dessen Konzept der ant. Rechtsgeschichte er nicht teilte – gab M. den entscheidenen Anstoß für die Entwicklung der juristischen Papyrologie, die seine bedeutenden Schüler (u. a. Josef Aloys Partsch, Hans Kreller, Ernst Rabel und Rafael Taubenschlag) fortführten.

SV: [13. 75–82].

Schriften

[1] Reichsrecht und Volksrecht in den östlichen Provinzen des röm. Kaiserreichs. Mit Beiträgen zur Kenntnis des griech. Rechts und der spätröm. Rechtsentwicklung, 1891 (Ndr. 1963) [2] Corpus Papyrorum Raineri Archeducis Austriae, Bd. 1: Griech. Texte, Teil 1: Rechtsurkunden (Edition; mit C. Wessely), 1895 [3] Zur Geschichte der Erbpacht im Alterthum, 1901 [4] (Hrsg.) Griech. Urkunden der Papyrussammlung zu Leipzig, Bd. 1, 1906 [5] Röm. Privatrecht bis auf die Zeit Diokletians, Bd. 1: Grundbegriffe und Lehre von den juristischen Personen (Systematisches Hdb. der deutschen Rechtswissenschaft 1/6/1), 1908 (Ndr. 1964) [6] Zur Lehre von den Libellen und der Prozeßeinleitung nach den Papyri der frühen Kaiserzeit, in: Berichte über die Verhandlungen der Königlich Sächsischen Gesellschaft der Wissenschaften zu Leipzig, Philologisch-Historische Klasse 62, 1910, 61–126 [7] Grundzüge und Chrestomathie der Papyruskunde, Bd. 2: Juristischer Teil, Hälfte 1: Grundzüge, Hälfte 2: Chrestomathie, 1912 (Ndr. 1963) [8] I. Griech. Prozessverhandlung, etwa aus dem fünften Jhd. n. C.; II. Lat. Emanzipationsurkunde aus dem dritten Jhd. n. C., 1912.

Sekundärliteratur

[9] J. Partsch, Nachruf, in: Zs. der Savigny-Gesellschaft für Rechtsgeschichte, Romanistische Abt. 43, 1922, V–XXXI [10] E. Rabel, In der Schule von Ludwig Mitteis, in: Journal of Juristic Papyrology 7/8, 1954, 157–160 [11] H.-A. Rupprecht, Ludwig Mitteis, in: M. Capasso (Hrsg.), Hermae. Scholars and Scholarship in Papyrology, 2007, 67–71 [12] E. Weiss (Hrsg.), Erinnerung an Ludwig Mitteis, 1922 [13] L. Wenger, Ludwig Mitteis und sein Werk, 1923.

Bernhard Palme

Moltzer, Jakob

s. Micyllus, Jacobus

Momigliano, Arnaldo Dante

Ital. Historiker. Geb. am 5. 9. 1908 in Caraglio (Piemont), gest. am 1. 9. 1987 in London. Studium in Turin und Rom ab 1925; ab 1932 Prof. für griech. Gesch. in Rom, 1938 Prof. für röm. Gesch. in Turin. 1939 Emigration nach England; 1947 Lecturer in Bristol; 1951–1975 Prof. für Alte Gesch. am Univ. College London. Persönliche Professur 1945–1964 in Turin und ab 1964 an der Scuola Normale Superiore di Pisa; ab 1975 ständiger Gastprof. an der Univ. Chicago.

Biographie und Werdegang

Der aus einer seit dem 15. Jh. in Piemont ansässigen jüd. Familie stammende M. wurde wiss. v.a. von Gaetano ↗De Sanctis und Benedetto Croce geprägt. Bereits 1932 wurde er kommissarischer Nachfolger von De Sanctis in Rom, der seine Professur wegen der Verweigerung des Eides auf Mussolini aufgeben musste. Für die *Enciclopedia Italiana*, deren Mitherausgeber De Sanctis war, schrieb M. zahlreiche Lexikonartikel [26]. Er gehörte damals, wie erst nach seinem Tode bekannt wurde, der faschistischen Partei an, von der er sich den Schutz der ital. Juden versprach [23.218–228]. Nach Einführung der »Rassengesetze« in Italien 1938 emigrierte er nach England. Seine Eltern wurden 1943 in dt. Vernichtungslagern umgebracht. In Oxford musste M. 1939–1945 von der Unterstützung von Freunden und Stiftungen leben. 1945 erhielt er seine Professur in Turin zurück, die er *in absentia* wahrnehmen konnte. Neben seiner regulären Lehrtätigkeit in London (seit 1951) und zusätzlichen Seminaren am *Warburg Institute* (1965–1983) organisierte er seit Mitte der 1960er Jahre regelmäßig wiss.geschichtliche Kolloquien in Pisa. Zudem übernahm er zahlreiche Gastvorlesungen in den USA, England, Frankreich und Israel. M. erhielt viele Ehrungen, darunter 16 Ehrendoktorwürden [21.255].

Werk

M., der in den frühen 1930er Jahren Monographien zu den at. Makkabäerbüchern sowie zu Kaiser Claudius und Philipp II. von Makedonien vorgelegt hatte, fand die für ihn typische Darstellungsform in Vorträgen, Aufsätzen und Rezensionsessays, die in den *Contributi alla storia degli studi classici* (*e del mondo antico*) gesammelt sind. Auch die späteren Bücher zur griech. Biographie [9], zur Hellenisierung [10], zum *Classicism* im 19. Jh. [12] und den ant. Grundlagen der mod. Geschichtsschreibung [15] basieren auf Vorlesungen.

Charakteristisch für M.s Lebenswerk ist die Verknüpfung von althistor. Arbeiten im herkömmlichen Sinne (mit besonderen Schwerpunkten auf der Frühgeschichte Roms, auf dem Hellenismus und der Spätantike) mit Untersuchungen zur lit. Überlieferung der Antike sowie der Forschungs- und Rezeptionsgeschichte seit dem MA. Dieses universale Œuvre lässt sich nicht knapp resümieren. Es lassen sich auch – trotz des Einschnitts durch die Emigration – keine deutlich unterscheidbaren Schaffensperioden feststellen, da die Mehrzahl von M.s Forschungsinteressen schon sehr früh ausgeprägt war. Sein Forschungsprogramm begründete er in einer Rezension von 1944: Man könne die Komplexität eines histor. Vorgangs nur angemessen verstehen, wenn man sich mit den verschiedenen Interpretationen auseinandersetze, die er im Laufe der Jahrhunderte erfahren habe [8.986–1002].

Ein Schlüsselkonzept findet sich in dem Aufsatz *Ancient History and the Antiquarian* (1950) [4.67–106]. M. zeigte hier, wie die ant. Trennung zwischen der Historiographie und der antiqu. Forschung, die in der Renaissance reproduziert worden war, seit dem 17. Jh. durch eine neue Konfrontation ersetzt wurde, die den Anstoß zur Entfaltung der mod. Geschichtswiss. gab; dies führte im 19. Jh. zu auf Forschung basierenden Geschichtswerken und einer Transformation der »Altertümer« in Staatsrecht, Religions-, Kultur- und Sittengeschichte. Um diese Grundlinien lassen sich eine Reihe von M.s Arbeiten gruppieren. Dazu gehören (1) die Studien zur Überlieferung der Antike; in ihnen wird hervorgehoben, dass die antiqu. Untersuchungen, die sich auch im Genre der Biographie niedergeschlagen hatten, weitere Bereiche der Realität erfassten als die auf polit.-militärische Ereignisgeschichte verengte Historiographie; (2) die verschiedenen Essays über Edward ↗Gibbon; sie erkennen dessen überragende Bedeutung darin, dass er eine geschichtsphilos. Betrachtungsweise mit der Detailgenauigkeit eines Antiquars in einem Werk erzählender Geschichte verband; (3) die Einordnungen von Theodor ↗Mommsens *Staatsrecht* oder Max ↗Webers Arbeiten zur Antike in die Geschichte der gelehrten Forschung seit der Renaissance.

M.s Werk lässt sich auch als eine lebenslange Beschäftigung mit der dt. Forschung verstehen, deren wichtigste Repräsentanten er in zahlreichen Studien vorstellte. Im Gegensatz zur dt. Forschungstradition verfocht M. die Einbeziehung der jüd. und oriental. Geschichte in die des »klass.« Altertums (als »Dekolonisierung« [7.43–58]), die Aufhebung der Trennung von Profan- und Kirchengeschichte, den Rückgriff auf die gelehrten Werke vor 1800 sowie eine Einbeziehung der im 19. Jh. ausgegrenzten Sozialanthropologie. Diese Auseinandersetzung ging häufig mit Ideologiekritik einher. Schon in frühen Arbeiten kritisierte M. die Selbstidentifizierung der Deutschen mit den Griechen. Seine Rezension der ital. Übersetzung von Helmut ↗Berves *Griech. Geschichte* durchbrach 1959 nicht nur die (auch außerhalb Deutschlands weitgehend respektierte) Tabuisierung des nazistischen Gedankenguts in althistor. Arbeiten der Jahre 1933–1945 und dessen Weiterleben, sondern stellte auch die Affinitäten des Griechenbilds des sog. Dritten Humanismus mit der NS-Ideologie heraus [6.699–708]. Forschungsgeschichte dürfe sich aber nicht auf die polit. Implikationen beschränken, die M. u.a. in den Werken von Michael I. ↗Rostovtzeff [4.334–346] oder Ronald ↗Syme [5.407–416] aufdeckte; schließlich sei es leichter, Eduard ↗Meyers Weltkriegspublizistik zu kritisieren als sich mit seiner Deutung der Papyri von Elephantine oder seiner Rekonstruktion der ägypt. Chronologie auseinanderzusetzen [12. 1].

Wiss.-Geschichte sollte in forschungspraktischer Absicht betrieben werden, wertvolle Erkenntnisse vor dem Vergessen bewahren, zwischen fruchtbaren und unfruchtbaren Problemstellungen zu unterscheiden lehren, verschüttete sinnvolle Alternativkonzepte wieder einsetzbar machen. Nur ein Beispiel dafür ist M.s Reformulierung der Frage ↗Gibbons zur Rolle des Christentums beim Niedergang des Röm. Reiches [6. 69–86].

Wirkung

M.s überragende Stellung in der Altertums- und Geschichtswiss. des 20. Jh.s zeigt sich darin, dass seit seinem Tode weit über 300 Publikationen zu seinem Leben und Werk erschienen sind [18]. Ungeachtet seiner die Forschungsdiskussion prägenden Arbeiten zum frühen Rom – mit Schwerpunkt auf den methodischen Problemen (so bes. [13. 379–436]) – oder zur spätant. Historiographie liegt M.s größte Wirkung darin, dass er die Rezeptions- und Wiss.-Geschichte zu einer eigenständigen Disziplin gemacht hat. Der Aufschwung dieser Studien seit dem späteren 20. Jh. wäre ohne seine Arbeiten kaum denkbar gewesen.

SV: in [7]; [11]; [14]; [18].

N: katalogisiert in G. Granata, L'archivio di Arnaldo Momigliano, 2006.

Schriften

[1] Prime linee di storia della tradizione maccabaica, 1930 [2] L'opera dell'Imperatore Claudio, 1932 (engl. Claudius. The Emperor and His Achievement, 1934) [3] Filippo il Macedone. Saggio sulla storia greca del IV secolo A. C., 1934 [4] Contributo alla storia degli studi classici, 1955 [5] Secondo Contributo alla storia degli studi classici, 1960 [6] Terzo Contributo alla storia degli studi classici e del mondo antico, 1966 [7] Quattro Contributo alla storia degli studi classici e del mondo antico, 1969 [8] Quinto Contributo alla storia degli studi classici e del mondo antico, 1969 [9] The Development of Greek Biography, 1971 [10] Alien Wisdom. The Limits of Hellenization, 1975 (dt. Hochkulturen im Hellenismus, 1979) [11] Sesto Contributo alla storia degli studi classici e del mondo antico, 1980 [12] New Paths of Classicism in the Nineteenth Century, 1982 [13] Settimo Contributo alla storia degli studi classici e del mondo antico, 1984 [14] Ottavo Contributo alla storia degli studi classici e del mondo antico, 1987 [15] The Classical Foundations of Modern Historiography, 1991 [16] Nono Contributo alla storia degli studi classici e del mondo antico, hrsg. von R. Di Donato, 1992 [17] Ausgewählte Schriften zur Geschichte und Geschichtsschreibung (dt. Übers.), hrsg. von G. W. Most et al., 3 Bde., 1998–2000.

Sekundärliteratur

[18] Bibliografia su Arnaldo Momigliano (1987–2006), in: G. Granata, L'archivio Arnaldo Momigliano, 2006, XXXV–LIII [19] G. W. Bowersock, The Later Momigliano, in: G. W. Bowersock, From Gibbon to Auden. Essays on the Classical Tradition, 2009, 175–185 [20] P. R. L. Brown, Arnaldo Dante Momigliano, 1908–1987, in: Proc. of the British Acad. 74, 1988, 405–442 [21] Christ Prof. 248–294 [22] L. Cracco Ruggini (Hrsg.), Omaggio ad Arnaldo Momigliano. Storia e storiografia sul mondo antico, 1989 [23] R. Di Donato, Materiali per una biografia intellettuale di Arnaldo Momigliano, Teil 1: Libertà e pace nel mondo antico, in: Athenaeum 83, 1995, 213–244 [24] R. Di Donato, Materiali per una biografia intellettuale di Arnaldo Momigliano, Teil 2: Tra Napoli e Bristol, in: Athenaeum 86, 1998, 231–244 [25] R. Di Donato, Nuovi materiali per una biografia intellettuale di Arnaldo Momigliano, in: Rendiconti della Accademia nazionale dei Lincei, Serie 9, 11, 2000, 383–398 [26] G. Fabre, Arnaldo Momigliano. Autobiografia scientifica (1936), in: Quaderni di storia 41, 1995, 85–96 [27] M. I. Finley, The Historical Tradition. The Contribution of Arnaldo Momigliano, in: M. I. Finley, The Use and Abuse of History, 1975, 75–86 [28] P. N. Miller (Hrsg.), Momigliano and Antiquarianism. Foundations of Cultural Sciences, 2007 [29] L. Polverini (Hrsg.), Arnaldo Momigliano e la storiografia del novecento, 2006 [30] L. Polverini, Arnaldo Momigliano, in: V. Losemann et al. (Hrsg.), Alte Geschichte zwischen Wissenschaft und Politik. Gedenkschrift für K. Christ, 2009, 163–179 [31] M. P. Steinberg (Hrsg.), The Presence of the Historian. Essays in Memory of Arnaldo Momigliano, 1991.

Wilfried Nippel

Mommsen, Theodor

Dt. Althistoriker. Geb. am 30. 11. 1817 in Garding, gest. am 1. 11. 1903 in Berlin. 1838–1843 Jurastudium in Kiel; 1843 Prom. ebda. 1848 ao.Prof. für Röm. Recht in Leipzig; 1851 aus polit. Gründen entlassen. 1852 o.Prof. für Röm. Recht in Zürich, 1854 in Breslau; 1857 Ruf auf eine Forschungsprofessur an der Berliner Akad. zur Herausgabe des *Corpus Inscriptionum Latinarum*; 1858 ordentliches Mitglied der Preuß. Akad. der Wiss., 1875–1895 Sekretar. Ab 1861 Ordinariat für röm. Altertumskunde an der Univ. Berlin. 1902 Literaturnobelpreis.

Biographie und Werdegang

M. war Sohn eines Pfarrers. Obwohl er sich bereits als junger Mann vom väterlichen Glauben abwandte, prägte ihn der liberale Protestantismus tief, der Bildung als säkulare Religion hochschätzte. Nach dem Besuch des königlichen Christianeums, einer Eliteschule in Altona, studierte M. Jura an der Landesuniv. Kiel. Sein Hauptfach war das Röm. Recht. Doch den größten Einfluss auf ihn übte der gerade vier Jahre ältere Klass. Philologe Otto ↗Jahn aus, der die damals moderne Altertumskunde repräsentierte: Die alten Sprachen wurden nicht mehr – wie früher – als Teil einer propädeutischen Ausbildung gelehrt, sondern waren die Grundlage einer umfassenden Wiss. vom griech. und röm. Altertum. Diese Alt.wiss. faszinierte den Juristen M. so sehr, dass er sie zu seiner Lebensaufgabe wählte. Mit Jahn blieb er in Freundschaft verbunden [21]. Nach einem glänzenden Examen und einer erfolgreichen Prom. über ein röm.rechtliches Thema ermöglichte ihm ein Stipendium des dän. Königs, Italien zu bereisen (1844–1847). Dort legte er das Fundament für eine umfassende Sammlung von lat. Inschriften, das *Corpus Inscriptionum Latinarum* (CIL).

M. kehrte 1847 aus Italien zurück, fand aber zunächst keine Anstellung an einer Univ. Wie bereits vier Jahre zuvor musste er als Aushilfslehrer in den Mädchenpensionaten seiner Tanten in Altona unterrichten. Dann stürzte er sich in die Politik. Er erlebte den Beginn der liberalen und nationalen Bürgerrevolution von 1848 als Redakteur der Schleswig-Holsteinischen Zeitung in Rendsburg [13]. Mit der Feder focht M. für ein national geeintes, freiheitliches Deutschland und unterstützte die liberale Politik der Mitte. Alle Hoffnungen setzte er auf Preußen, das einen dt. Nationalstaat errichten musste, dem auch die Herzogtümer Schleswig und Holstein angehören sollten. Seine Tätigkeit als Journalist in Rendsburg tauschte er im Herbst 1848 mit einem Extraordinariat für Röm. Recht in Leipzig. In der sächs. Univ.-Stadt verbrachte er, wie er selbst später schrieb [20. Bd. 3, 32], die schönsten Jahre seines Lebens. Die Bekanntschaft mit den Besitzern der Weidmann'schen Buchhandlung, Karl Reimer und Salomon Hirzel, führten zum Verlagsprojekt einer *Röm. Geschichte* [1]. Im Hause Reimer lernte M. auch seine spätere Frau Marie (1832–1907), die älteste Tochter des Verlegers, kennen. Aus der Ehe gingen insgesamt 16 Kinder hervor.

In Leipzig wirkte M. nicht nur wiss., sondern auch polit. Als es nach der Auflösung des sächs. Landtages Ende April 1849 zu Unruhen kam, rief er zusammen mit anderen Prof. die Bürger zum Protest auf. Dieses Engagement brachte ihm in erster Instanz eine neunmonatige Gefängnisstrafe ein, die allerdings der Berufung nicht standhielt. Gleichwohl wurde er im April 1851 aus seiner Professur entfernt: Die polit. Reaktion hatte Mommsen mithilfe des Disziplinarrechtes abgestraft. M. fand Zuflucht in der Schweiz und wurde Prof. für Röm. Recht an der Univ. Zürich, fühlte sich aber weder an der Hochschule noch in der Stadt heimisch. Der Züricher Ruf gab dem polit. Verfolgten allerdings eine sichere Existenz, die es ihm erlaubte, seine Forschungen ungestört fortzusetzen und an der *Röm. Geschichte* weiterzuarbeiten.

1854 konnte M. in die dt. Heimat zurückkehren, genauer: an die Univ. Breslau, wo er wieder Röm. Recht lehrte. Breslau war ihm nur eine Durchgangsstation auf dem Weg nach Berlin. Mithilfe mächtiger Fürsprecher, die sein Inschriftenprojekt unterstützten, gelang es ihm, 1857 eine Forschungsprofessur an der Preuß. Akad. der Wiss. zu erhalten. Vier Jahre später wurde er auf eine neu eingerichtete Professur an der Berliner Friedrich-Wilhelms-Univ. berufen, um die röm. Geschichte zu vertreten.

Die »Römische Geschichte«

In diesem Werk [1] wird die polit. Geschichte Roms von den Anfängen bis zum Sieg Caesars über die Pompeianer in der Schlacht von Thapsos 46 v. Chr. dargestellt. Eingeschaltet sind rechts-, kultur-, wirtschafts- und literaturgeschichtliche Partien. Im Mittelpunkt des Geschehens steht die aristokratische Führungsschicht, die Nobilität, deren Bedeutung für die Expansion Roms zunächst in Italien und dann im Mittelmeerraum ausführlich dargelegt wird. Der eigentliche Fokus ist die Krise der späten Republik, die mit den Gracchen einsetzte. Eingehend beschreibt M. die Abfolge der gescheiterten Reformversuche und die Stationen der sozialen und polit. Desintegration. Der unaufhaltsame Niedergang der durch den Senat herrschenden Oligarchie wurde demnach erst durch Caesar überwunden, der als Volksgeneral und Demokratenkönig der maroden *res publica* nochmals unsterblichen Ruhm verlieh.

Das Werk ist mit dem Herzblut des liberalen Achtundvierzigers geschrieben, der das Scheitern der Revolution von 1848 historiographisch kompensierte und nun einer die Nation einigenden Machtpolitik das Wort redete. Die polit. Auseinandersetzungen seiner Zeit verlegte M. in den röm. Senat, sodass das gebildete Publikum sich im alten Rom wiederfinden konnte. So vermischt die Darstellung die geschichtliche und die zeitgenössische Perspektive ständig. Die Lebendigkeit und Bildhaftigkeit der aktualisierenden Sprache ist kein Selbstzweck, sondern Mittel der polit. Pädagogik. M. schrieb sein Werk *cum ira et studio*, und er vergegenwärtigte den histor. Stoff. Die eigene Betroffenheit und Verletztheit machten aus der Geschichte des republikanischen Roms ein Paradigma der *historiographie engagée* – und einen lit. Welterfolg, für den M. 1902 als erster Deutscher den Literaturnobelpreis erhielt [22. 207–225].

Der erste Band erschien im Juni 1854, der zweite Band kam zu Weihnachten 1855 in die Buchläden, und der dritte wurde im Frühjahr 1856 veröffentlicht. 1868 war bereits die fünfte Auflage auf dem Markt, 1903, als M. starb, die neunte. Die *Röm. Geschichte*, die eigentlich eine Geschichte der röm. Republik war, hat M. nicht fortgesetzt. Das dreibändige Werk endet mit dem Untergang des republikanischen Roms und der Apotheose Caesars. Die Alleinherrschaft des Diktators ist Teil einer anderen Geschichte, die M. erzählen wollte, aber nie erzählt hat. Was wir besitzen, sind Mitschriften seiner Vorlesungen zur röm. Kaiserzeit, die er später an der Berliner Univ. hielt [8]. Sie zeigen eindrücklich, dass M. niemals ernstlich daran dachte, dieses Buch zu schreiben: Seine Interessen hatten sich verlagert, die alltägliche Arbeit am Inschriftencorpus und anderen Akad.-Projekten ließ ihm keine Zeit – und das Werk musste auch deshalb unvollendet bleiben, weil es die Vollendung der röm. Geschichte in der Gestalt Caesars zum Gegenstand hatte. 1885 verfasste M. dann noch einen fünften Band, der die histor. Entwicklung der röm. Provinzen bis auf Diokletian behandelte; er wurde richtungweisend für die althistor. Erforschung der Provinzen des Röm. Reiches [3].

Altertumswissenschaft und Wissenschaftsorganisation

In Berlin, v.a. durch seine Tätigkeit an der dortigen Akad. (als Mitglied seit 1858 und als Sekretar 1875–1895), stellte M. die Wiss. vom Altertum auf eine neue Grundlage. Er ordnete die »Archive der Vergangenheit«, indem er eine neue Methode, die Echtheitskritik, und ein neues Programm, das Totalitätsideal, zusammenführte, um die ant., insbes. die röm. Geschichte zu rekonstruieren. In der Tradition von Friedrich August ↗Wolf, Barthold G. ↗Niebuhr und August ↗Boeckh, der gegen philol. Fachidioten polemisiert hatte, verfocht M. das Konzept einer umfassenden, verschiedene Einzeldisziplinen integrierenden Alt.wiss. Nicht mehr allein die Textzeugen, sondern die gesamte Hinterlassenschaft der griech. und röm. Antike sollten von der als histor. Wiss. verstandenen Philologie in den Blick genommen werden.

Riesige Gemeinschaftsunternehmungen erschlossen das gesamte Erbe der Alten Welt. Mit beispiellosem Aufwand wurden die ant. Quellen gesammelt, geordnet und ediert. Das kleinste Fragment war des Sammelns wert, da es ein potentielles Objekt künftiger Erkenntnis sein konnte. Lit. Texte, Inschriften, Papyri, Münzen und arch. Überreste wurden erfasst. M. war nicht nur genialer Forscher, sondern auch ein glänzender Organisator, der erfolgreich das Prinzip der fabrikmäßigen Arbeitsteilung umsetzte. Leidenschaftlich verfolgte er dabei seine wiss. Ziele, und ungebrochen war bis zuletzt sein Vertrauen auf den wiss. Fortschritt. Höchst empfindlich reagierte er jedoch auf Kritik: M., dessen Einfluss in den alt.wiss. Disziplinen seit den 1860er Jahren ständig wuchs, tat sich bes. schwer, die wiss. Emanzipation seiner Schüler zu unterstützen.

In den 1880er Jahren erklärte M., der einst die *Röm. Geschichte* verfasst hatte, der Geschichtsschreiber gehöre eher zu den Künstlern als zu den Gelehrten [7.3–16]. Historiographie war damit von der wiss. Arbeit des Historikers radikal geschieden. Statt einer Geschichte der röm. Kaiserzeit schrieb M. das *Staatsrecht* [4], an die Stelle der historiographischen Erzählung setzte er die juristische Abstraktion. Er konstruierte das für die röm. Vergangenheit maßgebliche Staatsrecht, indem er eine breite Überlieferung lit. wie nichtlit. Provenienz nach den Regeln des hermeneutischen Verstehens der Klass. Philologie interpretierte und deren ›staatsrechtliche‹ Aussagen mithilfe streng juristischer Begriffe systematisierte. Nur so vermochte er etwas vorzulegen, was es im Altertum nicht gab: ein röm. Staatsrecht. Die Auseinandersetzung mit dem überragenden Produkt der juristischen Methodenlehre des 19. Jh.s dauert an [17]. Als Alterswerk ließ M. 1899 das *Röm. Strafrecht* folgen [5].

Politik

Doch nicht nur als Wissenschaftler wirkte M. in Berlin, auch als Politiker tat er sich hervor. Er blieb ein Altachtundvierziger. Wiss. und Politik waren ihm untrennbar. Der Liberale M. glaubte bis an sein Lebensende an die polit. Verantwortung des Intellektuellen; Zivilcourage war ihm die erste Bürgerpflicht. Im preuß. Abgeordnetenhaus begrüßte er die nationale Einigung der dt. Länder unter Bismarcks Regie und feierte die Annexion Schleswig-Holsteins 1864 ebenso wie den Anschluss Elsass-Lothringens 1871. Sieben Jahre später, 1878, trat er für das Sozialistengesetz ein, saß dann aber als Angehöriger der linksliberalen Sezession um Ludwig Bamberger im Reichstag und wurde zum erklärten Gegner des Eisernen Kanzlers, der ihn sogar mit einem Beleidigungsprozess überzog. Im hohen Alter trat M., erschreckt über die wilhelminische Flottenpolitik, für die dt.-engl. Freundschaft ein, und forderte ein Bündnis zwischen den Linksliberalen und der Sozialdemokratie. Bis an sein Lebensende focht er gegen die »Gesinnung der Canaille«, d.h. gegen den polit. Antisemitismus im Kaiserreich, und überwarf sich deshalb mit seinem Kollegen, dem Historiker Heinrich von Treitschke, dem er es nicht verzieh, dass dieser dem Antisemitismus publizistisch den »Kappzaun der Scham« genommen hatte [16].

In seiner Berliner Zeit quälte M. allerdings immer öfter die Frage, warum das hehre polit. Ziel einer in Freiheit geeinten Nation trotz des manifesten wirtschaftlichen, kulturellen und wiss. Aufschwunges des Dt. Reiches nicht erreicht worden war. Den mit der Reichsgründung von 1871 einsetzenden Prozess der Trennung der nationalen Einheitsidee von den liberalen Freiheitsidealen empfand M. über drei Jahrzehnte hinweg als schmerzliche polit. Erfahrung. Der Pessimismus des alten M. zeugt von dem fehlenden parlamentarischen und gesellschaftlichen Machtpotential eines in sich gespaltenen, krisenhaft erschütterten Liberalismus und präludiert die Krise des bürgerlichen Selbstverständnisses und Selbstbewusstseins des 20. Jh.s.

Bedeutung

M. gab in der Wiss. einen neuen Kurs vor: die vollständige Historisierung des Altertums mithilfe der arbeitsteiligen Großforschung. Er beschleunigte die organisatorische und institutionelle Differenzierung der Alt.wiss. Die Leistungsfähigkeit der histor.-kritischen Methode war eindrucksvoll, und die von ihm initiierten und geleiteten Editionsprojekte sind heute noch unverzichtbar für die Alt.wiss. Die Akad.-Unternehmen begründeten zukunftweisende Formen internationaler Kooperation. Aber Heuristik und Interpretation fielen immer öfter auseinander und der Gelehrte wurde zum Arbeiter und Kärrner. Während M., einer der bedeutendsten Altertumswissenschaftler der Nz., noch in der Lage war, die Ergebnisse seiner weitverzweigten und komplexen Detailstudien zu überblicken und in großen Synthesen zu bündeln, vermochten sich seine Schüler immer weniger aus der Isolation einer hochspezialisierten Realienforschung zu befreien.

SV: Theodor Mommsen als Schriftsteller. Ein Verzeichnis seiner Schriften von K. Zangemeister (1887), bearb. und fortgesetzt von E. Jacobs (1905). Neu bearb. von S. Rebenich, 2000.

N: Staatsbibl. Berlin, Preuß. Kulturbesitz.

M: A. Mommsen, Theodor Mommsen im Kreise der Seinen. Erinnerungen seiner Töchter, 1936 (= Mein Vater. Erinnerungen an Theodor Mommsen, 1992).

Schriften

[1] Röm. Geschichte, Bde. 1–3, 1854–1856 [2] Röm. Forschungen, 2 Bde., 1864–1879 [3] Röm. Geschichte, Bd. 5: Die Provinzen von Caesar bis Diocletian, 1885 [4] Röm. Staatsrecht, 3 Bde. in 5 Teilen, 1887–1888 [5] Röm. Strafrecht, 1899 [6] Gesammelte Schriften, 8 Bde., 1905–1913 (Ndr. 1965 und 1994) [7] Reden und Aufsätze, 1905 [8] Röm. Kaisergeschichte, hrsg. von A. und B. Demandt, ²2005.

Sekundärliteratur

[9] M. Buonocore, Theodor Mommsen e gli studi sul mondo antico dalle sue lettere conservate nella Biblioteca Vaticana, 2003 [10] W. M. Calder III / R. Kirstein (Hrsg.), »Aus dem Freund ein Sohn«. Theodor Mommsen und Ulrich von Wilamowitz-Moellendorff, Briefwechsel 1872–1903, 2 Bde., 2003 [11] A. Demandt et al. (Hrsg.), Theodor Mommsen. Wissenschaft und Politik im 19. Jh., 2005 [12] G. Franke / S. Rebenich (Hrsg.), Der Briefwechsel zwischen Theodor Mommsen und Friedrich Althoff, 2011 [13] C. Gehrcke, Theodor Mommsen als schleswig-holsteinischer Publizist, 1927 [14] A. Heuss, Theodor Mommsen und das 19. Jh., 1956 (Ndr. 1996) [15] H.-M. von Kaenel et al. (Hrsg.), Geldgeschichte versus Numismatik. Theodor Mommsen und die antike Münze, 2004 [16] K. Krieger (Hrsg.), Der »Berliner Antisemitismusstreit«. Kommentierte Quellenedition, 2 Bde., 2003 [17] W. Nippel / B. Seidensticker (Hrsg.), Theodor Mommsens langer Schatten. Das röm. Staatsrecht als bleibende Herausforderung für die Forschung, 2005 [18] S. Rebenich, Theodor Mommsen und Adolf Harnack. Wissenschaft und Politik im Berlin des ausgehenden 19. Jh.s, 1997 [19] S. Rebenich, Theodor Mommsen. Eine Biographie, 2004 (²2007) [20] L. Wickert, Theodor Mommsen. Eine Biographie, 4 Bde., 1959–1980 [21] L. Wickert (Hrsg.), Theodor Mommsen – Otto Jahn. Briefwechsel 1842–1868, 1962 [22] J. Wiesehöfer (Hrsg.), Theodor Mommsen. Gelehrter, Politiker und Literat, 2005 [23] A. Wucher, Theodor Mommsen. Geschichtsschreibung und Politik, ²1968.

Stefan Rebenich

Montesquieu, Charles-Louis de Secondat

Franz. Staatstheoretiker und Philosoph. Geb. am 18.1.1689 auf Schloss La Brède bei Bordeaux, gest. am 10.2.1755 in Paris. Ab 1705 Jurastudium in Bordeaux; ab 1714 Beamter des Parlement de Guyenne. Nach der Heirat mit einer Hugenottin 1716 Erbe seines Onkels; ab 1716 Mitglied der Akad. von Bordeaux. 1726 Übersiedlung nach Paris; 1727 Wahl in die Acad. française. Ab 1728 Reisen nach Österreich, Italien, Deutschland und Holland. 1729–1731 Aufenthalt in England, dort Mitglied der Freimaurer und Fellow der *Royal Society*. 1734–1748 bei schwindendem Augenlicht und unterstützt von zwei Sekretären Arbeit am Hauptwerk [3] in Paris und Bordeaux.

Werk und Wirkung

Dem Schulunterricht der Oratorianer in Sully (1700–1705) verdankte M. u.a. eine Vorliebe für den Historiker Florus. Dieser galt ihm noch in seinem für Diderots und D'Alemberts *Encyclopédie* verfassten *Essai sur le goût* (1753) als Stilvorbild. Im Jugendwerk *Éloge de Cicéron* lobte er hingegen Cicero v.a. als Philosophen und nicht als Redner. Neben Cicero bildete Homer eine Konstante in M.s Antikenstudien: Umfangreiche Exzerpte aus dessen Epen stammen noch aus seinen späten Lebensjahren [5. 144]. Eine berühmte Bezugnahme auf die zeitgenössische *Querelle d'Homère* (vgl. Anne ↗Dacier) findet sich im 34. Brief der *Lettres persanes* (1721), einer ironischen Schilderung der auch in Pariser Cafés ausgetragenen Kontroverse [4. Bd. 1, 226–228].

In M.s Überlegungen zur Größe und zum Niedergang der Römer [2] überwiegt das aufklärerische Anliegen – Geschichte wird als rational gestaltbar beschrieben – vor der kritische Antikenforschung: Die einzige hierin erwähnte Inschrift war schon im 18. Jh. in ihrer Echtheit umstritten. M.s Attacken auf Tyrannei und Aberglauben in Rom sollten sich v.a. auch auf zeitgenössische Verhältnisse übertragen lassen; das Buch erschien 1734 anonym. In M.s Hauptwerk, *Vom Geist der Gesetze* [3], einer Summe des juristischen und politologischen Wissens der Zeit, sind Vergleiche zwischen ant. und zeitgenössischen Rechtsnormen und -formalitäten bes. im wirkungsreichen, von den Philosophen Marie Jean Condorcet und Destutt de Tracy kommentierten Buch 29 häufig. Der hierin meistzitierte ant. Autor (v.a. in Buch 30–31) ist Tacitus [7. 182].

Schriften

[1] Lettres persanes, Köln/Paris 1721 (u.ö.) [2] Considérations sur les causes de la grandeur et de la décadence des Romains, Amsterdam 1734 (u.ö.) [3] De l'esprit des lois, 2 Bde., Paris 1748 (u.ö.) [4] Œuvres complètes, hrsg. von J. Ehrhard et al., 12 Bde., 1998–2010 (ff.).

Sekundärliteratur

[5] S. Rotta, L'Homère de Montesquieu, in: F. Létoublon / C. Volpilhac-Auger (Hrsg.), Homère en France après la Querelle, 1715–1900, 1999, 141–148 [6] V. Senarclens, Montesquieu historien de Rome. Un tournant de la réflexion sur le statut de l'histoire au XVIIIe siècle, 2003 [7] C. Volpilhac-Auger, Tacite et Montesquieu, 1985.

Johannes Göbel

Montfaucon, Bernard de

Franz. Paläograph, Antiquar und Theologe. Geb. am 16. 1. 1655 auf dem Château de Soulage, gest. am 21. 12. 1741 in Paris. 1672 Besuch der Kadettenschule in Perpignan; 1673 freiwilliger Kriegsdienst; 1675 Eintritt in den Benediktinerorden. 1686/87 Berufungen nach Bordeaux und Paris; 1694 Leitung des Münzkabinetts der Abtei St. Germain-des-Prés in Paris. 1698–1701 Reise nach Italien; ab 1719 Mitglied der Pariser *Acad. des inscriptions et belles-lettres*.

Werdegang

M. entwickelte früh eine Vorliebe für ant. Texte und erhielt philol. Unterricht [29]; [21. Bd. 1, 3]. Nach dem Besuch der Kadettenschule in Perpignan und Dienst im Heer des Henri de Turenne erkrankte er 1674 in Zabern (Elsass) und kehrte nach Frankreich zurück; 1675 trat er in den Orden der Benediktiner von St. Maur ein und legte 1676 sein Gelübde ab. 1687 erfolgte M.s Berufung nach Paris in die Abtei St. Germain-des-Prés, wo er Jean ↗Mabillon bei den Editionen des Athanasios und des Johannes Chrysostomos unterstützen sollte. 1694 wurde er Aufseher des dortigen Münzkabinetts. 1698 begann M. mit den Editionen der Kirchenväterschriften und reiste mit Paul Brioys nach Italien; dort besuchte er Mailand, Modena, Mantua und gelangte über Venedig und Ravenna nach Rom, wo er 1699 Generalprokurator der Kongregation wurde. Nach Problemen mit dem Jesuitenorden verließ M. 1701 Italien. In der Folge widmete er sich in St. Germain-des-Prés intensiv dem Studium von griech. und lat. Hss. Seine wiss. Reputation führte 1719 zur Berufung in die *Acad. des inscriptions et belles-lettres* durch Jacques Philippe ↗D'Orville. Bis ins hohe Alter blieb M. wiss. produktiv [21. Bd. 1, 1–5, 311–323]; [25. 223–226]; [26. 45–25, 187–206]; [19. 192]; [24]; [27. 808 f.].

Während seiner Reisen knüpfte M. Kontakte zu zahlreichen europ. Gelehrten [21. Bd. 1, 255–314], z.B. in Mailand zu Ludovico Antonio ↗Muratori [21. Bd. 1, 324]. Er unterhielt Briefwechsel u.a. mit Francesco ↗Bianchini und Francesco Scipione ↗Maffei [26. 137–211]. Zudem machte er Philipp von ↗Stosch mit dem päpstlichen Kämmerer Giusto Fontanini bekannt [33. 6].

Werk: Überblick

M.s wiss. Œuvre hat zwei Schwerpunkte: Patristik und Hss. [26. 121–149] sowie die ant. Sachkultur [13]; [25. 228 f.]; [21. Bd. 2, 316–323]. Am Beginn seines Schaffens standen philol. und theologische Studien. Die 1688 veröffentlichten *Analecta Graeca* [1] waren ursprgl. als Beginn einer (nicht realisierten) griech. Editionsreihe gedacht [25. 226]. Zwei Jahre später erschien der kritische Kommentar zur Judith-Episode im AT [2]. Weitere Arbeiten galten Athanasios [3]; [23] und Augustinus [4]. M.s Interesse an der Antike bezeugt auch sein 1702 erschienenes *Diarum Italicum* [5] (1712 ins Englische übertragen [9]), das zahlreiche Altertümer Roms beschreibt; es zog aber die Kritik von Francesco de' ↗Ficoroni auf sich. Die Verteidigung der Schrift, von Paolo Alessandro ↗Maffei unter dem Pseudonym Romualdo Riccobaldi verfasst, wurde wie das Werk Ficoronis auf den Index gesetzt [26. 121–149].

Hauptgrund von M.s Italienaufenthalt war die Edition der Schriften der Kirchenväter. 1706 gab er diese in zwei Bänden neu heraus [6]. 1708 katalogisierte er ein Lehrbuch über 11 000 Mss. [7]. Damit verbunden erarbeite M. auch Kriterien für eine Bewertung der Authentizität [21. Bd. 1, 9]; [31. 155]. Zeit seines Lebens blieb er den Hss. treu: Er publizierte Kataloge [11]; [16]; [21. Bd. 1, 173 f.; Bd. 2, 273–277, 319 f.] und widmete sich der Herausgabe antiker Quellen; in seiner Edition des Chrysostomos in 13 Bänden [12] stellte er alle bekannten Mss. zusammen [26. 126–140].

»Antiquitas illustrata« und Spätwerk

Aus der Beschäftigung mit den Kirchenvätern ging M.s antiqu. Hauptwerk hervor, die lat.-franz. *Antiquitas ... illustrata* [13]. Erste Zeichnungen dafür entstanden bereits 1713 [31.165 f.]; [26.229], abgeschlossen war es 1717 [28.265], publiziert wurde es 1719–1724 in fünf Bänden (zu je zwei Halbbänden) sowie fünf Supplementbänden, die insgesamt etwa 2050 Seiten und 1120 Tafeln umfassten und durch Indices am Ende jedes Bandes zu erschließen waren. Bereits 1722–1724 erschien eine zweite, z.T. überarbeitete Ausgabe [27.40]; [30.212 f.].

Der Aufbau folgte fünf Klassen [31.156–162]; [20.111]; [30.209]: (I) Götter und Heroen der Griechen und Römer; (II) Kultaltertümer der Griechen und Römer und anderer Kulturen (z.B. Ägypter, Araber, Skythen, Germanen); (III) Privataltertümer (z.B. Gewänder, Möbel, Münzen, Schmuck) und öffentliche Einrichtungen (u.a. Bäder, Theater, Festzüge); (IV) Krieg und Verkehrswesen; (V) Grabsitten und -formen, Unterwelt. Die Darstellung orientierte sich an den antiqu. Werken des 16. und 17. Jh.s [31.155 f.]; [20.115 mit Tabelle, 110 f.]. Die Zuweisung eines Objektes zu einer Klasse erfolgte v.a. auf Basis ikonographischer Kriterien [31.157]. Mit diesem *opus magnum* legte M. eine franz. und lat. abgefasste systematische Darstellung des gesamten Altertums vor, das ohne Zeithorizonte als Einheit behandelt wurde [26.240]. Während die Anfänge im Dunkeln bleiben, bildet die Theodosiossäule in Konstantinopel für M. die Zäsur für das Ende der Antike [13. XIVf.].

Die *Antiquitas* richtete sich an Gelehrte, Liebhaber des Altertums und junge Künstler. M. wollte v.a. der Unübersichtlichkeit und dem hohen Zeitaufwand der antiqu. Studien des 17. Jh.s abhelfen und den Lesern die gesamte Antike in kurzer Zeit nahe bringen [13. I–XIV]; [24.145]. Daher war das Werk mit Illustrationen von knapp 40000 Objekten ausgestattet [29.144]; das Gros entnahm er antiqu. Schriften, z.B. des Lorenz ↗Beger, Jacques ↗Spon, Giovanni Pietro ↗Bellori oder Pietro Santi ↗Bartoli. Nur wenige Zeichnungen basieren auf den Originalen. Stolz weist M. auf die große Zahl der Abbildungen hin [13.2. Aufl., Préface VIf.], gibt aber selten Informationen über Maße, Material oder mod. Ergänzungen. In den Erklärungen folgte er meist der *opinio communis*. Er wollte die ant. Institutionen und Religion durch die Abbildungen illustrieren und die Denkmäler anhand lit. Quellen erklären [28.298 f.]. Auf diese Weise schuf er eine Geschichte der Antike in ihren materiellen Erscheinungsformen; damit reagierte er auf die z.T. lückenhafte bzw. falsche lit. Überlieferung, mit der er sich während der Arbeit an den Kirchenvätereditionen konfrontiert sah [30.210].

Ähnlich konzipiert wie die *Antiquité expliquée* war M.s letzte große Unternehmung, die *Monumens* [15], eine auf Originaldokumenten basierende histor. Dokumentation Frankreichs. Dieses als Kulturgeschichte des gesamten MA gedachte Werk blieb bis auf die fünf Bände zu den franz. Königen unvollendet [21. Bd. 2, 153–157]; [24.153–157].

Wirkung

M.s Werk besaß in seiner Gesamtheit enorme Wirkung. Mit seinen patristischen Studien [6]; [8]; [10]; [12] und insbes. [7] wurde er zum Begründer der griech. Paläographie [24.145]; [27.211–223]. Das Urteil über die *Antiquité expliquée* war ambivalent. Johann Joachim ↗Winckelmann warf M. wegen der überwiegenden Verwendung von Vorlagen aus anderen Stichwerken mangelnde Kenntnis der ant. Denkmäler vor; dennoch verwies er wiederholt auf M.s Werk [20.133]. Weitere Kritik richtete sich v.a. gegen die Ungenauigkeit der Zeichnungen und die unzureichenden, meist nicht nach den Originalen angefertigten Beschreibungen [20.117 f.]. Zudem zeigen die Tafeln häufig Rekonstruktionen der Monumente [32]. M.s Interesse an ant. Skulpturen war gering, wie u.a. aus der knappen Beschreibung des Apollo vom Belvedere hervorgeht [32.95 f.]. Schwächen weisen auch die Beschreibungen der nicht in griech.-röm. Trad. stehenden Denkmäler auf [28.291 f.].

Dennoch schuf M. durch die Kombination aus »gewaltigem Sammlerfleiß und Mut zur Oberflächlichkeit« [20.122] eine Zusammenfassung der antiqu. Forschung von beachtlichem Erfolg: Die erste Auflage war nach kurzer Zeit vergriffen [27.239]. Den beiden franz.-lat. Auflagen folgte 1721/22–1725 eine engl. Übersetzung [14], 1757 ein dt. sowie ein lat. Auszug der Originalausgabe [18]; [17], v.a. an Studierende der Altertumskunde gerichtet und 1763 neu aufgelegt [29.144]; [30.213]. 1807 gab Johann Ferdinand Roth den dt. Auszug erneut heraus. Nicht zuletzt wegen zahlreicher sonst unpublizerter Zeichnungen wie etwa der Parthenonskulpturen blieb die *Antiquité expliquée* bis ins 19. Jh. ein wichtiges Referenzwerk [29.145]. M. leistete eine Aufarbeitung und Systematisierung des gesammelten Wissens und mit den umfassenden Illustrationen letztlich das Gesamtcorpus zur Antike, welches Cassiano ↗Dal Pozzo in seinem *Museum Cartaceum* nicht zur Veröffentlichung gebracht hatte [31.161].

Schriften

[1] Analecta Graeca sive varia opuscula Graeca hactenus non edita (Edition), Paris 1688 [2] La vérité de l'histoire de Judith, Paris 1690 (²1692) [3] Sancti Patris nostri Athanasii Archiep. Alexandrini opera omnia, 3 Bde. (Edition), Paris 1698 [4] Vindiciae editionis S. Augustini a Benedictinis adornatae adversus epistolam abbatis Germani, Rom 1699

[5] Diarium Italicum sive monumentorum veterum, Paris 1702 [6] Collectio nova patrum et scriptorum Graecorum Eusebii Caesariensis, Athanasii et Cosmae Aegyptii, 2 Bde., Paris 1706 [7] Palaeographia Graeca, sive De ortu et progressu literarum Graecarum, et de variis omnium saeculorum scriptionis Graecae generibus, itemque de abbreviationibus et de notis variarum artium ac disciplinarum, Paris 1708 (Ndr. 1970) [8] Le livre de Philon de la vie contemplative, traduit sur l'original grec, avec des observations où l'on fait voir que les Thérapeutes dont il parle étoient chrétiens, Paris 1709 [9] The Travels of the Learned Father Montfaucon from Paris to Italy, London 1712 (ital. Orig. 1702; [2]1725) [10] Hexaplorum Origenis quae supersunt, 2 Bde. (Edition), Paris 1713 (2. Aufl. Leipzig 1769–1770) [11] Bibliotheca Coisliniana, olim Segueriana, Paris 1715 [12] Sancti Patris nostri Joannis Chrysostomi Archiepiscopi Constantinopolitani opera omnia quae exstant, 13 Bde. (Edition mit lat. Übers. und Komm.), Paris 1718–1738 (2. Aufl. 1735–1740) [13] Antiquitas explanatione et schematibus illustrata / L'Antiquité expliquée et représentée en figures (5 Bde. zu je 2 Teilen), Paris 1719 (5 Suppl.-Bde. 1724; 2., rev. Aufl. 1722–1724) [14] Antiquity Explained and Represented in Sculptures, übers. von D. Humphreys, 5 Bde., London 1721–1722 (Suppl. 1725) [15] Les monumens de la monarchie françoise, 5 Bde., Paris 1729–1733 [16] Bibliotheca bibliothecarum manuscriptorum nova, 2 Bde., Paris 1739 (Ndr. 1982) [17] Antiquitates Graecae et Romanae, hrsg. von J.J. Schatz, Nürnberg 1757 [18] Griech. und röm. Alterthümer, welche der berühmte Montfaucon ehemals samt den dazu gehörigen Supplementen in zehen Bänden in Folio, an das Licht gestellet hat, hrsg. von J.J. Schatz, Nürnberg 1757 (Neuaufl. 1807, hrsg. von J.F. Roth).

Sekundärliteratur

[19] Der Archäologe. Graphische Bildnisse aus dem Porträtarchiv Diepenbroick (Ausst.kat.), 1983 [20] D. Boschung, Montfaucon, Spence, Winckelmann. Drei Versuche des 18. Jh.s, die Antike zu bewältigen, in: T. Fischer (Hrsg.), Bilder von der Vergangenheit. Zur Geschichte der archäologischen Fächer, 2005, 105–144 [21] E. de Broglie, Bernard de Montfaucon et les Bernardins 1715–1750, 2 Bde., 1891 [22] G. Fatouros, Art. Montfaucon, Bernard de, in: Biographisch-bibliographisches Kirchenlex. 6, 1993, 92–94 [23] B. Gain, L'édition de saint Athanase par Montfaucon (1698), in: Sacris erudiri 44, 2005, 77–92 [24] F. Haskell, Geschichte und ihre Bilder, 1995, 145–147, 151, 211–223 [25] J.C.F. Hoefer (Hrsg.), Nouvelle biographie générale depuis les temps les plus reculés jusqu'à nos jours, 1861, 223–229 [26] D.-O. Hurel / R. Rogé (Hrsg.), Dom Bernard de Montfaucon. Actes du colloque de Carcassonne, octobre 1996, 1998 [27] M. Raskolnikoff, Histoire romaine et critique historique dans l'Europe des Lumières, 1992, 38–48, 808–809 [28] A. Schnapp, Die Entdeckung der Vergangenheit. Ursprünge und Abenteuer der Archäologie, 2009, 225–259, 265, 278, 289–292, 298–299 [29] C.B. Stark, Geschichte und Systematik der Archäologie der Kunst, 1880, 143–146 [30] U. Steiner, Die Anfänge der Archäologie in Folio und Oktav. Fremdsprachige Antikenpublikationen und Reiseberichte in deutschen Ausgaben, 2005, 209–216 [31] E. Vaiani, L'Antiquité expliquée di Bernard de Montfaucon, in: E. Vaiani (Hrsg.), Dell'antiquaria e dei suoi metodi (Annali della Scuola normale superiore di Pisa ser. 4, Quaderni 6), 1998, 155–175 [32] E. Vaiani, L'Antiquité expliquée di Montfaucon in Monumenta rariora. Aspetti della gestione informatica di un'opera enciclopedica, in: S. Maffei / S. Settis (Hrsg.), Le statue, le stampe, l'informatica. Il progetto Monumenta rariora sulla fortuna della statuaria antica nei repertori a stampa, secc. XVI–XVIII, 2003, 93–111 [33] Zazoff GG 42–44; 174–175.

Jörn Lang

Moortgat, Anton

Belg.-dt. Vorderasiat. Archäologe. Geb. am 21.9. 1897 in Antwerpen, gest. am 9.10.1977 in Damme bei Brügge. Studium von Klass. Arch., Gesch. und Kunstgesch. in Gent, Münster und Berlin; Prom. 1923 ebda. Ab 1923 wiss. Mitarbeiter im Berliner Orient-Forschungs-Institut von Max von Oppenheim; ab 1929 Mitarbeiter und ab 1938 Kustos an der Vorderasiat. Abteilung der Staatlichen Museen in Berlin; 1941 Honorarprof. an der Univ. ebda.; 1948–1967 o.Prof. für Vorderasiat. Altertumskunde an der Freien Univ. Berlin.

Wissenschaftlicher Werdegang

In Flandern aufgewachsen, begann M. 1916 mit dem Studium der Klass. Archäologie, der Alten Geschichte und der Kunstgeschichte in Gent. Nach Übersiedlung der Familie nach Deutschland setzte er sein Studium erst in Münster, dann in Berlin fort, wo er 1923 bei Ferdinand Noack promoviert wurde (Diss. über *Das ant. Torgebäude in seiner baugeschichtlichen Entwicklung*). Nach der Prom. wurde er Mitarbeiter in dem von Max von Oppenheim 1922 gegründeten Orient-Forschungsinstitut, wo er mit Vorarbeiten zur Veröffentlichung der Funde aus dessen Ausgrabungen in Tell Halaf beschäftigt war. Damit wandte sich M.s Forschungsinteresse dem Arbeitsfeld der Vorderasiat. Archäologie zu. Nach einem Stipendiatenjahr in Rom wurde er 1929 Mitarbeiter der von Walter ↗Andrae geleiteten Vorderasiat. Abteilung der Berliner Museen, 1939 zum Kustos dieser Abteilung und 1941 Honorarprof. an der Berliner Univ. Die Professur für Vorderasiat. Archäologie an der Univ. Berlin, die Eckhard Unger bis 1945 als ao.Prof. innehatte, wurde 1948 an der Freien Univ. als Professur für Vorderasiat. Altertumskunde neu errichtet und mit M. besetzt, der sie bis zu seiner Emeritierung 1967 wahrnahm.

Bedingt durch die äußeren Umstände konnte sich M. erst 1955 der Feldforschung zuwenden. Auf zwei Grabungskampagnen in Tell Fecherije bei Ras al-Ain in Nordostsyrien 1955 und 1956 folgte eine kürzere Grabung in dem etwa 60 km weiter nordöstlich gelegenen Tell Ailun. Ab 1958 leitete M. die Grabungen in Tell Chuera etwa 50 km westlich von Ras al-Ain;

hier führte er bis 1976 insgesamt acht Kampagnen durch.

Werk und Wirkung

Bereits seine 1926 erschienene Schrift *Hellas und die Kunst der Achaemeniden* [1] zeigt M. als umfassend gebildeten Klass. Archäologen, der die Kunst des Perserreichs als eigenständige Schöpfung zu erkennen suchte. Bald nach seinem Eintritt in die Vorderasiat. Abteilung erschien seine Studie zur bildenden Kunst des Orients [3]. Hier trat eine der Grundlinien von M.s Werk zutage: das Bestreben, weniger über den Stil als über »Bildgedanken« zu einer Ordnung der Denkmäler, zu ihrer Zuweisung an unterschiedliche Trad. der einzelnen Volksgruppen und zu einem tieferen Verständnis der sich in ihnen offenbarenden geistigen Kultur zu gelangen. In seinem folgenden Werk zur frühen Bildkunst in Sumer [4] verband M. diesen hermeneutischen Ansatz mit sorgfältigen Stil- und Kompositionsanalysen und gelangte so zu einer grundlegenden Ordnung der Bildkunst der vorakkad. Zeit Mesopotamiens. In dem auf eine Vorlesung des Jahres 1942 zurückgehenden Band über die Entstehung dieser sumer. Kultur setzte sich M. mit der Vorgeschichte der mesopot. Hochkultur auseinander [6]. Einen ersten Höhepunkt in seinem Schaffen stellte seine grundlegende Veröffentlichung der Rollsiegelsammlung der Berliner Museen dar [5]. Mit seiner Publikation der Bildwerke aus den Grabungen auf dem Tell Halaf knüpfte M. dann wieder an seine Tätigkeit am Orient-Forschungsinstitut an [7].

In seiner kleinen Schrift zur Einführung in die Vorderasiat. Archäologie [9] beschrieb M. den Weg, der ihn zu seinem Hauptwerk, einer Kunstgeschichte des Alten Mesopotamiens [8], geführt hatte: »Vorderasiat. Archäologie und Kunstgeschichte hatten sich verbunden« [8.58].

M.s Wirken an der Freien Univ. Berlin ließ die Vorderasiat. Archäologie in Forschung und Lehre zu einem eigenständigen Fach werden. Er bildete zahlreiche Schüler aus, die an anderen Univ. und Einrichtungen wie dem DAI Fuß fassen konnten. Damit legte er die Grundlage für die Intensivierung der dt. arch. Forschung im Vorderen Orient seit 1970.

Schriften

[1] Hellas und die Kunst der Achaemeniden (Mitteilungen der Altorientalischen Gesellschaft II/1), 1926 (Ndr. 1976) [2] Die Bildgliederung des jungassyrischen Wandreliefs, in: Jb. der preußischen Kunstsammlungen 51, 1930, 141–158 [3] Die Bildende Kunst des Alten Orients und die Bergvölker, 1932 [4] Frühe Bildkunst in Sumer (Mitteilungen der Vorderasiatisch-Ägyptischen Gesellschaft 40/3), 1935 (Ndr. 1988) [5] Vorderasiatische Rollsiegel. Ein Beitrag zur Geschichte der Steinschneidekunst, 1940 (Ndr. 1955, 1966 u.ö.) [6] Die Entstehung der sumerischen Hochkultur, 1945 (Ndr. 1987) [7] (Hrsg.) Tell Halaf, Bd. 3: Die Bildwerke, 1955 [8] Die Kunst des Alten Mesopotamien, 1967 (u.ö.) [9] Einführung in die Vorderasiatische Archäologie, 1971 (²1981) [10] K.S. zur vorderasiatischen Altertumskunde (1927–1974), hrsg. von U. Moortgat-Correns, 2 Bde., 1990.

Sekundärliteratur

[11] B. Hrouda et al., Vorderasiatische Archäologie. Forschungsinhalte und Perspektiven seit 1945, 2009, 17–18, 76–79 [12] H. Kühne, Art. Moortgat, Anton, in: NDB 18, 1997, 69–70 [13] H. Schmökel, Anton Moortgat zum Gedächtnis, in: ZA 68, 1978, 1–5.

Winfried Orthmann

Moreau, Jacques

Belg. Althistoriker. Geb. am 12.9.1918 in Lodelinsart (Belgien), gest. am 23.9.1961 bei Ankara bei einem Flugzeugabsturz (ebenso u.a. Hans Schaefer, Hans-Hermann Rohrbach, Peter Sattler, Leo Teutsch [15.843]; [17.16–19]). 1935–1939 Studium der Klass. Phil., Gesch. und altoriental. Sprachen an der Univ. Libre in Brüssel bei Henri ↗Grégoire, Roger Goossens und Claire ↗Préaux. Ab 1939 ehrenamtlicher Assistent am Brüsseler Institut de philologie et d'histoire orientales et slaves bei Grégoire, zugleich Gymnasiallehrer; im Zweiten Weltkrieg Militärdienst und kurze Kriegsgefangenschaft. 1950 zunächst Gastprof. an der neugegründeten Univ. européenne de la Sarre in Saarbrücken, hier 1951 ao.Prof., ab 1953 o.Prof. für Alte Gesch.; ab 1960 o.Prof. an der Univ. Heidelberg. 1952 Docteur en philosophie et lettres (Univ. Brüssel); Mithrsg. des *Lexikons der Alten Welt* und der Zeitschrift *La Nouvelle Clio*.

Werk und Wirkung

Nachdem M. sein Studium mit Arbeiten zur rechtlichen und sozialen Situation des Judentums im ptolem. und röm. Ägypten beendet hatte [1] (vgl. [16.8]), publizierte er zunächst 1944 eine Quellensammlung außerbiblischer Zeugnisse zu Jesus [2], bevor er sich mit der Zuarbeit für Grégoires Buch *Les persécutions dans l'Empire romain* (1951) und seiner grundlegenden Edition von Laktanz' Schrift über die Christenverfolger [5], deren Wert als histor. Quelle er betonte, der röm. Kaiserzeit und Spätantike zuwandte. Mit der Arbeit zu Laktanz erwarb M. 1952 den Doktorgrad der Univ. Brüssel [13]. Neben komprimierten Darstellungen der Geschichte der Christenverfolgungen [6] sowie der Kultur der Kelten [7] steht eine Vielzahl von Aufsätzen zu allen Epochen der Antike, aber mit Schwerpunkt im Bereich des Frühen Christentums und der Spätantike [3]; [4]; [8]; [9]; [11]. Unvollendet blieb eine komm. Ausgabe von Eusebios' *Vita Constantini* sowie die geplante Edition der Inschriften von Sinope [14. 70 f.], während der Ergänzungsband zu Ernst Diehls *Inscriptiones Latinae Christianae veteres* (1961 von M. neu herausgegeben), von Henri-Irénée ↗Marrou besorgt, postum erscheinen konnte [12].

SV: [10. 306–312].

Schriften

[1] Le troisième livre des Maccabées, in: Chronique d'Égypte 31, 1941, 111–122 [2] Les plus anciens témoignages profanes sur Jésus, 1944 [3] Zur Religionspolitik Konstantins des Großen, in: Annales Universitatis Saraviensis 1, 1952, 160–168 (wieder in: Scripta minora, 1964, 106–113) [4] Sur la vision de Constantin (312), in: Revue des études anciennes 55, 1953, 307–333 (wieder in: Scripta minora, 1964, 76–98) [5] De la mort des persécuteurs: Lactantius, Lucius Caecilius Firmianus, 2 Bde. (Sources chrétiennes 39/1–2; Edition mit Einl., Komm. und Übers.), 1954 [6] La persécution du christianisme dans l'Empire romain, 1956 (dt. 1961) [7] Die Welt der Kelten, 1958 [8] Constantius I., Constantinus II., Constantius II., Constans, in: Jb. für Antike und Christentum 2, 1959, 158–184 [9] Das Trierer Kornmarktmosaik, 1960 [10] Scripta minora, hrsg. von W. Schmitthenner, 1964 [11] Eusebius von Caesarea, in: Reallex. für Antike und Christentum 6, 1966, 1052–1088 [12] Inscriptiones Latinae Christianae veteres, Bd. 4, Suppl.: Emendationes, initia carminum, concordantiarum tabulae, 1967.

Sekundärliteratur

[13] H. Grégoire, Du nouveau sur les persécutions. A propos d'une brillante soutenance de thèse, in: Le Flambeau 35, 1952, 580–584 (unter dem Pseudonym »Scantilla«) [14] W. Müller, Le maître qui représente si dignement l'humanisme belge à l'Université européene de la Sarre: Jacques Moreaus Wirken an der Universität des Saarlandes, in: K. M. Girardet (Hrsg.), 50 Jahre Alte Geschichte an der Universität des Saarlandes (Univ. des Saarlandes, Universitätsreden, Bd. 47), 2001, 59–83 [15] W. Schmitthenner, Jacques Moreau, in: Gnomon 33, 1961, 841–844 [16] W. Schmitthenner, Vorwort, in: J. Moreau, Scripta minora, hrsg. von W. Schmitthenner, 1964, 7–13 [17] W. Schmitthenner, Ein einschneidendes Ereignis in der Geschichte des Heidelberger Seminars für Alte Geschichte: Erinnerung an Hans Schaefer, Jacques Moreau und die anderen Toten des Unglücks von 1961, in: Vom frühen Griechentum bis zur röm. Kaiserzeit (Heidelberger althistorische Beiträge und epigraphische Studien 6), 1989, 7–22 [18] J. Vogt, Jacques Moreau, in: Heidelberger Jbb. 6, 1962, 9–13.

Heinrich Schlange-Schöningen

Morell, Andreas

Schweizer Antiquar und Numismatiker. Geb. am 9. 6. 1646 in Bern, gest. am 10. 4. 1703 in Arnstadt (Thüringen). Ausbildung in St. Gallen, Genf und Bern; ab 1680 Konservator am königlichen Münzkabinett in Paris. Nach Verfolgung als Protestant und Flucht aus Frankreich ab 1694 Anstellung als Hofrat beim Grafen von Schwarzenburg und Hohenstein in Arnstadt.

Werdegang, Werk und Wirkung

Nach seiner Ausbildung in St. Gallen, Genf und Bern ging M. 1680 nach Paris, wo er mit Numismatikern (u. a. Ezechiel ↗Spanheim) in Kontakt kam und am königlichen Münzkabinett angestellt wurde. Nach dem Widerruf des Edikts von Nantes 1687 als Calvinist verhaftet, kam er durch Fürsprache u. a. von Jean ↗Foy-Vaillant frei, wurde 1688 aber erneut inhaftiert. Am 7. 6. 1689 bot ihm Ludwig XIV. den Konservatorenposten des Pariser Münzkabinetts an. Die Bedingung, zum katholischen Glauben überzutreten, lehnte M. jedoch ab; er wurde am 26. 4. 1690 wiederum verhaftet und erst Anfang November 1691 u. a. auf Bitten der Berner Bürgerschaft entlassen. Nach seiner Flucht am 6. 11. 1691 war er ab 1694 bei Anton Günther von Schwarzenburg und Hohenstein in Thüringen angestellt, der ihm 1695 eine Reise in die Niederlande finanzierte. M. erlag 1703 einem Schlaganfall.

1683 erschien sein *Specimen* mit dem Plan, alle ant. Münzen zu publizieren [1]. Auf 16 Tafeln sind hier herausragende ant. Münzen abgebildet, besprochen und die Ordnungsprinzipien vorgestellt. M.s Verbreitung eines 1701 publizierten Editionsplans der republikanischen röm. Münzen [2] wurde von Gottfried Wilhelm Leibniz unterstützt. Die Monographie [3] selbst wurde erst postum von Siwart Havercamp mithilfe der bereits fertigen Tafeln herausgegeben. Neben der Qualität dieser Tafeln ist die penible Echtheitsprüfung der Münzen hervorzuheben. Die Ordnung des Materials folgt weitgehend Fulvio ↗Orsini und Charles Patin; allerdings integrierte M. in seinen Katalog der republikanischen Münzen auch die von städtischen Magistraten außerhalb Roms geprägten Stücke, was sich nicht durchgesetzt hat. 1752 wurden in Amsterdam weitere Manuskripte M.s publiziert [4].

Das ganze 18. Jh. hindurch wurde M. geschätzt und u. a. von Joseph Hilarius ↗Eckhel hoch gelobt. Dies lag an M.s herausragender Kunstfertigkeit, die an den Tafeln noch heute abgelesen werden kann, dem auch von Ludwig XIV. gewürdigten exzellenten Bildgedächtnis und seiner Vorsicht bei der Materialsammlung.

Schriften

[1] Specimen universae rei nummariae antiquae, Paris 1683 [2] De nummis consularibus epistola ad virum clarissimum Jacobum Perizonium, Arnstadt 1701 [3] Thesaurus Morellianus, sive familiarum Romanarum numismata omnia, hrsg. von S. Havercamp, Amsterdam 1734 [4] Columna Trajana exhibens historiam utriusque belli Dacici a Trajano Caesare Augusto gesti, hrsg. von A. F. Gori, Amsterdam 1752.

Sekundärliteratur

[5] J. Amiet, Der Münzforscher Andreas Morellius von Bern. Ein Lebensbild aus der Zeit der Bastille, 1883.

Peter Franz Mittag

Morenz, Siegfried

Dt. Ägyptologe und Religionshistoriker. Geb. am 22.11.1914 als Kurt Karl Siegfried M. in Leipzig, gest. am 14.1.1970 ebda. 1934–1938 Studium der evang. Theologie und Ägyptologie in Leipzig; Prom. 1941. 1941–1945 »Wiss. Hilfskraft auf Kriegsdauer«; 1946 (ungedr.) Habil.-Schrift für das Fach Religionsgeschichte Ägyptens und des Hellenismus ebda. 1949 Venia legendi für das Fach Ägyptologie; 1952 Prof. mit vollem Lehrauftrag am Ägyptologischen Institut der Univ. Leipzig, 1954 Prof. mit Lehrstuhl für das Fach Ägyptologie ebda. 1952–1958 Direktor der Ägypt. Abteilung der Staatlichen Museen zu Berlin; 1955–1957 Kommissarischer Direktor der Abteilung Alte Geschichte des Instituts für Allgemeine Geschichte der Univ. Leipzig. 1961–1966 neben der Leipziger Tätigkeit hauptamtlich o.Prof. für Ägyptologie und Religionsgeschichte an der Univ. Basel; 1955 Mitglied, 1966 Vizepräsident der Sächs. Akad. der Wiss.; 1954 korrespondierendes und 1957 ordentliches Mitglied des DAI.

Werk und Wirkung

Wegweisend für M.' Forschungsarbeiten war die Begegnung mit dem Alttestamentler Albrecht Alt, der sein Interesse für den Orient weckte. Durch den Neutestamentler Johannes Leipoldt fand er den Weg in den christl. Osten. Seine Diss. war der koptischen Fassung der apokryphen Geschichte von Joseph dem Zimmermann gewidmet [1], in der er auch dem Fortleben altägyptischer Vorstellungen in koptischer Zeit nachging. M. habilitierte sich 1946 mit einer Arbeit über *Ägyptens Beitrag zur werdenden Kirche*. Die Vielschichtigkeit des Materials und der damit aufgeworfenen Fragen hinderten den jungen Wissenschaftler daran, seine Beobachtungen zu publizieren. Immer wieder beschäftigte sich der wiss. Grenzgänger M. mit der Wirkung Ägyptens auf Umwelt und Nachwelt. Zahlreiche Aufsätze und seine grundlegende Abhandlung zur *Begegnung Europas mit Ägypten* [7], welche die europ. Antike und das nachant. Europa berücksichtigt, legen Zeugnis davon ab. Das Wissen um die vielfältigen Wirkungen Ägyptens auf das Abendland wird gerade dieser Arbeit verdankt.

Zentrales Thema von M.' Forschungen war die Religion des Nil-Landes. Als Hauptwerk darf sein Buch zur ägypt. Religion [2] gelten, in dem er die Wurzeln und Triebkräfte sowie die Strukturierung des religiösen Lebens sichtbar machte – eine Betrachtungsweise, die über die bis dahin vorherrschende positivistische Summierung des relevanten Materials hinausführte. M. gelang es hier, das Verhältnis zwischen den Wirkungsarten der Götter (Gebot, Leitung, Eingebung und Schickung) und den Verhaltensweisen der Menschen (Kultus, Frömmigkeit und Ethik) eindrucksvoll gegenüberstellend darzulegen. In die »Lebensmitte« der ägypt. Religion führte eine weitere Arbeit, die nicht nur den Wechselbeziehungen zwischen Mensch und Gottheit gewidmet ist; hier werden wesentliche Strukturmerkmale der ägypt. Religion herausgearbeitet [5]. Letztere gilt M. als Nationalreligion, nicht Weltreligion, als Kultreligion, nicht Buchreligion, als histor. gewachsene, nicht Offenbarungsreligion. Auch die histor. Dimension bezog er in die Betrachtung ein und beschrieb dabei den auffälligen Wandel der Gottesvorstellung hin zu einer transzendenten Gottheit [3].

Angeregt durch Versuche in Nachbardisziplinen, wandte sich M. auch der strukturellen Erfassung von Geschichte und Religion zu. Die überzeugende Anwendung dieser Methode auf die Geschichte gelang ihm in seinem Beitrag zur *Propyläen Weltgeschichte* [4] und in seiner letzten Arbeit, in der er der Verflechtung der altägypt. Wirtschaft mit Politik, Tempelwesen und Totenglauben nachging [8]. Ebenso fruchtbar war sein Versuch, den Totenglauben der Ägypter in den Strukturrahmen der ägypt. Religion zu stellen [6].

SV: A. Heller, Siegfried Morenz, Verzeichnis seiner Schriften, in: Zs. für Ägyptische Sprache und Altertumskunde 99, 1972, IV–X.

Schriften

[1] Die Geschichte von Joseph dem Zimmermann (Texte und Untersuchungen zur Geschichte der altchristlichen Literatur 56) (Diss. Leipzig, 1941), 1951 [2] Ägyptische Religion (Die Religionen der Menschheit 8), 1960 (^{2}1977) [3] Die Heraufkunft des transzendenten Gottes in Ägypten (SB der Sächsischen Akademie der Wiss. zu Leipzig, Philol.-Histor. Klasse, 109/2), 1964 [4] Der Alte Orient. Von Bedeutung und Struktur seiner Geschichte, in: G. Mann (Hrsg.), Summa Historica. Die Grundzüge der welthistorischen Epochen (Propyläen Weltgeschichte 11), 1965, 25–63 [5] Gott und Mensch im alten Ägypten, 1965 [6] Ägyptischer Totenglaube im Rahmen der Struktur ägyptischer Religion, in: Eranos-Jb. 34, 1967, 399–446 [7] Die Begegnung Europas mit Ägypten (SB der Sächsischen Akademie der Wiss. zu Leipzig, Philol.-Histor. Klasse, 113/5), 1968 [8] Prestige-Wirtschaft im alten Ägypten (SB der Bayerischen Akademie der Wiss., Philol.-Histor. Klasse, 4), 1969.

Sekundärliteratur

[9] Art. Morenz, Siegfried, in: WWE, 294–295 [10] Gedenkschrift für Siegfried Morenz, 3 Teile (Zs. für Ägyptische Sprache und Altertumskunde 99–101), 1972–1974 [11] E. Blumenthal / F. Hintze, Siegfried Morentz

1914–1970, in: Zs. für Ägyptische Sprache und Altertumskunde 99, 1972, I–III [12] J. Irmscher, Siegfried Morenz als Koptologe, in: P. Nagel (Hrsg.), Studia Coptica, 1974, 19–28 [13] U. Luft, Siegfried Morenz, 22.11.1914–14.1.1970, in: Archiv für Papyrusforschung und verwandte Gebiete 22/23, 1973–1974, 401–402.

Reinhard Grieshammer

Mørkholm, Otto

Dän. Numismatiker. Geb. am 28.7.1930 in Kopenhagen, gest. am 16.7.1983 in Frederiksberg. Studium in Kopenhagen, 1955 Candidatus magisterii (M.A.) in Klass. Phil. und Gesch. ebda.; 1966 Promotion in Århus. 1959 Kurator, 1960 Leiter der Königlichen Münz- und Medaillensammlung in Kopenhagen; daneben 1967–1982 Lektor in Alter Gesch. und Numismatik an der Univ. ebda. 1977 als Visiting Fellow am Institute for Advanced Study in Princeton. 1981 Verleihung der Archer M. Huntington Medaille der *American Numismatic Society*; 1982 Medaille der *Royal Numismatic Society*; 1983 Mitglied der Königlichen Dän. Akad. der Wiss.

Werdegang, Werk und Wirkung

Noch vor Abschluss der Promotion trat M. in das dän. Nationalmuseum ein, als Kurator der Königlichen Münz- und Medaillensammlung, welcher er ab 1960 als Leiter vorstand. Daneben lehrte er an der Univ. Kopenhagen. 1965–1979 fungierte er außerdem als Sekretär der Internationalen Numismatischen Kommission; als solcher war er an der Ausrichtung des siebten Internationalen Numismatischen Kongresses 1967 in Kopenhagen maßgeblich beteiligt [5].

Zahlreiche bedeutende Veröffentlichungen zur griech., vorzugsweise hell. Münzprägung kennzeichnen das umfangreiche wiss. Œuvre. Zu M.s wichtigsten Werken zählen seine Studie zur Münzprägung Antiochos' IV. von Syrien [2], das gemeinsam mit Margret ↗Thompson und Colin Kraay verfasste Standardwerk zu den griech. Münzhorten [3] sowie das postum veröffentlichte Handbuch *Early Hellenistic Coinage* [4]. Als Leiter der Königlichen Münz- und Medaillensammlung war M. für die Edition der griech. Münzbestände des dän. Nationalmuseums in der *Sylloge Nummorum Graecorum* verantwortlich. Unter seiner Leitung wurde dieses bedeutende Editionsprojekt griechischer Münzen mit neun Bänden (35–43) abgeschlossen, die größtenteils von ihm selbst bearbeitet wurden bzw. unter seiner Mitarbeit entstanden [1].

Schriften

[1] Sylloge Nummorum Graecorum. The Royal Collection of Coins and Medals. Danish National Museum, Bd. 35–43, 1959–1979 [2] Antiochus IV of Syria, 1966 [3] An Inventory of Greek Coin Hoards (mit M. Thompson und C.M. Kraay), 1973 [4] Early Hellenistic Coinage. From the Accession of Alexander to the Peace of Apamea (336–188 B.C.), bearb. und hrsg. von Ph. Grierson und U. Westermark, 1991.

Sekundärliteratur

[5] U. Westermark, Otto Mørkholm, in: Nordisk Numismatisk Union Medlemsblatt 6, 1983, 126–128.

Stefan Krmnicek

Müller, Karl Otfried

Dt. Klass. Philologe und Kunstarchäologe. Geb. am 28.8.1797 in Brieg in Schlesien, gest. am 1.10.1840 in Athen, begraben auf dem Kolonoshügel. Ab 1804 Studium u.a. der Alt.wiss. in Breslau, 1816–1818 der Klass. Phil. in Berlin bei Philipp Karl ↗Buttmann und August ↗Boeckh; 1817 Prom. 1818 Gymnasiallehrer in Breslau. 1819 Berufung als ao.Prof. für Klass. Phil. und Kunstarch. an die Univ. Göttingen; 1823 dort o.Prof. 1832 Hofrat und Mitglied in der Göttinger Sozietät der Wiss.; ab 1835 auch Prof. für Eloquenz. 1839 Reise nach Italien und Griechenland.

Werk und Wirkung

M.s früher Tod, verursacht durch seine unermüdliche Aktivität in Griechenland, machte ihn zu einem romantischen Vertreter der Hingabe- und Opferbereitschaft für die Wiss. Romantisch war auch seine Konzeption der Alt.wiss., die einer vollständigen Rekonstruktion aller intellektuellen und emotionalen Aspekte des ant. Lebens gewidmet sein müsse, mit dem Ziel, eine Geschichte des menschlichen Geistes zu entwickeln. Die Betrachtung von Details, etwa eines Denkmals, einer Inschrift oder eines Textabschnittes, sei nur dann sinnvoll, wenn sie zur Rekonstruktion des Gesamtbildes eines Volkes in einem bestimmten Zeitpunkt seiner Geschichte beitrage. Diese Gesamtheit nahmen M.s Schriften in den Blick: u.a. das Handbuch der Kunstarchäologie [4], die griech. Literaturgeschichte [5], die *Prolegomena* [2] und *Die Dorier* (1824) als Teil eines umfassenden Projektes einer Geschichte aller griech. Stämme [1]; an diesem Buch arbeitete M., als er starb.

Der sog. Eumenidenstreit mit Gottfried ↗Hermann, den M. in seiner *Eumeniden*-Edition (1833) mit dem Angriff auf die »Notengelehrsamkeit« begann, ist nicht allein als Auseinandersetzung zwischen »Wortphilologie« und »Sachphilologie« zu betrachten. Diese Kontroverse betraf die Rolle der philol. Studien, wobei einander zwei Auffassungen gegenüberstanden: Die eine, von Gottfried ↗Hermann entwickelt, betrachtete die Philologie als selbstlegitimierende spezialisierte Text-Wiss.; die andere, deren Befürworter Friedrich Wilhelm von ↗Humboldt, Friedrich August ↗Wolf und August ↗Boeckh waren, schrieb der Philologie universellen Anspruch und eine vollkommene Bildungsfunktion zu und stellte sie in den breiteren Kontext der Geschichts-Wiss. Dieser Forscherstreit bedeutete das Ende der rationalistischen Philologie, die sich in der Zeit der Aufklärung entwickelt hatte, und markierte den Anfang der romantischen Philologie.

Dabei vernachlässigte M. keineswegs das Studium der Sprache, sondern betrachtete diese als einen wichtigen Faktor bei der histor. Rekonstruktion und dem Verständnis des ant. Lebens in seiner komplexen Gesamtheit; insgesamt errichten demnach Philologie, Philosophie und Geschichte ein wiss. Ganzes, weil die Erkenntnis selbst nur ein Ganzes sein kann und die innere Verbindung zwischen den Tatsachen sich nicht aus einem rationalen, syllogistischen Verfahren ergibt, sondern als Ergebnis der Begeisterung und der Mitwirkung aller geistigen Kräfte. Wenn die Philologie als histor. Wiss. das wesentliche Instrument zur Ergründung des menschlichen Geistes ist, dann nimmt sie mit M. einen zentralen Platz in der Bildung ein. Auch die Mythologie, deren Ursprung außerhalb der Geschichte zu finden sei, betrachtete M. in histor. Hinsicht. Jeder griech. Mythos könne nur in seinem geographischen und kulturellen Kontext wiss. betrachtet werden, weil er v.a. Träger der aus der Wanderungszeit stammenden Trad. sei.

M.s wiss. Interesse an den griech. Stämmen hatte ebenso deutliche romantische Wurzeln. Bereits in seinen ersten Werken über Ägina (Diss., 1817) und Orchomenos [1. Bd. 1] sammelte er eine große Fülle gelehrter Materialien. M. unterstrich die Verbindung von Mythos und Kultus und betonte, dass die Herkunft vieler Kulte direkt im Mythos zu finden sei (in dieser Hinsicht griff er der *myth-and-ritual theory* der *Cambridge Ritualists* vor); schließlich differenzierte er erstmals zwischen Olympischen und chthonischen Göttern [1. Bd. 1]. In seinem kurzen Gelehrtenleben beeinflusste M. die Klass. Alt.wiss. in besonderer Weise; durch seine enzyklopädische Betrachtungsweise war er international wegweisend für deren histor. fundierte Ausrichtung. Seine unvollendete griech. Literaturgeschichte [5] gehörte im 19. Jh. mit zahlreichen Auflagen und Übersetzungen zu den einflussreichsten ihrer Art.

N: [11].

Schriften

[1] Geschichten hellenischer Stämme und Städte. Bd. 1: Orchomenos und die Mynier; Bd. 2: Die Dorier, erstes und zweites Buch; Bd. 3: Die Dorier, drittes und viertes Buch, 1820–1824 (2. erw. Aufl. 1844, hrsg. von F. W. Schneidewin) [2] Prolegomena zu einer wissenschaftlichen Mythologie, 1825 (Ndr. 1970) [3] Die Etrusker, 2 Bde., 1828 (Neubearb. 1877; Ndr. 1965) [4] Hdb. der Archäologie der Kunst, 1830 (3. Aufl. 1848 u.ö.) [5] Geschichte der griech. Literatur bis auf das Zeitalter Alexanders, 2 Bde., hrsg. von E. Müller, 1841 (mehrere Aufl. und Ndr.) [6] Archäologischer Nachlass aus Rom, hrsg. von E. Müller, 1852.

Sekundärliteratur

[7] Seminario su Karl Otfried Müller, in: Annali della Scuola Normale Superiore die Pisa, Classe di Lettere e Filosofia 14/3, 1984, 893–1226 [8] K. Nickau, Karl Otfried Müller, Professor der Klassischen Philologie 1819–1840, in: C. J. Classen (Hrsg.), Die Klassische Altertumswissenschaft an der Georg-August-Universität Göttingen, 1989, 27–50 [9] W. M. Calder III et al. (Hrsg.), Zwischen Rationalismus und Romantik. Karl Otfried Müller und die antike Kultur, 1998 [10] F. Tessitore / A. Garzya, Introduzione, in: K. O. Müller, Prolegomeni ad una mitologia scientifica, hrsg. von F. Tessitore, 1991, 7–34 [11] W. Unte / H. Rohlfing, Quellen für eine Biographie Karl Otfried Müllers (1797–1840). Biographie und Nachlaß, 1997.

Sotera Fornaro (Ü: R. L. P.)

Münzer, Friedrich

Dt. Althistoriker und Philologe. Geb. am 22.4. 1868 in Oppeln (Oberschlesien, h. Opole, Polen), gest. am 20.10.1942 im Konzentrationslager Theresienstadt. Abitur 1886 in Oppeln, danach Studium in Leipzig und ab 1887 in Berlin; 1891 Prom., 1892 Staatsprüfung/Oberlehrerexamen ebda. Studienaufenthalte 1893/94 in Rom, 1894/95 in Athen. 1896 Habil. in Basel; 1897 PD, 1902 ao.Prof. für Alte Gesch. und o.Prof. für Klass. Phil. ebda.; 1912 o.Prof. für Alte Gesch. 1912 Berufung nach Königsberg; 1921 Lehrstuhl in Münster; 1935 Emeritierung. 1938 Publikationsverbot; Juli 1942 Deportation.

Werk und Wirkung

M., Sohn eines jüd. Zigarrenfabrikbesitzers und königlichen Kommerzienrates, studierte Geschichte und Klass. Philologie u.a. bei Victor ↗Gardthausen in Leipzig sowie in Berlin bei Theodor ↗Mommsen, Hermann ↗Diels und Ernst ↗Curtius. Das Diss.-Thema bei Otto ↗Hirschfeld [1] bestimmte M.s zukünftige Forschungsrichtung maßgeblich. Während des Studienaufenthaltes in Italien forderte ihn Georg ↗Wissowa auf, die Prosopographie der röm. Republik ab dem Buchstaben C für die RE zu übernehmen. M. widmete dieser entsagungsvollen Aufgabe einen großen Teil seines Lebens, dessen Ertrag sich in über 5000 Artikeln niedergeschlagen hat, die noch weit über seinen Tod hinaus bis 1967 in der RE veröffentlicht wurden. Die ersten 25 Jahre dieser Forschungen sind in sein Buch zum röm. Adel eingegangen, das für alle Fragen von verwandtschaftlichen und polit. Beziehungen der röm. Führungsschicht grundlegend geworden ist [3]. Trotz der antiqu. Methode, die M.s Baseler Schüler Matthias ↗Gelzer durch eine soziologische Sichtweise weiterentwickelte [6], gilt das Werk weiterhin als Standardwerk und sein Verfasser als bester Kenner der Materie [7].

Kapitel seiner Arbeiten zu Plinius [2] dienten M. zur Habil. in Basel. Als Ordinarius in Münster bezog er durch Vorträge mehrmals indirekt zum Zeitgeschehen Stellung [4]; [5]. Trotz M.s hoher Reputation im Kollegen- und Schülerkreis und trotz seines protestantischen Bekenntnisses wurde nach seiner Emeritierung seine »jüd. Abstammung« aufgedeckt. Publikationsverbot und Deportation folgten. 74-jährig verstarb M. im Lazarett des KZ Theresienstadt [8. 111–149].

Schriften

[1] De gente Valeria (Diss. Berlin), 1891 [2] Beiträge zur Quellenkritik der Naturgeschichte des Plinius, 1897 [3] Röm. Adelsparteien und Adelsfamilien, 1920 [4] Die politische Vernichtung des Griechentums, 1925 [5] Die Entstehung des röm. Prinzipats, 1927.

Sekundärliteratur

[6] Christ, RömGG 164–165 [7] M. Gelzer, Friedrich Münzer in memoriam, in: Historia 2/4, 1954, 378–380 [8] A. Kneppe / J. Wiesehöfer, Friedrich Münzer. Ein Althistoriker zwischen Kaiserreich und Nationalsozialismus, 1983.

Elisabeth Herrmann-Otto

Muratori, Ludovico Antonio

Ital. Historiker, Jurist und Literaturtheoretiker. Geb. am 21. 10. 1672 in Vignola, gest. am 23. 1. 1750 in Modena. U.a. Jura-Studium an der Univ. Modena; 1694 Priesterweihe; ab 1695 wiss. Tätigkeit an der Biblioteca Ambrosiana in Mailand; ab 1700 Direktor der Biblioteca Estense in Modena.

Werdegang

M. war einfacher Herkunft. Nach dem Studium in Modena wurde er zum Priester geweiht. Während seiner Tätigkeit an der Biblioteca Ambrosiana in Mailand stand M. in Kontakt mit dem ital. Schriftsteller Carlo Maria Maggi; er widmete sich dort philol. Studien (*Anecdota*, 1697–1698). Als Direktor der Bibl. des Herzogs Rinaldo I. d'Este in Modena seit 1700 erhielt M. die Möglichkeit, seine geisteswiss. Interessen zu verfolgen und sein Leben der Forschung zu widmen. Während seiner Aktivität in der Pfarrei von Santa Maria della Pomposa (1716–1733) widmete er sich auch der Religionswiss. Als Zeitgenosse von Francesco Scipione ↗Maffei und Vertreter des sog. *Preilluminismo* (Frühaufklärung) war M. Historiker, Jurist, Philosoph und Literaturtheoretiker. Als Historiker bemühte er sich unter dem Einfluss von Benedetto Bacchini um die kritische und methodische Betrachtung der ant. Quellen sowie um die objektive Erhebung der Fakten.

Werk

M. verfasste die erste mod. Quellensammlung über das ital. MA, die *Rerum Italicarum scriptores* (24 Bde., 1723–1728, und ein Bd. Inhaltsverzeichnis 1751). Aufgrund seines Streben nach Objektivität wurde er in der mod. Historiographie bekannt. In den *Annali della Storia d'Italia* (12 Bde., 1744–1749) behandelte M. die Geschichte Italiens von Christi Geburt an, wobei er v. a. die polit. Ereignisse berücksichtigte. Sein bekanntestes Werk sind die *Antiquitates Italicae medii aevi* [1] – 76 Abhandlungen zur Geschichte der Sitten und Institutionen, der Wirtschaft, Religion und Literatur des ma. Italien, in denen M. aufgrund intensiver Quellenstudien diese Zeit kritisch und objektiv darzustellen suchte. Das Resultat war eine neue, mod. und teilweise noch heute aktuelle Interpretation einer Zeit, die zuvor lange nur negativ wahrgenommen wurde.

Unter den juristischen Schriften ist der Traktat *Dei difetti della giurisprudenza* (1742) zu erwähnen, in dem M. vorschlug, die Unübersichtlichkeit der Gesetzschreibung zu überwinden und diese zu systematisieren. M. interessierte sich auch für die Moralphilosophie (*La filosofia morale*, 1749) und für die Religionswiss. (*Della carità christiana*, 1723; *Della regolata devozione dei cristiani*, 1747). Als Literaturtheoretiker beschäftigte er sich v. a. mit der Dichtung; er verfasste u. a. Kommentare zu den Werken Francesco ↗Petrarcas.

Im Rahmen der Alt.wiss. ist M. durch sein epigraphisches Werk *Novus thesaurus* bekannt [2]. In dieser Sammlung suchte er alle Inschriften zusammenzustellen, die in einzelnen und/oder lokalen Publikationen veröffentlicht waren, um ein Supplementum zu dem damals schon grundlegenden Werk von Janus ↗Gruter (1602/03) zu schaffen. M.s *Thesaurus* wurde später durch weitere Supplementa von Sebastiano Donati vervollständigt (*Ad Novum Thesaurum veterum inscriptionum L. A. Muratorii supplementum*, 2 Bde., Lucca 1765).

Wirkung

Als M. seinen *Thesaurus* [2] verfasste, hätte die Epigraphik nicht nur ein Supplement, sondern auch eine Revision von Gruters Werk gebraucht, und zwar mit autoptischer Kontrolle der Inschriften. Ein solches Werk hätte aber enormen Zeitaufwand gefordert: *immensum quippe tempus exigeret*, sagt M. in der *praefatio*. So verfasste er eine Arbeit, die zwar seinen antiqu. Interessen entsprach, jedoch wiss. unzureichend war, sodass sie von den Meistern der Epigraphik wie Theodor ↗Mommsen und Wilhelm ↗Henzen sowohl inhaltlich als auch methodisch heftig kritisiert wurde. M.s *Thesaurus* sei unkritisch (»vollkommen genau ist keine einzige Inschrift wiedergegeben« und er habe falsche Inschriften aufgenommen und echte verworfen [11.163]), redundant [13.13 f.] und nicht ausreichend (»von Haus mangelhaft und unzulänglich« [12.1]).

Schriften

[1] Antiquitates Italicae medii aevi, 6 Bde., 1738–1742; ²1777–1780, 17 Bde.; 1745–1750 in 9 dt. Bden. [2] Novus thesaurus veterum inscriptionum, in praecipuis earumdem collectionibus hactenus praetermissarum, 4 Bde., Mailand 1739–1742 [3] Raccolta delle opere minori, Neapel 1757 [4] Opere, 19 Bde., Arezzo 1767–1773 [5] Scritti inediti di Lodovico Ant. Muratori a celebrare il secondo centenario della nascita di lui, Bologna 1872 [6] Edizione nazionale del carteggio di L. A. Muratori, 1975 (mehrbändiges Editionswerk).

Sekundärliteratur

[7] Ludovico Antonio Muratori nel secondo centenario della morte, 1950 [8] A. Andreoli, Nel mondo di Lodovico Antonio Muratori, 1972 [9] I. Calabi Limentani, Epigrafia latina, ⁴1991, 51–52 [10] G. Falco, Muratori e il preilluminismo, in: M. Fubini (Hrsg.), La cultura illuministica in Italia, ²1964, 23–41 [11] W. Henzen, Die lat. Epigraphik und ihre gegenwärtigen Zustände. Theodor Mommsens Inscriptiones Regni Neapolitani Latinae, in: Allgemeine Monatsschrift für Wissenschaft und Literatur 2, 1853, 157–184 [12] T. Mommsen, Ueber Plan und Ausführung eines Corpus Inscriptionum Latinarum, 1847 [13] M. G. Schmidt, Einführung in die lat. Epigraphik, ²2011, 8, 13–14.

Camilla Campedelli

Muretus, Marcus Antonius

Muret, Marc Antoine; franz. Humanist und Dichter. Geb. am 12.4.1526 in Muret (bei Limoges), gest. am 4.6.1585 in Rom. Ab 1551 Prof. für Philosophie und Zivilrecht in Paris; ab 1563 Prof. für Philosophie, Zivilrecht und Rhetorik in Rom; 1576 Priesterweihe; Jesuit.

Werk und Wirkung

M.s Bedeutung liegt gleichermaßen in seiner poetischen wie in seiner philol. Tätigkeit. Der Autodidakt wurde früh von Julius Caesar ↗Scaliger gefördert, durch dessen Vermittlung er an den Kollegien von Villeneuve, Poitiers und Bordeaux lehrte. Hier wurde seine vermutlich um 1545 entstandene, in der Trad. Senecas stehende Tragödie *Julius Caesar* uraufgeführt, das erste Renaissancedrama, das die Ermordung Caesars zum Thema hatte (Nachdichtungen von Jacques Grévin, franz., 1561; Orlando Pescetti, ital., 1594; Wirkung auf William Shakespeare). In Bordeaux gehörte Montaigne 1547/48 zu seinen Schülern; in Paris schloss er sich eng an die Dichter der Pléiade, Joachim du Bellay, Étienne Jodelle und v. a. Pierre de Ronsard, an, zu dessen *Amours* er 1553 einen Kommentar verfasste. M.s frühe Dichtungen (*Iuvenilia*: Elegien, Epigramme, Oden und Satiren) erschienen nach längerer handschriftlicher Verbreitung 1552 im Druck [1].

1553 wurde M. in Paris, danach in Toulouse wegen homosexueller Handlungen und Häresie angeklagt, 1554 in Toulouse wegen Häresie *in effigie* verbrannt. Nach seiner Flucht aus Frankreich fand er Unterstützung in Venedig, wo er u. a. für den Drucker Paulus Manutius arbeitete. Aus dieser Zeit datieren seine Kommentare zu Aristoteles' *Nikomachischer Ethik*, Platons *Politeia*, Ciceros Catilinarischen Reden, Catull, Tacitus' *Annales*, Terenz, Horaz, Properz sowie Tibull. Ebenfalls in diese Zeit fiel sein Streit mit Joseph Justus ↗Scaliger, dem er erfolgreich eigene bzw. aus dem Griechischen übersetzte Verse als Fragmente altlat. Dichtung unterschob (*Trabea*, zitiert von Scaliger in der ersten Auflage seiner *Notae in Varronem*). Ab 1559 lebte M. in Ferrara und Rom im Kreis des Kardinals Ippolito d'Este. M. gehört zu den wichtigsten Vertretern des lat. Prosastils der Renaissance in der Nachfolge Ciceros; auf Grund seiner Rede anlässlich des Sieges von Lepanto (1571) wurde ihm der Titel *civis Romanus* verliehen. Eine Einladung an die Krakauer Akad. schlug er 1578 aus. M.s umfangreiche Bibl. bildete den Grundstock der Bibl. des *Collegium Romanum*; sie ist heute in die Biblioteca nazionale centrale in Rom integriert.

Schriften

[1] Iuvenilia, Paris 1552 [2] Opera, 5 Bde., Verona 1727–1730 [3] Iulius Caesar, hrsg. von A. Hagmaier (mit M. Virdungs Brutus; mit Übers. und Interpretation), 2006 [4] The Iuvenilia of Marc-Antoine Muret, übers. von K. M. Summers (mit Einl. und Komm.), 2006.

Sekundärliteratur

[5] J. Blänsdorf, Die Verwandlung der senecanischen Tragödie in Marc-Antoine Murets »Julius Caesar«, in: IJCT 1, 1994, 58–74 [6] P. de Nolhac, La bibliothèque d'un humaniste au XVᵉ siècle. Catalogue des livres annoté par Muret, in: Mélanges d'archéologie et d'histoire de l'École française de Rome 3, 1883, 202–238 [7] Sandys Hist., Bd. 2, 1908, 148–152.

Anja Wolkenhauer

Murray, Gilbert

Austral.-brit. Klass. Philologe. Geb. am 2.1.1866 in Sydney als George Gilbert Aimé M., gest. am 20.5.1957 in Yatscombe bei Oxford. Schulbesuch in

Australien und London; Studium am John's College, Oxford; ab 1888 Fellow am New College ebda. Ab 1889 Prof. of Greek in Glasgow; 1899 Rückzug aus gesundheitlichen Gründen. Ab 1905 Prof. of Greek in Oxford; 1936 Emeritierung. 1925/26 Gastprof. in Harvard; diverse polit Engagements; 1912 Ablehnung des Ritterschlags; 1941 Order of Merit; Fellow der British Acad.

Werdegang, Werk und Wirkung

M. entstammte einer polit. aktiven Familie, die zu den Eliten der brit. Kolonie Australien zählte. Der finanzielle Niedergang der Familie führte 1877 zum Umzug nach England, wo M. sein Studium in Oxford nur gestützt auf mehrere Stipendien aufnehmen konnte. Dort gewann er mehrere Preise und schloss sein Studium mit Auszeichnung ab, engagierte sich außerdem politisch für die *Liberal Party*. Als Griechisch-Prof. in Glasgow plante er eine Editionsreihe antiker Werke und kam dadurch in Kontakt mit den späteren Herausgebern der *Oxford Classical Texts* (OCT), David Binning Monro, Ingram ↗Bywater und Charles Cannan. Seine griech. Literaturgeschichte (1897) [1] wurde sehr kontrovers aufgenommen, aber mehrfach nachgedruckt.

1899 zog sich M. auf Rat der Ärzte aus dem Univ.-Betrieb zurück und begann seine Arbeit an der Euripides-Ausgabe [2]. Dabei machte er Bekanntschaft mit Ulrich von ↗Wilamowitz-Moellendorff, der ihn lebenslang beeinflussen sollte. Daneben verfasste er diverse Übersetzungen von Dramen des Euripides und des Aristophanes, was ihn in Kontakt mit dem Theater brachte; er korrespondierte mit anderen Übersetzern und Autoren (darunter George Bernard Shaw) und verfasste selbst mehrere Dramen (u. a. *Andromache*, 1901), hatte mit diesen allerdings wenig Erfolg. M.s Arbeit am griech. Drama führte nach anfänglicher Übereinstimmung zu einer Kontroverse insbes. mit seiner Freundin Jane Ellen ↗Harrison (zu deren Büchern *Prolegomena to the Study of Greek Religion* und *Themis* er Abschnitte beigesteuert hatte): Sie war Hauptvertreterin der *Cambridge Ritualists*, die das griech. Drama aus dem Ritus ableiteten, während M. ein liberaleres, progressiveres und intellektuelleres Griechenbild vertrat [6]; [7].

1905 kehrte M. als *Fellow* nach Oxford zurück und wurde 1908 Nachfolger von Ingram ↗Bywater als *Regius Prof. of Greek*. Inspiriert von Ulrich von ↗Wilamowitz-Moellendorff betrieb er die Reform und Erweiterung der gräzistischen Studiengänge in Oxford. Seine Forschung konzentrierte sich erneut auf Euripides [4] sowie das griech. Epos, wo er zwischen Unitarismus und Analyse zu vermitteln suchte [3].

Ab dem Beginn des Ersten Weltkriegs engagierte sich M. polit. und musste seine Forschung reduzieren. Er unterstützte weiterhin die brit. *Liberal Party*, die Frauenwahlrechtsbewegung und die Gründung des Völkerbunds. Ab 1933 half er dt. Wissenschaftlern bei der Emigration, darunter Eduard ↗Fraenkel, der ihn bei seiner Aischylos-Ausgabe [9] ebenso unterstützte wie Ludwig Radermacher und Denys ↗Page. Die Aischylos-Edition wurde scharf kritisiert, später wenig zitiert und bereits 1972 durch die Ausgabe von Page ersetzt; ähnlich erging es der Monographie über Aristophanes [8]. M.s Tätigkeit in Oxford wurde 1936 mit zwei Festschriften gekrönt, die die Breite seiner Forschung und seine zahlreichen Kontakte in der Wiss.-Gemeinde abbilden. Sein Nachfolger als *Regius Prof.* war sein Wunschkandidat E. R. ↗Dodds. Die Zeit seines Ruhestandes verbrachte M. erneut mit unterschiedlichen polit. Aktivitäten, u. a. in der *United Nations Association of the United Kingdom*.

M.s Arbeiten zeichnen sich weniger durch Präzision als durch Imagination und Bemühen um Allgemeinverständlichkeit aus. Sein Hauptinteresse galt der Vermittlung sowohl in der Hochschule als auch für eine breite Öffentlichkeit, womit er ausgesprochen erfolgreich war. Die dafür notwendige Verallgemeinerung und didaktische Reduktion dürfte zu seinem nicht immer verdienten problematischen Ansehen in der Wiss.-Gemeinde wesentlich beigetragen haben.

M: An Unfinished Autobiography, with Contributions by His Friends, hrsg. von J. Smith, 1960.

N: Oxford, Bodleian Library.

Schriften

[1] History of Ancient Greek Literature, 1897 (Ndr. 1911, 1937, 1966 u.ö.) [2] Euripides, 3 Bde. (Edition; OCT), 1902–1909 [3] The Rise of the Greek Epic, 1907 [4] Euripides and His Age, 1913 (u.ö.; dt. 1957 u.ö.) [5] Essays and Addresses, 1921 [6] Five Stages of Greek Religion, 1925 [7] The Classical Tradition in Poetry, 1927 (Ndr. 1939 u.ö.) [8] Aristophanes. A Study, 1933 [9] Aeschyli septem quae supersunt tragoediae (Edition; OCT), 1937.

Sekundärliteratur

[10] F. West, Gilbert Murray. A Life, 1984
[11] D. Wilson, Gilbert Murray OM, 1866–1957, 1987.

U. C. A. Stephan

Musgrave, Samuel

Engl. Philologe und Arzt. Geb. am 29. 9. 1732 in Washfield, Devon, gest. am 4. 7. 1780 in Bloomsbury in London; Sohn eines Arztes. 1749–1754 Studium u. a. des Griech. und Lat. in Oxford mit dem Abschluss BA; 1754–1765 Stipendium (Radcliffe travelling fellowship) v. a. für Frankreich (insbes. Paris) und für die Niederlande; 1756 MA in Oxford. 1760 Mitglied der *Royal Society* in London. 1762/63 Studium der Medizin mit dem Abschluss MD (Medicinae Doctor) in Leiden; 1763 Mitglied der Acad. royal des inscriptions et belles-lettres in Paris. Ab 1766 Arzt in verschiedenen Städten Englands; 1775 Prom. (MD) in Oxford; 1777 Mitglied des Royal College of Physicians. Ab 1775 in London schriftstellerisch und wiss. tätig.

Werk und Wirkung

M.s Versuche, Mitgliedern der engl. Regierung im Zusammenhang mit dem Friedensschluss von Paris (1763) nach dem Siebenjährigen Krieg Korruption nachzuweisen (1765–1770), scheiterten, beeinträchtigten aber seinen beruflichen Erfolg als Arzt. Ab 1775 betätigte er sich daher in Bloomsbury (London) v.a. im Bereich der Medizin und der Philologie als Schriftsteller und Wissenschaftler, mit mäßigem Einkommen [5]; [7].

Zwar profilierte sich M. bereits seit 1759 wiss. in der Medizin und bereicherte sie v.a. durch Beiträge zur Psychosomatik [5], doch seine Hauptleistung liegt in der griech. Philologie im Sinne der althumanistischen Textphilologie. Zusammen mit Thomas TyrDummyBR]whitt intensivierte er in England die Arbeit an der Konstitution der Texte des Euripides [1]; [2]; [3] und des Sophokles [4] – in Auseinandersetzung mit Josuah Barnes, Thomas Johnson und Jeremiah Markland – und verwies die jüngere Generation von Philologen (Richard ↗Porson, Peter ↗Elmsley) auf dieselben Aufgaben. Zahlreiche seiner Emendationen und Konjekturen sind insbes. in die bis heute maßgebenden Euripides-Ausgaben eingegangen.

Schriften

[1] Euripidis Hippolytus (Edition, mit Variae lectiones, Notae), Oxford 1756 [2] Exercitationes criticae in Euripidem, 2 Bde., Leiden 1762 [3] Euripidis quae extant omnia (einschließlich der Fragmente), 4 Bde. (Edition mit Variae lectiones, Notae, Interpretatio Latina, Scholia Graeca), Oxford 1778 (Online-Ausgabe 2004) [4] Sophoclis tragoediae septem, 2 Bde. (Text von Thomas Johnson, Animadversiones von S. Musgrave), Oxford 1800.

Sekundärliteratur

[5] A. Cameron, Art. Musgrave, Samuel, in: Oxford Dictionary of National Biography 39, 2004 (auch online) [6] C. Collard, Art. Musgrave, Samuel, in: DBC 2, 2004, 694–696 [7] W.P. Courtney, Art. Musgrave, Samuel, in: The Dictionary of National Biography 13, 1894–1895, 423–425.

Manfred Landfester

Musurus, Marcus

Musuros, Markos; griech. Humanist, Dichter und Übersetzer. Geb. um 1470 auf Kreta, gest. am 24.10.1517 in Rom. Ca. 1486–1494 Studium in Florenz; 1505–1509 Prof. für Griechisch in Padua; 1511–1516 Prof. in Venedig; 1516 Titular-Erzbischof von Monembasia (Griechenland).

Werk und Wirkung

Als Kopist, Übersetzer, Philologe, Lehrer und Dichter zählte M. zu den bedeutendsten und vielseitigsten Vermittlern der griech. Literatur in Italien. Um 1470 im venez. Candia auf Kreta geboren, studierte er ab etwa 1486 in Florenz bei Janos ↗Laskaris. Nach dem Tod von Lorenzo de' Medici zog er nach Venedig, wo seine lebenslange Zusammenarbeit mit Aldus ↗Manutius begann. Daneben arbeitete er für andere Drucker (Kallierges, Giunta), übersetzte aus dem Griechischen und kopierte griech. Klassiker, teils zum Eigengebrauch, teils im Auftrag von venez. Adligen. Mehr als 60 Mss. von seiner Hand bzw. aus seinem Besitz sind nachweisbar [7]. 1499–1502 wirkte M. (wie vor ihm Aldus) als Hauslehrer und Bibliothekar bei Alberto III. Pio von Carpi. M. gehörte zu den Mitbegründern der sog. *Neacademia*, eines humanistischen Zusammenschlusses unter Aldus' Führung; er stand in Kontakt u.a. mit Pietro ↗Bembo, Scipione Carteromacho, Giovanni Battista Egnazio und Jean Grolier. 1505 wurde er als Nachfolger von Lorenzo da Camerino auf die Griechischprof. in Padua berufen, die er bereits ab 1503 vertreten hatte. Unter seinen Hörern waren Johannes Cuno und ↗Erasmus von Rotterdam, der ihn später als *gente Graecus, eruditione Graecissimus* (»nach der Herkunft ein Grieche, nach der Bildung der Griechischste«) bezeichnete [1.ep.295]. Nach der kriegsbedingten Schließung der Univ. Padua 1509 übernahm M. 1511 die venez. Prof. für Griechisch. Ab 1513 wirkte er an der *Scuola della cancelleria ducale* sowie als staatlich bestellter Übersetzer. Eine der bedeutendsten griech. Renaissancedichtungen ist seine sog. *Ode an Platon* (1513), welche die Platon-Verehrung der Zeit exemplarisch widerspiegelt.

Sekundärliteratur

[1] P.S. Allen (Hrsg.), Opus epistolarum Des. Erasmi Roterodami, Bd. 2: 1514–1517, 1910 [2] A. Cataldi Palau, La vita di Marco Musuro alla luce di documenti e manoscritti, in: Italia medioevale e umanistica 45, 2004, 295–369 [3] T.B. Deutscher, Marcus Musurus, in: P.G. Bietenholz / T.B. Deutscher (Hrsg.), Contemporaries of Erasmus, Bd. 2, 472–473
[4] M. Manoussakas, Markos Musuros, in: Graecogermania. Griechischstudien deutscher Humanisten (Ausst.kat.), 1989, 61–65 [5] E. Mioni, La biblioteca greca di Marco Musuro,

in: Nuovo Archivio Veneto 97, 1971, 5–28 [6] A. Pontani, L'umanesimo greco a Venezia. Marco Musuro, Girolamo Aleandro e l'Antologia Planudea, in: M. F. Tiepolo / E. Tonetti (Hrsg.), I greci a Venezia (Atti del convegno internazionale di studio, Venedig 1998), 2002, 381–466 [7] M. Sicherl, Musurus-Handschriften, in: J. L. Heller / J. K. Newman (Hrsg.), Serta Turyniana. Studies in Greek Literature and Paleography. FS A. Turyn, 1974, 564–608.

Anja Wolkenhauer

Mylonas, Georgios

Griech. Archäologe. Geb. am 9.12.1898 in Izmir als Georgios Emmanuel M., gest. am 15.4.1988 in Athen. Ab 1916 Studium in Athen, 1921/22 unterbrochen durch Teilnahme am Griech.-Türk. Krieg; 1928 Prom. in Athen; 1929 zweite Prom. in Baltimore. 1933–1967 Assistant Prof., später Prof. und Direktor des Department of Art History and Archaeology an der Washington Univ. in St. Louis; 1979–1988 Generalsekretär der Arch. Gesellschaft zu Athen.

Werdegang, Werk und Wirkung

M. wuchs in Izmir auf. 1923–1928 arbeitete er an der American School of Classical Studies in Athen. Gleichzeitig studierte er Alt.wiss. in Athen, wo er 1928 promoviert wurde. Nur ein Jahr später folgte die zweite Prom. an der Johns Hopkins Univ. in Baltimore mit einer Arbeit über die neolithischen Funde von Olynth [2]. 1931–1933 lehrte er Griech. Archäologie an der Univ. of Illinois at Urbana. 1933 wechselte er an die Washington Univ. in St. Louis (Missouri), wo er bis zu seiner Emeritierung lehrte. M. war zwischen 1957 und 1961 – als erster Nicht-Amerikaner – Präsident des *Archaeological Institute of America*. Nach seiner Rückkehr nach Griechenland leitete er die Geschicke der Arch. Gesellschaft zu Athen.

Die Diss. über das Neolithikum in Griechenland stellt die erste systematische Behandlung der neolithischen Periode auf dem griech. Festland und Kreta dar [1]. Eine Pionierleistung für das Studium der Vorgeschichte Makedoniens war M.' Publikation der neolithischen Funde und Befunde aus Olynth [2]. Die Ergebnisse der von ihm geleiteten Ausgrabungen der frühbronzezeitlichen Siedlung und Nekropole von Agios Kosmas sowie der Westnekropole von Eleusis legte er in zwei vorbildlichen Publikationen vor [4]; [10]. M.' Name ist allerdings in erster Linie mit Mykene verbunden, wo er von 1958 bis zu seinem Tod als Leiter der Grabungen der Arch. Gesellschaft zu Athen wirkte. Neben der monumentalen Publikation der Grabungen in Gräberrund B [9] verfasste er mehrere Monographien zur Geschichte Mykenes und der myk. Kultur, die heute noch grundlegend sind [6]; [7]; [8]; [11]. M. setzte sich intensiv auch mit Fragen der Religion, Sitten und Wertvorstellungen der myk. Kultur sowie verschiedenen Aspekten der archaischen und klass. Zeit auseinander [3]; [5]. M. war ein begnadeter akad. Lehrer, Forscher und Ausgräber. Das heutige Bild der myk. Kultur und der Bedeutung Mykenes ist stark von seinem Werk geprägt.

Schriften

[1] Η Νεολιθική εποχή εν Ελλάδι, 1928 [2] The Neolithic Settlement of Olynthus, 1929 [3] Ο Πρωτοαττικός αμφορεύς της Ελευσίνος, 1957 [4] Aghios Kosmas. An Early Bronze Age Settlement and Cemetery in Attica, 1959 [5] Eleusis and the Eleusinian Mysteries, 1961 [6] Mycenae and the Mycenaean Age, 1966 [7] Mycenae's Last Centuries of Greatness, 1968 [8] Το θρησκευτικόν κέντρον των Μυκηνών, 1972 [9] Ο ταφικός κύκλος Β των Μυκηνών, 1973 [10] Το δυτικόν νεκροταφείον της Ελευσίνος, 3 Bde., 1975 [11] Πολύχρυσοι Μυκήναι, 1983 (Mycenai, Rich in Gold, 1983).

Sekundärliteratur

[12] S. Iakovidis, George Emmanuel Mylonas, 1898–1988, in: American Journal of Archaeology 93, 1989, 235–235 [13] V. Petrakos (Hrsg.), Γεώργιος Ε. Μυλωνάς. Ο βίος και το έργο του, 1989.

Diamantis Panagiotopoulos

Natter, Lorenz

Dt. Gemmenschneider und Medailleur. Geb. am 21.3.1705 in Biberach, gest. am 27.10.1763 in St. Petersburg. Schulbesuch wohl in Ulm; 1718–1724 Lehre als Goldschmied in Biberach. Europareise: Erlernen der Kunst des Gemmenschnitts bei Johannes Hug in Bern, anschließend Aufenthalte in Venedig (1730) und Florenz (1732), dort bis 1735 im Dienste der Medici; Besuch der röm. Kunstakad. San Luca. 1739/40 Übersiedlung nach England; 1743 Einladung an den dän. Hof in Kopenhagen; zwischenzeitliche Rückkehr nach England. 1744 und 1745 Reisen nach Stockholm bzw. St. Petersburg; anschließend Aufenthalt am niederl. Hof; Anfang der 1750er Jahre erneute Rückkehr nach England. 1756 Ernennung zum Obergraveur der Reichsmünze in Utrecht, Aufgabe dieser Stellung bereits im selben Jahr und freischaffende Tätigkeit in der Stadt; 1757 Aufenthalt in Stockholm; 1759 in London; 1763 Reise an den Hof Katharinas II. nach St. Petersburg [8.9–62].

Werk und Wirkung

N.s Werk war geprägt von seinen zahlreichen Reisen und Tätigkeiten als Medailleur und Steinschneider an verschiedenen europ. Höfen und umfasste v.a. die praktische Gestaltung von Gemmen und Medaillen. Sein besonderes Interesse im Steinschnitt galt jedoch der Kunst der Nachahmung antiker Vorlagen, zu denen ihn Philipp von ↗Stosch während des Aufenthaltes in Florenz animierte [2.XXXIII]. Da er auf diesem Gebiet großes Können erlangte, sah er sich zeitlebens dem Vorwurf der Fälschung antiker Gemmen ausgesetzt, den etwa der dt. Philologe Georg Friedrich ↗Creuzer oder der franz. Sammler und Kunstkenner Pierre-Jean Mariette in besonderer Schärfe formulierten. Doch war N.s wesentlicher Antrieb, guten Geschmack zu verbreiten [8.25].

Als sein wichtigstes wiss. Werk ist der unmittelbar im Kontext seiner praktisch-künstlerischen Arbeit entstandene *Traité* anzusehen, der 1754 in einer franz. [2] und einer engl. [1] Ausgabe erschien. Darin erläuterte N. den technisch-handwerklichen Vorgang des ant. Gemmenschnitts auf Basis seiner eigenen Arbeiten, wobei er betonte, dass bereits in der Antike dieselben Instrumente benutzt wurden wie für nzl. Werke. Auch wenn sich insbes. Johann Joachim ↗Winckelmann negativ über das Buch äußerte, fand es i.Allg. Anerkennung und verhalf N. zu wiss. Ansehen, das sich u.a. in der Aufnahme in die *Society of Antiquaries* in London (1754), die *Royal Society of London* (1757) und die Akademie von Cortona (1760) niederschlug. Aus dem Vorwort des *Traité* [2]; [1] geht hervor, dass N. beabsichtigte, die Gemmen der prominentesten engl. Sammlungen zu publizieren [1.XXXVI], doch gelangte dieses *Museum Britannicum* genannte Vorhaben nicht über das Stadium von Manuskripten bzw. zahlreichen Zeichnungen hinaus. Einzig die Beschreibung der Sammlung des Earl of Bessborough wurde 1761 gedruckt [3]; allerdings hatte N. zu diesem Zeitpunkt das Gesamtvorhaben bereits aufgegeben [7].

Durch seine Reisen stand N. in Verbindung mit den europ. Höfen sowie den bedeutendsten engl. und niederl. Gelehrten und Sammlern seiner Zeit, zu denen während seines Florenzaufenthalts v.a. Philipp von ↗Stosch die Kontakte herstellte [4].

N. wurde im 18.Jh. aufgrund seines handwerklichen Geschicks im Gemmen- und Medaillenschnitt, aber insbes. seiner Fähigkeit der Imitation des ant. Stils sehr geschätzt, wie u.a. aus Bemerkungen von Philipp Daniel ↗Lippert hervorgeht. Seine wiss. Bedeutung liegt in seiner praktischen Tätigkeit in Verbindung mit der theoretischen Reflexion des nzl. Gemmenschnitts in seinem *Traité* begründet. Sein *Museum Britannicum* [6.117–134] stellt einen der ersten Versuche einer umfassenden Publikation dieser Gattung dar und besitzt auch in der unvollendeten Form große Relevanz. So finden sich darin z.B. zahlreiche sammlungsgeschichtliche Hinweise und Angaben zu Provenienzen.

N: St. Petersburg, Ermitage (f. 1, op. VI ›C‹, delo No. 13, razdel III A-L); Chatsworth, Devonshire (Manuskripte zu den Gemmen-Slg. in Devonshire, Marlborough, Bessborough, Carlisle, Rockingham); Briefe z.T. in Den Haag, Museum Meermanno (Archives Van Damme, 401/457–507).

Schriften

[1] A Treatise on the Ancient Method of Engraving on Precious Stones, Compared with the Modern ... by Laurentius Natter, Engraver on Gems, London 1754 [2] Traité de la méthode antique de graver en pierres fines comparée avec la méthode moderne ... par Laurent Natter, graveur en pierres fines, London 1754 [3] Catalogue des pierres gravées. Tant en relief qu'en creux, de Mylord Comte de Bessborough ..., London 1761.

Sekundärliteratur

[4] V. Buttrey, Natter on Gem Collecting, in: Journal of the History of Collections 2, 1990, 219–226 [5] M. Cremer, Eine unbekannte Arbeit des Gemmenschneiders Lorenz Natter in Köln, in: Wallraf-Richartz-Jb. 58, 1997, 143–152 [6] Y. Kagan, Gem Engraving in Britain from Antiquity to the Present, 2010 [7] Y. Kagan / O. Neverov, Lorenz Natters Museum Britannicum, in: Apollo 120, 1984, 114–121, 162–169 [8] E. Nau, Lorenz Natter 1705–1763. Gemmenschneider und Medailleur, 1966 [9] Zazoff GG 129–130.

Jörn Lang

Nauck, August

Dt. Klass. Philologe. Geb. am 18.9.1822 in Auerstedt bei Merseburg, gest. am 3.8.1892 in Terijoki bei Wiborg (h. Finnland). 1836–1841 Schulpforta; ab 1841 Studium der Klass. Phil. in Halle; dort 1846 Prom. 1847–1851 Hauslehrer in Dünamünde; 1852 Staatsexamen in Königsberg. Ab 1853 Adjunkt am Joachimsthalschen Gymnasium in Berlin; 1858/59 Oberlehrer am Gymnasium zum Grauen Kloster ebda. 1859 ao., ab 1861 o. Mitglied der Akad. der Wiss. in Sankt Petersburg; 1869–1883 o.Prof. für griech. Literatur am Histor.-Philol. Institut ebda.

Werk und Wirken

N., in seiner Hallischen Studienzeit insbes. von Gottfried Bernhardy geprägt, zeigte sich in seinem wiss. Wirken v.a. an textphilol. Fragen zur griech. Literatur interessiert und schloss sich daher August Meineke und Friedrich Wilhelm Schneidewin an: So nahm er bereits 1845 eine Echtheitskritik an einem Pariser Fragment des Aristophanes von Byzanz vor [1] und wurde ein Jahr später als Mitarbeiter an dem von Schneidewin ab 1846 herausgegebenen *Philologus* berufen. Dort platzierte er 1847 seine ersten zwei Beiträge, in denen er für die Klärung textkritischer Fragen bes. die indirekte Überlieferung berücksichtigte [2]; [3]: Zur Textrekonstruktion verwendete er relevante, bei anderen Autoren überlieferte Lesarten, denen auch für die Entscheidung über die Präferenz bestimmter Hss. eine Bedeutung zukommt. Diesen Ansatz arbeitete er in späteren Beiträgen weiter aus [8] und kombinierte ihn mit der konjekturalkritischen Methode der *emendatio*, um verderbte Textstellen wiederherzustellen: Während er dafür in seinen Homer-Editionen [10]; [11] auch textsprachliche Analogien zog [12]; [13], wandte er auf Sophokles zusätzlich sprachästhetische Kriterien an [9]. Mit seinen zahlreichen Studien und Ausgaben zu den griech. Tragikern [4]; [6]; [7]; [9], insbes. aber mit den von ihm ab 1854 in dritter Auflage besorgten und zusammen mit Schneidewin kommentierten Sophokles-Editionen [5], die bis 1913 ihre elfte Auflage erfuhren, erwarb sich N. große Wertschätzung in der Wiss. und schuf damit Meilensteine, die großen Einfluss auf die Textgestalt der heutigen Tragiker-Editionen hatten.

Schriften

[1] Aristophanis Grammatici fragmentum Parisinum (Edition), 1845 [2] Parerga critica, in: Philologus 2, 1847, 144–160 [3] Zu Sophokles frag. 649, in: Philologus 2, 1847, 640 [4] Euripidis tragoediae (Edition), 1854 (²1857, ³1869–1871) [5] Sophokles, erklärt von F.W. Schneidewin und A. Nauck, Bd. 1 (Edition mit Komm.), ³1855 [6] Tragicorum Graecorum fragmenta (Edition), 1856 [7] Euripideische Studien, 2 Bde., 1859–1862 [8] Kritische Bemerkungen I–IX, in: Mélanges Gréco-Romains 2–5, 1866–1888 [9] Sophoclis tragoediae (Edition), 1867 [10] Homeri Odyssea, cum potiore lectionis varietate, 2 Bde. (Edition), 1874 [11] Homeri Ilias, cum potiore lectionis varietate, 2 Bde. (Edition), 1877–1879.

Sekundärliteratur

[12] Bursian Gesch. 870–872 [13] J.A. Druzinina, Naucks nachgelassene Marginalien zu Euripides. Nach der Vorlage V.K. Jernstedts, in: Hyperboreus 5/2, 1999, 238–256 [14] E. Reichardt, Art. Nauck, August, in: ADB 52, 1906, 782–784 [15] Sandys Hist., Bd. 3, 1908, 149–152 [16] W. Unte, Art. Nauck, August, in: NDB 18, 1997, 758–759 [17] T. Zielinski, August Nauck. Ein Bild seines Lebens und seiner Werke, 1894.

Ronny Kaiser

Nebrija, Elio Antonio de

Aelius Antonius Nebrissensis; auch Antonio de Lebrija u.Ä. Span. Humanist. Geb. 1441 in Lebrija (Prov. Sevilla) als Antonio Martínez de Cala y Jarava, gest. am 2. oder 4.7.1522 in Alcalá de Henares. 1459–1460 Studium in Salamanca, 1460–1470 in Bologna (Theologie). 1470–1473 in Sevilla im Dienst des Erzbischofs als Hauslehrer und Sekretär. 1473–1487 Prof. für Grammatik und Rhetorik in Salamanca; ab 1488 im Dienst des Ordensmeisters der Alcántara mit wechselnden Aufenthalten; 1504 Sekretär des Kardinals Juan de Zúñiga; ab 1509 offizieller Chronist der Katholischen Könige; ab 1505 wieder in Salamanca; ab 1513 Prof. für Rhetorik an der Univ. in Alcalá de Henares.

Werdegang, Werk und Wirkung

Entscheidend für N.s Werdegang waren die zehn Jahre, die er in Italien verbrachte; die hier gewonnenen Kenntnisse der humanistischen Methoden konnte er in Spanien weitervermitteln. N. ist heute berühmt für seine kastilische Grammatik (gedr. 1492) [2]; [11], die erste Grammatik einer Volkssprache, die allerdings seinerzeit wenig rezipiert wurde (nur eine Auflage). Dieses Isabella I. gewidmete Werk begründete die Bedeutung des Kastilischen als Sprache des »Imperiums« und sollte also u.a. die Funktion haben, Nicht-Kastiliern den Erwerb der (neben dem Katalanischen) offiziellen Urkundensprache zu erleichtern. 1492/1495 gab N. lat.-kastilische und kastilisch-lat. Wörterbücher heraus; auch verfasste er eine Orthographie des Kastilischen, die 1523 postum erschien. Bemerkenswert an den Wörterbüchern ist die Tatsache, dass N. dazu neigte, span. Wörter arab. Ursprungs zu vernachlässigen: So wurde ein Schritt zur »Re-Latinisierung« vollzogen.

Zu seiner Zeit war N. v.a. bekannt als – nicht unangefochtener – Reformator der Lehre der lat.

Sprache. Sein Unterricht in Sevilla und Salamanca begründete die Vormachtstellung beider Städte in der humanistischen Bildung; zu seinen Schülern zählten u.a. die Humanisten Juan de Vilches, Juan del Encina und Juan Maldonado. Sein Sohn und Schüler Fabián de Nebrija verfasste in lat. Hexametern die erste poetische Darstellung einer Lokallegende aus Antequera (die *Peña de los Enamorados*), die schon Lorenzo ↗Valla aufgezeichnet hatte und Juan de Vilches erneut aufnehmen sollte.

Ab 1488 wurde N. durch die Protektion des späteren Erzbischofs von Sevilla und span. Mäzenaten Juan de Zúñiga von seinen Unterrichtsverpflichtungen befreit; dies führte zu einer verstärkten Produktion von für den Unterricht bestimmten Werken. Hierzu hatte N. schon 1481 mit seinen *Introductiones Latinae* eine vielfach nachgedruckte Grammatik verfasst [1]; es folgten eine Reihe von Schulschriften und ein Kommentar zu den *Introductiones*. Ebenfalls für den Schulunterricht erstellte er kommentierte Textausgaben von Vergil, Persius, Prudentius, Sedulius und dem Gedicht *In Ianum* [8] seines Zeitgenossen Pedro Mártir de Anglería, dessen *De orbe novo* (eine Beschreibung der Reisen des Columbus und der ersten Jahre der Entdeckung Amerikas) er durch eine *Praefatio* förderte. 1502 beteiligte er sich an dem Projekt einer mehrsprachigen Bibelausgabe (bei der er den lat. Teil redigieren sollte).

Unter seinen juristischen Schriften ragt das Lexikon zum Zivilrecht heraus [3]; es wurde im 16. und 17. Jh. nicht weniger als 25 Mal aufgelegt. Als wichtige Schriften sind in diesem Zusammenhang noch die Adnotationen zu den Pandekten (1508) [9] und die Schrift *Ex observationibus … in libros iuris civilis* (1522) zu nennen.

Als offizieller Chronist des Königreichs von Kastilien und Aragón ist N. bekannt für seine *Decades* (unvollendet; sie enthalten nach annalistischer Methode Bücher für die Jahre 1472–1478 sowie 1481–1485) und die beiden Bücher des *Bellum Navariense* (eine Monographie, welche die Belagerung von Pamplona (1521) und die Eroberung des Königsreichs Navarra schildert) [5]. Verglichen mit einer seiner Hauptquellen, Hernando del Pulgars *Crónica de los Reyes Cathólicos*, betont N. den säkularen, der Fortuna unterworfenen Aspekt der Geschichte; er vertritt ausdrücklich eine nationale Tendenz, die unangenehme Geschehnisse überspringt, welche in den kastilischen Chroniken durchaus mitgeteilt wurden. Insofern handelt es sich um propagandistische Schriften, die der Außenwirkung der span. Krone dienen sollten.

Schriften

[1] Introductiones Latinae, Salamanca 1481 (Ndr. 1981) [2] Gramática de la lengua Castellana, Salamanca 1492 (Ndr. 1909; 3. Aufl. 1990, hrsg. von A. Quilis) [3] Iuris civilis Lexicon, Paris 1506 (u.ö.) [4] Commentaria in sex A. Persii Satyras, Paris 1527 [5] Rerum a Fernando … gestarum decades duae necnon belli Navariensis libri duo, Granada 1545 [6] De institutione grammaticae libri quinque, Madrid 1609 (u.ö.) [7] De vi ac potestate litterarum, hrsg. von A. Quilis, 1987 [8] Commentum ad »In Ianum«, hrsg. von C. Codoñer, 1992 [9] Annotationes in libros Pandectarum (1508), hrsg. von A. García, 1996.

Sekundärliteratur

[10] J. A. Anguita Peragón, Una aproximación a la gramática de Nebrija, 2005 [11] P. Braselmann, Humanistische Grammatik und Volkssprache. Zur »Gramática de la lengua castellana« von Antonio de Nebrija (Habil.schrift Düsseldorf; Studia Humaniora 21), 1991 [12] C. Codoñer / J. A. González Iglesias (Hrsg.), Antonio de Nebrija, Edad Media y Renacimiento, 1994 [13] G. Hinoja Andrés, Obras historicas de Nebrija. Estudio filologico, 1991 [14] F. Rico, Nebrija frente a los bárbaros, 1978.

Nikolaus Thurn

Nesselhauf, Herbert

Dt. Althistoriker. Geb. am 26. 5. 1909 in Karlsruhe, gest. am 2. 1. 1995 in Essen. Studium in Freiburg i.Br. und Berlin; Prom. 1932 in Freiburg; Mitarbeiter des *Corpus Inscriptionum Latinarum* (CIL); Habil. 1937 in Königsberg (Ostpreußen). 1946 Berufung als o.Prof. nach Kiel; 1948 Ruf nach Freiburg. Ab 1964 Mitglied des Wiss.-Rates; 1966 Ruf nach Konstanz und Mitglied des dortigen Univ.-Gründungsausschusses; 1968–1974 Vizepräsident der Dt. Forschungsgemeinschaft. Emeritierung 1975.

Biographie und Werk

N. verfasste seine Qualifikationsschriften im Bereich der griech. und der röm. Antike. Zu seinen engeren Lehrern gehörten Wolfgang ↗Schadewaldt, Walter Kolbe, der seine Prom. [1], und Lothar ↗Wickert, der seine Habil. [3] betreute. Neben seinen breit angelegten Forschungsinteressen (Militär-, Verfassungs- und Verwaltungsgeschichte, Historiographie, Verhältnis zwischen Staat und Kirche), bildete die Edition von ant. Inschriften ein weiteres umfassendes Arbeitsfeld. N. war Mitarbeiter des CIL an der Berliner Akad. der Wiss. 1936 legte er einen Band mit den röm. Militärdiplomen aus dem gesamten Imperium vor [2], 1955 den Supplementband. Weitaus mehr Beachtung als damals finden heute seine provinzialgeschichtlichen Forschungen.

N.s stupende Kenntnis der Quellen und seine strengen philol. Untersuchungen waren stets nur die Grundlage für weitere übergreifende sozialgeschichtliche Fragen sowie ideologiekritische Positionierungen. So war sein Aufsatz [4] eine Antwort auf die germanophile Wiss. der vielen vorherigen Jahrzehnte. Seine Kritik am NS-Regime hatte tiefgreifende

Behinderungen seiner Karriere zur Folge, ein Habil.-Verbot an der Univ. Freiburg und vermutlich auch die Vereitlung seiner Berufung nach Kiel 1942. Zu seinen Schülern zählen u. a. die Althistoriker Jochen Martin und Dieter Timpe.

Schriften

[1] Untersuchungen zur Geschichte der delisch-attischen Symmachie (Diss. Freiburg i.Br.), 1933 [2] CIL, Bd. 16: Diplomata militaria (Edition), 1936 (Suppl.-Bd. 1955) [3] Die spätröm. Verwaltung der gallisch-germanischen Länder (Habil.schrift), 1938 [4] Die Besiedlung der Oberrheinlande in röm. Zeit, in: Badische Fundberichte 19, 1951, 71–85 (Ndr. in: E. Schwarz [Hrsg.], Zur germanischen Stammeskunde. Aufsätze zum neuen Forschungsstand, 1971, 123–145) [5] Tacitus und Domitian, in: Hermes 80, 1952, 222–245 [6] Umriß einer Geschichte des obergermanischen Heeres, in: Jb. des Röm.-Germanischen Zentralmuseums Mainz 7, 1960, 151–179 [7] Der Ursprung des Problems »Staat und Kirche«, 1975.

Sekundärliteratur

[8] G. Alföldy, Herbert Nesselhauf, in: Jb. der Heidelberger Akad. der Wissenschaften, 1996, 113–116 [9] H. U. Nuber, Herbert Nesselhauf, in: Fundberichte aus Baden-Württemberg 20, 1995, 971–972 [10] W. Schuller, Art. Nesselhauf, Herbert, in: NDB 19, 1999, 71–72.

Claudia Horst

Nestle, Wilhelm

Dt. Klass. Philologe. Geb. am 16.4.1865 in Stuttgart als Wilhelm Albrecht N., gest. am 18.4.1959 ebda. Studium der Klass. Phil. in Tübingen und Berlin; 1889 Prom. in Tübingen. Gymnasialprof. und Schulleiter in Schwäbisch Hall, Heilbronn und Stuttgart; 1933 Honorarprof. in Tübingen.

Werk und Wirkung

N. entstammte einer protestantischen Familie, die mehrere bedeutende Theologen und Philologen hervorbrachte. Sein Halbbruder war der NT-Herausgeber Eberhard N., sein Sohn Walter Prof. für Klass. Phil. in Frankfurt/Main. N. studierte in Berlin und Tübingen u.a. bei dem mit Friedrich Nietzsche befreundeten Erwin ↗Rohde. Danach war er bis zur Pensionierung im Schuldienst tätig und entfaltete von hier aus eine breite geistesgeschichtlich ausgerichtete Forschungstätigkeit v.a. zur griech. Philosophie. Seine erste wichtige Studie zu Euripides als Dichter der griech. »Aufklärung« [1] behandelte die philos. Einflüsse und die Kritik des Dichters an volkstümlichen religiösen Vorstellungen. Später wurde N. Herausgeber und Bearbeiter von Eduard ↗Zellers maßgeblichen Schriften zur griech. Philosophie [2]; [3]. Zusammen mit Otto Crusius war er an Band 19 der Edition von Friedrich ↗Nietzsches Werken beteiligt. Daneben verfasste er eine viel genutzte griech. Literatur- [4] und eine Religionsgeschichte [5]. Als sein bis in die Gegenwart einflussreiches Hauptwerk gilt *Vom Mythos zum Logos* (1940, mehrfach nachgedruckt) [6], in der er eine teleologische Entwicklung von einem mythischen hin zu einem rationalen Weltbild bei den Griechen nachzuweisen suchte.

N. war ein typischer Vertreter der Synthese von klass. Bildung und undogmatisch-liberalem Christentum, die in den 1950er Jahren prägend für die Altphilologie wurde. Hieraus entstand eine Reihe von Aufsätzen und Beiträgen [7]; [8], in denen er sich z.T. vehement gegen die antihumanistischen Tendenzen der dialektischen Theologie Karl Barths wandte.

SV: R. Nestle, Bibliographie W. Nestle, 1965.

Schriften

[1] Euripides. Der Dichter der griech. Aufklärung, 1901 [2] (Hrsg.) E. Zeller, Philosophie der Griechen in ihrer geschichtlichen Entwicklung, Bde. 1–2, 1919–1922 (Aufl. 6 und 7) [3] (Hrsg.) E. Zeller, Grundriß der Geschichte der griech. Philosophie, 1920–1928 (Aufl. 12 und 13) [4] Geschichte der griech. Literatur, 2 Bde., 1923–1924 (^{3}1963) [5] Die griech. Religiosität in ihren Grundzügen und Hauptvertretern von Homer bis Proklos, 3 Bde., 1930–1934 [6] Vom Mythos zum Logos. Die Selbstentfaltung des griech. Denkens von Homer bis auf die Sophistik und Sokrates, 1940 (2. Aufl. 1942; Ndr. 1975 und 1986; griech. 1999) [7] Griech. Weltanschauung in ihrer Bedeutung für die Gegenwart, 1946 [8] Griech. Studien. Untersuchungen zur Religion, Dichtung und Philosophie der Griechen, 1948 (Ndr. 1968).

Sekundärliteratur

[9] E. Nestle, Art. Nestle, Wilhelm Albrecht, in: NDB 19, 1999, 79–80 [10] A. Schneck, Wilhelm Nestle 1913–1919, in: 350 Jahre Gymnasium in Heilbronn, bearb. von A. Kolbeck, 1971, 113–120.

Peter Kuhlmann

Nettleship, Henry

Brit. Klass. Philologe. Geb. am 5.5.1839 in Kettering (Northamptonshire), gest. am 10.7.1893 in Oxford. Privatschulbesuch; 1857 Studium am Corpus Christi College in Oxford; 1862 Fellow am Lincoln College ebda. Ab 1868 Lehrer an der Harrow School in London; ab 1873 Fellow sowie Dozent am Christ Church College, 1878 Prof. für Latein am Corpus Christi College in Oxford.

Werk und Wirkung

Nach einer hervorragenden Schulausbildung begann N. sein Studium in Oxford mit einem Stipendium und gewann in der Folge mehrere Preise. Obwohl sein Studienabschluss 1861 nicht herausragend war, erlangte er weitere finanzielle Förderung und konnte ab dem folgenden Jahr als *Fellow* in Oxford bleiben; dort wurde er von dem Anglisten Mark Pattison und dem Latinisten John Conington stark beeinflusst. 1862 wechselte er als stellvertretender Direktor an die renommierte Harrow-School in London, fühlte sich dort aber nicht wohl und kehrte 1873 nach Oxford zurück. Er engagierte sich nur wenig in der Hochschulpolitik, unterstützte aber die universitäre Oxforder Reformbewegung. Wichtige Verbindungen baute er zu dt. Forschern auf, u.a. zu Moriz ↗Haupt, dessen Vorlesungen er während eines Forschungsaufenthaltes in Berlin hörte.

Im Gegensatz zu seinem Lehrer Conington befasste sich N. wenig mit Übersetzungen; dennoch vollendete er Coningtons *Aeneis*-Übertragung und gab dessen Persius-Editionen heraus. Eigene Arbeiten zu Vergil erschienen 1875 [1] und 1879 [2]. Ab 1877 arbeitete er an einem völlig neu konzipierten lat.-engl. Wörterbuch; da er keinen Mitstreiter fand, musste er sein Projekt aufgeben, publizierte die dabei erzielten Forschungsergebnisse aber 1889 gesammelt, u.a. in [4]. Daneben veröffentlichte er laufend Aufsätze zu verschiedenen Aspekten der lat. Literatur sowie zur Geschichte des Faches in mehreren Zeitschriften [3]; auch zeigte er lebhaftes Interesse an Musik, Religion und Politik. N. galt als ausgesprochen inspirierender Lehrer und bearbeitete oft und gern gemeinsame Projekte mit Kollegen. Seine größte Leistung als Forscher liegt in der Vergil-Interpretation; er hatte ein scharfes Auge für Details, behielt aber stets den Gesamtzusammenhang im Auge. Sein Wörterbuch scheiterte an seinem hohen wiss. Ideal, da er keine schon vorhandenen Lexika heranziehen, sondern sich einzig auf die ant. Originaltexte stützen wollte; dennoch hinterließ er aus dieser Arbeit wertvolle Einsichten.

Schriften

[1] Suggestions Introductory to the Study of the Aeneid, 1875 [2] Ancient Lives of Vergil, 1879 [3] Lectures and Essays, 2 Bde. (Bd. 2 hrsg. von F. Haverfield), 1885–1895 [4] Contributions to Latin Lexicography, 1889.

Sekundärliteratur

[5] I. Bywater, Art. Nettleship, Henry, in: Oxford Dictionary of National Biography 40, 2004
[6] F. Haverfield / T. Fowler, Professor Nettleship, in: The Classical Review 7/8, 1893, 369–372.

U. C. A. Stephan

Neugebauer, Otto

Österr.-amerikan. Mathematikhistoriker. Geb. am 26.5.1899 als Otto Eduard N. in Innsbruck, gest. am 19.2.1990 in Princeton (New Jersey). Studium der Physik und Mathematik in Graz, München und Göttingen; Prom. 1926 und Habil. 1927 in Göttingen. 1932 ao.Prof. ebda., 1933 von den Nationalsozialisten suspendiert, weil er sich weigerte, den Treueeid auf Hitler zu leisten. 1934 Prof. in Kopenhagen; 1939 Emigration in die USA und Prof. an der Brown Univ. (Providence, Rhode Island), 1947 dort Einrichtung des Department for History of Mathematics; 1950 Mitglied des Institute for Advanced Study (Princeton). Mitglied vieler Akad. und Empfänger zahlreicher Preise [5].

Werk und Wirkung

N. war zunächst und immer Mathematiker; noch während seines Studiums wandte er sich der Geschichte der mathematischen Wiss. zu. Er begann mit ägypt. Mathematik, wofür er die ägypt. Schrift und Sprache lernte, und wiederholte dies für die babylon. Mathematik. Er war einer der Ersten, der die babylon. Aufgabentexte erklären konnte (mit François ↗Thureau-Dangin). 1935 edierte N. alle bis dahin bekannten mathematischen Keilschrifttexte [1]. Dann wandte er sich der babylon. Astronomie zu und konnte sowohl das Textmaterial um ein Mehrfaches erweitern [3] als auch dessen Erklärung auf ein neues Niveau heben. 1975 fasste er seine Forschungen in seiner Geschichte der antiken mathematischen Astronomie [4] zusammen. Darin analysierte er auch die *Sýntaxis* des Ptolemaios (Almagest) und andere griech. Schriften. Die babylon. Astronomie behandelte er als eigenständig und als der ägypt. und griech. gleichwertig. Später befasste sich N. auch mit der ant. Chronologie in äthiopischen Texten.

N. kann als der bedeutendste Historiker der ant. Mathematik und Astronomie im 20. Jh. gelten. Er legte größten Wert auf die philol. exakte Erschließung von Quellen und die sorgfältige Analyse der darin enthaltenen mathematischen Gedankengänge, unabhängig von kulturhistor. Vorentscheidungen. Das Wichtigste an einem ant. Text war für ihn immer der mathematische Inhalt, der manchmal auch von einer Kultur zu einer anderen vermittelt worden sein konnte. Auch als Herausgeber von Zeitschriften (z.B. dem *Zentralblatt für Mathematik und ihre Grenzgebiete*) und Reihen war er wirksam. N. hatte viele Schüler und Mitarbeiter, die seine Methoden weiter anwandten [5].

SV: A.J. Sachs, G.J. Toomer, Otto Neugebauer: Bibliography, 1925–1979 in: Centaurus 22/4 (1978/79), 258–280.

Schriften

[1] Mathematische Keilschrifttexte, 3 Bde. (Edition), 1935–1937 [2] The Exact Sciences in Antiquity, 1951 (²1969; Ndr. 2003) [3] Astronomical Cuneiform Texts (Edition),

1955 [4] A History of Ancient Mathematical Astronomy, 1975.

Sekundärliteratur

[5] N. M. Swerdlow, Otto E. Neugebauer (Nachruf), in: Proc. of the American Philosophical Society 137, 1993, 139–165.

Hermann Hunger

Newell, Edward T.

Amerikan. Numismatiker. Geb. am 15. 1. 1886 in Kenosha (Wisconsin/USA), gest. am 18. 2. 1941 in New York City. 1903 Studium an der Yale Univ., dort 1907 B. A., 1909 M. A. in Arch. und oriental. Sprachen. 1910 Mitglied des Council der *American Numismatic Society*; 1916 deren Präsident; Mitglied mehrerer Fachgesellschaften; 1918 erster Preisträger der Archer M. Huntington Medaille der *American Numismatic Society*; 1925 Medaille der *Royal Numismatic Society*.

Werdegang, Werk und Wirkung

N. stammte aus einer Industriellenfamilie, die mit der Massenproduktion von Pferdefuhrwerken zu großem Wohlstand gelangt war. Die Erträge aus dem Familienunternehmen, der *Bain Wagon Company*, und aus der Erbschaft seiner Mutter ermöglichten es N., sich ohne finanzielle Sorgen seiner Leidenschaft, den ant. (vorzugsweise griech.) Münzen zu widmen [9]. Bereits in seiner Kindheit lernte er auf Reisen mit seinen Eltern durch Europa und Ägypten die Überreste der ant. Welt kennen und begann, Münzen zu sammeln. Nach der Graduierung an der Yale Univ. setzte N. seine bis 1914 fast alljährlichen Reisen nach Europa und Ägypten fort [11]. Die dabei erworbenen ant. Münzen bildeten den Grundstock seiner später über 87 000 Stück umfassenden Münzsammlung. Von 1916 bis zu seinem Tod 1941 war N. Präsident der *American Numismatic Society*.

Die Kenntnis enormer Materialmengen, die N. im Rahmen seiner Sammeltätigkeit einsehen konnte, ermöglichten ihm die Klassifizierung und Zuweisung von bis *dato* unbestimmten Münztypen. Über 20 Monographien (u. a. [4]) und zahlreiche Fachartikel (z. B. [2]) gingen daraus hervor, jeweils mit der hell. Münzprägung als Schwerpunkt [10]. Neben seiner regen Publikationstätigkeit trug N. maßgeblich zur Etablierung der *American Numismatic Society* als bedeutender Fachgesellschaft bei. Ihr vermachte er auch seine Sammlung, die zu seinen Lebzeiten als größte Privatsammlung griechischer Münzen galt. Noch heute umfasst N.s Nachlass mehr als die Hälfte aller griech. Münzen in der Sammlung der *American Numismatic Society*.

N: New York, American Numismatic Society.
SV: [10.427–432].

Schriften

[1] The Dated Alexander Coinage of Sidon and Ake, 1916 [2] The Seleucid Mint of Antioch, in: American Journal of Numismatics 51, 1917, 1–152 [3] The Coinages of Demetrius Poliorcetes, 1927 [4] Royal Greek Portrait Coins. Being an Illustrated Treatise on the Portrait Coins of the Various Kingdoms, and Containing Historical References to Their Coinages, Mints, and Rulers, 1937 [5] The Coinage of the Eastern Seleucid Mints, 1938 [6] The Coinage of the Western Seleucid Mints from Seleucus I to Antiochus III, 1941.

Sekundärliteratur

[7] Art. Newell, Edward Theodore, in: The National Cyclopedia of American Biography 41, 1956, 62–63
[8] F. D. Campbell, Art. Newell, Edward Theodore, in: American National Biography 16, 1999, 334–335
[9] J. Ciccone, Young Edward Newell, in: American Numismatic Society Magazine 3, 2004, 32–36
[10] P. A. Clement, Review of the Byzantine Hoard of Lagbe by Edward T. Newell, in: The American Journal of Philology 68, 1947, 426–432 [11] Ch. C. Torrey, Edward T. Newell in Memoriam, in: Bulletin of the American School of Oriental Research 82, 1941, 2.

Stefan Krmnicek

Newton, Charles Thomas

Brit. Klass. Archäologe und Epigraphiker. Getauft am 15. 9. 1816 in Clungenford (Shropshire), gest. am 28. 11. 1894 in Westgate-on-Sea (Kent). Studium am Christ Church College, Oxford; 1837 B. A.; 1840 M. A. 1840–1852 Assistent im Department of Antiquities des British Museum in London. 1852–1860 brit. Vizekonsul in Mytilene, 1853/54 auf Rhodos; 1860 brit. Konsul in Rom. 1861–1885 Keeper of Greek and Roman Antiquities des British Museum; 1880–1888 Yates Prof. of Archaeology am Univ. College in London. Ehrendoktorate der Univ. Oxford, Cambridge und Straßburg. 1887 Erhebung in den persönlichen Adelsstand (Sir Charles).

Werdegang und Werk

N., Sohn eines Geistlichen, war nach dem Abschluss seines Studiums in Oxford Zeit seines Lebens für das British Museum tätig, zunächst 1840–1852 als Assistent (v. a. in der Münzsammlung), dann während seiner Zeit als brit. Vizekonsul auf Lesbos [4] durch höchst ergiebige Grabungen an der türk. Westküste, schließlich 1861–1885 als Leiter der neu geschaffenen griech.-röm. Antikenabteilung. 1846 erwarb das Museum Teile des Reliefschmucks des Mausoleums von Halikarnassos; 1856–1858 gelang es N., den genauen Standort des Baus zu lokalisieren, dort zahlreiche weitere Skulpturen freizulegen und nach London zu senden. Auch die Erträge seiner Grabungen 1857–1859 in Didyma (darunter v.a. die archaischen Sitzstatuen der Branchiden) und Knidos (bes. die spätklassischen Skulpturen der Demeter und des großen Grablöwen) konnte er für das British Museum sichern [3]. Seine Grabungen waren ganz auf die Erbeutung von Funden ausgerichtet und entbehrten der wiss. Methode. Doch leistete N. Pionierarbeit beim Einsatz der Photographie als arch. Dokumentationsmittel.

Während seiner kurzen Zeit als brit. Konsul in Rom 1860/61 heiratete N. die erfolgreiche Porträtmalerin Ann Mary Severn (1832–1866), die seine arch. Werke illustrierte. Als Kurator am British Museum seit 1861 erweiterte N. die Antikenabteilung bes. durch zahlreiche Ankäufe aus großen Privatsammlungen (Farnese, Pourtalès, Blacas, Castellani). Er sorgte für eine Neuaufstellung der Skulpturen vom Athener Parthenon (*Elgin marbles*) und vom Mausoleum. Als Mentor förderte er gerade junge Frauen, unter ihnen Jane Ellen ↗Harrison und Eugenie Sellers Strong. Auch zählte er zu den ersten Unterstützern Heinrich ↗Schliemanns [12].

Durch seinen Freund John Ruskin, den präraffaelitischen Künstler und Kunsttheoretiker, war N. ästhetisch sensibilisiert, doch stärker als die kunstgeschichtliche interessierte ihn die histor. Seite der Archäologie. Als Epigraphiker publizierte er die griech. Inschriften im Besitz des British Museum [5]. Ganz bes. lag ihm an der Rolle des Museums als einer Institution der Bildung und Erziehung. Mit Katalogen, Vorlesungen und programmatischen Schriften [1] hat er nicht nur die von ihm betreute Sammlung für das Publikum erschlossen, sondern ganz generell zur Emanzipation der Klass. Archäologie innerhalb der stark philol. dominierten brit. Alt.wiss. seiner Zeit entscheidend beigetragen.

SV: [9.22f.].

N: London, British Library und British Museum.

Schriften

[1] On the Method of the Study of Ancient Art, 1850
[2] A Catalogue of the Greek and Etruscan Vases in the British Museum, Bde. 1–2 (mit S. Birch), 1851–1870
[3] A History of Discoveries at Halicarnassus, Cnidus and Branchidae (mit R.P. Pullan), Bde. 1–2.2, 1862–1863
[4] Travels and Discoveries in the Levant, 2 Bde., 1865
[5] The Collection of Ancient Greek Inscriptions in the British Museum, Bde. 1–4.2 (Edition), 1874–1890 [6] Essays in Art and Archaeology, 1880.

Sekundärliteratur

[7] D. Challis, From the Harpy Tomb to the Wonders of Ephesus. British Archaeology in the Ottoman Empire 1840–1880, 2008, 55–76 [8] S. Colvin, Memories and Notes of Persons and Places, 1852–1912, 1921, 201–223
[9] B.F. Cook, Sir Charles Newton, KCB (1816–1894), in: I. Jenkins / G.B. Waywell (Hrsg.), Sculptors and Sculptures of Caria and the Dodecanese, 1997, 10–23 [10] B.F. Cook, Art. Newton, Sir Charles Thomas, in: Oxford Dictionary of National Biography 40, 2004, 693–695 [11] S.L. Dyson, Art. Newton, Charles Thomas, in: DBC, 712–716
[12] L. Fitton, Charles Newton and the Discovery of the Greek Bronze Age, in: Ch. Morris (Hrsg.), Klados. Essays in Honour of J.N. Coldstream, 1995, 73–78
[13] E.A. Gardner, Sir Charles Newton, K.C.B., in: Annual of the British School at Athens 1, 1894, 67–77 [14] I. Jenkins, Archaeologists & Aesthetes in the Sculpture Galleries of the British Museum 1800–1939, 1992, 168–195.

Stephen L. Dyson (Ü: D.P.)

Niccoli, Niccolò

Lat. Nicolaus de Niccolis; florent. Kaufmann, Handschriftensammler und Kopist. Geb. um 1365 in Florenz, gest. am 22.1.1437 ebda.

Werk und Wirkung

Aus einer reichen Florentiner Kaufmannsfamilie stammend, schloss N. sich in den letzten Jahren des 14. Jh.s eng an Coluccio ↗Salutati an und wurde zu einem der ersten Schüler von Manuel ↗Chrysolaras. Zu seinen Freunden gehörten Gian Francesco ↗Poggio Bracciolini, N.s *alter ego* (wie Salutati ihn in einem Brief vom 26.3.1406 nannte) und mit den Briefen der beste biographische Zeuge [5], Lorenzo ↗Valla, Leonardo Bruni und ↗Guarino da Verona. Vespasiano da Bisticci bietet in seinen *Vite* eine sehr wohlwollende zeitgenössische Biographie N.s, deren Verklärungstendenz in der Forschung allerdings zunehmend thematisiert wird [2].

N.s Bedeutung liegt v.a. in seiner Sammeltätigkeit und der besonderen Hinwendung zur Antike als ästhetischem Modell. Angeregt durch zwei Romreisen (1424, 1426), begann er, ant. Kleinkunst zu sammeln. Während der Konzile von Konstanz und Basel ließ er in dt. Klöstern nach Handschriften suchen und regte andere dazu an (*Itinerarium* für N. Albergati und G. Cesarini, 1431) [1]; Ambrogio Traversari und Cristoforo Buondelmonti verschafften ihm griech. Handschriften. N. kopierte zahlreiche Manuskripte in der neuen humanistischen Schrift nach karolingischem Vorbild, zu deren Entwicklung (bes. der Kursive und der humanistischen Druckschriften, wie Aldus ↗Manutius sie verwendete) er maßgeblich beitrug [7]. Nachdem sein eigenes Vermögen erschöpft war, unterstützte ihn Cosimo de' Medici, der nach N.s Tod mit den Schulden auch rund 800 Handschriften (davon ca. 100 griech.) übernahm und einen Teil davon dem Dominikanerkloster von San Marco in Florenz überließ. Sie bildeten dort den Grundstock der ersten nzl. öffentlichen Bibl. Europas (Bibl. Marciana, 1444).

Schriften

[1] R. P. Robinson, The Inventory of Niccolò Niccoli, in: R. P. Robinson, CPh 16, 1921, 251–255 (krit. Ausgabe des Itinerarium).

Sekundärliteratur

[2] D. Canfora, Alcune considerazioni sulla biografia di Niccolò Niccoli, in: Albertiana 6, 2003, 226–241 [3] M. C. Davies, An Emperor Without Clothes? Niccolò Niccoli under Attack, in: Italia medioevale e umanistica 30, 1987, 95–148 [4] E. Garin, La biblioteca di San Marco, 1999 [5] Ph. W. G. Gordon (Hrsg.), Two Renaissance Book Hunters. The Letters of Poggius Bracciolini to Nicolaus de Niccolis (engl. Übers. und Komm.), 1974 [6] B. L. Ullman, The Public Library of Renaissance Florence. Niccolò Niccoli, Cosimo de' Medici and the Library of San Marco, 1972 [7] B. L. Ullmann, The Origin and Development of Humanistic Script, 1960.

Anja Wolkenhauer

Niebuhr, Barthold Georg

Dt. Althistoriker. Geb. am 27. 8. 1776 in Kopenhagen, gest. am 2. 1. 1831 in Bonn. 1794–1796 Studium u. a. der Gesch., Philosophie, Mathematik, Physik und des Röm. Rechts in Kiel; danach Privatsekretär; 1798/99 Studienaufenthalt in Edinburgh. 1804 Direktor der dän. Staatsbank; 1806 Direktor der Preuß. Staatsbank und der Seehandlung. 1810–1812 Vorlesungen zur röm. Geschichte an der Berliner Univ.; 1816–1823 preuß. Gesandter am Heiligen Stuhl; Funde von lat. Mss. in Verona und Rom; 1825–1830 Vorlesungen an der Univ. Bonn.

Biographie und wissenschaftlicher Werdegang

N. war der Sohn des Forschungsreisenden Carsten N. Er galt als Wunderkind mit ausgeprägtem Sprachentalent, korrespondierte schon als 15-Jähriger mit Christian Gottlob ↗Heyne über ein Pindar-Ms. Nach dem Studium in Kiel wurde er Privatsekretär des dän. Finanzministers Ernst H. von Schimmelmann, der ihm 1798/99 einen Studienaufenthalt in Edinburgh ermöglichte. Danach im dän. Staatsdienst, stieg N. zum Leiter des Ostindienhandels und der Staatsbank auf. 1806 nahm er das Angebot von Heinrich Freiherr vom Stein an, in die Direktion der Preuß. Staatsbank und der Seehandlung einzutreten. Bei seiner Ankunft in Berlin musste er mit der preuß. Regierung die Flucht vor den napoleonischen Truppen nach Ostpreußen antreten. Er diente unter Stein und Karl A. Freiherr von Hardenberg in verschiedenen finanzpolit. Funktionen, schied aber nach diversen Querelen im Juni 1810 aus dem Staatsdienst aus.

Anstelle der vom König erbetenen Professur für Geschichte an der neugegründeten Berliner Univ. erhielt N. die Sinekure eines Historiographen des preuß. Staates. In seiner Eigenschaft als Mitglied der Berliner Akad. (seit März 1810) hielt er ab Oktober 1810 Vorlesungen über röm. Geschichte; in der Zeit der Befreiungskriege (1813–1815) betätigte er sich als polit. Publizist und übernahm Aufträge der Regierung. 1816–1823 amtierte er als preuß. Gesandter am Vatikan und schloss ein Konkordat über die preuß. Rheinprovinzen ab. Die An- und Abreise nach Rom nutzte er für Recherchen nach unbekannten Texten. In Verona machte er 1816 den sensationellen Fund der *Institutionen* des Gaius; auf der Rückreise entdeckte er 1823 in St. Gallen den *Panegyricus* des Merobaudes auf Aetius. In Rom fand er Fragmente von Ciceros Reden für Fonteius und C. Rabirius. 1823 wurde N. Mitglied des Preuß. Staatsrats, aus dem er 1825 wieder ausschied. In einer nicht definierten Position hielt er in Bonn Vorlesungen über weite Gebiete der Alten Geschichte.

Werk

N. schwankte zeitlebens zwischen den Rollen des Gelehrten und des »Geschäftsmanns« (Politikers). Als er Ende 1810 seine Vorlesungen über röm. Geschichte aufnahm, konnte er allein auf umfangreiche Ausarbeitungen zum röm. Bodenrecht aus seiner Kopenhagener Zeit zurückgreifen [18]. Ihm ging es um den Nachweis, dass die Ackergesetze der Gracchen keine revolutionäre Neuverteilung des Bodens, sondern die Wiederherstellung alter Eigentumsrechte des Staates bedeuteten. Damit wollte er eine Legitimation für eine Bauernbefreiung in Holstein liefern, die nicht einen Umsturz im Sinne eines François Noël »Gracchus« Babeuf in Frankreich (1796) bedeute. Seine Vorlesungen, zu denen Gelehrte (u. a. Friedrich Carl von ↗Savigny) und hohe Beamte kamen, waren sensationell, weil er einerseits seine Darstellung der röm. Geschichte auf eine Kritik der lit. Quellen gründete, andererseits die Institutionen der Republik in den Vordergrund rückte. Es sei ein gerechter Ausgleich zwischen den Ständen erreicht worden; eine kluge Staatsführung habe eine umsichtige Reformpolitik betrieben.

In der Buchfassung von 1811/12, die die Zeit bis 337 v. Chr. behandelt [1], steht die Quellenkritik im Vordergrund. N. entwickelte hier seine Theorie, dass der röm. Annalistik eine Überlieferung in Form von Volksepen vorausgegangen sei, die echte Kerne des histor. Wissens bewahrt habe. Die Lücken in der Überlieferung suchte er durch weitgespannte welthistor. Vergleiche und durch seine Einsichten als polit. Praktiker zu schließen. N. präsentierte die röm. Geschichte als polit. Nationalgeschichte, mit welcher er die Behandlung der Antike in universalhistor. Perspektive, wie dies in der Aufklärungshistoriographie üblich gewesen war, überwinden wollte. In der Neubearbeitung (1827–1832), die schließlich mit einem weiteren Band die Zeit bis Mitte des 3. Jh.s v. Chr. behandelte [6], korrigierte er manche Irrtümer der hastig publizierten Erstfassung, blieb jedoch seiner Grundposition treu.

Eine systematische Darstellung der Verfassung der röm. Republik entwickelte N. in seinen Bonner *Vorträgen über Röm. Alterthümer* [11], die – wie die übrigen Vorlesungen aus dieser Zeit [8]; [9]; [10] – erst postum auf der Basis von Hörermitschriften allgemein bekannt wurden. Obwohl N. schon 1810–1813 diverse Abhandlungen speziell zu quellenkritischen und histor.-geographischen Fragen publiziert hatte, war die Bonner Zeit die seiner größten wiss. Produktivität. Nach der *editio princeps* von Ciceros *De republica* durch Angelo ↗Mai, zu der N. diverse Hinweise beigesteuert hatte, legte er seine Deutung der Centurienordnung vor [3], die ihn in eine Kontroverse verwickelte, durch die er seinen Status als Philologe anerkannt sah [24. 528–536]. In Bonn wirkte er auch erfolgreich als Wiss.-Organisator, so als Mitbegründer der Zeitschrift *Rheinisches Museum für Philologie* und als Initiator des *Corpus scriptorum historiae Byzantinae*, für das er 1828 Agathias edierte [4].

Wirkung

Die größte Wirkung ging von N.s *Röm. Geschichte* aus, die eine moderne Historiographie anstelle der als unglaubwürdig erkannten Darstellungen der Annalistik setzte. Das Werk löste eine Flut von Publikationen aus, die nun ihrerseits auf quellenkritischer Basis die röm. Frühzeit zu rekonstruieren suchten. Dabei gab es neben diversen Versuchen, N.s oft aus »Divination« geschöpfte Einsichten auf solidere Basis zu stellen, sein immer noch zu großes Vertrauen in die Überlieferung abzubauen und seine Liedertheorie zu verwerfen, immer auch Stimmen, die an der Tradition festhalten wollten und in N.s Vorgehensweise einen Angriff auf die Autorität der Überlieferung (letztlich auch der Bibel) sahen. Zudem wurde sein Originalitätsanspruch in Frage gestellt, da Zweifel an der Zuverlässigkeit der röm. Überlieferung bereits in der – von N. zunächst ignorierten – gelehrten Forschung seit dem späten 17. Jh. formuliert worden waren. Schließlich wurde seinem Werk die für Historiographie geforderte lit. Qualität abgesprochen.

Auf dem Gebiet des röm. Staatsrechts verfochten Joseph Rubino und dann bes. Theodor ↗Mommsen, der bereits 1844 über N.s »glänzende Phantasien« spottete [20. VII], einen gänzlich anderen Ansatz, nach dem die röm. Staatsordnung allein aus den institutionellen Relikten und aus den Rechtsbegriffen zu rekonstruieren sei. Während N. als Begründer der »histor.-kritischen Methode« auch für die Geschichtswiss. allgemein anerkannt wurde, wurde sein Werk fast gleichzeitig – auf der Basis einer von ihm selbst initiierten quellenkritischen Analyse – als methodisch verfehlt und als Ausdruck eines unhaltbaren Subjektivismus verworfen. Das ändert jedoch nichts daran, dass N. entscheidende Impulse nicht nur für die röm., sondern auch für die griech. Geschichte (August ↗Boeckh, Karl Otfried ↗Müller, George ↗Grote), ferner für die röm. Rechtsgeschichte (Friedrich Carl von ↗Savigny), die histor. Nationalökonomie (Wilhelm Roscher) und für die histor.-kritische Erforschung des NT geliefert hat (Ferdinand Christian Baur).

N: Berlin, Archiv der Berlin-Brandenburgischen Akad. der Wiss.; Bonn, Univ.-Archiv und -Bibl.

Schriften

[1] Röm. Geschichte, Teil 1, 1811 (2., umgearb. Aufl. 1827) [2] Röm. Geschichte, Teil 2, 1812 (2., umgearb. Aufl. 1830) [3] Über die Nachricht von den Comitien der Centurien im zweyten Buch Ciceros de re publica, 1823 [4] Agathiae Myrinaei Historiarum libri quinque (Edition), 1828 [5] Kleine philologische und historische Schriften, 1. Sammlung, 1828 [6] Röm. Geschichte, Teil 3, hrsg. von J. Classen, 1832 [7] Kleine historische und philologische Schriften, 2. Sammlung, 1843 [8] Vorträge über röm. Geschichte, an der Universität zu Bonn gehalten, 3 Bde., hrsg. von M. Isler, 1846–1848 [9] Vorträge über alte Geschichte, an der Universität zu Bonn gehalten, hrsg. von M. Niebuhr, 3 Bde., 1847–1851 [10] Vorträge über alte Länder- und Völkerkunde, an der Universität zu Bonn gehalten, hrsg. von M. Isler, 1851 [11] Vorträge über röm. Alterthümer, an der Universität zu Bonn gehalten, hrsg. von M. Isler, 1858 [12] Die Briefe Barthold Georg Niebuhrs, hrsg. von D. Gerhard und W. Norvin, 2 Bde., 1926–1929 [13] Briefe. Neue Folge 1816–1830, 4 Bde., hrsg. von E. Vischer, 1982–1984.

Sekundärliteratur

[14] C. Degn, Der junge Barthold Georg Niebuhr als Sozialkritiker, in: H. Boockmann et al. (Hrsg.), Geschichte und Gegenwart. FS K. D. Erdmann, 1980, 577–593 [15] K. Dockhorn, Der deutsche Historismus in England, 1950 [16] C. M. Grafinger, Niebuhrs Studium klassischer Handschriften während seines Rom-Aufenthaltes (1816–1823), in: Quellen und Forschungen aus italienischen Archiven und Bibliotheken 80, 2000, 657–667 [17] A. Heuss, Niebuhr und Mommsen, in: A&A 14, 1968, 1–18 [18] A. Heuss, Barthold Georg Niebuhrs wissenschaftliche Anfänge. Untersuchungen und Mitteilungen über die Kopenhagener Manuscripte und zur europäischen Tradition der lex agraria (loi agraire), 1981 [19] A. D. Momigliano, Perizonius, Niebuhr and the Character of Early Roman Tradition, in: JRS 47, 1957, 104–114 [20] Th. Mommsen, Die röm. Tribus in administrativer Beziehung, 1844 [21] W. Nippel, Barthold Georg Niebuhr und die Begründung der modernen Althistorie, in: A. M. Baertschi / C. G. King (Hrsg.), Die modernen Väter der Antike, 2009, 87–113 [22] R. T. Ridley, Leges agrariae. Myths, Ancient and Modern, in: Classical Philology

95, 2000, 459–467 [23] S. Rytkönen, Barthold Georg Niebuhr als Politiker und Historiker, 1968 [24] G. Walther, Niebuhrs Forschung, 1993 [25] G. Wirth (Hrsg.), Barthold Georg Niebuhr. Historiker und Staatsmann, 1984 [26] B. C. Witte, Der preußische Tacitus, 1979.

Wilfried Nippel

Niese, Benedictus

Dt. Klass. Philologe und Althistoriker. Geb. am 24. 11. 1849 in Burg auf Fehmarn als Jürgen Anton Benedictus N., gest. am 1. 2. 1910 in Halle. Besuch des Domgymnasiums in Schleswig; ab 1867 Studium der Klass. Phil. in Kiel (v. a. bei Alfred von Gutschmid und Otto ↗Ribbeck), im Sommersemester 1870 an der Univ. Bonn. 1870/71 Kriegsfreiwilliger; Prom. 1872 in Kiel. 1873 Gymnasiallehrer in Flensburg; 1873–1876 Aufenthalt in Italien bzw. Rom (Vorbereitungen für die Josephus-Ausgabe). 1876 Habil. in Göttingen. 1877 ao.Prof. und 1879 o.Prof. für Klass. Phil. und Alte Gesch. in Marburg, 1881 für Klass. Phil. in Breslau, 1885 wieder in Marburg, 1906 für Alte Gesch. in Halle als Nachfolger Ulrich ↗Wilckens.

Werk und Wirkung

In seiner Diss. untersuchte N. die Quellen des spätant. Grammatikers Stephanos von Byzanz [1]; diese Arbeit sowie die Abhandlung über den homerischen Schiffskatalog [2] bildeten 1876 die Grundlage für die Habil. [14. 48]. Neben kleineren Arbeiten zu Homer [2]; [5] und den Anfängen der griech. und röm. Geschichte [4]; [7]; [9] stehen zwei größere histor. Werke: Die *Geschichte der griech. und mazedonischen Staaten* [10], welche die hell. Welt bis zum Ende des Pergamenischen Reiches unter polit. Gesichtspunkten behandelt, fand die Zustimmung Michael ↗Rostovtzeffs [15. 65], wurde aber auch als ideenarm kritisiert [14. 54] und wird heute kaum noch rezipiert [16. 28]; der 1889 erschienene *Abriss der röm. Geschichte* [8] (erw. Auflagen 1897, 1906, 1910) wurde durch die von Ernst ↗Hohl und Hermann ↗Bengtson geschriebenen Neufassungen ersetzt. Auch auf dem Gebiet der Klass. Philologie schuf N. Grundlagen: Seit 1885 publizierte er eine kritische Ausgabe der Schriften des Flavius Iosephus [6]; die ihm 1900 von der Berliner Akad. der Wiss. übertragene Strabon-Ausgabe wurde von Wolf Aly übernommen, als Akad.-Unternehmung aber 1936 eingestellt [17. 238 f.]. Mitglied des Arch. Instituts in Rom (1889), korrespondierendes Mitglied der Göttinger (1901) sowie der Preuß. Akad. der Wiss. (1905); 1905 Geheimer Regierungsrat.

SV: K. Boysen, B. Niese, in: Bursians Jahresbericht 164, 1913, 58–63.

Schriften

[1] De Stephani Byzantii auctoribus commentatio (Diss. Kiel), 1873 [2] Der homerische Schiffskatalog als historische Quelle betrachtet, 1873 [3] Apollodors Kommentar zum Schiffskataloge als Quelle Strabons, in: Rheinisches Museum 32, 1877, 267–307 [4] Kritische Bemerkungen über die ältere griech. Geschichte und ihre Überlieferung, in: HZ 43, 1880, 385–410 [5] Die Entwicklung der homerischen Poesie, 1882 [6] Flavii Iosephi opera, 7 Bde. (Edition), 1885–1895 (editio minor 1888–1895) [7] Die Sagen von der Gründung Roms, in: HZ 59, 1888, 481–506 [8] Abriss der Röm. Geschichte, 1889 (erw. Aufl. unter dem Titel »Grundriss der röm. Geschichte nebst Quellenkunde« 1897–1910; 5. Aufl. neubearb. von E. Hohl 1923) [9] Die ältere Geschichte Messeniens, in: Hermes 26, 1891, 1–32 [10] Geschichte der griech. und mazedonischen Staaten seit der Schlacht bei Chaeronea, 3 Bde., 1893–1903 (Ndr. 1963) [11] Zur Würdigung Alexander's des Großen, in: HZ 79, 1897, 1–44 [12] Beiträge zur Geschichte Arkadiens, in: Hermes 34, 1899, 520–552 [13] Über Wehrverfassung, Dienstpflicht und Heerwesen Griechenlands, in: HZ 98, 1907, 263–301.

Sekundärliteratur

[14] K. Boysen, B. Niese, in: Burs. Jbb., 164, 1913, 41–64 [15] Christ Hel. 65 [16] Christ Klio 28 [17] S. Rebenich, Zwischen Anpassung und Widerstand? Die Berliner Akad. der Wissenschaften, in: B. Näf AA 203–244 [18] W. Weber, Biographisches Lex. zur Geschichtswissenschaft in Deutschland, Österreich und der Schweiz. Die Lehrstuhlinhaber für Geschichte von den Anfängen des Faches bis 1970, 1984, 410–411.

Heinrich Schlange-Schöningen

Nietzsche, Friedrich

Dt. Philosoph und Klass. Philologe. Geb. am 15. 10. 1844 in Röcken bei Lützen, gest. am 25. 8. 1900 in Weimar. 1854–1858 Naumburger Domgymnasium; 1858–1864 Landesschule Pforta; 1864/65 Studium der Klass. Phil. und Theologie in Bonn; 1864–1869 Studium der Klass. Phil. in Leipzig; 1869–1879 Prof. extraordinarius für Klass. Phil. in Basel.

Biographie und Werdegang

Nach dem Tod des Vaters, des Pfarrers Carl Ludwig N., im Juli 1849 siedelte die Witwe mit ihren drei Kindern (Friedrich, Elisabeth und Joseph) nach Naumburg über. Dort besuchte N. zunächst das Domgymnasium, bevor er einen Freiplatz an der renommierten Landesschule Pforta erhielt. Hier manifestierte sich sein philol. Interesse und er begegnete wohl schon Ulrich von ↗Wilamowitz-Moellendorff. Im Oktober 1864 begann N. das Studium der Klass. Philologie und der Theologie in Bonn, wo er bei Otto ↗Jahn und Friedrich ↗Ritschl hörte. Beide übten großen Einfluss auf ihn aus, und im Oktober 1865 folgte N. Ritschl nach Leipzig, der für die nächsten Jahre zu seinem geistigen Ziehvater wurde und über den er

Richard Wagner kennenlernte. In diese Zeit fällt auch der Beginn seiner Freundschaft mit Erwin ↗Rohde. Das Theologiestudium gab N. auf, um sich ausschließlich auf die Philologie, insbes. das Griech., zu konzentrieren.

Auf Ritschls Vorschlag ging N. im April 1869 nach Basel, um als Prof. extraordinarius für Klass. Philologie an der Univ. und als Lehrer am dortigen Pädagogium zu wirken, nachdem er in Leipzig im Schnellverfahren promoviert worden war. In Basel vertiefte sich die Bekanntschaft mit Richard Wagner; N. erhielt von ihm Impulse für die Beschäftigung mit der griech. Tragödie. Hier lernte er außerdem Jacob ↗Burckhardt kennen. Dem 1870 nach Basel berufenen Franz Overbeck war N. persönlich und geistig verbunden. Wichtig für ihn dürfte in Basel auch die Bekanntschaft mit Johann Jakob ↗Bachofen gewesen sein.

Im August 1870 meldete sich N. freiwillig als Sanitäter zum Dt.-Franz. Krieg, kehrte jedoch bereits nach wenigen Wochen krankheitsbedingt zurück. Schon 1871 bewarb er sich – erfolglos – auf einen in Basel freigewordenen Lehrstuhl für Philosophie, da er sich von der Philologie zunehmend eingeschränkt fühlte; er hoffte, sein Studienfreund Erwin ↗Rohde könnte sein Nachfolger auf der Basler Philologie-Prof. werden. 1876/77 gewährte das Basler Erziehungscollegium N. einen Erholungsurlaub aufgrund seines schlechten Gesundheitszustandes, der sich jedoch nicht grundlegend verbesserte. N. besetzte die Basler Stelle nur bis zum Juni 1879, als seinem Gesuch um Entlassung stattgegeben wurde.

Die nächsten Jahre lebte N. hauptsächlich zurückgezogen in Italien und im Engadin. Hier arbeitete er trotz angegriffener Gesundheit weiter an seinen Schriften, die jedoch nur noch am Rande das Altertum streiften. Sein Krankheitszustand verschlechterte sich zunehmend, sodass Franz Overbeck ihn im Januar 1889 in die Nervenheilanstalt Basel brachte, von wo er wenige Tage später in die Psychiatrische Univ.-Klinik nach Jena überführt wurde. Im Mai 1890 holte N.s Mutter ihn nach Naumburg, um ihn dort häuslich zu pflegen; nach 1893 übernahm dies bis zu seinem Tod zunehmend seine Schwester Elisabeth Förster, in deren Haus in Weimar er starb.

Werk

In N.s Werk gibt es einen Bruch, der sich spätestens mit dem Antritt der Basler Prof. abzeichnete. Bis dahin standen seine Arbeiten unter dem Einfluss ↗Ritschls in der Trad. der histor.-kritischen Methode. N.s erste wiss. Veröffentlichung war 1867 eine Studie zur theognideischen Spruchsammlung aus seiner Leipziger Studienzeit [1]; [7.Bd. II/1, 1–58]; hierin konzentrierte er sich auf das Problem der Wiederholungen im Textcorpus. Zu nennen sind außerdem eine Arbeit zur Danae-Klage des Dichters Simonides [2]; [7.Bd. II/1, 59–74] und eine Quellengeschichte des Doxographen Diogenes Laertius [3]; [7.Bd. II/1, 75–167]. 1869 erschien seine Basler Antrittsvorlesung *Homer und die klass. Philologie* [7.Bd. II/1, 247–269], 1870 eine Abhandlung über das *Certamen Homeri et Hesiodi* [7.Bd. II/1, 271–288], für dessen Autor er Alkidamas hielt. Aus dieser Arbeit ging 1871 die erste kritische nzl. Textausgabe des *Certamen* hervor [4]; [7.Bd. II/1, 339–364]. Von philol. Bedeutung waren ferner N.s Untersuchungen der griech. Rhythmik; es kommt ihm das Verdienst zu, bereits 1870/71 die überlieferten Akzente als musikalische Betonungszeichen erkannt zu haben [6]; [7.Bd. II/3, 263–280].

Das Buch, mit dem N. am meisten auf die Klass. Philologie wirken sollte, stellte zugleich seine Abkehr von der Disziplin dar: *Die Geburt der Tragödie* (1872) [5]; [7.Bd. III/1, 3–152]; [9]. Hier zeigte er den Ursprung der Tragödie aus religiösen Wurzeln bzw. aus dem Dualismus »Apollinisch-Dionysisch« auf und deutete eine Wiedergeburt der Tragödie im Wagner'schen Musikdrama an. Gleichzeitig war das Werk der Beginn seiner Abrechnung mit der histor.-kritischen Philologie. Die 1878 erschienene Aphorismensammlung *Menschliches Allzumenschliches* [7.Bd. IV/2, 1–380; Bd. IV/3, 1–342] stellte ebenfalls eine Kritik am Positivismus und dem Schulsystem seiner Zeit dar. Sie ist insofern eine Fortsetzung der *Unzeitgemäßen Betrachtungen* (1873–1876) [7.Bd. III/1, 152–423], in welchen N. »monumentalistische«, »antiqu.« und »kritische« Historie gegenüberstellte und versuchte, die Wiss. wieder eng an das Leben zu binden. In die Endphase von N.s Schaffens fallen *Also sprach Zarathustra* (1883–1885) [7.Bd. VI/1, 1–404], *Jenseits von Gut und Böse* (1886) [7.Bd. VI/2, 1–255], *Der Antichrist* (1895) [7.Bd. VI/3, 163–252] und das autobiographische *Ecce Homo* (1888) [7.Bd. VI/3, 253–372]. Diese Schriften hatten starken Einfluss auch auf die Entwicklung der dt. Kunstprosa.

Wirkung

N.s Rezeption fand zeitversetzt statt. Abgesehen von Ulrich von ↗Wilamowitz-Moellendorffs kritischer Rezension der *Geburt der Tragödie* [22]; [23] sowie den Stellungnahmen Erwin ↗Rohdes (*Afterphilologie*, 1872) [19] und Richard Wagners [21] wurde das Buch sowohl von der Philologie als auch von der Philosophie totgeschwiegen [13]; [16]. N.s. Schwester Elisabeth Förster-N. richtete im Winter 1893/94 ein Archivzimmer in Naumburg ein, mit dem sie 1896 nach Weimar umzog, wo sich auch heute noch das N.-Archiv befindet. Die Wirkung von N.s Schriften setzte erst ab den 1920er Jahren ein, u.a. bei den Schülern von Ulrich von ↗Wilamowitz-Moellendorff und Hermann ↗Usener. Eine der wenigen Bezugnahmen auf N. stellte Walter F. Ottos Dionysos-Buch dar (1933), in dem er Rohdes Dionysos-Deutung mit der N.s verglich.

Ungleich größer war N.s Wirkung nach dem Zweiten Weltkrieg in Philosophie und Literatur, bes. in Frankreich [12]. Einer der Gründe, weshalb N. später vom Nationalsozialismus vereinnahmt werden konnte, obwohl er sich explizit gegen den Antisemitismus aussprach, ist die von Elisabeth Förster-N. herausgegebene und N. teilweise stark verfälschende Kompilation *Der Wille zur Macht* (1906), die sie als eines seiner Hauptwerke ausgab.

Schriften

[1] Zur Geschichte der Theognideischen Spruchsammlung, in: RhM 22, 1867, 161–200 [2] Beiträge zur Kritik der griech. Lyriker I. Der Danae Klage, in: RhM 23, 1868, 480–489 [3] De Laertii Diogenis fontibus 23, 1868, 632–653 und 24, 1869, 181–228 [4] Certamen quod dicitur Homeri et Hesiodi e codice Florentino post Henricum Stephanum (Edition), in: Acta Societatis philologae Lipsiensis, hrsg. von F. Ritschl, Bd. 1, 1871, 1–23 [5] Die Geburt der Tragödie aus dem Geiste der Musik, 1872 [6] Zur Theorie der quantitierenden Rhythmik, in: Nietzsche's Werke, Abt. 3, Bd. 18/2: Philologica. Unveröffentlichtes zur Litteraturgeschichte, Rhetorik und Rhythmik, hrsg. von O. Crusius, 1912, 281–292 [7] Werke. Kritische Gesamtausgabe (KGW), hrsg. von G. Colli und M. Montinari et al., 1967 (ff.; bisher über 40 Bde.) [8] Briefwechsel. Kritische Gesamtausgabe (KGB), hrsg. von G. Colli und M. Montinari et al., 1975 (ff.) [9] Die Geburt der Tragödie. Schriften zu Literatur und Philosophie der Griechen, hrsg. und erl. von M. Landfester, 1994.

Sekundärliteratur

[10] H. Cancik, Der Einfluß Friedrich Nietzsches auf Klass. Philologen in Deutschland bis 1945, in: Flashar Alt.wiss. 381–402 [11] H. Cancik, Nietzsches Antike. Vorlesung, 1995 [12] G. Deleuze, Nietzsche et la philosophie, 1962 [13] K. Gründer (Hrsg.), Der Streit um Nietzsches »Geburt der Tragödie«. Die Schriften von E. Rohde, R. Wagner, U. v. Wilamowitz-Möllendorff, 1989 (¹1969) [14] E. Howald, Friedrich Nietzsche und die Klass. Philologie, 1920 [15] W. Kaufmann, Philosoph – Psychologe – Antichrist, 1981 [16] J. Latacz, Fruchtbares Ärgernis. Nietzsches »Geburt der Tragödie« und die gräzistische Tragödienforschung, 1998 [17] H. Ottmann, Nietzsche-Hdb. Leben – Werk – Wirkung, 2000 [18] K. Reinhardt, Die Klass. Philologie und das Klassische, in: K. Reinhardt, Vermächtnis der Antike. Ges. Essays zur Philosophie und Geschichtsschreibung, 1960, 334–360 [19] E. Rohde, Afterphilologie (1872), in: K. Gründer (Hrsg.), Der Streit um Nietzsches »Geburt der Tragödie«. Die Schriften von E. Rohde, R. Wagner, U. v. Wilamowitz-Möllendorff, 1969, 65–111 (Ndr. 1989) [20] M. Vogel, Apollinisch und Dionysisch. Geschichte eines genialen Irrtums, 1960 [21] R. Wagner, An Friedrich Nietzsche. Offener Brief in der Norddeutschen Allgemeinen Zeitung vom 23. Juni 1872, in: K. Gründer (Hrsg.), Der Streit um Nietzsches »Geburt der Tragödie«. Die Schriften von E. Rohde, R. Wagner, U. v. Wilamowitz-Möllendorff, 1969, 57–64 (Ndr. 1989) [22] U. von Wilamowitz-Moellendorff, Zukunftsphilologie! Eine Erwidrung auf Friedrich Nietzsches ord. Prof. der classischen Philologie zu Basel »Geburt der Tragödie«, 1872 [23] U. von Wilamowitz-Moellendorff, Zukunfstsphilologie! Zweites Stück (1873), in: K. Gründer (Hrsg.), Der Streit um Nietzsches »Geburt der Tragödie«. Die Schriften von E. Rohde, R. Wagner, U. v. Wilamowitz-Möllendorff, 1969, 113–135 (Ndr. 1989).

Steffen Kammler

Nilsson, Martin Persson

Schwed. Klass. Philologe, Religionshistoriker und Archäologe. Geb. am 12.7.1874 im südschwed. Ballingslöv, gest. am 7.4.1967 in Lund. Gymnasium in Kristianstad, danach ab 1892 Studium der Klass. Phil., 1900 Prom. an der Univ. Lund. 1900 Dozent für griech. Sprache und Literatur; 1909–1939 Prof. für Klass. Arch. und Alte Gesch. ebda.; 1936–1939 Rektor.

Werk und Wirkung

N. verdankte seiner ländlichen Herkunft das Interesse an der Volkskunde seiner Heimat und betrieb vor diesem Hintergrund seine Forschungen komparatistisch. Dabei blieb er v.a. den im 19. Jh. von Wilhelm Mannhardt, Edward Tylor und James ↗Frazer entwickelten religionswiss. Theoremen mit ihrer agrarischen und evolutionistischen Orientierung verhaftet, war aber weniger an Theoriebildung als an Material- und Quellenerschließung interessiert. Archäologie und Epigraphik standen bei N. wie bei seinem Lehrer Samuel Wide gleichberechtigt neben der Philologie; arch. Feldforschung betrieb er nur 1905–1907 (Rhodos). Seine Nähe zur dt. Alt.wiss. belegt seine Freundschaft mit Ulrich von ↗Wilamowitz-Moellendorff und Ludwig Deubner sowie seine Herausgebertätigkeit für das *Archiv für Religionswissenschaft*.

N.s Dissertation zu den attischen Dionysosfesten [1] zeigt schon sein Interesse an Riten und Kultformen. Seine Monographie zu den nichtattischen griech. Festen [2] ist das unentbehrliche Seitenstück zu Deubners *Attischen Festen* (s. Einleitung zur dritten Auflage). In zum Teil kritischer Auseinandersetzung mit Arthur ↗Evans entstand ein weiteres Grundlagenwerk zur min.-myk. Religion [5] als Auftakt zu Arbeiten, welche die Kontinuität religiöser Vorstellungen von min. Zeit bis in die griech. Kultur zu erweisen suchten (u.a. [6] und [5]). Trotz notwendiger Neubewertungen – N. selbst rückte in der zweiten Auflage von [5] von der Gleichsetzung der min. mit der myk. Religion ab – konnten sich zentrale Teile bis heute als *communis opinio* behaupten [14.336]. Den

Hauptertrag von N.s Beschäftigung mit der griech. Religion bilden die zwei Bände des *Handbuchs der Altertumswissenschaft* [8]. Chronologisch orientierten Abschnitten sind hier systematische Grundlagenkapitel vorgeschaltet, wie sie heute auch Walter Burkerts Handbuch prägen, das N.s ersten Band als Referenzwerk weitgehend abgelöst hat. Der zweite Band zur hell. Religion ist aber noch nicht ersetzt. Daneben legte N. Schriften u.a. zum griech. Kalender [3] und Alphabet [4], zum hell. Bildungssystem [10] sowie zur griech. Sprachwiss. vor.

SV: E.J. Knudtzon/Ch. Callmer, A Complete Bibliography, in: Scripta minora Regiae Societatis humaniorum litterarum Lundensis 1, 1967–1968, 29–139.

Schriften

[1] Studia de Dionysiis Atticis (Diss. Lund), 1900 [2] Griech. Feste von religiöser Bedeutung mit Ausschluß der attischen, 1906 (3. Aufl. 1995 mit Einl. von F. Graf) [3] Die Entstehung und religiöse Bedeutung des griech. Kalenders, 1918 [4] Die Übernahme und Entwicklung des Alphabets durch die Griechen, 1918 [5] The Minoan-Mycenean Religion and Its Survival in Greek Religion, 1927 (2. Aufl. 1950) [6] The Mycenean Origin of Greek Mythology, 1932 [7] Greek Popular Religion, 1940 [8] Geschichte der griech. Religion, 2 Bde. (Hdb. der Altertumswissenschaft 5.2.1–5.2.2.), 1941–1950 (Bd. 1: 3. Aufl. 1967; Bd. 2: 2. Aufl. 1961) [9] Cults, Myths, Oracles, and Politics in Ancient Greece, 1951 [10] Die hellenistische Schule, 1955 [11] The Dionysiac Mysteries of the Hellenistic and Roman Age, 1957.

Sekundärliteratur

[12] W.M. Calder III (Hrsg.), Further Letters of Ulrich von Wilamowitz-Moellendorff, 1994, 151–178 [13] E. Gjerstadt, Martin Persson Nilsson in memoriam, in: Gnomon 40, 1968, 100–103 [14] J. Mejer, Martin Persson Nilsson, 335–340.

Roland Baumgarten

Nissen, Heinrich

Dän.-dt. Althistoriker. Geb. am 3.4.1839 in Haderslev (Dänemark), gest. am 29.2.1912 in Bonn. Sohn einer Seilerfamilie. 1856 Abitur in Meldorf (Dithmarschen); Studium der Klass. Phil. und Gesch. in Kiel; 1859/60 Wechsel nach Berlin; 1862 Prom. in Kiel [1]. 1863–1866 Italienaufenthalt; 1867 Habil. in Alter Gesch. an der Univ. Bonn. Ab 1870 o.Prof. in Marburg, ab 1877 in Göttingen, ab 1878 in Straßburg. 1884 Übernahme des althistor. Lehrstuhls in Bonn als Nachfolger von Arnold ↗Schaefer; 1894/95 Rektor; 1911 Emeritierung. 1886 Preuß. Geheimer Regierungsrat; 1900 Vertreter der Univ. Bonn im preuß. Herrenhaus und Mitglied der Preuß. Akad. der Wiss.

Werk

N.s Italienreise vermittelte Theodor ↗Mommsen, von dem auch die Anregung zu einem Handbuch der italischen Chorographie ausging, mit dem es aber zur Forschungskontroverse zu Datierungsfragen und Methoden der Quellenkritik kam. N. lehrte ausschließlich Alte Geschichte, die er als selbständige Disziplin mit universalhistor. Anspruch betrachtete, und versuchte, sie aus der Abhängigkeit der Klass. Philologie zu lösen. Damit bestimmte er den Standort des Fachs und dessen methodische Grundlagen neu. Durch Einbezug weiterer Disziplinen wie Mathematik, Astronomie, histor. Landeskunde [4], Geographie und Epigraphik beschritt er neue Wege. Grundlegend wurde seine *Italische Landeskunde*, eine objektive Auswertung aller lit. und inschriftlichen Quellen [5]. N. widmete sich der provinzialröm. Archäologie [7], zählte zum Kreis der Begründer der Reichs-Limeskommission und erwarb sich bei der Erforschung der röm. Rheinlande Verdienste (Ausgrabungen in Neuss und Urmitz). Teile seiner reichen Sammlung von arch. Funden (v.a. ant. Gläser) gingen als Geschenk an das Saalburgmuseum.

Schriften

[1] Belli quod Romani contra Antiochum Magnum gesserunt historia critica, 1862 (erweitert zu: Kritische Untersuchungen über die Quellen der 4. und 5. Decade des Livius, 1863) [2] Das Templum. Antiquarische Untersuchungen, 1865 [3] Pompeji, 1867 [4] Pompejanische Studien zur Städtekunde des Altertums (mit R. Schöne), 1877 [5] Italische Landeskunde, 2 Bde., 1883–1902 (Ndr. 1967) [6] Griech. und röm. Metrologie, in: I. von Müller (Hrsg.), Hdb. der klassischen Altertumswissenschaft, Bd. 1/1, 1886, 665–709 (²1892) [7] Zur Geschichte des röm. Köln, in: Bonner Jbb. 98, 1895, 1–144 [8] Orientation. Studien zur Geschichte der Religion, 3 Bde., 1906–1910.

Sekundärliteratur

[9] Die Rheinische Friedrich-Wilhelms-Universität und ihre Rektoren und berühmten Professoren, hrsg. von Rektor und Senat, 1943, 180 [10] P.E. Hübinger, Das Historische Seminar der Rheinischen Friedrich-Wilhelms-Universität zu Bonn, 1963, 116–118 [11] E. Kirsten, Heinrich Nissen (1839–1912), in: Bonner Gelehrte. Beiträge zur Geschichte der Wissenschaften in Bonn, Bd. 6: Geschichtswissenschaften, 1968, 190–208.

Egon Schallmayer

Norden, Eduard

Dt. Klass. Philologe. Geb. am 21.9.1868 in Emden, gest. am 13.7.1941 in Zürich. 1876–1886 Schulbesuch in Emden; 1886–1890 Studium der Alt.wiss., der Dt. und Roman. Philologie und der Gesch. in Bonn und Berlin; 1891 Prom. in Bonn und Staatsprüfung. 1891 Assistent an der Univ. Straßburg, 1892 Habil. ebda. 1893 ao.Prof. in Greifswald, 1895 o.Prof. für Klass. Phil., 1898/99 Dekan der Philos. Fakultät ebda. 1899–1906 o.Prof. in Breslau; 1906–1935 o.Prof. in Berlin, 1927/28 Rektor. 1939 Emigration in die Schweiz (Zürich). Ab 1912 Mitgliedschaft in zahlreichen europ. Akad. und wiss. Gesellschaften; mehrere Ehrendoktorate.

Biographie und wissenschaftlicher Werdegang

N., Sohn eines Arztes, entstammte einer assimilierten jüd. Familie. Vor dem Abitur konvertierte er zum Protestantismus. Er wollte anfangs Arzt werden, entschloss sich aber unter dem Einfluss seines Lehrers Philipp Kohlmann, in Bonn und zeitweilig in Berlin Alt.wiss., Dt. und Roman. Philologie sowie Geschichte zu studieren. Seine wichtigsten akad. Lehrer in Bonn waren Hermann ↗Usener und Franz ↗Bücheler, in Berlin Hermann ↗Diels und Johannes Vahlen. In enger Verbindung stand N. zu Richard ↗Heinze und Hugo Rabe, mit denen er Mitglied des ›Bonner Kreises‹ und des ›Philol. Vereins‹ war. Promoviert wurde N. 1891 in Bonn von Bücheler mit einer Arbeit zu den Menippeischen Satiren Varros [1], danach folgte die Staatsprüfung in Griech., Lat., Deutsch und Geschichte. Ebenfalls noch 1891 wurde N. an die Straßburger Univ. als PD berufen, wo er 1892 habilitiert wurde. Dort erhielt er 1893 einen Ruf auf ein Extraordinariat in Greifswald; die ordentliche Prof. folgte 1895, 1898/99 das Dekanat der Philos. Fakultät.

Im Sommersemester 1899 trat N. die Nachfolge Richard Försters in Breslau an; 1906 schließlich wurde er, u.a. unter Ulrich von ↗Wilamowitz-Moellendorffs Einfluss, anstelle von Friedrich ↗Leo an die Berliner Univ. als Nachfolger Adolf ↗Kirchhoffs berufen, um dort Klass. Philologie (Schwerpunkt: lat. Sprache und Literatur) zu lehren. Dort wirkte er bis zum Wintersemester 1934/35 und erfuhr zahlreiche Ehrungen, u.a. 1912 die Aufnahme in die Dt. Arch. Gesellschaft und in die Preuß. Akad. der Wiss., wo er den *Thesaurus Linguae Latinae* betreute.

Obwohl N. aufgrund seiner dt.-nationalen Gesinnung kein Gegner Hitlers war und 1934 den Treueeid auf diesen leistete, bedeutete die nationalsozialistische Machtergreifung auch für ihn einen entscheidenden Einschnitt, der zur Emigration führte und ihn in eine tiefe Depression stürzte. N. fühlte sich durch den aufgrund der Rassengesetze erzwungenen Verzicht auf seine Ämter tief gedemütigt. Er wurde zum Ende des Wintersemesters 1934/35 in den Ruhestand versetzt und nicht nur von seinen Pflichten, sondern auch von seinem Recht, Vorlesungen zu halten, entbunden. Im Oktober 1938 wurde er aus der Preuß. Akad. der Wiss.ausgeschlossen. Nach der Pogromnacht 1938 entschloss sich N. mit seiner Ehefrau zur Emigration nach Zürich, wohin er im Juli 1939 ausreiste und bis 1941 lebte. Hier verbrachte er seine beiden letzten Lebensjahre zurückgezogen und ohne weitere wiss. Aktivitäten, zu denen er nicht mehr fähig war.

Werk und Wirkung

In N.s Greifswalder Zeit fiel die Abfassung der *Antiken Kunstprosa* [2], in der es um die Entwicklung der rhythmisierten Prosa von der griech. Antike über das lat. MA bis zur Renaissance geht. N. untersuchte darin auch den Einfluss des humanistischen Latein auf die Prosa der mod. Sprachen im 16. und 17. Jh. Mit diesem Werk gewann er sofort internationale Anerkennung. In Breslau gelang ihm mit seinem Kommentar zum sechsten Buch der *Aeneis* wiederum ein Meilenstein, diesmal der Textphilologie [3]. Zwischen 1910 und 1927 gab N. gemeinsam mit Alfred Gercke (bis 1920) die *Einleitung in die Altertumswissenschaft* [4] heraus, einer Darstellung von deren wichtigsten Teildisziplinen mit zentraler Perspektive auf die Methoden und Probleme. N. verfasste dafür eine Übersicht über die gesamte lat. Literatur, die er als stark von der griech. Literatur abhängig betrachtete.

Mit dem Buch *Agnostos Theos* [5] überschritt N. 1913 die engeren Fachgrenzen hin zur jüd.-christ. Literatur. 1915 dokumentierte er die Abhängigkeit Vergils von Ennius und bot zahlreiche neue Interpretationen von dessen *Annales* [6]. Zwischen 1914 und 1920 arbeitete er zu Tacitus' *Germania* [7], wobei er auch Passagen aus Caesars *De bello Gallico*, aus der *Naturalis historia* des älteren Plinius und dem Geschichtswerk des Poseidonios berücksichtigte. Mit der *Geburt des Kindes* wandte sich N. 1923 wiederum Vergil zu [8]: In der vierten Ekloge habe dieser altägypt. religiöse Prophezeiungen verarbeitet; deren Entwicklung verfolgte er bis in die griech.-hell. Epoche. Ferner ging es ihm hier um die Rekonstruktion antiker messianischer Vorstellungen. In den folgenden acht Jahren befasste sich N. erneut mit der Germanenforschung. Unter dem Titel *Alt-Germanien* [9], der letzten Veröffentlichung in Deutschland, fasste er seine völker- und namensgeschichtliche Studien zusammen. Sein letztes größeres Werk erschien im Oktober 1939 in einer Reihe der Königlichen Wiss. Gesellschaft der Univ. zu Lund [10]; hierin untersuchte er die bei Varro zitierte sog. Auguralformel (*De lingua antiqua* 7,8) zusammen mit dem nur inschriftlich tradierten *Carmen Arvale* und formulierte die umstrittene These, dieses sei ein urröm. Text, bei dem sich keinerlei griech. Einfluss erkennen lasse.

N. zählte zweifellos zu den großen Persönlichkeiten unter den Geisteswissenschaftlern des 20. Jh.s, dessen Œuvre sich durch ein breites, die Grenzen der Philologie überschreitendes Forschungsspektrum auszeichnet. Sein Kommentar zum sechten Buch der *Aeneis* und seine *Kunstprosa* bleiben bis heute Standardwerke. Der nationalsozialistische Terror setzte – wie bei nicht wenigen seiner Kollegen jüdischer Herkunft – seinen Schaffenskräften und -möglichkeiten ein Ende.

Schriften

[1] In Varronis saturas Menippeas observationes selectae (Diss. Bonn), 1891 [2] Die antike Kunstprosa vom 6. Jh. v. Chr. bis in die Zeit der Renaissance, 2 Bde., 1898 (zahlreiche Ndr. bis 1983 u.ö.) [3] P. Vergilius Maro, Aeneis Buch VI. (Text und Kommentar), 1903 (³1927, ⁴1957; zahlreiche Ndr. bis 1995) [4] (Hrsg.) Einleitung in die Altertumswissenschaft (mit A. Gercke), 1910–1933 [5] Agnostos Theos. Untersuchungen zur Formengeschichte religiöser Rede, 1913 [6] Ennius und Vergilius. Kriegsbilder aus Roms großer Zeit, 1915 [7] Die Germanische Urgeschichte in Tacitus Germania, 1920 [8] Die Geburt des Kindes. Geschichte einer religiösen Idee, 1924 [9] Alt-Germanien. Völker- und namengeschichtliche Untersuchungen, 1934 [10] Aus altröm. Priesterbüchern, 1939.

Sekundärliteratur

[11] B. Kytzler et al., Eduard Norden (1868–1941). Ein deutscher Gelehrter jüdischer Herkunft, 1994
[12] M. Norden, Erinnerungen aus Eures Vaters Leben, des Professors Dr. Eduard Norden, hrsg. von E. Mensching, in: Latein und Griechisch in Berlin 36, 1992, 122–194
[13] W. A. Schröder, Der Altertumswissenschaftler Eduard Norden (1868–1941). Das Schicksal eines deutschen Gelehrten jüdischer Abkunft, 1999.

Angelika Lozar

Oertel, Friedrich

Dt. Althistoriker. Geb. am 21.5.1884 in Leipzig, gest. am 15.1.1975 in Bonn. Gymnasium und Studium der Klass. Phil., Neueren Gesch. und Nationalökonomie in Leipzig. 1911 Prom. über die ägypt. Amtsliturgie, danach Assistent bei Karl Julius ↗Beloch; Kriegsdienst während des Ersten Weltkrieges; ab 1918 Assistent bei Johannes ↗Kromayer in Leipzig, 1920 Habil ebda. 1922–1929 o.Prof. für Alte Gesch. an der Univ. Graz. Rufe nach Köln (1926), Freiburg im Breisgau (1926) und Prag (1927) lehnte er ab. Ab 1929 o.Prof. für Alte Gesch. in Bonn als Nachfolger von Conrad Cichorius. Während der Weimarer Republik war Oe. Mitglied der DNVP. 1936 seines Dekanamtes enthoben; 1945–1947 erneut u.a. als Dekan am Wiederaufbau der Univ. Bonn beteiligt. 1952 Emeritierung. 1964 Großes Bundesverdienstkreuz.

Werk und Wirkung

Oe. trat durch Studien zur Wirtschafts-, Sozial- und Verwaltungsgeschichte der hell. und röm. Welt hervor. Von Ulrich ↗Wilcken und Ludwig ↗Mitteis auf die Papyri verwiesen, erarbeitete er in seiner Studie zur Liturgie [1] die Grundlagen des Ämterwesens und der Verwaltung des ptolem. und röm. Ägypten. Die Wechselwirkung von staatlicher und sozialer Ordnung sowie die Problemkreise »Sozialismus«, »Kapitalismus«, »Sklaverei« und »Klassenkampf« standen im Zentrum seiner Forschungen, die sich um eine begriffliche wie phänomenologische Fassung von wirtschaftlichen Gegebenheiten der Antike bemühten. Bezüge zu virulenten Problemen der Weimarer Republik, mit denen er sich in vielen journalistischen Publikationen auseinandersetzte, sind unverkennbar. Seine Überarbeitung von Robert von ↗Pöhlmanns monumentalem Sozialismus-Werk, das Oe. mit einem wichtigen Anhang aktualisierte [2], begründete sein Ansehen als Sozialhistoriker, seine Beiträge in der *Cambridge Ancient History* [3]; [4] sowie seine souveräne Quellenkenntnis jenes als Wirtschaftshistoriker. Umfangreiche Vorarbeiten zu einer Wirtschaftsgeschichte, die im *Handbuch der Altertumswiss.* erscheinen sollte, wurden im Zweiten Weltkrieg vernichtet. Zu Spezialuntersuchungen und gehaltvollen Rezensionen auf diesen Gebieten traten Studien zu Alexander [5], den Gracchen und Hannibal.

SV: H. Braunert, Studien zur Papyrologie und antiken Wirtschaftsgeschichte (FS), 1964, 1–4.

Schriften

[1] Die Liturgie. Studien zur ptolemäischen und kaiserlichen Verwaltung Ägyptens, 1917 (Ndr. 1965) [2] Anhang, in: R. von Pöhlmann, Geschichte der sozialen Frage und des Sozialismus in der antiken Welt, Bd. 2, ³1925 [3] The Economic Unification of the Mediterranean Region. Industry, Trade and Commerce, in: Cambridge Ancient History 10, 1934, 382–424 [4] The Economic Life of the Empire, in: Cambridge Ancient History 12, 1939, 232–281 [5] Alexander der Große, 1943 [6] Herodots ägyptischer Logos und die Glaubwürdigkeit Herodots, 1970 [7] K.S. zur Wirtschafts- und Sozialgeschichte des Altertums (hrsg. von H. Braunert), 1975.

Sekundärliteratur

[8] H. Braunert, Friedrich Oertel, in: Gnomon 48, 1976, 97–100 [9] Christ Hel. 232–234 [10] Christ, RömGG 157–159 [11] H.-P. Höpfner, Die Universität Bonn im Dritten Reich. Akademische Biographien unter nationalsozialistischer Herrschaft, 1999, 385–387.

Bernhard Palme

Oldfather, William Abbott

Amerikan. Klass. Philologe. Geb. am 23.10.1880 im pers. Urumiah (h. Rezaieh), gest. am 27.5.1945 in Homer (Illinois, USA). 1902 M.A. in Klass. Phil. am Harvard College, danach Lehrbeauftragter in Evanston (Illinois); ab 1906 Doktoratsstudium in München, dort 1908 Prom. in Klass. Phil. Ab 1909 Associate Prof., dann Prof.; 1926–1945 Direktor des Dept. of Classics an der Univ. of Illinois in Urbana. 1937/38 Präsident der *American Philological Association.*

Werdegang, Werk und Wirkung

O., Sohn eines presbyterianischen Missionars, entstammte einer ursprgl. österr. Familie (Altvater); seine Mutter war mit dem amerikan. Pionier-Helden Daniel Boone verwandt. Seine Eltern ließen sich nach ihrer Rückkehr in die USA in Hanover (Indiana) nieder. Nach dem B.A.-Studium am örtlichen College wechselte O. an das Harvard College, wo er 1901 einen weiteren B.A. und 1902 einen M.A. erwarb. Er studierte dort unter William Watson Goodwin, Charles Burton Gulick und Herbert Weir Smyth. Danach wurde er Lehrbeauftragter an der Northwestern Univ. in Evanston (Illinois) und perfektionierte sein Deutsch. 1906 immatrikulierte er sich als Doktorand an der Univ. München. Neben seiner Diss. bei Otto Crusius zu den *Lokrika* [1] studierte er Latein bei Friedrich Vollmer, Archäologie bei Adolf ↗Furtwängler und Alte Geschichte bei Robert von ↗Pöhlmann.

Nach einem weiteren Jahr an der Northwestern Univ. wechselte O. 1909 an die Univ. of Illinois in Urbana, wo er den Rest seines Lebens verbrachte, als Associate Prof., dann o.Prof. der *Classics* und 1926–1945 als Institutsvorstand. Dabei leitete er den Erwerb der Bibliotheken der dt. Gelehrten Johannes Vahlen und Wilhelm ↗Dittenberger in die Wege; die altphilol. Forschungsbibl. von Urbana zählt somit heute zu den drei besten der USA. O. leistete Pionierarbeit, indem er die wiss. Struktur des dt. Univ.-Systems auf das amerikan. Imitat der Oxbridge *finishing school* aufsetzte, an der Gentlemen die Söhne von Gentlemen zu Gentlemen formen sollten. Ihm und weiteren Kollegen mit dt. universitärer Ausbildung ist zu verdanken, dass nordamerikan. Univ. die Doktorandenausbildung mit dem Schwerpunkt auf Publikation und Forschung übernahmen – eine Entscheidung von unschätzbarem Einfluss auf die amerikan. Hochschulbildung. O. war ein begnadeter Lehrer, der die besten Studenten für sein Fach zu begeistern verstand. Er leitete die Arbeit von 46 Doktoranden [13], darunter Aubrey Diller, Richmond Lattimore und Revilo P. Oliver, die ihrerseits die Ausrichtung der Studien an dt. Muster vorantrieben.

O.s Publikationen – fast 250 Artikel, Rezensionen und Bücher, dazu rund 500 Beiträge zur RE (darunter viele Ortsnamen-Lemmata, u.a. [3]) decken eine Vielfalt von Themen ab. Er arbeitete gern im Team, v.a. mit seinen Doktoranden. Aufgrund seiner Vorliebe für langlebige Bücher publizierte er grundlegende und viel konsultierte *indices verborum*, darunter zu Seneca Tragicus [2], Apuleius [5] sowie Ciceros *Epistulae* [6] und *Rhetorica*. Die dauerhaftesten Spuren haben bis heute seine Beiträge zur *Loeb Classical Library* hinterlassen, wie seine Ausgaben (mit Übersetzung) von Aineias Taktikos (1923) und Epiktet (2 Bde., 1926–1928). Seine Bibliographie zu Epiktet [4] ist weiterhin unverzichtbar; auch seine Textuntersuchungen zu Hieronymus werden nach wie vor herangezogen [7]. Die Bandbreite von O.s Interessen und Fachkompetenz ist bewundernswert.

Man hat ihn als »dynamischen, ja überwältigenden Lehrer« bezeichnet [10.460]. Voller Energie und äußerst gebildet, begegnete O. seinen Studenten mit geradezu väterlichem Interesse, was sie ihm mit lebenslanger Loyalität dankten. Er kam bei einem Unfall bei einer Kanufahrt während einer Exkursion mit Studenten ums Leben. Seine Schüler setzten seine Überzeugungsarbeit zugunsten der dt. Philologie fort.

Schriften

[1] Lokrika. Sagengeschichtliche Untersuchungen, in: Philologus 67, 1908, 412–472 [2] Index verborum quae in Senecae fabulis necnon in Octavia praetexta reperiuntur, 3 Teile (mit A. Pease et al.), 1918 (Ndr. 1964 u.ö.) [3] Art. Lokris, in: RE 13, 1926, 1135–1288 (Überarbeitung der Diss.) [4] Contributions toward a Bibliography of Epictetus, 2 Bde. (mit Faksimile-Edition von Jacob Schencks Übers., Basel 1534), 1927 (Ndr. 1952) [5] Index Apuleianus (mit H.V. Canter et al.), 1934 (Ndr. 1979) [6] Index verborum Ciceronis Epistularum (mit H.V. Canter et al.), 1938 (Ndr. 1956) [7] Studies in the Text Tradition of St. Jerome's Vitae Patrum, 1943.

Sekundärliteratur

[8] K. Abbott et al., Classical Studies in Honor of William Abbott Oldfather (FS), 1943 [9] M. Armstrong, A German Scholar and Socialist in America. The Career of William Abbott Oldfather, in: The Classical Journal 88, 1992–1993, 235–253 [10] M. Armstrong, Art. Oldfather, William Abbott, in: W.W. Briggs Jr. (Hrsg.), Biographical Dictionary of North American Classicists, 1994, 459–461 [11] W.M. Calder III, Ulrich von Wilamowitz-Moellendorff to William Abbott Oldfather. Three Unpublished Letters, in: The Classical Journal 72, 1976–1977, 115–127 [12] C.A. Forbes, William Abbott Oldfather, in: The Classical Journal 41, 1945, 8–11 [13] S.N. Griffiths, Doctoral Dissertations Completed at the University of Illinois under William Abbott Oldfather, in: The Classical Journal 74, 1978–1979, 149–153.

William M. Calder III (Ü: D.P.)

Oppenheim, Adolph Leo

Österr.-amerikan. Assyriologe. Geb. am 7.6.1904 in Wien als Adolf Leo O., gest. am 21.7.1974 in Berkeley (bei San Francisco). Studium der Orientalistik an der Univ. Wien, 1933 Prom.; Assistent am Oriental. Institut ebda. 1938 Entlassung aus rassischen Gründen und Emigration (über Frankreich) in die USA (Eltern in Theresienstadt ermordet). 1941/42 an der New York Public Library tätig, 1945 an der Johns Hopkins Univ. in Baltimore, 1945/46 am Dropsie College in Philadelphia, 1944–1947 am Asia Institute in New York. 1947 Research Associate am Oriental Institute der Univ. of Chicago, 1949 Assistant Prof., 1950 Associate Prof., 1954 Full Prof. ebda. 1973 Emeritierung. 1971 korrespondierendes Mitglied der British Academy.

Werk und Wirkung

O. hatte eine inspirierende Wirkung auf die Assyriologie. 1960 publizierte er den programmatischen Artikel *Assyriology – Why and How?*, der in seinem wenig später erschienenen Buch *Ancient Mesopotamia* nachgedruckt wurde [3]. Es ging ihm darum, die Fragestellungen anderer Wiss. an das keilschriftliche Material heranzubringen und so neue Perspektiven zu öffnen für eine Assyriologie, die durch ihre Kenntnis der Keilschriftsprachen den Zugang zu einer bedeutenden Kultur für andere Forscher erschließen kann. In seinem Buch gab O. zahlreiche Beispiele für ein solches Verständnis von bisher ungewohnten Standpunkten aus; bes. diskutiert wurde sein grundsätzlicher Zweifel an der Darstellbarkeit der uns fremden mesopot. Religion. Ähnlich enthielt seine Übersetzung von ausgewählten Briefen [4] einen neuen Blick auf die Geschichte Mesopotamiens und eine prinzipielle Diskussion des Übersetzens von Texten einer untergegangenen Kultur. O. wandte Fragestellungen der Psychologie in seiner Edition eines keilschriftlichen Traumbuchs an [2] und befasste sich mit Wirtschaftsgeschichte, um mesopot. Rechtsurkunden oder die Verwaltung babylonischer Tempel zu verstehen.

Vieles aus O.s Werken ist inzwischen zum selbstverständlichen Bestand der Assyriologie geworden, z.B. der Begriff *stream of tradition* für die von den mesopot. Schreibern in ihrer Ausbildung kopierten und so überlieferten Texte, unter denen sich auch das meiste dessen befindet, was westl. Leser als Literatur bezeichnen. Den Schreibern und Gelehrten widmete sich O. mehrfach [5]; [8]; [9].

O.s größtes Verdienst liegt in den Tausenden von Seiten des *Chicago Assyrian Dictionary* [1]. Die Sammlungen für dieses WB des Assyrischen und Babylonischen waren 1921 am *Oriental Institute* begonnen worden; der Zweite Weltkrieg unterbrach die Arbeit. Ignace J. ↗Gelb (s. auch Thorkild ↗Jacobsen) hatte den Hauptanteil an der Wiederbelebung des Projekts [10.XI] und wurde zum verantwortlichen Redaktor bestellt, war aber zu sehr mit prinzipiellen Fragen beschäftigt, sodass das Projekt keine wesentlichen Fortschritte machte. 1954 übernahm O. die Herausgeberschaft. Trotz Meinungsverschiedenheiten mit Kollegen gelang es ihm, die Publikation in die Wege zu leiten und auch weiterzuführen [12]. Er nahm dabei geringfügige Unvollständigkeiten in Kauf und ebenso das gelegentliche Eingeständnis, ein Wort nicht übersetzen zu können. Andererseits legte er besonderen Wert auf kulturgeschichtliche Zusammenhänge, sodass das *Dictionary* zu einer Art Enzyklopädie der mesopot. Kultur werden konnte. Bei O.s Tod war etwa die Hälfte des WBs publiziert; er hatte große Teile davon selbst verfasst. Das WB wurde in seinem Geist von Erica Reiner weitergeführt; es liegt inzwischen abgeschlossen vor [12].

SV: Studies Presented to A.L. Oppenheim, 1964, 195–200; [7].

Schriften

[1] (Hrsg.) The Chicago Assyrian Dictionary (CAD), 1955–1973 [2] The Interpretation of Dreams in the Ancient Near East, with a Translation of an Assyrian Dreambook, 1956 [3] Ancient Mesopotamia. Portrait of a Dead Civilization, 1964 (1977 neu hrsg. und erg. von E. Reiner [u.ö.]; franz. 1970, russ. 1980) [4] Letters from Mesopotamia – Official, Business, and Private Letters on Clay Tablets from Two Millennia (Übers. mit Einl.), 1967 [5] Divination and Celestial Observation in the Last Assyrian Empire, in: Centaurus 14/1, 1969, 97–135 [6] Glass and Glassmaking in Ancient Mesopotamia. An Edition of the Cuneiform Texts which Contain Instructions for Glassmakers with a Catalogue of Surviving Objects, 1970 [7] Essays on Mesopotamian Civilization. Selected Papers, hrsg. von E. Reiner und J. Renger, 1974 [8] The Position of the Intellectual in Mesopotamian Society, in: B.I. Schwartz (Hrsg.), Wisdom, Revelation, and Doubt. Perspectives of the First Millennium B.C. (Daedalus 104/2), 1975, 37–46 [9] Man and Nature in Mesopotamian Civilization, in: Dictionary of Scientific Biography 15, 1978, 634–666.

Sekundärliteratur

[10] I.J. Gelb, Introduction, in: The Chicago Assyrian Dictionary A/1, 1964, VII–XXIII [11] H. Hirsch, Nachruf Leo Oppenheim, in: AfO 25, 1974–1977, 347–349 [12] E. Reiner, An Adventure of Great Dimension. The Launching of the Chicago Assyrian Dictionary, 2002.

Hermann Hunger

Oppert, Jules

Dt.-franz. Altorientalist. Geb. am 9.7.1825 in Hamburg als Julius Samuel O., gest. am 21.8.1905 in Paris. 1844–1847 Studium der Rechtswiss. sowie der indoeurop. und semitischen Sprachwiss. in Heidelberg, Bonn und Berlin; 1846 juristische Prom. in Kiel. 1847 Übersiedlung nach Frankreich. 1848–1850 Gymnasialprof. für Deutsch am Lycée in Laval, danach in Reims. 1852–1854 Forschungsreise nach Mesopotamien; 1854 franz. Staatsbürgerschaft, 1855 Forschungsaufenthalt am British Museum, London; 1856 ausgezeichnet mit dem Kreuz der Ehrenlegion. 1857 Prof. für Sanskrit und Vergleichende Sprachwiss. an der École des langues in Paris [8]. 1863 Preisgeld von 20000 Francs für seine besonderen Verdienste von der Acad. des beaux-arts. 1874 Prof. für Assyr. Phil. und Arch. am Collège de France; ab 1881 Mitglied der Acad. des inscriptions et belles-lettres; Président der Société des études juives; 1883 Directeur d'études an der École des hautes études in Paris. 1884 Mitbegründer der *Revue d'Assyriologie*; ab 1886 Mitherausgeber der *Zeitschrift für Assyriologie*. 1890 Vizepräsident, 1891 Präsident der Acad. des inscriptions et belles-lettres.

Werdegang, Werk und Wirkung

O., der einer jüd. Familie entstammte, studierte Rechtswiss., Hebräisch und Arabisch, wobei er sich zunächst der vergleichenden indoeurop., danach der semitischen Sprachwiss. zuwandte. Sein juristisches Doktorat erhielt er 1846 in Kiel mit einer Arbeit über *De jure Indorum criminali*. Seine erste altoriental. Publikation bezog sich 1847, in Fortsetzung der Arbeiten Georg ↗Grotefends, auf die altpers. Schrift [1]. Darin bestimmte er die Lesung mehrerer Schriftzeichen (umgesetzt in [2]). Nach seiner Übersiedlung nach Frankreich knüpfte O. Kontakte zu den franz. Orientalisten Eugène Burnouf, Julius Mohl, Louis-Félicien de Saulcy und Adrien Prévost de Longpérier. 1852 nahm er als Epigraphiker an der von Fulgence Fresnel geleiteten wiss. Expedition nach Chorsabad, Ninive und Nimrud teil; dabei reiste er auch nach

Babylon, wo er einen Plan der Ruine zeichnete, und danach zum Birs Nimrud, das er als das ant. Borsippa identifizierte.

Der Aufenthalt im Orient und danach der Auftrag zum Studium der Tontafeln aus Ninive am British Museum in London ermöglichten O. die Entzifferung des Akkadischen, das er als *anarien* oder Assyrisch bezeichnete [3]. Er präzisierte den Lautwert bestimmter syllabischer Zeichen und identifizierte als Erster die Listen, welche die Lesung schwieriger Zeichen bieten, indem sie sie mit zwei einfachen Zeichen auflösen [6]. Er stellte eine Liste von Wortzeichen auf und konnte auf dieser Grundlage die Namen mehrerer Herrscher entziffern. O. erkannte, dass die Wortzeichen dazu dienten, eine nicht-semitische Sprache auszudrücken, die älter als das Akkadische, aber noch nicht zuordenbar war. Er publizierte Umschrift und Übersetzung einer Inschrift Nebukadnezars II. zum Wiederaufbau der Zikkurat von Borsippa [6]. 1857 beauftragte ihn die *Royal Asiatic Society* in London zusammen mit William H. Fox Talbot, Henry ↗Rawlinson und Edward Hincks mit der Übersetzung einer in Assur ausgegrabenen Prismeninschrift Tiglat-Pilesers I. Die Übersetzungen der vier Gelehrten wurden von einer speziellen Kommission gelesen und verglichen. Sie entsprachen sich in einem solchen Maße, dass das Akkadische als entziffert gelten konnte.

Von 1860 bis 1870 publizierte O. mehrere Arbeiten zum Beitrag mesopot. Texte zur Geschichte Israels, u.a. gesammelt in [13]. Weiterhin verfolgte er seine Untersuchungen zu der noch unbekannten Sprache der Wortzeichen, der er 1872 den Namen Sumerisch gab. Er übersetzte zweisprachige sumer.-akkad. Texte ins Französische (1873). Diese Arbeiten konnten sich zunächst nicht durchsetzen und führten zu Kontroversen v.a. mit Joseph Halévy, der die Ideogramme als eine kryptische Wiedergabe des Akkadischen interpretierte. Erst nach weiteren Funden bilingualer Texte in Ninive und Girsu konnte etwa 20 Jahre später die Existenz dieser Sprache und damit der Sumerer bewiesen werden.

Ebenso interessierte sich O. für die Entzifferung des Elamitischen [15] und für die Sprache der Meder [14]. Seine Veröffentlichungen (insgesamt über 400 Titel) zeigen sein umfassendes Interesse an einem weiten Spektrum – Königsinschriften, astronomischen Texten, Rechts- und Verwaltungsurkunden [12], Texten religiösen und magischen Charakters. Heute gilt er v.a. als einer der Pioniere bei der Entzifferung des Akkadischen und Sumerischen.

SV: W. Muss-Arnolt, The Works of Jules Oppert, in: Beiträge zur Assyriologie und vergleichenden semitischen Sprachwissenschaft 2, 1894, 523–556.

Schriften

[1] Das Lautsystem des Altpersischen, 1847 [2] Les inscriptions des Achéménides (Edition und Komm.), 1851 [3] Écriture anarienne, 1855 [4] Chronologie des Assyriens et des Babyloniens, 1856 [5] Rapport adressé à son Excellence M. Fortoul, Ministre de l'Instruction publique et des Cultes, 1856 [6] Études assyriennes, in: Journal Asiatique 5/9, 1857, 126–209, 490–548 (fortgesetzt in: 5/10, 168–226) [7] (Hrsg.) Expédition scientifique en Mésopotamie, Bde. 1–2, 1859–1863 [8] Grammaire sanscrite, 1859 [9] Éléments de la grammaire assyrienne, 1860 [10] Histoire des Empires de Chaldée et d'Assyrie d'après les monuments, 1865 [11] Études sumériennes, in: Journal Asiatique 7/5, 1875, 267–318, 442–500 [12] Doctrines juridiques de l'Assyrie et de la Chaldée (mit J. Menant), 1877 [13] Salomon et ses successeurs, 1877 [14] Le peuple et la langue des Mèdes, 1879 [15] La langue des Élamites, 1885.

Sekundärliteratur

[16] J. Baumgarten, Jules Oppert et la naissance de l'assyriologie, in: Histoire, épistémologie, langage 23/11, 2001, 77–99 [17] B. Haussoullier, Notice sur la vie et les œuvres de M. Jules Oppert, membre de l'Académie, in: CRAI 50/9, 1906, 567–592 [18] B. Lion / C. Michel, Jules Oppert et le syllabaire akkadien, in: B. Lion / C. Michel (Hrsg.), Histoires de déchiffrements. Les écritures du Proche-Orient à l'Égée, 2009, 81–94.

Brigitte Lion/Cécile Michel (Ü: J.R.)

Orlandos, Anastasios

Griech. Archäologe. Geb. am 23.12.1887, gest. am 6.10.1979 in Athen. Studium an der TU Athen; 1915 Prom. an der Philos. Fakultät der Univ. Athen; 1920–1958 Direktor der Abteilung für die Restaurierung antiker Denkmäler; 1919–1940 o.Prof. für Architektur an der TU Athen; 1939–1958 o.Prof. für Byz. Arch. an der Univ. Athen. Mitglied zahlreicher wiss. Gesellschaften und Akad.; 1946–1956 Sekretär, 1950 Präsident der Athener Akad. der Wiss.; 1951–1979 Sekretär der Arch. Gesellschaft zu Athen; zahlreiche Preise und Auszeichnungen, u.a. 1936 Großkreuz des griech. Palmenordens und 1947 Chevalier der Ehrenlegion.

Werk und Wirkung

O. zählt zu den vielseitigsten und produktivsten Persönlichkeiten der griech. Alt.wiss., da er zugleich als Architekt, Bauforscher, Archäologe, Byzantinist und Ausgräber sowohl an der Univ. als auch im griech. Arch. Dienst tätig war. Er promovierte mit einer Arbeit über den Giebel des Poseidon-Tempels von Sunion [1], beschäftigte sich aber in der Folgezeit nicht nur mit klass., sondern zunehmend auch mit byz. Architektur [2]; [4], die er in zahlreichen eigenen Bauten nachzuempfinden suchte. O. war Hörer von Vorlesungen und Mitarbeiter bedeutender Forscher wie Wilhelm ↗Dörpfeld, Georg Heinrich ↗Karo, Rudolf Heberdey, Anton von ↗Premerstein und Alfred Brueckner. Zu den Hauptstationen seines Wirkens zählen seine langjährige Beteiligung an den Restaurierungsarbeiten auf der Athener Akropolis unter Nikos Balanos (1910–1917) sowie seine Tätigkeit als deren Direktor, bei der er profunde Kenntnis der Denkmäler des gesamten griech. Raums erwarb.

SV: *Charistḗrion eis Anástasion K. Orlándon* (FS), 1965, Bd. 1, ια'–μδ' (11–44).

Schriften

[1] Το αέτωμα του εν Σουνίω ναού του Ποσειδώνος (Der Giebel des Poseidon-Tempels in Sunion), in: Archaiologikon Deltion 1, 1915, 1–27 [2] Μοναστηριακή αρχιτεκτονική (Klosterarchitektur), 1927 (²1958) [3] Eleusis. Die baugeschichtliche Entwicklung des Heiligtumes (mit F. Noack, J. Kirchner und A. Körte), 1927 [4] Η Παρηγορήτισσα της Άρτης (Die Kirche Parigoritissa in Arta), 1963 [5] Les matériaux de construction et la technique architecturale des anciens Grecs, 2 Bde., 1966–1968 [6] Η αρκαδική Αλίφειρα και τα μνημεία της (Das arkadische Alipheira und seine Monumente), 1967–1968 [7] Η αρχιτεκτονική και αι βυζαντιναί τοιχογραφίαι της Μονής Αγίου Ιωάννου του Θεολόγου Πάτμου (Die Architektur und die byzantinischen Wandgemälde des Klosters Hagios Ioannis Theologos auf Patmos), 1970 [8] Η αρχιτεκτονική του Παρθενώνος (Die Architektur des Parthenon), 1977–1978 [9] Λεξικόν αρχαίων αρχιτεκτονικών όρων (Lex. der architektonischen Begriffe), 1986.

Sekundärliteratur

[10] Αναστάσιος Ορλάνδος. Ο άνθρωπος και το έργο του (Anastasios Orlandos. Der Mensch und sein Werk), hrsg. von der Athener Akad. der Wissenschaften, 1978
[11] J. Heurgon, Allocution à l'occasion de la mort de M. Anastase Orlandos, in: CRAI 123/3, 1979, 512–514.

Aliki Moustaka

Orsi, Paolo

Ital. Archäologe und Prähistoriker. Geb. am 17.10.1859 in Rovereto (damals Österreich), gest. am 8.11.1935 ebda. 1877–1882 Studium an den Univ. Wien, Rom und Padua; dort Abschluss (Laurea). 1888–1924 Direktor des Arch. Museums von Syrakus und Inspektor (später Superintendent) der Ausgrabungen und Altertümer in Ostsizilien; 1889 erst PD, dann bis 1899 ao.Prof. für Arch. an der Univ. Catania; 1908–1924 Superintendent der Altertümer Kalabriens (und der Basilicata); 1924–1934 Superintendent der Altertümer ganz Siziliens. 1924 Ernennung zum Senator des Königreichs Italien sowie Mitglied der Accad. nazionale dei Lincei.

Werdegang, Werk und Wirkung

Bereits als 16-Jähriger wurde O. 1875 Assistent für Archäologie und Entomologie am Stadtmuseum von Rovereto, für das er dann lebenslang (1879–1935) als ehrenamtlicher Konservator tätig war und dem er seine Antiken- und Münzsammlung vermachte. Schon als junger Mann widmete er sich epigr., topographischen und prähistor. Studien zum Trentino (insbes. Caldaro, Colombo di Mori). Von seiner wiss. Prägung positivistisch ausgerichtet, trat er politisch für die Loslösung seiner Heimat vom Habsburgerreich ein. 1884 entschied er sich nach Abschluss seines Studiums in Padua (das ihn zuvor zu Otto ↗Benndorf nach Wien und zu Luigi ↗Pigorini nach Rom geführt hatte) für die ital. Staatsbürgerschaft.

1888 nahm O. seine arch. Tätigkeit in Syrakus auf, wo er bis zum Ende seiner bedeutenden Karriere in einem bescheidenen Hotelzimmer wohnte (wie auch sonst über seine Genügsamkeit und menschlichen Qualitäten zahlreiche Anekdoten kursieren). Ab 1889 lehrte er ein Jahrzehnt lang Archäologie an der Univ. Catania; Rufe auf Ordinariate in Catania, später in Rom lehnte er ab und entschied sich für ausschließliche Feldforschung.

Im östl. Sizilien leitete er zahlreiche Grabungskampagnen in Stätten des Neolithikums, der Bronze- und der Eisenzeit (Stentinello, Castelluccio, Thapsos, Pantalica, Cassibile und Monte Finocchito). Mit gleicher Intensität widmete er sich dann den griech. Kolonien von Megara Hyblaia [1], Syrakus, Kamarina [7] und Gela sowie einigen kleineren Siedlungen bzw. Nekropolen. Parallel dazu arbeitete er in Kalabrien an Maßnahmen gegen Raubgrabungen und an der methodischen Erfassung der Tempel, Nekropolen und Stadtanlagen von Lokroi Epizephyrioi/Locri [12.199–235], Medma [2]; [12.236–251], Hipponion, Kaulon/Caulonia [3]; [12.273–284], Kroton/Crotone [12.264–272], Cirò [12.252–263], Reggio und daneben etlicher eisenzeitlicher Nekropolen (wie Torre Galli, Canale, Janchina, Patariti [4]). Bei seinen Arbeiten in Sizilien und Kalabrien vernächlässigte O. auch keineswegs die Hinterlassenschaften von Römern, Byzantinern [6] und aus dem MA [5].

Mit Bedacht oder aus Naturell verzichtete O. auf die großen Synthesen zugunsten der Publikation möglichst erschöpfender und vollständiger Grabungsberichte anhand seiner eigenhändigen Aufzeichnungen in Notizbüchern, die postum teils ebenfalls im Druck vorliegen. Seine analytische Methode, von der eine Fülle von Beiträgen zeugt (an die 300 Veröffentlichungen, die kleineren nicht gerechnet), lässt eine fast naturwiss. Herangehensweise an die Topographie und Geologie von Grabungen erkennen, die er sich sicherlich schon früh im Umfeld der für seine Ausbildung prägenden Prähistoriker, insbes. Luigi ↗Pigorinis, zu eigen machte. Viel zur Bestärkung und Ausgestaltung des methodischen Zugangs auf der Ebene der histor. Interpretation trugen gewiss die engen freundschaftlichen Beziehungen zu Federico ↗Halbherr, Eugen ↗Petersen und Friedrich von ↗Duhn bei, Zeichen seiner besonderen Verbundenheit mit der dt. bzw. dt. geprägten Kultur.

Die akkurate Grabungstechnik, die histor. und antiqu. Analyse der arch. Daten und nicht zuletzt die beispielhafte Edition der Dokumente kennzeichnen das gesamte Werk O.s, der durch seinen Einsatz für den Denkmalschutz nicht nur Inbegriff eines »kämpferischen Archäologen«, sondern »Gründervater« der Archäologie Großgriechenlands und Siziliens war.

SV: A.M. Marchese, G. Marchese (Hrsg.), Bibliografia degli scritti di Paolo Orsi, 2000.

N: Rovereto, Biblioteca del Museo Civico; Syrakus, Museo Archeologico Regionale »Paolo Orsi«.

Schriften

[1] Megara Hyblaea. Storia, topografia, necropoli e anathemata (mit F.S. Cavallari), in: Monumenti antichi dei Lincei 1, 1890, 690–950 [2] Rosarno (Medma). Esplorazione di un grande deposito di terrecotte ieratiche, in: Notizie degli Scavi di Antichità Suppl., 1913, 55–144 [3] Caulonia. Campagne archeologiche del 1912, 1913 e 1915, in: Monumenti antichi dei Lincei 23, 1916 [4] Le necropoli preelleniche calabresi di Torre Galli e di Canale, Janchina, Patariti, in: Monumenti antichi dei Lincei 31, 1926 [5] Le chiese basiliane della Calabria, 1929 (3A 2004) [6] Sicilia bizantina, 1942 (2. Aufl. 2001, hrsg. von G. Agnello) [7] La necropoli di Passo Marinaro a Camarina. Campagne di scavo 1904–1909, hrsg. von M.T. Lanza (Monumenti antichi dei Lincei, ser. Misc. IV), 1990.

Sekundärliteratur

[8] Paolo Orsi e l'archeologia del '900. Atti del Convegno (Rovereto, 12–12 maggio 1990), 1991 [9] V. La Rosa, P. Orsi. Una »storia accademica«, in: Archivio Storico per la Sicilia Orientale 74, 1978, 465–571 [10] R. Leighton, Paolo Orsi (1859–1935) and the Prehistory of Sicily, in: Antiquity 60, 1986, 15–20 [11] B. Maurina / E. Sorge (Hrsg.), Orsi, Halbherr, Gerola. L'archeologia italiana nel Mediterraneo (Ausst.kat. Rovereto), 2010, 17–167 (Beiträge von B. Maurina u.a.) [12] S. Settis / M.C. Parra (Hrsg.), Magna Graecia. Archeologia di un sapere (Ausst.kat. Catanzaro), 2005, 192–284 (Beiträge von M. Paoletti u.a.).

Maurizio Paoletti (Ü: K.H.)

Orsini, Fulvio

Ursinus, Fulvius; ital. Antiquar. Geb. am 11.12. 1529 in Rom, gest. im Mai 1600 ebda. Unterricht bei Gentile Delfini; ab etwa 1535 Kanoniker im Lateran; ab 1558 Sekretär und Bibliothekar des Kardinals Ranuccio Farnese; 1565 Konservator der Antikensammlung, des Kardinals Alessandro Farnese; 1577 Ablehnung eines Rufes an die Univ. von Krakau und Wilna. Ab 1581 *corretore greco* in der Bibl. Vaticana; ab 1589 im Dienst des als Kunstpatron und -sammler bekannten Kardinals Odoardo Farnese [10.233–242].

Werk

O.s antiqu. Ausbildung erfolgte im Umfeld der Familie Farnese, zu deren Vertrauten er seit spätestens 1554 zählte und in deren röm. Palazzo er bis zu seinem Tod lebte. Seine Aufgaben betrafen u.a. die farnesische Kunstsammlung und Bibl. [10.441]. Ein wichtiges Ergebnis war die Inventarisierung der Sammlung nach Standorten 1566 und 1568 [1]. Auch O. selbst gelangte in den Besitz von Gemmen, Münzen, Kontorniaten und Inschriften, welche nach seinem Tod in den der Farnese übergingen [14]; [10.441–490].

Die Bibl. der Farnese sowie seine eigene Sammlung bildeten die Grundlage für O.s wiss. Tätigkeit [15.37]. Angeregt durch Arbeiten von Achilles Statius entstand 1570 sein Hauptwerk, die *Imagines et elogia* [4]; [10.263–267]; hierin stellte O. in Form von Hermenschäften (mit Inschriften), Büsten, Skulpturen, Münzen und Gemmen überlieferte röm. und griech. Bildnisse zusammen. Den ant. Antiquaren Pomponius Atticus und Varro folgend [4.5] sammelte O. im Text der *Imagines* ant. Belege für das Aussehen und Notizen über das Leben der Dargestellten [11]. Das publizierte Material befand sich zu großen Teilen im Besitz der Farnese oder seinen eigenen Beständen; Bildnisse anderer röm. Sammlungen gab er auf der Grundlage von Zeichnungen des Pirro ↗Ligorio wieder [13.49–58]. Für eine geplante Überarbeitung des Werkes mit erweiterter Materialbasis fertigte Theodor Galle neue Zeichnungen an, die er jedoch 1598 unter dem Titel *Illustrium imagines* lediglich als Tafelband ohne den Kommentar O.s veröffentlichte [13.90–99]. Eine kommentierte Neuauflage erfolgte erst postum, als 1606 Johannes Faber auf Basis von O.s Notizen und Galles Tafeln die *Imagines* erweiterte und erneut drucken ließ [8]; [13.99–102].

Die *Familiae Romanae* [5] waren Bildnissen auf Münzen der röm. Republik gewidmet, die O. nach den einzelnen Familien alphabetisch anordnete. Die Bildnisse, aber auch die Symbole auf den Rückseiten kommentierte O. mit lit. und epigr. Quellen. Das Werk enthielt keine Abbildungen, auch wenn geplant war, es mit Zeichnungen Theodor Galles zu verbinden [13.59–67].

Neben diesem ikonographischen Schwerpunkt trat O. auch philologisch hervor, etwa durch den *Vergilius illustratus* [2], eine Ausgabe von Caesars *Commentarii* [3] oder von Ciceros Werken [10.252–254] sowie durch epigr. Arbeiten [6]. Schließlich war er an der Rekonstruktion des ant. Rom in den Stadtplänen von Étienne ↗Dupérac 1574 beteiligt [13.62].

Wirkung

Mit seinen *Imagines* [4] setzte O. eine antiqu. Trad. fort, wie ähnliche Werke des Achilles Statius, Pirro ↗Ligorio oder Onofrio ↗Panvinio belegen [13.48]. Er bereicherte diese Arbeiten durch seine besondere Aufmerksamkeit, auf Autopsie und genauer Wiedergabe der Objekte, die eine kritisch überarbeitete Folge von authentischen Porträts zu bieten suchte. Die enthaltenen Fehler und Fälschungen lassen sich v.a. auf die Übernahme fremder Zeichnungen zurückführen [13.50]. Grundlage seiner Benennung eines Objekts waren Inschriften oder Vergleiche mit inschriftlich benannten Werken. Dies war gegenüber Ansätzen der frühen Renaissance eine neue Form der wiss. Auseinandersetzung [13.5, 48, 56]. O.s Zusammenstellung der verschiedenen Zeugnisse und v.a. die Dokumentation ihres Erhaltungszustandes in den Tafeln [12] bedeutete einen wichtigen Schritt auf dem Weg zur wiss. Erschließung der griech. und röm. Porträts. Sie war Vorbild für die porträtikonographischen Werke von Giovanni Pietro ↗Bellori oder Jacobus ↗Gronovius und blieb etwa 200 Jahre, bis zu Ennio Quirino ↗Visconti, Grundlage ikonographischer Studien. Noch heute ist ein Teil der gültigen Benennungen von ant. Portraits O.s Arbeit geschuldet.

Die *Familiae Romanae* [5], 1663 durch Charles Patin und 1703 durch Jean ↗Foy-Vaillant neu herausgegeben, waren die erste systematische Zusammenstellung von röm. Münzporträts der republikanischen Zeit. Darin wurde eine Ordnung nach den Gentilnamen etabliert, die erst im 20. Jh. durch eine chronologische Anordnung abgelöst werden sollte. Noch im 18. Jh. fand das Werk den Zuspruch von Joseph Hilarius ↗Eckhel. Schließlich trug O.s systematischer Ordnungswille maßgeblich zur Herausbildung des *Museum Farnese* als eines zentralen Anlaufpunkts für antiqu. Studien mit dem Charakter einer *scuola pubblica* bei [15.8 f.].

N: Rom, Bibl. Vaticana (Bücher und Manuskripte); Neapel, Museo Archeologico Nazionale (großer Teil der Antikensammlung).

SV: [10.249–258].

Schriften

[1] Inventario delle statue che sono nel Palazzo Farnese, Rom 1566–1568 [2] Virgilius collatione scriptorum Graecorum illustratus, Antwerpen 1567 (Ndr. 1747) [3] C. Iulii Caesaris Commentarii, novis emendationibus illustrati .... Ex bibliotheca Fulvi Ursini, Rom 1570 (Ndr. 1574, 1575, 1605) [4] Imagines et elogia virorum illustrium et eruditorum ex antiquis lapidibus et numismatibus expressae cum annotationibus, Rom 1570 [5] Familiae Romanae quae reperiuntur in antiquis numismatibus ab urbe condita ad tempora Divi Augusti ex bibliotheca Fulvii Ursini, Rom 1577 (Neue Aufl. 1663 Patin; 1703 Vaillant) [6] De legibus et senatus consultis liber. Adiunctis legum antiquar et senatus consultor. Fragmentis, Rom 1583 (Ndr. 1592) [7] Notae ad Catonem ... item ad Calendarium Rusticum Farnesianum et veteres inscriptiones Fratrum Arvalium, Rom 1587 [8] Illustrium imagines ex antiquis marmoribus, numismatibus, et gemmis expressae, quae exstant Romae, maior pars apud Fulvium Ursinum, editio altera ... Theodorus Gallaeus delineabat, Antwerpen 1606.

Sekundärliteratur

[9] G. Castiglione, Fulvii Ursini vita, Rom, 1657 [10] G.A. Cellini, Il contributo di Fulvio Orsini alla ricerca antiquaria, in: Atti della Accad. Nazionale dei Lincei, Classe di scienze morali, storiche e filologiche, Memorie Ser. IX, 18/2, 2004, 228–512 (mit Lit.) [11] E. Dwyer, André Thevet and Fulvio Orsini. The Beginnings of the Modern Tradition of Classical Portrait Iconography in France, in: Art Bulletin 75, 1993, 477–480 [12] V. Heenes, Illustrationen in antiquarischen Werken des 16. und 17. Jh.s, 2003, 31–32 [13] M. Kätzlmeier-Frank, Theodor Galles Zeichnungen zu Fulvio Orsinis Imagines, 1993 [14] P. de Nolhac, Les collections d'antiquités de Fulvio Orsini, in: Mélanges d'archéologie et d'histoire (École française de Rome) 4, 1884, 139–231 [15] P. de Nolhac, La Bibliothèque de Fulvio Orsini, 1887.

Jörn Lang

Otto, Walter

Dt. Althistoriker. Geb. am 30.5.1878 in Breslau, gest. am 1.11.1941 in München. König-Wilhelm-Gymnasium; 1896–1903 Studium der Alten Gesch. sowie der klass. und oriental. Sprachen an der Univ. Breslau; 1903 Prom. ebda. Weitere zwei Semester in Berlin; 1907 Habil. in Breslau. 1907–1909 ao.Prof. an der Univ. Greifswald; 1909–1914 o.Prof. ebda.; 1914–1916 o.Prof. in Marburg, 1916–1918 in Breslau, 1918–1941 in München. Ab 1918 Mitglied der Bayerischen Akad. der Wiss. [6]; [7].

Werk und Wirkung

Als Schüler Ulrich ↗Wilckens wählte O. seinen Schwerpunkt in der histor. Papyrologie, in der Kontaktzone von klass. Antike und Altem Orient. Aus seiner Diss. und Habil. ging ein bis heute als Ganzes nicht ersetztes Werk über Priester und Tempel im griech.-röm. Ägypten hervor [1]. Die hier bereits angelegte Linie einer Staat und Gesellschaft umfassenden Kulturgeschichte fand ihre Fortsetzung in einer kritischen Auseinandersetzung mit konkurrierenden zeitgenössischen Konzeptionen [3]. Kabinettstücke von polit. Geschichtsschreibung stellen O.s präzise und zugleich in einen weiten histor. Horizont eingespannte Untersuchungen zu Herodes [2] und zum Ptolemäerreich (v.a. [4]; [5]) dar. Im Geiste Eduard ↗Meyers vertrat O. dezidiert und im Gegensatz zu seinem eigenen Schüler Helmut ↗Berve eine universalhistor. Auffassung des Altertums, die sich sowohl gegen die Überbetonung des »klass.« Charakters der Antike als auch gegen die Einseitigkeit völkischer bzw. rassischer Strömungen der 1930er Jahre stellte. 1920 übernahm O. die Herausgabe des *Handbuchs der klass. Altertumswisschenschaft*, dessen Umgestaltung zu einem auch den Alten Orient, die Archäologie und Byzanz umfassenden *Handbuch der Altertumswissenschaft* er mit großer Energie betrieb. Sein früher Tod bereitete weiteren Plänen und Vorarbeiten, u.a. für eine Geschichte des hell. Staatsrechts und eine griech. Geschichte, ein jähes Ende.

Schriften

[1] Priester und Tempel im hellenistischen Aegypten. Ein Beitrag zur Kulturgeschichte des Hellenismus, 2 Bde., 1905–1908 [2] Herodes, 1913 [3] Kulturgeschichte des Altertums. Ein Überblick über neue Erscheinungen, 1925 [4] Zur Geschichte der Zeit des 6. Ptolemäers. Ein Beitrag zu Politik und Staatsrecht des Hellenismus, 1934 [5] Zur Geschichte des Niederganges des Ptolemäerreiches. Ein Beitrag zur Regierungszeit des 8. und 9. Ptolemäers (mit H. Bengtson), 1938.

Sekundärliteratur

[6] H. Bengtson, Walter Otto, in: H. Bengtson, K.S. zur alten Geschichte, 1974, 599–618 [7] J. Seibert, Walter Otto, Professor in München 1.4.1918–1.11.1941, in: J. Seibert (Hrsg.), 100 Jahre Alte Geschichte an der Ludwig-Maximilians-Universität München (1901–2001), 2002, 50–69.

Heinz Heinen

Overbeck, Johannes

Dt. Klass. Archäologe. Geb. am 27.3.1826 in Antwerpen als Johannes Adolph O., gest. am 8.11.1895 in Leipzig. 1845–1848 Studium der Alt.wiss. in Bonn; dort 1849 Prom. und 1851 Habil. 1853 ao.Prof., 1859 o.Prof. an der Univ. Leipzig; 1875/76 Rektor.

Biographie und wissenschaftlicher Werdegang

O. entstammte einer künstlerisch ambitionierten Juristenfamilie aus Lübeck und war ein Neffe des führenden Nazareners Friedrich Overbeck. In Antwerpen und Hamburg aufgewachsen, studierte er 1845–1848 in Bonn Klass. Archäologie bei Friedrich G. ↗Welcker und Altphilologie bei Friedrich ↗Ritschl, seinem späteren Kollegen in Leipzig. 1849 wurde er in Bonn promoviert, 1851 habilitierte er sich hier. 1853 erhielt er den Ruf auf die Professur für Klass. Archäologie in Leipzig, die er, zunächst als ao.Prof., seit 1858 als o.Prof., 42 Jahre lang innehatte.

Als erster regulärer Lehrstuhlinhaber seines Fachs in Leipzig transponierte O. die damalige Arch. Gesellschaft in ein staatlich dotiertes Arch. Seminar. Am 31.10.1874 institutionalisiert, wuchs das Seminar rasant, insbes. im Hinblick auf die Gipsabgusssammlung und den Bestand an arch. Bildmaterial, v.a. auch an fortschrittlichen photographischen Abzügen. Mit großem Nachdruck sorgte O. für eine Verbesserung der allgemeinen Studiensituation und veranlasste erstmals die Einrichtung eines studentischen Lesesaals, einer Krankenkasse für Studenten und des Hochschulsports. Hochschulpolit. engagierte er sich 1875/76 als Rektor der Univ. sowie 1877/78 als Abgeordneter der Ersten Kammer des Sächsischen Landtags. Er war Mitglied der Sächsischen Akad. und 1874 der Zentraldirektion des Kaiserlichen DAI in Berlin.

Werk und Wirkung

O.s Werk gehört aufgrund seiner hervorragenden Begabung für eine synthetische Darstellungsweise von ungeheuren Materialmengen zur dauerhaften, auch heutzutage noch benutzten und vielfach zitierten arch. Kompendienliteratur des 19. Jh.s [2]; [3]; [4]. Wie kaum ein zweiter Zeitgenosse war er von Sammeleifer, Sorgfalt und Genauigkeit angetrieben, die zahllosen Neufunde, ihre Veröffentlichungen und divergierenden wiss. Beurteilungen zu strukturieren. Gegenüber älteren Generationen erwies er sich in der konsequenten histor. Gliederung aller arch. Denkmäler als fortschrittlich (bes. [3]; [4]), auch wenn er in der Nachfolge seines akad. Lehrers ↗Welcker eher ein idealistisch fühlender und denkender Klassizist bleiben sollte. Als mustergültiges Medium für die ästhetische Kunsterfahrung und humanistische Bildung galten ihm die makellos weißen Gipsabgüsse weiterhin viel mehr als die Originale mit der zufälligen Beschaffenheit ihrer Oberfläche. Wie seine Vorgänger erachtete O. die Bildkunst als von lit. Entwürfen und Vorlagen abhängig, weshalb er den Schriftquellen ausdrücklich den unbedingten Primat vor den nur ergänzenden Monumenten einräumte (bes. [1]; [5]; s. auch [12]; [6]; [9]).

So erklärt sich, dass O. sein berühmtes zusammenfassendes Pompeji-Buch [2] schreiben konnte, ohne jemals zuvor am Grabungsort gewesen zu sein. Genauso verfasste er das lange Zeit unentbehrliche Überblickswerk zur griech. Plastik [3] ohne eine eindringliche, konsequente Autopsie möglichst vieler erhaltener Originale bzw. Kopien. Bis heute nützlich ist seine Sammlung antiker Schriftquellen zu griech. Statuen und Gemälden [4]. Die als hermeneutisches Monumentalwerk geplante *Gallerie heroischer Bildwerke* musste verständlicherweise – sie war zu groß angelegt – ein Torso bleiben [1]; [5].

Schriften

[1] Die Bildwerke zum thebischen und troischen Heldenkreis, 1853 [2] Pompeji in seinen Gebäuden,

Alterthümern und Kunstwerken für Kunst- und Alterthumsfreunde, 1855 (erw. 4. Aufl. 1884, mit A. Mau) [3] Geschichte der griech. Plastik, 2 Bde., 1857–1858 (4. Aufl. 1893–1894) [4] Die antiken Schriftquellen zur Geschichte der bildenden Künste bei den Griechen, 1868 (Ndr. 1971) [5] Griech. Kunstmythologie nebst Atlas der griech. Kunstmythologie. Zeus; Hera, Poseidon, Demeter und Kora; Apollon, 5 Teile, 1871–1889.

Sekundärliteratur

[6] J. Deterling, Overbeck. Leben und Werk, in: S. Kansteiner et al. (Hrsg.), Text und Skulptur. Berühmte Bildhauer und Bronzegießer der Antike in Wort und Bild (Ausst.kat.), 2007, 152–153 [7] H. Döhl, Johannes Overbeck, Lullies/Schiering Arch. 51–52 [8] W. Miller, Necrology. Overbeck, in: American Journal of Archaeology 11, 1896, 361–370 [9] H.-P. Müller, Klassische Archäologie, in: F. Häuser et al. (Hrsg.), Geschichte der Universität Leipzig 1409–2009, Bd. 4.1: Fakultäten, Institute, zentrale Einrichtungen, 2009, 204–208 [10] Th. Schreiber, Zum Gedächtnis von Johannes Overbeck, in: Berichte über die Verhandlungen der Königlich Sächsischen Gesellschaft der Wiss. zu Leipzig. Philol.-Histor. Classe 47, 1895, 351–363 [11] F. Studniczka, Das Archäologische Institut, in: FS zum 500jährigen Jubiläum der Universität Leipzig, 1909, 14–20 [12] H. Thiersch, Art. Overbeck, Johannes, in: ADB 55, 1910, 852–853.

Hans-Ulrich Cain

Paciaudi, Paolo Maria

Ital. Theologe, Archäologe und Antiquar. Geb. am 23.11.1710 in Turin, gest. am 2.2.1785 in Parma. Besuch der Jesuitenschule und Univ. von Turin. 1728 Eintritt in den Theatinerorden; Studium in Bologna und Genua. 1753 Generalprokurator des Ordens; ab 1761 Bibliothekar und Antiquar in Parma.

Biographie und beruflicher Werdegang

P., Sohn eines Hofarztes, absolvierte ein Novizenjahr im Theatinerorden in Venedig und wurde 1729 ordentliches Mitglied. Er studierte in Bologna Philosophie, Physik und Mathematik sowie in Rom Theologie. Zeitweilig war er als Diakon im Bistum Turin tätig und lehrte Philosophie in Genua. Etwa zehn Jahre lang betätigte er sich als Wanderprediger, u.a. auf Malta. Aus gesundheitlichen Gründen gab er diese Tätigkeit auf und erhielt unter Kardinal Giuseppe Spinelli von Neapel am 23.6.1745 [7.15, Anm. 59] die Stelle als Buchrevisor des Heiligen Offizium. Zur Ausübung dieser Tätigkeit besaß er die besondere Genehmigung, indizierte (verbotene) Bücher der Kirchen- und Profangeschichte zu lesen [7.15].

1750 ließ sich P. in Rom nieder, wo er zum Historiker des Malteserordens und 1753 zum Generalprokurator des Theatinerordens ernannt wurde. Bereits in dieser Zeit unterhielt er Kontakte zu vielen europ. Gelehrten, darunter zahlreiche Jansenisten. Ab 1761 war P. als Bibliothekar und Antiquar am Hof Herzog Philipps von Bourbon-Parma angestellt. Seiner Aufgabe, *ex novo* eine öffentliche Bibl. aufzubauen, kam er 1762 mit der Gründung der *Reale Biblioteca di Parma* (*Bibliotheca Palatina*) nach. Hierzu bestritt er dank eines weitgefächerten Netzwerkes eine europaweite stringente Ankaufpolitik. 1763 erhielt P. die Aufsicht der arch. Grabungen von Veleia, dessen Funde zum Ausbau der lokalen Antikensammlung herangezogen wurden. In Parma beteiligte sich P. aktiv u.a. an der Reformierung der öffentlichen Verwaltung sowie der Univ., indem er den Einfluss der Jesuiten einschränkte. Sein Gönner Léon Guillaume Du Tillot, Minister des Herzogs von Parma, rief weitere Künstler und Wissenschaftler nach Parma (u.a. den Graveur, Buchdrucker und Typographen Giambattista Bodoni). Nach dessen Sturz wurde P. aufgrund einer Anzeige seines Mitarbeiters Andrea Mazza wegen Misswirtschaft und Unterschlagung fünf Monate lang unter Hausarrest im Konvent zur Hl. Christina zu Parma gesetzt. Obwohl 1772 rehabilitiert, erhielt er erst 1774 die erbetene vorzeitige Entlassung. Mit einer jährlichen Rente ließ er sich in seiner Heimatstadt nieder, wurde aber schon 1778 von Herzog Ferdinand zurück nach Parma gebeten, wo er 1785 verstarb.

Werk und Wirkung

Durch seine Reisen als Wanderprediger hatte P. Zugang zu zahlreichen Persönlichkeiten, Sammlungen und Denkmälern. Er stand europaweit im brieflichen Austausch mit zahlreichen Gelehrten. So vermittelte er für Antonio Francesco ↗Gori im südital. Raum Kontakte, Informationen zu Sammlungen und Zeichnungen von Objekten, aber auch Ankäufe aus Versteigerungen, u.a. für dessen *Museum Etruscum* [8.88, 90]. Ein weiterer Austauschpunkt waren die laufenden Grabungen der Vesuvstädte. Seine Korrespondenz [7]; [8] wie auch seine zahlreichen Mitgliedschaften unterschiedlicher Akademien im In- und Ausland (vgl. Auflistung in [7.16, Anm. 62]) zeigen eindrücklich seine internationale Verankerung im Zeitalter der Aufklärung. P.s Vernetzung förderte schließlich den Aufbau der Bibl. von Parma (zu deren Systematik [6.40–42, Anm. 61]). Als Buchrevisor konnte P. sein Wissen inbes. in den Bereichen der profanen und christl. Archäologie vertiefen.

Als Theologe, Numismatiker und Epigraphiker sowie Kenner der ant. Literatur hinterließ P. zu diesen Themen Schriften [7.15, Anm. 60]. Dabei legte er großen Wert auf eigene Autopsie [8.87, 93]. Aus antiqu. Sicht sind v.a. die beiden Bände von [4] bedeutend, in denen P. griech. Denkmäler in venezianischen Sammlungen beschreibt [12]. Erwähnenswert sind hier die Deutungsmöglichkeiten der griech. Grabreliefs, die P. im brieflichen Austausch u.a. mit dem Comte de ↗Caylus diskutiert, indem er nicht wie üblich mythol., sondern arch. argumentiert und diese Gattung ikonographisch und typologisch erschließt [9].

N: Parma, Bibliotheca Palatina.

Schriften

[1] Osservazioni sopra alcune singolari e strane medaglie, Neapel 1748 [2] De cultu S. Joannis Baptistae antiquitates Christianae, Rom 1755 [3] Liber de sacris Christianorum balneis, Rom 1758 [4] Monumenta Peloponnesia commentariis explicata, 2 Bde., Rom 1761 [5] Memorie de' Gran Maestri del sacro militar ordine Gerosolimitano, 3 Bde., Parma 1780.

Sekundärliteratur

[6] A. De Pasquale (Hrsg.), Parma, città d'Europa. Le memorie del padre Paolo Maria Paciaudi sulla Regia Biblioteca Parmense, 2008 [7] L. Farinelli (Hrsg.), Paolo Maria Paciaudi e i suoi corrispondenti, 1985 [8] E. Fino, Il Carteggio tra Anton Francesco Gori e Paolo Maria Paciaudi. Ricostruzione e studio, in: C. De Benedictis / M.G. Marzi (Hrsg.), L'epistolario di Anton Francesco Gori, 2004, 85–100 [9] M.R. Hofter, Die Sinnlichkeit des Ideals. Zur Begründung von Johann Joachim Winckelmanns

Archäologie, 2008, 105–107 [10] Ch. Nisard (Hrsg.), Correspondance inédite du Comte de Caylus avec le P. Paciaudi, théatin (1757–1765). Suivie de celles de l'Abbé Barthélemy et de P. Mariette avec le même, 2 Bde., 1877 [11] A. Sereys (Hrsg.), Lettres de Paciaudi, bibliothécaire et antiquaire du duc de Parme ... au Comte de Caylus, 1802 [12] Stark Syst. 119–120.

Marcus Heinrich Hermanns

Page, Denys Lionel

Brit. Klass. Philologe. Geb. am 11.5.1908 in Reading, gest. am 6.7.1978 in Tarset (Northumberland). Besuch der Newbury Grammar School; 1926–1930 Studium mit hervorragendem Abschluss am Christ Church College in Oxford; 1930/31 Studienjahr als Stipendiat in Wien. Ab 1931 Lecturer am Christ Church College, ab 1937 Junior Censor. 1950–1974 Regius Prof. für Griech. in Cambridge und Prof. am Trinity College; 1959–1973 Master des Jesus College in Cambridge. 1971–1974 Präsident der British Acad. 1971 geadelt.

Biographie und wissenschaftlicher Werdegang

P., Sohn eines Bauingenieurs der *Great Western Railway*, erhielt 1926 ein Stipendium für das Christ Church College in Oxford, wo er vom Unterricht Gilbert ↗Murrays und John Dewar Dennistons profitierte. Hier lernte er Quintin Hogg kennen, den späteren Lord Hailsham of St. Marylebone, mit dem ihn lebenslange Freundschaft verband. Nach einem Studienjahr in Wien bei Ludwig Radermacher kehrte P. 1931 als Lecturer ins Christ Church College zurück. 1937 wurde er Junior Censor (zuständig für die Disziplin der jüngeren Studenten).

Nach dem Zweiten Weltkrieg, während dessen P. für den brit. Geheimdienst tätig war, nahm er seine Lehre und Forschung wieder auf. 1950 wurde er zum 34. Regius Prof. für Griechisch in Cambridge gewählt und trat sein Amt als Prof. am Trinity College an. 1959–1973 fungierte er als Master des Jesus College. Dass P. das wichtige Amt des Vice-Chancellor, des Rektors der Univ., vorenthalten wurde, hing wohl v.a. mit seinem polit. Konservativismus zusammen. 1971–1974 war P. Präsident der British Acad., in die er 1952 aufgrund seiner Leistungen in der Papyrologie aufgenommen worden war. Ferner galt sein Interesse der Archäologie [12]. 1971 wurde er in den Ritterstand erhoben (Sir Denys) und erhielt die Oxforder Ehrendoktorwürde sowie eine Ehrenmitgliedschaft am Cambridger Trinity College.

Werk und Wirkung

Mit der Veröffentlichung des Buchs zu den Schauspielerinterpolationen in der griech. Tragödie [1], in dem er sich bes. der euripideischen *Iphigenie in Aulis* widmete, etablierte sich P. in der alt.wiss. Welt. Seine erste große editorische Leistung war 1938 die *Medea* des Euripides [2], bis heute der maßgebliche Text. Im Laufe seines Lebens edierte er sämtliche Tragödien des Aischylos [6]; [13], ebenfalls nach wie vor grundlegend. Die Herausgebertätigkeit auf dem Gebiet der griech. Tragödie setzten seine Schüler fort, u.a. Roger D. Dawe, James Diggle, Patricia Elizabeth Easterling und Hugh Lloyd-Jones. U.a. der Bekanntschaft mit dem Papyrologen Edgar Lobel ist P.s Edition und Übersetzung griech. literarischer Papyri zu verdanken [3]. Seine Beschäftigung mit der frühgriech. Lyrik führte zu einer Reihe wichtiger Publikationen wie der Sammlung der Fragmente der lesbischen Dichtung (1955) und dem Standard-Kommentar zu Sappho und Alkaios [4].

Ein weiterer Forschungsschwerpunkt P.s waren die homerischen Epen, bei denen er von einer u.a. der mündlichen Erzähl-Trad. geschuldeten langen Entstehungszeit ausging: Sein Buch zur Odysse (1955) wurde mit Begeisterung aufgenommen [5], obgleich die These, dass die beiden homerischen Epen von verschiedenen Autoren stammten, auch Widerspruch fand [14.355]; [17.20f.]. In seinem Buch über die Ilias (1959) [7] beleuchtet P. deren Realitätsgehalt bes. auf der Basis von arch. Zeugnissen der Hethiter und der Linear-B-Tafeln. Während seiner Tätigkeit am Jesus College befasste er sich weiterhin intensiv mit griech. Lyrik; er gab auch die melische griech. Dichtung heraus [8]. Zudem veröffentlichte er einen Papyri-Band der Oxyrhynchus-Reihe [9]. Bis zu seinem Lebensende widmete er sich v.a. der griech. Anthologie, zu der er verdienstvolle Ausgaben und Kommentare verfasste [10]; [11]. P.s Lebensleistung liegt v.a. in seinen Editionen von griech. Literatur. Bis heute gelten seine Ausgaben als Standard. Zu den Wissenschaftlern, auf die P. maßgeblichen Einfluss ausübte, zählen neben den oben genannten auch Spencer Barrett und James Diggle.

SV: Dionysiaca. Nine Studies in Greek Poetry by Former Pupils (FS), 1978, IX-XIV.

Schriften

[1] Actors' Interpolations in Greek Tragedy, 1934 [2] Euripides, Medea (Edition mit Komm. und Einl.), 1938 (mehrere Ndr.) [3] Greek Literary Papyri (Edition mit Übers.), 1941 [4] Sappho and Alcaeus. An Introduction to the Study of Ancient Lesbian Poetry (Komm.), 1955 [5] The Homeric Odyssey, 1955 (Ndr. 1966 u.ö.) [6] Aeschylus, Agamemnon (Edition; mit J.D. Denniston), 1957 (Ndr. 1960 u.ö.) [7] History and the Homeric Iliad, 1959 (Ndr. 1963 u.ö.) [8] Poetae Melici Graeci. Alcmanis, Stesichori, Ibyci, Anacreontis, Simonidis, Corinnae, poetarum minorum reliquias, carmina popularia et convivialia quaeque adespota feruntur (Edition), 1962 (Ndr. 1967 u.ö.) [9] The Oxyrhynchus Papyri, Bd. 29 (Edition), 1963 [10] The Greek

Anthology: Hellenistic Epigrams (Edition), 1968 [11] The Greek Anthology: The Garland of Philip and Some Contemporary Epigrams, 2 Bde. (Editon mit Einl. und Komm.; mit A.S. Gow), 1968 [12] The Santorini Volcano and the Desolation of Minoan Crete, 1970 [13] Aeschyli septem quae supersunt tragoediae (Edition), 1972 (mehrere Ndr.).

Sekundärliteratur

[14] R. Dawe, Denys Lionel Page, in: Briggs/Calder 353–360 [15] H. Lloyd-Jones, Denys Lionel Page, 1908–1978, in: Proc. of the British Academy 65, 1979, 759–769 (Ndr. in: Blood for the Ghosts, 1982, 295–304)
[16] H. Lloyd-Jones, Art. Page, Sir Denys Lionel, in: Oxford Dictionary of National Biography 42, 2004 (auch online)
[17] G. Nagy, The Best of the Achaeans. Concepts of the Hero in Archaic Greek Poetry, 1979, 20–21
[18] R. Renehan, Art. Page, Denys Lionel, in: DBC 3, 2004, 736–737.

Kerstin Ludwig

Pallottino, Massimo

Ital. Klass. Archäologe und Etruskologe. Geb. am 9.11.1909 in Rom, gest. am 7.2.1995 ebda. 1931 Abschluss (Laurea) mit einer Arbeit über das ant. Tarquinia an der Univ. Sapienza in Rom. 1933–1940 Mitarbeiter der Antikenverwaltung in Rom; ab 1938 Direktor des Museo Nazionale Etrusco di Villa Giulia; 1937–1940 Prof. für Etruskologie in Rom. 1939/40 Ausgrabungen in Veji und Cerveteri. 1941–1945 o.Prof. für Arch. und griech.-röm. Kunstgesch. in Cagliari. 1941/42 Grabungen in Sardinien. 1945–1980 Ordinarius für Etruskologie und italische Altertümer in Rom. 1947 Mitbegründer der *Fasti archaeologici*. 1949 Gründungsmitglied der Zeitschrift *Archeologia Classica*. 1957–1980 Grabungen in Pyrgi. 1982 Balzan-Preis für Alt.wiss. (Mailand-Zürich), 1984 Erasmus-Preis (Amsterdam), 1991 Premio Cavallo d'Oro di San Marco (Venedig). Ehrendoktorat der Univ. Montpellier, Löwen und Straßburg.

Werdegang, Werk und Würdigung

P.s Ausbildung fiel in die Aufbruchszeit des ersten *Convegno Nazionale Etrusco* (1926), des ersten *Congresso Internazionale Etrusco* (1928) sowie der Gründung des *Comitato Permanente per l'Etruria* (1927, ab 1932 *Istituto Nazionale di Studi Etruschi*, seit 1951 *Etruschi ed Italici*), das die Zeitschrift *Studi Etruschi* herausgibt. Seine akad. Lehrer waren Giulio Quirino Giglioli, der Entdecker des Apollo von Veji, sowie der Bologneser Linguist Alfredo Trombetti. Schon in den 1930er Jahren profilierte sich P. mit wichtigen Veröffentlichungen [1]; [2]; [4] als Etruskologe ganz neuen Typs, zu dessen multidisziplinären Kompetenzen die Sprachwiss., Archäologie, Frühgeschichte und Geschichte zählten – Qualitäten, die ihn zu innovativen Beiträgen befähigten und die er mit seinem Handbuch zur Etruskologie unter Beweis stellte [6], das bald zum Klassiker und Grundtext der Fachausbildung avancierte, in viele Sprachen übersetzt und mehrmals überarbeitet wurde. Gleichzeitig befasste sich P. im Umkreis der von Giglioli organisierten Mostra Augustea della Romanità (1937) intensiv mit röm. Kunst, sowohl in übergreifenden Studien [5] als auch in Untersuchungen zu einzelnen Monumenten wie dem großen Fries der Trajanssäule [3], dem Argentarierbogen [8] und der Marcussäule [14].

Nach seiner Berufung auf den Lehrstuhl in Rom 1945 entfaltete P. seine etruskologische Mission in vollem Umfang: mit der Studie zur spätarchaischen Terrakottaplastik [7], dann mit der Schrift zum Ursprung der Etrusker [9], welche in die schon von Herodot initiierte Debatte das innovative Konzept der »Formation« statt der »Herkunft« einbrachte – eine seiner theoretisch originellsten Überlegungen, die er später auch auf andere Bereiche anwandte. Desgleichen entwickelte er, parallel zu Karl Olzscha, zur Auslegung des Etruskischen die kulturhistor. oder bilinguale Methode, die er nach ersten Versuchen schon in den 1930er Jahren dann – mit dem Augenmaß und der kritischen Distanz, die sein ganzes Œuvre auszeichnen – ausführlich in dem Aufsatz über die Graffiti auf dem Berliner Ziegel von Capua demonstrierte [10]. Auf der Linie dieser Interessen steht auch sein epigr. Sammelwerk [13], das bis zum Erscheinen von Helmut Rix' *Etruskischen Texten* (1991) für jeden Etruskologen zum unentbehrlichen Werkzeug gehörte.

P. erweiterte das Konzept der »Formation« (s.o.) auf die Entstehung und Entwicklung der archaischen Kunst, indem er diese histor. als einen Schmelztiegel diverser Erfahrungen begriff, unter denen Etrurien neben anderen kulturellen Idiomen des westl. Mittelmeers eine vollständig originelle Stellung einnimmt. Aus dieser Zeit stammen die Studien über die bedeutenden von ihm selbst entdeckten Standbilder von Veji (1950) [11], die konzentrierte Überblicksdarstellung zur etrusk. Malerei [12] und die große Ausstellung über die Kunst der Etrusker, die 1955/56 mit enormem Erfolg in mehreren Städten Europas (u.a. Köln) gezeigt wurde [15].

Darauf initiierte P., von Anfang an in Zusammenarbeit mit Giovanni Colonna, von der Univ. Rom aus die Grabungskampagne am Heiligtum von Pyrgi. Die Entdeckung des mythol. Hochreliefs aus dem Tempel A (1957–1963), dann die der Goldbleche mit den phönizischen und etrusk. Inschriften aus dem Bereich des Tempels B (1964) bezeichnen den Zenit seiner Laufbahn. Als Schulhaupt auch international anerkannt, leitete P. die Herausgabe der *Enciclopedia universale dell'arte* (1956–1967), übernahm den Vorsitz der

Union internationale des sciences préhistoriques et protohistoriques (1960–1962), organisierte deren 6. Internationalen Kongress 1962 in Rom und engagierte sich in der Kulturgüter-Untersuchungskommission des ital. Parlaments ebenso wie im Europarat (1964–1966). Überdies überdachte er in diesen Jahren in [16] erneut die Stellung seiner Disziplin.

An der Spitze des *Istituto di Studi Etruschi* (seit 1972) und des bereits 1969 von ihm gegründeten und bis 1981 geleiteten Studienzentrums bzw. Instituts für etruskisch-italische Archäologie des *Consiglio Nazionale della Ricerca* (C.N.R.) widmete sich P. der langfristigen Förderung wissenschaftlicher und kultureller Initiativen. Er brachte die Edition des *Corpus inscriptionum Etruscarum* wieder in Gang, rief die des *Thesaurus linguae Etruscae* (1978, ²2009), des *Corpus speculorum Etruscorum* (1981) und des Corpus der Pränestinischen Cisten (1979) ins Leben, veranstaltete eine Reihe gewichtiger Tagungen, kulminierend in dem zweiten *Congresso Internazionale Etrusco* von 1985, und organisierte herausragende Ausstellungen, darunter *Civiltà del Lazio primitivo* (1976/77), *Prima Italia* (1980/81) und *La grande Roma dei Tarquini* (1990). In diesen führte er die Themen seiner Forschung weiter, sei es zur alten Geschichte Roms und der Latiner (von der Widerlegung der Thesen von Einar ↗Gjerstad und Andreas ↗Alföldi in den frühen 1960er Jahren bis zur abschließenden Synthese von 1993 [22]), sei es zur Geschichte der ant. Völker und Stämme Italiens, die er als eng miteinander verwoben verstand [17]; [19]; [20]. Nicht zu vergessen sind die Impulse für die Sabinerforschung der 1970er Jahre, die von P.s Grabungen am Colle del Forno ausgingen. Insbes. auf die Etrusker kam P. noch in seinen letzten Jahren zurück: mit der europ. Ausstellung von 1992/93 [21] und in einem (unvollendeten) Versuch zur etrusk. Sprache.

SV: Archeologia Classica 43, 1991, XIII-L, Nr. 1–669; [28. IX f., Nr. 670–687].

N: Rom, Biblioteca M. Pallottino im Museum der Villa Giulia.

Schriften

[1] Elementi di lingua etrusca, 1936 [2] Tarquinia, 1937 [3] Il grande fregio di Traiano, in: Bullettino della Commissione archeologica comunale di Roma 46, 1938, 17–56 [4] Sulle facies culturali arcaiche dell'Etruria, in: Studi Etruschi 13, 1939, 85–128 [5] Arte figurativa e ornamentale, 1940 [6] Etruscologia, 1942 (⁷1984; dt. 1988) [7] La scuola di Vulca, 1945 [8] L'arco degli Argentari, 1946 [9] L'origine degli Etruschi, 1947 [10] Sulla lettura e sul contenuto della grande iscrizione di Capua, in: Studi Etruschi 20, 1948–1949, 159–196 [11] Il grande acroterio femminile di Veio, in: Archeologia Classica 2, 1950, 122–179 [12] La peinture étrusque, 1952 [13] Testimonia Linguae Etruscae, 1954 (²1968) [14] L'arte della Colonna di Marco Aurelio, 1955 [15] Mostra dell'arte e della civiltà etrusca, 1955 (dt. 1956) [16] Cos'è l'archeologia, 1963 (²1968) [17] Civiltà artistica etrusco-italica, 1971 (²1972) [18] Saggi di antichità, 3 Bde., 1979 [19] Genti e culture dell'Italia preromana, 1981 [20] Storia della prima Italia, 1984 [21] (Hrsg.), Gli Etruschi e l'Europa (Ausst.kat.), 1992 (dt. 1993) [22] Origini e storia primitiva di Roma, 1993.

Sekundärliteratur

[23] L. Bonfante, Massimo Pallottino, 1909–1995, in: Americal Journal of Archaeology 100, 1996, 157–159 [24] G. Colonna, Massimo Pallottino, »cultore di Roma«, in: Studi Romani 30, 1982, 463–466 [25] G. Colonna, Presentazione di Massimo Pallottino in occasione del conferimento del V Premio Livio Giuseppe Borghese (Artena, 11 giugno 1994), in: Studi Etruschi 60, 1995, 427–430 [26] M. Cristofani, Massimo Pallottino, in: Gnomon 69, 1997, 92–94 [27] G. Maetzke, Ricordo di Massimo Pallottino, in: Studi Etruschi 61, 1995, IX–XIII [28] L. M. Michetti (Hrsg.), Massimo Pallottino. A dieci anni dalla scomparsa. Atti dell'Incontro di studio (Roma, 2005), 2007.

Giovanni Colonna (Ü: K. H.)

Panofka, Theodor

Dt. Archäologe. Geb. am 25. 2. 1800 in Breslau als Theodor Sigismund P., gest. am 20. 6. 1858 in Berlin. Besuch des Breslauer Friedrichsgymnasiums; ab 1819 Studium der Klass. Phil. an der Univ. Berlin, dort 1822 Prom. mit der Diss. *De rebus Samiorum*. 1823 Aufenthalt in Rom, 1824–1830 in Neapel, 1830–1834 in Paris; 1827 Habil. in Berlin. 1836 Assistent am Berliner Museum; ab 1844 ao.Prof. an der Univ. Berlin; 1856 Konservator am Königlichen Museum ebda.

Werk und Wirkung

1823 trat P. in Rom der Hyperboreisch-Röm. Gesellschaft bei und wurde 1829 Gründungsmitglied des *Instituto di corrispondenza archeologica*. In Paris leitete er dessen franz. Sektion bis 1834, wobei er sich bes. um die Drucklegung von Institutsschriften bemühte. Wiss. Ruf hatte sich P. schon in den 1820er Jahren erworben, v. a. während eines Aufenthaltes in Neapel mit der Beschreibung der dortigen Vasensammlungen [1]; mit dem Duc de Blacas d'Aulps führte er 1829 Grabungen in Nola aus; der Herzog übertrug ihm auch die Beschreibung seiner Antikensammlung in Frankreich [3]. P.s Rückkehr nach Deutschland 1834 erfolgte aus gesundheitlichen Gründen. Seit 1835 in Berlin, wurde er 1836 Assistent am dortigen Königlichen Museum sowie Mitglied der Akademie der Wissenschaften, erst 1856 Kustos der Vasensammlung. Neben kleineren Beiträgen (u. a. in der von ihm zusammen mit seinem Freund Eduard ↗Gerhard begründeten *Arch. Zeitung*) und Akademie-Abhandlungen seien bes. seine Bearbeitungen der Vasen und Terrakotten des Museums erwähnt [5]; in zahlreichen Schriften behandelte er v.a. mythol. Themen [5]; [7]. Hier präsentierte er oft überzogene etymologische und mystische Deutungen, was ihm schon damals Kritik einbrachte, bes. von Otto ↗Jahn. Stets zeigte P. aber ein gutes stilistisches und künstlerisches Empfinden.

SV: [12.193–205].

Schriften

[1] Neapels antike Bildwerke (mit E. Gerhard), 1828 [2] Recherches sur les véritables noms des vases grecs et sur leurs différents usages après les auteurs et les monuments anciens, 1829 [3] Musée Blacas. Monuments grecs, étrusques et romains, 1830 [4] Antiques du cabinet du comte de Pourtalès-Gorgier, 1834 [5] Terracotten des königlichen Museums, 1842 [6] Bilder antiken Lebens, 1843 [7] Asklepios und die Asklepiaden, 1845 [8] Von den Namen der Vasenbildner in Beziehung zu ihren bildlichen Darstellungen, 1848 [9] Parodieen und Karikaturen auf Werken der klassischen Kunst, 1851.

Sekundärliteratur

[10] A. Michaelis, Geschichte des Deutschen Archäologischen Instituts 1829–1879, 1879 [11] K.L. von Urlichs, Art. Panofka, Theodor Sigismund, in: ADB 25, 1887, 125–128 (Kurzfassung in: Lullies/Schiering Arch. 25–26) [12] J. de Witte, Notice sur Théodore Panofka, in: Annuaire de l'Académie Royale des sciences, des lettres et des beaux arts de Belgique 25, 1859, 177–205.

Horst Blanck †

Panvinio, Onofrio

Ital. Theologe, Antiquar und Kirchenhistoriker. Geb. am 23.2.1530 in Verona, gest. im April 1568 in Palermo. 1541 Eintritt in den Augustinerorden; dort humanistische Ausbildung. Ab 1549 in Rom zur Fortsetzung der Studien. Ab 1552 bis zu seinem Tod Bibliothekar und Historiker des Kardinals Alessandro Farnese.

Werdegang

P. entstammte einer verarmten Familie des niederen Adels. In Rom gehörte er dem Kreis um Kardinal Marcello Cervini (ab 1555 Papst Marcellus II.) an, der ihn protegierte und zur Erforschung der *historia sacra* (Kirchengeschichte) ermunterte, die dann neben den antiqu. Studien zeitlebens sein zweites Betätigungsfeld blieb. 1552–1555 fand P. Aufnahme im Haus des Kardinals Alessandro Farnese, dessen Theologe, Bibliothekar und wichtigster Historiker er wurde. P. war neben Fulvio ↗Orsini Schüler des span. Theologen und Juristen Antonio Agustín. Enge Freunde P.s waren der Drucker Paolo Manuzio sowie die humanistischen Antiquare Gabriele Faërno und Girolamo Mercuriale. Mit Pirro ↗Ligorio war er anfangs befreundet; Ligorio ließ ihn auf Vermittlung Agustíns freigiebig aus seinen Manuskripten kopieren. Als P. Darstellungen publizierte, die auf Ligorios Aufzeichnungen zurückgingen, kühlte sich das Verhältnis ab und schlug schließlich in Feindschaft um. Ein Porträt P.s, um 1555 datiert und Jacopo Tintoretto zugewiesen, befindet sich in der Galleria Colonna in Rom [11.Nr. 190].

Werk

1557 erschien mit [1] P.s Rekonstruktion der röm. Konsular- und Triumphal-Fasten, die erst 1546 entdeckt worden waren. Die Herausgabe besorgte, vermittelt von Agustín, Jacopo da Strada. Da P. mit dem Ergebnis der Publikation sehr unzufrieden war, brachte er sie überarbeitet noch einmal heraus [2]. In dem Traktat [3] behandelte P. das röm. Staatswesen und dessen Kulte. Sein (nicht realisiertes) Großvorhaben, eine Systematik des röm. Altertums vorzulegen, lässt sich nur noch aus seinen Manuskripten rekonstruieren: Die von ihm anfangs geplanten »Röm. Altertümer« in 40 Büchern wuchsen schließlich auf 100 Bücher an und sollten als *Antiquitatum Romanarum libri centum* in fünf Bänden erscheinen: Der erste Band sollte sich mit der Topographie des ant. Rom befassen, die Zivilisationsgeschichte sollte die Bände 2 und 3 umfassen, der vierte Band sollte sich mit den röm. Inschriften beschäftigen und der fünfte Band eine umfassende röm. Geschichte bis zu P.s Gegenwart enthalten [7].

Die von P. geplante, aufgrund seines frühzeitigen Todes aber nicht mehr realisierte Abhandlung über die röm. Religion, *De antiqua Romanorum religione sive superstitione libri XV cum iconibus*, wollte P. mit Abbildungen veranschaulichen. Dazu engagierte er drei Künstler, u.a. Étienne ↗Dupérac. Ihre 1565/66 entstandenen Zeichnungen sind im *Codex Orsini* (Ms. Vat. lat. 3439) erhalten: Gebäudepläne, Reliefzeichnungen, ant. Inschriften etc. Ein kleiner Teil davon könnte direkt von Ligorio und Stephanus ↗Pighius stammen, der Hauptteil ist aber aus Ligorios *Libro dell' antichitá* kopiert. Der Codex, benannt nach seinem letzten Besitzer Fulvio ↗Orsini, gelangte nach dessen Tod um 1600 in die Vatikanische Bibl. Im 17.Jh. wurden daraus noch zahlreiche Kopien für das *Museo Cartaceo* des Cassiano ↗Dal Pozzo angefertigt [10.160–170]. Auch P.s Stadtplan des ant. Rom [4] orientiert sich in Inhalt und Darstellungsweise sehr an ↗Ligorios Rom-Plan von 1553, scheint also kopiert zu sein [8.61].

Postum erschien P.s Traktat zum röm. Triumph [5], worin auf vier beschrifteten Tafeln der Triumphzug des Lucius Aemilius Paullus (167 v.Chr.) in allen Details geschildert ist. Die Darstellung richtet sich entgegen dem Titel nicht nach Vorlagen der arch.

Monumente, sondern allein nach Angaben antiker Schriftsteller. P.s bekanntestes Werk zu den Circusspielen [6] erschien erst 1600. Die darin enthaltenen Tafeln lassen sich in vier Kategorien einteilen: Ansichten von Monumenten im Ruinenzustand, Pläne, Schaubilder und Abbildungen arch. Materials. P. rekonstruierte hier mithilfe von Münzen und Abbildungen auf ant. Monumenten sowie nach Angaben antiker Schriftsteller Schaubilder von Sitten und Gebräuchen (*mores et instituta*), die sich so auf keinem arch. Denkmal finden; es handelt sich um »didaktische Kompilationen« [9.221], die z.T. sehr überzeugend sind. Diese Schaubilder dienten der Verdeutlichung des im Text Erläuterten. P.s Werk blieb für fast 200 Jahre die verbindliche Abhandlung zu den Circusspielen.

Wirkung

P.s Verdienst war es, als einer der Ersten in seinem Werk lit., epigr. und arch. Quellen miteinander zu verbinden. Er befand sich damit im Einklang mit der zeitgenössischen antiqu. Forschung, die zunehmend auch die arch. Denkmäler berücksichtigte, was später im 16. Jh. auf eine Verbindung von Text- und Bilddokumenten hinauslief. Gegenüber ↗Ligorio, von dem P. und Étienne ↗Dupérac die Illustrationsform des Schaubilds übernahmen, blieben bei beiden die Grenzen von Bestandsaufnahme und Rekonstruktion aber stets erkennbar. An den Monumenten um ihrer selbst willen war P. nicht interessiert. Ihnen kommt in den Schaubildern nur sekundäre Bedeutung als Ergänzung der Textquellen zu.

Schriften

[1] Fasti et triumphi Romanorum Romulo rege, usque ad Carolum V. Caes. Aug. … ex antiquitatum monumentis maxima cum fide ac diligentia desumpta, Mantua 1557 [2] Fastorum libri V a Romulo rege usque ad Imp. Caesarem Carolum V. Austrium Augustum, Venedig 1558 [3] Reipublicae Romanae commentarii libri tres, Venedig 1558 [4] Antiquae urbis imago (Stadtplan), Venedig 1565 [5] De triumpho commentarius, Venedig 1571 [6] De ludis circensibus libri duo, Venedig 1600.

Sekundärliteratur

[7] J.-L. Ferrary, Onofrio Panvinio et les antiquités romaines, 1996 [8] V. Heenes, Antike in Bildern. Illustrationen in antiquarischen Werken des 16. und 17. Jh.s, 2003 [9] Herklotz Cas. 219–222 [10] E. Lurin, Les restitutions de scènes antiques. Onofrio Panvinio iconographe et inventeur d'images, in: M. Hochmann et al. (Hrsg.), Programme et invention dans l'art de la Renaissance (Actes du colloque, Rome 2005), 2007, 153–173 [11] A. Safarik / G. Milantoni (Hrsg.), Catalogo sommario della Galleria Colonna in Roma, Bd. 1: Dipinti, 1981, Nr. 190.

Volker Heenes

Pareus, Johann Philipp

Eigentlich Wengler/Wängler; dt. Theologe, Philologe und Grammatiker. Geb. am 24.5.1576 in Hemsbach an der Bergstraße (Bistum Worms), gest. 1648 in Hanau. Studium am Casimirianum, der nur wenige Jahre bestehenden Univ. in Neustadt an der Haardt (Weinstraße), in Heidelberg und Basel; 1599 Schulrektor in Kreuznach, dann in Neuhaus; 1610–1622 Rektor am Collegium in Neustadt. Ab 1622 Rektor und Prof. der Theologie, hebr. Sprache und Philosophie am Gymnasium illustre in Hanau. 1647 theologische Prom. in Basel.

Werdegang, Werk und Wirkung

P., Sohn des calvinistischen Theologen und Pfarrers David P., studierte nach erstem Unterricht im pfälzischen Neuhaus in Heidelberg und Basel, dort insbes. bei Johann Jacob Grynaeus und Amandus Polanus von Polansdorf. 1599–1600 knüpfte er gelehrte Kontakte in Genf (Theodor Beza), Freiburg, Tübingen und Straßburg. In Paris lernte er Isaac ↗Casaubonus kennen. Nach der Besetzung der Pfalz durch die kaiserlichen Ligatruppen 1622, bei der seine Bibl. zerstört wurde, fand er, begünstigt durch die Landgräfin Catharina Belgica, dauerhaft Aufnahme in Hanau.

P. leistete v.a. für die Erforschung der Komödien des Plautus bahnbrechende Arbeit. Seine Edition der plautinischen Komödien (1610, in der 2. Aufl. 1619) unter Auswertung der kurpfälzischen Hss. erarbeitet [1], enthält zusätzlich seine eigene Sammlung von Fragmenten nicht überlieferter lat. Komödien sowie die spätant. Komödie *Querolus*. 1614 erschien das *Lexicon Plautinum* [2], ein Wörterbuch des plautinischen Wortschatzes mit etymologischen, grammatischen und Sacherläuterungen sowie mitunter dt.sprachigen Übersetzungsvorschlägen. Des Weiteren erwarb sich P. Verdienste um das Werk des spätant. röm. Redners Symmachus, dessen *Epistolae* [5] er herausgab und mit entsprechenden Schulwerken [4] komplettierte. Unter P.' Schulwerken sind außerdem zu nennen: *Calligraphia Romana* [3], ein aus Plautus, Terenz und Cicero gezogenes Wörterverzeichnis mit Angabe von Synonymen, dt. Übersetzungen und Beispielsätzen der Referenzautoren. Eine Ergänzung fand dieses umfangreiche Werk in dem aus denselben Autoren erstellten Kommentar zu den lat. Partikeln [6]. P. pflegte Kontakte zu führenden Gelehrten seiner Zeit, u.a. zu Marquard Freher, Scipio Gentili, Johann Friedrich ↗Gronovius, Konrad Rittershausen, Paulus Schede (Melissus) und Balthasar Venator (Jäger).

Schriften

[1] M. Accii Plauti Sarsinatis Comoediae XX superstites (Edition), Frankfurt/Main 1610 (^{2}1619) [2] Lexicon

Plautinum, Frankfurt/Main 1614 [3] Calligraphia Romana sive thesaurus linguae latinae, Neapel 1616 [4] Lexicon Symmachianum, Neapel 1617 [5] Q. Aurelii Symmachi epistolarum ad diversos libri X (Edition), Neapel 1617 [6] Commentarius de particulis linguae latinae, Frankfurt/Main 1647.

Sekundärliteratur

[7] R. Hoche, Art. Pareus, Johann Philipp, in: ADB 25, 1887, 169 [8] W. Kühlmann et al., David Pareus, Johann Philipp Pareus und Daniel Pareus (Die deutschen Humanisten, Abt. 1: Die Kurpfalz, Bd. 2), 2010.

Ralph Häfner

Parrot, André

Franz. Altorienatlist und Archäologe. Geb. am 15.2.1901 in Désandans (Dep. Doubs), gest. am 24.8.1980 in Paris. 1924 Studium bei René Dussaud an der École du Louvre; 1926/27 Mitglied der École biblique et archéologique in Jerusalem; 1938 Examen (Thèse) an der Faculté de Théologie Protestante in Paris. 1937–1949 Prof. für hebr. Sprache und Literatur, 1950–1955 Prof. für Religionsgeschichte ebda.; 1937–1968 Prof. an der École du Louvre. Leiter der Ausgrabungen in Baalbek (Libanon) 1927–1928, in Tello (Irak) 1931–1933, in Larsa (Irak) 1933 und 1967 sowie in Mari (Syrien) 1933–1974. 1933 Chargé de Mission am Louvre; 1937–1946 dort Conservateur Adjoint; 1946–1967 Hauptkonservator der Abteilung für Antiquités Orientales; 1968–1972 Generaldirektor des Louvre. 1963 Mitglied der Acad. des inscriptions et belles-lettres; Grand Officier der Ehrenlegion; Großes Kreuz des Ordre National du mérite und weitere staatliche Ehrungen.

Werdegang

P., Sohn eines lutherischen Geistlichen, wurde zunächst selbst Pastor. Seine biblischen Studien führten ihn unter dem Einfluss René Dussauds zu einer Karriere als Archäologe und Museumskurator. Als passionierter Lehrer bekleidete er 30 Jahre lang den Lehrstuhl für Archäologie an der *École du Louvre*, wo er seine Nachfolger in der Museums- und in der Feldarbeit ausbildete. Seine Tätigkeit als Archäologe erstreckte sich über ein weites Gebiet, v.a. Mesopotamien, wo er 1930 Assistent von Henri de Genouillac, dann 1931–1933 dessen Nachfolger bei der Ausgrabung in Tello war. 1933 leitete er die Kampagne in Tell Senkere (Larsa), einer sumer. Stadt, wo er einen Palast aus altbabylon. Zeit (Anfang 2. Jt.) freilegte. Infolge der Verteilung der Mandatsgebiete zwischen Frankreich und England nach dem Ersten Weltkrieg begaben sich die franz. Archäologen ans andere Ufer des Euphrat, nach Syrien. Entscheidend war die Entdeckung einer Statue auf dem Tell Hariri bei Abu Kemal am Mittleren Euphrat. Die Ruine entpuppte sich als das alte Mari, Sitz einer Dynastie, und bis zur Zerstörung durch Hammurabi 1760 v.Chr. ein Bindeglied zwischen den mesopot. Kulturen und denen der Levante. P. war dort für 21 Kampagnen verantwortlich (u.a. Freilegung des Ischtar-Tempels, des Palasts von Zimri-Lim mit den ersten Keilschriftarchiven und des »präsargonitischen Palasts« 1933–1939 und erneut nach 1951).

Am Louvre wurde P. Nachfolger George Contenaus als Leiter des *Département des Antiquités Orientales*. Der Posten des Generaldirektors des Louvre wurde 1968 für P. – als Würdigung seiner Verdienste – erstmals geschaffen. Er erhielt hohe franz. und syr. Ehrungen; zudem wurde er korrespondierendes Mitglied mehrerer ausländischer Akad. (*British Academy*, DAI) und erhielt die Ehrendoktorwürde verschiedener Univ. Diese Anerkennung brachte ihm die Herausgeberschaft der *Revue d'Assyriologie* (ab 1957), der Zeitschrift *Syria* (ab 1958) und der Serie *Archives royales de Mari* ein, die er zusammen mit George Dossin begründete.

Werk und Wirkung

P.s Karriere hatte drei Facetten – Museum, Ausgrabungen und Forschung. Seine Hauptaufgabe am Louvre bestand in der 1947 begonnenen Reorganisation der oriental. Sammlungen. Im Gefolge Dussauds und Contenaus brachte P. einen Plan zu deren Neugestaltung auf den Weg, welche die drei großen geographischen und kulturellen Regionen (Mesopotamien, Iran, Levante) berücksichtigte und bis heute Bestand hat. Den seit seiner Zeit an der Jerusalemer *École Biblique des Dominicains* (1926/27) enorm aktiven Ausgräber (in Neirab bei Aleppo, Baalbek und Byblos, wo er Assistent von Maurice Dunand war) zog es schließlich nach Mesopotamien. Seine Entdeckungen in Tello und seine Kenntnis des Landes wie der Grabungsgeschichte führten zu einem meisterhaften Werk, das er neben den Ausgrabungen 1940–1950 verfasste und das sein Talent zur histor. Synthese bewies. Er bereitete seine zwei Bände zur mesopot. Archäologie vor [1]; der erste, bis heute autoritative Band verfolgt die Geschichte der mesopot. Grabungen. Seine vierbändige Publikation der *Mission archéologique de Mari* [2] widmete sich P.s dortigen Entdeckungen, die er damit der gelehrten Welt zugänglich machte, in [3] dann auch einer breiten Leserschaft. In der Serie *Archives royales de Mari* (ARM) wurden die Archive des Palastes von Zimri-Lim – einer der bedeutenden Schätze von Mari – veröffentlicht. Berichte über die Grabungen in Mari erschienen regelmäßig unmittelbar nach jeder Kampagne in der Zeitschrift *Syria*.

Schriften

[1] Archéologie mésopotamienne, Bd. 1: Les étapes; Bd. 2: Technique et problèmes, 1946–1953 [2] Mission archéologique de Mari, Bd. 1: Le Temple d'Ishtar; Bd. 2: Le Palais (2.1: Architecture; 2.2: Peintures murales; 2.3: Documents et monuments); Bd. 3: Les temples d'Ishtarat et de Ninnizaza; Bd. 4: Le trésor d'Ur, 1956–1968 [3] Mari, capitale fabuleuse, 1974 [4] L'aventure archéologique, 1979.

Sekundärliteratur

[5] P. Amiet, André Parrot (1901–1980), in: Revue d'Assyriologie 74, 1980, 97–99 [6] B. André-Salvini, Témoignages. André Parrot (1901–1980), in: M. Al-Maqdissi (Hrsg.), Pionniers et protagonistes de l'archéologie syrienne 1860–1960 (Documents d'archéologie syrienne 14), 2008, 270–273 [7] J.-C. Margueron, Mari. Métropole de l'Euphrate au IIIe et au début du IIe millénaire av. J.-C., 2004 [8] E. Will, André Parrot (1901–1980), in: Syria 58, 1981, 1–6.

Béatrice André-Salvini (Ü: J. R.)

Parry, Milman

Amerikan. Klass. Philologe und Komparatist. Geb. am 20. 6. 1902 in Oakland, gest. am 3. 12. 1935 in Los Angeles. 1919–1923 Studium der Alt.wiss. an der Univ. of California in Berkeley, ab 1924 an der Pariser Sorbonne; 1928 dort Prom. zum Docteur ès Lettres sowie Assistant Prof. an der Drake Univ. (in Des Moines, Iowa). Ab 1929 Instructor, ab 1932 Assistant Prof. in Harvard; 1933–1935 Feldstudien zu improvisierter mündlicher Heldendichtung im Gebiet des ehemaligen Jugoslawien.

Werdegang und Werk

Bereits in seiner Abschlussarbeit an der Univ. Berkeley befasste sich P. mit auffälligen Wortpositionen in der griech. Epik [3]. Er setzte die Arbeit an diesem Thema in seiner Pariser Zeit bei Antoine Meillet fort und schloss sie 1928 mit seiner Prom. an der Sorbonne ab [1]. Bei der Verteidigung seiner *thèse* lernte P. den Slawisten Matija Murko kennen, der ihn auf die Forschungen zu den Sängern hinwies, die im Südbalkanraum Heldenlieder noch improvisierend vortrugen. Zurück in den USA, lehrte P. für kurze Zeit an der Drake Univ., dann 1929–1933 in Harvard. Während dieser Zeit arbeitete er die Resultate seiner Diss. weiter aus. 1933 und 1934/35 wurden ihm vom *American Council of Learned Socities* und der Harvard Univ. Feldstudien im damaligen Königreich der Serben, Kroaten und Slowenen finanziert. Nach zwei Kampagnen starb P. mit 33 Jahren an einem zufälligen Gewehrschuss. Sein Sohn Adam Parry und seine Schwiegertochter Anne Amory Parry waren ebenfalls renommierte Klass. Philologen; Adam gab seine gesammelten Schriften heraus [4].

In seiner Pariser Diss. bewies P., dass der homerische Stil mit seinem auffälligen Schematismus der Versgestaltung von einer Trad. geprägt ist, die auf die mündliche Improvisation von Versen verweist. Grundlage für diesen Nachweis war die homerische Verwendung von Nomen-Epithetonverbindungen. Für die nachfolgende Homerforschung wichtiger war jedoch der 1930 erschienene Aufsatz zur homerischen Improvisationstechnik [2]. Hier fasste P. den Gedanken eines im Grundsatz formelhaft dichtenden und dadurch tief in einer Trad. wurzelnden »Homer« sehr viel nachdrücklicher und stellte den Einfluss der Trad. in den homerischen Epen als zentralen Faktor dar; Homers bislang so viel gerühmte Originalität trat dementsprechend in den Hintergrund. Um die Technik der Improvisation genauer zu verstehen, reiste P., begleitet von dem Harvard-Slawisten Albert B. Lord, in Gebiete des späteren Jugoslawien, wo noch Reste einer mündlich improvisierten Epik existierten. P. ließ sich hier von Sängern Epen vortragen und zeichnete diese auf. Durch seinen frühen Tod konnte er die Ergebnisse seiner Forschungen nicht mehr auswerten; dies geschah erst in dem 1961 von Lord veröffentlichten Buch *The Singer of Tales* [5].

Wirkung und Würdigung

P. hinterließ der Homerphilologie zunächst ›nur‹ die Forderung nach einem neuen Deutungsparadigma für die homerischen Epen, demzufolge nicht das einzelne, individuelle Wort am Beginn der Textgestaltung steht, sondern die von der Trad. überlieferte Formel. Dass diese These zu modifizieren ist, hat die nachfolgende Forschung gezeigt [7]. Der mit dieser Forderung implizierte Gedanke einer kategorialen Trennung zwischen mündlich und schriftlich verfasster Epik blieb anfangs auf den Bereich der Klass. Philologie und der Komparatistik beschränkt. Erst durch das 1962 erschienene Buch des kanadischen Medientheoretikers Herbert Marshall McLuhan [6] wurden P.s Forschungen allgemein bekannt, zumal dieses mit dem Satz begann: »The present volume is in many respects complementary to *The Singer of Tales* by Albert B. Lord.« Damit trat der Gedanke, die *oral poetry* in die Erforschung der von der Menschheit entwickelten Medien aufzunehmen, nachdrücklich hervor und führte zu einer intensiven Rezeption und Weiterentwicklung von P.s These. In der Folge hat P. in der amerikan. Philologie einen nahezu legendären Ruf erlangt.

SV: [4. V f.].

N: Cambridge (Massachusetts), Harvard Univ., Widener Library (auch online zugänglich).

Schriften

[1] L'épithète traditionnelle dans Homère. Essai sur un problème de style homérique (Diss. Paris), 1928 (engl.: The Making of Homeric Verse, 1971) [2] Studies in the Epic Technique of Oral Verse Making. I: Homer and Homeric Style, in: Harvard Studies in Classical Philology 41, 1930, 73–147 [3] A Comparative Study of Diction as One of the Elements of Style in Epic Greek Poetry, in: The Making of Homeric Verse. Collected Papers, hrsg. von A. Parry, 1971, 421–436 (zuvor unpubl. Examensarbeit) [4] The Making of Homeric Verse. Collected Papers, hrsg. von A. Parry, 1971.

Sekundärliteratur

[5] A. Lord, The Singer of Tales, 1965 (bes. Kap. 1; zahlreiche Ndr. und Übers.; dt. 1965) [6] H. M. McLuhan, The Gutenberg Galaxy. The Making of Typographic Man, 1962 [7] J. Russo, The Formula, in: I. Morris, B.B. Powell (Hrsg.), A New Companion to Homer, 1997, 238–260.

Edzard Visser

Pasquali, Giorgio

Ital. Klass. Philologe. Geb. am 29.4.1885 in Rom, gest. am 9.10.1952 in Belluno. 1907 Abschluss (Laurea) an der Univ. Rom; 1908–1909 Studium in Berlin und Göttingen. 1910 PD für griech. Literatur in Rom; 1911/12 ao.Prof. in Messina; 1912–1915 ao.Prof. in Göttingen, dort 1913 Prom. 1915–1920 ao.Prof. in Florenz; 1924 o.Prof. für Griech. ebda.; ab 1930 Lehrbeauftragter an der Scuola Normale Superiore di Pisa.

Werdegang, Werk und Wirkung

Der Ausbruch des Ersten Weltkriegs bedeutete für P. eine biographische und wiss. Zäsur. In Göttingen hatte er 1913 seine Prom. abgeschlossen (*Quaestiones Callimacheae*) und seine akad. Laufbahn begonnen, musste nun aber nach Italien zurückkehren. Seine Göttinger *venia legendi* wurde, da er Bürger eines feindlichen Landes war, für ungültig erklärt. Sein erstes ital. Buch war eine Geschichte der dt. Sozialisten [2], mit deren polit. Ideen er sympathisierte, zum Missfallen seiner dt. Lehrer, u.a. Eduard ↗Schwartz und Ulrich von ↗Wilamowitz-Moellendorff. Letzterer verhinderte 1914 und erneut 1931 eine Karriere P.s in Deutschland.

P.s erstes größeres philol. Buch zu Horaz [5] befasste sich mit der damals auch in der dt. Klass. Philologie behandelten Frage einer kulturellen Einheit der hell. und röm. Literatur. Er untersuchte darin die Verwendung der *aemulatio* bei Horaz (vgl. auch später [11]) und dessen Anleihen bei der hell. Dichtung; gleichzeitig suchte er in den horazischen Oden nach den eigentlich »röm.« Themen, jedoch ohne nationalistische Vorurteile. Die Fragestellung und die Methode dieses Buches stammten aus der dt. Philologie; daher wurde es von den Gegnern der philol. Methode (z.B. von Ettore Romagnoli) wie auch der Deutschen überhaupt stark kritisiert.

In *Filologia e storia* [4] nahm P. explizit zum »Philologen-Streit« Stellung. Er qualifizierte die Bewunderung des »lat. Genius« als rassistisch und wies die angebliche Antinomie zwischen der Philologie und dem künstlerischen Textverständnis zurück; ohne ein tiefes Verständnis der metrischen, lexikalischen und syntaktischen Aspekte eines Textes sowie des kulturellen Hintergrundes könne es keine begründete ästhetische Wertschätzung geben. In [9] tragen Linguistik, Archäologie und Geschichte dazu bei, die röm. archaische Kultur und deren griech. Beeinflussung nachzuvollziehen. Das Buch zu den Briefen Platons [10] gründete auf P.s Seminarreihen in Florenz und Pisa (1931/32); er erklärte hier allein den 7. und 8. Brief für authentisch (was er später anders sah).

1922 wurde P. vom faschistischen Bildungsminister Giovanni Gentile zum Mitglied des *Consiglio Superiore della Pubblica Istruzione* nominiert; sein im selben Jahr verfasstes Pamphlet *L'università di domani* (mit Piero Calamandrei) entsprach dessen kulturpolit. Programm der Aufwertung der klass. Studien an Schule und Univ. Als Direktor der Scuola Normale Superiore in Pisa entschied Gentile, P. einen Lehrstuhl an dieser renommierten Elitehochschule zuzusprechen und ihn am Projekt der *Enciclopedia Italiana* zu beteiligen. Dennoch stellte sich P. nie auf die Seite des Faschismus; er hatte bereits 1925 zu den Unterzeichnern des von Benedetto Croce verfassten »Manifests der antifaschistischen Intellektuellen« gehört. Seine Enzyklopädiebeiträge, die seine weitgespannten wiss. Interessen belegen – Textkritik, Metrik, Bewertung von Autoren und lit. Phänomenen, Kultur- und Bildungsgeschichte –, wiederholen nicht Ergebnisse seiner größeren Werke, sondern präsentieren neue Argumente und originelle Beispiele. So führt etwa der Eintrag zur *Idea di Roma* Ergebnisse langjähriger Untersuchungen zusammen, über die P. keine eigene monographische Studie veröffentlichte.

Aus seiner 1929 im *Gnomon* veröffentlichten Rezension der Erstauflage von Paul ↗Maas' *Textkritik* (1927) entstand P.s eigentliches Meisterwerk zur Geschichte der Textüberlieferung und Textkritik [8], in der er die histor. Erklärung zu Maas' stemmatischer Theorie liefert, und zwar anhand der Rekonstruktion der Geschichte einzelner griech. und lat. Texte; dabei vertritt er das Prinzip *recentiores non deteriores*: »Jüngere Handschriften sind nicht (immer) die schlechteren«. Ein »Dodekalog«, der als Einleitung zur ersten (1934) und zweiten (1952) Ausgabe des Werks dient, fasst die theoretischen Ergebnisse von P.s Untersuchungen zusammen: Die Textüberlieferung ist demnach nicht rein mechanisch, außer wenn der Kopist darauf verzichtet, zu verstehen, was er abschreibt; sie verläuft nicht nur vertikal, sondern auch horizontal und quer; bei viel gelesenen Texten hat sich häufig eine *Vulgata* entwickelt und geographisch vom Zentrum zur Peripherie verbreitet. Die Überlieferungsgeschichte ist deshalb nach P. immer auch eine histor. und kulturelle Frage. Demnach ist die für die Untersuchung der Ms.-Tradition erforderliche Paläographie eine echte »Geisteswissenschaft«. Gemäß P. soll eine kritische Ausgabe nur dann veröffentlicht werden, wenn sie einen tatsächlichen Fortschritt für das Textverständnis bedeutet. Darauf reagierte ↗Maas erbost in einer Schlussbemerkung zur zweiten Auflage seiner *Textkritik*: *[Recentiores] comburendi, non conferendi!* (»Jüngere Handschriften sind zu verbrennen, nicht heranzuziehen!«). Die zweite Auflage des Buchs zur Textüberlieferung [8], der P. u.a. die letzten Kriegsjahre widmete (1943–1947), sollte er nicht mehr erleben.

Mittlerweile zeigte P. seine Zustimmung zur Methode der von ↗Wilamowitz-Moellendorff bekämpften franz. Schule von Alphonse Dain und Alexandre-Marie Desrousseaux, welche die materielle kodikologische Auswertung der Hss. in den Mittelpunkt rückten. In seinen letzten vier Lebensjahren verfasste P. noch einmal Beiträge zum ital. Schul- und Universitätswesen, v.a. um auf die klerikale Wende der ital. Politik zu reagieren, und widmete sich Reflexionen zur eigenen Biographie [12], mit Blick auf die Hauptfiguren der dt. Klass. Philologie und z.T. inspiriert von Ludwig ↗Curtius' Lebenserinnerungen.

P. spielte eine innovative und entscheidende Rolle im ital. Bildungs- und Universitätssystem, v.a. dadurch, dass er nach dt. Modell das Seminar als Form der akad. Lehre in die Scuola Normale Superiore einführte, wo er nicht nur Klass. Philologen, sondern auch Italianisten sowie Historiker der Renaissance und der Neuzeit unterrichtete. Seine wichtigste Lehre war, dass jedes textuelle, lit. und histor. Problem innerhalb der Traditionsgeschichte zu betrachten sei – ein von Eduard ↗Schwartz, Ulrich von ↗Wilamowitz-Moellendorff und Friedrich ↗Leo übernommener Ansatz.

M: [12].

Schriften

[1] Procli Diadochi in Platonis Cratylum commentaria (Edition), 1908 (Ndr. 1994) [2] Socialisti tedeschi, 1919 [3] Teofrasto, I caratteri (Edition mit Übers.), 1919 (2. Aufl. 1956 u.ö.) [4] Filologia e storia, 1920 (Ndr. 1963 u.ö.) [5] Orazio lirico, 1920 (Ndr. 1964) [6] Gregorii Nysseni Epistulae (Opera, Bd. 8.2; Edition), 1925 (Neuausg. von W. Jaeger 1959) [7] Pagine stravaganti di un filologo, 1933 (weitere Folgen 1935, 1942, 1951; Gesamtausg. 1968 in 2 Bden.; erneut 1994) [8] Storia della tradizione e critica del testo, 1934 (2. Aufl. 1952, Ndr. 1974 u.ö.) [9] Preistoria della poesia romana, 1936 (Ndr. 1981) [10] Le Lettere di Platone, 1938 (Ndr. 1967) [11] Arte allusiva, in: Italia che scrive 25, 1942, 185–187 (Ndr. in A. Pasquali, Stravaganze quarte e supreme, 1951, 11–20) [12] Storia dello spirito tedesco nelle memorie d'un contemporaneo, 1951 [13] Lingua nuova e antica, hrsg. von G. Folena, 1964 (Ndr. 1985) [14] Rapsodia sul classico. Contributi all'Enciclopedia italiana, hrsg. von F. Bornmann, 1986 [15] Scritti filologici, 2 Bde., hrsg. von F. Bornmann et al., 1986.

Sekundärliteratur

[16] F. Bornmann et al. (Hrsg.), Giorgio Pasquali e la filologia classica del Novecento (FS), 1988
[17] M. Cagnetta, Antichità classiche nell'Enciclopedia Italiana, 1990, 29–89 [18] L. Caretti et al. (Hrsg.), Per Giorgio Pasquali. Studi e testimonianze (FS), 1972
[19] E. Fraenkel, Anzeige von Pasquali, Memorie d'un contemporaneo, in: E. Fraenkel, Kleine Beiträge zur Klass. Philologie, Bd. 2, 1964, 601–607 [20] M. Marvulli, Giorgio Pasquali nel ›Corriere della sera‹, 2006.

Sotera Fornaro (Ü: R. L. P.)

Passeri, Giovanni Battista

Ital. Archäologe, päpstlicher Beamter und Altertumsforscher. Geb. 1694 in Farnese, gest. 1780 in Pesaro. Studium der Jurisprudenz in Rom und Perugia; Beamtenlaufbahn im Vatikanstaat. Nach dem Tod der Ehefrau 1741 Priesterweihe; ab 1760 Generalvikar in Pesaro.

Biographie und Werdegang

Nach der Schulausbildung in Orvieto und Rom sowie dem Studium der Jurisprudenz bei Giulio Vitelleschi und Gian Vincenzo Gravina an der Univ. *La Sapienza* in Rom sowie in Perugia trat P. eine Beamtenlaufbahn an verschiedenen Stellen im Vatikanstaat an. Nach dem Tod seiner Ehefrau 1741 wurde er Geistlicher. Bes. verbunden fühlte er sich der Stadt Pesaro, wo er u.a. Generalvikar war und dessen Museo Oliveriano er seine Sammlung arch. und naturkundlicher Objekte vermachte. Eng befreundet war P. mit dem Antikensammler und Altertumsforscher Annibale degli Abati Olivieri, mit dem zusammen er 1730 die *Accademia Pesarese di scienze, lettere e arti* gründete. Er war Mitglied zahlreicher Akademien und wiss. Vereinigungen in Italien sowie im Ausland.

Werk und Bedeutung

P. war einer der letzten Exponenten der sog. *etruscheria*, die in der Trad. des 17. Jh.s aus einem gewissen Lokalpatriotismus heraus die Rolle der etrusk. Kultur bes. hervorhob. Er besaß ein breit gestreutes enzyklopädisches Interesse und legte in Pionierarbeit zahlreiches etrusk. und röm. Fundmaterial unterschiedlicher arch. Gattungen vor, befasste sich daneben aber auch mit Fossilien und zeitgenössischer Majolikamalerei. Eine seiner ersten Veröffentlichungen stellte seine umfangreiche Sammlung von röm. Lampen vor [1].

Er behandelte die Inschriften der päpstlichen Sammlung in Urbino [3] und beteiligte sich an mehreren großen Editionen Antonio Francesco ↗Goris, u. a. dem dritten Band des *Museum Etruscum* von 1743. In den *Lettere roncagliesi* [2] bezog er Stellung zum Streit um die Deutung der etrusk. Sprache und plädiert hierbei fortschrittlich für eine induktive, kombinatorische Methode.

Nach Goris Tod 1757 wurde P. zum führenden Experten auf dem Gebiet der etrusk. Altertümer. Er schrieb Paralipomena zum epochalen Werk der Etruskologie des 17. Jh.s von Thomas ↗Dempster [4], setzte das Werk Goris fort und publizierte sein ursprgl. als Fortsetzung des *Museum Etruscum* geplantes, ausschließlich den Vasen gewidmetes dreibändiges Hauptwerk *Picturae Etruscorum in vasculis* [5]. In diesem werden 249 Vasen aus unterschiedlichen Sammlungen ausführlich beschrieben und mit (nur mäßig qualitätvollen) Zeichnungen der Form und aller Bestandteile der figürlichen Bemalung dokumentiert. Erst kürzlich konnten seine unpubliziert gebliebenen Zeichnungen weiterer 220 Vasen veröffentlich werden [7]. P. postulierte in der Trad. Dempsters, Goris und Filippo Buonarrotis die etrusk. Herkunft der figürlich bemalten Vasen, die v. a. in Kampanien zu Tage kamen. Zeitgleich trat jedoch bereits Johann Joachim ↗Winckelmann für die griech. Herkunft der Vasen ein – eine Ansicht, die sich gegen Ende des 18. Jh.s spätestens mit Luigi Lanzi endgültig durchsetzte. P. nahm zudem die Bilder erstmals als histor. Zeugnisse ernst und wertete sie im Hinblick auf das Alltagsleben und den Kult der Etrusker aus. Auch wenn sich die etrusk. Deutung P.s als falsch herausgestellt hat, war sein histor. Interpretationsansatz dennoch zukunftsweisend.

Noch nicht veröffentlicht ist eine kürzlich im Archiv von Pesaro aufgefundene ital. Komödie *L'antiquario* aus der Feder P.s, die auf die zeitgenössische Kritik an den eigenbrötlerischen Altertumsforschern reagiert.

Schriften

[1] Lucernae fictiles Musei Passerii, 3 Bde., Pesaro 1739–1751 [2] Lettere roncagliesi di Giambattista Passeri giureconsulto pesarese al sig. Annibale degli Abati Olivieri, in: A. Calogerà (Hrsg.), Raccolta di opuscoli scientifici e filologici 22–23, Venedig 1740–1741, 293–385
[3] Relazione del museo di antiche iscrizioni raccolti nel palazzo apostolico di Urbino, Pesaro 1756 [4] In Thomae Dempsteri libros de Etruria regali paralipomena, quibus tabulae eidem operi additae illustrantur, Lucca 1767
[5] Picturae Etruscorum in vasculis nunc primum in unum collectae explicationibus et dissertationibus inlustratae, 3 Bde., Rom 1767–1775.

Sekundärliteratur

[6] M. Cristofani, La scoperta degli etruschi. Archeologia e antiquaria nel '700, 1983, 94–103 [7] M. E. Masci, Picturae etruscorum in vasculis. La raccolta Vaticana e il collezionismo di vasi antichi nel primo Settecento, 2008.

Martin Bentz

Passow, Franz

Dt. Klass. Philologe. Geb. am 20. 9. 1786 in Ludwigslust, gest am 11. 3. 1883 in Breslau. 1802–1804 Gymnasium Ernestinum in Gotha; ab 1804 Studium der Theologie und Klass. Phil. in Leipzig. Ab 1807 Prof. für Griechisch am Gymnasium in Weimar; ab 1810 Mitdirektor am Conradinum in Jenkau bei Danzig. 1814/15 Studium in Berlin. 1815 o.Prof. für Alt.wiss in Breslau.

Werk und Wirkung

Nach dem Studium bei Gottfried ↗Hermann in Leipzig und Friedrich August ↗Wolf in Berlin verfasste P. ein breites wiss. Œuvre, das neben Editionen (u. a. Johannes Secundus, Longos, Musaios, die *Germania* des Tacitus, Briefe des Henricus Stephanus) und antiker Kunstgeschichte v. a. die griech. Lexikographie umfasste. 1819–1823 entwickelte P. das Handwörterbuch der griech. Sprache [2], das auf dem von Johann Gottlob Schneider (1797) basiert und 1831 in der vierten Auflage gedruckt wurde. Nach P.s Tod erfolgte eine zweibändige Neubearbeitung durch Valentin Christian Friedrich Rost und Johann Friedrich Palm. P.s Handwörterbuch stellte einen grundsätzlichen Fortschritt dar; seine Prinzipien (Berücksichtigung der Sprachgeschichte, Erfassung der Dialektvarianten, Aufzeigen der Verwendung eines Wortes in verschiedenen Literaturgattungen, Vollständigkeit, kritisches Quellenstudium) haben die wiss. Lexikographie stark geprägt. Es wurde zum Vorbild für das griech.-engl. Lexikon von Henry George Liddell und Robert Scott.

Darüber hinaus machte sich P. als radikaler, antiständischer Neuhumanist einen Namen. Er reformierte zusammen mit Reinhold Bernhard Jachmann das *Conradinum* in Jenkau von einer philanthropisch ausgerichteten Schule zu einer neuhumanistischen Musteranstalt, an der altsprachlicher Unterricht im Gegensatz zur gängigen Trad. mit dem Griechischen begann. Dessen Vorrang vor dem Lateinischen begründete P. unter dem Eindruck der Befreiungskriege mit dessen zentraler Bedeutung für eine neue dt. Nationalbildung; er sah im Griechischen eine »meisterhaft angelegte und ausgeführte« Sprache [1. 121] und war der festen Überzeugung, dass sich ihre lit. Werke »zu einer von keiner Nation wieder erreichten Höhe der reinsten Menschlichkeit emporgerankt« haben [1. 127]. Mit den Griechen als Norm sollten bei allen Schülern Sprach- und Menschenbildung, Vaterlandsliebe und Nationalgefühl gefördert werden. Friedrich Paulsen betrachtete P. als typischen Vertreter eines polit. Neuhumanismus [4.235].

Schriften

[1] Die griech. Sprache, nach ihrer Bedeutung für die Bildung deutscher Jugend, in: Archiv deutscher Nationalbildung 1, 1812, 99–140 [2] HWB der griech. Sprache, 2 Bde., 1831 (5. Aufl. 1841–1857, bearb. von V. Rost und J.F. Palm).

Sekundärliteratur

[3] K.-E. Jeismann, Das preußische Gymnasium in Staat und Gesellschaft, Bd. 1, ²1996, 262–273 [4] F. Paulsen, Geschichte des gelehrten Unterrichts, Bd. 2, ³1921, 235–240 [5] W. Unte, Franz Passow. Ein Breslauer Gelehrter der Goethezeit, in: Jb. der Schlesischen Friedrich-Wilhelms-Universität zu Breslau 33, 1992, 104–150.

Stefan Kipf

Pauly, August Friedrich

Dt. Pädagoge und Lexikograph. Geb. am 9.5.1796 in Benningen am Neckar als Gottlieb Wilhelm August Friedrich P., gest. am 2.5.1845 in Stuttgart. Schulbesuch an der Klosterschule Maulbronn; 1813–1818 Besuch des höheren Seminars in Tübingen. Ab 1818 Repetent (Seminardozent) in Urach und ab 1820 am Tübinger Stift; 1822 Rektor in Biberach; ab 1828 Prof. am Heilbronner Gymnasium, 1830–1845 für griech. und lat. Literatur am Gymnasium in Stuttgart. Ab 1829 Mitarbeiter an den *Württembergischen Jahrbüchern des Königlichen statistisch-topographischen Bureaus*, ab 1840 Mitglied und stellvertretender Vorstand des Bureaus; 1832 Mitglied des königlichen Vereins für Vaterlandskunde; ab 1837 Konzipierung der *Real-Encyclopädie* in sechs Bänden. 1841 Erhebung zum Ritter des Ordens der Württembergischen Krone (von P.).

Werk und Wirkung

In P.s Wirken zeigen sich drei Schwerpunkte: Als aktiver Pädagoge veröffentlichte P. Schultextausgaben zu Horaz [1], Seneca und Lukian, ferner Übersetzungen zu Lukian [2] und Senecas Briefen [5] sowie lat. Stilübungen [3]. Ferner bemühte er sich um die Verknüpfung von württembergischer Landeskunde und Alt.wiss. Als Mitglied des königlichen Vereins für Vaterlandskunde und des statistisch-topographischen Bureaus verfasste er landeskundliche »Oberamtsbeschreibungen« (von Wangen, Leutkirch, Heidenheim, Esslingen, Nürtingen), in denen nicht nur statistische und topographische Daten gesammelt, sondern auch arch. Zeugnisse der Antike dokumentiert wurden. Einen Schwerpunkt bildete die Erfassung und Auswertung von röm. Inschriften [4]. Bei dieser vaterländischen Altertumskunde handelte es sich um eine »Vorform regionaler Provinzialarchäologie« [7.16].

In diesem Zusammenhang entstand die *Real-Encyclopädie der Alterthumswissenschaft* als »realienbezogenes Nachschlagewerk« für den Umgang mit den regionalen röm. Hinterlassenschaften [7.18]; »Sprachlehre, Kritik und Hermeneutik« sollten dagegen ausgeschlossen bleiben [6.III]. Nach P.s Tod wurde das Projekt von Wilhelm Siegmund Teuffel und Christian Walz bis 1852 zu Ende geführt. Ab 1890 wurde unter Georg ↗Wissowa das ursprgl. Konzept erweitert; 1894–1980 entstand in jahrzehntelanger Arbeit, fortgeführt durch Gelehrte von Wilhelm ↗Kroll bis zu Konrat ↗Ziegler und Hans Gärtner, in 84 Bänden das international bedeutendste alt.wiss. Nachschlagewerk, *P.s Realencyclopädie der classischen Altertumswissenschaft* (*RE*); P.s Name wurde auch für *Den Kleinen Pauly* (1965–1975) und *Den Neuen Pauly* (1996–2003, danach Supplemente) beibehalten.

Schriften

[1] Q. Horatii Flacci opera (Edition), 1823 [2] Lucian's Werke, 15 Bde. (Übers.), 1827–1832 [3] Materialien für lat. Stilübungen in den höheren Classen der Gymnasien und Lyceen, 1830 [4] Inscriptiones aliquot Romanae in solo Württembergico retectae (Edition), 1831 [5] Lucius Annäus Seneca des Philosophen Werke. Briefe (Übers.), 15 Bde., Stuttgart 1832–1836 [6] Pauly's Real-Encyclopädie der Alterthumswissenschaft, Bd. 1, 1839.

Sekundärliteratur

[7] M. Balzert, Wer war August Pauly? Zum 200. Geburtstag des Schöpfers der »RE« und Erforschers »vaterländischer Alterthümer«, in: Mitteilungsblatt des Deutschen Altphilologenverbandes Baden-Württemberg 24, 1996, 15–21 [8] M. Balzert, Art. Pauly, Gottlieb Wilhelm August, in: NDB 20, 2001, 136–137 [9] W. Hagen, August von Pauly, in: Schwäbische Lebensbilder 6, 1957, 205–210 [10] W.S. Teuffel, Art. Pauly, August Friedrich, in: ADB 25, 1887, 297–298.

Ronny Kaiser/Stefan Kipf

Payne Knight, Richard

Engl. Dilettant und Politiker. Geb. am 11.2.1751 in Wormesley Grange (Herefordshire), gest. am 23.4. 1824 in London. 1772–1778 (?) Europareisen; 1780–1806 Member of Parliament; seit 1781 Mitglied der *Society of Dilettanti*, 1805 Mitbegründer der *British Institution for Promoting the Fine Arts*, seit 1814 Trustee des British Museum in London.

Werk und Wirkung

P.K. führte ein finanziell unabhängiges Leben als Mitglied der Land besitzenden *gentry*. Obwohl er nur wenige Jahre einen Lehrer und keine Univ. besucht hatte, war er sehr belesen und prägte mit zahlreichen

Publikationen die gebildeten Diskurse seiner Zeit. P.K. äußerte sich u.a. zur Ästhetik [3], ant. Religionssymbolik [1] und griech. Sprache [2]. 1777 reiste er in Begleitung der Maler Philipp Hackert und Charles Gore nach Sizilien. Sein Reisetagebuch, das zuerst Johann Wolfgang von ↗Goethe in der Biographie Hackerts veröffentlichte [6]; [8], belegt P.K.s breite landeskundliche Interessen und enthält originelle Beobachtungen zur ant. Bautechnik wie auch zur Bedeutung von Formveränderungen für die Chronologie antiker Denkmäler.

Als für die Archäologie wichtigstes Werk P.K.s gelten die *Specimens of Antient Sculpture* [4]. Darin stellte er im Anschluss v.a. an Johann Joachim ↗Winckelmann die Geschichte der ant. Skulptur als eine Abfolge von Stilphänomenen dar, die er durch Vergleiche mit Münzbildern zeitlich fixierte. Zugleich erkannte er in vermeintlich griech. Marmorstatuen wie dem Apoll vom Belvedere röm. Kopien von griech. Bronzen. Er vermochte seine Einzelbeobachtungen jedoch nicht übergreifend zu systematisieren. Im dokumentarischen Teil des Werks ist eine exemplarische Auswahl von Skulpturen v.a. aus den Sammlungen von Charles Townley und P.K. selbst beschrieben und in exzellenten Stichen abgebildet. Innovativ war dabei u.a. die Markierung von nachant. Ergänzungen.

1816 verlor P.K. seine Autorität schlagartig in der öffentlichen Kontroverse um den Wert der sog. *Elgin Marbles* (vgl. ↗Elgin), als sein durch assoziative Verknüpfung von Wissen gebildetes Urteil über die von ihm geringgeschätzten Parthenonskulpturen gegenüber der professionellen Expertise von Künstlern wie Joseph Nollekens und John Flaxman nicht mehr überzeugte [7.173–182].

Schriften

[1] An Account of the Remains of the Worship of Priapus, London 1786 [2] An Analytical Essay on the Greek Alphabet, London 1791 [3] An Analytical Inquiry into the Principles of Taste, London 1805 [4] Specimens of Antient Sculpture, Bd. 1, hrsg. von der Society of Dilettanti, London 1809.

Sekundärliteratur

[5] M. Clarke / N. Penny (Hrsg.), The Arrogant Connoisseur, 1982 [6] J.W. von Goethe, Philipp Hackert, 1811 [7] B. Redford, Dilettanti, 2008 [8] J. Rees, Das Tagebuch einer Reise nach Sizilien von Richard Payne Knight, in: Goethe-Jb. 119, 2002, 78–95.

Christof Berns

Payne, Humfry

Brit. Archäologe. Geb. am 19.2.1902 in Wendover (Buckinghamshire) als Humfry Gilbert Garth P., gest. am 9.5.1936 in Athen. Schulbesuch in London (Westminster School); Studium in Oxford; 1924–1926 Forschungsstipendiat für Mittelmeer-Arch., 1926–1931 Senior Scholar am Oxforder Christ Church College; zugleich 1926–1928 Assistent in der Münzsammlung des Ashmolean Museum in Oxford; 1929–1936 Direktor der British School at Athens.

Werk und Wirkung

P., Sohn eines Historikers, fiel schon als Student am Christ Church College in Oxford durch seine überragenden wiss. Fähigkeiten auf. Zusammen mit seinem Tutor und engen Freund John ↗Beazley, dessen stilanalytische Betrachtung griechischer Keramik ihn stark beeinflusste, publizierte er Funde aus den brit. Grabungen in Naukratis [4] und Vasen im Ashmolean Museum [5]. Im jugendlichen Alter von 27 Jahren wurde er mit der Leitung der British School at Athens betraut, der er dank seiner brillanten wiss. Leistungen und seiner charismatischen Erscheinung zu höchstem Ansehen verhalf. 1931 erschien sein monumentales Hauptwerk *Necrocorinthia* [6], eine bahnbrechende Studie nicht nur zur Vasenmalerei, sondern zur gesamten künstlerischen Produktion Korinths im 8.–6. Jh. v.Chr. Daran anknüpfend führte P., der sich bereits auf Kreta Verdienste als Ausgräber erworben hatte [3], ungewöhnlich erfolgreiche Grabungen im Heraion von Perachora nordwestl. von Korinth durch. 1934/35 legte er in der Nähe von Knossos zusammen mit Alan Blakeway eine Gruppe wichtiger früheisenzeitlicher Gräber frei. Die Ergebnisse beider Grabungen [10]; [11] konnte er nicht mehr selbst publizieren, da er bereits 34-jährig an einer Blutvergiftung starb. Von der internationalen Fachwelt, aber auch der griech. Öffentlichkeit lebhaft betrauert und allgemein als geniale Persönlichkeit gewürdigt, wurde er in Mykene begraben.

Auch zur Plastik der frühgriech. Zeit lieferte P. dank seines scharfen, künstlerisch geschulten Blicks grundlegende Beiträge. Zu seinen herausragenden Leistungen zählen die Wiederherstellung des Reiters Rampin und der Kore von Lyon, die er in seinem meisterhaften Buch über die archaischen Marmorskulpturen von der Akropolis vorstellte [9], das – vom Autor mit charakteristischem *understatement* lediglich als *Photographic Catalogue* betitelt – wenige Wochen nach seinem Tode erschien. P.s tiefe Verbundenheit mit Griechenland, der kargen Landschaft und dem einfachen Leben der Landbevölkerung hat seine Witwe, die Journalistin Dilys Powell, in einem bemerkenswerten Erinnerungsbuch festgehalten (s.u. M). Die Suche nach dem Ursprünglichen und Authentischen sowie die entschiedene Vorliebe für die archaische Kunst verbanden P. mit anderen führenden Archäologen seiner Zeit wie etwa Ernst ↗Buschor, der ihn bes. schätzte [12]. Doch heben sich P.s höchst sensible und gleichwohl in sachlich-präziser Sprache vorgetragene Stilanalysen durch ihre streng rationale und explizite Argumentation markant vom weihevollen Ton ab, der unter dem Einfluss Stefan Georges große Teile der zeitgenössischen dt. Archaik-Literatur prägte. P.s angesichts seiner kurzen Lebenszeit staunenswert umfangreiches Werk hat dadurch bis heute eine geradezu zeitlos wirkende Aktualität bewahrt.

M: D. Powell, The Traveller's Journey is Done, 1943.

SV: [15.122].

Schriften

[1] On the Thermon Metopes, in: Annual of the British School at Athens 27, 1925–1926, 124–132 [2] Cycladic Vase-Painting of the Seventh Century, in: JHS 46, 1926, 203–212 [3] Early Greek Vases from Knossos, in: Annual of the British School at Athens 29, 1927–1928, 224–298 [4] Attic Black-Figured Fragments from Naucratis (mit J. D. Beazley), in: JHS 49, 1929, 253–272 [5] Corpus vasorum antiquorum, Great Britain 9: Oxford, Ashmolean Museum, Bd. 2 (mit J. D. Beazley und E. R. Price), 1931 [6] Necrocorinthia. A Study of Corinthian Art in the Archaic Period, 1931 [7] Protokorinthische Vasenmalerei, 1933 [8] A Bronze Herakles in the Benaki Museum at Athens, in: JHS 54, 1934, 163–174 [9] Archaic Marble Sculpture from the Acropolis. A Photographic Catalogue (mit Photographien von G. Mackworth Young), 1936 (^{2}1950) [10] Perachora. The Sanctuary of Hera Akraia and Limenia. Excavations of the British School of Archaeology 1930–1933, Bd. 1: Architecture, Bronzes, Terracottas, hrsg. von T. J. Dunbabin (mit Zusätzen anderer Autoren), 1940.

Sekundärliteratur

[11] J. K. Brock, Fortetsa. Early Greek Tombs Near Knossos, 1957 [12] E. Buschor, Nekrolog Humfry Payne, in: Jb. der Bayerischen Akademie der Wiss., 1936–1937, 28–30 [13] R. Hood, Faces of Archaeology in Greece, 1998, 134–137 [14] G. Karo, Humfry Payne, in: Gnomon 13, 1937, 174–176 [15] A. Mantis, Humfry Payne. A Description of Greece. Archaeology and Modern Greece Between the Two World Wars, 2009 [16] D. Waterhouse, The British School at Athens. The First Hundred Years, 1986, 29–33 [17] L. Zarmati, Art. Payne, Humfry Gilbert Garth, in: DBC 3, 2005, 751–753.

Daniel Graepler

Peiresc, Fabri de

s. Fabri de Peiresc, Nicolas-Claude

Pellerin, Joseph

Franz. Numismatiker und Philologe. Geb. am 27.4.1684 in Marly-le-Roi, gest. am 30.8.1782 in Paris. Nach dem Studium am Collège royal de Navarre (Teil der Pariser Sorbonne) ab 1706 als Dolmetscher und Übersetzer im Dienst der franz. Marine tätig; ab 1711 Sekretär und Verwaltungsleiter (Commis des bureaux de la maison du roi) des Marineministers und königlichen Staatssekretärs Jérôme de Pontchartrain. Hier Aufstieg bis zum Commis à la Police des ports. 1745 Rückzug ins Privatleben; Fortsetzung des Studiums der griech. Numismatik. 1752 Beteiligung an der Gründung der Acad. de Marine.

Werk und Wirkung

Seine Begabung für das Erlernen von alten wie mod. Sprachen (Latein, Griechisch, Hebräisch, Syrisch, Arabisch, Englisch, Italienisch, Spanisch) bestimmten P.s Laufbahn. Im Alter von 22 Jahren begann er seine Karriere bei der Marine, wo er bald durch die Entzifferung verschlüsselter Geheimdokumente auf sich aufmerksam machte. Dank seiner Verbindungen zu den franz. Konsuln in der Levante sowie durch den Ankauf mehrerer Münzkabinette trug P. mit 32500 ant. griech. Münzen die reichste Privatsammlung seiner Zeit zusammen.

P.s numismatische Arbeiten waren komplementär zu seiner lebenslangen Beschäftigung mit dem Seehandel. Seine Offenheit für jeglichen Austausch schlug sich in seiner neuen geographischen Katalogisierung der Münzen nieder, welche die bis dahin übliche alphabetische Anordnung nach den Namen der Münzorte ersetzte. Indem er die verschiedenen Münzprägungen eines Emissionsbereichs zusammenstellte, ohne nach den Metallen Gold, Silber oder Bronze zu trennen, und dabei die wechselseitigen Beziehungen der Städte und Regionen herausstellte, zeigte er sich einmal mehr als Ökonom. In den neun Bänden seines *Recueil de médailles* (1762–1778) [1]; [2]; [3]; [4]; [5] erwies sich P. als Gründungsvater der mod. Numismatik und Vorläufer des von Johann Joseph Hilarius ↗Eckhel weiterentwickelten Systems. Als er zunehmend erblindete, unterstützte ihn sein Sekretär, der Abbé Gaspard Michel Le Blond.

Als P.s Beziehungen zu Abbé Jean-Jacques Barthélemy, der als *Garde du Cabinet du roi* fungierte, sich immer mehr verschlechterten, war Le Blonds Vermittlerrolle bei den Verhandlungen zum Verkauf der Sammlung 1776 an das königliche Münzkabinett essentiell. Diese Spannungen schlugen sich auch in P.s persönlichen handschriftlichen Randnotizen im Handexemplar nieder, das zusammen mit der Sammlung aufgekauft wurde. Zwei prachtvolle Münzschränke, in denen P.s kostbarste Stücke aufbewahrt waren [6], gingen nach seinem Tod in den Besitz des *Cabinet du roi* über.

Schriften

[1] Recueil de médailles des rois qui n'ont point encore été publiées ou qui sont peu connues, Paris 1762 [2] Recueil

de médailles de peuples et de villes …, 3 Bde., Paris 1763 [3] Mélange de diverses médailles, pour servir de supplément aux Recueils de médailles de rois et de villes …, 2 Bde., Paris 1765 [4] Supplément aux six volumes de Recueils de médailles de rois et de villes, 4 Bde., Paris 1765–1767 [5] Additions aux neuf volumes de recueils de médailles, Paris 1778.

Sekundärliteratur

[6] Trafic d'influences. Meubles de laque et goût extrême-oriental aux XVIIe et XVIIIe siècles (Ausst.kat. Paris, Bibliothèque nationale, Cabinet des médailles et antiques), 1989 [7] D. Gerin, Le portrait de Joseph Pellerin (1684–1782), in: Revue de la Bibliothèque nationale de France 3, 1994, 5–10 [8] R. Lamontagne, Ministère de la marine. Maurepas et Pellerin d'après les sources manuscrites, 1972–1973.

Irène Aghion (Ü: K. H.)

Perrault, Charles

Franz. Schriftsteller, Antiquar und hoher Beamter. Geb. am 12. 1. 1628 in Paris, gest. am 16. 5. 1703 ebda. Jüngerer Bruder von Claude ↗Perrault. Höhere Bildung am Pariser Collège de Beauvais (abgebrochen). Juristische Lizentiatsprüfung in Orléans; 1651 Einschreibung in die Pariser Rechtsanwaltskammer. Ab 1653 im Dienste seines Bruders Pierre, des Generalsteuereinnehmers von Paris. 1663 Sekretär der Petite Acad., des Beraterstabs der Krone für den Erwerb von Kunst- und Literaturwerken. 1664–1683 rechte Hand Jean-Baptiste Colberts, des obersten Finanzinspekteurs und bald allmächtigen Superministers Ludwigs XIV. 1671 Sitz in der Acad. française; vorher und nachher Mitwirkung bei der Gründung weiterer Königlicher Akad. (für Wiss., für Malerei, für Architektur). Als Spitzenbeamter für Kultur und Wiss. Mitwirkung bei der Vergabe wichtiger Bauvorhaben, zumal den Louvre betreffend. 1683 Entfernung aus dem Staatsdienst durch Colberts Nachfolger Tellier de Louvois und entschiedene Wiederhinwendung zur schönen Literatur. 1687 unfreiwilliger Auslöser der *Querelle* und bis 1698 Ausarbeitung der *Parallèle des Anciens et des Modernes* [4]. Ab 1691 Sammlung, Nacherzählung und Publikation von Geschichten aus mündlicher Tradition.

Werdegang und Werk

P., Sohn eines Advokaten beim Pariser Parlament, wuchs als jüngstes von sieben Kindern in einer jansenistisch-ernsthaften und gebildeten Familie auf. Vom Pariser Collège de Beauvais ging P. nach einer Auseinandersetzung mit seinem Tutor freiwillig vorzeitig ab. Nach Erlangung des juristischen Lizentiats in Orléans ließ er sich 1651 in Paris als Rechtsanwalt nieder, trat aber schon 1653 in die Dienste erst seines Bruders Pierre, des Generalsteuereinnehmers von Paris, 1664 dann direkt in die Colberts, damals Intendant und bald oberster Finanzinspekteur und damit einflussreichster Minister Ludwigs XIV. Neben seinen Ämtern verschaffte sich P. durch Bildung und gewandtes Auftreten bald einen hervorragenden Ruf in lit.-wiss. Kreisen. 1663 wurde er Sitzungssekretär der Petite Acad., der Vorgängerin der Acad. des inscriptions et belles-lettres.

Diese einflussreiche Position verhalf P. zu einer maßgeblichen Rolle bei der Durchsetzung der staatlich gesteuerten Kunst-, Wissenschafts- und Technikpolitik. Bald war er auch Mitglied der Acad. française (1671) und an der Gründung der Acad. des sciences beteiligt (1666), ebenso bei der Entwicklung der Acad. de peinture und der Acad. d'architecture. Mit der Bestellung zum Vorsitzenden des Bauamts (*premier commis des bâtiments*) wuchs sein Einfluss auf den mächtigen Minister weiter; so betrieb er den von Colbert zunächst dem Stararchitekten Gian Lorenzo Bernini zugesagten Bau der Louvre-Kolonnaden weiter. Nach Berninis Abreise nach Rom überzeugte er den König und Colbert davon, dessen Plan zu modifizieren, und suchte für die Vollendung des Palais du Louvre den Entwurf seines Bruders Claude durchzusetzen.

Der Beitrag von Ch. und Claude ↗Perrault zur Reflexion über das neue Bauen beschränkte sich nicht auf die Beratung des Ministers Colbert. Ihre Zusammenarbeit mündete in eine neue Konzeption der ant. Architektur und ihrer Beziehungen zur zeitgenössischen Architektur. Die von Claude ↗Perrault herausgegebenen *Dix livres d'architecture de Vitruve* (1673) sind ein gewichtiger Beitrag zum Verständnis und zur Rezeption Vitruvs, aber auch eine gründlich dokumentierte Studie der röm. Bauverfahren und -techniken für Baumeister und deren Auftraggeber.

Offensichtlich verdankte P. viel seinem gesellschaftlichen Milieu der *robins* (*noblesse de robe,* Amtsadel) der aufgeklärten hohen Beamten, die in den Fragen der Zeit sowohl engagierte Männer der Tat als auch belesene Gelehrte waren. Die Talente und Fertigkeiten seiner Brüder – die Claudes, der ihm die naturwiss. Bildung und die technischen Gebiete erschloss, wie die des Theologen Nicolas P. – trugen zu seinem Rang unter den bedeutendsten Autoren des *Grand Siècle* sicherlich bei. Die Chance, dergestalt in die Ideengeschichte einzugehen, verdankte sich eigentlich einem Schicksalsschlag: Als Colbert 1683 starb, wurde P. von dessen Nachfolger Louvois prompt seiner Aufgaben im Generalministerium entbunden. Diese Verurteilung zur Muße machte ihn wieder ganz zum *homme de lettres.* Mit seinem am 27. 1. 1687 in der Acad. française vorgetragenen Lobgedicht auf das Jahrhundert Ludwigs XIV., in dem er dieses dem Zeitalter des Augustus an Bedeutung gleichsetzte, war seine Stellung in der Literaturgeschichte gesichert [3.3].

Mit diesem Text, der die *Querelle des Anciens et des Modernes* mit breiter Wirkung neu entfachte [19.608f.], legte er Hand an die Grundfesten des Antikekults. Nicolas Boileau und Jean Racine, gefolgt von vielen anderen, verwahrten sich heftig gegen diesen Angriff auf die Überlegenheit der Alten; die ganze gelehrte Welt stand in Aufregung. P. musste eine Zeitlang auf eigene poetische Tätigkeit verzichten und konnte sich seiner *Parallèle des Anciens et des Modernes* widmen [4].

Würdigung und Wirkung

P.s Argumentation in dem von ihm ausgelösten Epochenstreit lag auf der gleichen Linie wie Francis Bacons *Novum Organum* und Blaise Pascals Vorwort zum *Traité du vide* – beide entschiedene Befürworter der Idee des Fortschritts. Für sie blieb das Altertum eine Quelle des Wissens, aber keine absolute Autorität mehr. Die Anstrengung der mod. Wissenschaften müsse dahingehen, die Techniken und Errungenschaften der Antike zu übertreffen. P. verschob dabei die Auseinandersetzung auf die Welt der Künste und verkündete sein Programm inmitten des Horts der Trad.: in der Académie française. P.s Geniestreich war es, sich von der *auctoritas* der Alten zu emanzipieren und sich beharrlich den Herausforderungen der Moderne zu stellen. Sicherlich spielte sein polit. Amt ebenso wie das Einverständnis mit dem Bruder Claude bei der Suche nach einer den Trad. der Antike weiterhin verbundenen, aber von jeder kanonischen Ämulation befreiten Architekturtheorie bei diesem Parallelismus eine bestimmende Rolle. P. wirkte jedoch nicht nur als Gründer von Institutionen und Verfechter von Ideen, sondern auch als Schriftsteller [1]; [2]; [6] und Erfinder einer neue Literaturform: der der *contes* (Märchensammlung), die ihn berühmt machte [7].

In P. verband sich der Tatmensch mit dem gelehrten Schöngeist, der Verteidiger der zeitgenössischen Künste mit dem Sammler antiker lit. Überlieferungen. Am Beginn des Zeitalters der Aufklärung zählte P. vermutlich zu den für die Beziehung Europas zur Antike einflussreichsten Autoren. Unversehens fand er sich mit den größten Schriftstellern seiner Zeit in den epochalen Streit und Wendepunkt der intellektuellen Geschichte des 17. Jh.s verwickelt, der *Querelle des Anciens et des Modernes*, dem er dann mit seinem *opus magnum* [4] eine entscheidende Wende gab.

M: Mémoires de Ch. Perrault, Avignon 1759 [8].

Schriften

[1] Les murs de Troye ou l'origine du burlesque, Paris 1653 [2] Saint Paulin, évesque de Nole, Paris 1686 [3] Le siècle de Louis le Grand, Paris 1687 [4] Parallèle des anciens et des modernes en ce qui regarde les arts et les sciences; Dialogues avec le poème du siècle de Louis-le-Grand et une épitre en vers sur le génie, 4 Bde., Paris 1688–1696 (Ndr. 1971) [5] Les hommes illustres qui ont paru en France pendant ce siècle, 2 Bde., Paris 1696–1700 [6] Adam, ou la création de l'homme, sa chute et sa réparation, Paris 1697 [7] Histoires ou Contes du temps passé. Avec des moralitez, Paris 1697 (u.ö.) [8] Mémoires de ma vie 1628–1703, hrsg. von H. Laurens, 1909.

Sekundärliteratur

[9] Charles Perrault (Europe, Sonderheft 739–740), 1990 [10] J. Barchilon / P. Flinders, Charles Perrault, 1981 [11] P. Bonnefon, Charles Perrault. Essai sur sa vie et ses ouvrages, in: Revue d'histoire littéraire de la France 11, 1904, 365–420 [12] P. Bonnefon, Introduction à Charles Perrault, Mémoires de ma vie, 1909, 1–17 [13] M. Fumaroli, Les abeilles et les araignées, in: Ch. Perrault, La Querelle des Anciens et des Modernes, hrsg. von A.-M. Lecoq, 2001, 178–196 [14] H. Gillot, La Querelle des Anciens et des Modernes en France. De la »Défense et illustration de la langue française« aux »Parallèles des Anciens et des Modernes«, 1914 [15] A. Hallays, Les Perrault, 1926 [16] H. Kortum, Charles Perrault und Nicolas Boileau. Der Antike-Streit im Zeitalter der klassischen französischen Literatur, 1966 [17] F. Lemerle, D'un parallèle à l'autre. L'architecture antique, une affaire d'État, in: Revue de l'Art 170/4, 2010, 31–39 [18] A. Picon, Un moderne paradoxal, in: Charles Perrault, Mémoires de ma vie, 1993, 1–107 [19] A. Schmid, Art. Querelle des Anciens et des Modernes, in: DNP 15/2, 2002, 607–622 [20] M. Soriano, Le dossier Perrault, 1972 [21] B. Tadgel, Claude Perrault, François le Vau and the Louvre Colonnade, in: Burlington Magazine 122, Nr. 926, 1980, 326–335.

Alain Schnapp (Ü: K.H.)

Perrault, Claude

Franz. Naturwissenschaftler und Architekt. Geb. am 25.9.1613 in Paris, gest. am 9.10.1688 ebda. Bruder von Charles ↗Perrault. Medizinstudium in Paris, dort 1641 Prom. 1666 Gründungsmitglied der Acad. des sciences; 1667 Mitglied des von Jean Baptiste Colbert zum Neubau des Louvre einberufenen Petit conseil.

Werk und Wirkung

P.s größte alt.wiss. Leistung war seine Übersetzung der 10 Bücher über Architektur des Vitruv [2]. Sie war die maßgebliche franz. Übersetzung ihrer Zeit, wirkte weit über Frankreich hinaus [4]; [6]; [5] und wurde im 19. und 20. Jh. mehrmals neu gedruckt [2]; [7]. Mit den umfangreichen Anmerkungen und den Illustrationen, die er seiner Übersetzung hinzufügte, machte P. das Werk gleichzeitig für die Architekturpraxis seiner Zeit nutzbar. Er selbst war maßgeblich an den Bauvorhaben Ludwigs XIV. beteiligt, an ihrer Planung, Verwirklichung und theoretischen Durchdringung [11.3–12]. In dieser Eigenschaft trat er erstmals 1667 in Erscheinung, als Gian Lorenzo Berninis Entwürfe für den Neubau des Louvre verworfen wurden und Colbert einen *Petit conseil* einberief, dem neben dem Hofarchitekten Louis Le Vau und dem Hofmaler Charles Le Brun auch P. angehörte. In der Gestaltung der mit P. in erster Linie assoziierten Hauptfassade und ihrer im September 1674 vollendeten monumentalen Doppelkolonnade im Stil des ant. Peristyls wurde der Louvre als ein den »Sonnenkönig« verherrlichender Tempel Apolls in Szene gesetzt. Insbes. aufgrund der damals neuartigen Integration gotizistischer Elemente verlieh P.s Entwurf der klassizistischen Architektur entscheidende Impulse. P.s Autorschaft und Rolle waren allerdings bereits zeitgenössisch umstritten [8.131–136]; [9]; [13.3–5, 143–331]; [14.157–196].

Seine Vitruv-Übersetzung von 1673 [2] diente u.a. dazu, die Eigenarten seines Zugriffs zu erläutern. In der überarbeiteten zweiten Ausgabe setzte sich P. 1684 ebenso wie in seiner Schrift zu den Säulenordnungen [3] mit der im Kontext der *Acad. d'architecture* und von François Blondel vorgebrachten Kritik an der Ästhetik der Kolonnaden und ihrer technischen Realisierung auseinander [12]; [14.115–156]. In seiner Theorie unterschied P. zwischen einem »absoluten« und einem »relativen Schönen«. Letzterem räumte er den höheren Rang ein, da der Mensch nicht in der Lage sei, das absolute Schöne in seiner vermeintlich unabänderlichen und die Ordnung der Natur repräsentierenden Regelhaftigkeit zu imitieren. In der *Querelle des Anciens et des Modernes* wurde diese Unterscheidungen von seinem Bruder Charles ↗Perrault zugunsten der *Modernes* radikalisiert [10]; [14.103–114].

Unter den weiteren Bauprojekten P.s ragt das 1672 im Wesentlichen fertiggestellte Observatorium hervor. Auf die territoriale Herrschaft des Königs zielte der 1670 begonnene, 1682 allerdings eingestellte Bau eines Triumphbogens auf der Place du Trône in Paris. Neben weiteren Entwürfen wie einem Obelisken für den *Pré-aux-Clercs* (1666) und zahlreichen von ihm und seinem Bruder Charles ausgehenden Impulsen zur Ausgestaltung der Parkanlage von Versailles [13.335–353, 399–442, 471–550]; [14.223–232], die sich bisweilen mit P.s anatomischem Wissen verbanden, widmete sich P. der Renovierung und Neukonzipierung sakraler Bauten [13.443–473]; [14.233–248]. Zentrales Dokument für den Versuch, aus den sich korporativ und in Konkurrenz zueinander entwickelnden Bauunternehmen unter Ludwig XIV. die Rolle P.s herauszuarbeiten, sind die Memoiren seines Bruders Charles [15.4–13]. Mit den unter seiner Leitung im Rahmen der *Acad. des sciences* entstandenen zweibändigen Abhandlungen zur Naturgeschichte der Tiere [1] gilt P. ferner als Vermittlungsfigur zwischen antiker Naturkunde und den neuen Naturwiss. [14.53–74].

Schriften

[1] Mémoires pour servir à l'histoire naturelle des animaux, 2 Bde., Paris 1671–1676 [2] Les dix livres d'architecture de Vitruve, corrigez et traduits nouvellement en françois, avec des notes & des figures, Paris 1673 ([2]1684, Neudruck 1996) [3] Ordonnance des cinq espèces de colonnes selon la méthode des anciens, Paris 1683 [4] An Abridgment of the Architecture of Vitruvius ... First Done in French by Monsr Perrault ... and now Englished, London 1692 [5] L'architettura di Vitruvio ridotta in compendio di Sig. Perrault, Venedig 1747 [6] Des grossen und weltberühmten Vitruvii Architectura, in das Kurze verfasst durch Herrn Perrault, Nürnberg 1757 [7] Vitruvius, Les dix livres d'architecture; trad. intégrale de Claude Perrault, 1673, rev. et corr. sur les textes latins et présentée par A. Dalmas, Paris 1965.

Sekundärliteratur

[8] H. Bredekamp, Die Fenster der Monade. Gottfried Wilhelm Leibniz' Theater der Natur und Kunst, [2]2008 [9] D. Erben, Erfahrung und Erwartung. Bernini und seine Auftraggeber in Paris, in: P. Schneider / Ph. Zitzlsperger (Hrsg.), Bernini in Paris. Das Tagebuch des Paul Fréart de Chantelou über den Aufenthalt Gianlorenzo Berninis am Hof Ludwigs XIV., 2006, 358–375 [10] W. Herrmann, The Theory of Claude Perrault, 1973 [11] H.F. Mallgrave, Modern Architectural Theory. A Historical Survey, 1673–1968, 2005 [12] A. Pérez-Gómez, Introduction, in: C. Perrault, Ordonnance for the Five Kinds of Columns after the Method of the Ancients, übers. von I.K. McEwen, 1993, 1–44 [13] M. Petzet, Claude Perrault und die Architektur des Sonnenkönigs. Der Louvre König Ludwigs XIV. und das Werk Claude Perraults, 2000 [14] A. Picon, Claude Perrault ou la curiosité d'un classique, 1988 [15] A. Picon, Un moderne paradoxal, in: Ch. Perrault, Mémoires de ma vie, 1993, 1–107.

Jan Marco Sawilla

Perrot, Georges

Franz. Klass. Archäologe, Althistoriker und Epigraphiker. Geb. am 12.11.1832 in Villeneuve-Saint-Georges (bei Paris), gest. am 30.6.1914 in Paris. Ab 1852 Studium an der École normale supérieure (ENS) in Paris; 1855–1857 Mitglied der École française d'Athènes; ab 1858 Gymnasiallehrer in Angoulême, Orléans, Versailles und am Lycée Louis-le-Grand in Paris. 1867 docteur ès lettres; ab 1868 Prof. an der ENS; ab 1874 Prof. an der École pratique des hautes études (EPHE); ab 1876 Prof. für Arch. an der Sorbonne; 1883–1903 Direktor der ENS. Ab 1874 Mitglied der Acad. des inscriptions et belles-lettres; 1904 deren Ständiger Schriftführer.

Werk und Wirkung

Als Mitglied der *Ecole d'Athènes* arbeitete P. auf Kreta und Thasos [1]. 1861 von Napoleon III. mit einer arch. Mission nach Kleinasien betraut, um den Feldzug Caesars gegen den bosporanischen Herrscher Pharnakes zu erforschen, legte P. in Ankara den berühmten Tatenbericht des Augustus, das sog. *Monumentum Ancyranum*, vollständig frei und edierte ihn [3. Taf. 25–29]. Diese wichtige epigr. Arbeit wurde in der Fachwelt so einhellig anerkannt, dass Theodor ↗Mommsen sie als *exemplum Perrotianum* zitierte [3.244]. Auf dieser Expedition suchte P. auch Bogazköy auf und wurde zu einem der Entdecker der Hethiter.

P.s Doktorarbeit behandelte das öffentliche und private Recht der Polis Athen [2]; sein Hauptwerk aber sollte die zusammen mit dem Architekten Jérôme Charles Chipiez verfasste und herausgegebene zehnbändige ant. Kunstgeschichte werden, die auch die Baukunst einbezieht [5] – ein Editionsprojekt, das in Frankreich und in ganz Europa seinesgleichen suchte. Sie beginnt mit den Zivilisationen des Alten Orients als den Quellen der griech.-röm. Kunsttradition. Als Komparatist wurde P. dabei stark vom Werk des Religionswissenschaftlers Max Müller beeinflusst, dessen *Lectures on the Science of Language* (1861–1864) und *Essay on Comparative Mythology* (1858) er ins Französische übersetzte.

Als Philologe ausgebildet, setzte sich P. dafür ein, dass die im franz. Universitätssystem bis dahin eher marginalen Fächer Archäologie und Kunstgeschichte endlich als eigenständige Wissenschaften neben Philologie und Geschichte anerkannt wurden, nicht zuletzt mit Blick auf die dt. Alt.wiss., an deren Entwicklungsstand sich die franz. Archäologen trotz der Demütigung im Dt.-Franz. Krieg orientierten. P., der die Archäologie als akad. Lehrfach an der Sorbonne durchsetzte, gab der neuen Disziplin eine spezifisch franz. Form, die mehr auf den histor. Kontext und die lit. Traditionslinien ausgerichtet war als auf die minutiöse Analyse der Objekte selbst, weniger technisch ambitioniert als die damals in Deutschland und England geübte Praxis, aber auch stärker den kulturellen und politischen Zusammenhängen verpflichtet.

Schriften

[1] Mémoire sur l'île de Thasos, 1864 [2] Essais sur le droit public et privé de la République athénienne. Le droit public (Diss. Paris), 1867 [3] Exploration archéologique de la Galatie et de la Bithynie d'une part, de la Mysie, de la Phrygie, de la Cappadoce et du Pont d'autre part, exécutée en 1861, 2 Bde., 1872 (mit J. Delbet und E. Guillaume) [4] Mélanges d'archéologie, d'épigraphie et d'histoire, 1875 [5] Histoire de l'art de l'Antiquité, 10 Bde. (mit J. Ch. Chipiez), 1882–1914.

Sekundärliteratur

[6] Art. Perrot, Georges (1832–1914), in: DBA, 521–523 [7] Art. Perrot, Georges, in: J. Leclant (Hrsg.), Le second siècle de l'Institut de France, 1895–1995. Recueil biographique et bibliographique des membres, associés étrangers, correspondants français et étrangers des cinq académies, 1999 (ff.) [8] Ph. Bruneau, L'archéologie grecque en Sorbonne de 1876 à 1914, in: G. Perrot / M. Collignon, Études d'archéologie grecque, hrsg. von Ph. Bruneau, 1992, 7–43 [9] R. de Lasteyrie / M. Collignon, Georges Perrot, in: Fondation Eugène Piot. Monuments et mémoires 22, 1916, V–XVII [10] G. Maspero, Notice sur la vie et les travaux de M. Georges Perrot, in: CRAI 59/6, 1915, 452–485 [11] L. Therrien, L'histoire de l'art en France. Genèse d'une discipline universitaire, 1998, 234–253.

Alain Schnapp (Ü: K. H.)

Petersen, Eugen

Dt. Klass. Archäologe und Philologe. Geb. am 16.8.1836 in Heiligenhafen (Schleswig-Holstein, damals dän.), gest. am 14.12.1919 in Hamburg. Gymnasialzeit in Glückstadt, anschließend Philologiestudium in Kiel, dann in Bonn; 1859 Prom. in Kiel über Theophrast [1]. 1859–1861 dän. Stipendium mit Aufenthalt insbes. in Rom am Instituto di Corrispondenza Archeologica. 1862 Habil. in Erlangen. 1864–1869 Gymnasiallehrer in Husum, dann bis 1873 in Plön. 1873 o.Prof. der »altklass. Phil. und Arch.« in Dorpat; ab 1879 Ordinarius an der Univ. Prag. 1886 Erster Sekretar des DAI in Athen; 1887 Wahl zum Ersten Sekretar des DAI in Rom. 1905 Übersiedlung nach Berlin, 1914 nach Hamburg.

Werk und Wirkung

P.s Lehrer an der Univ. Bonn, Friedrich Gottlieb ↗Welcker, Friedrich ↗Ritschl und Otto ↗Jahn, begeisterten den jungen Philologen für die arch. Denkmäler. Von P.s Arbeiten aus der röm. Stipendiatenzeit seien v. a. die Beschreibungen zweier Gräber mit reichem Stuckdekor bei der Via Latina erwähnt [2]; [3]. In P.s Gymnasiallehrer-Jahre fallen wichtige Schriften zur Interpretation griech. Kunstwerke [4]; [5]. Reisen in Griechenland und Kleinasien (zusammen u. a. mit Otto ↗Benndorf, Franz ↗Studniczka) gaben Stoff für große Gemeinschaftspublikationen [6]; [7]. Von den zahlreichen während seiner röm. Institutsleitung entstandenen Werken seien genannt: die monumentale Publikation der Marcussäule [8], die Interpretationen der Reliefs der Trajanssäule [9] sowie die Studie über die Ara Pacis [10]. Erwähnenswert ist ein dt.-ital. Grabungsunternehmen in Lokri (das P. zusammen mit Paolo ↗Orsi und Wilhelm ↗Dörpfeld durchführte). In Berlin schrieb er u. a. als großes Alterswerk sein Buch zur attischen Tragödie [11].

Die 16 röm. Jahre waren trotz aller wiss. Erfolge menschlich für den kühlen, gelegentlich schroff wirkenden Norddeutschen keine angenehme Zeit: Seine Ehefrau und er hatten kein Verständnis für die oft lockerere, lebensfrohe Art der Italiener, die sich auch bei einigen dt. Kollegen am Institut niederschlug, was zu Spannungen führte. P. war einer der letzten dt. Archäologen, denen auch das philol. Handwerk voll zu Gebote stand. In seinen Schriften, die thematisch von der frühen griech. Kunst bis zur hohen röm. Kaiserzeit reichen, zeigt sich das gleiche Wesen wie im persönlichem Umgang mit seinen Fachgenossen: kompromissloses, auch schroffe Polemik nicht scheuendes Eintreten für seine Thesen.

N: Rom, DAI.

Schriften

[1] Theophrasti Characteres (Diss. Kiel), 1859 [2] Sepolcro scoperto sulla Via Latina, in: Annali dell'Instituto di Correspondenza Archeologica, 1860, 348–415 [3] Secondo sepolcro scoperto sulla Via Latina, in: Annali dell'Instituto di Correspondenza Archeologica, 1861, 190–242 [4] Kritische Bemerkungen zur ältesten Geschichte der griech. Kunst, 1871 [5] Die Kunst des Pheidias am Parthenon und zu Olympia, 1873 [6] Reisen in Lykien, Milyas und Kibyratis (mit F. von Luschan), 1889 [7] Städte Pamphyliens und Pisidiens, 2 Bde. (mit G. Niemann), hrsg. von K. Graf Lanckoronski, 1890–1897 [8] Die Marcussäule auf Piazza Colonna in Rom (mit A. von Domaszewski und G. Calderini), 1896 [9] Trajans Dakische Kriege nach den Säulenreliefs, 2 Bde., 1899–1903 [10] Ara Pacis Augustae, 1902 [11] Die attische Tragödie als Bild- und Bühnenkunst, 1915.

Sekundärliteratur

[12] H. Blanck, Eugen Petersen, in: Lullies/Schiering Arch. 1991, 63–64 [13] H. Blanck, Art. Petersen, Eugen, in: NDB 20, 2001, 254–255 [14] H. Sichtermann, Art. Petersen, Eugen, in: Enciclopedia dell'arte antica, classica e orientale VI, 1965, 94–95 [15] F. Studniczka, Eugen Petersen, in: Biographisches Jb. für Altertumskunde 219, 1928, 86–148 [16] L. Wickert, Beiträge zur Geschichte des Deutschen Archäologischen Instituts 1879–1929, 1979.

Horst Blanck †

Petrarca, Francesco

Ital. Humanist und Dichter. Geb. am 20. 7. 1304 in Arezzo, gest. am 19. 7. 1374 in Arquà (bei Padua). Vor 1316 Privatunterricht in lat. Grammatik und Rhetorik bei Convenevole da Prato; 1316–1320 Studium der Rechtswiss. in Montpellier, 1320–1326 in Bologna; nebenher privates Studium der klass. Alt.wiss.; in Bologna Schüler des Giovanni del Virgilio (Prof. für lat. Dichtung). 1326 Beginn der kirchlichen Laufbahn (niedere Weihen); 1326 Hofkaplan und Sekretär von Giacomo Colonna, Bischof von Lombez, ab 1330 von Kardinal Giovanni Colonna in Avignon; ab 1335 Kanoniker der Kathedrale von Lombez; 1342 Kanoniker in Migliarino bei Pisa; 1349 Kanoniker in Padua. 1341 Poeta lauratus. 1351 Ruf an die Univ. Florenz (abgelehnt); Ruf an die Kurie als Secretarius apostolicus (abgelehnt). Ab 1353 Sekretär bei den Visconti und Privatgelehrter in Mailand; 1362–1374 Privatgelehrter in Venedig, Padua und Arquà.

Biographie und Werdegang

Da P.s Vater, der florent. Notar Ser Piero Petraccho, als Anhänger der kaiserlichen Partei 1302 aus der Republik Florenz verbannt worden war, verbrachte P. seine Kindheit und Jugend andernorts: 1304–1310 in der Toskana, anschließend in der Provence, 1311–1316 in Avignon, wo der Vater sich im Umfeld der päpstlichen Kurie als Notar verdingte, 1316–1320 an der Univ. von Montpellier. Sein langjähriges, vom Vater auferlegtes Jurastudium gab er nach dessen Tod ohne Studienabschluss auf und schlug die kirchliche Laufbahn ein, die ihm durch Kanonikate den Freiraum für ein intensives Studium der ant. röm. Literatur und der Alt.wiss. sowie zur gelehrten Schriftstellerei bot. Kirchliche Ämter mit intensiver Seelsorge lehnte er ebenso ab wie Ämter mit Verwaltungsaufgaben oder Lehraufträge. Für P.s schriftstellerischen und wiss. Werdegang war seine Stelle am Hof Kardinal Giovanni Colonnas in Avignon und die unmittelbare Nähe zur päpstlichen Kurie bedeutend, da sie ihm Zugang zu den internationalen Gelehrtennetzwerken bot und dadurch den effizienten Austausch von Klassiker-Hss. und den Aufbau der besten alt.wiss. Bibl. seiner Zeit ermöglichte. 1341 fand seine Schriftsteller- und Gelehrtentätigkeit Anerkennung durch die Dichterkrönung und Verleihung der *venia docendi ubique* (einer universalen Lehrberechtigung) in Rom, von P. selbst als Höhepunkt seines Lebens betrachtet.

Nach Colonnas Tod (1348) suchte P. vergeblich nach einer ähnlichen Stelle in Avignon und unternahm diverse Reisen nach Italien. 1353 zog er zunächst nach Mailand, an den Hof der Visconti (bis 1361), dann nach Venedig (bis 1367) und Padua (bis 1374). Sowohl die Visconti als auch die Kommune von Venedig und der Stadtherr Francesco da Carrara unterstützten P.s Tätigkeit als Privatgelehrter durch die Schenkung von Häusern und weitere Zuwendungen. Neben seiner Tätigkeit als Schriftsteller und Gelehrter wirkte P. als Hauskaplan (ab 1326), Ratgeber (1326–1374), Sekretär (1326–1348; 1353–1361) und Diplomat (1330–1368). Im Dienst der Colonna, Visconti und Carrara führten ihn diplomatische Missionen u. a. an die Königshöfe von Neapel und Paris sowie an den Kaiserhof Karls IV. in Prag.

Werk: Überblick

P.s Werk als Gelehrter wird von seinen lat. Prosaschriften bestimmt, die – wie die Überlieferung in Hss. und Frühdrucken zeigt – sehr erfolgreich waren. Seine ebenfalls großen Leistungen als neulat. und ital. Dichter sind hier nur am Rande zu erwähnen. Seine Prosaschriften konzipierte P. als Fortsetzung der ant. enzyklopädischen (*Rerum memorandarum* [3]), historiographischen (*De viris illustribus* [7]), philol. und philos. (*De remediis* [1]; *Secretum* [12]; philos. Briefe) Literatur, z.T. als Weiterentwicklung der ma. monastischen Traktatliteratur (*De otio religioso* [5]; *De vita solitaria* [11]; [4. Bd. 2]), z.T. auch der scholastischen Streitkultur (Invektiven).

P.s Werke zeichnen sich durch hervorragende Kenntnis der klass. und patristischen lat. Quellen, philol. Textdurchdringung, die meisterliche Beherrschung der lat. Sprache, einen individuellen Prosastil, zupackenden Umgang mit den ant. Autoren sowie durch große Kreativität in deren interpretativer Aneignung aus. Zentrale Anliegen von P.s Prosaschriften waren die Sicherung, Sammlung, kritische Sichtung, mod. Weiterverarbeitung und moralphilos. Aufbereitung des ant. Wissens. Ein auffälliger Charakterzug ist ihr Hang zum Persönlichen und zur autobiographischen Reflexion, die in fast allen Werken P.s in irgendeiner Form zum Tragen kommt. Seine Tätigkeit als Philologe und Textkritiker tritt nicht in separaten Textausgaben und Kommentaren oder philol. Traktaten hervor, sondern zum einen in den Marginalien der zahlreichen von ihm annotierten Hss., zum anderen *en passant* im Textgewebe seiner auf andere Aspekte ausgerichteten Werke. Da die gründliche Sammlung des ant. Wissens für Petrarca im Vordergrund stand, scheute er sich, seine Schriften abzuschließen; an den meisten arbeitete er viele Jahre weiter, manche blieben unvollendet.

Einzelne Schriften

Mit den *Rerum memorandarum libri* [3] verfasste P. die erste humanistische enzyklopädische Wissenssammlung (*commonplace book*) nach dem Vorbild des Valerius Maximus. Während dessen *Facta et dicta memorabilia* ein breites Spektrum der ant. Lebenswelt entfalteten, konzentrierte sich P. ganz auf den Bereich des Geistes: die richtige Lebensweise des Intellektuellen (*otium*, Rückzug), den Inhalt und Umfang des Wissens (Buch 1), Speicherung und Abrufbarkeit des Wissens mit Hilfe der *ars memorativa*, Präsentation durch die Rhetorik und geistreiche Aussprüche (Buch 2), weiter Erfindungsgabe, Klugheit, Weisheit (Buch 3) und schließlich die paranormalen Geistesgaben – Prophetien, Wahrträume, geistige Entrückungen usw. (Buch 4). Die ant. Exempla und Apophthegmata vermehrte P. durch zeitgenössische, z.B. König Roberts des Weisen, Papst Clemens' VI. und Dantes.

Auch *De viris illustribus* [7] stellt eine Wissenssammlung dar: eine Reihe von Kurzbiographien berühmter Römer, zunächst der röm. Republik, welche P. v.a. aus dem augusteischen Historiker Livius destillierte. Dabei bildete er das histor. Narrativ in eine biographische und enzyklopädisch-kompendienhafte Darstellung der Helden als *exempla virtutis* um. Dem Werk gingen jahrelange philol. Studien am Livius-Text voraus, den P. durch Hss.-Funde zu emendieren und ergänzen versuchte.

In *De otio religioso* [5] und *De vita solitaria* [11] beteiligte sich P. am Diskurs der ma. monastischen Traktatliteratur. *De otio religioso* liefert einen Protreptikos zur mönchischen Lebensform in Gestalt einer Meditation über Psalm 45,11 (*Vacate et videte*), *De vita solitaria* eine grundlegende Diskussion der richtigen Lebensform des mod. freien Privatgelehrten. P. kritisiert hier andere Typen von Intellektuellen scharf, z.B. Univ.-Professoren mit Lehrauftrag, Schulmänner, Aristoteliker, Höflinge, praktizierende Juristen, Ärzte und scholastische Theologen; er predigt den Rückzug des Privatgelehrten aus den städtischen Einrichtungen, da nur so die notwendige Unabhängigkeit und moralische Integrität des Denkens zu gewährleisten sei. In seinem zweiten Teil stellt auch *De vita solitaria* eine Exempelsammlung dar, indem es mehr als hundert vorbildliche Vertreter der *vita contemplativa* aus Antike und MA anbietet.

Das *Secretum* [12] ist ein autobiographischer Beichtdialog, inspiriert von Boëthius' *Consolatio philosophiae* und Augustinus' *Confessiones*. Darin bestimmt P. die Orientierung seiner intellektuellen Tätigkeit und seinen Autorschaftsanspruch neu und schreibt sich eine Abwendung von der histor. klass. Alt.wiss. und der Dichtkunst sowie eine verstärkte Zuwendung zur Moralphilosophie und religiösen Meditation vor. Resultat dieses neuen Anspruchs war P.s einflussreichste Schrift, das neustoische Werk *De remediis utriusque fortune* [1], ein umfassendes stoisch-christl. Meditationshandbuch, das dem Intellektuellen in 261 je einem bestimmten Thema gewidmeten Kapiteln Anleitungen zur Verarbeitung aller denkbaren Lebenssituationen gibt. Hauptziel ist die innere Läuterung durch stoische Affektbekämpfung, welche P. mit der christl. Weltverachtung in Einklang bringt; Quellengrundlagen sind die philos. Schriften Ciceros und Senecas.

P.s umfangreiche Briefsammlungen (*Familiares* [2] und *Seniles* [13]) sind hochinteressante Quellen des intellektuellen Lebens des 14. Jh.s. Der Autor selbst hat sie als Spiegel seines geistigen und wiss. Werdeganges zusammengestellt und reflektiert in ihnen immer wieder über die Lebensform des Privatgelehrten. Die vier Bücher der *Invective contra medicum* (hinter dem *medicus* verbirgt sich einer der Leibärzte Clemens' VI.) stellen eine polemische Auseinandersetzung P.s mit der medizinischen Wiss. dar [10]. In dem Traktat *De sui ipsius et multorum ignorantia* [8. 1026–1151] polemisiert P. gegen den zeitgenössischen naturphilos. Aristotelismus, wie er u.a. an der Univ. Padua doziert wurde.

Zu P.s lat. Dichtung zählen das Epos *Africa* und die Eklogensammlung *Bucolicum carmen*, in welchen er mit Vergil wetteiferte; die *Epistole metrice*, in welchen er Horazens Briefe weiterführte; die *Psalmi penitentiales* sowie seine höchst einflussreiche ital. Gedichtsammlung der Sonette an Madonna Laura, der *Canzoniere* – eine Grundlegung der ital. Literatur.

Wirkung

Bereits zu Lebzeiten versammelte P. einen breiten Kreis von Bewunderern und/oder Schülern um sich, mit denen er eine gelehrte Korrespondenz führte, diskutierte, Handschriften austauschte und die er zu lat. Werken anregte. Dazu gehörten u.a. Giovanni ↗Boccaccio, der niederl. Musiker Lodewijk Heyliger van Beeringen (Socrates), der Augustinermönch und Theologe Dionigi da Borgo San Sepolcro (*Magister sacrae paginae* und Difinitor an der Univ. von Paris, Hofastronom in Neapel), der Augustiner Luigi Marsigli, der Dominikaner Giovanni Colonna (Autor einer lat. Chronik), der Pariser Theologieprof. und Kanzler Roberto de' Bardi, die nordital. Grammatik- und Rhetoriklehrer Donato Albanzani und Pietro da Moglio, der Rhetorikprof. an der Univ. Florenz Giovanni Malpaghini, Kaiser Karl IV., der engl. Dominikaner Nicolas Trivet, der Florentiner Kanzler Coluccio ↗Salutati und weitere Frühhumanisten wie Guglielmo da Pastrengo, Giovanni Cavallini, Lombardo della Seta und der spätere Erzbischof von Prag, Johannes von Jenstein.

P. regte u.a. ↗Boccaccio zu der Reihenbiographie *De mulieribus claris*, zu lat. Briefen und einer Eklogensammlung an, Dionigi zu seinem Valerius Maximus-Kommentar, Pietro da Moglio zu Cicero-, Seneca- und Terenz-Kommentaren sowie zu dem epischen Gedicht *De Anna Didonis sorore*, Guglielmo da Pastrengo zu der Enzyklopädie *De originibus rerum*, Salutati zu dem moralphilos. Traktat *De seculo et religione* und zu lat. Briefen, Johannes von Jenstein zu diversen autobiographischen Schriften (u.a. *De fuga seculi*), Lombardo della Seta zu dem Dialog *De dispositione vite sue* [21], wahrscheinlich auch Trivet zu seinem Livius-Kommentar.

Lombardo setzte P.s *De viris illustribus* fort, Donato Albanzani übersetzte es ins Italienische. U.a. Salutati, Malpaghini, Giovanni Conversini, dessen lat. Schriften fast sämtlich von P. beeinflusst sind, und Pier Paolo Vergerio, der die *Africa* herausgab und eine P.-Biographie verfasste, gaben die Bewunderung für P. ans 15. Jh. weiter, z.B. an Gian Francesco ↗Poggio Bracciolini, Enea Silvio ↗Piccolomini, Nicolaus ↗Cusanus und Robert Gaguin, Enea Silvio dann seinerseits an den dt. Humanismus (Heinrich Bebel, Konrad ↗Celtis usw.), Gaguin an den französischen. Die außerordentlich starke Wirkung P.s setzte sich bis in die erste Hälfte des 16. Jh.s im Grunde unausgesetzt fort. Die riesige Menge der überlieferten, vom *Censimento dei codici Petrarcheschi* erfassten Hss. und zahlreiche Inkunabeldrucke legen davon Zeugnis ab.

P.s Wirkung erstreckte sich sowohl auf Humanisten als auch Intellektuelle anderer Signatur, darunter Mönche, Univ.-Lehrer und Anhänger der *devotio moderna* [19], durch Übersetzungen auch auf den volkssprachlichen Bereich. Die radikale Kritik der lat. Sprache etwa Lorenzo ↗Vallas oder Niccolò Perottis, die nur mehr authentisches ant. Latein zuließ, dämpfte P.s Ruhm im Italien des 15. Jh.s etwas, löschte ihn aber keineswegs aus. Als moralphilos. Autor erlebte P. nördl. der Alpen gerade zwischen 1450 und 1550 eine Hochblüte. Sehr einflussreich war die dt. Übersetzung mit integraler Illustration des protestantischen Petrarca-Meisters (1532). Aber auch nach 1550 wurde P. von Protestanten wie Katholiken (z.B. dem niederl. Priester Cornelius Musius) rezipiert [20]. Auf die ungeheure Wirkung, die sein *Canzoniere* bis ins 17. Jh. hinein im Rahmen des Petrarkismus erzielte, sei hier abschließend nur *pro memoria* hingewiesen.

Schriften

[1] Opera omnia, hrsg. von J. Herold, Basel 1554 (Ndr. 1965) [2] Rerum familiarium libri, 4 Bde. hrsg. und komm. von V. Rossi und U. Bosco, 1933 (Ndr. 2002–2009)
[3] Rerum memorandarum libri, hrsg. von G. Billanovich, 1945 [4] Prose, hrsg. von G. Martellotti, 3 Bde., 1955 (Ndr. 1977) [5] De otio religioso, hrsg. von G. Rotondi, 1958
[6] Opere, hrsg. von E. Bigi, 1963 [7] De viris illustribus, 2 Bde., hrsg. von G. Martellotti, 1964 [8] Opere Latine, 2 Bde., hrsg. von A. Bufano, 1975 [9] Sine nomine, hrsg. von P. Piur, 1975 [10] Invective contra medicum, hrsg. von P.G. Ricci, 1978 [11] De vita solitaria, Bd. 1: Kritische Textausgabe und ideengeschichtlicher Kommentar, hrsg. und komm. von K. Enenkel, 1990 [12] Secretum, hrsg. von U. Dott (mit Einl. und ital. Übers.), 1993 [13] Lettres de la vieillese (Rerum senilium), 4 Bde., hrsg. von E. Nota (mit franz. Übers.), 2002–2006.

Sekundärliteratur

[14] U. Auhagen et al., Petrarca und die röm. Literatur, 2005 [15] G. Billanovich, Petrarca letterato, 1947
[16] M. Bishop, Petrarch and His World, 1963
[17] C. Dionisotti, La fortuna del Petrarca nel Quattrocento, in: IMU 17, 1974, 61–113 [18] U. Dotti, Vita di Petrarca, 1992 [19] K. Enenkel, Der andere Petrarca. Francesco Petrarcas ›De vita solitaria‹ und die devotio moderna, in: Quaerendo 17, 1987, 137–147

[20] K. Enenkel, Ein Delfter Priester als Imitator italienischer Humanisten. Cornelius Musius, Lombardo della Seta und Francesco Petrarca, in: Dutch Review for Church History 72, 1992, 13–36 [21] K. Enenkel, ›Lucilius redivivus‹. … Lombardo della Setas Briefdialog ›De dispositione vite sue‹, in: C. Leonardi (Hrsg.), Gli umanesimi medieval, 1998, 111–120 [22] K. Enenkel, Die Erfindung des Menschen. Die Autobiographik des frühneuzeitlichen Humanismus von Petrarca bis Lipsius, 2008
[23] K. Enenkel / J. Papy (Hrsg.), Petrarch and His Readers in the Renaissance, 2006 [24] W. Handschin, Francesco Petrarca als Gestalt der Historiographie. Seine Beurteilung in der Geschichtsschreibung vom Frühhumanismus bis zu Jacob Burckhardt, 1964 [25] G. Hoffmeister, Petrarca, 1997
[26] E. Kessler, Petrarca und die Geschichte, 1978
[27] G. Koerting, Petrarca's Leben und Werke, 1878
[28] N. Mann, Petrarch, 1984 [29] F. Neumann, Francesco Petrarca, 1998 [30] M. Pastore Stocchi, La biblioteca del Petrarca, in: Storia della cultura veneta 2, 1976, 536–565
[31] C.E. Quillen, Rereading the Renaissance. Petrarch, Augustine, and the Language of Humanism, 1998
[32] R. Speck / F. Neumann (Hrsg.), Francesco Petrarca, 1304–1374. Werk und Wirkung im Spiegel der Biblioteca Petrarchesca, 2004 [33] K. Stierle, Francesco Petrarca, 2003
[34] J.B. Trapp, Studies of Petrarch and His Influence, 2003.

Karl A. E. Enenkel

Petrie, Flinders

Brit. Ägyptologe und Archäologe. Geb. am 3.6. 1853 in Charlton bei London als William Matthew Flinders P., gest. am 28.7.1942 in Jerusalem. Ab 1880/82 als Ausgräber in Ägypten tätig. 1893–1933 Edwards Chair of Egyptology am Univ. College in London. Ab 1926 Grabungen hauptsächlich in Palästina. Ausgrabungen an über 60 Plätzen in Ägypten und Palästina.

Werk und Wirkung

P., der seinen ursprünglich dritten Vornamen seinem Großvater, dem Entdecker Matthew Flinders, verdankte, war Sohn eines Ingenieurs; seine Mutter Anne vermittelte ihm das Interesse an Geschichte, Numismatik und Mineralogie. Wegen seiner anfälligen Gesundheit und seines Mangels an sprachlichem Talent blieb P. eine konventionelle schulische und universitäre Ausbildung verwehrt. Als junger Erwachsener unternahm er Vermessungen prähistor. Monumente (u.a. Stonehenge). Die auf diesen Erfahrungen fußende Publikation einer *Inductive Metrology* (1877) führte ihn in den Kreis brit. Altertumskundler ein.

P. hatte *Life and Work at the Great Pyramid* (1867) von Charles P. Smyth erworben. Die darin geäußerten Theorien über den Zusammenhang eines göttlich inspirierten *pyramid-inch* und dem brit. Maßsystem veranlassten ihn zur Planung eines Ägyptenaufenthalts (1880–1882), während dessen es ihm gelang, die Maße der Pyramiden von Gizeh exakt zu bestimmen und Smyths mystizistische Thesen zu widerlegen. Die Veröffentlichung seiner Ergebnisse [1] bedeutete aber auch ein Bekenntnis zum Positivismus und zu einem induktiven wiss. Beweisverfahren sowie eine Absage an den bis dahin herrschenden Primat der Textkritik in den Alt.wiss.

Während seiner Laufbahn in Ägypten und Palästina führte P. an über 60 Orten Ausgrabungen durch. 1892 arbeitete Howard ↗Carter vier Monate lang unter P.s Leitung in Amarna. P. zählte zu den ersten Archäologen, die auch Kleinfunden Bedeutung beimaßen. Dies war jedoch nicht nur einem innovativen Forschungsansatz, sondern auch den wirtschaftlichen Notwendigkeiten geschuldet. P. musste private Investoren für seine Grabungen gewinnen, u.a. über den *Egyptian Exploration Fund* (EEF; seit 1882) und die British School of Archaeology in Egypt (BSAE; seit 1905), und ihnen ›Rendite‹ nicht nur in Form von wiss. Erkenntnissen, sondern auch von materiellen Objekten versprechen. Folglich äußerte er sich kritisch über die zu Anfang des 20. Jh.s verschärfte Antikengesetzgebung in Ägypten, die die Verfügung der Archäologen über ihre Funde einschränkte, und verlegte 1926 den Schwerpunkt seiner Tätigkeit nach Palästina.

P. gelang es, neue Maßstäbe in der Archäologie zu setzen und diese als selbständige Wiss. zu etablieren. Er gilt heute als Pionier der Ägyptologie, Archäologie und Paläopathologie. Durch systematische Erfassung seiner Funde und entgegen der Skepsis mancher Kollegen, u.a. Heinrich ↗Schliemanns, erstellte er eine keramikbasierte Chronologie für die Naqada-Zeit (4500–3000) und damit die Grundlage der prähistor. Archäologie in Ägypten, auf der die spätere Forschung aufbaute. Seine ökonomische Arbeitsweise erschien bald jedoch von den wiss. Standards seiner Nachfolger als überholt. Geprägt von den zu seiner Zeit virulenten evolutionistischen und daraus abgeleiteten sozialdarwinistischen Konzepten, bemühte sich P. während seiner gesamten Laufbahn um eine rassekundliche Erforschung des Alten Ägypten und seiner Nachbarkulturen [9]. Dabei wurde er stark durch sein Herkommen aus der brit. Alt.wiss. (wie sie Augustus Pitt-Rivers vertrat), aber auch durch den Eugeniker Francis Galton beeinflusst, in dessen Auftrag er Rassetypen aus ägypt. Fremdvölkerdarstellungen zusammenstellte. P. verstarb als fast Neunzigjähriger in Jerusalem. Sein Kopf wurde zu wiss. Zwecken an das Londoner *Royal College of Surgeons* überführt.

SV: E.P. Uphill, A Bibliography of Sir William Matthew Flinders Petrie, in: Journal of Near Eastern Studies 31, 1972, 356–379 (über 1000 Publikationen).

M: [6].

Schriften

[1] The Pyramids and Temples of Gizeh, 1883 (Neuaufl. 1990) [2] Ten Years Digging in Egypt, 1892 (²1893) [3] History of Egypt, 3 Bde., 1894–1905 (u.ö.) [4] Methods and Aims in Archaeology, 1904 [5] Fifty Years Experience of Digging, in: Ancient Egypt, 1930, 1–7 [6] Seventy Years in Archaeology, 1931.

Sekundärliteratur

[7] Art. Petrie, Sir William Matthew Flinders (1853–1942), in: WWE, 329–332 [8] M. Drower, Flinders Petrie. A Life in Archaeology, 1985 [9] S.R.K. Glanville, Flinders Petrie. The Scientific Classification of Archaeological Material, in: Proc. of the Royal Institution 32, 1942, 344ff.

Thomas Gertzen

Peutinger, Conrad

Dt. Humanist, Jurist und Staatsmann. Geb. am 15.10.1465 in Augsburg, gest. am 28.12.1547 ebda. 1479/80 Studium in Basel; 1482–1488 Studium in Italien; 1491 Prom. (Jurisprudenz) in Padua; 1493 Syndikus in Augsburg, 1497–1534 Stadtschreiber ebda; 11.12.1538 Erhebung in den Patrizierstand, 1.12. 1547 Erhebung in den erblichen Adel durch Kaiser Karl V.

Werk und Wirkung

Während seiner Studienjahre in Italien (Padua, Bologna, Florenz, Rom) kam P. in Kontakt mit Ermolao ↗Barbaro d.Ä., Angelo ↗Poliziano, Giovanni ↗Pico della Mirandola und Julius Pomponius ↗Laetus. Erst nach seiner Promotion lernte er Griechisch. Der Frauenbildung gegenüber aufgeschlossen, ermöglichte er seiner Gattin Margarethe Welser und seinen Töchtern umfangreiche Studien. Infolge seiner polit. Tätigkeiten wurde er ab etwa 1491 zu einem engen Vertrauten Kaiser Maximilians I. Martin Luther war er freundlich gesonnen, bemühte sich aber um Neutralität in religiösen Fragen; er blieb katholisch und legte, als die Reformation in Augsburg eingeführt wurde, sein Schreiberamt nieder.

P. wirkte als Kristallisationsfigur des Humanismus im dt. Südwesten. Seine Leistungen liegen neben der Vermittlung des ital. Humanismus v.a. in der Sammlung und Publikation histor. Texte und Artefakte. Er besorgte die Erstdrucke von Jordanes' *De rebus Gothorum* und von Paulus Diaconus' *Historia Langobardorum* (1515), gab Tischgespräche über die dt. Altertümer [2] und die erste Sammlung der augsburgischen lat. Inschriften heraus [1]; [3]. 1507/08 schenkte Konrad ↗Celtis ihm die heute nach ihm benannte röm. Routenkarte (*Tabula Peutingeriana*) [5]. 1515 gründete P. nach ital. Vorbild eine *sodalitas litterarum* in Augsburg, die v.a. histor. Studien pflegte, wobei vieles ungedruckt blieb. 1515 ließ er das Werk des Horapollon drucken, dessen Hieroglyphen u.a. Albrecht Dürer und Andreas ↗Alciatus beeinflussten. P. stand in Kontakt u.a. mit ↗Erasmus von Rotterdam, Willibald ↗Pirckheimer, Sebastian Brant, ↗Beatus Rhenanus und Johannes ↗Reuchlin [4]. Seine Büchersammlung ist, verteilt auf die Bibl. Augsburg, München, Stuttgart und Wien, weitgehend erhalten [6].

Schriften

[1] Romanae vetustatis fragmenta (Edition), Augsburg 1505 [2] Sermones convivales de mirandis Germaniae antiquitatibus, Straßburg 1506 [3] Inscriptiones vetustae Romanae (Edition), Augsburg 1520 [4] Konrad Peutingers Briefwechsel, ges., erl. und hrsg. von E. König, 1923.

Sekundärliteratur

[5] Tabula Peutingeriana. Codex Vindobonensis 324, mit Komm. von E. Weber, 1976 (Faksimiledruck im Orig.format) [6] J. Brüning / H.-J. Künast, Die Bibliothek Konrad Peutingers. Edition der historischen Kataloge und Rekonstruktion der Bestände. Die Bibliothek und der handschriftliche Nachlaß Konrad Peutingers, 2 Bde., 2003–2005 [7] M. Grünberg-Dröge, Art. Peutinger, Konrad, in: Biographisch-bibliographisches Kirchenlexikon 7, 1994, 392–397.

Anja Wolkenhauer

Pfeiffer, Rudolf

Dt. Klass. Philologe. Geb. am 28.9.1889 in Augsburg als Rudolf Carl Franz Otto P., gest. am 5.5.1979 in Dachau. Schulbesuch in Augsburg; Studium der Germanistik und Klass. Phil. in München, 1913 germanistische Prom. Kriegsdienst; danach 1918 Bibliothekar, 1921 Habil. in München. 1923 ao.Prof. in Berlin; 1923 o.Prof. für Klass. Phil. in Hamburg; 1927 o.Prof. in Freiburg; 1929 o.Prof. in München. 1937 Emigration, danach Privatgelehrter in Oxford; ab 1946 Lecturer in Oxford, 1948 Senior Lecturer, 1950 Reader ebda.; 1951–1957 o.Prof. für Klass. Phil. in München.

Werk und Wirkung

P. erfuhr früh humanistische und klass. Bildung, sowohl im Elternhaus in Augsburg (das Haus der Familie hatte früher dem Humanisten Conrad ↗Peutinger gehört) als auch am Gymnasium der Benediktiner seiner Heimatstadt, wo er unter Anleitung des Schuldirektors, Pater Beda Grundl, in seiner Freizeit Homer und Platon las. In München studierte er Germanistik sowie Klass. Philologie bei Otto Crusius, Berthold Maurenbrecher, Friedrich Karl Vollmer und Carl Weymann. Obwohl mit einer germanistischen Untersuchung zu dem Homer-Übersetzer Johannes Spreng promoviert, widmete sich P. in seiner Forschungslaufbahn vorzugsweise der griech. Dichtung. Nach einer schweren Verwundung im Ersten Weltkrieg erhielt er zunächst eine Anstellung als Bibliothekar, konnte aber dank Förderung durch seine Vorgesetzten bald zur Wiss. zurückkehren.

P.s erster und zeitlebens wichtigster Forschungsgegenstand war der hell. Dichter Kallimachos, von frühen Arbeiten zu neuen Papyri (gefördert durch Ulrich von ↗Wilamowitz-Moellendorff in Berlin) über die Habil.-Schrift [2] und die erste *editio maior* 1923 [3] bis zur großen, zweibändigen kommentierten Gesamtausgabe [5]. Andere frühe Arbeiten galten den Tragikern Aischylos und Sophokles, v.a. den Satyrspielen, der Homerischen Frage sowie der frühgriech. Lyrik (Sappho) [6]. Daneben wandte sich P. dem Humanismus zu, bes. der Gestalt des ↗Erasmus von Rotterdam [4]. Sein Hauptinteresse galt neben editorischen Fragen der Auffassung von Antike und Christentum bei Erasmus: In mehreren Aufsätzen zeigte P., dass dieser die *studia humanitatis* als Vorbereitung und Voraussetzung für die Erschließung der christl. Wahrheit betrachtete, was u.a. den Zusammenstoß zwischen Erasmus und Martin Luther provoziert habe. Auch für P. selbst blieb die Bedeutung der *Christianitas* für die Klass. Philologie immer ein wichtiges Anliegen.

1937 emigrierte P. mit seiner jüd. Ehefrau nach Oxford (er war aufgrund der nationalsozialistischen Rassengesetze als ihr Ehemann aus dem Staatsdienst entlassen worden), wo er am Corpus Christi College freundlich aufgenommen wurde und ein produktives Arbeitsumfeld fand, sowohl durch die Forscher vor Ort (u.a. Edgar Lobel und die ebenfalls emigrierten Eduard ↗Fraenkel und Paul ↗Maas) als auch durch den großen Bestand an Kallimachos-Papyri in Oxford, ferner durch die Unterstützung der *Clarendon Press*. 1949–1953 wurde sein gräzistisches Hauptwerk, die zweibändige Kallimachos-Ausgabe [5], fertiggestellt. Sie gilt in ihrer Beherrschung der Materialfülle und in der Sorgfalt der Textemendation als vorbildlich. Bereits 1951 war P. an die Univ. München zurückgekehrt, wo er u.a. mit seinem latinistischen Kollegen Friedrich ↗Klingner zusammenarbeitete.

P.s Alterswerk (nach der Emeritierung 1957) wurde die Geschichte der Klass. Philologie, seiner Fachdisziplin, die er – nach Vorstudien – für die griech. Antike [7] und die Zeit des Humanismus bis ins 19. Jh. [8] darstellte. Spätantike und MA mussten aus Zeitgründen übersprungen werden. Obwohl P. das Werk nicht fertigstellen konnte (der zweite Band enthält erhebliche Lücken und entspricht nicht seinen eigenen hohen Ansprüchen), ist die *History of Classical Scholarship* ein Meilenstein in der Entwicklung des Fachs als eigene Disziplin. P. war aufgrund seines geduldigen, offenen und leutseligen Wesens mit vielen Kollegen in Deutschland und Großbritannien gut befreundet. Zu seinen akad. Schülern zählten u.a. Ludwig Voit, Rolf Ibscher, Wolfgang Hörmann, Hans Färber sowie Max Treu.

SV: [6.292–297] (mit Abbildung); [10.409 f.].

N: München, Bayerische Staatsbibl.; Privatbesitz.

Schriften

[1] Fragmenta nuper reperta. Kleine Texte für Vorlesungen und Übungen, 1921 [2] Kallimachosstudien (Habil.schrift München), 1922 [3] Callimachi fragmenta nuper reperta (Edition), 1923 [4] Humanitas Erasmiana, 1931 [5] Callimachus, 2 Bde. (Edition), 1949–1953
[6] Ausgewählte Schriften. Aufsätze und Vorträge zur griech. Dichtung und zum Humanismus, hrsg. von W. Bühler, 1960
[7] History of Classical Scholarship from the Beginnings to the End of the Hellenistic Age, 1968 (²1978; dt. 1970 u.ö.)
[8] History of Classical Scholarship from 1300 to 1850, 1976 (dt. 1982).

Sekundärliteratur

[9] K. Bär, Art. Pfeiffer, Rudolf, in: DBC 2, 2004, 765–769 [10] W. Bühler, Rudolf Pfeiffer, in: Gnomon 52, 1980, 402–410 [11] M. Lausberg (Hrsg.), Philologia Perennis. Colloquium zu Ehren von Rudolf Pfeiffer, 1996
[12] H. Lloyd-Jones, Rudolf Pfeiffer, in: Proc. of the British Acad. 65, 1979, 771–781 [13] M. Schreiber, Altertumswissenschaften im Nationalsozialismus. Die Klassische Philologie an der Ludwig-Maximilians-Universität, in: E. Kraus (Hrsg.), Die Universität München im Dritten Reich. Aufsätze, Bd. 1, 2006, 181–248 [14] H. Tränkle, Rudolf Pfeiffer, in: Historisches Jb. 101, 1981, 506–512.

Hans-Ulrich Berner/U.C.A. Stephan

Pflaum, Hans-Georg

Dt.-franz. Jurist und Althistoriker. Geb. am 3.6.1902 in Berlin, gest. am 26.12.1979 in Linz. Jura-Studium in Breslau und Heidelberg; 1925 juristische Prom. in Breslau; 1929–1933 Studium der Alten Gesch. und der Klass. Phil. in Berlin. 1933 Emigration; 1933–1937 Studium der Alten Gesch. an der Sorbonne in Paris. Ab 1956 Wiss. Direktor am Centre national de la recherche scientifique in Paris; ab 1961 auch an der École pratique des hautes études in Paris.

Biographie und wissenschaftlicher Werdegang

P. stammte aus einer jüd. Unternehmerfamilie; sein Vater war Besitzer eines Berliner Textilwarengeschäfts. Beruflich orientierte sich der Sohn zunächst in die Richtung der Rechtswiss. Nach dem Jurastudium promovierte er 1925 in Breslau mit einer Arbeit über *Alimentationsverträge zwischen Ehegatten*. Danach arbeitete er zunächst im väterlichen Betrieb; nach dessen finanziellem Zusammenbruch nahm er 1929 an der Berliner Univ. das Studium der Alten Geschichte auf. Zu seinen akad. Lehrern gehörten u.a. Ulrich ↗Wilcken, Wilhelm ↗Weber und Ernst ↗Stein. Die Machtübernahme der Nationalsozialisten zwang P. bereits 1933 zur Emigration. Bis 1937 studierte er an der Pariser Sorbonne bei Jérôme ↗Carcopino. Mit dem Ausbruch des Zweiten Weltkrieges wurde seine alt.wiss. Laufbahn abermals unterbrochen; mit der dt. Besetzung Frankreichs begann für P. eine existentiell bedrohliche Phase mit Internierung und Leben im Untergrund. Dennoch arbeitete er auch unter diesen schwierigen Bedingungen an seinem Buch über die ritterlichen Procuratoren, das er erst 1947 in Paris als thèse einreichen konnte und das seine wiss. Reputation begründete.

Nach dem Krieg durch führende Positionen an der *École pratique des hautes études* in Paris und am *Centre national de la recherche scientifique* (CNRS) materiell abgesichert, machte P. rasch eine glänzende Karriere, die ihn in die erste Riege der europ. Althistoriker aufsteigen ließ. Davon zeugen zahlreiche Auszeichnungen wie die Ehrendoktorwürden der Univ. Bern und Freiburg i.Br., die Mitgliedschaft in der *British Academy*, der Akad. der Wiss. in Göttingen und des DAI. Eng verbunden war P. ferner mit dem *Institute for Advanced Study* in Princeton. Außerdem bekleidete er das Amt des Generalsekretärs der *Association internationale d'épigraphie grecque et latine* und war 1966–1978 Mitherausgeber der *Année épigraphique*.

Werk und Wirkung

Bedingt durch sein schweres persönliches Schicksal trat P. erst 1950 mit seiner ersten althistor. Publikation an die Öffentlichkeit. Eine Studie zur röm. Reichspost war 1940 anonym erschienen [2]. Mit seinem Werk zu den spätant. Prokuratoren [4] setzte er dann sowohl methodisch als auch inhaltlich Maßstäbe, hinter denen keine seriöse Forschung seitdem mehr zurückbleiben kann. Die prosopographische Vorgehensweise war für P. dabei nicht Selbstzweck, sondern ein Instrument zur Erforschung der Sozial- und Strukturgeschichte des röm. Kaiserreiches. Die Analyse der röm. Führungsschichten mittels Prosopographie blieb auch danach ein von ihm bevorzugtes Forschungsfeld. 1960/61 legte P. in vier Bänden und auf mehr als 1500 Seiten eine detaillierte Zusammenstellung und histor. Auswertung von Ämterlaufbahnen einzelner Prokuratoren vor [5]. Es folgten in der gleichen methodischen Ausrichtung Untersuchungen zum röm. Senatorenstand und zu Einzelkarrieren in röm. Provinzen [6]. Seine wiss. Methoden gaben v.a. der franz. Alt.wiss. wichtige Impulse.

P. machte sich auch einen Namen als Herausgeber epigraphischer Editionen. Im Fokus seiner wiss. Interessen standen dabei insbes. das röm. Nordafrika und das röm. Gallien. Mehr als 7000 Inschriften enthalten die beiden Bände über die lat. Inschriften aus Algerien [1]. In wichtigen Aufsätzen publizierte er neue Inschriften oder legte neue Interpretationen bereits veröffentlichter Texte vor. Ein frühes Beispiel dafür ist seine Publikation zum »Marmor von Thorigny« [3]. Abgerundet wurde sein breit gefächertes Spektrum durch Beiträge zur ant. Onomastik und Numismatik. Stellung bezog der umtriebige Gelehrte auch zu Problemen der *Historia-Augusta*-Forschung. In der *Propyläen-Weltgeschichte* zeichnete P. für das Kapitel *Das röm. Kaiserreich* verantwortlich [7].

SV: M. Clauss, Pflaum, Hans-Georg, in: Arheoloski Vestnik 28, 1977, 235–244 (Nachträge: 31, 1980, 329–330).

Schriften

[1] Inscriptions latines d'Algérie, Bd. 2/1–2, 1937–1976 [2] Essai sur le cursus publicus sur le Haut-Empire romain, 1940 [3] Le marbre de Thorigny, 1948 [4] Les procurateurs équestres sous le Haut-Empire romain, 1950 [5] Les carrières procuratiennes équestres sous le Haut-Empire romain, 4 Bde., 1960–1961 [6] Deux familles senatoriales des IIe et IIIe siècles, in: Journal des Savants, 1962, 108–122 [7] Das röm. Kaiserreich, in: G. Mann / A. Heuss (Hrsg.), Propyläen Weltgeschichte, Bd. 4, 1963, 317–428 [8] Les sodales Antoniniani de l'époque de Marc-Aurèle, 1966 [9] Une lettre de promotion de l'empereur Marc Aurel pour un procurateur ducénaire de Gaule Narbonnaise, in: Bonner Jb. 171, 1971, 349–366 [10] Quelques réflections sur l'interprétation prosopographique de l'histoire romaine, in: RhM 115, 1972, 318–321 [11] La Romanisation de l'Afrique, in: Akten des 6. Internationalen Kongresses für Griech. und Lat. Epigraphik 1972, 1973, 55–72 [12] Le progrès des recherches prosopographiques concernant l'époque du Haut-Empire durant le dernier quart du siècle (1945–1970), in: ANWR 2/1, 1974, 113–135.

Sekundärliteratur

[13] G. Alföldy, Hans-Georg Pflaum, in: Gnomon 52, 1980, 203–206 [14] S. Demougin (Hrsg.), H.-G. Pflaum, un historien du XXe siècle, 2006 [15] T. Zawadzki, Un vrai européen: Hans-Georg Pflaum (1902–1979), in: W. Appel (Hrsg.), Magistri et discipuli, 2002, 101–113.

Holger Sonnabend

Pfuhl, Ernst

Dt. Archäologe. Geb. am 17.11.1876 in Berlin, gest. am 7.8.1940 in Basel. 1895–1900 Studium der Alt.wiss. in Berlin, dort 1900 Prom.; 1905 Habil. in Göttingen. 1909 ao.Prof., 1911 o.Prof. für Klass. Archäologie in Basel.

Werk und Wirkung

P., Sohn des Berliner Bildhauers Johannes P., studierte in Berlin Alt.wiss. bei den Philologen Ulrich von ↗Wilamowitz-Moellendorff sowie Hermann ↗Diels. Seine arch. Lehrer waren August Kalkmann und Reinhard ↗Kekulé von Stradonitz. P.s philol. Ausrichtung schlug sich in der Diss. zu den Prozessionen der Athener nieder [1]. Prägend waren vier Reisejahre im Mittelmeerraum (1900–1904). In Rom entwickelte P. mit Richard ↗Delbrueck ein Konzept der hell. Kunstgeschichte, die auch die röm. Kunst einschloss. In Athen übernahm er von Friedrich Hiller von Gärtringen die Ausgrabung der archaischen Nekropole von Thera [3]. Als Prolegomenon zu einem Corpus der ostgriech. Grabreliefs publizierte er die Grabreliefs in Alexandria [2].

P.s Hauptwerk ist die umfassende Darstellung der griech. Malerei und Zeichnung [5]. Zunächst als Teil des *Handbuchs der Archäologie* geplant, erschloss es den damaligen Forschungsstand zur griech. Flächenkunst, noch ganz überzeugt vom Zeugniswert der Vasen- und Wandmalerei für die verlorene griech. Tafelmalerei. Zur hell. Kunst lieferte P. Beiträge in mehreren vorbereitenden Studien zum Grabreliefcorpus [4]; [9] sowie zwei Aufsätze, in denen er Bildnismünzen und Herrscherporträts zur stilistischen Datierung hell. Kunstwerke nutzte [7]; [8]. Bis heute rezipiert wird eine für seine Zeit grundlegende Arbeit zur frühen griech. Bildniskunst [6]. Die Publikation der ostgriech. Grabreliefs konnte P. nicht mehr vollenden [10].

Von den zu seiner Zeit bes. erfolgreichen Strukturforschern unterschied sich P. durch eine stärkere histor. Ausrichtung. Künstlerische Formentwicklungen waren für ihn immer an Schul- oder Landschaftstraditionen gebunden. Auch künstlerisch unbedeutende Denkmäler wie gerade die Grabreliefs waren ihm als Quelle zum Verständnis der Menschen der Antike wichtig.

N: Basel, Univ.-Bibl.

Schriften

[1] De Atheniensium pompis sacris (Diss. Berlin), 1900 [2] Alexandrinische Grabreliefs, in: Athenische Mitteilungen 26, 1901, 258–304 [3] Der archaische Friedhof am Stadtberge von Thera, in: Athenische Mitteilungen 28, 1903, 1–290 [4] Das Beiwerk auf den ostgriech. Grabreliefs, in: Jb. des DAI 20, 1905, 47–96; 123–155 [5] Malerei und Zeichnung der Griechen, 1923 [6] Die Anfänge der griech. Bildniskunst, 1927 [7] Ikonographische Beiträge zur Stilgeschichte der hellenistischen Kunst, in: Jb. des DAI 45, 1930, 1–61 [8] Stil und Zeit der Nike von Samothrake, in: Jb. des DAI 47, 1932, 69–76 [9] Spätionische Plastik, in: Jb. des DAI 50, 1935, 9–48 [10] Die ostgriech. Grabreliefs, 4 Bde., hrsg. von H. Möbius, 1977–1979.

Sekundärliteratur

[11] K. Schefold, Nachruf auf Ernst Pfuhl, in: Gnomon 17, 1941, 47–48 [12] K. Schefold, Ernst Pfuhl, in: Basler Jb., 1943, 84–100 [13] K. Schefold, Ernst Pfuhl, in: Lullies/Schiering Arch. 192–193.

Stefan Schmidt

Picard, Charles

Franz. Klass. Archäologe. Geb. am 7.6.1883 in Arnay-le-Duc, gest. am 15.12.1965 in Paris. 1905 École normale supérieure (ENS) Paris; 1908 Agrégé des lettres (Staatsexamen); 1922 Prom. 1909–1913 Mitglied, 1913/14 Generalsekretär der École française d'Athènes (EFA). 1914–1918 Kriegsdienst. 1919/20 Dozent für griech. und lat. Altertümer an der Univ. Bordeaux; 1919–1925 Direktor der EFA. 1925–1927 Prof. für Arch. an der Univ. Lyon; 1927–1934 Prof. für altgriech. Gesch., 1934–1955 für antike Kunstgesch. an der Sorbonne in Paris; 1937–1961 Direktor des Instituts für Kunst und Arch. ebda.

Werk und Wirkung

Nach Studium an der ENS und Aufnahme in die EFA unternahm P. Forschungsreisen in die Chersones (Krim) sowie nach Thrakien und Mazedonien und beteiligte sich an den Ausgrabungen des ionischen Klaros [1]. Noch vor Übernahme der Direktion der EFA war er verstärkt als Archäologe tätig, seit ihm Maurice ↗Holleaux 1911 die Organisation einer Grabung in Thasos unter der Leitung von Gustave Fougères übertrug. Unter P.s Leitung erweiterte das Athener Institut mit den Grabungen in Malia sein Wirkungsfeld auf Kreta und zugleich auf die griech. Halbinsel und Ionien sowie auf Thrakien und Makedonien. Während beider Weltkriege war P. in Griechenland auch als Militär und Wissenschaftler archäologisch aktiv. Sein Werk ist gleichermaßen den Ursprüngen der griech. Religion [1]; [5]; [7] und – wie die fünf Bände seines monumentalen *Manuel* [6]; [8] bezeugen – der Skulptur [2] gewidmet. Nach Frankreich zurückgekehrt, engagierte P. sich nachdrücklich für die öffentliche Rolle der Klass. Archäologie und avancierte zu einem ihrer namhaftesten Repräsentanten: neben seiner Lehrtätigkeit an der Univ. und der ENS auch durch seine Mitwirkung an der Gründung des *Institut d'art et d'archéologie* an der Sorbonne und durch seine prominente Rolle in der Grabungskommission beim Außenministerium.

P.s Sohn Gilbert-Charles (1913–1998), wie sein Vater Prof. für Klass. Archäologie an der Sorbonne, erforschte v.a. das röm. Nordafrika. Auch dessen Sohn Olivier (geb. 1940), seit 1993 Prof. ebda., ist als Archäologe und Numismatiker tätig und leitete 1981–1992 die EFA. P.s Tochter Yvonne (1920–1943), Philosophin und Mitglied der Résistance, starb in Auschwitz.

SV: [10. IX-XLIII]; [13. 121–151].

Schriften

[1] Éphèse et Claros. Recherches sur les sanctuaires et les cultes de l'Ionie du nord, 1922 [2] La sculpture antique,

2 Bde., 1923–1926 [3] Sculptures grecques de Delphes, 1927 [4] L'Acropole d'Athènes, 2 Bde., 1929–1932 [5] Les origines du polythéisme hellénique, 2 Bde., 1930–1932 [6] Manuel d'archéologie grecque. La sculpture, Bde. 1–3, 1935–1948 [7] Les religions préhelléniques (Crète et Mycènes), 1948 [8] Manuel d'archéologie grecque. La sculpture, Bde. 4–5, 1963–1966.

Sekundärliteratur

[9] Art. Picard, Charles (1883–1965), in: DBA, 528–529 [10] Mélanges d'archéologie et d'histoire offerts à Charles Picard à l'occasion de son 65e anniversaire, 2 Bde. (Revue archéologique, sér. 6, 31/32), 1949 [11] Art. Picard, Charles Pierre, in: J. Leclant (Hrsg.), Le second siècle de l'Institut de France, 1895–1995. Recueil biographique et bibliographique des membres, associés étrangers, correspondants français et étrangers des cinq académies, Bd. 2, 2001, 1144–1145 [12] F. Chamoux, Notice sur la vie et les travaux de M. Charles Picard, in: CRAI 131.2, 1987, 460–474 [13] P. Demargne, Charles Picard, in: Revue archéologique 2, 1965, 111–119.

Ève Gran-Aymerich (Ü: K. H.)

Piccolomini, Enea Silvio

Aeneas Sylvius Piccolominus; ital. Humanist, Schriftsteller, Diplomat und Papst. Geb. am 18.10. 1405 in Corsignano (später Pienza), gest. am 15.8. 1464 in Ancona. Studium der Rechtswiss. an den Univ. Siena 1423–1428 und Florenz 1429–1430, daneben der Alt.wiss. und Rhetorik. 1432–1444 Sekretärstellen bei diversen Bischöfen, Kardinal Albergati und Konzilspapst Felix V.; 1436–1442 Schreiber, Abbreviator und Vorsteher des Abbreviatorenkollegs beim Konzil von Basel. 1436–1458 zahlreiche diplomatische Missionen. 1442 Krönung zum *poeta laureatus* auf dem Reichstag in Frankfurt a.M. 1442–1455 Sekretär und Diplomat im Dienst des Röm. Königs Friedrich IV.; ab 1446 kirchl. Laufbahn: 1446 Diakonat; 1447 Priesterweihe; 1447 Bischof; 1456 Kardinal; 1458–1464 Papst (Pius II.).

Werdegang

P., der älteste Sohn des Landedelmannes Silvio Piccolomini, schloss sein fast zehnjähriges Studium in Rechtswiss. und Alt.wiss. nicht mit einem akad. Grad ab, machte jedoch Eindruck durch sein umfangreiches Wissen, hervorragendes Gedächtnis und seine rhetorischen Fähigkeiten. Kardinal Domenico Capranica heuerte ihn 1432 auf der Durchreise als persönlichen Sekretär an und nahm ihn zum Konzil von Basel mit. Diese Stellung bot P. Zugang zu den Netzwerken der führenden Kleriker und Intellektuellen Europas und bestimmte seinen weiteren Lebenslauf. Nach Capranicas Abreise vom Konzil trat P. in den Dienst anderer hoher Kleriker, u.a. des Kardinals Niccolò Albergati, für den er heikle diplomatische Aufgaben, darunter eine Gesandtschaftsreise nach Schottland, übernahm. 1436–1442 bekleidete P. Ämter für das Konzil von Basel, erwarb sich durch seine Reden hohes Ansehen und fungierte zeitweilig als Sprachrohr des Konzils, das 1438 mit der Absetzung des Papstes Eugen IV. auf dem Höhepunkt seiner Macht angelangt war. Für P.s Laufbahn war es ein logischer Schritt, in den Dienst des vom Konzil gewählten Papstes Felix V. zu treten; doch wechselte er, als der Elan des Konzils zurückging, zu König Friedrich IV. (dem späteren Kaiser Friedrich III.) über, dem er fortan als Sekretär, Redner und Diplomat diente.

Mit diplomatischen Missionen im Dienst Friedrichs IV., die ihn quer durch Europa führten, gestaltete P. die europ. Politik wesentlich mit, indem er 1446/47 die Anerkennung Papst Eugens IV. im Röm. Reich, 1448 das Wiener Konkordat, 1449 die Sprengung des Basler Konzils, 1452 die Heirat Friedrichs mit Eleonora von Portugal sowie die Kaiserkrönung Friedrichs in Rom in die Wege leitete. Eugen IV. belohnte ihn durch die Verleihung eines Subdiakonates und Diakonates (1447), der neue Papst Nikolaus V. ernannte ihn zum Bischof von Triest (1447) und Siena (1450), dessen Nachfolger Callixt III. zum Kardinalpriester von Santa Sabina (17.12.1456), Camerlengus (26.1.1457) und Bischof von Ermland (12.8.1457). 1446–1458 setzte P. seine hervorragenden polit. und diplomatischen Fähigkeiten für die Päpste Eugen IV., Nikolaus V. und Callixt III. ein.

Ein einschneidendes Ereignis war Ende Mai 1453 die osman. Eroberung Konstantinopels. P. trat leidenschaftlich für einen Kreuzzug gegen die Türken ein; zu dessen Vorbereitung unternahm er im Dienst Callixts III. umfängliche diplomatische Missionen. Als dieser vor dem Erreichen des Zieles starb, wurde P. am 19.8.1458 zu seinem Nachfolger gewählt. Wie sein Vorgänger erhob er als Pius II. den Türkenkreuzzug zur Hauptaufgabe seines Pontifikats, die sich freilich nach dem geringen Erfolg des Kongresses von Mantua 1459 als nahezu unlösbar erwies. Es erscheint als Ironie des Schicksals, dass P. just, als er endlich eine Kriegsflotte beisammen hatte, im Seehafen von Ancona der Tod ereilte.

Werk

P.s zur Gänze auf Latein verfasstes Werk zeichnet sich durch ein breites Spektrum von Interessen und Wissensinhalten sowie durch Innovation und einen ausgeprägten Drang zu lit.-wiss. Weltbemeisterung aus. Neben einem im engeren Sinn lit. Teil – dem v.a. Properz verpflichteten Elegienband *Cinthia*, einer Epigrammsammlung, der Novelle *De Eurialo et Lucretia*, der hofkritischen Briefsatire *De miseria curialium* (1444) [5], der Komödie *Chrysis* (1444) – ist es v.a. der Politik, Historiographie, Kultur- und Religionsgeschichte, Geo- und Ethnographie gewidmet. Dabei stieß P. mit seiner integrativen Herangehensweise, die die herkömmlichen Gattungsgrenzen sprengte, stets in lit.-wiss. Neuland vor.

Seine Kommentare zum Basler Konzil [9] stellen eine faszinierende Verquickung von Politik-, Religions- und Dogmengeschichte mit memoirenartiger Autobiographik dar. In *De viris illustribus* (1450) [10] lieferte er eine einprägsame Porträtgalerie berühmter Zeitgenossen (gekrönter Häupter, Politiker und Intellektueller) in Gestalt einer Reihenbiographie. Die bereits in der Antike etablierten Diskursvorgaben der Reihenbiographie sind durch memoirenartige Einschübe und persönlichen Kommentar, v.a. beißende Kritik, immer wieder durchbrochen.

Mit der *Historia Austrialis* [15] legte P. Kaiser Friedrich III. eine histor.-polit. Gedenkschrift vor (mehrfach erweitert; Autograph der dritten Redaktion 1458), in der er ihm seine ereignisreiche Regierungszeit in einem fesselnden Narrativ vor Augen führte und diese, verquickt mit Landesgeschichte und Geographie, polit. interpretierend aufbereitete [15.28]. Die *Historia Bohemica* (1458) [12] ist wohl die erste humanistische Landesgeschichte nördl. der Alpen. Es gelingt P. darin, ein bis dahin kaum bekanntes Land zu erschließen und dabei zu einer völlig integrativen Darstellungsweise von Politik, älterer, Zeit- und Kulturgeschichte sowie Ethno- und Geographie vorzustoßen.

In *De Europa* setzte er 1458 seine neuartige ›Geographik‹ fort [13]; vgl. [16]. Im Rahmen einer Periegesis lieferte er einen geo-historiographischen Rundgang durch Europa, der im Osten mit Ungarn anfängt und im Westen mit Portugal, im Süden mit Italien endet. In seinen geographischen Teilen zeigt das Werk eine gründliche Neuaufbereitung der ant. Geographien von Ptolemaios, Strabon und Plinius d.Ä., angereichert mit polit.-religiösen Darlegungen, persönlichen Erlebnissen und Anekdoten. Es ist nicht ausgeschlossen, dass das Werk zusammen mit *De Asia* (1461) bereits damals als Teil einer universalen *Cosmographia* konzipiert war [1]. *De Europa* stellt zudem eine ideologische Schrift dar, welche eine kulturell-religiös begründete Verteidigungsgemeinschaft gegen die heranrückenden Türken konstituierte, als eindringliche Auseinandersetzung mit den Türken und dem Islam. Diese Darstellungstendenz prägt ebenso *De Asia* [14] und ist nicht zufällig auch das zentrale Thema der *Commentarii*, der Memoiren von P.s Pontifikat [11], welcher ja der Vorbereitung des erhofften Türkenfeldzugs gewidmet war [18]. P. beschreibt hierin minuziös und lebendig die Landschaften, Städte und Machthaber Italiens, die er auf seiner Reise von Rom zu dem von ihm einberufenen Kreuzzugskongress in Mantua besuchte. Bedeutend sind nicht zuletzt die über 600 lat. Briefe, in denen P. ein vielgestaltiges Bild nicht nur seines Privatlebens, sondern von Politik, Religion und Kultur des 15. Jh.s liefert [4].

Wirkung

P.s Werke sowie seine über 20 Jahre lange persönliche Anwesenheit führten v.a. im Alten Reich zu einer umfassenden und nachhaltigen Wirkung. Mehr als 700 noch erhaltene Hss. sowie eine Reihe von Inkunabeldrucken und dt. Übersetzungen seiner Schriften (u.a. von Niklas Wyle und Johannes Steinhöwel) legen davon Zeugnis ab. P. wurde schon von Georg Voigt zu Recht zum »Apostel des Humanismus« in Deutschland ernannt [27]. Sehr einflussreich waren u.a. P.s lat. Briefe und Reden, mit denen er stilistisch und inhaltlich die neuen humanistischen Kommunikationsmodi im öffentlichen wie privaten Raum vorexerzierte; die daraus zusammengestellten handschriftlichen Anthologien wirkten als Sammlung von Musterbriefen und -reden (insbes. die Reichstags- und Türkenreden) im universitären, schulischen und privaten Bereich stilbildend. Die unterschiedlichen Provenienzen und Typen der Hss. zeigen, dass P. seit ca. 1460 in alle Bereiche des intellektuellen Lebens in Deutschland eingedrungen war (Juristen, Mediziner, Theologen). Mit seiner *Germania* [8] gab P. den Anstoß zu einer neuen protonationalen Identitätsformation, die zum charakteristischen Merkmal des dt. Humanismus der ersten Hälfte des 16. Jh.s werden sollte (z.B. Konrad ↗Celtis, Ulrich von Hutten). P.s Türkenreden [3] prägten das Türkenbild im Dt. Reich. In Italien beschränkte sich P.s Wirkung auf Rom und die nordital. Fürstenhöfe und bezog sich statt auf Briefe und Reden v.a. auf die geographisch-histor. Werke.

Schriften

[1] Cosmographia Papae Pii (beigefügt u.a.: De Asia, De Europa, Historia Bohemica), Venedig 1503 [2] Opera quae extant omnia, Basel 1551 (Ndr. 1967) [3] Pii II ... orationes politicae et ecclesiasticae, 3 Bde., hrsg. von G. Mansi, 1755–1759 [4] Der Briefwechsel des Eneas Silvius Piccolomini, 3 Bde., hrsg. von R. Wolkan, 1909–1918 [5] De curialium miseriis epistola, hrsg. von W.P. Mustard, 1928 [6] De liberorum educatione, hrsg. von J.S. Nelson (Studies in Medieval and Renaissance Latin 12), 1940 [7] Ausgewählte Texte, hrsg. und übers. von B. Widmer, 1960 [8] Germania [De ritu, situ, moribus et conditione Theutoniae] an J. Wimpfeling und dessen responsa et replica, hrsg. von A. Schmidt, 1962 [9] De gestis concilii Basiliensis commentariorum libri duo, hrsg. und übers. von D. Hay und W.K. Smith, 1967 (korr. Ndr. 1992) [10] De viris illustribus, hrsg. von A. van Heck, 1991 [11] Commentarii rerum memorabilium quae temporibus suis contigerunt, 2 Teile, hrsg. von I. Bellus und I. Boronka, 1992–1993 [12] Historia Bohemica, 3 Bde., hrsg. von J. Hejnic und H. Rothe, 1998–2005 (Erstdruck Rom 1475) [13] De Europa, hrsg. von

A. van Heck (Studi e testi 398), 2001 (dt. 2005, hrsg. von G. Frank, übers. von A. Hartmann) [14] De Asia, hrsg. von N. Casella, 2004 (dt. 2005, hrsg. von W. Baum, übers. von R. Senoner) [15] Historia Austrialis, hrsg. von M. Wagendorfer und J. Knödler (MGH, SRG N.S. 24), 2009.

Sekundärliteratur

[16] B. Baldi, Enea Silvio Piccolomini e il ›De Europa‹. Umanesimo, religione e politica, in: Archivio storico italiano 161, 2003, 619–683 [17] K. Enenkel, Die Erfindung des Menschen. Die Autobiographik des frühnzl. Humanismus von Petrarca bis Lipsius, 2008, 266–366 [18] J. Helmrath, Pius II. und die Türken, in: B. Guthmüller / W. Kühlmann (Hrsg.), Europa und die Türken in der Renaissance, 2000, 79–137 [19] J. Helmrath, Enea Silvio Piccolomini als Apostel des Humanismus, in: J. Helmrath et al. (Hrsg.), Diffusion des Humanismus, 2002, 99–141 [20] C. Krebs, Negotiatio Germaniae. Tacitus' Germania und Enea Silvio Piccolomini, 2005 [21] H. Müller, Enea Silvio de' Piccolominis literarische Tätigkeit auf dem Gebiet der Erdkunde und dessen Einfluss auf die Geographen der Folgezeit, 1903 [22] G. Paparelli, Enea Silvio Piccolomini. L'umanesimo sul soglio di Pietro, 21978 [23] L. Rotondi Secchi Tarugi (Hrsg.), Pio II e la cultura del suo tempo, 1991 [24] M. Sodi / A. Antoniutti (Hrsg.), Enea Silvio Piccolomini (atti del convegno internazionale, Rom 2005), 2007 [25] A. Strnad, Die Rezeption der italienischen Renaissance in den österreichischen Erblanden der Habsburger, in: G. Kaufmann (Hrsg.), Die Renaissance im Blick der Nationen Europas, 1991, 135–226 [26] M. A. Terzoli, Enea Silvio Piccolomini. Uomo di lettere e mediatore di culture, 2006 [27] G. Voigt, Enea Silvio de' Piccolomini, als Papst Pius II., und sein Zeitalter, 3 Bde., 1856–1863 (Ndr. 1967) [28] M. Wagendorfer, Studien zur ›Historia Austrialis‹ des Aeneas Silvius de Piccolominibus, 2003 [29] P. J. Weinig, Aeneam suscipite, Pium recipite. Aeneas Silvius Piccolomini. Studien zur Rezeption eines humanistischen Schriftstellers im Deutschland des 15. Jh.s, 1998 [30] G. Zippel, Enea Silvio Piccolomini e il mondo germanico, in: La Cultura 19, 1981, 267–350.

Karl A. E. Enenkel

Pico della Mirandola, Giovanni

Ital. Humanist, Theologe und Philosoph. Geb. am 24.2.1463 in Mirandola (Emilia-Romagna), gest. am 17.11.1494 in Florenz, bestattet dort in Savonarolas Dominikanerkloster San Marco. Erziehung durch die Mutter nach dem Tod des Vaters (1467), Vorbereitung auf die kirchliche Laufbahn; 1477 Aufnahme des Studiums des kanonischen Rechts in Bologna; 1479 Wechsel zum Studium der *humaniora* nach Ferrara, Erlernen der griech. Sprache; ab 1480 Philosophie-Studium in Padua. 1483 Übersiedlung nach Florenz und Aufnahme in den von Lorenzo de' Medici geförderten Kreis um den Neuplatoniker Marsilio ↗Ficino; Juli 1485 bis März 1486 Studium der Scholastik in Paris; ab 1486 Erlernen der arab., hebr. und chaldäischen Sprache und Studium der Kabbala in Perugia.

7.12.1486 Veröffentlichung von 900 philos. und theologischen Thesen in Rom; Weigerung, vor der von Papst Innozenz VIII. zur Prüfung der Rechtgläubigkeit eingesetzten Kommission zu erscheinen, und Publikation einer Rechtfertigungsschrift (*Apologia*) gegen das Urteil, 13 Thesen seien häretisch; 4.8.1487 Verurteilung der gesamten Thesen durch eine päpstliche Bulle. Abreise von Rom und Verhaftung bei Lyon, aber 1488 Freilassung und Rückreise nach Florenz unter dem Schutz König Karls VIII.; Aufenthalte ebda., in Fiesole und bei Ferrara. Ab 1492 Anschluss an den radikalen Prediger Girolamo Savonarola; 18.6.1493 Aufhebung der von Innozenz verhängten Maßnahmen durch Papst Alexander VI.

Werdegang und Werk

P. entstammte einer reichen Familie, was ihn in die Lage versetzte, seinen Studien völlig uneingeschränkt und unabhängig nachgehen zu können. Als profunder Kenner der antiken griech. und lat. Literatur studierte er in der Philosophie nicht nur den (Neu-)Platonismus, sondern genoss auch eine scholastische Ausbildung (mit averroistischer Ausrichtung) und befasste sich darüber hinaus als erster Christ nicht-jüdischer Abstammung intensiv mit kabbalistischer Literatur. Charakteristisch für sein Werk sind dementsprechend die Berücksichtigung allen verfügbaren Wissens, von Eklektizismus und Synkretismus.

Als P.s erster Auftritt auf der lit. Bühne Italiens gilt ein Brief an Ermolao ↗Barbaro von 1485, in dem P. polemisch gegen dessen Kritik an der »barbarischen«, trockenen und technischen Sprache scholastischer Philosophen den Textgehalt über eine gefällige Ausdrucksweise stellt [3. Bd. 1, 351–358]; [5]. Allerdings ist dieser Brief, der *De genere dicendi philosophorum* betitelt wird, unter Verwendung zahlreicher klass. ant. Vorbilder sprachlich und rhetorisch derart ausgefeilt, dass er eher die Kombination von philos. Tiefe und gefeilter Form zu propagieren scheint [12]. Philipp ↗Melanchthon publizierte den Briefwechsel in der Ausgabe seiner *Elementa rhetorices* von 1539 mit eigenen Glossen, in denen er sich energisch gegen P.s Argumentation aussprach [8. 343–439]. P.s Kommentar zu einer Liebes-Canzone seines Freundes Girolamo Benivieni [2. 451–581]; [3. Bd. 1, 714–759]; [6] bezeugt, in welchem Maße er sich auf den Platonismus Ficino'scher Prägung eingelassen hatte; in den Mss. findet sich allerdings auch Kritik an seinem Lehrer [9. 83–103].

In P.s ebenfalls 1486 entstandenen 900 Thesen [3. Bd. 1, 63–113]; [11] manifestiert sich der Synkretismus seiner Wissensgebiete im Dienst der christl. Lehre. Denn ungeachtet der Verurteilung durch die Kirche scheint P. nach einer Bestätigung christlicher

Doktrin durch die ant. (bes. platonische, scholastische und kabbalistische) Literatur zu suchen [16.77], wobei er sich nicht den Ansichten einzelner Quellen anschließt, sondern jede nur als Bestätigung seiner eigenen zitiert und nicht selten durch metaphorisches oder allegorisches Lesen, wie es für das MA typisch war, für seine Argumentation adaptiert [10.142]. Sein ambitioniertes Projekt, seine Thesen zu publizieren und in Rom mit einer internationalen Elite von Philosophen und Theologen zu diskutieren, steht ebenfalls in ma. Traditionen, und zwar der akad. Disputationen, der Anlage von Sentenzensammlungen und der Praxis konventioneller Dialektik [10.132].

P. verteidigte sein Projekt sowohl in der *Apologia* (1486/87) [3.Bd. 1, 114–240] als auch in seinem bekanntesten Werk, einem der heute berühmtesten Texte der Renaissance, der sogenannten *Oratio de dignitate hominis* (1486/87, postum 1496 veröffentlicht) [1]; [2.101–165]; [3.Bd. 1, 313–331]; [4]. Nachdem deren erster Teil lange Zeit isoliert als Programmschrift einer nzl. humanistischen Anthropologie in Anspruch genommen wurde, die das Bild eines freien und undeterminierten Menschen im Mittelpunkt der Schöpfung propagiere, wird heute die in der Oratio den Menschen auszeichnende, nicht festgelegte Gestalt (P. verwendet die Begriffe *naturae species* und *forma*) als metaphysische Voraussetzung dafür hervorgehoben, dass der Mensch mithilfe der Philosophie und der Theologie zur göttlichen Natur aufsteigen kann, ohne seine menschliche Natur zu verlieren [10.132–146].

Aus einer Ende 1490 oder Anfang 1491 geführten Diskussion mit Lorenzo de' Medici und Angelo ↗Poliziano über die Vereinbarkeit von Platon und Aristoteles ging der Traktat *De ente et uno* hervor [2.385–449]; [3.Bd. 1, 241–310]; [7], in welchem P. die Differenz zwischen Aristoteles und den Platonikern in Hinsicht auf das Sein und das Eine unter verschiedenen Aspekten diskutiert und argumentativ auflöst. Die Schrift ist aber wohl nur als Vorstudie zu einem umfassenden Werk über die Vereinbarkeit von Platon und Aristoteles, das den Titel *Concordia Platonis et Aristotelis* tragen sollte und das P. im März 1490 in einem Brief an Baptista Mantuanus [3.Bd. 1, 369] und in der Widmung an Poliziano [3.Bd. 1, 241]; [7.3] erwähnt [7.XV-XXV]. Die im Vergleich zu den Thesen und dem Kommentar zur Schöpfungsgeschichte *Heptaplus* [2.167–383]; [3.Bd. 1, 1–62] deutliche Distanzierung von der Astrologie im Spätwerk der zehn Bücher *Disputationes in astrologiam divinatricem* [3.Bd. 1, 411–732] ist wohl u.a. auf den Einfluss Savonarolas zurückzuführen [15].

Wirkung

Der Biographie P.s, verfasst von seinem Neffen Gianfrancesco Pico della Mirandola [3.Bd. 1, *3r-*8r] und von Thomas Morus ins Englische übersetzt [1.21–41], ist der überdurchschnittliche heutige Kenntnisstand über seine äußeren Lebensdaten zu verdanken. Die hohe Anzahl von Editionen im 15. und 16. Jh. und wieder ab der zweiten Hälfte des 20. Jh.s spiegelt das Interesse an seinem Werk zu diesen Zeiten [14]. ↗Erasmus von Rotterdam nannte P. zusammen mit Barbaro und Poliziano als herausragenden ital. Humanisten; sein lat. Stil galt als vorbildlich. In Frankreich übernahm Jacques ↗Lefèvre d'Étaples P.s Ansichten über Platon und Aristoteles, und in Deutschland wurden seine kabbalistischen Studien von Johannes ↗Reuchlin weitergeführt [13].

Schriften

[1] Über die Würde des Menschen. Nebst einigen Briefen und der Lebensbeschreibung Pico della Mirandolas, übers. und hrsg. von H.W. Rüssel, 1940 (u.ö.) [2] De hominis dignitate. Heptaplus. De ente et uno. E scritti vari, hrsg. von E. Garin, 1942 [3] Opera omnia, 2 Bde., eingel. und hrsg. von E. Garin, 1971 [4] Oratio de hominis dignitate, hrsg. von E. Garin, 1994 [5] Filosofia o eloquenza? (mit E. Barbaro), hrsg. von F. Bausi, 1998 [6] Kommentar zu einem Lied der Liebe (ital.-dt.), hrsg., übers. und eingel. von Th. Bürklin, 2001 [7] Über das Seiende und das Eine (lat.-dt.), übers., komm. und hrsg. von P.R. Blum et al., 2006.

Sekundärliteratur

[8] Ph. Melanchthon, Elementa rhetorices, hrsg., übers. und komm. von V. Wels, 2001 [9] M.J.B. Allen, The Birth Day of Venus. Pico as Platonic Exegete in the Commento and the Heptaplus, in: M.V. Dougherty (Hrsg.), Pico della Mirandola. New Essays, 2008, 81–113
[10] M.V. Dougherty, Three Precursors to Pico della Mirandola's Roman Disputation and the Question of Human Nature in the Oratio, in: M.V. Dougherty (Hrsg.), Pico della Mirandola. New Essays, 2008, 114–151
[11] S.A. Farmer, Syncretism in the West. Pico's 900 Theses, 1998 [12] J. Kraye, Pico on the Relationship of Rhetoric and Philosophy, in: M.V. Dougherty (Hrsg.), Pico della Mirandola. New Essays, 2008, 13–36 [13] M. Laureys, The Reception of Giovanni Pico in the Low Countries, in: G.C. Garfagnini (Hrsg.), Giovanni Pico della Mirandola (Convegno internazionale di studi, Mirandola 1994), 1997, 625–640 [14] L. Quaquarelli / Z. Zanardi, Pichiana. Bibliographia delle edizioni e degli studi, 2005
[15] S.J. Rabin, Pico on Magic and Astrology, in: M.V. Dougherty (Hrsg.), Pico della Mirandola. New Essays, 2008, 152–178 [16] M. Sudduth, Pico della Mirandola's Philosophy of Religion, in: M.V. Dougherty (Hrsg.), Pico della Mirandola. New Essays, 2008, 61–80.

Beate Hintzen

Piganiol, André

Franz. Historiker. Geb. am 17.1.1883 in Le Havre, gest. am 23.5.1968 in Paris. Schulbesuch und Abitur in Le Havre; 1903 Aufnahme in die École normale supérieure in Paris; 1906 Zugangsprüfung für das Lehramt Geschichte und Geographie (Agrégation);

1906–1909 Mitglied der École française de Rome; 1909–1919 Gymnasiallehrer in Alençon, Saint-Quentin und Chambéry. 1916 Prom. (Doctorat-ès-lettres) an der Univ. Paris; ab 1919 Prof. für Röm. Gesch. an der Univ. Straßburg, ab 1928 an der Sorbonne; 1942 Lehrstuhl für *Civilisation romaine* am Pariser Collège de France; 1954 Emeritierung. Korrespondierendes Mitglied der Akad. der Wiss. in Mainz (1951) und in München (1952); Ehrendoktorwürde der Univ. Gent (1953).

Werdegang

Der aus wohlhabenden Verhältnissen stammende P. studierte Geisteswiss. an der Elitehochschule École normale supérieure in Paris. Dort hörte er Vorlesungen u.a. von René ↗Cagnat, der ihn in die lat. Epigraphik einführte und sein Interesse auf die Steuerpolitik Roms lenkte (später Thema seiner Diss.). Hier schloss P. lebenslange Freundschaft mit Schülern des Soziologen Émile Durkheim, insbes. mit Henri Hubert, Marcel Mauss und Henri Lévy-Bruhl. An der angesehenen École française de Rome, deren Direktor, der Kirchenhistoriker Louis Duchesne, ihn stark beeinflusste, beschäftigte er sich 1906–1909 v.a. mit stadt- und provinzialröm. Archäologie. Nach Frankreich zurückgekehrt, lehrte P. neben dem Schuldienst schon 1914 Alte Geschichte an der Univ. Lille. Nach der Prom. erhielt er 1919 den Ruf auf die Professur für Röm. Geschichte an die Univ. Straßburg. Dort trat er in Kontakt zu Marc Bloch und Lucien Febvre, den Begründern der *Annales*-Schule. P. krönte seine Karriere 1942 mit dem Lehrstuhl am Collège de France.

Werk und Wirkung

P. war einer der letzten Polyhistoren im Bereich der röm. Geschichte und verfügte über ungewöhnlich vielseitige Fähigkeiten und Kenntnisse in verschiedensten Bereichen der Alt.wiss. Er forschte zu allen Epochen der röm. Geschichte, wobei er sich insbes. für die frühe röm. Republik (Diss. [1]) und das späte Kaiserreich (*Thèse complémentaire* [2]) interessierte [5]; [7]; [9]. P. war ein Generalist, dessen Gesamtdarstellungen zur röm. Geschichte stark rezipiert wurden [4]; [6]; [7], zugleich aber auch ein Spezialist, der sorgfältige Einzeluntersuchungen zu unterschiedlichen Themen vorlegte. P. widmete sich der Epigraphik sowie der Archäologie Galliens und des röm. Westens (z.B. den Katastern von Orange [8]), daneben auch wirtschafts-, sozial- und religionsgeschichtlichen Themen [1]; [2]; [3]. Merkmal vieler seiner Arbeiten ist ein strukturgeschichtlicher Ansatz, der von engen Kontakten zu Mitgliedern der Durkheim- und *Annales*-Schule zeugt.

P. zählte zu den führenden franz. Althistorikern des 20. Jh.s. Seine Gesamtdarstellungen der röm. Geschichte sind zeitbedingt und heute weitgehend veraltet. Doch sein Buch über das christl. röm. Reich der Spätantike ist (in der durch seinen Schüler André ↗Chastagnol überarbeiteten zweiten Auflage) aktuell geblieben [7], und auch manche Spezialuntersuchungen haben weiterhin ihre Bedeutung. Mit seinem gewaltigen Œuvre fand P. in Frankreich wie im Ausland große Anerkennung. 1945 wurde er in die *Acad. des inscriptions et belles-lettres* aufgenommen, 1950 zum Offizier der *Légion d'honneur* ernannt.

SV: [10. Bd. 1, 11–24].

Schriften

[1] Essai sur les origines de Rome (Diss. Paris), 1916 [2] L'impôt de capitation sous le Bas-Empire Romain, 1916 [3] Recherches sur les jeux romains. Notes d'archéologie et d'histoire religieuse, 1923 [4] La conquête romaine, 1927 [5] L'empereur Constantin, 1932 [6] Histoire de Rome, 1939 [7] L'empire chrétien (325–395), 1947 ([2]1972 überarb. von A. Chastagnol) [8] Les documents cadastraux de la colonie romaine d'Orange, 1962 [9] Le sac de Rome, 1964.

Sekundärliteratur

[10] R. Chevallier (Hrsg.), Mélanges d'archéologie et d'histoire offerts à André Piganiol, 3 Bde., 1966
[11] J. Heurgon, Notice sur la vie et les travaux d'André Piganiol, in: CRAI 114, 1970, 572–584.

Andreas Gutsfeld

Pighius, Stephanus Vinandus

Pighe/Pigge, Steven Wynants/Winand, lat. Piggius; niederl. Humanist und Antiquar. Geb. 1520 in Kampen, gest. am 16. 10. 1604 in Xanten. Studium der Alten Sprachen in Löwen, Prom. ebda. 1547–1555 antiqu. Studien in Italien; Sekretär von Kardinal Marcello Cervini; ab 1555 in Brüssel im Dienst des Kardinals Antoine Perrenot de Granvelle. 1571–1575 als Begleiter des Kronprinzen von Kleve auf Reisen (Wien, Rom); nach dem Tod des Prinzen (1575) Kanoniker in Xanten.

Werk und Wirkung

P. studierte in Löwen die Klass. Sprachen und wurde dort auch promoviert. Die Jahre 1547–1555 verbrachte er in Italien, wo er sich mit großer Begeisterung den ant. Funden zuwandte und Bauwerke und Inschriften in Skizzen und Abschriften festhielt. Kardinal Marcello Cervini (später Papst Marcellus II.) nahm ihn in seinen Dienst und regte die Inschriftensammlung an. Nach dessen Tod 1555 kehrte P. als Sekretär und Bibliothekar des mächtigen Kardinals und Ministers Granvelle nach Brüssel zurück. Als der in den Niederlanden zunehmend verhasste Granvelle 1564 von König Philipp II. abberufen wurde, blieb P. in Brüssel und widmete sich seinen Studien.

1571 brach er im Auftrag Wilhelms von Jülich-Kleve-Berg als Begleiter des Kronprinzen Karl Friedrich zu einer Reise nach Italien auf; während eines dreijährigen Aufenthalts in Wien schloss er Freundschaft mit Justus ↗Lipsius. Seine letzten Jahre verbrachte P. als Kanoniker im Stift Xanten.

P.' Sammlung antiker Inschriften und Zeichnungen zu ant. Bau- und Kunstwerken ist handschriftlich erhalten (Cod. Pighianus, Berlin, Ms. lat. fol. 61). In Brüssel erstellte er eine Edition von Valerius Maximus (1567); hier entstanden auch die kleinen Monographien *Mythologiae* εἰς τὰς ὥρας [1] (über einen ant. Silberbecher, in dem P. fälschlich Symbole der Jahreszeiten erkannte) und *Themis dea* [2] (über eine ant. Herme). Beide sind dem Leitgedanken der *theologia prisca* verpflichtet, die in den paganen Texten die christl. Heilswahrheit erkannte; dieses allegorische Deutungsschema übertrug P. auch auf die Ikonographie antiker Kunstwerke. Lit. Frucht seiner Begegnung mit dem Kronprinzen von Kleve ist der *Hercules Prodicius* [3] (1587), ein Bericht über dessen Leben und die gemeinsame Reise, der in der Folge von Franciscus Schottus zu einem höchst populären Reiseführer v.a. zu den ant. Stätten Italiens und Roms umstrukturiert wurde. In Xanten vollendete P. die in Rom begonnenen *Annales magistratuum Romanorum* [4], eine auf die *Fasti Capitolini* gestützte Geschichte Roms.

Schriften

[1] Mythologiarum εἰς τὰς ὥρας vel in anni partes commentarius primus, Löwen/Antwerpen 1568 [2] Themis dea, seu de lege divina. Item mythologia ejusdem in quatuor anni partes, ab auctore recognita, Antwerpen 1568 (Ndr. 1990) [3] Hercules Prodicius seu principis iuventutis vita et peregrinatio. Historia principis adolescentis institutrix, & antiquitatum, rerumque scitu dignarum varietate non minus utilis quam iucunda, Antwerpen 1587 [4] Annales magistratuum Romanorum, 3 Bde., Antwerpen 1599–1615 (Bde. 2 und 3 postum hrsg. von A. Schott, 1615).

Sekundärliteratur

[5] R. Hoche, Art. Pighius, Stephan Vinandus, in: ADB 26, 1888, 126–127 [6] J.H. Jongkees, Stephanus Winandus Pighius Campensis, in: Mededelingen van het Nederlands Historisch Instituut te Rome 8, 1954, 120–185
[7] J.H. Jongkees, De brieven van Stephanus Pighius, in: Bijdragen voor de Geschiedenis der Nederlanden 16, 1961, 228–243 [8] M. Laureys, Lipsius and Pighius. The Changing Face of Humanist Scholarship, in: Filologie en literatuurgeschiedenis 68, 1998, 329–344 [9] M. Laureys, Stephanus Pighius' Hercules Prodicius, in: Myricae. Essays on Neo-Latin Literature in Memory of Jozef Ijsewijn (Supplementa Humanistica Lovanensia 16), 2000, 269–302
[10] Th. Mommsen, Die Sammlung von Briefen von und an Pighius, in: Monatsberichte der Königlich Preußischen Akademie der Wiss. zu Berlin, 1866, 419–436
[11] H. Wrede, Die Themis Dea des Stephanus Vinandus Pighius, in: M.H. Crawford (Hrsg.), Antonio Agustín between Renaissance and Counter-Reform, 1993, 189–210.

Dorothee Gall

Pigorini, Luigi

Ital. Prähistoriker. Geb. am 10.1.1842 in Fontanellato (Parma), gest. am 1.4.1925 in Padua. 1865 Studienabschluss (Laurea) in Politik- und Verwaltungs-Wiss. in Parma. 1867 Direktor des Arch. Museums ebda.; 1875 Leiter der staatlichen Generaldirektion für Museen und Ausgrabungsstätten im Unterrichtsministerium; 1876 Gründungsdirektor des Prähistor.-Ethnographischen Museums in Rom; 1877 Prof. für Vorgeschichte ebda.; 1917 emeritiert. 1912 Senator des Königreichs Italien. Ehrendoktor der Univ. Heidelberg.

Werdegang, Werk und Wirkung

Anfänglich v.a. numismatisch interessiert, sammelte P. seine ersten Erfahrungen in der Vorgeschichte bei Bartolomeo Gastaldi, den er 1860 in Parma kennenlernte. Zusammen mit älteren Gelehrten wie Pellegrino Strobel und Gaetano Chierici begann P., große Mengen an Fundmaterial aus den Terramaren, den mit Wall und Graben gesicherten bronzezeitlichen Rechtecksiedlungen in der Po-Ebene, zusammenzutragen und zu untersuchen [1]. Diese Forschungen machten ihn rasch europaweit bekannt. Nach seiner Ernennung zum Direktor des Arch. Museums von Parma wurde er dank seiner geschickten Öffentlichkeitsarbeit und seiner vielfältigen internationalen Kontakte einer der Organisatoren und Schlüsselfiguren des Fünften Internationalen Kongresses für Anthropologie und Archäologie in Bologna (1871). Mit Strobel und Chierici begründete er 1875 die erste prähistor. Zeitschrift Italiens, das *Bullettino di Paletnologia Italiana*, für das er zahllose Kurzbeiträge verfasste. Im selben Jahr erhielt er die Genehmigung für die Errichtung des Prähistor.-Ethnographischen Museums in Rom, das heute nach ihm benannt ist [7]. 1877 wurde er auf den neugegründeten Lehrstuhl für Vorgeschichte an der Univ. Rom berufen. Von da bis zu seinem Tod war P. dank seines vorbildlichen Museumskonzepts und seiner unermüdlichen wiss. Aktivitäten eine Leitfigur der ital. prähistor. Forschung.

P.s berühmtestes Werk ist die Monographie über die Terramare von Castellazzo di Fontanellato [2]. Mehrfach befasste er sich mit der Geschichte der prähistor. Archäologie Italiens [3]; [4]. Seinen wichtigsten Beitrag bilden jedoch die riesigen Datenmengen, die er zu Wolfgang ↗Helbigs Buch *Die Italiker in der Poebene* (1879) beitrug, in dem eine Abfolge von

Bevölkerungsbewegungen aus Mittel- und Osteuropa nach Norditalien und später nach Mittelitalien am Ende der Jungsteinzeit und in der Bronzezeit dargestellt wird.

SV: [5. 57–70]; [8].

N: Padua, Univ., Dipartimento dei Beni Culturali.

Schriften

[1] Die Terramara-Lager der Emilia. Erster Bericht (mit P. Strobel), in: Mitteilungen der Antiquarischen Gesellschaft in Zürich 14, 1863, 131–140 [2] La terramara di Castellazzo di Fontanellato nella provincia di Parma, in: Monumenti antichi dei Lincei 1, 1869, 121–154 [3] (Hrsg.) Bibliografia paletnologica italiana dal 1850 al 1871, 1871 [4] Preistoria, in: Cinquanta anni di storia italiana. 1860–1910, Bd. 2, 1911, 1–72.

Sekundärliteratur

[5] Un maestro di scienza e d'italianità. In onore di Luigi Pigorini (1842–1925), 1925 [6] Le terremare si scavano per concimare i prati (Ausst.kat.), 1994 [7] M. G. Lerario, Il Museo Luigi Pigorini. Dalle raccolte etnografiche al mito di nazione, 2005 [8] C. Marchesetti, Commemorazione di Luigi Pigorini, in: Archeografo triestino ser. 3, 12, 1925, 326–352 [9] R. Peroni, Preistoria e Protostoria. La vicenda degli studi in Italia, in: M. Angle et al. (Hrsg.), Le vie della preistoria, 1992, 9–70.

Alessandro Guidi (Ü: D. P.)

Pilato, Leonzio

Leontinus/Leo Pilatus; ital. Humanist und Übersetzer. Geburtsdatum unbekannt, gest. 1366 auf See nahe Venedig. 1341 Aufenthalt in Neapel, ca. 1350–1358 auf Kreta. Ab 1358 Homer-Übersetzung. 1360–1362 Lehrstuhl für Griechisch in Florenz. 1363 Reise nach Byzanz.

Leben und Werk

P. wuchs in Kalabrien auf, wo die griech. Sprache sich in einigen Gegenden erhalten hatte, gab sich aber selbst als Grieche aus Thessalien aus; sein Lehrer war Barlaam von Kalabrien. Um 1341 hielt er sich für einige Zeit in Neapel auf und stand in Kontakt mit Paolo da Perugia, dem Bibliothekar König Roberts. Ab etwa 1350 scheint er für einige Jahre auf Kreta gelebt zu haben, wo er vermutlich als Lehrer tätig war und seine Kompetenz im Griechischen verbessert haben dürfte. Nach Italien zurückgekehrt, machte P. 1358 in Padua die Bekanntschaft Francesco ↗Petrarcas, in dessen Auftrag er in den folgenden Jahren Homers *Ilias* und *Odyssee* ins Lateinische übertrug (Petrarca besaß eine griech. Hs., die er aber mangels Griechischkenntnissen nicht lesen konnte) [3]. 1360 übernahm P. auf Initiative Petrarcas und Giovanni ↗Boccaccios den neu gegründeten Lehrstuhl für Griechisch an der Univ. Florenz, den er zwei Jahre innehatte. In dieser Zeit übersetzte er ebenfalls Justinians *Digesten* und die *Hekabe* des Euripides ins Lateinische. Der ruppige und körperlich unkultivierte P. konnte sich aber auf Dauer in Florenz nicht halten und verlor auch die Förderung Petrarcas. 1363 brach er nach Byzanz auf, wo er nach bisher im Westen unbekannten Hss. suchte und u. a. Sophokles- und Euripides-Mss. erwerben konnte. Auf der Rückreise kam er kurz vor Venedig auf dem Schiff durch Blitzschlag ums Leben.

P. hatte das Glück, den meisten humanistisch interessierten Zeitgenossen in Italien durch seine Kenntnis des Griechischen voraus zu sein. So stellte er ein Bindeglied zur griech. Literatur dar, dessen sich v. a. Petrarca und Boccaccio gern bedienten. In seinem Mythenkompendium, den *Genealogie deorum gentilium libri*, berief sich Boccaccio wiederholt auf ihn. P.s Homer-Übersetzung eröffnete – selbst anspruchslos nach Art einer Interlinearübersetzung gehalten – die Reihe späterer Übersetzungen im 15. Jh. (u. a. von Carlo Marsuppini und Angelo ↗Poliziano).

[1] A. Fyrigos, Leonzio Pilato e il fondamento bizantino del preumanesimo italiano, in: R. Maisano / A. Rollo (Hrsg.), Manuele Crisolona e il ritorno del greco in Occidente, 2002, 19–30 [2] M. Pade, Leonzio Pilato e Boccaccio. Le fonti del De montibus e la cultura greco-latina di Leonzio, in: M. Feo et al. (Hrsg.), Petrarca e il mondo greco (Quaderni petrarcheschi 12), 2007, 257–276 (^{2}1979) [3] A. Pertusi, Leonzio Pilato fra Petrarca e Boccaccio, 1964 (^{2}1979).

Dorothee Gall

Piranesi, Giambattista und Francesco

Giambattista Piranesi

Ital. Kupferstecher, Radierer, Architekt und Graphiker. Geb. am 10. 4. 1720 in Mogliano bei Venedig, gest. am 11. 9. 1778 in Rom. Ab 1740 Studium in Rom; ab 1743 tätig in Venedig, ab 1745 in Rom.

Werdegang und Laufbahn

P. wurde in Venedig als Maler bzw. Theatermaler bei den Gebrüdern Valeriani und seinem Onkel Matteo Lucchese ausgebildet, gelangte 1740 mit einer venez. Gesandtschaft nach Rom und widmete sich dort dem Studium der röm. Architektur (erste Veröffentlichung schon 1743 [1]). Bei Giuseppe Vasi wurde P. in die Vedutenstecherei eingeführt, musste Rom jedoch 1743 aus wirtschaftlichen Gründen verlassen und war fortan in Venedig in der Werkstatt Giovanni Battista Tiepolos tätig. Über Kontakte zum dt. Kupferstecher und Verleger Joseph Wagner gelang 1745 die Rückkehr nach Rom, wo P., zuerst als

Agent und Verkäufer von Wagners Stichen, eine Werkstatt am Corso einrichtete. P. arbeitete darüber hinaus für weitere Verleger, hatte zunehmenden künstlerischen und geschäftlichen Erfolg sowie vermögende Sponsoren wie Lord Charlemont (mit dem es im Zuge der Veröffentlichung der *Antichità Romane* zum Bruch kam [8]). 1757 wurde P. zum Mitglied der Society of Dilettanti ernannt. Ab 1761 verlegte er seine Werke selbst und verfügte später sogar über eine eigene Druckerei. Zahlreiche Reisen führten ihn nach Etrurien, an Ausgrabungsorte in Latium sowie zu den neuen Grabungen der Bourbonen in Pompeji, Herculaneum und Paestum.

Werk und Bedeutung als Archäologe

Besonders mit den *Carceri* [4] und den *Vedute di Roma*, die seit 1747 sukzessive entstanden und schließlich zu einer hoch aufgelegten Einzelblattreihe von 135 großen, meist querformatigen Drucken heranwuchsen, bediente P. den Romtourismus seiner Zeit und konnte wie kein Zweiter die seriellen Produktionsverfahren künstlerisch wie geschäftlich nutzen. P.s Bedeutung als Künstler und druckgraphischer Unternehmer ist oft herausgestellt worden [27]; [28]; [31]; [32], seine Bedeutung als Archäologe hingegen erst seit wenigen Jahrzehnten Gegenstand der Debatte [29].

Mit den *Antichità romane* [7] verließ P. das Metier der Vedute und verfolgte die Idee einer ›wahren‹ Darstellung der röm. Altertümer [27.166–179]; [32.48–69]. In vier Bänden publizierte er 252 z.T. ausführlich kommentierte Abbildungen, die des Öfteren verschiedene Abbildungsmodi in einem Bild oder einer Bildfolge vereinigten: Ansicht, Plan bzw. Grundriss, Aufsicht, Rekonstruktion, Schnitt, architektonische, bautechnische und bauplastische Details – eine Bildsprache, die in heutigen arch. Publikationen gängig ist, zur Mitte des 18. Jh.s jedoch ungewohnt war. Inwieweit P. hier als Wegbereiter zu sehen ist, bleibt aber fraglich. Wichtige Grundmuster dieser Darstellungsweise finden sich schon im frühen 18. Jh. bei Francesco ↗Bianchini [30.107–133]; insofern ist P.s Rolle als Pionier hier durchaus zu relativieren. P. thematisierte v.a. die technischen Aspekte der röm. Architektur, insbes. der Ingenieursarchitektur. Seine Rekonstruktionen, bes. diejenigen im vierten Band der *Antichità romane* (z.B. der hypothetische Schnitt durch den Ponte St. Angelo) oder die Überzeichnung in den Details der Pflasterung der Via Appia im dritten Band hatten mit der ant. baulichen Realität immer weniger zu tun; sie bildeten vielmehr eine eigene Kunstform und betraten den Bereich der Architekturphantasie. Insofern waren die Einflüsse P.s auf die sich als Wiss. im späten 18. und frühen 19. Jh. ausformende Archäologie wohl geringer, als bisweilen angenommen worden ist.

Griechen-Römer-Antithese

Der Streit um die Frage, inwieweit die antik-röm. Kultur autonom oder aber als abhängig von einer überlegenen griech. Kultur zu verstehen sei, eskalierte mit der zunehmenden Kenntnis von griech. Baudenkmälern in den 1750er-Jahren: befeuert zunächst durch Marc-Antoine Laugiers *Essay sur l'architecture* (1753), Alan Ramseys *Dialogue of Taste* (1755) und schließlich Julien-David LeRoys *Les ruines des plus beaux monuments de la Grèce* (1758). P. war in diesem Disput einer der profiliertesten und aktivsten Rom-Vertreter [26.259–266]. Als eine gegen LeRoy gesetzte Polemik ist seine Schrift *Della magnificenza ed architettura de' Romani* von 1761 zu verstehen (auch als lat. Ausgabe erschienen [9]). In vielfach doppelseitigen und einigen bis auf 120 cm Breite ausfaltbaren Tafeln beschwor P. nicht nur die Überlegenheit der Etrusker und Römer hinsichtlich der Ingenieurbaukunst, sondern konfrontierte auch einige Abbildungen aus LeRoys Werk mit eigenen Darstellungen zur röm. Bauornamentik, um die dekorative Ärmlichkeit der griech. Formen zu belegen. Weitere Werke P.s entstanden im Kontext dieser Kontroverse [10]; [11]; [14]; [13].

In einem 15-seitigen Brief, veröffentlicht in der *Gazette Littéraire de l'Europe* vom 4.11.1764, kritisierte Pierre-Jean Mariette P.s Standpunkte; P. reagierte hierauf kaum ein Jahr später mit einem hochironischen dreiteiligen Buch [16]; vgl. [25]. Mit der breiten Durchsetzung eines an griech. Vorbildern ausgerichteten Klassizismus stand P. hier letztendlich auf der Verliererseite – auch dies möglicherweise ein Grund, warum P. in der sich um 1800 ausformenden arch. Wiss. wenig beachtet blieb.

Francesco Piranesi

Als ältester Sohn übernahm Francesco P. (geb. um 1758 in Rom, gest. am 23.1.1810 in Paris) nach dem Tode des Vaters das Atelier, setzte dessen Arbeit fort und wurde zum Nachlassverwalter und Erben. Hierbei erwies er sich schnell als Meister der Verwertung, Systematisierung und Kommerzialisierung des Fundus (etwa indem er die *Antichità romane* um zwei weitere Bände ergänzte, das *Teatro di Ercolano* [19] nach existierenden Vorlagen mit eigenen Zutaten publizierte und schließlich in den *Antiquités de la Grande Grèce* [24] eigene und väterliche Vorlagen in drei Großfolios vereinigte). Seit 1776 hatte er seinen Vater begleitete und war mit ihm zusammen tätig gewesen. Noch im Todesjahr vollendete und publizierte Francesco die Paestum-Ansichten [17]. Besondere arch. Bedeutung kommt Francesco P. bezüglich der Veröffentlichung von Übersichtsplänen zeitgenössischer Ausgrabungen zu. Auf väterlichen Vorlagen fußte sein Plan der Villa Hadriana von 1781; auf ausführlicher Autopsie beruhten drei einander ergänzende Übersichtspläne von Pompeji (Fassungen von 1785, 1788, 1792 [29]). Sie folgten in der Art der Darstellung dem wohl 1774 veröffentlichten Rom-Plan des Vaters [27. 297 f.], den Francesco P. seit 1780 den gebundenen Exemplaren der *Vedute di Roma* beifügte.

Schriften

[1] Prima parte di architetture e prospettive, 1743 [2] Alcune vedute di archi trionfali, ed altri monumenti inalzati da parte de quali si veggono in Roma, e parte per l'Italia, 1748 [3] Antichità romane de' tempi della repubblica e de' primi imperatori, 1748 [4] Carceri, 1750 [5] Opere varie di architettura, prospettiva, groteschi, antichità, 4 Bde., 1750 [6] Trofei Ottaviano Augusto innalzati per la vittoria ad Actium e conquista dell'Egitto con varii altri ornamenti diligentemente ricavati dagli avanzi piu preziosi delle fabbriche antiche di Roma utili a pittori, scultori ed architetti, 1753 [7] Le antichità romane, 1756 [8] Lettere di giustificatione scritte a Milord Charlemont e à di lui agenti in Roma, 1757 [9] De Romanorum magnificentia et architectura, 1761 [10] Le rovine del castello dell'Acqua Giulia situato in Roma presso S. Eusebio e falsamente detto dell'Acqua Marcia colla dichiarazione di uno de' celebri passi del comentario frontiniano e sposizione della maniera con cui gli antichi romani distribuivan le acque per uso della città, 1761 [11] Campus Martius antiquae urbis, 1762 [12] Lapides Capitolini sive fasti consulares triumphalesque Romanorum ab urbe condita usque ad Tiberium Caesarem, 1762 [13] Antichità d'Albano e di Castel Gandolfo, 1764 [14] Antichità di Cora, 1764 [15] Della introduzione e del progresso delle belle arti in Europa ne' tempi antichi, 1765 [16] Osservazioni ... sopra la lettre de Monsieur Mariette aux auteurs de la Gazette Littéraire de l'Europe, 1765 [17] Differentes vues de quelques restes de trois grands édifices qui subsistent encore dans le milieu de l'ancienne ville de Pesto autrement Possidonia qui est située dans la Lucanie, 1778 [18] Raccolta de' tempi antichi, prima parte, che comprende i tempi di Vesta madre, ossia della Terra, e della Sibilla, ambedue in Tivoli, e dell'Onore, e della Virtù fuori di Porta Capena, hrsg. von F. Piranesi, 1780 [19] Il teatro d'Ercolano, hrsg. von F. Piranesi, 1783 [20] Monumenti degli Scipioni, hrsg. von F. Piranesi, 1785 [21] Choix des meilleurs statues antiques, hrsg. von F. Piranesi, 1786 [22] Raccolta de' tempj antichi, seconda parte, che contiene il celebre Panteon, hrsg. von F. Piranesi, 1790 [23] Choix de costumes civils et militaires des peuples de l'antiquité, leurs instrumens de musique, leurs meubles, et les décorations intérieures de leurs maisons, d'après les monumens antiques, 2 Bde., 1798 (mit N. X. Willemin) [24] Antiquités de la Grande Grèce, aujourd'hui royaume de Naples, 1807 [25] The Polemical Works (Rome 1757, 1761, 1765, 1769), hrsg. und eingeleitet von J. Wilton-Ely, 1972.

Sekundärliteratur

[26] M. Baumgartner, Art. Griechen-Römer-Antithese, in: DNP 14, 2000, 253–266 [27] C. Höper (Hrsg.), Giovanni Battista Piranesi. Die poetische Wahrheit (Ausst.kat.), 1999 [28] C. Höper / S. Grötz (Hrsg.), Giovanni Battista, Laura, Francesco und Pietro Piranesi. Sämtliche Radierungen, 2003 [29] V. Kockel, Archäologie und Politik. Francesco Piranesi und seine drei Pompeji-Pläne, in: Rivista di Studi Pompei 11, 2000, 33–46 [30] V. Kockel / B. Soelch (Hrsg.), Francesco Bianchini (1662–1729) und die europäische gelehrte Welt um 1700, 2005 [31] P. Lamers-Schütze, Giovanni Battista Piranesi, 2006 [32] J. Wilton-Ely, Giovanni Battista Piranesi, 1978.

Christoph Höcker

Pirckheimer, Willibald

Dt. Humanist. Geb. am 5. 12. 1470 in Eichstätt, gest. am 22. 12. 1530 in Nürnberg. Unterricht zunächst durch seinen Vater, den Nürnberger Patrizier Johann P.; 1487 höfische und militärische Ausbildung am Hof des Bischofs von Eichstätt, Wilhelms von Reichenau; 1488/89–1495 Jurastudium in Padua und Pavia, in Padua Griech.-Unterricht bei Laurentius Camers. 1496–1502 und 1505–1523 Ratsherr der Freien Reichsstadt Nürnberg, Teilnahme an zahlreichen Gesandtschaften; 1499 Hauptmann des Nürnberger Truppenkontingents im ›Schweizerkrieg‹ Maximilians I.; 1506 Ernennung zum Kaiserlichen Rat durch Maximilian I., 1526 bestätigt durch Karl V.

Werk und Wirkung

Auf Drängen des Vaters konzentrierte sich P. während seines Studiums in Italien auf die Jurisprudenz und widmete sich danach der Ratstätigkeit in Nürnberg [28]. Zwar fanden dabei seine humanistischen Interessen früh ihren bildungspolit. Niederschlag (Förderung der Nürnberger ›Poetenschule‹ 1496–1509; Reform der Lateinschulen bei St. Lorenz und St. Sebald 1509), doch traten seine eigenen Studien, bes. seine autodidaktische Beschäftigung mit dem Griechischen, erst nach dem Tod des Vaters 1502 in den Vordergrund. Publikationen erschienen erst zehn Jahre später, doch begannen bereits in dieser Zeit seine Beziehungen zu herausragenden Humanisten: neben dem Nürnberger Kreis (u. a. Hartmann Schedel) insbes. zu Konrad ↗Celtis, Johannes ↗Reuchlin und ↗Erasmus von Rotterdam. Enge Freundschaft und gemeinsame Arbeit (z. B. *Trionfo* und *Ehrenpforte* für Maximilian I.) verbanden ihn zudem mit Albrecht Dürer, auf dessen Tod er eine Elegie verfasste [15. Bd. 7, 30 f.].

Als vehementer Verfechter des Humanismus in Deutschland bezog P. in zahlreichen Konflikten unmissverständlich gegen die Spätscholastik Stellung, wofür er häufig die Vorreden seiner Übersetzungen nutzte. Dies gilt sowohl für seine Parteinahme im Reuchlin-Streit (u. a. in der *Epistola apologetica* [2]) als auch für die Anfänge der Reformation [20]. Bereits den Zeitgenossen galt P. als Verfasser des pseudonym publizierten *Eccius dedolatus* [3], einer von Lukian und Aristophanes beeinflussten satirischen Polemik gegen den Luthergegner Johannes Eck im Stile der Dunkelmännerbriefe (*Epistolae obscurorum virorum*), für die P.

mit dem päpstlichen Bann belegt wurde [16]. Trotz anfänglicher Sympathien für die Reformation wandte sich P., bes. durch radikalreformatorische Bestrebungen in Nürnberg veranlasst (vgl. seine Polemik gegen Johannes Oekolampadius [9]), von ihr ab.

Herausragende Bedeutung unter den dt. Humanisten erlangte P. durch seine Übersetzungen und Editionen griech. Werke, von denen auch seine eigenen lit. Schriften geprägt sind. Dabei offenbart P.s Werkauswahl seine moraldidaktischen Interessen. Er übersetzte mehrere *Moralia* Plutarchs (1513–1518, 1523) und Dialoge Lukians (1517–1520) [4]; [5], von dem auch sein eigenes paradoxes Enkomium *Lob der Gicht* [6] angeregt ist, Aristophanes' *Plutos* (ungedr.) sowie diverse pseudo-platonische Dialoge und Horapollos *Hieroglyphica* (1514, ungedr); für Theophrasts *Charakteres* legte er 1527 eine Erstedition samt Übersetzung vor [10]. Hinzu traten in den letzten Jahren die Übersetzung des Ptolemaios [8], von dem P. zur Sammlung und Identifizierung geographischer Bezeichnungen Deutschlands angeregt wurde [11], Xenophons [13] sowie der Reden Gregors von Nazianz [12]. Weiterhin unterstützte P. 1529 Gregor Haloanders Edition des *Corpus iuris civilis*.

Schriften

[1] Beatissimi Patris Nili episcopi … Sententiae morales (lat. Übers.), Nürnberg 1516 [2] Luciani Piscator, seu Reviviscentes (Edition; lat. Übers.); beigefügt: Epistola Apologetica, Nürnberg 1517 [3] Eccius dedolatus, (pseudonym erschienen), Erfurt 1520 [4] Luciani Fugitivi (lat. Übers.), Nürnberg 1520 [5] Luciani Rhetor (lat. Übers.), Hagenau 1520 [6] Apologia seu podagrae laus, Nürnberg 1522 [7] Dialogi Platonis (lat. Übers.), Nürnberg 1523 [8] Claudii Ptolemaei Geographicae enarrationis libri octo (lat. Übers. mit Komm.), Straßburg; auch Nürnberg 1525 [9] De vera Christi carne … ad Joan. Oecolampadium responsio 1 et 2, Nürnberg 1527 [10] Theophrasti Characteres (Edition mit lat. Übers. und Komm.), Nürnberg 1527 [11] Germaniae ex variis scriptoribus perbrevis explicatio, Nürnberg 1530 [12] Gregorii Nazianzeni Orationes XXX (lat. Übers.), Basel 1531 [13] Xenophon, Grecarum rerum libri septem (lat. Übers.), Nürnberg 1532 [14] Opera politica, historica, philologica et epistolica, hrsg. von M. Goldast, Frankfurt a.M. 1610 (Ndr. 1969) [15] Briefwechsel: Bde. 1–2, hrsg. von E. Reicke; Bd. 3, hrsg. von D. Wuttke; Bde. 4–7, hrsg. von H. Scheible, 1940–2009 [16] Eckius dedolatus (lat./dt.), hrsg. von N. Holzberg, 1983 [17] Der Schweizerkrieg/De bello Suitensi sive Elvetico (lat./dt.), hrsg. von F. Wille, 1998 [18] »Apologia seu podagrae laus«. Ein Kommentar, hrsg. von U. Winter, 2002.

Sekundärliteratur

[19] E. Bernstein, Willibald Pirckheimer und Ulrich von Hutten. Stationen einer humanistischen Freundschaft, in: S. Füssel (Hrsg.), Ulrich von Hutten. 1488–1988, 1989, 11–36 [20] G. Dörner, Reuchlins Mann in Nürnberg. Willibald Pirckheimer und seine Epistola apologetica, in: W. Kühlmann (Hrsg.), Reuchlins Freunde und Gegner. Kommunikative Konstellationen eines frühneuzeitlichen Medienereignisses, 2010, 213–240 [21] B. Ebneth, Art. Pirckheimer, Willibald, in: NDB 20, 2001, 475–476 [22] F. Fuchs (Hrsg.), Die Pirckheimer. Humanismus in einer Nürnberger Patrizierfamilie, 2006 [23] K.B. Glock et al. (Hrsg.), Willibald Pirckheimer 1470/1970. Dokumente – Studien – Perspektiven (Ausst.kat.), 1970 [24] N. Holzberg, Willibald Pirckheimer. Griech. Humanismus in Deutschland, 1981 [25] N. Holzberg, Willibald Pirckheimer, in: S. Füssel (Hrsg.), Deutsche Dichter der frühen Neuzeit (1450–1600). Ihr Leben und Werk, 1993, 258–269 [26] B. Könneker, Willibald Pirckheimer, in: P.G. Bietenholz / Th.B. Deutscher (Hrsg.), Contemporaries of Erasmus, Bd. 3, 1987, 90–94 [27] H. Ruppich, Die dt. Literatur vom späten Mittelalter bis zum Barock (1370–1570), Bd. 1: Das ausgehende Mittelalter, Humanismus und Renaissance, ²1994 (¹1970) [28] H. Scheible, Willibald Pirckheimer als praktizierender Jurist, in: F. Fuchs (Hrsg.), Medizin, Jurisprudenz und Humanismus in Nürnberg um 1500, 2010, 339–368.

Roswitha Simons

Plethon, Georgios Gemistos

Griech. Philosoph. Geb. um 1360 in Konstantinopel als Georgios Gemistos, gest. am 26.6.1452 in Mistra. Nach Angaben seines Gegners Gennadios II. Scholarios um 1380 in Hadrianopel Schüler eines jüd. Gelehrten namens Elisaios; Einführung in den Zoroastrismus; um 1390 wahrscheinlich Schüler des zum Katholizismus übergetretenen Thomas von Aquin-Übersetzers Demetrios Kydones. Zwischen 1407 und 1414 Übersiedlung nach Mistra; 1438/39 Teilnahme an der byz. Delegation zum Konzil von Ferrara-Florenz; während des Italienaufenthaltes Einführung des archaisierenden Synonyms P. für Platon.

Werk und Wirkung

Der neuplatonische Philosoph und vielleicht berühmteste Vertreter des spätbyz. Geisteslebens [6. 24f.] P. (erasmisch ausgesprochen erweckt der Name Konnotationen mit Platon), verfasste außer philos. Schriften Traktate zur Musik, Rhetorik und Grammatik [12.XVI-XIX], ferner eine *Geschichte des Islam* (um 1400), die *Mahnrede an den Despoten Theodoros* (zwischen 1407 und 1416), die *Denkschrift an Kaiser Manuel* (1418) und die *Zusammenfassung der Lehren des Zoroaster und des Platon* (um 1450). Seine auf Platon beruhenden *Gesetze* (*Nómoi*, nach 1440) [12.322–356] sind nur fragmentarisch überliefert, weil sein Gegner Gennadios II. Scholarios das Werk verbrennen ließ [1].

P. war ein »polit. Philosoph« [3.755], der angesichts des Verfalls des Byz. Reiches und der wachsenden Macht des Islam eine auf Platon gründende Staatstheorie entwickelte, um die genuinen Kräfte des Byzantinertums wiederzubeleben [3]. Seine Philosophie, die einen aus drei Klassen bestehenden Staat vorsah, seine Distanzierung vom Christentum und sein Eintreten für den Polytheismus lösten heftige theologische Kontroversen aus [8]; [12]. 1438/39 nahm P. innerhalb der Delegation Kaiser Johannes' VIII. Palaiologos am Konzil von Ferrara-Florenz als Kritiker der Kirchenunion teil, zusammen mit Johannes ↗Bessarion, Isidoros von Kiew, Gennadios II. Scholarios und Markos Eugenikos. Während des Konzils pflegte P. weniger Kontakte mit Geistlichen als mit Humanisten; daraus entstand 1439 in Florenz sein Platons Vorrang betonendes Werk *Über die Unterschiede zwischen Platon und Aristoteles* [2], das Gegenschriften des Aristotelikers Gennadios II. Scholarios und des Aristoteles-Übersetzers Theodorus ↗Gaza hervorrief [12. 191–321]. Ein Bericht Marsilio ↗Ficinos zeigt P.s Einfluss auf die ital. Humanisten: So habe P. bewirkt, dass Cosimo de' Medici um 1460 die Platonische Akad. in Florenz errichtete [5]; [7].

Schriften

[1] Pléthon, Traité des lois, hrsg. von Ch. Alexandre, übers. von A. Pellisier, 1858 (Ndr. 1966) [2] Le ›De differentiis‹ de Pléthon d'après l'autographe de la Marcienne, hrsg. von B. Lagarde, in: Byzantinion 43, 1973, 321–343.

Sekundärliteratur

[3] H.-G. Beck, Kirche und theologische Literatur im byzantinischen Reich, 1959, 754–755 [4] W. Blum, Georgios Gemistos Plethon. Politik, Philosophie und Rhetorik im spätbyzantinischen Reich (1355–1452), 1988 [5] A. Field, The Origins of the Platonic Academy of Florence, 1988 [6] H. Hunger, Die hochsprachliche profane Literatur der Byzantiner, Bd. 1, 1978 [7] P. O. Kristeller, Die platonische Akad. von Florenz, in: P. O. Kristeller, Humanismus und Renaissance, Bd. 2: Philosophie, Bildung und Kunst, 1976, 101–114 [8] F. Massai, Pléthon et le platonisme de Mistra, 1953 [9] J. Monfasani, Platonic Paganism in the Fifteenth Century, in: M. A. di Cesare (Hrsg.), Reconsidering the Renaissance, 1992, 45–61 [10] F. Schultze, Georgios Gemistos Plethon und seine reformatorischen Bestrebungen, 2 Bde., 1874 [11] G. Weiss, Art. Plethon, in: LMA 7, 1999, 19–20 [12] Ch. M. Woodhouse, George Gemistos Plethon. The Last of the Hellenes, 1986.

Foteini Kolovou

Poebel, Arno

Dt. Altorientalist und Sumerologe. Geb. am 26. 1. 1881 in Eisenach, gest. am 3. 3. 1958 in Chicago. 1900–1904 Studium der Theologie und Klass. Phil. in Heidelberg, Marburg, Zürich und Jena; 1905/06 Stipendium am University Museum in Philadelphia. 1906 Prom. in Philadelphia, 1910 Habil. in Breslau. 1911–1913 Lehre in Baltimore an der Johns Hopkins Univ. 1919 ao.Prof. in Rostock, 1925 o.Prof. ebda. Ab 1928 zunächst als Research Associate am Oriental Institute in Chicago, 1930–1946 Prof. für Assyriologie und Sumerologie ebda.

Werk und Wirkung

1905/6 bearbeitete P. als Stipendiat erstmals sumer. Rechtsurkunden im Univ.-Museum Philadelphia. In der darauf beruhenden, die Diss. einschließenden ersten großen Publikation [1] zeigten sich schon die Felder seiner größten wiss. Leistungen: das Kopieren von Keilschrifttexten, die philol. fundierte Diskussion von Sprache und Idiomatik des Sumerischen und die minutiöse Rekonstruktion der frühen Geschichte Mesopotamiens (vgl. noch [6]). Die Kopien von Tontafeln mit Inschriften, Chroniken und lexikalischen Listen, die P. 1912–1914 in Philadelphia anfertigte [2], sind unübertroffene Meisterwerke von stupender Exaktheit. Dieselbe Akribie zeigen die damit und in den Folgejahren vorgelegten philol. Textbearbeitungen und grammatikalischen Untersuchungen zum Sumerischen, in das P. sich autodidaktisch eingearbeitet hatte. Mit seinem Hauptwerk, der 1923 vorgelegten ersten sumer. Grammatik [3], wurde P. zum Begründer der Sumerologie. Insbes. seine später vertieften Studien zu einer histor. Phonologie des Sumerischen [4] werden bis heute rezipiert, und noch 2005 wurde seine sumer. Grammatik ins Englische übersetzt. 1933–1946 wirkte P. nach dem Tod Edward Chieras als Herausgeber des *Chicago Assyrian Dictionary* (CAD) und wandte sich darum auch grammatikalischen und phraseologischen Gesichtspunkten des Akkadischen zu [5]. Unter seinen sumerologischen Schülern ragen Samuel N. ↗Kramer und Thorkild ↗Jacobsen als das Fach prägende Forscher heraus.

Schriften

[1] Babylonian Legal and Business Documents from the Time of the First Dynasty of Babylon, Chiefly from Nippur (Edition), 1909 [2] Historical and Grammatical Texts (Edition) (Publications of the Babylonian Section, University of Pennsylvania Museum), 1914 [3] Grundzüge der sumerischen Grammatik, 1923 [4] The Sumerian Prefix Forms e- and i- in the Time of the Earlier Princes of Lagaš, 1931 [5] Studies in Akkadian Grammar, 1939 [6] The Second Dynasty of Isin According to a New King-List Tablet, 1955.

Sekundärliteratur

[7] D. O. Edzard, Poebel, Arno, in: RLA 10, 2004, 593 [8] E. Weidner, Arno Poebel, in: AfO 19, 1959–1960, 264–265.

Walther Sallaberger

Poggio Bracciolini, Gian Francesco

Poggius, Johannes Franciscus (Florentinus). Ital. Humanist. Geb. am 11. 2. 1380 in Terranuova (Arnotal), gest. am 30. 10. 1459 in Florenz. Ab 1397

Jura-Studium in Florenz; 1402 Abschlussprüfung als Notar; ab 1403 in päpstlichen Diensten. 1414–1418 Teilnahme am Konzil von Konstanz; danach 1418–1423 Aufenthalt in England; 1423–1453 Sekretär unter den Päpsten Martin V., Eugen IV. sowie Nikolaus V. in Rom; 1453–1458 Kanzler von Florenz.

Biographie und Werdegang

Während seines Jura-Studiums trat P. in Kontakt zu Coluccio ↗Salutati, für den er als Kopist wirkte; auf dessen Empfehlung hin wurde er 1403 in den päpstlichen Dienst aufgenommen, wo er nebenbei für Salutati einen Band Cicero-Schriften kopierte. Ausgedehnte Bibl.-Reisen führten ihn in seiner Jugend zu zahlreichen Hss.-Entdeckungen [13]; [9]: 1416 fand er in St. Gallen zum ersten Mal vollständig Quintilians *Institutiones oratoriae* und Valerius Flaccus' *Argonautica*, ferner neun Reden Ciceros; 1417 in Fulda das Geschichtswerk des Ammianus Marcellinus und Lukrez' *De rerum natura*; in Köln entdeckte er Statius' *Silvae*, Silius Italicus' *Punica* und Columellas *De re rustica*. Nach dem Konzil von Konstanz ging er 1418 als Begleiter von Henry Beaufort, des Bischofs von Winchester, nach England, fühlte sich kulturell aber isoliert und kehrte 1423 nach Italien zurück, wo er von 1423 bis 1453 den Päpsten als Sekretär diente. 1453 wurde P. Kanzler von Florenz, verlor daran aber bald die Freude. Nachdem schon 1456 deutliche Kritik an seiner Amtsführung geäußert worden war [14.288 ff.], zog er sich – nach vergeblichen Versuchen, an die röm. Kurie zurückzukehren – 1458 aus dem öffentlichen Leben zurück. Er wurde in Florenz in der Kirche Santa Croce beigesetzt. Das Grab ist heute verschwunden, es soll sich hinter dem Chor befunden haben [14.416].

Seiner Beziehung zu Lucia Panelli entstammten 14 illegitime, seiner 1436 geschlossenen Ehe mit der 18-jährigen Selvaggia dei Buondelmonti sechs legitime Kinder [14.162 ff.]. Sein Sohn Jacopo wurde 1478 als Mitverschwörer der Pazzi gegen die Medici hingerichtet.

Briefe, Invektiven und Essays

Nach Art der Humanisten hinterließ P. ein ausgedehntes Briefcorpus [2. Bde. 3 und 4]; [4]; [14]. Von seinen lit. Interessen geben diese Briefe – und speziell der Briefwechsel mit Niccolò ↗Niccoli [4. Bd. 1] – einen deutlichen Eindruck. Darin sind neben privaten Themen v. a. die Interessen des Humanisten an der sich herausbildenden Kultur niedergelegt. Der Briefwechsel mit Niccoli aus den Jahren 1420–1429 beleuchtet die intensive Suche nach Hss., zeigt aber auch das Bestreben, gefundenes Wissen für die Lebensführung wirksam werden zu lassen.

Ein besonderes Licht auf Mentalität und Selbstbewusstsein des Humanisten P. wirft die manchmal skurrile und oft von persönlicher Feindschaft geprägte Auseinandersetzung, die er in den Jahren um 1452 mit Lorenzo ↗Valla führte [16.59 ff.]: P.s Latein zeichnet sich dadurch aus, dass es – gegenüber dem bei Valla orthodox vertretenen, an Cicero und Quintilian orientierten Sprachduktus – Grammatik und Wortwahl, an der Sprachentwicklung des Volgare orientiert, freizügiger handhabt. Das ärgerte Valla, sodass er in den Invektiven gegen P. ihm durch seinen Stallknecht bescheinigen ließ, er habe sein Latein wohl bei einem Koch gelernt, da er *vocabula culinaria* (Küchenlatein!) benutze. Es entwickelte sich ein reger Invektivenaustausch (P.s Texte [2. Bd. 1, 188–251]; Vallas Invektiven in dessen, *Opera omnia*, Bd. 1, 1962, 252–366). Ähnlich hatte P. in einem Briefwechsel mit Coluccio ↗Salutati dessen ↗Petrarca-Verehrung angegriffen [14.32 ff.]. Solcher Invektivenstil entsprach dem Geist der Humanisten. Die Konkurrenz der Gebildeten ergab sich aus dem gemeinsamen ehrgeizigen Anliegen, sich die Antike anzueignen und sie der Gegenwart zu vermitteln; dadurch wurden sie zu Konkurrenten.

1428 verfasste P. den Essay *De avaritia*, in welchem der Geiz des Klerus verurteilt wird (Text [2. Bd. 1, 2–31]; [6]). 1431/32 schilderte er in *De varietate fortunae* die Vergänglichkeit des Glücks und griff die Fortuna-Diskussion seiner Zeit auf (Text [2. Bd. 1, X]; [5]). 1436 entstand aus aktuellem Anlass seiner Hochzeit *An seni sit uxor ducenda*, worin die Vor- und Nachteile einer Eheschließung gegeneinander abgewogen werden [2. Bd. 1, XI]. 1440 verfasste er den Dialog *De vera nobilitate* [2. Bd. 1, 64–83] und thematisierte damit ein im 15. Jh. gerne diskutiertes Thema: Lorenzo, der ältere Bruder Cosimos de' Medici, neigt hier dazu, den Abstammungsadel zu bevorzugen, weil er dem Staat eher nützlich sein könne; Niccolò Niccoli tritt dagegen für den Tugend- und Leistungsadel ein [11.89 ff.].

1455 entstanden die zwei Bücher *De miseria conditionis humanae*, in denen P.s Pessimismus erkenntlich ist (Text [2. Bd. 1, 88–131]; dazu [14.305 ff.]): P. und Matteo Palmieri unterhalten sich am Bett des gichtkranken Cosimo über das Unglück einzelner Menschen und ganzer Nationen, das sich kontinuierlich durch die Geschichte zieht und dessen eigentliche Ursache – wie bei Sallust – die Habsucht (*avaritia*) ist. Solche *miseria* ist das *fundamentum vitae nostrae*, aber in der Geschichte auch Ursache für den Niedergang der Staaten (Schilderung v. a. in Buch 2). Selbst Rom wird als *flagellum non solum Italie, sed totius orbis* bezeichnet – Geißel nicht nur Italiens, sondern der ganzen Welt. Die Schrift, welche auch vor dem Hintergrund des Falls von Konstantinopel (1453) zu sehen ist, hat viel von der ma. Grundeinstellung, die Innozenz III.

in seinem gleichnamigen Traktat 1195 dargelegt hatte. Der zutage tretende Pessimismus P.s lässt sich auch nicht durch die optimistischen Ausblicke lindern, die Cosimo in dieser Schrift gibt.

Fazetien

Ab 1438 verfasste P. pointierte Kurzgeschichten, die er 1452 unter dem Namen *Facetiae* zusammenfassend abschloss [3]. Im Schlusswort erläutert er, wie es zu diesen Geschichten kam: Die päpstlichen Sekretäre trafen sich im Vatikan in einer Stube (*Bugiale*), um sich von den Tagesgeschäften zu erholen, indem sie sich an der Erzählung solcher belustigenden, oft auch seichten Geschichten ergötzten. In diesen wird das alltägliche Leben ironisch-kritisch gesehen: Dummköpfe, die von Päpsten zu Kardinälen ernannt werden; Doktoren, die sich durch hervorstechende Begriffsstutzigkeit auszeichnen; törichte und kluge Florentiner; unwürdige Beichtväter, heuchlerische Richter, Notare, Bauern – insgesamt ein facettenreicher kritischer Spiegel der zeitgenössischen Gesellschaft, wobei die starke Erotik und gelegentliche Obszönität auffällt [14.262ff.]. Die Geschichten sind, wie im Vorwort erwähnt, absichtlich in der lat. Sprache verfasst, um diese auch in den Bereichen einer Literatur mit alltäglichen Themen flexibel und ausdrucksstark zu präsentieren.

Übersetzungen und historische Werke

Gelegentlich übersetzte P. griech. Texte ins Lateinische, z.B. Xenophons *Kyrupaedia*, Diodors *Bibliothek* I–V. Den Text Diodors hatte P., der im Griechischen offensichtlich nicht sicher war, allerdings eher paraphrasiert als exakt übertragen, sodass Nikolaus V. Pier Candido Decembrio 1449 mit Korrekturen daran beauftragte.

In seinen letzten Lebensjahren entstanden in acht Büchern die an Leonardo Bruni orientierten *Historiae Florentini populi* (Text [2.Bd. 2, 1–384]; von Giovanni Battista Recanati unter dem Titel *Historia Florentina* 1715 ediert). Sie umfassen die Zeit von 1350–1455; als Quelle dienten neben der *Chronik* des Filippo Villani v.a. Brunis *Historiae Florentini populi*, die bis 1406 reichen und mit denen P.s Schrift sich für die Jahre ab 1350 überschneidet (aufschlussreicher Vergleich beider Darstellungen bei [15.131ff.]). Ferner benutzte P. Flavio ↗Biondos 1439–1453 entstandene *Historiarum Romanarum decades tres*. Er wird Biondo persönlich sehr gut gekannt haben, da dieser ab 1444 päpstlicher Sekretär war.

Im Unterschied zu Brunis umfassender Darstellung konzentriert sich P.s Geschichtsdarstellung ganz auf die Auseinandersetzungen zwischen Florenz und Mailand. Während Bruni in Stil und Anordnung durch die Annalistik des Livius beeinflusst ist, richtet sich P. an Sallusts Monographien aus. Auch seine Geschichtsauffassung ist durch Sallust beeinflusst: Anlass für den Niedergang sind wie bei diesem *avaritia* und *praedae cupiditas* (Habsucht und Beutegier). Äußere Sicherheit befördert im Inneren der Staaten Unruhe und Zwietracht. Machtstreben ist, wie am Beispiel der Visconti gezeigt wird, Motivation allen polit. Handelns. Kennzeichnend und ebenso durch Sallust beeinflusst ist P.s Anwendung moralischer Kategorien bei der Bewertung aller Unternehmungen. Moralexkurse schlagen sich bes. in den Reden nieder. Deutlicher akzentuiert als Bruni stellt P. bei seinen polit. Akteuren die psychologischen Reaktionen auf äußere Ereignisse als Grundlinie des Handelns dar. Ganz im Unterschied zu Brunis Konzeption sieht er die Gegenwart in negativem Licht; auch ist seine Fortuna-Gläubigkeit (*dominatio fortunae*) ausgeprägter als bei diesem. Insgesamt ist die Geschichtssicht durch den bei P. auch in anderen späten Werken zutage tretenden Alterspessimismus geprägt.

Das in der Forschung wenig beachtete Werk wurde nicht vollendet; in P.s Nachlass fanden sich aber zahlreiche ausgearbeitete Traktate, die sein Sohn Jacopo in den Text, den er 1476 in einer Übersetzung ins Volgare herausgab, einarbeitete [14.310, 322] (vgl. Fubini in [2.Bd. 1, X]). Die Erstedition (Venedig 1715) stammt von G.B. Recanati.

Wirkung

P.s Nachwirkung ist vielfältig; er war bekannt wegen seiner schönen und lesbaren Handschrift und entwickelte in der ersten Dekade des 15. Jh.s die sog. Humanistenschrift, eine bes. feine Form der *Lettera antica*. Seine Invektiven geben einen Eindruck davon, in welchen Kontroversen er sich schon zu Lebzeiten mit seiner gebildeten Umwelt auseinandersetzte. Unmittelbare Wirkung erzielte er, wenngleich auch Kritik an ihnen geübt wurde, durch die Fazetien, in denen seine an Giovanni ↗Boccaccio geschulte Erzählkunst zum Ausdruck kommt; das Konzil von Trient setzte sie auf den Index, Konrad Geßner nannte sie 1545 ein *opus turpissimum* (»wirklich scheußliches Werk«) [14.322]. Dennoch griff in ganz Europa die Erzählliteratur auf diese Texte zurück, die nicht zuletzt wegen ihrer Laszivität und des deftigen Humors Anklang fanden und zahlreich abgeschrieben, inhaltlich auch in vergleichbaren Sammlungen in Frankreich und Deutschland kopiert wurden.

P.s Ruhm als Entdecker zahlreicher Hss. war schon zu seinen Lebzeiten gefestigt. Editionen eines großen Teiles seiner Werke erschienen 1497/98 in Lyon, 1510 und 1513 in Straßburg und 1538 als *Opera omnia* in Basel [1]. In seiner wiss. Wirkung trat er in den folgenden Jahrhunderten sichtbar hinter dem – wegen seiner Sprache und kritischen Philologie hoch geschätzten – Gegner Lorenzo ↗Valla zurück. Vespasiano da Bisticci nahm ihn in seine Lebensbeschreibungen großer Männer auf und stellte ihn mit seinem Geschichtswerk gleichrangig neben Leonardo Bruni.

Aus heutiger Sicht ist festzustellen, dass P. mit den ant. Vorlagen freizügig umging: Seine Übersetzungen waren meist Paraphrasen, die lat. Sprache konservierte er nicht nur wie Valla im Stile Ciceros und Quintilians, sondern begriff sie auch in Anklängen an das Volgare als ein lebendiges Kommunikationsmittel. Der Antike trat er nicht konservativ archivierend gegenüber, sondern begriff sie als eine Lebensform, welche in die Gegenwart umgesetzt werden sollte. Die zahlreichen Briefe zeigen P. als einen hochgebildeten Gelehrten, der an Kultur und Politik interessiert war, aber mit zunehmendem Alter in Resignation verfiel. Bezeichnend ist seine Bemerkung im Brief an Niccolò ↗Niccoli vom 21.2.1421: »Immer Holz, Steine, Zement zusammen zu tragen, kann als etwas sehr Törichtes erscheinen, wenn man nichts daraus baut« (*Nam congregare semper ligna, lapides, cementa, stultissimum videri potest, si nihil edifices ex illis* [4. Bd. 1, 10]).

Schriften

[1] Poggii Florentini oratoris et philosophi opera, collatione emendatorum exemplarium recognita, Basel 1538 [2] Poggio Bracciolini Opera omnia, 4 Bde., hrsg. von R. Fubini, 1964–1969 [3] Facezie, eingel. von E. Garin, hrsg. von M. Ciccuto, 1983 [4] Lettere, 3 Bde., hrsg. von H. Hardt, 1984–1987 [5] De varietate fortunae, hrsg. von O. Merisalo, 1993 [6] Dialogus contra avaritiam (De avaritia), transkrib., übers. und komm. von G. Germano, 1994 [7] De infelicitate principum, hrsg. von D. Canfora, 1998.

Sekundärliteratur

[8] E. Cochrane, Historians and Historiography in the Italian Renaissance, 1981 [9] E. Flores, Le scoperte di Poggio e il testo di Lucrezio, 1980 [10] E.B. Fryde, Humanism and Renaissance Historiography, 1983 [11] T. Jorde, Cristoforo Landinos De vera nobilitate. Ein Beitrag zur Nobilitas-Debatte im Quattrocento, 1995, 77–91 [12] W. Röcke, Witz und Öffentlichkeit. Die Kunst der Fazetien, in: W. Röcke / H. Neumann (Hrsg.), Komische Gegenwelten. Lachen und Literatur in Mittelalter und Früher Neuzeit, 1999, 79–101 [13] R. Sabbadini, Le scoperte di codici latini e greci nei secoli XIV e XV, 1905 (Ndr. 1967, 1996) [14] E. Walser, Poggius Florentinus. Leben und Werke, 1914 (Ndr. 1974) [15] D.J. Wilcox, The Development of Florentine Humanist Historiography in the Fifteenth Century, 1969 [16] C. Zintzen, Amicitiae – Inimicitiae. Bemerkungen zu Lorenzo Valla und Poggio Bracciolini, in: C. Zintzen, Vom Menschenbild der Renaissance, 2009, 55–67.

Clemens Zintzen

Pohlenz, Max

Dt. Klass. Philologe. Geb. am 30.7.1872 in Hänchen bei Cottbus, gest. am 5.1.1962 in Göttingen. Studium der Klass. Phil. in Erlangen, Berlin und Göttingen; 1895 Staatsexamen; ab 1897 Gymnasiallehrer in Berlin; 1898 Prom. ebda. 1906 ao.Prof. in Göttingen; 1909 persönliche ao.Prof. in Göttingen; 1916 o.Prof. für Klass. Phil. in Göttingen. 1937 Emeritierung; doch nach Kriegsende bei dem Wiederaufbau des Instituts 1947 bis in die 50er Jahre dort wieder am Lehrbetrieb beteiligt.

Werk und Wirkung

P. studierte Klass. Philologie in Erlangen u.a. bei Iwan von Müller und Adolf Römer, in Berlin bei Hermann ↗Diels, Adolf ↗Kirchhoff und Johannes Vahlen sowie in Göttingen bei Friedrich ↗Leo und Ulrich von ↗Wilamowitz-Moellendorff. Seine Forschungsinteressen umfassten ebenso die Textkritik zu Platon [1], Editionen von Cicero [2] und Plutarch [10] wie Studien zur ant. Staatstheorie [3]. Hinzu traten Untersuchungen zur ant. Geistes- [11] und Kulturgeschichte [6], populärwiss. Arbeiten [8] folgten. Zu seinem Hauptwerk wurde indessen nach diversen Einzeluntersuchungen [12] eine umfassende Darstellung der ant. Stoa [7], für die er auch eine Textsammlung [9] vorlegte: »Eine immer wieder durch exakte Analyse konzentrierte Einfühlung hat aus dem Trümmerfeld der Überlieferung das Gedankengebäude der Stoa als Ganzes und die Gestalten ihrer Vertreter wiedererstehen lassen« [15. 55]. Dabei neigte P. nicht selten zu national-konservativ inspirierten Interpretationen [14. 179 f.]. Durch sein jahrzehntelanges Göttinger Wirken prägte P. eine Generation vorwiegend als Gymnasiallehrer wirkender Klass. Philologen; zu seinen akad. Schülern gehörten u.a. Hermann ↗Fränkel, Wilhelm Luther, Heinrich Dörrie und Rudolf Stark.

SV: Kleine Schriften, hrsg. von H. Dörrie, Bd. 1, 1965, XIII-XXVIII (mit Abb.).

N: Göttingen, Staats- und Universitätsbibliothek.

Schriften

[1] Aus Platos Werdezeit. Philologische Untersuchungen, 1913 [2] M. Tulli Ciceronis Tusculanae disputationes (Edition), 1918 (Ndr. 1976) [3] Staatsgedanke und Staatslehre der Griechen, 1923 [4] Die griech. Tragödie, 1930 (²1954) [5] Herodot, der erste Geschichtsschreiber des Abendlandes (Neue Wege zur Antike II.7/8), 1937 (³1973) [6] Der hellenische Mensch, 1946 [7] Die Stoa. Geschichte einer geistigen Bewegung, 2 Bde., 1948 (7./6. Aufl., 1990–1992) [8] Gestalten aus Hellas, 1950 [9] Stoa und Stoiker. Die Gründer: Panaitios, Poseidonios (Einl. und dt. Übers.), 1950 (²1964) [10] Plutarchi moralia, Bd. 6.2 (Edition), 1952 (2. Aufl. hrsg. von R. Westman, 1959) [11] Griech. Freiheit.

Wesen und Werden eines Lebensideals, 1955 (franz. 1956) [12] K.S., hrsg. von H. Dörrie, 2 Bde., 1965.

Sekundärliteratur

[13] H. Dörrie, Max Pohlenz, in: Gnomon 34, 1962, 634–636 [14] S. Kipf, Herodot als Schulautor. Ein Beitrag zur Geschichte des Griechischunterrichts in Deutschland vom 15. bis zum 20. Jh., 1995, 179–180 [15] O. Luschnat, Rez. zu »Die Stoa«, in: Deutsche Literaturzeitung 72, 1951, 49–57 [16] W. Unte, Art. Pohlenz, Max, in: NDB 20, 2001, 588–589 (mit Lit.) [17] C. Wegeler, »...wir sagen ab der internationalen Gelehrtenrepublik«. Altertumswissenschaft und Nationalsozialismus: Das Göttinger Institut für Altertumskunde 1921–1962, 1996, 84–88, 177–140.

Hans-Ulrich Berner/Stefan Kipf

Pöhlmann, Robert von

Dt. Althistoriker. Geb. am 31. 10. 1852 in Nürnberg, gest. am 27. 9. 1914 in München. Schulbesuch in Nürnberg; Studium der Fächer Gesch., Klass. Phil. und Nationalökonomie in München, Göttingen und Leipzig. 1875 Prom. in Ma. Gesch. in Göttingen; 1879 Habil. in Alter Gesch. in Erlangen. Ab 1884 Prof. für Alte Gesch. in Erlangen, ab 1901 in München. 1909 geadelt (von P.).

Werdegang und Werk

Charakteristisch für P.s wiss. Karriere und Werke waren von Beginn an die weitgespannten histor. Interessen und eine große Offenheit modernen Fragestellungen und Denkrichtungen gegenüber. Er promovierte 1875 in Göttingen bei dem Mediävisten Georg Waitz mit einer Arbeit über Kaiser Heinrich VII.; es folgte 1878 eine Preisschrift zur Wirtschaftspolitik der Florentiner Renaissance [1]. Die Habil.-Schrift war dann einem althistor. Thema gewidmet, den griech. Auffassungen über die geographischen Voraussetzungen der Geschichte [2]. Sozialhistor. Problemen wandte sich P. bereits in seiner Untersuchung zur Übervölkerung der ant. Großstädte zu [3]. Für das *Handbuch der Klass. Altertumswissenschaft* verfasste P. einen *Grundriß der griech. Geschichte*, der bis 1914 immer wieder überarbeitet und aufgelegt wurde [5].

P. fand weite Anerkennung; als 1901 an der Univ. München der erste Lehrstuhl für Alte Gesch. eingerichtet wurde, erhielt P. den Ruf [9]. 1907 wurde er, seit 1901 ordentliches Mitglied der Bayerischen Akad. der Wissenschaften, zum Sekretär der histor.-philol. Klasse gewählt. 1909 folgte die Erhebung in den persönlichen Adelsstand.

Wiss. Hauptwerk P.s ist die zweibändige *Geschichte des ant. Kommunismus und Sozialismus* [4]. Danach resultierte der ant. Sozialismus aus einer Entwicklung, die zur Entstehung einer kapitalistischen Wirtschaftsordnung im archaischen und klass. Griechenland und damit zur Herausbildung von kapitalistischen Großbetrieben führte. Der Gegensatz zwischen dem verarmten Proletariat und den reichen Kapitaleignern fand Ausdruck in sozialen Bewegungen, die auf eine Umverteilung des Reichtums abzielten; die inneren Konflikte charakterisierte P. als soziale Revolution. In der polit. Theorie und in der Utopie wurden Alternativen zu den Zuständen des 5. und 4. Jh.s v. Chr. formuliert und diskutiert: P. versuchte zu zeigen, dass zahlreiche Texte der griech. Literatur und Philosophie eine gegen Eigentum und Reichtum gerichtete Tendenz besitzen und so Elemente des mod. Sozialismus vorwegnehmen.

P.s Position weist viele Übereinstimmungen mit den modernistischen Auffassungen von Eduard ↗Meyer und Karl Julius ↗Beloch auf; neben der Übertragung einer mod. Begrifflichkeit auf die Antike handelt es sich im wesentlichen um die Behauptung struktureller Übereinstimmungen. Die Betonung der sozialen Frage und der Klassenkämpfe der Antike war keineswegs Ausdruck einer progressiven polit. Position; es ging P. angesichts der zeitgenössischen Kritik am humanistischen Gymnasium vielmehr um eine Aktualisierung der Antike, um so deren Bedeutung für das Bildungssystem und insbes. für die polit. Bildung nachzuweisen [6. 1–51; 385–438].

Wirkung

P.s Thesen über die ant. sozialen Verhältnisse und Klassenkämpfe stießen bei Althistorikern schnell auf Ablehnung [10. 42 f.]; auch Max ↗Weber sprach von »unhaltbaren, v. a. der ökonomischen Schärfe entbehrenden Deutungen« [11. 284]. Friedrich Oertel unterzog in seinem Anhang zur 3. Auflage von [4] P.s Darstellung einer grundlegenden Kritik und stellte fest, dass es im ant. Griechenland keine kapitalistische Großindustrie gegeben habe und die Arbeiterfrage aufgrund der ant. Sklaverei andere Formen als in mod. Staaten annahm; demnach waren auch die Voraussetzungen für einen ant. Sozialismus nicht gegeben [10. 40–98]. Es bleibt aber P.s Verdienst, mit Nachdruck auf die sozialen Konflikte und die Verteilungskämpfe insbes. im ant. Griechenland hingewiesen zu haben. An P. als engagierten »Nonkonformisten« erinnerte Karl ↗Christ in seinen wissenschaftshistor. Arbeiten [7. 201–247]; [8. 125–148].

Schriften

[1] Die Wirtschaftspolitik der Florentiner Renaissance und das Prinzip der Verkehrsfreiheit, 1878 (Ndr. 1968) [2] Hellenische Anschauungen über den Zusammenhang zwischen Natur und Geschichte (Habil.schrift Erlangen), 1879 [3] Die Übervölkerung der ant. Großstädte im

Zusammenhange mit der Gesamtentwicklung städtischer Civilisation, 1884 (Ndr. 1967) [4] Geschichte des ant. Kommunismus und Sozialismus. Geschichte der sozialen Frage und des Sozialismus in der ant. Welt, 2 Bde., 1893–1901 (³1925; Ndr. 1984) [5] Grundriß der griech. Geschichte. Griech. Geschichte und Quellenkunde (Hdb. der Klass. Altertumswissenschaft 3/4), ²1896 (⁵1914; zuerst 1889 unter dem Titel Geographie und politische Geschichte des klass. Altertums) [6] Aus Altertum und Gegenwart. Ges. Abhandlungen, ²1911 (¹1901).

Sekundärliteratur

[7] Christ Gib. 1972 [8] Christ Hel. 1999 [9] J.-U. Krause, Robert von Pöhlmann, in: J. Seibert (Hrsg.), 100 Jahre Alte Geschichte an der Ludwig-Maximilians-Universität München (1901–2001), 2002, 41–45 [10] F. Oertel, Kleine Schriften zur Wirtschafts- und Sozialgeschichte des Altertums, 1975 [11] M. Weber, Agrarverhältnisse im Altertum, in: Handwörterbuch der Staatswissenschaften 1, ³1909, 52–188 (Ndr. in: Ges. Aufsätze zur Sozial- und Wirtschaftsgeschichte, 1–288, und in der Gesamtausgabe, hrsg. von J. Deininger, Bd. 1/6) [12] H. Wolff, Art. Pöhlmann, Robert von, in: NDB 20, 2001, 559–560.

Helmut Schneider

Polanyi, Karl

Österr.-amerikan. Wirtschafts- und Sozialhistoriker. Geb. am 21. 10. 1886 in Wien, gest. am 23. 4. 1964 in Pickering (bei Toronto). Studium in Budapest; ab 1919 in Wien, ab 1933 (Emigration) in England polit. und journalistisch tätig. 1947–1953 Prof. für Wirtschaftsgeschichte an der Columbia Univ. in New York.

Werdegang

In Wien geboren, wuchs P. als Sohn eines jüd. Unternehmers in Budapest auf. Schon früh war er von sozialistischen Ideen und Theorien beeinflusst. 1919 ging er nach Wien, wo er ab 1924 Artikel für eine Wirtschaftszeitung (*Der Österr. Volkswirt*) verfasste. 1933–1947 arbeitete P. in England, zeitweise für die *Worker's Educational Association*. Dann erhielt er ein Stipendium der Rockefeller-Stiftung (1941–1943); in den USA schrieb er *The Great Transformation* (*TGT*) [1]. Die Prof. für Wirtschaftsgeschichte an der Columbia Univ. ermöglichte es P., seine Forschungen zur Wirtschaft vormoderner Gesellschaften intensiv fortzusetzen. Nach 1953 widmete er sich einem interdisziplinären Forschungsprogramm, das Märkte, Handel und Geld in vergleichender Perspektive in primitiven und archaischen Gesellschaften untersuchen und auf diese Weise zur Klärung der in *TGT* aufgeworfenen wirtschaftshistor. Fragen beitragen sollte.

Werk und Wirkung

In *TGT* führt P. die mod. Marktwirtschaft auf die Industrielle Revolution zurück [5. 68]. Vormod. Gesellschaften seien nicht marktwirtschaftlich geordnet gewesen, es habe vielmehr andere Mechanismen der Distribution von Gütern gegeben; hier benannte P. in Anlehnung an die Ethnologie Reziprozität und Redistribution, als drittes Prinzip die Produktion für den Eigenbedarf [5. 71–87]. P. leugnete keineswegs die Existenz von Märkten [5. 87–101], sah aber die lokalen Märkte als eine »bloße Begleiterscheinung des Wirtschaftslebens« an. Die vormod. Wirtschaft war noch nicht »ausschließlich von Märkten kontrolliert, geregelt und gesteuert« [5. 102]. Im Zusammenhang mit den Untersuchungen des Fernhandels entwickelte P. das Konzept des *port of trade*: des Orts, an dem der Güteraustausch zwischen zwei Gesellschaften so organisiert wird, dass möglichst wenig Konflikte zwischen den Akteuren des Handels entstehen und es zwischen den Angehörigen beider Gesellschaften nur wenig Kontakt gibt [10. 8–25]. Der ant. Fernhandel war dabei nicht den Händlern überlassen, sondern unterlag der Regelung durch die polit. Institutionen der Städte (*administered trade*); als Beispiel hierfür dient der Getreidehandel Athens im 5. und 4. Jh. v. Chr. [4. 204–206, 216–220, 225–228].

In der Rezeption der Arbeiten P.s spielte die These, in frühen Gesellschaften sei die Wirtschaft sozial eingebettet gewesen, während in der mod. Wirtschaft die Marktmechanismen die Gesellschaft beherrschen [6. 129–148], eine wichtige Rolle; P.s zentrale Kategorie *embeddedness* verweist darauf, dass in vormod. Gesellschaften das wirtschaftliche Handeln in ein System sozialer Normen und Institutionen fest eingebunden war und keinen bestimmenden gesellschaftlichen Einfluss ausübte.

An der Columbia Univ. hatte Moses ↗Finley enge Beziehungen zum Kreis um P.; bereits dessen *The World of Odysseus* (1954) zeigte mit den Hinweisen auf den Geschenkeaustausch oder den Oikos die Rezeption von P.s Thesen. In *The Ancient Economy* (1973) berief sich Finley auf P.s Auffassung, dass die mod. Wirtschaftstheorie auf die Antike nicht anwendbar sei. P.s anthropologischer Ansatz wurde umfassend gewürdigt [9]; [11]; [12]; dabei wurde betont, dass die Rezeption seiner Arbeiten erheblichen Erkenntnisgewinn für ant. Wirtschaft und Gesellschaft erwarten lasse. Die Kategorie des *port of trade* ist Grundlage einer neueren Monographie zu Naukratis [10]. An einzelnen Aussagen P.s gerade zur Wirtschaft Athens gab es aber auch erhebliche Kritik, so u. a. von Finley, der alle *primitive models* als *useless* bezeichnete [8. 117]; vgl. [12. 140].

Schriften

[1] The Great Transformation. The Political and Economic Origins of Our Time, 1944 (u.ö.; dt. 1978) [2] (Hrsg.), Trade and Market in the Early Empires. Economies in History and Theory (mit C.M. Arensberg, H.W. Pearson), 1957 [3] Primitive, Archaic, and Modern Economies, hrsg. von G. Dalton, 1968 [4] The Livelihood of Man, 1977 [5] The Great Transformation (dt. Übers.), 1978 (u.ö.) [6] Ökonomie und Gesellschaft, hrsg. und eingel. von S. Humphreys, 1979 (²2008).

Sekundärliteratur

[7] G. Dale, Karl Polanyi. The Limits of the Market, 2010 [8] M.I. Finley, Anthropology and the Classics, in: M.I. Finley, The Use and Abuse of History, 1975, 102–119 [9] S.C. Humphreys, History, Economics and Anthropology: the Work of Karl Polanyi, in: S.C. Humphreys, Anthropology and the Greeks, 1978, 31–75 (u.ö.) [10] A. Möller, Naukratis. Trade in Archaic Greece, 2000, 8–25 [11] W. Nippel, Sozialanthropologie und Alte Geschichte, in: Ch. Meier / J. Rüsen (Hrsg.), Historische Methode, 1988, 300–318 [12] W. Nippel, Ökonomische Anthropologie und griech. Wirtschaftsgeschichte, in: W. Nippel, Griechen, Barbaren und »Wilde«. Alte Geschichte und Sozialanthropologie, 1990, 124–151 [13] B.D. Shaw / R.P. Saller, Editors' Introduction, in: M.I. Finley, Economy and Society in Ancient Greece, 1981, XIX.

Helmuth Schneider

Poliziano, Angelo

Agnolo Ambrogini, lat. Angelus Politianus; ital. Humanist und Dichter. Geb. am 14.7.1454 in Montepulciano, gest. am 29.9.1494 in Florenz. Ab 1469 Studium der *Humaniora* in Florenz; ab 1473 Förderung durch Lorenzo de' Medici; 1475 Aufnahme in dessen Haushalt als Erzieher und Privatsekretär. 1477 Priesterweihe; in der Folge verschiedene kirchliche Ämter (u.a. 1485 Kanonikus der Kathedrale von Florenz). 1479/80 Aufenthalt in Oberitalien; 1480 Berufung zum Prof. für Latein, Griechisch und Rhetorik in Florenz.

Werdegang

Il Poliziano (so nach seiner Heimatstadt, lat. Mons Politianus, genannt) verlor seinen Vater Benedetto im Jahr 1462; der Notar war aufgrund von polit. Querelen ermordet worden. Seit spätestens 1469 lebte P. bei Verwandten in Florenz; zu seinen Lehrern gehörten Cristoforo ↗Landino, Demetrios Chalcondyles, Giovanni ↗Argyropoulos und Andronikos Kallistos. Schon früh zeichnete P. sich als Verfasser eleganter Oden, Epigramme und Elegien in lat. und griech. Sprache sowie als Übersetzer der homerischen *Ilias* in lat. Hexameter aus (P. übertrug Buch 2–5; Buch 1 war bereits zuvor von Carlo Marsuppini übersetzt worden). Das 1470 begonnene und 1473 vollendete Werk zog die Aufmerksamkeit Lorenzos de' Medici auf den erst 17-Jährigen; er förderte ihn bis zu seinem Tod 1492.

Im Kreis der Medici trat P. in engen Kontakt zu Marsilio ↗Ficino und zu Sandro Botticelli, dessen Bildprogramme seinem Mythen- und Allegoriewissen verpflichtet sein dürften (*Geburt der Venus*; *Primavera*). Daran, dass sich auch Giovanni ↗Pico della Mirandola 1483 dem Medici-Kreis anschloss, hatte P. entscheidenden Anteil. Glanzvoll pries P. Lorenzos jüngeren Bruder Giuliano und dessen Geliebte Simonetta Cattaneo in den 1475 begonnenen *Stanze cominciate per la giostra del Magnifico Giuliano de' Medici*. In der Verschwörung der Pazzi gegen die Medici vom 26. April 1478, der Giuliano zum Opfer fiel, rettete P. Lorenzo im Dom von Florenz das Leben. Die Umstände der Verschwörung und ihrer Niederschlagung stellte er noch in demselben Jahr in einem an Sallusts *De coniuratione Catilinae* orientierten Geschichtswerk dar (*Coniurationis commentarium* [4]).

1479 kam es (wahrscheinlich ausgelöst durch Lorenzos Frau Clarice) zu einer kurzfristigen Entfremdung zwischen P. und Lorenzo; P. nahm nicht an der wichtigen diplomatischen Reise des *Magnifico* nach Neapel teil, sondern bereiste allein Verona, Venedig, Padua und Mantua. In Mantua brachte er 1480 seine *Fabula di Orfeo* (ein Drama in 401 Versen; Erstdruck 1490) zur Aufführung, ein Werk, das den Wiedereinsatz von Bühnendichtung in der Volkssprache einläutete. 1480 übernahm er mit Lorenzos Einverständnis die Prof. für Griechisch, Latein und Rhetorik an der Univ. von Florenz und widmete sich fortan intensiv philol. Studien. Ob er an einer Krankheit (vielleicht der Pest) oder, wie aus neueren Knochenuntersuchungen gefolgert wurde, an Gift (Arsen) starb, ist fraglich. Eine Inschrift in der Kirche S. Marco in Florenz erinnert an ihn. Seine bedeutendsten Schüler waren Johannes ↗Reuchlin, Thomas ↗Linacre und Pietro Crinito.

Werk

P.s philol. Werk besteht aus Übersetzungen antiker griech. Autoren ins Lateinische (Epiktet, Herodian, Werke aus dem Corpus des Galen und Hippokrates, Plutarchs *Eroticus*, Platons *Charmides*), Kommentaren, Dichter-Viten und textkritischen Studien (zu Vergils *Georgica* [11], Ovids *Fasti* [12] und Sappho-Brief [5], Sueton [9], Homer [15], Statius' *Silvae* [8], Persius [10], Terenz' *Andria* [7]. Vieles davon geht auf seine Vorlesungen zurück und kursierte zu seinen Lebzeiten allenfalls als studentische Mitschrift; nach P.s Tod sammelte Crinito das meiste und gab es 1498 bei Aldus ↗Manutius heraus [1]. Eine Zwischenstellung zwischen Dichtung und Philologie nehmen P.s *Silvae* ein (eigentlich: Gelegenheitsgedichte) [13]: Als *praelectiones* (Einführungsvorträge) in lat. Hexametern leiteten sie attraktiv in P.s Vorlesungen über Vergils *Bucolica* (1482: *Manto*), Hesiod, Vergils *Georgica* (1483: *Rusticus*) und Homer (1485: *Ambra*) ein. Die letzte hexametrische *praelectio* aus dem Jahr 1486 trägt den Titel *Nutricia* (»Ammenlohn« – das ›Nährkind‹ P. zahlt der ›Amme‹, d.h. der ant. Dichtung, ihren Lohn): Hier setzt sich P. mit der Lehre von Inspiration und Trad. auseinander und vermittelt einen Überblick über die griech. und röm. Literatur.

Auf umfänglichen Handschriftenforschungen – u.a. in der Bibliotheca Vaticana – beruht P.s philol. Hauptwerk, die *Miscellaneorum centuria prima*, eine Sammlung von 100 kleinen Abhandlungen zu ant. Texten (Florenz 1489). Hiermit legte P. seine Programmschrift eines neuen Umgangs mit der griech.-röm. Überlieferung vor: An die Stelle einer geistes- und kulturgeschichtlich orientierten Rezeption tritt die Sicherung des Textbestandes mittels wiss. fundierter Textkritik auf der Basis des Handschriftenvergleichs. Die nicht ohne persönliche Polemik vorgetragenen Texterklärungen und Konjekturen brachten P. viel verdientes Lob ein, riefen aber auch Kritiker auf den Plan, an vorderster Front Giorgio Merula, der P. vorwarf, er habe ihn plagiiert und schreibe ein archaisierendes Latein. P.s Auseinandersetzung mit Merula nimmt größere Teile von Buch XI der weitgehend von P. selbst geordneten, aber erst postum von seinen Schülern edierten Sammlung der lat. Korrespondenz in zwölf Büchern ein (die letzten Briefe bezeugen bereits P.s Tod).

Dass P. sich in den 1490er Jahren in seinen Vorlesungen Aristoteles und den röm. Fachschriftstellern (u.a. Plinius d.Ä.) zuwandte, war vielleicht eine kritische Reaktion auf das unter dem Einfluss des Dominikanermönchs Savonarola wachsende Interesse seiner Freunde ↗Ficino und ↗Pico della Mirandola an mystisch-hermetischen Schriften. Mit der *praelectio* (in Prosa) *Lamia* (»die Hexe«) verteidigte P. seine Kompetenz im Feld der Philosophie, die ihm Kritiker abgesprochen hatten. Die *Miscellaneorum centuria secunda* ist im Vergleich zur ersten Centurie deutlicher realienkundlich angelegt; P. gewinnt den Texten v.a. Details zum Leben in der Antike ab (Kleidung, Feste, botanische Namen u.Ä.). Das Werk blieb unvollendet und wurde erst 1972 aus dem Nachlass ediert [6]. Seit spätestens 1492 beschäftigte sich P. mit juristischen Schriften; seine Ausgabe der Digesten widmete er Ludovico Sforza, dem Herzog von Mailand.

Wirkung

Als Dichter wie als Philologe zählte P. zu den bedeutendsten Autoren seiner Zeit. Ein polit. Mensch war er nicht, aber in die geistesgeschichtlichen Diskurse seiner Zeit schrieb er sich erfolgreich ein: Den wiss. Anspruch der Textkritik erhob er als Erster präzise und konsequent. Im Ciceronianismus-Streit, der Debatte um den rechten lat. Stil, vertrat er das Programm einer auf Eklektizismus basierenden stilistischen Eigenständigkeit: Kein zweiter Cicero wollte er sein, sondern sich selbst ausdrücken (*me tamen, ut opinor, exprimo*: Epist. 8,16, ohne Datum, an Paolo Cortese). Selbst kein eigentlicher Philosoph, schloss er sich den zeitgenössischen Kritikern der Scholastik an, im Bewusstsein, einen neuen Zugang zur ant. Philosophie über die Primärtexte selbst erschließen zu können (Epist. 2,4).

Schriften

[1] Omnia opera … edita ab amicis & praecipue ab Alexandro Sartio Bononiensi, Venedig 1498 [2] Opera, Basel 1553 [3] Poesie latine e greche edite e inedite, hrsg. von I. Del Lungo, 1867 (Ndr. 1976) [4] Della congiura dei Pazzi, hrsg. und komm. von A. Perosa, 1958 [5] Commento inedito all'Epistola Ovidiana di Saffo a Faone, hrsg. von E. Lazzeri, 1971 [6] Miscellaneorum centuria secunda, 4 Bde. hrsg., eingel. und komm. von V. Branca und M. Pastore-Stocchi, 1972 [7] La commedia antica e L'Andria di Terenzio, appunti inediti, hrsg. von R. Lattanzi Roselli, 1973 [8] Commento inedito alle Selve di Stazio, hrsg. von L. Cesarini Martinelli, 1978 [9] Una ignota expositio Suetoni del Poliziano, hrsg. von V. Fera, 1983 [10] Commento inedito alle satire di Persio (Praelectio in Persium), hrsg. von A. Martinelli und L. Cesarini, 1985 [11] Commento inedito alle Georgiche di Virgilio, hrsg. von L. Castano Musicò, 1990 [12] Commento inedito ai Fasti di Ovidio, hrsg. von F. Lo Monaco, 1991 [13] Silvae, hrsg. von F. Bausi, 1996 [14] Letters, hrsg. von Sh. Butler, Bd. 1: Bücher I–IV, 2006 [15] Oratio in expositione Homeri, hrsg. von P. Megna, 2007 [16] Lamia, übers. und eingel. von Ch. S. Celenza, 2010.

Sekundärliteratur

[17] V. Branca, Poliziano e l'umanesimo della parola, 1983 [18] P. Colilli, Poliziano's Science of Tropes, 1989 [19] V. Fera / M. Martelli (Hrsg.), Agnolo Poliziano. Poeta, scrittore, filologo, 1998 [20] P. Godmann, From Poliziano to Machiavelli. Florentine Humanism in the High Renaissance, 1998 [21] P. Hallyn-Galand, Art. Politien (Ange), in: C. Nativel (Hrsg.), Centuriae Latinae. Cent une figures humanistes de la Renaissance aux Lumières, FS J. Chomarat, 1997, 623–628 [22] I. Maïer, Ange Politien. La formation d'un poète humaniste, 1966 [23] M. Martelli, Angelo Poliziano. Storia e metastoria, 1995 [24] P. Orvieto, Poliziano e l'ambiente mediceo, 2009 [25] G.B. Picotti, Tra il Poeta ed il Lauro. Pagina della vita di Agnolo Poliziano, in: Giornale storico della letteratura italiana 65, 1915, 263–303 (fortgesetzt in 66, 1915, 52–104) [26] R. Ribuoli, La collazione polizianea del codice Bembino di Terenzio, 1981 [27] L. Rotondi Secchi Tarugi (Hrsg.), Poliziano nel suo tempo, 1996 [28] A. Scaglione, The Humanist as Scholar and Politian's Conception of the Grammaticus, in: Studies in the Renaissance 8, 1961, 49–70 [29] F. Tateo, Lorenzo De' Medici e Agnolo Poliziano, 1972 [30] P. Viti (Hrsg.), Pico, Poliziano e l'umanesimo di fine Quattrocento, 1994 [31] A. Waschbüsch, Angelo Poliziano, 1972.

Dorothee Gall

Polotsky, Hans Jakob

Israel. Ägyptologe, Koptologe und Linguist. Geb. am 13.9.1905 in Zürich, gest. am 10.8.1991 in Jerusalem. 1924 Abitur in Berlin; 1924–1928 Studium der Ägyptologie und der Semitistik in Berlin und Göttingen; 1928 Prom. in Göttingen; 1926–1930 Mitarbeiter im Septuaginta-Unternehmen ebda. 1930–1934 Mitarbeiter bei der Publikation der koptischen manichäischen Papyri in Berlin. 1934–1948 Instructor for Egyptology an der Hebrew Univ. in Jerusalem; 1948–1972 Prof. of Egyptian and Semitic Linguistics ebda. 1959 Gründungsmitglied der Israel Acad. of Sciences and Humanities; 1967–1968 Prof. für Ägyptologie in Kopenhagen.

Werdegang

P., Sohn russ.-jüdischer Eltern, beschäftigte sich bereits in seiner Berliner Schulzeit bes. mit Sprachen. Es drängte ihn zum Lateinischen und Griechischen; daneben erlernte er Hebräisch, Arabisch und Ägyptisch. Nach dem Abitur studierte er in Berlin Ägyptologie bei Kurt ↗Sethe sowie Semitistik, danach in Göttingen v.a. Semitistik bei Mark Lidzbarski. Was ihn jetzt und später interessierte, waren Sprachen und Texte, nicht eigentlich die Alt.wiss. 1928 mit einer ägyptologischen Diss. bei Hermann Kees promoviert, befasste er sich in der Folgezeit als Mitarbeiter Alfred Rahlfs im Göttinger Septuaginta-Unternehmen und in Berlin bei Carl Schmidt bei der Herausgabe manichäischer Papyri schwerpunktmäßig mit koptischen Texten.

1934 übersiedelte er unter den üblen polit. Bedingungen der Zeit nach Jerusalem, aber auch in der Erwartung, an der 1925 gegründeten jungen Hebrew Univ. Karriere zu machen. Zunächst länger als ein Jahrzehnt nur *Instructor of Egyptology*, wurde er erst 1948 zum *Prof. of Egyptian and Semitic Linguistics* ernannt. Mittlerweile galt sein Hauptinteresse äthiopisch-semitischen Sprachen. Erst in seiner grundlegenden Arbeit zum *Coptic Conjugation System* von 1960 [3.238–268] zeichnete sich eine Rückkehr zum Ägyptischen bzw. Koptischen ab. Frustrierend war für ihn die mangelnde Rezeption einer seiner bedeutendsten Entdeckungen auf ägyptologischem Gebiet, der Funktion der »emphatischen Formen« des älteren Ägyptischen. Grundlegend dargestellt in den *Études de syntaxe copte* von 1944 [3.102–207], erneut aufgegriffen 1957 [3.43–51], gewann der innovative Ansatz erst nach 1965 mit der Rezeption seiner *Egyptian Tenses* [3.71–96] rasch an Boden.

Wissenschaftliche Leistung

Was immer P. in Druck gab, hatte eine gediegene philol. Basis und war nach den Maßstäben der aktuellen Methodologie straff und gültig formuliert – so gültig, dass der unveränderte Nachdruck seiner verstreut publizierten Arbeiten in Sammelbänden [3]; [6] auch nach Jahrzehnten noch lohnt –, nicht zu reden von der Gültigkeit der nicht nachgedruckten Monographien, so seines Erstlingswerks, der schmalen, aber gewichtigen ägyptologischen Diss. [1], seiner Publikation koptisch-manichäischer Texte [2] und seines Alterswerk zum Satzbau des Koptischen [4]. Auch wenn er sich intensiv mit semitischen Sprachen beschäftigte und ihm die Manichäismusforschung grundlegende Arbeiten zu verdanken hat, lag doch der entschiedene Schwerpunkt seiner Arbeit im Bereich der ägypt.-koptischen Grammatik. Hier wirkte er schulbildend (»Jerusalemer Schule«). Sein von den »emphatischen Formen« ausgehendes Konzept der ägypt. Verbalsyntax, abschließend formuliert in seinen *Transpositions du verbe en égyptien classique* (1976) [6.55–104], wurde geradezu als »Standardtheorie« eingeschätzt.

Wenn heute dagegen Einwände erhoben werden, so hat dies zweierlei Ursachen: Zum einen sind die philol. Ausgangsbeobachtungen erweiterungsbedürftig, zum anderen wird die Gültigkeit der von P. befolgten linguistischen Methode, des Strukturalismus, in Frage gestellt. Zu welchem Ergebnis die immer noch unabgeschlossene Diskussion der linguistischen Sachverhalte kommen mag: Es ist das unbestreitbare Verdienst P.s, die neuere Diskussion überhaupt in Gang gebracht zu haben, zu einer Zeit nämlich, als in der Ägyptologenschaft die Vorstellung vorherrschte, man habe durch die jahrzehntelange Arbeit Adolf ↗Ermans und seiner »Berliner Schule«, zu der namentlich noch Alan H. ↗Gardiner gezählt werden kann, einen konsolidierten Wissensstand erlangt, der allenfalls in Randbereichen eines weiteren Ausbaus bedürfe.

Schriften

[1] Zu den Inschriften der 11. Dynastie (Diss. Göttingen), 1929 [2] Manichäische Homilien, Bd. 1 (Edition), 1934 [3] Collected Papers, 1971 [4] Grundlagen des koptischen Satzbaus, 2 Bde., 1987–1990 [5] Ausgewählte Briefe, hrsg. von E. Ullendorff, 1992 [6] Scripta Posteriora on Egyptian and Coptic, hrsg. von V.M. Lepper und L. Depuydt, 2007.

Sekundärliteratur

[7] S. Hopkins, H.J. Polotsky, 1905–1991, in: Rassegna di Studi Etiopici 34, 1992, 115–125 [8] J. Osing, Hans Jakob Polotsky, in: Zs. für ägyptische Sprache und Altertumskunde 120, 1993, III–V [9] A. Shisha-Halevy, In memoriam Hans Jakob Polotsky (1905–1991), in: Orientalia 61, 1992, 208–213 [10] E. Ullendorff, H.J. Polotsky (1905–1991). Linguistic Genius, in: Journal of the Royal Asiatic Society. Ser. 3/4, 1994, 3–13.

Wolfgang Schenkel

Porson, Richard

Brit. Klass. Philologe. Geb. am 25. 12. 1759 in East Ruston (Norfolk), gest. am 25. 9. 1808 in London. Schulbesuch u. a. in Eton; 1778–1782 Studium am Trinity College in Cambridge, 1785 M. A., 1782–1792 Fellow ebda.; ab 1792 Regius Prof. für Griech. in Cambridge. 1792 Verlust des Fellowships (wegen seiner Verweigerung der Priesterweihe) und Umzug nach London; dort Privatgelehrter; ab 1806 Bibliothekar der sog. London Institution (Vorgängerinstitution der Univ. of London).

Werk und Wirkung

Neben der Arbeit an spätant. und byz. Lexikographen bildete das Hauptgebiet von P.s philol. Tätigkeit das attische Drama. 1795–1801 gab er den gesamten Aischylos (anonym) sowie vier Euripides-Tragödien heraus [1], in deren Rahmen er das nach ihm benannte Gesetz (*Porson's Law*) zum Bau der tragischen Sprechverse formulierte. Dass P. ausschließlich mit dem ihm unmittelbar zugänglichen Handschriftenmaterial arbeitete, wurde namentlich von Ulrich von ↗Wilamowitz-Moellendorff und Denys ↗Page kritisiert. Dennoch war sein Einfluss auf die Entwicklung der Klass. Philologie v. a. durch seine persönliche Wirkung auf einen Kreis von Schülern (u. a. Peter ↗Elmsley, Thomas Kidd, Peter Dobree) in zweierlei Hinsicht groß: zum einen für die Vorrangstellung der dramatischen Dichtung des 5. Jh.s in der Philologie der nachfolgenden Jahrzehnte – in Fortführung des Erbes Richard ↗Bentleys – für die Entwicklung einer wiss. Textkritik, bei der P. und seine Schüler (im Unterschied etwa zu Gottfried ↗Hermann) das Prinzip der Analogie systematisch anwandten. Unsterblich wurde P.s Name zum anderen durch Konjekturen zu verschiedenen griech. Autoren, die zu großen Teilen erst nach seinem Tod von verschiedenen Schülern in gesammelter Form herausgegeben wurden [2]; [3]. Wie seine Vorgänger hielt P. als Regius Prof. für Griech. keine einzige Lehrveranstaltung in Cambridge ab und machte sich schon zu Lebzeiten einen Namen auch im Londoner Gesellschaftsleben.

Schriften

[1] Euripidis tragodiae, editio in Germania altera correctior et auctior (Edition mit Komm.), 1807
[2] Adversaria. Notae et emendationes in poetas Graecos …, hrsg. von J. H. M. Monk und C. J. Blomfield, 1812 (postum; Ndr. 1982) [3] Tracts and Miscellaneous Criticisms, hrsg. von Th. Kidd, 1815 (postum; 2. Aufl. 1926).

Sekundärliteratur

[4] M. L. Clarke, Richard Porson. A Biographical Essay, 1937 [5] P. Maas, Greek Metre, 1962, 5, 35
[6] P. G. Naiditch, The Library of Richard Porson, 2011
[7] C. O'Brink, Klassische Studien in England, 1997, 135–157 (engl. 1986) [8] D. L. Page, Richard Porson (1759–1808), in: Proc. of the British Academy 45 (1959), 1960, 221–236 [9] Ch. Stray, The Rise and Fall of Porsonianism, in: Proc. of the Cambridge Philological Society (The Cambridge Classical Journal 53), 2006–2007, 40–67
[10] Wilamowitz, GPh 37.

Oliver Schelske

Pöschl, Viktor

Österr.-dt. Klass. Philologe. Geb. am 28. 1. 1910 in Graz, gest. am 1. 2. 1997 in Heidelberg. Schulbesuch in Mannheim; ab 1928 Studium der Klass. Phil. und Romanistik in Heidelberg, Grenoble, Cambridge, München, Berlin; 1933 Prom. in Heidelberg. Referendar in Mannheim; Assessor an der dt. Schule Athen; 1939 Habil. in Heidelberg. Im Zweiten Weltkrieg Zivildienstverpflichtung im Reichsluftfahrtministerium, 1940–1942 unterbrochen durch eine Univ.- bzw. Privatdozentur in München bzw. Prag. 1948 erneute Habil. in Graz. 1950 o.Prof. für Klass. Phil. in Heidelberg, emeritiert 1976. 1954 Mitglied der Heidelberger Akad. der Wiss., 1974–1978 deren Präsident; 1976–1978 Präsident der Konferenz der dt. Akademien. Ab 1962 Mitglied der Union Acad. Internationale, 1983–1986 deren Präsident. 1976 korrespondierendes Mitglied der Österr. Akad. der Wiss. und 1985 der Pariser Acad. des inscriptions et belles-lettres; 1985 Bundesverdienstkreuz erster Klasse.

Werk und Wirkung

P. studierte in Deutschland, Frankreich und England Klass. Philologie und Romanistik u. a. bei Ernst Robert ↗Curtius, Werner ↗Jaeger, Karl Jaspers, Richard Meister, Eduard ↗Norden, Otto Regenbogen und Karl Voßler. Er wurde bei Regenbogen mit der Arbeit zu Ciceros Staatsdenken promoviert [1] und habilitierte sich mit der Monographie zu röm. Grundwerten bei Sallust [2], die wie seine Diss. bald als Standardwerk galt und immer noch »für die dt. Latinistik zwischen den beiden Weltkriegen mit ihrem Interesse an röm. Staatlichkeit repräsentativ« ist [9. 150]. Nach dem Krieg wurde er Ordinarius an der Univ. Heidelberg als Nachfolger seines Lehrers Meister. Dort lehrte er bis zu seiner Emeritierung, lehnte fünf Rufe ab, war aber wiederholt Gastprofessor im Ausland. Dank P. wurde in Heidelberg eine dt. Zweigstelle der *L'Année philologique* eingerichtet, deren Kommission er bis zu seinem Tod leitete. Ebenso stand er zeitweise an der Spitze der internationalen Kommission für den *Thesaurus linguae Latinae.*

In seinem bedeutenden Buch zur *Dichtkunst Virgils* [3] entwickelte P. das Konzept der symbolistischen Vergil-Interpretation, bei der »verschiedene Deutungen gestattet, ja verlangt« sind [3. 15f.]. 1962 ins Englische übersetzt, gab dieses Buch wichtige Anstöße zur sog. *two voices theory* der sog. amerikan. Schule der Vergilforschung. P.s Interesse galt stets auch der Geschichtsschreibung, v.a. Tacitus, und den polit. Wertbegriffen in Rom (zur Kritik vgl. [11]). Dies bezeugt z.B. seine Abhandlung *Horaz und die Politik* [4]; eine Auswahl seiner Horaz-Interpretationen findet sich im Sammelband [6]. P.s Schüler Wolf-Lüder Liebermann hat eine Ausgabe seiner kleinen Schriften besorgt [7].

V.a. P.s Arbeiten zu Vergil und Horaz gelten bis heute als Standardwerke. Zu seinen Schülerinnen und Schülern gehören u.a. Wolf-Lüder Liebermann, Gabriele Thome und Antonie Wlosok.

Schriften

[1] Röm. Staat und griech. Staatsdenken, 1936 (Ndr. 1962, 1976, 1983) [2] Grundwerte röm. Staatsgesinnung in den Geschichtswerken des Sallust (Habil.schrift Heidelberg 1939), 1940 (Ndr. 1967) [3] Die Dichtkunst Virgils. Bild und Symbol in der Äneis, 1950 (^{3}1977; engl. 1962 u.ö.) [4] Horaz und die Politik, 1956 (^{2}1963) [5] Die Hirtendichtung Virgils, 1964 [6] Horazische Lyrik, 1970 [7] Kleine Schriften, 3 Bde., hrsg. von W.-L. Liebermann, 1979–1995.

Sekundärliteratur

[8] S. Rebenich, Röm. Wertbegriffe, in: A. Haltenhoff et al. (Hrsg.), Röm. Werte als Gegenstand der Altertumswissenschaft, 2005, 23–46 [9] E. A. Schmidt, Viktor Pöschl, in: Jb. der Heidelberger Akademie der Wiss. für 1997, 1998, 149–154 [10] P.-L. Schmidt, Zwischen Werttheorie, Begriffsgeschichte und Römertum, in: A. Haltenhoff et al. (Hrsg.), Röm. Werte als Gegenstand der Altertumswissenschaft, 2005, 3–21 [11] A. Wlosok, Viktor Pöschl (1910–1997), in: Gnomon 73, 2001, 369–378.

Markus Schauer

Posener, Georges

Franz. Ägyptologe. Geb. am 12.9.1906 in Paris, gest. am 15.5.1988 in Massy. Ab 1925 Studium an der École pratique des hautes études (EPHE) in Paris, zunächst der Geschichte und Geographie, ab 1928 der Ägyptologie; 1933 Diplom. 1931–1935 Pensionnaire (Stipendiat) des Institut français d'archéologie orientale (IFAO) in Kairo; 1935–1939 Chargé de mission ebda. 1940–1942, 1944–1945 Boursier des Centre national de la recherche scientifique (CNRS) in Paris. 1945–1978 Directeur d'études an der EPHE. 1952–1953 Visiting Prof. an der Brown Univ. in Providence. 1961–1978 Prof. für ägypt. Phil. und Arch. am Collège de France in Paris. Ab 1969 Mitglied der Acad. des inscriptions et belles-lettres.

Werk und Wirkung

P. studierte u.a. bei Alexandre Moret und Gustave Lefèbvre. In den 1930er Jahren war er für das IFAO in Ägypten tätig. Es ist v.a. seinem Wirken zu verdanken, dass Paris nach 1945 zu einem Zentrum der Ägyptologie wurde. Im Fokus seiner wiss. Arbeiten stand die ägypt. Philologie, aber auch die ägypt. Geschichte. Bereits seine Diplomarbeit über die Zeit der ersten Perserherrschaft in Ägypten [2] wurde zu einem Standardwerk, ebenso seine Untersuchung zu Literatur und Politik in der 12. Dynastie [4]. P.s Beitrag zur Erschließung der altägypt. Literatur geht aus Ausgaben etwa der sog. Loyalistischen Lehre [8] oder des Papyrus Vandier [9] hervor. Repräsentativ für die Edition nicht-literarischer Texte sind die hieratischen Ächtungstexte [3] oder die der Inschriften der Stelen aus dem Serapeum in Memphis [7]. Weitere wichtige Werke P.s sind die Untersuchung zur Frage der Göttlichkeit des Pharao [6] und das in mehrere Sprachen übersetzte *Lex. der altägypt. Kultur* [5]. Von Bedeutung für die Ägyptologie ist auch seine Arbeit an den lit. Ostraka aus Deir el Medine, die er in mehreren Bänden veröffentlichte [1].

P.s Verdienste um und sein Einfluss auf die Entwicklung der franz. sowie internationalen Ägyptologie in der zweiten Hälfte des 20. Jh.s, die er auch durch zahlreiche Fachartikel belegte, wirken weit über diese Zeit hinaus noch bis heute.

Schriften

[1] Catalogue des ostraca hiératiques littéraires de Deir-el-Médineh, 1934–1980 [2] La première domination perse en Égypte. Recueil d'inscriptions hiéroglyphiques, 1936 [3] Princes et pays d'Asie et de Nubie. Textes hiératiques sur des figurines d'envoûtement du Moyen Empire (Edition), 1940 [4] Littérature et politique dans l'Égypte de la XIIe dynastie, 1956 [5] Dictionmaire de la civilisation égyptienne (mit S. Sauneron et al.), 1959 (u.ö.; dt. 1959) [6] La divinité du pharaon, 1960 [7] Catalogue des stèles du Sérapéum de Memphis, 2 Bde. (mit M. Malinine und J. Vercoutter), 1968 [8] L'enseignement loyaliste. Sagesse égyptienne du Moyen Empire (Edition mit Übers. und Komm.), 1976 [9] Le papyrus Vandier (Edition), 1985.

Sekundärliteratur

[10] Art. Posener, Georges, in: WWE 341
[11] J. Assmann, Georges Posener (1906–1988), in: Bulletin de la Societé Française d'Égyptologie 112, 1988, 4–10
[12] J. Yoyotte, Georges Posener (1906–1988), in: Bulletin de l'Institut Français d'Archéologie, 1988, VII–XV.

Günter Burkard

Pottier, Edmond

Franz. Archäologe. Geb. am 13.8.1855 als Edmond François Paul P. in Saarbrücken (damals Rheinpreußen), gest. am 4.7.1934 in Paris. 1874–1877 Studium an der École normale supérieure (ENS) Paris; 1877 Agrégation (Staatsexamen). 1877–1880 Mitglied der École française d'Athènes (EFA); 1880–1883 Dozent für griech. Sprache und Literatur an den Univ. Rennes und Toulouse. 1883 Doktorat in Paris. 1884 Mitarbeiter, 1893 stellvertretender und 1910–1924 verantwortlicher Konservator der Abteilung für oriental. Altertümer und ant. Keramik am Louvre; daneben ab 1884 Lehrstuhlvertreter und 1908–1924 Prof. für Arch. und Kunstgesch. an der École des beaux-arts in Paris, zugleich ab 1886 Lehrstuhlvertreter und 1910–1924 Prof. für oriental. Arch. und ant. Keramik an der École du Louvre. Ab 1899 Mitglied der Acad. des inscriptions et belles-lettres.

Werdegang

P., Sohn eines Ingenieurs, wuchs in Paris auf und absolvierte eine glänzende Studienlaufbahn: von der ENS über die *agrégation* bis zur EFA. Gegen Ende seiner Zeit am Athener Institut erhielt er zusammen mit Salomon ↗Reinach den Grabungsauftrag in der Nekropole von Myrina bei Smyrna [3]. Die hell. Terrakotten, die dort in großer Zahl gefunden wurden, blieben auch später eines seiner wiss. Hauptthemen [4]; [7]. 1883 verteidigte er seine lat. [2] und franz. [1] Doktoratsthesen. Seine Karriere am Louvre und an der École des beaux-arts verdankte P. der Förderung durch Léon Heuzey, auf dessen Anregung hin er 1884 in den Museumsdienst trat, zunächst (bis 1886) als freier Mitarbeiter ohne Vergütung. Sein Einkommen besserte er durch Lehrstuhlvertretungen für Heuzey und die Mitarbeit am *Dictionnaire des antiquités grecques et romaines* auf, zu dem er, anfangs als Assistent des Chefherausgebers Edmond Saglio, 177 Artikel beisteuerte, darunter allein 70 über ant. Vasen.

Am Louvre wurde 1886 die ant. Keramik aus dem Bestand der griech.-röm. Antiken herausgelöst und der 1881 auf Initiative Heuzeys gegründeten oriental. Abteilung zugeschlagen. Diese hybride Zusammenstellung gab es so nur in der Zeit Heuzeys und P.s; darin spiegelte sich die Vorstellung, dass die Entwicklung der griech. Kultur maßgeblich auf den Einfluss des Vorderen Orients zurückging. P.s erste Aufgabe war die Neuordnung der Galerie Campana im Hinblick auf den geplanten Katalog der ant. Tongefäße, der 1896–1906 erschien [5]. Parallel zu diesem histor.-kritischen Katalog publizierte P. drei für Spezialisten bestimmte »Alben« der ant. Vasen des Louvre (1897–1922) [6], die nach dem dritten Band durch das *Corpus vasorum antiquorum* (CVA) [8] abgelöst wurden. Konzipiert unter den Auspizien der *Union académique internationale* (UAI) mit Sitz in Brüssel, hatte das CVA die Bestimmung, sämtliche ant. Tongefäße in öffentlichen Museen und privaten Sammlungen zu erfassen und zu dokumentieren. Treibende Kraft, Organisator und Leiter des Unternehmens war P. Der erste Band erschien 1922; sieben weitere folgten bis 1933 [8]. In den ersten drei Faszikeln zum Louvre (1922–1925) räumte P. der Keramik von Susa breiten Raum ein. Im Geiste seines Schöpfers sollte das CVA es ermöglichen, auf komparatistischem Wege die mit der Evolution der ant. Gesellschaften Vorderasiens und Europas zusammenhängenden anthropologischen Fragen zu lösen. Der rein stilgeschichtlichen, ganz auf die Identifikation von Malerhänden konzentrierten Vasenforschung John D. ↗Beazleys stand P. hingegen sehr kritisch gegenüber [17].

Als dem Orient verschriebener Gräzist, Archäologe und Kunsthistoriker, als Museumsmann und akad. Lehrer war P. ein vielseitiger Wissenschaftler. Meist bildete die Institution des Museums den Schnittpunkt seiner unterschiedlichen Forschungen und Aktivitäten einschließlich des CVA als deren gleichsam natürlicher Fortsetzung. »Der Louvre war für mich ein unvergleichliches Laboratorium«, schrieb er 1924.

SV: [14. XVIII-XXVIII].

N: Paris, Bibliothèque centrale des musées nationaux.

Schriften

[1] Étude sur les lécythes blancs attiques à représentations funéraires (Diss. Paris), 1883 [2] Quam ob causam Graeci in sepulcris figlina sigilla deposuerint (Diss. Paris), 1883 [3] La nécropole de Myrina, 2 Bde. (mit S. Reinach), 1887 [4] Les statuettes de terre cuite dans l'Antiquité, 1890 [5] (Hrsg.), Musée national du Louvre, Catalogue des vases antiques de terre cuite, 3 Bde., 1896–1906 [6] Vases antiques du Louvre, 3 Bde., 1897–1922 [7] Diphilos et les modeleurs de terres cuites grecques. Étude critique, 1909 ([3]1931) [8] Corpus vasorum antiquorum. France, Musée du Louvre, 8 Bde., 1922–1933 [9] Recueil Edmond Pottier. Études d'art et d'archéologie (mit Einl. von P. Wuilleumier und J. Carcopino), 1937.

Sekundärliteratur

[10] Art. Pottier, François Paul Edmond, in: J. Leclant (Hrsg.), Le second siècle de l'Institut de France, 1895–1995. Recueil biographique et bibliographique des membres, associés étrangers, correspondants français et étrangers des cinq académies, 1999 ff. [11] R. Cagnat, Notice sur la vie et les travaux de M. Edmond Pottier, in: CRAI 79, 1935, 454–467 [12] R. Dussaud, Edmond Pottier (1855–1934), in: Syria 15, 1934, 217–221 [13] D. Kurtz, A Corpus of Ancient Vases. Hommage à Edmond Pottier, in: Revue archéologique, 2004, 259–286 [14] R. Lantier / Ch. Picard, Edmond Pottier (1855–1934), in: Revue archéologique, 1934, IV–XVII [15] A. Merlin, L'œuvre d'Edmond Pottier au Musée et à l'École du Louvre, in: Bulletin des musées de

France 10, 1934, 190–203 [16] Ph. Rouet, Attribuer – classer. Sur l'historiographie moderne des vases attiques, XVIIIe-XXe siècles (Diss. Paris), 1996 [17] Ph. Rouet, Approaches to the Study of Attic Vases. Beazley and Pottier, 2001.

Philippe Rouet (Ü: K. H.)

Poulsen, Frederik

Dän. Klass. Archäologe. Geb. am 7.3.1876 in Hvilsager als Poul Frederik Sigfred P., gest. am 8.11.1950 in Hellerup. Studium in Kopenhagen, Göttingen, München, Bonn und Berlin. 1899 Cand.Mag. (M.A.) in Kopenhagen. 1901/02 Hauslehrer in Polen. 1904 Prom. in Kopenhagen; 1905–1907 an der École française d'Athènes. 1910 Assistent in der Kopenhagener Ny Carlsberg Glyptotek, 1915 Kustos der Antikensammlung, 1926–1943 Direktor. Rege Reisetätigkeit im Nahen Osten und Europa, bes. Griechenland, Italien, Spanien und Großbritannien. Zahlreiche internationale Würden, u.a. Ehrendoktorat der Univ. Bordeaux.

Werk und Wirkung

Nach seinem Studium der Germanistik und Klass. Philologie (u.a. bei Ulrich von ↗Wilamowitz-Moellendorff) promovierte P. bei Johan Ludvig ↗Heiberg in Kopenhagen mit einer Untersuchung zur geometrischen Kunst – einer mutigen, wenn auch heute überholten Erstlingsarbeit [1]. Ab 1910 fand er in der Ny Carlsberg Glyptotek seine wiss. Lebensaufgabe, konnte aber 1912 ein davon unabhängiges zweites bedeutendes Buch publizieren [2]. In der Glyptotek beschäftigte sich P. außer mit der etrusk. Abteilung [3]; [5] bes. mit ihrem reichen Bestand an griech.-röm. Bildnissen. In seinen vielen Arbeiten zu diesem Thema schöpfte er aus der Autopsie aller bedeutenden Sammlungen und nutzte sein großes internationales Netzwerk. Sehr verdienstvoll waren seine Publikationen von wenig bekannten ant. Porträts in engl. Schlössern [4] und in nordital. Museen [6]. Charakteristisch für P. war seine Vielseitigkeit; nichts in der Antikensammlung des Museums war ihm fremd. Dies bestätigt sein Katalog der Skulpturen, dessen engl. Ausgabe wohl als sein Hauptwerk anzusehen ist [9].

In der Tradition des Museumsstifters Carl Jacobsen machte P. bedeutende Erwerbungen und schuf u.a. eine kleine neue Sammlung von Kunst des Nahen Ostens. Neben seiner Museumstätigkeit führte er Grabungen in Griechenland durch [7]. Zugleich war er ein hervorragender Vermittler, der eine ganze Reihe populärwiss. Bücher zur Kunst und Kultur der Antike [8] und sogar mehrere Romane verfasste.

M: Liv og Rejser omkring Aarhundredskiftet (1946); I det gæstfri Europa. Liv og Rejser indtil den første Verdenskrig (1947); Foraar i Spanien – Sommer i England (1950).

SV: [11. 13–27].

Schriften

[1] Die Dipylongräber und die Dipylonvasen (Diss. Kopenhagen), 1905 (dän. 1904) [2] Der Orient und die frühgriechische Kunst, 1912 [3] Etruscan Tomb Paintings. Their Subjects and Significance, 1922 [4] Greek and Roman Portraits in English Country Houses, 1923 [5] Das Helbig Museum der Ny Carlsberg Glyptothek. Beschreibung der Etruskischen Sammlung, 2 Bde., 1927–1928 [6] Porträtstudien in norditalienischen Provinz-Museen, 1928 [7] Das Heroon von Kalydon (mit E. Dygvve), 1934 [8] Römische Kulturbilder, 1949 (dän. 1945) [9] Catalogue of Ancient Sculpture in the Ny Carlsberg Glyptotek, 1951.

Sekundärliteratur

[10] L. Curtius, Frederic Poulsen, in: Gnomon 23, 1951, 115–116 [11] E. Dyggve, Frederik Poulsen 7.3.1876–8.11.1950, in: Oversigt over Det Kgl. Danske Videnskabernes Selskabs virksomhed 1950–1951, 1951, 1–27 [12] J.S. Østergaard, Med Frederik Poulsen ved roret. Formidling og forskning 1919–1943, in: A.M. Nielsen / F. Friborg (Hrsg.), Ny Carlsberg Glyptotek i tiden, 2006, 113–122 [13] L. Tandrup, Art. Poulsen, Poul Frederik Sigfred, in: Dansk biografisk leksikon 11, ³1982, 475–480.

Jan Stubbe Østergaard

Powell, John Enoch

Brit. Klass. Philologe. Geb. am 16.6.1912 in Birmingham, gest. am 8.2.1998 in London. 1930–1933 Studium der Klass. Phil. am Trinity College der Univ. Cambridge; 1934–1937 Fellow ebda. 1938–1939 Prof. für Griech. an der Univ. of Sydney. 1939–1945 Kriegsdienst in der brit. Armee. 1950–1987 Abgeordneter im brit. Unterhaus; 1960–1963 Gesundheitsminister; 1968 dann Entlassung aus dem Schattenkabinett wegen seiner Ansichten zur Einwanderung Farbiger.

Werdegang, Werk und Wirkung

P. war das einzige Kind einer Lehrerfamilie aus Birmingham. 1930 gelang ihm mit Bravour die Aufnahmeprüfung für das Trinity College in Cambridge, wo er bis 1933 Klass. Philologie studierte und 1934–1937 als Fellow wirkte. Prägenden Einfluss auf den sonst einzelgängerischen P. hatte der Latinist und Dichter A.E. ↗Housman, dessen textkritische Genauigkeit, poetische Leidenschaft und intellektuelles Selbstbewusstsein ihm imponierten. P.s Hauptinteresse galt den griech. Historikern Herodot [3]; [4]; [5]; [7] und Thukydides [6]. Daneben arbeitete er auf papyrologischem Gebiet [1] und veröffentlichte erste Gedichtbände [2].

Charakteristisch für P. waren sein rastloser Ehrgeiz, der ihm bereits mit 25 Jahren (wie seinem Vorbild Friedrich ↗Nietzsche) eine Professur einbrachte, und seine polit. Leidenschaft, die dazu führte, dass er sich sofort bei Kriegsausbruch zur Armee meldete, wo er bis zum Brigadier aufstieg. Nach 1945 kehrte er nicht in die Wiss. zurück, sondern begann eine Karriere als konservativer Politiker und Publizist. 1960–1963 war er Gesundheitsminister im Kabinett Harold Macmillans, nach der Wahlniederlage der Konservativen 1964 Verteidigungsminister im Schattenkabinett von Edward Heath. Landesweites Aufsehen erregte er, als er am 20. April 1968 in einer Rede in Birmingham vor den Folgen der Masseneinwanderung Farbiger warnte und in Anspielung auf Vergil (*Aeneis* 6,86–87) erklärte: »Like the Roman, I seem to see ›the River Tiber foaming with much blood‹.« Diese ›Ströme-von-Blut‹-Rede führte zu seiner Entlassung aus dem Schattenkabinett, doch blieb er noch fast 20 Jahre polit. aktiv, ab 1974 wegen seiner Ablehnung der EG-Mitgliedschaft Großbritanniens nicht mehr für die Konservativen, sondern für die nordirische *Ulster Unionist Party*. Gegen Lebensende arbeitete er wieder philol. und veröffentlichte eine Studie über das Matthäusevangelium [8].

Schriften

[1] The Rendel Harris Papyri of Woodbrooke College (Edition mit Übers. und Komm.), 1936 [2] First Poems: 50 Short Lyrics, 1937 [3] A Lexicon to Herodotus, 1938 [4] Herodotus, Book VIII (Edition mit Komm.), 1939 (²1956 u.ö.) [5] The History of Herodotus, 1939 (Ndr. 1967) [6] Thucydidis Historiae, 2 Bde. (Edition, mit H. S. Jones), 1942 [7] Herodotus, 2 Bde. (Übers.), 1949 [8] The Evolution of the Gospel (Übers. mit Komm.), 1994.

Sekundärliteratur

[9] S. Heffer, Art. Powell, (John) Enoch, in: Oxford Dictionary of National Biography 45, 2004, 80–90 [10] R. Shepherd, Enoch Powell, 1996.

Christian Jessen-Klingenberg

Préaux, Claire

Belg. Klass. Philologin und Althistorikerin. Geb. am 21. 12. 1904 in Lüttich, gest. am 28. 3. 1979 in Ixelles (Brüssel). Aufgewachsen in Brüssel (zur Biographie [7]); zunächst Ausbildung zur Lehrerin an der École Normale Émile André ebda.; dann Studium der Klass. Phil. an der Univ. Libre de Bruxelles (ULB); 1927 Prom. und 1939 Habil. ebda. (Agrégation de l'enseignement supérieur) mit einer Schrift über die Wirtschaft des ptolemäischen Ägyptens [3]. Ab 1944 o.Prof. an der ULB; zahlreiche akad. Funktionen und Ehrungen.

Werk und Wirkung

Ausgangspunkt und Grundlage von P.' Œuvre bilden die Papyri und Ostraka des griech.-röm. Ägyptens, so schon von ihrer Diss. zu *Sentiments de famille dans l'Égypte gréco-romaine, d'après les papyrus* (daraus u. a. [1]); vgl. v. a. die Editionen [2] und [4]. In ihrem monumentalen Werk zur ptolemäischen Wirtschaftsgeschichte [3] vertritt P. unter dem Eindruck von Michael ↗Rostovtzeff die These einer von der Monarchie gelenkten Wirtschaft. Diese Auffassung nuancierte P. 1978 in einem umfassenden Werk zur hell. Geschichte [6]. Im Zentrum dieses Opus stehen die monarchische Herrschaftsform unter den Nachfolgern Alexanders d.Gr., die Griechenstädte und die hell. Kultur. Bemerkenswert ist P.' Kritik an der von Johann Gustav ↗Droysen vertretenen Konzeption einer hell. »Mischkultur« [6. 543–679]. Ihre Interessen umfassten das griech.-röm. Ägypten in seiner Gesamtheit sowie weite Bereiche der griech. Literatur. Ihr Buch über den Mond im griech. Denken [5] spannt den Bogen von der Naturwiss. bis zu den psychologischen und sozialen Vorstellungen der Griechen. Zahlreiche Aufsätze begleiteten die Entstehung der genannten Monographien. Ihre Forschungsleistung, ihr akad. Engagement und ihr persönlicher Stil sichern P. einen herausragenden Platz in der belg. Alt.wiss.

SV: [8]; [7. 114–127].

Schriften

[1] Lettres privées grecques d'Égypte relatives à l'éducation (Edition), in: Revue belge de philologie et d'histoire 8, 1929, 757–800 [2] Les ostraca grecs de la collection Charles-Edwin Wilbour au Musée de Brooklyn (Edition), 1935 [3] L'économie royale des Lagides (Habil.schrift Brüssel), 1939 [4] Greek Ostraca in the Bodleian Library at Oxford, Bd. 2: Ostraca of the Roman and Byzantine Periods (Edition, mit J. G. Tait), 1955 [5] La lune dans la pensée grecque, 1973 [6] Le monde hellénistique. La Grèce et l'Orient, de la mort d'Alexandre à la conquête romaine de la Grèce (323–146 av. J.-C.), 2 Bde., 1978 (erweiterter Ndr. 1987–1988).

Sekundärliteratur

[7] J. Bingen, Notice sur Claire Préaux, in: Acad. Royale de Belgique, Annuaire 1955, 101–127 [8] M.-Th. Lenger, Bibliographie des travaux de Claire Préaux, 1980.

Heinz Heinen

Preisigke, Friedrich

Dt. Papyrologe. Geb. am 14.2.1856 in Dessau, gest. am 8.2.1924 in Heidelberg. Ab 1877 im Post- und Telegraphendienst tätig, 1893 Telegraphendirektor in Berlin, 1904 in Straßburg. Daneben 1899–1902

Studium der Alt.wiss. in Berlin; 1903 Prom. zum Dr. phil. in Halle. 1910 Dr. iur. h.c. in Heidelberg; 1913 Hon.Prof. an der Philos. Fakultät der Univ. Straßburg, 1915 Hon.Prof. an der Juristischen Fakultät der Univ. Heidelberg; 1915 ao., 1922 o.Mitglied der Akad. Heidelberg.

Werk und Wirkung

Aufgrund seiner Berufstätigkeit war P. erst in vorgerücktem Alter in der Lage, seinen alt.wiss. Interessen nachzugehen, wobei den Verwaltungsbeamten die ihm von Paul Meyer vermittelte Papyrologie bes. anzog. Seit 1904 Leiter des Post- und Telegraphenamtes in Straßburg, wirkte er maßgeblich an Aufbau, Katalogisierung und Edition der Papyrusbestände der direkt benachbarten dortigen Univ.-Bibliothek mit. Enge Beziehungen entstanden hier namentlich zu dem Ägyptologen Wilhelm Spiegelberg und dem Romanisten Otto Gradenwitz. Neben der Diss. [1], einer Reihe von Aufsätzen zur ant. Verwaltungsgeschichte und einem großen Werk über das griech.-ägpyt. Girowesen [3] legte P., z.T. in Zusammenarbeit mit Spiegelberg [5]; [6], mehrere Editionsbände v.a. von Straßburger Papyri vor [4]; [2]; [5]; [6]; [9]. Mit seinem Namen verbunden sind insbes. die 1909 auf Gradenwitz' Anregung begonnenen, bis heute unentbehrlichen Nachschlagewerke, deren Erarbeitung er nach seiner Frühpensionierung (1915) in Heidelberg noch einmal intensivierte. Außer dem *Fachwörterbuch* [7] und *Namenbuch* [11] sind insbes. die drei auch nach seinem Tod weitergeführten Grundlagenwerke zu nennen, welche die Basis für alle weitere Beschäftigung mit den griech. dokumentarischen Texten aus Ägypten bilden: das *Sammelbuch* als Zusammenstellung aller verstreut edierten Papyri [8]; das *Wörterbuch* als Sammlung aller Belege zum Wortschatz der Papyri [12]; die *Berichtigungsliste* als Sammlung aller Verbesserungen zu publizierten Papyri [10].

Schriften

[1] Städtisches Beamtenwesen im röm. Ägypten (Diss. Halle), 1903 [2] Griechische Papyrus [sic] der Kaiserlichen Universitäts- und Landesbibliothek zu Straßburg, Bd. 1 in 3 Teilen (P. Stras. I; Edition), 1906–1912 [3] Girowesen im griech. Ägypten … Ein Beitrag zur Geschichte des Verwaltungsdienstes im Altertume, 1910 [4] Griech. Urkunden des Aegyptischen Museums zu Kairo (P. Cair. Preis.; Edition), 1911 [5] Die Prinz-Joachim-Ostraka (O. Joach.). Griech. und demotische Beisetzungsurkunden für Ibis- und Falkenmumien (Edition; mit W. Spiegelberg), 1914 [6] Ägyptische und griech. Inschriften und Graffiti aus den Steinbrüchen des Gebel Silsile (Oberägypten). Nach den Zeichnungen von Georges Legrain (Edition; mit W. Spiegelberg), 1915 [7] Fachwörter des öffentlichen Verwaltungsdienstes Ägyptens in den griech. Papyrusurkunden der ptolemäisch-röm. Zeit, 1915 [8] Sammelbuch griechischer Urkunden aus Ägypten, 1915ff. [9] Griechische Papyrus [sic] der Kaiserlichen Universitäts- und Landesbibliothek zu Straßburg, Bd. 2 (P. Stras. II; Edition), 1920 [10] Berichtigungsliste der griech. Papyrusurkunden aus Ägypten, 1922ff. [11] (Hrsg.), Namenbuch enthaltend alle griech., lat., ägyptischen, hebräischen, arabischen und sonstigen semitischen und nichtsemitischen Menschennamen, soweit sie in griech. Urkunden (Papyri, Ostraka, Inschriften, Mumienschildern usw.) Ägyptens sich vorfinden, 1922 [12] WB der griech. Papyrusurkunden mit Einschluß der griech. Inschriften, Aufschriften, Ostraka, Mumienschilder usw. aus Ägypten, 1925ff..

Sekundärliteratur

[13] A. Calderini, Friedrich Preisigke, in: Aegyptus 5, 1924, 70–71 [14] A. Jördens, Friedrich Preisigke, in: M. Capasso (Hrsg.), Hermae. Scholars and Scholarship in Papyrology, 2007, 57–66 [15] U. Wilcken, Friedrich Preisigke, in: Archiv für Papyrusforschung 7, 1924, 315–316.

Andrea Jördens

Premerstein, Anton von

Österr. Althistoriker. Geb. am 6.4.1869 in Laibach (h. Ljubljana) als Anton Maria Amand, Ritter von P., gest. am 6.2.1935 in Marburg/Lahn. 1887–1891 Studium der Alt.wiss. an der Univ. Wien, 1892 Lehramtsprüfung in Klass. Phil. und Deutsch, 1893 Dr. phil. ebda. 1892/93 Militärdienst. 1892–1894 Jurastudium in Wien, 1897 Dr. jur. 1885–1902 Tätigkeit an der Hofbibl. Wien; 1899 Habil. für griech. und röm. Altertumskunde. Ab 1902 Zweiter Sekretär, ab 1909 Leiter des Österr. Arch. Instituts in Athen (1908 ao.Prof.). 1912–1916 o.Prof. für Röm. Gesch. und Epigraphik an der Dt. Univ. Prag; 1916–1935 o.Prof. für Alte Gesch. und Klass. Altertumskunde an der Univ. Marburg/Lahn.

Werk und Wirkung

P. entstammte einer alten, 1783 in den österr. Ritterstand erhobenen Familie aus der Krain, die viele k.k. Beamte und Offiziere hervorbrachte. Er war tief in der Welt der Donaumonarchie verwurzelt. Nach dem Besuch von Gymnasien in Laibach und Olmütz legte er 1887 das Abitur in Wien ab. Während des Studiums der Klass. Philologie und Alten Geschichte bildete Eugen Bormann ihn zum Epigraphiker aus. An der Wiener Hofbibl. arbeitete P. mit Hss. und Papyri; 1899 habilitierte er sich zur Geschichte der röm. Donauprovinzen [4], einem seiner Forschungsschwerpunkte. Die Stelle am Österr. Arch. Institut in Athen ermöglichte ihm 1906, 1908 und 1911 Forschungsreisen mit Josef ↗Keil nach Kleinasien.

An der Dt. Univ. Prag lehrte P. nur kurz, da er seit Beginn des Ersten Weltkriegs für das Rote Kreuz tätig war. Als Nachfolger Walter ↗Ottos wechselte er 1916 auf den Marburger Lehrstuhl für Alte Geschichte, den er bis zu seinem Tode innehatte. P. forschte im Gesamtbereich der Alt.wiss., v.a. aber als lat. Epigraphiker. Bei der Bearbeitung der *Res Gestae* des Augustus erschloss er aus dem von William M. Ramsay gefundenen *Monumentum Antiochenum* [1] den für die Stilisierung des Prinzipats zentralen Begriff der *auctoritas* neu [2. 96f.] (vgl. [3. 176–192]). In seinem international beachteten (fragmentarisch überlieferten) Hauptwerk zum Prinzipat begründete er dessen soziologisches Verständnis [3]; damit rückte die Klientel als zentrale soziale Formation der späten Republik und frühen Kaiserzeit in den Mittelpunkt.

SV: [10. 94–99].

Schriften

[1] Zur Aufzeichnung der Res gestae Divi Augusti im pisidischen Antiochia, in: Hermes 59, 1924, 95–107 [2] Monumentum Antiochenum. Die neugefundende Aufzeichnung … im pisidischen Antiochia (mit W.M. Ramsay; Klio, Beiheft 19), 1927 [3] Vom Werden und Wesen des Prinzipats, aus dem Nachlass hrsg. von H. Volkmann (Abh. der Bayerischen Akademie der Wiss. N.F. 15), 1937 (Ndr. 1964) [4] Die Anfänge der Provinz Moesien (Habil.schrift), in: Jahresheft des Österreichischen Archäologischen Instituts 1, 1958, 145–196.

Sekundärliteratur

[5] Christ Klio, 42–44 [6] Christ RömGW 115–193 [7] V. Losemann, Art. Premerstein, Anton von, in: Österreichisches Biographisches Lex. 1815–1950, Bd. 8, 1983, 262–263 [8] V. Losemann, Art. Premerstein, Anton von, in: NDB 20, 2001, 692–693 [9] I. Stahlmann, Imperator Caesar Augustus. Studien zur Geschichte des Principatsverständnisses in der deutschen Altertumswissenschaft bis 1945, 1988, 108–130 [10] H. Volkmann, A. Ritter v. Premerstein, in: Burs. Jbb. 262, 1938, 73–99 (mit Werkverzeichnis).

Volker Losemann

Price, Martin Jessop

Brit. Archäologe und Numismatiker. Geb. am 27.3.1939 in London, gest. am 29.4.1995 ebda. Besuch der King's School in Canterbury; Studium am Queens' College in Cambridge, dort 1967 Ph.D. 1961 Stipendiat an der British School at Athens. 1966 Assistant Keeper, 1978 Deputy Keeper im Department of Coins and Medals des British Museum in London; 1994 Direktor der British School at Athens. Mitglied mehrerer Akad. und Fachgesellschaften sowie Träger zahlreicher Ehrungen, u.a. 1992 der Goldmedaille der *Royal Numismatic Society*.

Werdegang, Werk und Wirkung

Während seines Studiums in Cambridge gewann P. ein Stipendium des griech. Staates für einen Forschungsaufenthalt in Athen an der British School. Dies sollte seinen weiteren akad. Lebenslauf maßgeblich beeinflussen. Bereits seine Doktorarbeit unter der Betreuung Sir Edward Robinsons, die die Einführung der griech. Bronzemünzen zum Thema hatte, befasste sich mit der griech. Münzprägung. Ab dem Eintritt in das *Department of Coins and Medals* des British Museum 1966 widmete P. sein gesamtes akad. Schaffen den ant. Münzen der griech. Welt. Die Berufung zum Direktor der *British School at Athens* erfolgte 1994 nur wenige Monate vor seinem Ableben [6].

Grundlegende Arbeiten zur griech. Numismatik kennzeichnen P.s wiss. Œuvre. Darunter sind die Veröffentlichung des Asyut-Horts (mit Nancy Waggoner) [1] und das Buch über die Alexander-Münzen [4] als besondere Meilensteine hervorzuheben. Außer durch seine rege Publikationstätigkeit trat P. auch als vorausblickender Wiss.-Organisator in Erscheinung. Die Begründung der Reihe *Coin Hoards* der *Royal Numismatic Society* im Jahre 1975 geht auf seine Initiative zurück; unter seinem Vorsitz erschienen mehrere Bände des *Sylloge Nummorum Graecorum*-Projektes (SNG) der British Academy, von denen er selbst vier vorlegte. Die Neuausgestaltung des *Department of Coins and Medals* ist ebenfalls P. zu verdanken.

Schriften

[1] Archaic Greek Coinage. The Asyut Hoard, 1975 (mit N. Waggoner) [2] Coins and Their Cities. Architecture on the Ancient Coins of Greece, Rome, and Palestine (mit B.L. Trell), 1975 [3] Coinage in the Greek World (mit I. Carradice), 1988 [4] The Coinage in the Name of Alexander the Great and Philipp Arrhidaeus, 1992.

Sekundärliteratur

[5] R. Ashton / S. Hurter (Hrsg.), Studies in Greek Numismatics in Memory of Martin Jessop Price, 1998 [6] S. Hurter, Martin Jessop Price, in: Schweizer Münzblätter 45, 1995, 89.

Stefan Krmnicek

Putschius, Helias

Elias van Putschen/Putsch; belg. Dichter, Historiker und Philologe. Geb. am 6.11.1580 in Antwerpen als Kaufmannssohn, gest. am 9.3.1606 in Stade. Ab 1593 Lateinunterricht beim Rektor der Lateinschule in Stade, Petrus Carpentarius; ab 1598 juristisches Studium in Leiden, wo er Joseph Justus ↗Scaliger nahestand, 1601 in Jena, 1602 oder 1603 in Leipzig. Aufenthalte in Frankfurt und Heidelberg, dort Bekanntschaft mit Jan ↗Gruter, Marquard Freher und Jacques ↗Bongars.

Werk und Wirkung

P. trat in einigen kleineren Gelegenheitsdichtungen bereits früh als stilsicherer und versierter lat. Dichter hervor. Seine erste größere philol. Arbeit war eine Gesamtausgabe des Sallust [1]; die kommentierenden Anmerkungen wurden noch mehrmals im Laufe des 17. Jh.s nachgedruckt. Sein mit Abstand wichtigstes und wirkungsreichstes Werk war die 1605 erschienene Ausgabe der ant. lat. Grammatiker [3]; einige Texte erschienen hier zum ersten Mal im Druck. P. griff hierbei durchweg selbst auf Hss. zurück; die Ausgabe enthält jedoch nur sehr knappe *praefationes*, den Text sowie Namens- und Sachindices. Zur Publikation eines weiteren Bandes, in der seine eigene philol. Leistung genauer erläutert werden sollte, kam P. aufgrund seines frühen Todes nicht mehr. Allein die Textausgabe mit fast 1400 Seiten (die in der Edition des 19. Jh.s auf mehrere Bände verteilt werden mussten) kann jedoch als große Leistung des gerade 25-jährigen Philologen gelten. Forschungsgeschichtlich markiert sie den Übergang von einer »Direktrezeption« der Texte, in der die ant. Grammatiker als Autorität für die lat. Sprache galten, hin zu einem nur noch histor. Interesse an den Inhalten. Bis zur Ausgabe der *Grammatici Latini* durch Martin Hertz und Theodor Heinrich Gottfried Keil (7 Bde., 1855–1880) blieb die Ausgabe des P. das in ganz Europa konkurrenzlose Referenzwerk für die Grammatikertexte. Nach seinem Tod erschien noch eine von ihm besorgte Sammlung einiger Schriften des Johannes Sleidanus [4].

Schriften

[1] C. Crispi Sallustii opera omnia quae exstant (Edition), Leiden 1602 [2] M. Valerii Probi Grammatici de notis Romanorum interpretandis libellus. Notae juris antiqui de legibus et plebiscitis (Edition), Hanau 1603 [3] Grammaticae Latinae auctores antiqui. Charisius, Diomedes, Priscianus, Probus ..., 2 Bde. (Edition), Hanau 1605 [4] (Hrsg.), Johannis Sleidani opuscula quaedam, quorum ipse partim auctor, partim interpres, Hanau 1608.

Sekundärliteratur

[5] Bursian Gesch. 277–278 [6] R. Hoche, Art. Putschius, Helias, in: ADB 28, 1888, 747–748 [7] P. Osmond / R. Ulery, Sallustius Crispus, Gaius, in: V. Brown / J. Hankins (Hrsg.), Catalogus translationum et commentariorum, Bd. 8, 2003, 281–282.

Jürgen Leonhardt

Quatremère de Quincy, Antoine-Chrysostôme

Franz. Architekturtheoretiker, Archäologe und Bildhauer. Geb. am 21.10.1755 in Paris, gest. am 28.12.1849 ebda. Juristische Ausbildung am Pariser Collège Louis-le-Grand und Bildhauerlehre; 1776 und 1783/84 Italienreisen. 1789 Mitglied der *Commune de Paris*, ab 1791 der Assemblée législative. 1793/94 in Haft. 1796 Abgeordneter im »Rat der Fünfhundert« des Département de la Seine. 1797–1800 in Deutschland im Exil. Ab 1800 Sekretär des Generalrats des Département de la Seine. Ab 1816 *Intendant des arts et monuments publics*; 1816–1839 Ständiger Sekretär der Acad. des beaux-arts; ab 1820 Leiter des Lehrstuhls für Arch. an der Bibliothèque nationale.

Werdegang

Q. war zum Rechtsanwalt bestimmt, gab jedoch seinen kunsthistor. und antiqu. Interessen den Vorzug. Er las die Werke von Bernard de ↗Montfaucon, dem Comte de ↗Caylus und Denis Diderot, studierte in Paris und Versailles die histor. Monumente und machte 1772 bei dem Bildhauer Guillaume Costou d.J. eine Lehre. 1776 unternahm er seine erste Italienreise und besuchte 1779 u.a. mit dem Maler Jacques-Louis David die Vesuvstädte. Auf einer zweiten Reise 1783/84 schloss er Freundschaft mit dem Maler Sir William Hamilton und dem Bildhauer Antonio Canova.

1785 erhielt Q. den Preis der Acad. des inscriptions für seinen *Mémoire* zur ägypt. Kunst. Aufgrund dieser Auszeichnung übertrug der Verleger Charles-Joseph Panckoucke ihm innerhalb seiner *Encyclopédie méthodique* die Redaktion des *Dictionnaire d'architecture* [1], was Q. großes Ansehen verschaffte. 1791 wurde Q. Mitglied im einflussreichen *Comité d'instruction publique*, das die öffentliche Erziehung reformieren sollte. Vom revolutionären Direktorium wurde er mit der Aufsicht des Umbaus der Kirche Sainte-Geneviève zum Panthéon beauftragt. Seine polit. Einstellung zugunsten der konstitutionellen Monarchie führte zu Zusammenstößen mit den extremen Revolutionären; bis zum Sturz von Robespierre war er etwa ein Jahr in Haft. 1797 wurde er als Royalist auf die Proskriptionslisten gesetzt und flüchtete nach Norddeutschland, wo er in Friedrich Heinrich Jacobi und Friedrich-Leopold zu Stolberg-Stolberg Freunde fand und Studien zur ant. Philologie und Archäologie nachging.

Nach Paris zurückgeholt, war Q. ab 1800 als Sekretär des Generalrats des Département de Seine tätig. 1815 übernahm er die Intendanz über die Künste und öffentlichen Denkmäler in Paris, 1820 die Professur für Archäologie an der Bibliothèque nationale. 1816–1839 war er als Ständiger Sekretär der Pariser Acad. des beaux-arts auch für die Aufgaben und Preisverteilung des *Prix de Rome* verantwortlich.

Werk und Wirkung

Q. galt als Verteidiger eines akad. Klassizismus. Tatsächlich war er in seiner histor. Methode wie in seiner Ästhetik stark von Johann Joachim ↗Winckelmann beeinflusst. In seiner Abhandlung zu den *Arts du dessin* (1791) [2] versuchte er eine Antwort auf die Krise der Akad. des Ancien Régime, und mit dem Umbau der Kirche Sainte-Geneviève, bei der er die im *Dictionnaire* entwickelten Anschauungen anwandte, leistete er einen namhaften Beitrag zur Selbstdarstellung der Franz. Revolution.

Q.s Interesse galt Künstlerpersönlichkeiten [6]; [9], der Architektur [8]; [13] und Skulptur [5] sowie den Beziehungen zwischen Kunst, Politik und Gesellschaft [14]. Der *Dictionnaire d'architecture* war ein Meilenstein im Studium der Baukunst als einer autonomen Disziplin. In seinem Essay über die Architektur Ägyptens [4] erhob er die griech. Architektur zur absoluten Bezugsgröße. In Italien setzte sich im frühen 19. Jh. v.a. der Kunsthistoriker Graf Leopoldo Cicognara für die Verbreitung von Q.s Werk ein. Noch 1935/36 nahm Martin Heidegger in den *Ursprung des Kunstwerkes* einige seiner Thesen über die Architektur auf.

Q.s *Lettres à Miranda* [14] inspirierten das Chirograph Papst Pius' VII. zum Verbot der Ausfuhr von Kunstwerken (1802). Das Bestehen auf der Integrität des ital. Kulturerbes in diesen Briefen ist auch eine Verteidigung der Errungenschaften der Aufklärung: Erst mit dem Schutz aller Gegenstände in ihrem ant. Kontext und der Bewahrung der Zusammenhänge ist eine histor. Erkenntnis möglich. Hieraus erklärt sich auch Q.s Ablehnung des Museums als einer von der Willkür der Machthaber geschaffenen Institution, die aus ihrem Zusammenhang gerissene Werke sammelt.

Mit seinen Beobachtungen zur Polychromie von griech. Großplastik gilt Q. zudem als Wegbereiter für eine im 20. Jh. erneut intensivierte wiss. Debatte um dieses Phänomen [5].

Schriften

[1] Dictionnaire d'architecture 3 Bde., Paris 1788–1825 (Dictionnaire historique d'architecture, 2 Bde., Paris 1832) [2] Considérations sur les arts du dessin en France, suivies d'un plan d'Académie, ou d'Ecole publique, et d'un système d'encouragemens, Paris 1791 (mit zwei Folgetiteln: Suite aux Considérations, Seconde Suite aux Considérations, beide 1791) [3] Lettres sur les préjudices qu'occasionnerait aux arts et à la science le déplacement des monuments de l'art de l'Italie, 1796 [4] De l'architecture égyptienne, 1803 [5] Le Jupiter olympien ou l'art de la sculpture antique considéré sous un nouveau point de vue, Paris 1815 [6] Histoire de la vie et des ouvrages de Raphael, Paris 1824 [7] De

l'universalité du beau et de la manière de l'entendre. Extrait d'un Essai de théorie sur le beau dans les beaux-arts. Recueil de lectures faites dans la séance publique annuelle de l'Institut royal de France, avril 1827 [8] Histoire de la vie et des ouvrages des plus célèbres architectes du XIe siècle jusqu'à la fin du XVIIIe siècle. Accompagnée de la vue du plus remarquable édifice de chacun d'eux, 2 Bde., Paris 1830 [9] Canova et ses ouvrages, Paris 1834 [10] Histoire de la vie et des ouvrages de Michel-Ange Bonarroti, Paris 1835 [11] Dizionario storico di architettura, hrsg. von V. Farinati und G. Teyssot, 1985.

Sekundärliteratur

[12] H. Jouin, Antoine-Chrysostome Quatremère de Quincy. Deuxième secrétaire perpétuel de l'Académie des beaux-arts, 1892 [13] S. Lavin, Quatremère de Quincy and the Invention of a Modern Language of Architecture, 1992 [14] A. Pinelli, Storia dell'arte e cultura della tutela. Le »Lettres à Miranda« di Quatremère de Quincy, in: Ricerche di storia dell'arte 8, 1978–1979, 43–62 [15] É. Pommier, Più antichi della luna. Studi su J.J. Winckelmann e A.Ch. Quatremère de Quincy, eingel., übers. und hrsg. von M. Scolaro, 2000 [16] R. Schneider, L'esthétique classique chez Quatremère de Quincy, 1910 [17] R. Schneider, Quatremère de Quincy et son intervention dans les arts, 1910 [18] M. Scolaro (Hrsg.), Lo studio delle arti e il genio dell'Europa. Scritti di A.C. Quatremère de Quincy e di Pio VII Chiaramonti, 1989 [19] R.W. Zeitler, Klassizismus und Utopia. Interpretationen zu Werken von David, Canova, Carstens, Thorvaldsen, Koch, 1954, 201–205.

Marcello Barbanera (Ü: K.H.)

Rabelais, François

Franz. Dichter, Arzt und Philologe. Geb. 1483 (favorisiert) oder 1494, gest. am 9.4.1553 in Paris. 1510/11–1520 Novize im Franziskanerkloster von Baumette, seit 1520 Mönch am Franziskanerkloster Puy-Saint-Martin à Fontenay-le-Comte; 1524 Wechsel in den Benediktinerorden; 1528–1530 Weltgeistlicher in Paris. 1530 Studium der Medizin in Montpellier; 1532–1535 Arzt in Lyon. Danach hauptsächlich im Dienst des Bischofs und späteren Kardinals Jean du Bellay, den er auf mehreren Reisen nach Rom (1534, 1535/36, 1547–1549) begleitete; 1537 Doktor der Medizin an der Univ. von Montpellier; 1545–1546 praktizierender Arzt in Metz.

Werk und Wirkung

Als Kenner des Griechischen und studierter Arzt gab R. 1532 die *Epistularum medicinalium libri XX* des Ferrareser Arztes Giovanni Manardi heraus, 1531–1532 vier Schriften aus dem *Corpus Hippocraticum* (u.a. *Aphorismen, Prognostica*) sowie Galens *Ars parva*. In Montpellier unterrichtete R. auf der Grundlage des griech. Hippokrates-Texts, nicht der lat. Übersetzung.

Berühmt und gleichzeitig angefeindet wurde R. aufgrund seiner franz.sprachigen Romane [1]; [2]: *Pantagruel* 1532, *Gargantua* 1534, *Le tiers livre* 1545, *Le quart livre* 1548. *Le cinquième livre* wurde nicht beendet und postum 1564 mit einer Fortsetzung herausgegeben. R. lässt die beiden Riesen, Vater und Sohn, ein Wanderleben durch eine fiktive Wirklichkeit, aber auch durch die reale Welt seiner Zeit führen, deren Absurditäten in den einzelnen Episoden satirisch zum Ausdruck kommen. Die Abenteuer stehen teils in der Trad. der menippeischen Satire und Lukians – den Zeigenossen galt R. als »franz. Lukian« (*Lucien françois*) [9.135] – sowie der Ritterromanparodie; Vorbilder dürften u.a. das ital. Versepos *Morgante* des Luigi Pulci sowie der makkaronische *Baldus* des Teofilo Folengo gewesen sein. In der Gesellschaftskritik, die 1533 zur Indizierung führte, sind aber auch Beziehungen zu ↗Erasmus' *Laus moriae* sowie zum *Narrenschiff* des Sebastian Brant zu erkennen.

Schriften

[1] Œuvres. Édition critique, 6 Bde., hrsg. von A. Lefranc et al., 1912–1955 [2] Œuvres complètes, hrsg. von M. Huchon und F. Moreau, 1994.

Sekundärliteratur

[3] M. Bachtin, Rabelais und seine Welt. Volkskultur als Gegenkultur, 1987 [4] J. Céard (Hrsg.), Rabelais et son demi-millénaire (Actes du Colloque international de Tours, 1984), 1988 [5] M. Lazar, Rabelais l'humaniste, 1993 [6] G. Lote, La vie et l'œuvre de François Rabelais, 1938 (Ndr. 1972) [7] P.-P. Plan, Bibliographie rabelaisienne. Les éditions de Rabelais de 1532 à 1711, 1904 (Ndr. 1965) [8] S. Rawles / M. A. Screech, A New Rabelais Bibliography, 1987 [9] W. von Koppenfels, Der andere Blick. Das Vermächtnis des Menippos in der europ. Literatur, 2007.

Nikolaus Thurn

Rader, Matthaeus

Dt. Philologe, Pädagoge und Schriftsteller. Geb. 1561 in Innichen (h. Südtirol), gest. am 22.12.1634 in München. Schulbesuch in Innsbruck und Augsburg; am 12.9.1581 Eintritt in die Societas Jesu; Studium in Ingolstadt. Ab 1591 Prof. der Rhetorik am Augsburger Jesuitengymnasium; 1612 in derselben Funktion in München, zugleich auch als Hofhistoriograph für Kurfürst Maximilian I. von Bayern.

Werk und Wirkung

Nach seinem Ordenseintritt absolvierte R. die für einen Jesuiten übliche Laufbahn, d.h. er wurde schon während seiner Ausbildung, die u.a. Jacob Pontanus leitete, als Lehrer am Gymnasium eingesetzt. Anders als die meisten Ordensangehörigen übte er diesen Beruf sein ganzes Leben lang aus. Möglicherweise waren es seine herausragenden Griechischkenntnisse, die ihn für dieses Amt prädestinierten. Aus seiner Schule gingen Persönlichkeiten wie die Jesuiten Jacob Bidermann, Jeremias Drexel und Georg Stengel hervor, die im kulturellen und religiösen Leben der Zeit eine führende Rolle spielten. Dem Schulunterricht sind auch seine Werke auf dem Gebiet der lat. Philologie gewidmet; doch zumindest sein philol. Hauptwerk, der Martialkommentar [2], geht weit über die Anforderungen der Schule hinaus.

Ein weitgespanntes Netzwerk von Gelehrten, u.a. Markus Welser, Justus ↗Lipsius und Andreas Schott, hatte Beiträge dazu in Form von textkritischen oder inhaltlichen Anmerkungen geleistet; R. selbst besorgte zwei verbesserte Neuauflagen. Auf diese Weise kam eine Fülle an Vergleichsstellen und an antiqu. Material zustande, die das Werk vor vergleichbaren Unternehmungen der Zeit heraushebt und auch heute noch zum Verständnis der Dichtung des Martial beitragen kann [14]. R. hatte dem Kommentar eine Edition dieses Autors vorausgehen lassen [1], die, wie im Jesuitenorden üblich, purgiert, d.h. von allen als obszön empfundenen Epigrammen gereinigt war. Infolgedessen wurden beide Werke von den Zeitgenossen kontrovers aufgenommen; so polemisierte etwa Lorenzo Ramírez de Prado, selbst Verfasser eines Martialkommentars, heftig gegen die Praxis des Purgierens und wurde seinerseits wieder von R. angegriffen. Dennoch wurde R.s Kommentar zu einem der erfolgreichsten seiner Art [12.258]. Ebenfalls für den Schulunterricht edierte und kommentierte R. die Alexandergeschichte des Curtius Rufus [7]; [8]. Geplant war auch ein Kommentar zu den Tragödien des Seneca, von dem aber nur der Band zur Medea im Druck erschien [9]; die Kommentare zu den *Troades* und zum *Thyestes* wurden zwar von R. noch fertiggestellt, sind aber verloren [15. 1381].

Bedeutendes leistete R. auch auf dem Gebiet der Byzantinistik: Er erstellte aus Augsburger und aus Münchner Mss., aber auch aus Abschriften vatikanischer Hss. Ausgaben der Chronik des Petros Sikeliotes [4], der Akten des Achten Ökumenischen Konzils in Konstantinopel [3], des *Chronicon Alexandrinum* (*Siculum*) [6] und der Schriften des Johannes Klimakos [10]; Letztere ist noch nicht durch eine mod. Edition ersetzt. Kurfürst Maximilian I. von Bayern beauftragte R. 1603 mit der Bearbeitung von Lebensbeschreibungen bayerischer Heiliger, die in vier aufwendig mit Kupferstichen illustrierten Bänden erschienen [5]. Für Maximilian verfasste R. auch eine bayer. Geschichte seit Otto von Wittelsbach, die aber wohl aufgrund inhaltlicher Differenzen nie veröffentlicht wurde und nur handschriftlich erhalten ist (München, Bayer. Staatsbibl., clm 1221). Außerdem veröffentlichte er zahlreiche weitere Werke, v.a. hagiographischer Natur, während seine eigenen Dichtungen (Epigramme, Dramen) nicht erhalten sind.

N: München, Bayer. Staatsbibl., clm 1610–1612; ebda., Archiv der Dt. Provinz des Jesuitenordens, Abt. 42,2,1–3.

Schriften

[1] M. Val. Martialis Epigrammaton libri XII. Xeniorum liber I, Aphoretorum liber I. Omni rerum et verborum obscenitate sublata … (Edition), Ingolstadt 1599
[2] M. Valerii Martialis Epigrammaton libri omnes, novis commentariis … illustrati, Ingolstadt 1602 (²1611, ³1627)
[3] Acta Sacrosancti et Oecumenici Concilii octavi, Constantinopolitani quarti (Edition), Ingolstadt 1604
[4] Petri Siculi Historia (Edition), Ingolstadt 1604 [5] Bavaria sancta et pia, 4 Bde., München 1615–1628 [6] Chronicon Alexandrinum idemque astronomicum et ecclesiasticum (Edition), München 1615 [7] Q. Curtii Rufi De rebus ab Alexandro Magno gestis libri octo (Edition), München 1617 [8] Ad Q. Curtii Rufi de Alexandro Magno historiam prolusiones, librorum synopses, capitum argumenta, commentarii, Köln 1628 [9] Ad Senecae Medeam commentarii, München 1631 [10] Sancti patris nostri Joannis Scholastici abbatis montis Sina … Opera omnia (Editon), Paris 1633 [11] Bayerische Gelehrtenkorrespondenz, Bd. 1: P. Matthäus Rader SJ, bearb. von H. Zäh und S. Strodel, hrsg. von A. Schmid, 1995.

Sekundärliteratur

[12] F.-R. Hausmann, Martialis, in: F.E. Cranz / P.O. Kristeller (Hrsg.), Catalogus translationum et commentariorum, Bd. 4, 1980, 249–296 [13] A. Schmid, Art. Rader, Matthäus, in: NDB 21, 2003, 92 [14] J.M. Simmons, Martial and Seneca. A Renaissance Perspective, in: Medievalia et Humanistica 17, 1991, 27–40
[15] C. Sommervogel et al. (Hrsg.), Bibliothèque de la Compagnie de Jésus, Bd. 6, 1895, 1371–1382
[16] J.P. Sullivan, Martial. The Unexpected Classic, 1991, 294–295.

Veronika Lukas

Ramler, Karl Wilhelm

Dt. Literaturtheoretiker, Dichter und Übersetzer. Geb. am 25.2.1725 in Kolberg, gest. am 11.4.1798 in Berlin. Ab 1742 Studium der Theologie in Halle, der Medizin in Berlin. 1746 Hauslehrer in Lähme, 1747 in Berlin. 1748–1790 Prof. für Philosophie an der Schule des Kadettenkorps in Berlin; sein wichtigster Schüler dort der spätere Goethe-Freund und Lukrez-Übersetzer Karl von Knebel. Seit 1786 Mitglied der Preuß. Akad. der Wiss. R. Bekanntschaft u.a. mit Ludwig Gleim, Moses Mendelssohn, Friedrich Nicolai und Gotthold Ephraim ↗Lessing.

Werk und Wirkung

R. war als Literaturtheoretiker, Dichter und Herausgeber deutscher sowie als Übersetzer römischer Dichtung tätig (Primärbibliographie in [7. 487–508]). 1756–1758 brachte er eine dt. Fassung von Charles Batteux' *Cours de belles lettres ou principes de la littérature* (1747–1750) heraus [1]; darin war im Anhang eine Prosaübersetzung der horazischen *Ars poetica* enthalten. Eine erste Sammlung von 15 Übersetzungen von Horaz-Oden und Catulls *Carmen* 2 erschien 1769 bzw. 1787 [2]. Die meisten seiner dt. Horazgedichte wurden zunächst als Einzelveröffentlichungen in der *Berlinischen Monatszeitschrift* gedruckt; eine vollständige Sammlung kam zusammen mit den primär für ein lit. interessiertes Publikum bestimmten Anmerkungen erst 1800 heraus [4], eine zweite Ausgabe (ohne die Anmerkungen) 1818. Die leicht gekürzten Anmerkungen erschienen 1807 auch zusammen mit der Übersetzung von Johann Heinrich ↗Voß [5]. R.s Martialübersetzung [3] – die erste weitgehend vollständige in dt. Sprache – versammelt im ersten Band neben eigenen auch ältere Übertragungen einzelner Gedichte, etwa von Martin Opitz, dessen Texte R. bearbeitete (ein Verfahren, das ihm auch bei seinen Ausgaben *Deutscher Dichtungen* zeitgenössische Kritik einbrachte). Die weiteren Bände enthalten nur eigene Versionen; zusammen mit einer Nachlese (1794) waren damit etwa 85 % der Martialgedichte erfasst, die anstößigen weggelassen.

Weiterhin übersetzte R. fast alle Gedichte des Catull sowie jeweils eine Auswahl der unter dem Namen eines Hierokles überlieferten Scherzreden und der sog. *Anacreontea*. Anders als Voß, der sich in seinen Übertragungen eng an die Phraseologie und Wortstellung des Originals anlehnte und dabei oft auch die Möglichkeiten der dt. Sprache gewaltsam dehnte, strebte R. eine flüssige und gut verständliche Ausdrucksweise an; dies erreichte er bei genauer Beachtung des Textsinns (wofür er auch die vorliegenden wiss. Kommentare sorgfältig studierte) und des originalen Metrums in hohem, bereits von den Zeitgenossen bewunderten Maße.

Schriften

[1] Einleitung in die Schönen Wissenschaften. Nach dem Französischen des Herrn Batteux, mit Zusätzen vermehret, Leipzig 1756–1758 (^{5}1802) [2] Karl Wilhelm Ramlers Oden aus dem Horaz, Berlin 1769 (2. erw. Aufl. 1787) [3] Marcus Valerius Martialis. In einem Auszuge lateinisch und deutsch, 5 Bde., Leipzig 1787–1794 [4] Horazens Oden, übers. und mit Anmerkungen erläutert, 2 Bde., Berlin 1800 (^{2}1818) [5] Auserlesene Anmerkungen zur Erklärung der Übersetzung des Horaz von Voß, Frankfurt und Leipzig 1807.

Sekundärliteratur

[6] J. Leonhardt, Ramlers Übersetzungen antiker Texte, in: L. Lütteken et al. (Hrsg.), Urbanität als Aufklärung. Karl Wilhelm Ramler und die Kultur des 18. Jh.s, 2003, 323–353 [7] L. Lütteken et al. (Hrsg.), Urbanität als Aufklärung. Karl Wilhelm Ramler und die Kultur des 18. Jh.s, 2003 [8] H. Petrich, Art. Ramler, Karl Wilhelm, in: ADB 27, 1888, 213–215.

Jürgen Leonhardt

Raoul-Rochette, Désiré

Franz. Archäologe. Geb. am 9.3.1790 in Saint-Amand, gest. am 3.7.1854 in Paris. Gymnasialbesuch in Bourges; Studium an der Pariser École normale supérieure (ENS); 1813 Gesch.-Prof. am Lycée Louis-le-Grand; Preis des Nationalinstituts (für [1]). 1815 in Vertretung François Guizots Prof. für moderne Gesch. an der Sorbonne; 1815–1817 Dozent an der ENS. 1816 Mitglied der Académie des inscriptions et belles-lettres; 1817 Redakteur des *Journal des savans*; 1818–1848 als Nachfolger von Aubin-Louis ↗Millin de Grandmaison Konservator am Pariser Cabinet des médailles der Königlichen Bibl. und Inhaber des dortigen Lehrstuhls für Archäologie. 1819 Schweizreise; 1826/27 [4], 1832, 1843, 1851 Italienreisen; 1838 Griechenlandreise. 1839 Secrétaire perpétuel an der Académie des beaux-arts.

Werk und Wirkung

Gegen Jean-François ↗Champollion verfocht R. die Klassizität der griech. Kunst [3]. Er forschte zur ant. Malerei [6]; [9], Keramologie, Plastik, Architektur, Epigraphik [2] und Numismatik [5]; [8], welche ihm die Grundlage der Archäologie war. Polemisch veranlagt, machte R. viele seiner Forschungsgegenstände wie die ant. christl. Kunst [7], den Aufbau des griech. oder röm. Hauses, die griech. Malerei, die Pornographie oder die Ikonologie antiker Mythen zu Gegenständen heftiger Debatten und trieb so die Polarisierungen wie die Homogenisierungen in den arch. Theorien voran. Bei der Vorbereitung einer an Karl August ↗Böttigers Kunstmythologie anknüpfenden, den Kulturtransfer von Asien in den Okzident untersuchenden *Histoire de l'art chez les anciens* entwickelte R. eine komparative Archäologie [11].

Schriften

[1] Histoire critique de l'établissement des colonies grecques, 4 Bde., 1815 [2] Deux lettres à Mylord Comte d'Aberdeen sur l'authenticité des inscriptions de Fourmont, 1819 [3] Cours d'archéologie, 1828 [4] Monumens inédits d'antiquité figurée, grecque, étrusque, romaine, 6 Bde., 1828–1829 [5] Lettre à M. le Duc de Luynes, sur les graveurs des monnaies grecques, 1831 [6] De la peinture sur mur chez les anciens, 1833 [7] Discours sur l'origine, le développement et le caractère des types imitatifs qui constituent l'art du christianisme, 1834 [8] Mémoires de numismatique et d'Antiquité, 1840 [9] Choix de peintures de Pompéi, la plupart de sujet historique, 1844 [10] Lettre à M. Schorn. Supplément au Catalogue des artistes de l'Antiquité grecque et romaine, 1845 [11] Mémoire d'archéologie comparée, asiatique, grecque et étrusque, in: Mémoires de l'Institut royal de France. Académie des inscriptions et belles-lettres 17.2, 1847, 1–404.

Sekundärliteratur

[12] Art. Raoul-Rochette, Désiré, in: DBA, 2001, 559–562 [13] G. Perrot, Notice sur la vie et les travaux de Désiré Raoul-Rochette, in: Séance publique annuelle de l'Académie des inscriptions et belles-lettres du 16 novembre, 1906, 49–123 [14] R. Sternke, Böttiger und der archäologische Diskurs (Diss. Berlin), 2008.

René Sternke

Rawlinson, George

Brit. Altertumsforscher und Historiker. Geb. am 23.11.1812 in Chadlington (Oxfordshire), gest. am 6.10.1902 in Canterbury; Bruder von Henry ↗Rawlinson. 1834–1841 Studium am Trinity College in Oxford; 1841 M.A.; 1842 Priesterweihe; 1861–1889 Camden Prof. für Geschichte des Altertums in Oxford; ab 1872 Kanonikus von Canterbury.

Werk und Wirkung

Im Rahmen seiner histor. Forschungen widmete sich R. der Übersetzung von Primärquellen zur Alten Geschichte. Von besonderer Bedeutung waren seine Übertragungen von Herodots *Historien*, zu denen er gemeinsam mit seinem Bruder einen umfangreichen Kommentar verfasste, der erstmals Ergebnisse aus ägypt. und den gerade erst bekannt gewordenen keilschriftlichen Original-Quellen einbezog [1]. Neben einer Geschichte der Phöniker [11] und monographischen Stellungnahmen in der Diskussion um die Historizität der biblischen Überlieferung [10] erfuhr v.a. das seit 1862 erschienene Werk über die Geschichte der frühen Großreiche [2]; [4] in schneller Folge zahlreiche Auflagen und verschiedene Fassungen. Ganz im Sinne zeitgenössischer Universalgeschichte entwickelte R. darin die Sukzession der Großreiche im Vorderen Orient von den altoriental. Reichen bis zu den Sassaniden. Die Fortschritte in der Erschließung der ägypt. und altoriental. Überlieferungen verfolgte R. und bezog sie in die Kommentierungen zu Herodot ein. Die Komplementierung der at. Überlieferung durch autochthone Quellen [9] einerseits, wie auch Studien zur Historizität und zur Geschichte des Monotheismus andererseits zeigen den wissenschaftssystematischen Stellenwert, den R. dieser Überlieferung zumaß [6]; [8]. Die Mehrzahl seiner Werke erfuhr nicht nur bereits zu R.s Lebzeiten zahlreiche Auflagen, sondern auch postum.

Schriften

[1] The History of Herodotus. A New English Version ... Illustrating the History and Geography of Herodotus ... Embodying the Chief Results, Historical and Ethnographical, Which Have Been Obtained in the Progress of Cuneiform and Hieroglyphical Discovery, 4 Bde. (Übers. mit Komm., mit H. Rawlinson), 1858–1860 (u.ö.) [2] The Five Great Monarchies of the Ancient and Eastern World, or the History, Geography, and Antiquities of Chaldaea, Assyria, Babylon, Media and Persia, 4 Bde., 1862–1867 (u.ö.) [3] A Manual of Ancient History from the Earliest Times to the Fall of the Western Empire, Comprising the History of Chaldaea, Assyria, Media, Babylonia, Lydia, Phoenicia, Syria, Judea, Egypt, Carthage, Persia, Greece, Macedonia, Rome, and Parthia, 1869 (u.ö.) [4] The Seven Great Monarchies of the Ancient Eastern World, 7 Bde., 1875 (u.ö.) [5] The Origin of Nations, 1877 (u.ö.) [6] The Religions of the Ancient World, 1882 [7] The Antiquity of Man, Historically Considered, 1883 [8] The Early Prevalence of Monotheistic Beliefs, 1883 [9] Egypt and Babylon from Sacred and Profane Sources, 1884 (u.ö.) [10] The Testimony of History to the Truth of Scripture, 1885 (u.ö.) [11] The Story of Phoenicia, 1889 (u.ö.) [12] The Story of the Ionic Revolt and Persian War, 1897.

Sekundärliteratur

[13] P.-R. Berger, Art. Rawlinson, George, in: Biographisches-Bibliographisches Kirchenlex. 7, 1994, 1429–1432 [14] S. A. Pallis, The Antiquity of Iraq. A Handbook of Assyriology, 1956, 122–123.

Eva Cancik-Kirschbaum

Rawlinson, Henry

Brit. Offizier, Diplomat und Archäologe. Geb. am 11.4.1810 in Chadlington (Oxfordshire) als Henry Creswicke R., gest. am 5.3.1895 in London. Bruder von George ↗Rawlinson. 1826 Eintritt in die Armee, ab 1827 militärische Karriere im Dienst der *East India Company* (EIC) v.a. in Indien und Afghanistan; als Bevollmächtigter der EIC auf verschiedenen Schlüsselpositionen im Vorderen Orient tätig, u.a. ab 1843 als brit. Konsul, 1851 als Generalkonsul in Bagdad. 1851–1855 Ausgrabungstätigkeit in Vorderasien im Auftrag des British Museum; zeitweise (ab 1858) Mitglied des brit. Parlaments und Tätigkeit als Gesandter der Krone. 1855 Ritterschlag (Sir Henry). Ab 1850 Fellow der Royal Society.

Werk und Wirkung

Im Rahmen seines Dienstes erlangte R. eine breite Kenntnis des vorderasiat. Raumes und damit des Kerngebietes der altoriental. Kulturen [8]. Die Faszination, die von den weitgehend unbekannten Hinterlassenschaften in den Ursprungsländern ausging, traf bei R. auf ein fundiertes Verständnis der klass. Quellen. Neben seinen eigentlichen Aufgaben in der EIC widmete er sich seit den 1840er Jahren zunehmend der Erkundung des vorderasiat. Altertums. Sein besonderes Verdienst liegt in der Entdeckung und ersten Autographie der schwer zugänglichen dreisprachigen Inschrift Dareios' I. am Pass von Behistun. Die Trilingue lieferte ihm und anderen, ausgehend vom Altpersischen, entscheidende Schlüssel für das Verständnis des Akkadischen und des Elamischen [1]; [2]; [3]; [10]. Die Textfunde der brit. Grabungen in Nimrud, Ninive (vgl. Austen Henry ↗Layard) und Babylon fielen teilweise unter seine Obhut. Wie Edward Hincks, Jules ↗Oppert und Henry W. Fox Talbot beteiligte er sich 1857 an dem Wettbewerb der *Royal Asiatic Society*, bei dem die Entzifferung des Akkadischen offiziell festgestellt wurde. In einem mehrbändigen monumentalen Tafelwerk wurden seit 1861 wichtige Texte der assyr. und babylon. Überlieferung in typographischer Umsetzung der keilschriftlichen Originale vorgelegt [7]. Obwohl seine Kenntnis der Primärquellen ihm neue Einsichten in die Geschichte des Alten Vorderen Orients erlaubte, verfasste R. nur wenige allgemeinere histor. Werke [5]; [6]. Der Schwerpunkt seines Interesses lag auf der Edition von Primärquellen.

Schriften

[1] The Persian Inscription at Behistun, Decyphered and Translated. With a Memoir on Persian Cuneiform Inscriptions in General, and on That of Behistun in Particular, in: Journal of the Royal Asiatic Society 10, 1846–1847, i-lxxi, 1–349 [2] The Persian Inscription at Behistun, Decyphered and Translated. With a Memoir (Continued), in: Journal of the Royal Asiatic Society 11, 1849, 1–192 [3] A Commentary on the Cuneiform Inscriptions of Babylonia and Assyria. Including Readings of the Inscriptions of the Nimrud Obelisk, and a Brief Notice of the Ancient Kings of Nineveh and Babylon, 1850 (auch in: Journal of the Royal Asiatic Society 12, 1850, 401–483) [4] Memoir on the Babylonian Translation of the Great Persion Inscription at Behistun, in:

Journal of the Royal Asiatic Society 14, 1851, 1–16 [5] On the Religion of the Assyrians and the Babylonians, in: The History of Herodotus (engl. Übers. und Komm.), hrsg. von G. Rawlinson, Bd. 1, 1859, 475–522 [6] On the Birs Nimrud, or the Great Temple of Borsippa, in: Journal of the Royal Asiatic Society 18, 1861, 1–34 [7] (Hrsg.), The Cuneiform Inscriptions of Western Asia, 5 Bde., 1861–1884 (2. Aufl. 1868–1909).

Sekundärliteratur

[8] L. Adkins, Empires of the Plain. Henry Rawlinson and the Lost Languages of Babylon, 2003 [9] R. Borger, Die Entzifferungsgeschichte der altpersischen Keilschrift nach Grotefends ersten Erfolgen, in: Persica 7 (1975–1978), 1978, 7–24 [10] R. Borger, Dokumente zur Entzifferung der altpersischen Keilschrift durch H. C. Rawlinson, in: Persica 7 (1975–1978), 1978, 1–5 [11] F. J. Goldsmid, Obituary Notice. Major-General Sir Henry Creswicke Rawlinson, in: Geographical Journal 5, 1895, 490–497 [12] S. W. Holloway, Aššur is King! Aššur is King! Religion in the Exercise of Power in the Neo-Assyrian Empire (Culture and History of the Ancient Near East 10), 2002, 12–26 [13] M. T. Larsen, The Conquest of Assyria. Excavations in an Antique Land 1840–1860, 1966 [14] G. Rawlinson, A Memoir on Major-General Sir Henry Creswicke Rawlinson, 1898 [15] M. P. Streck, Art. Rawlinson, in: RLA 11, 2007, 277.

Eva Cancik-Kirschbaum

Reinach, Salomon

Franz. Archäologe und Kunsthistoriker. Geb. am 29. 8. 1858 in Saint-Germain-en-Laye, gest. am 14. 11. 1932 in Boulogne-Billancourt. 1876 Aufnahme in die École normale supérieure als Jahrgangsbester; 1879 Agrégé de grammaire (Staatsexamen); 1880–1882 Mitglied der École française d'Athènes und Forschungen in Myrina, auf Delos und Thasos. 1883–1885 Sekretär der Commission archéologique de Tunisie, Grabungen u. a. in Karthago. 1886 Mitarbeiter, 1893 Stellvertretender Konservator, 1902 Direktor des Musée des Antiquités nationales in Saint-Germain-en-Laye. 1890–1892 und 1895–1902 Lehrstuhlvertretung an der École du Louvre; 1902–1918 Lehrstuhl für Archéologie nationale und Lehrauftrag für Allgemeine Kunstgeschichte ebda. 1896 Mitglied, 1906 und 1926 Präsident der Acad. des inscriptions et belles-lettres; 1903–1932 Direktor der *Revue archéologique* (mit Georges ↗Perrot bzw. Edmond ↗Pottier). 1903 Offizier der Ehrenlegion; 1929 Vizepräsident der *Jewish Colonisation Association.*

Werk und Wirkung

R. war der mittlere von drei hochbegabten Söhnen einer aus Frankfurt stammenden jüd. Bankiersfamile [18]. Der jüngere Bruder Théodore R., Bauherr der antikisierenden Villa Kérylos an der Côte d'Azur, war ein bedeutender Numismatiker, Judaist und Erforscher der altgriech. Musik, zudem, wie auch der älteste Bruder Joseph R., Abgeordneter der Nationalversammlung (dessen Sohn, der im Ersten Weltkrieg gefallene Adolphe Joseph R., sich als Archäologe und Ägyptologe Verdienste erwarb).

Salomon R.s gewaltiges Œuvre – fast 80 Monographien und mehr als 7000 Artikel – zeugt von einer vielseitigen Intelligenz sowie außerordentlichen Gelehrsamkeit und Arbeitskraft, aber auch Wandlungsfähigkeit. Zunächst v. a. philosophisch und philol. interessiert, veröffentlichte R., kaum 22-jährig, ein Handbuch der Klass. Philologie [1]. Ein dreijähriger Aufenthalt in Griechenland ließ ihn die Unabdingbarkeit des Studiums der Realia – neben dem der Inschriften [3] – für die Kenntnis der ant. Kulturen erkennen, bes. bei seinen Grabungen auf Delos, wo er eine Seite der Agora der Italiker, einen Teil des Theaters und mehrere Monumente am Inopos-Fluss freilegte.

Durch seine gemeinsam mit Edmond ↗Pottier in der Nekropole von Myrina durchgeführten Grabungen wurde R. zum Spezialisten für griech. Terrakotten [4]; [20]. Wieder ein anderes Arbeitsgebiet öffnete sich ihm ab 1883 in Tunesien im Dienst des Botschafters Charles Tissot, dessen Werk über den ant. Maghreb er 1885 postum edierte [2]. Mit der Anstellung am Museum von Saint-Germain-en-Laye wandte R. sich der Prähistorie und der heimischen Archäologie zu [6]. An der École du Louvre las er vorwiegend über die keltische Welt, ließ 1906 die Grabungen in Alesia wiederaufnehmen, widmete sich andererseits aber auch mit Leidenschaft der Malerei des MA und der Renaissance [12]. Indem er die engen Verbindungen zwischen dem griech.-röm. und dem nzl. Europa hervorhob, bekämpfte er das »oriental. Phantom« [7], die damals populäre Herleitung aller kulturellen Phänomene aus dem Alten Orient.

R.s umfangreiches religionshistor. Werk [11] inspirierte Sigmund Freuds *Totem und Tabu* (1913) und trug entscheidend dazu bei, die Ideen der Anthropologen der Cambridger Schule (vgl. Jane Ellen ↗Harrison) zu verbreiten. Seine vergleichende und dadurch relativierende Betrachtung der Religionen wurde z. T. als provokant empfunden, insbes. als er 1909 sein Buch *Orpheus* »der Erinnerung an alle Märtyrer« widmete [13]. R. war ein einflussreicher Kämpfer für die Rechte der Juden in Frankreich, bes. in der Dreyfus-Affäre, wobei er einen laizistisch-assimilationsfreundlichen Standpunkt vertrat. Bes. lag R. die Frauenbildung am Herzen. Viele seiner didaktischen Publikationen richteten sich speziell an junge Mädchen (z. B. [14]).

Während R. zu Lebzeiten in Fachkreisen und aufgrund seiner populären Vorträge und Schriften (u.a. [10]) auch in der breiten Öffentlichkeit hohes Ansehen genoss, wurde sein Nachruhm durch seine Fehlurteile in zwei Fälschungsskandalen verdunkelt (1896 Erwerbung der »Tiara des Saïtaphernes« durch den Louvre [21]; 1924 Entdeckung angeblich »prähistor.« Schrifttafeln in Glozel bei Vichy [15]). Seine bedeutende Rolle als Religionshistoriker wurde erst neuerdings wiederentdeckt [19]. In der arch. Forschung ist R. heute weniger als Gegenspieler Adolf ↗Furtwänglers präsent denn v.a. als Autor nützlicher Bildrepertorien [8]; [9], in denen er Tausende von Werken der ant. Plastik und Vasenmalerei in einfachen Umrisszeichnungen für die rasche Konsultation verfügbar gemacht hat.

SV: Bibliographie de Salomon Reinach, 1936.

N: Aix-en-Provence, Bibliothèque de la Méjanes; Lyon, Maison de l'Orient, Bibliothèque Salomon Reinach; Paris, Archives de l'Alliance israélite universelle; Saint-Germain-en-Laye, Musée des Antiquités nationales.

Schriften

[1] Manuel de philologie classique, 1880 (u.ö.) [2] (Hrsg.), Charles-Joseph Tissot. Fastes de la province romaine d'Afrique, 1885 [3] Traité d'épigraphie grecque, 1885 [4] La nécropole de Myrina (mit E. Pottier), 1887 [5] Esquisses archéologiques, 1888 [6] Antiquités nationales, 2 Bde., 1889–1894 [7] Le mirage oriental, 1893 [8] Répertoire de la statuaire grecque et romaine, 5 Bde., 1897–1924 [9] Répertoire des vases grecs et étrusques, 1899 [10] Apollo. Histoire générale des arts plastiques, 1905 ([14]1930) [11] Cultes, mythes et religions, 5 Bde., 1905–1923 [12] Répertoire de peintures du Moyen Âge et de la Renaissance, 6 Bde., 1905–1923 [13] Orpheus. Histoire générale des religions, 1909 [14] Eulalie ou le Grec sans larmes, 1911 [15] Éphémérides de Glozel, 2 Bde., 1928–1930 [16] Amalthée. Mélanges d'archéologie et d'histoire, 3 Bde., 1930–1931.

Sekundärliteratur

[17] Art. Reinach, Salomon, in: J. Leclant (Hrsg.), Le second siècle de l'Institut de France, 1895–1995. Recueil biographique et bibliographique des members, associés étrangers, correspondants français et étrangers des cinq académies, 1999ff. [18] S. Basch et al. (Hrsg.), Les frères Reinach, 2008 [19] H. Duchêne, Salomon Reinach devant les hommes et les religions, in: S. Reinach, Cultes, mythes et religions, mit Komm. hrsg. von H. Duchêne, 1996, V–LXXXI [20] H. Duchêne, Aventure archéologique et amitié épistolaire. Edmond Pottier, Salomon Reinach et les fouilles de Myrina, in: Journal des savants 2, 2002, 379–440 [21] H. Duchêne, »Nous n'étions pourtant pas si bêtes de croire à la tiare!« Edmond Pottier, Salomon Reinach. Deux amis dans l'épreuve, in: Journal des savants 1, 2005, 165–211.

Hervé Duchêne/Daniel Graepler

Reinhardt, Karl

Dt. Klass. Philologe. Geb. als Karl Ludwig R. am 14.2.1886 in Detmold, gest. am 9.1.1958 in Frankfurt a.M. Ab 1905 Studium der Alt.wiss. in Bonn und Berlin, dort 1910 Prom. und 1914 Habil. Ab 1916 Extraordinarius in Marburg; ab 1919 o.Prof. für Gräzistik in Hamburg; ab 1924 o.Prof. in Frankfurt a.M.; 1942 Berufung an die Univ. Leipzig; 1946 Rückkehr an die Univ. Frankfurt. 1951 Emeritierung.

Wissenschaftlicher Werdegang

R. entstammte als Enkel des Unternehmers Carl Johann Freudenberg einer großbürgerlichen Familie. Sein Vater arbeitete im Schulbereich in Frankfurt, später an der Schule in Salem an führender Stelle mit reformpädagogischen Ansätzen. Diese Bereitschaft, sich geistig außerhalb traditioneller Strukturen zu bewegen, dürfte R.s Art der Textbetrachtung beeinflusst haben, in der er sich zusehends vom positivistisch-textkritischen Ansatz des 19. und Beginn des 20. Jh.s absetzte. Seine ersten Arbeiten entstanden bei Ulrich von ↗Wilamowitz-Moellendorff, der ihn trotz unterschiedlicher Auffassung von Philologie förderte. Nach Tätigkeiten in Marburg und Greifswald wurde R. 1919 auf den gräzistischen Lehrstuhl in Hamburg berufen, fünf Jahre später an die 1914 neu gegründete Univ. Frankfurt a.M. 1933 gab er aus Protest gegen den nationalsozialistischen Terror seine Professur auf, was jedoch vom Ministerium nicht akzeptiert wurde; nach sechs Wochen nahm er seine Lehrtätigkeit wieder auf. Die Genehmigung für einen Wechsel nach Leipzig im Jahr 1942 entsprang offenbar dem Wunsch der polit. Machthaber, die als relativ unabhängig geltende philos. Fakultät an dieser Univ. zu zerschlagen. In der Organisation des wiss. Betriebs trat R. nicht speziell hervor, doch fand seine wiss. Arbeit Anerkennung durch die Aufnahme in die Straßburger Wiss. Gesellschaft in Frankfurt (1930), in die Bayerischen, Sächsischen und Preußischen Akad. der Wiss., als Ritter der Friedenklasse in den Orden *Pour le mérite* (1952) und durch das Ehrendoktorat der Univ. Frankfurt (1956).

Werk und Wirkung

R.s neue Art, mit ant. Texten umzugehen, trat zuerst in seinem Werk über Parmenides von 1916 hervor [1]. Nachdem Hermann ↗Diels mit seiner Ausgabe der Vorsokratiker einen kritischen Text erstellt hatte, nutzte R. hier die Möglichkeiten, durch Analyse der Quellen Parmenides selbst »zum Reden zu bringen« und die angeblichen Widersprüche in dessen Gedankengebäude aufzulösen. Somit ging es R. um die Aufdeckung der unter der Textoberfläche stehenden Aussageintentionen. Denselben Ansatz wandte er anschließend auf den Stoiker Poseidonios an [2]; [3]; [5]; [10]. Mit einer Abhandlung zu Platons Mythen übertrug R. diese Vorgehensweise von Fragmenten auf zusammenhängende Texte und erweiterte die philos. Orientierung um die Dimension des Poetischen [4]. Im großen Umfang zeigte R. in seinem Sophoklesbuch [6], dass auch bei den bes. bedeutenden Autoren lit. Qualität nicht unausgesprochen vorauszusetzen, sondern etwas sei, das die Philologie aufzeigen könne, und zwar durch genaues Hinsehen, Vergleichen und Begründen. Damit lenkte er den Blick der Klass. Philologie über die bislang dominierende Textkritik und Realienkunde hinaus auf das Gebiet der Interpretation.

Auf dieser Basis leistete R. für das Verständnis vieler griech. Autoren in seiner bildhaften, unpathetischen Sprache und in der für ihn charakteristischen Art offener und fragender Formulierungen Bahnbrechendes, so zur histor. Sichtweise Herodots [8], zur Aufführungskunst des Aischylos [9], zur Verbindung des euripideischen Dramas mit der Sophistik [12] oder zur poetischen Einheit von Homers *Ilias* und *Odyssee* [16. 14]. Der Neuartigkeit seines Ansatzes war sich R. sehr bewusst und äußerte sich auch programmatisch dazu [7], nicht zuletzt in Charakterisierungen anderer Philologen. Am bekanntesten sind wohl seine Anmerkungen zu Wilamowitz-Moellendorff [13], dem er trotz grundlegender Unterschiede in der Auffassung von Philologie großen Respekt zollte.

Für die Entwicklung der Klass. Philologie im 20. Jh. hatte R. große Bedeutung. Anfänglich war er in seiner Art der Textbetrachtung durch seine Distanz zum sog. Dritten Humanismus (vgl. Werner ↗Jaeger) isoliert [7], doch nutzten jüngere Interpreten R.s Vorgehensweise v. a. auf dem Gebiet der Deutung literarischer Texte zusehends als Grundlage für die Entwicklung eigener Interpretationen.

R.s Ansatz wirkte stark auf die dt. Philologie ab den 1930er Jahren. An erster Stelle ist hier Wolfgang ↗Schadewaldt zu nennen. Unter denen, die persönlich bei ihm gelernt haben, ragen v. a. Uvo ↗Hölscher, Carl Becker und Karin Alt heraus.

SV: bis 1952: Varia Variorum. FS für K. Reinhardt, 1952, 281 f.; nach 1952: [22].

Schriften

[1] Parmenides und die griech. Philosophie, 1916 (Ndr. 1977) [2] Poseidonios, 1921 [3] Kosmos und Sympathie. Neue Untersuchungen zu Poseidonios, 1926 (Ndr. 1976) [4] Platons Mythen, 1927 (Ndr. in: Vermächtnis der Antike, 1960, 219–295) [5] Poseidonios über Ursprung und Entartung, 1928 [6] Sophokles, 1933 (³1947; Ndr. zuletzt 2006) [7] Die Klassische Philologie und das Klassische, in: Geistige Überlieferung 2, 1942, 35–65 (Ndr. in: Vermächtnis der Antike, 1960, 334–360) [8] Herodots Persergeschichten, in: K. Reinhardt, Von Werken und Formen. Vorträge und Aufsätze, 1948, 163–224 [9] Aischylos als Regisseur und Theologe, 1949 [10] Art. Poseidonios, in: RE 12, 1954, 560–826 [11] Akademisches aus zwei Epochen, in: Die neue Rundschau 66, 1955, 380–401 (Ndr. in: Vermächtnis der Antike, 1960, 380–401) [12] Die Sinneskrise bei Euripides, in: Die neue Rundschau 68, 1957, 615–546 (wieder in: Tradition und Geist, 1960, 227-256) [13] Ulrich von Wilamowitz-Moellendorff, in: H. Heimpel (Hrsg.), Die Großen Deutschen, Bd. 5, 1957, 415–421 (Ndr. in: Vermächtnis der Antike, 1960, 361–368) [14] Tradition und Geist. Gesammelte Essays zur Dichtung, hrsg. von C. Becker, 1960 (²1966) [15] Vermächtnis der Antike. Gesammelte Essays zur Philosophie und Geschichtsschreibung, hrsg. von C. Becker, 1960 [16] Die Ilias und ihr Dichter, aus dem Nachlass hrsg. von U. Hölscher, 1961.

Sekundärliteratur

[17] I. Auerbach (Hrsg.), Catalogus professorum academiae Marburgensis, Bd. 2: Von 1911 bis 1971, 1979, 590–591 [18] U. Hölscher, Nachruf Karl Reinhardt (1886–1958), in: Gnomon 30, 1958, 557–560 [19] U. Hölscher, Die Chance des Unbehagens. Drei Essays zur Situation der klassischen Studien, 1965, 31–52 [20] U. Hölscher, Karl Reinhardt (1886–1958), in: Eikasmos 4, 1993, 295–304 [21] W. Schadewaldt, Karl Reinhardt und die klassische Philologie, in: Schweizer Monatshefte 38, 1958, 737–744 (erneut in: W. Schadewaldt, Hellas und Hesperien, 1960, 1030–1037) [22] W. Unte, Art. Reinhardt, Karl, in: NDB 21, 2003, 361–363 [23] H. Viebrock et al., Gedenkreden auf Karl Reinhardt. Gehalten am 3. Juni 1958, 1959.

Edzard Visser

Reiske, Johann Jacob

Dt. Klass. Philologe und Arabist. Geb. am 25. 12. 1716 in Zörbig bei Leipzig, gest. am 14. 8. 1774 in Leipzig. 1728–1732 Besuch des Gymnasiums des Francke'schen Waisenhauses in Halle; 1733–1738 formal Studium der Theologie in Leipzig, in Wirklichkeit Selbststudium des Griech. und des Arab.; 1738–1746 Aufenthalt in Leiden; 1746 Abschluss eines Medizinstudiums ebda. ohne Folgen für die Praxis. 1746 Rückkehr nach Leipzig; 1747 ao. Prof. für Arab. ebda.; 1758 bis zu seinem Tod Rektor der Nicolaischule in Leipzig.

Werdegang, Werk und Wirkung

Als Sohn eines Lohgerbers verdiente R. seinen Lebensunterhalt bis zu seiner Ernennung zum Rektor 1758 mit philol. Gelegenheitsarbeiten (Privatunterricht, Korrekturen, Registererstellungen, Übersetzungen, Rezensionen). In Leiden wurde er durch den Arabisten Albert Schultens, im Griechischen durch Tiberius ↗Hemsterhuis gefördert. Seine Leipziger Arabisch-Professur war mit nur bescheidener Besoldung verbunden; eine Tätigkeit mit der Option auf die Lehre in Klass. Philologie ließ die Univ. nicht zu. R. verstärkte sein Außenseitertum selbst durch seine Schwermut, sein schroffes Wesen und schließlich durch ein kirchenfernes Leben, das ihm den Vorwurf der Freigeisterei eintrug. Seit 1764 war R. mit Ernestine Christine Müller verheiratet, die an seinen wiss. Arbeiten beteiligt war und diese nach seinem Tode fortsetzte. Sie unterstützte seine Freundschaft mit Gotthold Ephraim ↗Lessing [8], der R.s Leistungen erkannte [17]; [11]; [14].

Obwohl Autodidakt, wurde R. durch seine Arbeiten zum Arabischen (Untersuchungen, Texteditionen und Übersetzungen zwischen 1737 und 1765) zum Begründer der Arabistik als einer eigenständigen Disziplin, indem er diese aus der Verbindung mit der Theologie löste und mit den Methoden der Alt.wiss. in Philologie, Numismatik und Epigraphik verwissenschaftlichte [13.45–86; 141–146; 147–202]. Seit den 1760er Jahren trat an die Stelle seines Interesses am Arabischen nicht zuletzt wegen mangelnder Resonanz in der Univ. die Bevorzugung der ant., v.a. der griech. Literatur.

Im Bereich der Klass. Philologie hatte R. bis 1750 keine größeren Publikationen vorzuweisen. Als Kuriosum gelten seine frühen eigenmächtigen Textänderungen bei der Korrektur der Neuauflage der Petronausgabe von Pieter ↗Burmann d.Ä. (1743) in Leiden. Seine erste bedeutende und bis heute nicht ersetzte Arbeit ist die Editio princeps (mit Sachkommentar) des für die innere Geschichte von Byzanz fundamentalen Zeremonienbuches des byz. Kaisers Konstantinos VII. Porphyrogennetos aus dem 10. Jh. [1] (mit Erweiterungen R.s abgedruckt im *Corpus Scriptorum historiae Byzantinae*, 1829/30) [16]. R.s Hauptwerk besteht v.a. aus Editionen, *Animadversiones* (Beiträgen zur Textkritik mit Konjekturen und Verbesserungen) [2]; [3]; [4] und Übersetzungen ins Deutsche von vornehmlich griech. Autoren. Dabei profilierte er sich außer durch die Übertragung der Reden des Thukydides (1761) v.a. mit der Erstübersetzung des Aischines und der ersten vollständigen Übersetzung der Reden des Demosthenes [5]. Da er häufig paraphrasierend verfuhr und – histor. unangemessen – die Sprache des »Pöbels« als einen dem Demosthenes äquivalenten Sprachstil einsetzte, stieß seine Version in der Wiss. auf Ablehnung.

R.s Leistung [12]; [15]; [18] besteht v.a. darin, den Text griech. Autoren in textkritischen Beiträgen und Ausgaben durch Emendationen und Konjekturen der Überlieferung aufgrund neuer Hss. und v.a. seines Stilempfindens verbessert zu haben (jeweils 5000 Verbesserungen bei den Rednern und Libanios). Grundlegend: die Editionen der griech. Redner [6] und des Libanios [9] sowie die Beiträge zu Demosthenes [7]; weniger ergiebig: die Edition des Maximos Tyrios (2 Bde., 1774/75), die beiden ersten Bände (1774) von Dionysios von Halikarnass (6 Bde., 1774–1777), der erste Band (1774) von Plutarch (12 Bde., 1774–1782). Zahlreiche seiner Textänderungen wurden durch später entdeckte bessere Hss. bestätigt. In der Textkritik war R. Richard ↗Bentley ebenbürtig.

M: Von ihm selbst aufgesetzte Lebensbeschreibung, Leipzig 1783 (Mikrofiche-Ausgabe, München 1990–1994; larmoyante Autobiographie). B.A. Müller, in: Berliner Philologische Wochenschrift 39, 1919, 366–375, 391–397.

SV: J.G. Meusel, Lex. der vom Jahr 1750 bis 1800 verstorbenen teutschen Schriftsteller, Bd. 11, 1811 (Ndr. 1968), 192–208; [13.203–214] (Auswahl).

Schriften

[1] Constantini Porphyrogenneti Imperatoris de cerimoniis aulae Byzantinae libri duo, 2 Bde. (mit lat. Übers.; mit J.H. Leich), 1751–1754 [2] Animadversiones ad Sophoclem, 1753 [3] Animadversiones ad Euripidem et Aristophanem, 1754 [4] Animadversiones ad Graecos auctores, 5 Bde., 1757–1766 [5] Demosthenis und Aeschinis Reden, verdeutschet und mit den nöthigen Anmerkungen erläutert, 5 Bde., 1764–1769 [6] Oratorum Graecorum … quae supersunt monumenta ingenii, 8 Bde. (Edition), 1770–1773 [7] Apparatus criticus ad Demosthenem, 4 Bde., 1774–1775 [8] Gelehrter Briefwechsel zwischen Johann Jacob Reiske, M. Mendelssohn und G.E. Lessing, hrsg. von K.G. Lessing, 1789 [9] Libanii sophistae orationes et declamationes, 4 Bde., aus dem Nachlass hrsg. von E.Ch. Reiske (Edition), 1791–1797 [10] J.J. Reiske's Briefe, hrsg. von R. Foerster (Abh. der Philos.-Histor. Classe der sächsischen Gesellschaft der Wiss. 16/4), 1897.

Sekundärliteratur

[11] H. Bobzin, Art. Reiske, Johann Jacob, in: NDB 21, 2003, 391–392 [12] Bursian Gesch. 407–416 [13] H.-G. Ebert / Th. Hanstein (Hrsg.), Johann Jacob Reiske – Leben und Wirkung, 2005 [14] R. Foerster, Art. Reiske, Johann Jacob, in: ADB 28, 1889, 129–143 [15] R. Foerster, Johann Jacob Reiske, in: Neue Jbb. für Pädagogik 19, 1916, 449–466 [16] S. Kolditz, Johann Jacob Reiske und die byzantinischen Studien, in: H.-G. Ebert / Th. Hanstein (Hrsg.), Johann Jacob Reiske, Leben und Wirkung, 2005, 87–116 [17] H. Schneider, Lessing und das Ehepaar Reiske, in: H. Schneider (Hrsg.), Zwölf biographische Studien, 1951, 110–165 [18] K. Sier et al., Klass. Philologie und Komparatistik, in: F. Häuser et al. (Hrsg.), Geschichte der Universität Leipzig 1409–2009, Bd. 4/1, 2009, 575–595, bes. 577–580.

Manfred Landfester

Reitzenstein, Richard

Dt. Klass. Philologe und Religionshistoriker. Geb. am 2.4.1861 in Breslau, gest. am 23.3.1931 in Göttingen. Nach dem Abitur 1879 Studium der Theologie in Halle, dann der Klass. Phil. ebda., in Breslau und Berlin, dort 1884 Prom. 1887 ao.Prof. in Rostock; 1888 Habil. in Breslau; 1892 Prof. für Klass. Phil. in

Gießen, 1893 in Straßburg, 1911 in Freiburg i. Br., schließlich 1914 in Göttingen.

Werdegang, Werk und Wirkung

Nach dem Abitur studierte R. zunächst Theologie, später Klass. Philologie in Halle u. a. bei Wilhelm ↗Dittenberger und Eduard Hiller, dann in Breslau u. a. bei Georg ↗Wissowa sowie in Berlin bei Adolf ↗Kirchhoff, Theodor ↗Mommsen und Johannes Vahlen, von dem er mit einer Arbeit zu Cato und Columella promoviert wurde [1]. Im Auftrag Mommsens reiste R. zu ital. Bibliotheken, um dort weite Kenntnisse in der Überlieferungsgeschichte antiker Autoren zu gewinnen, v. a. über Grammatiker und Lexikographen. Seine Habil.-Schrift befasste sich mit Problemen der Tradition des Alexanderfeldzuges bei Arrian (Ausgabe: [2]). Daneben untersuchte er den Einfluss der Symposiondichtung auf das alexandrinische Epigramm [3] und forschte zu röm. Autoren wie Horaz [5] und Tacitus [6]. 1898/99 reiste R. mit dem Straßburger Ägyptologen Wilhelm Spiegelberg nach Ägypten und erwarb dort Papyri für den Aufbau der Straßburger Papyrussammlung [8. 181].

Zahlreiche Arbeiten R.s wurden gleichermaßen bedeutsam für die Klass. Philologie wie für die Religionswiss. Er erforschte den Einfluss von oriental. Mysterien, bes. des Manichäismus. Auf dieser Grundlage setzte er sich mit dem frühchristl. Taufverständnis auseinander und postulierte u. a. einen ägypt. Ursprung der Hermetik [4]. Zu seinen akad. Schülern zählten u. a. Otto Plasberg und Hans ↗Drexler. Eine FS für R. gaben Eduard ↗Fraenkel, R.s Nachfolger in Göttingen, und Hermann ↗Fränkel heraus [5].

SV: R. Reitzenstein Jr., Reitzensteins Schriften, in: [7. 160–168].

Schriften

[1] De scriptorum rei rusticae qui intercedunt inter Catonem et Columellam libris deperditis (Diss. Berlin), 1884 [2] Arriani libri septimi fragmenta e codice Vaticano rescripto (Edition), 1888 [3] Epigramm und Skolion. Ein Beitrag zur Geschichte der alexandrinischen Dichtung, 1893 (Ndr. 1970) [4] Poimandres. Studien zur griech.-ägyptischen und frühchristlichen Literatur, 1904 (Ndr. 1966) [5] Aufsätze zu Horaz (Ndr. älterer Beiträge), 1963 [6] Aufsätze zu Tacitus (Ndr. älterer Beiträge), 1967.

Sekundärliteratur

[7] Richard Reitzenstein zum 2. April 1931, hrsg. von E. Fraenkel und H. Fränkel, 1931 [8] W. Fauth, Richard Reitzenstein, Professor der Klass. Philologie 1914–1928, in: C. J. Classen (Hrsg.), Die klassischen Altertumswissenschaften an der Georg-August-Universität Göttingen, 1989, 178–196 [9] A. Özen, Art. Reitzenstein, Richard August, in: NDB 21, 2003, 405–406.

Hans-Ulrich Berner / Marcel Humar

Renan, Ernest

Franz. Religionswissenschaftler und Orientalist. Geb. am 28. 3. 1823 in Tréguier (Bretagne), gest. am 2. 10. 1892 in Paris. 1838–1845 Priesterseminar (1840 Saint-Nicolas-du-Chardonnet, 1841 Issy-les-Moulineaux, 1843 Saint Sulpice); 1848 Zugangsprüfung für das Lehramt in Philosophie (Agrégé de philosophie); 1852 Prom. 1856 Aufnahme in die Acad. des inscriptions et belles-lettres; 1861 Prof. am Pariser Collège de France; 1878 Aufnahme in die Acad. française.

Werk und Wirkung

Nach dem Tod seines Vaters trat R., gefördert durch den Abt Félix Dupanloupp, in das Priesterseminar ein, wo er (bes. dt.) Philosophie und Hebräisch studierte. 1845 brach er mit der Kirche. Nach der Zugangsprüfung für das Lehramt für Philosophie, die er 1848 als Jahrgangsbester bestand, arbeitete R. bei verschiedenen Zeitschriften und wurde 1852 in Paris promoviert [1]. 1861 übernahm er den Lehrstuhl für Hebräisch am Collège de France. In seiner Antrittsvorlesung erklärte er, dass man die Lebensgeschichte auch eines so außergewöhnlichen Menschen wie Jesus schreiben sowie die Bibel wie jede andere Quelle einer kritischen Prüfung unterziehen könne. Diesen Plan verwirklichte er in seinem berühmtesten Buch über das Leben Jesu [3], das auf strenge Quellenkritik und Imagination setzt und auf übernatürliche Erklärungen verzichtet. Es förderte die franz. Bibelkritik, provozierte jedoch einen Skandal, in dessen Folge R. erst suspendiert, 1864 dann entlassen wurde. In den folgenden Jahren schrieb R. mehrbändige Geschichten des Christentums [2] und des Volkes Israel [5], dessen Geschichte er als Vorstufe des Christentums verstand. Er verfasste auch Denkschriften, bes. nach den polit. Ereignissen von 1848 und 1870 [4]. 1870 erhielt er seinen Lehrstuhl zurück und kam wieder zu hohem Ansehen.

Als Orientalist und Religionswissenschaftler wies R. der histor. Kritik, die seinen christl. Glauben zerstört hatte, einen wichtigen Platz zu; Identität und Weltauffassung eines Volkes können demnach über die Analyse von Religion und Mythen ergründet worden. Abgesehen von dem von ihm 1867 begründeten *Corpus Inscriptionum Semiticarum* finden seine sprachwiss. Arbeiten keine Beachtung mehr. Auch seine histor. Werke sind trotz ihrer gewinnenden Sprache heute überholt.

Schriften

[1] Averroès et l'averroïsme (Diss. Paris), 1852 [2] Histoire des origines du christianisme, 7 Bde., 1863–1883 [3] Vie de Jésus, 1863 (zahlreiche Aufl. und Übers.)

[4] Qu'est-ce qu'une nation?, 1882 [5] Histoire du peuple d'Israël, 5 Bde., 1887–1893 [6] Œuvres complètes, 10 Bde., hrsg. von H. Psichari, 1947–1961.

Sekundärliteratur

[7] J.-L. Dumas, La philosophie de l'histoire de Renan, in: Revue de métaphysique et de morale 77, 1972, 100–128 [8] R. Dussaud, L'œuvre scientifique d'Ernest Renan, 1951 [9] J. Pommier, La pensée religieuse de Renan, 1925.

Laurent Guichard

Reuchlin, Johannes

Auch Kapnion, Capnio; dt. Humanist und Philosoph. Geb. am 29.1.1455 in Pforzheim, gest. am 30.6.1522 in Stuttgart. 1470 Studium in Freiburg, 1473 in Paris, 1474 in Basel, dort 1477 M.A.; 1477–1478 in Paris; 1479 Griechisch- und Jurastudium in Orléans, 1480/81 in Poitiers fortgesetzt. 1481 Orator und Rat am Hof Eberhards von Württemberg; 1482 Studium in Tübingen und im Gefolge Eberhards von Württemberg Reise über Florenz nach Rom. 1484 Doctor legum; 1492 geadelt; 1490 und 1498 weitere Italienreisen. 1496 Aufenthalt in Heidelberg; ab 1498 wieder in Württemberg. 1502–1513 Richter des Schwäbischen Bundes; 1519/20 Lehrer des Griechischen und Hebräischen in Ingolstadt; 1521 Rückkehr nach Tübingen.

Philologie

Auf dem Feld der eigentlichen Philologie tat sich R. in allen drei alten Sprachen als Grammatiker und Übersetzer hervor: Bereits als M.A. veröffentlichte er in Basel 1478 das Wörterbuch *Vocabularius breviloquus*. Seine hebr. Grammatik und Wörterbuch *De rudimentis Hebraicis* (Pforzheim 1506) diente u.a. Luther als Nachschlagewerk; eine weitere grammatische Schrift folgte: *De accentibus et orthographia linguae Hebraicae* (Hagenau 1518). Als Übersetzer aus dem Griechischen ins Lateinische veröffentlichte R. 1510 die pseudo-homerische *Batrachomyomachia* [1]; 1512 Hippokrates' *De praeparatione hominis*. 1513 folgte die Übersetzung einer griech. Konstantin-Vita (*Constantinus Magnus Romanorum imperator*), 1515 Athanasios' *Epistola ad Marcellinum*, 1519 dessen *Liber de variis quaestionibus*; 1529 (postum) der *Sermo* des Proklos von Kyzikos. Als Übersetzer aus dem Hebräischen ins Lateinische veröffentlichte R. 1512 die *Iudaica Ezobi* (Dichtungen des Joseph Ezobi ben Hanan) sowie die *In septem psalmos poenitentiales interpretatio*.

Florentiner »Neuplatonismus«

Durch Kontakte zu ital. Humanisten seit der ersten Italienreise 1482 und insbes. zum florent. Kreis (Angelo ↗Poliziano, Marsilio ↗Ficino, Giovanni ↗Pico della Mirandola) wurde R. zu einem Vertreter des Neuplatonismus. Dieser und sein intensives Hebräischstudium führten zu einer Auseinandersetzung mit der Kabbala in *De verbo mirifico* (Basel 1494) [7] und *De arte cabbalistica* (1517) [3]. R. zeigte sich auch hier von den Überlegungen Ficinos und Picos beeinflusst, man könne hinter den Mysterien auch nichtchristlicher Religionen eine verborgene, mit dem Christentum übereinstimmende Wahrheit entdecken.

Der Dialog *De verbo mirifico* spielt in Pforzheim; seine Teilnehmer sind der Jude Baruchias, der Heide Sidonius und Reuchlin selbst unter dem Pseudonym Capnio. In den ersten beiden Büchern wird das Verhältnis zwischen Sterblichem und Unsterblichem, insbes. aber die magische Kraft der Wörter thematisiert; im dritten Buch geht es vornehmlich um die Wörter für Gott (IHWH) und Jesus (IHSVH), die pythagoreisch-zahlenmystische Bedeutung der einzelnen Buchstabenwerte und damit den Nachweis, dass auch die Kabbala als Wissen von der Fleischwerdung Jesu zu lesen sei. Dies steht im Einklang mit den Bemühungen des florent. Neuplatonismus, aus Platonismus, Hermetismus, Orphismus u.Ä. eine *prisca theologia* zu rekonstruieren, die neben der Offenbarung der Bibel dem Nichtchristen mit verhüllten Symbolen die christl. Wahrheit präsentiere. Hierzu gesellt sich die Kabbala auch insofern, als aus ihr die Philosophie der Pythagoreer rekonstruiert werden sollte, die in den Zahlen das Grundprinzip der Welt vermutete.

Mit dieser Konstruktion stellt R. auch sein zweites von ausgiebigen Studien des Hebräischen geprägtes kabbalistisches Werk (*De arte cabbalistica*, 1517) dem Widmungsempfänger, Papst Leo X., vor [3]. Den Sohn Lorenzos de' Medici konnte er hierbei auf die Aktivitäten seiner eigenen Familie verweisen und dem spezifisch Jüdischen der kabbalistischen Studien seine Gefahr nehmen. Der Dialog in drei Büchern spielt in Frankfurt und hat zu Gesprächsteilnehmern keine Christen, sondern den Pythagoreer Philolaus, den Mohammedaner Marranus und den Juden Simon. Auch die Wahl der Personen kann als der Versuch einer Entschärfung der Situation interpretiert werden, denn bei Anwesenheit eines christl. Teilnehmers hätte an zu vielen Stellen sein Einschreiten erwartet werden müssen. Die so versachlichte Darstellung der Kabbala durch Simon mündet aber am Werkende auch in ein scheinbar versachlichtes Lob auf die Macht christlicher Symbole: das Wort Iesus und das – von Konstantin histor. erfahrene – Zeichen des Kreuzes in der Verbindung der Buchstaben XP. Das durch R. hier erstmals systematisierte Wissen um die kabbalistische Lehre beeinflusste entscheidend die Entwicklung einer christl. Kabbalistik durch Paulus Ricius, Petrus Galatinus und Johannes Pistorius.

Der Reuchlinsche Bücherstreit

Im Sinne einer – angesichts des nahen Weltendes – dringlichen Bekehrung der Juden hatte der Konvertit Johannes Pfefferkorn die Einziehung und Vernichtung jüd. Schriften gefordert und begonnen. Als sich hiergegen Widerstand regte, wurde der Vorgang juristisch untersucht; die meisten hierzu erstellten Rechtsgutachten gaben ihm in der Sache Recht. In seinem Gutachten (*Ob man den Juden alle ihre bücher nemmen, abthun und verbrennen soll*, Tübingen 1511 [5]) stellte R. sich aber gegen die Verbrennung von jüd. Literatur: Schützenswert schienen ihm die hebr. Schriften (und namentlich der Talmud) als Grundlage zum Verständnis des Christentums; durch ihre Kenntnis könne man eine bessere Bekehrungsarbeit leisten. Nach Angriffen der Franziskaner gegen seine Stellungnahme und insbes. nach Pfefferkorns 1511 erschienenem *Handtspiegel* verfasste er im selben Jahr den *Augenspiegel* [2], in welchem er sein Gutachten veröffentlichte und eine Widerlegung der Positionen Pfefferkorns vorlegte. Am 15. 9. 1513 deswegen vor ein Inquisitionsgericht geladen, kam er in erster Instanz frei; eine Appellation an den Papst führte jedoch 1520 zum Verbot des *Augenspiegels*. 1514 veröffentlichte R. in Tübingen unter dem Titel *Epistolae clarorum virorum* 100 an ihn adressierte Briefe namhafter Humanisten, die ihm gewogen waren. Der Streit weitete sich mit dem Erscheinen der satirischen *Dunkelmännerbriefe* (*Epistolae obscurorum virorum*, 1514, 1519) aus und verlagerte sich auf eine allgemeine Kritik der minderwertigen Bildungslandschaft an vielen dt. Univ., namentlich der Univ. Köln.

Komödien

Als neulat. Dichter veröffentlichte R. die Komödien *Sergius* (1498) und *Scaenica Progymnasmata* (1507, nach einem Protagonisten auch *Henno* genannt [6]). Thema des *Sergius* ist eine Kritik der Reliquienverehrung: Zur Anbetung kommt der Schädel eines aus dem Christentum zum Islam konvertierten Verbrechers. Die Komödie erzielte wenig Wirkung. Der *Henno* ist ein Schwank im weltlichen Milieu: Ein Ehemann stiehlt seiner Frau Geld und überlässt dies einem Knecht, der es wiederum veruntreut. Vor Gericht gelingt es dem Knecht freizukommen, indem er sich taubstumm stellt, und mit diesem Trick auch noch seinen Verteidiger um den Lohn zu prellen. Neu insbes. am *Henno* ist, dass das Theaterstück in keine christl. Kultform eingebunden ist, sondern – wie die ant. Komödien – in der bürgerlichen Welt spielt. Neben Jakob Wimphelings *Stylpho* (1480, gedr. 1494) waren R.s Stücke die ersten humanistischen Komödien im dt. Sprachraum; sie sind an Plautus und Terenz sowie an dt.sprachigen Schwänken orientiert, aber möglicherweise auch an neulat. Komödien (z. B. von Petrus Domitius), die R. während seiner Aufenthalte in Florenz kennengelernt haben könnte.

Wirkung

R. stand mit den namhaften Humanisten seiner Zeit europaweit in Kontakt: Rudolf ↗Agricola, Sebastian Brant, Marsilio ↗Ficino und Aldus ↗Manutius gehörten zu seinen Korrespondenten; ↗Erasmus von Rotterdam schrieb ihm in den *Colloquia familiaria* einen rühmenden Nachruf. Sein Großneffe Philipp ↗Melanchthon, den er erst förderte, später dann von der beginnenden Reformation abzuhalten versuchte, verfasste 1552 eine lobende *Oratio continens historiam Capnionis*. Zu Lebzeiten wurden R.s Werke häufig gedruckt; bis zu seinem Tode erschienen 23 Schriften. Bis auf den Druck von 1529 (Proklos von Kyzikos) wurden dann aber bis ins 19. Jh. nur noch die kabbalistischen Werke wieder aufgelegt. Das Interesse an R. beschränkte sich auf wenige Spezialisten der – durch ihn sehr geförderten – Formung einer christl. Kabbalistik. Für die Vertreter der dt. Klassik (Herder, ↗Goethe) waren weniger seine wiss. Leistungen als vielmehr sein Mut zur Wiss. während des Bücherstreites bemerkenswert; diese Einschätzung setzt sich in dem seit 1955 in Pforzheim alle zwei Jahre verliehenen »R.-Preis« fort. Mit Geigers Werk über die wiss. Leistungen R.s [12] änderte sich dies im späteren 19. Jh.: R.s Pionierleistung als Hebraist fand nun allgemeine Anerkennung. Auch die noch von Geiger verworfenen Arbeiten zur Kabbala stoßen mit dem Interesse am florent. Neuplatonismus insbes. seit Ende des 20. Jh.s auf größeres Interesse.

Schriften

[1] Batrachomyomachia (lat. Übers.), Wien 1510 [2] Augenspiegel, Tübingen 1511 (Ndr. 1961) [3] De arte cabbalistica libri tres Leoni X. dicati, Hagenau 1517 (lat.-engl. 1993, übers. von M. und S. Goodman) [4] Briefwechsel, hrsg. von L. Geiger, 1875 (Ndr. 1962) [5] Gutachten über das jüdische Schrifttum (Orig. 1510), hrsg. von A. Leinz von Dessauer, 1965 [6] Henno (lat.-dt.; Orig. 1507), hrsg. von C. H. Schnur, 1970 [7] De verbo mirifico (lat.-dt.; Orig. 1494), hrsg. von A. F. W. Sommer, 1996 [8] Briefwechsel, Bd. 1: 1477–1505 (lat.-dt.), hrsg. von M. Dall'Asta, 1999 [9] Schriften zum Bücherstreit, 1. Teil (lat.-dt.), hrsg. von W.-W. Ehlers, 1999.

Sekundärliteratur

[10] J. Benzing, Bibliographie der Schriften Johannes Reuchlins im 15. und 16. Jh., 1955 [11] M. Brod, Johannes Reuchlin und sein Kampf. Eine historische Monographie, 1965 [12] L. Geiger, Johann Reuchlin. Sein Leben und seine Werke, 1871 [13] D. Hacke / B. Roeck, Die Welt im Augenspiegel. Johannes Reuchlin und seine Zeit, 2002 [14] A. Herzig / H. Schoeps (Hrsg.), Reuchlin und die Juden, 1992 [15] M. Krebs (Hrsg.), Johannes Reuchlin (1455–

1522), hrsg. und erw. von H. Kling und S. Rhein, 21994 (11955) [16] W. Kühlmann (Hrsg.), Reuchlins Freunde und Gegner. Kommunikative Konstellationen eines frühneuzeitlichen Medienereignisses, 2010 [17] S. Rhein (Hrsg.), Reuchlin und die politischen Kräfte seiner Zeit, 1998 [18] S. Rhein, Johannes Reuchlin (1455–1522). Ein deutscher »uomo universale«, in: P. G. Schmidt (Hrsg.), Humanismus im deutschen Südwesten. Biographische Profile, 2000, 59–75 [19] H.-R. Schwab, Johannes Reuchlin. Deutschlands erster Humanist, 1998 [20] C. Zika, Reuchlin und die okkulte Tradition der Renaissance, 1998.

Nikolaus Thurn

Reuvens, Caspar Jacob Christiaan

Niederl. Archäologe, Ägyptologe und Museumsgründer. Geb. am 22. 1. 1793 in Den Haag; gest. am 26. 7. 1835 in Rotterdam. Schulbesuch in Amsterdam; Jurastudium in Paris; 1813 Prom. ebda. 1815 o.Prof. für Griechisch, Latein und Gesch. in Harderwijk; 1818 ao.Prof. für Arch. in Leiden und Leiter der arch. Sammlung der Univ.; 1826 o.Prof. für Arch. ebda.

Werk und Wirkung

R. begründete die Klass. Archäologie in den Niederlanden und war der erste Prof., dessen Lehrauftrag explizit dieses Fach betraf. Prägende Eindrücke empfing er auf einer Deutschlandreise im Sommer 1815, als er in Göttingen die Bibliothek und das von Christian Gottlob ↗Heyne begründete Akad. Museum besuchte. Der Kontakt setzte sich bei einem Besuch Karl Otfried ↗Müllers in Leiden 1822 fort. Beim Aufbau des Leidener *Museum Antiquarum* (seit 1867 Rijksmuseum van Oudheden) maß R. sich mit führenden Experten seiner Zeit wie Taylor Combe und Ennio Quirino ↗Visconti, deren Museumskonzepte er von Reisen nach England und Frankreich kannte. R.s eigenes Konzept war universalhistorisch ausgerichtet. Neben griech., röm. und ausgezeichneten etrusk. Werken sammelte er in großem Umfang Ägyptisches und erwarb hindu-buddhistische Skulpturen aus Java, in denen er ein über Indien vermitteltes hell. Erbe sah [4].

R.s ägyptologische Arbeiten wurden von Jean-François ↗Champollion inspiriert und machten ihn zu einem Pionier der Papyrologie [5]. Als Ausgräber des Forum Hadriani bei Den Haag entwickelte er moderne Methoden der Feldarchäologie [6]; [10].

N: Leiden, Rijksmuseum van Oudheden.

Schriften

[1] Oratio de laudibus archaeologiae, 1819 [2] Periculum animadversionum archaeologicarum ad cippos Punicos Humbertianos Musei Antiquarii Lugduno-Batavi, 1822 [3] Disputatio de simulacris quibusdam tympanorum Parthenonis ad Taylorem Combium Musei Britannici Antiquitatibus Praefectum, in: Classical Journal 55–56, 1823, 175–183; 273–287 [4] Verhandeling over drie groote steenen beelden in den jare 1819 uit Java naar de Nederlanden overgezonden, 1824 [5] Lettres à M. Letronne sur les papyrus bilingues et grecs, et sur quelques autres monumens gréco-égyptiens du Musée d'Antiquités de l'Université de Leide, 1830 [6] Notice et plan des constructions romaines trouvées dans les fouilles faites en 1827–1829 sur l'emplacement présumé du Forum Hadriani à la campagne nommée Arentsburg, commune de Voorburg, près de la Haye, 1830 [7] Aus Holland: C. J. C. Reuvens Boettigero Amico S. P. D., in: Amalthea, oder Museum der Kunstmythologie und bildlichen Altertumskunde 3, 1825, 420–438.

Sekundärliteratur

[8] Bibliotheca Reuvensiana, hrsg. von C. Leemans (mit einleitender Epistola de vita Reuvensii), 1838 [9] A. Brongers, Een vroeg begin van de moderne archeologie. Leven en werk van Cas Reuvens (1793–1835), 2002 [10] E. H. P. Cordfunke et al., ›Loffelijke verdiensten van de archeologie‹. C. J. C. Reuvens als grondlegger van de moderne Nederlandse archeologie, 2007 [11] R. B. Halbertsma, Scholars, Travelers and Trade. The Pioneer Years of the National Museum of Antiquities in Leiden, 1818–1840, 2003 [12] M. H. E. Hoijtink, Exhibiting the Past: Caspar Reuvens and the Museums of Antiquities in Europe 1800–1840, 2012.

Mirjam H. E. Hoijtink

Revett, Nicholas

Engl. Amateurarchäologe, Maler und Architekt. Geb. 1720 in Brandeston Hall nahe Framlingham, Suffolk; gest. ebda. am 3. 6. 1804.

Werk und Wirkung

Auf seiner Grand Tour erreichte der Gentleman R. 1742 Rom, wo er ein Studium der Malerei aufnahm. Hier traf er auf den schott. Architekten James Stuart, den Maler Gavin Hamilton und den Dandy Matthew Brettingham Jr. Auf einer gemeinsamen Reise nach Neapel entstand im April 1748 die Idee einer Expedition nach Griechenland und einer detaillierten Aufnahme der ant. Bauten, die bald nur noch von Stuart und R. weiterbetrieben wurde. Ein Prospekt, der als Planung dieser Unternehmung ein dreibändiges Buchprojekt beschrieb und 1751 verbreitet wurde [13. 76 ff.], fand nicht nur viel Zustimmung, sondern auch finanzielle Unterstützung von Subskribenten und der *Society of Dilettanti*. Stuart und R. begaben sich nach Venedig, wo beide zu deren offiziellen Mitgliedern erhoben wurden. Über Pola erreichten sie im Frühjahr 1752 Athen, wo sie bis Mitte 1754 blieben. Das Ergebnis dieser Reise waren die *Antiquities of Athens* [1], für die R. die detaillierten und exakt vermaßten Risse und Schnitte von Bauten beisteuerte (zu den Unklarheiten der Erscheinungsdaten der Bände 1–3 [11. XV]). Die Drucklegung zögerte sich jedoch heraus, sodass sich R. noch vor Erscheinen des ersten Bandes (1762) auszahlen ließ.

1764 entsandte die *Societey of Dilettanti* ein aus R., Richard ↗Chandler und William Pars bestehendes Trio nach Kleinasien mit dem Ziel, auch von hier Bauaufnahmen zu beschaffen. Das Unternehmen wurde vom brit. Konsul und der *Levant Company* unterstützt. Die Reise führte durch die Troas nach Smyrna. Nach Ausbruch der Pest im August 1765 reiste die Gruppe vorzeitig ab, zunächst nach Athen, wo weitere Bauaufnahmen angefertigt wurden; mit zusätzlich von der *Society* gewährten 500 Pfund ging es im Juni 1766 über Ägina, Epidauros, Argos, Mykene, Delphi und Ithaka nach Neapel; am 2.11.1766 traf die Gruppe in England ein. Resultat dieser Reise waren die *Ionian Antiquities*. Die Publikation erfolgte in enger Absprache mit der *Society*, die die Druckvorlagen und 150 Exemplare für den eigenen Gebrauch finanzierte [3]. R., Chandler und Pars druckten darüber hinaus auf eigene Kosten weitere 600 Exemplare mit leicht veränderter Titulatur [2], die R. wenig später gegen Auszahlung von je 100 Pfund an Chandler und an Pars ganz übernahm. Das Buch verkaufte sich zunächst schleppend, doch kam es bereits 1785 zu einer erweiterten Zweitauflage [4]. Hier wie auch bei den *Antiquities of Athens* lag R.s Leistung in den akribisch gezeichneten und vermaßten Bauaufnahmen, die einen bis dahin unbekannten Standard setzten.

Auch als praktizierender Architekt trat R. in Erscheinung. Für Henry Dawkins ergänzte er 1766 an Standlynch House (Wiltshire) eine Portikus nach Formen des Apollontempels von Delos; für William Dashwood erweiterte er 1778/79 die Westfront von West Wycombe Park (Buckinghamshire) um eine Portikus nach Vorbild des Tempels von Teos; auf Entwürfe von R. geht der Bau der New Church von Ayot St. Lawrence (Herfordshire) zurück (unter formaler Bezugnahme auf den Apollontempel von Delos), geweiht 1779.

R. hinterließ in Brandeston Hall eine umfängliche Bibl., die am 26./27.6.1804 bei Christie's verkauft wurde (Versteigerungskatalog u.a. im Soanes Museum, London). Je ein von R. mit zahlreichen Kommentaren versehenes Exemplar von Richard ↗Chandlers *Travels in Asia Minor* und *Travels in Greece* gelangte in das British Museum; sie wurden 1825 mit den Kommentaren von R. als erweiterter Nachdruck publiziert [6].

N: zahlreiche Originale von R.s Zeichnungen: RIBA Collection (heute in der British Library, London); Oxford, Bodleian Library [7.807f.]; [8.437].

Schriften

[1] The Antiquities of Athens. Measured and Delineated by J. Stuart and N. Revett, Painters and Architects, 4 Bde., London 1762–1816 [2] Ionian Antiquities, Published with Permission of the Society of Dilettanti. By R. Chandler, N. Revett, Architect, W. Pars, Painter, London 1769 [3] Ionian Antiquities. Published by Order of the Society of Dilettanti, Edinburgh 1769 [4] Ionian Antiquities, Published with Permission of the Society of Dilettanti. By R. Chandler, N. Revett, Architect, W. Pars, Painter, ²1785 [5] Antiquities of Ionia, Published by the Society of Dilettanti, London 1797 (Neuauflage) [6] Travels in Asia Minor and Greece, by R. Chandler and N. Revett, 1825 (¹1775 bzw. 1776).

Sekundärliteratur

[7] H. Colvin, Biographical Dictionary of British Architects, ³1995, 806–808 [8] E. Harris, British Architectural Books and Writers, 1990, 431–437 [9] L. Lawrence, Stuart and Revett. Their Literary and Architectural Careers, in: Journal of the Warburg Institute 2, 1938–1939, 128–146 [10] F. Salmon, Stuart as Antiquary and Archaeologist in Italy and Greece, in: S. Weber Soros (Hrsg.), James ›Athenian Stuart‹: The Rediscovery of Antiquity, 2007, 103–146 [11] F. Salmon (Hrsg.), Stuart and Revett – The Antiquities of Athens, 2008, III–XV (Ndr. der Bde. 1–3) [12] E.-L. Schwandner, Art. Society of Dilettanti, in: DNP 15/3, 2003, 73–77 [13] D. Wiebenson, Sources of Greek Revival Architecture, 1969.

Christoph Höcker

Rhagius

s. Aesticampianus, Johannes Rhagius

Ribbeck, Otto

Dt. Klass. Philologe. Geb. am 23.7.1827 in Erfurt als Johann Karl Otto R., gest. am 18.7.1898 in Leipzig. Studium der Klass. Phil. in Berlin und Bonn; 1849 Prom. in Berlin. 1854 Gymnasiallehrer in Elberfeld; 1856 ao.Prof., 1859 o.Prof. für Klass. Phil. in Bern; 1861 Prof. in Basel; ab 1862 Prof. in Kiel; ab 1872 Prof. in Heidelberg; ab 1876 Prof. in Leipzig, 1887/88 Rektor ebda. Sekretär der Sächsischen Gesellschaft der Wiss.; Mitglied der Petersburger, Göttinger, Berliner Akademien.

Werk und Wirkung

R. studierte in Berlin und Bonn Klass. Philologie. Sein wichtigster Lehrer war Friedrich ↗Ritschl, der ihm sein Leben lang ein Freund und Förderer war. R. wurde mit der Arbeit *In tragicos Romanorum poetas coniectanea* 1849 promoviert. Nach Staatsprüfung und Referendariat, während dessen er den ersten Band seiner Tragikerfragmente herausgab [1], unternahm er auf Fürsprache Ritschls und finanziert durch die Berliner Akad. eine Forschungsreise nach Italien, um Vergil-Hss. zu vergleichen. Neben seiner Tätigkeit als Lehrer brachte er 1855 als zweiten Band seiner Sammlung die Komikerfragmente heraus [2]. Aus den Hss.-Studien der Italienreise ging schließlich eine fünfbändige Vergil-Ausgabe einschließlich der *Appendix Virgiliana* hervor [3]. In der Folge besorgte R. zwei weitere, jeweils stark überarbeitete Auflagen seiner Dramenfragmente [1]; [2]. Die zweite und dritte Ausgabe sind bis heute für die Tragikerfragmente einschlägig, obwohl sie in unterschiedlicher Hinsicht den Ansprüchen der mod. Editionsphilologie nicht mehr gerecht werden. Eine neue vierbändige Edition wird derzeit u.a. von W.-W. Ehlers und Markus Schauer vorbereitet. Daneben veröffentlichte R. einen wichtigen Band zur röm. Tragödie mit Interpretationen zu den Fragmenten [4], in denen er feinsinnig die Handlungsumrisse der Stücke zu rekonstruieren versuchte.

Darüber hinaus beschäftigte sich R. mit weiteren röm. Dichtern, u.a. mit Horaz und Juvenal. Diese Forschungen flossen in seine *Geschichte der röm. Dichtung* ein [6]. Nach dem Tod seines Lehrers Ritschl würdigte er dessen Leistungen in einer Biographie [5], in der auch die Geschichte der dt. Philologie im 19. Jh. dargestellt ist.

Schriften

[1] Scaenicae Romanorum poesis fragmenta, Bd. 1: Tragicorum Romanorum fragmenta (Edition), 1852 (2. Aufl. 1871; Ndr. 1962; 3. Aufl. 1897) [2] Scaenicae Romanorum poesis fragmenta, Bd. 2: Comicorum Romanorum praeter Plautum et Terentium fragmenta (Edition), 1855 (2. Aufl. 1873, Ndr. 1962; 3. Aufl. 1898) [3] P. Vergilius Maro, Opera, 5 Bde. (Edition), 1859–1868 (2. Aufl. 1894/95, Ndr. 1966) [4] Die röm. Tragödie im Zeitalter der Republik, 1875 (Ndr. 1968) [5] Friedrich Wilhelm Ritschl. Ein Beitrag zur Geschichte der Philologie, 2 Bde., 1879 [6] Geschichte der röm. Dichtung, 3 Bde., 1887–1892 (2. Aufl. der Bde. 1 und 2: 1894 und 1900).

Sekundärliteratur

[7] W.-H. Friedrich, Vorwort, in: O. Ribbeck, Die röm. Tragödie im Zeitalter der Republik, 1968 (Ndr. der Aufl. von 1875) [8] G. Müller, Art. Ribbeck, Otto, in: ADB 53, 1907, 329–340 [9] E. Ribbeck, Otto Ribbeck. Ein Bild seines Lebens aus seinen Briefen 1846–1898, 1901.

Markus Schauer

Riccoboni, Antonio

Ital. Humanist. Geb. 1541 in Rovigo, gest. 1599 in Padua. Studium in Venedig; ab 1562 Lehrer in Rovigo; ab 1570 dort im Stadtrat. 1571 Doktorat der Rechte in Padua, ab 1571 Lehrstuhl für Rhetorik ebda.

Werdegang, Werk und Wirkung

R. studierte in Venedig bei Marcus Antonius ↗Muretus und in Padua bei Carolus ↗Sigonius. Ab 1562 arbeitete er als Lehrer in seiner Heimatstadt Rovigo, wo er sich offenbar großes Ansehen erwarb, sodass er 1570 in den Stadtrat gewählt und mit der Überarbeitung der Statuten der Stadt beauftragt wurde. Durch seine Mitgliedschaft in der *Accademia degli Addormentati* in Rovigo, in der u.a. reformatorisches Gedankengut diskutiert wurde, geriet R. in den Fokus der Inquisition und zog daher in das tolerantere Padua, wo er 1571 den Doktorgrad in beiden Rechten erwarb. Er entschied sich aber gegen eine juristische Laufbahn und nahm den Ruf auf den angesehenen Rhetoriklehrstuhl der Univ. Padua an, den er bis zu seinem Tod innehatte.

An die Tradition des Lehrstuhles anknüpfend, widmete sich R. v.a. Aristoteles. Obwohl er später auch die *Nikomachische Ethik* [3] ins Lat. übersetzte, galt sein lebenslanges Hauptinteresse der Poetik und der Rhetorik. 1579 brachte er zusammen mit der *Rhetorik* eine lat. Übersetzung der *Poetik* [1] heraus, die bis 1599 sechsmal wiederaufgelegt und noch im 19. Jh. von Immanuel ↗Bekker verwendet wurde. Sein Kommentar (1585) [2] stand am Ende der sog. »großen *Poetik*-Kommentare des Cinquecento« [10]. Neben dem Ziel, die Ansichten seines Vorgängers Lodovico Castelvetro zu widerlegen, war R.s Arbeit v.a. von dem Bestreben geprägt, den Studenten einen möglichst zugänglichen, lesbaren Text vorzulegen; so orientiert sich die Wortfolge seiner lat. Sätze am Italienischen und ist die lat. Übertragung der griech. Terminologie um Einfachheit und Einheitlichkeit bemüht. R.s Übersetzungen wurden aber auch oft als zu frei kritisiert.

Auch mit der *Ars poetica* des Horaz setzte R. sich auseinander; kurz vor seinem Tod veröffentlichte er einen Traktat, in dem er diese mit der Poetik des Aristoteles verglich [5]. In diesem Zusammenhang hinterließ er auch eines der ersten Zeugnisse für die Debatte über die Struktur der horazischen *Ars poetica*: 1591 führte er einen erbitterten Streit mit Nicolò Cologno aus Bergamo, der einen Plan hinter dem horazischen Gedicht gefunden zu haben erklärte, während R. die *Ars* für einen informellen Brief hielt, der gar keiner klaren Struktur bedürfe. Dieser Streit brachte insgesamt etwa 40 Schrifstücke hervor [6]. R.s *Poetik* erschien zusammen mit einem Essay über die Komödie, in der er eine Rekonstruktion des verlorenen zweiten Buches der aristotelischen *Poetik* versuchte, sowie einer kommentierten lat. Übersetzung der aristotelischen *Rhetorik*. Er beschäftigte sich mit der Rhetorik aber nicht nur auf theoretischer Ebene; auch seine eigenen oratorischen Fähigkeiten, die er bei offiziellen Anlässen der Univ. unter Beweis stellte, waren in Padua hoch angesehen. Eine weitere Facette von Rs. Schaffen sind seine histor. Schriften; bes. bekannt und wichtig ist – auch als Quelle für R.s Biographie – seine Geschichte der Univ. Padua [4].

Schriften

[1] Aristotelis Ars rhetorica ...; Ars poetica ... Latine conversa (lat. Übers.), Venedig 1579 [2] Aristotelis poeticam per paraphrasim explicans et nonnullas Ludovici Castelvetrii captiones refellens, Vicenza 1585 [3] Aristotelis Ethicorum ad Nicomachum libri 10 ... Latine conversi (lat. Übers.), Frankfurt 1596 [4] De gymnasio Patavino, Padua 1598 (Ndr. 1980) [5] De poetica Aristotelis cum Horatio collatus, Padua 1599.

Sekundärliteratur

[6] D. Aguzzi-Barbagli, Humanism and Poetics, in: A. Rabil (Hrsg.), Renaissance Humanism. Foundations, Forms, and Legacy, Bd. 3, 1991, 85–169 [7] B. Frischer, Rezeptionsgeschichte and Interpretation. The Quarrel of Antonio Riccoboni and Nicolò Cologno about the Structure of Horace's Ars Poetica, in: H. Krasser (Hrsg.), Zeitgenosse Horaz. Der Dichter und seine Leser seit zwei Jahrtausenden, 1996, 68–116 [8] G. Mazzacurati (Hrsg.), La crisi della retorica umanistica nel cinquecento (Anhang: Riccoboni, Oratio pro studiis humanitatis), 1961 [9] W. A. Wallace, Antonio Riccobono. The Teaching of Rhetoric in 16th-Centruy Padua, in: W. B. Horner (Hrsg.), Rhetoric and Pedagogy (FS J. J. Murphy), 1995, 149–170 [10] B. Weinberg, A History of Literary Criticism in the Italian Renaissance, Bd. 1, 1961, 582–588 (Ndr. 1974).

Ursula Tröger

Richardson, Jonathan

Porträtmaler und bedeutendster engl. Kunsttheoretiker der frühen Aufklärung. Geb. am 12. 1. 1667 in London, gest. am 28. 5. 1745 ebda.; in London tätig.

Werk und Wirkung

Von eher bescheidener Herkunft, schlug R. erfolgreich eine Karriere als selbständiger Porträtmaler in London ein. Spätestens seit Beginn des 18. Jh.s zählte er zu den führenden Porträtisten des engl. Adels, aber auch bürgerlicher Intellektueller und Literaten. Als Autor bekannt wurde R. durch seine kunsttheoretischen Schriften, die auf die Etablierung der Kunstkennerschaft (*connoisseurship*) als einer empirischen Wiss. zielen [1]; [3], und durch den gemeinsam mit seinem gleichnamigen Sohn verfassten *Account* [2], eine Beschreibung die Kunstwerke Italiens in der Trad. der Guidenliteratur, der zum meistbenutzten Cicerone des 18. Jh.s wurde.

R. schloss an eine seit dem 17. Jh. geführte Diskussion um die theoretischen Grundlagen der Kunst und die Begründung einer Kunstwiss. an. Seine Kategorien der Beurteilung von Kunstwerken greifen den akad. Regelkanon der Malerei auf, weisen mit der Betonung der Ausführung, v. a. aber mit dem erstmals in die Kunsttheorie eingeführten Kriterium des Erhabenen (*sublime*), jedoch darüber hinaus – mit weitreichender Wirkung bis hin zu Edmund Burkes Ästhetik des Erhabenen. Mit seinem zentralen Anliegen, der Verbesserung des Kunstsachverstands durch Sicherheit in der Beurteilung künstlerischer Qualität, in der Kenntnis der Meisterhände und in der Scheidung eigenhändiger Werke von bloßen Kopien, ging R. über seine Vorläufer hinaus: mit der Betonung einer strikt empirischen Analyse von Technik und Stil, mit dem Insistieren auf rein werkimmanenten Beobachtungen zur Identifizierung der künstlerischen Handschrift sowie mit der methodisch konzisen Darlegung der Kriterien, die zu erfolgreichen Zuweisungen führen.

Bes. folgenreich waren seine Analysen antiker Skulpturen im *Account* [2]; [4]. R. gelang erstmals der Nachweis, dass es sich bei den ant. Statuen in ital. Sammlungen nicht um Originale griech. Bildhauer, sondern um röm. Kopien handelt; er erkannte Kopienserien, die von einem gemeinsamen Original abhängen, und vermochte als Erster ein verlorenes Hauptwerk der griech. Plastik im röm. Kopienbestand zu identifizieren: die Aphrodite von Knidos des Praxiteles.

Die Wirkung von R.s Schriften war – v. a. durch ihre weit verbreitete franz. Übersetzung [4] – beträchtlich: Kunstkennerschaft wurde so zur Modeerscheinung, Connoisseurs organisierten sich in Vereinen (so in der 1734 gegründeten *Society of Dilettanti*); die von R. entwickelten und erfolgreich angewandten Analyseinstrumente wurden von den Kunstschriftstellern des 18. Jh.s aufgenommen (u. a. von Johann Joachim ↗Winckelmann) und legten die Grundlagen für die mod. kunsthistor. Praxis der Künstlerzuschreibung; in der Klass. Archäologie führten sie zur Entwicklung der Methode der Kopienkritik und zu einer Neubewertung der ant. Plastik.

Schriften

[1] Two Discourses. I: An Essay on the Whole Art of Criticism as It Relates to Painting; II: An Argument in Behalf of the Science of a Connoisseur, London 1719 [2] An Account of Some of the Statues, Bas-Reliefs, Drawings and Pictures in Italy, London 1722 [3] An Essay on the Theory of Painting, London [2]1725 ([1]1715) [4] Traité de la peinture et de la sculpture, Amsterdam 1728 (stark überarb. franz. Übers. von [1], [2] und [3]).

Sekundärliteratur

[5] J. Dobai, Die Kunstliteratur des Klassizismus und der Romantik in England, Bd. 1, 1700–1750, 1974, 633–664 [6] C. Gibson-Wood, Jonathan Richardson. Art Theorist of the English Enlightenment, 2000 [7] I. Haberland, Jonathan Richardson (1666–1745). Die Begründung der Kunstkennerschaft, 1991.

Adrian Stähli

Richter, Gisela

Brit.-amerikan. Archäologin. Geb. am 14.8.1882 in London als Gisela Marie Augusta R., gest. am 24.12.1972 in Rom. 1901–1904 Studium am Girton College, Cambridge, 1904 an der British School at Athens (BSA). 1910 assistierende, 1922 assoziierte Kuratorin; 1925–1948 leitende Kuratorin der griech.-röm. Abteilung im Metropolitan Museum of Art (MMA) in New York. 1917 amerikan. Staatsbürgerin. 1960/61 Gastprof. an der American School of Classical Studies at Athens. 1952 Ehrendoktorat der Univ. Oxford; 1968 Goldmedaille des *American Institute of Archaeology*.

Werdegang und Werk

R. wuchs in einer kosmopolitischen Umgebung in England und Italien auf. Die Studien ihres Vaters, des aus Dresden stammenden angesehenen Kunsthistorikers Jean Paul Richter, über den Stil in der Kunst hatten prägenden Einfluss auf R.s arch. Arbeit. Als Anhänger des ital. Kunsthistorikers Giovanni Morelli betonte ihr Vater die Wichtigkeit einer bis ins kleinste Detail vordringenden Stilanalyse. Angeblich weckte eine Vorlesung Emanuel ↗Löwys in Rom das Interesse der 14-Jährigen an einer Laufbahn in der Klass. Archäologie. Sie studierte am *Girton College* in Cambridge unter Katharine Jex-Blake und 1904 als einzige Studentin an der BSA.

Obwohl sie als Frau in Cambridge noch keinen formellen Studienabschluss in Archäologie erwerben konnte, erhielt sie 1906 eine Anstellung am MMA in New York, wo sie bis zur Leiterin der Antikenabteilung aufstieg und ihr gesamtes Berufsleben verbrachte. Noch über ihre Pensionierung 1948 hinaus war sie bis 1952 für das Museum tätig und ließ sich dann mit ihrer Schwester Irma in Rom nieder, wo sie 90-jährig starb.

In der Zeit zwischen den Weltkriegen bereicherte sie die Antikensammlung des MMA durch zahlreiche Ankäufe auf dem europ. Kunstmarkt; darunter waren auch (wie im Fall der sog. etrusk. Terrakottakrieger [8]) einige Stücke, die später als Fälschungen erkannt wurden. Dennoch machten ihre Erwerbungen die Antikensammlung des Museums zur besten Nordamerikas. Sie veröffentlichte zahlreiche Bestandskataloge [1]; [2]; [7]; [9]; [15]; [17], v.a. aber allgemeiner gehaltene analytische Handbücher, bes. zur archaischen Skulptur [10]; [19]; [23], zum griech. Porträt [20], zur griech. Keramik [6]; [12] und Malerei [11], zur griech., etrusk. und röm. Steinschneidekunst [22] und Möbelkunde [21]. Weitere Monographien, z.T. aus Vorlesungen hervorgegangen, behandeln übergreifende kunstgeschichtliche Probleme [14]; [16]; [24]. Bes. erfolgreich war ihr *Hdb. der griech. Kunst* [18].

R.s Ansatz war positivistisch-pragmatisch geprägt, unter Betonung werktechnischer Aspekte der Bildhauerei [4] und der Töpferei [3], die sie in eigener handwerklicher Tätigkeit erprobte. Sie vertrat dabei einen evolutionistischen Stilbegriff. Am Beispiel der archaischen Jünglingsfiguren [10] versuchte sie, die schrittweise Annäherung der griech. Skulptur an das Ziel anatomisch »richtiger« Darstellung aufzuzeigen. Hierin und in ihrem Bemühen um die vollständige, corpusartige Erschließung wichtiger Materialgattungen stand sie dem Wissenschaftsideal des 19. Jh.s nahe. Vom Standpunkt der philos. inspirierten Strömungen bes. der dt. Archäologie ihrer Zeit wurde R.s Herangehensweise daher mitunter als simplifizierend abgetan. Auf lange Sicht hat sich jedoch die große Nützlichkeit ihrer sorgfältig erarbeiteten und hervorragend illustrierten Materialsammlungen erwiesen, die nach wie vor Grundlagenwerke der Klass. Archäologie darstellen.

M: [25].

N: Rom, American Academy.

Schriften

[1] Greek, Etruscan, and Roman Bronzes in the Metropolitan Museum of Art, 1915 [2] Handbook of the Classical Collection, Metropolitan Museum of Art, 1917 (51930) [3] The Craft of Athenian Pottery, 1923 [4] The Sculpture and Sculptors of the Greeks, 1929 (41970) [5] Animals in Greek Sculpture, 1930 [6] Shapes and Names of Greek Vases (mit M. Milne), 1935 [7] Red-Figured Athenians Vases in the Metropolitan Museum of Art, 1936 [8] Etruscan Terracotta Warriors in the Metropolitan Museum of Art, 1937 [9] Handbook of the Etruscan Collection, Metropolitan Museum of Art, 1940 [10] Kouroi. Archaic Greek Youths, 1942 (31970) [11] Greek Painting. The Development of Pictorial Representation from Archaic to Graeco-Roman Times, 1944 (u.ö.) [12] Attic Red Figured Vases. A Survey, 1946 (21959) [13] Archaic Greek Art Against Its Historical Background. A Survey, 1949 [14] Three Critical Periods of Greek Sculpture, 1951 [15] Metropolitan Museum of Art. Catalogue of Greek Sculptures, 1954 [16] Ancient Italy. A Study of the Interrelations of Its People as Shown in Their Art, 1955 [17] The Metropolitan Museum of Art. Catalogue of Engraved Gems, Greek, Etruscan, and Roman, 1956 [18] A Handbook of Greek Art, 1959 (91987; dt. 1966) [19] The Archaic Gravestones of Attica, 1961 [20] The Portraits of the Greeks, 3 Bde., 1 Suppl.-Bd., 1965–1972 [21] The Furniture of the Greeks, Etruscans, and Romans, 1966 (zuerst 1926 als Ancient Furniture) [22] The Engraved Gems of the Greeks, Etruscans, and Romans, 2 Teile, 1968–1971 [23] Korai. Archaic Greek Maidens, 1970 [24] Perspective in Greek and Roman Art, 1970 [25] My Memoirs. Recollections of an Archaeologist's Life, 1972.

Sekundärliteratur

[26] F.E. Brown, Gisela Marie Augusta Richter, in: Studi Etruschi 41, 1973, 597–600 [27] J.S. Crawford, Gisela Marie Augusta Richter, in: American National Biography 18, 1999, 470–471 [28] I.E.M. Edlund et al., Art. Gisela Marie

Augusta Richter (1882–1972). Scholar of Classical Art and Museum Archaeologist, in: C. R. Sherman (Hrsg.), Women as Interpreters in the Visual Arts, 1820–1979, 1981, 275–300 [29] D. Gill, Art. Richter, Gisela Marie Augusta, in: DBI, 2004, 817–818 [30] H. A. Thompson, Gisela M. A. Richter (1882–1972), in: Yearbook of the American Philosophical Society, 1973, 144–150.

Stephen L. Dyson/Daniel Graepler (Ü: D. P.)

Riegl, Alois

Österr. Kunsthistoriker. Geb. am 14. 1. 1858 in Linz, gest. am 19. 6. 1905 in Wien. Studium von Jura, Philosophie und Gesch. sowie Kunstgesch. bei Rudolf Eitelberger und Moriz Thausing am Institut für Österr. Gesch.-Forschung in Wien; Prom. 1883 ebda. 1886–1897 an der Textilabteilung des Österr. Museums für Kunst und Industrie in Wien tätig. 1889 Habil.; 1895 Extraordinarius, 1897 Ordinarius an der Wiener Univ.

Werk und Wirkung

R. gehört zur Generation der wichtigsten »Formalisten« (mit August Schmarsow, Heinrich Wölfflin), die in Abkehr von einer durch Jacob ↗Burckhardt geprägten kulturgeschichtlichen bzw. einer biographistischen und dem Künstlergenie verpflichteten Historiographie die detaillierte und subtile Werkbetrachtung als entscheidende Grundlage erachteten, um solchermaßen die Geschichte der Kunst in die Universalhistorie einzubinden. Damit stand R. in engster methodischer Tuchfühlung zu seinem nur wenige Jahre älteren Vorgänger Franz ↗Wickhoff. Aus beider Methodik ging die noch heute nachwirkende »Wiener Schule« hervor; aber auch Walter Benjamin, der Strukturalismus und der Poststrukturalismus griffen die Methoden R.s auf. Den Ausgangspunkt bildete die eingehende Analyse der Gestaltungsprinzipien der Artefakte, wobei sich R.s Schriften vor 1900 insbes. auf anonyme, kontextlose und oftmals als dekadent abqualifizierte kunsthandwerkliche Arbeiten (das ant. Pflanzenornament oder das spätant. Kunsthandwerk) konzentrieren.

Programmatisch wandte sich R. schon in den *Stilfragen* [3] – einer Universalgeschichte des Ornaments, in deren Zentrum die ant. Pflanzenranke steht – von technologischen, funktionalistischen oder symbolischen Erklärungsversuchen der Dekoration ab, wie diese insbes. in der Nachfolge Gottfried Sempers vertreten wurden. Vielmehr lasse sich eine spezifisch künstlerische und bis heute reichende Kontinuität in der Formenentwicklung feststellen. Die epochenspezifischen Gestaltungssprinzipien, das »Kunstwollen«, stellte R. v. a. in der *Kunstindustrie* [4] als eine alle Medien einer Epoche übergreifende Gesetzlichkeit dar. Beschreibungskategorien waren für R. insbes. das Verhältnis von Relief und Grund, Körper und Raum sowie von Naturimitation und Stilisierung. In deren je unterschiedlicher Behandlung manifestiere sich der volkspsychologisch determinierte »Formengeist« einer Epoche. Vom alten Ägypten bis zur Spätantike haben sich demgemäß die Wahrnehmung und künstlerische Umsetzung der Welt von einer taktilen (»taktischen« oder »haptischen«) unmittelbaren zu einer visuellen oder optischen, mit zunehmender Reflexion verbundenen Auffassung gewandelt. In der frühchristl. Basilika gehe die optisch-visuell zu erfassende Flächenhaftigkeit der raumhinterfütterten Wand mit der Verflachung und Kompartimentierung des Kapitellkörpers sowie dem spätant. Reliefstil mit seiner summarischen Behandlung in der Fläche einher. Die griech. und röm. Antike hingegen sei von einer die Gegenstände isolierenden körperhaft-haptischen Naturnachahmung geprägt gewesen. Im übergeordneten Sinn sei in der Spätantike die vormalige ant. Orientierung auf kausal zusammenwirkende Dinge der Religion und Welterkenntnis in ein magisches Geflecht überführt worden, aus der wiederum das mod. Verständnis einer rational-naturwiss. Weltordnung entstanden sei, die den Raum im Sinne eines »nach allen Richtungen durchmessenden Zusammenhanges« [4. 216] begreife. Insofern wurden nicht herausragende Einzelwerke, sondern massenhaft produzierte Kunstformen wie Ornament und Kunsthandwerk zu Kronzeugen von R.s – stark posthegelianisch schematisierenden – Universalgeschichte der Menschheit aufgewertet.

R.s Beschäftigung mit dem vormals abgewerteten spätant. Ornament bzw. dem Kunsthandwerk ist zum einen mit den zeitgenössischen Tendenzen des Jugendstils in Richtung auf eine totalisierende und zeitgemäße Dekoration des Lebens zu parallelisieren. Zum anderen lässt sich R.s Fokussierung auf die subjektbezogene optische Wahrnehmung als epistemologische Kategorie mit zeitgenössischen Tendenzen der Wahrnehmungspsychologie und der beginnenden Auflösung der direkten Naturnachahmung als künstlerischem (etwa im Impressionismus) Dogma verbinden. Obwohl die späteren Hauptwerke R.s ([5]; [6] u. a.) thematisch die Antike verlassen, verfolgen sie methodisch weiterhin die Fragen der subjektbezogenen visuellen Wahrnehmung und der künstlerischen Umsetzung der Umwelt.

R.s Konzept des »Kunstwollens« hat die Klass. Archäologie in der ersten Hälfte des 20. Jh.s stark beeinflusst, insbes. die sog. Strukturforschung (Guido ↗Kaschnitz von Weinberg, Friedrich ↗Matz), und zur Neubewertung der röm. und der spätant. Kunst (u. a. Gerhart ↗Rodenwaldt, Ranuccio ↗Bianchi Bandinelli) entscheidend beigetragen.

SV: [7. XXXV-XXXIX].

Schriften

[1] Die ägyptischen Textilfunde im K.K. Österreich. Museum. Allgemeine Charakteristik und Katalog, 1889 [2] Altorientalische Teppiche, 1891 [3] Stilfragen. Grundlegungen zu einer Geschichte der Ornamentik, 1893 [4] Die spätröm. Kunstindustrie nach den Funden in Österreich-Ungarn, 1901 [5] Der moderne Denkmalkultus. Sein Wesen, seine Entstehung, 1903 (Ndr. in: Gesammelte Aufsätze, hrsg. von K.M. Swoboda, 1929, 144–193) [6] Die Entstehung der Barockkunst in Rom, 1908 [7] Ges. Aufsätze, hrsg. von K.M. Swoboda, ^{2}1929 (^{1}1921; Ndr. 1996).

Sekundärliteratur

[8] M. Gubser, Time's Visible Surface. Alois Riegl and the Discourse on History and Temporality in Fin-de-Siècle Vienna, 2006 [9] W. Kemp, Alois Riegl (1858–1905). Der moderne Rieglkultus, in: H. Dilly (Hrsg.), Altmeister moderner Kunstgeschichte, 1990, 36–60 [10] M. Olin, Forms of Representation in Alois Riegl's Theory of Art, 1992 [11] M. Podro, The Critical Historians of Art, 1983, 71–97 [12] W. Sauerländer, Alois Riegl und die Entstehung der autonomen Kunstgeschichte am Fin de Siècle, in: R. Bauer et al. (Hrsg.), Fin de Siècle. Zu Literatur und Kunst der Jahrhundertwende, 1977, 125–142.

Christian Freigang

Rienzo s. Cola di Rienzo

Rilinger, Rolf

Dt. Althistoriker. Geb. am 21.4.1942 in Posen (Westpreußen), gest. am 31.8.2003 in Steinhagen. Studium der Fächer Gesch., Soziologie und Sport 1963/64 und 1966/67 an der Univ. Bonn, 1964–1966 an der Univ. Freiburg; 1972–1981 wiss. Assistent an der Univ. Köln; 1976 Prom. und 1980 Habil. ebda. 1981 Ruf an die Univ. Paderborn; ab 1981 Prof. für Allgemeine Gesch. mit besonderer Berücksichtigung der Alten Gesch. an der Univ. Bielefeld; 1994 schwer erkrankt.

Werk

R.s Forschungen konzentrieren sich auf die Ursachen für den Erfolg des röm. Herrschaftssystems, für dessen Aufstieg und Dauer. Sie sind vom Streben nach geschichtswiss. Theoriebildung und von einer kritisch reflektierten Anwendung moderner sozialwiss. Methoden geprägt. Mit einer für die Alte Geschichte wegweisenden Verbindung von Begriffs- und Strukturgeschichte trug er zur allmählichen Öffnung des Faches bei.

Insbes. konnte R. nachweisen, dass bei der Beschreibung sozialer und polit. Verhältnisse der lat. Begriff *ordo* oft nicht unspezifisch »Ordnung«, sondern präzise eine »linear-hierarchisch strukturierte Reihe« bezeichnet, die nur ein Vor- und Hintereinander, aber kein Nebeneinander kennt und in der die Rangplätze nach *dignitas* bestimmt waren [7.166–179]. Dabei wurden ausschließlich Leistungen für das polit. System berücksichtigt. Die Orientierung daran transformierte aristokratische Rangkämpfe in ein auf die *res publica* bezogenes Leistungsethos. Unter Bezug auf dieses linear-hierarchische Prinzip diagnostizierte R. eine strukturelle Disposition zur Monarchie, die nach der Extensivierung des röm. Herrschaftsraumes nicht mehr latent zu halten war, als wesentliches Moment im Niedergang der röm. Republik. Er verwarf die Auffassung, dass die *humiliores-honestiores*-Unterscheidung auf eine gesellschaftliche Dichotomie verweise [3]. Eine seiner letzten Arbeiten macht deutlich, wie Kirchenlehrer selbst im griech. geprägten Ostreich so sehr in den Kategorien des *ordo* dachten, dass sie sogar die Gemeinschaft der Heiligen in dieser Form beschrieben [6]. In einer Kontroverse mit Alfred ↗Heuß kritiserte R. die Bezeichnung »Zwangsstaat« für das spätant. Imperium als anachronistisch [2].

Schriften

[1] Der Einfluß des Wahlleiters bei den röm. Konsulwahlen von 366 bis 50 v.Chr. (Diss. Köln), 1976 [2] Die Interpretation des späten Imperium Romanum als »Zwangsstaat«, in: Geschichte in Wissenschaft und Unterricht 36, 1985, 321–340 (Ndr. in: ›Ordo‹ und ›dignitas‹, 355–374) [3] Humiliores – Honestiores. Zu einer sozialen Dichotomie im Strafrecht der röm. Kaiserzeit (Habil.schrift Köln 1980), 1988 [4] (Hrsg.), Lust an der Geschichte. Leben im Alten Rom. Ein Lesebuch, 1989 [5] (Hrsg.), Lust an der Geschichte. Leben im antiken Griechenland. Ein Lesebuch, 1990 [6] Zum kaiserzeitlichen Leistungs- und Rangdenken in Staat und Kirche, in: Atti dell'Accademia Romanistica Constantiniana. X Convegno Internazionale, 1995, 223–264 (Ndr. in: ›Ordo‹ und ›dignitas‹, 181–222) [7] ›Ordo‹ und ›dignitas‹. Beiträge zur röm. Verfassungs- und Sozialgeschichte, hrsg. von T. Schmitt und A. Winterling, 2007.

Sekundärliteratur

[8] T. Schmitt et al. (Hrsg.), Gegenwärtige Antike – antike Gegenwarten. Kolloquium zum 60. Geburtstag von Rolf Rilinger, 2005 [9] A. Winterling, Nachruf auf Rolf Rilinger, in: Gnomon 76, 2004, 655.

Tassilo Schmitt

Ritschl, Friedrich Wilhelm

Dt. Klass. Philologe. Geb. am 6.4.1806 in Großvargula bei Erfurt, gest. am 9.11.1876 in Leipzig. Sohn eines Pfarrers; Besuch des Gymnasiums in Erfurt und Wittenberg; 1825–1829 Studium der Klass. Phil. zunächst für ein Jahr in Leipzig v.a. bei Gottfried ↗Hermann, dann in Halle bei Christian Karl Reisig; 1829 Prom. und Habil. ebda. 1832 ao.Prof. in Halle (ohne Besoldung); 1833 ao.Prof. in Breslau, ab 1834 o.Prof. ebda.; 1836/37 Italienreise zur Kollationierung von Hss. 1839 o.Prof. für Klass. Phil. in Bonn; 1865 o.Prof. für Klass. Phil. in Leipzig; korrespondierendes Mitglied der Akad. in Berlin (1845) und Leipzig (1865).

Wissenschaftlicher Werdegang

R., wiss. in einem vom Neuhumanismus bestimmten hermeneutikfreudigen Zeitalter groß geworden, sah zwar anfangs in der »Reproduction des Lebens des classischen Alterthums durch Erkenntniss und Anschauung seiner wesentlichen Aeusserungen« die umfassende Aufgabe der Philologie [5.7], aber innerhalb dieser konzentrierte er sich nach frühen literatur- und kulturgeschichtlichen Anfängen ganz auf die kritische Behandlung der Sprachdenkmäler in der Trad. der althumanistischen Philologie eines Richard ↗Bentley und Gottfried ↗Hermann. War diese Textkritik zunächst noch als Vorbereitung von Editionen gedacht, so wurde sie bald zum Selbstzweck, und der enge Philologiebegriff wurde zur philol. Wiss. *par excellence*. Seine Berufung nach Bonn [6]; [9] verdankte R. Johannes Schulze, dem Leiter des gelehrten Unterrichts im preuß. Kultusministerium, der den jungen durchsetzungsfreudigen Gelehrten schätzte und ihn der Univ. oktroyierte.

Zusammen mit Friedrich Gottlieb ↗Welcker, der aufgrund seiner neuhumanistischen Orientierung in wiss. Distanz zu ihm stand, leitete R. die erfolgreiche Neugründung des *Rheinischen Museums für Philologie* (1842) ein, das zu einer der führenden altphilol. Zeitschriften des 19. Jh.s wurde und bis heute erscheint. Ein Streit mit seinem Kollegen Otto ↗Jahn in einer Berufungsangelegenheit führte zum Bonner ›Philologenkrieg‹ zwischen ›Ritschlianern‹ und ›Jahnitscharen‹, der 1865 mit dem spektakulären Wechsel des gekränkten R. nach Leipzig endete [10].

Werk

Hauptgegenstand von R.s Forschung wurden die Komödien des Plautus. Seine frühe Italienreise diente bereits der Kollationierung des 1815 entdeckten, sehr lückenhaften und schwer lesbaren ant. Plautus-Palimpsestes in Mailand, der ältesten Plautus-Hs., die er als Erster gründlich verwertete. Durch die Konzentration seiner Interessen wurde er als »Retter des Plautus« (*sospitator Plauti*) gefeiert. Er wurde zum methodologischen Zuchtmeister, mit dem Motto »besser methodisch irren, als unmethodisch, d.h. zufällig, das Wahre finden«. Im Mittelpunkt standen Fragen der Textkritik und der Metrik [1]; [4]. Das Diktum Richard ↗Bentleys (in der Horazausgabe von 1711), dass die *ratio* und das *acre iudicium* wichtiger als 100 Codd. seien, akzeptierte R. vorbehaltlos. Im Namen der *ratio,* die mit ›Gesetzen‹ der altlat. Sprache, der Metrik, des Versbaus und der Logik der Komödienhandlung arbeitete, behandelte er Fragen der Textkonstitution der plautinischen Komödien, die 1848–1854 in die Edition von neun Stücken eingingen (*Prolegomena* in Bd. 1.1 mit den Prinzipien der Textkonstitution) [2]. Die scharfsinnige, allerdings nicht selten von problematischen Hypothesen ausgehende *ratio* R.s räumte mit der konservativen Textbehandlung auf und führte durch Emendationen (die v.a. Konjekturen waren), Athetesen und Umstellungen zu einer neuen Textgestalt.

Durch Plautus entdeckte R. das Altlatein, das er über die Inschriften zu erschließen begann. In Kontakt mit Theodor ↗Mommsen gab er die lat. Inschriften der republikanischen Zeit in präziser Nachbildung als Prodromus des CIL heraus [3].

Wirkung

Durch seine erfolgreiche Lehrtätigkeit v.a. auf dem Gebiet der Latinistik betrieb R. eine solch nachhaltige Schulbildung und tatkräftige Förderung, dass sich in der zweiten Hälfte des 19. Jh.s die Latinistik als selbständiges Fach etablierte und von den 19 Lehrstühlen mit lat. Schwerpunkt etwa ein Dutzend mit seinen Schülern besetzt war, die sich auch seinem engen Begriff von Philologie verpflichtet fühlten (darunter Franz ↗Bücheler in Bonn ab 1870 und Johannes Vahlen in Berlin ab 1874; Otto ↗Ribbeck in Leipzig ab 1877). Aber auch in der Gräzistik hat er seine Spuren hinterlassen. So verdankte der junge Friedrich ↗Nietzsche, ohne Prom., Habil. und außergewöhnliche Publikationen, 1869 seine Berufung als ao.Prof. für griech. Sprache und Literatur nach Basel der Empfehlung seines Lehrers R., der in ihm eine Jahrhundertbegabung im Sinne seines eigenen Philologiebegriffs sah. Während R. durch die Dominanz seiner allzu scharfsinnigen Textkritik die Entwicklung der Philologie behinderte, förderte er sie durch Zuweisung von Aufgaben an seine Schüler nachhaltig. Diese Arbeitsteilung führte u.a. zu Fragmentsammlungen von Hermann Peter (*Historicorum Romanorum reliquiae*), Otto ↗Ribbeck (*Tragicorum Latinorum/Romanorum fragmenta, Comicorum Latinorum/ Romanorum reliquiae)* und Johannes Vahlen (*Ennianae poesis reliquiae*) sowie zur Sammlung der *Grammatici Latini* durch Heinrich Keil. Auch an der Gründung des Wiener Kirchenvätercorpus (seit 1868) war R. beteiligt.

SV: [4. Bd. 5, 727–756].

Schriften

[1] Parerga zu Plautus und Terenz, 1845 (Ndr. 1965)
[2] T. Macci Plauti Comoediae (Edition), Bd. 1.1: Prolegomena, Trinummus; Bd. 1.2: Miles gloriosus; Bd. 1.3: Bacchides; Bd. 2.1: Stichus; Bd. 2.2: Pseudolus; Bd. 2.3:

Menaechmi; Bd. 2.4: Mostellaria; Bd. 3.1: Persa; Bd. 3.2: Mercator, 1848–1854 [3] Priscae Latinitatis monumenta epigraphica, 1862 (Ndr. 1968) [4] Opuscula philologica, 5 Bde., 1866–1879 (Ndr. 1978) [5] Über die neueste Entwickelung der Philologie (1833), in: F. W. Ritschl, Opuscula philologica, Bd. 5, 1879, 1–18 (Ndr. 1978).

Sekundärliteratur

[6] H. Herter, Aus der Geschichte der Klass. Philologie in Bonn, in: H. Herter, K.S., 1975, 648–664 [7] O. Ribbeck, Friedrich Wilhelm Ritschl, 2 Bde., 1879–1881 [8] O. Ribbeck, Art. Ritschl, Friedrich Wilhelm, in: ADB 28, 1889, 653–661 [9] W. Schmid, Aus der Geschichte der Klassischen Philologie vor Usener und Bücheler. Friedrich Ritschl und Bernays (1968), in: W. Schmid, Ausgewählte philologische Schriften, 1984, 695–717 [10] E. Vogt, Friedrich Ritschl, in: Briggs/Calder 389–394.

Manfred Landfester

Rizzo, Giulio Emanuele

Ital. Archäologe und Kunsthistoriker. Geb. am 28.5.1865 in Melilli (Siracusa), gest. am 1.2.1950 in Rom. Schulbesuch und Jurastudium bis 1887 in Catania, Studium der ant. Literatur bis 1889 in Palermo. Gymnasiallehrer in Palermo, Messina, Girgenti, Trapani und Catania; 1900 Angestellter des Nationalmuseums und der »Scavi di Napoli e Pompei« in Neapel; 1901 Angestellter der Direzione Generale delle Antichità e Belle Arti; 1906 Direktor des Thermenmuseums in Rom. 1907 o.Prof. für Arch. in Turin; 1916 o.Prof. in Neapel; 1925 o.Prof. in Rom. 1935 Zwangspensionierung; 1937 Ernennung zum Emeritus.

Werdegang, Werk und Wirkung

R. promovierte 1889 bei dem Gräzisten Giuseppe Fraccaroli an der Univ. Palermo. Seine Karriere zunächst im Schuldienst, dann in der Denkmalpflege und im Museumswesen, schließlich im universitären Bereich gipfelte 1925 in der Berufung zum Ordinarius für Archäologie und ant. Kunstgeschichte sowie Leiter des Abgussmuseums an der Univ. Rom. R. distanzierte sich schon früh von der offiziellen Kulturpolitik des faschistischen Regimes [7]. In den 1930er Jahren hielt er sich abseits vom akad. Betrieb und wurde 1935 zwangspensioniert [8]. Bis zum Kriegsende war R. für das *Istituto Poligrafico dello Stato* tätig und gab dort die *Monumenti della pittura antica* heraus [7]. 1944 wurde er in das Komitee zur Wiedererrichtung der Accademia dei Lincei berufen, ein Amt, das er bis 1946 wahrnahm [8].

R.s besonderes Verdienst besteht darin, als erster ital. Gelehrter eine Gesamtdarstellung der griech. Kunstgeschichte in Angriff genommen zu haben [1]. Dieses Thema stand lebenslang im Zentrum seiner Interessen. Unter seinen zahlreichen wiss. Beiträgen sind bes. hervorzuheben: die umfassende baugeschichtliche Analyse des griech. Theaters von Syrakus [2]; das Buch über die hell.-röm. Malerei, in dem er röm. Wandmalereien als Reflexe von hell. Gemäldekompositionen untersucht [3]; die Reihe *Monumenti della pittura antica scoperti in Italia*, ein Corpus originaler Zeugnisse der etrusk., osk., hell. und röm. Wandmalerei [5]; das Buch über Praxiteles, die wohl vollständigste Übersicht aus dem 20. Jh. über die künstlerische Entwicklung des Bildhauers [4]; schließlich sein ganz eigenständiger Beitrag zur kunstgeschichtlichen Analyse der sizilischen Münzprägung des 6. bis 4. Jh.s v. Chr. [6].

SV: [9].

Schriften

[1] Storia dell'arte greca (Storia dell'arte classica e italiana, Bd. 1), 1913–1920 [2] Il teatro greco di Siracusa, 1923 [3] La pittura ellenistico-romana, 1929 [4] Prassitele, 1932 [5] Monumenti della pittura antica scoperti in Italia, 1936 [6] Monete greche della Sicilia descritte ed illustrate, 1946.

Sekundärliteratur

[7] R. Dubbini, Giulio Emanuele Rizzo. Lo studio della grecità contro la romanescheria fascista, in: Fragmenta 2, 2008, 215–232 [8] R. Dubbini, G.E. Rizzo (1865–1950), in: G. Brands / M. Maischberger (Hrsg.), Lebensbilder. Klassische Archäologie und Nationalsozialismus, Bd. 1, 2012, 35–49 [9] M. Goracci / G. Perrotta (Hrsg.), Il Maestro Sikelio. Giulio Emanuele Rizzo, un archeologo del nostro tempo, 1999.

Rachele Dubbini (Ü: D.G.)

Robert, Carl

Dt. Klass. Archäologe und Philologe. Geb. am 8.3.1850 in Marburg als Carl Georg Ludwig R., gest. am 17.1.1922 in Halle. 1868–1873 Studium der Klass. Phil. und Arch. in Bonn und Berlin, dort 1873 Prom. und 1876 Habil. 1877 ao.Prof. für Arch. an der Univ. Berlin, 1880 dort Ordinarius. Ab 1890 o.Prof. für Klass. Arch. und Phil. an der Univ. Halle, dort 1906/07 Rektor; Emeritierung 1920. 1882 bis 1921 Mitherausgeber der Zeitschrift *Hermes*. Mitglied mehrerer wiss. Akad.; Ehrendoktorat der Univ. Athen.

Werdegang, Werk und Wirkung

R., Sohn eines Arztes, hörte in Bonn noch bei Otto ↗Jahn; prägend war aber v.a. der Einfluss Ulrich von ↗Wilamowitz-Moellendorffs. Nach Teilnahme am Dt.-Franz. Krieg setzte R. sein Studium in Berlin fort und schloss es 1873 mit einer Diss. über Apollodors *Bibliothek* ab. 1873–1875 folgten Studienreisen nach Italien und Griechenland. Gefördert durch Theodor ↗Mommsen, wurde R. kurz nach der Habil. in Berlin zum ao.Prof. und 1880 zum o.Prof. ernannt, wechselte 1890 aber nach Halle als o.Prof. für

Archäologie und Philologie. In Würdigung seiner Verdienste um Forschung und Lehre sowie um den Aufbau der arch. Sammlungen der Univ. erhielt das Gebäude des Arch. Museums 1922 den Namen »Robertinum«.

Waren Diss. [1] und Habil. [2] noch philol. geprägt, so entdeckte R. schon früh sein Interesse für arch. Problemstellungen. Insbes. die Beschäftigung mit den griech. Mythen prägte wesentlich sein wiss. Œuvre [3]; [4]; [7]. So bearbeitete er ab 1894 auch Ludwig Prellers *Griech. Mythologie* (Orig. von 1854), was in den späteren Bänden einer Neufassung gleichkam. Große Verdienste erwarb er sich um das Corpus der röm. Sarkophage [5]. Da für R. der Darstellungsinhalt Vorrang hatte, konnte er sich meist mit zeichnerischen Vorlagen begnügen. So betrachtete er diese Denkmäler mehr unter dem Aspekt des griech. Mythos und seiner Überlieferung als im Sinne des röm. Kunstschaffens. Auch seine 1919 veröffentlichte *Hermeneutik* ist trotz wichtiger Erkenntnisse eher ein retrospektives Werk geblieben [8].

R. gehörte zu jenen Altertumswissenschaftlern, welche die Disziplinen der Klass. Philologie und Archäologie noch gleichermaßen kompetent vertreten konnten; er sah Bilder nicht bloß als Illustrationen von Texten an, sondern betonte ihren eigenständigen Überlieferungswert. Obwohl er selbst – unter Einbeziehung eines breiten Spektrums an Zeugnissen – besonderen Wert auf die inhaltliche Deutung der arch. Denkmäler legte [3], gingen aus seiner Lehre Archäologen wie Gerhart ↗Rodenwaldt und Gerhard Krahmer hervor, die durch ihre dezidiert formgeschichtlichen Untersuchungen dem Fach ganz neue Impulse gaben.

SV: [10.146-157].

Schriften

[1] De Apollodori bibliotheca (Diss. Berlin), 1873 [2] Eratosthenis catasterismorum reliquiae (Habil.schrift Berlin; Edition), 1878 (Neuaufl. 1963) [3] Bild und Lied. Archäologische Beiträge zur Geschichte der griech. Heldensage, 1881 [4] Archaeologische Maerchen aus alter und neuer Zeit, 1886 [5] Die antiken Sarkophag-Reliefs, Bde. 2–3, 1890–1919 [6] Pausanias als Schriftsteller. Studien und Beobachtungen, 1909 [7] Oidipus. Geschichte eines poetischen Stoffes im griech. Altertum, 1915 [8] Archaeologische Hermeneutik, 1919.

Sekundärliteratur

[9] G. Karo (Hrsg.), Carl Robert zum Gedächtnis, 1992 [10] O. Kern, Hermann Diels und Carl Robert (Jahresbericht über die Fortschritte der klass. Altertumswissenschaft, Suppl. 215), 1927 [11] H. Meyer, Carl Robert, in: Lullies/Schiering Arch. 96–97 [12] M. Oppermann, Carl Robert (1850–1922) als Klassischer Archäologe, in: H.-H. Hartwich / G. Berg (Hrsg.), Bedeutende Gelehrte der Universität Halle seit ihrer Gründung im Jahr 1694, 1995, 121–142 [13] M. Oppermann, Art. Robert, Carl Georg Ludwig Theodor Herwig Joseph, in: NDB 21, 2003, 678–679.

Manfred Oppermann

Robert, Louis

Franz. Althistoriker, Epigraphiker und Numismatiker. Geb. am 15.2.1904 in Laurière (Limousin), gest. am 31.5.1985 in Paris. Bereits während der Schulzeit 1921/22 Besuch der öffentlichen Vorlesungen Paul Foucarts am Collège de France und ab 1923 der epigr. Vorlesungen Maurice ↗Holleaux' (als dessen Schüler R. sich später betrachtete [1.7f., 418]) an der Sorbonne; ab 1924 Studium an der Pariser École normale supérieure. 1927 Mitglied der École française d'Athènes; ab 1932 Directeur d'études an der École pratique des hautes études (Lehrstuhl für Géographie historique du monde hellénique); zusätzlich ab 1939 Prof. für Épigraphie et antiquités grecques am Collège de France; 1974 Ruhestand. Ab 1948 Mitglied der Acad. des inscriptions et belles-lettres; 1956–1964 Direktor des Institut français d'archéologie d'Istanbul; Mitglied der Akad. von London, Wien, Paris, Berlin, Brüssel, Boston, Athen und Warschau, daneben u.a. auch der American Numismatic Society.

Werk und Wirkung

R. gilt als herausragende Autorität auf dem Gebiet der Epigraphik, doch seine Forschungen umfassen ein viel breiteres Feld: In Hunderten von Beiträgen widmete er sich der Inschriftenkunde, der Numismatik und der Topographie, wobei das ant. Kleinasien und hier wiederum Karien, wo er selbst Ausgrabungen in Amyzon (1949/50) und Klaros (1950–1961) leitete, sein besonderes Interesse fanden. R. zeichnete sich durch die »breiteste wiss. Perspektive« aus [20.82]; seinem Leitspruch *Toute inscription doit évoquer un site* [6.12] folgend, stellte er das epigr. Material in den histor., geographischen und lit. Zusammenhang, wobei er neben arch. und numismatischen Zeugnissen auch alte Reiseberichte heranzog, um alle für die Interpretation der Inschriften relevanten Aspekte der histor. Geographie zu erfassen. So konnte er u.a. dadurch, dass er bei der Auswertung griech. Bronzemünzen ihre jeweiligen Fundorte in die Analyse einbezog, etliche anderweitig nicht bezeugte Städte Kleinasiens nachweisen [1]; [21.266f.]. Aus den Inschriften ergab sich für ihn der Befund, dass die griech. Städte Kleinasiens auch in hell. und röm. Zeit noch ein selbstbewusstes Eigenleben führten, das sich kulturell, religiös und polit. artikulierte; so habe der Hellenismus erst unter der röm. Herrschaft *sa plus grande expansion et son triomphe culturel* erlebt [15.45].

Unter R.s Monographien finden sich auch numismatische [10]; [11] und onomatologische [8] Studien sowie Arbeiten zur griech. Sozial- oder Religionsgeschichte, wobei seine Darstellung der Gladiatur [4] breite Resonanz fand. Zahlreiche seiner Arbeiten erwuchsen aus kritischen Reaktionen auf epigr. oder numismatische Publikationen (vgl. z.B. [10.5]); so wie R. »ungewöhnlich strenge Rezensionen« [17.360] verfasste, wurden auch seine eigenen Arbeiten mitunter harsch kritisiert (z.B. von Arnold H.M. ↗Jones). Gemeinsam mit seiner Frau Jeanne (vgl. [22.133]; [23.358]) verzeichnete R. 1938–1984 im *Bulletin épigraphique* der *Revue des études grecques* die epigr. Neuentdeckungen bzw. Publikationen.

SV: [13.Bd. 4, 1–52] (1924 bis 1973); [13.Bd. 5, XI-XXIII] (1973–1985); [16.22–69] (1924–1996).

Schriften

[1] Villes d'Asie Mineure. Études de géographie antique, 1935 (²1962) [2] Études anatoliennes. Recherches sur les inscriptions de l'Asie Mineure, 1937 [3] Hellenica. Recueil d'épigraphie, de numismatique et d'antiquités grecques, 13 Bde., 1940–1965 [4] Les gladiateurs dans l'Orient grec, 1940 [5] Études de numismatique grecque, 1951 [6] Communication inaugurale, in: Actes du deuxième Congrès international d'épigraphie grecque et latine (Paris 1952), 1953, 1–20 (wieder in: Opera minora selecta, Bd. 3, 1969, 1748–1767; Choix d'écrits, 2007, 73–86) [7] La Carie. Histoire et géographie historique avec le recueil des inscriptions antiques, Bd. 2: Le plateau de Tabai et ses environs (mit J. Robert), 1954 [8] Noms indigènes dans l'Asie-Mineure gréco-romaine, 1963 [9] Documents de l'Asie Mineure méridionale. Inscriptions, monnaies et géographie, 1966 [10] Monnaies antiques en Troade, 1966 [11] Monnaies grecques. Types, légendes, magistrats monétaires et géographie, 1967 [12] Inscriptions de Laodicée du Lycos, 1969 [13] Opera minora selecta, 7 Bde., 1969–1990 [14] A travers l'Asie Mineure. Poètes et prosateurs, monnaies grecques, voyageurs et géographie, 1980 [15] Les concours grecs, in: Discours d'ouverture du VIIIᵉ congrès international d'épigraphie grecque et latine 1984, 35–45 (wieder in: Opera minora selecta, Bd. 6, 1989, 709–719; Choix d'écrits, 2007, 267–278) [16] Choix d'écrits, hrsg. von D. Rousset et al. (Auswahl von 24 Artikeln), 2007.

Sekundärliteratur

[17] Christ Hel. 360 [18] Ph. Gauthier, Louis Robert, in: D. Rousset (Hrsg.), Choix d'écrits: Louis Robert, 2007, 11–18 [19] P. Hadot, Louis Robert (15 février 1904–31 mai 1985), in: Annuaire du Collège de France 85, 1984, 79–82 [20] P. Herrmann, Louis Robert, in: Gnomon 58, 1986, 81–83 [21] D. Knoepfler, Louis Robert (1904–1985), in: Schweizerische Numismatische Rundschau 65, 1986, 265–271 [22] G. Petzl, Louis Robert, in: W. Appel (Hrsg.), Magistri et discipuli. Kapitel zur Geschichte der Altertumswissenschaften im 20. Jh., 2002, 131–139 [23] J. Pouilloux, Notice sur la vie et les travaux de Louis Robert, membre de l'Académie, in: CRAI 130, 1986, 356–366.

Heinrich Schlange-Schöningen

Robortello, Francesco

Auch Robertello; ital. Humanist. Geb. 1516 in Udine, gest. 1567 in Padua. Studium in Bologna. Prof. für Philosophie, Rhetorik, Griechisch und Latein an verschiedenen Univ. (ab 1538 Lucca, ab 1543 Pisa, ab 1549 Venedig, ab 1552 Padua, ab 1557 Bologna, ab 1560 wieder Padua).

Werk und Wirkung

R. hat als Herausgeber und Kommentator antiker Texte und als Wiss.-Theoretiker beträchtlichen Einfluss ausgeübt. Unter seinen Editionen verdient bes. die Aischylos-Ausgabe von 1552 Erwähnung – nicht nur wegen der Vielzahl schlagender Emendationen, sondern auch weil sie von der *editio princeps* der Scholien begleitet war [3]. Geistesgeschichtlich noch bedeutender war die Erstausgabe der dem Platoniker Longinos zugeschriebenen Schrift *Über das Erhabene* (1554) [4]; [11], die in der Folgezeit unermessliche Wirkung entfaltete. Von R. stammt auch der erste nzl. Kommentar zur aristotelischen *Poetik* [2] (vgl. [12]; [6]; [11]), der etwa hinsichtlich der Katharsis-Auffassung die weitere Diskussion bestimmte; er deutete die Aussage des Aristoteles in manchem um, so in dem renaissancespezifischen Modell des *poeta creator* und in der poetischen Fiktionalität. Von den theoretischen Schriften sind die Abhandlung über die Textkritik [5]; [10], in der die Philologie zum ersten Mal in der Nz. auf ihre Arbeitsweisen reflektiert, und die *disputatio* über die Methode der Geschichtsschreibung [1] sehr beachtenswert. R.s streitbares Temperament zeigt sich u.a. in der bissigen Kontroverse mit Carolus ↗Sigonius, dem großen Historiker der röm. Geschichte, dem er auf diesem Feld hoffnungslos unterlegen war.

Schriften

[1] De historica facultate disputatio (mit anderen Schriften Robortellis), Florenz 1548 [2] In librum Aristotelis De arte poetica explicationes, Florenz 1548 (Ndr. 1968) [3] Scholia in Aeschyli tragoedias omnes, ex vetustissimis libris manuscriptis collecta (Edition), Venedig 1552 [4] Dionysii Longini Liber de grandi sive sublimi orationis genere (Edition mit lat. Komm.), Basel 1554 [5] De arte sive ratione corrigendi antiquorum libros disputatio, Padua 1557 (Ndr. mit ital. Übers. und Komm., hrsg. von G. Pompella, 1975).

Sekundärliteratur

[6] A. Bettinelli, Le postille di Bernardo e di Torquato Tasso al commento di Francesco Robortello alla Poetica di Aristotele, in: Italia medioevale e umanistica 42, 2001, 285–335 [7] A. Carlini, L'attività filologica di Francesco Robortello, 1967 [8] F. Donadi, Francesco Robortello da Udine, in: Lexis 19, 2001, 79–91 [9] B. Kappl, Die Poetik des Aristoteles in der Dichtungstheorie des Cinquecento, 2006 [10] P. Lardet, Entre grammaire et philosophie, la

philologie, science ou art? Sur l'emendatio à la Renaissance et au-delà, in: D. Thouard et al. (Hrsg.), Philologie als Wissensmodell / La philologie comme modèle de savoir, 2010, 35–108 [11] K. Ley, Das Erhabene als Element frühmoderner Bewußtseinsbildung. Zu den Anfängen der neuzeitlichen Longin-Rezeption in der Rhetorik des Cinquecento, in: H. F. Plett (Hrsg.), Renaissance-Poetik / Renaissance Poetics, 1994, 241–259 [12] M. J. Vega Ramos, La formación de la teoría de la comedia: Francesco Robortello, 1997.

Kurt Sier

Rodbertus, Karl

Dt. Wirtschaftshistoriker und Ökonom. Geb. am 12. 8. 1805 in Greifswald als Johann Karl R., gest. am 6. 12. 1875 in Jagetzow (Pommern). 1823–1827 Studium der Rechtswiss. in Göttingen und Berlin; 1828–1830 im preuß. Staatsdienst. Ab 1835 als Besitzer des Rittergutes Jagetzow wiss. und polit. Publizist.

Werdegang, Werk und Wirkung

R., Sohn eines Prof. für Röm. Recht, beschäftigte sich nach dem Studium in Göttingen und Berlin sowie nach dem Rückzug aus dem Staatsdienst v. a. mit sozialpolit. Fragen; zur Lösung der sozialen Probleme seiner Zeit forderte er staatliche Eingriffe in das Wirtschaftsleben und eine staatliche Festlegung von Löhnen und Arbeitszeiten. Seine sozialphilos. Konzeption hat man als »Staatssozialismus« bezeichnet [8. 689]. Zwischen 1864 und 1874 publizierte R. außerdem eine Reihe von Arbeiten zur ant. Wirtschaftsgeschichte.

In der Untersuchung der röm. Steuern der Prinzipatszeit grenzte R. die ant. Wirtschaft von der Volkswirtschaft seiner eigenen Zeit ab. Die wirtschaftlichen Verhältnisse der Antike waren nach R. von der Existenz der Sklaverei bestimmt: Diese Institution machte den Arbeiter zur Sache, der damit wie andere Sachen zum Oikos gehörte. R. behauptete, dass die Rohstoffe innerhalb des Oikos gewonnen, verarbeitet und die Fertigwaren – soweit für den Handel bestimmt – von den Sklaven auch zu den Abnehmern transportiert wurden; damit wechselten die Güter im Produktionsprozess nicht den Besitzer [2. 343]. Die ant. Wirtschaft war somit wesentlich eine »allgemeine Naturalwirtschaft« und auf Geld nicht angewiesen. Zur Begründung seiner Thesen verwies R. auf Aristoteles, für den der Oikos ein wirtschaftliches Ideal war, das allerdings in der Realität nie völlig verwirklicht wurde. Als Grundlage der Polis bestimmte der Oikos auch deren wirtschaftliches Leben. Die in der ant. Literatur formulierten ökonomischen und finanzpolit. Prinzipien, v. a. die Gesetzgebung gegen die Geldwirtschaft bis hin zu Kaiser Trajan, sind nach R. nur zu verstehen, wenn die »Bedeutung des Oikos« hinreichend beachtet wird [2. Bd. 344, Anm. 3]. In einem späteren Text stellte er prononciert fest: »Aller Besitz im Alterthume war Oikenbesitz« [4. 523].

R.s Bedeutung für die Alte Geschichte ist darin zu sehen, dass er in Aufsätzen Thesen formulierte, die später von Karl Bücher und Max ↗Weber rezipiert wurden und so noch im 20. Jh. die Forschung beeinflussten. Dabei spielte die klare Unterscheidung zwischen ant. und mod. Wirtschaft und die Oikos-Theorie bis hin zu Moses ↗Finleys *Ancient Economy* (1973) eine wichtige Rolle.

Schriften

[1] Untersuchungen auf dem Gebiete der Nationalökonomie des klass. Alterthums. 1. Zur Geschichte der agrarischen Entwicklung Roms unter den Kaisern oder die Adscriptitier, Inquilinen und Colonen, in: Jb. für Nationalökonomie und Statistik 2, 1864, 206–268
[2] Untersuchungen auf dem Gebiete der Nationalökonomie des klass. Alterthums. 2. Zur Geschichte der röm. Tributsteuern seit Augustus, in: Jb. für Nationalökonomie und Statistik 4, 1865, 341–427 (fortgesetzt in: 5, 1865, 135–171, 241–315; 8, 1867, 81–126, 385–475) [3] Zur Frage des Sachwerths des Geldes im Alterthum, in: Jb. für Nationalökonomie und Statistik 14, 1870, 341–420 (fortgesetzt in: 15, 1870, 182–234) [4] Ein Versuch, die Höhe des antiken Zinsfußes zu erklären, in: Jb. für Nationalökonomie und Statistik N. F. 8, 1884, 513–535
[5] Ges. Werke und Briefe, hrsg. von Th. Ramm, Abt. 3: Zur Wirtschaftsgeschichte, 1971 (mit Ndr. der Titel Nr. 1–4).

Sekundärliteratur

[6] Christ RömGG 103 [7] U. Engbring-Romang, Karl Rodbertus (1805–1875). Sozialismus, Demokratie und Sozialreform. Studien zu Leben und Werk, 1990
[8] H. D. Kurz, Art. Rodbertus, Johann Karl, in: NDB 21, 2003, 689–690.

Helmuth Schneider

Rodenwaldt, Gerhart

Dt. Klass. Archäologe. Geb. am 16. 10. 1886 in Berlin, gest. am 27. 4. 1945 ebda. 1904–1908 Studium der Klass. Alt.wiss., Phil. und Kunstgeschichte in Berlin, Heidelberg und Halle, dort 1908 Prom. 1909/10 Reisestipendium des DAI; 1911/12 Assistent am DAI Athen; 1912–1916 Assistent an der Univ. Berlin; 1912 Habil. ebda. 1917–1922 Prof. für Klass. Arch. an der Univ. Gießen; 1922–1932 Generalsekretär des DAI und Honorarprof. an der Univ. Berlin; 1932–1945 o.Prof. ebda. Mitglied zahlreicher Akad. der Wiss. in Deutschland, Europa und der Sowjetunion sowie Ehrendoktor der Univ. Athen (1937) und Sofia (1939).

Wissenschaftlicher Werdegang

R., Sohn eines Gymnasiallehrers, promovierte 1908 bei Carl ↗Robert mit einer lat. Diss. zur röm.

Wandmalerei [1]. Während seiner Zeit am DAI Athen 1911/12 war er an den Ausgrabungen am Artemis-Tempel auf Korfu und in Tiryns beteiligt. Über die Fresken des Palastes Tiryns II habilitierte er sich 1912 bei Georg ↗Loeschcke in Berlin, dessen Assistent er bis 1916 war [2]. Noch während des Kriegsdienstes als Mitarbeiter des Roten Kreuzes im Großen Hauptquartier erhielt er 1917 einen Ruf nach Gießen. Als Generalsekretär bzw. Präsident des DAI (ab 1922) reorganisierte er das Institut, begründete neue Abteilungen in Istanbul und Kairo und knüpfte 1926 Kontakte in die Sowjetunion, bevor er 1932 auf den Lehrstuhl für Klass. Archäologie an der Berliner Univ. wechselte. 1945 nahm er sich kurz nach Einmarsch der Roten Armee in Berlin mit seiner Frau Jane, mit der er seit 1919 verheiratet war, das Leben.

Werk

R.s Forschungen waren umfassend. Substantielle Publikationen liegen für Gebiete von der myk. Kultur [3] bis in die Spätantike vor; sie betreffen Malerei, Skulptur, Architektur, Urbanistik ebenso wie Antikenrezeption und Photographie. Das Problem von Normativität und Klassik beschäftigte R. lebenslang.

Grundlegend wurden jedoch R.s Arbeiten zur röm. Kunst, welche die Kunsthistoriker Franz ↗Wickhoff und Alois ↗Riegl am Ende des 19. Jh.s durch die Zuschreibung eigenständiger formaler und inhaltlicher Stärken und Absichten (wie ›Illusionismus‹ und ›Realismus‹) vom Odium eines epigonalen Verfallsphänomens befreit hatten und der sich die Forschung nun intensiv zuwandte. R. schuf, bes. am Material der röm. Sarkophage – als Nachfolger von Carl ↗Robert war er Herausgeber des Corpus *Die antiken Sarkophag-Reliefs* –, die Grundlagen für die Chronologie und Stilgeschichte der Kaiserzeit, weitete den Blick auf die Spätantike und arbeitete die inhaltliche Fokussierung der sog. histor. Darstellungen der Römer auf abstrakte, gesellschaftlich bedingte Wertbegriffe heraus. Das heterogene Gesamtbild der röm. Kunst und ihre Entwicklung zur Spätantike erklärte er durch ein bipolares Modell. Darin stehen sich eine an der griech. Klassik orientierte und eine autochthone Kunstströmung gegenüber, die z. T. die von Franz ↗Wickhoff aufgezeigten Eigenschaften und dazu formale Merkmale wie die Neigung zu Zentralkomposition, Figurenfrontalität und Bedeutungsgröße aufweise. Ähnlich wie die Vertreter der Strukturforschung (Guido ↗Kaschnitz von Weinberg, Friedrich ↗Matz) verstand R. diese formalen Merkmale im Sinne eines Volkscharakters und nannte sie »Volkskunst«. Die Kunstentwicklung der Kaiserzeit werde abwechselnd vom Überwiegen der einen oder anderen Strömung bestimmt, in der Spätantike habe sich die röm. Volkskunst durchgesetzt.

Die Arbeiten zur spätröm. Kunst und zur Sarkophagforschung wurden ab 1933 durch seine erneute Hinwendung zur griech. Kunst zurückgedrängt, auch als Konzession an das Kunstverständnis Adolf Hitlers. Die von R. zusammen mit dem Photographen Walter Hege gestalteten, sehr erfolgreichen Bildbände *Die Akropolis* (1930), *Olympia* (1936) und *Griech. Tempel* (1941) prägten in ihrer idealisierenden Sichtweise das Griechenlandbild der Zeit nachhaltig.

Wirkung

Besondere Wirkung entfaltete R. als Lehrer. Unter seiner Leitung hatte das Berliner Institut in der NS-Zeit die höchste Zahl von ausländischen Studierenden und Doktoranden, v. a. aus dem Mittelmeerraum und Osteuropa (darunter z. B. Ekrem ↗Akurgal und Christos ↗Karousos). Arbeit und Interessen von dt. Archäologen sollten auf diese Weise in den Grabungsländern unterstützt werden.

Als Präsident des DAI bestimmte R. während der Weimarer Republik höchst einflussreich die organisatorischen, inhaltlichen und personellen Richtungsvorgaben seines Faches. Auch unter den schwierigen finanziellen Bedingungen der Weimarer Republik vermochte er das Institut nach dem Ersten Weltkrieg auszubauen und es nach der Isolation Deutschlands wieder zu einer international renommierten Einrichtung zu machen. Auch nach Abgabe seines Präsidentenamtes entließ er sich selbst nie aus der Verantwortung für die gesamte Archäologie in ihrem Verhältnis zum Staat. Schon vor 1933 hatte sich R. im Sinne des ›Dritten Humanismus‹ für eine Öffnung der Alt.wiss. nach außen eingesetzt, um deren gesellschaftliche Basis zu verbreitern. 1925 war er Mitgründer der Zeitschrift *Die Antike*, die einem Laienpublikum die Antike als ›Bildungsmacht‹ und ›neue Lebensnorm‹ nahe bringen sollte. In der NS-Zeit versuchte R., durch populärwiss. Schriften, öffentliche Vorträge, polit. Bekundungen und Denkschriften die Aufmerksamkeit der Machthaber auf die Klass. Archäologie zu lenken. Auf diese Weise sicherte er die Existenz des Faches und stärkte dessen Position gegenüber der Germanenforschung.

Als Wissenschaftler zählte R. zu den bedeutendsten Vertretern seines Faches in der ersten Hälfte des 20. Jh.s. Das von ihm entworfene Gesamtbild der röm. Kunst war von nachhaltiger Wirkung. Ranuccio ↗Bianchi Bandinelli zeigte zwar, dass entscheidende, seit ↗Wickhoff für typisch röm. gehaltene Züge hell. Gemeingut waren, führte aber R.s bipolares Modell mit den nun soziologischen Definitionen einer *arte colta* und *arte plebea* fort. Erst gegen Ende des 20. Jh.s wurde diese Sichtweise durch neue Erklärungsmodelle abgelöst.

N: Berlin, DAI.

SV: [13.34–46].

Schriften

[1] Die Komposition der pompejanischen Wandgemälde, 1909 (Diss. Halle 1908, dt. Fassung) [2] Tiryns. Die Ergebnisse der Ausgrabungen des Instituts, Bd. 2: Die Fresken des Palastes, (Habil.schrift Berlin) 1912 [3] Der Fries des Megarons von Mykenai, 1921 [4] Das Relief bei den Griechen, 1923 [5] Die Kunst der Antike. Hellas und Rom (Propyläen Kunstgeschichte 3), 1927 [6] Der Klinensarkophag von San Lorenzo, in: Jb. des Deutschen Archäologischen Instituts 45, 1930, 117–189 [7] Über den Stilwandel in der antoninischen Kunst (Abh. der Preuß. Akad. der Wiss., Philos.-Histor. Klasse 3/1935), 1935 [8] Kunst um Augustus, in: Die Antike 13, 1937, 155–196 (als Monographie 1942, 1943, 1945, 1988) [9] Altdorische Bildwerke in Korfu, 1938 [10] Korkyra, Bd. 2: Die Bildwerke des Artemistempels von Korkyra, 1939 [11] The Transition to Late-Classical Art, in: S. A. Cook et al. (Hrsg.), The Cambridge Ancient History, Bd. 12, 1939, 544–570 [12] Theoí rheía zṓontes (Abh. der Preußischen Akad. der Wiss., Philos.-Histor. Klasse 13/1943), 1944 [13] Griechisches und Römisches in Berliner Bauten des Klassizismus, 1956.

Sekundärliteratur

[14] Gerhart Rodenwaldts Beitrag zur Klassischen Archäologie, in: Wissenschaftliche Zs. der Humboldt-Universität Berlin 35, 1986, 627–736 [15] A. H. Borbein, Rodenwaldts Bild der röm. Kunst, in: E. Gabba / K. Christ (Hrsg.), L'impero romano fra storia generale e storia locale, 1991, 175–199 [16] E. S. Sünderhauf, »Am Schaltwerk der deutschen Archäologie« – Gerhart Rodenwaldts Wirken in der Zeit des Nationalsozialismus, in: Jb. des Deutschen Archäologischen Instituts 123, 2008, 283–362 (mit weiterführender Literatur) [17] E. S. Sünderhauf, Gerhart Rodenwaldt (1886–1945), in: G. Brands / M. Maischberger (Hrsg.), Lebensbilder. Klassische Archäologen und der Nationalsozialismus, Bd. 1, 2012, 119–127.

Esther Sophia Sünderhauf

Rohde, Erwin

Dt. Klass. Philologe. Geb. am 9.10.1845 in Hamburg, gest. am 11.1.1898 in Heidelberg. Studium der Klass. Phil. in Bonn, Leipzig und Kiel; Prom. 1869 und Habil. 1870 in Kiel, dort ab 1872 ao.Prof.; ab 1876 Prof. für Klass. Phil. in Jena, 1878–1885 in Tübingen, 1886 in Leipzig und im selben Jahr noch in Heidelberg. R. war Schüler Friedrich Wilhelm ↗Ritschls, Otto ↗Jahns, Alfred von Gutschmids und Otto ↗Ribbecks sowie enger Freund Friedrich ↗Nietzsches. Er wurde 1886 Mitglied der sächs. Akad. der Wiss. und 1897 korrespondierendes Mitglied der Münchener Akad. der Wiss.

Werk und Wirkung

Nach seiner in der Quellenforschung verankerten Diss. zu Iulius Pollux [2] mischte sich R. mit der Streitschrift *Afterphilologie* [3] in die durch ↗Nietzsches *Geburt der Tragödie aus dem Geiste der Musik* (1872) ausgelöste Debatte um die Ausrichtung der Klass. Philologie ein. Gegen Ulrich von ↗Wilamowitz-Moellendorff und den Historismus propagierte er in Verteidigung Nietzsches eine Wiederbelebung der ant. Kultur als Korrektiv zur Gegenwart [10].

Nach mehreren Vorstudien (u.a. [1]) erschien 1876 sein erstes Hauptwerk, *Der griech. Roman und seine Vorläufer* [4]. Damit wandte sich R. einer zu seiner Zeit als populär eingeschätzten, innerhalb der Klass. Philologie missachteten Gattung zu, weshalb seine Urteile über den Roman und dessen Blüte in der Epoche der Kaiserzeit skeptisch ausfielen. Als Mischform von erotisch ausgerichteter hell. Dichtung, ethnographischer Prosa, Märchenmotiven und utopischer Literatur erschien ihm der Roman als Symptom der Dekadenz. Gleichwohl rückte R. über das Aufzeigen von zahlreichen lit. Trad.-Strängen und Rezeptionsformen die Gattung Roman und die Epoche der Zweiten Sophistik nachhaltig in den Blick der Forschung, was durch die fortdauernde Auseinandersetzung mit seinem Buch (Nachdrucke bis 1974) dokumentiert wird.

Sein zweites Hauptwerk ist die Schrift *Psyche* [5]. R. suchte die Anfänge und Formen der griech. Seelenlehre und des Unsterblichkeitsglaubens religions- und kulturgeschichtlich zu beleuchten, wobei er neben lit. Werken Grabinschriften, Scholien und arch. Zeugnisse heranzog sowie mit Kulturvergleichen arbeitete. Als wichtig erachtete er die Orphik sowie den Dionysoskult, den er gegen Nietzsche und seine eigene frühere Position als ungriech. Gottheit erkannte und mit dem er den Beginn des Unsterblichkeitsglaubens sowie der Mystik verband [11]. Auch hier betrat R. Neuland, insofern er sich methodischer Ansätze aus der Psychologie und Anthropologie bediente. *Psyche* war lange eine Standardschrift der ant. Religionsgeschichte und erschien in zahlreichen Nachdrucken sowie Übersetzungen [7].

R. und seine Schüler Fritz Schöll (Herausgeber seiner Kleinen Schriften [6]), Wilhelm Nestle und Otto Crusius halfen ab 1894 beim Aufbau des Nietzsche-Archivs und der Nietzsche-Ausgabe.

Schriften

[1] Ueber Lucians Schrift Lúkios ē Ónos und ihr Verhältnis zu Lucius von Paträ und den Metamorphosen des Apuleius, 1869 [2] De Julii Pollucis in apparatu scaenico enarrando fontibus (Diss. Kiel), 1870 [3] Afterphilologie. Zur Beleuchtung des von dem Dr. phil. Ulrich von Wilamowitz-Moellendorff herausgegebenen Pamphlets »Zukunftsphilologie!«, 1872 [4] Der griech. Roman und seine Vorläufer, 1876 [5] Psyche. Seelencult und Unsterblichkeitsglaube der Griechen, 2 Bde., 1890–1894 [6] K.S., 2 Bde., hrsg. von F. Schöll, 1901.

Sekundärliteratur

[7] H. Cancik, Erwin Rohde – ein Philologe der Bismarckzeit, in: W. Doerr / P. A. Riedl (Hrsg.), Semper apertus. Sechshundert Jahre Ruprecht-Karls-Universität Heidelberg (1386–1986), Bd. 2, 1985, 448–505 [8] O. Crusius, Erwin Rohde. Ein biographischer Versuch, 1902 [9] E. Förster-Nietzsche (Hrsg.), Friedrich Nietzsches Briefwechsel mit Erwin Rohde, 1902 [10] K. Gründer, Der Streit um Nietzsches »Geburt der Tragödie«, 1969 [11] J. D. Tabor, Death as Life and Life as Death. Revisiting Rohde, in: D. E. Aune / R. D. Young (Hrsg.), Reading Religions in the Ancient World, 2007, 27–38.

Manuel Baumbach

Rosenberg, Arthur

Dt. Althistoriker und Politiker. Geb. am 19. 12. 1889 in Berlin, gest. am 7. 2. 1943 in New York. 1907 Abitur am Askanischen Gymnasium Berlin, danach Studium der Klass. Phil. und Alten Gesch. an der Friedrich-Wilhelms-Univ. zu Berlin; 1911 Prom. und 1914 Habil., dann PD ebda. 1916–1918 beim Kriegspresseamt. 1918 Eintritt in die USPD; 1920 Übertritt zur KPD; Austritt 1927. 1921–1924 Stadtverordneter von Groß-Berlin; 1924–1928 Mitglied des Reichstags. 1928–1931 Referendar und Studienassessor; 1930 Ernennung zum nichtbeamteten ao.Prof. an der Friedrich-Wilhelms-Univ. Berlin. 1933 Flucht mit der Familie in die Schweiz; Entzug der Lehrbefugnis. 1934 Research Fellow in Liverpool. 1937 Ausbürgerung der Familie durch das NS-Regime; Übersiedlung nach New York. Tutor, ab 1941 Instructor am Brooklyn College ebda.

Werk und Wirkung

Zwischen 1924 und 1927 gehörte R. der KPD-Führung an und befürwortete mit anderen Intellektuellen wie Werner Scholem und Karl Korsch einen ultralinken Kurs, d. h. die Verweigerung einer Zusammenarbeit mit SPD und Gewerkschaften einerseits und Opposition zum Umbau der KPD in eine stalinistische Kaderpartei andererseits. R. näherte sich dann polit. der SPD an und begründete seinen Austritt aus der KPD mit dem von innersowjetischen Machtkonstellationen abhängigen ›Schlingerkurs‹ der Dritten Kommunistischen Internationalen (Komintern). Seine durch ›Innensicht‹ gespeisten Kenntnisse ließen R. zum Historiker der kommunistischen Bewegung werden [10]. Die Tätigkeit im Reichstag und die Mitarbeit im Außenpolit. Ausschuss bzw. Untersuchungsausschuss für die Ursachen des dt. Zusammenbruchs 1918 führten R. zu Fragen der Zeitgeschichte.

Auch während seiner Zeit als Reichstagsabgeordneter hielt R. jedes Semester wenigstens eine universitäre Veranstaltung ab. Mit seiner Doktorarbeit begann er sich als Kenner der frühen Geschichte Roms und Italiens zu profilieren [1]. In der Habil.-Schrift wurden erstmals die Verfassungen und Institutionen der lat., oskischen und etruskischen Städte mit Bezug auf Rom in den Blick genommen [3]. In seinen Aufsätzen beschäftigte R. sich mit Etruskischem [2], altlat. Priestertümern [4] oder der Geschichte des Latinerbundes [5]. Daneben verfasste er einschlägige RE-Artikel, u. a. zu den Lemmata *Imperator*, *Imperium*, *Rex*, *Rex Sacrorum* und *Romulus*. Lange Zeit ein Standardwerk blieb seine im Wesentlichen 1917 fertiggestellte *Einleitung und Quellenkunde zur röm. Geschichte* [7]. Mit seiner Hinwendung zu Politik und Zeitgeschichtsschreibung erinnert R. an Johann Gustav ↗Droysen. R.s Wirkung ist kaum zu überschätzen: Als Vordenker einer materialistischen Geschichtsdeutung auch für den Bereich der Alten Geschichte legte er v. a. die noch heute diskutierten Grundlagen für eine histor. Deutung der Weimarer Republik [9]. Sein Einfluss ist heute v. a. bei dem ital. Althistoriker Luciano Canfora feststellbar [11]. R.s Schriften wurden in viele Sprachen übersetzt, u. a. ins Japanische.

Schriften

[1] Untersuchungen zur röm. Zenturienverfassung (Diss. Berlin), 1911 [2] Etruskisches, in: Glotta 4, 1913, 51–78 [3] Der Staat der alten Italiker. Verfassung der Latiner, Osker und Etrusker (ungedr. Habil.schrift Berlin), 1914 [4] Zu den altlat. Priestertümern, in: Hermes 50, 1915, 416–426 [5] Zur Geschichte des Latinerbundes, in: Hermes 54, 1919, 113–173 [6] Demokratie und Klassenkampf im Altertum, mit Nachwort und Bibliographie, 1921 (Ndr. 1997 u.ö.) [7] Einleitung und Quellenkunde zur röm. Geschichte, 1921 [8] Geschichte der röm. Republik, 1921 [9] Die Entstehung der deutschen Republik, 1928 [10] Geschichte des Bolschewismus von Marx bis zur Gegenwart, 1932.

Sekundärliteratur

[11] L. Canfora, Il comunista senza partito. Seguito da »Democrazia e lotti di classe nell'antichità« di Arthur Rosenberg, 1984 [12] M. Kessler, Arthur Rosenberg. Ein Historiker im Zeitalter der Katastrophen (1889–1943), 2003.

Kay Ehling

Rosinus, Johannes

Dt. Theologe und Antiquar; eigentlich Rossfeld oder Roszfeld. Geb. 1551 in Eisenach, gest. am 7. 10. 1626 in Naumburg. 1575 Konrektor des protestantischen Gymnasiums in Regensburg; ab 1586 Pfarrer in Wickerstedt bei Apolda; ab 1592 Domprediger in Naumburg.

Werdegang und Werk

R.' Vater war Schüler Martin Luthers und Philipp Melanchthons, dann Rektor an der Eisenacher Lateinschule, später Superintendent und herzoglicher Beichtvater in Weimar. Dort konnte R. schon im Alter von acht Jahren durch Unterstützung des Herzogs Johann Wilhelm von Sachsen-Weimar 1559 das Gymnasium besuchen. Nach dessen Tode wurde R.' Vater aufgrund seiner Beteiligung an kirchlichen Auseinandersetzungen (synergetischer Streit) seinen Ämtern enthoben und musste mit seiner Familie das Gebiet Sachsen-Weimar verlassen. R. fand eine Anstellung in Regensburg, ab 1575 am protestantischen Gymnasium. In diese Zeit fällt die Ausarbeitung seines großen Werks, der *Antiquitates Romanae*, welches er den Söhnen seines fürstlichen Gönners 1583 widmete [1]. Jedoch erst nach dem Tode seines Vaters konnte R. zurückkehren und nahm 1586 die ihm angebotene Stelle in Wickerstedt an. Er starb in Naumburg an der Pest.

Ohne Kontakte zu europ. Humanistenkreisen sowie als Protestant ohne Romerfahrung war R. als Antiquar eher ein Außenseiter. So dokumentierte er zu den einzelnen Themenbereichen die relevanten Quelleneditionen wie auch die alt.wiss. Studien des 15. und 16. Jh.s. Aufgrund seines Lebens in Mitteleuropa und mangelnder Autopsie konnte R. die arch. Überlieferung kaum berücksichtigen. In seinem Hauptwerk, den *Romanarum antiquitatum libri decem*, beschreibt er die Topographie, die Sakralbauten und die Spiele, gleichzeitig aber auch das Staats-, Rechts- und Kriegswesen des antiken Rom [1]. Es gilt als das erste Handbuch zur Kultur des röm. Altertums. Seit 1613 um die *Addenda* des Thomas ↗Dempster erweitert [5], avancierten R.' *Antiquitates* »zum erfolgreichsten Titel in der Geschichte antiquarischer Literatur« [7]. Den hohen Stellenwert dieses Werkes belegen die zahlreichen, eng aufeinanderfolgenden postumen Nachdrucke (u.a. Genf 1632 und 1640, Köln 1645 und 1662, Amsterdam 1783; vgl. die bearbeitete Ausgabe Oxford 1678 [6]).

Schriften

[1] Romanarum antiquitatum libri decem, Basel 1583 [2] Antiquitatum Romanarum corpus absolutissimum, Basel 1585 [3] Antiturcica Lutheri: Das ist, Vom Kriege und Gebet wider den Türcken, und von desselben Alcoran … etliche Schriften … Martin Lutheri, … in Druck zusammen geordnet, Durch Ioannem Rosinum, Thumbpredigern zur Naumburgk, Leipzig 1595 [4] Exempla pietatis illustris seu Vitae trium Saxoniae Electorum Friderici Sapientis, Johannis Constantis et Johannis Friderici, Jena 1602 [5] Antiquitatum Romanarum corpus absolutissimum, Paris 1613 (erweitert von Thomas Dempster) [6] Antiquitates potissimum Romanae e Rosino aliisque in compendium contractae et juxta ordinem alphabeti dispositae bono juventutis (hrsg. von F. Hildebrand), Oxford 1678.

Sekundärliteratur

[7] Herklotz Cas. 247 [8] R. Hoche, Art. Rosinus, Johannes, in: ADB 29, 1889, 237–239.

Marcus Heinrich Hermanns

Ross, Ludwig

Dt. Klass. Archäologe und Philologe. Geb. am 22.7.1806 bei Depenau in Holstein, gest. am 6.8. 1859 in Halle. 1826 Studium der Klass. Phil. in Kiel, 1829 Prom. ebda.; 1831 Studium in Leipzig. 1832 Forschungsreise nach Griechenland; dort 1833 Ephoros (Aufseher) der Altertümer der Peloponnes, 1834–1836 Leiter des Antikendienstes. 1837–1843 Prof. der Arch. an der Univ. Athen; ab 1843 (aber zunächst noch freigestellt) Prof. der Klass. Arch. an der Univ. Halle an der Saale.

Werdegang, Werk und Wirkung

Nach dem Besuch der Gelehrtenschulen in Kiel und Plön studierte R. ab 1826 Klass. Philologie in Kiel. Nach der Prom. mit einer Diss. über die *Wespen* des Aristophanes (1829) verdingte er sich als Hauslehrer in Kopenhagen, wo ihm der dän. König 1831 ein Stipendium gewährte. So ausgerüstet ging R. zur Fortführung seiner Studien zu Gottfried ↗Hermann nach Leipzig. In dessen Umfeld entschloss er sich, dem aktiven Philhellenen Friedrich ↗Thiersch nachzueifern und nach Griechenland zu reisen, das nach der Separation vom Osman. Reich die Ankunft König Ottos I. aus Bayern erwartete.

1832 in Griechenland angekommen, widmete sich R. zunächst der epigr. Forschung. In zahlreichen Aufsätzen (u.a. [5]) und in Monographien (darunter [1]) teilte er seine Entdeckungen mit. Alsbald bot ihm die bayer. Regentschaft Griechenlands die Stelle des Aufsehers der Altertümer der Peloponnes an, 1834 die Leitung des Antikendienstes. In enger Kooperation mit Leo von Klenze verwandelte R. die Athener Akropolis von einer militärischen Festung in eine denkmalgeschützte Zone. Er entfernte alle nachklass. Einbauten und führte am Parthenon die ersten dokumentierten stratigraphischen Grabungen der Klass. Archäologie durch. Den Tempel der Nike Apteros richtete er mithilfe der Architekten Eduard Schaubert und Christian Hansen wieder auf. Damit gelang die erste Rekonstruktion eines ant. Bauwerks unter Verwendung der originalen Bausubstanz [2]. Da R. auf keine Vorbilder zurückgreifen konnte, gilt er wegen dieser Leistungen als einer der Gründerväter der mod. Feldarchäologie.

Ein Streit mit dem griech. Ministerium zwang R., aus dem Amt auszuscheiden. Wenig später aber bekleidete er den ersten Lehrstuhl für Archäologie an der 1837 gegründeten Univ. in Athen. Die Position nutzte er, um seine intensiven Reisen durch Griechenland fortzusetzen. Wie kein Zweiter seiner Zeit lernte er so die griech. Altertümer in eigener Anschauung kennen [3].

Es traf sich günstig, dass R. zeitgleich mit seiner Entlassung aus dem griech. Staatsdienst infolge der griech. Revolution von 1843 den Ruf auf die Professur nach Halle erhielt. Die zweijährige Freistellung bis zu deren Antritt erlaubte ihm weitere Reisen in Griechenland und Kleinasien, bevor er sich 1845 endgültig in Halle niederließ. Durch eine schwere Krankheit körperlich stark eingeschränkt, setzte R. alles daran, seine aus eigener Betrachtung resultierenden Erkenntnisse über die griech. Altertümer zu verbreiten. Mit dem Vorwort *zur Bezeichnung des Standpunctes* in den von ihm herausgegebenen *Hellenika* [4] richtete er sich vehement gegen die gängige Lehrmeinung von der autochthonen Entstehung der griech. Kultur im 6. und 7. Jh. v. Chr. Früh wies er auf eine Hochkultur in myk. Zeit sowie auf den Kulturaustausch mit anderen Völkern (bes. den oriental.) hin. Sein angriffsfreudiger, teils beleidigender Ton aber machte ihm wenig Freunde. Seine fortschrittlichen Thesen und Postulate fanden kaum Resonanz.

SV: K. Fittschen et al., Verzeichnis der wiss. und ›feuilletonistischen‹ Schriften von Ludwig Ross, in: [6. 331–350]; [10. 413–423].

N: H. Löhr / J. Zander, Der Nachlaß des Archäologen Ludwig Ross in Kiel – Überlieferung und Katalog des Bestandes in der Schleswig-Holsteinischen Landesbibliothek in Kiel, in: [6. 294–330]; vgl. [10. 401–412].

Schriften

[1] Inscriptiones Graecae ineditae, Fasc. I–III: Nauplia, Athen, Berlin (Edition), 1834–1845 [2] Der Tempel der Nike Apteros (Die Akropolis von Athen nach den neuesten Ausgrabungen, Bd. 1; mit E. Schaubert und C. Hansen), 1839 [3] Reisen auf den griech. Inseln des Aegaeischen Meeres, Bde. 1–3, 1840–1845 [4] (Hrsg.), Hellenika. Archiv archäologischer, philologischer, historischer und epigraphischer Abhandlungen und Aufsätze, Halle 1846 [5] Archäologische Aufsätze, 2 Bde., Leipzig 1855–1861.

Sekundärliteratur

[6] H. R. Goette / O. Palagia (Hrsg.), Ludwig Ross und Griechenland (Akten des Internationalen Kolloquiums. Athen, Oktober 2002), 2005 [7] Ch. Helm, Ludwig Ross und seine Bedeutung für die Klassischen Altertumswissenschaften. Vortrag gehalten vor der Winckelmann-Gesellschaft in Stendal, 2000 [8] K. Keil, Zum Andenken an Ludwig Ross. Von einem Freunde, 1861 [9] A. Mehl, Der Archäologe Ludwig Ross 1845 in Zypern auf den Spuren der Antike, in: S. Rogge (Hrsg.), Zypern und der Vordere Orient im 19. Jh., 2009, 153–187 [10] I. E. Minner, Ewig ein Fremder im fremden Lande. Ludwig Ross (1806–1859) und Griechenland. Biographie, 2006 [11] A. Papageorgiou-Venetas (Hrsg.), Briefwechsel Klenze – Ross 1834–1854, 2006 [12] V. Petrakos, Η Ελληνική αυταπάτη του Λουδοβίκου Ross, 2009.

Ina E. Minner

Rostagni, Augusto

Ital. Klass. Philologe. Geb. am 17. 9. 1892 in Cuneo, gest. am 21. 8. 1961 in Muzzano. Ab 1911 Studium der Alten Gesch. und Klass. Phil. in Turin; 1920–1922 Gymnasiallehrer in Bra (Cuneo). 1923 PD (*libera docenza*) für griech. Literatur in Turin; ab 1924 Prof. für griech. Literatur in Cagliari; 1926 Prof. in Padua; bis 1928 Prof. in Bologna; 1928 Prof. für Vergleichende Literaturwiss. mit Schwerpunkt auf ant. Literatur in Turin; ab 1930 Prof. für lat. Literatur ebda.; ab 1954 Mitglied der Accad. dei Lincei.

Werk und Wirkung

Während des Studiums in Turin hörte R. Gaetano ↗De Sanctis, Ettore Stampini und Vittorio Ciàn. Seine Interessen bezogen sich vornehmlich auf literaturtheoretische Themen, bes. die ant. Ästhetik und Poetik [4]; [7]; [9], die hell. Dichtung [1]; [3] und die griech.-röm. Religionsgeschichte [2]; [5]. Er bemühte sich um die Aufwertung des Quellenstudiums und vertrat auch die kulturhistor. fundierte Rekonstruktion insbes. der röm. Literaturgeschichte [8]. R. war der wichtigste Vertreter des Idealismus in der ital. Alt.wiss. der ersten Hälfte des 20. Jh.s. Unter dem Einfluss von Benedetto Croce und De Sanctis lehnte er eine rhetorisch-antiqu. Betrachtung der Antike sowie eine positivistische Philologie strikt ab. In seinen Arbeiten konnte er die Originalität der lat. Literatur gegenüber der griech. deutlich nachweisen und zeigte überdies den ästhetischen Wert der hell. Dichtung auf. Fast vier Jahrzehnte lang (1923–1961) war er Herausgeber der *Rivista di filologia e d'istruzione classica* (RFIC). R.s Nachwirkung blieb aber hinter der seines großen Konkurrenten Giorgio ↗Pasquali zurück.

SV: I. Lani, in: [10. Bd. 1, XV-LI].

Schriften

[1] Poeti alessandrini, 1916 (Ndr. 1963) [2] Giuliano l'Apostata. Saggio critico con le operette politiche e satiriche, tradotte e commentate (Übers. und Komm.), 1920 [3] Ibis. Storia di un poemetto greco, 1920 [4] Aristotele e aristotelismo nella storia dell'estetica antica. Origini, significato, svolgimento della »Poetica«, in: Studi italiani di filologia classica N. S. 2, 1921, 1–147 [5] Il verbo di Pitagora, 1924 [6] La poetica di Aristotele (Edition mit Übers. und Komm.), 1927 (u.ö.) [7] Arte poetica di Orazio (Edition), 1930 [8] Storia della letteratura latina, 1936 [9] Del sublime (Edition mit Übers.), 1947 [10] Scritti minori, Bd. 1–2/2, 1955–1956, XV–LI.

Sekundärliteratur

[11] Gaetano De Sanctis e Augusto Rostagni, in: Momigliano Contr., Bd. 5, 1975, 187–201 [12] L. Alfonsi et al., Cinque studi su Augusto Rostagni, 1971 [13] A. Guzzo et al., In memoria di Augusto Rostagni, 1971 [14] A. La Penna, Augusto Rostagni, in: Critica Storica 7, 1968, 58–92 [15] I. Lana, Ricordo di Augusto Rostagni, in: Rivista di filologia e d'istruzione classica 89, 1961, 345–358 [16] I. Lana (Hrsg.), Augusto Rostagni a cento anni dalla nascita, 1992.

Pierluigi Leone Gatti

Rostovtzeff, Michael Iwanowitsch

Russ.-amerikan. Althistoriker. Geb. am 10.11. 1870 in Schitomir bei Kiew, gest. am 20.10.1952 in New Haven (Connecticut, USA). Schulbesuch in Kiew; Studium ebda. und in St. Petersburg; Lehrer am Gymnasium in Zarskoje Selo. Ab 1903 Prof. für Latein an der Univ. St. Petersburg; 1918 Emigration nach England; Lehrtätigkeit am Queens College, Oxford; 1920 Prof. in Madison (Wisconsin, USA); 1925–1944 Prof. für Alte Gesch. und Arch. an der Yale Univ. (New Haven, Connecticut).

Biographie und Werdegang

R. stammte aus einer russ. Familie, deren sozialer Aufstieg seit dem 18. Jh. gut dokumentiert ist. Seine Vorfahren, die seit Beginn des 19. Jh.s führende Positionen im Bildungswesen einnahmen, hatten eine liberale polit. Einstellung. Der Vater war Griechisch- und Lateinlehrer am Gymnasium in Kiew und erhielt später die Aufsicht über das Bildungswesen in Orenburg [24. XVII-XXV]. Der junge R. besuchte das Gymnasium in Kiew, begann dort das Studium der Klass. Alt.wiss., wechselte aber 1890 nach St. Petersburg. Zu seinen Lehrern gehörte Tadeusz ↗Zielinski. Thema von R.s Examensarbeit war Pompeji im Lichte der neuen Ausgrabungen (1892; gedr. 1894); er besuchte die ant. Stadt noch im Jahr seines Examens (1892). Wahrscheinlich bestärkte ihn diese Reise entscheidend in der Überzeugung, dass die Archäologie und das arch. Material für die althistor. Forschung von eminenter Bedeutung sind. Die für R. charakteristische Verbindung von Textinterpretation und Auswertung der arch. Funde geht damit bereits auf seine wiss. Anfänge zurück.

1892 wurde R. Lehrer am Gymnasium in Zarskoje Selo; seit 1898 unterrichtete er Latein an der Univ. in St. Petersburg und Alte Geschichte an einer dortigen Hochschule für Frauen. Ein Stipendium ermöglichte es ihm, 1895–1898 in Westeuropa wiss. zu arbeiten, dabei Kontakte zu führenden Althistorikern v. a. Deutschlands und Frankreichs zu knüpfen sowie wichtige Ausgrabungsstätten und Museen zu besuchen. Sein Briefwechsel aus der Zeit vor 1914 belegt die intensive Zusammenarbeit mit westeurop. Kollegen [18]. 1899 wurde R. aufgrund der Arbeit über die Staatspacht in der Kaiserzeit [1] zum PD ernannt, 1903 wurde er ao.Prof., 1908 schließlich o.Prof. für Latein an der Univ. St. Petersburg. Die beiden akad. Qualifikationsschriften zur Staatspacht und zu den *Bleitesserae* [2] publizierte R. in anerkannten Schriftenreihen deutscher Zeitschriften. 1910 folgten die Studien zum röm. Kolonat [3]. Diese Arbeiten, die z. T. auf Anregungen von dt. Althistorikern wie Ulrich ↗Wilcken zurückgingen, begründeten sein wiss. Ansehen. R.s Aufnahme in die Preuß. Akad. der Wiss. unmittelbar vor dem Ersten Weltkrieg bezeugt diese Anerkennung in Deutschland [17].

Der Krieg darf v. a. wegen der innenpolit. Auswirkungen in Russland als einschneidende Zäsur im Leben R.s gelten. Die liberale Revolution im Frühjahr 1917 begrüßte R., den bolschewistischen Staatsstreich im Oktober 1917 lehnte er mit aller Schärfe ab. Zu führenden Vertretern der Provisorischen Regierung besaß R. gute Beziehungen, so etwa zu dem Historiker Pavel N. Miljukov, dem Führer der konstitutionell-demokratischen Partei. Aufgrund dieser polit. Verbindungen musste er 1918 in einer Phase des einsetzenden Terrors bolschewistische Repressionen befürchten. Zudem beklagte R. die extrem schwierige Situation der Universitäten unter der bolschewistischen Herrschaft [24. 40]. Im April 1918 wandte er sich an den schwed. Prähistoriker O. Montelius mit der Bitte, ihm einen Aufenthalt in Uppsala und Stockholm zur Fortsetzung seiner wiss. Arbeit zu ermöglichen [24. 93 f.]. Es ist nicht bekannt, auf welchem Wege R. mit seiner Frau Russland verlassen konnte, aber schließlich erreichte er über Schweden England; seine Bibliothek musste er ebenso wie seine Manuskripte in St. Petersburg zurücklassen.

In England nahm er die Verbindung zu anderen russ. Emigranten auf und engagierte sich sofort polit.; Anfang 1919 gründete er ein Komitee zur Befreiung Russlands und gab zusammen mit Miljukov, Peter Struve und anderen Emigranten die Zeitschrift *The New Russia* heraus, in der er mehrere gegen den Bolschewismus gerichtete Artikel publizierte. Im Juni 1919 trafen sich im Rahmen von polit. Gesprächen der amerikan. Historiker William L. Westermann und R. in Paris; daraus resultierte die Einladung an die Univ. of Wisconsin in Madison. Über die Gespräche mit R. verfasste Westermann in seinem Tagebuch einen aufschlussreichen Bericht [24. 39 f.]. Im September 1920 begann R.s Lehrtätigkeit in den USA; v. a. aufgrund der Empfehlung Westermanns erhielt er im Januar 1921 eine Dauerstelle als Prof. an der Univ. of Wisconsin [24. 50–53]. 1925 wurde er Prof. für *Ancient History and Archaeology* in Yale. Hier erlaubten ihm die exzellenten Forschungsmöglichkeiten, in den folgenden fünfzehn Jahren die beiden umfangreichen Monographien über die Sozial- und Wirtschaftsgeschichte des Röm. Reiches (1926) [7] und der hell. Welt (1941) [11] zu verfassen und außerdem die von franz. Wissenschaftlern unter Leitung von Franz ↗Cumont begonnenen Ausgrabungen in Dura-Europos am Euphrat fortzuführen. Diese von Griechen gegründete Stadt verkörperte in vielerlei Hinsicht exemplarisch die Entwicklungen der Zeit des Hellenismus und des Imperium Romanum: Hier waren alle wichtigen Kulturen des Orients präsent. R. widmete der Stadt und ihrer Kunst eine eigene Monographie [10].

1937 unternahm R. mit seiner Frau eine längere Reise nach Indien und Ostasien; in einem Brief stellte er enge Übereinstimmungen zwischen der ind. und der ant. Welt fest: Indien war für ihn eine lebendige Antike [24.79f.]. 1938 lehnte R. eine Professur in Harvard mit Hinweis auf sein Alter ab. Das monumentale Werk über die hell. Sozial- und Wirtschaftsgeschichte erschien 1941 in Oxford [11]. R. litt nun zunehmend an Erschöpfung, die Ereignisse des Zweiten Weltkriegs verfolgte er mit Sorge. Zuletzt widmete er sich v.a. den Grabungsberichten von Dura-Europos, die er vorbildlich publizierte. In den letzten Lebensjahren vermochte R. krankheitsbedingt kaum noch zu arbeiten.

Werk

R.s Werk besitzt in thematischer wie methodischer Hinsicht große Geschlossenheit; die drei vor 1914 verfassten Monographien untersuchen Fragen der ant. Sozial- und Wirtschaftsgeschichte, die allerdings nie isoliert gesehen, sondern stets in den Kontext der polit. Geschichte und der kulturellen Entwicklung gestellt wird. Das von R. interpretierte Quellenmaterial schließt Inschriften, Papyri und auch die unscheinbaren, auf den ersten Blick wenig interessanten *tesserae* ein, jene kleinen Bleimarken, die den Empfänger in Rom zum Bezug kostenlosen Getreides berechtigten. Daneben spielen seit der frühen Schrift über Pompeji die arch. Funde und die Ausgrabungsstätten eine bedeutende Rolle. Gerade R.s Studie über die hell.-röm. Architekturlandschaft [4], und die Arbeit über die ant. Dekorationsmalerei in Südrussland bezeugen sein Interesse an der Archäologie. Meisterhaft ist schließlich die Auswertung der arch. Funde in den beiden Monographien zur röm. und zur hell. Sozial- und Wirtschaftsgeschichte [7]; [11]. Auf zahlreichen Bildtafeln wird das arch. Material präsentiert und in ausführlichen Kommentaren interpretiert; es dient nie als bloße Illustration, sondern stets als Quelle der histor. Erkenntnis [13.349].

Thematischer Schwerpunkt von R.s Arbeiten war zweifellos die Sozial- und Wirtschaftsgeschichte der Antike. Die Arbeiten der Zeit vor 1914 fanden in den USA eine Fortsetzung mit der Monographie über den Landbesitz des Apollonios in Ägypten [5]; die Verwaltung dieser Ländereien ist im Zenon-Archiv dokumentiert, das nach 1910 in Philadelphia (im Fajum) gefunden wurde und über 1500 Papyri enthielt, die auf viele Sammlungen verteilt sind. Es war eine eminente Leistung, dieses Material zu sichten und wirtschaftshistor. auszuwerten. Ein weiteres wichtiges Forschungsgebiet waren Kultur und Geschichte Südrusslands in der Antike. Die erste größere Publikation zu diesem Themenbereich galt der ant. Wandmalerei in dieser Region; das Manuskript zu einem Buch *Skythien und der Bosporos* musste R. 1918 in Petrograd zurücklassen; er griff das Thema bald wieder auf, indem er die Beziehungen zwischen der griech. und iran. Kultur in Südrussland untersuchte [6]. Die Erforschung von Grenzgebieten, auf die unterschiedliche westl. sowie oriental. Kulturen Einfluss ausübten, bestimmte auch weiterhin seine Arbeit, wie gerade die Ausgrabungen von Dura-Europos zeigen.

R.s Bedeutung als Althistoriker beruht wesentlich auf den beiden Monographien [7] (*SEHRE*) und [11] (*SEHHW*). Beide bieten eine überwältigende Fülle an Informationen zu allen Bereichen des Wirtschaftslebens, wobei stets auch der Zusammenhang mit der polit. Herrschaft thematisiert wird. *SEHRE* vermittelt ein prägnantes Bild der wirtschaftlichen Entwicklung des Imperium Romanum vom 1. bis zum 3. Jh. n.Chr., die R. für Italien und später auch die Provinzen als einen *process of industrialization* bezeichnet [12.174]; dieser erfasste in Italien neben den großen auch die kleinen Städte [12.72]. Der Aufschwung in den Provinzen führte nach R. im 2. Jh. n.Chr. zum Niedergang der Produktion in Italien; Gallien wurde in dieser Zeit zum *greatest industrial land of the West* [12.173]. In den größeren Städten entwickelte sich eine *capitalistic mass production* [12.174]. Diese Sicht entspricht in vielen Aspekten der Position Eduard ↗Meyers.

Die Ausführungen über die röm. Gesellschaft haben eine ähnliche Tendenz: Häufig verwendet R. den Begriff *bourgeoisie* für die städtische Oberschicht, wobei die Aussagen unscharf bleiben. Zur *bourgeoisie* gehörten Landbesitzer wie auch Geschäftsleute, und zur *upper section* der *bourgeoisie* sogar Senatoren und *equites* [12.31, 186]. An die Stelle der *bourgeoisie* traten im 2. Jh. n. Chr. *big men, capitalists on the large scale*, deren wichtigste Einnahmequelle der Handel war [12.153]. Das Konzept von *bourgeoisie* bzw. *bourgeois class* trägt unter diesen Voraussetzungen wenig zu einer klaren Analyse der röm. Gesellschaft bei.

R. wies allerdings auch auf deutliche Unterschiede zwischen der ant. und der mod. Wirtschaft hin. So stellt er ausdrücklich fest, dass es im Handel keine Entwicklung zum *modern capitalistic commerce* gegeben habe [12.170f.] und dass die Landwirtschaft unter den Flaviern und Antoninen der wichtigste Wirtschaftszweig des Imperium Romanum blieb [12.343]; er betonte die Grenzen der Urbanisierung. Trotz solcher Differenzierungen ist das Gesamtbild der röm. Wirtschaft und Gesellschaft bei R. insgesamt aber von eher modernistischen Auffassungen geprägt.

R. erläuterte seine Position in seinem Aufsatz über den Niedergang der ant. Welt und dessen wirtschaftliche Erklärungen [8]: Ausführlich nahm er zu Karl Büchers und Max ↗Webers Thesen Stellung, die er weitgehend ablehnte. Wie Meyer und Weber sprach R. von einem röm. Kapitalismus, der allerdings nicht zu einer Industrialisierung des Imperium Romanum führte, das für die Errichtung eines Verkehrs- und Produktionssystems modernen Zuschnitts zu arm war. Die unterschiedliche Entwicklung der Wirtschaft in der Antike und in der Moderne sah R. v.a. in den völlig unterschiedlichen polit. Verhältnissen begründet.

Die Ursachen der Krise des 3. Jh.s lagen nach R. in einem Antagonismus zwischen den Klassen: zwischen den aus der bäuerlichen Bevölkerung stammenden Soldaten und der städtischen *bourgeoisie* als der Trägerin von Wirtschaft und Kultur [12.495]. Gleichzeitig bestand ein gewaltsam ausgetragener Gegensatz zwischen Stadt und Land, der zur Zerstörung zahlreicher bedeutender Städte führte [12.497f.]. Die Vernichtung der *bourgeoisie* hatte allerdings keinerlei positive Folgen für die ländliche Bevölkerung; allgemeine Verarmung war für R. das Kennzeichen der Spätantike [12.501, 523]. Die Gesellschaft dieser Zeit war demnach in zwei Klassen geteilt: in die immer ärmer werdende Bevölkerung und eine kleine Schicht von Großgrundbesitzern, deren Reichtum ständig wuchs.

In *SEHHW* setzte R. andere Akzente. In der längeren Endzusammenfassung wird die Wirtschaft des Hellenismus konsequent als vormodern beschrieben. Den Beginn bildet die prononcierte Feststellung, die Landwirtschaft sei im Hellenismus der wichtigste Wirtschaftszweig geblieben [11.1180]. Als zentrale Faktoren der Entwicklung benennt R. hier den niedrigen Lebensstandard, die Armut des größten Teils der Bevölkerung und die daraus resultierende geringe Kaufkraft [11.1203f.]. Die Abhängigkeit vieler griech. Städte von Getreideimporten wird ebenso wie die Häufigkeit von Hungerkatastrophen betont [11.1249f.]. Bemerkenswert ist auch die Auffassung, der Handel mit Handwerkserzeugnissen habe in der hell. Welt keinen größeren Umfang erreicht und es habe auch keine neuen Organisationsformen des Handels gegeben.

Wirkung

Die beiden großen Monographien fanden in der internationalen Althistorie außerordentliche Beachtung; sie wurden in England immer wieder aufgelegt sowie schnell übersetzt, was ihre Wirkung etwa in Deutschland oder Italien erhöhte [19]. R.s Werk faszinierte viele Altertumswissenschaftler und beeinflusste die vorherrschende Auffassung über die ant. Wirtschaft. Für die folgende wirtschaftshistor. Forschung hatte es weitreichende Folgen, dass R. ähnliche Positionen wie Eduard ↗Meyer vertrat und insgesamt einer eher modernistischen Auffassung der ant. Wirtschaft zuneigte.

Allerdings gab es seit den ersten Rezensionen von *SEHRE* auch kritische Resonanz unter Hinweis v.a. auf die konzeptionellen Schwächen in der Darstellung der röm. Wirtschaft und die Widersprüche in den Ausführungen über die Klassenkämpfe des 3. Jh.s [15.413]; [20]; [21]. Einige Kritiker sahen in R.s Position wesentlich eine Reaktion auf seine Erfahrungen mit dem bolschewistischen Terrorregime des Jahres 1918. Grundsätzliche Kritik an der modernistischen Sicht der ant. Wirtschaft übte Moses ↗Finley in *The Ancient Economy* (1973). Anders als Arnaldo ↗Momigliano [19]; [20] äußerte er sich nie ausführlich zu R.; seine Kritik bezog sich jeweils nur auf einzelne Aussagen von *SEHRE*. Obwohl eine Reihe von Einwänden berechtigt ist, ist doch zu betonen, dass R.s hell. und röm. Sozialgeschichten zu den bedeutenden Werken der Geschichtswiss. des 20. Jh.s zählen.

SV: C. Bradford Welles, Bibliography: M. Rostovtzeff, in: Historia 5, 1956, 358–381; J.F. Gilliam, Addenda, in: Historia 36, 1987, 1–8.

N: Duke Univ. (Durham, North Carolina), Rare Book, Manuscript, and Special Collections Library; Yale Univ. (New Haven, Connecticut), Sterling Memorial Library.

Schriften

[1] Geschichte der Staatspacht in der röm. Kaiserzeit bis Diokletian, in: Philologus, Ergänzungsbd. 9, 1902, 331–512 [2] Röm. Bleitesserae. Ein Beitrag zur Sozial- und Wirtschaftsgeschichte der röm. Kaiserzeit (Klio Beiheft 3), 1905 [3] Studien zur Geschichte des röm. Kolonates, 1910 [4] Die hellenistisch-röm. Architekturlandschaft, in: Röm. Mitteilungen 26, 1911, 1–185 [5] A Large Estate in Egypt in the Third Century B.C. A Study in Economic History, 1922 [6] Iranians and Greeks in South Russia, 1922 [7] The Social and Economic History of the Roman Empire [SEHRE], 1926 (2. Aufl. 1957 u.ö.; dt. 3 Bde., 1929–1931 u.ö.) [8] The Decay of the Ancient World and Its Economic Explanation, in: Economic History Review 2, 1929–1930, 197–214 (dt. in: K. Christ [Hrsg.], Der Untergang des Röm. Reiches, 1970, 228–253) [9] Caravan Cities, 1932 [10] Dura-Europos and Its Art,

1938 [11] The Social and Economic History of the Hellenistic World (3 Bde.) [SEHHW], 1941 (u.ö.; dt. 1955/56 u.ö.) [12] The Social and Economic History of the Roman Empire (2 Bde.), hrsg. von P.M. Fraser, ²1957 (u.ö.).

Sekundärliteratur

[13] Christ Gib. 334–349 [14] Christ Hel. 234–239; 282–296 [15] J.R. Fears, Art. Rostovtzeff, M., in: Briggs/Calder 405–418 [16] H. Heinen, Michail Ivanovich Rostovtzeff, in: L. Raphael (Hrsg.), Klassiker der Geschichtswissenschaft, Bd. 1, 2006, 172–189 [17] Kirsten AW 158–159 [18] G. Kreucher (Hrsg.), Rostovtzeffs Briefwechsel mit deutschsprachigen Altertumswissenschaftlern. Einl., Edition und Komm., 2005 [19] A. Momigliano, Beobachtungen zu Michael Rostovtzeff, in: Momigliano AS, Bd. 3, 328–338 [20] A. Momigliano, M.I. Rostovtzeff, in: Momigliano Stud. 91–104 [21] M. Reinhold, Historian of the Classic World. A Critique of Rostovtzeff, in: Science and Society 10, 1946, 361–391 [22] H. Schneider, Die Erforschung der antiken Wirtschaft vom Ende des 18. Jh.s bis zum Zweiten Weltkrieg. Von A.H.L. Heeren zu M.I. Rostovtzeff, in: V. Losemann (Hrsg.), Alte Geschichte zwischen Wissenschaft und Politik. Gedenkschrift K. Christ, 2009, 354–365 [23] B.D. Shaw, Under Russian Eyes, in: JRS 82, 1992, 216–228 [24] M.A. Wes, Michael Rostovtzeff, Historian in Exile. Russian Roots in an American Context, 1990.

Helmuth Schneider

Roussel, Pierre

Franz. Althistoriker und Epigraphiker. Geb. am 23.2.1881 in Nancy, gest. am 1.10.1945 in Paris. 1901 Absolvent der École normale supérieure, danach bis 1910 an der École française d'Athènes tätig; dort ab 1906 unter der Anleitung von Maurice ↗Holleaux Arbeit an den delischen Inschriften. 1917 Thèse de doctorat mit zwei Arbeiten zu Delos [2]; [3]. 1915–1918 Unterricht am Pariser Lycée Janson de Sailly; 1918 Prof. an der Univ. Bordeaux, 1919–1925 an der Univ. Straßburg, 1936–1945 an der Sorbonne. 1925–1935 Direktor der École française d'Athènes. Ab 1937 Mitglied der Acad. des inscriptions et belles-lettres.

Werk und Wirkung

Mit der seit dem 19. Jh. von der Franz. Schule in Athen betriebenen und durch Maurice ↗Holleaux intensivierten Erforschung von Delos war R. vom Beginn seiner wiss. Laufbahn an verbunden: Selbst an den Ausgrabungen beteiligt, widmete er sich der Edition der Inschriften und der Geschichte von Delos. Im Rahmen der *Inscriptiones Graecae* erschien im Jahr des Kriegsausbruchs der von R. erarbeitete *Fasc. IV* der Inschriften [1], in dessen im November 1913 verfassten Vorwort R. der Unterstützung vonseiten nicht nur seiner franz. Kollegen Paul Foucart, Bernard Haussoullier und Félix Durrbach, sondern auch der dt. Gelehrten Théodore Reinach, Ulrich von ↗Wilamowitz-Moellendorff und Friedrich Hiller von Gaertringen gedachte. Wilamowitz selbst lobte R. als »ausgezeichneten Bearbeiter« [17.315], kritisierte aber zugleich scharf die eigenständige franz. Ausgabe der delischen Inschriften, die nach dem Krieg erschien und an der R. beteiligt war [9]; [10]; [11]. Von großer Bedeutung für die hell. Religionsgeschichte ist R.s Studie über die ägypt. Kulte auf Delos (Teil seiner *thèse du doctorat*), die erstmals auf breiter epigr. Grundlage ihre Einführung, Organisation und Kultpraxis darstellte [2]; [14.7].

Daneben edierte R. auch andere Texte [4] und Inschriften; zu erwähnen sind seine Beiträge zur Erforschung von Delphi [5]; [7] sowie seine *editio princeps* der Inschrift aus Rhosos, die Octavians Bürgerrechtsverleihung an den Kapitän Seleukos bezeugt [8]. Daneben stehen weitere Monographien, u.a. zu den griech.-oriental. Beziehungen von den Perserkriegen bis zur röm. Expansion [6]. 1939 erschien eine Einführung in die Geschichte Spartas, in der R. Stellung gegen Helmut ↗Berves Sparta-Verherrlichung bezog [12.160]. 1942 folgte noch eine Untersuchung über das Prinzip der Anciennität in der hell. Welt [13]. 1913–1936 war R. für die in der *Revue des études grecques* erscheinenden *Bulletins épigraphiques* verantwortlich.

Schriften

[1] Inscriptiones Deli (Inscriptiones Graecae 10/4; Edition), 1914 [2] Les cultes égyptiens à Délos du IIIᵉ au Iᵉʳ siècle av. J.-C. (Diss. Paris) (Annales de l'Est 29/30), 1915–1916 [3] Délos colonie athénienne (Diss. Paris), 1916 (Neuausg. 1987) [4] Isée, Discours (Edition mit Übers.), 1922 (2. Aufl. 1960; 3. Aufl. 2003) [5] La fondation des Soteria de Delphes, in: Revue des études anciennes 26, 1924, 97–111 [6] La Grèce et l'Orient des guerres médiques à la conquête romaine (mit P. Cloché und R. Grousset), 1928 [7] Delphes et l'amphictionie après la guerre d'Aitolie, in: Bulletin de correspondance hellénique 56, 1932, 1–36 [8] Un syrien au service de Rome et d'Octave (Edition), in: Syria 15, 1934, 33–74 [9] Inscriptions de Délos. Actes des fonctionnaires Athéniens préposés à l'administration des sanctuaires après 166 av. J.-C. (1400–1479). Fragments d'actes divers (1480–1496) (Edition, mit F. Durrbach), 1935 [10] Inscriptions de Délos. Décrets postérieures à 166 av. J.-C. (1497–1524). Dédicaces postérieures à 166 av. J.-C. (1525–2219) (Edition, mit M. Launey), 1937 [11] Inscriptions de Délos. Dédicaces postérieures à 166 av. J.-C. (2220–2528). Textes divers, listes et catalogues, fragments divers postérieures à 166 av. J.-C. (2529–2879) (Edition, mit M. Launey), 1937 [12] Sparta, 1939 (²1960) [13] (Hrsg.), Étude sur le principe de l'ancienneté dans le monde hellénique du Vᵉ siècle av. J.-C. à l'époque romaine, 1942 (Sonderdruck aus den Mémoires de l'Académie des inscriptions et belles-lettres 43/2).

Sekundärliteratur

[14] Ph. Bruneau, Recherches sur les cultes de Délos a l'époque hellénistique et à l'époque impériale, 1970

[15] A. Lods, Éloge funèbre de M. Pierre Roussel, membre de l'Académie, in: CRAI 89, 1945, 483–486
[16] L. Robert, Pierre Roussel, in: Revue des études grecques 49/50, 1946–1947, XXX–XXXV [17] U. von Wilamowitz-Moellendorf, Erinnerungen 1848–1914, 1929 (2., erg. Aufl.).

Heinrich Schlange-Schöningen

Rubens, Peter Paul

Fläm. Maler, Diplomat und Antikensammler. Geb. am 28.6.1577 in Siegen/Westfalen, gest. am 30.5.1640 in Antwerpen. Ab 1592 Ausbildung zum Maler in Antwerpen; ab 1600 in Italien, u.a. als Hofmaler des Herzogs Vincenzo Gonzaga in Mantua; Reisen nach Madrid, Rom, Genua und Mailand. 1608 Rückkehr nach Antwerpen; dort wachsendes Renommee als Maler; Aufträge u.a. vom franz. Hof. 1628–1630 diplomatische Vermittlung eines Friedensvertrags zwischen England und Spanien [9.57–72].

Antiquarisches Werk

In Verbindung mit dem (hier nicht zu würdigenden) Werk des Malers und Diplomaten R. hat sich dieser in vielfältiger Weise mit der Kultur der Antike auseinandergesetzt. Während seines Aufenthalts in Italien zeichnete er ant. Statuen, die er später auch als Vorlagen seiner Gemälden verwendete [6.41–68]. Für das altertumskundliche Werk *Electorum libri duo* seines Bruders Philipp Rubens, das 1608 in Antwerpen erschien, fertigte er die Abbildungsvorlagen an, die von Cornelius Galle d.Ä. gestochen wurden [6.Bd. 1, 97–112]. Von der Beschäftigung mit ant. Kunst zeugen auch seine kurzen, freilich nur indirekt überlieferten Schriften *De figuris humanis* und *De figurae humanae statibus sive modis standi* [6.Bd. 1, 71–79; 250–255].

V.a. über seinen Bruder hatte R. Kontakt zum Humanistenkreis um den Juristen und Philosophen Justus ↗Lipsius; mit dem Antwerpener Bürgermeister und Antikensammler Nicolaas Rockox war er befreundet. Mit Nicolas-Claude ↗Fabri de Peiresc stand er in regem Briefwechsel, in welchem er u.a. die Deutung eines vermeintlichen Demosthenes-Porträts der Sammlung Rockox aufgrund antiker lit. Quellen erläuterte [2.7f.]. 1618 erwarb R., der bereits eine bedeutende Sammlung antiker Glyptik besaß, die aus Venedig stammende umfangreiche Sammlung antiker Skulpturen, die eigentlich für Robert Carr, 1st Earl of Somerset, bestimmt gewesen war, und stellte sie in seinem Antwerpener Haus auf. Bereits 1626 wurden sie an George Villiers, 1st Duke of Buckingham, nach London verkauft und nach dessen Tod verstreut [4.260–269]; [3.428f.; 431; 434].

Gemeinsam mit Fabri de Peiresc bereitete R. eine Publikation vor, in der die von jenem entdeckte *Gemma Tiberiana* (*Grand Camée de France*) und die *Gemma Augustea* zusammen mit weiteren Kameen vorgestellt werden sollten [5]; [6.132–142]. Obwohl R. Vorlagen für die Abbildungen erstellte, kam eine Veröffentlichung nicht zustande. Ein weiteres Publikationsprojekt galt ausgewählten griech. und röm. Porträts. Bis 1638 erschienen dazu 12 Kupferstiche nach R.' Zeichnungen, jedoch ohne erläuternden Text [6.Bd. 1, 142–151].

Albertus Rubens (1614–1657), welcher die Bibl. und die Gemmensammlung des Vaters erbte, verfasste eine Reihe postum veröffentlichter antiqu. Schriften, von denen *De re vestiaria veterum, praecipue de lato clavo* (Antwerpen 1665) und die darin enthaltene *Dissertatio de gemma Tiberiana et Augustaea* die bekanntesten sind [1]. Dazu wurden auch Zeichnungen des Vaters als Abbildungsvorlagen verwendet.

Auch wenn R.' Leistung nicht primär auf dem Gebiet der Antikenforschung liegt, so war er doch eine zentrale Figur für den Antiquarismus der ersten Hälfte des 17. Jh.s. Er stand in engem Kontakt nicht nur mit Fabri de Peiresc und Lipsius, sondern auch mit weiteren Gelehrten wie etwa Johannes Faber [6.Bd. 1, 129] oder Franciscus ↗Junius [8] und bedeutenden Sammlern wie Thomas Howard, Earl of Arundel. In exemplarischer Weise beschäftigte R. sich als Künstler, Gelehrter und Diplomat mit ant. Kunstwerken. Seine eigene Antikensammlung gehörte zu den bedeutendsten nordeurop. Kollektionen, blieb aber wegen baldigen Verkaufs und Zerstreuung ohne unmittelbare Wirkung. Seine vielfältigen Kenntnisse in der ant. Literatur und Kunst setzte er in seiner Malerei souverän um. Für seine Zeitgenossen erreichte R. als *saeculi nostri Apelles* den Rang der prominentesten Maler der griech. Antike [8.536]; [9.9].

Schriften

[1] Alberti Rubeni Dissertatio de Gemma Augustea, hrsg., übers. und erl. von H. Kähler, 1968.

Sekundärliteratur

[2] D. Boschung, Die Antikensammlung des Nicolaas Rockox, in: Münchner Jb. der Bildenden Künste 56, 2005, 7–39 [3] D. Boschung, Englische und niederländische Antikensammlungen im 17. Jh., in: H. Wrede / M. Kunze (Hrsg.), 300 Jahre »Thesaurus Brandenburgicus«. Archäologie, Antikensammlungen und antikisierende Residenzausstattungen im Barock, 2006, 427–440
[4] K. Lohse Belkin / F. Healy (Hrsg.), A House of Art. Rubens as Collector, 2004 [5] M. van der Meulen, Petrus Paulus Rubens Antiquarius. Collector and Copyist of Antique Gems, 1975 [6] M. van der Meulen, Rubens' Copies after the Antique, 3 Bde., 1994 [7] J.M. Muller, Rubens. The Artist as Collector, 1989 [8] C. Nativel, Rubens, Franciscus Junius, Roger de Piles, in: Ch. Mouchel / C. Nativel (Hrsg.), République des lettres, république des arts. FS M. Fumaroli, 2008, 561–579

[9] H. Ost, Peter Paul Rubens' »Anbetung der Könige«. Malerei und Friedensdiplomatie, 2003.

Dietrich Boschung

Ruel, Jean

Auch: Jean du Ruel, Rueil/Ruell, lat. Ruellius, a Ruella, Ioannes Ruellius; franz. Mediziner und Humanist. Geb. um 1474 in Soissons (Picardie), gest. am 24. 9. 1537 in Paris. 1500 Bakkalaureat; 1502 Lizentiat der medizinischen Fakultät in Paris; 1506 Prof. der Medizin ebda.; 1508/09 Dekan der medizinischen Fakultät.

Leben und Werk

Über R.s Biographie und über seine Ausbildung ist bis zu seinem Bakkalaureat (1500) und Lizentiat (1502) in Paris nichts bekannt. Von da an verließ er die Stadt vermutlich nicht mehr. Ab 1506 lehrte er an der dortigen medizinischen Fakultät, deren Dekan er 1508/09 war. Nach dem Tod seiner Frau nahm er die niederen Weihen an und wurde am 12. 12. 1526 Kanoniker an der Kathedrale von Notre-Dame. Bekannt wurde R. durch seine Sammlungen, lat. Übersetzungen und Kommentierungen ant. medizinischer Traktate, darunter die Beschreibungen medizinischer Pflanzen (*Materia medica*) des griech. Arztes Pedanios Dioskurides [1]. Die dafür notwendigen Kenntnisse des Lat. und Griech. soll er autodidaktisch erworben haben.

R. wurde vom franz. König Franz I., dessen Leibarzt er eine Zeit lang war, gefördert; er widmete seinem *patronus* mehrere Werke, darunter sein wohl bekanntestes, *De natura stirpium* [4], ein botanisches Handbuch mit ausführlichen Indices. Zu Scribonius Largus' *Compositiones* erstellte er die *editio princeps* [2]. Auf Geheiß des zoologisch interessierten Königs beschäftigte er sich neben der Humanmedizin auch mit der Tierheilkunde: 1530 erschien seine lat. Übersetzung der *Hippiatriká*, einer Sammlung von griech. Fragmenten zur Pferdemedizin [3].

Mit seinem berühmten Zeitgenossen ↗Erasmus von Rotterdam war R. vielleicht persönlich bekannt; dieser hob ihn jedenfalls als eine herausragende Gestalt auf dem Gebiet der Medizin hervor und erwähnte ihn einige Male in seinen Briefen. Auf R.s Bedeutung lässt weiterhin schließen, dass der *Dioscurides* auch nach seinem Tod (1543) wieder aufgelegt wurde. Seine zwei Bände zur Pferdemedizin erschienen in einer dt. Übersetzung (*Zwey Nutzliche sehr gute Bucher von allerley gebrechen und kranckheitten, damit die Roße, Maulesel und andere vierfüssige Thier, welche etwas schwer tragen oder ziehen, geplaget*, Eger 1571). Schließlich benannte noch am Ende des 17. Jh.s der franz. Botaniker Charles Plumier eine Gattung aus der Familie der Akanthusgewächse zu seinen Ehren »Ruellia«.

Schriften

[1] Pedacii [sic] Dioscoridis Anarzabei de medicinali materia libri quinque (lat. Übers.), Paris 1516 (²1543) [2] Scribonii Largi De compositionibus medicamentorum liber unus, antehac nusquam excusus (Edition), Paris 1528 (Ausg. 1529 mit Celsus' De re medica) [3] Veterinariae medicinae libri duo (Übers.), Paris 1530 [4] De natura stirpium libri tres, Paris 1536.

Sekundärliteratur

[5] J. Ch. F. Hoefer, Art. Jean du Ruel, in: J. Ch. F. Hoefer, Nouvelle biographie générale, Bd. 42, 1863, 864–865 [6] M. Reulos / P. G. Bietenholz, Art. Jean du Ruel of Soissons, in: P. G. Bietenholz et al. (Hrsg.), Contemporaries of Erasmus. A Biographical Register of the Renaissance and Reformation, Bd. 1, 1985, 415.

Ursula Tröger

Ruhnken, David

Lat. Ruhnkenius; dt.-niederl. Humanist. Geb. am 2. 1. 1723 in Bedlin/Stolp (Nordpommern), gest. am 14. 5. 1798 in Leiden. Ab 1739 Schulbesuch am Collegium Fridericianum in Königsberg (Schulfreund Immanuel Kants); ab 1741 Studium erst der Theologie, dann der ant. Gesch. und röm. Altertumskunde, auch des röm. Rechts in Wittenberg, dort 1743 Prom. Ab 1743 Studium des Griechischen in Leiden; Vorlesungstätigkeit ebda.; 1755–1757 Reise nach Paris zu Hss.-Studien. Ab 1761 Prof. für Gesch. und Eloquenz in Leiden; 1763 Ablehnung eines Rufs nach Göttingen; ab 1774 Bibliothekar der Univ. Leiden.

Werdegang, Werk und Wirkung

R. sollte auf Wunsch seines Vaters ursprünglich Theologe werden, studierte 1741–1743 in Wittenberg und schloss mit einer Diss. zu Galla Placidia, der Tochter Theodosius' d. Gr., ab. Dann zog es ihn – u. a. auf Anregung eines der führenden dt. Gräzisten, Johann August ↗Ernesti – 1743 in die Niederlande an die Univ. Leiden zum Studium des Griechischen. Dort bildete R. später zusammen mit Tiberius ↗Hemsterhuis und Lodewijk Caspar ↗Valckenaer das griech. »Triumvirat«. R. studierte griech. und lat. Autoren aus allen Epochen und Gattungen. Sein bewunderter Lehrer und enger Freund war Hemsterhuis [9]. In diesen ersten Jahren in Leiden entstanden R.s *Epistolae criticae* – die erste 1749 zu Homer und Hesiod, die Valckenaer gewidmet, die zweite 1751 zu Kallimachos und Apollonios Rhodios, die wiederum Ernesti gewidmet war. Gleichzeitig arbeitete er mit seinem Kollegen Johann Alberti an einer Edition des Hesychios (1765 abgeschlossen) und an einer Abhandlung zu den griech. Kommentatoren der *Digesten* Kaiser Justinians (gedr. 1752). Anschließend gab er das Platon-Lexikon des wohl kaiserzeitlichen Lexikographen Timaios heraus [1], das zusammen mit R.s Kommentaren und seiner späteren Platon-Ausgabe (postum 1829) das Interesse der Philologen an diesem Philosophen befördete.

Die wiss. Anerkennung für R.s philol. Werk führte zu vergeblichen Versuchen, ihn nach Deutschland zurückzuberufen. So wurde er 1763 auf die Nachfolge Johann Matthias ↗Gesners in Göttingen eingeladen; R. lehnte ab und empfahl stattdessen Christian Gottlob ↗Heyne. Eine längere Forschungsreise nach Paris zur Vorbereitung der großangelegten Platon-Edition brachte ihn in Kontakt mit bekannten Philologen wie Samuel ↗Musgrave.

Bei seiner Rückkehr nach Leiden 1757 wurde er zunächst Lektor bei Hemsterhuis für Griechisch und 1761 Prof. für Geschichte und (lat.) Beredsamkeit als Nachfolger Franciscus Oudendorps. In seiner Antrittsrede *De doctore umbratico* (»Der Stubenhocker«) [8] kritisierte er den universitären Lehrbetrieb seiner Zeit und brachte so einige seiner Leidener Prof. -Kollegen gegen sich auf, die ihren Studenten von einem Besuch seiner Vorlesungen abrieten. In diesen behandelte R. ein breites Themenspektrum wie Universalgeschichte, röm. Altertümer [4] und lat. Literatur (bes. Terenz, Sueton, Cicero und Ovids *Heroides* [7]). Als Prof. des Lateinischen arbeitete er an verschiedenen lat. Autoren; so edierte er Velleius Paterculus und Cornelius Nepos. Allerdings blieb sein Hauptforschungsgebiet die griech. Literatur: neben der Platon-Edition bes. auch die Rhetorik, was v.a. seine *Historia critica oratorum Graecorum* (1768) zeigt. Eine weitere wichtige Edition war die der Homerischen Hymnen an Demeter und Dionysos (1780–1782), nachdem R. eine Abschrift der erst 1777 von Christian Friedrich Matthaei entdeckten Hs. (Cod. Leid. 33 M) zum Demeterhymnos aus Moskau erhalten hatte. Nach dieser Hs. erstellte R. dazu die erste Textausgabe überhaupt (1780, mit vielen Nachdrucken). Neben Editionen antiker Autoren befasste sich R. auch mit Werken neuzeitlicher Philologen, wie die Gesamtausgabe des von ihm bewunderten Marcus Antonius ↗Muretus zeigt [3].

R. ist ein typisches Beispiel der eher konservativ ausgerichteten niederl. Gelehrsamkeit im 18. Jh., die im Bereich der Textedition und der bes. von Richard ↗Bentley angeregten griech. Studien führend war. Er gehörte maßgeblich zu denjenigen Philologen, die die Gräzistik klar von der Theologie trennten und zu einer eigenen Disziplin ausgestalteten. Zugleich wirkte er auf Zeitgenossen und die folgende Generation. Bes. Friedrich August ↗Wolf setzte ihm 1795 in seinen *Prolegomena ad Homerum,* die er R. als dem »Ersten unter den Textphilologen« (*principi criticorum*) widmete, ein Denkmal.

Schriften

[1] Timaei Sophistae Lexicon vocum Platonicarum (Edition), Leiden 1754 (u.ö.; Ndr. der Ausg. Leipzig 1828: 1971) [2] Homeri Hymnus in Cererem (Editio princeps), Leiden 1780 (u.ö.) [3] (Hrsg.), M. Antonii Mureti opera omnia, 4 Bde., Leiden 1789 [4] In antiquitates Romanas lectiones academicae, hrsg. von Heinrich Eichstätt, Jena 1818 ff. [5] Opuscula varii argumenti, oratoria, historica, critica, 2 Bde., Leiden 1823 [6] Orationes, dissertationes et epistolae, hrsg. von F.T. Friedemann, Braunschweig 1828 [7] Dictata ad Ovidii Heroidas et Albinovani Elegiam, hrsg. von F.T. Friedemann, Leipzig 1831 [8] Oratio de doctore umbratico, hrsg. von O. Nikitinski, 2001 [9] Elogium Tiberii Hemsterhusii, hrsg. von O. Nikitinski, 2006.

Sekundärliteratur

[10] Art. Ruhnken, David, in: P.J. Blok / P.C. Molhuysen (Hrsg.), Nieuw Nederlandsch biographisch woordenboek 10, 1937, 851–854 [11] F. Egermann, David Ruhnken, in: W. Menn (Hrsg.), Pommersche Lebensbilder, Bd. 3, 1939, 68–88 [12] H. Petrich, D. Ruhnken. Ein Lebensbild mit besonderer Rücksicht auf Ruhnken's Beziehungen zu seiner pommerschen Heimat, in: Berliner Zeitschrift für Gymnasialwesen 34, 1880, 81–111 [13] F.Th. Rink, Tiberius Hemsterhuys und David Ruhnken, 1801 [14] Sandys Hist., Bd. 2, 1908, 456–460 [15] D.A. Wyttenbach, Vita Davidis Ruhnkenii, 1843.

Peter Kuhlmann

Rumpf, Andreas

Dt. Klass. Archäologe. Geb. am 3. 12. 1890 in Potsdam, gest. am 22. 6. 1966 in Köln. Ab 1909 Studium der Klass. Arch. in Leipzig und München; 1915 Prom. in Leipzig. 1913–1927 Assistent ebda. 1915–1918 Militärdienst. 1922–1923 Reisestipendium des DAI; 1923 Habil. in Leipzig. 1927 ao.Prof. für Arch. auf der Assistentenstelle ebda.; 1928–1960 o.Prof. für Klass. Arch. in Köln.

Werdegang, Werk und Wirkung

R. war Sohn des Potsdamer Malers Fritz R. und Bruder des gleichnamigen Japanologen. Er wuchs in einem weltoffenen Haus auf; die Eltern waren mit Lovis Corinth befreundet, der die Familie malte. 1915 wurde R. bei Franz ↗Studniczka mit einer Diss. zur etrusk. Wandmalerei promoviert [1]. Beide Komponenten, die Etruskologie und die ant. Malerei, blieben auch später wiss. Hauptthemen R.s, Erstere z.B. mit dem Katalog der etrusk. Skulpturen in Berlin [4], Letztere mit der monumentalen Habil.-Schrift [2] im *Handbuch der Alt.wiss.* [11]. R.s vielfältiges Œuvre zeugt von einer geradezu enzyklopädischen Gelehrsamkeit, gründlicher Kenntnis der ant. Schriftquellen und der Forschungsgeschichte sowie von einem ausgeprägten Interesse an Antiquaria. Seine Einführung in die Archäologie [10]; [13] gibt davon eine gute Vorstellung. Noch heute lesenswert sind jene Studien, mit denen er eine neue Interpretation eines Objekts erschloss, etwa zum sog. Idolino als Leuchterträger [7] oder zur Juno Ludovisi [9], aber auch sein Corpus-Band über die ant. Meerwesensarkophage [8].

R. sah sich in der Tradition der franz. Enzyklopädisten. Es zählten v.a. die Fakten. Der Stil- oder Kunstarchäologie stand er hingegen eher distanziert gegenüber. Dies machen auch seine bisweilen pointierten Rezensionen deutlich, in denen er eine an Faktizität gebundene Systematik verfocht (z.B. [12]).

R. baute das Arch. Institut der 1919 neu gegründeten Univ. Köln mit Abguss- und Original-Sammlungen auf, die im Zweiten Weltkrieg zum großen Teil zerstört wurden [20]; [19]. Nach dem Krieg hatte er nicht mehr die Kraft und das Interesse, in diesem Bereich einen Neuanfang zu wagen. Vielmehr konzenzentrierte er sich ganz auf seine Forschungen. Dabei war er auf der einen Seite kontaktfreudig und unterhielt rege Beziehungen bes. zur ital. und engl. Archäologie, andererseits lebte er zurückgezogen und pflegte gewisse Kauzigkeiten [21].

SV: [16.161–163]; [21.220].

N: Köln, Archiv der Stadt- und Universitätsbibl.

Schriften

[1] Die Wandmalereien in Veii (Diss. Leipzig 1915), 1917 [2] Chalkidische Vasen, 1927 [3] Bilderatlas zur Religionsgeschichte, Bd. 13/14: Die Religion der Griechen, 1928 [4] Kat. der etruskischen Skulpturen (Staatliche Museen zu Berlin, Kat. der Sammlung antiker Skulpturen, Bd. 1), 1928 [5] Griech. und röm. Kunst (Einleitung in die Altertumswissenschaft 2/3), 1931 [6] Sakonides, 1937 [7] Der Idolino, in: La critica d'arte 4, 1939, 17–27 [8] Die antiken Sarkophagreliefs, Bd. 5/1: Die Meerwesen auf den antiken Sarkophagreliefs, 1939 [9] Antonia Augusta, 1941 [10] Archäologie, Bd. 1: Einleitung. Historischer Überblick, 1953 [11] Malerei und Zeichnung der klassischen Antike (Hdb. der Altertumswissenschaft 6/4), 1953 [12] Rez. zu: K. Schefold, Pompejanische Malerei, in: Gnomon 26, 1954, 353–364 [13] Archäologie, Bd. 2: Die Archäologensprache. Die antiken Reproduktionen, 1956 [14] Stilphasen der spätantiken Kunst. Ein Versuch, 1957.

Sekundärliteratur

[15] T. Dohrn, Andreas Rumpf, in: Lullies/Schiering Arch. 252–253 [16] T. Dohrn (Hrsg.), FS Andreas Rumpf, 1952 [17] T. Dohrn, Andreas Rumpf, in: Gnomon 38, 1966, 734–736 [18] A. Greifenhagen, Worte des Gedenkens für Andreas Rumpf, in: AA, 1967, 609–611 [19] H. von Hesberg, 60 Jahre Archäologisches Institut der Universität zu Köln, in: Geschichte in Köln 25, 1989, 111–130 [20] H. von Hesberg, Das Archäologische Museum – eine vergessene Antikensammlung in Köln, in: Kölner Museums-Bulletin 4, 1989, 23–32 [21] H. von Hesberg, Andreas Rumpf (1890–1966) in Briefen an Kollegen und Schüler, in: Boreas 14, 1991–1992, 215–220.

Henner von Hesberg

Ruschenbusch, Eberhard

Dt. Althistoriker. Geb. am 6.8.1924 in Utgast, gest. am 21.1.2007 in Dieburg bei Darmstadt. Nach Kriegsdienst und Gefangenschaft Abitur erst 1947; Studium der Klass. Phil. und Gesch. in Hamburg. 1955 Staatsexamen; bis 1972 im Schuldienst in Hamburg. 1966 Prom.; 1972 ohne Habil. auf den Lehrstuhl für Alte Gesch. nach Frankfurt berufen; 1992 emeritiert.

Biographie und Werk

R. verdankte seine Berufung 1972 seiner Diss. [1], in der er die Fragmente der solonischen Gesetze edierte und eine Text- und Überlieferungsgeschichte verfasste; durch sie erlangte er internationale Reputation. Durch Hans Julius ↗Wolff war er zur griech. Rechtsgeschichte geführt worden. R.s Aufsätze zum Recht Athens erschienen noch zu seinen Lebzeiten [5]. Die weitverstreuten Beiträge zur griech. und röm. Geschichte werden von seinem Frankfurter Kollegen Klaus Bringmann veröffentlicht, der auch R.s wiss. Kommentar zum solonischen Gesetzeskorpus, der ein großes Forschungsdesiderat schließt, aus dem Nachlass herausgegeben hat [6]. Auf die solonische Rechtsordnung wandte R. das Kriterium des »negativen Strafrechts« an, da sie keine positiv verhängten Strafen an Geld, Leib oder Leben kannte, sondern nur den Entzug des Rechtsschutzes.

R.s Renommee beruht auf seinen selbständigen und originellen Forschungsleistungen. Dies gilt v.a. für die Schrift über Platons *Nómoi* [4], deren Charakterisierung als »altgriech. Gesetzbuch« allerdings nur geringe Anerkennung fand. Positivistische Betrachtungsweisen überwand R., indem er seiner Interpretation der griech. Polis vergleichend die Strukturen vorindustrieller agrarischer Gesellschaften gegenüberstellte und statistische Untersuchungen zum Griechenland des 19. und frühen 20. Jh.s in seine Analysen einbezog. Für die Interpretation von ant. Lebensverhältnissen waren sein an juristischen Prinzipien orientiertes Denken und der Blick auf die ökonomischen Strukturen maßgebend, denen er stets ersten Rang zuwies.

Schriften

[1] Sō̆lōnos Nómoi. Die Fragmente des solonischen Gesetzeswerkes mit einer Text- und Überlieferungsgeschichte (Edition; Diss. Hamburg), 1966 (Ndr. 1983) [2] Untersuchungen zur Geschichte des athenischen Strafrechts, 1968 [3] Untersuchungen zu Staat und Politik in

Griechenland vom 7.–4. Jh. v. Chr., 1978 [4] Ein altgriech. Gesetzbuch aus dem Kontext von Platons Gesetzen herausgehoben und ins Deutsche übers., 2001 [5] K.S. zur Rechtsgeschichte, 2005 [6] Solon. Das Gesetzgebungswerk. Fragmente (Übers. mit Komm.) hrsg. von K. Bringmann, 2010.

Sekundärliteratur

[7] G. Thür, Eberhard Ruschenbusch, in: Zs. der Savigny-Stiftung für Rechtsgeschichte, Romanistische Abt. 125, 2008, 973–975.

Claudia Horst

Salmasius, Claudius

Saumaise, Claude; franz. Philologe. Geb. am 15.4. 1588 in Sémur-en-Auxois (Burgund), gest. am 3.9. 1653 in Spa (Belgien). 1604–1606 Studium der Philosophie in Paris, ab 1606 der Jurisprudenz und der Philologie in Heidelberg; nach der 1610 erfolgten Rückkehr nach Burgund längere Zeit Privatgelehrter; 1632 als Nachfolger von Joseph Justus ↗Scaliger Prof. in Leiden; 1650/51 auf Einladung Königin Christinas am schwed. Hof; 1651 Rückkehr nach Leiden.

Werk und Wirkung

S. hatte bedeutende Lehrmeister, in Paris Joseph Justus Scaliger und Isaac ↗Casaubonus, in Heidelberg Dionysius ↗Gothofredus. Von S.' Zeitgenossen wurde seine außerordentliche Belesenheit gerühmt. Auf der Grundlage ausgedehnter Sprachenkenntnis veröffentlichte S., teils unter eigenem Namen, teils unter Pseudonymen (u.a. Simplicius Verinus, Walo Messalinus), ein vielfältiges Œuvre, das zum einen textkritische Ausgaben antiker Autoren und gelehrte Kommentare, zum andern Abhandlungen v.a. zu Themen der Philologie, Theologie und Jurisprudenz umfasst.

Seine erste Publikation war 1608 die Edition eines gegen den Primat des Papstes gerichteten griech. Werks des Neilos Kabasilas aus dem 14.Jh. [1]. In der Folgezeit veröffentlichte S. u.a. die erste nzl. Ausgabe des Florus [2]; [6], die erste auf Vergleich mehrerer Hss. beruhende Edition von Achilleus Tatios' Liebesroman [10] sowie kommentierte Ausgaben zu Ampelius [6], Tertullians *De pallio* [3] und zu Simplikios' Epiktetkommentar [11]. Ein bedeutendes Werk ist ferner seine Untersuchung von Solinus' Exzerpten aus Plinius d.Ä. [4]. In *De Hellenistica* [13] wandte sich S. gegen die verbreitete Auffassung, dass das Griechisch des NT ein eigener Dialekt sei, und bestritt, dass es jemals eine »hell. Sprache« gegeben habe [22.32]. Paradoxerweise bürgte sich erst unter dem Einfluss von S.' Abhandlung die Bezeichnung »hellenistisch« ein [21.155].

In der von Jan ↗Gruter geleiteten Heidelberger Bibl. erhielt S. Zugang zu Konstantinos Kephalas' Cod. der *Anthologia Graeca*, publizierte die Sammlung aber trotz Scaligers Drängen nicht (der vollständige Text erschien erst 1794–1803). 1615 gelangte S. in den Besitz des Cod. Palatinus der *Anthologia Latina*, der später in den Bestand der Bibliothèque Nationale überging und als Cod. Salmasianus (Paris.Lat. 10318) bekannt werden sollte.

Von S.' staatsrechtlichen Schriften ist die nach der Hinrichtung König Charles' I. auf Wunsch von dessen Sohn Charles II. entstandene *Defensio regia* berühmt [15], die 1649 anonym erschien, als deren Verfasser S. jedoch rasch erkannt wurde. Hierin vertrat er die Auffassung, das Königtum stehe über Gesetzen und weltlichen Gerichten; es sei allein Gott Rechenschaft schuldig. Im Auftrag des *Council of State* ließ John Milton 1651 eine Entgegnung erscheinen, worin er der Nation das Recht zusprach, einen Tyrannen zu bestrafen (*Pro populo Anglicano defensio*) [20]. S.' Antwort auf Miltons Schrift wurde postum gedruckt [17]. In Anknüpfung an die Zinstheorie des Charles Du Moulin wandte sich S. wiederholt gegen ein Verbot der Zinsnahme und verfocht die Auffassung, mit dem Darlehen sei keine Veräußerung des Geliehenen verbunden; seine einschlägigen Schriften [7]; [9]; [8] bestimmten über hundert Jahre lang die wiss. Diskussion [18]. Als Theologe vertrat S. einen dezidiert protestantischen, antipapistischen Standpunkt, u.a. in Auseinandersetzung mit Dionysius Petavius (Denis Pétau) [12] und Hugo ↗Grotius [14].

S. repräsentiert den Typus des Universalgelehrten der Renaissance. Seine speziellen Stärken als Philologe waren die Ermittlung des genauen Wortsinns der überlieferten ant. Texte und die auf intensiver Vertrautheit mit der Trad. beruhende Exegese. Insbes. seine Texterklärungen haben ihren beträchtlichen Wert bis heute behalten.

Schriften

[1] Nili Archiepiscopi Thessalonicensis de primatu Papae Romani ... (Edition mit lat. Übers.), Hanau 1608 [2] Lucii Annaei Flori Rerum Romanarum libri IV, cum notis ... (Edition), Heidelberg 1609 [3] Q. Sept. Florentis Tertulliani Liber de pallio (Edition mit Komm.), Paris 1622 [4] Plinianae exercitationes in Caii Iulii Solini Polyhistora. Item Caii Iulii Solini Polyhistor ex veteribus libris emendatus, 2 Bde., Paris 1629 [5] De usuris liber, Leiden 1638 [6] Lucius Annaeus Florus. Cl. Salmasius addidit Lucium Ampelium ... (Edition), Leiden 1638 [7] De modo usurarum liber, Leiden 1639 [8] Diatriba de mutuo, non esse alienationem, Leiden 1640 [9] Dissertatio de foenore trapezitico, Leiden 1640 [10] Erṓtika Achilléōs Tatíu sive de Clitophontis et Leucippes amoribus libri VIII (Edition mit lat. Übers.), Leiden 1640 [11] Simplicii commentarius in Enchiridion Epicteti ... (Edition mit lat. Übers.), Leiden 1640 [12] Wallonis Messalini De episcopis et presbyteris contra Petavium Loiolitam (Edition), Leiden 1641 [13] De Hellenistica commentarius, controversiam de lingua hellenistica decidens, & plenissime pertractans originem & dialectos Graecae linguae, Leiden 1643 [14] (Hrsg.), De transsubstantiatione liber, Simplicio Verino auctore, ad Justum Pacium contra Hugonem Grotium, Leiden 1646 [15] Defensio regia pro Carolo I, ad Serenissimum Magnae Britanniae regem Carolum II ..., London 1649 [16] De re militari Romanorum, Leiden 1657 [17] Ad Joannem Miltonem responsio, Leiden 1660.

Sekundärliteratur

[18] E. von Böhm-Bawerk, Kapital und Kapitalzins, Bd. 1, ^{4}1921, 29–33 [19] G. Cohen, Écrivains français en Hollande dans la première moitié du XVIIe siècle, 1920, 311–333 [20] W.J. Grace, Milton, Salmasius, and the Natural Law, in: Journal of the History of Ideas 24, 1963, 323–336

[21] Pfeiffer KPh 1982, 154–155 [22] Wilamowitz GPh ³1998, 31–32.

Siegmar Döpp

Salutati, Coluccio

Colucius Salutatus; ital. Staatsmann und Humanist. Geb. am 16. 2. 1331 in Stignano als Lino Coluccio di Pierio di Salutati, gest. am 4. 5. 1406 in Florenz. Studium in Bologna, danach Tätigkeit als Notar; 1367 Kanzler in Todi; 1370/71 Kanzler in Lucca; 1371–1374 Notar in Stignano; 1375–1406 Kanzler in Florenz.

Werdegang

S.s Vater war der örtliche Führer der Guelfenpartei. Kurz nach seiner Geburt ging die Familie ins Exil, weil die Stadt an die Ghibellinen gefallen war. In Bologna trat der Vater 1337 in die Dienste der herrschenden de' Pepoli, welche S.s Familie förderten. Im Alter von 14 Jahren begann S. das Studium der *ars dictaminis* bei Pietro da Moglio, es folgte die Ausbildung zum Notar. Als sich 1350 die Machtverhältnisse in Bologna änderten, kehrte die Familie nach Stignano zurück. Die folgenden 17 Jahre wirkte S. als Notar in verschiedenen Orten der Region. 1366 heiratete er und übernahm im Jahr darauf den Posten eines Kanzlers in Todi. Kontakte zum päpstlichen Sekretär Francesco Bruni sollten ihm eine Stellung im Vatikan verschaffen. 1368–1370 hielt er sich am päpstlichen Hof auf, bis Urban V. ihn für den Posten des Kanzlers in Lucca empfahl. Als seine Stellung dort wegen innenpolit. Streits nicht verlängert wurde, kehrte S. nach dem Tod seiner Frau 1371 als Notar nach Stignano zurück. 1373 heiratete er erneut. Anfang 1374 erhielt er auf Betreiben der florent. Guelfen das neugeschaffene Amt eines Notars für die Ämterwahlen in Florenz, offenbar um ihn als Nachfolger des Kanzlers Niccolò Monachi vorzubereiten. Schon im April 1375 wurde er Kanzler von Florenz und bekleidete dieses Amt bis zu seinem Tod 1406. In dieser Stellung oblagen ihm v. a. außenpolit. Aufgaben, darunter das Verfassen der offiziellen Briefe der Stadt.

Größere Schriften

S. selbst stellte 1405 einen Katalog seiner Prosawerke zusammen [2. Bd. 4, 69 ff.]. *De seculo et religione* (1381) [6], für einen befreundeten Mönch geschrieben, betont in Buch I das Übel des weltlichen Lebens, in Buch II die Freuden des Mönchslebens. *De fato et fortuna* [7], verfasst nach dem Tod seiner zweiten Frau 1396, handelt in fünf Traktaten über das Verhältnis von göttlicher *providentia* und freiem Willen. *De nobilitate legum et medicine* (1399) [4] betont den Vorrang der Rechtswissenschaft vor der Medizin, der *vita activa* vor der *vita speculativa*. Die Schrift *De verecundia* (1390) [4] geht der Frage nach, ob die Scheu eine Tugend sei: für die Griechen sei sie ein Affekt, für die Römer eine Tugend. *De tyranno* (1400) [3] dient der Verteidigung Dantes, der die Caesarmörder ins Inferno verbannte: Caesar sei kein Tyrann gewesen, seine Mörder hätten aus Ehrgeiz einen neuen Bürgerkrieg entfacht.

Die *Invectiva in Antonium Luschum* (1403) [1] antwortet auf ein Pamphlet, das ein ehemaliger Schüler S.s, Antonio ↗Loschi, bei Ausbruch des Krieges zwischen Florenz und Mailand 1397 verfasst hatte. Sie enthält u. a. eine histor. beachtliche Darstellung der Ursprünge von Florenz [1. 24 ff.]. Das umfangreiche Werk *De laboribus Herculis* [5] ist in zwei Redaktionen erhalten. Gegenstand war ursprünglich die Deutung des senecanischen *Hercules* (*furens*). Die erste Fassung in Form eines Briefes an Giovanni da Siena wurde nach dem Tod des Adressaten 1383 nicht vollendet, sondern nach und nach erweitert, bis der Umfang mehr als das Zehnfache betrug (580 Seiten). Buch I handelt über den Dichter und die Dichtkunst, Buch II über die Bedeutung von Jupiter und Juno und die Jugend des Hercules, Buch III über die *labores*, Buch IV über Unterweltsdarstellungen. 1405 war nur Buch II vollständig, aber noch nicht korrigiert.

Kleinere Werke

Neben diesen umfangreicheren Schriften stehen die *opera minora* (Übersicht in [10]; viele davon abgedr. in [14. 223 ff.]). Von den Reden als florent. Kanzler sind zwei aus den Jahren 1381/82 erhalten. Hinzu kommen fiktive Deklamationen: Die *Declamatio Lucretiae* (1367) ist das am weitesten verbreitete Stück: Vater und Ehemann der Lucretia bringen Argumente, die sie vom Selbstmord abhalten sollen; es folgt die Gegenrede der Lucretia. Die *Disputatio de regno* dreht sich um die Frage, ob das Wahlkönigtum besser sei als das Erbkönigtum. Das Stück *Quaestio est coram decemviris* diskutiert Nutzen und Schaden von polit. Schmähschriften. Ein Enkomion auf S.s Lehrer Pietro da Moglio (1360/61) ist das älteste erhaltene Gedicht. Weit verbreitet war die *Conquestio Phyllidis* (1367), die den Mythos von Phyllis und Demophoon verarbeitet. Die kurze *Fabula de vulpe et cancro* (vor 1370?) vereinigt drei Episoden über Fuchs und Krebs.

Eine *Invectiva contra arma domini Comitis Virtutum* (1390/92) nutzt das Wappentier der Visconti, eine Schlange, zu Propagandazwecken. Die *Metra ad Petrarcham incitatoria ad Africe editionem* (1374) [2. Bd. 1, 231–241] sollten die Publikation des von S. ersehnten Werkes beschleunigen. Hinzu kommen Epigramme, u. a. für den Palazzo Vecchio. Nur fragmentarisch sind *Bucolica* (1372) erhalten, den Plan zu einem epischen

Carmen de gestis Pyrrhi gab S. bald wieder auf. Zehn ital. Sonnette sind bekannt, ferner lat. Übersetzungen zweier Sonnette Francesco ↗Petrarcas. Zugeschrieben werden ihm eine *Ratio punctandi* und die *Epitome Statii Achilleidos*. S.s umfangreicher Briefwechsel umfasst ca. 350 Privatbriefe [2], viele davon angeregt durch wiss. Fragen, und mehrere Tausend Staatsbriefe (Nachweise in [8]).

Bedeutung und Wirkung

Weltanschaulich stand S. zwischen MA und Renaissance: Selbst von tiefer Frömmigkeit, lobte er das Mönchsleben, betonte aber den Vorrang der *vita activa* und des Willens über den Intellekt. Mit Thomas von Aquin war er ebenso vertraut wie mit Cicero und Seneca. Er verteidigte die heidnischen Dichter gegen Angriffe vonseiten christl. Eiferer, machte aber ausgiebig Verwendung von ma. Allegorese und Etymologie. Seine philos. Interessen galten der Ethik, nicht der Logik und Metaphysik.

Als Philologe war sich S. der Unzuverlässigkeit der Überlieferung bewusst (*De fato* 2,6,39ff.): Wenn möglich, verglich er mehrere Hss. und wählte unter den Varianten nach logischen Kriterien; wo sich keine besseren Lesarten finden ließen, beseitigte er inhaltliche Widersprüche oder metrische Fehler per Konjektur. Diskrepanzen der histor. Quellen schrieb er bald fehlerhafter Überlieferung zu (*De tyranno* 2,4–6), bald folgte er der größeren Autorität, bald verblieb er in Aporie. Als Erster versuchte er eine Periodisierung der lat. Sprachgeschichte [13. 254f.].

Obwohl S. niemals einen Lehrauftrag innehatte, scharte er einen Kreis jüngerer Gleichgesinnter um sich, die seine humanistischen Ideale weitertrugen, darunter auch Gian Francesco ↗Poggio Bracciolini und Leonardo Bruni. Seine Griechischkenntnisse waren gering, aber er förderte das Griechischstudium, indem er dem Byzantiner Manuel ↗Chrysolaras in Florenz eine Professur verschaffte. S. war ein leidenschaftlicher Büchersammler und besaß über 800 Bände; indem er sie großzügig verlieh, trug er zur Verbreitung der ant. Texte in Italien bei [12. 127ff.].

Schriften

[1] Invectiva in Antonium Luschum (1403), hrsg. von D. Moreni, 1826 [2] Epistolario di Coluccio Salutati, 4 Bde., hrsg. von F. Novati, 1891–1911 [3] Tractatus de tyranno (1400), hrsg. von F. Ercole, 1914 [4] De nobilitate legum et medicinae (1399). De verecundia (1390), hrsg. von E. Garin, 1947 [5] De laboribus Herculis (1383–1405), hrsg. von B.L. Ullman, 1951 [6] De seculo et religione (1381), hrsg. von B.L. Ullman, 1957 [7] De fato et fortuna (1396), hrsg. von C. Bianca, 1985 [8] Lettere di Stato di Coluccio Salutati, hrsg. von A. Nuzzo, 2008.

Sekundärliteratur

[9] T. de Robertis et al. (Hrsg.), Coluccio Salutati e l'invenzione dell'umanesimo, 2008 [10] E. Guerrieri, Colucius Salutatus, in: Compendium Auctorum Latinorum Medii Aevi, Bd. 2/6, 2008, 654–664 [11] H. Langkabel, Die Staatsbriefe Coluccio Salutatis. Untersuchungen zum Frühhumanismus in der Florentiner Staatskanzlei und Auswahledition (Diss. Frankfurt/Main), 1981
[12] B.L. Ullman, The Humanism of Coluccio Salutati, 1963 [13] R.G. Witt, Hercules at the Crossroads. The Life, Works, and Thought of Coluccio Salutati, 1983
[14] C. Zintzen et al., Coluccio Salutati. Index (Anhang: Text von Opera minora selecta), 1992.

Thomas Riesenweber

Sambucus, Ioannes

Zsámboky, János; ungar. Arzt, Historiker und Philologe. Geb. im Juli 1531 in Tyrnau (Slowakei; damals: Nagyszombat), gest. am 13.6.1584 in Wien. Studium ab 1542 in Wien, 1543 in Leipzig, 1545 in Wittenberg, in Ingolstadt, 1550 in Straßburg, 1551–1552 Paris. 1558–1564 Reisen nach Venedig, Padua, Genua, Neapel, Mailand, Gent und Antwerpen; 1555 Doktor der Medizin in Padua; ab 1564 Arzt und Historiker in Wien.

Werk und Wirkung

Der Humanist S. verstand es, polit. Anliegen durch Literatur zu verfolgen; sein publizistisches Interesse galt dem relativ neuen Medium des illustrierten Druckes. Als Schriftsteller ist S. bes. durch seine *Emblemata* (1564) [2] bekannt geworden. An der Weltbeschreibung des Abraham Ortelius hatte er (für die Geographie Ungarns) großen Anteil; 1552 erschien seine überarbeitete und erweiterte Fassung von Johann Huttichs *Romanorum principum effigies* [1]. Er verfasste aber auch Landbeschreibungen (*Hungaria, Transilvaniae descriptio, Illirium*), gab die ungar. histor. Gesänge des Sebastian Tinódi heraus und übersetzte dessen Lieder auf die Belagerung von Eger in lat. Prosa. Als Herausgeber machte er sich durch die Veröffentlichung bedeutender neulat. Werke verdient: des *Tripartitum opus iuris consuetudinarii inclyti regni Hungariae* von Stephanus de Werbewcz (1572) und des *Corpus Iuris Hungarici* (1581), der *Poemata* des Janus Pannonius (1559) und der ungar. Geschichte des Antonio Bonfini (1568). Ferner verfasste er Editionen, Übersetzungen und Kommentare antiker Werke: Lukian (1550), Libanios' *Epistolarum conscribendarum methodus* (1552), zwei Dialoge von Platon (1552), Horaz' *Ars poetica* (1564), Petron (1565), Diogenes Laertios (1566), Plautus (1566), Vegetius (1574) usw. Berühmt ist seine umfangreiche Bibl., die er aber im Alter aus finanziellen Gründen verkaufen musste.

Schriften

[1] Romanorum principum … effigies aucta et longe castigatiora opera, Basel 1552 [2] Emblemata et aliquot nummi antiqui operis, Antwerpen ²1566 (Ndr. 2002) [3] Die Briefe des Johannes Sambucus (Zsamboky) 1554–1584, hrsg. von H. Gerstinger und A. Vantuch, 1968.

Sekundärliteratur

[4] H. Gerstinger, Johannes Sambucus als Handschriftensammler, in: FS der Nationalbibliothek in Wien, 1926, 250–399 [5] J. Orbán, Sámboky Jánosról (Über Joannes Sambucus), 1916 [6] M. Radnoti-Alföldi, Zu den frühen Illustrationen numismatischer Werke. Die »Emblemata« des Johannes Sambucus, in: R. Albert / R. Cunz (Hrsg.), Wissenschaftsgeschichte der Numismatik. Beiträge zum 17. Deutschen Numismatikertag, 1995, 71–95 [7] A. S. Q. Visser, Johannes Sambucus and the Learned Image. The Use of the Emblem in Late-Renaissance Humanism, 2005.

Nikolaus Thurn

Sandrart, Joachim von

Dt. Maler, Kupferstecher und Kunstliterat. Geb. am 12. 5. 1606 in Frankfurt a. M., gest. am 14. 10. 1688 in Nürnberg. Lehre bei Peter Isselburg in Nürnberg 1620–1622, bei Gerrit van Honthorst in Utrecht 1625–1627. Ausgedehnte Aufenthalte in Italien (Venedig, Rom) 1629–1635 und Amsterdam 1637–1645; Atelier auf der oberbayerischen Hofmark Stockau bis 1670. An den späteren Wohnorten Augsburg (1670–1673) und Nürnberg (1674–1688) Beteiligung an Gründung und Organisation zweier Kunstakademien; ab 1676 Mitglied der größten dt. Sprachgesellschaft des 17. Jh.s, der *Fruchtbringenden Gesellschaft* (1617–1680) [7. 335–354].

Werk und Wirkung

Mit der *Teutschen Acad.* [1] publizierte S. ein reich mit Kupferstichen ausgestattetes Kompendium für Künstler und Kunstsammler, das theoretische Kapitel zu Architektur, Bildhauerei und Malerei ebenso einschloss wie die Viten der ant., mod. und zeitgenössischen Künstler nach dem Vorbild Giorgio Vasaris und Karel van Manders. Ergänzt wurden die beiden Hauptbände durch eine Übersetzung von van Manders Ovid-Paraphrase [2] sowie von Vincenzo Cartaris *Imagini dei dei degli antichi* von 1556 [3].

S.s Auffassung nach sollte die Kunstausbildung dem Modell der Antike folgen; es gebe »zu[r] Begreiffung des rechten Grunds der Zeichnung […] keine gewissere und bessere Lehr-Art abzunehmen/ als an den berühmtesten Antichen Statuen/ Bildern und Historien/ […] nach welchen heutiges Tags gantz Europa, aus solchen die nöthige Unterrichtung zu erlernen/ sich befleisset« [1. Vorrede, 1]. Entsprechend groß ist in der *Teutschen Acad.* der Anteil an Kupferstichen nach ant. Statuen und Gebäuden sowie an Übersetzungen von zeitgenössischen antiqu. Texten (u. a. von Alessandro Donati, Giovanni Angelo Canini, Caspar Bartholin). Um Lesern anderer Länder die Lektüre zu ermöglichen, veranlasste S. ab 1680 lat. Ausgaben [4]; [5]; [6], wobei er im Band über die Malerei die Künstlerviten ergänzte. Seine durch die Übersetzungsleistungen erworbene Mitgliedschaft in der *Fruchtbringenden Gesellschaft* schloss eine europ. Orientierung nicht aus. Ein Grundsatz seiner Kunstanschauung war die Antike als gemeinsames Fundament für eine europ. Kunst [8].

Schriften

[1] Teutsche Acad. der Bau-, Bild- und Mahlerey-Künste, 2 Bde., Nürnberg 1675–1679 [2] Metamorphosis, oder des verblümten Sinns der Ovidianischen Wandlungs-Gedichte gründliche Auslegung, Nürnberg 1679 [3] Iconologia deorum, oder Abbildung der Götter, welche von den Alten verehret, Nürnberg 1680 [4] Sculpturae veteris admiranda sive delineatio vera, Nürnberg 1680 [5] Acad. nobilissimae artis pictoriae, Nürnberg 1683 [6] Romae antiquae et novae theatrum, Nürnberg 1684.

Sekundärliteratur

[7] Ch. Klemm, Joachim von Sandrart. Kunst-Werke und Lebens-Lauf, 1986 [8] A. Schreurs, Apoll und der Zodiacus. Die Fruchtbringende Gesellschaft zieht auf den Parnass. Anmerkungen zum Frontispiz von Sandrarts Iconologia deorum, in: K. Schade et al. (Hrsg.), Zentren und Wirkungsräume der Antikerezeption. Zur Bedeutung von Raum und Kommunikation für die neuzeitliche Transformation der griech.-röm. Antike, 2007, 151–158.

Anna Schreurs

Santi Bartoli, Pietro

Auch Sante, Santo oder Sancti Bartoli; lat. Petrus Sanctus Bartolus. Ital. Kupferstecher, Zeichner und Maler. Geb. 1635 in Perugia, gest. am 7. 11. 1700 in Rom. Ab 1643 in Rom ansässig.

Werdegang, Werk

S.B. erlernte in Rom zuerst Malerei, brach aber dieses Studium ab, um sich der Kupferstecherei zu widmen. Er war für diverse kirchliche wie auch weltliche Würdenträger tätig, so etwa für Kardinal Camillo II. Massimo [2] und für Christina von Schweden. Vermutlich während seiner Tätigkeit für die Königin lernte S.B. den Antiquar Giovanni Pietro ↗Bellori kennen, der als Bibliothekar wirkte. Schon zu Lebzeiten wurde S.B. von seinem Sohn Francesco unterstützt. Dieser führte als Kupferstecher und Kunsthändler nach S.B.s Tod bis 1730 in Rom dessen Werk fort.

Werk und Wirkung

In der Zusammenarbeit des Kupferstechers S.B. und des Antiquars Bellori entstanden mehrere Werke zur ant. Reliefkunst, zur Malerei, bes. den Grabdekorationen, zur Forma Urbis, zu Portraitbüsten, ant. Lampen und Gemmen. Bemerkenswert an diesen Werken ist die Sortierung der Funde nach Materialgattungen – eine Vorgehensweise, die unter zeitgleichen Antiquaren nicht immer üblich war [11.297f.]; [1]; [3]; [4]; [5]; postum [8]. 1677 erschien eine Publikation der vatikanischen Vergil-Manuskripte [2]; [11.149] und 1699 in erweiterter Zusammenarbeit mit dem Drucker und Kupferstecher Domenico de Rossi das Compendium über die röm. Architekturdenkmäler [7]. S.B. überlieferte größtenteils getreu die ant. Zeugnisse (im Sinne der Realienkunde), indem er – anders als seine Vorgänger – nicht einzelne bes. interessante Motive auswählte, sondern jeweils die gesamte Komposition wiedergab. Zudem verglich er seine Vorlagen mit bereits publizierten Abbildungen (z.B. im Falle der Trajanssäule [1] mit den Abbildungen der Publikation von Alfonso ↗Chacón) oder zeitgenössischen Sammlungen (für das Werk über ant. Lampen [4] verwendete er Vorlagen aus der Sammlung Cassiano ↗Dal Pozzo [11]). Besondere Aufmerksamkeit verdienen S.B.s Stiche nach röm. Wandgemälden, da diese heute in ihrer ursprgl. Gestalt meist nicht mehr erhalten sind, darunter die sog. *Aldobrandinische Hochzeit* [5] oder die Fresken des sog. Grabmals der Nasonier [3].

S.B.s Werke erfuhren postum zahlreiche Auflagen auch in Mitteleuropa, so z.B. seine Arbeit zu den ant. Lampen [4] (u.a. Berlin 1702, hrsg. von Lorenz ↗Beger; Leiden 1728, ins Lat. übersetzt von Alexander Duker) oder das zu den Gemälden des Nasoniergrabs in lat. Übersetzung (Rom 1706 und 1738). Von Johann Joachim ↗Winckelmann wurden die Kupferstiche S.B.s als Vorbild angesehen, im 19. Jh. dann wenig beachtet. Für heutige arch. Studien sind sie jedoch von hohem Wert, da zahlreiche von S.B. abgebildete ant. Kunstwerke nicht mehr im Original erhalten sind.

Schriften

[1] Colonna Traiana eretta dal Senato e popolo Romano disegnata et intagliata da Pietro Santi Bartoli con l'espositione latina d'Alfonso Ciaccone, compendiata nella vulgare lingua sotto ciascuna immagine, accresciuta di medaglie, inscrittioni e trofei da Gio. Pietro Bellori, Rom 1667 [2] P. Virgilii Maronis opera quae supersunt in antiquo codice Vaticano ad priscam imaginum formam incisa a Petro Sancti Bartoli in Bibliotheca Camilli Maximi Cardinalis diu servata, Rom 1677 [3] Le pitture antiche del sepolcro de Nasonii nella via Flaminia. Disegnate ed intagliate alla similitudine degli antichi originali da Pietro Santi Bartoli, descritte & illustrate da Gio. Pietro Bellori, Rom 1680 [4] Le antiche lucerne sepolcrali figurate raccolte dalle cave sotterranee e grotte di Roma. Disegnate ed intagliate nelle loro forme da Pietro Santi Bartoli, con l'osservationi di Gio. Pietro Bellori, Rom 1691 [5] Admiranda Romanarum antiquitatum ac veteris sculpturae vestigia anagliphico opere elaborata ex marmoreis exemplaribus quae Romae adhuc extant a P.S. Bartoli delineata, incisa, notis Io. P. Bellori illustrata, Rom 1693 [6] Gli antichi sepolcri overo mausolei romani et etruschi trovati in Roma et altri luoghi celebri nelli quali si contengono molte erudite memorie, Rom 1697 [7] Romanae magnitudinis monumenta, quae urbem illam orbis dominam velut redivivam exhibent posteritati, Rom 1699 [8] Le gemme antiche figurate di Michelangelo Causeo de la Chausse, Petrus Sanctus Bartolus delineavit et sculpsit, Rom 1700.

Sekundärliteratur

[9] S. Bombardi, Alcune osservazioni in merito al rinvenimento dell'Ares Ludovisi, in: Archeologia Classica N.S. 2, 2002, 323–342 [10] A. Claridge, Archaeologies, Antiquaries and the Memorie of Sixteenth- and Seventeenth-Century Rome, in: I. Bignamini (Hrsg.), Archives & Excavations, 2004, 33–53 [11] Herklotz Cas. bes. 148–150 [12] A. Petrucci, Art. Bartoli, Pietro Santi (Piersanti), in: DBI 6, 1964 [13] B. Schroedter, Der Kupferstecher Pietro Sante Bartoli, in: Pietro Sante Bartoli – Giovanni Pietro Bellori. Ausst. zur archäologischen Forschung im 17. Jh. in Italien (Winckelmann-Museum Stendal), 1986, 5–10.

Marcus Heinrich Hermanns

Sarton, George

Belg.-amerikan. Wiss.-Historiker. Geb. am 31.8. 1884 in Gent als George Alfred Léon S.; gest. am 22.3.1956 in Cambridge (Massachusetts). Ab 1902 Studium der Philosophie in Gent, ab 1904 der Chemie und Mathematik; 1911 mathematische Prom. über die Prinzipien von Newtons Mechanik in Gent (vgl. [8]). Flucht aus Belgien im Ersten Weltkrieg, zunächst 1914 nach London, dann 1915 in die USA als Forscher an der Carnegie Institution for Science in Washington (1915–1948) und Teilzeit-Lecturer bzw. Prof. u.a. in Harvard (Lecturer 1916–1918 und 1920–1940; Prof. für Geschichte der Naturwiss. 1940–1951).

Werk und Wirkung

S. bemühte sich um die Verbindung zwischen Geisteswiss. und mathematisch-naturwiss. Disziplinen und begründete einen »neuen Humanismus« [1]. Keine Untersuchung einer Kultur konnte ihm zufolge ohne die Erforschung ihrer naturwiss. Leistungen vollständig sein. S. sah in der Naturwiss. die Grundlage für Fortschritt und Einheit der Menschheit. 1912 gründete er noch in Belgien *Isis* als interdisziplinäre Zeitschrift zu Geschichte, Philosophie und Wiss.-Soziologie aller Kulturen und histor. Epochen. Der erste Band erschien im März 1913 als offizielle Publikation der *History of Science Society*. Ab 1936 erschienen größere Untersuchungen S.s in der von ihm begründeten wiss.histor. Zeitschrift *Osiris*. Die Breite seines Wissens und seiner Interessen war enorm und ging weit über die griech.-röm. Welt hinaus. Außer Griechisch und Latein beherrschte er Hebräisch und Arabisch; er besaß Kenntnisse des Türkischen und Chinesischen. In Gent war er Schüler von Joseph ↗Bidez. Franz ↗Cumont war Mitglied im Herausgebergremium von *Isis*, ebenso weitere Spezialisten der ant. Naturwiss., darunter Johan Ludvig ↗Heiberg und Sir Thomas Heath. 1927–1948 publizierte S. eine 4236 Seiten starke »Einleitung« zur Wiss.-Geschichte von Homer bis zum 14. Jh. [2]. S. arbeitete auch über Galen [5], verfasste eine Universalgeschichte der griech. Naturwiss. [3] und erforschte die Rezeption der ant. und ma. Naturwiss. in der Renaissance [6].

S. hatte enormen Einfluss auf die Erforschung der ant. Naturwiss.en; zu seinem Gedächtnis wird bis heute die S.-Medaille vergeben und der 1984 eingerichtete S.-Lehrstuhl besetzt. Obwohl sein optimistischer Fortschrittsglaube heute nicht mehr geteilt wird und sein Versuch, in einer Forscherpersönlichkeit alle Naturwiss.en in allen Epochen zu vereinen, als zu hoher Anspruch galt, steht fest, dass seine grenzenlose Energie die Geschichte der Naturwiss.en als eigenständiges Forschungsgebiet etablierte.

Schriften

[1] The New Humanism, in: Isis 6/1, 1924, 9–42 [2] Introduction to the History of Science. From Homer to Omar Khayyam, 3 Bde., 1927–1948 [3] A History of Science. Bd. 1: Ancient Science through the Golden Age of Greece; Bd. 2: Hellenistic Science and Culture, 1952–1959 [4] Horus. A Guide to the History of Science, 1952 [5] Galen of Pergamon, 1954 [6] Appreciation of Ancient and Medieval Science during the Renaissance (1450–1600), 1955.

Sekundärliteratur

[7] W. Callebaut et al. (Hrsg.), George Sarton Centennial, 1984 [8] M. de Mey, Sarton's Earliest Ambitions at the University of Ghent, in: Isis 75/1, 1985, 39–45 [9] L. Pyenson / Ch. Verbruggen, Ego and the International. The Modernist Circle of George Sarton, in: Isis 100/1, 2009, 60–78.

Danny Praet (Ü: P. K.)

Saumaise, Claude s. Salmasius, Claudius

Savigny, Friedrich Carl von

Dt. Rechtsgelehrter. Geb. am 21.2.1779 in Frankfurt a.M., gest. am 25.10.1861 in Berlin. Ab 1795 Studium der Jurisprudenz in Marburg; 1800 Prom. ebda. Ab 1803 ao.Prof. in Marburg; ab 1808 o.Prof. in Landshut, 1810–1842 in Berlin. 1817–1848 preuß. Staatsrat; 1842–1848 Minister für Gesetzesrevision.

Werk und Wirkung

Der aus einer alten Adelsfamilie stammende S. entschied sich gegen die Familientradition für die Wiss. als Beruf. In [1] begründete er nach Kriterien des Röm. Rechts die Unterscheidung zwischen Eigentum und Besitz, der nicht nur Faktum sei, sondern auch Rechtsqualität habe. In der Kontroverse über diese Theorie mit dem Hegelianer Eduard Gans in den 1820er Jahren ging es um die Grundsatzfrage, ob Recht primär auf Geschichte oder auf Vernunft zu gründen sei [7]. In Barthold G. ↗Niebuhrs Untersuchungen zum röm. Bodenrecht sah S. eine Bestätigung seiner Besitztheorie; dessen Fund der *Institutionen* des Gaius unterstrich die Bedeutung der Juristen [5. Bd. 3, 155–204]; [16]. In [2] wandte sich S. gegen Anton F. J. Thibauts Vorschlag, eine Rechtsvereinheitlichung in Deutschland durch Kodifikation zu schaffen [8]; [10]. Recht entstehe im Volk und sei dann von Rechtsgelehrten weiterzuentwickeln [14]; [12. 282–289]. Die Autonomie des Privatrechts sollte Willkür von monarchischer wie demokratisch-revolutionärer Seite verhindern [6. 280 ff.]; [9]. In [3] stellte er die (als Niedergang gedeutete) Fortgeltung des Röm. Rechts vor der Rezeption um 1100 und Leben, Lehre und Schriften der Juristen bis 1500 dar. Das *System des heutigen Röm. Rechts* [4] widmete sich der zeitgenössischen Bedeutung der röm. Kategorien, auch für das internationale Privatrecht.

S. begründete die Rechtsgeschichte des MA und förderte die Pandektistik. Zahlreiche seiner dogmatischen Kategorien sind in das *Bürgerliche Gesetzbuch* eingegangen. Seine Aussagen zum internationalen Privatrecht werden heute im Hinblick auf ein zu schaffendes Europ. Privatrecht diskutiert.

SV: E. Wolf, Große Rechtsdenker der deutschen Geistesgeschichte, ^{4}1963, 534–537.

N: Marburg, Univ.-Bibl. (Savigny-Datenbank im Internet mit Verzeichnis der aus dem Nachlass publizierten Vorlesungen und Briefe).

Schriften

[1] Das Recht des Besitzes, 1803 (^{6}1837) [2] Vom Beruf unserer Zeit für Gesetzgebung und Rechtswissenschaft, 1814 [3] Geschichte des Röm. Rechts im Mittelalter, 6 Bde., 1815–1831 (^{2}1834–1850, 7 Bde.) [4] System des heutigen Röm. Rechts, 8 Bde. (Bd. 9: Sach- und Quellenregister), hrsg.

von O. L. Heuser, 1840–1849 (Ndr. Bde. 1–9, 1981)
[5] Vermischte Schriften, 5 Bde., 1850.

Sekundärliteratur

[6] O. Behrends, Geschichte, Politik und Jurisprudenz in F. C. von Savignys System des heutigen röm. Rechts, in: O. Behrends (Hrsg.), Röm. Recht in der europäischen Tradition. FS Franz Wieacker, 1985, 257–321 [7] J. Braun, Der Besitzrechtsstreit zwischen F. C. von Savigny und Eduard Gans, in: Quaderni fiorentini 9, 1980, 457–506
[8] P. Caroni, Savigny und die Kodifikation, in: Zs. der Savigny-Stiftung für Rechtsgeschichte, Germanistische Abt. 86, 1969, 97–176 [9] D. Grimm, Grundrechte und Privatrecht in der bürgerlichen Sozialordnung, in: G. Birtsch (Hrsg.), Grund- und Freiheitsrechte im Wandel von Gesellschaft und Geschichte, 1981, 359–375
[10] H. Hattenhauer (Hrsg.), Thibaut und Savigny. Ihre programmatischen Schriften, 1973 [11] K. Luig / B. Dölemeyer, Alphabetisches Verzeichnis der neueren Literatur über Friedrich Carl von Savigny, in: Quaderni fiorentini 8, 1979, 501–559 (mit knappen Inhaltsangaben)
[12] D. Nörr, Savignys philosophische Lehrjahre, 1994
[13] J. Rückert, Friedrich Carl von Savigny (1779–1861), in: S. Grundmann et al. (Hrsg.), 200 Jahre Juristische Fakultät der Humboldt-Universität zu Berlin (FS), 2010, 133–177 (mit Sekundärliteratur seit 1980)
[14] J. Schröder, Savignys Spezialistendogma und die »soziologische« Jurisprudenz, in: Rechtstheorie 7, 1976, 23–52 [15] A. Stoll, Friedrich Karl v. Savigny. Ein Bild seines Lebens mit einer Sammlung seiner Briefe, 3 Bde., 1927–1939 [16] C. Vano, Der Gaius der Historischen Rechtsschule. Eine Geschichte der Wissenschaft vom röm. Recht, 2008 (ital. 2000).

Wilfried Nippel

Savile, Henry

Brit. Mathematiker und Gräzist. Geb. am 30. 11. 1549 in Over Bradley, West Riding (Yorkshire), gest. am 19. 2. 1622 in Eton. Ab 1561 Studium in Oxford, dort 1566 B. A.; 1570 M. A. Ab 1565 Fellow des Merton College in Oxford; 1585 Warden ebda.; 1595 Provost am Eton College in Eton. 1604 geadelt (Sir Henry).

Werk und Wirkung

S.s Interessensgebiete lagen zunächst hauptsächlich im Bereich der Geometrie und der Astronomie. Seine erste wiss. Arbeit war eine (nicht gedruckte) lat. Übersetzung von Ptolemaios' *Megálē sýntaxis* sowie der Kommentare zu diesem Werk von Theon von Smyrna, Pappos von Alexandria und Nikolaos Kabasilas. Wenige Jahre vor seinem Tod richtete S. 1620 in Oxford zwei Professuren (*Savilian Chairs*) für Geometrie und Astronomie ein, deren Inhaber die Lehren der ant. (Euklid, Apollonios, Archimedes, Ptolemaios, Theodosios, Menelaos) und späteren (Jabir ibn Aflah, Kopernikus) mathematischen und astronomischen Grundlagenautoren vermitteln sollten. Die ersten Vorlesungen im Rahmen dieser Professuren hielt S. selbst [3]. Auf seiner Europareise 1578–1582 kam S. mit bedeutenden wiss. Persönlichkeiten seiner Zeit in Kontakt, u. a. mit dem Humanisten Joseph Justus ↗Scaliger, dessen Versuch zur Quadratur des Kreises (*Cyclometria*, 1594) S. umfassend widerlegte.

Nach seiner Rückkehr wurde S. als Griechischlehrer an den Hof Elisabeths I. nach London berufen. Als Höfling richtete er seine Interessen stärker auf die ant. Historiographie und ihre möglichen Parallelen in der zeitgenössischen Politik. Unter dem Einfluss des rebellischen Earl of Essex veröffentlichte S. 1591 eine engl. Übersetzung von Tacitus' *Historien* und *Agrippa*. Ersteren stellte er eine eigene Schrift zum Ende Neros und den Anfängen Galbas voran voran [1] (lat. Version Amsterdam 1649), in der er eine monarchiekritische Interpretation von Neros Sturz präsentierte. Ab 1604 war S. an der von Jakob I. in Auftrag gegebenen engl. Bibelübersetzung beteiligt. S.s größtes textkritisches Projekt war aber die mit Unterstützung des franz. Humanisten Isaac ↗Casaubonus erstmalig erstellte Gesamtausgabe der Werke des Kirchenvaters Johannes Chrysostomos in acht Bänden [2].

Schriften

[1] The Ende of Nero and Beginning of Galba. Fower Bookes of the Histories of Cornelius Tacitus. The Life of Agricola (Übers.), London 1591 [2] S. Joannis Chrysostomi opera omnia, 8 Bde. (Edition), Eton 1611–1612
[3] Praelectiones tresdecim in principium Elementorum Euclidis, Oxford 1621.

Sekundärliteratur

[4] R. Goulding, Art. Savile, Henry, in: DBC 3, 861–865 [5] R. D. Goulding, Art. Savile, Sir Henry, in: Oxford Dictionary of National Biography 49, 2004, 109–118.

Barbara Kuhn-Chen

Sboronos, Johannes

s. Svoronos, Ioannes Nikolaos

Scaliger, Joseph Justus

Franz. Philologe. Geb. am 5. 8. 1540 in Agen (Aquitanien), gest. am 21. 1. 1609 in Leiden. Sohn von Julius Caesar ↗Scaliger. 1558–1560 Studium des Griech., Hebr. und Arab. am Collège Royal in Paris. 1572/73 Prof. für Philosophie an der Genfer Akad.; 1593–1609 Prof. für Gesch. und Jura an der Universität Leiden.

Biographie und wissenschaftlicher Werdegang

J. J. S., Sohn des Humanisten Julius Caesar S. (der die latinisierte Form des Familiennamens Della Scala eingeführt hatte), besuchte zunächst 1552–1554 das Collège de Guyenne in Bordeaux, wo u.a. der protestantische Humanist George Buchanan und der Katholik Marcus Antonius ↗Muretus, den S.s Vater einige Jahre zuvor gefördert hatte, Latein lehrten. Nach einem Pestausbruch wurde er vom Vater zu Hause in Latein, aber auch in den Naturwiss. unterrichtet. 1558–1560 studierte S. am Pariser Collège Royal Griechisch, später auch Hebräisch und Arabisch. Neben Unterricht bei Adrianus ↗Turnebus (Griechisch) und kurzem Kontakt mit Guillaume Postel (Hebräisch, Arabisch) widmete sich S. autodidaktisch bes. dem Griechischen, das er, wie er selbst schreibt [15.31], in 21 Tagen anhand von Homer erlernte, um im Anschluss daran die griech. Dichtung, danach die Rhetorik und Historiographie zu studieren. In diese Zeit fiel auch seine Konversion zum Calvinismus.

Die folgenden Jahre verbrachte S. teils mit Reisen im Gefolge seines Gönners Louis Chastaigner de la Roche-Pozay nach Italien sowie nach England und Schottland (1565/66); er nahm aber auch aktiv an den Hugenottenkriegen teil. 1570 schloss er sich einem weiteren Gönner, Jacques ↗Cujas, an, der an einer Rekonstruktion der Schriften des röm. Juristen Africanus arbeitete [18.Bd. 1, 121]. Infolge der Bartholomäusnacht (23./24.8.1572) floh S. nach Genf, wo ihm an Calvins Akad. eine Prof. für Philosophie angeboten wurde. Nach etwa einem Jahr zog er sich aber wieder auf Roche-Pozays Güter zurück.

Erst Anfang der 1590er Jahre erhielt S. ein Angebot für eine Lehrtätigkeit, die ihn interessierte: Nach Justus ↗Lipsius' Rekonversion zum Katholizismus war dessen Position an der Universität Leiden neu zu besetzen. Dort genoss S. rasch höchstes Ansehen. Zu seinen Schülern zählten u.a. Hugo ↗Grotius, Johannes ↗Meursius sowie sein enger Freund und Bewunderer Daniel ↗Heinsius [16.61 f.]. Allerdings wurde S. von regelmäßiger Lehrverpflichtung bald freigestellt, sodass er sich ganz seiner wiss. Arbeit und seinen zahlreichen Kontakten zu Gelehrten im In- und Ausland, insbes. in Deutschland (u.a. Georg Michael Lingelsheim, Friedrich ↗Sylburg, Janus ↗Gruter, David ↗Höschel), widmen konnte.

S.s letzte Lebensjahre prägte eine heftige, v.a. auf persönlicher Ebene geführte Auseinandersetzung mit den Jesuiten. Nach zunächst noch inhaltlicher Kritik an seiner Arbeit durch Martin Delrio [17] und Nicolaus Serarius [24] warfen Carolus Scribanius [23] sowie der Philologe Kaspar ↗Schoppe [22] S. vor, sich in [11] fälschlich einer adligen Abstammung gebrüstet zu haben, und bezeichneten ihn als Bedrohung für die Kirche. Zwei Gegenschriften S.s [12]; [14] hatten kaum öffentliche Wirkung [16.81–88].

Werk und Wirkung

Nach Abschluss seiner Pariser Studien begann S. eine rege Tätigkeit als Herausgeber von lat. und griech. Texten, die seinem Interesse an linguistischen Fragestellungen [1]; [3]; [6], archaischen, sprachlich außergewöhnlichen Wendungen [2]; [5] und strittigen Autorenzuweisungen [4] entgegenkamen. Darauf folgte die Beschäftigung mit den Dichtern Catull, Tibull und Properz, bei deren Edition [7] S. zum ersten Mal die handschriftliche Überlieferung so weit einbezog, dass er einen verlorenen Archetyp der erhaltenen Hss. rekonstruierte [18.Bd. 1, 171–176].

Hierauf wandte sich S. den Fachwiss. zu, bes. der Astronomie. In der 1579 König Heinrich III. gewidmeten Manilius-Ausgabe [8] (bes. in der zweiten Aufl. 1599) vertrat er die These, die griech. Astronomie basiere auf ägypt. und babylon. Quellen [18.Bd. 1, 212–215]. Im Anschluss hieran veröffentlichte er 1583 (ein Jahr nach der Gregorianischen Kalenderreform, deren geistigen Vater Christoph Clavius S. heftig kritisierte) sein erstes eigenes Werk [9] mit dem Ziel, die chronologischen Systematiken aller damals bekannten Völker und Kulturen zusammenzuführen [9.197]; eine erste Ergänzung erfuhr es 20 Jahre später durch die Rekonstruktion und umfangreiche Kommentierung der nur unvollständig in einer lat. Übersetzung des Hieronymus erhaltenen Chronik des Eusebios. Für seine Ausgabe verwendete S. auch eine neu gefundene Abschrift der Chronik des byz. Mönches Georgios Synkellos, die zahlreiche Exzerpte aus Eusebios umfasst, sowie den 1605 von Isaac ↗Casaubonus entdeckten Cod. Parisinus gr. 2600, in dem u.a. ein von S. als Teil der *Chronographiae* des Julius Africanus identifiziertes Verzeichnis der Olympiasieger bis einschließlich der 249. Olympiade (217–221) enthalten war (diese Zuweisung wird heute weitgehend akzeptiert [26.XXXIII]). Gestützt auf diese Daten verfasste S. nun selbst eine umfassende Chronologie der griech. Geschichte und Literaturgeschichte (*Olympiádōn anagraphḗ*), gedruckt in der *Historiōn synagōgḗ* der 1606 unter dem Gesamttitel *Thesaurus temporum* publizierten Summe seiner chronographischen Studien [13]. Dessen letzten Teil bildeten die *Isagogici chronologiae canones*.

Ein Nebenprodukt der Beschäftigung mit der Chronologie war ein mathematisches Werk [10], in dem S. einen Beweis zur Quadratur des Kreises zu führen suchte. Es zog scharfe Kritik zahlreicher Mathematiker auf sich, u.a. von Franciscus Vieta [25] und Adrianus Romanus [21].

Die von S. anhand seiner Elegikerausgabe entwickelte Methode der Textkritik nimmt die Prinzipien der von Karl ↗Lachmann im 19. Jh. eingeführten histor.-kritischen Textedition vorweg [18. Bd. 1, 176]. S.s *Thesaurus temporum* wurde aufgrund des umfassenden Ansatzes und der Fülle des eingearbeiteten Materials bis ins 18. Jh. maßgeblich für die Forschung zur ant. Chronologie [20. 1176 f.].

Schriften

[1] Coniectanea in M. Terentium Varronem, Paris 1565 [2] Lycophronis Chalcidensis Alexandrae sive Cassandrae versiones duae (Edition des griech. Texts von W. Canter, je eine lat. Übers. von W. Canter und J. Scaliger, Basel 1566 [3] M. Terentii Varronis Opera quae supersunt (Edition), Paris 1573 [4] Publii Virgilii Maronis Appendix, cum supplemento multorum antehac nunquam excusorum poematum veterum poetarum (Edition), Lyon 1573 [5] Lectiones Ausoniae, Lyon 1574 [6] M. Verrii Flacci quae extant et Sex. Pompei Festi de verborum significatione libri XX ... in eosdem libros castigationes recognitae et auctae (Edition), Paris 1576 [7] Catulli, Tibulli, Propertii nova editio ... Ejusdem in eosdem castigationum liber (Edition), Paris 1577 (2. korr. Aufl. 1600) [8] M. Manilius, Astronomica (Edition), Paris 1579 (^{2}1599) [9] De emendatione temporum, Paris 1583 (^{2}1598) [10] Cyclometrica elementa duo, Leiden 1592 [11] Epistola de vetustate et splendore gentis Scaligerae et JC Scaligeri vita, Leiden 1594 [12] Elenchus Trihaeresii Nicolai Serarii, 1605 [13] Thesaurus temporum. Eusebii Pamphili Caesareae Palaestinae Episcopi Chronicorum canonum omnimodae historiae libri duo, interprete Hieronymo ...; Item auctores omnes derelicta ab Eusebio, et Hieronymo continuantes. Eiusdem Eusebii utriusque partis Chronicorum Canonum reliquae Graecae, quae colligi potuerunt, antehac non editae. ... Iosephi Scaligeri Notae et castigationes in Latinam Hieronymis interpretationem, et Graeca Eusebii. Eiusdem Iosephi Scaligeri Isagogicorum Chronologiae Canonum libri tres, ad Eusebii Chronica ..., Leiden 1606 [14] Confutatio fabulae Burdonum, 1608 [15] Autobiography of Joseph Scaliger with Autobiographical Selections from His Letters, His Testament and the Funeral Orations by Daniel Heinsius and Dominicus Baudius, übers. und hrsg. von G. W. Robinson, 1927.

Sekundärliteratur

[16] J. Bernays, Joseph Justus Scaliger, 1855 [17] M. A. Delrio, Disquisitiones magicae, 1603 [18] A. Grafton, Joseph Scaliger. A Study in the History of Classical Scholarship, 2 Bde., 1983–1993 [19] R. Hoche, Art. Scaliger, Joseph Justus, in: ADB 30, 1890, 466–474 [20] P. Kuhlmann, Art. Zeitrechnung III. Griech. Literatur, in: DNP 15/3, 2003, 1176–1185 [21] A. Romanus, Apologia pro Archimede ad clarissimum Josephum Scaligerum. Exercitationes cyclicae contra J. Scaligerum, Orontium Finaeum et Raymarum Ursum, in decem dialogos distinctae, 1594 [22] C. Schoppe, Scaliger hypobolimaeus, 1607 [23] C. Scribanius, Amphitheatrum honoris in quo Valvinistarum adversus societatem Jesu criminationes iugulatae, 1605 [24] N. Serarius, Trihaeresion, 1604 [25] F. Vieta, Munimen adversus nova cyclometrica, 1593 [26] M. Wallraff / W. Adler (Hrsg.), Iulius Africanus, Chronographiae. The Extant Fragments, 2007.

Barbara Kuhn-Chen

Scaliger, Julius Caesar

Eigentlich Bordone, Giulio (della Scala). Ital. Humanist, Dichter und Literaturtheoretiker. Vater von Joseph Justus ↗Scaliger. Geb. am 23. 4. 1484 in Riva del Garda, gest. am 21. 10. 1558 in Agen (Aquitanien). Als Jugendlicher im Franziskanerorden, später in der Druckerei des Aldus ↗Manutius in Venedig tätig; 1509–1515 Soldat; Studium in Padua bis 1519. Tätigkeit als Arzt bis etwa 1524; ab 1524 im Dienst des Bischofs Antonio della Rovere in Frankreich (Agen) sowie Tätigkeit als Arzt; 1538 (vergebliche) Anklage wegen Häresie.

Werk und Wirkung

S. entstammte der unbedeutenden Familie eines Miniaturenmalers aus Padua [3]; die Familie kam kurz nach der Geburt S.s nach Venedig, wo dieser als junger Mann zeitweise in der berühmten Offizin des Aldus ↗Manutius arbeitete und dort mit den vielen dort gedruckten ant. Autoren intensive Bekanntschaft machte. Neben seiner späteren Tätigkeit als Arzt übersetzte er einige Viten Plutarchs ins Italienische, die 1525 noch unter seinem Geburtsnamen veröffentlicht wurden. Nach der Publikation änderte er dann seinen Namen zu »S.«, um eine Abstammung von der 1260–1387 in Verona herrschenden Adelsfamilie Della Scala zu suggerieren. Am Ende des 16. Jh.s wurde diese Herkunft jedoch bereits in Zweifel gezogen, freilich von S.s berühmtem Sohn Joseph Justus ↗Scaliger weiter verteidigt.

Ende 1524 gelangte S. im Gefolge des neuen Bischofs von Agen, Antonio della Rovere, nach Frankreich, wo er allerdings auch weiterhin zur Sicherung seines Unterhalts als Arzt praktizierte. Nach seiner Eheschließung wurde 1540 dort sein Sohn Joseph Justus geboren. In Frankreich befasste sich S. mit der Philosophie des Aristoteles und verfasste einige Schriften zur Botanik und Zoologie sowie zahlreiche, wenn auch wenig beachtete Gedichte [1]. Bekannt wurde er v. a. wegen seiner z. T. unflätigen Polemiken, so etwa gegen den herausragenden zeitgenössischen Humanisten ↗Erasmus von Rotterdam: 1531 und 1537 verfasste S. zwei Schriften gegen dessen Dialog *Ciceronianus* (1528), worin der übertriebenen Ciceroniasmus im lat. Sprachgebrauch vieler Humanisten kritisiert wird. S. selbst verzichtete freilich in der Praxis ebenso auf eine rein ciceronische Sprache und verwendete in seinen Werken zahlreiche Termini aus dem scholastisch-ma. Latein. Weitere Polemiken richteten sich zum einen gegen den Mathematiker Gerolamo Cardano, zum anderen gegen François ↗Rabelais, dessen medizinische Kompetenz S. in Zweifel zog.

S.s wichtigste philol. Arbeiten sind seine Schriften zu Sprache und Poetik: 1540 erschien seine grammatische Abhandlung *De causis linguae Latinae*, in der er den Zusammenhang von Sprache, Welt und Wahrheit diskutiert und Cicero 600 angebliche »Fehler« nachweist [4]. Sein einflussreichstes Werk ist die umfangreiche Schrift *Poetices libri septem* (gedr. 1561) als Frucht jahrzehntelanger Studien zu Fragen von Poetik, Rhetorik und Sprache [2]. In den sprachtheoretischen Abschnitten weist er der Sprache drei Hauptfunktionen zu, die wiederum mit drei unterschiedlichen Textgattungen verbunden sind: Philosophie dient der Vermittlung von Wahrheit, Rhetorik und Rede der Nutzstiftung, Dichtung der Erzeugung von Vergnügen. Im Ganzen fußt S. mit seiner Verbindung von Nutzen und Ästhetik (*docere cum delectatione*) auf dem einschlägigen horazischen Dichtungskonzept (*aut delectare aut prodesse*). Im Weiteren werden die unterschiedlichen poetischen Gattungen sowie Versmaße beschrieben und gewertet.

Als größtes poetisches Vorbild preist S. Vergil, den er allen Dichtern zur Nachahmung empfiehlt. Weitere Autoren mit normativer Bedeutung aus der ant. Literatur sind für ihn Terenz, Horaz, Ovid, Seneca und Juvenal; unter den zeitgenössischen Dichtern hebt er bes. Marcus Hieronymus Vida lobend hervor [1.31–33]. S.s Anerkennung findet im Wesentlichen nur die lat. Dichtung; die im MA schon aufblühende volkssprachliche Poesie ignoriert er, die griech. Dichtung zieht er höchstens zum Vergleich mit der lat. heran.

Das sechste Buch der *Poetik* enthält seit ant. Zeit zum ersten Mal eine lat. Literaturgeschichte, welche die lat. Dichtung vom 2. Jh. v. Chr. bis zum frühen MA (7. Jh.) und dann wieder seit dem 13. Jh. bis zu S.s Lebzeiten darstellt. Das MA bleibt ähnlich wie bei anderen humanistischen Autoren ausgespart. Insgesamt setzt sich S. in diesem weit gespannten Werk mit den Dichtungstheorien von Platon, Aristoteles, Horaz, Donat, aber auch von Zeitgenossen wie Marcus Hieronymus Vida [6] und ↗Erasmus von Rotterdam auseinander. Hauptbezugspunkt ist Aristoteles, an dem sich S. im Positiven wie im Negativen abarbeitet. Zugleich verbindet er die ma.-scholastische, auf diesem fußende Philosophie mit der traditionellen ant. Rhetorik. Mit seinen sieben Büchern zur Poetik wirkte S. bes. auf den Klassizismus der franz. Humanisten im 16. und 17. Jh. (z. B. Nicolas Boileau), aber auch auf die dt. Barockpoetik (z. B. Martin Opitz).

Schriften

[1] Novorum epigrammatum liber unicus … Hymni duo … Diva Ludovica Sabaudia, Paris 1533 [2] Poetices libri septem, Lyon und Genf 1561 (u.ö.; Faksimile-Ndr. 1964; Neuaufl. 1994–2011, hrsg. von L. Deitz und G. Vogt-Spira).

Sekundärliteratur

[3] V. Hall, The Life of Julius Caesar Scaliger, 1950 [4] K. Jensen, Rhetorical Philosophy and Philosophical Grammar. Julius Caesar Scaliger's Theory of Language, 1990 [5] W. Ludwig, Julius Caesar Scaligers Kanon neulateinischer Dichter, in: A&A 25, 1979, 20–40 [6] S. Rolfes, Die lat. Poetik des Marco Girolamo Vida und ihre Rezeption bei Julius Caesar Scaliger (Diss. Köln), 2001.

Peter Kuhlmann

Schachermeyr, Fritz

Österr. Althistoriker. Geb. am 10. 1. 1895 in Linz-Urfahr, gest. am 26. 12. 1987 in Eisenstadt. Schulbesuch in Linz; ab 1914 Studium der Gesch. und Geographie in Graz, Berlin und Wien, zuletzt in Innsbruck. 1915–1919 Militärdienst u. a. in Mesopotamien. Prom. 1920 in Innsbruck; Lehramtsprüfungen 1921; Habil. 1928 ebda. 1920 Bibliothekar am Althistor. Seminar in Innsbruck; Lehrer am Mädchenrealgymnasium ab 1921 ebda.; 1931 ao.Prof. in Jena. 1933/34 Gauführer von Thüringen des NS-Kampfringes der Deutschösterreicher im Reich. 1934–1936 Dekan der Univ. Jena; 1936 o.Prof. in Heidelberg; 1941 o.Prof. in Graz; 1945 Entlassung wegen nationalsozialistischer Betätigung; 1946 Pensionierung; 1952–1970 o.Prof. in Wien.

Werk und Wirkung

Sch. studierte v. a. bei Adolf Bauer, Eduard ↗Meyer und Carl Ferdinand Friedrich Lehmann-Haupt. Nach seiner Diss. über das Ägypten der XVIII. und XIX. Dynastie in seinen Beziehungen zur Ägäis und Vorderasien habilitierte er sich mit einer ebenfalls z. T. altorientalistischen Arbeit über die Etrusker [1]. Ab 1933 war er von allen Althistorikern der eifrigste Verfechter der nationalsozialistischen Rassenlehre und entwickelte in Jena eine einschlägige Geschichtsphilosophie [2]; [3]. Diese propagierte er oberflächlich modifiziert auch noch nach 1945 [5]; [7], aber ohne Erfolg. Dafür profilierte er sich nun mit Arbeiten über Alexander d. Gr. [4] und übte schließlich auch einigen Einfluss mit seinem Spätwerk zur griech. Frühzeit und Hethitologie aus [6]; [8]; [9]; [10]. Von Anfang an trat er für den von Michael ↗Ventris und John Chadwick 1952 vorgelegten Entzifferungsversuch der Linear-B-Schrift ein.

Schriften

[1] Etruskische Frühgeschichte (Habil.schrift Berlin), 1929 [2] Lebensgesetzlichkeit in der Geschichte. Versuch einer Einführung in das geschichtsbiologische Denken, 1940 [3] Indogermanen und Orient. Ihre kulturelle und machtpolitische Auseinandersetzung im Altertum, 1944 [4] Alexander der Große. Ingenium und Macht, 1949 (stark

erweiterte Neuaufl. 1973) [5] Griech. Geschichte, 1960 (²1969) [6] Die ägäische Frühzeit. Forschungsbericht über die Ausgrabungen im letzten Jahrzehnt und über ihre Ergebnisse für unser Geschichtsbild, 5 Bde., 1976–1982 [7] Die Tragik der Voll-Endung. Stirb und Werde in der Vergangenheit. Europa im Würgegriff der Gegenwart, 1981 [8] Die griech. Rückerinnerung im Lichte neuer Forschungen, 1983 [9] Griech. Frühgeschichte. Ein Versuch, frühe Geschichte wenigstens in Umrissen verständlich zu machen, 1984 [10] Mykene und das Hethiterreich, 1986.

Sekundärliteratur

[11] D. Drüll, Art. Schachermeyr, Fritz, in: D. Drüll, Heidelberger Gelehrtenlex., 1933–1986, 2009, 516–517 [12] S. Heinhold-Krahmer, Art. Schachermeyr, Fritz, in: RLA 12, 2009, 111–112 [13] M. Pesditschek, Barbar, Kreter, Arier. Leben und Werk des Althistorikers Fritz Schachermeyr, 2 Bde., 2009 [14] M. Pesditschek, Fritz Schachermeyr. Archäologe unter Habsburg und Himmler, in: G. Brands / M. Maischberger (Hrsg.), Lebensbilder. Klassische Archäologen und der Nationalsozialismus, Bd. 2, 2012 (im Druck).

Martina Pesditschek

Schadewaldt, Wolfgang

Dt. Klass. Philologe. Geb. am 15.3.1900 in Berlin als Wolfgang Otto Bernhard Sch., gest. am 10.11.1974 in Tübingen. Studium der Klass. Phil., Arch., Germanistik und Philosophie in Berlin; dort 1924 Prom. und 1927 Habil. 1924–1928 Assistent am DAI Berlin. 1928 Ordinarius der Klass. Phil. in Königsberg, 1929–1934 in Freiburg i.Br., 1934 in Leipzig, 1941 in Berlin. 1950–1968 Prof. für Klass. Phil. in Tübingen. Mitglied in den Akad. von Leipzig (ab 1934), Berlin (ab 1943), Heidelberg (ab 1958) sowie von Wien und Darmstadt; Ritter der Friedensklasse des Ordens *Pour le mérite* (1962), Empfänger des Großen Bundesverdienstkreuzes (1964) sowie u.a. 1965 des Übersetzerpreises der Dt. Akad. für Sprache und Dichtung.

Werdegang

Der Arztsohn Sch. wuchs in Berlin auf. Während einer Krankheit widmete er sich in jungen Jahren intensiv den Werken Goethes, worin er den Grundstein für seine späteren Studien sah. Er studierte Klass. Philologie, Archäologie, Germanistik und Philosophie an der Univ. Berlin, u.a. bei Gustav Roethe, Eduard Spranger und v.a. bei Ulrich von ↗Wilamowitz-Moellendorff und Werner ↗Jaeger. Nach der Prom. (1924) war er Assistent bei Gerhard ↗Rodenwaldt an der Berliner Zentraldirektion des DAI. 1927 habilitierte er sich in Berlin für Klass. Philologie. Mit 28 Jahren wurde Sch. Ordinarius in Königsberg. 1929 wechselte er nach Freiburg i.Br., wo er 1933 mitverantwortlich für die Einsetzung Martin Heideggers als Rektor war und, von diesem zum Dekan der Philol. Fakultät bestimmt, vorübergehend von dessen nationalsozialistischer Ausrichtung beeinflusst war und auch eine solche Hochschulpolitik unterstützte [18], u.a. bei der Entlassung jüdischer Forscher wie Eduard ↗Fraenkel. Doch bereits im März 1934 trat Sch. wegen des Rufs nach Leipzig zurück und wechselte dorthin und beurteilte sein Vorgehen in Freiburg durchaus kritisch [23.312].

1941 wurde er nach Berlin berufen. Dort nahm er 1942–1944 an der Mittwochsgesellschaft teil, zu der auch Mitglieder des Widerstandes gehörten. 1945 nahm Sch. zunächst in privatem Kreis in Berlin seine Lehrtätigkeit wieder auf und wirkte dann, mit Wohnsitz im Westen, in Ost-Berlin an der Berliner Univ. Erst zu Ostern 1950 ging Sch. nach Tübingen, wo er bis Dezember 1972 lehrte (Emeritierung 1968).

Leistungen für das Fach und Hauptwerke

Sch.s Diss. [1] folgten zahlreiche Einzelinterpretationen zur Tragödie (gesammelt in [11]). Weitere Arbeiten galten dem griech. Epos [4], der griech. Lyrik (Pindar [2], Sappho [5]), der griech. Geschichtsschreibung [16], Goethes Bezug auf die Antike sowie dem Fortwirken von ant. Kunst und Literatur. Zentral blieb stets sein Interesse für die attischen Tragiker und Homer, wobei seine Arbeiten zur Homerischen Frage bahnbrechend waren: In den *Iliasstudien* [3] wies er die Einheit der *Ilias* wie auch der Person ihres Dichters nach. Grundlegend für seine Arbeit war generell die autorzentrierte, werkimmanente Interpretation als »Observation auf die Strukturen hin« [12.29]. In der Öffentlichkeit beschrieb er die griech. Antike als »Impuls« für die Gegenwart und »Entelechie« Europas [6.305]. Dabei blieb Sch. dem ›Dritten Humanismus‹ verpflichtet (vgl. Werner ↗Jaeger): Ant. Werke seien nicht als Vorbilder, sondern als »Modelle« zu behandeln. Er setzte sich auch intensiv für einen altsprachlichen Unterricht in diesem Sinne ein [20].

Darüber hinaus widmete sich Sch. der Übersetzung, die er als »Integration des ganzen philol. Geschäfts« verstand. Er übertrug u.a. Homer [7]; [15], frühgriech. Lyrik [5]; [14] und die griech. Dramatiker [10]. Seine Dramenübersetzungen lagen bis in die 1960er Jahre vielen Inszenierungen zugrunde. Sch. pflegte freundschaftlichen Umgang mit Carl Orff, den Regisseuren und Intendanten Erwin Piscator, Gustav Rudolf Sellner, Wieland Wagner, Harry Buckwitz und Hansgünther Heyme. Er arbeitete intensiv auch zur Theorie des Übersetzens und deren Geschichte [24]. In Tübingen gab er vermehrt der Antikerezeption Vorrang vor philol. Detailfragen.

Wirkung

Der Grund für Sch.s rasche Karriere lag in der Fülle seiner wiss. Publikationen zu zentralen Fragen des Fachs und zu Autoren der frühen und klass. griech. Literatur. Aus der großen Zahl seiner Schüler sind der Homer-Experte Wolfgang Kullmann zu nennen, außerdem Konrad Gaiser und Hans Joachim Krämer, die grundlegende Beiträge zur Platonforschung lieferten, sowie Hellmuth Flashar, der Sch.s Interesse für das griech. Drama weiterführte. Sch.s Übersetzungen und seine wirkungsgeschichtlichen Arbeiten sowie die Initiative bei der Begründung des Goethe-Wörterbuchs machten ihn weithin bekannt. Auch zu Bildungsfragen nahm er einflussreich Stellung [20. 104–108].

Sch. steht beispielhaft für die Konstanz der kulturbürgerlichen Geisteswiss. über den Bruch von 1933–1945 hinweg. Seine Tragödienauffassung ist existentialistisch aufgeladen, sein Formbewusstsein goethisch geprägt. Daraus entstand die entscheidende Wende im Streit zwischen Analytikern und Unitariern über Homer. Mit der »dokumentarischen Übersetzung« wirkte er als Sprachneuerer und durch die Arbeit für die Bühne als Vermittler zwischen Theater und Philologie. Seine Arbeiten zu Homer und den attischen Tragikern üben bis heute Einfluss aus.

N: München, Bayerische Staatsbibliothek.

SV: [13. Bd. 2, 829–848].

Schriften

[1] Monolog und Selbstgespräch. Untersuchungen zur Formgeschichte der griech. Tragödie (Diss. Berlin), 1926 [2] Der Aufbau des Pindarischen Epinikion, 1928 [3] Iliasstudien, Leipzig 1938 (³1966) [4] Von Homers Welt und Werk. Aufsätze und Auslegungen zur Homerischen Frage, 1944 (³1959) [5] Sappho. Welt und Dichtung. Dasein in Liebe, 1950 [6] Gedanken zu Ziel und Gestaltung des Unterrichts in den alten Sprachen auf der Oberstufe unserer altsprachlichen Gymnasien, in: Gymnasium 63, 1956, 298–318 [7] Homer, Die Odyssee (Übers.), 1958 (2., überarb. Aufl. 1966 u.ö.) [8] Hellas und Hesperien. Ges. Schriften zur Antike und zur neueren Literatur, hrsg. von E. Zinn, 1960 [9] Goethestudien, 1963 [10] Griech. Theater (Übers.), 1964 (²1983) [11] Antike und Gegenwart. Über die Tragödie, 1966 [12] Einblick in die Stätte meiner Arbeit, in: D. Larese (Hrsg.), Wolfgang Schadewaldt, 1967, 22–40 [13] Hellas und Hesperien. Ges. Schriften zur Antike und zur neueren Literatur, 2 Bde., hrsg. von R. Thuro und E. Zinn, 1970 (2., verm. Aufl.) [14] Pindars Olympische Oden (Übers.), 1972 [15] Homer, Ilias. Neue Übertragung, 1975 [16] Die Anfänge der Geschichtsschreibung bei den Griechen. Herodot, Thukydides, in: I. Schudoma / M. Schadewaldt (Hrsg.), Tübinger Vorlesungen 2, 1982 (⁵2002).

Sekundärliteratur

[17] H. Flashar, Wolfgang Schadewaldt, in: Gnomon 47, 1975, 731–736 (Ndr. in: Derselbe, Eidola, 1989, 753–757) [18] H. Flashar, Art. Schadewaldt, Wolfgang, in: NDB 22, 2005, 495–496 [19] H. Flashar, Biographische Momente in schwerer Zeit, in: T. Szlezák (Hrsg.), Wolfgang Schadewaldt und die Gräzistik des 20. Jh.s, 2005, 151–169 [20] S. Kipf, Altsprachlicher Unterricht in der Bundesrepublik Deutschland, 2006, 104–108 [21] D. Larese, Wolfgang Schadewaldt. Eine Lebensskizze, 1967 [22] A. Lesky, Wolfgang Schadewaldt, in: Orden Pour le mérite. Reden und Gedenkworte 12, 1974–1975, 111–123 [23] J. Malitz, Klassische Philologie, in: E. Wirbelauer (Hrsg.), Die Freiburger Philosophische Fakultät 1920–1960, 2006, 303–364 [24] N. Mindt et al., Theorie der Übersetzung antiker Literatur, in: J. Kitzbichler et al. (Hrsg.), Theorie der Übersetzung antiker Literatur in Deutschland seit 1800, 2009, 277–297 [25] H. Rüdiger, Wolfgang Schadewaldt als Übersetzer, in: Jb. der Deutschen Akademie für Sprache und Dichtung, 1968, 36–48 [26] Th. A. Szlezák (Hrsg.), Wolfgang Schadewaldt und die Gräzistik des 20. Jh.s, 2005.

Nina Mindt

Schaefer, Arnold

Dt. Althistoriker. Geb. am 16. 10. 1819 in Seehausen als Arnold Dietrich Sch., gest. am 19. 11. 1883 in Bonn. Schulbesuch in Bremen; Studium der Gesch. und Klass. Phil. in Leipzig, dort 1842 Prom. 1842 Gymnasiallehrer in Dresden; 1851 Gymnasiallehrer in Grimma; 1857 o.Prof. für Gesch. in Greifswald; dort 1863 Begründung des Histor. Seminars; 1865 o.Prof. für Gesch., insbes. Alte Gesch., in Bonn; 1871/72 Rektorat.

Werk und Wirkung

Sch. studierte Geschichte und Klass. Philologie in Leipzig bei Gottfried ↗Hermann, Moriz ↗Haupt, Reinhold Klotz und Wilhelm Wachsmuth. Obwohl mit einer philol. Arbeit promoviert [1], widmete sich Sch. bereits als Gymnasiallehrer vorzugsweise der Geschichte, indem er für den Schulgebrauch konzipierte Arbeitsmittel schuf [2]. Neben einer Untersuchung zur histor. Entwicklung des spartanischen Beamtenkollegiums der Ephoren [4] verfasste er einen Abriss zur ant. Geschichte bis auf Polybios [6]. Wichtige Arbeiten legte er zur preuß. Geschichte sowie zur Kultur des Rheinlands vor [5]; zu nennen ist auch seine Geschichte des Siebenjährigen Krieges (1867–1874). Geprägt von einem klassizistischen Antikeverständnis, erstellte Sch. sein Hauptwerk innerhalb der alten Geschichte: eine nach wie vor als Materialsammlung verwendete Darstellung des Zeitalters des Demosthenes [3], in dem er auf der Grundlage breiter Quellenauswertung dessen polit. und rhetorisches Wirken schilderte. »Mit der vollkommensten Beherrschung des urkundlichen und schriftstellerischen Materials, mit umfassendem Verständnis des griech. Staatslebens, verbindet sich eine warme Begeisterung für die sittliche und geistige Größe des

Demosthenes« (so die Einschätzung 1890) [7]. Zu seinen akad. Schülern gehörten u. a. Heinrich ↗Nissen, Wilhelm Soltau, Karl Bücher und Wilhelm Liebenam.

SV: J. Asbach, Zur Erinnerung an Arnold Dietrich Schaefer, 1895, 69–80.

Schriften

[1] Commentatio de libro vitarum X oratorum (Diss. Leipzig), 1842 [2] Geschichtstabellen zum Auswendiglernen, 1847 (^{15}1880) [3] Demosthenes und seine Zeit, 4 Bde., 1856–1858 (^{2}1885–1887; Ndr. 1966) [4] De ephoris Lacedaemoniorum commentatio, 1863 [5] Historische Aufsätze und Festreden, 1873 [6] Abriß der Quellenkunde der griech. und röm. Geschichte bis Polybios, 2 Bde., 1876–1881.

Sekundärliteratur

[7] J. Asbach, Art. Schaefer, Arnold Dietrich, in: ADB 30, 1890, 521–524 [8] J. Asbach, Zur Erinnerung an Arnold Dietrich Schaefer, 1895 [9] A. Hofmeister, Aus der Geschichte des Historischen Instituts, in: FS zur 500-Jahrfeier der Universität Greifswald, Bd. 2, 1956, 92–115 (bes. 93–95) [10] R. Schmidt, Arnold Schaefer, in: Bonner Gelehrte. Beiträge zur Geschichte der Wissenschaften in Bonn, Bd. 4: Geschichtswissenschaften, 1968, 170–189 (mit Abbildungen).

Hans-Ulrich Berner

Scheffer, Johannes

Dt. Klass. Philologe und Historiker. Geb. am 2. 2. 1621 in Straßburg, gest. 26. 3. 1679 in Uppsala. Am Gymnasium in Straßburg Schüler von Johann Heinrich ↗Boeckler; 1648 wie sein Lehrer am Hof Königin Christinas von Schweden; 1648 Ernennung zum Prof. der Beredsamkeit und der Politik in Uppsala; später auch Honorarprof. für Natur- und Völkerrecht, schließlich Direktor der Universitätsbibl. ebda.

Werk und Wirkung

Sch. hat v. a. als Altertumswissenschaftler und Herausgeber von ant. Literatur Bedeutung erlangt. Seine Ausgaben (u. a. von Arrian, Uppsala 1664; Petrons *Cena Trimalchionis*, Uppsala 1665; Phaedrus, Uppsala 1667; Hygin, Amsterdam/Hamburg 1674; Justin, Hamburg 1678; Julius Obsequens, Amsterdam 1679) enthalten keine neue Aufarbeitung der Überlieferung, sondern basieren auf älteren Ausgaben; ihr Wert beruht auf der kritischen Überarbeitung und insbes. auf Sch.s erklärenden Kommentaren. Anmerkungen zu ant. Texten, u. a. zu den Briefen des Plinius und zu Ciceros *De legibus*, enthält auch der Band mit akademischen Lesarten [8], der Material aus seinen Vorlesungen verwertet. Sch. forschte intensiv zu ant. Realien; er veröffentlichte u. a. sehr ausführliche Schriften über die Seekriegsführung [2] und über den ant. Wagenbau [6] sowie über Halsketten [3]. In dem Traktat zur Malerei [5], der trotz ständigen Bezugs auf das Altertum systematisch angelegt ist, bildet Sch.s eigene praktische Beschäftigung mit der Malkunst den Hintergrund. Daneben erarbeitete er auch eine Kurzfassung von Hugo ↗Grotius' *De jure belli ac pacis*, die noch im 18. Jh. für den juristischen Unterricht nachgedruckt wurde [9]. Als Historiker verfasste er eine Geschichte Lapplands (1674) [7], die sofort auch in englischer (1674) und deutscher (1675) Übersetzung erschien, sowie verschiedene Werke zur Geschichte Schwedens. Häufiger und bis ins 18. Jh. wurde seine Schrift *De stylo* (1653) [1] gedruckt, in der er pädagogische Hinweise für die optimale Erlernung und Einübung der lat. Sprache gab. Im 17. und 18. Jh. war Sch. ein bekannter und geschätzter Wissenschaftler; im 19. und 20. Jh. haben lediglich seine histor. Werke und insbes. das Buch über Lappland weitergewirkt.

Schriften

[1] De stylo illiusque exercitiis ad veterum consuetudinem liber, Uppsala 1653 [2] De militia navali veterum libri IV, Uppsala 1654 [3] De antiquorum torquibus syntagma, Stockholm 1656 [4] De natura et constitutione philosophiae Italicae seu Pythagoricae liber, Uppsala 1664 [5] Graphice, id est de arte pingendi liber, Nürnberg 1669 [6] De re vehiculari veterum, Frankfurt 1671 [7] Lapponia, id est regionis Lapponum et gentis nova et verissima descriptio, Frankfurt 1673 (de facto 1674; engl. 1674; dt. 1675) [8] Lectionum academicarum liber, Hamburg 1675 [9] Grotius Enucleatus, Stettin 1693 (^{2}1718).

Sekundärliteratur

[10] Bursian Gesch. 332–335 [11] R. Hoche, Art. Scheffer, Johannes, in: ADB 30, 1890, 680–681.

Jürgen Leonhardt

Schefold, Karl

Dt.-schweizer. Klass. Archäologe und Philologe. Geb. am 26. 1. 1905 in Heilbronn, gest. am 16. 4. 1999 in Basel. Studium in Tübingen, Heidelberg und Marburg, dort 1930 Prom. 1932–1935 Grabung in Larisa am Hermos und Assistent am DAI Athen. 1935 Emigration nach Basel, dort 1936 Habil., anschließend Lehraufträge; 1952–1975 o.Prof. für Klass. Arch. an der Univ. Basel.

Werk und Wirkung

Sch. war Schüler von Ludwig ↗Curtius und Paul ↗Jacobsthal; er gehörte zum Kreis um Stefan George und stand in enger Verbindung zu den Brüdern Claus und Alexander ↗Schenk von Stauffenberg. Vom ›Dritten Humanismus‹ ausgehend, entwickelte er eine umfassende modernitätskritische Sicht auf die griech. und röm. Antike, in die der Orient wie das Christentum einbezogen sind. Grundlage war ein geistesgeschichtliches Verständnis der ›inneren Form‹ von Werken der Bildkunst und Dichtung, das sowohl die ästhetische wie die inhaltliche Bedeutung einschließt. Archegeten der Geschichte waren in Sch.s Sicht die großen Dichter, Künstler und Staatsmänner. Seine Diss. über die Kertscher Vasen (erweitert in [1]) ist bis heute das Standardwerk zu dieser Gattung. Aufsätze über die Tyrannenmörder [3] und Kleisthenes [4] wurden parallel zum 20. Juli 1944 und zum Wiederaufbau Deutschlands geschrieben. Nach dem Zweiten Weltkrieg bemühte er sich, die neuere internationale Forschung in Deutschland bekannt zu machen [5].

Grundlegende Bedeutung hat Sch.s Konzept, ant. Kultur konsequent aus der Perspektive der Akteure zu betrachten. Sein Buch über die Bildnisse antiker Dichter, Redner und Denker [2] behandelt zum ersten Mal Porträts nicht nach der Lebenszeit der Dargestellten, sondern nach der Entstehungszeit der Bildwerke. Für die Wandmalerei Pompejis erforschte er erstmals die Bedeutung der Bilder im Kontext der Häuser und ihrer Benutzung [6]. In fünf monumentalen Bänden untersuchte er die Bildgeschichte griechischer Mythen in den Auffassungen von der früharchaischen bis zur hell. Zeit [9]; [10]; [11]; [12]; [13]. Die starke religiöse Prägung der griech. und röm. Bildkunst legte er in visionären Synthesen dar [7]; [8] und verfolgte sie schließlich bis zum Christentum [14]. Als Initiator der Zeitschrift *Antike Kunst* und des Antikenmuseums Basel erreichte Sch. breite öffentliche Wirkung.

M: [15].

SV: K. Schefold: Bibliographie 1930–1990, 1990; Bibliographie K. Schefold 1990–1999, in: Antike Kunst 42, 1999, 72.

Schriften

[1] Untersuchungen zu den Kertscher Vasen, 1934 [2] Die Bildnisse der antiken Dichter, Redner und Denker, 1943 (erw., neu bearb. Aufl. 1997) [3] Die Tyrannenmörder, in: MH 1, 1944, 189–202 [4] Kleisthenes, in: MH 3, 1946, 59–93 [5] Orient, Hellas und Rom in der archäologischen Forschung seit 1939, 1949 [6] Pompeianische Malerei. Sinn- und Ideengeschichte, 1952 [7] Griech. Kunst als religiöses Phänomen, 1959 [8] Röm. Kunst als religiöses Phänomen, 1964 [9] Götter- und Heldensagen der Griechen in der spätarchaischen Kunst, 1978 (Neubearb. der Ausg. 1964) [10] Die Göttersage in der klassischen und hellenistischen Kunst (mit F. Jung), 1981 [11] Die Urkönige, Perseus, Bellerophon, Herakles und Theseus in der klassischen und hellenistischen Kunst, 1988 [12] Die Sage von den Argonauten, von Theben und Troia in der klassischen und hellenistischen Kunst, 1989 [13] Götter- und Heldensagen in der früh- und hocharchaischen Kunst, 1993 [14] Der religiöse Gehalt der antiken Kunst und die Offenbarung, 1997 [15] Die Dichtung als Führerin zur klassischen Kunst. Erinnerungen eines Archäologen, 2000 (postum).

Sekundärliteratur

[16] T. Hölscher, Karl Schefold und die heutige Deutung von Mythenbildern, in: Antike Kunst 49, 2006, 3–16 [17] M. Schmidt, Karl Schefold, in: Gnomon 72, 2000, 571–575.

Tonio Hölscher

Scheller, Immanuel Johann Gerhard

Dt. Philologe. Geb. am 22.3.1735 in Ihlow (Kursachsen), gest. am 5.7.1803 in Brieg (Schlesien, h. Polen). Nach dem Tod des Vaters Schulausbildung u. a. in Apolda und Eisenberg, ab 1752 in der Thomasschule in Leipzig; ab 1757 Studium der Theologie und Philologie in Leipzig bei Johann August ↗Ernesti. 1761 Leiter des Lyceums in Lübben (Niederlausitz); von 1771 bis zu seinem Tod Rektor des Gymnasiums in Brieg.

Werk

Sch.s erstes großes Werk war eine *Anleitung* zur Erklärung der ant. Autoren [1], in der er das im Lateinunterricht noch übliche mechanische Phrasenlernen zugunsten einer an echtem Textverständnis und ästhetischer Spracherziehung orientierten Lektüre und Erklärung der ant. Klassiker ablehnte. Für die aktive lat. Sprachausbildung – die auch in der *Anleitung* eine Rolle spielte – waren die 1779 zuerst erschienenen *Praecepta Stili bene Latini* [3] gedacht, welche die damals weit verbreiteten *Fundamenta stili cultioris* des Johann Gottlieb Heineccius ersetzen sollten; Sch. verfasste dieses Werk trotz seiner Zweifel, welche Bedeutung das Lateinschreiben noch habe (doch war er auch Ehrenmitglied der Lat. Gesellschaft zu Jena).

Sein eigentliches Lebenswerk war jedoch sein lat.-dt. und dt.-lat. Wörterbuch [5], dessen lat.-dt. Teil in der ersten Auflage (1784) in 2 Bänden erschien; eine zweite, wesentlich überarbeitete Auflage 1788 umfasste drei Bände, die letzte, deren Erscheinen er selbst nicht mehr erlebte, 1804 sogar fünf Bände. Sch. setzte hiermit einen völligen Neubeginn in der lat. Lexikographie: Sein Werk baute nicht auf den älteren Lexika – wie dem *Thesaurus linguae Latinae* des Robertus ↗Stephanus oder dem in vielfacher Überarbeitung im 18. Jh. weit verbreiteten *Thesaurus eruditionis scholasticae* des Basilius Faber (zuerst 1571) – auf, sondern war im Kern ganz neu und eigenständig aus den lat. Schriftstellern selbst gewonnen. Weiterhin bemühte er sich wesentlich genauer als seine Vorgänger darum, die verschiedenen Bedeutungsmöglichkeiten der Wörter systematisch zu differenzieren und entsprechende dt. Übersetzungen hinzuzufügen. Auch von der Gewohnheit älterer Lexika, nah verwandte Wortableitungen, Komposita u.Ä. jeweils unter dem Hauptlemma einzureihen, ging er zugunsten einer strengen Lemmatisierung ab.

Mit dieser Gesamtanlage steht Sch.s Lexikon neben dem Werk Egidio ↗Forcellinis am Beginn der modernen lat. Lexikographie. In allen drei Auflagen tritt auch ein dt.-lat. Teil hinzu, der allerdings bei weitem nicht im gleichen Maße mitwuchs; die beiden ersten Auflagen umfassten jeweils einen Band, in der dritten wurde er auf zwei Bände aufgeteilt. Es war damals das ausführlichste und exakteste dt.-lat. Lexikon. Sch. reflektiert dabei sehr bewusst, dass aktive Lateinkenntnisse immer weniger verbreitet und auch immer weniger nötig waren; die Vorrede zur zweiten Auflage enthält eine ausführliche Bestandaufnahme, wozu die Übung im Lateinschreiben noch gut sein könne. Bei der Übersetzung von Einrichtungen und Namen der Gegenwart ins Lateinische vertrat er einen eher pragmatischen, weniger klassizistischen Ansatz.

Wirkung

Das *Ausführliche Lexikon* wurde von David ↗Ruhnken in einer niederl. Ausgabe herausgebracht [7]. Im Übrigen entfaltete es – abgesehen davon, dass sich der hier etablierte Lexikontyp durchsetzen sollte – trotz seiner hervorragenden Qualität keine direkt Wirkung; es wurde auch nicht mehr neu gedruckt. Dagegen wurde das 1792 zum ersten Mal erschienene lat.-dt. und dt.-lat. Handlexikon nach seinem Tode von Georg Heinrich Lünemann weitergeführt und bildete über diesen den Grundstock für das Handlexikon von Karl Ernst ↗George, das im dt.sprachigen Raum bis heute weit verbreitet ist. Insgesamt markiert Sch.s Werk die Schwelle, an der die Erklärung der ant. Autoren das Übergewicht über die praktische Sprachausbildung gewann.

Schriften

[1] Anleitung die alten lat. Schriftsteller in den obern Classen der Schulen philologisch und critisch zu erklären, nebst einem Anhange von richtiger Nachahmung des Cicero u. einem Vorschlage das Griechische und Hebräische auf ähnliche Art zu erlernen, hrsg. von Hrn. Klotz, Halle 1770 [2] Ausführliche lat. Sprachlehre oder sogenannte Grammatik, Leipzig 1779 [3] Praecepta Stili bene Latini in primis Ciceroniani seu Eloquentiae Romanae quatenus haec nostris temporibus in dicendo et scribendo usurpari potest, Leipzig 1779 [4] Kurzgefaßte lat. Sprachlehre oder Grammatik für die Schulen, Leipzig 1780 [5] Ausführliches und möglichst vollständiges lat.-deutsches Lex. oder WB zum Behufe der Erkläung der Alten und Übung in der lat. Sprache, 2 Bde., Leipzig 1784 [6] Lat.-deutsches und deutsch-lat. Handlex. vornehmlich für Schulen, 2 Theile, Leipzig 1792 [7] I.J.G. Schelleri Lexicon Latino-Belgicum auctorum classicorum, 2 Bde., hrsg. von D. Ruhnken, Leiden 1799.

Sekundärliteratur

[8] R. Hoche, Art. Scheller, Immanuel Johann Gerhard, in: ADB 30, 1890, 768–770 [9] D. Krömer, Die zweisprachige lat. Lexikographie seit ca. 1700, in: F.J. Hausmann / O. Reichmann (Hrsg.), WB. Ein internationales Handbuch zur Lexikographie, Bd. 3, 1991, 3030–3034.

Jürgen Leonhardt

Schenk von Stauffenberg, Alexander Graf

Dt. Althistoriker. Geb. am 15.3.1905 in Stuttgart, gest. am 27.1.1964 in München. Besuch des Eberhard-Ludwigs-Gymnasiums in Stuttgart; Studium der Rechtswiss. in Heidelberg, ab 1923/24 der Alt.wiss. in Tübingen, München, Jena und Halle; Prom. 1928 in Halle bei Wilhelm ↗Weber mit einer Arbeit über den frühbyz. Historiker Johannes Malalas [1]; Habil. 1931 in Würzburg bei Joseph ↗Vogt zu Hieron II. von Syrakus [2]. PD, Lehrstuhlvertretungen in Berlin, Gießen und Würzburg, ab 1936 planmäßiger ao.Prof. in Würzburg als Nachfolger Joseph ↗Vogts. 1939 Kriegsdienst; 1942 Berufung auf den althistor. Lehrstuhl der Reichsuniv. Straßburg (nicht angetreten); Leutnant; nach dem 20.7.1944 Sondergefangener. 1948 Berufung auf den althistor. Lehrstuhl in München als Nachfolger Helmut ↗Berves.

Werk und Wirkung

St. entstammte dem schwäbischen Hochadel. Der Althistoriker Woldemar Graf von ↗Uxkull-Gyllenband war sein Cousin. Als aktive Mitglieder des militärischen Widerstands wurden sein Zwillingsbruder Berthold und sein zwei Jahre jüngerer Bruder Claus nach dem fehlgeschlagenen Attentat auf Adolf Hitler hingerichtet.

St. blieb in Forschung und Lehre ein Außenseiter. Im Mai 1923 wurden er und seine Brüder in Marburg bei Stefan George eingeführt. Die Begegnung mit dem ›Meister‹, zu dessen engstem Jüngerkreis St. bis zuletzt gehörte, prägte ihn tief. Wohl kaum einen Althistoriker seiner Generation beschäftigte das Verhältnis von Literatur und Macht, Dichtung und Staat, Dichtern und Herrschern so intensiv wie St. Seit seiner Arbeit über Hieron II. waren die Geschichte Siziliens und die Dichtung Pindars seine bevorzugten Themen [3]. In seinem Bemühen um die »seherische Sängerstimme« dieses Dichters stand St. in einer Trad., die bis auf seinen Landsmann Friedrich Hölderlin zurückgeht. Diese ›Genealogie‹ war für ihn zeitlebens bedeutsamer als die Anerkennung durch die Historikerzunft. Moses I. ↗Finley bezeichnete St.s Buch *Trinakria* ironisch als einen »*paean, in the footsteps of Pindar, to the first tyrants*« [6.203]. St. hatte maßgeblichen Anteil an der Gründung der Kommission für Alte Geschichte und Epigraphik in München 1951 und war bis 1956 deren Vorsitzender.

Schriften

[1] Untersuchungen zur Chronik des Johannes Malalas. Die Kaiserzeit von Caesar bis Traian (Diss. Halle), 1928 [2] König Hieron der Zweite von Syrakus (Habil.schrift Würzburg), 1935 [3] Trinakria. Sizilien und Großgriechenland in archaischer und frühklassischer Zeit, 1963 [4] Macht und Geist. Vorträge und Abhandlungen zur Alten Geschichte, hrsg. von S. Lauffer, 1972.

Sekundärliteratur

[5] K. Christ, Der andere Stauffenberg. Der Historiker und Dichter Alexander von Stauffenberg, 2008 [6] M. I. Finley, Ancient Sicily, ²1979.

Kay Ehling

Schlegel, August Wilhelm

Dt. Schriftsteller, Literaturtheoretiker und Übersetzer. Geb. am 8.9.1767 in Hannover, gest. am 12.5.1845 in Bonn. Bruder von Friedrich ↗Schlegel. 1786–1791 Studium der Theologie und Philologie in Göttingen. 1792–1795 Hauslehrer in Amsterdam; 1795–1801 in Jena ansässig, seit 1798 als ao.Prof. 1801–1804 Privatgelehrter in Berlin; 1804–1818 mehrere Reisen durch Europa; 1808 öffentliche Vorlesungen in Wien; 1809 schwed. Legationsrat, 1813/14 Sekretär des schwed. Kronprinzen. 1815 geadelt. Seit 1819 Prof. für Ind. Philologie und Leiter des antiqu. Museums in Bonn.

Werk und Wirkung

Der Kritiker, Ästhetiker, Dichter, Sprachwissenschaftler und Übersetzer A.W. Sch. war gemeinsam mit seinem Bruder Friedrich Wegbereiter der dt. Romantik. Bereits während seines Studiums bei Christian Gottlob ↗Heyne und während seines Aufenthaltes in Holland hatte er sich intensiv mit der ant. Literatur beschäftigt [1]. Seine Jenaer *Vorlesungen über philos. Kunstlehre* (1798/99) [4] galten vorrangig allgemeinen ästhetischen Fragen. Im Rahmen seiner in Berlin gehaltenen öffentlichen *Vorlesungen über schöne Litteratur und Kunst* (1801–1804) [3] sprach er ausführlich über die Geschichte der ant. Literatur, insbes. über die epische, lyrische und dramatische Poesie der Griechen. Seine *Vorlesungen über Encyklopädie* (1803) [6. Bd. 3] sind im dritten Teil von der Philologie dominiert. Sch.s berühmtestes und meistgelesenes Werk sind die Wiener Vorlesungen *Über dramatische Kunst und Literatur* von 1808 [2]. Von den 37 Vorlesungen betrafen die ersten drei allgemeine gattungstheoretische und -histor. Fragen, die vierte bis dreizehnte die griech., die vierzehnte und fünfzehnte die röm. und die weiteren die nzl. Dramatik. Charakteristisch waren seine (mehr oder weniger das gesamte 19. Jh. bestimmende) Abwertungen von Euripides, Vergil, Horaz und Ovid, denen jedoch die Hochschätzung der röm. Elegiker gegenüberstand.

Wie sein Bruder Friedrich bewunderte Sch. zunächst die griech. Literatur uneingeschränkt und betonte seit seiner Berliner Zeit den Gegensatz zwischen dem ›Klassischen‹ und dem ›Romantischen‹ bwz. ›Modernen‹; dabei stellte er den Eigenwert des Romantischen heraus. Auch ordnete er ebenso wie sein Bruder die ant. Literatur in den Gesamtprozess der weltlit. Entwicklung ein. Seine eigenen Dichtungen – wie der *Ion* nach Euripides (1801) oder mehrere Balladen – waren weitgehend klassizistisch geprägt. Mit der Elegie *Rom* allerdings schuf er 1805 einen Abgesang auf die Antike.

SV: Deutsches Literatur-Lexikon, Bd. 15, 1993, 90–91.

N: Dresden, Sächsische Landesbibl.

Schriften

[1] De geographia Homerica commentatio, 1788 [2] Über dramatische Kunst und Literatur. Vorlesungen (1808), 3 Bde., 1809–1811 [3] Vorlesungen über schöne Litteratur und Kunst (1801–1804), 3 Bde., 1884 [4] Vorlesungen über philosophische Kunstlehre (1798/99), mit erläuternden Bemerkungen von K. Ch. F. Krause, hrsg. von A. Wünsche, 1911 [5] Kritische Schriften und Briefe, 7 Bde., hrsg. von E. Lohner, 1962–1974 (bes. Bde. 3, 5 und 6) [6] Kritische Ausgabe der Vorlesungen, hrsg. von E. Behler et al., 1989 ff. (bes. Bde. 2/1 und 3).

Sekundärliteratur

[7] Bursian Gesch. 611–614 [8] F. Muncker, Art. Schlegel, August Wilhelm, in: ADB 31, 1891, 354–368 [9] V. Riedel, Antikerezeption in der deutschen Literatur vom Renaissance-Humanismus bis zur Gegenwart. Eine Einführung, 2000, 206–208 [10] Sandys Hist., Bd. 3, ³1920, 71–72 [11] G. Schulz, Die deutsche Literatur zwischen Französischer Revolution und Restauration, 2 Bde., 1983–1989, Bd. 1, 263–265; Bd. 2, 238–242.

Volker Riedel

Schlegel, Friedrich

Dt. Schriftsteller und Literaturtheoretiker. Geb. am 10.9.1772 in Hannover als Karl Wilhelm Friedrich Sch., gest. am 11.1.1829 in Dresden. Bruder von August Wilhelm ↗Schlegel. 1790 Jurastudium in Göttingen, 1791–1794 Studium der Phil. und Philosophie in Leipzig. 1794–1796 freischaffender Schriftsteller in Dresden; 1796–1802 Privatgelehrter in Berlin und Jena (1800/01 PD an der Univ. Jena). 1802–1804 in Paris tätig, danach u.a. in Köln und Dresden. 1808 Konversion zum Katholizismus. Ab 1809 Hofkanzleisekretär in Wien, in den folgenden Jahren öffentliche Vorlesungen. 1815 geadelt. 1815–1818 Legationsrat am Dt. Bundestag in Frankfurt a.M.; 1818 Rückkehr nach Wien; ab 1828 philos. Vorlesungen in Dresden.

Werk und Wirkung

F. Sch., der führende Theoretiker der dt. Frühromantik – Sohn bzw. Neffe der Aufklärungsschriftsteller Johann Adolf und Johann Elias Sch. –, trat als Ästhetiker, Kulturphilosoph, Literaturwissenschaftler, Dichter und Publizist hervor. Am Beginn seines Schaffens standen dezidiert altphilol. Arbeiten zur Gesch. der ant., insbes. der griech. Literatur – v.a. die programmatische Abhandlung *Über das Studium der Griech. Poesie* (1795/96; in [3]). Diese Arbeiten hatten Einfluss auf die Klass. Philologie bis weit ins 19. Jh. hinein und wurden noch von Ulrich von ↗Wilamowitz-Moellendorff hochgeschätzt. Hervorgehoben seien namentlich die Aufwertungen von Aristophanes, Platon sowie der hell. Elegiker und die (aus heutiger Sicht allerdings problematische) Abwertungen von Euripides und Ovid.

In der Jenaer Zeit nahm Sch. gravierende Akzentverlagerungen vor: zum einen von der Philologie zur Poesie, Philosophie und Publizistik (1798–1800 gab er zusammen mit seinem Bruder die führende frühromantische Zeitschrift *Athenäum* heraus), zum anderen von der uneingeschränkten Bewunderung des Altertums in der Nachfolge Johann Joachim ↗Winckelmanns zur Parteinahme für die Moderne. In mehreren Aphorismen äußerte er sich bissig und aggressiv über die Antike und die Philologie. Gegen Ende des 18. Jh.s trat das Altertum in seinen Überlegungen zurück oder wurde sogar zur Quelle romantischer Elemente – so in der als Abhandlung in das *Gespräch über die Poesie* [5] eingeschalteten *Rede über die Mythologie*. Eine Art lit. Pendant zu dieser Entwicklung ist die Abwertung des tätigen Prometheus zugunsten eines genießenden Herakles in der *Idylle über den Müßiggang* aus dem Roman *Lucinde* (1799).

Im Wesentlichen war die Antike für Sch. jetzt völlig in den Gang der Literaturgeschichte eingeordnet. Nur drei seiner sechzehn Wiener Vorlesungen von 1812 [6] waren ihr gewidmet. Die anderen betrafen den Orient, die nordische Welt der Germanen, das MA und die europ. Literatur seit dem 16. Jh. Insbes. in diesen Proportionen – nicht so sehr in den Aussagen zur griech. und röm. Literatur selbst – schlägt sich der gewandelte Stellenwert des Altertums im Denken Sch.s nieder. Dennoch gab er zu Beginn des 19. Jh.s Anregungen für die Platon-Übersetzung Friedrich ↗Schleiermachers und benutzte noch in seiner Spätphase ant. Symbole (wenn auch nicht mehr unter philol. Aspekt) zur Begründung einer Literatur mit mythisch-religiösen Zügen.

SV: Deutsches Literatur-Lexikon 15, 1993, 103–105.

N: Bonn, Görres-Gesellschaft; Staatsbibl. zu Berlin, Preuß. Kulturbesitz; Frankfurt a.M., Freies Dt. Hochstift; Trier, Stadtbibl.

Schriften

[1] Über die Diotima, 1795 [2] Über die Homerische Poesie, 1796 [3] Die Griechen und Römer. Historische und kritische Versuche über das klassische Alterthum, 1797 [4] Geschichte der Poesie der Griechen und Römer, 1798 [5] Gespräch über Poesie, 1800 [6] Geschichte der alten und neuen Literatur, 1815 (Vorlesungen 1812) [7] Kritische Friedrich-Schlegel-Ausgabe, hrsg. von E. Behler et al., 1958 ff. (bes. Bde. 1, 2 und 6).

Sekundärliteratur

[8] Bursian Gesch. 624–628 [9] F. Muncker, Art. Schlegel, Friedrich von, in: ADB 40, 1896, 334–349 [10] V. Riedel, Antikerezeption in der deutschen Literatur vom Renaissance-Humanismus bis zur Gegenwart. Eine Einführung, 2000, 203–206 [11] V. Riedel, Die Bedeutung der Altertumswissenschaften für Weimarer und Jenaer Schriftsteller um 1800, in: V. Riedel, Literarische Antikerezeption zwischen Kritik und Idealisierung, 2009, 229–247 [12] Sandys Hist., Bd. 3, 21920, 72–73 [13] E. G. Schmidt, Jenaer Gräzistik um 1800, in: F. Strack (Hrsg.), Evolution des Geistes, 1994, 245–269 [14] G. Schulz, Die deutsche Literatur zwischen Französischer Revolution und Restauration, 2 Bde., 1983–1989, Bd. 1, 241–250; Bd. 2, 242–246.

Volker Riedel

Schleiermacher, Friedrich Daniel Ernst

Dt. Philosoph, Theologe und Philologe. Geb. am 21.11.1768 in Breslau, gest. am 12.2.1834 in Berlin. 1785–1787 Schulbildung im Seminarium der Herrnhuter Brüdergemeine in Barby; 1787–1789 Studium der Theologie, Philosophie und Klass. Phil. in Halle; 1790 erste theologische Prüfung. 1790–1804 Lehrer und Prediger an wechselnden Orten, darunter 1796–1802 an der Charité in Berlin. 1804 Universitätsprediger und ao.Prof. für Theologie und Philosophie in Halle; Februar 1806 o.Prof. ebda.; seit Mai 1807 öffentliche Vorlesungen in Berlin; Juni 1807 theologische Prom. *in absentia* in Halle. Juni 1809 Pfarrer in Berlin; 1809/10 o.Prof. der Theologie an der Univ. Berlin. 1810 Mitglied der Philos. und der Histor.-Philol. Klasse der Akad. ebda.; 1814 Sekretär der Philos. Klasse und 1826 auch der Histor.-Philol. Klasse, 1827 Sekretär der vereinigten Klassen der Akad.; 1815/16 Rektor der Berliner Univ.

Werdegang

Als Sohn eines reformierten Stabsfeldpredigers wurde Sch. in seiner Schulzeit stark vom Herrnhuter Pietismus geprägt. Einen Bruch damit bedeutete das Studium in Halle, das im Zeichen der Philosophie (einschließlich der griech. [3]) und ihres Verhältnisses zur Theologie stand; es sollte seine wiss. Entwicklung bestimmen. Mit seinem Wechsel an die Berliner Charité trat Sch. in Verbindung zu den Romantikern, insbes. zu Friedrich ↗Schlegel, mit dem er zeitweise zusammen wohnte. In der Überzeugung, dass im Werk Platons die Versöhnung von Wiss. und Kunst verwirklicht sei, plante Schlegel seit 1799 mit Sch. eine gemeinsame dt. Platonübersetzung. Während sich dieser bald von dem Vorhaben zurückzog, setzte Sch. die Übersetzung v. a. zwischen 1804 und 1809 fort.

In Halle entfaltete Sch. zur Erweiterung seines wiss. Spektrums eine breite Vorlesungstätigkeit. Als nach Preußens Niederlage im Kampf gegen Napoleon die Univ. Halle geschlossen wurde, beteiligte er sich an den Arbeiten der preuß. Staatsreformer. Dadurch empfahl er sich für eine Berufung an die Univ. Berlin sowie an die Berliner Akad. Deren Profil im Bereich der Alt.wiss. beeinflusste Sch. nachhaltig (zusammen mit Philipp Karl ↗Buttmann, August ↗Boeckh und Barthold Georg ↗Niebuhr); v. a. sorgte er dafür, dass die Akad. eine Aristoteles-Ausgabe (1817) in die Wege leitete, für die August Immanuel ↗Bekker die Verantwortung übernahm. Sch. selbst warb in Berlin bereits vor der Gründung der Univ. in Vorlesungen für die griech. Philosophie, danach insbes. in Akad.-Vorträgen. Als Mitglied u. a. der *Griech. Gesellschaft* und der *Gesetzlosen Gesellschaft* prägte er die Berliner Salonkultur [10].

Werk und Wirkung

Zu Sch.s altertumswiss. Werk, das eng mit seinem philos. Werk verknüpft ist, gehören dreierlei Schriftengruppen:

(1) Histor.-systematische Arbeiten zur griech. Philosophie, insbes. die Einleitungen [4]; [8] zur Platon-Übersetzung, darunter die allgemeine Einleitung von 1804 mit einem neuen Platonbild. Im Zentrum steht eine neue Bestimmung des Verhältnisses von Platons ungeschriebener und schriftlicher Lehre. Nach Sch. entwickelte Platon als philos. Künstler seine gesamte Philosophie aus einem Gesamtkonzept nacheinander in den einzelnen Dialogen (mit dem *Phaidros* als frühestem und grundlegendem Werk), sodass es keine gesonderte ungeschriebene Lehre außerhalb der Dialoge gibt. Eine Untersuchung zu Heraklit (1808) [5] und Beiträge in Akad.-Vorträgen (u. a. über Diogenes von Apollonia, Anaximandros, Sokrates, Platon und Aristoteles) [6] sind Zeichen für Sch.s dauerhafte Beschäftigung mit der griech. Philosophie.

(2) Übersetzungen fast aller Schriften Platons (ohne *Kritias*, *Nomoi*, *Timaios* und die Briefe) [1]. Diese entsprechen in der ästhetischen Qualität und in der Nachbildung des griech. Sprachbaus den Übersetzungsmaximen des Neuhumanismus und der Klass. Philologie.

(3) Hermeneutische Arbeiten nach Art des hermeneutikfreudigen Geistes der Zeit. Sie sind der systematischen Auslegung von Texten (Vorlesungen über Hermeneutik seit 1809/10) und dem speziellen Problem des Übersetzens [7] gewidmet.

Sch.s Platondeutung wurde schnell und dauerhaft bis zum Ende des 19. Jh.s akzeptiert. Seit der zweiten Hälfte des 19. Jh.s trat sie jedoch in Konkurrenz zu dem Gedanken der inneren Entwicklung des platonischen Denkens, durch den die Chronologie von Platons Schriften gegen Sch. dauerhaft neu bestimmt wurde. Radikale Kritik an seiner Platondeutung äußerte – ohne dauerhafte Akzeptanz – erst Hans Joachim Krämer, der die ungeschriebene Lehre im Gegensatz zu Sch. als Grundlage der Philosophie in den Dialogen bestimmte [9]. Zusammen mit seinen Übersetzungsmaximen hat sich Sch.s Platon-Übersetzung wegen ihrer Genauigkeit bis in die Gegenwart – u. a. durch Bearbeitung [2] – behaupten können.

Schriften

[1] Platons Werke, 6 Bde. (dt. Übers.), 1804–1828 [2] Platons Werke (griech.-dt.), 8 Bde., hrsg. von G. Eigler, 1977 (Ndr. 2011) [3] Jugendschriften 1787–1796 (Kritische Gesamtausgabe, hrsg. von H.J. Birkner et al., Bd. 1, Abt. 1), 1984 [4] Über die Philosophie Platons, hrsg. von P.M. Steiner, 1996 [5] Herakleitos, in: H.-J. Birkner et al. (Hrsg.), Kritische Gesamtausgabe, Bd. 1, Abt. 6, 1998, 101–241 [6] Akademievorträge (Kritische Gesamtausgabe, hrsg. von H.-J. Birkner et al., Bd. 1, Abt. 11), 2002 [7] Über die verschiedenen Methoden des Übersetzens (1813), in: H.-J. Birkner et al. (Hrsg.), Kritische Gesamtausgabe, Bd. 1, Abt. 11, 2002, 65–93 [8] Schleiermacher's Introductions to the Dialogues of Plato (engl. Übers. von W. Dobson 1836), 2007.

Sekundärliteratur

[9] H.J. Krämer, Arete bei Platon und Aristoteles, 1959 [10] K. Nowak, Schleiermacher. Leben, Werk und Wirkung, 2002 [11] G. Scholtz, Art. Schleiermacher, Friedrich, in: NDB 23, 2007, 54–57.

Manfred Landfester

Schliemann, Heinrich

Dt. Geschäftsmann und Archäologe. Geb. am 6. 1. 1822 in Neubukow (Landkreis Rostock) als Johann Ludwig Heinrich Julius Sch., gest. am 26. 12. 1890 in Neapel. 1866/67 Studium (Phil., Literatur,

Philosophie) in Paris; 1869 Prom. in Rostock; 1883 Ehrendoktorat Oxford. 1868 erste Grabung in der Troas. 1870–1873, 1876–1879, 1882, 1889–1890 Grabungen in Hissarlik, 1874 und 1876 in Mykene, 1876 und 1884/85 in Tiryns, 1880/81 und 1886 in Orchomenos, 1883 an den Thermopylen, 1888 in Alexandria.

Werdegang

Sch., Sohn des Pfarrers in Ankershagen, musste, nachdem sein Vater 1831 wegen Sittenlosigkeit seines Amtes enthoben wurde, das Gymnasium Carolinum in Neustrelitz verlassen und 1833–1836 die Realschule besuchen. Nach der Lehre bei einem Fürstenberger Krämer (1836–1841) und erfolgloser Arbeitssuche in Hamburg wollte er nach Venezuela auswandern, erlitt jedoch vor der niederl. Küste Schiffbruch. 1842 fand er Beschäftigung bei Großhändlern in Amsterdam und lernte Fremdsprachen (v.a. Englisch, Italienisch, Russisch). 1846 übersiedelte er als Vertreter verschiedener Firmen nach St. Petersburg. Bald gründete er sein eigenes Importgeschäft, das u.a. mit Indigo, Baumwolle, Kaffee und Zucker handelte. Wegen des Todes seines Bruders reiste Sch. 1850 nach Kalifornien, wo er mit dem Ankauf von Goldstaub und Eisenbahnaktien erhebliche Gewinne erzielte. 1852 nach St. Petersburg zurückgekehrt, heiratete er Katharina Petrovna Lyshina, Tochter eines Rechtsanwaltes (drei Kinder). Während des Krimkriegs (1853–1856) importierte er strategisch wichtige Materialien wie Schwefel, Salpeter und Blei für die Armee des Zaren.

In St. Petersburg wandte Sch. sich ab 1856 Bankgeschäften und zugleich dem autodidaktischen Studium des Neugriechischen und der alten Sprachen zu; 1858/59 bereiste er Europa, Ägypten und die Levante. Nach Tätigkeit im Teegeschäft (1862–1864) stellte er den Rohstoffhandel ein und unternahm eine zweijährige Weltreise. 1866 hörte er in Paris Vorlesungen von Gelehrten wie z.B. dem Archäologen Charles Beulé und ließ sich dort nach einem erneuten Russlandaufenthalt langfristig nieder, um ein durch Kapitalanlagen unterstütztes Gelehrtenleben zu führen.

1867/68 reiste Sch. nach Amerika und dann zu Studienzwecken nach Italien, Griechenland und in die Troas. Dort unternahm er erste Probegrabungen am Balli Dagh und lernte Frank Calvert kennen, der ihn auf den Hügel von Hissarlik als vermutliche Stätte des antiken Troia hinwies. 1869 veröffentlichte Sch. sein erstes arch. Buch [1], wurde *in absentia* an der Univ. Rostock mit einem Bericht seiner Reise nach Ithaka, Mykene und in die Troas promoviert, erlangte die amerikan. Staatsbürgerschaft, ließ sich scheiden und heiratete die Griechin Sophia Engastromenos (zwei Kinder). Aus Sorge um Sophias Wohlbefinden übersiedelte er 1871 nach Athen. Er starb 1890 an Komplikationen nach der Operation eines chronischen Ohrleidens [26.14–73].

Werk

In Troia, Mykene, Orchomenos und Tiryns entdeckte Sch. ab 1870 eine bis dahin nur sagenhafte Zivilisation, die »mykenische« Spätbronzezeit auf dem griech. Festland. Im Laufe seiner Arbeiten in Troia 1870–1890 [3]; [5]; [7] entwickelte sich Sch. vom homerbegeisterten Dilettanten zum sachkundigen Ausgräber und Gelehrten. In Mykene gruben Sch. und seine Frau 1876 einige Kuppelgräber und die Schachtgräber von Grabbezirk A aus [4]. In Orchomenos reinigte Sch. 1880/81 das eingestürzte Kuppelgrab, das sog. Schatzhaus des Minyas, und wurde dabei auf die heute als grau-minysche Ware bezeichnete Keramik aufmerksam [6]. In Tiryns (1876, 1884, 1885) legte er kyklopische Mauern und eine Palastanlage mit Fresken und Badezimmer frei [8].

Obwohl sein Ruhm sich v.a. den Schätzen von Troia (»Schatz des Priamos«) und Mykene (Funde aus den Schachtgräbern, darunter die »Goldmaske des Agamemnon«) verdankte, zog Sch. immer metallische Kleinfunde und Topfscherben vor, die zu wiss. Ergebnissen führten. Schon vor seiner Zusammenarbeit mit Wilhelm ↗Dörpfeld [19.810–812] nahm er Kenntnis von stratigraphischen Verfahren und Materialanalysen. Sein Entschluss, die Trojafunde mit Photographien zu illustrieren [2], war bahnbrechend [21.106–107]; seine mehrsprachigen Veröffentlichungen der Grabungsergebnisse hatten exemplarischen Rang [24.25–57]. Mangels einer entwickelten prähistor. Archäologie waren Sch.s Identifizierungen und Datierungen teils fehlerhaft; dennoch wuchs sein Sachverständnis aus persönlicher Erfahrung sowie dem Umgang mit Fachleuten [4.367–376]; [5.673–751]; [8.200–432].

Spannungen begleiteten oft Sch.s Beziehungen mit türk. und griech. Beamten, insbes. bei der Gerichtsklage der Türkei wegen der Entfernung von Funden (1874/75) und angesichts seines Widerstands gegen die Aufsicht der griech. Arch. Gesellschaft über die Grabungen in Mykene [26.84–135, 144–159]. Auch dass Sch. den Abriss des fränkischen Turms auf der Akropolis von Athen finanzierte, führte zu Kontroversen. Nach dem Ende des Prozesses reiste Sch. auf der Suche nach Vergleichsmaterial durch europ. Museen und erforschte andere arch. Stätten in Griechenland (Levadia, Marathon, Ithaka, Kythera) und Italien (Albano, Motya). In Kreta versuchte er 1884–1889 vergeblich, Land in Knossos anzukaufen und eine Grabungsgenehmigung zu erhalten

[17.223–229]. In Ägypten besuchte er Flinders ↗Petrie. Sch. organisierte Veröffentlichungen durch andere Gelehrte und veranstaltete internationale Konferenzen in Troja (1889, 1890) [9]. In Athen ließ er drei große Bauten errichten: das Iliou Melathron (sein prachtvolles Stadtpalais, heute Sitz des Numismatischen Museums), das Gebäude des DAI und sein eigenes Mausoleum.

Von den Zehntausenden durch Sch. archivierten Briefen aus seiner Gelehrtenkorrespondenz sind noch viele erhalten, die das von seinen Publikationen und Tagebüchern gezeichnete Bild ergänzen. Zu nennen sind hier bes. die Briefwechsel mit Frank Calvert, Ernest ↗Renan, Georges ↗Perrot, Salomon ↗Reinach, Giuseppe ↗Fiorelli, Luigi ↗Pigorini, Austin Henry ↗Layard, Charles ↗Newton, Rudolf Virchow [18], Wolfgang ↗Helbig und Alexander ↗Conze.

Rezeption und Wirkung

Sch.s Veröffentlichungen erregten großes wiss. Interesse und beeindruckten das Publikum, nicht zuletzt wegen des Selbstporträts, das er darin von sich als Unternehmer, Schriftsteller und Ausgräber entwarf. Doch wurden sein Vertrauen auf Homer und Pausanias ebenso wie die von ihm vertretenen Datierungen und Deutungen auch heftig angegriffen [21.116–124]. Richard C. ↗Jebb hielt die von Sch. ergrabenen Befunde für klassisch oder später [20.76–92], Adolf ↗Furtwängler stellte Sch.s Urteilskraft und Verstand in Frage [15.31–55], Ernst Bötticher beharrte darauf, dass Troia eine Feuernekropole sei [29]. Einige seiner Kritiker konnte Sch. überzeugen [26.254–255, 266]. Prähistoriker und Anthropologen waren in der Regel aufgeschlossener für seine Ideen als die meisten klass. Altertumswissenschaftler [19.811].

Die kraftvolle Persönlichkeit des ehemaligen Geschäftsmannes Sch. und seine naturwiss. Herangehensweise haben die Archäologie, einst das Feld von akad. Verehrern der klass. Ästhetik, neu definiert [15.56–117]; [16.32–47]. Das Buch von Carl ↗Schuchhardt [17.161–175] vermehrte Sch.s Nachruhm [25]. Jahrzehntelang wurde das Sch.-Bild durch die Veröffentlichungen Ernst ↗Meyers [10]; [11]; [22] bestimmt, die ihn als dt. Helden verklärten [19.789–807]. In Troia setzten Wilhelm ↗Dörpfeld, Carl ↗Blegen und Manfred Korfmann seine Arbeit fort, in Mykene Christos ↗Tsountas. Während Sch. als Ausgräber weiterhin von Archäologen verteidigt wird [17.191–198]; [24.59–81], sind sein Charakter und seine Handlungsweise in jüngster Zeit zunehmend kritisch betrachtet worden [14]; [26], z.B. sein problematischer Umgang mit Frank Calvert [13].

In Wissenschaft und Öffentlickeit verdankt Sch. seinen Weltruhm bis heute den Troja- und Mykenefunden – trotz Fragen zur Natur der Ergebnisse und zu den Umständen ihrer Gewinnung. Er vereinigte lit. Ehrgeiz mit praktischem Geschick, um seine Großgrabungen, durch die die Ägäische Bronzezeit wiedergefunden wurde, zu organisieren, finanzieren, realisieren und publizieren [16]. Im Zeitalter der staatlich finanzierten Archäologie im Dienste des Imperialismus [21] bildeten Sch.s Projekte eine Ausnahme: hinsichtlich ihrer selbsttragenden Organisation, ihrer weithin propagierten und international zügigen Verbreitung wie auch der dabei erzielten Funde [24]. Seine autobiographische Selbststilisierung konkurriert mit seinen arch. Leistungen, weshalb er Forschungsgegenstand und Objekt der Phantasie bleibt [27].

N: American School of Classical Studies at Athens, Gennadius Library, Heinrich Schliemann and Family Papers (vgl. [19])

M: [12]; Vorworte zu [1]; [5]; [28].

SV: [20]; [24].

Schriften

[1] Ithaque, le Peloponnese et Troie, 1869 (dt. 1869) [2] Atlas trojanischer Alterthümer, 1874 (elektron. Ressource; franz. 1874) [3] Trojanische Alterthümer, 1874 (franz. 1874, engl. 1875) [4] Mykenae. Bericht über meine Forschungen und Entdeckungen in Mykenae und Tiryns, 1878 (elektron. Ressource; engl. 1878, franz. 1879) [5] Ilios. The City and the Country of the Trojans. The Results of Researches and Discoveries on the Site of Troy and throughout the Road in the Years 1871–72–73–78–79; Including an Autobiography of the Author, 1880 (dt. 1881 [elektron. Ressource], franz. 1885) [6] Exploration of the Boeotian Orchomenus, in: JHS 2, 1881, 122–163 (dt. 1881, griech. 1883) [7] Troja. Ergebnisse meiner neuesten Ausgrabungen auf der Baustelle von Troja, in den Heldengräbern, Bunarbaschi und andern Orten der Troas im Jahre 1882, 1884 (elektron. Ressource; engl. 1884) [8] Tiryns. The Prehistoric Palace of the Kings of Tiryns, the Results of the Latest Excavations, 1885 (dt. 1886 [elektron. Ressource]) [9] Bericht über die Ausgrabungen in Troja im Jahre 1890 (mit S. Schliemann und W. Dörpfeld), 1891 (elektron. Ressource) [10] Briefe, hrsg. von E. Meyer, 1936 [11] Briefwechsel, hrsg. von E. Meyer (2 Bde.), 1953–1958 [12] Selbstbiographie, hrsg. von S. Schliemann und A. Brückner, 1892.

Sekundärliteratur

[13] S.H. Allen, Finding the Walls of Troy, 1999 [14] W.M. Calder III, Schliemann on Schliemann, in: Greek, Roman, and Byzantine Studies 13, 1972, 335–353 [15] W.M. Calder III / J. Cobet (Hrsg.), Heinrich Schliemann nach hundert Jahren, 1990 [16] K. Demakopoulou (Hrsg.), Troy, Mycenae, Tiryns, and Orchomenos, 1990 [17] J. Herrmann (Hrsg.), Heinrich Schliemann. Grundlagen und Ergebnisse moderner Archäologie 100 Jahre nach Schliemanns Tod, 1992 [18] J. Herrmann / E. Maass (Hrsg.), Die Korrespondenz zwischen Heinrich Schliemann und Rudolf Virchow 1876–1890, 1990 [19] S.A.H. Kennell, Schliemann and His Papers, in: Hesperia 76, 2007, 785–817 [20] G.S. Korres, Βιβλιογραφία Ερρίκου Σλήμαν (Bibliographie), 1974 [21] S. Marchand, Down from Olympus, 1996

[22] E. Meyer, Heinrich Schliemann. Kaufmann und Forscher, 1969 [23] T. Mühlenbruch, Heinrich Schliemann. Ein Itinerar, 2008 [24] C. Runnels, The Archaeology of Heinrich Schliemann. An Annotated Bibliographic Handlist, ²2007 [25] C. Schuchhardt, Schliemann's Ausgrabungen in Troja, Tiryns, Mykenä, Orchomenos, Ithaka im Lichte der heutigen Wissenschaft, ²1891 [26] D. A. Traill, Schliemann of Troy: Treasure and Deceit, 1995 [27] A. W. Vetter / N. Büttner (Hrsg.), Troia. Traum und Wirklichkeit (Ausst.kat.), 2001, 430–461 [28] R. Virchow, Erinnerungen an Schliemann, in: Gartenlaube 38, 1891, 64–67 [29] M. Zavadil, Ein Trojanischer Federkrieg, 2009.

Stefanie Kennell

Schmid, Erasmus

Auch Schmied, Schmidt, Schmidius; dt. Klass. Philologe. Geb. am 17.4.1570 in Delitzsch (Sachsen), gest. am 4.9.1637 in Wittenberg. Ab 1585 Schulbesuch in Schulpforta; 1590–1593 Studium in Wittenberg; 1595 Aufenthalt in Ungarn. Ab 1597 Prof. für griech. Sprache in Wittenberg; ab 1614 auch Prof. für Mathematik.

Leben und Werk

Sch.s wichtigster Beitrag zur Philologiegeschichte war seine 1616 zuerst erschienene Pindarausgabe [3]. Sie enthält neben dem griech. Text eine neue lat. Übersetzung, einen Wortkommentar sowie zu jedem Gedicht eine gliedernde Aufschlüsselung; für die Textkritik darin stellte Janus ↗Gruter drei Handschriften aus der *Bibliotheca Palatina* in Heidelberg zur Verfügung. Weiterhin enthält die Ausgabe eine Abhandlung über den Dithyrambos sowie eine Univ.-Rede über Amerika. Insgesamt bietet dieses Werk eine wesentlich bessere Erschließung des ohne Hilfen nur schwer verständlichen Pindartextes als die früheren Renaissanceausgaben. Es blieb bis zur neuen Edition durch Christian Gottlob ↗Heyne (1773) europaweit führend, im dt.sprachigen Raum war es bis dahin sogar ganz oder nahezu die einzige Ausgabe Pindars, wie dieser überhaupt bis in die zweite Hälfte des 18. Jh.s wenig gelesen wurde. Ähnlich war Sch.s Hesiodedition angelegt [1] (mit Kommentar ↗Melanchthons). Neben weiteren Ausgaben griechischer Schriftsteller veröffentliche Sch. eine Abhandlung über die griech. Dialekte [2] und eine im 20. Jh. noch einmal überarbeitete Konkordanz des griech. NT [4]. Auch wenn seine Arbeiten seit dem 19. Jh. kaum noch weitergewirkt haben, zählte Sch. zu den profiliertesten dt. Gräzisten des 17. Jh.s.

Schriften

[1] Poëmata Hesiodi Ascraei quae extant omnia (Edition, mit lat. Übers. und Enarrationes Ph. Melanchthons), Wittenberg 1601 [2] De dialectis Graecorum principalibus, Wittenberg 1604 [3] Pindáru Períodos, hoc est Pindari Lyricorum principis … Olympionicae, Pythionicae, Nemeonicae, Isthmionicae … cum fragmentis aliquot diligenter collectis … (Edition, mit lat. Übers.), Wittenberg 1616 [4] Novi Testamenti Jesu Christi Graeci, hoc est, originalis linguae tameîon (aliis concordantiae), Wittenberg 1638.

Sekundärliteratur

[5] Art. Schmidt, Erasmus, in: Jaumann, Hdb. 591–592 [6] R. Häfner, Synoptik und Stilentwicklung. Die Pindar-Editionen von Zwingli/Ceporin, Erasmus Schmid und Alessandro Adimari, in: H. Zedelmaier / M. Mulsow (Hrsg.), Die Praktiken der Gelehrsamkeit in der Frühen Neuzeit, 2001, 97–119 [7] H. Kathe, Die Wittenberger Philosophische Fakultät 1502–1817, 2002, 198–200 [8] H. Klenz, Art. Schmied, Erasmus, in: ADB 32, 1891, 27–28.

Jürgen Leonhardt

Schmied s. Schmid, Erasmus

Schmitthenner, Walter

Dt. Althistoriker. Geb. am 11.7.1916 in Mannheim, gest. am 8.9.1997 in Freiburg i. Br. Schulbesuch in Mannheim und Heidelberg; Studium in Berlin, Heidelberg und Basel; Prom. 1949 in Heidelberg; Habil. 1959 ebda. 1958 Prom. (PhD) in Oxford; nach Lehrstuhlvertretung 1961 o.Prof. in Saarbrücken; 1967 o.Prof. in Freiburg i. Br.; 1984 emeritiert.

Werk und Wirkung

Sch.s Studium der Geschichte und der Klass. Philologie wurde durch den Kriegsdienst mehrfach unterbrochen. 1949 erfolgte die Heidelberger Prom. mit einer Arbeit zu Octavian [1]. Nach dem Referendariat und einem Studienaufenthalt in Oxford, u. a. bei Ronald ↗Syme (später Erwerb des PhD mit einer Thesis zur Militärgeschichte [2]), habilitierte sich Sch. 1959 mit einer Untersuchung über *Augustus' frühe auswärtige Unternehmungen*, die in mehreren Teilaufsätzen veröffentlicht wurde (u. a. [5]). Damit kristallisierte sich bereits früh Sch.s besonderer Forschungsschwerpunkt heraus: der Übergang der röm. Republik in den Prinzipat. Augustus wurde hier als Politiker gezeichnet, dessen Erfolg auf kontingenten Entscheidungen und der Lösung dringender Probleme beruhte und keinesfalls einem konsequent verfolgten primären Konzept folgte. Damit trat Sch. weiten Teilen der Augustus-Rezeption entgegen, insbes. dessen Betrachtung im sog. Dritten Reich. Weitere wichtige von Sch. behandelte Aspekte waren die ant. Universalgeschichte sowie die Rolle des Monarchen im Hellenismus.

Auch aufgrund persönlicher Erfahrungen engagierte sich Sch. für die Rehabilitierung des dt. Widerstandes gegen das NS-Regime. Er selbst verfasste als Althistoriker entsprechende Artikel in dt. Schulbüchern und gab gemeinsam mit Hans Buchheim einen Band zur Widerstandsgeschichte heraus [3]. Die Problematik verfolgter Minderheiten, insbes. in der jüd. Geschichte [4], war ein weiteres Forschungsfeld Sch.s. Als Nachfolger Hermann ↗Strasburgers wirkte er ab 1979 als Mitherausgeber des *Gnomon.*

Schriften

[1] Oktavian und das Testament Cäsars. Eine Untersuchung zu den politischen Anfängen des Augustus, 1952 (²1973) [2] The Armies of the Triumviral Period. A Study of the Origins of the Roman Imperial Legions, 1958 [3] (Hrsg.) Der dt. Widerstand gegen Hitler (mit H. Buchheim), 1966 [4] Kennt die hellenistisch-röm. Antike eine »Judenfrage«?, in: J. Martin / E. Schulin (Hrsg.), Die Juden als Minderheit in der Geschichte, 1981, 9–29 [5] Augustus' spanischer Feldzug und der Kampf um den Prinzipat, in: Historia 11, 1962, 29–85.

Sekundärliteratur

[6] J. Malitz, Nachruf auf Walter Schmitthenner, in: Gnomon 71, 1999, 174–180.

Christian Wendt

Schoppe, Kaspar

Latinisiert Schoppius/Scioppius; dt. Philologe, Späthumanist und Jurist. Geb. am 26. 6. 1576 in Pappenberg, gest. am 9. 11. 1649 in Padua. 1591/92 und 1594/95 Studium von Jura und Klass. Phil. in Altdorf bei Nürnberg, 1592–1594 in Heidelberg, 1595–1597 in Ingolstadt. Seit 1598 Konversion zur katholischen Konfession; ab da konfessionspolit. tätig. In Rom ansässig. Im diplomatischen Auftrag des Kaisers Aufenthalte in verschiedenen europ. Städten; 1630 Teilnahme am Regensburger Kurfürstentag. Ab 1636 in Padua ansässig.

Werdegang

Nach dem Besuch des Amberger Gymnasiums wurde Sch. während seiner Studienjahre bes. durch Konrad Rittershausen und Obertus ↗Giphanius geprägt, beide herausragende Rechtsgelehrte und Philologen. 1598 konvertierte er während eines Aufenthalts in Prag unter dem Einfluss des kaiserlichen Rates Johann Matthäus Wacker zu Wackenfels zum Katholizismus; unmittelbar danach begann er mit der Veröffentlichung einer Fülle von katholischen Streitschriften, darunter seine spirituellen Autobiographie [6] und einer Attacke auf seinen früheren Förderer Rittershausen [7]. In Wackenfels' Gefolge reiste Sch. 1598 nach Italien, erlangte dort die Gunst Papst Clemens' VIII. und vertrat von da an päpstliche Interessen. In dessen Auftrag kümmerte er sich in Rom um dt. Protestanten [26. 135 f.] und die Belange der Katholischen Liga, an deren Gründung er 1608 beteiligt war [33. 349]. Die Auffassung, dem Papst stehe die Oberhoheit über alle weltlichen Fürsten zu, trug Sch. heftige Kritik von protestantischer Seite ein (u. a. von Isaac ↗Casaubonus) [13].

Als Diplomat im Dienst des späteren Kaisers Ferdinand II. hielt sich Sch. in Madrid (1613–1615), Augsburg, Ingolstadt und Mailand (1616–1621) auf; hier entstand ein flammender Aufruf zum Krieg der katholischen Fürsten gegen die Protestanten [14]. Es folgten Aufenthalte in Rom (1621–1626) und Mailand (1626–1630). 1630 nahm Sch. am Regensburger Kurfürstentag teil, wo er gegen Kaiser Ferdinand II. die Politik Papst Urbans VIII. vertrat [17]; [18]. Dies hatte eine langjährige Auseinandersetzung mit den Jesuiten zur Folge, die um ihren bes. durch den Beichtvater Wilhelm Lamormaini ausgeübten Einfluss auf den Kaiser fürchteten [19]; [20]; [22]. 1636 zog sich Sch. nach Padua zurück, wo er bis zu seinem Tod lebte.

Werk und Wirkung

Sch.s philol. Publikationen gliedern sich in mehrere, von Jahren der religionspolit. Tätigkeit unterbrochene Phasen. Noch während der Studienzeit erschienen, teils in Form von Briefen an Gelehrte wie Joseph Justus ↗Scaliger und ↗Casaubonus [4], textkritische Werke zu verschiedenen lat. Prosaautoren und Dichtern (u. a. Symmachus, Titus Petronius, Nepos, Plautus, Apuleius) [1]; [3]; [5]. Ein Kommentar zu den *Priapea* gilt heute als unecht [25. 391 f.]). Auch zur Methodik der Textkritik verfasste Sch. eine Abhandlung [2]. Ab 1605 veröffentlichte er textkritische Schriften zu Apuleius [9], eine Varro- und eine Symmachus-Ausgabe [8]; [12] sowie ein Lehrbuch zur stoischen Moralphilosophie im Rahmen des christl. Schulunterrichts [10]. Seinen philol. Ruf in protestantischen Kreisen verspielte Sch. allerdings dauerhaft, als er 1607 eine Invektive gegen Scaliger publizierte, in der er dessen Leistungen als Philologe, v. a. aber dessen Abstammung anzweifelte [11]. Dieses Werk rief scharfe Reaktionen u. a. von Daniel ↗Heinsius und Rittershausen hervor.

Ab 1621 verlagerten sich Sch.s Interessen stärker hin zur Pädagogik und Didaktik des Sprachunterrichts. So verfasste er nach dem Vorbild von William Bathes vom Spanischen ausgehendem Lehrwerk *Janua linguarum* (1611, vgl. [31. 7–9]) ein Lehrbuch des Lateinischen für Italien [16] sowie eine Grammatik der lat. Sprache [15], in der er unter dem Einfluss von Franciscus Sanctius Brocensis' *Minerva seu de causis linguae Latinae* (1562) eine Reduktion auf das Zweckmäßige propagierte. Den Abschluss seiner philol. Tätigkeit bildete die Zeit seines selbstgewählten Exils in Padua, in der u.a. Werke zu Inhalten und Methodik eines katholisch geprägten humanistischen Unterrichts erschienen [21]; [23].

Neben seiner dezidiert anti-protestantischen Haltung ist Sch. v.a. durch seine Werke zur Reform des Schulunterrichts bekannt geworden, die auch im Kontext seiner jesuitenkritischen Haltung zu sehen sind [31].

M: [6].

Schriften

[1] Verisimilium libri quatuor, Nürnberg 1596 [2] De arte critica, Nürnberg 1597 [3] Notae in Tertulliani Apologeticum et librum adversus Judaeos, in: F. Junius, Q. Septimii Florentis Tertulliani … Opera quae adhuc reperiri potuerunt omnia (Edition), Franeker 1597 [4] Suspectae lectiones, Nürnberg 1597 [5] Spicilegium in Phaedri fabulas, in: K. Rittershausen et al., Phaedri … Fabularum Aesopiarum libri V (Edition), Leiden 1598 [6] De migratione sua ad Catholicos, Rom 1599 [7] Epistola de variis fidei controversiis ad primarium quendam Germaniae jurisconsultum, Ingolstadt 1600 [8] M. Terentii Varronis de lingua Latina (Edition), Mainz 1605 [9] Symbola critica in L. Apuleii opera, Augsburg 1605 [10] Elementa philosophiae Stoicae moralis, Mainz 1606 [11] Scaliger hypobolimaeus hoc est elenchus epistolae Josephi Burdonis Pseudoscaligeri de vetustate et splendore gentis Scaligerae, Mainz 1607 [12] Symmachi epistolarum nova editio (Edition), Mainz 1608 [13] Ecclesiasticus auctoritati Jacobi Regis oppositus, Hartberg 1611 [14] Classicum belli sacri. Der mächtige Alarm zum Religions-Krige in Teutschlande ernewert, o.O. 1619 [15] Grammatica philosophica sive institutiones grammaticae Latinae, Mailand 1628 [16] Mercurius bilinguis, Mailand 1628 [17] Consultatio de causis et modis componendi in S.R. Imperii religionis dissidii, Augsburg 1630 [18] Fundamenta pacis, Augsburg 1631 [19] Flagellum Jesuiticum. Das ist: Jesuiter Geissel oder Trewmeynende und unpartheyische Erinnerung, was wegen der Jesuiter jetziger Zeit im Teutschland zu berahtschlagen, o.O. 1632 [20] Mysteria patrum Jesuitarum, Leiden 1633 [21] Consultationes de scholarum et studiorum ratione, Padua 1636 [22] Grammaticus Proteus, arcanorum Societatis Iesu Daedalus, Ingolstadt 1636 [23] Paedia humanarum ac divinarum litterarum, Padua 1636.

Sekundärliteratur

[24] A. Grafton, Kaspar Schoppe and the Art of Textual Criticism, in: H. Jaumann (Hrsg.), Kaspar Schoppe (1576–1649). Philologe im Dienste der Gegenreformation, 1998, 231–243 [25] F.-R. Hausmann, Kaspar Schoppe, Julius Scaliger und die Carmina Priapea oder: Wie man mit Büchern Rufmord betreibt, in: K. Elm et al. (Hrsg.), Landesgeschichte und Geistesgeschichte. FS O. Herding, 1977, 382–395 [26] F.-R. Hausmann, Zwischen Autobiographie und Biographie. Jugend und Ausbildung des Fränkisch-Oberpfälzer Philologen und Kontroverstheologen Kaspar Schoppe (1576–1649), 1995 [27] R. Hoche, Art. Schoppe, Kaspar (1), in: ADB 33, 1891, 479–484 [28] K. Jahner, Art. Schoppe, Kaspar, in: NDB 23, 2007, 475–478 [29] H. Jaumann (Hrsg.), Kaspar Schoppe (1576–1649). Philologe im Dienste der Gegenreformation, 1998 [30] Jaumann, Hdb. 592–593 [31] J. Kvačala, Caspar Scioppius (Schoppe) als Pädagog, 1909 [32] I.A.R. de Smet, How to Make Enemies, or Gaspar Sciopppius and the Might of the Pen, in: H. Jaumann (Hrsg.), Kaspar Schoppe (1576–1649). Philologe im Dienste der Gegenreformation, 1998, 201–230 [33] Ch. Strosetzki, Schoppes Auseinandersetzung mit den Jesuiten, in: H. Jaumann (Hrsg.), Kaspar Schoppe (1576–1649). Philologe im Dienste der Gegenreformation, 1998, 345–360.

Barbara Kuhn-Chen

Schrader, Eberhard

Dt. Theologe und Assyriologe. Geb. als Konrad Eberhard Sch. am 7.1.1836 in Braunschweig, gest. am 4.7.1908 in Berlin. Ab 1856 Studium der Theologie und der semitischen Sprachen in Göttingen; Prom. 1860 mit einer Arbeit zum Äthiopischen. Ab 1862 PD an der theologischen Fakultät der Univ. Zürich, ab 1863 o.Prof. für Theologie ebda.; 1870 Ruf an die Univ. Gießen auf die Professur für AT. Seit 1873 an der Univ. Jena; 1875 erster Inhaber des Lehrstuhls für Assyriologie an der Berliner Friedrich-Wilhelms-Univ. und Mitglied der Königlich-Preuß. Akad. der Wiss. zu Berlin.

Werk und Wirken

Die Schwerpunkte von Sch.s akad. Ausbildung in Göttingen prägte seine gesamte wiss. Tätigkeit: ein sprachwiss. Interesse v.a. an den Möglichkeiten der vergleichenden Untersuchung zu verschiedenen semitischen Sprachen und ein theologisch-exegetisches Interesse am AT. Charakteristisch für Sch. war sein didaktisches Engagement, das sich neben seinen wiss. Schwerpunkten auch in seinem Schrifttum spiegelt. Ab Mitte der 1860er Jahre beschäftigte er sich vermehrt mit der wiss. nach wie vor umstrittenen Überlieferung der Keilschriftkulturen; er klassifizierte und autographierte die Keilschrifttexte in den Züricher arch. Sammlungen. Mit Darstellungen zum Stand der Entzifferung der Keilschriften suchte er – wie bereits der Arabist Justus Ohlshausen – der Skepsis der dt. Wiss. gegenüber den bisher (weitestgehend in England und Frankreich) erzielten Forschungsergebnissen zu begegnen [2]; [4]. Mit seiner systematischen Darlegung leistete er wohl den entscheidenden Beitrag für eine histor. und systematische Akzeptanz dieser Quellen, wenngleich keineswegs bei allen. Nach seiner durch namhafte Wissenschaftler wie Johann ↗Droysen, Maximilian Duncker, Richard ↗Lepsius, Eduard ↗Meyer und Theodor ↗Mommsen befürworteten Berufung auf den neu eingerichteten Lehrstuhl für semitische Sprachen an der philos. Fakultät der Friedrich-Wilhelms-Univ. begründete Sch. die Assyriologie als universitäre Disziplin in Deutschland.

Mit der Übernahme des Lehrstuhls konzentrierte sich Sch. auf die Erstedition, Übersetzung und Kommentierung von Keilschrifttexten, vornehmlich der neuassyr. Zeit [8]; [9]. Hinzu kamen Studien zur Lautung des Akkadischen, zu Syllabar und Orthographie, aber auch zu histor. Fragestellungen. Bedeutsam war sein Beitrag zur Systematisierung der Sprachausbildung im Akkadischen durch Zusammenstellung einer Chrestomathie und eines Syllabars. Zugleich las er regelmäßig zu anderen semitischen Sprachen des Altertums.

In der Diskussion um die Bedeutung der keilschriftlichen Quellen für die Geschichtsforschung und ihr Verhältnis zur at. Überlieferung bezog Sch. mit zwei durchaus programmatischen Schriften Stellung für die methodische und inhaltliche Einbeziehung der neuen Erkenntnisse [1]; [5]. Als Herausgeber der *Zeitschrift für Assyriologie* und Mitbegründer des Orient-Comités und der späteren Dt. Orient-Gesellschaft engagierte er sich bei der breiteren gesellschaftlichen Vermittlung der altoriental. Kulturen und im wiss. Austausch der im Aufbau befindlichen jungen Disziplin, der ›Assyriologie‹. Durch die Begründung der Reihe *Keilinschriftliche Bibliothek* (mit u. a. Peter ↗Jensen) [10] bemühte sich Sch. ab 1889 um eine wiss. fundierte, breitere Bekanntmachung der altoriental. Überlieferung. Zu seinen Schülern zählen u. a. Carl Bezold, Friedrich ↗Delitzsch und Heinrich Zimmern.

Schriften

[1] Studien zur Kritik und Erklärung der biblischen Urgeschichte, 1863 [2] Die Basis der Entzifferung der assyrisch-babylonischen Keilinschriften geprüft, in: Zs. der Dt. Morgenländischen Gesellschaft 23, 1869, 337–374 [3] W. M. L. de Wette, Lehrbuch der historisch-kritischen Einleitung in die Bibel Alten und Neuen Testaments, [8]1869 (Neubearbeitung) [4] Die assyrisch-babylonischen Keilinschriften. Kritische Untersuchung der Grundlagen ihrer Entzifferung (3 Teile: I. Hilfsmittel, Ergebnisse der Entzifferung; II. Inschriften; III. Glossar), in: Zs. der Deutschen Morgenländischen Gesellschaft 26, 1872, 1–392 [5] Die Keilinschriften und das Alte Testament, 1872 ([2]1883; [3]1903) [6] Die Höllenfahrt der Ištar, ein altbabylonisches Epos (Edition mit Übers. und Komm.), 1874 [7] Keilinschriften und Geschichtsforschung. Ein Beitrag zur monumentalen Geographie, Geschichte und Chronologie der Assyrer, 1878 [8] Inschrift Asurnaṣirhabals, Königs von Assyrien (Edition und Übers.), 1879 [9] Zur Kritik der Inschriften Tiglath-Pileser's II., des Asarhaddon und des Asurbanipal, 1880 [10] Keilinschriftliche Bibliothek. Sammlung von assyrischen und babylonischen Texten in Umschrift und Übers., 6 Bde. (Edition), 1889–1900.

Sekundärliteratur

[11] F. W. Graf, Art. Schrader, Eberhard, in: Biographisch-Bibliographisches Kirchenlex., Bd. 9, 1995, 826–879 [12] C. Bezold, Eberhard Schrader, in: ZA 22, 1910, 355–385 [13] A. Gutschmidt, Neue Beiträge zur Geschichte des alten Orients. Die Assyriologie in Deutschland, 1876 [14] M. Krebernik, Art. Schrader, Eberhard Konrad, in: NDB 23, 2007, 506–508 [15] M. Krebernik / S. Pfaffinger, Art. Schrader, in: RLA 12, 2009, 251 [16] E. Meyer, Gedächtnisrede auf Eberhard Schrader, in: Abh. der Preußischen Akad. der Wiss., Philos.-Histor. Klasse, 1909, 1–15 [17] J. Renger, Die Geschichte der Altorientalistik und der vorderasiatischen Archäologie in Berlin von 1875 bis 1945, in: W. Arenhövel et al. (Hrsg.), Berlin und die Antike, 1979, 151–192 [18] H. Zimmern, Worte zum Gädächtnis an Eberhard Schrader, in: Berichte über die Verhandlungen der Königlich Sächsischen Gesellschaft der Wiss., Philol.-Histor. Klasse 60, 1908, 195–205.

Eva Cancik-Kirschbaum

Schtaerman, Elena Michajlowna

Russ. Althistorikerin. Geb. am 28. 9. 1914 in St. Petersburg, gest. am 22. 10. 1991 in Moskau. Studium in Moskau; 1942 Prom. (*kandidatskaja dissertacija*) ebda.; 1956 Habil. (*doktorskaja dissertacija*). Ab 1950 wiss. Mitarbeiterin am Sektor Gesch. der Alten Welt des Histor. Instituts der Akad. der Wiss. der UdSSR in Moskau.

Werk und Wirkung

Scht. studierte unter der Leitung von Nikolaj Aleksandrowitsch ↗Maschkin an der Staatlichen Univ. Moskau. In ihrer Diss. untersuchte sie ein seit Michael ↗Rostovtzeff kontrovers diskutiertes Thema: die Krise des 3. Jh.s n. Chr. am Beispiel Galliens und Nordafrikas. Aus dieser Arbeit erwuchs die Habil.-Schrift über die Krise der Sklavenhalterordnung in den westlichen Provinzen des Röm. Reiches. Die Bedeutung dieses Werkes liegt zum einen in der marxistischen Deutung dieser Krise, zum andern in dem Versuch, die von Stalin lancierte Idee einer Sklavenrevolution als Ursache für das Ende der Antike neu zu interpretieren und auf breiter Quellengrundlage abzusichern. Dank der dt. Übersetzung [1] fand dieses Buch große Beachtung in der westl. Forschung [5. 440–447]; freilich erhob sich auch heftiger Widerspruch [4].

In ihren späteren Publikationen erweiterte und vertiefte Scht. die Erforschung der unteren sozialen Schichten, bes. der Sklaven [2]; [3]; vgl. [6]; [7]. Aufgrund ihrer unbestrittenen Kompetenz und der Übersetzung mehrerer ihrer Arbeiten [1]; [2]; [3] war Scht. die wohl bekannteste sowjetische Historikerin Roms und sicherlich eine der kreativsten Vertreterinnen einer aus dem Histor. Materialismus gespeisten Deutung der röm. Geschichte [7].

SV: [6].

Schriften

[1] Die Krise der Sklavenhalterordnung im Westen des Röm. Reiches, 1964 (russ.: Krizis rabovladel'ceskogo stroja v zapadnych provincijach Rimskoj imperii, 1957) [2] Die Blütezeit der Sklavenwirtschaft in der röm. Republik, 1969 (russ.: Rascvet rabovladel'ceskich otnošenij v Rimskoj respublike, 1964) [3] La schiavitú nell'Italia imperiale. I–III secolo (mit M.K. Trofimova), 1975 (russ.: Rabovladel'ceskie otnošenija v rannej Rimskoj imperii, Italija, 1971).

Sekundärliteratur

[4] E. Kiechle, Rezension zu E.M. Schtajerman, Die Krise der Sklavenhalterordnung im Westen des Röm. Reiches, in: Gnomon 37, 1965, 281–289 [5] H. Koch, Die Deutung des Untergangs des Röm. Reiches im historischen Materialismus, in: K. Christ (Hrsg.), Der Untergang des Röm. Reiches, 1970, 425–455 [6] E.V. Ljapustina, Spisok naucnych trudov E.M. Štaerman (Verzeichnis der wiss. Arbeiten), in: Vestnik Drevnej Istorii 3, 1992, 174–178 [7] E.V. Ljapustina, Elena Michajlovna Štaerman (1914–1991), in: G.N. Sevost'janov et al. (Hrsg.), Portrety istorikov. Vremja i sud'by (Historikerporträts. Zeit und Schicksale), Bd. 3, 2004, 286–294.

Heinz Heinen

Schubart, Wilhelm

Dt. Papyrologe und Klass. Philologe. Geb. am 21.10.1873 in Liegnitz als Friedrich Wilhelm Ludwig Sch., gest. am 9.8.1960 in Altenhof (Schorfheide). Sohn eines Superintendenten und Konsistorialrats; König-Wilhelm-Gymnasium in Breslau; 1892–1897 Studium der Klass. Phil. und Gesch. in Tübingen, Halle, Berlin und zuletzt in Breslau bei Ulrich ↗Wilcken. 1897 Staatsexamen; 1898–1900 Ausbildung zum Wiss. Hilfslehrer am Gymnasium Zum Grauen Kloster in Berlin. 1900 Prom. (Diss. zugleich als Habil.-Schrift anerkannt). 1916 zum Landsturm eingezogen. 1900–1937 an der Papyrussammlung des Berliner Museums, zunächst als wiss. Hilfskraft, ab 1901 als Direktorialassistent, ab 1909 als Kustos (Leiter), ab 1912 als Prof. 1932–1937 regelmäßige Lehrtätigkeit als Honorarprof. für Alte Gesch. an der Univ. Berlin. 1937 Ruhestand aus polit. Gründen. Ende 1930 Austritt Sch.s und seiner zweiten Frau, Gertrud Fikentscher, aus der evangelischen Kirche; 1943 Ausbombung, Übersiedlung nach Zwickau; 1946 Berufung als Ordinarius für Alte Gesch. nach Leipzig; dort Wiederaufbau des 1943 zerstörten Seminars. 1949 Übersiedelung nach Halle, wo Gertrud eine Prof. für Dt. Rechtsgeschichte und Bürgerliches Recht innehatte; Lehrbeauftragter ebda., zugleich bis 1952 Prof. in Leipzig. Mitglied zahlreicher Akad. und Gesellschaften im In- und Ausland; Empfänger verschiedener Ehren, u.a. 1929 juristisches Ehrendoktorat der Univ. Frankfurt/Main; 1954 Auszeichnung als Hervorragender Wissenschaftler des Volkes der DDR.

Werdegang, Werk und Wirkung

Sch., der nie einer Partei angehörte, machte sich gemeinsam mit Ulrich ↗Wilcken um die Etablierung der Papyrologie als selbständiger Wiss. und um den Aufbau der dt. Pap.-Sammlungen verdient. Seine weit über 300 Titel umfassende Bibliographie gliedert sich in drei Bereiche: Textedition, histor. Auswertung und Paläographie. Seine Hauptaufgabe sah Sch. in der Publikation der Bestände der Pap.-Sammlung des Berliner Museums [2]. Er legte zahlreiche griech. Pap.-Editionen in den *Berliner Griech. Urkunden* vor (BGU 3–7), darunter den Gnomon des Idios Logos (BGU 5.1). Zugleich betrieb er die Reihe der *Berliner Klassikertexte* (BKT), in denen er u.a. den Didymos-Kommentar zu einigen *Philippiká* des Demosthenes und den anonymen Kommentar zu Platons *Theaitetos* edierte und an etlichen weiteren Bänden zu Dichterfragmenten, dem Timotheos-Pap. und zu altchristl. Texten mitarbeitete. Hinzu kamen Editionen von Pap. aus den Sammlungen in Hamburg und Erlangen sowie Anthologien mit Erklärungen und Übersetzungen [10]. Breiten Raum nahmen in Sch.s Schaffen histor. Untersuchungen zum hell., röm. und byz. Ägypten ein [4]; [6], die einerseits kulturgeschichtlichen Phänomenen und Entwicklungen großen Zuschnitts, andererseits verwaltungs-, rechts- und religionsgeschichtlichen Forschungsproblemen gewidmet sind. Charakteristisch für seine histor. Arbeiten sind die breite Fächerung der Themen und die Betonung der Kontinuitäten in der *longue durée*.

Aus der Erfahrung seiner intensiven Editionstätigkeit gingen grundlegende Werke zur Paläographie der griech. Papyri sowie zur Papyruskunde und zum ant. Buchwesen hervor [1]; [3]; [5], die mit pädagogischem Geschick in die papyrologische Arbeitsweise und Methode einführten. In zahlreichen populärwiss. Schriften, Führungen und Vorträgen sorgte Sch. für die Verbreitung der papyrologischen Entdeckungen und Forschungsergebnisse.

Sch. betrieb maßgeblich die Erwerbungen für das Berliner Museum und andere dt. Sammlungen. 1902 initiierte er die Gründung des Dt. Pap.-Kartells, über das die meisten dt. Sammlungen bis zum Kriegsausbruch 1914 ihre Papyri bezogen. Er analysierte die angekauften Texte und beaufsichtigte deren Verteilung bzw. Verlosung. Auch seine Ankäufe in Ägypten 1925 gingen an dt. Sammlungen sowie nach Uppsala, Göteborg und Groningen. Sch. organisierte mehrere, stets von Katalogen begleitete Ausstellungen in Berlin und förderte gemeinsam mit dem Restaurator Hugo Ibscher die Konservierung von Papyri. Ab 1958 besorgte er die Reorganisation der Berliner Sammlung nach Rückkehr der kriegsbedingt verlagerten Bestände und Rückgabe von zwischenzeitlich in die UdSSR verbrachten Objekten.

SV: H. Kortenbeutel/M.-C. von Krause, Bibliographie W. Schubart, in: S. Morenz (Hrsg.), Aus Antike und Orient. FS W. Schubart zum 75. Geburtstag, 1950, 7–24.

Schriften

[1] Das Buch bei den Griechen und Römern, 1907 (²1921) [2] Papyri Graecae Berolinenses (Edition), 1911 [3] Einführung in die Papyruskunde, 1918 (Ndr. 1980) [4] Ägypten von Alexander dem Großen bis auf Mohammed, 1922 (Ndr. 2002) [5] Griech. Paläographie (Hdb. der Altertumswissenschaft 1.4.1.1), 1925 [6] Die Griechen in Ägypten, 1927 [7] Justinian und Theodora, 1943 [8] Christentum und Abendland, 1947 [9] Glaube und Bildung im Wandel der Zeiten, 1947 [10] Griech. Literarische Papyri, 1950.

Sekundärliteratur

[11] S. Morenz, Wilhelm Schubart, in: Zs. für Ägyptische Sprache und Altertumskunde 86, 1961, 1–11 [12] G. Poethke, Wilhelm Schubart (1873–1960), in: M. Capasso (Hrsg.), Hermae. Scholars and Scholarship in Papyrology, 2007, 193–205 [13] C. Préaux, Wilhelm Schubart, in: La Chronique d'Égypte 36, 1961, 423–427 [14] E. Schönbauer, Wilhelm Schubart. Nachruf, in: Almanach der Österr. Akad. der Wissenschaften 110, 1960, 390–399 [15] G. Schrot, In memoriam Wilhelm Schubart, in: Das Altertum 7, 1961, 188–190 [16] F. Zucker, Wilhelm Schubart, in: Gnomon 33, 1961, 108–109.

Bernhard Palme

Schuchhardt, Carl

Dt. Prähistoriker und provinzialröm. Archäologe. Geb. am 6.8.1859 in Hannover, gest. am 7.12.1943 in Arolsen (Hessen). Vater des Archäologen Walter-Herwig ↗Schuchhardt. Studium der Klass. Arch. und Phil. in Leipzig, Göttingen und Heidelberg; dort 1882 Prom. 1884–1886 Privatlehrer bei Fürst Bibesco in der Moldau; 1886/87 Reisestipendiat des DAI; 1888 Mitarbeiter an den Berliner Museen; 1888/89–1908 Direktor des Kestner-Museums in Hannover. Ab 1888/89 Mitglied des DAI; ab 1908 Direktor der Vorgeschichtlichen Abteilung des Berliner Völkerkundemuseums; ab 1912 Mitglied der Akad. der Wiss. zu Berlin; Mitglied zahlreicher Verbände und Organisationen.

Werk und Wirkung

Mit einer klass.-philol. Dissertation promoviert und während seines Reisestipendiums u.a. in Pergamon beschäftigt, war Sch. später in erster Linie als Vor- und Frühgeschichtler bzw. provinzialröm. Archäologe tätig. So nahm er Prospektionen und Grabungen zunächst in Nordwestdeutschland vor, u.a. im Römerlager Haltern, später bei Potsdam und auf Rügen [2]. Sch. war Ideengeber und treibende Kraft für die 1909 gegründete *Prähistorische Zeitschrift*. Auf sein Engagement für die Spatenforschung verwies Sch. rückblickend auch selbst [5]. Er erwarb sich Verdienste um die Entwicklung der Grabungstechnik und setzte sich für den Bodendenkmalschutz ein [3]. Sch. verfasste die erste umfassende Monographie über die Ausgrabungen Heinrich ↗Schliemanns, deren wiss. Ertrag er kritisch würdigte, insbes. in geschichtlicher Hinsicht [1]. Auch in seinen prähistor. Arbeiten blieb Sch. stets der historisch-stilgeschichtlichen Betrachtungsweise der Klass. Archäologie verbunden [4].

SV: W. Unverzagt, in: Jahrbuch der Deutschen Akad. der Wiss. zu Berlin 1950/51, 1951, 166f.

M: [5].

Schriften

[1] Schliemann's Ausgrabungen in Troja, Tiryns, Mykenä, Orchomenos, 1890 (²1891) [2] Die Römerschanze bei Potsdam nach den Ausgrabungen von 1908 und 1909, in: Prähistorische Zs. 1, 1909, 209–238 [3] Denkschrift über die Notwendigkeit eines gesetzlichen Schutzes der Bodenaltertümer in Preußen (o.J.), 1913 [4] Alteuropa in seiner Kultur- und Stilentwicklung, 1919 (⁴1941) [5] Aus Leben und Arbeit, 1944.

Sekundärliteratur

[6] W. Menghin, Art. Schuchhardt, Carl, in: NDB 23, 2007, 624–626 [7] G. Rodenwaldt, Nachruf auf Carl Schuchhardt, in: Jb. der Deutschen Akad. der Wissenschaften zu Berlin 1950/51, 1951, 161–165.

Detlev Kreikenbom

Schuchhardt, Walter-Herwig

Dt. Klass. Archäologe. Geb. am 8.3.1900 in Hannover, gest. am 14.1.1976 in Freiburg i.Br. Sohn des Prähistorikers Carl ↗Schuchhardt. 1918–1923 Studium der Arch. und Alt.wiss. in Tübingen, Göttingen und Heidelberg; 1923 Prom. in Göttingen. 1923/24 Assistent an der Univ. München; 1924/25 Reisestipendiat des DAI, danach Mitarbeiter am DAI und Stipendiat in Athen; 1929 Habil. in Frankfurt am Main. 1934 o.Prof. für Klass. Arch. in Gießen; 1936 ao.Prof. in Freiburg i.Br.; 1938–1968 o.Prof. ebda. Ab 1939 Mitglied der Zentraldirektion des DAI; 1953/54 Rektor der Univ. Freiburg.

Werk und Wirkung

Als Schüler von Hermann Thiersch in Göttingen und als Assistent von Paul Wolters in München sowie Ernst ↗Buschor in Athen stand Sch. in der Trad. der einflussreichen Schule Adolf ↗Furtwänglers. Sein kunstgeschichtlich geprägtes Interesse galt nahezu ausschließlich einer formanalytischen Betrachtung der griech. Plastik, v.a. von Werken der Klassik.

Seine auf sensiblen Beobachtungen basierenden Arbeiten, darunter auch mehrere Überblickswerke [4]; [5]; [6], lieferten seit der Dissertation [1] wichtige Ergebnisse in der Ermittlung von Künstlerhandschriften [2] und in der Beschreibung von Phänomenen des Stilwandels [5]. Beteiligt war er an der von Hans Schrader herausgegebenen Publikation der archaischen Marmorbildwerke der Akropolis [3]. Die letzte, postum erschienene Untersuchung ist einem einzelnen Bildhauer des 5. Jh.s gewidmet [7].

Sch.s Lehrtätigkeit hat einen namhaften Kreis von Schülern zu weiteren Forschungen auf dem Gebiet der ant. Skulptur angeregt, darunter Andreas Linfert, Hans von Steuben, Volker Michael Strocka und Paul Zanker [8]. Seit 1962 gab Sch. das Lieferungswerk *Antike Plastik* heraus, mit dem er die Trad. der v. a. Paul Julius ↗Arndt verdankten Tafeleditionen aufgriff.

SV: [7. 61–63]; [8. IXf.].

Schriften

[1] Die Meister der pergamenischen Gigantomachie (Diss. Göttingen), 1923 [2] Die Friese des Nereiden-Monumentes von Xanthos, in: Athenische Mitteilungen 52, 1927, 94–161 [3] Die archaischen Marmorbildwerke der Akropolis (mit H. Schrader und E. Langlotz), 1939 (Ndr. 1969) [4] Die Kunst der Griechen, 1940 [5] Die Epochen der griech. Plastik, 1959 [6] Geschichte der griech. Kunst, 1971 [7] Alkamenes, 1977 (mit Schriftenverzeichnis).

Sekundärliteratur

[8] F. Eckstein (Hrsg.), Θεωρία. FS W.-H. Schuchhardt, 1960 [9] H. von Steuben, Walter-Herwig Schuchhardt, in: Lullies/Schiering Arch. 278–279 [10] H. von Steuben, Walter-Herwig Schuchhardt, in: Gnomon 48, 1976, 827–830 [11] V.-M. Strocka, Art. Schuchhardt, Walter-Herwig, in: NDB 23, 2007, 626–627.

Detlev Kreikenbom

Schwabacher, Willy

Dt. Numismatiker. Geb. am 22. 7. 1897 in Frankfurt am Main, gest. am 30. 8. 1972 in Stockholm. 1916 Abitur, anschließend Militärdienst. Ab 1918 Studium der Architektur in Darmstadt, ab 1921 der Klass. Arch., Alten Gesch. und Kunstgesch. in München; 1922 für ein Semester bei Kurt Regling in Berlin. 1924 Prom. in München bei Paul Wolters mit einer numismatischen Arbeit [1]. Danach Assistent am Städtischen Maximilianmuseum in Augsburg. 1932/33 Reisestipendium des DAI; Beteiligung an den Kerameikos-Grabungen in Athen bis 1935; danach Teilnahme an den amerikan. Kerameikos-Grabungen. 1938 Tätigkeit als Numismatiker in London; ab 1939 am Königlichen Münzkabinett in Kopenhagen; ab 1943 Mitarbeiter am Königlichen Münzkabinett in Stockholm; 1954 Ernennung zum Konservator ebda.; ab 1952 auch Univ.-Lektor.

Werdegang und Werk

Sch.s Vater Heinrich Wilhelm war Kaufmann, seine Mutter Anna Hedwig die Tochter des bekannten Numismatikers Adolph Emil Cahn. Nach Ablauf des bis September 1933 reichenden Reisestipendiums des DAI war eine Rückkehr Sch.s nach Deutschland wegen der Rassengesetze unmöglich geworden. Ab 1938 arbeitete er in London an der *Sylloge Nummorum Graecorum* (SNG) Richard Cyril Locketts mit und kam auf Empfehlung der Numismatiker George Hill und Edward Robinson ans Königliche Münzkabinett Kopenhagen, wo er trotz der dt. Okkupation des Landes bis 1943 arbeiten konnte. Als die Gestapo am 1. 10. 1943 die Deportation der jüd. Bevölkerung vorbereitete, konnte der dän. Widerstand 7000 bis 8000 Menschen mit Fischerbooten nach Schweden retten, darunter Sch. In Stockholm fand er eine neue Heimat und Wirkungsstätte. Schwerpunkt von Sch.s Forschungen waren die Münzen der Griechen, insbes. die der sizilischen Griechenstädte [1]; [2]. Seine bedeutendste Schülerin und zugleich Nachfolgerin am Königlichen Münzkabinett Stockholm war Ulla Westermark.

SV: [5]; [6].

Schriften

[1] Die Tetradrachmenprägung von Selinunt, in: Mitteilungen der Bayerischen Numismatischen Gesellschaft 43, 1925, 1–89 [2] Die Tetradrachmen- und Didrachmenprägung von Himera (mit F. Gutmann), in: Mitteilungen der Bayerischen Numismatischen Gesellschaft 47, 1929, 101–144 [3] Satrapenbildnisse. Zum neuen Münzporträt des Tissaphernes, in: K. Schauenburg (Hrsg.), Charites. Studien zur Altertumswissenschaft. FS E. Langlotz, 1957, 27–32.

Sekundärliteratur

[4] Ch. Boehringer, Willy Schwabacher, in: Schweizerische Numismatische Rundschau 52, 1973, 155–161 [5] U. Westermark, Willy Schwabacher zum 70. Geburtstag. Bibliographie 1925–1967, in: Schweizerische Numismatische Rundschau 46, 1967, 5–24 [6] U. Westermark, Willy Schwabacher. Bibliographie 1968–1973, in: Schweizerische Numismatische Rundschau 52, 1973, 162–166.

Kay Ehling

Schwartz, Eduard

Dt. Klass. Philologe. Geb. am 22. 8. 1858 in Kiel, gest. am 13. 2. 1940 in München. 1875 Studium der Klass. Phil. in Göttingen, 1876 in Bonn, 1878 in Berlin, 1879 in Greifswald; 1880 Prom. und 1884 Habil. in Bonn. 1887 ao.Prof., ab 1888 o.Prof. für Klass. Phil. in Rostock, ab 1893 in Gießen, ab 1897 in Straßburg, ab 1902 in Göttingen, ab 1909 in Freiburg, ab 1914 in Straßburg, dort 1914/15 Rektor; 1919–1929 München.

Leben und Werk

Sch. war Schüler von Hermann ↗Usener in Bonn, Theodor ↗Mommsen in Berlin und Ulrich von ↗Wilamowitz-Moellendorff in Greifswald. Seine dt.-nationale Haltung ließ ihn auf Distanz zur Weimarer Republik gehen und sogar mit Alfred Rosenbergs »Kampfbund für dt. Kultur« sympathisieren; den nationalsozialistischen Eingriffen in das Univ.-Leben wie etwa der Amtsenthebung Rudolf ↗Pfeiffers 1937 widersetzte er sich jedoch [15.188–190; 207–209].

Den Schwerpunkt von Sch.s wiss. Arbeit bildeten histor.-lit. Genera, darunter die ant. Mythographie (dazu neben seiner Diss. [1] u.a. der RE-Artikel zu Apollodor), die unersetzte Edition der stark mythographischen Euripides-Scholien [2] und die (v.a. hell. und kaiserzeitliche) griech. Geschichtsschreibung (etwa 200 RE-Artikel; Auswahl in [12]). Vor diesem Hintergrund entwickelte er noch vor Entdeckung des Ninosromans seine These, der ant. Roman habe sich aus romanhaften Elementen der Historiographie entwickelt [4]. Seit seiner Göttinger Zeit und der engen Zusammenarbeit mit dem Theologen Julius Wellhausen stand die Kirchengeschichte im Zentrum. Zu den z.T. schon früheren Editionen und Abhandlungen zu Tatian [3] und Athanasios [7] trat 1903–1909 die bis heute maßgebliche Ausgabe der *Historia ecclesiastica* des Eusebios [5]. 1914–1940 betreute Sch. die Edition der Konzilsakten der Jahre 431–553 [6] (zur kritischen Rezeption seitens der Theologie, v.a. durch Adolf von ↗Harnack vgl. [14.1051–1088]). Sch.s teilweise in Auseinandersetzung mit Ulrich von ↗Wilamowitz-Moellendorff entstandenen Arbeiten zu Homer [8]; [10] und Thukydides [9] sind wegen ihres analytischen Ansatzes in vielen Punkten überholt; seine Thukydidesvorlesung hatte aber nachhaltige Wirkung auf seinen bedeutendsten Schüler, Kurt von ↗Fritz [13.9].

M: Wissen. Lebenslauf (1932), in: [11.Bd. 2, 1–21].

SV: [11.Bd. 5, 329–344].

Schriften

[1] De Dionysio Skytobrachione (Diss. Bonn), 1880 [2] Scholia in Euripidem, 2 Bde. (Edition), 1887–1891 [3] Tatiani oratio ad Graecos (Edition), 1888 [4] Fünf Vorträge über den griech. Roman, 1896 [5] Eusebius' Werke, Bd. 2/1–3: Die Kirchengeschichte (Edition), 1903–1909 (2. Aufl. 1914 u.ö.) [6] Acta conciliorum oecumenicorum (Edition), 1904–1911 [7] Zur Geschichte des Athanasius, 9 Bde., 1904–1905 (Ndr. 1911, 1959) [8] Zur Entstehung der Ilias, 1918 [9] Das Geschichtswerk des Thukydides, 1919 [10] Die Odyssee, 1924 (u.ö.) [11] Ges. Schriften, 5 Bde., 1938–1963 [12] Griech. Geschichtsschreiber, 1957 (postum).

Sekundärliteratur

[13] W.M. Calder III / R.L. Fowler (Hrsg.), The Preserved Letters of Ulrich von Wilamowitz-Moellendorff to Eduard Schwartz, 1986 [14] A. Momigliano et al., Eduard Schwartz, in: Annali della Scuola normale superiore di Pisa, Serie III 9.3, 1979, 999–1088 [15] M. Schreiber, Altertumswissenschaften im Nationalsozialismus, in: E. Kraus (Hrsg.), Die Universität München im Dritten Reich, Bd. 1, 2006, 181–248 [16] W. Unte, Art. Schwartz, Eduard, in: NDB 23, 2007, 797–799.

Roland Baumgarten

Schweitzer, Bernhard

Dt. Klass. Archäologe. Geb. am 3.10.1892 in Wesel am Rhein als Sohn eines preuß. Hauptmanns, gest. am 16.7.1966 in Hermannsburg. Schulbesuch in Karlsruhe; 1911–1914 Studium der Klass. Arch. und Phil. in Heidelberg und Berlin; 1914–1916 Kriegseinsatz (trotz körperlicher Behinderung); 1916/17 Schuldienst in Berlin; 1917 Prom. in Heidelberg. 1920/21 Reisestipendium des DAI; 1921 Habil. in Heidelberg. 1925–1932 o.Prof. für Klass. Arch. in Königsberg, 1932–1948 in Leipzig (dort Rektor 1945/46) und 1948–1960 in Tübingen.

Werk und Wirkung

Sch. vertrat die Klass. Archäologie in Lehre und Forschung in ihrer Gesamtheit, von der min. Zeit bis zum Ausgang der Antike. Er widmete sich, wie damals in diesem Fach in Deutschland üblich, fast ausschließlich den bereits bekannten Denkmälern am Schreibtisch; an der praktischen Seite der Archäologie und an der Erschließung neuer Denkmäler beteiligte er sich dagegen nur wenig [3]; [6]; [8]. In seinem umfangreichen Werk zeichnen sich drei Schwerpunkte ab: die Kunst der geometrischen Epoche, die Kunst der attischen Hochklassik um Phidias und die griech. und röm. Porträts.

Die Keramik der geometrischen Zeit erfuhr in seiner bei Friedrich von ↗Duhn angefertigten Diss. [1] und einem daran anschließenden Aufsatz [2] ihre erste, für die folgende Forschung grundlegende Bearbeitung. In seinem letzten, postum erschienenen Buch [18] bezog er auch die anderen Denkmälergattungen der geometrischen Zeit ein.

Phidias als den »Meister des Parthenon« glaubte er anhand der Formerfindung der Parthenon-Skulpturen fassen zu können. Seine drei dieser Frage gewidmeten langen Aufsätze stellen einen Höhepunkt der damals in Blüte stehenden Meisterforschung dar [9]; [10]; [12].

An den griech. und röm. Porträts interessierten Sch. v.a. die jeweiligen Anfänge, bei den Griechen das Aufkommen des Individualporträts, dessen Vorstufen er u.a. in den Physiognomien der Kentaurenköpfe an den Parthenonmetopen erkennen zu können glaubte, bei den Römern die Entwicklung der Gattung in der späten Republik. Während sich in Bezug auf die griech. Porträts Sch.s Vorstellungen durch Neufunde als korrekturbedürftig erwiesen haben, gilt sein in schwieriger Zeit (1943–1947) entstandenes Buch über die röm. Bildnisse der Republik [13] weiterhin als Referenzwerk, obwohl die dort vertretene Ordnung der Denkmäler keineswegs immer einfach nachvollzogen werden kann und die neuere Forschung die Vorstellung einer rekonstruierbaren Stilentwicklung nicht mehr teilt.

Den wohl nachhaltigsten Einfluss auf die jüngere Forschung erreichte Sch. mit seiner aus zerstreuten ant. Schriftquellen gewonnenen Rekonstruktion griechischer Kunsttheorien aus frühhell. Zeit (Xenokrates von Athen) [7] und aus der Wende zum Klassizismus (Antigonos von Karystos). Sie haben das Verständnis klassizistischer Kunst wesentlich gefördert. Er trat auch als Rezensent hervor; fast ein Drittel seiner wiss. Veröffentlichungen besteht aus z.T. sehr langen Werkbesprechungen, die damals nicht nur gelesen, sondern wegen ihrer tiefschürfenden Art auch rezipiert wurden; dies hat zu dem hohen internationalen Ansehen, das Sch. bereits zu Lebzeiten genoss, wesentlich beigetragen. Zu seinen Schülern zählten Werner Fuchs, Jörg Schäfer, Ingeborg Scheibler und Wolfgang Schiering.

SV: [16.Bd. 2, 304–312].

N: Berlin, DAI; Tübingen Univ.-Archiv.

Schriften

[1] Untersuchungen zur Chronologie der geometrischen Stile in Griechenland I (Diss. Heidelberg), 1917 [2] Untersuchungen zur Chronologie des geometrischen Stils in Griechenland II, in: Athenische Mitteilungen 43, 1918, 1–164 [3] Archäologische Funde in den Jahren 1916–1922 in Griechenland, in: AA 1922, 238–345 [4] Herakles. Aufsätze zur griech. Religions- und Sagengeschichte, 1922 [5] Der bildende Künstler und der Begriff des Künstlerischen in der Antike, 1925 [6] Antiken in ostpreußischem Privatbesitz, 1929 [7] Xenokrates von Athen. Beiträge zur Geschichte der antiken Kunstforschung und Kunstanschauung (Schriften der Königsberger Gelehrten Gesellschaft, Geisteswiss. Klasse 9,1), 1932 [8] Das Original der sogenannten Pasquino-Gruppe, 1936 [9] Prolegomena zur Kunst des Parthenon-Meisters I, in: Jb. des Deutschen Archäologischen Instituts 53, 1938, 1–89 [10] Prolegomena zur Kunst des Parthenon-Meisters II, in: Jb. des Deutschen Archäologischen Instituts 54, 1939, 1–96 [11] Studien zur Entstehung des Porträts bei den Griechen (Berichte über die Verhandlungen der Sachsischen Akad. der Wiss. Philol.-Histor. Klasse 91,4), 1939 [12] Phidias, der Parthenon-Meister, in: Jb. des Deutschen Archäologischen Instituts 55, 1940, 170–291 [13] Die Bildniskunst der röm. Republik, 1948 [14] J.G. Herders Plastik und die Entstehung der neueren Kunstwissenschaft, 1948 [15] Griech. Porträtkunst. Probleme und Forschungsstand. Bedeutung und Geburt des Porträts bei den Griechen, in: Acta Congressus Madvigianni 3, 1957, 7–41 [16] Zur Kunst der Antike. Ausgewählte Schriften, 2 Bde., 1963 [17] Alla ricerca di Fidia e altri saggi sull'arte greca e romana, eingel. von R. Bianchi Bandinelli, 1967 [18] Die geometrische Kunst Griechenlands. Frühe Formenwelt im Zeitalter Homers, 1969 (postum; engl. 1971).

Sekundärliteratur

[19] W. Fuchs, Bernhard Schweitzer, in: Lullies/Schiering Arch. 258–259 [20] U. Hausmann, Bernhard Schweitzer, in: Gnomon 38, 1966, 844–847 [21] R. Lullies (Hrsg.), Neue Beiträge zur Klassischen Altertumswissenschaft. FS B. Schweitzer, 1954 [22] H. Philipp / I. Scheibler, Art. Schweitzer, Bernhard, in: NDB 24, 2010, 58–59.

Klaus Fittschen

Schwyzer, Eduard

Schweizer Sprachwissenschaftler. Geb. am 15.2. 1874 in Zürich, gest. am 3.5.1943 in Berlin. Sohn eines Kupferschmieds; Vater des Plotinforschers Hans-Rudolf Sch. Bis 1899 unter dem Namen Schweizer. 1892 Abitur in Zürich; 1892–1894 und 1895–1897 Studium der Vergleichenden Sprachwiss. und Klass. Phil. in Zürich bei seinem Großonkel Heinrich Schweizer-Sidler, Adolf Kaegi, Hermann Hitzig und Hugo ↗Blümner; 1894/95 Studium in Leipzig, der damaligen Hochburg der Indogermanistik (sog. Junggrammatiker der »Leipziger Schule«), v.a. bei Karl Brugmann, August Leskien, Eduard Sievers sowie Ernst Windisch. 1897 Prom. in Zürich. 1897–1907 Lehrer an Gymnasien; 1898–1927 Redaktor am Mundarten-WB *Schweizerisches Idiotikon*; 1902 Habil. in Zürich. 1909 ao.Prof. und 1912 o.Prof. für Indogerman. Sprachwiss., Sanskrit und Vergleichende Sprachwiss. (als Kaegis Nachfolger) ebda.; 1927 o.Prof. für Vergleichende Sprachwiss. in Bonn (als Rudolf Thurneysens Nachfolger); 1932 o.Prof. für Indogerman. Sprachvergleichung in Berlin (als Wilhelm Schulzes Nachfolger). 1937 Mitglied der Preuß. Akad. der Wiss., an der er sich für die Freiheit der Forschung gegen eine »dt. Wiss.« einsetzte [10].

Werk und Wirkung

Im Zentrum von Sch.s Forschungen standen Arbeiten zum System und insbes. zur Geschichte der griech. Sprache im Kontext der indogerman. Sprachfamilie. Dabei besteht seine Hauptleistung (abgesehen von der Diss.) in der theoretisch, methodisch und quellenmäßig neu konzipierten Bearbeitung älterer Werke, die dadurch ersetzt wurden. V.a. mittels der Einbeziehung der inschriftlichen Überlieferung gewann Sch. authentische Zeugnisse der griech. Sprache – im Unterschied zu den durch die Überlieferung unsicheren lit. Texten. Während er in seiner Diss. zum ersten Mal umfassend Zeugnisse aus mehreren Jahrhunderten des nachklass. Griechisch, der Koinē, bearbeitete [1], sicherte er mit der Erneuerung von Konrad Meisterhans' *Grammatik der attischen Inschriften* [2] den Bestand des attischen Griechisch und machte in der erweiterten Edition von Paul Cauers Dialektinschriften [4] die griech. Dialekte für die Sprachgeschichte nutzbar. Auf dieser Grundlage konzipierte Sch. in der Bearbeitung von Karl Brugmanns Grammatik – in Distanz zu dessen junggrammatischer Auffassung eines Wandels der Laute und Formen (Morpheme) unter dem Aspekt von Gesetz und Analogie – sein Hauptwerk, die *Griech. Grammatik* [5], das im indogerman. Kontext die Entwicklung der griech. Sprache mit ihren Dialekten in Lautlehre, Flexion (Band 1) und Syntax (Band 2, postum fertiggestellt von Albert Debrunner) von den Anfängen bis zum zeitgenössischen Neugriechischen behandelt. Selbst wenn heute einzelne Erscheinungen des Sprachwandels anders und auch angemessener erklärt werden [7], behält die *Grammatik* trotz ihrer äußeren Sperrigkeit als Instrument zur differenzierten Kenntnis der griech. Sprache herausragenden Wert [8]; [9]; [11].

Neben weiteren Arbeiten zum Griechischen und Forschungsberichten zur griech. Sprachwiss. bestätigen seine Forschungen zu anderen Sprachen oder zu Phänomenen mehrerer indogerman. Sprachen (z.B. zur Parenthese) Sch. als Indogermanisten. Auch in der Neubearbeitung des Kommentars zur *Germania* des Tacitus seines Großonkels [3] sind die sprachwiss. Interessen manifest.

SV: [6.XV-XL].

Schriften

[1] Grammatik der pergamenischen Inschriften. Beiträge zur Laut- und Flexionslehre der gemeingriech. Sprache (Diss. Zürich), 1898 (Ndr. 2003) [2] Grammatik der attischen Inschriften von K. Meisterhans (3. vermehrte Aufl.), 1900 (Ndr. 1971) [3] Tacitus' Germania. Erläutert von H. Schweizer-Sidler (Komm.), 6. vollständig neu bearb. Aufl., 1902 (81923) [4] Dialectorum Graecorum exempla epigraphica potiora (3. erneuerte und verb. Aufl. des Delectus inscriptionum von P. Cauer), 1923 (Ndr. 1960) [5] Griech. Grammatik. Auf der Grundlage von K. Brugmanns Griech. Grammatik, 4 Bde., 1939–1971 (Bd. 1, 1939, 6., unveränd. Aufl. 1990: Allgemeiner Teil, Lautlehre, Wortbildung, Flexion; Bd. 2, 1950, 5., unveränd. Aufl. 1988: Syntax und syntaktische Stilistik, vervollst. von A. Debrunner; Bd. 3, 1953, 2., verb. Aufl. 1980: Register von D.J. Georgacas; Bd. 4, 1971, 2., verb. Aufl. 1994: Stellenregister von S. Radt; S. 137–146: Berichtigungen und Ergänzungen zu Bden. 1–4) [6] K.S., hrsg. von R. Schmitt, 1983.

Sekundärliteratur

[7] D. Cherubim / M. Job, Art. Schwyzer, Eduard, in: Lexicon Grammaticorum, 22009, 1368–1369
[8] A. Debrunner, Eduard Schwyzer, in: MH 1, 1944, 3–12
[9] M. Leumann, Eduard Schwyzer, in: Indogermanisches Jb. 27, 1948, 267–273 [10] H.-R. Schwyzer, Eduard Schwyzer, 1951 [11] M. Vasmer, Gedächtnisrede auf Eduard Schwyzer, in: Jb. der deutschen Akademie der Wissenschaften zu Berlin, 1946–1949, 221–238.

Hans-Ulrich Berner/Manfred Landfester

Seeck, Otto

Dt. Althistoriker baltischer Herkunft. Geb. am 2.2. 1850 in Riga, gest. am 29.6.1921 in Münster. Nach kurzen Studium der Naturwiss. in Dorpat Wechsel – unter dem Eindruck der Lektüre von Theodor ↗Mommsens *Römischer Geschichte* – zum Studium der Gesch. an die Univ. Berlin; Prom. 1872 ebda. [1]; Habil. 1878 ebda. mit einer Edition der Werke des Symmachus [3]. 1881 Berufung nach Greifswald (auch dank der Patronage Mommsens); dort bis 1883 (Weggang von Ulrich von ↗Wilamowitz-Moellendorff) Lehre lediglich der röm. Gesch.; erst danach auch der griech. Gesch. 1907 Wechsel nach Münster.

Werk und Wirkung

Entgegen dem damaligen Usus spezialisierte sich S. in hohem Maße, und zwar auf die Spätantike. In diesem Bereich trat er mit wichtigen, teils bis heute maßgeblichen Editionen hervor (u.a. [2]; [7]). Ferner legte er als Grundlagenarbeit die Regesten der Kaiser und Päpste [8] sowie zahlreiche Artikel für die RE vor. Sehr viel strittiger war und ist sein an ein breiteres Publikum gerichtetes Hauptwerk zum Untergangs der ant. Welt [6]. Darin bietet er eine umfangreiche, dicht belegte, im Wesentlichen an Ereignissen und Einzelpersönlichkeiten orientierte Geschichte der Spätantike auf der Grundlage eines biologistischen Modells des umgekehrten Darwinismus. Das Schlüsselkonzept ist die ›Ausrottung der Besten‹, die aufgrund verschiedener Faktoren das spätröm. Reich geprägt habe – ein Schicksal, das S. grundsätzlich für vermeidbar hielt.

S.s Arbeit zur Odyssee bleibt insofern ein Solitär [4], als sie v.a. dazu diente, seine Lehrbefugnis auf die griech. Geschichte auszudehnen. Kontinuierlicher befasste er sich mit der Kunstgeschichte, für die er zeitweise die *venia legendi* in Greifswald besaß. Gerne äußerte er sich auch gegenüber einem breiteren Publikum und über allgemeinere Themen [5]; dies zunehmend im Sinne annexionistisch orientierter Alldeutscher, sodass es nicht überrascht, wenn am Ende auch seine Spezialforschung in eine breitenwirksame Richtung ging.

Schriften

[1] Quaestiones de notitia dignitatum (Diss. Berlin), 1872 [2] Notitia dignitatum (Edition), 1876 (Ndr. 1983) [3] Q. Aurelii Symmachi quae supersunt (Monumenta Germaniae Historica, Auctores antiquissimi 6.1; Edition), 1883 (Ndr. 2001 u.ö.) [4] Die Quellen der Odyssee, 1887 (^{2}1898) [5] Zeitphrasen, 1892 (^{2}1896) [6] Geschichte des Untergangs der antiken Welt, 6 Bde., 1895–1920 (Ndr. 2000 u.ö.) [7] Die Briefe des Libanius, zeitlich geordnet (Edition), 1906 (Ndr. 1966) [8] Regesten der Kaiser und Päpste für die Jahre 311 bis 476 n.Chr. Vorarbeit zu einer Prosopographie der christlichen Kaiserzeit (mit Edition), 1919 (Ndr. 1964).

Sekundärliteratur

[9] H. Leppin, Ein »Spätling der Aufklärung«. Otto Seeck und der Untergang der antiken Welt, in: V. Losemann / P. Kneissl (Hrsg.), Imperium Romanum. Studien zu Geschichte und Rezeption. FS K. Christ, 1998, 472–491 [10] S. Lorenz, Otto Seeck und die Spätantike, in: Historia 55, 2006, 228–243 [11] S. Rebenich, Seeck und die Notwendigkeit, Alte Geschichte zu lehren, in: M. W. Calder et al. (Hrsg.), Wilamowitz in Greifswald, 2000, 262–298.

Hartmut Leppin

Sepúlveda, Juan Ginés

Span. Humanist, Historiker und Philosoph. Geb. 1489/90 in Córdoba oder (eher) Pozoblanco (Provinz Córdoba), gest. 1573 in Pozoblanco. Erste Studien in Córdoba sowie ab 1510 in Alcalá de Henares; 1515 Reise nach Bologna, Eintritt in den Dominikanerorden und bis 1523 Studium (Artes, Philosophie, Rechte und Griechisch) ebda.; 1535 nach verschiedenen Stationen in Italien (darunter Rom, Neapel) Rückkehr nach Spanien, Erzieher des zukünftigen Königs Philipp II.; 1536 Ernennung zum kaiserlichen Chronisten. 1550 Disputation mit Bartolomeo de las Casas über die Rechtmäßigkeit der span. Eroberung der Neuen Welt; nach Verdammung seiner Thesen im selben Jahr Rückkehr nach Pozoblanco.

Werk und Wirkung

Als Gräzist übersetzte S. Aristoteles' *Politica* [2] und arbeitete an einer Textrevision des griech. NT; er übersetzte ferner seit 1522 eine Reihe anderer kleiner Schriften des Aristoteles [8] und den Kommentar zur *Metaphysik* des Alexander von Aphrodisias [1]. Seine Parteinahme für Alberto Pio brachte ihn in einen immer schärfer werdenden Konflikt mit ↗Erasmus von Rotterdam, in welchem er 1532 mit seiner *Antapologia pro Alberto Pio Comite Carpensi in Erasmum Roterodamum* dem Humanisten vorwarf, unter der Maske von rationalistischen Überlegungen die Grundlagen des katholischen Ritus auszuhöhlen. Gegen die *Leyes Nuevas* von 1542, die eine Zwangskonvertierung der Indianer verboten, schrieb er seinen *Democrates alter* und *De justis belli causis apud Indios*, in dem er in einer Mischung aus Aristotelismus und Machiavellismus das Recht zur Unterwerfung Amerikas aus der kulturellen Inferiorität, den unchristl. Bräuchen und der christl. Sendung Spaniens ableitete. 1550 kam es deshalb zu einer Disputation zwischen S. und Bartolomeo de las Casas; durch den Bischof von Segovia wurde S.s Schrift schließlich verdammt. Bedeutend war S. als Chronist der span. Krone: Seine in ciceronianischem Stil geschriebenen Werke zur zeitgenössischen Geschichte [4]; [3]; [6] sind bedeutende Zeugnisse des damaligen offiziellen span. Selbstverständnisses.

Schriften

[1] Alexandri Aphrodisiei commentaria in duodecim Aristotelis libros de prima philosophia (lat. Übers.), Rom 1527 [2] Aristotelis de Republica libri octo (lat. Übers.), Paris 1548 [3] De Orbe Novo, hrsg. von A. Ramírez de Verger, 1993 [4] Obras completas, lat.-span., hrsg. von E. Rodríguez Peregrina, 1995–2003 (Historia de Carlos V.: Bd. 1, 2, 10; Democrates Segundo: Bd. 3; Historia de Felipe II.: Bd. 4) [5] Epistularum libri septem, hrsg. von J.J. Valverde Abril, 2003 [6] De bello Africo, lat.-span., hrsg. von M. Tracasas Casares, 2005.

Sekundärliteratur

[7] Art. Sepulveda, Juan Ginéz, in: P. G. Breitenholz / Th. B. Deutscher, Contemporaries of Erasmus, Bd. 3, 1987, 240–242 [8] A. Coroleu, Estudios sobre Juan Ginés de Sepúlveda. Sus traducciones latinas de Aristóteles, 1993 [9] L. Hanke, All Mankind is One, 1974 [10] A. Losada, Juan Ginés de Sepúlveda a través de su Epistolario, 1949 [11] F. C. Urbano, Juan Ginés de Sepúlveda (1490–1573), 2000.

Nikolaus Thurn

Sestini, Domenico

Ital. Numismatiker, Antiquar und Reisender. Geb. um 1750 Florenz, gest. 1832 ebda. 1774–1778 in Catania (Sizilien), 1778–1780 Reise über Budapest, Wien nach Konstantinopel, dort bis 1794; 1804–1810 in Berlin, 1810 Paris, 1810–1814 in Florenz, 1816–1818 Reisen nach Ungarn.

Werdegang, Werk und Wirkung

Zahlreiche Reisen führten S. zu unterschiedlichen Anstellungen als Antiquar, Bibliothekar und Numismatiker: bei Ignazio Paternò Castello, Prinz zu Biscari in Catania [1]; beim engl. Botschafter Richard Ainsley in Konstantinopel; in Deutschland u.a. bei Lorenz ↗Beger am Münzkabinett in Berlin; in Florenz 1810–1814 bei Elisa Baciocchi, der Schwester Napoleon Bonapartes [10]; und zwischen 1816 und 1818 beim ungar. Grafen Mihály Viczay in Hedervar (in dieser Position nach Joseph Hilarius ↗Eckhel). Zuletzt war er bei Ferdinand III., Großherzog der Toskana, tätig, der ihn ehrenhalber zum Prof. an der Univ. Pisa ernannte.

S. hinterließ zahlreiche Reisebeschreibungen, in die er u.a. Ruinen [4]; [5], Denkmäler, Sammlungen [1] und Inschriften aufnahm. Doch ist nachgewiesen, dass zumindest Teile seines Itinerars durch die Walachei, Transsilvanien und Ungarn [5] sowie einige Exkurse fast wörtliche ital. Übersetzungen aus älteren Werken enthalten (z.B. von Johann Lehmann: *Reise von Pressburg nach Hermannstadt in Siebenbürgen* (Leipzig 1785); Sylvester Douglass: *An Account of the Tokay and Other Wines of Hungary* (London 1773) [9. 563]. Als Universalgelehrter beschäftigte sich S. auch mit Geologie und Agrarwiss. sowie anderen wiss. Bereichen wie etwa Zoologie [6]; vgl. [7]. Sein Augenmerk in der Münzkunde [2] galt insbes. dem Problem der Fälschungen.

Schriften

[1] Descrizione del museo di antiquaria e del gabinetto di storia naturale del principe di Biscari, Florenz 1776 [2] Lettere e dissertazioni numismatiche, 9 Bde., Livorno/Rom/Berlin 1786–1806 [3] Viaggio da Costantinopoli a Bassora fatto dall'abate Domenico Sestini accademico etrusco, Yverdun 1786 [4] Descrizione del viaggio fatto da Vienna per il Danubio insino a Rusciuk, e di là insino a Varna, e quindi per il Mar-Nero a Costantinopoli, Berlin 1807 [5] Viaggio curioso-scientifico-antiquario per la Valachia, Transilvania e Ungheria fino a Vienna, Florenz 1815.

Sekundärliteratur

[6] H. Kumerloeve, Domenico Sestini (1750–1832). Aus der Frühzeit zoologischer Forschung im Bosporus-Raum (Türkei), in: Annalen des Naturhistorischen Museums in Wien 88/89, 1986, 345–350 [7] C. Luppi, Vite di illustri Numismatici Italiani. VII. Domenico Sestini, in: Rivista Italiana di Numismatica 3, 1890, 473–480 [8] B. Pace, Per la storia dell'archeologia italiana in levante. Viaggi dell'abate Domenico Sestini in Asia Minore (1779–1792), in: Annuario della Regia Scuola Archeologica in Atene e delle Missioni italiane in Oriente 3, 1916–1920, 243–252 [9] M. Pető, »Lettera della Pannonia«. I dati di Domenico Sestini sulla storia dell'archeologia e del collezionismo in Ungheria, in: A. Szabó / E. Tóth (Hrsg.), Pannonica provincialia et archaeologica, 2003, 563–576 [10] F.M. Vanni Peccatori, Un opera inedita di Domenico Sestini. Il catalogo della collezione numismatica di Elisa Baciocchi, in: Bollettino di numismatica 4, 1987, 261–284.

Marcus Heinrich Hermanns

Sethe, Kurt

Dt. Ägyptologe. Geb. am 30.6.1869 in Berlin, gest. am 6.7.1934 ebda. Studium der Ägyptologie in Tübingen und Berlin; Prom. 1892, Habil. 1895 in Berlin. Ab 1900 ao.Prof. für Ägyptologie, ab 1907 o.Prof. in Göttingen; ab 1923 o.Prof. in Berlin; 1932 ordentliches Mitglied der Preuß. Akad. der Wiss.

Werk und Wirkung

S. studierte insbes. bei Adolf ↗Erman in Berlin und war mit diesem der zentrale Exponent der »Berliner Schule« der Ägyptologie (s. auch Elmar ↗Edel). Aus einer im Kern philol. Perspektive schuf S. ein wiss. Œuvre, das alle Bereiche und Epochen der Sprache, Kultur und Geschichte des Alten Ägyptens entscheidend förderte. Sein dreibändiges Werk zum ägypt. Verbum [2] erzielte einen letzten, entscheidenden Durchbruch in der Rekonstruktion der Grammatik des Ägyptischen. Mit unerhörter Arbeitskraft legte S. Textausgaben von bleibendem Wert vor. Seine Edition, Kommentierung und Übersetzung der Pyramidentexte [5]; [10] sind bis heute maßgeblich. Mit den Bänden zu den ägypt. Urkunden [3]; [4] machte S. umfassende Textbestände zugänglich. Arbeiten wie die zu den Ächtungstexten [7] und zu den Briefen an Tote (mit Alan H. ↗Gardiner) [8] erschlossen signifikante Felder der altägypt. Textüberliefung neu. S. wirkte maßgeblich in allen Phasen der Entstehung des *Wörterbuchs der Ägypt. Sprache* von Erman und Hermann Grapow mit. Über den philol.-linguistischen Bereich hinaus berührten seine Arbeiten zahlreiche (kultur-)histor. Fragen; allerdings führte ihn sein rigider Positivismus auch manchmal in die Irre, wie in seinen Forschungen zur Thronfolge der Thutmosidenzeit [1] und zur ägypt. Vorgeschichte [9]. In seiner Göttinger Antrittsvorlesung [6] legte S. sein Verständnis des Fachgebiets dar.

SV: A. Biedenkopf-Ziehner, Kurt Sethe (1869–1934). Verzeichnis Kurt Sethe, in: Enchoria 5, 1975, 135–150.

Schriften

[1] Die Thronwirren unter den Nachfolgern König Thutmosis' I., 1896 [2] Das aegyptische Verbum im Altaegyptischen, Neuaegyptischen und Koptischen, 3 Bde., 1899–1902 [3] Urkunden des Alten Reichs (Edition; mit G. Steindorff), 1903 (^{2}1933) [4] Urkunden der 18. Dynastie, 4 Bde. (Edition; mit G. Steindorff), 1906–1909 [5] Die altaegyptischen Pyramidentexte, 4 Bde. (Edition), 1908–1922 [6] Die Ägyptologie. Zweck, Inhalt und Bedeutung dieser Wissenschaft und Deutschlands Anteil an ihrer Entwicklung, 1921 [7] Die Ächtung feindlicher Fürsten, Völker und Dinge auf altägyptischen Tongefäßscherben des Mittleren Reiches (Edition), 1926 [8] Egyptian Letters to the Dead (Edition; mit A.H. Gardiner), 1928 [9] Urgeschichte und älteste Religion der Ägypter, 1930 [10] Übersetzung und Kommentar zu den altägyptischen Pyramidentexten, 4 Bde., 1935–1939.

Sekundärliteratur

[11] Art. Sethe, Kurt, in: WWE, 385 [12] H. Kees, Kurt Sethe, in: Gesellschaft der Wiss. zu Göttingen, Jahresbericht 1934/35, 1935, 66–74 [13] A. Scharff, Kurt Sethe, in: Jb. der Bayerischen Akademie der Wiss., 1934–1935, 32–39.

Stephan Seidlmayer

Seyrig, Henri

Franz. Archäologe und Numismatiker. Geb. am 10.11.1895 in Hericourt, gest. am 21.1.1973 in Neuchâtel. Schulbesuch in Mulhouse, der Normandie und Oxford; im Ersten Weltkrieg Einsatz in Verdun und Saloniki; Studium in Paris. 1922 Mitarbeiter und 1928 Generalsekretär der École française d'Athènes; ab 1929 Directeur général des Antiquités de Syrie et du Liban in Beirut. 1941–1945 Exil in Mexiko sowie Washington als Gesandter General De Gaulles. 1945 Rückkehr nach Beirut, 1946–1967 Direktor des Institut français d'archéologie du Proche-Orient (IFAPO). 1967 Übersiedlung in die Schweiz.

Werk und Wirkung

Als hoher Beamter der ehemaligen Mandatsmacht Frankreich sorgte S. nach 1945 für einen reibungslosen und einvernehmlichen Übergang der Altertümerverwaltung an die gerade unabhängig gewordenen Staaten Syrien und Libanon. Um das Kulturerbe auf ihren Territorien – Baalbek, Palmyra und Krak des Chevaliers – dauerhaft zu bewahren, setzte er sich für neue Grabungen durch verschiedene Nationen ein. Er verstand es, hochqualifizierte Mitarbeiter zu gewinnen, darunter die Architekten Robert Amy, Pierre Coupel und v.a. seinen Schüler, Freund und Nachfolger Daniel Schlumberger, der die Begegnungen der griech. Welt mit den oriental. Kulturen noch weiter bis nach Zentralasien verfolgte. S., vertraut mit zeitgenössischen Methoden, versuchte auch, die Archäologie der aufkommenden Informationstechnik zu öffnen [8].

In S.s Nachlass in Neuchâtel aufgefundene Hefte [9] geben Einblick in sein wiss. Vorgehen in Griechenland (Thasos und Samothrake) und in der Levante, in seine lebhafte, immer wache Neugier, die den Details der Objekte der Museen und Sammlungen wie auch den Monumenten im Großen galt und erhellende Verbindungen zwischen verschiedenen Gattungen von – oft noch nicht edierten – Dokumenten herstellte: Inschriften, Münzen [3] (seine Sammlung bereicherte später das Museum in Beirut und das Pariser *Cabinet des médailles*) sowie *tesserae* [2] sollten zum besseren Verständnis der Geschichte der Institutionen und Kulte beitragen, wobei Baalbek und Palmyra [4] den ersten Rang einnahmen. Stets um Klarheit und Prägnanz bemüht, publizierte S. seine Ergebnisse bevorzugt in Form von wiss. Aufsätzen. Die daraus entstandenen Sammlungen [1]; [5]; [6] sind wertvolle Arbeitsinstrumente, die die innere Kohärenz der Forschungen S.s hervortreten lassen.

SV: G. Le Rider, Henri Seyrig 1895–1973, in: Revue numismatique, sér. 6, 15, 1973, 11–29.

N: Neuchâtel; Paris, Bibliothèque nationale, Cabinet des médailles.

Schriften

[1] Antiquités syriennes, 4 Bde., 1934–1966 [2] Recueil des tessères de Palmyre (mit H. Ingholt, J. Starcky und A. Caquot), 1955 [3] Trésors du Levant anciens et nouveaux, 1973 [4] Le temple de Bêl à Palmyre (mit R. Amy und E. Will), 1975 [5] Scripta varia. Mélanges d'archéologie et d'histoire, 1985 [6] Scripta numismatica, 1986.

Sekundärliteratur

[7] Art. Seyrig, Herni Arnold, in: J. Leclant (Hrsg.), Le second siècle de l'Institut de France, 1895–1995. Recueil biographique et bibliographique des membres, associés étrangers, correspondants français et étrangers des cinq académies, 1999 (ff.) [8] J.-C. Gardin, Une archéologie moderne. Les initiatives d'Henri Seyrig, in: CRAI 140/3, 1996, 1013–1018 [9] D. Knoepfler, De la Grèce au Proche-Orient avec Henri Seyrig. Un Athénien atypique au tournant de sa carrière (1922–1929), in: Bulletin de correspondance hellénique 120, 1996, 285–309 [10] E. Will, Henri Seyrig (10 novembre 1895–21 janvier 1973), in: Syria 50, 1973, 259–265 [11] E. Will, Notice sur la vie et les travaux de Henri Seyrig, in: CRAI 137/2, 1993, 385–397 [12] E. Will, Cinquante ans d'histoire. De l'Institut français d'Archéologie de Beyrouth à l'Institut français d'Archéologie du Proche-Orient, in: CRAI 140/3, 1996, 993–1001.

Jean-Marie Dentzer (Ü: K. H.)

Shorey, Paul

Amerikan. Klass. Philologe. Geb. am 3.8.1857 in Davenport (Iowa), gest. am 24.4.1934 in Chicago. Ab 1874 Studium der Klass. Phil., Gesch. und Philosophie an der Univ. Harvard; ab 1878 Studium der Rechtswiss.; Studium in Deutschland und Athen 1881–1883; 1884 Prom. in München. 1884–1892 Prof. am Bryn Mawr College (Pennsylvania), 1901/02 an der American School of Classicals Studies at Athens; 1892–1927 Prof. für Griech. an der Univ. Chicago. 1913 Austauschprof. in Berlin.

Werk und Wirkung

Nach dem Studium in Harvard, Leipzig (1881/82), Bonn (1882) und Athen (1882/83) wurde Sh. 1884 von Wilhelm von Christ in München promoviert. Seine lat. Dissertation, eine systematische Darstellung von Platons Ideenlehre, welche die Wichtigkeit von Begriffen (*concepts, notions*) in Platons Epistemologie unterstreicht [1], basiert u.a. auf der Annahme, dass Aristoteles' Platonkritik nicht überzeugen kann. Nach der Promotion unterrichtete Sh. Latein und Philosophie am Bryn Mawr College. 1892 wurde er Prof. für Griechisch an der Univ.

Chicago, 1896 Direktor des *Department of Classics*, wo er über seine Emeritierung hinaus lehrte.

Sh. war einer der Gründer der Zeitschrift *Classical Philology* und von 1908 bis zu seinem Tod ihr *managing editor*. Sie bot ihm eine Plattform für seine Ideen und machte ihn (nach Basil Lanneau ↗Gildersleeve und William Abbott ↗Oldfather) zum Impulsgeber der nordamerikan. Klass. Philologie. Zentral für seine Position war 1911 der Artikel *American Scholarship* [3] mit einem recht polemischen Plädoyer für eine eigenständige amerikan. Klass. Philologie, in Abgrenzung zur dt. Tradition [8]. 1913 wurde Sh. *Roosevelt Exchange Prof.* in Berlin; bezeichnend für die angespannte Atmosphäre war, dass Ulrich von ↗Wilamowitz-Moellendorff Sh. untersagte, ein Seminar zu Platons *Staat* zu halten.

Zu Sh.s Schülern zählen u.a. Harold Cherniss, George Norlin und Leonardo Tarán [5]. Sh.s Publikationen zur Klass. Philologie und anderen Gebieten (u.a. Politik und Philosophie) umfassen mehr als 800 Einträge. Dreimal hielt er die *Sather Lectures* an der Univ. of California; er war Mitglied der *American Philosophical Society*, der *American Academy of Arts and Sciences*, dem *American Institute of Arts and Letters*, war Gastdozent u.a. in Harvard und erhielt mehrere Ehrendoktorwürden. Obwohl Sh. zu fast allen Bereichen der Klass. Philologie publizierte [5], stand Platon im Zentrum seiner Forschung. Er vertrat die bis heute kontroverse Position, Platon sei Unitarier, und rechnete ihn zu denjenigen Denkern, »*whose philosophy is fixed in early maturity* [...] *rather than to the class of those who receive a new revelation every decade*« [2.88].

SV: J.F. Latimer, in: Classical Philology 81, 1986, 1–31.

N: Univ. of Chicago (auch online).

Schriften

[1] De Platonis idearum doctrina atque mentis humanae notionibus commentatio (Diss. München), 1884 (Ndr. mit engl. Übers. in: Ancient Philosophy 2, 1982, 1–59) [2] The Unity of Plato's Thought, 1903 (Ndr. 1968, 1980)
[3] American Scholarship, in: The Nation 92, 1911, 466–469
[4] Platonism Ancient and Modern, 1938 [5] Selected Papers, 2 Bde., hrsg. von L. Tarán, 1980.

Sekundärliteratur

[6] A. Dies, Un platonisant d'Amérique. Paul Shorey, in: Bulletin de l'Association Guillaume Budé, 1929, 3–21
[7] E.C. Kopff, Art. Shorey, Paul, in: Briggs/Calder 447–453 [8] E.C. Kopff, Wilamowitz and Classical Philology in the USA. An Interpretation, 558–580 [9] G.J. Laing, Art. Shorey, Paul, in: Dictionary of American Biography 9, 1963, 125–126.

Christoph Helmig

Sigonius, Carolus

Sigonio/Sigone, Carlo. Ital. Humanist und Philologe. Geb. 1522/24 in Modena, gest. am 27.8.1584 ebda. Zunächst juristische Ausbildung in Modena bei Lodovico Castelvetro und Lodovico del Monte sowie im Griech. bei Francesco Porto; 1538–1542 Philosophie- und Medizinstudium in Bologna und Pavia. 1546 als Nachfolger Portos Griechisch-Prof. in Modena, 1552 Prof. an der Scuola di San Marco in Venedig; 1560 Rhetorik-Prof. in Padua; von 1563 bis zu seinem Tod 1584 Prof. in Bologna.

Werk und Wirkung

S.' philol. und historiographische Arbeiten, die europaweite Verbreitung und Anerkennung fanden, zeugen von Beginn an von seinem verfassungsgeschichtlichen Interesse an der Entstehung und Entwicklung juristischer und polit. Institutionen seit der Antike. Vor und während seiner Zeit in Venedig konzentrierte sich S. mit der mehrfach revidierten, 1556 mit einem Kommentar versehenen Edition der *Fasti* [1] sowie der Edition des Livius samt Scholien und einer neuen *Chronologia* [2] zunächst auf die Geschichte der röm. Magistrate und die röm. Rechtsgeschichte [3]; [4]. Als Rhetorik-Prof. in Padua, wo er wie schon 1554 von Francesco ↗Robortello in scharfe philol. Kontroversen verwickelt wurde, publizierte er, angeregt durch die Beschäftigung mit Ciceros Reden, eine Edition der Fragmente Ciceros, *De Dialogo* [5]. Durch die folgenden bedeutenden Arbeiten zur Geschichte des weström. Reiches und Italiens seit der Kaiserzeit [7]; [8], die indirekt auch das Problem der weltlichen Stellung der Kirche tangierten, geriet S. im päpstlichen Bologna mehrfach unter Druck durch die Zensur. Die Verteidigung der Echtheit der pseudo-ciceronianischen *Consolatio* (gedr. 1583), als deren Autor immer wieder S. selbst genannt wurde (u.a. von Justus ↗Lipsius), brachte an seinem Lebensende das Renommee des angesehenen Humanisten in Misskredit.

Schriften

[1] Regum, consulum, dictatorum ac censorum Romanorum fasti (Edition mit Komm.), 4 Bde., 1550–1559 [2] T. Livii Patavini Historiarum ab urbe condita libri (Edition, mit Scholien), Venedig 1555 (u.ö.) [3] De antiquo iure civium Romanorum libri II, Venedig 1560 [4] De antiquo iure Italiae libri III, Venedig 1560 [5] De dialogo liber, Venedig 1562 [6] De republica Atheniensium libri IIII, Bologna 1564 [7] Historiarum de regno Italiae libri XX, 4 Bde., Venedig 1574–1591 [8] Historiarum de occidentali imperio libri XX, Bologna 1578 [9] De republica Hebraeorum libri VII, Bologna 1582 [10] Historiae Bononiensis libri VI, Bologna 1582 [11] Opera omnia edita, et inedita, cum notis ... et ejusdem vita, hrsg. von L.A.

Muratori und Ph. Argelatus, 6 Bde., Mailand 1732–1737 [12] Del dialogo, hrsg. und übers. von F. Pignatti, 1993.

Sekundärliteratur

[13] G. Bartolucci, La repubblica ebraica di Carlo Sigonio. Modelli politici dell'età moderna, 2007 [14] W. McCraig, Carlo Sigonio. The Changing World of the Late Renaissance, 1989.

Roswitha Simons

Smith, Morton

Amerikan. Althistoriker und Religionswissenschaftler. Geb. am 29.5.1915 in Philadelphia, gest. am 11.7.1991 in New York. Ab 1936 Studium des NT, der Judaistik und der griech.-röm. Religion in Harvard und Jerusalem; 1948 Prom. in Jerusalem; 1957 Prom. in Harvard in Theologie. 1950–1955 Assistent-Prof. an der Brown Univ. (Rhode Island), 1956/57 an der Drew Univ. (New York); 1957–1985 Prof. an der Columbia Univ. (New York).

Werk und Wirkung

Nach religionswiss. Ausbildung arbeitete S. auf vier Feldern: Ant. Israel, NT, ant. Judaismus und ant. Magie. Seine Forschungsergebnisse waren originell und oft umstritten. Für das ant. Judentum postulierte S. umfassenden hell. Einfluss [2]; [4]; er versuchte einen neuen Blick auf Flavios Josephos sowie seine Darstellung der Essener [3] und unternahm es, der Magie als verbindendem Element der ant. Religionen (und damit auch der christlichen) einen neuen Platz zuzuweisen [10]. S. sah die Welt der Antike als Einheit und kämpfte gegen das Spezialistentum an. Für die christl.-jüd. Antike konstatierte er eine religiöse Vielfalt neben jeglicher Orthodoxie. Berühmtheit erlangte S. durch die Auffindung eines Briefes von Clemens von Alexandria mit zwei Fragmenten eines »geheimen Markus-Evangeliums«, zu dem er – von der Forschung dann zumeist abgelehnte – Schlussfolgerungen bot [8]; [9]. Fälschungsgerüchte ließen insbes. nach S.s Tod nicht nach und wurden 2005 systematisch begründet [13]. Allerdings gibt es viele Forscher, die die Authentizität des *Secret Gospel* akzeptieren.

Schriften

[1] Tannaitic Parallels to the Gospels (Diss. Jerusalem), 1951 [2] Palestinian Judaism in the First Century, in: M. Davis (Hrsg.), Israel. Its Role in Civilization, 1956, 67–81 [3] The Description of the Essenes in Josephus and the Philosophoumena, in: Hebrew Union College Annual 29, 1958, 273–313 [4] The Image of God. Notes on the Hellenization of Judaism, in: Bulletin of the John Rylands Library 40, 1958, 473–512 [5] Heroes and Gods (mit M. Hadas), 1965 [6] Palestinian Parties and Politics That Shaped the Old Testament, 1971 [7] Zealots and Sicarii. Their Origins and Relations, in: Harvard Theological Review 64, 1971, 1–19 [8] Clement of Alexandria and a Secret Gospel of Mark, 1973 [9] The Secret Gospel. The Discovery and Interpretation of the Secret Gospel According to Mark, 1974 [10] Jesus the Magician, 1978 [11] Jewish Religious Life in the Persian Period, in: W.D. Davies / L. Finkelstein (Hrsg.), The Cambridge History of Judaism, Bd. 1: The Persian Period, 1984, 219–278 [12] Studies in the Cult of Yahweh, 2 Bde., hrsg. von S.J.D. Cohen, 1996.

Sekundärliteratur

[13] S.C. Carlson, The Gospel Hoax. Morton Smith's Invention of Secret Mark, 2005 [14] S.J.D. Cohen, In Memoriam Morton Smith. Morton Smith and His Scholarly Achievement, in: F. Parente / J. Sievers (Hrsg.), Josephus and the History of the Greco-Roman Period, 1994, 1–10 [15] G.D. Stroumsa (Hrsg.), Morton Smith and Gerhom Scholem. Correspondence 1945–1982, 2008.

Ernst Baltrusch

Snell, Bruno

Dt. Klass. Philologe. Geb. am 18.6.1896 in Hildesheim, gest. am 31.10.1986 in Hamburg. 1914 Abitur am Gymnasium Johanneum in Lüneburg; 1918–1922/23 Studium v.a. der Klass. Philologie in Leiden, Göttingen, Berlin und München; 1922 Prom. in Göttingen; 1925 Habil. in Hamburg. Ab 1931 o.Prof. für Klass. Philologie in Hamburg; 1960 Emeritierung.

Werdegang und Werk

Kurz vor Ausbruch des Ersten Weltkrieges begann S. das Studium der Rechte und Nationalökonomie in Edinburgh und wurde bei Kriegsbeginn in Großbritannien interniert. Nach einem Austausch nach Leiden konnte er 1918 dort das Studium wieder aufnehmen, diesmal der Klass. Philologie, das er ab 1919 in Göttingen, Berlin und München fortsetzte. Außerdem studierte er Geschichte, Philosophie und Anglistik. 1922 erfolgte die Prom. in Göttingen bei dem Philosophen Georg Misch [1], 1925 die Habil. in Hamburg [2]. 1931 wurde S. auf einen Lehrstuhl für Klass. Philologie an der Univ. Hamburg berufen. Während des Dritten Reiches wahrte S. eine integre Haltung und Distanz zum Regime. So half er z.B. uneigennützig dem als Juden verfolgten Kurt ↗Latte. S., der hohe Ehrungen erhielt (u.a. Friedensklasse des Ordens *Pour le mérite*), war im In- und Ausland als Person und Wissenschaftler sehr geschätzt.

In S.s Werk sind zwei Schwerpunkte auszumachen: zum einen seine editorischen und lexikographischen Arbeiten, zum anderen seine Beiträge zur griech. Geistesgeschichte. Bei seinen Ausgaben des Bakchylides [3] und des Pindar [5] kamen S. seine profunden papyrologischen Kenntnisse zugute. Weiterhin initiierte S. die fünfbändige Neuedition der griech. Tragikerfragmente (TrGF) als Nachfolgewerk des 1852 von August ↗Nauck herausgegebenen Vorläufers. S. besorgte selbst den ersten Band, der die Didaskalien und die Fragmente der kleinen Tragiker enthält [9], und die erste Hälfte des zweiten Bandes mit den lit. überlieferten *fragmenta incerta* [10]. S. war auch Begründer und erster Herausgeber des *Lexikons des frühgriech. Epos* (LfgrE) [7], dessen Zielsetzung darin besteht, den gesamten Wortschatz der frühgriech. Literatur zu erfassen und den Wandel der Wortbedeutungen durch genaue Interpretationen der Belege festzustellen. Beide von S. in die Wege geleiteten Großprojekte sind nach wie vor unerlässliche gräzistische Arbeitsmittel.

Für S.s geistesgeschichtliche Forschung war die Fragestellung charakteristisch, inwiefern heute selbstverständlich scheinende westl. Bewusstseinskonfigurationen, die im frühen Griechentum noch fehlten, im Laufe einer histor. Entwicklung zuerst in Griechenland auftraten. So versuchte S. in seiner Habil.-Schrift aufzuzeigen, dass erst in der griech. Tragödie – nicht aber bei Homer und in der archaischen Lyrik – menschliches Handeln als durch freie spontane Entscheidung motiviert verstanden wurde [2]. Den Höhepunkt seiner Studien bildet die Essaysammlung *Die Entdeckung des Geistes* [4], in der S. u.a. die Meinung vertritt, dass Homer die Auffassung von Körper und Seele des Menschen als Einheiten nicht kenne. Stattdessen gebe es nur einzelne körperliche und seelische Organe mit jeweils bestimmten Funktionen. Das Fehlen einer einheitsstiftenden geistigen Instanz führe dazu, dass der Mensch den Grund für seine Handlungen nicht in eigenen Entscheidungen, sondern im Einwirken der Götter lokalisiere.

Wirkung

S.s Thesen zur Geistesgeschichte geben bis heute Anstöße zu wiss. Debatten. Er ging davon aus, dass die Abwesenheit eines griech. Wortes in den Texten auf das Fehlen der dadurch bezeichneten Vorstellung im Denken der jeweiligen Zeit schließen lasse. Diese und andere Grundannahmen S.s sind auf Widerspruch gestoßen; so hat sie der brit. Philosoph Bernard Williams einer konzisen Kritik unterzogen [15.60–66]. Dennoch bildet S.s Fähigkeit, begrifflichen Scharfsinn und sprachliche Subtilität im Feststellen semantischer Nuancen zu kombinieren, einen bleibenden Maßstab. Seine Textausgaben und das LfgrE bleiben herausragende Leistungen.

SV: [8.213–225].

N: München, Bayerische Staatsbibliothek, Ana 490.

Schriften

[1] Die Ausdrücke für den Begriff des Wissens in der vorplatonischen Philosophie (Diss. Göttingen), 1924 [2] Aischylos und das Handeln im Drama (Habil.schrift Hamburg), 1928 [3] Bacchylidis carmina cum fragmentis post F. Blass et G. Suess (Edition; Teubneriana), 1934 ([10]1970) [4] Die Entdeckung des Geistes, 1946 (3., neu durchges. und erw. Aufl. 1955; 5., neu durchges. Aufl. 1980) [5] Pindari carmina cum fragmentis (Edition; Teubneriana), 1953 (3. Aufl. 1959 u.ö.; 1987–1989 überarb. von H. Maehler) [6] Griechische Metrik, [1]1955 (4. neubearb. Aufl. 1982) [7] (Hrsg.) Lexikon des frühgriech. Epos. Bd. 1, Lief. 1–3, 1955–1959, 1–512 [8] Ges. Schriften (mit Vorw. von H. Erbse), 1966 [9] Tragicorum Graecorum Fragmenta, Bd. 1: Didascaliae tragicae, catalogi tragicorum et tragoediarum, testimonia et fragmenta tragicorum minorum (Edition), 1971 (2., verb. Aufl. 1986, mit Addenda von R. Kannicht) [10] Tragicorum Graecorum Fragmenta, Bd. 2: Fragmenta adespota, testimonia (Edition; mit R. Kannicht), 1981.

Sekundärliteratur

[11] H. Erbse, Bruno Snell, in: Gnomon 59, 1987, 770–775 [12] A. Lesky, Rez. zu Bruno Snell, Die Entdeckung des Geistes, in: Gnomon 22, 1950, 97–106 [13] G. Lohse, Bruno Snell, 1896–1986, in: Hamburgische Lebensbilder. Die Wissenschaftler, Bd. 8, 1994, 43–73 [14] G. Lohse, Geistesgeschichte und Politik. Bruno Snell als Mittler zwischen Wissenschaft und Gesellschaft, in: A&A 43, 1997, 1–20 [15] B. Williams, Understanding Homer. Literature, History and Ideal Anthropology, in: B. Williams, The Sense of the Past, 2006, 60–68.

Tobias Joho

Soden, Wolfram von

Dt. Assyriologe. Geb. am 19.6.1908 in Berlin, gest. am 6.10.1996 in Münster. Schulbesuch in Berlin und Marburg; Studium der Assyriologie und semitischer Sprachen in Marburg, München und Leipzig, dort 1931 Prom.; 1933 Habil. Göttingen. Ab 1934 Dozent, ab 1936 ao.Prof. ebda.; 1940 o.Prof. Berlin, Lehrtätigkeit wegen Militärdienst (zuletzt als Leutnant u.a. als Dolmetscher) jedoch nicht angetreten. 1945 Lehrauftrag in Göttingen; 1954 o.Prof. Assyriologie in Wien; 1961 o.Prof. in Münster für Altsemitische Philologie und Vorderasiat. Altertumskunde. 1957 (korresp.) Mitglied des DAI; 1957 Mitglied der Österr. Akad. der Wiss., 1969 der Akad. der Wiss. und Literatur Mainz; 1973 der Akad. der Wiss. Heidelberg; 1981 der British Acad. London und der Akad. der Wiss. Göttingen.

Werdegang, Werk und Wirkung

S. entstammte einer angesehenen protestantisch geprägten Gelehrtenfamilie. Der Großvater Hermann Freiherr von Soden hatte als Pfarrer und ao.Prof. in Berlin in vier Bänden das griech. NT herausgegeben, der Vater Hans von Soden war ab

1918 Prof. für Kirchengeschichte, Kirchenrecht und christl. Archäologie in Breslau, ab 1924 in Marburg, dort auch Rektor und kirchenpolit. tätig (Bekennende Kirche). Richtungsweisend für die wiss. Entwicklung S.s wurde das Studium in Leipzig, wo sich in der Nachfolge von Heinrich Zimmern und Franz H. Weißbach mit Gelehrten wie dem Assyriologen Benno ↗Landsberger, dem Hethitologen Johannes Friedrich und dem Rechtshistoriker Paul ↗Koschaker die berühmte »Leipziger Schule« der Altorientalistik etabliert hatte, aus der noch eine Anzahl weiterer bedeutender Schüler wie z.B. Wilhelm Eilers, Adam ↗Falkenstein oder Herbert Petschow hervorgingen. Insbes. Landsbergers revolutionäre, oft aber unpubliziert gebliebene Ideen beeinflussten S.s wiss. Werk entscheidend. Dies gilt v.a. für die keilschriftlichen Quellen in akkad. (babylon.-assyr.) Sprache, für die seine Arbeiten zu Syllabar [5], Grammatik [6] und Lexikon [9] Grundlagenwerke der heutigen Assyriologie darstellen.

In einer Vielzahl weiterer Publikationen förderte S. durch Übersetzungen und inhaltliche Interpretation das Verständnis von Religion, Kultur und Geschichte des Alten Orients. Ausgangspunkt seiner Arbeit war zumeist seine mustergültige Beobachtung der keilschriftlichen Paläo- und Orthographie in ihrer histor. Entwicklung, die häufig zu einer Neuinterpretation und zu einem verbesserten Verständnis des Quellenmaterials Anlass gab, aber auch zu langjährigem Streit mit Erich Ebeling über dessen Buch *Tod und Leben nach den Vorstellungen der Babylonier* (1931) und den darin edierten Keilschrifttexten führte.

Von unschätzbarer Hilfe für seine weitere Arbeit wurden für S. dann die ihm zugefallenen Vorarbeiten für ein assyr. Wörterbuch von Bruno Meissner, die er in mehr als 25-jähriger Arbeit zu seinem Hauptwerk, dem *Akkad. Handwörterbuch* [9], erweiterte. Dieses übertraf in seinen älteren Teilen das mit erheblich größerem Aufwand erarbeitete, etwa gleichzeitige Konkurrenzunternehmen des 26-bändigen *Chicago Assyrian Dictionary* (vgl. Adolph Leo ↗Oppenheim) in Qualität und Quantität der Quellenauswertung und trug damit indirekt auch zu dessen Optimierung bei. Im Alter befasste sich S. häufiger mit hebraistischen Themen [13]. Trotz nachlassender Arbeitskraft blieb er bis zu seinem Tod wiss. aktiv und produktiv. Die letzten seiner über 180 Artikel sind noch postum erschienen.

SV: [20].

Schriften

[1] Der hymnisch-epische Dialekt des Akkadischen, in: ZA 40, 1931, 163–227 (fortgesetzt in 41, 1933, 90–183) [2] Die akkadischen Synonymenlisten (Edition), 1933 [3] Der Aufstieg des Assyrerreiches als geschichtliches Problem, 1937 [4] Arabische wehrkundliche Ausdrücke, 1942 (⁴1990) [5] Das akkadische Syllabar, 1948 (⁴1991) [6] Grundriss der akkadischen Grammatik, 1952 (³1995) [7] Sumerische und akkadische Hymnen und Gebete (Edition; mit A. Falkenstein), 1953 [8] Herrscher im Alten Orient, 1954 [9] (Hrsg.) Akkadisches HandWB, 1959–1981 [10] Zweisprachigkeit in der geistigen Kultur Babyloniens, 1960 [11] Leistung und Grenze sumerischer und babylonischer Wissenschaft, 1965 (²1974) [12] Sprache, Denken und Begriffsbildung im Alten Orient, 1973 [13] Bibel und Alter Orient. Altorientalische Beiträge zum Alten Testament, hrsg. von H.-P. Müller, 1985 [14] Einführung in die Altorientalistik, 1985 (span. 1987; ital. 1989; engl. 1994) [15] Aus Sprache, Geschichte und Religion Babyloniens, hrsg. von L. Cagni, 1989 [16] Das Gilgamesch-Epos (Übers.; mit A. Schott), 1989 [17] Der Alte Orient. Eine Einführung, hrsg. und mit einem Nachtrag versehen von M.P. Streck, 2006 (erw. Ndr.).

Sekundärliteratur

[18] R. Borger, Wolfram von Soden, in: AfO 44/45, 1997–1998, 588–594 [19] M. Dietrich (Hrsg.), Vom Alten Orient zum Alten Testament. FS W. Soden, 1995 [20] D.O. Edzard, Wolfram, Freiherr von Soden (mit Lit.-Verzeichnis), in: ZA 87, 1997, 163–180 [21] J. Renger, Altorientalistik, in: J. Elvert / J. Nielsen-Sikora (Hrsg.), Kulturwissenschaften und Nationalsozialismus, 2008, 469–502 (bes. 481–484) [22] W. Röllig / M. Dietrich (Hrsg.), Lišan mitḫurti. FS W. Freiherr von Soden, 1969.

Karl Hecker

Solmsen, Friedrich

Dt.-amerikan. Klass. Philologe. Geb. am 4.2.1904 in Bonn als Friedrich Heinrich Rudolf S., gest. am 30.1.1989 in Chapel Hill, North Carolina. Studium der Klass. Phil. in Bonn, Heidelberg und Berlin, dort. 1928 Prom und 1929 Habil. 1929–1933 PD in Berlin; 1933 Emigration nach England. Ab 1933 am Trinity College in Cambridge; 1937 Umzug in die USA, dort zunächst am Olivet College in Michigan; ab 1940 Prof. für Klass. Phil. an der Cornell Univ. (Ithaca, New York). Verschiedene Gastprof. in USA und Europa, u.a. 1968 in Heidelberg. 1943 amerikan. Staatsbürger; 1962–1974 Prof. in Madison (Wisconsin). Nach der Emeritierung Privatgelehrter, aber auch Lehre in Chapel Hill, North Carolina. Mitglied mehrerer Akad. (z.B. Dutch Royal Acad., American Acad. of Arts and Sciences, British Acad.).

Werdegang und Werk

Als Sohn eines Prof. für indoeurop. Sprachen studierte S. Klass. Philologie in Bonn, Heidelberg und Berlin, dort u.a bei Ulrich von ↗Wilamowitz-Moellendorff, Eduard ↗Norden und v.a. bei Werner ↗Jaeger. 1928 wurde S. über die Logik und Rhetorik des Aristoteles promoviert [1]. Nach der Habil. wirkte er 1929–1933 als PD in Berlin. 1933 verließ S., Kind jüdischer Eltern, nach seiner Entlassung aufgrund der nationalsozialistischen Rassengesetze Deutschland und kam nach Cambridge, wo er 1936 den zweiten Doktortitel (PHD) erwarb. Wegen der polit. Situation Englands ging er 1937 in die USA. 1937–1940 lehrte S. am Olivet College in Michigan Philosophie. An der Cornell Univ. im Norden des Staates New York war er ab 1940 Assistant Prof., dann Full Prof. of Classics und 1953 Dekan. Ab 1962 wirkte er – unterbrochen von Gastprofessuren – am Institute for Research in the Humanities der Univ. in Madison bis zur Emeritierung 1974.

S. publizierte zahlreiche Aufsätze [6] und über 150 Monographien (u.a. zum griech. Epos, zur griech. Tragödie und Philosophie, zur hell. Dichtung, zur Poetik und Rhetorik, aber auch zur röm. Dichtung und zu Ciceros philos. Werken). In seinen Antiphonstudien entdeckte er ein forensisches Beweissystem [9.57]. Als akad. Lehrer genoss S. große Reputation [10]. Seine bleibenden Verdienste bestehen darin, nach dem Zweiten Weltkrieg dazu beigetragen zu haben, die Beziehungen zwischen den dt. und amerikan. Univ. zu verbessern. Darüber hinaus galt sein wiss. Interesse stets einem breiten Epochenspektrum der griech. Literatur.

Schriften

[1] Die Entwicklung der aristotelischen Logik und Rhetorik (Diss. Berlin), 1929 [2] Antiphonstudien, 1931 [3] Hesiod und Aeschylus, 1949 [4] Aristoteles' System of the Physical World, 1960 [5] Electra and Orestes, 1967 [6] K.S., 3 Bde., 1968–1982 [7] Intellectual Experiments of the Greek Enlightenment, 1975 [8] Isis among the Greeks and Romans, 1979.

Sekundärliteratur

[9] K. Bringmann, Eine Revolution der griech. Wissenskultur. Gorgias, Antiphon, die Dissoi Logoi und der Historiker Thukydides, in: J. Fried / Th. Kailer (Hrsg.), Wissenskulturen. Beiträge zu einem forschungsstrategischen Konzept, 2003, 57–71 [10] H. Flashar / S. Vogt, Friedrich Solmsen, in: Flashar Alt.wiss. 91–92 [11] W. Ludwig, Friedrich Solmsen, in: Würzburger Jbb. 12, 1986, 232 [12] E. Mensching, Zur Berliner Philologie in der späteren Weimarer Zeit. Über Friedrich Solmsens Berliner Jahre (1922–1933), in: Latein und Griechisch in Berlin und Brandenburg 33, 1989, 26–76 [13] E. Mensching, Friedrich Solmsen, in: Latein und Griechisch in Berlin und Brandenburg 46, 2002, 122–130 [14] H.F. North, Friedrich Solmsen, in: Gnomon 61, 1989, 757–759.

Dietmar Schmitz

Spanheim, Ezechiel

Lat. Spanhemius; Schweizer Numismatiker, Philologe und Diplomat. Geb. am 7.12.1629 in Genf, gest. am 7.11.1710 in London. Studium in Leiden; 1651 Prof. für Eloquenz in Genf; Mitglied des Großen Rates ebda. 1656–1661 Prinzenerzieher in Heidelberg; 1661–1665 Italienreise. Ab 1665 verschiedene diplomatische Missionen und Hofämter, u.a. in Köln und Berlin.

Werdegang und Werk

Schon bei seinem Studium in Leiden fiel S. als Redner auf [1]. 1649 publiziert er eine Schrift über die Gnadenwahl [2]. 1651 wurde er zum Prof. für Eloquenz in Genf berufen und 1652 Mitglied des Großen Rates der Stadt. 1656–1661 war er Erzieher des Kurprinzen in Heidelberg und weilte 1661–1665 im Auftrag und auf Kosten des Kurfürsten Karl Ludwig von der Pfalz in Italien. In Rom ordnete er die Münzsammlung Christinas von Schweden. 1665 kehrte er zurück und begab sich auf diplomatische Mission nach Paris, wo er erneut 1668 tätig war. 1668 folgte die Ernennung zum Regierungsrat der Pfalz und ab Frühjahr 1670 zum pfälzischen Residenten in Köln, wo er ab 1671 auch brandenburgischer Resident und Hofrat war. Im Sommer 1675 und 1678 war S. auf diplomatischer Mission in England und vom 3.2.1680 bis 1689 brandenburgischer Gesandter in Paris. 1683 wurde er in Berlin zum Geheimen Rat ernannt, 1685 mit einer diplomatischen Mission in London betraut.

1686 gelang es S., die Münzsammlung des verstorbenen Kurfürsten Karl Ludwig (ca. 12000 Objekte) für den brandenburgischen Kurfürsten zu sichern. Während dieser Zeit setzte er sich in Paris für die Hugenotten ein – eine Aufgabe, der er sich auch nach seiner Rückkehr nach Berlin 1689 widmete. Dort wandte er sich auch wieder verstärkt seinen Studien zu. Aus der von Réfugiés gegründeten »Spanheimgesellschaft« ging – nach der Gründung der Kurfürstlich Brandenburgischen Sozietät im Jahr 1700 – sodann die Berliner Akad. der Wiss. hervor. Nach dem Frieden von Rijswijk war S. ab 1698 wieder brandenburgischer Gesandter in Paris. Geldnot zwang ihn 1701, seine umfangreiche Bibliothek (ca. 9000 Bände) an den brandenburgischen Kurfürsten zu verkaufen. Im selben Jahr wurde er in den Freiherrenstand erhoben und zum Staatsminister ernannt. Ab 1702 lebte er wiederum als Gesandter in London, wo er verstarb.

Werk und Wirkung

S.s *Dissertationes* von 1664 sind ein numismatischer Meilenstein [9]. Die zweite Auflage (1671) untergliedert sich in neun Abschnitte, wobei das Hauptaugenmerk auf der Frage nach dem Nutzen der numismatischen Forschung liegt. Die Münzen Smyrnas wertete S. als Quelle für den Kult der Hestia und die Rolle der Prytanen [10], die Münzen von Ancyra,

Nysa, Pergamon und Philadelphia in Bezug auf die lokalen Feste [12] aus.

Neben numismatischen Studien widmete sich S. theologischen und juristischen Fragen [5]; [6]. Im ersten Teil seines *Orbis Romanus* behandelte er in chronologischer Folge das röm. Bürgerrecht bis zur Zeit des Antoninus Pius, im zweiten Teil die Rechtsverhältnisse der Bewohner des Imperium Romanum [15] ohne Bürgerrecht sowie die Rechtsentwicklung bis zu Justinian. Als Philologe beschäftigte er sich mit Kallimachos [14], Aristophanes [17] und Julian [13] (alle Editionen); dazu kommt die franz. Übersetzung der *Caesares* [8]). Erst postum wurden seine Charakterisierung der franz. Verhältnisse im Jahr 1690 [20] sowie weitere numismatische Schriften [18] veröffentlicht.

Allein die Tatsache, dass S.s wichtige Werke immer wieder nachgedruckt wurden (vier Auflagen der *Dissertationes*, vier Auflagen der beiden Julianbücher, drei Auflagen des *Orbis Romanus*), belegen deren große Wirkung. Insbes. die *Dissertationes* mit ihrem Ansatz, Münzen als Quellengattung umfassend zu erschließen und auch für andere Bereiche nutzbar zu machen, führten wegweisend über die bisherige v.a. antiqu. Forschung hinaus.

Schriften

[1] Alloquutio ad Fridericum Guilielmum, Marchionem Brandenburgicum, quum illi ex serenissima Aloysia Auriaca natus esset filius primogenitus Cliviae XI. Kalend. Junias 1648, Leiden 1648 [2] Appendix vindiciarum. Disquisitio critica contra Amyraldum, Amsterdam 1649 [3] Oratio in praematurum excessum Guilielmi Henrici, Principis Friderici Wilhelmi, Electoris, Filii primogeniti, dicta in illustri Lugdunensi Batavorum Academia ad XVI. Kal. Decemb. a. 1649, Leiden 1649 [4] Panegyrique à la serenissime Reine de Suède, Genf 1652 [5] Discours sur la crêche du Seigneur, Genf 1655 [6] Discours sur les affaires d'Allemagne et sur le Vicariat de l'Empire (o.J., o.O.), Heidelberg (?) 1657 (?) [7] Traité du Palatinat et de la dignité électorale contre les présentions du duc de Bavière, 1657 [8] Les Césars de l'Empereur Julien (Übers. und Komm.), Heidelberg 1660 [9] Dissertationes de praestantia et usu numismatum antiquorum, Rom 1664 (²1671) [10] De nummo Smyrnaeorum seu de Vesta et prytanibus Graecorum diatribe, o.O. 1672 [11] Lettre sur l'histoire critique du vieux testament, Amsterdam 1678 [12] Ad eximium Andream Morellium epistolae quinque, Leipzig 1695 [13] Iuliani Imp. opera quae supersunt omnia, et S. Cyrilli Alexandriae Archiepiscopi Contra impium Iulianum libri decem (Edition mit lat. Komm. des Petavius), Leipzig 1696 [14] In Callimachi Hymnos observationes, Utrecht 1697 [15] Orbis Romanus, seu ad constitutionem Antonini imperatoris, de qua Ulpianus leg. XVII digestis de statu hominum, exercitationes duae, Leiden 1699 [16] Commodiani Instructiones adversus gentium deos pro Christiana disciplina. Supplementa quaedam ad Commodianum, ex bibliotheca instructissima Illustris Ezechielis Spanhemii maiori ex parte communicata, hrsg. von H.L. Schurzfleisch, Wittenberg 1709 [17] Aristophanis comoediae undecim, Graece et Latine, ex codd. mss. emendatae (Edition), Amsterdam 1710 [18] Dissertationes de praestantia et usu numismatum antiquorum, Bd. 2: In quod relatum est, quidquid pertinet ad illustrationem rerum Romanarum, opus posthumum ex auctoris autographo editum, Amsterdam 1717 [19] De satyrica Graecorum poesi et Romanorum satira libri duo, in quibus etiam poetae recensentur, qui in utraque poesi floruerunt, hrsg. von J.J. Rambac, Halle 1774 (postum) [20] Relation de la cour de France en 1690, hrsg. von Charles Scheffer, Paris 1882 (postum).

Sekundärliteratur

[21] G. Fischer, Die Hugenotten in Berlin. Zum 750jährigen Bestehen Berlins, 1987 [22] E. Lemburg-Ruppelt, Zur Position Ezechiel Spanheims (1629–1710) in der numismatischen Literatur, in: Ch. Dekesel / Th. Stäcker (Hrsg.), Europäische numismatische Literatur im 17. Jh., 2005, 89–99 [23] V. Loewe, Ein Diplomat und Gelehrter. Ezechiel Spanheim (1629–1710), 1924 [24] I. Verburg, Vita, in: E. Spanheim, Dissertationes de usu et praesentia numismatum antiquorum, hrsg. von I. Verburg, ⁴1717 [25] E. Wenneker, Art. Spanheim, Ezechiel, in: Biographisch-Bibliographisches Kirchenlex., Bd. 10, 1995, 880–883.

Peter Franz Mittag

Spence, Joseph

Engl. Historiker und Literat. Geb. am 28.4.1699 in Kingsclere (Hampshire), gest. am 20.8.1768 in Byfleet (Surrey). 1716–1720 Besuch des Winchester College; ab 1720 Scholar, ab 1722 Fellow des New College, Oxford; B.A. 1724; M.A. 1727. 1728–1738 Prof. of Poetry in Oxford; 1731–1741 Europareisen; spätestens 1736 Mitglied der *Society of Dilettanti*; ab 1741 Regius Prof. of Modern History in Oxford.

Werk und Wirkung

Die frühe Ausbildung des Pfarrersohns S. wurde von einer Gönnerin privat finanziert, bevor er ein Stipendium des Oxforder New College erhielt, zu dessen Fellow er schließlich gewählt wurde. Als erste bedeutendere Publikation gilt ein in Dialogform gekleideter Kommentar zur *Odyssee*-Übersetzung von Alexander Pope, aus dem eine lebenslange Freundschaft mit dem Dichter erwuchs [1]; [4].

S.s Hauptwerk ist die Abhandlung *Polymetis* über Literatur und bildende Kunst der Römer [2]. In 21 Dialogen zwischen dem namengebenden Polymetis und dessen Freunden Philander und Musagetes wird die Entwicklung der beiden Gattungen dargelegt. Anhand der Betrachtung einer imaginären Sammlung von Statuen röm. Götter, Heroen und Personifikationen soll deutlich werden, dass Dichtung und Skulptur durch ihre Inhalte und Darstellungsweisen unmittelbar verbunden sind und sich daher wechselseitig erläutern können. S. entwickelte damit aus einer in seiner Zeit geläufigen ästhetischen Vorstellung (*ut pictura poesis*) eine Methode zur wiss. Deutung. Wichtige Anregungen empfing er durch Joseph ↗Addisons *Dialogues upon the Usefulness of Ancient Medals*. Seine eigenen Ideen entstanden v.a. auf zwei Italienreisen, die er zwischen 1731 und 1741 als Begleiter engl. Adliger unternahm. *Polymetis* war mit zahlreichen Stichen nach ant. Denkmälern ausgestattet. Das Werk hatte großen Erfolg und erschien in mehreren Auflagen sowie in dt. Übersetzung; es diente Gotthold Ephraim ↗Lessing als Gegenmodell zu seinen im *Laokoon* entwickelten Thesen [3. 105–144]; [4. 84–112].

Schriften

[1] An Essay on Pope's Odyssey, in Which Some Particular Beauties and Blemishes of That Work Are Consider'd, 2 Bde., London 1726–1727 (Ndr. 1976)
[2] Polymetis, or an Enquiry Concerning the Agreement between the Works of the Roman Poets, and the Remains of the Antient Artists. Being an Attempt to Illustrate Them Mutually from One Another, London 1747.

Sekundärliteratur

[3] D. Boschung, Montfaucon, Spence, Winckelmann: Drei Versuche des 18. Jh.s, die Antike zu bewältigen, in: Th. Fischer (Hrsg.), Bilder von der Vergangenheit. Zur Geschichte der archäologischen Fächer, 2005, 105–144
[4] A. Wright, Joseph Spence. A Critical Biography, 1954.

Christof Berns

Spon, Jacques

Franz. Arzt und Antiquar. Geb. am 7. (oder 13.) 1.1647 in Lyon, gest. am 25.12.1685 in Vevey (Schweiz). Ab 1662 Unterricht bei dem Historiker Johann Heinrich ↗Boeckler in Straßburg, dann in Paris Medizinerausbildung bei Guy Patin. 1664–1667 Medizinstudium in Montpellier. 1667 Prom. am Collège medical von Lyon. 1674–1676 Reise über Italien (Rom und Venedig) nach Griechenland und Konstantinopel. 1685 Flucht in die Schweiz aufgrund der Verfolgung von calvinistischen Protestanten und des drohenden Berufsverbots nach der Aufhebung des Edikts von Nantes; unterwegs ausgeraubt, erkrankt und gestorben.

Werdegang und Werk

S. stammte aus einer protestantischen, im 16. Jh. aus Ulm nach Lyon eingewanderten und im Bank- und Finanzwesen erfolgreichen Familie. Sein Vater, ein zum *médecin du roi* ernannter Arzt und Gelehrter, war mit dem renommierten Medizinprofessor am Pariser Collège royal und Sammler Guy Patin befreundet. Als Fünfzehnjähriger wurde S. nach Straßburg zu seinem ersten Mentor, dem Historiker Johann Heinrich ↗Boeckler, geschickt. Dort lernte er Charles Patin kennen, Mediziner wie sein Vater und passionierter Münzsammler. Der Straßburger Ausbildungszeit verdankte S. den Großteil seiner humanistischen Bildung, auch seine Latein- und Griechischkenntnisse. Danach begann er 1664 in Paris unter der Leitung Guy Patins das Medizinstudium, das er in Montpellier 1667 mit dem Doktorat abschloss. Zurück in Lyon, war er in der Praxis seines Vaters tätig und wurde 1668 bereits mit 21 Jahren Dozent (*agrégé*) am dortigen Collège medical. In den drei folgenden Jahren unternahm S. zahlreiche Reisen: nach Deutschland, Holland und Paris.

Lyon war mit seinen röm. Ruinen und seiner reichen Bildungstradition eine in der Gelehrtenrepublik und antiqu. Kreisen renommierte Stadt. Mit ihr beschäftigte sich S. in seinem 1673 erschienenen wiss. Erstlingswerk [1]; dessen Originalität zeigt sich v.a. in seinem Katalog der röm. Inschriften Lyons und seiner Umgebung, die systematisch aufgenommen, übersetzt und kommentiert sind. Dabei beschrieb er die epigr. Quellen, das arch. Umfeld sowie die Struktur der Monumente mit der gleichen Aufmerksamkeit. Er suchte zweierlei aufzuzeigen: dass die Inschriften die alte Geschichte getreuer vermitteln können als Hss., und dass die materielle Überlieferung (Münzen, Objekte, Monumente) ebenfalls verlässliche histor. Quellen bietet. Damit folgte er Nicolas ↗Fabri de Peiresc, der sich lebenslang für die stärkere Beachtung der materiellen Geschichtsquellen eingesetzt hatte.

1674 veröffentlichte S. eine kleine, sorgfältig gearbeitete Broschüre über *La relation présente de la ville d'Athènes* nach einer Beschreibung Athens von Jacques-Paul Babin, der dort lange als Jesuiten-Missionar gelebt hatte. Hierin plädierte S. für die Autopsie, aufmerksame Beobachtung des Terrains und Interpretation der Inschriften. 1674 trat er eine Orientreise an, die ihn zunächst durch Italien führte. Den Winter verbrachte er in Rom mit dem Studium von dessen Sehenswürdigkeiten; dort lernte er den engl. Botaniker George Wheler kennen, der sein Reisegefährte wurde.

Im Sommer 1675 schifften sich beide in Venedig nach Konstantinopel ein. Die Ausbeute dieser einjährigen Fahrt, die einen Großteil des griech. Festlands und der Inseln erfasste, bestand aus über 2000 selbst aufgezeichneten lat. und griech. Inschriften und 600 ant. Münzen. Jede seiner Etappen machte S. zu einem Rekognoszierungsposten. Er interessierte sich dabei für die lokalen Sitten und Gebräuche sowie die Naturgeschichte ebenso wie für die Altertümer und zeichnete Karten. Sein mehrfach aufgelegter und übersetzter Reisebericht [2] wurde zu einem der populärsten gelehrten Werke der nzl. Reiseliteratur.

Auch ohne eigene Grabungen gab S. dem Terrain durch die genau transkribierten, beschriebenen und lokalisierten Inschriften eine neue Dimension. Er war ein theologischer und polit. Kopf, der sich nicht mit einer Vorliebe für die Antike begnügte, wie seine Genfer Stadtgeschichte zeigt [4]; in seiner Forschung verband sich Beobachtungsgabe mit dem Sinn für Ideen und relig.-philos. Reflexion. Somit verlieh er als einer der Ersten dem Studium der Altertümer den Status einer durchdachten, umfassenden Wiss., wobei er den alten Begriff Archäologie bzw. Archäographie wieder aufnahm. Die Archäologie/Archäographie sucht den Spuren der Antike auf Abstand gegenüberzutreten, um sie so besser zu beschreiben und zu verstehen. Diese Spuren sind für die Arbeit des Antiquars konstitutiv: Münzen, Steinblöcke, Denkmäler, Statuen, Gemmen, Reliefs, Manuskripte, Instrumente aller Art. Mit leichter Ironie schlug S. dafür neue gelehrte Namen vor: Numismatographie, Epigrammatographie, Architektographie, Ikonographie, Glyptographie, Toreumatographie, Bibliographie, Angeiographie (Vasenkunde). Die Altertumskunde ist dieser Nomenklatur nicht gefolgt; und doch suchte S. damit als Erster, den Begriff einer Wiss. von der Vergangenheit epistemologisch zu bestimmen. In nur 15 Jahren verfasst, steht sein Werk an der Wiege des mod. arch. Wissens.

SV: [9. 53–78].

Schriften

[1] Recherche des antiquités et curiosités de la ville de Lyon … avec un mémoire des principaux antiquaires et curieux de l'Europe, Lyon 1675 (elektron. Ressource) [2] Voyage d'Italie, de Dalmatie, de Grèce et du Levant, fait aux années 1675 et 1676, 3 Bde. (mit G. Wheler), Lyon 1678 (2004 hrsg. von R. Étienne et al.; elektron. Ressource) [3] Miscellanea eruditae antiquitatis sive Supplementi Gruteriani liber primus, Frankfurt 1679 (2. Aufl. Lyon 1685; elektron. Ressource) [4] Histoire de la ville et de l'estat de Genève, depuis les premiers siècles de la fondation de la ville jusqu'à présent, 2 Bde., Lyon 1680 (u.ö.; engl. 1687) [5] Recherches curieuses d'antiquité contenues en plusieurs dissertations sur des médailles, bas-reliefs, statues, mosaïques et inscriptions antiques, enrichies d'un grand nombre de figures en taille douce, Lyon 1683 (Ndr. 2010; elektron. Ressource) [6] Jacob Spons »Archaeologia«. Eine Systematik für die Antikenforschung, hrsg. von M. Daly Davis (Fontes 38), 2009 (elektron. Ressource).

Sekundärliteratur

[7] M. Daly Davis (Hrsg.), Archäologie der Antike. Aus den Beständen der Herzog August Bibliothek, 1500–1700 (Ausst.kat.), 1994, 58–62 [8] B. Del Fabbro Caracoglia, Jacob Spon. Un viaggiatore in Istria e Dalmazia (1675–1676), in: Atti dei civici musei di storia ed arte di Trieste 21, 2005, 541–556 [9] R. Étienne / J.-C. Mossière (Hrsg.), Jacob Spon. Un humaniste lyonnais du XVIIe siècle (Ausst.kat.), 1993 [10] L. Rebaudo, Il viaggio in Italia e il metodo antiquario di Jacob Spon, in: E. Vaiani (Hrsg.), Dell'antiquaria e dei suoi metodi, 2001, 111–138.

Alain Schnapp (Ü: K. H.)

Stackelberg, Otto Magnus von

Baltendt. klass. Maler und Zeichner. Geb. am 14. oder 25. 7. 1786 in Reval (damals russ. Estland), gest. am 27. 3. 1837 in Sankt Petersburg. Studium der Klass. Arch. ab 1801 am Pädagogium in Halle, 1803 an der Univ. Göttingen (dort auch Kunstgesch. bei Johann Dominicus Fiorillo). 1804 und 1806–1808 in Dresden Ausbildung im Zeichnen, v. a. nach Antiken in der dortigen Galerie. 1810–1814 Expedition nach Griechenland, dort Mitarbeit und Studien bei Ausgrabungen; 1814–1816 in Russland; 1816–1828 in Rom tätig; nach Reisen ab 1835 wieder in Russland.

Werdegang, Werk und Wirkung

Trotz schwacher Gesundheit war das Leben des Freiherrn von S. durch häufiges Reisen geprägt. 1810–1814 hielt er sich in Griechenland auf, wo er sich v. a. dem Architekten Carl ↗Haller von Hallerstein anschloss. Gemeinsam überwachten sie die Aufdeckung des Apollontempels in Bassai bei Phigalia (Peloponnes), wobei S. bes. den figürlich skulpierten Fries des Tempels untersuchte und zeichnete [5]. Er schuf aber auch eine Reihe einfühlsamer Veduten [3] – Gerhart ↗Rodenwaldt bezeichnete S. geradezu als Entdecker der griech. Landschaft [7] – und Bilder neugriechischen Volkslebens [1]. In Athen studierte und zeichnete S. griech. Gräber mit deren Beigaben. 1816 ließ er sich in Rom nieder, wo er sich dem hyperboreisch-röm. Freundeskreis anschloss. Hier vollendete er sein Werk über den Tempel von Phigalia [2] und begann mit den Arbeiten zur Publikation *Gräber der Hellenen* [4], die für die Vasenforschung wichtig wurde. 1827 ging er mit August Kestner und Joseph Thürmer nach Tarquinia, wo bemalte etrusk. Gräber neu aufgedeckt waren. In ihrem Beisein wurden zwei weitere ausgegraben; die *Tomba delle Bighe* trägt heute noch den Beinamen *Tomba Stackelberg*. S., Kestner und Thürmer zeichneten die Wandgemälde aller Gräber für ein Werk über die tarquinische Malkunst ab, doch kam die Publikation nicht über Andrucke hinaus (*Aelteste Denkmäler der Malerey oder Wandgemälde aus den Hypogäen von Tarquinia*). Nachdem S. 1824 Sizilien bereist hatte, verließ er 1828 Rom und ging über Paris und London nach Deutschland, wo er 1829 in Weimar Johann Wolfgang von ↗Goethe besuchte [5]. Auf Befehl des Zaren 1835 nach Russland zurückgerufen, verstarb S. in Sankt Petersburg.

N: Berlin, DAI.

Schriften

[1] Costumes et usages des peuples de la Grèce moderne, 1825 [2] Der Apollotempel zu Bassae in Arcadien und die daselbst ausgegrabenen Bildwerke, 1826 [3] La Grèce, vues pittoresques et topographiques, 2 Bde., 1830–1834 [4] Die Gräber der Hellenen, 1837.

Sekundärliteratur

[5] A. L. Burakowa, Johann Wolfgang Goethe und Otto Magnus Stackelberg. Zur Geschichte der Erforschung des Figurenfrieses am Tempel des Apollo Epicurius in Bassae bei Phigalia, in: Klio 58, 1976, 227–236 [6] J. Girgensohn, Art. Stackelberg, Otto Magnus Freiherr von, in: ADB 35, 1893, 340–353 [7] G. Rodenwaldt, Otto Magnus von Stackelberg. Der Entdecker der griech. Landschaft 1786–1837, 1957 [8] N. von Stackelberg, Otto Magnus von Stackelberg. Schilderung seines Lebens und seiner Reisen in Italien und Griechenland. Nach Tagebüchern und Briefen dargebracht, 1882.

Horst Blanck †

Stapulensis s. Lefèvre d'Étaples, Jacques

Stark, Carl Bernhard

Dt. Philologe und Klass. Archäologe. Geb. am 2. 10. 1824 in Jena, gest. am 12. 10. 1879 in Heidelberg. Studium der Klass. Phil. in Jena, Leipzig und Berlin; 1845 Prom. in Jena; 1848 Italienreise und Habil. in Jena. 1850 ao.Prof. an der Univ. Jena; 1852 Reise nach Frankreich und Belgien; 1855–1879 o.Prof. für Klass. Arch. an der Univ. Heidelberg (Rektorat 1873/74); 1871/72 Reise nach Griechenland und Kleinasien.

Werk und Wirkung

S. studierte Klass. Philologie und promovierte mit einer Diss. über die *Anacreontica*. Die Begegnung mit August ↗Boeckh führte ihn zur ant. Kunst; seine Habil.-Schrift behandelt das Bild der Erdgöttin in der Beschreibung des byz. Dichters Manuel Philes. Sein wiss. Ansatz war von den philos. Trad. des dt. Idealismus, dem Liberalismus des Vormärz und einem weiten Blick auf die Kunst über die Antike hinaus geprägt [1]. S.s Buch über die Geschichte von Gaza [3] zeichnet ein Gesamtbild von Politik, Wirtschaft und Gesellschaft bis zur Religion, Literatur und Kunst in einer Stadt zwischen Orient und Griechenland, zwischen Antike, Christentum und Islam. Seine Untersuchung über Niobe und die Niobiden [5] versteht den Mythos ganzheitlich aus Literatur und Bildkunst heraus als Zeugnis des ant. »Volksbewusstseins«. Daneben stehen Arbeiten über die lokale Archäologie [6].

Mit systematischer Kraft erarbeitete S. große Synthesen, zunächst mit Vorarbeiten zu einer Bearbeitung von Karl Otfried ↗Müllers *Handbuch der Archäologie* [2] und Neubearbeitungen der Handbücher Karl Friedrich Hermanns über Kultus-, Privat- und Staatsaltertümer (1870). Von seinem eigenen *Handbuch der Archäologie* [8] konnte er wegen seines frühen Todes nur den ersten, systematisch-histor. Teil, der in seiner umfassenden geistigen Kraft unübertroffen ist, abschließen; es stellt bis heute eines der wichtigsten Referenzwerke der Klass. Archäologie dar. Über die Antike hinaus führen Arbeiten über Dürer [1] sowie über Städteleben und Kunst in Frankreich [4]. In Vorträgen entwickelte S. weit reichende Ideen zur ästhetischen Volkserziehung [9].

SV: [10. 44 f.].

N: Heidelberg, Univ.-Bibl.

Schriften

[1] A. Dürer und seine Zeit, in: Germania 1, 1851, 625–679 [2] Archäologische Studien zu einer Revision von Müller's Hdb. der Archäologie, 1852 [3] Gaza und die philistäische Küste, 1852 [4] Städteleben, Kunst und Alterthum in Frankreich, 1855 [5] Niobe und die Niobiden in ihrer literarischen, künstlerischen und mythologischen Bedeutung, 1863 [6] Ladenburg am Neckar und seine röm. Funde, 1868 [7] Nach dem griech. Orient, 1874 [8] Hdb. der Archäologie, Bd 1: Systematik und Geschichte der Archäologie der Kunst, 1880 [9] Vorträge und Aufsätze aus dem Gebiet der Archäologie und Kunstgeschichte, 1880.

Sekundärliteratur

[10] W. Frommel, Carl Bernh. Stark, in: Jahresbericht über die Fortschritte der classischen Alterthumswissenschaft (bis 1879) 16/2, 1880, 40–45 [11] R. Hoche, Art. Stark, Karl Bernhard, in: ADB 35, 1893, 488–490 [12] T. Hölscher, Carl Bernhard Stark, in: Lullies/Schiering Arch. 49–50.

Tonio Hölscher

Stauffenberg, Graf von

s. Schenk von Stauffenberg, Alexander Graf

Ste. Croix, Geoffrey de

s. De Ste. Croix, Geoffrey

Stein, Arthur

Österr. Althistoriker. Geb. am 10. 6. 1871 in Wien, gest. am 15. 11. 1950 in Prag. Gymnasium in Wien; 1892–1897 Studium der Altertumskunde mit Epigraphik, Gesch. und Geographie ebda.; 1897 Lehramtsprüfung; 1898 Prom. 1902/03 und 1903–1918 Lehrer für Deutsch und Gesch. in Wien und Prag. 1915 Habil. an der Dt. Univ. Prag; 1918 a.o. und 1922 o.Prof. für röm. Altertumskunde und Epigraphik ebda.; ab 1913 Direktor des Arch.-Epigr. Seminars; 1939 emeritiert. Juli 1942 bis Mai 1945 KZ Theresienstadt.

Werk und Wirkung

S. studierte an der Wiener Univ. v.a. bei dem bedeutenden Epigraphiker Eugen Bormann. 1898 wurde er mit einer Arbeit über die Quellen des Tacitus promoviert. Nach der Lehramtsprüfung unterrichtete S. an verschiedenen Gymnasien in Wien, 1903–1918 in Prag. Seine Schultätigkeit unterbrach er durch mehrere Studienreisen, 1898 nach Bulgarien, 1899–1900 nach Italien, Griechenland und Kleinasien, auf denen er u.a. epigr. Funde bearbeitete. 1915 habilitierte er sich an der Dt. Univ. Prag [1].

Im selben Jahr begann er mit seinem Freund Edmund Groag die Neubearbeitung der *Prosopographia Imperii Romani* (PIR). S. trieb die entsagungsvolle personengeschichtliche Grundlagenforschung mit der erzwungenen Unterbrechung 1942–1945 bis zu seinem Tod wesentlich voran. Er und Groag waren durch eine Reihe von Personenlemmata in der RE seit 1897 für das an der Preuß. Akad. der Wiss. angesiedelte Projekt bestens ausgewiesen. Angesichts der praktisch ununterbrochenen Neufunde von Inschriften entschloss man sich 1926 zu einer völlig neu bearbeiteten Ausgabe der PIR (ursprünglich sollte nur ein vierter Band erscheinen). Dabei konzentrierte sich S. auf die Ritter und Kaiser, Groag auf die Senatoren. Die Bände A und B erschienen 1933, der zu C 1936. Ab 1918 wirkte S. als Prof. für röm. Altertumskunde und Epigraphik in Prag; 1929 kam die Lehrverpflichtung für röm. Gesch. hinzu. Daneben veröffentlichte er zahlreiche Monographien, darunter das Standardwerk zum röm. Ritterstand [2], bewusst ein über eine ›antiqu.‹ Materialsammlung hinausgehender »Beitrag zur Sozial- und Personengeschichte des röm. Reiches«.

Am 6.7.1942 wurde das Ehepaar S. in das KZ Theresienstadt deportiert. Dort zählte S. zu der vor den Vernichtungslagern »transportgeschützten« Gruppe der »Prominenten«. Als solcher hielt er in Theresienstadt Vorträge zu Themen der röm. Gesch. S. begegnet in dem NS-Propagandafilm *Theresienstadt – Ein Dokumentarfilm aus dem jüd. Siedlungsgebiet* [12.153–157, mit Abb. 5 und 8]. Im August 1945 konnte das Ehepaar S. nach Prag zurückkehren. Im März 1948 nahm S. die Arbeit an der PIR wieder auf [12.161].

SV: L. Vidman, in: Listy filologické 81, 1958, 40–49.

Schriften

[1] Untersuchungen zur Geschichte und Verwaltung Ägyptens unter röm. Herrschaft, 1915 [2] Der röm. Ritterstand. Ein Beitrag zur Sozial- und Personengeschichte des röm. Reiches, 1927 [3] Prosopographia Imperii Romani, Bd. 1–4 (mit E. Groag), ²1933–1952 [4] Die Legaten von Moesien, 1940 (Ndr. 1965) [5] Die Reichsbeamten von Dazien, 1944 (Ndr. 1965) [6] Die Präfekten von Ägypten in der röm. Kaiserzeit, 1950.

Sekundärliteratur

[7] K. Beránek, Prof. Arthur Stein, in: Listy filologické 80, 1957, 81–83 [8] Christ, RömGG 1982, 165–167 [9] K.-P. Johne, 100 Jahre Prosopographia Imperii Romani, in: Klio 56, 1974, 21–27 [10] V. Losemann, Nationalsozialismus und Antike. Studien zur Entwicklung des Faches Alte Geschichte 1933–1945, 1977 (bes. 42, 203, 221) [11] M. Pesditschek, Art. Stein, Arthur, in: Österreichisches Biographisches Lex., 1815–1950, Bd. 13, 2008, 146–147 [12] K. Wachtel, Arthur Stein (1871–1950) und Edmund Groag (1873–1945). Zwei jüdische Gelehrtenschicksale in Wien und Prag, in: K. Hruza (Hrsg.), Österreichische Historiker. Lebensläufe und Karrieren 1900–1945, Bd. 2, 2012, 129–167 (mit Abb.).

Volker Losemann

Stein, Ernst

Österr. Althistoriker. Geb. am 19.9.1891 in Jaworzno (bei Kattowitz) im ehemals österr. Galizien, gest. am 25.2.1945 in Fribourg (Schweiz). Nach Privatunterricht 1910 Reifeprüfung in Wien. Ab 1910 Studium der griech. und röm. Gesch. sowie der Klass. Philologie in Wien; 1914 Prom. bei dem ↗Mommsen- und ↗Hirschfeld-Schüler Ludo Moritz Hartmann über Ravenna in der Spätantike. 1915–1917 Kriegsdienst. 1919 Habil. in Wien mit einer Arbeit zur Geschichte des byz. Reiches [3]; PD ebda. Ab April 1927 bei der Röm.-German. Kommission des DAI in Frankfurt tätig; 1929 Wechsel zur Preuß. Akad. der Wiss. zu Berlin; PD an der dortigen Friedrich-Wilhelms-Univ.; 1931 ao.Prof. für ant. und byz. Gesch. ebda. 1932 Gastprof. an der Univ. Brüssel; 1934 Visiting Prof. an der Catholic Univ. in Washington, D.C. 1937 Rückkehr nach Europa an die Univ. Löwen; 1940 Flucht in das unbesetzte Südfrankreich; 1942 Emigration in die Schweiz; PD in Genf. Seiner Rückberufung an die Univ. Löwen konnte S. aus Krankheitsgründen 1945 nicht mehr folgen.

Werdegang, Werk und Wirkung

S.s Familie gehörte dem liberalen jüd. Großbürgertum an; sein Vater war als Direktor des Bergwerks und der Domäne der Jaworznoer Steinkohlegewerkschaft tätig, sein Onkel war der ungar.-brit. Archäologe Sir Marc Aurel Stein. In seinem undatierten, wahrscheinlich 1918 verfassten Lebenslauf (h. im Univ.-Archiv Wien) betonte S., dass er »das Kind deutscher evangelischer Eltern« sei. 1932 konvertierte er zum Katholizismus. Im gleichen Jahr warnte er in einem pseudonym veröffentlichten Artikel vor den Gefahren des polit. Extremismus in Deutschland

[13.33]. Nachdem er und seine Frau Jeanne aus Deutschland vertrieben worden waren, publizierte S. nicht mehr auf Deutsch, sondern auf Französisch.

Als 21-Jähriger veröffentlichte S. seinen ersten wiss. Beitrag [1]. Neben seiner Diss., die als Teilveröffentlichung erschien [4], und seiner Habil.-Schrift, die noch 1919 gedruckt wurde [3], sind als die wichtigsten Arbeiten vor seinem Wechsel nach Deutschland insbes. der RE-Artikel über Philippus I. Arabs und dessen Sohn [2] sowie die ausführliche Würdigung seines Lehrers Ludo Moritz Hartmann [5] hervorzuheben. 1927–1929 bearbeitete er in der Röm.-German. Kommission den Nachlass von Emil Ritterling und begann 1929 bei der Preuß. Akad. der Wiss. zu Berlin im Rahmen des *Corpus Inscriptionum Latinarum* (CIL) mit der Bearbeitung der Inschriften Galliens und Germaniens [8]. 1928 erschien der erste Band von S.s Hauptwerk, der *Geschichte des spätröm. Reiches* [6], nach dem Urteil Alexander Demandts die »beste Einleitung in die Spätantike« [11]. Was das Buch lebendig macht, sind seine originellen Perspektiven und Wertungen; so sah S. etwa in Kaiser Julian »trotz seiner Irrtümer« einen »der edelsten und begabtesten Menschen der Weltgeschichte« [6.263]. Der zweite Band, postum von Jean-Rémy Palanque herausgegeben, reicht bis zum Tod Justinians [9]. Einleitend finden sich dort eine warmherzige Würdigung S.s durch Palanque, ein Schriftenverzeichnis und ein Vorwort von S.s Witwe Jeanne, aus dem hervorgeht, unter welch schwierigen Bedingungen das Manuskript verfasst wurde.

SV: [9.XIX-XXII].

Schriften

[1] Zum Gebrauch des prokonsularischen Titels seitens der röm. Kaiser, in: Klio 12, 1912, 392–396 [2] Art. Iulius Philippus 386–387, in: RE 10/1, 1916, 755–772 [3] Studien zur Geschichte des byzantinischen Reiches vornehmlich unter den Kaisern Justinus II. und Tiberius Constantinus (Habil.schrift Berlin), 1919 [4] Beiträge zur Geschichte von Ravenna in spätröm. und byzantinischer Zeit, in: Klio 16, 1920, 40–71 [5] Ludo Moritz Hartmann, in: Vierteljahrschrift für Sozial- und Wirtschaftsgeschichte 18, 1925, 312–332 [6] Geschichte des spätröm. Reiches, Bd. 1: Vom röm. zum byzantinischen Staate (284–476 n. Chr.), 1928 [7] Die kaiserlichen Beamten und Truppenkörper im röm. Deutschland unter dem Prinzipat (unter Verwendung des Nachlasses von E. Ritterling), 1932 [8] CIL 13/6: Inscriptiones trium Galliarum et Germaniarum Latinae. Signacula publice laterculis impressa (Edition), 1933 [9] Histoire du Bas-Empire, Bd. 2: De la disparition de l'Empire d Occident à la mort de Justinien (476–565), hrsg. von J.-R. Palanque, 1949.

Sekundärliteratur

[10] Christ, RömGG 186–191 [11] A. Demandt, Alte Geschichte in Berlin 1810–1960, in: R. Hansen / W. Ribbe (Hrsg.), Geschichtswissenschaft in Berlin im 19. und 20. Jh. Persönlichkeiten und Institutionen, 1992, 149–210 [12] M. Grünbart, Art. Stein, Ernst (Ernest) Edward Aurel, in: Österreichisches Biographisches Lexikon 1815–1950, 13, 2008, 149 (auch online) [13] V. Losemann, Nationalsozialismus und Antike. Studien zur Entwicklung des Faches Alte Geschichte 1933–1945, 1977, 32–34.

Kay Ehling

Steindorff, Georg

Dt.-amerikan. Ägyptologe, Koptologe und Archäologe. Geb. am 12.11.1861 in Dessau, gest. am 28.8.1951 in North Hollywood (Los Angeles). 1881–1884 Studium der Ägyptologie und Orientalistik in Berlin und Göttingen; 1884 Prom. in Göttingen; 1891 Habil. an der Univ. Berlin. 1885–1893 Direktorialassistent am Berliner Ägypt. Museum; 1890–1893 PD in Berlin; 1893–1900 ao.Prof. an der Univ. Leipzig; 1900–1904 o.Hon.Prof. ebda. 1904–1932 o.Prof., 1918–1919 Dekan der Philos. Fakultät, 1923–1924 Rektor der Univ. Leipzig. 1934 Emeritierung. 1939 Emigration in die USA.

Wissenschaftlicher Werdegang und Werk

S. wurde 1861 als Sohn jüdischer Eltern geboren und begann sein Studium als Schüler Adolf ↗Ermans in Berlin. Trotz einiger Anfangsschwierigkeiten mit dem Koptischen wurde er 1884 in Göttingen mit einer koptologischen Diss. promoviert [1]. 1891 folgte die Habil. in Berlin (*Koptische Nominalbildung*), die ihn neben Walter E. ↗Crum als einen der führenden Koptologen seiner Zeit etablierte. So wurde seine 1894 erschienene *Koptische Grammatik* [2] zu einem Standardwerk der Ägyptologie (weitere Auflagen 1904 und 1930). Als Direktorialassistent am Ägypt. Museum zu Berlin beteiligte sich S. an der Neuordnung der Sammlung und publizierte Aufsätze zu kunstgeschichtlichen Fragestellungen, so etwa zu den Beziehungen zwischen der ägypt. und der myk. Kunst oder dem Verhältnis von Haus, Tempel und Grab in der ägypt. Architektur.

Auf eine Expedition in die Oase Siwa 1899/1900 folgten 1903–1906 die Leipziger Grabungen auf dem Pyramidenplateau von Gizeh, auf dem Gräberfeld von Abusir (1909/10), in Qau (1913/14) und in den Nekropolen von Aniba, die S. nach dem Ersten Weltkrieg 1930/31 im Auftrag des ägypt. Antikendienstes fortsetzte [4]. 1907–1937 wirkte S. als alleiniger Herausgeber der *Zeitschrift für Ägypt. Sprache und Altertumskunde* (ZÄS). Von Beginn seiner Tätigkeit in Leipzig an bemühte er sich auch um die Erweiterung der dortigen Sammlungsbestände und vermochte durch die Einwerbung privater Mittel Bibliothek und Museum des Leipziger Ägyptologischen Institutes zu einer der führenden Einrichtungen auf diesem Gebiet in Deutschland auszubauen. In Anerkennung dieser

Verdienste wurde das Institut am 15. Mai 2008 nach ihm benannt. S. bemühte sich neben seiner wiss. Tätigkeit zudem um eine Popularisierung der Ägyptologie und stellte seine Kompetenz seit 1897 auch für die Herausgabe des *Baedeker Ägypten* zur Verfügung.

Obwohl sich S. noch während seines Studiums hatte taufen lassen und in der Zeit des Kaiserreiches und der Weimarer Republik dem national-konservativen Spektrum zuneigte, sah er sich während seiner gesamten Laufbahn der Gefahr antisemitischer Diskriminierung ausgesetzt. Schon bei der Übernahme der Leipziger Professur von Georg Ebers sahen dieser und S.s Lehrer ↗Erman, die beide ihrerseits jüd. Vorfahren hatten, S.s Berufung durch Vorbehalte gegen seine jüd. Herkunft gefährdet. S.s Emeritierung am 31. 3. 1934 erfolgte zwar regulär, doch unter Verbot weiterer Vorlesungstätigkeit. 1937 wurde ihm die Herausgeberschaft der ZÄS entzogen. Am 29. 3. 1939 sah sich S. zur Emigration in die USA gezwungen. Dort musste er – nunmehr 78-jährig – seinen Unterhalt als *Egyptological Research Adviser* an der Walters Art Gallery in Baltimore, wo er u. a. einen Katalog der Skulpturensammlung erstellte [5], sowie durch Vortragsreisen bestreiten. 1944 nahm S. die US-amerikan. Staatsbürgerschaft an. Er starb 1951 in North Hollywood.

SV: [11]; [12]; [13].

Schriften

[1] Prolegomena zu einer koptischen Nominalclasse (Diss. Göttingen), 1884 [2] Koptische Grammatik mit Chrestomathie, Wörterverzeichnis und Literatur, 1894 [3] Kurzer Abriß der Koptischen Grammatik mit Lesestücken und Wörterverzeichnis, 1921 [4] Aniba, 2 Bde., 1937 [5] Catalogue of the Egyptian Sculpture in the Walters Art Gallery, 1945 [6] Lehrbuch der koptischen Grammatik, 1951 [7] Rede des antretenden Rektors Dr. Georg Steindorff. Das Wesen des ägyptischen Volkes, in: F. Häuser (Hrsg.), Die Leipziger Rektoratsreden 1871–1933, 2009, 1385–1398 [8] Die Rede des abtretenden Rektors Dr. Georg Steindorff. Bericht über das Studienjahr 1923/24, in: F. Häuser (Hrsg.), Die Leipziger Rektoratsreden 1871–1933, 2009, 1399–1416.

Sekundärliteratur

[9] Art. Steindorff, Georg, in: WWE, 403–404 [10] H. Bonnet, Georg Steindorff, in: Zs. der Dt. Morgen ländischen Gesellschaft 102, 1952, 21–27 [11] J. H. Breasted, The Writings of Georg Steindorff, in: Journal of the American Oriental Society 66/1, 1946, 76–87 [12] J. H. Breasted, Steindorff Bibliography. Additions, in: Journal of the American Oriental Society 67, 1947, 141–142 [13] J. H. Breasted, Steindorff Bibliography. Further Addenda and Corrigenda, in: Journal of the American Oriental Society 67, 1947, 326–327 [14] A. Erman, Geleitwort, in: Zs. für Ägyptische Sprache und Altertumskunde 67, 1931, 1 [15] S. Richter, Georg Steindorff, der neue Namenspatron der Leipziger Ägyptologie, in: aMun. Magazin für die Freunde der Ägyptischen Museen 37, 2008, 8–11 [16] S. Richter, Pionierleistung im Niltal. Ägyptologisches Institut nach Georg Steindorff benannt, in: Journal der Universität Leipzig, 2008 (Mai), 17.

Thomas Gertzen

Stephanus, Henricus

Estienne, Henri; franz. Drucker, Verleger und Autor. Geb. 1528 (?) in Paris, gest. 1598 in Lyon. Besuch der Vorlesungen am Collège Royal in Paris; 1547 erste Reise nach Italien (und England); 1559 Übernahme der Druck-Offizin seines Vaters Robertus ↗Stephanus in Genf (zusätzlich zu seiner Offizin in Paris). Ab den 1580er Jahren unruhiges Wanderleben, beschlossen von einem einsamen Tod im Hospital von Lyon.

Werk und Wirkung

S.' Leben hatte mehr von einem Abenteuerroman als einer Gelehrtenexistenz. Er war beständig unterwegs, zunächst auf der Jagd nach neuen Texten und Handschriften, dann auf der Flucht vor seinen Gläubigern. Wie er bei all dem als Drucker, Herausgeber und Autor (und dazu in seinen drei Ehen) so ungeheuer produktiv sein konnte, bleibt ein Rätsel. 74 griech. Textausgaben – darunter 18 *editiones principes* – und 58 lat. hat er veranstaltet und 30 eigene Bücher verfasst. Nach eigener Aussage war Latein die Sprache seines Elternhauses, dann eignete er sich das Griechische in unvergleichlichem Umfang an. Zugleich bewies er sich als geistreicher franz. Autor, so in der oft nachgedruckten satirisch-gesellschaftskritischen *Apologie für Herodot*, die er 1566 Lorenzo ↗Vallas lat. Übersetzung vorausschickte [2], oder in Schriften über den Vorzug des Franz. als der zweitbesten, dem Griech. am nächsten verwandten und dem Ital. entschieden überlegenen Sprache.

Von seiner ersten Reise brachte S. u. a. den Text der von ihm dem Anakreon zugeordneten, tatsächlich spätant. griech. Anakreonteen mit, den er wohl in Löwen kopiert hatte. Die Erstedition (1554) [1] sorgte für Furore und für ein neues lit. Genre, doch äußerte Francesco ↗Robortello Zweifel am vermeintlich archaischen Charakter der Gedichte und auch an der Zuverlässigkeit des Editors [7. 13–22]. In der Tat war S. als Herausgeber und Kritiker nicht unfehlbar, und wo er sich auf handschriftliche Varianten beruft, liegt bisweilen der Verdacht nahe, dass es sich um seine eigenen Konjekturen handelt. Auch als Drucker war er immer zugleich Textkritiker, z. B. in der Aischylos-Ausgabe von Piero ↗Vettori (1557), die erstmals den vollständigen *Agamemnon* bot. Seine Editionen blieben meist die Standardtexte der nächsten zwei bis drei Jahrhunderte. Platon wird nach wie vor nach den Seitenzahlen der S.-Ausgabe von 1578 zitiert [4]; vgl. [11]. Als seine großartigste Leistung gilt zu Recht das 1572 in fünf Bänden erschienene, im 19. Jh. zweimal neu aufgelegte und als Arbeit eines Einzelnen kaum begreifliche griech.-lat. Wörterbuch *Thesaurus Graecae linguae* [3], das ihn, wie er in bewegenden Worten erklärt, unendlich viel Zeit und Mühe kostete und ihn finanziell ruinierte. Seine Förderer, zu denen Heinrich III. sowie (zumindest in früheren Jahren) Ulrich Fugger gehörten, konnten seine prekären Verhältnisse nur temporär abmildern.

Schriften

[1] Anacreontis Teij odae (Edition, mit lat. Übers.), Paris 1554 [2] L'introduction au traité de la conformité des merveilles anciennes avec les modernes, ou Traité préparatif à l'Apologie pour Hérodote, o. O. 1566 (Ndr. 2007 in 2 Bden.) [3] Thesaurus Graecae linguae ... In quo praeter alia plurima ... vocabula in certas classes distribuit multiplice derivatorum serie ad primigenia, tanquam ad radices unde pullulant, revocata ..., 5 Bücher in 4 Bden., Paris 1572 [4] Platonis opera quae extant omnia, 3 Bde. (Gesamtedition mit lat. Übers.), Paris 1578.

Sekundärliteratur

[5] Henri Estienne (Actes du Colloque 1987, Paris, Centre V. L. Saulnier), 1988 [6] B. Boudou, Mars et les Muses dans l'Apologie pour Hérodote d'Henri Estienne, 2000 [7] D. Carabin, Henri Estienne, érudit, novateur, polémiste. Étude sur Ad Senecae lectionem proodopoeiae, 2006 [8] J. Kecskeméti et al., La France des humanistes, Bd. 2: Henri II Estienne, éditeur et écrivain, 2003 [9] J. O'Brien, Anacreon Redivivus. A Study of Anacreontic Translation in Mid-Sixteenth Century France, 1995 [10] Pfeiffer KPh 138–140 [11] O. Reverdin, Le Platon d'Henri Estienne, in: MH 13, 1956, 239–250 [12] H. Widmann, Der Drucker-Verleger Henri II Estienne, 1970.

Kurt Sier

Stephanus, Robertus

Estienne, Robert; franz. Drucker, Verleger und Lexikograph. Geb. 1503 (?) in Paris, gest. am 7. 9. 1559 in Genf. Ab 1520 Nachfolger seines Vaters Henri in der Leitung von dessen Pariser Druckerei, zunächst zusammen mit Simon de Colines, ab 1526 selbständig. 1539 *imprimateur et libraire des hebraiques et latines du Roy*; 1550 Übersiedlung nach Genf und Annahme des Calvinischen Glaubens; dort Gründung einer neuen Offizin.

Werk und Wirkung

Für den Ruhm der Druckerdynastie Estienne sind wesentlich Robertus und sein ältester Sohn Henricus ↗Stephanus verantwortlich. Sie waren nicht nur Drucker, sondern auch eminente Herausgeber und Textkritiker, dazu Autoren und Verleger. Mit der Berufung an die von Franz I. neu gegründete *Presse royale* in Paris (1539) verfügte S. auch über die von Claude Garamond entworfenen griech. Drucktypen, die seine späteren Editionen zu Wunderwerken der Buchkunst machten. Die Pariser Offizin bestand nach der durch die Zensur der Sorbonne veranlassten Emigration neben der Genfer Druckerei gleichberechtigt weiter.

S. gab verschiedene röm. Autoren heraus und widmete sich dem Französischen seiner Zeit [5], aber was ihn berühmt und zum Archegeten der nzl. Lexikographie [6]; [8. 120–174]; [12] gemacht hat, war sein lat. Wörterbuch *Dictionarium, seu Latinae linguae Thesaurus* [1], das 1531 und modifiziert 1543 erschien und für mehr als zwei Jahrhunderte europaweit Grundlage der philol. Arbeit war [6]; [7]. Erst 1544 wandte er sich dem Druck griechischer Schriften zu und veranstaltete, beginnend mit Eusebios' Kirchengeschichte, acht *editiones principes*. Am bedeutendsten sind seine früh einsetzenden Bemühungen um den Text der Bibel, die zur Konfrontation mit den Dogmatikern der Sorbonne führten. Das NT brachte er in vier Editionen heraus (1546, 1549, 1550, 1551), von denen die drei ersten in Paris erschienen, die letzte in Genf. Die Ausgabe von 1550, die ob ihrer Schönheit die Bezeichnung *editio regia* in der Tat verdient, war die erste Edition des NT mit textkritischem Apparat (*in margine*) [3]. Die vierte Auflage bringt die Abteilung des Texts in Verse; nach ihr wird bis heute zitiert; sie war der Standardtext bis Karl ↗Lachmann im 19. Jh. Die Aufteilung nach Versen wandte S. auch auf seine 1556 erschienene Ausgabe des lat. AT an [9. 138].

Schriften

[1] Dictionarium, seu Latinae linguae thesaurus, non singulas modo dictiones continens, sed integras quoque Latine & loquendi, & scribendi formulas ex optimis quibusque authoribus accuratissime collectas, cum Gallica fere interpretatione, Paris 1531 (²1543) [2] Traicté de la grammaire françoise, 1557 (Ndr. 2003, hrsg. von C. Demaizère) [3] Tē̄s Kainē̄s Diathē̄kēs hápanta. Euangélion katá Matthaíon. Kata Márkon. Kata Lúkan. Kata Iōánnēn. Práxeis tōn apostólōn, Paris ³1559 (mit Verszählung; ¹1546).

Sekundärliteratur

[4] E. Armstrong, Robert Estienne, Royal Printer. An Historical Study of the Elder Stephanus, 1954 [5] J.-P. Benoit, Robert Estienne. Imprimeur du Roy, 1968 [6] P. Flobert, La lexicographie latine en France de Robert Estienne à Félix Gaffiot, in: CRAI 145/1, 2001, 385–403 [7] M. Furno, Les dictionnaires de Robert Estienne. Sens et finalités d'une œuvre lexicographique, in: Voces 10–11, 1999–2000, 11–27 [8] M. Lindemann, Die französischen Wörterbücher von den Anfängen bis 1600, 1994 [9] Pfeiffer KPh 136–138 [10] A. A. Renouard, Annales de l'imprimerie des Estienne ou Histoire de la famille des Estienne et de ses editions, ²1843 (Ndr. 1971)

[11] F. Schreiber, The Estiennes. An Annotated Catalogue of 300 Highlights of Their Various Presses, 1982
[12] D. T. Starnes, Robert Estienne's Influence on Lexicography, 1963.

Kurt Sier

Stosch, Philipp von

Dt. Numismatiker, Gemmenforscher und Antiquar. Geb. am 22.3.1691 in Küstrin (Brandenburg), gest. am 7.11.1757 in Florenz. Ab 1710 in Holland, dort Einführung in die Diplomatie und Numismatik. 1712 in geheimer diplomatischer Mission in London; 1714 Reise nach Rom; 1717–1718 Reise über Florenz, Venedig nach Wien, Prag und Dresden. 1719–1721 wiederum in Holland; 1722–1731 in Rom; danach bis zu seinem Tod in Florenz.

Biographie und Werdegang

Als Sohn eines Arztes begann S. ein Studium der Theologie in Frankfurt a.d.O., das er nach einigen Semestern abbrach. Im Alter von 19 Jahren ging er nach Holland, wo ihn sein Vetter, der preuß. Gesandte Baron von Schmettau, in die Diplomatie einführte. Dort wurde er mit dem niederl. Gesandten und Münzsammler François Fagel (1659–1746) bekannt, an dessen Sammlung er mitarbeitete. Fagel unterstützte S. mäzenatisch, schickte ihn 1712 in geheimer diplomatischer Mission nach London. 1714 reiste S. mit Schmettau über Südfrankreich nach Rom, wo er 1715 dank einer Empfehlung Bernard de ↗Montfaucons an den päpstlichen Kämmerer Justus Fontanini von Papst Clemens XI. Albani empfangen und mit dessen Neffen, dem späteren Kardinal Alessandro Albani, bekannt wurde, mit dem er zeitlebens befreundet blieb. 1717/18 reiste er über Florenz und Venedig nach Wien, wo ihm Kaiser Karl VI. – wohl für seine diplomatischen Fähigkeiten – den Titel eines Freiherrn verlieh (Baron von S.); von dort weiter nach Prag und Dresden (hier erhielt er den Titel eines königlichen Rats und Antiquarius). 1719–1721 hielt er sich wiederum in Holland auf, um dem sächs. Premierminister Jacob Heinrich von Flemming regelmäßig aus Den Haag zu berichten. Von 1722 bis zu seinem Tod war S. als Geheimagent der engl. Krone bei der Überwachung des Stuart'schen Thronprätentenden Jakob III. Eduard in Italien tätig, zunächst bis 1731 in Rom, dann in Florenz [5]; [8].

Obwohl bürgerlich geboren, verkehrte S. zeitlebens in europ. Hof- und Adelskreisen. Er sicherte sich durch Mäzene finanzielle Unterstützung und durch Gönner Pensionen, nicht nur vonseiten des Papstes, sondern auch durch seine diplomatischen Missionen im Auftrag der Holländer, des sächsischen Hofes und ab 1721 des engl. Hofes in Italien. Mit Geschick verstand er es frühzeitig, seine diplomatische Laufbahn mit seiner eigenen antiqu. Neigung zu verbinden und sich seit seiner Zeit in Rom und Florenz vom Autodidakten zum Gelehrten auszubilden. In Ausnutzung seiner zahlreichen europ. Verbindungen sammelte er zugleich rastlos ant. geschnittene Steine und erwarb eine umfassende Denkmälerkenntnis auf diesem Gebiet wie auch in der ant. Numismatik.

Aufgrund seiner Kollektion (deren späterer Katalog von Johann Joachim ↗Winckelmann 3444 Originalgemmen und den Verweis auf 28000 Abdrücke von Gemmen aus den meisten europ. Sammlungen umfasste) wie auch seiner Persönlichkeit wurde in Rom und Florenz sein Haus zum bevorzugten Treffpunkt von Kunstkennern und Künstlern, von Sammlern und Antiquaren [5] – galt doch die Beschäftigung mit ant. Gemmen im 18. Jh. als Beleg intensiver Gelehrsamkeit und höchster Bildung, die zudem umfassende Kenntnisse der griech. und röm. Altertümer voraussetzte. S. führte einen ausgedehnten Briefwechsel mit den bedeutendsten Gelehrten seiner Zeit [3]; [7.207–211]. Er wurde Mitglied der in Cortona gegründeten *Accademia Etrusca*, in der er wie kaum ein anderer zahlreiche Vorträge hielt, sowie der florent. Gelehrtengesellschaft *Società Columbaria*, was von seiner anerkannten Stellung als Gelehrter sowie von seinem großen wiss. Einfluss zeugt. In Cortona erwarb er vom Grafen Ansedei aus Perugia den wegen seiner (etrusk. oder griech.) Inschriften umstrittenen etrusk. Stein mit der Darstellung von fünf der sieben Helden gegen Theben, den später sog. Stosch'schen Stein.

Werk

Schon vor seiner Übersiedlung nach Rom entstand der Plan, eine umfassende Publikation zu ant. Gemmen mit Künstlersignaturen herauszugeben [4]. 1724 erschienen in Amsterdam S.s *Gemmae antiquae* [1] zweisprachig auf Latein und Französisch. Das Werk stützt sich sowohl auf Originalsteine seines eigenen Besitzes als auch auf seine umfassende Sammlung von Glaspasten und Schwefelabdrücken nach Gemmen, deren wiss. Wert S. als einer der Ersten erkannte. In seinem Gemmenwerk konzentrierte er sich auf 70 Exemplare mit Künstlersignaturen, die er für ant. hielt und nach den signierten Künstlern ordnete. S. griff damit die von Charles César ↗Baudelot de Dairval 1717 an der sog. Solon-Gemme aufgestellte These auf, dass Namensbeischriften zu Gemmenbildern Signaturen der Künstler seien und nicht die Identität der Dargestellten wiedergäben. Aufgrund seiner Denkmälerkenntnis gelang es ihm, die in dieser Zeit einsetzenden zahlreichen Nachahmungen und Fälschungen antiker Steine, insbes. solcher mit gefälschten Künstlersignaturen, weitgehend auszusondern, darunter auch solche, die sich bereits in den zeitgenössischen Gemmenpublikationen fanden. Wie fundiert und kenntnisreich er arbeitete, wird deutlich, wenn man sich vergegenwärtigt, dass von den von ihm aus der Masse neuzeitlicher Künstlersignaturen ausgewählten Gemmen mit Signaturen mehr als die Hälfte bis heute als antik Bestand haben.

Im Textteil des Werks finden sich Beobachtungen zu den Gemmenschnitten und eine Interpretation der Beischriften. Zur Deutung eines Bildes sind jeweils Texte aus der ant. und der zeitgenössischen antiqu. Literatur sowie Vergleiche mit Parallelstücken herangezogen. Jede Gemme ist in einer Tafel in Folioformat abgebildet; die originale Größe des Steins ist als Umriss dazu angegeben; es finden sich Angaben über das Bildthema, die Art des Materials und des Gemmenschnittes, über die in der Regel gut entzifferten Signaturen sowie auch den Namen des mod. Besitzers. Bei den Stichen – die von Bernard Picart stammten – überrascht noch heute die Präzision der Wiedergabe im Vergleich zu anderen Stichwerken des 18. Jh.s; S. legte großen Wert auf Genauigkeit und Qualität. Zeichnungen nach Gemmen seiner Sammlung fertigten u. a. Johannes Hieronymus Odam, Pier Leone Ghezzi sowie Johann Adam Schweickart an. Dieses Werk begründete seine europaweite Wertschätzung als Sammler und Forscher, auch unter den ital. Gelehrten. Sein Buch kann »nicht anders als im heutigen Sinne wiss. bezeichnet werden« [12.27].

Nicht zur Veröffentlichung kam der von S. geplante topographisch-geographische Atlas (h. zum großen Teilen in Wien), der bis zu seinem Tod auf 334 Bände angewachsen war. Er enthält Pläne und Ansichten von Städten, Festungen, Gärten und Gebäuden jeglicher Art sowie Stiche bedeutender Ereignisse wie Schlachten, Belagerungen oder Feste [6].

Wirkung

1764 erwarb Friedrich II. von Preußen die Stosch'sche Sammlung. Die griech., etrusk. und röm. Gemmen bilden noch heute den wesentlichen Gemmenbestand der Berliner Antikensammlung; die vorderasiat. und ägypt. Steine gelangten später an die entsprechenden Museen in Berlin. Die Kollektion ist aufgrund ihrer Größe und ihres wiss. Aufbaus eine der bedeutendsten Gemmensammlungen Europas, die durch etwa 28 000 z. T. von S. selbst hergestellte Abdrücke ergänzt wird. Nach S.s Tod verfasste Johann Joachim ↗Winckelmann, der mit ihm in regem Briefwechsel gestanden hatte, auf Wunsch von S.s Erben, seinem Neffen Heinrich Wilhelm Muzell-Stosch, den Katalog *Description des pièrres gravées du feu Baron de Stosch* (Florenz 1760). Grundlage war ein umfangreiches handschriftliches Inventar von S. selbst, dessen Anordnung Winckelmann beibehielt, um das Vorhandene zu wahren. Die Nachwirkung der Sammlung ist gut greifbar: In den zahlreichen Gemmenbildern sah man einen reichen antiqu., thematischen und bildkünstlerischen Fundus. In der zweiten Hälfte des 18. und der ersten Hälfte des 19. Jh.s entstanden in Europa die nach gleicher Vorstellung zu Bildungszwecken entworfenen Daktyliotheken, käuflich erwerbbare Sammlungen von Gemmenabdrücken in Gips und anderen Materialien. Auch von der Stosch'schen Sammlung ließ der preuß. Staat Gipsabgüsse an seine Lehranstalten, bes. an Gymnasien, verteilen.

Die in S.s Stichwerk abgebildeten Gemmen wurden nach ihrer Publikation sowie auch in engl. Übersetzungen [2] vielfach rezipiert und gehörten zum Repertoire des frühen Klassizismus in Europa, bes. in den palladianischen und klassizistischen Interieurs der Landhäuser und Villen (z. B. Speisezimmer in Burton Constable, Yorkshire [8]). Die Stiche boten noch den Medaillons der Jasperware von Wedgwood zahlreiche Vorlagen.

Schriften

[1] Gemmae antiquae caelatae scalptorum nominibus insignitae. Ad ipsas gemmas, aut eorum ectypos delineatae & aeri incisae, per Bernardum Picart. Ex praecipuis Europae museis selegit & commentariis illustravit Philippus de Stosch, Amsterdam 1724 [2] Gemmae antiquae caelatae: or, A Collection of Gems. Wherein Are Explained Many Particulars Relating to the Fable and History, the Customs and Habits, the Ceremonies and Exercises of the Ancients, Taken from the Classics by G. Ogle Esq, Engraved by C. du Bosc, London ²1741 [3] Antiquarische Briefe des Baron Philipp von Stosch, hrsg. von C. Justi, Marburg 1871.

Sekundärliteratur

[4] J. Heringa, Die Genese von Gemmae Antiquae Caelatae, in: Bulletin Antieke Beschaving 51, 1976, 75–91 [5] C. Justi, Winckelmann und seine Zeitgenossen, ⁵1956, 279–290; 304–318 [6] R. Kinauer, Der Atlas des Freiherren Philipp von Stosch der Österreichischen Nationalbibliothek (Diss. Wien), 1955 [7] J. Lang, Netzwerke von Gelehrten. Eine Skizze antiquarischer Interaktion im 18. Jh. am Beispiel des Philipp von Stosch (1691–1757), in: J. Broch et al. (Hrsg.), Netzwerke der Moderne. Erkundungen und Strategien, 2007, 203–226 [8] L. Lewis, Connoisseurs and Secret Agents in Eighteenth Century Rome, 1961 [9] W. Schiering, Zur Geschichte der Archäologie, in: U. Hausmann et al. (Hrsg.), Allgemeine Grundlagen der Archäologie. Begriff und Methode, Geschichte, Problem der Form, Schriftzeugnisse (Hdb. der Archäologie 1), 1969, 16–18 [10] Stark Syst. 179–180 [11] J. J. L. Whiteley, Philipp von Stosch, Bernard Picart and the Gemmae Antiquae Caelatae, in: M. Henig / D. Plantzos (Hrsg.), Classicism to Neo-Classicism. FS G. Seidmann, 1999, 183–190 [12] Zazoff GG 3–134.

Max Kunze

Strasburger, Hermann

Dt. Althistoriker. Geb. am 21.6.1909 in Bonn, gest. am 4.4.1985 in Freiburg i.Br. Sohn eines Prof. für Innere Medizin und Enkel eines bekannten Botanikers; Studium von Gesch. und Klass. Phil. in Frankfurt a.M., Innsbruck und München; Prom. 1931 bei Matthias ↗Gelzer in Frankfurt. 1932–1934 Lehrauftrag in Freiburg i.Br. Danach Ende der akad. Laufbahn für S. als »Mischling 2. Grades«, der aber den Anspruch »auf ein geistiges Bürgerrecht in Deutschland nicht so leicht preis[gab]« (Brief an Helmut ↗Berve, 20.8.1934). Schwer versehrte Rückkehr aus dem Krieg; 1946 Habil. für Alte Gesch. in Heidelberg; 1949 ao.Prof. in Frankfurt a.M., 1955 Übernahme des althistor. Lehrstuhl Gelzers. 1963–1977 Ordinarius in Freiburg.

Werk und Wirkung

Ein konstantes Element in S.s wiss. Forschung war die eindringliche und subtile Lektüre der ant. lit. Quellen. Die anfängliche Faszination durch ›große‹ Gestalten wie Alexander [3] und Caesar [2] wich jedoch aufgrund des Diktatur- und Kriegserlebnisses einer tiefgreifenden Ernüchterung. Als einer, der »einmal bei den ›Spänen‹ war, als ›Männer, die Geschichte machen‹, ›hobelten‹«, wies S. 1953 gegen die Ansicht Gelzers nach, dass Caesar von seinen Zeitgenossen nicht als »Staatsmann« gesehen wurde, und hob die zerstörerischen Folgen von dessen Machtstreben hervor [4]. S. zweifelte ferner zunehmend an der »Feststellbarkeit von histor. Fakten und ihrer pragmatischen Zusammenhänge« und beschäftigte sich deshalb intensiv mit der griech. Geschichtsschreibung [7]; [8]; [9]. Die Konzentration auf die polit. Geschichte bei Thukydides lehrte er als große Leistung und Engführung zugleich zu sehen [6]; zugleich würdigte er die weiter gefasste, an den Werken der Kultur und der Humanität interessierte Konzeption Herodots [11] und der hell. Geschichtsschreibung. In seinen grundlegenden Studien zur ant. Gesellschaftsgeschichte treten Hausgemeinschaft, patriarchalisches Verhaltensideal und Gemeinschaftsorientierung als leitende Werte gelingenden sozialen und polit. Lebens hervor. Durch inspirierende akad. Lehre und mit dem »Funk-Kolleg Geschichte« (1981) erreichte S. – als Autor ein Meister der kleinen Form – auch weitere Kreise.

Schriften

[1] Concordia ordinum. Eine Untersuchung zur Politik Ciceros (Diss. Frankfurt), 1931 (Ndr.: Studien zur Alten Geschichte 1, 1982, 1–82) [2] Caesars Eintritt in die Geschichte, 1938 (Ndr.: Studien zur Alten Geschichte 1, 1982, 181–327) [3] Alexanders Zug durch die gedrosische Wüste, in: Hermes 80, 1952, 457–493 (Ndr.: Studien zur Alten Geschichte 1, 1982, 449–486) [4] Caesar im Urteil seiner Zeitgenossen, in: HZ 175, 1953, 225–264 (²1968; Ndr.: Studien zur Alten Geschichte 1, 1982, 343–421) [5] Der soziologische Aspekt der homerischen Epen, in: Gymnasium 60, 1953, 97–114 (wieder in: Studien zur Alten Geschichte 1, 1982, 491–518) [6] Die Entdeckung der politischen Geschichte durch Thukydides, in: Saeculum 5, 1954, 395–428 (²1968; Ndr.: Studien zur Alten Geschichte 2, 1982, 527–591) [7] Herodots Zeitrechnung, in: Historia 5, 1956, 129–161 (²1962; Ndr.: Studien zur Alten Geschichte 2, 627–675) [8] Die Wesensbestimmung der Geschichte durch die antike Geschichtsschreibung, 1966 (²1975; Ndr.: Studien zur Alten Geschichte 2, 1982, 963–1016) [9] Homer und die Geschichtsschreibung, 1972 (Ndr.: Studien zur Alten Geschichte 2, 1057–1097) [10] Zum antiken Gesellschaftsideal, 1976 (Ndr.: Studien zur Alten Geschichte 3, 1990, 9–127) [11] Herodot als Geschichtsforscher, in: G. Strasburger (Hrsg.), Herodot, Geschichten und Geschichte, 1980, 383–465 (Ndr.: Studien zur Alten Geschichte 2, 1982, 835–919) [12] Studien zur Alten Geschichte, 3 Bde., hrsg. von W. Schmitthenner und R. Zoepffel, 1982–1990 [13] Ciceros philosophisches Spätwerk als Aufruf gegen die Herrschaft Caesars, hrsg. von G. Strasburger, 1990 (Ndr.: Studien zur Alten Geschichte 3, 1990, 407–498).

Sekundärliteratur

[14] J. Bleicken, Nachruf auf Hermann Strasburger, in: SB der Wissenschaftlichen Gesellschaft Frankfurt 23/2, 1987, 45–52 [15] H. Leppin, Hermann Strasburger. Die Vindizierung des Zeitgenossen, in: V. Losemann (Hrsg.), Alte Geschichte zwischen Wissenschaft und Politik, 2009, 149–162 [16] Ch. Meier, Gedächtnisrede auf Hermann Strasburger, in: Chiron 16, 1986, 171–196
[17] W. Schmitthenner, Biographische Vorbemerkung, in: H. Strasburger, Studien zur Alten Geschichte, Bd. 1, 1982, XVII–XXXIV.

Uwe Walter

Straub, Johannes

Dt. Althistoriker. Geb. am 18.10.1912 in Ulm, gest. am 29.1.1996 in Bonn. Studium in Tübingen und Berlin; Prom. 1938 in Berlin; Habil. 1942 ebda. Univ.-Dozent 1943 ebda.; 1944 a.o.Prof. für Alte Gesch. in Erlangen; 1948 o.Prof. ebda.; 1953–1982 o.Prof. in Bonn. 1964 Ehrendoktorwürde der Panteios-Hochschule Athen; 1971–1981 Mitglied der Zentraldirektion des DAI Berlin; 1975 Mitglied der Akad. der Wiss. Düsseldorf; 1977 Auswärtiges Mitglied der Accad. Nazionale dei Lincei Rom; 1985 Korrespondierendes Mitglied der Accad. Properziana del Subasio Assisi.

Werk und Wirkung

S., Sohn eines Postbeamten, studierte Geschichte und Klass. Philologie in Tübingen und Berlin, promovierte in Alter Gesch. bei Wilhelm ↗Weber [1]. Seine Habil.-Schrift (*Untersuchungen über Zeit und Tendenz der Scriptores Historiae Augustae*), die im Zweiten

Weltkrieg verloren ging ([2] beruht auf einem Kapitel daraus), eröffnete ihm das Thema seines Forscherlebens [4]. Zusammen mit Andreas ↗Alföldi begründete er 1962 die Historia-Augusta-Kolloquien, deren in internationalem Forscheraustausch erzielte Ergebnisse als Sammelbände, Monographien und Kommentare seit 1963 veröffentlicht werden [3]. Der histor.-philol. Methode verpflichtet und im Spannungsfeld zwischen Romanitas und Christianitas forschend, schloss S. Eduard ↗Schwartz' Erbe mit der Edition des letzten Bandes 4/1 der Konzilsakten ab [5]. Seine Forschungen zu Konstantin, Ammianus Marcellinus und Augustinus belegen sein polit. und ideengeschichtliches Interesse am Wechselspiel von Staat, Kirche und Kultur [6].

S. war ein wortgewaltiger Redner und erfolgreicher Hochschullehrer, der 32 Promotionen betreute; sechs seiner Schüler haben althistor. Professuren inne.

Schriften

[1] Vom Herrscherideal in der Spätantike (Diss. Berlin), 1939 (Ndr. 1964) [2] Die Wirkung der Niederlage bei Adrianopel auf die Diskussion über das Germanenproblem in der spätröm. Literatur, in: Philologus 95, 1943, 255–286 [3] (Hrsg.) Beiträge zur Historia-Augusta-Forschung (Reihe; mit A. Alföldi), 1963–1991 [4] Heidnische Geschichtsapologetik in der christlichen Spätantike. Untersuchungen über Zeit und Tendenz der Historia Augusta, 1963 [5] Acta Conciliorum Oecumenicorum, Bd. 4/1 (Edition), 1971 [6] Regeneratio imperii. Aufsätze über Roms Kaisertum und Reich im Spiegel der heidnischen und christlichen Publizistik, 2 Bde., 1972–1986.

Sekundärliteratur

[7] E. Chrysos (Hrsg.), Studien zur Geschichte der röm. Spätantike. FS J. Straub, 1989 [8] A. Lippold / N. Himmelmann (Hrsg.), Bonner Festgabe. FS J. Straub, 1977 [9] H. Roth (Hrsg.), In memoriam Johannes Straub, 1997 [10] G. Wirth (Hrsg.), Romanitas – Christianitas. Untersuchung zur Geschichte und Literatur der röm. Kaiserzeit. FS J. Straub, 1982.

Elisabeth Herrmann-Otto

Stuart, James

Engl.-schott. Architekt, Maler und Altertumswissenschaftler. Geb. 1713 als Sohn eines schott. Seemanns in London (Ludgate), gest. am 2.2.1788 ebda. Beigesetzt in der Krypta von St. Martin-in-the-Fields.

Werdegang

S. entstammte einfachen Verhältnissen, doch wurde seine Zeichen- und Malbegabung wie auch seine Sprachbegabung früh erkannt und gefördert. Nach dem Tod des Vaters war er als Maler in der Werkstatt Lewis Goupys tätig, die berühmt war für ihre Fächer mit ant. Motiven aus Italien. Neben seiner Tätigkeit als Maler und Zeichner studierte S. Mathematik, Geometrie und Anatomie und lernte als Autodidakt Latein und Altgriechisch. 1741/42 reiste er aus eigenen Mitteln nach Rom, wo er sich schnell als Veduten-Maler und Cicerone in den Kreisen englischer Besucher einen Namen machte. Seine Schrift *De obelisco Caesaris Augusti* [1] belegt erstmals seine arch. und lit. Kompetenz. 1748 begleitete S. Gavin Hamilton, Matthew Brettingham und Nicholas ↗Revett auf eine Reise nach Neapel; hier entstand die Idee eines gemeinsamen Besuches von Athen.

Die »Antiquities of Athens«

1748 veröffentlichten S. und Revett in Rom und 1751 in London ihre *Proposals for Publishing an Accurate Description of the Antiquities of Athens* [11.76ff.], die breiten Anklang fanden. Einige Mitglieder der Society of Dilettanti, darunter James Caulfield, Earl of Charlemont, James Dawkins und Robert Wood, erklärten sich bereit, die Mittel für die Reise bereitzustellen. 1751 wurden S. und Revett auf Betreiben Sir James Grays Mitglieder der Society, die die Finanzierung übernahm.

S. und Revett verließen Rom 1750. Von Venedig, wo sie Pola und die dalmatinische Küste bereisten und Reste von ant. Bauten aufnahmen, schifften sie sich am 19.1.1751 ein und erreichten Athen am 18.3. Protegiert von Sir James Porter, dem brit. Botschafter an der Hohen Pforte in Konstantinopel, fertigten sie in den folgenden zwei Jahren akribische Studien der ant. Bauten Athens an. Ab dem 5.3.1753 bereisten sie, z.T. getrennt, weitere Teile Griechenlands und der kleinasiat. Küste. Im Frühjahr 1755 kehrten sie nach England zurück. Bei ihren Bauaufnahmen herrschte eine klare Arbeitsteilung: Revett schuf die akribisch vermaßten architektonischen Grund- und Aufrisse, S. war für die Anfertigung der Veduten und den Text verantwortlich. Nachdem sich in London die Drucklegung des ersten Bandes der mittlerweile von mehr als 500 Subskribenten getragenen *Antiquities* [2] nicht zuletzt wegen S.s Perfektionismus hinauszögerte, beendete Revett seine Mitarbeit und ließ sich von S. auszahlen.

Der erste Band der *Antiquities* erschien 1762/63, der zweite postum 1787/90 (publiziert von S.s Witwe Elizabeth mithilfe William Newtons), der dritte 1794/95, herausgegeben von Willey Reveley (zu den Unklarheiten der Daten vgl. [7.XV]). Ein vierter Band wurde 1815/16 von Josiah Taylor und Joseph Woods herausgegeben, der Supplementband 1830 von Charles Robert Cockerell und William Kinnard (zu späteren Nachdrucken, Verkürzungen und Übersetzungen vgl. [5.448–450]; [8.260–269]).

Werk und Wirkung

Unmittelbar nach der Rückkehr nach London begann S. jenseits seiner Editionsarbeit an den *Antiquities* eine Karriere als Architekt und Gestalter; sein Faible für ant.-griech. Formen machte ihn zu einem Pionier des *Greek Revival* und brachte ihm den Spitznamen *Athenian Stuart* ein [9]. Sein Werk ist überaus vielfältig [10]: Als Architekt trat S. mit einer Reihe von Garten- bzw. Parkbauten in Erscheinung [10.317 ff.], wobei er hier erstmals die korrekte griech.-dorische Bauordnung reproduzierte, wie er sie in Athen kennengelernt hatte. Hiervon zeugen die Gartentempel von Hagley Park (1758/59) und Shugborough Park (ab 1761), auch die Parkbauten nach athenischem Muster, u.a. der Hadriansbogen, das Lysikratesmonument und der Turm der Winde. Hinzu traten Entwürfe für Villen und Landhäuser [10.265 ff.], u.a. Nunham Park (1756–1758) für den Earl of Hartcourt und Wentworth Woodhouse. Bereits hier zeigte sich eine enge Verzahnung von architektonischer Gestaltung und Ausstattung mit neoklassizistischen Interieurs. S. war auch als Architekt und Ausgestalter an bedeutenden Londoner Stadthäusern wie dem Lichfield House am St. James's Square (1764–1766), das die Westfront des Erechtheions zitiert, und Montague House am Portman Square (1775–1781) beteiligt [10.195 ff.].

Aus heutiger Sicht bedeutender als das architektonische Werk sind die zahlreichen gut erhaltenen neoklassizistischen Interieurs. Unter den Londoner Stadthäusern ist v.a. die des Spencer House (1759–1766) zu erwähnen. Kaum weniger berühmt ist die zwischen 1779 und 1789 entstandene neue Inneneinrichtung der Chapel des Royal Naval Hospitals in Greenwich [10.355 ff.]. Darüber hinaus ist S. wegen seiner Möbeldesigns [10.413 ff.], Metallarbeiten [10.467 ff.] und als Hersteller von Medaillen berühmt geworden [10.495 ff.]. Er gilt heute als eine der einflussreichsten Figuren des Klassizismus, wobei Zeitgenossen, v.a. Auftraggeber, S. durchaus kritisch sahen. Seine Nachlässigkeit in Terminfragen und bei Etats wurden z.T. heftig moniert [4.939 f.]; [10.515 ff.]. S. starb als vermögender Londoner Immobilienbesitzer (Nachruf in *The World* vom 22.2.1788).

Schriften

[1] De obelisco Caesaris Augusti e Campo Martio nuperrime effosso. Epistola Jacobi Stuart Angli ad Carolum Wentworth, comitem de Malton, Rom 1750 [2] The Antiquities of Athens, 4 Bde. (mit N. Revett), 1762–1816 (Bd. 2 hrsg. von E. Stuart und W. Newton; Bd. 3 hrsg. von W. Reveley; Bd. 4 hrsg. von J. Taylor und J. Woods) [3] The Antiquities of Athens, Suppl.-Bd.: Antiquities of Athens and Other Places in Greece, Sicily etc., illustriert und hrsg. von Ch.R. Cockerell und W. Kinnard, 1830.

Sekundärliteratur

[4] H.M. Colvin, Art. Stuart, James, in: H.M. Colvin, A Biographical Dictionary of British Architects 1600–1840, ³1995, 938–942 (¹1954) [5] E. Harris, British Architectural Books and Writers 1556–1785, 1990, 439–450
[6] L. Lawrence, Stuart and Revett. Their Literary and Architectural Careers, in: Journal of the Warburg Institute 2, 1938–1939, 128–146 [7] F. Salmon, Introduction, in: J. Stuart / N. Revett, The Antiquities of Athens, Bde. 1–3, 2008, III–XV (Ndr.) [8] U. Steiner, Die Anfänge der Archäologie in Folio und Oktav. Fremdsprachige Antikenpublikationen und Reiseberichte in deutschen Ausgaben, 2005 [9] D. Watkin, Athenian Stuart. Pioneer of the Greek Revival, 1982 [10] S. Weber Soros (Hrsg.), James »Athenian« Stuart (1713–1788). The Rediscovery of Antiquity, 2007 [11] D. Wiebenson, Sources of Greek Revival Architecture, 1969.

Christoph Höcker

Studniczka, Franz

Österr.-dt. Klass. Archäologe. Geb. am 14.8.1860 in Jaslo (Galizien), gest. am 4.12.1929 in Leipzig. 1879/80 Studium der Klass. Arch. an der dt. Univ. in Prag und in Wien, dort 1882 Prom. und Assistent am neuen Arch.-Epigr. Seminar. 1885–1887 Reisestipendium für Griechenland und Italien; 1887 Habil. in Wien. 1889 zunächst ao.Prof., 1891 o.Prof. für Klass. Arch. in Freiburg; 1896 o.Prof. an der Univ. Leipzig.

Wissenschaftlicher Werdegang

S. stammte aus einer alten österr. Beamtenfamilie, fühlte sich in polit. und kultureller Hinsicht aber nach Deutschland gehörig, sodass er später seine Staatsangehörigkeit ändern ließ. In sieben Semestern absolvierte er sein Studium in Prag und Wien bei Eugen ↗Petersen und Otto ↗Benndorf, die ihn daraufhin 1882 an der zweiten Lykien-Expedition beteiligten. 1885–1887 nutzte S. ein zweijähriges Reisestipendium u.a. zu einem längeren Aufenthalt in Athen, um sich mit den spektakulären Neufunden auf der Akropolis zu beschäftigen. Von dort brachte er das Thema für seine 1887 vorgelegte Wiener Habil.-Schrift mit, in der er sich unmittelbar auf die aktuellen Befunde des sog. Perserschutts beziehen konnte. Danach war er als Hilfsarbeiter an den Museen in Wien und Berlin bis 1889 tätig, dem Jahr seiner Berufung auf die Prof. für Klass. Archäologie an der Univ. Freiburg, die er einem gleichzeitigen Ruf nach Dorpat vorzog.

1896 übernahm S. den Lehrstuhl an der Univ. Leipzig, spätere Rufe nach Göttingen 1907 und Berlin 1916 lehnte er ab. In drei Jahrzehnten konnte er das Leipziger Institut zur drittgrößten Institution seiner Art in Deutschland ausbauen. Unübertroffen erschien v.a. das von ihm neu eingerichtete Antikenmuseum mit einer glänzenden Originalsammlung und der nicht minder qualitätvollen Gipsabgusssammlung [8]; [12. 68–72]. 1908 wurde S. wegen seiner hohen wiss. Reputation für sechs Monate mit der kommissarischen Leitung des DAI in Rom beauftragt, 1920/21 sandte ihn die Zentraldirektion des DAI nach Athen, um dort die 1916 geschlossene Abteilung wieder zu eröffnen.

Im ersten Drittel des 20. Jh.s war S. einer der tatkräftigsten dt. Archäologen mit außerordentlichem internationalen Renommee. Davon zeugen nicht zuletzt seine korrespondierenden Mitgliedschaften in der Wiener und Berliner Akad. der Wiss. (1917 und 1924) und der *Accad. dei Lincei* (1923).

Werk und Wirkung

S.s Forschungen kennzeichnet ein bedingungsloses Verlangen nach Vollständigkeit und akribischer Durchdringung aller altertumskundlichen Aspekte, die sich mit einem Einzelobjekt oder einer Denkmälergruppe verbinden lassen. Die erlernten philol. und arch. Methoden entwickelte er bravourös an nahezu sämtlichen Gattungen der bildenden Kunst und Architektur weiter, von der myk. Epoche bis in die röm. Kaiserzeit.

Ihm sind viele grundlegende Beobachtungen und Ergebnisse zu verdanken, so etwa zur Typologie und Funktion von Räumlichkeiten und ihrer Ausstattung [5], zu den chronologischen Grundlagen vieler Kunstgattungen [2]; [8. 50–57], zur Ergänzung und Zusammensetzung einzelner Monumente [2]; [12], zur Geschichte bestimmter statuarischer Typen [3] und zur Rekonstruktion komplexer statuarischer Gruppenkompositionen des Hellenismus wie auch zu ihrer Ikonographie [7]; [8. 16–21]. S.s immense Detailkenntnis und deren intellektuelle Verarbeitung ließen ihn stets von synoptischen Arbeiten Abstand nehmen. Das betrifft auch die beabsichtigte Geschichte der ant. Porträtkunst am Beispiel der *imagines illustrium*, wozu er zahlreiche Beiträge, darunter die berühmt gewordenen Studien zu den Aristoteles- und Menanderporträts, verfasst hatte [4]; [6]; [8. 31–43]. Viele seiner Ergebnisse und die Art des methodischen Zugriffs beanspruchen bis heute ihre Gültigkeit bzw. wirken – zumeist unbemerkt – bis in die Gegenwart fort. Grundsätzlich verfasste S. problemorientierte, bis ins Detail fundierte Studien, die nicht selten auch ausdrücklich experimentellen Charakter haben.

N: Berlin, DAI (Briefnachlass).

SV: [11. 15–20].

Schriften

[1] Beiträge zur Geschichte der altgriech. Tracht (erw. Diss. Wien), 1886 [2] Antenor der Sohn des Eumares und die Geschichte der archaischen Malerei, in: Jb. des Kaiserlich Deutschen Archäologischen Instituts 2, 1887, 135–168, 280–281 [3] Die Siegesgöttin, in: Neue Jbb. für das klassische Altertum 1, 1898, 377–403 [4] Das Bildnis des Aristoteles, 1908 (Ndr. in: K. Fittschen [Hrsg.], Griech. Porträts, 1988, 147–175) [5] Das Symposion Ptolemaios II. Nach der Beschreibung des Kallixeinos wiederhergestellt, 1914 [6] Das Bildnis Menanders, in: Neue Jbb. für das klassische Altertum 21, 1918, 1–31 (Ndr. in: K. Fittschen [Hrsg.], Griech. Porträts, 1988, 185–219) [7] Artemis und Iphigenie. Marmorgruppe der Ny Carlsberg Glyptothek, 1926.

Sekundärliteratur

[8] H.-U. Cain (Hrsg.), Aurea Aetas. Die Blütezeit des Leipziger Antikenmuseums zu Beginn des 20. Jh.s, 2009 [9] H. Döhl, Franz Studniczka, in: Lullies/Schiering Arch. 138–139 [10] R. Heidenreich, Franz Studniczka (1860–1929), in: M. Steinmetz (Hrsg.), Bedeutende Gelehrte in Leipzig, Bd. 1, 1965, 133–138 [11] H. Koch, Nachruf auf Franz Studniczka, in: Berichte über die Verhandlungen der Sächsischen Akademie der Wiss. zu Leipzig 82/2, 1930, 1–20 [12] A. Rumpf, Franz Studniczka, in: Jahresbericht über die Fortschritte der classischen Altertumswissenschaft 245, 1934, 51–119 [13] V. M. Strocka, Hundert Jahre Archäologisches Institut an der Universität Freiburg, in: Freiburger Universitätsblätter 118, 1992, 63–64 [14] C. Watzinger, Theodor Wiegand. Ein deutscher Archäologe 1864–1936, 1944, 53–59, 61, 75, 100, 258, 367–368, 387.

Hans-Ulrich Cain

Susenbrot, Johannes

Auch Susenbrat oder Sausenbrat; dt. Grammatiker und Rhetor. Geb. um 1485 in Wangen (Allgäu), gest. 1542 in Ravensburg. 1506 Erwerb des Baccalaureats an der Artistenfakultät in Wien, 1522 des Magistergrads in Basel. Danach Tätigkeit als Lehrer; zuletzt ab 1532 an der Lateinschule in Ravensburg.

Werk und Wirkung

In der Zeit zwischen dem Baccalaureat und dem Magisterexamen sowie nach dem Magistrat führte S. ein unstetes Wanderleben, machte dabei die Bekanntschaft von Heinrich Loriti (↗Glareanus) und ↗Beatus Rhenanus, möglicherweise auch des ↗Erasmus, und bekleidete Schulmeisterposten in verschiedenen oberrheinischen und schweizer. Städten. Zu diesem bewegten Leben trug sein katholisches Bekenntnis in einer zunehmend reformierten Umgebung bei. Erst nachdem S. sich in Ravensburg dauerhaft niedergelassen hatte, wurde er schriftstellerisch tätig und publizierte als Frucht seiner langjährigen Schulpraxis zwischen 1535 und 1542 zwei lat. Grammatiken (eine Elementar- [4] und eine Schulgrammatik [1]), eine Anthologie erbaulicher mittel- und neulat. Spruchgedichte [2] sowie sein Hauptwerk *Epitome troporum ac schematum* [3], eine umfassende, doch übersichtliche, methodisch und didaktisch nach Maßgabe der Zeit ausgearbeitete lat. Figurenlehre.

Sie bildet eine Synthese der Arbeiten seiner Vorgänger, und zwar zeitgenössischer ebenso wie antiker, und konnte für einige Jahrzehnte als Summe der Lehre vom Redeschmuck gelten. Im systematischen Grundriss folgt S. darin Petrus Mosellanus und Philipp ↗Melanchthon; für den eigentlichen Lehrstoff, d.h. Definitionen, Erläuterungen und Beispiele, ist – neben dem Auctor ad Herennium und Quintilian – Erasmus der am ausgiebigsten benutzte Quellautor. Auch wenn die *Epitome* mit wenigstens 24 Auflagen nicht mit den Rhetoriklehrbüchern des Erasmus und des Audomarus Talaeus konkurrieren konnte, war sie doch v.a. in England recht weit verbreitet. Es lassen sich Belege für ihre Verwendung an dortigen Schulen und Univ. erbringen. Weiterhin ist ihre Rezeption in engl.sprachigen Rhetoriken und Poetiken des 16. Jh.s, z.B. des Henry Peacham und des George Puttenham, nachweisbar [5.107–141]; [6.253–265].

Schriften

[1] Grammaticae artis institutio, Ravensburg 1535 [2] Scholae Christianae epigrammatum libri duo, Basel 1539 [3] Epitome troporum ac schematum et grammaticorum et rhetorum, Zürich 1541 [4] Methodus octo partium orationis, Zürich 1542 [5] The Epitome troporum ac schematum of Joannes Susenbrotus, lat.-engl., hrsg., übers. und komm. von J.X. Brennan (Diss. Univ. of Illinois), 1953.

Sekundärliteratur

[6] Th. Zinsmaier, Johannes Susenbrotus' Epitome troporum ac schematum – eine frühneuzeitliche literarische Rhetorik, in: W. Kofler / K. Töchterle (Hrsg.), Die antike Rhetorik in der europäischen Geistesgeschichte, 2005, 250–269.

Beate Hintzen

Süß, Wilhelm

Dt. Klass. Philologe. Geb. am 9.3.1882 in Friedberg (Hessen); gest. am 12.7.1969 in Mainz. 1900–1905 Studium in Gießen, Berlin und München; 1904 Prom. in Gießen; danach Assistent in Leipzig bei Erich Bethe; 1909 Habil. in Gießen. Danach PD, ab 1916 ao.Prof. in Leipzig; ab 1923 o.Prof. für Klass. Phil. in Dorpat (Tartu), ab 1934 in Gießen, ab 1940 in Breslau. 1945 Flucht nach Gießen. 1946–1950 o.Prof. in Mainz.

Werk und Wirkung

S. studierte Klass Philologie v.a. in Gießen, daneben kurzzeitig in Berlin und München. Nach der Assistentur (bei Bethe) und einer apl. Professur in Leipzig erhielt er einen Ruf an die Univ. Dorpat (Tartu) in Estland. Das Univ.-Leben dort war traditionell dt. geprägt, und auch der Vorlesungsbetrieb fand seit der Einrichtung des Philol. Seminars durch Karl Morgenstern in dt. Sprache statt, sodass die estnische Klass. Philologie ein Ableger der dt. Philologie war. S. beschäftigte sich mit der Geschichte der Klass. Philologie in Dorpat und verfasste eine Monographie über Morgenstern [4]. 1934 kehrte er nach Deutschland zurück, wo er zunächst in Gießen und während des Krieges in Breslau lehrte. 1945 musste S. aus dem zerstörten und später poln. besetzten Breslau fliehen, erhielt allerdings schon 1946 einen Ruf an die Univ. Mainz. Insgesamt ist seine Biographie instruktiv für den Lebensweg deutscher Philologen in Osteuropa.

S. war primär Gräzist, beherrschte aber das aktive Latein in Wort und Schrift perfekt. Wichtige Forschungsschwerpunkte waren die attische Komödie und das Fortwirken des Aristophanes [2], aber auch das Neulateinische. Im Bereich der Latinistik arbeitete S. sowohl zu sprachwiss. Themen [3] als auch auch zur Philosophie. In seiner Mainzer Akad.-Abhandlung zu Ciceros philos. Schriften [5] verließ er die traditionelle, rein quellenkritisch orientierte Forschung und versuchte in einem umfassenden Entwurf, die schriftstellerische Eigenleistung Ciceros anhand der bewussten Figurenzeichnung und der selbständigen Umarbeitung von Quellen in den Dialogen herauszuarbeiten – eine Forschungsrichtung, die erst in neuester Zeit wieder stärker aufgegriffen wird.

Schriften

[1] Ethos. Studien zur älteren griech. Rhetorik (Habil.schrift Gießen), 1910 (Ndr. 1975) [2] Die Frösche des Aristophanes (Edition), 1911 (Ndr. 1935) [3] Petronii imitatio sermonis plebei, 1927 [4] Karl Morgenstern (1770–1852). Ein kulturhistorischer Versuch, 1928 [5] Cicero. Eine Einführung in seine philosophischen Schriften, 1966 [6] Lachen, Komik und Witz in der Antike, 1969.

Sekundärliteratur

[7] K. Kaju, Wilhelm Süssi bilt Karl Morgensternist, in: I. Volt (Hrsg.), Duo saecula philologiae classicae in Estonia, 2003, 67–75 [8] A. Thierfelder, Wilhelm Süß, in: Gnomon 42, 1970, 638–640.

Peter Kuhlmann

Svoronos, Ioannes Nikolaos

Griech. Numismatiker und Archäologe. Geb. am 15.4.1863 auf Mykonos, gest. am 7.9.1922 in Athen. Studium in Athen und 1883 in Paris und London. 1888 Mitarbeiter am *Corpus nummorum* der Königlich-Preuß. Akad. der Wiss. Berlin; ab 1887 Mitarbeiter, 1890–1920 Direktor des Nationalen Münzkabinetts in Athen. 1918 o.Prof. für Numismatik und Siegelkunde an der Univ. Athen. 1914 Medaille der *Royal Numismatic Society* in London, 1920 Huntington Medaille der *American Numismatic Society*.

Werdegang und Werk

S., der aus einer wohlhabenden Kaufmannsfamilie stammte, schrieb sich zunächst für Rechtswiss. an der Athener Univ. ein, besuchte aber gleichzeitig arch. Vorlesungen. Über einen Onkel kam er in Kontakt mit Achilleus D. Postolakas, der ihm zum Studium der Numismatik in Paris und London riet. Auf Anregung Theodor ↗Mommsens arbeitete er 1888 kurzzeitig am Berliner *Corpus Nummorum* mit. Nach der Rückkehr an das Nationale Münzkabinett in Athen war S. erst Assistent von Postolakas, dann dessen Nachfolger als Direktor. 1898 gründete er die Zeitschrift *Journal international d'archéologie numismatique*, die er bis zu seinem Tod herausgab.

S.' Œuvre umfasst numismatische und arch. Arbeiten. In der Numismatik trat er bes. mit zwei Corpus-Werken hervor: den Münzen des ant. Kreta [1] und den Ptolemäermünzen [4]. Der von ihm geplante »Tresor« aller ant. griech. Münzen kam kriegsbedingt nicht zustande; es erschienen lediglich die Tafeln zu den Münzen von Athen [5]. Sein bekanntestes arch. Werk ist die Tafeledition von Skulpturen (v.a. Weihreliefs) aus dem Athener Nationalmuseum [3]. S. interessierte sich bes. für ikonographische und religionsgeschichtliche Fragen [2]. Seine einfallsreichen und z.T. kühnen Deutungen riefen nicht selten Widerspruch hervor, doch schmälert dies nicht seine großen Verdienste um die griech. Numismatik.

SV: [6. 12–22].

Schriften

[1] Numismatique de la Crète ancienne, accompagnée de l'histoire, la géographie et la mythologie de l'île, 1890 [2] Ερμηνεία των μνημείων του Ελευσινιακού μυστικού κύκλου και τοπογραφικά Ελευσίνος και Αθηνών, 1901 [3] Das Athener Nationalmuseum, 3 Bde. (dt. Ausgabe besorgt von W. Barth), 1903–1937 [4] Τα νομίσματα του κράτους των Πτολεμαίων, 4 Bde., 1904–1908 (Bd. 4: griech. und dt. [Die Münzen der Ptolemäer]) [5] Les monnaies d'Athènes, vollendet von B. Pick (Trésor de la numismatique grecque ancienne), 6 Faszikel, 1923–1926 (postum; nur Tafelteil).

Sekundärliteratur

[6] G.P. Oikonomos, Jean N. Svoronos (1863–1922), in: Journal international d'archéologie numismatique 21, 1927, 3–11 [7] K. Regling, Ioannes N. Svoronos, in: Zs. für Numismatik 34, 1924, 394–399 [8] S. Reinach, Jean-Nicolas Svoronos (1863–1922), in: Revue archéologique 26, 1923, 346–347.

Helmut Schubert

Sylburg, Friedrich

Dt. Gräzist und Editor. Geb. 1536 in Wetter bei Marburg, gest. am 17.2.1596 in Heidelberg. Studium der alten Sprachen und Gesch. in Marburg; Aufenthalte in Jena, Genf und Paris. Schulische Lehrtätigkeit in Neuhaus und Lich; 1581 Ablehnung eines Rufs auf eine Griechischprofessur in Marburg; 1583–1591 Editionstätigkeit in Frankfurt am Main, ab 1591 in Heidelberg.

Werk und Wirkung

S., Sohn eines Bauern, studierte in Marburg Griechisch, Latein und Geschichte. Ein Aufenthalt in Paris stiftete den Kontakt zu dem Humanisten und Buchdrucker Henricus ↗Stephanus, zu dessen *Thesaurus Graecae linguae* (1572) S. einige Beiträge leistete. 1583 gab er seine Lehrtätigkeit auf und zog nach Frankfurt am Main, wo er in Zusammenarbeit mit dem gelehrten Drucker Johann Wechel zahlreiche Editionen v.a. griechischer Autoren vornahm. Von dort ging S. 1591 nach Heidelberg, um dort in der *Bibliotheca Palatina* arbeiten zu können, deren Leitung er 1595 übernahm.

S. beherrschte die griech. Sprache so hervorragend, dass er neben Texteditionen eigene griech. Gedichte anfertigte und sogar, einer Art Mode seiner Zeit folgend (vgl. Martin ↗Crusius), den Heidelberger Katechismus, eine reformatorische Lehrschrift, ins Griechische übersetzte [4]. 1580 gab er eine Erweiterung und Neubearbeitung von Nicolas ↗Cleynaerts' Lehrbuch *Institutiones in Graecam linguam* heraus [1]; dessen Formenlehre ergänzte er durch eine griech. Syntax. In Frankfurt schloss S. 1583 die von Guilielmus ↗Xylander begonnene Edition des Pausanias ab und edierte weiter Herodot (1584), Dionysios von Halikarnass (1586), Aristoteles (1584) [2], die *Scriptores historiae Romanae* (1588) [3] und Apollonios Dyskolos' grammatische Schrift *Perí syntáxeos* (1590). In Heidelberg gab er neben christl. Autoren (u.a. Clemens von Alexandreia, 1592, und Iustinos Martyr, 1593) das byz. Lex. *Etymologicum magnum* (1594), die *Scriptores de re rustica* (1595), Xenophon und Nonnos (beide 1596) und die griech. Gnomiker (gedr. postum 1597) heraus. In seiner Konjekturalkritik eher zurückhaltend, wirkte er durch die Sprach- und Sach-Indices innovativ, die er seinen Texten beigab. Aufschlussreich für die Geschichte der *Bibliotheca Palatina* ist der von S. erstellte Katalog der griech. Hss., die er dort noch vorfand [5].

Schriften

[1] Institutiones ac meditationes in Graecam linguam, N. Clenardo Authore … locis propemodum innumeris emendata, notisque insuper illustrata, Löwen 1530 (u.ö.) [2] Aristoteles, Poetica, Frankfurt 1584 [3] Historiae Romanae scriptores Latini minores, 2 Bde., Frankfurt 1588 [4] Catechesis religionis Christianae … Graece conversa, Heidelberg 1597 [5] Catalogus codicum Graecorum m. ss. olim in Bibliotheca Palatina …, 2 Bde, Frankfurt 1701.

Sekundärliteratur
[6] K. W. Justi, Friedrich Sylburg, in: Strieder's Hessische Gelehrten-Geschichte 18, 1819, 481–494 [7] F. Koldewey, Art. Sylburg, Friedrich, in: ADB 37, 1894, 282–285.

Dorothee Gall

Syme, Ronald

Neuseeländ.-brit. Althistoriker. Geb. am 11.3. 1903 in Eltham (Neuseeland), gest. am 4.9.1989 in Oxford. 1921–1923 Studium der Alt.wiss. in Auckland und Wellington; ab 1925 Studium in Oxford (Oriel College); 1929–1949 Fellow und Tutor in Alter Gesch. am Trinity College, Oxford; 1942–1945 Prof. für Klass. Philologie an der Univ. Istanbul; 1949–1970 Camden Prof. für Alte Gesch. an der Univ. Oxford und Fellow des Brasenose College, 1970–1989 Fellow des Wolfson College in Oxford.

Wissenschaftlicher Werdegang

S. stammte aus Neuseeland. Sein wiss. Werk reflektiert seine Biographie: die eines akad. Aufsteigers aus der Peripherie des ehemaligen British Empire. 1925 kam er als Student der Alt.wiss. nach Oxford und überzeugte durch seine überragenden Fähigkeiten in den alten Sprachen; vier Jahre später war er bereits Fellow und Tutor in Ancient History. Im Zweiten Weltkrieg war er brit. Presseattaché in Belgrad und Ankara, wohl aber auch für den Geheimdienst tätig. Für einige Zeit unterrichtete er auch an der Univ. Istanbul. 1949 wurde S. zum Camden Prof. für Alte Geschichte berufen. Den *homines novi* aus der Provinz galt das Augenmerk des Historikers, und vergleichend behandelte er die Führungsschichten des röm. Spanien, des hispanischen Weltreiches und des brit. *Empire*, kurzum: die *Colonial Elites* [2], denen auch er selbst angehörte.

»Roman Revolution«

Aus seiner Abneigung gegen den verfassungsgeschichtlichen Diskurs über den röm. Prinzipat machte S. nie ein Geheimnis. Von dem *legalistic approach* in der Trad. Theodor ↗Mommsens wollte er nichts wissen. Seine Aufmerksamkeit galt den polit., gesellschaftlichen und ideologischen Grundlagen der dauerhaften Ordnung, die Augustus errichtete. Schon in seinem ersten großen Werk, der *Roman Revolution*, das er als 36-Jähriger 1939 veröffentlichte [1], vielfach neu aufgelegt und übersetzt, untersuchte er den Aufstieg der Eliten aus den Städten Italiens in den Kreis der imperialen Aristokratie. Die »neuen Männer« waren die »sicherste Stütze« der Monokratie des Augustus. In den folgenden Jahrzehnten widmete sich S. den provinzialen Führungsschichten und ihrer Integration in die Herrschaftselite des Röm. Reiches. Drei Jahre vor seinem Tod kehrte er wieder zu seinen Anfängen zurück: Noch einmal befasste er sich mit der *Augustan Aristocracy* und dem Transformationsprozess, der die sich selbst zerfleischende Oligarchie der späten Republik in die polit. machtlose, aber pazifizierte Senatsaristokratie des Prinzipats verwandelte [12]. Die kalte Machtpolitik des Augustus, der die *libera res publica* liquidierte, setzte der blutigen Anarchie der ausgehenden Republik ein Ende.

S.s *Roman Revolution* ist, darin Mommsens *Röm. Geschichte* ähnlich, *historiographie engagée*. Das Buch erschien nur wenige Tage nach dem Ausbruch des Zweiten Weltkrieges und hat zahllose Zeitbezüge. Schon die plakativen Kapitelüberschriften sprechen Bände: »Der erste Marsch auf Rom« oder »Die Organisierung der öffentlichen Meinung«. Caesars Senat wurde zur »Regierung der nationalen Konzentration«. S.s Gegenstand war ein *dux*, ein Führer, welcher mithilfe seiner treu ergebenen Gefolgsleute die Macht im Staate erobert und die alten Eliten durch loyale Parteigänger ersetzt, die seine Herrschaft stützen. Augustus wird zum skrupellosen Massenmörder, zum Putschisten und zum »Täter« – wie Mussolini, Hitler und Stalin. Der manifeste Widerspruch zwischen Verfassungsrecht und Verfassungswirklichkeit in den totalitären Staaten seiner Zeit schärfte S.s Skepsis, die Herrschaft des Augustus mithilfe juristischer Kategorien rekonstruieren zu können; ihn interessierten die *agents and ministers of power*.

»Tacitus« und andere Schriften

S., der neuseeländische *homo novus* in Oxford, hatte in Tacitus, dem gallischen Aufsteiger in Rom, seinen kongenialen ant. Kollegen gefunden. Ihm widmete er 1958 sein eigentliches *opus magnum*, eine zweibändige Studie, die Tacitus zum paradigmatischen Repräsentanten der *new imperial aristocracy* aus den westl. Provinzen erhob [3]. An dem röm. Vorbild übte S. seinen Stil, denn *men and dynasties pass, but style abides* [3. Bd. 2, 624]; [22]. Von Tacitus übernahm S. moralische Kategorien und sein Programm. Es hieß, Geschichte *sine ira et studio* zu schreiben. Einer seiner schärfsten Kritiker, Arnaldo ↗Momigliano, gestand neidlos ein, dass *The Roman Revolution* im »taciteischen Stil und mit dem taciteischen Misstrauen gegen die Ansprüche und Taten der Kaiser und ihres Gefolges verfasst« wurde [23. 739 f.]. S. schrieb das Buch über Augustus, das Tacitus nicht geschrieben hatte.

Geschichte war für S. mehr als eine akad. Disziplin – sie war ihm eine lit. Kunst. Der Historiker musste folglich über schriftstellerische Qualitäten verfügen. Anschaulich und spannend hatten seine Schilderungen zu sein, auf sarkastische Schärfe und treffsichere Prägnanz durfte er nicht verzichten. S.s *Roman Revolution* ist folglich nicht nur ein klass. Werk der Alt.wiss., sondern ein Klassiker der Historiographie. Immer wieder kehrte S. in umfassenden Synthesen zu den zentralen Quellen seiner histor. Untersuchungen zurück: den großen Werken der röm. Geschichtsschreibung und ihrem sozialen und polit. Kontext. Zu seiner großen Studie über Tacitus traten Monographien über Sallust [4], Ovid [8], Ammianus Marcellinus und die *Historia Augusta* [5]; [7]; [11]. *History in Ovid* allerdings enthielt, wie S. selbst ironisch bemerkte, *more history than Ovid* [8. I].

S. hatte eine tiefe Abneigung gegen jede Form der Theorie. Über die Bedingungen der Möglichkeit von histor. Erkenntnis reflektierte er nicht. *One uses what one has, and there is work to be done* [9. Bd. 2, 711], lautete sein Grundsatz. Sein Interesse galt Personen und ihrem Schicksal, nicht irgendwelchen Strukturen. Begriffe wie »Revolution« oder »Klasse« definierte er nicht. Seine Methode war die zuvor bes. in der dt. Forschung entwickelte Prosopographie, d. h. die Analyse der Geschichte der Familien und Geschlechter der röm. Republik und Kaiserzeit, ihrer Herkunft, Laufbahn und Verwandtschaften. Doch S. begnügte sich nicht mit der Sammlung von Einzeldaten, sondern spürte familiären Verbindungen, polit. Loyalitäten und regionalen Gemeinsamkeiten nach. So legte er die personalen Netzwerke der Oligarchie offen.

Bedeutung und Rezeption

S.s Forschungen zur röm. Geschichte waren und sind ungemein wirkmächtig. Die Auseinandersetzung mit seinem Werk prägt noch immer die internationale Altertumsforschung. S. stellte in einem guten Dutzend Bücher und zahlreichen Aufsätzen die Wiss. vom röm. Altertum auf eine neue Grundlage. Seine Bedeutung ist am ehesten mit derjenigen Theodor ↗Mommsens zu vergleichen, dem überragenden Altertumswissenschaftler des 19. Jh.s. Wollte Mommsen mithilfe des von ihm selbst geschaffenen röm. Staatsrechts zum überzeitlichen Proprium der eintausendjährigen Geschichte Roms vordringen, so machte S. die aristokratischen Familien zu Trägern der röm. Geschichte. Sein Credo lautete: *Oligarchy is the supreme, central, and enduring theme in Roman history* [3. Bd. 1, V]. Unter S.s Einfluss wurde nicht nur das traditionelle Augustusbild revidiert [15]; [20], sondern zahlreiche Althistoriker widmeten sich jetzt prosopographischen Forschungen und untersuchten die provinzialen Eliten im Imperium Romanum sowie die Kommunikation der monarchischen Herrschaft durch Texte, Bilder, Monumente und Rituale. Insbes. angelsächs. Forscher legten aristokratische Netzwerke auch in der Gesellschaft der Spätantike und des frühen MA frei. Auf grundsätzliche Bedenken stieß hingegen S.s Theorie, in der späten röm. Republik hätten dauerhafte Parteien oder Gruppierungen existiert, die auf Verwandtschaften und Freundschaften gegründet waren [18. 725].

In Deutschland verzögerten zunächst nationalsozialistische Diktatur und Zweiter Weltkrieg die Rezeption von S.s Arbeiten. Seine Abwendung von der durch Mommsen vorgegebenen staatsrechtlichen Sicht des Prinzipats, sein sozial- und politikgeschichtlicher Zugriff auf die späte Republik und die Kaiserzeit, seine Kritik an der Idealisierung des Augustus in dt. Tradition und schließlich seine engl. Wissenschaftsprosa brachten S. lange nur wenige Anhänger in dem Land, das die prosopographische Forschung einst begründet hatte. Noch Anfang der 1980er Jahre fragte Géza ↗Alföldy nach den Ursachen des Unbehagens, das viele dt. Althistoriker bei der Beschäftigung mit S.s *Roman Revolution* befiel [14].

SV: E. Badian, in: [9. Bd. 2, 855–862].

N: Oxford, Bodleian Library.

Schriften

[1] The Roman Revolution, 1939 (u.ö.; dt. 1957 u.ö.) [2] Colonial Elites. Rome, Spain, and the Americas, 1958 [3] Tacitus, 2 Bde., 1958 [4] Sallust (Sather Classical Lectures 33), 1964 (u.ö.; dt. 1975 u.ö.) [5] Ammianus and the Historia Augusta, 1968 [6] Ten Studies in Tacitus, 1970 [7] Emperors and Biography. Studies in the Historia Augusta, 1971 [8] History in Ovid, 1978 [9] Roman Papers, 7 Bde., 1979–1991 [10] Some Arval Brethren, 1980 [11] Historia Augusta Papers, 1983 [12] The Augustan Aristocracy, 1986 [13] The Provincial at Rome; and Rome and the Balkans 80 BC–AD 14, hrsg. von A. R. Birley, 1999.

Sekundärliteratur

[14] G. Alföldy, Sir Ronald Syme, »Die röm. Revolution« und die dt. Althistorie, 1983 [15] G. Alföldy, Two Principes. Augustus and Sir Ronald Syme, in: Athenaeum 81, 1993, 101–122 [16] G. Bowersock, Ronald Syme, in: Proc. of the British Academy 84, 1994, 539–563 [17] Christ Prof. 188–247 [18] W. Dahlheim, Ronald Syme. Geschichte als aristokratische Gelehrsamkeit und literarische Kunst, in: R. Syme, Die röm. Revolution. Machtkämpfe im antiken Rom, übers. und hrsg. von Ch. Selzer und U. Walter, 2003, 713–734 [19] A. M. Devine, Art. Syme, Ronald, in: DBC 3, 941–945 [20] A. Giovannini (Hrsg.), La révolution romaine après Ronald Syme. Bilans et perspectives, 1999 [21] L. Loreto, Guerra e libertà nella Repubblica romana. John R. Seeley e le radici intellettuali della ›Roman Revolution‹ di Ronald Syme, 1999 [22] F. Millar, Style Abides, in: JRS 71, 1981, 144–152 [23] A. Momigliano, Rez. R. Syme, Tacitus (1961), in: Momigliano, Contr., Bd. 3, 739–744 [24] U. Walter, Der Historiker in seiner Zeit, in: J. Spielvogel (Hrsg.), Res Publica Reperta, 2002, 137–152.

Stefan Rebenich

Tarn, William Woodthorpe

Brit. Althistoriker und Schriftsteller. Geb. am 26. 2. 1869 in London, gest. am 7. 11. 1957 im schott. Muirtown. Schulbesuch in Eton (1882–1888) und Studium am Trinity College in Cambridge (1888–1892), bes. der griech. Philosophie bei Henry Jackson; danach Berufsausbildung und ab 1894–1905 Tätigkeit als Advokat in London. Wegen schwerer Erkrankung Rückkehr nach Schottland als Privatgelehrter, nach dem Ersten Weltkrieg in Muirtown nahe Inverness. Im Weltkrieg Tätigkeit für das brit. War Office in Whitehall. Ende der 1920er Jahre Lee-Knowles Lectures am Trinity College in Cambridge über hell. Militärgesch. [5]. Ab 1928 Mitglied der British Acad., ab 1939 Honorary Fellow des Trinity College; 1952 Erhebung in den Ritterstand (Sir William); korrespondierendes bzw. auswärtiges Mitglied der Koninklijke Nederlandse Akad. van Wetenschappen, der American Philosophical Society und des DAI.

Werk und Wirkung

T., der auch als Autor eines erfolgreichen Märchens hervortrat [2], arbeitete v.a. auf dem Gebiet der hell. Geschichte [3]; [4]; [5]. Die Reihe seiner althistor. Publikationen setzte 1913 mit einer Henry Jackson gewidmeten Biographie des Antigonos Gonatas ein [1]. Es folgten Beiträge zu mehrern Bänden der *Cambridge Ancient History* (CAH): zur pers. [16], maked. [18.75–108; 197–223: 699–731; 732–768], hell. [18.75–108; 699–731; 732–768] (zu Alexanders Eroberung Persiens [16.352–386] und des Fernen Ostens [16.387–437], zu Griechenland 335–321 v.Chr. [16.438–460], Persien in der Zeit von Xerxes bis Alexander [16.1–24], Alexanders Erbe [16.461–504]) und röm. Geschichte [19.31–65; 66–111; 112–126]. Sein hier vertretenes Urteil über Alexanders Persönlichkeit und dessen polit. Ziele führte T. in seiner Monographie über den Makedonenkönig [9] näher aus, die als historiographische Leistung gewürdigt wurde [11.258]; [14.133]; [15]; [10.318]; T. war nun *the most famous name in English scholarship on Alexander* [14.131].

Allerdings erfuhren sein Bild Alexanders – den T. heroisierte und dem er große zivilisatorische und menschheitsvereinigende Ziele zuschrieb – sowie sein Umgang mit den Quellen auch scharfe Kritik [14.133–140]. Seine Deutung Alexanders wurde u.a. von Ernst ↗Badian [13], Hermann ↗Bengtson und Fritz ↗Schachermeyr [23] zurückgewiesen [14.140–144]; [17]. Große Wirkung erzielte T. auch mit seiner Darstellung der hell. Kultur [4] (mehrfach ergänzt) sowie mit seiner Monographie über die Griechen in Baktrien und Indien [8], mit der er ein fruchtbares neues Forschungsfeld eröffnete [11.261]; [20.3 f.].

Schriften

[1] Antigonos Gonatas, 1913 (Ndr. 1969) [2] The Treasure of the Isle of Mist, 1919 [3] The Hellenistic Age. Aspects of Hellenistic Civilisation (mit J.B. Bury, E.A. Barber und E. Bevan), 1923 [4] Hellenistic Civilisation, 1927 (²1930, ³1952, rev., mit G.T. Griffith; dt. 1966) [5] Hellenistic Military and Naval Developments, 1930 (mehrere Ndr.) [6] Seleucid-Parthian Studies, 1930 [7] Alexander the Great and the Unity of Mankind, in: Proc. of the British Academy 19, 1933, 123–166 [8] The Greeks in Bactria and India, 1938 (Ndr. 1951) [9] Alexander the Great (Bd. 1: Narrative, Bd. 2: Sources and Studies), 1948 (Ndr. 1956 (Bd. 1), 1979, 2002; dt. 1968).

Sekundärliteratur

[10] F.E. Adcock, Sir William Tarn, in: Gnomon 30, 1958, 317–319 [11] F.E. Adcock, Sir William Woodthorpe Tarn, in: Proc. of the British Academy 44, 1958, 253–262 [12] F.E. Adcock / K.D. Reynolds, Art. Tarn, Sir William Woodthorpe, in: Oxford Dictionary of National Biography 53, 2004, 789–790 [13] E. Badian, Alexander the Great and the Unity of Mankind, in: Historia 7, 1958, 425–444 (wieder in: G.T. Griffith [Hrsg.], Alexander the Great. The Main Problems, 1966, 287–306) [14] A.B. Bosworth, The Impossible Dream. W.W. Tarn's Alexander in Retrospect, in: Ancient Society. Resources for Teachers 13, 1983, 131–150 [15] A.R. Burn, Rez.: Tarn, W.W., Alexander the Great, in: JHS 67, 1947, 141–144 [16] J.B. Bury et al. (Hrsg.), Cambridge Ancient History, Bd. 6, 1927 [17] Christ Hel. 322 [18] S.A. Cook et al. (Hrsg.), Cambridge Ancient History, Bd. 7, 1928 [19] S.A. Cook et al. (Hrsg.), Cambridge Ancient History, Bd. 10, 1934 [20] F.L. Holt, Alexander the Great and Bactria, 1989 [21] L. Lehnus, La dedica dell'Antigonos Gonatas di W.W. Tarn, in: Aevum 73, 1999, 151–155 [22] J.P. Romane, W.W. Tarn on the Art of History, in: Ancient World 15, 1987, 21–24 [23] F. Schachermeyr, Die letzten Pläne Alexanders des Großen, in: Jb. des Österreichischen Archäologischen Instituts 41, 1954, 118–140.

Heinrich Schlange-Schöningen

Taubmann, Friedrich

Dt. Philologe und lat. Dichter. Geb. am 15. 5. 1565 in Wonsees (Oberfranken), gest. am 24. 3. 1634 in Wittenberg. Ab 1578 Ausbildung an der Lateinschule in Kulmbach, ab 1582 Stipendiat an der Fürstenschule Heilsbronn; ab 1592 Studium an der Univ. Wittenberg. 1593 Krönung zum *poeta laureatus*. 1595 auf Veranlassung Herzog Friedrich Wilhelms I. Berufung auf den Lehrstuhl für Poesie in Wittenberg, den T. lebenslang bekleidete. Lebenslang enge Beziehungen zum kurfürstlich-sächsischen Hof; dort »kurzweiliger Rat«.

Werk und Wirkung

Ruhm erlangte T. als lat. Schriftsteller, insbes. als versierter lat. Dichter [6]. Die unterhaltsame Originalität seiner Person und z.T. auch seiner Dichtung blieb weit über seinen Tod hinaus im Gedächtnis [5]. Von seinen im engeren Sinne philol. Arbeiten ist die wichtigste der sehr umfangreiche Plautuskommentar, der v.a. zahlreiche andere Kommentare zusammenfasst (jedoch nicht dem Typ *cum notis variorum* folgt). Nach einer missglückten Ausgabe 1605 [2] erschien 1612 eine Neubearbeitung; ein Abdruck erfolgte auch in der Plautus-Edition des Janus ↗Gruter 1621. Aufgrund des hohen Informationsgehalts, weniger aufgrund der philol. Leistungen T.s selbst, wird dieser Kommentar manchmal heute noch herangezogen. Die nach ähnlichem Muster gestalteten Vergil-Kommentare [4], von denen zu Lebzeiten nur derjenige zum *Culex* [3] erschien, hatten kaum weitere Wirkung. Ein bemerkenswertes Zeitdokument in der Diskussion um den aktiven Gebrauch des Lateinischen ist die programmatische Schrift *De lingua Latina* von 1602 [1]. Trotz recht breiter Gelehrsamkeit war T. ein primär an der lit. Praxis orientierter Humanist.

SV: [6].

Schriften

[1] Dissertatio de lingua latina, Wittenberg 1602 [2] M. Acci Plauti Latinae comoediae facile principis fabulae XX superstites. Cum novo et luculento commentario doctorum virorum (Edition), Wittenberg 1605 (Neubearb. Wittenberg 1612) [3] P. Virgilii Maronis, non tironis, ut videtur, sed adulti perfectique poetae opus Culex (Edition), Wittenberg 1609 [4] P. Virgilii Maronis Opera omnia ... cum Commmentario Frid. Taubmanni, Wittenberg 1618.

Sekundärliteratur

[5] Taubmanniana oder des sinnreichen Poetens Friederich Taubmanns nachdenckliches Leben, scharffsinnige Sprüche, kluge Hof- und schertzhaffte Studenten-Reden wie auch Dessen Denkwürdige Gedichte, artige Begebenheiten und was dem allen gleichförmig, 1722 [6] G. Dünnhaupt, Personalbibliographien zu den Drucken des Barock, Bd. 6, [2]1993, 4004–4028 [7] F. W. Ebeling, Friedrich Taubmann. Ein Kulturbild, [3]1884 ([1]1882) [8] L. Fränkel, Art. Taubmann, Friedrich, in: ADB 37, 1894, 433–440 [9] D. Münch, Der humorvolle Poet und Philologe Friedrich Taubmann (1565–1613) aus Oberfranken (Ausst.kat.), 1984.

Jürgen Leonhardt

Taylor, Lily Ross

Amerikan. Althistorikerin. Geb. am 12.8.1886 in Auburn (Alabama), gest. am 18.11.1969 in Bryn Mawr. 1902–1906 Studium der röm. Gesch. an der Univ. in Madison (Wisconsin); ab 1906 Graduiertenstudium am Bryn Mawr College, 1909/10 an der American School of Classical Studies in Rom. Prom. 1912 am Bryn Mawr College bei Tenney ↗Frank mit einer Arbeit über die Kulte in Ostia [1]. 1912–1927 Dozentin, dann Prof. für Latein am Vassar College (Poughkeepsie, New York); 1917 als erste Frau Mitglied der American Acad. in Rom. 1927–1952 Prof. für Latein am Bryn Mawr College, 1942–1952 Dean der dortigen Graduate School. 1934/35 und 1952–1955 Prof. an der American Acad. in Rom; 1942 Präsidentin der American Philol. Association; 1943/44 Mitarbeit im Office of Stategic Services als *Principal Social Science Analyst*. Mithrsg. von *Classical Philology*; Mitglied der *American Philosophical Society*, korrespondierendes Mitglied der British Acad., der Pontificia Accad. Romana di Archeologia sowie der Bayer. Akad. der Wiss.

Werk und Wirkung

T. konzentrierte ihre Forschungen zunächst auf die Religionsgeschichte und erweiterte sie dann auf die polit. Geschichte Roms. Nach ihrer Diss. untersuchte sie die lokalen Kulte Etruriens [4] und widmete sich in etlichen kleineren Arbeiten dem röm. und hell. Herrscherkult [2]; [3]; [6]; [7]; [8], bevor sie 1931 die erste größere Studie zu den hell. Grundlagen und der Entwicklung des röm. Herrscherkults durch Caesar und Augustus publizierte [9]. Ausgehend von den Vorarbeiten Ronald ↗Symes, Matthias ↗Gelzers sowie Friedrich ↗Münzers beschrieb T. in [11] die Machtkämpfe der durch *amicitia* verbundenen Faktionen in den letzten Jahrzehnten der Röm. Republik, wobei sie sich bereits hier genauer mit der polit. Bedeutung der verschiedenen Wahlkörper beschäftigte. Daraus entwickelte sich die Frage nach dem Funktionieren der röm. Tribus-Ordnung und der Wahlversammlungen, die sie unter Berücksichtigung der Inschriften und Münzen sowie der jüngsten Forschungen zur *Saepta Iulia* und zum *Diribitorium* erstmals eingehend darstellte [12]; [13]. In mehr als 70 Aufsätzen behandelte T. die Geschichte der späten Republik und des frühen Prinzipats, dabei auch Aspekte der Sozialgeschichte [5].

Schriften

[1] The Cults of Ostia (Diss. Bryn Mawr), 1912 [2] Augustales, Seviri Augustales, and Seviri. A Chronological Study, in: TAphA 45, 1914, 231–253 [3] The Worship of Augustus in Italy during His Lifetime, in: TAphA 51, 1920, 116–133 [4] Local Cults in Etruria, 1923 [5] Horace's Equestrian Career, in: American Journal of Philology 46, 1925, 161–170 [6] The Cult of Alexander at Alexandria, in: CPh 22/2, 1927, 162–169 [7] The Proskynesis and the Hellenistic Ruler Cult, in: JHS 47, 1927, 53–62 [8] Tiberius' Refusals of Divine Honors, in: TAphA 60, 1929, 87–101 [9] The Divinity of the Roman Emperor, 1931 [10] New Light on the History of the Secular Games, in: American Journal of Philology 55, 1934, 101–120 [11] Party Politics in the Age of Caesar, 1949 [12] The Voting Districts of the Roman Republic. The Thirty-Five Urban and Rural Tribes, 1960 [13] Roman Voting Assemblies. From the Hannibalic War to the Dictatorship of Caesar, 1966.

Sekundärliteratur
[14] TH. R. SH. BROUGHTON, Lily Ross Taylor, in: Gnomon 42, 1970, 734–735 [15] TH. R. SH. BROUGHTON, Lily Ross Taylor, in: BRIGGS / CALDER, 454–461 [16] TH. R. SH. BROUGHTON, Lily Ross Taylor, in: W. W. BRIGGS JR. (Hrsg.), Biographical Dictionary of North American Classicists, 1994, 636–638.

Heinrich Schlange-Schöningen

Temporini-Gräfin Vitzthum, Hildegard

Dt. Althistorikerin. Geb. am 14. 3. 1939 in Berlin, gest. am 30. 11. 2004 in Tübingen. 1958 Abitur in Frankfurt; Studium ebda. und in Tübingen; Prom. 1967 und Habil. 1975 ebda. 1976 Univ.-Dozentin in Tübingen, 1977 apl.Prof., 1979–2004 ao.Prof. ebda.; (Mit-)Herausgeberin: 1972–2004 von ANRW, 1984–2004 von *Historia* (auch Einzelschriften).

Werk und Wirkung

T. studierte die Fächer Latein, Alte Geschichte, Kunstgeschichte und Archäologie zuerst in Frankfurt, ab 1959/60 in Tübingen, wo sie 1966/67 bei Joseph ↗Vogt mit dem althistor. Thema *Die Frauen am Hofe Trajans* [2] promovierte. Staatsrechtlichen und herrschaftspolit. Fragen ging T. in quellenbasierter Methode auch in ihrer unveröffentlichten Habil.-Schrift nach (*Histor. und arch. Untersuchungen zu den Nachfolgeregelungen im Prinzipat*), die sie 1975 fertigstellte. Als die Gender-Forschung noch keinen Einzug in die dt. Alte Geschichte gehalten hatte, beschäftigte sich T. bereits mit der Stellung der röm. Frauen in Politik und Gesellschaft während der Kaiserzeit. Neben mehreren Aufsätzen [3]; [4] ist bes. der von ihr herausgegebene Sammelband [5] zu nennen, der den Rang eines unentbehrlichen Handbuches zu den Frauen am röm. Kaiserhof einnimmt.

Internationale Bedeutung für die Altertumswiss. gewann das mittlerweile mehr als 90 Bände umfassende enzyklopädische Werk *Aufstieg und Niedergang der Röm. Welt* (ANRW) [1], das T. zunächst als Festschrift für ihren Lehrer Joseph ↗Vogt initiiert hatte und ab Bd. II/2 zusammen mit dem Altphilologen Wolfgang Haase bis zu ihrem Tode herausgab. Diese Sammlung internationaler und interdisziplinärer Forschungsberichte ist zu einer Institution für die Forschung aller altertumswiss. Disziplinen weltweit geworden [6].

Schriften
[1] (Hrsg.) Aufstieg und Niedergang der röm. Welt. Geschichte und Kultur Roms im Spiegel der neueren Forschung, Teil I: Von den Anfängen Roms bis zum Ausgang der Republik; Teil II: Principat; z. T. mit W. Haase, 1972 ff. [2] Die Frauen am Hofe Trajans. Ein Beitrag zur Stellung der Augustae im Principat, 1978 [3] Antoninus Pius (138–161), in: M. CLAUSS (Hrsg.), Die röm. Kaiser. 55 historische Porträts von Caesar bis Iustinian, 1997, 137–144 [4] Frauen und Politik im antiken Rom, in: P. KNEISSL / V. LOSEMANN (Hrsg.), Imperium Romanum. Studien zur Geschichte und Rezeption. FS K. Christ zum 75. Geburtstag, 1998, 705–732 [5] (Hrsg.) Die Kaiserinnen Roms. Von Livia bis Theodora, 2002.

Sekundärliteratur
[6] H. HEINEN, Hildegard Temporini-Gräfin Vitzthum, 1939–2004, in: Historia 54, 2005, II–IV.

Elisabeth Herrmann-Otto

Thiersch, Friedrich

Dt. Klass. Philologe. Geb. am 17. 6. 1784 in Kirchscheidungen bei Freyburg an der Unstrut als Friedrich Wilhelm Th., gest. am 25. 2. 1860 in München. Studium der Theologie in Leipzig und Göttingen; 1807 Examen, anschließend sogleich Habil. 1808 in Göttingen. Ab 1809 Gymnasial-Prof. in München; 1811 Gründung des philol. Seminars zur Lehrerausbildung ebda.; ab 1814 Mitglied der Bayerischen Akad. der Wiss. Ab 1826 Prof. für Beredsamkeit und alte Literatur an der Univ. München; 1829/30 und 1847/48 deren Rektor; 1848–1859 Präsident der Bayerischen Akad. der Wiss.

Werk und Wirkung

Th. studierte zunächst Theologie in Leipzig, außerdem Alt.wiss. bei Gottfried ↗Hermann und ab 1807 auch bei Christian Gottlob ↗Heyne in Göttingen, wo er sich mit einer Arbeit über Platons *Symposion* habilitierte. In München leitete Th. das nach Göttinger Vorbild neu gegründete »philol. Seminar zur Heranbildung von Lehrern«, das zunächst der Akad., später der Univ. zugeordnet war. Th.s Hauptinteresse galt dem System der höheren Bildung. Sein erstes Werk hierzu beschäftigt sich mit diese betreffenden Unterschieden zwischen Nord- und Süddeutschland [1]. In seinem dreibändigen Werk *Über gelehrte Schulen* [4] bekämpfte er die vorherrschende Methode des Lateinunterrichts und die Bestrebung, die höheren Schulen berufsorientierter zu gestalten. Im zweiten Band forderte er die uneingeschränkte Studierfreiheit an der Univ. auch in Bayern sowie mehr akademische Selbstverwaltung. 1829 reformierte Th. im Auftrag des Königs den bayerischen Lehrplan, dem Friedrich Immanuel Niethammer seit 1808 stark neuhumanistische Züge verliehen hatte. Th. hingegen konzentrierte den Unterricht im Sinne

Ludwigs I. wieder vermehrt auf die alten Sprachen und die Lektüre antiker Autoren.

Nach Inspektionsreisen im Auftrag der bayerischen Regierung schrieb Th. eine dreibändige Abhandlung *Über den Zustand des öffentlichen Unterrichts* [5]. Er verfasste auch Lehrbücher, z.B. eine griech. Grammatik [2], und veröffentlichte zudem Schriften zur Kunst, zur Archäologie und zu Griechenland, wo er, des Neugriechischen mächtig, 1831/32 polit. Einfluss zugunsten der Wahl von Prinz Otto zum König von Griechenland nahm. Der Philhellene Th. hatte bereits 1815 das Athenäum in München gegründet, ein Institut für die Lehrerausbildung junger Griechen. Sein Wirken im Schulwesen brachte ihm den Titel *praeceptor Bavariae* ein, und in der Tat prägte Th. mit seinen stark altsprachlich orientierten Lehrplänen das bayerische Gymnasium des 19. Jh.s nachhaltig.

M: H. W. J. Thiersch (Hrsg.): Friedrich Thiersch's Leben. 2 Bde., 1866 ([2]1988).

Schriften

[1] Betrachtungen über den angenommenen Unterschiede zwischen Nord- und Süddeutschland (anonym), 1809 ([2]1810, mit Zusätzen und dem Namen des Verfassers) [2] Griech. Grammatik des gemeinen und homerischen Dialekts, zum Gebrauche für Schulen, 1812 [3] Pindars Werke (Edition mit Übers., Einl. und Erl.), 2 Bde., 1820 [4] Über gelehrte Schulen mit besonderer Rücksicht auf Bayern, 3 Bde., 1826–1831 [5] Über den Zustand des öffentlichen Unterrichts in den westlichen Staaten von Deutschland, in Holland, Frankreich und Belgien, 3 Bde., 1838.

Sekundärliteratur

[6] A. Baumeister, Art. Thiersch, Friedrich Wilhelm, in: ADB 38, 1894, 7–17 [7] H.-M. Kirchner, Friedrich Thiersch. Ein liberaler Kulturpolitiker und Philhellene in Bayern, 2009 [8] E. Schwinger, Literarische Erziehung und Gymnasium, 1988.

Markus Schauer

Thompson, Homer Armstrong

Kanad.-US-amerikan. Klass. Archäologe. Geb. am 7. 9. 1906 in Devlin (Ontario); gest. am 7. 5. 2000 in Hightstown (New Jersey). Studium an der Univ. of British Columbia, 1925 B. A., 1927 M. A.; 1929 Prom. an der Univ. of Michigan. 1933–1947 Prof. für Klass. Arch. an der Univ. of Toronto; Kurator der Antikensammlung des Royal Ontario Museums; 1946–1967 Leiter der Agora-Grabungen; ab 1947 Prof. an der School of Historical Studies des Institute of Advanced Studies in Princeton, NJ. 1951 US-amerikan. Staatsbürger. Ehrendoktorate von 12 Univ., (Ehren-)Mitglied zahlreicher wiss. Gesellschaften und Akad., zahlreiche Auszeichnungen, darunter 1982 Goldmedaille des American Institute of Archaeology.

Werdegang und Werk

In Kanada als Sohn eines klass. gebildeten Farmers aufgewachsen, promovierte Th. 1929 in Ann Arbor bei dem Althistoriker Arthur E. R. Boak mit einer (unpubl.) Arbeit über den staatl. Getreidehandel im ptolem. Ägypten. Besondere Anregung und Förderung erfuhr er durch Benjamin Meritt; dieser verhalf ihm 1929 zu einer Stelle als Fellow an der American School of Classical Studies in Athen und damit zur Teilnahme an den Grabungen auf der Athener Agora von deren Beginn an (1931). Bis zum Ausbruch des Zweiten Weltkriegs arbeitete Th. dort unter der Leitung von Th. Leslie Shear mit [3]. 1929 war er Mitglied des Teams von Konstantinos Kourouniotes, das auf der Athener Pnyx Grabungen durchführte [1]. Nach dem Zweiten Weltkrieg, in dem er bei der kanad. Marine als Nachrichtenoffizier diente, übernahm Th. die Leitung der Agora-Grabung und führte sie in ihre aktivste Phase. Ein Großteil der zentralen Fläche wurde freigelegt; die Stoa des Attalos wurde wiederhergestellt [4] und darin ein Museum und Laboratorium erstellt und ein arch. Park geschaffen [5]. Zudem fungierte Th. als Herausgeber und Planungsleiter der mit dem Gesamtprojekt verbundenen Publikationsreihe, zu der er selbst einen wichtigen zusammenfassenden Band beitrug [6]. Unter seiner Leitung wurde die Athener Agora zu einer zentralen Ausbildungsstätte für mehrere Generationen amerikan. Altertumswissenschaftler. Diese wiss. und organisatorische Leistung machte Th. zu einem der weltweit angesehensten Vertreter der amerikan. Archäologie, deren Geschichte er auch in vielen Nekrologen und wissenschaftshistor. Arbeiten [7] reflektierte.

Th. heiratete 1934 die Archäologin Dorothy Burr (1900–2001) [11], die 1931 in Bryn Mawr bei Rhys Carpenter mit der Arbeit *Terra-cottas from Myrina in the Museum of Fine Arts, Boston* promoviert hatte. Sie wurde in den folgenden Jahrzehnten zu einer international führenden Expertin für hell. Terrakotten, deren Chronologie sie anhand der datierten Funde aus den Agora-Grabungen und in Verbindung mit der Pionierarbeit ihres Mannes zur Datierung der gleichzeitigen Gefäßkeramik [2]; [8. 9–180] auf eine neue Basis stellten konnte [8. 195–459]. Auch ihre Monographien *Troy. The Terra-Cotta Figurines of the Hellenistic Period* (1963) und *Ptolemaic Oinochoai and Portraits in Faience. Aspects of the Ruler-Cult* (1973) sind nach wie vor grundlegende Werke zur hell. Archäologie.

N: Athen, American School of Classical Studies.

SV: [9. vii-xii].

Schriften

[1] The Pnyx in Athens (mit K. Kourouniotes), in: Hesperia 1, 1932, 90–217 [2] Two Centuries of Hellenistic

Pottery, in: Hesperia 3, 1934, 311–480 [3] The Tholos of Athens and Its Predecessors, 1940 [4] The Stoa of Attalos II in Athens, 1959 (⁵1977) [5] The Athenian Agora. A Guide to the Excavation and Museum, 1962 (Neuaufl. 1976) [6] The Agora of Athens. The History, Shape and Uses of the Ancient City Center (The Athenian Agora, Bd. 14; mit R.E. Wycherley), 1972 [7] In Pursuit of the Past. The American Role, 1879–1979, in: American Journal of Archaeology 84, 1980, 263–270 [8] Hellenistic Pottery and Terracottas (mit D. Burr Thompson), 1987.

Sekundärliteratur

[9] Studies in Athenian Architecture, Sculpture, and Topogaphy Presented to Homer A. Thompson (Hesperia Suppl. 20), 1982 [10] A.L. Boegehold, Homer Thompson, in: Gnomon 73, 2001, 284–286 [11] Ch.M. Havelock, Dorothy Burr Thompson (b. 1900), Classical Archaeologist, in: C.R. Sherman (Hrsg.), Women as Interpreters of the Visual Arts, 1820–1979, 1981, 357–375 [12] J.R. McCredie, Homer Armstrong Thompson, in: Proc. of the American Philosophical Society 146/4, 2002, 412–414
[13] S.I. Rotroff, Homer Armstrong Thompson, 1906–2000, in: American Journal of Archaeology 105, 2001, 99–100 [14] R.A. Wertime, The Ingenious Homer Thompson, in: Antiquity 41, 1988, 36–43.

Stephen L. Dyson/Daniel Graepler (Ü: D.P.)

Thompson, Margaret

Amerikan. Numismatikerin. Geb. am 22.2.1911 in Trenton (New Jersey), gest. am 29.2.1992 in Haverford (Pennsylvania). Studium am Radcliffe College (Cambridge, Massachusetts), dort 1931 B.A.; danach Englischlehrerin an einer Junior High School. 1937–1940 und 1948 Mitarbeiterin an der American School of Classical Studies at Athens (ASCSA), dazwischen für die *Greek War Relief Association* in New York tätig. 1949 Assistant Curator für griech. Münzen, 1969–1979 Chief Curator der *American Numismatic Society* (ANS) in New York; 1965–1968 Präsidentin des Archaeological Institute of America. 1965–1978 Adjunct Prof. an der Columbia Univ. in New York; 1986 Ehrendoktorat ebda.; 1961 Huntington Medaille der ANS; 1967 Goldmedaille der *Royal Numismatic Society*; 1984 Gold Medal des Archaeological Institute of America.

Werk und Wirkung

Als Mitarbeiterin der ASCSA wurde Th. mit der Bearbeitung der Fundmünzen aus den Grabungen auf der Athener Agora betraut. Nach kriegsbedingter Unterbrechung ihrer Arbeit konnte sie die über 37000 röm. bis ma. Münzen 1954 veröffentlichen [1]. 1961 erschien ihre Studie über die athenischen Silbermünzen »neuen Stils«, in der sie erstmals eine corpusmäßige Aufnahme und Bearbeitung dieser Prägung des 2. Jh.s v. Chr. vorlegte [2].

1965 als erste Frau zur Präsidentin des *Archaeological Institute of America* gewählt, gelang es Th., zahlreiche neue Programme zur Forschungsförderung und Öffentlichkeitsarbeit einzurichten. Die Planung und Durchführung des 8. Internationen Numismatischen Kongresses in New York und Washington 1973 geht ebenfalls auf Th.s Initiative zurück. Parallel dazu erschien das von ihr gemeinsam mit Colin Kraay und Otto ↗Mørkholm verfasste Standardwerk zu den griech. Münzhorten [3]. Zu dieser Zeit wurde Th. auch einer breiteren Öffentlichkeit bekannt, als sie durch erfolgreiches Einwerben von Spendengeldern für den Erwerb mehrerer Tausend antiker Münzen aus dem Besitz des Metropolitan Museum of Art für die ANS sorgte. Als Wissenschaftlerin und Organisatorin hat sie über mehrere Jahrzehnte die numismatische Forschung auf dem Gebiet des ant. Griechenland maßgeblich mitbestimmt.

Schriften

[1] Coins from the Roman through the Venetian Period (The Athenian Agora 2), 1954 [2] The New Style Silver Coinage of Athens, 1961 [3] An Inventory of Greek Coin Hoards (mit C. Kraay und O. Mørkholm), 1973
[4] Alexander's Drachm Mints, 2 Bde., 1983–1991 (Bd. 1: Sardes and Miletus; Bd. 2: Lampsacus and Abydus).

Sekundärliteratur

[5] J. Adelson, Review of The Athenian Agora, Results of Excavations Conducted by the American School of Classical Studies at Athens, Bd. 2, in: American Journal of Archaeology 59/1, 1955, 93 [6] W.E. Metcalf, Margaret Thompson, 1911–1992, in: American Journal of Archaeology 96/3, 1992, 547–549 [7] M.J. Price, Review of An Inventory of Greek Coin Hoards, in: American Journal of Archaeology 78/3, 1978, 308–309.

Stefan Krmnicek

Thureau-Dangin, François

Franz. Archäologe, Altorientalist und Sumerologe. Geb. am 3.1.1872 in Paris als Jean Gabriel Geneviève François Th.-D., gest. am 24.1.1944 ebda. 1895 freier Mitarbeiter am Département des Antiquités Orientales et de la Céramique Antique am Musée du Louvre in Paris; beteiligt an der arch. Mission in Tello (Irak); 1896 Forschungsaufenthalt am Musée Impérial Ottoman in Istanbul; ab 1902 Attaché am Louvre; ab 1908 Conservateur adjoint am Louvre; ab 1910 Mitherausgeber der *Revue d'Assyriologie et d'Archéologie Orientale* (RA). 1914–1918 Dienst in der Armée d'Orient. 1917 Mitglied der Acad. des inscriptions et belles-lettres; 1919 *Croix de guerre* für seine Verdienste im Orient. 1923 Reise in den Vorderen Orient; Ausgrabung in Tell Ashara (Terqa). 1925–1928 Conservateur en chef des Antiquités Orientales am Louvre. 1927–

1928 Ausgrabungen in Arslan Tash (Hadatu); 1929–1931 Ausgrabungen in Tell Ahmar (Til Barsip).

Werk und Wirkung

Th.-D., Sohn des Historikers und Mitglieds der Acad. française Paul Th.-D., studierte biblische Exegese am Institut Catholique in Paris; er war dort Schüler von Alfred Loisy, der ihm riet, sich der Assyriologie bei Jules ↗Oppert zu widmen. Als Th.-D. freier Mitarbeiter am Louvre geworden war, beauftragte ihn Léon Heuzey, sich mit den Inschriften zu beschäftigen, die Ernest de Sarzec in Tello ausgegraben hatte. Th.-D. richtete in der Folge seine Aufmerksamkeit auf das Studium des Sumerischen. Er bestimmte die Entwicklung der Keilschriftzeichen von ihren frühesten Formen an und entzifferte die einsprachigen sumer. Inschriften: den Kegel des Entemena (1897 in RA), die Steininschrift des Eannatum (1897 in der *Revue Sémitique*, die Geierstele und weitere Inschriften (in RA 1897 und 1898). Er übersetzte die Zylinderinschriften des Gudea [3] (vgl. Adam ↗Falkenstein) und verfasste mehrere Studien in der *Zeitschrift für Assyriologie* (1902–1904).

In [4] brachte er alle Königsinschriften aus der Zeit vor der Ersten Dynastie von Babylon (Anfang 2. Jt.) zusammen, die sich meistenteils im Louvre und im Musée Impérial Ottoman in Istanbul, wo er sich 1896 aufgehalten hatte, befanden: eine bemerkenswerte Edition von Inschriften aus Lagaš, Umma, Nippur, Kiš, Akkad, Ur, Isin, Larsa, Uruk und Susa, die zwei Jahre später ins Deutsche übersetzt wurde [4] – laut Bedřich ↗Hrozný die bedeutendste assyrologische Publikation der vorhergehenden Jahre. Weiterhin edierte Th.-D. eine große Zahl unpublizierter Texte aus dem Louvre, sowohl sumer. [7] als auch akkad., insbes. in der von ihm selbst begründeten Reihe *Textes Cunéiformes du Louvre* (TCL) [6]; [8]; [11]; [12]; [13]; [14], aber auch in der RA, deren Mitherausgeber neben Pater Vincent Scheil er 1910 geworden war. 1914 widmete Friedrich ↗Delitzsch ihm als einem Pionier bei der Erforschung des Sumerischen seine Grundzüge der sumer. Grammatik.

Eine Reise in den Orient erlaubte es Th.-D., einige Tage in Tell Ashara zu graben, danach in Arslan Tash (zusammen mit Augustin Barrois, George Dossin und Maurice Dunand) und in Tell Ahmar (mit Dunand). Den beiden letzten Grabungsorten widmete er sich in mehreren Kampagnen, wo er insbes. die Schichten vom Beginn des 1. Jt.s mit den neuassyr. Palästen freilegte. Seine Reisen nach Syrien erschütterten seine Gesundheit; er verlor sein Gehör und reichte 1928 seinen Rücktritt ein.

Th.-D.s epigraphische Studien umfassten das gesamte Feld der keilschriftlichen Überlieferung, von den sumer. Texten des 3. Jt.s [1]; [2] bis hin zu solchen aus hell. Zeit [11]. Sein Interesse galt u. a. mythol. Texten und Ritualen [10], gegen Ende seines Lebens v. a. der babylon. Mathematik. Er erklärte das babylon. Sexagesimalsystem [18] und publizierte zu Problemen der Gleichungen ersten und zweiten Grades [20]. Neben einer Übersetzung bot er auch eine Interpretation im System einer modernen Mathematik (vgl. Otto ↗Neugebauer). Sein Werk hat sich bis heute bewährt; sein Name bleibt mit seinen grundlegenden Studien zum Sumerischen verbunden.

SV: E. Dhorme, Liste des publications, in: Hommage à la mémoire de l'éminent assyriologue François Thureau-Dangin (1872–1944), 1946, 19–35.

Schriften

[1] Recherches sur l'origine de l'écriture cunéiforme, 1898 [2] Recueil de tablettes chaldéennes (Edition), 1903 [3] Les cylindres de Goudea (Edition), 1905 (u.ö.) [4] Les inscriptions de Sumer et d'Akkad (Edition, mit Übers.), 1905 (dt. 1907) [5] Restitution matérielle de la Stèle des Vautours (mit L. Heuzey), 1909 [6] Lettres et contrats de l'époque de la Ière dynastie babylonienne (TCL 1; Edition), 1910 [7] Textes de l'époque d'Agadé (Inventaire des tablettes de Tello 1; Edition), 1910 [8] Une relation de la huitième campagne de Sargon (714 v. Chr.) (TCL 3; Edition), 1912 [9] La chronologie des dynasties de Sumer et d'Accad, 1918 [10] Rituels accadiens (Edition), 1921 [11] Les tablettes d'Uruk à l'usage des prêtres du temple d'Anu au temps des Séleucides (TCL 6; Edition), 1922 [12] Les Lettres de Hammurabi à Shamash-haṣir (TCL 7; Edition), 1924 [13] Les cylindres de Gudea découverts par Ernest de Sarzec à Tello (TCL 8; Edition), 1925 [14] Le syllabaire accadien, 1926 [15] Tablettes cappadociennes. Deuxième série (TCL 14; Edition), 1928 [16] Les homophones sumériens, 1929 [17] Arslan-Tash (mit A. Barrois, G. Dossin, M. Dunand), 1931 [18] Esquisse d'une histoire du système sexagésimal, 1932 [19] Til-Barsip (mit M. Dunand), 1936 [20] Textes mathématiques babyloniens (Edition), 1938.

Sekundärliteratur

[21] É. Dhorme, La vie et l'œuvre de François Thureau-Dangin, in: Hommage à la mémoire de l'éminent assyriologue François Thureau-Dangin (1872–1944), 1946, 11–14 [22] R. Dussaud, Notice sur la vie et les travaux de M. François Thureau-Dangin, membre de l'Académie, in: CRAI 4/88, 1944, 472–489 [23] H. Maspéro, Éloge funèbre de M. François Thureau-Dangin, membre de l'Académie, in: CRAI 1/88, 1944, 55–63.

Brigitte Lion/Cécile Michel (Ü: J. R.)

Till, Walter

Österr. Koptologe. Geb. als Walter Curt Franz Theodor Karl Alois T. am 22.2.1894 in Stockerau bei Wien, gest. am 3.9.1963 in Herzogenburg bei Wien. 1913–1916 Studium an der Hochschule für Welthandel in Wien, 1917–1920 Studium der Ägyptologie an der Univ. Wien; Prom. 1920, Habil. 1928,

1939 apl.Prof. ebda. 1931 Mitarbeiter in der Papyrussammlung der Österr. Nationalbibliothek in Wien, 1937–1951 deren Leiter; Gastprof. in Kairo und Manchester; 1951–1959 Senior Lecturer in Coptic an der Univ. Manchester.

Werk und Wirkung

Nach der Reifeprüfung absolvierte T. zunächst eine kaufmännische Ausbildung, ehe er bei Hermann ↗Junker Ägyptologie studierte und mit einer Diss. über *Die Personalpronomina im Ägyptischen und Semitischen* 1920 promoviert wurde. Seine Lebensumstände nötigten ihn, 1921 eine Lehrtätigkeit an der technisch-gewerblichen Bundeslehranstalt in Wien-Mödling anzunehmen. Erst ab 1931 konnte er sich ganz der Ägyptologie bzw. Koptologie widmen, zunächst in der Wiener Papyrussammlung, später im universitären Bereich in Manchester.

T.s wiss. Schwerpunkte lagen auf dem Gebiet der Koptologie. Herausragend sind seine zahlreichen Editionen insbes. kanonischer und apokrypher biblischer Texte [1], koptischer Heiligen- und Märtyrerlegenden [4], frühchristl. Schriftsteller, homiletischer Texte und koptischer Rechtsurkunden [7]. Für die Entwicklung der Koptologie sind seine sprachgeschichtlichen Untersuchungen sowie seine Dialektgrammatiken grundlegend [2]; [3]. Die saidische Grammatik ist bis heute als Standardwerk unersetzt [6]. Auch durch seine kultur- und rechtsgeschichtlichen Abhandlungen verschaffte sich T. internationale Anerkennung [5]. Nach dem Zweiten Weltkrieg wurden Texte der Gnosis zu seinem zentralen Forschungsthema.

SV: [9.3–12].

Schriften

[1] Die achmîmische Version der Zwölf Kleinen Propheten (Edition), 1927 [2] Achmimisch-koptische Grammatik, 1928 [3] Koptische Dialektgrammatik, 1931 (2. neubearb. Aufl. 1961) [4] Koptische Heiligen- und Märtyrerlegenden, 2 Teile (Orientalia christiana analecta 102 und 108; Edition), 1935–1936 [5] Erbrechtliche Untersuchungen auf Grund der koptischen Urkunden, 1954 [6] Koptische Grammatik (saidischer Dialekt), 1955 (2., verb. Aufl. 1961 u.ö.) [7] Die koptischen Rechtsurkunden der Österreichischen Nationalbibliothek (Edition mit Übers.), 1958.

Sekundärliteratur

[8] Art. Till, Walter, in: WWE, 415–416
[9] M. B. Ghali, In memoriam Professor Walter C. Till, 1894–1963, in: Bulletin de la Société d'archéologie copte 17, 1964, 1–12 [10] E. Lüddeckens, Walter Till, 22. Februar 1894–3. September 1963, in: Zs. für ägyptische Sprache und Altertumskunde 91, 1964, XI–XV.

Reinhard Grieshammer

Tortelli, Giovanni

Ital. Humanist. Geb. um 1400, wahrscheinlich in Arezzo, gest. vor dem 26.4.1466, wahrscheinlich in Rom. 1423–1433 humanistische Studien in Mantua bei ↗Vittorino da Feltre; 1433–1435 Prof. am Studio in Florenz; 1435–1437 Studienreise nach Konstantinopel; 1445 Doktor der Theologie in Bologna; ca. 1450–1455 Bibliothecarius der Bibl. von Papst Nikolaus V. (der späteren Bibl. Vaticana) in Rom.

Werk und Wirkung

Bereits als Kind kam T. mit der florent. Kultur des frühen 15. Jh.s in Kontakt. Das dort erwachte Interesse am Griechischen konnte er später während einer Studienreise nach Konstantinopel vertiefen. Wie sein Freund Lorenzo ↗Valla war T. einer der Vorreiter bei der Erforschung der lat. Sprache, wobei er sich auf ein breites Quellenstudium antiker Autoritäten stützte. Abgesehen von einer kleineren medizinischen Schrift [2] ist sein Hauptwerk der Traktat *De orthographia*, den er Papst Nikolaus V. widmete [1]. Im Proöm stellt T. die Spracherneuerung als Grundlage für eine große kulturelle Erneuerung dar, die in Rom im Umkreis der päpstlichen Kurie ihr Zentrum finden soll (Edition des Proöms mit Kommentar in [8.401–407]). Das Werk besteht hauptsächlich aus einer alphabetischen Liste aller lat. Wörter, die griech. Ursprünge haben. *De orthographia* wird oft als komplementär zu Vallas (T. gewidmeten) *Elegantiae linguae Latinae* angesehen [3.103]. Großen Einfluss übte T.s Traktat auf Niccolò Perottis *Cornu copiae sive commentarii linguae Latinae* (1506) aus [3]; [6]. Er wurde nach der Editio princeps 1471 bis 1504 zumindest 16 Mal neu aufgelegt [4.12 f.], was seine Bedeutung als Referenzwerk der Zeit unterstreicht.

Schriften

[1] Commentariorum grammaticorum de orthographia dictionum e Graecis tractarum opus, Rom 1471 [2] De medicina et medicis, in: L. Belloni / D. M. Schullian (Hrsg.), Giovanni Tortelli, Della medicina e dei medici. Gian Giacomo Bartolotti, Dell'antica medicina, 1954, 3–20.

Sekundärliteratur

[3] J.-L. Charlet, Tortelli, Perotti et les Élégances de L. Valla, in: Res publica litterarum 24, 94–105
[4] J.-L. Charlet et al., Index des lemmes du »De orthographia« de Giovanni Tortelli, avec une introduction biographique et une bibliographie, 1994 [5] G. Donati, L'Orthographia di Giovanni Tortelli, 2006 [6] M. Furno, Du De orthographia de G. Tortelli au Cornu Copiae de N. Perotti. Points communs et divergences, in: Res publica litterarum 12, 1989, 59–68 [7] M. Regoliosi, Nuove ricerche intorno a Giovanni Tortelli, in: IMU 12, 1969, 129–196 [8] S. Rizzo, Per una tipologia delle tradizioni manoscritte di classici latini in età umanistica, in: O. Pecere /

M. D. Reeve (Hrsg.), Formative Stages of Classical Traditions, 1995, 371–407.

Christoph Pieper

Toynbee, Arnold Joseph

Brit. Historiker. Geb. am 14.4.1889 in London, gest. am 22.10.1975 in York. Studium der Gesch. in Winchester, in Heidelberg und am Balliol College in Oxford. Während des Ersten und Zweiten Weltkrieges Tätigkeit für das brit. Außenministerium (War Propaganda Bureau); 1919 als Fachmann für Fragen des Nahen Ostens Teilnahme an der Pariser Friedenskonferenz. 1919–1924 Prof. of Modern Greek and Byzantine History, Language and Literature auf dem Koreas Lehrstuhl am King's College London; ab 1924 Prof. für Internationale Gesch. an der London School of Economics and Political Science, zudem 1925–1955 Director of Studies am British (bzw. seit 1926 Royal) Institute of International Affairs (Chatham House) in London.

Werdegang, Werk und Wirkung

T., in der Nachfolge Oswald Spenglers einer der wirkungsmächtigsten Geschichtsphilosophen und zugleich einer der wenigen Universalhistoriker des 20. Jh.s, fühlte sich durch Ausbildung und Neigung zu den Geisteswiss. und bes. zur Philologie berufen [15. V]. Er begann mit kleineren Arbeiten zur Alten Geschichte [1]; [2], widmete sich dann in zahlreichen Monographien und Aufsätzen v. a. polit. Fragen der Gegenwart [3]; [4]; [5], und dies auch nach Beginn seiner Tätigkeit als Prof. am King's College [6]. Als Mitarbeiter im Chatham House verfasste T. regelmäßig Berichte zur polit. Lage (*Surveys of International Affairs*), als Privatmann später auch Reiseberichte [10]. Beim Ausbruch des Ersten Weltkriegs erkannte er Parallelen zum Peloponnesischen Krieg (als griech. bzw. europ. Bürgerkrieg) [7. Bd. 10, 94; 233].

Nach Kriegsende plante er eine große Abhandlung zur Geschichte der Zivilisationen (vgl. [21. 142]), die er – nach Lektüre von Spenglers *Untergang des Abendlandes* – mit den zwischen 1934 und 1939 erschienenen ersten 6 Bänden sowie den 1954–1959 folgenden Bänden 7–10 seines *opus magnum, A Study of History* [7], vorlegte. Das zunächst über 3 500 Seiten und zuletzt über 6000 Seiten umfassende Werk wurde von David Churchill Somervell gekürzt; diese Ausgabe machte T. »zum vermutlich bekanntesten Historiker der Welt« und »zu einem Weltorakel, dessen Ansichten zu allen möglichen Menschheitsfragen auf reges Interesse stießen« [24. 647]. T. versuchte hierin, die Eigenarten unterschiedlicher (und auch außereurop.) Kulturen (*societies*) zu bestimmen und die Bedingungen ihrer Entstehung, ihres Aufstiegs und Verfalls zu analysieren. Der wiss. Ansatz, jeweils eigene Faktoren für die jeweiligen Prozesse in Rechnung zu stellen, impliziert die Ablehnung der deterministischen Perspektive und biologistischen Metaphorik Spenglers, doch brachten die eigenwilligen Bewertungen sowie die suggestive und mitunter stark bildhafte Darstellungsweise [21. 146 f.] T. den Vorwurf ein, nicht Geschichte zu schreiben, sondern – entgegen seinem Postulat, histor. Gesetzmäßigkeiten aus den Fakten zu entwickeln – mit einem vorgefertigten Modell den Stoff ausgewählt und interpretiert zu haben [21. 142]; [25. 574]. Gleichzeitig wurde das Werk aber auch als »der bedeutendste wiss. Vorstoß zum histor. Universum« bezeichnet [27. 120].

Entscheidend für die Aufstiegs- und Verfallsprozesse ist T. zufolge die Fähigkeit einer Gesellschaft, in der Auseinandersetzung mit äußeren Kräften zu bestehen, sich diesen – im Wesentlichen durch eine offene geistige Haltung – anzupassen und sich auf diese Weise fortzuentwickeln (*challenge and response*). Gesellschaften, die die notwendigen Anpassungen positiv bewältigen (wie Ägypten im Umgang mit dem Nilhochwasser oder die frühen Griechen angesichts der spezifischen geographischen Bedingungen Griechenlands: *»the challenge of the sea«*) [7. Bd. 1, 333], können sich zu Hochkulturen entwickeln, während andere an den jeweiligen (auch durch natürliche Faktoren gegebenen) Bedingungen scheitern und in Stagnation verharren. Ein solcher Fall war T. zufolge Sparta, das auf die demographische Entwicklung der archaischen Zeit mit der Unterwerfung Messeniens reagierte, sich damit aber in einen Militärstaat verwandelte und alle Entwicklungsmöglichkeiten aufgab [7. Bd. 3, 50–79]. Von Sparta als Sonderfall abgesehen, bewertete T. die Antike als eine in sich abgeschlossene Kultur, die in seiner *Study of History* eigens behandelt wird [25] und zudem als Vergleichsgröße omnipräsent ist. Dass T. dabei den Untergang der ant. Kultur mit dem Peloponnesischen Krieg einsetzen ließ und Rom nur als Teil bzw. Verlängerung der »hellenischen Gesellschaft« behandelte, Rom also keine eigene kulturelle Schaffenskraft und Bedeutung zuwies, rief viel Kritik vonseiten der Fachwiss. hervor [21. 143 f.; 150 f.]; [25. 565 f.; 571]. Die ant. Kultur wurde T. zufolge zwar von Germanen und Christen beendet, doch hatte sie sich in den vorangegangenen Jahrhunderten bereits selbst zerstört, nachdem alle Versuche eines die griech. Poleis zusammenfassenden polit. Bündnissystems bereits im 5. Jh. v. Chr. gescheitert waren [7. Bd. 4, 61–63, 263–265, 303–320]; vgl. [25. 561 f.; 567–569].

Bemängelte die Kritik die offenkundigen Verbiegungen der ant. Geschichte in T.s *Study of History*, so gilt sein Alterswerk *Hannibal's Legacy* [12] als eine bedeutende althistor. Leistung [27. 127 f.]. T. behandelt hier die vielfältigen, vorwiegend negativen Folgen der Punischen Kriege für das röm. Gemeinwesen. Diese umfangreiche Darstellung der Geschichte der mittleren röm. Republik, welcher etliche Detailstudien beigegeben sind, verdichtet das in [7] ausgeführte Konzept von *challenge and response* für die röm. Republik, wobei T. schon in seinem geschichtsphilos. Werk (und im Anschluss an den von ihm oft zitierten Eduard ↗Meyer) auf die Überforderung Roms durch den Kampf mit Karthago hingewiesen hatte [19. 178]. Als 84-Jähriger veröffentlichte T. ein der byz. Geschichte gewidmetes Werk, mit dem er sein erstes Forschungsinteresse wieder aufgriff [15. V–VIII]. Wie sehr die Alte Geschichte im Zentrum von T.s Denken lag, wird auch daran deutlich, dass die letzte große, postume Publikation der griech. Kultur gewidmet war: In [17] untersuchte T. in einer erneuten Anwendung seiner Leitfrage, wie die einzelnen Epochen der griech. Geschichte auf die jeweils nachfolgenden Generationen einwirkten.

M: [14].

SV: [23].

Schriften

[1] On Herodotus III.90 and VII.75,76, in: Classical Review 24, 1910, 236–238 [2] The Growth of Sparta, in: JHS 33, 1913, 246–275 [3] Armenian Atrocities. The Murder of a Nation, 1915 [4] Nationality and the War, 1915 [5] The German Terror in Belgium, 1917 [6] The Tragedy of Greece, 1921 [7] A Study of History, 12 Bde., 1934–1961 (Bd. 11, 1959: Historical Atlas and Gazetteer; Bd. 12, 1961: Reconsiderations; Gesamtausg. 1962–1964; Kurzfassung der Bde. 1–10 von D. Ch. Somervell: 2 Bde., 1946–1957; beide Bde. dt.: Der Gang der Weltgeschichte, 1949–1958) [8] Civilisation on Trial, 1948 (dt.: Kultur am Scheidewege, 1949) [9] East to West. A Journey Round the World, 1958 (dt.: Von Ost nach West. Bericht einer Weltreise, 1958) [10] Oxus and Jumna, 1961 (dt.: Ströme und Grenzen. Eine Fahrt durch Indien, Pakistan, Afghanistan, 1963) [11] The Present-Day Experiment in Western Civilisation, 1962 (dt.: Die Zukunft des Westens, 1964) [12] Hannibal's Legacy. The Hannibalic War's Effects on Roman Life, 2 Bde., 1965 [13] Change and Habit. The Challenge of Our Time, 1966 (dt. Menschheit – woher und wohin? Plädoyer für den Weltstaat, 1969) [14] Experiences, 1969 (dt.: Erlebnisse und Erfahrungen, 1970) [15] Constantine Porphyrogenitus and His World, 1973 [16] Mankind and Mother Earth. A Narrative History of the World, 1976 (dt.: Menschheit und Mutter Erde. Die Geschichte der großen Zivilisationen, 1979) [17] The Greeks and Their Heritages, 1981.

Sekundärliteratur

[18] O. Anderle, Das universalhistorische System Arnold Joseph Toynbees, 1955 [19] K. Christ, Hannibal, 2003 [20] Christ, RömGW, Bd. 1, 1982, 72–73 [21] J. F. Leddy, Toynbee and the History of Rome, in: Phoenix 11/4, 1957, 139–152 [22] W. H. McNeil, Arnold J. Toynbee. A Life, 1989 [23] S. F. Morton, A Bibliography of Arnold J. Toynbee, 1980 [24] J. Osterhammel, Arnold J. Toynbee (1889–1975). A Study of History, in: V. Reinhardt (Hrsg.), Hauptwerke der Geschichtsschreibung, 1997, 647–650 [25] J. Vogt, Die antike Kultur in Toynbees Geschichtslehre, in: Saeculum 2, 1951, 557–574 (Ndr.: J. Vogt, Orbis, hrsg. von F. Taeger und K. Christ, 1960, 340–361) [26] J. Vogt, Wege zum historischen Universum. Von Ranke bis Toynbee, 1961 [27] J. Vogt, Toynbees Rückkehr zur Röm. Geschichte, in: Historia 16, 1967, 120–128.

Heinrich Schlange-Schöningen

Traube, Ludwig

Dt. Klass. Philologe und Mediävist. Geb. am 19. 6. 1861 in Berlin, gest. am 19. 5. 1907 in München. Abitur 1880; dann Studium der Klass. Phil. und Mediävistik in München und kurzzeitig in Greifswald; 1883 Prom. in München; Habil. 1888 ebda. Diverse Reisen nach Italien. Ab 1904 Prof. für mittellat. Phil. in München. Ab 1899 ordentliches Mitglied der Bayerischen Akad. der Wiss., ab 1902 Accad. dei Lincei. Verstorben bereits mit 46 Jahren an Leukämie.

Werdegang, Werk und Wirkung

Bereits als Gymnasiast fiel T. durch eine – sogar publizierte – kritische Rezension positiv auf. Nach seinem Abitur in Neuwied studierte er in München u. a. bei Heinrich von ↗Brunn und für ein Semester im Sommer 1881 in Greifswald bei Ulrich von ↗Wilamowitz-Moellendorff. 1883 wurde er mit einer Arbeit zu den neuplatonischen Quellen des Macrobius promoviert [1]. Von kurzen Reisen nach Italien unterbrochen, arbeitete T. in München an seiner Habil. [3], die einen Teil des von ihm bearbeiteten dritten Bandes zur karolingischen Dichtung bei den *Monumenta Germaniae Historica* (MGH) darstellte, den T. zwischen 1886 und 1896 in drei Teilen herausbrachte [2]. Zu den *Monumenta* kam T. hauptsächlich durch Ernst Ludwig Dümmler, der ihn mit der Arbeit an dem o. g. Band betraute. Aufgrund von Differenzen verließ T. 1904 die *Monumenta*; sein Nachfolger wurde Karl Strecker. Im selben Jahr bekleidete T. die erste Professur für mittellat. Philologie in München an der Univ.; seine zusätzliche Lehrtätigkeit an der Akad. wurde hoch geschätzt [5. XXXf.].

T. wirkte v. a. durch seine intensiven paläographischen Untersuchungen und seine überlieferungs- und textgeschichtlichen Forschungen [4] sowie als einer der Begründer der mittellat. Philologie in Deutschland; so ist u. a. ihm zu verdanken, dass 1906 die Errichtung eines Seminars für lat. Philologie des MA an der Univ. München genehmigt wurde. Über 20 Jahre lang arbeitete er für die *Monumenta*, in deren Zentraldirektion er auf Vorschlag Theodor ↗Mommsens 1897 gewählt wurde. 1898 übernahm er als dessen Nachfolger die Leitung der Abteilung *Auctores antiquissimi*, später auch die *Antiquitates*. In seinen Jahren als Dozent an der Univ. München zog er Publikum aus unterschiedlichen Disziplinen wie etwa Theologie und Germanistik an [5. XXXI]; er hatte zahlreiche Schüler, u. a. Ludwig Deubner. Seine private Bibl. wurde unentgeltlich den *Monumenta* übergeben [6. 242]. Die Ludwig-Maximilians-Univ. München widmete T. im Jahr 2007 eine eigene Ausstellung.

Schriften

[1] Varia libamenta critica (Diss. München), 1883 [2] Poetae latini aevi Carolini, Bd. 3 (3 Teilbde.; Edition als Teil der MGH), 1886–1896 (Ndr. 1978 u.ö.) [3] Karolingische Dichtungen. Ædelwulf, Alchhuine, Angilbert, Rhythmen, 1888 [4] Textgeschichte der Regula S. Benedicti, 1898 (²1910).

Sekundärliteratur

[5] F. Boll, Biographische Einleitung, in: L. Traube, Zur Paläographie und Handschriftenkunde, Bd. 1, hrsg. von P. Lehmann, 1909, XI–XLVII [6] W. Fritz, Theodor Mommsen, Ludwig Traube und Karl Strecker als Mitarbeiter der Monumenta Germaniae Historica, in: Das Altertum 14, 1968, 235–244.

Marcel Humar

Treu, Georg

Dt. Klass. Archäologe. Geb. am 29. 3. 1843 in St. Petersburg, gest. am 5. 10. 1921 in Dresden. 1862–1865 Studium der Arch. und Phil. in Berlin; danach Lehrer in St. Petersburg und Hilfsarbeiter der Eremitage. 1874 Prom. in Göttingen; 1875 Habil. in Berlin. Danach Direktorialassistent des Antiquariums der Königlichen Museen ebda.; 1877–1881 arch. Leiter der Ausgrabungen in Olympia; 1882–1915 Direktor der Skulpturensammlung in Dresden. 1882–1909 Prof. an der Technischen Hochschule und Kunst-Akad. ebda.

Werk und Wirkung

T. studierte in Dorpat 1861 zunächst Theologie, dann 1862–1865 Klass. Philologie und Archäologie in Berlin. Er wurde Lehrer am dt. Gymnasium in St. Petersburg und war gleichzeitig 1871–1873 wiss. Hilfsarbeiter in der Antikenabteilung der Eremitage. 1873 siedelte er nach Deutschland über, promovierte 1874 in Göttingen [1] und habilitierte sich ein Jahr später in Berlin [2]. 1874 berief ihn Ernst C. ↗Curtius, der Leiter des Antiquariums der Königlichen Museen zu Berlin, zu seinem Assistenten. Er übertrug ihm 1877 die arch. Leitung der Ausgrabungen des Zeus-Heiligtums von Olympia, die T. bis zu deren Abschluss 1881 innehatte. Seine Publikation der ant. Skulpturen Olympias ist bis heute ein Standardwerk [6].

Seit 1882 leitete T. als Nachfolger Hermann Hettners die Dresdner Antiken- und Abgusssammlung, die er 1887 zur »Skulpturensammlung« vereinigte und zwischen 1890 und 1894 im sog. Albertinum neu aufstellte [12]. V. a. die Abgusssammlung [4] wurde unter T.s Leitung zu einem Zentrum der Olympia-Forschung [5]; [6]; [7], aber auch der Erforschung antiker Farbigkeit, deren leidenschaftlicher Verfechter er war. Sein diesbezüglicher Vortrag von 1884 [3] war zugleich ein Aufruf an die zeitgenössischen Bildhauer, neuen Mut zur Farbe zu haben. Von den ant. Skulpturen ließ T. die barocken Marmor-Ergänzungen entfernen und ersetzte diese z. T. in Gips. Zugleich war es T.s Ziel, die Skulpturensammlung im Albertinum zu einem Zentrum zeitgenössischer Plastik auszubauen. Er erwarb als einer der Ersten Skulpturen von Auguste Rodin [8] und setzte sich erfolgreich dafür ein, dass Werke der führenden franz., belg. und dt. Bildhauer die Sammlung erweiterten [9]. T.s Albertinum wurde zum Vorbild für andere Museen, etwa für das von Iwan Zwetajew gegründete spätere »Puschkin-Museum« in Moskau [10].

SV: [12. 302 f.].

N: Berlin, DAI (Briefe).

Schriften

[1] De ossium humanorum larvarumque apud antiquos imaginibus capita duo (Diss. Göttingen), 1874 [2] Über die Kunst in den griech. Kolonien am Nordufer des Schwarzen Meeres (ungedr. Habil.schrift), 1875 [3] Sollen wir unsere Statuen bemalen? Ein Vortrag, 1884 [4] Die Sammlung der Abgüsse im Albertinum zu Dresden, in: AA 6, 1891, 1–14 [5] Die technische Herstellung der Bemalung der Giebelgruppen am Olympischen Zeustempel, in: Jb. des Deutschen Archäologischen Instituts 10, 1895, 1–35 [6] Olympia. Die Ergebnisse der vom Deutschen Reich veranstalteten Ausgrabung, Bd. 3: Die Bildwerke in Stein und Ton, hrsg. von E. Curtius et al., 1897 [7] Die Giebelgruppen des Zeustempels zu Olympia in ihrer Aufstellung und Ergänzung im Albertinum zu Dresden, 1898 [8] Bei Rodin, in: Kunst und Künstler 3, 1904–1905, 3–17 [9] Hellenische Stimmungen in der Bildhauerei von einst und jetzt, 1910.

Sekundärliteratur

[10] E. Hexelschneider et al. (Hrsg.), In Moskau ein kleines Albertinum erbauen. Iwan Zwetajew und Georg Treu im Briefwechsel (1881–1913), 2006 [11] K. Hitzl, Georg Treu, in: Lullies/Schiering Arch. 83–84 [12] K. Knoll (Hrsg.), Das Albertinum vor 100 Jahren. Die Skulpturensammlung Georg Treus. Zur Erinnerung an die Eröffnung der Sammlung der Originalbildwerke am 22. Dezember 1894 (Ausst.kat.), 1994 [13] F. Studniczka, Georg Treu, in: Berichte über die Verhandlungen der Sächsischen Akademie der Wiss., Philol.-histor. Klasse 73, 1921, 51–62.

Kordelia Knoll

Trithemius, Johannes

Eigentlich Johannes Heidenberg/Zeller; auch Johannes Tritheim; dt. Humanist. Geb. am 1.2.1462 in Trittenheim (T. nannte sich selbst nach seinem Geburtsort Tritemius), gest. am 13.12.1516 in Würzburg. Studium in Trier und Heidelberg (ohne akad. Abschluss). 1482 Eintritt in das Benediktinerkloster Sponheim bei Bad Kreuznach, 1483 dort zum Abt gewählt. Nach unüberbrückbarem Dissens mit (einem Teil) der Mönchsgemeinschaft 1505 Suche nach einem neuen Standort, 1506 Wechsel in die Abtei St. Jakob in Würzburg; dort kurz nach seiner Ankunft zum Abt gewählt.

Werk und Wirkung

T. hinterließ ein umfangreiches Œuvre, welches die zahlreichen Facetten seiner Karriere und Gelehrsamkeit widerspiegelt. Mehrere Traktate zeugen von seinem Engagement für eine monastische Reform innerhalb des Benediktinerordens. Weiterhin sind neben theologischen Abhandlungen insbes. einige bio-bibliographische Repertoria und historiographische Werke zu nennen. Wegen seines umfassenden Schriftstellerkatalogs [3] sowie Spezialverzeichnissen von *viri illustres* für den dt. Raum und den Karmeliten- und Benediktinerorden ist er als ›Vater der Bibliographie‹ bezeichnet worden. Seine histor. Interessen fanden ihren Niederschlag in einer Vielzahl größerer und kleinerer Schriften, darunter Chroniken (z.B. einer Chronik des Klosters Hirsau [6]; vgl. [8], die als eines seiner Hauptwerke gelten darf), Stammes- und Landesgeschichten, Mirakelberichten, Heiligenviten sowie einer Ordensgeschichte der Karmeliten. T. war auch ein Bücherliebhaber: In Sponheim baute er eine ansehnliche Klosterbibl. (über 2000 Bände) auf. Er machte sich auch als Kopist verdient; die Kopiertätigkeit würdigte er lobend in seinem Traktat *De laude scriptorum* [1]. Mit mehreren dt. Frühhumanisten, darunter Konrad ↗Celtis und Johannes ↗Reuchlin, stand T. in brieflichem Kontakt; ob er als Repräsentant eines (überhaupt nur schwer definierbaren) ›Klosterhumanismus‹ betrachtet werden kann, ist allerdings fraglich (vgl. [11]; [13]).

Schon zu Lebzeiten musste T. Kritik einstecken, weil er einige fiktive ›Autoritäten‹ in seine geschichtlichen Darstellungen einbezog und angeblich magisch-okkulte Vorlieben hatte, die insbes. aus seinen zwei Geheimschrifttraktaten [5]; [7] herausgelesen wurden. Obwohl er sich in humanistischen Kreisen bewegte, blieb er dem Kernprogramm des Renaissancehumanismus immer fern. Konkrete Wirkung und eine einhellig positive Rezeption scheinen seine gelehrte Tätigkeit und sein wiss. Œuvre nur in einem relativ beschränkten Kreis von Freunden und Schülern erfahren zu haben, darunter Johannes Butzbach und Jakob Siberti aus Maria Laach.

SV: [9].

Schriften

[1] De laude scriptorum manualium, Mainz 1494 [2] De laudibus sanctissimae matris Annae, Mainz 1494 [3] De scriptoribus ecclesiasticis, Basel 1494 [4] Catalogus illustrium virorum Germaniae, Mainz 1495 [5] Polygraphiae libri sex, Basel 1518 (abgefasst 1508) [6] Chronicon insigne monasterii Hirsaugiensis, Basel 1559 (abgefasst 1495–1503) [7] Steganographia, Frankfurt 1606 (abgefasst ca. 1500) [8] Annales Hirsaugienses, Sankt Gallen 1690 (abgefasst 1509–1514).

Sekundärliteratur

[9] K. Arnold, Johannes Trithemius (1462–1516) (Diss. Würzburg), ²1991 (mit Werkverzeichnis) [10] K. Arnold, Art. Trithemius, in: K. Ruh et al. (Hrsg.), Die deutsche Literatur des Mittelalters. Verfasserlexikon, Bd. 11, 2004, 1560–1565 [11] N. L. Brann, The Abbot Trithemius (1462–1516). The Renaissance of Monastic Humanism, 1981 [12] N. L. Brann, Trithemius and Magical Theology. A Chapter in the Controversy over Occult Studies in Early Modern Europe, 1999 [13] H. Müller, Habit und Habitus. Mönche und Humanisten im Dialog, 2006.

Marc Laureys

Tsountas, Christos

Griech. Klass. Archäologe. Geb. 1857 in Stenimachos (h. Asenowgrad in Bulgarien), gest. am 9.6.1934 in Athen. Nach Schulabschluss in Athen und Beginn eines Ingenieursstudiums in Hannover Studium der Arch. und Phil. in München und Jena; dort 1880 Prom. 1883–1904 Ephoros des griech. Antikendienstes; 1904–1924 Prof. für Arch. in Athen; 1909–1911 Generalsekretär der Arch. Gesellschaft zu Athen. Nach der Emeritierung 1926/27 Lehrtätigkeit an der neu gegründeten Univ. von Thessaloniki; 1926 konstituierendes Mitglied der Akad. von Athen.

Werk und Wirkung

T. zählt zu den Begründern der wiss. Erforschung der griech. Vorgeschichte. Seine Karriere als Ausgräber begann mit der Untersuchung geschichtsträchtiger Stätten der klass. Zeit, darunter die Akropolis von Athen (ab 1884) [4] und die Meeresenge von Salamis (1884). Nach Heinrich ↗Schliemanns Tod übernahm er 1886 die Leitung der Grabungen in Mykene. Zur selben Zeit war er in zahlreichen anderen griech. Regionen mit sehr beachtlichen Ergebnissen tätig. Der Höhepunkt seiner arch. Untersuchungen in Lakonien (1880–1891) waren die sensationellen Funde im myk. Kuppelgrab von Vapheio [1]. 1889/90 führte er die ersten systematischen Grabungen von kykladischen Siedlungen und Nekropolen auf Siphnos,

Paros, Syros, Antiparos und Amorgos durch [3]. Zwischen 1889 und 1903 leitete er Grabungen an verschiedenen Stätten Thessaliens, u.a. den zwei bedeutendsten neolithischen Siedlungen der Region, in Sesklo und Dimini. Durch diese Kampagnen und die Publikation der Ergebnisse [6] konnte zum ersten Mal die Existenz einer florierenden neolithischen Kultur auf griech. Boden nachgewiesen werden. Neben seinen Feldforschungen unternahm T. als Erster nach den epochalen Entdeckungen Schliemanns und anderer Forscher den Versuch einer Synthese der myk. Kultur [5]. Seine Monographie über die Geschichte der ant. griech. Kunst [7] galt als Standardwerk und Pflichtlektüre für mehrere Generationen griechischer Archäologen.

SV: [8.684–687].

Schriften

[1] Έρευναι εν τη Λακωνική και ο Τάφος του Βαφειού, in: Archaiolikē Ephēmerís, 1889, 129–172 [2] Μυκήναι και Μυκηναικός πολιτισμός, 1893 [3] Κυκλαδικά, in: Archaiolikē Ephēmerís, 1898, 137–312; 1899, 73–143 [4] Η Ακρόπολις των Αθηνών, 1900 [5] The Mycenaean Age. A Study of the Monuments and Culture of Pre-Homeric Greece (mit I. Manatt), 1903 [6] Αί προϊστορικαί ακροπόλεις Διμηίου και Sέσκλου, 1908 [7] Ιστορία της αρχαίας Ελληνικς τέχνης, 1928.

Sekundärliteratur

[8] Επιτύμβιον Χρήστου Τσούντα, 1941
[9] J.L. Fitton, The Discovery of the Greek Bronze Age, 1996, 104–107 [10] V. Petrakos, Χρήστος Τσούντας, in: O Méntōr 91, 2009, 6–34.

Diamantis Panagiotopoulos

Turnebus, Adrianus

Adrien (de) Turnèbe, auch Tournebus; franz. Humanist und Philosoph. Geb. 1512 in Les Andelys (Normandie), gest. am 12.6.1565 in Paris. 1523 Aufnahme am Pariser Collège de Justice, 1532 Magister Artium, danach Lehre am Collège de Justice und am Collège de Sainte-Barbe; 1545 Dozent in Toulouse. 1547 Prof. (*lecteur royal*) für Griechisch und Latein am Collège Royal (Collège de France) in Paris, ab 1561 für ant. Philosophie. 1551–1556 *imprimeur royal pour les livres grecs* in der Nachfolge von Robertus ↗Stephanus.

Werk und Wirkung

T. war wie Jean ↗Dorat Schüler von Jacques Toussain/Tus(s)anus, dessen Nachfolger am Collège Royal er wurde. Im Vergleich zu dem genialischen Dorat zeigt T. einen methodischeren, ›wissenschaftlicheren‹ Umgang mit der ant. Literatur sowie einen breiteren Interessenhorizont. Für die Entwicklung der franz. Philologie war T. von entscheidender Bedeutung. Als Herausgeber, Drucker, Kommentator und Übersetzer von griech. und lat. Texten hat er ein reiches Œuvre hinterlassen [8.120–212]. Die 30 Bücher seiner *Adversaria* [3] (zu den verschiedenen Ausgaben [4.6–14]) sind zwar keine leichte Lektüre, werfen jedoch auf zahllose Stellen und textkritische oder antiqu. Probleme neues Licht. Als überragender Textkritiker erwies T. sich v.a. bei den Tragödien des Aischylos (Edition Paris 1552), zu deren Wiederherstellung er mehr als jeder andere beigetragen hat [7]. Auch seine Sophokles-Ausgabe (Paris 1552/53) enthält nicht wenige deutliche Verbesserungen und hat mit der Heranziehung eines Pariser Codex eine Handschriftenfamilie bekannt gemacht, deren hohe Qualität erst in jüngerer Zeit richtig eingeschätzt worden ist [5].

In späteren Jahren wandte T. sich in der Lehre ganz der ant. Philosophie zu. Sein Meisterwerk auf diesem Feld ist der wirkungsmächtige Kommentar zu Ciceros *De legibus* [1], der die Schrift aus ihren griech.-philos. Quellen heraus erklärt. T. war ein Universalgelehrter, in dem sich *doctrina* und *ingenium* zu einer großartigen Einheit verbanden. Von seiner unpedantischen, zurückhaltend-überlegenen Persönlichkeit hat Michel de Montaigne ein eindrucksvolles Bild gezeichnet (*Essais* 1,24).

Schriften

[1] M.T. Ciceronis de legibus libri III; in eosdem commentarii (Edition mit Komm.), Paris 1552 (Ndr. 1973) [2] Opera nunc primum ex bibliotheca amplissimi viri Stephani Adriani F. Turnebi in unum collecta, emendata, aucta ..., Straßburg 1600 [3] Adversariorum tomi III, triginta libris distincti, in quibus variorum auctorum loca intricata explicantur, obscura dilucidantur, & vitiosa restituuntur, Genf 1604 (erstmals: 3 Bde., Paris 1564–1573; 2. Aufl. Straßburg 1599).

Sekundärliteratur

[4] G. Clementi, La filologia plautina negli Adversaria di Adrien Turnèbe, 2009 [5] R.D. Dawe, Studies on the Text of Sophocles, 2 Bde., 1973 [6] G. Demerson, Polémiques autour de la mort de Turnèbe, 1975 [7] A.M. Galistu, L'edizione Eschilea di Adrian Tournebus, 2006 [8] J. Lewis, Adrien Turnèbe (1512–1565). A Humanist Observed, 1998.

Kurt Sier

Turner, Eric Gardner

Brit. Papyrologe. Geb. am 26.2.1911 in Sheffield, gest. am 20.4.1983 in Inverness. 1930–1937 Studium am Magdalen College in Oxford, u.a. bei Gilbert ↗Murray, Henry Michael Denne Parker, Harold Idris Bell und Hugh Last, der 1934 sein Interesse auf die Papyri lenkte. Ab 1936 Assistant in Humanities, 1938 Lecturer in Classics am King's College in Aberdeen.

Ab Januar 1941 beim brit. Geheimdienst (Bletchley Park), bis Juni 1945 Angestellter des Foreign Office. 1948 Reader, 1950–1978 Prof. für Papyrologie am University College London (UCL), 1966–1968 Dean der Faculty of Arts ebda. 1956–1978 Chairman des Committee of the Egypt Exploration Society (EES); Gründungsmitglied und erster Direktor des Institute of Classical Studies (ICS) in London (1953–1963). 1978 Emeritierung; danach in Fortrose, Black Isle. Ab 1956 Fellow der British Acad.; 1968–1971 Präsident der Hellenic Society, 1981 Erhebung in den Adelsstand (Sir Eric) sowie zahlreiche weitere Ehrungen, Akademiemitgliedschaften und Ehrendoktorate (der Univ. Brüssel, Genf und Liverpool).

Werdegang, Werk und Wirkung

T.s Vater war Prof. für Glastechnologie in Sheffield, seine Mutter Historikerin. Durch seine Leistungen in der Textedition, in der Paläographie und im Buchwesen sowie als Wissenschaftsorganisator positionierte sich T. als Doyen der Papyrologie der 1950er bis 1970er Jahre. Er war eine kosmopolitisch gesinnte Persönlichkeit mit weit gespannten internationalen Kontakten und ausgedehnter (Vortrags-)Reisetätigkeit, daneben Violinist und Bratschist im Kammerorchester seines College.

T. edierte lit. und dokumentarische Papyri unterschiedlichsten Inhalts aus den Sammlungen in Aberdeen [1], Manchester [2] und London [5] sowie der EES (aus Hibeh [4] und Oxyrhynchos, darunter außergewöhnliche Texte wie die Papyri mit Fragmenten von Komödien des Menander [6]). Sehr wichtig war die Wiederaufnahme der systematischen Arbeit an den *Oxyrhynchus Papyri*; T. organisierte im Zusammenwirken von EES und British Academy deren systematische Katalogisierung und die Herausgabe der Bände 17–50 (1954–1983). Pionierarbeit leistete T. für die Paläographie und die buchtechnischen Aspekte durch Klassifizierung aller bekannten Codexfragmente der röm. und frühbyz. Epoche [10] sowie durch richtungsweisende Tafelwerke [8]; [11]. Als Lehrer von internationaler Ausstrahlung prägte er am UCL und auf Summer Schools in England und den USA (1963–1969) sowie durch seine Einführung [7] eine ganze Generation von Papyrologen.

Als Vorsitzender der EES vervielfachte T. deren Mitgliederzahl, etablierte die systematische Bearbeitung der Papyri aus Oxyrhynchos und förderte die Grabungen in Saqqara, Buto, Kasr Ibrim, Buhen und Kor. Als Direktor des ICS trug er zu dessen Positionierung als führendem Forschungsinstitut bei. Trotz wiederkehrender Herzprobleme widmete er sich vielen administrativen und organisatorischen Pflichten; sein diplomatisches Talent war in zahlreichen Gremien gefragt. T. trug maßgeblich zur Wahrnehmung der Papyrologie in den Altertumswissenschaften bei. Er verfasste auch selbst zahlreiche Beiträge zu neun Bänden der *Oxyrhynchus Papyri* (24–50).

SV: [12. XIII-XX]; The Oxyrhynchus Papyri 52, 1981–1984, IX (zu den Jahren 1981–1983).

Schriften

[1] Catalogue of Greek and Latin Papyri and Ostraka in the Possession of the University of Aberdeen (= P.Aberd.; Edition), 1939 [2] Catalogue of the Greek and Latin Papyri in the John Rylands Library (Edition; mit C.H. Roberts), 1952 [3] Roman Oxyrhynchus, 1952 [4] The Hibeh Papyri, Teil 2 (Edition), 1955 [5] The Abinnaeus Archive. Papers of a Roman Officer in the Reign of Constantine II. (Edition; mit D. van Berchem, H.I. Bell und V. Martin), 1962 [6] New Fragments of the Misumenos of Menander (BICS Suppl. 17; Edition), 1965 [7] Greek Papyri. An Introduction, 1968 (²1980) [8] Greek Manuscripts of the Ancient World, 1971 [9] The Papyrologist at Work (GRBS Monographs 6), 1973 [10] The Typology of the Early Codex, 1977 [11] The Terms recto and verso. The Anatomy of the Papyrus Roll, in: Actes du XVe Congrès International de Papyrologie, Bd. 1 (Papyrologica Bruxellensia 16), 1978, 1–71.

Sekundärliteratur

[12] Papyri, Greek and Egyptian. FS E.G. Turner, 1981 [13] H. Maehler, Sir Eric G. Turner, in: Gnomon 55, 1983, 574–575 [14] M. Manfredi, Eric G. Turner, in: Aegyptus 64, 1984, 237–240 [15] P.J. Parsons, Sir Eric Turner, in: Journal of Egyptian Archaeology 70, 1984, 128–129 [16] P.J. Parsons, Eric Gardner Turner (1911–1983), in: Proc. of the British Academy 73, 1987, 685–704 [17] J.D. Thomas, Nekrolog Sir Eric Turner, in: Archiv für Papyrusforschung 31, 1985, 135–136.

Bernhard Palme

Tursellinus, Horatius

Torsellini, Orazio; ital. Humanist und Gelehrter. Geb. 1545 in Rom, gest. 1599 (oder am 6.4.1609) in Florenz. Zunächst Lehrer am *Collegium Romanum* in Rom, dann Leiter der Jesuitenkollegien in Rom, Florenz und Loreto.

Leben und Werk

T. verfasste mehrere histor. Schriften, darunter eine Vita des Begründers des Jesuitenordens, Franz Xaver. Sein wichtigstes histor. Werk waren die *Historiarum epitomae* [2] in zehn Büchern; sie wurde zum verbreitetsten katholischen Geschichtslehrbuch des 17. Jh.s, das in verschiedenen europ. Ländern bis ins 18. Jh. hinein in 135 Auflagen und Übersetzungen verbreitet war [6]. Als Philologe trat T. mit einem lat. Schullexikon hervor [3], das aber nur wenig Nachwirkung entfaltete. Fast ebenso erfolgreich wie sein Geschichtswerk war jedoch seine Schrift *De particulis linguae Latinae* (1573) [1], die bis ins 19. Jh. hinein in ganz Europa verwendet wurde; über die Bearbeitung von Jacob Thomasius und anderer Autoren fand das Werk breiten Eingang sogar in die protestantische Schultradition. T. behandelt in diesem lexikalisch angelegten Werk nicht nur die Partikel im eigentlichen Sinne, sondern auch Pronomina, Präpositionen, Konjunktionen, Interjektionen sowie Zeit- und Modaladverbien. Zu Beginn jedes Lemmas steht eine kurze Beschreibung der Bedeutung mit einem Anwendungsbeispiel aus der ant. Literatur; danach werden Verbindungen mit anderen Partikeln vorgestellt. In der knappen Auswahl der Belege und der belehrenden Anlage war das Werk primär für die Verwendung im Unterricht und zur Anleitung in der Lateinpraxis gedacht. Dennoch war es lange Zeit gleichzeitig auch die philol. genaueste Dokumention des Gebrauchs der »kleinen Wörter« des Lateinischen. Das Werk war so gut eingeführt, dass Ferdinand Gotthelf Hand, Prof. an der Univ. Jena, unter dem Namen T. ein völlig neues Werk über die lat. Partikel verfasste, das allerdings nach dem vierten Band unvollendet abbricht (*Tursellinus seu de particulis Latinis commentarii*, 4 Bde., 1829–1845).

SV: [4].

Schriften

[1] De particulis linguae Latinae, 1573 [2] Historiarum ab origine mundi, 10 Bde., Rom 1598 [3] Nomenclator seu Vocabularium ad usum Gymnasii Societatis Iesu, Rom 1605.

Sekundärliteratur

[4] A. de Backer / C. Sommervogel, Bibliothèque de la Compagnie de Jésus, Bd. 8, 1898, 138–157 [5] E. Cochrane, Historians and Historiography in the Italian Renaissance, 1982, 455–456 [6] U. Neddermeyer, Das katholische Geschichtslehrbuch des 17. Jh.s. Orazio Torsellinis »Epitome Historiarum«, in: Historisches Jb. 108, 1988, 469–483.

Jürgen Leonhardt

Usener, Hermann

Dt. Klass. Philologe und Religionswissenschaftler. Geb. am 23.10.1834 in Weilburg (Hessen), gest. am 21.10.1905 in Bonn. 1853–1857 Studium der Klass. Phil. in Heidelberg, Göttingen und Bonn; 1858 Prom. in Bonn bei Friedrich Wilhelm ↗Ritschl und Christian August Brandis. 1858–1861 Lehrer am Joachimsthalschen Gymnasium in Berlin; 1861–1863 ao.Prof. in Bern; ab 1863 Prof. für Klass. Phil. in Greifswald; 1866 Berufung an die Univ. Bonn als Ritschls Nachfolger; 1902 Emeritierung.

Werk und Wirkung

In seinem Werk erreichte U. eine Synthese der Tendenzen und Methoden, die seit dem Anfang des 19. Jh.s im Bereich der Klass. und auch der mod. Philologien vorherrschend waren: die Anwendung der vergleichenden Sprachwiss. als Untersuchungsmethode (nach Jacob Grimm) auf die Religionsgeschichte; die Auffassung der Philologie als histor. Wiss. (vgl. August ↗Boeckh); die Aufmerksamkeit nicht nur für die wichtigsten und bekanntesten, sondern auch für die kleinsten Testimonia einer Tradition (*nil in studiis parvum*, Ritschl); sowie die Verbindung der Philologie mit den kantianischen Kategorien (vgl. Gottfried ↗Hermann). U.s interdisziplinärer Ansatz stammte aus seiner Bonner Studienzeit; vom Philologen und Philosophen Christian August Brandis wurde er promoviert [1] und von Friedrich Gottlieb ↗Welckers *Götterlehre* in die wesentlichen religionshistor. Fragestellungen eingeführt. Innerhalb seiner Generation stand U. insbes. für den Übergang von der Philologie – er erarbeitete u. a. Editionen von Dionysios von Halikarnassos (ab 1899, mit L. Radermacher), Alexander von Aphrodisias [2], epikureischen Schriften [5] und Lukian-Scholien [3] sowie eine griech. Metrik – zur Religionsgeschichte.

Spezielles Interesse hatte U. an den Bezeichnungen des ›Göttlichen‹ in der griech. Sprache; er untersuchte die Namen der Mitglieder des griech. Pantheons [7]. Im Götternamen sei Grundsätzliches geborgen: das Wesen der Gottheit, die Herkunft ihres Kults und der damit verbundene Mythos. Bei der Erforschung der psychologischen Genesis und der geschichtlichen Phänomenologie des »Göttlichen« trennte sich U. von den zum Urmonotheismus führenden vorangehenden Versuchen einer symbolischen Erklärung der griech. Religion (Georg Friedrich ↗Creuzer).

Unabhängig von der Schule der *Cambridge Ritualists* erkannte U. die Problematik der Beziehung zwischen »Ritus« und »Mythos«; er ging von einer Interaktion zwischen dem Mythos und seiner institutionalisierten gesellschaftlichen Praxis (dem Ritus) aus. Bei der Untersuchung von Riten berücksichtigte er ethnologische Materialien sowie Studien der entstehenden (insbes. ital.) Volkskunde. U. war ein überzeugter Anhänger der Kontinuität von Ritualen (z.B. des Weihnachtsfestes [6. Bd. 1]) von der Antike bis zum christl. MA. Belege für diesen Ansatz suchte er in volkstümlichen Riten und hagiographischen Quellen [6]; [9].

Die wiss. Rezeption U.s betraf insbes. seine Studie zu den *Götternamen* [7], welche er als sein geistiges Testament betrachtete. Hier entwickelte er sowohl eine phänomenologische Annäherung an das Göttliche (Augenblicks-, Sonder- und Hauptgötter) als auch eine Geschichte des menschlichen Denkvermögens. U.s Ergebnisse sind zum einen in vielerlei Hinsicht mit denen der zeitgenössischen Völkerpsychologie vergleichbar, zum anderen wurden sie von der entstehenden Soziologie (Émile Durkheim) sofort angenommen und ebneten auch den Weg zur Philosophie der symbolischen Formen (Ernst Cassirer).

Mit derselben Methode untersuchte U. neben den griech. auch die litauischen und die lettischen Gottheiten. Aby ↗Warburg vertrat als sein Schüler und Erbe die Position, dass Kulturen vergleichbar sind, auch wenn sie in histor. Hinsicht miteinander nicht in Kontakt standen. Direkt auf »U.s Schule« berief sich der sog. Heidelberger Eranos-Kreis (Gustav Adolf Deissmann, Albrecht Dieterich). In der Folge eines U. gewidmeten Seminars Arnaldo ↗Momiglianos an der *Scuola Normale di Pisa* von 1983 sind seine Leistungen als Altertumswissenschaftler und Religionshistoriker sowie die Rezeption seiner Werke in den letzten 30 Jahren eingehend untersucht worden (u. a. [16]; [14], mit weiterer Literatur).

Schriften

[1] Analecta Theophrastea (Diss. Bonn), 1858 [2] Alexandri Aphrodisiensis Problematorum libri III et IV (Edition), 1859 [3] Scholia in Lucani Bellum civile (Edition), 1869 (Ndr. 1967) [4] De Stephano Alexandrino commentatio, 1880 [5] Epicurea (Edition), 1887 (Ndr. 1966 und 2007) [6] Religionsgeschichtliche Untersuchungen (Bd. 1: Das Weihnachtsfest; Bd. 2: Christlicher Festbrauch; Bd. 3: Die Sintflutsagen), 1889 (Ndr. 1972 in einem Bd.) [7] Götternamen. Versuch einer Lehre von der religiösen Begriffsbildung, 1896 [8] Dreiheit. Ein Versuch mythologischer Zahlenlehre, 1903 (Ndr. 1966) [9] Der Heilige Tychon, 1907 [10] Vorträge und Aufsätze, 1907 (Ndr. 1914 und 2007) [11] K.S., 4 Bde., 1912–1914 (Ndr. 1965 und 1999).

Sekundärliteratur

[12] Art. Usener, Hermann, in: J. Niesen, Bonner Personenlex., [3]2011, 470 [13] G. Bader, Hermann Usener (1834–1905), in: R. Schmidt-Rost (Hrsg.), Theologie als Vermittlung. Bonner evangelische Theologen des 19. Jh.s im Portrait, 2003, 148–158 [14] M. Espagne / P. Rabaul-

Feuerhahn (Hrsg.), Hermann Usener und die Metamorphosen der Philologie, 2011 [15] K.-G. Wesseling, Art. Usener, Hermann, in: Biographisch-bibliographisches Kirchenlex., Bd. 12, 1997, 965–979 [16] A. Wessels, Zur Rezeption von Hermann Useners Lehre von der religiösen Begriffsbildung, 2003.

Sotera Fornaro (Ü: R. L. P.)

Uxkull-Gyllenband, Woldemar Graf von

Dt. Althistoriker. Geb. am 17. 4. 1898 in Bogliasco (bei Genua), gest. am 24. 5. 1939 in Reutlingen. 1917 Abitur am Fichtegymnasium Berlin; Juli 1917 bis Januar 1919 Soldat; Studium der Alten Gesch. in Berlin, München und Heidelberg; dort 1922 Prom. bei Alfred von ↗Domaszewski zu Plutarchs *Kimon* [2]. 1923/24 Englandaufenthalt; 1925 Habil. bei Wilhelm ↗Weber in Halle über *Plutarch und die griech. Biographie* [3]. 1932 Berufung auf den Lehrstuhl für Alte Gesch. in Tübingen.

Werdegang und Werk

U.-G. entstammt dem baltischen Adel. Er war ein Cousin von Alexander ↗Schenk von Stauffenberg. Ende 1907 wurden er und sein Bruder Bernhard für den Georgekreis ›entdeckt‹. U.-G. nahm an dem legendären Heidelberger Pfingsttreffen 1919 und an der Beisetzung Stefan Georges im schweizer. Minusio am 6. 12. 1933 u. a. mit seinem früheren Freund Ernst Kantorowicz und Alexander von Stauffenberg teil. Wie Letzterer war U.-G. von der Begegnung mit Stefan George geprägt. Zu dessen 65. Geburtstag am 12. 7. 1933 hielt er vor der Studentenschaft der Univ. Tübingen eine Rede über das revolutionäre Ethos Georges. Darin beklagte er die »Entgötterung der Welt« im 19. Jh. durch die Entfesselung des Kapitalismus sowie das Aufkommen eines rein positivistisch-bürgerlichen Wiss.-Betriebs und forderte eine Erneuerung Deutschlands, wovon dann – nach Völkerwanderung, Begründung des *Imperium Sacrum*, Reformation und Weimarer Klassik – der »fünfte Stoß« durch die Welt gehen könne. Kaum im Sinne Georges machte er diesen zum Propheten des neuen völkischen Staates. Dem Nationalsozialismus stand U.-G. zumindest anfänglich ohne Zweifel nahe.

U.-G. gehörte zu den Entdeckern der frühen griech. Plastik, deren Erforschung zu Beginn der 1920er Jahre noch in den Anfängen steckte. Deren Verständnis und Deutung standen unter dem Einfluss Georges und seines Kreises, wenn U.-G. mit Pindar- und Hölderlin-Zitaten die wahre Anfänglichkeit dieser Kunst pries und in der archaischen Plastik »die gewaltigste Wendung im Kunstschaffen überhaupt« sah [1. 5]. In seiner Diss. knüpfte er an eine Beobachtung Eduard ↗Meyers an, dass Plutarch und Nepos für ihre Kimon-Vita auf eine gemeinsame hell. Vorlage zurückgriffen. Den wohl bedeutendsten fortlaufenden Text zur Verwaltung Ägyptens unter röm. Herrschaft, der verschiedene Rechtsfragen (u. a. Erb-, Militär- und Sakralrecht) behandelt, kommentierte U.-G. in den 1930er Jahren [4]. Seine besondere Begabung lag im lebendigen Vortrag (»herrliche Vorlesungen« [6. 202 f.]).

Schriften

[1] Archaische Plastik der Griechen, 1920 [2] Die Quellen in Plutarchs Kimon (Diss. Heidelberg), 1923 [3] Plutarch und die griech. Biographie. Studien zu plutarchischen Lebensbeschreibungen des V. Jh.s (Habil.schrift Halle), 1927 [4] Der Gnomon des Idios Logos, Teil 2: Der Kommentar, 1934.

Sekundärliteratur

[5] R. E. Lerner, Letters by Ernst Kantorowicz Concerning Woldemar Uxkull and Stefan George, in: George-Jb. 8, 2010–2011, 157–174 [6] M. Thomas, Deutschland, England über alles. Rückkehr als englischer Besatzungsoffizier, 1987 [7] J. Vogt, Woldemar Graf Uxkull-Gyllenband, in: Gnomon 15, 1939, 461–463.

Kay Ehling

Valckenaer, Lodewijk Caspar

Niederl. Klass. Philologe. Geb. am 7.6.1715 in Leeuwarden, gest. am 15.3.1785 in Leiden. Sohn eines Juristen; nach dem Besuch der Lateinschule in Leeuwarden ab 1731 Studium der Theologie in Franeker, aber auch der griech. Phil. bei Tiberius ↗Hemsterhuis; Prom. 1735 ebda. [5.Bd. 1, 3–102]. Ab 1737 Studium v.a. des Hebräischen in Leiden und Arbeit an der Bibl. ebda. 1740 Konrektor an der Lateinschule in Kampen (Friesland); 1741 als Nachfolger von Hemsterhuis Prof. für griech. Sprache und *Historia patria* in Franeker; 1765 als dessen Nachfolger Prof. in Leiden mit denselben Aufgaben [6.97–251].

Werk und Wirkung

Als Schüler von Hemsterhuis bemühte sich V. insbes. um die Revitalisierung der griech. Philologie, deren Krise er 1741 in seiner Antrittsvorlesung in Franeker ausdrücklich thematisierte [6.206f.]. Ganz in dessen Sinne machte er sich auch um die griech. Lexikographie mit der Edition des Synonymenlexikons des Ammonios verdient [1]. Zentrum seiner Arbeit waren die kommentierten Editionen der *Phoinissai* [2] und des *Hippolytos* [4] des Euripides sowie die Abhandlung zu dessen Fragmenten mit der Rekonstruktion der verlorenen Stücke [3]. Zur sprachlichen Erklärung nutzte V. – in Fortsetzung der Ausgabe des 22. Gesangs der *Ilias* (1747) [5.Bd. 2, 1–51] – im Unterschied zur älteren Praxis auch die Scholien. Den Fortschritten der Textkonstitution, erreicht durch Emendationen aufgrund von Richard ↗Bentleys und Hemsterhuis' kritischer Methode in Verbindung mit einem histor. Sprachverständnis, stand als Nachteil die im Namen derselben Methode praktizierte Athetesenlust gegenüber, insbes. in den *Phoinissai*. Zukunftsweisend wurde die v.a. vom Geist der Aufklärung gesteuerte geistesgeschichtliche Komponente von V.s Euripides-Erklärungen. Diesem Zugriff entsprach sein Verständnis von Philologie, die nicht nur der Rekonstruktion der Antike zu dienen hatte, sondern nach Art der Renaissance-Humanisten auch ein Humanitätsstudium sein sollte. Seine sprachwiss. Abhängigkeit von Hemsterhuis in der Etymologie dagegen führte ins Abseits [7].

SV: W. Pökel, Philologisches Schriftsteller-Lex., 1883, 283; [6.204–242].

Schriften

[1] Ammonius, De differentia vocabulorum adfinium, 2 Bde. (Edition), 1739 (Ndr. 1822) [2] Euripidis tragoedia Phoenissae (Edition, mit Anm., Scholien und lat. Übers. von H. Grotius), 1755 (zuletzt Ndr. 1822) [3] Diatribe in Euripidis perditorum dramatum reliquias, 1767 [4] Euripidis tragoedia Hippolytus (Edition, mit Anm. und lat. Übers.), 1767 (zuletzt Ndr. 1823/24) [5] Opuscula philologica, critica, oratoria, 2 Bde., 1808.

Sekundärliteratur

[6] J. G. Gerretzen, Schola Hemsterhusiana (Diss. Nijmegen), 1940 [7] J. Noordegraaf, The ›Schola Hemsterhusiana‹ Revisited, in: J. Noordegraaf, The Dutch Pendulum. Linguistics in the Netherlands 1740–1900, 1996, 23–55.

Manfred Landfester

Valla, Giorgio

Ital. Gelehrter, Mathematiker und Mediziner. Geb. 1447 (oder früher) in Piacenza, gest. am 23. oder 24.2.1500 in Venedig. 1457–1462 Erziehung am Hof des Fürsten von Vigoleno; ab 1462 Studium des Griechischen in Mailand, ab 1464/65 auch der Mathematik und Medizin in Pavia. 1467–1479 Lehrer für Rhetorik und Griechisch in Mailand, Pavia und Genua, 1480–1484 nur noch in Pavia. 1485–1500 Prof. für Poetik in Venedig an der Scuola Grande di San Marco; 1496 achtmonatige Haft aus polit. Gründen.

Werdegang

V., nach Angaben seines Sohnes ein entfernter Verwandter des berühmteren Lorenzo ↗Valla [5], entstammte einer vornehmen Familie aus Piacenza, der ihm den lat. Beinamen Placentinus eintrug. Er wuchs im benachbarten Vigoleno auf und trat im Alter von zehn Jahren in den Haushalt des Grafen Alberto Scotto in Piacenza ein, wo er mit dessen Sohn unterrichtet wurde. Griechisch studierte er ab 1462 in Mailand bei Konstantinos ↗Laskaris, in Pavia bei Andronikos Kallistos, hier auch Mathematik und Medizin bei Giovanni Marliani. Schon früh schloss er Freundschaft mit dem Humanisten Jacopo Antiquari und mit Gian Giacomo Trivulzio, dem Herrn von Vigoleno und späteren Marschall Frankreichs.

Nach einigen Jahren der Lehrtätigkeit in Mailand, Pavia und Genua wurde V. von dem Humanisten und venez. Senator Ermolao ↗Barbaro auf den Lehrstuhl für Poetik in Venedig berufen; sein Vorgänger dort war Giorgio Merula, einer seiner Kollegen Marcantonio Sabellico. In Venedig war V. hoch angesehen; einen Ruf nach Cesena lehnte er ab. Als aber der franz. König Karl VIII. 1495 in Italien einfiel und Venedig sich der Liga gegen den König anschloss, wirkte sich V.s Freundschaft zu Trivulzio schädlich aus: Er wurde in Venedig inhaftiert und verbrachte acht Monate im Gefängnis. In seinen letzten Lebensjahren hielt er wieder Vorlesungen in Venedig.

Werk

V.s ehrgeizigstes (wenn auch wenig selbständiges) Werk ist das für den Unterricht in San Marco und wohl auch als Frucht seiner dortigen Vorlesungen erstellte umfängliche lat. enzyklopädische Kompendium *De expetendis et fugiendis rebus* (Erstdruck postum 1501) [1]: In Übersetzungen und Darstellungen der ant. Quellen trägt V. hier Wissen aus verschiedenen Disziplinen (Philosophie, Rhetorik, Mathematik, Astronomie, Medizin und Musik) zusammen; Archimedes, Euklid, Ptolemaios, Kleomedes, Aristarch und auch die aristotelische Poetik werden ausführlich behandelt [7].

Auch V.s sonstige Werke folgen v. a. der Intention, das Wissen der Antike durch die Vermittlung der Quellen zu bewahren: Die *Problḗmata* des Alexander von Aphrodisias, Euklids *Stoicheía*, ebenso Aristarchs *Perí megethṓn*, mehrere Schriften Galens und weite Teile des Aristoteles übertrug er ins Lateinische; Kommentare verfasste er zu Juvenals Satiren, zu Ciceros *Topica*, *De fato*, *De universitate* (gemeint ist Ciceros Übersetzung des platonischen *Tímaios*), zu Plinius' *Naturalis historia* und zu Ciceros rhetorischen Schriften (*De oratore*, *Brutus*, *Partitiones oratoriae* [2]). Seine Übertragung der aristotelischen *Poetik* nach einer freilich in entscheidenden Aspekten (u. a. hinsichtlich des Katharsisbegriffs) fehlerhaften Hs. war nicht nur die erste lat. Version dieser Schrift, sondern bedeutete auch ihre erste Drucklegung (1498 bei Aldus ↗Manutius; der griech. Text wurde erst 1508 gedruckt) [6]. V.s Bemühungen, die mathematischen Texte der Antike zu bewahren, setzte v. a. Bartolomeo Zamberti fort. Zu V.s Schülern in Pavia gehörte auch der spätere Kardinal und päpstliche Legat Gasparo Contarini.

Schriften

[1] De expetendis et fugiendis rebus opus, 2 Bde., Venedig 1501 [2] In Ciceronis orationes commentaria, Venedig 1502.

Sekundärliteratur

[3] V. Branca (Hrsg.), Giorgio Valla tra scienza e sapienza, 1981 [4] O. Götze, Der öffentliche Kosmos. Kunst und wissenschaftliches Ambiente in italienischen Städten des Mittelalters und der Renaissance (Diss. Berlin), 2010 [5] J. L. Heiberg, Beiträge zur Geschichte Georg Valla's und seiner Bibliothek (Beiheft zum Centralblatt für Bibliothekswesen 16), 1896 [6] E. N. Tigerstedt, Observations on the Reception of the Aristotelian Poetics in the Latin West, in: Studies in the Renaissance 15, 1968, 7–24 [7] R. Tucci, Giorgio Valla e i libri matematici del De expetendis et fugiendis rebus. Contenuto, fonti, fortuna (Diss. Pisa), 2008.

Dorothee Gall

Valla, Lorenzo

Auch Laurentius Valensis, Lorenzo della Valle. Ital. Humanist und Rhetor. Geb. 1406 (vgl. [19.229]; alternative Angaben 1405 und 1407) in Rom, gest. am 1. 8. 1457 ebda. Unterricht in Rom; 1431–1433 Rhetorikprof. in Pavia; 1435–1448 Sekretär bei König Alfonso V. von Aragón in Neapel; 1448–1457 in Rom als *scriptor litterarum apostolicarum* (apostolischer Schreiber) der Kurie und ab 1455 als päpstlicher Sekretär; gleichzeitig Ernennung zum Kanoniker an der Kirche S. Giovanni in Laterano; ab 1450 zudem Prof. für Rhetorik in Rom.

Werdegang, Philosophische und historische Studien

V. wuchs in Rom auf (er bezeichnete sich stets stolz als *Romanus*), wo er früh Unterricht bei bedeutenden Gelehrten seiner Zeit erhielt, u. a. bei Giovanni ↗Aurispa und Leonardo Bruni. Dort entstand auch sein erster großer philos. Dialog, *De voluptate sive De vero bono* (erste Fassung 1431), den er jedoch ebenso wie beinahe alle späteren Werke noch viele Jahre lang überarbeitete. In ihm bekannte er sich – gegen die vorherrschende stoische Hauptlinie innerhalb der ethischen Philosophie – zu einem christl. Epikureismus, demzufolge die Lustgewinnung das höchste Ziel des christl. Menschen sei. Entsprechend der im Prolog vorgenommenen Einteilung des Guten in diesseitiges und jenseitiges Gut stellt V. neben die weltliche Lust als deren Steigerung im dritten Buch die paradiesische Lust [13. LXVII-LXXXI].

Die Anstellung in Pavia endete nach bereits zwei Jahren wegen eines heftigen Streits mit den dortigen Juristen. Nach zwei Wanderjahren durch verschiedene nordital. Städte berief ihn König Alfonso von Aragón zu seinem Hofsekretär und -historiographen. In dieser Funktion verfasste er 1445 die *Gesta Ferdinandi regis Aragonum* [2]. Im Proöm dieser Schrift betonte er – vollkommen anti-aristotelisch – den Vorrang der Geschichtsschreibung vor Philosophie und Poesie [15.266–269]. Nach 1439 schloss er die erste Fassung der *Repastinatio dialecticae et philosophiae* ab [6], in der er sich kritisch mit der aristotelischen Systematik und der ma. Scholastik auseinandersetzte: Ihm ging es v. a. darum, den absoluten philos. Wahrheitsanspruch zu hinterfragen und Spekulation durch die Berufung auf den *common sense* zu ersetzen, welcher sich in Sprache manifestiere [20.269–273]. Ungefähr zur gleichen Zeit entstand auch *De libero arbitrio* [9], ein Traktat über die Frage des freien menschlichen Willens gegenüber Gottes Vorsehung [18.168–194]. Martin Luther sah in V.s Werk einen wichtigen Vorläufer seiner eigenen Ideen über die Willensfreiheit [9. 11–13].

Spätere Jahre, Auseinandersetzung mit der Kirche

1440 veröffentlichte V. *De falso credita et ementita Constantini donatione*, eine Widerlegung der sog. Konstantinischen Schenkung auf der Basis von philol.

und altertumswiss. Studien [3]. Er argumentierte, die päpstliche Kirche habe sich durch die Einmischung in die weltliche Macht von dem spirituellen Auftrag des Evangeliums entfernt und sei zur Tyrannis entartet; nur eine grundlegend revidierte Amtsvorstellung der Päpste könne den Missstand beenden [16]. Programmatisch eng damit verbunden war sein Bemühen um die Reinigung der nt. Vulgata von Übersetzungs- und Überlieferungsfehlern. Die Früchte dieser Arbeit, V.s *In Novum Testamentum collationes* [1], hatten starke Wirkung auf ↗Erasmus' Neuausgabe der Heiligen Schrift. Ein dritter Traktat der frühen 1440er Jahre, der sich kritisch mit kirchlichen Trad. auseinandersetzt, ist *De professione religiosorum sive monachorum* [8]. Trotz aller Kritik richtete sich V.s Interesse jedoch nicht auf die Abschaffung, sondern auf die Reform der röm. Kurialkirche, wie sich in seiner späteren Begeisterung für Nikolaus' V. *restauratio urbis* zeigte.

Unter Nikolaus' Pontifikat kehrte V. 1448 nach Rom zurück und konnte sogar eine Anstellung an der Kurie finden. Die stetig wachsende Gegnerschaft zu Gian Francesco ↗Poggio Bracciolini entlud sich in heftigen beiderseitigen Invektiven [4]; [17]. Ab 1450 unterrichtete V. in Rom als Prof. für Rhetorik. Wichtiges Zeugnis dieser Tätigkeit ist die erhaltene Rede zur Eröffnung des akad. Jahres 1455/56 [10], in der V.s veränderte Einstellung zur päpstlichen Kurie deutlich wird; sie war für ihn mittlerweile Garant einer neuen kulturellen Blütezeit in Rom. V. starb in Rom und wurde als Kanoniker der Lateranskirche und päpstlicher Sekretär im Lateran beigesetzt.

Grammatische Studien

Während seines ganzen Lebens betätigte sich V. als Übersetzer aus dem Griechischen, wobei die ersten 16 Bücher der *Ilias*, der gesamte Thukydides und Teile Herodots herausragen. V. sah die Tätigkeit des Übersetzens nicht als reine Mimesis, sondern als kreative *aemulatio* mit dem griech. Original [22.459]. Hierin kommt seine Bewunderung für die lat. Sprache zum Ausdruck, die in den *Elegantiae linguae Latinae* ihr sichtbarstes Zeugnis fand [12]. Das Werk liegt in verschiedenen Redaktionen vor (zur Entstehungsgeschichte [21]); V. widmete es 1449 schließlich Giovanni ↗Tortelli (wobei noch die *Raudensianae notae*, eine Streitschrift gegen Antonio da Rho, sowie die vier Bücher des gegen Bartolomeo Fazio gerichteten *Antidotum in Facium* [5] angehängt wurden). V.s Ziel war die Säuberung der seiner Meinung nach degenerierten lat. Sprache. Das Resultat ist keine Grammatik im strengen Sinne, sondern eine systematische kritische Würdigung spätantiker Grammatiker (v.a. Priscians), deren Auffassungen durch eine gründliche Sammlung von Belegstellen aus allen greifbaren lat. Autoren zwischen Terenz und Priscian nuanciert werden [14.42–47]. V.a. Cicero und Quintilian waren für V. die unbestrittenen Gewährsleute für grammatikalische Korrektheit und stilistische Eleganz.

Die Bewunderung für V.s bahnbrechendes linguistisches Werk hat sich die gesamte Renaissance hindurch erhalten; Guillaume ↗Budé etwa pries V. für seine Rettung der lat. Sprache. Noch heute wird sein Werk als Beginn der wiss. grammatischen Studien der Nz. angesehen.

Schriften

[1] Collatio Novi Testamenti, hrsg. von A. Perosa, 1970 [2] Gesta Ferdinandi, regis Aragonum, hrsg. von O. Besomi, 1973 [3] De falso credita et ementita Constantini donatione, hrsg. von W. Setz, 1976 [4] Antidotum primum, hrsg. von A. Wesseling, 1978 [5] Antidotum in Facium, hrsg. von M. Regoliosi, 1981 [6] Repastinatio dialectice et philosophie, 2 Bde., hrsg. von G. Zippel, 1982 [7] Epistole, hrsg. von O. Besomi und M. Regoliosi, 1984 [8] De professione religiosorum, hrsg. von M. Cortesi, 1986 [9] De libero arbitrio, hrsg. von E. Keßler, 1987 [10] Orazione per l'inaugurazione dell'anno accademico 1455–56, hrsg. von S. Rizzo, 1994 [11] De reciprocatione sui et suus, hrsg. von E. Sandström, 1998 [12] De linguae Latinae elegantia, hrsg. von S. López Moreda, 1999 [13] De voluptate sive De vero bono, hrsg. von P.M. Schenkel, 2004.

Sekundärliteratur

[14] W. Ax, Lorenzo Valla. Elegantiarum linguae Latinae libri sex, in: W. Ax (Hrsg.), Von Eleganz und Barbarei, 2001, 29–57 [15] O. Besomi / M. Regoliosi (Hrsg.), Lorenzo Valla e l'umanesimo italiano, 1986 [16] S.I. Camporeale, Lorenzo Valla e il De falso credita donatione. Retorica, libertà ed ecclesiologia nel '400, in: Immagine e parola. Retorica filologica. Retorica predicatoria, 1989, 191–293
[17] L. Cesarini Martinelli, Note sulla polemica Poggio – Valla e sulla fortuna delle Elegantiae, in: Interpres 3, 1980, 29–79 [18] M. Fois, Il pensiero cristiano di Lorenzo Valla nel quadro storico-culturale del suo ambiente, 1969
[19] J. Monfasani, Disputationes vallianae, in: F. Mariani Zini (Hrsg.), Penser entre les lignes. Philologie et philosophie au Quattrocento, 2001, 229–250
[20] L. Nauta, In Defense of Common Sense. Lorenzo Valla's Humanist Critique of Scholastic Philosophy, 2009
[21] M. Regoliosi, Nel cantiere del Valla. Elaborazione e montaggio delle Elegantie, 1993 [22] M. Regoliosi, Mercatura optimarum artium. La traduzione secondo Lorenzo Valla, in: J. Hamesse (Hrsg.), Les traducteurs aux travail, 2001, 449–470.

Christoph Pieper

Vallauri, Tommaso

Ital. Klass. Philologe. Geb. am 23.1.1805 in Chiusa Pesio (Piemont), gest. am 2.9.1897 in Rom. Zunächst vom Vater in ital. Literatur und in Religion unterrichtet; 1815–1817 Schulbesuch in Mondovì, dann Privatunterricht; 1817–1820 Seminarschule; ab 1820 Jura-, dann Literaturstudium in Turin; 1823

Examen. 1823/24 Rhetorikprof. in Alba; 1824–1825 Gymnasialprof. in Mondovì, 1825–1830 in Fossano, 1830–1835 für lat. Sprache in Vercelli. 1836 Prof. für lat. Sprache an der Univ. Turin; ab 1838 Vertretung des Rhetoriklehrstuhls an der Univ. Turin; ab 1843 Rhetorikprof. in Turin. 1858 Abgeordneter, 1882 Senator in Rom.

Werk und Wirkung

In Turin studierte V. zunächst Jura; auf Anraten seines ehemaligen Lehrers aus Mondovì wechselte er zum Literaturstudium und wurde Schüler Carlo Boucherons und Giuseppe Biamontis. Nach verschiedenen Anstellungen als Gymnasialprof. für Rhetorik bzw. humanistische Studien ebnete ihm die Veröffentlichung seines Werkes zur Geschichte der piemontesischen Dichtung [1] den Weg zur lang ersehnten Prof. für lat. und ital. Rhetorik in Turin. Als Hauptwerke zum Bildungswesen und zu den lat. Studien vornehmlich im Piemont folgten [2] und [3], in denen sich V. u.a. mit dem schulischen und universitären Lehrbetrieb Italiens befasste; in seiner tendenziösen Autobiographie (s.u. M) sprach er sich später erneut gegen neue Lehrmethoden aus. V. verfasste eine mehrfach aufgelegte lat. Literaturgeschichte [4] sowie ein lat.-ital. Vokabular. Seit den 1850er Jahren edierte er einige lat. Autoren, darunter Plautus (u.a. [7]), über dessen Vornamen er ein Jahrzehnt später leidenschaftlich mit dem Bonner Philologen Friedrich ↗Ritschl stritt. Seit den 1860er Jahren trat V. verstärkt als Verfasser von Novellen hervor; in der an Senecas *Apocolocyntosis* angelehnten Novelle *L'Apocoricosi* verarbeitete er auch die Auseinandersetzung mit Ritschl [6]. 1858 begann in Mondovì V.s polit. Laufbahn, die ihn 1882 als Senator nach Rom führte; die Vertretung des Lehrstuhls übernahm sein Schüler Vincenzo Lanfranchi.

M: Vita..., scritta da esso, 1878 (2., erw. Aufl. 1886).

Schriften

[1] Storia della poesia in Piemonte, 2 Bde., 1841 (Ndr. 1975) [2] Delle società letterarie del Piemonte libri due, 1844 [3] Storia delle università degli studi del Piemonte, 3 Bde., 1845–1846 (²1875) [4] Historia critica litterarum Latinarum, 1849 (²1850 u.ö.) [5] Novelle, 1864 [6] L'apocoricosi, 1869 [7] M. Accii Plauti Comoediae (Edition mit Komm.), 1873 [8] Animadversiones in locum quendam Plautini Militis gloriosi a Friedr. Ritschelio insigniter vitiatum, 1874.

Sekundärliteratur

[9] G. Griseri (Hrsg.), Tommaso Vallauri nella società e nella cultura dell'Ottocento, 1999 [10] Sandys Hist., Bd. 3, ²1964, 242.

Antonia Wenzel

Vallet, Georges

Franz. Archäologe. Geb. am 4.3.1922 in Pierreclos (Burgund), gest. am 29.3.1994 in Saint-Symphorien-d'Ancelles. 1943–1946 Studium an der Pariser École normale supérieure (ENS); 1948 Agrégation (Staatsexamen), dann Gymnasiallehrer in Aix-les-Bains. 1948–1950 Mitglied der École française de Rome (EFR). 1950 Assistent, dann Dozent (*maître de conférence*) und 1956 Prof. an der Univ. von Clermont-Ferrand. 1962–1967 Direktor des Institut français von Neapel; 1967 Prof. an der Univ. Paris-Nanterre; 1968–1970 Kulturattaché der franz. Botschaft in Rom; 1970–1983 Direktor der EFR; 1983 Forschungsdirektor am Pariser Centre national de la recherche scientifique (CNRS).

Werk und Wirkung

V.s wiss. Lebenswerk war ganz auf Italien bezogen. In Rom begegnete er 1948 François Villard, dem er 1949 nach Sizilien zu den neuen Ausgrabungen der EFR in Megara Hyblaia (20 km nördl. von Syrakus) folgte. Daraufhin gab er seine latinistischen Studien auf – zugunsten der arch. Erforschung des Gebrauchs und der Verbreitung von griech. Keramik sowie der daraus zu erschließenden Handelsbeziehungen. Seine 1965 an der Sorbonne vorgelegte Doktoratsarbeit unternahm den ambitionierten Versuch, den Mittelmeerhandel im Licht von neuen griech. Keramikfunden in den beiden im 8. Jh. v. Chr. von Euböa aus beidseits der Straße von Messina gegründeten Griechenstädten neu zu deuten [1]. Dieses Buch machte V. zu einem Spezialisten in Fragen der griech. Westkolonisation, zu denen er später auf den jährlichen Kongressen in Tarent wiederholt Stellung nahm. In Megara Hyblaia widmete er sich dann v.a. der Urbanisierungsgeschichte der ant. Kolonie [2]. Dies war sein zweiter großer Beitrag, der das Verständnis des archaischen Städtebaus im Westen auf neue Grundlagen stellte. Als Forschungsorganisator erwarb V. durch die Gründung des Centre Jean Bérard in Neapel (1966) und die Reformierung der EFR (1974) große Verdienste. Auch in Frankreich trat er gegenüber dem CNRS, dem Kultus- und dem Außenministerium erfolgreich für die Interessen der wiss. Forschung ein.

Schriften

[1] Rhégion et Zancle. Histoire, commerce et civilisation des cités chalcidiennes du Détroit de Messine, 1958 [2] Mégara Hyblaea I. Le quartier de l'agora archaïque (mit F. Villard et P. Auberson), 1976–1982 [3] (Hrsg.) Bibliografia topografica della colonizzazione greca in Italia e nelle isole tirreniche (mit G. Nenci), 1977 ff. (bis jetzt 20 Bde., noch nicht abgeschlossen) [4] Mégara Hyblaea 3/3: Guide de fouilles. Introduction à l'histoire d'une cité coloniale

d'occident, 1983 (mit F. Villard u. P. Auberson) [5] Le monde colonial grec de l'Italie méridionale et de la Sicile, principaux articles avec bibliographie, 1996.

Sekundärliteratur

[6] Hommage à Georges Vallet (FS), 1991 [7] Art. Vallet, Georges, in: J. Leclant (Hrsg.), Le second siècle de l'Institut de France, 1895–1995. Recueil biographique et bibliographique des membres, associés étrangers, correspondants français et étrangers des cinq académies, 1999 ff. [8] La colonisation grecque en Méditerranée occidentale. Actes de la rencontre scientifique en hommage à Georges Vallet (FS), 1999 [9] M. Gras, Art. Georges Vallet (4 mars 1922–29 mars 1994), in: Mélanges de l'Ecole française de Rome. Antiquité 106/1, 1994, 7–14 [10] J. Nobécourt, Un archeologo nel suo tempo. Georges Vallet, 1991.

Michel Gras (Ü: K. H.)

Ventris, Michael

Engl. Architekt und Sprachwissenschaftler. Geb. am 12.7.1922 in Wheathampstead als Michael George Francis V., gest. am 6.9.1956 nahe Hatfield (beide in Hertfordshire). Bereits in der Schule Unterricht in Latein und Griechisch; 1940–1948 Studium der Architektur in London, unterbrochen vom Militärdienst im Zweiten Weltkrieg; danach verschiedene Tätigkeiten als Architekt und als Hobby-Kryptograph; ab 1952 mit John Chadwick Entzifferung von Linear B. 1955 Aufnahme in den Brit. Ritterorden (OBE; Sir Michael).

Werk und Wirkung

Schon als Schüler zeigte V. großes Interesse an den ant. Sprachen und Kulturen sowie an Sprach- und Schriftsystemen im Allgemeinen. Im Alter von 14 Jahren hörte er einen Vortrag des Archäologen Arthur ↗Evans über das Problem der nicht entschlüsselten min. Schrifttafeln: Dieser hatte die Schriftzeugnisse um 1900 auf Tontafeln in Kreta gefunden, aber lediglich in zwei Klassen einteilen können (Linear A und Linear B).

V. verfolgte das Problem weiter und veröffentlichte als Achtzehnjähriger einen Aufsatz im *American Journal of Archaeology*, in dem er eine Verbindung zwischen Linear B und dem (ebenfalls problematischen) Etruskischen vorschlug. Nach dem Weltkrieg setzte er seine Forschung fort und nahm Kontakt zu den führenden Philologen und Historikern auf, die sich zu der Linear B-Frage geäußert hatten. Ab 1951, als weitere Tontafeln desselben Typs aus Pylos veröffentlicht wurden, konnte V. die Zeichen von Linear B in ein System bringen, mit dem er schließlich die zugrunde liegende Sprache als Griechisch identifizierte [5]. Ab 1952 arbeitete er mit dem Gräzisten John Chadwick zusammen und veröffentlichte in den Folgejahren die Ergebnisse: Linear B ist eine kombinierte Bilder- und Silbenschrift, strukturell verwandt mit zypriotischen Inschriften, und gibt einen griech. Dialekt um 1500–1200 v. Chr. wieder [1]; vgl. [3].

Ohne selbst eine altertumswiss. Ausbildung zu besitzen, hat V., ähnlich wie Heinrich ↗Schliemann, das Gebiet der Gräzistik und der griech. Geschichte somit enorm erweitert: Die Geschichte der griech. Sprache konnte um mehrere Jahrhunderte ergänzt werden; die der Beziehungen zwischen Kreta und dem griech. Kernland in der Bronzezeit musste weitgehend neu geschrieben werden. Auch die Homer-Forschung hat wesentlich von V.' Erkenntnissen profitiert.

Schriften

[1] Documents in Mycenaean Greek, 1956 (mit J. Chadwick; 2. Aufl. 1973) [2] Work Notes on Minoan Language Research and Other Unedited Papers, hrsg. von A. Sacconi (Incunabula Graeca 90), 1988.

Sekundärliteratur

[3] J. Chadwick, The Decipherment of Linear B, 1958 [4] A. Robinson, The Man Who Deciphered Linear B. The Story of Michael Ventris, 2002 [5] R. Wachter, Art. Entzifferungen II.B., in: DNP 13, 1999, 962–963.

U. C. A. Stephan

Venuti, Ridolfino

Ital. Archäologe und Antiquar. Geb. 1705 in Cortona, gest. am 30.3.1763 in Rom. Schule und Studium in Prato und Pisa; 1734 in Diensten des Kardinals Alessandro Albani in Rom; ab 1744 bis zu seinem Tod Kommissar aller röm. Grabungen und Aufseher der päpstlichen Sammlungen.

Biographie und Werdegang

V. entstammte einer alten Familie aus Cortona, wurde Geistlicher, studierte in Prato und Pisa bes. die klass. Sprachen, daneben aber auch Hebräisch sowie Englisch und Französisch. Er gründete u. a. mit seinem Bruder Marcello Venuti am 29.12.1726 die bis heute existierende Accad. etrusca in Cortona, eine Gelehrtenvereinigung internationalen Charakters, mit Bibl. und Sammlung, die eigene Schriften herausgab (*Saggi di dissertazioni accademiche*), in denen nicht nur ant. Themen berücksichtigt wurden. In Rom lernte er über seinen Onkel, den Sammler Onofrio Baldelli, und den Kardinal Albani viele Gelehrte, Sammler und Reisende kennen, die er durch Rom führte. Zu seinem Kreis gehörten u. a. der Sammler Philipp von ↗Stosch, der Sammler und Gemmenexperte Francesco Valesio sowie die Antikenforscher Francesco ↗Bianchini und Francesco de' ↗Ficoroni. Er frequentierte alle wichtigen röm. Sammlungen seiner Zeit; neben der des Vatikan und des Kardinals Albani waren dies u.a. die Sammlungen Capponi, Mattei und Odescalchi. Bald gewann er den Ruf eines guten Kenners der Antike. Papst Benedikt XIV. berief ihn an die Accad. di storia Romana e d'antichità profane sowie 1744 (als Vorgänger Johann Joachim ↗Winckelmanns) zum Kommissar aller röm. Grabungen und Aufseher der päpstlichen Sammlungen, die er zur systematischen Aufarbeitung und Dokumentation der röm. Monumente nutzte.

Werk und Bedeutung

Den wichtigen und bleibenden Teil von V.s Publikationen nehmen illustrierte Kataloge insbes. römischer Antikensammlungen ganz unterschiedlicher Art ein. Von Bedeutung sind der Katalog der gemischten Sammlung Borioni von 1736, der Münzen der Sammlung Albani (1739) [1] sowie der päpstlichen Sammlung (1744) [2]. Erst nach seinem Tod erschienen die drei Bände zu den Skulpturen der Sammlung Mattei [6]. Ein Führer durch die Kapitolinischen Museen war in erster Linie an die zahlreichen Reisenden gerichtet. Der Katalog des Museums seiner Heimatstadt Cortona [3], den V. mit Antonio Francesco ↗Gori 1750 verfasste, gab der entstehenden Etruskologie neue Impulse. V.s Hauptwerk ist jedoch die topographische Beschreibung der röm. Monumente, die postum in seinem Todesjahr 1763 veröffentlicht wurde [4], gefolgt 1766 von einem Werk zum zeitgenössischen Rom [6].

V. war einerseits Lokalpatriot, der sich um die Geschichte seiner Heimatstadt Cortona und seiner Wahlheimat Rom bemühte; andererseits lässt sich ein gewisser ital. Nationalismus erkennen. So vertrat er gegen anderslautende Thesen den Primat der ital. gegenüber der franz. Malerei (*Risposta alle riflessioni critiche sopra le differenti scuole di pittura del Sig. Marchese d'Argens*, Lucca 1755). In zahlreichen Schriften, bes. in dem von V. 1742 mitbegründeten *Giornale di letterati*, wurden über die Landesgrenzen hinaus wiss. Neuigkeiten aus ganz Europa diskutiert.

V.s Bedeutung liegt weniger in der Theoriebildung oder seiner Interpretation der Monumente als vielmehr in seinen weitgespannten Interessen und der pionierhaften systematischen Materialaufbearbeitung von Sammlungen und Monumenten, die durch ausführliche graphische Dokumentation zusätzlichen großen Wert besitzt. Seine organisatorische Leistung als Gründer und Motor der Cortonensischen Akademie ist nicht hoch genug einzuschätzen.

Schriften

[1] Antiqua numismata maximi moduli aurea, argentea, aerea ex museo Alexandri s.r.e. card. Albani in Vaticanam bibliothecam translata, Rom 1739 [2] Numismata Romanorum pontificum praestantiora a Martino V. ad Benedictum XIV., Rom 1744 [3] Museum Cortonense in quo vetera monumenta complectuntur anaglypha, thoreumata, gemmae inscalptae insculptaeque quae in Academia Etrusca ceterisque nobilium virorum domibus adservantur, Rom 1750 [4] Accurata e succinta descrizione topografica delle antichità di Roma dell'abate Ridolfino Venuti Cortonese, Rom 1763 [5] Accurata e succinta descrizione topografica e istorica di Roma moderna. Opera postuma dell'abate Ridolfino Venuti, Rom 1766 [6] Vetera monumenta quae in hortis Caelimontanis et in aedibus Matthaeiorum adservantur nunc primum in unum collecta, 3 Bde., Rom 1766–1779.

Sekundärliteratur

[7] M. Cristofani, La scoperta degli etruschi. Archeologia e antiquaria nel '700, 1983, 47–53 [8] D. Gallo, Ridolfino Venuti, antiquario illuminato, in: P. Barocchi / D. Gallo (Hrsg.), L'Accademia etrusca, 1985, 84–92 [9] G. Mancini, Il contributo dei Cortonesi alla cultura italiana, in: Archivio storico italiano 79, 1921, 135–138.

Martin Bentz

Vernant, Jean-Pierre

Franz. Historiker, Anthropologe und Religionswissenschaftler. Geb. am 4.1.1914 in Provins, gest. am 9.11.2007 in Sèvres. 1937 Agrégation (Staatsprüfung) in Philosophie; ab 1940 Lehrer in Toulouse; 1940–1944 führendes Mitglied der Résistance. 1948–1962 Besuch der Seminare von Louis ↗Gernet am Centre national de la recherche scientifique (CNRS) in Paris. 1958–1975 Studiendirektor an der École pratique des hautes études (später EHESS) ebda.; 1964 Gründung des Forschungsinstituts Centre des Recherches Comparées sur les Sociétés Anciennes (heute nach Gernet benannt); 1975–1984 Prof. am Collège de France in Paris.

Werdegang und Werk

Nach dem Krieg begann V. eine Prom. über Platon und spezialisierte sich auf die griech. Geschichte. In seiner Untersuchung zu den Anfängen des griech. Denkens (1962) [1] etablierte V. einen eigenen, als *psychologie historique* bezeichneten methodischen Ansatz, der zu einem Paradigmenwechsel in der alt.wiss. Forschung führen sollte. Im Zentrum stand die Frage nach den vielfältigen Interdependenzen zwischen mentalen und sozialen Kategorien. V. kombinierte in seinem Werk von Ignace Meyerson beeinflusste philos.-psychologische Erklärungsansätze mit soziologischen Analyseformen, die auf seinen Lehrer Louis Gernet, den Gründer der Histor. Anthropologie der Antike, zurückgehen.

Zu den Gegenständen seiner anthropologischen Untersuchungen zählten soziale Themen wie Familie, Religion, Sexualität, Ehe und polit. Organisationen sowie philos. Kategorien wie Raum, Zeit, Arbeit, Handlung, Wille, Person, Erinnerung und Vorstellung. Aufschlussreich für die Frage nach den Zusammenhängen zwischen diesen Kategorien war für V. der Mythos, der im Zentrum seiner strukturalistischen Untersuchungen steht [2]; [6]; [12]. Diese Arbeiten waren von Georges Dumézil und Claude Lévi-Strauss beeinflusst, v.a. aber durch den an der EHESS verankerten Arbeitskreis von Fernand Braudel und die Schule der *Annales*. Ähnlich wie diese interessierte sich V. für die großen Kategorien menschlicher Existenz und die strukturellen Bedingungen ihrer Veränderung. So stellte er in [1] die griech. Geschichte vergleichend der Welt der myk. Palastkultur und der modernen Ideenwelt gegenüber, wobei er die Besonderheit des klass. Griechenland in der Tragödie entdeckte; diese beschrieb er als Artikulation eines neuen poliszentrierten Denkens, in dem das individualistische Ideal des mythischen Heros durch die egalitäre Ethik des demokratischen Stadtstaates verdrängt worden sei.

Der Mythos hatte für V. hohe heuristische Funktionen, da er ihn nicht isoliert, sondern in Relation zu anderen Diskursen betrachtete. Ebenso wie Gernet kam auch V. zu dem Ergebnis, dass die griech. Religion selbst als eine polit. Entität verstanden werden müsse, da sie kein bloßes Abbild der Gesellschaft, sondern eine Offenlegung der ansonsten nicht sichtbaren, unterhalb der gesellschaftlichen Oberfläche befindlichen Spannungen und Konflikte sei. Sein innovatives Potential war nicht zuletzt ein Ergebnis der Suche nach den Korrelationen zwischen lit. Texten und den Institutionen der sozialen Praxis. In *Mythe et tragédie*, entstanden in Zusammenarbeit mit Pierre ↗Vidal-Naquet, stellte er zwischen so disparatem Material wie der Tragödie *Oedipus* des Sophokles, dem Ostrakismos und den Riten des *pharmakós* (Menschenopfer) eine Verbindung her [4].

V.s Werk zeichnet sich auch dadurch aus, dass es philos. Konzeptualisierungen mit heuristischen Methoden verbindet, die in der mit dem Namen Émile Benveniste konnotierten philol. Tradition stehen.

Wirkung

Das von V. 1964 in Paris gegründete eigene Institut wurde zum Ort ständigen wiss. Austausches für Gelehrte aus Europa und den USA. In den interdisziplinär zusammengesetzten Arbeitsgruppen kreuzte sich das Wissen aus Geschichte, Philosophie, Religion, Literaturkritik, Soziologie, Anthropologie und Ethnologie. Auch die griech.-röm. Antike wurde immer im Zusammenhang mit anderen Kulturen (Assyrien, Ägypten, Indien, China und Afrika) betrachtet. Die sich um V., Pierre ↗Vidal-Naquet und Marcel Detienne formierenden Schüler- und Forschergruppen werden auch als *École de Paris* bezeichnet; diese gilt als ein Vorläufer der in den 1990er Jahren in Deutschland entstandenen Forschungsrichtung der Histor. Anthropologie.

Schriften

[1] Les origines de la pensée grecque, 1962 (⁴1983; dt. 1982) [2] Mythe et pensée chez les Grecs. Études de psychologie historique, 1965 (⁵1981) [3] Problèmes de la guerre en Grèce, 1968 [4] Mythe et tragédie en Grèce ancienne (mit P. Vidal-Naquet), 1972 (⁴1979) [5] Les ruses de l'intelligence. La mètis des Grecs (mit M. Detienne), 1974 [6] Mythe et société en Grèce ancienne, 1974 (²1979; dt. 1987) [7] Religion grecque, religions antiques, 1976 (dt. 1995) [8] La cuisine de sacrifice en pays grec (mit M. Detienne), 1979 [9] Religions, histoires, raisons, 1979 [10] Travail et esclavage en Grèce ancienne (mit P. Vidal-Naquet), 1988 [11] La Grèce ancienne, 3 Bde. (mit P. Vidal-Naquet), 1990–1992 [12] Mythe et religion en Grèce ancienne, 1990 [13] Mortals and Immortals. Collected Essays, 1991 [14] L'orient ancien et nous, 1996 [15] Œuvres. Religions, rationalités, politique, 2 Bde., 2007.

Sekundärliteratur

[16] A Bibliography of the Works of Jean-Pierre Vernant, in: Arethusa 15.1, 1982, 11–18
[17] C. Dobzynski / J.-B. Para, Jean-Pierre Vernant, 2009
[18] Ch. Segal, Afterword. Jean-Pierre Vernant and the Study of Ancient Greece, in: Arethusa 15.1, 1982, 221–234.

Claudia Horst

Vettori, Francesco

Ital. Antiquar, Antikensammler und Glyptikforscher. Geb. 1692 oder 1693 in Ispello (Umbrien), gest. 1770. Studium in Rom am Collegio Nazareno; seit 1757 Präfekt (Kurator) des Museo Sacro in Rom.

Werk und Wirkung

Einzelheiten zu V.s Biographie sind weitgehend unklar [13.211]; [16.79, 116]. Sein Studium absolvierte er am Collegio Nazareno in Rom [11]. Als Glyptikforscher war er u.a. mit Johann Joachim ↗Winckelmann bekannt. Dieser beachtete V.s Werk, besaß dieser doch eine Reihe signierter Gemmen, von denen Abdrücke auch in der Sammlung des Barons Philipp von ↗Stosch vorhanden waren. Mithilfe der Werke u.a. von Fulvio ↗Orsini, Giovanni Pietro ↗Bellori und Lorenz ↗Beger, der alten Notizen des Barons von Stosch sowie der Ratschläge des numismatisch bewanderten Kardinals Alessandro Albani und der Gemmenkenner Ridolfino ↗Venuti, V. und Nicolo Galeotti, die er mündlich konsultieren konnte, gelang es Winckelmann, bei einer Fülle von Stücken in der Stosch'sen Sammlung die Namen der auf den Gemmen Dargestellten zu identifizieren [15].

V. schenkte seine Sammlung Papst Benedikt XIV.; sie wurde in das Museo Sacro integriert, zu dessen ersten Kurator. V. 1757 berufen wurde. Einige dieser Sammlungsobjekte befinden sich heute in anderen Museumsbeständen [14]; [16. 79, 116]. Seine umfangreiche Bibl. wurde Bestandteil der Biblioteca Palatina in Mannheim [11]. Obwohl V. in reger Verbindung mit Gelehrten seiner Zeit stand, so etwa mit Paolo Maria ↗Paciaudi in Parma (mit dem V. eine juristische Auseinandersetzung hatte [12. 87]) oder Antonio Francesco ↗Gori in Florenz, wird er in der heutigen Forschung weit hinter seinen Zeitgenossen eingereiht. Eines seiner Werke [3] stellt einen Gelehrtendisput (*discorso*) mit Gori über numismatische Themen dar. 1739 publizierte V. ein seinerzeit schnell bekannt gewordenes, schon im Titel als wiss. gekennzeichnetes Werk über Gemmen, die *Dissertatio glyptographica* [4]. V. präsentierte hierin nicht lediglich eine Sammlung, sondern untersuchte Probleme zur Gemmenforschung (Glyptik) insgesamt. Gemäß diesem Vorhaben fügte er in den Band Hintergrundinformationen ein, darunter Listen antiker Steinschneider sowie – in der Nachfolge von Giorgio Vasaris biographischem Künstlerlexikons *Le Vite de' più eccellenti architetti, pittori, et scultori italiani, da Cimabue infino a' tempi nostri* (1550) – auch von nzl. Glyptographen. Diese Listen wurden 1750 von Pierre-Jean Mariette fortgesetzt.

Schriften

[1] Veteris gemmae ad Christianum usum exscalptae brevis explanatio ad academicos Etruscos Cortonenses, Rom 1732 [2] Nummus aereus veterum Christianorum commentario in duas partes distributo explicatus, Rom 1737 [3] Il fiorino d'oro antico illustrato, Florenz 1738 [4] Dissertatio glyptographica sive gemmae duae vetustissimae emblematibus et Graeco artificis nomine insignitae, quae exstant Romae in Museo Victorio, explicatae et illustratae, Rom 1739 [5] Animadversiones in lamellam aeneam vetustissimam Musei Victorii hujus moduli, Rom 1741 [6] Sanctorum septem dormientium historia, ex extypis Musei Victorii expressa, Rom 1741 [7] Epistola ad virum clarissimum Paullum Mariam Paciaudi … de Musei Victorii emblemate et de nonnullis numismatibus Alexandri Severi …, Rom 1747 [8] Dissertatio apologetica de quibusdam Alexandri Severi numismatibus, Rom 1749 [9] Dissertatio philologica qua nonnulla monumenta sacrae vetustatis ex Museo Victorio depromta aeri incisa tabula vulgantur, expenduntur, illustrantur, Rom 1751 [10] Del culto superstizioso di Cibele, detta dagli antichi La Gran Madre, dissertazione … colla quale s'illustra una statuetta di marmo Pario, che si conserva in Roma nel Museo Vettori. Del culto di Cibele presso gli antichi, Rom 1753.

Sekundärliteratur

[11] E. De Tipaldo, Biografia degli Italiani illustri nelle scienze, lettere ed arti del secolo XVIII e de contemporanei, Bd. 4, 1837, 299–301 [12] E. Fino, Il carteggio tra Anton Francesco Gori e Paolo Maria Paciaudi: ricostruzione e studio, in: C. De Benedictis / M. G. Marzi (Hrsg.), L'epistolario di Anton Francesco Gori, 2004, 85–100 [13] C. Gasparri, Collezioni archeologiche, in: G. Pugliese Carratelli et al. (Hrsg.), Enciclopedia dell'arte antica classica e orientale, Suppl. 2, Bd. 2, 1994, 192–225 [14] J. Spier, Late Antique and Early Christian Gems, 2007 [15] Zazoff GG, 121 [16] E. Zwierlein-Diehl, Die antiken Gemmen und ihr Nachleben, 2007.

Marcus Heinrich Hermanns

Vettori, Piero

Petrus Victorius; ital. Humanist, Philosoph und Philologe. Geb. 1499 in Florenz, gest. am 8.12.1585 ebda. Studium der Mathematik und alten Sprachen in Florenz. Bis 1530 verschiedene Ämter im Dienst der Republik Florenz; 1530–1538 philol.-philos. Studien in San Casciano in Val di Pesa. 1538–1583 Prof. für Latein und Griechisch in Florenz.

Leben und Werk

V. entstammte einer adligen Familien in Florenz; hier studierte er Mathematik, Astrologie und Physik sowie Griechisch bei Andrea Dazzi. Das 1514 aufgenommene Studium der Rechte in Pisa hatte er aus gesundheitlichen Gründen abgebrochen. 1522 reiste er in Begleitung eines Verwandten, der den neu gewählten Papst Hadrian VI. auf seiner Fahrt von Toledo nach Rom begleiten sollte, nach Spanien und trug hier ant. Inschriften zusammen. Zwischen 1523 und 1529 übte V. verschiedene Ämter und diplomatische Missionen im Dienst der Republik Florenz aus und brachte es bis zu der mächtigen Position eines *Gonfaloniere di Compagnia*; 1527–1529 gehörte er zu den Vorreitern der republikanischen Bewegung gegen die Herrschaft des Alessandro de' Medici [8. 9–13]; [5]. Als Alessandro 1531 erneut inthronisiert wurde, zog sich V. auf sein Landgut in San Casciano zurück und betrieb intensive philol. und philos. Studien. Cosimo I. de' Medici berief ihn 1538 zunächst auf eine Professur für Latein nach Florenz; später lehrte er auch Griechisch und Ethik (d. h. Aristoteles). 1555 nahm er auf Veranlassung von Papst Marcellus II. seinen Wohnsitz in Rom; nach dessen Tod noch im selben Jahr kehrte V. nach Florenz zurück. Zu seinen Schülern gehörten Benedetto Varcchi, Iacopo Corbinelli und Fulvio ↗Orsini.

V. hinterließ Reden und lat. Gedichte sowie ein umfangreiches Briefcorpus [3], das seine europaweit gespannten Kontakte dokumentiert; berühmt wurde er als der letzte große Gräzist von Florenz und als einer der bedeutendsten Textphilologen seiner Zeit. 1534–1584 edierte und kommentierte V. Werke von Platon, Aischylos, Euripides, Aristoteles (*Rhetorik*, *Poetik* [2]; [7], *Politik*, *Nikomachische Ethik*), Xenophon,

Dionysios von Halikarnass, Porphyrios sowie aus der röm. Literatur Terenz, Cato, Varro, Cicero, Sallust, Columella und Gellius; einige Sophokles-Hss. kollationierte er. 1553 erschien als Frucht seiner Studien und Vorlesungen die erste Sammlung seiner *Variae lectiones* (ein Werktitel, den wenig später Marcus Antonius ↗Muretus und Justus ↗Lipsius aufgreifen sollten) in 25 Büchern, die er 1569 um weitere 13 Bücher ergänzte [1]: V. trug hier Konjekturen, Begriffserklärungen und Übertragungen griechischer Redewendungen ins Lateinische zusammen. Er edierte auch die lat. Schriften seines Freundes Giovanni della Casa (1564). Im Volgare ist V.s didaktische Prosa-Schrift über den Ölbaum (*Trattato delle lodi et della coltivazione degli ulivi*, 1569) verfasst.

Schriften

[1] Variarum lectionum libri XXV, Florenz 1553 (u.ö.; Erweiterung 1569 um XIII novi libri, mit Ndr.) [2] Commentarii in primum librum Aristotelis De arte poetarum, Florenz 1560 (Ndr. 1967) [3] Epistolarum libri X, Orationes 14 et Liber de laudibus Joannae Austriacae, Florenz 1586 (Neuaufl. der Epistolarum libri 1991, hrsg., übers. und komm. von G. Pompella).

Sekundärliteratur

[4] L. Cesarini Martinelli, Pier Vettori e gli umanisti tedeschi, in: Firenze e la Toscana dei Medici nell'Europa del Cinquecento, Bd. 2, 1983, 707–726 [5] S. Lo Re, La crisi della libertà fiorentina. Alle origini della formazione politica e intellettuale di Benedetto Varchi e Piero Vettori, 2006 [6] R. Mouren, La lecture assidue des classiques. Marcello Cervini et Piero Vettori, in: P. Gilli (Hrsg.), Humanisme et église en Italie et en France méridionale, 2004, 433–463 [7] A. Porro, Pier Vettori editore di testi greci. La »Poetica« di Aristotele, in: Italia medioevale e umanistica 26, 1983, 307–358 [8] W. Rüdiger, Petrus Victorius aus Florenz. Studien zu einem Lebensbilde, 1896.

Dorothee Gall

Victorius, Petrus s. Vettori, Piero

Vidal-Naquet, Pierre

Franz. Althistoriker. Geb. am 23.7.1930 in Paris, gest. am 28.7.2006 in Nizza. Schulbesuch u.a. am Pariser Elitegymnasium Henri IV; die Eltern wurden 1944 auf dem Weg nach Auschwitz ermordet. Studium in Paris an der Sorbonne; 1952 Prom. und Staatsexamen (Docteur ès lettres und Agrégé d'histoire). Nach Unterrichtstätigkeit am Gymnasium von Orléans (1955) 1956–1960 Assistent an den Univ. Caen und 1961/62 Lille; 1962–1964 Forschungstätigkeit am Pariser Centre national de la recherche scientifique (CNRS). 1964–1966 Maître de conférence (Hochschuldozent) an der Univ. Lyon; 1966–1969 Sous-directeur de recherche an der École pratique des hautes études (EPHE) in Paris; ab 1969 Directeur de recherche an der EPHE, deren 6. Fakultät sich 1975 als École des hautes études en science sociales (EHESS) ausgliederte. 1989–1997 Leiter des Centre Louis Gernet an der EHESS. Offizier der Ehrenlegion.

Werk und Wirkung

V.-N.s wiss. Arbeiten entstanden in einem Umfeld der franz. Geschichtswiss., das von einem tiefen methodischen Umbruch geprägt war. In pointierter Radikalität setzte sich die sog. *nouvelle histoire* von der herkömmlichen Ereignisgeschichte ab und betonte die zentrale Bedeutung langfristiger Strukturen und größerer konjunktureller Zyklen. Zur Umsetzung dieses Konzeptes wurde der intensive Einbezug der Forschungsergebnisse der fachlich nahen Sozialwiss. wie der Soziologie und Ethnologie prägend. Da die Forschung zu den ant. Gesellschaften nicht auf umfangreiche und quantifizierbare Quellenbestände zurückgreifen konnte, wie sie für andere Epochen vorhanden sind, erfolgte im Rahmen einer ›histor. Anthropologie‹ eine Konzentration auf komparatistisch angelegte Analysen, die die Lebenswelt der ant. Völker durch die strukturalen Gemeinsamkeiten mit anderen Kulturen zu erhellen suchte. Fokussiert wurde diese Forschungsrichtung im Centre Louis Gernet, dem auch V.-N. lange angehörte und dessen Direktor er 1989–1997 war. Seine eigenen Studien entstanden z.T. in Zusammenarbeit mit Jean-Pierre ↗Vernant [9]; [7] und M. Austin [3].

Seine Analysen der griech. Gesellschaft, von denen der Sammelband *Der schwarze Jäger* [10] der bekannteste geworden ist, wurden wegweisend für den Einbezug ethnologischer Forschungsergebnisse, die im zeitgenössischen Frankreich v.a. durch die Arbeiten zur strukturalen Anthropologie von Claude Lévi-Strauss inspiriert waren, in Untersuchungen zur Alten Geschichte. Gleichzeitig warnte V.-N. aber auch immer wieder davor, dass die strukturale Analyse der ant. Gesellschaften die Eigendynamik der jeweiligen histor. Situation nicht erdrücken dürfe. Vor dem Hintergrund der geringen quantifizierbaren Quellenbestände mahnte er die Notwendigkeit an, neben der Betonung der anthropologischen Gemeinsamkeit auch die histor. Individualität der jeweiligen gesellschaftlichen Situation nicht aus den Augen zu verlieren [10.319–334].

Neben seinem alt.wiss. Œuvre, in dem neben histor. Studien (u.a. [3]; [9]; [12]) auch solche zum Mythos [6] stehen, wurde V.-N. einer breiteren Öffentlichkeit v.a. durch seinen Kampf gegen die brutalen Methoden der franz. Kolonialherrschaft in Algerien bekannt. Schon 1958 veröffentlichte er dazu ein

Buch zum Schicksal des kommunistischen Mathematikers Maurice Audin, der von den franz. Behörden zu Tode gefoltert worden war [1]. Der Kampf gegen Folter und staatliche Willkür blieb ein wichtiges Thema für V.-N. [4], dessen Eltern von Nazis ermordet worden waren. So wurde V.-N. zu einem herausragenden Beispiel für einen Historiker, der den Sinn der Analyse älterer Kulturen immer auch in ihrem lebendigen Bezug zur aktuellen Gegenwart sah.

M: Mémoires, 2 Bde., 1995–1998.

Schriften

[1] L'affaire Audin, 1958 [2] Clisthène l'Athénien, 1964 [3] Economies et sociétés en Grèce ancienne (mit M. Austin), 1972 ([8]2007; dt. 1984) [4] La torture dans la République. Essai d'histoire et de politique contemporaines, 1954–1962, 1972 [5] Les Juifs, la mémoire et le présent, 2 Bde., 1981–1991 [6] Mythe et tragédie en Grèce ancienne (mit J.-P. Vernant), 1986 [7] Travail et esclavage en Grèce ancienne (mit J.-P. Vernant), 1988 [8] La démocratie grecque vue d'ailleurs, 1990 (Ndr. 1996) [9] La Grèce ancienne, 3 Bde. (mit J.-P. Vernant), 1990–1992 [10] Le chasseur noir. Formes de pensée et formes de sociétés dans le monde grec, [3]1991 ([1]1981; dt. 1989) [11] Le monde d'Homère, 2000 [12] Les Grecs, les historiens, la démocratie, 2000 [13] Le miroir brisé. Tragédie athénienne et politique, 2001.

Sekundärliteratur

[14] F. Hartog et al. (Hrsg.), Pierre Vidal-Naquet, un historien dans la cité, 1998 [15] M.-M. Mactoux, Pierre Vidal-Naquet. Un Passeur de vérité, in: Dialogues d'histoire ancienne 32, 2006, 9–12 [16] O. Mongin / J.-P. Peyroulou, Pierre Vidal-Naquet, un intellectuel hors pair, in: Esprit. Revue internationale 6/345, 2008, 6–44.

Bernhard Linke

Visconti, Ennio Quirino

Ital. Archäologe und Politiker. Geb. am 30.10.1751 in Rom als Sohn des Archäologen Giovanni Battista Visconti, gest. am 7.2.1818 in Paris. 1771 Prom. in Rom zum Dr. iur. 1775 Kammerdiener Papst Pius' VI.; 1783 Vizekustos der Bibl. Vaticana; Ende 1783–1785 Bibliothekar des Fürsten Sigismondo Chigi. Ab 1788 Kustos des Kapitolinischen Museums; ab 1790 päpstlicher Direttore antiquario. 1798 Innenminister, dann einer der fünf Konsuln der Röm. Republik. 1799 Emigration nach Paris; dort ab 1799 Surveillant des antiques du Musée central d'art im Louvre. Ab 1803 Mitglied des Institut de France; 1817 Ruf nach London zur Schätzung der *Elgin Marbles*. Ritter der Ehrenlegion; Mitglied der Akad. von Berlin, Göttingen und München.

Biographie und Werdegang

V.s frühe außerordentliche Studienerfolge bewogen seinen Vater zur Publikation der angewandten didaktischen Methode. Schon als Jugendlicher übersetzte V. die *Hekuba* des Euripides und verfasste Gelegenheitsgedichte. Nach seiner Prom. (1771) assistierte er zunehmend seinem Vater, der 1768 Johann Joachim ↗Winckelmanns Nachfolge als päpstlicher Präfekt der Altertümer angetreten hatte. In Zusammenarbeit mit seinem Vater erstellte V. den ersten Band des Katalogs des vatikanischen Museo Pio-Clementino, der unter dessen Namen erschien [1]. Seit 1775 stand V. im Dienst von Papst Pius VI.; 1783 folgte die Ernennung zum Vizekustos der Vatikanischen Bibl. Nach einem Konflikt mit seinem Vater verlor V. seine Ämter; er wurde 1785 zum Bibliothekar des Fürsten Sigismondo Chigi bestellt und veröffentlichte im selben Jahr, nun unter eigenem Namen, den zweiten Band des Museumkatalogs [2].

Nach dem Tod des Vaters trat V. 1785 endgültig von seinem zwischenzeitlich wieder aufgenommenen Posten in der Vatikanischen Bibl. zurück. Obwohl die V. zugedachte Direktion sowie das Kommissariat der Altertümer an seinen Bruder Filippo Aurelio übertragen wurden, setzte er seine Arbeit am Museumskatalog fort (Band 3, 1788 [2]). 1788 wurde er zum Kustos des Museo Capitolino, 1790 dort zum Direktor der Altertümer ernannt [9]. In diesen Jahren war er auch an der Accad. dell'Arcadia tätig, schloss Freundschaft mit Vincenzo Monti, Francesco ↗Piranesi sowie Francesco Milizia, und verkehrte in lit. Salons Roms.

Im Februar 1798 übernahm V. nach der Proklamation der Röm. Republik durch Napoleons Armee das Amt des Innenministers und kurz darauf eines der fünf Konsulate, wurde jedoch noch im Herbst abgesetzt. Zur Zeit der Republik war er als Mitglied (zusammen mit Georg ↗Zoëga und Gaetano Marini), dann als Präsident des von der franz. Regierung geschaffenen Istituto Nazionale für die Altertümer zuständig. Im Herbst 1799 flüchtete er vor der neapolitanischen Besatzung Roms nach Paris. Dort avancierte er zum *Surveillant des Antiques du Musée Central d'Art* im Louvre, dem späteren Musée Napoléon [9]; 1800 erstellte er Listen von Antiken aus dem Besitz der Medici für die Überführung nach Paris. 1803 wurde V. ins Institut de France und in die Acad. des beaux arts aufgenommen, im Jahr darauf in die Acad. des inscriptions et belles-lettres. 1814 rief ihn Lord ↗Elgin als international renommierten Experten nach London, um dort die Parthenonskulpturen zu begutachten [14.219–229]. Ab 1816 erkrankt, starb V. 1818 in Paris. Bon-Joseph Dacier und Antoine-Chrysostome ↗Quatremère de Quincy hielten die Grabrede.

Werke der römischen Zeit

Seine vielseitige Bildung, die von profunder Aneignung der Quellen und dokumentarischen Zeugnisse der Ant. geprägt war, vermochte V. ohne ausgreifende Theoriebildung zu einer Gesamtschau der alten Welt auszubauen. Mit Joseph Hilarius ↗Eckhel, Gaetano Marini, Georg ↗Zoëga und Luigi Lanzi plante er ein (dann nicht realisiertes) enzyklopädisches Werk über die Antike [16]. V.s frühes Interesse an der griech. Literatur und ihrer Übersetzung – nach der euripideischen *Hekuba* auch der *Olympischen Oden* Pindars, mit der er sich von der Ästhetik der *Accad. della Arcadia* zu distanziert haben scheint – fand seine Fortsetzung in der Beschäftigung mit den ital. Übersetzungen der *Ilias* von Vincenzo Monti und des Kallimachos von Dionigi Strocchi, aber auch in einem kritischen Vergleich von Alfieris *Antigone* mit der des Sophokles (1782 in Rom vorgetragen). Die Studie *Lo stato attuale della romana letteratura* (1785) spiegelt die Atmosphäre des Chigi-Kreises wider; V. betonte hierin die negativen Auswirkungen von Verlagsmarkt, polit. Regime, Zensur und ökonomischer Abhängigkeit auf die Autoren. Er unterstützte die erste röm. Ausgabe von Dantes *Divina Commedia* (1791), die er mit ihrem Kommentator Baldassarre Lombardi diskutierte.

Im Mittelpunkt von V.s Interessen stand immer die Antike und ihre bildnerische Produktion, zu der er einen histor. Zugang suchte. Etliche seiner Schriften aus den zwei letzten Jahrzehnten des 18. Jh.s bezeugen seinen Umgang mit Sammlern wie dem Kardinal Stefano Borgia, Marcantonio Borghese, Agostino Chigi, Girolamo Zulian, Stanislas Poniatowski und Thomas Jenkins.

Die ersten sechs Bände des Katalogs zum Museo Pio-Clementino erschienen zwischen 1782 und 1796 [1]; [2], der letzte, an dem auch sein Bruder Filippo und Vincenzo Pacetti mitwirkten, erst 1810 (mit dem Datum 1807). In diesem grundlegenden Werk schlug V. eine durchorganisierte, systematische Klassifikation vor, in der sich Gattungen (Statuen und Porträts, Reliefs und Mosaiken) und Sujets (Götter, Heroen und Halbgötter, Geschichte des Altertums, Naturgeschichte, Künste und Gewerbe) überschneiden. Ebenso sollte die räumliche Gliederung des Museums angelegt sein. Das Zusammenspiel von Katalog und Museum zielte anhand der erhaltenen röm. Zeugnisse auf eine integrale Vorstellung der ant. Welt. Schon im ersten Band zeigt sich V.s innovative Anwendung der philol. Methode auf das Studium der ant. Kunst [15]: Anhand der ant. Quellen und der autoptischen Kenntnis und Analyse der Werke gemäß den Vorgaben von Joseph ↗Addison, Jonathan ↗Richardson und Pierre-Jean Mariette zeigte sich, dass man nicht über Originale, sondern über Kopien verfügte. In seiner Darlegung lässt V. dem Verzeichnis der jeweils bekannten Repliken eine eingehende Beschreibung des untersuchten Werks folgen, das er als Zeugnis eines verlorenen Originals und dessen mutmaßlicher Konzeption diskutiert oder als Nachbildung interpretiert, um dann ein annäherndes Bild der originalen Schöpfung zu erreichen. Tatsächlich vermochte er Ikonographie und Bedeutung durch die vergleichende Analyse von Statuen mit Gemmen, Münzen, Reliefs und Texten in manchen Fällen zu klären.

Auf lit. Quellen rekurrierte V. auch für seine – in einigen Fällen heute noch gültigen – Zuschreibungen, wofür er neben der Provenienz der Kopien auch das Material berücksichtigte [8]; [15]. So ist ihm nicht nur die Identifizierung des Diskuswerfers von Myron zu verdanken, sondern auch die der Eirene mit dem Plutosknaben des Kephisodotos, der Tyche des Eutychides und des Knaben mit der Gans von Boëthos, ebenso die korrekte Interpretation der sog. vatikanischen Kleopatra als Ariadne, des sterbenden Gladiators als Galater, des sog. Sterbenden Seneca als Darstellung eines Fischers sowie die Deutung des sog. Dionysos-Sardanapal oder des Menelaos mit dem Leichnam des Patroklos (sog. Pasquino).

V.s Studie zum Scipionengrab besprach in der *Antologia Romana* kurz nach den Ausgrabungen (1780) auch die durch den Epitaph des Scipio Barbatus aufgeworfenen linguistischen Probleme (1785 zusammen mit den Illustrationen Francesco Piranesis wieder abgedruckt). In den 1790er Jahren untersuchte V. die Altertümer der Sammlung Borghese: 1794 nahm er die griech. Inschriften aus dem Triopium des Herodes Atticus in Angriff; für diese hatten V. und der Maler Franz Sebald Unterperger 1791 sogar ein Ausstellungsprojekt vorgeschlagen. 1796/97 arbeitete V. für Marcantonio Borghese an dem Katalog der in der Villa auf dem Pincio verwahrten ant. Skulpturen sowie an demjenigen der Fundstücke aus Gabii [13]. In diesen Katalogen verzichtete V. auf die beim *Museo Pio-Clementino* angewandte Darstellungsmethode, nahm diese dann aber in einem Folioband zu ausgewählten Borghese-Antiken (gedr. postum 1821) wieder auf. In diesen Jahren steuerte V. auch einiges zu den *Monumenti antichi inediti* von Giuseppe Antonio Guattani bei.

Werke der Pariser Zeit

In Paris wurde V. 1803 von Napoleon mit der Zusammenstellung eines Porträtbandes zu den Großen des Altertums beauftragt (*recueil de tous les portraits des grands hommes*) [10]; er organisierte daraufhin eine äußerst aufwendige Kampagne zu einer neuen graphischen Dokumentation und konnte Napoleon im Juni 1810 die *Iconographie grecque* [4] präsentieren. Ihr Hauptteil war Alexander dem Großen gewidmet, der als Gründer eines Imperiums wie die Präfiguration des franz. Kaisers erschien. Napoleon hatte sich wohl die alleinige Verfügung über das Werk zu Geschenkzwecken reserviert; von dem Text des Werkes brachte Aubin-Louis Millin jedoch noch 1810 einen Abriss und 1811 eine günstige Ausgabe in Umlauf. Das Schwesterstück, die *Iconographie Romaine* [5], kam 1817 zum Druck, nun geschmückt mit dem Bild Ludwigs XVIII. [10].

Nach einem bereits 1801 verfassten kurzen Führer publizierte V. zusammen mit Toussaint-Bernard Eméric-David den dritten und vierten Band des *Musée Français* [3]. Darin vertrat er eine bemerkenswerte Neuerung gegenüber J.J. ↗Winckelmann: die Kontinuität der bildenden Künste vom klass. Griechenland bis zu Hadrian; im Übrigen schlug sich seine Wertschätzung der hell. und der hadrianischen Kunst in den letzten beiden Katalogbänden zum *Museo Pio-Clementino* nieder [2]; [8]; [15]. Er vertrat im *Musée français* eine positive Einschätzung des *esprit d'imitation* auch hinsichtlich der mod. Kunst, die sich ebenfalls in seinen Äußerungen zu den *Elgin Marbles* ausdrückte.

Bei seiner unablässigen Tätigkeit dieser Jahre, die in einer ganzen Reihe von *Mémoires de l'institut* dokumentiert ist, fand V. Zeit für einen Beitrag über einige in Alexander von Humboldts *Vue des Cordillères et monumens des peuples indigènes de l'Amérique* (1812) veröffentlichte aztekische Bildwerke. Bei seiner Einladung nach London zur Begutachtung der Parthenonskulpturen wies V. 1814 das abschätzige Urteil Richard ↗Payne Knights und anderer Mitglieder der *Society of Dilettanti* zurück, die den Wert dieser fragmentarischen Arbeiten nicht erkennen konnten und sie für mediokre Schöpfungen hadrianischen Stils hielten [14]. V. begnügte sich nicht mit der Bescheinigung ihrer superben Qualität, indem er ihre Zuschreibung an Phidias und dessen Werkstatt bestätigte [8]; vielmehr bekräftigte er auch die bestimmende Rolle des Phidias innerhalb der Entwicklung der griech. Kunst. Diese konnte V., dessen präzises Augenmerk sich an den röm. Skulpturen ausgebildet hatte, allerdings nicht kritisch rekonstruieren. Sein nach einigen Monaten im *Institut de France* vorgestelltes Gutachten wurde 1816 von Lord Elgin in Druck gegeben [14] und 1818 auf Initiative von V.s Witwe nachgedruckt, um V.s Primat gegenüber Antonio Canova zu behaupten.

Würdigung und Wirkung

V.s Ruf war schon zu Lebzeiten international; die Zeitgenossen erkannten seine Größe. Bereits 1784 würdigte Carlo ↗Fea in seinem Kommentar zu Winckelmanns Werk V.s weitreichende Kompetenzen und seine intime Vertrautheit mit den Quellen. So nannte ihn Aubin-Louis Millin »die schönste Eroberung, die Frankreich in Italien gemacht hat«, und Camillo Ugonis *Storia della letteratura italiana* (1820) wies ihm eine erstrangige kulturelle Rolle zu. Doch das Erscheinen der Mailänder Werkausgabe [6] bot auch Anlass, 1821 in der Zeitschrift *Biblioteca italiana* die scharfen Kritiken von Heinrich Karl Köhler (Vorsteher der Antikenabteilung der St. Petersburger Hermitage) in ital. Übersetzung zu veröffentlichen, die V. gegenüber ↗Winckelmann und ↗Zoëga zurücksetzten. Im 19. Jh. tendierte die Einschätzung von V.s Lebenswerk oft auch aufgrund seiner polit. Orientierung ins Negative (so etwa vonseiten Giacomo ↗Leopardis) [15], doch erschien 1848/49 ein Kompendium und Verzeichnis seiner Schriften [7]. Im 20. Jh. wurden seine Bedeutung für die Kultur seiner Zeit anerkannt sowie seine innovativen Leistungen im philol. Ansatz, bei der Überwindung der Winckelmann'schen Periodisierung, in den treffenden ikonographischen Deutungen und seither unbestrittenen Zuschreibungen herausgestellt [8]; [17]; [15].

SV: [7].

Schriften

[1] Il Museo Pio-Clementino descritto da G.B. Visconti, Bd. 1: Statue del Museo Pio-Clementino, Rom 1782 (u.ö.) [2] Il Museo Pio-Clementino descritto da E.Q. Visconti, Bde. 2:Statue; Bd. 4–5: Bassorilievi; Bd. 6: Busti, 1785–1796 (Bd. 7, 1807 [de facto 1810]: Miscellanea, mit Addenda und Korr.) [3] Musée Français, Bde. 3–4 (mit T.B. Eméric-David), Paris 1804–1809 [4] Iconographie ancienne, ou recueil des portraits authentiques des empereurs, rois, et hommes illustres de l'Antiquité. 1: Iconographie grecque (3 Bde.), Paris 1808 (^{2}1811; u.ö.) [5] Iconographie ancienne, ou recueil des portraits authentiques des empereurs, rois, et hommes illustres de l'Antiquité. 2. Iconographie romaine (4 Bde.), Paris 1817–1826 (u.ö.) [6] Le opere di Ennio Quirino Visconti, 19 Bde., hrsg. von G. Labus, Mailand 1818–1835 [7] Florilegio visconteo, o sia estratto della principale erudizione delle opere d'Ennio Quirino Visconti, 3 Bde., hrsg. von G.C. Rossi, 1948–1949.

Sekundärliteratur

[8] S. Ferri, Elogio degli aspetti positivi di E.Q. Visconti, in: La critica d'arte 6, 1937, 226–235 [9] D. Gallo, I Visconti. Una famiglia romana al servizio dei Papi, della Repubblica e di Napoleone, in: Roma moderna e contemporanea 2, 1994, 77–90 [10] D. Gallo, L'ideologia imperiale e l'iconographie grecque et romaine di Ennio Quirino Visconti, in: Ideologie e patrimonio storico-culturale nell'età rivoluzionaria e napoleonica. A proposito del trattato di Tolentino (Atti del convegno 1997), 2000, 55–73 [11] G. Labus, Notizie biografiche intorno la vita di Ennio Quirino Visconti, 1818 [12] A. Potts, Art. Visconti, Ennio Quirino (1751–1818), in: EHCA, 1173–1176 [13] O. Rossi Pinelli, Osservare, confrontare, dubitare: Ennio Quirino Visconti e i fondamenti della Storia dell'arte antica, in: A. Campitelli (Hrsg.), Villa Borghese. I principi, le arti, la città dal Settecento all'Ottocento (Ausst.kat.), 2003, 123–128 [14] W. Saint Clair, Lord Elgin and the Marbles, 1997 [15] S. Settis, Da centro a periferia. L'archeologia degli italiani nel XIX secolo, in: L. Polverini, Lo studio storico del mondo antico nella cultura italiana dell' Ottocento (Atti del Convegno Acquasparta 1988), 1993, 316–331 [16] C.B. Stark,

Handbuch der Archäologie der Kunst, 1880, 243–244 [17] P. Treves, Lo studio dell'antichità classica nell'Ottocento, 1962, 14–20.

Lucia Faedo (Ü: K. H.)

Vittorino da Feltre

Vittorino dei Ramboldini; ital. Humanist und Pädagoge. Geb. 1378 in Feltre, gest. am 2.2.1446 in Mantua. Ab 1396 Studium in Padua, 1415/16 in Venedig, 1416 Rückkehr nach Padua. 1421/22 Prof. für Rhetorik in Padua. Schulgründungen 1422 in Padua, 1423 in Venedig und Mantua. Hier auch Tätigkeit als Prinzenerzieher.

Werdegang und Wirken

V., Sohn eines Notars, studierte Grammatik und Literatur in Padua bei Gasparino ↗Barzizza und Giovanni da Ravenna, Mathematik bei Pelacani da Parma. Griechisch lernte er bei ↗Guarino di Verona, dessen Schulgründungen seinen Werdegang beeinflussten. 1421 trat er die Nachfolge Barzizzas auf dem Lehrstuhl für Rhetorik in Padua an, legte das Amt jedoch – offensichtlich enttäuscht – schon ein Jahr später nieder und richtete sein Augenmerk auf die Arbeit mit jüngeren Schülern. Seine Tätigkeit an den von ihm in Padua und Venedig eingerichteten Schulen begründete seinen Ruf als hervorragender Pädagoge. Als der Herzog von Mantua, Gianfrancesco Gonzaga, ihm den Auftrag erteilte, seine Kinder zu unterrichten, nahm V. diese ehrenvolle Aufgabe an, bestand aber darauf, im Umfeld des herzoglichen Hofes eine weitere Schule für ein größeres Publikum einrichten zu dürfen (die sog. *Ca' Goiosa*). V.s Schulen, in denen Lehrer und Schüler zusammen lebten und arbeiteten, förderten die Söhne des Adels ebenso wie begabte Kinder aus mittellosen Familien und fanden auch unter den Humanisten seiner Zeit hohen Zuspruch; sie trugen dazu bei, weit über Italien hinaus ein neues Konzept der Pädagogik zu entfalten, das ebenso profunde humanistische Kompetenzen vermittelte, wie es sich der christl.-religiösen und körperlichen Erziehung der Schüler verschrieb. Zu V.s Schülern gehörten Federico da Montefeltro und Theodorus ↗Gaza.

[1] A. Casacci, Un trattatello di Vittorino da Feltre sull'ortografia latina, in: Atti del Reale Istituto Veneto di Scienze, Lettere ed Arti 86, 1926–1927, 911–945 [2] A.-S. Göing, Die Lebensbilder zu Vittorino da Feltre. Studien zur Rezeption einer Erzieherpersönlichkeit im Italien des 15. Jh.s (Diss. Würzburg), 1999 [3] A. Grafton / L. Jardine, From Humanism to the Humanities. Education and the Liberal Arts in Fifteenth- and Sixteenth-Century Europe, 1986 [4] G. Müller, Mensch und Bildung im italienischen Renaissance-Humanismus. Vittorino da Feltre und die humanistischen Erziehungsdenker, 1984 [5] W. H. Woodward, Vittorino da Feltre and Other Humanist Educators, 1897 (Ndr. 1996).

Dorothee Gall

Vives, Juan Luis

Joan Lluís, lat. Ioannes Ludovicus V.; span. Humanist. Geb. am 6.3.1492 in Valencia, gest. am 6.5.1540 in Brügge. 1508 Studium in Valencia; 1509–1512 Studium der Philosophie und Theologie in Paris; 1512 Umzug nach Brügge; ab 1517 in Löwen, 1520 Lehrerlaubnis an der dortigen Katholischen Univ. Ab 1523 Lector des Corpus Christi College in Oxford; 1528 nach mehrfachem Wechsel zwischen England und den Niederlanden endgültige Rückkehr nach Brügge, wo er mit kurzen Unterbrechungen den Rest seines Lebens verbrachte.

Werdegang

V. war das Kind zwangsgetaufter Juden; er selbst blieb Katholik und lehnte die Reformation ab. Bekannt war er u. a. mit ↗Erasmus von Rotterdam, Thomas Morus und Guillaume ↗Budé. Im 16. und noch bis zur Mitte des 17. Jh.s war er einer der meistgelesenen und -übersetzten Autoren. V. zeigte sich eigenständig gegenüber der Macht: Als er die Scheidung König Heinrichs VIII. von Katharina von Aragón kritisierte, wurde er für einige Wochen unter Hausarrest gestellt. Danach verließ er England. Neben einem umfangreichen Kommentar zu Augustinus' *Civitas Dei* [3. Bd. 2–6] umfasst sein Werk v. a. philos. sowie pädagogische Schriften.

Werk und Wirkung

In *De institutione feminae Christianae* (Oxford 1523) [1. Bd. 6–7] beschreibt V. nach kurzen Bemerkungen über die Erziehung im Kindesalter in drei Büchern das erwünschte Rollenverhalten der Frau als Jungfrau, Gattin und Witwe. Dabei hebt er die Notwendigkeit der Bildung der Frau – unter Einbeziehung des Lateinischen – hervor und unterscheidet zwischen schädlicher (z.B. Ovid, *Amadis de Gaula*) und nützlicher (z.B. Augustinus, *Disticha Catonis*) Lektüre. Diesem erfolgreichen Werk folgte 1538 mit *De officio mariti* [1. Bd. 8] ein Gegenstück über das Rollenverhalten des Ehemanns, das seit der Edition von 1540 gemeinsam mit *De institutione* gedruckt und als dessen viertes Buch betrachtet wurde. *De tradendis disciplinis* (Brügge 1531) führt schließlich die Erziehung bis zum idealen Gelehrten weiter.

De ratione dicendi (Brügge 1532) ist keine einfache Schulrhetorik, sondern ein Werk, das die Rhetorik in den Dienst der *artes* und der Philosophie stellt: Gegen die als wirklichkeitsfern empfundene Fachsprache der Scholastiker setzte V. das verständliche Argumentieren des *sermo vulgaris* (d.h. die an Cicero geschulte lat. Sprache). Die *Exercitatio linguae Latinae* (Basel 1539) ist hingegen als Lehrbuch der lat. Sprache konzipiert; formales Vorbild waren die *Colloquia Familiaria* des ↗Erasmus. In 25 Dialogen entwickelt sich das Leben vom *puer* zum *adolescens*; gleichzeitig entfaltet sich die lat. Vokabelkenntnis und die moralische Erziehung der Nutzer. Der Philosophie zuzuordnen ist die Schrift *In pseudodialecticos* (Löwen 1519), eine Abhandlung gegen die scholastische Dialektik. *De causis corruptarum artium libri VII* [2] und *De disciplinis libri XX* (Brügge 1531) beinhalten konstruktive Kritik am Verfall der Freien Künste (aber auch der Medizin, Geschichtsschreibung und Gerichtsbarkeit); die unkritische Übernahme antiker Lehrmeinungen wird hierin ebenso kritisiert wie ihre Verfälschung durch die Scholastik.

In *De subventione pauperum* (Brügge 1526) [1. Bd. 4] formuliert V. Gedanken, die in mancher Hinsicht aus der *Utopia* des Thomas Morus abgeleitet sind und sich auf christliche ebenso wie auf pagane Quellen beziehen. Die Schrift ist dem Rat von Brügge gewidmet und entwickelt in zwei Büchern die Idee einer sozialen Verantwortung des Staates sowie ein Programm zu deren Umsetzung: Aus der Bedürftigkeit des Menschen seit dem Sündenfall ergebe sich die christl. Forderung nach der Nächstenliebe; doch auch die pagane Gesellschaft habe die Unterstützung Bedürftiger gekannt. V. unterbreitet Vorschläge zur Linderung der Armut: einen Zensus der Armen und das Verteilen von Hilfe einerseits, die Eliminierung der Bettelei durch Ausbildung (auch der Behinderten und Kranken) zur Erwerbstätigkeit andererseits. Zur finanziellen Ausstattung der Hospitäler gibt V. genauso Vorschläge wie zur Überwachung der Umsetzung. Die Schrift, vielfach übersetzt und rezipiert, hatte praktischen Einfluss auf die soziale Planung vieler niederl. Städte, stieß aber wegen ihrer Verurteilung des Bettelwesens auf den Widerstand katholischer Geistlicher.

Zu erwähnen sind ferner *De Europae dissidiis et bello Turcico* (Brügge, 1526), welches traditionell die Streitigkeiten der europ. christl. Staaten verurteilt und zum Türkenkrieg aufruft, die aus Komponenten des Platonismus, der Patristik und Scholastik sowie Galens erwachsende [7] theologisch-philos. Schrift *De anima et vita libri tres* (Brügge 1538) sowie *De veritate fidei Christianae* (Brügge 1541–1543), eine Schrift zur Verteidigung des katholischen Christentums.

Schriften

[1] Selected Works, 9 Bde., hrsg. von C. Matheeussen (mit Übers. und Komm.), 1987–2008 [2] De causis corruptarum artium, hrsg. von E. Hidalgo-Serna, 1990 [3] Opera Omnia Ioannis Lodovici Vivis Valentini, 6 Bde., hrsg. von A. Mestre und F.J. Pérez Durà, 1992–2010.

Sekundärliteratur

[4] A. Bonilla y San Martin, Luis Vives y la filosofia del renacimiento, 1903 [5] A. Buck (Hrsg.), Juan Luis Vives. Arbeitsgespräch, 1981 [6] C. Fantazzi, A Companion to Juan Luis Vives, 2008 [7] G. Hoppe, Die Psychologie von Juan Luis Vives, 1901 [8] C. Strosetzki (Hrsg.), Juan Luis Vives. Sein Werk und seine Bedeutung für Spanien und Deutschland, 1995 [9] S. Zeller, Juan Luis Vives. Wiederentdeckung eines Europäers, Humanisten und Sozialreformers jüdischer Herkunft im Schatten der spanischen Inquisition, 2006.

Nikolaus Thurn

Vogt, Joseph

Dt. Althistoriker. Geb. am 23.6.1895 in Schechingen (Württemberg), gest. am 14.7.1986 in Tübingen. 1913–1914 Studium der Kath. Theologie in Tübingen; 1914–1918 Kriegsdienst, zuletzt als Leutnant. 1919–1921 Studium der Klass. Phil., Arch. und Gesch. in Tübingen, 1921/22 in Berlin. 1921 Prom., 1923 Habil., 1926–1929 o.Prof. für Alte Gesch. in Tübingen, 1929–1936 o.Prof. in Würzburg. 1933 Eintritt in den NS-Lehrerbund und in die SA, 1937 in die NSDAP und den NS-Dozentenbund; in der NS-Zeit nach Würzburg 1936–1940 in Breslau, 1940–1943 in Tübingen und 1944/45 in Freiburg i.Br. tätig; 1946–1962 wieder in Tübingen. V. zählte zu den »Wortführern« seines Faches; in der akad. Selbstverwaltung amtierte er in Würzburg 1934/35 als Dekan, 1935/36 als Prorektor, dies ebenso in Breslau 1938/39; auch in Tübingen übernahm V. später wiederum Führungsfunktionen in der akad. Selbstverwaltung, u.a. als Dekan (1954) und Rektor (1958/59).

Werdegang, Werk und Wirkung

V. entstammte einer katholischen Bauernfamilie von der Schwäbischen Alb. Er war von Bauerntum, Katholizismus, positiver Einstellung zum Militär und der Univ. Tübingen geprägt. Wie die Freunde Victor ↗Ehrenberg und Fritz Taeger war er Schüler des Althistorikers Wilhelm ↗Weber; seinem »Lehrer und Führer« (so im Lebenslauf der Diss.) blieb er stets dankbar verbunden [1. 90]. Als Webers Nachfolger in Tübingen 1926 identifizierte sich der unermüdlich fleißige V. in seiner Antrittsvorlesung mit dem altröm. Typus des *homo novus* [2].

Nach frühen Studien zu numismatischen und arch. Quellen Ägyptens [1] wählte V. die röm. Geschichte zum Hauptarbeitsgebiet. In seiner Darstellung der röm. Republik [3] idealisierte er den röm. Imperialismus [21. 116]; fassbar ist auch »völkisches

Rassedenken« [21.105–112]. Diese zeittypische Disposition erleichterte es ihm nach 1933, sich auf die NS-Rassenlehre einzulassen, wie v.a. die Aufsätze *Bevölkerungsrückgang* [4] und *Rassenmischung im röm. Reich* [5] zeigen, die eine jüngere Historikergeneration als Kommentar zu den Nürnberger Gesetzen liest [21.208]. Im Zweiten Weltkrieg aktualisierte V. 1942 seinen idealistischen Reichsgedanken. Zu dem von Helmut ↗Berve geleiteten *Kriegseinsatz der Alt.wiss.* steuerte er das Gemeinschaftswerk *Rom und Karthago* bei [8], in dem man der Leitfrage nach dem »Rassengegensatz« nachging. In seinem eigenen Beitrag dazu, *Das Puniertum und die Dynastie des Septimius Severus*, bediente V. alte und moderne antisemitische Stereotype. Bereits 1941 war er zum korrespondierenden Mitglied des von dem NS-Chefideologen Alfred Rosenberg in Frankfurt am Main gegründeten Instituts zur Erforschung der Judenfrage ernannt worden.

1942–1945 publizierte V. Studien zu Kaiser Konstantin [6]; [9]; [10]. Die Wahl dieses Schwerpunktes steht für ein »demonstratives« Festhalten am Katholizismus [19.506]. Den ersten Ausdruck fand diese bekenntnishafte Wendung wohl in dem Breslauer Seminarthema »Kaiser Constantin und das Christentum« zum Sommersemester 1937 [16.89]. Am Ende des Zweiten Weltkriegs deuteten diese Beiträge unter Umständen eine Nachkriegsperspektive an. 1944 wechselte V. an die Univ. Freiburg, wo er in Kontakt zu Widerstandskreisen stand, ohne diesen selbst anzugehören. Nach dem Kriegsende für kurze Zeit suspendiert, nahm V. seine Lehrtätigkeit in Freiburg wieder auf, kehrte aber 1945/46 zum zweiten Mal und endgültig an seine Heimatuniv. Tübingen zurück.

In einer ergebnisreichen Basler Diss. wurde V. als ein »Althistoriker in der Weimarer Republik und im Dritten Reich« insbes. mit seinen Verstrickungen in der NS-Zeit, aber leider nur bis 1946 behandelt [21]. Zum Gesamtbild gehört aber auch sein Wirken und Werk bis 1985. Wie bei seinem »beständigen Konkurrenten« [19.505] Helmut ↗Berve stellt sich auch für V. die Kontinuitätsproblematik.

In Tübingen wandte sich V. verstärkt der Spätantike zu. Auf die religionsgeschichtlich akzentuierte Monographie [11] folgte 1965 als V.s wichtigste Arbeit zu dieser Epoche *Der Niedergang Roms* [14]. Er verknüpfte darin seinen kulturgeschichtlichen Ansatz mit Arnold Joseph ↗Toynbees universalhistor. Perspektiven. Bis zum Ende der 1960er Jahre warb V. für universalhistor. Projekte, die wie der Plan eines internationalen Instituts für Universalgeschichte und vergleichende Kulturforschung letztlich scheiterten.

Erfolgreicher war V. als Wiss.-Organisator mit dem von ihm 1950 als Leiter der Kommission für Geschichte des Altertums der Mainzer Akad. der Wiss. initiierten Projekt »Forschungen zur ant. Sklaverei«. V.s »Ausgangsbild« von der Sklaverei im klass. Griechenland war, wie die Studie *Sklaverei und Humanität* zeigt [12], stark idealistisch geprägt und zog den Vorwurf schönfärberischer Tendenzen nach sich. Zu dem Projekt gehörte die ab 1966 von V. mitherausgegebene Reihe *Übersetzungen ausländischer Arbeiten zur ant. Sklaverei*, die den Dialog mit sowjetischen Ansätzen im Westen ermöglichen sollte. Trotz aller Kritik bleibt festzuhalten, dass V. ein Großprojekt der dt. Alt.wiss. angestoßen und zum Erfolg geführt hat. Seine Rolle in der NS-Zeit hat V. nach bekanntem Muster konsequent »beschwiegen«.

SV: U. Vogt, Verzeichnis der Schriften Joseph Vogts, in: ANRW I/1, 1972 (Beilage), 15*-28*.

Schriften

[1] Alexandria. Die alexandrinischen Münzen als Quellen einer alexandrinischen Kaisergeschichte, Teil 1: Von Augustus bis Trajan (Diss. Tübingen, masch.), 1921 [2] Homo novus. Ein Typus der röm. Republik (Antrittsrede Tübingen), 1926 [3] Die röm. Republik, 1932 [4] Bevölkerungsrückgang im röm. Reich, in: Vergangenheit und Gegenwart 25, 1935, 653–664 [5] Rassenmischung im röm. Reich, in: Vergangenheit und Gegenwart 26, 1936, 1–11 [6] Die Bedeutung des Jahres 312 für die Religionspolitik Konstantins des Großen, in: Zs. für Kirchengeschichte 61, 1942, 171–192 (wieder in: H. Kraft [Hrsg.]: Konstantin der Grosse, 1974, 247–272) [7] Vom Reichsgedanken der Römer, 1942 [8] (Hrsg.) Rom und Karthago. Ein Gemeinschaftswerk, 1943 [9] Streitfragen um Konstantin den Großen, in: Mitteilungen des Archäologischen Instituts, Röm. Abt. 58, 1943, 190–203 [10] Zur Frage des christlichen Einflusses auf die Gesetzgebung Konstantins des Großen, in: Münchener Beiträge zur Papyrusforschung und antiken Rechtsgeschichte 35 (FS L. Wenger), 1945, 118–148 [11] Constantin der Große und sein Jahrhundert, 1949 [12] Sklaverei und Humanität im klassischen Griechenland (Mainzer Akademie der Wissenschaften und der Literatur, Abh. der geistes- und sozialwiss. Klasse), 1953 (Nr. 4) [13] Wege zum historischen Universum. Von Ranke bis Toynbee, 1961 [14] Der Niedergang Roms. Metamorphosen der antiken Kultur, 1965 (ital. 1965, engl. 1967, span. 1968) [15] Sklaverei und Humanität. Studien zur antiken Sklaverei und ihrer Erforschung (Historia, Einzelschriften 8), 1965.

Sekundärliteratur

[16] H. Bellen, Nachruf auf Joseph Vogt, in: Akademie der Wissenschaften und der Literatur Mainz, Jb. 37, 1986, 87–92 [17] K. Christ, Joseph Vogt und die Geschichte des Altertums, in: Christ RömGW, 151–195 [18] K. Christ, Joseph Vogt, in: Christ Prof. 63–124 [19] K. Christ, Homo novus. Zum 100. Geburtstag von Joseph Vogt, in: Historia 44, 1995, 504–507 [20] Christ Klio, 82–87, 101–102. [21] D. Königs, Joseph Vogt. Ein Althistoriker in der Weimarer Republik und im Dritten Reich (Diss. Basel), 1995.

Volker Losemann

Voß, Johann Heinrich

Dt. Schriftsteller, Übersetzer und Philologe. Geb. am 20.2.1751 in Sommerstorf bei Waren (Mecklenburg), gest. am 29.3.1826 in Heidelberg. 1759–1765 Besuch der Stadtschule in Penzlin, 1766–1769 der Lateinschule in Neubrandenburg. 1769–1772 Hauslehrer in Ankershagen bei Penzlin; 1772–1775 Studium der Theologie und Philologie in Göttingen; 1775–1778 freischaffender Schriftsteller in Wandsbek. 1778–1782 Rektor der Lateinschule in Otterndorf (Niederelbe), 1782–1802 in Eutin; 1802–1805 Privatgelehrter in Jena; ab 1805 Berater ohne Lehrverpflichtung an der Univ. Heidelberg.

Werk und Wirkung

Der aus einfachsten bäuerlichen Verhältnissen stammende V., der zu den konsequentesten Vertretern der dt. Aufklärung zählte, hat v.a. durch seine bis heute anerkannte Übertragung der homerischen Epen zur Vermittlung der ant. Kultur an breite Leserschichten viel beigetragen [10]. Nachdem er bereits 1775 Thomas Blackwells *Enquiry into the Life and Writings of Homer* (1735) ins Deutsche übertragen hatte, erschien 1781 seine erste Fassung der *Odyssee*; 1793 folgten die *Ilias* und eine grundlegend überarbeitete Fassung der *Odyssee* unter dem Titel *Homers Werke*, die bis 1821 fünf Auflagen erlebten. Außer Homer übersetzte V. u.a. auch Hesiod, Vergils *Bucolica* und *Georgica*, Horaz, Tibull sowie Ovids *Metamorphosen*. Seine eigenen Idyllen lehnen sich zum Teil an Vergil an.

Als Philologe beschäftigte sich V. in erster Linie mit ant. Metrik, Mythologie und Geographie. Nachdem er in der *Odyssee*-Übersetzung von 1781 den Hexameter noch in relativ freier Form verwendet hatte, strebte er anhand seiner Übertragung der vergilischen *Georgica* eine exakte Nachbildung der ant. Hexameter an und begründete damit die Lehre vom quantitierenden Prinzip nicht nur in den ant., sondern auch in den dt. Versen [1]. Diese baute er in dem Buch *Zeitmessung der dt. Sprache* [3] weiter aus und suchte sie in der Homer-Übersetzung von 1793 konsequent anzuwenden sowie in den späteren Auflagen noch zu vervollkommnen [9].

V. war ein streitbarer Philologe und Publizist. Bereits einige Besonderheiten in der ersten Fassung der *Odyssee*-Übersetzung und in deren Vorabdrucken führten zu einer langwierigen Kontroverse mit den Göttinger Gelehrten Christian Gottlob ↗Heyne und Georg Christoph Lichtenberg [8]. Heynes *Ilias*-Kommentar unterzog V. 1803 in der *Allgemeinen Literatur-Zeitung* einer vernichtenden Kritik [5], wobei er zwar manches Problematische an seinem früheren Lehrer durchaus richtig erkannte, aber auch persönliche und sachliche Belange vermengte und sich allzu sehr auf mikrologische und marginale Probleme konzentrierte. Er polemisierte auch gegen Friedrich August ↗Wolf und Gottfried ↗Hermann sowie v.a. – in dem Buch *Antisymbolik* [4] – gegen Georg Friedrich ↗Creuzers romantische Mythostheorie [9].

V.' philol.-pädagogische Arbeit stand – wie seine Antrittsreden in Otterndorf und Eutin, seine Rezensionen und Briefe nach 1805 sowie seine Heidelberger Tätigkeit belegen – im Einklang mit den neuhumanistischen Bildungsbestrebungen (vgl. dazu Werner ↗Jaeger).

M: Abriß meines Lebens, 1818 (Ndr. 1995).

SV: [6. 533–539]; Deutsches Literatur-Lexikon, 26, 2006, 407–409.

N: Düsseldorf, Görres-Gymnasium; Kiel, Schleswig-Holsteinische Landesbibl.; München, Bayer. Staatsbibl.; Dresden, Sächsische Landesbibl.; Jena, Univ.-Bibl.; Eutin, Kreisbibl.

Schriften

[1] Über des Virgilischen Landgedichts Ton und Auslegung, 1791 [2] Mythologische Briefe, 2 Bde., 1794 [3] Zeitmessung der dt. Sprache, 1802 [4] Antisymbolik, 2 Bde., 1824–1826 [5] Kritische Blätter nebst geografischen Abhandlungen, 2 Bde., 1828 [6] Ausgewählte Werke, hrsg. von Adrian Hummel, 1996.

Sekundärliteratur

[7] Bursian Gesch., 548–562 [8] O. Fambach, Der Aufstieg zur Klassik in der Kritik der Zeit. Die wesentlichen und die umstrittenen Rezensionen aus der periodischen Literatur von 1750 bis 1795, 1959, 215–309 [9] S. Fornaro, Friedrich Creuzer und die Diskussion über Philologie und Mythologie zu Beginn des 19. Jh.s, in: M. Korenjak / K. Töchterle (Hrsg.), Pontes I, 2001, 28–42 [10] G. Häntzschel, Johann Heinrich Voß. Seine Homer-Übersetzung als sprachschöpferische Leistung, 1977 [11] W. Herbst, Johann Heinrich Voß, 3 Bde., 1872–1876 (Ndr. 1970) [12] J. Kitzbichler et al., Theorie der Übersetzung antiker Literatur in Deutschland seit 1800, 2009, 24–29 [13] F. Muncker, Art. Voß, Johann Heinrich, in: ADB 40, 1896, 334–349 [14] V. Riedel, Goethe und Voß. Zum Antikeverständnis zweier deutscher Dichter um 1800, in: V. Riedel, »Der Beste der Griechen« – »Achill das Vieh«, 2002, 107–122 [15] V. Riedel, Ein »Grundschatz aller Kunst«. Goethe und die Vossische Homer-Übersetzung (2002), in: V. Riedel, Literarische Antikerezeption zwischen Kritik und Idealisierung, 2009, 188–228 [16] Sandys Hist., Bd. 3, 61–63 [17] E. G. Schmidt, Jenaer Gräzistik um 1800, in: F. Strack (Hrsg.), Evolution des Geistes, 1994, 245–269.

Volker Riedel

Vossius, Gerardus Johannes

Voss, Jansz Gerrit (Johann Gerhard); niederl. Gelehrter, Humanist und Theologe. Geb. im März oder April 1577 in Heidelberg, gest. am 17.3.1649 in Amsterdam. 1587 Eintritt in die Lateinschule in Dordrecht; ab 1595 Studium der Philosophie und Theologie an der Univ. Leiden; 1598 Prom. zum M.A. Nach zweijährigem Wirken an der Fakultät Rektor der Lateinschule von Dordrecht; 1615–1619 Rektor des Collegium Theologicum in Leiden; ab 1622 Prof. für Eloquenz und Geschichte an der Univ. Leiden; ab 1632 Rektor des Athenaeum illustre in Amsterdam.

Biographie und wissenschaftlicher Werdegang

V. stammte aus einer angesehenen Familie aus Roermond (Limburg, Niederlande). Sein Vater kam als Calvinist nach Heidelberg, verlor jedoch aufgrund der konfessionellen Umstellung der Pfarreien unter Kurfürst Friedrich III. seine Position und kehrte 1578 nach Dordrecht und Leiden zurück. V. wurde früh Waise und bei Barbara van der Myle, einer Pastorenwitwe, aufgezogen, ehe er 1587 in die Lateinschule von Dordrecht eintrat, wo er die Grundlage seiner ausgezeichneten lat. und griech. Sprachkenntnisse legte. Insbes. begeisterten Absolventen der »Leuvener Schule« wie Cornelius Rekenarius und Hadrian Marcellus den aufgeweckten Zögling, der sich zu dieser Zeit bereits Sentenzen- und Phrasenkataloge (*loci communes*) zur Lektüre griech. und lat. Autoren anlegte. Franciscus Nansius weckte V.' Liebe zur griech. Rhetorik. Nach dem Tod Barbara van der Myles 1594 wurde er in das Haus des Rektors Marcellus aufgenommen. Aufgrund seiner hervorragenden Kenntnisse wurde er Stipendiat im neu gegründeten *Collegium Theologicum* in Leiden, das Joannes Kuchlinus leitete. Im Februar 1598 verteidigte V. seine Thesen [1] unter Petrus Molinaeus und konnte so als bislang erster Kollegiat den Grad eines Magister Artium der Univ. Leiden erwerben; das publizierte Werk zeigt, dass der Schwerpunkt seiner philos. Interessen bereits auf Aristoteles lag, dem er zeitlebens anhängen sollte.

Nach seiner Prom. lehrte V. an der Univ. Leiden Philosophie (aristotelische Physik; sein Skript ist erhalten) und wirkte als Tutor für Rhetorik. Trotz hervorragender Resonanz als Prof. dort konnte Dordrecht seinen Stipendiaten zurückholen und berief ihn 1600 als Vizerektor an seine einstige Lateinschule; bald darauf übernahm er das Rektorat. Die heruntergekommene Schule erlebte einen jähen Aufschwung dank der umsichtigen und engagierten Leitung des 23-Jährigen. In diesen ersten Jahren verfasste V. sein rhetoriktheoretisches Hauptwerk [2], das in der Fachwelt seinen Ruhm begründen sollte und das er mehrfach überarbeitete. 1607 heiratete er in zweiter Ehe Elisabeth, die Tochter seines Leidener Lehrers Franciscus ↗Junius.

Ohne explizit Partei zu ergreifen, geriet V. in die aufkommenden Divergenzen zwischen Remonstranten und calvinistischen Contraremonstranten; die Berufung auf das Rektorat des *Collegium Theologicum* 1615 nach Leiden verschaffte ihm als Forscher und Lehrer neuen Freiraum. Einem Ruf nach Steinfurt (1614) folgte er nicht. In den vier Jahren seines Wirkens als Regens standen theologische Fragen im Vordergrund, so sein Eintreten für Hugo ↗Grotius gegen Hermann Ravensberger [4] und die Geschichte des Pelagianismus [3], die dem aufklärerischen Impetus folgte, die Remonstranten vom Vorwurf der Häresie zu befreien. Reaktionen blieben zwar aus, dennoch verlor er nach der Synode von Dordrecht (1618/19) seine Position als Rektor, da man ihn in die Nähe der Remonstranten rückte. Einer Verurteilung konnte er dank seiner hervorragenden dialektischen Fähigkeiten entgehen.

V. wurde Mitglied der Univ. Leiden, und erhielt 1622 auch eine Prof. für Eloquenz und Geschichte. Theologische Themen traten zurück. Die neue Stellung veranlasste ihn dazu, wiederum rhetorische Werke zu schreiben [6]; [8]. Seine Vorlesungen zur Geschichte erschienen im Druck [7], postum erneut unter dem Titel *Historiae universalis epitome* (1698). Ebenfalls aus seiner Profession erwuchsen seine Arbeiten zur Grammatik: Als die holl. Staaten ein Gremium zur Standardisierung der Sprachkompetenz in den Lateinschulen einsetzten, konnte V. seine in Dordrecht gemachten Erfahrungen umsetzen und zeichnete für die Auswahl und Edition der zu behandelnden Texte verantwortlich; insbes. aber konzipierte er seine grammatischen und rhetorischen Unterrichtswerke, die bis weit ins 19. Jh. unverzichtbar bleiben sollten [10]; [11]; [9]; [15].

Durch Grotius' Vermittlung wurde der Londoner Bischof William Laud auf V.' Werk zur Geschichte des Pelagianismus aufmerksam. Im Herbst 1629 folgte V. einer Einladung nach England, wo der König ihm die Staatsbürgerschaft verlieh und er eine Prof. in Cambridge als Kanonikus antreten sollte. Im Dezember 1629 bestellte ihn der König zum Kanonikus; das Kapitel in Canterbury nahm ihn feierlich auf. V.' Ehrung im Ausland blieb nicht ohne Wirkung. Er blieb jedoch nicht in England, sondern nahm 1631 den Ruf auf eine ausgezeichnet dotierte Stelle als Rektor des neu gegründeten *Athenaeum Illustre* in Amsterdam an, wo er wiederum als Wissenschaftler und Pädagoge wirken sollte. Eine Berufung seines Schwagers Franciscus ↗Junius scheiterte zwar, aber er konnte dessen Werk zur Archäologie der Malerei (*De pictura veterum*) 1637 in Amsterdam zum Druck bringen. In dieser letzten Lebensphase unterhielt V. eine rege Korrespondenz mit Gelehrten aus aller Welt, widmete sich aber auch seinen theologisch-antiqu. [14]; [13] und grammatischen Interessen [12];

[15]; [20]. Außerdem verfasste er seine Werke zur Dichtkunst [17]; [16].

Die letzten Lebensjahre waren vom Tod fünf seiner Kinder überschattet. V. starb an den Folgen eines Unfalls und wurde in der *Nieuwe Kerk* von Amsterdam bestattet. Von den 12 Kindern überlebte nur Isaac ↗Vossius den Vater; er verwaltete seinen Nachlass.

Werk

Es lassen sich vier Themenbereiche abgrenzen, denen V. sich nicht zuletzt aufgrund seiner Tätigkeit als Lehrer immer wieder zuwandte: Grammatik, Philologie, Rhetorik und Theologie. Jedes bearbeitete er auf mehreren Niveaus: die Grammatik von Sprach- und Syntaxgeschichte nebst Worterklärung bis zur Elementargrammatik für die Lateinklassen [24]: die Philologie im engeren und weiteren Sinne eines ausgedehnten Antiquarianismus bis zur Edition von Texten in Schulausgaben [26]; die Rhetorik im alle ant. Quellen berücksichtigenden aristotelisch geprägten Aufriss [2] bis zu rhetorischen Handreichungen mit praktischen Übungsbeispielen; die Theologie in kurzen Einlassungen zu dogmatischen Fragen bis hin zu mehrbändigen Abhandlungen, in denen sich Theologie und Philologie verknüpfen [3]; [13]; [14]. Die Schrift [19] stellt die Philologie in den Rahmen der höheren und niederen Künste; sie gehört zur Polymathie und somit zu den *artes liberales*. Daraus ergibt sich ein *ordo* von den »banausischen« (Handwerk) über die *artes populares* (Grammatistik, Gymnastik, Musik, Malerei) zu den höheren, die Philosophie vorbereitenden Künsten bis hin zur Theologie, die jedoch der Offenbarung bedarf und so über den Kreis der *artes* hinausführt. In dieser Hierarchie war die Kritik nicht Bestandteil der philol. *ars*, sondern ein subjektives Vermögen des individuellen *iudicium* [26]; [23]. V.' Philologie war weniger kritisch im mod. Sinne als zusammen mit Mathematik und Logik Instrument und Operationsform einer Polymathie, die am *ordo* einer *topica universalis* arbeitet.

Ein in diesem Sinne konzipiertes Werk ist V.' religionshistor. Darstellung der heidnischen Gottesverehrung bis in die Gegenwart Brasiliens, in welcher – ohne deistisch zu argumentieren – der Nachweis geführt wird, dass die Natur immer wieder auf ihren Schöpfer verweist [13]. Eine solche systematische Darstellung kann daher den Weg zur Erkenntnis Gottes bahnen. Mythographie, Antiquarianismus und Symbolforschung finden zu einer einzigartigen disziplinären und methodischen Verbindung, die erst mit Ernst Cassirers *Philosophie der symbolischen Formen* (1923–1929) auf eine neue erkenntniskritische Grundlage gestellt wurde.

Wegweisend für die Konzeption einer nzl. Rhetoriktheorie waren schließlich die sechs Bücher zur Redelehre [2], die das Grundkonzept des Aristoteles mit der technischen Entwicklungen der *Institutio* Quintilians verbinden. Es ist bezeichnend für V.' pädagogischen wie systematischen Anspruch, dass er neben der stetigen Erweiterung seines rhetorischen Hauptwerkes immer wieder praktisch orientierte Kurzfassungen vorlegte. Eine ähnliche Struktur weisen auch seine grammatischen Studien auf, die – von der Elementargrammatik bis zu einer mit vielen Belegstellen operierenden Universalgrammatik – jeweils vom Buchstaben bis zur komplexen Syntax systematische Darstellungen entwickeln. Sie sollten lange in der Schule wie auch in Gelehrten-Bibl. Standardwerke bleiben.

Wirkung

Durch seine ausgedehnte Korrespondenz stand V. in Verbindung zur gesamten gelehrten Welt seiner Zeit; Hugo ↗Grotius zählte zu seinen engsten Freunden, über seinen Schwager Franciscus ↗Junius hatte er auch Kontakte nach England. Seine stupende Quellenkenntnis war nachgerade sprichwörtlich; sie war Grundlage seiner Polymathie, die im Überlieferten nach einem verborgenen *ordo* suchte. V.' umfassende Bibl. bildet heute den Grundbestand wertvoller Drucke und Hss. (*codices Vossiani*) der Univ.-Bibl. Leiden. Die Vielzahl der Auflagen seiner z. T. sehr umfangreichen Bücher belegt eine ununterbrochene Rezeption bis ins 18. Jh. Sie galten geradezu als Inbegriff von Gelehrsamkeit, mit der sich jede nachfolgende Generation auseinandersetzen musste. Daran konnte auch der beginnende Rationalismus nicht vorübergehen, so sehr nun auch die überbordende Materialfülle verachtet wurde. Man kann V. als Gelehrten an einer Epochenschwelle vom Humanismus zum aufkommenden Rationalismus sehen, dessen Zeichen er nicht verstand. Ohne Zweifel erschwert der gelehrte Apparat seiner Werke eine tiefer gehende Analyse, die etwa seinen Philologiebegriff kulturphilos. deuten könnte. Hier liegt noch ein weites Feld der Forschung.

Schriften

[1] Universalis philosophiae akrōtēriasmós, Leiden 1598 [2] Oratoriarum institutionum libri sex, Leiden 1606 (zahlreich Ndr., später unter dem Titel Commentariorum rhetoricorum sive oratoriarum institutionum libri sex) [3] Historiae de controversiis, quas Pelagius eiusque reliquiae moverunt, libri septem, Leiden 1618–1701 (u.ö.) [4] Responsio ad Judicium Hermanni Ravenspergeri, Leiden 1618 [5] De rhetorices natura ac constitutione, et antiquis rhetoribus, sophistis ac oratoribus liber, Leiden 1621 (u.ö.) [6] Rhetorices contractae sive partitionum oratoriarum libri quinque, Leiden 1621 (u.ö.) [7] Ars historica, sive de historiae et historices natura historiaeque scribendae praeceptis

commentatio, Leiden 1623 (u.ö.) [8] Elementa rhetorica, oratoriis ejusdem partitionibus accommodata, inque usum scholarum Hollandiae et West-Frisiae edita, Leiden 1626 [9] Institutiones linguae Graecae, Leiden 1626 (u.ö.) [10] Latina grammatica, in usum scholarum Hollandiae et West-Frisiae, Leiden 1626 (u.ö.) [11] De historicis Latinis libri tres, Leiden 1627 [12] De arte grammatica libri septem, Amsterdam 1635 (u.ö.) [13] De theologia gentili et physiologia Christiana, sive de origine ac progressu idololatriae, deque naturae mirandis quibus homo adducitur ad Deum, libri quatuor, Amsterdam 1641 [14] Dissertationes tres de tribus symbolis, Apostolico, Athanasiano, et Constantinopolitano, Amsterdam 1642 [15] De vitiis sermonis et glossematis Latino-barbaris libri quatuor, partim utiles ad pure loquendum, partim ad melius intelligendos posteriorum seculorum scriptores, Amsterdam 1645 [16] De artis poeticae natura ac constitutione liber, Amsterdam 1647 [17] Poeticarum institutionum libri tres, Amsterdam 1647 (Neuausg., übers., komm. und hrsg. von J. Bloemendal, 2010 ff.) [18] Linguae Graecae rudimenta, Amsterdam 1649 (u.ö.) [19] De quatuor artibus popularibus, de philologia, et scientiis mathematicis, cui operi subjungitur chronologia mathematicorum, libri tres, Amsterdam 1650 (u.ö.) [20] Etymologicon linguae Latinae. Praefigitur ejusdem de literarum permutatione tractatus, Amsterdam 1662.

Sekundärliteratur

[21] L. Deitz, Gerhard Johann Vossius' De philologia liber und sein Begriff von »Philologie«, in: R. Häfner (Hrsg.), Philologie und Erkenntnis. Beiträge zu Begriff und Problem frühneuzeitlicher ›Philologie‹, 2001, 3–34 [22] J. Leonhardt, Die grammatischen Werke des Gerardus Ioannes Vossius, in: W. Ax (Hrsg.), Von Eleganz und Barbarei. Lat. Stilistik in Renaissance und Barock (Wolfenbütteler Forschungen 95), 2001, 189–208 [23] G. A. Padley, Grammatical Theory in Western Europe 1500–1700. The Latin Tradition, 1976 [24] C. S. M. Rademaker, Life and Work of Gerardus Joannes Vossius (1577–1649), 1981 (niederl. 1967, Diss. Nijmegen) [25] C. S. M. Rademaker, Gerardus Johannes Vossius (1577–1649) and the Study of Latin Grammar, in: Historiographia Linguistica 15, 1988, 106–128 [26] C. S. M. Rademaker / G. A. van der Lem, Inventory of the Correspondence of Gerardus Joannes Vossius 1577–1649, 1993 [27] N. Wickenden, Gerardus Johannes Vossius and the Humanist Concept of History, 1993.

Thomas Schirren

Vossius, Isaac

Niederl. Altphilologe. Geb. 1618 in Leiden, gest. am 21.2.1689 in Windsor. 1641–1644 ausgedehnte Studienreisen durch England, Frankreich und Italien; seit 1646 offizieller Historiograph von Holland und Zeeland. 1649–1655 im Dienst der Königin Christina von Schweden; ab 1670 in England; 1673 Ernennung zum Kanoniker in Windsor.

Werk und Wirkung

V., Sohn von Gerardus Johannes ↗Vossius, wurde erst in Leiden, dann in Amsterdam von Privatlehrern unterrichtet [8.20–23]. Später lernte er bei Claudius ↗Salmasius, zu dessen Werk *De Hellenistica commentarius* (1643) er durch seine Recherchen beitrug [8.38–41]. Noch unter Salmasius' Einfluss veröffentlichte V. 1639 seine Edition des griech. Geographen Skylax [1] und 1640 die der Trogus-Epitome des Iustinus [2]. Bei seinen darauffolgenden Reisen erwies sich V. als eifriger Kopist und Sammler zahlreicher Hss., wovon die *codices Vossiani* der Universitätsbibl. Leiden sowie die *codices Reginae* der Bibl. Vaticana zeugen [11]. Letztere hatte V. ursprünglich als Bibliothekar der schwed. Königin Christina gesammelt, bei der er (neben anderen Gelehrten wie z.B. René Descartes, Johannes ↗Freinsheim und Johann Heinrich ↗Boeckler) seit 1649 im Dienst stand. Neben der Arbeit an seinen eigenen Editionen der Briefe des Märtyrers Ignatius [3] und der Gedichte Catulls [7] unterstützte V. auch andere Gelehrte, etwa indem er Hss. zur Verfügung stellte, wodurch es u.a. Thomas Gale möglich war, die *editio princeps* von Iamblichs *De mysteriis* (1678) zu publizieren [10].

Nach seinem Ausscheiden aus dem Dienst der Königin siedelte V. nach Den Haag über, wo er sich verstärkt theologischen und naturwiss. Fragen zuwandte [4]; [5]. 1673 entstand in England sein vielleicht wichtigstes Werk *De poematum cantu et viribus rythmi*, in dem er Grundfragen des ant. Versrhythmus und der Vertonung metrischer Gedichte behandelte [6], womit V. möglicherweise die metrische Theorie Gottfried ↗Hermanns beeinflusste [9].

Schriften

[1] Periplus Scylacis Caryandensis (Edition), Amsterdam 1639 [2] Iustini historiarum ex Trogo Pompeio lib. XLIV (Edition), Leiden 1640 [3] Epistolae genuinae S. Ignatii Martyris … ex bibliotheca Florentina (Edition mit Komm.), Amsterdam 1646 [4] Dissertatio de vera aetate mundi, Den Haag 1659 [5] De Nili et aliorum fluminum origine, Den Haag 1666 [6] De poematum cantu et viribus rythmi, Oxford 1673 [7] Caius Valerius Catullus et in eum … observationes (Edition), London 1684.

Sekundärliteratur

[8] F. F. Blok, Isaac Vossius and His Circle, 2000 [9] E. Plantade, Isaac Vossius, Gottfried Hermann et l'ictus vocal, in: RhM 150, 2007, 407–423 [10] Sandys Hist., Bd. 2, 354–355 [11] Wilamowitz GPh 32.

Malte Helfberend

Wace, Alan

Brit. Archäologe. Geb. am 13.7.1879 als Alan John Bayard W., gest. am 9.11.1957 in Athen. 1898–1901 Studium der *Classics* in Cambridge, 1906 M.A.; 1902–1911 Mitglied der British School at Athens (BSA), 1905/06 dort Bibliothekar; 1912–1914 Lecturer für Alte Gesch. und Arch. in St. Andrews; 1914–1923 Direktor der BSA. 1915–1919 Kriegseinsatz bei der brit. Gesandtschaft in Athen; 1924–1934 stellvertretender Kustos der Textilabteilung des Victoria and Albert Museums in London. 1934–1944 Laurence Prof. für Klass. Arch. in Cambridge. 1939–1943 Kriegseinsatz in Athen und Kairo. 1944–1952 Prof. für Klass. Phil. und Arch. im ägypt. Alexandria. Zahlreiche Auszeichnungen, darunter vier Ehrendoktorate.

Werk und Wirkung

Nach glänzendem Studienabschluss in Cambridge wurde W. 1902/03 Mitglied der BSA. In den darauf folgenden Jahren spielte er eine wichtige Rolle bei deren Forschungen in Lakonien und unternahm ausgedehnte Reisen in Griechenland. Seine Arbeit mit Maurice Scott Thompson in Thessalien [3] führten ihn 1907 zur prähistor. Forschung. Ihre Feldstudien erbrachten eine Fülle von Erkenntnissen zur Vorgeschichte dieses Landesteils [2] und des griech. Festlands generell. Dennoch war seine Zusammenarbeit mit Carl ↗Blegen von der *American School of Classical Studies* in Athen von noch nachhaltigerer Wirkung, da sie gemeinsam ein »helladisches« Zeitschema für die kulturellen Phasen der Bronzezeit auf dem Festland entwickelten – parallel zu Arthur ↗Evans' minoischer Sequenz auf Kreta –, das bis heute allgemein verwendet wird.

In seiner Zeit als Direktor der BSA erarbeitete W. bei Ausgrabungen in Mykene in den frühen 1920er Jahren die korrekte Datierung der wichtigsten Monumente. Aufgrund seiner Ergebnisse plädierte er dafür, dass die myk. (späthelladische) Kultur nicht lediglich eine provinzielle Spielart der min. Zivilisation gewesen sei (wofür sie Evans hielt), sondern eine eigenständige, allerdings von den Minoern beeinflusste Entwicklung, die ihren Höhepunkt erst nach dem Zusammenbruch der min. Welt erreicht habe. Sie sei die erste griech. Kultur gewesen und Quelle der Überlieferungen von einem heroischen Zeitalter. Die Veröffentlichung dieser Theorie löste eine heftige Kontroverse aus, doch weitere Grabungen in Griechenland und die Entschlüsselung von Linear B haben bewiesen, dass W. im Ganzen richtig lag, auch wenn er die Verbindung des myk. zum späteren Griechenland überzeichnete.

1939 sowie 1952–1955 kehrte W. zu Ausgrabungen nach Mykene zurück und machte dort weitere wichtige Entdeckungen. Diese Funde, die Etablierung der helladischen Sequenz und die Betonung des Wertes von Surveys sind seine größten Beiträge zur Erforschung der griech. Prähistorie. Über W.s herausragenden Leistungen auf diesem Gebiet sollte jedoch seine Vielseitigkeit nicht übersehen werden: Lebenslang beschäftigte er sich auch mit der griech. und röm. Kunst, insbes. der Skulptur [1]; [5]; [7]; daneben war er, v.a. aufgrund seiner Museumstätigkeit, auch ein führender Experte für mediterrane Textilkunst.

SV: H. Waterhouse, in: Annual of the British School at Athens 46, 1951, 232–243; 63, 1968, 327–329.

Schriften

[1] A Catalogue of the Sparta Museum (mit M.N. Tod), 1906 [2] Prehistoric Thessaly (mit M.S. Thompson), 1912 [3] The Nomads of the Balkans (mit M.S. Thompson), 1914 [4] Chamber Tombs at Mycenae, 1932 [5] An Approach to Greek Sculpture, 1935 [6] Mycenae. An Archaeological History and Guide, 1949 [7] Hermopolis Magna, Ashmunein. The Ptolemaic Sanctuary and the Basilica, 1959 [8] A Companion to Homer (mit F.H. Stubbings), 1962.

Sekundärliteratur

[9] C.W. Blegen, Alan John Bayard Wace (1879–1957), in: American Philosophical Society Yearbook, 1958, 162–171 [10] D.W.J. Gill, Art. Wace, Alan John Bayard, in: Oxford Dictionary of National Biography 56, 2004, 632–635 [11] R. Hood, Alan John Bayard Wace, 1879–1957, in: Faces of Archaeology in Greece, 1998, 41–46 [12] S. Hood, Alan John Bayard Wace, in: Gnomon 30, 1958, 158–159 [13] F.H. Stubbings, Alan John Bayard Wace, 1879–1957, in: Proc. of the British Academy 44, 1958, 263–280.

Oliver Dickinson (Ü: D.P.)

Wackernagel, Jacob

Schweizer. Indogermanist. Geb. am 11.12.1853 in Basel, gest. am 22.5.1938 ebda. Studium der Alt.wiss., Germanistik und Gesch. in Basel, Göttingen, Leipzig und Oxford; 1875 Prom. in Basel. 1876 dort PD für griech. Sprache und Literatur sowie für Sanskrit; 1879 Extraordinarius, 1881 o.Prof. ebda. Ab 1902 o.Prof. für vergleichende Sprachwiss. in Göttingen, 1915–1936 in gleicher Funktion in Basel; 1936 emeritiert.

Werdegang und Werk

W., Sohn des von Berlin nach Basel berufenen Germanisten Wilhelm W., wurde unmittelbar nach Studium und Prom. zum Thema der stoischen Sprachbetrachtung [1] PD in Basel, 1879 als Nachfolger von Friedrich ↗Nietzsche Extraordinarius, 1881 dann o.Prof. In dieser Funktion behandelte W. neben sprachgeschichtlichen auch lit. Themen, widmete sich aber mit seinem Wechsel 1902 nach Göttingen als Nachfolger Wilhelm Schulzes ausschließlich der Sprachwiss. Der Erste Weltkrieg veranlasste ihn 1915 zur Rückkehr nach Basel, nun als o.Prof. für Indogermanistik. W. war zweimal Rektor der Univ. Basel, in Göttingen Prorektor.

Auf dem Gebiet der indogerman. Syntax gelang W. 1892 die Entdeckung des sog. W.'schen Gesetzes, wonach Enklitika hier die zweite Position im Satz anstreben [2]; seine weiteren Forschungen zur Satzlehre fasste er später in den Vorlesungen zur Syntax zusammen [5]. Unter den gräzistischen Arbeiten ragt seine Untersuchung zu Homer heraus [4], im Bereich des Sanskrit die *Altindische Grammatik* [3]. Anders als die meisten Indogermanisten seiner Zeit befasste sich W. intensiv mit Fragen der Syntax und analysierte Sprache als einen histor. geprägten Organismus. Viele seiner Ergebnisse sind bis heute grundlegend [8], v.a. sein unvollendetes Hauptwerk [3]. Seine Arbeiten zu Homer haben in jüngster Zeit wieder intensive Berücksichtigung gefunden, so etwa in M.L. Wests *Ilias*-Ausgabe (1998–2000).

SV: M. Probst, in: [7.354–361]; 1. Nachtrag: A. Debrunner, in: IF 23, 1939, 447–450; 2. Nachtrag: [6.Bd. 3,XX-XXVI].

N: Stadt Basel, Staatsarchiv (PA 82a K).

Schriften

[1] De pathologiae veterum initiis (Diss. Basel), 1876 [2] Über ein Gesetz der indogermanischen Wortstellung, in: IF 1, 1892, 333–436 [3] Altindische Grammatik, Bd. 1: Lautlehre, 1896; Bd. 2/1: Nominalkomposition, 1905; Bd. 3: Nominalflexion, Numeralia, Pronomina, 1930 (mit A. Debrunner), 1896–1930 (Bd. 2/2: Nominalsuffixe, 1954, von A. Debrunner) [4] Sprachliche Untersuchungen zu Homer, 1915 [5] Vorlesungen über Syntax mit besonderer Berücksichtigung von Griechisch, Lateinisch und Deutsch, 2 Bde., 1920–1926 (2. Aufl. 1926–1928) [6] K.S., 3 Bde., hrsg. von B. Forssman, 1953–1979.

Sekundärliteratur

[7] Antidoron. FS J. Wackernagel, 1923 [8] H. Eichner / H. Rix (Hrsg.), Sprachwissenschaft und Philologie. Jacob Wackernagel und die Indogermanistik heute. Kolloquium der Indogermanischen Gesellschaft (Basel 1988), 1990.

Edzard Visser

Wagner, Johann Martin von

Dt. Künstler, Kunstagent und Archäologe. Geb. am 24.6.1777 in Würzburg, gest. am 8.8.1858 in Rom. 1797–1802 Ausbildung an der Akad. der Bildenden Künste in Wien; 1803/04 Weiterbildung in Paris. 1804 Berufung zum Lehrer der Höheren Zeichenkunst an der Univ. Würzburg; zugleich Übersiedlung nach Rom, zunächst als Stipendiat der Univ. Würzburg, ab 1810 als Kunstagent des bayer. Kronprinzen Ludwig. 1829 Erhebung in den persönlichen Adelsstand.

Werdegang und Wirken

Der Sohn des Würzburger Hofbildhauers Johann Peter W. trat 1794 in die Werkstatt seines Vaters ein. Hier erlernte er die Grundzüge der Bildhauerei und des Zeichnens und schulte sich in der Malerei. Sein so erwiesenes Talent ebnete ihm den Weg an die Akademie in Wien [3.17–21]. In der 1803 in Weimar ausgeschriebenen Preisaufgabe errang er den ersten Platz; dies brachte ihm den Ruf an die Univ. Würzburg, das damit verbundene Studienstipendium in Rom und in letzter Konsequenz die Bestallung als Kunstagent Ludwigs I. ein [5]. Die klassizistische Malerei seines Wiener Lehrers Heinrich Füger blieb für sein gesamtes künstlerisches Wirken prägend. Zeitlebens orientierte er sich an den Werken der Antike: Ihm galt das Altertum »als ein Vehikel zur neueren Kunst« [3.67]. Seine Zeichnungen antiker Reliefs und Vasenbilder dokumentieren diese ständige Schulung [3.37–62]. Unter seinen Gemälden fand der 1806/07 ausgeführte *Rat der griech. Helden vor Troja* die höchste Beachtung, markiert aber zugleich den Abschluss seines malerischen Œuvres [3.139–145]. Wichtigste Zeugnisse seines anschließend auf die Bildhauerei fokussierten Schaffens sind der Relieffries in der Walhalla [4] und die Skulpturen des Siegestors in München [3.23–32].

Seinem sicheren Urteilsvermögen für Qualität verdankt die Antikensammlung in München ihre bedeutsamsten Werke (*Barberinischer Faun*, *Ägineten*) [1]; [5]. Seinen umfangreichen Kunstbesitz, darunter 20000 Künstlerzeichnungen [3.147–221] und eine Sammlung antiker Kunst [3.80–135], übereignete er 1857 mit einem reich ausgestatteten Stiftungsfonds der Univ. Würzburg [3.63–74].

N: Würzburg, Julius-Maximilians-Univ.; Würzburg, Martin von Wagner-Museum.

Schriften

[1] Bericht über die Aeginetischen Bildwerke im Besitz Seiner Königlichen Hoheit des Kronprinzen von Baiern (mit F.W.J. von Schelling), 1817.

Sekundärliteratur

[2] S. Kummer, Martin (von) Wagner bittet um Urlaub in Rom, in: Mainfränkisches Jb. für Geschichte und Kunst 61, 2009, 236–266 [3] S. Kummer / U. Sinn (Hrsg.), Johann Martin von Wagner. Künstler, Sammler und Mäzen (Ausst.kat.), 2007 [4] G. Lorenz, »Walhalla's herrlichste Zierde«. Der Walhallafries des Johann Martin von Wagner (Diss. Regensburg), 1988 [5] R. Wünsche, Johann Martin

Wagner als Ludwigs Kaufagent in Rom (Kap. zu Ludwigs Skulpturenerwerbungen für die Glyptothek), in: K. Vierneisel / G. Leinz (Hrsg.), Glyptothek München 1830–1980. Jubiläumsausstellung zur Entstehungs- und Baugeschichte (Ausst.kat.), 1980, 30–78.

Ulrich Sinn

Walde, Alois

Österr. Sprachwissenschaftler und Indogermanist. Geb. am 30. 11. 1869 in Innsbruck, gest. am 3. 10. 1924 ebda. Schulbesuch, Studium in Innsbruck, 1894 Prom., 1896 Habil. ebda. Angestellter der Univ.-Bibl.; ab 1907 ao.Prof. in Innsbruck; ab 1909 o.Prof. für Indogerman. Sprachwiss. in Gießen; ab 1912 o.Prof. in Innsbruck, 1916/17 Rektor der Univ.; 1922 o.Prof. in Königsberg; 1923 o.Prof. in Breslau.

Werk und Wirkung

W. studierte in Innsbruck und Leipzig bei bedeutenden Lehrern der junggrammatischen Schule, u. a. Karl Brugmann und August Leskien. Nach seiner baltistischen Diss. habilitierte er sich zur histor. indogerman. Lautlehre. W. trat v. a. durch Studien zur lat. und german. histor. Lautlehre [1] und Etymologie hervor; weitere Gebiete waren die baltischen Sprachen sowie die Tiroler Ortsnamenforschung [2]. Sein dreibändiges *Lat. etymologisches Wörterbuch* [4] ist bis heute als Standardwerk der lat. Sprachwiss. unersetzt. Daneben stellte er theoretische Überlegungen zu den Grundsätzen der lat. Etymologie an [5]. Zur Geschichte der ital. Sprachen verfasste er anlässlich des 100. Geburtstags der Indogerman. Sprachwissenschaft eine längere Abhandlung [6]. In seiner Gießener Zeit arbeitete er über die genetischen Beziehungen zwischen dem italischen und dem keltischen Sprachzweig [7]. Gegen die *communis opinio* vertrat er eine engere Sprachverwandtschaft zwischen dem Lateinischen und dem Goidelischen [9].

W.s Hauptwerk ist das epochale *Indogerman. Wörterbuch*, das auf den etymolog. Forschungen August Ficks fußte. Daran arbeitete er während seiner letzten zehn Lebensjahre; er hinterließ eine recht vollständige Materialsammlung [8]. Das Projekt wurde von Julius Pokorny abgeschlossen. Das Wörterbuch enthält im ersten Teil eine Sammlung aller für die indogerman. Grundsprache rekonstruierbaren Wurzeln mit den jeweiligen Kontinuanten in den Einzelsprachen und im zweiten Teil nach Einzelsprachen angeordnete Wortindizes. Für etymolog. Forschungen und lauthistor. Konstruktionen zum Lateinischen, Altitalischen und Indogermanischen gehören W.s Wörterbücher bis heute zu den großen Pionierleistungen.

Schriften

[1] Die germanischen Auslautgesetze, 1900 [2] Über die Grundsätze und den heutigen Stand der nordtirolischen Ortsnamenforschung, 1901 [3] Aspiratendissimilation im Latein, in: IF 19, 1906, 98–111 [4] Lat. etymologisches WB, 3 Bde., 1906 (²1910) [5] Odium und der Betrieb der lat. Etymologie, in: IF 28, 1911, 396–407 [6] Die italischen Sprachen, 1916 [7] Über älteste sprachliche Beziehungen zwischen Kelten und Italikern, 1917 [8] Vergleichendes WB der indogermanischen Sprachen, 1927–1932.

Sekundärliteratur

[9] P. Kuhlmann, Art. Alois Walde, in: H. Stammerjohann (Hrsg.), Lexicon Grammaticorum, Bd. 2, 2009, 1604–1605 [10] W. Porzig, Alois Walde, in: Indogermanisches Jb. 10, 1926, 421–428.

Peter Kuhlmann

Walser, Gerold

Schweizer. Althistoriker. Geb. am 25. 5. 1917 in Zürich, gest. am 3. 7. 2000 in Basel. Ab 1936 Studium der Alten Gesch. und der Klass. Phil. an der Univ. Basel, unterbrochen durch den Zweiten Weltkrieg. 1946 Prom. an der Univ. Basel [1]; 1952 Habil. ebda. 1953–1978 o.Prof. für Alte Gesch. an der Univ. Bern. Nach seiner Emeritierung ab 1991 Lehraufträge an der Univ. Freiburg; 1997 Verleihung der Ehrendoktorwürde ebda. Als Mitbegründer (neben Karl Friedrich Stroheker) und Herausgeber der *Historia* prägte er seit 1950 diese internationale Zeitschrift deutscher Provenienz [25].

Werk und Wirkung

W. war ein vielseitiger Forscher, dessen Arbeiten sich auf die Geschichte des Alten Orients wie auf Griechenland und Rom erstreckten. Quellenkritische Untersuchungen zur röm.-german. Auseinandersetzung und philol. Analysen standen am Beginn [1]; [4]; [5]; Studien zu den Hethitern, den Achaimeniden sowie den Beziehungen Irans und Persiens zu Griechenland unterstreichen sein Interesse an den oft als randständig empfundenen Problemen der Alten Geschichte [2]; [7]; [10]; [14]; [15]. Alexander würdigte er in einem bedeutenden Forschungsbericht als Mittler zwischen Orient und Okzident [8].

In vielen Beiträgen beschäftigte sich W. mit der röm. Geschichte der Schweiz, wobei er ein besonderes Gespür für die Raumerschließung entwickelte [9]; [16]; [18]; [21]; [22]. Dadurch rückte er die röm. Epigraphik als Grundwiss. und als Lehrfach in den Blick [13]; [17]; [19]; [20]. Die röm. Kaiserzeit und der Untergang des Imperiums interessierten ihn bes. als Gegenstand der Forschungs- und Wiss.-Geschichte [3]; [6]; [11]. In seiner umfassenden Gelehrsamkeit und mit einem außergewöhnlichen Organisationstalent verkörpert W. anschaulich die enge Verzahnung von dt. und schweizer. Alt.wiss. in der zweiten Hälfte des 20. Jh.s.

Schriften

[1] Rom, das Reich und die fremden Völker in der Geschichtsschreibung der frühen Kaiserzeit. Studien zur Glaubwürdigkeit des Tacitus (Diss. Basel), 1951 [2] (Hrsg.) Neue Hethiterforschung, 1954 [3] Der Kaiser als Vindex Libertatis, in: Historia 4, 1955, 353–367 [4] (Hrsg.) Caesar und die Germanen. Studien zur politischen Tendenz röm. Feldzugsberichte, 1956 [5] Der Briefwechsel des L. Munatius Plancus mit Cicero (Edition mit Übers. und Komm.), 1957 [6] Die Krise des röm. Reiches. Bericht über die Forschung zur Geschichte des 3. Jh.s, 193–284 n. Chr. (mit Th. Pekáry), 1962 [7] Die Völkerschaften auf den Reliefs von Persepolis, 1966 [8] Zur neueren Forschung über Alexander den Großen, in: G. T. Griffith (Hrsg.), Alexander the Great. The Main Problems, 1966, 345–379 [9] (Hrsg.) Itinera Romana. Die röm. Straßen in der Schweiz, 1967 [10] (Hrsg.) Beiträge zur Archämenidengeschichte, 1972 [11] Zur Beurteilung des Septimius Severus in der älteren und neueren Forschung, in: Museum Helveticum 30, 1973, 104–116 [12] Zum griech.-persischen Verhältnis vor dem Hellenismus, in: HZ 220, 1975, 529–542 [13] Röm. Inschriften der Schweiz, 3 Bde. (Edition), 1979–1980 [14] (Hrsg.) Persepolis. Die Königspfalz des Darius, 1980 [15] Hellas und Iran. Studien zu den griech.-persischen Beziehungen vor Alexander, 1984 [16] Summus Poeninus. Beiträge zur Geschichte des großen St. Bernhardpasses in röm. Zeit, 1984 [17] CIL 17/2: Miliaria provinciarum Narbonensis Galliarum (Edition), 1986 [18] Via per Alpes Graias. Beiträge zur Geschichte des kleinen St. Bernhardpasses in röm. Zeit, 1986 [19] Die Einsiedler Inschriftensammlung und der Pilgerführer durch Rom (Edition, Übers., Komm.), 1987 [20] Röm. Inschriften-Kunst. Röm. Inschriften für den akademischen Unterricht und als Einführung in die lat. Epigraphik, ²1993 [21] Studien zur Alpengeschichte in antiker Zeit, 1994 [22] (Hrsg.) Bellum Helveticum. Studien zum Beginn der Caesarischen Eroberungen von Gallien, 1998.

Sekundärliteratur

[23] Christ Klio 109, 212 [24] Christ, RömGG 333 [25] H. Heinen, Gedenken an Gerold Walser, in: Historia 49, 2000, 1–3.

Hans Kloft

Warburg, Aby

Dt. Kunsthistoriker und Kulturwissenschaftler. Geb. am 13. 6. 1866 in Hamburg, gest. am 26. 10. 1929 ebda. 1886–1892 Studium u. a. der Kunstgesch. bei Karl Justi, Hermann ↗Usener und Karl Lamprecht in Bonn, dann, nach Justis Ablehnung der Diss.-Betreuung, in Straßburg bei Hubert Janitschek und Adolf ↗Michaelis. 1895/96 Aufenthalt in den USA, dabei Studium indianischer Rituale; anschließend Aufenthalt in Florenz. Ab 1904 Privatgelehrter in Hamburg; Ablehnung mehrerer Lehrangebote. Ab 1905 öffentliche Zugänglichmachung seiner umfangreichen kulturwiss. Bibl. (1933 nach London überführt, bis heute Grundstock des W. and Courtauld Institute). Sanatoriumsaufenthalt 1921–1924, anschließend v. a. Entwicklung des sog. *Mnemosyne-Atlas.*

Werk und Wirkung

W.s überragende Bedeutung liegt in der Erweiterung einer eigengesetzlich-formalistischen Kunstgeschichte hin zu einer anthropologisch fundierten, interdisziplinär ausgerichteten Bildwissenschaft. Im dezidierten Abwandeln von Jacob ↗Burckhardts Parallelführung von Kultur- und Kunstgeschichte und in der Rezeption u. a. von Karl Lamprechts Kulturgeschichte interessierten W. die kultischen, psychischen und sozialen Funktionen von Gebärden, Zeichen und Bildern. Die Genese und Transformation der nzl. Bildauffassung lässt sich in seinen Schriften nachverfolgen: von der magischen Bannung von Naturkräften im Ritual – anhand des Schlangenrituals der Pueblo-Indianern studiert – über die symbolbildende Umsetzung von emotionalen Ausdrucksgebärden im Bild (Antike) und die nachfolgende formalistisch-kultische oder höfische Erstarrung von Bildmotiven (MA) bis zur Freilegung der ausdruckshaft-belebten ant. »Humanität« in der Bildwelt der Renaissance. Die Geschichte der Kunst stellt sich insgesamt als eine Bannung und Distanzierung von menschlichen Ängsten und Leidenschaften dar, die sich in »Pathosformeln« äußert, welche in der Antike als Sinnbilder der gebändigten Urkräfte geprägt wurden.

Schon in W.s frühen Schriften bildete der als grundsätzlicher Umbruch verstandene Übergang vom Bildverständnis des MA zu dem aus der Antikenrezeption gewonnenen der Renaissance das zentrale Forschungsthema: Die Aufnahme antiker Bewegungsmotive (»bewegtes Beiwerk«) in der Frührenaissancemalerei sei nicht etwa eine bloß formale Stilrezeption, sondern analog zur neuant. Literatur eine selektiv vorgenommene Übernahme zur Steigerung des Leidenschaftsausdrucks [3. Bd. 1, 1–60, hier 11]; [7. 39–123]. Auch das veristische Renaissanceportrait analysierte W. nicht formalistisch-stilgeschichtlich, sondern als Versuch der Bildstifter, in die sakrale Bildwelt des MA in Form eines neu gewonnenen illusionistischen Votivbildes einzutreten. Anders als bei dem angestammten Verständnis der Renaissance als der Geburt des »mod. Menschen« versöhnt sich bei W. der neue rationale Gehalt antiker Darstellungsmuster mit dem entgegengesetzten, weiterbestehenden kultischen Bildgebrauch des MA und setzt daraus die neuen Stilformen der Renaissance frei [3. Bd. 1, 89–158]; [7. 234–280]. Die Renaissance ist demnach ein mühsames, emanzipatorisches Herausschälen der Antike aus der ma. Überlieferung

[3. Bd. 2, 443–450]; [7. 176–183]. Eine besondere Rolle spielt dabei die kompliziert zu entschlüsselnde Astrologie als System der ant. Bildbannung und Formalisierung bzw. Wiederfreisetzung in MA und Renaissance [3. Bd. 2, 459–482]; [7. 373–400]. Auch der seit 1924 angelegte *Mnemosyne-Atlas* stellt Entwicklungsreihen von Bildmotiven und -formeln anthropologisch-emotionaler Grundkonstanten vor, die von der Antike bis zur Nz., bisweilen aber auch bis ins 19. Jh. und bis zu technischen Darstellungen des 20. Jh.s verfolgt werden. Insofern geht die vernetzende Struktur der – beständig ergänzten und neu kombinierten – Bilder des Atlas über traditionelle begrifflich-ikonographische Ordnungssysteme weit hinaus.

W.s »kulturwiss. Bibl.« beruht auf seiner breit interdisziplinär ausgreifenden und zugleich auf unterschiedlichstem Quellenmaterial basierenden, äußerst akribisch argumentierenden Untersuchungsmethode. Damit legte er den Grund für eine mod. kulturwiss. Definition der »Ikonologie«, wie sie später von G. J. Hoogewerff und Erwin Panofsky in Abgrenzung zur »Ikonographie« definiert wurde, wenn auch von ihm selbst »Ikonologie« primär als wiss.-philol. Instrument der Motivforschung gesehen wurde. Die bild- und symboltheoretischen Ansätze im Spannungsfeld zwischen Antike und Renaissance, die interdisziplinäre Fundierung von W.s Methoden und nicht zuletzt der daran orientierte Bestand von W.s Bibl. haben etwa auf die Arbeiten Ernst Cassirers, Edgar Winds und Erwin Panofskys nachhaltig gewirkt und sind in jüngerer Zeit Ausgangspunkt neuerer Kultur-Wiss. sowie der Entgrenzung der Kunstgeschichte in Richtung auf die Bild-Wiss. geworden.

W.s Ansätze, auf die Rezeption der Antike abhebend, haben weder implizit noch explizit auf die Methodik der Klass. Archäologie gewirkt, wohl auch deswegen, weil die dt. »Strukturforschung« oder auch sozialhistor. ausgerichtete Ansätze (Ranuccio ↗Bianchi Bandinelli) wenig Interesse an der ikonologischen Methode W.s hatten. Erst in jüngerer Zeit wird die Antikenrezeption W.s in den Alt.wiss. intensiver diskutiert [11]; [6. 435–437].

SV: [8. 339–342: publ. Werke; 343–347: unpubl. Werke und Vorträge]; D. Wuttke, Warburg-Bibliographie 1866–1995. Werk und Wirkung, 1998; D. Wuttke, Warburg-Bibliographie 1996–205, Werk und Wirkung, 2007.

Schriften

[1] Ausgewählte Schriften und Würdigungen, hrsg. von D. Wuttke, ³1992 [2] Bildsammlung zur Geschichte von Sternglaube und Sternkunde im Hamburger Planetarium, hrsg. von U. Fleckner et al., 1993 [3] Ges. Schriften. Studienausg., hrsg. von H. Bredekamp et al., 1998–2001 (bisher erschienen: Bd. 1: Die Erneuerung der heidnischen Antike, Ndr. der Ausg. von 1932; Bd. 2,1: Der Bilderatlas Mnemosyne; Bd. 2,7: Tagebuch der kulturwissenschaftlichen Bibliothek) [4] Werke in einem Band, hrsg. von M. Treml et al., 2010 [5] Nachhall der Antike. Zwei Untersuchungen, hrsg. von P. Schneider, 2012.

Sekundärliteratur

[6] G. Agosti / V. Farinella, Calore del marmo. Pratica e tipologia delle deduzioni iconografiche, in: S. Settis (Hrsg.), Memoria dell'antico nell'arte italiana, Bd. 1: L'uso dei classici, 1984, 373–444 [7] M. Bertozzi (Hrsg.), Warburg e le metamorfosi degli antichi dèi, 2002 [8] H. Bredekamp et al. (Hrsg.), Aby Warburg. Akten des internationalen Symposions Hamburg 1990, 1991 [9] E. H. Gombrich, Aby Warburg. An Intellectual Biography, 1970 [10] Ph.-A. Michaud, Aby Warburg et l'image en mouvement, 1998 [11] G. Pucci, Warburg e l'archeologia classica, in: C. Cieri Via / M. Forti (Hrsg.), Aby Warburg e la cultura italiana. Fra sopravvivenze e prospettive di ricerca, 2009, 139–147 [12] U. Rehm et al. (Hrsg.), Die entfesselte Antike. Aby Warburg und die Geburt der Pathosformel in Hamburg (Ausst. Hamburg 2011/12), 2012 (Neuausg.) [13] R. Woddfield (Hrsg.), Art History as Cultural History. Warburg's Projects, 2001.

Christian Freigang

Ward-Perkins, John Bryan

Brit. Klass. Archäologe. Geb. am 3. 2. 1912 in Bromley (Kent), gest. am 28. 5. 1981 in Cirencester. Schulbildung am Winchester College, 1934 B. A. am New College in Oxford; 1935 Stipendiat der British School at Rome. 1936–1939 Assistent am London Museum; 1939 Prof. für Arch. an der Royal Univ. of Malta. 1943–1945 Direktor der Allied Sub-Commission for Monuments and Fine Arts in Italy; 1946–1974 Leiter der British School at Rome (BSR). Ehrendoktorate in Birmingham (1955) und Alberta (1969); 1974–1979 Präsident der *Associazione Internazionale di Archeologia Classica.*

Werk und Wirkung

Nach seinem Studium der *Classics* widmete W.-P. sich bald arch. Feldstudien in Britannien und zeigte in der Erforschung der röm. Villa von Lockleys seine Fähigkeit als begabter Ausgräber [1], gefördert durch die Zusammenarbeit mit Mortimer ↗Wheeler. Als dessen Assistent publizierte er im Zuge der Neuorganisation des London Museum dessen ma. Abteilung [2]. Seine Professur für Archäologie auf Malta konnte er wegen des Kriegsausbruchs 1939 nur sechs Monate lang ausüben. Unter Wheelers Kommando in Nordafrika eingesetzt, wurde er mit dem Schutz der ant. Stätten in Libyen beauftragt, wo er sich insbes. um die Rettung von Leptis Magna verdient machte. Nach der Invasion in Italien wurde W.-P. Leiter der dortigen Alliierten Kunstschutzkommission. Libyen blieb auch nach seiner Ernennung zum ersten Direktor der

BSR nach dem Krieg einer seiner Forschungsschwerpunkte. In enger Zusammenarbeit mit ital. und brit. Kollegen (v.a. Richard Goodchild [14]) war er die treibende Kraft hinter der umfassenden Erschließung der architektonischen und inschriftlichen Zeugnisse der röm.-byz. Tripolitania und Cyrenaica für die internationale Wissenschaft, wobei seine eigenen Forschungen sich v.a. auf Leptis Magna konzentrierten [12]. Hier begannen auch seine Studien zu den technischen, ökonomischen sowie sozialen Aspekten der ant. Marmorverwendung, die er insbes. auf die Fertigungstechnik und Handelswege der Sarkophagproduktion in röm. Zeit ausweitete [7]; [11].

Die von ihm zunächst für die Erkundung der ant. wirtschaftstopographischen Organisation in Nordafrika erprobte, methodisch neue Surveytechnik wandte W.-P. seit 1954 sehr erfolgreich auch auf ital. Boden an (hier in der Tradition früherer Studien von Thomas ↗Ashby) und verfeinerte sie unter Zuhilfenahme von Luftbildern. Zentrum seiner topographischen Untersuchungen wurde Südetrurien, wo er die Stadtentwicklung von Veji studierte und maßgeblich an der Ausgrabung der Villanova-Nekropole von Quattro Fontanili beteiligt war [5]. Sein besonderes Interesse galt jedoch auch weiterhin der diachron angelegten Erforschung der röm. Architektur und Bautechnik [9]; [10]; [13]. In vorbildlichen Kooperationsprojekten mit anderen Gelehrten erforschte W.-P. den Castortempel auf dem Forum Romanum [6] ebenso wie die neu ergrabenen Strukturen unter dem Petersdom [3] oder die spätant. Kaiserpaläste in Istanbul [4]. Als (Wieder-)Initiator großer Projekte wie des *Corpus Signorum Imperii Romani*, damit zusammenhängend der *Tabula Imperii Romani*, und Mitbegründer der *Associazione Internazionale di Archeologia Classica* setzte er sich maßgeblich für die internationale Zusammenarbeit ein. Seine breit angelegten Arbeiten zu Topographie und Landnutzung sowie zur Marmorverwendung setzten Maßstäbe für alle folgenden Forschungen auf diesen Gebieten.

SV: [11.7–12].

N: Rom, British School.

Schriften

[1] The Roman Villa at Lockleys, Welwyn, in: Antiquaries Journal 18, 1938, 339–376 [2] (Hrsg.) Medieval Catalogue. London Museum, 1940 [3] The Shrine of St. Peter and the Vatican Excavations (mit J.M.C. Toynbee), 1956 [4] Kap. 3 und weitere Beiträge, in: D. Talbot Rice (Hrsg.), The Great Palace of the Byzantine Emperors. Second Report, 1958 [5] Veii. The Historical Topography of the Ancient City, 1961 [6] The Temple of Castor in the Forum Romanum (mit D.E. Strong), in: Papers of the British School at Rome 30, 1962, 1–30 [7] Quarrying in Antiquity. Technology, Tradition and Social Change, in: Proc. of the British Academy 57, 1971, 137–158 [8] Cities of Ancient Greece and Italy. Planning in Classical Antiquity, 1974 [9] Architettura Romana, 1975 (dt. 1975) [10] Roman Imperial Architecture, 1981 [11] Marble in Antiquity. Collected Papers, hrsg. von H. Dodge, 1992 [12] The Severan Buildings of Lepcis Magna. An Architectural Survey, hrsg. von P. Kenrick, 1993 [13] Studies in Roman and Early Christian Architecture, 1994 [14] Christian Monuments of Cyrenaica (mit R.G. Goodchild et al.), 2003.

Sekundärliteratur

[15] D. Gill, Art. Ward-Perkins, John Bryan (1912–1981), in: DBC 3, 2004, 1026–1028 [16] Gran-Aym. 703–706 [17] R. Ling, Perkins, John Bryan Ward, in: Oxford Dictionary of National Biography 43, 2004, 777–778 [18] J. Reynold / M. Pallottino, John Bryan Ward-Perkins CMG, CBE, FBA, 1912–1981, in: Papers of the British School at Rome 48, 1980, XIII–XVIII [19] H.A. Thompson, John Bryan Ward-Perkins (1912–1981), in: American Philosophical Society Yearbook, 1981, 523–527 [20] A. Wallace-Hadrill (Hrsg.), The British School at Rome. One Hundred Years, 2001, 98–118 [21] J.J. Wilkes, John Bryan Ward-Perkins, in: Proc. of the British Academy 69, 1983, 631–655.

Christian Heitz/Daniel Graepler

Weber, Max

Dt. Jurist, Soziologe und Nationalökonom. Geb. am 21.4.1864 in Erfurt, gest. am 14.6.1920 in München. Schulbesuch in Berlin; 1882–1886 Studium der Jurisprudenz; 1889 Prom., 1892 Habil. in Berlin. 1893 Prof. für Nationalökonomie in Freiburg. 1896–1903 Prof. für Nationalökonomie in Heidelberg; 1919–1920 Prof. in München.

Biographie und Werdegang

W.s Vater, der Jurist Max W., war ab 1869 besoldeter Stadtrat in Berlin und 1868–1897 nationalliberaler Abgeordneter im preuß. Abgeordnetenhaus sowie 1872–1884 im Dt. Reichstag. W. studierte 1882–1886 in Heidelberg, Berlin und Göttingen Jura und wurde 1889 in Berlin bei Levin Goldschmidt mit einer Arbeit über ma. Handelsgesellschaften promoviert (erweiterte Fassung: [1]); in der Habil.-Schrift [2] untersuchte er unter rechtshistor. Gesichtspunkten die röm. Agrargeschichte. 1893 erhielt W. die Prof. für Nationalökonomie in Freiburg, 1896–1903 war er Prof. in Heidelberg. Aufgrund eines Nervenleidens gab er die Position auf und widmete sich vornehmlich seinen thematisch weitgespannten Publikationen sowie der Mitarbeit im Verein für Socialpolitik. Nach dem Ersten Weltkrieg übernahm W. eine Prof. an der Univ. München, wo er bis zu seinem Tod nach einer Lungenentzündung 1920 lehrte.

Werk

Zu Beginn seiner wiss. Karriere war W. an Untersuchungen zur Lage der Landarbeiter im ostelbischen

Deutschland beteiligt; 1905 erschienen die berühmten Aufsätze zur Bedeutung des Protestantismus für die Herausbildung des Kapitalismus, in den folgenden Jahren zahlreiche Arbeiten zur Methodik der sozialwiss. Forschung, in denen W. einerseits das Prinzip der Wertfreiheit postulierte, andererseits die Verwendung des »Idealtypus« begründete. Erwähnenswert ist in diesem Zusammenhang die Kritik an den theoretischen und methodischen Auffassungen Eduard ↗Meyers [5.215–290]. In den Jahren vor dem Ersten Weltkrieg standen die Wirtschafts- und Rechtssoziologie, aber auch die Religionssoziologie im Zentrum der Publikationen W.s, der auch an dem *Grundriss der Sozialökonomik* arbeitete. Dieses Werk blieb unvollendet; die Texte wurden postum 1922 unter dem Titel *Wirtschaft und Gesellschaft* (*WuG*) [6] publiziert.

Für die Alte Geschichte sind v. a. W.s Arbeiten zur ant. Agrargesch. und zur ant. Stadt von Bedeutung: neben der Habil.-Schrift [2] der Vortrag zur Spätantike [3], der umfangreiche Lexikonartikel über die Agrarverhältnisse im Altertum [4] sowie der Abschnitt über die Stadt in *WuG* [6.513–600]. Die eindrucksvolle Skizze der röm. Agrargeschichte [2.297–352] enthält bereits von W. auch später vertretene wesentliche Thesen, so die Auffassung, das Ende der röm. Expansion unter Augustus und Tiberius habe zu einem Wandel der Agrarstruktur geführt [2.318–326]; [7.299–301; 271–273].

W. charakterisierte die ant. Kultur als städtische, als Küsten- und Sklavenkultur [7.291–293; 4–7]. Die wirtschaftliche Basis der ant. Stadt war für ihn der Austausch mit dem Umland; der Bedarf der Stadt wurde ohne Importe gedeckt, was dem Ideal der Autarkie entsprach. Daneben gab es »internationalen Handel«, den W. als einen Handel mit Luxusgütern allerdings für quantitativ unerheblich hielt [7.291f.]. Bedingt durch die Entstehung großer Sklavenhaushalte wurde der Bedarf nicht mehr auf dem Markt, sondern zunehmend durch Eigenproduktion gedeckt. Als eine Ursache dafür gab W. die Einbeziehung großer Binnenräume in das Imperium Romanum an [7.294–296]. Nach der »Einstellung der Eroberungskriege« führte der Mangel an Sklaven dazu, dass das Land in »spätröm. Zeit« zunehmend von Kolonen bewirtschaftet wurde; gleichzeitig entwickelte sich der Kolonat nach W. zu einem Fronbauerntum [7.299–301]. Zwischen Antike und MA [7.253–270] und v. a. zwischen ant. und ma. Stadt bestanden für W. grundlegende soziale und wirtschaftliche Unterschiede; prononciert erklärt er, der ma. Stadtbürger sei *homo oeconomicus*, der ant. Bürger hingegen *homo politicus* gewesen [6.582–592].

In der Einleitung des Artikels *Agrarverhältnisse im Altertum* [4] nahm W. Stellung zur Frage, ob die Antike mit den Kategorien moderner Wirtschaft angemessen erfasst werden kann, wobei er auf die Positionen von Karl ↗Rodbertus, Karl Bücher und Eduard ↗Meyer einging. Die Gleichsetzung von ant. Wirtschaft und Hauswirtschaft bei Bücher bewertete W. als eine »idealtypische Konstruktion einer Wirtschaftsverfassung«. Die Existenz des für den Eigenbedarf produzierenden Oikos hatte nach W. eine wirksame Einschränkung der Austauschbeziehungen zur Folge. Meyers Auffassung, es habe im archaischen Griechenland bereits Fabriken gegeben, lehnte W. entschieden ab [7.2–9]. Wie die Bemerkungen zum Oikos zeigen [6.212–215]; [7.10], rezipierte W. Rodbertus' Position, indem er die Bedeutung des großen Haushaltes für die ant. Wirtschaft anerkannte, ihn jedoch v. a. als »spätes Entwicklungsprodukt« im Übergang von Antike zum MA bewertete; der Subsistenzproduktion im Agrarbereich schenkte er große Beachtung. Dennoch bezeichnete er den ›Kaufsklavenbetrieb‹ der ant. Landwirtschaft als ›kapitalistisch‹, da »Boden und Sklaven … Gegenstand freien Verkehrs« waren, somit Kapital darstellten und »zum Zweck verkehrswirtschaftlichen Erwerbes benutzt« wurden [7.13–33]. Nach W. besaßen »ganze Epochen der ant. Geschichte« ein »weitgehend ›kapitalistisches‹ Gepräge« [7.15f.]. Zu den in der Althistorie nach 1973 am intensivsten diskutierten Thesen W.s gehört die Gegenüberstellung von Konsumenten- und Produzentenstadt im Kapitel zur Stadt in *WuG*, wobei für W. die antike im Gegensatz zur ma. Stadt wesentlich Konsumentenstadt war [6.515f.]; [7.13].

Wirkung

Obwohl W.s wichtigste Arbeiten zur ant. Wirtschaft schon kurz nach seinem Tod publiziert wurden [7], fanden sie in der Alten Geschichte zunächst nur geringe Resonanz. In der Zeit nach dem Ersten Weltkrieg folgte allein Johannes ↗Hasebroek seinen Auffassungen. Erst als das Werk W.s nach dem Zweiten Weltkrieg in der amerikan. Soziologie große Beachtung fand, setzte auch in der internationalen Althistorie die Rezeption seiner Arbeiten ein; so ist Moses ↗Finleys *The Ancient Economy* (1973) stark davon beeinflusst. In Deutschland haben nach Alfred ↗Heuß auch Christian Meier und Wilfried Nippel ihre Bedeutung für die althistor. Forschung betont.

M: Marianne Weber, Max Weber. Ein Lebensbild, 1926.

SV: [14.249–271].

Schriften

[1] Zur Geschichte der Handelsgesellschaften im Mittelalter, 1889 (Ndr. in: GAzSuW 312–443) [2] Die röm. Agrargeschichte in ihrer Bedeutung für das Staats- und Privatrecht (Habil.schrift Berlin), 1891 (Ndr. in:

Gesamtausgabe, Abt. 1, Bd. 2, hrsg. von J. Deininger, 1986) [3] Die sozialen Gründe des Untergangs der antiken Kultur, in: Die Wahrheit 6/3, 1. Maiheft (Nr. 63), 1896, 57–77 (Ndr. in: GAzSuW 289–311 und Gesamtausgabe, Abt. 1, Bd. 6, hrsg. von J. Deininger, 2006) [4] Art. Agrarverhältnisse im Altertum, in: J. Conrad et al. (Hrsg.), HWB der Staatswissenschaften, Bd. 1, 31909, 52–188 (Ndr. in: GAzSuW 1–288 und Gesamtausgabe, Abt. 1, Bd. 6, hrsg. von J. Deininger, 2006) [5] Gesammelte Aufsätze zur Wissenschaftslehre, 1922 (71988 u.ö.) [6] Wirtschaft und Gesellschaft, 1922 (51976 u.ö.) [7] Gesammelte Aufsätze zur Sozial- und Wirtschaftsgeschichte, hrsg. von M. Weber (= GAzSuW), 1924 (21988).

Sekundärliteratur

[8] L. Capogrossi Colognesi, Max Weber und die Wirtschaft der Antike, 2004 [9] Christ Hel. 223–230 [10] Christ RömGG 107–112 [11] J. Deininger, Eduard Meyer und Max Weber, in: W. M. Calder III / A. Demandt (Hrsg.), Eduard Meyer, 1990, 132–158 [12] M. I. Finley, The Ancient City. From Fustel de Coulanges to Max Weber and Beyond, in: Comparative Studies in Society and History 19, 1977, 305–327 (Ndr.: Economy and Society in Ancient Greece, 1981, 3–23) [13] A. Heuss, Max Webers Bedeutung für die Geschichte des griech.-röm. Altertums, in: HZ 201, 1965, 529–556 [14] D. Käsler, Einführung in das Studium Max Webers, 1979 (bes. 30–55) [15] J. Kocka (Hrsg.), Max Weber, der Historiker, 1986 [16] J. R. Love, Antiquity and Capitalism. Max Weber and the Sociological Foundations of Roman Civilization, 1991 [17] Ch. Meier, Max Weber und die Antike, in: Ch. Gneuss / J. Kocka (Hrsg.), Max Weber. Ein Symposion, 1988, 11–24 [18] A. Momigliano, Max Weber und die Althistoriker, in: Momigliano AS, Bd. 3, 274–281 [19] W. Nippel, Max Weber und die Althistorie seiner Zeit, 1993 [20] H. Schneider, Die Erforschung der antiken Wirtschaft vom Ende des 18. Jh.s bis zum Zweiten Weltkrieg. Von A. H. L. Heeren zu M. I. Rostovtzeff, in: V. Losemann (Hrsg.), Alte Geschichte zwischen Wissenschaft und Politik. Gedenkschrift K. Christ, 2009, 354–365.

Helmuth Schneider

Weber, Wilhelm

Dt. Althistoriker. Geb. am 28. 12. 1882 in Heidelberg, gest. am 21. 11. 1948 in Berlin. Studium der Klass. und Dt. Phil., Gesch., Arch. und Kunstgesch. in Heidelberg; Prom. 1906 bei Alfred von ↗Domaszewski; Habil. 1911 ebda. 1911 Ordinarius für Gesch. an der Reichsuniv. Groningen; Professuren in Frankfurt a. M. 1916, Tübingen 1918 und Halle 1925. Abgelehnte Rufe nach Göttingen 1920 und Bonn 1928. 1932–1945 Ordinarius an der Berliner Univ.

Werk und Wirkung

W.s wiss. Schwerpunkt war die Geschichte der röm. Kaiserzeit, insbes. die Epoche zwischen Nerva und Commodus [6]. Fasziniert von den vier *principes* Augustus [5], Trajan, Hadrian [1] und Commodus suchte er deren Ziele und Politik auch einem breiteren Publikum zu vermitteln. Von einer großgeplanten Studie über Augustus, »den neuen Gott«, erschien 1936 lediglich der erste Band [5]. Besonderes Interesse zeigte W. auch für die Religionsgeschichte [4]. Seine Werke beruhen auf einer intensiven und systematischen Analyse der lit. und arch. Quellen [1]; [2]; [7. 212], oft sind sie von Pathos durchdrungen und mit nationalsozialistischen Elementen übersättigt [7. 219 f.]. Obwohl seinem Schülerkreis bedeutende, von W.s Persönlichkeit begeisterte Althistoriker angehörten (u. a. Victor ↗Ehrenberg, Fritz Taeger, Joseph ↗Vogt, Johannes ↗Straub, Karl Friedrich Stroheker) [7. 225 ff.], war seine wiss. Wirkung eher gering. Ehrgeiz und der große Wille zur hochschulpolit. Einflussnahme kennzeichnen W.s Berliner Jahre [8. 75–85]; [9. 213 f.]. Durch eine rege Mitarbeitertätigkeit für das Amt Alfred Rosenbergs und das Reichsinstitut Walter Franks übte W. jahrelang nicht unbedeutenden Einfluss auf die Berufungspolitik seines Faches aus, insbes. durch Gutachten, die er für das Reichsministerium für Wiss., Erziehung und Volksbildung anfertigte [9. 213].

Nach 1945 verlor W. seinen Lehrstuhl, erhielt aber in den folgenden Jahren wiederholt an der Berliner Univ. Forschungsaufträge. 1948 bewarb er sich noch um den Lehrstuhl an der neu zu gründenden Freien Univ., starb aber infolge eines Herzanfalls.

Schriften

[1] Untersuchungen zur Geschichte des Kaisers Hadrianus, 1907 [2] Die ägyptisch-griech. Terrakotten, 1914 [3] Josephus und Vespasian, 1921 [4] Der Prophet und sein Gott. Eine Studie zur vierten Ekloge Vergils, 1925 [5] Princeps. Studien zur Geschichte des Augustus, Bd. 1, 1936 [6] Röm. Herrschertum und Reich im 2. Jh., 1937.

Sekundärliteratur

[7] Christ, RömGG [8] V. Losemann, Nationalsozialismus und Antike. Studien zur Entwicklung des Faches Alte Geschichte 1933–1945, 1977 [9] S. Rebenich, Zwischen Anpassung und Widerstand? Die Berliner Akademie der Wissenschaften von 1933 bis 1945, in: Näf AA 203–244 [10] J. Vogt, Wilhelm Weber, in: Gnomon 21, 1949, 176–179.

Ernst Baltrusch

Welcker, Friedrich Gottlieb

Dt. Klass. Philologe und Archäologe. Geb. am 4. 11. 1784 in Grünberg (Kreis Gießen), gest. am 17. 12. 1868 in Bonn. Ab 1801 Studium der Theologie an der Univ. Gießen, dort 1803 Diss.; 1804 Dozent an der Theologischen Fakultät ebda; 1806 Italienreise. Ab 1808 Lehrstuhl der griech. Literatur und Arch. an der Univ. Gießen; 1816–1818 Prof. für griech. Literatur an der Univ. Göttingen; ab 1819 an der Univ. Bonn; dort auch Oberbibliothekar der neu gegr. Univ.-Bibl. 1841–1843 Reisen nach Griechenland und Italien.

Werk und Wirkung

W., 1806 bis 1808 Hofmeister im Haus Wilhelm von ↗Humboldts, leistete wie dieser einen wesentlichen Beitrag zur zentralen Rolle der Antike innerhalb des dt. Bildungssystems und zur Entwicklung der Philologie als akad. Fach. Da W. Philologie, Archäologie und Religionsgeschichte als einen verbundenen Lehr- und Forschungsbereich betrachtete (sog. Bonner Schule), forschte er zu den unterschiedlichsten Aspekten der Antike. In Bonn gründete er 1819 das erste akad. Kunstmuseum (bestehend aus Gipsabgüssen antiker Bildwerke). Im Bereich der Klass. Philologie hatte er drei Schwerpunkte: Sappho, die er vom Vorwurf der Homosexualität zu befreien suchte [1]; die fragmentarisch überlieferten griech. Tragödien [2]; [4]; Homer und den epischen Kyklos [3]. Bei Letzterem sind W.s Theorien zur stetigen Erweiterung ursprünglicher poetischer Kernstücke und zu den Formen der rhapsodischen Wettkämpfe bes. erwähnenswert.

Die dreibändige *Götterlehre* [5] ist W.s einflussreichste Schrift. Darin beschreibt er die Entwicklung von einer Naturreligion zum Polytheismus (mit Zeus im Zentrum des griech. Pantheon), den W. als wesentliche Etappe auf dem Weg der Entdeckung des »wahren« christl. Gottes verstand. Dieses Werk ist von den Widersprüchen zwischen einer romantisch beeinflussten Alt.wiss. (vgl. Georg Friedrich ↗Creuzer, Georg ↗Zoëga) und einer neuhumanistisch motivierten Idealisierung der Griechen (Wilhelm von ↗Humboldt, J.J. ↗Winckelmann) gekennzeichnet. Es hatte starken Einfluss auf Johann Jacob ↗Bachofen, Friedrich ↗Nietzsche, Erwin ↗Rohde sowie auf W.s Schüler Ulrich von ↗Wilamowitz-Moellendorff und insbes. Hermann ↗Usener. W. verkörperte die Verbindung aus Humboldt'schem Neuhumanismus, romantischer Philologie und entstehendem Historismus.

Schriften

[1] Sappho von einem herrschenden Vorurtheil befreyt, Göttingen 1816 [2] Die Äschyleische Trilogie Prometheus und die Kabirenweihe zu Lemnos, 1824 [3] Der epische Cyclus, oder die homerischen Dichter (2 Teile), 1835–1849 (2. Aufl. 1865–1882; Ndr. 1981) [4] Die griech. Tragödien mit Rücksicht auf den epischen Zyklus (3 Teile), 1839–1841 [5] Griech. Götterlehre, 3 Bde., Göttingen 1857–1863.

Sekundärliteratur

[6] A. Baumeister, Art. Welcker, Gottlieb, in: ADB 41, 1896, 653–660 [7] K. Betz, Friedrich Gottlieb Welcker, 1984 [8] W. M. Calder III et al. (Hrsg.), Friedrich Gottlieb Welcker, Werk und Wirkung (Hermes Einzelschriften 49), 1986 [9] R. Kekulé von Stradonitz, Das Leben Friedrich Gottlieb Welckers nach seinen eignen Aufzeichnungen und Briefen, 1880.

Sotera Fornaro (Ü: R. L. P.)

Welskopf-Henrich, Liselotte

Dt. Althistorikerin und Schriftstellerin. Geb. am 15.9.1901 in München als Elisabeth Charlotte W., gest. am 16.6.1979 in Garmisch-Partenkirchen. Abitur 1921 in Berlin; 1921–1925 Studium ebda.; ab 1923 Schriftstellerin; 1925 Prom. in Berlin. 1925–1928 Betriebsstatistikerin; 1928–1945 Referentin im statistischen Reichsamt Berlin; 1943–1945 aktiver Widerstand gegen das NS-Regime; 1946 Mitglied der KPD, später SED. 1949–1952 wiss. Aspirantin an der Berliner Humboldt-Univ.; 1952–1960 dort Dozentin, 1959 Habil.; 1960–1966 Prof. mit Lehrauftrag ebda. 1961–1968 Institutsleiterin der Abteilung Gesch. des Altertums ebda.; 1964 ordentliches Mitglied der Akad. der Wiss. Berlin (Ost); ab 1965 Leiterin der Arbeitsgruppe Wirtschaftsgesch. des Altertums am Institut für Wirtschaftsgesch. der Akad. der Wiss.

Werk und Wirkung

W., Tochter eines Münchner Rechtsanwaltes, studierte in Berlin Alte Geschichte bei Ulrich ↗Wilcken, Philosophie und Nationalökonomie, worin sie mit dem Thema *Die Organisation des internationalen Schuhwarenhandels* 1925 promovierte. 20 Jahre sammelte sie als Statistikerin Einsichten in volkswirtschaftliche Zusammenhänge, die ihr später als Prof.in für Alte Geschichte mit Schwerpunkt Wirtschaftsgeschichte des Altertums von Nutzen waren. Bereits 1949 als Habil.-Aspirantin an der Humboldt-Univ. begann W. mit der Sammlung aller Äußerungen der Klassiker des Marxismus-Leninismus zur Antike, die sie 1957 vorlegte [1]. Diese Arbeit, wegen der Stalinzitate als Habil. abgelehnt, wurde später zum Ausgangspunkt einer heftigen theoretischen Debatte um die asiat. Produktionsweise, die die DDR-Althistorie in Befürworter (in Berlin Heinz Kreißig) und Gegner (in Leipzig Rigobert ↗Günther) spaltete. W. setzte sich als führende Theoretikerin durch. Ihr universalhistor. Ansatz [3] zur Einbeziehung anderer alter Kulturen (China, Indien, Amerika) in die Altertumskunde war zwar nicht realisierbar, doch verschaffte sie als habilitierte [2] Prof.in und ordentliches Akad.-Mitglied dem Fach Alte Geschichte wiss. Relevanz [8].

In ihren Großprojekten [4]; [5] konnte W. nach ihrer Emeritierung internationale Zusammenarbeit organisieren, die in Qualität und Ertrag alle Kollektivprojekte der DDR in den Schatten stellte [6]. Sie förderte einen großen Schülerkreis (u.a. Peter Musiolek, Johannes Mathwich, Gert Audring). Über ihr Fach hinaus war sie als Jugendbuchautorin bekannt [7.206–228].

Schriften

[1] Die Produktionsverhältnisse im Alten Orient und in der griech.-röm. Antike, 1957 [2] Probleme der Muße im Alten Hellas (Habil.schrift Berlin), 1962 [3] Die wissenschaftliche Aufgabe des Althistorikers, 1965 [4] (Hrsg.), Hellenische Poleis. Krise – Wandlung – Wirkung, 4 Bde., 1973 [5] (Hrsg.), Soziale Typenbegriffe im alten Griechenland und ihr Fortleben in den Sprachen der Welt, 7 Bde., 1981–1985.

Sekundärliteratur

[6] Christ Klio 114–128 [7] I. Stark (Hrsg.), Elisabeth Charlotte Welskopf und die Alte Geschichte in der DDR, 2005 [8] M. Willing, Althistorische Forschung in der DDR, 1991.

Elisabeth Herrmann-Otto

Wheeler, Mortimer

Brit. Archäologe. Geb. am 10.9.1890 in Glasgow als Robert Eric Mortimer W., gest. am 22.7.1976 in Leatherhead bei London. 1899–1904 Schulbesuch in Bradford, ab 1907 Studium der Alt.wiss. am Univ. College London, 1910 B.A., 1912 M.A. 1913–1920 Anstellung an der Royal Commission on Historical Monuments (mit Unterbrechung durch Militärdienst im Ersten Weltkrieg), 1920 arch. Prom. in London. Ab 1920 Keeper (Kustos), ab 1924 Direktor des National Museum of Wales und Dozent für Archäologie in Cardiff, ab 1926 Keeper des Museum of London. 1937 Gründer des Institute of Archaeology am Univ. College. Ab 1944 Generaldirektor des Archaeological Survey of India, 1948–1955 Teilzeitprofessur für Archäologie an der Univ. of London; 1949–1968 Secretary der British Academy. 1952 Erhebung in den persönlichen Adelsstand (Sir Mortimer); 1968 Fellow der Royal Society.

Werdegang

Neben seinem *Classics*-Studium absolvierte W. anfangs auch eine künstlerische Ausbildung, wandte sich aber bald ganz der Archäologie zu. Für seine Prom. über die röm. Keramik des Rheinlands nutzte er nicht nur ein großzügig von Arthur ↗Evans gewährtes Stipendium, sondern auch seine kriegsbedingten Festlandsaufenthalte. Anfangs interessiert am prähistor. und röm. Britannien [1]; [2], führte er zusammen mit seiner ersten Frau, Tessa Verney, Ausgrabungen in Segontium, Caerleon [3], Lydney Park, Verulamium und Maiden Castle [4] durch. Beide ordneten das *National Museum of Wales* und anschließend das *Museum of London* (assistiert von John Bryan ↗Ward-Perkins) von Grund auf neu und riefen das *Institute of Archaeology* am Univ. College London ins Leben, das neben einem brit. auch einen nahöstl. Forschungsschwerpunkt hatte. Nach dem Krieg wandte W. sich der Archäologie Indiens und Pakistans zu; weltweite Aufmerksamkeit erregten seine Grabungen in Mohenjo Daro. Nach seiner Rückkehr nach England blieb er Berater der pakistanischen Regierung beim Aufbau eines arch. Instituts und des Nationalmuseums in Karatschi, sodass er seine Londoner Professur nur in Teilzeit ausfüllen konnte. In seiner Eigenschaft als Sekretär reformierte er die *Brit. Academy* in knapp 20-jähriger Arbeit zur größten brit. Finanzierungorganisation der geisteswiss. Forschung. In dieser Zeit trat er wiederholt in Fernsehen und Rundfunk auf, wurde 1954 zur engl. *TV Personality of the Year* gewählt und konnte somit der arch. Forschung zeitlebens große öffentliche Aufmerksamkeit verschaffen.

Werk und Wirkung

W.s herausragender Beitrag zur Archäologie liegt insbes. auf dem Gebiet der Grabungsmethodik. Gründend auf Prinzipien von Augustus Pitt-Rivers, entwickelten »die Wheelers«, wie er und seine erste Frau oft genannt wurden, eine neue wiss. Systematik. Insbes. bei der Grabung von Maiden Castle (Dorset) reformierten sie die Grundeinteilung der Fläche von langen Schnitten zu einem System von Planquadraten (*boxes*) mit dazwischenliegenden Profilstegen, die eine dreidimensionale Beobachtung der Schichtfolgen ermöglichten [4]; [13.54–56]. Die von W. gemeinsam mit seiner Kollegin Kathleen Kenyon weiterentwickelte »W.-Kenyon-Methode« [7]; [9] wurde durch Institutionen wie das *Institute of Archaeology* und W.s Lehrgrabungen in Mohenjo Daro zum weltweit gültigen Standardverfahren. Nach seinen Erfahrungen in beiden Weltkriegen als Artillerieoffizier verfolgte W. seine Projekte und seine Grabungskampagnen mit militärischer Strenge. In nur vier Jahren reformierte er die ind. Archäologie grundlegend. Sein Engagement auf den unterschiedlichsten arch. Fachgebieten und seine emsige Publikationstätigkeit wurden mitunter als Resultate unvollständiger Recherche kritisiert, zumal er es immer wieder vermochte, mit spektakulären Aussagen öffentliches Interesse und Finanzmittel zu gewinnen. Trotzdem bleiben seine grabungstechnischen Neuerungen und sein Beitrag zur Entdeckung und Erforschung der Induskultur wegweisend [5]; [6]. W. blieb bis ins hohe Alter aktiv: Er verfasste ein Handbuch zur röm. Kunst und Architektur [10] und übernahm die Mitherausgeberschaft von Winston Churchills vierbändiger *History of the English-Speaking Peoples.* Über W.s wiss. Werk ragt aber wohl seine öffentliche Wirkung hinaus: Für das breite Publikum war er über Jahrzehnte hinweg Gesicht und Stimme der brit. Archäologie.

M: [9].

N: London, Univ. College.

Schriften

[1] Prehistoric and Roman Wales, 1925 [2] London in Roman Times, 1930 [3] The Roman Amphitheatre at Caerleon (mit T. Verney Wheeler), 1931 [4] Maiden Castle, Dorset, 1943 [5] Five Thousand Years of Pakistan. An Archaeological Outline, 1950 [6] The Indus Civilisation, 1953 [7] Archaeology from the Earth, 1954 [8] Rome beyond the Imperial Frontiers, 1954 [9] Still Digging. Interleaves from an Antiquary's Notebook, 1955 [10] Roman Art and Architecture, 1964.

Sekundärliteratur

[11] Art. Wheeler, Robert Eric, Sir Mortimer (1890–1976), in: DBA, 2001, 708–712 [12] R. W. Clark, Sir Mortimer Wheeler, 1960 [13] B. Fagan, Short History of Archaeological Methods, 1870 to 1960, in: H. D. G. Maschner / Ch. Chippindale (Hrsg.), Handbook of Archaeological Methods, Bd. 1, 2005, 40–72 [14] J. Hawkes, Robert Eric Mortimer Wheeler, 1890–1976, in: Proc. of the British Academy 63, 1977, 482–507 [15] J. Hawkes, Mortimer Wheeler. Adventurer in Archaeology, 1982 [16] J. MacIntosh, Art. Wheeler, Sir (Robert Eric) Mortimer, in: Oxford Dictionary of National Biography, 2004, 436–438.

Christian Heitz

Wickert, Lothar

Dt. Althistoriker. Geb. am 31.7.1900 in Lissa (Provinz Posen, h. Polen), gest. am 8.2.1989 in Köln. Studium der Klass. Alt.wiss. an der Univ. Breslau; 1921 Prom. ebda. [1]; ab 1923 Studienaufenthalt an der Univ. Berlin; 1924 wiss. Mitarbeiter an der Preuß. Akad. der Wiss. 1930 Habil., 1934 ao.Prof. für Alte Gesch. an der Univ. Königsberg; 1939–1967 Prof. für Alte Gesch. an der Univ. Köln.

Werdegang, Werk und Wirkung

Das Berlin der 1920er Jahre wurde W. zur geistigen Heimat. Dazu trugen Gelehrte von Rang bei, u. a. Ulrich von ↗Wilamowitz-Moellendorff, Eduard ↗Norden, Ulrich ↗Wilcken und v. a. Hermann ↗Dessau, der ihn an die lat. Inschriften heranführte. 1930 habilitierte er sich mit einer epigr. Edition [2]. Als Nachfolger Oskar Leuzes kam er an die Univ. Königsberg. In Köln trat er 1939 die Nachfolge Johannes ↗Hasebroeks an. Bis zu seiner Emeritierung 1967 entfaltete er v. a. nach dem Ende des Zweiten Weltkriegs zusammen mit seinem Kollegen Hans Volkmann eine erfolgreiche Lehrtätigkeit [14].

In seiner frühen Phase verfasste W. auf dem Gebiet der Grundlagenforschung mehrere Artikel für die RE und die *Prosopographia Imperii Romani* (Liste in [10]). Ab 1937 war er Mitherausgeber der Zeitschrift *Klio*. Seine Untersuchungen zur röm. Kaiserzeit [3]; [4]; [5]; [11] mündeten in den großen RE-Artikel *Princeps* [6], der, von der Begriffsgeschichte herkommend, eine Strukturanalyse des röm. Prinzipats vorlegte und als ein Meilenstein zur Erforschung des röm. Kaisertums gilt [13]. Die ideologiekritische und soziologische Dimension des röm. Prinzipats wurde in der Folgezeit von der Forschung aufgenommen und weitergeführt [15]. Mit Theodor ↗Mommsen setzte er sich in vielen Beiträgen auseinander [8]; [9]; [10]. Dessen umfassende Biographie [7] ist ein unentbehrliches Forschungsinstrument, hat aber auch begründeten Widerspruch erfahren [13]. Ein Beitrag zur Geschichte des DAI [12] bildet den Abschluss seiner wiss. Studien.

SV: G. Biegel, in [10. 87–94].

N: Staatsbibliothek zu Berlin, Preuß. Kulturbesitz.

Schriften

[1] De Nicolao de Valle Hesiodi et Homeri interprete (Diss. Breslau), 1922 [2] CIL 14, Suppl. 1: Supplementum Ostiense (Edition), 1930 [3] Zu Caesars Reichspolitik, in: Klio 30, 1937, 232–253 [4] Caesars Monarchie und der Prinzipat des Augustus, in: Neue Jbb. für Antike und deutsche Bildung 4, 1941, 12–23 [5] Princeps und Basileus, in: Klio 36, 1944, 1–25 [6] Art. Princeps, in: RE 22/2, 1954, 1998–2296 [7] Theodor Mommsen. Eine Biographie, 4 Bde., 1959–1980 [8] Th. Mommsen – O. Jahn, Briefwechsel 1842–1868 (Edition), 1962 [9] Theodor Mommsen und Jacob Bernays, in: HZ 205, 1967, 265–294 [10] Drei Vorträge über Theodor Mommsen, hrsg. von H. Bellen, 1970 [11] Neue Forschungen zum röm. Prinzipat, in: ANRW II/1, 1974, 3–76 [12] Beiträge zur Geschichte des Deutschen Archäologischen Instituts, 1879–1929, 1979.

Sekundärliteratur

[13] Christ Klio 110–111 [14] H. Kloft, Lothar Wickert, in: Gnomon 62, 1990, 475–478 [15] I. Stahlmann, Von der Ideengeschichte zur Ideologiekritik. L. Wickerts Beitrag zum Verständnis des Augusteischen Principates, 1991.

Hans Kloft

Wickhoff, Franz

Österr. Klass. Archäologe und Kunsthistoriker. Geb. am 7.5.1853 in Steyr, gest. am 6.4.1909 in Venedig. Studium in Wien bei Theodor von Sickel (Gesch.), Alexander ↗Conze (Arch.) sowie bei Rudolf Eitelberger und Moritz Thausing (Kunstgesch.); 1880 Diss. über Dürers Antikenstudien. 1879–1885 Kustos der Textilsammlung des Österr. Museums für Kunst und

Industrie; ab 1885 Extraordinarius, 1891–1909 als Nachfolger Thausings Ordinarius an der Univ. Wien.

Werk und Wirkung

Mit W. hielt in Wien eine histor.-kritisch ausgerichtete Kunstgeschichte Eingang. Methodengeschichtlich gilt W. als der eigentliche Begründer der »Wiener Schule der Kunstgeschichte« (Alois ↗Riegl). In Ablehnung biographistischer bzw. ästhetisch-normativer Auffassungen verfolgte W. eine universalhistor. Erforschung der Raum- und Körperdarstellung, die insbes. in seinem Hauptwerk, der Einleitung zur Edition der spätant. Hs. der Wiener Genesis, dargelegt ist [1]. Entgegen der herrschenden Abwertung der Spätantike beschrieb W. hier eine kontinuierliche Fortentwicklung der ant. Kunst von Ägypten bis zum frühen Christentum.

Aus den beiden Filiationen (der griech.-hell. und etrusk.-röm.) sei in der Kaiserzeit ein charakteristischer »Naturalismus« entstanden, der sich in der Spätantike zum »Illusionsstil« weiterentwickelt habe: Insbes. anhand der Reliefplastik und der Malerei, aber auch der Literatur (Ekphrastik) verfolgt W., wie aus der plastisch isolierten Nachahmung von Körpern allmählich die Darstellung einer kontinuierlichen Räumlichkeit entstanden sei, die das Naturvorbild primär als optischen Seheindruck wiedergebe. Die spätant. Kunst bilde insgesamt den Ausgangspunkt der europ. Kunst, in der sich eine analoge Teleologie des Illusionismus in der Entwicklung der Renaissancekunst sowie der Moderne (Impressionismus) wiederhole. Die Entwicklung illusionistischer Räumlichkeit parallelisierte W. insbes. durch folgenreiche Beobachtungen zur Darstellung von Zeitabläufen im Bild, die er nach einer distinguierenden (getrennte Einzelszenen), einer komplettierenden (mehrere Momente in einem Bild) und einer kontinuierenden (mehrere Momente und Wiederholung von Protagonisten in einem Bild; für den spätröm. »Illusionismus« und die nachfolgende ma. Kunst charakteristisch) Erzählweise unterschied.

N: Univ. Wien, Institut für Kunstgeschichte.

Schriften

[1] Die Wiener Genesis (Jb. der kunsthistorischen Sammlungen des Allerhöchsten Kaiserhauses 15/16, Beilage) (Edition; mit W. von Hartel), 1895 (Ndr. 1970) [2] Die Schriften, 2 Bde., hrsg. von M. Dvořák, 1912–1913.

Sekundärliteratur

[3] H. Aurenhammer, 150 Jahre Kunstgeschichte an der Universität Wien (1852–2002), in: Mitteilungen der Gesellschaft für vergleichende Kunstforschung in Wien 54, 2002, 1–15 [4] I. Kalvrezou-Maxeiner, Franz Wickhoff. Kunstgeschichte als Wissenschaft, in: L. D. Ettlinger (Hrsg.), Akten des XXV. internationalen Kongresses für Kunstgeschichte (Wien 1983), Bd. 1, 1984, 17–22 [5] U. Rehm, Wieviel Zeit haben die Bilder? Franz Wickhoff und die kunsthistorische Erzählforschung, in: M. Theisen (Hrsg.), Wiener Schule: Erinnerung und Perspektiven (Wiener Jb. für Kunstgeschichte 53), 2004, 161–189.

Christian Freigang

Wieacker, Franz

Dt. Jurist und Rechtshistoriker. Geb. am 5.8.1908 in Stargard (Pommern, h. Polen), gest. am 17.2.1994 in Göttingen. Studium der Rechtswiss. 1926 in Tübingen, 1927 in München, 1928 in Göttingen; 1929 Referendarexamen in Celle; 1930 Prom. in Freiburg i.Br. bei Fritz Pringsheim; 1933 Habil. ebda. Nach Lehraufträgen und Vertretung 1939 o.Prof. in Leipzig. Nach kriegsbedingter Unterbrechung ab 1948 Prof. für Röm. Recht, Bürgerliches Recht und Neuere Privatrechtsgesch. in Freiburg; 1953–1973 Professur in Göttingen.

Werk und Wirkung

Beeinflusst von seinem Freiburger Lehrer Pringsheim sind W.s Qualifikationsschriften [1]; [2] noch der Interpolationistik verbunden, der es um die Bereinigung des klass. Röm. Rechts von spätant. hell. Einflüssen zu tun war. Sein umfangreiches Werk (zwischen 1931 und 1994 ca. 350 Publikationen) beschäftigt sich zu zwei Dritteln mit dem Röm. Recht, des Weiteren mit der europ. Privatrechtsgeschichte, der Zivilrechtsdogmatik sowie theoretischen und rechtsphilos. Themen. Was die Eigentumslehre der 1930er Jahre angeht, gelten W.s Publikationen manchem als »prominente Zeugnisse der nationalsozialistischen Eigentumslehre« [11.26]. Einen besonderen Rang unter den Werken nimmt die Privatrechtsgeschichte der Nz. ein, die in Bologna um 1100 beginnt [4]. Neben seiner monumentalen *Röm. Rechtsgeschichte* (Teil 2 von Joseph Georg Wolf als Fragment herausgegeben [8]) war W.s Arbeit am Röm. Recht von drei Themen geprägt [11]: vom frühröm. Recht [3], in welchem er gründlich und interdisziplinär die 12-Tafel-Gesetzgebung untersuchte, von der Textkritik mit ihrer philol. Methode [5] und von den röm. Juristen und ihren wiss. Methoden [8]. Daraus erwuchsen neue Einsichten etwa über die Dienstbarmachung der Wiss. für die augusteische Erneuerung des Staates. W. lehnte zudem die Auffassung ab, die hell. Philosophie habe auf die methodischen Grundlagen der röm. Jurisprudenz eingewirkt [9.LI].

Schriften

[1] Lex commissoria. Erfüllungszwang und Widerruf im röm. Kaufrecht (Diss. Freiburg), 1932 [2] Societas.

Hausgemeinschaft und Erwerbsgesellschaft (Habil.schrift Freiburg), 1936 [3] Hausgenossenschaft und Erbeinsetzung. Über die Anfänge des röm. Testaments, 1940 [4] Privatrechtsgeschichte der Nz., 1952 (²1967) [5] Textstufen klassischer Juristen, 1960 [6] Vom röm. Recht. Zehn Versuche, ²1961 [7] Recht und Gesellschaft in der Spätantike, 1964 [8] Röm. Rechtsgeschichte, 2 Bde., 1988–2006 (Bd. 2 hrsg. von J. G. Wolf).

Sekundärliteratur

[9] O. Behrends, Franz Wieacker. 5.8.1908–17.2.1994, in: Zs. für Rechtsgeschichte der Savigny-Stiftung. Romanistische Abt. 112, 1995, XIII–LXII [10] B. R. Kern, Franz Wieacker. Zum 100. Geburtstag am 5. August 2008, in: Jubiliäen 2008. Universität Leipzig, 2008, 61–65 [11] J. G. Wolf, Die Gedenkrede, in: H.-L. Schreiber et al., In Memoriam Franz Wieacker. Akademische Gedenkfeier am 19. November 1994 in Göttingen, 1995, 17–42 [12] J. G. Wolf, Franz Wieacker, in: S. Grundermann / K. Riesenhuber (Hrsg.), Deutschsprachige Zivilrechtslehrer des 20. Jh.s in Berichten ihrer Schüler, 2007, 73–88.

Ernst Baltrusch

Wiegand, Theodor

Dt. Klass. Archäologe. Geb. am 30.10.1864 in Bendorf am Rhein, gest. am 19.12.1936 in Berlin. 1886/87 Studium der Kunstgesch. einschließlich Arch. in München; 1889/90 Studium der Alt.wiss. in Berlin, 1891–1893 in Freiburg; dort 1893 Prom. 1896–1899 Grabungsleiter in Priene, 1899–1911 in Milet, 1905–1911 in Didyma, 1910/11 in Samos, 1927–1932 in Pergamon; 1899–1911 Direktor der Berliner Museen in der Türkei. 1911–1931 Direktor der Antikensammlung der Berliner Museen; 1932–1936 Präsident des DAI.

Biographie und wissenschaftlicher Werdegang

W., Sohn eines Arztes und einer Fabrikantentochter, machte sein Abitur am altsprachlichen Friedrichsgymnasium in Kassel. Bereits 1888 grub er, gefördert von Wilhelm ↗Dörpfeld, auf der Athener Akropolis. In Berlin studierte er bei Reinhard ↗Kekulé von Stradonitz, Heinrich Kiepert, Otto Puchstein, Otto ↗Hirschfeld und Hermann ↗Diels, in Freiburg promovierte er bei Ernst ↗Fabricius und Franz ↗Studniczka [1]. Zweimal erhielt er das Reisestipendium des DAI, das ihn nach Italien, Griechenland, in die Türkei und in die Museen von England, Belgien und Dänemark führte. 1895 Assistent Carl ↗Humanns in Priene, wurde er dort alsbald zu dessen Nachfolger. 1897 wurde W. Abteilungsleiter der Berliner Museen in Smyrna, 1899 deren Direktor in der Türkei. 1900 heiratete er Marie von Siemens, Tochter des Direktors der Dt. Bank; W.s Residenz war bald ein Zentrum der internationalen Gesellschaft in Konstantinopel.

Als Kekulés Nachfolger wurde W. 1911 Direktor der Berliner Antikenabteilung; 1912 bezog die Familie die von Peter Behrens für sie erbaute Villa in Dahlem, seit 1957 Sitz des DAI. Kriegsdienst leistete W. 1916–1918 an der Palästinafront, mit Carl Watzinger und Karl Wulzinger zum Denkmalschutz abgeordnet; in großem Stil erfassten sie auf dem Sinai, in Palästina und Syrien histor. Ensembles; W. veranlasste die Luftstreitkräfte, einen bis heute nicht ganz ausgewerteten Schatz luftbildarchäologischer Dokumentation zusammenzutragen [6]; [8]; [14].

Zurück im Berlin der Novemberrevolution, wurde W. zur treibenden Kraft im »Berliner Museumskrieg« um Konzeption und Weiterbau des Pergamonmuseums, das schließlich 1930 eröffnet wurde. Seine Aufnahme in die Berliner Mittwochsgesellschaft 1919, 1923 in die Preuß. Akademie der Wiss. und 1931 als Nachfolger Eduard ↗Meyers in den Orden *Pour le Mérite* zeigen W.s herausragende Stellung unter den alten Eliten. Auf den Archäologenkongressen 1925 in Tripolis und 1930 in Algier verschaffte er der dt. Archäologie wieder internationales Ansehen. Nach eineinhalb Jahren Ruhestand wurde er 1932 als Nachfolger Gerhart ↗Rodenwaldts zum Präsidenten des DAI gewählt. Bei der Eröffnung der Olympischen Spiele in Berlin 1936 saß er, bereits todkrank, auf der Ehrentribüne.

Leistung und Wirkung

W. repräsentiert den ersten Professionalisierungsschub der arch. Feldforschung. Organisation, Methoden und dichte Berichterstattung seiner großen Stadtgrabungen, die auch die umgebenden histor. Landschaften einbezogen, prägten das öffentliche Bild der Archäologie als grabender Disziplin. Die »wiss. Erschöpfung des Gegenstandes« hatte für ihn auch die unscheinbarsten Relikte einzubeziehen beim Lesen der »Ausgrabungsstätte« als einer »wiss. Urkunde« [5.155f.] – so W. als bekennender Positivist [9]. Gleichzeitig warb er mit der Vergegenwärtigung der Gegenständlichkeit des ant. Lebens; den urbanistischen Organismus einer griech. Polis illustrierte Hans Zippelius' Ansicht des rekonstruierten Priene; die Pläne Prienes und Milets dienen bis in die aktuellen Schulbücher als Modell einer griech. Polis.

Bis 1918 standen die Ausgrabungen auf dem Boden des Osman. Reichs zugleich unter dem Vorzeichen der Akquisition. W. beherrschte die für Genehmigungen und Finanzierung nötige diplomatische Klaviatur vor Ort ebenso wie in Berlin und bei Wilhelm II. Ein geheimes Abkommen von 1899 gewährte gegen geltendes Gesetz Fundteilung; auch darüber hinaus gelang W. mancher Erwerb vorbei am Generaldirektor der osman. Museen und Altertümer (1881–1910 Osman ↗Hamdi Bey).

Mit der Realisierung des 1911 begonnenen Neubaus des Berliner Pergamonmuseums setzte W. sein Konzept eines Museums der ant. Architektur durch, dessen Dimensionen die Rekonstruktion des monumentalen Zeusaltars aus Pergamon, auch des prunkvollen Tores vom Nordmarkt in Milet erlaubte. Der Hauptstadt schenkte er als Zeugnis einer als vorbildlich geltenden Vergangenheit ein »Museum von Weltbedeutung«. Ulrich von ↗Wilamowitz-Moellendorff rief, dort von W. geführt, aus: »Ihr Leute vom Spaten habt es weiter gebracht als wir Altphilologen« [15.423].

N: Berlin, DAI.

Schriften

[1] Die puteolanische Bauinschrift (Diss. Freiburg), in: Jbb. für Philologie, Suppl. 20, 1894, 661–778 [2] Die archaische Poros-Architektur der Akropolis zu Athen, 1904 [3] Priene. Ergebnisse der Ausgrabungen und Untersuchungen in den Jahren 1895–1898 (mit H. Schrade), 1904 [4] (Hrsg.) Milet. Ergebnisse der Ausgrabungen und Untersuchungen seit dem Jahre 1899, 16 Bde., 1906–1936 [5] Untergang und Wiedergewinnung der Denkmäler, in: H. Bulle (Hrsg.), Hdb. der Archäologie, Bd. 1.1, 1913, 142–184 [6] (Hrsg.) Wissenschaftliche Veröffentlichungen des Deutsch-Türkischen Denkmalschutz-Kommandos, 6 Bde., 1920–1924 [7] Die Altertümer von Pergamon. Bd. 5.1: Die Paläste der Hochburg (mit G. Kawerau), hrsg. von E. Boehringer, 1930 [8] Halbmond im letzten Viertel. Briefe und Reiseberichte aus der alten Türkei von Theodor und Marie Wiegand 1895–1918, hrsg. von G. Wiegand, ²1985 (¹1970).

Sekundärliteratur

[9] J. Althoff, Ein Meister des Verwirklichens. Der Archäologe Theodor Wiegand, in: K. Rheidt / B. A. Lutz (Hrsg.), Peter Behrens, Theodor Wiegand und die Villa in Dahlem, 2004, 135–159 [10] K. Bittel, Theodor Wiegand, in: Lullies/Schiering Arch. 154–155 [11] J. Cobet, Theodor Wiegand. Das Osmanische Reich und die Berliner Museen, in: Ch. Trümpler (Hrsg.), Das große Spiel. Archäologie und Politik zur Zeit des Kolonialismus (1860–1940) (Ausst.kat.), 2008, 346–353 [12] G. Karo, Theodor Wiegand zum Gedächtnis, in: Forschungen und Fortschritte 13, 1937, 54–56 [13] V. Kästner, Visionen und Realitäten. Theodor Wiegand, Hermann Winnefeld und der Neubau des Pergamonmuseums, in: K. Rheidt / B. A. Lutz (Hrsg.), Peter Behrens, Theodor Wiegand und die Villa in Dahlem, 2004, 109–133 [14] Ch. Trümpler, Das Deutsch-Türkische Denkmalschutz-Kommando und die Luftbildarchäologie, in: Ch. Trümpler (Hrsg.), Das große Spiel. Archäologie und Politik zur Zeit des Kolonialismus (1860–1940) (Ausst.kat.), 2008, 474–483
[15] C. Watzinger, Theodor Wiegand. Ein deutscher Archäologe, 1944 [16] S. Wenk (Hrsg.), Auf den Spuren der Antike. Theodor Wiegand, ein deutscher Archäologe (Ausst.kat.), 1985.

Justus Cobet

Wieland, Christoph Martin

Dt. Dichter und Übersetzer. Geb. am 5. 9. 1733 in Oberholzheim bei Biberach, gest. am 20. 1. 1813 in Weimar. 1750 Jurastudium in Tübingen (abgebrochen); 1752–1760 Gast im Hause Johann Jakob Bodmers, Hauslehrer in Zürich und Bern; 1760–1769 Kanzleiverwalter in Biberach; 1769–1772 ao.Prof. der Philosophie in Erfurt. Ab 1772 Prinzenerzieher des späteren Herzogs Carl August am Hof Anna Amalias in Weimar (ab 1775 lebenslange Hofpension); Herausgeber des *Teutschen Merkur* (1773–1810, ab 1790 *Neuer Teutscher Merkur*) und freier Schriftsteller.

Werk

W. gehörte zusammen mit dem etwas älteren ↗Lessing zu den einflussreichsten Autoren der dt. Aufklärung und prägte mit den jüngeren Dichtern Herder, ↗Goethe und Schiller die Weimarer Klassik: Er übersetzte erstmals Shakespeares Werke ins Deutsche (1762–1766), begründete mit den drei Fassungen der *Geschichte des Agathon* (1766/67, 1773, 1794) die Trad. des Bildungsromans und förderte die Entwicklung dt.sprachiger Libretti für das Musiktheater. In seiner weltlit., wenn auch westeurop. perspektivierten Literaturauffassung hat W. sowohl durch seine Antikeromane und Übersetzungen des Horaz [1]; [2]; [8], Lukian [3], Aristophanes, Isokrates, Xenophon [9], Euripides und Cicero [6] als auch durch das Verfassen und Übersetzen von Märchen, ebenso durch die Wiederbelebung von ma. und frühnzl. Verserzählungen das Stoff- und Formenrepertoire der dt. Literaturtraditionen nachhaltig erweitert und internationalisiert. Zugleich war er durch seine Publizistik maßgeblich an zahlreichen lit. Debatten beteiligt und gehörte zu den wichtigsten Kommentatoren der Franz. Revolution und der nachfolgenden Umwälzung Zentraleuropas. Als freier Schriftsteller, Herausgeber einer Monatszeitschrift und buchmarktbewusster Akteur literarischer Projekte bot er einen Prototyp moderner Autorstrategien des 19. und 20. Jh.s.

W. gestaltete seine Übersetzungen nach wirkungsästhetischen Prinzipien: Er stellte einen für die Adressaten seiner Zeit elegant lesbaren dt. Text her und verzichtete in der Regel – anders als Johann Heinrich ↗Voß – auf eine getreue Nachahmung von Vers, Rhythmus und Stil der Vorlage zugunsten der besseren Nachvollziehbarkeit. Die so verlorengehenden semantischen Aspekte und die histor. Distanz seiner Adressaten zu den kulturhistor., alltagsgeschichtlichen und polit. Kontexten fing W. in Fußnoten, Anmerkungen und Kommentaren auf, die z. T. zu längeren Darstellungen anwuchsen. Histor. Aktualisierungen dienten dabei zunächst der Vergegenwärtigungskunst des historisch und kulturell Fremden. Zugleich erarbeitete W. seinen Lesern damit aber auch die ant. Überlieferung, um durch deren Hermeneutik ein histor. Verständnis der Gegenwart zu ermöglichen.

Durch die z.T. intensive philol. Diskussion des Wortlauts und der Bedeutung des zu übersetzenden Textes stellte sich W. in eine humanistische Gelehrten-Trad.: Er konsultierte und diskutierte stets mehrere ältere Textausgaben sowie bereits vorliegende lat., dt., engl. oder franz. Übertragungen und suchte den Austausch mit den Philologen seiner Zeit wie Christian Gottlob ↗Heyne, Christian Gottfried Schütz (insbes. zu Lukian und Aristophanes) und Friedrich August ↗Wolf. W. entwickelte diese Methoden der Vermittlung antiker Texte erstmals bei den Horaz-Übersetzungen (1782; 1786).

Mit dem *Attischen Museum* (1796–1811 [5]) gründete W. ein Publikationsorgan, in dem er das Prinzip des histor. Kommentars auf die Hermeneutik der gesamten attischen Kultur, speziell der Perikles-Zeit, ausweiten wollte; diese erachtete er für das Selbstverständnis der eigenen Zeit, v.a. mit und nach der Franz. Revolution, als bes. relevant. Dazu organisierte er Beiträger aus der Klass. Philologie: Johann Jakob Hottinger (Zürich) übersetzte Theophrast, Friedrich Jacobs (Gotha/München) Demosthenes, Lysias, Aischylos und Sophokles; Karl Philipp Conz (Tübingen) Aischylos und Aristophanes. W. selbst steuerte Werke von Aristophanes, Isokrates, Xenophon [9] und Euripides sowie längere kulturhistor. Abhandlungen und Textinterpretationen bei (z.B. zu Euripides' *Ion* und *Helena*). Dieses Projekt überließ W. aber zunehmend seinen Beiträgern, da er sich seit 1806 v.a. der Übersetzung sämtlicher Briefe Ciceros widmete [6] – wieder auch wegen der histor. Parallelen, die er zwischen der Errichtung des Napoleonischen Kaiserreichs und dem Untergang der röm. Republik sah.

W.s Interesse an seinen ant. Gegenständen war aber immer auch von Fragen praktischer Lebensphilosophie geprägt: Welche Möglichkeiten hat ein Individuum in einer bestimmten histor. Konstellation und wie kann es diese erkennen? W.s Antikeromane konstruieren daher Geschichten, die das Verhalten von Figuren mit unterschiedlichen Lebenseinstellungen unter den Bedingungen der jeweiligen Handlungssituation erschließen. Mit z.T. spielerischer Freiheit der Fiktion ergänzte W. auch die Romane durch Einleitungen über das Historische des Erzählten und fügte Anmerkungen hinzu. Im multiperspektivischen Briefroman *Aristipp* (1800–1802) gehören sie zur universalhermeneutischen Ästhetik, die die Gespräche zahlreicher Figuren über polit. Ereignisse im gesamten griech. Kulturraum, über Personen, Kunst, Literatur und Philosophie der Sokrates-Zeit entfalten (dazu übersetzte W. innerhalb des Romans aus Platons *Sympósion* und *Politeía*).

Wirkung

Durch die Ausweitung des Blickes auf die Antike differenzierte W. das klassizistische Antikebild um 1800, dessen Ideal im Ganzen auf einen relativ kleinen Kanon kultureller Phänomene reduziert blieb. Damit vollzog er für die Leseöffentlichkeit, was in den Fachdiskursen der Alt.wiss. bereits vorbereitet war und zu gleicher Zeit weiter ausgebaut wurde. Hier lässt sich eine breite und nachhaltige Wirkungsgeschichte von W.s Antike-Übersetzungen und -Romanen in Rezensionen sowie Bezugnahmen von Friedrich August ↗Wolf, August ↗Boeckh und Gustav ↗Droysen bis zu Manfred ↗Fuhrmann feststellen, die literaturgeschichtlich meist implizit geblieben ist.

Schriften

[1] Horazens Briefe, 2 Bde. (Übers.), 1782 (²1801, ³1816) [2] Horazens Satiren (Übers.), 1786 (²1804) [3] Lucians von Samosata Sämtliche Werke, 6 Teile (Übers.), 1788–1789 (Ndr. 1971) [4] Sämmtliche Werke, 1794–1811 (Ndr. 1984, ohne Übers.) [5] (Hrsg.) Attisches Museum/Neues Attisches Museum, 1796–1811 [6] M. Tullius Cicero's Sämmtliche Briefe, 6 Teile (Übers.), 1808–1821 (Teilausg. in der Akademie-Ausg., Abt. 2, 1972–1975) [7] Briefwechsel, 20 Bde., hrsg. von S. Scheibe, 1963–2007 [8] Übersetzung des Horaz (Werke, Bd. 9, hrsg. von M. Fuhrmann), 1986 [9] Xenophon, Sokratische Denkwürdigkeiten, hrsg. von H. Radspieler, 1998 (Erstdrucke in Attisches Museum 1799–1802) [10] Werke. Historisch-kritische Ausgabe, hrsg. von K. Manger et al., 2008ff.

Sekundärliteratur

[11] O. Bantel, Christoph Martin Wieland und die griech. Antike, 1953 [12] K.-P. Bauch / M.B. Schröder, Alphabetisches Verzeichnis der Wielandbibliothek, 1993 [13] M. Baumbach, Lukian in Deutschland, 2002 [14] J. Cölln, Philologie und Roman. Zu Wielands erzählerischer Rekonstruktion griechischer Antike im »Aristipp«, 1998 [15] M. Fuhrmann, Von Wieland bis Voss, in: Jb. des Freien Deutschen Hochstifts, 1987, 1–22 [16] J. Heinz (Hrsg.), Wieland-Hdb., 2008 [17] Th.C. Starnes (Hrsg.), Christoph Martin Wieland. Leben und Werk, 1987 [18] R. Tgahrt (Hrsg.), Weltliteratur. Die Lust am Übersetzen im Jahrhundert Goethes (Ausst.kat.), 1982.

Jan Cölln

Wiesendanger, Jakob

s. Ceporinus, Jacobus

Wilamowitz-Moellendorff, Ulrich von

Dt. Klass. Philologe. Geb. am 22.12.1848 in Markowitz (Provinz Posen, h. Polen); gest. am 25.9.1931 in Berlin. Ab 1862 Gymnasium Schulpforta; ab 1876 Studium der Klass. Alt.wiss. in Bonn, ab 1869 in Berlin, dort 1870 Prom. Nach Reisen und einjährigem Militärdienst 1874–1876 PD in Berlin; 1875 Habil. ebda. Ab 1876 o.Prof. für Altertumskunde in Greifswald; ab 1883 Lehrstuhl für Klass. Phil. an der Univ. Göttingen; 1897–1921 Prof. für Gräzistik an der Univ. Berlin; 1891/92 Prorektor und 1915/16 Rektor ebda. Ab 1902 Leitung der Preuß. Akad. der Wiss. Zahlreiche internationale Ehrungen und Mitgliedschaften, u.a. ab 1899 der Preuß. Akad. der Wiss., 1903 der Pariser Acad. des inscriptions et des belles-lettres.

Wissenschaftlicher Werdegang und Werk

W., der einer wohlhabenden lutherischen Gutsherrenfamilie entstammte, zeigte wenig Interesse an der für ihn geplanten Karriere als Offizier oder Diplomat; daher besuchte er (wie u.a. Friedrich ↗Nietzsche) das berühmte Elite-Gymnasium und Internat in Schulpforta bei Naumburg. Hier erhielt sein Lebensweg die entscheidende Richtung, v.a. durch den Rektor Carl Peter, in dessen Haus W. wohnte und dem er später seine Diss. widmete [1]. Die Anforderungen an die Schüler waren nach heutigen Maßstäben unvorstellbar hoch. W. lernte neben Latein und Griechisch Englisch, Französisch sowie die Anfangsgründe des Hebräischen und Italienischen. Vom Lehrer diktierte griech. Passagen aus Xenophon hatten die Schüler in makellosem ciceronianischen Latein niederzuschreiben.

Die Valedictionsarbeit des Achtzehnjährigen trug den Titel: *In wieweit befriedigen die Schlüsse der erhaltenen griech. Trauerspiele? Ein ästhetischer Versuch* (gedr. 1974). W. hatte nicht nur alle erhaltenen griech. Tragödien gelesen, er kannte sie buchstäblich auswendig. Er verfasste die Arbeit ohne die Hilfe von Büchern in einem Baumhaus auf dem elterlichen Gutshof. Die Wahl des Themas sagt viel aus: Die Bewertung des Endes eines Dramas setzt das Verständnis seiner Handlung voraus. W. präsentierte hier chronologische Argumente und einen Vorschlag zum histor. Kontext der Stücke. Viele der Gedanken, die er später in Büchern und Zeitschriften veröffentlichte, formte er bereits als Schüler aus. »Ich will ein Jünger der Wissenschaft werden, freiwillig, scheel angesehen von Verwandten, Nahestehenden, verstoßen aus den vermeintlich höheren Kreisen, in welche die Geburt mich gestellt hat« [29.446].

Ab Oktober 1867 studierte W. an der Univ. Bonn Alt.wiss. Er hielt nicht viel von Hermann ↗Usener, hingegen fanden Anton Springer, Reinhard ↗Kekulé von Stradonitz und v.a. Jacob ↗Bernays, ein orthodoxer Jude, seine Bewunderung. Sein eigentlicher Lehrer war jedoch Otto ↗Jahn, von dem er die lebenslange Wertschätzung der ant. Kunstgeschichte übernahm und die Bereitschaft, das hell. Zeitalter nach dessen eigenen Kriterien zu beurteilen. Nach Jahns Tod wechselte W. nach Berlin. Dort lernte er viel von dem Philologen und Schulreformer Hermann Bonitz und besuchte Vorlesungen von Ernst ↗Curtius und Adolf ↗Kirchhoff. Sein nomineller Doktorvater war Moriz ↗Haupt, dessen *Opuscula* er später herausgab [5]. Theodor ↗Mommsens Einfluss wurde erst später wirksam.

Unter den Gelehrten, die er durch Lektüre kennenlernte, übte Friedrich Gottlieb ↗Welcker dauerhaften Einfluss auf W. aus, nicht zuletzt durch sein »Totalitätsideal« – dass man alles kennen muss, um etwas interpretieren zu können. Unter W.s Kommilitonen waren junge Männer, die in Forschung und Lehre unschätzbaren Einfluss auf die Alt.wiss. ausüben sollten; er schloss Lebensfreundschaften mit Hermann ↗Diels, Georg Kaibel, Friedrich ↗Leo und Carl ↗Robert. Seine Diss. (1870) behandelte textkritischen Fragen der griech. Komödie.

1870/71 diente W. als Unteroffizier im Preuß.-Franz. Krieg. 1872–1874 lebte und reiste er in Griechenland und Italien, wo er Mommsens Assistent wurde und mit ihm Freundschaft schloss; die ausgedehnte Korrespondenz ist Beweis für deren Produktivität [22]. Schlagartig bekannt wurde W. aufgrund seiner Auseinandersetzung mit Friedrich ↗Nietzsche, gegen dessen Wissenschaftskritik (u.a. in *Geburt der Tragödie*) und »intuitiver Sicht der Antike« [34.36] er mehrfach polemisierte [2]; [3]. Von 1874 bis Ostern 1876 war W. PD in Berlin und habilitierte sich zu Euripides (inkl. einer textkritischen Ausgabe der *Hiketiden*) [4]. Viele weitere Werke über diesen damals noch vernachlässigten Tragiker sollten folgen.

Im Frühjahr 1876 trat W. in Greifswald sein erstes Ordinariat an. Er unterrichtete u.a. Epigraphik, Paläographie, Menander und hell. Dichtung; dabei machte er die Antike lebendig. Zu seinen Studenten zählten Hans von ↗Arnim, Bruno Keil, Wilhelm Schulze, Eduard ↗Schwartz, Ludwig ↗Traube und Friedrich Spiro. Einer seiner Kollegen war der Kirchenhistoriker Julius Wellhausen, dessen Arbeiten zum NT W.' analytische Homerstudien stark beeinflussten, weshalb er ihm sein Buch [6] widmete. 1878 heiratete W. in Berlin Mommsens Tochter Marie. Seine Familie boykottierte die Ehe mit einer Bürgerlichen, noch dazu Tochter eines Liberalen, wobei W. selbst konservativ-deutsch-national geprägt war und sich entsprechend engagierte, so z.B. im Oktober 1914 als Verfasser der »Erklärung der Hochschullehrer des Deutschen Reiches« zur Rechtfertigung des Ersten Weltkriegs. W. bezeichnete sich selbst als »Schwarz-weiß bis in die Knochen« [29.448].

Im Herbst 1883 nahm W. den Ruf auf den Lehrstuhl für Klass. Phil. in Göttingen an, wo er 14 produktive und glückliche Jahre verbrachte. Hier nahm er eine Reihe von Untersuchungen zur griech. Tragödie sowie Übersetzungen ausgewählter griech. Dramen in Angriff. Sein wiederholt aufgelegtes Meisterwerk war eine kommentierte Textausgabe von Euripides' *Herakles* [7]. W.' Übersetzungen sind originalgetreu und dennoch theatertauglich. Sie wurden tatsächlich häufig an führenden Bühnen u.a. in Berlin aufgeführt. Die Entdeckung und Veröffentlichung von Aristoteles' verschollener *Verfassung der Athener* inspirierte ihn zu *Aristoteles und Athen* [9], bis heute deren autoritative kritische Ausgabe wie auch einflussreichste Behandlung. Darüberhinaus initiierte er den *Thesaurus Linguae Latinae*.

Dem Kultusminister Friedrich Althoff gelang es, W. 1897 an die Berliner Friedrichs-Wilhelms-Univ. zu holen, wo er Ernst ↗Curtius' Nachfolge als Prof. für Rhetorik antrat. Johannes Vahlen und Adolf Kirchoff waren seine Kollegen, doch am reizvollsten war für ihn die Nähe zu Hermann ↗Diels, mit dem er eng zusammenarbeitete. 1906 stieß Eduard ↗Norden hinzu, und zu dritt machten sie ihr Institut für Altertumskunde zum einflussreichsten der mod. Geschichte. W. lehrte und publizierte auch nach seiner Emeritierung bis zu seinem Tod 1931. Sein letztes Werk [21] diktierte er seiner Tochter Dorothea von seinem Totenbett. Seine *Erinnerungen* sind unverzichtbar für das Verständnis der mod. Klass. Philologie.

Würdigung und Wirkung

Um seine Lebensleistung zu verstehen, muss man die umfassende Bibliographie der Werke von und über W. konsultieren, darunter die Rezensionen seiner Bücher. Unter seinen Veröffentlichungen befinden sich präzise textkritische Arbeiten, randvoll mit neuen Emendationen und Handschriftenlesarten, aber auch Geschichten der griech. Sprache und Literatur, die aufgrund seiner einmaligen Fachkompetenz, ja Genialität, bes. wertvoll sind. W. betonte die inhaltliche Relevanz der großen ant. Autoren (u.a. Aischylos, Euripides, Platon, Aristoteles, Kallimachos) und ihre nachhaltige Bedeutung für unser Selbstverständnis.

W. leitete eine neue Epoche der Alt.wiss. ein, um »durch umfassende Kenntnis der histor. Quellen das ›gesamte Leben‹ der Antike zu verstehen und die klass. Literatur wirklichkeitsnah interpretierend ›gegenwärtig‹ zu machen« [34.36], wobei er die griech. und röm. Kultur als Einheit begriff. Seine rund sechzig Bücher übten immensen Einfluss auf die nachfolgende Forschung aus, zumal W. an verschiedenen wiss. Großprojekten mitwirkte, »der Edition von Papyri, der Edition der griech. Inschriften und den Ausgaben der sog. Kirchenväter-Kommission« [29.467]. W. war prägend als »wiss. Organisator« einer interdisziplinären Alt.wiss. mit dem Berliner Institut für Altertumskunde als Modell [34.44–47]. Seine zahlreichen Schüler, u.a. Eduard ↗Fraenkel, Werner ↗Jaeger, Karl ↗Reinhardt, Hans von ↗Arnim, Max ↗Pohlenz, Richard ↗Harder und Wolfgang ↗Schadewald, gaben seine Methodik an die Folgegenerationen weiter. Zweifellos war W. der größte Altertumswissenschaftler der Moderne.

Zugleich engagierte sich W. in Fragen schulischer Bildung. Zwar negierte er eine besondere Verantwortung der Philologie für Lehrerbildung und Gymnasialunterricht [8.14], forderte jedoch auf der Reichsschulkonferenz (6.–8.6.1900) die grundsätzliche Neuausrichtung des altsprachlichen Unterrichts [26]. W. distanzierte sich vom traditionellen Klassizismus und räumte dem Hellenismus den Vorrang ein: »Die Antike als Einheit und Ideal ist dahin; die Wissenschaft selbst hat diesen Glauben zerstört. Dagegen ist unseren Blicken kenntlich geworden eine anderthalbtausendjährige Periode der Weltkultur, nicht nur die Grundlage, sondern sozusagen ein Typus der unseren, und diese ist griechisch, denn selbst das ganze Römertum ist nur eine integrierende Provinz derselben« [10.206f.]. Sein *Griech. Lesebuch* bot dementsprechend eine neuartige Zusammenstellung von hell. Texten [11]. Der Dritte Humanismus Werner ↗Jaegers distanzierte sich von dieser Position deutlich.

M: [20].

SV: Michael Armstrong et al., Ulrich von Wilamowitz-Moellendorff, Bibliography 1867–1990.

Schriften

[1] Observationes criticae in comoediam Graecam selectae (Diss. Berlin), 1870 [2] Zukunftsphilologie! eine Erwidrung auf Friedrich Nietzsches ord. Prof. der class. Philologie zu Basel »Geburt der Tragödie«, Berlin 1872 [3] Zukunftsphilologie! Zweites Stück; eine Erwidrung auf die Rettungsversuche für Fr. Nietzsches »Geburt der Tragödie«, Berlin 1873 [4] Analecta Euripidea: Inest Supplicum fabula ad codicem archetypum recognita (Habil.schrift Berlin), 1875 (Ndr. 1963) [5] Maurici Hauptii opuscula, Leipzig 1875–1876 [6] Homerische Untersuchungen, Berlin 1884 [7] Euripides, Herakles. Bd. 1: Einl. in die Attische Tragödie; Bd. 2: Text und Komm. (Edition), 1889 (2. Aufl. 1909, Ndr. 1959 u.ö.) [8] Philolologie und Schulreform, Göttingen 1892 [9] Aristoteles und Athen, 2 Bde., 1893 (u.ö., Ndr. 1966 u.ö.) [10] Der griech. Unterricht auf dem Gymnasium, in: Verhandlungen über die Fragen des höheren Unterrichts, Halle 1902, 205–217 (Ndr. 1972) [11] (Hrsg.), Griechisches Lesebuch, Berlin 1902 [12] Timotheos, Die Perser. Aus einem Papyrus von Abusir im Auftrage der Dt. Orient-Ges. (Edition), Leipzig 1903 [13] Die griechische Literatur des Altertums, in: P. Hinneberg (Hrsg.), Die griechische und lateinische Literatur und Sprache (Die Kultur der Gegenwart 1.8), ³1912, 3–318 (¹1905) [14] Sappho und Simonides. Untersuchungen über griechische Lyriker, Berlin 1913 (Ndr.

1966) [15] Aischylos-Interpretationen, Berlin 1914 (Ndr. 1966) [16] Die Ilias und Homer, Berlin 1916 (²1920; Ndr. 1966 u.ö.) [17] Platon, Bd. 1: Leben und Werke; Bd. 2: Beilagen und Textkritik, Berlin 1919 (⁵1959) [18] Geschichte der Philologie (Einleitung in die Altertumswissenschaft 1/1), Leipzig 1921 (³1927, Ndr. 1959; 1998) [19] Pindaros, Berlin 1922 (Ndr. 1966) [20] Erinnerungen 1848–1914, 1928 (²1929; engl. 1930) [21] Der Glaube der Hellenen, 2 Bde., 1931–1932 (zahlreiche Ndr.) [22] »Aus dem Freund ein Sohn«. Mommsen und Wilamowitz. Briefwechsel 1872–1903, hrsg. und komm. von W.M. Calder III, 2 Bde., 2003.

Sekundärliteratur

[23] W.M. Calder III et al. (Hrsg.), Wilamowitz nach 50 Jahren. Symposium aus Anlaß des 50. Todestages, 1985 [24] W.M. Calder III et al. (Hrsg.), Wilamowitz in Greifswald, 2000 [25] Calder Wil. [26] L. Canfora, Wilamowitz und die Schulreform, in: Altsprachlicher Unterricht 27/4, 1984, 5–19 [27] R.L. Fowler, Ulrich von Wilamowitz-Moellendorff, in: Briggs/Calder 489–522 [28] R. Harder, Ulrich von Wilamowitz-Moellendorff, in: Gnomon 7, 1931, 557–560 [29] M. Hose, »und Pflicht geht vor Neigung«. Ulrich von Wilamowitz-Moellendorff und das Leiden am Großbetrieb der Wissenschaft, in: A. Baertschi / C. King (Hrsg.), Die modernen Väter der Antike, 2009, 445–480 [30] W. Jaeger, Gedächtnisrede auf Ulrich von Wilamowitz-Moellendorff, in: Die Antike 8, 1932, 319–324 [31] H.-A. Koch, Art. Wilamowitz-Moellendorff, Ulrich von, in: Deutsche Biographische Enzyklopädie 10, 1999, 494–495 [32] S. Rebenich, Ulrich von Wilamowitz-Moellendorff, in: A. Grafton et al. (Hrsg.), The Classical Tradition, 2010, 983–984 [33] K. Reinhardt, Ulrich von Wilamowitz-Moellendorff, 1841–1931, in: H. Heimpel et al. (Hrsg.), Die großen Deutschen. Deutsche Biographie, Bd. 5, 1957, 415–421 [34] C. Wegeler, »... wir sagen ab der internationalen Gelehrtenrepublik«. Altertumswissenschaft und Nationalsozialismus. Das Göttinger Institut für Altertumskunde 1921–1967, 1996 (passim) [35] K.-G. Wesseling, Art. Wilamowitz-Moellendorff, Ulrich von, in: Biographisch-Bibliographisches Kirchenlexikon 13, 1998, 1113–1160.

William M. Calder III (Ü: D.P.)

Wilcken, Ulrich

Dt. Papyrologe. Geb. am 18.12.1862 in Stettin (h. Polen), gest. am 10.12.1944 in Baden-Baden. Studium der oriental. Sprachen und Alten Gesch. ab 1880 in Leipzig bei Eduard ↗Meyer, ab Frühjahr 1882 der Alten Gesch. in Tübingen bei Alfred von Gutschmid, ab Herbst 1882 in Berlin bei Theodor ↗Mommsen. 1885 Prom. in Berlin, danach in der Ägypt. Abteilung des Königlichen Museums in Berlin tätig; 1888 Habil. ebda. 1889 ao.Prof., ab 1891 o.Prof. für Alte Gesch. in Breslau (Nachfolge Eduard Meyers), ab 1900 Ordinarius in Würzburg, ab 1903 in Halle (wieder Nachfolge Eduard Meyers), ab 1906 in Leipzig (Nachfolge Curt Wachsmuths), ab 1912 in Bonn, ab 1915 in München und schließlich ab 1917 in Berlin (Nachfolge Otto ↗Hirschfelds). 1931 Emeritierung.

Werk und Wirkung

Von Mommsen auf die griech. Papyrusurkunden angesetzt, die ab 1880 in den Gesichtskreis der Altertumswissenschaft traten, eignete sich W. als Autodidakt eine Meisterschaft im Entziffern der dokumentarischen Papyri und eine überlegene Kenntnis der Urkundensprache an, welche ihn zum *princeps papyrologorum* (Matthias ↗Gelzer) machten. Er war maßgeblich an der Entwicklung der papyrologischen Studien und Methoden, Publikationsorgane und Hilfsmittel beteiligt. W. leistete Pionierarbeit bei der Erschließung der neuen Quellengruppe, indem er unverzichtbare Standards in der Editionstechnik setzte – u.a. als Wegbereiter des 1931 eingeführten Leidener Klammersystems – und der Maxime folgte, dass die einzelne Urkunde durch eine umfassende Kontextualisierung histor. auszuwerten sei.

W. betrieb die systematische Edition der Bestände des Berliner Museums (*Berliner Griech. Urkunden*, seit 1892), und der Sammlungen in Freiburg, Würzburg und Bremen. 1899 legte er mit *Griech. Ostraka* [1] ein bahnbrechendes Standardwerk vor, das die Edition von 1624 Texten (davon 1355 erstmalig) mit einer 800 Seiten starken Auswertung verband, die neben einer Urkundenlehre der Ostraka auch eine detaillierte Geschichte des Finanz- und Steuerwesens des ptolem. und kaiserzeitlichen Ägypten bot. Pläne zur Sammlung aller Papyrusurkunden in einem *Corpus Papyrorum Graecarum* wurden zwar durch die große Zahl an Neufunden vereitelt, aber sein Vorhaben zur Publikation und Interpretation der ptolem. Texte begleitete ihn über 50 Jahre und ließ das zweibändige Monumentalwerk *Urkunden der Ptolemäerzeit* [3] entstehen, das die mustergültige Edition bes. der Sarapeumstexte aus Memphis und von Rechts- und Verwaltungsdokumenten enthält. Im Bemühen um neue Texte organisierte W. um die Jahrhundertwende Papyrusgrabungen in Herakleopolis und Hermupolis; 1902 beteiligte er sich an der Gründung des Dt. Papyrus-Kartells (bis 1914 aktiv), das der Koordination und Förderung der Papyrusankäufe diente.

Sein Anliegen, die Papyrologie als gleichwertige Quellenwissenschaft neben der Epigraphik und Numismatik zu etablieren, förderte W. durch die *Grundzüge* [2], dem bis heute maßgeblichen Handbuch samt »Chrestomathie« mit einer Anthologie von über 500 Urkunden. Mit scharfem Blick für die Notwendigkeiten der jungen Disziplin organisierte er die zentralen Hilfsmittel »Sammelbuch«, »Berichtigungsliste« und »Wörterbuch« und rief mit dem *Archiv für Papyrusforschung* (APF) die erste papyrologische Fachzeitschrift ins Leben. Der sachlich-kollegiale Stil seiner Kritik aller Editionen im »Urkundenreferat« des APF legte den Grundstein zur *amicitia papyrologorum*, die W. über beide Weltkriege retten konnte.

Die Papyrologie war für W. stets Teil der einen großen Geschichtsforschung, die er als Universalgeschichte der Mittelmeerwelt unter Einbeziehung des Alten Orients und Ägyptens im Sinne seiner Vorbilder und Lehrer Eduard ↗Meyer und Theodor ↗Mommsen betrieb. Seine Studien umfassten die griech.-hell.-röm. Geschichte, wobei die Papyri ihn zu Fragen von Staatsordnung, Recht, Institutionen, Kulte, Finanz- und Steuerverwaltung von Alexander bis zu den Arabern führten. In all seinen histor. Arbeiten zeigt sich W. als Vertreter der induktiven Methode, die ausgehend von gesicherten Einzeltatsachen eine Gesamtschau entwickelt. Sein Verdienst für die histor. Forschung liegt v.a. in der Nutzbarmachung oftmals kleinteiliger Papyrustexte für übergeordnete Fragestellungen.

W.s Fähigkeiten als Wissenschaftsorganisator zeigten sich erneut, als er 1921 (nach Hirschfeld) den Vorsitz der griech.-röm. Altertumskunde der Berliner Akad. und damit die Leitung des *Corpus Inscriptionum Latinarum*, der *Prosopographia Imperii Romani* und nach Ulrich von ↗Wilamowitz-Moellendorffs Tod 1931 auch der *Inscriptiones Graecae* übernahm.

W. war ordentliches Mitglied der Berliner Akad. der Wiss. (1921) und 13 weiterer in- und ausländischer Akad., Ehrendoktor der juristischen Fakultäten Königsberg (1901) und Graz (1926) sowie Doctor of Letters in Oxford (1913), Träger mehrerer Verdienstorden und seit 1917 Geheimer Regierungsrat. Zeitgenossen rühmten seine Herzensgüte und Schlichtheit; er bezeichnete sich selbst als Nationalliberalen, stand der NS-Ideologie ablehnend gegenüber und trat für die Univ. als Freistätte der reinen Wissenschaft ein.

Schriften

[1] Griech. Ostraka aus Aegypten und Nubien. Ein Beitrag zur ant. Wirtschaftsgeschichte, 2 Bde., 1899 (Ndr. 1970, mit Nachträgen von P.J. Sijpesteijn) [2] Grundzüge und Chrestomathie der Papyruskunde, Bd. 1: Histor. Teil (1. Hälfte: Grundzüge; 2. Hälfte: Chresthomathie), 1912 (Ndr. 1963) [3] Urkunden der Ptolemäerzeit. Ältere Funde, 2 Bde. (Edition), 1922–1957 [4] Griech. Geschichte im Rahmen der Altertumsgeschichte, 1924 (⁹1962) [5] Alexander der Große, 1931 [6] Berliner Akad.-Schriften zur Alten Geschichte und Papyruskunde (1883–1942), 2 Bde., hrsg. von W. Peek, 1970.

Sekundärliteratur

[7] G. Audring (Hrsg.), Briefe an Eduard Meyer 1889–1930, 1994 [8] Christ, Hel. 176–184 [9] M. Gelzer, Gedächtnisrede auf Ulrich Wilcken, in: M. Gelzer, K.S., Bd. 3, 1964, 336–344 [10] Th. Kruse, Erkenntnis aus den kleinsten Einzelheiten. Der Althistoriker Ulrich Wilcken und die Papyrologie in Deutschland, in: A. M. Baertschi / C. G. King (Hrsg.), Die modernen Väter der Antike. Die Entwicklung der Altertumswissenschaften an der Akademie und Universität im Berlin des 19. Jh.s, 2009, 503–527 [11] G. Poethke, Ulrich Wilcken, in: M. Capasso (Hrsg.), Hermae. Scholars and Scholarship in Papyrology, 2007, 81–96 [12] G. Schrot et al., Tradition und Fortschritt in der deutschen Altertumswissenschaft des 19. und 20. Jh.s, in: Wissenschaftliche Zs. der Karl-Marx-Univ. 12, 1963, 541–557.

Bernhard Palme

Wilpert, Joseph

Dt. Christl. Archäologe. Geb. am 22. 8. 1857 in Eiglau (Schlesien, h. Polen), gest. am 10. 3. 1944 in Rom. Nach einjährigem Studium der Philosophie in Innsbruck (1878) und Militärdienst ab 1880 Studium der Theologie in Innsbruck; 1833 Priesterweihe. Von 1884 bis zu seinem Lebensende in Rom ansässig; 1903 päpstlicher Protonotar und Mitglied der päpstlichen Katakombenkommission (PCAS). 1926–1936 Honorarprof. für christl. Ikonographie am Päpstlichen Institut für Christl. Archäologie (PIAC). 1892 Ehrendoktorat der Univ. Münster.

Werk und Wirkung

W. war zwischen etwa 1890 und 1930 der bedeutendste Vertreter der Christl. Archäologie und hat das Fach wie kaum ein anderer geprägt. Gleichzeitig war er schon zu Lebzeiten, erst recht aber danach, eine der umstrittensten Persönlichkeiten des Faches. Während seines Studiums in Innsbruck lernte er die jesuitische Denkweise als Speerspitze des katholischen Antimodernismus kennen. Seine arch. Studien begannen erst in Rom. Trotz seiner Nähe zum Altmeister der Christl. Archäologie, Giovanni Battista ↗De Rossi, war er weder dessen Schüler noch Vertreter der sog. Röm. Schule. Man tut W. kein Unrecht, wenn man ihn als Autodidakten bezeichnet. Seine Maximen vom Studium der Originale und der vorurteilsfreien Betrachtung der Objekte machten ihn zum besten Kenner der christl. Altertümer. Sein herausragendes Wissen ließ ihn jedoch in den Augen der Fachkollegen eher suspekt erscheinen. W. erlangte deshalb zwar einige Ehrentitel, wurde jedoch weder in der kirchlichen noch der arch. Hierarchie mit führenden Ämtern betraut.

Seine bis heute anerkannten Standardwerke zur röm. Katakombenmalerei [1], zu den röm. Mosaiken [2] und den frühchristl. Sarkophagen [3] publizierte (und finanzierte) er im Alleingang. Diese Corpora setzten auch aufgrund der anfangs in der Wiss. noch selten gebrauchten Photographie in ihrer Abbildungsqualität neue Maßstäbe. In vielen fachlichen Fragen kam W. zu neuen, eigenen Interpretationen und scheute den wiss. Diskurs nicht. Dabei geriet er in den Ruf, selbstherrlich und eigenwillig zu sein. Sein Name fehlt in keinem Standwerk zur Christl. Archäologie, und bis heute reizen seine Thesen o.Ä. zur Auseinandersetzung. Tagungen zum Lebenswerk von W. 2004 in Kamień Śląski [7] und 2007 in Rom [6] lassen neuerdings ein verstärktes Interesse an seiner Person und seiner Bedeutung für die Wiss.-Geschichte erkennen, wobei Neufunde aus seinem Nachlass W. teilweise in neuem Licht erscheinen lassen.

M: [4].

N: Rom, Priesterkolleg der Bruderschaft des Campo Santo.

Schriften

[1] Die Malereien der Katakomben Roms, 1903 [2] Die röm. Mosaiken und Malereien der kirchlichen Bauten vom IV.–XIII. Jh., 1916 [3] I sarcofagi cristiani antichi, 3 Bde. und Suppl.-Bd., 1929–1936 [4] Ergebnisse und Erlebnisse im Dienste der christlichen Archäologie. Rückblick auf eine fünfundvierzigjährige wissenschaftliche Tätigkeit in Rom, 1930 [5] La fede della chiesa nascente secondo i monumenti dell'arte funeraria antica, 1938.

Sekundärliteratur

[6] S. Heid (Hrsg.), Giuseppe Wilpert, archeologo Cristiano. Atti del Convegno (Roma 2007), 2009
[7] J. Kopiec / J. Rostropowicz (Hrsg.), Joseph Wilpert (1857–1944). Archeolog chrzescijanski. Zycie i dzielo, 2007
[8] R. Sörries, Josef Wilpert (1857–1944). Ein Leben im Dienste der christlichen Archäologie, 1998.

Reinhard Sörries

Winckelmann, Johann Joachim

Dt. Archäologe und Kunstschriftsteller. Geb. am 9.12.1717 in Stendal, gest. am 8.6.1768 in Triest. 1738–1740 Studium der Theologie in Halle, 1741/42 der Mathematik und Medizin in Jena. 1743 Konrektor der Lateinschule in Seehausen. 1748–1754 Bibliothekar in Nöthnitz (bei Dresden); 1754 Zeichenstudien in Dresden. 1755–1768 in Rom: 1757/58 Bibliothekar des Kardinalstaatssekretärs Alberico Archinto, 1758 Bibliothekar und Kustos der Antiken des Kardinals Alessandro Albani; 1763 Aufseher über die Altertümer in und um Rom; 1764 griech. Scrittorat der Vatikanischen Bibl.

Biographie und Werdegang

W. war Sohn eines Schuhmachers in Stendal, besuchte dort die Lateinschule, später die Schulen in Salzwedel und Berlin. 1738 unternahm er ein zweijähriges Theologiestudium in Halle; 1741/42 belegte er an der Univ. in Jena die Fächer Mathematik und Medizin. In den folgenden Jahren wurde W. Hauslehrer und 1743 an der Schule in Seehausen Lehrer und Konrektor. Hier begannen seine intensiven Studien der ant. Literatur und allgemeinen Geschichte. 1748–1754 war er als gräflicher Bibliothekar in Nöthnitz tätig und arbeitete für Heinrich von Bünaus *Kayser- und Reichs-Historie* an einer Geschichte der Ottonischen Kaiser und für dessen Bibliothekskatalog. In Nöthnitz entstand W.s erste (unveröffentlicht gebliebene) Schrift, die *Gedanken vom mündlichen Vortrag der neueren allgemeinen Geschichte,* in der er den Zusammenhang von Kunst und Geschichte betonte. Besuche der königlichen Gemäldegalerie und der schwer zugänglichen Dresdner Antiken fokussierten seine Studien auf die Kunst. Unter dem Eindruck der Dresdner Gemälde verfasste er eine (nicht publ.) *Beschreibung der vorzüglichsten Gemälde der Dresdner Galerie.*

1754 zog W. nach Dresden in das Haus des Malers Adam Friedrich Oeser, bei dem er Zeichenunterricht nahm. Mit seinen Kenntnissen der Antike beeindruckte er den päpstlichen Nuntius Alberico Archinto, der ihm ein Stipendium und die Stelle des Bibliothekars in Rom anbot. Beides setzte die Konversion zum Katholizismus voraus. 1755 reiste W. mit einem kursächsischen Stipendium nach Rom; bis 1757/58 war er Bibliothekar Archintos (nun päpstlicher Kardinalstaatssekretär), ab 1758 Bibliothekar und Begleiter des Kardinals Alessandro Albani, für den er 1761 eine *Descrizione della Villa dell'Em. Alessandro Albani* verfasste. 1758/59 weilte W. auf Einladung von Heinrich Wilhelm Muzell-Stosch in Florenz, um die Gemmensammlung des Barons Philipp von ↗Stosch zu bearbeiten. 1763 wurde er zum Kommissar der Altertümer in Rom ernannt und im gleichen Jahr zum *Scrittore della lingua teutonica* der Vatikanischen Handschriftensammlung; ein Jahr darauf erhielt er auch das griech. Scrittorat zugesprochen.

Vier Reisen (1758, 1762, 1764 und 1767) brachten W. nach Neapel, Herculaneum, Pompeji und Paestum. In Rom wurde er zum begehrten Cicerone für hohe Gäste, die er durch Rom zu führen hatte, so den Fürsten Leopold Friedrich Franz von Anhalt-Dessau oder den Prinzen Karl Wilhelm Ferdinand von Braunschweig. Im April 1768 trat er eine Reise nach Deutschland an, die er aber in Wien abbrach. Auf der Rückreise nach Rom wurde er am 8.6.1768 in Triest Opfer eines Mordes.

Frühe Werke

Noch in Dresden entstand 1755 W.s epochemachende Programmschrift *Gedancken über die Nachahmung* [1]. Darin beschrieb er ein ant. Griechenland, in dem die Kunst sich frei entfalten konnte und Bürger in einem auf Freiheit gegründeten Staat lebten. Beschreibungen der Laokoongruppe und der Dresdner »Herkulanerinnen« wurden zum Ausgangspunkt seiner Nachahmungstheorie und zur Aufforderung an die eigene Zeit, sich an der idealischen Schönheit der griech. Statuen, an ihrer »edlen Einfalt und stillen Größe«, zu orientieren. W.s Erstlingsschrift wandte sich programmatisch an die »Liebhaber und Künstler«. Sie wurde schnell erfolgreich, sodass W. bereits 1756 eine zweite Auflage veröffentlichte, der er eine von ihm selbst verfasste Gegenschrift sowie eine wieder unter eigenem Namen veröffentlichte Gegen-Gegenschrift [2] anhängte.

In Rom begann W. ein intensives Studium der ant. Kunstwerke, bes. der Plastik. Er setzte auf die unmittelbare Anschauung, etwa um spätere Ergänzungen an einer Statue zu erkennen und damit willkürliche Deutungen auszuschließen: Stiche und Zeichnungen können nach W. das Selbstsehen nicht ersetzen. In einer kunstpädagogischen Schrift [6] erläuterte er, dass der äußere und innere Sinn gleichzeitig geschult werden sollten, um Formen und Farben eines Kunstwerkes zu erkennen und mit dem Entwurf zu vergleichen, um dieses zu verstehen. Nur so könne man die künstlerischen Gesetze erkennen und stilistische Eigenheiten eines Kunstwerkes wahrnehmen.

In Rom entstanden zunächst Einzelbeschreibungen von Statuen des Belvedere-Hofes im Vatikan; damit begann auch W.s Suche nach einer dem Kunstwerk angemessenen Sprache. Diese beeinflussten nachhaltig die Anfänge der wiss. dt. Prosa. Zu seinen frühen ästhetischen Arbeiten gehörten der Aufsatz *Von der Grazie in Werken der Kunst* oder die *Anmerkungen über die Baukunst der alten Tempel zu Girgenti in Sicilien* – Beiträge, die W. in Deutschland populär machten.

1760 erschien in Florenz der Katalog zu den ant. Gemmen der Sammlung Philipp von ↗Stosch [3], in dem er methodisch neu darlegte, dass viele der dargestellten Themen oder Bilder auf Gemmen nicht aus der röm. Geschichte, sondern aus der griech. Mythologie zu erklären sind. Zugleich entwickelte er am Beispiel der Gemmen einen ersten Entwurf zur ant. Kunstgeschichte, an dem er bereits arbeitete. Neben den Gemmen und der ant. Plastik beschäftigte er sich auch mit der ant. Architektur: Seine *Anmerkungen über die Baukunst der Alten* [4] trugen dazu bei, die griech. Tempel von Paestum in das Bewusstsein Europas zu bringen. Er erkannte, dass der röm. Architekturtheoretiker Vitruv zur Klärung der Frage nach den Ursprüngen griechischer Baukunst nicht ausreichte und dass die Eigenheiten der griech. und röm. Baukunst und ihrer Entwicklungsgeschichte nur durch zeichnerische Aufnahme und Wiederherstellung zu klären seien. In weiteren Schriften – dem *Sendschreiben* [5] und den *Nachrichten* [8] – berichtete W. über die arch. Entdeckungen in den Vesuvstädten. Fasziniert beschrieb er insbes. die Kleinkunst und ihre künstlerisch-ästhetischen Aspekte; die von ihm betonte Vorbildfunktion des ant. Kunsthandwerks bereitete die europaweite Mode *à la grecque* vor.

Hauptwerke

Für die ant. Skulpturen in den röm. Sammlungen, die er in den ersten beiden röm. Jahren intensiv studierte [16], schuf W. ein neues Ordnungssystem, das die umfangreichen Thesauren und Materialsammlungen des Barocks ablöste. Ant. Kunstwerke wurden in seinem kunsthistor. bestimmten System nach Kriterien des Stils der Völker, der Zeiten und der Künstler geordnet und in die zeitliche Entwicklung der einzelnen Völker eingebunden: unterschieden nach Wachstum, Blüte, Veränderung und Verfall der Kunst. Jedes Kunstwerk noch ohne Zuordnung an einzelne Künstler und neuentdeckte Objekte konnten damit konkret in die Kunstgeschichte eingeordnet und datiert werden. Für eine Unterscheidung von vier Stilen berief er sich auf den lat. Historiker Lucius Annaeus Florus sowie auf die Literaturtheorie Julius Caesar ↗Scaligers (*Poetices libri septem*, 1761). Wesentlich wurde, dass W. die visuell erfass- und beschreibbaren formalen Eigenheiten der Kunstwerke auch im Kontext zur realen Geschichte betrachtete. Dieses Herangehen an die Denkmäler der Antike, die Bestimmung des Stils, der Entwicklung und des histor. Kontextes, führte zu einem methodischen Paradigmenwechsel in der Erforschung der Antike. Ansätze dazu lieferte bereits die antiqu. Forschung des 17. und 18. Jh.s.

Unter diesen Prämissen entwickelte W. seit 1756 sein Hauptwerk, die *Geschichte der Kunst des Alterthums* [7]. Ganz im Geiste der Aufklärung umfasste sie die Kunst der Ägypter, Phoiniker, Perser und Parther, der Etrusker und der italischen Völker ebenso wie die der Römer. Im Mittelpunkt stand aber die griech. Kunst, die er in vier Stile (den älteren Stil, den hohen, den schönen Stil und den Stil der Nachahmer) einteilte [20]. Den »älteren Stil« unterteilte er in zwei Phasen, den archaischen und den strengen Stil. Den »hohen Stil« verband er mit der Blütezeit Athens und dem Bildhauer Phidias; diesen Stil kennzeichneten bereits schöne Formen, aber auch noch eine »Härte«, die ihn mit den vorigen Stil verbinde und dennoch zu einer »hohen Einfalt« führe. Im Zentrum des »schönen Stils« standen für W. die Bildhauer Praxiteles und Lysipp; sie zeichnen sich durch »gefällige« Grazie und Naturnähe aus. W. gelang es als Erstem, Werke des Praxiteles unter den röm. Repliken nachzuweisen.

Mit dem »Stil der Nachahmer« folgte für ihn schließlich eine Zeit des allmählichen Verfalls der erreichten idealischen schönen Formen und das Einsetzen von Kopien nach klass. und älteren Werken; hier glückte ihm der Nachweis eines Archaismus in der griech. und röm. Kunst. Die Vollendung der idealischen Schönheit erreichte die griech. Kunst nach W. in der Zeit des »schönen Stils«. Doch war die Entwicklung bis zu diesem Höhepunkt an bestimmte geographisch-klimatische Bedingungen gebunden, v.a. aber durch die besonderen polit. Verhältnisse des ant. Griechenlands geprägt, für die Demokratie und Freiheit kennzeichnend waren. So entstand die folgenreiche Utopie, dass Kunst und Freiheit einander bedingen.

Nach dem Erscheinen seines Hauptwerkes arbeitete W. daran ständig weiter. 1767 erschienen seine *Anmerkungen* [10], und nach seinem Tod besorgte die Wiener Akademie eine zweite Auflage der Kunstgeschichte unter Verwendung von W.s handschriftlichen Ergänzungen (und der gedruckten *Anmerkungen*). 1767 erschienen W.s *Monumenti antichi inediti* [11], in denen er seine arch. Deutungsmethode erprobte und schwer erklärbare Inhalte der ant. Werke durch philol. Textkritik zu entschlüsseln suchte. Mit einer weiteren Arbeit, dem *Versuch einer Allegorie* [9], unternahm es W. 1766, den Künstlern Anregungen und Anleitungen für die Darstellung abstrakter Sachverhalte durch ant. Bilder an die Hand zu geben.

Wirkung

W.s ästhetische und stilgeschichtliche Kunstbetrachtung und seine leidenschaftliche Beschwörung der griech. Antike hatten bedeutende Wirkung auf das europ. Geistesleben. W. lenkte den Blick von der röm. auf die griech. Antike, womit er das idealistische Antikebild der dt. Klassik mit ihrem Schönheitsbegriff und ihrem humanistischen Griechenideal entscheidend mitbestimmte [18]; [23]. Der Marginalisierung der Antike in der Zeit der franz. *Querelle* setzte er ein überhöhtes Griechenlandbild entgegen [17]. Die in der griech. Kunst gesehenen ethischen Werte verbanden sich in der Folge mit einem ästhetischen Ideal. Dieses zunächst enge Kunstideal des Klassizismus wurde zu einem allgemeinen Ideal des gebildeten aufsteigenden Bürgertums. W.s Antikebild beeinflusste wesentlich den dt. Klassizismus, bes. die Weimarer Klassik mit ↗Goethe und Schiller. Goethe gab 1805 einen Sammelband mit einem eigenen Beitrag zu W. heraus [19].

W.s »Pioniertat« und Gründerrolle für die arch. und kunsthistor. Wiss. war mit einer scharfen und emotionalen Polemik verbunden, mittels derer er seine Ideen durchzusetzen und sich von seinen Vorgängern und Zeitgenossen abzugrenzen suchte. Dies tat er auch im traditionellen Gelehrtenstreit, v.a. aber indem er seine Vorstellungen von ant. Kunst und ihrer Bedeutung für die zeitgenössische europ. Kultur an ein breites Publikum, eine neue Gruppe von bürgerlichen Lesern, herantrug.

Die neuere Genderforschung hat sich ausführlich mit W.s homosexueller Veranlagung im Kontext seiner Kunstbetrachtung im Allgemeinen sowie seiner Sicht der ant. Kunst im Besonderen beschäftigt [25].

Schriften

[1] Gedancken über die Nachahmung der Griech. Wercke in der Mahlerey und Bildhauer-Kunst, 1755 [2] Gedancken über die Nachahmung der griech. Wercke in der Mahlerey und Bildhauer-Kunst, ²1756 (angefügt: »Sendschreiben über die Gedanken von der Nachahmung der griech. Werke in der Malerey und Bildhauerkunst«, »Erläuterung der Gedanken von der Nachahmung der griech. Werke in der Malerey und Bildhauerkunst; und Beantwortung des Sendschreibens über diese Gedanken«) [3] Description des pierres gravées du feu Baron de Stosch, 1760 [4] Anmerkungen über die Baukunst der Alten, 1762 [5] Sendschreiben von den Herculanischen Entdeckungen, 1762 [6] Abhandlung von der Fähigkeit der Empfindung des Schönen in der Kunst, und dem Unterrichte in denselben, 1763 [7] Geschichte der Kunst des Alterthums, Teile 1–2, 1764 (²1776) [8] Nachrichten von den neuesten Herculanischen Entdeckungen, 1764 [9] Versuch einer Allegorie, besonders für die Kunst, 1766 [10] Anmerkungen über die Geschichte der Kunst des Alterthums, 1767 [11] Monumenti antichi inediti, 2 Bde., 1767 [12] Johann Winckelmanns sämtliche Werke, 12 Bde. Einzige vollständige Ausgabe, hrsg. von J. Eiselein, 1825–1829 [13] Briefe, 4 Bde., hrsg. von W. Rehm und H. Diepolder, 1952–1957 [14] K.S., Vorreden, Entwürfe, hrsg. von W. Rehm und H. Sichtermann, 1968 [15] Schriften und Nachlaß, hrsg. von der Akad. der Wissenschaften und der Literatur, 1996–2011 ff. (bisher erschienen: Bde. 1; 2,1–3; 3; 4,1–4; 5; 6) [16] Ville e palazzi di Roma. Antiken in den röm. Slg., Text und Komm. (Schriften und Nachlaß, Bd. 5,1), 2003.

Sekundärliteratur

[17] É. Décultot, Johann Joachim Winckelmann. Enquête sur la genèse de l'histoire de l'art, 2000 (dt. 2004: Untersuchungen zu Winckelmanns Exzerptheften. Ein Beitrag zur Genealogie der Kunstgeschichte im 18. Jh.) [18] Th. W. Gaehtgens (Hrsg.), Johann Joachim Winckelmann. 1717–1768, 1986 [19] J.W. von Goethe (Hrsg.), Winckelmann und sein Jahrhundert, 1805 [20] M.R. Hofter, Die Sinnlichkeit des Ideals. Zur Begründung von Johann Joachim Winckelmanns Archäologie, 2008 [21] C. Justi, Winckelmann und seine Zeitgenossen, 3 Bde., hrsg. von W. Rehm, ⁵1956 (¹1866–1898) [22] W. Leppmann, Winckelmann. Ein Leben für Apoll, 1996 [23] A. Potts, Flesh and the Ideal. Winckelmann and the Origins of Art History, 1994 [24] E.S. Sünderhauf, Griechensehnsucht und Kulturkritik. Die deutsche Rezeption von Winckelmanns Antikenideal 1840–1945 (Diss. Berlin), 2004 [25] W. von Wangenheim, Der verworfene Stein. Winckelmanns Leben, 2005.

Max Kunze

Winter, Franz

Dt. Klass. Archäologe. Geb. am 4.2.1861 in Braunschweig, gest. am 11.2.1930 in Bonn. Studium der Alt.wiss. in Zürich, München und Bonn, dort 1885 Prom.; 1886–1888 Reisestipendium des DAI. 1890–1899 Direktorialassistent an der Skulpturensammlung Berlin; 1894 Habil. an der Univ. Berlin. 1897 ao.Prof. in Berlin; ab 1899 o.Prof. für Klass. Arch. in Innsbruck; ab 1905 o.Prof. in Graz; 1907 o.Prof. in Straßburg; 1913–1927 o.Prof. in Bonn.

Werk und Wirkung

W. studierte in Zürich und München Alt.wiss., wechselte dann aber nach Bonn, wo er bei Franz ↗Bücheler mit einer philol. Arbeit über Plautus promovierte. Unter dem Einfluss von Reinhard ↗Kekulé von Stradonitz wandte er sich der Archäologie zu. W.s erste arch. Arbeit (1885) [1] verhalf ihm zum Reisestipendium des DAI, während dessen er in Athen die Zusammengehörigkeit der Statue des Kalbträgers mit der Basis des Rhombos erkannte [2].

Für das von Kekulé herausgegebene Corpus der ant. Terrakotten erarbeitete W. 1889–1903 den Typenkatalog [5], bis heute das zentrale Referenzwerk der Terrakottenforschung. 1890 holte Kekulé ihn an das Berliner Museum. Auf diese Zeit gehen grundlegende Arbeiten zur Kunst des 4. Jh.s [3] und zu pergamenischen Skulpturen zurück [6]. Ein weiterer seiner Forschungsschwerpunkte war Pompeji, wo ihn insbes. die hell. Kunst interessierte [7]. W.s künstlerisches Wesen, charakterisiert durch stetes Zeichnen und tagelanges Detailstudium am Objekt, machte ihn im Umgang mit ant. Kunst sehr vorsichtig und brachte ihn in Gegensatz zu Adolf ↗Furtwängler. Viele seiner wiss. Beobachtungen etwa über die Mosaikböden Pompejis bzw. zur Geschichte der ant. Malerei blieben unpubliziert und sind nur brieflich überliefert. Als Lehrer war W. begeisternd und stellte für den arch. Unterricht eine *Kunstgeschichte in Bildern* [4] zusammen.

N: Berlin, DAI.
SV: [9.32–37]

Schriften

[1] Die jüngeren attischen Vasen und ihr Verhältnis zur großen Kunst, 1885 [2] Der Kalbträger und seine kunstgeschichtliche Stellung, in: Athenische Mitteilungen 13, 1888, 113–136 [3] Der Apoll von Belvedere, in: Jb. des Kaiserlich Deutschen Archäologischen Instituts 7, 1892, 164–177 [4] Kunstgeschichte in Bildern, Bd. 1: Das Altertum, 1900 (²1913–1930) [5] Die antiken Terrakotten, Bd. 3: Die Typen der figürlichen Terrakotten, 1903 [6] Altertümer von Pergamon, Bd. 7: Die Skulpturen mit Ausnahme der Altarreliefs, 1908 [7] (Hrsg.) Die hellenistische Kunst in Pompeji, 6 Bde. (mit E. Pernice), 1925–1938.

Sekundärliteratur

[8] E. Langlotz, Franz Winter, in: Bonner Gelehrte. Beiträge zur Geschichte der Wissenschaften in Bonn. Philosophie- und Altertumswissenschaften, 1968, 239–243 [9] H. Schrader, Franz Winter, in: Jahresbericht über die Fortschritte der Klassischen Altertumswissenschaft 233, 1931, 1–37 [10] U. Sinn, Franz Winter, in: Lullies/Schiering Arch. 142–143.

Hubert Szemethy

Wissowa, Georg

Dt. Klass. Philologe und Religionswissenschaftler. Geb. am 17.6.1859 in Neudorf bei Breslau (h. Polen), gest. am 11.5.1931 in Halle/Saale. Ab 1876 Studium der Klass. Phil. in Breslau; 1880 Prom. ebda.; 1881 Studium der Arch. in München; 1882 Habil. (Religionsgeschichte) in Breslau. 1883–1886 PD ebda.; 1886–1890 ao.Prof., 1890–1895 o.Prof. in Marburg; 1895–1924 o.Prof. für Latinistik in Halle; 1908/09 Rektor der Univ.

Werdegang, Werk und Wirkung

W. studierte Klass. Philologie bei August Reifferscheid und Archäologie bei Heinrich von ↗Brunn. Nach seiner Diss. zu den Quellen des Macrobius [1] habilitierte er sich mit einer religionsgeschichtlichen Arbeit über röm. Venusstatuen [2]. Über Brunn kam W. in Kontakt mit Theodor ↗Mommsen, dessen Methodik einer universalen Betrachtung des röm. Altertums ihn grundlegend beeinflusste. In Marburg begann W. die Arbeit an seinem Hauptwerk, *Religion und Kultus der Römer* [3].

Schon seit der Habil. war W. als Experte für röm. Religion hervorgetreten. 1902 veröffentlichte er im Rahmen des *Handbuches der Klass. Alt.wissenschaft* deren systematische Darstellung. Dieses Werk, das noch heute als eine maßgebende Darstellung gilt, blieb lange Grundlage der Forschung [3]. Bekannt geworden ist seine These von der Mythenlosigkeit der röm. Religion. In einem ergänzenden Sammelband sind seine wichtigsten Aufsätze zur röm. Religion gesammelt [4]. Weiter arbeitete W. an Wilhelm Heinrich Roschers *Ausführlichem Lexikon der griech. und röm. Mythologie* (6 Bde., 1884–1937) mit und bearbeitete Ludwig ↗Friedländers Sittengeschichte Roms neu [5]. Zu seinen herausragenden Leistungen zählt die redaktionelle Leitung und Herausgabe der von August ↗Pauly begonnenen *Real-Encyclopädie* (RE), die er 1890 für 16 Jahre übernahm. W. betreute zwölf Halbbände (1.1 bis 6.2) und verfasste selbst zahlreiche Artikel. 1914–1922 war W. mit Carl ↗Robert Herausgeber der Zeitschrift *Hermes*. Aufschluss über seinen wiss. Alltag geben seine Briefwechsel mit Eduard ↗Meyer und Friedrich Carl Andreas [6].

Schriften
[1] De Macrobii Saturnaliorum fontibus (Diss. Breslau), 1880 [2] De Veneris simulacris Romanis (Habil.schrift Breslau), 1882 [3] Religion und Kultus der Römer (Hdb. der klassischen Altertumswiss., Bd. 5/4), 1902 (^{2}1912, Ndr. 1971) [4] Gesammelte Abh. zur röm. Religions- und Stadtgeschichte, 1904 [5] (Hrsg.) L. Friedländer, Darstellungen aus der Sittengeschichte Roms, 4 Bde., ^{8}1919–1921 (Neubearb.; u.ö.).

Sekundärliteratur
[6] Gelehrtenalltag. Der Briefwechsel zwischen Eduard Meyer und Georg Wissowa (1890–1927), hrsg. von G. Audring, 2000 [7] O. Kern, Georg Wissowa (Nekrolog), in: Biographisches Jb. für Altertumskunde 60, 1934, 120–145 [8] H.-T. Krause, Georg Wissowa, Klassischer Philologe, in: Mitteldeutsches Jb. für Kultur und Geschichte 16, 2009, 224–226 [9] W. Unte, Georg Wissowa (1859–1931) als Promotor der klassischen Altertumswissenschaft, in: Jb. der Schlesischen Friedrich-Wilhelms-Universität zu Breslau 40/41, 1999–2000, 327–356.

Anika Söltenfuß

Wolf, Friedrich August

Dt. Klass. Philologe. Geb. am 15.2.1759 in Hainrode, gest. am 8.8.1824 in Marseille. 1777 Immatrikulation an der Univ. Göttingen; ab 1779 Lehrer in Ilfeld und Rektor in Osterode. 1783 Berufung nach Halle als Ordinarius der Philosophie und Pädagogik; 1784 auf eigenen Wunsch Ernennung zum Prof. eloquentiae et poeseos. 1806 Schließung der Univ. Halle, Übersiedlung nach Berlin. 1809/10 Einbindung in die Gründung der Berliner Univ., aber Ablehnung eines Lehrstuhls; Lehre als Mitglied der Berliner Akad. der Wiss. (1799 auswärtiges, ab 1808 ordentliches Mitglied, ab 1812 Ehrenmitglied). 1808–1810 Visitator zur Lehrplan-Revision am Königlich Joachimsthalschen Gymnasium in Berlin.

Werk und Wirkung

W. war eine Schlüsselfigur bei der Professionalisierung der Klass. Philologie als Universitätsdisziplin, auch wenn die traditionelle Sicht, er sei der Erste gewesen, der sich als *studiosus philologiae* immatrikulieren ließ, ungenau und bloß symbolisch ist. Ungeachtet seiner späteren polemischen Auseinandersetzungen mit seinem Göttinger Lehrer Christian Gottlob ↗Heyne führte W. drei von dessen fundamentalen Ansätzen fort: (1) die histor. Rekonstruktion der Überlieferung der ant. Texte und der Hss.; (2) die Auffassung der Alt.wiss. als eines organischen Zusammenhangs all ihrer Disziplinen; (3) die anthropologische Konzeption der Antikestudien, in deren Mittelpunkt ›der Mensch‹ seit den Anfängen seiner Geschichte steht.

Das erste Motiv führte W. zur Abfassung seines philol. Meisterwerks, der *Prolegomena ad Homerum* (1795) [1], einer gelungenen Synthese früherer Theorien zu Homer, die sich auf die Publikation der *Ilias*-Scholien aus dem Cod. Venetus A durch Jean-Baptiste d'Ansse de Villoison (1788) stützte. Die *Prolegomena* boten die erste umfassende Geschichte des Homertextes in der Antike, vom Übergang von der Mündlichkeit zur Schrift bis zu seiner Edition im ptolem. Alexandria. Mit diesem brillant geschriebenen Werk, das über die Verdienste der – oftmals nicht genannten – Vorgänger weit hinausging, begründete W. die wiss. Philologie und emanzipierte sie von der Theologie, mit der sie bis ins 18. Jh. aufs engste verbunden gewesen war.

Damit besiegelte W. die Ablösung des Studiums der griech. und lat. Texte von dem der hebräischen. Paradoxerweise geschah dies gerade durch die Anwendung von Methoden auf den Homertext, die für die Erforschung der biblischen Textüberlieferung entwickelt worden waren. Dabei war W. jedoch insbes. der *Einleitung in das griech. Testament* (1780) von Johann Gottfried Eichhorn, wie er selbst Heyne-Schüler, verpflichtet. Ebenso paradox ist die Tatsache, dass H., der die Trennung des Studiums der griech. Kultur von dem anderen Kulturen (einschließlich der hebräischen) theoretisch begründet hatte, durch seinen Schüler Leopold Zunz prägenden Einfluss auf die Anfänge der wiss. Untersuchung der jüd. Literatur gewinnen sollte [11.32–47].

Von großer Bedeutung für W. war aber auch die seit 1792 bestehende Beziehung zu Wilhelm von ↗Humboldt. Aus dessen jugendlichem Entwurf *Über das Studium des Alterthums* (1793) entnahm er die leitenden Ideen zu seiner *Darstellung der Alterthums-Wissenschaft* [2]. Diese entstand auf Anregung ↗Goethes gerade in jener dramatischen Zeit, als W.s Univ. Halle von Napoleon geschlossen worden war. Laut dem so in erzwungener Muße entstandenen ›Manifest‹ sollte die Alt.wiss. »zu einem organischen Ganzen« gemacht werden, gegliedert in 24 Disziplinen. Tatsächlich war dies eine subjektive Auswahl aus den möglichen Disziplinen (unter Ausschluss z. B. der Papyrologie), die jedoch den Stand der Wiss. am Ende des 18. Jh.s spiegelt.

Die *Darstellung* festigte die wachsende Rolle des Studiums der sog. ›klass.‹ Kultur im Erziehungssystem der staatstragenden Eliten, insbes. auch dank der 1809/10 erfolgten Gründung der Berliner Univ. (wo W. einen Lehrstuhl ablehnte); durch die wiss. Philologie sollten die Deutschen auf der Grundlage ihrer sprachlichen Nähe zu den Griechen, dem einzigen Volk der Antike (einschließlich der Juden), das »eine höhere eigentliche Geisteskultur« geschaffen habe, zu vollberechtigten Erben des griech. Geistes werden.

Die daraus erwachsende geistige Überlegenheit wollte man in erster Linie gegenüber dem polit. Feind, den Franzosen, beweisen, die als Erben der Römer bloß mittelmäßige Nachahmer des griech. Geistes sein konnten. Diese antifranz. Polemik belastete die internationale Rezeption W.s, der am Vorabend des Ersten Weltkrieges sogar bezichtigt wurde, franz. Ideen bloß plagiiert zu haben (insbes. diejenigen Victor ↗Bérards). Zur ›Prussifizierung‹ der Klass. Philologie trug auch die damals noch ungewöhnliche Publikation der *Darstellung* auf Deutsch statt auf Latein bei.

W. verließ also den Polyhistorismus des 17. und 18. Jh.s und eröffnete den Weg zu einer philos. Philologie, indem er ein neues, ein hermeneutisches Konzept verkündete. Die gegen Ende des 18. Jh.s die Rhetorik ablösende Hermeneutik basierte auf dem Sprachstudium und ermöglichte es dem Interpreten, sich seinem Studienobjekt anzunähern. So brachen W. und Wilhelm von ↗Humboldt mit dem Klassizismus eines Johann Joachim ↗Winckelmann oder Friedrich Schiller, denn das Verständnis der Antike ereignete sich jetzt in der ständigen Konfrontation zwischen Antikem und Modernem; die Antike als Ausdruck des idealen Menschen wurde produktiv, d. h. zum Maß der in der Moderne erreichten Fortschritte. Im Schlussteil der *Darstellung* [2] wird das Ziel, in dem das Studium der realen, die Alt.wiss. konstituierenden Disziplinen kulminiert, als mystische Initiation gedeutet: Wie die ›Eingeweihten‹ sind auch die Philologen eine Minderheit von Auserwählten, und das Philol. Seminar wird nicht nur zum Zentrum der wiss. Forschung, sondern auch zum Ersatz für Familie und Religion. Die Philologie wurde somit zur strengen Disziplin, die ihren Adepten alles abverlangt.

SV: [11].

Schriften

[1] Prolegomena ad Homerum sive de operum Homericorum prisca et genuina forma variisque mutationibus et probabili ratione emendandi, 1795 (u.ö.) [2] Darstellung der Alterthums-Wissenschaft nach Begriff, Umfang, Zweck und Wert (Museum der Alterthums-Wissenschaft 1), 1807 (u.ö.; Ndr. 1985) [3] Vorlesung über die Enzyklopädie der Alterthumswissenschaft (Fr. Aug. Wolf's Vorlesungen über die Alterthumswissenschaft, Bd. 1), hrsg. von J. D. Gürtler, 1831 [4] Über Erziehung, Schule, Universität (»Consilia Scholastica«). Aus Wolf's litterarischem Nachlasse, hrsg. von W. Körte, 1835 [5] K. S. und Aufsätze in lateinischer und deutscher Sprache, 2 Bde., hrsg. von G. Bernhardy, 1869 (Ndr. 2003).

Sekundärliteratur

[6] S. Cerasuolo (Hrsg.), Friedrich August Wolf e la scienza dell'antichità. Atti del convegno internazionale (Napoli 1995), 1997 [7] S. Cerasuolo, Wolf teorico della filologia classica, in: F. A. Wolf, Esposizione della scienza dell'antichità secondo concetto, estensione, scopo e valore, hrsg. von S. Cerasuolo, 1999, 17–51 [8] W. Clark, Academic Charisma and the Origins of the Research University, 2006, Kap. 5, insbes. 128–130; 169–176 [9] M.-G. Dehrmann / C. Spoerhase, Die Idee der Universität. Friedrich August Wolf und die Praxis des Seminars, in: Zs. für Ideengeschichte 1, 2011, 105–117 [10] L. Ferreri, La questione omerica dal Cinquecento al Settecento, 2007, 267–318 [11] R. Markner / G. Veltri (Hrsg.), Friedrich August Wolf. Studien, Dokumente, Bibliographie, 1999 [12] B. Seidensticker / F. Mundt (Hrsg.), Die Altertumswissenschaften in Berlin um 1800 an Akademie, Schule und Universität, 2006 [13] F. Tessitore, Nuovi contributi alla storia e alla teoria dello storicismo, 2002.

Sotera Fornaro (Ü: Th. P.)

Wolf, Hieronymus

Dt. Humanist und Philologe. Geb. am 13. 8. 1516 in Oettingen im Ries, gest. am 8. 10. 1580 in Augsburg. 1527–1538 und 1548 mit Unterbrechungen Studium in Nürnberg, Tübingen, Wittenberg und Straßburg; 1539–1550 verschiedene Lehrtätigkeiten in Oettingen, Mühlhausen (Thüringen), Nürnberg und Basel; ab 1551 Bibliothekar der Fugger und Rektor des Annagymnasiums in Augsburg.

Werdegang

W. stammte aus einer kinderreichen Familie, väterlicherseits aus verarmtem Adel. Schon früh zeigte er Interesse an alten Sprachen und philol. Studien, doch zwangen ihm die familiären Umstände, seine schwache Gesundheit sowie die ausgeprägte Neigung zu Hypochondrie und Verfolgungswahn unruhige Lehrjahre auf, bis er 1551 in Augsburg sesshaft wurde. 1527–1530 erhielt W. in Nürnberg seinen ersten Latein- und Griechisch-Unterricht, zunächst privat, dann am Gymnasium im ehemaligen Ägidienkloster, wo er von namhaften reformierten Humanisten (u. a. Joachim ↗Camerarius) unterrichtet wurde. Nach einem fünfjährigen Intermezzo als Kanzleischreiber des Grafen von Oettingen nahm er 1535 seine Studien in Nürnberg wieder auf, folgte aber bald Camerarius nach Tübingen, wo er Famulus von Jakob Schekg (Degen) wurde. Nach dem Tod seines Vaters wechselte er 1537 an die Kanzlei des Bischofs von Würzburg, ging aber schon 1538 an die Univ. Wittenberg zum Studium bei Philipp ↗Melanchthon und Martin Luther. 1539 war er als Privat- und Schullehrer in Nürnberg tätig, 1541 als Schullehrer in Oettingen. 1543 übernahm er auf Camerarius' und Melanchthons Empfehlung das Rektorat einer Schule in Mühlhausen (Thüringen), wechselte aber 1545 aus Angst vor Zauberei und übler Nachrede nach Nürnberg, wo er Privatschüler unterrichtete. Aufgrund gesundheitlicher Probleme wurde er im April 1547 auf eigenen Wunsch aus Nürnbergs Diensten entlassen.

1548 reiste W. über Tübingen und Straßburg nach Basel. In Straßburg hörte er u.a. Martin Bucer, lehnte dessen Angebot, dort Lehrer zu werden, aber ab. In Basel schloss er Bekanntschaft mit dem Buchdrucker Johannes Herbst (Oporinus) und unterrichtete dort zwei Jahre lang Augsburger Privatschüler, die er 1550 auch zu Studien nach Paris begleitete. Aus Angst vor religiöser Verfolgung kehrte er jedoch vorzeitig nach Deutschland zurück. 1551 trat er als Sekretär und Bibliothekar in den Dienst Johann Jakob Fuggers in Augsburg. Von 1557 bis zu seinem Tod war und blieb er – trotz guter Angebote aus Königsberg, Straßburg und Lausanne – Bibliothekar der Freien Reichsstadt Augsburg und Rektor des Gymnasiums St. Anna.

Werk und Wirkung

Neben seinen beruflichen Aufgaben widmete sich W., Humanist und Philologe aus Passion, stets dem privaten Studium der griech. und lat. Überlieferung, wobei er sich mit besonderer Vorliebe rhetorischen Texten zuwandte und die Bekanntheit wichtiger, damals aber noch kaum beachteter griech. Autoren förderte. 1548 veröffentlichte er bei Oporinus in Basel die erste Gesamtausgabe der Schriften des Isokrates, 1549 seine erste Demosthenes-Edition. Es folgten mehrere überarbeitete Ausgaben beider Autoren, deren Letzte bis weit über W.s Tod hinaus Gültigkeit behielten [2]; [3]. W. edierte auch Aischines, Libanios und Epiktet, die *Tetrábiblos* des Klaudios Ptolemaios, übersetzte das Suda-Lexikon (10. Jh.) ins Lat. und kommentierte mehrere Schriften Ciceros, u.a. *De officiis* und das *Somnium Scipionis*. Daneben verfasste er an ant. Vorbildern orientierte Gelegenheitsgedichte.

Im Auftrag der Fugger befasste er sich auch mit Texten bis dato fast gänzlich unbekannter byz. Historiker. 1557 erschien eine griech.-lat. Ausgabe der Weltchronik (bis 1118) des Ioannes Zonaras sowie der *Historíai* (1117–1203) des Niketas Choniates; 1562 folgten die *Rhōmaikḗ Historéa* (»Rhomäische«, d.h. Byz. Geschichte von 1204–1259) des Nikephoros Gregoras sowie eine lat. Übersetzung der *Apódeixis historíōn* (»Geschichtsdarstellung« bis 1463) des Laonikos Chalkokondyles. Zusammen bildeten sie das erste Corpus einer byz. Geschichte von den Anfängen bis zum Fall Konstantinopels [1]; vgl. [6]. W. gilt daher als Begründer der Byzantinistik in Deutschland, der auch die Begriffe »Byzantiner« (neben »Rhomäer«) und »Byz. Reich« prägte.

Bei einer ausgeprägt christl. Grundhaltung bezog W. trotz engen Kontakts zu namhaften Reformatoren seiner Zeit keine klare theologische Position, einerseits aus Furcht vor Repressalien, andererseits, weil er persönlich der Philologie Priorität einräumte. Wegen seiner Beziehungen zu Druckereien in protestantischen Zentren wie Basel wurde sein Gesamtwerk 1559 auf den *Index librorum prohibitorum* der katholischen Kirche gesetzt.

Schriften

[1] Corpus historiae Byzantinae, in quo non solum res a Graecis imperatoribus a tempore Constantini Magni, ad Constantinum postremum, et Constantinopolim a Turcis occupatam, sed ab exordio mundi … (Ioannes Zonaras, Nicetas Acominates Choniates, Nicephorus Gregoras, Laonicus Chalcocondyles; Edition), Frankfurt/Main 1568
[2] Isocratis scripta, quae quidam nunc exstant, omnia, Graecolatina (Edition mit lat. Übers.), Basel 1571
[3] Demosthenis et Aeschinis principium Graeciae opera omnia, cum utriusque vita et Ulpiani commentariis … (Edition), Basel 1572 [4] Der Vater der deutschen Byzantinistik. Das Leben des Hieronymus Wolf von ihm selbst erzählt, hrsg. von H. G. Beck, 1984.

Sekundärliteratur

[5] D. Harlfinger (Hrsg.), Graecogermania. Griechischstudien deutscher Humanisten (Ausst.kat.), 1989, 182, 353, 355 [6] F. Husner, Die editio princeps des »Corpus historiae byzantinae«. Johannes Oporin, Hieronymus Wolf und die Fugger, in: FS K. Schwarber. Beiträge zur schweizerischen Bibliotheks-, Buch- und Gelehrtengeschichte, 1949, 143–162 [7] G. Mezger, Art. Wolf, Hieronymus, in: ADB 43, 1898, 755–757
[8] R. Schmidbauer, Die Augsburger Stadtbibliothekare durch vier Jahrhunderte, 1963, 55–75.

Sonja Schönauer

Wolff, Hans Julius

Dt.-amerikan. Rechtshistoriker und Papyrologe. Geb. am 27.8.1902 in Berlin, gest. am 23.8.1983 in Freiburg i.Br. Studium von Alter Gesch., Klass. Phil. und Rechtswiss. an den Univ. Berlin und Rostock. 1929 Assessorexamen, danach Korrekturassistent bei Wolfgang ↗Kunkel in Göttingen. 1930/31 und 1933–1935 Mitarbeit am Thesaurus Linguae Latinae in München; 1932 Dr. iur., danach Tätigkeit in der Justiz bis zur Entlassung 1933. 1935 Emigration nach Panama, dort Prof. für röm. und panamenisches Recht an der Univ. Nacional. Ab 1939 in den USA, zunächst an der Vanderbilt Univ. in Nashville (Tennessee), dann 1941–1945 in Ann Arbor, Michigan, ohne feste Anstellung. 1945/46 Prof. für Gesch. und Deutsch am Oklahoma College for Women in Chickasha, 1946–1950 an der Oklahoma City Univ. Prof. für Polit. Wiss., 1950–1952 Lecturer in Jurisprudence an der Law School der Univ. of Kansas City. 1952 Rückkehr nach Deutschland und o.Prof. der Rechte an der Univ. Mainz, ab 1955 Prof. für Griech.,

Röm. und Bürgerliches Recht an der Univ. Freiburg; hier Gründung der Arbeitsstelle für Griech. Recht. Seit 1967 Mitglied der Heidelberger Akad. der Wiss., 1972 Ehrendoktorat der Univ. Athen.

Werdegang, Werk und Wirkung

W., der aus jüd. Familie stammte und zum Katholizismus konvertierte, wandte sich während seines Studiums bei Eduard ↗Meyer, Ulrich ↗Wilcken und Wilhelm ↗Schubart der Papyrologie zu; im vierten Semester wechselte er zum Studium der Rechtswiss., um die juristischen Aspekte der Papyri fachgerecht zu erfassen. Hier erfuhr er Anregungen insbes. von dem Rechthistoriker Joseph Aloys Partsch. 1932 promovierte W. bei Ernst Rabel [1] in Berlin; es folgten zahlreiche Arbeiten zum röm. Recht, wobei bes. seine histor. Einführung [4] breite Wirkung erzielte. Grundlagen schuf W. in der Textstufenforschung [16. 482] sowie im Bereich des griech. Rechts, das ab dem Ende der 1940er Jahre im Vordergrund seiner Arbeit stand und dessen Eigenständigkeit gegenüber dem röm. Recht er betonte.

W.s Studien zum griech. Familien-, Prozess- und Vertragsrecht, in denen er nach der histor. Entwicklung und gesellschaftlichen Funktion rechtlicher Institute, aber auch nach den rechtlichen Grundprinzipien fragte, ließen ihn zum »Pionier und Mentor der juristischen Gräzistik« [14. 83] werden. Hier forderte und förderte W., der 1971 die Gesellschaft für griech. und hell. Rechtsgeschichte (und damit eine Symposienreihe) begründete, die Zusammenarbeit von Rechts- und Althistorikern. Ein weiterer Schwerpunkt war die juristische Papyrologie: Schon 1962 hatte er das ptolem. Rechtssystem monographisch behandelt [6], und nach seiner Emeritierung setzte er die Darstellung des Rechts der griech. Papyri Ägyptens für das Handbuch der Alt.wissenschaft fort; deren zweiter Band erschien 1978, der erste postum 2002 [10].

SV: [13. XVII–XXVIII]; Nachträge: [16. 491 f.].

Schriften

[1] Zur Stellung der Frau im klassischen röm. Dotalrecht (Diss. Berlin 1932), in: Zs. der Savigny-Stiftung für Rechtsgeschichte, Romanistische Abt. 53, 1933, 297–371 [2] Written and Unwritten Marriages in Hellenistic and Postclassical Roman Law, 1939 [3] Marriage Law and Family Organization in Ancient Athens, 1944 [4] Roman Law. A Historical Introduction, 1951 (Ndr. 1976; span. Übers. 1953) [5] Beiträge zur Rechtsgeschichte Altgriechenlands und des hellenistisch-röm. Ägypten, 1961 [6] Das Justizwesen der Ptolemäer (Münchener Beiträge zur Papyrusforschung und antiken Rechtsgeschichte), 1962 (^{2}1970) [7] Normenkontrolle und Gesetzesbegriff in der attischen Demokratie, 1970 [8] Die Bedeutung der Epigraphik für die griech. Rechtsgeschichte, 1973 [9] Opuscula dispersa, hrsg. von J. G. Wolf und F. Wieacker, 1974 [10] Das Recht der griech. Papyri Ägyptens in der Zeit der Ptolemäer und des Prinzipats (Hdb. der Altertumswiss. 10.5), Bd. 1: Bedingungen und Triebkräfte der Rechtsentwicklung, hrsg. von H.-A. Rupprecht; Bd. 2: Organisation und Kontrolle des privaten Rechtsverkehrs, 1978–2002 [11] Vorlesungen über juristische Papyruskunde, hrsg. von J. G. Wolf, 1998.

Sekundärliteratur

[12] A. Maffi, Hans Iulius Wolff e gli studi di diritto greco a trent'anni dal I Symposium, in: Dike 4, 2001, 269–291 [13] J. Modrzejewski / D. Liebs (Hrsg.), Symposion 1977. Vorträge zur griech. und hellenistischen Rechtsgeschichte, 1982 [14] D. V. Simon, Hans Julius Wolff, in: Gnomon 59, 1987, 83–84 [15] E. C. Stiefel / F. Mecklenburg, Deutsche Juristen im amerikanischen Exil (1933–1950), 1991, 55 [16] G. Thür, Hans Julius Wolff zum Gedenken, in: Zs der Savigny-Stiftung für Rechtsgeschichte, Romanistische Abt. 101, 1984, 476–492 [17] J. G. Wolf, Erinnerungen an Hans Julius Wolff, in: Rechtshistorisches Journal 3, 1984, 4–6.

Heinrich Schlange-Schöningen

Wood, Robert

Brit. Privatgelehrter und Politiker. Geb. 1716 oder 1717 in Riverstown Castle (nahe Dublin), gest. am 9. 9. 1771 in Putney (nahe London). 1730–1732 (?) an der Univ. Glasgow; 1738 an der Univ. Padua; danach verschiedene Reisen im Mittelmeerraum und Europa. 1756–1763 und 1768–1770 Under Secretary of State. Ab 1761 Parlamentsabgeordneter.

Werdegang, Werk und Wirkung

W., Sohn eines presbyterianischen Pfarrers, studierte in Glasgow und Padua und unternahm 1742 und 1743 seine ersten größeren Reisen im östl. Mittelmeerraum. Zusammen mit James Dawkins, John Bouverie und dem ital. Architekten Giovanni Battista Borra brach er im Mai 1750 erneut dorthin auf, um ant. Architektur zu erforschen. Die Reisenden besuchten u. a. zunächst die Troas, wo sie mit Hilfe des Homertextes eine Karte der Skamander-Ebene erarbeiteten. Im März 1751 vermaßen sie in Palmyra und Baalbek (dem ant. Hierapolis) die Baulichkeiten und erfassten Inschriften.

1753–1756 begleitete W. den jungen Duke of Bridgewater auf der damals für gutsituierte Engländer üblichen *Grand Tour* durch Europa und legte damit den Grundstein für seine anschließende polit. Karriere, die ihn 1756 in das Amt des Under Secretary im Southern Department und 1761 (bis zu seinem Tod) als Abgeordneten ins engl. Parlament führte. Die Reise von 1750/51 ergab das Material von W.s späteren Publikationen: 1753 veröffentlichte er franz. und engl. die Ergebnisse der Erkundungen der Ruinen von Palmyra [1] mit genauen Zeichnungen und Vermessungsplänen; 1757 folgte die analoge Publikation zu Baalbek [2].

Die für die Klass. Philologie wichtigste »Spätfolge« von W.s Besuch der Troas (verzögert durch seine Tätigkeiten in Administration und Politik) war sein *Essay on the Original Genius ... of Homer* [3] (dessen Nucleus war ein Brief um 1755 an Dawkins). Die Autopsie der Troas hatte W. davon überzeugt, dass Homers Angaben zu geographischen Details und anderen Realia zutreffend seien. Im Kapitel *Homer's Language and Learning* versuchte er zu zeigen, dass die homerischen Epen mündlich geschaffen wurden und auch ihre Überlieferung zunächst nur mündlich verlaufen sei, bis sie zur Zeit des Peisistratos verschriftlicht wurden.

Die Publikationen zu Palmyra [1] und Baalbek [2] gehörten zu den ersten modernen Bestandsaufnahmen der Hinterlassenschaft von ant. Städten und hatten großen Einfluss auf die neoklass. Architektur in Europa. In der Klass. Philologie wirkte W.s *Essay* [3] rasch und stark: Zuerst 1769 nur als Privatdruck erschienen, wurde er schon 1770 von Christian Gottlob ↗Heyne begeistert rezensiert und 1773 ins Deutsche übersetzt; erst jetzt fand das Werk breitere Anerkennung in England (mit einer Ausgabe von 1775) und wurde auch ins Franz., Span. und Ital. übersetzt. W.s mündlicher Homer war eine der wichtigsten Voraussetzungen für Friedrich August ↗Wolfs *Prolegomena ad Homerum*.

Schriften

[1] The Ruins of Palmyra, Otherwise Tedmor in the Desart, London 1753 (parallel franz. als Les ruines de Palmyre ..., London 1753, erschienen) [2] The Ruins of Balbec, Otherwise Heliopolis in Coelosyria, London 1757 (parallel franz. als Les Ruines de Balbec ..., London 1757, erschienen) [3] An Essay on the Original Genius and Writings of Homer with a Comparative View of the Ancient and Present State of the Troade, London 1769.

Sekundärliteratur

[4] D. Constantine, Early Greek Travellers and the Hellenic Ideal, 1984, 66–88 [5] G. Finsler, Homer in der Neuzeit von Dante bis Goethe, 1912, 368–372
[6] C.A. Hutton, The Travels of ›Palmyra‹ Wood in 1750–51, in: JHS 47, 1927, 102–128 [7] J. Sachs, On the Road. Travel, Antiquarianism, Philology, in: S. Gurd (Hrsg.), Philology and Its Histories, 2010, 127–147
[8] K. Simonsuuri, Homer's Original Genius: Eighteenth-Century Notions of Early Greek Epic (1688–1798), 1979, 133–142 [9] T.J.B. Spencer, Robert Wood and the Problem of Troy in the Eighteenth Century, in: Journal of the Warburg and Courtauld Institutes 20, 1957, 75–105
[10] D.M. White, Art. Wood, Robert, in: Oxford Dictionary of National Biography 60, 2004, 135–137.

Heinz-Günther Nesselrath

Woolley, Leonard

Brit. Archäologe. Geb. am 17.4.1880 in London als Charles Leonard W., gest. am 20.2.1960 ebda. 1899–1904 Studium der klass. Alt.wiss. und der Theologie am New College, Oxford. 1905–1907 Assistant Keeper am Ashmolean Museum in Oxford; 1908–1912 Ausgrabungen in Nubien; 1912–1920 Leiter der Ausgrabungen in Karkemisch (Osttürkei), 1921–1922 in Tell el-Amarna (Ägypten), 1922–1934 in Ur (Irak) sowie in Alalaḫ (Türkei) 1936–1949. 1935 geadelt (Sir Leonard).

Werk und Wirkung

Sir Leonard W. war ein herausragender brit. Archäologe, der umfangreiche Grabungen im Nahen Osten durchführte. Seine erste große Kampagne war die von Karkemisch, einer spätheth. Stadt der frühen Eisenzeit, an der Grenze zwischen der Türkei und Syrien. Sie erbrachte zahlreiche reliefierte Orthostaten und heth. Hieroglypheninschriften [1]. Gleichzeitig führte er einen arch. Oberflächensurvey im nördlichen Sinai durch.

Auch in Ur (südl. Irak) gelangen W. bedeutsame Entdeckungen. Sie reichten von prähistor. Gräbern der 'Ubaid-Zeit (4. Jt. v. Chr.) über einen Friedhof mit mehr als 2000 Bestattungen, die sich von der Frühdynastisch-III-Zeit bis in die nachakkad. Zeit erstreckten (ca. 2600–2100 v. Chr.), bis hin zu einer Zikkurat (ursprgl. um 2100 erbaut von Urnamma, dem Gründer der dritten Dynastie von Ur, später um 600 v. Chr. von Nebukadnezar erneuert), den Königsgräbern der dritten Dynastie von Ur (Schulgi und Amarsin), Wohnquartieren der Isin-Larsa-Zeit (ca. 19./18. Jh. v. Chr.), bronzenen Sarkophagen der spätassyr. Zeit (etwa 7. Jh. v. Chr.) sowie zahlreichen Bestattungen der achaimenidischen Zeit. Die 16 Gräber und Grüfte, die als die Königsgräber von Ur bekannt geworden sind, enthielten zahlreiche kostbare Grabbeigaben. Sowohl die Ausgrabungen in Ur als auch die Publikation ihrer Ergebnisse sind von außerordentlicher Bedeutung für die Geschichte Mesopotamiens, da sie das Wissen um dessen Kultur außerordentlich bereichert haben [2]; [3].

Seit 1936 arbeitete W. in den Ruinen von Alalaḫ (heute Tell Atchana) in der 'Amuq-Ebene, nahe der Mündung des Orontes ins Mittelmeer, und nahe dem Hafen von Al Mina. In Alalach legte W. eine Reihe von Palastanlagen und Tempeln aus dem 2. Jt. v. Chr. frei. Gefunden wurden die Statue des lokalen Königs Idrimi sowie Tontafeln, Siegelabdrücke und Rollsiegel, die für die Rekonstruktion der Chronologie des Alten Orients essentiell sind [4]. Die ältesten der ausgegrabenen Schichten im Hafen al Mina, die auf ca.

800 v. Chr. zu datieren sind, enthielten große Mengen importierter griech. Keramik.

Schriften

[1] Carchemish (Teile 2 und 3), 1921–1952 [2] Ur of the Chaldees, 1930 (auf Grundlage der 2. Aufl. 1964 neu durchges. und erg. von P. R. S. Moorey, 1982) [3] Ur Excavations (Bde. 2–10), 1934–1976 [4] Alalakh, 1955.

Sekundärliteratur

[5] H. Hirsch, Rez. zu »Ur in Retrospect. In Memory of Sir C. Leonard Woolley«, in: AfO 21, 1966, 119–120 [6] M. E. Mallowan / D. J. Wiseman (Hrsg.), Ur in Retrospect. In Memory of Sir C. Leonard Woolley, 1960 [7] E. F. Weidner, Sir Leonard Woolley (17. April 1880–20. Februar 1960), in: AfO 19, 1959–1960, 264–266 (mit Abb.) [8] H. V. F. Winstone, Woolley of Ur, 1990.

John Curtis (Ü: J. R.)

Wyttenbach, Daniel

Schweizer.-niederl. Klass. Philologe und Philosoph. Geb. als Daniel Albert W. am 7. 8. 1746 in Bern, erblindet gest. als *Civis Bernas am* 17. 1. 1820 in Oegstgeest (Niederlande). Sohn eines Theologieprof.; 1760–1768 Studium der Theologie in Marburg; 1768–1770 Studium der Klass. Phil. in Göttingen bei Christian Gottlob ↗Heyne und 1770/71 in Leiden bei David ↗Ruhnken und Lodewijk Caspar ↗Valckenaer. 1771 Lehrer am Gymnasium der Remonstranten in Amsterdam; 1779 Prof. für Philosophie und Klass. Phil. am Athenaeum Illustre ebda. 1799–1818 Prof. für Gesch., Philosophie und Klass. Phil. an der Univ. Leiden (als Ruhnkens Nachfolger); 1814 Mitglied der franz. Akad. der Wiss. Verheiratet seit 1817 mit seiner Nichte Johanna Gallien (1773–1830), die 1827 aufgrund ihrer philos. Arbeiten Marburgs erste Ehrendoktorin wurde.

Werk und Wirkung

W. fand in Daniel Ruhnken sein wiss. Vorbild und blieb aus Verehrung für ihn sowie aus Liebe zur *Batava libertas* [4. 148; 173] in den Niederlanden. Zwar blieb W. der althumanistischen Textphilologie verpflichtet, doch in seiner Tätigkeit am Athenaeum behandelte er auch die Philosophie mit Anknüpfung an die Antike [2] und setzte sich kritisch mit Kant auseinander, z. B. in der *Disputatio de unitate Dei* (1780) [6. Bd. 2, 373–492]; [7. 431]. Der neuhumanistischen Philologie eines Friedrich August ↗Wolf stand er skeptisch gegenüber.

W.s Hauptwerk ist die erste textkritische Ausgabe der *Moralia* des Plutarch: Bde. 1–5 (1795–1802): Text mit revidierter lat. Übersetzung des G. ↗Xylander (von 1570); Bde. 6–7 (1810–1821): *Animadversiones* (textkritische, sprachliche und v. a. sachliche Erklärungen); Bd. 8 (1830): Index [3]. Die Fertigstellung des Manuskripts und die Drucklegung verzögerten sich zum einen dadurch, dass 1798 eine Hs.-Sendung als Folge kriegerischer Ereignisse für zweieinhalb Jahre verschollen war [8. 169–172], zum anderen 1807 durch die Verwüstung von W.s Bibl. infolge einer Schießpulverexplosion im Hafen von Leiden (mit Feuersbrunst) [8. 182–189]. Die Plutarch-Ausgabe zeichnet sich nicht so sehr durch die neue Kollationierung von Codd. als vielmehr durch die kritische Sichtung der älteren Ausgaben aus, sodass sie seit Mitte des 19. Jh.s nicht mehr den neuen wiss. Ansprüchen genügte. Flankiert wird dieses Werk durch kleinere, methodisch ähnliche Arbeiten und Editionen (u. a. Platons *Phaidon*, 1810; Poseidonios, 1810). Seinen Einfluss begründete W. durch die Beiträge in der *Bibliotheca critica* [1] und der *Philomathía* [5] sowie durch seine zahlreichen Schüler.

Schriften

[1] Bibliotheca critica, 12 Teile, Amsterdam 1777–1809 [2] Praecepta philosophiae logicae, Amsterdam 1781 (u. ö.) [3] Plutarchi Moralia, 8 Bde. in 15 Teilen; Bd. 8: Index Graecitatis, Oxford 1795–1830 (Ndr. 1962; Online-Ausgabe 2004) [4] Vita Davidis Ruhnkenii, Leiden 1799 (mehrere Ndr.) [5] Φιλομαθίας τὰ σποράδην, 3 Bde., Amsterdam 1809–1817 [6] Opuscula varii argumenti, 2 Bde., Leiden/Amsterdam 1821.

Sekundärliteratur

[7] M. Heinze, Art. Wyttenbach, Daniel, in: ADB 44, 1898, 429–431 [8] W. L. Mahne, Vita Danielis Wyttenbachii, 1823.

Manfred Landfester

Xylander, Guilielmus

Wilhelm Holtzmann; dt. Humanist und Philologe. Geb. am 26.12.1532 in Augsburg, gest. am 10.2. 1576 in Heidelberg. Studium der *Artes* und der Philosophie in Tübingen und Basel; 1557/58 Prom. in Basel. Ab 1558 Prof. für Griechisch, ab 1562 für Logik an der Univ. Heidelberg. Anschluss an Ulrich Zwingli. 1564/65 Rektor der Univ. Heidelberg.

Werk und Wirkung

X. (der Humanistenname ist ein gräzisierendes Äquivalent zu »Holzmann«) wurde in Augsburg in ärmlichen Verhältnissen geboren. Förderung fand er bei verschiedenen Bürgern der Stadt, bes. dem musisch begabten Rektor und Bibliothekar Sixtus Birck, der ihn im Griechischen und Lateinischen unterrichtete. 1549–1554 studierte X. in Tübingen Philologie und Hebräisch, 1557/58 Philosophie in Basel; hier schloss er mit der Prom. ab. Noch im selben Jahr übernahm er nach dem Tod des Jacobus ↗Micyllus dessen Griechischprofessur in Heidelberg, wo er 1561 auch Bibliothekar der *Palatina* wurde. 1562 wechselte er auf den Heidelberger Lehrstuhl für Logik; 1564/65 war er Rektor der Univ. X. stand in Kontakt mit Hieronymus ↗Wolf, dem Humanisten und Buchdrucker Oporinus, mit ↗Melanchthon, Thomas Erast, Friedrich ↗Sylburg und Ulrich Zwingli, dessen Reformation er engagiert anhing, was ihm neben seinem Ansehen und Einfluss auch einige Schwierigkeiten einbrachte.

X. war ein ungeheuer fleißiger Philologe, der sich vergeblich mühte, seiner fortdauernden Armut durch zahlreiche Veröffentlichungen abzuhelfen. Sein Werk besteht v.a. aus kommentierten Ausgaben – darunter einigen Ersteditionen – und lat. Übersetzungen antiker und byz. griechischer Schriften. Schon als 16-Jähriger übersetzte er Tryphiodors *Ilíu hálōsis* (»Einnahme Trojas«) in lat. Hexameter; Oporinus ließ das Werk drucken, später gab X. eine überarbeitete Fassung heraus. In Heidelberg widmete er sich v.a. der griech. und byz. Historiographie und Fachwissenschaft: Psellos' *Liber de quattuor mathematicis scientiis*, Georgios Kedrenos' *Chronicon* (beide 1556), Dio Cassius' *Historiae* (1558), große Teile der Plutarchüberlieferung (1561–1570, gesammelt in [3]), Strabons *Geographie* (1571 [1]), die ersten sechs Bücher Euklids zur Geometrie (1562; mit Kürzungen, weniger für den wiss. als für den pragmatischen Nutzen) und Diophantos' *Res arithmeticae* (1575) gab er gemeinsam mit eigenen Übersetzungen ins Lateinische heraus. Polybios edierte er 1574 in dt. Übersetzung [2], Stephanos' von Byzanz *De urbibus* 1568 ohne Übersetzung. Die durch seinen frühen Tod unterbrochene Arbeit an Pausanias führte Friedrich ↗Sylburg zu Ende (1583).

Schriften

[1] Strabonis Rerum geographicarum libri XVII (Edition mit lat. Übers. und Komm.), Basel 1571 [2] Polybius, Römische Historien, des weisiste[n] warhafftigsten unnd hochberhümpten Geschichtschreibers Polybii: in siebentzehen Büchern begrieffen, soviel deren noch vorhanden seind … alles auß griechischer Sprach in die Teutsche … gebracht …, Basel 1574 [3] Plutarchi Chaeronensis quae exstant omnia (Ta sōzómena hápanta; Edition mit lat. Übers. von H. Cruserius und Komm.), 2 Bde., Frankfurt 1599 (Bd. 1: Moralia; Bd. 2: Parallelviten).

Sekundärliteratur

[4] D. Drüll, Art. Xylander (auch: Holtzmann), Wilhelm, in: Heidelberger Gelehrtenlex., 1386–1651, 2002, 562–563 [5] F. Schoell, Art. Xylander, Wilhelm Holtzman, in: ADB 44, 1898, 582–593.

Dorothee Gall

Youtie, Herbert Chayyim

Amerikan. Papyrologe. Geb. am 28. 8. 1904 in Atlantic City (New Jersey), gest. am 13. 2. 1980 in Ann Arbor (Michigan). Studium an den Univ. Cincinnati (A.B. 1927) und Columbia (New York), dort 1928 M.A., 1929 am Catholic Institute of Paris als Schüler von Paul Collart. Y. wirkte über 50 Jahre an der Univ. of Michigan: ab 1929–1975 Research Assistant, ab 1932 Research Associate, ab 1946 Research Prof. of Papyrology. In zweiter Ehe mit der Papyrologin Louise Canberg verheiratet. Seit 1959 einer der Direktoren der American Philological Association; 1968 Ehrenpräsident der Association internationale de papyrologues; korrespondierendes Mitglied der British Acad.; Empfänger zahlreicher Ehrungen, u. a. 1969 des Ehrendoktorats der Univ. Köln.

Werdegang, Werk und Wirkung

Y.s herausragende Leistung lag einerseits in seiner regen Editionstätigkeit griech. Papyri, andererseits in der theoretischen und praktischen Erarbeitung neuer Standards für die penible Textedition auf philol. Basis. Seine soliden Ausgaben waren vorwiegend dokumentarischen Papyri und Ostraka der hell.-röm. Zeit gewidmet und entstanden oft in Zusammenarbeit mit anderen Papyrologen (u. a. [1]; [2]; [4]; [5]; [7]). Gestützt auf umfassende Kenntnis der dokumentarischen Evidenz legte Y. auch wichtige Beiträge zur Sozial- und Bildungsgeschichte des griech.-röm. Ägypten vor. In zahlreichen Artikeln (gesammelt in [6] und [8]) trug er durch Lesekorrekturen und Ergänzungen zum besseren Verständnis der Papyrustexte bei. Seine Arbeiten zur Editionstechnik und Textkritik (u. a. [3]) festigten das methodische Instrumentarium der Papyrologie, darunter die sog. *lex Youtie*: *iuxta lacunam ne mutaveris* (»keine Textänderungen bei einer Textlücke«) [11].

SV: [6. Bd. 2, 1043–1048] (bis 1973).

Schriften

[1] Tax Roll from Karanis (= P.Mich. IV; Edition), Bd. 1 mit V.B. Schuman und O.M. Pearl, Bd. 2 mit O.M. Pearl, 1936–1939 [2] Papyri and Ostraca from Karanis (Edition), Bd. 1 mit O.M. Pearl (= P.Mich. VI); Bd. 2 mit J.G. Winter (= P.Mich. VIII), 1944–1951 [3] The Textual Criticism of Documentary Papyri. Prolegomena, 1958 ([2]1974) [4] The Archive of Aurelius Isidorus (Edition; mit A.E.R. Boak), 1960 [5] Das Archiv des Petaus (Edition; mit L.C. Youtie, U. und D. Hagedorn), 1969 [6] Scriptiunculae, 3 Bde., 1973–1975 [7] Urkunden aus Panopolis (Edition; mit L.C. Youtie und D. Hagedorn), 1980 [8] Scriptiunculae posteriores, 2 Bde., 1981–1982.

Sekundärliteratur

[9] G. M. Brown, Obituary: Herbert Chayyim Youtie, in: Bulletin of the American Society of Papyrologists 17, 1980, 2–3 [10] L. Koenen, Herbert Chayyim Youtie, in: M. Capasso (Hrsg.), Hermae. Scholars and Scholarship in Papyrology, 2007, 295–305 [11] R. Merkelbach, Iuxta lacunam ne mutaveris, in: ZPE 142, 2003, 34 [12] O. M. Pearl, Herbert Chayyim Youtie (1904–1980), in: Aegyptus 63, 1983, 258 [13] E. G. Turner, Herbert Chayyim Youtie (1904–1980), in: American Philosophical Society, Yearbook for 1980, 1981, 636–639 [14] E. G. Turner / P. J. Parsons, Nekrolog: Herbert Chayyim Youtie, in: Archiv für Papyrusforschung 28, 1982, 99–100.

Bernhard Palme

Zasius, Ulrich

Dt. Humanist und Jurist. Geb. 1461 in Konstanz, gest. am 24.11.1535 in Freiburg i.Br. 1481–1483 Studium in Tübingen v.a. der *artes liberales*; anschließend erst Gerichtsschreiber des Offizialats von Konstanz, dann Stadtschreiber in Baden (Aargau). 1494–1496 und erneut 1502 Stadtschreiber in Freiburg i. Br.; in der Zwischenzeit Leitung der Freiburger Lateinschule und Studium der Rechtswiss. an der dortigen juristischen Fakultät. 1501 Prom. zum Doktor, 1506 o.Prof. der Rechte (*lectura ordinaria legum*). Als Rechtslehrer, juristischer Schriftsteller, gesuchter Gutachter und Schöpfer des Freiburger Stadtrechts bis zu seinem Tode in Freiburg. Nach anfänglicher Sympathie Abwendung von der lutherischen Reformation.

Werk und Wirkung

Z. gilt als der bedeutendste dt. Jurist des 16. Jh.s. Als gefeierter Rechtslehrer bildete er zahlreiche dt. Juristen erstmals im humanistischen Geist aus; man hat ihn neben Andreas ↗Alciatus und Guillaume ↗Budé sogar als einen der Mitbegründer des juristischen Humanismus betrachtet. Zu dessen typischen Errungenschaften trug Z. allerdings wenig bei, da er keine philol.-exegetische Quellenarbeit betrieb und auch dem systematischen Anliegen der Humanisten skeptisch gegenüberstand. Mit diesen teilte er jedoch das Ziel, die röm. Rechtstexte von der sie überwuchernden Glossen- und Kommentarliteratur (Bartolus de Saxoferrato, Baldus de Ubaldis) zu reinigen und an die wahren Quellen zurückzugehen. Dabei erwies sich Z. als eine jener seltenen juristischen Urbegabungen, die mit sicherem Zugriff verwickelte Sachverhalte analysieren und auf wenige einfache Grundbegriffe zurückführen können. So erfand er etwa den neuen Begriff der »vertretbaren Sache« (*res fungibilis*) und reduzierte die von den Kommentatoren aufgestellten fünf Grade der Fahrlässigkeit auf zwei (grobe und leichte).

Durch das hochgeschätzte Freiburger Stadtrecht von 1520, das im Wesentlichen auf ihn zurückgeht, erwarb sich Z. auch gesetzgeberischen Ruhm. Es musste – wie die anderen zeitgenössischen Stadt- und Landrechte – die Gegensätze zwischen dem rezipierten röm. und dem überkommenen einheimischen Recht ausgleichen. Z. bewältigte diese Aufgabe nicht durch einseitige Romanisierung, sondern durch eine sinnvolle Verbindung der beiden Rechtsmassen, zuweilen auch durch juristische Neuschöpfungen.

Schriften

[1] Antinomiarum aliquot acutissimae simul eruditissimae dissolutiones, Basel 1518 [2] Lucubrationes aliquot sane quam elegantes, nec minus eruditae, Basel 1518 [3] Intellectus singulares et novi in nonnulla loca juris civilis … collecti, Basel 1526 (Intellectus juris civilis singulares denuo excusi et additionibus locupletati, Freiburg 1932) [4] In usus feudorum epitome, Basel 1535 (u.ö.) [5] Responsorum juris sive consiliorum … liber I–II, Basel 1538–1539 (u.ö.) [6] Opera omnia, 7 Bde., hrsg. von J. Mynsinger von Frundeck und J.U. Zasius, Frankfurt am Main [2]1590 ([1]1550; Ndr. 1964–1966).

Sekundärliteratur

[7] K.S. Bader, Zasius als Notar, in: Schau-ins-Land 79, 1961, 13–29 [8] S. Bressler, Ulrico Zasio, in: R. Domingo (Hrsg.), Juristas universales, Bd. 2, 2004, 82–92 [9] G. Kisch, Zasius und Reuchlin, 1961 [10] G. Kleinheyer / J. Schröder, Deutsche und europäische Juristen aus neun Jahrhunderten, [5]2008, 473–477 [11] H. Knoche, Ulrich Zasius und das Freiburger Strafrecht von 1520, 1957 [12] S. Rowan, Ulrich Zasius. A Jurist in the German Renissance, 1461–1535, 1987 [13] R. Stintzing, Ulrich Zasius. Ein Beitrag zur Geschichte der Rechtswissenschaft im Zeitalter der Reformation, 1857 (Ndr. 1961) [14] G. Sturm, Art. Zasius, Udalricus, in: A. Erler / E. Kaufmann (Hrsg.), HWB zur deutschen Rechtsgeschichte, Bd. 5, 1998, 1612–1614 [15] H. Thieme, Ideengeschichte und Rechtsgeschichte. Ges. Schriften, Bd. 1, 1986, 508–580 [16] H. Winterberg, Die Schüler von Ulrich Zasius, 1961 [17] E. Wolf, Große Rechtsdenker der deutschen Geistesgeschichte, [4]1963, 59–98.

Jan Schröder

Zeller, Eduard

Dt. Theologe und Philosoph. Geb. am 22.1.1814 in Kleinbottwar bei Stuttgart als Eduard Gottlob Z., gest. am 19.3.1908 in Stuttgart. Ab 1831 Studium der Philosophie und Theologie in Tübingen, 1836 Prom., 1840 Habil. an der dortigen theologischen Fakultät. 1847 Berufung als ao.Prof. nach Bern, dort 1849 o.Prof. für Theologie; ab 1849 o.Prof. für Philosophie in Marburg, ab 1862 Berufung in Heidelberg. 1872 Berufung nach Berlin; 1894 Emeritierung. Mitglied der Preuß., Bayer. und Österr. Acad. der Wiss.; 1887 Orden *Pour le mérite*.

Werdegang

Z., Sohn eines württembergischen Verwaltungsbeamten, trat nach dem Besuch der Lateinschule 1827 in das evang. Seminar in Maulbronn ein und nahm im Herbst 1831 das Studium der Philosophie und Theologie am Tübinger Evang.-Theologischen Seminar (Stift) auf. Dort begann die lebenslange Freundschaft mit dem Theologen David Friedrich Strauß (dessen Schriften er herausgab) und dem Philosophen Friedrich Theodor Vischer. Die Vorlesungen seines Lehrers Ferdinand Christian Baur zur Kirchengeschichte (1834) beeinflussten seinen Werdegang als Philosophiehistoriker. 1836 wurde Z. mit einer philosophiehistor. Arbeit zu Platons *Nómoi* promoviert, 1840 an der theologischen Fakultät in Tübingen habilitiert.

Z.s berufliche Laufbahn fiel in die Vormärz-Zeit. Obwohl er seine Lehrtätigkeit erfolgreich ausübte, wurde sein Antrag auf eine ao. Professur für Theologie wegen seiner liberalen Position abgelehnt. 1847 nahm er einen Ruf nach Bern an. Im selben Jahr heiratete er Emilie, die Tochter seines Lehrers Baur. Im Frühjahr 1849 wurde er zum o.Prof. für Theologie in Bern ernannt, erhielt ein halbes Jahr später einen Ruf nach Marburg, musste wegen seiner liberalen Theologie jedoch an die philos. Fakultät wechseln. Die nächste Station war Heidelberg, wo Z. von 1862–1872 Philosophie lehrte. Hier arbeitete er verstärkt an seinem Lebenswerk, der *Philosophie der Griechen* [2]. 1872 trat er die Nachfolge Friedrich Trendelenburgs an der Univ. in Berlin an. 1872 wurde Z. zum ordentlichen Mitglied der Berliner Akad. der Wiss. gewählt; 1877 erhielt er den Orden *Pour le Mérite*.

Werk und Wirkung

Bereits in seiner ersten Buchpublikation, den *Platonischen Studien* (1839) [1] wandte Z. das Verfahren der Textkritik an. An seinem philos. Hauptwerk zur griech. Philosophie [2] arbeitete Z. seit den 1840er Jahren bis an sein Lebensende. 1844–1852 erschienen seine drei Teile, 1919–1923 bereits in der sechsten Auflage. In diesem äußerst umfang- und materialreichen Werk wurde erstmals das gesamte Forschungsfeld methodisch präzise behandelt. Bis ins 20. Jh. wurde es als Standardwerk benutzt und in mehrere Sprachen übersetzt. Während Z. anfänglich noch der Philosophie Hegels und dessen Auffassung der Geschichte als einer in sich gegliederten Einheit zuneigte, distanzierte er sich später (1888) von dessen teleologischem Ansatz; er selbst vertrat eine nüchterne Analyse der histor. Kausalzusammenhänge. Aufgrund seines theologischen Hintergrunds flossen in seine philosophiehistor. Arbeiten auch theologische Interessen ein, ebenso seine Überzeugung, dass die christl. Dogmenbildung stark von der Philosophie Platons abhänge. Z.s Platon-Analyse löste eine längere heftige Kontroverse aus [11]. Der vielfach aufgelegte und übersetzte *Grundriss der Geschichte der griech. Philosophie* (1883) [5] gilt als sein Meisterwerk.

Auch mit zahlreichen Abhandlungen und Beiträgen prägte Z. die zeitgenössische Theologiegeschichte sowie insbes. nachhaltig die Philosophiegeschichtsschreibung. Mit seiner epochalen Heidelberger Antrittsvorlesung [4] führte er den Begriff der Erkenntnistheorie in die philos. Terminologie ein. Für den Neukantianismus spielte er eine vorbereitende Rolle. Mehrere der von Z. begründeten Zeitschriften zählen bis heute zu den führenden des Faches wie z.B. das zusammen mit seinem Schüler Ludwig Stein initiierte *Archiv für Geschichte der Philosophie* (1888). In seiner Berliner Zeit förderte Z. die wiss. Bearbeitung von Werken der ant. Literatur, darunter die Herausgabe der griech. Kommentatoren des Aristoteles.

M: Erinnerungen eines Neunzigjährigen, 1908.

SV: [6. Bd. 3, 513–558].

Schriften

[1] Platonische Studien, 1839 [2] Die Philosophie der Griechen in ihrer geschichtlichen Entwicklung, 3 Teile, 1844–1852 (6. Aufl. 1919; Ndr. der 8. Aufl. 2006 mit Vorw. von Ch. Horn) [3] Vorträge und Abhandlungen, 3 Bde., ²1875–1884 [4] Über Bedeutung und Aufgabe der Erkenntnistheorie, in: E. Zeller, Vorträge und Abhandlungen. Zweite Slg., 1877, 479–526 [5] Grundriss der Geschichte der griech. Philosophie, 1883 (2. Aufl. 1886; zahlreiche Aufl. und Ndr.; 12. Aufl. 1920 bearb. von W. Nestle; 14. Aufl. 1971; Ndr. der Erstaufl. 1984) [6] K.S., hrsg. von O. Leuze, 3 Bde., 1910–1911.

Sekundärliteratur

[7] H. Diels, Gedächtnisrede auf Eduard Zeller, gehalten in der Leibnizsitzung der Königlich Preußischen Akad. der Wiss. am 2. Juli 1908, in: E. Zeller, K.S., hrsg. von O. Leuze, Bd. 3, 1911, 465–511 [8] D. Ehlers (Hrsg.), Briefwechsel Hermann Diels, Hermann Usener, Eduard Zeller, 1992 [9] G. Hartung (Hrsg.), Eduard Zeller, 2010 [10] M. Lemberg (Hrsg.), Briefwechsel (1849–1895): Heinrich von Sybel und Eduard Zeller, 2004 [11] G. Teichmüller, Die Platonische Frage. Eine Streitschrift gegen Zeller, 1878.

Kerstin Ludwig

Ziebarth, Erich

Dt. Althistoriker. Geb. am 31.12.1868 in Frankfurt/Oder, gest. am 21.10.1944 in Dettelbach/Main. 1881–1888 Landesschule in Schulpforta; ab 1888 Studium der Klass. Phil., Gesch. und Klass. Arch. in Göttingen und München; 1892 Prom. an der Univ. Göttingen. 1900–1919 Oberlehrer am Wilhelm-Gymnasium Hamburg; 1919–1936 Prof. für Alte Gesch. an der Univ. ebda.

Werdegang und Werk

Z., Sohn Carl Z.s, des Dekans der Juristischen Fakultät der Univ. Göttingen, und Neffe des Althistorikers Gustav Friedrich ↗Hertzberg, wuchs in Göttingen auf und studierte an der dortigen Univ. u.a. bei Hermann Sauppe und Ulrich von ↗Wilamowitz-Moellendorff, der ihn 1892 promovierte. Ab 1894 an Schulen in Göttingen und Goslar tätig, wechselte Z. 1899 nach Hamburg, wo er zunächst am Johanneum, ab Ostern 1900 am Wilhelm-Gymnasium als Oberlehrer unterrichtete. Auch im Schuldienst der histor. Wiss. eng verbunden, leitete Z. die Ausgrabungen in Pleuron (Ätolien) und nahm ab 1904 an den von den Königlichen Museen Berlin in Milet unternommenen Ausgrabungen als epigr. Sachverständiger teil. Die Preuß. Akad. der Wiss. in Berlin übertrug ihm die Bearbeitung der Inschriften von Euböa, das er 1908 bereiste. 1919 berief ihn die neugegründete Hamburgische Univ. auf den Lehrstuhl für Alte Geschichte, den er bis zu seiner Emeritierung im September 1936 innehatte.

Z. befasste sich v.a. mit griech. Epigraphik und Rechtsgeschichte. Neben den *Inscriptiones Euboeae insulae* [5] publizierte er mit Josef Kohler eine Neuausgabe der Gesetze von Gortyn mit Einführungen in das griech. Erb- und Schuldrecht [4]. Am *Supplementum epigraphicum Graecum* arbeitete Z. von Beginn an (1923) mit. Seine Darstellung des griech. Vereinswesens [2] wurde 1896 von der *Societas Jablonoviana* zu Leipzig preisgekrönt, jedoch waren in nachfolgenden Studien u.a. Franz Poland und Mariano San Nicolò in Auswahl und Prüfung der Zeugnisse, die die Existenz von Vereinen belegen sollen, deutlich kritischer. In mehreren Arbeiten widmete sich Z. dem ant. Schulwesen [3]. Als sein bedeutendster Schüler gilt Hermann ↗Bengtson.

Schriften

[1] De iureiurando in iure Graeco quaestiones (Diss. Göttingen), 1892 [2] Das griech. Vereinswesen, 1896 (Ndr. 1969) [3] Aus dem griech. Schulwesen, 1909 (2., verm. Aufl. 1914; Ndr. 1971) [4] Das Stadtrecht von Gortyn und seine Beziehungen zum gemeingriech. Rechte (mit J. Kohler), 1912 (Ndr. 1972, 1979) [5] Inscriptiones Graecae 12/9: Inscriptiones Euboeae insulae (Edition), 1915 (Suppl.-Bd. 1939) [6] Der griech. Kaufmann im Altertum, 1934.

Sekundärliteratur

[7] Art. Ziebarth, Erich, in: R. Vierhaus (Hrsg.), Dt. Biographische Enz., Bd. 10, ²2008, 836 [8] H. Bengtson, Erich Ziebarth, in: HZ 169, 1949, 665–666.

Matthias Barth

Ziegler, Konrat

Dt. Klass. Philologe. Geb. am 12.1.1884 in Breslau als Konrat Fürchtegott Ziegler, gest. am 8.1.1974 in Göttingen. 1902–1905 Studium der Klass. Phil. und Gesch. in Breslau, dort 1905 Prom., 1907 Habil., 1910 ao.Prof., 1920 persönliches Ordinariat für Klass. Phil. 1923–1933 Prof. in Greifswald, 1928/29 Rektor der Univ. 1933 Entlassung, 1939/40 inhaftiert. 1945 Landrat; ab 1946 Lehrbeauftragter, ab 1950 Honorarprof. in Göttingen, 1966 o.Prof. ebda.

Leben und Werk

Z. war engagierter Demokrat (Mitglied der DDP und SPD), Pazifist und Gegner des Antisemitismus und damit eine Ausnahme unter den Klass. Philologen seiner Zeit. Schon 1913 war er in der »Breslauer Festspielaffäre« für Gerhart Hauptmann eingetreten, 1924 positionierte er sich im »Greifswalder Flaggenstreit« gegen den reaktionären Prorektor. Die Nationalsozialisten betrieben daher schon 1933 seine Entlassung [12]. Während der NS-Zeit lebte und forschte Z. in Berlin, wurde aber 1939 wegen Unterstützung einer jüd. Bankiersfamilie verhaftet, bis 1940 inhaftiert und mit Publikationsverbot belegt [10]. Nach der Entlassung unterstützte er dennoch weiterhin Verfolgte, u.a. seinen ehemaligen Greifswalder Kollegen Kurt ↗Latte. Bei Kriegsende wurde Z. als Landrat von Osterode im Harz eingesetzt, wohin er nach Ausbombung seiner Berliner Wohnung 1943 gezogen war. In Göttingen fand er zunächst nur als Lehrbeauftragter eine Beschäftigung (Latte hatte ihn in der Frage seiner Berufung nicht unterstützt [13]), ab 1950 als Honorar-Prof. Erst 1966 wurde ihm eine Emeritierung als o.Prof. zuerkannt. 2001 wurde Z. von der Holocaust-Gedenkstätte Yad Vashem in Jerusalem als »Gerechter unter den Völkern« ausgezeichnet [9].

Als Wissenschaftler trat Z., der Schüler u.a. von Franz Skutsch und Eduard ↗Norden war, v.a. als Editor, Übersetzer und Mitarbeiter bzw. Herausgeber großer Lexikonprojekte hervor. Neben den Ausgaben (und Übersetzungen) von Firmicus Maternus [2] und Ciceros staatstheoretischen Schriften [4]; [5] ist die zunächst zusammen mit Claes Lindskog erstellte, ab der 2. Auflage von Z. durchgreifend überarbeitete Edition der Plutarchviten bedeutend [3], ferner die Gesamtübersetzung der Viten [7] und der Artikel zu Plutarch in der *Realenzyklopädie* (RE) [6]. Z. verfasste weitere RE-Artikel, gab ab 1923 die beiden letzten Bände von Roschers *Ausführlichem Lexikon der griech. und röm. Mythologie* heraus und übernahm nach dem Zweiten Weltkrieg die schwierige Aufgabe, die RE als Herausgeber abzuschließen, was ihm weitgehend gelang [8]. Auch der *Kleine Pauly* ist Z.s Initiative zu verdanken.

SV: Bibliographie Konrat Z., hrsg. von H. Gärtner und W.H. Gross, 1964; Bibliographie Konrat Z., 1964–1973, hrsg. von H. Gärtner, 1974.

Schriften

[1] De precationum apud Graecos formis quaestiones selectae (Diss. Breslau), 1905 [2] Iuli Firmici Materni De errore profanarum religionum (Edition), 1907 [3] Plutarchi Vitae parallelae, 4 Bde. in 7 Teilen (Edition; mit C. Lindskog), 1914–1939 (2.–5. Aufl. 1957–2000 mit H. Gärtner)

[4] M. Tulli Ciceronis scripta, Bd. 39: De re publica (Edition), 1915 (⁷1969) [5] M. Tullius Cicero, De legibus (Edition), 1950 (3. Aufl. 1978 u.ö.) [6] Art. Plutarchos von Chaironeia, in: RE 21.1, 1951, 636–669 (1949 auch als Einzeldruck veröffentlicht, 2. Aufl. 1964) [7] Plutarch. Große Griechen und Römer, 6 Bde. (Übers.), 1954–1965.

Sekundärliteratur

[8] H. Gärtner, Konrat Ziegler, in: RE (Register-Bd.), 1980, V–XIX (mit Abb.) [9] B. Kratz-Ritter, Konrat Fürchtegott Ziegler. Ein »Gerechter unter den Völkern« aus Göttingen, in: Göttinger Jb. 50, 2002, 187–196
[10] Mensching Nug., Bd. 3, 1990, 5–47
[11] Mensching Nug., Bd. 12, 2002, 9–33
[12] M. A. Vielberg, Restriktionen gegen Greifswalder Hochschullehrer im Nationalsozialismus, in: W. Buchholz (Hrsg.), Die Universität Greifswald und die deutsche Hochschullandschaft im 19. und 20. Jh., 2004, 271–308
[13] C. Wegeler, »... wir sagen ab der internationalen Gelehrtenrepublik«. Altertumswissenschaft und Nationalsozialismus, 1996, 263–267 [14] L. Wickert, Nachruf Konrat Ziegler, in: Gnomon 46, 1974, 636–640.

Roland Baumgarten

Zielinski, Tadeusz

Poln.-russ. Klass. Philologe und Kulturhistoriker. Geb. am 14. 9. 1859 bei Kiew als Tadeusz Stefan Z., gest. am 8. 5. 1944 in Schondorf am Ammersee. 1876–1880 Studium der Klass. Phil. in Leipzig, 1880/81 in München und Wien; 1881 Prom. in Leipzig; ab 1883 Magisterium in St. Petersburg; 1885 zweite Prom. in Dorpat. 1887 ao.Prof. in St. Petersburg, 1890 o.Prof. für Gräzistik ebda. 1921 Emigration nach Polen; 1921–1935 o.Prof. in Warschau; 1935–1939 Honorarprof. ebda.

Werdegang, Werk und Wirkung

Z. wurde in eine poln. Familie in Russland geboren, seine Muttersprachen waren Russisch und Polnisch. Nach dem Besuch des Dt. Gymnasiums in St. Petersburg studierte er am 1875 gegründeten Russ. Philol. Seminar an der Univ. Leipzig, das von Russland gefördert und für die Ausbildung der Lehrer für russ. Gymnasien bestimmt war. Sein wichtigster Lehrer dort war Otto ↗Ribbeck, der damals den Lehrstuhl für Klass. Philologie in Leipzig innehatte und auch das Russ. Seminar leitete. 1880 wurde Z. in Leipzig mit einer Arbeit zum Zweiten Punischen Krieg promoviert [1]. Da seine Prom. in Russland wahrscheinlich aus polit. Gründen nicht anerkannt wurde, erlangte er 1883 einen russ. Magistertitel in St. Petersburg mit einer Schrift über die syntaktischen Bauformen der griech. Komödie [2] und wurde Dozent am Lehrstuhl für altgriech. Sprache. 1885 erwarb er mit einer Arbeit zur altattischen Komödie [3] den zweiten Doktortitel an der Univ. Dorpat (der damals einzigen dt. Univ. in Russland). 1887 übernahm er den Lehrstuhl für Gräzistik in St. Petersburg, wo er bis 1921 lebte und lehrte. 1921 reiste er auf Einladung der Univ. Warschau nach Polen und entschied, nicht nach Russland zurückzukehren. Bereits im selben Jahr wurde er o.Prof. an der Univ. Warschau. 1935 wurde er emeritiert; im November 1939, nach der Bombardierung Warschaus, durch die er seine Wohnung und Bibl. verloren hatte, fuhr er zu seinem Sohn nach Bayern, wo er 1944 starb.

Z.s wiss. Interessen waren sehr breit und vielfältig und galten sowohl der griech. als auch der lat. Literatur. In seinen Werken über die attische Komödie erklärte er u. a. die Entwicklung der folkloristischen Quellen (unter denen er bes. das Märchen betonte [4]). In seinen Studien über das homerische Epos formulierte Z. als Erster »das Gesetz der chronologischen Inkompatibilität« [6], demzufolge gleichzeitige Ereignisse als aufeinanderfolgende geschildert werden. Seine Monographie über Cicero [5], die u. a. die Struktur ciceronischer Perioden und bes. die Rolle der metrischen Klausel in seinen Reden behandelt, wurde zu seinen Lebenszeiten viermal aufgelegt.

Z. war nicht nur Forscher, sondern auch begeisterter Popularisator der Antike, in der er »kein stilles Museum«, sondern den Ursprung der gesamten westlichen Kultur der Nz. sah [16.283]. Bes. charakteristisch ist seine Formulierung, die ant. Religion sei das »wirkliche AT unseres Christentums« [16.287]. Der Band seiner vor Gymnasialabiturienten gehaltenen Vorlesungen wurde bereits kurz nach Erscheinen ins Deutsche [8], während der folgenden 20 Jahre ins Englische, Französische, Italienische, Polnische, Rumänische, Tschechische und Schwedische übersetzt. Z. erstellte eine neue poetische Übertraging aller Tragödien des Sophokles ins Russische und veröffentlichte sie zusammen mit seinen wiss. Werken zu diesem Autor [12]. Zusammen mit Vassili A. Alexeew übersetzte er die frühen Reden Ciceros [7], mit L. Savalischina die *Heroides* Ovids [10] ins Russische.

Schriften

[1] Die letzten Jahre des Zweiten Punischen Krieges (Diss. Leipzig), 1880 [2] O sintagmach v drevnegrecheskoj komedii (Über die Syntagmen in der altgriech. Komödie), 1883 [3] Die Gliederung der altattischen Komödie (Diss. Dorpat), 1885 [4] Die Märchenkomödie in Athen, 1885
[5] Cicero im Wandel der Jahrhunderte, 1897 (³1913)
[6] Die Behandlung gleichzeitiger Ereignisse im antiken Epos (Philologus, Supplement-Bd.), 1901 [7] M. Tullij Ciceron (Übers.; mit V. A. Alexeew), 1901 [8] Die Antike und wir. Vorlesungen, 1905 [9] Der Rhythmus der röm. Kunstprosa und seine psychologischen Grundlagen, 1906 [10] Ovidij. Ballady-poslaniya (Ovid. Balladen-Briefe; Übers., mit L. Savalischina), 1913 [11] Der constructive Rhythmus in Ciceros Reden, 1914 [12] Sofokl. Dramy, 3 Bde. (Sophokles. Dramen; mit wiss. Beiträgen), 1914–1915 [13] Religija

ellenisma (Die Religion des Hellenismus), 1918 [14] The Religion of Ancient Greece, 1926 [15] Hellenismus und Judentum, 1928.

Sekundärliteratur

[16] Ė.D. Frolov, Russkaja nauka ob antičnosti (Russische Altertumswissenschaft), ²2006, 281–311 (¹1999) [17] G. Gussejnov, O žizni i knigach F.F. Zelinskogo (Über das Leben und das Werk F.F. Zielinskis), in: F. Zelinski, Skazočnaja drevnost' Ellady (Das märchenhafte Altertum des Hellas), 1993, 3–12 [18] M. Rostovtsew, Art. F.F. Zelinsky, in: Enziklopedičeskij Slovar' Brockhausa i Efrona (Das Enzyklopädische WB von Brockhaus und Efron), Bd. XII/23, 1890–1906 (online: www.rulex.ru/01080346.htm)
[19] R. Zaborowski, Tadeusz Zieliński (1859–1944). Sa vie et son œuvre, in: Annales du centre scientifique de l'Acad. polonaise des sciences à Paris 12, 2009, 207–222.

Mayya Pait

Zoëga, Georg

Dän. Antiquar und Archäologe. Geb. am 20.12. 1755 in Dahler (Jütland) als Jürgen Z., gest. am 10.2.1809 in Rom. 1773–1776 Studium in Göttingen und Leipzig; ab 1776 Reisen und Studien in Italien, Deutschland und Dänemark. 1782 Stipendiat in Wien zum Studium der Numismatik, um danach das dän. königliche Münzkabinett zu betreuen. 1783 in Rom Protégé des späteren Kardinals Stefano Borgia, dessen Münzsammlung er untersuchte und dessen koptische Mss. er katalogisierte. 1790/91 von Pius VI. mit der Untersuchung der Obelisken beauftragt; ab 1798 Agent und Generalkonsul der dän. Regierung in Rom. 1802 Berufung auf den Lehrstuhl für Arch. in Kiel, dabei aber weiterhin in dän. Diensten in Rom sowie als Mitglied mehrerer Akad. (u.a. Akad. der Künste zu Kopenhagen) einflussreich tätig.

Werdegang, Werk und Wirkung

Z., Sohn eines protestantischen Pastors ursprünglich ital. Abstammung, besuchte als Student in Göttingen Vorlesungen von Christian Gottlob ↗Heyne zur Altertumskunde, von Christoph Meiners zur Religionsgeschichte und von Johann Georg Feder zur Philosophie [6]. 1776 reiste er über die Schweiz und Süddeutschland nach Italien, und setzte dann sein Studium in Leipzig bis 1777 fort. 1780/81 besuchte er Venedig, Florenz, Rom, Neapel und Umgebung. 1782 förderte ein zweijähriges dän. Staatsstipendium seine weiteren Studien in Wien, Paris, Italien und Deutschland; anschließend sollte Z. die Bestände des königlichen Münzkabinetts katalogisieren und betreuen. In Wien konnte Z. dank der Aufzeichnungen Joseph Hilarius ↗Eckhels die kaiserlichen Sammlungen durchsehen. Über den päpstlichen Nuntius Gerdil Garampi lernte er Stefano Borgia, den damaligen Sekretär der Kongretation de Propaganda Fide, kennen; dieser vertraute Z., der ihm 1783 nach Rom folgte, die wiss. Erfassung seiner ägypt. Münzsammlung an [1].

1784 ging Z., inzwischen zum Katholizismus konvertiert, zur Vertiefung seiner numismatischen Forschungen nach Paris, kehrte aber im selben Jahr, da seine beruflichen Aussichten in Dänemark nach dem Sturz seines Gönners Guldberg gering waren, nach Rom zurück. Aufgrund schwieriger Familienverhältnisse (nach der Geburt von elf Kindern) war er gezwungen, sein Gehalt als Aufseher im päpstlichen Münzkabinett u.a. als Fremdenführer vermögender Reisender aufzubessern. Unterstützung erhielt er von seinem Vertrauten, dem Kirchenhistoriker Friedrich Münter [6]. 1797 schloss er enge Freundschaft mit Bertel Thorvaldsen [6]. Dank Stefano Borgias Empfehlung erhielt Z. 1790/91 von Papst Pius VI., der in Rom einige ägypt. Obelisken hatte aufstellen lassen, den Auftrag, diesen Denkmalstyp zu untersuchen. 1797 schloss er seine Forschungen dazu ab, konnte die Ergebnisse aufgrund der polit. Situation aber erst Jahre später publizieren [2].

In der Röm. Republik war Z. Mitglied des *Istituto Nazionale* in der Abteilung Altertum und Geschichte, zusammen mit Ennio Quirino ↗Visconti, Gaetano Marini und Jean Baptiste Seroux d'Agincourt; 1798 hielt er dort zwei Vorträge über den Mithraskult. In dieser Zeit nahm er auch das bereits in den 1780er Jahren begonnene Studium der koptischen Hss. Stefano Borgias wieder auf [4]; dabei entstand der Kontakt zu dem schwed. Orientalisten Johann David Åkerblad.

1802 berief der dän. König Z. als Prof. für Archäologie nach Kiel, doch mit der Erlaubnis, bis zum Abschluss des Mss.-Studiums (1805) in Rom zu bleiben. 1804 wurde ihm das weitere Bleiben in seiner akad. Funktion und, nachdem er vorher schon dän. Konsul gewesen war, nun auch im Amt eines königlichen Agenten gestattet. Nach Borgias Tod (1804) sah sich Z. genötigt, für sein Eigentumsrecht am Katalog der koptischen Hss. gegen die Erben und die Kongregation zu prozessieren. Sein Werk zur Topographie Roms konnte er nicht mehr abschließen (die Unterlagen befinden sich in der Kopenhagener Kongelige Bibl.). Aufgrund eines Verlagsvertrags mit dem Kupferstecher Tommaso Piroli und dem Herausgeber Pietro Piranesi widmete er sich daneben der Publikation der ant. röm. Basreliefs, konnte aber lediglich die die Sammlung Albani betreffenden Teile fertigstellen; das Werk erschien postum in der von Filippo Aurelio Visconti revidierten Fassung [3] und gilt bis heute als beispielhaft nicht nur wegen seines Kenntnisreichtums und einiger treffenden Interpretationen, sondern auch wegen der Qualität der Zeichnungen und des kritischen Apparats, der als wegweisende Neuerung auch Ergänzungen und Lücken anzeigte [8]; [9]; [10]; [11].

In seiner Erforschung der Obelisken, die heute stark der traditionellen gelehrten Altertumskunde verhaftet erscheint, aus der er jedoch erst einen Gegenstand ersten Ranges machte, bot Z. immenses Wissen auf. Mit seiner Entdeckung der phonetischen Funktion einiger Zeichen und Kartuschen trug er einige wertvolle Ideen zur Lesung der Hieroglyphen bei [7]. Sein Katalog der koptischen Mss. Borgias [4] hat nach wie vor unschätzbaren Wert. Abhandlungen und Briefe Z.s wurden von seinem Schüler und Biographen Friedrich Gottlieb ↗Welcker veröffentlicht [5]; [12].

Schriften

[1] Numi Aegyptii imperatorii prostantes in museo Borgiano Velitris, Rom 1787 [2] De origine et usu obeliscorum, Rom 1797 (de facto 1800) [3] Li bassirilievi antichi di Roma (mit Stichen von T. Piroli), hrsg. von P. Piraniesi, Rom 1808 [4] Catalogus codicum Copticorum manu scriptorum qui in Museo Borgiano Velitris adservantur, Rom 1810 (Ndr. 1973, mit histor. Einl. und bibliograph. Notizen von G. Sauget) [5] Abhandlungen, hrsg. von F. G. Welcker, Göttingen 1817 (Ndr. 1983) [6] Briefe und Dokumente, hrsg. von Ø. Andreasen, 1967.

Sekundärliteratur

[7] S. Donadoni, Cultura dell'antico Egitto. Scritti, 1986, 245–246 [8] C. Gasparri, Art. Zoega, Jurgen, in: Enciclopedia dell'arte antica, Supplemento, 1970, 948–951 [9] P. Krarup, Due archeologi danesi: Georg Zoega e Peter Oluf Brøndsted, in: Mélanges de histoire ancienne et d'archéologie. FS P. Collart, 1976, 277–284 [10] Sichtermann 189–190 [11] K. B. Stark, Hdb. der Archäologie der Kunst, 1880, 245–249 [12] G. F. Welcker, Zoega's Leben. Sammlung seiner Briefe und Beurtheilung seiner Werke, 1819.

Lucia Faedo (Ü: K. H.)

Zsámboky, János

s. Sambucus, Ioannes

Personenregister

A

B

F

G

H

I

J

K

L

N

O

P

Q

R

S

T

U

V